LANDOLT-BÖRNSTEIN
PHYSIKALISCH-CHEMISCHE TABELLEN

Vierte umgearbeitete und vermehrte Auflage

unter Mitwirkung von

Th. Albrecht-Potsdam, K. Arndt-Berlin, K. Bädeker-Jena, O. Bauer-Berlin, W. Bein-Berlin, A. Blaschke-Berlin, H. Böttger-Berlin, W. Böttger-Leipzig, G. Bruni-Padua, A. Denizot-Lemberg, F. Dolezalek-Berlin, F. Eisenlohr-Greifswald, E. Gehrcke-Berlin, H. Greinacher-Zürich, E. Gumlich-Berlin, F. Henning-Berlin, W. Herz-Breslau, W. Heuse-Berlin, A. Heydweiller-Rostock, W. Hinrichsen-Berlin, L. Holborn-Berlin, E. Jänecke-Hannover, W. P. Jorissen-Leiden, G. Just-Berlin, J. Koppel-Berlin, R. Kremann-Graz, G. Leithäuser-Hannover, H. Lundén-Stockholm, A. Mahlke-Hamburg, F. F. Martens-Berlin, G. Meyer-Freiburg i. B., H. Philipp-Greifswald, J. D. van der Plaats-Utrecht, Th. Posner-Greifswald, E. Regener-Berlin, V. Rothmund-Prag, H. Rubens-Berlin, O. Sackur-Breslau, C. Sandonnini-Padua, K. Scheel-Berlin, A. Schmidt-Potsdam, O. Schönrock-Berlin, H. v. Steinwehr-Berlin, A. Stirm-Leipzig, K. Stöckl-Passau, H. Tertsch-Wien, S. Valentiner-Klausthal, H. v. Wartenberg-Berlin, F. Weigert-Berlin, H. F. Wiebe-Berlin

und mit Unterstützung der

Königlich Preußischen Akademie der Wissenschaften

herausgegeben von

Dr. Richard Börnstein
Professor der Physik an der Landwirtschaftlichen Hochschule zu Berlin.

und

Dr. Walther A. Roth
a. o. Professor der physikalischen Chemie an der Universität zu Greifswald.

Mit dem Bildnis H. Landolts

Springer-Verlag Berlin Heidelberg GmbH

1912

ISBN 978-3-662-23192-0 ISBN 978-3-662-25187-4 (eBook)
DOI 10.1007/978-3-662-25187-4
Softcover reprint of the hardcover 4th edition 1991

Vorwort.

Zum ersten Mal erscheint dies Werk ohne die Mitwirkung Hans Landolts. Nachdem er an den beiden ersten Auflagen selbst in aufopferungsvoller Tätigkeit mitgearbeitet und für die dritte Auflage durch seine stets gern erteilten Ratschläge uns wertvolle Hilfe geleistet hatte, wurde er am 15. März 1910 aus einem an Arbeit und Erfolgen reichen Leben abgerufen. Wir haben uns bemüht, diese neue Ausgabe in seinem Sinne zu gestalten; sie sei dem Andenken unseres heimgegangenen väterlichen Freundes gewidmet.

Die neue Bearbeitung enthält, wie die früheren in den Jahren 1883, 1894 und 1905 erschienenen Auflagen, eine Reihe für Reduktionsrechnungen erforderlicher Tabellen, sowie namentlich eine Zusammenstellung der wichtigsten physikalischen und chemischen Konstanten, und zwar mit Quellenangabe für jede mitgeteilte Zahl. Hierbei lag nicht die Absicht vor, alle in der Literatur auffindbaren Konstanten aufzunehmen, sondern vielfach wurde auf ältere Angaben verzichtet, wenn sie der genügenden Sicherheit entbehrten oder durch neue Beobachtungen von größerer Sicherheit ersetzt werden konnten. Die hierzu nötige sachverständige Kritik durften wir bei unseren Mitarbeitern voraussetzen, da jeder von ihnen in dem behandelten Sondergebiet durch eigene wissenschaftliche Tätigkeit heimisch ist. Selbstverständlich sind sämtliche Tabellen der vorigen Auflage durch die seitdem erschienene Literatur sorgfältig ergänzt worden. Die Veröffentlichungen des Jahres 1910 konnten nahezu vollständig berücksichtigt werden, teilweise auch diejenigen von 1911 und für die letzten Tabellen auch noch einige 1912 erschienene Arbeiten.

Unter der Redaktion des erstgenannten Herausgebers standen die Tabellen 2—61, 63, 83, 86—111, 127—132, 157—178, 201—218, 232—239, 246, 256—259, 261—283. Die neuesten Bestimmungen der Schwerkraft, der Luftdichte, des Dampfdruckes von Wasser usw. wurden natürlich sorgfältig berücksichtigt und dienten zur Neuberechnung der betreffenden Reduktionstabellen. Neu geordnet und erheblich vermehrt wurden namentlich die auf Elastizität bezüglichen Angaben, die Dichte reiner Substanzen einschließlich der kondensierten Gase, die Weglängen und Dimensionen der Gasmoleküle, die Fixpunkte für thermometrische Messungen, die elektromotorischen Kräfte galvanischer Ketten, die thermoelektrischen Kräfte der Metalle, die Funkenpotentiale in Gasen u. a. Neu hinzugekommen sind die Werte der Schwerkraft für alle geographischen Breiten, eine Tabelle minimaler Schichtdicken, die kritischen Daten für Mischungen und Lösungen, die Temperatur-Leitfähigkeit, Angaben über den Joule-Thomson-Effekt bei Druckänderung in Gasen, die auf Brechung, Absorption und Reflexion bezüglichen „optischen Konstanten" einer Anzahl von Substanzen, die magnetischen Eigenschaften von Legierungen, sowie die Konstanten der Gasionen.

Das Redaktionsgebiet des zu zweit genannten Herausgebers umfaßte die Tabellen: 1, 62, 64—82, 84, 85, 112—126, 133—156, 179—200, 219—231, 240—245, 246—255, 260. Fast all diese Tabellen sind gegen die dritte Auflage erweitert, manche gänzlich umgearbeitet worden, vielfach auf Wunsch von Fachgenossen. So sind z. B. erheblich mehr organische Substanzen mit ihren charakteristischen Konstanten aufgenommen worden; die mineralogischen, thermochemischen und spektrochemischen Tabellen sind erheblich umfangreicher geworden. Eine beträchtliche Anzahl von Tabellen ist neu hinzugekommen. Auch hier sind wir vielfach direkten Wünschen von Fachgenossen gefolgt. Neu aufgenommen sind z. B. Zusammenstellungen der „anisotropen Flüssigkeiten", ferner von Kältemischungen (die in der vorigen Auflage fortgelassen waren), dann homogene Gasgleichgewichte, Gleichgewichte zwischen organischen Substanzen, die direkt gemessenen osmotischen Drucke, Verteilungskoeffizienten, Schmelz- und Umwandlungstemperaturen von Mineralien, Dissoziationskonstanten von Säuren und Basen, Leitfähigkeitsdaten für ausgewählte nichtwässerige Lösungen, Hydrolysengrade und Ionenprodukte, radioaktive Konstanten u. a. m.

Der schon über Erwarten gewachsene Umfang des Buches erlaubte uns nicht, alle uns geäußerten Wünsche zu erfüllen. Doch glauben wir, mit einigen der neuen Tabellen die am meisten fühlbaren Lücken ausgefüllt zu haben, mit anderen den Bedürfnissen der nächsten Jahre, soweit sich solche mit einiger Sicherheit voraussehen lassen, entgegengekommen zu sein.

In noch stärkerem Maß als in der dritten Auflage ist die graphische Darstellung an Stelle von Zahlentabellen getreten. Wo die Genauigkeit der tabellierten Werte es verlangte, ist die Umrechnung auf die jetzt benutzten Molekulargewichte durchgeführt worden; wo das nicht geschehen ist, findet sich die der Rechnung zugrunde liegende Zahl angegeben. Soweit angängig, wurden die Dimensionen der in den einzelnen Tabellen enthaltenen Größen hinzugefügt. Die Zusammenstellungen der Literatur, welche einigen Gruppen von Tabellen beigefügt wurden, sollen zwar zunächst nur auf den Inhalt dieser letzteren bezogen und nicht etwa als Quelle der Gesamtliteratur des betreffenden Gebietes angesehen werden; doch finden sich, wie schon in den vorigen Auflagen, wichtige Arbeiten, deren Ergebnisse nicht aufgenommen werden konnten, in den Literaturnachweisen mit ganz kurzer Inhaltsangabe genannt, insbesondere solche Publikationen, deren Angaben sich auf willkürliche Einheiten beziehen oder aus anderen Gründen nicht mit den Zahlen der Tabelle vergleichbar sind.

Besonderen Dank schulden wir der Königlich Preußischen Akademie der Wissenschaften, deren Subvention wir als eine Auszeichnung unseres Werkes betrachten.

Den vielen Fachgenossen, die uns durch Hinweise auf Lücken und Versehen in der vorigen Auflage, sowie durch Überlassung von noch unveröffentlichtem Material unterstützt haben, möchten wir auch an dieser Stelle unseren besten Dank aussprechen und damit die Bitte verbinden, wieder alle bei der Benutzung des Buches bemerkten Versehen oder Lücken an uns zu melden.

Berlin und Greifswald, im September 1912.

Die Herausgeber.

Inhaltsverzeichnis.

Atomgewichte.

Geographische Lage, Schwerkraft, Reduktion der Wägungen.

Luftdichte. Gasvolumina. Reduktion gemessener Drucke.

Dichte und Volumen von Wasser und Quecksilber.

Elastizität.

Festigkeit, Härte, Reibung.

Seite

Kompressibilität.

Zähigkeit.

Kapillarität.

Diffusion.

Gasmoleküle.

Dichte, Schmelz- und Siedepunkte, Polymorphie von Elementen und Verbindungen.

Dichte und Ausdehnung von Lösungen.

Kältemischungen und Erzeugung konstanter Temperaturen.

Thermometrie.

Ausdehnung.

Sättigungs- und Reaktionsdrucke.

Kritische Zustände.

Chemisches Gleichgewicht (Löslichkeit und Absorption).

Seite

Schmelz- u. Erstarrungserscheinungen bei zwei Stoffen. Legierungen.

Mineralien.

Wärmeleitung.

Spezifische Wärme.

Molekulargewichtsbestimmungen.

Thermochemie.

Wellenlänge. Absorption und Emission. Reflexion. Brechung.

Optische Drehung.

Seite

Schallgeschwindigkeit.

Mechanisches Äquivalent der Wärme. Lichtgeschwindigkeit.

Maßeinheiten und Dimensionen.

Zeitschriften.

Abgekürzte Titel der Zeitschriften.

Abh. Eich. Komm. Abhandlungen der Kaiserlichen Normal-Eichungs-Kommission.
Abh. Akad. Berlin Abhandlungen der Kgl. Akademie der Wissenschaften in Berlin.
Acta Soc. Fenn. Acta Societatis Fennicae.
Amer. chem. Journ. American Chemical Journal.
Ann. École norm. Annales scientifiques de l'École normale supérieure.
Ann. chim. phys. Annales de Chimie et de Physique.
Arb. Gesundh. Arbeiten aus dem Kais. Gesundheitsamt.
Arch. Anat. Physiol. Archiv f. Anatomie u. Physiologie.
Arch. Hyg. Archiv für Hygiene.
Arch. néerl. Archives néerlandaises des sciences exactes et naturelles.
Arch. Pharm. Archiv der Pharmazie.
Ann. Phys. Annalen der Physik.
Arch. sc. phys. Archives des sciences physiques et naturelles (Genève).
Arch. Teyler Archive du Musée Teyler.
Ark. Arkiv för Kemi, Mineralogi och Geologi.
Astroph. Journ. The Astrophysical Journal.
Atti Catania Atti dell' Accademia Gioenia di scienze naturali in Catania.
Atti Ist. Ven. Atti del R. Istituto Veneto di scienze, lettere ed arti.
Atti Tor. Atti della Reale Accademia di Torino.
Beibl. Beiblätter zu d. Annalen der Physik.
Ber. chem. Ges. Berichte der Deutschen Chemischen Gesellschaft.
Berg.-hüttenm. ZS. Berg- und hüttenmänn. Zeitschr.
Berl. Sitzber. (*Berl. Ber.*) Sitzungsberichte der Kgl. Preuß. Akademie der Wissenschaften zu Berlin.
Biochem. ZS. Biochemische Zeitschrift.
Bull. Acad. Pét. Bulletin de l'Académie impériale des sciences de St. Pétersbourg.
Bull. Acad. Belg. Bulletin de l'Académie royale de Belgique.
Bull. Bur. Stand. Bulletin of the Bureau of Standards, Washington.
Bull. Soc. Belg. Bulletin de la Société chimique de Belgique.
Bull. Soc. chim. Bulletin de la Société chimique de France.
Bull. Soc. Encour. Bulletin de la Société d'encouragement de l'Industrie.
Bull. Soc. Min. Bulletin de la Société française de Minéralogie.
Bull. Soc. phys. Bulletin de la Société française de physique.
Bull. U.S. Geol. Surv. Bulletin of the U.S. Geological Survey.
Cambr. Proc. u. Trans. Proceedings u. Transactions of the Cambridge Philosophical Society.
Chem. News The Chemical News.
Chem. Weekbl. Chemisch Weekblad.
Chem. Ztg. Chemiker-Zeitung.
Chem. Zbl. Chemisches Zentralblatt.
Cim. Nuovo Cimento.
C. r. Comptes rendus hebdomadaires des séances de l'Académie des sciences (Paris).
Crelle J. Journal für die reine und angewandte Mathematik (Crelle).
Dingl. Journ. Dinglers Polytechn. Journal.
Diss. Inauguraldissertation.
Dublin Proc. u. Trans. Proceedings u. Transactions of the Royal Society of Dublin.
Edinb. Proc. u. Trans. Proceedings u. Transactions of the Royal Society of Edinburgh.
Electr. The Electrician.
Elch. ZS. Elektrochemische Zeitschrift.
E.T.Z. Elektrotechnische Zeitschrift.
Erlang. Ber. Sitzungsberichte der physik.-med. Soc. zu Erlangen.
Exner Rep. Exners Repertorium der Experimentalphysik.
Fortschr. Chem. Jahresberichte über die Fortschritte der Chemie.
Fortschr. Phys. Fortschritte der Physik.
Gazz. chim. Gazzetta chimica italiana.
Geogr. Jahrb. Geographisches Jahrbuch.
Gm. Kr. Hdbch. Gmelin-Kraut, Handbuch der anorganischen Chemie.
Gilb. Ann. Gilberts Annalen der Phys.

Gött. Nachr.	Nachrichten von der Kgl. Gesellschaft der Wissenschaften zu Göttingen.
Int. ZS. Metallogr.	Internationale Zeitschrift für Metallographie.
Jahrb. Rad.	Jahrbuch der Radioaktivität und Elektronik.
Journ. Amer. chem. Soc.	The Journal of the American chemical Society.
Journ. chem. Ind.	The Journal of the Society of chemical Industry.
Journ. chem. Soc.	The Journal of the Chemical Society (London).
Journ. Chim. phys.	Journal de Chimie physique.
Journ. Frankl. Inst.	The Journal of the Franklin Institute (Philadelphia).
Journ. Pharm. Chim.	Journal de Pharmacie et de Chimie.
Journ. Phys.	Journal de Physique.
Journ. phys. Chem.	The Journal of physical Chemistry.
Journ. prakt. Ch.	Journal für praktische Chemie.
Journ. russ.	Journal der russischen physikochemischen Gesellschaft.
Koll. ZS.	Zeitschrift für Chemie u. Industrie d. Kolloide.
Krak. Anz.	Anzeiger der Akademie der Wissenschaften in Krakau.
Lieb. Ann.	Annalen der Chemie (Liebig).
Lum. électr.	La Lumière électrique.
Manch. Mem.	Memoirs and Proceedings of the Manchester literary and philosophical Society.
Mém. Acad. Pét.	Mémoires de l'Académie impériale des sciences de St. Pétersbourg.
Mem. Linc.	Atti della Reale Accademia dei Lincei, Memorie.
Mém. de Paris	Mémoires de l'Académie des sciences de l'Institut de France.
Metall.	Metallurgie.
Meteor. ZS.	Meteorologische Zeitschrift.
Mitt. Prüf. A.	Mitteilungen aus dem Königl. Materialprüfungsamt (Gr.-Lichterfelde).
Mon. Chem.	Monatshefte für Chemie, Wien.
Münchn. Ber.	Sitzungsberichte der mathem.-phys. Klasse der k. bayr. Akademie der Wissenschaften zu München.
Nat.	Nature, London and New York.
Naturw. Rdsch.	Naturwissenschaftl. Rundschau.
N. Jahrb. Min.	Neues Jahrbuch für Mineralogie etc.
Nov. Act. Ups.	Nova Acta Regiae Societatis Upsaliensis.
Öfs. Stockh. u. *Vet. Handl.*	Oefversigt af Kongl. Vetenskaps-Akademiens Förhandlingar.
Overs. Ved. Selsk.	Oversigt over det Kongl. Danske Videnskabernes Selskabs Forhandlinger.
Pflüger Arch.	Archiv für die gesamte Physiologie etc. (Pflüger).
Phil. Mag.	Philosophical Magazine.
Phil. Trans. oder *London Trans.*	Philosophical Transactions of the Royal Society of London.
Phys. Rev.	The Physical Review.
Phys. ZS.	Physikalische Zeitschrift.
Pogg. Ann.	Poggendorffs Annalen der Physik.
Proc. Amer. Acad.	Proceedings of the American Academy etc.
Proc. chem. Soc.	Proceedings of the Chemical Society (London).
Proc. phys. Soc.	Proceedings of the Physical Society of London.
Proc. Roy. Soc.	Proceedings of the Royal Society of London.
Rad.	Le Radium.
Rec. P.-B.	Recueil des travaux chimiques des Pays-Bas.
Rend. Ist. Lomb.	Rendiconti del Reale Istituto Lombardo (Bologna).
Rend. Linc.	Atti della Reale Accademia dei Lincei, Rendiconti.
Rend. Soc. chim.	Rendiconti della Società chimica italiana.
Rep. Brit. Ass.	Report of the British Association etc.
Séances Soc. franç.	Séances de la Société française de physique.
Sill. Journ.	The American Journal of Science (Silliman).
St. E.	Stahl und Eisen.
T. min. petr. Mitt.	Tschermaks mineralogische und petrographische Mitteilungen.
Tät. P.-T. R.	Tätigkeitsbericht der Physikalisch-Technischen Reichsanstalt.
Terr. Magn.	Terrestrial Magnetism and Atmospheric Electricity, Baltimore.
Trans. chem. Soc.	Transactions of the chemical Society.
Trans. Linc.	Atti della Reale Accademia dei Lincei, Transunti.
Trav. Bur. int.	Travaux et Mémoires du Bureau international des Poids et Mesures.
Verh. D. phys. Ges.	Verhandlungen der Deutschen Physikalischen Gesellschaft.
Verh. Ver. Fördr. Gewfl.	Verhandlungen des Vereins zur Förderung des Gewerbefleißes.
Versl. Amst.	Verslagen en Mededeelingen der Konkl. Akademie van Wetenschappen te Amsterdam.
Wied. Ann.	Wiedemanns Annalen der Physik.
Wien. Anz.	Anzeiger der Kais. Akademie der Wissenschaften, Wien.
Wien. Ber.	Sitzungsberichte der mathem.-phys. Classe der Kaiserl Akademie der Wissenschaften, Wien.
Wien. Denkschr.	Denkschriften der Kais. Akademie der Wissenschaften (mathem.-phys. Cl.), Wien.
Wiss. Abh. P.-T. R.	Wissenschaftliche Abhandlungen der Physikalisch-Technischen Reichsanstalt.
Zbl. Min. Geol.	Zentralblatt für Mineralogie, Geologie und Paläontologie.
ZS. anal. Ch.	Zeitschrift f. analytische Chemie.
ZS. angew. Ch.	Zeitschrift f. angewandte Chemie.
ZS. anorg. Ch.	Zeitschrift für anorganische Chemie.
ZS. Elch.	Zeitschrift für Elektrochemie.
ZS. ges. Kälteind.	Zeitschrift für die gesamte Kälteindustrie (London).
ZS. Instrk.	Zeitschrift für Instrumentenkunde.
ZS. Kryst.	Zeitschrift für Krystallographie und Mineralogie.
ZS. ph. Ch.	Zeitschrift für physikalische Chemie.
ZS. physiol. Ch.	Zeitschrift für physiologische Chemie.
ZS. Ver. Ing.	Zeitschrift des Vereines deutscher Ingenieure.
ZS. Ver. Rübenz.	Zeitschrift des Vereins für Rübenzuckerindustrie.

Nachträge zu Tabelle 1.

Internationale Atomgewichte für 1912.

Gegen die umstehend abgedruckte Tabelle sind für 1912 folgende Werte verändert:

Ca	Calcium	40,07	Nt	Niton = Radiumemanation	222,4
Er	Erbium	167,7	Ta	Tantal	181,5
Fe	Eisen	55,84	V	Vanadin	51,0
Hg	Quecksilber	200,6			

Folgende Atomgewichtsbestimmungen sind seit Drucklegung der Tabelle ausgeführt (unter Fortlassung einiger minder genauer):

1. Gasdichtebestimmungen:

Argon (Fischer u. Froboese, 1911): 1 Liter wiegt bei 758,7 mm, 20,9° C, in Berlin: 1,6456 g (A folgt daraus zu 39.89 bis 39,90).

HCl (Burt u. Gray, 1911): 1 Normalliter wiegt 1,63915 ± 0,00005 g (Cl folgt daraus zu 35,460).

Radiumemanation = Niton (Gray u. Ramsay, 1911). Direkte Gasdichtebestimmungen mit Hilfe einer Mikrowage ergaben das Atomgewicht zu 223, in guter Übereinstimmung mit dem berechneten Wert (Ra—He).

2. Analytische Bestimmungen:

Silber. Baxter (1910) 2 Ag : 2 J : J_2O_5; 107,864.

Calcium. Richards u. Hönigschmid (1910 u. 1911) $CaBr_2$: 2 Ag; 40,070; $CaBr_2$: 2 AgBr; 40,070; $CaCl_2$: 2 Ag; 40,074.

Cadmium. Perdue u. Hulett (1911) $CdSO_4$. $^8/_3$ H_2O : $CdSO_4$: Cd; 112,30.

Chlor. Staehler u. Fr. Meyer (1911) $KClO_3$: KCl (kombiniert mit K : Cl); 35,458.

Erbium („Neoerbium"). Hofmann (1910) Er_2O_3 : $Er_2(SO_4)_3$; 167,68.

Fluor. Mc Adam jr. u. Smith (1912) NaF : NaCl; 19,016.

Eisen. Baxter, Thorvaldson u. Cobb (1911) $FeBr_2$: 2 Ag; 55,838; $FeBr_2$: 2 AgBr; 55,838; Baxter u. Thorvaldson (1911), Meteoreisen, $FeBr_2$: 2 Ag; 55,836.

Wasserstoff. Grinell Jones (1910); kritische Durchrechnung aller vorliegenden Bestimmungen; 1,00775.

Quecksilber. Easley (1910) $HgCl_2$: Hg; 200,63; Easley u. Brann (1912) $HgBr_2$: 2 AgBr; 200,64.

Holmium. Holmberg (1911) Ho_2O_3 : $Ho_2(SO_4)_3$; 163,45.

Iridium. Hoyermann (1911) $(NH_4)_2 IrCl_6$: Ir; 192,613.

Jod s. Silber; 126,913.

Kalium s. Chlor; 39,097.

Stickstoff. Guye u. Drouginin (1910) NO_2 : O_2 (gewichtsanal.); 14,010.

Natrium. Goldbaum (1911) NaCl : Cl; 22,997; NaBr : Br (elektrolyt.); 22,998.

Neodym. Baxter u. Chapin (1910) $NdCl_3$: 3 Ag; 144,268; $NdCl_3$: 3 AgCl; 144,272. Nach Korrektur für Spur Praseodym: 144,275.

Phosphor. Baxter, Moore u. Baylston (1912) PBr_3 : 3 Ag; 31,025; PBr_3 : 3 AgBr; 31,029.

Radium. Gray u. Ramsay (1912) $RaCl_2$: $RaBr_2$ (Mikrowage); 226,36.

Schwefel. Burt u. Usher (1911) N_4S_4 Totalanalyse; 32,067.

Scandium. R. J. Meyer u. Winter (1910) $Sr(CH_3COCHCOCH_3)_3$ [Acetonylacetat] : Sc_2O_3; 44,90 bis 45,07.

Selen. Kuzma u. Krehlik (1910). SeO_2 : Se; 79,273.

Tantal. Balke (1910) $TaCl_5$: Ta_2O_5; 181,52; Chapin u. Smith (1911) $TaBr_5$: Ta_2O_5; 181,80.

Tellur. Flint (1910) Te_2HNO_7 : TeO_2; 124,32; Harcourt u. Baker (1911) Te : $TeBr_4$; 127,54.

Vanadium. Mc Adam jr. (1910) $NaVO_3$: NaCl; 50,967.

W. A. Roth.

Berichtigung zu Tabelle 2a, S. 6.

			m	m
Düsseldorf-Bilk, Sternw.	6° 45′ 40″,3	51° 12′ 25″,0	46	9,81160.

Schmelz- und Umwandlungspunkte einiger natürlicher und künstlicher Minerale.

(Vgl. auch Tabelle 67 und die folgende mineralogische Tab. 155).

(Weitere Lit. s. in Tab. 67).

Sm^a = Beginn des Schmelzens, Sm^b = eigentlicher Schmelzpunkt [Gleichgewicht: fest (krystallin.) — flüssig (amorph)], Sm^c = vollständige Umwandlung in die flüssige (amorphe) Phase, Sm^d = Temperatur der Dünnflüssigkeit; Zt. = Zersetzungstemperatur, Uwp. = Umwandlungspunkt.

Die Minerale sind alphabetisch geordnet und bei den einzelnen Spezies diejenigen Angaben, welche sich auf künstliche Minerale beziehen, vorangestellt. (Vgl. zur Ergänzung immer Tab. 67!)

Die anschließenden Daten, betreffend natürliche Vorkommen, sind alphabetisch nach den Fundorten gereiht. Die mit ausdrücklichem Verzicht auf Vollständigkeit gegebenen Zahlen für jedes Vorkommen sind nach den Jahreszahlen der Publikation, die jüngsten zuerst, angeordnet.

Durch neuere Arbeiten korrigierte ältere Daten des gleichen Autors sind nicht aufgenommen.

Die Literatur ist bis Ende Oktober 1911 berücksichtigt.

Bei den polymorphen Verbindungen bezieht sich (V)α auf die bei niedriger Temperatur beständige, (V)β, (V)γ usw. auf die bei höheren Temperaturen beständigen Modifikationen.

Im Folgenden ist die benützte Literatur, soweit sie nicht schon in Tabelle 67 angeführt ist, alphabetisch zitiert, worauf in der Tabelle durch Autornamen und Jahreszahl hingewiesen wird. Bei Zitierung gemeinsamer Arbeiten wird nur der erste Autorname mit dem Anfangsbuchstaben der folgenden in der Tabelle angegeben.

Abkürzungen der Meßmethoden: Th. = Thermoelement; Hm. = Heizmikroskop; W.P. = Wanners opt. Pyrometer; Q. = Quecksilberthermometer.

Literaturnachweis.

Allen u. **White,** Sill. Journ. (4) **1906, 21,** 89 u. (4) **1909, 27,** 1. (Th.)

Allen, Wright u. **Clement**, Sill. Journ. (4) **1906, 22,** 385. (Th.)

Arndt, a) ZS. Elch. **1906, 12,** 337 u. b) Chem. Zt. **1906, 30,** 211. (Th.)

Ballo, in Doelters Handb. d. Mineralchem. **1911.**

Bellati u. **Lussana,** Atti Ist. Venet. (6) **1889, 7** u. (7) **1892, 2,** 995. (Th.)

Biltz, ZS. anorg. Ch. **1908, 59,** 273. (W.P., N_2-Atmosphäre)

Boeke, ZS. anorg. Ch. **1906, 50,** 244. (Th.)

Bornemann, Metall. **1909, 6,** 619. (Th.)

Boudouard, Journ. Iron Steel **1905, 1,** 339. (Segerkegel)

Brill, ZS. anorg. Ch. **1905, 45,** 275. (Th.)

Brun, Arch. Sc. phys. **1902, 13,** 352 (Segerkegel) u. **1904, 18,** 537. (Kalorimetrisch)

Bütschli, Abh. Göttinger Akad. **1908,** No. 4, 3.

Cohen, ZS. ph. Ch. **1894, 14,** 53.

Cohen, Inouye u. **Euwen,** ZS. ph. Ch. **1911, 75,** 1. (Dilatometr. u. Kompressionselement)

Cusack, Proc. Irish. Acad. (3) **1896, 4,** 399. (Meldometer)

Day u. **Allen,** a) ZS. ph. Ch. **1905, 54,** 1 u b) Sill. Journ. (4) **1905, 19,** 93. (Th.)

Day u. **Shepherd,** Sill. Journ. (4) **1906, 22,** 265. (Th.)

Day, Shepherd, White u. **Wright,** T. min. petr. Mitt. **1907, 26,** 169. (Th.)

Day, Shepherd u. **Wright,** Sill. Journ. (4) **1906, 22,** 265. (Th.)

Day u. **Sosman,** Sill. Journ. (4) **1911, 31,** 341. (Korrektur aller früheren Angaben nach der neuen Skala des N_2-Thermometers).

Deleanu-Schumoff u. **Dittler,** in Doelters Handbuch d. Mineralchemie **1911.**

Dittler, Wien. Ber. **1908, 117,** 581. (Th. u. Hm.)

„ T. Min. petr. Mitt. **1910, 29** a) 273 u. b) 506. (Th. u. Hm.)

„ ZS. anorg. Ch. **1911, 69,** 273. (Th. u. Hm.)

Doelter, T. min. petr. Mitt. **1901, 20,** 210. (Vergleichsmeth. u. Th.); **1902, 21,** 23. (Th.); **1903, 22,** 297. (Th.); Wien. Ber. **1904, 113,** 177 u. 495. (Th.); **1905, 114,** 529. (Th.).

„ Wien. Ber. a) **1906, 115,** 617. (Th.), b) **1906, 115,** 723. (Hm.), c) **1906, 115,** 1329. (Hm.), d) ZS. Elch. **1906, 12,** 617.

„ Wien. Ber. **1907, 116,** 1243. (Th.), a) **1908, 117,** 299. (Hm.), b) **1908, 117,** 845. (Hm.) u. Zbl. Ch. Anal. hydr. Zemente **1910, 1,** 104.

„ Handbuch d. Mineralchemie **1911.**

Doeltz, Metall. **1906, 3,** 442. (Th.)

Tertsch.

Schmelz- und Umwandlungspunkte einiger natürlicher und künstlicher Minerale. (Literatur.)

Douglas, Quart. Journ. geol. Soc. **1907**, **63**, 145. (Meldometer)
Finkelstein, Ber. chem. Ges. **1906**, **39**, 1585.
Friedrich, Metall. **1907**, **4**, 479; **1908**, **5**, 50; **1909**, **6**, 169.
Ginsberg, ZS. anorg. Ch. **1908**, **59**, 351 u. **1909**, **61**, 124. (Th.)
Glaser, ZS. anorg. Ch. **1903**, **36**, 1.
Groschuff, ZS. anorg. Ch. **1908**, **58**, 103. (Th.)
Guinchant, C. r. **1902**, **134**, 1224. (Th.)
Guinchant u. **Chrétien**, C. r. **1904**, **139**, 51. (Th.)
Herzfeld, Z. Ver. Rübenzuckerind. **1897**, 820.
Heyn u. **Bauer**, Metall. **1906**, **3**, 75.
Himmelbauer, Wien. Ber. **1910**, **119**, 164. (Th. u. Hm.)
Hittorf, Pogg. Ann. **1851**, **84**, 1. (Th.)
Johnston, Journ. Amer. chem. Soc. **1910**, **32**, 938.
Joly, Proc. Irish. Acad. **1891**, **2**, 38. (Meldometer)
Khittl, in Doelters Handbuch d. Mineralchemie. **1911**.
Klein, Berl. Sitzber. **1897**, **48**.
Kohlmeyer, Metall. **1909**, **6**, 323.
Krenner u. **Schuller**, ZS. Kryst. **1907**, **43**, 476.
Kultatscheff, ZS. anorg. Ch. **1903**, **35**, 187.
Lebedew, ZS. anorg. Ch. **1911**, **70**, 301. (Th.)
Le Chatelier, C. r. **1889**, **108**, 1046 u. **1890**, **111**, 123 u. Ann. min. **1897**, **11**, 131.
Le Chatelier u. **Ziegler**, Bull. Soc. Encouragem. Industr. **1902**, **101** (2), 368.
Lossew, ZS. anorg. Ch. **1906**, **49**, 58. (Th.)
Meyer, Riddle u. **Lamb**, Ber. chem. Ges. **1894**, **27**, 3129.
Meyer u. **Rötgers**, ZS. anorg. Ch. **1908**, **57**, 104.
Mönch, N. Jahrb. Min. **1905**, Beil. **20**, 365.
Mügge, N. Jahrb. Min. a) **1884**, **1**, 66 u. 204 b) **1884**, **2**, 3. (Q.) u. **1901**, Beil **14**, 246.
Nacken, a) N. Jahrb. Min. **1907**, Beil. **24**, 1. (Th. u. Hm.) b) Nachr. Ges. Wiss. Göttingen **1907**.
Pöschl, T. min. petr. Mitt. **1907**, **26**, 413. (Th. u. Hm.)
Rieke, Stahl u. Eisen **1908**, **28**, 16. (Segerkegel.)
Riesenfeld, Journ. Chim. phys. **1909**, **7**, 561.
Rinne u. **Kolb**, N. Jahrb. Min. **1910**, **2**, 138 u. Zentrbl. Min. **1911**, 65.
Rohland, ZS. anorg. Ch. **1903**, **35**, 194 u. 201.
Rose, Pogg. Ann. **1851**, **83**, 423.
Ruer, ZS. anorg. Ch. **1906**, **49**, 365. (Th.)
Ruff, Ber. chem. Ges. **1910**, **43**, 1564. (W. P. im Vacuum u. N_2-Atm.)
Sahmen u. **Tammann**, Ann. Phys. (4) **1903**, **10**, 879. (Th.)
Schertel, Berg- u. hüttenm. Ztg. **1880**, **39**, 87. (Vgl. mit Princepschen Legierungen)
Schindler, Mag. Pharm. **1831**, **33**, 14.
Shepherd, Rankin u. **Wright**, Sill. Journ. (4) **1909**, **28**, 293. (Th.)
Shepherd, Rankin u. **Wright**, ZS. anorg. Ch. **1911**, **71**, 19. (Th.)
Simonis, Tonindustr.-Ztg. **1906**, 1723, „Sprechsaal" **1907**, 391. (Segerkegel)
Spring, ZS. anorg. Ch. **1894**, **7**, 371. (Th.)
Stein, ZS. anorg. Ch. **1907**, **55**, 159. (W. P.)
Tilden, Journ. chem. Soc. **1884**, **45**, 268.
Treitschke u. **Tammann**, ZS. anorg. Ch. **1906**, **49**, 320.
Vernadsky, Bull. Soc. min. **1889**, **12**, 466 u. **1890**, **13**, 257.
Vernadsky, Verh. Univ. Moskau **1891**, **1**, 9. (Nach ZS. Kryst. **23**, 278.)
Vesterberg, Bull. geol. Inst. Upsala **1900**, 127.
Vogt, Silikatschmelzlösungen **1904**, 2. Bd.
Vučnik, Zentrbl. Min. **1906**, 132. (Th.)
Vukits, Zentrbl. Min. **1904**, 706. (Th.)
Wells, Mc Adam, Journ. chem. Soc. **1907**, **29**, 721.
Wülfing, Jahresber. Ver. Nat. Württemb. **1900**, **56**, 1.
Zavrieff, C. r. **1907**, **145**; 428.
Žemcžužny, ZS. anorg. Ch. **1908**, **57**, 275. (Th.)

Tertsch.

Schmelz- und Umwandlungspunkte einiger natürlicher und künstlicher Minerale. (Lit. S. 702 f.)

Name, Fundort und Zusammensetzung	Temperatur °C	Autor
Aegyrin siehe Pyroxene, Aenigmatit s. Amphibole, Åkermannit s. Melilithgruppe, Aktinolith s. Amphibole, Albit s. Feldspate, Almandin s. Granatgruppe, Amazonit s. Feldspate		
Amphibolgruppe		
a) rhombisch: **Anthophyllit**, Hermannschlag (Anal.: Brezina, T. min. Mitt. 1874, 247)	Sm^a 1325, Sm^c 1340	Doelter 1903
Kongsberg	Sm^b 1150, Sm^d 1230	Brun 1902
b) monoklin: **Aktinolith** (Strahlstein)		
Glenely (Schottland)	Sm 1282	Cusack 1896
Grönland (hellgrün)	Sm 1288	„ „
Pfitsch, Tirol (dunkelgrün)	Sm^a 1140—50 Sm^c 1170	Doelter 1903
„ „ (lauchgrün)	Sm^a 1240	„ 1902
Tirol (dunkel)	Sm 1272	Cusack 1896
Zermatt	Sm 1190	Brun 1902
?	Sm 1275	Cusack 1896
?	Sm 1296	Joly 1892
Arfvedsonit, Grönland	Sm^a ca. 1000° (Sm-Intervall)	Doelter 1908 b
Nangakasik, Grönland (Anal.: Berwerth, Wien. Ber. **85**, 168; 1882)	Sm^a 930 Sm^c 940	„ 1903
Asbest (Anal.: Scheerer, Pogg. Ann. **84**, 383; 1851)	Sm^a 1275—85 Sm^c 1290—1310	Doelter 1903
Barkevikit, Langensund	Sm 1080—1125	Deleanu D. 1911
(Anal.: Flinck, ZS. Kryst. **16**, 412; 1890)	Sm^a 1060—70 Sm^c 1085—95	Doelter 1903
Gastaldit, St. Marcel (Anal.: Cossa, Accad. Linc. **2**, 33; 1875)	Sm^a 1020—30 Sm^c 1040	Doelter 1903
Glaukophan, Syra (Anal.: Luedecke, ZS. geol. Ges. **28**, 253; 1876)	Sm^a 1035—45 Sm^c 1050—55	Doelter 1903
Hornblende, Achmatowsk	Sm^a 1075—90	Doelter 1903
Arendal (Norwegen)	Sm 1187	Cusack 1896
Cantal, schwarz (aus einem Phonolith)	Sm 1060	Brun 1902
Cervin, braun	Sm 1060—70	„ 1902
Czernosin, schwarz (Anal.: Rammelsberg, Pogg. Ann. **103**, 453; 1858)	Sm^a 1075—80 Sm^c 1090—1100	Doelter 1903
Lukow (vgl. mit Czernosin, Hintze, Handb. d. Min. **2**, 1234)	Sm 1150—70 Er. 1135—1100	Doelter 1907, 08 a
„ braun	Sm^a 1095—1110, Sm^c 1120—25	„ 1903
„ dunkelbraun	Sm^a 1050—65, Sm^c 1085	„ 1902
„ (basaltisch)	Sm^d 1166	Schertel 1880
Marienberg, Sachsen	Sm^d 1130	„ 1880
Pierrepoint, grau (Anal.: Haefcke, Diss. Göttingen 1890)	Sm^a 1065 Sm^c 1080	Doelter 1903
Risör	Sm^a 1140 Sm^c 1155	„ 1903
Vesuv, schwarz (Anal.: Berwerth, Wien. Ber. **85**, 174; 1882)	Sm^a 1085—90 Sm^c 1095—1100	„ 1903
„	Sm 1196	Cusack 1896
Zillertal	Sm^d 1385—1413	Schertel 1880
?	Sm 1200	Cusack 1896
Krokydolith, Narsarsuk (Grönland)	Sm^a 935 Sm^c 945	Doelter 1903
Nephrit, Jordansmühle	Sm^a 1180—90 Sm^c 1210	Doelter 1903
Kashgar (Kouen-Lun)	Sm^b 950 Sm^d 1250	Brun 1902
Pargasit, Pargas (Anal.: Berwerth, Wien. Ber. **85**, 180; 1882)	Sm^a 1140—55 Sm^c 1160—75	Doelter 1903
Riebeckit, St. Peters Dom El Paso (Anal.: König, ZS. Kryst. **1**, 431; 1877)	Sm^a 940 Sm^c 950	Doelter 1903
Tremolit, Bunbeg (County Donegal)	Sm 1219	Cusack 1896
Gotthard	Sm^b 1090 Sm^d 1270	Brun 1902
?	Sm^a 1200 Sm^c 1220	Doelter 1903
?	Sm 1223	Cusack 1896

Tertsch.

Schmelz- und Umwandlungspunkte einiger natürlicher und künstlicher Minerale. (Lit. S. 702 f.)

Name, Fundort und Zusammensetzung	Temperatur °C	Autor
c) triklin: **Aenigmatit,** Kangerdluarsuk (Anal.: Forsberg, ZS. Kryst. **16**, 428; 1890) . . .	Sm[a] 935 Sm[c] 945	Doelter 1903
Analcim, Fassa . . . . . ($NaAlSi_2O_6 + H_2O$)	Sm[a] 880—910	„ 1903
? Das „Glas" nochmals geschmolzen	Sm[a] 875—79 Er. cca 968 Sm[a] (Glas) 968—1020	„ 1901
Andalusitgruppe . . . . . . (Al_2SiO_5)		
Andalusit, Lisenz, Uw. zu Sillimannit wie bei	Sm[a] 1330—50 Sm[c] 1395	„ 1903
? . . . . . [Disthen	Sm 1209	Cusack 1896
Disthen (Cyanit) künstlich Disthen (α) → Sillimannit (β)	Uwp. ca. 1300 u. darüber } zu Sillimannit	Shepherd R. W. 1909
Andalusit (α') →	Uwp. ca. 1330 } zu Sillimannit	Vernadsky 1889 und 1890
Donegal	Sm 1090	Cusack 1896
St. Gotthard	Sm[b] 1310	Brun 1902
Tainach	Sm[a] 1370—90 Sm[c] 1395—1430	Doelter 1903
Sillimannit, künstlich	Sm > 1800	Wallace 1909
„	Uwp. ca. 1300 Sm 1816	Shepherd R. W 1908 (1911)
„	Sm. ca. 1850	Rieke 1908
„	Sm[a] 1890	Boudouard 1905
Andesin s. Feldspate		
Anhydrit, künstlich . . . . ($CaSO_4$)	Sm 1350° (extrapoliert)	LeChatelier 1897
„ α (rhombisch) — β (rhombisch)	Uwp. 1200	Vernadsky 1891
Anomit s. Glimmer; Anorthit und Anorthoklas s. Feldspate; Anthophyllit s. Amphibol		
Antimonit, Ichinokawa, Japan (feinstes Korn, bei gröberem Korn bedeutend höhere Zahlen), s. auch Tab. 67b, S. 209.	Zt. 276, Glühen 605, u. Sm[a] 370 in O_2 Zt. 290, Sm[a] 440, u. Sm[d] 510 in Luft	Friedrich 1909
Apatit, Renfrew Canada . . . ($[F,Cl]Ca_5P_3O_{12}$)	Sm[a] 1270, Sm[c] 1300	Doelter 1903
„	Sm 1227	Cusack 1896
Schlaggenwald	Sm[c] 1300	Vukits 1904
Schweiz	Sm 1221	Cusack 1896
Tirol	Sm 1550	Brun 1902
Aragonit s. Kalkspat, Arfvedsonit s. Amphibol, Argentit s. Silberglanz		
Asbest s. Amphibol, Augit s. Pyroxen		
Auripigment, vergl. auch Tab. 67e, S. 210. Zirneihbad (Kurdistan), a) grobes, b) feines Korn	Zt. (b) 170, Entzündung (a) 320	Friedrich 1909
?	Sm 325 (?)	Cusack 1896
Axinit, Schweiz . . . . ($HMgCa_2BAl_2Si_4O_{16}$)	Sm 995	Cusack 1896
Barkevikit s. Amphibol		
Beryll, Limoges . . . . ($Be_3Al_2Si_6O_{18}$) (gibt harte Schlacke)	Sm 1410—30	Brun 1902
Biotit s. Glimmer		
Bittersalz, künstlich . . . . ($MgSO_4 + 7H_2O$)	Sm. 70	Tilden 1884
a) Zt. $\rightleftarrows MgSO_4 + H_2O$ (Kieserit), b) Zt. $\rightleftarrows MgSO_4$	a) Zt. 150, b) Zt. 200	Rohland 1903
Bleiglanz, künstlich . . . . (PbS)	Sublimation 950°, Sm 1110	Biltz 1908
„	Sm 1015	Guinchant 1902
Beihilfe (Halsbrücke) u. Burbach	Er. 1114	Friedrich 1907
Cumberland	Er. 1115	„ 1907
Freiberg	Er. 1112 ± 2	Biltz 1908
Joplin, Missouri, feines Korn, allmählich erwärmt;	Zt. u. Glühen 830—47 } in O	Friedrich 1909 u. 1907
in den heißen Ofen eingesetzt; .	Zt. u. Glühen 646 } in O	
in Luft	Zt. u. Glühen 740—96, Er. 1114	
Portugal	Er. 1114	„ 1907
? zersetzt sich im Augenblicke des „Schmelzens"	Sm 830 (?)	Brun 1902
? (Umwandlung?)	Sm 727	Cusack 1896

Schmelz- und Umwandlungspunkte einiger natürlicher und künstlicher Minerale. (Lit. S. 702 f.)

Name, Fundort und Zusammensetzung	Temperatur °C	Autor
Boracit . . . . ($Mg_7Cl_2B_{16}O_{30}$), α (rhombisch?) ⇄ β (tesseral)	Uwp. 265,2	Schwarz 1892
Borax . . . . ($Na_2B_4O_7+10H_2O$)	Sm 75,5	Tilden 1884
Braunit, künstlich . . . . (Mn_2O_3) setzt sich zu Hausmannit (Mn_3O_4) um,	Zt. (in Luft) 940, Zt. (in O) 1090	Meyer, R., 1908
in O_2 reversibel	Zt. (in H) 230	Glaser 1903
Breithauptit, künstlich . . . . (NiSb)	Er. 1158	Lossew 1906
Bronzit s. Pyroxen		
Brookit, polymorph mit Rutil u. Anatas (TiO_2)	Sm 1560	Cusack 1896
Chromit, Kosswinsky Kamen (Ural) (Cr_2FeO_4)	Sm 1850	Brun 1902
Kraubath (Steiermark)	$Sm^a > 1450$	Doelter 1903
Var (unrein)	Sm 1670	Brun 1902
Cordierit, Finnland . . . . . ($Mg_2Al_4Si_5O_{18}$)	Sm 1310	Brun 1902
Couzeranit s. Skapolithgruppe; Diallag siehe Pyroxen		
Dimorphin, künstlich . . . . (As_4S_3)	Sm etwas $> 200^0$	Krenner S. 1907
Diopsid s. Pyroxen		
Dioptas . . . . (H_2CuSiO_4)	Sm 1171	Cusack 1896
Disthen s. Andalusitgruppe		
Dolomit . . . . ($CaMgC_2O_6$)	Zt. 765—895	Le Chatelier 1887
Eisenvitriol (Melanterit) künstlich ($FeSO_4+7H_2O$)	Sm 64	Tilden 1884
Eläolith s. Nephelin; Enstatit s. Pyroxen		
Epidot, Arendal . . . . ($HCa_2(Al,Fe)_3Si_3O_{13}$)	Sm 976	Cusack 1896
Bourg d'Oisaus	Sm^a 1095 Sm^c 1110	Doelter 1902
Portrane	Sm 954	Cusack 1896
Untersulzbach	Sm^b ca. 900 Sm^d 1250	Brun 1902
Fassait s. Pyroxen, Fayalit s. Olivin		
Feldspate		
1. **Kalifeldspate** . . . . ($KAlSi_3O_8$)		
Orthoklas, Arendal (Anal.: Schulz, Rammelsberg Min. Chem. 1860, 628)	Sm^a 1185—90 Sm^c 1205—20	Doelter 1903
(Adular) Ceylon	Sm 1168°, bei 1230 Blasenwerfen	Cusack 1896
Col du Géant	Sm 1270	Brun 1902
(Sanidin) Drachenfels (Anal.: Schmidt, T. min. petr. Mitt. **4**, 12; 1881)	Sm^a 1140—55 Sm^c 1175	Doelter 1903
(Adular) St. Gotthard	Sm 1180—1200	Dittler 1911
„ „ (Anal.: Abich, Pogg. Ann. **51**, 530; 1840)	Sm^a 1185—95 Sm^c 1210—20	Doelter 1903
„ „	Sm^d 1400—1420	Schertel 1880
Norwegen	Sm^a 1180—95 Sm^b 1210—20, Sm^c 1260—1300 $Sm^d > 1360$, Sm („Glas") 1190	Doelter 1905, „ 1904
(Adular) Schweiz	Sm 1164, bei 1230° Blasenwerfen	Cusack 1896
Viesch	Sm 1300	Brun 1902
?	Sm 1175	Joly 1891
(Sanidin) ?	Sm 1140	„ 1891
? Orthoklasglas	Sm 1220	Douglas 1907
? Kryptoperthitglas . .	Sm 1175	„ 1907
Mikroklin, Binnental	Sm 1169	Cusack 1896
(Amazonit) Colorado	Sm 1330	Brun 1902
Miask (Anal.: Descloiseaux-Pisani, Ann. chim. phys. **9**, 463; 1876).	Sm^a 1155—60 Sm^c 1170—80	Doelter 1903
Mitchell Co., North Carolina	Sm 1135—1275	Day A. 1905 a
Pikes Peak	Sm^a 1150—60 Sm^c 1175	Doelter 1902 u. 1903
? rot	Sm 1290	Brun 1902
?	Sm 1175	Joly 1891
Anorthoklas, Quadre Ribeiras [$(K,Na)AlSi_3O_8$]	Sm 1250	Brun 1902
2. **Kalknatronfeldspate** ($NaAlSi_3O_8$)[Ab] — ($CaAl_2Si_2O_8$) [An]		
Albit, künstlich . . . . . . ($NaAlSi_3O_8$)	Sm $<$ 1200, Sm Intervall	Day A. 1905 a (1911)
Mourne Mountains	Sm 1172	Cusack 1896
Norwegen	Sm^a 1120—40 Sm^c 1160 (Mittel)	Doelter 1903, 0

Tertsch.

Schmelz- und Umwandlungspunkte einiger natürlicher und künstlicher Minerale. (Lit. S. 702 f.)

Name, Fundort und Zusammensetzung	Temperatur °C	Autor
Pfitsch (wird bei Sm^{b} amorph, bleibt aber starr)	Sm^{b} 1160—65 Sm^{c} 1220—25, Erweichen	Doelter 1905
Pfitsch, Albitglas	Sm 1268	Douglas 1907
Rhonetal (CaO = 0,5%)	Sm^{a} 1135, Sm^{b} 1160-75, Sm^{c} 1200—15	Doelter 1906 b
Schmirn	Sm^{a} 1115—25 Sm^{c} 1150 (Mittel)	„ 1903, 04
Striegau (Anal.: Beutell in Hintze Handbuch d. Min. **2**, 1470) wird im starren Zustande amorph	Sm^{a} 1140—60 Sm^{c} 1200 (sehr zähe)	Doelter 1908
Viesch (Periklin)	Sm 1259, Sm (Glas) 1177	Brun 1904
?	Sm 1175	Joly 1891
Oligoklasalbit, Soboth (Anal.: Smita, T. min. Mitt. 1877, 265)	Sm^{a} 1140—60 Sm^{c} 1175—85	Doelter 1903
Stainz (Sauerbrunn) (Anal.: Maly, Nat. Ver. Steierm. 1885, 9)	Sm^{a} 1120—40 Sm^{c} 1150—60	„ 1903
Wilmington (Delaware) ($Ab_{85}An_{15}$) (Anal. in d. Arbeit selbst)	Sm^{a-c} 1150-1200 Sm^{d} 1240 (sehr zähe)	Dittler 1911
Oligoklas, künstlich Ab_3An_1	Sm ca. 1345	Day A. 1905 b
Bakersville (Anal.: Kunz-Clarke, Sill. Journ. **36**, 223; 1888)	Sm^{a} 1170, Sm^{b} 1200, Sm^{c} 1240	Doelter 1906 b
Fredriksvärn (sehr große Krystalle)	Sm 1260	Brun 1902
Mauthern b. St. Jakob (Steiermark) (Teilanalyse in d. Arbeit)	Sm^{a} 1135—45 Sm^{c} 1150—60	Doelter 1903
Tvedestrand (Anal.: Scheerer, Pogg. Ann. **64**, 153; 1845)	Sm^{a} 1135—45 Sm^{c} 1170	„ 1903
Tvedestrand (Glas)	Sm 1310	Douglas 1907
?	Sm 1220	Joly 1891
Andesin, künstlich Ab_2An_1	Sm ca. 1375 (Sm-Intervall)	Day A. 1905 b (corr. 1911)
Var (Anal.: Schuster-Sipöcz T. min. petr. Mitt. **3**, 175; 1880)	Sm^{a} 1155—65 Sm^{c} 1185	Doelter 1903
„ (aus einem Porphyrit, sehr rein)	Sm 1280	Brun 1902
? Glas	Sm 1340	Douglas 1907
Labradorit, künstlich Ab_1An_1	Sm ca. 1430 (Sm-Intervall)	Day A. 1905 b (corr. 1911)
„ $Ab_{35}An_{65}$ sehr langsam erhitzt	{ Sm^{a} 1240 Sm^{c} 1285 Er. 1180—1110 optisch; Sm 1285—1300 Er. 1240—1200 thermisch }	Dittler 1910 a „ 1911
„ Ab_1An_2 (nicht glasfrei)	Sm^{a} 1190 Sm^{c} 1240	Doelter 1906 d
„ Ab_1An_2	Sm cca 1477 (Sm-Intervall)	Day A. 1905 b (corr. 1911)
Howth (Basalt)	Sm 1223	Cusack 1896
Kamenoi Brod (b. Kiew) Anal.: Schuster, T. min. petr. Mitt. **1**, 367; 1878	Sm^{a-c} 1190—1225	Dittler 1908
„ „	Sm^{c} 1210	{ Vučnik 1906 Vukits 1904
Kiew	Sm 1180—1220	Khittl 1911
„ (Anal. in der Arbeit) nicht ganz rein	Sm 1240—90 Er. 1200—1160	Dittler 1911
„ (Anal.: Segeth, Bull. sc. Petersb. **7**, 25; 1840), Sm^{b} fast noch starr	Sm^{a} 1180 Sm^{b} 1205—25 Sm^{c} 1220-1300	Doelter 1905
„ (Labrador**glas**)	Sm 1185	„ 1904
„ (fraglich)	Sm 1370	Brun 1902
Labradorküste	Sm^{a} 1185 Sm^{b} 1220 Sm^{c} 1260 Er. 1200—1150	Doelter 1906 b
„ (**Glas**)	Sm 1390	Douglas 1907
Monzoni (Anal.: Lemberg, ZS. geol. Ges. **24**, 188; 1872)	Sm^{a} 1140-55 Sm^{c} 1195	Doelter 1903
St. Rafael (Anal.: Sipöcz, in d. Arbeit selbst)	Sm^{a} 1190 Sm^{b} 1240 Sm^{c} 1255	„ 1906 d
Szuligata (Siebenbürgen) (Anal.: Doelter, T. min. Mitt. 1874, 15)	Sm^{a} 1185 Sm^{b} 1225 Sm^{c} 1275	„ 1906 b
? (Anal. in der Arbeit)	Sm^{a} 1240 Sm^{b} 1280 Sm^{c} 1310 Er. 1230-20	„ 1907 u. 08
?	Sm 1235	Cusack 1896
?	Sm 1230	Joly 1891

Schmelz- und Umwandlungspunkte einiger natürlicher und künstlicher Minerale. (Lit. S. 702 f.)

Name, Fundort und Zusammensetzung	Temperatur °C	Autor
Bytownit, künstlich $Ab_{25}An_{75}$	Sm^{a-c} 1245–1300 Er. 1230–1130	Dittler 1910 a
$Ab_{20}An_{80}$	Sm^{a-c} 1240–1320 Er. 1250–1130	„ 1910 a
$Ab_{15}An_{85}$	Sm^{a-c} 1260–1325 Er. 1260–1150	„ 1910 a
$Ab_{12,5}An_{87,5}$	Sm^{a-c} 1260–1330 Er. 1270–1150	„ 1910 a
Ab_1An_5	Sm ca. 1516, (Sm-Intervall)	Day A. 1905 b (korr. 1911)
Anorthit, künstlich $Ab_{10}An_{90}$	Sm^{a-c} 1275–1350 Er. 1270–1160	Dittler 1910 a
„ Ab_5An_{95}	Sm^{a-c} 1280–1365 Er. 1290–1180	„ 1910 a
„ An (stark überhitzt bei 1540° eine von An. versch. Verbindung)	Sm^{a-c} 1290–1370 Er. 1300–1180	„ 1910 a u. 11
„ An . . . ($CaAl_2Si_2O_8$)	Sm 1550 ± 2,0	Day S. 1910 (korr. 1911)
„ An	Sm 1515	Rieke 1908
„ An	Sm^a 1265 Sm^c 1345—50	Doelter 1906 b
„ An	Sm 1510	Boudouard 1905
„ An	Sm 1552	Day A. 1905 b (korr. 1911)
„ An	Sm ca. 1220	Vogt 1904
Japan (unrein)	Sm^b 1250—90 Sm^c ca. 1400	Doelter 1905
Mijake Idsu (Japan)	Sm^b 1544—62 Sm (Glas) 1210—50	Brun 1904
Mijakeshima	Sm^a 1260 Sm^b 1310 Sm^c 1340 Er. 1255—20	Doelter 1906 b
Pizmeda (Anal. in der Arbeit)	Sm^c 1240 Er. 1200—1190	Dittler 1911
„	Sm 1290	Vučnik 1906
„ (Anal.: G. v. Rath „Monzoni", Niederrhein. Ges., Bonn 1875) .	Sm^a 1160–90 Sm^c 1260 (Mittel)	Doelter 1903 u. 04
Vesuv	Sm^a 1255 Sm^b 1290 Sm^c 1330 Er. 1250—30	„ 1906 b
„ (Anal.: Lemberg, ZS. geol. Ges. 1883, **35**, 606)	Sm^a 1160–75 Sm^c 1230 (Mittel)	„ 1903 u. 04
„ (Mte. Somma) **Glas**	Sm 1505	Douglas 1907
Fluorit, vgl. auch 67 f. S. 213 . . . . (CaF_2)		
Charpouagletscher	Sm^b 1230 Sm^d 1270 (Entfärbung 500°)	Brun 1902
?	Sm > 902°	Carnelley 1878
Forsterit s. Olivin		
Franklinit	Sm^a > 1420	Doelter 1903
Fowlerit s. Pyroxen, Gastaldit s. Amphibol		
Glaserit, künstlich . . . (Na_2SO_4+3 K_2SO_4)	Zt 431°	Nacken 1907 a
Glaukophan s. Amphibol		
Glimmergruppe		
Anomit, Steinegg b. Krems	Sm^a 1295 Sm^c 1325—35	Doelter 1903
Biotit, Miask (Anal.: Rammelsberg, „Glimmer" Berl. Sitzber. 1889, 36)	Sm^a 1140—50, Sm^c 1170	„ „
„ Monzoni (Anal.: Rammelsberg, „Glimmer" Berl. Sitzber. 1889, 26) . .	Sm^a 1240	„ „
„ Vesuv schwarz	Sm^a 1155—60	„ „
Lepidolith, Rožena (Anal.: Berwerth, T. min. Mitt. 1877, 344)	Sm^a 925 Sm^c 935—45	„ „
Lepidomelan, Freiberg (Anal.: Scheerer, Rammelsberg Min. Chem. 1875) .	Sm^a 1115—25 Sm^c 1150—60	„ „
„ Rieserferner (aus Tonalit) . .	Sm^a 1130—35 Sm^c 1165—75	„ „
Meroxen, Calumet (Island)	Sm^a 1195	„ „
Vesuv ölgrün (Anal.: Kjerulf, Journ. prakt. Ch. **65**. 190; 1855)	Sm^a 1230—40 Sm^c 1255—70	„ „
Muskovit, Aiguille du Tour (Montblanc) . .	Sm^b 850	Brun 1902
Middletown	Sm^a 1255—60 Sm^c 1270—90	Doelter 1903
New Hampshire	Sm^a 1255—60	„ „
Phlogopit, Burgess	Sm^a 1250—55 Sm^c 1270—75	„ „
Ratnapura, Ceylon (Anal.: Popovits, T. Min. Mitt. 1874, 241)	Sm^a 1290 Sm^c 1330	„ „

Tertsch.

Schmelz- und Umwandlungspunkte einiger natürlicher und künstlicher Minerale. (Lit. S. 702f.)

Name, Fundort und Zusammensetzung	Temperatur °C	Autor
Rubellan, Laacher See (Anal.: Hollrung, T. min. petr. Mitt. **5**, 327; 1883.)	Sm^a 1160—65	Doelter 1903
Zinnwaldit, Zinnwald, hell, (Anal.: Berwerth, T. min. Mitt. 1877, 346)	Sm^a 940—50 Sm^c 960	„ „
„ dunkel	Sm^a 935 Sm^c 960—65	„ „
Goslarit künstlich . . . . . ($ZnSO_4$+7 H_2O)	Zt. 38,10—38,12	Cohen J. E. 1911
„	Zt 38,5	Cohen 1894
„	Sm 50	Tilden 1884
Granatgruppe		
Almandin, Achmatowsk (braungelb) . . .	Sm^a 1135 Sm^c 1160	Doelter 1903
Böhmen	1263	Cusack 1896
(Ceylon?) edel	Sm 1150—1250	Doelter 1911
Dublin	Sm 1268	Cusack 1896
Fahlun (Anal.: Hisinger, Afh. i. Fys. **4**, 387)	Sm^a 1100—10 Sm^c 1140—50	Doelter 1903
Grönland	Sm 1100—1215	Deleanu D. 1911
Indien	Sm 1060—70	Brun 1902
Radentheim (Kärnten)	Sm^a ca. 1077 Sm^c 1095	Doelter 1901
Traversella	Sm^a 1110—15 Sm^c 1140—45	„ 1903
?	Sm 1264	Cusack 1896
?	Sm 1265	Joly 1891
?	Sm^d 1130—60	Schertel 1880
Granat, Rympfischwänge, rot	Sm 1010	Brun 1902
Grossular, Auerbach (Anal.: Klein-Jannasch, N. Jahrb. Min. **1**, 110; 1883) . .	Sm^a 1110 Sm^c 1125—40	Doelter 1903
„ Monzoni (Anal. Lemberg, ZS. geol. Ges. **24**, 249; 1872)	Sm 1150—1250	„ 1911 (u. 03)
„ Rezbanya	Sm^a 1099	„ 1901
Hessonit, Ala (Anal.: Klein-Jannasch, N. Jahrb. Min. **1**, 120; 1883)	Sm^a 1110	„ 1903
Melanit, Frascati (Anal.: Knop, ZS. Kryst. **1**, 63; 1877)	Sm^a 925—35 Sm^c 945—50	Doelter 1903
Vesuv	Sm 1030—1190	„ 1911
„	Sm 980—1150	Deleanu D. 1911
Pyrop, Meronitz [Böhmen] (Anal.: Moberg, Journ. pr. Ch. **43**, 124; 1848)	Sm^a 1185	Doelter 1903
Topazolith, Rympfischwänge	Sm 1150	Brun 1902
Uwarowit Bissersk ? (Anal.: Damour, Ann. Min. **4**, 115; 1843)	Sm^a 1270—80 Sm^c 1300	Doelter 1903
Greenockit, künstlich . . . . (CdS)	Sublimation ca. 980°, **kein** Sm	Biltz 1908
Gyps . . . . ($CaSO_4$ + 2 H_2O)	Zt. 110° ¦	Le Chatelier 1887
a) Zt. zu $CaSO_4$ + $^1/_2 H_2O$ (Stuckgyps); b) Zt. zu $CaSO_4$ (totgebrannter Gyps) 1. Modif.; c) Zt. zu $CaSO_4$ (Estrichgyps) 2. Modif.	Zt. a) 107,0; Zt. b) = 130°; Zt. c) = 525.	Rohland 1903
Hämatit, künstlich, ... (Fe_2O_3) (bei allmählicher Erwärmung Zersetzung) .	Uwp_1 1028—35, Uwp_2 1350—1250 Er. 1562—65 in O_2	Kohlmeyer 1909
Elba	Sm 1300	Brun 1902
Waldenstein	Sm^a 1350—60 Sm^c 1390—1400	Doelter 1903
?	Uwp. 950 (?)	Le Chatelier 1887
Hausmannit, künstlich . . . . (Mn_3O_4)		
(vgl. auch Braunit) Zt. zu MnO	Zt. in H_2 = 296	Glaser 1903
Hauyn, Laach . . . . . ($[Na_2Ca]_5Al_6Si_6S_2O_{32}$)	Sm^b 1410 Sm^d 1450	Brun 1902
Siderão (Nosean = Natronhauyn) (Anal: Doelter, T. min. petr. Mitt. **4**, 465; 1881)	Sm^a 1090—1100 Sm^c 1140	Doelter 1903
Vesuv	Sm^a 1190—95 Sm^c 1210—25	„ 1903
Hedenbergit s. Pyroxen, Hessonit s. Granat, Hornblende s. Amphibol, Hortonolith und Hyalosiderit s. Olivin, Hypersthen siehe Pyroxen		
Ilmenit, Isergrund . . . . ($FeTiO_3$)	Sm 1450	Brun 1902
Jadeit s. Pyroxen		

Tertsch.

Schmelz- und Umwandlungspunkte einiger natürlicher und künstlicher Minerale. (Lit. S. 702 f.)

Name, Fundort und Zusammensetzung	Temperatur °C	Autor
Kalkspat, künstlich, tetramorph . . . ($CaCO_3$)	Zt. 898 (1 Atm. CO_2-Druck)	Johnston 1910
α) Gallerte; β) Vaterit (opt. zweiaxig)	Zt. 908 ± 5 „ „	Riesenfeld 1909
γ) Aragonit (rhombisch) → δ) Kalkspat (trigonal)	Uwp. (Gallerte → Kalkspat) 200—230	Bütschli 1908
	Zt. ca. 920 (1 Atm. CO_2-Druck)	Zavrieff 1907
	Zt. 825 (1 Atm. CO_2-Druck)	Brill 1905
Zitiert nach „**Johnston**" ZS. ph. Ch. **65**, 737; 1909	Zt. ca. 892	Pott 1905
	Zt. 900	Herzfeld 1897
	Zt. > 812 (1 Atm. CO_2-Druck)	Le Chatelier 1887
Bilin, Uw. Aragonit → Kalkspat	Uwp. 445—70°, Zt. 1400—1500 (30 Atm.)	Boeke 1906
Bilin, Uw. Aragonit → Kalkspat	Uwp. 410	Mügge 1901
Kaolin . . . . ($H_4Al_2Si_2O_9$)	Sm 1912—15	Ruff 1910
Korund, künstlich . . . . (Al_2O_3)	verdampft ca. 1960, i. N_2 Sm^a = 1965, Sm^d = 2065	Ruff 1910
„	Sm ca. 2100	Shepherd R. W. 1909
„	Sm ca. 2000	Simonis 1906
zitiert nach „**Ruff**" 1910	Sm^c ca 2250	Moissan 1893
(Sapphir), Ceylon	Sm ca 1750—1800	Vukits 1904
?	Uwp. (?) 850	Le Chatelier 1887
Krokydolith siehe Amphibol		
Kupferglanz, künstlich . . . . . . (Cu_2S)		
α (rhombisch) — β (tesseral)	Er. 1105 — 1100 ± 4°	Bornemann 1909
vergl. auch Tab. 67 n, S. 220	Zt. 440, Glüh. 440 in O; Zt. 430, Glüh. 440 in Luft	Friedrich 1909
(Die mehrfach angegebenen Uwp. korrespondieren **nicht** mit der krystallographischen Umwandlung)	Er. 1127 (unter Kohle)	Heyn, B. 1906
	Uwp_1 105, Uwp_2 167,2	Mönch 1905
	Uwp_1 78—80	Sahmen T. 1903
	Uwp. 103	Bellati L. 1889
. . . .	Uwp_1 103 (Erwärmen) 97 u. 79 (Abkühlen)	Hittorf 1851
Bristol (Connecticut)	Uwp_1 95, Uwp_2 150—165	Mönch 1905
Labradorit siehe Feldspat		
Langbeinit, künstlich und aus Neu-Staßfurt ($2MgSO_4 + K_2SO_4$)	Er. 930	Nacken 1907 b
Leadhillit, Leadhills [$Pb(CO_3)_2SO_4 + Pb(PbOH)_2$] α (monoklin) → β (hexagonal)	Uwp. (Säulen nach c) 285—300, (Platten 001) 90—120	Mügge 1884
Lepidolith und Lepidomelan s. Glimmer		
Leucit, Capo di Bove . . . . . ($KAlSi_2O_6$)	Sm 1330	Vučnik 1906
Mte Somma (Vesuv)	Sm^a 1290 Sm^b 1320 Sm^c 1350, Sm^d 1410	Doelter 1906 b
Vesuv	Sm 1320—70	Khittl 1911
„ (Sm^b noch im starren Zustand)	Sm^a 1285—95 Sm^b 1320—50 Sm^d > 1400	Doelter 1905
„ Glas	Sm 1290	„ 1904
„	Sm^b 1430 Sm^d 1560—1600, Sm (Glas) 1150	Brun 1904
„	Sm 1298	Cusack 1896
„ α Leucit (rhombisch) ⇄ β Leucit (tesseral)	Uwp. 714	Rinne K. 1910
	Uwp. 560	Klein 1897

Tertsch.

Schmelz- und Umwandlungspunkte einiger natürlicher und künstlicher Minerale. (Lit. S. 702 f.)

Name, Fundort und Zusammensetzung	Temperatur °C	Autor
Magnesit, künstlich ($MgCO_3$) Zersetzung $MgCO_3 \rightarrow 10\,MgO+9\,CO_2$ [1]) $\rightarrow 9\,MgO+8\,CO_2$ [2])	Zt.[1]) 265 Zt.[2]) 295	Brill 1905
$9\,MgO+8\,CO_2 \rightarrow 8\,MgO+7\,CO_2$ [3]) $\rightarrow$ $\rightarrow 7\,MgO+6\,CO_2$ [4]) $\rightarrow 6\,MgO+5\,CO_2$ [5])	Zt.[3]) 325 Zt.[4]) 340 Zt.[5]) 380	Brill 1905
$6\,MgO+5\,CO_2 \rightarrow 5\,MgO+4\,CO_2$ [6]) $\rightarrow$ $\rightarrow 7\,MgO+CO_2$ [7]) $\rightarrow MgO$ [8])	Zt.[6]) 405 Zt.[7]) 510 Zt.[8]) 520	Brill 1905
	Zt. zu MgO etwas > 500	Vesterberg u. Wülfing 1900
	Zt. 680	Le Chatelier 1887
	Zt. 200—300	Rose 1851
Magnetit, künstlich . . . . (Fe_3O_4), vgl. auch Tab. 67h S. 215	Uwp. 1250—1350 Er. 1527 in N_2	Kohlmeyer 1909
Morawitza	Sm^a 1145	Doelter 1901
Mulatto	Sm^a 1190—95 Sm^c 1250 (Mitt.)	„ 1903 u. 1904
Zermatt	Sm 1260	Brun 1902
Magnetkies, künstlich . . . . (FeS) α (hexagonal) — β (tesseral)	Er. 1158—53	Bornemann 1909
„ vgl. auch Tab. 67h S. 215 .	Uwp. 128 ± 5, Sm ca. 1300	Treitschke T. 1906
„	Sm 925	Guinchant 1902
	Uwp. 130 Sm. 950	Le Chatelier Z. 1902
Bodenmais (feinstes Korn, bei gröberem Korn bedeutend höher)	Zt. 430 in O_2 u. Luft, Glühen 430 (O_2) 450 (Luft)	Friedrich 1909
Malakolith u. Manganaugit s. Pyroxene		
Manganblende, Nagyag, feinstes Korn . . (MnS)	Zt. 370 (O_2) 355 (Luft), Glühen 474 (O_2) 543 (Luft)	Friedrich 1909
Marialith s. Skapolithe		
Markasit, dimorph zu Pyrit . . . . . (FeS_2)	Sm 642 (?)	Cusack 1896
Matlockit, künstlich . . . . . ($PbCl_2+PbO$)	Zt. 524 (Sm 615)	Ruer 1906
Meionit s. Skapolithe, Melanit s. Granat		
Melilithgruppe		
Åkermannit . . . . ($Ca_4Si_3O_{10}$)?	Sm 1425	Boudouard 1905
(Nach Day S. W. Wr. 1907 nur bei Mg-Zusatz zu erhalten.) . . . ($(Ca_{0.7}Mg_{0.3})_4Si_3O_{10}$)	Er. 1200—1175	Vogt 1904
Gehlenit . . . . ($Ca_3Al_2Si_2O_{10}$)	Sm ca. 1200	Doelter 1910
Melilith, Alnö	Sm 1120—80	Deleanu D. 1911
Mendipit, künstlich . . . . . ($PbCl_2+2\,PbO$)	Sm 693	Ruer 1906
Meroxen s. Glimmer, Mikroklin s. Feldspate		
Millerit (NiS), vergl. auch Tab. 67r, S. 224 Pennsylvania (unrein), feinstes Korn . .	Zt. 492 (O_2) 513 (Luft), Glühen 523 (O_2) 585 (Luft)	Friedrich 1909
Molybdänglanz, Neu Südwales (unrein), (MoS_2), feines Korn	Sm^a 730 Zt. 214 (O_2), Glühen 504 (Luft)	Friedrich 1909
?	Sm 1185	Cusack 1896
Monticellit s. Olivin, Muskovit s. Glimmer		
Natrolith, Hohentwiel, . . ($Na_2Al_2Si_3O_{10}+2\,H_2O$)	Sm^a 910 Sm^c 968	Doelter 1901
?	Sm 965	Joly 1891
Nephelin, künstlich . . . . ($NaAlSiO_4$)	Sm 1150—1200	Khittl 1911
„	Er. ca. 1260	Wallace 1909
Arendal	Sm 1070	Cusack 1896
(Eläolith), Miask	Sm 1155—95	Khittl 1911
„ „ (Anal.: Tedeschi in Vučniks Arbeit 1906) . .	Sm^{a-c} 1145—95 Sm^d 1220	Doelter 1906c
„ „ (Anal.: Tedeschi in Vučniks Arbeit 1906) . .	Sm 1190—1220	Vučnik 1906
„ „	Sm 1190	Vukits 1904
„ „	Sm 1270	Brun 1902
„ Norwegen	Sm^a 1085—1100 Sm^c 1110—20	Doelter 1903
Mte Somma (Vesuv)	Sm^{a-c} 1110—1160	Doelter 1906c
Vesuv	Sm^a 1105—20 Sm^c 1120—35	Doelter 1903
„	Sm 1059	Cusack 1896
(Eläolith)?	Sm^a 1080	Doelter 1902

Tertsch.

Schmelz- und Umwandlungspunkte einiger natürlicher und künstlicher Minerale. (Lit. S. 702 f.)

Name, Fundort und Zusammensetzung	Temperatur °C	Autor
Nephrit s. Amphibol, Nosean s. Hauyn, Oligoklas s. Feldspate		
Olivin, künstlich (Mg_2SiO_4) = Forsterit (Fo); (Fe_2SiO_4) = Fayalit (Fa)	Sm (Fo u. Fa) ca. 1600 extrapoliert	Pöschl 1907
„ (Ca_2SiO_4) = Kalkolivin (Ko), α) monoklin ⇄ β) rhombisch ⇄ γ) (monokl.)	Uwp. (αβ) 675, Uwp. (βγ) 1420 Sm (γ) 2130	Day S. 1906 (corr. 1911)
„ Mg_2SiO_4—Fe_2SiO_4		
(9 Fo 1 Fa)	Sm^{a-c} 1330—70	
(8 Fo 2 Fa)	Sm^{a-c} 1315—60	
(7 Fo 3 Fa)	Sm^{a-c} 1305—40	
(6 Fo 4 Fa)	Sm^{a-c} 1290—1320	
„ Mg_2SiO_4—Ca_2SiO_4		
(9 Fo 1 Ko)	Sm^{a-c} 1330—50	
(8 Fo 2 Ko)	Sm^{a-c} 1315—40	
(7 Fo 3 Ko)	Sm^{a-c} 1305—25	Pöschl 1907
(5 Fo 5 Ko)	Sm^{a-c} 1300—20	
(3 Fo 7 Ko)	Sm^{a-c} 1295—1310	
(2 Fo 8 Ko)	Sm^{a-c} 1325—45	
„ (72 Fo 18 Ko 10 Fa)	Sm^{a-c} 1310—30	
(45 Fo 45 Ko 10 Fa)	Sm^{a-c} 1260—1320	
(18 Fo 72 Ko 10 Fa)	Sm^{a-c} 1305—30	
(— 90 Ko 10 Fa)	Sm^{a-c} 1360—1400	
Mg_2SiO_4	Sm 1450	Vogt 1904
„ Ca_2SiO_4	Sm 1460	Boudouard 1905
Ägypten (edel)	Sm^a 1390—95 Sm^c 1400—10	Doelter 1903
Almeklovdal	Sm^c 1280 (Mittel) Sm (Glas) 1260	„ 1904
Cartagena (Spanien)	Sm^a 1342 Sm^b 1372	Cusack 1896
Ceylon (Anal.: Vučnik in d. Arbeit selbst) (8 Fo + 1 Fa)	Sm^{a-c} 1395—1410 Sm^d 1445	Doelter 1906 c
„ (Anal.: Vučnik in d. Arbeit selbst)	Sm 1320	Vučnik 1906
„	Sm 1300	Vukits 1904
Dreiser Weiher (Eifel)	Sm^b ca. 1730	Brun 1904
(Fayalit) Fayal (Anal.: Rammelsberg, Mineralchem. 1875, 425)	Sm^a 1055 Sm^c 1075	Doelter 1903
Kapfenstein	Sm 1380—1410	Khittl 1911
„ (Anal.: Tschermak in d. Arbeit selbst)	Sm^{a-c} 1360—80 Sm^d 1385	Doelter 1906 c
Lipari (Anal.: Brögger, N. Jahrb. Min. 1880, **2**, 190)	Sm^a 1265—75 Sm^c 1280—85	Doelter 1903
Mte Somma (Vesuv) braungelb (FeO=13,14%)	Sm^{a-c} 1310—50 opt. Sm^{a-c} 1330—70 therm. Sm^d 1390	Doelter 1906 c
„ „ dunkel (Anal.: G. v. Rath, Pogg. Ann. **155**, 34; 1875)	Sm^a 1255—65 Sm^c 1275—90	„ 1903
(Monticellit), Vesuv (Anal.: Rammelsberg, Pogg. Ann. **109**, 569; 1860)	Sm^a 1400—10 Sm^c 1420—60	„ „
Ribeira das Patas (zersetzt) (Anal.: Doelter, Vulkane d. Kapverden)	Sm^a 1155—60 Sm^c 1180—85	„ „
(Forsterit), Sardinien	Sm^a > 1460	„ „
(Hyalosiderit), Sasbach (Anal.: Rosenbusch, N. Jahrb. Min. 1872, 50)	Sm^a 1215—20, Sm^c 1240	„ „
Söndmöre (FeO=8,18%)	Sm^{a-c} 1395—1430	„ 1906 c
Vesuv (lichtgelb)	Sm^a 1350—80	„ 1901
„	Sm^a 1323, Sm^b 1378 u. 63 Sm^c 1407	Cusack 1896
? (dunkelgrün, unrein)	Sm^a 1140 Sm^c 1180 Er. 1120	Doelter 1901
(Hortonolith)? (Anal.: Mixter, Hintze Handb. Miner. **2**, 23)	Sm^a 1175—80 Sm^c 1195	„ 1903
Omphacit s. Pyroxene, Orthoklas s. Feldspate, Pargasit s. Amphibole		

Tertsch.

Schmelz- und Umwandlungspunkte einiger natürlicher und künstlicher Minerale. (Lit. S. 702 f.)

Name, Fundort und Zusammensetzung	Temperatur °C	Autor
Periklas, künstlich . . . . (MgO)	Verflüchtigt bei 2000	
(verdampft gleich beim Schmelzen) . . .	Sm (in N_2) 2100 (Sm 2500) angenommen	Ruff 1910 Arndt 1906 b
Petalit, Utö . . . . ($LiAlSi_4O_{10}$)	Sm 1270	Brun 1902
Phenakit, künstlich . . . . . . (Be_2SiO_4)	Sm^{c-d} > 2000	Stein 1907
Phlogopit s. Glimmer, Pleonast s. Spinell		
Polianit, künstlich . . . . (MnO_2)	Zt. 530 (Luft) 565 (O_2)	Meyer R 1908
setzt sich um zu (Mn_2O_3)	Zt. 185 (in H)	Glaser 1903
Pyrit, Rio [Elba] (FeS_2), dimorph zu Markasit; (setzt sich zu FeS um) feines Korn . . .	Zt. 344 (O_2) 325 (Luft), Glüh. 405 (O_2) 410 (Luft) Sm 642 (?)	Friedrich 1909 Cusack 1896
Pyrop s. Granat		
Pyroxengruppe		
1. **rhombisch** . . . . [(Mg, Fe) SiO_3]		
Enstatit, künstlich . . . . . ($Mg SiO_3$)		
α (Enstatit, rhomb.) → } β monoklin	Sm 1420—60	Doelter 1911
α_1 (—— monoklin) → } Amphibole, Klinoenstatit	Er. 1535	Lebedew 1911
α_2 (Kupfferit, rhomb.) →	Uwp. ($\beta \rightleftarrows \gamma$) ca. 1375 (träge) Sm$\gamma$ 1557	Allen W. 1909 (corr. 1911)
„ β (Klinoenstatit) $\rightleftarrows$ γ (rhombisch, Olivin ähnlich) . .	Er. 1549	Wallace 1909
„	Er. 1565	Stein 1907
„	Uwp. ($\alpha \to \beta$) ca. 1300 Uwp. (α_1 u. $\alpha_2 \to \beta$) ca. 1150	Allen W. C. 1906 (corr. 1911)
„	Uwp. ($\alpha_2 \to \alpha_1$) 375—475 in Gegenwart v. H_2O	
„	Smγ 1554	
Bamle	Sm^{a} 1375—80 Sm^{c} 1400	Doelter 1903
Bronzit, Kraubath (Anal.: Höfer, Jahrb. geol. R. A. **16**, 445; 1866)	Sm 1310—70	„ 1911
Kupferberg (Böhmen)	Sm 1350—1400	Khittl 1911
„ „	Sm^{d} 1420—36	Schertel 1880
? (grünliche Krystalle)	Sm 1410	Brun 1902
?	Sm 1287—95	Cusack 1896
?	Sm 1300	Joly 1891
Hypersthen, St. Paul (Anal.: Remelé, ZS. geol. Ges. **20**, 658; 1868).	Sm^{a} 1175—95 Sm^{c} 1190—1210	Doelter 1903
St. Paul	Sm 1270 und 80	Brun 1902
FeSiO₃ (künstlich)	Sm^{c} 1500 Sm^{d} 1550	Stein 1907
2. **monoklin, Aegyrin,** Brevig (Sm^{c} sehr zähe)	Sm^{a-b} 960—1030 Sm^{c} 1100 Er. ca. 960—40	Dittler 1908
(Akmit) Eker	Sm 970—1020	Deleanu D. 1911
„ „	Sm^{a} 940—45 Sm^{b} 960—70 Sm^{c} 980	Doelter 1905
„ „	Sm 970	Brun 1902
„ Drammen	Sm^{c} 965 (Mittel) Sm (Glas) 915	Doelter 1904
Langensundfjord (Anal.: Doelter, T. min. petr. Mitt. **1**, 376, 1878) . . .	Sm^{a-b} 970—1010	Dittler 1908
„	Sm^{a} 930—45 Sm^{c} 940—50	Doelter 1903
Norge (Anal.: Doelter, T. min. petr. Mitt. **1**, 376; 1878)	Sm 970—1010	Vučnik 1906
(Akmit) Norwegen	Sm^{c} 965	„ 1906
Augit (Natronaugit) Aguas des Caldeiras (Anal.: Doelter, Vulk. der Kapverden 1882)	Sm^{a} 1090 Sm^{c} 1105—10	Doelter 1903
Arendal grün	Sm^{b} 1180—90	„ 1905
„ schwarz (Anal.: Doelter, T. min. petr. Mitt. **1**, 64; 1878)	Sm 1090—1110 Sm^{c} 1120—40	„ 1903
Bufaure (Anal.: Doelter, T. Min. Mitt. 1877, 287)	Sm^{a} 1180 Sm^{c} 1200	„ 1903

Tertsch.

Schmelz- und Umwandlungspunkte einiger natürlicher und künstlicher Minerale. (Lit. S. 702 f.)

Name, Fundort und Zusammensetzung	Temperatur °C	Autor
Natronaugit) Garza (Anal.: Doelter, Vulk. d. Kapverden 1882)	Sm^a 1105—15	Doelter 1903
Mti Rossi (Ätna)	Sm 1230—60	Khittl 1911
„ „ (Anal.: Ricciardi, Gaz. chim. ital. 1881, 138)	Sm 1190—1200	Doelter 1908b
„ „	Er. 1185–40, Sm (Glas) 1175	„ 1904 u. 1906a
„ „	Sm^c 1185	Vukits 1904
„ „	Sm 1230	Brun 1902
(Natronaugit) Picos (Anal.: Doelter, Vulk. der Kapverden 1882, 150)	Sm^a 1085–90 Sm^c 1090—1100	Doelter 1903
Ribeira das Patas (Anal.: Doelter, Vulk. der Kapverden 1882, 129)	Sm^a 1100—1110	„ 1903
Sasbach (Baden) (Anal.: Merrian, N. Jahrb. Min. 1885 Beil. **3**, 285)	Sm^a 1085—95 Sm^c 1105—10	„ 1903
(Natronaugit) Siderão (Anal.: Doelter, Vulk. der Kapverden 1882, 84)	Sm^a 1075—85 Sm^c 1090	„ 1903
Stromboli	Sm 1230	Brun 1902
Tirol	Sm 1188	Cusack 1896
Torre del Greco (oder Terra del Fuego?)	Sm 1187	„ 1896
Vesuv, Lava 1858 (Anal.: Rammelsberg, ZS. geol. Ges. **11**, 497; 1859)	Sm^a 1140—50 Sm^c 1170	Doelter 1903
Vesuv, gelb (Anal.: Doelter, T. min. Mitt. 1877, 285)	Sm^a 1175—80 Sm^c 1195	„ 1903
Vesuv, schwarz (Anal.: Doelter, T. min. Mitt. 1877, 283)	Sm^a 1160 Sm^c 1180	„ 1903
Vesuv	Sm 1199	Cusack 1896
? (grün) (Anal.: Doelter, T. min. petr. Mitt. **1**, 57; 1878)	Sm^a 1150 Sm^c 1170	Doelter 1903
Diallag, Arolla (?) (aus einem Gabbro)	Sm 1210	Brun 1902
Le Prese (Anal.: G. v. Rath, Pogg. Ann. **144**, 250; 1872	Sm^a 1110 Sm^c 1140	Doelter 1903
Prato (Anal.: Köhler, Pogg. Ann. **13**, 109; 1828)	Sm^a 1160—65 Sm^c 1180	„ 1903
?	Sm 1264, 1270, 1278, 1284, 1300	Cusack 1896
Diopsid, künstlich ($MgCaSi_2O_6$)	Er. 1290—50	Dittler 1911
„	Sm 1280 - 1310	Khittl 1911
„	Sm 1391,2 ± 1,5	Day S. 1910
„	Sm 1391	Allen W. 1909 (corr. 1911)
„	$Sm^{a—c}$ 1300 - 25	Pöschl 1907
„	$Sm^{a—c}$ 1305—30 Sm^d 1345	Doelter 1906c
„ (1,5% FeO)	Er. ca. 1220—25	Vogt 1904
Ala (Anal. Doelter, T. min. Mitt. 1877, 289)	$Sm^{a—c}$ 1250—70	Doelter 1906c
„	Sm^c 1260	Vukits 1904
„	Sm 1270	Brun 1902
„ (blaßgrün)	Sm 1187	Cusack 1896
Nordmarken (Anal.: Doelter, T. min. petr. Mitt. **1**, 60; 1878)	$Sm^{a—c}$ 1200 - 25	Dittler 1908
Nordmarken (Anal.: Doelter, T. min. petr. Mitt. **1**, 60; 1878)	$Sm^{a—c}$ 1135—60 Sm^d 1175	Doelter 1906c
Rotenkopf (Zillerthal) hellgrün (Anal. No. 2, Doelter, T. min. petr. Mitt. 1878, **1**, 53)	Sm 1330—50	„ 1907 u. 08
Rotenkopf (Zillerthal) dunkelgrün (Anal. 3, Doelter, T. min. petr. Mitt. 1878, **1**, 54)	Sm 1310—30	„ 1907 u. 08
Zermatt (Anal.: Streng, N. Jahrb. Min. 1885, **1**, 239)	Sm^a 1270 Sm^b 1290 Sm^c 1300 Er. 1280—60, optisch	Dittler 1911 u. 1910b
„	Sm 1290—1330, thermisch	Dittler 1911
„	Sm 1300—1390	Doelter 1906
Zillertal (kein FeO)	Sm^{a-c} 1305—30 Sm^d 1340	Doelter 1906c
? blaßgrün	Sm 1192	Cusack 1896
? fast farblos	Sm 1195	„ „
Fassait, Pizmeda Monzoni (Anal.: Doelter, T. min. Mitt. 1877, 288)	Sm^a 1195 Sm^b 1205 Sm^c 1215 Sm^d 1230	Doelter 1906c

Tertsch.

Schmelz- und Umwandlungspunkte einiger natürlicher und künstlicher Minerale. (Lit. S. 702 f.)

Name, Fundort und Zusammensetzung	Temperatur °C	Autor
Jadeit, Tibet	Sm 1035—55	Khittl 1911
„	Sm^a 1000 Sm^c 1060	Doelter 1903
Hedenbergit, Dognaczka (Anal.: Hidegh, ZS. Kryst. **8**, 534; 1884)	Sm^a 1080—95 Sm^c 1090—1110	Doelter 1903
Elba (Anal.: Tedeschi in Doelter 1905)	Sm^{a-c} 1100—1140	Pöschl 1907
„	Sm 1120	Vučnik 1906
„ (Anal.: Tedeschi in der Arbeit)	Sm^b 1110—20 Sm^c 1130	Doelter 1905
„	Sm^c 1100	Vukits 1904
Filipstadt	Sm 1190	Brun 1902
Langensundfjord	Sm 1100—60	Deleanu D. 1911
Tunaberg (Anal.: Doelter, T. min. petr. Mitt. **1**, 62; 1878)	Sm^a 1100—35 Sm^c 1130—50	Doelter 1903
Malakolith, Rezbanya (Anal.: Rammelsberg, Pogg. Ann. **103**, 294; 1858)	Sm^a 1220—30 Sm^c 1245	Doelter 1903
Omphacit, Tainach (Anal.: Ippen, Naturw. Ver. Steiermark, 1892)	Sm^a 1180—85 Sm^c 1220	Doelter 1903
Salit, Breitenbrunn	Sm^a 1210 Sm^c 1230	Doelter 1903
Spodumen, künstlich . . . . ($LiAlSi_2O_6$)	Er. 1235—70	Ballo 1911
Goshen	Sm 1345—80	Deleanu D. 1911
Killiney	Sm 1173 (1200 Blasenwerfen)	Cusack 1896
Stirling	Sm^a 1080—90	Doelter 1903
?	Sm^b 1010	Brun 1902
Traversellit, Mt. acuto (Montaieu?) (Anal.: Scheerer-Richter, Sächs. Ges. Wiss. **101**, 93: 1858)	Sm^a 1115—20 Sm^c 1140	Doelter 1903
3. **triklin, Fowlerit**, Franklin (Anal.: Pirsson, Sill. Journ. (3) **40**, 188; 1890)	Sm^a 1120—40 Sm^c 1150—70	Doelter 1903
Pratter Mine	Sm 1150—70	Deleanu D. 1911
Rhodonit (Manganaugit) künstl. ($MnSiO_3$)	Er. 1210	Lebedew 1911
„	Sm 1218	Ginsberg 1908
„	Sm^c 1470 Sm^d 1500	Stein 1907
Pajsberg (Anal.: Hamberg-Paykull, Geol. För. Stockh. **13**, 572; 1891)	Sm 1220—40	Doelter 1911
„	Sm 1180	Kultatscheff 1903
Realgar, vergl. auch Tab. 67e, S. 210 . . (AsS)		
Allchar (Macedonien), (feinstes Korn, grobkörnig bedeutend höher)	Zt. 165 (O_2) 327 (Luft) Entzünd. 368 (O_2)	Friedrich 1909
?	Sm 377 (?)	Cusack 1896
Riebekit s. Amphibol		
Rotkupfererz ? (Cu_2O), (vor dem Sm. entsteht um jedes Korn ein Hof)	Sm 1162	„ „
Rotzinkerz? . . . . (ZnO)	Sm 1260	„ „
Rubellan s. Glimmer, Rubellit s. Turmalin		
Rutil? (TiO_2) polymorph mit Anatas und Brockit	Sm 1566	Cusack 1896
Salit s. Pyroxene, Sanidin s. Feldspate		
Sarkolith, Vesuv . . . . ($CaO + 2 Ca_3Al_2Si_3O_{12}$)	Sm^a 1151 Sm^c 1170	Doelter 1901
Schörl s. Turmalin		
Silberglanz, künstlich (Ag_2S), (Uw. bezieht sich nicht auf Akanthit) (Letzteres ist keine polymorphe Form)	Zt. 543 (O_2) 605 (Luft), Glühen 595 (O_2) 655 (Luf)	Friedrich 1909
„ vergl. auch Tab. 67w, S. 229	Uwp.₁ > 90 Uwp.₂ > 170	Mönch 1905
	Uwp. 175	Bellatti L. 1889
Freiberg, Sachsen	Uwp.₁ > 90° Uwp.₂ ca. 173	Mönch 1905
Schneeberg, „	Uwp.₁ > 90° Uwp.₂ > 185	„ „
Sillimannit s. Andalusitgruppe		

Tertsch.

Schmelz- und Umwandlungspunkte einiger natürlicher und künstlicher Minerale. (Lit. S. 702 f.)

Name, Fundort und Zusammensetzung	Temperatur °C	Autor
Skapolithgruppe		
Couzeranit, Ariège	Sm 1143—78	Himmelbauer 1910
Marialith, Pianura . . ($NaCl + 3 NaAlSi_3O_8$)	Sm 1088—1233	„ „
Meionit, Mte Somma (Vesuv) ($CaO + 3 CaAl_2Si_2O_8$)	Sm^b 1250 Sm^d 1330	Brun 1902
Vesuv	Sm 1138—78	Himmelbauer 1910
„	Sm^a 1156	Doelter 1901
„	Sm 1281	Cusack 1896
Skapolith, Arendal	Sm 1150—1238	Himmelbauer 1910
Gouverneur	Sm 1128—83	
Grass Lake	Sm 1125—98	
Soda, künstlich ($Na_2CO_3 + 10 H_2O$), 1) Zt. zu $Na_2CO_3 + 7 H_2O$, 2) Zt. zu Thermonatrit	$Zt._1 = 32{,}00$ $Zt._2$ 32,96	Wells M. A. 1907
Ohne Zersetzung	Sm ca. 34	Tilden 1884
Zt. zu Thermonatrit ($Na_2CO_3 + H_2O$)	Zt. zw. 32,5—37,5	Schindler 1831
Sodalith, Ditró (Siebenbürgen)	Sm^b 1250 Sm^d 1310	Brun 1902
„ (unrein)	Sm^a ca. 915	Doelter 1901
Vesuv	Sm 1127 u. 1133	Cusack 1896
?	Sm^a 1030	Doelter 1903
Spinell, Amity (schwarz), [$(MgFe)O + (AlFe)_2O_3$]	Sm ca. 1900	Brun 1902
Ceylon (rot)	Sm ca. 1900	„ „
Monzoni (Anal.: Abich, Rammelsberg Mineralchem. 1875, 136)	Sm^a 1270	Doelter 1903
(Pleonast), Orange City (FeO ca. 10%)	Sm^a 1240—60 Sm^c 1280—1300	„ „
Spodumen s. Pyroxen		
Staurolith, Wicklow ($HFeAl_5Si_2O_{13}$)	Sm 1115	Cusack 1896
Strontianit, künstlich ($SrCO_3$)	Zt. 1155 (1 Atm. CO_2 Druck)	Brill 1905
α (rhomb.) $\rightleftarrows$ β (trigonal)	Uwp. 700	Vernadsky 1891
	Uwp. 820	LeChatelier 1887
Tarapacait, künstl. (K_2CrO_4)	Uwp. 666 Er. 971	Groschuff 1908
α (rhomb. gelb) $\rightleftarrows$ β (hexag. rot)	Uwp. 679 Er. 984	Žemčužny 1908
	Sm 940	LeChatelier 1897
Tephroit, ? (Mn_2SiO_4)	Sm 1170—1200	Khittl 1911
Thermonatrit, künstlich ($Na_2CO_3 + H_2O$) (vgl. Soda), Zt. ($Na_2CO_3 + 7 H_2O$) → Thermon.	Zt. 35,37	Wells M.A. 1907
Titanit, Schweiz, grün ($CaTiSiO_5$)	Sm 1142	Cusack 1896
„ rosenrot	Sm 1127	„ 1896
?	Sm^a 1200 Sm^c 1230	Doelter 1903
?	Sm^b ca. 1190 Sm^d 1210	Brun 1902
Topazolith s. Granat, Traversellit s. Pyroxen, Tremolit s. Amphibol		
Turmalin, Abs (Norwegen)	Sm 1012	Cusack 1896
(Schörl) Dublin	Sm 1018	„ 1896
(Rubellit) Massachussets	Sm 1068	„ 1896
Übelbach (schwarz)	Sm^a etwas > 1020	Doelter 1901
? dunkelgrün	Sm 1102	Cusack 1896
? gelb	Sm 1013	„ 1896
Uranpecherz, ?	Sm 1188 (unsicher)	„ 1896
Uwarowit s. Granat		

Tertsch.

Schmelz- und Umwandlungspunkte einiger natürlicher und künstlicher Minerale. (Lit. S. 702 f.)

Name, Fundort und Zusammensetzung	Temperatur °C	Autor
Vanthoffit, künstlich . . ($MgSO_4+3\ Na_2SO_4$)	Zt. cca 500	Ginsberg 1909
„ (Mischkryst. v. ($MgSO_4+Na_2SO_4$) u. Na_2SO_4 setzen sich zu V. um u. bilden sich nicht direkt aus d. Schmelze)	Zt. 490	Nacken 1907 b
Neu Staßfurt	Zt. 489	„ 1907 b
Vesuvian, Binn . . . . . ($H_4Ca_{12}Al_6Si_{10}O_{43}$)	Sm 1024 (1100 Blasen werfen)	Cusack 1896
Vesuv	Sm 1034	„ 1896
Zermatt	Sm^b ca. 980 Sm^d 1000	Brun 1902
Vivianit, ? . . . . . . ($Fe_3P_2O_8+8\ H_2O$)	Sm 1114	Cusack 1896
Willemit, künstlich . . . . (Zn_2SiO_4)	Er. 1484	Stein 1907
Wismuthglanz, künstlich (Bi_2S_3) feines Korn . .	Zt. 400 (O_2) 500 (Luft) Glüh. 420 (O_2) 513 (L.)	Friedrich 1909
Witherit, künstlich ($BaCO_3$) zersetzt sich an der Luft	Zt. 811 (gegen Luft) Sm > 1380 (in CO_2)	Boeke 1906
	(unzersetzt) Sm>1350	Finkelstein 1906
Wollastonit, künstlich . . ($CaSiO_3$) α (monokl.) α ⇄ β (Pseudowollastonit, hexagonal)	Sm (α) 1310—80	Doelter 1911
(β nach Allen u. White pseudohexagonal,	Er (β) 1512	Lebedew 1911
vergl. auch Tab. 67g, S. 214) . . .	Er (β) 1512	Ginsberg 1908
„	Er (β) 1512	Stein 1907
	Sm 1440	Boudouard 1905
„ (1,5% MgO+FeO)	Er 1250	Vogt 1904
Auerbach	Sm (α) 1250—90	Doelter 1911
„	Uwp. 1366 Sm (β) 1515	Brun 1904
Cziklowa	Sm (α) 1240—70	Doelter 1911
Diana, New York	Sm (α) 1255-1300	„ „
„ „ (rasch über Uwp. erhitzt gibt)	Sm 1260	Day, Sh. W. Wr. 1907
Elba	Sm (α) 1250—90	Doelter 1911
Kimito	Sm (α) 1280—1330	„ „
Mte Somma (Vesuv)	Sm 1208	Cusack 1896
New York	Sm 1203	„ „
Oravicza	Sm 1240—70	Doelter 1911
Wurtzit s. Zinkblende		
Zinkblende, (vergl. auch Tab. 67 cc, S. 237) künstlich (Wurtzit) . . . . . (ZnS)	1200 verdampfen ohne Sm	Doeltz 1906
Picos de las Europas (feines Korn) . . .	Zt. 652 (O_2) 647 (Luft), Glüh. 662 (O_2) 740 (L)	Friedrich 1909
„ „ „ „ verdampft vor dem Sm	Sm ca. 1625—1690 (berechnet)	„ 1908
Santander	Sublimation 1178±2 (Zt.) kein Sm	Biltz 1908
?	Sm (?) 1049	Cusack 1896
Zinnober, künstl. (HgS) α (rot) ⇄ β (schwarz)	Sublimation 446±10 kein Sm	Biltz 1908
„ Bei Überhitzung α→β nicht reversibel	α⇄β Uwp. >320 (α→β) Uwp. >410	Spring 1894
Idria, feines Korn	Zt. 358 (O_2) 338 (Luft) Entzünd. 400 (O_2)	Friedrich 1909
Zinnstein, ? . . . . (SnO_2)	Sm 1127	Cusack 1896
Zinnwaldit s. Glimmer		
Zoisit . . . ? . . . . ($HCa_2Al_3Si_3O_{13}$)	Sm^a 1090	Doelter 1902
?	Sm 995	Cusack 1896

Tertsch

155

Tabelle der für den Chemiker und Physiker wichtigsten Mineralien.

Hier nicht aufgeführte Mineralnamen suche man in der folgenden Tab. **156**: Synonyma.
Für spez. Gewicht und Brechungsexponenten vgl. auch die Spezialtabellen 64, 65, 70, 208 ff.

Abkürzungen.

A) Die Abteilungen der **Krystallsysteme** bzw. die **Symmetrieklassen** sind durch Ziffern gekennzeichnet. Es bedeutet

I. 1.	Regulär.	Holoedrie	= Hexakisoktaedrische	Klasse
2.	„	Tetraedrische Hemiedrie	= Hexakistetraedrische	„
3.	„	Pentagonale Hemiedrie	= Dyakisdodekaedrische	„
4.	„	Plagiedrische	= Pentagonikosidodekaedrische	„
5.	„	Tetartoedrie	= Tetraedrisch-pentagondodekaedrische	„
II. 1.	Hexagonal.	Holoedrie	= Dihexagonal-bipyramidale	„
2.	„	Hemimorphie der Holoedrie	= Dihexagonal-pyramidale	„
3.	„	Pyramidale Hemiedrie	= Hexagonal-bipyramidale	„
4.	„	Hemimorphie der pyramidalen Hemiedrie	= Hexagonal-pyramidale	„
5.	„	Trapezoedrische Hemiedrie	= Hexagonal-trapezoedrische	„
6.	„	Rhomboedrische Hemiedrie	= Ditrigonal-skalenoedrische	„
7.	„	Rhomboedrische Tetartoedrie	= Trigonal-rhomboedrische	„
8.	„	Trigonale Hemiedrie	= Ditrigonal-bipyramidale	„
9.	„	Hemimorphie der trigonalen u. d. rhomboedrischen Hemiedrie	= Ditrigonal-pyramidale	„
10.	„	Trigonale Tetartoedrie	= Trigonal-bipyramidale	„
11.	„	Hemimorphie der trigonalen Tetartoedrie	= Trigonal-pyramidale	„
12.	„	Trapezoedrische Tetartoedrie	= Trigonal-trapezoedrische	„
III. 1.	Tetragonal.	Holoedrie	= Ditetragonal-bipyramidale	„
2.	„	Hemimorphie der Holoedrie	= Ditetragonal-pyramidale	„
3.	„	Pyramidale Hemiedrie	= Tetragonal-bipyramidale	„
4.	„	Hemimorphie der pyramidalen Hemiedrie	= Tetragonal-pyramidale	„
5.	„	Trapezoedrische Hemiedrie	= Tetragonal-trapezoedrische	„
6.	„	Sphenoidische Hemiedrie	= Tetragonal-skalenoedrische	„
7.	„	Sphenoidische Tetartoedrie	= Tetragonal-bisphenoidische	„
IV. 1.	Rhombisch.	Holoedrie	= Rhombisch-bipyramidale	„
2.	„	Hemimorphie	= Rhombisch-pyramidale	„
3.	„	Hemiedrie	= Rhombisch-bisphenoidische	„
V. 1.	Monoklin.	Holoedrie	= Prismatische	„
2.	„	Hemimorphie	= Sphenoidische	„
3.	„	Hemiedrie	= Domatische	„
VI. 1.	Triklin.	Holoedrie	= Pinakoidale	„
2.	„	Hemiedrie	= Asymmetrische	„

Psd z. B. in Psd IV bedeutet Pseudorhombisch.

B) Die Bezeichnung der **Härte** erfolgt nach der Mohsschen Härteskala: 1 = Talk; 2 = Gips; 3 = Kalkspat; 4 = Flußspat; 5 = Apatit; 6 = Feldspat; 7 = Quarz; 8 = Topas; 9 = Korund; 10 = Diamant.

Ein Punkt hinter der Zahl, z. B. 5· beim Änigmatit, bedeutet „größer als" 5.

C) Bei Angabe der **Spaltbarkeit** bedeutet:

T eine singulär auftretende Fläche (Tafelfläche), also im triklinen System sämtliche Flächen, im monoklinen System alle Flächen der Orthodomenzone (Orthopinakoid, Orthodomen, Basis) sowie die mit **Ts** bezeichnete Tafelfläche nach der Symmetrieebene (Klinopinakoid), im rhombischen System jedes der drei Pinakoide, im quadratischen und hexagonalen System die Endflächen (Basis).

Ist Spaltbarkeit nach mehreren Tafelflächen vorhanden, so ist, falls sie sich nicht unter rechtem Winkel schneiden, der Winkel angegeben; z. B. Änigmatit T : T 114°.

Pr bedeutet die sich schneidenden paarigen Flächen, also im monoklinen System die Vertikalprismen, Klinodomen und Hemipyramiden, im rhombischen System die Prismen und Domen, im quadratischen und hexagonalen System die Prismen erster und zweiter Art.

Py bedeutet die in der Vierzahl (Sechszahl) auftretenden Flächen, also die Pyramiden im rhombischen, quadratischen und hexagonalen System.

R bedeutet im hexagonalen System das Rhomboëder.

O, W, D bedeuten im regulären System das Oktaëder, den Würfel und das Rhombendodekaëder.

Die Zahl hinter Pr und Py, z. B. beim Alstonit Pr 119° bedeutet den Winkel, den die betreffenden Flächen umschließen, in diesem Fall also: Prisma von 119°.

Die Winkel sind bis auf einen halben Grad genau; ein Punkt auf halber Höhe hinter der Zahl bedeutet „30 Minuten".

Die Vollkommenheit der Spaltbarkeit ist durch Punkte über den Buchstaben gekennzeichnet: es bedeutet ··· „sehr gut", ·· „gut", · „deutlich", das Fehlen eines Punktes „undeutlich". Bei geringen Unterschieden bedeutet > „besser als". Mehrere Spaltbarkeiten desselben Grades und der gleichen Vollkommenheit sind durch angehängtes 1, 2, 3 ... unterschieden. Beim Amblygonit sind beispielsweise drei Spaltbarkeiten nach singulären Richtungen vorhanden, eine sehr gute schneidet die beiden guten, davon die eine unter 104° 30', die andere unter 105° 30'.

D) Die Angabe der **Brechungsexponenten** entspricht mittleren Werten. Nach dem Vorgang von Rosenbusch ist bei den optisch einaxigen (quadratischen und hexagonalen) Mineralien der Wert $\frac{2\omega + \varepsilon}{3}$, bei den optisch zweiaxigen (rhombischen, monoklinen und triklinen) Mineralien der Wert $\frac{\alpha + \beta + \gamma}{3}$ oder der Wert β, wenn nicht alle drei Werte bekannt, angegeben.

Philipp.

Tabelle der für den Chemiker und Physiker wichtigsten Mineralien.

Hier nicht aufgeführte Mineralnamen suche man in der folgenden Tabelle **156**: Synonyma.
Für spez. Gewicht und Brechungsexponenten vgl. auch die Spezialtabellen 64, 65, 70, 208 ff.

Name	Formel	Kryst.-Syst.	Sp. Gew.	Härte	Spaltbarkeit	mittlerer Brechungsexponent	mittlere Doppelbrechung
Aegirin	$NaFe[SiO_3]_2$	V_1	3,5	6—6,5	$\dot{P}r$ 87^0, Ts	1,79	0,050
Aenigmatit	$Na_4Fe_9(AlFe)_2(SiTi)_{12}O_{38}$	VI_1	3,7—3,8	5	T : T = 114^0	—	0,006
Aeschynit	$[Ti_2O_5]_4Ce[CeO](CaFe)$ $2[NbO_3]_3Ce$	IV_1	4,9—5,2	5—5,5	—	—	—
Aktinolith	$Ca(Mg, Fe)_3[SiO_3]_4$	V_1	3,03—3,17	5—6	$\dddot{P}r$ 124^0, T, Ts	1,63	0,027
Alamosit	$PbSiO_3$	V_1	—	—	—	groß	stark
Albit	$NaAlSi_3O_8$	VI_1	2,61—2,64	6—6,5	$\dddot{T}$: $\ddot{T}$ = $93\cdot^0$, T : T = 121^0	1,53	0,009
Allemontit	(As, Sb)	II_6	6,2	3—4	T	—	—
Allopalladium	Pd	$II(_6?)$	—	—	$\dddot{T}$	—	—
Allophan	Gemenge der Hydrogele von Al_2O_3 u. SiO_2	amorph	1,8—2	3	—	—	—
Almandin	$(Mg, Fe, Ca)_3(Al, Fe)_2[SiO_4]_3$	I_1	4,1—4,3	7—7,5	D	1,81	—
Alstonit	$(Ba, Ca)CO_3$	IV_1	3,65—3,76	4—4,5	Pr 119^0, T	—	—
Aluminit	$Al_2SO_6 + 9H_2O$	—	1,8	1	—	—	—
Alunit	$K_2Al_6[OH]_{12}[SO_4]_4$	II_6	2,6—2,75	3,5—4	$\ddot{T}$	1,58	0,020
Amblygonit	$(F, OH)Al(Na, Li)PO_4$	VI_1	3,01—3,09	6	$\dddot{T}$: $\ddot{T}_1$ = 104^0. $\dddot{T}$: $\ddot{T}_2$ = $105\cdot^0$	1,59	—
Amesit	$H_4(Mg, Fe)_2Al_2SiO_9$	V_1	2,71	2,9—3	—	—	—
Analcim	$NaAl[SiO_3]_2 + H_2O$	I_1	2,2—2,3	5,5	W	1,49	—
Anatas	TiO_2	III_1	3,83—3,93	5,5—6	$\dddot{T}$, Py $136\cdot^0$	2,54	0,073
Ancylit	$3Ce[OH]CO_3 + 3SrCO_3 + 3H_2O$ $(+ ThO_2)$	IV_1	3,95	4,5	—	—	—
Andalusit	Al_2SiO_5	IV_1	3,1—3,2	7—7,5	Pr 91^0	1,64	0,011
Andesin	$(NaAlSi_3O_8) : (CaAl_2Si_2O_8)$ = 3 : 2 bis 4 : 3	VI_1	2,66—2,69	6	$\dddot{T}$: $\ddot{T}$ = 94^0, T : T = $120\cdot^0$	1,55	0,006
Anglesit	$PbSO_4$	IV_1	6,2—6,35	3	$\dot{T}$, Pr $103\cdot^0$	1,88	0,021
Anhydrit	$CaSO_4$	IV_1	2,9—3	3—3,5	$\dddot{T} > \dddot{T}, \ddot{T}$	1,59	0,045
Ankerit	$(Ca, Mg, Fe)_2[CO_3]_2$	II_7	2,95—3,1	3,5—4	R	—	—
Annerödit	$[Nb_2O_7]_3Y_4$ + U, Th, Ce, Pb, Fe, Ca	IV_1	5,7	6	—	—	—
Anomit	$(H, K)_2(Mg, Fe)_2(Al, Fe)_2(SiO_4)_3$	V_1	2,8—3,2	2,5—3	$\dddot{T}$	1,59	0,04
Anorthit	$CaAl_2Si_2O_8$	VI_1	2,73—2,76	6	$\dddot{T}$: $\ddot{T}$ = 94^0 T : T = $120\cdot^0$	1,58	0,013
Anthophyllit	$(Mg, Fe)_4[SiO_3]_4$	IV_1	3,1—3,2	5,5	$\dddot{P}r$ $125\cdot^0$, T	1,63	0,025
Antigorit	$H_4(Mg, Fe)_3Si_2O_9(+ Al_2O_3)$	IV?	2,62	2,5	—	1,57	0,011
Antimon	Sb	II_6	6,6—6,8	3—3,5	$\dddot{T}$, $\ddot{R}$ $116\cdot^0$, R 69^0	—	—
Antimonblende	Sb_2S_2O	V?	4,5—4,6	1—1,5	$\dddot{T}$: T = 102^0	sehr groß	sehr schwach
Antimonfahlerz	$3(Cu, Ag)_3SbS_3 + CuZn_2SbS_4$	I_2	4,75—4,9	3—4	O	—	—
Antimonglanz	Sb_2S_3	IV_1	4,5—4,6	2	$\dddot{T}$, T, Pr $90\cdot^0$	sehr groß	—
Antimonnickel	NiSb	II_9	7,5—7,6	5	—	—	—
Antimonnickelglanz	NiSbS	$I_3(_5?)$	6,2—6,5	5—5,5	$\dddot{W}$	—	—
Antimonsilber	Ag_2Sb oder Ag_3Sb (?)	IV_1	9,4—10,0	3,5	$\dot{T}$, $\dot{P}r$ 112^0, Pr 120^0	—	—
Antimonsilberblende	Ag_3SbS_3	II_9	5,75—5,85	2—2,5	$\ddot{R}$ $108\cdot^0$, R 138^0,	3,02	0,203
Apatit	$Ca_5(Cl, F, OH)[PO_4]_3$	II_3	3,17—3,23	5	Pr 120^0, T	1,64	0,003
Aplom	$Ca_3(Fe, Al)_2[SiO_4]_3$	I_1	3,3—3,8	7	D	—	—
Apophyllit	$H_7KCa_4[SiO_3]_8 + 4\frac{1}{2}H_2O$	III_1	2,3—2,4	4,5—5	$\dddot{T}$, Pr 90^0	1,53	0,002
Aragonit	$CaCO_3$	IV_1	2,9—3	3,5—4	$\dot{T}$, $\dot{P}r$ 116^0, Pr $108\cdot^0$	1,63	0,156
Ardennit	$H_{10}Mn_{10}Al_{10}Si_{10}(V,As)_2O_{55}$	IV_1	3,62—3,66	6—7	$\dddot{T}$, $\dot{P}r$ 130^0	—	—
Arfvedsonit	$Na_2Fe_3[SiO_3]_4$	V_1	3,33—3,59	5,5—6	$\dddot{P}r$ 124^0, $\dot{T}s$	groß	schwach

Philipp.

Tabelle der für den Chemiker und Physiker wichtigsten Mineralien.

Hier nicht aufgeführte Mineralnamen suche man in der folgenden Tabelle **156**: Synonyma.
Für spez. Gewicht und Brechungsexponenten vgl. auch die Spezialtabellen 64, 65, 70, 208 ff.

Name	Formel	Kryst.-Syst.	Sp. Gew.	Härte	Spaltbarkeit	mittlerer Brechungs-exponent	mittlere Doppel-brechung
Argentopyrit	$AgFe_3S_5$	IV_1	6,47	3,5—4	$\dddot{T}$	—	—
Argyrodit	Ag_8GeS_6	I_1	6,26	2,5	—	—	—
Argyropyrit	$Ag_3Fe_7S_{11}$	IV_1	4,206	—	$\dddot{T}$	—	—
Arrhenit	Ta_2O_5, Nb_2O_5, SiO_2, ZrO_2, Fe_2O_3, Al_2O_3, $(Ce, La, Di)_2O_3$, Y_2O_3, Er_2O_3, CaO, BeO, H_2O	—	3,68	—	—	—	—
Arsen	As	II_6	5,7—5,8	3,5	$\dddot{T}$, R 114^0	—	—
Arsenfahlerz	$3Cu_3AsS_3 + Cu(Cu_4, Fe_2)AsS_4$	I_2	4,37—4,49	4—4·	$\dot{O}$	—	—
Arsenkies	FeAsS od. $Fe(As, S)_2$	IV_1	6—6,2	5—6	$\dot{Pr}$ 112^0	—	—
Arsenkupfer	Cu_3As	IV_1	6,7—7,8	3—4	—	—	—
Arsenolith	As_2O_3	I_1	3,70—3,72	1—2	$\dot{O}$	1,75	—
Arsenschwefel	$As_2S_3 . H_2O$	III(?)	—	—	—	groß	—
Arsensilberblende	Ag_3AsS_3	II_9	5,57	2—2,5	$\ddot{R}$ 108^0, R 138	2,89	0,268
Arsennickelglanz	NiAsS	I_3(5?)	5,6—6,7	5,5	$\ddot{W}$	—	—
Ascharit	$3Mg_2B_2O_5 + 2H_2O$	—	—	—	—	—	—
Astrophyllit	$H_8(K, Na)_4(Fe, Mn)_9Fe_2Ti_4Si_{13}O_{52}$	IV(?)	3,3—3,4	3—4	$\dddot{T}$	1,70	0,055
Atakamit	$Cu_2Cl[OH]_3$	IV_1	3,75—3,77	3—3,5	$\dddot{T}$, Pr 82·^{0}	—	—
Auerlith	SiO_2, ThO_2, P_2O_5, Fe_2O_3, Al_2O_3, CaO, MgO, H_2O, CO_2	III_1	4,42—4,77	2,5—3	—	—	—
Augit	$Ca(Mg, Fe)Si_2O_6 + (Mg, Fe, Ca)Al_2SiO_6$	V_1	2,88—3,5	5—6	$\dot{Pr}$ 87^0	1,71	0,025
Auripigment	As_2S_3	IV_1 (V_1?)	3,4—3,5	1,5—2	$\dddot{T}$, T	—	—
Automolit	$(Zn, Fe)Al_2O_4$	I_1	4,33—4,91	8	$\dddot{O}$	—	—
Awaruit	$FeNi_2$	—	—	—	—	—	—
Axinit	$(Ca, Fe, Mn, Mg, H_2)Al_4B_2[SiO_4]_8$	VI_1	3,27—3,3	6,5—7	3$\dot{T}$, 3T	1,69	0,010
Babingtonit	$(Ca, Fe, Mn)_2[SiO_3]_2 . Fe_2[SiO_3]_3$	VI_1	3,33—3,4	5,5—6	$\dddot{T}$: $\ddot{T}$ = 87·^{0}	—	—
Baddeleyit	ZrO_2	V_1	5,5—6	6,5	$\ddot{T}$, Ts	—	—
Barkevikit	$(Na_2, Ca, Fe, Mg)_3(Al, Fe)_2Si_3O_{12}$ (+ TiO_2)	V_1	3,428	5,5—6	$\ddot{Pr}$ 124^0, $\ddot{Ts}$	1,70	0,021
Baryt	$BaSO_4$	IV_1	4,3—4,6	3—3,5	$\dddot{T}$, $\ddot{Pr}$ 78·^{0}	1,64	0,012
Bastnäsit	$[(Ce, La, Di)F]CO_3$	II(?)	4,93—5,18	4—4,5	—	—	—
Beauxit	$(Al,Fe)_2O[OH]_4$	—	—	—	—	—	—
Beckelith	$Ca_3(Ce, La, Di)_4Si_3O_{15}$ (+ ZrO_2 u. Y_2O_3)	I	4,15	5	$\dot{W}$	—	—
Benitoit	$BaTiSi_3O_9$	II_8	3,64—3,67	6·— 6,5	Py	1,77	0,047
Bernstein	$C_{40}H_{64}O_4$	amorph	1—1,1	2—2,5	—	—	—
Beryll	$Be_3Al_2[SiO_3]_6$	II_1	2,68—2,76	7,5—8	$\dot{T}$	1,57	0,006
Beryllonit	$NaBePO_4$	IV_1	2,843	5,5—6	$\dddot{T}$, $\dot{T}$, Pr 120·^{0}	1,56	0,009
Biotit	$(H, K)_2(Mg, Fe)_2(Al, Fe)_2[SiO_4]_3$	V_1	2,8—3,2	2,5—3	$\dddot{T}$	1,60	0,041
Bischofit	$MgCl_2 + 6H_2O$	V_1	1,59	1,5—2	—	—	—
Bittersalz	$MgSO_4 + 7H_2O$	IV_3	1,68	2—2,5	$\dddot{T}$	1,45	1,028
Blei	Pb	I_1	11,37	1,5	—	—	—
Bleiglanz	PbS	I_1	7,4—7,6	2,5	$\dddot{W}$ ($\ddot{O}$)	—	—
Blödit	$Na_2Mg[SO_4]_2 + 4H_2O$	V_1	2,22—2,28	2,5—3,5	—	—	—
Blomstrandin	Nb_2O_5, Ta_2O_5, TiO_2, UO, FeO, CaO, H_2O	IV	4,17—4,25	5,5	—	—	—
Bol	Gemenge der Gele v. Al_2O_3, Fe_2O_3 u. SiO_2	amorph	2,2—2,5	1—2	—	—	—
Boracit	$Mg_7Cl_2B_{16}O_{30}$	IV_1 (Psd. I_2)	2,57—2,67	7	—	1,67	—
Borocalcit	$CaB_4O_7 + 4H_2O$	—	—	—	—	—	—
Boulangerit	$Pb_5Sb_4S_{11}$	IV_1	5,8—6,2	2·—3	—	—	—
Bournonit	$PbCuSbS_3$	IV_1	5,7—5,9	2·—3	$\dot{T}$, T, T	—	—
Braunit	Mn_2O_3	III_1	4,72—4,8	6—6,5	$\ddot{Py}$ 108·^{0}	—	—

Philipp.

Tabelle der für den Chemiker und Physiker wichtigsten Mineralien.

Hier nicht aufgeführte Mineralnamen suche man in der folgenden Tabelle **156**: Synonyma.
Für spez. Gewicht und Brechungsexponenten vgl. auch die Spezialtabellen 64, 65, 70, 208 ff.

Name	Formel	Kryst.-Syst.	Sp. Gew.	Härte	Spaltbarkeit	mittlerer Brechungs-exponent	mittlere Doppel-brechung
Braunspat . . .	$Ca(Mg, Fe, Mn)[CO_3]_2$	II_7	2,85—2,95	3,5—4,5	R̈ 106°	—	—
Breunnerit . . .	$(Mg, Fe)CO_3$	II_6	3,3—3,4	3,5—4,5	R̈ 107°	1,65	0,189
Britholith . . .	$3[4SiO_2 . 2(Ce, La, Di)_2O_3 . 3CaO . H_2O . NaF] . 4CePO_4$	IV (Psd.II)	4,446	5,5	—	—	—
Brochantit . . .	$CuSO_4 . 3Cu[OH]_2$	IV_1	3,78—3,9	3,5—4	T⃛, Pr 75·°	—	—
Bromargyrit . .	AgBr	I_1	5,8—6	2—3	—	2,25	—
Bronzit	$(Mg, Fe)_2[SiO_3]_2$	IV_1	3—3,5	4—5	P̈r 91·°, T	1,67	0,009
Brookit	TiO_2	IV_1	3,8—4,1	5,5—6	T > T, Pr 100°	2,64	0,158
Brucit	$Mg[OH]_2$	II_6	2,3—2,45	2—2,5	T⃛	1,57	0,021
Brushit	$HCaPO_4 + 2H_2O$	V_1	2,208	2—2,5	T⃛s, P⃛r	—	—
Buntkupfererz .	Cu_3FeS_3	I_1	4,9—5,2	3	Ö	—	—
Bytownit	$NaAlSi_3O_8 : CaAl_2Si_2O_8 = 1 : 3$ bis $1 : 6$	VI_1	2,71—2,74	6—6,5	T⃛ : T̈ = 94°, T : T = 120·°	1,56	0,008
Cadmiumoxyd .	CdO	I_1	6,2—8,2	3	Ȯ (?)	—	—
Calaverit	$CuTe_2$	V_1(?)	9,03—9,39	2,5	—	—	—
Calciothorit . .	$SiO_2, ThO_2, (Ce, Y)_2O_3, Al_2O_3, Mn_2O_3, CaO, Na_2O, H_2O$	amorph	4,11	4,5	—	—	—
Cancrinit	$m(Na_2, Ca)Al_2Si_2O_8 . n(Na_2, Ca)_2[Al . NaCO_3]_2Si_2O_8 . p(Na_2, Ca)Al_2Si_3O_{10} + xH_2O$	II_1	2,42—2,5	5—6	Ṗr 120°, T	1,51	0,029
Canfieldit . . .	$Ag_8(Sn, Ge)S_6$	I_1	6,276	2·—3	—	—	—
Cappelinit . . .	$3BaSiO_3 . 2Y_2[SiO_3]_3 . 5YBO_3$	II	4,41	6—6,5	—	—	stark
Carnallit	$KMgCl_3 + 6H_2O$	IV_1	1,60	1	—	—	—
Carnotit	$K_2O . 2U_2O_2 . V_2O_5 . 3H_2O$	II?	—	—	—	—	—
Caryocerit . . .	$6(H_2Ca)SiO_3 . 2(Ce, Di, Y)BO_3 . 3H_2(Ce, Th)O_2F_2 . 2LaOF$	II_6	4,29	5—6	—	—	—
Celsian	$BaAl_2Si_2O_8$	V_1	3,34	6—6,5	T⃛, T̈s	1,59	—
Cerit	$H_3(Ca, Fe)(Ce, La, Di)_3Si_3O_{13}$	IV_1	4,9—5	5,5	—	—	—
Cerussit	$PbCO_3$	IV_1	6,46—6,57	3—3,5	Pr 117°, Pr 69·°, T, Pr 140·°	1,99	0,274
Cervantit . . .	SbO_4Sb	IV(?)	4,08	4—5	—	—	—
Chabasit	$(CaNa_2K_2)Al_2[SiO_3]_4 + 6H_2O$	Psd. II_6	2,07—2,15	4—4,5	R̈ 95°	—	—
Chalcedon . . .	SiO_2	IV_1 (?)	2,59—2,64	7	—	1,54	0,011
Chalkolamprit .	$(Zr, Ce, Fe, Ca, Na)Nb_2O_5F_2 + (Zr, Ce, Fe, Ca, Na)SiO_3$	I_1	3,77	5,5	—	—	—
Chamosit	$(Fe, Mg)_3Al_2Si_2O_{10} + 3H_2O$?	V(?)	3—3,4	—	—	—	—
Chloanthit . . .	$NiAs_2$	I_3	6,3—7	5·—6	—	—	—
Chloritoid . . .	$H_2FeAl_2SiO_7$	V_1	3,45—3,6	6·	T̈, Pr 120°	—	—
Chlormangano-kalit	$MnCl_2 . 4KCl$	II_6	2,31	2,5	—	—	sehr schwach
Chloropal . . .	Hydrogel v. SiO_2 u. Al_2O_3	amorph	—	bis 4,5	—	—	—
Chlorospinell . .	$Mg(Al_2, Fe_2)O_4$	I_1	3,59	8	Ö	—	—
Chlorquecksilber	HgCl	III_1	6,4—6,5	1—2	P̈r 90°, P̈y 98·°	2,17	0,64
Chlorsilber . . .	AgCl	I_1	5,55—5,60	2—3	—	2,07	—
Chondrodit . . .	$Mg_3[Mg(F . OH)]_2[SiO_4]_4$	V_1	3,1—3,2	6—6,5	Ṫ	1,62	0,032
Chromit	$(Fe, Mg, Cr)(Cr_2, Fe_2, Al_2)O_4$	I_1	4,5—4,8	5,5	—	2,10	—
Chrysoberyll . .	$BeAl_2O_4$	IV_1	3,65—3,8	8,5	Ṫ, T	1,75	0,009
Claudetit	As_2O_3	V_1	3,9—4,2	2—3	T⃛s, P̈r 136°	—	stark
Cleveït	$UO_3, UO_2, Y_2O_3, Er_2O_3, ThO_2, PbO, Fe_2O_3, H_2O$, (He, A)	I_1	7,45	5,5	—	—	—
Coelestin	$SrSO_4$	IV_1	3,9—4	3—3,5	T⃛, P̈r 76°	1,62	0,007
Cohenit	$(Fe, Ni, Co)_3C$	I(?)	7,22—7,24	5,5—6	—	—	—
Colemanit . . .	$Ca_2B_6O_{11} + 5H_2O$	V_1	2,42	3,5—4,5	T⃛s, Ṫ	1,60	0,028
Columbit	$(Fe, Mn)[(Nb, Ta)O_3]_2$	IV_1	5,37—6,39	6	T̈, Ṫ, T	—	—
Cordierit	$(Mg, Fe)_2Al_4Si_5O_{18}$	IV_1	2,59—2,66	7—7,5	Ṫ, T, T	1,55	0,009
Cordylit	$Ba[(Ce, La, Di)F]_2[CO_3]_3$	II_6	4,31	4,5	Ṫ	—	—

Tabelle der für den Chemiker und Physiker wichtigsten Mineralien.

Hier nicht aufgeführte Mineralnamen suche man in der folgenden Tabelle **156**: Synonyma.
Für spez. Gewicht und Brechungsexponenten vgl. auch die Spezialtabellen 64, 65, 70, 208 ff.

Name	Formel	Kryst.-Syst.	Sp. Gew.	Härte	Spaltbarkeit	mittlerer Brechungs-exponent	mittlere Doppel-brechung
Cossyrit	$H_4Na_6(Fe, Mn, Mg, Ca)_{15}$ $(Fe, Al)_2(Si, Ti)_{22}O_{67}$	VI_1	3,80	5,5	$\ddot{T}:\ddot{T} = 113°$	—	schwach
Cotunnit	$PbCl_2$	IV_1	5,238	2	—	—	—
Covellin	CuS	II_{12} (?)	4,59—4,6	1,5—2	$\dddot{T}$	—	—
Crookesit	$(Cu, Tl, Ag)_2Se$	—	6,90	2·—3	—	—	—
Danburit	$CaB_2Si_2O_8$	IV_1	2,98—3,02	7	T	1,63	0,005
Datolith	$HCaBSiO_5$	V_1	2,9—3	5—5,5	—	1,65	0,044
Dechenit	$Pb[VO_3]_2$	IV_1	5,81—5,83	3,5—4	—	—	—
Delessit	SiO_2, Al_2O_3, FeO, Fe_2O_3, MgO, CaO, H_2O	—	2,7—2,9	2—2,5	—	—	—
Delorenzit . . .	$2FeO.UO_2.2Y_2O_3.24TiO_2$	IV_1	—	—	—	—	—
Descloizit . . .	$(Pb, Zn)[PbOH]VO_4$	IV_1	5,9—6,2	3,5	—	—	—
Desmin	$(Ca, Na_2)Al_2Si_6O_{16} + 6H_2O$	V_1	2,1—2,2	3,5—4	$\dddot{T}$s, T	1,50	0,006
Diamant	C	I_2	3,52	10	$\dddot{O}$	2,42	—
Diaphorit . . .	$(Pb, Ag_2)_5Sb_4S_{11}$	IV_1	5,90	2,5—3	—	—	—
Diaspor	$AlO[OH]$	IV_1	3,3—3,46	6	$\dddot{T}$, $\dot{P}$r 130°	1,72	0,048
Dietzëit	$7Ca[JO_3]_2.8CaCrO_4$	V_1	3,698	3—4	T	—	—
Dimorphin . . .	As_4S_3	IV_1	2,6	—	—	1,66	—
Diopsid	$Ca(Mg, Fe)[SiO_3]_2$	V_1	3,2—3,38	5—6	$\ddot{P}$r 87°	1,68	0,029
Dioptas	H_2CuSiO_4	II_7	3,27—3,35	5	$\dddot{R}$ 126°	—	—
Disthen	Al_2SiO_5	VI_1	3,56—3,67	5—7	$\dddot{T}:\ddot{T} = 106°$	1,72	0,012
Dolomit	$CaMg[CO_3]_2$	II_7	2,85—2,95	3,5—4,5	$\dddot{R}$ 106°	1,62	0,180
Dopplerit . . .	$CaC_{24}H_{22}O_{12}$	amorph	1,089	0,5	—	—	—
Douglasit . . .	$2KCl.FeCl_2 + 2H_2O$	V_1	—	—	—	—	—
Dumortierit . .	$3[Al_8Si_3O_{18}].AlB_2O_6.H_2O$	IV_1	3,22—3,36	7	$\dot{T}$	1,68	0,011
Dysanalyt . . .	$(Ca, Fe, Mn, Na_2)TiO_3$ $(+ SiO_2, Nb_2O_5, Ce_2O_3)$	I_1	4,13—4,21	4—5	$\dot{W}$	—	—
Eis	H_2O	II_9	0,917	1,5	—	1,31	0,004
Eisen	Fe	I_1	7,84	4,5	$\dddot{W}$	—	—
Eisenkies	FeS_2	I_3 (I_5?)	4,9—5,2	6—6,5	(W)	—	—
Eisennickel . . .	Ni_3Fe	I_1	7,8	—	—	—	—
Eisenoxyd . . .	Fe_2O_3	II_6	5,19—5,28	5,5—6,5	—	3,08	0,28
Eisenspat . . .	$FeCO_3$	II_6	3,7—3,9	3,5—4,5	$\dddot{R}$ 107°	1,79	0,239
Eisenvitriol . . .	$FeSO_4 + 7H_2O$	V_1	1,8—1,9	2	$\dddot{T}$, $\dot{P}$r 82°	—	—
Eisenzinkspat . .	$(Fe, Zn, Mn, Ca, Mg)CO_3$	II_6	4,17	5	$\dddot{R}$ 107°	—	—
Elaterit	C_nH_{2n}	amorph	0,8—1,23	—	—	—	—
Elektrum . . .	(Au, Ag)	I_1	15,1—15,5	—	—	—	—
Elpidit	$Na_2ZrSi_6O_{15}.3H_2O$	IV_1	2,52—2,59	7	$\dot{P}$r 126°	—	—
Embolit	$Ag(Cl, Br)$	I_1	5,31—6,22	1—1,5	—	—	—
Emplektit . . .	$CuBiS_2$	IV_1	6,23—6,38	2	$\dddot{T}$, $\dot{T}$	—	—
Enargit	Cu_3AsS_4	IV_1	4,36—4,47	3	$\ddot{P}$r 98°, $\dot{T}$, $\dot{T}$, T.	—	—
Endeiolith . . .	$(Zr, Ce, Fe, Ca, Na)Nb_2O_5[OH]_2$ $+ (Zr, Ce, Fe, Ca, Na)SiO_3$	I_1	3,44	4	—	—	—
Enstatit	$Mg_2[SiO_3]_2$	IV_1	3,10—3,29	5,5	$\ddot{P}$r 91°, T	1,66	0,009
Epidot	$HCa_2(Al, Fe)_3Si_3O_{13}$	V_1	3,25—3,50	6—7	$\dddot{T}:\ddot{T} = 115°$	1,75	0,037
Epistolit	SiO_2, TiO_2, Nb_2O_5, (Fe, Mn, Ca, Mg) O, Na_2O, H_2O, NaF	V_1	2,885	1—1,5	$\dot{T}$	groß	stark
Erikit	SiO_2, P_2O_5, $(Ce, Di, La, Al)_2O_3$, CaO, Na_2O, H_2O	IV_1	3,493	5,5—6	—	—	—
Eudialyt	$(Na, K, H)_{13}(Ca, Fe)_6(Si, Zr)_{20}$ $O_{52}Cl$	II_6	2,9—3,1	5—5,5	$\dot{T}$, R 126°	1,61	0,002
Euklas	$HBeAlSiO_5$	V_1	3,09—3,1	7,5	$\dddot{T}$s, T : T=49°	1,66	0,019
Eukolit	$(Na, K, H)_{13}(Ca, Fe)_6(Si, Zr)_{20}$ $O_{52}Cl$ $(+ Nb_2O_5)$	II_6	2,8—3,2	5,5—6,5	$\dot{T}$	1,62	0,003

Philipp.

Tabelle der für den Chemiker und Physiker wichtigsten Mineralien.

Hier nicht aufgeführte Mineralnamen suche man in der folgenden Tabelle 156: Synonyma.
Für spez. Gewicht und Brechungsexponenten vgl. auch die Spezialtabellen 64, 65, 70, 208 ff.

Name	Formel	Kryst.-Syst.	Sp. Gew.	Härte	Spaltbarkeit	mittlerer Brechungs-exponent	mittlere Doppel-brechung
Eukrasit	SiO_2, ThO_2, TiO_2, MnO_2, CeO_2, Ce_2O_3, Y_2O_3, Er_2O_3, $(La, Di)_2O_3$ Fe_2O_3, Al_2O_3, CaO, Na_2O, H_2O	amorph	4,39	4,5—5	—	—	—
Euxenit	Nb_2O_5, TiO_2, ZrO_2, Y_2O_3, Er_2O_3, Ce_2O_3, UO_2, FeO, H_2O	IV_1	4,6—4,99	6,5	—	—	—
Fahlerz	$3(Cu, Ag)_3(Sb, As)S_3 + Cu$ $(Zn_2, Hg_2, Fe_2, Cu_4)(Sb,As)S_4$	I_2	4,36—5,36	3—4	O	—	—
Faujasit	$H_2(Na_2,Ca)Al_2[SiO_3]_5 + 9\,H_2O$	I_1	1,923	5—6	$\dddot{\text{O}}$	—	—
Fayalit	Fe_2SiO_4	IV_1	4—4,35	6,5	$\dot{\text{T}}$, T	1,88	0,050
Fergusonit . . .	$Y(Nb, Ta)O_4$	III_4	5,6—5,9	5,5—6	—	—	—
Feuerblende . .	Ag_3SbS_3	V_1	4,2—4,3	2	$\dddot{\text{T}}$s	—	—
Florencit	$AlPO_4 . CePO_4 . Al_2[OH]_6$	II_6	3,586	5	$\dot{\text{T}}$	—	schwach
Fluocerit	$(Ce, La, Di)_2OF_4$	II_1	5,7—5,9	4	—	—	—
Fluorit	CaF_2	I_1	3,1—3,2	4	$\ddot{\text{O}}$	1,43	—
Forsterit	Mg_2SiO_4	IV_1	3,2—3,33	6—7	$\dot{\text{T}}$, T	—	—
Freieslebenit . .	$(Pb, Ag_2)_5Sb_4S_{11}$	V_1	6,35	2—2,5	Pr 61°	—	—
Freyalith	SiO_2, ThO_2, Ce_3O_4, $(La, Di)_2O_3$, Al_2O_3, Fe_2O_3, Mn_3O_4, $(Na, K)_2O$, H_2O	amorph	— 4,06—4,17	—	—	—	—
Frieseit	$Ag_2Fe_5S_8$	IV_1	4,217	1,5	$\dddot{\text{T}}$	—	—
Fritzschëit . . .	$Mn[UO_2]_2[(PO_4, VO_4)]_2 + 8\,H_2O$	III_1	3,504 (?)	2—2,5	$\dddot{\text{T}}$	—	—
Gadolinit . . .	$FeBe_2[YO]_2[SiO_4]_2$	V_1	4—4,3	6,5—7	—	—	—
Gastaldit	$Na_2Al_2[SiO_3]_4 . Ca(Mg, Fe)_3SiO_3]_4$	V_1	3,10—3,11	6—6,5	$\dot{\text{P}}$r 125°	1,66	—
Gaylüssit . . .	$Na_2CO_3 . CaCO_3 + 5\,H_2O$	V_1	1,93—1,95	2,5	Pr 69°	—	—
Gedrit	$(Mg, Fe)_2Al_4Si_2O_{12}$	IV_1	3,1—3,2	5,5	$\dddot{\text{P}}$r 125°, Ts	1,63	0,021
Gehlenit	$Ca_3Al_2Si_2O_{10}$	III_1	2,98—3,1	5,5—6	$\ddot{\text{T}}$, Pr 90°	1,66	0,006
Gismondin . . .	$CaAl_2Si_2O_8 + 4\,H_2O$	V_1(Psd. III_1)	2,265	4,5—5	—	1,54	—
Glaserit	$(K, Na)_2SO_4$	II_6	2,63—2,69	3—3,5	$\dot{\text{P}}$r 120°	1,49	0,008
Glauberit . . .	$Na_2SO_4 . CaSO_4$	V_1	2,7—2,8	2,5—3	$\dddot{\text{T}}$	—	—
Glaubersalz . .	$Na_2SO_4 + 10\,H_2O$	V_1	1,4—1,5	1,5—2	$\dddot{\text{T}}$: T = 107°	—	—
Glaukodot . . .	$(Fe, Co)(As, S)_2$	IV_1	5,91—6,18	5	$\dot{\text{T}}$	—	—
Glaukonit . . .	K_2O, FeO, Fe_2O_3, Al_2O_3, SiO_2, H_2O	—	2,3—3·	1—2	—	—	—
Glaukophan . .	$Na_2(Al, Fe)_2[SiO_3]_4 . Ca(Mg, Fe)_3[SiO_3]_4$	V_1	3,1	6—6,5	Pr 125°	1,63	0,018
Goethit	FeO(OH)	IV_1	3,8—4,4	4,5·—5·	$\dddot{\text{T}}$	2,5	stark
Gold	Au	I_1	15,6—19,4	2,5—3	—	—	—
Goldamalgam .	(Au, Hg)	I_1	15,47	—	—	—	—
Gorceixit	$(Ba, Ca, Ce)O . 2Al_2O_3 . P_2O_5 . 5H_2O$	—	3,04—3,12	6	—	—	—
Graphit	C	II_6	2,09—2,3	0,5—1	$\dddot{\text{T}}$, Pr 120°	—	—
Greenockit . . .	CdS	II_9	4,9—5,0	3—3,5	$\dot{\text{P}}$r 120°, T	2,7	schwach
Grossular	$Ca_3Al_2[SiO_4]_3$	I_1	3,4—3,6	6,5—7	D	1,74	—
Gummierz . . .	$(Pb, Ca, Ba)SiU_3O_{12} . 5\,H_2O$	—	3,9—4,5	2,5—3	—	—	—
Gymnit	$Mg_4Si_3O_{10} + 6\,H_2O$	amorph	2—2,3	2—3	—	—	—
Gyps	$CaSO_4 + 2\,H_2O$	V_1	2,2—2,4	1,5—2	$\dddot{\text{T}}$s, $\ddot{\text{P}}$r 138°, $\dot{\text{T}}$: T = 92°	1,52	0,010
Haarsalz	$Al_2Fe[SO_4]_4 + 24\,H_2O$	IV_1 (?)	1,6—1,7	1,5—2	—	—	—
Halloysit	Gemenge der Hydrogele von Al_2O_3 u. SiO_2	amorph	—	—	—	—	—
Hambergit . . .	$Be_2[OH]BO_3$	IV_1	2,347	7,5	$\dddot{\text{T}}$, $\dot{\text{T}}$	1,59	0,072
Hanksit	$9Na_2SO_4 . 3Na_2CO_3 . KCl$	II_1	2,562	3—3,5	$\dot{\text{T}}$	—	—
Harmotom . . .	$H_2(Ba,K_2)Al_2[SiO_3]_5 + 4\,H_2O$	V_1	2,44—2,50	4,5	$\dot{\text{T}}$s, T	1,51	0,005

Tabelle der für den Chemiker und Physiker wichtigsten Mineralien.

Hier nicht aufgeführte Mineralnamen suche man in der folgenden Tabelle **156**: Synonyma.
Für spez. Gewicht und Brechungsexponenten vgl. auch die Spezialtabellen 64, 65, 70, 208 ff.

Name	Formel	Kryst.-Syst.	Sp. Gew.	Härte	Spaltbarkeit	mittlerer Brechungs-exponent	mittlere Doppel-brechung
Hauerit	MnS_2	I_5	3,4—3,5	4	W⃛	—	—
Hausmannit	(Mn, Zn) Mn_2O_4	III_6	4,7—4,87	5—5,5	T̈, Py 117°, Pr 98·0	—	—
Hauyn	$3NaAlSiO_4 \cdot (Ca, Na_2)SO_4$	I_2	2,28—2,5	5,5	D̈	1,49—1,50	—
Hedenbergit	$CaFe[SiO_3]_2$	V_1	3,46—3,58	5—6	Pr 87°	1,74	0,019
Heintzit	$KMg_2B_9O_{16} + 8H_2O$	V_1	2,13	4—5	T⃛ : T̈ = 100°	1,47	—
Hellandit	$(Ca, Th, Mg)_2(Al, Y, Er, Mn, Fe, Ce)_6 Si_2O_{19}$	V_1	3,7	—	—	—	—
Hercynit	$FeAl_2O_4$	I_1	3,91—3,95	7,5—8	⋯	—	—
Heulandit	$CaAl_2Si_6O_{16} + 5H_2O$	V_1	2,1—2,2	3,5—4	T̈s	1,55	0,007
Hisingerit	Hydrogel v. SiO_2 u. Al_2O_3	amorph	2,6—3	3,5—4	—	—	—
Hoeferit	Hydrogel v. SiO_2 u. Fe_2O_3	amorph	—	—	—	—	—
Hieratit	K_2SiF_6	I_1	—	—	—	—	—
Hjelmin	Ta_2O_7, Nb_2O_7, WO_3, ZnO, CaO, MgO, UO_2	IV_1	5,82	5	—	—	—
Hjortdahlit	$4Ca(Si, Zr)O_3 \cdot Na_2ZrO_2F$	VI_1	3,267	5—5,5	—	1,68	0,012
Hornblende	$Ca(Mg, Fe)_3[SiO_3]_4 \cdot (Na_2, K_2, Ca, Fe, Mg)_3(Al, Fe)_2 Si_3O_{12}$	V_1	3—3,5	5—6	P⃛ 124°, T,Ts	1,64—1,71	0,02—0,07
Hübnerit	$MnWO_4$	V_1	7,18	5—5,5	T⃛s	—	—
Humit	$Mg_5[Mg(F.OH)]_2[SiO_4]_3$	IV_1	3,1—3,2	6,5	Ṫ	1,64	0,035
Hussakit	$(Y, Er, Ga)_6[SO_4][P_2O_7][PO_4]_4$	III_3	4,59	5	Pr 90°	1,75	0,095
Hutchinsonit	$(Tl, Cu, Ag)_2S \cdot As_2S_3 + PbS \cdot Al_2S_3$	IV	—	—	—	—	—
Hyalophan	$KAlSi_3O_8 \cdot BaAl_2Si_2O_8$	V_1	2,76—2,80	6—6,5	T⃛, T̈s	1,54	—
Hydrargillit	$Al[OH]_3$	V_1	2,34—2,39	2,5—3	T⃛	1,54	0,023
Hydroboracit	$CaMgB_6O_{11} + 6H_2O$	V_1	1,9—2	2	T	—	—
Hydromagnesit	$3MgCO_3 \cdot Mg[OH]_2 + 3H_2O$	V_1	2,14—2,2	1,5—2	—	—	—
Hypersthen	$Fe_2[SiO_3]_2$	IV_1	3,3—3,4	6	Ṗr 91·0	1,67	0,013
Iglesiasit	(Pb, Zn) CO_3	IV_1	—	—	—	—	—
Iridium	(Ir, Pt)	I_1	22—23	6—7	Ẇ	—	—
Iridosmium	(Ir, Os)	II_6	19,3—21,12	6—7	T⃛	—	—
Jadëit	$NaAl[SiO_3]_2$	V_1	3,3—3,35	6,5—7	P̈r 87°	1,65	0,029
Jamesonit	$Pb_2Sb_2S_5$	IV	5,56—5,62	2—2,5	T⃛, Pr 101·0, T	—	—
Jodargyrit	AgJ	II_2 (?)	5,6—5,7	1—1,5	Ṫ	—	—
Jodobromit	2Ag(Cl, Br) + AgJ	I_1	5,713	—	Ȯ	—	—
Johnstrupit	$H_2Na_6F_7(Ca,Mg)_{13}(Ce,Y,Al,Fe)(Ti, Zr)_3Si_2O_{48}$	V_1	3,29	—	Ṫ	1,55	—
Kainit	$MgSO_4 \cdot KCl + 3H_2O$	V_1	2,07—2,19	2,5—3	T̈, Ṗr 79°, Ts	—	-
Kainosit	$H_4Ca_2[Y_2 \cdot CO_3][Si_2O_7]$ (+ Ce_2O_3, La_2O_3, Di_2O_3, Er_2O_3)	IV	3,41	5,5	—	—	—
Kalinit	$K_2SO_4 \cdot Al_2[SO_4]_3 + 24\ H_2O$	I_3	1,75	2—2,5	—	1,46	—
Kalisalpeter	KNO_3	IV_1	2,09—2,14	2	P̈r 119°, Ṫ	1,44	0,17
Kalkspat	$CaCO_3$	II_6	2,6—2,8	3	R⃛	1,60	0,172
Kalkuranit	$Ca[UO_2]_2[PO_4]_2 + 8\ (?)\ H_2O$	IV_1	3,05—3,19	2—2,5	T⃛	1,57	—
Kallait	$H(Al_2, Cu_3, Fe_3, Ca_3)[OH]_4PO_4$	amorph	2,62—2,89	6	—	—	—
Kampylit	$Pb_5Cl\ [(As, P)\ O_4]_3$	II_3	7,218	—	⋯	—	—
Kaolinit	$H_4Al_2Si_2O_9$	V_1	2,4—2,6	1—2,5	T⃛	1,54	0,008
Karpholith	$H_4MnAl_2Si_2O_{10}$	V_1	2,935	5—5,5	—	1,63	0,022
Karyocerit	$6(H_2, Ca)SiO_3 \cdot 2(Ce, Di, Y)BO_3$ $3H_2(Ce, Th)O_2F_2 \cdot 2LaOF$	II_6	4,29	5—6	—	—	—
Katapleït	$(Na_2, Ca)ZrSi_3O_9 \cdot 2H_2O$	V_1	2,8	6	P⃛r 120°	—	—
Keweenawit	$(Cu, Ni, Co)_2As$	—	7,68	4	—	—	—
Kieselzinkerz	$Zn_2[Zn.OH]_2Si_2O_7 + H_2O$	IV_2	3,4—3,5	5	Pr 104°, Pr 117°, T	1,62	0,022

Philipp.

Tabelle der für den Chemiker und Physiker wichtigsten Mineralien.

Hier nicht aufgeführte Mineralnamen suche man in der folgenden Tabelle **156**: Synonyma.
Für spez. Gewicht und Brechungsexponenten vgl. auch die Spezialtabellen 64, 65, 70, 208 ff.

Name	Formel	Kryst.-Syst.	Sp. Gew.	Härte	Spaltbarkeit	mittlerer Brechungs-exponent	mittlere Doppel-brechung
Kieserit	$MgSO_4 + H_2O$	V_1	2,52—2,57	3	$\dddot{\mathrm{Pr}}$ 101$\cdot^0$, $\dddot{\mathrm{Pr}}$ 127^0, Pr 102$\cdot^0$, Pr 97$\cdot^0$, T	—	—
Klaprothit . . .	$Cu_6Bi_4S_9$	IV_1	4,6	2,5	$\dddot{\mathrm{T}}$	—	—
Klinochlor . . .	$H_4Mg_3Si_2O_9 : H_4Mg_2Al_2SiO_9 = 2:3$	V_1	2,56—2,78	1,5—3	$\dddot{\mathrm{T}}$	1,59	0,011
Klinohumit . . .	$Mg_7[Mg(F.OH)]_2[SiO_4]_4$	V_1	3,1—3,2	6—6,5	$\dot{\mathrm{T}}$	1,64	—
Klinozoisit . . .	$HCa_2Al_3Si_3O_{13}$	V_1	3,3—3,5	6—7	$\dddot{\mathrm{T}} : \ddot{\mathrm{T}}$ = 115$\cdot^0$	1,72	0,005
Knopit	$CaTiO_3 + Ce_2O_3$	I_1 (?)	4,1—4,3	5—6	—	—	—
Kobaltblüte . .	$Co_3[AsO_4]_2 + 8H_2O$	V_1	2,9—3,0	2,5	$\dddot{\mathrm{T}}$s	—	—
Kobaltglanz . .	(Co, Fe) AsS	I_5	6,0—6,3	5,5	W	—	—
Kobaltmanganerz	$(Co, Cu)O.2MnO_2 + 4H_2O$	amorph	2,1—2,2	1—1,5	—	—	—
Kobaltnickelkies.	$(Ni, Co, Fe)_3S_4$	I_1	4,8—5,0	5,5	W	—	—
Kochelit	Nb_2O_5, ZrO_2, ThO_2, SiO_2, Y_2O_3, UO_3, Al_2O_3, Fe_2O_3, CaO, H_2O	III (?)	3,7	3—3,5	—	—	—
Koenenit	$Mg_5Al_2O_6Cl_4 + 6$ (?) H_2O	II_6 (?)	1,98	sehr weich	$\dddot{\mathrm{T}}$	—	—
Kollyrit	$Al_4SiO_8 + 9H_2O$	—	2,215	1—2	—	—	—
Koppit	$(Na, K)_4[CaF]Ca_3[CeO][Nb_2O_7]_3$	I_1	4,45—4,56	—	—	—	—
Kornerupin . . .	$MgAl_2SiO_6$	IV_1	3,27—3,34	7	Pr 99^0	1,67	0,013
Korund	Al_2O_3	II_6	3,9—4	9	—	1,77	0,009
Korynit	(Ni, Co, Fe) (As, Sb)S	I_5	5,994	4,5—5	—	—	—
Kraurit	$Fe_2PO_4[OH]_3$	IV_1	3,3—3,5	3,5—4	$\dot{\mathrm{T}}$, T	—	—
Krennerit . . .	$(Au, Ag) Te_2$	IV_1	8,353	—	$\dddot{\mathrm{T}}$	—	—
Krugit	$K_2MgCa_4[SO_4]_6 + 2H_2O$	V (?)	2,801	3	—	—	—
Kryolith	Na_3AlF_6	V_1	2,95—3	2,5—3	$\dddot{\mathrm{T}}$, $\dddot{\mathrm{Pr}}$ 92^0, $\ddot{\mathrm{T}}$	1,3	schwach
Kryolithionit . .	$Li_3Na_3Al_2F_{12}$	I_1	2,78	2,5—3	$\dot{\mathrm{D}}$	—	—
Kupfer	Cu	I_1	8,5—8,9	2,5—3	—	—	—
Kupferglanz . .	Cu_2S	IV_1	5,5—5,8	2$\cdot$—3	Pr 119$\cdot^0$	—	—
Kupferkies . . .	$CuFeS_2$	III_6	4,1—4,3	3$\cdot$—4	$\dot{\mathrm{P}}$y 126^0	—	—
Kupferlasur . .	$Cu[CO_3]_2[CuOH]_2$	V_1	3,77—3,83	3,5—4	$\ddot{\mathrm{P}}$r 59^0	—	—
Kupferuranit . .	$Cu[UO_2]_2[PO_4]_2 + 8$ (?) H_2O	III_1	3,4—3,6	2—2,5	$\dddot{\mathrm{T}}$	—	—
Kupfervitriol . .	$CuSO_4 + 5H_2O$	VI_1	2,12—2,30	2,5	$T_1 : T_2$ = 123^0, $T_1 : T_3$ = 127$\cdot^0$	1,53	0,030
Labradorit . . .	$NaAlSi_3O_8 : CaAl_2Si_2O_8$ = 1 : 1 bis 1 : 2	VI_1	2,69—2,71	6—6,5	$\dddot{\mathrm{T}} : \ddot{\mathrm{T}}$ = 94^0, T : T = 120$\cdot^0$	1,56	0,008
Langbeinit . . .	$K_2Mg_2[SO_4]_3$	I_5	2,83	3—4	—	—	—
Lanthanit . . .	$La_2[CO_3]_3 + 9 H_2O$	IV_1	2,6—2,7	2—3	$\dddot{\mathrm{T}}$	—	—
Lasurit	$3 NaAlSiO_4 . Na_2S_3$	I_2	—	5$\cdot$	$\dddot{\mathrm{D}}$	—	—
Laumontit . . .	$CaAl_2Si_4O_{12} + 4 H_2O$	V_1	2,25—2,35	3—3,5	$\dddot{\mathrm{T}}$s, $\dddot{\mathrm{Pr}}$ 86^0, T	1,52	0,012
Laurionit . . .	PbCl[OH]	IV_1	—	3—3,5	$\dot{\mathrm{T}}$	2,12	—
Laurit	(Ru, Os) S_2	I_5	6,99	7—8	$\dddot{\mathrm{O}}$	—	—
Lautarit	$Ca[JO_3]_2$	V_1	4,59	4	—	—	—
Låvenit	$Na[ZrO.F](Mn, Ca, Fe)[SiO_3]_2$	V_1	3,55	6	$\ddot{\mathrm{T}}$	1,75	0,040
Lawsonit	$H_4CaAl_2Si_2O_{10}$	IV_1	3,08—3,09	8	$\dddot{\mathrm{T}} : \ddot{\mathrm{T}}$ = 90^0, $\dot{\mathrm{P}}$r 113^0	1,67	0,019
Lazulith	$(Mg, Fe, Ca)[AlOH]_2[PO_4]_2$	V_1	3—3,12	5—6	Pr 91$\cdot^0$	1,62	0,036
Leadhillit . . .	$[PbSO_4]_4[CO_3]_2 + H_2O$	V_1	6,26—6,55	2,5	$\dddot{\mathrm{T}}$: T = 90^0	—	—
Leonit	$K_2Mg[SO_4]_2 + H_2O$	V_1	2,376	2,5—3	$\dot{\mathrm{T}}$	—	—
Lepidolith . . .	$(F, OH)_2 (Li, K, Na) Al_2Si_3O_9$ ($+ Rb^2O, Cs_2O$)	V_1	2,8—2,9	2,5—3	$\dddot{\mathrm{T}}$	1,60	—
Leucit	$(K, Na)AlSi_2O_6$	Psd. I	2,45—2,50	5,5—6	—	1,51	0,001
Libethenit . . .	$[CuOH]CuPO_4$	IV_1	3,6—3,8	4	T, T	—	—
Liëvrit	$HCa\overset{II}{Fe}_2\overset{III}{Fe}Si_2O_9$	IV_1	3,9—4,1	5,5—6	$\dot{\mathrm{T}}$, $\dot{\mathrm{T}}$, T	1,89	—

Philipp.

Tabelle der für den Chemiker und Physiker wichtigsten Mineralien.

Hier nicht aufgeführte Mineralnamen suche man in der folgenden Tabelle **156**: Synonyma.
Für spez. Gewicht und Brechungsexponenten vgl. auch die Spezialtabellen 64, 65, 70, 208 ff.

Name	Formel	Kryst.-Syst.	Sp. Gew.	Härte	Spaltbarkeit	mittlerer Brechungs-exponent	mittlere Doppel-brechung
Limonit	$Fe_4O_3(OH)_6$	IV	3,3—4	5—5,5	—	—	0,048
Linarit	$[(Pb, Cu)OH]_2SO_4$	V_1	5,3—5,45	2,5—3	$\dddot{T} : \dot{T} = 102$·^{0}	—	—
Lithiophilit	$Li(Mn, Fe)PO_4$	IV_1	3,42—3,5	4—5	$\dddot{T}$, $\dot{T}$, Pr 133^0	—	—
Loeweït	$2Na_2Mg[SO_4]_2 + 5H_2O$	III_1	2,376	2,5—3	$\dot{T}$, Pr	—	—
Löllingit	$FeAs_2$	IV_1	7,1—7,4	5—5,5	$\ddot{T}$, Pr 78^0	—	—
Lorandit	$TlAsS_2$	V_1	5,529	2—2·	$\dddot{T} : \ddot{T}_1 = 128^0$ $\ddot{T}_1 : \ddot{T}_2 = 128^0$	groß	—
Loranskit	$Ta_2O_5, Y_2O_3, Ce_2O_3, CaO, Fe_2O_3, ZrO_2, H_2O$	—	4,16—4,6	4,5·—5	—	—	—
Magnesitspat	$MgCO_3$	II_6	2,9—3,1	4—4,5	$\dddot{R}$ 107·^{0}	1,65	0,202
Magnetit	$FeFe_2O_4$	I_1	4,9—5,2	5,5—6,5	—	—	—
Magnetkies	FeS	II_9	4,54—4,64	3·—4·	Pr 120^0	—	—
Malachit	$CuCO_3.Cu[OH]_2$	V_1	3,7—4,1	3,5—4	$\dddot{T} > \dddot{T}s$	1,88	—
Malakon	$ZrSiO_4 \cdot H_2O$ (+ $U_2O_3, Y_2O_3, Er_2O_3, Ce_2O_3$)	III_1	3,6—4,1	5—6	Pr 90^0, Py 83·^{0}	—	—
Manganblende	MnS	I_2	3,9—4,0	3·—4	$\dddot{W}$	—	—
Manganit	$MnO[OH]$	IV_1	4,2—4,4	3·—4	$\dddot{T}$, $\dot{P}$r 99·^{0}, $\dot{T}$	—	—
Manganosit	MnO	I_1	5,18	5·—6	—	—	—
Manganspat	$MnCO_3$	II_6	3,3—3,6	3,5—4,5	$\dddot{R}$	—	stark
Margasit	$H_2CaAl_4Si_2O_{12}$	V_1	2,99—3,10	3,5—4,5	$\dddot{T}$	1,64—1,65	0,01
Marialith	$Na_4Al_3Si_9O_{24}Cl$	III_3	2,566	5,5—6	—	—	—
Marignacit	$Nb_2O_5, Ta_2O_5, ThO_2, TiO_2, SiO_2, Ce_2O_3, Y_2O_3, CaO, Fe_2O_3, UO, MgO, Na_2O, K_2O, F$	I_1	4,13	5—5,5	—	groß	—
Markasit	FeS_2	IV_1	4,65—4,88	6—6·	Pr 105^0, (Pr 78^0)	—	—
Mascagnin	$[NH_4]_2SO_4$	IV_1	1,76—1,77	2—2,5	$\ddot{T}$	—	—
Meerschaum	$H_4Mg_2Si_3O_{10}$	—	2	2—2,5	—	1,54	—
Meionit	$Ca_4Al_6Si_6O_{25}$	III_3	2,6—2,74	5,5—6	$\ddot{P}$r 90^0, $\dot{P}$r	1,58	0,035
Melanit	$Ca_3(Fe, Al, Ti)_2[(Si\ Ti)O_4]_3$	I_1	3,8—4,1	7	D	1,86	—
Melanocerit	$12(H_2, Ca)SiO_3 \cdot 3(Y, Ce)BO_3 .2H_2(Th, Ce)O_2F_2 .8(Ce, La, Di)OF$	II_6	4,13	5—6	—	—	—
Melilith	$Na_2(Ca, Mg)_{11}(Al, Fe)_4[SiO_4]_9$	III_1	2,90—2,95	5—5,5	$\dot{T}$, Pr 90^0	1,63	0,005
Melinophan	$NaCa_2Be_2Si_3O_{10}F$	III_7 (?)	3,00—3,02	5—5,5	T	1,61	0,019
Mellit	$Al_2C_{12}O_{12} + 18H_2O$	III_1	1,55—1,65	2—2,5	Py 93^0	1,53	0,028
Mendozit	$Na_2SO_4 \cdot Al_2[SO_4]_3 + 24H_2O$	I_3	1,88	3	—	—	—
Mennige	Pb_2PbO_4	—	4,6	2—3	—	—	—
Mesolith	$Na_2Al_2Si_3O_{10} + 2H_2O : CaAl_2Si_3O_{10} + 3H_2O = 1 : n$	V_1	2,2—2,4	5	$\dddot{P}$r 92^0	1,49	—
Metacinnabarit	HgS	I_2	7,7—7,8	3	—	—	—
Miargyrit	$AgSbS_2$	V_1	5,1—5,3	2—2·	Ts, T : T = 138^0	— —	— —
Miersit	AgJ	I_2	—	—	$\dot{D}$	—	—
Mikroklin	(K, Na) $AlSi_3O_8$	VI_1	2,54—2,57	6	$\dddot{T} : \dddot{T} = 90^0$·, $\dot{T} : T = 118$·^{0}	1,52	0,007
Mikrolith	$(Ca, Mn, Fe, Mg)_2(Ta, Nb)_2O_7$	I_1	5,48—6,13	5—6	—	—	—
Milarit	$HKCa_2Al_2[Si_2O_5]_6$	II_1 (?)	2,59	5,5—6	—	—	—
Millerit	NiS	II_9	5,26—5,9	3—4	$\dddot{R}$ 159^0, $\dddot{R}$ 161·^{0}	—	—
Mimetesit	$Pb_5Cl[AsO_4]_3$	II_3	7,19—7,25	3,5—4,0	$\dot{P}$ 82^0	2,14	0,01
Mizzonit	$nCa_4Al_6Si_6O_{25} \cdot mNa_4Al_3Si_9O_{24}Cl$	III_3	2,54—2,76	6—6,5	$\ddot{P}$r 90^0, $\dot{P}$r	1,55	0,01
Moissanit	CSi	II_6	—	—	—	—	—
Molybdänglanz	MoS_2	II_1	4,7—4,8	1—1·	$\dddot{T}$	—	—

Philipp.

Tabelle der für den Chemiker und Physiker wichtigsten Mineralien.

Hier nicht aufgeführte Mineralnamen suche man in der folgenden Tabelle **156**: Synonyma.
Für spez. Gewicht und Brechungsexponenten vgl. auch die Spezialtabellen 64, 65, 70, 208 ff.

Name	Formel	Kryst.-Syst.	Sp. Gew.	Härte	Spaltbarkeit	mittlerer Brechungsexponent	mittlere Doppelbrechung
Molybdänocker .	MoO_3	IV_1	4,0—4,5	1—2	$\dddot{T}$, $\dot{T}$, $\dot{T}$	—	—
Monazit	(Ce, Nd, Pr, La) PO_4 (+ $Th_3[PO_4]_4$)	V_1	4,9—5,25	5—5,5	$\dddot{T}:\ddot{T}=103^{0}\cdot$, $\dot{T}$s	1,81	0,048
Monticellit . . .	$CaMgSiO_4$	IV_1	3,03—3,25	5—5,5	$\dot{T}$	1,66	0,017
Montmorillonit .	Gemenge der Hydrogele von Al_2O_3 u. SiO_2	amorph	—	—	—	—	—
Montroydit . . .	HgO	IV_1	—	2—3	$\dddot{T}$	—	—
Mosandrit . . .	SiO_2, ZrO_2, TiO_2, CeO_2, Ce_2O_3, Y_2O_3, CaO, Na_2O, H_2O, F	V_1	2,93—3,03	4	$\ddot{T}$	1,65	0,012
Mossit	(Fe, Mn)(Nb, Ta)$_2O_6$	III_1	6,45	—	—	—	—
Müllerit	Hydrogel v. SiO_2 u. Al_2O_3	amorph	1,97	—	—	—	—
Muscovit	$H_2(K, Na)Al_3Si_3O_{12}$	V_1	2,76—3,1	2—3	$\dddot{T}$	1,58	0,038
Muthmannit . .	(Ag, Au) Te	IV_2	—	2·	$\dddot{T}$	—	—
Naegit	ZrO_2, SiO_2,CeO_2 ThO_2,Nb_2O_5, Ta_2O_5, UO_3, Y_2O_3, Fe_2O_3, CaO, MgO, H_2O	III_1	4,09	7,5	—	—	stark
Nagyagit	$Au_2Sb_2Pb_{10}Te_6S_{15}$	IV_1	6,85—7,20	1—1,5	$\dddot{T}$	—	—
Natroborocalcit .	$NaCaB_5O_9 + 6H_2O$	?	1,65—1,8	1	—	—	—
Natrolith	$Na_2Al_2Si_3O_{10} + 2H_2O$	IV_1	2,20—2,26	5—5,5	$\dddot{Pr}$ 91^{0}	1,48	0,013
Natron	$Na_2CO_3 + 10H_2O$	V_1	1,4—1,5	1—1,5	$\dot{T}$, Ts, Pr $76\cdot^{0}$	—	—
Natronsalpeter .	$NaNO_3$	II_6	2,1—2,2	1,5—2	$\ddot{R}$ $106\cdot^{0}$	1,50	0,251
Neotantalit . . .	Nb_2O_5, Ta_2O_5, FeO, MnO, K_2O, Na_2O, H_2O	I_1	—	5—6	—	—	—
Nephelin	(Na_2, K_2, Ca) $Al_2Si_2O_8$ .n(Na_2, K, Ca) $Al_2Si_3O_{10}$	II_4	2,58—2,64	5,5—6	$\dot{Pr}$ 120^{0}, T	1,54	0,005
Neptunit	(Na, K)$_2$(Fe, Mn)(Si, Ti)$_5O_{12}$	V_1	3,234	5—6	$\dot{Pr}$ 80^{0}	—	—
Nickelblüte . . .	$Ni_3[AsO_4]_2 + 8H_2O$	V_1	3—3,1	2—2,5	—	—	—
Nickeleisen . . .	(Fe, Ni, Co)	I_1	7,3—7,8	—	$\ddot{W}$	—	—
Nickelgymnit . .	(Ni, Mg)$_4Si_3O_{10} + 6H_2O$	—	2—2,3	2—3	—	—	—
Nickeloxydul . .	NiO	I_1	6,4—6,8	5,5—6	—	2,2	—
Nontronit . . .	Hydrogel v. SiO_2 u. Fe_2O_3	amorph	2,08	—	—	—	—
Northupit . . .	$2MgCO_3 : 2Na_2CO_3 . 2NaCl$	I_1	2,38	—	—	1,51	—
Numeait	(Mg, Ni)$SiO_3 + nH_2O$	—	2,3—2,8	2—3	—	—	—
Oligoklas	$NaAlSi_3O_8 : CaAl_2Si_2O_8$ = 6 : 1 — 2 : 1	VI_1	2,64—2,66	6—6,5	$\dddot{T} : \ddot{T} = 93\cdot^{0}$, T : T = 121^{0}	1,54	0,007
Olivenit	Cu[Cu.OH]AsO_4	IV_1	4,1—4,4	3	Pr $92\cdot^{0}$, Pr 111^{0}, T	—	—
Olivin	(Mg, Fe)$_2SiO_4$	IV_1	3,27—3,57	6,5—7	$\dot{T}$, T	1,67	0,036
Opal	$SiO_2 . xH_2O$	amorph	1,9—2,5	5·—6·	—	1,44	—
Orthit	H(Ca, Fe)$_2$(Al, Ce)$_3Si_3O_{13}$	V_1	3—4	5·—6	T : T = 115^{0}	1,68	0,032
Orthoklas . . .	(K, Na)$AlSi_3O_8$	VI_1 Psd.V	2,54—2,58	6	$\dddot{T} : \dddot{T} = 90^{0}$, T : T = 119^{0}	1,52	0,006
Osmiridium . .	(Ir, Os, Pt, Rh, Ru)	II_6	18,8—19,5	7	$\dddot{T}$	—	—
Ozokerit	C_nH_{2n}	amorph	0,926	—	—	—	—
Pachnolith . . .	$NaCaAlF_6 + H_2O$	V_1	2,9—3	3	T	—	—
Pandermit . . .	$Ca_2B_6O_{11} + 3H_2O$	V_1	2,26—2,48	3	—	—	—
Paragonit . . .	$H_2(Na, K)Al_3Si_3O_{12}$	V_1	2,78—2,90	2,5—3	$\dddot{T}$	—	—
Paralaurionit . .	PbCl[OH]	V_1	6,05	—	$\dot{T}$	—	—
Paratakamit . .	$Cu_2Cl[OH]_3$	II_6 (?)	3,74	3	$\ddot{R}$	1,85	—
Parisit	Ca[(Ce, La, Di)F]$_2[CO_3]_3$	II_6	3,9—4,4	4—5	$\dddot{T}$	1,70	0,08
Patronit	SiO_2, Al_2O_3, Fe, Vd, S, Mo	—	2,65	3,5	—	—	—
Pearcëit	(Ag, Cu)$_9AsS_6$	V_1	6,13—6,17	3	—	—	—
Pektolith	$NaHCa_2Si_3O_9$	V	2,74	4,5—5	$\dddot{T} : \dddot{T} = 95\cdot^{0}$	1,61	0,038

Philipp.

Tabelle der für den Chemiker und Physiker wichtigsten Mineralien.

Hier nicht aufgeführte Mineralnamen suche man in der folgenden Tabelle **156**: Synonyma.
Für spez. Gewicht und Brechungsexponenten vgl. auch die Spezialtabellen 64, 65, 70, 208 ff.

Name	Formel	Kryst.-Syst.	Sp. Gew.	Härte	Spaltbarkeit	mittlerer Brechungs-exponent	mittlere Doppel-brechung
Pennin	$H_4Mg_3Si_2O_9 : H_4Mg_2Al_2SiO_9$ = 3 : 2 bis 1 : 1	V_1	2,61—2,77	2—3	$\dddot{T}$	1,58	0,001
Periklas	MgO	I_1	3,7—3,9	5,5—6	$\dddot{W}$, $\dot{O}$	1,74	—
Perowskit	$CaTiO_3$	Psd. I_1	3,95—4,1	5,5	$\dot{W}$	2,38	—
Petalit	(Li, Na, H)Al[Si_2O_5]$_2$	V_1	2,4—2,5	6,5	$\ddot{T} : \dot{T}$ = 141·^{0}	1,51	0,012
Pharmakolith	$HCaAsO_4 + 2H_2O$	V_1	2,730	2—2,5	$\dddot{T}$s	—	—
Pharmakosiderit	$2FeAsO_4 \cdot Fe[OH]_3 + 5H_2O$	I_2	2,9—3	2,5	W	—	—
Phenakit	Be_2SiO_4	II_7	2,96—3	7,5—8	$\dot{P}$r 120^0, R 116·^{0}	1,66	0,016
Phillipsit	$H_2(Ca, K_2)Al_2[SiO_3]_5 + 4H_2O$	V_1	2,15—2,20	4,5	$\dot{T}$, $\dot{T}$s	—	0,003
Phlogopit	$(H, K)_3(Mg, Fe)(Al, Fe)Si_3O_{12}$	V_1	2,78—2,85	2,5—3	$\dddot{T}$	1,59	0,044
Phosphorchalcit	$[Cu \cdot OH]_3PO_4$	?	3,4—4,4	4—5	—	—	—
Phosphuranylit	$[UO_2]_3[PO_4]_2 + 6H_2O$	—	—	—	—	—	—
Picotit	$(Fe, Mg)(Al_2, Cr_2, Fe_2)O_4$	I_1	4,08	8	O	—	—
Piemontit	$HCa_2(Al, Mn, Fe)_3Si_3O_{13}$	V_1	3,4	6,5	$\dddot{T} : \ddot{T}$ = 115·^{0}	—	—
Pikromerit	$K_2Mg[SO_4]_2 + 6H_2O$	V_1	2,03	2,5—3	—	1,47	—
Pimelith	SiO_2, Al_2O_3, Fe_2O_3, NiO, MgO, CaO, H_2O	—	2,23—2,76	2,5	—	—	—
Pinguit	Hydrogel v. SiO_2 u. Fe_2O_3	amorph	2,3—2,35	1	—	—	—
Pinnoit	$MgB_2O_4 + 3H_2O$	III_4	3,3—3,37	3—4	—	—	—
Platin	Pt	I_1	14—19	4	—	—	—
Platiniridium	(Ir, Pt)	I_1	22,6—22,8	6—7	W	—	—
Plattnerit	PbO_2	III_1	8,56	5—5·	—	—	—
Pleonast	$(Mg, Fe)(Al_2, Fe_2)O_4$	I_1	3,5—3,6	8	...O	—	—
Polianit	MnO_2	III_1	4,8—5,0	6·—7	$\dddot{P}$r 90^0	—	—
Pollux	$H_2Cs_4Al_4[SiO_3]_9$	I_1	2,9—3,1	6,5—7	—	1,52	—
Polybasit	$(Ag, Cu)_9(Sb, As)S_6$	V_1	6,0—6,25	2—2,5	T	—	—
Polyhalit	$2CaSO_4 \cdot K_2Mg[SO_4]_2 + 2H_2O$	V_1 (?)	2,77—2,78	2,5—3,5	$\ddot{T}$	—	—
Polykras	Nb_2O_5, Ta_2O_5, TiO_2, Y_2O_3, Er_2O_3, Ce_2O_3, UO_2, FeO, H_2O	IV_1	4,7—5,1	5—6	—	—	—
Polymignyt	Nb_2O_5, Ta_2O_5, ZrO_2, TiO_2, ThO_2, SnO_2, $(Y, Er)_2O_3$, Ce_2O_3, $(La,Di)_2O_3$, Fe_2O_3, FeO, CaO, H_2O	IV_1	4,75—4,85	6,5	T, T	—	—
Powellit	$Ca(Mo,W)O_4$	III_3	4,526	3,5	—	—	—
Prehnit	$H_2Ca_2Al_2Si_3O_{12}$	IV_2	2,8—2,95	6·—7	$\ddot{T}$, Pr 100^0	1,63	0,033
Prochlorit	$H_4Mg_3Si_2O_9 : H_4Mg_2Al_2SiO_9$ = 1 : 2	V_1	2,78—2,96	1—2	$\dddot{T}$	—	—
Psilomelan	$MnO_2(MnO, BaO, K_2O, H_2O)$	—	4,13—4,33	5,5—6	—	—	—
Pucherit	$BiVO_4$	IV_1	6,249	4	$\dddot{T}$	—	—
Pyrochlor	Nb_2O_5, TiO_2, ThO_2, Ce_2O_3, CaO, FeO, UO, MgO, Na_2O, F	I_1	4,3—4,5	5—5,5	O	—	—
Pyrolusit	MnO_2 (+ nH_2O)	?	4,7—4,9	2—2,5	—	—	—
Pyromorphit	$Pb_5Cl[PO_4]_3$	II_3	6,9—7	3,5—4	Py 80·^{0}, Pr 120^0	2,06	0,012
Pyrop	$(Mg, Fe, Ca)_3(Al, Fe)_2[SiO_4]_3$	I_1	7,5	3,7—3,8	D.	1,74	—
Pyrophanit	$MnTiO_3$	II_7	4,54	5	$\dddot{R}$ 68·^{0}, $\dot{R}$ 115^0	2,66	0,27
Pyrophyllit	$HAlSi_2O_6$	IV_1 (?)	2,78—2,92	1	$\dddot{T}$	1,58	—
Pyropissit	Kohlenwasserstoff	amorph	0,9	—	—	—	—
Quarz	SiO_2	II_{12}	2,5—2,8	7	—	1,55	0,009
Quecksilber	Hg	I_1	13,5—13,6	—	—	—	—
Randit	$U[OH]_4 \cdot [CO_3]_6 \cdot Ca_5H_2O$	—	—	—	—	—	—
Raspit	$PbWO_4$	V_1	—	2,5	$\dddot{T}$	2,6	—
Realgar	AsS	V_1	3,56	1·—2	$\ddot{T}$s, $\ddot{T}$, $\dot{T} : \dot{T}$ = 114^0	—	—
Rhabdophan	$(La, Di, Y, Er)PO_4 \cdot H_2O$	(?) II od. III	—	—	—	—	—
Rhodonit	$(Mn, Ca, Fe)_2[SiO_3]_2$	VI_1	3,5—3,63	5—5,5	$\dddot{T} : \dddot{T}$ = 87·^{0}, $\dot{T}$	—	—

Philipp.

Tabelle der für den Chemiker und Physiker wichtigsten Mineralien.

Hier nicht aufgeführte Mineralnamen suche man in der folgenden Tabelle 156: Synonyma.
Für spez. Gewicht und Brechungsexponenten vgl. auch die Spezialtabellen 64, 65, 70, 208 ff.

Name	Formel	Kryst.-Syst.	Sp. Gew.	Härte	Spaltbarkeit	mittlerer Brechungs-exponent	mittlere Doppel-brechung
Rhönit	$(Ca, Na_2K_2)_3Mg_4\overset{II}{Fe_2}\overset{III}{Fe_2}Al_4$ $(Si, Ti)_6O_{30}$	VI_1	3,58 (?)	—	T̈ : T̈ = 114^0	—	—
Rickardit . . .	Cu_4Te_3	—	7,54	3,5	—	—	—
Riebeckit . . .	$Na_2Fe_2[SiO_3]_4$	V_1	3,4	5—6	P⃛r 124^0	1,69	0,004
Rinkit	SiO_2, TiO_2, CeO, LaO, DiO, CaO, Na_2O, F	V_1	3,46	5	Ṫ	1,67	—
Rinnëit	$FeCl_2 . 3 KCl . NaCl$	II_6	2,34	3	Ṗr 120^0	—	—
Risörit	Nb_2O_5, Ta_2O_5, TiO_2 $(Y, Er)_2O_3$ $(Ce, La, Nd)_2O_3$, CaO (+ SnO_2. ThO_2, UO_2, PbO, CO_2)	—	4,179	5,5	—	—	—
Rosenbuschit . .	$2Na_2ZrO_2F_2 . 6CaSiO_3 . TiSiO_3TiO_3$	V_1	3,30—3,32	5—6	T⃛ : T̈$_1$ = 102^0, T⃛ : T̈$_2$ = 112·^{0}	1,65	0,026
Rotbleierz . . .	$PbCrO_4$	V_1	5,9—6	2,5—3	Ṗr 93·^{0}, T, T	2,42	—
Rotkupfererz . .	Cu_2O	I_1	5,7—6,2	3·—4	Ö (Ẅ)	2,8	—
Rotnickelkies . .	Ni(As,Sb)	II_9	7,3—7,7	5·	—	—	—
Rotzinkerz . . .	(Zn, Mn)O	I_9 (?)	5,4—5,7	4·—5	T̈, Ṗr 120^0	cr. 2	0,021
Rowlandit . . .	$(Fe,Mg)(Y,Ce,La)_2[YF]_2[Si_2O_7]_2$	I (?)	4,515	—	—	—	—
Rutherfordin . .	UCO_5	—	4,82	—	—	—	—
Rutherfordit . .	TiO_2, UO_2, Ce_2O_3, Y_2O_3	V_1	5,55—5,69	5,5	—	—	—
Rutil	TiO_2	III_1	4,2—4,3	6—6,5	P⃛r 90^0, P̈r 90^0, Py 84·^{0}	2,71	0,287
Safflorit	$(Co, Fe, Ni) (As, S)_2$	IV_1	6,9—7,3	4,5—5	Ṫ	—	—
Salit	$CaMg[SiO_3]_2$	V_1	3,25—3,4	5—6	Ṗr 87^0	—	—
Salmiak	$[NH_4]Cl$	I_5	1,5—1,6	1,5—2	O	1,64	—
Samarskit . . .	$(Fe,Ca,UO_2)_3(Y,Ce)_2(Nb,Ta)_6O_{21}$ (+ Sn, W, Zr, Th)	IV_1	5,6—5,8	5—6	—	—	—
Sapphirin . . .	$Mg_5Al_{12}Si_2O_{27}$	V_1	3,46—3,49	7,5	—	1,71	0,006
Sassolin	$B[OH]_3$	VI_1	1,4—1,5	1	T⃛	—	—
Scheelit	(Ca, Mo) WO_4	III_3	5,9—6,1	4,5—5	P̈y 130·^{0}, Ṗy 114^0, Ṫ	1,92	—
Schizolith . . .	$3SiO_2 . 2(Fe,Mn,Ca)O . (Na,H)_2O$ (+ TiO_2, Ce_2O_3, Y_2O_3)	VI_1	2,97—3,13	—	—	1,62	0,03
Schreibersit . .	$(Fe, Ni, Co)_3P$	III (?)	7,02—7,28	6,5	—	—	—
Schröckingerit .	$U[CO_3]_2 + nH_2O$	IV_1	—	—	—	—	—
Schwatzit . . .	$3 Cu_3SbS_3 + CuHg_2SbS_4$	I_2	5,10	3—4	O	—	—
Schwefel	S	IV_1od.$_2$	1,9—2,1	1,5—2,5	T, Pr 102^0	2,08	0,282
Selenblei	PbSe	I	8,2—8,8	2,5—3	Ẇ	—	—
Selenkupferblei .	$(Pb, Cu_2)Se$	I (?)	7—7,5	2,5	—	—	—
Selenquecksilber	HgSe	I_2	8,19—8,47	2,5	—	—	—
Selensilber . . .	$(Ag_2, Pb)Se$	I_1	8,0	2,5	W⃛	—	—
Selenwismutglanz	Bi_2Se_3	IV	6,2—7,0	2·—3	Ṫ	—	—
Senarmontit . .	Sb_2S_3	I_1	5,2—5,3	2—2·	Ȯ	2,09	—
Serpentin . . .	$H_4(Mg,Fe)_3Si_2O_9$	IV (?)	2,5—2,7	3—4	—	1,54	0,01
Silber	Ag	I_1	10,1—11,1	2,5—3	—	—	—
Silberamalgam .	(Ag, Hg)	I_1	13,7—14,1	3—3,5	D	—	—
Silberglanz . . .	Ag_2S	I_1	7,2—7,4	2—2,5	D, W	—	—
Silberkupferglanz	$(Cu, Ag)_2S$	IV_1	6,2—6,3	2·—3	—	—	—
Sillimanit . . .	Al_2SiO_5	IV_1	3,23—3,25	6—7	T⃛	1,67	0,022
Sipylit	$ErNbO_4$	III_4	4,89	6	Ṗy 100·^{0}	—	—
Skleroklas . . .	$PbAs_2S_4$	IV	5,393	3	T̈	—	—
Skolecit	$CaAl_2Si_3O_{10} + 3H_2O$	V_3	2,16—2,4	5—5,5	P̈r 91·^{0}	1,50	0,007
Skorodit	$FeAsO_4 + 2H_2O$	IV_1	3,1—3,2	3,5—4	Ṫ, Pr 120^0, T	—	—
Sodalith	$3NaAlSiO_4 . NaCl$	I_1 od. $_2$	2,2—2,4	5,5	Ḋ	1,48	—
Speiskobalt . . .	$(Co, Fe, Ni) (As, S)_2$	I_5	6,37—7,3	5,5	W, O	—	—
Sperrylith . . .	$(Pt, Rh) (As, Sb)_2$	I_5	10,6	6—7	—	—	—

Philipp.

Tabelle der für den Chemiker und Physiker wichtigsten Mineralien.

Hier nicht aufgeführte Mineralnamen suche man in der folgenden Tabelle **156**: Synonyma.
Für spez. Gewicht und Brechungsexponenten vgl. auch die Spezialtabellen 64, 65, 70, 208 ff.

Name	Formel	Kryst.-Syst.	Sp. Gew.	Härte	Spaltbarkeit	mittlerer Brechungs-exponent	mittlere Doppel-brechung
Spessartin . . .	$(Mn, Fe)_3(Al, Fe)_2[SiO_4]_3$	I_1	3,77—4,27	7	D	1,81	—
Spinell (edler) .	$MgAl_2O_4$	I_1	3,52—3,71	8	O	1,71	—
Spodumen . . .	$(Li, Na)Al[SiO_3]_2$	V_1	3,13—3,19	6,5—7	P̈r 87°	1,67	0,016
Staffelit	$Ca_5F[PO_4]_3 . nCaCO_3 + H_2O$	II (?)	3,128	4	—	—	—
Staurolith . . .	$HFeAl_5Si_2O_{13}$	IV_1	3,65—3,77	7—7,5	Ṫ, Pr 129·°	1,74	0,010
Steenstrupin . .	$(Na, H)_{12}(Mn, Ca, Mg)_3$ $(La, Di, Y, Fe)_2(Si, Th)_{12}O_{36}$ $. 4(P, Nb)O_4Ce . CaF_2 . 4H_2O$	II_6	3,38	4	—	—	—
Steinsalz	$NaCl$	I_1	2,1—2,2	2	W⃛	1,54	—
Stephanit . . .	Ag_5SbS_4	IV_2	6,2—6,3	2—2,5	Ṫ, Pr 107·°	—	—
Sternbergit . . .	$AgFe_2S_3$	IV_1	4,2—4,25	1—1,5	T⃛	—	—
Stibiotantalit . .	$(Ta, Nb)SbO_4$	IV_2	5,98—7,37	5—5,5	—	2,42	—
Stiblith.	$H_2Sb_2O_5$	—	5,1—5,3	4—5,5	—	—	—
Stilpnosiderit . .	Hydrogel von Fe_2O_3	amorph	3,3—4	1—5	—	—	—
Stolzit	$PbWO_4$	III_3	8—8,3	3	T, Py 131·°	—	—
Strengit	$FePO_4 + 2H_2O$	IV_1	2,87	3—4	T	—	—
Strontianit . . .	$SrCO_3$	IV_1	3,6—3,73	3,5	P̈r 117·°, T, Pr 69·°	—	—
Strüverit	$FeO . (Ta, Nb)_2O_5 . 4TiO_2$	III_1	—	—	—	—	—
Struvit	$[NH_4]MgPO_4 + 6H_2O$	IV_2	1,66—1,75	1,5—2	T⃛, T̈	—	—
Sulfoborit . . .	$2MgSO_4 . 2Mg_2B_2O_5 + 9H_2O$	IV_1od.$_2$	2,44	4·	P⃛r 116·°	1,54	0,017
Sulvanit . . .	$3Cu_2S . V_2S_5$	—	4,0	3,5	—	—	—
Sylvanit	$(Au, Ag)Te_2$	V_1	7,99—8,33	1,5—2	T⃛s	—	—
Sylvin	KCl	I_5	1,9—2	2	W⃛	1,43	—
Synchysit . . .	$[CeF]Ca[CO_3]_2$	II_6	3,90	4,5	—	—	stark
Syngenit	$K_2Ca[SO_4]_2 + H_2O$	V_1	2,603	2,5	P⃛r 74°, T⃛s (T⃛)	—	—
Tachyaphaltit .	$(Zr, Th)_2Si_3O_{10} + 2H_2O$	III_1	3,6	5,5	—	—	—
Tachyhydrit . .	$CaMg_2Cl_6 + 12H_2O$	II_6	1,66	—	R⃛ 76°	—	—
Talk	$H_2Mg_3[SiO_4]_3$	V_1	2,69—2,80	1	T⃛	1,57	0,050
Tantalit	$(Fe, Mn) [(Ta, Nb)O_3]_2$	IV_1	6,3—8,0	6—6,5	T	—	—
Tapiolit	$(Fe, Mn) [(Ta, Nb)O_3]_2$	III_1	7,36—7,8	6	—	—	—
Tarnowitzit . .	$(Ca, Pb)CO_3$	IV_1	2,99	3—4	—	—	—
Tellur	Te	II_6	6,1—6,3	1—2,5	P⃛r 120°, T	—	—
Tellurblei . . .	$PbTe$	I_1	8,1—8,2	3—3,5	Ẇ	—	—
Tellurgoldsilber .	$(Ag, Au)_2Te$	I_1 (?)	8,72—9,40	2,5—3	—	—	—
Tellurit	TeO_2	IV	5,90	2	T⃛	—	—
Tellursilber . . .	Ag_2Te	I_1 (?)	8,13—8,45	2,5—3	—	—	—
Tellurwismut-glanz	Bi_2Te_3	—	7,6—8,3	2	—	—	—
Tengerit	$Y_2[CO_3]_3 + nH_2O$?	—	—	—	—	—	—
Tenorit	CuO	VI_1 Psd. V	5,8—6,3	3—4	Ṫ, Pr 95°	cr. 2,8	—
Tephroit	$(Mn, Mg)_2SiO_4$	IV_1	3,95—4,12	5,5—6	T, T	—	—
Termierit . . .	Hydrogel v. Al_2O_3 u. SiO_2	amorph	1,21	2	—	—	—
Tesseralkies . .	$CoAs_3$	I_3	6	6,7—6,9	Ẇ	—	—
Tetradymit . . .	Bi_2Te_2S	II_6	7,4—7,5	1—2	T⃛	—	—
Thalenit	$H_2Y_4Si_4O_{15}$(+ He)	V_1	4,15—4,3	6,5	—	1,74	0,013
Thenardit . . .	Na_2SO_4	IV_1	2,67—2,68	2,5	Ṫ	1,48	—
Thermonatrit . .	$Na_2CO_3 + H_2O$	IV_1	1,5—1,6	1,5	T	—	—
Thomsenolith . .	$NaCaAlF_6 + H_2O$	V_1	2,93—3	2	T⃛, Pr 90°	—	—
Thomsonit . . .	$2(Ca, Na_2)Al_2Si_2O_8 + 5H_2O$	IV_1	2,34—2,38	5—5,5	T⃛, T̈, T	1,51	0,028
Thorianit . . .	$(Th, U)O_2$ (+ He, Ce, La, Di, Pb, Fe)	I_1	8·—9,7	5·—7	W	$>$1,8	—
Thorit	$ThSiO_4$ (+ He)	III_1	4,4—5,4	4·	Pr 90°	—	—

Philipp.

Tabelle der für den Chemiker und Physiker wichtigsten Mineralien.

Hier nicht aufgeführte Mineralnamen suche man in der folgenden Tabelle **156**: Synonyma.
Für spez. Gewicht und Brechungsexponenten vgl. auch die Spezialtabellen 64, 65, 70, 208 ff.

Name	Formel	Kryst.-Syst.	Sp. Gew.	Härte	Spaltbarkeit	mittlerer Brechungs-exponent	mittlere Doppel-brechung
Thorogummit . .	$UO_3 \cdot 3ThO_2 \cdot 3SiO_2 \cdot 6H_2O$ (+ Ce, Y, Al, Fe, Pb, Ca, P)	III (?)	4,43—4,54	4—4,5	—	—	—
Thuringit . . .	$H_{18}Fe_8(Al, Fe)_8Si_6O_{41}$	—	3,2	2—2,5	$\dddot{T}$	—	—
Tinkal	$Na_2B_4O_7 + 10H_2O$	V_1	1,7—1,8	2—2,5	$\dddot{T}$, $\dot{P}r$ 87⁰, Ts	1,46	0,025
Titaneisen . . .	$FeTiO_3$ (+ Fe_2O_3)	II_7	4,56—5,21	5—6	—	—	—
Titanit	$CaTiSiO_5$	V_1	3,4—3,6	5—5,5	$\dot{P}r$ 113⁰·, T, Pr 134⁰	1,96	0,141
Titanmagneteisen	$Fe(Fe, Ti)_2O_4$	I_1	4,9—5,2	5,5—6,5	—	—	—
Topas	$Al_2(F, OH)_2SiO_4$	IV_1	3,4—3,6	8	$\dddot{T}$, Pr 92·⁰, Pr 58⁰	1,62	0,009
Topazolith . . .	$Ca_3Fe_2[SiO_4]_3$	I_1	3,8—4,1	7	D	—	—
Tremolit	$CaMg_3[SiO_3]^4$	V_1	2,93—3	5—6	$\dddot{P}r$ 124⁰, T, Ts	1,61	0,027
Tridymit	SiO_2	II_1 (?)	2,3	7	Pr 120⁰	1,48	0,002
Triphylin . . .	$Li(Fe, Mn)PO_4$	IV_1	3,5—3,56	4—5	$\ddot{T}$, $\dot{T}$, Pr 133⁰	—	—
Tritomit	$2(H_2, Na_2, Ca)SiO_3$ $\cdot(Ce, La, Di, Y)BO_3$ $\cdot H_2(Ce, Th)O_2F_2$ (+ Ta, Zr, Fe)	II_6 (?)	4,15—4,25	5,5	—	—	—
Troegerit	$[UO_2]_3[AsO_4]_2 + 12H_2O$	V_1 (?)	3,3	—	$\dddot{T}s$	—	—
Trona	$Na_2CO_3 \cdot NaHCO_3 + 2H_2O$	V_1	2,1—2,2	2,5—3	$\dddot{T}$: T = 102·⁰, Pr 132·⁰	1,51	—
Troostit	$(Zn, Mn)_2SiO_4$	II_7	4—4,1	5,5	—	—	—
Tschermigit . .	$[NH_4]_2SO_4 \cdot Al_2[SO_4]_3 + 24H_2O$	I_3	1,50	1—2	—	—	—
Tschewkinit . .	SiO_2, TiO_2, ThO_2, Y_2O_3, Ce_2O_3, $(La, Di)_2O_3$, Fe_2O_3, Al_2O_3, FeO, CaO, H_2O	—	4,33—4,55	5—5,5	—	—	—
Turmalin	$(H, Li, Na, K)_9Al_3[B \cdot OH]_2Si_4O_{19}$ (+ Fe_2O_3, FeO, MgO, MnO)	II_9	2,94—3,24	7—7,5	R 133⁰, Pr 120⁰	1,65	0,017 bis 0,035
Tychit	$2MgCO_3 \cdot 3Na_2CO_3 \cdot Na_2SO_4$	I_1	2,46	—	—	1,50	—
Tysonit	$(Ce, La, Di)F_6$	II_1	6,10—6,16	4,5—5	$\dddot{T}$	—	—
Uranocircit . . .	$Ba[UO_2]_2[PO_4]_2 + 8H_2O$	IV_1 (?)	3,53	—	$\dddot{T}$, $\dot{T}$, $\dot{T}$	—	—
Uranopilit . . .	$8UO_3 \cdot CaO \cdot 2SO_3 + 25H_2O$	—	3,75—3,97	—	—	—	—
Uranosphärit . .	$Bi_2O_3 \cdot 2UO_3 + 3H_2O$	—	6,36	2—3	—	—	—
Uranospinit . . .	$Ca[UO_2]_2[AsO_4]_2$	IV_1 (?)	3,45	2—3	$\dddot{T}$	—	—
Uranothallit . .	$2CaCO_3 \cdot U[CO_3]_2 + 10H_2O$	IV_1	—	2,5—3	$\dot{T}$	—	—
Uranothorit . .	$ThSiO_4 \cdot USiO_4$	—	4,13	5	—	—	—
Uranotil	$CaU_2Si_2O_{11} + 6H_2O$	VI_1	3,81—3,96	2—3	—	—	—
Uranpecherz . .	$(U, Pb_2)_3 \cdot [UO_6]_2$ (+ ThO_2, Nb_2O_5, Y_2O_3, La_2O_3, He)	I_1	8—9,7	5—6	—	—	—
Uwarowit . . .	$Ca_3Cr_2[SiO_4]_3$	I_1	3,42—3,77	7—8	D	1,83—1,85	—
Valentinit . . .	Sb_2S_3	IV_1	5,6—5,8	2·—3	$\dddot{T}$, $\ddot{P}r$ 137⁰	—	—
Vanadinit . . .	$Pb_5Cl[VO_4]_3$	II_3	6,8—7,2	3	—	2,34	0,055
Vanthoffit . . .	$3Na_2SO_4 \cdot MgSO_4$	—	2,7	2—3	—	—	—
Vesuvian	$(H, F)(Ca, Fe, Mg, Mn)_2$ $(Al, Fe, B)[SiO_4]_2$	III_1	3,35—3,45	6,5	Pr 90⁰, Pr 90⁰, T	1,72	0,002
Villiaumit . . .	NaF	III (?)	2,79	3	$\dddot{T}$, $\ddot{P}r$ 90⁰	1,33	—
Vivianit	$Fe_3[PO_4]_2 + 8H_2O$	V_1	2,6—2,7	2	$\dddot{T}s$	1,59	stark
Voglit	$CaCO_3$, $CuCO_3$, $U(CO_3)_2$, H_2O	IV (?)	—	—	—	—	—
Volborthit . . .	$[(Cu, Ca, Ba)OH]_3VO_4 + 6H_2O$	—	3,49—3,55	3	$\dddot{T}$	—	—
Von Diestit . .	Ag, Bi, Te, Au, Pb, S	—	—	—	—	—	—
Wad	MnO_2, MnO, H_2O	—	2,3—3,7	1—3	—	—	—
Walpurgin . . .	$[UO_2]_3Bi_{10}As_4O_{28} + 10H_2O$	VI_1	5,76	3,5	$\dot{T}$	—	—
Wavellit	$[Al(OH, F)]_3[PO_4]_2 + 5H_2O$	IV_1	2,3—2,4	3,5—4	$\dot{P}r$ 126·⁰, $\dot{P}r$ 107⁰	—	—
Weißnickelkies .	$NiAs_2$	IV_1	7,09—7,19	—	—	—	—

Philipp.

Tabelle der für den Chemiker und Physiker wichtigsten Mineralien.

Hier nicht aufgeführte Mineralnamen suche man in der folgenden Tabelle **156**: Synonyma.
Für spez. Gewicht und Brechungsexponenten vgl. auch die Spezialtabellen 64, 65, 70 208 ff.

Name	Formel	Kryst.-Syst.	Sp. Gew.	Härte	Spaltbarkeit	mittlerer Brechungs-exponent	mittlere Doppel-brechung
Whewellit	$CaC_2O_4 + H_2O$	V_1	—	2,5	Ṫ, Ṫs, Ṗr 100•°	—	—
Wiikit	Ta_2O_5, Nb_2O_5, TiO_2, ZrO_2, Ce_2O_3, Y_2O_3, Sc_2O_3, ThO_2, FeO, UO_3, SiO_2	amorph	4,85	6	—	—	—
Willemit	Zn_2SiO_4	II_7	3,9—4,2	5,5	T	—	—
Wismut	Bi	II_6	9,6—9,8	2,5	T⃛, R̈ 69•°, R 117°	—	—
Wismutglanz	Bi_2S_3	IV_1	6,4—6,6	2—2,5	T⃛, T, Pr 92°	—	—
Wismutgold	Au_2Bi	II_6 (?)	8,2—9,7	1• —2	Ṙ	—	—
Wismutocker	$Bi_2O_3 \cdot 3H_2O$	II_6 (?)	4,36 ?	—	—	—	—
Witherit	$BaCO_3$	IV_1	4,2—4,3	3—3,5	Ṫ, Pr 118°, Pr 140°	—	—
Wittichenit	Cu_3BiS_3	IV_1	4,3	2,5	—	—	—
Wöhlerit	$Na_5Ca_{10}Nb_2Zr_3Si_{10}F_3O_{42}$	V_1	3,41	5—6	Ṫs, Pr 90°	1,71	0,026
Wolfachit	$(Ni,Fe)(As, S, Sb)_2$	IV_1	6,372	4—5	—	—	—
Wolframit	$(Mn, Fe)WO_4$	V_1	7,14—7,54	5—5,5	T⃛s	—	—
Wolframocker	$WO_3 \cdot H_2O$	IV_1	5,52	2,5	—	—	—
Wolfsbergit	$CuSbS_2$	IV_1	4,8—5	3,5	T⃛, T	—	—
Wollastonit	$CaSiO_3$	V_1	2,8—2,9	4,5—5	T⃛ : T⃛ = 95•°, Ṫ	1,63	0,015
Wulfenit	$PbMoO_4$	III_3od.$_4$	6,7—7,0	3	P̈y 131•°, T	2,36	0,098
Wurtzit	$(Zn, Fe, Cd)S$	II_9	3,98—4,07	3,5—4	P⃛r 120°, Ṫ	>1,93	—
Xenotim	$(Y, Er, Ce)PO_4$ $(+ SiO_2, ThO_2, UO_2, SO_3)$	III_1	4,45—4,68	4,5	P⃛r 90°	—	—
Yttrialith	SiO_2, ThO_2, Y_2O_3, Ce_2O_3, $(La, Di)_2O_3$, UO_3, Al_2O_3, FeO, CaO, PbO	amorph	4,575	5—5,5	—	—	—
Yttrocerit	$(Y, Er, Ce)F_3 \cdot 5CaF_2 + H_2O$	—	3,36	4—5	Ṫ : Ṫ = 108•°	—	—
Yttrofluorit	$(Ca_3, Y_2, Ce_2, Er_2)F_6$	I_1	3,54—3,56	4• —4,5	O	1,45	—
Yttrokrasit	Y_2O_3, TiO_2, ThO_2, H_2O	IV_1	—	5,5—6	—	—	—
Yttrotantalit	$(Y, Ce, Er)_4[(Ta, Nb)_2O_7]_3$ $(+ CaO, UO_2, WO_3, FeO, CaO, H_2O)$	IV_1	5,5—5,9	5—5,5	T̈	—	—
Yttrotitanit	$CaTiSiO_5 \cdot (Y, Al, Fe)_2SiO_5$ $(+ Sc)$	V_1	3,51—3,72	6—7	Ṗr	—	—
Zeunerit	$Cu[UO_2]_2[AsO_4]_2$	III_1	3,53	2,5	T⃛, Ṗr 90°	—	—
Zinckenit	$PbSb_2S_4$	IV_1	5,30—5,35	3—3,5	—	—	—
Zink	Zn	II_6 (?)	6,9—7,2	2	T⃛, Ṗr 120°	—	—
Zinkblende	$(Zn, Fe)S$	I_2	3,9—4,2	3,5—4	D⃛	2,37	—
Zinkblüte	$ZnCO_3 \cdot 2Zn[OH]_2$	—	3,58—3,8	2—2,5	—	—	—
Zinkspat	$ZnCO_3$	II_6	4,3—4,5	5	R⃛ 107•°	—	—
Zinkvitriol	$ZnSO_4 + 7H_2O$	IV_3	2—2,1	2—2,5	T⃛	1,47	0,027
Zinn	Sn	III_1	7,18	2	—	—	—
		IV_1	6,52—6,56	2•	T, Pr 95°	—	—
Zinnkies	Cu_2FeSnS_4	III_6 Psd. I	4,3—4,5	4	T	—	—
Zinnober	HgS	II_{12}	8—8,2	2—2,5	P⃛r 120°	2,97	0,347
Zinnstein	SnO_2	III_1	6,8—7	6—7	Pr 90°, Pr 90°	2,03	0,096
Zinnwaldit	$(F,OH)_2(Li,K,Na)FeAl_3Si_5O_{16}$	V_1	2,82—3,20	2,5—3	T⃛	—	—
Zirkelit	$(Ca, Fe)(Zr, Ti, Th)_2O_5$ $(+ Y_2O_3, UO_2, Ce_2O_3)$	I_1	4,74	5•	—	—	—
Zirkon	$ZrSiO_4$	III_1	4,0—4,7	7—8	Pr 90°, Py 84•°	1,95	0,062
Zoisit	$HCa_2Al_3Si_3O_{13}$	IV_1	3,25—3,36	6	T⃛	1,70	0,006

Philipp.

Mineralogische Synonyma zur Ergänzung der vorstehenden Tabelle.

Die rechts stehenden Mineralien sind in der vorstehenden Tabelle nachzuschlagen.

Acerdèse	vgl.	Manganit.
Achat	„	Chalcedon.
Achirit	„	Dioptas.
Adular	„	Orthoklas.
Agalmatolith	„	Pyrophyllit, Talk.
Agat	„	Chalcedon.
Akanthit	„	Silberglanz.
Akmit	„	Aegirin.
Alabandin	„	Manganblende.
Alaun	„	Kalinit, Mendozit, Tschermigit.
Alaunstein	„	Alunit.
Alexandrit	„	Chrysoberyll.
Allanit	„	Orthit.
Allochroit	„	Aplom.
Altait	„	Tellurblei.
Alvit	„	Malakon.
Amalgam	„	Goldamalgam, Silberamalgam.
Amazonenstein	„	Mikroklin.
Amethyst	„	Quarz.
Amiant	„	Aktinolith.
Ammoniakalaun	„	Tschermigit.
Amphibol (monokl.)	„	Aktinolith, Arfvedsonit, Barkevikit, Glaukophan, Hornblende, Nephrit, Riebeckit, Tremolit.
Amphibol (rhomb.)	„	Anthophyllit, Gedrit.
Anauxit	„	Montmorillonit.
Anderbergit	„	Malakon.
Anglarit	„	Vivianit.
Ankylit	„	Ancylit.
Annabergit	„	Nickelblüte.
Antimonarsen	„	Allemontit.
Antimonarsennickelglanz	„	Korynit, Wolfachit.
Antimonbleiblende	„	Boulangerit.
Antimonblüte	„	Valentinit, Senarmontit.
Antimonit	„	Antimonglanz.
Antimonocker	„	Cervantit und Stiblith.
Antimonoxyd	„	Valentinit, Senarmontit.
Aphthalose	„	Glaserit.
Aphthitalite	„	Glaserit.
Argentit	„	Silberglanz.
Argyrithrose	„	Antimonsilberblende.
Argyrose	„	Silberglanz.
Arkansit	„	Brookit.
Arquerit	„	Amalgam.
Arsenantimon	„	Allemontit.
Arseneisen	„	Löllingit.
Arsenige Säure	„	Arsenolith, Claudetit.
Arsenikalkies	„	Löllingit.
Arsenikblüte	„	Arsenolith, Claudetit.
Arsenikkies	„	Arsenkies.
Arsenikkobaltkies	vgl.	Skutterudit.
Arsenit	„	Arsenolith.
Arsennickel	„	Rotnickelkies.
Arsennickelkies	„	Chloanthit, Weißnickelkies.
Arsenopyrit	„	Arsenkies.
Arsenpolybasit	„	Pearceit.
Arsensulfid	„	Dimorphin.
Asbest	„	Aktinolith, Serpentin.
Asbolan	„	Kobaltmanganerz.
Astrakanit	„	Blödit.
Auerbachit	„	Malakon.
Autunit	„	Kalkuranit.
Avanturin	„	Quarz.
Azurit	„	Kupferlasur.
Baryumcarbonat	„	Witherit.
Baryumfeldspat	„	Celsian und Hyalophan.
Baryumparisit	„	Cordylit.
Baryumphyllit	„	Chloritoid.
Bastit	„	Serpentin.
Bauxit	„	Beauxit.
Bechilit	„	Borocalcit.
Bergkrystall	„	Quarz.
Bergleder	„	Serpentin.
Bergseife	=	verunreinigter Ton.
Bismut	„	Wismuthocker.
Bismutin	„	Wismutglanz.
Bitterspat	„	Dolomit, Magnesitspat.
Blättererz	„	Nagyagit.
Blättertellur	„	Nagyagit.
Blaueisenerz	„	Vivianit.
Blauspat	„	Lazulith.
Bleiantimonglanz	„	Zinckenit.
Bleiarsenglanz	„	Skleroklas.
Bleicarbonat	„	Cerussit.
Bleichromat	„	Rotbleierz.
Bleispat	„	Cerussit.
Bleisulfat	„	Anglesit.
Bleivitriol	„	Anglesit.
Blende	„	Zinkblende.
Blutstein	„	Eisenoxyd.
Bohnerz	„	Brauneisenerz.
Borax	„	Tinkal.
Bornit	„	Buntkupfererz.
Boronatrocalcit	„	Natroborocalcit.
Borsäure	„	Sassolin.
Bowenit	„	Serpentin.
Braunblei	„	Pyromorphit.
Brauneisenerz	„	Limonit, Stilpnosiderit.
Brauner Glaskopf	„	Brauneisenerz.
Braunmanganerz	„	Manganit.
Braunstein	„	Pyrolusit.
Brazilit	„	Baddeleyit.
Breithauptit	„	Antimonnickel.
Broeggerit	„	Uranpecherz.
Brogniartin	„	Glauberit.
Bromit	vgl.	Bromargyrit.
Bromlit	„	Alstonit.
Bromsilber	„	Bromargyrit.
Bromyrit	„	Bromargyrit.
Bunsenit	„	Nickeloxydul.
Buntbleierz	„	Pyromorphit.
Buntkupferkies	„	Buntkupfererz.
Byssolith	„	Aktinolith.
Cadmiumblende	„	Greenokit.
Calait	„	Kallait.
Calamin	„	Kieselzinkerz.
Calamit	„	Tremolit.
Calcedoine	„	Chalcedon.
Calcit	„	Kalkspat.
Carneol	„	Chalcedon.
Caryocerit	„	Karyocerit.
Castelnaudit	„	Xenotim.
Castorit	„	Petalit.
Celadonit	„	Glaukonit.
Celestine	„	Coelestin.
Cenosit	„	Kainosit.
Ceylanit	„	Pleonast.
Chalcanthit	„	Kupfervitriol.
Chalkolith	„	Kupferuranit.
Chalkopyrit	„	Kupferkies.
Chalkosin	„	Kupferglanz.
Chalkostibit	„	Wolfsbergit.
Chalkotrichit	„	Rotkupfererz.
Chert	„	Chalcedon.
Chessylith	„	Kupferlasur.
Chiastolith	„	Andalusit.
Chilesalpeter	„	Natronsalpeter.
Chlorammonium	„	Salmiak.
Chlorargyrit	„	Chlorsilber.
Chlorblei	„	Cotunnit.
Chlorit	„	Klinochlor, Pennin, Prochlorit.
Chlorkalium	„	Sylvin.
Chlornatrium	„	Steinsalz.
Christianit	„	Harmotom.
Chromeisenerz	„	Chromit.
Chromgranat	„	Uwarowit.
Chrysolith	„	Olivin.
Chrysopras	„	Chalcedon.
Chrysotil	„	Serpentin.
Cimolit	„	Montmorillonit
Cinabarit	„	Zinnober.
Cinabre	„	Zinnober.
Citrin	„	Quarz.
Clausthalit	„	Selenblei.
Clingmanit	„	Margarit.
Comptonit	„	Thomsonit.
Coracit	„	Uranpecherz.
Corindon	„	Korund.
Cornaline	„	Chalcedon.
Corundelit	„	Margarit.
Crichtonit	„	Titaneisen.
Cuprit	„	Rotkupfererz.
Cyanit	„	Disthen.
Cymophan	„	Chrysoberyll.
Cyprin	„	Vesuvian.
Cyrtolith	„	Malakon
Dewalquit	„	Ardennit.
Deweylit	„	Gymnit.

Philipp.

Mineralogische Synonyma zur Ergänzung der vorstehenden Tabelle.

Die rechts stehenden Mineralien sind in der vorstehenden Tabelle nachzuschlagen.

Diallag	vgl.	Diopsid, Augit.
Diallagit	„	Manganspat.
Diamantspat	„	Korund.
Dichroit	„	Cordierit.
Diphanit	„	Margarit.
Dipyr	„	Mizzonit.
Diskrasit	„	Antimonsilber.
Disomose	„	Arsennickelglanz.
Domeykit	„	Arsenkupfer.
Doppelspat	„	Kalkspat.
Dufrenit	„	Kraurit.
Dyskrasit	„	Antimonsilber.
Écume de mer	„	Meerschaum.
Egeran	„	Vesuvian.
Eisenglanz	„	Eisenoxyd.
Eisenkiesel	„	Quarz.
Eisentongranat	„	Almandin.
Eisstein	„	Kryolith.
Eläolith	„	Nephelin.
Elasmose	„	Nagyagit.
Eléolithe	„	Nephelin.
Eliasit	„	Gummierz.
Emeraude	„	Beryll.
Emerylith	„	Margarit
Epsomit	„	Bittersalz.
Erdwachs	„	Ozokerit.
Eremit	„	Monazit.
Erythrin	„	Kobaltblüte.
Eugenglanz	„	Polybasit.
Faserkiesel	„	Sillimanit.
Fassait	„	Augit.
Federerz	„	Jamesonit.
Feldspat	„	unter d. Syn.: Baryumfeldspat, Kalifeldspat, Plagioklas.
Fer chromé	„	Chromit.
Fettbol	„	Bol.
Feuerstein	„	Chalcedon.
Fibrolith	„	Sillimanit.
Flint	„	Chalcedon.
Fluornatrium	„	Villiaumit.
Flußspat	„	Fluorit.
Freibergit	„	Antimonfahlerz.
Frenzelit	„	Selenwismutglanz
Gahnit	„	Automolit.
Galmei	„	Kieselzinkerz, Zinkspat.
Garnet	„	Granat.
Garnierit	„	Numeait.
Gelbbleierz	„	Wulfenit.
Gelbe Arsenblende	„	Auripigment.
Gelbeisenstein	„	Limonit.
Genthit	„	Nickelgymnit.
Gersdorffit	„	Arsennickelglanz.
Gibbsit	„	Hydrargillit.
Giftkies	„	Arsenkies.
Giobertit	„	Magnesitspat.
Glanzkobalt	„	Kobaltglanz.
Glaserz	„	Silberglanz.
Glasopal	„	Opal
Glimmer	„	Anomit, Biotit, Lepidolith, Lepidomelan, Muscovit, Paragonit, Phlogopit, Zinnwaldit.

Goslarit	vgl.	Zinkvitriol.
Grammatit	„	Tremolit.
Granat	„	Almandin, Aplom, Grossular, Melanit, Pyrop, Spessartin, Topazolith, Uwarowit.
Granat (gemeiner)	„	Aplom.
Graphitoid	„	Graphit.
Graubraunstein	„	Manganit, Pyrolusit.
Graumanganerz	„	Polianit, Pyrolusit.
Grauspießglaserz	„	Antimonglanz.
Grenat	„	Granat.
Grünblei	„	Pyromorphit, Mimetesit.
Grüneisenerz	„	Kraurit.
Grünerde	„	Glaukonit.
Guanajuatit	„	Selenwismutglanz
Gummit	„	Gummierz.
Haarkies	„	Millerit.
Halbopal	„	Opal.
Halit	„	Steinsalz.
Halotrichit	„	Haarsalz.
Hamartit	„	Bastnäsit.
Hämatit	„	Eisenoxyd.
Hartmanganerz	„	Psilomelan.
Heliotrop	„	Chalcedon.
Helminth	„	Prochlorit.
Hemimorphit	„	Kieselzinkerz.
Hessit	„	Tellursilber.
Hessonit	„	Grossular.
Heteromorphit	„	Jamesonit.
Himbeerspat	„	Manganspat.
Hintzëit	„	Heintzit.
Holzzinnerz	„	Zinnstein.
Homichlin	„	Kupferkies.
Honigstein	„	Mellit.
Hornsilber	„	Chlorsilber
Hornstein	„	Quarz, Chalcedon
Hortonolith	„	Olivin.
Hövelit	„	Sylvin.
Humboltilith	„	Melilith.
Hyacinth	„	Zirkon.
Hyalit	„	Opal.
Hyalosiderit	„	Olivin.
Hydrocerit	„	Lanthanit.
Hydrophan	„	Opal.
Hydrozinkit	„	Zinkblüte.
Hypargyrit	„	Miargyrit.
Idokras	„	Vesuvian.
Ilmenit	„	Titaneisen.
Ilvait	„	Lievrit.
Indigolith	„	Turmalin.
Iolith	„	Cordierit.
Iridioplatin	„	Platiniridium.
Iserin	„	Titaneisen.
Ixiolith		= Tantalit + SnO_2.
Jaspis	„	Quarz, Chalcedon
Jodit	„	Jodargyrit.
Jodsilber	„	Jodargyrit, Miersit.

Jodyrit	vgl.	Jodargyrit.
Kalialaun	„	Kalinit.
Kalifeldspat	„	Orthoklas und Mikroklin.
Kaliglimmer	„	Muscovit.
Kalkeisengranat	„	Topazolith, Melanit und Aplom.
Kalkfeldspat	„	Anorthit.
Kalkglimmer	„	Margarit.
Kalkharmotom	„	Phillipsit.
Kalkmesotyp	„	Skolecit.
Kalknatronfeldspat	„	unter d. Syn. Plagioklas.
Kalktongranat	„	Grossular.
Kalochrom	„	Rotbleierz.
Kalomel	„	Chlorquecksilber.
Kaluszit	„	Syngenit.
Kamazit	„	Nickeleisen.
Kammkies	„	Markasit.
Kaolin	„	Kaolinit.
Kascholong	„	Opal.
Kassiterit	„	Zinnstein.
Kastor	„	Petalit.
Katzenauge	„	Quarz.
Keilhauit	„	Yttrotitanit.
Keramohalit	„	Haarsalz.
Kerargyrit	„	Chlorsilber.
Kermesit	„	Antimonblende.
Kibdelophan	„	Titaneisen.
Kieselguhr	„	Opal.
Kieselmangan	„	Rhodonit.
Kieselsinter	„	Opal.
Klapprothin	„	Lazulit.
Kobaltin	„	Kobaltglanz
Kobaltkies	„	Kobaltnickelkies.
Kohlensaures Natron	„	Natron.
Kollyrit	„	Allophan.
Kongsbergit	„	Silberamalgam.
Kordylit	„	Cordylit.
Kreuzstein	„	Harmotom.
Krokoit	„	Rotbleierz.
Krokydolith	„	Riebeckit.
Kryptolith	„	Monazit.
Kunzit	„	Spodumen.
Kupferantimonglanz	„	Wolfsbergit.
Kupferblüte	„	Rotkupfererz.
Kupferglas	„	Kupferglanz.
Kupferindig	„	Covelin.
Kupfernickel	„	Rotnickelkies.
Kupferoxyd	„	Tenorit.
Kupferoxydul	„	Rotkupfererz.
Kupferschwärze	„	Tenorit.
Kupfersilberglanz	„	Silberkupferglanz
Kupferwismutglanz	„	Emplektit, Wittichenit.
Lapis lazuli	„	Lasurit.
Lasionit	„	Vavellit.
Lasurstein	„	Lasurit.
Leopoldit	„	Sylvin.
Lepidokrokit	„	Goethit.
Lepidomelan	„	Biotit.
Leukoxen	„	Titanit.

Philipp.

Mineralogische Synonyma zur Ergänzung der vorstehenden Tabelle.

Die rechts stehenden Mineralien sind in der vorstehenden Tabelle nachzuschlagen.

Lichtes Graumanganerz	vgl.	Polianit.
Liebigit	„	Uranothalit.
Linnëit	„	Kobaltnickelkies.
Lithionglimmer	„	Lepidolith, Zinnwaldit.
Lunnit	„	Phosphorchalcit.
Lutecin	„	Chalcedon.
Mackintoshit	„	Thorogummit.
Magnesiaglimmer	„	Biotit, Phlogopit.
Magnesiatongranat	„	Pyrop.
Magnesit	„	Magnesitspat.
Magneteisenerz	„	Magnetit.
Magnetopyrit	„	Magnetkies.
Malakolith	„	Diopsid.
Maldonit	„	Wismutgold.
Manganepidot	„	Piemontit.
Manganglanz	„	Manganblende.
Mangankies	„	Hauerit.
Mangankiesel	„	Rhodonit.
Manganocalcit	„	Manganspat.
Manganocolumbit	„	Columbit.
Manganotantalith	„	Tantalit.
Manganpektolith	„	Schizolith.
Mangantongranat	„	Spessartin.
Meerschaluminit	„	Kaolinit.
Megabromit	„	Embolit.
Melakonit	„	Tenorit.
Melanglanz	„	Stephanit.
Melanterit	„	Eisenvitriol.
Menaccanit	„	Titaneisen.
Menilit	„	Opal.
Meroxen	„	Biotit.
Mesitin	„	Breunnerit.
Mesole	„	Mesolith.
Mesotyp	„	Natrolith, Skolecit, Mesolith.
Metacinabre	„	Metacinnabarit.
Metaxit	„	Serpentin.
Mikrobromit	„	Embolit.
Milchquarz	„	Quarz.
Mimetit	„	Mimetesit.
Minium	„	Mennige.
Mirabilit	„	Glaubersalz.
Mispickel	„	Arsenkies.
Molybdänbleispat	„	Wulfenit.
Molybdänit	„	Molybdänglanz.
Molybdänoxyd	„	Molybdänocker.
Molybdänsäure	„	Molybdänocker.
Molybdit	„	Molybdänocker.
Mondstein	„	Orthoklas.
Monheimit	„	Eisenzinkspat.
Morion	„	Quarz.
Morvenit	„	Harmotom.
Mullicit	„	Vivianit.
Muriazit	„	Anhydrit.
Nadeleisenerz	„	Goethit.
Nakrit	vgl.	Kaolinit.
Nasturan	„	Uranpecherz.
Natrocalcit	„	Gaylüssit.
Natronalaun	„	Mendozit.
Natroncarbonat	„	Natron, Thermonatrit.
Natronfeldspat	„	Albit.
Natronglimmer	„	Paragonit.
Natronitre	„	Natronsalpeter.
Natronmesotyp	„	Natrolith.
Naumannit	„	Selensilber.
Nephrit	„	Aktinolith.
Newjanskit	„	Osmiridium.
Niccolit	„	Rotnickelkies.
Nickelarsenkies	„	Arsennickelglanz.
Nickelglanz	„	Arsennickelglanz, Antimonnickelglanz.
Nickelin	„	Rotnickelkies.
Nickelkies	„	Millerit.
Nickelkobaltkies	„	Kobaltnickelkies.
Nickelocker	„	Nickelblüte.
Nigrin	„	Rutil.
Niobit	„	Columbit.
Nitratin	„	Natronsalpeter.
Nivenit	„	Uranpecherz.
Nosean	„	Hauyn.
Oerstedit	„	Malakon
Oligiste	„	Eisenoxyd.
Olivenerz	„	Olivenit.
Omphacit	„	Augit.
Onyx	„	Chalcedon.
Opaljaspis	„	Opal.
Operment	„	Auripigment.
Orangit	„	Thorit.
Orpiment	„	Auripigment.
Orthose	„	Orthoklas.
Osteolith	„	Apatit.
Ostranit	„	Malakon.
Ottrelith	„	Chloritoid.
Outremer	„	Lasurit.
Owenit	„	Thuringit.
Pajsbergit	„	Rhodonit.
Paraffin	„	Erdwachs.
Parasit	„	Boracit.
Pargasit	„	Hornblende.
Pechblende	„	Uranpecherz.
Peridot	„	Olivin.
Periklin	„	Albit.
Perlglimmer	„	Margarit.
Perlsinter	„	Opal.
Petzit	„	Tellurgoldsilber.
Phakolith	„	Chabasit.
Phengit	„	Muscovit.
Pholerit	„	Kaolinit.
Phosphocerit	„	Monazit.
Phosphorit	„	Apatit.
Phosphorkupfer	„	Phosphorchalcit.
Piedmontit	„	Piemontit.
Pikrolith	„	Serpentin.
Pitazit	„	Epidot.
Pittinerz	„	Uranpecherz.
Plagioklas	vgl.	Albit, Andesin, Anorthit, Bytownit, Labradorit, Oligoklas.
Plasma	„	Chalcedon.
Plessit	„	Nickeleisen.
Plumosit	„	Jamesonit.
Pollucit	„	Pollux.
Polychrom	„	Pyromorphit.
Prasem	„	Quarz.
Pricëit	„	Pandermit.
Priorit	„	Blomstrandin.
Prismatin	„	Kornerupin.
Proustit	„	Arsensilberblende
Pseudomalachit	„	Phosphorchalcit.
Pseudophit	„	Pennin.
Pyknit	„	Topas.
Pyrargyrit	„	Antimonsilberblende.
Pyrit	„	Eisenkies.
Pyrostilbit	„	Antimonblende.
Pyrostilpnit	„	Feuerblende.
Pyroxen (monoklin)	„	Aegirin, Augit, Diopsid, Hedenbergit, Jadëit, Spodumen.
Pyroxen (rhombisch)	„	Bronzit, Enstatit, Hypersthen.
Pyroxen (triklin)	„	Rhodonit, Babingtonit.
Pyrrhosiderit	„	Goethit.
Pyrrhotin	„	Magnetkies.
Quarzin	„	Chalcedon.
Quecksilberhornerz	„	Chlorquecksilber.
Quecksilberoxyd	„	Montroydit.
Rabenglimmer	„	Zinnwaldit.
Rafaelit	„	Paralaurionit.
Raseneisenerz	„	Brauneisenerz.
Rauchquarz	„	Quarz.
Rauschgelb	„	Auripigment.
Razoumoffskin	„	Montmorillonit.
Redruthit	„	Kupferglanz.
Reichardtit	„	Bittersalz.
Rensselaerit	„	Talk.
Rhabdit	„	Schreibersit.
Rhaetizit	„	Disthen.
Rhodochrosit	„	Manganspat.
Rhombarsenit	„	Claudetit.
Ripidolith	„	Klinochlor, Prochlorit.
Rosenquarz	„	Quarz.
Rote Arsenblende	„	Realgar.
Roteisenerz	„	Eisenoxyd.
Rötel	„	Eisenoxyd.
Roter Glaskopf	„	Eisenoxyd.
Rotes Rauschgelb	„	Realgar.
Rotgültigerz (dunkel)	„	Antimonsilberblende.

Philipp.

Mineralogische Synonyma zur Ergänzung der vorstehenden Tabelle.

Die rechts stehenden Mineralien sind in der vorstehenden Tabelle nachzuschlagen.

Rotgültigerz (licht)	vgl.	Arsensilberblende.
Rotspießglanz	„	Antimonblende.
Rubellit	„	Turmalin.
Rubin	„	Korund.
Rubinglimmer	„	Goethit.
Sagenit	„	Rutil.
Salpeter	„	Kalisalpeter.
Salzkupfererz	„	Atakamit.
Sammetblende	„	Goethit.
Sanidin	„	Orthoklas.
Sapphir	„	Korund.
Sapphirquarz	„	Quarz.
Sarder	„	Chalcedon.
Sardonyx	„	Chalcedon.
Sartorit	„	Skleroklas.
Schalenblende	„	Zinkblende, Wurtzit.
Scharfmanganerz	„	Hausmannit.
Scheelbleierz	„	Stolzit, Raspit.
Schönit	„	Pikromerit.
Schörl	„	Turmalin.
Schrifterz	„	Sylvanit.
Schrifttellur	„	Sylvanit.
Schrötterit	„	Allophan.
Schwarzer Glaskopf	„	Psilomelan.
Schwarzerz	„	Fahlerz.
Schwarzgiltigerz	„	Stephanit.
Schwarzkupfererz	„	Tenorit.
Schwefelarsen	„	Realgar, Auripigment.
Schwefelkies	„	Eisenkies.
Schwerbleierz	„	Plattnerit.
Schwerspat	„	Baryt.
Schwerstein	„	Scheelit.
Scovillit	„	Rabdophan.
Seeerz	„	Brauneisenerz.
Seladonit	„	Glaukonit.
Selenbleikupfer	„	Selenkupferblei.
Selenit	„	Gyps.
Sepiolit	„	Meerschaum.
Sericit	„	Muscovit.
Siderit	„	Eisenspat.
Sidérose	„	Eisenspat.
Silberantimonglanz	„	Miargyrit.
Silberhornerz	„	Chlorsilber.
Silberjodit	„	Jodargyrit, Miersit.
Silberkies	„	Argentopyrit, Argyropyrit, Frieseit, Sternbergit.
Silberschwärze	„	Silberglanz.
Simonyit	„	Blödit.
Sismondin	„	Chloritoit.
Skapolith	„	Mizzonit.
Skutterudit	„	Tesseralkies.
Smaltin	„	Speiskobalt.
Smaragd	„	Beryll.
Smaragdit	„	Hornblende.
Smirgel	vgl.	Korund.
Smithonit	„	Zinkspat.
Soda	„	Natron.
Sombrerit	„	Apatit.
Sommervillit	„	Melilit.
Sonnenstein	„	Oligoklas.
Spaniolith	„	Schwartzit.
Spartalit	„	Rotzinkerz.
Spateisenstein	„	Eisenspat.
Spathiopyrit	„	Safflorit.
Speckstein	„	Talk.
Speerkies	„	Markasit.
Spekularit	„	Eisenoxyd.
Sphaerosiderit	„	Eisenspat.
Sphalerit	„	Zinkblende.
Sphen	„	Titanit.
Spinell	„	Chlorospinell, Picotit, Pleonast, Spinell (edler).
Spreustein	„	Natrolith.
Sprödglaserz	„	Stephanit.
Stannin	„	Zinnkies.
Staßfurtit	„	Boracit.
Steatit	„	Talk.
Steinmark	„	Kaolinit.
Sterlingit	„	Rotzinkerz.
Stibiconit	„	Stiblith.
Stibnit	„	Antimonglanz.
Stilbit	„	Desmin, Heulandit.
Stinkquarz	„	Quarz.
Stolpenit	„	Montmorillonit.
Strahlkies	„	Markasit.
Strahlstein	„	Aktinolith.
Stromeyerit	„	Silberkupferglanz.
Strontiumcarbonat	„	Strontianit.
Strontiumsulfat	„	Cölestin.
Succinit	„	Bernstein.
Sylvinit		= Sylvin + Steinsalz.
Syserskit	„	Iridosmium.
Taenit	„	Nickeleisen.
Tafelspat	„	Wollastonit.
Talkspat	„	Magnesitspat.
Tellurige Säure	„	Tellurit.
Tellurocker	„	Tellurit.
Tellurwismut	„	Tellurwismutglanz, Tetradymit.
Tennantit	„	Arsenfahlerz.
Terra sigillata	„	Bol.
Tetraëdrit	„	Fahlerz.
Tetraphylin	„	Triphylin.
Thoruranin	„	Uranpecherz.
Tiemannit	„	Selenquecksilber.
Titanomorphit	„	Titanit.
Titanoxyd	„	Anatas, Brookit, Rutil.
Torbernit	„	Kupferuranit.
Tripel	„	Opal.
Troilit	„	Magnetkies.
Tungstein	vgl.	Scheelit.
Tungstit	„	Wolframocker.
Türkis	„	Kallait.
Turnerit	„	Monazit.
Ulexit	„	Natroborocalcit.
Ullmannit	„	Antimonnickelglanz.
Unghwarit	„	Chloropal.
Uralit	„	Hornblende.
Uranglimmer	„	Kalkuranit, Kupferuranit.
Urangummi	„	Gummierz.
Uraninit	„	Uranpecherz.
Uranit	„	Kalkuranit.
Urankalkcarbonat	„	Uranothallit.
Uranophan	„	Uranotil.
Uranotantal	„	Samarskit.
Uranylcarbonat	„	Rutherfordin.
Urao	„	Thermonatrit, Trona.
Vanadinbleierz	„	Vanadinit.
Visiergraupen	„	Zinnstein.
Vitriolbleierz	„	Anglesit.
Wachskohle	„	Pyropissit.
Warthit	„	Blödit.
Washingtonit	„	Titaneisen.
Wasserkies	„	Markasit.
Websterit	„	Aluminit.
Weichmanganerz	„	Pyrolusit.
Weißbleierz	„	Cerussit.
Weißgültigerz	„	Fahlerz.
Weißspießglanz	„	Valentinit.
Wernerit	„	Mizzonit.
Wiesenerz	„	Brauneisenerz.
Wiserin	„	Xenotim.
Wismutoxyd	„	Wismutocker.
Wismutvanadinat	„	Pucherit.
Wolfram	„	Wolframit.
Wolframbleierz	„	Stolzit, Raspit.
Wolframoxyd	„	Wolframocker.
Wolframsäure	„	Wolframocker.
Würfelerz	„	Pharmakosiderit.
Xanthosiderit	„	Limonit.
Ytterspat	„	Xenotim.
Yttroilmenit	„	Samarskit.
Zeagonit	„	Gismondin.
Ziegelerz		= Rotkupfererz + Brauneisenerz.
Zinkeisenspat	„	Eisenzinkspat.
Zinkit	„	Rotzinkerz.
Zinkoxyd	„	Rotzinkerz.
Zinkspinell	„	Automolit.
Zinnerz	„	Zinnstein.
Zinnoxyd	„	Zinnstein.
Zirkonsäure	„	Baddeleyit.
Zorgit	„	Selenkupferblei.

Philipp.

Absolute Wärmeleitungsfähigkeit K der Metalle.

Die Wärmeleitungsfähigkeit einer Substanz ist diejenige Wärmemenge, welche in der Zeiteinheit durch eine Flächeneinheit geht, an der das Temperaturgefälle Eins herrscht.

$$K \left[\frac{\text{cal.}}{\text{cm . sec . Grad}}\right]$$

Lit. Tab. 168, S. 747.

Substanz	Temperatur °	K	Beobachter
Aluminium	0	0,3435	Lorenz
	100	3619	„
„ mit 0,5 Proz. Fe u. 0,4 Cu	18	4804	Jaeger und Diesselhorst
	100	4923	
99 Proz. Al	—160	514	Lees (3)
	18	504	„
Antimon	0 bis 30	042	Berget (5)
	0	0442	Lorenz
	100	0396	„
Blei	15	081	Berget (5)
	0	0836	Lorenz
	100	0764	„
rein	18	0827	Jaeger und Diesselhorst
	100	0815	
	— 12	0921	Macchia
	—183	1080	„
	—160	092	Lees (3)
	18	083	
Cadmium	0	2213	H.F.Weber(2)
	0	2200	Lorenz
	100	2045	„
rein	18	2216	Jaeger und Diesselhorst
	100	2149	
	—170	240	Lees (3)
	18	217	
Eisen	über 0	1587	Berget (4)
	28	1528	Hall (3)
	0	1665	Lorenz
	100	1627	„
„ mit 0,1 Proz. C, 0,2 Si, 0,1 Mn	18	1436	Jaeger und Diesselhorst
	100	1420	
mit 0,105 C 0,015 Si, Cu, Mn, P, S	18	171	Grüneisen
„ mit 0,99 C, 0,06 Si	18	123	
„ mit 1,5 C	18	119	
Schmiedeeisen	0	2070	Forbes (1)
	100	1567	„
	200	1357	„
	275	1240	„
Schweißeisen, Hayange Nr. 2, gewalzt	0 bis 10	1178	Beglinger
dasselbe geschmiedet	0 „ 10	1112	„
Flußeisen	0 „ 10	1240	„
Gußeisen, 3,5 Proz. C, 1,4 Si, 0,5 Mn	30	1490	Hall u. Ayres
Maschinenguß D.	0 bis 10	1176	Beglinger
Longwy III, pur	0 „ 10	0932	„
Stahl	27,2	1325	Hall (2)
	59,2	1300	„
Stahl mit 1,0 Proz. C	18	0,1085	Jaeger und Diesselhorst
	100	1076	
„	—160	113	Lees (3)
	18	115	
hart	—	062	Kohlrausch
weich	—	111	„
Puddelstahl	15	1375	Kirchhoff u. Hansem. (2)
Bessemerstahl	15	0964	
dsgl. Bochum, weich, geschmiedet	0 bis 10	1043	Beglinger
dsgl. gehärtet	0 „ 10	0990	„
Martinstahl	0 „ 10	1327	„
Manganstahl mit 10 Proz. Mn	—	0310	Schulze (1)
Gold	10 bis 97	7464	Gray
rein	18	7003	Jaeger und Diesselhorst
	100	7027	
Kupfer	0	7198	Lorenz
	100	7226	„
rein	ca. 50	096	Gray
unrein	50	32	
rein	18	8915	Jaeger und Diesselhorst
	100	8771	
rein	20	9480	Schaufelberger
	20	9382	„
	—53,9	921	Child und Lanphear
	—26,9	1,020	
	—13,6	1,059	
	74,0	0,914	Child u. Quick
	103,1	0,915	„
	166,8	1,024	„
rein	—160	1,079	Lees (3)
	18	0,916	
Magnesium	0 bis 100	3760	Lorenz
Nickel 97,0 Ni + 1,4 Co + 0,4 Fe + 1,0 Mn + 0,1 Cu + 0,1 Si	18	1420	Jaeger und Diesselhorst
	100	1384	
97,22 Ni + 1,63 Mn + 0,28 Mg + 0,75 Fe	20 bis 200	132	Baillie
85,44 Ni + 7,6 Fe + 0,4 Si	116	106	Hall (1)
99 Proz. Ni.	—160	129	Lees (3)
	18	140	
Palladium, rein	18	1683	Jaeger und Diesselhorst
	100	1817	
Platin	10 bis 97	1861	Gray
rein	18	1664	Jaeger und Diesselhorst
	100	1733	
Quecksilber	50	0177	Angström (2)
	0	0148	H.F.Weber(1)
	50	0189	„
	0 bis 34	0197	R. Weber (3)

Absolute Wärmeleitungsfähigkeit *K* der Metalle.

(Fortsetzung.)

Lit. Tab. 168, S. 747.

Substanz	Temperatur °	*K*	Beobachter	Substanz	Temperatur °	*K*	Beobachter
Silber	0	1,0960	H. F. Weber (2)	**Zink**	15	0,2545	Kirchhoff und Hansem. (2)
	10 bis 97	0,9628	Gray				
999,8 fein	18	1,006	Jaeger und Diesselhorst	rein	18	2653	Jaeger und Diesselhorst
	100	0,9919			100	2619	
999,0	—160	998	Lees (3)	„	—170	280	Lees (3)
	18	974			18	268	
Wismut	0	0177	Lorenz	**Zinn**	15	1446	Kirchhoff und Hansem. (2)
	100	0164	„		0 bis 30	151	Berget (5)
rein	—186	0558	Giebe		0	1528	Lorenz
	— 79	0252	„		100	1423	„
	18	0192	„		—170	195	Lees (3)
rein	18	0194	Jaeger und Diesselhorst		18	157	
	100	0161					

158

Absolute Wärmeleitungsfähigkeit *K* von Legierungen.

$$K \left[\frac{\text{cal.}}{\text{cm. sec. Grad}}\right]$$

Lit. Tab. 168, S. 747.

Substanz	Temperatur °	*K*	Beobachter	Substanz	Temperatur °	*K*	Beobachter
Constantan, 60 Cu, 40 Ni	18	0,05401	Jaeger und Diesselhorst	46 Ni + 54 Cu	18	0,0484	Grüneisen
	100	06405		Woods Legierung	7	0319	H. F. Weber (2)
Manganin, 84 Cu, 4 Ni, 12 Mn	18	05186	„	70 Vol Zn + 30 Vol. Sn	44	224	Schulze (2)
	100	06310	„	8,9 Vol. Zn + 91,1 V. Sn	44	157	„
„	—160	035	Lees (3)	90 Vol. Bi + 10 Vol. Sn	44	0126	„
	18	052		25 Vol. Bi + 75 Vol. Sn	44	078	„
Messing	20 bis 27	2524	Eumorfopoulos	96,5 Vol. Bi + 3,5 V. Pb	44	0129	„
	17	268	Lees (1)	25 Vol. Bi + 75 Vol. Pb	44	0468	„
gelb	0	2041	Lorenz	Lipowitzlegierung:	—160	042	Lees (3)
„	100	2540	„	50 Bi, 25 Pb, 14 Sn, 11 Cd	18	044	„
rot	0	2460	„	90 Pd + 10 Ag	25	114	Schulze (3)
„	100	2827	„	50 Pd + 50 Ag	25	076	„
70 Cu, 30 Zn	—160	181	Lees (3)	10 Pd + 90 Ag	25	337	„
	18	260		90 Pd + 10 Au	25	124	„
Rotguß, 85,7 Cu, 7,15 Zn, 6,39 Sn, 0,58 Ni	18	1427	Jaeger und Diesselhorst	50 Pd + 50 Au	25	086	„
	100	1697		10 Pd + 90 Au	25	234	„
				90 Pd + 10 Pt	25	134	„
Neusilber	0	0700	Lorenz	50 Pd + 50 Pt	25	088	„
	100	0887	„	10 Pd + 90 Pt	25	103	„
62 Cu, 15 Ni, 22 Zn	—160	043	Lees (3)	90 Pt + 10 Au	25	182	„
	18	059	„	60 Pt + 40 Au	25	062	„
Platinoid, 62 Cu, 15 Ni, 22 Zn	—160	040	„	10 Pt + 90 Ag	25	234	„
	18	060	„	30 Pt + 70 Ag	25	074	„

Denizot.

Absolute Wärmeleitungsfähigkeit *K* von Eis, Glas, Mineralien u. A.

$$K \left[\frac{\text{cal.}}{\text{cm . sec . Grad}}\right]$$

Lit. Tab. 168, S. 747.

Substanz	Temperatur	*K*	Beobachter
	°	0,	
Eis		0_257	Neumann
		0_252	Straneo
parallel z. Achse		0_2223	Forbes (2)
senkr. z. Achse		0_2213	„
Schnee, alte Lage		0_3507	Hjeltström
frisch, Dichte 0,111		0_3256	Jansson
älter, „ 0,450		0_2115	„
„ 0,05		0_417	Abels
„ 0,10		0_46	„
„ 0,45		0_2137	„
„ 0,90		0_2548	„
„ 0,179		0_324	Okada, Abe, Yamada
„ 0,239		0_340	
„ 0,250		0_345	
„ 0,271		0_332	
Glas $79 PbO + 21 SiO_2$	14 bis 41	0_2108 [1]	Paalhorn
„ Flint	12 „ 35	0_2143 [1]	„
„ Crown	12 „ 33	0_2183 [1]	„
„ $10 Na_2O + 14 B_2O_3 + 5 Al_2O_3 + 71 SiO_2$	12 „ 32	0_2227 [1]	„
Spiegelglas	10 „ 15	0_2179	Meyer
Crownglas	10 „ 15	0_2163	„
Flintglas	10 „ 15	0_2143	„
Porzellan	92 „ 98	0_2248	Lees und Chorlton
Schwefel	—	0_345	Lees (1)
	20 „ 100	0_363	Hecht
Steinkohle	—	0_3297	Neumann
	20 „ 100	0_343	Hecht
Graphit	7	0117	Cellier
Retortenkohle	0	0103	R. Weber (2)
Kohle	unter 0	0_3405	Forbes
Blätterholzkohle	50	0_3156	Nußelt
Quarz	0	0158	R. Weber (2)
‖ z. Achse	0 bis 17	0263	Tuchschmid
⊥ „	0 „ 17	0160	„
Kalkspat ‖ z. Achse	0 „ 17	0096	„
„ ⊥ „	0 „ 17	0079	„
Steinsalz	0	0137	R. Weber (2)
Anhydrit (Jura)	0	0123	„
Feldspat aus Japan	16 bis 69	0_258	Ayrton u. Perry
„ and. Stück	18 „ 74	0_255	„
„		0_258	H.F.Weber (4)
Serpentin	0 „ 40	0_224	Hecht
	0 „ 40	0_2840	Stadler
Porphyr	0 „ 40	0_2836	„
Marmor, schwarz	unter 0	0_2177	Forbes (2)
„ weiß	unter 0	0_2115	„
„ amerik. schwarz	30	0_2685	Peirce und Willson
„ „ weiß	30	0_2596	
„ carrar.	30	0_2501	
	0	0_254	R. Weber (2)

Substanz	Temperatur	*K*	Beobachter
	°	0,	
Marmor weiß		0_278	Hecht
„		0_282	H.F.Weber (4)
Gneiß	0	0_3578	R. Weber (1)
	100	0_3416	„
„ (Tessin)	0 bis 40	0_2817	Stadler
„		0_282	H.F.Weber (4)
„		0_292	
Basalt	0	0_2317	R. Weber (2)
	20 bis 100	0_252	Hecht
	0 „ 40	0_2672	Stadler
Trachyt	16 „ 99	0_2140	Morano
„ (Siebengebirge)	0 „ 40	0_2460	Stadler
Onyx (Mexico)	30	0_2556	Peirce und Willson
Granit		0_275	H.F.Weber (4)
		0_280	„
		0_297	„
Kalk, hart		0_287	„
„ tonig		0_278	„
„ sehr tonig		0_267	„
Schiefer	unter 0	0_381	Forbes (2)
	92 bis 96	0_2357	Lees und Chorlton
Gips, künstl.	0	0_39	R. Weber (2)
„ natürl.	0	0_231	„
Trapp	22 bis 64	0_236	Peirce
Amygdaloid	22 „ 83	0_234	„
Feuerstein		0_224	Hersch., Ledeb. und Dunn
Ton, feuerfest	360 „ 600	0_2209 bis 221	Clement u. Egy
	380 „ 750	0_2366 bis 362	„
Lava	16 „ 99	0_2201	Morano
„ (Vulcanit)	unter 0	0_4833	Forbes (2)
Bimsstein		0_36	Hersch., Ledeb. und Dunn
	50	0_3556	Nußelt
Feiner Quarzsand		0_3131	Forbes (2)
Kreide		0_222	Hersch., Ledeb. und Dunn
Zement	unter 0	0_3162	Forbes (2)
„ (Portland)	83 bis 96	0_371	Lees und Chorlton
Kesselstein	51 „ 82	0_2313	Ernst
„ anderer	37 „ 75	0_2768	„
Kieselguhr (lose)	50	0_3167	Nußelt
„ (gebunden)	50	0_3231	„
Asbest	50	0_3156	„
	300	0_3517	„
	600	0_3567	„
Quecksilbersalbe		0_4382	Meitner

[1] Umgerechnet von Paalhorn aus seinen relativen Messungsergebnissen unter Annahme des von Winkelmann (4) gefundenen Wertes $0{,}0_4553$ für die absolute Wärmeleitungsfähigkeit der Luft bei 0^0.

160

Absolute Wärmeleitungsfähigkeit $K\left[\frac{\text{cal.}}{\text{cm . sec . Grad}}\right]$ organischer fester Körper.

Lit. Tab. 168, S. 747.

Substanz	Temperatur	K	Beobachter	Substanz	Temperatur	K	Beobachter
	0	0,			0	0,	
Naphthalin . . .	**35**	$0_3 95$	Lees (2)	Filz	unter **0**	$0_4 870$	Forbes (2)
α-Naphthol . . .	**35**	$0_3 76$	„	Rindsleder . . .	**72** bis **97**	$0_3 42$	Lees u. Chorlton
β-Naphthol . . .	**35**	$0_3 80$	„				
Kork, längs . . .		$0_3 717$	Forbes (2)	Deckelpappe . . .	unter **0**	$0_3 453$	Forbes (2)
Korkmehl	**50**	$0_3 114$	Nußelt	Dachpappe . . .	„	$0_3 335$	„
Kiefernholz, längs .		$0_3 30$	Forbes (2)	Haartuch	„	$0_4 402$	„
„ radial .		$0_4 88$	„	Baumwolle, zerteilt.	„	$0_4 433$	„
dsgl. Sägesp. compr.		$0_3 123$	„	„ gepreßt	„	$0_4 335$	„
Sägemehl	**50**	$0_3 153$	Nusselt	„	**50**	$0_3 152$	Nußelt
Ebonit	ca. **6** bis **90**	$0_3 38$	Dina	Flanell	„	$0_4 355$	Forbes (2)
„ schwarz . .	**49**	$0_3 37$	Hersch., Ledeb. u. Dunn	Grobe Leinwand .	„	$0_4 298$	„
				Säugetierhaare (mit Luft gemischt)	**0** bis **18**	$0_4 576$	Rubner
Hartgummi . . .		$0_4 89$	Stefan (3)	Federn (mit Luft gemischt)	**0** „ **18**	$0_4 574$	„
Vulkanis. Kautsch.	unter **0**	$0_4 89$	Forbes (2)	Seide (mit Luft gemischt)	**0** „ **18**	$0_4 613$	„
dsgl. weich, rot . .	**49**	$0_3 34$	Herschel, Ledeb. u. Dunn	Pflanzenfaser (mit Luft gemischt)	**0** „ **18**	$0_4 645$	„
dsgl. weich, grau .	**49**	$0_3 44$		Seegras (mit Luft gemischt)	**0** „ **18**	$0_4 615$	„
dsgl. hart, grau . .	**49**	$0_3 55$		Säugetierhaare (ohne Luft)	**0** „ **18**	$0_3 479$	„
Paraffin	unter **0**	$0_3 141$	Forbes (2)	Pflanzenfaser (ohne Luft)	**0** „ **18**	$0_2 142$	„
„ Sm. 50,40 .	**0** bis **34**	$0_3 473$	R. Weber (3)	Seide (ohne Luft)	**0** „ **18**	$0_3 887$	„
Horn	unter **0**	$0_4 870$	Forbes (2)	„	**50**	$0_3 125$	Nußelt
Bienenwachs . . .	„	$0_4 870$	„				

161

Absolute Wärmeleitungsfähigkeit $K\left[\frac{\text{cal.}}{\text{cm . sec . Grad}}\right]$ flüssiger Körper.

Lit. Tab. 168, S. 747.

Substanz	Temperatur	K	Beobachter	Substanz	Temperatur	K	Beobachter
	0	0,			0	0,	
Wasser	**4,1**	$0_2 129$	Wachsmuth	Kupfersulfatlösung			
	10 bis **18**	$0_2 154$	Winkelmann (1)	sp. G. 1,160	**4,4**	$0_2 118$	H. F. Weber (1)
	18	$0_2 124$	Chree	Zinksulfatlösung			
	0	$0_2 120$	H. F. Weber (1)	sp. G. 1,134	**4,5**	$0_2 118$	„
	9 bis **15**	$0_2 136$	„ (3)	sp. G. 1,272	**4,5**	$0_2 116$	„
	23,7	$0_2 143$	„ (1)	sp. G. 1,362	**4,5**	$0_2 115$	„
	30	$0_2 158$	Graetz (2)	„	**23,4**	$0_2 129$	„
	40,8	$0_2 156$	Lundquist	sp. G. 1,382	**45,2**	$0_2 144$ [1])	Lundquist
	11	$0_2 147$	Lees (2)	Äthyläther $C_4H_{10}O$	**5,4**	$0_3 405$	H. F. Weber (1)
	25	$0_2 136$	„		**13**	$0_3 378$	Graetz (3)
	20	$0_2 143$	Milner u. Chattock		**9** bis **15**	$0_3 303$	H. F. Weber (3)
					14,9	$0_3 3285$	Goldschmidt
	0 bis **34**	$0_2 131$	R. Weber		**0**	$0_3 3378$	„
	0	$0_2 150$	Goldschmidt		**—79**	$0_3 4160$	„
Schwefelsäure H_2SO_4	**9** bis **15**	$0_3 765$	H. F. Weber (3)	Aceton C_3H_6O . .	**0**	$0_3 4228$	„
verd. sp. Gew. 1,054	**20,5**	$0_2 126$	Chree	Äthylenglykol			
1,10	**20,25**	$0_2 128$	„	$C_2H_6O_2$	**0**	$0_3 6353$	„
1,14	**19,75**	$0_2 128$	„	Glyzerin $C_3H_8O_3$.	**10** bis **18**	$0_3 748$	Winkelmann (1)
1,18	**21**	$0_2 130$	„		**6**	$0_3 670$	H. F. Weber (1)
Ammoniaklösung					**25,2**	$0_3 722$	„
26 Proz.	**18**	$0_2 109$	Lees (2)		**9** bis **15**	$0_3 670$	„ (3)
Chlornatriumlösung					**13**	$0_3 637$	Graetz (3)
33,3 Proz.	**10** bis **18**	$0_2 268$	Winkelmann (1)		**25**	$0_3 68$	Lees (2)
sp. G. 1,178	**43,9**	$0_2 149$	Lundquist		**48**	$0_3 613$	„
sp. G. 1,178	**4,4**	$0_2 115$	H. F. Weber (1)		**0** bis **34**	$0_3 656$	R. Weber (3)
	26,3	$0_2 135$	„		**10,6**	$0_3 7251$	Goldschmidt
sp. G. 1,153	**13**	$0_2 112$	Graetz (3)				
Kaliumchloratlösung							
sp. G. 1,026	**13**	$0_2 116$	„				

1) Umgerechnet von H. F. Weber (1) mit Benutzung des richtigen Wertes für die spezifische Wärme des Zinksulfates.

Denizot.

Absolute Wärmeleitungsfähigkeit $K\left[\frac{\text{cal.}}{\text{cm.sec.Grad}}\right]$ flüssiger Körper.

Lit. Tab. 168, S. 747.

(Fortsetzung.)

Substanz	Temperatur	K	Beobachter
	0	0,	
Methylalkohol CH_4O	9 bis 15	0_3495	H.F.Weber(3)
	11	0_352	Lees (2)
	25	0_348	„
	47	0_3445	„
	0	0_35243	Goldschmidt
Äthylalkohol C_2H_6O	10 bis 18	0_3151	Winkelmann(1)
	5,2	0_3487	H.F.Weber(1)
	13	0_3545	Graetz (3)
	9 bis 15	0_3423	H.F.Weber(3)
	11	0_346	Lees (2)
	25	0_343	„
	51	0_3369	„
	0	0_34455	Goldschmidt
Propylalkohol C_3H_8O	9 bis 15	0_3373	H.F.Weber(3)
	0	0_34002	Goldschmidt
Isobutylalkohol $C_4H_{10}O$	9 bis 15	0_3340	H.F.Weber(3)
	0	0_33683	Goldschmidt
Amylalkohol $C_5H_{12}O$	9 bis 15	0_3328	H.F.Weber(3)
	0	0_33446	Goldschmidt
Dimethyläthylkarbinol $C_5H_{12}O$	0	0_32965	„
Ameisensäure CH_2O_2	9 bis 15	0_3648	H.F.Weber(3)
Essigsäure $C_2H_4O_2$	9 „ 15	0_3472	„
	25	0_343	Lees (2)
Propionsäure $C_3H_6O_2$	9 bis 15	0_3390	H.F.Weber(3)
Norm. Buttersäure $C_4H_8O_2$	9 „ 15	0_3360	„
Isobuttersäure $C_4H_8O_2$	9 „ 15	0_3340	„
Norm. Valeriansäure $C_5H_{10}O_2$	9 „ 15	0_3325	„
Isovaleriansäure $C_5H_{10}O_2$	9 „ 15	0_3312	„
Isocapronsäure $C_6H_{12}O_2$	9 „ 15	0_3298	„
Methylacetat $C_3H_6O_2$	9 „ 15	0_3385	„
Äthylformiat $C_3H_6O_2$	9 „ 15	0_3378	„
Äthylacetat $C_4H_8O_2$	9 „ 15	0_3348	„
Propylformiat $C_4H_8O_2$	9 „ 15	0_3357	„
Propylacetat $C_5H_{10}O_2$	9 „ 15	0_3327	„
Methylbutyrat $C_5H_{10}O_2$	9 „ 15	0_3335	„
Äthylbutyrat $C_6H_{12}O_2$	9 „ 15	0_3318	„
Methylvalerat $C_6H_{12}O_2$	9 „ 15	0_3315	„
Äthylvalerat $C_7H_{14}O_2$	9 „ 15	0_3307	„
Amylacetat $C_7H_{14}O_2$	9 „ 15	0_3302	„
Thymol $C_{10}H_{14}O$, fest	12	0_3359	„
flüssig	13	0_3313	„
fest	12	0_3359	C. Barus
flüssig	13	0_3313	„
Chlorbenzol C_6H_5Cl	9 bis 15	0_3302	H.F.Weber(3)
Chloroform $CHCl_3$	6,4	0_3367	„ (1)
	9 bis 15	0_3288	„ (3)
Chlorkohlenstoff CCl_4	9 „ 15	0_3252	„
	0	0_32664	Goldschmidt
Propylchlorid C_3H_7Cl	9 bis 15	0_3283	H.F.Weber(3)
Isobutylchlorid C_4H_9Cl	9 „ 15	0_3278	„
Amylchlorid $C_5H_{11}Cl$	9 „ 15	0_3283	„
Brombenzol C_6H_5Br	9 „ 15	0_3265	„
Äthylbromid C_2H_5Br	9 „ 15	0_3247	„

Substanz	Temperatur	K	Beobachter
	0	0,	
Propylbromid C_3H_7Br	9 bis 15	0_3257	H.F.Weber(3)
Isobutylbromid C_4H_9Br	9 „ 15	0_3278	„
Amylbromid $C_5H_{11}Br$	9 „ 15	0_3237	„
Äthyljodid C_2H_5J	9 „ 15	0_3222	„
Propyljodid C_3H_7J	9 „ 15	0_3220	„
Isobutyljodid C_4H_9J	9 „ 15	0_3208	„
Amyljodid $C_5H_{11}J$	9 „ 15	0_3203	„
Benzol C_6H_6	5,1	0_3333	„ (1)
	9 bis 15	0_3333	„ (3)
Nitrobenzol $C_6H_5NO_2$	12,5	0_33801	Goldschmidt
Anilin C_6H_7N	9 bis 15	0_3408	H.F.Weber(3)
	0	0_34336	Goldschmidt
Toluol C_7H_8	9 bis 15	0_3307	H.F.Weber(3)
	14,5	0_33420	Goldschmidt
	0	0_33492	„
	—79	0_33888	„
Xylol C_8H_{10} (o)	0	0_33443	„
(m)	0	0_33429	„
Cymol $C_{10}H_{14}$	9 bis 15	0_3272	„
Terpentinöl $C_{10}H_{16}$	13	0_3325	Graetz (3)
	9 bis 15	0_3260	H.F.Weber(3)
Olivenöl, sp. Gew. 0,911	6,6	0_3392	„ (1)
Ol.Oliv. provinc. (Vièrge)		0_3395	Wachsmuth
Oleum Sesami		0_3395	„
Oleum Ricini		0_3425	„
Balsamum Copaivae		0_3258	„
Balsamum Canadense		0_3258	„
Citronenöl, sp. G. 0,818	5,4	0_3350	H.F.Weber(1)
Senföl C_4H_5NS	9 bis 15	0_3382	„ (3)
Äthylsulfid $C_4H_{10}S$	9 „ 15	0_3328	„
Schwefelkohlenstoff CS_2	5,4	0_3417	„ (1)
	9 bis 15	0_3343	„ (3)
	13	0_3267	Graetz (3)
	15,5	0_3537	Chree
	10 bis 18	0_2200	Winkelmann(1
	0	0_33879	Goldschmidt
Paraffinöl, flüss., Gfp. unter —20°	0 bis 34	0_3346	R. Weber (3)
Petroleum	13	0_3355	Graetz (3)
(Kaiseröl)	0 bis 34	0_3382	R. Weber (3)
Vaselin		0_344	Lees (2)
Fett (Lard)		0_348	„
Zylinderschmieröl	72 bis 90	0_3290	Ernst
Holzteer	70 „ 89	0_3324	„
Mischungen zu 50 Gewpr.:			
Äthylalkohol u. Wasser	25	0_380	Lees (2)
Essigsäure u. Wasser	25	0_385	„
Glyzerin u. Wasser	25	0_2103	„
Glyzerin u. Äthylalkohol	25	0_350	„
Seewasser			
Salzgehalt 0 Promille	17,5	0_21400	Krümmel
10 „	17,5	0_21367	„
20 „	17,5	0_21353	„
30 „	17,5	0_21346	„
40 „	17,5	0_21337	„

Denizot.

162

Absolute Wärmeleitungsfähigkeit $K \left[\frac{\text{cal.}}{\text{cm . sec . Grad}}\right]$ von Gasen.

Lit. Tab. 168, S. 747.

Substanz	Temperatur	K	Beobachter
		0,000	
Atmosph. Luft .		0558	Stefan (1)
	0°	0492[1]	Kundt u. Warburg
	0	0568	Winkelmann (5)
	6,1	05747	„
	0	04838	Graetz (1)
	100	05734	„
	0	0562	Schleiermacher (1)
	100	07197	„
	0	05572	Müller (1)
	—149,5	02146	Eckerlein
	— 59	03678	„
	0	04677	„
	0	0479	Compan
	0	05690	Schwarze
Argon	0	03894	„
Helium . . .	0	3386	„
Wasserstoff . .	0	3270	Winkelmann (4)
	0	3190	Graetz (1)
	100	3693	„
	0	410	Schleiermacher (1)
	100	5228	„
	—150	1175	Eckerlein
	— 59	2393	„
	0	3186	„
	0	3871	Günther
Sauerstoff . .	7 bis 8	0563	Winkelmann (2)

Substanz	Temperatur	K	Beobachter
		0,000	
Sauerstoff . . .	0°	05694	Günther
Stickstoff . . .	8	0524	Winkelmann (2)
	0	05694	Günther
Stickoxydul . .	0	0350[2]	Winkelmann (2)
	100	0506[2]	„
Stickoxyd . . .	7 bis 8	0460	„
Kohlenoxyd . .	0	0499[2]	„
	7 bis 8	0510	„
Kohlensäure . .	0	0307	„ (4)
	0	0327	Schleiermacher (1)
	100	0506	„
	—78,5	02546	Eckerlein
	—50,5	02824	„
	0	03434	„
Ammoniak . .	0	0458[2]	Winkelmann (2)
	100	0709[2]	„
Methan	7 bis 8	0647	„
	0	07462	Ziegler
Äthan	0	04956	„
Äthylen . . .	0	0395[2]	Winkelmann (2)
	100	0636[2]	„
Quecksilberdampf	203	01846	Schleiermacher (2)
Gemische			
Proz. $75H_2+25O_2$	22	2749	Wassiljewa
„ $50H_2+50O_2$	22	1827	„
„ $25H_2+75O_2$	22	1112	„

[1] Berechnet von Graetz (1), S. 245. [2] Berechnet von Wüllner, S. 340.

163

Wärmeleitungsfähigkeit von Krystallen,

dargestellt durch das Achsenverhältnis der Isotherm-Ellipse, welches der Quadratwurzel aus dem Verhältnis der Leitungsfähigkeiten gleichkommt.

Lit. Tab. 168, S. 747.

Optisch einachsige Krystalle, für welche die große Achse der Wärmeleitungsfähigkeit parallel zur Basis ist.

Es sei k_γ die Wärmeleitungsfähigkeit in Richtung der Hauptachse und k_α „ „ „ „ Basis.

Name des Krystalls	Krystallsystem	$\sqrt{\frac{k_\alpha}{k_\gamma}}$	Beobachter
Antimon . .	rhomboëdrisch	1,591	Jannetaz (2)
Pyrit . . .	„	1,07	„
Silberglanz .	„	1,11	„
Oligist . .	„	1,11	„
Eudialyt . .	„	1,13	„
Pennin . .	„	1,16	„
Dolomit . .	„	1,05	„
Giobertit .	„	1,05	„
Mesitin . .	„	1,06	„
Eisenspat .	„	1,06	„
Parisit . .	„	1,12	„
Turmalin .	„	1,16	„
Anatas . .	quadratisch	1,34	„
Wismut . .	rhomboëdrisch	1,19	Lownds
		1,170	Perrot
		1,22	F. M. Jaeger
Tellur . . .	hexagonal	0,81	Jannetaz (2)

Optisch einachsige Krystalle, für welche die große Achse der Wärmeleitungsfähigkeit parallel zur Hauptachse ist.

Es sei k_γ die Wärmeleitungsfähigkeit in Richtung der Hauptachse und k_α „ „ „ „ Basis

Name des Krystalls	Krystallsystem	$\sqrt{\frac{k_\alpha}{k_\gamma}}$	Beobachter
Zinnober . .	rhomboëdrisch	0,85	Jannetaz (2)
Quarz . . .	„	0,762	„
	„	0,756	F. M. Jaeger
Apatit . . .	hexagonal	0,861	„
Phenakit . .	rhomboëdrisch	0,96	Jannetaz (2)
Troostit . .	„	0,854	„
Pyromorphit	„	0,973	„
Kalkstein . .	„	0,913	„
Korund . .	„	0,92	„
Smaragd . .	hexagonal	0,9	„
Cassiterit . .	quadratisch	0,79	„
Rutil . . .	„	0,8	„
Calomel . .	„	0,77	„
Zirkon . . .	„	0,9	„
Paranthin	„	0,845	„
Idokras . .	„	0,95	„
Scheelit . .	„	0,95	„

Sellagneis vom Piz Prévot, Achsenverhältnis $\frac{\parallel \text{ Schieferung}}{\perp \quad „}$ = 1,25, trocken: 1,5.

Denizot.

Wärmeleitungsfähigkeit von Krystallen.

Krystalle ohne Achse der Isotropie.

Es sei k_α, k_β, k_γ die Wärmeleitungsfähigkeit in Richtung der Symmetrieachse (100), (010), (001).

Lit. Tab. 168, S. 747.

Name des Krystalls	Krystall-system	$\sqrt{\frac{k_\alpha}{k_\gamma}}$	$\sqrt{\frac{k_\beta}{k_\gamma}}$	Beobachter	Name des Krystalls	Krystall-system	$\sqrt{\frac{k_\alpha}{k_\gamma}}$	$\sqrt{\frac{k_\beta}{k_\gamma}}$	Beobachter
Baryt	rhombisch	1,064	1,0264	Jannetaz (1)	Tremolit . .	monoklin	0,6	0,754	Jannetaz (1)
Cölestin . . .	„	1,037	1,0834	„	Hornblende .	„	0,706	0,8	„
Anhydrit . .	„	0,971	0,943	„	Epidot . . .	„	0,934	1,0878	„
Staurolith . .	„	0,971	0,901	„	Orthoklas . .	„	0,793	0,951	„
Lievrit . . .	„	1,155	1,005	„	Gips	„	0,8	0,65	„

164

Temperaturkoeffizient α der Wärmeleitungsfähigkeit.

Ist k_0 die Wärmeleitungsfähigkeit bei 0^0, so beträgt dieselbe bei t^0: $k = k_0\,(1 + \alpha t)$.

Lit. Tab. 168, S. 747.

Substanz	α	Beobachter
	0,	
Aluminium	$+0_{3}5357$	Lorenz
	$+0_{3}29$	Jaeger u. Diesselh.
Antimon	$-0_{2}1041$	Lorenz
Blei	$-0_{3}8610$	„
	$-0_{3}16$	Jaeger u. Diesselh.
Cadmium	$-0_{3}7046$	Lorenz
	$-0_{3}38$	Jaeger u. Diesselh.
Eisen	$-0_{3}2282$	Lorenz
„ gewöhnl., 0 bis 300°	$-0_{3}611$	Mitchel (2)
„ gekühlt, 0 bis 300°	$+0_{3}706$	„
	$-0_{3}3$	Hall (3)
	$-0_{3}14$	Jaeger u. Diesselh.
Schmiedeeisen	$-0_{2}11$	Stewart
Gußeisen	$-0_{3}75$	Hall u. Ayres
Stahl	$-0_{3}6$	Hall (2)
	$-0_{4}9$	Jaeger u. Diesselh.
Kupfer	$+0_{4}389$	Lorenz
	$+0_{3}4694$	Chwolson
rein, elektrolyt.	$-0_{3}53$	Stewart
schwed., eisenhaltig	$-0_{3}64$	Hagström
rein	$-0_{3}26$	Jaeger u. Diesselh.
Magnesium	000	Lorenz
Nickel	$-0_{4}66$	Baillie
	$-0_{3}31$	Jaeger u. Diesselh.
Palladium	$+0_{3}68$	„
Platin	$+0_{3}53$	„
Silber	$-0_{3}17$	„
Quecksilber, 0 bis 133° .	$-0_{2}1267$	Berget (2)
„ 0 bis 300° .	$-0_{3}45$	„ (3)
Wismut	$-0_{3}7343$	Lorenz
	$-0_{2}197$	Jaeger u. Diesselh.
Zink	$-0_{3}15$	„
Zinn	$-0_{3}6874$	Lorenz
	$-0_{3}8$	Jaeger u. Diesselh.
Messing, rot	$+0_{2}1492$	Lorenz
„ gelb	$+0_{2}2445$	„
	$+0_{3}886$	Chwolson
Neusilber	$+0_{2}2670$	Lorenz
Rotguß	$+0_{2}24$	Jaeger u. Diesselh.
Constantan	$+0_{2}236$	„
Manganin	$+0_{2}272$	„
Glas, Jenaer O 137 . . .	$-0_{3}31$	Krüger
S 226 . . .	$-0_{3}34$	„
O 709 . . .	$-0_{3}45$	„
„Fensterglas“	$+0_{2}25$	Lees (2)
Schwefel	$-0_{2}36$	„
Retortenkohle	$+0_{4}12$	R. Weber (2)
Gneiss	$-0_{2}2803$	„ (1)
Quarz	$-0_{2}19$	„ (2)

Substanz	α	Beobachter
	0,	
Steinsalz	$-0_{2}44$	R. Weber (2)
Anhydrit (Jura)	$-0_{2}24$	„
Marmor	$-0_{3}5$	„
Basalt	$+0_{4}1$	„
Naphthalin	$-0_{2}52$	Lees (2)
α-Naphthol	-0105	„
β-Naphthol	$-0_{2}85$	„
Ebonit	$-0_{2}19$	„
Schellack	$-0_{2}55$	„
Paraffin	$+06343$	R. Weber (1)
Wasser	$-0_{3}55$	Lees (2)
Chlornatriumlösung, spez. Gew. 1,153	$+0_{2}57$	Graetz (3)
Kaliumchloratlösung . . . spez. Gew. 1,026	$+0_{2}78$	„
Äthylalkohol	$-0_{2}58$	Lees (2)
verd., 50-proz.	$-0_{2}68$	„
Methylalkohol	$-0_{2}31$	„
Essigsäure, verd. 50-proz.	$-0_{2}58$	„
Glyzerin	$+012$	Graetz (3)
	$-0_{2}44$	Lees (2)
„ verd., 50-proz. .	$-0_{2}63$	„
Äthylalkohol u. Glyzerin, je 50-proz.	$-0_{2}50$	„
Terpentinöl	$+0_{2}67$	Graetz (3)
Petroleum	$+011$	„
Atmosph. Luft	$+0_{2}190$	Winkelmann (4)
	$+0_{2}281$	Schleiermacher (1)
	$+0_{2}199$	Eichhorn
	$+0_{2}13$	Compan
—180 bis 0°	$+0_{2}362$	Eckerlein
	$+0_{2}253$	Schwarze
	$+0_{2}196$	Müller (2)
Wasserstoff	$+0_{2}175$	Winkelmann (4)
	$+0_{2}275$	Schleiermacher (1)
	$+0_{2}199$	Eichhorn
—180 bis 0°	$+0_{2}422$	Eckerlein
Argon	$+0_{2}260$	Schwarze
Helium	$+0_{2}318$	„
Stickoxydul	$+0_{2}446$	Winkelmann (2)
Kohlensäure	$+0_{2}401$	„ (4)
	$+0_{2}548$	Schleiermacher (1)
	$+0_{2}367$	Eichhorn
—180 bis 0°	$+0_{2}352$	Eckerlein
Ammoniakdampf	$+0_{2}548$	Winkelmann (2)
Methan 0° bis 100° . . .	$+0_{2}655$	Ziegler
Äthan „ . . .	$+0_{2}583$	„
Äthylen	$+0_{2}445$	Eichhorn

Denizot.

165

Relative Wärmeleitungsfähigkeit r fester, flüssiger und gasförmiger Körper,

bezogen auf die Wärmeleitungsfähigkeit resp. des Silbers (100), des Wassers (100) und der Luft (100).

Da die absolute Wärmeleitungsfähigkeit des Silbers nahezu gleich 1 ist, kann der auf feste Körper bezügliche Teil dieser Tabelle leicht aus der vorausgehenden Zusammenstellung ergänzt werden und enthält daher nur solche Zahlen, die dort nicht mitgeteilt sind.

Lit. Tab. 168, S. 747.

Metalle und andere feste Körper, bezogen auf die Leitungsfähigkeit des Silbers = 100.

Substanz	r	Beobachter
Blei	8,5	Wiedemann u.
Eisen	11,9	„ [Franz
Stahl	11,6	„
Gold, fast rein	53,2	„
Kupfer	73,6	„
Natrium	36,5(?)	Calvert u. Johnson
Platin	8,4	Wiedemann u.
Silber	100,00	„ [Franz
Wismut	1,8	„
Zink	28,1	Wiedemann
Zinn	15,2	„
Messing (2,1 Cu + 1 Zn)	25,8	„
Legierung 4,7 Cu + 1 Zn	31,1	„
„ 6,5 Cu + 1 Zn	29,9	„
„ 8 Cu + 1 Zn	27,3	„
Neusilber	6,3	Wiedemann u.
Legierung 3 Sn + 1 Bi	10,1	„ [Franz
„ 1 Sn + 1 Bi	5,6	„
„ 1 Sn + 3 Bi	2,3	„
Roses Metall (1 Sn + 1 Pb + 1 Bi)	4,0	„

Flüssigkeiten, bezogen auf die Leitungsfähigkeit des Wassers = 100.

Substanz	r	Beobachter
Wasser	100,00	G. Jäger
Salzsäure, 38-proz.	72,6	„
25-proz.	79,4	„
12,5-proz.	87,0	„
Schwefelsäure, 90-proz.	58,4	„
60-proz.	72,2	„
30-proz.	85,8	„
Kaliumhydroxyd, 42-proz.	90,6	„
21-proz.	95,5	„
Chlornatriumlös., 33,3-proz.	173,7	Winkelmann (1)
25-proz.	93,9	G. Jäger
12,5-proz.	96,8	„
Chlorkaliumlös., 20-proz.	124,2	Winkelmann (1)
20-proz.	92,0	G. Jäger
Chlorbaryumlös., 21-proz.	96,3	„
Chlorstrontiumlös., 25-proz.	94,6	„
Chlorcalciumlös., 30-proz.	90,7	„
15-proz.	95,4	„
Chlormagnesiumlös., 29-proz.	85,4	„
22-proz.	89,0	„
14,5-proz.	91,7	„
11-proz.	94,9	„
Chlorzinklös., 35-proz.	83,7	„
17,5-proz.	91,5	„
Bromkaliumlös., 40-proz. [1]	81,1	„
Jodkaliumlös., 60-proz. [1]	65,1	„
40-proz. [1]	77,8	„
20-proz. [1]	86,8	„
Bromnatriumlös., 40-proz. [1]	88,9	„
20-proz. [1]	93	„
10 Proz. NaCl + 10 Proz. KCl	94,7	„
10 Proz. $CaCl_2$ + 7 Proz. $BaCl_2$	94,7	„
Kaliumnitratlös., 20-proz.	92,2	„
10-proz.	97,2	„
Natriumnitratlös., 44-proz.	90,4	„
40-proz.	92,7	„
22-proz.	94,1	„
20-proz.	94,9	„
Strontiumnitratlös., 40-proz.	92,8	„
36-proz.	92,3	„
20-proz.	96,4	„
Bleinitratlös. 36-proz.	92,8	„
10 Proz. KNO_3 + 20 Proz. $NaNO_3$	92,8	„
16 Proz. $Pb(NO_3)_2$ + 18 Proz. $Sr(NO_3)_2$	92,9	„

[1]) Konzentration nicht ganz sicher.

Denizot.

Relative Wärmeleitungsfähigkeit *r* fester, flüssiger und gasförmiger Körper,

bezogen auf die Wärmeleitungsfähigkeit resp. des Silbers (100), des Wassers (100) und der Luft (100).

Lit. Tab. 168, S. 747.

Substanz	*r*	Beobachter
Flüssigkeiten, bezogen auf die Leitungsfähigkeit des Wassers = 100.		
Kaliumsulfatlösung, 10-proz.	99,3	G. Jäger
Natriumsulfatlösung, 10-prz.	99,8	„
Kupfersulfatlös., sp. G. 1,160	95,26	H. F. Weber (1)
18-proz.	95,1	G. Jäger
Magnesiumsulfatlös., 22-prz.	97,5	„
Zinksulfatlös., spez. G. 1,362	92,76	H. F. Weber (1)
32-proz.	91,5	G. Jäger
16-proz.	95,3	„
8 Proz. $CuSO_4$ + 12 Proz. $ZnSO_4$	93,8	„
Kaliumcarbonatlös., 20-proz.	94,7	„
Natriumcarbonatlös., 10-prz.	96,8	„
Äthyläther	32,61	H. F. Weber (1)
Benzol	26,81	„
	19,08	De Heen
Chloroform	29,55	H. F. Weber (1)
Schwefelkohlenstoff	33,57	„
Glyzerin	59,93[1])	Christiansen
Olivenöl	32,10[1])	„
Zitronenöl	32,10[1])	„
Äthylalkohol	37,08[1])	„
	24,16	De Heen
absolut	30,09	Henneberg
90-proz.	32,05	„
80-proz.	37,51	„
70-proz.	41,70	„
60-proz.	47,56	„
50-proz.	54,59	„
40-proz.	64,60	„
30-proz.	73,13	„
20-proz.	81,39	„
10-proz.	91,01	„
Methylalkohol	27,34	De Heen
Amylalkohol	18,55	„
Methylacetat	22,06	„
Äthylacetat	20,00	„
Amylacetat	16,98	„
Methylvalerat	17,63	De Heen
Äthylvalerat	17,34	„
Amylvalerat	16,37	„
Xylol	17,14	„
Cymol	15,93	„
Amylbromid	13,75	„
Äthylbenzoat	19,68	„
Amylbenzoat	17,26	„
Gase, bezogen auf die Leitungsfähigkeit der Luft = 100.		
Atmosph. Luft	100,00	
Wasserstoff	710	Kundt u. Warburg
	701	Stefan (2)
Sauerstoff	102	„
Stickstoff	98	Narr
	99,3	Plank
Stickoxydul	64	Stefan (2)
Stickoxyd	95,1	Plank
Kohlensäure	59	Kundt u. Warburg
	62	Stefan (2)
Kohlenoxyd	98	„
Ammoniak	91,7	Plank
Methan	139	Stefan (2)
Äthylen	74	„
Äthylamin	58,43	Höfker
Diäthylamin	52,62	„
Triäthylamin	46,77	„
Methylamin	66,38	„
Dimethylamin	61,61	„
Trimethylamin	57,05	„
Propylamin	52,59	„
Dipropylamin	44,83	„
Amylamin	49,03	„
Butylamin	52,15	„
Leuchtgas	267	Plank

[1]) Umgerechnet unter der von Christiansen gegebenen Voraussetzung, daß die Wärmeleitungsfähigkeit des Wassers bezogen auf Luft 21,09 beträgt.

Denizot.

Absolute Temperaturleitfähigkeit a^2 [cm^2 sec^{-1}].

Ist K die absolute Wärmeleitungsfähigkeit, ϱ die Dichtigkeit der Substanz und c ihre spez. Wärme, so wird die Konstante $\frac{K}{\varrho c} = a^2$ die Temperaturleitfähigkeit der Substanz genannt.

Lit. Tab. 168, S. 747.

Substanz	Temp.	a^2	Beobachter
	°	0,	
Aluminium	18	826	Jaeger und
	100	819	Diesselhorst
Blei	2,6	2205	Kronauer
	15	2399	Kirchhoff u. Hansemann(2)
rein	18	237	Jaeger und
	100	230	Diesselhorst
Cadmium	18	467	Jaeger und
	100	444	Diesselhorst
Eisen	0	224	Ångström (1)
0,105 C	18	2034	Grüneisen
0,57 C	18	1429	„
0,99 C	18	1429	„
1,5 C	18	1362	„
0,1 C; 0,2 Si,	18	1735	Jaeger und
0,1 Mn	100	153	Diesselhorst
0,1 C	18	187	„
	100	167	„
	80	173	Glage
	80	184	„
Stahl 1,0 C	18	121_1	Jaeger und
	100	111_6	Diesselhorst
	80	118	Glage
Puddelstahl	15	1694	Kirchhoff u.
	15	1637	Hansemann
Bessemerstahl	15	1148	(2)
Gold (rein)	18	1,174	Jaeger und
	100	1,177	Diesselhorst
Kupfer (eisenh.)	0	1,163	Ångström (1)
(phosphorh.)	15	0,5059	Kirchhoff u. Hansem. (2)
(rein)	18	1,144	Grüneisen
„	18	1,13	Jaeger und
	100	1,09	Diesselhorst
	75	1,15	Glage
Nickel	18	0,1516	Jaeger und
	100	1360	Diesselhorst
Palladium (rein)	18	240	
	100	242	„
Platin (rein)	18	243	
	100	245	„
Silber (fein)	18	1,74	
	100	1,67	„
Wismut	2,8	0,037	Kronauer
rein	18	0679	Jaeger und
„	100	0546	Diesselhorst
„	18	0655	Giebe
„	—79	0847	„
„	—186	1884	„
Zink	15	4049	Kirchhoff u. Hansem. (2)
rein	18	405	Jaeger und
	100	390	Diesselhorst
	50	425	Glage
Zinn	15	386	Kirchhoff u. Hansem. (2)

Substanz	Temp.	a^2	Beobachter
	°	0,	
Zinn rein	18	381	Jaeger und
	100	332	Diesselhorst
	35	378	Glage
Constantan	18	0619	Jaeger und
	100	0708	Diesselhorst
Manganin	18	0633	
	100	0746	„
Rotguß	18	186	
	100	2165	„
Neusilber	80	129	Glage
Messing	75	372	„
Kupfer-Nickel 46 Ni, 54 Cu	18	0569	Grüneisen
Woods Legierung	1,2	0863	Kronauer
Eis		01145	F. Neumann
Schnee		0_2356	„
Dichte 0,33		0_246	Abels
0,19		0_225	„
Glas (Josephinenhütte i. Schlesien)		0_255	Hecht
Schwefel		0_2146	F. Neumann
		0_217	Hecht
Steinkohle		0_2116	F. Neumann
		0_211	Hecht
Serpentin		0128	Stadler
„ mit Granaten		0113	Hecht
Porphyr		0162	Stadler
Basalt		0115	„
		0_283	Hecht
Marmor (Carrara)		0146	Stadler
weiß		0_2103	Hecht
„		0_285	„
Granit		0109	J. Neumann
		0154	Stadler
Gips		0_230	Hecht
Gneis		0156	Stadler
Syenit		0_2887	„
Trachyt		0_2863	„
Hartgummi		0_3928	Stefan (3)
Guttapercha	40	0_3479	Smith u. Knott
	46	0_3494	„
Gummi elasticum	23	0_2176	„
	30	0_2108	„
$KClO_3$-Lösung	13	0_2115	Graetz (3)
NaCl- „	13	0_2119	„
Glyzerin	13	0_387	„
Äthylalkohol	13	0_2110	„
Äthyläther	13	0_396	„
Petroleum	13	0_389	„
Terpentinöl	13	0_384	„
Schwefelkohlenstoff	13	0_388	„

Denizot.

Temperaturkoeffizient β der Temperaturleitfähigkeit.

Ist a^2 die Temperaturleitfähigkeit bei 0°, so beträgt dieselbe bei t^0: $a^2_t = a^2_0 (1 + \beta t)$.

Lit. Tab. 168, hierunter.

Substanz	β	Beobachter	Substanz	β	Beobachter
	0,			0,	
Aluminium	-0_31	Jaeger u. Diesselhorst	Palladium	$+0_31$	Jaeger u. Diesselhorst
Blei	-0_335	„	Platin	$+0_31$	„
	-0_32	Glage	Silber	-0_35	„
Eisen	-0_214	Jaeger u. Diesselhorst		-0_315	Glage
	-0_210	Glage	Wismut	-0_223	Jaeger u. Diesselhorst
Stahl	-0_39	Jaeger u. Diesselhorst	Zink	-0_345	„
	-0_37	Glage		-0_345	Glage
Puddelstahl	-0_327	Kirchhoff u. Hansemann (2)	Zinn	-0_2105	Kirchhoff u. Hansemann
Bessemerstahl	-0_319	Kirchhoff u. Hansemann (2)		-0_215	Jaeger u. Diesselhorst
Kupfer	-0_2152	Ångström (1)		-0_34	Glage
phosphorh.	$+0_329$	Kirchhoff u. Hansemann (2)	Messing	-0_21	Glage
			Neusilber	-0_35	Glage
rein	-0_34	Jaeger u. Diesselhorst	Rotguß	$+0_221$	Jaeger u. Diesselhorst
	-0_34	Glage	Constantan	$+0_218$	Jaeger u. Diesselhorst
Nickel	-0_2122	Jaeger u. Diesselhorst	Manganin	$+0_223$	Jaeger u. Diesselhorst

168

Literatur, betreffend Wärmeleitung.

H. Abels, Wild. Rep. f. Met. **16**, No. 1; 1892—1893.

J. A. Ångström (1), Öfvers. K. Vet. Akad. Förhandl. Stockholm **19**, 21; 1862. Pogg. Ann. **114**, 513; 1861. **118**, 423; 1863. Phil. Mag. (4) **26**, 1861; 1863.

„ (2), Pogg. Ann. **123**, 628; 1864.

M. Ascoli, Cim. (4) **7**, 249; 1898. (Kupfer.)

E. v. Aubel, ZS. phys. Chem. **28**, 336; 1899. (Zusammenstellung betr. Flüssigkeiten.)

E. v. Aubel u. **Paillot**, J. de phys. (3) **4**, 522; 1895. (Verhältnis von Leitfähigkeiten.)

W. E. Ayrton u. **J. Perry**, Asiatic. Soc. of Japan, Jan. 26. 1878. — Phil. Mag. (5) **5**, 240; 1878.

T. C. Baillie, Edinb. Trans. **39**, **II**, 361; 1897—98.

C. Barus, Phil. Mag. (5) **33**, 431; 1892.

W. Beglinger, Verh. Ver. z. Bef. d. Gewerbfl. **75**, 33; 1896.

A. Berget (1), C. r. **105**, 224; 1887.

„ (2), C. r. **106**, 1152; 1888.

„ (3), C. r. **107**, 171; 1888.

„ (4), C. r. **107**, 227; 1888.

„ (5), C. r. **110**, 76; 1890.

Calvert u. **Johnson**, Phil. Trans. **148**, 349; 1858. Proc. Roy. Soc. London **9**, 169; 1859. Phil. Mag. (4) **16**, 381; 1858. C. r. **47**, 1069; 1858.

L. Cellier, Diss. Zürich; 1896.

C. D. Child u. **B. S. Lanphear**, Phys. Rev. **3**, 1; 1895.

C. D. Child u. **R. W. Quick**, Phys. Rev. **2**, 412; 1895.

C. Chree, Proc. Roy. Soc. **43**, 30; 1887/88.

J. K. Clement u. **W. L. Egy**, Bull. Univ. Illinois **6**, No. 42; 1909.

Christiansen, Wied. Ann. **14**, 23; 1881.

O. Chwolson, Mém. de St. Pétersbourg **37**, Nr. 12; 1890. Exner Repert. **27**, 1; 1891.

P. Compan, C. r. **133**, 1202; 1901.

A. Dina, Rend. Ist. Lombardo **32**, 205; 1899. Cim. (4) **9**, 461; 1899.

P. A. Eckerlein, Ann. Phys. (4) **3**, 120; 1900.

W. Eichhorn, Diss. Jena 1889. Wied. Ann. **40**, 696; 1890.

W. E. Ernst, Wien. Ber. **111** [2a], 922; 1902.

A. v. Ettinghausen u. **W. Nernst**, Wien. Ber. **96** [2], 787; 1887. Wied. Ann. **33**, 474; 1888. (Bi u. Legierungen.)

A. Eucken, Ann. Phys. (4) **34**, 185; 1911. (Temperaturkoeffizienten der Leitfähigkeit fester Nichtmetalle.)

N. Eumorfopoulos, Phil. Mag. (5) **39**, 280; 1895. — Proc. Phys. Soc. London **13**, 327; 1895.

Th. Moses Focke, Wied. Ann. **67**, 132; 1899.

Forbes (1), Edinb. Trans. **24**, 73; 1867.

„ (2), Proc. Edinb. Soc. **8**, 62; 1874/75.

Franz, cf. **Wiedemann**.

E. Giebe, Diss. Berlin; 1903. Verh. D. Phys. Ges. **5**, 60; 1903.

G. Glage, Ann. Phys. (4), **18**, 904; 1905.

R. Goldschmidt, Phys. ZS. **12**, 417; 1911.

L. Graetz (1), Wärmeleitungsfähigkeit von Gasen, Habilitationsschr. München 1881. Wied. Ann. **14**, 232; 1881.

Literatur, betreffend Wärmeleitung.

(Fortsetzung.)

L. Graetz (2), Wied. Ann. **18**, 79; 1883.
„ (3), Wied. Ann. **25**, 337; 1885.
G. Grassi, Atti Ist. Napoli **5**, 1892. (Holz, Mineralien.)
J. H. Gray, Phil. Trans. A **186** (I), 165; 1895.
E. Grüneisen, Ann. Phys. (4) **3**, 43; 1900.
P. Günther, Diss. Halle a. S. 1906.
K. L. Hagström, Öfvers. Kongl. Vet. Ak. Förhandl. Stockholm **48**, Nr. 2, 45; No. 5, 289; Nr. 6, 381; 1891.
E. H. Hall (1), Proc. Amer. Acad. (N. S.) **19**, 262; 1891/92.
„ (2), Proc. Amer. Acad. (N. S.) **23**, 271; 1896.
„ (3), Phys. Rev. **10**, 277; 1900.
Hall u. **Ayres**, Proc. Amer. Soc. **34**, 283; 1898.
Hansemann, cf. **Kirchhoff.**
H. Hecht, Diss. Königsberg; 1903. Ann. Phys. (4) **14**, 1008; 1904.
P. de Heen, Bull. de Belgique (3) **18**, 192; 1889.
H. Henneberg, Diss. Jena. Wied. Ann. **36**, 146; 1889.
A. S. Herschel, G. A. Ledebour, J. T. Dunn, Rep. Brit. Assoc. **49**, Sheffield, 58; 1879.
Hjeltström, Öfvers. Kongl. Vet. Ak. Förhandl. Stockholm **46**, 669; 1889. Met. Zeitschr. **7**, 226; 1890. Phil. Mag. (5) **31**, 148; 1891. J. d. phys. (2) **10**, 142; 1891.
H. Höfker, Jahresb. d. Progym. Wattenscheid; 1893.
F. M. Jaeger, Arch. sc. phys. (4) **22**, 240; 1906.
G. Jäger, Wien. Ber. **99** [2a], 245; 1890. Exner Repert. **27**, 42; 1891.
W. Jaeger u. **H. Diesselhorst**, Wiss. Abh. d. Phys. Techn. Reichsanst. **3**, 269; 1900.
E. Jannetaz (1), Ann. chim. phys. (4) **29**, 5; 1873.
„ (2), C. r. **114**, 1352; 1892. Graetz Phys. Revue **2**, 103; 1892.
M. Jansson, Öfvers. K. Vet. Akad. Förhandl. Stockholm, **58**, 207; 1901. Diss. Upsala 1904.
Johnson, cf. **Calvert.**
Lord Kelvin u. **Murray**, Proc. Roy. Soc. **58**, 162; 1895. (Granit.)
G. Kirchhoff u. **G. Hansemann** (1), Wied. Ann. **9**, 1; 1880.
„ (2), Wied. Ann. **13**, 406; 1881.
F. Kohlrausch, Sitz.-Ber. d. phys. med. Ges. Würzburg, Dez. 1887. Wied. Ann. **33**, 678; 1888. Phil. Mag. (5) **25**, 448; 1888.
F. Kohlrausch, Diss. Rostock 1904 (Wärmel. u. elektr. Leitv. v. Flüss.)
J. Königsberger, Ann. Phys. (4) **23**, 655; 1907. (Eclogae geologicae Helvetiae **9**, 133.)
H. Kronauer, Zürch. Vierteljahrschr. **25**, 257; 1880.
J. Krüger, Ann. Phys. (4) **5**, 919; 1901.
O. Krümmel, Handb. d. Ozeanographie, Stuttg. 1907, I, 281. (Meteor. ZS. **24**, 525; 1907.)
A. Kundt u. **E. Warburg**, Berliner Monatsber. 1875, 160. Pogg. Ann. **156**, 177; 1875.
Lamb u. **Wilson**, Proc. Roy. Soc. **65**, 283; 1899. (Asbest, Sand u. a.)
Ch. H. Lees (1), Phil. Trans. **183**, 481; 1892.
„ (2), Phil. Trans. **191**, 399; 1898.
„ (3), Phil. Trans. **208**, 381; 1908.
Ch. H. Lees u. **Chorlton**, Phil. Mag. (5) **41**, 495; 1896.
L. Lorenz, Vidensk. Selsk. Skriften, nat. og math. Afd., Kopenhagen (6) II, 37; 1881/86. Wied. Ann. **13**, 422, 582; 1881.
L. Lownds, Phil. Mag. (6) **5**, 141; 1903.
Lundquist, Upsala Universitets Arsskrift. 1869. Mon. sc. 1871, 500.
P. Macchia, Lincei Rend. (5) **16** [1], 507; 1907. Beibl. **63**, 617; 1907.
O. Mehliss, Diss. Halle; 1903. (Luft, Argon.)
L. Meitner, Wien. Ber. **115** [2a], 125; 1906.
H. Meyer, Gött. Nachr. 1888, 41. Wied. Ann. **34**, 596; 1888.
Milner u. **Chattock**, Nature **58**, 532; 1898.
A. Crichton Mitchell (1), Proc. Edinb. Soc. **13**, 592; 1884/86.
„ (2), Edinb. Trans. **33**, 535; 1888.
„ (3), Edinb. Proc. **17**, 300; 1889/90.
F. Morano, Rend. Linc. (5) **7** [2], 61, 83; 1898.
E. Müller (1), Wied. Ann. **60**, 82; 1897.
„ (2), Phys. ZS. **2**, 161; 1900.
F. Narr, Erkaltung und Wärmeleitung in Gasen, Habilitationsschr. München 1870. Pogg. Ann. **142**, 123; 1871.
Nernst, cf. **v. Ettingshausen.**
F. E. Neumann, Ann. chim. phys. (3) **66**, 183; 1862. Phil. Mag. (4) **25**, 63; 1863.
Nußelt, Forschungsarb. Ver. D. Ing. Heft 63 u. 64; 1909.
E. Oddone, Rend. Linc. (5) **6**, [1], 286; 1897.
T. Okada, K. Abe, J. Yamada, Tôkyô Sûgaku-Buturigakkwai Kizi (2) **4**, 385; 1908.
O. Paalhorn, Diss. Jena; 1894.

Denizot.

Literatur, betreffend Wärmeleitung.

(Fortsetzung.)

B. O. Peirce, Proc. Amer. Acad. **38**, 649; 1903.
B. O. Peirce u. **R. W. Willson**, Proc. Amer. Acad. **34**, 1; 1898.
F. L. Perrot, Arch. sc. phys. (4) **18**, 445; 1904.
Perry, cf. **Ayrton**.
J. Plank, Wien. akad. Anz. 1876, Nr. 17. Carl Repert. **13**, 164; 1877.
A. Rietzsch, Ann. Phys. (4) **3**, 403; 1900. (Verhältnis der äußeren u. inneren Leitfähigkeiten bei Kupfer mit P u. As.)
L. de la Rive, Mém. de la Soc. de Phys. de Genève **17**, 265; 1864. Arch. sc. phys., (n. pér.) **19**, 177; 1864. Ann. chim. phys. (4) **1**, 504; 1864.
M. Rubner, Arch. f. Hyg. **24**, 265; 1895.
Sala, Cim. (4) **4**, 81; 1896. (Äußere Leitfähigkeit von Cu u. Fe.)
W. Schaufelberger, Ann. Phys. (4) **7**, 589; 1902.
A. Schleiermacher (1), Wied. Ann. **34**, 623; 1888.
„ (2), Wied. Ann. **36**, 346; 1889.
F. A. Schulze (1), Wied. Ann. **63**, 23; 1897.
„ (2), Hab.-Schr. Marburg 1902, Ann. Phys. (4) **9**, 555; 1902.
„ (3), Verh. D. Phys. Ges. **13**, 856; 1911.
C. M. Smith u. **C. G. Knott**, Proc. Edinb. Soc. **8**, 623; 1874—75.
W. Schwarze, Ann. Phys. (4) **11**, 303, 1144; 1903. Phys. ZS. **4**, 229; 1903.
M. v. Smoluchowski, Wied. Ann. **64**, 101; 1898. Phil. Mag. (5) **46**, 192; 1898. Wien. Ber. **107** [2 a], 304; 1898.
Ch. Soret, J. de phys. (3) **2**, 241; 1893.
G. Stadler, Diss. Bern; 1889.
J. Stefan (1), Wien. Ber. **65** [2], 45; 1872. Carl Repert. **8**, 64; 1872.
„ (2), Wien. Ber. **72** [2], 69; 1875. Chem. Centralbl. 1875, 529.
„ (3), Wien. Ber. **74** [2], 438; 1876. Dingl. J. **226**, 110; 1877. Carl Repert. **13**, 290; 1877.
R. W. Stewart, Proc. Roy. Soc. London **53**, 151; 1893.
Straneo, Rend. Linc. (5) **6** [2], 262; 1897.
A. Tuchschmid, Diss. Zürich; 1883.
W. Voigt, Gött. Nachr. 184; 1897. Wied. Ann. **64**, 95; 1898. (Verhältnis d. Leitfähigkeiten verschiedener Glassorten.)
R. Wachsmuth, Wied. Ann. **48**, 158; 1893.
Warburg, cf. **Kundt**.
A. Wassiljewa, Phys. ZS. **5**, 737; 1904.
H. Weber, Pogg. Ann. **146**, 257; 1872. Phil. Mag. (4) **44**, 481; 1872.
H. F. Weber (1), Wolf, Zürch. Vierteljahrsschr. **24**, 252, 355; 1879. Wied. Ann. **10**, 103, 304, 472; 1880. Carl Repert. **16**, 389; 1880.
„ (2), Berliner Monatsber. 1880, 457.
„ (3), Berliner Ber. 1885, 809. Exner Repert. **22**, 116; 1886.
„ (4), Meteorol. ZS. **28**, 79; 1911.
R. Weber (1), Diss. Zürich; 1878. Wolf, Zürch. Vierteljahrsschr. **23**, 209; 1878.
„ (2), Arch. sc. phys. (3) **33**, 590; 1895.
„ (3), Verh. Schweiz. Naturf. Ges. Genf 50; 1902. Ann. Phys. (4) **11**, 1047; 1903.
G. Wiedemann, Pogg. Ann. **108**, 393; 1859. Ann. chim. phys. (3) **58**, 126; 1860. Phil. Mag. (4) **19**, 243; 1860.
G. Wiedemann u. **R. Franz**, Pogg. Ann. **89**, 497; 1853. Lieb. Ann. **88**, 191; 1853. Ann. chim. phys. (3) **41**, 107; 1854. Phil. Mag. (4) **7**, 33; 1854.
A. Winkelmann (1), Pogg. Ann. **153**, 481; 1874.
„ (2), Pogg. Ann. **156**, 497; 1875.
„ (3), Wied. Ann. **29**, 68; 1886.
„ (4), Wied. Ann. **44**, 177; 429; 1891.
„ (5), Wied. Ann. **48**, 180; 1893.
„ (6), Wied. Ann. **67**, 160; 1899. (Leitfähigkeit von Gläsern aus deren Zusammensetzung.)
A. Wüllner, Wied. Ann. **4**, 321; 1878.

Denizot.

Spezifische Wärme der chemischen Elemente mit Ausschluß der Gase.

Lit. Tab. 177, S. 777.

Substanz	Temperatur	Spez. Wärme	Beobachter
	°	0,	
Aluminium . .	-182 bis 15	1677	Tilden (2)
	15 „ 185	2189	„
	15 „ 435	2356	„
	-240,6	00922	Nernst
	-190,0	08892	u.
	-184,7	09668	Lindemann
(98,74 Al;	-190 „ 17	1696	Schimpff
0,25 Fe; 0,42 Si;	-79 „ 17	1976	„
0,23 Cu)	17 „ 100	2173	„
	-75	19491	Bontschew
	0	20890	„
	100	22261	„
	625	30772	„
	20 bis 508	24672	Glaser
flüssig . .	bis 674	39137	„
Antimon . . .	-190 „ 17	04502	Schimpff
	-79 „ 17	04825	„
	17 „ 100	0503	„
	-75 „ -20	0499	Pebal u. Jahn
	-20 „ 0	0486	„
	0 „ 33	0495	„
	-70 „ 22	0497	John
	22 „ 600	0516	„
	15	04890	Naccari (1)
	100	05031	„
	200	05198	„
	300	05366	„
Arsen	-188 bis 20	0705	Richards u. Jacks.
kryst. . .	21 „ 68	0830	Bettendorf u.
„ amorph. .	21 „ 65	0758	Wüllner
Baryum . . .	-185 „ 20	068	Nordmeyer u. B.
Beryllium . . .	45 „ 50	4453	Humpidge
	0 „ 100	4246	Nilson u.
	0 „ 300	5060	Pettersson (2)
Blei	-250,0	01429	Nernst u.
	-182,8	02757	Lindemann
	-190 „ 17	02856	Schimpff
	-79 „ 17	02919	„
	17 „ 100	03100	„
gegossen, rein	18	03083	Jaeger u.
	100	03155	Diesselhorst
	15	02993	Naccari (1)
	100	03108	„
	300	03380	„
	18 bis 198	03171	Glaser
flüssig . . .	„ 380	04706	„
Bor, amorph. . .	-191 „ -78	0707	Koref
	-76 „ 0	1677	„

Substanz	Temperatur	Spez. Wärme	Beobachter
	°	0,	
Bor (Forts.), rein	0 bis 100	3066	Moissan und
	100 „ 192	3776	Gautier
	192 „ 234	4333	
„ kryst. . .	0 „ 100	2518	Mixter u. Dana
„ kryst., etwas	-39,6	1915	H. F. Weber (1)
Al enth. .	26,6	2382	„
	76,7	2737	„
	125,8	3069	„
	233,2	3663	„
Brom, fest . . .	-191 bis -81	0705	Koref
„ flüssig . .	13 „ 45	1071	Andrews
Cadmium gegoss.	-186 „ -79	0498	Behn (2)
(Spuren v. Fe u. Zn)	-79 „ 18	0537	„
„ rein . .	18 „ 99	0549	Voigt
„ gegoss., rein	18	05496	Jaeger u.
	100	0564	Diesselhorst
	21	0551	Naccari (1)
	100	0570	„
	300	0617	„
Caesium . . .	0 bis 26	04817	Eckardt u. Gr.
Calcium . . .	-192 „ 20	1566	Nordmeyer
	0 „ 20	1453	Bernini (2)
	0 „ 100	149	„
	0 „ 157	1521	„
	0 „ 100	1704	Bunsen (1)
Cerium	0 „ 100	04479	Hillebrand
Chlor, fest . .	-192 „ -108	1446	Estreicher u.
„ flüssig . .	-80 „ 15	2230	Staniewski
	0 „ 24	2262	Knietsch
Chrom	-188 „ 20	0794	Richards u. J.
	-185 „ 20	0860	Nordmeyer u. B.
	0	10394	„
	100	11211	„
	200	11758	„
	300	12360	„
	400	13343	„
	500	15030	„
	0 bis 100	1208	Mache
Didym	0 „ 100	04563	Hillebrand
Eisen (Flußeisen	-186 „ 18	0853	Behn (1)
ca. 1/2 % C)	18 „ 100	113	„
(0,1 % C; 0,2 Si;	18	1054	Jaeger u.
0,1 Mn; P; S; Cu)	100	1185	Diesselhorst
Kruppsches Fluß-	250	1221	Oberhofer
eisen	0 bis 200	1175	Harker
(0,06 % C; 0,005 Si;	500	1366	„
0,05 Mn; 0,005 P;	850	1699	„
0,019 S)	1000	1678	„

Spezifische Wärme der chemischen Elemente mit Ausschluß der Gase.

(Fortsetzung.)

Lit. Tab. 177, S. 777.

Substanz	Temperatur	Spez. Wärme	Beobachter
	0	0,	
Eisen (Forts.) (0,01 % C; 0,02 Si; 0,03 S; 0,04 P; Sp. Mn)	**0** bis **500**	1338	Harker
	0 „ **750**	1537	„
	0 „ **850**	1647	„
	0 „ **900**	1644	„
	0 „ **1050**	1512	„
	0 „ **1100**	1534	„
Eisen, angelassen	**20** „ **100**	1146	Hill
„ hart gezogen	**20** „ **100**	1162	„
Stahl, angelassen	**20** „ **100**	1178	„
„ abgelöscht	**20** „ **100**	1188	„
1,25 % C; 0,46 Si; 0,62 Mn	**10** „ **13**	1225	Brown
1,54 % C; 18,50 Mn	**10** „ **13**	1250	„
0,7 % C; 0,82 Mn; 31,40 Ni	**10** „ **13**	1209	„
0,76 % C; 0,28 Mn; 11,5 W	**10** „ **13**	1041	„
0,26 % C; 5,50 Si	**10** „ **13**	1194	„
1,09 % C; 9,50 Cr	**10** „ **13**	1206	„
0,04 % C; 0,16 Mn; 1,00 Al; 3,75 Cu	**10** „ **13**	1173	„
0,52 % C; 0,8 Mn; 0,8 Si; 7,0 Co	**10** „ **13**	1157	„
0,6 % C; 25,0 Ni; 5,04 Mn	**10** „ **13**	1186	„
Gallium, fest	**12** „ **23**	079	Berthelot (3)
„ flüssig	bis **119**	0802	„
Germanium	**0** bis **100**	0737	Nilson und Pettersson (3)
	0 „ **211**	0773	(Nilson und Pettersson (3))
	0 „ **301,5**	0768	„
	0 „ **440**	0757	„
Gold	**–188** „ **20**	0297	Richards u. Jcks.
„ rein	**18**	03103	Jaeger u. Diesselhorst
	100	03114	(Jaeger u. Diesselhorst)
„ „	**0** bis **100**	0316	Violle (3)
Indium	**0** „ **100**	05695	Bunsen (1)
Iridium, rein	**–186** „ **18**	0282	Behn (1)
	18 „ **100**	0323	„
	0 „ **100**	0323	Violle (3)
	0 „ **1400**	0401	„
Jod	**–189** bis **–6**	04669	Nernst, Koref u. Lindemann
	–76 „ **–0,5**	0516	(Nernst, Koref u. Lindemann)
	1,8 „ **47**	0524	(Nernst, Koref u. Lindemann)

Substanz	Temperatur	Spez. Wärme	Beobachter
	0	0,	
Kalium	**–191** bis **–80**	1568	Koref
	–78 „ **0**	1666	„
	0 „ **22**	1876	Bernini (1)
	22 „ **56**	19215	„
	100 „ **157**	2245	„
Kobalt	**–188** „ **20**	0828	Richards u. Jcks.
	500	14516	Pionchon (1)
	800	18456	„
	1000	204	„
	–182 bis **15**	0822	Tilden (2)
	15 „ **100**	1030	„
	15 „ **350**	1087	„
	15 „ **630**	1234	„
Kohlenstoff (Gaskohle)	**24** „ **68**	2040	Bettendorff u. Wüllner
„ franz.	**20** „ **1040**	3145	Dewar (1)
Holzkohle (porös, gereinigt)	**0** „ **24**	1653	H. F. Weber (1)
	0 „ **99**	1935	„
	0 „ **224**	2385	„
Buchenkohle, pulverisiert	**435**	243	Kunz
	932	358	„
	1297	381	„
Graphit	**–252** bis **–188**	0133	Dewar (2)
	–188 „ **–78**	0599	„
	–78 „ **18**	1341	„
Graphit, Acheson	**–244**	005	Nernst (4)
	–186	027	„
Graphit v. Ceylon (0,38 % Asche)	**–50,3**	1138	H. F. Weber (1)
	10,8	1604	„
	138,5	2542	„
	249,3	3250	„
	641,9	4450	„
	977,0	4670	„
Graphit	**19** bis **1040**	310	Dewar (1)
	0 „ **2000**	475	Violle (4)
	0 „ **3000**	535	„
Diamant	**–252** „ **–188**	0043	Dewar (2)
	–188 „ **–78**	0190	„
	–78 „ **18**	0794	„
	–243	000	Nernst u. Lindemann
	–231	000	(Nernst u. Lindemann)
	–185	0025	„
	– 53	06	„
	–50,5	0635	H. F. Weber (1)
	10,7	1128	„
	85,5	1765	„
	206,1	2733	„
	606,7	4408	„
	985,0	4589	„

Börnstein u. Scheel.

Spezifische Wärme der chemischen Elemente mit Ausschluß der Gase.

(Fortsetzung.)

Lit. Tab. 177, S. 777.

Substanz	Temperatur	Spez. Wärme	Beobachter	Substanz	Temperatur	Spez. Wärme	Beobachter
	°	0,			°	0,	
Kupfer	-249,5	00346	Nernst u.	**Molybdän** . . .	-188 bis 20	0555	Richards u. Jcks.
	-185	05316	Lindemann		20 „ 100	06468	Stücker
	-188 „ 20	0789	Richards u. Jcks.		20 „ 550	07219	„
„ rein . . .	-192 bis c. 20	0798	Schmitz (1)				
	20 „ 100	0936	„	„ (mit 0,22 % Verunreinigung)	15 „ 91	0723	Defacqz u.
	2 „ 22	09155	Nernst, K. L.		15 „ 440	0740	Guichard
	15 „ 238	09510	Magnus	**Natrium**	-191 „ -83	2433	Koref
	15 „ 338	09575	„		-77 „ 0	276	„
	17	09245	Naccari (1)		-80	26521	Kleiner u. Thum
	100	09422	„		0	29305	„
	200	09634	„		0 bis 20	2970	Bernini (1)
	300	09846	„		100 „ 157	333	„
	0	0939	Jos. W. Richards	**Nickel**, rein . .	-190 „ 17	0829	Schimpff
	900	1259	„		-79 „ 17	0975	„
	0 bis 360	104	Le Verrier		17 „ 100	1092	„
	360 „ 580	125	„	„ „	21 „ 99	1084	Voigt
	580 „ 780	09	„		0 „ 20	10340	Schlett
	780 „ 1000	118	„		0 „ 105	10810	„
	26 „ 948	11064	Glaser		0 „ 309	11740	„
„ flüssig . .	„ 1084	15563	„		100	11283	Pionchon (1)
Lanthan	0 „ 100	04485	Hillebrand		300	14029	„
Lithium	-191 „ -80	521	Koref		500	12988	„
	-78 „ 0	595	„		800	1484	„
	-75 „ 19	629	„		1000	16075	„
	-80	70071	Kleiner u. Thum	**Osmium**	19 bis 98	03113	Regnault (11)
	0	7854	„	**Palladium**, rein .	-186 „ 18	0528	Behn (1)
	100	9026	„		18 „ 100	059	„
	150	9659	„		0 „ 100	0592	Violle (2)
	-50	6964	Laemmel		0 „ 1265	0714	„
	0	7951	„	**Phosphor** . . .	-188 „ 20	169	Richards u. Jcks.
	100	1,0407	„		-21 „ 7	1788	Person (2)
	190	1,3745	„	„ flüssig .	49 „ 98	2045	„
	0 bis 19	0,8366	Bernini (2)	„ rot . .	0 „ 51	1829	Wigand
	0 „ 100	1,0925	„		0 „ 134	2121	„
	0 „ 157	1,3215	„		0 „ 199	2162	„
Magnesium (0,06% Si., 0,08 Al u. Fe)	-190 „ 17	0,2046	Schimpff	**Platin**	-188 „ 20	0279	Richards u. Jcks.
	-79 „ 17	2284	„	„ gegossen, rein	18	03203	Jaeger u.
	17 „ 100	2475	„		100	03322	Diesselhorst
	20 „ 100	24922	Stücker		17 bis 92	03165	Gaede
	20 „ 350	28081	„	„ Spuren Ir . .	0 „ 10	03073	Schlett
	20 „ 650	32996	„		0 „ 100	03200	„
Mangan	-180 „ 20	0931	Richards u. Jcks.		0 „ 300	03277	„
	-100	0979	Laemmel		0 „ 100	0323	Violle (1)
	0	1072	„		0 „ 784	0365	„
	300	1309	„		0 „ 1000	0377	„
	500	1652	„		0 „ 1177	0388	„
	20 bis 100	12109	Stücker		100	0275	Tilden (2)
	20 „ 350	14756	„		500	0344	„
	20 „ 550	16729	„		1000	0409	„
					1200	0432	„
					1500	0461	„

Spezifische Wärme der chemischen Elemente mit Ausschluß der Gase.

Lit. Tab. 177, S. 777.

Substanz	Temperatur	Spez. Wärme	Beobachter
	°	0,	
Quecksilber, fest .	-78 bis -40	03192	Regnault (6)
	-77 „ -42	0329	Koref
„ flüssig	-36 „ -3	0334	„
(s. auch Tab. 172)	-21	0335	Russell
Rhodium, Spuren Ir enthaltend .	10 bis 97	05803	Regnault (11)
Rubidium . . .	20 „ 35	07923	Deuß
Ruthenium . . .	0 bis 100	0611	Bunsen (1)
Schwefel, rhombisch	-250	0300	Nernst (4)
	-190	0835	„
	- 71	1520	„
	-77 bis 50	1537	Koref
	0 „ 32	1719	Wigand
	0 „ 95	1751	„
„ monoklin . .	-190	0826	Nernst (4)
	-182	0920	„
	- 72	1498	„
	-76 bis 0	1612	Koref
	0 „ 33	1774	Wigand
	0 „ 52	1809	„
„ zähflüssig . .	160 „ 201	279	Dussy
	201 „ 232,8	331	„
	232,8 „ 264	324	„
Selen	-188 „ 18	068	Dewar (2)
„ kryst. . .	22 „ 62	08401	Bettendorff u. Wüllner
„ amorph . .	18 „ 38	09533	
	21 „ 57	11255	
Silber, rein . . .	-186 „ -79	0496	Behn (2)
	-79 „ 18	0544	„
	-238,0	01465	Nernst u. Lindemann
	-196,0	03775	
	0	0556	Nernst (1)
	-78 bis 15	0550	Tilden (2)
	15 „ 350	0576	„
	200	0528	„
	700	0590	„
	0 bis 260	0565	Le Verrier
	260 „ 660	075	„
	660 „ 900	066	„
	800	076	Pionchon (1)
„ flüssig . . .	907 bis 1100	0748	„
Silicium	-188 „ 20	118	Rich. u. Jacks.
„ grau, mikrokryst.	0 „ 99	171	Wigand
„ kryst.	-135	0861	Russell
	24	1712	„
„	128,7	1964	H. F. Weber
	232,4	2029	„
„ amorph . . .	-135	0913	Russell
	27	1796	„
Tantal, rein, Band	-185 bis 20	0326	Nordmeyer u. B.
Tellur	-182 „ 15	0469	Tilden (3)
	- 15 „ 100	0483	„
	- 15 „ 200	0487	„
	- 15 „ 380	0500	„

Substanz	Temperatur	Spez. Wärme	Beobachter
	°	0,	
Thallium, rein . .	-136	0288	Russell
	-37	0304	„
fast rein . . .	20 bis 100	0326	Schmitz (1)
Thorium	0 „ 100	02757	Nilson
Titan, kryst. Pulver	-185 „ 20	0824	Nordmeyer u. B
	0 „ 100	1125	Nilson und Pettersson (3)
	0 „ 211	1288	
	0 „ 440	1620	„
Uran	11 bis 98	06190	Regnault (1)
	0 „ 98	0280	Blümcke (2)
Vanadium . . .	0 „ 100	1153	Mache
Wismut	-186	0284	Giebe
	-79	0296	„
	18	0303	„
	-190 bis 17	02752	Schimpff
	-79 „ 17	02854	„
	17 „ 100	03031	„
„ gegossen, rein	18	02916	Jaeger u. Diesselhorst
	100	03028	
„ flüssig . . .	280 bis 380	0363	Person (3)
Wolfram	-185 „ 20	0357	Nordmeyer u. B.
	20 „ 100	03380	Grodsp. u. Sm.
„ mit 0,14 % Verunrein.	15 „ 93	0340	Defacqz u. Guichard
	15 „ 258	0366	
	15 „ 423	0375	
Zink, rein . . .	-206	05323	Pollitzer
	-179	06960	„
	- 63	09636	„
„ rein . . .	-192 bis 20	0836	Schmitz (1)
	20 „ 100	0931	„
„ rein . . .	-190 „ 17	0819	Schimpff
	-79 „ 17	0886	„
	17 „ 100	0934	„
„ gegossen, rein	18	0920	Jaeger u. Diesselhorst
	100	0951	
	0 bis 110	096	Le Verrier
	110 „ 300	105	„
	300 „ 400	122	„
	21 „ 337	10173	Glaser
„ flüssig . . .	bis 459	17856	„
Zinn, rein . . .	-186 bis -79	0486	Behn (2)
	-79 „ 18	0518	„
„ rein . . .	-190 „ 17	0488	Schimpff
	-79 „ 17	0521	„
	17 „ 100	0556	„
„ rein . . .	19 „ 99	05515	Voigt
„ allotrop . .	0 „ 100	0545	Bunsen (1)
„ gegossen . .	0 „ 100	0559	„
	21 „ 109	05506	Spring (1)
	24 „ 169	05716	„
	16 „ 197	05876	„
„ flüssig. . .	bis 240	0637	„
„	250	05799	Pionchon (1)
„	1100	0758	„
Zirkonium . . .	0 bis 100	0660	Mixter u. Dana

Spezifische Wärme fester anorganischer Körper.

Lit. Tab. 171, S. 777.

Substanz	Temperatur	Spez. Wärme	Beobachter
Legierungen		0,	
Messing, 60 Cu+40 Zn (1,2% Si, 0,44 Pb)	**-186** bis **-79**	0743	Behn (3)
	-79 „ **18**	0873	„
60 Cu+40 Zn	**20** „ **100**	0917	Voigt
Messing	**-252** „ **-188**	043	Dewar (2)
	-188 „ **19,5**	099	„
Rotguß (85,7 Cu; 7,2 Zn; 6,4 Sn; 0,6 Ni) . . .	**18**	0913	Jaeger und Diesselhorst
	100	0937	
Glockenmetall, spröde	**15** bis **98**	0858	Regnault (3)
(80 Cu+20 Sn) weich	**14** „ **98**	0862	„
Bronze (88,7 Cu + 11,3 Al) . . .	**20** „ **100**	10432	Louguinine (1)
Heuslers Leg. (74 Cu +17 Mn+9 Al) angelassen	**0** „ **46**	10589	Dippel
abgeschreckt . .	**0** „ **46**	10709	„
88 Cu+12 Sn+0,94 P	**20** „ **100**	08737	Voigt
	-188 „ **18**	080	Dewar (2)
Neusilber	**0** „ **100**	09464	Tomlinson
Konstantan (60 Cu +40 Ni) . . .	**18**	0977	Jaeger und Diesselhorst
	100	1018	
Manganin (84 Cu+4 Ni+12 Mn) . .	**18**	0973	„
	100	1003	„
Nickeleisen (24% Ni; 0,36 C; 0,4 Mn)	**0** bis **18**	1086	Hill
	20 „ **100**	1180	„
unmagnetisch . .	**20** „ **270**	1243	„
dasselbe magnetisch	**0** „ **18**	1021	„
	20 „ **100**	1126	„
	20 „ **270**	1239	„
„ 70% Ni	**100**	1122	Dumas
Manganeisen (48 Mn +29,5 Fe+21,9 Si +0,6 C) . . .	**-185** bis **20**	1066	Nordmey. u. B
Roses Legierung . .	**19** „ **74**	06082	Regnault (1)
„ (27,5 Pb+48,9 Bi+23,6 Sn) .	**-77** „ **20**	0356	Schütz
	20 „ **89**	0552	„
„ (24,0 Pb+48,7 Bi +27,3 Sn) . .	**5** „ **65**	0375	Mazzotto
„ (24,1 Pb+48,4 Bi +27,5 Sn) flüssig	**119** „ **338**	04217	Person (3)
D'Arcets Legierung			
„ (27,6 Pb+49,2 Bi+21,2 Sn) .	**-68** „ **20**	0348	Schüz
	20 „ **86**	0584	„
„ (32,5 Pb+49,0 Bi+18,5 Sn) .	**12** „ **50**	049	Person (1)
	14 „ **80**	060	„
flüssig	**107** „ **136**	047	„
	136 „ **300**	036	„
„ (32,4 Pb+49,2 Bi +18,4 Sn) . .	**5** „ **65**	0372	Mazzotto
„ flüssig	**120** „ **150**	0399	„

Substanz	Temperatur	Spez. Wärme	Beobachter
		0,	
Lipowitz Legierung (24,97 Pb + 10,13 Cd + 50,66 Bi + 12,24 Sn) . . .	**5** bis **50**	0345	Mazzotto
desgl. flüssig . .	**100** „ **150**	0426	„
Woods Leg. (25,85 Pb + 6,99 Cd+52,43 Bi+14,73 Sn) . .	**5** „ **50**	0352	„
desgl. flüssig . .	**100** „ **150**	0426	„
31,8 Pb+32,0 Bi +36,2 Sn . .	**18** „ **52**	0423	Person (3)
	11 „ **98**	04476	Regnault (2)
desgl. flüssig . .	**143** „ **330**	046	Person (1)
50 Pb+50 Bi . .	**0** „ **100**	03252	Richter
39,9 Pb+60,1 Bi .	**16** „ **99**	03165	Person (3)
desgl. flüssig . .	**144** „ **358**	03500	„
63,7 Pb+36,3 Sn .	**-178** „ **-79**	0360	Behn (2)
	-79 „ **18**	0389	„
	12 „ **99**	04073	Regnault (2)
56,9 Bi+43,1 Sn .	**17** „ **99**	0450	Person (3)
desgl. flüssig . .	**146** „ **275**	0454	„
44 Bi+56 Sn (eutekt.)	**26** „ **79**	04202	Levi
43 Pb+57 Bi (eutekt.)	**15** „ **99**	03127	„
32,2 Cd+67,8 Sn .	**-77** „ **20**	05537	Schüz
	20 „ **100**	05601	„
26,7 V + 1,7 Si + 71,6 Fe	**15** „ **100**	1185	Matignon u. Monnet
67,9 V+32,1 Al .	**15** „ **100**	1565	
55 Fe+45 Sb . .	**0** „ **100**	0869	Laborde
60 Al+40 Cu . .	**20** „ **100**	1676	Schmitz (2)
$CuMg_2$ (56,6 Cu + 43,4 Mg) . . .	**17** „ **100**	1574	Schimpff
Cu_3Sb (48 Cu+52 Sb)	**17** „ **100**	0795	„
Ag_3Al (92,3 Ag+7,7 Al)	**15** „ **100**	0696	Tilden (3)
Ag_2Te (62,8 Ag +37,2 Te) . . .	**15** „ **100**	0672	„
AgMg (81,6 Ag +18,4 Mg) . . .	**17** „ **100**	0884	Schimpff
$MgZn_2$ (15,7 Mg +84,3 Zn) . . .	**17** „ **100**	1156	„
Mg_2Si (63,2 Mg +36,8 Si) . . .	**17** „ **100**	2190	„
Mg_3Sb_2 (23,3 Mg +76,7 Sb) . . .	**17** „ **100**	0946	„
94 Al+6 Bi . .	**20** „ **100**	2125	Schmitz (2)
60 Al+40 Zn . .	**20** „ **100**	170	„
ZnSb (35 Zn+65 Sb)	**17** „ **100**	0668	Schimpff
CoSb (33 Co+67 Sb)	**17** „ **100**	0677	„
Co_2Sn (49,8 Co +50,2 Sn) . . .	**17** „ **100**	0802	„
NiSi (67,4 Ni+32,6 Si)	**17** „ **100**	1275	„
NiTe (31,5 Ni +68,5 Te) . . .	**15** „ **100**	0670	Tilden (3)
Ni_3Sn (59,7 Ni +40,3 Sn) . . .	**17** „ **100**	0817	Schimpff
$SnTe_2$ (31,8 Sn +68,2 Te) . . .	**15** „ **100**	0494	Tilden (3)

Spezifische Wärme fester anorganischer Körper.

(Fortsetzung.)

Lit. Tab. 171, S. 777.

Abkürzungen: k = krystallisiert, gs = geschmolzen, gl = geglüht.

Substanz	Temperatur	Spez. Wärme	Beobachter
Amalgame	°	0,	
50,8Pb+49,2Hg	**-27** bis **15**	03458	Schüz
	23 „ **99**	03826	Regnault (2)
67,4Pb+32,6Hg	**-26** „ **15**	03348	Schüz
78,3Pb+21,7Hg	**-34** „ **15**	03050	„
22,8Sn+77,2Hg	**-23** „ **15**	03940	„
37,1Sn+62,9Hg	**-25** „ **15**	04218	„
	22 „ **99**	07294	Regnault (2)
54,1Sn+45,9Hg	**25** „ **99**	06591	Schüz
74,7Sn+25,3Hg	**-16** „ **15**	05039	„
19,7Zn+80,3Hg	**-22** „ **15**	05418	„
24,6Zn+75,4Hg	**-27** „ **15**	05528	„
39,5Zn+60,5Hg	**-32** „ **15**	06705	„
c. 3Na+97Hg	**-22** „ **15**	05392	„
c. 10Na+90Hg	**-21** „ **15**	03803	„
9,6K+90,4Hg	**-22** „ **15**	04496	„
Oxyde.			
Aluminiumoxyd Al_2O_3	**-136**	0789	Russell
	26	2003	„
Sapphir	**8** bis **97**	2173	Regnault (2)
Korund	**9** „ **98**	1976	„
Sb_2O_3 gs	**18** „ **100**	0927	Neumann
Arsenige Säure As_4O_6	**-137**	0643	Russell
	22	1204	„
Beryllerde Be_2O_3	**0** bis **100**	2471	Nilson und Pettersson (1)
Chrysoberyll Al_3BeO_6	**0** „ **100**	2004	Nilson und Pettersson (1)
Bleioxyd PbO	**-136**	0348	Russell
	23	0519	„
Bleisuperoxyd PbO_2	**-134**	0398	„
	24	0648	„
B_2O_3 gs	**16** bis **98**	2374	Regnault (2)
Cerdioxyd CeO_2	**-135**	0494	Russell
	26	0918	„
Chromoxyd Cr_2O_3	**-136**	0711	„
	26	1805	„
Fe_3O_4	**24** bis **99**	1678	Regnault (2)
Eisenoxyd Fe_2O_3	**-136**	0726	Russell
	24	1600	„
Erbin Er_2O_3	**0** bis **100**	0650	Nilson u. P. (1)
Ga_2O_3	**0** „ **100**	1062	„
GeO_2	**0** „ **100**	1291	„ (3)
In_2O_3	**0** „ **100**	0807	„ (1)
La_2O_3	**0** „ **100**	0749	„
Kupferoxyd CuO	**-136**	0703	Russell
	22	1306	
CuO	**17** bis **100**	1342	Magnus
	17 „ **537**	1537	„
Cu_2O	**17** „ **100**	1146	„
	17 „ **541**	1242	„

Substanz	Temperatur	Spez. Wärme	Beobachter
	°	0,	
Magnesiumoxyd MgO	**-135**	1006	Russell
	25	2385	„
Brucit $MgO+H_2O$	**19** bis **50**	312	Kopp (2)
Mangandioxyd MnO_2	**-133**	0978	Russell
	25	1642	„
Braunit Mn_2O_3	**15** bis **99**	1620	Oeberg
Manganit $Mn_2O_3+H_2O$	**20** „ **52**	176	Kopp (2)
Pyrolusit MnO_2	**17** „ **48**	159	„
NaOH	**0** „ **98**	78	Blümcke (4)
Nb_2O_5	**0** „ **210**	1184	Krüss u. Nilson
	0 „ **440**	1349	„
Quecksilberoxyd HgO (rot)	**-136**	0355	Russell
	23	0502	„
Skandiumoxyd Sc_2O_3	**-136**	0851	„
	23	1824	„
Quarz SiO_2	**0**	1754	R. Weber
„ klar	**12** bis **100**	1881	Joly (1)
„ weiß, opalis.	**12** „ **100**	2375	„
	20 „ **100**	190	Bartoli (2)
	20 „ **312**	241	„
	20 „ **530**	316	„
	0	1737	Pionchon (2)
	350	2786	„
	400 bis **1200**	305	„
„ gs	**-100**	12833	Stierlin
	0	16785	„
	100	19922	„
	500	26398	„
	1000	28627	„
Chalcedon	**139**	1930	Laschtschenko
Opal	**21** bis **52**	185	Kopp (2)
Hyalith	**19** „ **47**	1755	„
Thoriumoxyd ThO_2	**-122**	0338	Russell
	25	0608	„
TiO_2	**0** bis **100**	1785	Nilson u. P. (3)
	0 „ **211**	1791	„
	0 „ **440**	1919	„
Rutil	**14** „ **98**	1703	Regnault (2)
Uranoxyd U_3O_8	**-134**	0429	Russell
	22	0710	„
Bi_2O_3 gl	**12** bis **97**	0609	Regnault (2)
Wolframtrioxyd WO_3	**-135**	0442	Russell
	25	0783	„
Ytterbin Yb_2O_3	**0** bis **100**	0646	Nilson u. P. (1)
Yttererde Y_2O_3	**0** „ **100**	1026	„
ZnO, gl	**17** „ **98**	1248	Regnault (2)
Zinnstein SnO_2	**17** „ **47**	0894	Kopp (2)
	16 „ **98**	0933	Regnault (2)
Zirkonerde ZrO_2	**0** „ **100**	1076	Nilson u. P. (1)
Mellit $C_{12}Al_2O_{12}+18H_2O$	**26** „ **79**	3321	Bartoli u. Str. (2)

Spezifische Wärme fester anorganischer Körper.

(Fortsetzung.)

Lit. Tab. 171, S. 777.

Abkürzungen: k = krystallisiert, gs = geschmolzen, gl = geglüht.

Substanz	Temperatur °	Spez. Wärme 0,	Beobachter
Sulfide. Arsenide. Selenide.			
Antimontrisulfid	**–136**	0627	Russell
Sb_2S_3	**25**	0850	„
Bleiglanz PbS, gs	**15** bis **100**	0529	Streintz
„ k	**15** „ **100**	0557	„
„ amorph	**15** „ **100**	117	„
Cadmiumsulfid CdS	**–135**	0600	Russell
	26	0908	„
FeS, k	**17** bis **98**	1357	Regnault (2)
Magnetkies Fe_7S_8	**0** „ **100**	1459	Lindner
Kuprisulfid CuS	**–135**	0853	Russell
	25	1243	„
Kupferglanz Cu_2S	**19** bis **52**	120	Kopp (2)
„ Umwandl.-Temp. 103°	**50**	1216	Bellati und Lussana
	190	1454	
NiS	**15** bis **100**	1248	Tilden (2)
Zinnober HgS	**–134**	0391	Russell
	24	0515	„
Ag_2S, amorph. Pulv.	**15** bis **100**	0804	Streintz
SnS, gs	**13** „ **98**	0836	Regnault (2)
Mussivgold SnS_2	**12** „ **95**	1193	„
Bi_2S_3, gs	**11** „ **99**	0600	„
Zinkblende ZnS	**0** „ **100**	1146	Lindner
Kupferkies $CuFeS_2$	**15** „ **99**	1291	Oeberg
Kobaltglanz CoS_2, $CoAs_2$	**15** „ **99**	0970	„
„ k		0991	Sella
Manganblende MnS		1392	„
Arseneisen $FeAs_2$		0864	„
Arsenkies FeAsS, k		1030	„
Speiskobalt $FeCoNiAs_6$, k		0830	„
Arsenkupfer Cu_3As		0949	„
Buntkupfererz Cu_3FeS_3		1177	„
Bournonit PbS_3CuSb, k		0730	„
Proustit Ag_3AsS_3, k		0807	„
Pyrargyrit Ag_3SbS_3, k		0757	„
Cu_2Se Umw.-Temp. 110°	**20**	1047	Bellati und Lussana
	200	1048	
Ag_2Se Umw.-Temp. 133°	**37** bis **133**	06846	
	133 „ **187**	06843	
Chloride. Jodide.			
NH_4Cl, k	**23** „ **100**	391	Neumann
Al_2Cl_6	**–22** „ **15**	188	Baud
$Al_2Cl_6+12H_2O$	**15** „ **54**	314	„
$Al_2Cl_6+12NH_3$	**–22** „ **15**	400	„

Substanz	Temperatur °	Spez. Wärme 0,	Beobachter
$AsCl_3$	**14** bis **98**	1760	Regnault (2)
$BaCl_2$, gs	**14** „ **98**	0896	„
„ $+1H_2O$, Pulv.	**0** „ c.**20**	1238	Schottky (1)
„ $+2H_2O$, „	**0** „ c.**20**	1508	„
Bleichlorid $PbCl_2$	**–166,5**	05360	Eucken (1)
	–67,5	06162	„
	0 bis **100**	0650	Lindner
	265 „ **498**	0778	Goodwin u. Kalmus
„ flüssig	**498** „ **578**	121	
$CaCl_2$, gs	**23** „ **99**	1642	Regnault (2)
$CaCl_2+6H_2O$, k	**–21** „ **2**	345	Person (4)
flüssig	**34** „ **99**	552	„
Chlorkalium KCl	**23**	1661	Russell
Cu_2Cl_2, gs	**17** bis **98**	1383	Regnault (2)
LiCl, gs	**13** „ **97**	2821	„ (8)
$MgCl_2$, gs	**24** „ **100**	1946	„ (2)
Chlornatrium NaCl	**24**	2078	Russell
Steinsalz	**0**	2146	R. Weber (2)
PCl_3	**11** bis **98**	2092	Regnault (2)
$HgCl_2$	**13** „ **98**	0689	„
Hg_2Cl_2	**–168,2**	0418	Eucken (1)
	–67,5	0544	„
	7 „ **99**	0520	Regnault (2)
RbCl, gs	**16** „ **45**	112	Kopp (2)
AgCl	**–157**	07214	Eucken (1)
	–65,5	08239	„
„ gs	**15** bis **98**	0911	Regnault (2)
	371 „ **455**	100	Goodwin u. Kalmus
„ flüssig	**455** „ **533**	129	
$SrCl_2$	**13** „ **98**	1199	Regnault (2)
Thalliumchlorid TlCl	**–134**	0469	Russell
	24	0528	„
	350 bis **427**	0580	Goodwin u. Kalmus
flüssig	**427** „ **530**	0590	
$TiCl_4$	**13** „ **99**	1881	Regnault (2)
$ZnCl_2$, gs	**21** „ **99**	1362	„
$SnCl_2$, gs	**20** „ **99**	1016	„
$SnCl_4$	**14** „ **98**	1476	„
$CuK_2Cl_4 + 2H_2O$, k	**19** „ **50**	197	Kopp (2)
PtK_2Cl_6, k	**13** „ **47**	113	„
ZnK_2Cl_4, k	**16** „ **47**	152	„
SnK_2Cl_6, k	**19** „ **50**	133	„
PbJ_2, gs	**14** „ **98**	0427	Regnault (2)
	160 „ **315**	0430	Ehrhardt
flüssig	über **375**	0645	„
KJ, gs	**20** bis **99**	0819	Regnault (2)
Cu_2J_2, gs (unsicher)	**18** „ **99**	0687	„
NaJ	**16** „ **99**	0868	„

Spezifische Wärme fester anorganischer Körper.

(Fortsetzung.)

Lit. Tab. 177, S. 777.

Abkürzungen; k = krystallisiert, gs = geschmolzen, gl geglüht.

Substanz	Temperatur	Spez. Wärme	Beobachter
Jodide (Forts.)	0	0,	
Hg_2J_2	17 bis 99	0395	Regnault (2)
Hg_2J, rot	0 „ 100	0406	Guinchant (1)
„ gelb	0 „ 247	0446	„
„ flüssig	250 „ 327	0554	„
AgJ	19 „ 100	05886	Magnus
„ gs	14 „ 142	0573	Bellati u.
PbJ_2, AgJ	10 „ 124	0476	Romanese
Bromide. Fluoride. Cyanide.			
$PbBr_2$, gs	16 bis 98	0533	Regnault (2)
	299 „ 488	0566	Goodwin u.
„ flüssig	488 „ 587	0780	Kalmus
KBr, gs	16 „ 98	1132	Regnault (2)
AgBr, gs	15 „ 98	0739	„
	316 „ 430	0755	Goodwin u.
„ flüssig	430 „ 563	0760	Kalmus
Al_2F_6	15 „ 53	2294	Baud
$Al_2F_6 + 7H_2O$	15 „ 53	342	„
Kryolith	16 „ 55	253	„
($Al_2F_6 + 6NaF$)	16 „ 99	2522	Oeberg
PbF_2	0 „ 34	07216	Schottky
Flußspat CaF_2	15 „ 99	2154	Regnault (2)
NaF	15 „ 53	2675	Baud
$Hg(CN)_2$, k	11 „ 46	100	Kopp (2)
$K_4Fe(CN)_6$, entwäss.	-190	1107	Nernst (4)
„ $+ 3H_2O$	-191	1225	„
	-74	231	„
$K_2Zn(CN)_4$, k	14 bis 46	241	Kopp (2)
Sulfate.			
$(NH_4)_2SO_4$	13 „ 45	350	„
Schwerspat	10 „ 98	1128	Regnault (2)
($BaSO_4$)	150	1137	Laschtschenko
	1050	1486	„
$PbSO_4$, k	20 bis 50	0827	Kopp (2)
„ gl	20 „ 99	0872	Regnault (2)
Anhydrit $CaSO_4$, k	0 „ 100	1753	Lindner
	0 „ 300	1908	„
	0	1802	R. Weber (2)
Gips $CaSO_4$ +	16 bis 46	259	Kopp (2)
$2H_2O$, k	0	254	R. Weber (2)
$FeSO_4 + 7H_2O$, k	9 bis 16	346	Kopp (2)
K_2SO_4, k	13 „ 45	196	„
„ gs	15 „ 98	1901	Regnault (2)
$KHSO_4$, k	19 „ 51	244	Kopp (2)
$CoSO_4 + 7H_2O$, k	15 „ 80	343	„

Substanz	Temperatur	Spez. Wärme	Beobachter
	0	0,	
$CuSO_4$	0 „ c. 20	1509	Schottky (1)
„ $+ 1H_2O$	0 „ c. 20	1761	„
„ $+ 3H_2O$	0 „ c. 20	2293	„
„ $+ 5H_2O$	0 „ c. 20	2690	„
$MgSO_4$	25 „ 100	225	Pape (1)
„ $+ 7H_2O$, k	20 „ 42	3615	Kopp (2)
$MnSO_4$	21 „ 100	182	Pape (1)
„ $+ 5H_2O$, k	17 „ 46	323	Kopp (2)
Na_2SO_4	28 „ 57	2293	Schüller (1)
„ gs	17 „ 98	2312	Regnault (2)
$NiSO_4$	15 „ 100	216	Pape (1)
$NiSO_4 + 6H_2O$, k	18 „ 52	313	Kopp (2)
Cölestin $SrSO_4$, k	18 „ 51	135	„
„ künstl., gl	21 „ 99	1428	Regnault (2)
Hg_2SO_4	0 „ 34	06237	Schottky (2)
$ZnSO_4$	22 „ 100	174	Pape (1)
$ZnSO_4 + 7H_2O$, k	15 „ 30	347	Kopp (2)
$Al_2K_2(SO_4)_4$ +	-188 „ 18	256	Dewar (2)
$24H_2O$, k	15 „ 52	349	Baud
$Cr_2K_2(SO_4)_4$ +	-188 „ 20	243	Dewar (2)
$24H_2O$, k	19 „ 51	324	Kopp (2)
Hyposulfite.			
BaS_2O_3	17 „ 100	163	Pape (2)
PbS_2O_3	15 „ 100	092	„
$K_2S_2O_3$	20 „ 100	197	„
$Na_2S_2O_3$	25 „ 100	221	„
$Na_2S_2O_3 + 5H_2O$	11 „ 44	4447	v. Trenti-
desgl. flüssig	13 „ 98	569	naglia
Nitrate.			
NH_4NO_3, k	20 „ 28	422	Winkelm. (1)
$Ba(NO_3)_2$	13 „ 98	1523	Regnault (2)
$Pb(NO_3)_2$	17 „ 100	1173	Neumann
KNO_3, gs	13 „ 98	2388	Regnault (2)
	240 „ 308	292	Goodwin u.
„ flüssig	308 „ 411	333	Kalmus
$LiNO_3$	169 „ 250	387	„
„ flüssig	250 „ 302	390	„
$NaNO_3$, gs	41 „ 98	2782	Regnault (2)
	235 „ 333	388	Goodwin u.
„ flüssig	333 „ 367	430	Kalmus
$AgNO_3$, gs	16 „ 99	1435	Regnault (2)
„ k, rhombisch	0 „ 137	1411	Guinchant (2)
„ k, rhomboedr.	0 „ 188	149	„
„ flüssig	208 „ 281	187	„
$Sr(NO_3)_2$, k	17 „ 47	181	Kopp (2)

Spezifische Wärme fester anorganischer Körper.

(Fortsetzung.)

Lit. Tab. 177, S. 777.

Abkürzungen: k = krystallisiert, gs = geschmolzen, gl = geglüht.

Substanz	Temp.	Spez. Wärme	Beobachter
	°	0,	
Borate.			
PbB_2O_4, gs	**15** bis **98**	0905	Regnault (2)
PbB_4O_7, gs	**16** „ **98**	1141	„
KBO_2	**16** „ **98**	2248	„
$K_2B_4O_7$	**18** „ **99**	2198	„
Boracit, Hexaeder (Umwandl.-Temp. 265°)	**-32**	1607	Kroeker
	50	2124	„
	100	2398	„
	200	2901	„
	270	2650	„
	300	3757	„
Boracit, Dodekaeder (Umwandl.-Temp. 265°)	**55**	2157	„
	100	2398	„
	200	2901	„
	270	2532	„
	300	4781	„
$NaBO_2$, gs	**17** bis **97**	2571	Regnault (2)
Borax $Na_2B_4O_7$, gs	**17** „ **47**	229	Kopp (2)
	16 „ **98**	2382	Regnault (2)
$Na_2B_4O_7+10H_2O$, k	**19** „ **50**	385	Kopp (2)
Phosphate.			
$Pb_2P_2O_7$, gs	**11** „ **98**	8208	Regnault (2)
$Ca(PO_3)_2$	**15** „ **98**	1992	„
Apatit, norweg.	**15** „ **99**	1903	Oeberg
$K_4P_2O_7$	**17** „ **98**	1910	Regnault (2)
KH_2PO_4, k	**17** „ **48**	208	Kopp (2)
$Na_4P_2O_7$, gs	**17** „ **98**	2283	Regnault (2)
$NaPO_3$, gl	**17** „ **44**	217	Kopp (2)
$Na_2HPO_4+7H_2O$	**2** „ **34**	323	Nernst, K. u. L.
„ $+12H_2O$	**2** „ **34**	3723	„
$Na_2HPO_4+12H_2O$	**-20** „ **2**	454	Person (1)
flüssig	**44** „ **97**	758	„
Carbonate.			
$BaCO_3$, natürl.	**11** „ **99**	1104	Regnault (2)
„ Witherit	**250**	1158	Laschtschenko
Weißbleierz $PbCO_3$	**16** bis **47**	0971	Kopp (2)
Kalkspat $CaCO_3$	**0** „ **100**	2005	Lindner
	0 „ **200**	2093	„
	0 „ **300**	2204	„
Aragonit	**16** „ **45**	203	Kopp (2)
	0 „ **100**	2065	Lindner
	0 „ **300**	2176	„
Marmor		2164	Thoulet und Lagarde
	25 „ **100**	212	Peirce und Willson
	0	2028	R. Weber (2)
Carbonate. (Forts.)			
Marmor, weiß	**0** bis **100**	206	Hecht
„	**16** „ **98**	2158	Regnault (2)
grau	**23** „ **98**	2099	„
Brauner Spateisenstein, $FeCO_3$	**9** „ **98**	1934	„
K_2CO_3, gs	**23** „ **99**	2162	„
Malachit $Cu_2CO_3+H_2O$	**15** „ **99**	1763	Oeberg
Na_2CO_3, gs	**16** „ **98**	2728	Regnault (2)
Rb_2CO_3, gs	**18** „ **47**	123	Kopp (2)
$SrCO_3$	**8** „ **98**	1475	Regnault (2)
Zinkspat $ZnCO_3$	**0** „ **100**	1507	Lindner
	0 „ **200**	1608	„
	0 „ **300**	1706	„
Bitterspat $CaMg(CO_3)_2$	**18** „ **47**	206	Kopp (2)
Chromate.			
$PbCrO_4$, gs	**19** „ **50**	0900	Kopp (2)
K_2CrO_4, gl	**17** „ **98**	1850	Regnault (2)
$K_2Cr_2O_7$	**16** „ **98**	1894	„
	329 „ **397**	231	Goodwin u. Kalmus
„ flüssig	**397** „ **484**	335	
Chlorate.			
$Ba(ClO_3)_2+H_2O$, k	**16** „ **47**	157	Kopp (2)
$KClO_3$, gs	**16** „ **98**	2096	Regnault (2)
	184 „ **255**	320	Goodwin u. Kalmus
„ flüssig	**255** „ **299**	325	
$KClO_4$	**14** „ **45**	190	Kopp (2)
Arsenate.			
$Pb_3(AsO_4)_2$ gs	**13** „ **97**	0728	Regnault (2)
$KAsO_3$, gs	**17** „ **99**	1563	„
KH_2AsO_4, k	**16** „ **46**	175	Kopp (2)
Silikate.			
Adular, amorph	**20** „ **100**	1895	Schulz
„ k	**20** „ **100**	1855	„
Andalusit	**0** „ **100**	1684	Lindner
Asbest	**20** „ **98**	1947	Ulrich
Augit	**20** „ **98**	1931	„
$CaSiO_3$	**0** „ **100**	1833	White
$MgCa(SiO_3)_2$	**0** „ **100**	1920	„
Beryll	**15** „ **99**	1979	Oeberg
durchsch.	**12** „ **100**	2066	Joly (1)
halbdurchsch.	**12** „ **100**	2127	„
Chlorit	**20** „ **98**	2046	Ulrich

Börnstein u. Scheel.

Spezifische Wärme fester anorganischer Körper.

(Fortsetzung.)

Lit. Tab. 177, S. 777.

Abkürzungen: k = krystallisiert, gs = geschmolzen, gl = geglüht.

Substanz	Temperatur	Spez. Wärme	Beobachter
Silikate (Forts.)	0	0,	
Granat(Pyrop),böhm.	**16** bis **100**	1758	Oeberg
gelb	**15** „ **99**	1772	„
Hornblende	**20** „ **98**	1952	Ulrich
Hypersthen	**20** „ **98**	1914	„
Kaliglimmer	**20** „ **98**	2080	„
Labradorit	**20** „ **98**	1949	„
Magnesiaglimmer	**20** „ **98**	2061	„
Natronglimmer	**20** „ **98**	2085	„
Oligoklas	**20** „ **98**	2048	„
Orthoklas	**15** „ **99**	1877	Oeberg
Serpentin	**0** „ **100**	251	Hecht
edel	**16** „ **98**	2586	Oeberg
mit Granaten	**0** „ **100**	257	Hecht
Spodumen, amorph.	**20** „ **100**	2176	Schulz
„ k	**20** „ **100**	2161	„
Talk	**20** „ **98**	2092	Ulrich
Topas	**0** „ **100**	2097	Lindner
farblos, durchsicht.	**12** „ **100**	1997	Joly (1)
Wollastonit	**19** „ **51**	178	Kopp (2)
Zirkon	**21** „ **51**	132	„
Sonstige Mineralien u. a.			
Basalt	**0** „ **100**	205	Hecht
„ von Giarratana (Prov. Syracus)	**20** „ **100**	204	Bartoli (2)
	20 „ **586**	247	„
	20 „ **767**	260	„
„	**20** „ **470**	199	Roberts-Austen u. Rücker
	470 „ **750**	243	
	750 „ **880**	626	
	880 „ **1190**	323	
Granit von Aberdeen	**12** „ **100**	1892	Joly (1)
„ „ Wexford	**12** „ **100**	1940	„
„ „ Killiney	**12** „ **100**	1927	„
„	**20** „ **100**	203	Bartoli (2)
Gneiß	**17** „ **99**	1961	R. Weber (1)
Pyrrotit	**14** „ **95**	1539	Abt
Hämatit	**16** „ **95**	1742	„
Wolframit	**0** „ **100**	0976	Lindner
	0 „ **200**	0984	„
	0 „ **309**	0995	„
Dolomit	**20** „ **98**	2218	Ulrich
Bimsstein		24	Herschel, L. u. D.
	0	0,	
Sandstein		22	Herschel, L. u. D.
„	**0** bis **100**	174	Hecht
„ glimmerhaltig	**0** „ **100**	240	„
Kalkstein	**15** „ **100**	2166	Morano
Tuffstein	**19** „ **100**	3308	„
Lava vom Ätna, prähistorisch	**24** „ **100**	199	Bartoli (1)
desgl. von 1669	**23** „ **100**	201	„
desgl. von 1886	**21** „ **100**	210	„
Basaltlava v. Ätna	**23** „ **100**	201	„
	30 „ **577**	258	„
	31 „ **776**	259	„
Lava von Kilauea (Sandwich-Inseln)	**25** „ **100**	197	„
	29 „ **696**	260	„
Schlacke, kryst.	**14** „ **99**	1888	Oeberg
Emailschlacke	**15** „ **99**	1865	„
Bessemerschlacke	**14** „ **99**	1691	„
Steinkohle	**0** „ **12**	312	Hecht
Ton (Kaolin)	**20** „ **98**	2243	Ulrich
Quarzsand	**20** „ **98**	1910	„
Humus	**20** „ **98**	4431	„
Klinker-Zement, käuflich	**28** „ **40**	186	Hartl
Portland-Zement, abgebunden nach 28 Tagen	**28** „ **30**	271	„
Eis	**−252** „ **−188**	146	Dewar (2)
	−188 „ **−78**	285	„
	−78 „ **18**	463	„
Glas	**−189**	0648	Nernst (4)
	−74	142	„
	0 bis **19**	1706	Bernini (1)
	56 „ **78**	1915	„
„ Thüringer	**100** „ **157**	2464	„
Spiegelglas	**10** bis **50**	186	H. Meyer
Crownglas	**10** „ **50**	161	„
Flintglas	**10** „ **50**	117	„
Französ. hart. Thermometerglas		1869	Zouboff
Jenaer Glas S 205	**18** „ **99**	2182	Winkelmann (3)
Normales Thermometerglas 16 III	**19** „ **100**	1988	„
Gew. Flint. Gl. O 331	**18** „ **100**	1257	„
Stark bleihalt. S 163	**18** „ **100**	0817	„
Porzellan	**15** „ **912**	2582	Harker
	15 „ **958**	2563	„
	15 „ **1075**	2539	„

Spezifische Wärme c des Wassers

nach Angaben und Formeln von

Regnault (4): $c = 1 + 0{,}000\,04\,t + 0{,}000\,000\,9\,t^2$, beobachtet zwischen 17 u. 190° (Luftthermometer).

Rowland, nach der Umrechnung von **Pernet.**

Bartoli und **Stracciati** (7): $c = 1{,}006\,88 - 0{,}000\,556\,t - 0{,}000\,006\,15\,t^2 + 0{,}000\,001\,015\,t^3 - 0{,}000\,000\,013\,t^4$, beobachtet zwischen 0° und 31° (Wasserstoffthermometer).

Lüdin: $c = 1 - 0{,}000\,542\,79\,t + 0{,}000\,014\,537\,t^2 - 0{,}000\,000\,084\,86\,t^3$, beobachtet zwischen 0° und 100° (Wasserstoffthermometer).

Barnes (2): $c = 0{,}997\,33 + 0{,}000\,0035\,(37{,}5 - t)^2 + 0{,}000\,000\,10\,(37{,}5 - t)^3$, gültig zwischen 5 und 37,5° (Wasserstoffthermometer),

$c = 0{,}997\,33 + 0{,}000\,0035\,(t - 37{,}5)^2 + 0{,}000\,000\,10\,(t - 37{,}5)^3$, gültig zwischen 37,5 und 55° (Wasserstoffthermometer),

$c = 0{,}998\,50 + 0{,}000\,120\,(t - 55) + 0{,}000\,000\,25\,(t - 55)^2$, gültig zwischen 50 und 100° (Wasserstoffthermometer).

Die untenstehenden Zahlen sind aus den Angaben einer Kurve entnommen.

Callendar: Zur Berechnung des mit *) bezeichneten Wertes.

Barnes u. **Cooke** (1): Zur Berechnung der mit **) bezeichneten Werte.

Dieterici (5): $c = 0{,}99827 - 0{,}000\,103\,68\,t + 0{,}000\,002\,073\,6\,t^2$, gültig zwischen 35 und 300°.

Janke: Graphische Ausgleichung (Wasserstoffthermometer).

W. R. Bousfield u. **W. Eric Bousfield:** $c = \frac{1}{4{,}17911}(4{,}208\,5 - 0{,}003\,022\,t + 0{,}000\,078\,33\,t^2 - 0{,}000\,000\,49\,t^3)$, gültig zwischen 0 und 80°.

Andere Formel:

A. Cotty: $c = 0{,}006\,71 - 0{,}000\,6\,t + 0{,}000\,0044\,t^2 + 0{,}000\,000\,43\,t^3 - 0{,}000\,000\,003\,t^4$, bezogen auf 15° ($c_{15} = 1$). Die Werte stimmen fast vollständig mit denen von **Bartoli** u. **Stracciati** überein.

Lit. Tab. 177, S. 777.

Temperatur	**Regnault** Luftthermometer	**Lüdin** Wasserstoffthermometer	**Barnes** Wasserstoffthermometer	**Dieterici** Wasserstoffthermometer	**Bousfield** Wasserstoffthermometer	**Rowland** Wasserstoffthermometer	**Bartoli u. Stracciati** Wasserstoffthermometer	**Janke** Wasserstoffthermometer
−5			1,0155**)					
0	0,9992	1,0051	1,0091**)	1,0088	1,0070		1,0070	
+5	0,9994	1,0027	1,0050	1,0050	1,0039	1,0054	1,0041	1,0040
10	0,9997	1,0010	1,0020	1,0021	1,0016	1,0019	1,0017	1,0016
15	1,0000	1,0000	1,0000	1,0000	1,0000	1,0000	1,0000	1,0000
20	1,0004	0,9994	0,9987	0,9987	0,9991	0,9979	0,9994	0,9991
25	1,0008	0,9993	0,9978	0,9983	0,9989	0,9972	1,0000	0,9987
30	1,0012	0,9996	0,9973	0,9984	0,9990	0,9969	1,0016	0,9988
35	1,0017	1,0003	0,9971	0,9985	0,9997	0,9981		0,9991
40	1,0022	1,0013	0,9971	0,9987	1,0006			0,9997
45	1,0028	1,0024	0,9973	—	1,0018			1,0003
50	1,0034	1,0037	0,9977	0,9996	1,0031			
55	1,0041	1,0051	0,9982	—	1,0045			
60	1,0048	1,0065	0,9988	1,0008	1,0058			
65	1,0056	1,0079	0,9994	—	1,0070			
70	1,0064	1,0092	1,0001	1,0025	1,0080			
75	1,0072	1,0104	1,0007	—	1,0088			
80	1,0081	1,0113	1,0014	1,0045	1,0091			
85	1,0091	1,0119	1,0021	—				
90	1,0101	1,0121	1,0028	1,0070				
95	1,0111	1,0120	1,0034	—				
100	1,0122	1,0113	1,0043*)	1,0099				

Temp.	**Regnault**	**Dieterici**
120	1,0169	1,0170
140	1,0224	1,0257
160	1,0286	1,0361
180	1,0355	1,0482
200		1,0619
220		1,0772
240		1,0942
260		1,1129
280		1,1333
300		1,1543

Spezifische Wärme c des Quecksilbers

nach Angaben und Formeln von

Winkelmann (2): $c = 0{,}033\,36 - 0{,}000\,006\,9\,t$, beobachtet zwischen 19 und 142°, bezogen auf Luftthermometer und Wasser von Zimmertemperatur.

Naccari (2): $c = 0{,}033\,277 - 0{,}000\,005\,343\,2\,(t - 17) + 0{,}000\,000\,001\,6677\,(t - 17)^2$, beobachtet zwischen 12 u. 228°, bezogen auf Luftthermometer und Wasser von 15°.

Milthaler: $c = 0{,}033\,266 - 0{,}000\,009\,2\,t$, gültig zwischen 0° und 200°, bezogen auf Luftthermometer und Wasser von 0°.

Bartoli u. **Stracciati** (9): $c = 0{,}033\,583 - 0{,}000\,000\,333\,t - 0{,}000\,000\,125\,t^2 - 0{,}000\,000\,004\,165\,t^3$ oder $c = 0{,}033\,583 + 0{,}000\,001\,17\,t - 0{,}000\,000\,3\,t^2$, beobachtet zwischen 0 und 30°, bezogen auf Wasserstoffthermometer und Wasser von 15°.

Barnes u. **Cooke** (2): $c = 0{,}033\,458 - 0{,}000\,010\,74\,t + 0{,}000\,000\,038\,5\,t^2$, beobachtet zwischen 3 und 84°, bezogen auf Platinthermometer und Wasser von 15,5°.

Kurbatoff (1) findet die mittlere spezifische Wärme des Quecksilbers zwischen 19 u. 335° zu 0,0373.

Barnes (3): Vorläufige Veröffentlichung; die Werte stimmen nahe mit Barnes u. Cooke, ferner ergibt sich die spez. Wärme bei 161° zu 0,03292, bei 224° zu 0,03298; bei 261° zu 0,03316 (Wasserstoffthermometer).

Pollitzer findet die spez. Wärme des festen Quecksilbers bei —211° zu 0,0267, bei —183° zu 0,0285, bei —72° zu 0,0321, bei —40° zu 0,0341; des flüssigen Quecksilbers bei —30° zu 0,0354.

Der mit * bezeichnete Wert ist von **Pettersson** und **Hedelius** beobachtet.

Die unten mitgeteilten Werte sind auf eine Kalorie nahe 15° bezogen; die aus der **Milthaler**schen Formel sich ergebenden Werte sind zu diesem Zwecke mit 1,007 multipliziert. Die Werte von **Barnes** u. **Cooke** sind auf das Wasserstoffthermometer umgerechnet.

Lit. Tab. 177, S. 777.

Temperatur	**Winkelmann** Luftthermometer	**Naccari** Luftthermometer	**Milthaler** Luftthermometer	**Bartoli u. Stracciati** Wasserstoffthermometer	**Barnes u. Cooke** Wasserstoffthermometer	Temperatur	**Winkelmann** Luftthermometer	**Naccari** Luftthermometer	**Milthaler** Luftthermometer
	0,0	0,0	0,0	0,0	0,0		0,0	0,0	0,0
0	3336	3337	3350*	3358	3346	**120**	3253	3274	3239
5	3333	3334	3345	3358	3340	**125**	3250	3272	3234
10	3329	3332	3341	3356	3335	**130**	3246	3269	3229
15	3326	3329	3336	3353	3330	**135**	3243	3267	3225
20	3322	3326	3331	3349	3325	**140**	3239	3264	3220
25	3319	3324	3327	3343	3320	**145**		3262	3216
30	3315	3321	3322	3335	3316	**150**		3259	3211
35	3312	3318	3317		3312	**155**		3257	3206
40	3308	3315	3313		3308	**160**		3254	3202
45	3305	3313	3308		3304	**165**		3252	3197
50	3302	3310	3304		3300	**170**		3249	3192
55	3298	3307	3299		3297	**175**		3247	3188
60	3295	3305	3294		3294	**180**		3245	3183
65	3291	3302	3290		3291	**185**		3242	3178
70	3288	3300	3285		3289	**190**		3240	3174
75	3284	3297	3280		3286	**195**		3237	3169
80	3281	3294	3276		3284	**200**		3235	3165
85	3277	3292	3271		3282	**205**		3233	
90	3274	3289	3267			**210**		3230	
95	3270	3287	3262			**215**		3228	
100	3267	3284	3257			**220**		3226	
105	3264	3282	3253			**225**		3224	
110	3260	3279	3248			**230**		3221	
115	3257	3277	3243			**235**		3219	
120	3253	3274	3239			**240**		3217	

Börnstein u. Scheel.

Spezifische Wärme flüssiger anorganischer Verbindungen und Lösungen.

Die Zahlen für den Prozentgehalt bedeuten Gewichtsprozente der Lösung.

Lit. Tab. 177, S. 777.

Substanz	Temperatur	Spez. Wärme	Beobachter
Ammoniak	-103^{0} bis		
NH_3 fest	**−188**	0,50	Dewar (2)
flüssig	**0** bis **26**	0,878	Lüdeking u. Starr
	26 „ **46**	0,894	
	10	1,021	Elleau u. Ennis
	0	0,876	Drewes
	10	1,140	„
	20	1,190	„
	30	1,218	„
	40	1,231	„
	50	1,239	„
	60	1,240	„
	70	1,233	„
$+ 31 H_2O$ (3,0 proz.)	**18**	0,997	Thomsen
$+ 51 H_2O$ (1,8 proz.)	**18**	999	„
$+ 101 H_2O$ (0,9 proz.)	**18**	999	„
Kohlensäure			
CO_2 fest	**−78** b. **−188**	215	Dewar (2)
Kaliumhydroxyd KOH			
39,0 proz.		697	Hammerl
21,6 proz.		807	„
8,1 proz.		900	„
$+ 30 H_2O$ (9,4 proz.)	**18**	876	Thomsen
$+ 200 H_2O$ (1,5 proz.)	**18**	975	„
Natriumhydroxyd $NaOH$			
73 proz.	**0** bis **98**	96	Blümcke (4)
53 proz.	**0** „ **98**	81	„
49,5 proz.		816	Hammerl
25,6 proz.		869	„
$+ 7{,}5 H_2O$ (22,9 proz.)	**18**	847	Thomsen
$+ 50 H_2O$ (4,3 proz.)	**18**	942	„
$+ 100 H_2O$ (2,2 proz.)	**18**	983	„
Ammoniumchlorid NH_4Cl			
$+ 7{,}5 H_2O$ (28,3 proz.)	**18**	760	„
20 proz.	**18** bis **38**	800	Winkelmann
$+ 25 H_2O$ (10,6 proz.)	**20** „ **52**	8850	Marignac (2)
2,9 proz.	**3** „ **28**	9645	Winkelm. (1)
$+ 100 H_2O$ (2,9 proz.)	**20** „ **52**	9670	Marignac (2)
$+ 200 H_2O$ (1,4 proz.)	**18**	982	Thomsen
Baryumchlorid $BaCl_2$			
23,8 proz.	**0** bis **98**	754	Blümcke (1)
$+ 100 H_2O$ (10,4 proz.)	**22** „ **27**	8751	Marignac (2)
$+ 200 H_2O$ (5,5 proz.)	**22** „ **27**	9319	„
$+ 200 H_2O$ (5,5 proz.)	**18**	932	Thomsen
5,1 proz.	**0** bis **98**	951	Blümcke (1)

Substanz	Temperatur	Spez. Wärme	Beobachter
Calciumchlorid $CaCl_2$	^{0}	0,	
40,9 proz.	**23** bis **80**	636	Drecker
$+ 10 H_2O$ (38,1 proz.)	**21** „ **51**	6176	Marignac (2)
$+ 25 H_2O$ (19,8 proz.)	**21** „ **51**	7538	„
5,8 proz.	**23** „ **80**	936	Drecker
5,2 proz.		9664	Person (5)
$+ 200 H_2O$ (3,0 proz.)	**18**	957	Thomsen
$+ 200 H_2O$ (3,0 proz.)	**20** bis **51**	9552	Marignac (2)
$+ 11{,}47 H_2O$ (34,9 proz.)	**13** „ **51**	646	Teudt
$+ 11{,}47 H_2O$ (34,9 proz.)	**16** „ **87**	667	„
$+ 24{,}7 H_2O$ (19,9 proz.)	**13** „ **50**	757	„
$+ 24{,}7 H_2O$ (19,9 proz.)	**20** „ **90**	781	„
$+ 40{,}3 H_2O$ (13,2 proz.)	**15** „ **49**	813	„
$+ 40{,}3 H_2O$ (13,2 proz.)	**18** „ **89**	853	„
Eisenchlorid Fe_2Cl_6			
43,6 proz.	**0** „ **98**	670	Blümcke (1)
20,0 proz.	**0** „ **98**	813	„
Kaliumchlorid KCl			
22,7 proz.	**27** „ **56**	753	Winkelm. (1)
$+ 50 H_2O$ (7,6 proz.)	**17** „ **51**	9044	Marignac (2)
$+ 50 H_2O$ (7,6 proz.)	**18**	904	Thomsen
$+ 200 H_2O$ (2,0 proz.)	**18**	970	„
$+ 85{,}8 H_2O$ (4,6 proz.)	**16** bis **49**	949	Teudt
$+ 85{,}8 H_2O$ (4,6 proz.)	**18** „ **89**	971	„
$+ 172 H_2O$ (2,4 proz.)	**15** „ **49**	965	„
$+ 172 H_2O$ (2,4 proz.)	**18** „ **81**	1,001	„
2,4 proz.	ca. **16**	0,968	Jaquerod
4,8 proz.	„ **16**	938	„
9,6 proz.	„ **16**	882	„
19,2 proz.	„ **16**	790	„
28,8 proz.	„ **16**	720	„
Kobaltchlorid $CoCl_2$			
$+ 36{,}9 H_2O$ (16,4 proz.)	**15** bis **49**	767	Teudt
$+ 36{,}9 H_2O$ (16,4 proz.)	**18** „ **89**	787	„
$+ 74 H_2O$ (8,9 proz.)	**15** „ **49**	865	„
$+ 74 H_2O$ (8,9 proz.)	**19** „ **90**	896	„
Kupferchlorid $CuCl_2$			
$+ 10 H_2O$ (45,6 proz.)	**19** „ **51**	6241	Marignac (2)
$+ 25 H_2O$ (23,0 proz.)	**19** „ **51**	7790	„
$+ 200 H_2O$ (3,6 proz.)	**19** „ **51**	9563	„
Magnesiumchlorid $MgCl_2$			
$+ 15 H_2O$ (26,1 proz.)	**22** „ **52**	6824	„
$+ 200 H_2O$ (2,6 proz.)	**18** „ **52**	9588	„
16,8 proz.	**−1**	781	Gumlich u. Wiebe
16,8 proz.	**−8**	766	
18,2 proz.	**0**	750	
18,2 proz.	**−12**	746	
Manganchlorür $MnCl_2$			
50 proz.	**0** bis **98**	608	Blümcke (1)
30 proz.	**0** „ **98**	733	„
$+ 200 H_2O$ (3,5 proz.)	**19** „ **52**	9526	Marignac (2)

Börnstein u. Scheel.

Spezifische Wärme flüssiger anorganischer Verbindungen und Lösungen.

Die Zahlen für den Prozentgehalt bedeuten Gewichtsprozente der Lösung.

Lit. Tab. 177, S. 777.

Substanz	Temperatur	Spez. Wärme	Beobachter
Natriumchlorid NaCl	°	0,	
24,3 proz.	**18** bis **20**	7916	Winkelm. (1)
$+10H_2O$ (24,5 proz.)	**18**	791	Thomsen
12,3 proz.	**18**	8710	Winkelm. (1)
$+25H_2O$ (11,5 proz.)	**16** bis **52**	8770	Marignac (2)
12,1 proz.		8721	Person (5)
4,9 proz.	**19** „ **46**	9449	Winkelm. (1)
$+200H_2O$ (1,6 proz.)	**18**	978	Thomsen
$+14H_2O$ (18,8 proz.)	**17** bis **52**	841	Teudt
$+14H_2O$ (18,8 proz.)	**20** „ **89**	854	„
$+28H_2O$ (10,3 proz.)	**15** „ **49**	892	„
$+28H_2O$ (10,3 proz.)	**15** „ **90**	912	„
7,1 proz.		916	Demolis
22,8 proz.		786	„
14 proz.	**-10**	851	Gröber
14 proz.	**60**	870	„
26 proz.	**-10**	776	„
26 proz.	**60**	788	„
Dichte: 1,14	**-15**	764	Dickinson, Mueller und George
„ 1,14	**20**	787	
„ 1,26	**-25**	648	„
„ 1,26	**20**	676	„
Nickelchlorür $NiCl_2$			
$+25H_2O$ (22,4 proz.)	**24** bis **55**	7351	Marignac (2)
$+200H_2O$ (3,5 proz.)	**24** „ **55**	9451	„
Phosphorchlorür PCl_3	**10** „ **15**	1987	Regnault (3)
Quecksilberchlorid $HgCl_2$			
3,3 proz.	**0** „ **98**	0,961	Blümcke (1)
1,0 proz.	**0** „ **98**	1,003	„
Chlorschwefel S_2Cl_2	**10** „ **15**	0,2024	Regnault (3)
Pyrosulfurylchlorür $S_2O_5Cl_2$		258	Ogier (2)
Siliciumtetrachlorid $SiCl_4$	**10** „ **15**	1904	Regnault (3)
	20 „ **40**	1904	Kahlenberg u. Koenig
Strontiumchlorid $SrCl_2$			
$+50H_2O$ (15,0 proz.)	**19** „ **51**	8165	Marignac (2)
$+200H_2O$ (4,2 proz.)	**19** „ **51**	9424	„
Zinkchlorid $ZnCl_2$			
68,0 proz.	**0** „ **98**	437	Blümcke (1)
$+15H_2O$ (33,6 proz.)	**19** „ **51**	7042	Marignac (2)
$+200H_2O$ (3,6 proz.)	**19** „ **51**	9590	„
Zinnchlorid $SnCl_4$	**10** „ **15**	1402	Regnault (3)
Chlorsulfonsäure SO_3HCl	**15** „ **80**	282	Ogier (1)
Jodammonium NH_4J			
$+200H_2O$ (3,9 proz.)	**18**	963	Thomsen

Substanz	Temperatur	Spez. Wärme	Beobachter
Jodkalium KJ	°	0,	
$+25H_2O$ (27,0 proz.)	**20** bis **51**	7153	Marignac (2)
$+200H_2O$ (4,4 proz.)	**18**	950	Thomsen
Jodnatrium NaJ			
$+25H_2O$ (25 proz.)	**20** bis **51**	7490	Marignac (2)
$+100H_2O$ (7,7 proz.)	**20** „ **51**	9174	„
Bromammonium NH_4Br			
$+200H_2O$ (2,6 proz.)	**18**	968	Thomsen
Bromkalium KBr			
$+25H_2O$ (20,9 proz.)	**20** bis **51**	7691	Marignac (2)
$+200H_2O$ (3,2 proz.)	**18**	962	Thomsen
Bromnatrium NaBr			
$+25H_2O$ (18,6 proz.)	**20** bis **52**	8092	Marignac (2)
$+100H_2O$ (5,4 proz.)	**20** „ **52**	9388	„
Aluminiumsulfat $Al_2(SO_4)_3$			
$+75H_2O$ (25,5 proz.)	**21** „ **53**	8400	„
$+600H_2O$ (3,9 proz.)	**21** „ **53**	9722	„
Ammoniumsulfat $(NH_4)_2SO_4$			
$+15H_2O$ (32,8 proz.)	**19** „ **51**	7385	„
$+50H_2O$ (12,8 proz.)	**19** „ **51**	8789	„
$+200H_2O$ (3,5 proz.)	**19** „ **51**	9633	„
Berylliumsulfat $BeSO_4$			
$+25H_2O$ (19,0 proz.)	**21** „ **52**	8285	„
$+200H_2O$ (2,8 proz.)	**21** „ **52**	9703	„
Ferrosulfat $FeSO_4$			
$+200H_2O$ (4,1 proz.)	**18**	951	Thomsen
Kaliumsulfat K_2SO_4			
$+100H_2O$ (8,8 proz.)	**19** bis **52**	9020	Marignac (2)
$+200H_2O$ (4,6 proz.)	**19** „ **52**	9463	„
$+117,2H_2O$ (7,6proz.)	**15** „ **51**	900	Teudt
$+117,2H_2O$ (7,6proz.)	**17** „ **86**	934	„
$+235H_2O$ (4,0 proz.)	**15** „ **53**	959	„
$+235H_2O$ (4,0 proz.)	**17** „ **89**	982	„
Kupfersulfat $CuSO_4$			
$+50H_2O$ (15,0 proz.)	**12** „ **15**	848	Pagliani (1)
$+200H_2O$ (4,2 proz.)	**12** „ **14**	951	„
$+200H_2O$ (4,2 proz.)	**18** „ **53**	9516	Marignac (2)
$+400H_2O$ (2,2 proz.)	**13** „ **17**	975	Pagliani (1)
$+75,4H_2O$ (10,5proz.)	**15** „ **49**	849	Teudt
$+75,4H_2O$ (10,5proz.)	**19** „ **89**	871	„
$+150H_2O$ (5,6 proz.)	**15** „ **49**	904	„
$+150H_2O$ (5,6 proz.)	**18** „ **89**	941	„
17,6 proz.	**15**	8893	Vaillant
30,2 proz.	**15**	8094	„

Börnstein u. Scheel.

Spezifische Wärme flüssiger anorganischer Verbindungen und Lösungen.

Die Zahlen für den Prozentgehalt bedeuten Gewichtsprozente der Lösung.

Lit. Tab. 177, S. 777.

Substanz	Temp.	Spez. Wärme	Beobachter
Magnesiumsulfat			
$MgSO_4$	0	0,	
übersättigt 37,7 proz.		633	Bindel
übersättigt 30,8 proz.		697	„
+ 20 H_2O (25 proz.)	**19** bis **24**	755	Pagliani (1)
+ 50 H_2O (11,8 proz.)	**14** „ **18**	862	„
+ 50 H_2O (11,8 proz.)	**19** „ **52**	8672	Marignac (2)
+ 200 H_2O (3,2 proz.)	**19** „ **52**	9548	„
+ 200 H_2O (3,2 proz.)	**18**	952	Thomsen
+ 24,1 H_2O (21,7 proz.)	**16** bis **48**	751	Teudt
+ 24,1 H_2O (21,7 proz.)	**18** „ **90**	796	„
+ 57,8 H_2O (10,3 proz.)	**15** „ **48**	843	„
+ 57,8 H_2O (10,3 proz.)	**19** „ **89**	897	„
Mangansulfat			
$MnSO_4$			
+ 50 H_2O (14,4 proz.)	**19** „ **51**	8440	Marignac (2)
+ 200 H_2O (4,0 proz.)	**19** „ **51**	9529	„
Natriumsulfat			
Na_2SO_4			
+ 18 H_2O (30,3 proz.)	**24** „ **100**	781	Pagliani (2)
+ 40 H_2O (19,3 proz.)	**20** „ **23**	843	„ (1)
+ 65 H_2O (10,8 proz.)	**18**	892	Thomsen
+ 400 H_2O (1,9 proz.)	**12** bis **15**	977	Pagliani (1)
+ 119,6 H_2O (6,2 proz.)	**14** „ **54**	933	Teudt
+ 119,6 H_2O (6,2 proz.)	**16** „ **89**	960	„
+ 239 H_2O (3,2 proz.)	**15** „ **51**	958	„
+ 239 H_2O (3,2 proz.)	**17** „ **87**	978	„
Nickelsulfat $NiSO_4$			
+ 50 H_2O (14,7 proz.)	**25** „ **56**	8371	Marignac (2)
+ 200 H_2O (4,3 proz.)	**25** „ **56**	9510	„
Zinksulfat $ZnSO_4$			
+ 50 H_2O (15,2 proz.)	**20** „ **52**	8420	„
+ 200 H_2O (4,3 proz.)	**20** „ **52**	9523	„
+ 18,05 H_2O (33,2 proz.)	**15** „ **48**	685	Teudt
+ 18,05 H_2O (33,2 proz.)	**18** „ **90**	738	„
+ 45,1 H_2O (16,6 proz.)	**15** „ **50**	814	„
+ 45,1 H_2O (16,6 proz.)	**19** „ **90**	828	„
Ammoniakalaun			
$NH_4Al(SO_4)_2$			
übersättigt 37,4 proz.		691	Bindel
übersättigt 15,5 proz.		858	„
übersättigt 5,8 proz.		942	„
Kalialaun $KAl(SO_4)_2$			
übersättigt 39,4 proz.		714	„
übersättigt 16,6 proz.		860	„
übersättigt 6,3 proz.		943	„

Substanz	Temp.	Spez. Wärme	Beobachter
Kaliumcarbonat			
K_2CO_3	0	0,	
+ 10 H_2O (43,4 proz.)	**21** bis **52**	6248	Marignac (2)
+ 200 H_2O (3,7 proz.)	**21** „ **52**	9543	„
Natriumcarbonat			
Na_2CO_3			
+ 25 H_2O (19,1 proz.)	**21** „ **52**	8649	„
+ 200 H_2O (2,9 proz.)	**21** „ **52**	9695	„
+ 200 H_2O (2,9 proz.)	**18**	958	Thomsen
Ammoniumchromat			
$(NH_4)_2CrO_4$			
+ 25 H_2O (25,2 proz.)	**21** bis **52**	7967	Marignac (2)
+ 200 H_2O (4,1 proz.)	**22** „ **53**	9630	„
Kaliumchromat			
K_2CrO_4			
+ 50 H_2O (17,8 proz.)	**20** „ **51**	8105	„
+ 200 H_2O (5,1 proz.)	**20** „ **51**	9407	„
Natriumchromat			
Na_2CrO_4			
+ 25 H_2O (26,6 proz.)	**21** „ **52**	7810	„
+ 200 H_2O (4,3 proz.)	**21** „ **52**	9511	„
Ammoniumnitrat			
NH_4NO_3			
+ 2,5 H_2O (64 proz.)	**20** , **52**	6102	„
+ 5 H_2O (47,1 proz.)	**18**	697	Thomsen
28,6 proz.	**26** bis **37**	7227	Winkelmann (1)
+ 25 H_2O (15,1 proz.)	**20** „ **52**	8797	Marignac (2)
9,1 proz.	**21** „ **36**	9208	Winkelmann (1)
+ 50 H_2O (9,1 proz.)	**18**	929	Thomsen
2,9 proz.	**16** bis **38**	9654	Winkelmann (1)
Baryumnitrat $Ba(NO_3)_2$			
+ 200 H_2O (6,8 proz.)	**19** „ **51**	9294	Marignac (2)
Bleinitrat $Pb(NO_3)_2$			
übersättigt 47,8 proz.		569	Bindel
+ 50 H_2O (26,9 proz.)	**18** „ **51**	7500	Marignac (2)
+ 200 H_2O (8,4 proz.)	**18** „ **51**	9173	„
Calciumnitrat $Ca(NO_3)_2$			
+ 10 H_2O (47,7 proz.)	**21** „ **51**	6255	„
+ 50 H_2O (15,4 proz.)	**21** „ **51**	8463	„
+ 200 H_2O (4,4 proz.)	**21** „ **51**	9510	„
Kaliumnitrat KNO_3			
+ 25 H_2O (18,4 proz.)	**18** „ **52**	8328	„
+ 25 H_2O (18,4 proz.)	**18**	832	Thomsen
10 proz.	**27** bis **59**	8997	Winkelmann (1)
4,7 proz.		9530	Person (5)
+ 200 H_2O (2,7 proz.)	**18**	966	Thomsen
+ 28 H_2O (16,7 proz.)	**15** bis **56**	846	Teudt
+ 28 H_2O (16,7 proz.)	**17** „ **89**	868	„

Spezifische Wärme flüssiger anorganischer Verbindungen und Lösungen.

Die Zahlen für den Prozentgehalt bedeuten Gewichtsprozente der Lösung.

Lit. Tab. 177, S. 777.

Substanz	Temperatur	Spez. Wärme	Beobachter
Kupfernitrat $Cu(NO_3)_2$	°	0,	
$+ 50 H_2O$ (17,2 proz.)	**18 bis 50**	8256	Marignac (2)
$+ 200 H_2O$ (4,9 proz.)	**18 „ 50**	9475	„
Magnesiumnitrat $Mg(NO_3)_2$			
$+ 15 H_2O$ (35,5 proz.)	**21 „ 52**	6777	„
$+ 50 H_2O$ (14,2 proz.)	**17 „ 52**	8509	„
$+ 200 H_2O$ (4,0 proz.)	**17 „ 52**	9542	„
Mangannitrat $Mn(NO_3)_2$			
$+ 50 H_2O$ (15,8 proz.)	**19 „ 51**	8320	„
$+ 200 H_2O$ (4,5 proz.)	**19 „ 51**	9473	„
Natriumnitrat $NaNO_3$			
39,6 proz.		7369	Person (5)
$+ 10 H_2O$ (32,1 proz.)	**18**	769	Thomsen
$+ 25 H_2O$ (15,9 proz.)	**18 bis 52**	8702	Marignac (2)
$+ 100 H_2O$ (4,5 proz.)	**18 „ 52**	9560	„
$+ 200 H_2O$ (2,3 proz.)	**18**	975	Thomsen
$+ 5{,}35 H_2O$ (46,9 proz.)	**14 bis 55**	708	Teudt
$+ 5{,}35 H_2O$ (46,9 proz.)	**16 „ 87**	721	„
$+ 13{,}5 H_2O$ (26,2 proz.)	**15 „ 52**	826	„
$+ 13{,}5 H_2O$ (26,2 proz.)	**18 „ 90**	836	„
$+ 28 H_2O$ (14,4 proz.)	**16 „ 55**	959	„
$+ 28 H_2O$ (14,4 proz.)	**17 „ 89**	950	„
Nickelnitrat $Ni(NO_3)_2$			
$+ 25 H_2O$ (28,9 proz.)	**24 „ 55**	7171	Marignac (2)
$+ 50 H_2O$ (16,9 proz.)	**24 „ 55**	8228	„
$+ 200 H_2O$ (4,8 proz.)	**24 „ 55**	9409	„
Strontiumnitrat $Sr(NO_3)_2$			
$+ 50 H_2O$ (19,0 proz.)	**19 „ 51**	8169	„
$+ 100 H_2O$ (10,5 proz.)	**19 „ 51**	8905	„
$+ 200 H_2O$ (5,6 proz.)	**19 „ 51**	9392	„
Zinknitrat $Zn(NO_3)_2$			
$+ 10 H_2O$ (51,3 proz.)	**20 „ 52**	5906	„
$+ 25 H_2O$ (29,6 proz.)	**20 „ 52**	7176	„
$+ 50 H_2O$ (17,4 proz.)	**20 „ 52**	8234	„
$+ 200 H_2O$ (5,1 proz.)	**20 „ 52**	9461	„
Natriumkaliumnitrat $KNa(NO_3)_2$			
16,7 proz.		8588	Person (5)
4,7 proz.		9579	„
Natriumphosphat Na_2HPO_4			
$+ 100 H_2O$ (7,3 proz.)	**24 „ 55**	9345	Marignac (2)
$+ 200 H_2O$ (3,8 proz.)	**24 „ 55**	9617	„
Wasserstoffsuperoxyd			
$H_2O_2 + 30{,}6 H_2O$	**20 „ 50**	951	Spring (2)
$+ 60{,}4 H_2O$	**20 „ 50**	781	„
$+ 74{,}5 H_2O$	**20 „ 50**	714	„

Substanz	Temperatur	Spez. Wärme	Beobachter
Schweflige Säure fest	° **−103 bis −188**	0, 228	Dewar (2)
SO_2 flüss.	**−21 bis 10**	3178	Nadejdine
	−20	313	Mathias (1)
	0	317	„
	40	342	„
	120	457	„
	140	568	„
	145	845	„
	153	1,035	„
	154	1,27	„
	155	2,20	„
	155,5	2,98	„
Schwefelsäure H_2SO_4, fest (Schmelzp. 10,352°)	**−30**	0,2349	Pickering (1)
	0	2721	„
desgl. flüssig	**20**	3447	„
	50	3585	„
H_2SO_4	**16 bis 20**	3315	Marignac (1)
	20 „ 56	3363	„
H_2SO_2	**5 „ 22**	332	Cattaneo (2)
$+ 5{,}44 H_2O$ (50 proz.)	**5 „ 22**	593	„
$+ 100 H_2O$ (5,2 proz.)	**5 „ 22**	959	„
$+ 200 H_2O$ (2,2 proz.)	**16 „ 20**	9747	Marignac (2)
65 proz.	**0**	467	Schlesinger
65 proz.	**35**	.443	„
65 proz.	**70**	458	„
85 proz.	**0**	388	„
85 proz.	**70**	406	„
Salzsäure HCl			
$+ 10 H_2O$ (16,8 proz.)	**18**	749	Thomsen
$+ 25 H_2O$ (7,5 proz.)	**20 bis 24**	8787	Marignac (2)
$+ 100 H_2O$ (2,0 proz.)	**20 „ 24**	9650	„
$+ 200 H_2O$ (1,0 proz.)	**18**	979	Thomsen
Bromwasserstoff 25 proz.	**13 bis 96**	715	Tolloczko u. Meyer
Salpetersäure HNO_3			
$+ 2{,}5 H_2O$ (58,3 proz.)	**21 „ 52**	6551	Marignac (2)
$+ 25 H_2O$ (12,3 proz.)	**21 „ 52**	8752	„
$+ 100 H_2O$ (3,4 proz.)	**21 „ 52**	9618	„
$+ 100 H_2O$ (3,4 proz.)	**18**	982	Thomsen
Überchlorsäure $HClO_4$			
$+ 6{,}17 H_2O$ (47,5 proz.)	**15 bis 40**	507	Berthelot (4)
$+ 118{,}0 H_2O$ (4,5 proz.)	**15 „ 40**	993	„
Chromsäure H_2CrO_4			
$+ 10 H_2O$ (39,7 proz.)	**21 „ 53**	6964	Marignac (2)
$+ 200 H_2O$ (3,2 proz.)	**21 „ 53**	9698	„
Seewasser 2 proz.	**17,5**	951	Krümmel
4 proz.	**17,5**	926	„

Spezifische Wärme fester und flüssiger organischer Verbindungen.

f = fest.

Die Zahlen für den Prozentgehalt bedeuten Gewichtsprozente der Lösung.

Lit. Tab. 177, S. 777.

Substanz	Temperatur	Spez. Wärme	Beobachter
Acetal $C_6H_4O_2$ . .	19 bis 99°	0,520	Louguinine (3)
Acetamid C_2H_5ON .			
+100 H_2O (3,2 pr.)		987	Magie (1)
+200 H_2O (1,6 pr.)		993	„
Aceton C_3H_6O . .	20	528	Timofejew (2)
Acetonitril C_2H_3N .	21 bis 76	541	Louguin. (4,6)
Acetophenon C_8H_8O	20 „ 196	474	„ (4)
Äthylacetat $C_4H_8O_2$	20	478	Timofejew
Äthyläther $C_4H_{10}O$.	-91	514	Battelli (2)
	-50	517	„
	-2	523	„
	-20 bis 11	527	Nadejdine
	-30	511	Regnault (10)
	0	529	„
	30	547	„
	80	690	Sutherland
	120	803	„
	140	0,822	De Heen (2)
	180	1,041	„
„ 50 Atm. . .	150 bis 200	1,128	„ (3)
„ 50 „ . .	250 „ 300	0,940	„
„ 300 „ . .	150 „ 200	976	„
„ 300 „ . .	250 „ 300	605	„
„	18	564	Forch
+9,4 Proz. $C_{10}H_8$ (Naphthalin) .	18	547	„
„ gasförmig, „ konst. Vol. .	185	0,547	De Heen (2)
	220 bis 225	310	„
Äthylalkohol C_2H_6O	-91	457	Battelli (2)
	-28	497	„
	-20 bis 15	545	Nadejdine
	-20	505	Regnault (10)
	0	547	„
	0 bis 5	544	Bose
	20 „ 26	579	„
	20	593	Timofejew (2)
	16 bis 30	602	Schüller (2)
	16 „ 40,5	612	„
	10	462	De Heen u. Deruyts
	40	597	„
	65	699	„
	0 bis 15	560	Blümcke (3)
	0 „ 98	680	„
	19 „ 77	643	Louguinine (3)
	40	648	Regnault (10)
	80	769	„
	80	712	Sutherland
	120	0,909	„
	160	1,114	Hirn

Substanz	Temperatur	Spez. Wärme	Beobachter
Äthylalkohol (Fortsetzung)			
verdünnt, 10-proz.	18 bis 40°	1,0324	Schüller (2)
20-proz.	18 „ 40	1,0456	„
30-proz.	18 „ 40	1,0260	„
40-proz.	18 „ 40	0,9806	„
50-proz.	0 „ 15	992	Blümcke (3)
50-proz.	0 „ 45	908	„
50-proz.	0 „ 98	950	„
50-proz.	20	908	Zettermann
50-proz.	0 bis 5	863	Bose
	20 „ 26	917	„
+12,5 H_2O (17,0-pr.)		1,051	Magie (1)
+100 H_2O (2,5-pr.)		1,007	„
+300 H_2O (0,8-pr.)		1,001	„
Äthyldichloracetat $C_4H_6O_2Cl_2$ . . .	8 bis 81	0,3384	Schiff (2)
	8 „ 139	3494	„
Äthylbromid C_2H_5Br	-105	195	Battelli (2)
	-29	205	
	5 bis 10	2164	Regnault (3)
	10 „ 15	2135	„
	15 „ 20	2153	„
	210	618	De Heen (2)
	215	852	„
„ gasförmig, konst. Vol.	220	233	„
	235 bis 240	252	„
Äthylchlorid C_2H_5Cl	-28 „ 4	4276	Regnault (10)
Äthylenbromid $C_2H_4Br_2$ . . .	13 „ 106	1755	„
	20	174	Timofejeff (2)
Äthylenchlorid $C_2H_4Cl_2$ . . .	-30	2790	„
	0	2922	„
	30	3054	„
	60	3186	„
Äthylformiat $C_3H_6O_2$	-20 bis 14	4562	Nadejdine
	14 „ 51	5105	Berthelot u. Ogier (1)
Äthyljodid C_2H_5J .	-30	1567	Regnault (10)
	0	1616	„
	30	1666	„
	60	1715	„
Äthylmonochloracetat $C_4H_7O_2Cl$.	8 „ 64	4037	Schiff (2)
	9 „ 138	4180	„
Äthylsulfid $C_4H_{10}S$.	5 bis 10	4715	Regnault (3)
	10 „ 15	4753	„
	15 „ 20	4772	„
	20 „ 70	4785	„ (10)
Äthyltrichloracetat $C_4H_5O_2Cl_3$ . .	10 „ 81	2952	Schiff (2)
	9 „ 139	3059	„

Spezifische Wärme fester und flüssiger organischer Verbindungen.

f = fest.

Die Zahlen für den Prozentgehalt bedeuten Gewichtsprozente der Lösung.

Lit. Tab. 177, S. 777.

Substanz	Temperatur	Spez. Wärme	Beobachter
	0	0,	
Allylacetat $C_5H_8O_2$	8 bis 64	462	Schiff (2)
	9 „ 93	475	„
Allylalkohol C_3H_6O	20 „ 95	665	Louguinine (3)
Allyldichloracetat	6 „ 82	341	Schiff (2)
$C_5H_6Cl_2O_2$	9 „ 139	353	„
Allylmonochloracetat	8 „ 81	406	„
$C_5H_7ClO_2$	9 „ 138	417	„
Allyltrichloracetat	7 „ 81	297	„
$C_5H_5Cl_3O_2$	9 „ 139	309	„
Ameisensäure CH_2O_2	18 „ 56	522	„ (1)
	17 „ 82	532	„
	3 „ 80	524	Guillot
	57,25	515	Massol u. Faucon
	85 bis 150	552	Berthelot Ogier (1)
	16 „ 50	536	Lüdeking
verdünnt, 46-proz.	16 „ 50	783	„
überschmolzen	3 „ 26	514	Massol u. Guillot
„	3 „ 7	544	„
fest	−22,4	388	Massol u. Faucon
	0	430	
	34,8	540	„
Amylalkohol $C_5H_{12}O$	−49	455	Battelli (2)
	−10	482	„
	26 bis 44	564	Kopp (1)
	10 „ 117	693	Regnault (10)
	21 „ 130	695	Louguinine (3)
„ aktiver $[\alpha_D] = 4^0$	21 „ 126	711	„
„ Iso-	−21 „ 14	4985	Nadejdine
	15 „ 58	5969	„
	17 „ 96	645	„
	10 „ 64	600	Schiff (1)
	10 „ 110	664	„
	20	0,554	Timofejew (2)
Amylen C_5H_{10}	130	1,060	De Heen (2)
	170	1,500	„
„ 50 Atm.	150 bis 200	1,019	„ (3)
	250 „ 300	0,975	„
„ 300 Atm.	150 „ 200	889	„
	250 „ 300	718	„
„ gasförmig, konst. Vol.	175	773	„ (2)
	210	544	„
	230 bis 235	601	„
„ Iso-	−21 „ 14	497	Nadejdine
Amylenhydrat $C_5H_{12}O$	20 „ 98	753	Louguinine (3)

Substanz	Temperatur	Spez. Wärme	Beobachter
	0	0,	
Anilin C_6H_7N	8 bis 82	512	Schiff (2)
	12 „ 138	523	„
	12 „ 150	464	Petit
	20 „ 60	498	Perrot
	92,5	538	Schlamp
	21 bis 167	548	Louguinine (7)
	20	491	Timofejew (2)
	15	514	Griffiths (2)
	50	529	„
	10	497	Bartoli (4)
	20	499	„
	50	520	„
„ + 1 Proz. H_2O	20	510	„
„ + 4 Proz. H_2O	20	541	„
Anisol C_7H_8O	20 bis 152	483	Louguinine (7)
Azobenzol $C_{12}H_{10}N_2$ *f.*	13 „ 40	335	Bogojawlensky u. Winogradow
Baryumformiat $Ba(CHO_2)_2$ *f*	10 „ 40	1403	De Heen (1)
	10 „ 90	1440	„
Benzaldehyd C_7H_6O	21 „ 178	445	Louguinine (3)
Benzol C_6H_6 fest	−50	262	Bogojawlensky
	−30	292	„
	−10	376	„
	−30	3130	Pickering (1)
	0	4600	„
	0	3970	Mills u. Mac Rae (1)
„ flüssig	10	4066	Pickering
	50	4502	„
	20	423	Timofejew (2)
	10	3402	De Heen u. Deruyts
	40	4233	
	65	4823	
	70	4369	Mills u. Mac Rae (1)
	6 bis 60	4194	Schiff (1)
	21 „ 71	4360	Regnault (10)
	94	481	Schlamp
	18	413	Forch
+ 9,1 Proz. $C_{10}H_8$ (Naphthalin)	18	405	„
Benzonitril C_7H_5N	21 bis 186	441	Louguinine (4)
Benzophenon $C_{13}H_{10}O$ fest, kryst.	−190 „ −82	1514	Nernst, Koref u. Lindemann
	− 77 „ − 1	2300	
	3 „ 41	3051	
„ flüssig (glasig)	−192 „ −82	1526	
	3 „ 40	3825	

Spezifische Wärme fester und flüssiger organischer Verbindungen.

f = fest.

Die Zahlen für den Prozentgehalt bedeuten Gewichtsprozente der Lösung.

Lit. Tab. 177, S. 777.

Substanz	Temperatur	Spez. Wärme	Beobachter
	°	0,	
Benzylalkohol C_7H_8O	20 bis 195	558	Louguinine (3)
Benzylchlorid C_7H_7Cl	8 „ 139	3768	Schiff (2)
Bernsteinsäure $C_4H_6O_4$ *f* . .	10 „ 60	3075	De Heen (1)
	60 „ 92	378	„
	0 „ 50	2898	Hess
	0 „ 94	3252	„
	0 „ 150	3650	„
Betol, fest, kryst. .	−190 bis −81	1415	Nernst, Koref und Lindemann
	−76 „ 0	2163	
	19 „ 77	2962	
„ flüssig (glasig)	−190 „ −81	1445	
	−75 „ 0	2495	
	19 bis 87	3722	
Bleiacetat $Pb[C_2H_3O_2]_2$ +60 H_2O (19,8-pr.)	14 „ 49	830	Teudt
	17 „ 90	873	„
+134 H_2O (9,9-pr.)	15 „ 49	911	„
„	18 „ 89	947	„
Buttersäure $C_4H_8O_3$	24 „ 97	526	Guillot
Butylalkohol $C_4H_{10}O$			
Normaler . . .	20 „ 114	689	Louguinine (3)
Iso-	21 „ 109	716	„
	−21 „ 10	5078	Nadejdine
	16 „ 70	6142	„
	18 „ 98	6675	„
	10	5022	De Heen u. Deruyts
	40	6482	
	85	8413	
	20	579	Timofejew (2)
	26 bis 30	0,686	Pagliani (3)
+ 50 H_2O (7,6-pr.)	26 „ 29	1,086	„
Butylchlorid C_4H_9Cl			Timofejew (2)
„ Iso- . .	20	0,451	
Butyronitril C_4H_7N	21 bis 113	547	Louguinine (5, 7)
Calciumformiat $Ca(CHO_2)_2$ *f* . .	10 „ 33	242	De Heen (1)
	10 „ 93	248	„
Caprinsäure $C_{10}H_{20}O_2$ *f* . . .	0 „ 16	697	Guillot
flüssig	35 „ 103	524	„
Capronitril $C_6H_{11}N$.	18 „ 155	542	Louguinine (4)
Capronsäure $C_6H_{12}O_2$	29 „ 105	533	Guillot
Caprylsäure $C_8H_{16}O_2$ fest	−11 „ 8	630	„
flüssig	16 „ 90	545	„
Cerotinsäure $C_{27}H_{54}O_2$ fest . .	0 „ 30	387	„
flüssig	80 „ 124	607	„

Substanz	Temperatur	Spez. Wärme	Beobachter
	°	0,	
Chloral C_2HCl_3O .	17 bis 81	259	Berthelot (2)
Chloralalkoholat C_2HCl_3O . . .	50 „ 105	509	„ (5)
Chloralhydrat, fest .	17 „ 44	206	„ (2)
$C_2H_3Cl_3O_2$ flüssig	51 „ 88	470	„
Chlorbenzol C_6H_5Cl	7 „ 64	3252	Schiff (2)
	6 „ 114	3430	„
Chloroform $CHCl_3$.	15 „ 35	2337	Schüller (2)
	−30	2293	Regnault (10)
	0	2323	„
	60	2384	„
	20	234	Timofejew (2)
	18	237	Forch
+ 9,6 Proz. $C_{10}H_8$ (Naphthalin) .	18	247	„
Chlortoluol C_7H_7Cl .	17,5 bis 19	3550	Cattaneo (1)
	6 „ 81	3484	Schiff (2)
	8 „ 137	3698	„
Cyanäthyl C_3H_5N .	−30	4235	Regnault (10)
	0	5086	„
	60	6608	„
Dekan $C_{10}H_{22}$ . .	14 bis 18	5058	Bartoli u. Stracciati (1)
	0 „ 50	498	Mabery u. Goldstein
	21 „ 154	590	Louguinine (3)
Dextrose $C_6H_{12}O_6$ *f*	14 „ 26	313	Magie (4)
+100 H_2O (9,1-pr.)		949	„ (1)
+300 H_2O (3,2-pr.)		982	„
Diäthylaceton $C_7H_{14}O$ . . .	20 „ 98	557	Louguinine (3)
Diäthylamin $C_4H_{11}N$	20 „ 25	518	Nadejdine
Diäthylanilin $C_{10}H_{15}N$	9 „ 82	4758	Schiff (2)
	10 „ 139	5028	„
Dibenzyl $C_{14}H_{14}$ *f* .	15 „ 40	365	Bogojawlensky u. Winogradow
Dibrombenzol $C_6H_4Br_2$ p-, fest .	10	143	Bogojawlensky
	45	158	„
„ p-, flüssig		207	„
„ + 7,5 C_7H_8 (25,4-pr.) (Toluol)	18 bis 60	363	Perrot
+15 C_7H_8 (14,6-pr.)	19 „ 59	389	„
+40 C_7H_8 (6,0-pr.)	19 „ 59	409	„
Dichloressigsäure $C_2H_2Cl_2O_2$ fest		406	Pickering (2)
flüssig		383	„
	22 „ 196	350	Louguinine (7)
Dimethylanilin $C_8H_{11}N$ . . .	8 „ 82	4434	Schiff (2)
	11 „ 139	4907	„
	22 „ 188	482	Louguinine (7)

Börnstein u. Scheel.

Spezifische Wärme fester und flüssiger organischer Verbindungen.

f = fest

Die Zahlen für den Prozentgehalt bedeuten Gewichtsprozente der Lösung.

Lit. Tab. 177, S. 777.

Substanz	Temperatur	Spez. Wärme	Beobachter
	0	0,	
Dimethyltoluidin . .	22 bis 185	495	Louguinine (7)
Diphenylamin			
$(C_6H_5)_2NH$ fest .	15 „ 20	328	Battelli (1)
	30 „ 35	360	„
	40 „ 45	416	„
„ flüssig	51 „ 55	464	„
	65 „ 67	482	„
Dipropylketon $C_7H_{14}O$	20 „ 140	552	Louguinine (3)
Dodekan $C_{12}H_{26}$ . .	14 „ 20	5065	Bartoli u. Stracciati (1)
	0 „ 50	500	Mabery u. Goldstein
Dulcit $C_6H_{14}O_6$ f . .	14 „ 26	283	Magie (3)
+400 H_2O (2,5-proz.)		988	„ (2)
Erythrit $C_4H_{10}O_4$ fest . .	20 „ 100	352	Louguinine (2)
Essigsäure $C_2H_4O_2$ fest . . .	1 „ 8	627	Guillot
	4 „ 8	618	Massol u. Guillot
überschmolzen . .	12 „ 21	473	„
flüssig	20 „ 50	5118	Lüdeking
	21 „ 52	4932	Marignac (2)
	20 „ 61	5118	v. Reis (1)
	26 „ 96	522	Berthelot (1)
	15 „ 64	5026	Schiff
	18 „ 111	5357	„
	10 „ 90	537	Guillot
	22 „ 111	532	Louguinine (4)
	20	487	Timofejew (2)
verdünnt, 85-proz.	22 bis 61	5901	v. Reis (1)
50-proz.	22 „ 62	7777	„
2,7-proz.	20 „ 61	9998	„
Essigsäureanhydrid $C_4H_6O_3$	23 „ 122	434	Berthelot (1)
Glyzerin $C_3H_8O_3$ . .	15 „ 50	576	Emo
	14 „ 26	576	Magie (3)
verdünnt, 50-proz.	15 „ 50	813	Emo
„ +40,4 H_2O (11,2-proz.)		956	Magie (1)
„ +100 H_2O (4,9-proz.)		980	„
„ +400 H_2O (1,3-proz.)		995	„
+ 35,3 Äthylalkohol (5,3-proz.)		597	„
+ 141,3 Äthylalkohol (1,4-proz.)		597	„
+12,5 Anilin (7,4-pr.)		543	„
+50 Anilin (1,9-pr.)		525	„
+100 Anilin (1,0-pr.)		521	„
Glykol $C_2H_6O_2$ . .	20 bis 195	681	Louguinine (3)
	20 „ 24	565	Schwers
	33 „ 37	591	„
	13 „ 139	627	de Forcrand (1)
	13 „ 60	585	„
„ überschmolzen .	−22,8 b. +9	536	„
Harnstoff CON_2H_4 f	14 bis 26	321	Magie (3)
„ +100 H_2O (3,2-pr.)		980	„ (1)
+400 H_2O (0,8-pr.)		994	„
+ 42,4 Äthylalkohol (2,9-proz.)		598	„
+ 70,6 Äthylalkohol (1,7-proz.)		599	„
Heptan C_7H_{16} . . .	18 „ 51	4869	Bartoli u. Stracciati (1)
	0 „ 50	504	Mabery u. Goldstein
	20	490	Timofejew (2)
Hexachloräthan C_2Cl_6 f	18 bis 37	178	Kopp (2)
	18 „ 43	194	„
	18 „ 50	277	„
Hexadekan $C_{16}H_{34}$.	15 „ 22	4964	Bartoli u. Stracciati (1)
	0 „ 50	496	Mabery u. Goldstein
Hexahydrobenzol (Cyklohexan) C_6H_{12}	0 „ 50	506	„
Hexan C_6H_{14} . . .	0 „ 50	527	„
	16 „ 37	5042	Bartoli u. Stracciati (1)
Hydrochinon $C_6H_6O_2$ f	14 „ 26	258	Magie (3)
+ 300 H_2O (2,0-pr.)		991	„ (2)
+ 400 H_2O (1,5-pr.)		994	„
Kaliumacetat $C_2H_3O_2K$ f . . .	10 „ 30	290	De Heen (1)
	10 „ 61	508	„
	10 „ 93	437	„
+ 5 H_2O (52,2-pr.)	20 „ 51	6391	Marignac (2)
+100 H_2O (5,2-pr.)	20 „ 51	9550	„
Kaliumoxalat $C_2K_2O_4 + H_2O$ f	−190 „ 14	186	Forch u. Nordmeyer
	19 „ 49	236	Kopp (2)
Kaliumtetroxalat f $C_4H_3KO_8 + 2H_2O$.	19 „ 50	283	„
Kohlenstoffdichlorid C_2Cl_4 . . (Tetrachloräthylen)	−30	19255	Regnault (10)
	0	19798	„
	60	20884	„
	60	21336	Hirn
	100	228	Sutherland
	140	243	„

Spezifische Wärme fester und flüssiger organischer Verbindungen.

f = fest

Die Zahlen für den Prozentgehalt bedeuten Gewichtsprozente der Lösung.

Lit. Tab. 177, S. 777.

Substanz	Temperatur	Spez. Wärme	Beobachter
	°	0,	
Kohlenstofftetrachlorid CCl_4 . . .	**0**	2010	Mills u. Mac Rae (2)
	70	2031	
	20	207	Timofejew (2)
Metakresol C_7H_8O .	**21** bis **199**	553	Louguin. (4,6)
Para-, überschmolzen .	**9** „ **28**	487	Bruner (1)
	7 „ **94**	511	„
Lävulose $C_6H_{12}O_6$ *f* .	**14** „ **26**	276	Magie (3)
$+201{,}5H_2O$ (4,7-pr.)		976	„ (2)
Laurinsäure $C_{12}H_{24}O_2$ fest . .	**-10** „ **25**	432	Guillot
flüssig	**40** „ **100**	572	„
Maltose $C_{12}H_{22}O_{11}+H_2O$ *f* .	**14** „ **26**	322	Magie (4)
$+300H_2O$ (6,3-proz.)		966	„ (2)
Mannit $C_6H_{14}O_6$ *f* .	**19** „ **51**	324	Kopp (2)
	20 „ **100**	328	Louguinine (2)
	14 „ **26**	315	Magie (4)
$+108H_2O$ (8,5-proz.)		966	„ (2)
Mesityloxyd $C_6H_{10}O$.	**21** „ **121**	521	Louguinine (3)
Methyläthylketon C_4H_8O	**20** „ **70**	549	„
Methylalkohol CH_4O	**5** „ **10**	5901	Regnault (3)
	10 „ **15**	5868	„
	15 „ **20**	6009	„
	0 „ **5**	570	Bose
	21 „ **27**	607	„
	20	600	Timofejew (2)
	23 bis **43**	645	Kopp (1)
	5 „ **13**	0,624	Lecher (1)
„ verdünnt, 12-proz.	**6** „ **10**	1,073	„
20-proz.	**7** „ **11**	1,073	„
31-proz.	**3** „ **7**	0,980	„
50-proz.	**0** „ **5**	818	Bose
50-proz.	**21** „ **27**	861	„
Methylanilin C_7H_9N .	**20** „ **190**	513	Louguinine (7)
Methyldichloracetat $C_3H_4O_2Cl_2$	**8** „ **81**	3202	Schiff (2)
	9 „ **138**	3311	„
Methylformiat $C_2H_4O_2$	**13** „ **29**	516	Berthelot u. Ogier (1)
Methylhexylketon $C_8H_{16}O$	**23** „ **172**	572	Louguinine (3)
Methylisopropylketon $C_5H_{10}O$ . .	**20** „ **91**	525	„
Methylmonochloracet. $C_3H_5O_2Cl$	**8** „ **64**	3885	Schiff (2)
	11 „ **111**	3978	„
Methyloxalat *f* $C_2O_4(CH_3)_2$	**10** „ **35**	314	De Heen (1)
	10 „ **45**	334	„
Methylsilikat $C_4H_{12}SiO_4$ . . .	**23** „ **115**	5011	Kahlenberg u. Koenig
Methyltrichloracetat $C_3H_3O_2Cl_3$	**8** bis **82**	2764	Schiff (2)
	8 „ **139**	2870	„
Milchzucker $C_{12}H_{22}O_{11}$ *f*	**14** „ **26**	288	Magie (4)
„ $+H_2O$ *f*		298	„
„ $+200H_2O$ (9,1-pr.)		950	„ (2)
„ $+300H_2O$ (6,3-pr.)		966	„
β-Monobromonaphthalin $C_{10}H_7Br$ *f*	**21** „ **61**	260	Perrot
$+1C_7H_8$ (Toluol) (71-proz.)	**22** „ **59**	309	„
$+20C_7H_8$ (10,5-proz.)	**22** „ **60**	406	„
Monochloressigsäure $C_2H_3ClO_2$ fest . .		364	Pickering (2)
flüssig		427	„
Monojodbenzol C_6H_5J *f*	**20** „ **59**	191	Perrot
$+2{,}5\,C_6H_7N$ (Anilin) (47-proz.)	**19** „ **59**	359	„
$+10C_6H_7N$ (17,1-pr.)	**19** „ **59**	445	„
$+20\,C_6H_7N$ (9,9-pr.)	**20** „ **60**	471	„
Myristinsäure $C_{14}H_{28}O_2$ fest	**-10** „ **25**	405	Guillot
„ flüssig . . .	**65** „ **142**	532	„
Naphthalin $C_{10}H_8$ fest	**-50**	240	Bogojawlensky
	10 bis **20**	314	Battelli (1)
	40 „ **50**	326	„
	60 „ **70**	334	„
„ flüssig . . .	**80** „ **85**	396	„
	90 „ **95**	409	„
	94,5	427	Schlamp
„ $+5\,C_7H_8$ (Toluol) (21-proz.)	**21** bis **50**	405	Perrot
„ $+20C_7H_8$ (6,5-pr.)	**20** „ **50**	415	„
Naphthylamin, fest . $C_{10}H_7NH_2$	**10** „ **15**	318	Battelli (1)
	20 „ **25**	334	„
	30 „ **33**	379	„
„ flüssig . . .	**45** „ **50**	394	„
	60 „ **65**	416	„
„ α-	**94,2**	476	Schlamp
Natriumacetat, fest . $C_2H_3NaO_2$	**14** bis **59**	350	Pagliani (2)
	21 „ **57**	845	„
„ kryst., $C_2H_3NaO_2$ $+3H_2O$, *f*	**0** „ **15**	413	Gnesotto u. Fabris
	0 „ **46**	510	
„ unterkühlt, flüssig	**0** „ **57,8**	769	„
„ geschmolzen . .	**58** „ **66**	846	„
	78 „ **100**	775	„
$+25H_2O$ (15,4-pr.)	**19** „ **52**	9037	Marignac (2)
$+100H_2O$ (4,4-pr.)	**19** „ **52**	9687	„
Natriumformiat $CHNaO_2$ *f* . . .	**10** „ **93**	2916	De Heen (1)
	21 „ **57**	312	Pagliani (2)

Spezifische Wärme fester und flüssiger organischer Verbindungen.

f = fest.

Die Zahlen für den Prozentgehalt bedeuten Gewichtsprozente der Lösung.

Lit. Tab. 177, S. 777.

Substanz	Temperatur	Spez. Wärme	Beobachter
	0	0,	
Nitrobenzol	5 bis 10	3524	Regnault (3)
$C_6H_5NO_2$	10 „ 15	3478	„
	15 „ 20	3499	„
	20	358	Timofejew (2)
	20 bis 199	396	Louguinine (7)
	93	402	Schlamp
Nitronaphthalin	10 bis 15	264	Battelli (1)
$C_{10}H_7NO_2$ fest .	40 „ 45	274	„
„ flüssig	56 „ 60	360	„
	65 „ 68	379	„
	94,3	390	Schlamp
Nonan C_9H_{20} . . .	0 bis 50	503	Mabery u. Goldstein
Önanthylsäure			
$C_7H_{14}O_2$	-7 „ 25	558	Guillot
Oktan C_8H_{18} . . .	12 „ 19	5111	Bartoli u. St. (1)
	0 „ 50	505	Mabery u. G.
	20 „ 123	578	Louguinine (3)
Oxalsäure			
$C_2H_2O_4$	3 „ 47	2785	Nernst, Koref
„ $+2H_2O$ *f*	3 „ 47	3742	u. Lindemann
	0 „ 50	3359	Hess
	0 „ 94	3728	„
Palmitinsäure			
$C_{16}H_{32}O_2$ fest . .	-10 „ 25	484	Guillot
flüssig	65 „ 104	653	„
Pelargonsäure			
$C_9H_{18}O_2$ flüssig . .	16 „ 95	599	„
Pentadekan $C_{15}H_{32}$.	0 „ 50	497	Mabery u. G.
Pentan C_5H_{12} . . .	-78	476	Schlesinger
	0	512	„
Phenol C_6H_6O . . .	14 bis 26	561	Magie (3)
	93,9	561	Schlamp
Piperidin $C_5H_{11}N$ . .	20 bis 97	523	Louguinine (4)
Propionitril C_3H_5N .	19 „ 95	538	„
Propionsäure $C_3H_6O_2$.	35 „ 105	536	Guillot
	21 „ 136	560	Louguinine (7)
Propylalkohol C_3H_8O .	-21 „ 12	5186	Nadejdine
	21 „ 23	659	Pagliani (3)
	21 „ 90	675	Louguinine (3)
	20	579	Timofejew (2)
	0 bis 5	532	Bose
	21 „ 27	568	„
verdünnt, 50-proz.	0 „ 5	876	„
50-proz.	21 „ 27	899	„
$+ \frac{1}{2}H_2O$ (86,9-proz.) .	24 „ 26	0,733	Pagliani (3)
$+ 6H_2O$ (37,7-proz.) .	24 „ 27	1,003	„
„ Iso- . . .	-20 „ 14	0,5286	Nadejdine
	21 „ 80	706	Louguinine (3)
	0	0,	
Propylbichloracetat	10 bis 82	3508	Schiff (2)
$C_5H_8O_2Cl_2$	11 „ 139	3620	„
Propylmonochloracetat	10 „ 82	4240	„
$C_5H_9O_2Cl$	11 „ 139	4352	„
Propyltrichloracetat	10 „ 81	3064	„
$C_3H_7O_2Cl_3$	10 „ 139	3174	„
Pyridin C_5H_5N . . .	20	405	Timofejew (2)
	21 bis 108	431	Louguinine (4)
Pyrocatechin			
$C_6H_6O_2$ *f*	14 „ 26	313	Magie (3)
$+ 300H_2O$ (2,0-pr.)		994	„ (2)
Resorcin $C_6H_6O_2$ *f* .	14 „ 26	266	„ (3)
$+ 300H_2O$ (2,0-pr.)		992	„ (2)
Rohrzucker			
$C_{12}H_{22}O_{11}$ *f*	14 „ 26	301	„ (3)
$+ 100H_2O$ (16,0-pr.)		911	„ (1)
Schwefelkohlenstoff	-96	195	Battelli (2)
CS_2	0	238	„
	-30	2303	Regnault (10)
	0	2352	„
	30	2401	„
	30	2388	Hirn
	80	260	Sutherland
	120	276	„
	160	2882	Hirn
	18	242	Forch
+ 14,2 Proz. $C_{10}H_8$			
Naphthalin)	18	259	„
Seignettesalz			
$NaKC_4H_4O_6 + 4H_2O$ *f*	19 bis 50	328	Kopp (2)
Stearinsäure			
$C_{18}H_{36}O_2$ fest . .	0 „ 30	397	Guillot
flüssig	75 „ 137	550	„
Terpentinöl $C_{10}H_{16}$.	-20	3842	Regnault (10)
	0	4106	„
	80	4842	„
	160	5068	„
	80	5242	Hirn
	160	6126	„
	4 bis 9	419	Eckerlein
	93	505	Schlamp
Tetradekan $C_{14}H_{30}$.	14 bis 21	4995	Bartoli u. Str.
	0 „ 50	497	Mabery u. G.
Thymol $C_{10}H_{14}O$ . .	14 „ 98	519	Bruner (1)
(überschmolzen)	9 „ 27	504	„
„ fest	0	3114	Barus
	50	4624	„
„ flüssig	50	5665	„

Spezifische Wärme fester und flüssiger organischer Verbindungen.

f = fest.
Die Zahlen für den Prozentgehalt bedeuten Gewichtsprozente der Lösung.
Lit. Tab. 177, S. 777.

Substanz	Temperatur	Spez. Wärme	Beobachter
	°	0,	
Toluidin C_7H_9N	12 bis 83	5038	Schiff (2)
(Ortho-)	12 „ 139	5234	„
	22 „ 195	524	Louguinine (2)
	94	536	Schlamp
„ Para- f	10 bis 15	371	Battelli (1)
	25 „ 30	410	„
„ flüssig	40 „ 45	598	„
	55 „ 60	638	„
	94	533	Schlamp
Toluol C_7H_8	−92	353	Battelli (2)
	−25	380	„
	10	3638	De Heen u. Deruyts
	65	4905	
	85	5341	
	20	412	Timofejew (2)
	15 bis 64	4237	Schiff (1)
	12 „ 99	4400	„
	19 „ 58	423	Perrot
	18	402	Forch
+10,9 Pr. Naphthalin	18	398	„
Tredekan $C_{13}H_{28}$	0 bis 50	499	Mabery u. G.
Trichloressigsäure fest		459	Pickering (2)
$C_2HCl_3O_2$ flüss.		357	„
Trimethylkarbinol fest	−21 „ 14	560	De Forcrand (2)
$C_4H_{10}O$ flüss.	25 „ 45	722	„
Undekan $C_{11}H_{24}$	0 „ 50	501	Mabery u. G.
Valeriansäure $C_5H_{10}O_2$	23 „ 93	590	Guillot
Weinsäure $C_4H_6O_6$ f	21 „ 51	288	Kopp (2)
„ $C_4H_6O_6 + H_2O$ f	19 „ 50	319	„
$+10 H_2O$ (45,5-pr.)	18	745	Thomsen
$+200 H_2O$ (4,9-pr.)	18	975	„
Weinstein $C_4H_5KO_6$ f	19 bis 51	257	Kopp (2)
Xyloldibromid $C_8H_8Br_2$ Para-	15 „ 40	180	Colson
Ortho-	15 „ 40	183	„
Meta-	15 „ 40	184	„
Xyloldichlorid $C_8H_8Cl_2$ Para-	15 „ 40	282	„
Ortho-	15 „ 40	283	„
Meta-	15 „ 40	295	„
Xyloltetrachlorid $C_8H_4Cl_4$ Para-	15 „ 60	242	„
Ortho-	15 „ 60	24	„
Zinkacetat $(C_2H_3O_2)_2Zn + 3H_2O$ f	15 „ 75	270	De Heen (1)
	75 „ 95	410	„
Zucker $C_{12}H_{22}O_{11}$ f kryst.	22 „ 51	3005	Kopp (2)
„ „ amorph.	20 „ 51	342	„
(vgl. auch Rohr-	0 „ 75	3037	Hess
zucker und Milch-	0 „ 113	3337	„
zucker)	0 „ 130	3511	„

Substanz	Temperatur	Spez. Wärme	Beobachter
	°	0,	
Blut, arterielles		872	Hillersohn u. Stein-Bernstein
venöses		871	
arterielles	20 bis 45	906	Bordier
venöses	20 „ 45	893	„
Baumwolle	0 „ 100	362	Ottolenghi
Cellulose, trocken f		366	Fleury
mit 7 Proz. H_2O f		41	„
Ebonit		339	Zinger u. Schtscheglajew
Kork		485	
Olivenöl, spez. Gew. 0,911	6,6	471	H. F. Weber (2)
Palmenholz		419	Zinger u. Schtscheglajew
Paraffin f	−190	160	Nernst (4)
	−188 bis −78	176	Dewar (2)
	−188 „ 15	312	„
	−20 „ 3	377	R. Weber (1)
	−19 „ 20	525	„
	0 „ 20	694	„
	25 „ 30	589	Battelli (1)
	35 „ 40	622	„
„ flüssig	52,4 „ 55	700	„
Petroläther	−190	4518	Eckerlein[1]
	100	4446	„
	0	4194	„
	−161	588	Battelli (2)
	−74	601	„
	−26	608	„
Petroleum	21 bis 58	511	Pagliani (2)
	18 „ 99	498	„
Rizinusöl		434	Wachsmuth
Rindsleder, gegerbt trocken		357	Fleury
mit 16 Proz. H_2O		45	„
Rohöle, Japan	Spez. Gew. 0,862	453	Mabery u. Goldstein
Pensylvania	„ 0,810	500	
Rußland	„ 0,908	435	
Kalifornia	„ 0,960	398	
Wachs, gelb	−21 bis 3	429	Person (4)
	26 „ 42	0,82	„
	42 „ 58	1,72	„
„ flüssig	65 „ 100	0,499	„
Weizenstärke (trock.)	0	270	Rodewald u. Kattein
mit 33,7 Proz. H_2O	0	305	
Wolle (trocken)		393	Fleury
mit 11 Proz. H_2O		459	„
„ (luftfeucht)	0 bis 100	411	Ottolenghi

[1] Die oben angegebenen Zahlen für Petroläther sind nach der von Eckerlein für die Temperaturen von −190 bis 10° gefundenen Formel berechnet:

$$c = 0{,}4194 - 0{,}0_3395\,t - 0{,}0_5143\,t^2.$$

Spezifische Wärme von Gasen und Dämpfen

bei konstantem Druck, bezogen auf gleiches Gewicht Wasser.

Lit. Tab. 177, S. 777.

Substanz	Temperatur	Spez. Wärme	Beobachter
	°	0,	
Atmosph. Luft . .	-183	253	Scheel u.
	20	241	Heuse (1)
	20	242	Swann
	100	243	„
	-30 bis 10	238	Regnault (9)
	0 „ 100	237	„
	20 „ 100	239	Wiedemann (1)
	0 „ 200	237	Regnault (9)
		233	Dittenberger
	20 „ 440	237	Holborn
	20 „ 630	243	u.
	20 „ 880	243	Austin
1 Atm. . . .	-102 „ 17	237	Witkowski
	20 „ 98	0,237	„
40 „	-140	2,607	„
	-120	0,470	„
	-50	274	„
70 „	-120	777	„
	-50	312	„
Sauerstoff . . .	20	219	Scheel u. H. (2)
	13 bis 207	217	Regnault (9)
	20 „ 440	224	Holb. u. Aust.
	20 „ 630	230	„
„ flüssig . .	-200 „ -183	0,347	Alt
Wasserstoff . . .	-28 „ 9	3,400	Regnault (9)
	21 „ 100	3,410	Wiedem. (1)
	12 „ 198	3,409	Regnault (9)
1 Atm. . . .		3,402	Lussana (1)
30 „ . . .		3,788	„
Stickstoff	20	0,249	Scheel u. H. (2)
mit 1 Proz. Sauerstoff	0 „ 200	239	Holborn und
	0 „ 400	243	Henning (2)
	0 „ 600	246	„
	0 „ 800	250	„
	0 „ 1000	254	„
	0 „ 1200	258	„
	0 „ 1400	262	„
„ (berechnet)	0 „ 200	244	Regnault (9)
„ flüssig (beob.)	-208 „ -196	0,430	Alt
Helium		1,25	R. Thomas
Argon	20 „ 90	0,123	Dittenberger
Chlor	13 „ 202	124[1]	Regnault (9)
	16 „ 343	1155	Strecker (1)
Brom	83 „ 228	0555	Regnault (9)
	19 „ 388	0553	Strecker (2)
Jod	206 „ 377	0336	„

Substanz	Temperatur	Spez. Wärme	Beobachter
	°	0,	
Chlorjod ClJ . .	100 bis 203	0512	Strecker (2)
Chlorwasserstoff HCl	13 „ 100	194	„
	22 „ 214	187[2]	Regnault (9)
Bromwasserstoff HBr	11 „ 100	082	Strecker (2)
Jodwasserstoff HJ .	21 „ 100	055	„
Kohlenoxyd CO .	23 „ 99	242	Wiedem. (1)
	26 „ 198	243	„
Kohlensäure CO_2 .	-78	183	Scheel u.
	-20	202	Heuse (2)
	-28 bis 7	184	Regnault (9)
	15 „ 100	202	„
	11 „ 214	217	„
	20	202	Swann
	100	221	„
	0 bis 200	215	Holborn und
	0 „ 400	228	Henning (2)
	0 „ 600	239	„
	0 „ 800	249	„
	0 „ 1000	257	„
	0 „ 1200	264	„
	0 „ 1400	270	„
1 Atm. . . .		201	Lussana (1)
30 „ . . .		267	„
Stickoxydul N_2O .	16 „ 207	226	Regnault (9)
	26 „ 103	213	Wiedem. (1)
	27 „ 206	224	„
1 Atm. . . .		225	„
30 „ . . .		278	„
Stickoxyd NO . .	13 „ 172	231	Regnault (9)
Stickstoffdioxyd NO_2	27 „ 67	1,625	Berthelot u.
	27 „ 150	1,115	Ogier (2)
	27 „ 280	0,65	
Ammoniak NH_3 .	23 „ 100	520	Wiedem. (1)
	27 „ 200	536	„
	24 „ 216	512[2]	Regnault (9)
	365 „ 680	65	Nernst (3)
Schweflige Säure SO_2	16 „ 202	154	Regnault (9)
Schwefelwasserstoff H_2S	20 „ 206	245[2]	„
Schwefelkohlenstoff CS_2	86 „ 190	160	Regnault (9)
Siliciumtetrachlorid $SiCl_4$	90 „ 234	132	„
Phosphorchlorür PCl_3	111 „ 246	135	„
Arsenchlorür $AsCl_3$	159 „ 268	112	„
Titanchlorid $TiCl_4$.	163 „ 271	129	„
Zinnchlorid $SnCl_4$.	149 „ 273	0939	„

[1]) Umgerechnet nach Regnault, l. c. S. 306. [2]) Desgleichen S. 156.

Börnstein u. Scheel.

Spezifische Wärme von Gasen und Dämpfen

bei konstantem Druck, bezogen auf gleiches Gewicht Wasser.

Lit. Tab. 177, S. 777.

Substanz	Temperatur	Spez. Wärme	Beobachter
Wasserdampf H_2O .	**100**° bis **125**	0,379	Gray
	128 „ **217**	480	Regnault (9)
	100 „ **200**	465	Holborn und Henning (2)
	100 „ **400**	468	„
	100 „ **600**	473	„
	100 „ **800**	482	„
	100 „ **1000**	494	„
	100 „ **1200**	510	„
	100 „ **1400**	531	„

Wahre Spez. Wärme des überhitzten Wasserdampfes nach **Knoblauch** u. **Jakob** bzw. **Knoblauch** u. **Molier.**

Druck $p =$ Sättigungstemp. $t_s =$	2 $\frac{kg}{qcm}$ 120°	4 $\frac{kg}{qcm}$ 143°	6 $\frac{kg}{qcm}$ 158°	8 $\frac{kg}{qcm}$ 169°
$t = t_s$	0,506	0,533	0,566	0,603
$t =$ 120°	506	—	—	—
130	498	—	—	—
140	493	—	—	—
150	488	524	—	—
160	485	515	562	—
170	483	507	547	598
180	481	501	534	570
190	479	497	524	552
200	478	493	515	537
250	478	485	494	502
300	480	486	491	496
350	486	490	494	497
400	493	496	499	502
450	501	503	505	507
500	509	511	512	513
550	517	518	519	520

Substanz	Temperatur	Spez. Wärme	Beobachter
Aceton C_3H_6O . . .	**26**° bis **110**	0,347	Wiedem. (2)
	27 „ **179**	374	„
	129 „ **233**	412	Regnault (9)
Äthyläther $C_4H_{10}O$.	**25** „ **111**	428	Wiedem. (2)
	27 „ **189**	462	„
	69 „ **224**	480	Regnault (9)
	350	601	Thibaut
Äthylalkohol C_2H_6O .	**108** bis **220**	453	Regnault (9)
	350	613	Thibaut
Äthylbromid C_2H_5Br	**28** bis **116**	161	Wiedem. (2)
	30 „ **190**	174	„
	68 „ **196**	190	Regnault (9)
Äthylen C_2H_4 . . .	**10** „ **202**	404	„
1 Atm.		404	Lussana (1)
30 Atm.		450	„
Äthylenchlorid $C_2H_4Cl_2$	**111** „ **221**	229	Regnault (9)
Benzol C_6H_6 . . .	**34** „ **115**	299	Wiedem. (2)
	35 „ **180**	332	„
	116 „ **218**	375	Regnault (9)
	350	499	Thibaut
Chloroform $CHCl_3$.	**27** bis **118**	144	Wiedem. (2)
	28 „ **189**	149	„
	350	152	Thibaut
Cyanäthyl C_2H_5CN .	**114** bis **221**	426	Regnault (9)
Äthylacetat $C_4H_8O_2$.	**33** „ **113**	337	Wiedem. (2)
	35 „ **189**	371	„
	115 „ **219**	401	Regnault (9)
Methan CH_4 . . .	**18** „ **208**	593	„
1 Atm.		591	Lussana (1)
30 Atm.		692	„
Methylalkohol CH_4O .	**101** „ **223**	458	Regnault (9)
	340	685	Thibaut
Diäthylsulfid $C_4H_{10}S$.	**120** bis **223**	401	Regnault (9)
Terpentinöl $C_{10}H_{16}$.	**179** „ **249**	506	„

bei konstantem Volumen, bezogen auf gleiches Gewicht Wasser.

Substanz	Temperatur	Spez. Wärme	Beobachter
Sauerstoff	**0** bis **2100**°	0,183	Pier (4)
Wasserstoff . . .	unterh. **−213**	1,5	Eucken (2)
	0 bis **2500**	2,89	Pier (3, 4)
Stickstoff	**0** „ **2500**	0,215	„
Argon	**0** „ **2500**	074	„
Chlor	ca. **18**	083	Voller
	0 bis **1800**	093	Pier (2)
Kohlensäure CO_2 . .	ca. **18**°	0,149	Voller
	0 bis **2100**	238	Pier (4)
Ammoniak NH_3 . .	ca. **18**	390	Voller
Schwefelkohlenstoff CS_2	**0** bis **2000**	137	Pier (4)
Wasserdampf . . .	**0** „ **2500**	580	„ (3, 4)

Verhältnis k der spezifischen Wärmen von Gasen und Dämpfen

bei konstantem Druck und bei konstantem Volumen.

Lit. Tab. 177, S. 777.

Substanz	Temperatur	k	Beobachter
Atmosph. Luft	−181°	1,34	Cook
	−156	1,39	„
1 Atm.	−79	1,405	Koch
25 Atm.	−79	1,569	„
50 Atm.	−79	1,767	„
100 Atm.	−79	2,200	„
150 Atm.	−79	2,469	„
200 Atm.	−79	2,333	„
	18	1,405	Röntgen
	0	1,405	Wüllner (2)
	100	1,403	„
		1,411	Kayser
	12 bis 22	1,406	Müller
	12 „ 20	1,397	Low
		1,392	Maneuvrier u. Fournier (1)
	5 „ 14	1,4025	Lummer u. Pringsheim (2)
	0	1,404	Leduc (2)
	100	1,403	„
		1,401	Makower
	0	1,401	Stevens (2)
	100	1,399	„
	950	1,34	„
	900	1,39	Kalähne
Sauerstoff		1,41	Cazin
	16 bis 20	1,402	Müller
	5 „ 14	1,398	Lummer u. Pringsheim (2)
		1,402	Küster
Ozon		1,29	Richarz u. Jacobs
Wasserstoff		1,41	Cazin
		1,384	Maneuvrier u. Fournier (1)
	4 „ 16	1,408	Lummer u. Pringsheim (2)
Stickstoff 1 Atm.	−192	1,45	Valentiner
		1,41	Cazin
		1,389	Rohlf
„ , Luft-		1,390	„
Argon	0	1,667	Niemeyer
	13	1,667	„
	100	1,668	„
Helium		1,63	Behn u. Geiger
Phosphor	300	1,175	De Lucchi
Quecksilber	275 b. 356	1,666	Kundt u. Warb.
Chlor	20 bis 340	1,323	Strecker (1)
	0	1,336	Martini
1 Atm.	16	1,365	Keutel
1/5 Atm.	16	1,340	„

Substanz	Temperatur	k	Beobachter
Brom	20° bis 388	1,293	Strecker (1)
Jod	220 „ 375	1,294	„
	185,5	1,303	Stevens
Chlorjod ClJ	100	1,315	Strecker (2)
	200	1,321	„
Chlorwasserstoff HCl	19 bis 41	1,398	Müller
	20	1,389	Strecker (2)
	100	1,400	„
Bromwasserstoff HBr	10 bis 38	1,365	Müller
	20	1,422	Strecker (2)
	100	1,440	„
Jodwasserstoff HJ	20	1,397	Strecker (2)
	100	1,396	„
Kohlenoxyd CO	0	1,403	Wüllner (2)
	100	1,395	„
		1,41	Cazin
		1,401	Leduc (2)
Kohlensäure CO_2		1,291	Cazin
	19	1,305	Röntgen
	20 bis 25	1,292	De Lucchi
	9 „ 34	1,265	Müller
	0	1,311	Wüllner (2)
	100	1,282	„
	12 bis 20	1,291	Low
		1,308	Capstick
		1,299	Maneuvrier u. Fournier (1)
	4 „ 11	1,2995	Lummer u. Pringsheim (2)
	0	1,319	Leduc (2)
	100	1,283	„
1 Atm.	15	1,300	Thibaut
1/3 Atm.	20	1,279	„
50 Atm.	50	1,705	Amagat
60 Atm.	50	1,903	„
70 Atm.	50	2,327	„
Stickoxydul N_2O	0	1,311	Wüllner (2)
	100	1,272	„
		1,324	Leduc (2)
Stickstofftetroxyd N_2O_4 15,07 Proz. dissoc.	20	1,172	Natanson
56,99 „ „	22	1,274	„
100 „ „ NO_2		1,31	„
Ammoniak NH_3	21 bis 40	1,262	Müller
	0	1,317	Wüllner (2)
	100	1,277	„
		1,328	Cazin
		1,336	Leduc (2)
1 Atm.	20	1,304	
1/5 Atm.	17	1,299	

Verhältnis *k* der spezifischen Wärmen von Gasen und Dämpfen
bei konstantem Druck und bei konstantem Volumen.

Lit. Tab. 177, S. 777.

Substanz	Temperatur	*k*	Beobachter
	°		
Schweflige Säure SO_2		1,262	Cazin
	16 bis 34	1,256	Müller
1 Atm.	**20**	1,258	Thibaut
1/3 Atm.	**21**	1,273	„
Schwefelwasserstoff		1,340	Capstick
H_2S	**10 bis 40**	1,276	Müller
1 Atm.	**20**	1,337	Thibaut
1/3 Atm.	**20**	1,322	„
Siliciumtetrachlorid CCl_4		1,129	Capstick
Wasserdampf H_2O .	**78**	1,274	Beyme
	94	1,33	Jaeger
	103 bis 104	1,277	De Lucchi
	144 „ 300	1,287	Cohen
Acetaldehyd C_2H_4O .	**15 bis 30**	1,145	Müller
Acetylen C_2H_2 . . .		1,26	Maneuvrier u. Fournier (2)
Äthan C_2H_6		1,22	Daniel u. Pierron
		1,182	Capstick (1)
Äthyläther $C_4H_{10}O$.	**20**	1,097	Jaeger
	35	1,093	Neyreneuf
	100	1,079	Cazin
	3 bis 46	1,025	Beyme
	42 „ 45	1,029	Müller
	12 „ 20	1,0244	Low
	99,7	1,112	Stevens (2)
214 mm	**16**	1,062	Thibaut
Äthylalkohol C_2H_5OH	**53**	1,133	Jaeger
	80	1,14	Neyreneuf
	99,8	1,134	Stevens (2)
Äthylbromid C_2H_5Br .		1,188	Capstick (1)
Äthylchlorid C_2H_5Cl .		1,187	„
	22,7	1,126	Müller
Äthylen C_2H_4 . . .	**22 bis 38**	1,243	„
	0	1,245	Wüllner (2)
	100	1,187	„
		1,250	Leduc (2)
		1,264	Capstick (2)
Äthylenchlorid $C_2H_4Cl_2$	**42**	1,085	Müller
		1,137	Capstick (2)
Äthylformiat $C_3H_6O_2$.		1,124	„

Substanz	Temperatur	*k*	Beobachter
	°		
Äthylidenchlorid $C_2H_4Cl_2$		1,134	Capstick (2)
Allylbromid C_3H_5Br .		1,145	„
Allylchlorid C_3H_5Cl .		1,137	„
Benzol C_6H_6	**99,7**	1,105	Stevens (2)
Butan, Iso- C_4H_{10} .		1,108	Daniel u. Pierron
Chloroform $CHCl_3$ . .	**24 bis 42**	1,110	Müller
	22 „ 78	1,102	Beyme
	99,8	1,150	Stevens (2)
Essigsäure $C_2H_4O_2$.	**136,5**	1,147	„
Kohlenstofftetrachlorid CCl_4 . . .		1,130	Capstick (2)
Methan CH_4 . . .	**11 bis 30**	1,316	Müller
		1,313	Capstick (1)
Methylacetat $C_3H_6O_2$.		1,137	„ (2)
Methyläther C_2H_6O .	**5,7**	1,107	Müller
	30,3	1,113	„
Methylalkohol CH_4O .	**99,7**	1,256	Stevens (2)
Methylal $C_3H_8O_2$ . .	**12,7**	1,065	Müller
	22,5	1,075	„
	31 bis 42	1,094	„
Methylbromid CH_3Br		1,274	Capstick (1)
Methylchlorid CH_3Cl .		1,279	„
	19 „ 80	1,199	Müller
Methylchloroform $C_2H_3Cl_3$	**44**	1,037	„
Methylenchlorid CH_2Cl_2	**16 bis 17**	1,119	„
		1,219	Capstick (2)
Methyljodid CH_3J .		1,286	„ (1)
Propan C_3H_8 . . .		1,153	Daniel u. Pierron
Propylbromid		1,130	Capstick (1)
„ Iso- C_3H_7Br		1,131	„
Propylchlorid C_3H_7Cl			
n-		1,126	„
Iso-		1,127	„
Schwefelkohlenstoff CS_2		1,239	„ (2)
	21 „ 40	1,189	Müller
	3 „ 67	1,205	Beyme
	99,7	1,234	Stevens (2)
202 mm	**17**	1,199	Thibaut
Vinylbromid C_2H_3Br .		1,198	Capstick (2)

Börnstein u. Scheel.

Literatur, betreffend spezifische Wärme.

A. Abt, Sitzungsber. d. Siebenbürg. Museums-Ver. II, med. naturw. Abt. 1896, 42.
F. W. Adler, Diss. Zürich 1902. Beibl. **27**, 330; 1903.
H. Alt, Diss. München. Ann. d. Phys. (4) **13**, 1010; 1904.
E. H. Amagat, C. r. **121**, 862; 1895.
Amaury, cf. **Jamin**.
Andrews, Quart. Journ. of the chem. Soc. London **1**, 18; 1849. Pogg. Ann. **75**, 335; 1848.
Edm. van Aubel, Phys. ZS. **1**, 452; 1900. Journ. de phys. (3) **9**, 493; 1900.
Austin, cf. **Holborn**.
C. Bach, ZS. d. Ver. d. Ing. **46**, 729; 1902. (Überhitzter Wasserdampf.)
P. Bachmetjew u. **J. Wscharow**, Journ. russ. phys.-chem. Ges. (2) **25**, 115; 1893. (Wismut- und Magnesiumamalgame.)
H. T. Barnes (1), Proc. Roy. Soc. **67**, 238; 1900. (Wasser.)
„ (2), Phil. Trans. (A) **199**, 149; 1902.
„ (3), Rep. Brit. Ass. Winnipeg 1909; 403.
„ (4), Trans. Roy. Soc. Canada (3) **3**, Sect. III, 3—27, 1909. (Zusammenfassender Bericht. Eis.)
„ cf. **Callendar**.
„ u. **H. L. Cooke** (1), Phys. Rev. **15**, 65; 1902.
„ „ (2), Phys. Rev. **16**, 65; 1903. Rep. Brit. Ass. Belfast 1902, 530.
Hermann Barschall, ZS. f. Elektrochem. **17**, 341; 1911.
A. Bartoli (1), Atti dell' Acc. Gioenia di sc. nat. in Catania (4) **3**, 61; 1890/91. — Auszug Bull. mens. dell' Acc. Gioenia, (n. s.) fasc. 15, 11; Nov. 1890.
„ (2), Bull. mens. dell' Acc. Gioenia, (n. s.) fasc. 17, 4; Febr. 1891.
„ (3), Rend. Lomb. (2) **28**, 794; 1895. Cim. (4) **2**, 135; 1895 (Quecksilber.)
„ (4), Rend. Lomb. (2) **28**, 1032; 1895. Cim. (4) **2**, 347; 1895.
„ (5), Rend. Lomb. (2) **29**, 99; 1896. Cim. (4) **3**, 84; 1896. (Wasser.)
A. Bartoli u. **E. Stracciati** (1), Atti dei Lincei (3) Mem. cl. fis. mat. e nat. **19**, 643; 1883—84.
„ „ (2), Cim. (3) **15**, 5; 1884. Gazz. chim. **14**; 1884.
A. Bartoli u. **E. Stracciati** (3), Atti dei Lincei (4) Rend. **1**, 541, 573; 1884/85. Cim. (3) **17**, 97; 1885.
„ „ (4), Bull. mens. dell' Acc. Gioenia fasc. 18, 25; Marzo-Apr. 1891.
„ „ (5), Bull. mens. dell' Acc. Gioenia 1892, 9. Cim. (3) **31**, 133; 1892. (Unterkühltes Wasser.)
„ „ (6), Atti dell' Accad. Gioenia (4) **4**, S. A. 96 S. 1892. Cim. (3) **32**, 19, 97, 215; 1892. (Wasser nach Stickstoffthermometer.)
„ „ (7), Rend. Lomb. (2) **26**, fasc. 14, S. A. 6 S; 1893. Cim. (3) **34**, 64; 1893.
„ „ (8), Rend. Lomb. (2) **27**, 524; 1894. Cim. (3) **36**, 127; 1894. (Wasser bei konst. Volumen.)
„ „ (9), Rend. Lomb. (2) **28**, 469; 1895.
„ „ (10), Rend. Lomb. (2) **28**, 524; 1895.
„ „ (11), Rend. Lomb. (2) **29**, 157; 1896. (Kohlenwasserstoffe bei konst. Vol.)
C. Barus, Phil. Mag. (5) **33**, 431; 1892.
A. Battelli (1), Atti dell' Ist. Veneto (6) **3**, disp. 10, 1781; 1884/85.
„ (2), Rend. Lincei (5) **16** [1], 243; 1907. Cim. (5) **13**; 418; 1907.
E. Baud, J. de phys. (4) **2**, 569; 1903.
Baumgartner, cf. **Pfaundler**, Wied. Ann. 8, 648; 1879.
Bède, Mém. couronnés et Mém. des Savants étrangers publ. par l'Acad. Roy. de Belgique, **27**; 1855/56.
U. Behn (1), Wied. Ann. **66**, 237; 1898.
„ (2), Ann. d. Phys. (4) **1**, 257; 1900.
Paul Nikolaus Beck, Diss. Zürich 1908, (Magnetit, Nickel, Eisen bis 900° in Rücksicht auf die Umwandlungspunkte.)
„ cf. **Weiss**.

Literatur, betreffend spezifische Wärme.

(Fortsetzung.)

U. Behn u. **H. Geiger**, Verh. D. Phys. Ges. **9**, 657; 1907.

M. Bellati u. **S. Lussana**, Atti dell' Ist. Veneto (6) **7**, 1051; 1888/89.

„ u. **R. Romanese**, Atti dell' Ist. Veneto (6) **1**, 1043; 1882/83. Proc. Roy. Soc. **34**, 104; 1882/83.

Arciero Bernini (1), Cim. (5) **10**, 5; 1905. Phys. ZS. **7**, 168; 1906.

„ „ (2), Cim. (5) **12**, 307; 1906. Phys. ZS. **8**, 150; 1907.

Bernoulli, cf. **Nordmeyer.**

Berthelot (1), Ann. chim. phys. (5) **12**, 529; 1877.

„ (2), C. r. **85**, 8, 648; 1877. Ann. chim. phys. (5) **12**, 536; 1877.

„ (3), C. r. **86**, 786; 1878. Ann. chim. phys. (5), **15**, 242; 1878.

(4), C. r. **93**, 291; 1881.

(5), Ann. chim. phys. (5) **27**, 389; 1882.

„ u. **J. Ogier** (1), C. r. **92**, 669; 1881. Ann. chim. phys. (5) **23**, 201; 1881.

„ „ (2), Ann. chim. phys. (5) **30**, 382; 1883.

Bettendorff u. **Wüllner**, Pogg. Ann. **133**, 293; 1868.

F. Beyme, Diss. Zürich 1884. Wied. Beibl. **9**, 503; 1885.

K. Bindel, Diss. Erlangen 1888. Wied. Ann. **40**, 370; 1890.

A. Blümcke (1), Wied. Ann. **23**, 161; 1884. Ber. chem. Ges. **17**, Ref. 555; 1884.

„ (2), Wied. Ann. **24**, 263; 1885.

„ (3), Wied. Ann. **25**, 154; 1885.

„ (4), Wied. Ann. **25**, 417; 1885.

A. Bogojawlensky, Schr. Naturf. Ges. Dorpat 1904, 1.

„ u. **N. Winogradow**, ZS. f. phys. Chem. **24**, 251; 1908.

W. Bontschew, Diss. Zürich 1900, 52 S.

H. Bordier, C. r. **130**, 799; 1900.

Emil Bose, Göttinger Nachr., Math.-phys. Kl. 1906, 278, 309, 335. ZS. f. phys. Chem. **58**, 585; 1907.

J. Bosscha (1), Pogg. Ann. Jub. 549; 1874.

„ (2), Zittingsversl. Amsterdam 1892 bis 1893, 180. (Diskussion über Wasser.)

W. R. Bousfield u. **W. Eric Bousfield**, Phil. Trans. (A) **211**, 199—251; 1911.

W. Brown, Trans. Dublin Soc. (2) **9**, 59; 1907.

W. Brüsch, Diss. Rostock. 1894. (Wasser.)

L. Bruner (1), C. r. **120**, 912; 1895.

„ (2), C. r. **121**, 60; 1895.

R. J. Bruner, Diss. Zürich 1906.

Otto Buckendahl, Diss. Heidelberg 1906.

H. Bürger, Zürich 1908; 65 S. (Abhängigkeit der spez. Wärme von der Temperatur. Untersuchungen an Transformatoren).

R. Bunsen (1), Pogg. Ann. **141**, 1; 1870.

„ (2), Wied. Ann. **31**, 1; 1887.

Byström, Oefvers. k. Vet. Ak. Förhandl. Stockholm **17**, 307; 1860.

H. L. Callendar (1), Rep. Brit. Ass. Glasgow 1901. 34.

„ (2) Rep. Brit. Ass. Dublin 334, 1908. (Zusammenfassende Übersicht über spez. W. von Gasen.)

„ u. **H. T. Barnes**, Nature **60**, 585; 1899. (Wasser.)

J. W. Capstick (1), Proc. Roy. Soc. **54**, 101; 1893.

„ (2), Proc. Roy. Soc. **57**, 322; 1895.

C. Cattaneo (1), Cim. (3) **12**, 148; 1882.

„ (2), Cim. (3) **26**, 50; 1889.

Cazin, Ann. chim. phys. (3) **66**, 206; 1862.

Chevalier, cf. **Thoulet.**

Joh. Classen, Jahrb. d. Hamburg. wissensch. Anst. **6**, 115; 1888. ZS. f. Instr.-K. **11** 301; 1891.

R. Cohen, Wied. Ann. **37**, 628; 1889.

A. Colson, C. r. **104**, 428; 1887.

S. R. Cook, Phys. Rev **23**, 212; 1906.

H. L. Cooke, cf. **Barnes.**

André Cotty, Ann. chim. phys. (8) **24**, 282; 1911.

Dana, cf. **Mixter.**

A. Daniel u. . **Pierron**, Bull. soc. chim. (3) **21**, 801; 1899.

v. Dechend cf. **Trautz**.

Ed Defacqz u. **M. Guichard**, Ann. chim. phys. (7) **24**, 139; 1901.

De Heen, De Lucchi, cf. **Heen, Lucchi.**

De la Rive u. **Marcet**, Bibl. univ. de Genève, (n. s.), **28**, 360; 1840. Ann. chim. phys. (2) **75**, 113; 1840. Pogg. Ann. **52**, 120; 1841.

L. Demolis, Journ. chim. phys. **4**, 528; 1906.

F. Deruyts, cf. **De Heen.**

Elsa Deuss, Vierteljahrsschr. naturf. Ges. Zürich **56**, 15; 1911.

J. Dewar (1), Phil. Mag. (4) **44**, 461; 1872. Ber. chem. Ges. **5**, 814; 1872.

„ (2), Proc. Roy. Soc. (A) **76**, 325; 1905.

H. C. Dickinson, E. F. Mueller u. **E. B. George**, Bull. Bur. of Standards **6**, 379; 1910.

Diesselhorst cf. **Jaeger**.

Literatur, betreffend spezifische Wärme.

(Fortsetzung.)

C. Dieterici (1), Wied. Ann. **33**, 417; 1888.
„ (2), Wied. Ann. **57**, 333; 1896. (Wasser bei konst. Vol.)
„ (3), Ann. d. Phys. (4) **12**, 154; 1903. (Kohlensäure u. Isopentan.)
„ (4), Verh. D. Phys. Ges. **6**, 228; 1904. Phys. ZS. **5**, 660; 1905.
„ (5), Ann. d. Phys. (4) **16**, 593; 1905. ZS. d. Ver. d. Ing. **49**, 362; 1905. ZS. f. d. ges. Kälte-Ind. **11**, 1, 47; 1905.
Ernst Dippel, Diss. Marburg, 1910.
W. Dittenberger, Diss. Halle, 1897.
H. B. Dixon u. **F. W. Rixon**, Proc. Manchester Soc. 1900, II. (Kohlensäure bei konst. Volumen.)
A. R. Dodge, Proc. Amer. Soc. Mech. Engin. **28**, 1265; 1907. Science Abstr. (B) **10**, 196, 1907. (Überhitzter Wasserdampf.)
Fr. Doerinckel, ZS. anorg. Chem. **66**, 24; 1910 (Kolloidale Lösungen).
Karl Dörsing, Diss. Bonn, 1907. Ann. d. Phys. (4) **25**, 227; 1908 (k für flüssigen Äther).
A. Doroschewski u. **A. Rakowski**, Journ. d. russ. phys.-chem. Ges. **40**, chem. T. 860; 1908 (Äthylalkohol und Mischungen mit Wasser).
Drecker, Wied. Ann. **34**, 952; 1888.
H. Drewes, Diss. Hannover 37 S. (1903?).
Dulong u. **Petit**, J. de l'école polytechn. **11**, Ann. chim. phys. (2) **7**, 113; 1818.
Antoine Dumas, Arch. sc. phys. (4) **27**, 352, 453; 1909 (Nickeleisen, Beziehungen zum Magnetismus).
Dunn, cf. **Herschel**.
Dupré u. **Page**, Phil. Trans. London **159**, I, 591; 1869. Pogg. Ann. Erg. V, 221; 1871.
J. Dussy, C. r. **123**, 305; 1896.
M. Eckardt u. **E. Graefe**, ZS. f. anorg. Chem. **23**, 378; 1900.
P. A. Eckerlein, Diss. München 1910. Ann. d. Phys. (4) **3**, 120; 1900.
O. Ehrhardt, Wied. Ann. **24**, 215; 1885.
L. A. Elleau u. **W. D. Ennis**, Journ. Frankl. Inst. **115**, 189, 280; 1898.
A. Emo, Atti di Torino **17**, 425; 1881/82.
W. D. Ennis, cf. **Elleau**.
Tad. Estreicher u. **M. Staniewski**, Krak. Anz. (A) 1910, 349.
A. Eucken (1), Phys. ZS. **10**, 586; 1909.
„ (2), Berl. Sitzber. 1912, 141.
Chr. Fabre, C. r. **105**, 1249; 1887.
Fabris, cf. **Gnesotto**.
Faucon, cf. **Massol**.
Jos. Ferche, Diss. Halle, 1890. Auszug Wied. Ann. **44**, 265; 1891.
W. Fischer, Wied. Ann. **28**, 400; 1886.
G. Fleury, C. r. **130**, 437; 1900.
C. Forch, Ann. d. Phys. (4) **12**, 202; 1903.
„ u. **Paul Nordmeyer**, Ann. d. Phys. (4) **20**, 423; 1906.
De Forcrand (1), C. r. **132**, 569; 1901.
„ (2), C. r. **136**, 1034; 1903.
Fournier, cf. **Maneuvrier**.
Robert Fürstenau, Diss. Gießen 1908. Verh. D. Phys. Ges. **10**, 968; 1908.
W. Gaede, Preisschrift u. Diss. Freiburg, 1902. Phys. ZS. **4**, 105; 1902.
Gautier, cf. **Moissan**.
W. W. Haldane Gee u. **H. L. Terry**, Rep. Brit. Assoc. 59. Meet. New-Castle on Tyne, 1889, 516.
Geiger, cf. **Behn**.
George, cf. **Dickinson**.
G. G. Gerosa, Atti dei Lincei (3) Mem. cl. fis. mat. e nat. **10**, 75; 1881.
E. Giebe, Diss. Berlin, 1903. Verh. D. Phys. Ges. **5**, 60; 1903.
A. H. Gill u. **H. R. Healey**, Techn. Quart. **15**, 74; 1902. Science Abstr. **6** [A], 112; 1903.
Ferd. Glaser, Metallurgie **1**, 103, 121; 1904.
Tullio Gnesotto u. **Cesare Fabris**, Atti Ist. Veneto **70** [2], 471; 1910—11.
„ u. **Gino Zanetti**, Atti del. R. Ist. Veneto **62** [2], 1377, 1902—03.
Goldstein, cf. **Mabery**.
H. M. Goodwin u. **H. T. Kalmus**, Phys. Rev. **28**, 1; 1909.
E. Graefe, cf. **Eckardt**.
J. Mac Farlane Gray, Phil. Mag. (5) **13**, 337; 1882.
E. H. Griffiths (1), Rep. Brit. Ass. Oxford 1894, 568. (Anilin.)
„ (2), Proc. Phys. Soc. **13**, 234; 1894. Rep. Brit. Ass. Oxford 1894, 568. Phil. Mag. (5) **39**, 47, 143; 1895.
„ (3), Rapp. du congr. intern. de Phys. **1**, 214; 1900. (Wasser.)
A. W. Grodspeed u. **E. F. Smith**, ZS. f. anorg. Chem. **8**, 207; 1895.
Heinr. Gröber, Diss. Techn. Hochsch. München 1908.
M. Guichard, cf. **Defacqz**.
A. Guillot, 73 S. Paris, J. B. Baillière et fils, 1895. „ cf. **Massol**.
Guinchant (1), C. r. **145**, 68; 1907.
„ (2), C. r. **145**, 320; 1907.
E. Gumlich u. **H. F. Wiebe**, Wied. Ann. **66**, 530; 1898. ZS. f. kompr. u. flüss. Gase **2**, 17, 39; 1898.

Literatur, betreffend spezifische Wärme.

(Fortsetzung.)

Hammerl, C. r. **90**, 694; 1880.

J. A. **Harker**, Phil. Mag. (6) **10**, 430; 1905.

F. **Hartl**, Tonindustrie-Ztg. **25**, 1157; 1901. (Zement.)

H. R. **Healey**, cf. **Gill.**

H. **Hecht**, Diss. Königsberg, 1903. Ergänzt durch schriftliche Mitteilung.

Hedelius, cf. **Pettersson.**

P. **De Heen** (1), Bull. de Belg. (3) **5**, 757; 1883. Ber. chem. Ges. **16**, 2655; 1883.

„ (2), Bull. de Belg. (3) **15**, 522; 1888. Phil. Mag. (5) **26**, 467; 1888.

„ (3), Bull. de Belg. (3) **27**, 232; 1894.

„ u. F. **Deruyts**, Bull. de Belg. (3) **15**, 168; 1888.

J. **Heinrichs**, 57 S. Bonn 1906. (Schwefel und roter Phosphor bis 300°.)

C. **Helmreich**, Diss. Erlangen. 1903. Erlanger Ber. **35**, 1; 1903.

Henning, cf. **Holborn.**

S. **Henrichsen**, Wied. Ann. **8**, 83; 1879.

A. S. **Herschel**, G. A. **Ledebour**, J. T. **Dunn**, Rep. Brit. Assoc. **49** Sheffield, 58; 1879.

H. **Hess**, Wied. Ann. **35**, 410; 1888.

Heuse, cf. **Scheel.**

B. **Hill**, Verh. D. Phys. Ges. **3**, 113; 1901.

W. F. **Hillebrand**, Pogg. Ann. **158**, 71; 1876.

S. **Hillersohn** u. **Stein-Bernstein**, Arch. f. Physiol. 1896, 249.

Hirn, Ann. chim. phys. (4) **10**, 32; 1867.

L. **Holborn** u. L. **Austin**, Sitzungsber. d. Akad. d. Wiss. Berlin 1905, 175. Wiss. Abh. d. Phys.-Techn. Reichsanst. **4**, 131, 1905.

„ F. **Henning** (1), Ann. Phys. (4) **18**, 739; 1905.

„ „ (2), Ann. Phys. (4) **23**, 809; 1907.

T. S. **Humpidge**, Proc. Roy. Soc. **35**, 137; 358; 1883. Ber. chem. Ges. **16**, 2494; 1883.

Jackson, cf. **Th. W. Richards.**

W. **Jaeger**, Wied. Ann. **36**, 165; 1889.

„ u. H. **Diesselhorst**, Wiss. Abh. d. Phys.-Techn. Reichsanst. **3**, 269; 1900.

Jahn, cf. **Pebal.**

Jakob, cf. **Knoblauch.**

Jamin u. **Amaury**, C. r. **70**, 661; 1870.

Georg Janke, Diss. Rostock 1910.

A. **Jaquerod**, Thèse Genève, 1901 (auch Mischungen von KCl u. KOH).

A. M. **Johanson**, Oefvers. k. Vetensk. Akad. Förhandl. Stockholm **48**, No. 5, 325; 1891.

Hans John, Vierteljahrsschr. d. Naturf. Ges. Zürich **53**, 186; 1908.

J. **Joly** (1), Proc. Roy. Soc. **41**, 250; 1887.

„ (2), Chem. N. **58**, 271; 1888. (Spez. Wärme der Luft bei konstantem Volumen.)

„ (3), Proc. Roy. Soc. **48**, 440; 1890. Chem. N. **62**, 263; 1890. Spez. Wärme von Luft und Kohlensäure bei konstantem Volumen.)

„ (4), Phil. Trans. (A) **182**, 73; 1891. Phil. Trans. (A) **185**, 943, 961; 1894. Proc. Roy. Soc. **55**, 390; 1894 (Luft, Kohlensäure, Wasserstoff bei konst. Volumen.)

G. W. A. **Kahlbaum**, K. **Roth** u. Ph. **Siedler**, ZS. f. anorg. Chem. **29**, 177; 1902. (Metalle vor und nach Pressen.)

Louis Kahlenberg u. **Robert Koenig**, Journ. phys. chem. **12**, 290; 1908.

H. **Kaiser**, cf. L. **Weiss.**

A. **Kalähne**, Habilitationsschrift Heidelberg, 1902. Ann. d. Phys. (4) **11**, 225; 1903.

G. **Kalikinski**, Journ. d. russ. phys.-chem. Ges. **35**, chem. T. 1215; 1903.

Kalmus, cf. **Goodwin.**

H. **Kayser**, Wied. Ann. **2**, 218; 1877.

F. **Kellenberger** u. K. **Kraft**, Lieb. Ann. **325**, 279; 1903. Chem. Zentralbl. 1903, **1**, 691.

Friedrich Keutel, 79 S. Diss. Berlin 1910.

Kleiner, Arch. sc. phys. (4) **16**, 465; 1903.

„ u. **Thum**, Arch. sc. phys. (4) **22**, 275; 1906.

R. **Knietsch**, ZS. f. Elektrochem. **9**, 847; 1903.

Oskar Knoblauch u. **Max Jakob**, Münch. Sitzber., Math.-phys. Kl. **35**, 441; 1905. Mitt. über Forschungsarb. a. d. Geb. d. Ing. **35**, **36**, 109; 1906. ZS. d. Ver. d. Ing. **51**, 81, 124; 1907.

„ „ u. **Hilde Molier**, Münch. Sitzber. 1910, 1. Abh. 6 S. ZS. d. Ver. d. Ing. **55**, 665; 1911.

Peter Paul Koch, Abh. d. Bayer. Akad. d. W. II. Kl. **23**, 377, 1907.

Koenig, cf. **Kahlenberg.**

Börnstein u. Scheel.

Literatur, betreffend spezifische Wärme.

(Fortsetzung.)

H. Kopp (1), Pogg. Ann. **75**, 98; 1848.
„ (2), Lieb. Ann. Suppl. III, I; 289. 1864/65. Phil. Trans. London **155**, I, 71; 1865.
F. Koref, Ann. d. Phys. (4) **36**, 49; 1911.
„ cf. **Nernst.**
K. Kraft, cf. **Kellenberger.**
K. Kroeker, N. Jahrb. f. Mineral. **2**, 125; 1892. Gött. Nachr. 1892, 122.
O. Krümmel, Handb. d. Ozeanographie **1**, 2. Aufl. Stuttgart, Engelhorn, 1907. S. 279.
G. Krüss u. **L. F. Nilson**, Oefvers. k. Vet. Ak. Förhandl. Stockholm **44**, 287; 1887. ZS. phys. Ch. **1**, 390; 1887.
O. Krummacher, ZS. Biol. **51**, 317; 1908 (Harnstofflösungen).
K. H. Küster, Diss. Marburg, 1911.
E. Kuklin, J. d. russ. phys.-chem. Ges. **15**, 106; 1883. (Naphthadestillationsprodukte.)
A. Kundt u. **E. Warburg**, Pogg. Ann. **157**, 353; 1876.
Ludwig Kunz, Diss. Bonn 1904. Ann. d. Phys. (4) **14**, 309; 1904.
W. Kurbatoff (1), ZS. f. phys. Chem. **43**, 104; 1903.
„ (2), Journ. d. russ. phys.-chem. Ges. **34**, chem. T., 250, 766; 1902.
„ (3), Journ. d. russ. phys.-chem. Ges. **35**, chem. T., 119; 1903.
„ (4), Journ. d. russ. phys.-chem. Ges. **40**, chem. T., 811; 1908.
„ (5), Journ. d. russ. phys.-chem. Ges. **41**, chem. T., 311; 1909.
N. Kurnakoff, Journ. d. russ. phys.-chem. Ges. **22** [1], 493; 1890. (Berechnung der spez. Wärme von Kohlensäure.).
Laborde, C. r. **123**, 227; 1896. Journ. d. phys. (3) **5**, 547; 1896.
Rud. Laemmel, Ann. d. Phys. (4) **16**, 551; 1905.
Lagarde, cf. **Thoulet.**
Langen, Mitt. über Forschungsarb. a. d. Geb. d. Ingenieurw. **8**, 1; 1903.
P. Laschtschenko, Journ. d. russ. phys.-chem. Ges. **42**, 1604; 1911.
H. Le Chatelier, C. r. **116**, 1051; 1893. (Graphit.)
E. Lecher (1), Wien. Ber. **76** [2], 937; 1877.
„ (2), Wien. Ber. **117** [2a], 111; 1908. (Ausbildung einer elektrischen Methode und deren Erprobung an Ni und Fe.)
Alfred Lechner, Wien. Ber. **118** [2a], 1035; 1909. (k für Dämpfe.)
Ledebour, cf. **Herschel.**
A. Leduc (1), C. r. **126**, 1860; 1898. (Luft nach Regnault.)
„ (2), C. r. **127**, 659; 1898.
Le Verrier, C. r. **114**, 907; 1892.
Augusto Levi, Atti Ist. Veneto **68** [2], 47, 345; 1908.
G. A. Liebig, Sillim. Amer. J. (3) **26**, 57; 1883. (Wasser.)
Lindemann, cf. **Nernst.**
G. Lindner, Diss. Erlangen, 1903.
R. L. Litch, Phys. Rev. **5**, 182; 1897.
H. Lorenz, ZS. d. Ver. d. Ing. **48**, 698, 1189; 1904. Mitt. über Forschungsarb. a. d. Geb. d. Ingenieurw. **21**, 93; 1905. Phys. ZS. **5**, 383; 1904.
L. Lorenz, Vidensk. Selsk. Skriften, naturv. og mat. Afd. Kopenhagen (6) **2**, 37; 1881/86. Wied. Ann. **13**, 422, 582; 1881.
„ Phys. ZS. **5**, 384; 1904. (Wasser unter Druck.)
W. Louguinine (1), Ann. chim. phys. (5) **27**, 398; 1882.
„ (2), Ann. chim. phys. (6) **27**, 138; 1892.
„ (3), Ann. chim. phys. (7) **13**, 289; 1898. (7) **26**, 228; 1902
„ (4), Arch. sc. phys. (4) **9**, 5; 1900.
„ (5), C. r. **134**, 88; 1901.
„ (6), Journ. de phys. (3) **10**, 5; 1901.
„ (7), Ann. chim. phys. (7) **27**, 105; 1902.
„ (8), Journ. chim. phys. **2**, 1; 1904.
James Webster Low, Wied. Ann. **52**, 640; 1894. Phil. Mag. (5) **38**, 249; 1894.
G. de Lucchi, Cim. (3) **11**, 11; 1882. Atti dell. Ist. Veneto (5) **7**, 1305; 1880/81. Exner Repert. **19**, 249; 1883.
Ch. Lüdeking, Wied. Ann. **27**, 72; 1886.
C. Lüdeking u. **J. E. Starr**, Sill. Amer. Journ. (3) **45**, 200; 1893.
E. Lüdin, Mitt. Naturw. Ges. Winterthur, Heft 2, S. A. 13 S. 1900.
O. Lummer u. **E. Pringsheim** (1), Rep. Brit. Ass. Oxford 1894, 565.
„ „ (2), Wied. Ann. **64**, 555; 1898.
S. Lussana (1), Cim. (3) **36**, 5, 70, 130; 1894.
„ (2), Cim. (4) **1**, 327; 1895. (c_p für Luft bei hohen Drucken.)
„ (3), Cim. (4) **3**, 92; 1896. (c_p für Kohlensäure bei hohen Drucken.)

Literatur, betreffend spezifische Wärme.

(Fortsetzung.)

S. Lussana (4), Atti Ist. Veneto (7) **8**, 9 S; 1896/97. (c_p für Kohlensäure bei hohen Drucken.)
„ (5), Cim. (4) **6**, 81; 1897. (c_p für Luft bei hohen Drucken.)
„ (6), Cim. (4) **7**, 365; 1898. (c_p für Luft bei hohen Drucken.)
„ (7), Cim. (5) **16**, 456; 1908. (c_p für Hg, Methylalkohol, Aceton.)
„ cf. **Bellati.**

Ch. F. Mabery u. **A. H. Goldstein;** Proc. Amer. Acad. **37**, 539; 1902.

H. Mache; Wien. Ber. **106** [2 a], 590; 1897.

Mac Rae, cf. **Mills.**

W. F. Magie (1), Phys. Rev. **9**, 65; 1899. Phys. ZS. **1**, 233; 1900.
„ (2), Phys. Rev. **13**, 91; 1901.
„ (3), Phys. Rev. **16**, 381; 1903.
„ (4), Phys. Rev. **17**, 105; 1903.

A. Magnus, Ann. d. Phys. (4) **31**, 597; 1910. Habilitationsschrift, Tübingen 1910, 27 S.

W. Makower, Phil. Mag. (6) **5**, 226; 1903. Proc. Phys. Soc. London **18**, 345; 1903.

Er. Mallard, Bull. soc. minéral. de France **6**, 122; 1883. (Boracit.)

G. Maneuvrier; C. r. **120**, 1398; 1895. Journ. de phys. (3) **4**, 445; 1895. Ann. chim. phys. (7) **6**, 321; 1895. (k für Luft, Kohlensäure und Wasserstoff.)
„ u. **J. Fournier** (1), C. r. **123**, 228; 1896.
„ „ (2), C. r. **124**, 183; 1897.

Marcet, cf. **De la Rive.**

Marignac (1), Arch. sc. phys., (n. pér.) **39**, 217; 1870. Lieb. Ann. Suppl. VIII, 335; 1872.
„ (2), Arch. sc. phys., (n. pér.) **55**, 113; 1876. Ann. chim. phys. (5) **8**, 410; 1876.

M. Martinetti, Atti di Torino **25**, 827; 1889/90.

T. Martini, Atti dell' Ist. Veneto (5) **7**, 491; 1880/81.

Massol u. **Guillot,** C. r. **121**, 208; 1895.

G. Massol u. **A. Faucon,** C. r. **153**, 268; 1911.

E. Mathias (1), C. r. **119**, 404; 1894.
„ (2), Journ. de phys. (3) **5**, 381; 1896. Ann. de Toulouse **10** [2] E. 1. 1896. (Schweflige Säure.)

C. Matignon u. **E. Monnet,** C. r. **134**, 542; 1902.

A. M. Mayer, Sill. Amer. J. (3) **41**, 54; 1891.

D. Mazzotto, Atti di Torino **17**, 111; 1881/82.

Meuthen, cf. **Oberhofer.**

H. Meyer, Gött. Nachr. 1888, 41. Wied. Ann. **34**, 596; 1888.

M. Meyer, cf. **Tolloczko.**

J. E. Mills u. **Duncan Mac Rae** (1), Journ. phys. chem. **14**, 797; 1910.
„ „ (2), Journ. phys. chem. **15**, 54; 1911.

J. Milthaler, Wied. Ann. **36**, 897; 1889.

Mixter u. **Dana,** Lieb. Ann. **169**, 388; 1873.

H. Moissan u. **H. Gauthier,** C. r. **116**, 924; 1893. Ann. chim. phys. (7) **17**, 568; 1896.

Molier, cf. **Knoblauch.**

E. Monnet, cf. **Matignon.**

F. Morano, Rend. Linc. (5) **7** [2], 61; 1898.

Mueller, cf. **Dickinson.**

P. A. Müller, Diss. Breslau, 1882. Auszug Wied. Ann. **18**, 94; 1883. Ber. chem. Ges. **16**, 214; 1883.

W. v. Münchhausen, cf. **Wüllner,** Wied. Ann. **1**, 592; 1877 u. **10**, 284; 1880.

A. Naccari (1), Atti di Torino **23**, 107; 1887/88.
„ (2), Atti di Torino **23**, 594; 1887/88. Cim. (3) **24**, 213; 1888. J. de phys. (2) **8**, 612; 1889.

Al. Nadejdine, J. d. russ. phys.-chem. Ges. **16**, 222; 1884. Exner Repert. **20**, 446; 1884.

E. u. **L. Natanson** Wied. Ann. **24**, 454; 1885.

W. Nernst (1), Sitzber. Berl. Akad. 1910, 262.
„ (2), Sitzber. Berl. Akad. 1911, 306.
„ (3), ZS. f. Elektrochem. **16**, 96; 1910.
„ (4), Ann. d. Phys. (4), **36**, 395; 1911.
„ u. **F. A. Lindemann,** ZS. Elch. **17**, 817; 1911.
„ **F. Koref** u. **F. A. Lindemann,** Sitzber. Berl. Akad. 1910, 247.

E. Neumann, cf. **L. Weiss.**

F. Neumann, Pogg. Ann. **126**, 123; 1865.

Neyreneuf, Ann. chim. phys. (6) **9**, 535; 1886.

J. P. Nichol, cf. **Tait.**

O. Niemeyer, Diss. Halle, 1902.

L. F. Nilson, Oefvers. k. Vet. Ak. Förhandl. Stockholm **40**, No. 1, 3; 1883. Ber. chem. Ges. **16**, 153; 1883. C. r. **96**, 346; 1883.
„ u. **O. Pettersson** (1), Oefvers. k. Vet. Ak. Förhandl. Stockholm **37**, No. 6, 33; 1880. Ber. chem. Ges. **13**, 1459; 1880
„ „ (2), Oefvers. k. Vet. Ak. Förhandl. Stockholm **37**, Nr. 6, 33; 1880. Ber. chem. Ges. **13**, 1451; 1880. C. r. **91**, 168; 1880.
„ „ (3), ZS. phys. Ch. **1**, 27; 1887.

Literatur, betreffend spezifische Wärme.

(Fortsetzung.)

Nilson, cf. **Krüss**.

Paul Nordmeyer, Verh. D. Phys. Ges. **10**, 202; 1908.

„ u. **A. L. Bernoulli**, Verh. D. Phys. Ges. **9**, 175; 1907.

„ cf. **Forch**.

P. Oberhofer, Stahl u. Eisen **27**, 1764; 1907.

„ u. **A. Meuthen**, Metallurgie **5**, 173; 1908.

P. E. W. Oeberg, Oefvers. k. Vet. Ak. Förhandl. Stockholm **42**, No. 8, 43; 1885.

J. Ogier (1), C. r. **96**, 646; 1883. Ber. chem. Ges. **16**, 947; 1883.

„ (2), C. r. **96**, 648; 1883.

Ogier, cf. **Berthelot**.

Donato Ottolenghi, Mem. di Torino (2) **57**, 97; 1907.

Page, cf. **Dupré**.

S. Pagliani (1), Atti di Torino **16**, 595; 1880/81.

„ (2), Atti di Torino **17**, 97; 1881/82.

„ (3), Cim. (3) **11**, 229; 1882.

„ (4), Cim. (4) **4**, 146; 1896. (Berechnung von k für Benzol, Cymol, Toluol, Xylol.)

C. Pape (1), Pogg. Ann. **120**, 337; 1863.

„ (2), Pogg. Ann. **122**, 408; 1864.

A. H. Peake, Proc. Roy. Soc. (A) **76**, 184; 1905.

L. Pebal u. **H. Jahn**, Wied. Ann. **27**, 584; 1886.

B. O. Peirce u. **R. W. Willson**, Nature **61**, 367; 1900.

J. Pernet, Vierteljahrsschr. Naturf. Ges. Zürich **41**, 121; 1896.

F. L. Perrot, Arch. sc. phys. (3) **32**, 145, 254, 337; 1894.

Person (1), C. r. **23**, 162; 1846. Pogg. Ann. **70**, 300; 1847.

„ (2), Ann. chim. phys. (3) **21**, 295; 1847. Pogg. Ann. **74**, 409, 509; 1849.

„ (3), Ann. chim. phys. (3) **24**, 129; 1848. Pogg. Ann. **76**, 426, 586; 1849.

„ (4), C. r. **29**, 300; 1849. Ann. chim. phys. (3) **27**, 250; 1849.

„ (5), Ann. chim. phys. (3) **33**, 437; 1851. Lieb. Ann. **80**, 136; 1851.

P. Petit, Ann. chim. phys. (6) **18**, 145; 1889.

Petit, cf. **Dulong**.

O. Pettersson, Nova Acta Reg. Soc. Ups. (3) **10**, No. 18; 1879. J. prakt. Ch. (n. F.) **24**, 129, 293; 1881. Teilweise abgedruckt in Oefvers. k. Vet. Ak. Förhandl. Stockholm **35**, No. 9, 3; 1878.

Pettersson, cf. **Nilson**.

Pettersson u. **Hedelius**, Oefvers. k. Vet. Ak. Förhandl. Stockholm **35**, No. 2, 35; 1878. J. prakt. Ch. (n. F.) **24**, 129; 293; 1881.

P. Pettinelli, Ann. del R. Ist. Tecnico di Bari **17**, 1898. Journ. de phys. (3) **8**, 490; 1899.

Pfaundler, Wied. Ann. **8**, 648; 1879.

Sp. Umfreville Pickering (1), Proc. Roy. Soc. **49**, 11; 1890/91.

(2), Journ.chem.Soc. **67**, 664; 1895.

Mathias Pier (1), ZS. f. ph. Chem. **62**, 385; 1908.

„ (2), ZS. f. ph. Chem. **66**, 759; 1909.

„ (3), ZS. f. Elektrochem. **15**, 536; 1909.

„ (4), ZS. f. Elektrochem. **16**, 897; 1910.

Pionchon (1), Ann. chim. phys. (6) **11**, 33; 1887. C. r. **102**, 675, 1454; 1886 u. **103**, 1122; 1886.

(2), C. r. **106**, 1344; 1888.

F. Pollitzer, ZS. f. Elektrochem. **17**, 5; 1911.

Pouillet, C. r. **13**, 782; 1836. Pogg. Ann. **39**, 567; 1836.

Pringsheim, cf. **Lummer**.

Rakowski, cf. **Doroschewski**.

F. Rapp, Diss. Zürich, 1883.

Regnault (1), Ann. chim. phys. (2) **73**, 1; 1840. Pogg. Ann. **51**, 44; 213; 1840.

„ (2), Ann. chim. phys. (3), **1**, 129; 1841. Pogg. Ann. **53**, 60, 243; 1841.

„ (3), Ann. chim. phys. (3) **9**, 322; 1843. Pogg. Ann. **62**, 50; 1844.

„ (4), Mém. de l'Acad. **21**, 729; 1847. Pogg. Ann. **79**, 241; 1850.

„ (5), C. r. **28**, 325; 1849. Ann. chim. phys. (3) **26**, 261; 1849. Pogg. Ann. **77**, 99; 1849.

„ (6), Ann. chim. phys. (3) **26**, 286; 1849. Pogg. Ann. **78**, 118; 1849.

„ (7), Ann. chim. phys. (3) **38**, 129; 1853. Pogg. Ann. **89**, 495; 1853.

„ (8), Ann. chim. phys. (3) **46**, 257; 1856. Pogg. Ann. **98**, 396; 1856.

„ (9), Mém. de l'Acad. **26**, 1; 1862.

„ (10), Mém. de l'Acad. **26**, 262; 1862.

„ (11), Ann. chim. phys. (3) **63**, 1; 1861. Lieb. Ann. **121**, 237; 1862. Phil. Mag. (4) **23**, 103; 1862.

„ (12), Ann. chim. phys. (3) **67**, 427; 1863.

v. Reis (1), Wied. Ann. **10**, 291; 1880.

„ (2), Wied. Ann. **13**, 447; 1881.

Literatur, betreffend spezifische Wärme.

(Fortsetzung.)

Jos. W. Richards, Chem. News **68**, 58, 69, 82, 93; 1893.
Theodore William Richards u. **Frederick Gray Jackson**, ZS. f. phys. Chem. **70**, 414; 1910.
" u. **A. W. Rowe**, Proc. Amer. Acad. **43**, 473; 1908. ZS. phys. Ch. **64**, 187; 1908 (HCl)
" u. **Allan Winter Rowe**, Proc. Amer. Phil. Soc. **43**, 475; 1908. ZS. f. phys. Chem. **64**, 187; 1908.
F. Richarz, Sitzber. Ges. z. Bef. d. ges. Naturw. 1904, 57.
Oscar Richter, Diss. Marburg, 1908.
F. W. Rixon, cf. **Dixon**.
W. C. Roberts-Austen u. **A. W. Rücker**, Phil. Mag. (5) **32**, 353; 1891.
H. Rodewald u. **A. Kattein**, ZS. f. phys. Chem. **33**, 540; 1900.
W. C. Röntgen, Pogg. Ann. **148**, 580; 1873.
Ernst Rohlf, Diss. Marburg 1909.
Romanese, cf. **Bellati**.
H. Roth, cf. **Kahlbaum**.
W. A. Roth, ZS. Elch. **16**, 657; 1910 (Hemipinimid, fest).
Rowe, cf. **Richards**.
H. A. Rowland, Proc. Amer. Acad. (n. s.) **7**, 75; 1879/80.
W. A. Douglas Rudge, Proc. Cambr. Phil. Soc. **14**, 85, 1906.
Rücker, cf. **Roberts-Austen**.
A. S. Russel, Phys. ZS. **13**, 59; 1912.
A. Saposchnikow, Journ. d. russ. phys.-chem. Ges. **41**, chem. T. 1708; 1909.
Karl Scheel u. **Wilhelm Heuse** (1), Ann. d. Phys. (4), **37**, 79: 1912.
" (2), Tätigkeitsber. d. P.-T. Reichsanst. i. J. 1911.
R. Schiff (1), Lieb. Ann. **234**, 300; 1886.
" (2), ZS. phys. Ch. **1**, 376; 1887.
Hermann Schimpff, ZS. f. phys. Chem. **71**, 257; 1910.
A. Schlamp, Ber. Oberhess. Ges. f. Naturw. u. Heilk. **31**, 100; 1895.
Hermann Schlesinger, Phys. ZS. **10**, 210; 1909.
Wilhelm Schlett, Diss. Marburg 1907. Ann. d. Phys. (4) **26**, 201; 1908.
H. C. Schmitz (1), Proc. Roy. Soc. **72**, 177; 1903.
" (2), Mem. Manchester Soc. **48**, Nr. 6, 8 S., 1904.
Hermann Schottky (1), ZS. f. phys. Chem. **64**, 415; 1908.
" (2), Phys. ZS. **10**, 634; 1909.
J. Schröder, Journ. d. russ. phys.-chem. Ges. **40**, chem. T. 360; 1908.
Schtscheglajew, cf. **Zinger**.
A. Schükarew, Wied. Ann. **59**, 229; 1896. (Glas, Amylenhydrat, Acetal, Rohrzuckerlösung.)
J. H. Schüller (1), Pogg. Ann. **136**, 70, 235; 1869.
" (2), Pogg. Ann. Erg. V, 116, 192; 1871.
L. Schüz, Wied. Ann. **46**, 177; 1892.
Karl Schulz, Zentralbl. f. Min. 1911, 632.
F. Schwers, Bull. de Belg. 1908, 814.
Alfonso Sella, Gött. Nachr. 1891, 311.
Ph. Siedler, cf. **Kahlbaum**.
E. F. Smith, cf. **Grodspeed**.
W. Spring (1), Bull. de Belg. (3) **11**, 355; 1886.
" (2), Bull. de Belg. (3) **29**, 479; 1895. ZS. f. anorg. Chem. **9**, 205; 1895.
Staniewski cf. **Estreicher**.
P. G. Starkweather, Sill. Journ. (4) **7**, 13; 1899.
J. E. Starr, cf. **Lüdeking**.
Stein-Bernstein, cf. **Hillersohn**.
E. H. Stevens (1), Diss. Heidelberg, 1900. Verh. D. phys. Ges, **3**, 54; 1901.
(2), Ann. d. Phys. (4) **7**, 285; 1902.
Stierlin, Diss. Zürich 1907. Züricher Vierteljahrsschr. **52**, 382; 1908.
G. Stimpfl, Dingl. Journ. **290**, 213; 1893.
Otto Stoll, Diss. Marburg, 1911 (Elektrolytischer Sauerstoff).
Stracciati, cf. **Bartoli**.
K. Strecker (1), Wied. Ann. **13**, 20; 1881.
" (2), Wied. Ann. **17**, 85; 1882.
F. Streintz, Boltzmann Festschr. 196; 1904.
H. v. Strombeck (1), J. Franklin Inst. Dez. 1890 u. Jan. 1891. Wied. Beibl. **15**, 504; 1891.
" (2), Proc. Franklin Inst., Chem. Sect., Aug. 1892. ZS. phys. Ch. **11**, 139; 1893. (Kochsalzlösungen.)
Norbert Stücker, Wien. Ber. **114** [2a], 657; 1905.
W. Sutherland, Phil. Mag. (5) **26**, 298; 1888.
W. F. G. Swann, Phil. Trans. (A) **210**, 199; 1910.
Tait, Proc. Roy. Soc. Edinb. **11**, 126; 1880/82. Phil. Mag. (5) **12**, 147; 1881.
Terry, cf. **Gee**.
H. Teudt, Diss. Erlangen, 1900. Erl. Ber. **31**, 131; 1899 (1900).
Rudolf Thibaut, Diss. Berlin 1910. Ann. d. Phys. (4) **35**, 347; 1911.
M. Thiesen, Ann. d. Phys. (4) **9**, 80; 1902.
C. C. Thomas, Proc. Amer. Soc. Mech. Engin. **29**, 633, 1907. [Science Abstr. (B) **11**, 43, 1908. (Überhitzter Wasserdampf.)
Robert Thomas, 40 S. Diss. Marburg 1905.
J. Thomsen, Pogg. Ann. **142**, 337; 1871.
Thoulet u. **Chevalier**, C. r. **108**, 794; 1889.
" u. **Lagarde**, C. r. **94**, 1512; 1882.

Literatur, betreffend spezifische Wärme.

(Fortsetzung.)

Thum, Diss. Zürich 1906.
„ cf. **Kleiner**.
W. A. Tilden (1), Proc. Roy. Soc. **66**, 244; 1900. Phil. Trans. (A) **194**, 233; 1900. (Kobalt, Nickel, Gold, Platin, Kupfer, Eisen.)
„ (2), Proc. Roy. Soc. **71**, 220; 1903. Phil. Trans. (A) **201**, 37; 1903.
„ (3), Phil. Trans. (A) **203**, 139; 1904.
W. Timofejew (1), C. r. **112**, 1261; 1891. (Lösungen von $HgCl_2$ u. CdJ_2 in Methylalkohol u. Äthylalkohol, u. von CdJ_2 in Wasser.)
„ (2), Iswiestja d. Kiew. polyt. Inst. 1905, 1. Diss. Kiew. 1905, 340 S.
St. Tolloczko u. **M. Meyer**, Kosmos, **35**, 645; 1910.
H. Tomlinson, Proc. Roy. Soc. **37**, 107; 1884.
M. Trautz u. **v. Dechend**, ZS. Elch. **14**, 271; 1908 (Sulfurylchlorid-Dampf).
v. Trentinaglia, Wien. Ber. **72** [2], 669; 1876.
C. C. Trowbridge, Science (N. S.) **8**, 6; 1898.
O. Tumlirz (1), Wien. Ber. **106** [2a], 654; 1897. (Berechnung der spez. W. d. Wasserdampfes bei konst. Druck.)
„ (2), Wien. Ber. **108** [2a], 1395, 1405; 1899. (Überhitzter Wasserdampf.)
R. Ulrich, Wollny Forsch. a. d. Geb. d. Agrikulturphys. **17**, 1; 1894.
P. Vaillant, C. r. **141**, 658; 1905.
Siegfried Valentiner, Ann. d. Phys. (4) **15**, 74; 1904.
A. W. Velten, Wied. Ann. **21**, 31; 1884. Ber. chem. Ges. **17**, Ref. 95; 1884. Cim. (3) **15**, 76; 1884. Dingl. J. **252**, 1342; 1884. J. de phys. (2) **4**, 521; 1885.
Violle (1), C. r. **85**, 543; 1877. Phil. Mag. (5) **4**, 318; 1877.
„ (2), C. r. **87**, 981; 1878.
„ (3), C. r. **89**, 702; 1879.
„ (4), C. r. **120**, 868; 1895.
G. Vogel, ZS. ph. Ch. **73**, 429; 1908 (Isopentan, flüssig und dampfförmig).
W. Voigt, Gött. Nachr. 1893, No. 6. Wied. Ann. **49**, 709; 1893.
Friedrich Voller, Diss. Berlin 1908, 29 S.
R. Wachsmuth, Wied. Ann. **48**, 158; 1893.
Warburg, cf. **Kundt**.
F. A. Waterman, Phys. Rev. **4**, 161; 1896.
H. F. Weber (1), Pogg. Ann. **154**, 367, 553; 1875. Phil. Mag. (4) **49**, 161, 276; 1875.
„ (2), Wied. Ann. **10**, 314; 1880.
R. Weber (1), Diss. Zürich, 1878. Wolf, Vierteljahrsschr. d. natf. Ges. Zürich **23**, 209; 1878.
„ (2), Séanc. Soc. Neuchâtel 28. März 1895. Arch. sc. phys. (3) **33**, 590; 1895.
Ludwig Weiss, ZS. anorg. Ch. **65**, 279; 1910 (Wolfram).
„ u. **Hans Kaiser**, ZS. anorg. Ch. **65**, 345; 1910 (Titan).
„ u. **Eugen Neumann**, ZS. anorg. Ch. **65**, 248; 1910 (Zirkon).
Pierre Weiss, C. r. **145**, 1417; 1907.
„ u. **Paul N. Beck**, Journ. de phys. (4) **7**, 249; 1908.
Wilhelm Wenz, Diss. Marburg 1909, 69 S. Marb. Ber. 1909, 10 S. Ann. d. Phys. (4) **33**, 951; 1910.
Walter P. White, Sill. Amer. Journ. (4) **28**, 334; 1909.
H. F. Wiebe, cf. **Gumlich**.
E. Wiedemann (1), Pogg. Ann. **157**, 1; 1876. Phil. Mag. (5) **2**, 81; 1876.
„ (2), Wied. Ann. **2**, 195; 1877.
Albert Wigand, Ann. d. Phys. (4) **22**, 64; 1907.
R. W. Willson, cf. **Peirce**.
A. Winkelmann (1), Diss. Bonn. Wied. Ann. **149**, 1; 1873.
„ (2), Pogg. Ann. **159**, 152; 1876.
„ (3), Wied. Ann. **49**, 401; 1893.
Winogradow, cf. **Bogojawlenski**.
A. Witkowski, Krak. Anz. 1895. Journ. de Phys. (3) **5**, 123; 1896. Phil. Mag. (5) **42**, 1; 1896.
A. G. Worthing, Phys. Rev. **32**, 243; 1911.
J. Wscharow, cf. **Bachmetjew**.
Wüllner (1), Wied. Ann. **1**, 592; 1877 u. **10**, 284; 1880.
„ (2), Wied. Ann. **4**, 321; 1878.
„ cf. **Bettendorff**.
Zanetti, cf. **Gnesotto**.
F. Zettermann, Akademisk Afhandling, Helsingfors, 1880, zitiert bei Pagliani (3).
A. Zinger u. **J. Schtscheglajew**, Journ. d. russ. phys.-chem. Ges. **27**, 30; 1895. Fortschr. d. Phys. **52** [2], 335; 1896. Beibl. **19**, 774; 1895.
P. Zouboff, Journ. d. russ. phys.-chem. Ges. **28**, 22; 1896. Fortschr. d. Phys. **52** [2], 336; 1896. (Gläser.)

178

Joule-Thomson-Effekt.

Der Joule-Thomson-Effekt ist die Temperaturänderung Δt, die ein Gas erleidet, wenn es, bei völliger Wärmeisolation gegen die Umgebung, von höherem Druck P auf niederen Druck p übergeht, indem es durch eine Drosselstelle strömt. Die Temperatur auf der Seite höheren Drucks sei t. In der Nähe von Zimmertemperatur tritt bei allen untersuchten Gasen Abkühlung (Δt positiv), nur bei Wasserstoff Erwärmung (Δt negativ) ein. Die Temperatur $t = t_i$, bei der $\Delta t = 0$ ist, heißt die Inversionstemperatur und ist abhängig vom Druck. Oberhalb t_i tritt Erwärmung, unterhalb Abkühlung ein.

Joule und **Thomson** 1862
Thomson, Math. Phys. Papers I, 333; 1882.
P bis 6 Atm; $P - p = 1$ Atm.

Gas	t	Δt
Kohlensäure (nach Berechnung von Kester, Phys. Rev. **21**, 260, 1905)	0°	1,35
	10	1,24
	20	1,14
	30	1,05
	40	0,96
	50	0,89
	60	0,83
	70	0,76
	80	0,71
	90	0,66
	100	0,62
Luft	7,1	0,26
	39,5	0,23
	92,8	0,15
Sauerstoff	8,7	0,32
	89,5	0,24
	95,5	0,17
Stickstoff	7,2	0,31
	91,4	0,17
	92,0	0,21
Wasserstoff . . .	6,8	−0,030
	90,1	−0,044

E. Natanson
Wied. Ann. **31**, 502; 1887
$t = 20°$; $P - p = 1$ Atm.
Kohlensäure

P Atm.	Δt
2	1,21°
5	1,24
10	1,31
15	1,37
20	1,43
25	1,50

Frederik E. Kester, Phys. Rev. **21**, 260, 1905
P bis 40 Atm.
$P - p = 1$ Atm.
Kohlensäure

t	Δt
0°	1,46°
10	1,32
20	1,20
30	1,11
40	1,04
50	0,99
60	0,95
70	0,91
80	0,87
90	0,83
100	0,80

J. P. Dalton, Leiden Comm. Nr. 109 c., 1909
$t = 0°$ C. $p = 1$ Atm.
Luft

P Atm.	Δt
5	1,13°
10	2,51
15	3,88
20	5,25
25	6,59
30	7,92
35	9,24
40	10,48
45	11,69

E. Vogel, Diss. München 1910
$t = 0°$ C. $P - p = 1$ Atm.

P Atm.	Δt **Luft**	Δt **Sauerstoff**
0	0,277°	0,326°
20	0,260	0,309
40	0,243	0,292
60	0,225	0,275
80	0,208	0,258
100	0,191	0,241
120	0,174	0,224
140	0,157	0,207
160	0,139	0,190

W. P. Bradley u. **C. F. Hale**, Phys. Rev. **29**, 258; 1909.
Luft, $p = 1$ Atm.

t	$P = 68$ Δt	$P = 102$ Δt	$P = 136$ Δt	$P = 170$ Δt	$P = 204$ Atm. Δt
0°	17,1°	25,0°	32,6°	39,4°	44,6°
−10	18,7	27,4	35,6	42,6	48,2
−20	20,3	30,0	38,7	46,0	52,1
−30	21,9	32,7	42,1	49,7	56,4
−40	23,8	35,7	46,0	54,0	61,1
−50	25,8	39,0	50,4	58,7	66,4
−60	28,2	43,0	55,5	64,2	72,5
−70	31,6	48,3	61,8	71,0	79,5
−80	35,4	54,9	69,5	79,6	88,2
−90	40,2	63,4	79,5	91,6	99,2
−100	47,4	74,3	92,8		
−110	57,2				

Inversionstemperatur t_i
Olszewski. Ann. d. Phys. (4) **7**, 818; 1902. Phil. Mag. (6) **13**, 722; 1907.
$p = 1$ Atm.
Wasserstoff $P =$ ca. 100 Atm. $t_i = -80°,5$

P Atm.	t_i **Luft**	t_i **Stickstoff**
160	260°	244°
130	255	240
100	248	233
80	241	224
60	229	212
40	201	187
30	172	165
20	151	

Weitere Literatur.

Joule u. **Thomson**, Phil. Trans. **143**, 357; 1853. **144**, 321; 1854. **152**, 579; 1862.
F. E. Kester, Phys. ZS. **6**, 44; 1905 (CO_2).
V. H. Regnault nach Berechnung von **E. Buckingham**, Nature **76**, 493, 1907 (Luft).
W. A. Douglas Rudge, Phil. Mag. (6) **18**, 159; 1909 (CO_2).

Henning.

Osmotischer Druck.

Definition. Wenn man die Lösung irgend eines Stoffes in einem beliebigen Lösungsmittel von dem reinen Lösungsmittel durch eine Membran trennt, die nur für das Lösungsmittel, nicht aber für den gelösten Stoff durchlässig ist, so zeigt das reine Lösungsmittel das Bestreben, durch die Membran hindurch in die Lösung einzudringen und diese zu verdünnen. Dieser Vorgang, der als Osmose bezeichnet wird, geht so lange vor sich, bis der beim Eindringen des Lösungsmittels im Innern der Lösung entstehende Druck eine weitere Verdünnung gerade verhindert. Diesen Gleichgewichtsdruck bezeichnet man als den osmotischen Druck der Lösung. Er mißt ebenso wie der Gasdruck die maximale Arbeit, die bei isothermer Verdünnung der Lösung geleistet werden kann, gemäß der Gleichung $dA = p\,dv$.

In die nachfolgenden Tabellen sind nur solche Versuche aufgenommen worden, bei denen die benutzte Membran für den gelösten Stoff praktisch völlig undurchlässig war. Solche Messungen sind vorläufig ausschließlich in wäßrigen Lösungen und meist mit Membranen aus Ferrocyankupfer ausgeführt worden. Diese Membranen sind stets benutzt worden, falls nicht ausdrücklich auf die Verwendung einer anderen Membran hingewiesen wird. Die osmotischen Drucke p sind, wenn nichts anderes vermerkt, stets in Atmosphären angegeben. Die erste Spalte gibt die Konzentration in der im Original benutzten Zählung.

Literatur am Schluß der Tab. S. 790.

Rohrzucker $C_{12}H_{22}O_{11}$ 342,2

Pfeffer (1)

g RZ. in 100 g Lösung	t°	p
1	15,9	0,686
1	36,0	0,746
2	14	1,34
2,74	„	2,0
4	„	2,75
6	„	4,04

Ponsot (2) [1]

g RZ. in 100 g Lösung	t°	p
0,6175	11,8	0,58
0,1235	0,8	1,11
„	11,8	1,14

[1] Anmerkung: Die Zahlen von **Ponsot** sind wahrscheinlich durch einen Druckfehler entstellt. Entweder die Konzentrationen sind um das Zehnfache zu klein oder die osmotischen Drucke um das Zehnfache zu groß angegeben. Dies geht auch aus der theoretischen Berechnung von **Ponsot** hervor. Er berechnet den osmotischen Druck seiner konzentrierten Lösung zu 870 mm, während er für eine 0,123%-ige Lösung nur 87 mm erhalten dürfte.

Berkeley u. Hartley (3)

g RZ. im Liter Lösung	t°	p
2,02	0	0,134
10	0	0,66
20	0	1,32
45	0	2,97
93,75	0	6,18
150,8	0	11,8
300	0	26,8
558,5	0	71,8
750	0	134,7

Berkeley u. Hartley (4)

g RZ. im Liter Lösung	t°	p
180,1	0	13,95
300,2	0	26,77
420,3	0	43,97
540,4	0	67,51
660,5	0	100,78
750,6	0	133,74

Andere Messungen siehe bei **A. Ladenburg** (6), **Morse** (5), **Flusin** (7) und **Tammann** (9).

Morse (5)

g-Mol. in 1000 g H_2O	0°	10°	20°	25°
0,1	2,44	2,44	2,522	2,56
0,2	4,80	4,82	5,023	5,10
0,3	7,16	7,19	7,45	7,57
0,4	9,40	9,57	9,96	10,12
0,5	11,85	12,00	12,49	12,73
0,6	14,25	14,54	15,20	15,42
0,7	16,8	17,09	17,84	18,02
0,8	19,3	19,73	20,60	20,73
0,9	22,1	22,22	23,31	23,66
1,0	24,8	24,97	26,12	26,33

Glukose $C_6H_{12}O_6$ 180,1

Morse (5)

Mol. in 1000 g H_2O	10°	23°
0,1	2,39	2,39
0,2	4,76	4,76
0,3	7,11	7,20
0,4	9,52	9,60
0,5	11,91	12,00
0,6	14,31	14,5
0,7	16,70	16,9
0,8	19,05	19,3
0,9	21,39	21,65
1,0	23,80	24,1

Berkeley u. Hartley (4)

g im Liter Lösung	t°	p
99,8	0	13,21
199,5	0	29,17
319,2	0	53,19
448,6	0	87,87
548,6	0	121,18

Galaktose $C_6H_{12}O_6$ 180,1

Berkeley u. Hartley (4)

g im Liter Lösung	t°	p
250	0	35,5
380	0	62,8
500	0	95,8

Mannit $C_6H_{14}O_6$ 182,1

Berkeley u. Hartley (4)

g im Liter Lösung	t°	p
100	0	13,1
110	0	14,6
125	0	16,7

Mannit
(Etwas unsicher, da Spuren des gelösten Stoffes die Membran passierten!)

Osmotischer Druck.

Lit. S. 790.

g/Liter	Substanz	Formel	Mol.-Gew.	t°	p	Beobachter
1,07	**Resorcin**	$C_6H_6O_2$	110,1	11	0,207 Atm.	Ladenburg (6)
1,10	„	„	110,1	16	0,206 „	„
0,533	**Saccharin**	$C_7H_5O_3SN$	183,1	17	0,220 „	„
10	**Amygdalin**	$C_{20}H_{27}NO_{11}$	457,2	0	0,474 „	Flusin (7)
10	**Antipyrin**	$C_{11}H_{12}N_2O$	188,1	0	1,18 „	„

Einige andere Messungen an denselben gelösten Stoffen bei **Naccari** (8).

Kongorot

Bayliss (10)

0,3 %, 30,9° = 0,104 Atm.

W. Biltz u. **A. v. Vegesack** (11)

Mol. im Liter	t°	p (cm H_2O)
$0{,}306 \cdot 10^{-3}$	25	9,59
$0{,}619 \cdot 10^{-3}$	25	18,24
$0{,}907 \cdot 10^{-3}$	25	23,39
$1{,}25 \cdot 10^{-3}$	25	37,46
$1{,}59 \cdot 10^{-3}$	25	44,93
$1{,}87 \cdot 10^{-3}$	25	57,03

Nachtblau

W. Biltz u. **A. v. Vegesack** (11)

Mol. im Liter	t°	p (cm H_2O)
$0{,}313 \cdot 10^{-3}$	25	6,82
$0{,}765 \cdot 10^{-3}$	25	14,94

Calciumferrocyanid

Ca_2FeCy_6 292,1

Berkeley, Hartley u. **Burton** (13)

g in 100 g H_2O	t°	p (Atm.)
31,388	0	41,22
39,503	0	70,84
42,889	0	87,09
47,218	0	112,84
50,043	0	131,21

Brillantkongo

W. Biltz (12)

%	t°	p (cm H_2O)
0,027	25	8,3
0,063	25	30,9
0,076	25	40,6

Tuchrot

W. Biltz (12)

%	t°	p (cm H_2O)
0,013	25	4,5
0,0275	25	8,1
0,0325	25	11,5
0,082	25	28,9
0,105	25	30,5

Chicagoblau

W. Biltz (12)

Mol. im Liter	t°	p (cm H_2O)
0,023%	25	10,5
0,043%	25	20,0
0,0664%	25	31,5
0,078%	25	37,0

Kongoreinblau.

W. Biltz (12)

%	t°	p (cm H_2O)
0,028	25	11,7
0,045	25	20,4
0,073	25	35,9
0,087	25	39,6

Sämtliche Versuche von **W. Biltz** (11 u. 12) sind mit *Kollodiummembranen* ausgeführt.

Osmotischer Druck einiger verd. Salzlösungen.

Pfeffer (1)

Gel. Stoffe	Formel	Mol.-Gew.	%	t°	p (Atm.)
Kaliumsulfat	K_2SO_4	174,3	1	15,5	0,253
Weinstein	$C_4H_5O_6K$	188,1	gesättigt	13,0	0,09
„	„	188,1	„	29,2	0,152
Na-Tartrat	$C_4H_4O_6Na_2$	194,0	1	13,3	0,194
„	„	194,0	1	36,0	0,206
„	„	194,0	0,6	12,4	0,120
„	„	194,0	0,6	37,3	0,129
Kochsalz [1]	NaCl	58,5	0,011	11,8	1,05

[1] **Ponsot** (14). Anscheinend derselbe Irrtum wie oben. Vgl. Anm. auf voriger Seite.

Sackur

Osmotischer Druck.

Lit. S. 790.

Osmotischer Druck verdünnter Salzlösungen.

(Reihenfolge Ca, K, Na, NH_4)

Adie (15)

Die Resultate sind offenbar auf mehrere Prozent unsicher, da Vergleichsbestimmungen, die in verschiedenen Gefässen ausgeführt wurden, erhebliche Abweichungen zeigten. Alle Versuche wurden bei Zimmertemperatur (15—19°) ausgeführt. Die aufgenommenen Zahlen sind meist Mittelwerte verschiedener Versuche.

Substanz	Mol./Liter	p (Atm.)
$CaSO_4$	1,148/80 (ges.)	0,467
	0,57/80	0,245
KJ	8/80	3,37
	7/80	3,05
	6/80	2,56
	5/80	2,21
	4/80	1,775
	3/80	1,35
	2/80	0,92
	1/80	0,496
KNO_3	1/5	4,50
	1/7,5	2,87
	1/10	2,39
	1/20	1,56
	1/40	0,89
	1/80	0,466
K_2SO_4	5/80	1,895
	4/80	1,68
	3/80	1,38
	2/80	1,02
	1/80	0,505
	5/80	2,82
	4/80	2,19
	3/80	1,705
	2/80	1,01
	1/80	0,66

Substanz	Mol./Liter	p (Atm.)
$KHCO_3$	8/80	2,03
	4/80	1,01
	2/80	0,59
$K(SbO).C_4H_4O_6$ (Brechweinstein)	8/160	1,35
	6/160	1,03
	4/160	0,747
	2/160	0,32
$K_2Al_2(SO_4)_4 + 24\,H_2O$ (Kalialaun)	6,023/160	2,70
	6/160	3,36
	5/160	2,695
	4,82/160	2,32
	4/160	2,04
	3,616/160	1,84
	3/160	1,56
	2,41/160	1,18
	2/160	1,08
	1,205/160	0,61
	0,602/160	0,37
$K_2Cr_2(SO_4)_4 + 24\,H_2O$ (Kaliumchromalaun)	5/160	2,70
	4/160	2,46
	„(grün)	2,08
	3/160	1,62
	„(grün)	1,33
	2/160	1,10
	1/160	0,47

Substanz	Mol./Liter	p (Atm.)
$K_4Fe(CN)_6$ (Kaliumferrocyanid)	8/160	3,44
	6/160	2,57
	4/160	1,92
	3,3/160	1,68
	2,6/160	1,49
	2,5/160	1,27
	2/160	0,95
	1/160	0,50
$K_6Co_2(CN)_{12}$ (Kaliumkobalticyanid)	4/160	3,37
	3/160	2,49
	6/160	2,17
	2/160	1,74
	1/160	0,91
	0,5/160	0,514
$NaNO_3$	0,1	3,11
	1/20	1,69
	1/40	0,60
Na_2HPO_4	4/80	1,82
	2/80	1,50
	1/80	0,51
Na_2HCi (Citrat)	1/20	4,32
	1/40	2,12
	1/80	1,23
$(NH_4)_2SO_4$	1/20	2,64
	1/40	1,30

Sackur.

Osmotischer Druck.

Verdünnte Salzlösungen. Adie (15)

Lit. hierunter.

Osmotische Drucke in Atmosphären.

Verschiedene Säuren bei gleichem Kation.

Grammmolekeln im Liter.

Substanz	1/20	1/40	1/60	1/80
KNO_3	1,64	0,96	—	0,47
KJ	1,81	0,92	—	0,496
$KClO_3$	1,73	—	—	—
$KC_2H_3O_2$	1,26	—	—	—
K_2SO_4	2,16	1,25	—	—
$K_2C_2O_4$	2,26	1,31	—	—
$KHCO_3$	1,32	0,66	—	—
$KHSO_3$	—	0,79	—	—
$K_2C_4H_4O_6$	2,30	1,17	—	—
$K(SbO)C_4H_4O_6$	1,35	0,75	—	0,32
$K_4Fe(CN)_6$	3,49	2,05	1,49	0,90
$K_6Co_2(CN)_{12}$	—	3,46	2,17	1,77

Substanz	1/20	1/40	1/60
K-Formiat	1,25[1])	—	—
K-Acetat	1,54[1])	—	—
K-Propionat	1,62[1])	—	—
K-Benzoat	1,95	—	—
K-Oxalat	2,26	—	—
$NaNO_3$	1,59	—	—
$Na_2S_2O_3$	2,21	1,30	—
Na_2HPO_4	1,82	1,50	0,51
Na_3-Citrat	—	—	0,97

[1]) Mittel aus zwei erheblich differierenden Versuchen.

Verschiedene Basen bei gleichem Anion.

Substanz	1/20	1/40
KNO_3	1,68	0,89
$NaNO_3$	1,79	0,60
NH_4NO_3	1,48	0,66
$Mg(NO_3)_2$	2,12	0,96
$Ca(NO_3)_2$	1,67	1,07
$Sr(NO_3)_2$	1,58	1,38
$Ba(NO_3)_2$	2,04	1,33

Substanz	1/20	1/40
$Co(NO_3)_2$	2,14	1,35
$Cu(NO_3)_2$	2,14	0,93
K_2SO_4	2,19	1,35
Na_2SO_4	3,13	—
$(NH_4)_2SO_4$	2,64	1,28
$Al_2(SO_4)_3$	—	1,24

Literatur.

1. **Pfeffer**, Osmotische Untersuchungen, Leipzig 1877.
2. **Ponsot**, C. r. **125**, 867; 1897.
3. **Berkeley u. Hartley**, Proc. Roy. Soc. **82**, A. 271; 1909.
4. „ „ Trans. Roy. Soc. **206**, 499; 1906.
5. **Morse, Frazer** und ihre Mitarbeiter, Amer. chem. Journ. **36**, 39; 1906. **39**, 667, **40**; 1908. 194, **41**, 1257; 1909.
6. **A. Ladenburg**, Ber. chem. Ges. **22**, 1225; 1889.
7. **Flusin**, C. r. **132**, 1110; 1901.
8. **Naccari**, Accad. dei Linc. Roma **6**, 32; 1897.
9. **Tammann**, ZS. ph. Ch. **9**, 97; 1892.
10. **Bayliss**, Proc. Roy. Soc. London **81**, B. 269; 1909.
11. **W. Biltz u. A. v. Vegesack**, ZS. ph. Ch. **73**, 481; 1910.
12. **W. Biltz**, ZS. ph. Ch. **77**, 91; 1911.
13. **Berkeley, Hartley u. Burton**, Phil. Trans. Roy. Soc. London. **209**, 177; 1909.
14. **Ponsot**, C. r. **128**, 1447; 1899.
15. **Adie**, Journ. chem. Soc. **59**, 344; 1891.

Weitere Literatur über osmotischen Druck kolloidaler Lösungen:

Duclaux, Journ. chim. phys. **7**, 405; 1909 (Eisenhydroxyd).
Reid, Journ. of Physiol. **31**, 438; **33**, 12; 1905 (Eiweiß).
Starling, Journ. of Physiol. **24**, 317; 1899 (Eiweiß).
Moore u. Parker, Amer. Journ. of Physiol. **7**, 267; 1902 (Eiweiß).
Hufner u. Gansser, Arch. f. Physiol. **1907**, 209 (Hämoglobin).
Roaf, Quart. Journ. of experiment. Physiol. **3**, 171; 1910 (Eiweißsalze).

Sackur.

Molekulare Gefrierpunktserniedrigungen E anorganischer und organischer Lösungsmittel — „Kryoskopische Konstanten".

Die Zahlen der vierten Kolumne (E) stellen die Erniedrigungen der Gefriertemperatur dar, die 1 g-Mol. einer sich normal verhaltenden (d. h. weder assoziierten, noch dissoziierten) Substanz, in 1000 **Gramm** Lösungsmittel gelöst, verursacht.

Die Literatur zu Kol. 5 siehe S. 796; die kalorimetrisch gefundenen Schmelzwärmen (Kol. 7) sind aus Tab. 184 entnommen, mitunter aber etwas abgekürzt.

Lösungsmittel	Formel	Erstarrungstemp.*) °C	E kryoskop. bestimmt	Beobachter	Schmelzwärme pro g W, ber. $= \frac{1{,}985\,(273+t)^2}{1000\,E}$	Schmelzwärme W kalorim. gefunden	Damit E berechnet $= \frac{1{,}985\,(273+t^2)}{1000\,W}$
Anorganische Körper							
Phosphor . . .	P	44	**32,2**	Schenck	6,19	4,97[1]	40,1
" . . .	"	—	—			5,03[2]	39,7
Brom	Br	−7,3	**9,71**	Beckmann (2)	14,42	16,18[3]	8,65
Jod	J	113	**25,35**	Timmermanns	11,66	11,7[4]	25,28
"	"	113,4	**21,3**	Olivari	13,91	—	—
"	"	113	**21,0**	Beckmann (4)	14,08	—	—
Wasser	H_2O	0	**1,85**	Raoult (1)	79,97	79,67[5]	1,858
"	"	0	**1,86**	Nernst u. Abegg	79,04	—	—
"	"	0	**1,84**	Abegg	80,40	—	—
"	"	0	**1,85**	Raoult (4)	79,97	—	—
"	"	0	**1,86**	Loomis (1)	79,54	—	—
"	"	0	**1,85**	Hausrath	79,97	—	—
"	"	0	**1,85** bis **1,86**	Roth	79,97 bis 79,54	—	—
"	"	0	**1,857** bis **1,863**	Bedford	79,67 bis 79,41	—	—
Quecksilberchlorid	$HgCl_2$	265	**34,0**	Beckmann (3)	16,89	—	—
Quecksilberbromid	$HgBr_2$	235	**36,7**	"	13,95	—	—
Quecksilberjodid .	HgJ_2	250	**40,5**	"	13,42	—	—
Zinnbromid . .	$SnBr_4$	26,4	**24,3**	Raoult (3)	7,32	—	—
" . .	"	30	**28,0**	Garelli (3)	6,50	—	—
Stickstoffperoxyd .	N_2O_4	−10,95	**4,1**	Ramsay	33,24	32,2 bis 37,2[6]	4,23 bis 3,66
Phosphoroxychlorid	$POCl_3$	+1,25	**7,68**	Walden	19,44	—	—
"	"	+0,4 bis +0,9	**7,21**	Oddo u. Mannessier	20,61	—	—
Arsentribromid .	$AsBr_3$	30,3	**20,6**	Tolloczko (2)	8,86	8,93[7]	20,45
" .	"	30,3	**19,4**	Garelli u. Bassani	9,41	—	—
Antimontrichlorid .	$SbCl_3$	73,2	**18,4**	Tolloczko (1)	12,93	13,29[7]	17,9
Antimonpentachlorid	$SbCl_5$	−6	**17,5**	Beckmann (3)	8,09	—	—
Schwefelsäure . .	H_2SO_4	10,46	**7,00**	Hantzsch	22,78	24,03[8]	6,68
" . .	"	10,43	**6,81**	Oddo u. Scandola	23,42	—	—
Schwefelsäuremonohydrat . .	$H_2SO_4.H_2O$	8,4	**4,8**	Lespieau	32,74	31,72[9]	4,96
"		—	—			39,92[8]	3,94
Chlorwasserstoff .	HCl	−112	**4,98**	Beckm. u. Waentig	10,33	—	—
Bromwasserstoff .	HBr	−86	**9,41**	"	7,37	—	—
Jodwasserstoff .	HJ	−51	**20,26**	"	4,83	—	—

Beobachter der Schmelzwärmen: [1]) Petterson; [2]) Person; [3]) Regnault; [4]) Favre u. Silbermann; [5]) Wahrscheinlichster Wert aus Angaben von vielen Forschern abgeleitet, W. A. Roth, ZS. ph. Ch. **63**, 445; 1908; [6]) Ramsay; [7]) Tolloczko; [8]) Pickering; [9]) Berthelot.

*) Es sind stets die an den betr. Präparaten beobachteten Erstarrungstemperaturen angegeben.

Bruni.

Molekulare Gefrierpunktserniedrigungen E anorganischer und organischer Lösungsmittel — „Kryoskopische Konstanten“.

(Fortsetzung.)

Lit. s. S. 796.

Lösungsmittel	Formel	Erstarrungstemp. °C	E kryoskop. bestimmt	Beobachter	Schmelzwärme pro g W, ber. = $\frac{1{,}985\,(273+t)^2}{1000\,E}$	Schmelzwärme W kalorim. gefunden	Damit E berechnet = $\frac{1{,}985\,(273+t)^2}{1000\,W}$
Organische Körper							
(Aliphatische Verbindungen)							
Schwefelkohlenstoff	CS_2	—82,3	**3,83**	Beckm. u. Waentig	18,84	—	—
Chloroform . . .	$CHCl_3$	—61	**4,68**	„	19,06	—	—
Bromoform . . .	$CHBr_3$	8	**14,4**	Ampola u. Manuelli	10,88	—	—
Tetrachlorkohlenstoff	CCl_4	—24,7	**29,8**	Beckmann und Waentig	41,06	—	—
Methylenjodid (dimorph) α-stabil	CH_2J_2	5,70	**14,4**	Beckmann (1)	10,71	—	—
„ β-labil	„	5,23	**13,7**	„	11,21	—	—
Äthylendibromid .	$C_2H_4Br_2$	8	**11,8**	Raoult (2)	13,28	13,0[1])	12,06
Äthylencyanid . .	$C_2H_4(CN)_2$	54,5	**18,3**	Bruni u. Manuelli	11,63	—	—
Cetylalkohol . .	$C_{16}H_{33}OH$	46,9	**6,0**	Eykman (3)	33,85	—	—
Äthyläther . . .	$(C_2H_5)_2O$	—117	**1,79**	Beckmann und Waentig	26,98	—	—
Chloralalkoholat .	$CCl_3.CHO.C_2H_5OH$	46,2	**7,7**	Eykman (3)	26,26	—	—
Acetoxim . . .	$(CH_3)_2{:}CNOH$	59,4	**5,6**	„	39,16	—	—
Ameisensäure . .	$H.CO_2H$	8	**2,8**	Raoult (2)	55,98	57,38[1])	2,73
„	„	8	**2,77**	Zanninovich-Tessarin	56,58	52,61[2])	2,98
Essigsäure . . .	$CH_3.CO_2H$	17	**3,9**	Raoult (2)	42,80	43,66[1])	3,82
„	„	—	—		—	46,42[3])	3,53
„	„	—	—		—	45,82[4])	3,64
Caprinsäure . .	$C_9H_{19}.CO_2H$	27	**4,7**	Eykman (3)	38,00	22,68[5])	7,88
Laurinsäure . .	$C_{11}H_{23}.CO_2H$	43,4	**4,4**	Eykman (2)	45,16	43,69[6])	4,55
Palmitinsäure . .	$C_{15}H_{31}.CO_2H$	60	**4,4**	„	50,02	39,2[7])	5,61
Stearinsäure . .	$C_{17}H_{35}.CO_2H$	64	**4,5**	Eykman (3)	50,10	47,6[8])	4,74
Stearin	$C_3H_5(C_{18}H_{35}O_2)_3$	55,6	**4,7**	„	45,60	—	—
Chloressigsäure .	$CH_2Cl.CO_2H$	61,2	**5,21**	Mameli	42,55	—	—
Formamid . . .	$H.CONH_2$	0	**3,85**	Bruni u. Trovanelli	38,43	—	—
Acetamid . . .	$CH_3.CONH_2$	82	**3,63**	„	68,91	—	—
Crotonsäure . .	$C_3H_5.CO_2H$	72	**6,5**	Garelli u. Montanari	36,35	25,3[8])	9,34
Elaidinsäure . .	$C_{17}H_{33}.CO_2H$	47	**3,9**	Bruni u. Gorni (1)	52,12	—	—
Oxalsäuredimethylester	$C_2O_2(OCH_3)_2$	40,8	**5,29**	Ampola u. Rimatori (1)	36,95	42,6[8])	4,59
„	„	40,8	**5,0**	Auwers (3)	39,09	—	—
Bernsteinsäuredimethylester .	$C_4H_4O_2(OCH_3)_2$	19,5	**5,55**	Bruni u. Gorni (1)	30,60	—	—
Bernsteinsäureanhydrid . . .	$C_4H_4O_3$	118,6	**6,3**	Garelli u. Montanari	48,30	—	—
Diacetylweinsäurediäthylester	$C_4H_2O_2.(OC_2H_5)_2.(COCH_3)_2$	67	**13,32**	Paternò u. Manuelli	17,23	—	—
Urethan . . .	$NH_2.CO_2.C_2H_5$	48,7	**5,14**	Eykman (3)	39,97	40,8[9])	5,04

Beobachter der Schmelzwärmen: [1]) Pettersson; [2]) Berthelot; [3]) de Visser; [4]) Jul. Meyer; [5]) Guillot; [6]) Stohmann u. Wilsing; [7]) Fischer; [8]) Bruner; [9]) Eykman.

Bruni.

Molekulare Gefrierpunktserniedrigungen E anorganischer und organischer Lösungsmittel — „Kryoskopische Konstanten“.

(Fortsetzung.)

Lit. s. S. 796.

Lösungsmittel	Formel	Erstarrungstemp. °C	E kryoskop. bestimmt	Beobachter	Schmelzwärme pro g W, ber. = $\frac{1{,}985\,(273+t)^2}{1000\,E}$	Schmelzwärme W kalorim gefunden	Damit E berechnet = $\frac{1{,}985\,(273+t)^2}{1000\,W}$
Aromatische, hydroaromatische u. heterocyclische Verbindungen							
Benzol	C_6H_6	4,97	**4,9**	Raoult (2)	31,30	29,09[1])	5,29
„	„	5,5	**5,12**	Paternò (1)	30,07	30,08[2])	5,12
„	„	—	—		—	30,18[3])	5,10
„	„	—	—		—	29,43[4])	5,23
„	„	—	—		—	30,7[5])	5,015
„	„	—	—		—	30,38[6])	5,07
„	„	—	—		—	30,39[7])	5,07
Cyclohexan . . .	C_6H_{12}	6,2	**20,0**	Mascarelli u. Benati	7,73	—	—
„ . . .	„	6,2	**20,2**	Bruni u. Amadori	7,66	—	—
p-Xylol	$C_6H_4(CH_3)_2$	16	**4,3**	Paternò u. Montemartini	38,55	39,3[8])	4,22
Diphenyl . . .	$(C_6H_5)_2$	70,2	**8,0**	Eykman (3)	29,22	28,5[9])	8,20
Dicyclohexyl . .	$(C_6H_{11})_2$	2,75	**14,5**	Mascarelli u. Vecchiotti	10,39	—	—
Diphenylmethan .	$(C_6H_5)_2 . CH_2$	26,3	**6,7**	Eykman (3)	26,54	—	—
„ .	„	26,3	**6,72**	Amadori	26,46	—	—
Triphenylmethan .	$(C_6H_5)_3 . CH$	93	**12,45**	Garelli u. Calzolari	21,36	—	—
Dibenzyl . . .	$C_2H_4(C_6H_5)_2$	52	**7,2**	„	29,12	—	—
„	„	52	**7,23**	Mascarelli u. Musatty	29,00	—	—
Stilben	$C_2H_2(C_6H_5)_2$	118	**8,38**	Bruni u. Gorni (2)	36,21	—	—
Naphthalin . . .	$C_{10}H_8$	80,1	**6,8**	Eykman (1)	36,40	35,50[10])	6,97
„ . . .	„	80,1	**6,9**	Auwers (1)	35,87	35,62[4])	6,95
„ . . .	„	—	—		—	35,68[11])	6,94
„ . . .	„	—	—		—	34,7[5])	7,13
Phenanthren . .	$C_{14}H_{10}$	96,25	**12,0**	Garelli u. Ferratini	22,55	—	—
Anthracen . . .	„	213	**11,65**	Garelli (1)	40,24	—	—
p-Dichlorbenzol .	$C_6H_4Cl_2$	52,7	**7,48**	Bruni u. Gorni (2)	28,15	29,9[12])	7,04
„ .	„	53	**7,7**	Auwers (2)	27,40	—	—
p-Chlorbrombenzol	C_6H_4ClBr	67	**9,2**	„	24,94	—	—
p-Dibrombenzol .	$C_6H_4Br_2$	87	**12,4**	„	20,74	20,6[12])	12,5
„ .	„					20,3[5])	12,7
s-Trichlorbenzol .	$C_6H_3Cl_3$	63,5	**8,7**	Bruni u. Padoa (1)	25,84	—	—
Hexachlorbenzol .	C_6Cl_6	227	**20,75**	Mascarelli u. Babini	23,91	—	—
Hexahydrohexachlorbenzol . .	$C_6H_6Cl_6$	157	**16,5**	„	22,24	—	—
p-Chlortoluol . .	$CH_3 . C_6H_4 . Cl$	7	**5,6**	Auwers (4)	27,79	—	—
p-Bromtoluol . .	$CH_3 . C_6H_4 . Br$	26,9	**8,21**	Paternò (2)	21,74	20,15[1])	8,86
p-Jodtoluol . . .	$CH_3 . C_6H_4 . J$	34	**11,3**	Auwers (4)	16,55	—	—
„ .	„	34	**10,0**	Bruni u. Padoa (2)	18,71	—	—
β-Chlornaphthalin .	$C_{10}H_7Cl$	54	**9,76**	„	21,75	—	—
β-Bromnaphthalin	$C_{10}H_7Br$	59	**12,4**	„	17,64	—	—
β-Jodnaphthalin .	$C_{10}H_7J$	54	**15,0**	„	14,15	—	—

Beobachter der Schmelzwärmen: [1]) Pettersson u. Widman; [2]) Fischer; [3]) Ferche; [4]) Pickering; [5]) Bogojawlenski; [6]) Demerliac; [7]) Jul. Meyer; [8]) Colson; [9]) Eykman; [10]) Battelli; [11]) Alluard; [12]) Bruner.

Bruni.

Molekulare Gefrierpunktserniedrigungen E anorganischer und organischer Lösungsmittel — „Kryoskopische Konstanten“.

(Fortsetzung.)

Lösungsmittel	Formel	Erstarrungstemp. °C	E kryoskop. bestimmt	Beobachter	Schmelzwärme pro g W, ber. $= \frac{1{,}985\,(273+t)^2}{1000\,E}$	Schmelzwärme W kalorim. gefunden	Damit E berechnet $= \frac{1{,}985\,(273+t)^2}{1000\,W}$
Nitrobenzol . .	$C_6H_5 . NO_2$	5,3	**7,05**	Raoult (2)	21,80	22,3[1]	6,89
„ . .	„	3,9	**6,9**	Ampola u. Carlinfanti	22,05	22,6[2]	6,80
„ . .	„	6,0	**7,0**	Auwers (2)	22,07	22,46[3]	6,84
o-Nitrotoluol (dimorph) α-stabil	$CH_3 . C_6H_4 . NO_2$	—4,14	**7,18**	Ostromisslenski	19,98	—	—
„ β-labil	„	—10,56	**5,08**	„	26,91	—	—
m- „ . .	$CH_3 . C_6H_4 . NO_2$	16	**6,84**	Jona	24,24	—	—
p- „ . .	„	52	**7,8**	Auwers (2)	26,88	—	—
„ . .	„	52	**7,5**	Bruni u. Callegari (2)	27,95	—	—
2-4-Dinitrotoluol .	$CH_3 . C_6H_3(NO_2)_2$	70	**8,9**	Auwers (2)	26,24	—	—
2-, 4-, 6-Trinitrotoluol	$CH_3 . C_6H_2(NO_2)_3$	79	**11,5**	„	21,38	—	—
α-Nitronaphthalin	$C_{10}H_7 . NO_2$	61	**9,1**	Bruni u. Padoa (2)	24,33	25,32[4]	8,75
o-Chlornitrobenzol	$C_6H_4Cl . NO_2$	32,5	**7,50**	Jona	24,70	—	—
m- „	„	44,4	**6,07**	„	32,94	29,4[5]	6,80
p- „	„	83	**10,9**	Auwers (3)	23,08	21,4[5]	11,75
„	„	83	**10,8**	Bruni u. Trovanelli	23,29	—	—
o-Bromnitrobenzol	$C_6H_4Br . NO_2$	36,5	**9,10**	Jona	20,89	—	—
m- „	„	54,0	**8,75**	„	24,25	—	—
p- „	„	124	**11,53**	„	27,13	—	—
m-Dinitrobenzol .	$C_6H_4(NO_2)_2$	91	**10,6**	Auwers (2)	24,81	—	—
Azoxybenzol . .	$(C_6H_5)_2 : N_2O$	36	**8,5**	Bruni und Mascarelli (1)	22,30	21,6[5]	8,77
Azobenzol . . .	$(C_6H_5)_2 : N_2$	69	**8,35**	Eykman (3)	27,80	27,9[5]	8,33
„ . . .	„	69	**8,25**	Bruni u. Gorni (1)	28,14	29[6]	8,00
Anilin	$C_6H_5NH_2$	—5,96	**5,87**	Ampola und Rimatori (2)	24,11	20,95[7]	6,75
Dimethylanilin . .	$C_6H_5N(CH_3)_2$	+1,96	**5,8**	„ (3)	25,87	—	—
Diphenylamin . .	$(C_6H_5)_2NH$	50,2	**8,6**	Eykman (2)	24,11	21,30[4]	9,73
„ . .	„	—	—		—	23,97[8]	8,65
„ . .	„	—	—		—	26,3[9]	7,88
p-Toluidin . . .	$CH_3 . C_6H_4 . NH_2$	39,1	**5,1**	„ (3)	37,91	35,79[1]	5,50
„ . . .	„	42,1	**5,3**	Auwers (4)	37,18	39,0[4]	5,05
„ . . .	„	42,1	**5,3**	Bruni u. Padoa (1)	37,18	—	—
α-Naphthylamin .	$C_{10}H_7 . NH_2$	47,	**7,9**	Eykman (2)	25,74	22,3[5]	9,12
„ .	„	—	—		—	25,59[8]	7,95
Benzylanilin . .	$C_6H_5 . CH_2 . NH . C_6H_5$	36 5	**8,7**	Garelli u. Calzolari	21,78	—	—
Phenol	C_6H_5OH	38,	**7,4**	Eykman (2)	26,03	24,93[1]	7,80
„	„	40	**7,27**	„ (3)	26,75	—	—
Cyclohexanol . .	$C_6H_{11}OH$	20	**48,4**	Mascarelli u. Pestalozza (2)	35,21	—	—
o-Kresol	$CH_3 . C_6H_4OH$	30,5	**5,62**	Eykman (1)	32,53	—	—
p- „	„	35,9	**7,7**	„ (3)	24,60	26,3[5]	7,20
Thymol	$CH_3 . C_3H_7 . C_6H_3OH$	48,2	**8,0**	„	25,60	27,5[6]	7,45
„	„	—	—		—	19,86[10]	10,31

Beobachter der Schmelzwärmen: [1]) Petterson u. Widman; [2]) Tammann; [3]) Jul. Meyer; [4]) Battelli; [5]) Bruner; [6]) Eykman; [7]) de Forcrand; [8]) Stillmann u. Swain; [9]) Bogojawlenski; [10]) Berthelot.

Bruni.

Molekulare Gefrierpunktserniedrigungen *E* anorganischer und organischer Lösungsmittel — „Kryoskopische Konstanten“.

(Fortsetzung.)

Lit. s. S. 796.

Lösungsmittel	Formel	Erstarrungstemp. °C	*E* kryoskop. bestimmt	Beobachter	Schmelzwärme pro g W, ber. = $\frac{1,985(273+t)^2}{1000\,E}$	Schmelzwärme W kalorim. gefunden	Damit E berechnet = $\frac{1,985(273+t)^2}{1000\,W}$
β-Naphthol	$C_{10}H_7.OH$	121	**11,25**	Bruni	27,39	—	—
Menthol	$C_3H_7.CH_3.C_6H_9.OH$	42	**12,4**	Garelli u. Calzolari	15,88	18,9[1])	10,42
o-Chlorphenol	$C_6H_4Cl.OH$	7	**7,72**	Jona	20,16	—	—
m- „	„	28,5	**8,30**	„	21,74	—	—
p- „	„	37	**8,58**	„	22,23	—	—
p-Bromphenol	$C_6H_4Br.OH$	63	**11,2**	Eykman (3)	20,01	17,34[2])	12,92
s-Tribromphenol	$C_6H_2Br_3.OH$	95	**20,4**	Bruni u. Padoa (1)	13,17	—	—
o-Nitrophenol	$C_6H_4.NO_2.OH$	44,3	**7,44**	Ampola und Rimatori (4)	26,86	26,8[1])	7,46
Pyrocatechin	$C_6H_4(OH)_2$	104	**7,13**	Jona	39,57	—	—
Resorcin	„	110	**6,5**	Garelli (2)	44,80	—	—
Veratrol	$C_6H_4(OCH_3)_2$	22,5	**6,4**	Paternò (3)	27,08	—	—
Anethol	$C_3H_5.C_6H_4.OCH_3$	20,1	**6,3**	Eykman (3)	27,06	—	—
Isoapiol	$C_3H_5.C_6H.O_2CH_2(OCH_3)_2$	55	**8,0**	Garelli u. Montanari	26,69	—	—
o-Nitrobenzaldehyd (dimorph) α-stabil	$C_6H_4NO_2.CHO$	43,0	**7,2**	Bruni u. Callegari (1)	27,53	—	—
„ β-labil	$C_6H_4NO_2.CHO$	40,3	**7,9**	„	24,66	—	—
p-Nitrobenzaldehyd	$C_6H_4NO_2CHO$	107	**7,0**	Bruni u. Gorni (3)	40,94	—	—
Benzalphenylhydrazon	$C_6H_5.CH:N.NHC_6H_5$	155	**11,3**	Padoa (2)	32,20	—	—
Acetophenon	$C_6H_5.CO.CH_3$	19,5	**5,65**	Garelli u. Montanari	30,06	—	—
Benzophenon	$C_6H_5.CO.C_6H_5$	48,1	**9,8**	Eykman (3)	20,88	23,7[1])	8,64
„	„	—	—	—	—	23,4[3])	8,75
Benzil	$(C_6H_5.CO)_2$	94	**10,5**	Auwers (2)	25,46	—	—
Benzoesäure	$C_6H_5.CO_2H$	123	**7,85**	Garelli u. Montanari	39,65	—	—
Benzoesäurephenylester	$C_6H_5.CO_2C_6H_5$	69	**8,0**	Garelli u. Gorni	29,02	—	—
Benzanilid	$C_6H_5NH.COC_6H_5$	161	**9,65**	Mascarelli u. Babini	38,74	—	—
p-Brombenzoësäuremethylester	$C_6H_4.Br.CO_2.CH_3$	81	**8,4**	Bruni u. Padoa (2)	29,61	—	—
o-Nitrobenzoësäureäthylester	$C_6H_4NO_2.CO_2.C_2H_5$	30	**7,4**	Bruni u. Callegari (2)	24,63	—	—
p-Toluylsäuremethylester	$CH_3.C_6H_4.CO_2C_6H_5$	32	**6,2**	Auwers (4)	29,78	—	—
Salol	$C_6H_4OH.CO_2C_6H_5$	43	**12,3**	Garelli u. Gorni	16,11	—	—
Phenylessigsäure	$C_6H_5.CH_2.CO_2H$	79	**9,0**	Bruni u. Gorni (3)	27,33	25,4[1])	9,68
						30,0[4])	8,20
Phenylpropionsäure	$C_6H_5.C_2H_4.CO_2H$	48,5	**8,75**	Eykman (3)	23,58	—	—
„	„	49	**8,95**	Bruni u. Gorni (1)	23,00	—	—
Zimtsäuremethylester	$C_6H_5.C_2H_2.CO_2CH_3$	36	**7,1**	Bruni und Mascarelli (1)	26,69	—	—
o-Phtalaldehydsäureäthylester	$C_6H_4.CHO.CO_2C_2H_5$	66	**6,05**	„	37,70	—	—
2-6-Dimethyl-γ-pyron	$C_5H_2O_2(CH_3)_2$	132	**6,46**	Poma	50,40	56,0[5])	5,81
Pyridin	C_5H_5N	−40	**4,97**	Beckmann und Waentig	22,12	—	—
Carbazol	$(C_6H_4)_2:NH$	236	**12,3**	Garelli (1)	41,81	—	—
Chinoxalin	$C_8H_6N_2$	27	**8,9**	Padoa (1)	20,07	—	—

Beobachter der Schmelzwärmen: [1]) Bruner; [2]) Werner; [3]) Tammann; [4]) Bogojawlenski; [5]) Poma.

Bruni.

Literatur, betreffend molekulare Gefrierpunktserniedrigungen.

Abegg, ZS. ph. Ch. **20**, 207; 1896.
Amadori, bei Mascarelli u. Musatty: Gazz. chim. **41** a, 106; 1911.
Ampola u. **Carlinfanti**, Gazz. chim. **26** b, 76; 1896.
„ u. **Manuelli**, Gazz. chim. **25** b, 91; 1895.
„ u. **Rimatori** (1), Rend. Linc. **5** b, 404; 1896.
„ „ (2), Gazz. chim. **27** a, 35; 1897.
„ „ (3), Gazz. chim. **27** a, 51; 1897.
„ „ (4), Gazz. chim. **27** b, 31; 1897.
Auwers (1), ZS. ph. Ch. **18**, 595; 1895.
„ (2), ZS. ph. Ch. **30**, 300; 1899.
„ (3), ZS. ph. Ch. **32**, 55; 1900.
„ (4), ZS. ph. Ch. **42**, 513; 1902.
Beckmann (1), ZS. ph. Ch. **46**, 853; 1903.
„ (2), ZS. anorg. Ch. **51**, 96; 1906.
„ (3), ZS. anorg. Ch. **55**, 175; 1907.
„ (4), ZS. anorg. Ch. **63**, 63; 1909.
„ u. **Waentig**, ZS. anorg. Ch. **67**, 17; 1910.
Bedford, Proc. Roy. Soc. **83** A, 459; 1910.
Bruni, Gazz. chim. **28** b, 322; 1898.
„ u. **Amadori**, Atti Istituto Veneto **70**, II, 1113; 1910/11.
„ u. **Callegari** (1), Rend. Linc. **13** a, 481; 1904.
„ „ (2), Rend. Linc. **13** a, 567; 1904.
„ u. **Gorni** (1), Gazz. chim. **30** a, 55; 1900.
„ „ (2), Gazz. chim. **30** b, 127; 1900.
„ „ (3), Gazz. chim. **31** a, 49; 1901.
„ u. **Manuelli**, ZS. Elch. **11**, 860; 1907.
„ u. **Mascarelli**, (1), Gazz. chim. **33** a, 89; 1903.
„ „ (2), Gazz. chim. **33** a, 96; 1903.
„ u. **Padoa**, (1), Gazz. chim. **33** a, 78; 1903.
„ „ (2), Gazz. chim. **34** a, 133; 1904.
„ u. **Trovanelli**, Gazz. chim. **34** b, 350; 1904.
Eykman (1), ZS. ph. Ch. **3**, 113; 1889.
„ (2), ZS. ph. Ch. **3**, 203; 1889.
„ (3), ZS. ph. Ch. **4**, 497; 1889.
Garelli (1), Gazz. chim. **24** b, 263; 1894.
„ (2), Gazz. chim. **25** b, 173; 1895.
„ (3), Gazz. chim. **28** b, 253; 1898.
„ u. **Bassani**, Rend. Linc. **10** a, 255; 1901.
„ u. **Calzolari**, Gazz. chim. **29** b, 258; 1899.
„ u. **Ferratini**, Gazz. chim. **23** a, 442; 1893.
„ u. **Gorni**, Gazz. chim. **34** b, 111; 1904,
„ u. **Montanari**, Gazz. chim. **24** b, 229; 1894.
Hantzsch, ZS. ph. Ch. **61**, 257; 1907. ZS. ph. Ch. **62**, 626; 1908. ZS. ph. Ch. **65**, 41; 1908. Gazz. chim. **39** a, 120; 1909. Gazz. chim. **39** b, 512; 1909. ZS. ph. Ch. **69**, 204; 1909. Gazz. chim. **41** a, 645; 1911.
Hausrath, Ann. Phys. (4) **9**, 522; 1902.
Jona, Gazz. chim. **39** b, 289; 1909.
Lespieau, Bull. Soc. chim. **11**, 74; 1894.
Loomis, ZS. ph. Ch. **32**, 578; 1900.
Mameli, Gazz. chim. **39** b, 583; 1909.
Mascarelli u. **Babini**, Gazz. chim. **41** a, 89; 1911.
„ u. **Benati**, Gazz. chim. **39** b, 642; 1909.
„ u. **Musatty**, Gazz. chim. **41** a, 107; 1911.
„ u. **Pestalozza** (1), Gazz. chim. **38** a, 38; 1908.
„ „ (2), Rend. Linc. **17** a, 607; 1908.
„ u. **Vecchiotti**, Rend. Linc. **19** b, 410; 1910.
Nernst u. **Abegg**, ZS. ph. Ch. **15**, 681; 1894.
Oddo u. **Mannessier**, Gazz. chim. **41** b, 219; 1911.
„ u. **Scandola**, Gazz. chim. **38** a, 603; 1908. ZS. ph. Ch. **62**, 243; 1908. Gazz. chim. **39** a, 569; 1909. ZS. ph. Ch. **66**, 138; 1909. Gazz. chim. **39** b, 1; 1909. Gazz. chim. **39** b, 44; 1909. Gazz. chim. **40** b, 163; 1910.
Olivari, Rend. Linc. **18** b, 287; 1909.
Ostromisslensky, ZS. ph. Ch. **57**, 341; 1906.
Padoa (1), Gazz. chim. **34** a, 146; 1904.
„ (2), Gazz. chim. **41** a, 203; 1911.
Paternò (1), Gazz. chim. **19**, 640; 1899.
„ (2), Gazz. chim. **20** b, 1; 1896.
„ (3), Gazz. chim. **26** b, 9; 1896.
„ u. **Manuelli**, Rend. Linc. **6** a, 401; 1897.
„ u. **Montemartini**, Gazz. chim. **24** b, 197; 1894.
Poma, Gazz. chim. **41** b, 518; 1911.
Ramsay, ZS. ph. Ch. **5**, 221; 1890.
Raoult (1), Ann. chim. phys. (5), **28**, 137; 1883.
„ (2), Ann. chim. phys. (6), **2**, 66; 1884.
„ (3), Sur les progr. de la cryoscopie, 1889.
„ (4), ZS. ph. Ch. **27**, 617; 1898.
Roth, ZS. ph. Ch. **43**, 552; 1903.
Schenck, Ber. chem. Ges. **37**, 917; 1904.
Timmermanns, Journ. chim. phys. **4**, 171; 1906.
Tollockzo (1), ZS. ph. Ch. **30**, 705; 1899.
„ (2), Bull. Accad. Sciences, Cracovie, 1901.
Walden, ZS. anorg. Ch. **68**, 307; 1910.
Zanninovich Tessarin, Gazz. chim. **26** a, 311; 1896.

Molekulare Siedepunktserhöhungen E anorganischer und organischer Lösungsmittel (bei gewöhnlichem Druck) — Ebullioskopische Konstanten.

Die Zahlen der vierten Kolumne (E) stellen die Erhöhungen der Siedetemperatur dar, die 1 g-Mol. einer sich normal verhaltenden (d. h. weder assoziierten, noch dissoziierten) Substanz, in 1000 g Lösungsmittel gelöst, verursacht.

Die Literatur zur Kol. 5 siehe S. 800; die kalorimetrisch gefundenen Verdampfungswärmen (Kol. 7) sind aus der Tab. 185 entnommen, mitunter aber etwas abgekürzt.

Lösungsmittel	Formel	Siedepunkt °C	E ebullioskopisch bestimmt	Beobachter	Verdampf.-W. pro g W, ber. $= \frac{1{,}985(273+t)^2}{1000\,E}$	Verdampf.-Wärme W kalorim. gefunden	E berechnet $= \frac{1{,}985(273+t)^2}{1000\,W}$
Anorganische Körper							
Chlor	Cl	−33,6	**1,65**	Beckmann (6)	68,95	67,4[1]	1,69
"	"	—	—		—	62,7[1]	1,81
"	"	—	—		—	61,9[2]	1,84
Brom	Br	63	**5,2**	" (4)	43,09	45,6[3]	4,91
"	"	—	—		—	41,0[4]	5,47
"	"	—	—		—	43,7[5]	5,13
Jod	J	183	**11,0**	" (11)	37,52	ca. 23,95[6]	17,23
Wasser	H_2O	100	**0,52**	" (3)	531,1	535,77[6]	0,515
"	"	—	—		—	535,9[3]	0,515
"	"	—	—		—	532,0[7]	0,519
"	"	—	—		—	536,6[8]	0,515
"	"	—	—		—	535,7[9]	0,515
Zinntetrachlorid	$SnCl_4$	114,5	**9,43**	" (6)	31,60	30,5[3]	9,77
Ammoniak	NH_3	−33,46	**0,34**	Franklin u. Kraus	335,0	341[10]	0,333
"	"	—	—		—	321,3[2]	0,354
Stickstoffperoxyd	N_2O_4	22	**1,37**	Frankl. u. Farmer	126,0	93,5[5]	1,85
"	"	—	—		—	93,5[11]	1,85
Phosphortrichlorid	PCl_3	75	**4,66**	Beckmann (6)	51,58	51,42[3]	4,67
Arsentrichlorid	$AsCl_3$	130	**7,25**	"	44,46	—	—
Schwefelchlorür	S_2Cl_2	138	**5,02**	"	66,80	49,4[12]	6,79
Schwefeldioxyd	SO_2	−10	**1,50**	Walden u. Centnerszwer (1)	91,53	96,2[13]	1,427
"	"	−10	**1,45**	Beckmann (10)	94,69	95,3[2]	1,440
Schwefelsäure	H_2SO_4	331,7	**5,33**	" (5)	136,1	122,1[14]	5,945
Schwefelwasserstoff	H_2S	−60,2	**0,63**	Beckmann (13)	142,7	135,8[15]	0,662
"	"	—	—		—	132,0[2]	0,675
Chlorwasserstoff	HCl	−82,9	**0,64**	"	110,4	105,5[15]	0,680
"	"	—	—		—	98,75[2]	0,71
Bromwasserstoff	HBr	−68,7	**1,50**	"	55,2	51,4[15]	1,61
"	"	—	—		—	48,7[2]	1,68
Jodwasserstoff	HJ	−35,7	**2,83**	"	39,5	38,7[15]	2,89
"	"	—	—		—	33,94[2]	3,25
Organische Körper (Aliphatische)							
Schwefelkohlenstoff	CS_2	46,2	**2,37**	Beckmann (2)	85,33	83,81[16]	2,41
"	"	—	—		—	86,67[3]	2,33
Phosgen	$COCl_2$	8,2	**2,9**	" (10)	54,12	—	—
Tetrachlorkohlenstoff	CCl_4	78,5	**4,8**	Beckm. u. Stock	51,09	46,35[16]	5,29
"	"	78,5	**4,88**	Beckmann (9)	50,26	46,4[17]	5,28
Chloroform	$CHCl_3$	61,2	**3,66**	" (2)	60,57	58,49[16]	3,79
"	"	61,2	**3,88**	" (9)	57,14	58,4[17]	3,80
Äthylchlorid	C_2H_5Cl	12,5	**1,95**	" (10)	82,97	—	—
Äthylenchlorid	$CH_2Cl . CH_2Cl$	82,3	**3,12**	Beckmann, Fuchs u. Gernhardt *)	80,32	85,40[18]	2,93
Äthylidenchlorid	$CH_3 . CHCl_2$	57	**3,20**	"	67,55	67,0[5]	3,22
"	"	—	—		—	76,77[18]	2,81

Beobachter der Verdampfungswärme nach Tab. 185: [1]) Knietsch; [2]) Estreicher u. Schnerr; [3]) Andrews; [4]) Thomsen; [5]) Berthelot und Ogier; [6]) Favre u. Silbermann; [7]) Schall; [8]) Marshall u. Ramsay; [9]) Kahlenberg; [10]) Franklin u. Kraus; [11]) Berthelot; [12]) Ogier; [13]) Estreicher; [14]) Person; [15]) Steele, Mc Intosh; [16]) Wirtz; [17]) Marshall; [18]) Jahn. *) Weiterhin als B., F., G. zitiert.

Bruni.

Molekulare Siedepunktserhöhungen E anorganischer und organischer Lösungsmittel (bei gewöhnlichem Druck) — Ebullioskopische Konstanten.

(Fortsetzung.)

Lit. s. S. 800.

Lösungsmittel	Formel	Siedepunkt °C	E ebullioskopisch bestimmt	Beobachter	Verdampf.-W. pro g W, ber. $= \frac{1{,}985\,(273+t)^2}{1000\,E}$	Verdampf.-Wärme W kalorim. gefunden	E berechnet $= \frac{1{,}985\,(273+t)^2}{1000\,W}$
Äthylbromid . .	C_2H_5Br	37,7	**2,53**	B., F., G.	75,74	61,65[1]	3,11
„ . .	„	—	—		—	60,37[2]	3,17
Äthylenbromid .	$CH_2Br.CH_2Br$	131,6	**6,32**	Beckmann (2)	51,41	43,8[1]	7,42
„ .	„	130	**6,43**	B., F., G.	50,14	—	—
Methyljodid . .	CH_3J	41,3	**4,19**	„	46,80	46,1[3]	4,25
„ . .	„	—	—	—	—	45,9[4]	4,27
Äthyljodid . . .	C_2H_5J	72,2	**5,01**	B., F., G.	47,21	46,87[3]	5,05
„ . . .	„	—	—		—	47,6[4]	4,97
„ . . .	„	—	—		—	46,0[5]	5,14
Nitromethan . .	CH_3NO_2	101	**1,95**	Walden	142,4	114,75[1]	2,42
Nitroäthan . . .	$C_2H_5NO_2$	114	**2,60**	B., F., G.	114,3	92,0[1]	3,23
Acetonitril . . .	CH_3CN	80,5	**1,73**	Bruni u. Sala	144,2	173,6[5]	1,44
„ . . .	„	81,3	**1,3**	Walden	191,6	170,6[6]	1,46
Propionitril . . .	C_2H_5CN	95	**2,42**	B., F., G.	111,1	134,4[6]	2,00
„	„	97	**1,87**	Walden	145,3	—	—
Methylrhodanid .	CH_3SCN	130,5	**2,64**	„	122,4	—	—
Methylalkohol . .	CH_3OH	67	**0,88**	Paal	260,7	261,6[4]	0,877
„ . .	„	67	**0,92**	Parisek u. Šulc	249,4	262,2[7]	0,875
„ . .	„	67	**0,87**	Kerler	263,7	267,5[8]	0,858
„ . .	„	67	**0,93**	Salvadori	246,7	263,7[3]	0,870
„ . .	„	67	**0,84**	Jones (1)	273,1	261,7[9]	0,877
Äthylalkohol . .	C_2H_5OH	78,8	**1,15**	Beckmann (2)	213,6	202,4[3]	1,213
„ . .	„	—	—	—	—	206,4[9]	1,190
„ . .	„	—	—	—	—	205,1[8]	1,198
„ . .	„	—	—	—	—	208,9[10]	1,176
„ . .	„	—	—	—	—	216,4[7]	1,135
„ . .	„	—	—	—	—	203,1[5]	1,210
„ . .	„	—	—	—	—	201,5[6]	1,220
n-Propylalkohol .	C_3H_7OH	94,8	**1,58**	B., F., G.	170,0		
„ .	„	97,3	**1,73**	Schlamp	157,3	166,3[7]	1,62
„ .	„	—	—	—	—	162,6[11]	1,65
„ .	„	—	—	—	—	160,97[6]	1,67
Isobutylalkohol .	C_4H_9OH	104,6	**1,94**	B., F., G.	145,9	138,4[7]	2,04
„ .	„	—	—		—	134,3[6]	2,11
Isoamylalkohol .	$C_5H_{11}OH$	131,5	**2,575**	„	126,1	125,1[7]	2,596
„ .	„	131,5	**2,65**	Andrews u. Ende	122,5	124,7[7]	2,604
Tert. Amylalkohol	$C_5H_{11}OH$	102	**2,255**	B., F., G.	123,8	106,1[6]	2,631
Äthyläther . . .	$(C_2H_5)_2O$	35,0	**2,09**	Beckmann (1)	90,09	88,39[8]	2,13
„ . . .	„	35,0	**2,11**	„ (2)	89,24	84,5[12]	2,23
„ . . .	„	—	—	—	—	90,0[13]	2,09
„ . . .	„	—	—	—	—	90,45[3]	2,08
Methylsulfid . .	$(CH_3)_2S$	37,5	**1,85**	Werner	103,4	—	—
Äthylsulfid . . .	$(C_2H_5)_2S$	91	**3,23**	„	81,42	—	—
Methylal	$CH_2(OCH_3)_2$	41	**2,105**	B., F., G.	92,97	89,9[14]	2,18
„	„	41	**2,04**	Beckmann (9)	95,94	—	—
Aceton	CH_3COCH_3	56,3	**1,67**	Beckmann (2)	128,9	125,28[8]	1,72
„	„	56,3	**1,725**	Jones (2)	124,7	—	—
Methylpropylketon	$CH_3.CO.C_3H_7$	102	**3,14**	B., F., G.	88,90	—	—
Ameisensäure . .	$H.CO_2H$	100,6	**3,4**	Bruni u. Berti	81,49	120,37[7]	2,30
„ . .	„	101	**2,40**	Beckmann (8)	115,7	120,36[4]	2,30
„ . .	„	101	**3,42**	Ciusa	81,18	120,7[10]	2,29

Beobachter der Verdampfungswärme nach Tab. 185: [1]) Berthelot; [2]) Wirtz; [3]) Andrews; [4]) Marshall; [5]) Kahlenberg; [6]) Luginin; [7]) Brown; [8]) Wirtz; [9]) Schall; [10]) Favre u. Silbermann; [11]) Schlamp; [12]) Ramsay u. Young; [13]) Brix; [14]) Berthelot u. Ogier.

Bruni.

Molekulare Siedepunktserhöhungen *E* anorganischer und organischer Lösungsmittel (bei gewöhnlichem Druck) — Ebullioskopische Konstanten.

(Fortsetzung.)

Lösungsmittel	Formel	Siedepunkt °C	*E* ebullioskopisch bestimmt	Beobachter	Verdampf.-W. pro g *W*, ber. $= \frac{1{,}985(273+t)^2}{1000\,E}$	Verdampf.-Wärme *W* kalorim. gefunden	*E* berechnet $= \frac{1{,}985(273+t)^2}{1000\,W}$
Essigsäure . . .	$CH_3 . CO_2H$	118	**2,99**	Beckmann (8)	101,5	84,9 [1]	3,57
„ . . .	„	118	**2,54**	R. Mayer u. Jäger	119,5	89,8 [2]	3,38
„ . . .	„	118	**3,07**	Beckmann (12)	103,8	97,05 [3]	3,13
„ . . .	„	—	—		—	101,9 [4]	2,98
„ . . .	„	—	—		—	97,0 [5]	3,12
Propionsäure . .	$C_2H_5CO_2H$	139,6	**3,51**	Beckmann (8)	96,27	128,9 [3]	2,62
„ . .	„	—	—		—	91,4 [2]	3,70
Buttersäure . .	$C_3H_7CO_2H$	163,2	**3,94**	„	95,86	114,7 [4]	3,29
„ . .	„	—	—		—	114,0 [6]	3,31
„ . .	„	—	—		—	113,96 [3]	3,32
Ameisensäure-methylester . .	$H . CO_2CH_3$	32,3	**1,505**	B., F., G.	122,9	110,1 [5]	1,68
„ . .	„	—	—		—	117,1 [7]	1,59
„ . .	„	—	—		—	115,2 [1]	1,61
„ . .	„	—	—		—	110,45 [3]	1,67
Ameisensäureäthylester	$H . CO_2C_2H_5$	53,8	**2,18**	„	97,24	100,4 [1]	2,11
„ . .	„	—	—		—	100,1 [3]	2,12
„ . .	„	—	—		—	92,15 [8]	2,30
„ . .	„	—	—		—	105,3 [7]	2,02
„ . .	„	—	—		—	94,4 [5]	2,25
„ . .	„	—	—		—	98,9 [9]	2,14
Essigsäuremethylester	$CH_3 . CO_2CH_3$	56,5	**2,06**	„	104,6	110,2 [7]	1,96
„ . .	„	56,5	**2,06**	Schroeder u. Steiner	104,6	93,95 [8]	2,29
„ . .	„	—	—		—	98,26 [3]	2,19
„ . .	„	—	—		—	97,0 [5]	2,22
Essigsäureäthylester	$CH_3 . CO_2C_2H_5$	74,6	**2,61**	Beckmann (2)	91,89		
„	„	75,5	**2,79**	B., F., G.	86,41	84,3 [10]	2,27
„	„	75,5	**2,79**	Beckmann (9)	86,41	105,0 [6]	2,29
„	„	—	—		—	92,7 [7]	2,60
„	„	—	—		—	83,1 [8]	2,90
„	„	—	—		—	88,4 [3]	2,73
„	„	—	—		—	88,1 [5]	2,73
„	„	—	—		—	90,9 [9]	2,65
Essigsäureisoamylester	$CH_3 . CO_2C_5H_{11}$	142	**4,83**	„	70,78	66,35 [8]	5,15
„	„	—	—		—	69,0 [3]	4,95
Aromatische, hydroaromatische und heterocyclische							
Benzol	C_6H_6	80,3	**2,67**	Beckmann (2)	92,79	92,9 [10]	2,67
„	„	80,3	**2,73**	B., F., G.	90,75	93,45 [8]	2,65
„	C_6H_6	80,3	**2,57**	Beckmann (9)	96,41	94,4 [5]	2,62
„	„	—	—		—	93,55 [9]	2,65
„	„	—	—		—	94,93 [3]	2,61
„	„	—	—		—	92,97 [2]	2,66
Cyclohexan . . .	C_6H_{12}	81,5	**2,75**	Mascarelli u. Musatty	90,71	87,3 [11]	2,86

Beobachter der Verdampfungswärme nach Tab. 185: [1]) Berthelot u. Ogier; [2]) Luginin; [3]) Brown; [4]) Favre u. Silbermann; [5]) Marshall u. Ramsay; [6]) Schall; [7]) Andrews; [8]) Schiff; [9]) Kahlenberg; [10]) Wirtz; [11]) Marberg u. Goldstein.

Bruni.

Molekulare Siedepunktserhöhungen E anorganischer und organischer Lösungsmittel (bei gewöhnlichem Druck) — Ebullioskopische Konstanten.

(Fortsetzung.)

Lösungsmittel	Formel	Siedepunkt °C	E ebullioskopisch bestimmt	Beobachter	Verdampf.-W. pro g W, ber. $= \frac{1{,}985\,(273+t)^2}{1000\,E}$	Verdampf.-Wärme W kalorim. gefunden	E berechnet $= \frac{1{,}985\,(273+t)^2}{1000\,W}$
Cymol	$CH_3 . C_6H_4 . C_3H_7$	173	**5,34**	B., F., G.	73,94	66,30 [1]	5,95
„	„	—	—		–	67,64 [2]	5,84
Nitrobenzol . . .	$C_6H_5 . NO_2$	205	**5,04**	Biltz	90,00	79,15 [3]	5,73
„ . . .	„	205	**5,01**	Bachmann u. Dziewonski	90,53	—	—
Benzonitril . . .	C_6H_5CN	191	**3,65**	Werner	117,1	87,7 [4]	4,87
„ . . .	„	—	—		—	87,7 [3]	4,87
Anilin	$C_6H_5NH_2$	184	**3,22**	Beckmann (3)	128,7	92,3 [5]	4,49
„	„	184	**3,41**	R. Meyer u. Jäger	121,6	104,17 [3]	3,91
„	„	—	—		—	113,9 [6]	3,64
Phenol	C_6H_5OH	183	**3,04**	„	135,7	—	—
Thymol	$C_3H_7 . C_6H_3 . OH . CH_3$	230	**6,82**	„ (9)	73,64	—	—
Menthol	$C_{10}H_{20}O$	212	**6,15**	B., F., G.	75,92	—	—
Menthon	$C_{10}H_{18}O$	206	**6,18**	„	73,69	—	—
Kampfer	$C_{10}H_{16}O$	204	**6,09**	„	74,16	—	—
Fenchon	$C_{10}H_{16}O$	192,5	**5,94**	Rimini u. Olivari	72,41	—	—
Benzil	$(C_6H_5CO)_2$	347	**10,3**	Beckmann (9)	74,08	—	—
Pyridin	C_5H_5N	115	**3,01**	Werner	99,28	104,0 [4]	2,87
„	„	115	**2,95**	Rose Innes	101,3	101,4 [3]	2,95
„	„	115,5	**2,71**	Walden u. Centnerszwer (2)	110,6	—	—
Piperidin . . .	$C_5H_{11}N$	105	**2,84**	Werner	99,86	88,92 [3]	3,19
Chinolin	C_9H_7N	232	**5,61**	Beckmann (7)	90,23	—	—

Beobachter der Verdampfungswärme nach Tab. 185: [1]) Schiff; [2]) Brown; [3]) Luginin; [4]) Kahlenberg; [5]) Petit; [6]) Marshall u. Ramsay.

Literatur, betreffend molekulare Siedepunktserhöhungen.

Andrews u. **Ende,** ZS. ph. Ch. **17**, 136; 1895.
Bachmann u. **Dziewonski,** Ber. chem. Ges. **36**, 971; 1903.
Beckmann (1), ZS. ph. Ch. **3**, 604; 1889.
„ (2), ZS. ph. Ch. **6**, 437; 1890.
„ (3), ZS. ph. Ch. **8**, 223; 1891.
„ (4), ZS. ph. Ch. **46**, 853; 1900.
„ (5), ZS. ph. Ch. **53**, 129; 1905.
„ (6), ZS. anorg. Ch. **51**, 96; 1906.
„ (7), ZS. anorg. Ch. **51**, 237; 1906.
„ (8), ZS. ph. Ch. **57**, 129; 1906.
„ (9), ZS. ph. Ch. **58**, 543; 1907.
„ (10), ZS. anorg. Ch. **55**, 371; 1907.
„ (11), ZS. anorg. Ch. **63**, 63; 1909.
„ (12), ZS. anorg. Ch. **74**, 291; 1912.
„ (13), ZS. anorg. Ch. **74**, 297; 1912.
„ **Fuchs** u. **Gernhardt,** ZS. ph. Ch. **18**, 473; 1895.
„ u. **Stock,** ZS. ph. Ch. **18**, 107; 1895.
H. Biltz, Mon. Chem. **22**, 627; 1901.
Bruni u. **Berti,** Rend. Linc. **9** a, 393; 1900.
„ u. **Sala,** Gazz. chim. **34** b, 481; 1904.
Ciusa, Gazz. chim. **41** a, 688; 1911.
Frankland u. **Farmer,** Proc. chem. Soc. **17**, 201; 1901.
Franklin u. **Kraus,** Amer. chem. Journ. **21**, 13; 1899.
Jones (1), ZS. ph. Ch. **31**, 114; 1899.
„ (2), Amer. chem. Journ. **27**, 16; 1902.
Kerler, Diss. Erlangen.
Mascarelli u. **Musatty,** Gazz. chim. **41** a, 80; 1911.
R. Meyer u. **Jaeger,** Ber. chem. Ges. **36**, 1555; 1903.
Paal, Ber. chem. Ges. **25**, 1234; 1892.
Parisek u. **Šulc,** Ber. chem. Ges. **26**, 1410; 1893.
Rimini u. **Olivari,** Gazz. chim. **37** b, 229; 1907.
Rose Innes, Journ. chem. Soc. **79**, 261; 1901.
Salvadori, Gazz. chim. **26** a, 237; 1896.
Schlamp, ZS. ph. Ch. **14**, 272; 1894.
Schroeder u. **Steiner,** Journ. prakt. Ch. **79**, 49; 1909.
Walden, ZS. ph. Ch. **55**, 281; 1906.
Walden u. **Centnerszwer** (1), ZS. ph. Ch. **39**, 513; 1902.
„ „ (2), ZS. ph. Ch. **55**; 324; 1906.
Werner, ZS. anorg. Ch. **15**, 1; 1897.

Bruni.

Gefrierpunktserniedrigungen von wässerigen Lösungen.

I) **Anorganische Substanzen** und **organische Säuren.** Nach den deutschen Namen der Kationen geordnet: Aluminium, Ammonium, Baryum, Blei, (Brom), Cadmium, Caesium, Calcium, Chrom, Eisen, (Jod), Kalium, Kobalt, Kupfer, Lanthan, Lithium, Magnesium, Mangan, Natrium, Neodym, Nickel, (Platin), Praseodym, Quecksilber, Rubidium, (Sauerstoff), Silber, Strontium, Uran, Wasserstoff [Säuren!], Zink, Zinn. — In der Tabelle ist jedes Salz mit neuem Kation groß gedruckt.
II) **Organische Substanzen.** (Alkohole und Derivate, Ketone, Aldehyde, Zucker und Derivate, Amide.)
III) Gefrierpunkte von Lösungen, die an Gasen (wie N_2O, C_2H_2 etc.) gesättigt sind.
VI) Kritische Zusammenstellung der molekularen Gefrierpunktserniedrigungen einiger Elektrolyte in verdünnten Lösungen; **A. A. Noyes** und **K. G. Falk,** Journ. Amer. chem. Soc. **32,** 1011; 1910.

Für die Berechnung der Konzentration ist in erster Linie die Rechnungsweise nach Raoult (g anhydr. Subst. in 100 g Wasser bzw. Grammmolekeln anhydr. Subst. in 1000 g Wasser) berücksichtigt worden. Die auf Volumina Lösung bezogenen Konzentrationen und die auf solche Daten hinweisenden Literaturangaben sind durch *Kursivdruck* hervorgehoben. Eine Umrechnung hat nicht immer stattgefunden, auch wenn der Verfasser bestimmte Angaben über das spezifische Gewicht der Lösung und die Herstellungstemperatur macht. Manche Autoren wie Abegg, Loomis u. a. geben beide Konzentrationen an; alsdann ist nur die nach Raoult aufgenommen und das Zitat nicht wiederholt.

Um Irrtümer bei der Benutzung der Tab. (vergl. z. B. ZS. ph. Ch. **68,** 716; 1909) zu vermeiden, ist jedesmal über der betr. Tabelle vermerkt: Konzentrationsangabe nach Volumen!

Die *kursiv gedruckten* Zahlen bedeuten also in Kol. I: g Substanz in 100 ccm Lösung, in Kol. III: g-Mol. im lit. Lösung. Die Autoren dieser Angaben nach Volumeinheiten sind ebenfalls *kursiv* gedruckt.

Die Zahlen sind durchweg eine Auswahl aus den von den Forschern angegebenen, so daß Interessenten in den zitierten Arbeiten ein reicheres Material finden. Die frühen Arbeiten von de Coppet, Rüdorff, Raoult, Pickering, Guthrie u. a. sind, als den heutigen Ansprüchen an Genauigkeit nicht mehr entsprechend, meist fortgelassen. Bei den organischen Substanzen ist eine Reihe von unwichtigen oder chemisch nicht genügend definierten Körpern („Eiweiß“, „Blutserum“ etc.), ebenso die Daten für „kolloidale Lösungen“ auch nicht mit Literaturangabe aufgenommen. Eine Umrechnung auf die neuesten Atomgewichte war meist überflüssig; es sei nur bemerkt, daß die letzte Dezimale auch wegen der Unsicherheit der benutzten Atomgewichte nur Rechnungsstelle ist. Die Molekulargewichte sind darum nur mit einer Dezimalstelle angegeben. In der oben erwähnten kritischen Zusammenstellung von **A. A. Noyes** u. **K. G. Falk** (Journ. Amer. chem. Soc. **32,** 1011; 1910) sind vielfach Daten benutzt und zusammengestellt, die dem Bearbeiter nicht zugänglich waren. Eine Zusammenstellung der Bestimmungen von **H. C. Jones** und seinen Mitarbeitern, die aber häufig etwas größere Depressionen finden als andere Beobachter, siehe in Hydrates in aqueous solutions. Washington, Carnegie Inst. 1907. (Zitiert als Hydrates“, auch wenn die Angaben früher in Zeitschriften veröffentlicht waren).

I. Anorganische Substanzen und Organische Säuren.

$AlCl_3$ = 133,5.

Konzentrationsangabe nach Volumen!

g anh. Subst. / 100 g H_2O	Gefr.-Temp.	g-Mol. / 1000 g H_2O	Mol. Ern.	Autor
0,614	*—0,276°*	*0,046*	*6,0°*	*J. G. B.*
1,362	*—0,578*	*0,102*	*5,67*	—
2,670	*—1,148*	*0,200*	*5,74*	—
5,313	*—2,596*	*0,398*	*6,52*	—
11,69	*— 7,970*	*0,876*	*9,09*	—
19,14	*—19,518*	*1,434*	*13,60*	—
28,35	*—45,000*	*2,124*	*21,18*	—

J. G. B. = *Jones, Getman* u. *Bassett,* Hydrates, S. 87; s. f. *H. C. Jones* u. *Pearce,* Amer. chem. Journ. **38,** 643; 1907.

$AlCl_3NaCl$ s. *H. C. Jones* u. *N. Knight,* Amer. chem. Journ. **22,** 129; 1899.

$AlBr_3$ = 266,9.

Konzentrationsangabe nach Volumen!

g anh. Subst. / 100 g H_2O	Gefr.-Temp.	g-Mol. / 1000 g H_2O	Mol. Ern.	Autor
3,56	*—0,09°*	*0,0133*	*6,8°*	*K. u. S.*
13,35	*—0,32*	*0,050*	*6,4*	—
26,69	*—0,64*	*0,100*	*6,4*	—

K. u. S. = *J. Kablukov* u. *A. Sachanov,* ZS. ph. Ch. **69,** 431; 1909.

$Al_2(SO_4)_3$ = 342,4.

Konzentrationsangabe nach Volumen!

g anh. Subst. / 100 g H_2O	Gefr.-Temp.	g-Mol. / 1000 g H_2O	Mol. Ern.	Autor
0,4474	*—0,073°*	*0,0131*	*5,6°*	*J. M.*
0,8948	*—0,127*	*0,0261*	*4,9*	—
2,520	*—0,260*	*0,0736*	*3,46*	*J. G. B.*
6,303	*—0,683*	*0,1841*	*3,71*	—
12,600	*—1,521*	*0,3682*	*4,13*	—

J. M. = *H. C. Jones* u. *E. Mackay,* Amer. chem. Journ. **19,** 114; 1897.
J. G. B. = *Jones, Getman* u. *Bassett,* Hydrates, S. 88; *ebenda* **$Al(NO_3)_3$**.
Alaune s. bei *J. M.*

NH_4Cl = 53,5.

g anh. Subst. / 100 g H_2O	Gefr.-Temp.	g-Mol. / 1000 g H_2O	Mol. Ern.	Autor
0,2195	—0,139°	0,0410	3,4°	W. B.
1,402	—0,889	0,2620	3,39	—
2,900	—1,845	0,5418	3,41	—
4,269	—2,638	0,7975	3,33	—
5,633	—3,510	1,0525	3,34	—

W. B. = **W. Biltz,** ZS. ph. Ch. **40,** 198; 1902.

Konzentrationsangabe nach Volumen!

g anh. Subst. / 100 g H_2O	Gefr.-Temp.	g-Mol. / 1000 g H_2O	Mol. Ern.	Autor
0,0535	*—0,0356°*	*0,0100*	*3,6°*	*E.H.L.(1)*
0,1070	*—0,0711*	*0,0200*	*3,56*	—
0,1873	*—0,1224*	*0,0350*	*3,50*	—
0,5352	*—0,3434*	*0,1000*	*3,43*	—
1,0704	*—0,6792*	*0,2000*	*3,396*	—
2,141	*—1,3573*	*0,4000*	*3,393*	—
3,746	*—2,384*	*0,7000*	*3,41*	*E.H.L.(2)*

Gefrierpunktserniedrigungen von wässerigen Lösungen.

Die *kursiv gedruckten* Zahlen bedeuten in Kol. I: g Substanz in 100 ccm Lösung, in Kol. III: g-Mol. im lit. Lösung.

g anh. Subst. / 100 g H_2O	Gefr.-Temp.	g-Mol. / 1000 g H_2O	Mol. Ern.	Autor

NH_4Cl (Forts.)

E.H.L.(1) = *E. H. Loomis*, Wied. Ann. **57**, 502; 1896. *E.H.L.(2)* = *E. H. Loomis*, Wied. Ann. **60**, 527; 1897; s. f. *H. C. Jones*, ZS. ph. Ch. **11**, 114; 1893 u. Hydrates, S. 50 u. *Fedoroff*, Journ. russ. **35**, 643; 1903; dort auch **Ammoniumoxalat.**

Doppelsalze mit **$MgCl_2$** u. **$HgCl_2$**, s. *H. C. Jones* u. *N. Knight*, Amer. chem. Journ. **22**, 128; 1899, mit **$CuCl_2$** s. *Hydrates*, S. 52.

NH_4OH, s. **G. Bodländer**, ZS. ph. Ch. **9**, 737; 1892. *H. C. Jones*, ZS. ph. Ch. **12**, 634; 1893 u. Hydrates, S. 53. *A. A. Noyes* u. *W. R. Whitney*, ZS. ph. Ch. **15**, 696; 1894.

NH_4NO_3 = 80,1.

g anh. Subst. / 100 g H_2O	Gefr.-Temp.	g-Mol. / 1000 g H_2O	Mol. Ern.	Autor
2,00	—0,83°	0,25	3,32°	C.
6,01	—2,40	0,75	3,20	—
20,0	—6,90	2,50	2,76	—
60,0	—15,60	7,49	2,09	—

C. = **de Coppet**, Journ. phys. Chem. **8**, 531; 1904.

Konzentrationsangabe nach Volumen!

0,0801	*—0,0358°*	*0,0100*	*3,6°*	*E. H. L.*
0,2003	*—0,0873*	*0,0250*	*3,50*	—
0,4006	*—0 1737*	*0,0500*	*3,47*	*E. H. L.*
0,8011	*—0,3424*	*0,1000*	*3,42*	—
1,602	*—0,6641*	*0,2000*	*3,32*	—
4,006	*—1,629*	*0,500*	*3,26*	*J. C.*
8,012	*—3,136*	*1,000*	*3,14*	—

E. H. L. = *E. H. Loomis*, Wied. Ann. **57**, 505; 1896. *J. C.* = *H. C. Jones* u. *B. P. Caldwell*, Amer. chem. Journ. **25**, 387; 1901, s. f. *Hydrates*, S. 51.

$(NH_4)_2SO_4$ = 132,2.

8,322	—2,265°	0,6295	3,60°	W. K.
11,85	—3,32	0,8964	3,70	F. M. R.
20,0	—5,45	1,52	3,59	C.
40,2	—11,10	3,04	3,65	—
60,3	—18,0	4,56	3,95	—

W. K. = **Wl. Kistiakowsky**, ZS. ph. Ch. **6**, 109; 1890. F. M. R. = **F. M. Raoult**, ZS. ph. Ch. **2**, 489; 1888. C. = **de Coppet**, Journ. phys. Chem. **8**, 531; 1904.

Konzentrationsangabe nach Volumen!

0,3965	*—0,148°*	*0,0300*	*4,9°*	*J. M.*
0,9251	*—0,316*	*0,0700*	*4,5*	—
2,644	*—0,818*	*0,200*	*4,09*	*J. G. B.*
6,610	*—1,934*	*0,500*	*3,87*	*J. Cr.*
13,220	*—3,686*	*1,000*	*3,69*	*J. G. B.*

J. M. = *H. C. Jones* u. *E. Mackay*, Amer. chem. Journ. **9**, 115; 1897.
J. G. B. = *Jones, Getman* u. *Bassett*, Hydrates S. 51.
J. Cr. = *H. C. Jones* u. *C. G. Caroll*, Amer. chem. Journ. **28**, 288; 1902.

Doppelsalze mit **$MgSO_4$**, **$ZnSO_4$**, **$FeSO_4$**, s. **W. Kistiakowsky**, ZS. ph. Ch. **6**, 109, 110; 1890, mit **$CuSO_4$** u. **$CdSO_4$**, s. *H. C. Jones* u. *B. P. Caldwell*, Amer. chem. Journ. **25**, 385; 1901.

$(NH_4)_2S_2O_8$, s. **G. Möller**, ZS. ph. Ch. **12**, 560; 1893; ebenda S. 563 **$(NH_4)_2Mo_2O_8$**.

$(NH_4PO_3)_2$, **L. Jawein** u. **A. Thillot**, Ber. chem. Ges. **22**, 655, 1889.

NH_4-Ferrioxalat = $(NH_4)_3Fe(C_2O_4)_3$ = 374,1.

1,793	—0,30°	0,0479	6°	W. K.
3,638	—0,55	0,0972	5,7	—
10,417	—1,40	0,2784	5,0	—

W. K. = **Wl. Kistiakowsky**, ZS. ph. Ch. **6**, 110; 1890.

Amylschwefels. NH_4, s. *Carrara* u. *Gennari*, Gazz. chim. **24** II, 489; 1894.

$BaCl_2$ = 208,3.

0,00446	—0,00119°	0,000214	5,57°	B.
0,01816	—0,00464	0,000872	5,32	—
2,50	—0,59	0,120	4,9	W. K.
5,02	—1,16	0,241	4,8	—
10,10	—2,35	0,485	4,8	—
20,52	—5,10	0,985	5,2	—

B. = **T. G. Bedford**, Proc. Roy. Soc. **83 A**, 459; 1910. Weitere Angaben von B. sind in der Zusammenstellung am Schluß (Noyes u. Falk) benutzt.
W. K. = **Wl. Kistiakowsky**, ZS. ph. Ch. **6**, 109; 1890.

Konzentrationsangabe nach Volumen!

0,04155	*—0,0109°*	*0,00200*	*5,5°*	*H. C. J.*
0,1038	*—0,0261*	*0 00498*	*5,2*	—
0,2083	*—0,0499*	*0,0100*	*5,0*	*E.H.L.(1)*
0,4166	*—0,0990*	*0,0200*	*4,95*	—
1,001	*—0,2308*	*0,04806*	*4,80*	*H. C. J.*
2,083	*—0,4690*	*0,100*	*4,69*	*E.H.L.(1)*
4,166	*—0,9310*	*0,200*	*4,66*	—
8,332	*—1,902*	*0,400*	*4,74*	*J. P.*
10,415	*—2,412*	*0,500*	*4,82*	*E.H.L.(2)*
12,20	*—2,945*	*0,586*	*5,03*	*J. Ch.*
15,63	*—3,907*	*0,750*	*5,21*	*J. G.*

H. C. J. = *H. C. Jones*, ZS. ph. Ch. **11**, 539—540; 1893.
E. H. L. (1) = *E. H. Loomis*, Wied. Ann. **57**, 503; 1896.
E. H. L. (2) = *E. H. Loomis*, Wied. Ann. **60**, 527; 1897.
J. Ch. = *H. C. Jones* u. *V. J. Chambers*, Amer. chem. Journ. **23**, 94; 1900.
J. P. = *Jones* u. *Pearce*, Amer. chem. Journ. **38**, 683; 1907.
J. G. = *H. C. Jones* u. *H. Getman*, Amer. chem. Journ. **27**, 439; 1902;
s. f. *Hydrates*, S. 62.
Weitere Bestimmungen sind in der Zusammenstellung am Schluß der Tabelle benutzt.

$BaBr_2$ = 297,3.

Konzentrationsangabe nach Volumen!

2,973	*—0,506°*	*0,100*	*5,1°*	*J. Ch.*
4,460	*—0,737*	*0,150*	*4,9*	—
5,946	*—1,001*	*0,200*	*5,00*	—
14,867	*—2,591*	*0,500*	*5,18*	—
26,766	*—7,300*	*0,9032*	*5,87*	*J. G. B.*

J. Ch. = *H. C. Jones* u. *V. J. Chambers*, Amer. chem. Journ. **23**, 97; 1900.
J. G. B. = *Jones, Getman* u. *Bassett*, Hydrates S. 63. s. dort auch **BaJ_2**. (Rechnung ebenfalls nach Volumen.)

W. A. Roth.

Gefrierpunktserniedrigungen von wässerigen Lösungen.

Die *kursiv gedruckten* Zahlen bedeuten in Kol. I: g Substanz in 100 ccm Lösung, in Kol. III: g-Mol. im lit. Lösung.

Ba(NO$_3$)$_2$ = 261,4.

g anh. Subst. / 100 g H_2O	Gefr.-Temp.	g-Mol. / 1000 g H_2O	Mol. Ern.	Autor
0,01002	—0,00214°	0,000383	5,6°	H. H.
0,03292	—0,00665	0,001259	5,28	—
0,07011	—0,01401	0,002681	5,23	—
0,1418	—0,02780	0,005422	5,13	—
0,2236	—0,04311	0,008552	5,04	—

H. H. = **H. Hausrath,** Ann. Phys. (4) **9**, 544; 1902.

Konzentrationsangabe nach Volumen!

g anh. Subst. / 100 g H_2O	Gefr.-Temp.	g-Mol. / 1000 g H_2O	Mol. Ern.	Autor
0,654	*—0,1248°*	*0,025*	*4,99°*	*J. P.*
1,960	*—0,3270*	*0,075*	*4,36*	—
3,921	*—0,5994*	*0,150*	*3,996*	—

J. P. = *Jones* u. *Pearce,* Amer. chem. Journ. **38**, 683; 1907.

Organische Ba-Salze (Formiat, Acetat, Propionat, Salicylat) s. **P. Calame,** ZS. ph. Ch. **27**, 405—408; 1898.

Pb Cl$_2$ = 277,8.

g anh. Subst. / 100 g H_2O	Gefr.-Temp.	g-Mol. / 1000 g H_2O	Mol. Ern.	Autor
0,1543	—0,017°	0,00556	3°	H. F. F.
0,3087	—0,035	0,0111	3,1	—

H. F. F. = **H. Fr. Fernau,** ZS. an. Ch. **17**, 334; 1898.

Pb(NO$_3$)$_2$ = 331,0.

g anh. Subst. / 100 g H_2O	Gefr.-Temp.	g-Mol. / 1000 g H_2O	Mol. Ern.	Autor
0,01198	—0,00199°	0,000362	5,5°	H. H.
0,03985	—0,00638	0,001204	5,30	—
0,09285	—0,01449	0,002805	5,17	—
0,1844	—0,02770	0,005570	4,97	—
0,5749	—0,0815	0,01737	4,69	—
16,60	—1,500	0,5015	2,99	L. N.

H. H. = **H. Hausrath,** Ann. Phys. (4) **9**, 543; 1902.
L. N. = **M. Leblanc** u. **A. A. Noyes,** ZS. ph. Ch. **6**, 386; 1890;
s. f. *C. L. von Ende,* ZS. an. Ch. **26**, 138; 1901.

Bleiacetat = Pb(CH$_3$COO)$_2$ = 324,9.

g anh. Subst. / 100 g H_2O	Gefr.-Temp.	g-Mol. / 1000 g H_2O	Mol. Ern.	Autor
0,977	—0,13°	0,0301	4,3°	L. K.
1,955	—0,20	0,0601	3,3	—
3,909	—0,34	0,1203	2,8	—
7,818	—0,54	0,241	2,2	—

L. K. = **L. Kahlenberg,** ZS. ph. Ch. **17**, 583; 1895.

Br$_2$

s. **E. Paternò** u. **R. Nasini,** Rend. Linc. **41**, 783; 1888.

CdCl$_2$ = 183,3.

g anh. Subst. / 100 g H_2O	Gefr.-Temp.	g-Mol. / 1000 g H_2O	Mol. Ern.	Autor
2,157	—0,460°	0,118	3,9°	W. K.
4,323	—0,842	0,236	3,57	—
8,724	—1,550	0,475	3,26	—

W. K. = **Wl. Kistiakowsky,** ZS. ph. Ch. **6**, 109; 1890.

Konzentrationsangabe nach Volumen!

g anh. Subst. / 100 g H_2O	Gefr.-Temp.	g-Mol. / 1000 g H_2O	Mol. Ern.	Autor
0,05472	*—0,0146°*	*0,00299*	*5,0°*	*H. C. J.*
0,1265	*—0,0329*	*0,00690*	*4,8*	—
0,3660	*—0,0926*	*0,0200*	*4,64*	—
0,9919	*—0,2226*	*0,0541*	*4,11*	—
1,499	*—0,3211*	*0,0818*	*3,93*	—
3,914	*—0,727*	*0,214*	*3,39*	*J. Ch.*
7,846	*—1,298*	*0,429*	*3,03*	—
15,69	*—2,329*	*0,858*	*2,71*	—
19,61	*—2,947*	*1,072*	*2,75*	—

H. C. J. = *H. C. Jones,* ZS. ph. Ch. **11**, 542; 1893.
J. C. = *H. C. Jones* u. *V. J. Chambers,* Amer. chem. Journ. **23**, 94; 1900;
s. auch *Hydrates,* S. 72;
s. f. **SrCl$_2$.**

Cd Br$_2$ = 272,3.

Konzentrationsangabe nach Volumen!

g anh. Subst. / 100 g H_2O	Gefr.-Temp.	g-Mol. / 1000 g H_2O	Mol. Ern.	Autor
0,0883	*—0,0164°*	*0,00324*	*5,1°*	*H. C. J.*
0,1954	*—0,0332*	*0,00718*	*4,6*	—
0,9877	*—0,1393*	*0,03627*	*3,84*	—
1,9583	*—0,2438*	*0,0719*	*3,39*	—
3,0562	*—0,3564*	*0,1122*	*3,18*	—
5,988	*—0,652*	*0,220*	*2,96*	*J. Ch.*
11,98	*—1,213*	*0,440*	*2,76*	—
23,95	*—2,277*	*0,880*	*2,59*	—

H. C. J. = *H. C. Jones,* ZS. ph. Ch. **11**, 543; 1893.
J. Ch. = *H. C. Jones* u. *V. J. Chambers,* Amer. chem. Journ. **23**, 97; 1900;
s. auch *Hydrates,* S. 72.

Cd J$_2$ = 366,1.

Konzentrationsangabe nach Volumen!

g anh. Subst. / 100 g H_2O	Gefr.-Temp.	g-Mol. / 1000 g H_2O	Mol. Ern.	Autor
0,0769	*—0,0094°*	*0,00210*	*4,5°*	*H. C. J.*
0,2291	*—0,0252*	*0,00626*	*4,0*	—
0,7550	*—0,0725*	*0,02062*	*3,52*	—
1,778	*—0,1313*	*0,04857*	*2,70*	—
4,978	*—0,320*	*0,1360*	*2,35*	*S. A.*
12,19	*—0,710*	*0,333*	*2,13*	*Ch. F.*
25,03	*—1,523*	*0,684*	*2,23*	*S. A.*
32,51	*—2,227*	*0,888*	*2,51*	*Ch. F.*

H. C. J. = *H. C. Jones,* ZS. ph. Ch. **11**, 544; 1893.
S. A. = *S. Arrhenius,* ZS. ph. Ch. **2**, 496; 1888.
Ch. F. = *V. J. Chambers* u. *J. C. W. Frazer,* Amer. chem. Journ. **23**, 516; 1900;
s. auch *Hydrates,* S. 72.

Cd (NO$_3$)$_2$ = 236,5.

Konzentrationsangabe nach Volumen!

g anh. Subst. / 100 g H_2O	Gefr.-Temp.	g-Mol. / 1000 g H_2O	Mol. Ern.	Autor
0,0704	*—0,0160°*	*0,00298*	*5,4°*	*H. C. J.*
0,1630	*—0,0362*	*0,00689*	*5,25*	—
0,4723	*—0,1035*	*0,01997*	*5,18*	—
1,1525	*—0,2508*	*0,04873*	*5,15*	—
4,00	*—0,865*	*0,1691*	*5,12*	*J. G. B.*
16,00	*—2,028*	*0,6764*	*5,96*	—
24,00	*—6,540*	*1,015*	*6,45*	—
40,00	*—12,930*	*1,691*	*7,65*	—

H. C. J. = *H. C. Jones,* ZS. ph. Ch. **11**, 545; 1893.
J. G. B. = *Jones, Getman* u. *Bassett,* Hydrates, S. 73.

Cd SO$_4$ = 208,5.

g anh. Subst. / 100 g H_2O	Gefr.-Temp.	g-Mol. / 1000 g H_2O	Mol. Ern.	Autor
0,01468	—0,00236°	0,000704	3,35°	H. H.
0,05598	—0,00819	0,002685	3,05	—
0,2400	—0,03094	0,01151	2,69	—
0,6505	—0,07556	0,03120	2,42	—
3,071	—0,313	0,1473	2,13	L. K.
8,608	—0,742	0,4129	1,80	—
15,640	—1,322	0,7501	1,76	—
26,120	—2,330	1,253	1,86	—

H. H. = **H. Hausrath,** Ann. Phys. (4) **9**, 546; 1902.
L. K. = **Kahlenberg,** Journ. ph. Ch. **5**, 354; 1901;
s. f. **F. M. Raoult,** ZS. ph. Ch. **2**, 489—490; 1888.

W. A. Roth. 51*

Gefrierpunktserniedrigungen von wässerigen Lösungen.

Die *kursiv gedruckten* Zahlen bedeuten in Kol. I: g Substanz in 100 ccm Lösung, in Kol. III: g-Mol. im lit. Lösung.

$CdSO_4$ (Forts.)

Konzentrationsangabe nach Volumen!

g anh. Subst. / 100 g H_2O	Gefr.-Temp.	g-Mol. / 1000 g H_2O	Mol. Ern.	Autor
0,3276	*—0,043°*	*0,0157*	*2,7°*	*B. R.*
0,867	*—0,108*	*0,0416*	*2,6*	*S. A.*
2,597	*—0,283*	*0,1246*	*2,27*	*B. R.*
10,40	*—0,921*	*0,4990*	*1,85*	—
20,77	*—1,855*	*0,9964*	*1,86*	—
28,26	*—2,68*	*1,356*	*1,98*	*S. A.*

B. R. = *B. Redlich,* Dissert. Berlin 1899, S. 28, *S. A.* = *S. Arrhenius,* ZS. ph. Ch. **2**, 497; 1888; s. f. *H. C. Jones* und *B. P. Caldwell,* Amer. chem. Journ. **25**; 385; 1901 u. *Hydrates,* S. 73.
Cd-Acetat, s. **P. Calame,** ZS. ph. Ch. **27**, 406; 1898.
K_2CdJ_4 und **$(NH_4)_2Cd(SO_4)_2$** s. *H. C. Jones* u. *B. P. Caldwell,* Amer. chem. Journ. **25**, 384, 385; 1901.

$CsCl$ = 168,5.

g anh. Subst. / 100 g H_2O	Gefr.-Temp.	g-Mol. / 1000 g H_2O	Mol. Ern.	Autor
0,4314	—0,0914°	0,02560	3,57°	H. J.
0,8732	—0,1818	0,05182	3,51	—
1,7541	—0,3572	0,1041	3,43	—
3,5031	—0,6927	0,2079	3,332	—
11,67	—2,240	0,6930	3,23	W. B.

H. J. = **H. Jahn,** ZS. ph. Ch. **50**, 139; 1905.
W. B. = **W. Biltz,** ZS. ph. Ch. **90**, 198; 1902.

$CsNO_3$ = 194,8.

g anh. Subst. / 100 g H_2O	Gefr.-Temp.	g-Mol. / 1000 g H_2O	Mol. Ern.	Autor
0,5720	—0,1014°	0,02936	3,45°	W. A. R.
0,8455	—0,1478	0,04340	3,41	—
1,291	—0,2215	0,06629	3,34	—
2,124	—0,3566	0,1090	3,27	—
3,107	—0,507	0,1595	3,18	W. M. I.
5,317	—0,824	0,2729	3,02	—
8,514	—1,254	0,4370	2,87	—

W. A. R. = **W. A. Roth,** ZS. ph. Ch. **79**, 602; 1912.
W. M. I. = **Edw. W. Washburn** u. **Duncan A. Mac Innes,** ZS. Elch. **17**, 503; 1911;
s. f. **W. Biltz,** ZS. ph. Ch. **40**, 218; 1902 u. ZS. Elch. **18**, 49; 1912.
Cs_2SiO_3, s. *L. Kahlenberg* u. *A. J. T. Lincoln,* Journ. ph. Ch. **2**, 82; 1898.

$CaCl_2$ = 111,0.

g anh. Subst. / 100 g H_2O	Gefr.-Temp.	g-Mol. / 1000 g H_2O	Mol. Ern.	Autor
0,1111	—0,0513°	0,0100	5,1°	E. H. L.
0,5580	—0,2437	0,05028	4,85	—
1,117	—0,4823	0,1006	4,79	—
5,635	—2,605	0,5077	5,33	—
10,5	—5	0,946	5,3	H. W. B. R.
27,0	—20	2,432	8,2	—
38,5	—40	3,469	11,5	—
42,5	—55	3,829	14,4	—

E. H. L. = **E. H. Loomis,** Wied. Ann. **60**, 527; 1897.
H. W. B. R. = **H. W. Bakhuis Roozeboom,** ZS. ph. Ch. **4**, 42; 1889;
s. f. **Benrath,** ZS. anorg. Ch. **54**, 329; 1907.

Konzentrationsangabe nach Volumen!

g anh. Subst. / 100 g H_2O	Gefr.-Temp.	g-Mol. / 1000 g H_2O	Mol. Ern.	Autor
0,8326	*—0,3651°*	*0,075*	*4,87°*	*J. P.*
1,1101	*—0,4851*	*0,100*	*4,85*	—
2,7753	*—1,2335*	*0,250*	*4,93*	—
5,5505	*—2,6270*	*0,500*	*5,254*	—
11,101	*—6,1040*	*1,000*	*6,104*	—

J. u. P. = *Jones* u. *Pearce,* Amer. chem. Journ. **38**, 683; 1907;
s. f. *Arrhenius,* ZS. ph. Ch. **2**, 496; 1888. *Jones* u. *Chambers,* Amer. chem. Journ. **23**, 93; 1900. *Jones* u. *Getman,* ebenda **27**, 408; 1902. s. f. *Hydrates,* S. 54.

$CaBr_2$ = 200,0.

Konzentrationsangabe nach Volumen!

g anh. Subst. / 100 g H_2O	Gefr.-Temp.	g-Mol. / 1000 g H_2O	Mol. Ern.	Autor
1,742	*—0,445°*	*0,0871*	*5,1°*	*J. Ch.*
3,484	*—0,904*	*0,1742*	*5,18*	—
6,968	*—1,847*	*0,3484*	*5,30*	—
10,452	*—2,949*	*0,5226*	*5,64*	—

J. Ch. = *H. C. Jones* u. *V. J. Chambers,* Amer. chem. Journ. **23**, 95; 1900;
s. f. *Hydrates,* S. 56.
CaJ_2 s. *Hydrates,* S. 57.

$Ca(NO_3)_2$ = 164,1.

g anh. Subst. / 100 g H_2O	Gefr.-Temp.	g-Mol. / 1000 g H_2O	Mol. Ern.	Autor
0,476	—0,126°	0,029	4,3°	N. J.
0,763	—0,213	0,0465	4,6	—
1,986	—0,551	0,121	4,55	—
7,845	—2,182	0,4778	4,57	F. M. R.
18,312	—5,398	1,1154	4,84	—

N. J. = **A. A. Noyes** u. **J. Johnston,** Journ. Amer. chem. Soc. **31**, 1007; 1909.
F. M. R. = **F. M. Raoult,** ZS. ph. Ch. **2**, 489; 1888.

Konzentrationsangabe nach Volumen!

g anh. Subst. / 100 g H_2O	Gefr.-Temp.	g-Mol. / 1000 g H_2O	Mol. Ern.	Autor
1,707	*—0,470°*	*0,104*	*4,52°*	*J. G. B.*
3,414	*—0,910*	*0,208*	*4,37*	—
6,829	*—1,820*	*0,415*	*4,39*	—
27,25	*—8,680*	*1,660*	*5,23*	—
47,60	*—19,320*	*2,905*	*6,65*	—
54,50	*—24,320*	*3,320*	*7,35*	—

J. G. B. = *Jones, Getman* u. *Bassett,* Hydrates, S. 58;
s. f. *S. Arrhenius,* ZS. ph. Ch. **2**, 496; 1888;
s. f. *Jones* u. *Pearce,* Amer. chem. Journ. **38**, 683; 1907.

$Ca_2Fe(CN)_6$ = 292,1.

g anh. Subst. / 100 g H_2O	Gefr.-Temp.	g-Mol. / 1000 g H_2O	Mol. Ern.	Autor
0,789	—0,070°	0,0270	2,6°	N. J.
1,659	—0,135	0,0568	2,4	—
2,828	—0,210	0,0968	2,17	—

N. J. = **A. A. Noyes** u. **J. Johnston,** Journ. Amer. chem. Soc. **31**, 1007; 1909.
Organische Ca-Salze (Formiat, Laktat, Salicylat), s. **P. Calame,** ZS. ph. Ch. **27**, 405—408; 1898.

$Cr_2(SO_4)_3$ = 392,4.

Konzentrationsangabe nach Volumen!

g anh. Subst. / 100 g H_2O	Gefr.-Temp.	g-Mol. / 1000 g H_2O	Mol. Ern.	Autor
0,9815	*—0,121°*	*0,025*	*4,8°*	*J. M.*
1,963	*—0,230*	*0,050*	*4,6*	—
3,926	*—0,417*	*0,100*	*4,2*	—
9,815	*—1,029*	*0,250*	*4,12*	—

J. M. = *H. C. Jones* u. *E. Mackay,* Amer. chem. Journ. **19**, 115; 1897;
ebenda **$K(NH_4)Cr$-Alaune** S. 116.
Chromammoniaksalze J Petersen, ZS. ph. Ch. **10**, 852, 583; 1892.

W. A. Roth.

Gefrierpunktserniedrigungen von wässerigen Lösungen.

Die *kursiv gedruckten* Zahlen bedeuten in Kol. I: g Substanz in 100 ccm Lösung, in Kol. III: g-Mol. im lit. Lösung.

$FeCl_2$ = 126,8.

g anh. Subst. / 100 g H_2O	Gefr.-Temp.	g-Mol. / 1000 g H_2O	Mol. Ern.	Autor
0,3249	−0,133°	0,0256	5,2°	W. B.
1,114	−0,452	0,0878	5,15	—
2,364	−0,955	0,1864	5,12	—
5,068	−2,169	0,3997	5,43	—

W. B. = **W. Biltz,** ZS. ph. Ch. **40**, 200; 1902.

$FeCl_3$ = 162,3.

g anh. Subst. / 100 g H_2O	Gefr.-Temp.	g-Mol. / 1000 g H_2O	Mol. Ern.	Autor
18,01	−10,0°	1,11	9,0°	H. W. B. R.
34,21	−27,5	2,11	13,0	—
42,68	−40	2,63	15,2	—

H. W. B. R. = **H. W. Bakh. Roozeboom,** ZS. ph. Ch. **10**, 502; 1892.

Konzentrationsangabe nach Volumen!

g anh. Subst. / 100 g H_2O	Gefr.-Temp.	g-Mol. / 1000 g H_2O	Mol. Ern.	Autor
0,1789	−*0,0808*°	*0,0110*	*7,3°*	*J. Goo.*
0,5990	−*0,2455*	*0,0369*	*6,65*	—
1,3394	−*0,4928*	*0,0825*	*5,97*	—
2,094	−*0,758*	*0,129*	*5,87*	*J. Ge. B.*
8,358	−*3,688*	*0,515*	*7,16*	—

J. Goo. = *H. C. Jones* u. *H. M. Goodwin*, ZS. ph. Ch. **21**, 14; 1896.
J. Ge. B. = *Jones, Getman u. Bassett,* Hydrates, S. 91.
$Fe(NO_3)_3$, s. *ebenda*, S. 92.

$FeSO_4$ = 152,0.

g anh. Subst. / 100 g H_2O	Gefr.-Temp.	g-Mol. / 1000 g H_2O	Mol. Ern.	Autor
0,976	−0,15°	0,0642	2,3°	W. K.
2,270	−0,316	0,1493	2,12	L. K.
5,517	−0,725	0,363	2,00	W. K.
13,849	−1,655	0,911	1,82	L. K.

W. K. = **Wl. Kistiakowsky,** ZS. ph. Ch. **6**, 109; 1890.
L. K. = **L. Kahlenberg,** Journ. ph. Ch. **5**, 355; 1901; s. f. **F. M. Raoult,** ZS. ph. Ch. **2**, 489; 1888.
Komplexe Fe-Salze, s. bei den Kationen.
NH_4-Eisenalaun, s. *H. C. Jones* u. *E. Mackay*, Amer. chem. Journ. **19**, 116; 1897.
J_2 in KJ-Lösung, s. bei **KJ.**

KCl = 74,6.

g anh. Subst. / 100 g H_2O	Gefr.-Temp.	g-Mol. / 1000 g H_2O	Mol. Ern.	Autor
0,00192	−0,000953°	0,000257	3,71°	B.
0,00501	−0,00249	0,000671	3,710	—
0,04810	−0,02341	0,006448	3,63	H. J. (2)
0,07632	−0,03674	0,01023	3,59	—
0,1555	−0,07408	0,02084	3,55	—
0,2174	−0,1031	0,02916	3,54	F. M. R.
0,4474	−0,206	0,0600	3,43	Y. Sl.
0,5652	−0,2640	0,07576	3,48	H. J. (1)
0,8758	−0,398	0,1174	3,39	Y. Sl.
1,123	−0,5140	0,1505	3,42	H. J. (1)
1,929	−0,8710	0,2586	3,37	—
2,526	−1,1311	0,3386	3,34	—
5,249	−2,283	0,704	3,24	Y. Sl.
7,460	−3,2864	1,000	3,286	F. M. R.
14,83	−6,46	1,989	3,25	W. K.
24,39	−10,61	3,269	3,25	M. R.

B. = **T. G. Bedford,** Proc. Roy. Soc. **83**, 459; 1910. (Z. T. Mittelwerte.) Weitere Angaben von B. sind in der Zusammenstellung am Schluß (Noyes u. Falk) verwertet.

H. J. (1) = **H. Jahn,** ZS. ph. Ch. **50**, 144; 1905.
H. J. (2) = **H. Jahn,** ZS. ph. Ch. **59**, 35; 1907.
Y. Sl. = **H. W. Young** u. **W. H. Sloan,** Journ. Amer. chem. Soc. **26**, 919; 1904. (Mittelwerte.)
F. M. R. = **F. M. Raoult,** ZS. ph. Ch. **27**, 646; 1898.
M. R. = **M. Roloff,** ZS. ph. Ch. **18**, 578; 1895.
W. K. = **Wl. Kistiakowsky,** ZS. ph. Ch. **6**, 109; 1890; s. f. **M. Leblanc u. A. A. Noyes,** ZS. ph. Ch. **6**, 395; 1890 u. **W. Biltz,** ZS. ph. Ch. **40**, 198; 1902; für verd. Lösungen s. f. **Flügel,** ZS. ph. Ch. **79**, 585; 1912.

Konzentrationsangabe nach Volumen!

g anh. Subst. / 100 g H_2O	Gefr.-Temp.	g-Mol. / 1000 g H_2O	Mol. Ern.	Autor
0,0364	−*0,0180*°	*0,00487*	*3,7°*	*R. A.*
0,0746	−*0,0360*	*0,0100*	*3,6*	*E. H. L.*
0,1488	−*0,0715*	*0,0200*	*3,58*	*H. C. J.*
0,2897	−*0,1369*	*0,0388*	*3,53*	*M. W.*
0,7042	−*0,328*	*0,0944*	*3,48*	*Th. W. R.*
1,559	−*0,705*	*0,209*	*3,37*	*H. F. F.*
3,101	−*1,404*	*0,4157*	*3,38*	*H. C. J.*
5,595	−*2,529*	*0,750*	*3,37*	*J. B. H.*
7,460	−*3,370*	*1,000*	*3,37*	*J. C.*

R. A. = *R. Abegg,* ZS. ph. Ch. **20**, 223; 1896.
E. H. L. = *E. H. Loomis.* Wied. Ann. **57**, 502; 1896.
H. C. J. = *H. C. Jones,* ZS. ph. Ch. **11**, 114; 1893.
M. W. = *Mejer Wildermann,* ZS. ph. Ch. **15**, 352; 1894.
Th. W. R. = *Th. W. Richards,* ZS. ph. Ch. **44**, 568; 1903.
J. B. H. = *H. C. Jones, J. Barnes* und *E. P. Hyde,* Amer. chem. Journ. **27**, 27; 1902.
H. F. F. = *H. F. Fernau,* ZS. an. Ch. **17**, 333; 1898.
J. C. = *H. C. Jones* und *Ch. G. Caroll,* Amer. chem. Journ. **28**, 287; 1902;
s. f. *E. H. Loomis,* Wied. Ann. **60**, 527; 1897.
M. Wildermann, ZS. ph. Ch. **46**, 51; 1903.
K. Prytz, Ann. Phys. (4) **7**, 889; 1902.
P. B. Lewis, Journ. chem. Soc. **67**, 16; 1895;
s. f. *Hydrates,* S. 43.
F. Barmwater, ZS. ph. Ch. **28**, 139; 1899.
Weitere Lit. s. bei Noyes u. Falk;
s. f. **$ZnCl_2$.**
Kaliumkupferchlorid s. *Hydrates,* S. 49.

KBr = 119,1.

g anh. Subst. / 100 g H_2O	Gefr.-Temp.	g-Mol. / 1000 g H_2O	Mol. Ern.	Autor
0,3027	−0,0902°	0,02541	3,55°	H. J.
0,4563	−0,1345	0,03831	3,51	—
0,9102	−0,2639	0,07642	3,45	—
1,8176	−0,5216	0,1526	3,42	—
3,018	−0,8560	0,2534	3,378	—
3,621	−1,0222	0,3040	3,362	—
8,101	−2,242	0,6801	3,30	W. B.

H. J. = **H. Jahn,** ZS. ph. Ch. **50**, 144; 1905.
W. B. = **W. Biltz,** ZS. ph. Ch. **40**, 201/202; 1902.

Konzentrationsangabe nach Volumen!

g anh. Subst. / 100 g H_2O	Gefr.-Temp.	g-Mol. / 1000 g H_2O	Mol. Ern.	Autor
2,978	−*0,945*°	*0,250*	*3,78°*	*M. S. S.*
5,956	−*1,780*	*0,500*	*3,56*	—

M. S. S. = *M. S. Sherill,* ZS. ph. Ch. **43**, 729; 1903; s. f. *Hydrates,* S. 43.

KJ = 166,0.

g anh. Subst. / 100 g H_2O	Gefr.-Temp.	g-Mol. / 1000 g H_2O	Mol. Ern.	Autor
1,081	−0,227°	0,0651	3,5°	W. B.
4,617	−0,973	0,2782	3,50	—
10,01	−2,065	0,6030	3,42	—
16,65	−3,375	1,003	3,37	L. N.

W. A. Roth.

Gefrierpunktserniedrigungen von wässerigen Lösungen.

Die *kursiv gedruckten* Zahlen bedeuten in Kol. I: g Substanz in 100 ccm Lösung, in Kol. III: g-Mol. im lit. Lösung.

KJ (Forts.)

W. B. = **W. Biltz**, ZS. ph. Ch. **40**, 202; 1902.
L. N. = **M. Leblanc** und **A. A. Noyes**, ZS. ph. Ch. **6**, 401; 1890;
ebenda J_2 in **KJ**-Lös.;
s. f. *M. G. Levi*, Gazz. chim. **30** II, 68; 1900.
Y. Osaka, ZS. ph. Ch. **38**, 744; 1902. *P. Walden* u. *M. Centnerszwer*, ebenda **42**, 459; 1903;
ebenda J_2 in **KJ**.
M. S. Sherill, ZS. ph. Ch. **43**, 723; 1903;
s. f. *Hydrates*, S. 43.

KF = 58,2.

g anh. Subst. / 100 g H_2O	Gefr.-Temp.	g-Mol. / 1000 g H_2O	Mol. Ern.	Autor
0,3379	−0,202°	0,058	3,5°	W. B.
1,031	−0,595	0,177	3,36	—
3,095	−1,792	0,532	3,37	—
5,445	−3,168	0,936	3,38	—

W. B. = **W. Biltz**, ZS. ph. Ch. **40**, 202; 1902.

KCN = 65,2.

g anh. Subst. / 100 g H_2O	Gefr.-Temp.	g-Mol. / 1000 g H_2O	Mol. Ern.	Autor
0,190	−0,103°	0,0291	3,5°	W. B.
1,160	−0,601	0,1780	3,38	—
5,565	−2,775	0,8537	3,25	—

W. B. = **W. Biltz**, ZS. ph. Ch. **40**, 201; 1902;
s. f. **M. Leblanc** und **A. A. Noyes**, ZS. ph. Ch. **6**, 397 399; 1890.

Konzentrationsangabe nach Volumen!

1,281	*−0,704°*	*0,1965*	*3,58°*	*M. S. S.*
3,260	*−1,745*	*0,500*	*3,49*	—

M. S. S. = *M. S. Sherill*, ZS. ph. Ch. **43**, 718; 1903;
s. f. *H. C. Jones* und *B. P. Caldwell*, Amer. chem. Journ. **25**, 384; 1901.

KSCN = 97,3.

g anh. Subst. / 100 g H_2O	Gefr.-Temp.	g-Mol. / 1000 g H_2O	Mol. Ern.	Autor
0,5713	−0,205°	0,0588	3,5°	W. B.
2,341	−0,803	0,2407	3,34	—
4,301	−1,447	0,4423	3,27	—
8,272	−2,686	0,8506	3,16	—

W. B. = **W. Biltz**, ZS. ph. Ch. **40**, 201; 1902;
s. f. *P. Walden* u. *M. Centnerszwer*, ebenda **42**, 459; 1903.

KOH = 56,2.

g anh. Subst. / 100 g H_2O	Gefr.-Temp.	g-Mol. / 1000 g H_2O	Mol. Ern.	Autor
0,01976	−0,01268°	0,00352	3,60°	H. H.
0,04325	−0,02768	0,00770	3,59	—
0,1124	−0,0689	0,02002	3,44	E. H. L.
0,2811	−0,1719	0,05006	3,43	—
0,5623	−0,3426	0,1001	3,42	—
1,1251	−0,6860	0,2003	3,424	—

H. H. = **H. Hausrath**, Ann. Phys. (4) **9**, 547; 1902.
E. H. L. = **E. H. Loomis**, Wied. Ann. **60**, 532; 1897.

Konzentrationsangabe nach Volumen.

1,292	*−0,806°*	*0,230*	*3,50°*	*N. W.*
2,611	*−1,660*	*0,465*	*3,57*	—

N. W. = *A. A. Noyes* und *W. R. Whitney*, ZS. ph. Ch. **15**, 695; 1894;
s. f. *H. C. Jones*, ZS. ph. Ch. **12**, 632; 1893 und *H. C. Jones* und *H. Getman*, Amer. chem. Journ. **27**, 437; 1902;
s. f. Hydrates, S. 48.

KNO_3 = 101,1.

g anh. Subst. / 100 g H_2O	Gefr.-Temp.	g-Mol. / 1000 g H_2O	Mol. Ern.	Autor
0,1922	−0,0664°	0,01901	3,49°	W. A. R.
0,3067	−0,1047	0,03033	3,45	—
0,4852	−0,1645	0,04799	3,43	—
0,7551	−0,2528	0,07468	3,39	—
1,533	−0,4893	0,1516	3,23	—
2,203	−0,6843	0,2179	3,14	—
3,336	−0,9949	0,3299	3,016	—
10,14	−2,570	1,003	2,562	L. N.

W. A. R. = **W. A. Roth**, ZS. ph. Ch. **79**, 605; 1912.
L. N. = **M. Leblanc** und **A. A. Noyes**, ZS. ph. Ch. **6**, 386; 1890.

Konzentrationsangabe nach Volumen!

0,1012	*−0,0346°*	*0,0100*	*3,5°*	*E. H. L.*
0 2024	*−0,0703*	*0,0200*	*3,5*	—
0,506	*−0,1705*	*0,0500*	*3,41*	—
1,012	*−0,3314*	*0,100*	*3,31*	—
2,024	*−0,6388*	*0,200*	*3,19*	—
2,530	*−0,771*	*0,250*	*3,08*	*J. B. H.*
5,060	*−1,470*	*0,500*	*2,94*	—
7,589	*−2,107*	*0,750*	*2,81*	—
10,119	*−2,656*	*1,000*	*2,66*	—

E. H. L. = *E. H. Loomis*, Wied. Ann. **57**, 504; 1896.
J. B. H. = *H. C. Jones*, *J. Barnes* und *E. P. Hyde*, Amer. chem. Journ. **27**, 29; 1902;
s. f. *J. H. van't Hoff (van Eek)*, ZS. ph. Ch. **9**, 480; 1892.
H. C. Jones und *H. Getman*, Amer. chem. Journ. **27**, 441/42; 1902;
s. f. *Hydrates*, S. 44.

$KMnO_4$ = 158,0.

g anh. Subst. / 100 g H_2O	Gefr.-Temp.	g-Mol. / 1000 g H_2O	Mol. Ern.	Autor
0,00972	−0,00226°	0,000615	3,67°	B.
0,02038	−0,00481	0,00129	3,73	—

B. = **T. G. Bedford**, Proc. Roy. Soc. **83 A**, 459; 1810. Weitere Angaben von **B.** sind in der Zusammenstellung am Schluß (Noyes u. Falk) verwertet.

$KClO_3$ = 122,6.

g anh. Subst. / 100 g H_2O	Gefr.-Temp.	g-Mol. / 1000 g H_2O	Mol. Ern.	Autor
0,1288	−0,03734°	0,01051	3,55°	H. J.
0,2615	−0,07493	0,02134	3,51	—
0,5094	−0,1435	0,04156	3,45	—
0,7697	−0,2157	0,06282	3,43	—
1,1485	−0,3124	0,09371	3,33	—
1,539	−0,4166	0,1256	3,317	—

H. J. = **H. Jahn**, ZS. ph. Ch. **59**, 32; 1907;
s. f. *M. Wildermann*, ZS. ph. Ch. **42**, 487; 1903.

$KBrO_3$ = 167,0.

g anh. Subst. / 100 g H_2O	Gefr.-Temp.	g-Mol. / 1000 g H_2O	Mol. Ern.	Autor
0,1764	−0,03770°	0,01056	3,57°	H. J. l. c.
0,3522	−0,07428	0,02109	3,52	—
0,6971	−0,1440	0,04174	3,45	—
1,0342	−0,2131	0,06192	3,44	—
1,4181	−0,2843	0,08491	3,34	—
2,071	−0,4102	0,1240	3,33	—

W. A. Roth.

Gefrierpunktserniedrigungen von wässerigen Lösungen.

Die *kursiv gedruckten* Zahlen bedeuten in Kol. I: g Substanz in 100 ccm Lösung, in Kol. III: g-Mol. im lit. Lösung.

$KJO_3 = 214,0$.

g anh. Subst. / 100 g H_2O	Gefr.-Temp.	g-Mol. / 1000 g H_2O	Mol. Ern.	Autor
0,1390	−0,02340°	0,006497	3,62°	H. J.
0,2296	−0,03812	0,01073	3,55	—
0,4366	−0,07124	0,02040	3,49	—
0,8882	−0,1432	0,04150	3,45	—
1,794	−0,2761	0,08382	3,29	—
2,667	−0,4025	0,1246	3,23	—

H. J. = **H. Jahn**, ZS. ph. Ch. **59**, 32; 1907.

$K_2SO_4 = 174,4$.

g anh. Subst. / 100 g H_2O	Gefr.-Temp.	g-Mol. / 1000 g H_2O	Mol. Ern.	Autor
0,03346	−0,01030°	0,001919	5,37°	Y. O.
0,06723	−0,02010	0,003856	5,21	—
0,1356	−0,03920	0,007777	5,04	—
0,1916	−0,05471	0,01099	4,98	—
5,81	−1,276	0,3332	3,83	F. M. R.

Y. O. = **Y. Osaka**, ZS. ph. Ch. **41**, 561; 1902.
F. M. R. = **F. M. Raoult**, ZS. ph. Ch. **2**, 489; 1888.

Konzentrationsangabe nach Volumen!

g anh. Subst. / 100 g H_2O	Gefr.-Temp.	g-Mol. / 1000 g H_2O	Mol. Ern.	Autor
0,03480	*−0,0108°*	*0,00200*	*5,4°*	*H. C. J.*
0,06942	*−0,0211*	*0,00398*	*5,3*	—
0,1509	*−0,0428*	*0,00865*	*4,9*	*R. A.*
0,3487	*−0,0952*	*0,0200*	*4,76*	*E. H. L.*
0,8717	*−0,230*	*0,0500*	*4,60*	*J. M.*
1,744	*−0,4317*	*0,1000*	*4,32*	*E. H. L.*
3,487	*−0,8134*	*0,200*	*4,07*	—
7,751	*−1,658*	*0,4444*	*3,87*	*T. S. P.*

H. C. J. = *H. C. Jones*, ZS. ph. Ch. **11**, 536, 538; 1893.
R. A. = *R. Abegg*, ZS. ph. Ch. **20**, 224; 1896.
E. H. L. = *E. H. Loomis*, Wied. Ann. **57**, 503; 1896.
J. M. = *H. C. Jones* u. *E. Mackay*, Amer. chem. Journ. **19**, 114; 1897.
T. S. P. = *T. S. Price*, Journ. chem. Soc. **91**, 534; 1907.

$K_2S_2O_8 = 270,4$.

g anh. Subst. / 100 g H_2O	Gefr.-Temp.	g-Mol. / 1000 g H_2O	Mol. Ern.	Autor
0,4581	−0,084°	0,0169	5,0°	G. M.
1,0432	−0,183	0,0386	4,7	—
1,711	−0,298	0,0633	4,7	T. S. P.

G. M. = **G. Möller**, ZS. ph. Ch. **12**, 557; 1893, ebenda **$K_2Mo_2O_8$**, S. 562.
T. S. P. = **Th. St. Price**, Journ. chem. Soc. **91**, 532; 1907.

$K_2SO_3 = 158,4$.

g anh. Subst. / 100 g H_2O	Gefr.-Temp.	g-Mol. / 1000 g H_2O	Mol. Ern.	Autor
1,420	−0,435°	0,0897	4,9°	K. B.
4,690	−1,265	0,2962	4,27	—
13,86	−3,120	0,875	3,57	—

K. B. = **K. Barth**, ZS. ph. Ch. **9**, 185; 1892, ebenda **$KNaSO_3$** und **$K_2Hg(SO_3)_2$** (S. 185 und 194).

$K_2CO_3 = 138,3$.

g anh. Subst. / 100 g H_2O	Gefr.-Temp.	g-Mol. / 1000 g H_2O	Mol. Ern.	Autor
5,95	− 1,90°	0,43	4,42°	C.
12,0	− 3,85	0,87	4,43	—
23,7	− 8,25	1,71	4,72	—
38,2	− 16,7	2,89	5,78	—
60,0	− 31,6	4,34	7,28	—

C. = **de Coppet**, Journ. phys. Chem. **8**, 531; 1904.

Konzentrationsangabe nach Volumen!

g anh. Subst. / 100 g H_2O	Gefr.-Temp.	g-Mol. / 1000 g H_2O	Mol. Ern.	Autor
0,1383	*−0,0507°*	*0,0100*	*5,1°*	*E. H. L.*
0,2766	*−0,0986*	*0,0200*	*4,93*	—
0,6915	*−0,2356*	*0,0500*	*4,71*	—
1,3830	*−0,4540*	*0,100*	*4,54*	—
2,766	*−0,8770*	*0,200*	*4,39*	—

E. H. L. = *E. H. Loomis*, Wied. Ann. **57**, 504; 1896; s. f. *H. C. Jones*, ZS. ph. Ch. **12**, 635; 1893 u. Hydrates, S. 45.

$K_2Cr_2O_7$ s. **Abegg** u. **Cox**, ZS. ph. Ch. **48**, 731; 1904 u. **G. T. Bedford**, Proc. Roy. Soc. **183** A, 459; 1910.

$K_2SiO_3 = 154,7$.

Konzentrationsangabe nach Volumen!

g anh. Subst. / 100 g H_2O	Gefr.-Temp.	g-Mol. / 1000 g H_2O	Mol. Ern.	Autor
0,3197	*−0,146°*	*0,0207*	*7,1°*	*K. L.*
0,9591	*−0,394*	*0,0620*	*6,4*	—
1,9183	*−0,710*	*0,1240*	*5,73*	—

K. L. = *L. Kahlenberg* u. *Az. T. Lincoln*, Journ. phys. Ch. **2**, 82; 1898, *ebenda* **$KHSiO_3$**.

$KH_2PO_4 = 136,2$.

g anh. Subst. / 100 g H_2O	Gefr.-Temp.	g-Mol. / 1000 g H_2O	Mol. Ern.	Autor
0,2730	−0,0720°	0,02004	3,59°	E. H. L.
0,6834	−0,1740	0,0502	3,47	—
1,370	−0,3365	0,1006	3,35	—
2,751	−0,6434	0,2020	3,19	—

E. H. L. = **E. H. Loomis**, Wied. Ann. **60**, 535; 1897; s. f. *Hydrates*, S. 45.

Kaliummetaphosphate, s. **G. Tammann**, ZS. ph. Ch. **6**, 129; 1890.

Vanadat, s. **Düllberg**, ZS. ph. Ch. **45**, 156; 1903.

$K_3Co(CN)_6 = 332,7$.

Wl. Kistiakowsky, ZS. ph. Ch. **6**, 110; 1890, u. *J. H. van't Hoff*, ZS. ph. Ch. **9**, 484; 1892.

$K_2Ni(CN)_4 = 241,2$.

g anh. Subst. / 100 g H_2O	Gefr.-Temp.	g-Mol. / 1000 g H_2O	Mol. Ern.	Autor
1,469	− 0,309°	0,0609	5,1°	W. K.
5,741	−1,131	0,2381	4,75	—
11,53	−2,112	0,4781	4,42	—

W. K. = **Wl. Kistiakowsky**, ZS. ph. Ch. **6**, 110; 1890.

$KCl + HgCl_2$ (**$KHgCl_3$**) **M. Leblanc** u. **A. A. Noyes**, ZS. ph. Ch. **6**, 395; 1890.

$KCN + AgCN$ (**$KAg(CN)_2$**) **M. Leblanc** u. **A. A. Noyes**, ZS. ph. Ch. **6**, 397—400; 1890.

$K_2Hg(CN)_4$, s. *H. C. Jones* u. *B. P. Caldwell*, Amer. chem. Journ. **25**, 384; 1901.

$K_2PtCl_4 = 414,9$.

g anh. Subst. / 100 g H_2O	Gefr.-Temp.	g-Mol. / 1000 g H_2O	Mol. Ern.	Autor
1,163	−0,145°	0,0280	5,2°	J. P.
3,249	−0,355	0,0783	4,5	—
8,360	−0,900	0,2015	4,47	—

J. P. = **J. Petersen**, ZS. ph. Ch. **10**, 580; 1892.

$K_3Fe(CN)_6 = 329,6$.

g anh. Subst. / 100 g H_2O	Gefr.-Temp.	g-Mol. / 1000 g H_2O	Mol. Ern.	Autor
0,00725	−0,00162°	0,000220	7,36°	B.
2,065	−0,350	0,0627	5,6	W. K.
16,52	−2,235	0,5012	4,46	—

B. = **G. T. Bedford**, Proc. Roy. Soc. **83** A, 459; 1910. Weitere Daten von B. sind in der am Schluß gegebenen Zusammenstellung (Noyes u. Falk) benutzt.
W. K. = **Wl. Kistiakowsky**, ZS. ph. Ch. **6**, 110; 1890; s. f. *Jones, Getman, Bassett*, Hydrates, S. 46.

W. A. Roth.

Gefrierpunktserniedrigungen von wässerigen Lösungen.

Die *kursiv gedruckten* Zahlen bedeuten in Kol. I: g Substanz in 100 ccm Lösung, in Kol. III: g-Mol. im lit. Lösung.

$K_4Fe(CN)_6$ = 368,7.

g anh. Subst. / 100 g H_2O	Gefr.-Temp.	g-Mol. / 1000 g H_2O	Mol. Ern.	Autor
0,2765	−0,052°	0,0075	6,9°	N. J.
0,8591	−1,143	0,0233	6,1	—
1,910	−0,297	0,0518	5,7	—
3,034	−0,439	0,0823	5,3	—
7,035	−0,915	0,1908	4,80	—

N. J. = **A. A. Noyes** u. **J. Johnston**, Journ. Amer. chem. Soc. **31**, 1007; 1909.

Konzentrationsangabe nach Volumen!

g anh. Subst. / 100 g H_2O	Gefr.-Temp.	g-Mol. / 1000 g H_2O	Mol. Ern.	Autor
11,06	*−1,450°*	*0,300*	*4,83°*	*J. G. B.*
14,75	*−1,780*	*0,400*	*4,45*	—

J. G. B. = *Jones*, *Getman*, *Bassett*, Hydrates, S. 46; s. f. *J. H. van't Hoff*, ZS. ph. Ch. **9**, 484; 1892.

K-Oxalat = $K_2(COO)_2$ = 166,2.

g anh. Subst. / 100 g H_2O	Gefr.-Temp.	g-Mol. / 1000 g H_2O	Mol. Ern.	Autor
0,457	−0,117°	0,0275	4,3°	N. J.
0,997	−0,261	0,0600	4,35	—
1,504	−0,393	0,0905	4,34	—

N. J. = **Noyes** u. **Johnston**, Journ. Amer. chem. Soc. **31**, 1007; 1909.

d-K-Tartrat = d-$K_2C_4H_4O_6$ = 226,3.

g anh. Subst. / 100 g H_2O	Gefr.-Temp.	g-Mol. / 1000 g H_2O	Mol. Ern.	Autor
2,428	−0,40°	0,107	3,7°	L. K.
4,855	−0,83	0,215	3,9	—
9,710	−1,64	0,430	3,8	—
19,420	−3,18	0,858	3,7	—

L. K. = **L. Kahlenberg**, ZS. ph. Ch. **17**, 585; 1895.

K Na-Tartrat = $KNaC_4H_4O_6$ = 210,2.

Konzentrationsangabe nach Volumen!

g anh. Subst. / 100 g H_2O	Gefr.-Temp.	g-Mol. / 1000 g H_2O	Mol. Ern.	Autor
0,364	*−0,082°*	*0,0173*	*4,7°*	*J. H. v. H.*
0,729	*−0,164*	*0,0347*	*4,7*	—
1,459	*−0,320*	*0,0694*	*4,6*	—

J. H. v. H. = *J. H. van't Hoff*, ZS. ph. Ch. **9**, 481; 1892.

K-Antimonyltartrat = $KSbOC_4H_4O_6$ = 323,4.

g anh. Subst. / 100 g H_2O	Gefr.-Temp.	g-Mol. / 1000 g H_2O	Mol. Ern.	Autor
1,689	−0,12°	0,0522	2,3°	L. K.
3,929	−0,26	0,1215	2,1	—

L. K. = **L. Kahlenberg**, ZS. ph. Ch. **17**, 605; 1895.

Konzentrationsangabe nach Volumen!

g anh. Subst. / 100 g H_2O	Gefr.-Temp.	g-Mol. / 1000 g H_2O	Mol. Ern.	Autor
0,809	*−0,067°*	*0,0250*	*2,7°*	*v. E.*
1,617	*−0,120*	*0,0500*	*2,4*	—
4,043	*−0,2398*	*0,1250*	*1,92*	*A. B. A. S.*

v. E. = *van Eek (J. H. van't Hoff)*, ZS. ph. Ch. **9**, 484; 1892.
A. B. A. S. = *A. Battelli* u. *A. Stefanini*, Cim. (4) **9**, 5; 1899. (Ref. ZS. ph. Ch. **30**, 717; 1899.)

$KBOC_4H_4O_6$ u. **$KAsOC_4H_4O_6$**, s. **L. Kahlenberg**, ZS. ph. Ch. **17**, 603 u. 604; 1895.

$K_3Cr(C_2O_4)_3$, s. **W. Kistiakowski**, ZS. ph. Ch. **6**, 110. 1890.

Amylschwefels. K, s. *Carrara* u. *Gennari*, Gazz. chim. **24** II, 489; 1894.

$CoCl_2$ = 129,9.

g anh. Subst. / 100 g H_2O	Gefr.-Temp	g-Mol. / 1000 g H_2O	Mol. Ern.	Autor
0,3585	−0,139°	0,0276	5,0°	W. B.
1,421	−0,538	0,1094	4,9	—
3,077	−1,192	0,2369	5,03	—
5,714	−2,331	0,4399	5,30	—
6,99	−2,95	0,538	5,5	R. S.

W. B. = **W. Biltz**, ZS. ph. Ch. **40**, 200; 1902.
R. S. = **Rob. Salvadori**, Gazz. chim. **26** I, 250; 1896.

Konzentrationsangabe nach Volumen!

g anh. Subst. / 100 g H_2O	Gefr.-Temp	g-Mol. / 1000 g H_2O	Mol. Ern.	Autor
0,831	*−0,325°*	*0,0639*	*5,09°*	*J. G. B.*
2,491	*−0,946*	*0,1918*	*4,93*	—
4,153	*−1,640*	*0,3197*	*5,13*	—
8,304	*−3,658*	*0,6393*	*5,72*	—
11,691	*−5,420*	*0,900*	*6,00*	—
19,49	*−11,520*	*1,500*	*7,68*	—
25,98	*−19,000*	*2,000*	*8,50*	—

J. G. B. = *Jones*, *Getman* u. *Bassett*, Hydrates, S. 81; s. f. *Jones* u. *Pearce*, Amer. chem. Journ. **38**, 683; 1907.

$CoBr_2$ = 218,9.

g anh. Subst. / 100 g H_2O	Gefr.-Temp	g-Mol. / 1000 g H_2O	Mol. Ern.	Autor
2,647	−0,611°	0,1210	5,05°	D. I.
4,816	−1,119	0,2201	5,08	—
7,440	−1,827	0,3400	5,37	—

D. I. = **D. Isaachsen**, ZS. ph. Ch. **8**, 148; 1891.

$Co(NO_3)_2$ = 183,0.

Konzentrationsangabe nach Volumen!

g anh. Subst. / 100 g H_2O	Gefr.-Temp	g-Mol. / 1000 g H_2O	Mol. Ern.	Autor
1,367	*−0,352°*	*0,0747*	*4,72°*	*J. G. B.*
2,737	*−0,658*	*0,1495*	*4,58*	—
5,470	*−1,388*	*0,2989*	*4,65*	—
13,68	*−3,935*	*0,7473*	*5,28*	—
24,63	*−8,418*	*1,3451*	*6,26*	—
36,60	*−17,500*	*2,000*	*8,75*	—
47,03	*−26,500*	*2,570*	*10,60*	—

J. G. B. = *Jones*, *Getman* u. *Bassett*, Hydrates, S. 82; s. f. *Jones* u. *Pearce*, Amer. chem. Journ. **38**, 683; 1907.

$CoSO_4$ = 155,1.

g anh. Subst. / 100 g H_2O	Gefr.-Temp	g-Mol. / 1000 g H_2O	Mol. Ern.	Autor
1,457	−0,209°	0,0939	2,2°	L. K.
4,927	−0,600	0,3177	1,89	—
14,143	−1,587	0,9119	1,74	—

L. K. = **L. Kahlenberg**, Journ. phys. Ch. **5**, 355; 1901.

Konzentrationsangabe nach Volumen!

g anh. Subst. / 100 g H_2O	Gefr.-Temp	g-Mol. / 1000 g H_2O	Mol. Ern.	Autor
0,879	*−0,143°*	*0,0507*	*2,52°*	*J. G. B.*
3,516	*−0,435*	*0,2267*	*1,92*	—
10,54	*−1,187*	*0,6799*	*1,75*	—
17,58	*−2,073*	*1,1333*	*1,82*	—

J. G. B. = *Jones*, *Getman* u. *Bassett*, Hydrates, S. 83.

Co-Acetat s. **P. Calame**, ZS. ph. Ch. **27**, 406; 1898.

Cobaltiaksalze s. **Julius Petersen**, ZS. ph. Ch. **10**, 581; 1892. **22**, 414; 1897 u. a. a. OO.

W. A. Roth.

Gefrierpunktserniedrigungen von wässerigen Lösungen.

Die *kursiv gedruckten* Zahlen bedeuten in Kol. I: g Substanz in 100 ccm Lösung, in Kol. III: g-Mol. im lit. Lösung.

$CuCl_2 = 134,5$.

g anh. Subst. / 100 g H_2O	Gefr.-Temp.	g-Mol. / 1000 g H_2O	Mol. Ern.	Autor
0,4708	—0,171°	0,0350	4,9°	W. B.
1,798	—0,643	0,1337	4,81	—
4,546	—1,662	0,3380	4,92	—
9,615	—3,800	0,7149	5,32	—

W. B. = **W. Biltz**, ZS. ph. Ch. **40**, 199; 1902; s. f. **D. Isaachsen**, ZS. ph. Ch. **8**, 148; 1891. **R. Salvadori**, Gazz. chim. **26** I, 250; 1896.

Konzentrationsangabe nach Volumen!

g anh. Subst. / 100 g H_2O	Gefr.-Temp.	g-Mol. / 1000 g H_2O	Mol. Ern.	Autor
0,1345	*— 0,0570°*	*0,0100*	*5,70°*	*J. P.*
0,6725	*— 0,2944*	*0,0500*	*4,99*	—
3,502	*— 1,273*	*0,2602*	*4,89*	*J. G. B.*
7,005	*— 2,771*	*0,5204*	*5,29*	—
10,55	*— 4,413*	*0,7806*	*5,65*	—
24,49	*—12,960*	*1,8210*	*7,12*	—
40,35	*—25,500*	*3,000*	*8,50*	—
58,79	*—44,500*	*4,3710*	*10,19*	—

J. P. = *Jones* u. *Pearce*, Amer. chem. Journ. **38**, 683; 1907.
J. G. B. = *Jones*, *Getman* u. *Bassett*, Hydrates, S. 84.

$CuBr_2 = 223,5$.

g anh. Subst. / 100 g H_2O	Gefr.-Temp.	g-Mol. / 1000 g H_2O	Mol. Ern.	Autor
0,5409	—0,124°	0,0242	5,1°	W. B.
1,826	—0,418	0,0817	5,1	—
5,040	—1,187	0,2255	5,27	—
13,417	—3,536	0,6003	5,89	—

W. B. = **W. Biltz**, ZS. ph. Ch. **40**, 201; 1902.

$Cu(NO_3)_2 = 187,6$.

Konzentrationsangabe nach Volumen!

g anh. Subst. / 100 g H_2O	Gefr.-Temp.	g-Mol. / 1000 g H_2O	Mol. Ern.	Autor
0,1876	*—0,0574°*	*0,0100*	*5,74°*	*J. P.*
0,9379	*— 0,2554*	*0,0500*	*5,11*	—
4,689	*—1,221*	*0,250*	*4,88*	—
14,068	*—4,190*	*0,750*	*5,59*	—
31,045	*—2,650*	*1,6541*	*7,07*	*J. G. B.*
44,35	*—21,890*	*2,3630*	*9,26*	—

J. P. = *Jones* u. *Pearce*, Amer. chem. Journ. **38**, 683; 1907.
J. G. B. = *Jones*, *Getman* u. *Bassett*, Hydrates, S. 85.

$CuSO_4 = 159,7$.

g anh. Subst. / 100 g H_2O	Gefr.-Temp.	g-Mol. / 1000 g H_2O	Mol. Ern.	Autor
0,00457	—0,000932°	0,000286	3,3°	H. H.
0,01346	—0,002657	0,000843	3,15	—
0,03640	—0,006914	0,002279	3,03	—
0,1065	—0,01859	0,006670	2,79	—
0,2336	—0,03791	0,01463	2,59	—
1,678	—0,240	0,1051	2,28	F. M. R.
3,312	—0,405	0,2074	1,95	L. K.
6,443	—0,743	0,4034	1,84	—
14,210	—1,569	0,8898	1,76	—

H. H. = **H. Hausrath**, Ann. Phys. (4) **9**, 544; 1902.
F. M. R. = **F. M. Raoult**, ZS. ph. Ch. **2**, 489—490; 1888.
L. K. = **L. Kahlenberg**, Journ. ph. Ch. **5**, 355; 1901; s. f. **Bedford**, Proc. Roy. Soc. **83** A, 459; 1910.

Konzentrationsangabe nach Volumen!

g anh. Subst. / 100 g H_2O	Gefr.-Temp.	g-Mol. / 1000 g H_2O	Mol. Ern.	Autor
1,150	*—0,172°*	*0,072*	*2,33°*	*J. G. B.*
7,598	*—0,714*	*0,476*	*1,50*	—
14,21	*—1,275*	*0,890*	*1,43*	—
19,00	*—1,740*	*1,190*	*1,46*	—

J. G. B. = *Jones*, *Getman* u. *Bassett*, Hydrates, S. 86; s. f. *S. Arrhenius*, ZS. ph. Ch. **2**, 497; 1888. *Victor J. Chambers* u. *Joseph C. W. Frazer*, Amer. chem. Journ. **23**, 515; 1900.
$(NH_4)_2Cu(SO_4)_2$, s. *H. C. Jones* u. *B. P. Caldwell*, Amer. chem. Journ. **25**, 386; 1901.
Organische Cu-Salze **(Formiat, Acetat, Propionat, n-Butyrat, Laktat, Malat)**, s. **P. Calame**, ZS. ph. Ch. **27**, 405—408; 1898.

$La(NO_3)_3 = 325$.

g anh. Subst. / 100 g H_2O	Gefr.-Temp.	g-Mol. / 1000 g H_2O	Mol. Ern.	Autor
0,575	—0,103°	0,0177	5,8°	N. J.
2,145	—0,377	0,0657	5,7	—

N. J. = **A. A. Noyes** u. **J. Johnston**, Journ. Amer. chem. Soc. **31**, 1007; 1909.

$La_2(SO_4)_3 = 566$.

g anh. Subst. / 100 g H_2O	Gefr.-Temp.	g-Mol. / 1000 g H_2O	Mol. Ern.	Autor
0,708	—0,048°	0,0125	3,8°	G.
0,957	—0,070	0,0169	4,2	—
1,172	—0,085	0,0207	4,1	—

G. = **R. D. Gale**, bei Noyes u. Johnston, Journ. Amer chem. Soc. **31**, 1007; 1909.
(Mittel je zweier benachbarter Zahlen.)

$LiCl = 42,5$.

g anh. Subst. / 100 g H_2O	Gefr.-Temp.	g-Mol. / 1000 g H_2O	Mol. Ern.	Autor
0,03499	—0,02961°	0,008236	3,60°	H. J. (2)
0,0421	—0,0363	0,00992	3,7	E. H. L.
0 0858	—0,07194	0,02019	3,563	H. J. (2)
0,1933	—0,159	0,0455	3,5	W. B.
0,4228	—0,3520	0,09952	3,53	E. H. L.
0,8657	—0,7093	0,2038	3,481	H. J. (1)
1,248	—1,0377	0,2938	3,533	—
2,129	—1,809	0,5012	3,61	E. H. L.
3,491	—3,053	0,8218	3,715	W. M. I.
4,244	—3,790	0,9990	3,794	—

H. J. (1) = **H. Jahn**, ZS. ph. Ch. **50**, 135; 1905.
H. J. (2) = **H. Jahn**, ZS. ph. Ch. **59**, 36; 1907.
H. H. L. = **E. H. Loomis**, Wied. Ann. **60**, 527; 1897.
W. B. = **W. Biltz**, ZS. ph. Ch. **40**, 199; 1902.
W. M. I. = **Washburn** u. **Mc Innes**, Journ. Amer. chem. Soc. **33**, 1696; 1911;
s. f. **F. M. Raoult**, ZS. ph. Ch. **2**, 489; 1888.
S. Arrhenius, ZS. ph. Ch. **2**, 496; 1888;
u. *Jones*, *Getman*, *Bassett*, Hydrates, S. 31.

$LiBr = 87,0$.

g anh. Subst. / 100 g H_2O	Gefr.-Temp.	g-Mol. / 1000 g H_2O	Mol. Ern.	Autor
0,6824	— 0,292°	0,0785	3,7°	W. B.
2,469	—1,054	0,2838	3,71	—
7,949	—3,631	0,9138	3,97	—

W. B. = **W. Biltz**, ZS. ph. Ch. **40**, 202; 1902.

W. A. Roth.

Gefrierpunktserniedrigungen von wässerigen Lösungen.

Die *kursiv gedruckten* Zahlen bedeuten in Kol. I: g Substanz in 100 ccm Lösung, in Kol. III: g-Mol. im lit. Lösung.

LiBr (Forts.)

Konzentrationsangabe nach Volumen!

g anh. Subst. / 100 g H_2O	Gefr.-Temp.	g-Mol. / 1000 g H_2O	Mol. Ern.	Autor
4,211	*— 1,940°*	*0,484*	*4,07°*	*J. G. B.*
8,442	*— 4,275*	*0,969*	*4,41*	—
16,88	*—10,300*	*1,940*	*5,31*	—
33,176	*—30,500*	*3,880*	*7,86*	—
42,19	*—44,000*	*4,850*	*9,09*	—

J. G. B. = *Jones, Getman* u. *Bassett*, Hydrates, S. 31.

LiJ = 133,9.

g anh. Subst. / 100 g H_2O	Gefr.-Temp.	g-Mol. / 1000 g H_2O	Mol. Ern.	Autor
1,016	—0,275°	0,0759	3,6°	W. B.
2,799	—0,770	0,2091	3,69	—
10,014	—3,082	0,7480	4,12	—

W. B. = **W. Biltz**, ZS. ph. Ch. **40**, 202; 1902.

Konzentrationsangabe nach Volumen!

g anh. Subst. / 100 g H_2O	Gefr.-Temp.	g-Mol. / 1000 g H_2O	Mol. Ern.	Autor
4,312	*— 1,218°*	*0,322*	*3,79°*	*J. G. B.*
17,273	*— 6,140*	*1,290*	*4,75*	—
34,55	*—16,200*	*2,580*	*6,28*	—
43,12	*—25,000*	*3,22*	*7,76*	—
69,09	*—59,000*	*5,16*	*11,43*	—

J. G. B. = *Jones, Getman* u. *Bassett*, Hydrates, S. 32.

$LiNO_3$ = 69,1.

g anh. Subst. / 100 g H_2O	Gefr.-Temp.	g-Mol. / 1000 g H_2O	Mol. Ern.	Autor
0,2750	—0,135°	0,0398	3,4°	W. B.
1,154	—0,559	0,1671	3,35	—
3,266	—1,583	0,4728	3,35	—
7,020	—3,550	1,0164	3,49	—

W. B. = **W. Biltz**, ZS. ph. Ch. **40**, 202; 1902;
s. f. *Jones, Getman* u. *Bassett*, Hydrates, S. 33.

LiOH, s. **F. M. Raoult**, ZS. ph. Ch. **2**, 489; 1888, und *S. Arrhenius*, ZS. ph. Ch. **2**, 495; 1888.

Li-Silikate, s. *L. Kahlenberg* und *A. T. Lincoln*, Journ. phys. Ch. **2**, 82; 1898.

$MgCl_2$ = 95,3.

g anh. Subst. / 100 g H_2O	Gefr.-Temp.	g-Mol. / 1000 g H_2O	Mol. Ern.	Autor
1,181	—0,628°	0,1240	5,07°	W. K.
2,37	—1,280	0,2488	5,15	F. M. R.
4,786	—2,795	0,5024	5,56	W. K.
10,75	—7,65	1,129	6,78	H. M.
15,10	—13,65	1,585	8,61	—

W. K. = **W. Kistiakowsky**, ZS. ph. Ch. **6**, 109; 1890.
F. M. R. = **F. M. Raoult**, ZS. ph. Ch. **2**, 489; 1888.
H. M. = **J. H. van't Hoff** und **W. Meyerhoffer**, ZS. ph. Ch. **27**, 83; 1898.

Konzentrationsangabe nach Volumen!

g anh. Subst. / 100 g H_2O	Gefr.-Temp.	g-Mol. / 1000 g H_2O	Mol. Ern.	Autor
0,0953	*—0,0514°*	*0,0100*	*5,1°*	*E. H. L.*
0,4763	*—0,2489*	*0,0500*	*4,98*	—
1,429	*—0,7444*	*0,1500*	*4,96*	—
2,858	*—1,5557*	*0,3000*	*5,186*	—
5,810	*—3,472*	*0,6099*	*5,69*	*J. Ch.*
8,967	*—6,062*	*0,9415*	*6,49*	*J. P.*

E. H. L. = *E. H. Loomis*, Wied. Ann. **57**, 503; 1896.
J. Ch. = *H. C. Jones* und *V. J. Chambers*, Amer. chem. Journ. **23**, 94; 1900.
J. P. = *Jones* u. *Pearce*, Amer. chem. Journ. **38**, 683, 1907;
s. f. *S. Arrhenius*, ZS. ph. Ch. **2**, 496; 1888, u. *Hydrates*, S. 66.

Doppelsalz mit **NH_4Cl**, s. *H. C. Jones* u. *N. Knight*, Amer. chem. Journ. **22**, 128; 1899.

$MgBr_2$ = 184,3.

Konzentrationsangabe nach Volumen!

g anh. Subst. / 100 g H_2O	Gefr.-Temp.	g-Mol. / 1000 g H_2O	Mol. Ern.	Autor
0,953	*—0,277°*	*0,0517*	*5,4°*	*J. Ch.*
1,898	*—0,531*	*0,103*	*5,16*	—
3,814	*—1,088*	*0,207*	*5,26*	—
9,527	*—3,022*	*0,517*	*5,85*	—

J. Ch. = *H. C. Jones* u. *V. J. Chambers*, Amer. chem. Journ. **23**, 97; 1900;
s. f. *Hydrates*, S. 67.

$Mg(NO_3)_2$ = 148,4.

Konzentrationsangabe nach Volumen!

g anh. Subst. / 100 g H_2O	Gefr.-Temp.	g-Mol. / 1000 g H_2O	Mol. Ern.	Autor
1,142	*— 0,370°*	*0,077*	*4,8°*	*J. G. B.*
2,300	*— 0,753*	*0,155*	*4,86*	—
9,201	*— 3,559*	*0,618*	*5,75*	—
13,80	*— 5,930*	*0,927*	*6,39*	—
27,45	*—16,270*	*1,854*	*8,84*	—
32,07	*—22,500*	*2,163*	*10,40*	—

J. G. B. = *Jones, Getman* u. *Bassett*, Hydrates, S. 68;
s. f. *Jones* u. *Pearce*, Amer. chem. Journ. **38**, 683; 1907.

$MgSO_4$ = 120,4.

g anh. Subst. / 100 g H_2O	Gefr.-Temp.	g-Mol. / 1000 g H_2O	Mol. Ern.	Autor
0,00141	—0,000433°	0,000117	3,70°	B.
0,00625	—0,00187	0,000519	3,64	—
0,00813	—0,002221	0,000675	3,29	H. H.
0 02867	—0,007382	0,002381	3,10	—
0,1520	—0,03430	0 01263	2,72	—
0,699	—0,154	0,0580	2,65	L. K.
2,534	—0,469	0,2104	2,23	F. M. R.
5,994	—1,006	0,4978	2,02	L. K.
9,768	—1,629	0,8112	2,01	F. M. R.
18,343	—3,471	1,5233	2,08	—

B. = **Bedford**, Proc. Roy. Soc. **83 A**, 459; 1910.
Weitere Daten von B. sind in der Zusammenstellung am Schluß (Noyes u. Falk) benutzt.
H. H. = **H. Hausrath**, Ann. Phys. (4) **9**, 545—546; 1902.
F. M. R. = **F. M. Raoult**, ZS. ph. Ch. **2**, 489—490; 1888.
L. K. = **L. Kahlenberg**, Journ. phys. Chem. **5**, 353; 1901.

Konzentrationsangabe nach Volumen!

g anh. Subst. / 100 g H_2O	Gefr.-Temp.	g-Mol. / 1000 g H_2O	Mol. Ern.	Autor
0,1205	*—0,0266°*	*0,0100*	*2,66°*	*E. H. L.*
0,3615	*—0,0742*	*0,0300*	*2,47*	—
1,0848	*—0,2035*	*0,0900*	*2,26*	—
2,4123	*—0,4158*	*0,2000*	*2,08*	—
17,45	*—3,240*	*1,449*	*2,24*	*J. G. B.*
23,24	*—5,070*	*1,932*	*2,62*	—

E. H. L. = *E. H. Loomis*, Wied. Ann. **51**, 516; 1894.
J. G. B. = *Jones, Getman* u. *Bassett*, Hydrates, S. 69.
s. f. *H. C. Jones*, ZS. ph. Ch. **11**, 541; 1893.
S. Arrhenius, ZS. ph. Ch. **2**, 496; 1888.

$MgPt(CN)_4$, s. **Wl. Kistiakowsky**, ZS. ph. Ch. **6**, 110; 1890.

Organische Mg-Salze (Formiat, Maleïnat, Fumarat, Malat), s. **P. Calame**, ZS. ph. Ch. **27**, 405, 408; 1898.

W. A. Roth.

Gefrierpunktserniedrigungen von wässerigen Lösungen.

Die *kursiv gedruckten* Zahlen bedeuten in Kol. I: g Substanz in 100 ccm Lösung, in Kol. III: g-Mol. im lit. Lösung.

$MnCl_2$ = 125,9.

g anh. Subst. / 100 g H_2O	Gefr.-Temp.	g-Mol. / 1000 g H_2O	Mol. Ern.	Autor
0,4809	−0,187°	0,0382	4,9°	W. B.
1,794	−0,693	0,1425	4,86	—
3,879	−1,545	0,3081	5,01	—
8,015	−3,461	0,6367	5,44	—

W. B. = **W. Biltz,** ZS. ph. Ch. **40**, 200; 1902;
s. f. **R. Salvadori,** Gazz. chim. **26** I, 250; 1896.

Konzentrationsangabe nach Volumen!

g anh. Subst. / 100 g H_2O	Gefr.-Temp.	g-Mol. / 1000 g H_2O	Mol. Ern.	Autor
0,667	*− 0,255°*	*0,053*	*4,8°*	*J. G. B.*
3,349	*− 1,259*	*0,266*	*4,73*	—
6,698	*− 2,790*	*0,532*	*5,24*	—
13,36	*− 5,965*	*1,061*	*5,62*	—
25,18	*−16,500*	*2,000*	*8,25*	—
44,07	*−40,000*	*3,500*	*11,43*	—

J. G. B. = *Jones, Getman* u. *Bassett,* Hydrates, S. 74.

$Mn(NO_3)_2$ = 179,0.

Konzentrationsangabe nach Volumen!

g anh. Subst. / 100 g H_2O	Gefr.-Temp.	g-Mol. / 1000 g H_2O	Mol. Ern.	Autor
1,611	*− 0,46°*	*0,09*	*5,15°*	*J. G. B.*
3,222	*− 0,88*	*0,18*	*4,90*	—
9,670	*− 2,98*	*0,54*	*5,52*	—
28,47	*−11,80*	*1,59*	*7,42*	—
56,41	*−38,50*	*3,15*	*12,22*	—

J. G. B. = *Jones, Getman* u. *Bassett,* Hydrates, S. 75.

$MnSO_4$ = 151,1.

g anh. Subst. / 100 g H_2O	Gefr.-Temp.	g-Mol. / 1000 g H_2O	Mol. Ern.	Autor
1,941	−0,293°	0,1285	2,28°	L. K.
5,120	−0,687	0,3389	2,03	—
10,843	−1,399	0,7176	1,95	—
18,572	−2,591	1,229	2,11	—

L. K. = **L. Kahlenberg,** Journ. phys. Ch. **5**, 354; 1901; s. f. *Jones, Getman, Bassett,* Hydrates, S. 76.

NaCl = 58,5.

g anh. Subst. / 100 g H_2O	Gefr.-Temp.	g-Mol. / 1000 g H_2O	Mol. Ern.	Autor
0,01047	−0,006403°	0,001789	3,58°	H. H.
0,02045	−0,01274	0,003495	3,64	Y. O.
0,03738	−0,02339	0,006471	3,632	H. J. (2)
0,06096	−0,03734	0,01042	3,583	—
0,1250	−0,07584	0,02137	3,549	—
0,2406	−0,1453	0,04112	3,534	H. J. (1)
0,4887	−0,2897	0,08354	3,47	H. J. (2)
0,690	−0,4077	0,1180	3,46	F. M. R.
1,479	−0,8615	0,2528	3,408	H. J. (1)
3,099	−1,759	0,530	3,321	Y. Sl.
5,770	−3,293	0,986	3,334	—

H. H. = **H. Hausrath,** Ann. Phys. (4) **9**, 546—547; 1902.
Y. O. = **Y. Osaka,** ZS. ph. Ch. **41**, 562; 1902.
H. J. (1) = **H. Jahn,** ZS. ph. Ch. **50**, 144; 1905.
H. J. (2) = „ „ „ „ **59**, 33; 1907.
F. M. R. = **F. M. Raoult,** ZS. ph. Ch. **27**, 658; 1898.
Y. Sl. = **Young** u. **Sloan,** Journ. Amer. chem. Soc. **26**, 919; 1904;
s. f. **W. Nernst** u. **R. Abegg,** ZS. ph. Ch. **15**, 688; 1894. — **W. Biltz,** ZS. ph. Ch. **40**, 199; 1902.
L. Kahlenberg, Journ. phys. Chem. **5**, 353; 1901; cf. ZS. ph. Ch. **39**, 429; 1902.
Flügel, ZS. ph. Ch. **79**, 588; 1912.
M. Leblanc u. **A. A. Noyes,** ZS. ph. Ch. **6**, 394; 1890.
Tezner, ZS. physiol. Ch. **54**, 95; 1907.

Weitere Daten sind in der Zusammenstellung am Schluß (Noyes u. Falk) verwertet.

Konzentrationsangabe nach Volumen!

g anh. Subst. / 100 g H_2O	Gefr.-Temp.	g-Mol. / 1000 g H_2O	Mol. Ern.	Autor
0,02336	*−0,0146°*	*0,00399*	*3,7°*	*H. C. J.*
0,05850	*−0,03674*	*0,01000*	*3,67*	*E.H.L. (1)*
0,1291	*−0,0784*	*0,0221*	*3,55*	*R. A.*
0,2894	*−0,1744*	*0,04949*	*3,51*	*H. C. J.*
0,6325	*−0,3756*	*0,1081*	*3,48*	*R. A.*
1,360	*−0,795*	*0,2325*	*3,42*	*K. C. J.*
2,511	*−1,448*	*0,4293*	*3,37*	—
4,095	*−2,399*	*0,700*	*3,43*	*E.H.L. (2)*

H. C. J. = *H. C. Jones,* ZS. ph. Ch. **11**, 112—113; 1893.
E. H. L. (1) = *E. H. Loomis,* Wied. Ann. **51**, 515; 1894.
E. H. L. (2) = *E. H. Loomis,* Wied. Ann. **60**, 527; 1897.
R. A. = *R. Abegg,* ZS. ph. Ch. **20**, 220; 1896;
s. f. *S. Arrhenius,* ZS. ph. Ch. **2**, 496; 1888,
u. *Hydrates,* S. 33. s. f. *Cornec,* C. r. **149**, 676; 1909.

Doppelsalze mit $AlCl_3$ u. $ZnCl_2$, s. *H. C. Jones* u. *N. Knight,* Amer. chem. Journ. **22**, 123—129; 1899.

NaBr = 102,9.

g anh. Subst. / 100 g H_2O	Gefr.-Temp.	g-Mol. / 1000 g H_2O	Mol. Ern.	Autor
0,2612	−0,0916°	0,02542	3,60°	H. J.
0,5538	−0,1907	0,05382	3,54	—
1,044	−0,3564	0,1015	3,511	—
2,086	−0,7011	0,2027	3,459	—
3,142	−1,0514	0,3053	3,444	—

H. J. = **H. Jahn,** ZS. ph. Ch. **50**, 144; 1905.

Konzentrationsangabe nach Volumen!

g anh. Subst. / 100 g H_2O	Gefr.-Temp.	g-Mol. / 1000 g H_2O	Mol. Ern.	Autor
2,678	*− 0,907°*	*0,26*	*3,49°*	*J. G. B.*
5,356	*− 1,842*	*0,52*	*3,54*	—
10,29	*− 3,633*	*1,00*	*3,63*	*J. P.*
20,58	*− 7,746*	*2,00*	*3,87*	—
31,93	*−14,000*	*3,10*	*4,52*	*J. G. B.*

J. G. B. = *Jones, Getman, Bassett,* Hydrates, S. 34.
J. P. = *Jones* u. *Pearce,* Amer. chem. Journ. **38**, 683; 1907.

NaJ s. *Hydrates,* S. 35.

$NaNO_3$ = 85,0.

g anh. Subst. / 100 g H_2O	Gefr.-Temp.	g-Mol. / 1000 g H_2O	Mol. Ern.	Autor
0,1970	−0,0817°	0,02317	3,53°	W. A. R.
0,3020	−0,1249	0,03553	3,515	—
0,5224	−0,2124	0,06145	3,455	—
0,8493	−0,3412	0,09990	3,415	—
1,620	−0,6318	0,1906	3,315	—
2,610	−0,9956	0,3070	3,245	—
4,328	−1,621	0,5091	3,184	J. B. H.
8,526	−3,040	1,003	3,03	L. N.

W. A. R. = **W. A. Roth,** ZS. ph. Ch. **79**, 608; 1912.
J. B. H. = **Jones, Barnes, Hyde,** Amer. chem. Journ. **27**, 28; 1902.
L. N. = **M. Leblanc** u. **A. A. Noyes,** ZS. ph. Ch. **6**, 387—388; 1890;
s. f. **de Coppet,** Journ. ph. Ch. **8**, 531; 1904.

W. A. Roth.

Gefrierpunktserniedrigungen von wässerigen Lösungen.

Die *kursiv gedruckten* Zahlen bedeuten in Kol. I: g Substanz in 100 ccm Lösung, in Kol. III: g-Mol. im lit. Lösung.

$NaNO_3$ (Forts.)

Konzentrationsangabe nach Volumen!

g anh. Subst. / 100 g H_2O	Gefr.-Temp.	g-Mol. / 1000 g H_2O	Mol. Ern.	Autor
0,0851	*−0,0355°*	*0,0100*	*3,6°*	*E. H. L.*
0,2127	*−0,0866*	*0,0250*	*3,46*	—
0,4255	*−0,1722*	*0,0500*	*3,44*	—
1,7018	*−0,6689*	*0,2000*	*3,345*	—

E. H. L. = *E. H. Loomis*, Wied. Ann. **57**, 505; 1896; s. f. *H. C. Jones* u. *H. Getman*, Amer. chem. Journ. **27**, 439—441; 1902 u. *Hydrates*, S. 36.

$NaClO_3$ = 106,5.

g anh. Subst. / 100 g H_2O	Gefr.-Temp.	g-Mol. / 1000 g H_2O	Mol. Ern.	Autor
0,2736	−0,0916°	0,02569	3,57°	H. J.
0,6644	−0,2183	0,06239	3,50	—
1,1065	−0,3578	0,1039	3,444	—

$NaBrO_3$ = 150,9.

g anh. Subst. / 100 g H_2O	Gefr.-Temp.	g-Mol. / 1000 g H_2O	Mol. Ern.	Autor
0,4726	−0,1103°	0,03132	3,52°	—
0,8683	−0,2003	0,05754	3,48	—
1,583	−0,3579	0,1049	3,412	—

$NaJO_3$ = 197,9.

g anh. Subst. / 100 g H_2O	Gefr.-Temp.	g-Mol. / 1000 g H_2O	Mol. Ern.	Autor
0,1677	−0,03027°	0,008476	3,57°	—
0,4085	−0,07199	0,02064	3,487	—
0,8128	−0,1407	0,04107	3,43	—
1,667	−0,2783	0,08418	3,31	—
2,434	−0,4015	0,1230	3,264	—

H. J. = **H. Jahn**, ZS. ph. Ch. **59**, 32; 1907.
$NaClO_3$ u. **$NaBrO_3$**, s. f. bei **Flügel**, ZS. ph. Ch. **79**, 586; 1912.

NaOH = 40,0.

g anh. Subst. / 100 g H_2O	Gefr.-Temp.	g-Mol. / 1000 g H_2O	Mol. Ern.	Autor
0,08022	−0,0691°	0,02002	3,45°	E. H. L.
0,2005	−0,1727	0,05005	3,45	—
0,4009	−0,3414	0,1001	3,41	—
0,8013	−0,6814	0,2000	3,407	—

E. H. L. = **E. H. Loomis**, Wied. Ann. **60**, 532; 1897; s. f. *A. A. Noyes* u. *W. R. Whitney*, ZS. ph. Ch. **15**, 695—696; 1894. — *Ebenda* **NaOH + $Al(OH)_3$**. *H. C. Jones*, ZS. ph. Ch. **12**, 633; 1893 u. *Hydrates* S. 41; s. f. *Cornec*, C. r. **149**, 676; 1909.

$NaHSO_4$ = 120,1.

g anh. Subst. / 100 g H_2O	Gefr.-Temp.	g-Mol. / 1000 g H_2O	Mol. Ern.	Autor
1,206	−0,407°	0,1004	4,05°	K. D.

K. D. = **K. Drucker**, ZS. Elch. **17**, 400; 1911.

Na_2SO_4 = 142,1.

g anh. Subst. / 100 g H_2O	Gefr.-Temp.	g-Mol. / 1000 g H_2O	Mol. Ern.	Autor
0,834	−0,280°	0,0587	4,8°	F. M. R.
2,035	−0,624	0,1431	4,36	—
4,669	−1,286	0,3284	3,92	—
10,1	−2,725	0,71	3,84	C.

F. M. R. = **F. M. Raoult**, ZS. ph. Ch. **2**, 489; 1888.
C. = **de Coppet**, Journ. ph. Ch. **8**, 531; 1904; s. f. **Tezner**, ZS. ph. Ch. **54**, 95; 1907.

Konzentrationsangabe nach Volumen!

g anh. Subst. / 100 g H_2O	Gefr.-Temp.	g-Mol. / 1000 g H_2O	Mol. Ern.	Autor
0,1422	*−0,0509°*	*0,0100*	*5,1°*	*E. H. L.*
0,7108	*−0,2297*	*0,0500*	*4,59*	—
1,4216	*−0,4340*	*0,100*	*4,34*	—
2,8432	*−0,8141*	*0,200*	*4,07*	—
4,265	*−1,1604*	*0,300*	*3,87*	—
7,108	*−1,839*	*0,500*	*3,68*	*J. G. B.*

E. H. L. = *E. H. Loomis*, Wied. Ann. **57**, 503; 1896.
J. G. B. = *Jones, Getman, Bassett*, Hydrates S. 36.
Weitere Angaben sind in der Zusammenstellung am Schluß (Noyes u. Falk) benutzt.

Na_2SO_3 = 126,1.

g anh. Subst. / 100 g H_2O	Gefr.-Temp.	g-Mol. / 1000 g H_2O	Mol. Ern.	Autor
1,317	−0,471°	0,1044	4,51°	K. B.
4,286	−1,271	0,3397	3,74	—
8,932	−2,392	0,7080	3,38	—

K. B. = **K. Barth**, ZS. ph. Ch. **9**, 185; 1892, ebenda **$Na_2Hg(SO_3)_2$**, S. 194. **Na . $SO_3Hg(OH)$**, S. 213.

$Na_2S_2O_3$ = 158,2.

Konzentrationsangabe nach Volumen!

g anh. Subst. / 100 g H_2O	Gefr.-Temp.	g-Mol. / 1000 g H_2O	Mol. Ern.	Autor
3,198	*−0,855°*	*0,202*	*4,23°*	*R. F.*
6,396	*−1,590*	*0,404*	*3,93*	—
8,470	*−1,980*	*0,535*	*3,70*	—

R. F. = *Th. W. Richards* u. *H. B. Faber*, Amer. ch. Journ. **21**, 172; 1899.
$2AgNaS_2O_3 . Na_2S_2O_3$, s. **K. Barth**, ZS. ph. Ch. **9**, 217; 1892.

Na_2CO_3 = 106,1.

Konzentrationsangabe nach Volumen!

g anh. Subst. / 100 g H_2O	Gefr.-Temp.	g-Mol. / 1000 g H_2O	Mol. Ern.	Autor
0,1061	*−0,0507°*	*0,0100*	*5,1°*	*E. H. L.*
0,2122	*−0,0986*	*0,0200*	*4,93*	—
0,5305	*−0,2321*	*0,0500*	*4,64*	—
1,061	*−0,4416*	*0,1000*	*4,42*	—
2,122	*−0,8339*	*0,2000*	*4,17*	—
5,305	*−1,882*	*0,500*	*3,76*	*J. G. B.*

E. H. L. = *E. H. Loomis*, Wied. Ann. **57**, 504; 1896.
J. G. B. = *Jones, Getman* u. *Bassett*, Hydrates, S. 37.
s. f. *H. C. Jones*, ZS. ph. Ch. **12**, 636; 1893.
Na_2CrO_4 u. **$Na_2Cr_2O_7$** s. *Hydrates*, S. 37 f.

Na_2SiO_3 = 122,5.

g anh. Subst. / 100 g H_2O	Gefr.-Temp.	g-Mol. / 1000 g H_2O	Mol. Ern.	Autor
0,1288	−0,0676°	0,01052	6,4°	E. H. L.
0,6418	−0,3068	0,05239	5,86	—
1,284	−0,5533	0,1048	5,28	—
2,571	−0,9785	0,2099	4,66	—
6,410	−2,087	0,5233	3,99	—

E. H. L. = **E. H. Loomis**, Wied. Ann. **60**, 532; 1897; s. f. *Louis Kahlenberg* u. *A. T. Lincoln*, Journ. ph. Ch. **2**, 81; 1898.

$NaHSiO_3$ = 100,5.

Konzentrationsangabe nach Volumen!

g anh. Subst. / 100 g H_2O	Gefr.-Temp.	g-Mol. / 1000 g H_2O	Mol. Ern.	Autor
0,3115	*−0,110°*	*0,0310*	*3,6°*	*K. L.*
0,6231	*−0,202*	*0,0620*	*3,3*	—
1,2463	*−0,332*	*0,1240*	*2,68*	—

K. L. = *L. Kahlenberg* u. *A. T. Lincoln*, Journ. ph. Ch. **2**, 81; 1898, *ebenda* **$Na_2Si_5O_{11}$**.

Na_2HPO_4 = 142,1.

g anh. Subst. / 100 g H_2O	Gefr.-Temp.	g-Mol. / 1000 g H_2O	Mol. Ern.	Autor
0,1423	−0,0499°	0,01001	5,0°	E. H. L.
0,2846	−0,0969	0,02003	4,84	—
0,7116	−0,2304	0,05008	4,60	—
1,424	−0,4345	0,1002	4,34	—

E. H. L. = **E. H. Loomis**, Wied. Ann. **60**, 535; 1897; s. f. *Hydrates*, S. 39, ebenda **$Na(NH_4)HPO_4$**.

W. A. Roth.

Gefrierpunktserniedrigungen von wässerigen Lösungen.

Die *kursiv gedruckten* Zahlen bedeuten in Kol. I: g Substanz in 100 ccm Lösung, in Kol. III: g-Mol. im lit. Lösung.

g anh. Subst. / 100 g H_2O	Gefr.-Temp.	g-Mol. / 1000 g H_2O	Mol. Ern.	Autor

Bei **Loomis** auch Na_3PO_4 u. $NaNH_4HPO_4$.

Natriummetaphosphate, s. **G. Tammann,** ZS. ph. Ch. **6,** 129; 1890, und **Jawein** u. **Thillot,** Ber. **22,** 655; 1889.

NaH_2PO_4 u. **NaH_2PO_2,** s. **Emil Petersen,** ZS. ph. Ch. **11,** 184; 1893.

Na-Vanadate s. *Düllberg,* ZS. ph. Ch. **45,** 156; 1903.

NaCl + $HgCl_2$ **($NaHgCl_3$),** s. **M. Leblanc** u. **A. A. Noyes,** ZS. ph. Ch. **6,** 394—395; 1890.

$Na_2B_4O_7$ = 202.

Konzentrationsangabe nach Volumen!

g anh. Subst. / 100 g H_2O	Gefr.-Temp.	g-Mol. / 1000 g H_2O	Mol. Ern.	Autor
0,2525	*—0,132°*	*0,0125*	*10,6°*	*K. S.*
0,5050	*—0,242*	*0,0250*	*9,7*	—
1,010	*—0,429*	*0,0500*	*8,6*	—
2,020	*—0,720*	*0,100*	*7,2*	—

K. S. = *L. Kahlenberg* u. *O. Schreiner,* ZS. ph. Ch. **20,** 549; 1896, *ebenda andere* **Na-Borate** u. **Borax + Mannit** etc.

Na-Acetat = Na CH_3COO = 82,0.

Konzentrationsangabe nach Volumen!

g anh. Subst. / 100 g H_2O	Gefr.-Temp.	g-Mol. / 1000 g H_2O	Mol. Ern.	Autor
0,4760	*—0,211°*	*0,058*	*3,6°*	*Ch. F.*
0,9520	*—0,413*	*0,116*	*3,55*	—
1,904	*—0,845*	*0,232*	*3,64*	—
3,808	*—1,736*	*0,464*	*3,74*	*J. G. B.*

Ch. F. = *V. J. Chambers* u. *J. C. W. Frazer,* Amer. chem. Journ. **23,** 515; 1900.
J. G. B. = *Jones, Getman, Bassett,* Hydrates, S. 41;
s. f. **Emil Petersen,** ZS. ph. Ch. **11,** 184; 1893, ebenda **Na-Dichloracetat, Na-Butyrat, Na-Bisuccinat.**

Na-Oleat = Na $C_{18}H_{33}O_2$ = 304,3.

Konzentrationsangabe nach Volumen!

g anh. Subst. / 100 g H_2O	Gefr.-Temp.	g-Mol. / 1000 g H_2O	Mol. Ern.	Autor
1,902	*—0,064°*	*0,0625*	*1,0°*	*K. S.*
3,804	*—0,140*	*0,1250*	*1,12*	—

K. S. = *L. Kahlenberg* u. *O. Schreiner,* ZS. ph. Ch. **27,** 565; 1898.

d-Na NH_4-Tartrat = Na $NH_4C_4H_4O_6$ = 189,1.

g anh. Subst. / 100 g H_2O	Gefr.-Temp.	g-Mol. / 1000 g H_2O	Mol. Ern.	Autor
4,771	—1,136°	0,2522	4,50°	F. M. R.
9,715	—2,086	0,5136	4,06	—
13,318	—2,737	0,7041	3,89	—

F. M. R. = **F. M. Raoult,** ZS. ph. Ch. **1,** 188; 1887, ebenda **Na NH_4-Racemat.**

Dinatriumcitrat, s. **J. H. van't Hoff,** ZS. ph. Ch. **9,** 485; 1892.

Na-Mellithat = $Na_6C_{12}O_{12}$ = 474,3.

g anh. Subst. / 100 g H_2O	Gefr.-Temp.	g-Mol. / 1000 g H_2O	Mol. Ern.	Autor
0,0858	—0,020°	0,00181	11°	W. W. T.
0,1864	—0,037	0,00393	9	—
0,5118	—0,091	0,01079	8,4	—
1,314	—0,195	0,02770	7,0	—

W. W. T. = **W. W. Taylor,** ZS. ph. Ch. **27,** 363; 1898.

Amylschwefels. Na, s. *Carrara* u. *Gennari,* Gazz. chim. **24** II, 489; 1894.

Nd Cl_3 = 250,0.

g anh. Subst. / 100 g H_2O	Gefr.-Temp.	g-Mol. / 1000 g H_2O	Mol. Ern.	Autor
0,878	—0,230°	0,0351	6,6°	C. M.
2,212	—0,533	0,0885	6,0	—

C. M. = **C. Matignon,** C. r. **133,** 290; 1901.

Ni Cl_2 = 129,6.

g anh. Subst. / 100 g H_2O	Gefr.-Temp.	g-Mol. / 1000 g H_2O	Mol. Ern.	Autor
0,2825	—0,110°	0,0218	5,1°	W. B.
0,8269	—0,312	0,0638	4,9	—
2,214	—0,839	0,1708	4,91	—
5,058	—2,030	0,3903	5,20	—

W. B. = **W. Biltz,** ZS. ph. Ch. **40,** 200; 1902;
s. f. **R. Salvadori,** Gazz. chim. **26 I,** 250; 1896;
s. f. *Hydrates,* S. 77.

Ni $(NO_3)_2$ = 182,7.

Konzentrationsangabe nach Volumen!

g anh. Subst. / 100 g H_2O	Gefr.-Temp.	g-Mol. / 1000 g H_2O	Mol. Ern.	Autor
0,1827	*— 0,1299°*	*0,0100*	*5,51°*	*J. P.*
1,370	*— 0,3644*	*0,0750*	*4,89*	—
4,568	*— 1,251*	*0,250*	*5,00*	—
13,70	*— 4,213*	*0,750*	*5,62*	—
27,41	*—10,576*	*1,500*	*7,05*	—

J. P. = *Jones* u. *Pearce,* Amer. chem. Journ. **38,** 683; 1907;
s. f. *Hydrates,* S. 78.

Ni SO_4 = 154,8.

g anh. Subst. / 100 g H_2O	Gefr.-Temp.	g-Mol. / 1000 g H_2O	Mol. Ern.	Autor
0,006874	—0,001583°	0,000444	3,57°	H. H.
0,01604	—0,003477	0,001036	3,36	—
0,04655	—0,00960	0,003007	3,19	—
0,1087	—0,02091	0,007024	2,98	—
0,2028	—0,03585	0,01310	2,73	—

H. H. = **H. Hausrath,** Ann. Phys. (4) **9,** 535—536; 1902;
s. f. **L. Kahlenberg,** Journ. ph. Ch. **5,** 354; 1901.

Konzentrationsangabe nach Volumen!

g anh. Subst. / 100 g H_2O	Gefr.-Temp.	g-Mol. / 1000 g H_2O	Mol. Ern.	Autor
0,743	*—0,130°*	*0,048*	*2,70°*	*J. G. B.*
2,245	*—0,320*	*0,145*	*2,21*	—
5,975	*—0,720*	*0,386*	*1,87*	—
14,94	*—1,724*	*0,965*	*1,79*	—

J. G. B. = *Jones, Getman* u. *Bassett,* Hydrates, S. 79.

Ni-Acetat s. **P. Calame,** ZS. ph. Ch. **27,** 406; 1898.

Platosalze s. **J. Petersen,** ZS. ph. Ch. **10,** 580 ff.; 1892.

Pr $(NO_3)_3$ = 326,6.

Konzentrationsangabe nach Volumen!

g anh. Subst. / 100 g H_2O	Gefr.-Temp.	g-Mol. / 1000 g H_2O	Mol. Ern.	Autor
1,551	*—0,284°*	*0,0475*	*6,0°*	*J. C.*
3,103	*—0,543*	*0,0950*	*5,7*	—
6,207	*—1,054*	*0,1901*	*5,54*	—
12,415	*—2,184*	*0,3801*	*5,74*	—

J. C. = *H. C. Jones* u. *P. B. Caldwell,* Amer. chem. Journ. **25,** 386; 1901, *ebenda* **Doppelsalz** mit **NH_4NO_3,** S. 387.

W. A. Roth.

Gefrierpunktserniedrigungen von wässerigen Lösungen.

Die *kursiv gedruckten* Zahlen bedeuten in Kol. I: g Substanz in 100 ccm Lösung, in Kol. III: g-Mol. im lit. Lösung.

$HgCl_2$ = 270,9.

g anh. Subst. / 100 g H_2O	Gefr.-Temp.	g-Mol / 1000 g H_2O	Mol. Ern.	Autor
0,5063	—0,033°	0,0187	1,8°	W. B.
1,224	—0,083	0,0452	1,8	—
2,503	—0,168	0,0924	1,8	—

W. B. = **W. Biltz,** ZS. ph. Ch. **40,** 199; 1902; s. f. **HCl, NaCl, NH_4Cl.**

$Hg(CN)_2$ = 252,1.

Konzentrationsangabe nach Volumen!

g anh. Subst. / 100 g H_2O	Gefr.-Temp.	g-Mol / 1000 g H_2O	Mol. Ern.	Autor
1,264	*—0,100°*	*0,0501*	*2,0°*	L. P.
2,033	*—0,158*	*0,0806*	*2,0*	—
5,048	*—0,387*	*0,2002*	*1,93*	J. C.

L. P. = *L. Prussia,* Gazz. chim. **28** II, 117; 1898.
J. C. = *H. C. Jones* u. *B. P. Caldwell,* Amer. ch. Journ. **25,** 387; 1901.

RbCl = 120,9.

g anh. Subst. / 100 g H_2O	Gefr.-Temp.	g-Mol / 1000 g H_2O	Mol. Ern.	Autor
1,323	—0,379°	0,1095	3,46°	W. B.
2,905	—0,812	0,2404	3,38	—
4,908	—1,347	0,4001	3,32	—
9,194	—2,483	0,7608	3,26	—

W. B. = **W. Biltz,** ZS. ph. Ch. **40,** 198; 1902.

$RbNO_3$ = 147,4.

g anh. Subst. / 100 g H_2O	Gefr.-Temp.	g-Mol / 1000 g H_2O	Mol. Ern.	Autor
0,5790	—0,141°	0,0393	3,6°	W. B.
1,712	—0,385	0,1161	3,32	—
5,720	—1,162	0,3880	3,00	—
12,226	—2,192	0,8293	2,64	—

W. B. = **W. Biltz,** ZS. ph. Ch. **40,** 217; 1902.
Rb_2SiO_3, s. *L. Kahlenberg* u. *A. T. Lincoln,* Journ. ph. Ch. **2,** 82; 1898.

O_2

s. **F. M. Raoult,** ZS. ph. Ch. **27,** 649—650; 1898; s. f. S. 821.

AgCl

in **NH_3,** s. **G. Bodländer,** ZS. ph. Ch. **9,** 737; 1892.
AgCN, s. **KCN.**

$AgNO_3$ = 169,9.

g anh. Subst. / 100 g H_2O	Gefr.-Temp.	g-Mol / 1000 g H_2O	Mol. Ern.	Autor
0,1784	—0,0375°	0,01050	3,57°	W. A. R.
0,3556	—0,0737	0,02093	3,52	—
0,6033	—0,1242	0,03551	3,50	—
0,9235	—0,1840	0,05436	3,385	—
1,3793	—0,2702	0,08119	3,33	—
2,326	—0,4474	0,1369	3,265	—
4,243	—0,814	0,2497	3,26	F. M. R.
9,361	—1,633	0,5510	2,96	—
12,643	—2,080	0,7442	2,79	—
24,694	—3,485	1,454	2,397	—

W. A. R. = **W. A. Roth,** ZS. ph. Ch. **79,** 612; 1912.
F. M. R. = **F. M. Raoult,** ZS. ph. Ch. **2,** 489; 1889; s. f. *Arrhenius,* ZS. ph. Ch. **2,** 496; 1888.

$SrCl_2$ = 158,5.

g anh. Subst. / 100 g H_2O	Gefr.-Temp.	g-Mol / 1000 g H_2O	Mol. Ern.	Autor
0,1587	—0,0508°	0,01001	5,1°	E. H. L.
0,3158	—0,1015	0,01992	5,09	—
0,7923	—0,2445	0,04998	4,89	—
1,585	—0,4834	0,09997	4,84	—
3,175	—0,9608	0,2003	4,796	—
7,992	—2,532	0,5042	5,022	—

E. H. L. = **E. H. Loomis,** Wied. Ann. **60,** 527; 1897.

Konzentrationsangabe nach Volumen!

g anh. Subst. / 100 g H_2O	Gefr.-Temp.	g-Mol. / 1000 g H_2O	Mol. Ern.	Autor
0,4655	*—0,1550°*	*0,02937*	*5,28°*	*J. P.*
1,122	*—0,3472*	*0,07077*	*4,91*	—
3,963	*—1,1957*	*0,250*	*4,78*	—
11,888	*—4,0989*	*0,750*	*5,465*	—
15,85	*—5,9211*	*1,000*	*5,921*	—

J. P. = *Jones* u. *Pearce,* Amer. chem. Journ. **38,** 683; 1907;
s. f. *S. Arrhenius,* ZS. ph. Ch. **2,** 496; 1888.
H. C. Jones u. *F. H. Getman,* Amer. Journ. **27,** 438; 1902 u. Hydrates, S. 59.
H. C. Jones u. *V. J. Chambers,* Amer. ch. Journ. **23,** 94; 1900.
Doppelsalz mit **$CdCl_2$** s. *H. C. Jones* u. *N. Knight,* Amer. ch. Journ. **22,** 128; 1899.

$SrBr_2$ = 247,5.

Konzentrationsangabe nach Volumen!

g anh. Subst. / 100 g H_2O	Gefr.-Temp.	g-Mol. / 1000 g H_2O	Mol. Ern.	Autor
1,287	*—0,262°*	*0,0520*	*5,0°*	*J. Ch.*
3,838	*—0,773*	*0,155*	*4,98*	—
7,675	*—1,592*	*0,310*	*5,13*	—
15,38	*—3,447*	*0,621*	*5,55*	—

J. Ch. = *H. C. Jones* u. *V. J. Chambers,* Amer. ch. Journ. **23,** 97; 1900 u. Hydrates, S. 59.

SrJ_2 = 341,3.

Konzentrationsangabe nach Volumen!

g anh. Subst. / 100 g H_2O	Gefr.-Temp.	g-Mol. / 1000 g H_2O	Mol. Ern.	Autor
1,843	*—0,275°*	*0,054*	*5,1°*	*Ch. F.*
3,686	*—0,558*	*0,108*	*5,2*	—
7,373	*—1,156*	*0,216*	*5,35*	—
11,16	*—1,804*	*0,327*	*5,52*	—

Ch. F. = *V. J. Chambers* u. *J. C. W. Frazer,* Amer. ch. Journ. **23,** 516; 1900 u. *Hydrates* S. 60.

$Sr(NO_3)_2$ = 211,7.

Konzentrationsangabe nach Volumen!

g anh. Subst. / 100 g H_2O	Gefr.-Temp.	g-Mol. / 1000 g H_2O	Mol. Ern.	Autor
0,5292	*—0,1304°*	*0,025*	*5,22°*	*J. P.*
1,5875	*—0,3492*	*0,075*	*4,66*	—
5,292	*—1,0817*	*0,25*	*4,326*	—
15,875	*—3,0453*	*0,75*	*4,060*	—
21,17	*—3,9983*	*1,00*	*3,998*	—

J. P. = *Jones* u. *Pearce,* Amer. ch. Journ. **38,** 683; 1907;
s. f. **M. Leblanc** u. **A. A. Noyes,** ZS. ph. Ch. **6,** 388; 1880 u. *Hydrates,* S. 61.
Sr-Formiat u. **-Acetat,** s. **P. Calame,** ZS. ph. Ch. **27,** 405; 1898.

UO_2Cl_2 = 341,4.

g anh. Subst. / 100 g H_2O	Gefr.-Temp.	g-Mol. / 1000 g H_2O	Mol. Ern.	Autor
1,081	—0,170°	0,0316	5,4°	K. D.
2,186	—0,331	0,0640	5,2	—
4,471	—0,651	0,1310	4,97	
9,358	—1,338	0,2741	4,88	—
20,65	—2,926	0,6047	4,84	—

K. D. = **K. Dittrich,** ZS. ph. Ch. **29,** 465; 1899.
$UO_2(NO_3)_2$, s. ebenda.

W. A. Roth.

Gefrierpunktserniedrigungen von wässerigen Lösungen.

Die *kursiv gedruckten* Zahlen bedeuten in Kol. I: g Substanz in 100 ccm Lösung, in Kol. III: g-Mol. im lit. Lösung.

UO_2SO_4 = 366,6.

g anh. Subst. / 100 g H_2O	Gefr.-Temp.	g-Mol. / 1000 g H_2O	Mol. Ern.	Autor
2,351	—0,134°	0,0641	2,1°	K. D.
4,814	—0,256	0,1310	1,95	—
10,12	—0,479	0,2759	1,74	—
22,50	—0,968	0,6137	1,58	—

K. D. = **K. Dittrich,** ZS. ph. Ch. **29**, 465; 1899.

Uranylacetat = $UO_2(C_2H_3O_2)_2$ = 288,5.

g anh. Subst. / 100 g H_2O	Gefr.-Temp.	g-Mol. / 1000 g H_2O	Mol. Ern.	Autor
1,232	—0,100°	0,0317	3,2°	K. D.
2,495	—0,178	0,0642	2,8	—
5,116	—0,306	0,1317	2,32	—

K. D. = **K. Dittrich,** ZS. ph. Ch. **29**, 465; 1899, ebenda **Uranyltartrat** und Gemische.

HF = 20,0.

g anh. Subst. / 100 g H_2O	Gefr.-Temp.	g-Mol. / 1000 g H_2O	Mol. Ern.	Autor
0,184	—0,18°	0,092	1,96°	P. P.
0,252	—0,26	0,126	2,06	—
0,782	—0,75	0,391	1,92	—
1,429	—1,38	0,714	1,93	—
4,663	—4,55	2,331	1,95	—
5,765	—5,89	2,882	2,04	—

P. P. = **Paternò** u. **Peratoner,** Rend. Linc. (4) **6** II, 306; 1890.

HCl = 36,5.

g anh. Subst. / 100 g H_2O	Gefr.-Temp.	g-Mol. / 1000 g H_2O	Mol. Ern.	Autor
0,01112	—0,01121°	0,00305	3,68°	H. H.
0,02535	—0,02546	6,00695	3,66	—
0,06209	—0,06110	0,01703	3,59	—
0,141	—0,139	0,0387	3,6	W. N.
0,506	—0,495	0,1388	3,57	—
1,082	—1,050	0,2968	3,54	—
1,69	—1,706	0,464	3,68	M. R.
3,657	—3,965	1,003	3,95	L. N.
7,71	—9,55	2,115	4,52	M. R.
11,13	—14,97	3,053	4,90	—
14,82	—23,05	4,065	5,67	—
16,98	—28,84	4,657	6,19	—

H. H. = **H. Hausrath,** Ann. Phys. (4) **9**, 547; 1902.
W. N. = **W. Nernst,** s. M. R., S. 577.
M. R. = **M. Roloff,** ZS. ph. Ch. **18**, 576; 1895.
L. N. = **M. Leblanc** u. **A. A. Noyes,** ZS. ph. Ch. **6**, 389, 390; 1890;
s. f. **F. Zecchini,** ZS. ph. Ch. **19**, 432—433; 1896.
Paternò u. **Peratoner,** Rend. Linc. (4) **6** II, 306; 1890.
Weitere Daten sind in der Zusammenstellung am Schluß (Noyes u. Falk) verwertet.

Konzentrationsangabe nach Volumen!

g anh. Subst. / 100 g H_2O	Gefr.-Temp.	g-Mol. / 1000 g H_2O	Mol. Ern.	Autor
0,0365	—0,0361°	*0,0100*	3,6°	*E. H. L.*
0,0719	—0,0719	*0,0200*	3,59	—
0,1823	—0,174	*0,0500*	3,59	*J. G. B.*
0,3735	—0,3650	*0,1025*	3,56	*H. C. J.*
0,7292	—0,7130	*0,2000*	3,57	*E. H. L.*
1,0938	—1,080	*0,3000*	3,60	*J. G. B.*
1,823	—1,832	*0,500*	3,66	—
3,763	—3,975	*1,000*	3,975	*J. P.*
7,292	—9,317	*2,000*	4,68	—

E. H. L. = *E. H. Loomis,* Wied. Ann. **57**, 502; 1896.
J. G. B. = *Jones, Getman, Bassett,* Hydrates, S. 93.
H. C. J. = *H. C. Jones,* ZS. ph. Ch. **12**, 628; 1893.
J. P. = *Jones* u. *Pearce,* Amer. ch. Journ. **38**, 683; 1907,
s. f. *V. Chambers* u. *J. C. W. Frazer,* Amer. ch. Journ. **23**, 515; 1900,
u. *H. C. Jones* u. *F. H. Getman,* Amer. ch. Journ. **27**, 435; 1902.
HCl + $HgCl_2$, s. **M. Leblanc** u. **A. A. Noyes,** ZS. ph. Ch. **6**, 389—390; 1890.

HBr = 80,9.

Konzentrationsangabe nach Volumen!

g anh. Subst. / 100 g H_2O	Gefr.-Temp.	g-Mol. / 1000 g H_2O	Mol. Ern.	Autor
1,492	—0,657°	*0,1843*	3,56°	*J. G. B.*
2,984	—1,350	*0,3686*	3,69	—
4,971	—2,316	*0,614*	3,77	—
9,950	—5,440	*1,229*	4,42	—
14,921	—9,200	*1,843*	4,99	—

J. B. G. = *Jones, Getman* u. *Bassett,* Hydrates, S. 95.

HJ = 127,9.

Konzentrationsangabe nach Volumen!

g anh. Subst. / 100 g H_2O	Gefr.-Temp.	g-Mol. / 1000 g H_2O	Mol. Ern.	Autor
7,135	—2,196°	*0,558*	3,94°	*Y. O.*
10,229	—3,272	*0,800*	4,09	—

Y. O. = *Y. Osaka,* ZS. ph. Ch. **38**, 744; 1901, ebenda **HJ + J_2**.

HOCl = 52,5.

g anh. Subst. / 100 g H_2O	Gefr.-Temp.	g-Mol. / 1000 g H_2O	Mol. Ern.	Autor
1,279	—0,46°	0,2457	1,9°	A. A. J.
2,430	—0,87	0,4633	1,9	—

A. A. J. = **A. A. Jakowkin,** ZS. ph. Ch. **29**, 632; 1899.
Cl_2O (bei Gegenwart von CO_2) s. **W. Bray,** ZS. ph. Ch. **54**, 585; 1906.

H_2O_2 = 34,0.

g anh. Subst. / 100 g H_2O	Gefr.-Temp.	g-Mol. / 1000 g H_2O	Mol. Ern.	Autor
0,126	—0,069°	0,0370	1,9°	O. W.
0,337	—0,200	0,0991	2,02	G. C.
0,728	—0,434	0,2140	2,03	O. W.
1,476	—0,805	0,4339	1,86	—
3,268	—1,860	0,9605	1,94	G. C.

O. W. = **G. R. Orndorff** u. **J. White,** ZS. ph. Ch. **12**, 66; 1893.
G. C. = **G. Carrara,** Gazz. chim. **22** II, 343; 1892.

Konzentrationsangabe nach Volumen!

g anh. Subst. / 100 g H_2O	Gefr.-Temp.	g-Mol. / 1000 g H_2O	Mol. Ern.	Autor
0,164	—0,085°	*0,0482*	1,8°	*T. P.*
0,582	—0,320	*0,1711*	1,87	—
1,021	—0,567	*0,3001*	1,89	—
1,701	—0,967	*0,500*	1,93	*H. T. C.*
3,402	—1,943	*1,000*	1,94	—

T. P. = *G. Tammann* (*O. Paulsen*), ZS. ph. Ch. **12**, 432; 1893.
H. T. C. = *H. T. Calvert* u. *H. Holst,* ZS. ph. Ch. **38**, 538; 1901.

HJO_3 = 175,9.

g anh. Subst. / 100 g H_2O	Gefr.-Temp.	g-Mol. / 1000 g H_2O	Mol. Ern.	Autor
2,01	—0,35°	0,114	3,06°	H. L.
4,40	—0,61	0,250	2,4	F. M. R.
5,01	—0,85	0,285	2,98	H. L.

H. L. = **H. Landolt,** Berl. Akad. Ber. **1886**; 217.
F. M. R. = **F. M. Raoult,** ZS. ph. Ch. **2**, 489; 1888.

W. A. Roth.

Gefrierpunktserniedrigungen von wässerigen Lösungen.

Die *kursiv gedruckten* Zahlen bedeuten in Kol. I: g Substanz in 100 ccm Lösung, in Kol. III: g-Mol. im lit. Lösung.

$HNO_3 = 63{,}0$.

g anh. Subst. / 100 g H_2O	Gefr.-Temp.	g-Mol. / 1000 g H_2O	Mol. Ern.	Autor
0,1263	—0,0712°	0,02004	3,55°	E. H. L.
0,3162	—0,1754	0,05015	3,50	—
0,6332	—0,3496	0,1004	3,48	—
1,2702	—0,6959	0,2015	3,45	—

E. H. L. = **E. H. Loomis,** Wied. Ann. **60**, 532; 1897; s. f. **Ostwald,** ZS. ph. Ch. **2**, 79; 1888.

Konzentrationsangabe nach Volumen!

g anh. Subst. / 100 g H_2O	Gefr.-Temp.	g-Mol. / 1000 g H_2O	Mol. Ern.	Autor
0,3152	*—0,175°*	*0,0500*	*3,51°*	*J. G. B.*
0,6305	*—0,350*	*0,100*	*3,50*	—
1,576	*—0,875*	*0,250*	*3,50*	*J. G.*
3,151	*—1,798*	*0,500*	*3,60*	*J. P.*
6,301	*—3,749*	*1,000*	*3,75*	—
12,610	*—8,347*	*2,000*	*4,17*	*J. G.*
18,915	*—13,909*	*3,000*	*4,64*	—

J. G. B. = ***Jones,*** *Getman* u. ***Bassett,*** Hydrates, S. 96.
J. G. = *H. C.* ***Jones*** u. *F. M.* ***Getman,*** Amer. chem. Journ. **27**, 435; 1902.
J. P. = ***Jones*** u. *Pearce,* Amer. chem. Journ. **38**, 683; 1907;
s. f. *M. Wildermann,* ZS. ph. Ch. **46**, 51; 1903.

$CO_2 = 44{,}0$.

g anh. Subst. / 100 g H_2O	Gefr.-Temp.	g-Mol. / 1000 g H_2O	Mol. Ern.	Autor
0,250	—0,120°	0,0568	2,1°	G. F.
0,350	—0,165	0,0795	2,6	—

G. F. = **Garelli** u. **Falciola,** Gazz. chim. **34** II, 1; 1904.

$H_2S = 34{,}1$.

g anh. Subst. / 100 g H_2O	Gefr.-Temp.	g-Mol. / 1000 g H_2O	Mol. Ern.	Autor
0,261	—0,190°	0,0766	2,47°	G. F.
0,660	—0,395	0,1936	2,04	—

G. F. = **Garelli** u. **Falciola,** Gazz. chim. **34** II, 1; 1904.

$H_2SO_3 = 82{,}1$ (SO_2).

g anh. Subst. / 100 g H_2O	Gefr.-Temp.	g-Mol. / 1000 g H_2O	Mol. Ern.	Autor
3,174	—0,976°	0,3867	2,52°	F. M. R.

F. M. R. = **F. M. Raoult,** ZS. ph. Ch. **2**, 489; 1888.

Konzentrationsangabe nach Volumen!

g anh. Subst. / 100 g H_2O	Gefr.-Temp.	g-Mol. / 1000 g H_2O	Mol. Ern.	Autor
0,821	*—0,245°*	*0,100*	*2,45°*	*W. C.*
3,283	*—0,888*	*0,400*	*2,22*	—
6,73	*—2,01*	*0,820*	*2,45*	*S. A.*

W. C. = *P.* ***Walden*** u. *M.* ***Centnerszwer,*** ZS. ph. Ch. **42**, 459; 1893.
S. A. = *S.* ***Arrhenius,*** ZS. ph. Ch. **2**, 496; 1888.

$H_2SO_4 = 98{,}1$.

g anh. Subst. / 100 g H_2O	Gefr.-Temp.	g-Mol. / 1000 g H_2O	Mol. Ern.	Autor
0,00299	—0,00161°	0,000305	5,275°	B.
0,01313	—0,007026	0,001339	5,24	H. H.
0,04095	—0,02102	0,004175	5,03	—
0,1047	—0,049	0,01068	4,6	W. R. K.
0,1614	—0,07569	0,01640	4,60	H. H.
0,3082	—0,136	0,03142	4,33	W. R. K.
0,6364	—0,265	0,06489	4,09	—
1,056	—0,425	0,1077	3,95	—
1,989	—0,765	0,2028	3,77	K. D.
3,618	—1,37	0,369	3,7	S. U. P.
9,397	—3,80	0,958	3,97	—
22,685	—11,83	2,313	5,11	—

B. = **Bedford,** Proc. Roy. Soc. **83** A, 459; 1910.
H. H. = **H. Hausrath,** Ann. Phys. (4) **9**, 547; 1902.
W. R. K. = **W. A. Roth** u. **W. Knothe,** unveröff.
K. D. = **K. Drucker,** ZS. Elch. **17**, 400; 1911.
S. U. P. = **Sp. U. Pickering,** ZS. ph. Ch. **7**, 392, 397; 1891;
s. f. **W. Hillmayr,** Wien. Akad. Ber. **106** IIa, 7; 1897.
Ostwald, ZS. ph. Ch. **2**, 79; 1888.
Weitere Angaben sind in der Zusammenstellung am Schluß (Noyes u. Falk) verwertet.

Konzentrationsangabe nach Volumen!

g anh. Subst. / 100 g H_2O	Gefr.-Temp.	g-Mol. / 1000 g H_2O	Mol. Ern.	Autor
0,0452	*—0,0222°*	*0,00461*	*4,8°*	*M. W.*
0,0981	*—0,04493*	*0,0100*	*4,49*	*E. H. L.*
0,1962	*—0,08619*	*0,0200*	*4,32*	—
0,4520	*—0,1888*	*0,0461*	*4,10*	*M. W.*
0,9808	*—0,396*	*0,100*	*3,96*	*J. C.*
1,962	*—0,7700*	*0,200*	*3,850*	*E. H. L.*
4,360	*—1,716*	*0,445*	*3,86*	*T. S. P.*
9,808	*—4,190*	*1,000*	*4,19*	*J. M.*
14,712	*—7,265*	*1,500*	*4,843*	*J. P.*
19,616	*—11,296*	*2,000*	*5,648*	*J. G. B.*
24,520	*—16,275*	*2,500*	*6,510*	—

M. W. = *M.* ***Wildermann,*** ZS. ph. Ch. **15**, 348; 1894 u. **19**, 241; 1896.
E. H. L. = *E. H.* ***Loomis,*** Wied. Ann. **51**, 510; 1894.
J. C. = *H. C.* ***Jones*** u. *C. G.* ***Caroll,*** Amer. chem. Journ. **28**, 291; 1902.
T. S. P. = *T. S.* ***Price,*** Journ. chem. Soc. **91**, 533; 1907.
J. G. B. = ***Jones,*** ***Getman*** u. ***Bassett,*** Hydrates, S. 97.
J. M. = *H. C.* ***Jones*** u. *Grantland* ***Murray,*** Amer. chem. Journ. **30**, 207; 1903.
J. P. = *H. C.* ***Jones*** u. *Pearce,* Journ. Amer. chem. Soc. **38**, 683; 1907;
s. f. *H. C.* ***Jones,*** ZS. ph. Ch. **12**, 629; 1893.
Jones u. ***Getman,*** Amer. chem. Journ. **28**, 291; 1902.

$CrO_3 = 100{,}0$.

g anh. Subst. / 100 g H_2O	Gefr.-Temp.	g-Mol. / 1000 g H_2O	Mol. Ern.	Autor
5,00	—1,34°	0,50	2,68°	W. O.
6,90	—1,83	0,69	2,65	A. C.

W. O. = **W. Ostwald,** ZS. ph. Ch. **2**, 79; 1888.
A. C. = **Abegg** u. **Cox,** ZS. ph. Ch. **48**, 733; 1904.

$H_2Cr_2O_7 = 218{,}2$.

Konzentrationsangabe nach Volumen!

g anh. Subst. / 100 g H_2O	Gefr.-Temp.	g-Mol. / 1000 g H_2O	Mol. Ern.	Autor
2,182	*—0,526°*	*0,10*	*5,26°*	*J. G. B.*
8,730	*—2,22*	*0,40*	*5,55*	—
21,82	*—6,78*	*1,00*	*6,78*	—
43,64	*—16,00*	*2,00*	*8,0*	—

J. G. B. = ***Jones,*** ***Getman*** u. ***Bassett,*** Hydrates, S. 99.
Dort sind die Daten auf $H_2Cr_2O_7$ bezogen.

H_2SeO_4, s. **F. M. Raoult,** ZS. ph. Ch. **2**, 489; 1888.

$H_2SiF_6 = 144$.

g anh. Subst. / 100 g H_2O	Gefr.-Temp.	g-Mol. / 1000 g H_2O	Mol. Ern.	Autor
2,72	—0,862°	0,1889	4,6°	F. M. R.

F. M. R. = **F. M. Raoult,** ZS. ph. Ch. **2**, 489; 1888.

W. A. Roth.

Gefrierpunktserniedrigungen von wässerigen Lösungen.

Die *kursiv gedruckten* Zahlen bedeuten in Kol. I: g Substanz in 100 ccm Lösung, in Kol. III: g-Mol. im lit. Lösung.

$H_3BO_3 = 62.$

g anh. Subst. / 100 g H_2O	Gefr.-Temp.	g-Mol. / 1000 g H_2O	Mol. Ern.	Autor
2,27	−0,76°	0,366	2,1°	N. A.

N. A. = **Nasini** u. **Ageno**, ZS. ph. Ch. **69**, 484; 1909.

Konzentrationsangabe nach Volumen!

g anh. Subst. / 100 g H_2O	Gefr.-Temp.	g-Mol. / 1000 g H_2O	Mol. Ern.	Autor
0,410	*−0,129°*	*0,0661*	*2,0°*	*S. A.*
1,024	*−0,318*	*0,1651*	*1,93*	—
1,55	*−0,489*	*0,25*	*1,96*	*K. S.*

S. A. = *S. Arrhenius*, ZS. ph. Ch. **2**, 495; 1888.
K. S. = *L. Kahlenberg* u. *O. Schreiner*, ZS. ph. Ch. **20**, 548; 1896;
ebenda **HBO_2** u. **$H_2B_4O_7$**;
s. f. **F. M. Raoult**, ZS. ph. Ch. **2**, 489; 1888.
Borsäure u. **Mannit**, s. **G. Magnanini**, Gazz. chim. **21** II, 136; 1891.

$H_3PO_4 = 98,0.$

g anh. Subst. / 100 g H_2O	Gefr.-Temp.	g-Mol. / 1000 g H_2O	Mol. Ern.	Autor
1,240	−0,304°	0,127	2,40°	E. P.
2,512	−0,583	0,256	2,27	—
3,60	−0,790	0,367	2,15	F. M. R.
5,154	−1,154	0,526	2,19	E. P.

E. P. = **E. Petersen**, ZS. ph. Ch. **11**, 183; 1893.
F. M. R. = **F. M. Raoult**, ZS. ph. Ch. **2**, 489; 1888.

Konzentrationsangabe nach Volumen!

g anh. Subst. / 100 g H_2O	Gefr.-Temp.	g-Mol. / 1000 g H_2O	Mol. Ern.	Autor
0,0980	*−0,0282°*	*0,0100*	*2,8°*	*E. H. L.*
0,1960	*−0,0536*	*0,0200*	*2,68*	—
0,4901	*−0,1245*	*0,0500*	*2,49*	—
0,9802	*−0,2358*	*0,1000*	*2,36*	—
1,9604	*−0,4498*	*0,2000*	*2,25*	—
4,626	*−1,039*	*0,472*	*2,20*	*Ch. F.*
9,252	*−2,143*	*0,944*	*2,27*	—
15,88	*−4,213*	*1,620*	*2,60*	—

E. H. L. = *E. H. Loomis*, Wied. Ann. **57**, 505; 1896.
Ch. F. = *V. J. Chambers* u. *J. C. W. Frazer*, Amer. chem. Journ. **23**, 515; 1900;
s. f. *S. Arrhenius*, ZS. ph. Ch. **2**, 496; 1888.
H. C. Jones, ZS. ph. Ch. **12**, 630; 1893 u. Hydrates, S. 100.

$H_3PO_3 = 82,0.$

g anh. Subst. / 100 g H_2O	Gefr.-Temp.	g-Mol. / 1000 g H_2O	Mol. Ern.	Autor
8,20	−2,39	1,00	2,39°	F. M. R.

F. M. R. = **F. M. Raoult**, ZS. ph. Ch. **2**, 489; 1888.

Konzentrationsangabe nach Volumen!

g anh. Subst. / 100 g H_2O	Gefr.-Temp.	g-Mol. / 1000 g H_2O	Mol. Ern.	Autor
0,611	*−0,227°*	*0,0745*	*3,0°*	*S. A.*
1,018	*−0,342*	*0,1241*	*2,8*	—
2,036	*−0,654*	*0,2482*	*2,6*	—

S. A. = *S. Arrhenius*, ZS. ph. Ch. **2**, 496; 1888.

$H_3PO_2 = 66,0.$

g anh. Subst. / 100 g H_2O	Gefr.-Temp.	g-Mol. / 1000 g H_2O	Mol. Ern.	Autor
0,832	−0,366°	0,1260	2,90°	E. P.
1,678	−0,698	0,2542	2,75	—
3,414	−1,341	0,5171	2,59	—
7,069	−2,625	1,071	2,45	—

E. P. = **E. Petersen**, ZS. ph. Ch. **11**, 183; 1893.

Ameisensäure = H . COOH = 46,0.

g anh. Subst. / 100 g H_2O	Gefr.-Temp.	g-Mol. / 1000 g H_2O	Mol. Ern.	Autor
1,556	−0,64°	0,338	1,9°	J. M.
4,708	−1,877	1,023	1,83	R. A.
14,04	−5,28	3,051	1,73	J. M.
27,28	−9,927	5,927	1,675	R. A.

J. M. = **H. C. Jones** u. **G. Murray**, Amer. chem. Journ. **30**, 199; 1903.
R. A. = **R. Abegg**, ZS. phys. Ch. **15**, 218; 1894.

Essigsäure = CH_3COOH = 60,0.

g anh. Subst. / 100 g H_2O	Gefr.-Temp.	g-Mol. / 1000 g H_2O	Mol. Ern.	Autor
0,00571	−0,001946°	0,000952	2,05°	H. H.
0,01805	−0,006062	0,003007	2,01	—
0,06014	−0,0196	0,01002	1,96	E. H. L.
0,2122	−0,06839	0,03535	1,934	H. H.
0,5709	−0,1811	0,0951	1,90	W. A. R.
1,659	−0,5140	0,2763	1,860	—
2,813	−0,9378	0,5139	1,825	E. H. L.
6,956	−2,088	1,159	1,802	W. A. R.
13,45	−3,910	2,240	1,75	M. R.
25,44	−6,92	4,238	1,63	A. D.
43,10	−10,87	7,18	1,51	R. A.
52,04	−12,62	8,669	1,46	M. R.
71,14	−15,9	11,85	1,34	A. D.
116,6	−22,30	19,42	1,15	M. R.

H. H. = **H. Hausrath**, Ann. Phys. (4) **9**, 548; 1902.
E. H. L. = **E. H. Loomis**, Wied. Ann. **60**, 540; 1897.
W. A. R. = **W. A. Roth**, ZS. ph. Ch. **43**, 556; 1903.
M. R. = **M. Roloff**, ZS. phys. Ch. **18**, 583; 1895.
A. D. = **A. Dahms**, Wied. Ann. **60**, 122; 1897.
R. A. = **R. Abegg**, ZS. ph. Ch. **15**, 218; 1894;
s. f. **H. C. Jones** u. **Gr. Murray**, Amer. chem. Journ. **30**, 198; 1903.
Ostwald, ZS. ph. Ch. **2**, 79; 1888;
s. f. *S. Arrhenius*, ZS. ph. Ch. **2**, 495; 1888.
H. C. Jones, ZS. ph. Ch. **12**, 650; 1893.
H. C. Jones u. *Gr. Murray*, Amer. chem. Journ. **30**, 208; 1903; s. f. *Hydrates*, S. 111.

Dichloressigsäure = $CHCl_2COOH$ = 128,9.

g anh. Subst. / 100 g H_2O	Gefr.-Temp.	g-Mol. / 1000 g H_2O	Mol. Ern.	Autor
0,04476	−0,01289°	0,003472	3,71°	H. H.
0,1045	−0,02919	0,008105	3,60	—
0,2263	−0,06095	0,01755	3,47	—
1,632	−0,375	0,1270	2,94	E. P.
3,330	−0,706	0,2583	2,73	—
6,890	−1,337	0,5345	2,50	

H. H. = **H. Hausrath**, Ann. Phys. (4) **9**, 348; 1892.
E. P. = **E. Petersen**, ZS. ph. Ch. **11**, 183; 1893.

Konzentrationsangabe nach Volumen!

g anh. Subst. / 100 g H_2O	Gefr.-Temp.	g-Mol. / 1000 g H_2O	Mol. Ern.	Autor
0,04899	*−0,0137°*	*0,00380*	*3,6°*	*M. W.*
0,1468	*−0,0390*	*0,01139*	*3,42*	—
0,2916	*−0,0744*	*0,02264*	*3,29*	—
0,6603	*−0,1602*	*0,05122*	*3,13*	—

M. W. = *M. Wildermann*, ZS. ph. Ch. **46**, 46; 1903. (Mittelwerte), s. f. ebenda **15**, 349; 1894.

Trichloressigsäure = CCl_3 . COOH = 163,4.

Konzentrationsangabe nach Volumen!

g anh. Subst. / 100 g H_2O	Gefr.-Temp.	g-Mol. / 1000 g H_2O	Mol. Ern.	Autor
0,08456	*−0,0191°*	*0,00518*	*3,7°*	*M. W.*
0,2911	*−0,0627*	*0,01782*	*3,52*	—
0,7317	*−0,1553*	*0,04479*	*3,47*	—

M. W. = *Mejer Wildermann*, ZS. ph. Ch. **15**, 349; 1894.

Gefrierpunktserniedrigungen von wässerigen Lösungen.

Die *kursiv gedruckten* Zahlen bedeuten in Kol. I: g Substanz in 100 ccm Lösung, in Kol. III: g-Mol. im lit. Lösung.

Propionsäure = $C_2H_5 . COOH$ = **74,0.**

g anh. Subst. / 100 g H_2O	Gefr.-Temp.	g-Mol. / 1000 g H_2O	Mol Ern.	Autor
0,822	—0,229°	0,111	2,06°	M. T.
2,913	—0,737	0,393	1,87	—
6,850	—1,610	0,925	1,74	R. A.
14,74	—3,235	1,99	1,63	—
32,36	—5,86	4,37	1,34	—

M. T. = **Meldrum** u. **Turner**, Journ. chem. Soc. **99**. 691; 1911; ebenda **Buttersäure.**
R. A. = **R. Abegg**, ZS. ph. Ch. **15**, 219; 1894.
Milchsäure, s. *R. Abegg*, ZS. ph. Ch. **15**, 222; 1894.

αaβ-**Trichlorbuttersäure** = $C_3H_4Cl_3 . COOH$ = **191,4.**

g anh. Subst. / 100 g H_2O	Gefr.-Temp.	g-Mol. / 1000 g H_2O	Mol Ern.	Autor
2,211	—0,382°	0,1155	3,31°	K. D.
4,302	—0,690	0,2250	3,07	—

K. D. = **K. Drucker**, ZS. ph. Ch. **49**, 575; 1904.

Oxalsäure = $(COOH)_2$ = **90,0.**

g anh. Subst. / 100 g H_2O	Gefr.-Temp.	g-Mol. / 1000 g H_2O	Mol Ern.	Autor
0,09018	—0,0328°	0,01002	3,3°	E. H. L.
0,1805	—0,0640	0,02005	3,19	—
0,2396	—0,0845	0,02662	3,17	W. R. K.
0,5115	—0,1740	0,05682	3,06	—
0,6098	—0,2070	0,06774	3,06	—
0,9056	—0,2848	0,1006	2,83	E. H. L.
1,8204	—0,5329	0,2022	2,64	—
3,291	—0,936	0,366	2,56	F. M. R.
5,836	—1,50	0,648	2,3	—

E. H. L. = **E. H. Loomis**, Wied. Ann. **60**, 540; 1897.
W. R. K. = **W. A. Roth** u. **W. Knothe**, unveröffentl.
F. M. R. = **F. M. Raoult**, ZS. ph. Ch. **2**, 489; 1888; s. f. **Fedoroff**, Journ. russ. **35**, 643; 1903;
s. f. *S. Arrhenius*, ZS. ph. Ch. **2**, 496; 1888.
H. C. Jones u. *C. G. Caroll*, Amer. chem. Journ. **28**, 291; 1902 u. *Hydrates*, S. 112.

Bernsteinsäure = $(CH_2COOH)_2$ = **118,0.**

g anh. Subst. / 100 g H_2O	Gefr.-Temp.	g-Mol. / 1000 g H_2O	Mol Ern.	Autor
0,1183	—0,0202°	0,01002	2,0°	E. H. L.
0,5911	—0,0965	0,05007	1,93	—
2,3905	—0,3751	0,2025	1,85	—

E. H. L. = **E. H. Loomis**, Wied. Ann. **60**, 540; 1897; s. f. **E. Petersen**, ZS. ph. Ch. **11**, 183; 1893, u. *H. C. Jones*, ZS. ph. Ch. **12**, 650—651; 1893 u. *Hydrates*, S. 113.
Fumarsäure, Maleïnsäure, Citrakonsäure, Mesakonsäure, Itaconsäure, s. **E. Paternò** u. **R. Nasini**, R. Acad. Linc. Rend. (4) **4** I, 685; 1888.

d-Weinsäure = $(C_2H_3O_3)_2$ = **150,0.**

g anh. Subst. / 100 g H_2O	Gefr.-Temp.	g-Mol. / 1000 g H_2O	Mol Ern.	Autor
0,1504	—0,0234°	0,01002	2,33°	E. H. L.
0,7530	—0,1042	0,05018	2,08	—
3,0460	—0,3993	0,2030	1,97	—
7,633	—1,000	0,5087	1,97	F. M. R.
14,106	—1,862	0,9401	1,98	—

E. H. L. = **E. H. Loomis**, Wied. Ann. **60**, 540; 1897.
F. M. R. = **F. M. Raoult**, ZS. ph. Ch. **1**, 186; 1887; s. f. **R. Abegg**, ZS. phys. Ch. **15**, 217; 1894.

Konzentrationsangabe nach Volumen!

0,0769	*—0,0128°*	*0,00516*	*2,5°*	*R. A. (1)*
0,431	*—0,0549*	*0,0254*	*2,16*	—
10,53	*—1,459*	*0,702*	*2,08*	*R. A. (2)*
31,57	*—5,355*	*2,104*	*2,55*	—

R. A. (1) = *R. Abegg*, ZS. ph. Ch. **20**, 224; 1896.
R. A. (2) = *R. Abegg*, ZS. ph. Ch. **15**, 217; 1894; s. f. *Hydrates*, S. 114.
Traubensäure s. **F. M. Raoult**, ZS. ph. Ch. **1**, 186; 1887.

Citronensäure = $C_6H_8O_7$ = **192,1.**

g anh. Subst. / 100 g H_2O	Gefr.-Temp.	g-Mol. / 1000 g H_2O	Mol. Ern.	Autor
0,1924	—0,0226°	0,01002	2,3°	E. H. L.
0,9648	—0,1029	0,05023	2,05	—
3,929	—0,3978	0,2046	1,94	—
8,335	—0,839	0,434	1,93	R. A.
27,85	—2,849	1,45	1,96	—
52,24	—5,792	2,72	2,13	—

E. H. L. = **E. H. Loomis**, Wied. Ann. **60**, 540; 1897.
R. A. = **R. Abegg**, ZS. ph. Ch. **15**, 217; 1894; s. f. *Hydrates*, S. 115.

o-Nitrobenzoesäure = $C_6H_4 . NO_2 . COOH$ = **167,0.**

Konzentrationsangabe nach Volumen!

0,1402	*—0,0248°*	*0,00839*	*3,0°*	*M. W.*
0,3452	*—0,0547*	*0,02066*	*2,65*	—

M. W. = *M. Wildermann*, ZS. ph. Ch. **15**, 349; 1894 u. **46**, 46; 1903.

Gallussäure = $C_6H_2(OH)_3$ COOH = **170,0.**

g anh. Subst. / 100 g H_2O	Gefr.-Temp.	g-Mol. / 1000 g H_2O	Mol. Ern.	Autor
0,750	—0,07°	0,0441	1,6°	P.

P. = **Paternò**, ZS. ph. Ch. **4**, 457; 1889.

Allozimtsäure = $C_9H_8O_2$ = **148,1.**

Konzentrationsangabe nach Volumen!

0,387	*—0,046°*	*0,0261*	*1,8°*	*J. M.*
0,426	*—0,054*	*0,0288*	*1,9*	—
0,503	*—0,066*	*0,0340*	*1,9*	—

J. M. = *Jul. Meyer*, ZS. Elch. **17**, 979; 1911.
Gelöst waren die 3 Modifikationen, die bei 68°, 58° u. 42° schmelzen.

Pikrinsäure = $C_6H_2 . (NO_2)_3OH$ = **229,1.**

g anh. Subst. / 100 g H_2O	Gefr.-Temp.	g-Mol. / 1000 g H_2O	Mol. Ern.	Autor
0,1049	—0,01760°	0,00458	3,84°	O.
0,1922	—0,03083	0,00839	3,68	—
0,2628	—0,04111	0,01147	3,59	—
0,4088	—0,06014	0,01785	3,37	—
0,9660	—0,1324	0,04218	3,14	—

O. = **Osaka** bei Rothmund u. Drucker, ZS. ph. Ch. **46**, 843; 1903.

$ZnCl_2$ = **136,3.**

g anh. Subst. / 100 g H_2O	Gefr.-Temp.	g-Mol. / 1000 g H_2O	Mol. Ern.	Autor
0,2712	—0,101°	0,0199	5,1°	W. B.
1,119	—0,406	0,0821	4,9	—
4,408	—1,629	0,3234	5,04	—
8,584	—3,213	0,6298	5,10	—

W. B. = **W. Biltz**, ZS. ph. Ch. **40**, 200; 1902.

Konzentrationsangabe nach Volumen!

0,04075	*—0,0161°*	*0,00299*	*5,4°*	*H. C. J.*
0,5179	*—0,1910*	*0,03799*	*5,03*	—
2,685	*—1,020*	*0,197*	*5,17*	*Ch. F.*
5,370	*—2,098*	*0,394*	*5,32*	—

H. C. J. = *H. C. Jones*, ZS. ph. Ch. **11**, 547; 1893.
Ch. F. = *V. J. Chambers* u. *J. C. W. Frazer*, Amer. chem. Journ. **23**, 516; 1900, s. f. *Hydrates*, S. 70.
Doppelsalze mit **NaCl** und **KCl**, s. *H. C. Jones* und *N. Knight*, Amer. chem. Journ. **22**, 128, 129; 1899.
$Zn(NO_3)_2$ s. *Hydrates*, S. 70.

W. A. Roth.

Gefrierpunktserniedrigungen von wässerigen Lösungen.

Die *kursiv gedruckten* Zahlen bedeuten in Kol. I: g Substanz in 100 ccm Lösung, in Kol. III: g-Mol. im lit. Lösung.

$ZnSO_4$ = 161,5.

g anh. Subst. / 100 g H_2O	Gefr.-Temp.	g-Mol. / 1000 g H_2O	Mol. Ern.	Autor
0,00644	−0,001387°	0,0003988	3,48°	H. H.
0,01746	−0,003500	0,001081	3,24	—
0,08333	−0,01499	0,005160	2,91	—
0,2246	−0,03701	0,01391	2,66	—
2,063	−0,285	0,1278	2,23	F. M. R.
5,026	−0,625	0,3112	2,01	L. K.
16,169	−1,87	1,001	1,87	F. M. R.

H. H. = **H. Hausrath,** Ann. Phys. (4) **9**, 545; 1902.
F. M. R. = **F. M. Raoult,** ZS. ph. Ch. **2**, 490; 1888.
L. K. = **L. Kahlenberg,** Journ. ph. Ch. **5**, 353; 1901; s. f. *Jones, Getman, Bassett,* Hydrates, S. 71.
Zahlen im Original durch Druckfehler unklar!
S. f. *S. Arrhenius,* ZS. ph. Ch. **2**, 497; 1888.

Zn-Formiat, -Acetat und **-Maleïnat,** s. **P. Calame.** ZS. ph. Ch. **27**, 405, 406, 408; 1898.

$SnCl_4$ = 260,8.

g anh. Subst. / 100 g H_2O	Gefr.-Temp.	g-Mol. / 1000 g H_2O	Mol. Ern.	Autor
0,2604	−0,1261°	0,00999	12,6°	E. H. L.
1,3049	−0,5973	0,05003	11,94	—
5,270	−1,968	0,2021	9,74	—

E. H. L. = **E. H. Loomis,** Wied. Ann. **60**, 527; 1897.

II. Organische Substanzen.

(Exklusive Säuren.)

Methylalkohol = CH_3OH = 32,0.

g anh. Subst. / 100 g H_2O	Gefr.-Temp.	g-Mol. / 1000 g H_2O	Mol. Ern.	Autor
0,03203	−0,0183°	0,0100	1,8°	E. H. L.
0,09641	−0,0548	0,0301	1,82	—
0,6464	−0,3655	0,2018	1,811	—
3,350	−1,950	1,046	1,86	R. A.
10,92	−6,395	3,41	1,88	—
19,86	−12,055	6,200	1,944	—

E. H. L. = **E. H. Loomis,** ZS. ph. Ch. **32**, 591; 1900.
R. A. = **R. Abegg,** ZS. ph. Ch. **15**, 218; 1894;
s. f. *S. Arrhenius,* ZS. ph. Ch. **2**, 494; 1888;
s. *Hydrates,* S. 101.

Äthylalkohol = C_2H_5 . OH = 46,0.

g anh. Subst. / 100 g H_2O	Gefr.-Temp.	g-Mol. / 1000 g H_2O	Mol. Ern.	Autor
0,001851	−0,000670°	0,000402	1,67°	H. H.
0,02299	−0,00832	0,004993	1,67	—
0,04604	−0,0181	0,0100	1,81	E. H. L.
0,1332	−0,04936	0,02892	1,707	H. H.
0,3247	−0,1307	0,0705	1,85	N. A.
0,595	−0,2367	0,1292	1,829	F. M. R.
0,9319	−0,3707	0,2024	1,832	E. H. L.
2,418	−0,9645	0,5252	1,834	F. M. R.
5,014	−1,9900	1,0891	1,826	—
8,105	−3,215	1,760	1,83	R. A. (1)
17,96	−7,49	3,901	1,92	—
36,43	−16,0	7,91	2,02	P. A.
51,06	−23,6	11,11	2,12	—
86,22	−33,9	18,76	1,81	—

H. H. = **H. Hausrath,** Ann. Phys. (4) **9**, 543; 1902.
E. H. L. = **E. H. Loomis,** ZS. ph. Ch. **32**, 592; 1900.
N. A. = **W. Nernst** u. **R. Abegg,** ZS. ph. Ch. **15**, 688; 1894.
s. f. **R. Gaunt,** ZS. anal. Ch. **44**, 107; 1905.
F. M. R. = **F. M. Raoult,** ZS. ph. Ch. **27**, 646; 1898.
R. A. (1) = **R. Abegg,** ZS. ph. Ch. **15**, 217; 1894.
P. A. = **R. Pictet** u. **M. Altschul,** ZS. ph. Ch. **16**, 23; 1895.

Konzentrationsangabe nach Volumen!

0,03006	*−0,0122°*	*0,006527*	*1,87°*	*M. W. (1)*
0,07958	*−0,0312*	*0,0173*	*1,80*	*R. A. (2)*
0,1718	*−0,0685*	*0,0373*	*1,84*	*M. W. (2)*
0,3583	*−0,1393*	*0,0778*	*1,79*	*R. A. (2)*
0,7193	*−0,2878*	*0,1562*	*1,84*	*M. W. (1)*

M. W. (1) = *M. Wildermann,* ZS. ph. Ch. **15**, 341, 342; 1894.
M. W. (2) = *M. Wildermann,* ZS. ph. Ch. **19**, 235; 1896.
R. A. (2) = *R. Abegg,* ZS. ph. Ch. **20**, 221; 1896;
s. f. R. A. (1), N. A., E. H. L. (siehe oben) und *S. Arrhenius,* ZS. ph. Ch. **2**, 494; 1888.
H. C. Jones, ZS. ph. Ch. **12**, 648; 1893 u. *Hydrates,* S. 102.

n-Propyl-Alkohol = C_3H_7 . OH = 60,1.

g anh. Subst. / 100 g H_2O	Gefr.-Temp.	g-Mol. / 1000 g H_2O	Mol. Ern.	Autor
0,06006	−0,0189°	0,0100	1,9°	E. H. L.
0,3015	−0,0936	0,0502	1,86	—
1,2198	−0,3723	0,2031	1,83	—
6,547	−1,953	1,09	1,79	R. A.
34,47	−9,698	5,74	1,69	—

E. H. L. = **E. H. Loomis,** ZS. ph. Ch. **32**, 594; 1900.
R. A. = **R. Abegg,** ZS. ph. Ch. **15**, 218; 1894;
s. f. *S. Arrhenius,* ZS. ph. Ch. **2**, 494; 1888.
H. C. Jones, ZS. ph. Ch. **12**, 646; 1893 u. *Hydrates,* S. 103.

i-Propylalkohol, s. *S. Arrhenius,* ZS. ph. Ch. **2**, 495; 1888.
R. Abegg, ZS. ph. Ch. **15**, 219; 1894.

n-Butylalkohol = C_4H_9 . OH = 74,1.

g anh. Subst. / 100 g H_2O	Gefr.-Temp.	g-Mol. / 1000 g H_2O	Mol. Ern.	Autor
0,1482	−0,0368°	0,0200	1,84°	E. H. L.
1,5090	−0,3722	0,2037	1,827	—

E. H. L. = **E. H. Loomis,** ZS. ph. Ch. **32**, 595; 1900.

i-Butylalkohol, s. *S. Arrhenius,* ZS. ph. Ch. **2**, 495; 1888.

Gärungs-Amylalkohol, s. **E. H. Loomis,** ZS. ph. Ch. **32**, 596; 1900.

Allylalkohol, s. **R. Abegg,** ZS. ph. Ch. **15**, 219; 1894.

Phenol = C_6H_5 . OH = 94,0.

g anh. Subst. / 100 g H_2O	Gefr.-Temp.	g-Mol. / 1000 g H_2O	Mol. Ern.	Autor
1,116	−0,215°	0,119	1,81°	M. T.
3,475	−0,627	0,369	1,70	—
5,156	−0,897	0,547	1,64	—

M. T. = **Meldrum** u. **Turner,** J. ch. Soc. **99**, 691; 1911.

Konzentrationsangabe nach Volumen!

0,1726	*−0,0343°*	*0,01835*	*1,87°*	*M. W.*
0,4157	*−0,0812*	*0,04420*	*1,84*	—

M. W. = *M. Wildermann,* ZS. ph. Ch. **25**, 702; 1898;
s. f. *H. C. Jones,* ZS. ph. Ch. **12**, 646; 1893.
S. Arrhenius, ZS. ph. Ch. **2**, 495; 1888.

Gefrierpunktserniedrigungen von wässerigen Lösungen.

Die *kursiv gedruckten* Zahlen bedeuten in Kol. I.: g Substanz in 100 ccm Lösung, in Kol. III: g-Mol. im lit. Lösung.

g anh. Subst. / 100 g H_2O	Gefr.-Temp.	g-Mol. / 1000 g H_2O	Mol. Ern.	Autor

Resorcin, s. *M. Wildermann,* ZS. ph. Ch. **19**, 236, 237; 1896. Beides auch bei *Tezner,* ZS. physiol. Ch. **54**, 95; 1907.

Methylformiat, s. **R. Abegg,** ZS. ph. Ch. **15**, 219; 1894.

Methylacetat = $CH_3 . CO_2 CH_3$ = **74,0.**

2,288	—0,566°	0,309	1,83°	R. A.
7,198	—1,794	0,972	1,85	—
12,65	—3,123	1,708	1,828	—

R. A. = **R. Abegg,** ZS. ph. Ch. **15**, 219; 1894.

Äthylformiat, s. **R. Abegg,** ZS. ph. Ch. 15, 219; 1894.

Methyläther, s. **F. Zecchini,** ZS. ph. Ch. **19**, 432; 1896.

Äthyläther = $(C_2H_5)_2O$ = **74,1.**

0,0741	—0,0162°	0,0100	1,6°	E. H. L.
0,1489	—0,0336	0,0201	1,67	—
0,7489	—0,1734	0,1011	1,72	—
1,510	—0,3468	0,2038	1,702	—

E. H. L. = **E. H. Loomis,** ZS. ph. Ch. **32**, 602; 1900; s. f. *S. Arrhenius,* ZS. ph. Ch. **2**, 495; 1888.

Glyzerin $C_3H_5(OH)_3$ = **92,1.**

0,1841	— 0,0372°	0,0200	1,86°	E. H. L.
0,9280	— 0,1869	0,1008	1,86	—
2,042	— 0,4140	0,2218	1,87	H. H.
4,362	— 0,8927	0,4738	1,88	—
4,925	— 1,02	0,535	1,91	R. A.
9,054	— 1,888	0,9835	1,92	H. H.
13,358	— 2,828	1,4510	1,942	—
22,09	— 4,75	2,40	1,98	R. A.
48,24	—11,15	5,24	2,13	—

E. H. L. = **E. H. Loomis,** ZS. ph. Ch. **32**, 596; 1900.
H. H. = **H. Henkel,** Diss. Berlin, 1905.
R. A. = **R. Abegg,** ZS. ph. Ch. **15**, 217; 1894; s. f. *S. Arrhenius,* ZS. ph. Ch. **2**, 495; 1888, u. *Hydrates,* S. 106.

Mannit = $CH_2(OH)(CH[OH])_4 CH_2 . (OH)$ = $C_6H_{14}O_6$ = **182,1.**

0,1821	—0,0185°	0,0100	1,85°	E. H. L.
0,9178	—0,0931	0,0504	1,85	—
3,753	—0,3807	0,2061	1,85	—
9,694	—0,9835	0,5323	1,85	—

E. H. L. = **E. H. Loomis,** ZS. ph. Ch. **32**, 599; 1900; s. f. **F. Flügel,** ZS. ph. Ch. **79**, 589; 1912; s. f. *S. Arrhenius,* ZS. ph. Ch. **2**, 495; 1888, u. *Hydrates,* S. 109.

Dulcit, s. **E. H. Loomis,** ZS. ph. Ch. **37**, 415; 1901. **E. Paternò** u. **R. Nasini,** Rend. Linc. (4) **4** I, 485; 1888.

Aceton = CH_3COCH_3 = **58,0.**

0,1191	— 0,0372°	0,0200	1,86°	E. H. L.
0,5851	— 0,1846	0,1008	1,83	—
3,007	— 0,920	0,518	1,78	R. A.
6,221	— 1,930	1,072	1,80	E. B.
22,19	— 6,55	3,822	1,71	R. A.
45,30	—12,35	7,804	1,58	—

E. H. L. = **E. H. Loomis,** ZS. ph. Ch. **32**, 599; 1900.
R. A. = **R. Abegg,** ZS. ph. Ch. **15**, 218; 1894.
E. B. = **E. Beckmann,** ZS. ph. Ch. **2**, 723; 1888; s. f. **J. Waddell,** Journ. ph. Chem. **3**, 161; 1899. *M. Wildermann,* ZS. ph. Ch. **25**, 703; 1898. *A. A. Noyes,* ZS. ph. Ch. **3**, 60; 1890, u. *Hydrates,* S. 104.

Acetoxim, s. **E. Beckmann,** ZS. ph. Ch. **2**, 723; 1888. *A. A. Noyes,* ZS. ph. Ch. **5**, 60; 1890.

Aldehydammoniak, s. **E. Beckmann,** ZS. ph. Ch. **2**, 727; 1888.

Chloralhydrat = $CCl_3CH(OH)_2$ = **165,4.**

0,3324	—0,0373°	0,0201	1,86°	E. H. L.
1,669	—0,1875	0,1009	1,86	—
6,853	—0,7685	0,4143	1,855	W. A. R.
18,78	—2,117	1,135	1,864	—
46,93	—5,665	2,838	1,996	R. A.

E. H. L. = **E. H. Loomis,** ZS. ph. Ch. **32**, 600; 1900.
W. A. R. = **W. A. Roth,** ZS. ph. Ch. **43**, 560; 1903.
R. A. = **R. Abegg,** ZS. ph. Ch. **15**, 218; 1894; s. f. **E. Beckmann,** ZS. ph. Ch. **2**, 725; 1888. *A. A. Noyes,* ZS. ph. Ch. **5**, 61; 1900. *S. Arrhenius,* ZS. ph. Ch. **2**, 495; 1888; s. f. *Hydrates,* S. 106.

Chloralanhydrid, Chloralalkoholat, s. **E. Beckmann,** ZS. ph. Ch. **2**, 725; 1888, ebenda **Acetal,** s. f. *A. A. Noyes,* ZS. ph. Ch. **5**, 61; 1890.

Bromalhydrat, s. *S. Arrhenius,* ZS. ph. Ch. **2**, 495; 1888.

Dextrose = $C_6H_{12}O_6$ = **180,1.** (Glukose.)

0,3566	—0,0363°	0,0198	1,84°	E. H. L.
0,8464	—0,0870	0,0470	1,85	W. A. R.
2,388	—0,2475	0,1326	1,87	—
7,342	—0,7719	0,4076	1,894	—
19,85	—2,117	1,102	1,921	—

E. H. L. = **E. H. Loomis,** ZS. ph. Ch. **32**, 597; 1900.
W. A. R. = **W. A. Roth,** ZS. ph. Ch. **43**, 552; 1903; s. f. **Morse, Frazer** u. **Lovelace,** Amer. chem. Journ. **37**, 344; 1907; s. f. *R. Abegg,* ZS. ph. Ch. **15**, 222; 1894. **20**, 223; 1896. *M. Wildermann,* ZS. ph. Ch. **25**, 703; 1898. *S. Arrhenius,* ZS. ph. Ch. **2**, 495; 1888. *H. C. Jones,* ZS. ph. Ch. **12**, 645; 1893; s. f. *Hydrates,* S. 107. *Tezner,* ZS. ph. Ch. **54**, 95; 1907.

Laevulose = $C_6H_{12}O_6$ = **180,1.** (Fruktose.)

0,3620	—0,0375°	0,0201	1,87°	E. H. L.
3,692	—0,3836	0,2050	1,871	—

E. H. L. = **E. H. Loomis,** ZS. ph. Ch. **37**, 414; 1901.

Konzentrationsangabe nach Volumen!

9,978	*—1,115°*	*9,554*	*2,01°*	*R. A.*
24,93	*—3,21*	*1,384*	*2,32*	—
49,89	*—8,42*	*2,77*	*3,04*	—

R. A. = *R. Abegg,* ZS. ph. Ch. **15**, 222; 1894; s. f. *Hydrates,* S. 108.

W. A. Roth.

Gefrierpunktserniedrigungen von wässerigen Lösungen.

Die *kursiv gedruckten* Zahlen bedeuten in Kol. I: g Substanz in 100 ccm Lösung, in Kol. III: g-Mol. im lit. Lösung.

Rohrzucker = $C_{12}H_{22}O_{11}$ = **342,2.**

Bedford, Proc. Roy. Soc. **83** A, 459; 1910, findet in zwei Versuchsreihen, die das Intervall 0,0005 bis 0,044 g-Mol. in 1000 g H_2O umfassen, konstante, molekulare Erniedrigungen von 1,857 bis 1,863⁰.

g anh. Subst. / 100 g H_2O	Gefr.-Temp.	g-Mol / 1000 g H_2O	Mol. Ern.	Autor
0,04825	−0,00264⁰	0,001410	1,87⁰	H. H.
0,3414	−0,01856	0,009978	1,86	—
0,6878	−0,0378	0,0201	1,88	E. H. L.
2,2311	−0,1230	0,0652	1,89	F. M. R.
3,596	−0,1963	0,1051	1,87	W. A. R.
7,294	−0,395	0,213	1,853	Y. S.
9,718	−0,5387	0,2840	1,897	W. A. R.
14,495	−0,8151	0,4236	1,924	—
26,008	−1,466	0,760	1,93	Y. S.
29,82	−1,768	0,8714	2,03	T. E.
34,20	− 2,07	1,000	2,07	M. F. R.

H. H. = **H. Hausrath,** Ann. Phys. (4) **9**, 542; 1902.
E. H. L. = **E. H. Loomis,** ZS. ph. Ch. **32**, 597; 1900.
F. M. R. = **F. M. Raoult,** ZS. ph. Ch. **27**, 653; 1898.
W. A. R. = **W. A. Roth,** unveröffentlicht.
Y. S. = **S. W. Young** u. **W. H. Sloan,** Journ. Amer. chem. Soc. **26**, 919; 1904.
T. E. = **Th. Ewan,** ZS. ph. Ch. **31**, 27; 1899.
M. F. R. = **Morse, Frazer** u. **Rogers,** Amer. chem. Journ. **37**, 593; 1907;
s. f. *Nernst* u. *Abegg,* ZS. ph. Ch. **15**, 689; 1894;
s. f. *A. Battelli* u. *A. Stefanini,* Nuov. Cim. (4), **9**, 5; 1899. Ref. ZS. ph. Ch. **30**, 717; 1899.
R. Abegg, ZS. ph. Ch. **20**, 220; 1896.
M. Wildermann, ZS. ph. Ch. **15**, 341; 1894 u. **19**, 234; 1896.
E. H. Loomis, Wied. Ann. **51**, 516; 1894.
E. H. Jones, ZS. ph. Ch. **12**, 642; 1893;
s. f. *Hydrates,* S. 110.
Tezner, ZS. ph. Ch. **54**, 95; 1907.

Harnstoff = $CO(NH_2)_2$ = **60,1.**

g anh. Subst. / 100 g H_2O	Gefr.-Temp.	g-Mol / 1000 g H_2O	Mol. Ern.	Autor
0,006432	−0,001983⁰	0,001070	1,85⁰	H. H.
0,02490	−0,007668	0,004143	1,85	—
0,11224	−0,03463	0,01869	1,85	—

H. H. = **H. Hausrath,** Ann. Phys. (4) **9**, 541—542; 1902;
s. f. *R. Abegg,* ZS. ph. Ch. **20**, 222; 1896,
u. **F. Flügel,** ZS. ph. Ch. **79**, 590; 1912.
M. Wildermann, ZS. ph. Ch. **15**, 339; 1894. **25**, 705; 1898.
H. C. Jones, ZS. ph. Ch. **12**, 645; 1893.
E. H. Loomis, Wied. Ann. **51**, 517; 1894.
S. Arrhenius, ZS. ph. Ch. **2**, 495; 1888;
s. f. für konz. Lösungen *Hydrates,* S. 105,
für verdünnte *Tezner,* ZS. physiol. Ch. **54**, 95; 1907.

Urethan = $NH_2 . CO_2 . OC_2H_5$ = **89,1.**

g anh. Subst. / 100 g H_2O	Gefr.-Temp.	g-Mol. / 1000 g H_2O	Mol. Ern.	Autor
2,085	−0,436⁰	0,234	1,86⁰	M. T.
5,338	−1,084	0,599	1,81	—

M. T. = **Meldrum** u. **Turner,** Journ. chem. Soc. **97**, 1808; 1910.
Thioharnstoff, s. **W. A. Roth,** ZS. ph. Ch. **43**, 557; 1903.
Glykokoll, s. **W. A. Roth,** ZS. ph. Ch. **43**, 558; 1903.

Äthylamin = $C_2H_5 . NH_2$ = **45,1.**

g anh. Subst. / 100 g H_2O	Gefr.-Temp.	g-Mol. / 1000 g H_2O	Mol. Ern.	Autor
2,370	−1,008⁰	0,526	1,90⁰	M. T.
3,916	− 1,592	0,869	1,83	—
7,472	− 2,971	1,658	1,792	—

M. T. = **Meldrum** u. **Turner,** Journ. chem. Soc. **99**, 691; 1911,
ebenda **Propylamin, Isoamylamin** u. **Dipropylamin.**

Acetamid = CH_3CONH_2 = **59,08.**

g anh. Subst. / 100 g H_2O	Gefr.-Temp.	g-Mol. / 1000 g H_2O	Mol. Ern.	Autor
0,0591	− 0,0183⁰	0,0100	1,8⁰	E. H. L.
0,2966	−0,0917	0,0502	1,83	—
1,197	−0,3684	0,2026	1,82	—
6,130	−1,878	1 0375	1,81	—

E. H. L. = **E. H. Loomis,** ZS. ph. Ch. **37**, 416; 1901;
s. f. *S. Arrhenius,* ZS. ph. Ch. **2**, 495; 1888;
s. f. für konz. Lösungen *Hydrates,* S. 105.

Anilin = $C_6H_5NH_2$ = **93,10.**

g anh. Subst. / 100 g H_2O	Gefr.-Temp.	g-Mol. / 1000 g H_2O	Mol. Ern.	Autor
0,0931	−0,0185⁰	0,0100	1,8⁰	E. H. L.
0,4683	− 0,0914	0,0503	1,82	—
1,897	−0,3549	0,2038	1,74	—
2,572	−0,467	0,276	1,69	M. T.
4,071	−0,703	0,437	1,60	—

E. H. L. = **E. H. Loomis,** ZS. ph. Ch. **32**, 601; 1900.
M. T. = **Meldrum** u. **Turner,** Journ. chem. Soc. **99**, 691; 1911;
s. f. *M. Wildermann,* ZS. ph. Ch. **25**, 702; 1898.
S. Arrhenius, ZS. ph. Ch. **2**, 495; 1888.
Benzylamin, s. **Meldrum** u. **Turner,** Journ. chem. Soc. **99**, 691; 1911.
Salicin, s. **E. H. Loomis,** ZS. ph. Ch. **37**, 417; 1901.

III. Lösungen, die an Gasen gesättigt sind.

Erniedrigung ist unmerklich für H_2, N_2, O_2, CH_4; **P. Falciola,** Gazz. chim. **39** I, 398; 1909.

Vergl. zu O_2: **Raoult,** ZS. ph. Ch. **27**, 649; 1898, der eine Erniedrigung von ca. 0,004⁰ für Sauerstoff (molekulare Erniedrigung 2,2⁰) und 0,002⁰ für Luft findet.

Prytz u. **Holst,** Journ. Phys. (3) **2**, 353; 1893. Ref. Beibl. **17**, 816; 1899. (P. H. 1.) Gase auf 760 mm umgerechnet. Absorptionskoeffizienten bei der Gefriertemperatur (*at*) s. Wied. Ann. **54**, 130; 1895.

Garelli u. **Falciola,** Gazz. chim. **34** I, 1; 1894 (G. F.) und **Falciola,** a. a. O. (F.). Drucke der Gase nicht angegeben. **W. A. Roth,** unveröffentlicht (W. A. R.); auf Gas von 760 mm umgerechnet.

CO −0,015⁰ (F.) | C_2H_2 − 0,080⁰ (G. F.) | N_2O −0,115⁰ (P. H.); −0,105⁰ (G. F. u. F.); −0,107⁰ (W. A. R.) | CO_2 −0,156⁰, *at* = 1,738 (P. H.); −0,165⁰ (G. F.) | H_2S −0,392⁰ (Gas CO_2-haltig), *at* für reines Gas = 680 (P. H); −0,395⁰ (G. F.). **W. Bray** (ZS. ph. Ch. **54**, 584; 1906) giebt für gesättigte CO_2-Lösungen die sicher zu kleinen Werte −0,094 bis −0,122⁰ an.

Ferner Dämpfe organischer Flüssigkeiten bei P. H. 1.

W. A. Roth.

Gefrierpunktserniedrigungen von wässerigen Lösungen.

IV. Kritische Zusammenstellung der molekularen Gefrierpunktserniedrigungen einiger stark dissoziierter Elektrolyte in verdünnten Lösungen.

A. A. Noyes u. **K. G. Falk** geben Journ. Amer. chem. Soc. **32**, 1011; 1910 folgende Werte der **molekularen** Erniedrigung von gut untersuchten Elektrolyten als die wahrscheinlichsten an.

Gr.-**Äquiv.** / 1000 g H_2O	0,005	0,006	0,010	0,020	0,050	0,100	0,200	0,300	0,400	0,500
					I. Chloride					
NH_4Cl	3,617	3,608	3,582	3,544	3,489	3,442	3,392	3,362	—	—
CsCl	—	—	—	3,586	3,515	3,454	3,385	3,339	3,304	3,275
KCl	3,648	3,640	3,610	3,564	3,502	3,451	3,394	3,359	3,334	3,314
LiCl	3,612	3,609	3,598	3,582	3,553	3,525	—	—	—	—
NaCl	3,629	3,622	3,600	3,568	3,516	3,478	3,424	3,396	3,375	3,358
HCl	3,700	3,692	3,669	3,637	3,591	3,555	—	—	—	—
$BaCl_2$	5,196	5,178	5,120	5,034	4,900	4,784	4,660	4,588	—	—
$CdCl_2$	—	—	4,796	4,710	4,420	4,104	3,852	—	—	—
$CaCl_2$	—	—	—	5,112	4,966	4,886	4,832	4,810	—	—
$MgCl_2$	—	—	—	5,144	5,032	4,974	4,938	—	—	—
$SrCl_2$	—	—	—	5,156	4,988	4,900	4,838	4,812	4,796	—
$ZnCl_2$	5,412	5,380	5,286	5,148	4,954	4,792	4,620	—	—	—
					II. Bromide und Jodide					
KBr	—	—	—	3,584	3,509	3,455	3,404	3,374	3,352	3,337
NaBr	—	—	—	3,611	3,551	3,507	3,463	3,437	—	—
$CdBr_2$	—	—	4,756	4,472	4,032	3,650	3,216	—	—	—
CdJ_2	—	—	4,062	3,864	3,344	2,694	2,266	—	—	—
					III. Nitrate					
$NH_4 . NO_3$	—	—	3,572	3,555	3,470	3,396	3,296	—	—	—
KNO_3	—	—	3,532	3,493	3,411	3,303	3,168	—	—	—
$NaNO_3$	—	—	3,536	3,502	3,446	3,393	3,329	—	—	—
HNO_3	3,667	3,661	3,642	3,609	3,552	3,524	3,478	—	—	—
$Ba(NO_3)_2$	5,264	5,236	5,156	5,034	—	—	—	—	—	—
$Pb(NO_3)_2$	5,164	5,128	5,016	4,844	4,548	4,270	3,960	3,756	3,560	3,428
$Cd(NO_3)_2$	5,380	5,354	5,278	5,204	5,154	5,140	—	—	—	—
					IV. Andere Salze vom Typus $MeXO_n$					
$KClO_3$	—	—	3,556	3,513	3,435	3,334	—	—	—	—
$NaClO_3$	—	—	—	3,523	3,506	3,450	—	—	—	—
$KBrO_3$	—	—	3,573	3,524	3,445	3,348	—	—	—	—
$NaBrO_3$	—	—	—	3,545	3,492	3,419	—	—	—	—
KJO_3	3,606	3,593	3,555	3,497	3,397	3,274	—	—	—	—
$NaJO_3$	3,603	3,592	3,560	3,512	3,423	3,289	—	—	—	—
$KMnO_4$	3,600	3,590	3,570	3,554	—	—	—	—	—	—
					V. Sulfate					
K_2SO_4	5,308	5,282	5,198	5,040	4,776	4,568	4,324	4,162	4,044	3,948
Na_2SO_4	—	—	—	5,078	4,810	4,592	4,344	4,180	4,050	3,944
H_2SO_4	5,052	4,992	4,814	4,584	4,300	4,112	3,940	3,852	3,790	3,736
$CdSO_4$	3,080	3,036	2,916	2,744	2,496	—	—	—	—	—
$CuSO_4$	3,003	2,972	2,871	2,703	2,448	—	—	—	—	—
$MgSO_4$	3,148	3,112	3,006	2,854	2,638	2,460	2,270	2,156	2,074	2,008
$NiSO_4$	3,220	3,192	3,036	2,832	—	—	—	—	—	—
$ZnSO_4$	3,094	3,056	2,940	2,766	—	—	—	—	—	—
					VI. Sonstiges					
KOH	3,706	3,700	3,684	3,654	3,578	3,458	—	—	—	—
NaOH	3,719	3,706	3,654	3,495	3,408	—	—	—	—	—
$K_3Fe(CN_6)_6$	6,840	6,810	6,696	6,192	—	—	—	—	—	—
$K_4Fe(CN)_6$	—	—	—	—	6,568	6,172	5,720	5,412	5,180	5,000

W. A. Roth.

Siedepunktserhöhungen von wässerigen Lösungen.

I) **Anorganische Substanzen und organische Säuren.** Nach der Reihenfolge der Kationen geordnet. (Deutsches Alphabet.)

II) **Organische Substanzen.**

Abkürzungen der Kolumnenüberschriften.

I. $\frac{\text{g anh. Subst.}}{\text{100 g } H_2O}$ = Gramm anhydrische Substanz in 100 g Wasser.

II. Siedep.-Erh. = Siedepunktserhöhung.

III. $\frac{\text{g-Mol.}}{\text{1000 g } H_2O}$ = Grammmolekeln (anhydr.) in 1000 g Wasser.

IV. Mol. Erh. = Molekulare Siedepunktserhöhung (= II : III).

Ist die Konzentration nach *Volumen* angegeben, so sind die Daten und die Autornamen *kursiv* gedruckt. Alsdann steht in der ersten Spalte die Anzahl g in 100 ccm Lösung, in der dritten die Anzahl Grammmolekeln im Liter Lösung. In der Überschrift ist jedes Mal auf die andre Konzentrationsangabe hingewiesen.

Die älteren Daten — vor der Einführung der Beckmannschen Versuchsanordnung — sind, als den heutigen Ansprüchen an Genauigkeit nicht mehr entsprechend, fortgelassen worden; ebenso Daten, die sich auf flüchtige Substanzen (HCl, HNO_3 etc. [Roloff u. A.]) beziehen. Die Zahlen sind durchweg eine Auswahl aus den von den Forschern angegebenen, so daß Interessenten in den zitierten Arbeiten ein reicheres Material finden.

Eine Umrechnung mit den neuen Atomgewichten war, bei der Ungenauigkeit der Versuche, überflüssig.

I. Anorganische Substanzen u. organische Säuren.

$AlCl_3$ s. **A. Benrath,** ZS. anorg. Ch. **54**, 429; 1907.

NH_4Cl = 53,5.

Konzentrationsangabe nach Volumen!

g anh. Subst. / 100 g H_2O	Siedep.-Erh.	g-Mol. / 1000 g H_2O	Mol. Erh.	Autor
0,754	*0,128°*	*0,141*	*0,91°*	*J.*
2,200	*0,363*	*0,412*	*0,88*	—
4,415	*0,760*	*0,825*	*0,92*	—
8,193	*1,329*	*1,531*	*0,87*	—
12,55	*2,171*	*2,345*	*0,93*	—
17,86	*3,344*	*3,338*	*1,00*	—
23,36	*4,880*	*4,385*	*1,118*	—
34,35	*8,449*	*6,420*	*1,316*	—

J. = *Johnston,* Edinb. Trans. **45** I, 193; 1908.

NH_4Br = 98,0.

Konzentrationsangabe nach Volumen!

g anh. Subst. / 100 g H_2O	Siedep.-Erh.	g-Mol. / 1000 g H_2O	Mol. Erh.	Autor
3,61	*0,275°*	*0,368*	*0,75°*	*J.*
7,34	*0,542*	*0,749*	*0,72*	—
1,07	*0,814*	*1,09*	*0,75*	—
21,0	*1,596*	*2,14*	*0,746*	—
32,7	*2,968*	*3,34*	*0,889*	—
57,0	*6,654*	*5,81*	*1,145*	—

J. = *Johnston,* Edinb. Trans. **45 I,** 193; 1908.

NH_4J = 145,0.

Konzentrationsangabe nach Volumen!

g anh. Subst. / 100 g H_2O	Siedep.-Erh.	g-Mol. / 1000 g H_2O	Mol. Erh.	Autor
1,52	*0,082°*	*0,105*	*0,78°*	*J.*
5,13	*0,272*	*0,354*	*0,77*	—
13,00	*0,805*	*0,897*	*0,90*	—
22,22	*1,608*	*1,533*	*1,05*	—
35,47	*2,846*	*2,446*	*1,163*	—
50,13	*4,374*	*3,458*	*1,265*	—
68,35	*7,664*	*4,714*	*1,626*	—
86,56	*10,154*	*5,97*	*1,701*	—

J. = *Johnston,* Edinb. Trans. **45** I, 193; 1908.

$(NH_4)_2SO_4$ = 132,2.

Konzentrationsangabe nach Volumen!

g anh. Subst. / 100 g H_2O	Siedep.-Erh.	g-Mol. / 1000 g H_2O	Mol. Erh.	Autor
0,317	*0,039°*	*0,024*	*1,6°*	*J.*
1,11	*0,103*	*0,084*	*1,2*	—
2,88	*0,236*	*0,218*	*1,08*	—
5,68	*0,398*	*0,430*	*0,93*	—
28,7	*2,132*	*2,17*	*0,98*	—
45,8	*4,576*	*3,47*	*1,319*	—
55,1	*6,258*	*4,17*	*1,501*	—

J. = *Johnston,* Edinb. Trans. **45** I, 193; 1908.

$BaCl_2$ = 208,3.

g anh. Subst. / 100 g H_2O	Siedep.-Erh.	g-Mol. / 1000 g H_2O	Mol. Erh.	Autor
3,397	0,208°	0,1631	1,28°	L. K.
8,777	0,525	1,4215	1,25	—
18,619	1,174	0,8939	1,31	—
35,036	2,517	1,682	1,496	—
54,191	4,157	2,602	1,599	—

L. K. = **L. Kahlenberg,** Journ. phys. Ch. **5**, 366; 1901.
s. f. **Benrath,** ZS. anorg. Ch. **54**, 329; 1907.

$Ba(NO_3)_2$ = 261,5.

g anh. Subst. / 100 g H_2O	Siedep.-Erh.	g-Mol. / 1000 g H_2O	Mol. Erh.	Autor
1,205	0,065°	0,0461	1,4°	A. S.
2,270	0,104	0,0868	1,2	—
23,25	0,911	0,8890	1,02	—

A. S. = **A. Smits,** ZS. ph. Ch. **39**, 418; 1902.

$Pb(NO_3)_2$ = 331,0.

g anh. Subst. / 100 g H_2O	Siedep.-Erh.	g-Mol. / 1000 g H_2O	Mol. Erh.	Autor
1,569	0,070°	0,0474	1,5°	A. S.
13,816	0,418	0,4174	1,00	—
29,10	0,824	0,8793	0,94	—

A. S. = **A. Smits,** ZS. ph. Ch. **39**, 418; 1902.

$CdCl_2$ = 183,38.

Konzentrationsangabe nach Volumen!

g anh. Subst. / 100 g H_2O	Siedep.-Erh.	g-Mol. / 1000 g H_2O	Mol. Erh.	Autor
3,03	*0,129°*	*0,165*	*0,78°*	*J.*
13,87	*0,484*	*0,756*	*0,64*	—

J. = *Johnston,* Edinb. Trans. **45** I, 193; 1908.
s. f. **Benrath,** a. a. O.

W. A. Roth.

Siedepunktserhöhungen von wässerigen Lösungen.

CdJ_2 = 366,1.

g anh. Subst. / 100 g H_2O	Siedep.-Erh.	g-Mol / 1000 g H_2O	Mol. Erh.	Autor
4,54	0,068°	0,124	0,54°	E. B.
8,47	0,121	0,231	0,52	—
14,31	0,212	0,391	0,54	—
22,53	0,328	0,615	0,53	—

E. B. = **E. Beckmann**, ZS. ph. Ch. **6**, 460; 1890; s. f. **W. Landsberger**, ZS. anorg. Ch. **17**, 452; 1898.

Konzentrationsangabe nach Volumen!

g anh. Subst. / 100 g H_2O	Siedep.-Erh.	g-Mol / 1000 g H_2O	Mol. Erh.	Autor
11,70	*0,218°*	*0,3195*	*0,68°*	*J.*
19,19	*0,286*	*0,524*	*0,55*	—
23,96	*0,436*	*0,654*	*0,67*	—
67,36	*1,099*	*1,539*	*0,60*	—

J. = ***Johnston***, Edinb. Trans. **45** I, 193; 1908.

$CdSO_4$ = 208,5.

g anh. Subst. / 100 g H_2O	Siedep.-Erh.	g-Mol / 1000 g H_2O	Mol. Erh.	Autor
4,563	0,105°	0,219	0,48°	L. K.
10,972	0,215	0,526	0,41	—
20,662	0,356	0,991	0,36	—
27,77	0,494	1,332	0,371	—
41,28	0,820	1,980	0,414	—
52,47	1,164	2,564	0,454	—

L. K. = **L. Kahlenberg**, Journ. ph. Ch. **5**, 371; 1901.

$CsNO_3$ = 194,8.

Konzentrationsangabe nach Volumen!

g anh. Subst. / 100 g H_2O	Siedep.-Erh.	g-Mol / 1000 g H_2O	Mol. Erh.	Autor
6,079	*0,310°*	*0,312*	*0,99°*	*J.*
14,77	*0,675*	*0,758*	*0,89*	—
27,63	*1,310*	*1,418*	*0,92*	—

J. = ***Johnston***, Edinb. Trans. **45** I, 193; 1908.

$CaCl_2$ = 111,0.

g anh. Subst. / 100 g H_2O	Siedep.-Erh.	g-Mol / 1000 g H_2O	Mol. Erh.	Autor
0,585	0,091°	0,0527	1,7°	A. S.
2,405	0,302	0,2167	1,39	—
5,35	0,643	0,4802	1,34	W. L.
10,89	1,481	0,9811	1,51	—

A. S. = **A. Schlamp**, ZS. ph. Ch. **14**, 274; 1894.
W. L. = **W. Landsberger**, ZS. anorg. Ch. **17**, 452; 1898; s. f. **Benrath**, ebenda **54**, 329; 1907.

$FeSO_4$ = 152,0.

g anh. Subst. / 100 g H_2O	Siedep.-Erh.	g-Mol / 1000 g H_2O	Mol. Erh.	Autor
3,245	0,093°	0,214	0,44°	L. K.
9,222	0,243	0,607	0,40	—
15,81	0,412	1,040	0,396	—
28,79	0,805	1,894	0,425	—
35,35	1,099	2,326	0,473	—

L. K. = **L. Kahlenberg**, Journ. phys. Ch. **5**, 373; 1901.

KCl = 74,6.

g anh. Subst. / 100 g H_2O	Siedep.-Erh.	g-Mol / 1000 g H_2O	Mol. Erh.	Autor
0,376	0,050°	0,0504	1,0°	A. S.
0,752	0,091	0,1008	0,90	—
2,279	0,288	0,3055	0,94	W. B.
6,191	0,768	0,830	0,93	—
10,27	1,259	1,377	0,914	M. R.
18,44	2,376	2,472	0,961	—
27,17	3,75	3,64	1,03	L. K.
48,94	7,60	6,56	1,16	—

A. S. = **A. Smits**, ZS. ph. Ch. **39**, 414; 1902.
W. B. = **W. Biltz**, ZS. ph. Ch. **40**, 208; 1902.
M. R. = **M. Roloff**, ZS. ph. Ch. **11**, 9; 1893.
L. K. = **L. Kahlenberg**, Journ. phys. Ch. **5**, 363; 1901.
Nach Volumkonzentration: s. ***Johnston***, Edinb. Trans. **45** I, 193; 1908.

KBr = 119,1.

g anh. Subst. / 100 g H_2O	Siedep.-Erh.	g-Mol / 1000 g H_2O	Mol. Erh.	Autor
2,614	0,206°	0,220	0,94°	L. K.
5,580	0,441	0,468	0,94	—
22,31	1,854	1,873	0,99	—
36,63	3,270	3,075	1,063	—
50,14	7,754	4,209	1,13	—

L. K. = **L. Kahlenberg**, Journ. phys. Ch. **5**, 364; 1901.
Nach Volumkonzentration: s. ***J. Walker*** u. ***J. Lumsden***, Journ. chem. Soc. **74**, 510; 1898 u. ***Johnston***, a. a. O.

KJ = 166,0.

g anh. Subst. / 100 g H_2O	Siedep.-Erh.	g-Mol / 1000 g H_2O	Mol. Erh.	Autor
4,32	0,256°	0,260	0,98°	A. S.
11,22	0,656	0,676	0,97	—
18,20	1,076	1,096	0,98	—
29,24	1,812	1,682	1,08	L. K.
47,61	3,159	2,868	1,10	—
104,80	8,02	6,313	1,27	—

A. S. = **A. Schlamp**, ZS. ph. Ch. **14**, 274; 1894.
L. K. = **L. Kahlenberg**, Journ. ph. Ch. **5**, 365; 1901; s. f. **W. Landsberger**, ZS. anorg. Ch. **17**, 436, 452; 1898.
Nach Volumkonzentration: s. ***Johnston***, a. a. O.

$KClO_3$ = 122,6.

g anh. Subst. / 100 g H_2O	Siedep.-Erh.	g-Mol / 1000 g H_2O	Mol. Erh.	Autor
8,121	0,65°	0,662	1,0°	L. K.
17,116	1,31	1,396	0,94	—
35,42	2,49	2,89	0,86	—
48,92	3,43	3,98	0,86	—

L. K. = **L. Kahlenberg**, Journ. ph. Ch. **5**, 367; 1901.

KNO_3 = 101,1.

g anh. Subst. / 100 g H_2O	Siedep.-Erh.	g-Mol / 1000 g H_2O	Mol. Erh.	Autor
0,505	0,051°	0,0499	1,0°	A. S.
1,010	0,095	0,0998	0,95	—
2,789	0,248	0,276	0,90	L. K.
9,22	0,797	0,911	0,87	W. L.
19,74	1,603	1,951	0,822	L. K.
35,54	2,710	3,512	0,772	—
53,37	3,795	5,274	0,720	—
70,76	4,677	6,993	0,669	—

A. S. = **A. Smits**, ZS. ph. Ch. **39**, 414; 1902.
L. K. = **L. Kahlenberg**, Journ. ph. Ch. **5**, 368; 1901.
W. L. = **W. Landsberger**, ZS. anorg. Ch. **17**, 452; 1898.
Nach Volumenprozenten berechnet: s. ***J. Walker*** und ***J. S. Lumsden***, Journ. ch. Soc. **73**, 509; 1898 und ***J. Johnston***, a. a. O.

Kaliumantimonyltartrat (Brechweinstein) s. **Battelli** u. **Stefanini**; Cim. (4) **9**, 5; 1899.

$CoCl_2$ = 129,9.

g anh. Subst. / 100 g H_2O	Siedep.-Erh.	g-Mol / 1000 g H_2O	Mol. Erh.	Autor
0,80	0,11°	0,0616	1,8°	R. S.
2,23	0,30	0,172	1,7	—
4,56	0,58	0,351	1,7	—
7,88	1,00	0,606	1,65	—

R. S. = **R. Salvadori**, Gazz. chim. **26** I, 249; 1896; s. f. **Benrath**, ZS. anorg. Ch. **54**, 329; 1907.

W. A. Roth.

Siedepunktserhöhungen von wässerigen Lösungen.

g anh. Subst. / 100 g H_2O	Siedep.-Erh.	g-Mol. / 1000 g H_2O	Mol. Erh.	Autor
		$CoBr_2$ = 218,9.		
1,809	0,111°	0,0827	1,3°	D. I.
3,500	0,207	0,160	1,29	—
7,004	0,443	0,320	1,38	—

D. I. = **D. Isaachsen**, ZS. ph. Ch. **8**, 148; 1891.

g anh. Subst. / 100 g H_2O	Siedep.-Erh.	g-Mol. / 1000 g H_2O	Mol. Erh.	Autor
		$CoSO_4$ = 155,1.		
4,446	0,110°	0,287	0,38°	L. K.
9,596	0,262	0,619	0,42	—
20,60	0,568	1,328	0,428	—
32,84	1,055	2,117	0,498	—

L. K. = **L. Kahlenberg**, Journ. ph. Ch. **5**, 372; 1901.

g anh. Subst. / 100 g H_2O	Siedep.-Erh.	g-Mol. / 1000 g H_2O	Mol. Erh.	Autor
		$CuCl_2$ = 134,5.		
1,42	0,12°	0,106	1,1°	R. S.
2,812	0,258	0,2091	1,23	D. I.
5,652	0,543	0,4202	1,29	—
7,11	0,64	0,529	1,2	R. S.

R. S. = **R. Salvadori**, Gazz. chim. **26** I, 249; 1896.
D. I. = **D. Isaachsen**, ZS. ph. Ch. **8**, 148; 1891;
s. f. **Benrath**, ZS. anorg. Ch. **54**, 329; 1907.

g anh. Subst. / 100 g H_2O	Siedep.-Erh.	g-Mol. / 1000 g H_2O	Mol. Erh.	Autor
		$CuSO_4$ = 159,7.		
3,356	0,091°	0,210	0,43°	L. K.
7,811	0,189	0,489	0,39	—
15,952	0,374	0,999	0,37	—
32,36	0,874	2,026	0,43	—
39,57	1,192	2,478	0,481	—
56,95	2,283	3,583	0,637	—
73,77	3,768	4,619	0,816	—

L. K. = **L. Kahlenberg**, Journ. ph. Ch. **5**, 373; 1901.

g anh. Subst. / 100 g H_2O	Siedep.-Erh.	g-Mol. / 1000 g H_2O	Mol. Erh.	Autor
		LiCl = 42,5.		
0,575	0,130°	0,135	0,96°	W. B.
1,098	0,245	0,258	0,95	—
4,460	1,063	1,050	1,01	—
7,46	1,971	1,76	1,12	W. L.

W. B. = **W. Biltz**, ZS. ph. Ch. **40**, 208; 1902.
W. L. = **W. Landsberger**, ZS. anorg. Ch. **17**, 434, 452; 1898;
s. f. **A. Schlamp**, ZS. ph. Ch. **14**, 273; 1894.

Konzentrationsangabe nach Volumen!

g anh. Subst. / 100 g H_2O	Siedep.-Erh.	g-Mol. / 1000 g H_2O	Mol. Erh.	Autor
1,06	*0,231°*	*0,250*	*0,93°*	*J.*
3,91	*0,743*	*0,922*	*0,81*	—
9,46	*2,547*	*2,23*	*1,142*	—
15,27	*4,649*	*3,60*	*1,292*	—
19,93	*7,542*	*4,70*	*1,605*	—
25,36	*11,419*	*5,98*	*1,910*	—

J. = *Johnston*, Edinb. Trans. **45** I, 193; 1908.

LiBr = 86,9.

Konzentrationsangabe nach Volumen!

g anh. Subst. / 100 g H_2O	Siedep.-Erh.	g-Mol. / 1000 g H_2O	Mol. Erh.	Autor
2,276	*0,274°*	*0,262*	*1,05°*	*J.*
6,636	*0,791*	*0,764*	*1,04*	—
13,46	*1,798*	*1,549*	*1,16*	—
19,48	*2,695*	*2,243*	*1,202*	—
28,55	*4,359*	*3,286*	*1,327*	—
38,91	*7,421*	*4,48*	*1,657*	—

J. = *Johnston*, Edinb. Trans. **45** I, 193; 1908.

$LiNO_3$ = 69,1.

Konzentrationsangabe nach Volumen!

g anh. Subst. / 100 g H_2O	Siedep.-Erh.	g-Mol. / 1000 g H_2O	Mol. Erh.	Autor
1,96	*0,278°*	*0,284*	*0,98°*	*J.*
6,36	*0,830*	*0,921*	*0,90*	—
13,99	*1,516*	*2,025*	*0,749*	—
23,29	*2,918*	*3,371*	*0,866*	—
31,91	*4,428*	*4,62*	*0,958*	—
37,23	*6,160*	*5,39*	*1,143*	—
45,03	*8,496*	*6,52*	*1,303*	—

J. = *Johnston*, Edinb. Trans. **45** I, 193; 1908.

Li-Salicylat s. **Landsberger**, ZS. anorg. Ch. **17**, 434, 452; 1898 u. **Schlamp**, ZS. ph. Ch. **14**, 274; 1894.

g anh. Subst. / 100 g H_2O	Siedep.-Erh.	g-Mol. / 1000 g H_2O	Mol. Erh.	Autor
		$MgCl_2$ = 95,3.		
3,371	0,416°	0,3539	1,18°	L. K.
6,199	0,850	0,6508	1,31	—
13,87	2,380	1,456	1,695	—
22,06	4,720	2,315	1,947	—

L. K. = **L. Kahlenberg**, Journ. ph. Ch. **5**, 366; 1901;
s. f. **Benrath**, a. a. O.

g anh. Subst. / 100 g H_2O	Siedep.-Erh.	g-Mol. / 1000 g H_2O	Mol. Erh.	Autor
		$MgSO_4$ = 120,4.		
2,733	0,097°	0,227	0,43°	L. K.
7,236	0,281	0,601	0,47	—
43,47	1,455	3,610	0,403	—
72,28	3,630	6,002	0,605	—

L. K. = **L. Kahlenberg**, Journ. ph. Ch. **5**, 370; 1901.

g anh. Subst. / 100 g H_2O	Siedep.-Erh.	g-Mol. / 1000 g H_2O	Mol. Erh.	Autor
		$MnCl_2$ = 125,9.		
1,31	0,12°	0,104	1,1°	R. S.
3,69	0,39	0,293	1,3	—
12,89	1,43	1,024	1,40	—

R. S. = **R. Salvadori**, Gazz. chim. **26** I, 249; 1896.

g anh. Subst. / 100 g H_2O	Siedep.-Erh.	g-Mol. / 1000 g H_2O	Mol. Erh.	Autor
		$MnSO_4$ = 151,1.		
3,713	0,114°	0,246	0,46°	L. K.
7,132	0,193	0,472	0,41	—
14,46	0,373	0,957	0,39	—
24,21	0,678	1,602	0,423	—

L. K. = **L. Kahlenberg**, Journ. ph. Ch. **5**, 371; 1901.

g anh. Subst. / 100 g H_2O	Siedep.-Erh.	g-Mol. / 1000 g H_2O	Mol. Erh.	Autor
		NaCl = 58,5.		
0,4388	0,074°	0,0750	0,99°	A. S.
0,747	0,119	0,128	0,94	—
2,158	0,351	0,369	0,95	W. B.
4,386	0,717	0,750	0,96	A. S.
7,27	1,235	1,243	0,999	W. L.
12,17	2,182	2,080	1,049	—
18,77	3,866	3,209	1,205	L. K.
31,242	6,82	5,340	1,28	—

A. S. = **A. Smits**, ZS. ph. Ch. **39**, 413, 418; 1902.
W. B. = **W. Biltz**, ZS. ph. Ch. **40**, 208; 1902.
W. L. = **W. Landsberger**, ZS. anorg. Ch. **17**, 452; 1898.
L. K. = **L. Kahlenberg**, Journ. ph. Ch. **5**, 362; 1901.
Nach Volumenkonzentration: s. *J. Walker* u. *J. S. Lumsden*, Journ. ch. Soc. **73**, 509; 1898. u. *Johnston*, Edinb. Trans. **45** I, 193; 1908; s. f. **Benrath**, a. a. O.

W. A. Roth.

Siedepunktserhöhungen von wässerigen Lösungen.

NaBr = 103,0.

g anh. Subst. / 100 g H_2O	Siedep.-Erh	g-Mol. / 1000 g H_2O	Mol. Erh.	Autor
1,35	0,120°	0,131	0,92°	A. S.
4,296	0,388	0,4170	0,93	—
9,06	0,871	0,880	0,99	W. L.
17,92	1,872	1,740	1,076	—

A. S. = **A. Schlamp,** ZS. ph. Ch. **14**, 274; 1894.
W. L. = **W. Landsberger,** ZS. anorg. Ch. **17**, 452; 1898.
Nach Volumenkonzentration: s. *Johnston*, a. a. O.

NaJ = 149,9.

g anh. Subst. / 100 g H_2O	Siedep.-Erh	g-Mol. / 1000 g H_2O	Mol. Erh.	Autor
2,98	0,190°	0,199	0,96°	A. S.
6,384	0,412	0,426	0,97	—
12,07	0,836	0,805	1,04	W. L.
19,49	1,367	1,300	1,052	—
23,80	1,750	1,588	1,102	A. S.

A. S. = **A. Schlamp,** ZS. ph. Ch. **14**, 279; 1894.
W. L. = **W. Landsberger,** ZS. anorg. Ch. **17**, 452; 1898.

$NaNO_3$ = 85,0.

g anh. Subst. / 100 g H_2O	Siedep.-Erh	g-Mol. / 1000 g H_2O	Mol. Erh.	Autor
0,3931	0,044°	0,0462	0,95°	A. S.
0,7250	0,080	0,0852	0,94	—
3,785	0,398	0 445	0,90	—
7,343	0,771	0,863	0,89	—

A. S. = **A. Smits,** ZS. ph. Ch. **39**, 418; 1902.
Nach Volumenkonzentration: s. *Johnston*, a. a. O.

NaOH = 40,0.

g anh. Subst. / 100 g H_2O	Siedep.-Erh	g-Mol. / 1000 g H_2O	Mol. Erh.	Autor
2,05	0,496°	0,512	0,97°	M. B. T.

M. B. T. = **J. W. Mc Bain** u. **M. Taylor,** ZS. ph. Ch. **76**, 189; 1911.
Daselbst weitere Lit. u. Kritik betr. die Siedepunktserhöhungen durch aliphatische Na-Salze.
vgl. **F. Krafft,** Ber. ch. Ges. **29**, 1328; 1896.

Na-Acetat = $NaCH_3COO$ = 82,1.

g anh. Subst. / 100 g H_2O	Siedep.-Erh	g-Mol. / 1000 g H_2O	Mol. Erh.	Autor
1,01	0,115°	0,123	0,93°	E. B.
2,08	0,230	0,253	0,91	—
4,897	0,545	0,597	0,91	A. S.
8,584	1,005	1,046	0,96	—
15,43	1,870	1,880	0,995	E. B.

E. B. = **E. Beckmann,** ZS. ph. Ch. **6**, 460; 1890.
A. S. = **A. Schlamp,** ZS. ph. Ch. **14**, 274; 1899.

Na-Palmitat = $NaC_{15}H_{31}COO$ = 278,3.

g anh. Subst. / 100 g H_2O	Siedep.-Erh	g-Mol. / 1000 g H_2O	Mol. Erh.	Autor
0,785	0,024°	0,0282	0,85°	A. S.

A. S. = **A. Smits,** Versl. Akad. Amst. **9**, 112; 1900.
Na-Salicylat s. **A. Schlamp,** ZS. ph. Ch. **14**, 274; 1894.
W. Landsberger, ZS. anorg. Ch. **17**, 452; 1898.

$NiCl_2$ = 129,6.

g anh. Subst. / 100 g H_2O	Siedep.-Erh	g-Mol. / 1000 g H_2O	Mol. Erh.	Autor
2,86	0,30°	0,221	1,4°	R. S.
6,14	0,67	0,474	1,4	—
9,78	1,17	0,755	1,5	—

R. S. = **R. Salvadori,** Gazz. chim. **26** I, 249; 1896.

$NiSO_4$ = 154,8.

g anh. Subst. / 100 g H_2O	Siedep.-Erh.	g-Mol. / 1000 g H_2O	Mol. Erh.	Autor
2,766	0,096°	0,1787	0,54°	L. K.
5,255	0,169	0,3395	0,50	—
11,196	0,336	0,7233	0,46	-
23,143	0,738	1,495	0,494	—
29,021	1,042	1,875	0,556	—
34,461	1,389	2,226	0,624	—
37,735	1,734	2,438	0,711	—

L. K. = **L. Kahlenberg,** Journ. ph. Ch. **5**, 372; 1901.

$HgCl_2$ = 270,9.

g anh. Subst. / 100 g H_2O	Siedep.-Erh.	g-Mol. / 1000 g H_2O	Mol. Erh.	Autor
3,341	0,056°	0,123	0,45°	L. K.
8,68	0,159	0,320	0,50	E. B.
16,54	0,268	0,611	0,44	W. L.
22,22	0,338	0,820	0,41	E. B.
34,90	0,496	1,288	0,385	L. K.
52,59	0,645	1,941	0,332	—

L. K. = **L. Kahlenberg,** Journ. ph. Ch. **5**, 367; 1901.
E. B. = **E. Beckmann,** ZS. ph. Ch. **6**, 460; 1890.
W. L. = **W. Landsberger,** ZS. an. Ch. **17**, 450; 1898;
s. f. **J. Sakurai,** Journ. ch. Soc. **61**, 998; 1892,
u. **Benrath,** ZS. anorg. Ch. **54**, 329; 1907.

RbCl = 120,9.

g anh. Subst. / 100 g H_2O	Siedep.-Erh.	g-Mol. / 1000 g H_2O	Mol. Erh.	Autor
0,4943	0,039°	0,0409	1,0°	W. B.
1,1420	0,089	0,0945	0,94	—
2,502	0,190	0,2070	0,92	—
6,385	0,478	0,5283	0 91	—
11,383	0,860	0,9419	0,91	—

W. B. = **W. Biltz,** ZS. ph. Ch. **40**, 208; 1902.

$AgNO_3$ = 169,97.

g anh. Subst. / 100 g H_2O	Siedep.-Erh.	g-Mol. / 1000 g H_2O	Mol. Erh.	Autor
0,8040	0,044°	0,0473	0,93°	A. S.
1,543	0,087	0,0908	0,96	—
3,893	0,197	0,2290	0,86	L. K.
7,4949	0,382	0,4409	0,87	A. S.
15,545	0,741	0,9146	0,81	—
35,08	1,526	2,064	0,739	L. K.
56,30	2,249	3,312	0,679	—
86,43	3,143	5,085	0,618	—
136,36	4,415	8,024	0,550	—

A. S. = **A. Smits,** ZS. ph. Ch. **39**, 418; 1902.
L. K. = **L. Kahlenberg,** Journ. ph. Ch. **5**, 369; 1901.

$Sr(NO_3)_2$ = 211,7.

g anh. Subst. / 100 g H_2O	Siedep.-Erh.	g-Mol. / 1000 g H_2O	Mol. Erh.	Autor
0,908	0,050°	0,0429	1,2°	A. S.
1,794	0,098	0,0848	1,2	—
8,764	0,493	0,4142	1,19	—
19,06	1,094	0,9005	1,22	—

A. S. = **A. Smits,** ZS. ph. Ch. **39**, 418; 1902.

As_2O_3 = 197,9.

g anh. Subst. / 100 g H_2O	Siedep.-Erh.	g-Mol. / 1000 g H_2O	Mol. Erh.	Autor
0,665	0,033°	0,0336	1,0°	H. B.
1,369*)	0,070	0,0692	1,0	—
2,084	0,103	0,1053	1,0	—

H. B. = **H. Biltz,** ZS. ph. Ch. **19**, 423; 1896.
*) Glasige Modifikation. Stets Umsetzung zu H_3AsO_3.

W. A. Roth.

Siedepunktserhöhungen von wässerigen Lösungen.

$H_3BO_3 = 62$.

g anh. Subst. / 100 g H_2O	Siedep.-Erh.	g-Mol / 1000 g H_2O	Mol. Erh.	Autor
2,35	0,186°	0,379	0,49°	E. B. (2)
2,99	0,241	0,482	0,50	E. B. (5)
5,02	0,45	0,907	0,50	E. B. (4)
7,69	0,61	1,241	0,49	N. A.
10,92	0,900	1,761	0,511	E. B. (3)
17,27	1,390	2,785	0,499	E. B. (1)
26,50	2,13	4,27	0,50	L. K.
36,41	3,01	5,87	0,51	—

E. B. (1) = **E. Beckmann**, ZS. ph. Ch. **6**, 460; 1890.
E. B. (2) = „ „ „ „ **8**, 227; 1891.
E. B. (3) = „ „ „ „ **21**, 254; 1896.
E. B. (4) = „ „ „ „ **40**, 153; 1902.
E. E. (5) = „ „ „ „ **63**, 191; 1908.
N. A. = **Nasini** u. **Ageno**, ZS. ph. Ch. **69**, 482; 1909.
L. K. = **L. Kahlenberg**, Journ. phys. Ch. **5**, 378; 1901;
s. f. **W. Landsberger**, ZS. anorg. Ch. **17**, 434, 450; 1898.
Beckmann, ZS. ph. Ch. **53**, 147; 1905.
Rupp, ZS. ph. Ch. **53**, 693; 1905.
Nach Volumkonzentration: *Johnston*, Edinb. Trans. **45** I, 193; 1908.

Oxalsäure = $(COOH)_2 = 90,0$.

g anh. Subst. / 100 g H_2O	Siedep.-Erh.	g-Mol / 1000 g H_2O	Mol. Erh.	Autor
4,70	0,336°	0,522	0,64°	P. T.
9,67	0,660	1,074	0,614	—

P. T. = **Peddle** u. **Turner**, Journ. chem. Soc. **99**, 690; 1911.

Bernsteinsäure = $(COOH . CH_2)_2 = 118,0$.

g anh. Subst. / 100 g H_2O	Siedep.-Erh.	g-Mol / 1000 g H_2O	Mol. Erh.	Autor
4,49	0,184°	0,381	0,48°	P. T.
5,40	0,226	0,456	0,50	—
7,59	0,322	0,643	0,50	—

P. T. = **Peddle** u. **Turner**, Journ. chem. Soc. **99**, 690; 1911.

Weinsäure = $C_4H_6O_6 = 150,0$.

g anh. Subst. / 100 g H_2O	Siedep.-Erh.	g-Mol / 1000 g H_2O	Mol. Erh.	Autor
9,62	0,355°	0,641	0,55°	F. J.
13,79	0,513	0,919	0,56	—
28,20	1,090	1,880	0,58	—
52,05	2,150	3,47	0,62	—

F. J. = **F. Jüttner**, ZS. ph. Ch. **38**, 112; 1901;
s. auch *Johnston*, Edinb. Trans. **45** I, 193; 1908, der viel höhere Werte angibt.

Citronensäure = $C_6H_8O_7 = 196,1$.

g anh. Subst. / 100 g H_2O	Siedep.-Erh.	g-Mol / 1000 g H_2O	Mol. Erh.	Autor
8,86	0,256°	0,452	0,57°	F. J.
17,84	0,525	0,915	0,57	—
37,00	1,135	1,887	0,601	—

F. J. = **F. Jüttner**, ZS. ph. Ch. **38**, 112; 1901.
Benzoe-, Salicyl- u. **Phenylessigsäure** mit Berücksichtigung ihrer Konzentration im Dampfraum, s. *Peddle* u. *Turner*, Journ. chem. Soc. **99**, 689; 1911.

m-Oxybenzoesäure = $C_6H_4(OH)(COOH) = 138,0$.

g anh. Subst. / 100 g H_2O	Siedep.-Erh.	g-Mol / 1000 g H_2O	Mol. Erh.	Autor
4,86	0,158°	0,352	0,45°	P. T.
7,99	0,233	0,579	0,40	—

P. T. = **Peddle** u. **Turner**, Journ. chem. Soc. **99**, 690; 1911.

p-Oxybenzoesäure = $C_6H_4(OH)(COOH) = 138,0$.

g anh. Subst. / 100 g H_2O	Siedep.-Erh.	g-Mol / 1000 g H_2O	Mol. Erh.	Autor
4,32	0,156°	0,313	0,50°	P. T.
7,24	0,235	0,525	0,45	—

P. T. = **Peddle** u. **Turner**, Journ. chem. Soc. **99**, 690; 1911.

Protocatechusäure = $C_6H_3(OH)_2COOH = 154,0$.

g anh. Subst. / 100 g H_2O	Siedep.-Erh.	g-Mol / 1000 g H_2O	Mol. Erh.	Autor
5,56	0,151°	0,361	0,42°	P. T.
11,46	0,302	0,744	0,41	—

P. T. = **Peddle** u. **Turner**, Journ. chem. Soc. **99**, 690; 1911.

Mandelsäure = $C_6H_5CH(OH)(COOH) = 152,1$.

g anh. Subst. / 100 g H_2O	Siedep.-Erh.	g-Mol / 1000 g H_2O	Mol. Erh.	Autor
5,14	0,165°	0,338	0,49°	P. T.
6,90	0,221	0,453	0,49	—

P. T. = **Peddle** u. **Turner**, Journ. chem. Soc. **99**, 690; 1911.

Phthalsäure = $C_6H_4(COOH)_2 = 166,0$.

g anh. Subst. / 100 g H_2O	Siedep.-Erh.	g-Mol / 1000 g H_2O	Mol. Erh.	Autor
5,86	0,231°	0,353	0,65°	P. T.
9,07	0,341	0,546	0,62	—

P. T. = **Peddle** u. **Turner**, Journ. chem. Soc. **99**, 690; 1911.

$ZnSO_4 = 161,5$.

g anh. Subst. / 100 g H_2O	Siedep.-Erh.	g-Mol / 1000 g H_2O	Mol. Erh.	Autor
2,886	0,080°	0,1787	0,45°	L. K.
6,647	0,169	0,4116	0,41	—
13,389	0,372	0,8291	0,45	—
28,249	0,811	1,749	0,46	—
35,18	1,122	2,178	0,515	—
39,83	1,381	2,466	0,560	—
44,56	1,671	2,759	0,606	—

L. K. = **L. Kahlenberg**, Journ. phys. Ch. **5**, 370; 1901.
$ZnCl_2$ u. **$SnCl_2$** s. **Benrath**, ZS. anorg. Ch. **54**, 329; 1907.

II. Organische Substanzen

exclus. Säuren.

Mannit = $C_6H_{14}O_6 = 182,1$.

g anh. Subst. / 100 g H_2O	Siedep.-Erh.	g-Mol / 1000 g H_2O	Mol. Erh.	Autor
2,38	0,065°	0,131	0,50°	E. B.
4,298	0,121	0,236	0,51	C. L. S.
6,501	0,192	0,357	0,54	J. S.
12,67	0,360	0,696	0,52	W. L.
19,26	0,535	1,058	0,506	E. B.

E. B. = **E. Beckmann**, ZS. ph. Ch. **6**, 459; 1890.
C. L. S. = **C. L. Speyers**, Journ. phys. Ch. **1**, 772; 1897.
J. S. = **J. Sakurai**, Journ. chem. Soc. **61**, 998; 1892.
W. L. = **W. Landsberger**, ZS. anorg. Ch. **17**, 450; 1898;
s. f. *Johnston*, Edinb. Trans. **45** I, 193; 1908, der viel höhere Werte angibt.

Glucose (Dextrose) = $C_6H_{12}O_6 = 180,1$.

g anh. Subst. / 100 g H_2O	Siedep.-Erh.	g-Mol / 1000 g H_2O	Mol. Erh.	Autor
4,14	0,122°	0,230	0,53°	F. J.
9,20	0,271	0,511	0,53	—
15,56	0,462	0,864	0,535	—
19,41	0,613	1,078	0,569	—

F. J. = **F. Jüttner**, ZS. ph. Ch. **38**, 108; 1901.

W. A. Roth.

Siedepunktserhöhungen von wässerigen Lösungen.

Fructose (Lävulose) $= C_6H_{12}O_6 = 180{,}1$.

g anh. Subst. / 100 g H_2O	Siedep.-Erh.	g-Mol. / 1000 g H_2O	Mol. Erh.	Autor
10,16	0,294°	0,564	0,52°	F. J.
16,12	0,488	0,895	0,55	—
27,52	0,807	1,528	0,528	—

F. J. = **F. Jüttner**, ZS. ph. Ch. **38**, 108; 1901.

Rohrzucker $= C_{12}H_{22}O_{11} = 342{,}2$.

g anh. Subst. / 100 g H_2O	Siedep.-Erh.	g-Mol. / 1000 g H_2O	Mol. Erh.	Autor
2,447	0,035°	0,0715	0,5°	J. S.
4,316	0,064	0,1264	0,51	—
7,25	0,103	0,212	0,49	E. B.
11,02	0,164	0,322	0,51	W. L.
14,82	0,240	0,433	0,55	F. J.
21,66	0,363	0,633	0,53	—
36,15	0,55	1,056	0,52	L. K.
65,97	1,13	1,93	0,59	—
100,95	1,853	2,950	0,628	F. J.
175,1	3,84	5,12	0,75	L. K.
276,2	6,71	8,07	0,83	—

J. S. = **J. Sakurai**, Journ. chem. Soc. **61**, 998; 1892.
E. B. = **E. Beckmann**, ZS. phys. Ch. **6**, 459; 1890.
W. L. = **W. Landsberger**, ZS. anorg. Ch. **17**, 450; 1898.
F. J. = **F. Jüttner**, ZS. ph. Ch. **38**, 107; 1901.
L. K. = **L. Kahlenberg**, Journ. phys. Ch. **5**, 377; 1901;
s. f. *G. Walther*, Ber. chem. Ges. **37**, 82; 1904 und *Johnston*, Edinb. Trans. **45** I, 193; 1908.

Resorcin $= C_6H_4(OH)_2 = 110{,}0$.

g anh. Subst. / 100 g H_2O	Siedep.-Erh.	g-Mol. / 1000 g H_2O	Mol. Erh.	Autor
1,904	0,090°	0,173	0,52°	C. L. S.
3,885	0,169	0,353	0,48	—
7,889	0,318	0,717	0,44	—

C. L. S. = **C. L. Speyers**, Journ. phys. Ch. **1**, 771; 1897;
s. f. **Peddle** u. **Turner**, Journ. chem. Soc. **99**, 690; 1911.

Brenzkatechin $= C_6H_4(OH)_2 = 110{,}0$.

g anh. Subst. / 100 g H_2O	Siedep.-Erh.	g-Mol. / 1000 g H_2O	Mol. Erh.	Autor
3,28	0,133°	0,298	0,45°	P. T.
5,22	0,209	0,474	0,44	—

P. T. = **Peddle** u. **Turner**, Journ. chem. Soc. **99**, 690; 1911,
ebenda: **Hydrochinon.**

Pyrogallol $= C_6H_3(OH)_3 = 126{,}0$.

g anh. Subst. / 100 g H_2O	Siedep.-Erh.	g-Mol. / 1000 g H_2O	Mol. Erh.	Autor
5,54	0,203°	0,440	0,40°	P. T.
12,80	0,458	1,016	0,45	—

P. T. = **Peddle** u. **Turner**, Journ. chem. Soc. **99**, 690; 1911.

Phloroglucin $= C_6H_3(OH)_3 = 126{,}0$.

g anh. Subst. / 100 g H_2O	Siedep.-Erh.	g-Mol. / 1000 g H_2O	Mol. Erh.	Autor
4,62	0,141°	0,368	0,38°	P. T.
10,98	0,360	0,871	0,41	—

P. T. = **Peddle** u. **Turner**, Journ. chem. Soc. **99**, 690; 1911.

p-Nitrophenol $= C_6H_4(OH)(NO_2) = 139{,}0$.

g anh. Subst. / 100 g H_2O	Siedep.-Erh.	g-Mol. / 1000 g H_2O	Mol. Erh.	Autor
5,12	0,136°	0,368	0,47°	P. T.

P. T. = **Peddle** u. **Turner**, Journ. chem. Soc. **99**, 690; 1911.

Harnstoff $= CO(NH_2)_2 = 60{,}1$.

g anh. Subst. / 100 g H_2O	Siedep.-Erh.	g-Mol. / 1000 g H_2O	Mol. Erh.	Autor
1,118	0,090°	0,186	0,48°	C. L. S.
3,361	0,269	0,559	0,48	—
6,60	0,548	1,098	0,499	W. L.
11,67	0,823	1,941	0,424	E. B.
16,59	1,167	2,762	0,423	—

C. L. S. = **C. L. Speyers**, Journ. phys. Ch. **1**, 771; 1897.
W. L. = **W. Landsberger**, ZS. anorg. Ch. **17**, 434, 450; 1898.
E. B. = **E. Beckmann**, ZS. ph. Ch. **6**, 460; 1890;
s. f. *J. Walker* u. *J. S. Lumsden*, Journ. chem. Soc. **73**, 509; 1898.

Urethan $= NH_2 . CO_2 . C_2H_5 = 89{,}1$.

g anh. Subst. / 100 g H_2O	Siedep.-Erh.	g-Mol. / 1000 g H_2O	Mol. Erh.	Autor
1,117	0,031°	0,125	0,25°	C. L. S.
4,777	0,141	0,536	0,26	—
7,057	0,203	0,781	0,26	—

C. L. S. = **C. L. Speyers**, Journ. phys. Ch. **1**, 173; 1897.

Succinimid $= \begin{matrix} H_2C . CO \\ H_2C . CO \end{matrix} > NH = 99{,}1$.

g anh. Subst. / 100 g H_2O	Siedep.-Erh.	g-Mol. / 1000 g H_2O	Mol. Erh.	Autor
2,128	0,103°	0,215	0,48°	C. L. S.
6,847	0,342	0,691	0,49	—
12,73	0,621	1,285	0,483	—

C. L. S. = **C. L. Speyers**, Journ. phys. Ch. **1**, 772; 1897.
Cinchonintartrat, s. **W. Marckwald** u. **A. Chwolles**, Ber. chem. Ges. **31**, 794; 1898.
Säureamide nach **Meldrum** u. **Turner**, Journ. ch. Soc. **97**, 1807; 1910. (M. T.)

Propionamid $= C_2H_5 . CO(NH_2) = 73{,}1$.

g anh. Subst. / 100 g H_2O	Siedep.-Erh.	g-Mol. / 1000 g H_2O	Mol. Erh.	Autor
5,48	0,336°	0,750	0,45°	M. T.
11,68	0,705	1,598	0,44	—

n-Butyramid $= C_3H_7 . CO(NH_2) = 87{,}1$.

g anh. Subst. / 100 g H_2O	Siedep.-Erh.	g-Mol. / 1000 g H_2O	Mol. Erh.	Autor
4,33	0,227°	0,498	0,46°	M. T.

i-Butyramid $= C_3H_7 . CO(NH_2) = 87{,}1$.

g anh. Subst. / 100 g H_2O	Siedep.-Erh.	g-Mol. / 1000 g H_2O	Mol. Erh.	Autor
7,46	0,363°	0,856	0,42°	M. T.

Valeramid $= C_4H_9 . C{:}O(NH_2) = 101{,}1$.

g anh. Subst. / 100 g H_2O	Siedep.-Erh.	g-Mol. / 1000 g H_2O	Mol. Erh.	Autor
5,03	0,209°	0,498	0,42°	M. T.
9,20	0,345	0,910	0,38	—

ferner:
i-Butylacetamid, Glycolsäureamid.

Lactamid $= C_2H_4(OH)C{:}ONH_2 = 89{,}1$.

g anh. Subst. / 100 g H_2O	Siedep.-Erh.	g-Mol. / 1000 g H_2O	Mol. Erh.	Autor
7,90	0,431°	0,886	0,49°	M. T.
13,41	0,717	1,506	0,476	—

Phenylacetamid $= C_6H_5 . CH_2 - C{:}O(NH_2)$ **135,1.**

g anh. Subst. / 100 g H_2O	Siedep.-Erh.	g-Mol. / 1000 g H_2O	Mol. Erh.	Autor
12,04	0,297°	0,891	0,33°	M. T.

Phenylcarbamid $= C{:}ONH_2\,NHC_6H_5 = 136{,}1$.

g anh. Subst. / 100 g H_2O	Siedep.-Erh.	g-Mol. / 1000 g H_2O	Mol. Erh.	Autor
5,38	0,172°	0,395	0,44°	M. T.

ferner:
Methylacetanilid, Lactanilid u. **Glycollanilid**

Formanilid $= HC{:}ONH(C_6H_5) = 121{,}1$.

g anh. Subst. / 100 g H_2O	Siedep.-Erh.	g-Mol. / 1000 g H_2O	Mol. Erh.	Autor
4,57	0,145°	0,377	0,38°	M. T.
9,03	0,238	0,745	0,32	—

Zahlreiche andere **Säureamide** s. f. bei **Meldrum** u. **Turner**, J. ch. Soc. **93**, 883; 1908. (Rechnung nach Volumprozenten.)

m-Nitroanilin $= C_6H_4(NH_2)(NO_2) = 138{,}1$.

g anh. Subst. / 100 g H_2O	Siedep.-Erh.	g-Mol. / 1000 g H_2O	Mol. Erh.	Autor
2,15	0,063°	0,156	0,40°	P. T.

P. T. = **Peddle** u. **Turner**, Journ. ch. Soc. **99**, 690; 1911.

W. A. Roth.

Schmelzwärme in kg-Kalorien.

Lit. Tab. 186, S. 844.

Die Temperaturen in Kol. II liegen häufig unterhalb der wahren Schmelztemperatur.
Es sind nur direkt kalorimetrisch gemessene Werte aufgenommen; indirekt ermittelte Werte findet man in Tab. 180.

Substanz	Temperatur der Schmelze	Schmelzwärme für 1 kg	Schmelzwärme für 1 g-Atom	Beobachter
1. Elemente [a]				
Blei	**325°**	5,86	1,21	Rudberg
"	**326,2**	5,37	1,11	Person [4]
"		5,37	1,11	Mazzotto [2]
"	**322,4**	5,32	1,11	Spring
"		6,45	1,34	Robertson
Brom	**−7,32**	16,18	1,293	Regnault [3]
Chlor	**−103,5**	22,96	0,814	Estreicher u. Staniewski
Eisen, Guß-, weiß		32—34	—	Gruner
" " grau		23	—	"
Gallium	**13**	19,1	1,33	Berthelot [8]
Kadmium	**320,7**	13,7	1,54	Person [3]
Kalium	**58**	15,7	0,61	Joannis
"		13,61	0,532	Bernini
Kupfer		43,0	2,74	J.W.Richards
Natrium	**96,5**	31,7	0,73	Joannis
"		17,75	0,408	Bernini
Palladium	**1500**	36,3	3,86	Violle [2]
Phosphor	**27,35**	4,74	0,147	Pettersson [1]
"	**29,73**	4,74	0,147	"
"	**40,05**	4,97	0,154	"
"	**44,2**	5,034	0,156	Person [1]
Platin	**1779**	27,2	5,3	Violle [1]
Quecksilber		2,84	0,57	Person [2]
"	**−38,7**	2,75	0,55	Pollitzer
"	**(−38,7**	2,85	0,57)	Koref
Schwefel	**115**	9,37	0,300	Person [1]
" monosymm.	**119**	10,4	0,33	Wigand
Silber	**999**	21,1	2,28	Person [3]
Thallium	**290**	7,2	1,47	Robertson
Wismut	**266,8**	12,64	2,63	Person [4]
"		12,4	2,58	Mazzotto [2]
Zink	**415,3**	28,1 [b]	1,84	Person [4]
"		28	1,8	Mazzotto [2]
Zinn, gew. weiß	**228**	13,3	1,6	Rudberg
" "	**232,7**	14,25	1,70	Person [4]
" "	**227,3**	14,65	1,74	Spring
" "		13,6	1,62	Mazzotto [2]
" "		14,05	1,67	Robertson
2. Anorganische Verbindungen.				
Ammoniak, NH_3	**−75°**	108,1	1,84	Massol
Aluminiumbromid, $AlBr_3$		10,47	2,79	Kablukow
Antimontrichlorid, $SbCl_3$	**73,2**	13,29	3,01	Tolloczko
Antimontribromid, $SbBr_3$	**94,6**	9,76	3,51	"
Arsentribromid, $AsBr_3$	**31,0**	8,93	2,81	Tolloczko

Substanz	Temperatur der Schmelze	Schmelzwärme für 1 kg	Schmelzwärme für 1 g-Mol.	Beobachter
Baryumchlorid, $BaCl_2$	**958,9°**	27,8	5,8	Plato [2]
Bleibromid, $PbBr_2$	**490**	12,34	4,53	Ehrhardt
"	**488**	9,9	3,65	Goodwin u. Kalmus
Bleichlorid, $PbCl_2$	**485**	20,90	5,81	Ehrhardt
"	**491**	18,5	5,15	Goodwin u. Kalmus
Bleijodid, PbJ_2	**375**	11,50	5,30	Ehrhardt
Caesiumhydroxyd, $CsOH$	**272,3**	10,7	1,61	v. Hevesy
Calciumchlorid, $CaCl_2$	**773,9**	54,6	6,06	Plato [2]
Calciumchlorid, $CaCl_2 \cdot 6H_2O$	**28,5**	40,7	8,9	Person [5]
Calciumnitrat, $Ca(NO_3)_2 \cdot 4H_2O$	**42,4**	33,49	7,94	Pickering
Eis	**−6,62**	75,99	1,369	Pettersson [1]
"	**−6,50**	76,03	1,375	"
"	**−6,28**	75,94	1,368	"
"	**−4,995**	76,60	1,380	"
"	**−2,8**	77,71	1,400	"
"	**−0,7**	78,26	1,411	Zakrzewski
"	**0**	79,25	1,428	Person [1]
"	**0**	79,06	1,424	Regnault [1]
"	**0**	79,25	1,428	"
"	**0**	80,025	1,442	Bunsen
"	**0**	79,24	1,428	Desains
"	**0**	79,896 ±0,02 (334,21 K-Joule) [d]	1,440	Arthur W. Smith [c]
"	**0**	79,61	1,435	Bogojawlenski [1]
"	**0**	79,2	1,427	Leduc
"	**0**	79,67	1,436	W. A. Roth [1]
Jodmonochlorid, JCl	**16,5**	14,15	2,30	Berthelot [12]
" JCl α	**27,2**	16,42	2,66	Stortenbeker
" JCl β	**13,9**	14,0	2,27	"
Kaliumchlorid, KCl	**772,3**	86,0	6,41	Plato [1]
Kaliumdichromat, $K_2Cr_2O_7$	**397**	29,8	8,77	Goodwin u. Kalmus
Kaliumfluorid, KF	**859,9**	108,0	6,27	Plato [2]
Kaliumnitrat, KNO_3	**339,0**	47,37	4,79	Person [1]
"	**308**	25,5	2,57	Goodwin u. Kalmus
Kaliumhydroxyd, KOH	**360,4**	28,6	1,61	v. Hevesy

a) Für Aluminium und Jod finden sich in der Lit. nur die „totalen“ Schmelzwärmen angegeben, d. h diejenigen Wärmemengen, welche nötig sind, um 1 kg Substanz von 0° bis gerade in den geschmolzenen Zustand zu bringen. Die Daten sind: Aluminium (625°) 239,4 kg-cal. pro kg (Pionchon)
Jod 11,7 „ „ „ „ (Favre u. Silbermann).

b) Nicht ganz sicher. c) Gibt umgerechnet mit dem Wert 4,189 für das mech. Wärmeäquivalent: 79,78 s. W. A. Roth. d) Künftig K. J. abgekürzt.

H. Böttger.

Schmelzwärme in kg-Kalorien.

Lit. Tab. 186, S. 844.

Die Temperaturen in Kol. II liegen häufig unterhalb der wahren Schmelztemperaturen. Es sind nur direkt kalorimetrisch gemessene Werte aufgenommen; indirekt ermittelte Werte findet man in Tab. 180.

Substanz	Temperatur der Schmelze	Schmelzwärme für 1 kg	Schmelzwärme für 1 g-Mol.	Beobachter
Kohlendioxyd, CO_2 (5,10 Atm.)	**–56,29°**	43,8	1,93	Kuenen u. Robson
Lithiumnitrat, $LiNO_3$	**250**	88,5	6,10	Goodwin u. Kalmus
Natriumchlorat,	**255**	49,6	5,25	„
$NaClO_3$	**255**	48,4	5,15	Foote u. Levy
Natriumchlorid, NaCl	**804,3**	123,5	7,22	Plato[1]
Natriumchromat,	**10,5**	36,0	12,3	Berthelot[9]
$Na_2CrO_4 \cdot 10 H_2O$	**23**	39,2	13,4	„
Natriumfluorid	**992,2**	186,1	7,82	Plato[2]
Natriumhydroxyd, NaOH	**318,4**	40,0	1,60	v. Hevesy
Natriumnitrat,	**310,5**	62,97	5,355	Person[1]
$NaNO_3$	**333**	45,3	3,69	Goodwin u. Kalmus
Natriumphosphat, $Na_2HPO_4 \cdot 12 H_2O$	**36,1**	66,8	23,9	Person[5]
Natriumsulfat, $Na_2SO_4 \cdot 10 H_2O$	**31**	51,2	16,5	Cohen
Natriumthiosulfat, $Na_2S_2O_3 \cdot 5 H_2O$	**9,86**	37,6	9,3	v. Trentinaglia
Orthophosphorsäure, H_3PO_4	**18**	25,71	2,521	Thomsen
Phosphorige Säure, H_3PO_3	**18**	37,44	3,072	„
Quecksilberjodid HgJ_2	**250**	9,79	4,44	Guinchant
Rubidiumhydroxyd, RbOH	**301**	15,8	1,62	v. Hevesy
Salpetersäure, HNO_3	**–47**	9,54	0,601	Berthelot[5]
Schwefelsäure, H_2SO_4		8,77	0,860	„ [1]
„	**10,35**	24,031	2,358	Pickering[1]
„		22,82	2,239	Knietsch
„	**10,49**	25,98	2,559	Brönsted
Schwefelsäuremonohydrat,		31,72	3,68	Berthelot[1]
$H_2SO_4 \cdot H_2O$	**8,5**	38,97	4,52	Luginin u. Dupont
„	**8,53**	39,92	4,63	Pickering
„		34,91	4,05	Hammerl
„		36,08	4,18	„
„	**8,62**	38,38	4,45	Brönsted
Silberbromid, AgBr	**430**	12,6	2,37	Goodwin u. Kalmus
Silberchlorid, AgCl	**455**	21,3	3,05	„
	451	30,7	4,40	Robertson
Silbernitrat, $AgNO_3$	**209**	17,6	2,99	Guinchant
„	**218**	15,2	2,58	Goodwin u. Kalmus
Stannibromid, $SnBr_4$	**25,5**	7,07	3,10	Berthelot[8]
„	**29,9**	6,26	2,75	Tolloczko
Stickstoffpentoxyd, N_2O_5		76,67	8,28	Berthelot[2]
Stickstofftetroxyd, N_2O_4	**–10,14**	32,2 bis 37,2	2,96 bis 3,42	Ramsay
Strontiumchlorid $SrCl_2$	**872,3°**	25,6	4,06	Plato[1]
Thallobromid, TlBr	**460**	12,7	3,61	Goodwin u. Kalmus
Thallochlorid, TlCl	**427**	16,6	3,98	„
Unterphosphorige Säure, H_3PO_2	**17,4**	35,00	2,31	Thomsen
Unterphosphorsäure, $H_4P_2O_6$	**11**	51,23	8,30	Joly
Wasserstoffsuperoxyd, H_2O_2		2,70	9,18	deForcrand[3]

3. Organische Verbindungen.

a) Aliphatische Verbindungen.

Substanz	Temperatur der Schmelze	Schmelzwärme für 1 kg	Schmelzwärme für 1 g-Mol.	Beobachter
Acrylsäure $C_3H_4O_2$	**13°**	37,0	2,66	Riiber u. Schetelig
Äthylenbromid, $C_2H_4Br_2$	**8**	13,0	2,44	Pettersson[2]
„	**9,55**	13,527	2,54	Demerliac
Äthylenglykol, $C_2H_4(OH)_2$	**–11,5**	39,1	2,66	de Forcrand
Ameisensäure, CH_2O_2	**–7,5**	57,38	2,64	Pettersson[1]
„	**–8,6**	52,61	2,42	Berthelot[1]
Bromalhydrat, $CBr_3 \cdot CHO \cdot H_2O$	**46,0**	16,9	5,05	Bruner
Buttersäure, $C_4H_8O_2$	**0**	28,41	2,50	Guillot
Caprinsäure, $C_{10}H_{20}O_2$	**31,3**	22,68	3,90	„
Caprylsäure. $C_8H_{16}O_2$	**16**	22,92	3,30	„
Chloralhydrat, $CCl_3 \cdot CHO \cdot H_2O$ (frisch geschmolzen)	**46**	17,52	2,90	Berthelot[6]
(nach läng. Aufbewahren)	**46**	33,23	5,50	„
Crotonsäure, $C_4H_6O_2$	**67,4**	25,3	2,16	Bruner
α-Crotonsäure, $C_4H_6O_2$	**71,23**	34,91	3,00	Bogojawlenski
Essigsäure, $C_2H_4O_2$	**2,9 bis 5,6**	43,66	2,621	Pettersson[2]
„		43,8	2,63	deForcrand[4]
„	**16,59**	46,3	2,78	de Visser
„		46,4	2,78	Marignac nach
„	**16,54**	45,82	2,75	Julius Meyer
„	**16,6**	43,10	2,59	Luginin u. Dupont
Glyzerin, $C_3H_8O_3$	**13**	42,5	3,91	Berthelot[11]
Lävulinsäure, $C_5H_8O_3$		18,97	2,20	„ [15]
Laurinsäure, $C_{12}H_{24}O_2$		28,0	5,60	Guillot
„	**44**	43,69	8,74	Stohmann u. Wilsing
Myristinsäure, $C_{14}H_{28}O_2$	**53,8**	47,48	10,87	„

H. Böttger.

Schmelzwärme in kg-Kalorien.

Lit. Tab. 186, S. 844.

Die Temperaturen in Kol. II liegen häufig unterhalb der wahren Schmelztemperaturen.

Substanz	Temperatur der Schmelze	Schmelzwärme für 1 kg	Schmelzwärme für 1 g-Mol.	Beobachter
Oxalsäure-dimethylester, $C_2O_4(CH_3)_2$ . .	**49,5°**	42,6	5,03	Bruner
Palmitinsäure,		28,5	7,3	Guillot
$C_{16}H_{32}O_2$ . . .	**55,0**	39,2	10,0	Bruner
Pelargonsäure, $C_9H_{18}O_2$	**12**	18,98	3,00	Guillot
Stearinsäure, $C_{18}H_{36}O_2$ . . .	**64,0**	47,6	13,5	Bruner
Trimethylcarbinol, $(CH_3)_3.C.OH$	**25,53**	20,98	1,554	deForcrand [5])
Urethan, $C_2H_5.CO_2.NH_2$	**48,7**	40,8	3,63	Eykman
b) Cyklische Verbindungen.				
Acetophenon, $CH_3.CO.C_6H_5$	**20,1°**	33,12	3,98	Luginin u. Dupont
Anethol, $C_3H_5.C_6H_4.OCH_3$.	**21,5**	25,80	3,82	„
Anilin, $C_6H_5.NH_2$	**-7,03** *)	20,95	1,950	de Forcrand
Apiol, $C_{12}H_{14}O_4$	**30**	25,8	5,73	Tammann
Azobenzol,	**66,0**	27,9	5,08	Bruner
$(C_6H_5)_2N_2$ . . .	**69,1**	29	5,3	Eykman
Azoxybenzol, $(C_6H_5)_2N_2O$ . .	**34,6**	21,6	4,3	Bruner
Benzil, $(C_6H_5.CO)_2$.	**94,94**	22,15	4,65	Bogojawlenski
Benzol, C_6H_6 . .	**1,95**	29,09 (24,66†)	2,270 (1,92†)	Pettersson u. Widman
„ . .	**5,3**	30,08	2,348	Fischer
„ . .	**5,4**	30,18	2,356	Ferche
„ . .	**5,41**	29,43	2,297	Pickering
„ . .	**5,43**	30,67	2,394	Bogojawlenski
„ . .	**5,43**	30,378	2,371	Demerliac
„ . .	**5,44**	30,39	2,372	J. Meyer
Benzophenon,	**48,0**	23,7	4,31	Bruner
$(C_6H_5)_2CO$ . .	**48**	23,4	4,26	Tammann
Betol, $C_{17}H_{12}O_3$	**93**	18,0	4,75	„
p-Bromphenol, $C_6H_4Br.(OH)$	**13**	17,34	3,03	Werner
p-Bromtoluol, $CH_3.C_6H_4Br$.	**16,53**	20,15	3,44	Pettersson u. Widman
„ .	**26,5**	21,33	3,65	Luginin u. Dupont
p-Chloranilin, $C_6H_4Cl.NH_2$.	**69,0**	37,2	4,74	Bruner
m-Chlornitrobenzol, $C_6H_4Cl.NO_2$	**43,8**	29,4	4,63	„
„	**44,16**	31,51	4,96	Bogojawlenski
p-Chlornitrobenzol, $C_6H_4Cl.NO_2$	**82,0**	21,4	3,37	Bruner
p-Dibrombenzol, $C_6H_4Br_2$	**84,9**	20,6	4,86	„
„	**87**	20,3	4,79	Bogojawlenski

*) de F. fand (C. r. **136**, 947; 1903) für Anilin 20,95 g-cal. pro g, hält aber 39,9 g-cal. für richtiger.

†) Die eingeklammerten Zahlen sind in Øfvers. K. Vetensk. Förh. Stockholm **36**, No. 3, 79, die anderen J. pr. Chem. **24**, 163; 1881 angegeben.

Substanz	Temperatur der Schmelze	Schmelzwärme für 1 kg	Schmelzwärme für 1 g-Mol.	Beobachter
Dibromphenol, $C_6H_3Br_2.(OH)$	**12°**	13,89	3,50	Werner
p-Dichlorbenzol, $C_6H_4Cl_2$	**52,5**	29,9	4,39	Bruner
Dimethyl-γ-Pyrron, $C_5H_2O_2.(CH_3)_2$		56,0	6,94	Poma
m-Dinitrobenzol, $C_6H_4(NO_2)_2$ . .	**90**	29,0	4,87	Robertson
Diphenyl, $(C_6H_5)_2$	**70,2**	28,5	4,39	Eykman
Diphenylamin*), $(C_6H_5)_2NH$ . .	**51,0**	21,30	3,60	Battelli
„ . .	**54**	23,97	4,05	Stillman u. Swain
„ . .	**52,85**	26,30	4,44	Bogojawlenski
p-Kresol, $CH_3.C_6H_4(OH)$	**34,0**	26,3	2,84	Bruner
Menthol, $C_{10}H_{20}O$	**42,0**	18,9	2,95	„
Monobromkampher, $C_{10}H_{15}OBr$		41,6	9,61	Battelli
Naphthalin, $C_{10}H_8$	**79,2**	35,50	4,54	„
„	**79,86**	35,62	4,55	Pickering
„	**79,97**	35,68	4,57	Alluard
„	**80,05**	34,69	4,44	Bogojawlenski
α-Naphtylamin, $C_{10}H_7.NH_2$ . .	**43,4**	19,7	2,82	Battelli
„ . .	**47,5**	22,3	3,19	Bruner
„ . .	**50,1**	25,59	3,66	Stillman u. Swain
Nitrobenzol, $C_6H_5.NO_2$ . .	**-9,21**	22,30	2,74	Pettersson u. Widman
„ . .	**5,62** bis **5,72**	22,6	2,78	Tammann [1])
„ . .	**5,82**	22,46	2,76	J. Meyer
α-Nitronaphthalin, $C_{10}H_7.NO_2$	**56**	25,32	4,38	Battelli
o-Nitrophenol, $C_6H_4(OH)(NO_2)$	**42,8**	26,8	3,72	Bruner
„	**44,51**	30,90	4,30	Bogojawlenski
Paraldehyd, $(C_2H_4O)_3$ . . .	**12,6**	25,02	3,30	Luginin u. Dupont
Phenanthren, $C_{14}H_{10}$	**100**	25	4,45	Robertson
Phenol, $C_6H_5.OH$ . . .	**25,37**	24,93	2,34	Pettersson u. Widman
Phenylessigsäure, $C_6H_5CH_2.CO_2H$	**74,9**	25,4	3,45	Bruner
„	**76,71**	30,00	4,08	Bogojawlenski
„	**77**	32	4,35	Robertson
Phenylhydrazin, $C_6H_5.NH.NH_2$	**22,1**	24,54	2,65	Berthelot [15])
		36,31	3,92	Luginin u. Dupont

*) Vergl. **Roloff,** ZS. ph. Ch. **17**, 344; 1895.

H. Böttger.

Schmelzwärme in kg-Kalorien.

Lit. Tab. 186, S. 844.

Die Temperaturen in Kol. II liegen häufig unterhalb der wahren Schmelztemperaturen.

Substanz	Temperatur der Schmelze	Schmelzwärme für 1 kg	Schmelzwärme für 1 g-Mol.	Beobachter
Thiosinamin, $NH_2.CS.NHC_3H_5$	77°	33,4	3,21	Robertson
Thymol, $\frac{C_3H_7}{CH_3}>C_6H_3(OH)$		19,86	2,98	Berthelot[7])
„	48,2	27,5	4,13	Eykman
p-Toluidin, $CH_3.C_6H_4.NH_2$	28,36	35,79	3,83	Pettersson[2])
„	38,9	39,0	4,18	Battelli
	40,13	40,469	4,333	Demerliac
Tribromanilin, $C_6H_2Br_3(NH_2)$	122	14,4	4,75	Robertson
Tribromphenol, $C_6H_2Br_3(OH)$	93	13,4	4,43	„
Veratrol, $C_6H_4(OCH_3)_2$	22,7	27,75	3,83	„
p-Xylol, C_8H_{10}	16	39,3	4,17	Colson

Substanz	Temperatur der Schmelze	Schmelzwärme für 1 kg	Schmelzwärme für 1 g-Mol.	Beobachter
o-Xyloldibromid, $C_8H_8Br_2$	95°	24,25	6,40	Colson
„	77	21,45	5,66	„
m-Xyloldichlorid, $C_8H_8Cl_2$	34	26,7	4,7	„
o-Xyloldichlorid, $C_8H_8Cl_2$	55	29,0	5,1	„
p-Xyloldichlorid, $C_8H_8Cl_2$	100	32,7	5,7	„
o-Xyloltetrachlorid, $C_8H_6Cl_4$	86	21,0	5,1	„
p-Xyloltetrachlorid, $C_8H_6Cl_4$	95	22,1	5,4	„
Zimtsäure (Allo-) $C_9H_8O_2$	42	26,4	Erstarrungswärme!	Roth
	58(23)	27,4		

4. Mineralien und Gesteine.

Substanz	Temperatur der Schmelze	Schmelzwärme für 1 kg	Beobachter
Åkermanit, $(Ca, Mg)_4Si_3O_{10}$		456*)	Åkerman
„	1200°	90 ± höchstens 15%	Vogt
Anorthit, $CaAl_2Si_2O_8$		470*)	Åkerman
„	1220	105 ± höchstens 15%	Vogt
Augit (Diopsid), $CaMg(SiO_3)_2$		456	Åkerman
„	1225	102 ± höchstens 15%	Vogt
„		93†)	Tammann[1])
Augitschlacke		120	Rinman
„		94	Gruner
Basalt		130†)	Tammann[1])
Calciummetasilikat, hexagonal, $CaSiO_3$		472*)	Åkerman
„		100	Vogt
Calcium-Magnesium-metasilikat (Ca,Mg) SiO_3 mit 3Ca : 1 Mg		425*)	Åkerman
„	1200	ca. 100 ± ca. 20%	Vogt

Substanz	Temperatur der Schmelze	Schmelzwärme für 1 kg	Beobachter
Calcium-Magnesium-metasilikat (Ca, Mg) SiO_3 mit 0,85 Mg : 0,15 Ca		540*)	Åkerman
Diopsid	> 1300°	106 ± 15	W. P. White
Eläolith		73†)	Tammann[1])
Enstatit, $MgSiO_3$	ca. 1375	125	Vogt
„		575*)	„
Fayalitschlacke	ca. 1040	ca. 85	„
Melilithschlacke		91	Rinman
Mikroklin	1170	83†)	Tammann[1])
Olivin, Mg_2SiO_4		ca. 130	Vogt
Quarz, SiO_2	ca. 1750	mindestens 135,3, vielleicht mindestens 258,9	Cunningham
Rhodonitschlacke		45,7	Gruner

*) Totale Schmelzwärme, d. h. die Wärmemenge, die erforderlich ist, um 1 kg Substanz von 0° bis gerade zum geschmolzenen Zustand zu bringen.

†) Krystallisationswärme, d. h. Wärmemenge beim Übergang aus dem amorphen in den krystallisierten Zustand pro kg.

5. Legierungen.

Prozentische Zusammensetzung: Blei	Zinn	Wismut	Zink	Zusammensetzung nach Atomgewichten	Schmelzwärme für 1 kg	Beobachter
9,87	90,13			Pb + 16Sn	12,911	Mazzotto[2])
17,96	82,04			Pb + 8Sn	12,327	„
22,60	77,40			Pb + 6Sn	15,800	Spring
25,95	74,05			Pb + 5Sn	18,685	„

H. Böttger.

Schmelzwärme in kg-Kalorien.

Lit. Tab. 186, S. 844.

Die Temperaturen in Kol. II liegen häufig unterhalb der wahren Schmelztemperaturen.

5. Legierungen. (Fortsetzung.)

Prozentische Zusammensetzung				Zusammensetzung nach Atomgewichten	Schmelzwärme für 1 kg	Beobachter
Blei	Zinn	Wismut	Zink			
30,46	69,54			Pb + 4Sn	11,552	Mazzotto [2])
30,46	69,54			„	17,000	Spring
36,88	63,12			Pb + 3Sn	10,29	Mazzotto
36,88	63,12			„	15,475	Spring
46,69	53,31			Pb + 2Sn	10,496	Mazzotto [2])
56,79	43,21			3Pb + 4Sn	9,944	„ [2])
63,66	36,34			Pb + Sn	9,417	„ [2])
63,66	36,34			„	11,60	Spring
70,03	29,97			4Pb + 3Sn	8,925	Mazzotto [2])
77,8	22,2			2Pb + Sn	7,944	„ [2])
77,8	22,2			„	9,54	Spring
84,02	15,98			3Pb + Sn	9,11	„
87,52	12,48			4Pb + Sn	6,699	Mazzotto [2])
87,52	12,48			„	8,25	Spring
89,75	10,25			5Pb + Sn	7,96	„
91,32	8,68			6Pb + Sn	7,02	„
93,36	6,64			8Pb + Sn	5,717	Mazzotto [2])
96,56	3,44			16Pb + Sn	5,514	„ [2])
10,94	89,06			Pb + 8Bi	10,182	„ [2])
19,72	80,28			Pb + 4Bi	8,468	„ [2])
32,95	67,05			Pb + 2Bi	6,359	„ [2])
42,43	57,57			3Pb + 4Bi	4,744	„ [2])
49,57	50,43			Pb + Bi	4,047	„ [2])
56,72	43,28			4Pb + 3Bi	3,783	„ [2])
66,28	33,72			2Pb + Bi	3,604	„ [2])
79,72	20,28			4Pb + Bi	4,230	„ [2])
88,70	11,30			8Pb + Bi	4,859	„ [2])
	6,55	93,45		Sn + 8Bi	11,436	„ [2])
	12,30	87,70		Sn + 4Bi	11,287	„ [2])
	21,90	78,10		Sn + 2Bi	11,247	„ [2])
	29,61	70,39		3Sn + 4Bi	11,067	„ [2])
	35,94	64,06		Sn + Bi	11,573	„ [2])
	42,79	57,21		4Sn + 3Bi	11,065	„ [2])
	52,87	47,13		2Sn + Bi	11,628	„ [2])
	69,17	30,83		4Sn + Bi	12,046	„ [2])
	81,77	18,23		8Sn + Bi	12,592	„ [2])
	89,98	10,02		16Sn + Bi	12,848	„ [2])
	78,40		21,60	2Sn + Zn	23,484	„ [2])
	87,98		10,02	4Sn + Zn	20,707	„ [2])
	92,70		7,30	7Sn + Zn	16,20	„ [2])
	93,56		6,44	8Sn + Zn	17,634	„ [2])
	95,61		4,39	12Sn + Zn	16,252	„ [2])
	96,67		3,33	16Sn + Zn	15,455	„ [2])
	97,32		2,68	20Sn + Zn	15,091	„ [2])
32,35	18,44	49,21		2Pb + 2Sn + 3Bi	5,766	„ [2])
Darcetsche Legierung (Schmp. 96°)				„	4,496	Person [4])
24,97	14,24	50,66	10,13 Cadmium	4Pb + 4Sn + 8Bi + 3Cd	8,395	Mazzotto [1])
Lipowitzsche Legierung (Schmp. 75,5°)						
24,00	27,34	48,66		Pb + 2Sn + 2Bi	6,848	„ [1])
Rosesche Legierung (Schmp. 98,8°)					4,687	Person [4])
25,85	14,73	52,43	6,99 Cadmium	2Pb + 2Sn + 4Bi + Cd	7,779	Mazzotto [1]).
Woodsche Legierung (Schmp. 75,5°)						
31,8	36,2	32,0	(Schmp. 145°)	Pb + 2Sn + Bi	7,63	Person [1])
	90	10 Antimon			28,0 *)	Ledebur
	Britanniametall (Schmp. 236°)					

*) Totale Schmelzwärme (Wärmemenge, die nötig ist, um 1 kg Substanz von 0° bis gerade zum vollständigen Schmelzen zu erhitzen).

Verdampfungswärme in kg-Kalorien.

(Direkte kalorimetrische Bestimmungen.)

Lit. Tab. 186, S. 844.

1. Elemente (u. Luft).

Substanz	Temperatur des Dampfes	Verdampfungswärme 1 kg	Verdampfungswärme 1 g-Atom	Beobachter
Brom	**58°**	45,6	3,64	Andrews
„		41,0	3,28	Thomsen [2])
„	**61,55**	43,7	3,48	Berthelot u. Ogier [5])
„		50,95*		Regnault [4])
Chlor	**-22**	67,38	2,39	Knietsch
„	**+8**	62,7	2,22	„
„	**-35,8**	61,9 (259 K.J.†)	2,19 (9,146 K.J.)	Estreicher u. Schnerr
Jod	ca. **174**	23,95	3,04	Favre u. Silbermann
Luft, bei 21 Proz. Sauerstoff . . .		44,02	—	J.S.Shearer [1])
Luft, bei 22,5 Pr. Sauerstoff . . .		45,4	—	„ [1])
Luft, bei 48 Proz. Sauerstoff . . .		50,6	—	„ [2])
Luft, bei 56 Proz. Sauerstoff . . .		50,7	—	„ [1])
Luft, bei 66,5 Pr. Sauerstoff . . .		57,9	—	„ [2])
Luft, bei 72 Proz. Sauerstoff . . .		51,7	—	J.S.Shearer [1])
Luft, bei 90 Proz. Sauerstoff . . .		59	—	„ [2])
Luft, bei etwa 93 Proz. Sauerstoff		50,8	—	Behn
Quecksilber . . .	**350°**	62,00	12,4	Person [7])
„ . . .	**358,4**	67,8	13,6	Kurbatoff
„ . . .	**0**	31,28	6,26	nach Lewis
„ . . .	**20**	31,71	6,34	„ „
Sauerstoff	**-188**	58,0 (241,7 K.J.)	0,93	Estreicher
„		60,9	0,97	Shearer [2])
„ (von 76 cm Druck) . .	**-182,93**	50,97	0,815	Alt
„ (v. 763 mm Druck) . .		51,30	8,21	Barschall
Schwefel	**316**	362,0	11,58	Person [7])
Stickstoff		49,83	0,698	Shearer [2])
„ (v. 76 cm Druck) .	**-195,55**	47,65	0,668	Alt

* Ganze Verdampfungswärme bei Atmosphärendruck (0° bis Dampfzustand bei der betr. Temp.).

† K.J. = Kilojoule. Bei Estreicher u. Schnerr sind die in Kal. angegebenen mol. Verd.-W. mit den neusten At.-Gew. berechnet und gegenüber dem Original gekürzt.

2. Anorganische Verbindungen.

Substanz	Temperatur des Dampfes	Verdampfungswärme für 1 kg	Verdampfungswärme für 1 Mol.	Beobachter
Ammoniak, NH_3	**-33,4°**	321,3 (1343,8 K.J.)	5,46 (22,85 K.J.)	Estreicher u. Schnerr
„	**-33,46**	341	5,81	Franklin u. Kraus
„	**7,8**	294,21	5,010	Regnault [5])
„	**11,04**	291,32	4,961	„
„	**16,0**	297,38	5,064	„
„	**17**	296,5	5,05	v. Strombeck
Ammoniumchlorid, NH_4Cl . .	**350**	709	37,9	Marignac
Arsentrichlorid, $AsCl_3$		69,74**		Regnault [4])
Bortrichlorid BCl_3	**10**	38,3	4,50	Berthelot [8])
Bromwasserstoff, HBr . .	**-83**	51,61 (216,2 K.J.)	4,18 (17,30 K.J.)	Elliott u. Mc Intosh
„	**-69,86**	48,68 (203,7 K.J.)	3,940 (16,48 K.J.)	Estreicher u. Schnerr
Chlorsulfonsäure, $Cl \cdot SO_2 \cdot OH$.	**158**	110,4	12,9	Ogier [2])
Chlorwasserstoff, HCl . . .	**-84,3°**	98,75 (413,2 K.J.)	3,601 (15,06 K.J.)	Estreicher u. Schnerr
„	**-83**	97,5 (408,7 K.J.)	3,56 (14,91 K.J.)	Elliott u. Mc Intosh
Fluorwasserstoff, HF . . .		360,0	7,20	Guntz
Jodwasserstoff HJ		35,0 (146,9 K.J.)	4,48 (18,80 K.J.)	Elliott u. Mc Intosh
„	**-37,2**	33,94 (142,0 K.J.)	4,34 (18,12 K.J.)	Estreicher u. Schnerr
Kohlendioxyd, CO_2, fest . . .		138,7*		Favre
„		142,4	6,26	Behn
„	**-56,24** u. 5,10 Atm. Druck	86,1	3,79	Kuenen u. Robson
„ flüssig	**25**	72,23	3,18	Cailletet u. Mathias

* Ganze Verdampfungswärme. ** Ganze Verdampfungswärme bei Atmosphärendruck.

H. Böttger.

Verdampfungswärme in kg-Kalorien.

Lit. Tab. 186, S. 844.

2. Anorganische Verbindungen. (Fortsetzung.)

Substanz	Temperatur des Dampfes	Verdampfungswärme 1 kg	Verdampfungswärme 1 Mol.	Beobachter
Kohlendioxyd, CO_2, flüssig . .	**0°**	57,48	2,529	Cailletet u. Mathias
"	**0**	56,25	2,475	Chappuis
"	**6,5**	50,76	2,233	Mathias[2])
"	**22,04**	31,80	1,399	"
"	**29,85**	14,40	0,634	"
"	**30,0**	11,60	5,10	Cailletet u. Mathias[1])
"	**30,82**	3,72	0,164	" [2])
Kohlenoxyd, CO		51,2	1,43	Nach Walden
Kohlenstofftetrachlorid, CCl_4 .	**0**	52,0	8,0	Regnault[4])
"	**0**	51,9	8,0	Winkelmann
"	**76,2**	46,35	7,13	Wirtz
"	**76,2**	61,96*		"
"		46,4	7,14	Marshall
"	**77,75**	46,85	7,21	Tyrer
"	**70**	46,77	7,20	S. Young †)
"	**80**	46,00	7,08	"
"	**100**	64,9*		Regnault[4])
"	**160**	71,0*		"
Phosphortrichlorid, PCl_3 .		67,24**		"
"	**78,5**	51,42	7,07	Andrews
Phosphoroxychlorid, $POCl_3$		52,6	8,1	Nach Walden
Pyrosulfurylchlorid, $S_2O_5Cl_2$	**140**	61,2	13,2	Ogier[3],[4])
Salpetersäure, HNO_3	**86**	115,1	7,25	Berthelot[5])
Schwefelchlorür, S_2Cl_2	**138**	49,4	6,7	Ogier[1])
Schwefeldioxyd, SO_2	**–11,16**	95,3 (398,9 K.J.)	6,11 (28,29 K.J.)	Estreicher u. Schnerr
"	**–10,1**	96,2 (401,2 K.J.)	6,16	Estreicher
"	**0**	91,7	5,88	Chappuis[1])
"	**0**	91,2	5,84	Cailletet u. Mathias[2])
"	**30**	80,3	5,14	"
"	**60**	69,0	4,42	"
"	**65**	68,4	4,38	"
Schwefelkohlenstoff, CS_2 . . .	**0**	90,0	6,85	Regnault[4])
"	**0**	89,5	6,81	Winkelmann
"	**14,1**	86,9	6,61	Koref
"	**46,1**	83,81	6,38	Wirtz
"	**46,1**	94,78*		"
"	**46,2**	86,67	6,60	Andrews
"	**46,6**	105,7	8,05	Person[7])
"	**100**	100,48*		Regnault[4])
"	**140**	102,36*		"

Substanz	Temperatur des Dampfes	Verdampfungswärme 1 kg	Verdampfungswärme 1 Mol.	Beobachter
Schwefelsäure, H_2SO_4	**326°**	122,1	11,98	Person[7])
Schwefeltrioxyd, SO_3, fest . . .	**18**	147,4	11,79	Berthelot[12])
Schwefelwasserstoff H_2S . . .		136,9 (576,4 K.J.)	4,65 (19,6 K.J.)	Elliott u. Mc Intosh
"	**–61,37**	131,98 (552,2 K.J.)	4,497 (18,81 K.J.)	Estreicher u. Schnerr
Siliciumchlorid, $SiCl_4$		37,3	6,35	Ogier[5])
Stannichlorid, $SnCl_4$	**112,5**	30,53	7,96	Andrews
"		46,84**		Regnault[4])
"	**110**	31,17	8,13	S. Young Das Intervall ist 100° bis 318,7°.
"	**120**	30,54	7,96	S. Young
Stickstoffoxydul, N_2O		100,0	4,42	Favre
"	**–20**	66,9	2,94	Cailletet u. Mathias[1])
"	**0**	59,5	2,62	"
"	**20**	43,25	1,90	"
"	**35**	9,87	0,43	"
"	**36,4**	0	0	"
Stickstoffpentoxyd, N_2O_5, flüss.	**50**	44,8	4,84	Berthelot[2])
Stickstoffperoxyd, N_2O_4 . .	**18**	93,5	8,66	Berthelot u. Ogier[4])
"		93,5	8,66	Berthelot[2])
Sulfurylchlorid, SO_2Cl_2	**77**	52,4	7,1	Ogier[4])
"	**69**	49,449	6,675	Trautz
Thionylchlorid, $SOCl_2$	**82**	54,45	6,48	Ogier[4])
Wasser, H_2O ††)	**0**	596,8	10,75	Dieterici
"	**0**	606,5	10,93	Regnault[2])
"	**0**	589,5	10,62	Winkelmann
"	**0**	599,92	10,811	Svensson
"	**99,81**	535,77	9,65	Favre u. Silbermann
"	**100**	535,9	9,65	Andrews
"	**100**	532,0	9,58	Schall
"	**100**	536,6	9,66	Marshall u. Ramsay
"	**100**	535,7	9,65	Kahlenberg
"	**100**	636,2*		Berthelot
"	**100**	637,0*		Regnault[2])
"	**100,02**	636,19*		Luginin[4])
"	**230**	676,6*		Regnault[2])
"	**100**	538,9††† (2251 K.J.)	9,707††† (40,56 K.J.)	Richards u. Mathews

* Ganze Verdampfungswärme. ** Ganze Verdampfungswärme bei Atmosphärendruck. †) Die Werte der Verdampfungswärme sind nach den Berechnungen von J. E. Mills für das Intervall 70—283,75° d. h. bis zur kritischen Temperatur von 10 zu 10° fortschreitend angegeben. ††) Eine Tabelle über die Verdampfungswärme des Wassers zwischen 0 und 100° gibt A. W. Smith, Phys. Rev. **26**, 192, 1908. †††) 21°-Kal.

Verdampfungswärme in kg-Kalorien.

Lit. Tab. 186, S. 844.

3. Organische Verbindungen.

a) Aliphatische Verbindungen.

Substanz	Temperatur des Dampfes	Verdampfungswärme		Beobachter
		1 kg	1 Mol.	
Acetal, $CH_3 . CH . (OC_2H_5)_2$		66,2	7,8	Luginin[4])
Acetaldehyd, $CH_3 . CHO$		136,4	6,00	Berthelot[3])
Aceton, $(CH_3)_2 . CO$	0°	140,5	8,15	Regnault[3])
„	0	139,9	8,11	Winkelmann
„	56,6	125,28	7,27	Wirtz
„	56,6	155,21*		„
„	100	171,98*		Regnault[4])
„	140	181,69*		„
Acetonitril, CH_3CN	80,5	173,6	7,12	Kahlenberg
„	81,54	170,6	7,00	Luginin[2])
Acetylchlorid, CH_3COCl		78,85	6,19	Berthelot u. Ogier[2])
Äthyläther, $(C_2H_5)_2O$	—3,7	94,4	6,99	Ramsay u. Young[5])
„	0	93,50	6,92	Winkelmann
„	0	94,0	6,95	Regnault[4])
„	15,5	89,25	6,60	Ramsay u. Young[1])
„	30	85,18	6,30	S. Young s. Bem. †) S. 835. Das Intervall ist 0 bis 193,8°
„	34,5	88,39	6,54	Wirtz
„	34,5	106,99*		„
„	34,74	86,44	6,39	Tyrer
„	34,83	84,5	6,26	Ramsay u. Young[1])
„	34,9	90,0	6,66	Brix
„	34,9	90,45	6,69	Andrews
„		91,11	6,74	Favre u. Silbermann
„	40	82,83	6,13	S. Young s. o.
„	50	115,11*		Regnault[5])
„	100	133,44*		„
„	120	140,0*		„
„	120,9	62,5	4,63	Ramsay u. Young[2])
Äthylalkohol, C_2H_5OH	0	236,5	10,88	Regnault[4])
„	0	229,04	10,53	Jahn
„	0	234,14	10,77	Svensson
„	20	252,0*		Regnault[4])
„	50	264,0*		„
„	70	209,9	9,65	S. Young s. Bem. †) S. 835. Das Intervall ist 0–343,1°.
„	77,9	202,4	9,29	Andrews
„	78	206,4	9,49	Schall
„	78,1	254,67*		Wirtz

Substanz	Temperatur des Dampfes	Verdampfungswärme		Beobachter
		1 kg	1 Mol.	
Äthylalkohol, C_2H_5OH	78,1°	205,07	9,43	Wirtz
„		208,92	9,62	Favre u. Silbermann
„	78,2	216,4	9,95	Brown
„	78,2	216,5	9,96	Marshall u. Ramsay
„		203,05	9,34	Kahlenberg
„	78,2	201,47	9,28	Luginin[4])
„	80	206,4	9,50	S. Young s. Bem. †) S. 835.
„	100	267,3*		Regnault[4])
„	150	285,3*		„
Äthylalkohol mit 0,5% Wasser	78,4	214,25	9,85	Brix
Äthylamin, $C_2H_5 . NH_2$		146,2	6,58	H. Gautier
Äthylbromid, C_2H_5Br	38	61,65	6,72	Berthelot[10])
„	38,2	60,37	6,62	Wirtz
„	38,2	68,54*		„
Äthylchlorid, C_2H_5Cl	12,5	97,7**		Regnault[4])
„	21,17	100,09*		„ [5])
Äthyldimethylcarbinol, $(CH_3)_2 . C(OH) . C_2H_5$.		107,38	9,45	Diakonoff
(Tertiärer Amylalkohol)		106,08	9,33	Luginin[4])
Äthylenbromid, $C_2H_4Br_2$		43,8	8,23	Berthelot[10])
Äthylenchlorid, $C_2H_4Cl_2$		97,7**		Regnault[4])
„	0	85,40	8,45	Jahn
Äthylenglykol, $C_2H_4(OH)_2$		194,49	12,06	Luginin[4])
Äthylenoxyd, C_2H_4O		138,6	6,10	Berthelot[14])
Äthylidenchlorid, $CH_3 . CHCl_2$		67,0	6,63	Berthelot u. Ogier[2])
„	0	76,77	7,60	Jahn
Äthylisobutyläther, $C_2H_5 . O . C_4H_9$	79	74,9	7,64	Nagornow u. Rotinjanz
Äthyljodid, C_2H_5J		58,95**		Regnault[4])
„	71,3	46,87	7,31	Andrews
„		47,6	7,42	Marshall
„		46,0	7,17	Kahlenberg
Äthylnormalpropyläther, $C_2H_5 . O . C_3H_7$	60	82,7	7,28	Nagornow u. Rotinjanz

* Ganze Verdampfungswärme. ** Ganze Verdampfungswärme bei Atmosphärendruck.

H. Böttger.

Verdampfungswärme in kg-Kalorien.

Lit. Tab. 186, S. 844.

3. Organische Verbindungen. (Fortsetzung.)

Substanz	Temperatur des Dampfes	Verdampfungswärme 1 kg	Verdampfungswärme 1 Mol.	Beobachter
Allylalkohol		163,29	9,47	Luginin[4])
Ameisensäure, CH_2O_2		120,7	5,55	Favre u. Silbermann
„		103,7	4,77	Berthelot u. Ogier[1])
„	**100°**	120,36	5,54	Marshall
„	**101**	120,37	5,55	Brown
Ameisensäure-äthylester $H.CO_2.C_2H_5$	**0**	113,25	8,38	Jahn
„	**50**	97,92	7,25	S. Young s. Bem †) S. 835. Das Interv. reicht von 50° bis 235,3°.
„		100,4	7,43	Berthelot u. Ogier[1])
„	**53,5**	92,15	6,82	Schiff
„	**54,2**	100,1	7,41	Brown
„	**54,3**	105,3	7,79	Andrews
„	**54,3**	94,4	6,98	Marshall u. Ramsay
„		98,9	7,32	Kahlenberg
„	**60**	95,82	7,09	S. Young s. Bem.†) S. 835.
Ameisensäure-isoamylester $H.CO_2.C_5H_{11}$	**123,2**	73,75	8,55	Brown
„	**124,0**	71,65	8,31	Schiff
Ameisensäure-isobutylester, $H.CO_2.C_4H_9$	**98,0**	77,0	7,85	Schiff
„	**98,2**	80,12	8,17	Brown
Ameisensäure-methylester $H.CO_2.CH_3$	**30**	114,27	6,860	S. Young s. Bem. †) S. 835. Das Interv. reicht v. 30 bis 214°
„	**31,8**	110,1	6,61	Marshall u. Ramsay
„	**32,5**	110,45	6,630	Brown
„	**32,9**	117,1	7,03	Andrews
„		115	6,9	Berthelot u. Ogier[1])
„	**40**	111,25	6,675	S. Young s. Bem.†) S. 835.
Ameisensäure-propylester, $H.CO_2.C_3H_7$	**0**	105,37	9,27	Jahn
„	**80**	87,49	7,70	S. Young s. Bem. †) S. 835. Das Intervall reicht von 70 bis 264,85°
„	**80,9**	90,2	7,94	Marshall u. Ramsay

Substanz	Temperatur des Dampfes	Verdampfungswärme 1 kg	Verdampfungswärme 1 Mol	Beobachter
Ameisensäure-propylester, $H.CO_2.C_3H_7$	**81,2°**	85,25	7,50	Schiff
„	**81,2**	90,36	7,95	Brown
„	**90**	84,97	7,49	S. Young s. Bem.†) S. 835.
Amyläther, $(C_5H_{11})_2O$		69,4	11,0	Favre u. Silbermann
Amylalkohol (Gärungs-) $C_5H_{11}.OH$		121,37	10,68	„
„		123,79	10,89	Diakonoff
„		211,8**		Regnault[4])
„	**131**	120,0	10,56	Schall
„		115,91	10,20	Luginin[4])
„ (aktiver)		113,66	10,00	„
„ (tertiärer) s. f. Äthyldimethylcarbinol				
Amylamin, $C_5H_{11}.NH_2$	**95**	98,75	8,59	Kahlenberg
Amylbromid, $C_5H_{11}Br$		48,3	7,3	Berthelot[10])
Amylchlorid, $C_5H_{11}Cl$		56,3	6,0	„ [10])
Amylen, C_5H_{10}	**12,5**	75,0	5,25	„ [4])
Amyljodid, $C_5H_{11}J$		47,5	9,4	„ [10])
Buttersäure, $C_4H_8O_2$		114,67	10,09	Favre u. Silbermann
„	**164**	114,0	10,03	Schall
„	**163**	113,96	10,03	Brown
Buttersäure-äthylester, $C_2H_5.C_4H_7O_2$	**119,0**	71,5	8,29	Schiff
„	**120,6**	73,65	8,54	Brown
Buttersäure-isoamylester, $C_5H_{11}.C_4H_7O_2$	**178,0**	59,4	9,38	Schiff
„	**169,4**	61,79	9,76	Brown
Buttersäure-isobutylester, $C_4H_9.C_4H_7O_2$	**156,7**	61,9	8,9	Schiff
„	**157**	64,59	9,31	Brown
Buttersäure-methylester, $CH_3.C_4H_7O_2$		87,33	8,91	Favre u. Silbermann
„	**93**	86,0	8,77	Schall
„	**100**	77,80	7,93	S. Young s. Bem. †) S. 835. Das Interv. reicht von 100 bis 281,3°
„	**102,3**	77,25	7,88	Schiff
„	**102,5**	79,75	8,13	Brown

** Ganze Verdampfungswärme bei Atmosphärendruck.

H. Böttger.

Verdampfungswärme in kg-Kalorien.

Lit. Tab. 186, S. 844.

3. Organische (aliphatische) Verbindungen. (Fortsetzung.)

Substanz	Temperatur des Dampfes	Verdampfungswärme 1 kg	Verdampfungswärme 1 Mol.	Beobachter
Buttersäuremethylester, $CH_3 \cdot C_4H_7O_2$	**102,7°**	79,7	8,1	Marshall u. Ramsay
"	**110**	76,09	7,77	S. Young
Buttersäurepropylester, $C_3H_7 \cdot C_4H_7O_2$	**143,6**	66,2	8,6	Schiff
"	**143,6**	68,29	8,89	Brown
Butylalkohol, normaler, $C_4H_9(OH)$	**116,8**	143,25	10,611	"
"	**106,48**	138,87	10,287	Luginin [4])
Butylalkohol, sekundärer, $C_4H_9(OH)$	**100,2**	130,2	9,65	Brown
Butylalkohol, tertiärer, $C_4H_9(OH)$	**83**	130,4	9,66	"
Butyronitril, $C_3H_7 \cdot CN$		115,41	7,971	Luginin [2])
Capronitril, $(CH_3)_2 \cdot CH \cdot CH_2 \cdot CH_2 \cdot CN$	**156,48**	88,09	8,553	"
Caprylsäureäthylester, $C_2H_5 \cdot C_8H_{15}O_2$	**207,6**	60,46	10,41	"
"		58,08	10,00	Brown
Cetylalkohol (Äthal), $C_{16}H_{34}O$		58,48	14,17	Favre u. Silbermann
Chloral, $CCl_3 \cdot CHO$		54,1	8,0	Berthelot [6])
Chloralhydrat, $CCl_3 \cdot CH(OH)_3$		132,3	21,9	"
Chloroform, $CHCl_3$	**0**	67,0	8,00	Regnault [4])
"	**0**	67,0	8,00	Winkelmann
"	**60,9**	58,49	6,98	Wirtz
"	**60,9**	72,82*		"
"		58,4	6,97	Marshall
"	**61,52**	59,29	7,08	Tyrer
"	**100**	80,75*		Regnault [4])
"	**100**	89,00*		"
Chlorpikrin, $CCl_3(NO_2)$		50,2	8,3	Nach Walden
Cyanchlorid, $CNCl$	**12,7**	135,0	8,30	Berthelot [1a])
Cyanwasserstoff, HCN	**20**	210,7	5,69	"
Dekan, $C_{10}H_{22}$	**159,45**	60,83	8,65	Luginin [1])
"		60,06	8,54	" [4])
Diäthylamin, $(C_2H_5)_2NH$	**58**	91,0	6,65	Nadejdine
Diäthylketon, $(C_2H_5)_2 \cdot CO$	**102,46**	90,54	7,794	Luginin [1])
"		90,90	7,825	" [4])

Substanz	Temperatur des Dampfes	Verdampfungswärme 1 kg	Verdampfungswärme 1 Mol.	Beobachter
Diamylen, $(C_5H_{10})_2$		49,5	6,9	Berthelot [11])
Dicyan, $(CN)_2$	**0°**	103,0	5,36	Chappuis [1])
Dichloressigsäure, $CHCl_2 \cdot COOH$	**138,4**	79,1	10,2	Luginin [3])
Diisobutyl, C_8H_{18}	**90**	70,03	7,99	S. Young, s. Bem. †) S. 835. Intervall: 90 bis 276,8°.
"	**100**	68,12	7,78	"
Diisobutylamin, $NH(C_4H_9)_2$		65,85	8,51	Kahlenberg
Diisopropyl, C_6H_{14}	**50**	77,90	6,708	S. Young, s. Bem. †) S 835. Intervall: 50 bis 227,35°.
"	**60**	76,20	6,562	"
Dipropylamin, $NH(C_3H_7)_2$		75,69	7,654	Kahlenberg
Dipropylketon, $(C_3H_7)_2 \cdot CO$	**143,9**	75,94	8,67	Luginin [1])
"		75,73	8,64	" [4])
Essigsäure, $C_2H_4O_2$	**110**	92,79	5,570	S. Young, s. Bem. †) S. 835. Intervall: 20 bis 321,6°.
"	**117,4**	97,05	5,83	Brown
"	**118**	84,9	5,09	Berthelot u. Ogier [6])
"	**118,5**	97,0	5,82	Marshall u. Ramsay
"	**119,2**	89,79	5,390	Luginin [2])
"	**120**	94,38	5,666	S. Young, s. Bem.†) S. 835.
"		101,91	6,118	Favre u. Silbermann
Essigsäureanhydrid, $(C_2H_3O_2)_2O$	**137**	66,1	6,74	Berthelot [5])
Essigsäureäthylester, $C_2H_5 \cdot C_2H_3O_2$	**0**	102,14	8,99	Jahn
"		154,49**		Regnault [4])
"		105,80	9,317	Favre u. Silbermann
"	**70**	87,42	7,700	S. Young, s. Bem. †) S. 835. Intervall: 70 bis 250,1°.
"	**73,1**	84,28	7,422	Wirtz
"	**73,1**	125,62*		"
"	**74,0**	105,0	9,25	Schall
"	**74,6**	92,68	8,162	Andrews
"	**77,0**	83,1	7,32	Schiff

* Ganze Verdampfungswärme. ** Ganze Verdampfungswärme bei Atmosphärendruck.

H. Böttger.

Verdampfungswärme in kg-Kalorien.

Lit. Tab. 186, S. 844.

3. **Organische** (aliphatische) **Verbindungen.** (Fortsetzung.)

Substanz	Temperatur des Dampfes	Verdampfungswärme		Beobachter	Substanz	Temperatur des Dampfes	Verdampfungswärme		Beobachter
		1 kg	1 Mol.				1 kg	1 Mol.	
Essigsäureäthylester, $C_2H_5 \cdot C_2H_3O_2$.	**77,15°**	88,1	7,76	Marshall u. Ramsay	Hexan, C_6H_{14}	**68°**	79,4	6,84	Mabery u. Goldstein
„	**77,3**	88,37	7,782	Brown	„		79,2	6,82	Marshall
„	**80**	85,78	7,554	S. Young, s. Bem. †) S. 835.	„	**70**	79,19	6,819	S. Young, s. Bem. †) S. 835. Intervall: 60 bis 234,8°.
„		90,9	8,00	Kahlenberg	„	**80**	77,55	6,678	„
Essigsäurebutylester, $C_4H_9 \cdot C_2H_3O_2$.	**124,2**	73,9	8,6	Brown	Hexylen, C_6H_{12} .	**0**	92,76	7,801	Jahn
Essigsäureisoamylester, $C_5H_{11} \cdot C_2H_3O_2$	**142,0**	66,35	8,63	Schiff	Isoamylalkohol, hauptsächl. inaktiv, $C_5H_{11} \cdot OH$	**131,6**	125,1	11,02	Brown
„	**143,6**	69,0	9,0	Brown	Isoamylalkohol, hauptsächl. aktiv, $C_5H_{11} \cdot OH$.	**130,1**	124,7	10,99	„
Essigsäureisobutylester, $C_4H_9 \cdot C_2H_3O_2$.	**116**	72,46	8,41	„	Isobuttersäure, $C_4H_8O_2$	**154**	111,5	9,82	„
„	**216,8**	69,9	8,12	Schiff	Isobuttersäureäthylester, $C_2H_5 \cdot C_4H_7O_2$.	**109,8**	71,95	8,35	„
Essigsäuremethylester, $CH_3 \cdot C_2H_3O_2$.	**0**	113,86	8,431	Jahn	„	**110**	69,2	8,0	Schiff
„	**50**	100,34	7,430	S. Young, s Bem. †) S. 835. Intervall: 50 bis 233,7°.	Isobuttersäureisoamylester, $C_5H_{11} \cdot C_4H_7O_2$	**168**	57,65	9,12	„
„	**55**	110,2	8,160	Andrews	Isobuttersäureisobutylester, $C_4H_9 \cdot C_4H_7O_2$.	**148,6**	59,95	8,64	„
„	**57,1**	97,0	7,18	Marshall u. Ramsay	„	**148,4**	63,4	9,1	Brown
„	**57,3**	93,95	6,957	Schiff	Isobuttersäuremethylester, $CH_3 \cdot C_4H_7O_2$.	**90**	76,32	7,79	S. Young, s. Bem. †) S. 835 Intervall: 40 bis 267,55°.
„		98,26	7,276	Brown	„	**92,8**	75,0	7,66	Marshall u. Ramsay
„	**60**	98,59	7,301	S. Young, s. Bem. †) S. 835.	„	**92,4**	79,07	8,07	Brown
Essigsäurepropylester, $C_3H_7 \cdot C_2H_3O_2$.	**100**	79,80	8,15	S. Young, s. Bem. †) S. 835. Intervall: 90 bis 276,2°.	„	**92,5**	75,5	7,71	Schiff
„	**101,25**	83,2	8,5	Marshall u. Ramsay	„	**100**	74,77	7,63	S. Young, s. Bem. †) S. 835.
„	**102,3**	77,3	7,9	Schiff	Isobuttersäurepropylester, $C_3H_7 \cdot C_4H_7O_2$.	**134,0**	63,9	8,3	Schiff
„	**102,3**	80,45	8,21	Brown	Isobutylalkohol, $C_4H_9(OH)$ . . .	**108,2**	138,4	10,25	Brown
„	**110**	78,23	7,99	S. Young, s. Bem. †) S. 835.	„	**107,67**	134,34	9,952	Luginin[4])
Glykol, $C_2H_4(OH)_2$ . .		190,90	11,845	Luginin[5])	Isopentan, C_5H_{12}	**30**	81,43	5,87	S. Young, s. Bem. †) S. 835. Intervall: 10 bis 187,8°.
Heptan, C_7H_{16} .	**90**	77,77	7,79	S. Young, s. Bem. †) S. 835. Intervall: 70 bis 266,85°.	„	**27—28**	88,71	6,397	Vogel
„	**98**	74,0	7,41	Mabery u. Goldstein	Isopropylalkohol, $C_3H_7(OH)$ . . .	**82,85**	161,1	9,68	Brown
„	**100**	75,80	7,59	S. Young, s. Bem. †) S. 835.	„	**82,19**	157,82	9,479	Luginin[4])
Heptylalkohol, normaler, $C_7H_{15}(OH)$ . .	**176,1**	105,0	12,2	Brown	Isovaleriansäure, $C_5H_{10}O_2$	**176,5**	101,03	10,31	Brown
Hexan, C_6H_{14} .	**0**	89,16	7,678	Jahn	Isovaleriansäureäthylester, $C_2H_5 \cdot C_5H_9O_2$.	**143,6**	67,84	8,83	„
„	**66,9**	81,85	7,048	Ty er					

H. Böttger.

Verdampfungswärme in kg-Kalorien.

Lit. Tab. 186, S. 844.

3. Organische (aliphatische) Verbindungen. (Fortsetzung.)

Substanz	Temperatur des Dampfes	Verdampfungswärme		Beobachter
		1 kg	1 Mol.	
Isovaleriansäure-isobutylester, $C_4H_9.C_5H_9O_2$.	**169,4°**	60,41	9,55	Brown
Isovaleriansäure-methylester, $CH_3.C_5H_9O_2$.	**116,2**	72,38	8,40	„
Kohlensäure-diäthylester, $(C_2H_5)_2.CO_3$.	**126,28**	72,85	8,60	Luginin[1])
„		73,07	8,63	„ [4])
Kohlensäure-dimethylester, $(CH_3)_2.CO_3$ . .	**90,3**	87,87	7,913	„ [1])
„		88,26	7,948	„ [4])
Mesityloxyd, $(CH_3)_2.C:CH.CO.CH_3$ . . .		85,74	8,409	„ [4])
Methyläthylketon, $CH_3.CO.C_2H_5$	**79,54**	103,44	7,454	„ [1])
„		103,77	7,478	„ [4])
Methyläthylketoxim, $\frac{CH_3}{C_2H_5}>CN(OH)$	**197,71**	115,73	10,078	„ [3])
Methylal, $CH_2.(OCH_3)_2$.	**42**	89,9	6,88	Berthelot u. Ogier
Methylalkohol, $CH_3(OH)$ . . .	**0**	289,17	9,263	Ramsay u. Young[2])
„	**0**	292,22	9,3605	Jahn
„	**50**	274,14	8,781	Ramsay u. Young[2])
„	**60**	269,41	8,630	Ramsay u. Young[2])
„	**60**	269,41	8,630	S. Young, s. Bem. †) S. 835. Intervall: 0—240°.
„		261,6	8,38	Marshall
„	**64,5**	267,48	8,568	Wirtz
„	**64,5**	307,01*		„
„	**65,8**	263,7	8,45	Andrews
„	**66,2**	262,2	8,40	Brown
„	**66,5**	261,7	8,38	Schall
„	**70**	264,51	8,473	Ramsay u. Young[2])
„	**70**	264,51	8,473	S. Young, s. Bem. †) S. 835.
„	**100**	246,01	7,880	Ramsay u. Young[2])
„	**150**	206,13	6,603	„
„	**200**	151,84	4,863	„
„	**230**	84,47	2,706	„
„	**238,5**	44,23	1,417	„
Methylbutylketon, $CH_3.CO.C_4H_9$	**127,61**	82,91	8,299	Luginin[1])
„		82,35	8,243	„ [4])
Methylchlorid, CH_3Cl	**0°**	96,9	4,89	Chappuis[1])
Methylenchlorid, CH_2Cl_2		75,3	6,40	Berthelot u. Ogier[2])
Methylhexylketon, $CH_3.CO.C_6H_{13}$		71,11	9,11	Luginin[5])
Methyljodid, CH_3J	**42,2**	46,1	6,54	Andrews
„		45,9	6,51	Marshall
Methylisopropylketon, $CH_3.CO.C_3H_7$	**94,04**	88,67	7,632	Luginin[1])
„		89,87	7,736	„ [5])
Nitroäthan, $C_2H_5.NO_2$ . .		92,0	6,90	Berthelot[15])
Nitromethan, $CH_3.NO_2$ . . .		115	7,0	„
Nonylsäure-äthylester, $C_2H_5.C_9H_{17}O_2$	**227**	50,08	9,32	Brown
Oktan, normales, C_8H_{18}	**120**	71,43	8,15	S. Young, s. Bem. †) S. 835. Intervall: 120 bis 296,2°.
„	**124,9**	70,92	8,09	Luginin[1]) [4])
„	**125**	71,1	8,12	Mabery u. Goldstein
„	**130**	70,04	7,99	S. Young, s. Bem. †) S. 835.
Oktylalkohol, normaler, $C_8H_{17}.OH$ . .	**196**	97,46	12,68	Brown
Oktylalkohol, sekundärer, $C_8H_{17}.OH$ . .	**180**	94,48	12,30	„
Orthokieselsäure-äthylester, $Si(OC_2H_5)_4$ . .		33,65	7,02	Ogier[5])
Oxalsäure-diäthylester, $C_2O_4(C_2H_5)_2$ . .	**184,4**	72,72	10,62	Andrews
„		67,58	9,87	Luginin[5])
Pentan, C_5H_{12} .	**0**	74,89	5,399	Jahn
„	**30**	85,76	6,183	S. Young, s. Bem. †) S. 835.
„	**40**	84,31	6,078	„
Propionitril, $C_2H_5.CN$ . . .	**97,16**	134,40	7,399	Luginin[2])
Propionsäure, $C_3H_6O_2$	**140,6**	128,93	9,547	Brown
„		91,44	6,777	Luginin[3])

* Ganze Verdampfungswärme.

H. Böttger.

Verdampfungswärme in kg-Kalorien.

Lit. Tab. 186, S. 844.

3. Organische (aliphatische u. cyklische) Verbindungen. (Fortsetzung.)

Substanz	Temperatur des Dampfes	Verdampfungswärme 1 kg	Verdampfungswärme 1 Mol.	Beobachter
Propionsäure-äthylester, $C_2H_5 . C_3H_5O_2$.	**90°**	80,49	8,22	S. Young, s Bem. †) S. 835. Intervall: 40 bis 272,9°.
„	**98,7**	77,1	7,9	Schiff
„	**99,2**	80,3	8,2	Brown
„	**99,2**	81,8	8,4	Marshall u. Ramsay
„	**100**	79,23	8,09	S. Young, s. Bem.†)S.835.
Propionsäure-isoamylester, $C_5H_{11} . C_3H_5O_2$	**160,5**	63,05	9,09	Schiff
„	**160,6**	65,31	9,41	Brown
Propionsäure-isobutylester, $C_4H_9 . C_3H_5O_2$.	**136,8**	66,0	8,6	Schiff
Propionsäure-methylester, $CH_3 . C_3H_5O_2$	**70**	88,94	7,83	S. Young, s. Bem.†)S.835.
„	**78,95**	89,0	7,84	Brown
„	**79,7**	89,0	7,84	Marshall u. Ramsay
„	**80**	84,15	7,41	Schiff
„	**80**	87,07	7,67	S. Young, s. Bem.†)S.835.
Propionsäure-propylester, $C_3H_7 . C_3H_5O_2$.	**122,6**	71,5	8,30	Schiff
„	**122,6**	73,73	8,56	Brown
Propylalkohol, normaler, $C_3H_7 . OH$ . . .	**0**	165,92	9,966	Diakonoff
„	**90**	169,0	10,15	S. Young, s. Bem. †) S 835. Intervall: 80 bis 263,7°.
„	**97,2**	160,97	9,669	Luginin[4])
„	**97,3**	166,3	9,99	Brown
„	**97,32**	162,6	9,77	Schlamp
„	**100**	164,0	9,85	S. Young, s. Bem.†)S.835.
Trimethylcarbinol*, $(CH_3)_3C(OH)$	82,8	127,38	9,436	de Forcrand[5])
Valeriansäure, $C_5H_{10}O_2$		103,52	10,57	Favre u. Silbermann
„	**184,6**	103,1	10,52	Brown
Valeriansäure-äthylester, $C_2H_5 . C_5H_9O_2$.	**134,0**	64,65	8,48	Schiff
Valeriansäure-isoamylester, $C_5H_{11} . C_5H_9O_2$	**187,5**	56,2	9,7	„
Valeriansäure-isobutylester, $C_4H_9 . C_5H_9O_2$.	**169,0**	57,85	9,15	„

* vergl. auch Butylalkohol, tertiär S. 838.

Substanz	Temperatur des Dampfes	Verdampfungswärme 1 kg	Verdampfungswärme 1 Mol.	Beobachter
Valeriansäure-methylester, $CH_3 . C_5H_9O_2$.	**116,3°**	69,95	8,12	Schiff
Valeriansäure-propylester, $C_3H_7 . C_5H_9O_2$.	**155,5**	61,2	8,8	„
Valeronitril, $C_4H_9 . CN$ . . .		95,95	7,97	Kahlenberg
b) Cyklische Verbindungen.				
Acetophenon, $C_6H_5 . CO . CH_3$	**203,7**	77,24	9,27	Luginin[2])
Äthylbenzol, $C_6H_5 . C_2H_5$ . .	**134,7**	76,4	8,14	Schiff
Anathol, $CH_3 . CH : CH . C_6H_5 . OCH_3$		71,51	10,59	Luginin[6])
Anilin, $C_6H_5NH_2$		92,3	8,59	Petit
„	**183**	104,17	9,695	Luginin[3])
„		113,9	10,60	Marshall u. Ramsay
„	**184,3**	109,6 ± 0,6	10,20	Kurbatoff[1])
Anisol, $C_6H_5 . OCH_3$ . .	**143,4**	81,39	8,80	Luginin[3])
Benzaldehyd, $C_6H_5 . CHO$ . .		86,55	9,18	Luginin[5])
Benzoesäure-äthylester, $C_6H_5 . CO_2 . C_2H_5$		64,4	9,7	Kurbatoff[2])
Benzol, C_6H_6 . .	**0**	100,0	7,81	Regnault[4])
„ (fest) . .	**0**	136,72	10,67	Jahn
„ C_6H_6 . .	**80,1**	92,91	7,25	Wirtz
„ „ . .	**80,1**	127,95*		„
„ „ . .	**80,35**	94,35	7,36	Tyrer
„ „ . .	**80,35**	93,45	7,29	Schiff
„ „ . .	**80,2**	94,4	7,35	Marshall u. Ramsay
„ „ . .		92,97	7,256	Luginin[4])
„ „ . .	**80,0**	93,9	7,33	Nagornow u. Rotinjanz
„ „ . .	**100**	132,11*		Regnault
„ „ . .	**210**	154,5*		„
„ „ . .		93,55	7,301	Kahlenberg
„ „ . .		94,93	7,409	Brown[2])
„ „ . .	**70**	96,70	7,547	S. Young, s. Bem. † S. 835. Intervall: 70 bis 288,5°.
„ „ . .	**80**	95,45	7,450	
„ „ . .	**90**	93,61	7,306	
Benzonitril, $C_6H_5 . CN$ . . .	**191**	87,7	9,04	Kahlenberg
„	**190,89**	87,71	9,04	Luginin[2])
Benzylalkohol, $C_6H_5 . CH_2OH$.		98,46	10,64	Luginin[6])

* Ganze Verdampfungswärme.

H. Böttger.

Verdampfungswärme in kg-Kalorien.

Lit. Tab. 186, S. 844.

3. Organische (cyklische) Verbindungen. (Fortsetzung.)

Substanz	Temperatur des Dampfes	Verdampfungswärme		Beobachter
		1 kg	1 Mol.	
Brombenzol, C_6H_5Br	**150°**	56,05	8,80	S. Young, s. Bem. †) S. 835. Intervall: 150 bis 270°.
„	**160**	55,21	8,67	„
„	**156,0**	57,9	9,1	Nagornow u. Rotinjanz
Chlorbenzol, C_6H_5Cl	**130**	74,24	8,35	S. Young, s. Bem. †) S. 835. Intervall: 130 bis 270°.
„	**140**	73,36	8,25	„
„	**131,6**	75,9	8,5	Nagornow u. Rotinjanz
Chlorcyclohexan, $C_6H_{11}.Cl$	**142,0**	74,9	8,9	„
Cyclohexan, C_6H_{12}	**80**	86,72	7,293	Young
„	**68–70**	87,3	7,34	Mabery u. Goldstein
„	**80,9**	85,4	7,18	Nagornow u. Rotinjanz
Cyclohexanol, $C_6H_{11}.OH$	**161,1**	108,1	10,82	„
Cymol, $CH_3.C_6H_4.C_3H_7$	**175**	66,30	8,89	Schiff
„		67,64	9,07	Brown [2])
Dimethylanilin, $C_6H_5.N(CH_3)_2$	**191,75**	80,97	9,81	Luginin [3])
Dimethylhexamethylen, C_8H_{16}	**118–119**	71,7	8,0	Mabery u. Goldstein
Dimethylpentamethylen, C_7H_{14}	**90–92**	81,0	7,95	„
Dimethylorthotoluidin, $CH_3.C_6H_4.N(CH_3)_2$	**148**	70,27	9,49	Luginin [3])
Fluorbenzol, C_6H_5F	**80**	80,07	7,699	S. Young, s. Bem. †) S. 835. Intervall: 80 bis 280°.
„	**90**	78,59	7,548	„
Jodbenzol, C_6H_5J	**180**	46,69	9,52	S. Young, s. Bem. †) S. 835. Intervall: 180 bis 270°.
„	**190**	46,23	9,43	„
Karvacrol, $C_6H_3.CH_3.C_3H_7.(OH)$		68,08	10,22	Luginin [6])
m-Kresol, $CH_3.C_6H_4.OH$	**201,64**	100,46	10,81	„ [2])
Mesitylen, $C_6H_3.(CH_3)_3$	**162,7**	71,75	8,62	Schiff
„		74,42	8,94	Brown [2])
Methylanilin, $C_6H_5.NH(CH_3)$	**193,8°**	95,52	10,23	Schiff
Methylcyclohexan, $C_6H_{11}.CH_3$	**101,0**	76,4	7,50	Nagornow u. Rotinjanz
„	**98**	75,7	7,43	Mabery u. Goldstein
Nitrobenzol, $C_6H_5.NO_2$	**151,5**	79,15	9,74	Luginin [3])
α-Pikolin, $C_5H_4N(CH_3)$		90,75	8,446	Kahlenberg
Piperidin, $C_5H_{11}N$	**105,8**	88,92	7,567	Luginin [2])
Propylbenzol, $C_6H_5.C_3H_7$	**157,2**	71,75	8,62	Schiff
Pseudocumol, $C_6H_3.(CH_3)_3$	**168,0**	72,80	8,52	„
„		73,7	8,63	Kurbatoff
Pyridin, C_5H_5N	**115**	104,0	8,22	Kahlenberg
„	**115,51**	101,39	8,015	Luginin [2])
Terpentinöl, $C_{10}H_{16}$		68,73	9,36	Favre u. Silbermann
„		139,15*		Regnault
„	**159**	68,5	9,3	Schall
„	**159,3**	74,0	10,7	Brix
Toluol, $C_6H_5.CH_3$	**110,8**	83,6	7,70	Schiff
„		87,43	8,05	Brown [2])
„	**110,8**	86,8	7,99	Marshall u. Ramsay
„	**110,2**	86,2	7,94	Nagornow u. Rotinjanz
o-Toluidin, $CH_3.C_6H_4.NH_2$	**197,7**	95,085	10,18	Luginin [3])
m-Xylol, $C_6H_4.(CH_3)_2$	**139,9**	78,25	8,30	Schiff
„	**139,9**	82,3	8,73	Nagornow u. Rotinjanz
„		81,34	8,63	Brown [2])
„	**138,5**	82,8	8,78	Marshall u. Ramsay [2])
o-Xylol, $C_6H_4.(CH_3)_2$		82,47	8,75	„
„	**144,6**	82,5	8,75	Nagornow u. Rotinjanz
p-Xylol, $C_6H_4.(CH_3)_2$		80,98	8,59	Marshall u. Ramsay [2])
„	**138,5**	81,1	8,60	Nagornow u. Rotinjanz

* Ganze Verdampfungswärme bei Atmosphärendruck.

H. Böttger.

Verdampfungswärme in kg-Kalorien.

Formeln für die Verdampfungswärme bei verschiedenen Temperaturen.

λ = Gesamtwärme (in 15⁰-Kalorien), durch welche 1 g der Flüssigkeit von 0⁰ in Dampf von t^0 verwandelt wird.
r = Verdampfungswärme (in 15⁰-Kalorien), durch welche 1 g der Flüssigkeit von t^0 unter dem zugehörigen Dampfdruck P in Dampf von t^0 verwandelt wird.

Lit. Tab. 186, S. 844.

Substanz	Formel
Wasser, H_2O	$\lambda = 606{,}5 + 0{,}305\,t$. (Regnault (2).)
	$r = 607 - 0{,}708\,t$. (Clausius, Mechan. Wärmetheorie.)
	$\lambda = 589{,}5 + 0{,}7028\,t - 0{,}0031947\,t^2 + 0{,}000008447\,t^3$. (Winkelmann.)
	$r = 589{,}5 - 0{,}2972\,t - 0{,}0032147\,t^2 + 0{,}000008147\,t^3$. („)
	$\lambda = 604{,}18 + 0{,}3360\,t + 0{,}000136\,t^2$. (Ekholm.)
	$\lambda = 603{,}2 + 0{,}356\,t - 0{,}00021\,t^2$ oberhalb 100⁰. (Starkweather.)
	$\lambda = 589{,}9 + 0{,}442\,t - 0{,}00064\,t^2$ unterhalb 100⁰. (Starkweather.)
	$r = 596{,}73 - 0{,}6010\,t$. (Griffiths.)
	$r = 597{,}44 - 0{,}580\,t$. (A. W. Smith.)
	$r = 94{,}210\,(365 - t)^{0{,}31249}$ (zwischen 30 und 100⁰). (Henning (1).)
	$r = 538{,}46 - 0{,}6422\,(t - 100) - 0{,}000833\,(t - 100)^2$ (zwischen 100 und 180⁰). (Henning (2).)
	$r = 539{,}66 - 0{,}718\,(t - 100)$ (zwischen 120 und 180⁰). (Henning (2).)
	$\lambda = 639{,}11 + 0{,}3745\,(t - 100) - 0{,}000990\,(t - 100)^2$. (H. N. Davis.)
Aceton, $(CH_3)_2 \cdot CO$	$\lambda = 140{,}5 + 0{,}36644\,t - 0{,}000516\,t^2$ (−3 bis 147⁰). (Regnault (4).)
	$r = 140{,}5 - 0{,}13999\,t - 0{,}0009125\,t^2$ (−3 bis 147⁰). (Regnault (4).)
	$\lambda = 139{,}9 + 0{,}23356\,t + 0{,}00055358\,t^2$ (−3 bis 147⁰). (Winkelmann.)
	$r = 139{,}9 - 0{,}27287\,t + 0{,}0001571\,t^2$ (−3 bis 147⁰). (Winkelmann.)
Äthyläther, $C_4H_{10}O$	$\lambda = 94{,}00 + 0{,}45000\,t - 0{,}0005556\,t^2$ (−4 bis 121⁰). (Regnault (4).)
	$r = 94{,}00 - 0{,}07900\,t - 0{,}0008514\,t^2$ („). („)
	$\lambda = 93{,}50 + 0{,}42083\,t - 0{,}0002083\,t^2$ („). (Winkelmann.)
	$r = 93{,}50 - 0{,}1082\,t - 0{,}0005033\,t^2$ („). („)
Benzol, C_6H_6	$\lambda = 109{,}0 + 0{,}24429\,t - 0{,}0001315\,t^2$ (7 bis 215⁰). (Regnault (4).)
	$r = 107{,}05 - 0{,}158\,t$. (Griffiths und Marshall.)
Chloroform, $CHCl_3$	$\lambda = 67{,}00 + 0{,}1375\,t$ (−5 bis 159⁰). (Regnault (4).)
	$r = 67{,}00 + 0{,}09485\,t - 0{,}00005072\,t^2$ (−5 bis 159⁰). (Regnault (4).)
	$\lambda = 67{,}00 + 0{,}14716\,t - 0{,}0000937\,t^2$ („). (Winkelmann.)
	$r = 67{,}00 - 0{,}08519\,t - 0{,}0001444\,t^2$ („). („)
Kohlenstofftetrachlorid, CCl_4	$\lambda = 52{,}00 + 0{,}14625\,t - 0{,}000172\,t^2$ (8 bis 163⁰). (Regnault (4).)
	$r = 52{,}00 - 0{,}05173\,t - 0{,}0002626\,t^2$ (8 bis 163⁰). (Regnault (4).)
	$\lambda = 51{,}90 + 0{,}17862\,t - 0{,}0009599\,t^2 + 0{,}000003733\,t^2$ (8 bis 163⁰). (Winkelmann.)
	$r = 51{,}90 - 0{,}01931\,t - 0{,}0010505\,t^2 + 0{,}000003733\,t^3$ (8 bis 163⁰). (Winkelmann.)
Schwefelkohlenstoff, CS_2	$\lambda = 90{,}0 + 0{,}14601\,t - 0{,}0004123\,t^2$ (−6 bis 143⁰). (Regnault (4).)
	$r = 90{,}0 - 0{,}08922\,t - 0{,}0004938\,t^2$ („). („)
	$\lambda = 89{,}5 + 0{,}16993\,t - 0{,}0010161\,t^2 + 0{,}0000034245\,t^3$ (−6 bis 143⁰). (Winkelmann.)
	$r = 89{,}50 - 0{,}06530\,t - 0{,}0010976\,t^2 + 0{,}0000034245\,t^3$ (−6 bis 143⁰). (Winkelmann.)
Kohlendioxyd, CO_2 (−25 bis 31⁰)	$r^2 = 118{,}485\,(31 - t) - 0{,}4707\,(31 - t)^2$. (Cailletet u. Mathias (1).)
Stickoxydul, N_2O (−20 bis 36⁰)	$r^2 = 131{,}75\,(36{,}4 - t) - 0{,}928\,(36{,}4 - t)^2$. (Cailletet u. Mathias (1).)
Schwefeldioxyd, SO_2 (0 bis 20⁰)	$r = 91{,}87 - 0{,}3842\,t - 0{,}000340\,t^2$. (Mathias (1).)
Sauerstoff	$r = 60{,}67 - 0{,}2080\,T$. (Alt.)
Stickstoff	$r = 68{,}85 - 0{,}2736\,T$. (Alt.)

H. Böttger.

Literatur zu Schmelz- und Verdampfungswärme.

Åkerman, Jernkontorets Annaler, 1886; Stahl und Eisen 1886.
Alluard, Ann. chim. phys. (3) **57**, 476; 1859. Liebig Ann. **113**, 150; 1860. Phil. Mag. (4) **20**, 488; 1860.
Alt, Ann. Phys. (4) **19**, 739; 1906.
Andrews, Quart. Journ. chem. Soc. London **1**, 27; 1849. Pogg. Ann. **75**, 501; 1848.
Barschall, ZS. Elch. **17**, 345; 1911.
Battelli, Atti Ist. Ven. (6) **3**, 1781; 1884/85. Rend. Linc. **1**, 621; 1885.
Behn, Ann. Phys. (4) **1**, 270; 1900.
Bernini, Phys. ZS. **7**, 168; 1906.
Berthelot 1): C. r. **78**, 716; 1874. Ann. chim. phys. (5) **4**, 74, 106, 155; 1875. — 1 a): Ann. chim. phys. (5) **5**, 443, 477; 1875. — 2): C. r. **78**, 162; 1874. Ann. chim. phys. (5) **6**, 171, 172; 1875. — 3): Ann. chim. phys. (5) **9**, 178; 1876. C. r. **82**, 121; 1876. — 4): Ann. chim. phys. (5) **9**, 295; 1876. C. r. **82**, 124; 1876. — 5): Ann. chim. phys. (5) **12**, 531, 533; 1877. — 6): Ann. chim. phys. (5) **12**, 541, 545, 546; 1877. C. r. **85**, 11, 12, 649; 1877. — 7): Ann. chim. phys. (5) **12**, 558; 1877. C. r. **85**, 648; 1877. — 8): Ann. chim. phys. (5) **15**, 215, 242; 1878. C. r. **86**, 786; 1878. — 9): C. r. **87**, 575; 1878. — 10): C. r. **88**, 53; 1879. Ann. chim. phys. (5) **17**, 137; 1879. — 11): C. r. **89**, 120; 1879. Ann. chim. phys. (5) **18**, 386; 1879. — 12): C. r. **90**, 842, 1511; 1880. Ann. chim. phys. (5) **22**, 431; 1881. — 13): Ann. chim. phys. (5) **27**, 397; 1882. C. r. **92**, 827; 1881. — 14): Ann. chim. phys. (5) **27**, 375; 1882. C. r. **93**, 118; 1881. — 15): Thermochimie. Bd. 2. Paris 1897. — 16): Ann. chim. phys. (7) **4**, 126; 1895. — 17): Ann. chim. phys. (6) **7**, 202; 1886.
Berthelot u. **Ogier** 1): Ann. chim. phys. (5) **23**, 204, 207, 208; 1881. C. r. **92**, 672, 673, 674; 1881. — 2): C. r. **92**, 771—774; 1881. Ann. chim. phys. (5) **30**, 201, 225, 227, 228; 1881. — 3): Ann. chim. phys. (5) **30**, 382; 1883. — 4): Ann. chim. phys. (5) **30**, 400; 1883. — 5): Ann. chim. phys. (5) **30**, 411; 1883. — 6): Ann. chim. phys. (5) **30**, 406; 1883.
Bogojawlenski, zitiert nach Tammann, Kristallisieren und Schmelzen, Leipzig 1903, S. 45. 1) Schr. d. Dorpater Naturf. Ges. **13**, 1; 1904. Chem. Zbl. **1905**, II, 945.
Brix, Pogg. Ann. **55**, 341; 1842.
Brönsted, ZS. ph. Ch. **68**, 713; 1910.
Brown 1): Journ. chem. Soc. **83**, 987; 1903. Chem. Zbl. **1903**, II, 650.
„ 2): Journ. chem. Soc. **87**, 265; 1905.
Bruner, Ber. chem. Ges. **27**, 2102; 1894.
Bunsen, Pogg. Ann. **141**, 31; 1870.
Cailletet et Mathias 1): Journ. Phys. (2) **5**, 562, 563; 1886.
„ 2): C. r. **104**, 1567; 1887. Journ. Phys. (2) **6**, 414; 1887.
Chappuis 1): Ann. chim. phys. (6) **15**, 517; 1888. C. r. **104**, 897; 1887.
„ 2): Ann. chim. phys. (6) **15**, 517; 1888. C. r. **106**, 1007; 1888.
Cohen, ZS. ph. Ch. **14**, 86; 1894.
Colson, C. r. **104**, 429, 430; 1887.
Cunningham, Dublin Proc. (N. S.) **9**, 414; 1901.
Davis, Proc. Am. Acad. **45**, 267; 1910.
Demerliac, Journ. Phys. (3) **7**, 591; 1898.
Desains, C. r. **16**, 981; 1843. Journ. prakt. Chem. **29**, 308; 1843.
Diakonoff, Bull. Soc. chim. (2), **38**, 172; 1882.
Dieterici, Wied. Ann. **37**, 504; 1889.
Ehrhardt, Wied. Ann. **24**, 257; 1885.
Ekholm, Bihang Handl. Svensk. Akad. **15**, Afd. I, No. 6, 1884. Nach Beibl. **14**, 1082; 1890.
Elliott u. **Mc Intosh**, Journ. phys. Chem. **12**, 163; 1908.
Estreicher, Bull. Acad. Cracovie. 1904, S. 183.
Estreicher u. **Schnerr**, Krakauer Anz. 1910, 345. Ref. Chem. Zbl. **1910**, II, 1737.
Estreicher u. **Staniewski**, Krakauer Anz. 1910, 349. Ref. Chem. Zbl. **1910** II, 1737.
Eykman, ZS. ph. Ch. **4**, 518; 1889.
Favre, C. r. **39**, 729; 1854. Lieb. Ann. **92**, 194; 1854.
Favre u. **Silbermann**, C. r. **23**, 411; 1846. C. r. **29**, 450; 1889. Ann. chim. phys. (3) **37**, 461; 1853.
Ferche, Diss. Halle 1890. Auszug: Wied. Ann. **44**, 279; 1891.
Fischer, Wied. Ann. **28**, 430; 1886.
Foote u. **Levy**, Amer. chem. Journ. **37**, 499; 1907.
de Forcrand 1): C. r. **133**, 513; 1901.
„ 2): C. r. **134**, 718; 1902.
„ 3): C. r. **130**, 1620; 1900.
„ 4): C. r. **136**, 945; 1903.
„ 5): C. r. **136**, 1034; 1903.
„ 6): C. r. **132**, 570; 1901.
Franklin u. **Kraus**, Journ. phys. Chem. **11**, 553; 1908.
Gautier, Thèse de Pharm. 1888. Nach Berthelot, Thermochimie **2**, Paris 1897.
Goodwin u. **Kalmus**, Phys. Rev. **28**, 1; 1909.
Griffiths, Phil. Trans. **186** [A], 261; 1895.
Griffiths u. **Marshall**, Phil. Mag. (5) **41**, 38; 1896.
Gruner, Ann. des Mines (7) **4**, 224; 1874. Berg- u. Hüttenmänn. Ztg. 1874, 115. Dingl. Journ. **212**, 527; 1874.
Guillot, Thèse de l'École de Ph. de Montpellier. Nach Berthelot, Thermochimie **2**, Paris 1897.
Guinchant, C. r. **145**, 68, 320; 1907.
Guntz, C. r. **96**, 1659; 1883.
Henning 1): Ann. d. Phys. (4) **21**, 829; 1906.
„ 2): Ann. d. Phys. (4) **29**, 441; 1909.
Heß, Bull. Acad. Pet. **9**, 81; 1851.
v. Hevesy, ZS. ph. Ch. **73**, 183; 1910.
Jahn, ZS. ph. Ch. **11**, 787; 1893.
Joannis, Ann. chim. phys. (6) **12**, 381; 1887.
Joly, C. r. **102**, 259; 1886.
Kablukow, Journ. russ. **40**, 485; 1908. Ref. Chem. Zbl. **1908**, II, 486.
Kahlenberg, Journ. phys. Chem. **5**, 215, 284; 1901.
Knietsch, Briefliche Mitteilung. 1): ZS. ph. Ch. **61**, 263; 1909.
Koref, Ann. Phys. (4) **36**, 56; 1911.
Kuenen u. **Robson**, Phil. Mag. (6) **3**, 622; 1902.
Kurbatoff, ZS. ph. Ch. **43**, 104; 1903.
„ 1): Journ. russ. **34**, 766; 1902. Ref. Ch. Zbl. **1903** I, 571.
„ 2): Journ. russ. **35**, 314; 1903. Ref. Ch. Zbl. **1903** II, 323.
Ledebur, Der Metallarbeiter, **7**, 202, 209; 1881. Polyt. Notizbl. **36**, 225; 1881.
Leduc, C. r. **142**, 46; 1906.
Luginin 1): C. r. **121**, 557; 1895. 2): Arch. Sc. phys. (4) **9**, 17; 1900. 3): Ann. chim. phys. (7) **27**, 121; 1902. 4): Ann. chim. phys. (7) **13**, 289; 1898.

H. Böttger.

Literatur zu Schmelz- und Verdampfungswärme.

5): Ann. chim. phys. (7) **26**, 228; 1902. 6): J. Chim. phys. **3**, 640; 1905.
Luginin u. **Dupont**, Bull. Soc. chim. (4) **9**, 219; 1911.
Mabery u. **Goldstein**, Amer. chem. Journ. **28**, 66; 1902.
Marignac, Arch. Sc. phys. (2) **33**, 169; 1868.
Marshall, Phil. Mag. (5) **43**, 27; 1897.
Marshall u. **Ramsay**, Phil. Mag. (5) **41**, 38; 1896.
Massol, C. r. **134**, 655; 1902.
Mathias, cf. **Cailletet** 1): C. r. **106**, 1149; 1888.
„ 2): C. r. **109**, 472; 1889.
Mazzotto 1): Atti Tor. **17**, 132; 1881 82.
„ 2): Mem. Ist. Lombardo **16**, 1; 1891.
Meyer, Julius, ZS. ph. Ch. **72**, 225; 1910.
Mills, Journ. Amer. chem. Soc. **31**, 1099; 1910.
Nadejdine, Journ. russ. **16**, 222; 1884. Exner Rep. **20**, 452; 1884.
Nagornow u. **Rotinjanz**, ZS. ph. Ch. **77**, 700; 1911.
Ogier, cf. **Berthelot** 1): C. r. **92**, 922; 1881.
„ 2): C. r. **96**, 647; 1883.
„ 3): C. r. **96**, 648; 1883.
„ 4): C. r. **94**, 83, 84, 85; 1882.
„ 5): Ann. chim. phys. (5) **20**, 53; 1880.
Person 1): Ann. chim. phys. (3) **21**, 333; 1847. C. r. **23**, 163, 336†), 524*), 626; 1846. Pogg. Ann. **70**, 300†), 388; 1847 und **74**, 525; 1848.
„ 2): Ann. chim. phys. (3) **24**, 264; 1848. C. r. **25**, 334; 1847. Pogg. Ann. **73**, 471; 1848.
„ 3): Ann. chim. phys. (3) **24**, 274, 276; 1848. C. r. **27**, 260; 1848. Pogg. Ann. **75**, 462; 1848.
„ 4): Ann. chim. phys. (3) **24**, 136, 156; 1848. Pogg. Ann. **76**, 432, 596, 597; 1849.
„ 5): Ann. chim. phys. (3) **27**, 252, 259; 1849. C. r. **29**, 300; 1849.
„ 6): Ann. chim. phys. (3) **30**, 80; 1850. C. r. **30**, 526; 1850. Liebigs Ann. **76**, 103; 1850.
„ 7): Pogg. Ann. **70**, 310, 386†); 1847.
Petit, Ann. chim. phys. (6) **18**, 145; 1889.
Pettersson 1): Öfs. Stockh. **35**. Nr. 2, 57; 1878. Nr. 9, 20, 21. Teilweise in Journ. prakt. Ch. **24**, 129; 1881.
„ 2): Mitgeteilt von van't Hoff. Ber. chem. Ges. **27**, 6; 1894.
Pettersson u. **Widman**, Öfs. Stockh. **36**, Nr. 3, 79; 1879. Nov. Act. Ups. (3) 1879. Journ. prakt. Ch. **24**, 163, 297; 1881.
Pickering, Proc. Roy. Soc. London **49**, 18; 1890/91.
Pionchon, C. r. **115**, 165; 1892.
Plato 1): ZS. ph. Ch. **55**, 737; 1906.
„ 2): ZS. ph. Ch. **58**, 369; 1907.
Pollitzer, ZS. Elch. **17**, 10; 1911.
Poma, Gazz. chim. **41** II, 518; 1911.
Ramsay, ZS. ph. Ch. **5**, 224; 1890.
Ramsay u. **Young** 1): Phil. Trans. **178**, A. 90; 1887.
„ 2): Phil. Trans. **178**, A. 329; 1887.
Regnault 1): Ann. chim. phys. (3) **8**, 27; 1843. Pogg. Ann. **62**, 49; 1844.
Regnault 2): Mém. de Paris **21**, 728; 1847.
„ 3): Ann. chim. phys. (3) **26**, 278; 1849. Pogg. Ann. **78**, 127; 1849.
„ 4): Mém. de Paris **26**, 761, 811, 819, 829, 835, 849, 857, 913; 1862.
„ 5): Ann. chim. phys. (4) **24**, 423, 438; 1871.
Richards, J. W., Journ. Frankl. Inst. 1887; aus Th. W. Richards, ZS. ph. Ch. **42**, 620; 1903.
Richards, Th. W. u. **Mathews**, Journ. Amer. chem. Soc. **33**, 863; 1911.
Rinman, Öfs. Stockh. 1865, 334.
Roth, W. A., 1) ZS. ph. Ch. **63**, 441; 1908.
„ 2) ZS. Elch. **18**, 100; 1912.
Robertson, P. W., Proc. Chem. Soc. **18**, 131; 1903.
Rudberg, Öfs. Stockh. 1829, 157. Pogg. Ann. **19**, 133, 134; 1830.
Schall, Ber. chem. Ges. **17**, 2199; 1884.
Schiff, Lieb. Ann. **234**, 343, 344; 1886.
Schlamp, ZS. ph. Ch. **14**, 272; 1894.
Shearer 1): Phys. Rev. **15**, 190; 1902.
„ 2): Phys. Rev. **17**, 124, 471; 1903.
Silbermann, cf. **Favre**.
Smith, A. W., Phys. Rev. **16**, 383; 1903. **17**, 231; 1903.
Spring, Bull. de Bruxelles (3) **11**, 400, 401; 1886.
Starkweather, Sill. Journ. (4) **17**, 13; 1899.
Stillman u. **Swain**, ZS. ph. Ch. **29**, 705; 1899.
Stohmann u. **Wilsing**, Journ. prakt. Ch. (2) **32**, 92; 1885.
Stortenbeker, ZS. ph. Ch. **10**, 187; 1892.
v. Strombeck, Journ. Frankl. Inst. 1891, 131; Beibl. **16**, 22; 1892.
Svensson, Beibl. **20**, 356; 1896.
Tammann 1): Kristallisieren u. Schmelzen. Leipzig 1903.
„ 2): ZS. ph. Ch. **29**, 64; 1899.
Thomsen 1): Ber. chem. Ges. **7**, 1001; 1874.
„ 2): Termokemiske Undersøgelsers, numeriske og teoretiske Resultater, Kopenhagen 1905.
Tolloczko, Bull. de l'Académie des Sciences de Cracovie; Chem. Zbl. 1901, **1**, 989.
Trautz, ZS. Elch. **14**, 271; 1908.
v. Trentinaglia, Wien. Ber. **72** [2a], 673; 1876.
Tyrer, Journ. chem. Soc. **99**, 1641; 1911.
Violle 1): C. r. **85**, 543; 1877. Phil. Mag. (5) **4**, 320; 1877. Chem. Zbl. 1877, 675.
„ 2): C. r. **87**, 981; 1878.
de Visser, Diss. Utrecht 1892. Ref. ZS. ph. Ch. **9**, 767; 1892. Rec. Pays. Bas. **12**, 101; 1893.
Vogel, ZS. ph. Ch. **73**, 447; 1911.
Vogt, Vid. Selsk. Skrifter. M.-Natw. Kl. 1904, S. 65.
Walden, ZS. ph. Ch. **70**, 597.
Werner, Ann. chim. phys. (6) **3**, 567; 1884.
White, W. P., ZS. anorg. Ch. **61**, 348; 1911.
Wigand, ZS. ph. Ch. **63**, 273; 1908.
Winkelmann, Wied. Ann. **9**, 208, 358; 1880.
Wirtz, Wied. Ann. **40**, 446, 447, 448; 1890.
Young, Sydney. Dublin Proc. [N.S.] **12**, 374; 1910. Außerdem cf. **Ramsay**.
Zakrzewski, Bull. de l'Acad. de Cracovie 1892, 153.

†) Die in den C. r. und in Pogg. Ann. veröffentlichten Zahlen weichen vielfach von den in den Ann. chim. phys. mitgeteilten ab.

*) Diese Abhandlung enthält keine Messungen des Verfassers, sondern eine Anwendung der von Favre u. Silbermann ermittelten Werte.

H. Böttger.

Umwandlungswärmen.

Umwandlungswärmen allotroper Modifikationen (fest-fest) *).

Substanz	Umwandlung	Wärmetönung in kg-Kal. pro Gramm-Atom od. -Mol. **)	Beobachter
Schwefel	amorph, unlösl. → amorph, lösl. (in CS_2) . .	0,086 Kal.	Berthelot (1) (2)
„	„ „ → rhomb.	0(18°), > 0 (112°)	„
„	„ „ → „	0,91	Petersen
„	„ „ → „	0,72	v. Wartenberg.
„	„ lösl. → „	0,36	Wigand
„	monosymm. → rhomb.[1])	0,64	Thomsen (1)
„	„ → „	0,063 (bei ± 15°)	Mitscherlich
„	„ → „	0,081 (bei 95,6°)	Reicher (berechn.)
„	„ → „	0,086	Tammann „
„	„ → „	0,077 (bei 0°)	Brönsted
„	„ → „	0,105 (bei 96°)	Kruyt (berechn.)
Selen	amorph → krystallinisch	1,8	Regnault (1)
„	„ → „	1,18	„ (2)
„	„ → „	1,43	Petersen
„	„ → „	5,45	Fabre (1)
„	„ → monosymm.	1,05	Petersen
Tellur	amorph → kryst.	—24,2	Berthelot u. Fabre, Berthelot (2)
Phosphor	weiß → „rot“	3,71 [2])	Giran
„	„ → „	3,7 [3])	„
„	„ → „	4,22 [4])	„
„	„rot“ → violett kryst.	0,7 [3])	„
„	„ → „ „	0,23 [4])	„
Arsen	amorph (braun) → kryst.	1,0 ungef.	Berthelot u. Engel
„	„ „ → grau kryst.	3,3	Petersen
„	grau kryst. → schwarz	1,0 (?)	„
Antimon	explos. → gewöhnl.	2,34	Cohen u. Strengers
Kohlenstoff . . .	amorph → Diamant	3,34	Berthelot u. Petit
„ . . .	„ → Graphit	2,84	„
„ . . .	Graphit → Diamant	0,50	„
Silicium	amorph → kryst.	6,9	Troost u. Hautefeuille (1), Berthelot (2)
Zinn	weiß → grau	9,55	J. Meyer
Mangan	pyrophor → gewöhnl. (geschmolz.)	3,8	Guntz (1)
Silber	mit $FeSO_4$ gefällt (regulär) → mit Cu gefällt .	3,28	Thomsen (2)
Gold (s. S. 869)[5]) .			
Eis	Eis I → Eis III	0,17	Tammann
Phosphorpentoxyd .	P_2O_5 kryst. → amorph	6,6	Hautefeuille u. Perrey
„ .	„ „ → „	6,98	Giran
„ .	„ amorph → glasartig	4,72	„
„ .	„ kryst. → „	11,70	„
Arsentrioxyd . . .	As_2O_3 amorph glasartig → opak, kryst. (regul.)	2,56	Favre, Ostwald
„ . . .	„ → „ . . .	2,7	Favre, Berthelot (2)
„ . . .	As_2O_3 prismat. → opak, kryst. (regul.) . . .	1,3	Troost u. Hautefeuille (2), Berthelot (2)
Antimontrioxyd . .	Sb_2O_3 amorph → oktaëdr.	1,2	Guntz (2)
„ . . .	„ prismat. → oktaëdr.	1,2	„

*) Umwandlungswärme (gasf.-gasf.): Ozon → Sauerstoff,
$O_3 \rightarrow 1{,}5\ O_2 + 30{,}7$ Kal. (**Berthelot**, Thermochimie II).
„ + 32,4 „ (**E. Mulder** u. **van der Meulen**, Rec. trav. chim. Pays-Bas I, 65, 73; 1882).
„ + 36,2 „ (**van der Meulen**, Rec. trav. chim. Pays-Bas II, 69; 1883. **Ostwald**, Allgem. Chem. II, **1**, 94; 1893).
„ + 34,1 „ (**St. Jahn**, ZS. anorg. Ch. **60**, 337; 1908.
Umwandlungswärme (flüss.-flüss.):
$S\lambda \rightarrow S\mu + 0{,}42$ Kal. **Lewis** u. **Randall**, Journ. Amer. chem. Soc. **33**, 487; 1911.

**) Wo nicht anders angegeben, ist die Wärmetönung positiv. Bei Umwandlung von 32,07 g amorphen unlösl. Schwefel in amorphen lösl. werden also 0,086 Kal. entwickelt.

[1]) Die von Favre und Silbermann, Ann. chim. phys. (3) **34**, 443; 1852 aus den Verbrennungswärmen gefundene Zahl ist sehr unsicher. [2]) Berechnet mit der Clapeyronschen Formel. [3]) Aus den Verbrennungswärmen. Siehe für die Verbrennungswärmen versch. Arten des roten Phosphors Troost und Hautefeuille, C. r. **78**, 948; 1874. [4]) Aus den Reaktionswärmen mit Br in CS_2. [5]) Nach **Ernst Cohen** u. **van Heteren** (ZS. Elch. **12**, 589; 1906) liegen bei den von Thomsen (Thermochem. Untersuch. III, 398) untersuchten Goldpräparaten keine allotropen Modifikationen des Goldes vor.

Jorissen.

Umwandlungswärmen.

Umwandlungswärmen allotroper Modifikationen (fest-fest).

Substanz	Umwandlung	Wärmetönung in kg-Kal. pro Gramm-Mol.	Beobachter
Zinkoxyd	ZnO (bereitet bei 125°) → ZnO (bereitet bei hoher Temp.)	4,41 Kal.	de Forcrand
Kupferoxyd	CuO bereitet bei niedr. Temp. → calciniert	2,0	Joannis
Natriumhydroxyd		0,990	von Hevesy
Kaliumhydroxyd		1,522	„ „
Rubidiumhydroxyd		1,702	„ „
Cäsiumhydroxyd		1,763	„ „
Antimontrisulfid	Sb_2S_3 rot, praec. → schwarz	0	Berthelot (4)
„	„ praec. (trocken) → schwarz	5,6	Guinchant u. Chrétien
„	„ „ („feucht“) → „	4,2	„ „
„	„ violett → schwarz	4,3	„ „
Quecksilbersulfid	HgS schwarz amorph → rot amorph	0,24	Varet
„	rot amorph → rot kryst.	0,06	„
Kupfersulfür	Cu_2S, Strukturänderung	0,90	Bellati u. Romanese (2)
Silbersulfür	Ag_2S, „	0,95	„ „
Zinkselenid	ZnSe praec. kryst. → kryst.	7,3	Fabre (3), Ostwald[1]
„	„ „ amorph → praec. kryst.	0,3	„ „
Cadmiumselenid	CdSe „ schwarz → kryst.	1,3	„ „
„	„ „ braun → kryst.	4,9	„ „
Nickelselenid	NiSe „ → kryst.	4,0	„ „
Kobaltselenid	CoSe „ → „	3,7	„ „
Manganselenid	MnSe „ → „	2,8	„ „
Bleiselenid	PbSe „ → „	3,7	„ „
Thalliumselenid	Tl_2Se „ → „	2,9	„ „
Quecksilberselenid	HgSe „ → „	1,0	„ „
„	„ amorph → „	—4,4	Varet
Silberselenid	Ag_2Se praec. → „	3,0	Fabre (2), Ostwald
„	Ag_2Se, Strukturänderung	1,66	Bellati u. Romanese (2)
Kupferselenür	Cu_2Se, „	1,12	„ „ (2)
Cäsiumchlorid	CsCl α → CsCl β	ca. 1,3	Žemcžužny u. Rambach
Chromchlorid	$(CrCl_3)_2 \cdot 13H_2O$ grau → grün	5,3	Recoura(1), Berthelot(2)
Chrombromid	$CrBr_3 \cdot 6H_2O$ blau → grün	2,15	Recoura (2)
Quecksilberjodür	HgJ grüngelb → gelb	0,15	Varet
Quecksilberjodid	HgJ_2 gelb → rot	3,0	Berthelot (3), Varet
Silberbromid	AgBr praec. → kryst.	3,4	Berthelot (2)
Silberjodid	AgJ praec. → praec.	5,6	„
„	AgJ regulär → hexagon. (150°)	1,60	Mallard u. Le Chatelier
„	„ „ → „ „	1,47	Bellati u. Romanese (1)
Ammoniumnitrat	rhomb. → rhomb. (31—35°)	—0,402	„ „ (3)
„	„ → rhomboëdrisch (82,5—86°)	—0,427	„ „ (3)
„	rhomboëdrisch → regulär	—0,950	„ „ (3)
Kaliumnitrat	„ → prismatisch	1,189	„ „ (4)
Calciumcarbonat	Aragonit → Calcit	0,39	Foote
„	„ → „	2,36	Favre u. Silbermann
„	amorph → Calcit	1,4	Berthelot (2)*)
„	„ → Aragonit	1,7	„ (2)*)
Strontiumcarbonat	„ → kryst.	1,1	„ (5)
Mangancarbonat	„ → „	1,6	„
Calciumsulfat	$CaSO_4$ lösl. → gewöhnl.	0,134	van't Hoff
Boracit	$Mg_7B_{16}O_{30}Cl_2$ rhomb. → kubisch	4,28	Le Chatelier
„	„ „ → „	1,63	Kröker
Wollastonit	$CaSiO_3$ α → β	10,0 ± 1,5 g-Kal. pro g	White
Glucose	$C_6H_{12}O_6$ α → β	—1,55	Berthelot (6)
„	„ γ → β	—0,67	„
„	„ γ → α	—0,88	„
Phenol	I → II	0,0056	Tammann
Allozimtsäure	Mod. vom Smp. 42° → Mod. vom Smp. 58°	ca. 0,10	Roth

[1]) Bei Berthelot (2) findet man andere Zahlen aus Fabres Beobachtungen berechnet.
*) Aus diesen Zahlen folgt für die Umwandlung Aragonit → Calcit —0,3 Kal.

Jorissen.

Umwandlungswärmen.

Umwandlungswärmen allotroper Modifikationen.

Literatur.

Bellati u. **Romanese** (1), Fortschr. Chem. 1884, 170; Atti Ist. Ven. (6) **1**; 1883.
„ „ (2), Atti Ist. Ven. (6) **7**, 1051; 1889.
„ „ (3), Cim. (3) **21**, 5; 1887.
„ „ (4), Atti Ist. Ven. (6) **3**; 1885.
Berthelot (1), Ann. chim. phys. (4) **26**, 462; 1872.
„ (2), Thermochimie II; 1897.
„ (3), Ann. chim. phys. (5) **29**, 239; 1883.
„ (4), Ann. chim. phys. (6) **10**, 1887. C. r. **134**, 1429; 1902.
„ (5), Ann. chim. phys. (5) **4**, 165, 175; 1875.
„ (6), Ann. chim. phys. (7) **7**, 57; 1896.
„ u. **Engel**, Ann. chim. phys. (6) **21**, 287; 1890.
„ „ **Fabre**, Ann. chim. phys. (6) **14**, 98; 1888.
„ „ **Petit**, Ann. chim. phys. (6) **18**, 80; 1889.
Brönsted, ZS. ph. Ch. **55**, 371; 1906.
Le Chatelier, Bull. Soc. Min. Mai 1883; C. r. **97**, 103; 1883; cf. **Mallard**.
Chrétien cf. **Guinchant**.
Cohen u. **Strengers**, ZS. ph. Ch. **52**, 129; 1905.
Engel cf. **Berthelot**.
Fabre (1), Ostwald, Allgem. Chem. II, **1**, 133.
„ (2), Ann. chim. phys. (6) **10**, 549; 1887.
Fabre, cf. **Berthelot**.
Favre, Journ. de Pharm. (3) **24**, 324; 1853.
„ u. **Silbermann**, Ann. chim. phys. **37**, 434; 1853.
Foote, ZS. ph. Ch. **33**, 740; 1900.
de Forcrand, C. r. **134**, 1429; 1902.
Giran, Ann. chim. phys. (7) **30**, 203; 1903.
Guntz (1), C. r. **122**, 466; 1896.
„ (2), Ann. chim. phys. (6) **3**, 53; 1884.
Guinchant u. **Chrétien**, C. r. **139**, 53; 1904.
Hautefeuille u. **Perrey**, C. r. **99**, 33; 1884.
„ cf. **Troost**.
von Hevesy, ZS. ph. Ch. **73**, 683; 1910.
Joannis, C. r. **102**, 1161; 1886.
Kröker, N. Jahrb. Mineral. 1892, 125 (Bakhuis Roozeboom, Heterogene Gleichgewichte I, 132).
Kruyt, Chem. Weekbl. 1911, 647.
Mallard u. **Le Chatelier**, C. r. **97**, 102; 1883.
Meyer (J.), Verhand. Gesellsch. dtsch. Naturf. u. Ärzte Meran 1905, III, 94. (Abegg's Handb. anorg. Chem. III, **2**, 559).
Mitscherlich, Pogg. Ann. **88**, 328; 1852, berechnet von **Reicher**.
Ostwald, Allgem. Chem. II, **1**, 163; 1893.
Perrey, cf. **Hautefeuille**.
Petersen, ZS. ph. Ch. **8**, 611; 1891; Vidensk. Selsk. Skr., 6te Raekke, naturv. og math. Afd. **7**, 85; 1891.
Petit, cf. **Berthelot**.
Recoura (1), Ann. chim. phys. (6) **10**, 5; 1887.
„ (2), C. r. **110**, 1195; 1890.
Regnault (1), Ostwald, Allgem. Chem. II, **1**, 133.
„ (2), cf. **Petersen**.
Reicher, Inauguraldiss., Amsterdam 1883, 76; ZS. Kryst. **8**, 593; 1884.
Romanese, cf. **Bellati**.
Roth, ZS. Elch. **18**, 100; 1912.
Tammann, ZS. anorg. Ch. **63**, 291; 1909.
Thomsen (1), Thermochem. Untersuch. II, 247.
„ (2), cf. **Petersen**.
Troost u. **Hautefeuille** (1), Ann. chim. phys. (5) **9**, 77; 1876.
„ „ „ (2), C. r. **69**, 51; 1869.
Van't Hoff, ZS. ph. Ch. **45**, 290; 1903.
Varet, Ann. chim. phys. (7) **8**, 88, 105; 1896.
v. Wartenberg, ZS. ph. Ch. **67**, 446; 1909.
White, ZS. anorg. Ch. **69**, 348; 1911.
Wigand, ZS. ph. Ch. **77**, 463; 1911.
Žemčžužny u. **Rambach**, ZS. anorg. Ch. **65**, 418; 1910.

Umwandlungswärme einiger Isomeren und Polymeren.

Es wurden solche Substanzen bevorzugt, die direkt ineinander überzuführen sind. Die Daten sind meist aus Verbrennungswärmen abgeleitet. Weiteres Material ist der Tab. Verbrennungswärmen (198) zu entnehmen.

Umwandlung	Wärmetönung in kg-Kal. pro Grammolekül	Beobachter
Acetylcumarinsäure → Acetylcumarsäure	4 Kal.	Roth u. Stoermer
1-Aethylen-4-methyl-4-dichlormethyldihydrobenzol → 1-Methyl-4^2, 4^2-dichlorisopropylbenzol	20,9	Roth (1) (direkt)
Äthylcumarinsäure → Aethylcumarsäure	6,6	Roth u. Stoermer
Allocinnamylidenessigsäure → Cinnamylidenessigsäure . .	8,9 Kal.	Riiber u. Schetelig
Allo-p-methoxyzimtsäure → p-Methoxyzimtsäure	ca. 9	Roth u. Stoermer
Allozimtsäure → Zimtsäure . .	5,2	Stohmann (1)
„ „	> 6	Roth (3)
„ → Polyzimtsäure	26,5	Stohmann (1)
Allozimtsäure → α-Truxillsäure	12,2	„
„ → β- „	7,4	„

Jorissen.

Umwandlungswärmen.

Umwandlungswärme einiger Isomeren und Polymeren.

Umwandlung	Wärmetönung in kg-Kal. pro Grammolekül	Beobachter
Ammoniumcyanat → Harnstoff	8,3 Kal.	Berthelot
Ammoniumrhodanid → Thioharnstoff	9,8	„
Angelicasäure → Tiglinsäure	8,5	Stohmann (1)
2 Anthracen → Dianthracen .	−10 bis 20	Weigert*)
n-Butylcumarinsäure → n-Butylcumarsäure	6,8	Roth u. Stoermer
Chlorcyan (flüss.) → Cyanurchlorid (fest)	28,63	Lemoult
Cinnamylidenmalonsäure → Diphenyltetramethylenbismethylenmalonsäure	praktisch Null	Riiber u. Schetelig
Citraconsäure → Mesaconsäure	4,4	Luginin
„ → „	2,5	Stohmann (1)
„ → Itaconsäure .	5,7	Luginin
Cyanamid → Dicyanamid . .	7,1	Lemoult
„ → Cyanuramid . .	15,5	„
Cyansäure (flüss.) → Cyanursäure (fest)	30,4	„
„ „ → Cyamelid (fest) . . .	33,5	„
Cyanursäure → Cyamelid . .	3,1	Lemoult
„ → „ . .	9,8	Troost u. Hautefeuille
Dierucin → Dibrassidin . . .	25,8	Stohmann u. Langbein
Diphenylbernsteinsäure α → β	3,5	Stohmann (2)
Erucasäure → Brassidinsäure .	7,2	Stohmann u. Langbein
Geraniolen → Cyclogeraniolen .	18	Roth (2)
Glucose → d-Fructose . . .	1,3	Berthelot
ψ-Jonon → α- u. β-Jonon .	14	Roth (2)
Isocyansäureäthylester (flüss.) → Isocyanursäureäthylester (fest)	34,9	Lemoult
Isocyansäuremethylester (flüss.) → Isocyanursäuremethylester (fest)	34,7	Lemoult

Umwandlung	Wärmetönung in kg-Kal. pro Grammolekül	Beobachter
Maleinsäure → Fumarsäure . .	6,2 Kal.	Stohmann, Kleber u. Langbein
„ → „ . .	8,2	Luginin
„ → „ . .	8,3	Ossipoff (1)
Maleinsäuredimethylester → Fumarsäuredimethylester . .	4,9	„ (2)
1-Methyl-1 dichlormethyl-cyclohexadien-2,5-methencarbonsäure → β, β-Dichlor-α-p-tolylpropionsäure	14,2	Roth (4) (direkt)
Methylcumarinsäure → Methylcumarsäure	6,2	Roth u. Stoermer
1-Methylen-4-methyl-4-dichlormethyldihydrobenzol → 1-Methyl-4^2, 4^2-dichloräthylbenzol (92°)	27,6	Roth (direkt)
Methylrhodanid → Methylsenföl	6,8	Thomsen
Opianoximsäureanhydrid → Hemipinimid	52,6	Stohmann (3)
„ → Hemipinimid	50,7	Roth (1)
„ → „	51,1	„ (direkt)
n-Propylcumarinsäure → n-Propylcumarsäure	6,0	Roth u. Stoermer
Salicylsäure → p-Oxybenzoesäure	3,6	Stohmann, Kleber u. Langbein
Silbercyanat → Silbercyanurat	5,3	Lemoult
Trierucin → Tribrassidin . .	29,5	Stohmann u. Langbein
Zimtsäure → α-Truxillsäure .	7,0	Stohmann (1)
	1,1	Riiber u. Schetelig

Aromatische Allylderivate → Propenylderivate (z. B. Eugenol → Isoeugenol) 9—10 kg-Kal. Stohmann und Langbein, Journ. prakt. Ch. (2) **46**, 530; 1892 (vergl. Tab. 198 k).

Literatur.

Berthelot, Thermochimie II; 1897.
„ u. **Petit**, C. r. **108**, 1217; 1889.
Hautefeuille, cf. **Troost**.
Lemoult, Ann. chim. phys. (7) **16**, 338; 1899.
Luginin, Ann. chim. phys. (6) **23**, 179; 1891.
Ossipoff, (1), Journ. Soc. chim. Russe **22**, [1], 320; 1890.
„ (2), Ann. chim. phys. (6) **20**, 385; 1890.
Petit, cf. **Berthelot**.
Riiber u. **Schetelig**, ZS. ph. Ch. **48**, 349; 1904.
Roth (1), ZS. Elch. **16**, 654; 1910.
„ (2), „ „ **17**, 791; 1911.
„ (3), „ „ **18**, 100; 1912.
Roth (4), unveröffentlicht.
Roth u. **Stoermer**, unveröffentlicht.
Stohmann (1), Journ. prakt. Ch. (2) **42**, 373; 1890.
„ (2), ZS. ph. Ch. **6**, 348; 1890.
„ (3), Ber. chem. Ges. **25**, 89; 1892.
„ u. **Langbein**, Journ. prakt. Chem. (2) **42**, 367; 1890.
„ **Kleber** u. **Langbein**, Journ. prakt. Chem. (2) **40**, 216; 1889.
Thomsen, Thermoch. Unters. IV; 1886.
Troost u. **Hautefeuille**, C. r. **69**, 48; 1869.
Weigert, ZS. Elch. **16**, 662; 1910.
*) „ berechnet aus Gleichgewichten, Ber. chem. Ges. **42**, 853; 1909, —20 kg-Kal.

188

Bildungswärme der wichtigsten Verbindungen der Nichtmetalle

in Kalorien, deren eine 1 kg Wasser um einen Grad (bei Thomsen von 18 auf 19°, bei Berthelot und seinen Mitarbeitern von 15 auf 16°) erwärmt. Die Zahlen gelten für **eine Grammmolekel** der einzelnen Verbindungen. Sind die Elemente bei dem Verbindungsvorgang gasförmig, so sind ihre Symbole in runde, sind sie dagegen fest, so sind ihre Symbole in eckige Klammern gesetzt; steht das Symbol ohne Klammer, so nimmt das Element im flüssigen Zustande an dem Verbindungsvorgang teil; z. B. bedeutet (Br) gasförmiges, Br flüssiges, [Br] festes Brom. — **B.** bedeutet Berthelot, **Th.** Thomsen, Th. U. Thermische Untersuchungen (**Th.**), Thch. Thermochimie (**B.**).

Die von Berthelot in den zitierten Originalabhandlungen mitgeteilten Zahlenwerte weichen häufig nicht unbeträchtlich von denjenigen ab, die in seiner Thermochimie veröffentlicht sind. In zweifelhaften Fällen sind die letzteren in die Tabellen aufgenommen worden.

I. Wasserstoffverbindungen.

a) Einwertige Elemente.

Lösungswärme des Chlors (für Cl_2): 4,87 Kal. (**Th.**, Termokem. Res., 15); 3,0 Kal. (**B.**, Ann. chim. phys. (5) **5**, 322; 1875); 4,97 Kal. (**Baker**, Proc. Roy. Soc. London **68**, 3; 1901).

„ „ Broms (für Br_2): 1,08 Kal. (19,6°: 1 Mol = 160 g Brom in 240 bis 430 Mol Wasser) (**Th.**, Th. U. **2**, 26).

„ „ Jods in verschiedenen Lösungsmitteln, Thch. **2**, 55, 56. Vergl. ferner **Waentig**, ZS. ph. Ch. **68**, 539; 1909.

Name	Formel	Entstanden aus	Bildungswärme, falls die Verbindung				Literaturnachweis
			gasförmig	flüssig	fest	gelöst	
Chlorwasserstoff . .	HCl	(H)+(Cl)	+22,00			+39,31[1]	**Th.**, Th. U. **2**, 20.
„ . .	„	„	+22,0			+39,4	**B.**, Thch. **2**, 48.
„ . .	„	„	+26,0 bei 2000°				„
Bromwasserstoff . .	HBr	(H)+Br (bei 18–20°)	+8,44			+28,38	**Th.**, Th. U. **2**, 28.
„ . .	„	(H)+Br, Aq				+27,84	**Th.**, Th. U. **2**, 24.
„ . .	„	(H)+Br	+8,6			+28,6[2]	**B.**, Ann. chim. phys. (5) **13**, 16; 1878. – Thch. **2**, 53.
Jodwasserstoff . . .	HJ	(H)+[J]	—6,04			+13,17	**Th.**, Th. U. **2**, 36.
„ . . .	„	„	—6,4			+13,2[3]	**B.**, Ann. chim. phys. (5) **13**, 17; 1878.
Fluorwasserstoff . .	HF	(H)+(F)	+38,5	+45,7		+50,3	**B.** u. **Moissan**, Ann. chim. phys. (6) **23**, 570; 1891.
b) Zweiwertige Elemente.							
Wasser (vergl. auch Tab. 198) .	H_2O	2 (H)+(O) bei 18°		+68,36			**Th.**, Th. U. **2**, 52.
„	„	„ „ 0°		+68,25			**Schuller** u. **Wartha**, Wied. Ann. **2**, 381; 1877.
„	„	„ „ 0°		+68,43			**v. Than**, Wied. Ann. **14**, 422; 1881.
„	„	„ „ 0°	+58,1 bei 0°	+69,0 bei 0°	+70,4 bei 0°		**B.** u. **Matignon**, Ann. chim. phys. (6) **30**, 553; 1893.
„	„	„ „ 0°	+50,6 bei 2000°				**B.**, Thch. **2**, 46.
„	„	„ „ 0°	+37,1 bei 4000°				
„	„	„ bei +18,2°		+68,150			**Rümelin**, ZS. ph. Ch. **58**, 455; 1907.
Wasserstoffperoxyd	H_2O_2	$(H_2)+(O_2)$+Aq				+45,30	**Th.**, Th. U. **2**, 59.
„	„	„				+47,3	**B.**, Thch. **2**, 46.
„	„	H_2O+(O)+Aq				—23,06	**Th.**, Th. U. **2**, 59.

[1]) Über die Wärmeentwicklung beim Lösen von Chlorwasserstoff in verschiedenen Wassermengen s. Tab. 193, über die beim Lösen in Alkohol, Essigsäure und Essigäther s. **B.**, Ann. chim. phys. (5) **15**, 229; 1878; über Wasserstoffperchlorid s. **B.**, Ann. chim. phys. (5) **22**, 462; 1881; über Wasserstoffchlorbromid, $HClBr_2$, s. **B.**, Ann. chim. phys. (6) **7**, 414; 1886; über Wasserstoffjodchlorid, $HClJ_2$, s. **B.**, Thch. **2**, 51.

[2]) Über die Wärmeentwicklung beim Lösen von Bromwasserstoff in verschiedenen Mengen Wasser s. Tab. 193, beim Lösen in Alkohol s. **B.**, Ann. chim. phys. (5) **9**, 347; 1876; über Wasserstoffperbromid s. **B.**, Ann. chim. phys. (6) **19**, 522; 1890.

[3]) Über die Wärmeentwicklung beim Lösen von Jodwasserstoff in verschiedenen Wassermengen s. Tab. 193; über Wasserstoffperjodid s. **B.**, Thch. **2**, 58.

H. Böttger.

Bildungswärme der wichtigsten Verbindungen der Nichtmetalle.

Name	Formel	Entstanden aus	Bildungswärme, falls die Verbindung gasförmig	flüssig	fest	gelöst	Literaturnachweis
Wasserstoffperoxyd	H_2O_2	$(H_2)+(O_2)$		+46,84			**de Forcrand**, C. r. **130**, 1620; 1900.
„	„	$(H_2)+(O_2)+Aq$				−23,06	**deForcrand**, Ann. chim. phys. (8) **15**, 466; 1909.
Schwefelwasserstoff	H_2S[1]	2(H)+[S] rhomb.	+2,73			+7,29	**Th.**, Th. U. **4**, 188.
Wasserstoffpersulfid	H_2S_{n+1}	(H_2S)+n[S]		−5,3			**Sabatier**, Ann. chim. phys. (5) **22**, 85; 1881.
Selenwasserstoff . .	H_2Se	2(H)+[Se] amorph	−19,4			−10,1	**Fabre**, Ann. chim. phys. (6) **10**, 489; 1887.
„ . .	„	2(H)+[Se] kryst.	−25,1			−15,8	„
Tellurwasserstoff . .	H_2Te	2(H)+[Te] kryst.	−34,9				**B. u. Fabre**, Ann. chim. phys. (6) **14**, 108; 1888.
		c) Dreiwertige Elemente.					
Ammoniak	NH_3	(N)+3(H)	+11,89			+20,32	**Th.**, Th. U. **2**, 73.
„	„	„	+12,2			+21,0[2]	**B.**, Ann. chim. phys. (5) **20**, 252; 1880.
Hydroxylamin . . .	$NH_2(OH)$	(N)+3(H)+(O)+Aq				+24,29	**Th.**, Th. U. **2**, 83.
„ . . .	„	„			+27,6	+23,8	**B. u. André**, Ann. chim. phys. (6) **21**, 389; 1880; Ann. chim, phys. (6) **27**, 303; 1893.
„ Chlorhydrat	$NH_2(OH).HCl$	(N)+4(H)+(O)+(Cl)			+76,5	+72,9	**Th.**, Th. U. **2**, 84.
„ „	„	„			+75,9	+72,6	**B.**, Ann. chim. phys. (5) **10**, 438; 1887.
„ Sulfat	$[NH_2(OH)]_2.H_2SO_4$	2(N)+8(H)+[S] rhomb. +6(O)			+281,9	+280,9	**Th.**, Th. U. **2**, 406.
„ „	„	„			+280,1	+279,1	**B.**, Thch. **2**, 70.
„ Nitrat	$NH_2(OH).HNO_3$	2(N)+4(H)+4(O)				+82,8	**Th.**, Th. U. **2**, 406.
„ „	„	„			+87,7	+81,8	**B.**, Thch. **2**, 70.
Hydrazin	N_2H_4	2(N)+4(H)+Aq				+1,7	**B. u. Matignon**, Ann. chim. phys. (6) **27**, 284; 1892; (6) **28**, 138; 1893.
„ Hydrat . . .	$N_2H_4.H_2O$	2(N)+6(H)+(O)			+64,4	+66,3	**Bach**, ZS. ph. Ch. **9**, 256; 1892.
„ „ . . .	„	„		+67,3		+69,2	**B.**, Thch. **2**, 70.
„ Sulfat . . .	$N_2H_4.H_2SO_4$	2(N)+6(H)+[S] rhomb. +4(O)			+228,1	+219,4	**B. u. Matignon**, Ann. chim. phys. (6) **27**, 289; 1892; (6) **28**, 138; 1893.
„ „ . . .	„	„			+229,6	+221,1	**Bach**, ZS. ph. Ch. **9**, 257; 1892.
„ „ . . .	$(N_2H_4)_2.H_2SO_4$	4(N)+10(H)+[S] rh. +4(O)+Aq				+230,3	„
„ Chlorhydrat	$N_2H_4.HCl$	2(N)+5(H)+(Cl)			+88,0	+93,4	**B. u. Matignon**, Ann. chim. phys. (6) **27**, 289; 1892; (6) **28**, 138; 1893.
„ „	„	„			+52,2	+46,8	**Bach**, ZS. ph. Ch. **9**, 257; 1892.
„ Bichlorhydrat	$N_2H_4.2HCl$	2(N)+6(H)+2(Cl)			+93,7	+87,5	**B. u. Matignon**, Ann. chim. phys. (6) **27**, 284; 1892; (6) **28**, 138; 1893.
„ „	„	„			+98,5	+92,3	**Bach**, ZS. ph. Ch. **9**, 257; 1892.
„ Nitrat . . .	$N_2H_4.HNO_3$	3(N)+5(H)+3(O)				+56,7	„
Stickstoffwasserstoffsäure	N_3H	3(N)+(H)+Aq				+58,2	**B. u. Matignon**, Ann. chim. phys. (6) **27**, 289; 1892; (6) **28**, 138; 1893. (Nach **B.**, Thch. **2**, 72.)

[1]) Nach **Pollitzer** (ZS. anorg. Ch. **69**, 140; 1909) gilt: $(H_2)+[S]=(H_2S)$ +5,00 Kal.
[2]) Lösungswärme des Ammoniaks in verschiedenen Mengen Wasser s. Tab. 193.

Bildungswärme der wichtigsten Verbindungen der Nichtmetalle.

Name	Formel	Entstanden aus	Bildungswärme, falls die Verbindung gasförmig	flüssig	fest	gelöst	Literaturnachweis
Ammoniumazid . .	N_4H_4	4(N)+4(H)			−19,0	−26,1	**B.**, Thch. **2**, 72.
Phosphorwasserstoff (gasf.)	PH_3	[P] weiß + 3(H)	+ 4,9[1])				**Ogier**, Ann. chim. phys. (5) **20**, 14, 1880.
„	„	„	+ 5,8				**Lemoult**, C. r. **145**, 374; 1907.
Phosphoniumbromid	PH_4Br	[P] weiß + 4(H) +(Br)			+40,3[1])		**Ogier**, Ann. chim. phys. (5) **20**, 61; 1880.
„ jodid .	PH_4J	[P] weiß + 4(H)+(J)			+28,1[1])		**Ogier**, Ann. chim. phys. (5) **20**, 59; 1880.
Phosphorwasserstoff (fest)	$P_{12}H_6$	12[P] weiß + 6(H)			+53,4[1])		**Ogier**, Ann. chim. phys. (5) **20**, 16; 1880.
Arsenwasserstoff . .	AsH_3	[As] kryst. + 3(H)	+44,2[1])				**Ogier**, Ann. chim. phys. (5) **20**, 18; 1880.
Antimonwasserstoff	SbH_3	[Sb]+3(H)	−33,96 (−142,2 K.J.)				**Stock** u. **Wrede**, Ber. chem. Ges. **41**, 540; 1908.

d) Vierwertige Elemente.

Name	Formel	Entstanden aus	gasförmig	flüssig	fest	gelöst	Literaturnachweis
Methan	CH_4	[C] Diamant + 4(H)	+21,75				**Th.**, Th. U. **2**, 97.
„	„	„	+18,9				**B.**, Ann. chim. phys. (5) **23**, 179; 1881. **B.**, Thch. **1**, 80. **B. u. Matignon**, Ann. chim. phys. (6) **30**, 555; 1893.
Äthan	C_2H_6	2[C]+6(H)	+28,56				**Th.**, Th. U. **2**, 97.
„	„	„	+23,3				**B. u. Matignon**, Ann. chim. phys. (6) **30**, 559; 1893. **B.**, Ann. chim. phys. (5) **23**, 180; 1881.
Äthylen	C_2H_4	2[C]+4(H)	− 2,71				**Th.**, Th. U. **2**, 97.
„	„	„	−14,6				**B. u. Matignon**, Ann. chim. phys. (6) **30**, 557; 1893. **B.**, Ann. chim. phys. (5) **23**, 180; 1881.
Acetylen	C_2H_2	2[C]+2(H)	−47,77				**Th.**, Termokemiske Resultater 182.
„	„	„	−58,1				**B. u. Matignon**, Ann. chim. phys. (6) **30**, 556; 1893. **B.**, Ann. chim. phys. (5) **23**, 181; 1881.
„	„	„ (bei 20°)	−53,88[2])				**Mixter**, Sill. Journ. (4) **22**, 13; 1906.
Siliciumwasserstoff	SiH_4	[Si] kryst. + 4(H)	− 6,7[1])				**Ogier**, Ann. chim. phys. (5) **20**, 31; 1880.

II. Sauerstoffverbindungen.

a) Einwertige Elemente.

Name	Formel	Entstanden aus	gasförmig	flüssig	fest	gelöst	Literaturnachweis
Chlormonoxyd . . .	Cl_2O	2(Cl)+(O)	−17,93			− 8,49	**Th.**, Th. U. **2**, 134.
„ . . .	„	„	−15,1			− 5,7	**B.**, Ann. chim. phys. (5) **5**, 338; 1875.
Unterchlorige Säure	$HClO$	(Cl)+(O)+(H)+Aq				+ 29,93	**Th.**, Th. U. **2**, 134.
„	„	„				+ 31,65	**B.**, Ann. chim. phys. (5) **5**, 338; 1875.
Chlorsäure	$HClO_3$	(Cl)+3(O)+(H) +Aq				+ 23,94	**Th.**, Journ. prakt. Ch. (2) **11**, 137; Th. U. **2**, 142.
„	„	„				+ 22,0	**B.**, Ann. chim. phys. (5) **10**, 378; 1877.

[1]) Diese Zahl hat B. (Thch. **2**, 73, 74) aus den thermochemischen Messungen von Ogier unter Benutzung besserer Grundwerte berechnet. — [2]) Besondere Kohlenstoffmodifikation vergl. Tab. 198 a.

H. Böttger.

Bildungswärme der wichtigsten Verbindungen der Nichtmetalle.

Name	Formel	Entstanden aus	Bildungswärme, falls die Verbindung gasförmig	flüssig	fest	gelöst	Literaturnachweis
Überchlorsäure . . .	$HClO_4$	(Cl) + 4(O) + (H)		+ 18,8		+ 39,1	**B.,** Ann. chim. phys. (5) **27**, 219; 1882.
Unterbromige Säure	$HBrO$	Br+(O)+(H)+Aq				+ 26,68	**Th.,** Termokemiske Resultater 186.
„	„	„				+ 29,1	**B.,** Ann. chim. phys. (5) **13**, 19; 1878.
Bromsäure	$HBrO_3$	Br+3(O)+(H)+Aq				+ 12,42	**Th.,** Journ. prakt. Ch. (2) **11**, 145; Th. U. **2**, 152.
„	„	„				+ 12,5	**B.,** Ann. chim. phys. (5) **13**, 19, 1878. Thch. **2**, 85.
Jodpentoxyd	J_2O_5	2[J] + 5(O)			+ 45,03	+ 43,24	**Th.,** Pogg. Ann. **151**, 198; Journ. prakt. Ch. (2) **11**, 147; Th. U. **2**, 158.
„	„	„			+ 48,0		**B.,** Ann. chim. phys. (3) **13**, 26; 1878.
Jodsäure	HJO_3	[J] + 3(O) + (H)			+ 57,96	+ 55,80	**Th.,** Pogg. Ann. **151**, 198; Journ. prakt. Ch. (2) **11**, 147; Th. U. **2**, 158.
„	„	„			+ 60,4	+ 57,7	**B.,** Ann. chim. phys. (5) **13**, 24; 1878.
„	„	2[J] + 5(O) + H_2O + Aq				+ 2 × 23,2	„
Überjodsäure	H_5JO_6	[J] + 6(O) + 5(H)			+185,78	+184,40	**Th.,** Journ. prakt. Ch. (2) **11**, 150; Th. U. **2**, 166.
„	HJO_4	[J]+4(O)+(H)+Aq				+ 47,68	**Th.,** Journ. prakt. Ch. (2) **11**, 150; Th. U. **2**, 165.
		b) Zweiwertige Elemente.					
Schwefeldioxyd [1]) .	SO_2	[S][2]) + 2(O)	+71,08	+ 77,28		+ 78,78	**Th.,** Th. U. **2**, 251 u. 403.
„ .	„	„	+69,26	+ 74,7		+ 77,6	**B.,** Ann. chim. phys. (5) **22**, 428; 1881.
Schwefeltrioxyd . .	SO_3	[S][2]) + 3(O)		+103,24		+142,41	**Th.,** Th. U. **2**, 254.
„ . .	„	„	+91,9		+103,7	+141,0	**B.,** Thch. **2**, 91.
Schwefelheptoxyd .	S_2O_7	2[SO_3] + O			— 9,71	+ 47,0	**Giran,** C. r. **140**, 1704; 1905.
Schwefelsäure . . .	H_2SO_4	[S][2]) + 4(O) + 2(H)		+192,92		+210,77[3])	**Th.,** Th. U. **2**, 255.
„ . . .	„	SO_3 + H_2O		+ 21,3		+ 39,17	„
„ . . .	„	[S][2]) + 4(O) + 2(H)		+192,2	+193,1	+210,1	**B.,** Thch. **2**, 92.
„ . . .	„	[S_2O_7] + Aq				+ 56,71	**Giran,** C. r. **140**, 1704; 1905.
„	„	$H_2S_2O_7$ + Aq				+ 54,3	„ „ „
Thioschwefelsäure .	$H_2S_2O_3$	2[S][2]) + 3(O) + 2(H) + Aq				+137,83	**Th.,** Th. U. **2**, 259.
„ .	„	„				+141,7	**B.,** Ann. chim. phys. (6) **17**, 460; 1893.
Überschwefelsäure .	$H_2S_2O_8$	2[S][2]) + 8(O) + 2(H) + Aq				+316,4	**B.,** Ann. chim. phys. (6) **26**, 549; 1893.
Dithionsäure	$H_2S_2O_6$	2[S][2]) + 6(O) + 2(H) + Aq				+279,44	**Th.,** Th. U. **2**, 404.
Trithionsäure	$H_2S_3O_6$	3[S][2]) + 6(O) + 2(H) + Aq				+272,9	**B.,** Ann. chim. phys. (6) **17**, 449; 1889.
Tetrathionsäure . .	$H_2S_4O_6$	4[S][2]) + 6(O) + 2(H) + Aq				+260,79	**Th.,** Th. U. **2**, 404.
„ . .	„	„				+261,2	**B.,** Ann. chim. phys. (6) **17**, 454; 1889.
Pentathionsäure . .	$H_2S_5O_6$	5[S][2]) + 6(O) + 2(H) + Aq				+266,3	**B.,** Ann. chim. phys. (6) **17**, 460; 1889.
„ . .	„	5[S][2]) + 5(O) + Aq				+183,11	**Th.,** Th. U. **2**, 265.

[1]) Über die Verbrennungswärme des Schwefels unter verschiedenen Drucken s. **Giran**, C. r. **139**, 219; 1905.
[2]) Die Zahlen gelten für rhombischen Schwefel.
[3]) Über Lösungs- und Verdünnungswärme der Schwefelsäure s. Tab. 193.

H. Böttger.

Bildungswärme der wichtigsten Verbindungen der Nichtmetalle.

Name	Formel	Entstanden aus	Bildungswärme, falls die Verbindung gasförmig	flüssig	fest	gelöst	Literaturnachweis
Hydroschwefl. Säure	$H_2S_2O_4$	2[S][1] + 4(O) + 2(H) + Aq				+156,1	**B.**, Ann. chim. phys. (5) **10**, 393; 1877.
Selendioxyd	SeO_2	[Se][2] + 2(O)			+ 57,08	+ 56,34	**Th.**, Th. U. **2**, 272.
Selenige Säure	H_2SeO_3	[Se][2] + 3(O) + 2(H)				+124,5	**Th.**, Th. U. **2**, 274.
Selensäure	H_2SeO_4	[Se][2] + 4(O) + 2(H) + Aq		+128,22		+145,02	**Th.**, Th. Termokemiske Resultater 198.
Tellurige Säure	H_2TeO_3	[Te] + 3(O) + 2(H)			+145,6		**Th.**, Th. U, **2**. 276.
Telursäure	H_2TeO_4	[Te] + 4(O) + 2(H)				+166,74	**Th.**, Th. U. **2**, 278.
		c) Dreiwertige Elemente.					
Stickstoffoxydul[3]	N_2O	2(N) + (O)	—17,74				**Th.**, Th. U. **2**, 194.
„	„	„	—20,6	— 18,0		— 14,4	**B.**, Ann. chim. phys. (5) **20**, 260; 1880.
Untersalpetr. Säure	$H_2N_2O_2$	2(N) + 2(O) + 2(H) + Aq				+ 4,4	**B.**, Ann. chim. phys. (6) **18**, 574; 1889.
Stickstoffoxyd	NO	(N) + (O)	—21,57				**Th.**, Th. U. **2**, 197.
„	„	„	—21,6				**B.**, Ann. chim. phys. (5) **20**, 260; 1880.
Stickstofftrioxyd	N_2O_3	2(N) + 3(O)	—21,4				**B.**, Ann. chim. phys. (5) **6**, 173; 1875; (5) **20**, 262; 1880.
Salpetrige Säure	HNO_2	(N)+2(O)+(H)+Aq				+ 30,77	**Th.**, Th. U. **2**, 197.
„	„	„				+ 30,3	**B.**, Ann. chim. phys. (5) **6**, 162; 1875; (5) **20**, 262; 1880.
Stickstoffperoxyd	N_2O_4 u. NO_2	2(N) + 4(O)[4]	— 2,65				**Th.**, Termokemiske Resultater 203.
„	„	(N) + 2(O)	— 8,125				„
„	„	2(N)+4(O)[4] bei 22°	— 1,7	+ 2,6			**B.**, Thch. **2**, 106.
„	„	„ „ 150°	— 7,6				„
„	„	„ „ 200°	— 7,9				„
Stickstoffpentoxyd	N_2O_5	2(N) + 5(O)	— 1,2	+ 3,6	+ 11,9	+ 28,6	**B.**, Ann. chim. phys. (5) **6**, 170; 1875.
Salpetersäure	HNO_3	(N) + 3(O) + (H)		+ 41,60		+ 49,1[5]	**Th.**, Th. U. **2**, 199.
„	„	„	+34,4	+ 41,6	+ 42,2	+ 48,8	**B.**, Ann. chim. phys. (5) **6**, 151; 1875.
„	„	2(N) + 5(O) + H_2O		+7,3×2		+14,91×2	**Th.**, Th. U. **2**, 199.
Unterphosphorige Säure	H_3PO_2	[P] + 2(O) + 3(H)		+137,66	+139,97	+139,80	**Th.**, Th. U. **2**, 225.
Phosphorige Säure	H_3PO_3	[P] + 3(O) + 3(H)		+224,63	+227,70	+227,57	„
Pyrophosphorige Säure	$H_4P_2O_5$	2[P] + 5(O) + 4(H) + Aq				+383,7	**Amat**, Ann. chim. phys. (6) **24**, 371; 1891.
Phosphorpentoxyd	P_2O_5	2[P] + 5(O)			+369,9[5]	+405,5	**Th.**, Th. U. **2**, 226.
„	„	„			+369,4	+403,8	**Giran**, C. r. **136**, 550; 1903.
Orthophosphorsäure	H_3PO_4	[P] + 4(O) + 3(H)		+300,08	+302,60	+305,29	**Th.**, Th. U. **2**, 225.
„	„	„		+303,3	+305,8	+308,5	**Giran**, C. r. **136**, 552; 1903.
Pyrophosphorsäure	$H_4P_2O_7$	2[P] + 7(O) + 4(H)		+533,4	+535,7	+543,6	„
Metaphosphorsäure	HPO_3	[P] + 3(O) + (H)			+226,6	+236,7	„
Arsentrioxyd	As_2O_3	2[As] + 3(O)			+154,67	+147,12	**Th.**, Th. U. **2**, 236.
„ (porzellanartig)	„	2[As] kryst. + 3(O)			+156,4	+148,9	**B.**, Thch. **2**, 117.
Arsenpentoxyd	As_2O_5	2[As] + 5(O)			+219,38	+225,38	**Th.**, Th. U. **2**, 236.
Arsensäure[6]	H_3AsO_4	[As] + 4(O) + 3(H)			+215,63	+215,23	**Th.**, Th. U. **2**, 236.

[1]) Die Zahlen gelten für rhombischen Schwefel.
[2]) Die Zahlen gelten für amorphes Selen.
[3]) Lösungswärme in Wasser bei 19,4° (bis zur Sättigung) + 4,5 Kal. pro Molekül; **Roth**, unveröffentlicht.
[4]) —2,65 gilt für N_2O_4, —8,125 für NO_2. Die Wärmeentwicklung bei der Einwirkung von Stickstoffperoxyd auf Wasser: N_2O_4 + Aq beträgt + 15,5 Kal. (**Th**, Th. U. **2**, 189). Oxydationswärme bei Gegenwart von Wasser: N_2O_4 + O + Aq = 2 HNO_3 verdünnt + 33,8 Kal. (**Th.**, Th. U. **2**, 191).
[5]) Die Zahl wird von **Th.** nur als annähernd richtig bezeichnet.
[6]) Über die Wärmeentwicklung bei der Einwirkung von Natrium auf Arsensäure und Monomethylarsensäure s. **Baud** u. **Astruc**, C. r. **144**, 1345; 1907.

H. Böttger.

Bildungswärme der wichtigsten Verbindungen der Nichtmetalle.

Name	Formel	Entstanden aus	Bildungswärme, falls die Verbindung gasförmig	flüssig	fest	gelöst	Literaturnachweis
Antimonpentoxyd .	Sb_2O_5	2[Sb] + 5(O)			+229,6		**Mixter,** Sill. Journ. (4) **28**, 108; 1909.
Antimontetroxyd .	Sb_2O_4	2[Sb] + 4(O)			+209,8		„
Antimontrioxyd . .	Sb_2O_3	2[Sb] + 3(O)			+163,0		„
Antimonige Säure .	H_3SbO_3	2[Sb]+3(O)+3H_2O			+167,42		**Th.,** Th. U. **2**, 241.
Antimonsäure . . .	H_3SbO_4	2[Sb]+5(O)+3H_2O			+228,78		**Th.,** Th. U. **2**, 242.
Wismuthydroxyd [1])	$Bi(OH)_3$	2[Bi]+ 3(O)+3H_2O			+137,74		**Th.,** Termokemiske Resultater 212.
„	„	„			+139,2		**B.,** Thch. **2**, 128.
Bortrioxyd	B_2O_3	2[B] amorph + 3(O)			+272,6	+279,9	**B.,** Ann. chim. phys. (5) **15**, 217; 1878.
Borsäure	H_3BO_3	[B_2O_3] + 3H_2O			+8,4×2		**B.,** Ann. chim. phys. (5) **17**, 133; 1879.
		d) Vierwertige Elemente.					
Kohlenoxyd	CO	[C] amorph + (O)	+ 29,00				**Th.,** Th. U. **2**, 289.
„	„	[C] Diamant + (O)	+ 26,1				**B.,** Ann. chim. phys. (5) **13**, 14; 1878; **20**, 260; 1888; **23**, 177; 1881. **B. u. Matignon,** Ann. chim. phys. (6) **30**, 555; 1893.
Kohlendioxyd . . .	CO_2	[C] amorph + 2(O)	+ 96,96			+102,84	**Th.,** Th. U. **2**, 283.
„ (vergl. auch Tab. 198.)	„	„	+ 97,65			+103,25	**B. u. Petit,** Ann. chim. phys. (6) **18**, 89; 1889.
„ . . .	„	„	+ 96,40				**Gottlieb,** J. pr. Ch. **28**, 420; 1883.
„ . . .	„	[C] Graphit + 2(O)	+ 94,81			+100,41	**B. u. Petit,** Ann. chim. phys. (6) **18**, 98; 1889.
„ . . .	„	[C] Diamant + 2(O)	+ 94,31			+ 99,91	„
Siliciumdioxyd . . .	SiO_2	[Si] kryst. + 2(O)			+191,0		**Mixter,** Sill. Journ. (4) **24**, 130; 1907.
Kieselsäure	—	[Si] amorph + 2(O) + Aq			+184,5		**B.,** Ann. chim. phys. (5) **15**, 214; 1878.
„	—	[Si] kryst. + 2(O) + Aq			+179,6		„
		III. Halogenverbindungen.					
		a) Einwertige Elemente.					
Bromchlorid	BrCl	Br + (Cl)		+ 0,7			**B.,** Ann. chim. phys. (5) **21**, 375; 1880.
Jodchlorür	JCl	[J] + (Cl)		+ 5,82			**Th.,** Th. U. **2**, 307.
„	„	„			+ 6,8		**B.,** Ann. chim. phys. (5) **21**, 373; 1880.
Jodtrichlorid	JCl_3	[J] + 3(Cl)			+ 21,49		**Th.,** Th. U. **2**, 307.
Jodbromid	JBr	[J] + Br			+ 2,5		**B.,** Ann. chim. phys. (5) **21**, 374; 1880.
		b) Zweiwertige Elemente.					
Schwefelchlorür . .	S_2Cl_2	2[S][2]) + 2(Cl)		+ 14,26			**Th.,** Th. U. **2**, 310.
„ . .	„	„	+ 10,9	+ 17,6			**Ogier,** C. r. **92**, 922; 1881.
Thionylchlorid . . .	$SOCl_2$	[S][2]) + (O) + 2(Cl)	+ 40,9	+ 47,4			**Ogier,** C. r. **94**, 84; 1882.
Sulfurylchlorid . . .	SO_2Cl_2	[S][2]) + 2(O) + 2(Cl)		+ 89,78			**Th.,** Th. U. **2**, 312.
„ . . .	„	(SO_2) + 2(Cl)		+ 18,70			„
„ . . .	„	[S][2]) + 2(O) + 2(Cl)	+ 82,8	+ 89,9			**Ogier,** C. r. **94**, 83; 1882.
Chlorsulfonsäure . .	$SO_2(OH)Cl$	[S][2]) + 3(O) + (H) + (Cl)	+127,4	+140,2			„ C. r. **96**, 646; 1883.
Pyrosulfurylchlorid	$S_2O_5Cl_2$	2[S][2]) + 5(O) + 2(Cl)		+159,4			„ C. r. **94**, 85; 1882.
Schwefelbromür . .	S_2Br_2	2[S][2]) + 2Br		+ 2,0			**Ogier,** C. r. **92**, 923; 1881.
Schwefeljodür . . .	S_2J_2	2[S][2]) + 2(J)			+ 13,6		„ C. r. **92**, 922; 1881.
Selenchlorür	Se_2Cl_2	2[Se] amorph + 2(Cl)		+ 22,15			**Th.,** Th. U. **2**, 314.
Selenchlorid	$SeCl_4$	[Se] amorph + 4(Cl)			+ 46,16		**Th.,** Th. U. **2**, 315.
Tellurtetrachlorid .	$TeCl_4$	[Te] + 4(Cl)			+ 77,38		**Th.,** Th. U. **2**, 320.

[1]) Die Bildungswärme der übrigen untersuchten Wismutverbindungen s. Tab. 189.
[2]) Rhombischer Schwefel.

H. Böttger.

Bildungswärme der wichtigsten Verbindungen der Nichtmetaell.

Name	Formel	Entstanden aus	Bildungswärme, falls die Verbindung gasförmig	flüssig	fest	gelöst	Literaturnachweis
			c) Dreiwertige Elemente.				
Phosphortrichlorid .	PCl_3	[P] + 3(Cl)		+ 75,30			**Th.**, Th. U. **2**, 322.
„ . .	„	„	+ 69,7	+ 76,6			**B. u. Luginin**, Ann. chim. phys. (5) **6**, 307; 1875.
Phosphorpentachlorid	PCl_5	[P] + 5(Cl)			+ 104,99		**Th.**, Th. U. **2**, 323.
„ . .	„	„			+ 109,2		**B. u. Luginin**, Ann. chim. phys. (5) **6**, 308; 1875.
Phosphoroxychlorid	$POCl_3$	[P] + (O) + 3(Cl)		+ 145,96			**Th.**, Th. U. **2**, 325.
„	„	„		+ 143,9			**B. u. Luginin**, Ann. chim. phys. (5) **6**, 309; 1875.
Phosphortribromid .	PBr_3	[P] + 3Br		+ 44,8			**B. u. Luginin**, Ann. chim. phys. (5) **6**, 307; 1875.
Phosphorpentabromid	PBr_5	[P] + 5Br			+ 59,05[1]		**Ogier**, C. r. **92**, 85; 1881.
Phosphoroxybromid	$POBr_3$	[P] + (O) + 3Br			+ 105,8[1]		„ C. r. **92**, 85; 1881.
Phosphortrijodid . .	PJ_3	[P] + 3[J]			+ 10,9		„ C. r. **92**, 83; 1881.
Phosphortetrajodid	P_2J_4	2[P] + 4[J]			+ 19,8		„ C. r. **92**, 83; 1881.
Arsentrichlorid . . .	$AsCl_3$	[As] + 3(Cl)		+ 71,39			**Th.**, Th. U. **2**, 327.
Arsentribromid . . .	$AsBr_3$	[As] + 3Br			+ 45,5		**B.**, Ann. chim. phys. (5) **15**, 209; 1878.
Arsentrijodid	AsJ_3	[As] + 3[J]			+ 13,5		„
Antimontrichlorid .	$SbCl_3$	[Sb] + 3(Cl)			+ 91,39		**Th.**, Th. U. **2**, 330.
Antimonpentachlorid	$SbCl_5$	[Sb] + 5(Cl)		+ 104,87			„ **2**, 331.
Antimonoxychlorid .	$Sb_2O_2Cl_2$	2[Sb] + 2(O) + 2(Cl)			+ 179,6		**Guntz**, Ann. chim. phys. (6) **3**, 57; 1884, nach **B.**, Thch. **2**, 147.
„ .	$Sb_4O_5Cl_2$	4[Sb] + 5(O) + 2(Cl)			+ 350,0		„ 147.
Antimontribromid .	$SbBr_3$	[Sb] + 3Br			+ 61,4[1]		**Guntz**, C. r. **101**, 162; 1885.
Antimonjodid . . .	SbJ_3	[Sb] + 3[J]			+ 28,8[1]		„ „
Antimontrifluorid .	SbF_3	[Sb] + 3[F]			+ 141,0		„ Ann. chim. phys. (6) **3**, 52; 1884.
Bortrichlorid	BCl_3	[B] amorph + 3(Cl)	+ 89,1	+ 93,4			**B.**, Thch. **2**, 148.
Bortribromid	BBr_3	[B] amorph + 3Br		+ 43,2			**B.**, Ann. chim. phys. (6) **15**, 217; 1878.
Bortrifluorid	BF_3	[B] amorph + 3(F)	+ 234,8				**Hammerl**, C. r. **90**, 312; 1881, nach **B.**, Thch. **2**, 149.
Borfluorwasserstoffsäure	HBF_4	[B] + 4(F) + (H) + Aq				+ 307,6	**B.**, Thch. **2**, 149.
			d) Vierwertige Elemente.				
Kohlenstofftetrachlorid	CCl_4	[C] amorph + 4(Cl)	+ 21,03	+ 28,2			**Th.**, Th. U. **2**, 355, 411.
„	„	[C] Diamant + 4(Cl)	+ 68,5	+ 75,7			**B. u. Matignon**, Ann. chim. phys. (6) **28**, 134; 1893.
Perchloräthan . . .	C_2Cl_6	2[C] Diamant + 6(Cl)			+ 107,4		**B. u. Matignon**, Ann. chim. phys. (6) **28**, 132; 1893.
Perchloräthylen . .	C_2Cl_4	2[C] amorph + 4(Cl)	— 1,15	+ 6,0			**Th.**, Th. U. **2**, 358, 411.
„ . .	„	2[C] Diamant + 4(Cl)		+ 45,5			**B. u. Matignon**, Ann. chim. phys. (6) **28**, 133; 1893.
Carbonylchlorid . .	$COCl_2$	[C] amorph + (O) + 2(Cl)	+ 55,14				**Th.**, Termokemiske Resultater, 221.
„ . .	„	[C] Diamant + (O) + 2(Cl)	+ 44,1				**B.**, Ann. chim. phys. (5) **17**, 129; 1879.
Siliciumtetrachlorid	$SiCl_4$	[Si] kryst. + 4(Cl)	+ 121,8 ungef.	+ 128,1 ungef.			**B.**, Thch. **2**, 151.
Siliciumtetrabromid	$SiBr_4$	[Si] kryst. + 4Br		+ 71,0			**B.**, Thch. **2**, 153.
Siliciumtetrajodid	SiJ_4	[Si] kryst. + 4[J]			+ 6,7		„ **2**, 154.
Siliciumtetrafluorid	SiF_4	[Si] kryst. + 4(F)	+ 239,8				**Hammerl**, C. r. **90**, 313; 1881, n. **B.**, Thch. **2**, 152.

[1]) Nach den Berechnungen von **B.**, Thch. **2**, 143, 144, 147, 148.

H. Böttger.

Bildungswärme der wichtigsten Verbindungen der Nichtmetalle.

Name	Formel	Entstanden aus	Bildungswärme, falls die Verbindung gasförmig	flüssig	fest	gelöst	Literaturnachweis
Siliciumtetrafluorid	SiF_4	[Si] kryst. + 4(F)	+239,4				**Guntz,** Ann. chim. phys. (6) **3**, 60; 1884.
Kieselfluorwasserstoffsäure	H_2SiF_6	[Si] kryst. + 6(F) + 2(H) + Aq				+ 375,1	**Truchot,** C. r. **98**, 821; 1884.
„	„	„				+ 374,3	**Guntz,** Ann. chim. phys. (6) **3**, 61; 1884.

IV. Schwefelverbindungen.

Name	Formel	Entstanden aus	gasförmig	flüssig	fest	gelöst	Literaturnachweis
Schwefelstickstoff .	NS	(N) + [S] rhomb.			− 31,9		**B. u. Vieille,** Ann. chim. phys. (5) **27**, 204; 1882.
Selenstickstoff . . .	NSe	(N) + [Se]			− 42,3		**B. u. Vieille,** C. r. **96**, 214; 1883.
Phosphorsesquisulfid	P_4S_3	4[P] gelb + 3[S] rh.			+ 77,53		**Giran,** Bull. Soc. chim. (3) **25**, 24; 1906.
Antimontrisulfid, orangerot, feucht	Sb_2S_3	2[Sb] + 3[S] rhomb.			+ 34,4		**B.,** Ann. chim. phys. (6) **10**, 125; 1887.
„ „ trocken	„	„			+ 32,6		**Guinchant u. Chrétien,** C. r. **139**, 51; 1904.
„ lilafarben . . .	„	„			+ 33,9		„
„ schwarz	„	„			+ 38,2		„
Antimonchlorsulfid .	$Sb_4S_5Cl_2$	4[Sb] + 5[S] rhomb. + 2(Cl)			+391,1		**B.,** Thch. **2**, 163.
Bortrisulfid	B_2S_3	2[B] amorph + 3[S] rhomb.			+ 37,9		**Sabatier,** C. r. **112**, 864; 1891.
Schwefelkohlenstoff[1])	CS_2	[C] amorph + 2[S] rhomb.	−26,01	− 19,61			**Th.,** Th. U. **2**, 411.
„	„	[C] Diamant + 2[S] rhomb.	−25,4	− 19,0			**B. u. Matignon,** Ann. chim. phys. (6) **28**, 138; 1893; (6) **22**, 183; 1891.
Carbonylsulfid . . .	COS	[C] amorph + (O) + [S] rhomb.			+ 37,03		**Th.,** Th. U. **2**, 384.

V. Nitride und Carbide.

Name	Formel	Entstanden aus	gasförmig	flüssig	fest	gelöst	Literaturnachweis
Phosphornitrid . . .	P_3N_5	3[P] farblos + 5(N)			+ 81,5		**Stock,** Ber. chem. Ges. **40**, 2923; 1907.
„ . . .	„	3[P] rot + 5(N)			+ 70,4		„
Siliciumcarbid . . . (Karborund)	SiC	[Si] kryst. + [C] amorph			+ 2,0		**Mixter,** Sill. Journ. (4) **24**, 130; 1907.

VI. Cyanverbindungen.

Name	Formel	Entstanden aus	gasförmig	flüssig	fest	gelöst	Literaturnachweis
Dicyan	C_2N_2	2[C] amorph + 2(N)	−65,70				**Th.,** Th. U. **2**, 388.
„	„	2[C] Diamant + 2(N)	−73,9	−68,5		− 67,1	**B.,** Ann. chim. phys. (5) **18**, 347; 1879; **20**, 258; 1880; **23**, 178; 1881.
Cyanwasserstoff . .	HCN[2])	[C] amorph + (N) + (H)	−27,48	−21,78			**Th.,** Th. U. **2**, 389, 412.
„ . .	„	[C] Diamant + (N) + (H)	−30,5	−24,8		− 24,4	**B.,** Ann. chim. phys. (5) **23**, 257; 1881.
Cyanchlorid	CNCl	[C] Diamant + (N) + (Cl)	−35,2	−26,8			**B.,** Thch. **2**, 169.
Cyanjodid	CNJ	[C] Diamant + (N) + [J]			− 39,2	— 42,0	„
Cyansäure[3])	HCNO	[C] Diamant + (N) + (O) + (H) + Aq			ungef.	+ 37,0	**B.,** C. r. **123**, 337; 1896.
Cyanursäure	$H_3C_3N_3O_3$	3[C] Diamant + 3(N) + 3(O) + 3(H)			+165,1	+161,9	**Lemoult,** C. r. **121**, 352; 1895.
Sulfocyanwasserstoff	HCNS	[C] Diamant + (N) + [S] rhomb. + (H) + Aq				— 18,5	**Joannis,** Ann. chim. phys. (5) **26**, 540; 1882, nach **B.** Thch. **2**, 174.

[1]) Nach **Koref**, ZS. anorg. Ch. **66**, 88; 1910 gilt: [C] + (S) = (CS_2) + 12,5 Kal. (Aus Gleichgewichten berechnet.)

[2]) Über die Bildungswärme der Metallcyanide s. bei den einzelnen Metallen (Tab. 189).

[3]) Cyanamid s. S. 861, Nr. [56]).

H. Böttger.

189

Bildungswärme der Metallverbindungen pro Gramm-Molekül

in Kalorien, deren eine 1 kg Wasser (bei den von Thomsen (Th.) ausgeführten Messungen von 18° auf 19°, bei den von Berthelot (B.) und seinen Mitarbeitern ausgeführten von 15° auf 16°) erwärmt. Die Metalle sind nach dem periodischen System geordnet. Die Stoffe sind in dem Aggregatzustand angenommen, den sie bei gewöhnlicher Temperatur besitzen. In einzelnen Fällen ist der feste Aggregatzustand durch eine eckige, der gasförmige durch eine runde Klammer bezeichnet: [J] festes Jod, (J) gasförmiges Jod. Die eingeklammerte Zahl hinter dem Namen des Beobachters B. oder Th. bezeichnet die Seite der Abhandlung, auf welche durch die rechts oben stehende Zahl im Literaturverzeichnis hingewiesen ist. Die von Petersen, Favre, Varet u. e. a. Autoren angegebenen Zahlen sind meist auf eine (oder zwei) Dezimalstellen abgerundet.

Reihenfolge der Metalle: Li. Na. K. Rb. Cs. NH_4. Ca. Sr. Ba. Be. Mg. Zn. Cd. Al. Nd. Cr. W. Mo. U. Mn. Fe. Co. Ni. Cu. Ag. Au. Hg. Tl. Pb. Sn. Ti. Th. Zr. Bi. Pd. Pt. — Legierungen.

Lit. s. S. 882.

Reaktionsgleichung	Wärmeentwicklung in kg-Kal.
Lithium. *Li=7,03 (Th.); 7 (B.).*	
Li+H_2O+Aq=LiOH, Aq+H [1]	49,08
„ [2]	53,20
2Li+O=Li_2O [3]	140,0
„ [4]	143,32
Li+O+H=LiOH [5]	111,5
„ [6]	111,0
„ [7]	117,3
Li+O+H+Aq=LiOH, Aq [8]	117,44
„ [9]	117,5
2Li+O+Aq=2LiOH, Aq [10]	166,52
„ [11]	166,0
2Li+2O=Li_2O_2 [12]	152,65
Li+H=[LiH] [13]	21,6
2Li+S+Aq=Li_2S, Aq [14]	115,4
„ [15]	113,25
Li+S+H+Aq=LiSH, Aq [16]	64,11
2Li+Se=Li_2Se [17]	83,0*)
Li+N=LiN [18]	18,75
2Li+2C=Li_2C_2 [19]	11,3
Li+F+Aq=LiF, Aq [20]	114,3**) (115,8)
2LiF+SiF_4=Li_2SiF [21]	25,2
Li+Cl=LiCl [22]	93,81
LiCl+(NH_3)=[LiCl . NH_3] [23]	11,8
LiCl+2(NH_3)=[LiCl . 2NH_3] [24]	23,36
LiCl+3(NH_3)=[LiCl . 3NH_3] [25]	34,46
LiCl+4(NH_3)=[LiCl . 4NH_3] [26]	43,3
Li+Br=LiBr [27]	79,96
Li+Br+Aq=LiBr, Aq [28]	91,31
LiBr+(NH_3)=[LiBr . NH_3] [29]	13,29
LiBr+2(NH_3)=[LiBr . 2NH_3] [30]	25,94
LiBr+3(NH_3)=[LiBr . 3NH_3] [31]	37,46
LiBr+4(NH_3)=[LiBr . 4NH_3] [32]	48,10
Li+J=LiJ [33]	61,21
Li+J+Aq=LiJ, Aq [34]	76,10
Li+C+N+Aq=LiCN, Aq [35]	32,6
2Li+S+4O=Li_2SO_4 [36]	334,17
2Li+S+4O+H_2O=Li_2SO_4 . H_2O [37]	336,81
Li+N+3O=$LiNO_3$ [38]	111,61
Li_2O+(CO_2)=[Li_2CO_3] [39]	54,23
Natrium. *Na=23,05 (Th.); 23 (B.).*	
Na+H_2O+Aq=NaOH, Aq+H [40]	45,0
„ [41]	43,45
„ [42]	42,40
„ [43]	44,1
2Na+O=Na_2O [44]	100,26
„ [45]	91,0
„ [46]	100,7
2Na+O+H_2O=2NaOH [47]	135,38
Na_2O+H_2O+Aq=2NaOH, Aq [48]	63,9
„ [49]	56,5
2Na+O+Aq=2NaOH, Aq [50]	155,26
„ [51]	144,2
Na+O+H=NaOH [52]	101,87
„ [53]	102,7
Na+O+H+Aq=NaOH, Aq [54]	111,81
„ [55]	112,5
2Na+2O=Na_2O_2 [56]	119,8
NaH+Aq=NaOH, Aq+H_2 [57]	25,8
(H_2)+[Na]=[NaH]+H [58]	16,6

*) Nach der Berechnung Berthelots (Thch. **2**, 219).

**) Die erste Zahl erhält man, wenn man aus der von Petersen gemessenen Neutralisationswärme der Base durch wässerige Flußsäure die Bildungswärme mittelst der von Thomsen angegebenen Zahlen für die Bildungswärme der Base, der gelösten Flußsäure und des Wassers berechnet. Die zweite (eingeklammerte) Zahl erhält man, wenn man die entsprechenden Zahlen Berthelots benutzt.

[1] Th. [18] (246). [2] Guntz [7]. [3] Beketoff [2]. [4] de Forcrand [16]. [5] Nach Th. berechnet [6]. [6] Beketoff [2]. [7] de Forcrand [16, 18]. [8] Th. [3] (225). [9] Beketoff [2]. [10] Th. [3] (226). [11] Beketoff [2]. [12] de Forcrand [16, 19]. [13] Guntz [7]. [14] B. [1] (218). [15 u. 16] Th. [18] (312). [17] Fabre [1]. [18] Guntz u. Bassett. [19] Guntz [8]. [20] Petersen [1]. [21] Truchot [1]. [22] Th. [3] (227). [23–26] Bonnefoi [1]. [27] Bodisko [2]. [28] Th. [3] (227). [29–32] Bonnefoi [2] (1396). [33] Bodisko [1]. [34] Th. [3] (227). [35] Varet [2]. [36] Th. [3] (227). [37] Th. [18] (313). [38] Th. [3] (227) [17] (477). [39] de Forcrand [17] (512). [40] Favre u. Silbermann [2]. [41] Th. [3] (229). [42] Joannis [2]. [43] Rengade [2]. [44] Beketoff [2]. [45] de Forcrand [7]. [46] Rengade [2]. [47] Th. [18] (311). [48] Beketoff [1]. [49] Rengade [1]. [50] Th. [3] (232). [51] Joannis [2]. [52] Th. [3] (232). [53] B. [1] (199). [54] Th. [31] (232). [55] B. [1] (199). [56] de Forcrand [8]. [57–58] de Forcrand [10].

H. Böttger.

Bildungswärme der Metallverbindungen pro Gramm-Molekül.

Lit. s. S. 882.

Reaktionsgleichung	Wärmeentwicklung in kg-Kal.
$2Na+S=Na_2S$ [1]	89,3
$2Na+S+Aq=Na_2S, Aq$ [2]	101,99
$Na+S+H=NaSH$ [3]	56,3
$Na+S+H+Aq=NaSH, Aq$ [4]	58,48
" [5]	60,7
$2Na+2S+Aq=Na_2S_2, Aq$ [6]	105,2
$2Na+3S+Aq=Na_2S_3, Aq$ [7]	107,0
$2Na+4S=Na_2S_4$ [8]	99,0
$2Na+Se$ met. $=Na_2Se$ [9]	60,9
$Na+Se$ met. $+H+Aq=NaSeH, Aq$ [10]	35,3
$Na+H+2C=NaHC_2$ [11]	— 29,2
$2Na+2C=Na_2C_2$ [12]	— 8,8
" [13]	— 9,8
$Na+F=NaF$ [14]	102,6
" [15]	109,3
$NaF+HF=NaHF_2$ [16]	17,1
$2NaF+SiF_4=Na_2SiF_6$ [17]	35,4
$Na+Cl=NaCl$ [18]	97,69
" [19]	97,9
$Na+Br=NaBr$ [20]	85,71
" [21]	86,1
$Na+Br+2H_2O=NaBr.2H_2O$ [22]	90,29
$Na+[J]=NaJ$ [23]	69,08
$Na+[J]+2H_2O=NaJ.2H_2O$ [24]	74,31
$Na+C+N=NaCN$ [25]	22,6
" [26]	23,1
$Na+C+N+Aq=NaCN, Aq$ [27]	24,8
$Na+C+N+O=NaCNO$ [28]	101,7
$3Na+3C+3N+3O=Na_3C_3N_3O_3$ [29]	306,7
$2Na+H+3C+3N+3O=Na_2HC_3N_3O_3$ [30]	261,8
$Na+2H+3C+3N+3O=NaH_2C_3N_3O_3$ [31]	217,1
$Na+C+N+S+Aq=NaCNS, Aq$ [32]	39,2
$Na+Cl+O+Aq=NaClO, Aq$ [33]	83,36
" [34]	84,7
$Na+Cl+3O=NaClO_3$ [35]	86,7
" [36]	84,8
$Na+Cl+4O=NaClO_4$ [37]	100,3
$Na+Br+O+Aq=NaBrO, Aq$ [38]	82,1
$2Na+2S+3O=Na_2S_2O_3$ [39]	256,3
$2Na+2S+3O+5H_2O=Na_2S_2O_3 . 5H_2O$ [40]	265,07
$2Na+2S+5O=Na_2S_2O_5$ [41]	347,4
$2Na+S+4O=Na_2SO_4$ [42]	328,59
" [43]	328,1
$2Na+SO_2+2O+10H_2O=[Na_2SO_4 . 10H_2O]$ [44]	276,73
$Na+H+S+4O=NaHSO_4$ [45]	267,39
" [46]	269,1
$2Na+2S+6O=Na_2S_2O_6$ [47]	398,81
$2Na+2S+6O+2H_2O=Na_2S_2O_6 . 2H_2O$ [48]	405,09

Reaktionsgleichung	Wärmeentwicklung in kg-Kal.
$2Na+3S+6O+Aq=Na_2S_3O_6, Aq$ [49]	387,5
$2Na+4S+6O+Aq=Na_2S_4O_6, Aq$ [50]	375,8
$2Na+Se+3O+Aq=Na_2SeO_3, Aq$ [51]	238,4
$2Na+Se+4O+Aq=Na_2SeO_4, Aq$ [52]	262,3
$Na+H+Se+4O+Aq=NaHSeO_4, Aq$ [53]	203,2
$Na+N+2H=NaNH_2$ [54]	33,5
$Na+N+3O=NaNO_3$ [55]	111,25
" [56]	110,7
$2Na+H+P+2O+Aq=Na_2HPO_2, Aq$ [57]	198,4
$2Na+H+P+3O=Na_2HPO_3$ [58]	285,1
$Na+2H+P+3O=NaH_2PO_3$ [59]	333,8
$2Na+2H+2P+5O=Na_2H_2P_2O_5$ [60]	599,0
$3Na+P+4O=Na_3PO_4$ [61]	452,4
" [62]	451,4
$2Na+H+P+4O=Na_2HPO_4$ [63]	413,9
" [64]	414,9
$Na+2H+P+4O+Aq=NaH_2PO_4, Aq$ [65]	355,0
$2Na+2As+4O+Aq=Na_2As_2O_4, Aq$ [66]	316,1
$3Na+As+4O+Aq=Na_3AsO_4, Aq$ [67]	381,5
$3Na+As+4O=Na_3AsO_4$ [68]	360,8
$2Na+H+As+4O+Aq=Na_2HAsO_4, Aq$ [69]	329,7
$Na+2H+As+4O+Aq=NaH_2AsO_4, Aq$ [70]	273,7
$3Na_2O+Sb_2O_5=2Na_3SbO_4$ [71]	163,7
$3Na+Sb+4O=Na_3SbO_4$ [72]	346,4
$2Na+4B+7O=Na_2B_4O_7$ [73]	748,1
$3Na_2O+B_2O_3=2Na_3BO_3$ [74]	104,20
$Na_2O+(CO_2)=[Na_2CO_3]$ [75]	76,88
$2Na+C+3O=Na_2CO_3$ [76]	272,64
" [77]	270,8
$Na+H+C+3O=NaHCO_3$ [78]	229,3
" [79]	227,0
$Na+2C+3H+2O=NaC_2H_3O_2$ [80]	170,3
$NaC_2H_3O_2+C_2H_4O_2=NaC_2H_3O_2, C_2H_4O_2$ [81]	2,6
$2Na+2C+4O=Na_2C_2O_4$ [82]	315,0
$Na+H+2C+4O=NaHC_2O_4$ [83]	258,2

Kalium. *K=39,15 (Th.); 39,1 (B.).*

Reaktionsgleichung	Wärmeentwicklung in kg-Kal.
$K+H_2O+Aq=KOH, Aq+H$ [84]	41,9
" [85]	48,10
" [86]	45,2
" [87]	46,4
$2K+O=K_2O$ [88]	97,1
" [89]	86,8
$2K+O+H_2O=2KOH$ [90]	137,98
$K_2O+H_2O+Aq=2KOH, Aq$ [91]	67,4
" [92]	75,0

1) Sabatier nach B.[1] (204). 2) Th.[18] (312). 3) Sabatier nach B.[1] (204). 4) Th.[18] (312). 5) B.[4] (187). 6—7) Sabatier nach B.[1] (205). 8) Sabatier nach B.[1] (204). 9) Favre nach B.[1] (205). 10) Favre nach B.[1] (205). 11) Matignon. 12) Matignon. 13) de Forcrand[6]. 14) Th.[1] (160). 15) Guntz[1]. 16) Guntz[1]. 17) Truchot. 18) Th.[3] (232). 19) B.[3] (440). 20) Th.[3] (232). 21) B.[1] (202). 22) Th.[18] (307). 23) Th.[3] (232). 24) Th.[18] (308). 25) B.[1] (213). 26) Joannis[1]. 27) Th.[4] (232). 28—31) Lemoult nach B.[1] (213). 32) Joannis[2]. 33) Th.[1] (232). 34) B.[5] (338). 35) Th.[1] (241). 36) B.[1] (205). 37) B.[1] (206) [15] (218). 38) B.[8] (19). 39) B.[1] (206). 40) Th.[3] (233). 41) de Forcrand[1]. 42) Th.[3] (232). 43) B.[1] (207). 44) Th.[18] (313). 45) Th.[3] (232). 46) B.[4] (106). 47) Th.[3] (232). 48) Th.[3] (232). 49) B.[1] (208). 50) B.[1] (208). 51) Th.[1] (295). 52) Th.[1] (295). 53) Th.[1] (297). 54) de Forcrand[4]. 55) Th.[3] (233) [17] (477). 56) B.[3] (440). 57) Th.[1] (421). 58) Th.[1] (298). 59) Th.[1] (298). 60) Amat. 61) B. u. Luginin. 62) Mixter[4] (104). 63) Th.[1] (299). 64) B. u. Luginin. 65) B.[1] (210). 66) Th.[1] (200). 67) Th.[1] (299). 68) Mixter[4] (105). 69 u. 70) Th.[1] (299). 71 u. 72) Mixter[4] (108). 73) B.[2] (463). 74) Mixter[2] (127). 75) de Forcrand[17] (512). 76) Th.[3] (233). [17] (44). 77) B.[1] (214). 78) Th.[1] (298). 79) B.[2] (470). 80) B.[6] (327). 81) B.[11] (134). 82) B.[4] (108). 83) B.[4] (108). 84) Favre u. Silbermann[2]. 85) Th.[9] (242). 86) Joannis[2]. 87) Rengade[2]. 88) Beketoff[2]. 89) Rengade[2]. 90) Th.[18] (311). 91) Beketoff[2]. 92) Rengade[1].

H. Böttger.

Bildungswärme der Metallverbindungen pro Gramm-Molekül.

Lit. s. S. 882.

Reaktionsgleichung	Wärmeentwicklung in kg-Kal.
2K+O+Aq=2KOH, Aq [1]	164,56
" [2]	159,8
" [3]	164,5
K+O+H=KOH [4]	103,17
" [5]	104,6
" [6]	102,76
K+O+H+Aq=KOH, Aq [7]	116,46
" [8]	117,1
$2K+S=K_2S$ [9]	103,5
$2K+S+Aq=K_2S$, Aq [10]	111,29
K+S+H=KSH [11]	64,5
K+S+H+Aq=KSH, Aq [12]	63,13
$2K+4S=K_2S_4$ [13]	118,6
$2K+Se=K_2Se$ [14]	79,6
K+F=KF [15]	118,1
$KF+HF=KHF_2$ [16]	21,1
$KF+2HF=KH_2F_3$ [17]	35,2
$KF+3HF=KH_3F_4$ [18]	47,1
$2KF+SiF_4=K_2SiF_6$ [19]	52,8
K+Cl=KCl [20]	105,61
" [21]	105,7
K+Br=KBr [22]	95,31
" [23]	95,6
K+[J]=KJ [24]	80,13
$KJ+2[J]=KJ_3$ [25]	0,0
$KJ+2(J)=KJ_3$ [26]	13,6
K+C+N=KCN [27]	32,50
" [28]	30,1
K+CN=KCN [29]	65,35
" [30]	67,1
K+C+N+O=KCNO [31]	102,5
$3K+3C+3N+3O+Aq=K_3C_3N_3O_3$, Aq [32]	319,2
$2K+H+3C+3N+3O=K_2HC_3N_3O_3$ [33]	262,9
$K+2H+3C+3N+3O=KH_2C_3N_3O_3$ [34]	227,45
K+C+N+S=KCNS [35]	49,8
K+CN+S=KCNS [36]	86,7
$4K+Fe+6C+6N=K_4Fe(CN)_6$ [37]	137,2 *)
$4K+Fe+6CN=K_4Fe(CN)_6$ [38]	358,9 *)
$3K+Fe+6C+6N=K_3Fe(CN)_6$ [39]	41,6
$3K+Fe+6CN=K_3Fe(CN)_6$ [40]	263,3
K+Cl+O+Aq=KClO, Aq [41]	89,35
" [42]	88,01
$K+Cl+3O=KClO_3$ [43]	95,86
" [44]	93,8
$K+Cl+4O=KClO_4$ [45]	113,5

*) In der Originalabhandlung (Ann. chim. phys. (5) 5, 489; 1875) stehen die abweichenden Werte + 235,0 und + 481,1 Kal.

Reaktionsgleichung	Wärmeentwicklung in kg-Kal.
K+Br+O+Aq=KBrO, Aq [46]	86,8
$K+Br+3O=KBrO_3$ [47]	84,06
" [48]	84,3
$K+[J]+3O=KJO_3$ [49]	124,49
" [50]	126,1
$KJO_3+HJO_3=KH(JO_3)_2$ [51]	3,3
$K+[J]+4O+Aq=KJO_4$, Aq [52]	107,7
$4K+2[J]+9O+Aq=K_4J_2O_9$, Aq [53]	423,6
$2K+2S+3O=K_2S_2O_3$ [54]	272,3
$2K+S+3O=K_2SO_3$ [55]	273,2
$K+H+S+3O+Aq=KHSO_3$, Aq [56]	211,3
$2K+2S+5O=K_2S_2O_5$ [57]	370,2
$2K+SO_2+2O=K_2SO_4$ [58]	273,56
$2K+S+4O=K_2SO_4$ [59]	344,3
$K+H+S+4O=KHSO_4$ [60]	277,1
" [61]	276,1
$2K+2S+7O=K_2S_2O_7$ [62]	474,2
$2K+2S+8O=K_2S_2O_8$ [63]	454,5
$2K+2S+6O=K_2S_2O_6$ [64]	415,72
$2K+3S+6O=K_2S_3O_6$ [65]	409,7
" [66]	405,85
$2K+4S+6O=K_2S_4O_6$ [67]	397,21
$2K+5S+6O=K_2S_5O_6$ [68]	390,1
$2K+2N+2O+Aq=K_2N_2O_2$, Aq [69]	116,2
$K+N+2O+Aq=KNO_2$, Aq [70]	88,9
$K+N+3O=KNO_3$ prismat. [71]	119,46
" [72]	119,0
$3K+P+4O+Aq=K_3PO_4$, Aq [73]	483,6
$2K+H+P+4O+Aq=K_2HPO_4$, Aq [74]	429,2
$K+2H+P+4O+Aq=KH_2PO_4$, Aq [75]	374,4
$3K+As+4O+Aq=K_3AsO_4$, Aq [76]	396,2
$2K+H+As+4O+Aq=K_2HAsO_4$, Aq [77]	339,8
$K+2H+As+4O+Aq=KH_2AsO_4$, Aq [78]	284,0
$K_2O+(CO_2)=[K_2CO_3]$ [79]	94,26
$2K+C+3O=K_2CO_3$ [80]	281,1
" [81]	278,8
$K+H+C+3O=KHCO_3$ [82]	233,3
$K+2C+3H+2O=KC_2H_3O_2$ [83]	175,7
$2K+2C+4O=K_2C_2O_4$ [84]	324,7
$K+H+2C+4O=KHC_2O_4$ [85]	266,9

Rubidium. Rb = 85,41.

Reaktionsgleichung	Wärmeentwicklung in kg-Kal.
$Rb+H_2O+Aq=RbOH$, Aq+H [86]	47,25
" [87]	48,2
$Rb_2O+H_2O+Aq=2RbOH$, Aq [88]	80,0
$2Rb+O=Rb_2O$ [89]	94,9
" [90]	83,5

1) Th. 3 (235). 2) Joannis 7. 3) Beketoff 2. 4) Th. 3 (235). 5) B. 1 (178). 6) de Forcrand 18 (488). 7) Th. 3 (239). 8) B. 1 (178). 9) Sabatier. 10) Th. 18 (312). 11) Sabatier. 12) Th. 18 (312). 13) Sabatier. 14) Fabre 1 nach B. 1 (185). 15) Guntz 1 nach B. 1 (182). 16) Guntz 1. 17—18) Guntz 6. 19) Truchot 1. 20) Th. 3 (235). 9 (242). 21) B. 18 (97). 22) Th. 3 (235) 9 (242). 23) B. 1 (181). 24) Th. 3 (235) 9 (243). 25 u. 26) B. 1 (182) 13 (377). 27) Th. 3 (467). 28) B. 1 (195). 29) Th. 3 (467). 30) B. 1 (195). 31) B. 3 (483). 32—34) Lemoult. 35 u. 36) Joannis 1. nach B. 1 (196). 37) B. 1 (197). 38) B. 1 (197). 39 u. 40) Joannis 1 (534) nach B. 1 (197). 41) B. 1 (185). 42) Th. 3 (236). 43) Th. 9 (142). 44) B. 8 (383). 45) B. 1 (186). 46) B. 9 (19). 47) Th. 3 (236). 48) B. 1 (187). 49) Th. 3 (236). 50) B. 9 (27). 51—53) B. 1 (188). 54) B. 1 (189). 55) B. 1 (189). 56) B. 1 (189). 57) B. 1 (190). 58) Th. 3 (236). 59) B. 1 (190). 60) Th. 3 (236). 61) B. 2 (435). 62) B. 3 (442). 63) B. 1 (191) 24 (550). 64) Th. 3 (236). 65) B. 1 (192). 66) Th. 3 (236). 67) Th. 3 (236). 68) B. 1 (192) 22 (460). 69) B. 1 (193) 20 (247) 23 (574). 70) B. 1 (193). 71) Th. 3 (236) 17 (477). 72) B. 1 (193). 73—78) B. 1 (194). 79) de Forcrand 17 (512). 80) Th. 3 (236) 17 (44). 81) B. 4 (111). 82) B. 4 (111). 83) B. 4 (94). 84) B. 4 (108). 85) B. 1 (198). 86) Rengade 2. 87) Beketoff 3. 88) Rengade 1, 2. 89) Beketoff 3. 90) Rengade 2.

H. Böttger.

Bildungswärme der Metallverbindungen pro Gramm-Molekül.

Lit. s. S. 882.

Reaktionsgleichung	Wärmeentwicklung in kg-Kal.
$2Rb+O+H_2O+Aq=2RbOH, Aq$ [1])	164,8
$Rb_2O+H_2O+Aq=2RbOH, Aq$ [2])	69,9
$Rb+O+H=RbOH$ [3])	101,99
$Rb+(Cl)=RbCl$ [4])	105,94
$2Rb+S+4O=Rb_2SO_4$ [5])	344,68
$Rb+H+S+4O=RbHSO_4$ [6])	277,37⁰
$Rb_2O+(CO_2)=[Rb_2CO_3]$ [7])	97,42
Cäsium. *Cs = 133.*	
$Cs+H_2O+Aq=CsOH, Aq+H$ [8])	48,45
" [9])	51,56
$2Cs+O=Cs_2O$ [10])	99,98
" [11])	82,7
$Cs+O+H=CsOH$ [12])	101,3
$2Cs+O+H_2O+Aq=2CsOH, Aq$ [13])	172,13
$Cs_2O+H_2O+Aq=2CsOH, Aq$ [14])	72,15
" [14a])	80,6
$2Cs+4(O)=[Cs_2O_4]$ [15])	141,46
$Cs_2O_3+O=Cs_2O_4$ [16])	12,5
$Cs_2O+O=Cs_2O_2$ [17])	28,26
$Cs_2O_2+O=Cs_2O_3$ [18])	18,0
$Cs+(Cl)=[CsCl]$ [19])	109,86
$2CsOH, Aq+H_2SO_4, Aq=Cs_2SO_4, Aq$ [20])	31,64
$[Cs_2O_4]+H_2SO_4, Aq=Cs_2SO_4, Aq+H_2O+(O_2)$ [21])	32,84
$2Cs+S+4O=Cs_2SO_4$ [22])	349,83
$Cs+H+S+4O=CsHSO_4$ [23])	282,90
$Cs_2O+(CO_2)=[Cs_2CO_3]$ [24])	97,53
Ammonium. *NH_4 = 18.*	
$N+3H=NH_3$ [25])	11,9
" [26])	12,2
$N+3H+Aq=NH_3, Aq$ [27])	20,3
" [28])	21,0
$N+5H+O=NH_4OH$ [29])	88,8
$N+5H+O+Aq=NH_4OH, Aq$ [30])	90,0
$N+5H+S=NH_4SH$ [31])	39,1
" [32])	40,0
$NH_3, Aq+H_2S, Aq=NH_4SH, Aq$ [33])	6,2
" [34])	6,2
$(NH_3)+(H_2S)=[NH_4SH]$ [35])	22,4
$2N+8H+S=(NH_4)_2S$ [36])	66,2
$N+4H+2S=NH_4S_2$ [37])	34,5
$2N+8H+5S=(NH_4)_2S_5$ [38])	69,4
$N+4H+4S=NH_4S_4$ [39])	34,8
$N+5H+Se=NH_4SeH$ [40])	17,8
$NH_3+H_2Se=NH_4SeH$ [41])	29,9
$(NH_3)+(HF)=NH_4F$ [42])	37,3
$2N+8H+Si+6F=(NH_4)_2SiF_6$ [43])	458,9
$N+4H+Cl=NH_4Cl$ [44])	75,8
" [45])	76,8
$(NH_3)+(HCl)=[NH_4Cl]$ [46])	41,9
$N+4H+Br=NH_4Br$ [47])	65,35
" [48])	66,4
$(NH_3)+(HBr)=[NH_4Br]$ [49])	45,0
$N+4H+[J]=NH_4J$ [50])	49,3
" [51])	50,2
$(NH_3)+(HJ)=[NH_4J]$ [52])	43,5
$2N+4H+C=NH_4.CN$ [53])	2,3
$(HCN)+(NH_3)=NH_4.CN$ [54])	20,6
$2N+4H+C+O+Aq=NH_4.CNO, Aq$ [55])	68,9
$2N+2C+2H=NH_2.CN$ [56])	−8,4
$6N+12H+3C+3O+Aq=(NH_4)_3C_3N_3O_3, Aq$ [57])	233,5
$5N+9H+3C+3O+Aq=(NH_4)_2HC_3N_3O_3, Aq$ [58])	211,5
$4N+6H+3C+3O+Aq=(NH_4)H_2C_3N_3O_3, Aq$ [59])	188,9
$2N+4H+C+S=NH_4CNS$ [60])	20,7
$2N+8H+S+3O=(NH_4)_2SO_3$ [61])	215,5
$2N+8H+2S+5O=(NH_4)_2S_2O_5$ [62])	302,1
$2N+8H+S+4O=(NH_4)_2SO_4$ [63])	281,9
" [64])	283,5
$N+5H+S+4O=NH_4.H.SO_4$ [65])	244,6
$2N+8H+2S+8O=(NH_4)_2S_2O_8$ [66])	392,9
$2N+4H+2O=NH_4.NO_2$ [67])	64,95
" [68])	65,0
$2N+4H+3O=NH_4.NO_3$ [69])	88,05
" [70])	88,6
$(NH_3)+HNO_3=[NH_4.NO_3]$ [71])	34,8
$3N+12H+P+4O+Aq=(NH_4)_3PO_4, Aq$ [72])	403,0
$2N+9H+P+4O+Aq=(NH_4)_2HPO_4, Aq$ [73])	375,0 bis 371,5
$N+6H+P+4O+Aq=(NH_4)HPO_4, Aq$ [74])	341,2
$2N+8H+C+3O+Aq=(NH_4)_2CO_3, Aq$ [75])	221,6
$N+5H+C+3O=(NH_4)HCO_3$ [76])	205,3
$2N+6H+C+2O=NH_2.CO.ONH_4$ [77])	158,0
$2(NH_3)+(CO_2)=[NH_2.CO.ONH_4]$ [78])	39,3
$N+7H+2C+2O=NH_4.C_2H_3O_2$ [79])	150,25
$2N+8H+2C+4O=(NH_4)_2C_2O_4$ [80])	270,1
Calcium. *Ca = 39,45 (Th.); 40 (B.).*	
$Ca+2HCl, Aq=CaCl_2, Aq+H_2$ [81])	129,0 *)
$Ca+2H_2O+Aq=Ca(OH)_2$ gesättigte Lösung $+H_2$ [82])	94,1

*) Th. entscheidet sich (s. Th.[18]) für den Wert von Moissan: (Ca, O) = 145,0 kg-Kal., hält also diese Messung für ungenau.

[1] u. [2]) Beketoff [3]. [3]) de Forcrand [19]. [4—6]) de Forcrand [12]. [7]) de Forcrand [17]. [8]) Rengade [1] u. [2]. [9] u. [10]) Beketoff [5]. [11]) Rengade [2]. [12]) de Forcrand [18] (488). [13] u. [14]) Beketoff [5]. [14a]) Rengade [2, 1]. [15—18]) de Forcrand [21]. [19]) de Forcrand [12]. [20] u. [21]) de Forcrand [21]. [22] u. [23]) de Forcrand [12]. [24]) de Forcrand [17] (512). [25]) Th. [17] (472) [2] (72). [26]) B. [12] (254). [27]) Th. [17] (472) [2] (73). [28]) B. [12] (254). [29] u. [30]) B. [1] (221). [31]) Th. [2] (76) [17] (477). [32]) B. [1] (223). [33]) Th. [2] (406). [34]) B. [1] (223). [35]) Th. [2] (406). [36]) de Forcrand [2]. [37—39]) Sabatier [1] nach B. [1] (223). [40]) Fabre [1]. [41]) Fabre [1]. [42]) Guntz [1]. [43]) Truchot [2]. [44]) Th. [17] (477) [2] (76). [45]) B. [2] (440, 448). [46]) Th. [2] (406). [47]) Th. [17] (477) [2] (76). [48]) B. [1] (222). [49]) Th. [2] (406). [50]) Th. [17] (477). [51]) B. [1] (222). [52]) Th. [2] (406). [53]) B. [5] (452). [54]) B. [5] (453). [55]) B. [26] (340). [56]) Lemoult [2]. [57—59]) Lemoult [1]. [60]) Joannis [1] nach B. [1] (229). [61]) de Forcrand [2]. [62]) de Forcrand [2]. [63]) Th. [1] (314). [64]) B. [2] (440, 448). [65]) B. [2] (440, 448). [66]) B. [1] (225) [24] (550). [67]) Th. [17] (473). [68]) B. [4] (102). [69]) Th. [1] (321) [17] (477). [70]) B. [2] (440). [71]) B. [2] (440). [72—74]) B. u. Luginin. [75]) B. [2] (474, 492). [76]) B. [4] (111). [77—79]) Raabe. [80]) B. [4] (108). [81]) Guntz u. Bassett. [82]) Moissan.

H. Böttger.

Bildungswärme der Metallverbindungen pro Gramm-Molekül.

Lit. s. S. 882.

Reaktionsgleichung	Wärmeentwicklung in kg-Kal.
$Ca+O=CaO$ [1]	145,0
„ [2]	151,9
$Ca+O+Aq=Ca(OH)_2, Aq$ [3]	163,33
$Ca+O+H_2O=Ca(OH)_2$ [4]	160,54
$Ca+2O+2H=Ca(OH)_2$ [5]	215,6
„ [6]	229,1
„ [7]	236,0
$Ca+2O+2H+Aq=Ca(OH)_2, Aq$ [8]	231,69
$CaO+O=CaO_2$ [9]	5,4
$Ca+2O=CaO_2$ [10]	156,01
$[Ca]+2(H)=[CaH_2]$ [11]	46,20
$Ca+S=CaS$ [12]	90,8
$Ca+S+Aq=Ca(SH)_2, Aq$ [13]	110,23
$Ca+2S+2H+Aq=Ca(SH)_2, Aq$ [14]	125,30
$Ca+Se=CaSe$ [15]	58,0
$3[Ca]+(N_2)=[Ca_3N_2]$ [16]	112,20
$Ca+2C=CaC_2$ [17]	— 7,25
„ [18]	+13,15
$Ca+(F_2)=[CaF_2]$ [19]	238,8
$Ca+2F=CaF_2$ gefällt [20]	213,7 *) (214,4)
„ [21]	218,4
$Ca+2Cl=CaCl_2$ [22]	+183,89
„ [23]	190,3
$Ca+2Cl+6H_2O=CaCl_2\cdot 6H_2O$ [24]	205,64
$CaCl_2+3CaO=CaCl_2\cdot 3CaO$ [25]	8,4
$CaCl_2+2NH_3=CaCl_2\cdot 2NH_3$ [26]	28,1
$CaCl_2+4NH_3=CaCl_2\cdot 4NH_3$ [27]	48,6
$CaCl_2+8NH_3=CaCl_2\cdot 8NH_3$ [28]	88,2
$Ca+2Br=CaBr_2$ [29]	154,92
$Ca+2Br+6H_2O=CaBr_2\cdot 6H_2O$ [29]	180,52
$Ca+(Br_2)=[CaBr_2]$ [30]	169,1
$CaBr_2+3CaO+3H_2O=CaBr_2\cdot 3CaO\cdot 3H_2O$ [31]	66,7
$Ca+2[J]=CaJ_2$ [32]	149,01
$Ca+[J_2]=CaJ_2$ [33]	141,3
$CaJ_2+3CaO+16H_2O=CaJ_2\cdot 3CaO\cdot 16H_2O$ [34]	102,3
$Ca+2C+2N+Aq=Ca(CN)_2, Aq$ [35]	38,3
$Ca+SO_2+2O=CaSO_4$ [36]	261,36
$Ca+SO_2+O_2+2H_2O=CaSO_4\cdot 2H_2O$ [37]	266,10
$Ca+2S+6O+4H_2O=CaS_2O_6\cdot 4H_2O$ [38]	410,03
$H_2N_2O_2, Aq+Ca(OH)_2, Aq+2H_2O$ $=[Ca(NO)_2\cdot 4H_2O]Aq$ [39]	21,6
$Ca+2N+6O=Ca(NO_3)_2$ [40]	216,77
„ [41]	202,0
$Ca(NO_3)_2+Ca(OH)_2=Ca(NO_3)_2\cdot CaO\cdot H_2O$ [42]	2,0
$3Ca+2P+8O=Ca_3(PO_4)_2$ [43]	913,6 bis 919,2
$3Ca+2As+8O=Ca_3(AsO_4)_2$ [44]	732,8
$CaO+SiO_2(Quarz)=CaSiO_3$ [45]	33,1
$Ca+Si+3O=CaSiO_3$ [46]	344,4
$CaO+(CO_2)=CaCO_3$ amorph oder gefällt [47]	43,30
$CaO+(CO_2)=CaCO_3$ Calcit [48]	42,00
$CaO+(CO_2)=CaCO_3$ Aragonit [49]	42,60
$Ca+C+3O=CaCO_3$ [50]	284,48
„ [51]	270,5
$Ca+C+3O=CaCO_3$ rhombisch [52]	270,8
$Ca+C+3O=CaCO_3$ gefällt [53]	269,1
$CaCO_3$ hexagonal $=CaO+CO_2$ [54]	—42,5
$CaCO_3$ gefällt $=CaO+CO_2$ [55]	—43,3
$Ca+4C+6H+4O=Ca(C_2H_3O_2)_2$ [56]	335,0
$Ca+2C+4O=CaC_2O_4$ gefällt [57]	312,9

*) S. Anm. **) S. 858.

Strontium. Sr=87,3(Th.); 87,5(B.).

Reaktionsgleichung	Wärmeentwicklung in kg-Kal.
$Sr+2HCl, Aq=SrCl_2, Aq+H_2$ [58]	128,0
$Sr+2HCl, Aq=SrCl_2, Aq+H_2$ [59]	117,05
$Sr+O=SrO$ [60]	141,2
„ [61]	138,64
„ [62]	128,44
„ [63]	131,2
$Sr+O+Aq=Sr(OH)_2, Aq$ [64]	157,78
$Sr+O+H_2O=Sr(OH)_2$ [65]	146,14
$Sr+2O+2H=Sr(OH)_2$ [66]	217,3
„ [67]	227,48
$Sr+2O+2H+Aq=Sr(OH)_2, Aq$ [68]	226,14
$Sr+2O=SrO_2$ [69]	151,71
$[SrO_2]+9H_2O=[SrO_2\cdot 9H_2O]$ [70]	20,481
$Sr+S=SrS$ [71]	99,3
$Sr+S+Aq=SrS, Aq$ [72]	104,68
$Sr+2S+2H+Aq=Sr(SH)_2, Aq$ [73]	119,75
$Sr+Se=SrSe$ [74]	67,6
$Sr+2F=SrF_2$ gefällt [75]	221,6*) (224,4)
„ [76]	225,8
$Sr+2Cl=SrCl_2$ [77]	184,56
„ [78]	184,7
$Sr+2Cl+6H_2O=SrCl_2\cdot 6H_2O$ [79]	203,19
$SrCl_2+SrO+H_2O=SrCl_2, SrO, H_2O$ [80]	26,6
$Sr+2Br=SrBr_2$ [81]	157,70
„ [82]	158,1
$Sr+2Br+6H_2O=SrBr_2\cdot 6H_2O$ [83]	181,01
$SrBr_2+SrO+3H_2O=SrBr_2\cdot SrO\cdot 3H_2O$ [84]	32,5

1) Moissan. 2) Guntz u. Bassett. 3) Th. [18] (311). 4) Th. [18] (311). 5) B. [1] (233) [4] (532). 6) Moissan. 7) de Forcrand [18]. 8) Th. [18] (311). 9) de Forcrand [5]. 10) de Forcrand [19]. 11) Guntz u. Bassett. 12) Sabatier [1]. 13 u. 14) Th. [18] (312). 15) Fabre [1]. 16) Guntz u. Bassett. 17) de Forcrand [6]. 18 u. 19) Guntz u. Bassett. 20) Petersen [1]. 21) Guntz [1]. 22) Th. [18] (305). 23) Guntz u. Bassett. 24) Th. [18] (305). 25) André. 26—28) Isambert [1]. 29) Th. [18] (307). 30) Guntz u. Bassett. 31) Tassilly [3]. 32) Th. [18] (308). 33) Guntz u. Bassett. 34) Tassilly [1]. 35) Joannis [1]. 36—38) Th. [18] (314). 39) B. [1] (237) [23] (571). 40) Th. [18] (315). 41) B. [1] (237) [4] (101). 42) Werner. 43) B. [1] (237) [11] (135). 44) Blarez. 45) Le Chatelier [1]. 46) Le Chatelier [1]. 47—49) de Forcrand [17] (512). 50) Th. [18] (317). 51—53) B. [1] (239) [4] (165). 54) Th. [3] (444). 55) B. [1] (239). 56) B. [4] (94). 57) B. [4] (108). 58) Guntz u. Roederer. 59) Th. [3] (253) [14] (106). 60) Guntz u. Roederer. 61) de Forcrand [19]. 62) Th. [3] (258) [14] (108). 63) B. [1] (241). 64) Th. [18] (311). 65) Th. [3] (258) [14] (108). 66) B. [1] (241) [4] (532). 67) de Forcrand [14]. 68) Th. [18] (311). 69) de Forcrand [18] (466). 70) de Forcrand [5] (1019). 71) Sabatier [1]). 72) Th. [18] (312). 73) Th. [18] (312). 74) Fabre [1]. 75) Petersen [1]. 76) Guntz [1]. 77) Th. [3] (253) [14] (108). 78) B. [1] (242). 79) Th. [18] (305). 80) André. 81) Th. [3] (253) [14] (108). 82) B. [1] (242). 83) Th. [18] (307). 84) Tassilly [3].

H. Böttger.

Bildungswärme der Metallverbindungen pro Gramm-Molekül.

Lit. s. S. 882.

Reaktionsgleichung	Wärmeentwicklung in kg-Kal.
$Sr+2[J]=SrJ_2$ [1])	122,9
$Sr+2[J]+Aq=SrJ_2, Aq$ [2])	143,46
$Sr+2C+2N+Aq=Sr(CN)_2, Aq$ [3])	47,0
$Sr+S+4O=SrSO_4$ [4])	330,90
$2Na_2SO_4+SrSO_4=2Na_2SO_4 . SrSO_4$ [5])	2,31
$Sr+2SO_2+O_2+4H_2O=SrS_2O_6 . 4H_2O$ [5a])	263,61
$H_2N_2O_2, Aq+4H_2O+Sr(OH)_2, Aq =[Sr(NO)_2 . 5H_2O], Aq$ [6])	21,6
$Sr+2N+6O=Sr(NO_3)_2$ [7])	219,82
„ [8])	219,9
$3Sr+2P+8O=Sr_3(PO_4)_2$ gefällt [9])	94,32 bis 94,7
$3Sr+2As+8O=Sr_3(AsO_4)_2$ gefällt [10])	761,0
$SrO+(CO_2)=[SrCO_3]$ [11])	57,30
$Sr+C+3O=SrCO_3$ amorph [12])	281,17
„ [13])	278,1
$Sr+C+3O=SrCO_3$ kryst. [14])	279,2
$Sr+4C+6H+4O=Sr(C_2H_3O_2)_2$ [15])	345,6
***Baryum.** Ba=137,2(Th.);137,1(B.).*	
$Ba+2H_2O+Aq=Ba(OH)_2, Aq+H_2$ [16]) *)	92,5
$Ba+O=BaO$ [17])	133,4
„ [18])	126,38
„ [19])	125,86
$Ba+2O+2H=Ba(OH)_2$ [20])	217,0
„ [21])	219,1
$BaO+O=BaO_2$ [22])	18,36

*) Thomsen bezieht die Bildungswärme der Baryumverbindungen auf die Wärmeentwickelung der Reaktion $Ba+O+H_2O=Ba(OH)_2$, für die man aus dem von Guntz untersuchten Vorgang [16]) den Wert 148,64 Kal. erhält, wenn man mit Thomsen die Bildungswärme des flüssigen Wassers = 68,4 Kal. und die Lösungswärme des Baryumhydroxyds, $Ba(OH)_2$, gleich 12,260 Kal. setzt. Die in der Tabelle mit Th. bezeichneten Zahlen sind unter Benutzung der Thomsenschen Angaben und des Wertes 148,64 Kal. berechnet. Die mit B. bezeichneten Zahlen sind unter Benutzung von Berthelots Angaben und der von Guntz ebenfalls mittelst Berthelotscher Zahlen abgeleiteten Oxydationswärme des Baryums (133,4 Kal.) berechnet. Wegen der Verschiedenheit, die bei beiden Forschern hinsichtlich der Lösungswärme des Baryumhydroxyds und namentlich der Hydratationswärme des Baryumoxyds besteht, erhält man unter Benutzung der Thomsenschen Angaben für die Oxydationswärme des Baryums den wesentlich kleineren Wert von 126,380 Kal.

Reaktionsgleichung	Wärmeentwicklung in kg-Kal.
$Ba+2O=BaO_2$ [23])	139,4
„ [24])	144,22
$[BaO_2]+10H_2O=[BaO_2 . 10H_2O]$ [25])	18,20
$BaO_2+H_2O_2=BaO_2 . H_2O_2$ [26])	10,2
$Ba+2H=BaH_2$ [27])	37,5
$BaS=BaS$ [28])	102,5
$Ba+S+Aq=BaS, Aq$ [29])	107,80
$Ba+2S+2H+Aq=Ba(SH)_2, Aq$ [30])	122,87
$Ba+Se=BaSe$ [31])	69,9
$3Ba+N_2=Ba_3N_2$ [32])	149,4
$Ba+2F=BaF_2$ gefällt [33])	222,6 *) (222,3)
$Ba+2Cl=BaCl_2$ [34])	196,88
$Ba+2Cl=BaCl_2$ [35])	197,1
$Ba+2Cl+2H_2O=BaCl_2 . 2H_2O$ [36])	203,88
$BaCl_2+2KCl=BaCl_2 . 2KCl$ [37])	1,5
$BaCl_2+BaO+3H_2O=BaCl_2 . BaO . 3H_2O$ [38])	27,0
$Ba+2Br=BaBr_2$ [39])	172,10
„ [40])	172,4
$Ba+2Br+2H_2O=BaBr_2 . 2H_2O$ [41])	181,21
$BaCl_2+BaBr_2=BaCl_2 . BaBr_2$ [42])	4,0
$BaBr_2+BaO+2H_2O=BaBr_2 . BaO . 2H_2O$ [43])	26,9
$Ba+2[J]=BaJ_2$ [44])	136,1
$Ba+2[J]+7H_2O=BaJ_2 . 7H_2O$ [45])	153,51
$Ba+2C+2N=Ba(CN)_2$ [46])	48,3
$Ba+2Cl+2O+Aq=Ba(ClO)_2, Aq$ [47])	175,2
$Ba+2Cl+6O=Ba(ClO_3)_2$ [48])	171,2
$Ba+2Cl+6O+6H_2O=Ba(ClO_3)_2 . 6H_2O$ [49])	179,71
$Ba+2Cl+8O=Ba(ClO_4)_2$ [50])	201,4
$Ba+2Br+2O+Aq=Ba(BrO)_2, Aq$ [51])	168,4
$Ba+S+4O=BaSO_4$ [52])	340,2
„ [53])	339,4
$Ba+2S+6O+6H_2O=BaS_2O_6 . 6H_2O$ [54])	406,7
$Ba+2S+8O+Aq=BaS_2O_8, Aq$ [55])	436,5
$3Ba+2N=Ba_3N_2$ [56])	149,4
$Ba+2NH_3=Ba(NH_2)_2+H_2$ [57])	53,3
$Ba+6N=BaN_6$ [58])	9,9
$Ba+2N+4O=Ba(NO_2)_2$ [59])	179,6
$Ba+2N+6O=Ba(NO_3)_2$ [60])	228,4
„ [61])	227,2
$Ba+2P+4O+4H+Aq=Ba(H_2PO_2)_2, Aq$ [62])	403,0
$3Ba+2P+8O=Ba_3(PO_4)_2$ kolloidal [63])	951,7
$3Ba+2P+8O=Ba_3(PO_4)_2$ kryst. [64])	969,1
$Ba+H+P+4O=BaHPO_4$ gefällt [65])	424,6
$Ba+4H+2P+8O=BaH_4(PO_4)_2$ [66])	735,9
$3Ba+2As+8O=Ba_3(AsO_4)_2$ gefällt [67])	629,2
$BaO+(CO_2)=[BaCO_3]$ [68])	63,44

*) S. Anm. **) S. 858.

[1]) Tassilly [2]. nach B. [1] (242). [2]) Th. [3] (258). [3]) Joannis [1] nach B. [1] (245). [4]) Th. [3] (258) [14] (108). [5]) B. u. Ilosvay. [5a]) Th. [18] (317). [6]) B. [23] (571). [7]) Th. [3] (259) [17] (477). [8] u. [9]) B. [1] (244) [10]) Blarez. [11]) de Forcrand [17] (512). [12]) Th. [3] (445) [17] (44). [13]) B. [1] (245) [4] (175). [14]) B. [1] (245). [15]) B. [4] (94). [16]) Guntz [5]. [17]) Guntz [2]. [18]) Th. [3] (266). [19]) de Forcrand [17]. [20]) Th. [3] (266). [21]) de Forcrand [18] (489). [22]) de Forcrand [18] (466). [23]) B. [6] (212). [24]) de Forcrand [19]. [25]) de Forcrand [5] (1019). [26]) B. [13] (153). [27]) Guntz [2]. [28]) Sabatier [1]. [29]) Th. [18] (312). [30]) Th. [18] (312). [31]) Fabre [1]. [32]) Guntz u. Bassett. [33]) Petersen [1]. [34]) Th. [3] (266) [14] (113). [35]) B. [1] (248). [36]) Th. [18] (305). [37]) B. u. Ilosvay. [38]) André nach B. [1] (249). [39]) Th. [3] (266). [40]) B. [1] (249). [41]) Th. [18] (307). [42]) B. u. Ilosvay. [43]) Tassilly [3]. [44]) Tassilly [2]. [45]) Th. [3] (266). [46]) Joannis [1]. [47]) B. [5] (338). [48]) B. [1] (251). [49]) Th. [3] (266). [50]) B. [1] (251). [13] (218). [51]) B. [1] (251) [8] (19). [52]) Th. [3] (266) [14] (113). [53]) B. [1] (252). [54]) Th. [3] (266). [55]) B. [1] (252) [24] (552). [56]) Guntz [2]. [57]) Guntz [2]. [58]) B. u. Matignon. [59]) B. [1] (252) [6] (147). [60]) Th. [3] (266) [17] (477). [61]) B. [1] (253) [4] (189). [62]) Th. [3] (267). [63–65]) B. [1] (253). [66]) B. [1] (253) [11] (135). [67]) Blarez. [68]) de Forcrand [17] (512).

H. Böttger.

Bildungswärme der Metallverbindungen pro Gramm-Molekül.

Lit. s. S. 882.

Reaktionsgleichung	Wärmeentwicklung in kg-Kal.
$Ba+C+3O=BaCO_3$ amorph 1)	285,56
" 2)	282,5
$Ba+C+3O=BaCO_3$ kryst. 3)	283,0
$Ba+4C+6H+4O=Ba(C_2H_3O_2)_2$ 4)	349,3
Beryllium. *Be = 9.*	
$Be+2Cl+Aq=BeCl_2, Aq$ 5)	199,5
$Be+2Cl=[BeCl_2]$ 6)	155,0
Magnesium. *Mg = 24 (Th.); 24 (B.).*	
$Mg+2HCl.200H_2O=MgCl_2, Aq+H_2$ (20°) 7)	110,2 (460,6 K.J.)
$Mg+2HCl, Aq=MgCl_2, Aq+H_2$ 8)	108,29
$Mg+O=MgO$ 9)	143,3
" 10)	143,9
$Mg+2O+2H=Mg(OH)_2$ 11)	217,32
" 12)	217,8
$Mg+S=MgS$ 13)	79,4
$Mg+2S+2H+Aq=Mg(SH)_2, Aq$ 14)	110,86
$Mg+2F=MgF_2$ gefällt 15)	208,1 *) (210,2)
" 16)	210,7
$Mg+2Cl=MgCl_2$ 17)	151,01
$Mg+2Cl+6H_2O=MgCl_2.6H_2O$ 18)	183,98
$MgCl_2+MgO=MgCl_2.MgO$ 19)	20,0
$MgCl_2+Mg(OH)_2+6H_2O=MgCl_2.MgO.6H_2O$ 20)	27,5
$MgCl_2+KCl=KCl.MgCl_2$ 21)	3,1
$MgCl_2, 6H_2O+KCl=KCl.MgCl_2.6H_2O$ 22)	2,7
$Mg+2Br=MgBr_2$ 23)	121,7
$Mg+2J=MgJ_2$ 24)	84,8
$Mg+2C+2N+Aq=Mg(CN)_2, Aq$ 25)	34,0
$Mg+S+3O=MgSO_3$ 26)	282,0
$3(MgSO_3, 6H_2O)+(NH_4)_2SO_3 =3MgSO_3.(NH_4)_2SO_3.18H_2O$ 27)	—2,1
$Mg+S+4O=MgSO_4$ 28)	302,31
" 29)	300,9
$MgSO + K_2SO_4=MgSO_4.K_2SO_4$ 30)	3,3
" 31)	9,7**) 8,8

*) S. Anm. **) S. 858.
**) Die erste Zahl gilt für das frisch durch Schmelzen dargestellte, die zweite für das einige Zeit aufbewahrte Salz.

Reaktionsgleichung	Wärmeentwicklung in kg-Kal.
$MgSO_4+K_2SO_4+6H_2O =MgSO_4.K_2SO_4.6H_2O$ 32)	23,92
$MgSO_4+Na_2SO_4=MgSO_4.Na_2SO_4$ 33)	3,7**) 4,3
$Mg+2S+6O+6H_2O=MgS_2O_6.6H_2O$ 34)	390,57
$Mg+2N+6O+6H_2O=Mg(NO_3)_2.6H_2O$ 35)	210,52
$3Mg+2P+8O=Mg_3(PO_4)_2$ kolloidal 36)	910,6
$Mg+H+P+4O=MgHPO_4$ kryst. 37)	413,6
$Mg+N+4H+P+4O=MgNH_4PO_4$ kryst. 38)	898,8
$3Mg+2As+4O=Mg_3(AsO_4)_2$ kryst. 39)	712,6
$Mg+C+3O=MgCO_3$ gefällt 40)	266,6
Zink. *Zn = 65 (Th.); 65 (B.).*	
$Zn+2HCl.20H_2O=ZnCl_2, Aq+H_2$(20°) 41)	30,19 (126,8K.J.)
$Zn+2HCl.200H_2O=ZnCl_2, Aq+H_2$(18°) 42)	36,6 (153 K.J.)
$Zn+2HCl, Aq=ZnCl_2, Aq+H_2$ 43)	34,21
$Zn+SO_3, Aq=ZnSO_4, Aq+H_2$ 44)	37,73
$Zn+O=ZnO$ 45)	85,0
" ***) 46)	85,43
$Zn+O+H_2O=Zn(OH)_2$ 47)	82,68
$Zn+Na_2O_2=Na_2ZnO_2$ 48)	67,6
$Zn+O+Na_2O=Na_2ZnO_2$ 49)	87,0
$Zn+S+xH_2O=ZnS.xH_2O$ 50)	39,57
" 51)	43,0
$Zn+Se=ZnSe$ gefällt, flockig 52)	30,3
$Zn+Se=ZnSe$ kryst. 53)	29,6
$Zn+Te=ZnTe$ 54)	31,0
$Zn+2F+Aq=ZnF_2, Aq$ 55)	144,0 *) (146,3)
$Zn+2Cl=ZnCl_2$ 56)	97,21
" 57)	97,4
$ZnCl_2+2NH_3=ZnCl_2.2NH_3$ 58)	44,2
$ZnCl_2+4NH_3=ZnCl_2.4NH_3$ 59)	68,0
$ZnCl_2+6NH_3=ZnCl_2.6NH_3$ 60)	90,0
$Zn+2Br=ZnBr_2$ 61)	75,93
" 62)	76,0
$ZnBr_2+5NH_3=ZnBr_2.5NH_3$ 63)	83,6
$ZnBr_2+2NH_4Br+H_2O=ZnBr_2.2NH_4Br.H_2O$ 64)	6,14
$Zn+2[J]=ZnJ_2$ 65)	49,231
$ZnJ_2+4NH_3=ZnJ_2.4NH_3$ 66)	73,95
$Zn+2C+2N=Zn(CN)_2$ 67)	27,9

***) Über die Polymerisation des Zinkoxyds siehe de Forcrand, Ann. chim. phys. (7) **27**, 26, 1902.

1) Th.[3] (445)[17] (44). 2) B.[1] (255)[4] (175). 3) B.[1] (255). 4) B.[1] (255)[6] (327). 5 u. 6) Pollok. 7) Richards. 8) Th.[9] (250)[3] (242). 9) B.[1] (257). 10) v. Wartenberg[2]. 11) Th.[9] (250)[3] (243). 12) B.[1] (257). 13) Sabatier[1]. 14) Th.[18] (312). 15) Petersen[1]. 16) Guntz[1]. 17) Th.[9] (252)[3] (243). 18) Th.[18] (305). 19) André nach B.[1] (259). 20) André. 21) B. u. Ilosvay. 22) B. u. Ilosvay. 23) Beketoff[4]. 24) Beketoff[4]. 25) Varet[2] nach B.[1] (264). 26) Hartog nach B.[1] (260). 27) Hartog. 28) Th.[9] (252)[3] (243). 29) B.[1] (261). 30) Th.[3] (243). 31) B. u. Ilosvay. 32) Th.[3] (243). 33) B. u. Ilosvay. 34) Th.[17] (70)[3] (243). 35) Th.[17] (68)[3] (243). 36) B.[21] (353). 37) B.[21] (353). 38) B.[21] (364). 39) Blarez. 40) B.[1] (264)[4] (165). 41 u. 42) Richards. 43) Th.[3] (276). 44) Th.[3] (276). 45) Despretz. 46) Th.[9] (413)[3] (274). 47) Th.[9] (413)[3] (275). 48 u. 49) Mixter. 50) Th.[18] (312). 51) B.[1] (308)[4] (187). 52) Fabre[1] nach B[1] (308). 53) Fabre[1] nach B.[1] (308). 54) Fabre[2] nach B.[1] (308). 55) Petersen[1]. 56) Th.[9] (410). 57) B.[1] (306)[4] (189). 58—60) Isambert[1]. 61) Th.[3] (275). 62) B.[1] (307). 63) André nach B.[1] (308). 64) André nach B.[1] (308). 65) Th.[3] (275). 66) Tassilly[4]. 67) Joannis nach B.[1] (310).

H. Böttger.

Bildungswärme der Metallverbindungen pro Gramm-Molekül.

Lit. s. S. 882.

Reaktionsgleichung	Wärmeentwicklung in kg-Kal
$Zn+2CN=Zn(CN)_2$ [1]	53,40
$Zn+2O+SO_2=ZnSO_4$ [2]	158,99
$Zn+S+4O=ZnSO_4$ [3]	229,6
$ZnSO_4+K_2SO_4=ZnSO_4\cdot K_2SO_4$ [4]	4,145
$Zn+O_2+SO_2+H_2O=ZnSO_4\cdot H_2O$ [4]	167,47
$Zn+O_2+SO_2+7H_2O=ZnSO\cdot 7H_2O$ [5]	181,68
$ZnSO_4+K_2SO_4+6H_2O=ZnSO_4\cdot K_2SO_4\cdot 6H_2O$ [5]	23,95
$Zn+2SO_2+2O+6H_2O=ZnS_2O_6\cdot 6H_2O$ [6]	173,85
$Zn+2O+N_2O_4+6H_2O=Zn(NO_3)_2\cdot 6H_2O$ [7]	140,82
$Zn+2N+6O+Aq=Zn(NO_3)_2, Aq$ [8]	131,7
$Zn+C+3O=ZnCO_3$ gefällt [9]	194,2
$Zn+4C+6H+4O=Zn(C_2H_3O_2)_2$ [10]	267,4
Cadmium. *Cd = 112 (Th); 112 (B.).*	
$Cd+2HCl\cdot 8{,}8H_2O=CdCl_2, Aq+H_2$ (20°) [11]	19,77 (82,68K.J.)
$Cd+2HCl\cdot 200H_2O=CdCl_2, Aq+H_2$ [12]	17,2 (71,9K.J.)
$Cd+2HCl, Aq=CdCl_2, Aq+H_2$ [13]	17,61
$Cd+2HBr, Aq=CdBr_2, Aq+H_2$ [14]	18,88
$Cd+2HJ, Aq=CdJ_2, Aq+H_2$ [15]	21,53
$Cd+H_2SO_4, Aq=CdSO_4, Aq+H_2$ [16]	21,52
$Cd+O+H_2O=Cd(OH)_2$ [17]	65,68
$Cd+S+xH_2O=CdS\cdot xH_2O$ [18]	34,35
$Cd+Se=CdSe$ gefällt [19]	23,7
$Cd+Se=CdSe$ kryst. [20]	14,3
$Cd+Te=CdTe$ kryst. [21]	16,6
$Cd+2F+Aq=CdF_2, Aq$ [22]	127,7 *) (123,5)
$Cd+2Cl=CdCl_2$ [23]	93,24
$Cd+2Cl+2H_2O=CdCl_2\cdot 2H_2O$ [24]	98,53
$CdCl_2+2(HCl)+7H_2O=CdCl_2\cdot 2HCl\cdot 7H_2O$ [25]	40,2
$CdCl_2+2NH_3=CdCl_2\cdot 2NH_3$ [26]	37,2
$Cd+2Br=CdBr_2$ [27]	75,20
„ [28]	76,3
$Cd+2Br+4H_2O=CdBr_2\cdot 4H_2O$ [29]	82,93
$CdBr_2+2NH_3=CdBr_2\cdot 2NH_3$ [30]	35,2
$Cd+2[J]=CdJ_2$ [31]	48,83
$CdJ_2+2NH_3=CdJ_2\cdot 2NH_3$ [32]	29,6
$Cd+2C+2N=Cd(CN)_2$ [33]	—35,2
$Cd+2CN+Aq=Cd(CN)_2, Aq$ [34]	33,96
$Cd+2CN+2KCN, Aq=K_2Cd(CN)_4, Aq$ [35]	44,75
$Cd+SO_2+2O=CdSO_4$ [36]	150,47
$Cd+2N+6O+H_2O=Cd(NO_3)_2\cdot H_2O$ [37]	113,3
$Cd+2N+6O+4H_2O=Cd(NO_3)_2\cdot 4H_2O$ [38]	121,16
$Cd+C+3O=CdCO_3$ [39]	181,89
Aluminium. *Al = 27,4 (Th.); 27 (B.).*	
$Al+3HCl\cdot 20H_2O=AlCl_3, Aq+3H$ (20°) [40]	126,0 (527,0K.J.)
$Al+3HCl\cdot 200H_2O=AlCl_3, Aq+3H$ (18°) [41]	127,0

*) S. Anm. **) S. 858.

Reaktionsgleichung	Wärmeentwicklung in kg-Kal.
$Al+3HCl\cdot 200H_2O=AlCl_3, Aq+3H$ (18°) [42]	119,88
$2Al+3O=Al_2O_3$ [43]	380,2
$2Al+3O+3H_2O=2Al(OH)_3$ [44]	2×194,46
„ [45]	2×196,5
$Al+3O+3H=Al(OH)_3$ [46]	297,00
$Na_2O+Al_2O_3$ amorph $=2NaAlO_2$ [47]	40,0
$Na_2O+Al_2O_3$ kryst. $=2NaAlO_2$ [48]	30,0
$2Al+3S=Al_2S_3$ [49]	126,4
$Al+3F=AlF_3$ [50]	249,0
$Al+3F+Aq=AlF_3, Aq$ [51]	279,0
$Al+3Cl=AlCl_3$ [52]	160,98
„ [53]	161,8
$Al+3Br=AlBr_3$ [54]	121,95
$Al+3[J]=AlJ_3$ [55]	70,3
$2Al+3S+12O+Aq=Al_2(SO_4)_3, Aq$ [56]	879,7
Neodym. *Nd = 143,6.*	
Praseodym. *Pr = 140,5.*	
Lanthan. *La = 138,9.*	
Cer. *Ce = 140.*	
$2Nd+3O=Nd_2O_3$ [57]	435,1
$2Nd+3[S]=Nd_2S_3$ [58]	285,9
$Nd+3(Cl)=[NdCl_3]$ [59]	249,50
$Nd+3[Cl]+6[H_2O]=[NdCl_3\cdot 6H_2O]$ [60]	268,9
$Nd+3[J]=[NdJ_3]$ [61]	157,7
$2Nd+3S+6O_2=Nd_2(SO_4)_3$ [62]	928,2
$2Pr+3O=Pr_2O_3$ [57]	412,4
$2La+3O=La_2O_3$ [57]	447,3
$Ce+O_2=CeO_2$ [57]	224,6**)
Chrom. *Cr = 52,1 (B.).*	
$Cr+3Na_2O_2=Na_2CrO_4+2Na_2O$ [63]	158,8
$Cr+3O=CrO_3$ [64]	140,0
$Cr_2O_3+Na_2O=Na_2CrO_4$ [65]	77,0
Cr_2O_3 kryst. $+3Na_2O_2=2Na_2CrO_4+Na_2O$ [66]	108,0
Cr_2O_3 kryst. $+3O=2CrO_3$ [67]	12,2
Cr_2O_3 amorph $+3O=2CrO_3$ [68]	36,2
$2Cr+3O=Cr_2O_3$ kryst. [69]	267,8
„ amorph [70]	243,8
Vom Chromihydroxyd existieren drei verschiedene isomere Formen, die als α-, β- und γ-Modifikation unterschieden werden (siehe darüber Ann. chim. phys. (6) **10**, 6; 1887).	
$2Cr(OH)_3(\alpha)+3O+Aq=2CrO_3, Aq$ [71]	18,87
„ [72]	14,5

) Über die Wärmetönung bei der Einwirkung von verd. HCl auf La_2O_3, La_2S_3, LaS_2 und CeS_2 s. W. Biltz, ZS. anorg. Ch. **71, 434; 1911.

1) Th.[3] (475). 2) Th.[3] (275). 3) B.[1] (309) [4] (189). 4) Th.[17] (71) [3] (275). 5) Th.[17] (71) [3] (275). 6) Th.[17] (70) [3] (275). 7) Th.[18] (315) [3] (275). 8) B.[1] (310) [4] (189). 9) B.[1] (310) [4] (171). 10) B.[1] (311) [4] (95). 11 u. 12) Richards (459 u. 1185). 13) Th.[3] (277). 14—16) Th.[3] (285). 17) Th.[9] (419). 18) Th.[18] (312). [16] (10). 19) Fabre[1] nach B.[1] (314). 20) Fabre[1] nach B.[1] (314). 21) Fabre[2] nach B.[1] (314). 22) Petersen[1]. 23) Th.[9] (416). 24) Th.[18] (305). 25) B.[14] (87). 26) Tassilly[4]. 27) Th.[5] (285). 28) Nernst. 29) Th.[18] (307). 30) Tassilly[4]. 31) Th.[3] (284). 32) Tassilly[4]. 33) Joannis[1] nach B.[1] (315). 34 u. 35) Th.[3] (474). 36—38) Th.[9] (284). 39) Th[1] (44) [3] (445). 40 u. 41) Richards (459 u. 1185). 42) Th.[18] (248). 43) B.[25] (482). 44) Th.[9] (255). 45) B.[1] (328) [10] (199). 46) Th.[3] (240). 47 u. 48) Mixter[2]. 49) Sabatier nach B.[1] (330). 50) Baud[2]. 51) Petersen[2]. 52) Th.[9] (256). 53) B.[1] (328) [10] (199). 54) B.[1] (328) [10] (199). 55) B.[1] (329) [10] (199). 56) B.[1] (330). 57) Muthmann u. Weiß. 58—62) Matignon[2]. 63—70) Mixter[2] (135). 71) Th.[8] (210). 72) B.[1] (275).

Bildungswärme der Metallverbindungen pro Gramm-Molekül.

Lit. s. S. 882.

Reaktionsgleichung	Wärmeentwicklung in kg-Kal.
Ebenda[1]) weitere Daten.	
Vom Chromichlorid gibt es zwei Salze von der Formel $2CrCl_3 . 13H_2O$, von denen das eine mit grüner, das andere mit violetter Farbe löslich ist. Im festen Zustand ist jenes ebenfalls grün, dieses grau.	
$CrCl_3$, Aq grün (in verd. Lösung) = $CrCl_3$, Aq violett (in verd. Lösung)[2])	9,4
Auch vom Chromibromid gibt es zwei Salze, die beide die Formel $CrBr_3 . 6H_2O$ besitzen. Das eine Salz ist grün und mit grüner Farbe, das andere blau und mit violetter Farbe löslich. Bei der Umwandlung des ersten in das zweite werden in wässr. Lösung 21,6 Kal. frei, in kryst. Zustand 4,3 Kal. gebunden (B.[1] 281).	
$CrCl_2$, Aq+Cl=$CrCl_3$, Aq (violett)[3])	56,7
$2CrCl_2$, Aq+O=Cr_2OCl_4, Aq[4])	100,8
Cr_2O_3+6HF, Aq=$2CrF_3$, Aq+$3H_2O$[5])	50,3 *)
$2K+Cr_2O_3+4O=K_2Cr_2O_7$[5a])	226,44
$K_2CrO_4+CrO_3=K_2Cr_2O_7$[6])	15,0
$K_2CrO_4+2CrO_3=K_2Cr_3O_{10}$[7])	14,1
$(NH_4)_2CrO_4+CrO_3=(NH_4)_2Cr_2O_7$[8])	11,3
$CrO_2Cl_2+H_2O+$Aq=CrO_3, Aq+2 HCl, Aq[9])	16,7 (18°)

Wolfram. $W=184$.
Molybdän. $M=96,0$.
Uran. $U=238,5$.

Reaktionsgleichung	Wärmeentwicklung in kg-Kal.
$W+2O=WO_2$[10])	131,4
$W+3O=WO_3$[11])	196,3
$W+3O=WO_3$[11])	192,6
$W+3Na_2O_2=Na_2WO_4+2Na_2O$[12])	231,2
$WO_3+Na_2O=Na_2WO_4$[13])	94,70
$MoO_2+Na_2O_2=Na_2MoO_4$[14])	101,2
$Mo+2O=MoO_2$[15])	142,8
$Mo+3Na_2O_2=Na_2MoO_4+2Na_2O$[16])	205,2
$MoO_3+Na_2O=Na_2MoO_4$[17])	81,9
$Mo+3O=MoO_3$[18])	181,5
„ [19])	167,0
H_2WO_4, Aq+O=H_2WO_5, Aq[20])	—18,1
H_2MoO_4, Aq+O=H_2MoO_5, Aq[21])	—13,5
UO_3, $H_2O+O=UO_4$, $2H_2O$[22])	—6,1

Mangan. $Mn=55$ (*Th*); 55 (*B.*).

Reaktionsgleichung	Wärmeentwicklung in kg-Kal.
Mn fein verteilt, pyrophorisch aus dem Amalgam gewonnen = Mn geschmolzen[23])	3,5
$Mn+H_2SO_4$, Aq=$MnSO_4$, Aq+H_2[24])	52,89
Mn+2 HCl, Aq=$MnCl_2$, Aq+H_2[25])	49,37
$Mn+O=MnO$[26])	90,8
$Mn+O+H_2O=Mn(OH)_2$[27])	94,77
„ [28])	95,1
$Mn+S+xH_2O=MnS . xH_2O$[29])	44,39
„ [30])	45,6
$Mn+Se=MnSe$ gefällt[31])	22,4
$Mn+Se=MnSe$ kryst.[32])	21,6
$3Mn+C=Mn_3C$[33])	9,9
$Mn+2F+$Aq=MnF_2, Aq[34])	156,8**) (155,5)
$Mn+2Cl=MnCl_2$[35])	111,99
„ [36])	112,6
$Mn+2Cl+4H_2O=MnCl_2 . 4H_2O$[37])	126,46
$Mn+2Br+$Aq=$MnBr_2$, Aq[38])	107,0
$Mn+3Br+$Aq=$MnBr_3$, Aq[39])	109,0
Mn+2[J]+Aq=MnJ_2, Aq[40])	76,2
$Mn+SO_2+2O=MnSO_4$[41])	178,79
„ [42])	249,4
$Mn+SO_2+2O+H_2O=MnSO_4 . H_2O$[43])	184,76
$Mn+SO_2+2O+5H_2O=MnSO_4 . 5H_2O$[44])	192,54
$MnSO_4+K_2SO_4=MnSO_4 . K_2SO_4$[45])	0,99
„ [46])	0,8
$MnSO_4+Na_2SO_4=MnSO_4 . Na_2SO_4$[47])	1,2
$MnSO_4+K_2SO_4+4H_2O=MnSO_4 . K_2SO_4 . 4H_2O$[48])	13,84
$Mn+2SO_2+2O+6H_2O=MnS_2O_6 . 6H_2O$[49])	188,6
$Mn+2N+6O+6H_2O=Mn(NO_3)_2 . 6H_2O$[50])	153,05
$3Mn+2P+8O=Mn_3(PO_4)_2$ kolloidal[51])	737,5
$Mn+C+3O=MnCO_3$[52])	210,84
$Mn+C+3O=MnCO_3$ amorph.[53])	207,0
$Mn+C+3O=MnCO_3$ kryst.[54])	208,6
$MnO+CO_2=MnCO_3$ (Manganspat)[55])	27,6
$MnO+SiO_2=MnSiO_3$[56])	5,4
$Mn+2O=MnO_2$[57])	126,0
$Mn+2O=MnO_2$[58])	119,6
$Mn+2O+H_2O=MnO_3H_2$[59])	116,33
$Mn_3O_4+2O=3MnO_2$[60])	3×16,0
$3Mn+4O=Mn_3O_4$[61])	324,9
$Mn+3Na_2O_2=Na_2MnO_4+2Na_2O$[62])	110,8
$Mn+3O+Na_2O=Na_2MnO_4$[63])	169,0
$MnO_2+O+Na_2O=Na_2MnO_4$[64])	49,4
$2Mn+7O+H_2O+$Aq=$2HMnO_4$, Aq[65])	2× 93,55
$2Mn+8O+2H+$Aq=$2HMnO_4$, Aq[66])	2×128,05
$K+Mn+4O=KMnO_4$[67])	194,82
„ [68])	200,05

Eisen. $Fe=56$ (*Th.*); 56 (*B.*).

Reaktionsgleichung	Wärmeentwicklung in kg-Kal.
$Fe+H_2SO_4$, Aq=$FeSO_4$, Aq+H_2[69])	24,84
Fe+2 HCl . 8, $8H_2O=FeCl_2$, Aq+H_2[70]) (20°)	20,55 (85,94 K.J.)

*) Nach der Berechnung von Berthelot[1]) (281).

**) S. Anm. **) S. 858.

[1]) B.[1] (275). [2—4]) Recoura[1]. [5]) Petersen[1]. [5a]) Th.[18] (319). [6]) B.[18] (95). [7]) B.[1] (282). [8]) B.[1] (283). [9]) B.[18] (93). [10 u. 11]) Delepine u. Hallopeau. [12 u. 13]) Mixter[2]. [13]) Weiß u. Stimmelmayr. [14—19]) Mixter[4]. [20—22]) Pissarjewski. [32]) Guntz[4]. [24]) Th.[3] (271). [25]) Th.[3] (271). [26]) Le Chatelier[2]. [27]) Th.[9] (405). [28]) B.[1] (265). [29]) Th.[18] (312). [30]) B.[1] (269)[4] (187). [31]) Fabre[1] nach B.[1] (270). [32]) Fabre[1] nach B.[1] (270). [33]) Le Chatelier[2] nach B.[1] (270). [34]) Petersen[1]. [35]) Th.[9] (405). [36]) B.[1] (268)[4] (189). [37]) Th.[18] (305). [38]) B.[1] (269). [39]) Fabre[1]. [40]) B.[1] (269). [41]) Th.[9] (408). [42]) B.[1] (270)[4] (189). [43 u. 44]) Th.[18] (314). [45]) Th.[3] (271). [46]) B.[1] (271). [47]) B.[1] (271). [48—50]) Th.[3] (271). [51]) B.[21] (355). [52]) Th.[17] (44)[3] (445). [53]) B.[1] (279)[4] (166). [54]) B.[1] (279). [55—57]) Le Chatelier[2]. [58]) Mixter[5]. [59]) Th.[9] (406). [60]) Le Chatelier[2]. [61]) Le Chatelier[2]. [62—64]) Mixter[5]. [65]) B.[1] (267). [66]) B.[1] (267). [67]) Th.[9] (406). [68]) B.[1] (267). [69]) Th.[3] (294). [70]) Richards (459).

H. Böttger.

Bildungswärme der Metallverbindungen pro Gramm-Molekül.

Lit. s. S. 882.

Reaktionsgleichung	Wärmeentwicklung in kg-Kal.
$Fe+2HCl.200Aq=FeCl_2.Aq+H_2$ [1])	20,8 (87,0 K.J.)
$Fe+2HCl, Aq=FeCl_2, Aq+H_2$ [2])	21,32
$Fe+O=FeO$ [3])	65,7
$Fe+O+H_2O=Fe(OH)_2$ [4])	68,28
$Fe+S+xH_2O=FeS.xH_2O$ [5])	23,78
„ [6])	24,0
$Fe+Se=FeSe$ gefällt [7])	15,2
$Fe+Se=FeSe$ kryst. [8])	16,0
$Fe+Se=FeSe$ amorph. [9])	15,2
$Fe+Te=FeTe$ kryst. [10])	12,0
$Fe+2F+Aq=FeF_2, Aq$ [11])	130,3 *) (127,1)
$Fe+2Cl=FeCl_2$ [12])	82,05
„ [13])	82,2
$Fe+2Cl+Aq=FeCl_2, Aq$ [14])	99,95
$Fe+2Br+Aq=FeBr_2, Aq$ [15])	78,07
$Fe+2J+Aq=FeJ_2, Aq$ [16])	47,65
$Fe+6C+6N+4H=H_4Fe(CN)_6$ [17])	—122,0
$7Fe+18C+18N=Fe_4[Fe(CN)_6]_3$ gefällt [18])	—317,0
$4K+Fe+6C+6N=K_4Fe(CN)_6$ (s. S. 124) [19])	137,2
$Fe+SO_2+O_2+Aq=FeSO_4, Aq$ [20])	93,2
$Fe+SO_2+2O+7H_2O=FeSO_4.7H_2O$ [21])	169,04
$Fe+2N+6O+Aq=Fe(NO_3)_2, Aq$ [22])	119,0
$FeO+SiO_2=FeSiO_3$ [23])	9,3
$Fe+Si+3O=FeSiO_3$ calc. [24])	254,6
$FeO+CO_2=FeCO_3$ [25])	24,5
$Fe+C+3O=FeCO_3$ wasserfrei oder kryst. [26])	184,5
$Fe+C+3O=FeCO_3$ gefällt [27])	178,8
$2Fe+3O=Fe_2O_3$ (bei 400° entwässert) [28])	3×65,9
$2Fe+3O=Fe_2O_3$ (auf 1000° erhitzt) [29])	3×65,2
$2Fe+3O+3H_2O=2Fe(OH)_3$ [30])	2×95,57
$2Fe(OH)_2+O+H_2O=2Fe(OH)_3$ [31])	2×27,29
$3Fe+4O=Fe_3O_4$ [32])	270,8
$Fe+3F+Aq=FeF_3, Aq$ [33])	162,9 *) (167,55)
$FeF_3, Aq+3HF, Aq$ [34])	0,6
$Fe+3Cl=FeCl_3$ [35])	96,04
$Fe+3Cl+Aq=FeCl_3, Aq$ [36])	127,72
$FeCl_2+Cl=FeCl_3$ [37])	13,99
$2FeCl_3+Fe=3FeCl_2$ [38])	3×18,02
$Fe+3Br+Aq=FeBr_3, Aq$ [39])	95,45
$Fe+3[J]+Aq=FeJ_3, Aq$ [40])	23,85
$Fe+6C+6N+3H+Aq=H_3Fe(CN)_6, Aq$ [41])	—147,5
$3K+Fe+6C+6N=K_3Fe(CN)_6$ [42])	54,75
$2Fe+3O+3SO_3, Aq=Fe_2(SO\ )_3, Aq$ [43])	224,9

*) S. Anm. **) S. 858.

Reaktionsgleichung	Wärmeentwicklung in kg-Kal.
$2Fe+3S+12O+Aq=Fe_2(SO_4)_3, Aq$ [44])	650,5
$Fe+3N+9O+Aq=Fe(NO_3)_3, Aq$ [45])	314,3
$2Fe(OH)_3+3CO_2, Aq$ [46])	7,2 bis 12,0
$Fe+6C+9H+6O+Aq=Fe(C_2H_3O_2)_3, Aq$ [47])	359,35
Kobalt. *Co = 58,8 (Th.); 58,7 (B.).*	
$Co+2HCl, Aq=CoCl_2, Aq+H_2$ [48])	15,07
$Co+O=CoO$ kryst. [49])	57,5
$Co+O=CoO$ amorph. [50])	50,5
$3Co+4O=Co_3O_4$ [51])	193,4
$Co+2Na_2O_2=Na_2CoO_3+Na_2O$ [52])	61,4
$Co+2O+Na_2O=Na_2CoO_3$ [53])	100,2
$Co_3O_4+2Na_2O_2+Na_2O=3Na_2CoO_3$ [54])	68,4
$Co_3O_4+2O+3Na_2O=3Na_2CoO_3$ [55])	107,2
CoO amorph $+Na_2O_2=Na_2CoO_3$ [56])	30,3
$CoO+O+Na_2O=Na_2CoO_3$ [57])	49,7
$Co+O+H_2O=Co(OH)_2$ [58])	63,4
$Co+S+xH_2O=CoS.xH_2O$ [59])	19,73
$Co+Se=CoSe$ gefällt [60])	13,9
$Co+Se=CoSe$ kryst. [61])	9,9
$Co+Te=CoTe$ [62])	13,0
$Co+2F+Aq=CoF_2, Aq$ [63])	125,4 *) (122,2)
$Co+2Cl=CoCl_2$ [64])	76,48
$Co+2Br+Aq=CoBr_2, Aq$ [65])	72,94
$Co+2[J]+Aq=CoJ_2, Aq$ [66])	42,52
„ [67])	40,7
$Co+H_2SO_4, Aq=CoSO_4, Aq+H_2$ [68])	19,71
$Co+O+SO_3, Aq=CoSO_4, Aq$ [68])	88,07
$Co+2O+SO_2+7H_2O=CoSO_4.7H_2O$ [69])	162,97
$CoO+N_2O_5, Aq=Co(NO_3)_2, Aq$ [70])	84,54
$Co+2N+6O+6H_2O=Co(NO_3)_2.6H_2O$ [71])	120,68
$2Co+3O+3H_2O=2Co(OH)_3$ [72])	149,38
$2Co(OH)_2+O+H_2O=2Co(OH)_3$ [73])	22,58
Nickel. *Ni = 58,5 (Th.); 58,8 (B.).*	
$Ni+2HCl, Aq=NiCl_2, Aq+H_2$ [74])	16,19
$Ni+H_2SO_4, Aq=NiSO_4, Aq+H_2$ [75])	18,59
$Ni+O=NiO$ [76])	57,9
$Ni+O+H_2O=Ni(OH)_2$ [77])	60,84
$Ni+S+xH_2O=NiS.xH_2O$ [78])	17,39
$Ni+Se=NiSe$ gefällt [79])	14,7
$Ni+Se=NiSe$ kryst. [80])	9,9

1) Richards. 2) Th. [3] (294). 3) Le Chatelier [1]. 4) Th. [9] (423) [3] (294). 5) Th. [16] (10) [3] (455). 6) B. [1] (289) [4] (187). 7—9) Fabre [1] nach B. [1] (289). 10) Fabre [2] nach B. [1] (290). 11) Petersen [1]. 12) Th. [9] (422) [3] (293). 13) B. [1] (286) [4] (189). 14) Th. [3] (294). 15 u. 16) Th. [3] (294). 17) B. [1] (294). 18) B. [1] (295). 19) B. [1] (295). 20) Th. [3] (294). 21) Th. [3] (294). 22) B. [1] (291). 23—26) Le Chatelier [1]. 27) B. [1] (292) [4] (166). 28) Le Chatelier [1]. 29) Le Chatelier [1]. 30) Th. [9] (422) [3] (289). 31) Th. [9] (422) [3] (289). 32) B. [14] (121). 33) Petersen [1]. 34) B. [1] (289). 35) Th. [9] (422) [3] (288). 36) Th. [3] (294). 37) Th. [9] (422) [3] (293). 38) Th. [9] (422) [3] (293). 39 u. 40) B [1]. (288). 41) Joannis [1]. 42) Joannis [1]. 43) Th. [9] (503) [3] (294). 44) B. [1] (290). 45) B. [1] (291). 46) B. [4] (173). 47) B. [1] (293) [3] (171). 48) Th. [18] (250). 49—57) Mixter [5]. 58) Th. [3] (306). 59) Th. [18] (312). 60—62) Fabre [1] nach B. [1] (299). 63) Petersen [1]. 64) Th. [12] (418) [3] (298). 65) Th. [17] (54) [3] (306). 66) Th. [17] (56) [3] (306). 67) Pigeon. 68) Th. [6] (382) [12] (417) [3] (306). 69) Th. [17] (65) [3] (306). 70) Th. [17] (68) [3] (306). 71) Th. [17] (68) [3] (306). 72) Th. [3] (306). 73) Th. [12] (422) [3] (306). 74) Th. [12] (417) [3] (297). 75) Th. [3] (307). 76) Mixter [5]. 77) Th. [12] (417) [3] (306). 78) Th. [18] (312). 79 u. 80) Fabre [1] nach B. [1] (303).

H. Böttger.

Bildungswärme der Metallverbindungen pro Gramm-Molekül.

Lit. s. S. 882.

Reaktionsgleichung	Wärmeentwicklung in kg-Kal.
$Ni+Te=NiTe$ kryst. [1]	11,6
$Ni+2F+Aq=NiF_2, Aq$ [2]	122,8 *) (120,8)
$Ni+2F+Aq=NiF_2, Aq$ [3]	120,8
$Ni+2Cl=NiCl_2$ [4]	74,53
$NiCl_2+6H_2O=NiCl_2.6H_2O$ [5]	20,33
$Ni+2Br+Aq=NiBr_2, Aq$ [6]	71,82
$Ni+2[J]+Aq=NiJ_2, Aq$ [7]	41,40
$Ni+2C+2N=Ni(CN)_2$ gefällt [8]	—23,4
$Ni+O+SO_3, Aq=NiSO_4, Aq$ [9]	86,95
$Ni+2O+SO_2+7H_2O=NiSO_4.7H_2O$ [10]	162,53
$Ni+2O+2SO_2+6H_2O=NiS_2O_6.6H_2O$ [11]	154,79
$Ni+O+N_2O_5, Aq=Ni(NO_3)_2, Aq$ [12]	83,42
$Ni+2N+6O+6H_2O=Ni(NO_3)_2.6H_2O$ [13]	120,71
$2Ni+3O+3H_2O=2Ni(OH)_3$ [14]	120,38
$2Ni(OH)_2+O+H_2O=2Ni(OH)_3$ [15]	—1,30

Kupfer. Cu = 63,5 (Th.); 63,3 (B.).

Reaktionsgleichung	Wärmeentwicklung in kg-Kal.
$2Cu+O=Cu_2O$ [16]	40,81
,, [17]	43,8
$2Cu+S=Cu_2S$ [18]	18,26
$2Cu+S\alpha=Cu_2S$ kryst. [19]	19,0
$2Cu+Se=Cu_2Se$ kryst. [20]	8,0
$2Cu+Te=Cu_2Te$ [21]	8,2
$Cu+Cl=CuCl$ [22]	32,87
,, [23]	35,4
$Cu+Br=CuBr$ [24]	24,98
$Cu+[J]=CuJ$ [25]	16,26
,, [26]	16,9
$Cu+C+N=CuCN$ [27]	—22,05
$Cu+O=CuO$ [28]	37,16
$Cu+O=CuO$ calciniert [29]	39,7
$Cu_2O+O=2CuO$ [30]	35,0
,, [31]	36,2
$Cu+S\alpha=CuS$ [32]	11,6
$Cu+S=CuS$ gefällt [33]	9,76
,, [34]	10,1
$Cu+2F+Aq=CuF_2, Aq$ [35]	89,6**)
$Cu+2Cl=CuCl_2$ [36]	51,63
,, [37]	51,4
$Cu+2Cl+2H_2O=CuCl_2.2H_2O$ [38]	58,50
$3CuO+CuCl_2=3CuO.CuCl_2$ [39]	1,3
$3CuO+CuCl_2+4H_2O=3CuO.CuCl_2.4H_2O$ [40]	23,0

*) S. Anm. **) S. 858.
**) Nach der Berechnung von Berthelot [1] (321).

Reaktionsgleichung	Wärmeentwicklung in kg-Kal.
$Cu+2Br=CuBr_2$ [41]	32,6
$CuBr_2+3Cu(OH)_2=CuBr_2.3Cu(OH)_2$ [42]	22,2
$Cu+2Cl+6O+Aq=Cu(ClO_3)_2, Aq$ [43]	28,6
$Cu+2O+SO_2=CuSO_4$ [44]	111,49
$Cu+2O+SO_2+H_2O=CuSO_4.H_2O$ [45]	117,95
$Cu+2O+SO_2+5H_2O=CuSO_4.5H_2O$ [46]	130,04
$CuSO_4.H_2O+3Cu(OH)_2=CuSO_4.3CuO.4H_2O$ [47]	15,2
$Cu+2O+2SO_2+5H_2O=CuS_2O_6.5H_2O$ [48]	126,25
$Cu+2N+6O+6H_2O=Cu(NO_3)_2.6H_2O$ [49]	92,94
$Cu(NO_3)_2.3H_2O+3CuO=Cu(NO_3)_2.3Cu(OH)_2$.	12,1
$Cu+C+3O=CuCO_3$ gefällt [51]	142,8
$Cu+4C+6H+4O=Cu(C_2H_3O_2)_2$ [52]	213,9
$CuSO_4+K_2SO_4=K_2Cu(SO_4)_2$ [53]	0,02
$CuSO_4+K_2SO_4+6H_2O=K_2Cu(SO_4)_2.6H_2O$ [54]	22,99
$CuSO_4, Aq+Fe=FeSO_4, Aq+Cu$ [55]	37,24

Silber. Ag = 107,9 (Th.); 107,9 (B.).

Reaktionsgleichung	Wärmeentwicklung in kg-Kal.
$2Ag+O=Ag_2O$ [56]	5,90
,, [57]	7,0
$4Ag+3O=Ag_4O_3$ wasserhaltig [58]	21,0
$2Ag+S=Ag_2S$ gefällt [59]	3,33
,, [60]	3,0
$2Ag+Se=Ag_2Se$ gefällt [61]	2,0
$Ag+F+Aq=AgF, Aq$ [62]	25,5 *) (26,6)
$Ag+F=AgF$ [63]	23,2
$AgF+HF=HAgF_2$ [64]	2,0
$2Ag+F=Ag_2F$ [65]	23,9
$Ag+Cl=AgCl$ [66]	29,38
,, [67]	29,0
,, [67a]	29,94
$AgCl+3NH_3=AgCl.3NH_3$ [68]	31,6
$2AgCl+3NH_3=2AgCl.3NH_3$ [69]	34,7
$2Ag+Cl=Ag_2Cl$ [70]	29,5
$Ag+Br=AgBr$ [71]	22,7
,, [72]	23,4 **)

*) S. Anm. **) S. 858.
**) Nach Berthelot geht das durch Fällen von Silbernitrat mit Kaliumbromid oder -jodid dargestellte Silberbromid oder Silberjodid aus einem labilen Anfangszustand allmählich in einen stabilen Endzustand über. Für den letzteren gilt die angegebene Zahl. Die Bildungswärme der Verbindung im ersteren Zustand ist kleiner. ($<+20,0$ Kal. beim Silberbromid, + 8,6 Kal. beim Silberjodid.)

1) Fabre [2] nach B. [1] (303). 2) Petersen [1]. 3) B. [1] (302). 4) Th. [12] (418) [3] (307). 5) Th. [17] (51) [3] (307). 6) Th. [17] (54) [3] (307). 7) Th. [17] (56) [3] (307). 8) Varet [3]. 9) Th. [12] (417) [3] (307). 10) Th. [17] (65) [3] (307). 11) Th. [17] (70) [3] (307). 12) Th. [17] (68) [3] (307). 13) Th. [17] (68) [3] (307). 14) Th. [3] (307). 15) Th. [12] (424) [3] (307). 16) Th. [10] (283) [3] (314). 17) B. [1] (317). 18) Th. [18] (312). 19) v. Wartenberg [1]. 20–21) Fabre [1] nach B. [1] (322). 22) Th. [10] (284) [3] (318). 23) B. [12] (514) [1] (318). 24) Th. [10] (284) [3] (318). 25) Th. [10] (284) [3] (318). 26) B. [12] (519) [1] (320). 27) Varet [2]. 28) Th. [10] (273) [3] (310). 29) Joannis [4]. 30) Dulong. 31) Andrews [1]. 32) v. Wartenberg [1]. 33) Th. [3] (453). 34) B. [1] (321) [4] (187). 35) Petersen [1]. 36) Th. [10] (277) [3] (311). 37) B. [1] (319) [4] (189). 38) Th. [18] (306). 39) B. [14] (568) [1] (319). 40) B. [14] (567) [1] (320). 41) Th. [3] (311). 42) Sabatier [5]. 43) B. [1] (322). 44) Th. [3] (320). 45–46) Th. [18] (314). 47) Sabatier [5]. 48) Th. [3] (320). 49) Th. [3] (320). 50) Sabatier [5]. 51) B. [1] (324) [4] (172). 52) B. [1] (325) [4] (95). 53) Th. [3] (320). 54) Th. [3] (320). 55) Th. [18] (256). 56) Th. [10] (288) [3] (378). 57) B. [1] (367). 58) B. [13] (170) [1] (368). 59) Th. [18] (312). 60) B. [1] (372) [4] (187). 61) Fabre [1] nach B. [1] (372). 62) Petersen [1]. 63) Guntz [1]. 64) Guntz nach B. [1] (371). 65) Guntz [3] nach B. [1] (371). 66) Th. [10] (289) [3] (381). 67) B. [1] (368) [4] (504). 67a) U. Fischer. 68) Isambert [1]. 69) Isambert [1]. 70) Guntz [3]. 71) Th. [10] (289) [3] (380). 72) B. [16] (245) [1] (369).

H. Böttger.

Bildungswärme der Metallverbindungen pro Gramm-Molekül.

Lit. s. S. 882.

Reaktionsgleichung	Wärmeentwicklung in kg-Kal.
$AgBr + KBr = AgBr . KBr$ [1])	−0,4 *) >2,6
$Ag + [J] = AgJ$ [2])	13,80
„ [3])	14,2
„ [3a])	14,99
$AgJ + KJ = AgJ . KJ$ [4])	−1,8 *) 3,8 *)
$AgJ + 3KJ = AgJ . 3KJ$ [5])	−0,9 *) 4,7 *)
$Ag + C + N = AgCN$ amorph. [6])	−31,41
„ [7])	−34,0
$AgCN + KCN = KAg(CN)_2$ [8])	11,9
$AgCN + KCN, Aq = KAg(CN)_2, Aq$ [9])	6,49
„ [10])	6,5**)
$Ag + C + N + S = AgCNS$ [11])	−21,9
$Ag + C + N + O = AgCNO$ [12])	23,1
$2Ag + 2C = Ag_2C_2$ [13])	−87,15
$2Ag + SO_2 + 2O = Ag_2SO_4$ [14])	96,20
$Ag + N + 3O = AgNO_3$ [15])	28,74
„ [16])	28,7
$Ag + N + 2O = AgNO_2$ [17])	11,3
$2Ag + 2N + 2O = Ag_2N_2O_2$ [18])	−34,4
$2Ag + O + CO_2 = Ag_2CO_3$ gefällt [19])	25,96
„ [20])	120,5***) <117,0
$Ag + 2C + 3H + 2O = AgC_2H_3O_2$ [21])	95,6

Gold. $Au = 196$ (*Th.*).

Nach Thomsen [11]) (356) u. [3]) (401) gibt es von dem aus den wässerigen Lösungen seiner Verbindungen reduzierten Gold verschiedene allotrope Zustände, vergl. indessen Umwandlungswärmen, Tab. 187, S. 846. Das aus dem Goldchlorid durch schweflige Säure reduzierte Gold (von Thomsen mit Au bezeichnet) fällt als gelbe, sich zusammenballende Masse. Aus dem Goldbromid wird dagegen durch dasselbe Reduktionsmittel das Gold als feines braunes Pulver abgeschieden, welches seine Pulverform auch nach dem Trocknen beibehält (Modifikation Auα). Aus der Lösung von Aurochlorid oder -bromid endlich scheidet sich bei der Einwirkung der betreffenden Haloidsäuren die Modifikation Auβ als sehr feines, metallisch glänzendes Pulver ab. Diese Modifikation erhält man auch bei der Reduktion der Lösungen von Aurobromid und -jodid durch schweflige Säure. Die nachstehend mitgeteilten Bildungswärmen der Goldverbindungen gelten für die erstgenannte Modifikation Au [22]).

Reaktionsgleichung	Wärmeentwicklung in kg-Kal
$Au + Cl = AuCl$ [23])	5,81
$Au + Br = AuBr$ [24])	−0,08
$Au + J = AuJ$ [25])	−5,52
$2Au + 3O + 3H_2O = 2Au(OH)_3$ [26])	−13,19
$Au + 3Cl = AuCl_3$ [27])	22,82
$Au + 4Cl + H + 4H_2O = HAuCl_4 . 4H_2O$ [28])	76,95
$Au + 4Cl + H + Aq = HAuCl_4, Aq$ [29])	71,115
$Au + 3Br = AuBr_3$ [30])	8,85
$Au + 4Br = H + Aq = HAuBr_4, Aq$ [31])	41,165

Quecksilber. $Hg = 200$ (*Th.*); 200 (*B.*).

Reaktionsgleichung	Wärmeentwicklung in kg-Kal
$2Hg + O = Hg_2O$ [32])	22,2*)
„ [33])	22,2
„ [34])	24,86
$Hg + Cl = HgCl$ [35])	31,3
„ [36])	31,32
„ [37])	32,605
$Hg + Br = HgBr$ [38])	24,5
„ [39])	24,5
„ [40])	25,475
$Hg + [J] = HgJ$ [41])	14,2
„ [42])	15,55
„ [43])	14,42**)
$2Hg + S + 4O = Hg_2SO_4$ [44])	175,0
$Hg + N + 3O + H_2O = HgNO_3 . H_2O$ [45])	34,7
$Hg + N + 3O + Aq = HgNO_3, Aq$ [46])	28,9
$Hg + 3N = HgN_3$ [47])	−144,6
$Hg + 2C + 3H + 2O = HgC_2H_3O_2$ [48])	101,05
$Hg + O = HgO$ [49])	20,7
„ [50])	21,5
„ [51])	22,0
$Hg + S = HgS$ gefällt [52])	6,21

*) Die negative Zahl gilt für den stabilen Endzustand, die positive für den labilen Anfangszustand des Silberhalogenids.

**) Dieselbe Wärmemenge wird beim Lösen von AgCN in den verdünnten Lösungen von NaCN, $\frac{1}{2}Ba(CN)_2$, $\frac{1}{2}Sr(CN)_2$, $\frac{1}{2}Ca(CN)_2$ frei (Varet [3]). Verwendet man die doppelte Menge der gelösten Cyanide (also auf AgCN 2 KCN, Aq usw.), so ist die Wärmeentwickelung um 0,7 Kal. größer. Sie wächst in diesem Falle um weitere 1,2 Kal., wenn die Lösung der Cyanide konzentriert ist, so daß AgCN + 2KCN, Aq konzentriert + 8,5 Kal. ergibt (B. [16]).

***) Die erste Zahl gilt für die Anfangs-, die letzte für den Endzustand des gefällten Silberkarbonats.

*) Die von Thomsen mitgeteilten Werte für die Bildungswärme sind durch eine Untersuchung von Nernst (Z. ph. Ch. **2**, 20; 1881) korrigiert worden. In der Tabelle sind die berichtigten Werte und außerdem die Zahlen mitgeteilt, welche Thomsen in den Termokemiske Undersøgelsers (18) angibt.

**) Das Mercurojodid fällt nach Varet als gelbgrüne, unbeständige Verbindung, die dann in die beständige, gelb gefärbte Verbindung übergeht. Für diese gilt die mitgeteilte Zahl.

1) B. [16] (275) [1] (369). 2) Th. [10] (289) [3] (380). 3) B. [16] (243) [1] (370). 3a) U. Fischer. 4, 5) B. [16] (274) [1] (371). 6) Th. [3] (407). 7) B. [1] (373) [16] (279). 8) B. [16] (280) [1] (374). 9) Th. [3] (469). 10) Varet [4]). 11) Joannis [1] nach B. [1] (374). 12) Lemoult (nicht veröffentlicht). B. [1] (375). 13) B. u. Delépine. 14) Th. [10] (293). 15) Th. [10] (293) [3] (378, 382). 16) B. [1] (373) [4] (101). 17) B. [1] (373) [4] (102). 18) B. [20] (247) [23] (574). 19) Th. [17] (44) [3] (445). 20) B. [1] (375) [4] (177). 21) B. [1] (375) [4] (95). 22) Th. [11] (358) [3] (400). 23—25) Th. [11] (363) [3] (406). 26) Th. [11] (355) [3] (397). 27) Th. [11] (365) [3] (407). 28) Th. [3] (413). 29) Th. [11] (355) [3] (398). 30) Th. [11] (365) [3] (407). 31) Th. [11] (355) [3] (398). 32) Nernst. 33) Varet [1]. 34) Th. [18] (311). 35) Nernst. 36) Varet [1]. 37) Th. [18] (306). 38) Nernst. 39) Varet [1]. 40) Th. [18] (308). 41) Nernst. 42) Th. [18] (309). 43—45) Varet [1]. 46) Th. [1] (388). 47) B. u. Vieille. 48) Varet [1]. 49) Nernst. 50) Varet [1]. 51) Th. [18] (311). 52) Th. [16] (10) [3] (455).

H. Böttger.

Bildungswärme der Metallverbindungen pro Gramm-Molekül.

Lit. s. S. 882.

Reaktionsgleichung	Wärmeentwicklung in kg-Kal.
Hg+S=HgS gefällt [1])	10,6
Hg+S=HgS Zinnober [2])	10,9
Hg+Se=HgSe gefällt [3])	6,3
Hg+2Cl=$HgCl_2$ [4])	53,3
„ [5])	53,3
„ [6])	54,49
$HgCl_2$, Aq+2HCl, Aq [7])	1,0 (9°)
$HgCl_2$, Aq+HCl, Aq [8])	0,4
$HgCl_2$+HgO=$HgCl_2$·HgO [9])	3,3
$HgCl_2$+2HgO=$HgCl_2$·2HgO [10])	6,3
$HgCl_2$+3HgO=$HgCl_2$·3HgO [11])	8,0
$HgCl_2$+4HgO=$HgCl_2$·4HgO [12])	10,0
$HgCl_2$+KCl=$HgCl_2$·KCl [13])	2,4
$HgCl_2$+2KCl=$HgCl_2$·2KCl [14])	3,8
Hg+2Cl+2KCl+H_2O=$HgCl_2$·2KCl·H_2O [15])	60,62
Hg+2Br=$HgBr_2$ [16])	40,5
„ [17])	40,6
„ [18])	41,88
$HgBr_2$, Aq+HBr, Aq [19])	1,2
$HgBr_2$+HgO=$HgBr_2$·HgO [20])	3,3
$HgBr_2$, Aq+KBr, Aq *) [21])	1,3
$HgBr_2$+KBr=$KHgBr_3$ [22])	—1,0
Hg+2Br+2KBr=K_2HgBr_4 [23])	43,11
Hg+2[J]=HgJ_2 [24])	24,3
„ [25])	25,64
Hg+2[J]=HgJ_2 rot [26])	25,2
Hg+2[J]=HgJ_2 gelb [27])	22,2
HgJ_2 rot + 4HJ, Aq [28])	5,6
HgJ_2 rot + 8HJ, Aq [29])	5,8
HgJ_2 rot + KJ=$KHgJ_3$ [30])	2,1
HgJ_2 rot + KJ+H_2O=$KHgJ_3$·H_2O [31])	2,3
Hg+2J+2KJ=K_2HgJ_4 [32])	28,68
Hg+2CN=$Hg(CN)_2$ [33])	10,28
„ [34])	11,4
$Hg(CN)_2$+2KCN=$K_2Hg(CN)_4$ [35])	17,6**) (12,4)
Hg+2CN+2KCN, Aq=$K_2Hg(CN)_4$, Aq [36])	19,11
$HgCl_2$+$Hg(CN)_2$=$HgCl_2$·$Hg(CN)_2$ [37])	0,0 (0,4)
$Hg(CN)_2$+KCl=$Hg(CN)_2$·KCl [38])	1,6 (0,2)
$Hg(CN)_2$+KCl+H_2O=$Hg(CN)_2$·KCl·H_2O [39])	3,0
$Hg(CN)_2$+HgO=$Hg(CN)_2$·HgO [40])	2,6
3$Hg(CN)_2$+HgO=3$Hg(CN)_2$·HgO [41])	9,4
Hg+2C+2N+2S=$Hg(CNS)_2$ [42])	—50,2
Hg+2C+2N+2O=$Hg(CNO)_2$ [43])	—62,9
Hg+S+4O=$HgSO_4$ [44])	165,1
Hg+2N+6O+Aq=$Hg(NO_3)_2$, Aq [45])	57,4
Hg+2N+6O+½H_2O = $Hg(NO_3)_2$·½H_2O [46])	57,4
Hg+4C+6H+4O=$Hg(C_2H_3O_2)_2$ [47])	196,9

*) Oder NaBr, Aq; LiBr, Aq; $(NH_4)Br$, Aq.

**) Bei den folgenden von Berthelot und von Varet untersuchten Doppelsalzen des Mercuricyanids bezeichnet die eingeklammerte Zahl die Wärmetönung bei der Einwirkung der wässerigen Lösungen beider Komponenten aufeinander.

Thallium. *Tl=204 (Th.); 204 (B.).*

Reaktionsgleichung	Wärmeentwicklung in kg-Kal.
2Tl+O=Tl_2O [48])	42,24
2Tl+O+H_2O=2TlOH [49])	45,47
Tl+O+H=TlOH [50])	56,91
2Tl+S=Tl_2S [51])	19,65
2Tl+Se=Tl_2Se gefällt [52])	13,4
2Tl+Te=Tl_2Te kryst. [53])	10,6
Tl+F+Aq=TlF, Aq [54])	50,7 *) (52,0)
Tl+Cl=TlCl [55])	48,58
Tl+Br=TlBr [56])	41,29
Tl+[J]=TlJ [57])	30,18
2Tl+S+4O=Tl_2SO_4 [58])	220,98
2Tl+SO_2+2O=Tl_2SO_4 [59])	149,90
Tl+N+3O=$TlNO_3$ [60])	58,15
2Tl+3O+3H_2O=2$Tl(OH)_3$ [61])	2×43,17
Tl+3Cl+Aq=$TlCl_3$, Aq **) [62])	89,25
Tl+3Br+Aq=$TlBr_3$, Aq [63])	56,45
Tl+3[J]+Aq=TlJ_3, Aq *) [64])	10,82

Blei. *Pb=206,9 (B.); 207 (Th.).*

Reaktionsgleichung	Wärmeentwicklung in kg-Kal.
Pb+O=PbO [65])	50,30
PbO+O=PbO_2 [66])	12,6
PbO+10NaOH [67])	—1,3
Pb+2Na_2O_2=Na_2PbO_3+Na_2O [68])	63,50
Pb+2Na_2O+2O=Na_2PbO_3 [69])	102,30
Pb+2O=PbO_2 [70])	62,40
Pb+S=PbS gefällt [71])	18,42
Pb+S=PbS gefällt [72])	20,3
Pb+Se=PbSe gefällt [73])	14,3
Pb+Se=PbSe kryst. [74])	17,0
Pb+Te=PbTe [75])	6,2
Pb+2F=PbF_2 gefällt [76])	107,6
Pb+2Cl=$PbCl_2$ [77])	82,77
„ [78])	83,9

*) S. Anm. **) S. 858.

**) Die Bildungswärme des Thallichlorids und -jodids in wässeriger Lösung ist von Thomsen unter der Annahme berechnet worden, daß die Wärmeentwicklung bei der Neutralisation des Thallihydroxyds durch Chlor- und Jodwasserstoffsäure ebenso groß ist, wie bei der durch Bromwasserstoffsäure.

1) B. [1] (359) [4] (108). 2) Varet [1]. 3) Fabre [1] nach B. [18] (359). 4) Nernst. 5) B. [1] (352) [16] (236). 6) Th. [18] (306). 7) B. [16] (233). 8) B. [1] (353). 9—12) André. 13) B. [16] (205). 14) B. [16] (204). 15) Th. [18] (306). 16) Nernst. 17) B. [1] (355) [16] (236). 18) Th. [18] (308). 19) B. [16] (232). 20) André. 21) Varet [4]. 22) B. [16] (210). 23) Th. [3] (376). 24) Nernst. 25) Th. [18] (309). 26) B. [1] (357) [16] (238) Varet [1]. 27) B. [1] (357). B. [16] (238) Varet [1]. 28) B. [16] (231). 29) B. [16] (231). 30) B. [16] (213). 31) B. [16] (213). 32) Th. [18] (309). 33) Th. [18] (309). 34) B. [1] (362). 35) B. [1] (362) [16] (230). 36) Th. [18] (309). 37) B. [1] (362). 38) B. [16] (231). 39) B. [16] (231). 40—42) Joannis [1]. 43) B. u. Vieille (568). 44) Varet [1]. 45) Th. [1] (388). 46) Varet [1] nach B. [1] (360). 47) B. [1] (365) [16] (354). 48) Th. [10] (112) [3] (349). 49) Th. [3] (354). 50) Th. [10] (112) [3] (354). 51) Th. [18] (312). 52—53) Fabre [1] nach B. [1] (349). 54) Petersen [1]. 55) Th. [10] (116) [3] (351). 56) Th. [10] (116) [3] (353). 57) Th. [10] (116) [3] (353). 58) Th. [10] (112) [3] (354). 59) Th. [18] (313). 60) Th. [10] (112) [3] (354). 61) Th. [10] (114) [3] (351). 62) Th. [10] (117) [3] (353). 63) Th. [10] (114) [3] (353). 64) Th. [10] (114) [3] (353). 65) Th. [10] (86) [3] (329). 66) Tscheltzow. 67) Th. [1] (383). 68—70) Mixter [3]. 71) Th. [18] (312). 72) B. [1] (341) [4] (187). 73—75) Fabre [1] nach B. [1] (342). 76) Guntz [1] nach B. [1] (341). 77) Th. [10] (92) [3] (334). 78) B. [1] (338).

H. Böttger.

Bildungswärme der Metallverbindungen pro Gramm-Molekül.

Lit. s. S. 882.

Reaktionsgleichung	Wärmeentwicklung in kg-Kal.
$PbCl_2+PbO=PbCl_2\cdot PbO$ [1])	5,3
$PbCl_2+2PbO=PbCl_2\cdot 2PbO$ [2])	6,6
$PbCl_2+3PbO=PbCl_2\cdot 3PbO$ [3])	6,7
$Pb+2Br=PbBr_2$ [4])	64,45
$PbBr_2+PbO=PbBr_2\cdot PbO$ [5])	3,3
$PbBr_2+2PbO=PbBr_2\cdot 2PbO$ [6])	4,7
$PbBr_2+3PbO=PbBr_2\cdot 3PbO$ [7])	6,3
$Pb+2[J]=PbJ_2$ [8])	39,80
$PbJ_2+PbO=PbJ_2\cdot PbO$ [9])	3,6
$PbJ_2+2KJ=PbJ_2\cdot 2KJ$ [10])	0,9
$PbJ_2+2KJ+2H_2O=PbJ_2\cdot 2KJ\cdot 2H_2O$ [11])	5,5
$PbJ_2+HJ+5H_2O=PbJ_2\cdot HJ\cdot 5H_2O$ [12])	23,3
$Pb+2C+2N+2S=Pb(CNS)_2$ [13])	6,1
$Pb+S+4O=PbSO_4$ [14])	216,21
$Pb+SO_2+2O=PbSO_4$ [15])	145,13
$Pb+2S+3O=PbS_2O_3$ [16])	145,6
$Pb+2N+6O=Pb(NO_3)_2$ [17])	105,46
$HNO_3+PbO=Pb(OH)NO_3$ [18])	24,25
$Pb+H+P+3O=PbHPO_3$ [19])	227,7
$Pb+C+3O=PbCO_3$ kryst. [20])	169,84
,, [21])	166,7
$Pb+4C+6H+4O=Pb(C_2H_3O_2)_2$ [22])	231,1
$Pb+2C+4O=PbC_2O_4$ gefällt [23])	205,3
Zinn. *Sn*: *118* (*Th.*); *118,1* (*B.*).	
$Sn+2HCl, Aq=SnCl_2, Aq+H_2$ [24])	2,51
$SnCl_2, Aq+Zn=ZnCl_2, Aq+Sn$ [25])	31,7
$Sn+O=SnO$ [26])	66,20
,, [27])	67,6
$Sn+O+H_2O=Sn(OH)_2$ [28])	68,09
$Sn+2Cl=SnCl_2$ [29])	80,79
$Sn+2Br=[SnBr_2]$ [30])	61,5
$Sn+2O=SnO_2$ kryst. [31])	137,20
,, [32])	137,8
SnO_2 amorph = SnO_2 kryst. [33])	1,70
$Sn+2O+H_2O=H_2SnO_3$ [34])	133,50
$Sn+2Na_2O_2=Na_2SnO_3+Na_2O$ [35])	133,80
$Na_2O+Sn+2O=Na_2SnO_3$ [36])	172,60
Na_2O+SnO_2 kryst. $=Na_2SnO_3$ [37])	35,40
Na_2O+SnO_2 amorph. $=Na_2SnO_3$ [38])	37,10
$Sn+4Cl=SnCl_4$ [39])	127,0
,, [40])	127,25
,, [41])	129,8
$SnCl_4+2KCl=K_2SnCl_6$ [42])	24,16
$SnCl_4, Aq+2KCl, Aq=K_2SnCl_6, Aq$ [43])	—0,25
$SnCl_2, 2HCl, Aq+O=SnCl_4, Aq$ [44])	65,7
$SnCl_2, Aq+2Cl=SnCl_4, Aq$ [45])	76,03
,, [46])	77,0
$SnCl_4, Aq+6HF, Aq$ [47])	17,87
$Sn(OH)_4+6HF, Ag$ [47a])	20,96

Reaktionsgleichung	Wärmeentwicklung in kg-Kal.
Titan. *Ti* = *48,1* *).	
$Ti+2O=TiO_2$ amorph. [48])	215,6
$Ti+2O=TiO_2$ kryst. [48a])	218,4
$TiCl_4+Aq=TiO_2Aq, 4HCl, Aq$ [49])	57,9
$Ti(OH)_4+6HFl, Aq$ [50])	30,9
$3Na_2O_2+Ti=Na_2O.TiO_3+2Na_2O$ [51])	227,1
$Na_2O+TiO_2+O=Na_2O.TiO_3$ [52])	69,7
Zirkonium. *Zr* = *90,6*.	
$Zr+2O=ZrO_2$ [52a])	177,5
Thorium. *Th* = *232,4*.	
$Th+2O=ThO_2$ [53])	326,0
$Th+2Cl_2=ThCl_4$ [54])	300,2
Wismut. *Bi* = *208*.	
$2Bi+3O=Bi_2O_3$ [55])	137,8
$2Bi+3O+3H_2O=2Bi(OH)_3$ [56])	137,74
$Bi+3Cl=BiCl_3$ [57])	90,63
$Bi+O+Cl+H_2O=BiOCl\cdot H_2O$ [58])	88,18
Palladium. *Pd*:*106*(*Th.*); *106,5*(*B.*).	
$15Pd+H=Pd_{15}H$ (?) [59])	4,6
$Pd+O+H_2O=Pd(OH)_2$ [60])	22,71
,, [61])	21,0
$Pd+2Cl=PdCl_2$ [62])	40,5
$Pd+2Cl+2HCl, Aq=H_2PdCl_4, Aq$ [63])	47,92
$Pd+2Cl+2KCl=K_2PdCl_4$ [64])	52,67
$PdCl_2+2KCl, Aq=K_2PdCl_4, Aq$ [65])	4,7
$K_2PdCl_4, Aq+Co=CoCl_2, Aq+2KCl, Aq +Pd$ [66])	47,33
$K_2PdCl_4, Aq+2CuCl=CuCl_2, Aq+2KCl, Aq +Pd$ [67])	11,32
$PdCl_2+2NH_3=PdCl_2\cdot 2NH_3$ [68])	40,0
$PdCl_2, 2NH_3+2NH_3=PdCl_2\cdot 4NH_3$ [69])	31,0
$Pd+2Br=PdBr_2$ [70])	24,9
$PdBr_2+2KBr, Aq=K_2PdBr_4, Aq$ [71])	2,8

*) $Ti+O_2$ s. f. Weiß u. Kaiser, ZS. anorg. Ch. **65**, 378 u. 397; 1910.

1—3) André nach B.[1] (339). 4) Th.[10] (92)[3] (334). 5—7) André nach B.[1] (340). 8) Th.[10] (92)[3] (334). 9) B.[1] (340). 10) B.[1] (340)[16] (291). 11) B.[1] (340)[16] (291). 12) B.[1] (340)[14] (89). 13) Joannis[1] nach B.[1] (344). 14 u. 15) Th.[10] (96)[3] (337). 16) Fogh nach B.[1] (342). 17) Th.[10] (96)[3] (337). 18) Th.[3] (337). 19) Amat. 20) Th.[17] (44)[3] (445). 21) B.[1] (345)[4] (176). 22) Th.[1] (381). 23) B.[1] (346)[4] (108). 24) Th.[3] (327). 25) Th.[18] (258). 26) Mixter[3]. 27) Andrews[1, 4]. 28) Th.[12] (437)[3] (327). 29) Th.[12] (437)[3] (327). 30) B.[1] (156). 31) Mixter[3]. 32) Andrews[1, 4]. 33) Mixter[3]. 34) Th.[3] (327). 35—38) Mixter[3]. 39) Andrews[1, 4]. 40) Th.[12] (437)[3] (327). 41) B.[1] (154). 42) Th.[12] (437)[3] (327). 43) Th.[12] (438)[3] (327). 44) Th.[8] (204). 45) Th.[3] (327). 46) B.[1] (154). 47—47a) Th.[1] (232). 48) Mixter[3]. 48a) Mixter[7]. 49) Th.[5] (212). 50) Th.[1] (232). 51 u. 52) Mixter[3]. 52a) Weiß-Neumann. 53 u. 54) Wartenberg[2]. 55) Mixter[4]. 56) Th.[18] (240). 57) Th.[2] (336). 58) Th.[2] (336). 59) Favre. 60) Th.[13] (462)[3] (436). 61) Joannis[3] nach B.[1] (387). 62) Joannis[3]. 63) Th.[13] (462)[3] (438). 64) Th.[13] (462)[3] (433). 65) Joannis[3]. 66 u. 67) Th.[18] (291). 68) Isambert[2]. 69) Isambert[2]. 70 u. 71) Joannis[3].

H. Böttger.

Bildungswärme der Metallverbindungen pro Gramm-Molekül.

Lit. s. S. 882.

Reaktionsgleichung	Wärmeentwicklung in kg-Kal.
$Pd+2[J]=PdJ_2$ gefällt [1]	13,4
$Pd+2[J]+H_2O=PdJ_2 \cdot H_2O$ [2]	18,18
$PdJ_2+2NH_3=PdJ_2 \cdot 2NH_3$ [3]	34,0
$PdJ_2, 2NH_3+2NH_3=PdJ_2 \cdot 4NH_3$ [4]	25,8
$Pd+2C+2N=Pd(CN)_2$ [5]	—52,6
$Pd+2O+2H_2O=Pd(OH)_4$ [6]	30,43
$Pd+4Cl+2HCl, Aq=H_2PdCl_6, Aq$ [7]	72,94?
$Pd+4Cl+2KCl=K_2PdCl_6$ [8]	79,06

Platin. Pt = 198 (Th.); 194,9 (B.).

Reaktionsgleichung	Wärmeentwicklung in kg-Kal.
$30Pt+2H=Pt_{30}H_2$ (?) [9]	33,9
$30Pt+3H=Pt_{30}H_3$ (?) [10]	42,6
$Pt+O+H_2O=Pt(OH)_2$ [11]	19,22
$Pt+2Cl+2HCl, Aq=H_2PtCl_4, Aq$ [12]	41,83
$Pt+2Cl+2KCl=K_2PtCl_4$ [13]	45,17
$Pt+2Cl+2NH_4Cl=(NH_4)_2PtCl_4$ [14]	42,55
$Pt+2Br+2HBr, Aq=H_2PtBr_4, Aq$ *) [15]	31,84
$Pt+2Br+2KBr=K_2PtBr_4$ [16]	32,31
$Pt+4Cl=PtCl_4$ [17]	60,4
$Pt+4Cl+2KCl=K_2PtCl_6$ [18]	89,50
$Pt+4Cl+2NaCl=Na_2PtCl_6$ [19]	73,72
$Pt+4Cl+2NaCl+6H_2O=Na_2PtCl_6 \cdot 6H_2O$ [20]	92,89
$Pt+4Cl+2RCl, Aq=R_2PtCl_6, Aq$ *) [21]	84,62
$Pt+4Br=PtBr_4$ [22]	42,4
$Pt+4Br+2RBr, Aq=R_2PtBr_6, Aq$ *) [23]	57,16
$Pt+4Br+2KBr=K_2PtBr_6$ [24]	59,26
$Pt+4Br+2NaBr=Na_2PtBr_6$ [25]	46,79
$Pt+4Br+2NaBr+6H_2O=Na_2PtBr_6 \cdot 6H_2O$ [26]	65,33
$Pt+4[J]=PtJ_4$ [27]	17,4

Legierungen.

Reaktionsgleichung	Wärmeentwicklung in kg-Kal.
$2Na+K=Na_2K$ flüssig [28]	—2,93
Natrium-Kalium (flüssig) mit 22,77% Natr. [29]	1,94
„ „ „ 16,43 „ „ [30]	1,16
$Cu+2Zn=CuZn_2$ **) [31]	10,413
Blei-Zink mit 1,6 % Zink [32]	—23,1
Blei-Zink mit 23,9 % Zink [33]	—0,96
Blei-Wismut mit 55,6 % Blei [34]	1,4
Zinn-Zink mit 8,3 % Zink [35]	4,8
Blei-Zinn mit 90,0 % Zinn [36]	8,1
Blei-Zinn mit 61,8 % Zinn [37]	1,0
Blei-Zinn mit 21,0 % Zinn [38]	—0,45
Blei-Zinn mit 5,0 % Zinn [39]	—2,6
Blei-Zinn mit 2,0 % Zinn [40]	—6,5

*) R_2 bedeutet H_2, K_2, Na_2, $(NH_4)_2$ oder ein Atom der Metalle der alkalischen Erden oder der Magnesium-Gruppe.

) Über andere Kupfer-Zinklegierungen s. Rep. Brit. Assoc. 1898 und 1899; ZS. phys. Ch. **38, 630, 1901.

1) Joannis [3]. 2) Th. [13] (462) [3] (432). 3) Isambert [2]. 4) Isambert [2]. 5) Joannis [3]. 6) Th. [13] (462) [3] (437). 7) Th. [13] (462) [3] (439). 8) Th. [13] (462) [3] (435). 9) B. [1] (382) [17] (530). 10) B. [1] (382) [17] (530). 11) Th. [18] (311). 12) Th. [18] (310). 13) Th. [13] (452) [3] (430). 14) Th. [18] (306). 15) Th. [13] (453) [3] (431). 16) Th. [13] (452) [3] (430). 17) Pigeon nach B. [1] (383). 18—20) Th. [13] (452) [3] (430). 21) Th. [13] (453) [3] (431). 22) Pigeon. 23) Th. [13] (453) [3] (430). 24—26) Th. [13] (452) [3] (430). 27) Pigeon. 28—30) Joannis [2]. 31) Baker. 32—40) Tayler.

H. Böttger.

Neutralisationswärmen pro Gramm-Äquivalent

der wichtigsten Säuren und Basen in kg-Kalorien.

Vgl. auch Tab. 195.

Lit. s. S. 882.

Die Zahlenwerte ohne beigesetzten Buchstaben sind von J. Thomsen bestimmt und finden sich in dem 1. Band seiner Thermochemischen Untersuchungen (nur die auf die Karbonate und Cyanide bezüglichen Zahlen sind im 3. Bande der Thermochemischen Untersuchungen veröffentlicht). Die mit einem * versehenen Zahlen gelten für Verbindungen, die sich bei der Einwirkung von Säure und Base im festen Zustande ausscheiden.

Die Konzentration der Lösungen war bei den Messungen von J. Thomsen in der Regel annähernd 0,28 - normal (auf 1 g-Äquivalent der Säure, und dementsprechend auf 1 g-Äquivalent der Base, kommen 200 Mol. Lösungswasser). Die Messungen wurden bei 18—20⁰ ausgeführt. Bei den Messungen von Berthelot waren die bei der Neutralisation gelösten Basen verwendeten Lösungen 0,5-normal; bei der Neutralisation von H_2CO_3, $Ca(OH)_2$, $Ba(OH)_2$ und $Sr(OH)_2$ wurden indes bzw. $^2/_{15}$-, $^2/_{25}$-, $^1/_3$- und $^1/_5$-normale Lösungen benutzt. Bei der Einwirkung der Säuren auf ungelöste Basen oder auf Basenanhydride war die Menge des Lösungswassers doppelt so groß, als bei der Neutralisation der gelöster Basen.

Die beigefügten Buchstaben haben folgende Bedeutung: A. = Aloy. B. = Berthelot. F. = Fabre. G. = Guntz. J. = Joannis. P. = Petersen. R. = Recoura. S. = Sabatier. V. = Varet.

Neutralisationswärmen

der wichtigsten Säuren und Basen in Kalorien, deren eine 1 kg Wasser von 18 auf 19^0 erwärmt.

Base oder Basenanhydrid	HCl, Aq	HF, Aq	HCN, Aq	HNO_3, Aq	$\frac{1}{2}$ H_2SO_4, Aq	$\frac{1}{2}$ H_2CO_3, Aq
LiOH, Aq	13,85	16,4 P.*[1])	2,925 V.[2])	—	15,645	—
NaOH, Aq	13,745; 13,7 B.[3])	16,27	2,77; 2,9 B.[1])	13,68; 13,7 B.[1])	15,69	10,09; 10,25 B.[2])
KOH, Aq	13,75; 13,6—0,05 .(t—20^0) B.[18])	16,1 G.[1])	2,77; 2,96 B.[1])	13,77; 13,8 B.[2])	15,645; 15,7 B.[18])	10,1 B.[4])
$NH_4(OH)$, Aq	12,27; 12,45 B.[2])	15,2 G.[1])	1,3 B.[5])	12,32; 12,6 B.[1])	14,075; 14,5 B.[2])	8,425 [a]); 5,35 B.[4])
Tl(OH), Aq	13,76	16,44 P.[1]) [G.[1])	—	13,69	15,565	—
$^1/_2Ca(OH)_2$,Aq	13,95; 14,0 B.[4])	18,155*P.[1]); 18,6*	3,2 J.[1])	13,9 B.[4])	15,57	9,155*; 9,8* B.[4])
$^1/_2Sr(OH)_2$,Aq	13,815; 13,8 B.[1])	17,735* P.[1]) 17,9* G.[1])	3,15 J.[1])	13,9 B.[4])	15,355*	10,275*; 10,5* B.[4])
$^1/_2Ba(OH)_2$,Aq	13,89; 13,85 B.[1])	16,15 P.[1])	3,15 J.[1])	14,13 13,9 B.[4])	18,45*; 18,4* B.[1])	10,91*; 11,1* B.[4])
$^1/_2$ $Mg(OH)_2$	13,845; 13,7 B.[1])	15,06*; 16,45* P.[1]) 15,15* G.[1])	1,5 V.[2])	13,76	15,61; 15,1 B.[1])	8,95* B.[4])
$^1/_2$ $Zn(OH)_2$	9,94; 9,85 B.[4])	12,55 P.[1])	8,07*; 8,15 J.[1])	9,915; 9,8 B.[1])	11,705; 11,7 B.[1])	5,5* B.[1])
$^1/_2$ $Cd(OH)_2$	10,145	12,78 P.[1])	6,85 7,6* J.[1])	10,16	11,91	6,495 [b])
$^1/_2$ $Mn(OH)_2$	11,475; 11,85 B.[1])	13,53 P.[1])	—	11,475	13,24; 13,5 B.[4])	6,615*; 6,8* B.[4])
$^1/_2$ $Fe(OH)_2$	10,695	13,265 P.[1])	—	10,475 B.[1])	12,46	5,0* B.[4])
$^1/_2$ $Co(OH)_2$	10,57	13,245 P.[1])	—	10,55	12,325	—
$^1/_2$ $Ni(OH)_2$	11,29	13,835 P.[1])	15,95 V.[3])	11,265	13,055	—
$^1/_2$ $Cu(OH)_2$	7,455; 7,5 B.[4])	10,085 P.[1])	—	7,445; 7,5 B.[1])	9,22	—
$^1/_2$ CuO	7,635	—	—	7,625	9,40	2,4 ungef. B.[4])
$^1/_2$ Ag_2O	21,19*; 20,6* B.[4])	7,88 P.[1]) 7,3 G.[1])	21,155*; 21,4* B.[16])	5,44; 5,2 B.[4])	7,245	7,09*; 6,95* B.[4])
$^1/_2$ HgO	9,46; 9,5 B.[16])	—	15,37; 15,5 B.[16])	3,105; 3,65* V.[1])	1,3* V.[1])	—

a) Für eine Lösung mit 100 Mol. Wasser auf 1 Mol. $(NH_4)_2CO_3$; für eine Lösung mit 400 Mol. Wasser ist der Wert 7,95. — b) An einer anderen Stelle gibt Th. den Wert 6,685.

H. Böttger.

Neutralisationswärmen

der wichtigsten Säuren und Basen in Kalorien, deren eine 1 kg Wasser von 18 auf 19° erwärmt. (Fortsetzung.)

Lit. s. S. 882.

Base oder Basenanhydrid	HCl, Aq	HF, Aq	HCN, Aq	HNO_3, Aq	$\frac{1}{2}$ H_2SO_4, Aq	$\frac{1}{2}$ H_2CO_3, Aq
1/2 Hg_2O	15,035*; 15,3* B.[1]	—	—	2,895; 9,1* V.[1]	—	—
1/2 PbO	7,695; 8,65 B.[1]; 11,65* B.[1]	12,6* G.[1]	—	8,885; 8,385*	11,69*	8,35*; 8,0* B.[4]
1/3 $Al(OH)_3$	9,32; 8,97 B.[1]	11,7 P.[2]	—	—	10,495; 10,57 B.[1]	—
1/3 $Cr(OH)_3$	6,865; 6,9 R.[1]	8,39 P.[1]	—	—	8,22; 8,2 B.[1]	—
1/3 $Fe(OH)_3$	5,575; 5,53 B.[1]	7,915 P.[1]	—	—	5,64; 5,7 B.[3]	—
½ H_2UO_4	4,2 A.	—	—	4,2 A.	4,75 A.	—

Neutralisationswärmen

einiger mehrbasischer Säuren bei der Bildung saurer Salze.

	H_2SO_4, Aq	H_2CrO_4, Aq	H_2SO_3, Aq	H_2CO_3, Aq	$H_2C_2O_4$, Aq	H_3PO_3, Aq	H_3PO_4, Aq	H_3AsO_4, Aq
1 NaOH, Aq	14,754	13,134	15,870; 16,6 F.[1]	11,106	13,844	14,832	14,829; 14,7 B.[7]	14,994
2 NaOH, Aq	31,378	24,720	28,968; 30,5 F.[1]	20,184	28,278	28,448	27,078; 26,3 B.[7]	27,580
3 NaOH, Aq	—	—	—	—	—	28,940	34,029; 33,6 B.[7]	35,916
4 NaOH, Aq	31,368	25,164	29,328	20,592	28,500	—	— 35,2 B.[7]	—
1 KOH, Aq	14,7 B.[3]	13,4 B.[18]	16,6 B.[18]	11,0 B.[4]	13,8 B.[4]	—	—	—
2 KOH, Aq	31,4 B.[18]	25,4 B.[18]	31,8 B.[18]	20,2 B.[4]	28,5 B.[4]	—	—	—
1 $NH_4(OH)$, Aq	13,6 B.[3]	—	14,8 F.[2]	9,73 B.[4]	12,7 B.[6]	—	13,5 B.[7]	—
2 $NH_4(OH)$, Aq	29,05 B.[3]	22,2 B.[18]	25,4 F.[2]	10,7 B.[4]	25,4 B.[6]	—	26,3 B.[7]	—
3 $NH_4(OH)$, Aq	—	—	—	—	—	—	33,2 B.[7]	—

Neutralisationswärme (kg-Kal.)

starker Säuren und Basen bei verschiedenen Temperaturen.

Wörmann, Ann. Phys. (4) **18**, 775, 1905.

Temp.	Konzentration von Säure und Base	KOH, Aq + HCl, Aq	NaOH, Aq + HCl, Aq	KOH, Aq + HNO_3, Aq	NaOH, Aq + HNO_3, Aq
0°	1/2-normal	14,805 Cal.	14,984[1] Cal.	—	—
0	1/4- „	14,707	14,580	—	—
0	1/10- „	14,709	14,604	—	—
6	1/4- „	14,473	14,352	14,472 Cal.	14,399 Cal.
6	3/16- „	14,463	14,359	14,402	14,345
6	1/8- „	14,448	14,331	14,405	14,324
18	1/4- „	13,937	13,714	13,912	13,708
18	1/8- „	13,957	13,693	13,838	13,686
18	1/20- „	13,887	13,631	13,864[2]	13,695[2]
32	1/4- „	13,155	12,974	13,103	12,928
32	1/8- „	13,171	12,922	—	12,892
32	1/20- „	13,160	12,980	13,087[2]	12,935[2]

1) 1/1-normal. 2) 3/16-normal.

Neutralisationswärme

der Natronlauge durch Salz-, Salpeter-, Schwefel- und Essigsäure.

(**Mathews** und **Germann**, Journ. phys. Chem. **15**, 73; 1910.)

Die Normalität der Natronlauge war derjenigen der benutzten Säuren gleich. Die Anfangstemperatur war meist 18°; bei der 2-norm. Schwefelsäure 15°, bei den übrigen 2-norm. Säuren etwa 16°.

	HCl	HNO_3	H_2SO_4	$CH_3 \cdot COOH$		HCl	HNO_3	H_2SO_4	$CH_3 \cdot COOH$
1/4-normal	13,536	13,548	15,361	13,231	1/1-normal	13,788	13,614	15,670	13,168
1/2- „	(13,740)*	13,647	15,889	13,234	2/1- „	13,915	13,636	15,813	12,922

* Mittels dieser Reaktion wurde der Wasserwert des aus einem Dewarschen Gefäß hergestellten Kalorimeters bestimmt.

Neutralisationswärme von Uran-, Wolfram- u. Molybdän-Säuren s. **Pissarjewski**, ZS. anorg. Ch. **24**, 121; 1900.

H. Böttger.

Lösungswärme der Metallverbindungen pro Gramm-Molekül

in kg-Kalorien. Die in der dritten Spalte verzeichneten Wärmemengen werden entwickelt, falls sich ein g-Mol. der in der ersten Spalte verzeichneten Stoffe in der in der zweiten Spalte angegebenen Anzahl von g-Mol. Wasser löst. Beispielsweise entwickeln 24 g LiOH (Li = 7, O = 16, H = 1) in (18 × 400 =) 7200 g H_2O gelöst 5,8 Kal. Bezüglich der von den einzelnen Autoren gebrauchten Atomgewichte sei auf Tab. 189 (Bildungswärme der Metallverbindungen) verwiesen. Die Messungen von J. Thomsen sind sämtlich bei etwa 18° ausgeführt. Die übrigen Zahlenwerte wurden bei den in Spalte 3 in Klammern stehenden Temperaturen beobachtet. Die eingeklammerte Zahl in Spalte 4 hinter B. oder Th. bezeichnet die Seite der Abhandlung, auf die durch die rechts davon stehende Zahl im Literaturverzeichnis hingewiesen ist. Th. bedeutet Thomsen, B. Berthelot.
Lit. s. Tab. 192, S. 882.

Verbindung	Anzahl der Mol. Lösungsmittel	Wärmeentwicklung in kg-Kal.	Beobachter
Li.			
LiOH	400	+ 5,8	B.[1]) (217)
LiOH	111	+ 4,477 (24°)	de Forcrand[11])
LiOH	111	+ 4,465 (15°)	de Forcrand[17])
$LiOH.H_2O$	—	+ 0,720 (18°)	de Forcrand[11])
$LiOH.H_2O$	—	+ 0,51 (15°)	de Forcrand[17])
Li_2O	222	+31,20 (15°)	de F.[15]) [16])
$4Li_2O.5H_2O$	888	+ 8,182 (15°)	de Forcrand[17])
$4Li_2O.3H_2O$	888	+16,026 (15°)	de Forcrand[17])
Li_2O_2	—	+ 7,19	de Forcrand[5])
Li_2Se	—	+10,7 (20°)	Fabre[1])
$Li_2Se.9H_2O$	1146-6426	—12,2	Fabre[1])
LiCl a)	230	+ 8,44	Th.[14]) (328)
$LiCl.NH_3$	330	+ 5,4 (15°)	Bonnefoi
$LiCl.2NH_3$	330	+ 2,7 (15°)	Bonnefoi
Li_2SiF_6	860	+ 1,8	Truchot[1])
LiBr	—	+11,331	Bodisko[2])
LiJ	—	+14,886	Bodisko[1])
Li_2SO_4	200	+ 6,05	Th.[15]) (176)
Li_2SO_4	—	+ 6,5 (23°)	Pickering[3])
$Li_2SO_4.H_2O$	400	+ 3,41	Th.[15]) (176)
$LiNO_3$ b)	100	+ 0,30	Th.[15]) (176)
Na.			
NaOH	200	+ 9,94	Th.[3]) (232)
NaOH c)	135—154	+ 9,78 (10,5°)	B.[4]) (521)
NaOH	—	+10,305 (21,5°)	de Forcrand[9])
Na_2O	—	+55,5	Beketoff[1])
Na_2O	—	+56,5	Rengade[1])
Na_2S d)	584—1027	+15,0 (14,5°)	Sabatier[1])
$Na_2S.4\frac{1}{2}H_2O$	589—1059	— 5,0 (17°)	Sabatier[1])
$Na_2S.5H_2O$	513—1167	— 6,6 (17°)	Sabatier[1])
$Na_2S.9H_2O$	774—1495	—16,72 (13°)	Sabatier[1])
NaSH e)	—	+ 4,4 (10-16°)	Sabatier[1])
$NaSH.2H_2O$	—	— 1,5 (17,5°)	Sabatier[1])
Na_2S_4	600	+ 9,8 (16,5°)	Sabatier[1])
Na_2Se	789—2587	+18,6 (14°)	Fabre[1])
$Na_2Se.4\frac{1}{2}H_2O$	1030-2125	— 7,9 (13°)	Fabre[1])
$Na_2Se.9H_2O$	723—1352	—10,6 (12°)	Fabre[1])
$Na_2Se.16H_2O$	1476-3572	—22,0 (14°)	Fabre[1])

Verbindung	Anzahl der Mol. Lösungsmittel	Wärmeentwicklung in kg-Kal.	Beobachter
NaF	400	— 0,6 (12°)	Guntz[1])
NaF.HF	400	— 6,2 (12°)	Guntz[1])
NaCl	100	— 1,18	Th.[14]) (328)
NaCl f)	100	— 1,3 (15°)	B. u. Ilosvay
NaCl	100	— 1,22	Žemčužny u. Rambach
NaCl	325	— 1,01	Brönsted[2])
NaCl g)	100	— 1,03 (18°)	v. Stackelberg
NaCl g)	33,3	— 0,84 (18°)	v. Stackelberg
NaCl g)	14,3	— 0,56 (18°)	v. Stackelberg
NaCl g)	9,2	— 0,41 (18°)	v. Stackelberg
NaBr	200	— 0,19	Th.[14]) (328)
NaBr	330	— 0,3 (10,6°)	B.[4]) (104)
$NaBr.2H_2O$	300	— 4,71	Th.[14]) (328)
$NaBr.2H_2O$	450	— 4,45 (10,8°)	B.[4]) (104)
NaJ	200	+ 1,20	Th.[14]) (328)
NaJ h)	450	+ 1,3 (11°)	B.[4]) (104)
$NaJ.2H_2O$	300	— 4,01	Th.[14]) (328)
$NaJ.2H_2O$	500	— 4,0 (11°)	B.[4]) (104)
NaCN	100	— 0,5 (9°)	Joannis[1])
$NaCN.\frac{1}{2}H_2O$	100	— 1,0 (6°)	Joannis[1])
$NaCN.2H_2O$	—	— 4,4 (9°)	Joannis[1])
NaCNO	—	— 4,8 (12,8°)	B.[1]) (213)
$Na_3C_3N_3O_3$	1665	— 1,47	Lemoult[1])
$Na_2HC_3N_3O_3$	1665	— 1,78	Lemoult[1])
$NaH_2C_3N_3O_3$	3330	— 4,91	Lemoult[1])
$NaH_2C_3N_3O_3.H_2O$	1330	— 8,86	Lemoult[1])
$NaClO_3$	180—360	— 5,6 (10°)	B.[4]) (103)
$NaClO_4$	200—400	— 3,5 (10°)	B.[4]) (103)
$Na_2S_2O_3$	440	+ 1,7 (15°)	B.[18]) (81)
$Na_2S_2O_3.5H_2O$	400	—11,37	Th.[15]) (175)
$Na_2S_2O_3.5H_2O$	400	—11,6 (11°)	B.[1]) (206)
Na_2SO_3	—	+ 2,5 (10°)	de Forcrand[1])
$Na_2SO_3.7H_2O$	490	—11,2 (10°)	de Forcrand[1])
$Na_2S_2O_5$	630	— 5,2 (10°)	de Forcrand[1])
Na_2SO_4 (geschm.)	400	+ 0,46	Th.[15]) (175)
Na_2SO_4 (verwittert)	400	+ 0,17	Th.[15]) (175)
Na_2SO_4 i)	100	+ 0,44 (15°)	B. u. Ilosvay
$Na_2SO_4.H_2O$	400	— 1,90	Th.[3]) (198)
$Na_2SO_4.10H_2O$	400	—18,76	Th.[15]) (176)

a) LiCl in 700 Mol. Äthylalkohol gelöst: +11,743 Kal. [Pickering[2])]. b) $LiNO_3$ in 380 Mol. Äthylalkohol gelöst: + 4,655 [Pickering[2])]. c) Eine Lösung von NaOH in $n H_2O$ entwickelt bei 10—12° beim Verdünnen mit (200—n) H_2O: $\frac{1}{n^2}.23$ Kal. für $n = 2{,}5$ bis 5,6; $\left(\frac{1}{n^2}.23 - \frac{1}{n}.11{,}5\right)$ Kal. für $n = 5{,}6$ bis 18,4; $-\frac{1}{n}.11{,}5$ Kal. für $n > 18{,}4$ [B.[1]) (200); s. auch Th.[3]) (84)]. d) Beim Verdünnen einer Lösung von Na_2S in 20 H_2O auf 400 H_2O werden — 1,4 Kal. verbraucht [Sabatier[1])]. e) Beim Verdünnen einer Lösung von NaSH in 4,5 (5,7) H_2O auf 200 H_2O werden — 0,72 (— 1,0) Kal. verbraucht [Sabatier[1])]. f) Bei t^0: — 1,26 + 0,0295 (t — 15°) [B. u. Ilos. l. c.]. Über die Abhängigkeit der Lösungswärme von der Temperatur (sie nimmt mit steigender Temperatur derselben proportional ab) und von der gegenseitigen Menge Wasser und Salz, s. Winkelmann, Pogg. Ann. **149**, 1; 1873. Vergl. Tab. 193 c. g) Daselbst auch die differentialen Lösungswärmen. Vergl. Tab. 193 c. h) NaJ in 520 Mol. Äthylalkohol gelöst: + 4,587 Kal. [Pickering[2])]. i) Bei t^0: 0,44 + 0,0526 (t — 15°). Über die Abhängigkeit der Lösungswärme vom Zustande des Natriumsulfats, s. Pickering, J. chem. Soc. **45**, 686; 1884.

H. Böttger.

Lösungswärme der Metallverbindungen pro Gramm-Molekül.

Lit. s. Tab. 192, S. 882.

Verbindung	Anzahl der Mol. Lösungsmittel	Wärmeentwicklung in kg-Kal.	Beobachter
$Na_2SO_4 \cdot 10H_2O$	900—1800	—18,2(10-15^0)	B. [4] (106)
$NaHSO_4$	200	+ 1,19	Th. [3] (232)
$NaHSO_4$	330—660	— 0,8(10-15^0)	B. [4] (106)
$Na_2S_2O_6$	400	— 5,37	Th. [15] (176)
$Na_2S_2O_6 \cdot 2H_2O$	400	—11,65	Th. [15] (176)
$Na_2S_3O_6 \cdot 3H_2O$	675	—10,1 (10^0)	B. [22] (447)
$Na_2S_4O_6 \cdot 2H_2O$	620	— 9,7 (9,6^0)	B. [22] (453)
$NaNO_3$	200	— 5,03	Th. [15] (175)
$NaNO_3$	235—470	— 4,7(10-15^0)	B. [4] (101)
Na_2HPO_3	550	+ 9,15	Amat
$NaH_2PO_3 \cdot 5H_2O$	550	— 4,6	Amat
NaH_2PO_3	550	+0,75(12-15^0)	Amat
$NaH_2PO_3 \cdot 2\frac{1}{2}H_2O$	550	— 5,3 (15^0)	Amat
$Na_2H_2P_2O_5$	550	+ 0,3	Amat
$Na_3PO_4 \cdot 12H_2O$	670	—14,5(18 20^0)	Joly
Na_2HPO_4	400	+ 5,64	Th. [15] (176)
Na_2HPO_4	360	+ 5,1	Pfaundler
$Na_2HPO_4 \cdot 2H_2O$	400	— 0,39	Th. [15] (176)
$Na_2HPO_4 \cdot 7H_2O$	—	—11,0	Pfaundler
$Na_2HPO_4 \cdot 12H_2O$	400	—22,83	Th. [15] (176)
$Na_2HPO_4 \cdot 12H_2O$	—	—22,9	Pfaundler
$Na(NH_4)HPO_4 \cdot 4H_2O$	800	—10,75	Th. [15] (176)
$Na_4P_2O_7$	800	+11,85	Th. [15] (176)
$Na_4P_2O_7 \cdot 10H_2O$	800	—11,67	Th. [15] (176)
$Na_3AsO_4 \cdot 12H_2O$	670	—12,6(18-20^0)	Joly
$Na_2B_4O_7$	—	+10,2	Favre u. Valson, n. B. [1] (212)
$Na_2B_4O_7 \cdot 10H_2O$	1600	—25,86	Th. [3] (199)
Na_2CO_3	400	+ 5,64	Th. [15] (175)
Na_2CO_3 [a]	—	+ 5,62 (15^0)	B. [1] (214) [4] (111)
$NaHCO_3$	—	— 4,3 (15^0)	B. [4] (111)
$NaCHO_2$	150	— 0,52(11,5^0	B. [4] (90)
$NaC_2H_3O_2$ [b]	200	+ 3,87	Th. [3] (199)
$NaC_2H_3O_2$	250	+ 4,1 (5,7^0)	B. [4] (94)
$NaC_2H_3O_2 \cdot 3H_2O$	400	— 4,81	Th. [3] (199)
$NaC_2H_3O_2 \cdot 3H_2O$	200	— 4,6 (21^0)	B. [4] (94)
K.			
KOH	250	+13,29	Th. [3] (197)
KOH	260	+12,46(11,4^0)	B. [4] (513)
$KOH \cdot 2H_2O$	170	— 0,03	B. [1] (178) [4] (515)
K_2O	—	+75,0	Rengade [1]
K_2S	732	+10,0 (18^0)	Sabatier [1]
$K_2S \cdot 2H_2O$	—	+ 3,8 (17.6^0)	Sabatier [1]
$K_2S \cdot 5H_2O$	—	— 5,2 (16^0)	Sabatier [1]
K_2S_4	600	+ 1,4 (10^0)	Sabatier [1]
$K_2S_4 \cdot \frac{1}{2}H_2O$	—	—1,212(15,7^0)	Sabatier [1]
KSH	154—1658	+ 0,77 (17^0)	Sabatier [1]
$KSH \cdot \frac{1}{4}H_2O$	—	+ 0,6 (16^0)	Sabatier [1]
K_2Se	1762-1965	+ 8,5 (13^0)	Fabre [1]
$K_2Se \cdot 9H_2O$	921—4844	—19,2 (14^0)	Fabre [1]
$K_2Se \cdot 14H_2O$	2145-5914	—20,4 (13^0)	Fabre [1]

Verbindung	Anzahl der Mol. Lösungsmittel	Wärmeentwicklung in kg-Kal.	Beobachter
$K_2Se \cdot 19H_2O$	—	—29,3 (14^0)	Fabre [1]
KF	—	+ 3,6 (20^0)	Guntz [1]
$KF \cdot 2H_2O$	—	— 1,0 (20^0)	Guntz [1]
$KF \cdot HFl$	400	— 6,0	Guntz [1]
$KF \cdot 2HFl$	—	— 8,0	Guntz [6]
$KF \cdot 3HFl$	—	— 8,6	Guntz [6]
KCl	200	— 4,44	Th. [14] (328)
KCl [c]	100	— 4,39 (15^0)	B. u. Ilosvay (301)
KCl	100	— 4,433	Žemcžužny u. Rambach
KCl [d]		—4,391(19,7^0)	Brönsted [2]
KCl [d]		—4,213(25,0^0)	Brönsted [2]
KCl [d]		—4,046(30,1^0)	Brönsted [2]
KCl [d]		—3,668(40,3^0)	Brönsted [2]
KCl	—	— 4,4	Rechenberg
KBr	200	— 5,08	Th. [14] (328)
KBr [e]	100	— 5,24 (15^0)	B. u. Ilosvay (302)
KBr	700	— 5,096	Brönsted [2]
KJ	200	— 5,11	Th. [14] (328)
KJ [f]	100	— 5,18 (15^0)	B. u. Ilosvay (302)
KCN	175	— 3,01	Th. [3] (197)
KCN	180	— 2,9 (20^0)	B. [1] (195) [4] (104)
$KCNO$	660	— 5,2 (20^0)	B. [4] (103)
$K_2HC_3N_3O_3$	1665	— 6,2	Lemoult [1]
$KH_2C_3N_3O_3$	3333	— 8,57	Lemoult [1]
$KH_2C_3N_3O_3, H_2O$	3333	—10,85	Lemoult [1]
$KCNS$	200	— 6,1 (13^0)	Joannis [1]
$K_4Fe(CN)_6$	820	—12,0 (12^0)	B. [1] (197) [5] (464)
$K_4Fe(CN)_6 \cdot 3H_2O$	940	—16,9 (11^0)	B. [1] (197) [5] (464)
$K_3Fe(CN)_6$	400	—14,4 (12^0)	Joannis [1]
$KClO_3$	400	—10,04	Th. [9] (142)
$KClO_3$	200—400	— 9,95 (10^0)	B. [4] (103)
$KClO_4$	200—400	—12,1 (10^0)	B. [15] (219)
$KClO_4$	460	—12,13[g](20^0)	Noyes und Sammet
$KBrO_3$	200	— 9,76	Th. [15] (175)
$KBrO_3$	460	— 9,85 (11^0)	B. [9] (19)
KJO_3	500	— 6,78	Th. [3] (198)
KJO_3	475	— 6,05 (12^0)	B. [9] (25)
$KH(JO_3)_2$	865	—11,8	B. [9] (25)
$K_2S_2O_3$	950	— 5,0 (10^0)	B. [18] (81)
$K_2S_2O_3 \cdot H_2O$	—	— 6,2 (14^0)	B. [1] (189)
K_2SO_3	350	+ 1,44 (12^0)	B. [18] (76)
$K_2SO_3 \cdot H_2O$	245	+ 1,1 (12^0)	B. [18] (76)
$K_2S_2O_5$	490	—11,4 (10^0)	B. [18] (87)
K_2SO_4	400	— 6,38	Th. [15] (175)
K_2SO_4	—	— 6,17 (20^0)	Pickering [3]
K_2SO_4	400	— 6,37 (18^0)	Brönsted [1]
K_2SO_4 [h]	100	— 6,58 (15^0)	B. u. Ilosvay (305)
$KHSO_4$	200	— 3,80	Th. [3] (92)

a) Bei t^0: + 5,62 + 0,044 (t — 15^0) B. [1] (214). b) $NaC_2H_3O_2$ in 1100 Mol Äthylalkohol: + 1,274 Kal. [Pickering [2]]. c) Bei t^0: — 4,39 + 0,0354 (t — 15^0) [B. u. Ilosvay l. c.]. d) Die Zahlen sind differentiale Lösungswärmen, d. h. die Wärmeentwicklung beim Lösen von 1 Mol KCl in einer unendlich großen Menge einer Lösung von bestimmter Konzentration (hier KCl + 200H_2O). Im Original findet man auch die integralen Lösungswärmen für die obige Endkonzentration. e) Bei t^0: — 5,24 + 0,038 (t — 15^0) [B. u. Ilosvay l. c.]. f) Bei t^0: — 5,18 + 0,0360 (t — 15^0) [B. u. Ilosvay l. c.]. g) Wärmeentwickelung beim Auflösen von 1 Mol in so viel Wasser, daß gerade eine gesättigte Lösung entsteht. h) Bei t^0: 6,58 + 0,073 (t — 15^0) [B. u. Ilosvay l. c.].

H. Böttger.

Lösungswärme der Metallverbindungen pro Gramm-Molekül.

Lit. s. Tab, 192, S. 882.

Verbindung	Anzahl der Mol. Lösungsmittel	Wärmeentwicklung in kg-Kal.	Beobachter
$KHSO_4$	350—700	—3,23(10-15°)	B. [4]) (106)
$K_2S_2O_8$	3300	—14,55 (9°)	B. [24]) (538)
$K_2S_2O_6$	500	—13,01	Th. [15]) (175)
$K_2S_3O_6$	500	—12,46	Th. [15]) (175)
$K_2S_3O_6$	650	—13,0 (11,7°)	B. [22]) (443)
$K_2S_4O_6$	500	—13,15	Th. [15]) (175)
$K_2S_5O_6 \cdot 1\frac{1}{2} H_2O$	2030	—13,1 (9,5°)	B. [22]) (458)
KNO_3	200	— 8,52	Th. [15]) (175)
KNO_3	280—560	— 8,3(10-15°)	B. [4]) (101)
KH_2PO_4	—	— 4,85	Graham
KH_2AsO_4	—	— 4,9	Graham
K_2CO_3	400	+ 6,49	Th. [15]) (175)
K_2CO_3 a)	100	+ 6,5 (15°)	B. u. Ilosvay (305)
K_2CO_3	—	+ 6,38 (15°)	de Forcrand [18])
$K_2CO_3 \cdot \frac{1}{2} H_2O$	400	+ 4,28	Th. [15]) (198)
$K_2CO_3 \cdot 1\frac{1}{2} H_2O$	400	— 0,38	Th. [15]) (198)
$K_2CO_3 \cdot 1\frac{1}{2} H_2O$	—	— 0,5	B. [1]) (197)
$K_2CO_3 \cdot 1\frac{1}{2} H_2O$	—	— 0,654 (15°)	de Forcrand [18])
$KHCO_3$	—	— 5,3(10-15°)	B. [4]) (111)
$KC_2H_3O_2$	200	+ 3,34	Th. [13]) (198)
$K_2C_2O_4$	465—930	—4,74(10-15°)	B. [1]) (198) [4]) (108)
$K_2C_2O_4 \cdot H_2O$	800	— 7,41	Th. [15]) (198)
$K_2C_2O_4 \cdot H_2O$	500—1000	—7,73(10-15°)	B. [1]) (198) [4]) (108)
KHC_2O_4	—	— 9,6	Graham, nach B. [1]) (198)
$KHC_2O_4 \cdot H_2C_2O_4$	—	—15,7	Graham, nach (B. [1]) (198)
Rb.			
$RbOH$	—	+14,264 (15°)	de Forcr. [11]) [20])
$RbOH . H_2O$	—	+ 3,70 (15°)	de Forcr. [11]) [20])
$RbOH . 2H_2O$	—	— 0,65 (15°)	de Forcr. [20])
Rb_2O	—	+ 80,0	Rengade [2])
$RbCl$	—	— 4,46 (15°)	de Forcrand [12])
$RbCl$	100	— 4,73	Žemcžužny u. Rambach
Rb_2SO_4	—	— 6,66	de Forcrand [12])
$RbHSO_4$	—	— 3,73	de Forcrand [12])
Cs.			
$CsOH$	330	+15,88	Beketoff [5])
$CsOH$	—	+16,423	de Forcrand [11])
$CsOH . H_2O$	—	+ 4,317	de Forcrand [11])
Cs_2O	—	+83,2	Rengade [2])
$CsCl$	—	— 4,75 (15°)	de Forcrand [12])
Cs_2SO_4	—	— 4,97	de Forcrand [12])
$CsHSO_4$	—	— 3,73	de Forcrand [12])
NH_4.			
NH_4SH	890	— 3,25 (12,5°)	B. [4]) (105)
$(NH_4)_2S_4$	150	— 8,2 (11,5°)	Sabatier [1])
$(NH_4)_2S_5$	511—1745	— 8,4 (13°)	Sabatier [1])
$(NH_4)_2S_8$	—	— 8,6 (11°)	Sabatier [1])
$(NH_4)SeH$	1040-1826	— 5,0 (18°)	Fabre [1])
NH_4F	—	— 1,5	Favre, nach B. [1]) (222)

Verbindung	Anzahl der Mol. Lösungsmittel	Wärmeentwicklung in kg-Kal.	Beobachter
$(NH_4)_2SiF_6$	2400	— 8,4 (7°)	Truchot [2])
NH_4Cl	200	— 3,88 (18°)	Th. [14]) (330)
NH_4Cl b)	120	— 4,0 (10°)	B. [4]) (104)
NH_4Br	200	— 4,38	Th. [14]) (330)
NH_4J	200	— 3,55	Th. [14]) (330)
NH_4CN	820	— 4,4	B. [4]) (104)
NH_2CN	390—830	— 3,6	Lemoult [2])
NH_4CNS	—	— 5,67 (12°)	Joannis [1])
$(NH_4)_2SO_3$	440	— 1,54 (8°)	de Forcrand [2])
$(NH_4)_2SO_3 \cdot H_2O$	440	— 5,36 (10°)	de Forcrand [2])
$(NH_4)_2SO_3 \cdot H_2O$	—	— 4,34 (13°)	Hartog
$(NH_4)_2S_2O_5$	660	— 6,34 (10°)	de Forcrand [2])
$(NH_4)_2SO_4$	400	— 2,37	Th. [15]) (178)
$(NH_4)HSO_4$	200	— 0,02	Th. [3]) (95)
$(NH_4)_2S_2O_8$	1100	— 9,7 (9,4°)	B. [24]) (538)
$(NH_4)NO_2$	400	— 4,75 (12,5°)	B. [4]) (102)
$(NH_4)NO_3$	200	— 6,32	Th. [15]) (178)
$(NH_4)NO_3$	220—440	— 6,2(10-15°)	B. [1]) (226) [4]) (101)
$Na(NH_4)HPO_4 \cdot 4H_2O$	800	—10,75	Th. [15]) (176)
$(NH_4)HCO_3$	220—440	— 6,3	B. [1]) (230) [4]) (111)
$(NH_4)C_2H_3O_2$	200	+ 0,25 (24°)	B. [1]) (231) [4]) (95)
$(NH_4)_2C_2O_4$	345—690	— 8,0	B. [1]) (232) [4]) (108)
$(NH_4)_2C_2O_4 \cdot H_2O$	395—790	—11,5	B. [4]) (108)
NH_4CNS	—	— 5,76 (12°)	Joannis [1]) (541)
Ca.			
CaO	2500	+18,33	Th. [3]) (200)
$Ca(OH)_2$	2500	+ 2,79	Th. [3]) (200)
CaS	—	+ 6,31	Sabatier [1])
CaF_2	—	— 2,70	Petersen [1])
$CaCl_2$	300	+17,41	Th. [14]) (328)
$CaCl_2$ bei t°	200	+17,48+ 0,0724(t-15°)	B. u. Ilosvay (303)
$CaCl_2$ in Äthylalkohol	600—700 Mol. Alk.	+17,55 (18°)	Pickering [2])
$CaCl_2 \cdot 6H_2O$	400	— 4,31(19,3°)	Th. [3]) (200)
$CaCl_2 \cdot 6H_2O$	400	—4,089(13,2°)	van 't Hoff
$CaCl_2 \cdot 6H_2O$	400	—4,055(15,7°)	van 't Hoff
$CaCl_2 \cdot 6H_2O$ in Äthylalkohol	400 Mol. Alk.	— 2,65 (18°)	Pickering [2])
$CaBr_2$	400	+24,51	Th. [14]) (328)
$CaBr_2$ in Äthylalkohol	1740 Mol. Alk.	+21,47 (18°)	Pickering [2])
$CaBr_2 \cdot 6H_2O$	400	— 1,09	Th. [14]) (328)
CaJ_2	400	+27,69	Th. [14]) (328)
$CaSO_4$	—	+ 4,44	Th. [3]) (200)
$CaSO_4$	—	+ 2,92 (10°)	de Forcrand [14])
$CaSO_4 \cdot \frac{1}{2} H_2O$ c)	—	+ 3,56 (10°)	de Forcrand [14])
$CaSO_4 \cdot 2H_2O$	—	— 0,69 (10°)	de Forcrand [14])
$CaSO_4 \cdot 2H_2O$	—	— 0,30	Th. [3]) (200)
$CaS_2O_6 \cdot 4H_2O$	400	— 7,97	Th. [15]) (176)

a) Bei t°: + 6,5 + 0,074 (t — 15°) (B. u. Ilosvay l. c.). b) Bei t°: — 4,0 + 0,029 (10° — t) (B[4]) 104).
c) de Forcrand unterscheidet (Bull. Soc. chim. (3) **35**, 1150, 1906) mehrere verschiedene Hemihydrate des Calciumsulfats.

H. Böttger.

Lösungswärme der Metallverbindungen pro Gramm-Molekül.

Lit. s. Tab. 192, S. 882.

Verbindung	Anzahl der Mol.-Lösungsmittel	Wärmeentwicklung in kg-Kal.	Beobachter
$Ca(NO_3)_2$	400	+ 3,95	Th. [15]) (176)
$Ca(NO_3)_2$ in Äthylalkohol	750 Mol. Alk.	+ 8,71 (18^0)	Pickering [2])
$Ca(NO_3)_2 \cdot 4H_2O$	400	− 7,25	Th. [15]) (176)
$Ca(NO_3)_2 \cdot 4H_2O$	655—1310	− 7,62	B. [4]) (101)
$Ca(NO_3)_2 \cdot 4H_2O$ in Äthylalkohol	—	− 1,835	Pickering [2])
$Ca_2Fe(CN)_6 \cdot 12H_2O$	—	− 4,6 (10^0)	Joannis [1])
$Ca(C_2H_3O_2)_2$	440	+ 7,0 $(15,5^0)$	B. [4]) (94)
$Ca(C_2H_3O_2)_2 \cdot H_2O$	600	+ 5,4 (17^0)	B. [4]) (94)
Sr.			
SrO	—	+29,34	Th. [3]) (200)
SrO, verdünnte u. gesätt. Lösg. a)	—	+27,2	B. [1]) (241)
SrO	1111	+29,76 (15^0)	de Forcrand[21])
$SrO \cdot 0,14H_2O$	1111	+26,10	de Forcrand[21])
$SrO \cdot H_2O$	1111	+10,33	de Forcrand[21])
$SrO \cdot 2H_2O$	1111	+ 5,26	de Forcrand[21])
$SrO \cdot 9H_2O$	1111	−14,27	de Forcrand[21])
$Sr(OH)_2$	—	+11,64	Th. [3]) (200)
$Sr(OH)_2$, gesätt. Lösung a)	—	+ 9,64	B. [4]) (532)
$Sr(OH)_2 \cdot 8H_2O$	—	−14,64	Th. [3]) (200)
$Sr(OH)_2 \cdot 9H_2O$	—	−14,6	B. [4]) (533)
SrS	—	+ 6,8	Sabatier [1])
SrF_2	—	− 2,10	Petersen [1])
$SrCl_2$	400	+11,14	Th. [14]) (328)
$SrCl_2$ bei t^0	200	+11,14+0,0746$(t-15^0)$	B. u. Ilosvay (303)
$SrCl_2 \cdot 6H_2O$	400	− 7,50	Th. [14]) (328)
$SrCl_2 \cdot 6H_2O$	600	− 7,3 (10^0)	B. [4]) (104)
$SrBr_2$	400	+16,11	Th. [14]) (328)
$SrBr_2 \cdot 6H_2O$	400	− 7,22	Th. [14]) (328)
SrJ_2	—	+20,5 (12^0)	Tassilly [2])
$SrJ_2 \cdot 7H_2O$	—	− 4,47	Tassilly [2])
$Sr(CN)_2 \cdot 4H_2O$	100	− 4,15 (8^0)	Joannis [1])
$SrS_2O_6 \cdot 4H_2O$	400	− 9,25	Th. [15]) (176)
$Sr(NO_3)_2$	400	− 4,62	Th. [15]) (176)
$Sr(NO_3)_2$	565—1130	− 5,1 $(10\text{-}15^0)$	B. [4]) (101)
$Sr(NO_3)_2 \cdot 4H_2O$	400	−12,30	Th. [15]) (176)
$Sr(C_2H_3O_2)_2$	300	+ 5,6 $(11,5^0)$	B. [4]) (94)
$Sr(C_2H_3O_2) \cdot \frac{1}{2}H_2O$	440	+ 5,3 (12^0)	B. [4]) (94)
Ba.			
BaO	—	+34,52	Th. [3]) (199)
BaO (verd. Lös.)	—	+28,1	B. [4]) (532)
BaO (gesätt. L.) a)	—	+27,88	B. [4]) (532)
BaO	666	+35,64 (15^0)	de Forcrand[17])
$BaO \cdot H_2O$	666	+11,40	de Forcrand[21])
$BaO \cdot 2H_2O$	666	+ 7,06	de Forcrand[21])
$BaO \cdot 9H_2O$	666	−14,50	de Forcrand[21])
$Ba(OH)_2$	—	+12,26	Th. [3]) (199)
$Ba(OH)_2$ (gesätt. Lösung) a)	—	+10,3	B. [4]) (532)
$Ba(OH)_2 \cdot H_2O$	—	+ 8,7 (12^0)	de Forcrand [3])
$Ba(OH)_2 \cdot 8H_2O$	400	−15,21	Th. [3]) (199)
$Ba(OH)_2 \cdot 8H_2O$	—	−14,1	B. [1]) (248)
BaS	—	+ 7,30	Sabatier [1])
BaF_2	—	− 1,90	Petersen [1])
$BaCl_2$	400	+ 2,07	Th. [14]) (328)
$BaCl_2$ bei t^0	200	+ 1,92+0,0696$(t-15^0)$	B. u. Ilosvay (303)
$BaCl_2 \cdot 2H_2O$	400	− 4,93	Th. [14]) (328)
$BaCl_2 \cdot 2H_2O$	560	− 5,2 (10^0)	B. [1]) (248) [4]) (104)
$BaBr_2$	400	+ 4,98	Th. [14]) (328)
$BaBr_2 \cdot 2H_2O$	400	− 4,13	Th. [14]) (328)
BaJ_2	—	+10,3 (16^0)	Tassilly [2])
$BaJ_2 \cdot 7H_2O$	500	− 6,85	Th. [14]) (328)
$Ba(CN)_2$	—	+ 1,8 (9^0)	Joannis [1])
$Ba(CN)_2 \cdot H_2O$	—	− 2,1 (5^0)	Joannis [1])
$Ba(CN)_2 \cdot 2H_2O$	—	− 2,56 (7^0)	Joannis [1])
$BaFe(CN)_6 \cdot 6H_2O$	—	−11,4 $(13,5^0)$	Joannis [1])
$Ba(ClO_3)_2$	500—1000	− 6,7 (10^0)	B. [1]) (251) [4]) (103)
$Ba(ClO_3)_2 \cdot H_2O$	600	−11,24	Th. [3]) (199)
$Ba(ClO_3)_2 \cdot H_2O$	500—1000	−11,5 (10^0)	B. [1]) (251) [4]) (103)
$Ba(ClO_4)_2$	550—1100	− 1,8 (10^0)	B. [1]) (251) [4]) (103)
$Ba(ClO_4)_2 \cdot 3H_2O$	650—1300	− 9,4	B. [1]) (251) [4]) (103)
$BaSO_4$	—	− 5,58 b)	Th. [15]) (176)
$BaS_2O_6 \cdot 2H_2O$	400	− 6,93	Th. [15]) (176)
$BaS_2O_8 \cdot 4H_2O$	1600	−11,8 (12^0)	B. [24]) (539)
BaN_6	700	− 7,8 $(19,8^0)$	B. u. Matignon (144)
$Ba(NO_2)_2$	800	− 5,7 (12^0)	B. [4]) (102)
$Ba(NO_2)_2 \cdot H_2O$	800	− 8,6 (12^0)	B. [4]) (102)
$Ba(NO_3)_2$	400	− 9,40	Th. [15]) (176)
$Ba(NO_3)_2$	725—1450	− 9,3 $(10\text{-}15^0)$	B. [4]) (101)
$Ba(PO_2H_2)_2 \cdot H_2O$	800	+ 0,29	Th. [15]) (176)
$Ba(C_2H_3O_2)_2$	600	+ 5,2 (10,8)	B. [4]) (95)
$Ba(C_2H_3O_2)_2 \cdot 3H_2O$	800	− 1,15	Th. [3]) (192)
$Ba(C_2H_3O_2)_2 \cdot 3H_2O$	600	− 0,8 $(10,8^0)$	B. [4]) (95)
Be.			
$BeCl_2$	—	+44,5	Pollok [1])
$BeCl_2$ in abs. Äthyl-Alkohol	—	+37,4	Pollok [1])
$BeSO_4 \cdot 4H_2O$	—	+ 0,85	Pollok [1])
$BeSO_4 \cdot 4H_2O$	400	+ 1,1	Th. [15]) (177)
Mg.			
$Mg(OH)_2$	—	− 0,0	Th. [3]) (200)
MgF_2	—	+ 2,778	Petersen [1])
$MgCl_2$	800	+35,92	Th. [9]) (252) [14]) (328)
$MgCl_2$ bei t^0	200	+35,48+0,0796$(t-15^0)$	B. u. Ilosvay (304)
$MgCl_2 \cdot 6H_2O$	400	+ 2,95	Th. [14]) (328)
$MgCl_2 \cdot 6H_2O$	400	+3,015 $(15,6^0)$	van 't Hoff
$MgCl_2 \cdot 6H_2O$	400	+3,02 $(14,7^0)$	van 't Hoff

a) Gesättigt woran? b) Die Zahl ist hypothetisch.

H. Böttger.

Lösungswärme der Metallverbindungen pro Gramm-Molekül.

Lit. s. Tab. 192, S. 882.

Verbindung	Anzahl der Mol.-Lösungsmittel	Wärmeentwicklung in kg-Kal.	Beobachter
$MgCl_2 \cdot 6H_2O$ bei t^0	200	$+2,8+0,025(t-15^0)$	B. u. Ilosvay (304)
$MgBr_2$	—	+43,3	Beketoff [4])
MgJ_2	—	+49,8	Beketoff [4])
$MgSO_4$	400	+20,28	Th. [15]) (176)
$MgSO_4$	420	+20,765 (22^0)	Pickering [3])
$MgSO_4$ bei t^0	200	$+20,0+0,074(t-15^0)$	B. u. Ilosvay (305)
$MgSO_4 \cdot H_2O$	400	+13,30	Th. [15]) (476)
$MgSO_4 \cdot H_2O$	—	+11,0	Favre u. Valson [2])
$MgSO_4 \cdot H_2O$	420	+12,13 (22^0)	Pickering [3])
$MgSO_4 \cdot 7H_2O$	400	— 3,80	Th. [15]) (176)
$MgSO_4 \cdot 7H_2O$	420	— 3,915 (22^0)	Pickering [3])
$MgSO_4 \cdot K_2SO_4$	600	+10,60	Th. [3]) (145)
$MgSO_4 \cdot K_2SO_4$	—	+ 7,3 frisch geschmolzen (17^0); + 5,4 nach 3 Wochen u. pulverisiert (20^0)	B. u. Ilosvay (329)
$MgSO_4 \cdot K_2SO_4 \cdot 6H_2O$	600	—10,02	Th. [3]) (145)
$MgSO_4 \cdot Na_2SO_4$	—	+ 17,1 frisch geschmolzen (17^0); + 16,7 nach einiger Zeit (19^0)	B. u. Ilosvay (330)
$MgSO_4 \cdot (NH_4)_2SO_4 \cdot 6H_2O$	—	— 9,7	Graham
$MgS_2O_6 \cdot 6H_2O$	400	— 2,96	Th. [15]) (176)
$Mg(NO_3)_2 \cdot 6H_2O$	400	— 4,22	Th. [15]) (176)
$Mg(NO_3)_2 \cdot 6H_2O$ in Äthylalkohol	360 Mol. Alk.	+ 0,94	Pickering [2])
Zn.			
$ZnCl_2$	300	+15,63	Th. [9]) (410) [14]) (328)
$ZnCl_2$ in Äthylalkohol	330 Mol. Alk.	+ 9,767 (18^0)	Pickering [2])
$3ZnCl_2 \cdot 6NH_4Cl \cdot H_2O$	—	+ 6,46 (13^0)	André
$ZnBr_2$	400	+15,03	Th. [14]) (328)
ZnJ_2	400	+11,31	Th. [14]) (328)
$ZnSO_4$	400	+18,43	Th. [15]) (177)
$ZnSO_4 \cdot H_2O$	400	+ 9,95	Th. [15]) (177)
$ZnSO_4 \cdot 7H_2O$	400	— 4,26	Th. [9]) (412) [15]) (177)
$K_2SO_4 \cdot ZnSO_4$	600	+ 7,91	Th. [3]) (147)
$K_2SO_4 \cdot ZnSO_4 \cdot 6H_2O$	600	—11,90	Th. [3]) (147)
$ZnS_2O_6 \cdot 6H_2O$	400	— 2,42	Th. [15]) (176)

Verbindung	Anzahl der Mol.-Lösungsmittel	Wärmeentwicklung in kg-Kal.	Beobachter
$Zn(NO_3)_2 \cdot 6H_2O$	400	— 5,84	Th. [15]) (176)
$Zn(CHO_2)_2$	500	+ 4,0 (15^0)	B. [4]) (90)
$Zn(C_2H_3O_2)_2$	720	+ 9,8 $(22,5^0)$	B. [1]) (311) [4]) (95)
$Zn(C_2H_3O_3)_2 \cdot H_2O$	800	+ 7,0 $(22,5^0)$	B. [1]) (311) [4]) (95)
$Zn(C_2H_3O_2)_2 \cdot 2H_2O$	500	+ 4,2 $(10,2^0)$	B. [1]) (311) [4]) (95)
Cd.			
$CdCl_2$	400	+ 3,01	Th. [9]) (416) [14]) (328)
$CdCl_2$	—	+ 3,38	Pickering [1])
$CdCl_2 \cdot H_2O$	—	+ 0,625	Pickering [1])
$CdCl_2 \cdot 2H_2O$	400	+ 0,76	Th. [14]) (328)
$CdCl_2 \cdot 2H_2O$	—	— 2,28	Pickering [1])
$CdBr_2$	400	+ 0,44	Th. [14]) (328)
$CdBr_2 \cdot 4H_2O$	600	— 7,29	Th. [14]) (328)
CdJ_2	400	— 0,96	Th. [14]) (328)
$CdSO_4$	400	+10,74	Th. [15]) (177)
$CdSO_4 \cdot H_2O$	400	+ 6,05	Th. [15]) (177)
$CdSO_4 \cdot \frac{8}{3}H_2O$ a)	400	+ 2,66	Th. [15]) (177)
$Cd(NO_3)_2 \cdot H_2O$	400	+ 4,18	Th. [15]) (177)
$Cd(NO_3)_2 \cdot 4H_2O$	400	— 5,04	Th. [15]) (177)
Al.			
$AlF_3 \cdot 3\frac{1}{2}H_2O$	—	+ 1,5 (15^0)	Baud
$AlCl_3$	1250	+76,845	Th. [14]) (328)
$AlCl_3$	960	+76,3 (9^0)	B. [10]) (194)
$AlBr_3$	2970	+85,3 (9^0)	B. [10]) (196)
AlJ_3	2260	+89,0 (9^0)	B. [10]) (198)
$Al_2(SO_4)_3 \cdot 6H_2O$	—	+56,0	Favre u. Valson [2])
$Al_2(SO_4)_3 \cdot 18H_2O$	—	+ 8,2	Favre u. Valson [2]) nach B. [1]) (330)
$KAl(SO_4)_2 \cdot 12H_2O$	1200	—10,1	Th. [3]) (200)
$KAl(SO_4)_2 \cdot 12H_2O$	500	— 9,8 $(8-11^0)$	Favre u. Valson [2])
$KAl(SO_4)_2 \cdot 5H_2O$	—	+12,4 (20^0)	Favre u. Valson [2])
$(NH_4)Al(SO_4)_2 \cdot 12H_2O$	1500	— 9,6 $(8-11^0)$	Favre u. Valson [2])
Y, Di, Er.			
$Y_2(SO_4)_3 \cdot 8H_2O$	1200	+10,7	Th. [15]) (177)
$Di_2(SO_4)_3 \cdot 8H_2O$	1200	+ 6,3	Th. [15]) (177)
$NdCl_3$	—	+35,40 (17^0)	Matignon
$NdCl_3 \cdot 6H_2O$	—	+ 7,60 (15^0)	Matignon
NdJ_3	—	+48,90 (19^0)	Matignon
$Nd_2(SO_4)_3$	—	+36,50 (14^0)	Matignon
$Nd_2(SO_4)_3 \cdot 5H_2O$	—	+ 8,30	Matignon
$Nd_2(SO_4)_3 \cdot 8H_2O$	—	+ 6,70 (15^0)	Matignon
$Er(C_2H_3O_2)_3 \cdot 4H_2O$	1500	+ 0,7	Th. [3]) (201)

a) Über die Lösungswärme bei verschiedenen Temperaturen s. Holsboer, Proc. Amsterdam **3**, 467; 1901. ZS. f. phys. Chem. **39**, 691; 1902.

H. Böttger.

Lösungswärme der Metallverbindungen pro Gramm-Molekül.

Lit. s. Tab. 192, S. 882.

Verbindung	Anzahl der Mol.-Lösungsmittel	Wärmeentwicklung in kg-Kal.	Beobachter
Cr.			
$CrCl_2$	—	+18,6	Recoura [1])
$CrCl_2 \cdot 4H_2O$	—	+ 2,0	Recoura [1])
$CrCl_3$, wasserfrei	—	+35,9	Recoura [1])
$2CrCl_3 \cdot 13H_2O$ grün [a])	—	— 0,1	Recoura [1])
$2CrCl_3 \cdot 13H_2O$, grau	—	+24,04	Recoura [1])
$CrBr_3 \cdot 6H_2O$, grün	—	+ 0,7	Recoura [2])
$CrBr_3 \cdot 6H_2O$, blau	—	+14,35	Recoura [2])
$Cr_2(SO_4)_3 \cdot 8H_2O$, grün	—	+13,6	Recoura, n. B. [1]) (281)
$Cr_2(SO_4)_3 \cdot 16H_2O$, violett	—	+ 6,2	Recoura, n. B. [1]) (281)
$KCr(SO_4)_2 \cdot 12H_2O$	800	—11,15	Th. [3]) (201)
CrO_3	56	+ 2,28 (19,5°)	Morges
CrO_3	220	+ 1,9 (19°)	Sabatier [3])
K_2CrO_4	543	— 5,25	Morges
$K_2Cr_2O_7$	400	—16,70	Th. [18]) (319)
$K_2Cr_2O_7$	827	—17,2	Morges
$K_2Cr_2O_7$ bei t°	650	—17,02—0,006(t-15°)	B. [18]) (92)
$K_2Cr_3O_{10}$	—	—14,2	Graham
$KCrO_3Cl$	488	— 4,65	Morges
Na_2CrO_4	360—720	+ 2,2 (10,5°)	B. [1]) (283) [11]) (133)
$Na_2CrO_4 \cdot 4H_2O$	650	— 7,6 (11°)	B. [1]) (283) [11]) (133)
$Na_2CrO_4 \cdot 10H_2O$	760	—15,8 (10,5°)	B. [1]) (283) [11]) (133)
$(NH_4)_2CrO_4 \cdot H_2O$	840	— 5,8 (18°)	Sabatier [3])
NH_4KCrO_4	384	— 5,3 (17°)	Sabatier [3])
$(NH_4)_2Cr_2O_7$	340	—12,44	B. [18]) (93)
Mn.			
$MnCl_2$	350	+16,01	Th. [9]) (405) [14]) (328)
$MnCl_2 \cdot 4H_2O$	400	+ 1,54	Th. [14]) (328)
$MnSO_4$	400	+13,79	Th. [15]) (177)
$MnSO_4 \cdot H_2O$	400	+ 7,82	Th. [15]) (177)
$MnSO_4 \cdot 5H_2O$	400	+ 0,04	Th. [9]) (407) [15]) (177)
$MnSO_4 \cdot K_2SO_4$	600	+ 6,38	Th. [3]) (153)
$MnSO_4 \cdot K_2SO_4 \cdot 4H_2O$	600	— 6,44	Th. [18]) (318)
$MnSO_4 \cdot Na_2SO_4$	—	+13,0	B. [1]) (271)
$MnSO_4 \cdot Na_2SO_4 \cdot 2H_2O$	—	+ 3,2	Graham, n. B. [1]) (271)
$MnSO_4 \cdot Na_2SO_4 \cdot 6H_2O$	—	— 9,7	Graham, n. B. [1]) (271)
$MnS_2O_6 \cdot 6H_2O$	400	— 1,93	Th. [15]) (177)
$Mn(NO_3)_2 \cdot 6H_2O$	400	— 6,15	Th. [3]) (202)
$KMnO_4$	500	—10,395	Th. [15]) (175)
$KMnO_4$	700	—10,2 (16°)	B. [4]) (103)
Fe.			
$FeCl_2$	350	+17,85	Th. [14]) (329) [9]) (422)
$FeCl_2 \cdot 2H_2O$	1000	+ 9,7 (20°)	Sabatier [2])
$FeCl_2 \cdot 4H_2O$	400	+ 2,75	Th. [14]) (329)
$FeCl_2 \cdot 4H_2O$	600	+ 3,3 (17,5°)	Sabatier [3])
$FeSO_4 \cdot 7H_2O$	400	— 4,51	Th. [15]) (177)
$FeSO_4 \cdot K_2SO_4 \cdot 6H_2O$	—	—10,7	Graham, n. B. [1]) (290)
$FeSO_4 \cdot (NH_4)_2SO_4 \cdot 6H_2O$	—	— 9,8	Graham, n. B. [1]) (290)
$H_4Fe(CN)_6$	200	+ 0,4 (10°)	Joannis [1])
$K_4Fe(CN)_6$	820	—12,0 (12°)	B. [4]) (104)
$K_4Fe(CN)_6 \cdot 3H_2O$	940	—16,9 (11°)	B. [4]) (104)
$(NH_4)_4Fe(CN)_6 \cdot 3H_2O$	—	— 6,8 (14°)	Joannis [1])
$Ba_2Fe(CN)_6 \cdot 6H_2O$	—	—11,4 (13,5°)	Joannis [1])
$Ca_2Fe(CN)_6 \cdot 12H_2O$	—	— 4,6 (10°)	Joannis [1])
$FeCl_3$	1000	+32,68	Th. [9]) (422) [14]) (329)
$FeCl_3$	—	+31,7	Sabatier [2])
$FeCl_3$ [b])	—	+31,0	Lemoine
$2FeCl_3 \cdot 5H_2O$	2400	+2×21,0(18°)	Sabatier [3])
$FeCl_3 \cdot 6H_2O$	1200	+ 5,65	Sabatier [3])
$KFe(SO_4)_2 \cdot 12H_2O$	500	—16,0	Favre u. Valson [2])
$(NH_4)Fe(SO_4)_2 \cdot 12H_2O$	500	—16,6	Favre u. Valson [2])
$Fe(NO_3)_3 \cdot 9H_2O$ kryst.	480	— 9,0	B. [4]) (101) [10]) (292)
$K_3Fe(CN)_6$	400	—14,4 (12,5°)	Joannis [1])
Co.			
$CoCl_2$	400	+18,34	Th. [14]) (329)
$CoCl_2 \cdot 6H_2O$	400	— 2,85	Th. [14]) (329)
$CoSO_4 \cdot 7H_2O$	800	— 3,57	Th. [15]) (177)
$CoSO_4 \cdot 7H_2O$	—	— 3,36	Favre u. Valson [1])
$Co(NO_3)_2 \cdot 6H_2O$	400	— 4,96	Th. [15]) (177)
Ni.			
$NiCl_2$	400	+19,17	Th. [14]) (329)
$NiCl_2 \cdot 6H_2O$	400	— 1,16	Th. [14]) (329)
$NiSO_4 \cdot 7H_2O$	800	— 4,25	Th. [15]) (177)
$NiS_2O_6 \cdot 6H_2O$	400	— 2,42	Th. [15]) (177)
$Ni(NO_3)_2 \cdot 6H_2O$	400	— 7,47	Th. [15]) (177)
Cu.			
CuCl in Salzsäure je nach deren Konzentration	—	— 0,4 bis — 4,75 (14°)	B. [12]) (505)
CuCl in einer Lösung von $CuCl_2$ + $220H_2O$	—	— 4,3 (14°)	B. [12]) (505)

[a]) S. Bildungswärme. [b]) Über die Lösungswärme des Ferrichlorids in verdünnter Salzsäure siehe Lemoine, Ann. chim. phys. (6) **30**, 375; 1893.

H. Böttger.

Lösungswärme der Metallverbindungen pro Gramm-Molekül.

Lit. s. Tab. 192, S. 882.

Verbindung	Anzahl der Mol. Lösungsmittel	Wärmeentwicklung in kg-Kal.	Beobachter
CO in einer Lös. v. Cuprochlorid v.d. Zusammensetz.: $CuCl + 3,6\ HCl + 26,3\ H_2O$	—	+ 11,4	Hammerl
$2 CuCl \cdot CO \cdot 2 H_2O$	—	— 3,45	Hammerl
$CuCl_2$	600	+ 11,08	Th. [10]) (276) [14]) (329)
$CuCl_2 \cdot 2 H_2O$	400	+ 4,21	Th. [14]) (329)
$CuCl_2 \cdot 2 H_2O$	198	+ 3,71 [a])	Reicher u. van Deventer
$CuBr_2$	400	+ 8,25	Th. [14]) (329)
$CuBr_2$	—	+ 7,9 (12°)	Sabatier [4])
$CuBr_2 \cdot 4 H_2O$	—	— 1,5 (7,5°)	Sabatier [4])
$CuSO_4$	400	+ 15,80	Th. [15]) (177)
$CuSO_4 \cdot H_2O$	400	+ 9,34	Th. [15]) (177)
$CuSO_4 \cdot 5 H_2O$	400	— 2,75	Th. [15]) (177)
$K_2Cu(SO_4)_2$	600	+ 9,40	Th. [3]) (150)
$K_2Cu(SO_4)_2 \cdot 6 H_2O$	600	— 13,57	Th. [3]) (150)
$CuS_2O_6 \cdot 5 H_2O$	400	— 4,87	Th. [15]) (177)
$Cu(NO_3)_2 \cdot 6 H_2O$	400	— 10,71	Th. [15]) (177)
$Cu(C_2H_3O_2)_2$	320	+ 2,4 (16°)	B. [1]) (325) [4]) (95)
$Cu(C_2H_3O_2)_2 \cdot H_2O$	400	+ 0,2	Th. [3]) (192)
$Cu(C_2H_2O_2)_2 \cdot H_2O$	440	+ 0,8 (10°)	B. [1]) (325) [4]) (95)
Ag.			
AgF	—	+ 3,4 (10°)	Guntz [1])
$AgF \cdot 2 H_2O$	—	— 1,5 (10°)	Guntz [1])
AgCl	—	— 15,90	Petersen [1])
$KAg(CN)_2$	440	— 8,35 (11°)	B. [4]) (104)
Ag_2SO_4	1400	— 4,48	Th. [10]) (293) [15]) (177)
$Ag_2S_2O_6 \cdot 2 H_2O$	400	— 10,36	Th. [15]) (177)
$AgNO_3$	200	— 5,44	Th. [10]) (291) [15]) (177)
$AgNO_3$	470—940	— 5,7 (10-15°)	B. [4]) (101)
$AgNO_2$	—	— 8,8	B. [4]) (102)
$AgC_2H_3O_2$	120	— 4,3 (10°)	B. [4]) (95)
Au.			
$AuCl_3$	900	+ 4,45	Th. [11]) (365) [14]) (329)
$AuCl_3 \cdot 2 H_2O$	600	— 1,69	Th. [14]) (329)
$HAuCl_4 \cdot 4 H_2O$	400	— 5,83	Th. [3]) (407) [14]) (329)
$HAuCl_4, 3 H_2O$	400	— 3,55	Th. [3]) (409)
$AuBr_3$	2000	— 3,76	Th. [11]) (365) [3]) (407) [14]) (329)
$HAuBr_4 \cdot 5 H_2O$	1000	— 11,40	Th. [11]) (365) [14]) (329)
Hg.			
$HgNO_3 \cdot H_2O$ in verdünnter Salpetersäure	—	— 6,2 (12°)	Varet [1]) (127)
$HgCl_2$	300	— 3,30	Th. [14]) (329)
$HgCl_2$	600	— 3,0 (15°)	B. [4]) (104) [16]) (216)
$HgCl_2$ in Äthylalkohol	400 Mol. Alk.	— 0,0 (18°)	Pickering [2])
$HgCl_2$, frisch geschmolzen	600	— 2,2 (13°)	B. [16]) (216)
$KHgCl_3$	770	— 9,5 (14°)	B. [16]) (204)
$KHgCl_3 \cdot H_2O$	800	— 11,3 (14°)	B. [16]) (204)
K_2HgCl_4	930	— 15,0 (14°)	B. [16]) (203)
$K_2HgCl_4 \cdot H_2O$	600	— 16,39	Th. [14]) (329)
$K_2HgCl_4 \cdot H_2O$	970	— 16,66 (14°)	B. [16]) (203)
$HgBr_2$	—	— 3,4 (12°)	B. [16]) (208)
$HgBr_2$, frisch geschmolzen	—	— 3,1 (12°)	B. [16]) (217)
K_2HgBr_4	600	— 9,75	Th. [14]) (329)
K_2HgJ_4	800	— 9,81	Th. [14]) (329)
$Hg(CN)_2$	—	— 2,97	Th. [3]) (472)
$Hg(CN)_2$	1010	— 3,0 (15°)	B. [4]) (104)
$HgSO_4$ in 4 H_2SO_4 (1 Mol in 1 l)	—	+ 4,9 (14°)	Varet [4])
$Hg(NO_3)_2 \cdot \frac{1}{2} H_2O$ in 4 HNO_3 (1 Mol in 1 l)	—	— 0,7 (16°)	Varet [4])
$2 Hg(NO_3)_2 \cdot \frac{1}{2} H_2O$ in 4 HNO_3 (1 Mol in 1 l)	—	— 1,4 (16°)	Varet [4])
$Hg(C_2H_3O_2)_2$	222	— 3,8 (13,7)°	B. [16]) (353)
Tl.			
Tl_2O	570	— 3,08	Th. [10]) (100) [3]) (340)
$Tl(OH)$	235	— 3,15	Th. [10]) (100) [3]) (340)
TlCl	4500	— 10,10	Th. [10]) (105) [14]) (329)
Tl_2SO_4	1600	— 8,28	Th. [10]) (101) [14]) (177)
$TlNO_3$	300	— 9,97	Th. [10]) (100) [14]) (177)
Pb.			
$PbCl_2$	1800	— 6,80	Th. [10]) (89) [14]) (329)
$PbCl_2$	—	— 6,0	B. [7]) (46)
$PbBr_2$	2500	— 10,04	Th. [10]) (89) [14]) (329)
$PbS_2O_6 \cdot 4 H_2O$	400	— 8,54	Th. [15]) (177)
$Pb(NO_3)_2$	400	— 7,61	Th. [10]) (87) [15]) (177)
$Pb(NO_3)_2$	930—1860	— 8,2	B. [4]) (101)
$Pb(C_2H_3O_2)_2$	440	+ 1,4 (16°)	B. [4]) (95)
$Pb(C_2H_3O_2)_2 \cdot 3 H_2O$	800	— 6,14	Th. [3]) (192)
$Pb(C_2H_3O_2)_2 \cdot 3 H_2O$	240	— 5,5 (11°)	B. [4]) (95)

a) Die Lösungswärme von $CuCl_2 \cdot 2 H_2O$ in der gesättigten Lösung („letzte" Lös.-W.) ist negativ (—0,8 Kal.); Reicher u. v. Deventer, ZS. ph. Ch. **5**, 563; 1890. Daselbst Angaben über die Abhängigkeit der Lös.-W. von der Konzentration.

Lösungswärme der Metallverbindungen pro Gramm-Molekül.

Lit. s. Tab. 192, an Schluß der Seite.

Verbindung	Anzahl der Mol.-Lösungsmittel	Wärmeentwicklung in kg-Kal.	Beobachter
Sn.			
$SnCl_2$	300	+ 0,35	Th. [14]) (329) [3]) (323)
$SnCl_2 \cdot 2H_2O$ . .	200	— 5,37	Th. [14]) (329) [3]) (323)
$SnCl_2 \cdot 2H_2O$ . .	225	— 5,16 (10°)	B. [5]) (328)
$K_2SnCl_4 \cdot H_2O$.	600	—13,42	Th. [14]) (329) [3]) (327)
$SnBr_2$	1080	— 1,6	B. [10]) (201)
$SnCl_4$	300	+29,92	Th. [14]) (329) [1]) (225)
$SnCl_4$	720	+28,5 (10,5°)	B. [10]) (203)
K_2SnCl_6	800	— 3,38	Th. [14]) (329) [3]) (327)
[$SnBr_4$]	970	+16,6 (10,5°)	B. [10]) (203)
U.			
$(UO_2)(NO_3)_2 \cdot 3H_2O$	1000-2500	— 3,7 (18-20°)	Aloy
$(UO_2)SO_4 \cdot 3H_2O$	1000-2500	+ 5,1 (18-20°)	Aloy
$(UO_2)Cl_2 \cdot H_2O$.	1000-2500	+6,05(18-20°)	Aloy
$(UO_2)CrO_4 \cdot 5\frac{1}{2}H_2O$	1000-2500	— 6,3 (18-20°)	Aloy
$(UO_2)(C_2H_3O_2)_2 \cdot 2H_2O$	1000-2500	— 4,3 (18-20°)	Aloy
$UO_2Cl_2 \cdot 2KCl \cdot 2H_2O$	1000-2500	+ 2,0 (18-20°)	Aloy

Verbindung	Anzahl der Mol.-Lösungsmittel	Wärmeentwicklung in kg-Kal.	Beobachter
$(UO_2)(NH_4)(C_2H_3O_2)_3 \cdot 6H_2O$ [Uranyl-Ammoniumacetat]	1000-2500	— 3,8 (18-20°)	Aloy
Pd.			
K_2PdCl_4	800	—13,63	Th. [14]) (329) [3]) (433)
K_2PdCl_6	—	—15,00	Th. [14]) (329) [3]) (439)
Pt.			
K_2PtCl_4	600	—12,22	Th. [14]) (330)
$(NH_4)_2PtCl_4$ . .	660	— 8,48	Th. [14]) (330)
K_2PtBr_4	800	—10,63	Th. [14]) (330)
$PtCl_4$	—	+19,6 (17°)	Pigeon
$PtCl_4 \cdot 5H_2O$ . .	—	— 1,84	Pigeon
$H_2PtCl_6 \cdot 6H_2O$.	450	+ 4,34	Pigeon
K_2PtCl_6	—	—13,76	Th. [14]) (330)
Na_2PtCl_6 . . .	800	+ 8,54	Th. [14]) (330)
$Na_2PtCl_6 \cdot 6H_2O$.	900	—10,63	Th. [14]) (330)
$PtBr_4$	—	+ 9,86	Pigeon
$H_2PtBr_6 \cdot 9H_2O$.	—	— 2,9	B. [1]) (386)
K_2PtBr_6	2000	—12,26	Th. [14]) (330)
Na_2PtBr_6 . . .	600	+ 9,99	Th. [14]) (330)
$Na_2PtBr_6 \cdot 6H_2O$	800	— 8,55	Th. [14]) (330)
$Pt(NH_3)_4Cl_2 \cdot H_2O$	400	— 8,76	Th. [3]) (204)

192

Literatur zu den Abschnitten: Bildungs-, Neutralisations- und Lösungswärme der Metallverbindungen.

Aloy, C. r. **122**, 1541; 1896.

Amat, Ann. ch. ph. (16) **24**, 365; 1891. C. r. **110**, 191; 1890.

André, Ann. ch. ph. (6) **3**, 66; 1884.

Andrews (1), Phil. Mag. (3) **32**, 321; 1848.

„ (2), Pogg. Ann. **59**, 439; 1843.

„ (3), „ **66**, 40; 1845.

„ (4), „ **75**, 46, 247; 1848.

Baker, Proc. Roy. Soc. **68**, 9; 1901.

Baud, C. r. **135**, 1103; 1902.

Beketoff (1), Mém. Acad. Pét. (7) **30**; 1883. Ref. Ber. chem. Ges. **16**; 1883.

„ (2), Bull. Acad. Pét. **32**, 186; 1888.

„ (3), Bull. Acad. Pét. **33**, 173; 1890.

„ (4), Bull. Acad. Pét. **34**, 291; 1892.

„ (5), Bull. Acad. Pét. **35**, 541; 1894.

Bellati u. **Romanese** (1) u. (2), Atti Reale Ist. Ven. (6) **3**; 1885 u. (6) **1**; 1883; Ref. Beibl. **9**, 723; 1885 u. **7**, 276, 570; 1883.

Berthelot (1), Thermochimie, Bd. **2**, Paris 1897.

„ (2), Ann. chim. phys. (4) **29**; 1873.

„ (3), „ „ „ (4) **30**; 1873.

„ (4), „ „ „ (5) **4**; 1875.

„ (5), „ „ „ (5) **5**; 1875.

„ (6), „ „ „ (5) **6**; 1875.

„ (7), „ „ „ (5) **9**; 1876.

„ (8), „ „ „ (5) **10**; 1877.

„ (9), „ „ „ (5) **13**; 1878.

„ (10), „ „ „ (5) **15**; 1878.

„ (11), „ „ „ (5) **17**; 1879.

„ (11a), „ „ „ (5) **18**; 1879.

„ (12), „ „ „ (5) **20**; 1880.

„ (13), „ „ „ (5) **21**; 1880.

„ (14), „ „ „ (5) **23**; 1881.

„ (15), „ „ „ (5) **27**; 1882.

„ (16), „ „ „ (5) **29**; 1883.

„ (17), „ „ „ (5) **30**; 1883.

„ (18), „ „ „ (6) **1**; 1884.

H. Böttger.

Literatur zu den Abschnitten: Bildungs-, Neutralisations- und Lösungswärme der Metallverbindungen.

Berthelot, (19), Ann. chim. phys. (6) **3**; 1884.
„ (20), „ „ „ (6) **4**; 1885.
„ (21), „ „ „ (6) **11**; 1887.
„ (22), „ „ „ (6) **17**; 1889.
„ (23), „ „ „ (6) **18**; 1889.
„ (24), „ „ „ (6) **26**; 1892.
„ (25), „ „ „ (7) **22**; 1901.
„ (26), C. r. **123**; 1896.
Berthelot u. **Delépine,** C. r. **129**, 361; 1899.
Berthelot u. **Ilosvay,** Ann. chim. phys. (5) **29**, 336; 1883.
Berthelot u. **Luginin,** Ann. chim. phys. (5) **9**, 28; 1876.
Berthelot u. **Matignon,** Ann. chim. phys. (7) **2**, 144; 1894.
Berthelot u. **Vieille,** Ann. chim. phys. (7) **2**, 351; 1894.
Blarez, C. r. **103**, 639, 746, 1134; 1886.
Bodisko (1), Ber. chem. Ges. **21**; 1888; nach Journ. russ. **20**, 500; 1888.
„ (2), ZS. ph. Ch. **4**, 482; 1889; nach Journ. russ. **21**; 1889.
Bonnefoi (1), C. r. **127**, 367; 1898.
„ (2), C. r. **130**, 1394; 1900.
Brönsted (1), ZS. ph. Ch. **77**, 325; 1911.
„ (2), „ „ „ **56**, 664, 678; 1906.
Le Chatelier (1), C. r. **120**, 625; 1895.
„ (2), C. r. **122**, 81; 1896.
Delépine, Bull. Soc. chim. (3) **29**, 1166; 1904.
Delépine u. **Hallopeau,** C. r. **129**, 600; 1899.
Despretz, Ann. chim. phys. **37**, 180; 1827.
Deventer u. **Reicher,** ZS. ph. Ch. **8**, 536; 1891.
Dulong, C. r. **7**, 871; 1838.
Fabre (1), Ann. chim. phys. (6) **10**, 505; 1887.
„ (2), „ „ „ (6) **14**, 112, 317; 1888.
Favre, C. r. **78**, 1263; 1874.
Favre u. **Silbermann** (1), Ann. chim. phys. (3) **36**, 24; 1852.
„ (2), Ann. chim. phys. (3) **37**, 443; 1853.
Fogh, Ann. chim. phys. (6) **21**; 1890.
de Forcrand (1), Ann. chim. phys. (6) **3**, 243; 1884.
„ (2), „ „ „ (6) **11**, 277; 1887.
„ (3), C. r. **103**, 59; 1886.
„ (4), „ **121**, 67; 1895.
„ (5), „ **130**, 1017, 1308, 1388; 1465; 1620; 1900.
„ (6), „ **120**, 682, 1215; 1895.
„ (7), „ **128**, 1449; 1899.
„ (8), „ **127**, 514; 1898.
„ (9), „ **133**, 223; 1304; 1902.
de Forcrand (10), „ **140**, 990; 1905.
„ (11), „ **142**, 1252; 1906.
„ (12), „ **143**, 98; 1906.
„ (13), Ann. chim. phys. (8) **9**, 139; 1906.
„ (14), Bull. Soc. chim. (3) **35**, 781; 1906.
„ (15), C. r. **144**, 1402; 1907.
„ (16), „ **145**, 702; 1907.
„ (17), „ **146**, 217, 511, 802; 1908.
„ (18), Ann. chim. phys. (8) **15**, 433, 1908.
„ (19), C. r. **149**, 825, 1341; 1909.
„ (20), „ **150**, 1399; 1910.
„ (21), „ **147**, 165; 1908.
Gaudechon (1), C. r. **145**, 1421; 1908.
„ (2), „ **146**, 761; 1908.
Giran (1), C. r. **140**, 1704; 1905.
„ (2), **146**, 1270; 1908.
Graham, Phil. Mag. **22**, 329, 1843; **24**, 401; 1884.
Guinchant u. **Chrétien,** C. r. **139**, 51, 1904.
Guntz (1), Ann. chim. phys. (6) **3**, 18; 1884.
„ (2), C. r. **110**, 1339; 1889.
„ (3), „ **112**, 1212; 1891.
„ (4), „ **122**, 465; 1896.
„ (5), „ **136**, 1071; 1903.
„ (6), Bull. Soc. chim. (3) **13**, 114; 1895.
„ (7), C. r. **123**, 694; 1896.
„ (8), „ **126**, 1866; 1898.
Guntz u. **Bassett,** C. r. **140**, 863; 1905. Journ. chim. phys. **4**, 1, 1905.
Guntz u. **Röderer,** C. r. **142**, 400; 1906.
Hammerl, C. r. **89**, 97; 1879.
Hartog, C. r. **104**, 1793; 1887.
van 't Hoff, Kenrick u. **Dawson,** ZS. ph. Ch. **39**, 55; 1902.
St. Jahn, ZS. anorg. Ch. **60**, 337; 1909.
Joannis, (1), Ann. chim. phys. (5) **26**, 482; 1882.
„ (2), „ „ „ (6) **12**, 376; 1887.
„ (3), C. r. **95**, 295; 1882.
„ (4), „ **102**, 1161; 1886.
„ (5), „ **109**, 965; 1889.
Joly, C. r. **104**, 1704; 1887.
Isambert (1), C. r. **86**, 968; 1878.
„ (2), „ **91**, 768; 1880.
A. Kailan u. **St. Jahn,** ZS. anorg. Ch. **68**, 243; 1910.
Lemoine, Ann. chim. phys. (6) **30**, 375; 1893.
Lemoult (1), C. r. **121**, 351, 375; 1895.
„ (2), „ **123**, 559; 1896.
„ (3), „ **145**, 374; 1907.
Littleton, Chem. News. **74**, 289; 1896.
Luginin u. **Schukareff,** Arch. Sc. phys. (4) **13**, 5; 1902.
Marignac, Arch. Sc. phys. (n. p.) **42**, 209; 1871.

Literatur zu den Abschnitten: Bildungs-, Neutralisations- und Lösungswärme der Metallverbindungen.

Massol, C. r. **134**, 653; 1902.
Matignon (1), C. r. **124**, 1026; 1897.
Matignon (2), Ann. chim. phys. (8) **10**, 104; 1907.
Mixter (1), Sill. Journ. (4) **24**, 130; 1907.
„ (2), „ (4) **26**, 125; 1908.
„ (3), „ (4) **27**, 229; 393; 1909.
„ (4), „ (4) **28**, 103, 1909.
„ (5), „ (4) **29**, 488; 1910.
„ (6), „ (4) **30**, 143; 1910.
„ (7), ZS. anorg. Ch. **74**, 124; 1911.
Moissan, C. r. **128**, 384; 1899.
Morges, C. r. **86**, 1444; 1878.
Muthmann u. **Weiß**, Lieb. Ann. **331**, 44; 1904.
Nernst, ZS. ph. Ch. **2**, 23; 1888.
Noyes u. **Sammet**, ZS. ph. Ch. **43**, 513; 1903.
Petersen (1), ZS. ph. Ch. **4**, 384; 1889.
„ (2), ZS. ph. Ch. **5**, 259; 1890.
Pfaundler, Ber. chem. Ges. **4**, 75; 1871. Wien. Ber. **64**, 240; 1871.
Pickering (1), Journ. chem. Soc. **51**, 75; 1887.
„ (2), „ **53**, 865; 1888.
„ (3), „ **47**, 100; 1885.
Pigeon, Ann. chim. phys. (7) **2**, 494; 1884.
Pissarjewski, ZS. anorg. Ch. **24**, 108; 1900.
Pollok (1), Proc. chem. Soc. **20**, 61; 1904.
„ (2), Journ. chem. Soc. **85**, 603; 1904.
Raabe, Rec. P.-B. **1**, 158, 1882.
Rechenberg, Journ. prakt. Ch. (2) **19**, 143; 1879.
Recoura (1), Ann. chim. phys. (6) **10**, 17; 1887.
„ (2), C, r. **110**, 1029; 1889.
Reicher u. **van Deventer**, ZS. ph. Ch. **5**, 561; 1910.
Rengade (1), C. r. **145**, 236; 1907.
„ (2), „ **146**, 129; 1908.
Th. W. Richards u. **L. L. Burgess**, Journ. Amer. chem. Soc. **32**, 431; 1910.
Th. W. Richards, A. W. Rowe u. **L. L. Burgess**, Journ. Amer. chem. Soc. **32**, 1176; 1910.
Sabatier (1), Ann. chim. phys. (5) **22**, 22; 1881.
„ (2), C. r. **93**, 56; 1881.
„ (3), „ **103**, 267; 1886.
„ (4), „ **118**, 918; 1894.
„ (5), „ **125**, 302; 1897.
Stegmüller, ZS. Elch. **16**, 85; 1910.
v. Steinwehr, ZS. ph. Ch. **38**, 196; 1901 (NaOH, HCl) u. ($Ba(OH)_2$, 2 HCl).
Stock, Ber. chem. Ges. **41**, 540; 1908.
„ „ „ „ **40**, 2923; 1907.
Stock u. **Wrede**, Ber. chem. Ges. **41**, 540, 1908.
Tassilly (1), C. r. **119**, 372; 1894.
„ (2), „ **120**, 733; 1895.
„ (3), „ **122**, 822; 1896.
„ (4), Ann. chim. phys. (7) **17**, 38; 1899.
Tayler, Phil. Mag. (5) **50**, 137; 1900.
Thomsen (1), (2), (3), Thermochem. Untersuch. Bd. 1, 2, 3, Leipzig.
„ (4), Pogg. Ann. **88**; 1853.
„ (5), „ **139**; 1870.
„ (6), „ **143**; 1871.
„ (7), „ **150**; 1873.
„ (8), „ **157**; 1874.
„ (9), Journ. prakt. Ch. (2) **11**; 1875.
„ (10), „ (2) **12**; 1875.
„ (11), „ (2) **13**; 1876.
„ (12), „ (2) **14**; 1876.
„ (13), „ (2) **15**; 1877.
„ (14), „ (2) **16**; 1877.
„ (15), „ (2) **17**; 1878.
„ (16), „ (2) **19**; 1879.
„ (17), „ (2) **21**; 1880.
„ (18), Termokemiske Undersögelser. Numeriske og teoriske Resultater, Kjöbenhavn 1905.
Truchot, (1), C. r. **98**, 1330; 1884.
„ (2), „ **100**, 794; 1885.
Tscheltzow, C. r. **100**, 1458; 1885.
Varet (1), Ann. chim. phys. (7) **8**, 102; 1896.
„ (2), C. r. **121**, 598; 1895.
„ (3), „ **122**, 1123; 1896.
„ (4), „ **123**, 118, 497; 1896.
Walden (1), ZS. phys. Ch. **58**, 479; 1907.
„ (2), „ **59**, 192; 1907.
v. Wartenberg (1), ZS. ph. Ch. **67**, 446; 1909.
„ (2), ZS. Elch. **15**, 866; 1909.
Wegscheider, Mon. Chem. **26**, 647; 1905.
Weiß u. **Neumann**, ZS. anorg. Ch. **65**, 269; 1910.
Weiß u. **Stimmelmayr**, ZS. anorg. Ch. **65**, 338; 1910.
Werner, Ann. chim. phys. (6) **27**, 572; 1892.
Wörmann, Ann. Phys. (4) **18**, 775, 1905.
Žemčužny u. **Rambach**, ZS. anorg. Ch. **65**, 403; 1910.

H. Böttger.

Lösungswärmen von Säuren und Verdünnungswärme von Säuren, Basen und Salzen.

Lit. Tab. s. S. 888.

Die bei den Sauerstoffsäuren in der zweiten Zeile stehenden Zahlen bezeichnen die Wärmeentwicklung beim Verdünnen von 1 Mol der Säure mit *m* Mol Wasser in kg-Kalorien. Die von Thomsen (Th.) u. A. benutzte 18°-Kal. ist von der üblichen 15°-Kal. kaum verschieden. Bei den Haloidsäuren bezeichnen die in der zweiten Reihe stehenden Zahlen die Wärmeentwicklung bei der Absorption von 1 Mol der gasförmigen Säure in *m* Mol Wasser. Wird also 1 Mol Schwefelsäure mit 99 Mol Wasser vermischt (so daß dann auf 1 SO_3 100 H_2O kommen), so ist nach Th. die Wärmeentwicklung 16,858 Kal., bei der Absorption von 1 Mol Chlorwasserstoff durch 50 Mol Wasser werden 17,115 Kal. frei. Die bei der Verdünnung einer Säure von bestimmter Konzentration auf eine solche von einer anderen Konzentration stattfindende Wärmeänderung wird durch Subtraktion der betreffenden Zahlen erhalten. So findet beim Verdünnen der Säure HBr, 3 H_2O zur Säure HBr, 50 H_2O eine Wärmeentwicklung von 19,820 − 15,910 = 3,910 Kal. statt, beim Verdünnen der Säure $C_2H_4O_2$, 1 H_2O auf $C_2H_4O_2$, 20 H_2O dagegen ein Wärmeverbrauch von — 0,152 — 0,173 = — 0,325 Kal.

Verdünnungswärmen der Säuren.

Schwefelsäure. H_2SO_4 [a])

m =	1	2	3	5	9	19	49	99	199	399	799	1599
Th.	6,379	9,418	11,137	13,108	14,952	16,256	16,684	16,858	17,065	17,313	17,641	17,857
m =	0,5	1	1,5	2	2,5	3	4	5	6	119	t = 11,0 bis 16,7°	
Pf.	3,666	6,776	8,680	9,998	10,955	11,784	12,858	13,562	14,395	17,690		
m =	0,5	1	1,5	2	4	7	9	99	199	399	799	1599
Brö.	3,75	6,71	8,79	10,02	12,83	14,89	15,58	17,60	17,76	18,12	18,50	19,04

Salpetersäure. HNO_3

m =	0,5	1	1,5	2	2,5	3	4	5	6	8	10	20	40	80	100	160	200	320
Th.	2,005	3,285	4,16	—	5,276	5,71	—	6,665	—	—	7,318	7,458	7,436	7,421	7,439	7,45	—	7,493
B.(10°)	2,03	3,34	4,16	4,86	—	5,76	6,39	6,76	6,98	7,22	7,27	7,36	7,27	—	7,21	—	7,18	—

Essigsäure. $C_2H_4O_2$

m =	0,5	1	1,5	2	4	8	20	50	100	200
Th.	−0,130	−0,152	−0,165	−0,156	−0,111	−0,002	+0,173	+0,278	+0,335	+0,375

Ameisensäure. CH_2O_2

m =	0,5	1	2	50	100	200
Th.	0,124	0,172	0,167	0,126	0,148	0,149

Orthophosphorsäure. H_3PO_4

m =	1	3	9	20	50	100	200
Th.	1,741	3,298	4,509	4,998	5,169	5,269	5,355

Chlorwasserstoff. HCl

m =	1	2	3	5	10	20	50	100	300
Th.	5,375	11,365	13,362	14,959	16,157	16,756	17,115	17,235	17,315

Bromwasserstoff. HBr

m =	2	3	5	6	10	20	50	100	500
Th.	13,860	15,910	17,620	18,250	19,100	19,470	19,820	19,910	19,940

Jodwasserstoff. HJ

m =	2	3	5	10	20	50	100	500
Th.	12,540	14,810	17,380	18,580	18,990	19,140	19,180	19,210

a) Beim Vermischen von 1 Mol H_2SO_4 mit x Molen H_2O werden nach Th.[3]) (34) $\frac{17860\,x}{x + 1{,}798}$ g-kal. entwickelt; für $x > 20$ versagt die Formel. $\frac{\delta Q_m}{\delta_m}$ ist der Grenzwert der Wärmetönung pro Mol zugesetzten Wassers, wenn sich die Konzentration der Lösung (*m* Mole H_2O auf 1 Mol H_2SO_4) durch den Zusatz praktisch nicht ändert (differentiale Verdünnungswärme) [vergl. Anm. d), S. 876]. Nach **Rümelin,** ZS. ph. Ch. **58,** 458; 1907, ist für $m = 1{,}93$, bezw. 3,35, bezw. 10,10 $\frac{\delta Q_m}{\delta_m} = 2{,}315$, bezw. 1,273, bezw. 0,220.

H. Böttger.

Verdünnungswärme der Basen.

Lit. s. S. 888.

Verdünnungswärme der Lösungen von Kaliumhydroxyd

nach **Thomsen** (Thermochem. Unters. **3**, 82). (Auszug.)

Die Ausgangslösung besaß die Zusammensetzung $KOH + 3H_2O$. Sie wurde mit so viel Wasser versetzt, daß die verdünnten Lösungen insgesamt 5, 7, 9, 20, 50, 100 und 200 Mol Wasser enthielten.

Zugefügte Wassermenge:	2	4	6	17	47	97	197 H_2O
Entwickelte Wärme:	1,496	2,095	2,364	2,678	2,738	2,748	2,751 Kal.

Berthelot fand (Ann. chim. phys. (5) **4**, 517; 1875) für die Wärmeentwicklung beim Verdünnen verschieden konzentrierter Lösungen von **Kaliumhydroxyd** bei 15° folgende Werte:

Zusammensetzung der Lösungen vor dem Verdünnen	Dichte	Zugefügte Wassermengen	Wärmeentwicklung in Kal.	Zusammensetzung der Lösungen vor dem Verdünnen	Dichte	Zugefügte Wassermengen	Wärmeentwicklung in Kal.
$KOH + 3{,}06\ H_2O$	1,532 bei 16°	41 H_2O	2,41	$KOH + 15{,}3\ H_2O$	—	17 H_2O	+ 0,045
+ 3,28 „	1,512 „ 12°	42,5 „	2,14	+ 32,3 „	—	21 „	— 0,035
+ 3,52 „	1,499 „ 13°	44,3 „	1,98	+ 46 „	1,062	46 „	— 0,03
+ 4,11 „	1,452 „ 12,5°	50 „	1,44	+ 48 „	—	48 „	— 0,035
+ 5,20 „	1,392 „ 12,5°	60 „	0,98	+ 54 „	1,053	54 „	— 0,028
+ 7,02 „	1,307 „ 14,5°	39 „	0,60	+ 64,6 „	1,044	65 „	— 0,024
+ 11,0 „	1,215 „ 15°	60 „	0,16	+ 55,3 „	1,052 bei 11,5	56 „	— 0,026
+ 15,3 „	1,167 „ 10°	79 „	—0,035	+ 111	1,026	110 „	— 0,00

Verdünnungswärme der Lösungen von Natriumhydroxyd

nach **Thomsen** (Thermochem. Unters. **3**, 84).

Die folgende Tabelle enthält die Werte für die Wärmeentwicklung beim Verdünnen einer Lösung von der Zusammensetzung $NaOH + nH_2O$ bis zu einer Lösung von der Zusammensetzung $NaOH + (m + n)H_2O$ bei 18,5°.

n	(m + n)							
	5	7	9	20	25	50	100	200
3	2,131 Kal.	2,889 Kal.	3,093 Kal.	3,283 Kal.	3,263 Kal.	3,113 Kal.	3,000 Kal.	2,940 Kal.

Berthelot, fand (Ann. chim. phys. (5) **4**, 521; 1875) für die Wärmeentwicklung beim Verdünnen verschieden konzentrierter Lösungen von **Natriumhydroxyd** bei 10—12° folgende Werte (s. auch S. 875, Anm. c):

Zusammensetzung der Lösungen vor dem Verdünnen	Dichte bei etwa 14°	Zugefügte Wassermengen	Wärmeentwicklung in Kal.	Zusammensetzung der Lösungen vor dem Verdünnen	Dichte bei etwa 14°	Zugefügte Wassermengen	Wärmeentwicklung in Kal.
$NaOH + 2{,}57\ H_2O$	1,494	80 H_2O	+ 3,69	$NaOH + 27{,}8\ H_2O$	1,088 bei 7°	27,6 H_2O	— 0,24
+ 2,84 „	1,470	86 „	+ 3,18	+ 37,4 „	1,067	74 „	— 0,245
+ 3,29 „	1,436	64 „	+ 2,41	+ 55,8 „	1,046	56 „	— 0,145
+ 4,09 „	1,383	75 „	+ 1,47	+ 70,2 „	1,035	140 „	— 0,155
+ 5,58 „	1,312	59 „	+ 0,38	+ 80 „	—	80 „	— 0,075
+ 8,78 „	1,220	46 „	— 0,20	+ 111,4 „	1,023	111,5 „	— 0,06
+ 15,4 „	1,140	76 „	— 0,29	+ 223 „	—	223 „	— 0,02
+ 18,4 „	—	61 „	— 0,39				

Beim Verdünnen von $NaOH + 5{,}85\ H_2O$ auf $NaOH + 43{,}5\ H_2O$ wurden 3,79 K.J. (0,805 kg-Kal.) entbunden (Richards u. Rowe, ZS. phys. Ch. **64**, 199; 1908).

Verdünnungswärme des wässerigen Ammoniaks bei 14°

(**Berthelot**, Ann. chim. phys. (5) **4**, 526; 1875).

Die Zahlen geben die Wärmeentwicklung an, die beim Verdünnen einer wässerigen Ammoniaklösung von der Zusammensetzung $NH_3 + nH_2O$ auf $NH_3 + 200H_2O$ bei 14° stattfindet.

Zusammensetzung der Lösungen vor dem Verdünnen	Wärmeentwicklung in Kal.	Zusammensetzung der Lösungen vor dem Verdünnen	Wärmeentwicklung in Kal.
$NH_3 + 0{,}98\ H_2O$	+ 1,285	$NH_3 + 3{,}55\ H_2O$	+ 0,32
+ 1,00 „	+ 1,265	+ 5,77 „	+ 0,21
+ 1,07 „	+ 1,17	+ 9,5 „	+ 0,02
+ 1,87 „	+ 0,48	+ 54,2 „	+ 0,00
+ 3,00 „	+ 0,385	+ 110,0 „	+ 0,00

Die beim Verdünnen von 1 Mol $NH_3 + nH_2O$ auf $NH_3 + 200H_2O$ entwickelte Wärmemenge ist $Q = \frac{1}{n} \cdot 1{,}27$.

Verdünnungswärme des wässerigen Ammoniaks bei 18—19°

(**Thomsen,** Thermochem. Unters. **3**, 86).

Über die Bedeutung der Zahlen vgl. die Tabelle für die Natriumhydroxydlösungen.

n	m + n		
	15	25	50
3,2	0,319 Kal.	0,350 Kal.	0,372 Kal.
15		0,031	0,053
25			0,022

H. Böttger.

Verdünnungswärme von Salzlösungen.

Lit. s. Tab. S. 888.

Die Zahlen geben in großen Kal. die Wärmeentwicklung, welche eintritt, falls eine Lösung von **2 g-Äquiv. Salz** (z. B. 2 × 85,09 = 170,18 g $NaNO_3$ oder 149,64 g $Sr(NO_3)_2$) **in n Mol H_2O** (n × 18,02 g Wasser) auf eine Lösung von (n + m) Mol H_2O verdünnt wird. Die Messungen sind bei etwa 18° ausgeführt. Bezüglich der dabei von Thomsen gebrauchten Atomgewichte s. Tab. 189.

n + m =	$2NaNO_3$ n = 12	$2NH_4NO_3$ n = 5	$Sr(NO_3)_2$ n = 2	$Mg(NO_3)_2$ n = 10	$Pb(NO_3)_2$ n = 40	$Mn(NO_3)_2$ n = 10	$Zn(NO_3)_2$ n = 10	$Cu(NO_3)_2$ n = 10
6	—	−0,668	—	—	—	—	—	—
10	—	−1,282	—	—	—	0	0	0
12	0	—	—	0	—	—	—	+0,474
15	—	—	—	+0,262	—	+0,934	+0,913	+0,744
20	—	−2,518	0	+0,412	—	+1,294	+1,148	+0,940
30	—	—	—	—	—	—	—	—
40	—	−3,578	—	—	0	—	—	—
50	−2,262	—	−1,263	+0,404	—	+1,528	+1,203	+0,904
60	—	—	—	—	—	—	—	—
100	−3,288	−4,584	−1,944	+0,364	−1,227	+1,541	+1,111	+0,776
200	−3,860	−5,018	−2,366	+0,370	−1,98	+1,573	+1,071	+0,729
400	−4,192	−5,228	−2,515	+0,421	−2,50	+1,648	—	—
800	—	—	—	—	—	—	—	—

n + m =	Na_2SO_4 n = 50	$(NH_4)_2SO_4$ n = 10	$MgSO_4$ n = 20	$MnSO_4$ n = 20	$ZnSO_4$ n = 20	$CuSO_4$ n = 60	$KHSO_4$ n = 20	$NaHSO_4$ n = 10
6	—	—	—	—	—	—	—	—
10	—	0	—	—	—	—	—	0
12	—	—	—	—	—	—	—	—
15	—	—	—	—	—	—	—	—
20	—	—	0	0	0	—	0	+0,436
30	—	−0,253	—	—	—	—	—	—
40	—	—	—	—	—	—	—	—
50	0	−0,437	+0,279	+0,532	+0,318	—	−0,064	+0,520
60	—	—	—	—	—	0	—	—
100	−0,665	−0,632	+0,324	+0,714	+0,367	+0,041	−0,030	+0,558
200	−1,132	−0,750	+0,393	+0,792	+0,385	+0,116	+0,108	+0,702
400	−1,383	—	—	—	—	—	+0,382	+0,972
800	−1,483	—	—	—	—	—	+0-766	+1,193

n + m =	NH_4HSO_4 n = 10	K_2CO_3 n = 10	Na_2CO_3 n = 30	NH_4HCO_3 n = 40	$2KC_2H_3O_2$ n = 10	$2NaC_2H_3O_2$ n = 20	$2NH_4C_2H_3O_2$ n = 4	$Zn(C_2H_3O_2)_2$ n = 50
10	0	0	—	—	0	—	+1,088	—
20	+0,370	—	—	—	+1,580	0	+1,800	—
30	—	—	0	—	—	—	—	—
50	+0,486	−0,122	−0,556	—	+2,472	+0,664	+2,584	0
100	+0,594	−0,406	−1,190	−0,176	+2,786	+0,832	+2,988	+1,189
200	+0,788	−0,598	−1,601	−0,288	+2,998	+0,936	+3,250	+2,248
400	+1,048	−0,749	—	−0,384	+3,142	—	+3,434	+3,134
800	+1,366	—	—	—	—	—	—	—

n + m =	$(NH_4)_2C_4H_4O_6$ n = 21	2NaCl n = 20	$2NH_4Cl$ n = 20	$CaCl_2$ n = 10	$MgCl_2$ n = 10	$ZnCl_2$ n = 5	$NiCl_2$ n = 20	$CuCl_2$ n = 10
10	—	—	—	0	0	+1,849	—	0
20	—	0	0	+1,639	+2,322	+3,152	0	+1,630
30	−0,296	—	—	—	—	—	—	+2,458
50	−0,648	—	−0,174	+2,225	+3,222	+5,317	+1,068	+3,336
100	−1,014	−1,056	−0,242	+2,335	+3,526	+6,809	+1,380	+4,052
200	−1,242	−1,310	−0,258	+2,515	+3,731	+7,632	+1,584	+4,510
400	−1,358	−1,410	−0,258	—	—	+8,020	+1,697	—
800	—	—	—	—	—	—	—	—

H. Böttger.

Weitere Literatur über Verdünnungswärme.

Es bedeuten: **B:** Berthelot (Ann. chim. phys. (5) **4**, 468; 1875). — **Bd:** Bindel (Wied. Ann. **40**, 370; 1890). — **Bi.:** Bishop ([1]) Phys. Rev. **26**, 169, 1908; [2]) Phys. Rev. **30**, 281, 1910). — **Bo.:** Bose (Phys. ZS. **6**, 548, 1905; enthält Formeln zur Berechnung der molekularen Mischungswärme und der differentialen Verdünnungswärme für HCl, HBr, HJ, HNO_3, H_2SO_4, H_3PO_4, CH_2O_2, $C_2H_4O_2$). — **C.**[1])[2])[3]): Colson (C. r. **133**, 585, 1207; 1901; **134**, 1496; 1902). — **D. u. H.:** Dunnington u. Hoggard (Am. chem. Journ. **22**, 207; 1899; Chem. Ztbl. **1899** II, 693). — **Dev. u. St.:** v. Deventer u. v. de Stadt (ZS. ph. Ch. **9**, 53; 1892). — **Gr.:** Graham ([1]) Phil. Mag. **22**, 329; 1843; [2]) Phil. Mag. **24**, 401; 1844). — **H.:** Holsboer (Diss. Amsterdam, Auszug in Versl. Akad. van Vetensk. 1900/1901, 394; Beibl. **25**, 251; 1901). — **L.:** Lemoine (C. r. **125**, 604; 1897). — **P.:** Person (Ann. chim. phys. (3) **33**, 449; 1851). — **Pet.:** Petersen (ZS. ph. Ch. **11**, 177, 1893). — **Pf.:** Pfaundler (Wien. Ber. (II A) **71**, 155; 1875). — **R.:** Th. W. Richards, Rowe u. Burgess. (Journ. Amer. chem. Soc. **32**, 1176, 1910). — **R. u. D.:** Reicher u. van Deventer (ZS. ph. Ch. **5**, 562; 1890). — **Rü.:** Rümelin (ZS. ph. Ch. **58**, 449, 1907). — **Sch.:** Scholz (Wied. Ann. **45**, 193; 1892). — **St.:** Stackelberg (ZS. ph. Ch. **26**, 533; 1898). — **Stb.:** Staub. (Diss. Zürich 1890; im Auszug Beibl. **14**, 493; 1890). — **Stw.:** Steinwehr, (ZS. ph. Ch. **38**, 185, 1901). — **Th.:** Thomsen (Thermochem. Untersuch. Bd. **3**, Leipzig 1883). — **T.:** Tollinger (Wien. Ber. (II A) **72**, 535; 1875). — **V.-Th.:** Varali-Thevenet (Cim. (5) **4**, 186; 1902). — **W.:** Winkelmann (Pogg. Ann. **149**, 1; 1873). — Über die Berechnung der Verdünnungswärme nach der Kirchhoffschen Formel unter Benutzung allein der Gefrier- und Siedepunkte konzentrierter Lösungen und über die einschlägige Literatur s. Jüttner (ZS. ph. Ch. **38**, 76; 1901).

Hinter dem Namen eines jeden Autors ist in Klammern die Beobachtungstemperatur und der Verdünnungsgrad angegeben. S. bedeutet Salz, W. Wasser, gel. = gelöst, verd. = verdünnt.

A. Säuren.

Chlorwasserstoffsäure: B. (13—17°. HCl +2,17; 2,26; 2,50; 2,745; 2,77; 2,93; 3,20; 3,45; 3,56; 3,70; 3,99; 5,07; 6,70; 10,54; 14,90; 22,31; 48,0; 50,4; 110 H_2O mit bzw. 240; 210; 260; 180; 190; 200; 200; 220; 230; 120; 240; 280; 160; 240; 160; 150; 100; 100; 110 H_2O. Beim Verdünnen der Säure von der Formel HCl+n H_2O mit sehr viel Wasser —200 H_2O— wird die Wärmemenge $Q = \frac{11,62}{n}$ Kal. frei). — **Stw.** (ca. 16°. 1 Mol. in 0,2212 Liter auf 1 Mol. in 20, 10, 7, 5,5 4,5 Mol. im Liter: bzw. 1,047; 1,012; 0,989; 0,958; 0,937 Kal.; 1 Mol. in 0,3754 Liter auf 1 Mol. in 20, 10, 7, 5 Liter: bzw. 0,643; 0,577; 0,546; 0,516 Kal.; 1 Mol. in 6,81 Liter auf 1 Mol. in 90, 45, 30 Liter: bzw. 0,275; 0,189; 0,176 Kal.; 1 Mol. in 4,243 Liter auf 1 Mol. in 220, 110, 80 Liter bzw. 0,197; 0,105; 0,084 Kal.) — **R.** (20°. HCl.20 H_2O auf HCl.200 H_2O: 0,556 Kal. HCl.8,81 H_2O auf HCl.200 H_2O: 1,330 Kal.)*).

Bromwasserstoffsäure: B. (13—17°. HBr +2,045; 2,061; 2,090; 2,22; 3,46; 7,04; 9,78; 9,78; 9,78; 22,0; 32,17; 65,7; 133; 267 H_2O mit bzw. 225; 130; 130; 225; 245; 172; 22,3; 40,9; 123; 250; 33,9; 67; 134; 268 H_2O. Beim Verdünnen der Säure HBr+n H_2O mit viel Wasser werden $Q = \frac{12,06}{n} - 0,20$ Kal. entwickelt, wenn $n \leqq 40$ und $Q = \frac{12,06}{n}$ Kal., wenn $n > 40$ ist).

Jodwasserstoffsäure: B. (13—17°. HJ+ 2,95; 3,00; 3,25; 3,67; 4,35; 8,02; 10,18; 10,67; 19,5; 35,68; 106 H_2O mit bzw. 350; 350; 180; 180; 107; 140; 24,5; 25,4; 300; 120; 70; 210 H_2O. Beim Verdünnen der Säure HJ + n H_2O mit viel Wasser [(700 — n)H_2O] werden $\frac{11,74}{n} - 0,50$ Kal. entbunden, wenn $n < 20$ ist, und $\frac{11,74}{n}$ Kal., wenn $n > 20$ ist).

Fluorwasserstoffsäure: Pet. (21,5°. 1 Mol. Säure in 5 kg W. auf 1 Mol. Säure in 10 kg W.).

Schwefelsäure: Gr. [1]) (1 g-Äq. der Säuren H_2SO_4, H_2SO_4 + 1, 2, 3, 4, 5, 7, 10, 14, 24, 36, 48 H_2O mit 20000 g W.). — **Rü.** (ca. 12—16°. Differentiale Verdünnungswärme s. S. 885 Anm.) Die differentiale Verdünnungswärme im Konzentrationsbereich 1 Mol. Schwefelsäure in 23—27 Mol. Wasser ist auch von v. Stw. (Diss. Göttingen 1901) gemessen worden *).

Phosphorsäure: Pet. (21,5°. 1 Mol. Säure in 2 u. 4 kg W. auf 1 Mol. Säure in bzw. 4 u. 8 kg W.). — **Rü.** (17—18°. Differentiale Verdünnungswärme; die Lösungen enthielten 1 Mol. Säure auf 11,18 bis 30,10 Mol. W.).

Unterphosphorige Säure: Pet. (21,5°. 1 Mol. Säure auf 1, 2, 4 kg W. auf 1 Mol. Säure in 4 u. 8 kg W.)

Ameisensäure: Th. (19°. 1 Mol. Säure in ½; 1; 2; 50; 100 Mol. W. verd. mit bzw. ½, 1½, 49½, 99½, 199½; 1, 49, 99, 199; 48, 98, 198; 50, 150; 100 Mol. W.).

---

*) s. auch **Thomsen,** Thermoch. Unters. **1**, 81—86. H_2SO_4 bzw. 2HCl, 2NaOH, Na_2SO_4, 2NaCl + 50, 100, 200 H_2O verd. mit 50, 100, 200 H_2O; bei 7 u. 25°.

H. Böttger.

Weitere Literatur über Verdünnungswärme.

(Fortsetzung.)

Essigsäure: Th. (19°. 1 Mol. Säure in ½; 1; 1½; 2; 4; 8; 20; 50; 100 Mol. W. verd. mit bzw. ½, 1, 1½, 3½, 7½, 19½, 49½, 99½, 199½; ½, 1, 3, 7, 19, 49, 99, 199; ½, 2½, 6½, 18½, 48½, 98½, 198½; 2, 6, 18, 48, 98, 198; 4, 16, 46, 96, 196; 12, 42, 92, 192; 30, 80, 180; 50, 150; 100 Mol. W.).

Monochloressigsäure: Pet. (21,5°. Wie bei Phosphorsäure).

Bernsteinsäure: Pet. (21,3°. 1 Mol. Säure in 2 kg W. auf 1 Mol. Säure in 4 kg W.).

Weinsäure: Th. (19°. 1 Mol. Säure in 6; 20; 50; 100 Mol. W. verd. mit bzw. 14, 44, 94, 194; 30, 80, 180; 50, 150; 100 Mol. W.).

B. Salze.

LiCl. — **L.** (10°. 12 Mol. S. im Liter wässeriger Lösung verdünnt bis auf 9, 6, 3, 1, 0,5 Mol. im Liter. — 18°. 5 Mol. S. im Liter der methylalkoholischen Lösung verdünnt bis auf 3, 1, 0,5 Mol. S. im Liter. — 8 bis 15°. 3 Mol. S. im Liter der äthylalkoholischen Lösung verdünnt bis auf 2, 1, 0,5 Mol. S. im Liter.) — **D.** u. **H.** (1 Mol. S. gel. in 4 Mol. W. verd. mit 1 bis 18 Mol. W.).

NaCl. — **P.** (0°, 10°, 15—18°. 1. Tl. S. in 6,57 u. 7,28 Tln. W.). — **W.** (0°. Wärme beim Lösen von 1 Tl. S. in 3,121; 3,444; 3,842; 4,345; 4,998; 5,480; 7,112; 9,05; 12,504; 19,40; 32,37; Tln. W. — 50°. Wärme beim Lösen von 1 Tl. S. in 3,09; 5,15; 11,05; 17,12; 26,03 Tln. W.). — **Th.** (18°. 1 Mol. S. in 50; 100 Mol. W. mit bzw. 50; 150; 100 Mol. W.)**). — **Stb.** (0°. Wärmeentw. bei Herstellung einer p-prozentigen Lösung; $p = 34{,}455$; 30,125; 25,370; 17,118; 9,447; 2,632). — **Sch.** (0°. 6, 4, 2, 1, ½, ¼, ⅛, 1/16 Mol. S. im Liter). — **Dev.** u. **St.** (18°. 1 Mol. S. in 20 Mol. W. auf 1 Mol. S. in 200 Mol. W.). — **C.**[1]) (Lösungswärme bei 17,5°, 28,6°, 36,5°, 101°. Die Lösungen enthielten 25, 75 und 250 g S. in 1 Liter Lösung). — **C.**[2]) (15°, 36,7°, 43,8°, 46,6°, 53,5°, 54,2°. 31 g S. in 100 ccm Lösung mit 400 ccm W. verdünnt). — **V.-Th.** (0°. 0,2 bis 18 g S. in 100 g W.). — **St.** (18° u. 0°. Wärme beim Lösen von 1 Mol. S. in 12,5, 25, 100, ∞ Mol. W.) — **D.** u. **H.** (1 Mol. S. gel. in 9 Mol. W. verd. mit 1 bis 13 Mol. W.). — **Rü.** (13,6 u. 14,3°. Differentiale Verdünnungswärme; die Lösungen enthielten 1 Mol. S. in 20 und 25 Mol. W.).

NaBr. — **D.** u. **H.** (1 Mol. S. gel. in 11 Mol. W. verd. mit 1 bis 11 Mol. W.). — **Dev.** u. **St.** (16°. NaBr + 6,77 H_2O; NaBr + 14,06 H_2O; NaBr + 100 H_2O auf NaBr + 200 H_2O.)

NaJ. — **Th.** (18,5°. 1 Mol. S. in 10; 20; 50 Mol. W. mit bzw. 10, 40, 90; 30, 70; 50 Mol. W.).

$NaNO_3$. — **Gr.**[2]) (18°. 10 bis 1 Äq. S. in 100 g W.). — **P.** (Temp. verschieden: 3 bis 23°. 1 Tl. S. in 5, 10, 20 Tln. W.). — **W.** (0°. Wärme beim Lösen von 1 Tl. S. in 1,4267; 1,6675; 2,0009; 2,496; 3,196; 3,995; 5,20; 6,01; 8,80; 11,90; 17,80; 20,80; 26,80; 33,00 Tln. W. — 50°. Wärme beim Lösen v. 1 Tl. S. in 3,03; 3,73; 4,81; 5,62; 8,40; 11,36; 16,64; 19,19; 25,03; 31,29; 40,05; 49,98; 57,97; 70,09 Tln. W.). — **Sch.** (0°. 1½, 1, ¼, ⅛, 1/16 Mol. im Liter.). — **C.**[3]) (14,4°, 18°, 29,3°, 42°, 89,7°, 92,7°. 80 g S. in 100 g W. mit 400 ccm W.). — **V.-Th.** (0°. 0,2 bis 74 g S. in 100 g W.). — **St.** (17°. Wärme beim Lösen von 1 Mol. S. in 6¼, 12½, 25, 50, 100, 200, ∞ Mol. W. — 0°. Wärme beim Lösen von 1 Mol. S. in 25, 50, 100, 200, ∞ Mol. W.). — **D.** u. **H.** (1 Mol. S. gel. in 7 Mol. W. verd. mit 1 bis 23 Mol. W.). — **Rü.** (ca. 11 bis 15°. Differentiale Verdünnungswärme; die Lösungen enthielten 1 Mol. S. auf 6,35 bis 100,8 Mol. W.). — **Bi.**[1]) (25°. 2,172 Mol. S. in 1000 g W. auf 1,510, 1,500 und 0,593 Mol. S. pro Liter; 1,510 Mol. S. in 1000 g W. auf 0,409 Mol. pro Liter; 1,500 Mol. S. in 1000 g W. auf 1,040 und 0,400 Mol. pro Liter). — **Dev.** u. **St.** (17°. $NaNO_3 + 11{,}3\ H_2O$ auf $NaNO_3 + 200\ H_2O$.)*)

$Na_2HPO_4 . 12\,H_2O$. — **P.** (28—36°. 1 Tl. S. in 5, 10, 20 Tln. W.).

$NaHSO_4$. — **Th.** (19°. 1 Mol. S. in 20; 50; 100; 200; 400 Mol. W. verd. mit bzw. 30, 80, 180, 380, 780; 50, 150, 350, 750; 100, 300, 700; 200, 600; 400 Mol. W.).

$Na_2SO_4 . 10\,H_2O$. — **C.**[3]) (die Lösungen waren bei 15° z. T. übersättigt, z. T. ungesättigt. Jene enthielten 200 g S. auf 100, 300 und 500 g W., diese 200 g S. auf 700 und 750 g W. 100 ccm der einzelnen Lösungen wurden mit 400 ccm W. verdünnt. Die Messung der Lösungswärme erfolgte bei sehr verschiedenen Temperaturen, um die Temperatur zu ermitteln, bei der die Verdünnungswärme Null wird.). — **V.-Th.** (0°. 0,2 bis 12 g S. in 100 g W.)*) **)

Na_2CO_3. — **Rü.** (16,9 und 15°. Differentiale Verdünnungswärme; die Lösungen enthielten 1 Mol. S. auf 72,4 und 94,4 Mol. W.)*)

$Na(C_2H_3O_2) . 3\,H_2O$. — **Bd.** (21°. 1 Mol. S. in 47, 17, 12, 7 Mol. W. mit bzw. 0, 30, 35, 40 Mol. W.)*)

KCl. — **W.** (0°. Wärme beim Lösen von 1 Tl. S. in 3,4; 3,97; 4,94; 6,4; 8,6; 11,4; 17,9; 23,7; 32,9 Tln. W. — 50°. Wärme beim Lösen von 1 Tl. S. in 3,04; 4,22; 5,58; 8,77; 11,60;

*) s. auch **Thomsen,** Thermochem. Untersuchungen **3**, 97; 87; 106; 104.
**) Vergl. auch Anm. *) auf S. 888.

H. Böttger.

Weitere Literatur über Verdünnungswärme.

(Fortsetzung.)

15,6; 20,2; 25,2; 29,4 Tln. W.). — **Sch.** (0°. 8, 3, 6, 2, 1, ½, ¼, 1/8, 1/16 Mol. S. im Liter). — **C.**[2]) (13,4°, 29°, 40,3°, 41,5°, 46,3°, 56,3°, 92,8°. 27,8 g S. in 100 g W. gel. mit 400 ccm W. verd.). — **V.-Th.** (0°. 0,2 bis 30 g S. in 100 g W.). — **St.** (18°. Wärme beim Lösen von 1 Mol. S. in 12½, 25, 100, ∞ Mol. W. — 0°. Wärme beim Lösen von 1 Mol. S. in 12½, 25; 50; 100, ∞ Mol. W.). — **D.** u. **H.** (1 Mol. S. gel. in 9 Mol. W. verd. mit 1 bis 18 Mol. W.). — **Rü.** (13,4 und 14,4°. Differentiale Verdünnungswärme; die Lösungen enthielten 1 Mol. S. auf 20 und 25 Mol. W.). — **Bi.**[1]) (25°. 4,492 Mol. S. in 1000 g W. auf 3,808, 3,804, 0,673, 0,666 und 0,218 Mol. S. pro Liter; 3,804 Mol. S. in 1000 g W. auf 3,127 Mol. S. pro Liter; 3,127, 2,564, 2,053, 1,05 Mol. S. in 1000 g W. auf bzw. 2,564, 2,053, 1,670, 0,036 Mol. S. pro Liter; 1,461 Mol. S. pro Liter auf 0,062 und 0,058 Mol. S. pro Liter). — **Dev.** u. **St.** (17°. $KCl + 13{,}13\ H_2O$ u. $KCl + 25{,}1\ H_2O$ verd. auf $KCl + 200\ H_2O$).

KBr. — **Th.** (18,9°. 1 Mol. S. in 10 Mol. W. verd. mit 40 Mol. W.). — **Sch.** (0°. 4, 2, 1 ½, ¼, 1/8, 1/16 Mol. S. im Liter). — **D.** u. **H.** (1 Mol. S. in 10 bis 27 Mol. W.). — **Rü.** (13,7 u. 11,5°. Differentiale Verdünnungswärme. Die Lösungen enthielten 1 Mol. S. auf 20 u. 25 Mol. W.).

KJ. — **Sch.** (0°. 7½, 4, 2, 1, ½, ¼, 1/8, 1/16 Mol. S. im Liter). — **D.** u. **H.** (1 Mol. S. gel. in 6 Mol. W. verd. mit 1 bis 24 Mol. W.).

KCN. — **Th.** (18,6°. 1 Mol. S. in 62,5 Mol. W. verd. mit 87,5 Mol. W.).

$KClO_3$. — **Bd.** (20°. 1 Mol. S. in 100, 60, 50, 40, 30, 20 Mol. W. mit bzw. 0, 40, 50, 60, 70, 80 Mol. W.). — **St.** (16°. Wärme beim Lösen von 1 Mol. S. in 125, 250, 500, ∞ Mol. W.).

$KClO_4$. — **St.** (16°. Wärme beim Lösen von 1 Mol. S. in 500, 1000, ∞ Mol. W.).

$KBrO_3$. — **St.** (16°. Wärme beim Lösen von 1 Mol. S. in 250, 500, ∞ Mol. W.).

KJO_3. — **St.** (16°. Wärme beim Lösen von 1 Mol. S. in 250, 500, ∞ Mol. W.).

KNO_3. — **Gr.**[2]) (17,5°. 6—1 Äq. in 2455 g W.). — **P.** (0° bis 15°. 1 Tl. S. in 5,5, 10, 20 Tln. W.). — **W.** (0°. Wärme beim Lösen von 1 Tl. S. in 5,05; 6,53; 9,0; 11,9; 17,89; 24,10; 32,73 Tln. W. — 50°. Wärme beim Lösen von 1 Tl. S. in 3,05; 4,15; 5,62; 8,40; 11,11; 15,31; 19,8 Tln. W.). — **Stb.** (0°. Wärmeentwicklung bei der Herstellung einer *p*-prozent. Lösung; $p = 13{,}116$; 11,432; 9,080; 6,103; 2,347). — **Sch.** (0°. 1,3, 1, ½, ¼, 1/8, 1/16 Mol. S. im Liter). — **C.**[2]) (41,5°, 49,3°, 57,2°, 88°, 92°. 25 g S. in 100 g W gel. mit 400 ccm W. verdünnt). — **V.-Th.** (0°. 0,2 bis 14 g S. in 100 g W.). — **St.** (15°. Wärme beim Lösen von 1 Mol. S. in 25, 50, 100, 200, 31¼, 62½, 125, 250, ∞ Mol. W. — 0°. Wärme beim Lösen von 1 Mol. S. in 50, 100, 200, ∞ Mol. W.). — **Rü.** (13,35 und 13,0°. Differentiale Verdünnungswärme; die Lösungen enthielten 1 Mol. S. auf 24,24 und 33,19 Mol. W.). — **Bi.**[1]) (25°. 2,380 Mol. S. in 1000 g W. auf 2,049, 1,550 und 0,291 Mol. S. pro Liter. 2,028, 1,750, 1,578, 1,576, 1,500 Mol. S. in 1000 g W. auf bzw. 1,750, 1,500, 0,493, 0,637, 0,280 Mol. S. pro Liter.).

$KHSO_4$. — **Th.** (19°. 1 Mol. S. in 50; 100; 200; 400 Mol. W. mit bzw. 50, 150, 350, 750; 100, 300, 700; 200, 600; 400 Mol. W.).

K_2SO_4. — **Stb.** (0°. Wärmeentw. bei der Herstellung einer *p*-prozent. Lösung; $p = 8{,}356$; 6,609; 5,054; 2,807; 1,342). — **Sch.** (0°. 0,977, ½, ¼, 1/8, 1/16 Gramm-Äq. im Liter. — **V.-Th.** (0°. 0,2 bis 10 g S. in 100 g W.). — **Rü.** (14,6 u. 14,4°. Differentiale Verdünnungswärme; die Lösungen enthielten 1 Mol. S. auf 100 und 150 Mol. W.)

$K_2Cr_2O_7$. — **St.** (17,5°. Wärme beim Lösen von 1 Mol. S. in 167, 250, 500; 1000, ∞ Mol. W.).

K_2CO_3. — **Rü.** (15 u. 14,1°. Differentiale Verdünnungswärme; die Lösungen enthielten 1 Mol. S. auf 10,44 und 16,69 Mol. W.)*).

$KC_2H_3O_2$*).

NH_4Cl).** — **W.** (0°. Wärme beim Lösen von 1 Tl. S. in 4,00; 6,67; 10,02; 17,5; 33,0 Tln. W. — 50°. Wärme beim Lösen von 1 Tl. S. in 3; 4; 5,71; 9,98; 14,99; 25 Tln. W.). — **St.** (18°. Wärme beim Lösen von 1 Mol. S. in 10, 20, 40, 100, ∞ Mol. W.). — **D.** u. **H.** (1 Mol. S. gel. in 12 Mol. W. verd. mit 1 bis 13 Mol. W.). — **Rü.** (20 u. 25°. Differentiale Verdünnungswärme. Die Lösungen enthielten 1 Mol. S. auf 20 u. 25 Mol. W.)*).

NH_4NO_3).** — **Gr.**[2]) (19°. 34 bis 2 Äq. in 2455 g W.). — **W.** (0°. Wärme beim Lösen von 1 Tl. S. in 2,5; 3,333; 5,0; 9,99; 32,87 Tln. W. — 50°. Wärme beim Lösen von 1 Tl. S. in 3,04, 10, 20, 30, 40 Tln. W.). — **T.** (4,81 bis 22,11°. 1 Mol. S. in 2,96, 3,0, 3,49, 3,69, 4,45, 10,04, 10,45, 10,53, 15,64, 20,0, 48,42 Mol. W. gelöst und jedesmal verdünnt, bis 1 Mol. S. in 100 Mol. W. gelöst war.) — **D.**

*) s. auch Thomsen, Thermochem. Untersuchungen, **3**, 106; 103; 109.
) Über die Verdünnungswärme der Lösungen von NH_4HSO_4, $(NH_4)_2SO_4$, NH_4HCO_3, $(NH_4)_2C_4H_4O_6$ s. Thomsen, Thermochem. Untersuchungen, **3, 94; 88; 107; 105.

H. Böttger.

Weitere Literatur über Verdünnungswärme.

(Fortsetzung.)

u. **H.** (1 Mol. S. gel. in 3 Mol. W. verd. mit 1 bis 15 Mol. W.). — **Rü.** (10,65 u. 12°. Differentiale Verdünnungswärme. Die Lösungen enthielten 1 Mol. S. auf 3,30 u. 6,95 Mol. W.)*).

$NH_4C_2H_3O_2$).** — **D.** u. **H.** (1 Mol. S. in 3 bis 20 Mol. W.)*).

$CaCl_2$. — **P.** (1 Tl. Hexahydrat in 0,849, 3,64, 10,0 12,02, 18,1, 26,0 Tln. W. bei bzw. 6,64°, 24,7°, 22,6°, 8,4°, 21,4°, 7,8°,). — **D.** u. **H.** (1 Mol. S. gel. in 10 Mol. W. verd. mit 1 bis 14 Mol. W.). — **Rü.** (14,3 u. 14,8°. Differentiale Verdünnungswärme. Die Lösungen enthielten 1 Mol. S. auf 15,05 und 20,18 Mol. W.). — **Dev.** u. **St.** (15,5°. $CaCl_2 . 6H_2O + 2{,}183\ H_2O$ auf $CaCl_2 . 6H_2O + 200\ H_2O$)*).

$Ca(NO_3)_2$. — **D.** u. **H.** (1 Mol. S. gel. in 8 Mol. W. verd. mit 1 bis 16 Mol. W. Weiter 1 Mol. S. in 30 Mol. W. gel. und dann mit 6 und 11 Mol. W. verd.). — **Rü.** (15,85 bis 20,20°. Differentiale Verdünnungswärme; die Lösungen enthielten 1 Mol. S. auf 8,85 bis 202 Mol. W.).

$SrCl_2$. — **D.** u. **H.** (1 Mol. S. gel. in 14 Mol. W. verd. mit 1 bis 16 Mol. W.).

$Ba(NO_3)_2$. — **St.** (16°. Wärme beim Lösen von 1 Mol. S. in 250, 500, 1000, ∞ Mol. W.). — **Bi.** [1]) (25°. 0,705 Mol. S. in 1000 g W. auf 0,510; 0,506; 0,503 und 0,191 Mol. S. pro Liter. 0,510 Mol. S. in 1000 g W. auf 0,286 Mol. S. pro Liter. 0,506 Mol. S. 1000 g W. auf 0,360 und 0,137 Mol. S. pro Liter).

$MgCl_2$. — **D.** u. **H.** (1 Mol. S. gel. in 12 Mol. W. verd. mit 1 bis 30 Mol. W.)*).

$Mg(NO_3)_2$. — **D.** u. **H.** (1 Mol. S. gel. in 5 Mol. W. verd. mit 1 bis 11 Mol. W.)*).

$MgSO_4$. — **Bd.** (16 bis 17°. 1 Mol. S. in 50, 20, 18, 16, 15, 13, 12, 11 Mol. W. mit bzw. 0, 30, 32, 34, 35, 37, 38, 39 Mol. W.). — **Rü.** (15 u. 16°. Differentiale Verdünnungswärme; die Lösungen enthielten 1 Mol. S. auf 34,93 und 52,68 Mol. W.)*).

$ZnCl_2$*).** — **Bi.** [2]) (Zahlenangaben fehlen.) — **R.** (Beim Verdünnen der Lösung von 125 g Zink in überschüssiger Salzsäure mit 1013,7 g W. werden bei 20° pro Grammatom Chlor 0,868 Kal. frei)*).

$ZnSO_4$*).** — **Bi.** [2]). (Zahlenangaben fehlen.)*).

$CdSO_4 . 8/3\ H_2O$. — **H.** (5°, 15°, 25°. 1 Mol. S. in (x—8/3) Mol. W., wo x=400, 100, 30,6, 13,6 ist). — **Bi.** [2]). (Zahlenangaben fehlen).

$CdCl_2$. — (**R.** Beim Verdünnen der Lösung von 60 g Cadmium in überschüssiger Salzsäure mit 1043,4 g W. werden bei 20° pro Grammatom Chlor 1,262 Kal. frei).

$AlCl_3$. — **R.** (Beim Verdünnen der Lösung von 125 g Aluminium in überschüssiger Salzsäure mit 1020,9 g W. werden bei 20° pro Grammatom Chlor 0,567 Kal. frei).

$KAl(SO_4)_2 . 12\ H_2O$. — **Bd.** (20°. 1 Mol. S. in 200, 100, 80, 60, 40, 20, 10 Mol. W. mit bzw. 0, 100, 120, 140, 160, 180, 190 Mol. W.).

$NH_4Al(SO_4)_2 . 12\ H_2O$. — **Bd.** wie beim Kalialaun.

$Mn(NO_3)_2$*).

$FeCl_2$. — **R.** (Beim Verdünnen der Lösung von 60 g Eisen in überschüssiger Salzsäure mit 1049,7 g W. werden bei 20° 1,339 Kal. frei).

$NiCl_2$*).

$CuCl_2$. — **R.** u. **D.** (18°. 1 Mol. $CuCl_2$ in 12,124; 12,53; 21,9 Mol. W. auf 1 Mol. $CuCl_2$ in 200 Mol. W.). (Daselbst ausführliche Berechnung)*).

$CuSO_4 . 5\ H_2O$. — **Sch.** (0°. 2½, 1, ½, ¼, ⅛ Grammäq. S. im Liter). — **Bi.** [2]). (Zahlenangaben fehlen)*).

$Cu(NO_3)_2$*).

$Pb(NO_3)_2$. — **Bd.** (14 bis 15°. 1 Mol. S. in 200, 30, 25, 20 Mol. W. mit bzw. 0, 170, 175, 180 Mol. W.).

Rohrzucker. — **St.** (Wärme beim Lösen von 1 Mol. in 25, 50, 100, 200 Mol. W.).

Harnstoff. — **Krummacher,** ZS. Biol. **51**, 317; 1908. Lösungswärme von der Konzentration unabhängig 3,54 Kal. pro Mol., Verdünnungswärme also Null.

---

*) s. auch Thomsen, Thermochem. Untersuchungen, **3**, 96; 102; 109; 110; 100; 89; 111; 89; 101; 113; 112; 91; 101.

) Über die Verdünnungswärme der Lösungen von NH_4HSO_4, $(NH_4)_2SO_4$, NH_4HCO_3, $(NH_4)_2C_4H_4O_6$ s. Thomsen, Thermochem. Untersuchungen, **3, 94; 88; 107; 105.

***) Über die Verdünnungswärme der Lösungen von $Zn(NO_3)_2$ und $Zn(C_2H_3O_2)_2$ s. Thomsen, Thermochem. Untersuchungen, **3**, 99; 104.

H. Böttger.

Wärmetönungen beim Mischen zweier neutraler Flüssigkeiten.

Die Wärmetönungen, welche beim Mischen zweier neutraler Flüssigkeiten auftreten, sind teilweise ausgedrückt durch die Temperaturänderung, welche die Mischung erfährt, teilweise sind sie in g-kalorien angegeben und, wenn nicht etwas anderes ausdrücklich bemerkt ist, auf 1 g der Mischung bezogen.

Lit. S. 894.

MT = Mischtemperatur. Wt = Wärmetönung in g-kalorien, auf 1 g der Mischung bezogen.

Wärmetönungen für Alkohol-Wassergemische (E. u. M. Bose). [g-kal. pro g Mischung.]

Gewichtsprozente Alkohol	Methylalkohol—Wasser Mischtemperatur			Äthylalkohol—Wasser Mischtemperatur				Propylalkohol—Wasser Mischtemperatur				Gewichtsprozente Wasser
	0,00°	19,69°	42,37°	0,00°	17,33°	42,05°	74,0°	0,00°	21,03°	43,44°	79,7°	
5	+3,16	+2,63	+1,94	+3,56	+2,80	+1,74	+0,81	+3,00	+2,05	+0,93	−0,55	95
10	6,15	5,02	3,66	6,71	5,22	3,37	+1,20	5,64	3,68	1,55	−1,60	90
15	8,16	6,88	5,01	9,17	7,24	4,44		7,56	4,75	1,82		85
20	9,48	8,31	6,05	10,89	8,61	5,08		8,49	4,92	1,60		80
25	10,37	9,28	6,80	11,80	9,27	5,37		8,31	4,58	1,23		75
30	10,93	9,96	7,27	12,00	9,39	5,33		7,57	4,15	0,83		70
35	11,08	10,20	7,44	11,61	9,09	5,08		6,72	3,61	0,42		65
40	10,89	10,07	7,42	10,74	8,50	4,69		5,91	3,04	±0,00		60
45	10,52	9,76	7,24	9,68	7,81	4,17		5,10	2,47	−0,45		55
50	10,06	9,38	6,90	8,69	7,06	3,55		4,29	1,93	−0,86		50
55	9,54	8,90	6,53	7,74	6,27	2,95		3,55	1,42	−1,23		45
60	8,93	8,31	6,07	6,78	5,40	2,40		2,83	0,92	−1,58		40
65	8,23	7,63	5,54	5,84	4,60	1,90		2,17	0,45	−1,90		35
70	7,45	6,93	5,00	4,93	3,83	1,42		1,57	±0,00	−2,16		30
75	6,62	6,14	4,40	4,08	3,13	1,01		1,02	−0,40	−2,38		25
80	5,67	5,26	3,70	3,34	2,50	0,64		0,55	−0,65	−2,51		20
85	4,62	4,32	2,85	2,69	1,95	0,36	−1,64	+0,20	−0,83	−2,37		15
90	3,38	3,13	1,85	2,01	1,39	6,16	−1,30	±0,00	−0,75	−1,92		10
95	+1,89	+1,68	+0,87	+1,19	+0,76	+0,04	−0,81	−0,07	−0,46	−1,14		5

Äthylalkohol—Wasser (Winkelmann (2)).

Gewichtsprozente Alkohol		Mischtemperatur u. Wärmetönung				Gewichtsprozente Alkohol		Mischtemperatur u. Wärmetönung				Gewichtsprozente Alkohol		Mischtemperatur u. Wärmetönung			
10	MT.	0°	2,5°	19,2°	28,8°	40	MT.	0°	4,2°	17,2°	29,7°	70	MT.	0°	5,1°	18,2°	29,9°
	Wt.	6,368	6,262	4,962	4,325		Wt.	10,968	10,308	8,544	6,692		Wt.	5,191	4,633	3,815	2,738
20	MT.	0°	2,4°	19,3°	29,6°	50	MT.	0°	3,7°	17,2°	28,9°	80	MT.	0°	4,3°	18,5°	29,9°
	Wt.	10,680	10,472	8,182	6,926		Wt.	9,055	8,555	7,010	5,535		Wt.	3,329	3,093	2,338	1,699
30	MT.	0°	3,1°	19,5°	29,1°	60	MT.	0°	4,8°	18,0°	30,1°	90	MT.	0°	3,7°	16,9°	29,0°
	Wt.	12,018	11,550	9,066	7,599		Wt.	7,086	6,540	5,280	3,981		Wt.	1,845	1,761	1,329	0,979

Gemische zweier Alkohole (E. u. M. Bose).

Gewichtsprozente		Mischtemperatur	Temperaturänderung	Wärmetönung für 1 g Mischung
Methylalkohol	Äthylalkohol			
85,87	14,13	+0,30°	−0,05°	−0,035
67,83	32,17	+0,27	−0,08	−0,065
32,17	67,83	+0,27	−0,12	−0,077
Methylalkohol	Propylalkohol			
70,84	29,16	+0,30	−0,74	−0,452
47 44	52,56	+0,34	−0,95	−0,535
32,84	67,16	+0,31	−0,80	−0,492
Äthylalkohol	Propylalkohol			
62,17	37,83	+0,27	−0,24	−0,142
45,20	54,80	+0,27	−0,21	−0,112

Gewichtsprozente		Mischtemperatur	Temperaturänderung	Wärmetönung für 1 g Mischung
Methylalkohol	Äthylalkohol			
49,6	50,4	20,79°	−0,01°	−0,007
32,3	67,7	20,81	−0,01	−0,007
Methylalkohol	Propylalkohol			
82,41	17,59	21,34	−0,50	−0,341
67,46	32,54	21,47	−0,65	−0,456
50,03	49,97	21,12	−0,75	−0,502
25,56	74,44	21,27	−0,54	−0,360
Äthylalkohol	Propylalkohol			
49,58	50,42	21,54	−0,19	−0,125
32,86	67,14	21,02	−0,21	−0,140

Mahlke.

Wärmetönungen beim Mischen zweier neutraler Flüssigkeiten.

Lit. s. S. 894.

Äthylalkohol-Schwefelkohlenstoff Winkelmann (1).

Gewichtsprozente Alkohol		Mischtemperatur u. Wärmetönung		
20	MT.	0°	4,1°	15,4°
	Wt.	1,6512	1,7608	2,0688
30	MT.	0°	4,8°	15,0°
	Wt.	2,0342	2,1133	2,2757
40	MT.	0°	5,5°	15,2°
	Wt.	2,1744	2,2956	2,5140
50	MT.	0°	4,0°	15,9°
	Wt.	2,1990	2,2735	2,5020
60	MT.	0°	3,8°	15,5°
	Wt.	2,0804	2,1132	2,2212
70	MT.	0°	3,2°	15,3°
	Wt.	1,7880	1,8042	1,9215
80	MT.	0°	4,2°	15,2°
	Wt.	1,3114	1,3388	1,4088
90	MT.	0°	3,3°	15,1°
	Wt.	0,7045	0,7200	0,7715

Äthylalkohol-Benzin Winkelmann (1).

Gewichtsprozente Alkohol		Mischtemperatur u. Wärmetönung		
10	MT.	0°	3,1°	15,2°
	Wt.	0,9666	1,0323	1,2942
20	MT.	0°	5,3°	14,9°
	Wt.	1,2552	1,3784	1,6024
30	MT.	0°	5,6°	14,8°
	Wt.	1,4469	1,5652	1,7535
40	MT.	0°	5,3°	14,7°
	Wt.	1,5316	1,6170	1,8054
60	MT.	0°	5,9°	15,0°
	Wt.	1,4624	1,5320	1,6408
70	MT.	0°	4,8°	15,0°
	Wt.	1,3614	1,3887	1,4496
80	MT.	0°	5,2°	14,8°
	Wt.	1,0548	1,0678	1,0940
90	MT.	0°	3,6°	15,0°
	Wt.	0,6092	0,6145	0,6351

Benzin-Schwefelkohlenstoff Winkelmann (1).

Gewichtsprozente Benzin		Mischtemperatur u. Wärmetönung		
10	MT.	0°	4,2°	15,1°
	Wt.	0,7172	0,7161	0,7110
20	MT.	0°	4,2°	15,6°
	Wt.	1,1614	1,1582	1,1426
30	MT.	0°	4,7°	14,6°
	Wt.	1,4578	1,4433	1,4145
50	MT.	0°	5,0°	14,4°
	Wt.	1,5985	1,5770	1,5455
60	MT.	0°	3,7°	14,6°
	Wt.	1,5066	1,4952	1,4598
70	MT.	0°	2,9°	13,7°
	Wt.	1,2509	1,2474	1,2250
80	MT.	0°	4,5°	14,5°
	Wt.	0,9200	0,9144	0,9096
90	MT.	0°	3,8°	14,7°
	Wt.	0,5058	0,5040	0,4995

Glykol-Wasser (Schwers)

Wärmetönung in g-kalorien bezogen auf ein g einer Mischung von p Mol.-Proz. Glykol und $(100-p)$ Mol.-Proz. Wasser.

Mol.-Proz. Glykol	$(100-p)$ Mol.-Proz Wasser	Wärmetönung MT. = 17°	32°	55°	76°
$p = 10$	$(100-p) = 90$	+124,14	+102,61	+94,88	+88,74
20	80	169,91	154,34	140,19	135,69
30	70	177,59	160,68	148,42	138,50
40	60	184,34	159,98	144,71	133,93
50	50	174,12	146,88	133,16	126,88
60	40	151,71	126,90	115,57	112,51
70	30	101,01	85,30	78,37	78,45
80	20	83,47	70,49	64,74	64,80
90	10	+41,70	+35,23	+32,37	+32,42

Anilin-Xylol (Clark).

MT. = 0°

Gewichtsprozente Xylol	Wärmetönung pro 1 g Mischung
21,4	+1,59
34,0	2,28
42,0	2,49
50,9	2,68
68,3	2,58
72,4	+2,38

Xylol-Amylalkohol (Clark).

MT. = 0°

Gewichtsprozente Xylol	Wärmetönung pro 1 g Mischung
27,3	+0,91
35,2	1,25
46,9	1,53
53,5	1,62
60,8	1,57
79,4	+1,07

Chloroform-Äther (Guthrie).

MT. = 17,6°

Gewichtsprozente Chloroform	Beim Mischen eintret Temperatursteig.
33,33	8,0°
50,00	11,0
61,8*	11,7
66,67	11,5
75,00	10,9
80,00	9,6

* 1 $CHCl_3$ + 1 $C_4H_{10}O$.

Wärmetönungen nach Bussy u. Buignet (1).

Mischungen	Mischtemperatur	Beim Mischen eintretende Temperatur-Änderung
50 ccm Äthylalkohol + 50 ccm Schwefelkohlenstoff	21,90°	− 5,90°
50 „ Chloroform + 50 ccm „	21,60	− 5,00
50 „ Äthyläther + 50 „ „	21,40	− 3,55
50 „ „ + 50 „ Alkohol	23,40	− 3,20
50 „ Terpentinöl + 50 „ „	22,40	− 2,40
50 „ „ + 50 „ Schwefelkohlenstoff	21,60	− 2,20
50 „ Essigsäure + 50 „ Wasser	16,00	− 1,20
50 „ Äthyläther + 50 „ Terpentinöl	22,60	− 0,60
50 „ Chloroform + 50 „ Alkohol	20,10	+ 2,90
50 „ Alkohol + 50 „ Wasser	22,00	+ 7,30
50 „ Äthyläther + 50 „ Chloroform	22,00	+14,40

Wärmetönungen nach Bussy u. Buignet (2).

MT. = 18,50°

Mischungen	Wärmetönung in g-kalorien für 1 g Mischung	Änderung der Temperatur beim Mischen
62,30 g Schwefelkohlenstoff + 37,70 g Äthylalkohol	−2,312	− 5,90°
50 „ „ + 50 „ Chloroform	−1,413	− 5,10
60,64 „ „ + 39,36 „ Äthyläther	−1,618	− 3,60
45,32 „ Alkohol + 54,68 „ „	−1,840	− 3,60
8,80 „ „ + 91,20 „ Chloroform	−0,716	− 2,40
39,34 „ „ + 60,66 „ „	+1,775	+ 2,40
33,34 „ Äthyläther + 66,66 g „	+6,297	+14,40
46 „ Alkohol + 54 g Wasser	+8,037	+ 8,30
50 „ Cyanwasserstoff + 50 „ „	−8,981	− 9,75
2 Mol „ + 1 Mol „		− 8,50
1 „ „ + 2 „ „		− 7,75

Mahlke.

Wärmetönungen beim Mischen zweier neutraler Flüssigkeiten.

Lit. s. am Schluß der Seite.

Wärmetönungen nach Timofejew.

Wärmemenge in g-kalorien, welche entsteht, wenn eine Grammmolekel der betreffenden Flüssigkeit eine unendliche Verdünnung durch das Lösungsmittel erfährt.

Molekulare Mischungswärme von:	bei unendlicher Verdünnung mit Benzol	Toluol	Heptan	Oktan	Isobutylchlorid	Chloroform	Tetrachlorkohlenstoff	Pyridin	Anilin	Schwefelkohlenstoff
Benzol	—	0	−0,69	−0,70	−0,23	+0,43	−0,12	0	−0,60	−0,67
Heptan	−1,05	−0,54	—	—	−0,48	+0,73	−0,24	−1,36	−2,43	−0,68
Chloroform	+0,24	—	—	−0,56	—	—	—	+1,48	0	−0,58
Tetrachlorkohlenstoff	−0,16	—	−0,17	—	—	—	—	+0,30	−1,08	−0,42
Pyridin	—	—	—	—	+0,3	+1,84	−0,30	—	—	—
Anilin	−1,16	—	—	—	—	−0,30	−2,10	—	—	—
Äthyläther	−0,10	—	—	—	—	+2,1	+0,50	−0,20	—	−1,00
Äthylacetat	−0,16	—	−1,21	—	—	+2,17	−0,07	−0,06	—	−1,56
Aceton	−0,30	—	—	—	—	+1,9	−0,4	—	—	−1,80
Methylalkohol	(−2,8)	−1,1	(−2,3)	—	—	(−1,5)	(−1,60)	+0,55	+0,02	—
Äthylalkohol	−4,0	—	−0,8	—	—	−2,3	—	+0,13	−0,54	−1,60
Propylalkohol	−3,5	—	−2,2	—	—	−2,6	—	+0,04	—	—
Essigsäure	−0,45	−0,30	—	—	—	+0,50	−0,45	—	—	—

	Äthyläther	Äthylacetat	Aceton	Äthylalkohol	Methylalkohol	Propylalkohol	Isobutylalkohol	Isoamylalkohol	Essigsäure
Benzol	—	−0,14	−0,26	−0,36	−0,36	−0,54	−0,76	−0,70	−0,54
Heptan	—	−1,34	−1,72	−0,63	−1,11	−0,39	−0,40	−0,30	−1,29
Chloroform	+2,01	+1,34	+1,16	+1,44	+1,14	+1,12	—	—	+0,58
Tetrachlorkohlenstoff	—	—	—	+0,21	+0,16	+0,2	−0,3	—	−0,2
Pyridin	—	—	—	+0,54	+1,00	—	—	—	+6,5
Anilin	—	+0,72	+1,30	+0,24	+0,68	−0,36	—	—	+6,9
Äthyläther	—	—	—	—	—	—	—	—	+0,40
Äthylacetat	—	—	−0,15	−1,15	−0,74	−1,31	−1,60	—	+0,13
Aceton	—	—	—	—	−0,50	—	—	—	+0,20
Methylalkohol	(−0,6)	−1,30	—	—	—	—	—	—	0
Äthylalkohol	(−0,9)	−1,80	−1,22	—	—	—	—	—	−0,48
Propylalkohol	—	—	—	—	—	—	—	—	−0,73
Essigsäure	—	—	+0,33	—	+0,19	−0,34	−0,66	—	—

Literatur, auch in der vorstehenden Tab. nicht benutzte.

Alexejew, Wied. Ann. **28**, 305; 1886.

Emil Bose, Phys. ZS. **6**, 548; 1905; C. r. **143**, 1227; 1906; Phys. ZS. **7**, 503; 1906; ZS. ph. Chem. **58**, 585; 1907; Phys. ZS. **8**, 87 u. 951; 1907; ZS. ph. Chem. **65**, 458; 1909.

Emil u. **Margarethe Bose**, Gött. Nachr. 1906, 306.

Bussy u. **Buignet** (1) C. r. **59**, 672; 1864; (2) C. r. **64**, 330; 1867.

B. M. Clark, Phys. ZS. **6**, 154; 1905; Phys. Rev. **24**, 236; 1907.

K. Drucker u. **S. Moles**, ZS. ph. Chem. **75**, 429; 1911. Dort ältere Angaben über Wasser-Glycerin.

A. Dupré, Proc. Roy. Soc. **20**, 336; 1872; Pogg. Ann. **148**, 236; 1873.

Dupré u. **Page**, Phil. Trans. **159**, 591; 1869.

P. A. Favre, C. r. **59**, 783; 1864.

C. Forch, Phys. ZS. **3**, 537; 1902.

Guthrie, Phil. Mag. (5) **18**, 495; 1884.

Guye u. **Dutoit**, Arch. Sc. phys. (4) **5**, 91; 1898.

Kuenen, Verdampfung u. Verflüssigung von Gemischen, Leipzig 1906.

J. J. van Laar, Proc. Amsterdam **7**, 174; 1904.

H. L. de Leeuw, Diss. Amsterdam 1911.

Liebetanz, Diss. Breslau 1892.

Th. St. Patterson u. **H. H. Montgomerie**, Journ. chem. Soc. **95**, 1136; 1909.

Rosenthaler, Arch. Pharm. **244**, 26; 1906.

A. Schukarew, ZS. ph. Chem. **71**, 97; 1911.

Schwers, Bull. Acad. Belg. 1908, 833. ZS. phys. Chem. **75**, 366; 1911.

Tanatar, ZS. ph. Chem. **15**, 117; 1894.

Thomsen, Thermoch. Unters. **1**, 74; 1882. (Äthylalk. u. W.)

Timofejew, Ber. Kiew. Polyt. Inst. 1, 1905. [Chem. Zbl. **1905** II, 429.]

Tsakalotos u. **Ph. A. Guye**, Journ. Chim. phys. **8**, 340; 1911.

Winkelmann, (1) Pogg. Ann. **150**, 592; 1872. (2) ZS. ph. Ch. **60**, 626; 1907.

Sydney Young, Fractional destillation London 1903.

Sydney Young u. **Emily Fortey**, Journ. chem. Soc. **81**, 717; 1902.

Mahlke.

Hydratationswärmen.

In den folgenden Tabellen ist die Hydratationswärme, falls nicht anders angegeben, immer diejenige Wärmetönung*), welche eintritt, wenn ein Grammmolekül **fester** Stoff sich mit **flüssigem** Wasser zu **festem** Hydrate verbindet. Die Kalorien sind Kilogrammkalorien.

Gase.

Formel	Wärmetönung	Beobachter
Cl_2 gasf. + $5H_2O = Cl_2 . 5H_2O$ fest	14,3	Le Chatelier
CO_2 „ + 6 „ = $CO_2 . 6H_2O$ „	14,9	Villard
N_2O „ + 6 „ = $N_2O . 6H_2O$ „	15,04	„
C_2H_2 „ + 6 „ = $C_2H_2 . 6H_2O$ „	15,4	„
C_2H_4 „ + 6 „ = $C_2H_4 . 6H_2O$ „	15,4	„

Literatur: **Le Chatelier,** C. r. **99,** 1074; 1884. **Villard,** Ann. chim. phys. (7) **11,** 289; 1897.

Säure-Anhydride.

Substanz	Formel	Zahl der Wassermoleküle	Wärmetönung	Beobachter
Schwefeltrioxyd	SO_3	1 H_2O	20,4	Berthelot
Stickstoffpentoxyd ...	N_2O_5	„	3,4	„
Jodpentoxyd	J_2O_5	„	3,72	„
„	„	„	2,55	Thomsen
Arsenpentoxyd	As_2O_5	3 H_2O	6,80	„
Bortrioxyd	B_2O_3	„	16,9	Berthelot
Essigsäureanhydrid ...	$C_4H_6O_3$	1 H_2O	13,1 [1] [2]	„
Propionsäureanhydrid ..	$C_6H_{10}O_3$	„	12,3 [1] [2]	Luginin(1), Stohmann(2)
Bernsteinsäureanhydrid .	$C_4H_4O_3$	„	9,72	Chroustchoff
„ .	„	„	18,37 [2]	Luginin (2)
Maleinsäureanhydrid ..	$C_4H_2O_3$	„	10,1 [2]	Ossipoff, Stohmann (1)
„ ..	„	„	9,0 [2]	Luginin (2)
Glykolid	$C_4H_4O_2$	„	2,24	de Forcrand
Phtalid	$C_8H_6O_2$	„	3,1 [2]	Stohmann (Berthelot)
o-Phtalsäureanhydrid ..	$C_8H_4O_3$	„	3,58 [2]	Luginin (2)
„ ..	„	„	12,4 [2]	Stohmann (2)
Benzoesäureanhydrid ..	$C_{14}H_{10}O_3$	„	12,8	„ (1)
Naphtalsäureanhydrid ..	$C_{12}H_6O_3$	„	12,40 [2]	Luginin (2)
Kamphersäureanhydrid .	$C_{10}H_{14}O_3$	„	12,43 [2]	„ (2)
Huminsäureanhydrid ..	$C_{18}H_{14}O_6$	„	14,7	Berthelot

[1]) Anhydrid und Hydrat flüssig.
[2]) Berechnet aus den Verbrennungswärmen von Anhydrid und Säure.

Literatur: **Berthelot,** Thermochimie II; 1897. **Chroustchoff,** Ann. chim. phys. (5) **19,** 426; 1880. **de Forcrand,** Ann. chim. phys, (6), **3,** 221; 1884. **Luginin** (1), C. r. **101,** 1062; 1885. **Luginin** (2), Ann. chim. phys. (6) **23;** 1891. **Ossipoff,** Ann. chim. phys. (6) **20;** 1890. **Stohmann** (1), Journ. prakt. Ch. **40;** 1889. **Stohmann** (2), Journ. prakt. Ch. **50,** 1894. **Thomsen,** Thermochem. Untersuch. 1883; Termokem. Resultater, 1905.

Säuren.

Substanz	Formel	Zahl der Wassermoleküle	Wärmetönung	Beobachter
Chlorwasserstoff (gasf.)	HCl	2 H_2O	14,1	Berthelot
Bromwasserstoff „	HBr	„	16,9	„
Überchlorsäure (flüssig)	$HClO_4$	1 H_2O	12,6	„
Schwefelsäure (fest)	H_2SO_4	1 H_2O	8,8	„

Literatur: **Berthelot,** Thermochimie II; 1897.

*) Positive, falls nicht anders angegeben.

Jorissen.

Hydratationswärmen.

Basische Oxyde, Hydroxyde und Peroxyde.

Formel	Wärmetönung	Beobachter	Formel	Wärmetönung	Beobachter
$Li_2O + H_2O = 2\,LiOH$	14,4	Beketoff, Berthelot	$ZnO + H_2O = Zn(OH)_2$	—2,75(?)	Thomsen
			$Tl_2O + H_2O = 2\,TlOH$	3,23	„
$Na_2O + H_2O = 2\,NaOH$ ...	35,44	„	$NaOH + H_2O = NaOH . H_2O$ ..	3,25	Berthelot
„ ...	35,62	Beketoff, Thomsen	$KOH + H_2O = KOH . H_2O$ ...	8,9	„
			$KOH + 2\,H_2O = KOH . 2\,H_2O$.	15,4	„
$K_2O + H_2O = 2\,KOH$	42,1	Beketoff, Berthelot	$Sr(OH)_2 + 8\,H_2O = Sr(OH)_2 . 8\,H_2O$	26,28	Thomsen
			„	24,7	Berthelot
$CaO + H_2O = Ca(OH)_2$	15,10	Berthelot	$Ba(OH)_2 + H_2O = Ba(OH)_2 . H_2O$	3,58[1]	de Forcrand (1) u. Thomsen
„	15,54	Thomsen			
$SrO + H_2O = Sr(OH)_2$	17,10	Berthelot	$Ba(OH)_2 + 8\,H_2O = Ba(OH)_2 . 8\,H_2O$	27,47	Thomsen
„	17,70	Thomsen	„	24,4	Berthelot
$BaO + H_2O = Ba(OH)_2$ ...	17,60	Berthelot	$SrO_2 + 9\,H_2O = SrO_2 . 9\,H_2O$ ..	20,48	de Forcrand (2)
„ ...	22,26	Thomsen	$BaO_2 + H_2O = BaO_2 . H_2O$ ...	2,8	Berthelot
$MgO + H_2O = Mg(OH)_2$ ...	5,4	Berthelot	$BaO_2 + 10\,H_2O = BaO_2 . 10\,H_2O$.	18,20	de Forcrand (2)

Literatur: **Berthelot,** Thermochimie II, 1897. **de Forcrand** (1), C. r. **103**, 60; 1888. **de Forcrand** (2), C. r. **130**, 1017; 1901. **Thomsen,** Thermochem. Untersuch. III; 1883.

[1]) Berechnet aus der Lösungswärme von $Ba(OH)_2$ (+ 12,26 Kal.: Thomsen) und $Ba(OH)_2 . H_2O$ (+ 8,68 Kal.: de Forcrand).

Salze anorganischer und organischer Säuren.

Substanz	Formel des entstehenden Hydrates	Wärmetönung	Substanz	Formel des entstehenden Hydrates	Wärmetönung
Kaliumfluorid[1])	$KF . 2\,H_2O$	4,6	Kaliumtricarballylat		
„ sulfid[2])	$K_2S . 5\,H_2O$	15,2	(saures)[26]) ...	$KC_6H_7O_6 . 2\,H_2O$	5,52
„ „ [3])	$K_2S . 2\,H_2O$	6,2	„ tricarballylat[27]) .	$K_3C_6H_5O_6 . H_2O$	2,32
„ polysulfid[4])	$K_2S_4 . 1/2\,H_2O$	2,4	„ malat[28])	$KC_4H_5O_5 . H_2O$	0,82
„ hydrosulfid[5]) ...	$KSH . 1/4\,H_2O$ (?)	0,15	Natriumbromid[29]) ...	$NaBr . 2\,H_2O$	4,52
„ sulfit[6])	$K_2SO_3 . H_2O$	0,3	„ „ [30]) ...	„	4,15
„ thiosulfat[7])	$K_2S_2O_3 . H_2O$	1,2	„ jodid[31])	$NaJ . 2\,H_2O$	5,23
„ selenid[8])	$K_2Se . 19\,H_2O$	37,8(?)	„ „ [32])	„	5,3
„ karbonat[9])	$K_2CO_3 . 1\,1/2\,H_2O$	6,87	„ sulfid[33])	$Na_2S . 9\,H_2O$	31,7
„ „ [10])	„	7,0	„ hydrosulfid[34]) .	$NaHS . 2\,H_2O$	5,9
„ cyanurat[11])	$KC_3N_3O_3H_2 . H_2O$	2,12	„ sulfit[35])	$Na_2SO_3 . 7\,H_2O$	13,6
„ ferrocyanid[12]) ...	$K_4Fe(CN)_6 . 3\,H_2O$	4,9	„ thiosulfat[36]) ..	$Na_2S_2O_3 . 5\,H_2O$	13,3
„ „ [13]) ...	„	3,3	„ sulfat[37])	$Na_2SO_4 . 10\,H_2O$	18,82
„ glycolat[14])	$KC_2H_3O_3 . 1/2\,H_2O$	3,1	„ „ [38])	„	18,7
„ oxalat[15])	$K_2C_2O_4 . H_2O$	3,0	„ dithionat[39]) ..	$Na_2S_2O_6 . 2\,H_2O$	6,28
„ malonat (saures)[16])	$KC_3H_3O_4 . 1/2\,H_2O$	5,2	„ selenid[40])	$Na_2Se . 16\,H_2O$	40,62
„ „ [17])	$K_2C_3H_2O_4 . H_2O$	8,54	„ dihydrophosphit[41])	$NaH_2PO_3 . 2\,1/2\,H_2O$	6,05
„ methylmalonat			Dinatriumhydrophos-		
(saures)[18])	$KC_4H_5O_4 . H_2O$	0,8	phit[42])	$Na_2HPO_3 . 5\,H_2O$	13,75
„ methylmalonat[19]).	$K_2C_4H_4O_4 . 2\,H_2O$	1,71	Natriumpyrophosphat[43])	$Na_4P_2O_7 . 10\,H_2O$	23,52
„ „ [20]).	$K_2C_4H_4O_4 . H_2O$	1,17	Dinatriumhydrophos-		
„ succinat (saures)[21])	$KC_4H_5O_4 . H_2O$	2,25	phat[44])	$Na_2HPO_4 . 12\,H_2O$	28,0
„ „ [22])	$K_2C_4H_4O_4 . H_2O$	3,6	„ [45])	„	28,47
„ pyrotartrat[23]) ...	$KC_5H_7O_4 . H_2O$	1,1	„ [46])	$Na_2HPO_4 . 7\,H_2O$	17,28
„ tartrat[24])	$K_2C_4H_4O_6 . 1/2\,H_2O$	2,0	„ [47])	$Na_2HPO_4 . 2\,H_2O$	6,03
„ antimonyltartrat[25])	$K(SbO)C_4H_4O_6 . 1/2\,H_2O$	0,2	Natriumborat[48])	$Na_2B_4O_7 . 10\,H_2O$	36,1

[1]) Guntz (2), Berthelot*). [2—5]) Sabatier (1). [6—7]) Berthelot. [8]) Fabre. [9]) Thomsen. [10]) Berthelot. [11]) Lemoult, Berthelot. [12]) Berthelot. [13]) Schottky. [14—15]) Berthelot. [16—23]) Massol, Berthelot. [24—25]) Guntz (1). [26—28]) Massol, Berthelot. [29]) Thomsen. [30]) Berthelot. [31]) Thomsen. [32]) Berthelot. [33—34]) Sabatier (1), Berthelot. [35]) de Forcrand (1). [36]) Berthelot. [37]) Thomsen, Jorissen. [38]) Berthelot. [39]) Thomsen. [40]) Fabre. [41—42]) Berthelot. [43]) Thomsen. [44]) Pfaundler. [45]) Thomsen. [46]) Jorissen. [47]) Thomsen. [48]) Thomsen, Favre (Berthelot).

*) Hier und in einigen anderen Fällen ist Berthelot nur der Referent.

Jorissen.

Hydratationswärmen.

Salze anorganischer und organischer Säuren.

Substanz	Formel des entstehenden Hydrates	Wärmetönung
Natriumchromat[1]	$Na_2CrO_4 \cdot 10H_2O$	18,0
„ „ [2]	$Na_2CrO_4 \cdot 4H_2O$	9,8
„ karbonat[3]	$Na_2CO_3 \cdot 10H_2O$	21,80
„ „ [4]	$Na_2CO_3 \cdot 7H_2O$	16,31
„ „ [5]	$Na_2CO_3 \cdot H_2O$	3,38
„ cyanid[6]	$NaCN \cdot 2H_2O$	3,9
„ cyanurat[7]	$NaH_2C_3N_3O_3 \cdot H_2O$	4,0
„ acetat[8]	$NaC_2H_3O_2 \cdot 3H_2O$	8,7
„ „ [9]	„	8,69
„ äthylsulfat[10]	$NaC_2H_5SO_4 \cdot H_2O$	2,2
„ äthylacetacetat[11]	$NaC_6H_9O_3 \cdot H_2O$	4,19
„ butyrat[12]	$NaC_4H_7O_2 \cdot 3H_2O$	0,8
„ valerat[13]	$NaC_5H_9O_2 \cdot 1^1/_2 H_2O$	1,0
„ glycolat[14]	$Na_2C_2H_2O_3 \cdot 2H_2O$	9,6
„ oxalat[15]	$NaC_2HO_4 \cdot H_2O$	3,9
„ malonat[16]	$Na_2C_3H_2O_4 \cdot H_2O$	4,47
„ succinat[17]	$Na_2C_4H_4O_4 \cdot 6H_2O$	13,4
„ malat[18]	$NaC_4H_5O_5 \cdot H_2O$	1,0
„ kaliumtartrat[19]	$NaKC_4H_4O_6 \cdot 4H_2O$	10,47
„ tartrat[20]	$NaC_4H_5O_6 \cdot H_2O$	2,88
„ „ [21]	$Na_2C_4H_4O_6 \cdot 2H_2O$	4,76
Natrium-m-nitrophenolat[22]	$NaOC_6H_4NO_2 \cdot 2H_2O$	10,7
Natrium-p-nitrophenolat[23]	$NaOC_6H_4NO_2 \cdot 2H_2O$	10,2
Natriumphenylsulfat[24]	$NaC_6H_5SO_3 \cdot 2H_2O$	2,9
„ m-azobenzoat[25]	$Na_2C_{14}H_8N_2O_4 \cdot H_2O$	3,0
„ cuminat[26]	$NaC_{10}H_{11}O_2 \cdot H_2O$	6,29
„ erythrinat[27]	$Na_2C_4H_8O_4 \cdot 4H_2O$	14,2
Lithiumbromid[28]	$LiBr \cdot 2H_2O$	10,05
„ sulfat[29]	$Li_2SO_4 \cdot H_2O$	2,64
„ selenid[30]	$Li_2Se \cdot 9H_2O$	22,9
Ammoniumoxalat[31]	$(NH_4)_2C_2O_4 \cdot H_2O$	3,5
Calciumchlorid[32]	$CaCl_2 \cdot 6H_2O$	21,75
„ bromid[33]	$CaBr_2 \cdot 6H_2O$	25,60
„ jodid[34]	$CaJ_2 \cdot 8H_2O$	25,86
„ nitrat[35]	$Ca(NO_3)_2 \cdot 4H_2O$	11,2
„ sulfat[36]	$CaSO_4 \cdot 2H_2O$ *)	4,74
„ „ [37]	„ **)	4,606
„ „ [38]	$(CaSO_4)_2 \cdot H_2O$ *)	1,638
„ „ [39]	„ **)	1,370
„ „ [40]	$CaSO_4 \cdot 2H_2O$ ***)	3,921
„ acetat[41]	$Ca(C_2H_3O_2)_2 \cdot H_2O$	1,6
„ glycolat[42]	$Ca(C_2H_3O_3)_2 \cdot 5H_2O$	6,2
„ malonat[43]	$CaC_3H_2O_4 \cdot 4H_2O$	15,86
„ pikrat[44]	$Ca(C_6H_2(NO_2)_3O)_2$	17,1

*) Aus lösl. Anhydrit.
**) Aus natürl. Anhydrit.
***) Aus $CaSO_4 \cdot {}^1/_2 H_2O + 1^1/_2 H_2O$.

Substanz	Formel des entstehenden Hydrates	Wärmetönung
Strontiumchlorid[45]	$SrCl_2 \cdot 6H_2O$	18,64
„ „ [46]	„	18,44
„ „ [47]	„	18,05
„ „ [48]	$SrCl_2 \cdot 2H_2O$	9,06
„ „ [49]	$SrCl_2 \cdot H_2O$	5,26
„ bromid[50]	$SrBr_2 \cdot 6H_2O$	23,33
„ jodid[51]	$SrJ_2 \cdot 7H_2O$	24,97
„ nitrat[52]	$Sr(NO_3)_2 \cdot 4H_2O$	7,68
„ „ [53]	„	7,2
„ „ [54]	„	7,65
„ formiat[55]	$Sr(CHO_2)_2 \cdot 2H_2O$	6,1
„ acetat[56]	$Sr(C_2H_3O_2)_2 \cdot {}^1/_2 H_2O$	0,3
„ pikrat[57]	$Sr(C_6H_2(NO_2)_3O)_2 \cdot 6H_2O$	15,21
Baryumchlorid[58]	$BaCl_2 \cdot 2H_2O$	7,00
„ „ [59]	„	7,12
„ „ [60]	„	6,97
„ „ [61]	$BaCl_2 \cdot H_2O$	3,17
„ „ [62]	„	3,61
„ bromid[63]	$BaBr_2 \cdot 2H_2O$	9,11
„ jodid[64]	$BaJ_2 \cdot 7H_2O$	17,15
„ chlorat[65]	$Ba(ClO_3)_2 \cdot H_2O$	4,8
„ perchlorat[66]	$Ba(ClO_4)_2 \cdot 3H_2O$	7,6
„ nitrit[67]	$Ba(NO_2)_2 \cdot H_2O$	2,9
„ cyanid[68]	$Ba(CN)_2 \cdot 2H_2O$	4,4
„ äthylsulfat[69]	$Ba(C_2H_5SO_4)_2 \cdot 2H_2O$	5,0
„ acetat[70]	$Ba(C_2H_3O_2)_2 \cdot 3H_2O$	6,0
„ malonat[71]	$BaC_3H_2O_4 \cdot 2H_2O$	7,31
„ antimonyltartrat[72]	$Ba(C_4H_4(SbO)O_6)_2 \cdot H_2O$	3,6
„ pikrat[73]	$Ba(C_6H_2(NO_2)_3O)_2 \cdot 6H_2O$	10,00
Magnesiumchlorid[74]	$MgCl_2 \cdot 6H_2O$	32,97
„ „ [75]	„	32,78
„ sulfat[76]	$MgSO_4 \cdot 7H_2O$	24,08
„ „ [77]	$MgSO_4 \cdot 6H_2O$	20,38
„ „ [78]	$MgSO_4 \cdot 4H_2O$	15,95
„ „ [79]	$MgSO_4 \cdot H_2O$	6,98
„ glycolat[80]	$Mg(C_2H_3O_3)_2 \cdot 2H_2O$	5,9
„ pikrat[81]	$Mg(C_6H_2(NO_2)_3O)_2 \cdot 8H_2O$	30,6
Zinksulfat[82]	$ZnSO_4 \cdot 7H_2O$	22,69
„ „ [83]	$ZnSO_4 \cdot 6H_2O$	19,27
„ „ [84]	$ZnSO_4 \cdot H_2O$	8,48
„ formiat[85]	$Zn(CHO_2)_2 \cdot 2H_2O$	6,9
„ acetat[86]	$Zn(C_2H_3O_2)_2 \cdot 2H_2O$	5,6
„ glycolat[87]	$Zn(C_2H_3O_3)_2 \cdot 2H_2O$	3,4
„ pikrat[88]	$Zn(C_6H_2(NO_2)_3O)_2 \cdot 8H_2O$	27,4
Cadmiumchlorid[89]	$CdCl_2 \cdot 2H_2O$	5,6
„ „ [90]	„	5,29
„ bromid[91]	$CdBr_2 \cdot 4H_2O$	6,86
„ „ [92]	„	7,73
„ sulfat[93]	$CdSO_4 \cdot 8/3 H_2O$	8,08
„ „ [94]	$CdSO_4 \cdot H_2O$	4,69

[1—2]) Berthelot. [3—5]) Thomsen. [6]) Joannis. [7]) Lemoult. [8]) Berthelot. [9]) Pickering. [10]) Berthelot. [11]) de Forcrand (2). [12—15]) Berthelot. [16]) Massol. [17]) Berthelot. [18]) Massol. [19—24]) Berthelot. [25]) Alexejew und Werner. [26]) Berthelot. [27]) de Forcrand (3). [28]) Bodisko. [29]) Thomsen. [30—31]) Berthelot. [32—36]) Thomsen. [37—40]) van't Hoff. [41—42]) Berthelot. [43]) Massol. [44]) Berthelot. [45]) Thomsen. [46]) Pickering. [47]) Berthelot. [48—50]) Thomsen. [51]) Tassily. [52]) Thomsen. [53]) Berthelot. [54]) Pickering. [55—57]) Berthelot. [58]) Thomsen. [59]) Berthelot. [60]) Schottky. [61]) Thomsen. [62]) Schottky. [63]) Thomsen. [64]) Tassily, Thomsen. [65—70]) Berthelot. [71]) Massol. [72]) Guntz (1). [73]) Tscheltzow, Berthelot. [74]) Thomsen. [75]) Berthelot. [76—77]) Thomsen. [78]) Thomsen, Jorissen. [79]) Thomsen. [80]) Berthelot. [81]) Tscheltzow, Berthelot. [82—84]) Thomsen. [85—87]) Berthelot. [88]) Tscheltzow, Berthelot. [89]) Pickering. [90]) Thomsen. [91]) Pickering. [92—94]) Thomsen.

Hydratationswärmen.
Salze anorganischer und organischer Säuren.

Substanz	Formel des entstehenden Hydrates	Wärmetönung	Substanz	Formel des entstehenden Hydrates	Wärmetönung
Ferrochlorid[1]	$FeCl_2 \cdot 4H_2O$	15,15	Cuprisulfat[16]	$CuSO_4 \cdot H_2O$	6,48*)
„ „ [2]	„	15,20	„ „ [17]	„	6,60
Ferrichlorid[3]	$FeCl_3 \cdot 6H_2O$	26,06	„ formiat[18]	$Cu(CHO_2)_2 \cdot 4H_2O$	8,3
Manganchlorür[4]	$MnCl_2 \cdot 4H_2O$	14,47	„ acetat[19]	$Cu(C_2H_3O_2)_2 \cdot H_2O$	1,6
„ sulfat[5]	$MnSO_4 \cdot 5H_2O$	13,75	„ pikrat[20]	$Cu(C_6H_2(NO_2)_3O)_2 \cdot 8H_2O$	20,9
„ „ [6]	$MnSO_4 \cdot 4H_2O$	11,50	Quecksilberpikrat[21]	$Hg(C_6H_2(NO_2)_3O)_2 \cdot 4H_2O$	7,7
„ „ [7]	$MnSO_4 \cdot H_2O$	5,98	Bleiacetat[22]	$Pb(C_2H_3O_2)_2 \cdot 3H_2O$	6,9
„ formiat[8]	$Mn(CHO_2)_2 \cdot 2H_2O$	7,2	„ pikrat[23]	$Pb(C_6H_2(NO_2)_3O)_2 \cdot 2H_2O$	6,1
„ acetat[9]	$Mn(C_2H_3O_2)_2 \cdot 4H_2O$	10,7	Silberfluorid[24]	$AgF \cdot 2H_2O$	4,9
Chromchlorür[10]	$CrCl_2 \cdot 4H_2O$	16,6	Stannochlorid[25]	$SnCl_2 \cdot 2H_2O$	5,72
Kobaltchlorür[11]	$CoCl_2 \cdot 6H_2O$	21,19	Goldchlorid[26]	$AuCl_3 \cdot 2H_2O$	6,14
Nickelchlorür[12]	$NiCl_2 \cdot 6H_2O$	20,33	Platinchlorid[27]	$PtCl_4 \cdot 5H_2O$	21,42
Cuprichlorid[13]	$CuCl_2 \cdot 2H_2O$	6,87			
„ bromid[14]	$CuBr_2 \cdot 4H_2O$	9,7			
„ sulfat[15]	$CuSO_4 \cdot 5H_2O$	18,55			

*) Hydratationswärme für $CuSO_4 \cdot 3H_2O$ unsicher (ZS. ph. Ch. **74**, 310; 1910).

[1]) Thomsen. [2—3]) Sabatier (2). [4—5]) Thomsen. [6]) Jorissen. [7]) Thomsen. [8—9]) Berthelot. [10]) Recoura. [11—13]) Thomsen. [14]) Thomsen, Sabatier (3). [15—16]) Thomsen. [17]) Schottky. [18—19]) Berthelot. [20—21]) Tscheltzow, Berthelot. [22]) Berthelot. [23]) Tscheltzow, Berthelot. [24]) Guntz (2). [25—26]) Thomsen. [27]) Pigeon.

Literatur der Hydratationswärmen von Salzen anorganischer und organischer Säuren.

Alexejeff u. Werner, Bull. Soc. chim. (3) **2**, 719; 1889.
Berthelot, Thermochimie II, 1897.
Bodisko, Bull. Soc. chim. **12**, 852; 1894.
Fabre, Ann. chim. phys. (6) **10**, 502; 1887.
de Forcrand (1), Ann. chim. phys. (6) **3**, 242; 1884.
„ (2), C. r. **118**, 924; 1894.
„ (3), Ann. chim. phys. (6) **26**, 230; 1892.
Guntz (1), Ann. chim. phys. (6) **13**, 1888.
„ (2), Ann. chim. phys. (6) **3**; 1884.
van't Hoff, ZS. ph. Ch. **45**, 290; 1903.
Joannis, Ann. chim. phys. (5) **26**, 485; 531; 1882.
Jorissen, ZS. ph. Ch. **74**, 308; 1910.
Lemoult, C. r. **121**, 375; 1895.
Massol, Ann. chim. phys. (7) **1**; 1894.
Pfaundler, Ber. chem. Ges. **4**, 773; 1871.
Pickering, Journ. chem. Soc. **51**; 1887.
Pigeon, Ann. chim. phys. (7) **2**, 467; 1894.
Recoura, Ann. chim. phys. (6) **10**, 17; 1887.
Sabatier (1), Ann. chim. phys. (5) **22**, 20, 25; 1881.
„ (2), C. r. **93**, 56; 1881.
„ (3), C. r. **118**, 981; 1894.
Schottky, ZS. ph. Ch. **64**, 415; 1908.
Tassily, C. r. **122**, 83; 1896.
Thomsen, Thermochem. Untersuch. III, 1883; Termokem. Resultater, 1905.
Tscheltzow, Ann. chim. phys. (6) **8**, 233; 1886.

Hydratationswärmen organischer Verbindungen (ausgenommen die der Salze)*).

Substanz	Formel des entstehenden Hydrates	Hydratationswärme	Beobachter	Substanz	Formel des entstehenden Hydrates	Hydratationswärme	Beobachter
Alloxan[1]	$C_4O_5H_4N_2 \cdot 3H_2O$	4,8	Matignon	Glucose[14]	$C_6H_{12}O_6 \cdot H_2O$ (aus β-Gl.)	3,91	Berthelot
Barbitursäure[2]	$C_4H_4N_2O_3 \cdot 2H_2O$	4,0	„	„ [15]	$C_6H_{12}O_6 \cdot H_2O$ (aus γ-Gl.)	3,57	„
Chinin[3]	$C_{20}H_{24}N_2O_2 \cdot 3H_2O$	3,73	Berthelot u. Gaudechon				
„ (essigs.)[4]	$Ch.C_2H_4O_2 \cdot 3H_2O$	5,16	„	Hydrurilsäure[16]	$C_8H_6N_4O_6 \cdot 2H_2O$	5,0	Matignon
„ (oxals.)[5]	$Ch_2.C_2H_2O_4 \cdot 6H_2O$	14,4	„	Kaffein[17]	$C_8H_{10}N_4O_2 \cdot H_2O$	1,72	„
„ (salzs.)[6]	$Ch \cdot HCl \cdot 2H_2O$	3,4	„	Kreatin[18]	$C_4H_9N_3O_2 \cdot H_2O$	3,5	„
„ (schwefels.)[7]	$Ch_2 \cdot SO_4H_2 \cdot 2H_2O$	9,8	„	„ [19]	„	6,7	Stohmann (1)
„ „ [8]	$Ch \cdot SO_4H_2 \cdot 7H_2O$	10,1	„	Milchzucker[20]	$C_{12}H_{22}O_{11} \cdot H_2O$	6,16	Jorissen u. van de Stadt, Berthelot
Cinchonin(salzs.)[9]	$C_{19}H_{22}N_2O \cdot HCl \cdot 2H_2O$	1,49	„				
Citronensäure[10]	$C_6H_8O_7 \cdot H_2O$	2,33	Thomsen	„ [21]	„	6,2	Stohmann (2)
„ [10]	„	2,61	„ , Massol	Nitrocampher[22]	$C_{10}H_{15}(NO_2)O \cdot H_2O$	1,0	Berthelot
„ [11]	„	3,17	Luginin				
Cyanursäure[12]	$C_3N_3H_3O_3 \cdot 2H_2O$	3,74	Lemoult	Orcin[23]	$C_7H_8O_2 \cdot H_2O$	2,8	„
				Oxalsäure[24]	$C_2O_4H_2 \cdot 2H_2O$	6,20	„
Glucose[13]	$C_6H_{12}O_6 \cdot H_2O$ (aus α-Gl.)	2,84	Berthelot	„ [25]	„	6,33	Thomsen

*) Siehe für die Hydratationswärmen der Salze organischer Säuren S. 895 u. 896.
[1—10]) Aus den Lösungswärmen. [11]) Aus den Verbrennungswärmen. [12—15]) Aus den Lösungswärmen. [16]) Aus den Neutralisationswärmen. [17—18]) Aus den Lösungswärmen. [19]) Aus den Verbrennungswärmen. [20]) Aus den Lösungswärmen. [21]) Aus den Verbrennungswärmen. [22—25]) Aus den Lösungswärmen.

Jorissen.

Hydratationswärmen.

Substanz	Formel	Hydratationswärme	Beobachter
Oxalsäure[1]	$C_2O_4H_2 \cdot 2H_2O$	7,4	Stohmann (3), Jorissen u. van de Stadt
„ [2]	„	6,16	Jorissen
p-Oxybenzoesäure[3]	$C_7H_6O_3 \cdot H_2O$	1,94	Berthelot
p-Phenylendiamin[4]	$C_6H_8N_2 \cdot 2H_2O$	3,6	Vignon
Phenylhydrazin[5]	$(C_6H_8N_2)_2 \cdot H_2O$	3,12	Berthelot
Phenylparaconsäure[6]	$C_{11}H_{10}O_4 \cdot {}^1/_4 H_2O$	1,3	Stohmann (4)
Phloroglucin[7]	$C_6H_6O_3 \cdot H_2O$	5,05	Berthelot
Raffinose[8]	$C_{18}H_{32}O_{16} \cdot 5H_2O$	18,10	Berthelot
Raffinose[9]	$C_{18}H_{32}O_{16} \cdot 5H_2O$	17,74	Jorissen u. van de Stadt
„ [10]	„	6,8	Stohmann (2)
„ [11]	„	16,0	Jorissen u. van de Stadt
Rhamnose[12]	$C_6H_{12}O_5 \cdot H_2O$	6,7	Stohmann (2)
Terpinhydrat[13]	$C_{10}H_{20}O_2 \cdot H_2O$	5,25	Luginin
Traubensäure[14]	$C_4H_6O_6 \cdot H_2O$	1,48	Berthelot
Chloral[15]	$C_2HCl_3O \cdot H_2O$	12,15†)	„
Chloroform[16]	$CHCl_3 \cdot 18H_2O$	22,9†)	Chancel u. Parmentier

†) Hydratationswärme der flüssigen Substanz.

[1]) Aus den Verbrennungswärmen. [2]) Aus den Dampfspannungen. [3—5]) Aus den Lösungswärmen. [6]) Aus den Verbrennungswärmen. [7—9]) Aus den Lösungswärmen. [10—13]) Aus den Verbrennungswärmen. [14—16]) Aus den Lösungswärmen.

Literatur

zu den Hydratationswärmen organischer Verbindungen, ausgenommen der der Salze.

Berthelot, Thermochimie II; 1897.
Berthelot u. **Gaudechon**, Ann. chim. phys. (7) **29**, 443; 1903.
Chancel u. **Parmentier**, C. r. **100**, 30; 1885.
Gaudechon, cf. **Berthelot**.
Jorissen, ZS. ph. Ch. **74**, 319; 1910.
Jorissen u. **van de Stadt**, Journ. prakt. Ch. (2) **51**, 102; 1895.
Lemoult, C. r. **121**, 351; 1895.
Luginin, Ann. chim. phys. (6) **23**, 179; 1891.
Massol, Ann. chim. phys. (7) **1**, 214; 1894.
Matignon, Ann. chim. phys. (6) **28**, 292, 381; 1893.
Parmentier, cf. **Chancel**.
Stohmann (1), Journ. prakt. Ch. (2) **44**, 389; 1891.
„ (2), ibid. (2) **45**, 307, 314; 1892.
„ (3), ibid. (2) **40**, 204; 1889.
„ (4), ZS. ph. Ch. **10**, 420; 1892.
Thomsen, Thermochem. Untersuch. 1883; Thermokem. Resultater, 1905.
Van de Stadt, cf. **Jorissen**.
Vignon, C. r. **106**, 1674; 1888.

Hydratationswärme berechnet aus Dampftensionen.

Hydratation	Wärmetönung ber. aus den Diss.-Tens. bei versch. Temp.	Beobachter	Wärmetönung aus Lösungswärmen	Beobachter
$BaCl_2 \cdot H_2O + H_2O = BaCl_2 \cdot 2H_2O$	3,82 Kal.	Frowein (1)	3,83 Kal.	Thomsen (1)
„ „ „ *)	3,48 „	Schottky	3,36 „	Schottky
$\frac{1}{7}(Ba(OH)_2 \cdot H_2O + 7H_2O = Ba(OH)_2 \cdot 8H_2O)$**)	ca. 3,6 „	Johnston	3,41 „	Thomsen (1)
				de Forcrand
$\frac{1}{2}(C_2O_4H_2 + 2H_2O = C_2O_4H_2 \cdot 2H_2O)$	3,08 „	Jorissen	3,10 „	Berthelot
			3,17 „	Thomsen (1)
$\frac{1}{2}(CuSO_4 \cdot 3H_2O + 2H_2O = CuSO_4 \cdot 5H_2O)$	3,34 „	Frowein (1)	unsicher	„ (2)
$\frac{1}{3}(FeSO_4 \cdot 4H_2O + 3H_2O = FeSO_4 \cdot 7H_2O)$	1,91 „	Cohen u. Visser	—	—
$MgSO_4 \cdot 6H_2O + H_2O = MgSO_4 \cdot 7H_2O$	3,99 „	Frowein (1)	3,70 „	Thomsen
„ „	3,71 „	Cohen u. Visser	3,70 „	„
$\frac{1}{5}(Na_2HPO_4 \cdot 7H_2O + 5H_2O = Na_2HPO_4 \cdot 12H_2O)$	2,24 „	Frowein (2)	2,24 „	„ (1)
			2,38 „	Pfaundler
$\frac{1}{10}(Na_2SO_4 + 10H_2O = Na_2SO_4 \cdot 10H_2O)$	2,44 „	White	1,87 „	Thomsen (1)
$\frac{1}{4}(SrCl_2 \cdot 2H_2O + 4H_2O = SrCl_2 \cdot 6H_2O)$	3,19 „	Frowein (1)	2,40 „	„
„ „ „	2,31 „	Andreae	2,40 „	„
$\frac{1}{4}(Th(SO_4)_2 \cdot 4H_2O + 4H_2O = Th(SO_4)_2 \cdot 8H_2O)$	3,61***)	Koppel	3,38 „	Koppel
$\frac{1}{5}(ZnSO_4 \cdot H_2O + 5H_2O = ZnSO_4 \cdot 6H_2O)$	2,28 Kal.	Frowein (1)	2,16 „	Thomsen (1)
$ZnSO_4 \cdot 6H_2O + H_2O = ZnSO_4 \cdot 7H_2O$	3,44 „	„	3,42 „	„

*) Die Beobachtungen **Schottkys** betr. $CuSO_4 \cdot H_2O$, $BaCl_2 \cdot H_2O$ und $K_4Fe(CN)_6 \cdot 3H_2O$ eignen sich nicht zu einer genauen Berechnung.

) Die Beobachtungen **Johnstons betr. die Reaktionen $MgO + H_2O = Mg(OH)_2$, $Ba(OH)_2 \cdot 8H_2O + 8H_2O = Ba(OH)_2 \cdot 16H_2O$ (?) und die betreffend Hydrate von $Sr(OH)_2$ sind ungenau oder falsch (cf. **Jorissen**, Chem. Weekbl. **9**, 415; 1912).

***) Berechnet aus zwei Tensionen, welche nach **Raoults** Formel berechnet waren.

Literatur zu den Hydratationswärmen aus Dampftensionen.

Andreae, ZS. ph. Ch. **7,** 260; 1891. (**Jorissen,** ebenda **74,** 321; 1910).
Berthelot, Thermochimie II, 566; 1897.
Cohen u. **Visser,** Arch. néerl. (2) **5,** 300; 1900.
de Forcrand, C. r. **103,** 60; 1888.
Frowein (1), ZS. ph. Ch. **1,** 1; 1887.
„ (2), ZS. ph. Ch. **1,** 362; 1887.
Johnston, ZS. ph. Ch. **62,** 330; 1908 (vgl. **Jorissen,** Chem. Weekbl. **9,** 415; 1912).
Jorissen, ZS. ph. Ch. **74,** 319; 1910.
Koppel, ZS. anorg. Ch. **67,** 293; 1910.
Pfaundler, Ber. chem. Ges. **4,** 773; 1871.
Schottky, ZS. ph. Ch. **64,** 436; 1908. (**Jorissen,** ebenda **74,** 320; 1910).
Thomsen (1), Thermochem. Untersuch. III; 1883.
„ (2), siehe **Jorissen,** ZS. ph. Ch. **74,** 310; 1910.
Wuite, Inaug.-Diss. Amsterdam 1909 (**Jorissen,** ZS. ph. Ch. **74,** 322; 1910).

196

Elektrolytische Dissoziationswärmen pro Gramm-Molekül (in g-Kalorien).

Bezeichnungen.

t = Temperatur in Celsiusgraden, V = Verdünnung (Anzahl g-Äquivalente pro Liter).

Die Dissoziationswärme ist die in g-Kal. gemessene Wärmemenge, die bei der Dissoziation von 1 g-Mol der unzersetzten Elektrolyte in ihre freie Ionen entwickelt wird. Wenn die Dissoziation mit steigender Temperatur steigt (fällt), ist die Dissoziationswärme nach dieser Definition negativ (positiv).

Bestimmungs- und Berechnungsmethoden.

K. Die Dissoziationswärme (Diss.-W.) ist aus der Änderung der Dissoziationskonstante (K) mit der Temperatur berechnet. Formel: $Q = -R T^2 \frac{1}{K} \frac{dK}{dT}$. Die Dissoziationskonstante ist direkt gemessen.

HK. Dieselbe Formel ist benutzt, aber die Diss.-Konst. aus der Hydrolyse eines Salzes berechnet; diese Berechnung erfordert die Kenntnis der Diss.-W. des Wassers.

L. Die Diss.-W. ist aus der Änderung der Leitfähigkeit (Λ) des Elektrolyten mit der Temperatur berechnet. Formel: $Q = R T^2 \cdot \frac{2\Lambda_\infty - \Lambda}{\Lambda_\infty - \Lambda} \left\{ \frac{1}{\Lambda_\infty} \frac{d\Lambda_\infty}{dT} - \frac{1}{\Lambda} \frac{d\Lambda}{dT} \right\}$.

V. Die Diss.-W. ist aus der Verdünnungswärme und der beim Verdünnen eintretenden Änderung des Dissoziationsgrades abgeleitet.

N. Die Diss.-W. mit umgekehrtem Vorzeichen ist gleich der Wärmetönung, die beim Vermischen der Lösung des Na-Salzes der schwachen Säure (bzw. des Chlorids der schwachen Base) mit HCl (bzw. NaOH) auftritt.

NW. Wenn die Diss.-W. des Wassers und die Neutralisationswärme einer schwachen Säure (Base) bekannt sind, kann man die Diss.-W. des schwachen Elektrolyten nach der Formel berechnen: Diss.-W. = [Diss.-W. des Wassers] + [Neutral.-W. der Säure (Base)]. Der wahrscheinlichste Wert für die Diss.-W. des Wassers ist $-14700 + 50\,t$.

Die Literaturzusammenstellung, auf welche sich die Zahlen der letzten Spalte beziehen, befindet sich am Schluß der Tab. auf S. 905 u. 906.

I. Salze, starke Säuren und Basen.

Die Berechnungen stützen sich auf das Gesetz der Massenwirkung. Da aber dieses Gesetz für Salze nicht gilt, sind die Zahlen unsicher. Die Elektrolyte sind nach der deutschen alphabetischen Reihe der Kationen geordnet.

Elektrolyt	t^0	V	Diss.-W.	Zitat u. Methode	Elektrolyt	t^0	V	Diss.-W.	Zitat u. Methode
$BaCl_2$ . . .	35°	10	+ 307	(3) L	Ag-Propionat .	30°	18,3	+ 674	(32) L
KCl	35	10	+ 362	„ „	„ .	35	17,0	+ 344	„ „
KBr	35	10	+ 425	„ „	Ag-Butyrat .	25	37,4	+ 838	„ „
KJ	35	10	+ 916	„ „	„ .	30	34,9	+ 424	„ „
KNO_3 . . .	35	10	+ 136	„ „	„ .	35	32,5	+1934	„ „
$CuSO_4$ . . .	35	10	+1566	„ „	Ag-i-Butyrat .	25	19,4	+ 874	„ „
LiCl	35	10	+ 399	„ „	„ .	30	18,5	+ 295	„ „
$MgCl_2$ . . .	35	10	+ 651	„ „	„ .	35	17,6	+ 95	„ „
NaCl	35	10	+ 454	„ „	Ag-i-Valerat .	25	79,1	+1022	„ „
NaF	29	10	+ 84	„ „	„ .	35	69,5	+2123	„ „
NaOH . . .	35	10	+1292	„ „	HCl	21,5	1,8—5,4	ca. +2000	(30) V
NaH_2PO_4 . .	35	10	+ 386	„ „	„	35	10	+1080	(3) L
NaH_2PO_2 . .	35	10	+ 196	„ „	HBr	21,5	1,8—5,4	ca. +2300	(30) V
Na-Acetat . .	35	10	+ 391	„ „	„	35	10	+1620	(3) L
Na-Propionat .	35	10	— 94	„ „	HF	ca. 16	7,2	+2360	(35) N
Na-Butyrat .	35	10	— 547	„ „	„	18—20	3,6	+2570	(35) NW
Na-Dichloracetat	35	10	+ 817	„ „	„	19,5	—	+3006	(34) N
Na-Bisuccinat .	35	10	— 522	„ „	„	21,5	3,6	+3110	(3) NW
$AgNO_3$ . . .	25	16—512	+ 905	(32) L	„	21,5	5—10	ca. +3400	(30) V
Ag-Acetat . .	25	14,9	+ 473	„ „	„	33	20—100	+3550	(3) L
„ . .	30	13,8	+ 797	„ „	HNO_3 . . .	21,5	1,5—6	ca. +2800	(30) V
„ . .	35	12,8	+ 314	„ „	„ . . .	35	10	+1360	(3) L
Ag-Propionat .	25	19,9	+1371	„ „	H_2SO_4 . . .	ca. 20	3,6	ca. +2300	(30) NW

Lundén.

Elektrolytische Dissoziationswärmen pro Gramm-Molekül (in g-Kalorien).

Lit. s. S. 905.

II. Salze in anderen Lösungsmitteln als Wasser.

Elektrolyt	t^0	V	Diss.-W.	Zitat u. Methode
KJ in Aceton .	12,5°	16	+ 996	(37) L
„ „	„	32	+1016	„ „
„ „	„	200	+1219	„ „
„ „	„	400	+ 667	„ „
„ in Acetonitril	12,5	12	+ 860	„ „
„ „	„	200	+1090	„ „
„ „	„	400	+1175	„ „
„ „	„	800	+1096	„ „
„ in Äthylalkohol	12,5	50	+1064	„ „
„ „	„	100	+1156	„ „
„ „	„	200	+ 973	„ „
„ in Pyridin .	20—30	3346—14774	+2394	„ „
„ „	30—40		+3303	„ „
„ „	40—50		+3453	„ „
„ „	50—60		+2433	„ „
KCSN in Pyridin	10—20	4388—17186	+2218	(10) K
„ „	20—30		+2044	„ „
„ „	30—40		+3644	„ „
„ „	40—50		+3162	„ „
„ „	50—60		+4201	„ „
„ „	60—70		+4068	„ „
„ „	70—80		+3590	„ „
NaCSN in Pyridin	10—20	4325—17384	+2621	„ „
„ „	20—30		+3232	„ „
„ „	30—40		+1555	„ „
„ „	40—50		+2100	„ „
„ „	50—60		+3397	„ „
„ „	60—70		+3365	„ „
NaJ in Isoamylalkohol . .	10—20	1685—13473	+2008	„ „
NaJ in Isoamylalkohol . .	20—30°	1685—13473	+ 3081	(10) K
„ „ . .	30—40		+ 5727	„ „
„ „ . .	40—50		+ 6964	„ „
„ „ . .	50—60		+ 9396	„ „
„ „ . .	60—70		+10420	„ „
„ „ . .	70—80		+16760	„ „
„ in Isobutylalkohol . .	20—30	1820—9584	+ 6919	„ „
„ „ . .	30—40		+ 5203	„ „
„ „ . .	40—50		+ 8878	„ „
„ „ . .	50—60		+ 9298	„ „
„ „ . .	60—70		+10110	„ „
„ „ . .	70—80		+12090	„ „
„ in Pyridin	0—10	8202—21103	+ 1451	„ „
„ „	10—20		+ 1720	„ „
„ „	20—30		+ 1398	„ „
„ „	30—40		+ 2707	„ „
„ „	40—50		+ 2153	„ „
„ „	50—60		+ 3524	„ „
„ „	60—70		+ 4370	„ „
„ „	70—80		+ 4876	„ „
Tetraäthylammoniumjodid in Methylalkohol	12,5	50	—78	(37) K
„ Acetonitril .	„	50	—58	„ „
„ Propionitril .	„	55,9	—45	„ „
„ Methylrhodanid . . .	„	12,08	—58	„ „
„ Furfurol . .	„	10	—75	„ „

III. Wasser.

1. Aus den Neutralisationswärmen starker Säuren mit starken Basen.

a) **A. Wörmann; A. Heydweiller:** bei 0° —14631, bei 6° - 14321, bei 18° —13758, bei 32° —13057 oder $Q = -14617 + 48{,}5\,t$.

b) **J. Thomsen:** bei 10,14° —14247, bei 24,6° —13627.

Bei 18°: 13750 (KOH + HCl), 13740 (NaOH + HCl), 13680 (NaOH + HNO_3), 13770 (KOH + HNO_3), 13850 (LiOH + HCl).

c) **P. Th. Müller, E. Bauer:** bei 2° - 14950.

2. Aus der Änderung der Leitfähigkeit von reinem Wasser mit der Temperatur. Nach den Messungen von **Kohlrausch-Heydweiller** berechnet **van't Hoff:** bei 23° —13770.

3. Aus der Änderung der Hydrolyse von Salzen mit der Temperatur.

a) **H. Lundén:** bei 15° —14090, bei 25° —13200, bei 40° —11870.

b) **A. A. Noyes:** $-14946 + 49{,}5\,t$ (zwischen 0° und 200°).

Wahrscheinlichster Wert: $-14700 + 50\,t$.

Werte bei 18°.

J. Thomsen Mittel	Wörmann-Heydweiller	H. Lundén	A. A. Noyes	Nach der Formel $-14700+50\,t$
—13760	—13760	—13830	—14055	—13800

IV. Dissoziationswärmen schwacher Säuren.

Erste Stufe.

Elektrolyt	t^0	V	Diss.-W.	Zitat u. Methode
Acetoxim . .	28°	—	—6300	(24) HK
Äpfelsäure . .	18—20	7	— 800	(35) NW
„ . .	21	10	— 980	(12) NW
Ameisensäure .	13,1		— 366	(34) N
„ .	18	4—128	— 179	(16) L
„ .	18—20	7	— 350	(35) NW
Amidotetrazol	5	20—320	—4724	(5) L
„	15	20—320	—5258	„ „
„	25	20—320	—4593	„ „
„	35	20—320	—3865	„ „
		Mittel:	$-5800+55\,t$	(24)
o-Aminobenzoesäure . . .	14°	15	—3518	(2) NW
„ . . .	15—45	100—1000	$-4225 + 38{,}08\,t$	(24) K
p-Aminobenzoesäure . . .	17	100	—1720	(2) NW
Anissäure . .	45	233—456	+ 505	(33) L
„ . .	50	233—456	+ 688	„ „
„ . .	55	233—456	+ 877	„ „
„ . .	60	233—456	+1050	„ „
„ . .	65	233—456	+1191	„ „

Elektrolytische Dissoziationswärmen pro Gramm-Molekül (in g-Kalorien).

Lit. s. S. 905.

IV. Dissoziationswärmen schwacher Säuren. (Fortsetzung.)

Elektrolyt	t^0	V	Diss.-W.	Zitat u. Methode
Anissäure . .	69,5°	233—456	+ 1427	(33) L
Arsenige Säure	18—20	—	— 6500	(35) NW
β-i-Asparagin .	28	—	—10500	(24) HK
Benzoesäure .	0	100—1000	— 1319	(11) L
„ .	12,5	128—512	+ 335	(22) „
„ .	12,7	—	— 570	(34) N
„ .	13,5	—	— 495	„ „
„ .	20	50—1000	— 334	(11) L
„ .	30	50—1000	— 82	„ „
„ .	32,5	64—1024	+ 106	(33) „
„ .	37,5	64—1024	+ 475	„ „
„ .	40	50—1000	+ 110	(11) L
„ .	42,5	64—1024	+ 583	(33) „
„ .	47,5	64—1024	+ 821	„ „
„ .	50	50—1000	+ 267	(11) L
„ .	52,5	64—1024	+ 915	(33) L
„ .	57,5	64—1024	+ 1135	„ „
„ .	62	64—1024	+ 1242	„ „
		Mittel:	—*1210*+*42 t*	(24)
α-Bromzimtsäure . . .	32,5	128—1024	+ 3482	(33) L
„ . . .	37,5	128—1024	+ 3661	„ „
„ . . .	42,5	128—1024	+ 3757	„ „
„ . . .	47,5	128—1024	+ 3920	„ „
„ . . .	52,5	128—1024	+ 4053	„ „
„ . . .	57,5	128—1024	+ 4162	„ „
„ . . .	62	128—1024	+ 4335	„ „
		Mittel:	+*2580*+*28 t*	(24)
Bernsteinsäure	12,5	16	— 1697	(22) L
„	16,4	—	— 565	(34) N
„	18—20	—	— 1420	(35) NW
„	21,5	4—20	— 1115	(3) L
„	35	50—100	— 445	„ „
Borsäure . .	13,6	—	— 4140	(34) N
„ . .	16,4	—	— 4040	„ „
„ . .	18,2	—	— 3860	„ „
„ . .	18—20	—	— 3480	(35) NW
„ . .	15—40	46—185	— 3260	
			+ 12 *t*	(24) HK
Brenzkatechin	11	8	— 7893	(6) NW
Bromessigsäure	12,5	32	+ 790	(22) L
Buttersäure .	12,5	16	+ 696	„ „
„ .	15,5	—	+ 277	(34) N
„ .	18	4—128	— 130	(16) L
„ .	18—20	3,6	+ 120	(35) NW
„ .	19,5	—	+ 387	(34) N
„ .	21,5	3,6	+ 270	(3) NW
„ .	21,5	4—20	+ 427	(3) L
„ .	25	—	+ 144	(15) L
„ .	35	50—100	+ 935	(3) L
i-Buttersäure .	13,1	—	+ 402	(34) N
„ .	17,6	—	+ 535	„ „
„ .	18	4—128	— 153	(16) L
o-Chlorbenzoesäure . . .	32,5	128—1024	+ 2496	(33) L
„ . . .	37,5	128—1024	+ 2726	„ „
„ . . .	42,5	128—1024	+ 2909	„ „
„ . . .	47,5	128—1024	+ 3051	„ „
„ . . .	52,5	128—1024	+ 3253	„ „
„ . . .	57,5	128—1024	+ 3297	„ „
„ . . .	62	128—1024	+ 3462	„ „
		Mittel:	+*1360*+*36 t*	(24)

Elektrolyt	t^0	V	Diss.-W.	Zitat u. Methode
Chloressigsäure	12,5°	32	+ 999	(22) L
„	18—20	7	+ 480	(35) NW
Citrakonsäure .	12,5	64	+ 522	(22) L
„ .	20	18	+ 70	(12) NW
Cyanwasserstoff	15	—	—11100	(34) N
„	18—20	3,6	—11030	(35) NW
„	10—40	—	—11300	
			+ 50 *t*	(25) HK
Dichloressigsäure	10,9	—	+ 1665	(34) N
„	17,2	—	+ 1713	„ „
„	18—20	7	+ 1030	(35) NW
Essigsäure . .	18—20	7	— 600	„ „
„ . .	18—20	7	— 400	„ „
„ . .	10—50	10—30	— 675	
			+31,5 *t*	(24) K
„ . .	0—156	—	— 867	
			+38,9 *t*	(28) K
d-Fructose . .	10—40	—	— 7755	
			+ 47 *t*	(25)HK; (3)
Fumarsäure .	12,5	32—256	— 970	(22) L
„ .	19	36	— 620	(12) NW
Gallussäure .	17	44	— 680	(6) NW
„ .	17	44	— 730	„ „
d-Glukose . .	10—40	—	— 9110	
			+ 40 *t*	(25)HK; (3)
Hydrochinon .	0—18	—	— 5900	(11) HK
„ .	11	8	— 6150	(6) NW
Isonitrosomethylpyrazolon . .	28	195—390	— 4600	(24)K, HK
Isonitrosocyan-	1	8	— 4450	(27) NW
essigsäure-methylester .	14,3	6	— 3800	„ „
„ .	ca. 16	—	— 3800	(27) N
„ .	18	8	— 3800	(27) NW
„ .	0—40	16—64	— 4641	
			+41,2 *t*	(27) K
Isonitrosocyanessigsäureäthyl-	16,8	8	— 3700	(27) N
ester . . .	18,8	8	— 3830	(27) NW
Isonitrosocyanessigsäure (als	12,5	12—16	+ 200	(27) N
Karbonsäure).	14,5	6—8	+ 445	(27) NW
„ (als Isonitrosäure)	12,5	12	— 4100	(27) N
„ „ „	13,5	8—12	— 4000	(27) NW
Isonitrosoacetyl-	0,5	8	— 5350	(27) N
essigsäureäthylester . . .	1	8	— 5350	(27) NW
„ . . .	12,7	8	— 5040	(27) N
„ . . .	13,5	6	— 4835	(27) NW
„ . . .	15	8	— 4930	(27) N
„ . . .	17,6	8	— 4660	(27) NW
„ . . .	0—40	16—64	— 5488	
			+44,0 *t*	(27) K
Itakonsäure .	20	18	— 900	(12) NW
o-Jodbenzoesäure	32,5	512—1024	+ 2574	(33) L
„	37,5	512—1024	+ 2973	„ „
„	42,5	512—1024	+ 3122	„ „
„	47,5	512—1024	+ 3225	„ „
„	52,5	512—1024	+ 3313	„ „
„	57,5	512—1024	+ 3400	„ „
„	62	512—1024	+ 3519	„ „
		Mittel:	+*2090*+*23*	(24)

Lundén.

Elektrolytische Dissoziationswärmen pro Gramm-Molekül (in g-Kalorien).

Lit. s. S. 905.

IV. Dissoziationswärmen schwacher Säuren. (Fortsetzung.)

Elektrolyt	t^0	V	Diss.-W.	Zitat u. Methode
m-Jodbenzoesäure . . .	65°	515—756	+1302	(33) L
„	70	515—756	+1487	„ „
„	75	515—756	+1624	„ „
„	79,5	515—756	+1833	„ „
Kohlensäure ($H \cdot HCO_3$) .	18—20	—	—2800	(35) NW
o-Kresol . .	11	12	—5880	(6) NW
p-Kresol . .	11	12	—5960	„ „
Maleinsäure .	12,5	32	— 846	(22) L
„	20	36	— 760	(12) NW
Malonsäure .	9	10	—1000	„ „
„	12,5	16	— 966	(22) L
Mandelsäure .	17,5	10	— 200	(6) NW
Mesakonsäure {	12,5	64	— 520	(22) L
	19	36	— 100	(12) NW
m-Nitrobenzoesäure . . .	0	100—600	—1490	(11) L
„	20	100—600	— 512	„ „
„	30	100—600	— 284	„ „
„	32,5	128—1024	— 296	(33) „
„	37,5	128—1024	+ 77	„ „
„	40	100—600	— 145	(11) „
„	42,5	128—1024	+ 226	(33) „
„	47,5	128—1024	+ 417	„ „
„	50	100—600	+ 11	(11) „
„	52,5	128—1024	+ 583	(33) „
„	57,5	128—1024	+ 738	„ „
„	62	128—1024	+ 917	„ „
„	22	59	— 820	(2) NW
		Mittel:	*—1350+38 t*	(24)
p-Nitrobenzoesäure . . .	17	510	+1500	(2) NW
o-Nitrobenzoesäure . . .	19	53	+1420	(2) NW
„	32,5	128—1024	+3327	(33) L
„	37,5	128—1024	+3684	„ „
„	42,5	128—1024	+3700	„ „
„	47,5	128—1024	+3878	„ „
„	52,5	128—1024	+3928	„ „
„	57,5	128—1024	+4067	„ „
„	62	128—1024	+4199	„ „
		Mittel:	*+2455+29 t*	(24)
Nitroharnstoff.	5	32—512	—5477	(5) L
„	15	32—512	—3812	„ „
„	25	32—512	—3640	„ „
		Mittel:	*—6000+100 t*	(24)
m-Nitrophenol	15	42	—5600	(2) NW
„	10—50	30—61	—6180 +47,9 *t*	(24) K
o-Nitrophenol .	15	100	—4700	(2) NW
p-Nitrophenol .	15	28	—5240	(2) NW
„	10—50	28—121	—5368 +21 *t*	(24) K
Nitrourethan .	5	32—256	—3665	(5) L
„	15	32—256	—3724	„ „
„	25	32—256	—2943	„ „
„	35	32—256	—2260	„ „
		Mittel:	*—4500+65 t*	(24)

Elektrolyt	t^0	V	Diss.-W.	Zitat u. Methode
Orcin. . . .	10°	4	—5954	(6) NW
m-Oxybenzoesäure . . .	0	100—600	—1266	(11) L
„	20	100—600	— 213	„ „
„	30	100—600	+ 50	„ „
„	40	100—600	+ 260	„ „
„	50	100—600	+ 461	„ „
		Mittel:	*—770+26 t*	(24)
„	12	66	— 923	(6) NW
„	16	63	—1102	„ „
p-Oxybenzoesäure . . .	13,3	59	—1242	„ „
„	13,5	63	—1355	„ „
p-Oxybenzaldehyd . .	17,8	44	—4690	„ „
Phenol . . .	11,5		—6025	(34) N
„	14,6		—5940	„ „
„	ca. 20		—6100	(6) NW
„	10—50		—7095 +43,5 *t*	(24) HK
Phloroglucin .	11	14	—5800	(6) NW
Phosphorsäure	18—20	3,6	+1030	(35) NW
„	21,5	4—20	+2100	(30) V
„	21,5	3,6	+1940	(3) NW
„	35	6—30	+2460	(3) L
„	18—156		+ 470 +38,7 *t*	(28) K
m-Phthalsäure	12,5	626	—2260	(22) L
o-Phthalsäure .	12,5	64	— 162	(22) L
Propionsäure .	12,7		— 247	(34) N
„	15,6		— 243	„ „
„	16,5		— 210	„ „
„	18	4—128	— 305	(16) L
„	18,7		— 162	(34) N
„	18—20	3,6	— 200	(35) NW
„	21,5	4—20	+ 183	(3) L
„	35	50—100	+ 557	„ „
Protochatechusäure . . .	17	44	— 950	(6) NW
Pyrogallol . .	11	14	—7753	„ „
Resorcin . .	10	4	—5974	„ „
Saccharose . .	10—40		—11850 +68 *t*	(25) HK; (3)
Salicylsäure .	0	100—600	—2349	(11) L
„	13,5		—1317	(34) N
„	20	100—600	— 936	(11) L
„	30	100—600	— 619	„ „
„	32,5	128—1024	— 639	(33) „
„	37,5	128—1024	— 32	„ „
„	40	100—600	— 417	(11) „
„	42,5	128—1024	— 13	(33) „
„	47,5	128—1024	+ 61	„ „
„	50	100—600	— 225	(11) „
„	52,5	128—1024	+ 258	(33) „
„	57,5	128—1024	+ 449	„ „
„	62	128—1024	+ 661	„ „
„	10,2	76	—1284	(6) NW
„	12,6	66	—1203	„ „
„	19	63	—1137	„ „
		Mittel:	*—2170+44 t*	(24)

Lundén.

Elektrolytische Dissoziationswärmen pro Gramm-Molekül (in g-Kalorien).

Lit. s. S. 905.

IV. Dissoziationswärmen schwacher Säuren. (Fortsetzung.)

Elektrolyt	t^0	V	Diss.-W.	Zitat u. Methode
Salicylaldehyd	17,3°	44	−5825	(6) NW
Saligenin (o-Oxybenzyl-alkohol)	18	44	−7580	„ „
Schwefelwasserstoff	18—20		−6060	(35) „
Tartronsäure	13	13	− 440	(12) „
m-Toluylsäure	32,5	256—1024	+ 12	(33) L
„	37,5	256—1024	+ 332	„ „
„	42,5	256—1024	+ 498	„ „
„	47,5	256—1024	+ 655	„ „
„	52,5	256—1024	+ 787	„ „
„	57,5	256—1024	+ 937	„ „
„	62	256—1024	+1123	„ „
		Mittel:	—*1130*+*36*·*t*	(24)
o-Toluylsäure	0	300—1000	+ 609	(11) L
„	20	300—1000	+1156	„ „
„	30	300—1000	+1400	„ „
„	32,5	128—1024	+1567	(33) „
„	37,5	128—1024	+1860	„ „
„	40	300—1000	+1660	(11) „
„	42,5	128—1024	+1966	(33) „
„	47,5	128—1024	+2069	„ „
„	50	300—1000	+1937	(11) „
„	52,5	128—1024	+2103	(33) „
„	57,5	128—1024	+2334	„ „
„	62	128—1024	+2479	„ „
		Mittel:	+ *560*+*30* *t*	(24)

Elektrolyt	t^0	V	Diss.-W.	Zitat u. Methode
p-Toluylsäure	32,5°	512—1024	— 64	(33) L
„	37,5	512—1024	+ 211	„ „
„	42,5	512—1024	+ 405	„ „
„	47,5	512—1024	+ 551	„ „
„	52,5	512—1024	+ 683	„ „
„	57,5	512—1024	+ 825	„ „
„	62	512—1024	+ 997	„ „
		Mittel:	— *990*+*32* *t*	(24)
Unterphosphorige Säure	21,5	4—20	+3745	(3) L
„	21,5	3,6	+3300	(3) NW
„	35	2—100	+4300	(3) L
Valeriansäure	13,0		+ 805	(34) N
„	17,6		+ 911	„ „
Vanillinsäure	14		—1360	(6) NW
Vanillin	13,6	35	—4760	„ „
Violursäure	25		—3700	(1) K
Weinsäure H_1	15		— 863	(34) N
„ H_2	11,2		—1022	„ „
Weinsäure	18—20	5	—1440	(35) NW
Zimtsäure	32,5	512—1024	— 353	(33) L
„	37,5	512—1024	— 71	„ „
„	42,5	512—1024	+ 57	„ „
„	47,5	512—1024	+ 182	„ „
„	52,5	512—1024	+ 341	„ „
„	57,5	512—1024	+ 489	„ „
„	62	512—1024	+ 645	„ „
		Mittel:	—*1300*+*31* *t*	(24)

V. Dissoziationswärmen zweibasischer Säuren.

Zweite Stufe.

Elektrolyt	t	Diss.-W.	Zitat u. Methode
Äpfelsäure	18°	— 80	(35) NW
„	21	— 1460	(12) NW
Bernsteinsäure	18—20	— 1820	(35) NW
Brenzkatechin	11	—12140	(6) NW
Citrakonsäure	20	— 440	(12) NW
Fumarsäure	19	— 380	(12) NW
Gallussäure	17	— 6780	(6) NW
„	17	— 6600	(6) NW
Hydrochinon	11	— 6590	(6) NW
Itaconsäure	20	— 800	(12) NW
Kohlensäure	18—20	— 4200	(35) NW
Maleinsäure	20	— 380	(12) NW
Malonsäure	9	— 500	(12) NW
Mesakonsäure	19	— 140	(12) NW
Orcin	10	— 6750	(6) NW
Oxalsäure	18—20°	+ 860	(35) NW
m-Oxybenzoesäure	16	—5000	(6) NW
p-Oxybenzoesäure	13,3	—4605	(6) NW
„	13,5	—4530	(6) NW
Phloroglucin	11	—5230	(6) NW
Protochatechusäure	17	—6130	(6) NW
Pyrogallol	11	—6740	(6) NW
Resorcin	10	—6140	(6) NW
Schwefelsäure	18—156	+3575 +65 *t*	(28) K
„	18—20	+5020	(35) NW (28)
Schweflige Säure	18—20	— 340	(35) NW
Tartronsäure	13	—2200	(12) NW
Vanillinsäure	14	—3000	(6) NW
Weinsäure	18—20	— 400	(35) NW

VI. Dissoziationswärmen schwacher Basen.

Elektrolyt	t^0	V	Diss.-W.	Zitat u. Methode
Äthylamin	18—20°		— 360	(35) NW
o-Aminobenzoesäure	12—37	10	—11320+52 *t*	(24) HK
Ammoniak	10,14		—1660	(35) NW
„	18		—1530	„ „
„	18		—1480	„ „
„	24,6		— 890	„ „
Ammoniak	10—50°	10—22	—2608+58,05 *t*	(24) K
„	0—50		— 835+65,0 (*t*—25)	(28) K
„	25—75		+ 430+36,9 (*t*—50)	„ „
„	50—100		+1455+45,0 (*t*—75)	„ „

Lundén.

Elektrolytische Dissoziationswärmen pro Gramm-Molekül (in g-Kalorien).

Lit. s. am Schluß der Seite.

VI. Dissoziationswärmen schwacher Basen. (Fortsetzung.)

Elektrolyt	t^0	V	Diss.-W.	Zitat u. Methode
Ammoniak . .	75–125°		+2550+42,8 . (t — 100)	(28) K
„	100–156		+4190+87,5 . (t — 125)	„ „
„	125–218		+6530+64,0 . (t — 156)	„ „
Anilin . . .	18—20		— 6060	(35) NW
„	28		— 6110	(24) HK
Dimethylamin .	18–20		— 1990	(35) NW
Glykokoll . .	40		—13000	(24) HK
Hydrazinhydrat	17,8	22	— 4150	(4) NW
„	18	22	— 4070	„ „
Hydroxylamin	18—20		— 4540	(35) NW
Methylamin .	18—20		— 685	„ „

Elektrolyt	t^0	V	Diss.-W.	Zitat u. Methode
Nicotin . . .	16,2°	3	—5835	(8) NW
Piperidin . .	17,8	3	— 790	(8) NW
„	22	7	— 280	(6) NW
Pyridin . . .	15	3	—8750	(8) NW
„	22	4	—8500	(6) NW
„	10—50		—8660 +35,5 t	(24) HK
Trimethylamin	18–20		—5060	(35) NW
2-4-6-Trimethylpyridin . .	10—50	10–150	—7441 +77,16 t	(24) K
o-Toluidin . .	40		—6900	(24) HK
p-Toluidin . .	40		—5300	(24) HK
Tropin . . .	10–50	15—92	—5671+80,4 t	(24) HK

VII. Bildungswärmen der Ionen aus den Elementen und Atomgruppen (pro Valenz) in Gramm-Kal.

Nach **W. Ostwald,** Grundriß der allgemeinen Chemie (4. Aufl.) S. 309, 1909.

Beisp.: wenn Al aus dem metallischen in den Ionenzustand übergeht, werden pro Äquivalent (9,03 g Al) 40 300 Gramm-Kal. entwickelt.

§ 1. Positive Ionen.

Aluminium $Al^{\cdots}$	+40 300	Ferro $Fe^{\cdot\cdot}$	+11 100	Magnesium $Mg^{\cdot\cdot}$	+54 400	Silber $Ag^{\cdot}$	—25 300
Ammonium $H_4N^{\cdot}$	+32 700	Ferri $Fe^{\cdots}$	— 3 100	Mangan $Mn^{\cdot\cdot}$	+25 100	Stanno $Sn^{\cdot\cdot}$	+ 3 300
Blei $Pb^{\cdot\cdot}$	+ 200	Hydroxylamin $NH_4O^{\cdot}$	+37 500	Mercuro $Hg^{\cdot}$	—19 800	Strontium $Sr^{\cdot\cdot}$	+59 800
Cadmium $Cd^{\cdot\cdot}$	+ 9 200			Natrium $Na^{\cdot}$	+57 300	Thallo $Tl^{\cdot}$	+ 1 700
Calcium $Ca^{\cdot\cdot}$	+54 700	Kalium $K^{\cdot}$	+61 800	Nickel $Ni^{\cdot\cdot}$	+ 8 000	Wasserstoff $H^{\cdot}$	0
Cupro $Cu^{\cdot}$	—15 800?	Kobalt $Co^{\cdot\cdot}$	+ 8 500	Rubidium $Rb^{\cdot}$	+62 500	Zink $Zn^{\cdot\cdot}$	+17 500
Cupri $Cu^{\cdot\cdot}$	— 8 000	Lithium $Li^{\cdot}$	+62 800				

§ 2. Negative Ionen.

Arsenat AsO_4'''	+ 71 600	Hydrophosphat HPO_4''	+152 400	Nitrat NO_3'	+ 48 900	Sulfid S''	— 6 300
Brom Br'	+ 28 200			Nitrit NO_2'	+ 27 000	Sulfat SO_4''	+107 000
Bromat BrO_3'	+ 11 200	Hydrosulfid HS'	+ 1 200	Perchlorat ClO_4'	— 38 700	Sulfid SO_3''	+ 75 500
Carbonat CO_3''	+ 80 400	Hydroxyl OH'	+ 54 400	Perjodat JO_4'	+ 46 500	Tellurid Te''	— 17 400
Chlor Cl'	+ 39 100	Hypochlorid ClO'	+ 26 000	Phosphat PO_4'''	+ 99 100	Tellurat TeO_4''	+ 49 200
Chlorat ClO_3'	+ 23 400	Hypophosphit HPO_2'	+143 900	Phosphit HPO_3''	+114 800	Tellurid TeO_3''	+ 38 500
Dithionat S_2O_6''	+139 100			Selen Se''	— 17 800	Tetrathionat S_4O_6''	+130 400
Hydrocarbonat HCO_3'	+163 000	Jod J'	+ 13 100	Selenat SeO_4''	+ 72 400	Thiosulfat S_2O_3''	+ 69 300
		Jodat JO_3'	+ 55 800	Selenit SeO_3''	+ 59 800	Trinitrid N_3'	— 66 100

Literatur.

1. **R. Abegg,** Ber. chem. Ges **33,** 393, 626; 1900.
2. **P. Alexejeff** u. **A. Werner,** Bull. Soc. chim. (3), **2,** 717; 1889.
3. **S. Arrhenius,** ZS. ph. Ch. **4,** 96; 1889; **9,** 339; 1892. Meddelanden fr. Vet.-Akad. Nobelinstitut, **2,** Nr. 8; 1911.
4. **R. Bach,** ZS. ph. Ch. **9,** 248; 1892.
5. **E. Baur,** ZS. ph. Ch. **23,** 409; 1897.
6. **M. Berthelot,** Ann. chim. phys. (4) **29,** 289, 328; 1873; (6), **7,** 145, 170, 185, 200; 1886; (6), **21,** 372; 1890. C. r. **100,** 586; 1885; **101,** 543; 1885.
7. **A. Campetti,** Atti Torino **43,** 1071; 1908.
8. **A. Colson,** Ann. chim. phys. (6) **19,** 407; 1890.
9. **H. G. Denham,** Journ. chem. Soc. **93,** 41; 1908.
10. **P. Dutoit** u. **H. Duperthuis,** Journ. Chim. phys. **6,** 699; 1908.
11. **H. Euler,** ZS. ph. Ch. **21,** 257; 1896; **66,** 71; 1909.
12. **H. Gal** u. **E. Werner,** Bull. Soc. chim. **46,** 803; 1886; **47,** 158; 1887.
13. **A. Hantzsch,** Ber. chem. Ges. **39,** 139; 1906.
14. **A. Heydweiller,** Ann. Phys. (4) **28,** 503; 1909.
15. **J. H. van't Hoff,** Vorlesungen über theor. u. ph. Chemie, Braunschweig, 1901.
16. **H. Jahn** u. **E. Schröder,** ZS. ph. Ch. **16,** 72; 1894.
17. **J. Johnston,** Journ. Amer. chem. Soc. **31,** 1010; 1909.
18. **H. Jones,** Amer. chem. Journ. **35,** 445; 1906; **H. Jones** u. **J. M. Douglas,** Amer. chem. Journ. **26,** 428; 1901.
19. **H. Jones** u. **C. A. Jacobsen,** Amer. chem. Journ. **40,** 355; 1908.
20. **H. Jones** u. **A. West,** Amer. chem. Journ. **34,** 357; 1905.

Lundén.

Literatur zu den elektrolytischen Dissoziationswärmen.

21. **F. Kohlrausch** u. **A. Heydweiller**, ZS. ph. Ch. **14**, 327; 1894.
22. **F. L. Kortright**, Amer. chem. Journ. **18**; 365; 1896.
23. **W. Luginin**, Ann. chim. phys. (5) **17**, 229; 1879.
24. **H. Lundén**, ZS. ph. Ch. **54**, 532; 1906; **70**, 249; 1909. Journ. Chim. phys. **5**, 145, 574; 1907; **6**, 681; 1908; **8**, 331; 1910. Affinitätsmessungen an schwachen Säuren und Basen, Ahrens Samml. Stuttgart 1908.
25. **Th. Madsen**, ZS. ph. Ch. **36**, 290; 1901.
26. **T. S. Moore**, Journ. chem. Soc. **91**, 1382; 1907.
27. **P. Th. Müller** u. **E. Bauer**, Journ. Chim. phys. **2**, 457; 1904.
28. **A. A. Noyes**, Conductivity of aqueous solutions. Carnegie Institution of Washington, Publication No. 63; 1907.
29. **W. Ostwald**, Lehrbuch der allgemeinen Chemie II, 1; Leipzig 1903. Grundriß der allgemeinen Chemie, 4. Aufl. Leipzig 1909.
30. **E. Petersen**, ZS. ph. Ch. **11**, 174; 1893.
31. **E. Rasch** u. **F. W. Hinrichsen**, ZS. Elch. **14**, 46; 1908.
32. **M. Rudolphi**, ZS. ph. Ch. **17**, 277; 1895.
33. **R. Schaller**, ZS. ph. Ch. **25**, 497; 1898.
34. **H. v. Steinwehr**, ZS. ph. Ch. **38**, 185; 1901.
35. **J. Thomsen**, Thermochemische Untersuchungen, Leipzig 1882.
36. **L. Vignon**, C. r. **106**, 1722; 1888.
37. **P. Walden**, ZS. ph. Ch. **59**, 201; 1907.
38. **J. Walker**, ZS. ph. Ch. **4**, 319; 1889. Journ. chem. Soc. **67**, 576; 1895; **83**, 484; 1903.
39. **R. Wegscheider**, Wien. Ber. **111**, 487; 1902.
40. **H. Wegelius**, ZS. Elch. **14**, 514; 1908.
41. **A. Wörmann**, Ann. Phys. (4) **18**, 793; 1905.

Lundén.

197

Einige der direkten Bestimmung unzugängliche Wärmetönungen, thermodynamisch berechnet.

Die Zahlen bedeuten kg-Kal. für ein g-Atom oder g-Molekül, bei Dissoziationswärmen auf den komplexeren Stoff bezogen.

Verdampfungswärmen.

8 $S_{rhomb.} \rightarrow S_8$ (Dampf); —20,0; 2 $S_{rhomb.} \rightarrow S_2$ (Dampf): —28,8 u. —30,5 (bei konst. Vol. und ca. 1000°); **Preuner** u. **Schupp**, ZS. ph. Ch. **68**, 155 u. 166; 1909.

2 $S_{fest} \rightarrow S_2$ (Dampf): —28,5 (bei konst. Druck und Zimmertemp.); **Pollitzer**, ZS. anorg. Ch. **64**, 142; 1909.

Jod: —14,96 (pro Mol.; bei 18° u. konst. Druck); **Naumann**, Diss. Berlin 1907.

Cu	—70,6	Gr.	Ag	—55,8	Gr.	Hg	—13,8	Gr.
Zn	—28,5	„	Cd	—28	S.	Pb	—45,5	„
„	—27	S.	Sn	—73,9	Gr.	Bi	—42,7	„

Gr. = **Greenwood**, ZS. ph. Ch. **76**, 489; 1911. S. = **Sutherland**, Phil. Mag. (5) **46**, 345; 1898.

Dissoziationswärmen von Dämpfen[1]).

A. Elemente: $Cl_4 \rightarrow 2\,Cl_2$: —2,1; $Cl_2 \rightarrow 2\,Cl$: —113,0 (geschätzt!); **Pier**, ZS. ph. Ch. **62**, 394 u. 417; 1908.

$Br_2 \rightarrow 2\,Br$: —55,3; **Brill**, ZS. ph. Ch. **57**, 721; 1907 (weiterhin als „**Br.**, l. c." zitiert).

$J_2 \rightarrow 2\,J$: —36,86 (bei konst. Druck; ca. 1000°); **Starck** u. **Bodenstein**, ZS. Elch. **16**, 966; 1910.

3 $S_8 \rightarrow 4\,S_6$: —29,0; $S_6 \rightarrow 3\,S_2$: —64,0 (bei konst. Vol.); **Preuner** u. **Schupp**, ZS. ph. Ch. **68**, 147; 1909.

Zur Dissoziation eines zweiatomigen Moleküls in ein einatomiges sind (nach Überschlagsrechnung von **v. Wartenberg**, ZS. anorg. Ch. **56**, 332; 1908) erforderlich: bei der Schwefelgruppe ca. 90, bei der Phosphorgruppe ca. 80 kg-Kal.

B. Verbindungen: $(H_2O)_2 \rightarrow 2\,H_2O$[2]): —2,52; **H. Levy**, Verh. D. phys. Ges. **11**, 328; 1909.

2 $H_2S \rightarrow S_{2(Dampf)} + 2\,H_2$: —40,0 (bei konst. Vol. und einer mittl. Temp. von 1000°); **Preuner** u. **Schupp**, ZS. ph. Ch. **68**, 163; 1909.

$H_2S \rightarrow H_2 + S_{fest}$: —4,5 bis —5,0 (bei konst. Druck u. Zimmertemp.); **Pollitzer**, ZS. anorg. Ch. **64**, 140; 1909.

$N_2O_4 \rightarrow 2\,NO_2$: —12,45; **Br.**, l. c.; —12,50 (bei konst. Druck); **van't Hoff**, Vorles. I, S. 141, zweite Aufl. 1901, aus spezifischen Wärmen berechnet.

$PCl_5 \rightarrow PCl_3 + Cl_2$: —18,5; **Br.**, l. c.

$CS_{2\,Dampf} \rightarrow S_{2\,Dampf} + C_{amorph}$: —12,5 (von Temp. u. Druck unabhängig); **Koref**, ZS. anorg. Ch. **66**, 88; 1910.

Ameisensäure $(H.COOH)_2 \rightarrow 2\,H.COOH$: —14,78; **Br.**, l. c.

Essigsäure $(CH_3.COOH)_2 \rightarrow 2\,CH_3.COOH$: —16,60; „

Bromamylenhydrat $C_5H_{10}.HBr \rightarrow C_5H_{10} + HBr$: —19,4; „

Chlorwasserstoffmethyläther $(CH_3)_2O.HCl \rightarrow (CH_3)_2O + HCl$: —8,5; **Br.**, l. c.

[1]) Ausführlichere Angaben finden sich in der 3. Auflage dieses Buches, S. 469; ferner bei **Brill**, ZS. ph. Ch. **57**, 721; 1907 u. bei **Pollitzer**, Samml. chem. u. chem.-techn. Vortr. **12**, 333; 1912. [2]) Für flüssiges Wasser, berechnet **van Laar** (ZS. ph. Ch. **31**, 5; 1899) für die gleiche Reaktion $(H_2O)_{2\,flüss.} \rightarrow 2\,H_2O_{flüss.}$: —3,86 (gültig für 0—60°).

Die Dissoziationswärme des Äthylalkohols, $([C_2H_5.OH]_2 \rightarrow 2\,C_2H_5.OH)$ in Benzol- und Chloroform-Lösungen berechnet **Timofejew** aus Mischungswärmen (vergl. S. 894) zu 3,10 kg-Kal.

W. A. Roth.

Verbrennungswärmen von organischen Verbindungen (und einigen Elementen).

Lit. s. Tab. 199, S. 945.

In die Tabelle sind hauptsächlich solche Werte aufgenommen, die mit Hilfe der Verbrennungsbombe gewonnen sind. Die spezifischen Verbrennungswärmen in Spalte 3 beziehen sich also in weitaus den meisten Fällen auf konstantes Volumen. Ist das nicht der Fall, wie bei den meisten Gasen und auch bei einigen Flüssigkeiten (Angaben mancher französischer Forscher und frühere Bestimmungen von **Stohmann** u. A.), so ist die Zahl mit einem * bezeichnet. In den meisten Fällen ist die Verbrennungswärme (Verbr.-W.) doppelt angegeben, auf konstantes Volumen und auf konstanten Druck bezogen. In letzterem Fall ist die Wärmetönung für jedes bei der Verbrennung verschwindende [kondensierte] Gasmolekül um 0,58 kg-Kal. größer als die Wärmetönung bei konstantem Volumen (Versuchstemperatur ca. 18°).

Die Verbrennungsprodukte sind in allen Fällen: gasförmige Kohlensäure, flüssiges Wasser, eventuell Stickstoff. Was außerdem bei der Verbrennung von Cl-, Br-, J-, S-haltigen Körpern entsteht, hängt von der Versuchsanordnung ab; s. die Bemerkungen bei solchen Verbindungen.

Wo die Daten mit † bezeichnet sind, ist das Gewicht der Substanz für den Auftrieb der Luft korrigiert. (**Fischer** u. **Wrede, Richards** u. **Jesse.**) Bei Flüssigkeiten sind die Daten fast ausnahmslos auf die modernen genauen Molekulargewichte (C = 12,00, H = 1,008) umgerechnet. Falls die Autoren nur den abgeleiteten Wert (molekulare Verbr.-W. bei konst. Druck) angeben, enthält die Umrechnung mitunter eine kleine Unsicherheit. Bei Gasen, wo die verbrannte Menge nicht direkt gewogen, sondern auf Umwegen bestimmt wurde, ist die Umrechnung meist unterlassen. Alsdann ist das abgerundete Mol.-Gew. angegeben, und es findet sich der Vermerk (Umrechnung unsicher) oder dergl.

Bei den meisten nach 1908 ausgeführten Bestimmungen ist die primäre Einheit das Kilojoule (K.J.), die kg-Kal. bzw. die kal. die sekundäre, aus jener mit dem Faktor **4,189** abgeleitet. Denn die Bestimmung des Wasserwertes pro Grad geht bei **Fischer** u. **Wrede, Richards** u. **Jesse, Roth** auf elektrische Eichungen zurück. Bei den Daten von Fischer u. Wrede sowie von Richards u. Jesse sind sowohl die K.J. als auch die mit der Zahl 4,189 daraus berechneten Kal. angegeben; die genannten Forscher haben andere Zahlen für das mechanische Wärmeäquivalent benutzt.

Bei fast allen Daten (namentlich den früheren) ist der Fehler größer als 1 Promille (z. B. infolge von mangelhafter Definition des Präparates und des Wasserwertes, Mängeln des Thermometers, Unsicherheit der Umrechnung etc.); die letzte, vielfach auch die vorletzte Stelle ist also zweifelhaft. Ein Vergleich der Verbr.-W. verschiedener Stoffe ist, namentlich wenn es sich um ältere Daten handelt, nur sicher, wenn man Zahlen desselben Autors kombiniert, die mit derselben Apparatur gewonnen sind.

Die genauesten Bestimmungen sind diejenigen von **Fischer** u. **Wrede** (2) [namentlich von Rohrzucker u. Benzoesäure, die zur Eichung zu dienen haben]. Ältere, von den Beobachtern später verbesserte oder fallengelassene Werte und Daten, die sich auf Körper von unsicherer Konstitution beziehen, sind meist fortgelassen, ebenso Thomsens Werte für weniger flüchtige Substanzen. Wo die Resultate verschiedener Forscher voneinander abweichen, ist die Ursache meist nicht nur Verschiedenheit der Präparate, sondern auch Verschiedenheit und Unsicherheit in der Eichung. Von einer Umrechnung des Wasserwertes, die in manchen Fällen Erfolg verspricht, wurde abgesehen.

Die Bildungswärmen sind nicht angegeben. Sie lassen sich aus den Verbr.-W. der Elemente, die am Anfang der Tab. aufgeführt sind, und den Verbr.-W. der Verbindung folgendermaßen berechnen: ist Q die molekulare Verbr.-W. der betr. Verbindung und $\Sigma(Q_a)$ die Summe der atomaren Verbr.-W. der einzelnen Atome des Moleküls, so ist $\Sigma(Q_a) - Q$ die Bildungswärme von 1 g-Mol. der Verbindung aus den Elementen. Ist $\Sigma(Q_a) > Q$, so ist die Verbindung exotherm, z. B. Äthan, ist $\Sigma(Q_a) < Q$, so ist sie endotherm, z. B. Acetylen. Die Bildungswärme ist verschieden nach der Modifikation des Kohlenstoffs, aus der man die Verbindung entstanden denkt. Die Verbr.-W. der Kohlenstoffmodifikationen bedürfen der Nachprüfung.

Es sei ausdrücklich auf die älteren (z. T. vollständigeren) Zusammenstellungen von **Stohmann** hingewiesen: ZS. ph. Ch. **6**, 336; 1890 und **10**, 412; 1892.

Während die zuverlässigen Daten für die aus C, H und O aufgebauten Verbindungen möglichst vollständig gesammelt sind, ist bei denjenigen Körpern, die S, N, Cl, Br, J etc. enthalten, nur eine Auswahl aufgenommen.

Erklärung der Abkürzungen.

(U. u.) = Umrechnung auf genaues Mol.-Gew. unsicher.

* spez. Verbr.-W. bezieht sich auf konstanten Druck.

† Gewicht der Substanz ist auf das Vakuum reduziert.

fl. = flüssig. f. = fest.

Reihenfolge der Körpergruppen.

Vorbemerkung: Verbindungen, welche N, S, Cl, Br, J enthalten, sind am Schluß zusammengestellt (32—38).

1. Elemente.
2. Aliphatische Kohlenwasserstoffe.
3. Aromatische Kohlenwasserstoffe.
4. Hydroaromatische Kohlenwasserstoffe und Polymethylene.
5. Einwertige, aliphatische Alkohole.
6. Mehrwertige, aliphatische Alkohole.
7. Aromatische Alkohole und Phenole u. Polymethylene.
8. Hydroaromatische und Polymethylen-Alkohole.
9. Aliphatische Äther.
10. Aromatische Äther (Phenoläther).
11. Aliphatische Aldehyde.

W. A. Roth.

Verbrennungswärmen von organischen Verbindungen (und einigen Elementen).

Lit. s. Tab. 199, S. 945

12. Aromatische Aldehyde.
13. Aliphatische Ketone.
14. Aromatische Ketone und Chinone.
15. Hydroaromatische- u. Polymethylen-Ketone.
16. Kohlehydrate.
17. Gesättigte, einbasische, aliphatische Säuren ($C_nH_{2n}O_2$).
18. Andere einbasische, aliphatische Säuren.
19. Gesättigte, mehrbasische, aliphatische Säuren.
20. Ungesättigte, mehrbasische, aliphatische Säuren.
21. Einbasische, aromatische Säuren.
22. Mehrbasische, aromatische Säuren.
23. Hydroaromatische und Polymethylen-Säuren.
24. Säureanhydride u. Laktone (Laktonsäuren s. bei Säuren).
25. Methylester einbasischer Säuren.
26. Methylester mehrbasischer Säuren.
27. Äthylester einbasischer Säuren.
28. Äthylester mehrbasischer Säuren.
29. Ester anderer aliphatischer Alkohole.
30. Phenolester.
31. Amide, Amine und Aminosäuren (als Anhang Oxime).
32. Nitrile und Carbylamine.
33. Nitro- und Nitroso-Verbindungen (auch Nitrite und Nitrate).
34. Azo- und Hydrazo-Verbindungen. (Fluoride).
35. Chlor-Verbindungen.
36. Bromide.
37. Jodide.
38. Schwefelverbindungen. (Phosphorverbindungen).

Abkürzungen der Autorennamen s. Tab. 199.

I. Verbrennungswärme einiger Elemente.

Bem.	g-kal. pro g	kg-Kal. pro Atom	Autor, Zitat
			Kohlenstoff. $C = 12{,}00$ (Verbr. zu gasf. CO_2).
Diamant	7859,0	94,31	Berthelot, Petit, Ann. chim. phys. (6) **18**, 103; 1889.
„ , Bort	7860,9	94,33	„ „ „ (6) **18**, 106; 1889.
Graphit, natürl.	7796,6	93,56	Favre, Silbermann, Ann. chim. phys. (3) **34**, 426; 1852.
„ , Hochofen	7762,3	93,15	Favre, Silbermann, Ann. chim. phys. (3) **34**, 426; 1852.
„ „	7901,2	94,81	Berthelot, Petit, Ann. chim. phys. (6) **18**, 98; 1889.
Acetylenkohle	7894	94,73	Mixter, Sill. Journ. (4) **19**, 434; 1905.
Zuckerkohle	8039,8	96,48	Favre, Silbermann, Ann. chim. phys. (3) **34**, 426; 1852.
Gaskohle	8047,3	96,57	Favre, Silbermann, Ann. chim. phys. (3) **34**, 426; 1852.
ger. Holzkohle	8080,0	96,96	Favre, Silbermann, Ann. chim. phys. (3) **34**, 426; 1852.
„ „	8137,4	97,65	Berthelot, Petit, Ann. chim. phys. (6) **18**, 99; 1889.
„ „	8033	96,40	Gottlieb, Journ. prakt. Ch. (2) **28**, 420; 1883.
			Wasserstoff. Auf $H = 1{,}008$ umgerechnet (Verbr. zu fl. H_2O).
Alle Daten beziehen	34219	34,49	Favre, Silbermann, Ann. chim. phys. (3) **34**, 399; 1852.
sich auf konstanten Druck	34492	34,77	Berthelot, Matignon, ebenda (6) **30**, 553; 1893.
und Zimmertemperatur.	33936	34,21	Thomsen, Thermoch. Unters. 1906, S. 139.
Weitere Daten, auch	33947	34,22	Mixter, Sill. Journ. (4) **16**, 214; 1903.
bei 0°, s. Tab. 188, S. 850.	33805	34,08	Rümelin, ZS. ph. Ch. **58**, 456; 1907.
			Schwefel. (Aus Tab. 188).
[Rhomb. Schwefel]	4450	142,7	Th. Bildung von verdünnter H_2SO_4-Lösung.
Auf das At.-Gew. S = 32,07	4406	141,3	B. Bildung von verdünnter H_2SO_4-Lösung.
umgerechnet.	2462	79,0	Th. Bildung von verdünnter H_2SO_3-Lösung.
B. = Berthelot.	2425	77,8	B. Bildung von verdünnter H_2SO_3-Lösung.
Th. = Jul. Thomsen.	2221	71,2	Th. Bildung von gasförmigem SO_2.
s. f. Favre u. Silbermann, l. c. 447.	2164	69,4	B. Bildung von gasförmigem SO_2.

W. A. Roth.

Verbrennungswärmen von organischen Verbindungen (und einigen Elementen).

Lit. s. Tab. 199, S. 945.

Substanz Aggregatzustand	Bruttoformel Mol.-Gew.	Verbrennungswärme g-kal. pro g	kg-Kal. pro Mol. konst. Vol.	kg-Kal. pro Mol. konst. Druck	Beobachter
Kohlenoxyd CO s. Tab. 188.					
2. Aliphatische Kohlenwasserstoffe.					
C_1					
Methan (Gas)	CH_4; 16 (Umrechnung auf genaues Mol.-Gew. unsicher)	13247*	—	211,93	Th.
		13275	212,4	213,5	B. (1).
C_2					
Äthan (Gas)	C_2H_6; 30 (U. u.)	12348*	—	370,44	Th.
		12363	370,9	372,3	B.Ma. (9)
Äthylen (Gas)	C_2H_4; 28 (U. u.)	11858*	—	332,0	F. S.
		11905*	—	333,35	Th.
		12143	340,0	341,1	B.Ma. (1)
		12308*	—	344,6	Mi. (1)
Acetylen (Gas)	C_2H_2; 26 (U. u.) 26,02	11925*	—	310,05	Th.
		12112	314,9	315,7	B. (1)
		11970*	311,5	312,3	Mi. (2)
			(Mi. ber. für 18° und konst. Dr. 312,7)		
C_3					
Propan (Gas)	C_3H_8; 44 (U. u.)	12027*	—	529,2	Th.
		11970	526,7	528,4	B.Ma. (9)
Propylen (Gas)	C_3H_6; 42 (U. u.)	11732*	—	492,74	Th.
		11855	497,9	499,3	B.Ma. (9)
Allylen [a] (Gas)	C_3H_4; 40 (U. u.)	11689*	—	467,55	Th.
		11810	472,4	473,6	B.Ma. (9)
C_4					
i-Butan (Gas)	C_4H_{10}; 58 (U. u.)	11848*	—	687,2	Th.
i-Butylen (Gas)	C_4H_8; 56 (U. u.)	11618*	—	650,6	Th.
C_5					
Tetramethylmethan (Gas)	C_5H_{12}; 72 (U. u.)	11765*	—	847,1	Th.
Amylen (fl.)	C_5H_{10}; 70 (U. u.)	11491*	—	804,4	F. S.
Trimethyläthylen (Dampf)	„	11537*	—	807,6	Th.
(fl.)	C_5H_{10}; 70,08	11443	801,9	803,4	Zub. (2)*)
C_6					
n-Hexan (fl.)	C_6H_{14}; 86,11	11501	990,4	992,4	St.Kl. (1)
		11603	999,1	1001,1	Zub. (3)*)
Diisopropyl (Dampf)	C_6H_{14}; 86 (U. u.)	11619*	—	999,2	Th.
Hexylen (fl.) [b]	C_6H_{12}; 84,10	11413	959,9	961,9	Zub. (2)
2. Aliphatische Kohlenwasserstoffe (Forts.)					
Diallyl (Dampf) [c]	C_6H_{10}; 82 (U. u.)	11376*	—	932,8	Th.
		11004	902,3	904,3	B. O. (1)
Hexadien-2,4 (fl.) [d]	C_6H_{10}; 82,08	10778	884,7	886,1	Roth, Moo.
Dipropargyl (Dampf) [e]	C_6H_6; 78 (U. u.)	(11319*	zu hoch!	882,9	Th.)
		10944	853,6	855,1	B. (5)
Dimethyldiacetylen (f.) [f]	C_6H_6; 78,05	10864	847,9	848,8	Lug. (15)
C_7					
n-Heptan (fl.)	C_7H_{16}; 100,13	11374*	—	1138,9	Lug. (6)
5-Methylhexadien-2,5 (fl.) [g]	C_7H_{12}; 96,10	10872	1044,8	1046,5	Roth, Moo.
C_8					
n-Oktan (fl.)	C_8H_{18}; 114,14	11497	1312,3	1314,9	Zub. (2)
„ [h]	„	47,73 K.J.†	5448 K.J.†	—	Ri. Je.
„	„	11394†	1300,5†	1303,1†	„
2,5-Dimethylhexan (fl.) [h]	„	47,68 K.J.†	5442 K.J.†	—	„
		11382†	1299,2†	1301,7†	„
2-Methylheptan (fl.) [h]	„	47,78 K.J.†	5454 K.J.†	—	„
		11406†	1301,9†	1304,5†	„
3,4-Dimethylhexan (fl.) [h]	„	47,70 K.J.†	5444 K.J.†	—	„
		11387†	1299,7†	1302,3†	„
3-Äthylhexan (fl.) [h]	„	47,65 K.J.†	5438 K.J.†	—	„
		11375†	1298,3†	1300,9†	„
Isodibutylen (fl.) [i]	C_8H_{16}; 112,13	11183*	—	1254,0	Mb.
C_9					
2,6-Dimethylheptadien-2,5 (fl.) [k]	C_9H_{16}; 124,13	10900	1353,0	1355,3	Roth (3)
C_{10}					
Dekan (fl.)	$C_{10}H_{22}$; 142,18	11416	1623,2	1626,4	Zub. (2)
Diamylen (fl.)	$C_{10}H_{20}$; 140,16	11303*	—	1584,2	F. S.
C_{11}					
5-Äthylidennonadien-1,8 (fl.) [l]	$C_{11}H_{18}$; 150,14	10740	1612,5	1615,1	Roth, Moo.

a) $CH_3 \cdot C \vdots CH$. b) $C_4H_9 \cdot CH : CH_2$. c) $CH_2 : CH \cdot CH_2 \cdot CH_2 \cdot CH : CH_2$. Th.s Wert wohl zu hoch! d) $CH_3 \cdot CH : CH \cdot CH : CH \cdot CH_3$. e) $CH \vdots C \cdot CH_2 \cdot CH_2 \cdot C \vdots CH$. Th.s Wert wohl zu hoch! f) $CH_3 \cdot C \vdots C \cdot C \vdots C \cdot CH_3$. g) $CH_2 : CH \cdot CH_2 \cdot CH : C(CH_3)_2$. h) Umgerechnet; R. u. J. rechnen mit dem Mol.-Gew. 110,11 u. dem mech. Wärmeäquivalent 4,179. i) $(CH_3)_2CH \cdot CH : CH \cdot CH(CH_3)_2$. k) wahrscheinlich $(CH_3)_2 \cdot C : CH \cdot CH_2 \cdot CH : C(CH_3)_2$. l) $CH_2 : CH \cdot CH_2 \cdot CH_2 \cdot C \cdot CH_2 \cdot CH_2 \cdot CH : CH_2$ (an C: $\ddot{C}H \cdot CH_3$). *) Zu Zub. (2) und Zub. (3) vergl. Anm. m) S. 911.

W. A. Roth.

Verbrennungswärmen von organischen Verbindungen (und einigen Elementen).

Lit. s. Tab. 199, S. 945.

Substanz Aggregatzustand	Bruttoformel Mol.-Gew.	Verbrennungswärme g-kal. pro g	Verbrennungswärme kg-Kal. pro Mol. konst. Vol.	Verbrennungswärme kg-Kal. pro Mol. konst. Druck	Beobachter
2. Aliphatische Kohlenwasserstoffe (Forts.)					
C_{12}					
Isotributylen (fl.) a)	$C_{12}H_{24}$; 168,19	11065*	—	1861,0	Mb.
C_{16}					
Hexadekan (f.)	$C_{16}H_{34}$; 226,27	11300	2556,8	2561,7	St. Kl.
C_{20}					
Eikosan (f.)	$C_{20}H_{42}$; 282,34	11264	3180,2	3186,3	bei St. Kl., La. Off.
C_x					
Festes Paraffin (Schmp. 54—56°)		11200			Roth unv.
3. Aromatische Kohlenwasserstoffe.					
C_6					
Benzol (Dampf)	C_6H_6; 78,05	(10248*	zu hoch!	799,9	Th.)
		10041	783,7	785,1	B. (5)
„	„	10096*	—	788,0	St. Ro. H. (1)
„ (fl.)	„	9978	778,8	779,7	St. Kl. La. (1)
„	„	9997*	—	780,3	St. Ro. H. (1)
„	„	41,995 K.J.†	—	—	Ri. Je. b)
		10025†	782,4†	783,3†	—
„	„	10004	780,8	781,7	Roth unv.
C_7					
Toluol	C_7H_8; 92,06	10150*	—	934,4	St. Ro. H. (4)
(fl.)	„	10140	933,5	934,6	Roth unv.
„	„	10189	938,0	939,2	Schmdl.
C_8					
o-Xylol	C_8H_{10};	10229*	—	1085,1	St. Ro. H. (4)
(fl.)	106,08	43,100 K.J.†	4572 K.J.†	—	Ri. Je. b)
„	„	10289†	1091,4†	1092,0†	„
m-Xylol	„	10228*	—	1085,0	St. Ro. H. (4)
(fl.)	„	43,100 K.J.†	4572 K.J.†		Ri. Je. b)

Substanz Aggregatzustand	Bruttoformel Mol.-Gew.	Verbrennungswärme g-kal. pro g	Verbrennungswärme kg-Kal. pro Mol. g-Kal. pro g	Verbrennungswärme kg-Kal. pro Mol. konst. Vol.	Beobachter
3. Aromatische Kohlenwasserstoffe (Forts.)					
m-Xylol	C_8H_{10}; 106,08	10289†	1091,4†	1092,9†	Ri. Je.
„	„	10247	1087,0	1088,5	Roth unv.
p-Xylol	„	10229*	—	1085,1	St. Ro. H. (4)
(fl.)	„	42,951 K.J.†	4556 K.J.†	—	Ri. Je. b)
		10253†	1087,7†	1089,1†	„
Styrol (fl.) c)	C_8H_8; 104,06	10045	1045,3	1046,4	St. Kl. La. (5)
	„	10050	1046,1	1047,3	A. R. E. (2)
„	„	10173	1058,6	1059,8	Lem. (1)
C_9					
Mesitylen (fl.) d)	C_9H_{12}; 120,10	10424*	—	1251,9	St. Ro. H. (4)
n-Propylbenzol (fl.)	„	10394	1248,3	1250,0	Gen.
i- „	„	10407	1249,8	1251,6	„
α-Methylstyrol (fl.) e)	C_9H_{10}; 118,08	10189	1203,1	1204,6	A. R. E. (2)
		10304	1216,6	1218,1	Lem. (1)
p-Methylstyrol	„	10182	1202,3	1203,8	Roth unv.
Inden (fl.) f)	C_9H_8; 116,06	9884	1147,1	1148,3	Roth unv.
C_{10}					
Durol (f.) g)	$C_{10}H_{14}$; 134,11	10387	1393,0	1395,0	St. K. La. (1)
Cymol (fl.) h)	„	10526	1411,6	1413,7	St. Kl. (5)
—	„	10460*	—	1402,8	St. Ro. H. (4)
n-Propyltoluol (1,3) (fl.)	„	10476	1404,9	1406,9	Gen.
i- „	„	10507	1409,1	1411,1	„
α, β-Dimethylstyrol (fl.)	$C_{10}H_{12}$; 132,10	10248	1353,8	1355,5	A. R. E. (2)
		10394	1373,0	1374,8	Lem. (1)
Phenyl-1-buten-2 (fl.) i)	„	10306	1361,4	1363,2	A. R. E. (2)
Tetrahydronaphthalin (fl.) k)	„	10239	1352,6	1354,3	Ler.
Dihydronaphthalin (fl.) l)	$C_{10}H_{10}$; 130,08	10092	1312,8	1314,2	„
Naphthalin	$C_{10}H_8$;	9628	1233,0	1234,2	St. Kl. La. (1)
(f.) m)	128,06	9619*	—	1231,8	„ (1)

a) $(CH_3)_2CH \cdot C(CH \cdot CH(CH_3)_2) : CH \cdot C(CH_3)_2$. b) Richards u. Jesse benutzen zum Umrechnen der K. J. auf Kal. den Faktor 4,179. c) $C_6H_5 . CH : CH_2$. d) Sym. Trimethylbenzol. e) $C_6H_5 . C(CH_3) : CH_2$. f) [Strukturformel]. g) 1, 2, 4, 5-Tetramethylbenzol. h) p-Methyl-isopropylbenzol. i) $C_6H_5 . CH_2 . CH : CH . CH_3$. k) [Strukturformel]. l) [Strukturformel]. m) Die Werte von Berthelot und seinen Mitarbeitern schwanken und sind darum fortgelassen. Manche Daten von französischen Forschern dürften etwas zu hoch sein, weil bei der Eichung eine zu hohe Verbr.-W. des Naphthalins eingesetzt ist.

W. A. Roth.

Verbrennungswärmen von organischen Verbindungen (und einigen Elementen).

Lit. s. Tab. 199, S. 945.

Substanz Aggregatzustand	Bruttoformel Mol.-Gew.	Verbrennungswärme g-kal. pro g	kg-Kal. pro Mol. konst. Vol.	kg-Kal. pro Mol. konst. Druck	Beobachter
3. Aromatische Kohlenwasserstoffe (Forts.)					
Naphthalin (Forts.)	$C_{10}H_8$; 128,06	40,314 K.J.†	—	—	Wr.
„	„	9624†	1232,4†	1233,6†	„
„	„	40,384 K.J.	5172 K.J.	—	Fi. Wr. (1)
„	„	9641	1234,6	1235,7	„
„	„	9643	1234,9	1236,1	Roth (1)
„	„	9631	1233,3	1234,5	Ler.
C_{11}					
Pentamethylbenzol (f.)	$C_{11}H_{16}$; 148,13	10485	1553,2	1555,5	St. Kl. La. (1)
C_{12}					
Hexamethylbenzol (f.)	$C_{12}H_{18}$; 162,14	10553	1711,0	1713,6	„ (1)
β, β-Diäthylstyrol (fl.)	$C_{12}H_{16}$; 160,13	10398	1665,0	1667,3	A. R. E. (1)
Diphenyl (f.)	$C_{12}H_{10}$ 154,08	9694	1493,6	1495,1	St. Kl. La. (1)
Acenaphthen (f.) a)	„	9679	1491,3	1492,8	„ (5)
C_{13}					
Diphenylmethan (f.)	$C_{13}H_{12}$; 168,10	9845	1654,9	1656,6	St.Kl.La.(5)
		9870	1659,2	1660,9	Schmdl.
C_{14}					
Dibenzyl (f.) b)	$C_{14}H_{14}$; 182,11	10046	1829,4	1831,4	B. Vi. (1)
„		9941	1810,4	1812,4	St.Kl.La.(5)
Stilben (f.) c)	$C_{14}H_{12}$; 180,10	9787	1762,7	1764,5	„ (5)
		9800	1765,0	1766,8	St. Kl. (4)
„	„	9843	1772,7	1774,4	Oss. (1)
Anthracen (f.) d)	$C_{14}H_{10}$; 178,08	9510	1693,6	1695,1	St.Kl.La.(1)
		9541	1699,0	1700,4	Weig.
	„	9586	1707,0	1708,4	B. Vi. (1)
Phenanthren (f.) e)	„	9506	1692,8	1694,2	St.Kl.La.(1)
	„	9545	1699,7	1701,2	B. Vi. (1)
Tolan (f.) f)	„	9766	1739,2	1740,7	St.Kl.La.(5)
„	„	9757	1737,5	1738,9	St. Kl. (4)
C_{15}					
α, β-Methylphenylstyrol (f.) g)	$C_{15}H_{14}$; 194,11	9984	1938,1	1940,1	Lem. (1)
3. Aromatische Kohlenwasserstoffe (Forts.)					
C_{18}					
Diphenyl-1,4-äthyl-buten-3 (fl.) h)	$C_{18}H_{20}$; 236,15	10047	2372,6	2375,5	A. R. E. (2)
Reten (f.) i)	$C_{18}H_{18}$; 234,14	9851	2306,5	2309,1	St.Kl.La.(5)
„		9922	2323,1	2325,7	B. Rec.
1,6 Diphenyl-hexadien-1,5 (f.) j)	„	10004	2342,3	2344,9	Roth unv.
Chrysen (f.) k)	$C_{18}H_{12}$; 228,10	9380	2139,6	2141,3	St.Kl.La.(5)
C_{19}					
Triphenylmethan (f.)	$C_{19}H_{16}$; 244,13	9747	2379,4	2381,7	St.Kl.La.(5)
		9775	2386,4	2388,7	Schmdl.
Triphenylmethyl (f.)	$C_{19}H_{15}$; 243,12	9784	2378,9	2381,0	„
		Dort auch Sauerstoffderivate!			
C_{20}					
Diphenylstyrol (f.) l)	$C_{20}H_{16}$; 256,13	9797	2509,3	2511,6	Lem. (1)
C_{24}					
Triphenylbenzol (f.)	$C_{24}H_{18}$; 306,14	9594	2937,0	2939,6	St.Kl.La.(5)
C_{25}					
Tetraphenylmethan (f.)	$C_{25}H_{20}$; 320,16	9691	3102,8	3105,7	Schmdl.

4. Hydroaromatische Kohlenwasserstoffe und Polymethylene.

Substanz Aggregatzustand	Bruttoformel Mol.-Gew.	Verbrennungswärme g-kal. pro g	kg-Kal. pro Mol. konst. Vol.	kg-Kal. pro Mol. konst. Druck	Beobachter
C_3					
Trimethylen (Gas)	C_3H_6; 42 (U. u.)	11891*	—	499,4	Th.
		12038	505,6	507,0	B. Ma. (9)
C_6					
Methylcyclopentan (fl.)	C_6H_{12}; 84,10	11237	945,0	946,8	Zub. (2) m)
		11258	946,8	948,6	Zub. (3) m)

a) CH_2—CH_2 (an Naphthalinkern). b) $C_6H_5 . CH_2 . CH_2 . C_6H_5$. c) $C_6H_5 . CH : CH . C_6H_5$. d) $C_6H_4 \langle {CH \atop CH} \rangle C_6H_4$.

e) C_6H_4—CH / C_6H_4—CH (||). f) $C_6H_5 . C \vdots C . C_6H_5$. g) $C_6H_5 . CH(CH_3) : CH . C_6H_5$. h) $C_6H_5 . CH$—C_2H_5 / CH_2—$CH : CH . C_6H_5$.

i) (CH_3) $(C_3H_7$ iso) C_6H_2—C_6H_4 (über CH:CH). j) $C_6H_5 . CH : CH . CH_2 . CH_2 . CH : CH . C_6H_5$. k) C_6H_4—CH / $C_{10}H_6$—CH.

l) $C_6H_5 . C(C_6H_5) : CH(C_6H_5)$. m) Bei den Werten von Zub. (2) ist die spez. Wärme des Wassers von 20° nach Bartoli u. Stracciati eingesetzt, bei den Werten von Zub. (3) diejenige nach Regnault. Die zweiten Werte dürften um 2 ‰ zu hoch sein.

W. A. Roth.

Verbrennungswärmen von organischen Verbindungen (und einigen Elementen).

Lit. s. Tab. 199, S. 945.

4. Hydroaromatische Kohlenwasserstoffe und Polymethylene (Forts.)

Substanz Aggregatzustand	Bruttoformel Mol.-Gew.	Verbrennungswärme g-kal. pro g	kg-Kal. pro Mol. konst. Vol.	kg-Kal. pro Mol. konst. Druck	Beobachter
Cyclohexan = Hexahydrobenzol = Hexamethylen (fl.)	C_6H_{12}; 84,10	11217 11231 11127	943,3 944,5 935,8	945,1 946,3 937,5	Zub (2) „ (3) Roth unv.
Tetrahydrobenzol (fl.)	C_6H_{10}; 82,08	10860 10875	891,3 892,6	892,8 894,1	St.La.(6) Roth unv.
	(Mittelwert; 2 versch. Präparate.)				
Dihydrobenzol (fl.)	C_6H_8; 80,06	10585	847,4	848,6	St.La.(6)
C_7					
1,3-Dimethylcyclopentan (fl.)	C_7H_{14}; 98,11	11219	1100,7	1102,8	Zub. (3)
Methylcyclohexan (Hexahydrotoluol) (fl.)	„	11233 11151*	1102,0 —	1104,1 1096,0	„ (3) Lug. (6)
Cycloheptan (fl.)	„	11187	1097,5	1099,6	Zub. (3)
Methyl-1-cyclohexen-1 (fl.)	C_7H_{12}; 96,10	10913	1048,7	1050,4	„ (3)
Methyl-1-cyclohexen-2 (fl.)	„	10971	1054,3	1056,0	„ (3)
Methencyclohexan a) (fl.)	„	10930	1051,0	1052,8	Roth unv.
Cyclohepten	„	11028	1059,8	1061,5	Zub. (3)
C_8					
1,1-Dimethylcyclohexan (fl.)	C_8H_{16}; 112,13	11186	1254,3	1256,6	„ (3)
1,3- „	„	11144	1249,5	1251,9	„ (3)
1,4- „	„	11062	1240,3	1242,7	„ (3)
Äthencyclohexan (fl.) b)	C_8H_{14}; 110,11	10963	1207,1	1209,2	Roth unv.
Laurolen (fl.) c)	„	10935	1204,0	1206,0	Zub. (3)
i-Laurolen (fl.) d)	„	10940	1204,6	1206,6	„ (3)

4. Hydroaromatische Kohlenwasserstoffe und Polymethylene (Forts.)

Substanz Aggregatzustand	Bruttoformel Mol.-Gew.	Verbrennungswärme g-kal. pro g	kg-Kal. pro Mol. konst. Vol.	kg-Kal. pro Mol. konst. Druck	Beobachter
1-Methyl-3-methencyclohexen-1 (fl.) e)	C_8H_{12}; 108,10	10630	1149,1	1150,8	Roth (3)
C_9					
Nononaphthen (fl.) f)	C_9H_{18}; 126,14	10958	1382,3	1384,9	Oss. (1)
i- „	„	10966	1383,3	1385,9	„ (1)
1, 3, 3-Trimethylcyclohexan (fl.)		11159	1407,6	1410,2	Zub. (3)
1,5-Dimethyl-3-methencyclohexen-1 (fl.) g)	C_9H_{14}; 122,11	10622*)	1297,1	1299,1	Roth, Peters
C_{10}					
Dekahydronaphthalin (fl.)	$C_{10}H_{18}$; 138,14	10874	1502,1	1504,7	Ler.
Menthen (fl.)	„	11018	1522,1	1524,7	St. Kl.(4)
1-Äthyl-5-dimethylcyclohexen-1 h)	„	10888	1504,1	1506,7	Roth, Moo.
Oktohydronaphthalin (fl.)	$C_{10}H_{16}$; 136,13	10735	1461,4	1463,7	Ler.
Terpene, $C_{10}H_{16}$; 136,13.					
d-Limonen (fl.) i)		10807	1471,1	1473,4	Zub. (5)
„		10805	1470,9	1473,2	A.R.E.(2)
„ „Citren“		10817	1472,6	1474,9	B.Ma.(4)
d-α-Pinen (fl.) k)		10915	1485,8	1488,1	Zub. (5)
„		10860	1478,4	1480,7	A.R.E.(2)
l-α-Pinen (fl.)		10924	1487,1	1489,4	Zub. (5)
„Terebenten“		10870	1479,7	1482,0	St. Kl.(4)
„		10946	1490,0	1492,3	B.Ma.(4)
β-Pinolen l)		10789	1468,7	1471,0	Roth, Ö.

a) =CH_2 b) =C_2H_4 c) CH_3, CH_3, CH_3 d) CH_3, CH_3, CH_3 e) CH_3, =CH_2

f) 1, 3, 4-Trimethylhexahydrobenzol (Hexahydrocumol). g) CH_3, CH_3, CH_2 h) C_2H_5, CH_3, CH_3 i) CH_3, CH_3—C=CH_2

k) CH_3, CH_3, CH_3 l) CH_3, CH_3

*) Verb.-W. vielleicht um ca. 2 Promille zu niedrig.

W. A. Roth.

Verbrennungswärmen von organischen Verbindungen (und einigen Elementen).

Lit. s. Tab. 199, S. 945.

4. Hydroaromatische Kohlenwasserstoffe und Polymethylene (Forts.)

Substanz Aggregatzustand	Bruttoformel Mol.-Gew.	Verbrennungswärme g-kal. pro g	kg-Kal. pro Mol. konst. Vol.	kg-Kal. pro Mol. konst. Druck	Beobachter
Isobutenyl-1-cyclohexen-1 (fl.) a)	$C_{10}H_{16}$; 136,13	10734	1461,2	1463,5	Roth, Ell.
Sylvestren (fl.) b)		10756	1464,2	1466,5	A.R.E. (1)
1,5-Dimethyl-3-äthencyclohexen-1 (fl.) c)		10689	1455,1	1457,4	Roth, Pet. unv.
Camphen (f.)		10777	1467,1	1469,4	A.R.E. (1)
„ kryst. inakt. d)		10786	1468,3	1470,6	B. Vi. (1)
Terecamphen		10768	1465,8	1468,2	St. Kl. (4)
Borneocamphen		10794	1469,4	1471,7	„ (4)
Cyclen (f.)		10775	1466,8	1469,1	Roth, Ö.
Hexahydronaphthalin (fl.)	$C_{10}H_{14}$; 134,11	10581	1419,0	1421,0	Ler.
C_{11}					
1,5-Dimethyl-3-isopropencyclohexen-1 (fl.) e)	$C_{11}H_{18}$; 150,14	10712	1608,3	1610,9	Roth, Pet. unv.
C_{14}					
3,3-Dimethyldicyclohexyl (fl.) f)	$C_{14}H_{26}$; 194,21	10929	2122,0	2125,8	Zub. (3)

5. Einwertige, aliphatische Alkohole.

(Aldehyd- u. Keto-Alkohole s. bei Aldehyden, Ketonen und Kohlehydraten).

Substanz Aggregatzustand	Bruttoformel Mol.-Gew.	Verbrennungswärme g-kal. pro g	kg-Kal. pro Mol. konst. Vol.	kg-Kal. pro Mol. konst. Druck	Beobachter
C_1					
Methylalkohol (Dampf)	CH_4O; 32 (Umr. uns.)	5695*	—	182,2	Th.
(fl.)		5307*	—	169,8	F. S.
„	CH_4O; 32,03	5322	170,4	170,7	St. Kl. La. (4)

5. Einwertige, aliphatische Alkohole (Forts.)

Substanz Aggregatzustand	Bruttoformel Mol.-Gew.	Verbrennungswärme g-kal. pro g	kg-Kal. pro Mol. konst. Vol.	kg-Kal. pro Mol. konst. Druck	Beobachter
C_2					
Äthylalkohol (Dampf)	C_2H_6O; 46 (Umr. uns.)	7403*	—	340,5	Th.
(fl.)		7184*	—	330,4	F. S.
„	C_2H_6O; 46,05	7068	325,5	326,1	B. Ma. (6)
„	„	7082	326,4	326,9	Atw. Sn.
„	„	7095*	—	326,7	„
C_3					
n-Propylalkohol (Dampf)	C_3H_8O; 60 (Umr. uns.)	8311*	—	498,6	Th.
(fl.)	C_3H_8O; 60,06	8005*	—	480,8	Lug. (4)
„	„	8060	484,1	484,9	Zub. (2)
i-Propylalkohol (Dampf)	C_3H_8O; 60 (Umr. uns.)	8222*	—	493,3	Th.
(fl.)	C_3H_8O; 60,06	7971*	—	478,7	Lug. (4)
„	„	7965	478,4	479,2	Zub. (2)
Allylalkohol (Dampf)	C_3H_6O; 58 (U. u.)	8013*	—	464,8	Th.
(fl.)	C_3H_6O; 58,05	7632*	—	443,0	Lug. (1)
Propargylalkohol (Dampf) g)	C_3H_4O; 56 (U. u.)	7698*	—	431,1	Th.
C_4					
n-Butylalkohol (fl.)	$C_4H_{10}O$; 74,08	8682	643,2	644,4	Zub. (2)
i-Butylalkohol (Dampf)	$C_4H_{10}O$; 74 (U. u.)	8899*	—	658,5	Th.
prim. (fl.)	$C_4H_{10}O$; 74,08	8604*	—	637,4	Lug. (4)
i-Butylalkohol (fl.)	„	8646	640,5	641,7	Zub. (2)

a) 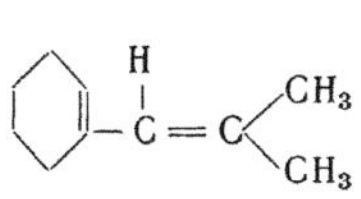 b) 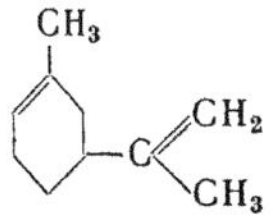 c) 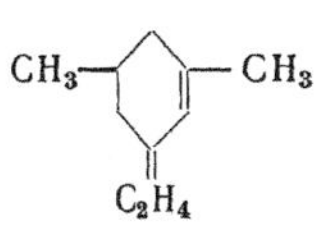 d)

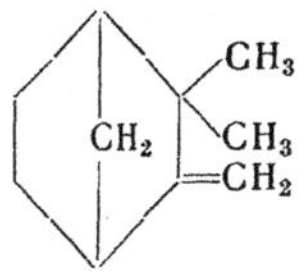

Bei a) bis c) ist die Verbr.-W. vielleicht um ca. 3 Promille zu niedrig. (Vgl. A.R.E. (2)).

e) 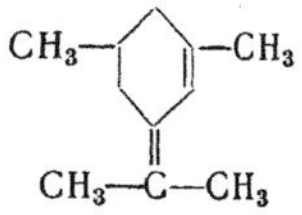 f) 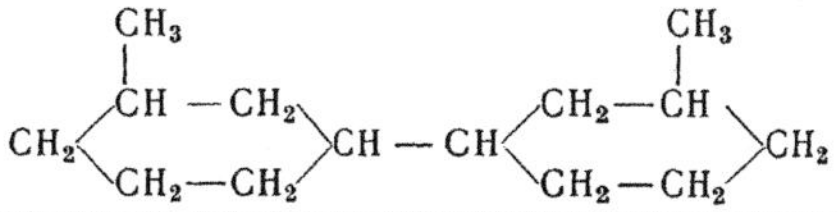 g) $CH \vdots C \cdot CH_2OH$.

Verbrennungswärmen von organischen Verbindungen (und einigen Elementen).

Lit. s. Tab. 199, S. 945.

Substanz Aggregatzustand	Bruttoformel Mol.-Gew.	Verbrennungswärme g-kal. pro g	kg-Kal. pro Mol. konst. Vol.	kg-Kal. pro Mol. konst. Druck	Beobachter
5. Einwertige, aliphatische Alkohole (Forts.)					
tertiär. Butylalkohol (Dampf)	$C_4H_{10}O$; 74 (U. u.)	8667*	—	641,3	Th.
(f.)	$C_4H_{10}O$; 74,08	8552*	—	633,5	Lug. (8)
(fl.)	„	8558	634,0	635,1	Zub. (2)
C_5					
Amylalkohol (fl.)	$C_5H_{12}O$; 88 (Umrechnung unsicher)	8959*	—	788,4	F. S.
Dimethyläthylcarbinol (Dampf)		9210*	—	810,5	Th.
i-Amylalkohol (Dampf)		9319*	—	820,1	„
Gärungsamylalkohol (fl.)	$C_5H_{12}O$; 88,10	9022*	—	794,8	Lug. (4) s. auch Zub. (2)
Dimethyläthylcarbinol (fl.)	„	8961*	—	789,4	Lug. (4)
		8969	790,2	791,6	Zub. (2)
Äthylvinylcarbinol (fl.)	$C_5H_{10}O$; 86,08	8758*	—	753,9	Lug. (1)
C_6					
Methyldiäthylcarbinol (fl.)	$C_6H_{14}O$; 102,11	9162	935,6	937,3	Zub. (4)
Pinakolinalkohol (fl.)[a]	„	9277	947,3	949,0	„ (4)
Allyldimethylcarbinol (fl.)	$C_6H_{12}O$; 100,10	9140*	—	914,9	Lug. (7)
		8937	894,6	896,1	Zub. (4)
C_7					
Heptylalkohol (fl.)	$C_7H_{16}O$; 116,13	9584	1113,0	1115,0	„ (2)
Triäthylcarbinol (fl.)	„	9385	1089,9	1091,9	„ (4)
Allylmethyläthylcarbinol (fl.)	$C_7H_{14}O$; 114,11	9289	1060,0	1061,7	„ (4)
Diallylcarbinol (fl.)	$C_7H_{12}O$; 112,10	9261	1038,3	1039,7	„ (4)
C_8					
Caprylalkohol (fl.)	$C_8H_{18}O$; 130,14	9709*	—	1263,5	Lug. (8)
Methyldipropylcarbinol (fl.)	„	9560	1244,1	1246,4	Zub. (4)
Allylmethylpropylcarbinol (fl.)	$C_8H_{16}O$; 128,13	9468	1213,2	1215,2	„ (4)
Allyldiäthylcarbinol (fl.)	„	9510	1218,5	1220,5	„ (4)

Substanz Aggregatzustand	Bruttoformel Mol.-Gew.	Verbrennungswärme g-kal. pro g	kg-Kal. pro Mol. konst. Vol.	kg-Kal. pro Mol. konst. Druck	Beobachter
5. Einwertige, aliphatische Alkohole (Forts.)					
Diallylmethylcarbinol (fl.)	$C_8H_{14}O$; 126,11	9452	1192,0	1193,7	Zub. (4)
		9535*	—	1202,5	Lug. (7)
C_9					
Äthyldipropylcarbinol (fl.)	$C_9H_{20}O$; 144,16	9705	1399,1	1401,8	Zub. (4)
Allylmethyl-n-butylcarbinol (fl.)	$C_9H_{18}O$; 142,14	9690	1377,8	1380,1	„ (4)
Allylmethyl-tert.-butylcarbinol (fl.)	„	9679	1375,9	1378,2	„ (4)
C_{10}					
Allyldipropylcarbinol (fl.)	$C_{10}H_{20}O$; 156,16	9935*	—	1551,5	Lug. (7)
		9811	1532,1	1534,7	Zub. (4)
Diallylpropylcarbinol (fl.)	$C_{10}H_{18}O$; 154,14	9641	1486,0	1488,4	„ (4)
C_{11}					
Allylmethylhexylcarb. (fl.)	$C_{11}H_{22}O$; 170,18	9884	1682,0	1684,9	„ (4)
C_{16}					
Cetylalkohol (f.)	$C_{16}H_{34}O$; 242,27	10348*	—	2507,0	St.
6. Mehrwertige aliphatische Alkohole.					
C_2					
Äthylenglykol (fl.)	$C_2H_6O_2$; 62,05	4569*	—	283,5	Lug. (3)
		4544	281,9	282,2	St. La. (4)
C_3					
Propylenglykol (fl.)	$C_3H_8O_2$; 76,06	5673*	—	431,5	Lug. (1)
iso- „	„	5740*	—	436,6	Lug. (1)
Glyzerin (fl.)	$C_3H_8O_3$; 92,06	4266*	—	392,7	„ (3)
		4312	397,0	397,3	St. La. (4)
„	„	4317*	—	397,4	St.
C_4					
Erythrit (f.)	$C_4H_{10}O_4$; 122,08	4132	504,5	504,8	St. La.
		4131	504,3	504,6	St. Kl. La. (5)
„	„	4113	502,1	502,3	Lug. (19)
„	„	4118	502,7	503,0	B. Ma. (2)
C_5					
Pentaerythrit (f.)	$C_5H_{12}O_4$; 136,10	4859	661,3	661,9	St. La. (4)
Arabit (f.)	$C_5H_{12}O_5$; 152,10	4025	612,1	612,4	„ (4)

a) $(CH_3)_3C.CH(OH).CH_3$.

W. A. Roth.

Verbrennungswärmen von organischen Verbindungen (und einigen Elementen).

Lit. s. Tab. 199, S. 945.

6. Mehrwertige, aliphatische Alkohole (Forts.)

Substanz Aggregatzustand	Bruttoformel Mol.-Gew.	Verbrennungswärme g-kal. pro g	kg-Kal. pro Mol. konst. Vol.	kg-Kal. pro Mol. konst. Druck	Beobachter
C_6					
Pinakon (f.)[a]	$C_6H_{14}O_2$; 118,11	7608*	—	898,5	Lug. (8)
d-Mannit (f.)	$C_6H_{14}O_6$;	3996	727,8	728,1	St.Kl.La. (5)
„	182,11	4001	728,7	729,0	B. Vi. (2)
„	„	3998	728,0	728,3	St.La.(4)
Dulcit (f.)	„	4006	729,6	729,9	B. Vi. (2)
„	„	3976	724,1	724,4	St.La.(4)
C_7					
Perseït (f.) =	$C_7H_{16}O_7$; 212,13	3943	836,3	836,6	„ (4)
Glucoheptit	„	3967	841,4	841,7	Fogh

7. Aromatische Alkohole und Phenole.

(Enthält der Körper außer OH noch die C=O-Gruppe, so ist er bei Aldehyden bzw. Ketonen aufgeführt.)

Substanz Aggregatzustand	Bruttoformel Mol.-Gew.	Verbrennungswärme g-kal. pro g	kg-Kal. pro Mol. konst. Vol.	kg-Kal. pro Mol. konst. Druck	Beobachter
C_6					
Phenol (f.)	C_6H_6O; 94,05	7787	732,3	732,9	St.La.(4)
„		7811 (Mittelwert)	734,6	735,2	B. Lug.
„	„	7836	736,9	737,5	B. Vi. (1)
Brenzkatechin (f.)	$C_6H_6O_2$; 110,05	6226	685,2	685,5	St.La.(4)
Resorcin (f.)	„	6210	683,4	683,7	„ (4)
Hydrochinon (f.)	„	6230	685,6	685,9	B. Lug.
	„	6229	685,5	685,8	Val.
„	„	6209	683,3	683,6	St.La.(4)
Pyrogallol (f.)	$C_6H_6O_3$; 126,05	5026	633,6	633,6	B. Lug.
„		5072	639,3	639,3	St.La.(4)
Phloroglucin (f.)	„	4902	617,9	617,9	St.Ro.H. (2)
Benzylalkohol (fl.)	C_7H_8O; 108,06	8290*	—	895,8	„ (6)
		8277	894,4	895,2	St.Kl.L.(5)
„	„	8249	891,4	892,3	Schmdl.
o-Kresol (fl.)	„	8176*	—	883,5	St.Ro.H. (3)
„ (f.)	„	8146*	—	880,3	„ (3)
m-Kresol (fl.)	„	8157*	—	881,4	„ (3)
p-Kresol (fl.)	„	8175*	—	883,4	„ (3)
„ (f.)	„	8152*	—	880,9	„ (3)
Orcin (f.)[b]	$C_7H_8O_2$; 124,06	6651*	—	825,1	„ (3)
Saligenin(f.)[c]	„	6818	845,8	846,4	B. Riv.

7. Aromatische Alkohole u. Phenole (Forts.)

Substanz Aggregatzustand	Bruttoformel Mol.-Gew.	Verbrennungswärme g-kal. pro g	kg-Kal. pro Mol. konst. Vol.	kg-Kal. pro Mol. konst. Druck	Beobachter
Hydrotoluchinon (f.)[d]	$C_7H_8O_2$; 124,06	6745	836,7	837,3	Val.
C_8					
o-Xylenol (fl.)	$C_8H_{10}O$; 122,08	8487*	—	1036,1	St.Ro. H. (3)
m- „ „	„	8506*	—	1038,4	„ (3)
p- „ „	„	8489*	—	1036,3	„ (3)
C_9					
Pseudocumenol (f.)[e]	$C_9H_{12}O$; 136,10	8761*	—	1192,4	„ (3)
C_{10}					
Thymol (fl.)[f]	$C_{10}H_{14}O$; 150,11	9025*	—	1354,7	„ (3)
„ (f.)	„	9000*	—	1351,0	„ (3)
Carvacrol (fl.)[g]	„	9032*	—	1355,8	„ (3)
Hydrothymochinon (f.)[h]	$C_{10}H_{14}O_2$; 166,11	7880	1309,0	1310,4	Val.
α-Naphthol (f.)	$C_{10}H_8O$; 144,06	8248	1188,2	1189,0	„
β- „ „	„	8260	1189,9	1190,8	„
C_{13}					
Diphenylcarbinol (f.)	$C_{13}H_{12}O$; 184,10	8775	1615,4	1616,9	St.Kl.La. (5)
„	„	8764	1613,4	1614,8	Schmdl.
C_{14}					
Hydrophenanthrenchinon (f.)[i]	$C_{14}H_{10}O_2$; 210,08	7636	1604,1	1605,0	Val.
C_{19}					
Triphenylcarbinol (f.)	$C_{19}H_{16}O$; 260,13	8999	2341,0	2343,0	St.Kl.La. (5)
„	„	9000	2341,2	2343,2	Schmdl.
C_{21}					
β-Dioxydinaphthylmethan (f.)[k] *)	$C_{21}H_{16}O_2$; 300,13	8252	2476,7	2478,5	Del. (3)

8. Hydroaromatische und Polymethylen-Alkohole.

Substanz Aggregatzustand	Bruttoformel Mol.-Gew.	Verbrennungswärme g-kal. pro g	kg-Kal. pro Mol. konst. Vol.	kg-Kal. pro Mol. konst. Druck	Beobachter
C_6					
β-Methylcyclopentanol (fl.)	$C_6H_{12}O$; 100,10	8936	894,5	896,0	Zub. (3)
Cyclohexanol (fl.)	„	8958	896,7	898,2	„ (3)

a) $(CH_3)_2C(OH) . C(OH) (CH_3)_2$. b) $(C_6H_3) (CH_3)^{(1)} (OH)_2^{(3,5)}$. c) o-Oxybenzylalkohol.
d) $(C_6H_3) (CH_3)^{(1)} (OH)_2^{(2,5)}$. e) $(C_6H_2) (OH)^{(1)} (CH_3)_3^{(2,4,5)}$. f) $(C_6H_3) (OH)^{(1)} (CH_3)^{(3)} (i\text{-}C_3H_7)^{(6)}$.
g) $(C_6H_3)(OH)^{(1)}(CH_3)^{(2)}(i\text{-}C_3H_7)^{(5)}$. h) $(CH_3)^{(1)}(C_3H_7)^{(4)}(C_6H_2)(OH)_2^{(2,5)}$. i) C_6H_4-C-OH | ‖ C_6H_4-C-OH k) $CH_2(C_{10}H_6(OH))_2$.
*) Cholesterin s. b. Berth. u. André, Ann. chim. phys. (7) **17**, 433; 1899.

Verbrennungswärmen von organischen Verbindungen (und einigen Elementen).

Lit. s. Tab. 199, S. 945.

Substanz Aggregatzustand	Bruttoformel Mol.-Gew.	Verbrennungswärme g-kal. pro g	kg-Kal. pro Mol. konst. Vol.	kg-Kal. pro Mol. konst. Druck	Beobachter
8. Hydroaromatische u. Polymethylen-Alkohole (Forts.)					
Quercit (f.)	$C_6H_{12}O_5$; 164,10	4294	704,6	704,9	St.La.(4)
„	„	4330	710,6	710,8	B. Rec.
Inosit (f.)	$C_6H_{12}O_6$; 180,10	3680	662,7	662,7	St.La.(4)
„	„	3703	666,9	666,9	B. Rec.
„	„	3677	662,2	662,2	B.Ma.(2)
C_7					
1,3-Dimethylcyclopentanol-2 (fl.)	$C_7H_{14}O$; 114,11	9101	1038,5	1040,2	Zub. (3)
1,3-Dimethylcyclopentanol-3 (fl.)	„	9145	1043,6	1045,4	„ (4)
β-Methylcyclohexanol (fl.)	„	9171	1046,5	1048,2	„ (3)
Cycloheptanol (fl.)	„	9274	1058,3	1060,0	„ (3)
C_8					
1,3-Dimethylcyclohexanol-2 (fl.)	$C_8H_{16}O$; 128,13	9406	1205,2	1207,2	„ (3)
1-3-Dimethylcyclohexanol-3 (fl.)	„	9395	1203,7	1205,7	„ (4)
1,3-Dimethylcyclohexanol-5 (fl.)	„	9305	1192,3	1194,3	„ (3)
Methylcycloheptanol (fl.)	„	9370	1200,6	1202,6	„ (4)
C_9 s. Zub. (3)					
C_{10}					
Menthol (f.) a)	$C_{10}H_{20}O$; 156,16	9674*	—	1510,7	Lug. (7)
Thujylalkohol (fl.) b)	$C_{10}H_{18}O$; 154,14	9583	1477,1	1479,4	Roth, Ö.
Borneol = Camphol (fl.) c)	„	9493 bis 9570	1463,2 bis 1475,2	1465,5 bis 1477,5	Lug. (18)
synthetisch	„	9551	1472,2	1474,5	„ (18)
8. Hydroaromatische u. Polymethylen-Alkohole (Forts.)					
Borneol (fl.)	$C_{10}H_{18}O$; 154,14	9504	1465,0	1467,3	St. Kl. (4)
Terpineol (f.) d)	„	9530 bis 9598	1469,0 bis 1479,4	1471,3 bis 1481,8	Lug. (18)
Terpinhydrat (f.) e)	$C_{10}H_{22}O_3$; 190,18	7627	1450,5	1452,8	„ (18)
9. Aliphatische Äther.					
C_2					
Dimethyläther (Gas)	C_2H_6O; 46 (Umr. uns.)	7459	343,1	344,2	B. (1)
„		7595*	—	349,4	Th.
Äthylenoxyd f)	C_2H_4O; 44,03	6989	307,7	308,5	B. (6)
(Dampf)	(U. u.) 44	7103*	—	312,6	Th.
(fl.)	C_2H_4O; 44,03	6870*	—	302,5	B. (6)
C_3					
Methyläthyläther (Dampf)	C_3H_8O; 60 (U. u.)	8431*	—	505,9	Th.
Dimethylformal (fl.) g)	$C_3H_8O_2$; 76,06	6078	462,3	462,8	B.Del. (2)
Glycolformal (fl.) h)	$C_3H_6O_2$; 74,05	5331	409,6	409,9	Del. (2)
C_4					
Diäthyläther (Dampf)	$C_4H_{10}O$; 74 (U. u.)	8914*	—	659,6	Th.
„	$C_4H_{10}O$; 74,08	8921*	—	660,9	St.Ro.H. (5)
(fl.)	„	8805*	—	652,3	„ (5)
Dimethylacetal (fl.) i)	$C_4H_{10}O_2$; 90,08	6873	619,1	620,0	Del. (1)
Methylallyläther (Dampf)	C_4H_8O; 72 (U. u.)	8711*	—	627,2	Th.
Glycolacetal (fl.) k)	$C_4H_8O_2$; 88,06	6344	558,6	559,2	Del. (2)
Methylpropargyläther (Dampf) l)	C_4H_6O; 70 (U. u.)	8626*	—	603,8	Th.
Trimethylmethenyläther (Dampf) m)	$C_4H_{10}O_3$; 106 (U. u.)	5653*	—	699,2	„

a) $CH_3—CH—CH_3$ am Ring, —OH, CH_3

b) CH_3 am Ring, —OH, $CH_3—C—CH_3$

c) $CH_3.C.CH_3$ im Ring, —OH, CH_3

d) $CH_3—C(OH)—CH_3$ am Ring, CH_3

e) $CH_3—C(OH)—CH_3$ am Ring, CH_3 OH $+ H_2O$

f) CH_2—O—CH_2 (Ring) g) $CH_2(OCH_3)_2$ h) $CH_2—O—CH_2—O—CH_2$ (Ring) i) $CH_3 \cdot CH(OCH_3)_2$ k) $CH_2—O—CH \cdot CH_3—O—CH_2$ (Ring)

l) $CH_3—O—C⋮C—CH_3$. m) $CH(OCH_3)_3$.

W. A. Roth.

Verbrennungswärmen von organischen Verbindungen (und einigen Elementen).

Lit. s. Tab. 199, S. 945.

Substanz Aggregatzustand	Bruttoformel Mol.-Gew.	Verbrennungswärme g-kal. pro g	kg-Kal. pro Mol. konst. Vol.	kg-Kal. pro Mol. konst. Druck	Beobachter
9. Aliphatische Äther (Forts.)					
C_5					
Diäthylformal (fl.) a)	$C_5H_{12}O_2$; 104,10	7429	773,4	774,5	Del. (1)
C_6					
Diäthylacetal (fl.) b)	$C_6H_{14}O_2$; 118,11	7802	921,5	923,0	Riv. (1)
		7872	929,8	931,2	Del. (1)
	„	7785*	—	919,5	Lug. (10)
Diallyläther (Dampf)	$C_6H_{10}O$; 98 (U. u.)	9297*	—	911,1	Th.
Erythritdiformal (f.) c)	$C_6H_{10}O_4$; 146,08	5098	744,7	745,0	Del. (2)
C_7					
Dipropylformal (fl.)	$C_7H_{16}O_2$; 132,13	8205	1084,1	1085,9	„ (1)
α-Methylglucosid (f.)	$C_7H_{14}O_6$; 194,11	18,175 K. J.†	3527,9 K. J.†	3529,2 K. J.†	Wr.
		4339†	842,2†	842,5†	„
C_8					
Erythritdiacetal (f.) d)	$C_8H_{14}O_4$; 174,11	6023	1048,7	1049,5	Del. (2)
C_9					
Diisobutylformal (fl.)	$C_9H_{20}O_2$; 160,16	8697	1393,0	1395,3	„ (1)
Mannittriformal (f.) e)	$C_9H_{14}O_6$; 218,11	4969	1083,8	1084,1	„ (2)
C_{10}					
Diamyläther (fl.)	$C_{10}H_{22}O$; 158,17	10188*	—	1611,4	F. S.
C_{11}					
Diisoamylformal (fl.)	$C_{11}H_{24}O_2$; 188,19	9065	1705,8	1708,7	Del. (1)
C_{12}					
Mannittriacetal (f.) f)	$C_{12}H_{20}O_6$; 260,16	5911	1537,9	1539,0	„ (2)

10. Aromatische Äther (Phenoläther).

(Enthält der Körper außer der Gruppe R-O-R' noch C=O, so ist er bei den Aldehyden oder Ketonen aufgeführt.)

Substanz Aggregatzustand	Bruttoformel Mol.-Gew.	Verbrennungswärme g-kal. pro g	kg-Kal. pro Mol. konst. Vol.	kg-Kal. pro Mol. konst. Druck	Beobachter
C_7					
Anisol (fl.) g)	C_7H_8O;	8345*	—	901,8	St. Ro. H (4)
„	108,06	8376	905,1	906,0	St. La. (5)
C_8					
Phenetol (fl.) h)	$C_8H_{10}O$; 122,08	8666*	—	1057,9	St. Ro. H. (4)
m-Kresylmethyläther (fl.)	„	8666*	—	1058,0	„ (4)
Hydrochinondimethyläther (f.)	$C_8H_{10}O_2$; 138,08	7356*	—	1015,7	„ (4)
Resorcindimethyläther (fl.)	„	7413*	—	1023,6	„ (4)
C_9					
Phenylpropyläther (fl.)	$C_9H_{12}O$; 136,10	8922*	—	1214,3	„ (4)
p-Kresyläthyläther (fl.)	„	8920*	—	1214,0	„ (4)
m-Xylenylmethyläther (fl.)	„	8924*	—	1214,6	„ (4)
C_{10}					
p-Xylenyläthyläther (fl.)	$C_{10}H_{14}O$; 150,11	9126*	—	1369,9	„ (4)
Methylchavicol (fl.) i)	$C_{10}H_{12}O$; 148,10	9011	1334,5	1335,9	St. La. (5)
Anethol (f.) k)	„	8937	1323,7	1325,1	„ (5)
α-Äthoxystyrol (fl.) l)		8871	1313,8	1316,3	Roth unv.
Eugenol (fl.) m)	$C_{10}H_{12}O_2$; 164,10	7840	1286,6	1287,8	St. La. (5)
Isoeugenol (fl.) n)	„	7786	1277,7	1278,8	„ (5)
Betelphenol (fl.) o)	„	7839	1286,4	1287,6	„ (5)

a) $CH_2\langle\begin{matrix}OC_2H_5\\OC_2H_5\end{matrix}$ b) $CH_3 \cdot CH\langle\begin{matrix}OC_2H_5\\OC_2H_5\end{matrix}$ c) $\begin{matrix} & & CH_2 & & & & CH_2 & \\ & O & & O & & O & & O \\ & \vert & & \vert & & \vert & & \vert \\ H_2C & — & C & — & C & — & CH_2 & \\ & & H & & H & & & \end{matrix}$ d) $C_4H_6O_4(C_2H_4)_2$. e) $C_6H_8O_6(CH_2)_3$.

f) $C_6H_8O_6(C_2H_4)_3$. g) $C_6H_5 . OCH_3$. h) $C_6H_5 . OC_2H_5$. i) $(CH_3O)^{(4)} — C_6H_4 — (CH_2CH:CH_2)^{(1)}$.

k) $(CH_3O)^{(4)} — C_6H_4 — (CH:CH.CH_3)^{(1)}$. l) $C_6H_5 — \underset{\displaystyle OC_2H_5}{\underset{\vert}{C}} = CH_2$. m) $(CH_3O)^{(3)}(OH)^{(4)}(C_6H_3)(CH_2.CH:CH_2)^{(1)}$.

n) $CH_3O)^{(3)}(OH)^{(4)}(C_6H_3)(CH:CH.CH_3)^{(1)}$. o) $(CH_3O)^{(4)}(OH)^{(3)}(C_6H_3)(CH_2.CH:CH_2)^{(1)}$.

W. A. Roth.

Verbrennungswärmen von organischen Verbindungen (und einigen Elementen).

Lit. s. Tab. 199, S. 945.

Substanz Aggregatzustand	Bruttoformel Mol.-Gew.	Verbrennungswärme g-kal. pro g	kg-Kal. pro Mol. konst. Vol.	kg-Kal. pro Mol. konst. Druck	Beobachter
10. Aromatische Äther (Phenoläther) (Forts.)					
Safrol (fl.) [a]	$C_{10}H_{10}O_2$; 162,08	7678	1244,4	1245,3	St.La.(5)
Isosafrol (fl.) [b]	„	7615	1234,2	1235,1	„ (5)
C_{11}					
Thymylmethyläther (fl.)	$C_{11}H_{16}O$; 164,13	9296*	—	1525,8	St. R. H. (4)
Methyleugenol (fl.) [c]	$C_{11}H_{14}O_2$; 178,11	8189	1458,5	1460,0	St.La.(5)
Methylisoeugenol (fl.) [d]	„	8126	1447,4	1448,8	„ (5)
C_{12}					
Thymyläthyläther (fl.)	$C_{12}H_{18}O$; 178,14	9439*	—	1681,5	St.Ro.H. (4)
Äthylisoeugenol (f.) [e]	$C_{12}H_{16}O_2$; 192,13	8339	1602,2	1603,9	St.La.(5)
Asaron (f.) [f]	$C_{12}H_{16}O_3$; 208,13	7574	1576,3	1577,7	„ (5)
Apiol (f.) [g]	$C_{12}H_{14}O_4$; 222,11	6751	1499,5	1500,3	„ (5)
Isoapiol (f.) [h]	„	6703	1488,9	1489,7	„ (5)
C_{21}					
β-Naphtholformal (f.) [i]	$C_{21}H_{16}O_2$; 300,13	8336	2501,8	2503,5	Del. (3)
C_{16}					
Diparamethoxystilben (f.)	$C_{16}H_{16}O_2$; 240,14	8401	2017,4	2019,2	Lem. (1)
11. Aliphatische Aldehyde. (Vergl. auch Kohlehydrate.)					
[C_1]					
Kondensationsprodukte des Formaldehyds	$(CH_2O)_n$	4096	„Metaformaldehyd“ (f.)		Del. (4)
	$(CH_2O)_3 \cdot H_2O$	3747	„Paraformaldehyd“ (f.)		„ (4)
C_2					
Acetaldehyd (Dampf)	C_2H_4O; 44 (Umr. uns.)	6242	274,6	275,5	B. O. (2)
		6407*	—	281,9	Th.

Substanz Aggregatzustand	Bruttoformel Mol.-Gew.	Verbrennungswärme g-kal. pro g	kg-Kal. pro Mol. konst. Vol.	kg-Kal. pro Mol. konst. Druck	Beobachter
11. Aliphatische Aldehyde (Forts.)					
Acetaldehyd (fl.)	C_2H_4O; 44,03	6338	279,1	279,3	B.Del.(1)
Glyoxal [k] (f.)	$C_2H_2O_2$; 58,02	2972*	—	172,5	Forc.
C_3					
Propionaldehyd (Dampf)	C_3H_6O; 58 (U. u.)	7599*	—	440,7	Th.
(fl.)	C_3H_6O; 58,05	7479	434,2	434,7	B.Del.(1)
C_4					
Isobutylaldehyd (Dampf)	C_4H_8O; 72 (U. u.)	8332*	—	599,9	Th.
β-Oxybutylaldehyd (Aldol) (fl.) [l]	$C_4H_8O_2$; 88,06	6214*	—	547,2	Lug.(11)
Crotonaldehyd (fl.) [m]	C_4H_6O; 70,05	7747*	—	542,7	„ (10)
C_5					
Valeraldehyd (fl.)	$C_5H_{10}O$; 86,08	8630*	—	742,8	„ (7)
Furol (fl.) [n]	$C_5H_4O_2$; 96,03	5832	560,1	560,1	Berth. Riv.
C_6					
Paraldehyd (fl.) [o]	$C_6H_{12}O_3$; 132,10	6160*	—	813,8	Lug.(11)
C_7					
Önanthol (fl.)	$C_7H_{14}O$; 114,11	9321*	—	1063,6	„ (4)
C_{10}					
Citral (fl.) [p]	$C_{10}H_{16}O$; 152,13	9444	1436,7	1438,7	Ro.Mur. unv.
Furoin (f.) [q]	$C_{10}H_8O_4$; 192,06	23,941 K. J. †	4598,1 K. J. †	4598,1 K. J. †	Wr.
„	„	5715†	1097,7†	1097,7†	„

Das verwandte Benzoin s. S. 920.

a) $CH_2\langle{}^{O^{(3)}}_{O^{(4)}}\rangle(C_6H_3)(CH_2 . CH : CH_2)^{(1)}$. b) $CH_2\langle{}^{O^{(3)}}_{O^{(4)}}\rangle(C_6H_3)(CH : CH . CH_3)^{(1)}$. c) $(CH_3O)_2^{(4,3)}(C_6H_3) . (CH_2 . CH : CH_2)^{(1)}$. d) $(CH_3O)_2^{(4,3)}(C_6H_3)(CH : CH . CH_3)^{(1)}$. e) $(CH_3O)^{(4)}(C_2H_5O)^{(3)}(C_6H_3)(CH : CH . CH_3)^{(1)}$. f) $(CH_3O)_3^{(2,4,5)}(C_6H_2)(CH : CH . CH_3)^{(1)}$. g) $(CH_3O)_2^{(2,5)}(CH_2O_2)^{(3,4)}(C_6H)(CH_2 . CH : CH_2)^{(1)}$. h) $(CH_3O)_2^{(2,5)}(CH_2O_2)^{(3,4)}(C_6H)(CH : CH . CH_3)^{(1)}$. i) $CH_2(OC_{10}H_7)_2$. k) $\overset{O}{\overset{\|}{C}}H - \overset{O}{\overset{\|}{C}} - H$

l) $CH_3 \cdot CH(OH) \cdot CH_2 \cdot C\langle{}^{O}_{H}$ m) $CH_3 \cdot CH : CH \cdot C\langle{}^{O}_{H}$ n) $\begin{matrix} CH = C - C\langle{}^{O}_{H} \\ \mid \quad \diagdown O \\ CH = CH \end{matrix}$ o) Kondensationsprodukt des Acetaldehydes; die spez. Verbr.-W. des festen „Metaldehydes“ ist 6098 (Lug., C. r. **108**, 620; 1889).

p) $\begin{matrix} CH_3 \\ CH_2 \end{matrix}\rangle C - CH_2 - CH_2 - CH_2 - \underset{CH_3}{\underset{\mid}{C}} = CH - C\langle{}^{O}_{H}$ q) $(C_4H_3O) \cdot \underset{OH}{\underset{\mid}{CH}} \cdot CO \cdot (C_4H_3O)$. Gehörte besser zu 13.

W. A. Roth.

Verbrennungswärmen von organischen Verbindungen (und einigen Elementen).

Lit. s. Tab. 199, S. 945.

12. Aromatische Aldehyde.

Substanz Aggregatzustand	Bruttoformel Mol.-Gew.	Verbrennungswärme g-kal. pro g	kg-Kal. pro Mol. konst. Vol.	kg-Kal. pro Mol. konst. Druck	Beobachter
C_7					
Benzaldehyd (fl.)	C_7H_6O; 106,05	7941*	—	842,1	St. Ro. H. (6)
C_8					
Salicylaldehyd (fl.)	$C_7H_6O_2$; 122,05	6527	796,7	797,0	Del. Riv.
„	„	6617	807,6	807,9	Berth. Riv.
p-Oxybenzaldehyd (f.)	„	6501	793,4	793,7	Del. Riv.
C_8					
Vanillin (f.) [a]	$C_8H_8O_3$; 152,06	6016	914,7	915,0	St. La. (3)
Piperonal (f.) [b]	$C_8H_6O_3$; 150,05	5804	870,9	870,9	„ (3)
C_9					
Zimtaldehyd (fl.) [c]	C_9H_8O; 132,06	8424	1112,5	1113,4	„ (3)
C_{14}					
Parasalicylaldehyd (f.)	$C_{14}H_{10}O_3$; 226,08	7034	1590,3	1590,9	Riv. (1)

13. Aliphatische Ketone.

(Vergl. auch Kohlehydrate.)

Substanz Aggregatzustand	Bruttoformel Mol.-Gew.	Verbrennungswärme g-kal. pro g	kg-Kal. pro Mol. konst. Vol.	kg-Kal. pro Mol. konst. Druck	Beobachter
C_3					
Aceton (Dampf)	C_3H_6O; 58 (U. u.)	7539*	—	437,3	Th.
(fl.)	C_3H_6O; 58,05	7351	426,7	427,3	B. Del. (1)
C_4					
Methyläthylketon (fl.)	C_4H_8O; 72,06	8115	586,8	587,6	Zub. (2)
Diacetyl (fl.)	$C_4H_6O_2$; 86,05	5849	503,7	504,0	Lan. (1)
C_5					
Diäthylketon (fl.)	$C_5H_{10}O$; 86,08	8569*	—	737,6	Lug. (9)
		8610	741,2	742,3	Zub. (2)
Methylpropylketon (Dampf)	$C_5H_{10}O$; 86 (U. u.)	8770*	—	754,2	Th.
„ (fl.)	86,08	8599	740,2	741,3	Zub. (2)
-isopr.- „	„	8591	739,5	740,6	„ (2)
Acetylaceton (fl.) [d]	$C_5H_8O_2$; 100,06	6158	616,2	616,7	Guin. (1)

13. Aliphatische Ketone (Forts.)

Substanz Aggregatzustand	Bruttoformel Mol.-Gew.	Verbrennungswärme g-kal. pro g	kg-Kal. pro Mol. konst. Vol.	kg-Kal. pro Mol. konst. Druck	Beobachter
C_6					
Pinakolin (f.) [d']	$C_6H_{12}O$; 100,10	8976	898,5	900,0	Zub. (2)
Methylbutylketon (fl.)	„	9010	901,9	903,4	„ (2)
Äthylallylketon (fl.)	$C_6H_{10}O$; 98,08	8737	856,9	858,1	Roth (3)
Allylaceton (fl.)	$C_6H_{10}O$; 98,08	8733	856,5	857,7	Roth (3)
Mesityloxyd (fl.) [e]	„	8634*	—	846,8	Lug. (10)
C_7					
Dipropylketon (fl.)	$C_7H_{14}O$; 114,11	9245*	—	1054,9	„ (9)
		9275	1058,3	1060,1	Zub. (2)
Diisopropylketon (fl.)	„	9172*	—	1046,7	Lug. (9)
C_8					
Methylhexylketon (fl.)	$C_8H_{16}O$; 128,13	9467*	—	1213,0	„ (9)
		9476	1214,1	1216,2	Zub. (2)
C_9					
Diallylaceton (fl.)	$C_9H_{14}O$; 138,11	9272	1280,6	1282,3	Roth, Moo.
C_{10}					
ψ-Ionon (fl.) [f]	$C_{13}H_{20}O$; 192,16	9631	1850,7	1853,3	Roth (3)
Furoïn s. S. 918					

14. Aromatische Ketone und Chinone.

Substanz Aggregatzustand	Bruttoformel Mol.-Gew.	Verbrennungswärme g-kal. pro g	kg-Kal. pro Mol. konst. Vol.	kg-Kal. pro Mol. konst. Druck	Beobachter
C_6					
Chinon (f.) [g]	$C_6H_4O_2$; 108,03	6061	654,8	654,8	B. Lug.
„	„	6102	659,2	659,2	B. Rec.
„	„	6097	658,6	658,6	Val.
C_7					
Toluchinon (f.)	$C_7H_6O_2$; 122,05	6598	805,3	805,6	„
C_8					
Acetophenon (fl.)	C_8H_8O; 120,06	8362*	—	1003,9	St. Ro. H. (7)
„ (f.)	„	8345*	—	1001,9	„ (7)
„ „	„	8230	988,1	989,0	St. Kl. (4)

a) C_6H_3 —OH (4), —OCH_3 (3), —CHO (1) b) C_6H_3 —CHO (1), $<^{O}_{O}>CH_2$ (3)(4) c) $C_6H_5 \cdot \underset{H}{C} : \underset{H}{C} . \overset{O}{\overset{\|}{C}}H$ d) $CH_3 \cdot CO \cdot CH_2 \cdot CO \cdot CH_3$. d') $(CH_3)_3C . CO . CH_3$.

e) $(CH_3)_2C : CH \cdot CO \cdot CH_3$. f) $(CH_3)_2C : CH \cdot (CH_2)_2 \cdot C(CH_3) : CH \cdot CH : CH \cdot \underset{O}{\underset{\|}{C}} \cdot CH_3$. g) O=⟨ ⟩=O.

W. A. Roth.

Verbrennungswärmen von organischen Verbindungen (und einigen Elementen).

Lit. s. Tab. 199, S. 945.

14. Aromatische Ketone und Chinone (Forts.)

Substanz Aggregatzustand	Bruttoformel Mol.-Gew.	Verbrennungswärme g-kal. pro g	kg-Kal. pro Mol. konst. Vol.	kg-Kal. pro Mol. konst. Druck	Beobachter
C_{10}					
Thymochinon (f.) a)	$C_{10}H_{12}O_2$; 164,10	7765	1274,2	1275,4	Val.
Benzalaceton (f.) a')	$C_{10}H_{10}O$; 146,08	8609	1257,6	1258,7	St. Kl.(4)
α-Naphthochinon (f.) b)	$C_{10}H_6O_2$; 158,05	6984	1103,8	1104,1	Val.
β- „ b')		7026	1110,4	1110,7	„
C_{13}					
Benzophenon (f.) c)	$C_{13}H_{10}O$; 182,08	8558*	—	1558,1	St. Ro. H. (7)
„	„	8555	1557,6	1558,8	St. Kl.(4)
C_{14}					
Benzoin (f.) d) *)	$C_{14}H_{12}O_2$; 212,10	7883	1672,0	1673,1	St. Kl. La. (5)
Benzil (f.) e)	$C_{14}H_{10}O_2$; 210,08	7737	1625,3	1626,2	„ (5)
„		7768	1631,9	1632,7	Lan. (1)
Anthrachinon (f.) f)	$C_{14}H_8O_2$; 208,06	7442	1548,4	1549,0	Val.
Phenanthrenchinon (f.) g)	„	7440	1547,9	1578,5	„
Monooxyanthrachinon (f.) h)	$C_{14}H_8O_3$; 224,06	6631	1485,7	1486,0	„
Dioxyanthrachinon (f.) (= Alizarin)	$C_{14}H_8O_4$; 240,06	6053	1453,1	1453,1	„
Trioxyanthrachinon (f.) (= Purpurin)	$C_{14}H_8O_5$; 256,06	5492	1406,4	1406,1	„
Hexaoxyanthrach. (f.) (Rufigallussäure)	$C_{14}H_8O_8$; 304,06	4124	1253,8	1252,7	„
C_{17}					
Dibenzalaceton (f.) i)	$C_{17}H_{14}O$; 234,11	8920	2088,3	2090,0	St. Kl.(4)
C_{18}					
Retenchinon (f.) k)	$C_{18}H_{16}O_2$; 264,13	8168	2157,4	2159,2	Val.

15. Hydroaromatische und Polymethylen-Ketone.

Substanz Aggregatzustand	Bruttoformel Mol.-Gew.	Verbrennungswärme g-kal. pro g	kg-Kal. pro Mol. konst. Vol.	kg-Kal. pro Mol. konst. Druck	Beobachter
C_5					
Acetyltrimethylen (fl.) l)	C_5H_8O; 84,06	8293	697,1	698,0	Zub. (3)
C_6					
β-Methylcyclopentanon (fl.)	$C_6H_{10}O$; 98,08	8567	840,2	841,4	„ (3)
C_7					
β-Methylcyclohexanon (fl.)	$C_7H_{12}O$; 112,10	8946	1002,9	1004,3	„ (3)
Cycloheptanon (fl.)	„	8961	1004,5	1006,0	„ (3)
C_8					
1,3-Dimethylcyclohexanon-2 (fl.)	$C_8H_{14}O$; 126,11	9030	1138,8	1140,5	„ (3)
1,3-Dimethylcyclohexen-6-on-5 (fl.)	$C_8H_{12}O$; 124,10	8954	1111,3	1112,7	„ (3)
C_9					
1,4-Methylacetylcyclohexan (fl.)	$C_9H_{16}O$; 140,13	9120	1278,0	1280,0	„ (3)
1,1,5 Trimethylcyclohexen-5-on-3 (fl.)	$C_9H_{14}O$; 138,11	9112	1258,5	1260,2	„ (3)

Dort weiteres Material!

a) $(CH_3)^{(1)}(C_3H_7)^{(3)} \cdot (C_6H_2)O_2^{(2,5)}$. a') C_6H_5—C(H) : CH · C(=O) — CH_3.

b) C_6H_4<C(=O)—CH=CH—C(=O)> b') C_6H_4<C(=O)—C(=O)—CH=C(H)>

c) $C_6H_5 \cdot CO \cdot C_6H_5$. *) Furoin s. S. 918 unten.

d) $C_6H_5 \cdot CO \cdot CH(OH) \cdot C_6H_5$. e) $C_6H_5 \cdot CO \cdot CO \cdot C_6H_5$. f) C_6H_4<(CO)(CO)>C_6H_4. g) C_6H_4—CO, C_6H_4—CO (verbunden).

h) C_6H_4<(CO)(CO)>$C_6H_3 \cdot OH$; entsprechend die folgenden Substanzen. i) $C_6H_5 \cdot CH : CH \cdot CO \cdot CH : CH \cdot C_6H_5$.

k) $(CH_3)_2$— CH — C_6H_2 — CO, mit CH_3 und C_6H_4 — C (Ring). l) H_2C<(CH_2)(CH — CO — CH_3)>

W. A. Roth.

Verbrennungswärmen von organischen Verbindungen (und einigen Elementen).

Lit. s. Tab. 199, S. 945.

15. Hydroaromatische u. Polymethylenketone (Forts.)

Substanz Aggregat-zustand	Brutto-formel Mol.-Gew.	Verbrennungswärme g-kal. pro g	kg-Kal. pro Mol. konst. Vol.	kg-Kal. pro Mol. konst. Druck	Beob-achter
C_{10}					
Caron (fl.)[a]	$C_{10}H_{16}O$; 152,13	9393	1429,0	1431,0	St. Br.
Dihydro-carvon (fl.)[b]	„	9353	1422,9	1424,9	„
„	„	9296	1414,2	1416,2	Roth (3)
Carvenon (fl.)[c]	„	9309	1416,2	1418,2	St. Br.
„	„	9251	1407,4	1409,4	Roth (3)
Pulegon (fl.)[d]	„	9279	1411,6	1413,6	Roth, Mur.
Isopulegon (fl.)[e]	„	9307	1415,9	1417,9	Roth (3)
Thujon (fl.)[f]	„	9399	1429,9	1431,9	Roth, Ö.
Dihydroeu-carvon (fl.)[g]	„	9380	1427,0	1429,0	St. Br.
Kampher (f.)[h]	„	9225 bis 9303	1403,4 bis 1415,2	1405,4 bis 1417,3	Lug. (18)
„	„	9288 bis 9310	1413,0 bis 1416,4	1415,0 bis 1418,4	Berth. (4) u. Schüler
„	„	9292	1413,5	1415,6	St. Kl. (4)
„	„	9273	1410,7	1412,7	Fries (1)
„	„	9273	1410,7	1412,7	Roth
Carvon (fl.)[i]	$C_{10}H_{14}O$; 150,11	9165*	—	1375,8	St. Ro. H. (3)
Eucarvon (fl.)[k]	„	9136	1371,4	1373,1	Roth unv.
C_{13}					
α-Jonon (fl.)[l]	$C_{13}H_{20}O$; 192,16	9551	1835,0	1837,6	Roth, Mur.
β-Jonon (fl.)[m]	„	9573	1839,5	1842,1	„

Graphitoxyde bei Berthelot u. Petit, Ann. chim. phys. (6) **20**, 13; 1890.

16. Kohlehydrate. a) Monosaccharide.

Substanz Aggregat-zustand	Brutto-formel Mol.-Gew.	Verbrennungswärme g-kal. pro g	kg-Kal. pro Mol. konst. Vol.	kg-Kal. pro Mol. konst. Druck	Beob-achter
C_5					
Arabinose (f.)	$C_5H_{10}O_5$; 150,08	3714	557,4	557,4	B. Ma. (2)
„	„	3722	558,6	558,6	St. La. (4)
Xylose (f.)	„	3740	561,3	561,3	B. Ma. (2)
„	„	3746	562,2	562,2	St. La. (4)
C_6					
Rhamnose wasserfrei (f.)	$C_6H_{12}O_5$; 164,10	4379	718,6	718,9	„ (4)
Rhamnose kryst.	$C_6H_{12}O_5 \cdot H_2O$; 182,11	3909	711,9	712,2	„ (4)
Fucose (f.)	$C_6H_{12}O_5$; 164,10	4341	712,3	712,6	„ (4)
d-Glucose (f.)	$C_6H_{12}O_6$; 180,10	3741	673,7	673,7	St. Kl. La. (5)
(= Dextrose)	„	3762	677,5	677,5	B. Rec.
„	„	3743	674,0	674,0	St. La. (4)
l-Fructose (f.)	„	3755	676,3	676,3	„ (4)
Sorbinose (f.)	„	3715	669,0	669,0	„ (4)
Galactose (f.)	$C_6H_{12}O_6$; 180,10	3777	680,3	680,3	B. Vi. (2)
„		3722	670,2	670,2	St. La. (4)
C_7					
Glucohep-tose (f.)	$C_7H_{14}O_7$; 210,11	3733	784,3	784,3	Fogh
b) Disaccharide.[n]					
C_{12}					
Rohrzucker (f.) (= Saccharose)	$C_{12}H_{22}O_{11}$; 342,18	3962	1355,6	1355,6	B. Vi. (2)
„	„	3955	1353,4	1353,4	St. La. (4)
„	„	3959	1354,6	1354,6	Tow.
„	„	3959	1354,8	1354,8	Atw. Sn.
„	„	16,545 K.J. †	56,614 K.J. †	56,614 K.J. †	Fi. Wr. (2)
„	„	3949,6†	1351,5†	1351,5†	„

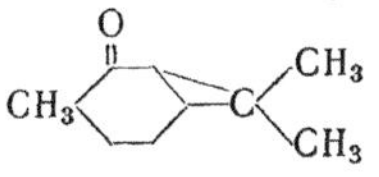

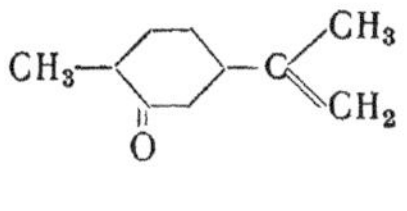

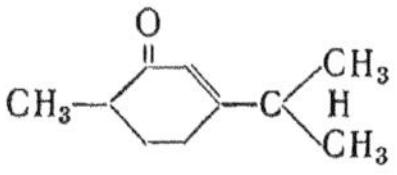

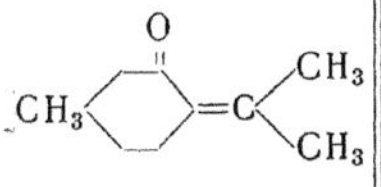

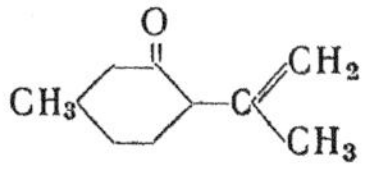

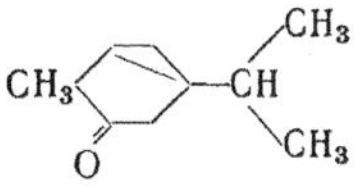

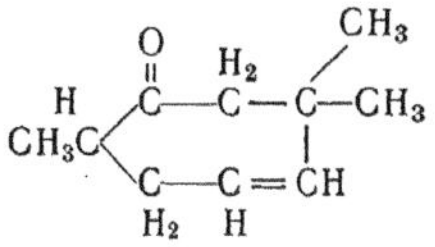

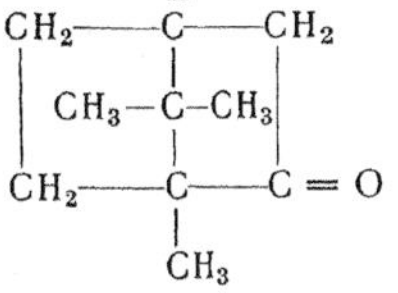

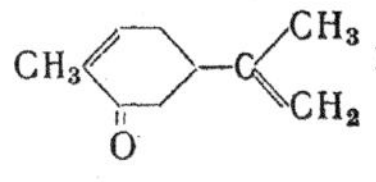

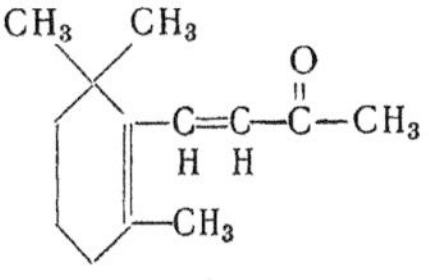

n) Einige weitere Daten s. bei St. La. (4).

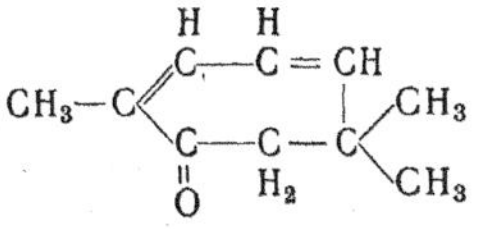

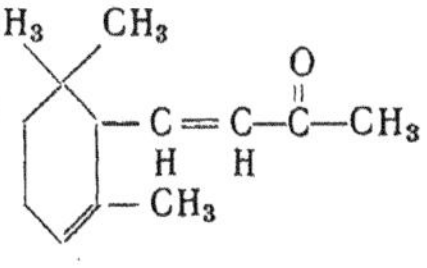

W. A. Roth.

Verbrennungswärmen von organischen Verbindungen (und einigen Elementen).

Lit. s. Tab. 199, S. 245.

Substanz Aggregatzustand	Bruttoformel Mol.-Gew.	Verbrennungswärme g-kal. pro g	kg-Kal. pro Mol. konst. Vol.	kg-Kal. pro Mol. konst. Druck	Beobachter
16. Kohlehydrate (Forts.).					
	Eichwert: 16,555 K.J. pro g (in Luft gewogen); 3952,0 g-kal.[1]				
Rohrzucker (= Saccharose)	$C_{12}H_{22}O_{11}$; 342,18	16,548 K.J. †	56,624 K. J. †		Wr.
„	„	3950,3†	1351,7†	1351,7†	„
Milchzucker, wasserfrei (f.)	„	3952	1352,1	1352,1	St.La.(4)
Milchzucker, (kryst.)	$C_{12}H_{22}O_{11} \cdot H_2O$; 360,19	3739	1346,7	1346,7	St.Kl.La.(5)
„		3737	1346,0	1346,0	St.La.(4)
„	„	3777	1360,5	1360,5	B.Vi. (2)
Maltose, wasserfrei (f.)	$C_{12}H_{22}O_{11}$; 342,18	3949	1351,4	1351,4	St.La.(4)
Maltose (kryst.)	$C_{12}H_{22}O_{11} \cdot H_2O$; 360,19	3722	1340,5	1340,5	„ (4)
Trehalose, wasserfrei (f.)	$C_{12}H_{22}O_{11}$; 342,18	3947	1350,6	1350,6	„ (4)
Trehalose (kryst.)	$C_{12}H_{22}O_{11}$; $\cdot 2\,H_2O$; 378,21	3550	1342,8	1342,8	„ (4)
c) Trisaccharide.					
Raffinose (f.) wasserfrei	$C_{18}H_{32}O_{16}$; 504,26	4021	2027,5	2027,5	St.La.(4)
		4020	2027,0	2027,0	B.Ma.(2)
Raffinose (kryst.)	$C_{18}H_{32}O_{16} \cdot 5\,H_2O$; 594,34	3400	2020,9	2020,9	St.La.(4)
Melezitose (f.)	$C_{18}H_{34}O_7$; 522; 27	3914	2044,0	2044,0	„ (4)
d) Polysaccharide.					
Stärke	4183				St.La.(4)
„	4228				B.Vi. (2)
Inulin	4134				St.La.(4)
„	4187				B.Vi. (2)
Dextrin	4112				St.La.(4)
„	4180				B.Vi. (2)
Glykogen	4191				St. Schm. (1)
Cellulose	4185				St.La.(4)
„	4155				Gottl.
„	4200				B.Vi. (2)
17. Gesättigte, einbasische, aliphatische Säuren ($C_nH_{2n}O_2$).					
C_1					
Ameisensäure (Dampf)	CH_2O_2; 46 (U. u.)	1509*	—	69,4	Th.
(fl.)	46,02	1348	62,0	61,7	B. (4)
		1366	62,9	62,6	B.Ma.(6)
(Lösung 0°)	„	1364*	—	62,8	Jahn[2]

Substanz Aggregatzustand	Bruttoformel Mol.-Gew.	Verbrennungswärme g-kal. pro g	kg-Kal. pro Mol. konst. Vol.	kg-Kal. pro Mol. konst. Druck	Beobachter
17. Gesättigte, einbasische, aliphatische Säuren $C_nH_{2n}O_2$ (Forts.).					
C_2					
Essigsäure (Dampf)	$C_2H_4O_2$; 60 (U. u.)	3756*	—	225,4	Th.
(fl.)	$C_2H_4O_2$; 60,03	3491	209,6	209,6	B.Ma.(6)
C_3					
Propionsäure (fl.)	$C_3H_6O_2$; 74,05	4958*	—	367,1	Lug.(11)
„	„	4961	367,4	367,6	St. Kl. La. Off.
C_4					
n-Buttersäure (fl.)	$C_4H_8O_2$; 88,06	5953	524,2	524,7	Guill.
„	„	5953	524,2	524,8	St. Kl. La. Off.
Isobuttersäure (fl.)	„	5884*	—	518,1	Lug.(10)
C_5					
n-Valeriansäure (fl.)	$C_5H_{10}O_2$; 102,08	6675	681,4	682,3	St. Kl. La. Off.
C_6					
Capronsäure (fl.)	$C_6H_{12}O_2$; 116,10	7157*	—	830,9	Lug. (8)
„	„	30,235 K. J.	3510,3 K. J.	3515,1 K. J.	Fi.Wr.(1)
„	„	7218	838,0	839,2	„
Isobutylessigsäure (fl.)	„	7210	837,0	838,2	St. Kl. La. Off.
Diäthylessigsäure (fl.)	„	7210	837,1	838,2	„
C_7					
Äthylpropylessigsäure (fl.)	$C_7H_{14}O_2$; 130,11	7640	994,0	995,5	„
C_8					
Caprylsäure (fl.)	$C_8H_{16}O_2$; 144,13	7908*	—	1139,7	Lug.(13)
Dipropylessigsäure (fl.)	„	7987	1151,1	1152,8	St. Kl. La. Off.
C_9					
Heptylessigsäure (fl.)	$C_9H_{18}O_2$; 158,14	8148*	—	1288,5	Lug.(13)
„	„	8275	1308,7	1310,7	St. Kl. La. Off.
C_{10}					
n-Caprinsäure (f.)	$C_{10}H_{20}O_2$; 172,16	8465	1457,3	1459,6	„

[1]) Fischer u. Wrede reduzieren in ihrer zweiten Arbeit das Gewicht der Substanz auf das Vakuum; sie rechnen mit einem anderen Wert für das mech. Wärmeäquivalent. Bei der Angabe des Eichwertes ist die Reduktion fortgelassen und mit 4,189 auf g-kal. umgerechnet. [2]) Elektrische Oxydation im Eiskalorimeter; Mittel von Versuchen mit Na-Formiat- und Ameisensäure-Lösung.

W. A. Roth.

Verbrennungswärmen von organischen Verbindungen (und einigen Elementen).

Lit. s. Tab. 199, S. 945.

Substanz Aggregatzustand	Bruttoformel Mol.-Gew.	Verbrennungswärme g-kal. pro g	kg-Kal. pro Mol. konst. Vol.	kg-Kal. pro Mol. konst. Druck	Beobachter
17. Gesättigte, einbasische, aliphatische Säuren $C_nH_{2n}O_2$ (Forts.).					
C_{11}					
Undecylsäure (f.)	$C_{11}H_{22}O_2$; 186,18	8674	1614,9	1617,5	St. Kl. La. Off.
C_{12}					
Laurinsäure (f.)	$C_{12}H_{24}O_2$; 200,19	8799*	—	1761,4	Lug. (13)
„	„	8844	1770,6	1773,5	St. La. (1)
C_{14}					
Myristinsäure (f.)	$C_{14}H_{28}O_2$; 228,22	9043*	—	2063,7	Lug. (13)
„	„	9134	2084,4	2087,9	St. La. (1)
C_{16}					
Palmitinsäure (f.)	$C_{16}H_{32}O_2$; 256,26	9265*	—	2374,2	Lug. (13)
„	„	9353	2396,8	2400,8	St. Kl. La. Off.
C_{18}					
Stearinsäure (f.)	$C_{18}H_{36}O_2$; 284,29	9532	2709,9	2714,5	St. Kl. La. Off.
„Kerzenstearinsäure“		9374	—	—	St. Kl. La. (2)
C_{20}					
Arachinsäure (f.)	$C_{20}H_{40}O_2$; 312,32	9720	3023,7	3028,9	St. Kl. La. Off.
C_{22}					
Behensäure (f.)	$C_{22}H_{44}O_2$; 340,35	9801	3335,9	3341,7	St. La. (1)
18. Andere einbasische, aliphatische Säuren (nur C, H, O enthaltend).					
C_2					
Glycolsäure (f.)	$C_2H_4O_3$; 76,03	2188 Mittelw.	166,4	166,1	Lug. (20) (5)
„	„	2197	167,1	166,8	St. Kl. La.
Dioxyessigsäure (f.) (Glyoxylsäure)	$C_2H_4O_4$; 92,03	1371	126,1	125,6	B. (4)
C_3					
Milchsäure (f.)	$C_3H_6O_3$; 90,05	3661	329,7	329,7	Lug. (20) berechn.
Akrylsäure (f.)	$C_3H_4O_2$ 72,03	4571	329,2	329,2	Rii. Sch.
18. Andere einbasische, aliphatische Säuren (Forts.)					
C_4					
Oxyisobuttersäure (f.)	$C_4H_8O_3$; 104,06	4536	472,0	472,3	Lug. (20)
Krotonsäure (f.) a)	$C_4H_6O_2$; 86,05	5554	477,9	478,2	St. Kl. (4)
„	„	5566	479,0	479,3	St. La. (3)
Tetrolsäure (f.) b)	$C_4H_4O_2$; 84,03	5389	452,9	452,9	St. Kl. (4)
C_5					
Tiglinsäure (f.) c)	$C_5H_8O_2$; 100,06	6260	626,4	627,0	St. Kl. (4)
Angelicasäure (f.) d)	„	6345	634,8	635,4	St. Kl. (4)
Allylessigsäure (fl.)	„	6413	641,7	642,3	Roth, Ell.
Lävulinsäure (f.) e)	$C_5H_8O_3$; 116,06	4972	577,1	577,4	B. Thch.
Brenzschleimsäure (f.) f)	$C_5H_4O_3$; 112,03	4414	494,5	494,3	B. Riv.
„	„	4378	490,5	490,2	St. Kl. La. (5)
C_6					
Hydrosorbinsäure (fl.) g)	$C_6H_{10}O_2$; 114,08	29,204 K. J.	3331,6 K. J.	3335,3 K. J.	Fi. Wr. (1)
„	„	6972	795,3	796,2	„
Sorbinsäure (f.) h)	$C_6H_8O_2$; 112,06	27,819 K. J.	3117,4 K. J.	3119,8 K. J.	„
„	„	6641	744,2	744,8	„
„	„	6632	743,2	743,7	St. La. (3)
C_{10}					
Geraniumsäure (fl.) i)	$C_{10}H_{16}O_2$; 168,13	8201	1378,8	1380,5	Roth, Moo.
C_{11}					
Undecylensäure (f.)	$C_{11}H_{20}O_2$; 184,16	8574 (Mittelwert)	1579,0	1581,3	St. Kl. (4)
Undekolsäure (f.) k)	$C_{11}H_{18}O_2$; 182,14	8440	1537,3	1539,3	„ (4)
C_{18}					
Ölsäure (fl.)	$C_{18}H_{34}O_2$; 282,27	9495	2680,1	2684,5	St. La. (3)
Elaidinsäure (f.)	„	9432	2662,5	2666,9	„ (3)
Stearolsäure (f.)	$C_{18}H_{32}O_2$; 280,26	9374	2627,1	2631,2	„ (3)

a) $CH_3 \cdot CH{:}CH \cdot COOH$. b) $H_3C{\vdots}C \cdot COOH$. c) $\begin{matrix} CH_3 \\ H \end{matrix}\!\!>C{=}C<\!\!\begin{matrix} COOH \\ CH_3 \end{matrix}$ d) $\begin{matrix} H \\ CH_3 \end{matrix}\!\!>C{=}C<\!\!\begin{matrix} COOH \\ CH_3 \end{matrix}$

e) $CH_3 \cdot CO \cdot CH_2 \cdot CH_2 \cdot COOH$. f) $\begin{matrix} CH{-}{-}CH \\ \| \quad\quad \| \\ HC \quad C{-}COOH \\ \diagdown O \diagup \end{matrix}$. g) $CH_3 \cdot CH_2 \cdot CH : CH \cdot CH_2 \cdot COOH$. h) $CH_3 \cdot CH : CH \cdot CH : CH \cdot COOH$. i) $(CH_3)_2C : CH \cdot CH_2 \cdot CH_2 \cdot C(CH_3) : CH \cdot COOH$. k) $CH_3 C{\vdots}C(CH_2)_7 COOH$.

W. A. Roth.

Verbrennungswärmen von organischen Verbindungen (und einigen Elementen).

Lit. s. Tab. 199, S. 945.

Substanz Aggregatzustand	Bruttoformel Mol.-Gew.	Verbrennungswärme g-kal. pro g	kg-Kal. pro Mol. konst. Vol.	kg-Kal. pro Mol. konst. Druck	Beobachter
18. Andere einbasische, aliphatische Säuren (Forts.)					
C_{22}					
Dioxybehensäure (f.)	$C_{22}H_{44}O_4$; 372,35	8684	3233,6	3238,9	St.La.(1)
Brassidinsäure (f.)	$C_{22}H_{42}O_2$; 338,34	9718	3287,9	3293,4	„ (1)
Erucasäure (f.)	„	9739	3295,0	3300,5	„ (1)
Behenolsäure (f.)	$C_{22}H_{40}O_2$; 336,32	9672	3253,0	3258,2	„ (1)

Cholalsäure s. Berth., Ann. chim. phys. (7) 20, 145; 1900.

19. Gesättigte, mehrbasische, aliphatische Säuren (nur C, H, O enthaltend).

Substanz Aggregatzustand	Bruttoformel Mol.-Gew.	Verbrennungswärme g-kal. pro g	kg-Kal. pro Mol. konst. Vol.	kg-Kal. pro Mol. konst. Druck	Beobachter
C_2					
Oxalsäure (f.)	$C_2H_2O_4$; 90,02	678,6	61,09	60,2	St.Kl.La. (3)
„	„	672,5*a)	—	60,54	Jahn
C_3					
Malonsäure (f.)	$C_3H_4O_4$; 104,03	1998	207,9	207,3	*Lug.(20)
„	„	1999	208,0	207,4	St.Kl.La. (3)
Tartronsäure (f.)[b]	$C_3H_4O_5$; 120,03	1387	166,5	165,6	Mat. (1)
Mesoxalsäure (f.)[c]	$C_3H_4O_6$; 136,03	952	129,5	128,3	„ (1)
C_4					
Bernsteinsäure (f.)	$C_4H_6O_4$; 118,05	3006	354,9	354,6	Lug.(20)
„	„	3018	356,2	355,9	„ (16)
„	„	3026	357,3	357,0	St.Kl.La. (3)
Methylmalonsäure (f.)	„	3098	365,7	365,4	„ (3)
„	„	3074	362,9	362,6	St.Kl.La. Off.
Weinsäure (f.)	$C_4H_6O_6$; 150,05	1879	282,0	281,1	B.Jungfl.
Traubensäure (f.) wasserfr.	„	1863	279,6	278,7	Oss.(2)
Traubensäure (f.) kryst.	$C_4H_6O_6+H_2O$; 168,06	1661	279,1	278,2	„ (2)
C_5					
Glutarsäure (f.)	$C_5H_8O_4$; 132,06	3910	516,3	516,3	Massol
„	„	3901	515,2	515,2	St.Kl.(2)
19. Gesättigte, mehrbasische, aliphatische Säuren (Forts.)					
Methylbernsteinsäure (f.) (Brenzweinsäure)	$C_5H_8O_4$; 132,06	3935 (Mittelwert)	519,6	519,6	Lug.(20)
		3903	515,4	515,4	St.Kl.La. (3)
Äthylmalonsäure (f.)	„	3924	518,2	518,2	„ (3)
Dimethylmalonsäure (f.)	„	3904	515,6	515,6	„ (3)
Trioxyglutarsäure (f.)	$C_5H_8O_7$; 180,06	2164	389,6	388,7	Fogh
C_6					
Adipinsäure (f.)	$C_6H_{10}O_4$; 146,08	4580	669,0	669,3	St.Kl.La. (3)
α-Methylglutarsäure (f.)	„	4592	670,8	671,1	„ (3)
Äthylbernsteinsäure (f.)	„	4602	672,3	672,6	„ (3)
fum. symm. Dimethylbernsteinsäure (f.)	„	4594	671,0	671,3	„ (3)
Mal. symm. Dimbsts. (f.)	„	4618	674,6	674,9	St.La.(3)
Unsymm. Dimbsts. (f.)	„	4599	671,8	672,1	St.Kl.La. (3)
Methyläthylmalonsäure	„	4603	672,3	672,6	„ (3)
„ (f.)	„	4628	676,0	676,3	St.Kl.La. Off.
Propylmalonsäure (f.)	„	4621	675,1	675,4	St.Kl.La. (3)
Isopropylmalonsäure (f.)	„	4623	675,3	675,6	„ (3)
Schleimsäure (f.)[d]	$C_6H_{10}O_8$; 210,08	2308	484,9	484,1	St.Kl.(4)
Alloschleimsäure (f.)[e]	„	2359	495,5	494,7	Fogh
Tricarballylsäure (f.)[f]	$C_6H_8O_6$; 176,06				
„	„	2938	517,3	516,7	Lug.(20)
„	„	2937	517,0	516,5	St. Kl. La. Off.
Citronensäure (wasserfr.) (f.)	$C_6H_8O_7$; 192,06	2478	475,9	475,0	St.Kl.La. (4)
„	„	2478	475,9	475,0	Lug.(20)
(kryst.)	$C_6H_8O_7 \cdot H_2O$; 210,08	2250	472,8	471,9	„ (20)

a) Lösung im Eiskalorimeter elektrisch oxydiert. b) Oxymalonsäure. c) Dioxymalonsäure. d) $COOH \cdot CH_2 \cdot COOH$ $(CHOH)_4 \cdot COOH$. e) Mit d) stereoisomer. f) $CH_2 \cdot COOH$ / $CH \cdot COOH$. / $CH_2 \cdot COOH$

* Vergl. auch Lug. (14) u. (16).

W. A. Roth.

Verbrennungswärmen von organischen Verbindungen (und einigen Elementen).

Lit. s. Tab. 199, S. 945.

19. Gesättigte, mehrbasische, aliphatische Säuren (Forts.)

Substanz Aggregatzustand	Bruttoformel Mol.-Gew.	Verbrennungswärme g-kal. pro g	kg-Kal. pro Mol. konst. Vol.	kg-Kal. pro Mol. konst. Druck	Beobachter
C_7					
Pimelinsäure (f.)	$C_7H_{12}O_4$; 160,10	5181	829,5	823,1	St.Kl.La. (3)
"	"	5177	828,8	828,3	St.Kl.(3)
Diäthylmalonsäure (f.)	"	5202	832,8	833,4	St. Kl. La. Off.
C_8					
Korksäure (f.)	$C_8H_{14}O_4$; 174,11	5682	989,3	990,1	Lug. (20)
"	"	5659	985,4	986,2	St.Kl.La. (3)
"	"	5648	983,4	984,3	St.Kl.(3)
Symm. Dimethyladipinsäure (f.)	"	5665	986,4	987,2	St.Kl.La. (5)
Äthylpropylmalonsäure (f.)	"	5678	988,6	989,5	St. Kl. La. Off.
Dimethyldioxyadipinsäure (f.)	$C_8H_{14}O_6$; 206,11	4357	898,1	898,4	Zub. (1)
C_9					
Azelainsäure (f.)	$C_9H_{16}O_4$; 188,13	6065	1140,9	1142,1	St.Kl.La. (3)
Dipropylmalonsäure (f.)	"	6040	1145,7	1146,9	St. Kl. La. Off.
C_{10}					
Sebacinsäure (f.)	$C_{10}H_{18}O_4$; 202,14	6396	1292,8	1294,2	Lug.(20)
		6412	1296,2	1297,7	St.Kl.La. (3)
Heptylmalonsäure (f.)	"	6442	1302,2	1303,7	St. Kl. La. Off.
C_{11}					
n-Oktylmalonsäure (f.)	$C_{11}H_{20}O_4$; 216,16	6744	1457,8	1459,6	"
C_{19}					
Cetylmalonsäure (f.)	$C_{19}H_{36}O_4$; 328,29	8243	2705,9	2710,0	"

20. Ungesättigte, mehrbasische, aliphatische Säuren (nur C, H, O enthaltend).

Substanz Aggregatzustand	Bruttoformel Mol.-Gew.	Verbrennungswärme g-kal. pro g	kg-Kal. pro Mol. konst. Vol.	kg-Kal. pro Mol. konst. Druck	Beobachter
C_3					
Fumarsäure (f.) (cis)	$C_4H_4O_4$; 116,03	2752 (Mittelwert)	319,4	318,8	Lug.(20)
		2765	320,8	320,3	St.Kl.La. (3)
		2760	320,2	319,7	Roth unv.
Maleinsäure	$C_4H_4O_4$;	2818	327,0	326,4	St.Kl.La. (3)
(f.) (trans.)	116,03	2823 (Mittelwert)	327,6	327,0	Lug.(20)
Acetylendicarbonsäure (f.)[a]	$C_4H_2O_4$; 114,02	2694	307,2	306,3	St.Kl.(4)
C_5					
Itaconsäure (f.) (-Methylenbernsteinsäure)	$C_5H_6O_4$; 130,05	3676	478,0	477,7	Lug.(20)
		3663	476,4	476,1	St.Kl.(4)
Citraconsäure (f.) (cis)	"	3719 (Mittelwert)	483,7	483,4	Lug.(20)
"	"	3692	480,2	487,9	St.Kl.(4)
Mesaconsäure	"	3686	479,4	479,1	Lug.(20)
(f.) (trans.)	"	3673	477,7	477,4	St.Kl.(4)
C_6					
α-β-Hydromuconsäure (f.)[b]	$C_6H_8O_4$; 144,06	4369	629,4	629,4	" (4)
β-γ-Hydromuconsäure (f.)[c]	"	4371	629,7	629,7	" (4)
Allylmalonsäure (f.)	"	4431	638,4	638,4	St.Kl.La. Off.
Aconitsäure (f.)[d]	$C_6H_6O_6$; 174,05	2766	481,5	480,6	Lug.(20)
		2738	476,5	475,6	St.Kl.(4)
C_7					
Teraconsäure (f.)[e]	$C_7H_{10}O_4$; 158,08	5039	796,6	796,9	O. (2)

a) COOH—C⋮C—COOH. b) $COOH(CH_2)_2CH:CH \cdot COOH$. c) $COOH \cdot CH_2 \cdot CH:CH . CH_2 \cdot COOH$. d) $CH \cdot COOH$ / $\ddot{C}$—COOH / CH_2COOH.

e) $(CH_3)_2C = C\langle{}^{COOH}_{CH_2(COOH)}$.

W. A. Roth.

Verbrennungswärmen von organischen Verbindungen (und einigen Elementen).

Lit. s. Tab. 199, S. 945.

21. Einbasische aromatische Säuren
(nur C, H, O enthaltend).

Substanz Aggregatzustand	Bruttoformel Mol.-Gew.	Verbrennungswärme g-kal. pro g	kg-Kal. pro Mol. konst. Vol.	kg-Kal. pro Mol. konst. Druck	Beobachter
C_7					
Benzoesäure (f.)	$C_7H_6O_2$; 122,05	6322	771,6	771,9	B. Lug.
		6345	774,4	774,7	B. Rec.
	„	6315*	—	770,8	St.Ro.H. (6)
„	„	6322	771,6	771,9	St.Kl.La. (2)
„	„	6334	773,1	773,4	Fries (1)
„	„	6318	771,1	771,4	„ (2)
„	„	26,466 K.J. †	3230,2 K.J. †	—	Wr.
„	„	6318 †	771,1†	771,4†	„
„	„	26,475 K.J.†	3231,5 K.J.†	—	Fi.Wr.(2)
„	„	6320 †	771,4†	771,7†	„
Eichwert: 26,497 K.J. pro g (in Luft gewogen); 6325,4 g-kal.a)					
Salicylsäure (f.)	$C_7H_6O_3$; 138,05	5286	729,8	729,8	St.Kl.La. (2)
„	„	5277	728,5	728,5	Del. Riv.
(o-Oxybenzoesäure)	„	5269	727,4	727,4	St.La.(8) (2)
m-Oxybenzoesäure (f.)	„	5283	729,3	729,3	St.Kl.La.
	„	5265	726,8	726,8	St.La.(8)
p-Oxybenzoesäure (f.)	„	5260	726,1	726,1	St.Kl.La. (2)
β-Resorcylsäure (f.)	$C_7H_6O_4$; 154,05	4398	677,5	677,2	St.Kl.La. (2)
Pyrogallolcarbonsäure (f.)b)	$C_7H_6O_5$; 170,05	3732	634,5	634,0	„ (2)
Gallussäure c) (f.)	„	3734	634,9	634,3	„ (2)
C_8					
Phenylessigsäure (f.)	$C_8H_8O_2$; 136,06	6839	930,5	931,1d)	St. Schm. (2)
„	$C_8H_8O_2$; 136,06	28,669 K.J.	3901 J.J.	3903 K.J.	Fi.Wr.(1)
„	„	6844	931,2	931,8	„
„	„	28,622 K.J.†	3894 K.J.†	—	Wr.
„	„	6833†	929,7†	930,2†	„
„	„	6842	930,9	931,5	A. R.
o-Toluylsäure (f.)	„	6829	929,2	929,8	St.Kl.La. (2)
„	„	6772	921,4	922,0	A. R.
m-Toluylsäure (f.)	„	6827	928,9	929,5	St.Kl.La. (2)

21. Einbasische aromatische Säuren (Forts.)

Substanz Aggregatzustand	Bruttoformel Mol.-Gew.	Verbrennungswärme g-kal. pro g	kg-Kal. pro Mol. konst. Vol.	kg-Kal. pro Mol. konst. Druck	Beobachter
p-Toluylsäure (f.)	$C_8H_8O_2$; 136,06	6815	927,2	927,8	St.Kl.La. (2)
„	„	6781	922,6	923,2	A. R.
o-Oxymethylbenzoesäure (f.)e)	$C_8H_8O_3$; 152,06	5839	887,9	888,2	St.La.(8)
p-Methoxybenzoesäure (= Anissäure)	„	5887	895,2	895,5	St.Kl.La. (2)
Mandelsäure (f.)f)	„	5859	890,9	891,2	„ (5)
„	„	5859	890,9	891,2	St.La.(8)
Phenoxylessigsäure(f.)g)	„	5941	903,4	903,7	„ (8)
Oxytoluylsäure-1, 6, 2 (f.)h)	„	5810	883,5	883,7	„ (8)
Oxytoluylsäure-1, 2, 3 (f.)h)	„	5783	879,3	879,6	„ (8)
Oxytoluylsäure-1, 2, 5 (f.)h)	„	5788	880,1	880,4	„ (8)
Oxytoluylsäure-1, 2, 4 (f.)h)	„	5777	878,4	878,7	„ (8)
C_9					
β-Phenylpropionsäure (f.) (= Hydrozimtsäure)	$C_9H_{10}O_2$; 150,08	7231	1085,2	1086,1	St.Kl.La. (2)
Mesitylensäure (f.)i)	„	7229	1084,9	1085,8	„ (2)
Zimtsäure (f.)k)	$C_9H_8O_2$; 148,06	7039	1042,1	1042,7	„ (2)
		7047	1043,4	1043,9	Rii.Sch.*)
(trans.)	„	7030	1040,9	1041,5	Roth, Stoermer
„	„	7042	1042,7	1043,2	Oss. (2)
Allozimtsäure (f.)	„	7074	1047,4	1048,0	St.Kl.(4)
(cis)(Smp.58°)	„	7075	1047,5	1048,1	Roth,
„ (Smp.68°)	„	7067	1046,3	1046,6	Stoermer
Atropasäure (f.) l)	„	7053	1044,2	1044,8	Oss. (2)
„	„	7057	1044,8	1045,4	St.Kl.(4)
Phenylpropiolsäure (f.) m)	$C_9H_6O_2$; 146,05	7010	1023,8	1024,1	St.Kl.La. (5)

a) S. Anm. a) S. 922. b) $CO_2H:(OH)_3 = 1:2:3:4$. c) $CO_2H:(OH)_3 = 1:3:4:5$. d) Stohmann und Schmidt halten den berechneten Wert **927,6** kg-Kal. pro Mol. (konst. Druck) (für genaues Mol.-Gew. **928,0**) für wahrscheinlicher. e) $C_6H_4\begin{matrix}COOH\\ CH_2OH\end{matrix}$. f) $C_6H_5 . CH(OH) . COOH$. g) $C_6H_5 . OCH_2 - COOH$. h) Die erste Ziffer bedeutet die Stellung von COOH, die zweite die von OH, die dritte die von CH_3. i) $(C_6H_3)(CH_3)_2^{(1,3)}COOH^{(5)}$. k) $C_6H_5 \cdot CH:CH \cdot COOH$. l) $C_6H_5 \cdot CH\begin{matrix}COOH\\ CH_2\end{matrix}$ m) $C_6H_5 \cdot C:C \cdot COOH$.

*) Rii. Sch. finden für Naphthalin 9695; ihre Daten dürften also durchweg etwas zu hoch sein.

W. A. Roth.

Verbrennungswärmen von organischen Verbindungen (und einigen Elementen).

Lit. s. Tab. 199, S. 945.

Substanz Aggregatzustand	Bruttoformel Mol.-Gew.	Verbrennungswärme g-kal. pro g	kg-Kal. pro Mol. konst. Vol.	kg-Kal. pro Mol. konst. Druck	Beobachter
21. Einbasische aromatische Säuren (Forts.)					
C_{10}					
Cuminsäure (f.) (=p-Isopropylbenzoes.) säure)	$C_{10}H_{12}O_2$; 164,10	7545	1238,1	1239,3	St. Kl. La. (2)
	„	7553	1239,5	1240,6	B. Lug.
Isophenylcrotonsäure[a] (f.) (cis)	$C_{10}H_{10}O_2$; 162,08	7377	1195,7	1196,6	St. Kl. (4)
Methylcumarsäure (f.) (trans)	$C_{10}H_{10}O_3$; 178,08	6524	1161,8	1162,4	Roth, Stoermer
Methylcumarinsäure (f.) (cis)	„	6559	1168,0	1168,6	„
p-Methoxyzimtsäure (f.) (trans)	„	6535	1163,8	1164,4	„
C_{11}					
Äthylcumarsäure (f.) (trans)	$C_{11}H_{12}O_3$; 192,10	6856	1317,0	1317,9	„
Äthylcumarinsäure (f.) (cis)	„	6890	1323,6	1324,5	„
Acetylcumarsäure (f.) (trans)	$C_{11}H_{10}O_4$; 206,08	5865	1208,7	1209,0	„
Acetylcumarinsäure (f.) (cis)	„	5885	1212,8	1213,1	„
Phenylparaconsäure (f.)[b]	„	5805	1196,4	1196,7	St. Kl. (4)
α-Naphthoësäure (f.)	$C_{11}H_8O_2$; 172,06	7163	1232,4	1233,0	St. Kl. La. (2)
β-Naphthoësäure (f.)	„	7139	1228,3	1228,8	„ (2)
Cinnamylidenessigsäure (f.)	$C_{11}H_{10}O_2$; 174,08	7535	1311,7	1312,0	Rii. Sch.
Allo-Form (f.)	„	7586	1320,5	1320,8	„
C_{12}					
Propylcumarsäure (f.) (trans)	$C_{12}H_{14}O_3$; 206,11	7136	1470,8	1472,0	Roth, Stoermer
Propylcumarinsäure (f.) (cis)	„	7165	1476,8	1478,0	„
21. Einbasische aromatische Säuren (Forts.)					
β-Benzallävulinsäure (f.)[c]	$C_{12}H_{12}O_3$; 204,10	6928	1413,9	1414,8	St. Kl. La. (5)
δ-Benzallävulinsäure (f.)[d]	„	6912	1410,7	1411,5	„ (5)
C_{13}					
n-Butylcumarsäure (f.) (trans)	$C_{13}H_{16}O_3$; 220,13	7409	1630,5	1632,0	Roth, Stoermer
n-Butylcumarinsäure (f.) (cis)	„	7438	1637,3	1638,8	„
C_{14}					
Diphenylessigsäure (f.)	$C_{14}H_{12}O_2$; 212,10	7789	1651,9	1653,1	St. Kl. La. (5)
Benzilsäure (f.) (=Diphenylglycolsäure)[e]	$C_{14}H_{12}O_3$; 228,10	7098	1619,0	1619,8	„ (5)

22. Mehrbasische aromatische Säuren

(nur C, O, H enthaltend).

Substanz Aggregatzustand	Bruttoformel Mol.-Gew.	Verbrennungswärme g-kal. pro g	kg-Kal. pro Mol. konst. Vol.	kg-Kal. pro Mol. konst. Druck	Beobachter
C_8					
o-Phthalsäure (f.)	$C_8H_6O_4$; 166,05	4650	772,1	771,8	St. Kl. La. (2)
„	„	4658	773,5	773,2	St. Kl. (4)
„	„	4699	780,3	780,0	Lug. (20)
Iso(m-)phthalsäure (f.)	„	4633	769,3	769,1	St. Kl. La. (2)
Tere(p-)phthalsäure (f.)	„	4646	771,5	771,2	„ (2)
C_9					
Uvitin- oder Mesidinsäure (f.)[f]	$C_9H_8O_4$; 180,06	5161	929,2	929,2	„ (2)
Trimesinsäure (f)[g]	$C_9H_6O_6$; 210,05	3660	768,7	767,8	„ (2)
C_{10}					
Benzylmalonsäure (f.)[h]	$C_{10}H_{10}O_4$; 194,08	5596	1086,1	1086,3	St. Kl. La. Off.

a) $C_6H_5 \cdot CH : CH \cdot CH_2 \cdot COOH$.

b) $C_6H_5 \cdot CH \cdot CH(COOH) — CH_2$ (Ring: CH—O—C(=O)—CH₂).

c) $C_6H_5 \cdot CH : C\langle{}^{CH_2 \cdot COOH}_{COCH_3}$

d) $C_6H_5 \cdot C : CH \cdot COCH_2CH_2COOH$.

e) $(C_6H_5)_2C\,(OH) \cdot COOH$.

f) $(C_6H_3)\,(CH_3)^{(1)}(COOH)_2^{(3,5)}$.

g) $(C_6H_3)(COOH)_3^{(1,3,5)}$.

h) COOH · CH · $CH_2(C_6H_5)$ · COOH (COOH / CH·$CH_2(C_6H_5)$ / COOH)

W. A. Roth.

Verbrennungswärmen von organischen Verbindungen (und einigen Elementen).

Lit. s. Tab. 199, S. 945.

Substanz Aggregatzustand	Bruttoformel Mol.-Gew.	Verbrennungswärme g-kal. pro g	kg-Kal. pro Mol. konst. Vol.	kg-Kal. pro Mol. konst. Druck	Beobachter
22. Mehrbasische aromatische Säuren (Forts.)					
Benzalmalonsäure (f.)[a]	$C_{10}H_8O_4$; 192,06	5504	1057,1	1057,1	St. Kl. (4)
Pyromellithsäure (f.)[b]	$C_{10}H_6O_8$; 254,05	3066	779,0	777,6	St. Kl. La. (2)
C_{12}					
Naphthalsäure (f.)[c]	$C_{12}H_8O_4$; 216,05	5765	1245,5	1245,5	Lug. (20)
Mellithsäure (f.)[d]	$C_{12}H_6O_{12}$; 342,05	2312	791,0	788,3	St. Kl. La. (2)
Gelbe Cinnamylidenmalonsäure (f.)	$C_{12}H_{10}O_4$; 218,08	6056	1320,6	1320,9	Rü. Sch.
C_{16}					
α-Diphenylbernsteinsäure (leicht lösl.) (f.)	$C_{16}H_{14}O_4$; 270,11	6705	1811,0	1811,9 ebenda Acetonverbind.	St. Kl. La. (5)
α-Diphenylbernsteinsäure, kryst.	$C_{16}H_{14}O_4 \cdot H_2O$; 288,13	6418	1849,1	1850,0	Oss. (2)
β-Diphenylbernsteinsäure (schwer lösl.) (f.)	$C_{16}H_{14}O_4$; 270,11	6692	1807,6	1808,4	St. Kl. La. (5)
	„	6752	1823,6	1824,5	Oss. (2)
C_{18}					
α-Truxillsäure (f.)	$C_{18}H_{16}O_4$; 296,13	7039	2084,4	2085,5	Rü. Sch.
C_{24}					
bel. Cinnamylidenmalonsäure (f.)	$C_{24}H_{20}O_8$; 436,16	6055	2640,8	2641,4	„
23. Hydroaromatische und Polymethylen-Säuren (nur C, H, O enthaltend).					
C_4					
Trimethylencarbonsäure (Cyclopropancarbons.) (fl.)	$C_4H_6O_2$; 86,05	5571	479,4	479,7	Roth, Ö.
C_5					
α, α-Trimethylendicarbonsäure (f.) (Cyclopropandicarbons.-1, 1)	$C_5H_6O_4$; 130,05	3719	483,7	483,4	St. Kl. (3)

Substanz Aggregatzustand	Bruttoformel Mol.-Gew.	Verbrennungswärme g-kal. pro g	kg-Kal. pro Mol. konst. Vol.	kg-Kal. pro Mol. konst. Druck	Beobachter
23. Hydroaromatische u. Polymethylen-Säuren (Forts.)					
α, β-Trimethylendicarbonsäure (f.) (cis-Cyclopropandicarbons.-1, 2)	$C_5H_6O_4$; 130,05	3727	484,7	484,4	St. Kl. (3)
Tetramethylencarbonsäure (fl.) (Cyclobutancarbons.)	$C_5H_8O_2$; 100,06	6406	641,0	641,6	Roth, Ö.
C_6					
α, α-Tetramethylendicarbonsäure (f.) (= Cyclobutandicarbons.-1, 1)	$C_6H_8O_4$; 144,05	4461	642,6	642,6	St. Kl. (3)
α, β-Tetramethylendicarbonsäure (f.) (cis-Cyclobutandicarbons.-1, 2)	„	4462	642,7	642,7	„ (3)
α, γ-Tetramethylendicarbonsäure (f.)	„	4444	640,0	640,0	Zub. (1)
C_7					
Terebinsäure (f.)[e]	$C_7H_{10}O_4$; 158,08	4926	778,7	779,0	Oss. (2)
α, β-Pentamethylendicarbonsäure (f.) (trans-Cyclopentandicarbons.-1, 2)	„	4909	776,1	776,4	St. Kl. (3)
α, α, β, β-Trimethylendicarbonsäure (f.) (Cyclopropantetracarbons. 1, 1, 2, 2)	$C_7H_6O_8$; 218,05	2223	484,6	483,2	„ (3)
Δ_1-Tetrahydrobenzoesäure (f.)	$C_7H_{10}O_2$; 126,08	6794	856,6	857,5	Roth, Ell.
Chinonsäure (f.)[f]	$C_7H_{12}O_6$; 192,10	4342	834,1	834,1	B. Rec.

a) $C_6H_5 \cdot CH : C(COOH)_2$. b) $C_6H_2(COOH)_4$. c) 1,8-Naphthalindicarbonsäure. d) $C_6(COOH)_6$.

e)
```
          H
          C
 COOH |       CH2
 CH3C — CH3  |
     \        |
      O       |
       \      |
        C=O
```

f) Hexahydrotetraoxybenzoesäure $(OH)_4 \cdot C_6H_7 \cdot COOH$.

W. A. Roth.

Verbrennungswärmen von organischen Verbindungen (und einigen Elementen).

Lit. s. Tab. 199, S. 945.

23. Hydroaromatische u. Polymethylen-Säuren (Forts.)

Substanz Aggregatzustand	Bruttoformel Mol.-Gew.	Verbrennungswärme g-kal. pro g	kg-Kal. pro Mol. konst. Vol.	kg-Kal. pro Mol. konst. Druck	Beobachter
C_8					
Cyclohexylidenessigsäure (f.)[a]	$C_8H_{12}O_2$; 140,10	7436	1041,8	1043,0	Roth, Ell.
Cyclohexen-1-ylessigsäure-1 (f.)[b]	„	7456	1044,6	1445,8	„
„trans"-Hexahydroterephthals.(f.)	$C_8H_{12}O_4$; 172,10	5401	929,4	930,0	St. Kl. (1)
„cis"-Hexahydroterephthals. (f.)	„	5395	928,5	929,1	„ (1)
Δ_2-Tetrahydrophthalsäure (f.)	$C_8H_{10}O_4$; 170,08	5184	881,7	882,0	„ (2)
Δ_1-Tetrahydroterephthals. (f.)	„	5191	882,9	883,2	„ (1)
$\Delta_{1.4}$-Dihydroterephthals.(f.)	$C_8H_8O_4$; 168,06	4977	836,4	836,4	„ (1)
$\Delta_{1.5}$-Dihydroterephthals.(f.)	„	5016	842,9	842,9	„ (1)
fum. $\Delta_{2.5}$-Dihydroterephthals. (f.)	„	5032	845,7	845,7	„ (2)
Dihydrophthalsäure (f.)	„	5018	843,4	843,4	„ (2)
C_9					
α-Cyclohexen-1-yl-propionsäure-1 (fl.)[c]	$C_9H_{14}O_2$; 154,11	7783	1199,4	1120,8	Roth, Ell.
C_{10}					
Hexahydrocuminsäure(f.)	$C_{10}H_{18}O_2$; 170,14	8278	1408,4	1410,4	Zub. (1)
α-Tanacetonketokarbonsäure (f.)[d]	$C_{10}H_{16}O_3$; 184,13	7208	1327,2	1328,7	Roth, Ö.
d-Camphersäure (f.)[e]	$C_{10}H_{16}O_4$; 200,13	6215	1243,8	1245,0	St. Kl. (3)
		6249	1250,5	1251,7	Lug. (2)
d-u.-Camphersäure (f.) iso-u. rac. Camphersäure (f.)	„	6203 bis 6261	1241,4 bis 1253,1	1242,5 bis 1254,2	„ (17)
	„	6248	1250,5	1251,6	„ (20)
Campholsäure (f.)[f]	$C_{10}H_{18}O_2$; 170,14	8295	1411,3	1413,3	B. Riv.
Iso-Campholensäure (fl.)[g]	$C_{10}H_{16}O_2$; 168,13	8104	1362,6	1364,3	„
Campholensäure (f.)[h]	„	8120	1365,2	1367,0	„
C_{12}					
fum. Hexahydromelliths.(f.)	$C_{12}H_{12}O_{12}$; 348,10	2660	925,9	924,1	St. Kl. (2)

24. Säureanhydride und Lactone

(Lactonsäuren s. b. Säuren).

Substanz Aggregatzustand	Bruttoformel Mol.-Gew.	Verbrennungswärme g-kal. pro g	kg-Kal. pro Mol. konst. Vol.	kg-Kal. pro Mol. konst. Druck	Beobachter
C_3					
Laktid (f.)	$C_3H_4O_2$; 72,03	4543	327,2	327,2	B. Del. (1)
C_4					
Essigsäureanhydrid (Dampf)	$C_4H_6O_3$; 102 (Umr. uns.)	4510*	—	460,1	Th.
Bernsteinsäureanhydrid (f.)	$C_4H_4O_3$; 100,03	3700	370,1	369,8	St Kl. La. (5)
„	„	3731	373,2	372,9	Lug. (20)
Maleinsäureanhydrid (f.)	$C_4H_2O_3$; 98,02	3415	334,8	334,2	St. Kl. La. (5)
„	„	3422	335,4	334,8	Lug. (20)
„	„	3438	337,0	336,4	Oss. (2)
C_5					
Glutarsäureanhydrid (f.)	$C_5H_6O_3$; 114,05	4634	528,5	528,5	St. Kl. (4)
Itaconsäureanhydrid (f.)	$C_5H_4O_3$; 112,03	4305	482,3	482,0	„ (4)

a) =CH—COOH

b) —C—COOH; H_2

c) CH_3; —C—COOH; H

d) C_3H_7; C; C—COOH; H_2C; H_2; C—C—CH_3; H; O

e) H; C—COOH; H_2C; CH_2—C—CH_3; H_2C; C—COOH; CH_3

f) H; C; CH_3; C; CH_3; CH_3; CH_2; CH_3—C; H; C—COOH; H

g) H; CH_3; C—CH_2COOH; C; CH_3; CH_2; CH_3—C; C; H

h) CH_3; H; C—CH_2COOH; C; CH_3; CH; CH_3; C; C; H; H

Verbrennungswärmen von organischen Verbindungen (und einigen Elementen).

Lit. s. Tab. 199, S. 945.

24. Säureanhydride und Lactone (Forts.)

Substanz Aggregatzustand	Bruttoformel Mol.-Gew.	Verbrennungswärme g-kal. pro g	kg-Kal. pro Mol. konst. Vol.	kg-Kal. pro Mol. konst. Druck	Beobachter
C_6					
Propionsäureanhydrid (fl.)	$C_6H_{10}O_3$; 130,08	5747*	—	747,5	Lug. (11)
Saccharin (f.)[a]	$C_6H_{10}O_5$; 162,08	4055	657,2	657,2	St.La.(4)
l-Gulonsäurelacton (f.)	$C_6H_{10}O_6$; 178,08	3457	615,6	615,3	Fogh
l-Mannonsäurelacton(f.)	„	3466	617,2	616,9	„
d-Mannonsäurelacton(f.)	„	3478	619,0	619,3	„
C_7					
Glucoheptonsäurelacton(f.)	$C_7H_{12}O_7$; 208,10	3495	727,3	727,0	„
C_8					
Glucooktansäurelacton(f.)	$C_8H_{14}O_8$; 238,11	3519	837,8	837,5	„
Phthalid(f.)[b]	$C_8H_6O_2$; 134,05	6605	885,4	885,7	Riv. (1)
„	„	6599	884,6	884,9	St.La.(8)
Phthalsäureanhydrid (f.)	$C_8H_4O_3$; 148,03	5300	784,5	784,2	St.Kl.La. (2)
„	„	5295 (Mittelwert)	783,8	783,5	Lug. (20)
C_{10}					
Lactone	$C_{10}H_{16}O_2$				B. Riv.
Camphersäureanhydrid (f.)	$C_{10}H_{14}O_3$; 182,11	6874 (Mittelwert)	1251,9	1253,0	St.Kl.(4)
„	„	6935	1262,9	1264,1	Lug.(20)
„	„	6824	1242,7	1243,9	„ (17)
C_{12}					
Naphthalsäureanhydrid (f.)	$C_{12}H_6O_3$; 198,05	6351	1257,9	1257,9	„ (20)
C_{14}					
Benzoesäureanhydrid (f.)	$C_{14}H_{10}O_3$; 226,08	6886*	—	1556,7	St.Ro.H. (6)
C_{16}					
Diphenylmaleinsäureanhydrid (f.)	$C_{16}H_{10}O_3$; 250,08	7078	1770,1	1770,7	St.Kl.La. (5)

25. Methylester einbasischer Säuren.

Substanz Aggregatzustand	Bruttoformel Mol.-Gew.	Verbrennungswärme g-kal. pro g	kg-Kal. pro Mol. konst. Vol.	kg-Kal. pro Mol. konst. Druck	Beobachter
C_2					
Methylformiat (Dampf)	$C_2H_4O_2$;60 (Umr. uns.)	4020	241,2	241,2	Th.
		3970	238,2	238,7	B. O. (3)
„ (fl.)	60,03	3887	233,3	233,3	B.Del.(2)
C_3					
Methylacetat (Dampf)	$C_3H_6O_2$;74 (Umr. uns.)	5398	399,3	399,3	Th.
„ (fl.)	$C_3H_6O_2$;74	5342*	—	395,3	F. S.
„ „	„ 74,05	5266	390,0	390,3	Guin. (1)
C_4					
Methylpropionat (Dampf)	$C_4H_8O_2$;88 (Umr. uns.)	6295	535,9	554,5	Th.
C_5					
Methylisobutyrat (fl.)	$C_5H_{10}O_2$; 102,08	28,419 K. J. †	2901 K.J.†	—	Ri., Je.
		6784 †	692,5†	693,4†	
Methylbutyrat (fl.)	$C_5H_{10}O_2$; 102 (Umr. uns.)	6799*	—	693,4	F. S.
Methylacetylacetat (fl.)	$C_5H_8O_3$; 116,06	5121	594,3	594,6	Guin.(1)
C_6					
Dimethylacrylsäuremethylester (fl.)[c]	$C_6H_{10}O_2$; 114,08	7050	804,3	805,2	Roth unv.
C_8					
Methylbenzoat (fl.)	$C_8H_8O_2$; 136,06	6941*	—	944,4	Sto. Ro. H. (6)
p-Oxybenzs.-Methylester(f.)	$C_8H_8O_3$; 152,06	5893	896,0	896,3	St.Kl.La. (4)
Methylsalicylat (fl.)	$C_8H_8O_3$; 152,06	5913*	—	899,2	Sto. Ro. H. (7)
Gallussäuremethylester (f.)	$C_8H_8O_5$; 184,06	4361	802,6	802,4	St.Kl.La. (4)
C_9					
Anissäuremethylester (f.)	$C_9H_{10}O_3$; 166,08	6438	1069,2	1069,8	„ (4)
Cyclohexen-1-ylessigsäure-1-methylester (fl.)[d]	$C_9H_{14}O_2$; 154,11	7850	1209,8	1211,3	Roth, Ell.

a) $CH_3-C(OH)\cdot CH(OH)CH-CH_2(OH)$ (Ring: $C(=O)-O$). b) $C_6H_4\langle CH_2, C{=}O \rangle O$. c) $(CH_3)_2C=C(H)-C(=O)OCH_3$. d) $C_6H_9-CH_2-COOCH_3$ (Cyclohexenyl).

W. A. Roth.

Verbrennungswärmen von organischen Verbindungen (und einigen Elementen).

Lit. s. Tab. 199, S. 945.

25. Methylester einbasischer Säuren (Forts.)

Substanz Aggregatzustand	Bruttoformel Mol.-Gew.	Verbrennungswärme g-kal. pro g	kg-Kal. pro Mol. konst. Vol.	kg-Kal. pro Mol. konst. Druck	Beobachter
Cyclohexylidenessigsäuremethylester (fl.) a)	$C_9H_{14}O_2$; 154,11	7892	1216,2	1217,7	Roth, Ell.
C_{10}					
Zimtsäuremethylester (fl.)	$C_{10}H_{10}O_2$; 162,08	7486	1213,3	1214,2	Sto. Kl. La. (4)
Cyclohexen-1-yl-α-propionsäuremethylester-1 (fl.) b)	$C_{10}H_{16}O_2$; 168,13	8023	1348,9	1350,6	Roth, Ell.
Methyl-4-cyclohexylidenessigsäuremethylester-1 (fl.) c)	„	8169	1373,5	1375,2	„
Methyl-4-cyclohexen-1-ylessigsäuremethylester-1 (fl.) d)	„	8100	1361,9	1363,6	„
Cyclohexylidenisopropensäuremethylester (fl.) e)	„	8174	1374,3	1376,0	Roth, Peters
C_{11}					
Pinonsäuremethylester (fl.) f)	$C_{11}H_{18}O_3$; 198,14	7455	1477,1	1478,8	Roth, Ö.
C_{12}					
Äthylcumarinsäuremethylester (fl.)	$C_{12}H_{14}O_3$; 206,12	7255	1495,4	1496,6	Roth, Stoermer
β-Naphthoesäuremethylester (f.)	$C_{12}H_{10}O_2$; 186,08	7535	1402,1	1402,9	St. Kl. La. (4)

26. Methylester mehrbasischer Säuren.

Substanz Aggregatzustand	Bruttoformel Mol.-Gew.	Verbrennungswärme g-kal. pro g	kg-Kal. pro Mol. konst. Vol.	kg-Kal. pro Mol. konst. Druck	Beobachter
C_3					
Dimethylcarbonat (fl.)	$C_3H_6O_3$; 90,05	3774 3817	339,9 343,7	339,9 343,7	Lug. (12) Zub. (2)
C_4					
Dimethyloxalat (f.)	$C_4H_6O_4$; 118,05	3410	402,5	402,3	St. Kl. La. (4)
C_5					
Dimethylmalonat (fl.)	$C_5H_8O_4$; 132,06	4186	552,8	552,8	Guin. (1)
C_6					
Dimethylsuccinat (fl.)	$C_6H_{10}O_4$; 146,08	4851	708,6	708,9	St. Kl. La. (4)
(f.)	„	4817	703,7	704,0	„ (4)
Fumarsäuredimethylester (f.)	$C_6H_8O_4$; 144,06	4616 4603	665,0 663,1	665,0 663,1	„ (4) Oss. (2)
Maleinsäuredimethylester (f.)	„	4650	669,9	669,9	„ (2)
Traubensäuredimethylester (f.)	$C_6H_{10}O_6$; 178,08	3474	618,7	618,4	„ (2)
d-Weinsäuredimethylester (f.)	„	3480	619,8	619,5	„ (2)
C_7					
Acetylmalonsäuredimethylester (fl.)	$C_7H_{10}O_5$; 174,08	4329	753,6	753,6	Guin. (1)
α,α-Trimethylendicarbonsäuredimethylester (fl.)	$C_7H_{10}O_4$; 158,08	5234	827,4	827,7	Roth, Ö.
C_8					
α,β-Tetramethylendicarbonsäuredimethylester (fl.)	$C_8H_{12}O_4$; 172,10	5717	983,9	984,5	„

a) C_6H_{10}=C(H)—$COOCH_3$.
b) C_6H_9—C(H)(CH_3)—$COOCH_3$.
c) CH_3—C_6H_9=C(H)—$COOCH_3$.
d) CH_3—C_6H_8—$C(H_2)$—$COOCH_3$.
e) C_6H_{10}=C(CH_3)—$COOCH_3$.
f) H_2C—C(H)—$C(H_2)$—$COOCH_3$; HC—C(CH_3)(CH_3); C(=O)CH_3

Verbrennungswärmen von organischen Verbindungen (und einigen Elementen).

Lit. s. Tab. 199, S. 945.

Substanz Aggregat-zustand	Brutto-formel Mol.-Gew.	Verbrennungswärme g-kal. pro g	kg-Kal. pro Mol. konst. Vol.	kg-Kal. pro Mol. konst. Druck	Beob-achter
26. Methylester mehrbasischer Säuren (Forts.)					
C_9					
Citronensäuretrimethylester (f.)	$C_9H_{14}O_7$; 234,11	4203	984,0	984,0	St. Kl. La. (4)
α, β-Pentamethylendicarbonsäuredimethylester (fl.)	$C_9H_{14}O_4$; 186,11	6001	1116,8	1117,7	Roth, Ö.
C_{10}					
Norpinsäuremethylester (fl.) [a]	$C_{10}H_{16}O_4$; 200,13	6434	1287,6	1288,8	Roth, Ö.
„fum." Hexahydroterephthalsäuredimethylester (f.)	„	6364	1273,6	1274,8	St. Kl. (1)
Δ_1-Tetrahydroterephthalsäuredimethylester (f.)	$C_{10}H_{14}O_4$; 198,11	6191	1226,5	1227,4	„ (1)
Dimalonsäuretetramethylester (f.)	$C_{10}H_{14}O_8$; 262,11	3992	1046,4	1046,1	„ (4)
$\Delta_{1,4}$-Dihydroterephthalsäuredimethylester (f.)	$C_{10}H_{12}O_4$; 196,10	6024	1181,3	1181,8	„ (1)
-Tere-(p-)phthalsäuredimethylester (f.)	$C_{10}H_{10}O_4$; 194,08	5732	1112,4	1112,7	St. Kl. La. (4)
„	„	5734	1112,9	1113,2	St. Kl. (1)
m-Phthalsäuredimethylester (f.)	„	5729	1111,8	1113,2	St. Kl. La. (4)
o-Phthalsäuredimethylester (fl.)	$C_{10}H_{10}O_4$; 194,08	5774	1120,5	1120,8	St. Kl. La. (4)
C_{11}					
α-Tanacetondicarbonsäuredimethylester (fl.) [b]	$C_{11}H_{18}O_4$; 214,14	6778	1451,4	1452,9	Roth, Ö.
Pinsäuremethylester (fl.) [c]	„	6725	1440,1	1441,6	„
Spyroheptandicarbonsäuredimethylester (fl.) [d]	$C_{11}H_{16}O_4$; 212,13	6637	1407,9	1409,1	„
Methylendimalonsäuretetramethylester (f.)	$C_{11}H_{16}O_8$; 276,13	4355	1202,6	1202,6	St. Kl. (3)
α, α-β, β-Trimethylentetracarbonsäuretetramethylester (f.)	$C_{11}H_{14}O_8$; 274,11	4273	1171,2	1170,9	„ (3)
C_{12}					
Trimesinsäuretrimethylester (f.) [e]	$C_{12}H_{12}O_6$; 252,10	5129	1293,0	1293,0	St. Kl. La. (4)
C_{18}					
Mellithsäurehexamethylester (f.)	$C_{18}H_{18}O_{12}$; 426,13	4288	1827,1	1826,2	„ (4)
Diphenylmaleinsäuredimethylester (f.)	$C_{18}H_{16}O_4$; 296,13	7135	2112,9	2114,0	St. La. (3)
C_{20}					
β-Truxillsäuredimethylester (f.)	$C_{20}H_{20}O_4$; 324,16	7473	2422,3	2424,0	St. Kl. (4)

a)
```
        H
H2C—C—COO CH3
  |    |  /CH3
HC—C<
  |       \CH3
COOCH3
```

b)
```
          C3H7
           |
          C—CH2—COOCH3
H2C<      |
          C—COOCH3
          H
```

c)
```
         H
H2C—C—C—COOCH3
  |     |  H2
HC—C—CH3
  /       \
COOCH3  CH3
```

d)
```
H2C——C(H)—COOCH3
       |        |
H2C——C——CH2
  |      |
HC——CH2
  |
COOCH3
```

e) $C_6H_3(COOCH_3)_3$.

W. A. Roth.

Verbrennungswärmen von organischen Verbindungen (und einigen Elementen).

Lit. s. Tab. 199, S. 945.

Substanz Aggregatzustand	Bruttoformel Mol.-Gew.	Verbrennungswärme g-kal. pro g	kg-Kal. pro Mol. konst. Vol.	kg-Kal. pro Mol. konst. Druck	Beobachter
27. Äthylester einbasischer Säuren.					
C_3					
Äthylformiat (Dampf)	$C_3H_6O_2$; 74 (U. u.)	5406*	—	400,1	Th.
Äthylformiat (fl.)	$C_3H_6O_2$; 74,05	5290	391,7	392,0	B. Del. (2)
„	„	5279	—	390,6	F. S.
C_4					
Äthylacetat (Dampf)	$C_4H_8O_2$; 88 (U. u.)	6211*	—	546,6	Th.
(fl.)	$C_4H_8O_2$; 88,06	6096	536,8	537,4	Guin. (2)
C_5					
Äthyllactat (fl.)	$C_5H_{10}O_3$; 118,08	5559*	—	656,5	Lug. (11)
C_6					
Äthyl-n-butyrat (fl.)	$C_6H_{12}O_2$; 116,10	7348*	—	852,0	„ (11
Äthyl-i-butyrat (fl.)	„	7291*	—	846,5	„ (11)
Acetessigsäureäthylester (fl.)	$C_6H_{10}O_3$; 130,08	5797*	—	754,1	„ (2)
C_7					
Äthylvalerat (fl.)	$C_7H_{14}O_2$; 130,11	7835*	—	1018,5	F. S.
Tetramethylencarbonsäureäthylester (fl.)	$C_7H_{12}O_2$; 128,10	7532	964,8	966,0	Roth, Ö.
C_8					
Sorbinsäureäthylester (fl.)	$C_8H_{12}O_2$; 140,10	7222	1011,8	1013,0	Roth (3)
Äthyldiacetylacetat (fl.)	$C_8H_{12}O_4$; 172,10	5651	972,5	973,1	Guin. (1)
C_9					
Äthylbenzoat (fl.)	$C_9H_{10}O_2$; 150,08	7329*	—	1099,8	St. Ro. H. (6)
Äthylsalicylat (fl.)	$C_9H_{10}O_3$; 166,08	6336*	—	1052,3	„ (7)
Äthyl-p-oxybenzoat (f.)	„	6285*	—	1043,8	„ (7)
C_{10}					
β,δ-Dimethylsorbinsäureäthylester (fl.)	$C_{10}H_{16}O_2$; 168,13	8035	1350,9	1352,6	Roth (3)
Cyclohexen-1-yl-essigsäureäthylester-1 (fl.)	„	8089	1360,0	1361,7	Roth, Ell.
27. Äthylester einbasischer Säuren (Forts.)					
Cyclohexylidenessigsäureäthylester (fl.)	$C_{10}H_{16}O_2$; 168,13	8129	1366,7	1368,4	Roth, Ell.
C_{11}					
α-Cyclohexen-1-yl-propionsäureäthylester (fl.)	$C_{11}H_{18}O_2$; 182,14	8241	1501,0	1503,0	Roth, Ell.
1-Methylcyclohexen-1-methencarbonsäureäthylester-3 (fl.)	$C_{11}H_{16}O_2$; 180,13	8198	1476,7	1478,4	Roth, Mur.
C_{12}					
1,3-Dimethylcyclohexen-3^4-methencarbonsäureäthylester-5 (fl.)	$C_{12}H_{18}O_2$; 194,14	8901	1631,0	1633,0	Roth, Pet.
β-Methylzimtsäureäthylester (fl.)	$C_{12}H_{14}O_2$; 190,11	8028	1526,2	1527,6	Roth, Mur.
Methylcumarinsäureäthylester (fl.)	$C_{12}H_{14}O_3$; 206,12	7251	1494,6	1495,8	Roth, Stoermer
28. Äthylester mehrbasischer Säuren.*)					
C_5					
Diäthylcarbonat (fl.)	$C_5H_{10}O_3$; 118,08	5530	652,9	653,5	Zub. (2)
		5443*	—	642,7	Lug. (12)
Diäthyloxalat (fl.)	$C_6H_{10}O_4$; 146,08	4906*	—	716,6	„ (12)
Diäthylmalonat (fl.)	$C_7H_{12}O_4$; 160,10	5379*	—	861,2	„ (12)
Diäthylsuccinat (fl.)	$C_8H_{14}O_4$; 174,11	5791*	—	1008,3	„ (12)
α-Dimethylbernsteinsäurediäthylester (fl.)	$C_{10}H_{18}O_4$; 202,14	6420	1297,8	1299,2	Oss. (2)
β- „	„	6453	1304,5	1305,9	„ (2)
fum. symm. Dimethylbernsteinsäurediäthylester (fl.)	„	6574	1328,8	1330,2	St. La. (3)
C_{12}					
Triäthylcitrat (fl.)	$C_{12}H_{20}O_7$; 276,16	5289*	—	1460,5	Lug. (11)

*) Bei St. Lie. (2) polymere Zimtsäureäthylester.

W. A. Roth.

Verbrennungswärmen von organischen Verbindungen (und einigen Elementen).

Lit. s. Tab. 199, S. 945.

Substanz Aggregatzustand	Bruttoformel Mol.-Gew.	Verbrennungswärme g-kal. pro g	kg-Kal. pro Mol. konst. Vol.	kg-Kal. pro Mol. konst. Druck	Beobachter
28. Äthylester mehrbasischer Säuren (Forts.)					
C_{14}					
Acetylentetracarbonsäuretetraäthylester (f.)[a]	$C_{14}H_{22}O_8$; 318,18	5223	1662,0	1662,9	St. Kl.(4)
Dicarbintetracarbonsäuretetraäthylester (f.)[b]	$C_{14}H_{20}O_8$; 316,16	5153	1628,8	1629,3	„ (4)
29. Ester anderer aliphatischer Alkohole.					
C_4					
Allylformiat (Dampf)	$C_4H_6O_2$; 86 (U. u.)	6138*	—	527,9	Th.
C_5					
Allylacetat (fl.)	$C_5H_8O_2$; 100,06	6558*	—	656,2	Lug.(12)
C_7					
Amylacetat (fl.)	$C_7H_{14}O_2$; 130,11	7971* 8020*	— —	1037,1 1043,5	F. S. Ros.
C_{10}					
Propylbenzoat (fl.)	$C_{10}H_{12}O_2$; 164,10	7652*	—	1255,8	St.Ro.H. (6)
Propyl-p-oxybenzoat (f.)	$C_{10}H_{12}O_3$; 180,10	6673*	—	1201,8	„ (7)
Propylsalicylat (fl.)	„	6701*	—	1206,9	„ (7)
C_{11}					
Isobutylbenzoat (fl.)	$C_{11}H_{14}O_2$; 178,11	7933*	—	1412,8	„ (6)
Isobutylsalicylat (fl.)	$C_{11}H_{14}O_3$; 194,11	7042*	—	1366,9	„ (7)
C_{12}					
Amylbenzoat (fl.)	$C_{12}H_{16}O_2$; 192,13	8177*	—	1571,1	St.Ro.H. (6)
C_{18}					
Essigsäurecetylester (f.)	$C_{18}H_{36}O_2$; 284,29	9589	2726,1	2730,8	St.Kl.(4)
C_{32}					
Palmitinsäurecetylester (f.)	$C_{32}H_{64}O_2$; 480,51	10153*	—	4877,7	St.
C_{48}					
Mannithexabenzoat (f.)	$C_{48}H_{38}O_{12}$; 806,30	6653*	—	5363,9	St.Ro.H. (7)
Glycerinester.					
Tribenzoat (f.)	$C_{24}H_{20}O_6$; 404,16	6734*	—	2721,6	St.Ro.H. (7)
Trilaurin (f.)	$C_{39}H_{74}O_6$; 638,59	8930 8946*	5703 —	5712 5713	St.La.(1) Lug.(13)
Glycerinester (Forts.)					
Trimyristin (f.)	$C_{45}H_{86}O_6$; 722,69	9196 9144*	6646 —	6657 6608	St.La.(1) Lug.(13)
Dibrassidin (f.)	$C_{47}H_{88}O_5$; 732,70	9484	6949	6960	St.La.(1)
Dierucin (f.)	„	6519	6975	6986	„ (1)
Tribrassidin (f.)	$C_{69}H_{128}O_6$; 1053,02	9714	10229	10246	„ (1)
Trierucin (f.)	„	9742	10259	10275	„ (1)
30. Phenolester.					
C_{12}					
Essigsäureeugenolester (f.)[c]	$C_{12}H_{14}O_3$; 206,11	7269	1498,1	1499,3	St.La.(5)
Essigsäureisoeugenolester (f.)[c]	„	7222	1488,6	1489,7	„ (5)
C_{13}					
Benzoesäurephenylester (f.)	$C_{13}H_{10}O_2$; 198,08	7629 7602*	1511,1 —	1512,0 1505,8	St.La.(3) St.Ro.H. (6)
C_{14}					
Benzoesäure-p-kresylester (f.)	$C_{14}H_{12}O_2$; 212,10	7835*	—	1661,8	„ (6)
C_{15}					
Benzoesäure-o-xylenylester (f.)	$C_{15}H_{14}O_2$; 226,11	8032*	—	1816,1	„ (6)
C_{16}					
Benzoesäurepseudokumenylester (f.)	$C_{16}H_{16}O_2$; 240,13	8203*	—	1969,8	„ (6)
C_{17}					
Benzoesäurethymylester (f.)	$C_{17}H_{18}O_2$; 254,14	8380*	—	2129,7	„ (6)
(fl.)	„	8397*	—	2134,0	„ (6)
Benzoesäureeugenolester (f.)[c]	$C_{17}H_{16}O_3$; 268,13	7701	2064,8	2066,2	St.La.(5)
Benzoesäureisoeugenolester (f.)[c]	„	7666	2055,6	2057,0	„ (5)
Benzoesäurebetelphenolester (f.)[c]	„	7701	2064,9	2066,4	„ (5)
C_{20}					
Resorcyldibenzoat (f.)	$C_{20}H_{14}O_4$; 318,11	7039*	—	2239,2	St. Ro. H. (6)

[a] $(COOC_2H_5)_2HC \cdot CH(COOC_2H_5)_2$. [b] $(COOC_2H_5)_2C:C(COOC_2H_5)_2$. [c] Konstitution s. S. 917 u. 918.

W. A. Roth.

Verbrennungswärmen von organischen Verbindungen (und einigen Elementen).

Lit. s. Tab. 199, S. 945.

31. Amide, Amine und Aminosäuren (als Anhang Oxime).

Substanz Aggregatzustand	Bruttoformel Mol.-Gew.	Verbrennungswärme g-kal. pro g	kg-Kal. pro Mol. konst. Vol.	kg-Kal. pro Mol. konst. Druck	Beobachter
C_1					
Methylamin (Gas)	CH_5N; 31 (U. u.)	8333*	—	258,3	Th.
	(U. u.)	8400	260,4	261,4	Mu. (2)
(fl.)	CH_5N; 31,05	8276	257,0	257,4	Lem. (2)
Formamid (fl.)	CH_3ON; 45,03	3000	135,1	135,0	St.Schm. (3)
Harnstoff (f.)	CH_4ON_2; 60,05	2542	152,6	152,3	St.La.(2)
„		2530	151,9	151,6	B. P. (2)
C_2					
Dimethylamin (Gas)	C_2H_7N; 45	9344*	—	420,5	Th.
	(U. u.)	9487	426,9	428,2	Mu. (2)
(fl.)	C_2H_7N; 45,07	9278	418,2	418,9	Lem. (2)
Äthylamin	C_2H_7N; 45	9238*	—	415,7	Th.
(Gas)	(U. u.)	9078	408,5	409,7	B. (3a)
(fl.)	C_2H_7N; 45,07	9094	409,9	410,6	Lem. (2)
Glycocoll (f.)	$C_2H_5O_2N$; 75,05	3134	235,2	235,0	B. A. (1)
„	„	3129	234,8	234,7	St.La.(2)
„	„	13,037 K. J.	978,4 K. J.	977,8 K. J.	Fi.Wr.(1)
„	„	3112	233,6	233,4	„
„	„	13,035 K. J.†	978,3 K. J.†	977,7 K. J.†	Wr.
„	„	3112†	233,5†	233,4†	„
Äthylendiamin (fl.)	$C_2H_8N_2.H_2O$; 78,10	5800	453,0	453,6	B. (7)
Acetamid (f.)	C_2H_5ON; 59,05	4789	282,8	282,9	St.Schm. (3)
„	„	4882	288,3	288,4	B. Fo.
Oxaminsäure (f.)[a]	$C_2H_3O_3N$; 89,03	1490	133,5	132,7	St. Hau.
		1455	129,5	128,8	Mat. (1)
Oxamid (f.)	$C_2H_4O_2N_2$; 88,05	2317	204,0	203,4	St. Hau.
Formylharnstoff (f.)[b]	„	2361	207,9	207,3	Mat.(1)*)
C_3					
Trimethylamin (Gas)	C_3H_9N; 59	9875*	—	582,6	Th.
	(Umr.	10008	590,5	592,0	B. (3a)
„ „	uns.)	10036	592,1	593,7	Mu. (2)
„ (fl.)	59,08	9828	580,6	581,6	Lem. (2)
Propylamin (Gas)	59 (Umr. uns.)	9758*	—	575,7	Th.
(fl.)	59,08	9483	560,2	561,2	Lem. (2)

31. Amide, Amine und Aminosäuren (als Anhang Oxime) (Forts.).

Substanz Aggregatzustand	Bruttoformel Mol.-Gew.	Verbrennungswärme g-kal. pro g	kg-Kal. pro Mol. konst. Vol.	kg-Kal. pro Mol. konst. Druck	Beobachter
Allylamin (Gas)	C_3H_7N; 57 (Umr. uns.)	9321*	—	531,3	Th.
„ (fl.)	57,07	9230	526,7	527,5	Lem. (2)
Sarkosin (f.)[c]	$C_3H_7O_2N$; 89,07	4506	401,3	401,5	St.La.(2)
Alanin (f.)[d]	„	4356	387,9	388,1	„ (2)
„	„	4371	389,3	389,4	B. A. (1)
„	„	18,318 K. J.	1631,6 K. J.	1632,2 K. J.	Fi.Wr.(1)
„	„	4373	389,5	389,7	„
d-l-Alanin (f.)	„	18,218 K. J.†	1622,7 K. J.†	—	Wr.
„	„	4349†	387,4†	387,5†	„
d-Alanin (f.)	„	18,217 K. J.†	1622,6 K. J.†	—	„
„	„	4349†	387,3†	387,5†	„
Isoserin (f.)[e]	$C_3H_7O_3N$; 105,07	13,705 K. J.	1440,0 K. J.	1439,4 K. J.	Fi.Wr.(1)
„	„	3272	343,8	343,6	„
„	„	13,709 K. J.†	1440,4 K. J.†	—	Wr.
„	„	3273†	343,9†	343,7†	„
Propionamid (f.)	C_3H_7ON; 73,07	6020	439,9	440,3	St.Schm. (3)
„	„	5968	436,1	436,5	Be. Fo.
Malonamid (f.)	$C_3H_6O_2N_2$; 102,07	3521	359,4	351,1	St. Hau.
Carbaminsäureäthylester (Urethan) (f.)	$C_3H_7O_2N$; 89,07	4463	397,5	397,6	„
Oxaminsäureäthylester (f.)	$C_3H_5O_3N$; 103,05	2962	305,3	305,7	„
Oxalursäure (f.)[f]	$C_3H_4O_4N_2$; 132,05	1582	208,8	207,7	Mat. (1)
Parabansäure (f.)[g]	$C_3H_2O_3N_2$; 114,04	1875	213,8	212,7	„ (1)
Äthylharnstoff (f.)	$C_3H_8ON_2$; 88,08	5363	472,3	472,6	„ (1)
Hydantoin[h] (f.)	$C_3H_4O_2N_2$ 100,05	3124	312,6	312,0	„ (1)
C_4					
Diäthylamin (Dampf)	$C_4H_{11}N$; 73 (U. u.)	10062*	—	734,5	Th.
„ (fl.)	$C_4H_{11}N$; 73,10	9921	725,2	726,5	Lem. (2)
		9821*	—	717,9	Mu. (1)
n-Butylamin (fl.)	„	9752	712,9	714,2	Lem. (2)
tert. „ **)	„	9795	716,0	717,3	„ (2)

a) $CONH_2$ | $COOH$ b) $C(=O)(NH\text{—}CHO)(NH_2)$ c) Methylglykokoll. d) α-Aminopropionsäure. e) $NH_2.CH_2.CH(OH).COOH$.

f) $NH_2.CO.NHCO.COOH$. g) $CO<(NH\text{—}CO)(NH\text{—}CO)$ h) $CH_2\text{—}NH$, CO, CO, NH (Ring)

*) Ebenda weitere Homologe und ähnliche Körper.
**) Ebenda weitere Isomere.

W. A. Roth.

Verbrennungswärmen von organischen Verbindungen (und einigen Elementen).

Lit. s. Tab. 199, S. 945.

31. Amide, Amine und Aminosäuren (als Anhang Oxime) (Forts.)

Substanz Aggregatzustand	Bruttoformel Mol.-Gew.	Verbrennungswärme g-kal. pro g	kg-Kal. pro Mol. konst. Vol.	kg-Kal. pro Mol. konst. Druck	Beobachter
Diäthylendiamin (f.)	welches Hydrat?	3628	?	?	B. (7)
Pyrrol (fl.)	C_4H_5N; 67,05	8472	568,0	568,4	B. A. (3)
n-Butyramid (f.)	C_4H_9ON; 87,08	6844	596,0	596,7	St.Schm. (3)
i-Butyramid (f.)	„	6842	595,8	596,6	„ (3)
Succinamid (f.)	$C_4H_8O_2N_2$; 116,08	4394	510,1	509,7	St. Hau.
Succinimid (f.)	$C_4H_5O_2N$; 99,05	4438	439,5	439,4	B. Fo.
„	„	4429	438,6	438,3	St. Hau.
Oxaminsäureäthylester (f.)	$C_4H_7O_3N$; 117,07	3912	457,9	457,8	„
Diglycolaminsäure (f.)	$C_4H_7O_4N$; 133,07	2983	397,0	396,5	St. La. (7)
Asparaginsäure (f.) a)	„	2899	385,8	385,3	„ (2)
„	„	2911	387,4	387,0	B. A. (1)
l-Asparaginsäure (f.)	„	12,159 K.J.	1618,1 K.J.	1616,3 K.J.	Fi.Wr.(1)
„	„	2903	386,3	385,9	„
Asparagin (f.) b)	$C_4H_8O_3N_2$; 132,08	3514	464,1	463,8	St.La.(2)
Glycylglycin (f.) c)	$C_4H_8O_3N_2$; 132,08	14,950 K.J.	1973,6 K.J.	1972,4 K.J.	Fi.Wr.(1)
„	„	3569	471,4	471,1	„
Glycinanhydrid (f.) d)	$C_4H_6O_2N_2$; 114,07	17,467 K.J.	1992,5 K.J.	1991,3 K.J. e)	„
„	„	4170	475,6	475,3	„
„	„	17,441 K.J.†	1989,5 K.J.†	—	Wr.
„	„	4164†	474,9†	474,6†	„
Barbitursäure (f.) f)	$C_4H_4O_3N_2$; 128,05	11,771 K.J.	1507,3 K.J.	1503,6 K.J.	Fi.Wr.(1)
„	„	2810	359,8	359,0	„
Alloxan (f.) g)	$C_4H_2O_4N_2 . H_2O$; 160,05	1737	278,0	276,6	Mat. (1)
Kreatin (wasserfr.) (f.) h)	$C_4H_9O_2N_3$; 131,10	4275	560,5	560,4	St.La.(2)
Kreatin (kryst.)	$+ H_2O$; 149,12	3714	553,9	553,7	„
Allantoïn (f.) i)	$C_4H_6O_3N_4$; 158,09	2625	415,1	413,9	Mat. (1)
C_5					
Amylamin (Dampf)	$C_5H_{13}N$; 87 (U. u.)	10237*	—	890,6	Th.
Isoamylamin (fl.)	$C_5H_{13}N$; 87,11	9972*	—	868,7	Mu. (1)
		9984	869,7	871,3	Lem. (2)
1,1-Amino-cyclopropyläthan (fl.)	$C_5H_{11}N$; 85,10	9752	829,9	830,2	Zub. (3)
Piperidin (Dampf)	$C_5H_{11}N$; 85 (U. u.)	9809*	—	833,8	Th.
(fl.)	85,10	9720	826,2	827,5	Del. (6)
Pyridin (Dampf)	C_5H_5N; 79 (U. u.)	8545*	—	675,1	Th.
(fl.)	79,05	8333	658,7	659,2	Co.Wh.*)
„	„	8414	665,1	665,5	Del. (6)
d-l-Valin (f.) k)	$C_5H_{11}O_2N$; 117,10	25,045 K. J. †	2932,8 K. J. †	—	Wr.
„		5979†	700,1†	700,8†	„
Glutaminsäure (f.) l)	$C_5H_9O_4N$; 147,08	15,465 K. J.	2274,6 K. J.	2274,0 K. J.	Fi.Wr.(1)
„	„	3692	543,0	542,8	„
Glycylglycincarbonsäure (f.) m)	$C_5H_8O_5N_2$; 176,08	11,244 K. J.	1979,8 K. J.	1976,2 K. J.	„
	„	2684,2	472,6	471,8	„
„	„	11,234 K. J. †	1978,1 K. J. †	1974,4 K. J. †	Wr.
„	„	2681,8†	472,2†	471,3†	„
i-Valeramid (f.) **)	$C_5H_{11}ON$; 101,10	7432	751,3	752,3	St. Schm. (3)**)
Dimethylmalonamid (f.) symm.	$C_5H_{10}O_2N_2$; 130,10	5275	686,2	686,5	St. Hau.

a) $CH(NH_2) . COOH$ | $CH_2 . COOH$

b) $CH(NH_2) . COOH$ | $CH_2 . CONH_2$

c) $NH_2 . CH_2 . CO . NH . CH_2 . COOH$.

d) $NH \langle {CO—CH_2 \atop CH_2—CO} \rangle NH$

e) Landrieu gibt C. r. **139**, 633; 1904 für diese und ähnliche Verbindungen Werte an, die um 3—5 Promille höher liegen als diejenigen von Fi. Wr. (1) oder Wr.

f) $CH_2 \langle {CO—NH \atop CO—NH} \rangle CO$

g) $CO \langle {NH—CO \atop NH—CO} \rangle C(OH)_2$

h) $NH : C \langle {NH_2 \atop N(CH_3)CH_2COOH}$

i) $C = O \langle {NH—CH—NH \atop NH_2 \quad C—NH} \rangle CO$, mit $C—NH$ … $\| O$

k) α-Aminoisovaleriansäure.

l) $CH_2 \langle {CH(NH_2) \cdot COOH \atop CH_2 COOH}$

m) $COOH \cdot NH \cdot CH_2 \cdot CO \cdot NH \cdot CH_2 COOH$.

*) Ebenda (Constam u. White) α-, β-, γ-Picolin und Lutidin.

**) Isomerer Körper bei Del. (6).

W. A. Roth.

Verbrennungswärmen von organischen Verbindungen (und einigen Elementen).

Lit. s. Tab. 199, S. 945.

31. Amide, Amine und Aminosäuren (als Anhang Oxime) (Forts.)

Substanz Aggregatzustand	Bruttoformel Mol.-Gew.	Verbrennungswärme g-kal. pro g	kg-Kal. pro Mol. konst. Vol.	kg-Kal. pro Mol. konst. Druck	Beobachter
Xanthin (f.)	$C_5H_4O_2N_4$; 152,07	3395	516,2	515,1	B. A. (3)
Dimethylparabansäure (f.) a)	$C_5H_6O_3N_2$; 142,07	3796	539,3	538,8	Mat. (1)
Harnsäure (f.) b) †)	$C_5H_4O_3N_4$; 168,07	2750	462,2	460,7	St.La.(2)
		2754	462,9	461,4	Mat. (1)
Guanin (f.) c)	$C_5H_5ON_5$; 151,09	3892	588,0	587,0	St.La.(2)
4-Methylhydrouracil (f.) d)	$C_5H_8O_2N_2$; 128,08	20,220 K. J.	2589,8 K. J.	2589,8 K. J.	Fi.Wr.(1)
„	„	4827	618,2	618,2	„
4-Methyluracil (f.) e)	$C_5H_6O_2N_2$; 126,07	18,821 K. J.	2372,8 K. J.	2371,6 K. J.	„
„	„	4493	566,4	566,1	„
„	„	18,688 K. J. †	2356,0 K. J. †	—	Wr.
„	„	4461†	562,4†	562,1†	„
5-Methyluracil (f.) f) (= natürl. Thymus)	$C_5H_6O_2N_2$; 126,07	18,778 K. J.	2367,3 K. J.	2366,1 K. J.	Fi.Wr.(1)
	„	4483	565,1	564,8	„
C_6					
Hexylamin (fl.)	$C_6H_{15}N$; 101,13	10141	1025,6	1027,5	Lem. (2)
Triäthylamin (fl.)	„	10280*	—	1039,6	Mu. (1)
		10286	1040,2	1042,1	Lem. (2)
Leucin (f.) (= α-Aminoisocapronsäure)	$C_6H_{13}O_2N$; 131,11	6537	857,0	858,0	B. A. (1)
		6525	855,5	856,5	St.La.(2)
	„	27,375 K. J.	3589,1 K. J.	3593,2 K. J.	Fi.Wr.(1)
„	„	6535	856,8	857,8	„
Triglycolaminsäure (f.)	$C_6H_9O_6N$; 191,08	2936	560,9	560,2	St.La. (7)
Glycylglycinäthylester (f.) g)	$C_6H_{12}O_3N_2$; 160,12	21,023 K. J.	3366,2 K. J.	3367,4 K. J.	Fi.Wr.(1)
	„	5019	803,6	803,9	„
Alaninanhydrid (f.)	$C_6H_{10}O_2N_2$; 142,10	23,192 K. J.	3295,6 K. J.	3296,8 K. J.	„
„	„	5536	786,7	787,0	„
d- „	„	23,163 K. J.†	3291,5 K. J.†	—	Wr.
„	„	5529†	785,7†	786,0†	„
Diglycylglycin (f.) h)	$C_6H_{11}O_4N_3$; 189,12	15,732 K. J.†	2975,2 K. J.†	—	Wr.
„	„	3756†	710,2†	709,8†	„
Hexamethylentetramin (f.)	$C_6H_{12}N_4$; 140,14	7185	1007,0	1007,5	Del. (7)
Anilin (fl.)	C_6H_7N; 93,07	8732	812,6	813,5	St. Kl. La. (5)
„	„	8794	818,5	819,2	Pet. (1)
„	„	8710	810,6	811,4	St. Hau.
„	„	8759	815,2	815,9	Lem. (2)
„	„	8774	816,6	817,3	Swa.
p-Amidophenol (f.)	C_6H_7ON; 109,07	6999	763,4	763,9	Lem. (4)
p-Phenylendiamin (f.)	$C_6H_8N_2$; 108,08	7808	843,9	844,5	B. A. (3)
Picoline					Co. Wh.
C_7					
Heptylamin (fl.)	$C_7H_{17}N$; 115,14	10272	1182,9	1185,0	Lem. (2)
1-Methylcyclohexanamin-3 (fl.)	$C_7H_{15}N$; 113,13	9966	1127,5	1129,3	Zub. (3)
Methylanilin (fl.)	C_7H_9N; 107,08	9094	973,8	974,8	Pet. (1)
Benzylamin (fl.)	„	9043	968,3	969,4	„ (1)
„	„	9057	969,8	970,8	Lem. (6)
o-Toluidin (fl.) *)	„	9007	964,5	965,5	Pet. (1)
m- „ „	„	9016	965,4	966,5	„ (1)
p- „ (f.)	„	8952	958,6	959,6	„ (1)
p-Anisidin (f.) i)	C_7H_9ON; 123,08	7539	927,9	928,7	Lem. (2)
Benzamid (f.)	C_7H_7ON; 121,07	7042	852,6	853,0	B. Fo.
„	„	7004	848,0	848,4	St.Schm. (3)
Diäthylmalonamid (f.)	$C_7H_{14}O_2N$; 158,12	6293	995,0	995,8	St. Hau.
Monophenylharnstoff (f.)	$C_7H_8ON_2$; 136,08	6468	880,2	880,5	„
Formanilid (f.)	C_7H_7ON; 121,07	7116	861,5	861,9	St.Schm. (3)

a) $CO\langle{}^{N(CH_3)-CO}_{N(CH_3)-CO}$

b) $\begin{matrix} NH-CO \\ CO \quad C-NH \\ NH-C-NH \end{matrix}\rangle CO$

c) $\begin{matrix} NH-CO \\ H_2NC \quad C-NH \\ N-C-N \end{matrix}\rangle CH$

d) $CO\langle{}^{NH-CO}_{NH-CH-CH_3}\rangle CH_2$

e) $CO\langle{}^{NH-CO}_{NH-C-CH_3}\rangle CH$

f) $CO\langle{}^{NH-CO}_{NH-CH}\rangle C-CH_3$.

†) Andere Purinderivate bei Berthelot, Ann. chim. phys. (7) **20**, 189; 1900.

g) $NH_2 \cdot CH_2 \cdot CO \cdot NH \cdot CH_2 \cdot COO \cdot C_2H_5$.

h) $NH_2 \cdot CH_2 \cdot CO \cdot NH \cdot CH_2 \cdot CO \cdot NH \cdot CH_2 \cdot COOH$.

i) $NH_2 \cdot C_6H_4 \cdot OCH_3$.

*) Die drei Toluidine sowie die drei Aceto-Toluidine sind auch von Swarts (s. o.) untersucht worden.

W. A. Roth.

Verbrennungswärmen von organischen Verbindungen (und einigen Elementen).

Lit. s. Tab. 199, S. 945.

Substanz Aggregatzustand	Bruttoformel Mol.-Gew.	Verbrennungswärme g-kal. pro g	kg-Kal. pro Mol. konst. Vol.	kg-Kal. pro Mol. konst. Druck	Beobachter
31. Amide, Amine und Aminosäuren (als Anhang Oxime) (Forts.).					
Theobromin (f.)[a]	$C_7H_8O_2N_4$; 180,10	4702	846,8	846,3	Mat. (1)
Formyl-d-l-Leucin (f.)	$C_7H_{13}O_3N$; 159,11	24,134 K. J.†	3840,0 K. J.†	—	Wr.
„	„	5761†	916,7†	917,4†	„
C_8					
Diisobutylamin (fl.)	$C_8H_{19}N$; 129,16	10475	1353,0	1355,4	Lem. (2)
Dimethylanilin (fl.)	$C_8H_{11}N$; 121,10	9434	1142,5	1143,8	St. Kl. La. (5)
Äthylanilin (fl.)	„	9303	1226,5	1227,8	Lem. (2)
1-Amino-2,4-xylol (fl.)	„	9185	1112,3	1113,7	„ (2)
Acetanilid (f.)	C_8H_9ON; 135,08	7527	1016,7	1017,5	B. Fo.
		7482	1010,7	1011,4	St.Schm. (3)
Phthalimid (f.)	$C_8H_5O_2N$;	5784	850,5	850,4	St. Hau.
Isatin (f.)	147,05	5901	867,7	867,5	Al.
Indol (f.)	C_8H_7N; 117,07	8733	1022,4	1023,1	B. A. (3)
Kaffein (f.)[b]	$C_8H_{10}O_2N_4$; 194,12	5231	1015,5	1015,2	St.La.(2)
(= Coffein)		5240	1017,2	1016,9	Mat. (1)
Phenylglykokoll (f.)	$C_8H_9O_2N$; 151,08	26,496 K. J.	4003,0 K. J.	4004,8 K. J.	Fi.Wr (1)
„	„	6325	955,6	956,0	„
Anilinoessigsäure (f.)	„	26,774 K. J.	4045,0 K. J.	4046,8 K. J.	„
„	„	6392	965,6	966,1	„
Veronal (f.)[e]	$C_8H_{12}O_3N_2$; 184,12	22,381 K. J.	4120,8 K. J.	4122,0 K. J.	„
„	„	5343	983,7	984,0	„
d-l-Leucylglycyl (f.)	$C_8H_{16}O_3N_2$; 188,15	24,367 K. J.†	4585 K. J.†	—	Wr.
„	„	5817	1094,4	1095,3	„
Triglycylglycin (f.)	$C_8H_{14}O_5N_4$; 246,15	16,119 K. J.†	3968 K. J.†	—	„
„	„	3848†	947,2†	946,6†	„
Alloxanthin (f.)	$C_8H_6O_8N_4 \cdot 2H_2O$; 322,12	1823	587,2	584,6	Mat. (1)
Murexid (f.)	$C_8H_8O_6N_6$; 284,12	2601	739,0	736,7	„ (1)
Daselbst weiteres Material.					

Substanz Aggregatzustand	Bruttoformel Mol.-Gew.	Verbrennungswärme g-kal. pro g	kg Kal. pro Mol. konst. Vol.	kg Kal. pro Mol. konst. Druck	Beobachter
31. Amide, Amine und Aminosäuren (als Anhang Oxime) (Forts.).					
C_9*)					
Pseudocumidin (f.)[f]	$C_9H_{13}N$; 135,11	9405	1270,8	1272,4	Lem. (2)
Propionanilid (f.)	$C_9H_{11}ON$; 149,10	7832	1167,7	1168,8	St.Schm. (3)
i-Phenylalanin (f.)	$C_9H_{11}O_2N$; 165,10	2820,6 K.J.	4656,8 K.J.	4659,8 K.J.	Fi.Wr.(1)
„	„	6733	1111,7	1112,4	„
Tyrosin (f.)[g]	$C_9H_{11}O_3N$; 181,10	5916	1071,4	1071,8	B. A. (1)
Hippursäure (f.)	$C_9H_9O_3N$; 179,08	5658	1013,2	1013,4	St.Schm. (2)
(= Benzoylglykokoll)	„	5659	1013,5	1013,6	B. A. (1)
α-Carbäthoxylglycylglycinester (f.)[h]	$C_9H_{16}O_5N_2$; 232,15	20,222 K.J.	4694,5 K.J.	4695,7 K.J.	Fi.Wr.(1)
		4827	1120,7	1121,0	„
β-Carbäthoxylglycylglycinester (f.)	„	19,771 K.J.	4575,9 K.J.	4577,1 K.J.	„
		4705	1092,4	1092,7	„
Skatol (f.)[i]	C_9H_9N; 131,08	8929	1170,4	1171,4	B. A. (3)
α-Methylindol (f.)[k]	„	8915	1168,6	1169,6	„ (3)
C_{10}					
Diisoamylamin (fl.)	$C_{10}H_{23}N$; 157,19	10598	1665,9	1668,9	Lem. (2)
Diäthylanilin (fl.)	$C_{10}H_{15}N$; 149,13	9731	1451,2	1453,1	St.Kl.La. (5)
Camphylamin (fl.)	$C_{10}H_{19}N$; 153,16	10045	1538,5	1541,0	Lem. (2)
α-Naphthylamin (f.)	$C_{10}H_9N$; 143,08	8873	1269,5	1270,6	„ (2)
β-Naphthylamin (f.)	„	8857	1267,2	1268,2	„ (2)
Phenylpyrrol (f.)	„	8973	1283,8	1284,8	St.Kl.(4)
Benzoylalanin (f.)[l]	$C_{10}H_{11}O_3N$; 193,10	6053	1168,9	1169,3	St.Schm. (2)
Benzoylsarkosin (f.)	„	6117	1180,5	1181,0	„ (2)
o-Tolursäure (f.)	„	6051	1168,4	1168,9	„ (2)
m-Tolurs. (f.)	„	6048	1167,8	1168,2	„ (2)

a)
```
NH—CO
|   |     CH3
CO  C—N<
|   ||    >CH.
CH3N—C—N
```

b)
```
CH3·N—CO
    |   |     CH3
    CO  C—N<
    |   ||    >CH.
CH3·N—C—N
```

c) $C_6H_5 \cdot CH(NH_2)COH$. d) $C_6H_5 \cdot NH \cdot CH_2 \cdot COOH$.

*) Bei Del. (6) Chinolin, Isochinolin und Derivate.

e)
```
          CO—NH
(C2H5)2C<       >CO.
          CO—NH
```

f) $C_6H_2(CH_3)_3(5, 3, 2)(NH_2)(1)$. g) p-Oxyphenylalanin. h) $C_2H_5.OOC.NH.CH_2.CO.NH.CH_2.COO.C_2H_4$.

i)
```
       H
       N
C6H4<    >CH
       C
      CH3
```

k)
```
       N—CH3
C6H4<       >CH
       C
       H
```

l) $C_6H_5—CON(H)—C_2H_4COOH$

W. A. Roth.

Verbrennungswärmen von organischen Verbindungen (und einigen Elementen).

Lit. s. Tab. 199, S. 945.

31. Amide, Amine und Aminosäuren (als Anhang Oxime) (Forts.)

Substanz Aggregatzustand	Bruttoformel Mol.-Gew.	Verbrennungswärme g-kal. pro g	kg-Kal. pro Mol. konst. Vol.	kg-Kal. pro Mol. konst. Druck	Beobachter
p-Tolursäure (f.)	$C_{10}H_{11}O_3N$; 193,10	6050	1168,3	1168,7	St. Schm. (2)
Phenacetursäure (f.) [a]	„	6037	1165,7	1166,1	„ (2)
p-Anisursäure (f.) [b]	$C_{10}H_{11}O_4N$; 209,10	5433	1136,1	1136,3	„ (2)
Leucylglycylglycin (f.) [c]	$C_{10}H_{19}O_4N_3$; 245,18	22,777 K. J.	5584,5 K. J.	5587,5 K. J.	Fi. Wr. (1)
		5437	1333,1	1333,9	„
4-Phenyluracil (f.) [d]	$C_{10}H_8O_2N_2$; 188,08	25,216 K. J.	4742,6 K. J.	4742,6 K. J.	„
„	„	6020	1132,2	1132,2	„
Nicotin (fl.) [e]	$C_{10}H_{14}N_2$; 162,13	8806	1427,6	1429,1	B. A. (3)
Hemipinimid (f.) [f]	$C_{10}H_9O_4N$; 207,08	5313	1100,3	1100,1	St. Lie. (1)
„	„	5309	1099,4	1099,3	Roth (2)
Opianoximsäureanhydrid (f.) [g]	„	5567	1152,8	1152,6	St. Kl. (4)
	„	5552	1149,7	1149,6	Roth (2)
C_{11}					
o-Toluylalanin (f.) [h]	$C_{11}H_{13}O_3N$; 207,11	6385	1322,3	1323,0	St. Schm. (2)
p-Toluylalanin (f.)	„	6373	1320,1	1320,8	„ (2)
C_{12}					(5)
Diphenylamin (f.)	$C_{12}H_{11}N$; 169,10	9086	1536,4	1537,7	St. Kl. La.
		9123	1542,7	1544,0	Mat. Dely. (2)
„	„	9088	1536,8	1538,1	Lem. (2)
Benzidin (f.)	$C_{12}H_{12}N_2$; 184,12	8497	1564,5	1565,7	„ (3)
(= p_2-Diamidodiphenyl)	„	8477	1560,8	1561,9	Pet. (1)
o, p-Diamidodiphenyl (f.) (Diphenylin)	„	8487	1562,6	1563,8	„ (1)
Tetramethylalloxanthin (f.) (Amalinsäure)	$C_{12}H_{14}O_8N_4$; 363,15	3631	1242,4	1240,9	Mat. (1)

31. Amide, Amine und Aminosäuren (als Anhang Oxime) (Forts.)

Substanz Aggregatzustand	Bruttoformel Mol.-Gew.	Verbrennungswärme g-kal. pro g	kg-Kal. pro Mol. konst. Vol.	kg-Kal. pro Mol. konst. Druck	Beobachter
Leucinimid (f.)	$C_{12}H_{22}O_2N_2$; 226,20	31,906 K. J.	7217,1 K. J.	7225,6 K. J.	Fi. Wr. (1)
„		7617	1722,9	1724,9	„
Carbazol (f.) [i]	$C_{12}H_9N$; 167,08	8831	1475,5	1476,5	B. A. (3)
C_{13}					
Benzanilid (f.)	$C_{13}H_{11}ON$; 197,10	8032	1583,0	1584,0	B. Fo.
		7996	1576,1	1577,1	St. Schm. (3)
symm. Diphenylharnstoff (f.)	$C_{13}H_{12}ON_2$; 212,12	7604	1612,9	1613,7	St. Hau.
asymm. Diphenylharnst. (f.)	„	7610	1614,2	1615,1	„
C_{14}					
Dibenzylamin (f.)	$C_{14}H_{15}N$; 197,13	9438	1860,4	1862,3	Lem. (2)
C_{16}					
Phenyl-α-Naphthylamin (f.)	$C_{16}H_{13}N$; 219,11	9185	2012,5	2014,1	„ (2)
Phenyl-β-Naphthylamin (f.)	„	9160	2007,1	2008,7	„ (2)
symm. Succinanilid (f.)	$C_{16}H_{16}O_2N_2$; 268,15	7351	1971,2	1972,4	St. Hau.
Benzalhippursäureanhydrid (Azlakton) (f)	$C_{16}H_{11}O_2N$; 249,10	31,173 K.J.	7765,2 K.J.	7768,2 K.J.	Fi. Wr. (1)
	„	7442	1853,7	1854,4	„
Benzalhippursäure (f.) [k]	$C_{16}H_{13}O_3N$; 267,11	29,013 K.J.	7749,7 K.J.	7752,6 K.J.	„
„	„	6926	1850,0	1850,7	„
Benzoylphenylalan. [l] (f.)	$C_{16}H_{15}O_3N$; 269,13	29,440 K.J.	7923,2 K.J.	7927,4 K.J.	„
	„	7028	1891,4	1892,4	„
Indigo (f.)	$C_{16}H_{10}O_2N_2$; 262,10	6929	1816,0	1816,2	Al.
C_{28}					
Triphenylamin (f.)	$C_{18}H_{15}N$; 245,13	9253	2268,3	2270,1	St. Kl. La. (5)

a) $C_6H_5 . CH_2 . CO\,N\begin{matrix} H \\ CH_2COOH \end{matrix}$

b) $CH_3O\langle\,\rangle CON\begin{matrix} H \\ CH_2COOH \end{matrix}$

c) $(CH_3)_2 \cdot CH \cdot CH_2 \cdot CH(NH_2) \cdot CO \cdot NHCH_2 \cdot CO \cdot NHCH_2 \cdot COOH.$

d) $CO\begin{matrix} NH-CO \\ NH-C.C_6H_5 \end{matrix}CH.$

e) Pyridinring (N, HC, CH, HC, CH) $-C-CH\begin{matrix} N(CH_3) \\ \end{matrix}$ mit CH_2, CH_2-CH_2 (Pyrrolidinring)

f) $(CH_3O)_2C_6H_2\begin{matrix} CO \\ CO \end{matrix}NH.$

g) $(CH_3O)_2C_6H_2\begin{matrix} C(O) \\ C(H)=N \end{matrix}O$

h) $C_6H_4 \cdot (CH_3)CONH \cdot C_2H_4COOH.$

i) $\begin{matrix} C_6H_4 \\ | \\ C_6H_4 \end{matrix}NH.$

k) $C_6H_5-CH=C(NH-CO \cdot C_6H_5)-COOH$

l) $C_6H_5 \cdot CH_2 \cdot CH(NH \cdot CO \cdot C_6H_5) \cdot COOH$

W. A. Roth.

Verbrennungswärmen von organischen Verbindungen (und einigen Elementen).

Lit. s. Tab. 199, S. 945.

31. Amide, Amine und Aminosäuren (als Anhang Oxime) (Forts.)

Substanz Aggregatzustand	Bruttoformel Mol.-Gew.	Verbrennungswärme g-kal. pro g	kg-Kal. pro Mol. konst. Vol.	kg-Kal. pro Mol. konst. Druck	Beobachter
C_{19}					
Triamidotriphenylcarbinol (f.)	$C_{19}H_{19}ON_3$ 305,18	8134	2482,5	2484,1	Schmdl.
C_{20}					
Amygdalin (f.)	$C_{20}H_{27}O_{11}N$ 457,23	5140	2350,0	2350,4	B. (7)
C_{21}					
Strychnin (f.)	$C_{21}H_{22}O_2N_2$ 334,20	8036	2685,5	2687,5	B. G.
C_{23}					
Brucin (f.)	$C_{23}H_{26}O_4N_2$ 394,23	7440	2933,2	2935,2	„
Anhang: Oxime.					
Aldoxim (f.)	C_2H_5OH; 59,05	5770	340,7	340,9	Land. (2)
Acetoxim (f.)	C_3H_7ON; 73,07	6712	490,4	490,9	„ (2)
Methyläthylketoxim (fl.)	C_4H_9ON; 87,08	7482	651,6	652,3	„ (2)
		7497	652,9	653,6	Zub. (4)
Benzaldoxim (f.)	C_7H_7ON; 121,07	7497	907,7	908,1	Land. (2)
Methylphenylketoxim (f.)	C_8H_9ON; 135,08	7809	1054,9	1055,6	„ (2)
Campheroxim (f.)	$C_{10}H_{17}ON$; 167,15	8858	1480,6	1482,4	„ (2)
Diphenylketoxim (f.)	$C_{13}H_{11}ON$; 197,10	8258	1627,6	1628,6	„ (2)
Benzochinonoxim (f.) (Paranitrosophenol)	$C_6H_5O_2N$; 123,05	5817	715,8	715,6	Val.
Thymochinonoxim (f.)	$C_{10}H_{13}O_2N$ 179,11	7454	1335,1	1336,2	„
α-Naphthochinonoxim (f.)	$C_{10}H_7O_2N$; 173,07	6742	1166,9	1167,0	„
β- „ (f.) (Nitrosonaphthole)	„	6762	1170,3	1170,5	„
Opianoximsäureanhydrid s. vorher bei C_{10}.					

32. Nitrile und Carbylamine.

a) Nitrile und andere Cyanverbindungen.

Substanz Aggregatzustand	Bruttoformel Mol.-Gew.	Verbrennungswärme g-kal. pro g	kg-Kal. pro Mol. konst. Vol.	kg-Kal. pro Mol. konst. Druck	Beobachter
C_1					
Cyanwasserstoff (Formonitril)	HCN; 27	5875*	—	158,6	Th.
(Gas)	(U. u.)	5900	159,3	159,7	B. (3a)
(fl.)	HCN; 27,02	5641	152,4	152,3	„ (3a)
C_2					
Dicyan (Gas)	C_2N_2; 52	4993*	—	259,6	Th.
„	(Umr. uns.)	5048	262,5	262,5	B. (1)
Acetonitril (Dampf)	C_2H_3N; 41 (U. u.)	7613*	—	312,1	Th.
„ (fl.)	C_2H_3N; 41,03	7111	291,7	291,9	B. P. (1)
„ „	„	7411	304,1	304,2	Lem. (7)
Glycolsäurenitril (fl.)	C_2H_3ON; 57,03	4511	257,2	257,1	B. A. (3)
C_3					
Propionitril (fl.)	C_3H_5N; 55,05 (U. u.)	8114	446,7	447,1	B. P. (1)
„	„	8328	458,5	458,9	Lem. (7)
Malonitril (f.)	$C_3H_2N_2$; 66,04	5991	395,6	395,3	B. P. (1)
Cyanacetamid (f.)	$C_3H_4ON_2$; 84,05	4485	377,0	376,7	Guin. (2)
Cyanessigsäure (f.)	$C_3H_3O_2N$; 85,03	3522*)	299,5	299,0	„ (2)
Milchsäurenitril (fl.)	C_3H_5ON; 71,05	5932	421,4	421,6	B. A. (3)
C_4					
n-Butyronitril (fl.)	C_4H_7N; 69,07	8921	616,2	616,9	Lem. (7)
Bernsteinsäurenitril (fl.)	$C_4H_4N_2$; 80,04	6825	546,3	546,3	B. P. (1)
Methylcyanacetat (fl.)	$C_4H_5O_2N$; 99,05	4769	472,4	472,2	Guin. (1)
Diglycolaminsäurenitril (f.)	$C_4H_5N_3$; 95,07	6220	591,4	591,2	St. La. (7)
C_5					
Isovaleronitril (fl.)	C_5H_9N; 83,08	9334	775,4	776,5	Lem. (7)
Äthylcyanacetat (fl.)	$C_5H_7O_2N$; 113,07	5571	629,9	630,1	Guin. (1)
Glutarsäurenitril (f.)	$C_5H_6N_2$; 94,07	7442	700,1	700,4	B. P. (1)
C_6					
Methyl-acetyl-cyanacetat (f.)	$C_6H_7O_3N$; 141,07	4862	685,9	685,7	Guin. (1)
Triglycolaminsäurenitril (f.)	$C_6H_6N_4$; 134,09	6317	847,1	846,8	St. La. (7)
C_7					
Benzonitril (fl.)	C_7H_5N; 103,05	8403	866,0	866,4	B. P. (1)
Äthyl-cyan-acetylacetat (f.)	$C_7H_9O_3N$; 155,08	5399	837,3	837,4	Guin. (1)

*) Im Original steht 7047.

W. A. Roth.

Verbrennungswärmen von organischen Verbindungen (und einigen Elementen).

Lit. s. Tab. 199, S. 945.

32. Nitrile und Carbylamine (Forts.)

Substanz Aggregatzustand	Bruttoformel Mol.-Gew.	Verbrennungswärme g-kal. pro g	kg-Kal. pro Mol. konst. Vol.	kg-Kal. pro Mol. konst. Druck	Beobachter
C_8					
Benzylcyanid (fl.)	C_8H_7N; 117,07	8745	1023,7	1024,5	B. P. (1)
o-Tolunitril (fl.)	„	8803	1030,6	1031,3	„ (1)
Benzoylcyanid (f.)	C_8H_5ON; 131,05	7180	940,9	941,1	Guin. (2)
C_9					
Cyanacetophenon (f.)	C_9H_7ON; 145,07	7487	1086,1	1086,6	„ (2)
C_{11}					
Cyankampher (f.)	$C_{11}H_{15}ON$; 177,05	8445	1495,2	1496,8	B. P. (2)
α-Naphthonitril (f.)	$C_{11}H_7N$; 153,07	8709	1333,1	1333,8	Lem. (7)
β-Naphthonitril (f.)	„	8670	1327,2	1327,9	„ (7)

Bei Lemoult, C. r. **126**, 43; 1898, Methyl- und Äthylisocyanat.

b) Carbylamine.

Substanz Aggregatzustand	Bruttoformel Mol.-Gew.	g-kal. pro g	konst. Vol.	konst. Druck	Beobachter
Methylcarbylamin (fl.)	C_2H_3N; 41,03	7770 7708	318,8 320,3	319,0 320,5	Lem. (5) Glmd.
Äthylcarbylamin (fl.)	C_3H_5N; 55,05	8710 8730	479,5 480,6	479,9 481,0	Lem. (5) Glmd.
Propylcarbylamin (fl.)	C_4H_7N; 69,06	9260	639,5	640,2	„
Allylcarbylamin (fl.)	C_4H_5N; 67,05	9087	609,3	609,7	„
Isobutylcarbylamin (fl.)	C_5H_9N; 83,08	9578	795,8	796,8	„
Isoamylcarbylamin (fl.)	$C_6H_{11}N$; 97,10	9775	949,2	950,5	„
Benzylcarbylamin (fl.)	C_8H_7N; 117,07	8942	1046,8	1047,5	„

33. Nitro- u. Nitrosoverbindungen

(auch Nitrate und Nitrite)

Substanz Aggregatzustand	Bruttoformel Mol.-Gew.	g-kal. pro g	konst. Vol.	konst. Druck	Beobachter
C_0					
Hydroxylaminnitrat (f.)	$H_4O_4N_2$; 96,05	535,5	51,43	50,27	B. A. (2)
C_1					
Nitromethan (Dampf)	CH_3O_2N; 61 (U. u.)	2966*	—	180,9	Th.
(fl.)	61,03	2792	170,4	170,0	B.Mat.(8)
„	„	2786	170,0	169,6	Swi.
Nitroguanidin (f.)[a]	$CH_4O_2N_4$; 104,07	2032	211,6	210,4	Mat. (1)
Guanidinnitrat (f.)	$CH_5N_3 \cdot HNO_3$; 122,09	1715	209,4	208,2	„ (1)

a) $NH_2C(NH)NHNO_2$.

33. Nitro- u. Nitrosoverbindungen (Forts.)

Substanz Aggregatzustand	Bruttoformel Mol.-Gew.	g-kal. pro g	konst. Vol.	konst. Druck	Beobachter
C_2					
Äthylnitrit (Dampf)	$C_2H_5O_2N$; 75 (U. u.)	4456*	—	334,2	Th.
Äthylnitrat (Dampf)	$C_2H_5O_3N$; 91 (U. u.)	3561*	—	324,0	„
Nitroäthan (Dampf)	$C_2H_5O_2N$; 75 (U. u.)	4506*	—	337,9	„
„ (fl.)	$C_2H_5O_2N$; 75,05	4299	322,7	322,5	B.Ma.(8)
Dimethylnitrosamin (fl.)	$C_2H_6ON_2$; 74,07	5329	394,7	394,7	Swi.
C_3					
Nitropropan (fl.)	$C_3H_7O_2N$; 89,07	5369	478,2	478,3	„
C_4					
Isobutylnitrit (Dampf)	$C_4H_9O_2N$; 103 (U. u.)	6288*	—	647,7	Th.
C_6					
o-Dinitrobenzol (f.)	$C_6H_4O_4N_2$; 168,05	4194	704,8	703,7	B.Ma.(5)
m-Dinitrobenzol (f.)	„	4155	698,3	697,2	„ (5)
p-Dinitrobenzol (f.)	„	4146	696,7	695,6	„ (5)
symm. Trinitrobenzol (f.)	$C_6H_3O_6N_3$; 213,05	3126	666,1	664,0	„ (5)
unsymm. Trinitrobenzol (f.)	„	3195	680,8	678,6	„ (5)
o-Nitrophenol (f.)	$C_6H_5O_3N$; 139,05	4954	688,8	688,4	Mat.Dely. (1)
p- „	„	4960	689,7	689,3	„ (1)
Dinitrosoresorcin (f.)	$C_6H_4O_4N_2$; 168,05	3473	583,6	584,8	Swi.
Diazobenzolnitrat (f.)	$C_6H_5O_3N_3$; 167,07	4694	784,2	783,2	B. Vi. (3)

Weiteres Material bei Del. (7) u. Mat. Dely. (2).

Substanz Aggregatzustand	Bruttoformel Mol.-Gew.	g-kal. pro g	konst. Vol.	konst. Druck	Beobachter
C_7					
Nitrobenzaldehyd (f.)	$C_7H_5O_3N$; 151,05	5306	801,5	801,0	Mat. Dely.(1)
o-Nitrobenzoesäure (f.)	$C_7H_5O_4N$; 167,05	4378	731,3	730,6	„ (1)
m-Nitrobenzoesäure (f.)	„	4357	729,9	727,2	„ (1)
p-Nitrobenzoesäure (f.)	„	4369	729,8	729,1	„ (1)
C_8					
p-Acetonitranilid (f.)	$C_8H_8O_3N_2$; 180,08	5384	969,6	969,3	Mat. Dely.(1)
Nitrosodimethylanilin (f.)	$C_8H_{10}ON_2$; 150,10	7489	1124,2	1124,7	Swi.

W. A. Roth.

Verbrennungswärmen von organischen Verbindungen (und einigen Elementen).

Lit. s. Tab. 199, S. 945.

Substanz Aggregatzustand	Bruttoformel Mol.-Gew.	Verbrennungswärme g-kal. pro g	kg-Kal. pro Mol. konst. Vol.	kg-Kal. pro Mol. konst. Druck	Beobachter
33. Nitro- u. Nitrosoverbindungen (Forts.)					
Äthylphenylnitrosamin (f.)	$C_8H_{10}ON_2$; 150,10	7453	1118,7	1119,2	Swi.
C_9					
Nitromesitylene					Zub. (1)
C_{11}					
α-Nitrocampher (f.)	$C_{10}H_{15}O_3N$; 197,13	6957	1371,6	1372,6	B. P. (2)
Nitrocampher (Phenol) (f.)	„	6771	1336,2	1337,2	„ (2)
Nitrocampher (Phen.) kryst.	$C_{10}H_{15}O_3N + H_2O$; 215,14	6201	1334,6	1335,6	„ (2)
C_{19}					
Trinitrophenylmethan (f.)	$C_{19}H_{13}O_6N_3$; 379,13	5997	2273,5	2272,8	Schmidl.
Trinitrophenylcarbinol (f.)	$C_{19}H_{13}O_7N_3$; 395,13	5616	2219,0	2218,0	„
34. Azo- und Hydrazo-Verbindungen.					
C_6					
Diazobenzolnitrat (f.)	$C_6H_5O_3N_3$; 167,07	4694	784,2	783,2	B.Vi. (3)
Phenylhydrazin (f.)	$C_6H_8N_2$; 108,08	8141	879,9	880,4	Lem. (3)
		7456	805,8	806,4	Pet. (1)
C_7					
Asymm. Methylphenylhydrazin (f.)	$C_7H_{10}N_2$; 122,10	8541	1042,9	1043,8	Lem. (3)
C_{12}					
Hydrazobenzol (f.)	$C_{12}H_{12}N_2$; 184,12	8685	1599,1	1600,2	Pet. (1)
„	„	8714	1604,4	1605,5	Lem. (3)
Azobenzol (f.)	$C_{12}H_{10}N_2$; 182,10	8544	1555,9	1556,7	Pet. (1)
„	„	8565	1559,7	1560,6	Lem. (3)
Azoxybenzol (f.)	$C_{12}H_{10}ON_2$; 198,10	7725	1530,3	1530,9	Pet. (1)
„	„	7784	1541,9	1542,5	Lem. (6)
p-Oxyazobenzol (f.)	„	7619	1509,2	1509,8	„ (6)
p-Amidoazobenzol (f.)	$C_{12}H_{11}N_3$; 197,12	8025	1581,8	1582,6	„ (6)
2,4-Diamidoazobenzol (f.) (Chrysoïdin)	$C_{12}H_{12}N_4$; 212,14	7570	1605,9	1606,5	„ (6)
C_{14}					
p-Azoanisol (f.)	$C_{14}H_{14}O_2N_2$; 242,13	7457	1805,6	1806,5	„ (6)
m-Azoxytoluidin (f.)	$C_{14}H_{16}ON_4$; 256,17	7468	1913,0	1913,8	„ (6)
34. Azo- u. Hydrazo-Verbindungen (Forts.)					
C_{16}					
p-Azophenetol (f.)	$C_{16}H_{18}O_2N_2$; 270,16	7810	2110,0	2111,4	Lem. (6)
p-Azoxyphenetol (f.)	$C_{16}H_{18}O_3N_2$; 286,16	7369	2108,8	2109,9	„ (6)
o-Azoxyphenetol (f.)	„	7332	2098,1	2099,3	„ (6)

Hydrazone und Osazone s. bei Landrieu, Cr. **141**, 358; 1905 u. **142**, 580; 1906.
Fluoride s. bei Swarts, Bull. Acad. Belge **1906**, 557; **1907**, 941; **1909**, 26.

35. Chlorverbindungen.

Bei den Versuchen von **Thomsen** ist auf die Bildung von gasf. HCl umgerechnet, während bei den Versuchen in der Bombe meist eine mehr oder weniger verdünnte Lösung von HCl entsteht, weswegen diese Werte größer sind. Alle Molekulargewichte sind abgerundet.

a) Halogenderivate der Kohlenwasserstoffe.

Substanz Aggregatzustand	Bruttoformel Mol.-Gew.	Verbrennungswärme g-kal. pro g	kg-Kal. pro Mol. konst. Vol.	kg-Kal. pro Mol. konst. Druck	Beobachter
C_1					
Methylchlorid (Gas)	CH_3Cl; 50,5	3263*	—	164,8	Th.
„	„	3424	172,9	173,2	B. (3)
Methylenchlorid (Dampf)	CH_2Cl_2; 85,0	1262	107,3	106,8	B. O. (3) [HCl-Gas]
Chloroform (Dampf)	$CHCl_3$; 119,5	590*	—	70,5	Th.
„ (fl.)	„	747	89,4	89,2	B. (4)
Tetrachlorkohlenstoff (Dampf)	CCl_4; 154,0	289*	—	44,5	„ (4)
(fl.)	„	245	37,8	37,3	„ (4)
C_2					
Äthylchlorid (Dampf)	C_2H_5Cl; 64,5	5146*	—	331,9	Th.
„	„	5059	326,3	326,9	B. (3)
Äthylenchlorid (Dampf)	$C_2H_4Cl_2$; 99,0	2747*	—	272,0	Th.
Äthylidenchlorid (Da.)	„	2748*	—	272,1	„
Äthylidenchlorid (fl.)	$C_2H_4Cl_2$; 99,0	2701	267,4	267,1	B. O. (3) [HCl-Gas]
Hexachloräthan (f.)	C_2Cl_6; 237,0	468	110,8	110,0	B. (4)
Monochloräthylenchlorid (Da.)	$C_2H_3Cl_3$; 133,5	1693*	—	225,9	Th.
Monochloräthylen (Da.)	C_2H_3Cl; 62,5	4579*	—	286,2	„
Tetrachloräthylen (fl.)	C_2Cl_4; 166,0	981	162,8	162,5	B. (4)

W. A. Roth.

Verbrennungswärmen von organischen Verbindungen (und einigen Elementen).

Lit. s. Tab. 199, S. 945.

35. Chlorverbindungen (Forts.).

a) Halogenderivate der Kohlenwasserstoffe (Forts.).

Substanz Aggregatzustand	Bruttoformel Mol.-Gew.	Verbrennungswärme g-kal. pro g	kg-Kal. pro Mol. konst. Vol.	kg-Kal. pro Mol. konst. Druck	Beobachter
C_3					
Propylchlorid (Dampf)	C_3H_7Cl; 78,5	6117*	—	480,2	Th.
Chloracetol (Dampf)	$C_3H_6Cl_2$; 113,0	3801*	—	429,5	„
Monochlorpropylen (Da.)	C_3H_5Cl; 76,5	5767*	—	441,2	„
Allylchlorid (Dampf)	„	5784*	—	442,5	„
Dichlortrimethylen (fl.)	$C_3H_4Cl_2$; 111,0	3835 3840	425,7 426,2	426,0 426,5	B.Ma. (7) B. (4)
C_4					
Isobutylchlorid (Da.)	C_4H_9Cl; 92,5	6896*	—	637,9	Th.
C_6					
Monochlorbenzol (Da.)	C_6H_5Cl; 112,5	6682*	—	751,7	„
o-Dichlorbenzol (f.)	$C_6H_4Cl_2$; 147,0	4568	671,5	671,8	B. (4)
Hexachlorbenzol (f.)	C_6Cl_6; 285,0	1789	509,8	509,0	„ (4)
C_7					
Benzylchlorid (fl.)	C_7H_7Cl; 126,5	7000	885,5	886,4	Schmdl.
Bei B. Mat. (4) Terpenchlorhydrate.					
C_{13}					
Diphenylmethanchlorid (f.)	$C_{13}H_{11}Cl$; 202,5	7980	1615,9	1617,3	„
C_{19}					
Triphenylmethanchlorid (f.)	$C_{19}H_{15}Cl$; 278,5	8425	2346,5	2348,5	„
ebenda Rosanilinchlorhydrat und Derivate.					

b) N- und O-haltige Chloride.

Substanz Aggregatzustand	Bruttoformel Mol.-Gew.	Verbrennungswärme g-kal. pro g	kg-Kal. pro Mol. konst. Vol.	kg-Kal. pro Mol. konst. Druck	Beobachter
C_2					
Monochloressigsäure (f.)	$C_2H_3O_2Cl$; 945	1812	171,3	171,0	B.Ma. (7)
Trichloressigsäure (f.)	$C_2HO_2Cl_3$; 163,5	573	93,7	92,8	„ (7)
Monochloracetaldehyd (fl.)	C_2H_3OCl; 78,5	2987	234,4	234,4	Riv. (1)*)
Monochloracetamid (f.)	C_2H_4ONCl; 93,5	2595	242,6	242,5	„ (1)
Trichloracetamid (f.)	$C_2H_2ONCl_3$; 162,5	1021	165,9	165,2	„ (1)

*) Die Angaben in den beiden letzten Spalten sind mehrfach von denen des Originals verschieden.

35. Chlorverbindungen (Forts.).

b) N- und O-haltige Chloride (Forts.).

Substanz Aggregatzustand	Bruttoformel Mol.-Gew.	Verbrennungswärme g-kal. pro g	kg-Kal. pro Mol. konst. Vol.	kg-Kal. pro Mol. konst. Druck	Beobachter
C_4					
Äthylmonochloracetat (fl.)	$C_4H_7O_2Cl$; 122,5	4029	493,6	493,9	Riv. (1)
Äthyldichloracetat (fl.)	$C_4H_6O_2Cl_2$; 157,0	2951	463,4	463,4	„ (1)
C_6					
Monochloracetal (fl.)	$C_6H_{13}O_2Cl$; 152,5	5825	888,3	889,5	„ (1)
Monochlorhydrochinon (f.)	$C_6H_5O_2Cl$; 144,5	4482	647,6	647,6	Val.
2,6-Dichlorhydrochinon (f.)	$C_6H_4O_2Cl_2$; 179,0	3441	616,0	615,7	„
Trichlorhydrochinon (f.)	$C_6H_3O_2Cl_3$; 213,5	2787	595,1	594,5	„
Tetrachlorhydrochinon (f.)	$C_6H_2O_2Cl_4$; 248,0	2279	565,1	564,2	„
Chloranilsäure (f.)	$C_6H_2O_4Cl_2$; 209,0	2332	487,3	486,1	„
Monochlorbenzochinon (f.)	$C_6H_3O_2Cl$; 142,5	4341	618,5	618,2	„
2,6-Dichlorbenzochinon (f.)	$C_6H_2O_2Cl_2$; 177,0	3282	580,9	580,4	„
Trichlorbenzochinon (f.)	$C_6HO_2Cl_3$; 211,5	2594	548,7	547,8	„
Tetrachlorbenzochinon (f.)	$C_6O_2Cl_4$; 246,0	2115	520,2	519,0	„
C_7					
o-Chlorbenzamid (f.)	C_7H_6ONCl; 155,5	5210	810,2	810,0	Riv. (1)
Benzoylchlorid (fl.)	C_7H_5OCl; 140,5	5570	782,5	782,8	„ (1)
o-Chlorbenzoesäure (f.)	$C_7H_5O_2Cl$; 156,5	4694	734,5	734,5	„ (1)
o-Chlorbenzoesäurechlorid (f.)	$C_7H_4OCl_2$; 175,0	4237	741,5	741,5	„ (1)
Monochlorsalicylaldehyd (f.)	$C_7H_5O_2Cl$; 156,5	4769	746,3	746,3	„ (1)
C_8					
o-Toluylsäurechlorid (f.)	C_8H_7OCl; 154,5	6108	943,7	944,0	„ (1)
Phthalylchlorid (f.)	$C_8H_4O_2Cl_2$; 203,0	3951	802,1	801,8	„ (1)
C_9					
Äthyl-o-chlorbenzoat (fl.)	$C_9H_9O_2Cl$; 184,5	5773	1065,2	1065,8	„ (1)

W. A. Roth.

Verbrennungswärmen von organischen Verbindungen (und einigen Elementen).

Lit. s. Tab. 199, S. 945.

36. Bromide.

Es bildet sich stets Bromdampf. Die Molekulargewichte sind abgerundet.

Substanz Aggregatzustand	Bruttoformel Mol.-Gew.	Verbrennungswärme g-kal. pro g	kg-Kal. pro Mol. konst. Vol.	kg-Kal. pro Mol. konst. Druck	Beobachter
Methylbromid (Dampf)	CH_3Br; 95,0	1946*	—	184,7	Th.
„	„	1892	179,7	180,4	B. (3)
Äthylbromid (Dampf)	C_2H_5Br; 109,0	3136*	—	341,8	Th.
„	„	3013	328,4	329,5	B. (3)
Propylbromid (Dampf)	C_3H_8Br; 123,0	4059*	—	499,3	Th.

37. Jodide.

Bei allen Verbrennungen bildete sich festes Jod, bzw. ist darauf umgerechnet worden. Die Molekulargewichte sind abgerundet.

Substanz Aggregatzustand	Bruttoformel Mol.-Gew.	Verbrennungswärme g-kal. pro g	kg-Kal. pro Mol. konst. Vol.	kg-Kal. pro Mol. konst. Druck	Beobachter
C_1					
Methyljodid (Dampf)	CH_3J; 142,0	1419*	—	201,3	Th.
(fl.)	„	1368	194,3	194,7	B. (8)
Methylenjodid (fl.)	CH_2J_2; 268,0	665	178,1	178,4	„ (8)
Jodoform (f.)	CHJ_3; 394,0	411	161,9	162,1	„ (8)
C_2					
Äthyljodid (Dampf)	C_2H_5J; 156,0	2303*	—	359,2	Th.
(fl.)	„	2278	355,4	356,1	B. (8)
Dijodäthan (f.)	$C_2H_4J_2$; 282,0	1150	324,2	324,8	„ (8)
Perjodäthylen (f.)	C_2J_4; 534,0	491,8	261,6	261,6	„ (8)
C_3					
n-Propyljodid (fl.)	C_3H_7J; 170,0	3015	512,4	513,5	„ (8)
i-Propyljodid (fl.)	„	2985	507,4	508,4	„ (8)
Allyljodid (fl.)	C_3H_5J; 168,0	2838	476,9	477,6	„ (8)
C_4					
Jodpyrrol (f.)	C_4HNJ_4; 571,0	881,4	503,3	503,1	„ (8)
C_6					
Jodbenzol (fl.)	C_6H_5J; 264,0	3774	769,9	770,0	„ (8)
C_7					
o-Jodbenzoesäure (f.)	$C_7H_5O_2J$; 248,0	3103	769,4	769,6	„ (8)

Ebenda Mono- und Dijodsalizylsäure.

38. Schwefelverbindungen.

Bei den mit ** bezeichneten Daten ist der Schwefel zu verdünnter Schwefelsäure verbrannt worden, bei den anderen zu gasf. SO_2. Die Mol.-Gew. sind abgerundet.

Substanz Aggregatzustand	Bruttoformel Mol.-Gew.	Verbrennungswärme g-kal. pro g	kg-Kal. pro Mol. konst. Vol.	kg-Kal. pro Mol. konst. Druck	Beobachter
C_1					
Carbonylsulfid (Gas)	COS; 60,0	2184*	—	131,0	Th.
Schwefelkohlenstoff	CS_2; 76,0	3488*	—	265,1	„
(Dampf)	„	3326	252,8	253,3	B. (2)
„ (fl.)	„	3404*	—	258,7	Th.
„ (fl.)	„	3245	246,6	246,6	B. (2)
„ (fl.)	„	5168**	392,8**	394,5**	B. (4)
Methylmerkaptan (Da.)	CH_4S; 48,0	6225*	—	298,8	Th
Thioharnstoff (f.)	CH_4N_2S; 76,0	4499**	341,9**	4342,8**	Mat. (1)
C_2					
Äthylmerkaptan (Da.)	C_2H_6S; 62,0	7349	—	455,7	„
„ (fl.)[a]	„	8314**	515,4**	517,2**	B. (9)
Dimethylsulfid (Da.)	„	7377*	—	457,4	Th.
Methylsulfocyanid (Da.)	C_2H_3NS; 73,0	5465*	—	399,0	„
„ (fl.)	„	6193**	452,1**	453,1**	B. (10)
Methylsenföl (Dampf)	„	5371*	—	392,1	Th.
„ (f.)	„	6053**	441,9**	442,9**	B. (10)
Taurin (f.)	$C_2H_7O_3NS$; 125,0	3058**	382,2**	382,9**	„ (4)
C_3					
Äthylsulfocyanid (fl.)	C_3H_5NS; 87,0	7040**	612,5**	613,8**	„ (10)
Äthylsenföl (f.)	„	6929**	602,8**	604,1**	„ (10)
C_4					
Diäthylsulfid (Dampf)	$C_4H_{10}S$; 90,0	8580*	—	772,2	Th.
Allylsenföl (Dampf)	C_4H_5NS; 99,0	6822*	—	675,4	„
(= „Senföl") (fl.)	„	7386**	731,2**	732,5**	B. (10)
Thiosinamin (f.)	$C_4H_8N_2S$; 116,0	6814**	790,4**	791,8**	„ (10)
Thiophen (Da.)	C_4H_4S; 84,0	7270*	—	610,6	Th.
„ (fl.)		7970**	669,5**	670,5**	B. Ma. (9)
C_5					
α-Thiophensäure (f.)	$C_5H_4O_2S$; 128,0	5042**	645,4**	646,2**	St. Kl. (1)
Tetrahydro-α-Thiophensäure (f.)	$C_5H_8O_2S$; 132,0	5707**	753,3**	754,8**	„ (1)
C_7					
Phenylsenföl (fl.)	C_7H_5NS; 135,0	7578**	1023,0**	1024,3**	B. (9)

Verbrennungswärmen von Imidothiokohlensäureestern, Dithiourethanen, Thioaldinen u. dergl. s. bei Delépine, C. r. **136**, 451; 1903, s. f. Mat. (1). Verbrennungswärmen von **Phosphorverbindungen** s. bei Lemoult, C. r. **149**, 559; 1909.

[a]) Ebenda Amylmerkaptan, Äthyl- Allyl- und n-Amylsulfid.

W. A. Roth.

Literatur zu Tab. 198: Verbrennungswärmen organischer Verbindungen.

Al. = **d'Aladerne,** C. r. **116**, 1457; 1893.
Atw. Sn. = **Atwater** u. **Snell,** Journ. Amer. chem. Soc. **25**, 698; 1903.
A. R. = **Auwers** u. **Roth,** Lieb. Ann. **373**, 246; 1910.
A. R. E. (1) = **Auwers, Roth** u. **Eisenlohr,** Lieb. Ann. **373**, 284; 1910.
„ (2) = „ „ „ „ Lieb. Ann. **385**, 107; 1911.
B. (1) = **Berthelot,** Ann. chim. phys. (5) **23**, 176; 1881.
„ (2) = „ ebenda S. 209.
„ (3) = „ ebenda S. 214.
„ (3a) = „ ebenda S. 243, 252.
„ (4) = „ Ann. chim. phys. (6) **28**, 126; 1893.
„ (5) = „ ebenda (5) **23**, 188; 1881.
„ (6) = „ ebenda (5) **27**, 374; 1882.
„ (7) = „ ebenda (7) **20**, 145, 163; 1900.
„ (8) = „ ebenda (7) **21**, 296; 1900.
„ (9) = „ ebenda (7) **22**, 322, 327; 1901.
„ (10) = „ ebenda (7) **20**, 197; 1900.
B. Thch. = „ Thermochimie, Band II; 1897.
B. A. (1) = „ u. **André,** Ann. chim. phys. (6) **22**, 1; 1891.
„ (2) = „ „ „ ebenda (6) **21**, 388; 1890.
„ (3) = „ „ „ ebenda (7) **17**, 433; 1899.
B. Del. (1) = „ u. **Delépine,** C. r. **129**, 920; 1899.
„ (2) = „ „ „ Ann. chim. phys. (7) **21**, 289; 1900.
B. Fo. = „ u. **Fogh,** ebenda (6) **22**, 18; 1891.
B. G. = „ „ **Gaudechon,** C. r. **140**, 753; 1905.
B. Jungfl. = „ u. **Jungfleisch,** Ann. chim. phys. (5) **6**, 151; 1875.
B. Ma. (1) = „ u. **Matignon,** C. r. **111**, 12; 1890.
„ (2) = „ „ „ Ann. chim. phys. (6) **21**, 409; 1890.
„ (3) = „ „ „ ebenda (6) **28**, 507; 1891 (später ersetzt durch B. (4)).
„ (4) = „ „ „ ebenda (6) **28**, 538; 1891.
„ (5) = „ „ „ C. r. **113**, 246; 1891.
„ (6) = „ „ „ „ **114**, 1146; 1892.
„ (7) = „ „ „ Ann. chim. phys. (6) **28**, 565; 1893.
„ (8) = „ „ „ ebenda (6) **30**, 565; 1893.
„ (9) = „ „ „ ebenda S. 547.
B. Lug. = „ u. **Luginin,** Ann. chim. phys. (6) **13**, 328; 1888.
B. O. (1) = „ u. **Ogier,** Ann. chim. phys. (5) **23**, 197; 1881.
„ (2) = „ „ „ ebenda S. 199.
„ (3) = „ „ „ ebenda S. 201, 225.
B. P. (1) = „ u. **Petit,** Ann. chim. phys. (6) **18**, 107; 1889.
„ (2) = „ „ „ ebd. (6) **20**, 1, 13; 1889.
B. Rec. = „ u. **Recoura,** Ann. chim. phys. (6) **13**, 298, 304, 341; 1888.
B. Riv. = „ u. **Rivals,** Ann. chim. phys. (7) **7**, 29, 47; 1896.
B. Vi. (1) = „ „ **Vieille,** ebenda (6) **10**, 433; 1887.
„ (2) = „ „ „ ebenda S. 455.
„ (3) = „ „ „ ebenda (5) **27**, 194; 1882.

Co. Wh. = **Constam** u. **White,** Amer. chem. Journ. **29**, 1; 1903.
Del. (1) = **Delépine,** C. r. **131**, 684; 1900.
„ (2) = „ „ „ 745; „
„ (3) = „ „ **132**, 777; 1901.
„ (4) = „ „ **124**, 1525; 1897.
„ (5) = „ „ **125**, 179; 1897.
„ (6) = „ „ **126**, 964; 1898.
„ (7) = „ „ **123**, 650; 1896.
Del. Riv. = „ u. **Rivals,** C. r. **129**, 520; 1899.
F. S. = **Favre** u. **Silbermann,** Ann. chim. phys. (3) **34**, 357; 1852.
Fi. Wr. (1) = **E. Fischer** u. **Wrede,** Sitzber. Berl. **1904**, 15.
„ (2) = „ „ „ ZS. ph. Ch. **69**, 234; 1909. Eichwertel
Fogh = **Fogh,** C. r. **114**, 921; 1892.
Forcr. = **de Forcrand,** Ann. chim. phys. (6) **3**, 229, 1884.
Fries (1) = Ref. Ch. Zbl. **1907** I, 1510.
„ (2) = „ „ „ **1910** II, 1278.
Gen. = **Genvresse,** Bull. Soc. chim. (3) **9**, 222; 1893.
Glmd. = **Guillemard,** Ann. chim. phys. (8) **14**, 311; 1908.
Gottl. = **Gottlieb,** Journ. pr. Ch. (2) **28**, 420; 1883.
Guill. = **Guillot,** bei Berth. Thch. II, 544; 1897.
Guinch. (1) = **Guinchant,** C. r. **121**, 354; 1895.
„ (2) = „ „ **122**, 943; 1896.
Jahn = **Jahn,** Wied. Ann. **37**, 414; 1889.
Lan. (1) = **Landrieu,** C. r. **142**, 580; 1906.
„ (2) = „ „ **140**, 867; 1905.
Lem. (1) = **Lemoult,** C. r. **152**, 1402; 1911.
„ (2) = „ Ann. chim. phys. (8) **10**, 395; 1907.
„ (3) = „ ebenda (8) **13**, 562; 1908.
„ (4) = „ C. r. **143**, 772; 1906.
„ (5) = „ „ **143**, 902; 1906.
„ (6) = „ Ann. chim. phys. (8) **14**, 184, 289; 1908.
„ (7) = „ C. r. **148**, 1602; 1909.
Ler. = **Leroux,** C. r. **151**, 384; 1910.
Lug. (1) = **Luginin,** C. r. **91**, 297; 1880.
„ (2) = „ „ „ 329; „
„ (3) = „ Ann. chim. phys. (5) **20**, 558; 1880.
„ (4) = „ „ „ „ „ **21**, 139; 1880.
„ (5) = „ C. r. **92**, 455; 1881.
„ (6) = „ „ **93**, 274; 1881.
„ (7) = „ Ann. chim. phys. (5) **23**, 384; 1881.
„ (8) = „ „ „ „ „ **25**, 140; 1882.
„ (9) = „ C. r. **98**, 94; 1884.
„ (10) = „ „ **100**, 63; 1885.
„ (11) = „ „ **101**, 1061, 1154; 1885.
„ (12) = „ Ann. chim. phys. (6) **8**, 128; 1886.
„ (13) = „ „ „ „ „ **11**, 221; 1887.
„ (14) = „ C. r. **106**, 1289; 1888.
„ (15) = „ „ „ 1472; „
„ (16) = „ „ **107**, 597; „
„ (17) = „ „ „ 624; „
„ (18) = „ Ann. chim. phys. (6) **18**, 378; 1889.
„ (19) = „ C. r. **108**, 620; 1889.
„ (20) = „ Ann. chim. phys. (6) **23**, 179; 1891.
Mb. = **Malbot,** Ann. chim. phys. (6) **18**, 404; 1889.
Mass. = **Massol,** bei Berth. Thch. II, 576, 1897.
Mat. (1) = **Matignon,** Ann. chim. phys. (6) **28**, 70, 289, 498; 1893 (Zusammenstellung S. 527).
„ (2) = „ C. r. **110**, 1267; 1890.
„ (3) = „ „ **113**, 198; 1891.
Mat. Dely. (1) = **Deligny,** C. r. **121**, 422; 1895.
„ (2) = „ „ **125**, 1103; 1897.

Literatur zu Tab. 198: Verbrennungswärmen organischer Verbindungen.

(Fortsetzung.)

Mi. (1) = **Mixter,** Sill. Journ. (4) **12**, 347; 1901.
„ (2) = „ „ „ „ **22**, 17; 1906.
Mull. (1) = **Muller,** Bull. Soc. chim. (2) **44**, 609; 1885.
„ (2) = „ Ann. chim. phys. (8) **20**, 116; 1910.
Oss. (1) = **Ossipow,** ZS. ph. Ch. **2**, 647; 1888.
„ (2) = „ Ann. chim. phys. (6), **20**, 280; 1890.
„ (3) = „ „ „ „ „ „ 836; „
Pet. (1) = **Petit,** ebenda (6) **18**, 145; 1889.
„ (2) = „ C. r. **106**, 1668; 1888.
„ (3) = „ „ **107**, 266; 1888.
Rich. Je. = **Richards** u. **Jesse,** Journ. Amer. chem. Soc. **32**, 292; 1910.
Rii. Sch. = **Riiber** u. **Schetelig,** ZS. ph. Ch. **48**, 375; 1904.
Riv. (1) = **Rivals,** Ann. chim. phys. (7) **12**, 501; 1892.
„ (2) = „ C. r. **122**, 1488; 1896.
Ros. = **Rosenhain,** Journ. Soc. chem. Ind. **25**, 239; 1906. Ref. Ch. Zbl. **1906** I, 1572.
Roth (1) = **Roth,** Lieb. Ann. **373**, 238; 1910.
„ (2) = „ ZS. Elch. **16**, 660; 1910.
„ (3) = „ „ „ **17**, 791; 1911.
„ Ell. = „ **Ellinger** unveröff.
„ Moos. = „ **Moosbrugger** „
„ Mur. = „ **Murawski** „
„ Östl. = „ **Östling** „
„ Pet. = „ **Peters** „
„ Stoe. = „ **Stoermer** „
Schmdl. = **Schmidlin,** Ann. chim. phys. (8) **7**, 245; 1906.
St. = **Stohmann,** Journ. pr. Ch. (2) **31**, 304; 1885.
St. Br. = „ bei **Brühl,** Ber. chem. Ges. **32**, 1228; 1897.
St. Hau. = „ **Haussmann,** Journ. pr. Ch. (2) **55**, 263; 1897. Einzelheiten s. Ber. Leipzig*) **49**, 1; 1897.
St. La. (1) = „ **Langbein,** ebenda **42**, 361; 1890.
„ (2) = „ „ „ **44**, 380; 1891.
„ (3) = „ „ ZS. ph. Ch. **10**, 412; 1892.
„ (4) = „ „ Journ. pr. Ch. (2) **45**, 305; 1892.
„ (5) = „ „ ebenda **46**, 530; 1893. Einzelheiten s. Ber. Leipzig **44**, 307; 1892.
„ (6) = „ „ „ **48**, 447; 1893.
„ (7) = „ „ „ „ **49**, 483; 1894. Einzelheiten s. Ber. Leipzig **46**, 49; 1894.
„ (8) = „ „ „ „ **50**, 388; 1894. Einzelheiten s. Ber. Leipzig **46**, 227; 1894.
St. Lie. (1) = „ bei **Liebermann,** Ber. chem. Ges. **25**, 89; 1892.
„ (2) = „ „ „ Ber. chem. Ges. **25**, 90; 1892.
St. Kl. (1) = „ **Kleber,** Journ. pr. Ch. (2) **43**, 1; 1891.
„ (2) = „ „ „ „ „ „ **43**, 538; 1891.

*) = Berichte über die Verhandl. der Kgl. Sächs. Ges. der Wissensch. zu Leipzig.

St. Kl. (3) = **Stohmann, Kleber,** Journ. pr. Ch. (2) **45**, 475; 1892.
„ (4) = „ „ ZS. ph. Ch. **10**, 412; 1892.
St. Kl. La. (1) = „ „ **Langbein,** Journ. pr. Ch. (2) **40**, 77; 1889.
„ (2) = „ „ „ Journ. pr. Ch. (2) **40**, 128; 1889.
„ (3) = „ „ „ Journ. pr. Ch. (2) **40**, 202; 1889.
„ (4) = „ „ „ Journ. pr. Ch. (2) **40**, 341; 1889.
„ (5) = „ „ „ ZS. ph. Ch. **6**, 338; 1890.
St. Kl. La. Off. = **Stohmann, Kleber, Langbein, Offenhauer,** Journ. pr. Ch. (2) **49**, 99; 1894. Einzelheiten s. Ber. Leipzig **45**, 605; 1893.
St. Ro. H. (1) = **Stohmann, Rodatz, Herzberg,** Journ. pr. Ch. (2) **33**, 257; 1886.
„ (2) = „ „ „ Journ. pr. Ch. (2) **33**, 469; 1886.
„ (3) = „ „ „ Journ. pr. Ch. (2) **34**, 314; 1886.
„ (4) = „ „ „ Journ. pr. Ch. (2) **35**, 22; 1887.
„ (5) = „ „ „ Journ. pr. Ch. (2) **35**, 140; 1887.
„ (6) = „ „ „ Journ. pr. Ch. (2) **36**, 1; 1887.
„ (7) = „ „ „ Journ. pr. Ch. (2) **36**, 357; 1887.
St. Schm. (1) = „ **Schmidt,** Journ. pr. Ch. (2) **50**, 385; 1894.
„ (2) = „ „ Journ. pr. Ch. (2) **52**, 59; 1895. Einzelheiten s. Ber. Leipzig **47**, 1; 1895.
„ (3) = „ „ Journ. pr. Ch. (2) **53**, 345; 1896.
Swa. = **Swarts,** Bull. Acad. Belge **1909**, 43.
Swi. = **Swientoslawski,** ZS. ph. Ch. **22**, 61; 1910.
Th. = **J. Thomsen,** Thermoch. Unters. IV; letzte Zusammenstellung ZS. ph. Ch. **52**, 393; 1905.
Tow. = **Tower,** bei Atw. u. Sn.
Val. = **Valeur,** Ann. chim. phys. (7) **21**, 470; 1900.
Weig. = **Weigert,** ZS. ph. Ch. **63**, 464; 1908.
Wr. = **Wrede,** ZS. ph. Ch. **75**, 92; 1910.
Zub. (1) = **Zubow***), Journ. russ. **28**, 687; 1897. Ref. ZS. ph. Ch. **23**, 559; 1897.
„ (2) = „ Journ. russ. **30**, 926; 1899; Ref. Chem. Zbl. **1899** I, 586.
„ (3) = „ Journ. russ. **33**, 708; 1901; Ref. Chem. Zbl. **1902** I, 161.
„ (4) = „ Journ. russ. **35**, 815; 1903; Ref. Chem. Zbl. **1903** II, 1415.
„ (5) = „ Priv. Mitt.

*) auch Subof, Ssubow etc. geschrieben.

Obige Literaturangabe ist bei weitem nicht vollständig, sondern gibt nur die zu Tab. 198 gehörigen Zitate. In Anmerkungen von Tab. 198 weitere Zitate.

W. A. Roth.

Verbrennungswärme verschiedener Stoffe.

A. Fette, Öle, Eiweißstoffe und Nahrungsmittel.

Eine umfangreiche Zusammenstellung findet sich bei **Glikin**, Kalorimetrische Methodik (Berlin 1911) (zitiert als Gl.) Die Daten beziehen sich auf frische Stoffe.

Substanz	kg-Kal. pro g konst. Vol.	kg-Kal. pro g konst. Druck	Zitat	Substanz	kg-Kal. pro g konst. Vol.	kg-Kal. pro g konst. Druck	Zitat
Fett (versch. Provenienz)	9,485 (Mittelwerte)	9,500 (Mittelwerte)	Stohmann, J. pr. Ch. (2) **42**, 362; 1890.	Leinöl	9,41 (Mittelwerte)	9,425	Stohmann u. Sherman, Snell bei Gl.
Butter	9,216	9,231	Sherman, Snell bei Gl.	Olivenöl	9,45 (Mittelwerte)	9,47	
Lebertran	9,40	9,41		Rüböl	9,45 (Mittelwerte)	9,47	
Walfischtran	9,47	9,49		Baumwollsamenöl	9,40 (Mittelwerte)	9,41	
Walrat	9,95	9,96		Ricinusöl	8,85	8,86	

Tierisches Eiweiß.

Substanz	kg-Kal. pro g konst. Vol.	Zitat	Substanz	kg-Kal. pro g konst. Vol.	Zitat	Substanz	kg-Kal. pro g konst. Vol.	Zitat
Fleisch (asche- u. fettfrei)	5,65	Stohmann, Langbein, Journ. pr. Ch. (2) **44**, 345; 1891.	Syntonin	5,91	Stohmann, Langbein, Journ. pr. Ch. (2) **44**, 345; 1891.	Hautfibroïn	5,36	Stohm., Langb., a. a. O.
Fleischfaser	5,72		Milchkasein	5,86		Pepton	5,30	
Elastin	5,96		Eidotter (fettfrei)	5,84		Chondrin	5,13	
Hämoglobin	5,89		kryst. Eiweiß (aus Kürbissamen)	5,67		Ossein	5,04	
Vitellin	5,75		Harnacks Eiweiß	5,55		Chitin	4,65	
Serumalbumin	5,92		Blutfibrin	5,64	—	Fibroin	4,98	
Eieralbumin	5,74		Wollfaser	5,51	—	Seidenfibroïn	5,153	Fischer, Wrede *), Berl. Sitzber. **1904**, 21.

Pflanzeneiweiß.

Subst.	kg-Kal. pro g konst. Vol.	Zitat	Subst.	kg-Kal. pro g konst. Vol.	Zitat	Subst.	kg-Kal. pro g konst. Vol.	Zitat
Konglutin	5,48	Stohmann, Langbein, s. o.	Kleber	5,99	Berthelot, André, Ann ch. ph. (6) **22**, 40; 1891.	Legumin	5,62	Benedikt. Osborne, Journ. biol. Ch. **3**, 119; 1907.
Pflanzenfibrin	5,94		Planzen-fibrin	5,83		Globulin	5,60	
Legumin	5,79					Hordeïn	5,92	

Nahrungsmittel s. bei Glikin.

B. Heizmaterialien.

Holzarten nach **Ferd. Fischer** (ZS. angew. Ch. 1899, 334). Vgl. auch **Gottlieb,** Journ. pr. Ch. (2) **28**, 412; 1883.

W bedeutet den Brennwert bei der Bildung von flüssigem Wasser,
D „ „ „ „ „ „ „ Wasserdampf (20⁰).

		Fichte	Birke	Akazie	Buche
Proz. Zusammensetzung	Kohlenstoff	50,05 %	48,45 %	49,20 %	48,55 %
	Wasserstoff	6,04 „	5,95 „	5,91 „	5,85 „
	Sauerstoff (+ Stickstoff)	43,21 „	45,26 „	43,10 „	45,04 „
	Asche	0,70 „	0,34 „	0,79 „	0,56 „
Brennwert (kg-Kal. pro kg)	W	4892	4805	4798	4802
	D	4566	4484	4478	4486

Kohlenarten nach **Langbein** (in **Post,** Chem.-techn. Anal. I, Braunschw. 1907).

Mittelwerte

Brennstoff	Zusammensetzung des rohen Brennstoffs: % H_2O	Zusammensetzung des rohen Brennstoffs: % Asche	Heizwert kg-Kal. pro g	Vergleichswert für die „Reinkohle" d. h. wasser- u. aschefreien Brennstoff: % C	% H	Verbr.-W. kg-Kal. pro g
Anthracite	1—3	3—8	7,5—8,1	89—94	3,0—4,7	8,3—8,7
Koks (lufttrocken)	1—5	6—12	6,7—7,4	93—96	0,4—1,2	7,8—8,2
Steinkohlen:						
England	1—9	2—12	6,8—8,2	79—87	4,3—5,8	7,7—8,7
Saarrevier	1—4	3—10	6,5—7,6	81—84	5,1—5,6	8,0—8,4
Ruhrrevier	1—4	2—8	7,3—8,0	82—89	4,3—5,4	8,4—8,7
Schlesien	2—6	2—8	6,6—7,6	79—88	4,3—5,5	7,9—8,3
Sachsen	6—15	2—8	5,9—7,4	78—85	4,4—5,8	7,9—8,4

*) Dort Analysen von Stohmann-Langbeins und Fischer-Wredes Präparaten.

Verbrennungswärme verschiedener Stoffe.

B. Heizmaterialien. Kohlen (Fortsetzung).

Mittelwerte

Brennstoff	Zusammensetzung des rohen Brennstoffs		Heizwert	Vergleichswert für die „Reinkohle" d. h. wasser- u. aschefreien Brennstoff		
	% H_2O	% Asche	kg-Kal. pro g	% C	% H	Verbr.-W. kg-Kal. pro g
Böhm. Braunkohlen:						
Gewöhnl.	18—36	2—8	4,0—5,6	71—78	5,4—7,4	7,1—7,9
Lignite	35—45	3—10	3,2—3,8	71—73	5,2—6,0	6,9—7,4
Bessere, ferner:						
Pechglanz- u. Gaskohlen	5—18	3—10	5,5—7,2	76—78	7,3—8,8	8,3—8,7
Briketts:						
Sachsen	11—18	7—11	4,5—5,3	67—71	5,3—6,3	6,4—7,2
N.-Lausitz	11—17	4—8	4,3—5,0	65—67	5,0—5,4	6,1—6,4
Erdige Braunkohlen u. Lignite:						
Sachsen	42—56	2—10	2,0—3,2	63—73	4,7—7,3	6,0—7,7
N.-Lausitz	46—58	2—7	1,8—2,5	64—68	4,5—5,3	6,0—6,5
Torf (lufttrocken)	14—29	1—8	3,0—4,8	55—63	5,3—6,1	5,3—6,1

Weitere Daten s. z. B. **Langbein,** ZS. öffentl. Ch. 1897, ZS. angew. Ch. 1900, 1262 u. 1268; **Dosch**, Dingl. Journ. **137**, 1902 und in den Jahresber. mancher Thermoch. Prüf.- u. Vers.-Anst. (z. B. H. Aufhäuser-Hamburg); **Constam** u. **Kolbe**, Journ. f. Gasbel. 1909, 770 (engl. Steinkohlenkoks); **F. Schwackhöfer,** Die chem. Zusammensetzung und der Heizwert der in Österreich-Ungarn verwendeten Kohlen (Wien, 1893).

Amerikanische Kohlen.

Nach **von Jüptner,** Österr. ZS. f. Berg- u. Hüttenwesen **45**, 458; 1897.

Name und Herkunft	C-Gehalt in %	Verbrennungswärme pro g	Name und Herkunft	C-Gehalt in %	Verbrennungswärme pro g
Upper Freeport-Kohle, Ohio	70,58—74,73	7,109—7,504 kg-Kal.	Hocking-Valley-Kohle, Ohio	66,5 —69,42	6,482—6,882 kg-Kal.
Pittsburgh-Kohle, Pennsylvanien	73,5 —77,2	7,396—7,691 „	Tacker-Kohle, West-Virginia	78,40—78,90	7,711—7,867 „
Darlington-Kohle, Pennsylvanien	72,78—77,93	7,245—7,825 „	Pocahontas-Kohle	83,75—85,46	7,915—8,281 „
			Mahoning. Kohle	71,13	7,032 „

Flüssige und gasförmige Brennstoffe (Langbein in Post, s. o.)

Brennstoff	spez. Gew.	Heizwert kg-Kal. pro g	Vergleichswerte für den wasser- und aschefreien Brennstoff		
			% C	% H	Verb.-W. kg-Kal. pro g
Spiritus	0,816—0,876	5,7 — 6,3	52	13	6,4 — 7,0
karburierter Spiritus	0,759—0,795	7,56— 8,15	64—69	12—14	8,2 — 8,9
Benzin	0,716	10,36	85	15	11,16
Petroleum	0,789—0,796	10,30—10,33	82—85	12—15	11,07—11,10
Solaröl	0,825	10,00	85,5	12,3	10,65
Paraffinöl	0,880—0,920	9,80— 9,84	85,5	11,3	10,45

Aufhäuser, Kohlenuntersuchungen 1910 u. 1911, Hamburg

Brennstoff	sp. Gew.	% C	% H	% S	Heizwert kg-Kal. pro g
Dieselmotorenöl („Dapol")	0,8592	85,9	12,7	0,6	10,11
Dieselmotorenöl	0,9094	86,6	11,2	1,0	9,75
Gasöl	—	86,5	12,7	0,5	10,08
Automobilmotorenöl	—	84,5	11,8	1,8	9,80
Rohes Gasteeröl (H_2O- u. naphthalinhaltig: 33,3% H_2O)	—	57,5	4,1	0,9	5,27
Heiz-Teeröl	—	86,9	12,2	0,8	9,92
Autonapht („Dapol")	0,712	84,1	15,0	0,9	10,44

Verbrennungswärme von 1 cbm Leuchtgas.

Leuchtgas	5627 kg-Kal.	**Dufour,** Arch. Sc. phys. (4) **3**; 1897.
„ + 5% C_2H_2	5674 „	
„ + 9% „	6220 „	
„ + 12% „	6488 „	
Leuchtgas	5777—5889	**Langbein** l. c. **E. J. Constam** u. **E. A. Kolbe,** Journ. f. Gasbel. 1909, 770.
„ (aus engl. Steinkohlen verschied. Herkunft)	5162—6275 kg-Kal.	

C. Explosivstoffe (1 kg).

Jagdpulver	807,3 Kal.	Kieselpulver von Waltham Abbey	714,5 Kal.
Kanonenpulver	752,9 „	Pulver R. L. G. „ „ „	718,1 „
Flintenpulver	730,8 „	„ F. G. „ „ „	727,7 „
Sprengpulver	570,2 „	„ Nr. 6 von Curtis u. Harvey	755,5 „
Schießbaumwolle	1056,3 „	Sprengpulver (mining powder)	508,8 „
Dynamit (75 %)	1290,0 „	Spanisches Pulver	762,3 „

Kaliumpikrat (787,1 Kal.)
Nach **Roux** u. **Sarrau,** C. r. **77**, 1873.

Nach **Noble** u. **Abel,** Phil. Trans. (A) **171**, I; 1880.

H. Böttger.

Wellenlängen und Spektralbezirke des gesamten Spektrums, gemessen in μμ. (1 μμ = 10^{-6} mm = 10 Angström-Einheiten.)

[Zahlen vor einer Klammer, (z. B. [12]), beziehen sich auf den Literaturnachweis Tab. 206, S. 960.]

[46]) (Mutmaßliche) Wellenlänge der Röntgenstrahlen kleiner als	ca.	$1,2 \cdot 10^{-2}$ μμ
[25]) (Mutmaßliche) kürzeste, bisher beobachtete ultraviolette Strahlen	ca.	90 „
Nach der Dispersionstheorie stark metallisch reflektiert von allen nachfolgend genannten festen Medien; nur bei Ausschluß aller dieser Medien zu untersuchen; zerlegbar mit dem Reflexionsgitter (Lyman)		120 „
Von gutem Flußspat noch durchgelassen, aber schon von kurzen Luftstrecken völlig absorbiert; in Vakuumspektralapparaten mit Flußspatmedien zerlegbar		180 „
Von krystallisiertem Quarz, auch Gips, Steinsalz in nicht zu dicker Schicht noch durchgelassen; zerlegbar in Quarzspektrographen		220 „
Von geschmolzenem Quarz, auch Kalkspat, in nicht zu dicker Schicht noch durchgelassen; letzter Teil der Emission von Quarzquecksilber- und Quarzamalgamlampen		300 „
Von Jenaer Ultraviolettkron noch durchgelassen; von Uviolquecksilberlampen stark emittiert		340 „
Von gewöhnlichem Glas in nicht zu dicker Schicht noch durchgelassen; reichlich vom elektrischen Kohlebogen ausgehend		360 „
[26]) violettes Licht		424 „
blaues „		492 „
grünes „		535 „
gelbes „		586 „
gelbrotes „		647 „
rotes „		810 „
ultrarote (Wärme-) Strahlen		
[40]) längste, ultrarote Emission des Quecksilberdampfes		313000μμ = 0,313 mm
[22]) [3]) kürzeste, bisher dargestellte Hertzsche Wellen		2000000 „ = 2 mm
[9]) elektromagnetische Eigenschwingungen der Alkohole	ca.	700000000 „ = 70 cm

Die Länge der in der drahtlosen Telegraphie benutzten Hertzschen Wellen beträgt ca. 100 m bis 10 000 m.

Strahlungsquellen.

Als intensive, konstant brennende Strahlungsquellen zur Erzeugung von Linienspektren und bestimmten Spektralbezirken kommen praktisch in Betracht:

Für das Ultraviolett: Funken zwischen geeigneten Materialien (wie Aluminium-, Zink-, Platin-Elektroden etc.), erzeugt durch Poulsen-Schwingungen, für sehr kurze Wellenlängen (100 μμ und weniger) vgl. [25]); Lichtbogen zwischen Eisenelektroden (oberhalb 240 μμ), Quarzglasquecksilberlampe und Quarzglasamalgamlampen von Heräus-Hanau (oberhalb 220 μμ); Uviolglasquecksilberlampen von Schott u. Gen.-Jena (oberhalb 300 μμ); Quecksilberlampen nach Arons, Lummer, Hewitt u. a. (oberhalb 340 μμ).

Für das sichtbare Spektrum: Unter vorstehend genannten Lichtquellen kommen besonders der Eisenlichtbogen und die Quecksilberlampen in Betracht, ferner noch Amalgamlampen, enthaltend Cadmium, Wismut, Zink[12]) [27]). Eine Cd-Bi-Amalgamlampe entsendet folgende helle Linien:

Hg	Cd	Bi	Cd	Cd	Hg	Hg	Hg	Cd
436	468	472	480	509	546	577	579	644

Für das Ultrarot: Intensive Lichtquellen, welche Spektral-Linien erzeugen, sind z. B. die Lichtbögen der Alkalien und Erdalkalien. Man benutzt ferner viel die aus einem starken kontinuierlichen Spektrum ausgeblendeten Spektralbezirke, z. B. den Kohlelichtbogen in Luft, den Auerstrumpf, die Quecksilberhochdruckvakuumlampe; letztere enthält nach Rubens u. v. Baeyer[40]) die längste, bisher bekannte ultrarote Emissionslinie (λ = 0,3 mm).

Gehrcke.

Wellenlängen und Spektralbezirke des gesamten Spektrums, gemessen in $\mu\mu$. (1 $\mu\mu$ = 10^{-6} mm = 10 Ångström-Einheiten.)

Wellenlängen einzelner, zu Normalen gewählter Spektrallinien in $\mu\mu$.

a) Wellenlängen der Fraunhoferschen D-Linien resp. der Natriumlinien einer Flamme, bezogen auf Luft von mittlerer Temperatur und 760 mm Hg.

	Ångström[2])	Peirce-Bell[32])	Müller-Kempff[30])	Kurlbaum[21])	Bell[4])	Rowland[37])	Perot[33])
D_2	588,912		589,023		589,022	589,0186	588,9965
D_1	589,513	589,604	589,625	589,590	589,618	589,635	589,5932

Die D-Linien, insbesondere die Linie D_1, galten früher als Hauptnormal.

b) Wellenlängen von Cadmiumlinien, bezogen auf Luft von 15⁰ und 760 mm Hg (Normalen I. Ordnung). Als Lichtquelle dient ein Cadmiumdampf enthaltendes, erhitztes Geisslersches Rohr.

	A. A. Michelson[28])	Michelson, korrigiert von Benoit, Fabry, Perot[6])	Benoit, Fabry, Perot[6])
Cd 5	479,991 07		
Cd 4	508,582 40		
Cd 1	**643,847 22**	**643,847 00**	**643,846 96**

Die rote Linie Cd 1 gilt heute als Hauptnormal (primary standard).

c) Wellenlängen des in Luft brennenden Eisenbogens und einiger, die Lücken im Eisenspektrum ausfüllender Elemente, bezogen auf Luft von 15⁰ und 760 mm Quecksilberdruck. Diese Wellenlängen sind Normalen II. Ordnung (secondary standards); es liegen ihnen relative Messungen mit Interferenzen zu Grunde, wobei für die rote Cadmiumlinie der obige Wert angenommen ist. Die mit J. A. bezeichneten Zahlen geben die von der International Union for co-operation in Solar Research 1910 adoptierten Werte der Wellenlängen an.

Fabry u. Buisson[11])	Fabry u. Buisson[11])	Eversheim[10]) (letzte Dezimalen)	Pfund[34])	J. A.[43])	Fabry u. Buisson[11])	Eversheim[10]) (letzte Dezimalen)	Pfund[34])	J. A.[43])
Fe 237,3737	Fe 351,3820				Fe 454,7854	53	53	53
Fe 241,3310	Fe 355,6879				Fe 459,2658	58	57	58
Si 243,5159	Fe 360,6681				Fe 460,2944	48	48	47
Si 250,6904	Fe 364,0391				Fe 464,7437	41	39	39
Si 252,8516	Fe 367,7628				Fe 467,8855	—	—	—
Fe 256,2541	Fe 372,4379				Fe —	469,1419	16	17
Fe 258,8016	Fe 375,3615				Fe 470,7287	92	86	88
Fe 262,8296	Fe 380,5346				Fe 473,6785	87	87	86
Fe 267,9065	Fe 384,3261				Mn 475,4046	49	—	—
Fe 271,4419	Fe 386,5526				Fe 478,9657	58	57	57
Fe 273,9550	Fe 390,6481				Mn 482,3521	23	—	—
Fe 277,8225	Fe 393,5818				Fe 485,9756	58	57	—
Fe 281,3290	Fe 397,7745				Fe 487,8226	24	25	25
Fe 285,1800	Fe 402,1872				Fe 490,3324	27	24	25
Fe 287,4176	Fe 407,6641				Fe 491,9006	07	08	07
Fe 291,2157	Fe 411,8552				Fe 496,6104	05	—	—
Fe 294,1347	Fe 413,4685				Fe 500,1880	85	79	81
Fe 298,7293	Fe 414,7677				Fe 501,2072	74	72	73
Fe 303,0152	Fe 419,1441				Fe 504,9827	27	27	27
Fe 307,5725	Fe 423,3615				Fe 508,3343	46	43	44
Fe 312,5661	Fe 428,2407	08	08	08	Fe 511,0415	14	16	15
Fe 317,5447	Fe 431,5089	89	89	89	Fe 512,7364	—	—	—
Fe 322,5790	Fe 435,2741	41	44	—	Fe 516,7492	91	92	92
Fe 327,1003	Fe 437,5935	34	34	34	Fe —	519,1473	—	—
Fe 332,3739	Fe 442,7314	13	16	14	Fe 519,2362	—	64	63
Fe 337,0789	Fe 446,6554	57	58	56	Fe 523,2958	58	56	57
Fe 339,9337	Fe 449,4572	71	72	72	Fe 526,6568	69	69	69
Fe 344,5155	Fe —	452,8622	—	—	Fe 530,2316	16	—	—
Fe 348,5344	Fe 453,1155	—	55	55	Fe 532,4196	96	—	—

Gehrcke.

Wellenlängen und Spektralbezirke des gesamten Spektrums, gemessen in $\mu\mu$. (1 $\mu\mu$ = 10^{-6} mm = 10 Ångström-Einheiten.)

Wellenlängen einzelner, zu Normalen gewählter Spektrallinien in $\mu\mu$.

(Fortsetzung.)

Fabry u. Buisson [11])	Evers-heim [10]) (letzte Dezimalen)	Pfund [34])	J. A. [43])	Fabry u. Buisson [11])	Evers-heim [10]) (letzte Dezimalen)	Pfund [34])	J. A. [43])	Fabry u. Buisson [11])	Evers-heim [10]) (letzte Dezimalen)	Pfund [34])	J. A. [43])
Fe 537,1498	93	94	95	Ni 580,5211	—	—	—	Fe 623,0732	36	35	34
Fe 540,5780	80	80	80	Ba —	582,6294	—	—	Fe 626,5147	—	43	45
Fe 543,4530	24	28	27	Ni 585,7760	59	—	—	Fe 631,8029	28	26	28
Fe 545,5616	11	14	14	Ni 589,2882	81	—	—	Fe 633,5343	42	37	41
Fe 549,7521	23	23	22	Fe 593,4683	—	—	—	Fe 639,3612	13	11	12
Fe 550,6783	85	84	84	Fe 595,2739	—	—	—	Fe 643,0859	62	55	59
Fe 553,5418	—	—	—	Ba —	597,1715	—	—	Fe 649,4994	94	92	93
Fe 556,9632	36	31	33	Ba —	599,7102	—	—	Fe —	654,6252	—	—
Fe 558,6770	73	72	72	Fe 600,3039	—	—	—	Fe —	659,2931	—	—
Fe 561,5658	62	63	61	Fe 602,7059	—	59	59	Fe —	667,8008	—	—
Fe 565,8835	38	35	36	Fe 606,5493	93	91	92	Fe —	675,0162	—	—
Fe 570,9396	—	—	—	Ni —	610,8121	—	—	Fe —	694,5223	—	—
Ni 576,0843	—	—	—	Fe 613,7700	—	02	01				
Fe 576,3013	13	14	13	Fe 619,1569	68	67	68				

Im Anschluß an diese Normalen II. Ordnung haben Kayser und Goos Normalen III. Ordnung (tertiary standards) aufgestellt, deren Wellenlänge durch Interpolation *zwischen* den obigen Eisenlinien gefunden wurde[23]).

d) Dieselben Normallinien (Spektrallinien des Eisenbogens) wie unter c), auf Grund älterer Messungen mit Beugungsgittern. (Älteres System von Wellenlängen.)[16])

Rowland, korrigiert durch Hartmann	Kayser (letzte Dezimalen)	Rowland, korrig. durch Hartmann	Kayser (letzte Dezimalen)	Rowland, korrigiert durch Hartmann	Rowland, korrigiert durch Hartmann
237,3826	813	351,3951	974	459,2829	545,5819
241,3400	393	355,7012	—	460,3116	549,7726
Si 243,5250	—	360,6816	836	464,7610	550,6988
Si 250,6998	—	364,0527	541	467,9030	553,5624
Si 252,8610	—	367,7765	—	470,7463	556,9840
256,2637	619	372,4518	527	473,6962	558,6978
258,8113	102	375,3755	—	Mn 475,4223	561,5867
262,8394	383	380,5488	—	478,9836	565,9046
267,9165	148	384,3404	—	Mn 482,3701	570,9609
271,4520	503	386,5670	670	485,9937	Ni 576,1058
273,9652	639	390,6627	624	487,8408	576,3228
277,8329	327	393,5965	966	490,3507	Ni 580,5428
281,3395	391	397,7893	892	491,9189	Ni 585,7978
285,1906	910	402,2022	029	496,6289	Ni 589,3102
287,4283	284	407,6793	801	500,2067	593,4904
291,2266	273	411,8706	709	501,2259	595,2961
294,1457	462	413,4839	—	505,0015	600,3263
298,7404	410	414,7832	—	508,3533	602,7284
303,0265	—	419,1597	611	511,0606	606,5719
307,5840	830	423,3773	771	512,7555	613,7929
312,5778	770	428,2567	567	516,7685	619,1800
317,5565	556	431,5250	255	519,2556	623,0964
322,5910	905	435,2903	910	523,3153	626,5381
327,1125	129	437,6098	104	526,6764	631,8265
332,3863	—	442,7479	490	530,2514	633,5579
337,0915	—	446,6721	737	532,4395	639,3850
339,9464	468	449,4740	755	537,1698	643,1099
344,5284	301	453,1324	—	540,5982	649,5236
348,5474	490	454,8024	—	543,4733	

Gehrcke.

Wellenlängen und Spektralbezirke des gesamten Spektrums, gemessen in $\mu\mu$. (1 $\mu\mu$ = 10^{-6} mm = 10 Ångström-Einheiten.)

Wellenlängen einzelner, zu Normalen gewählter Spektrallinien in $\mu\mu$.

(Fortsetzung.)

e) Wellenlängen weiterer Elemente, gemessen mittels Interferenzmethoden. Die Zahlen unter „Rowland, korrigiert durch Hartmann" geben wieder die Werte an, welche die Linien im alten System haben würden. Die Wellenlängen beziehen sich auf Luft von 15° und 760 mm Barometerstand. Die Na- und Li-Linien wurden in der Flamme erzeugt, die anderen Linien in Vakuumlichtbögen oder Geisslerschen Röhren.

Element	$\mu\mu$	Beobachter	Rowland, korr. d. Hartmann[16]) (letzte Dezimalen)	Element	$\mu\mu$	Beobachter	Rowland, korr. d. Hartmann[16]) (letzte Dezimalen)
Ag	520,9081	} F. u. P.[11])	9273	Hg	435,8343	} F. u. P.	8504
„	546,5489		5691	„	546,07424		0944
Cd	466,23513	H.[13])	2525	„	576,95984		9811
„	479,99107	M.[15])	0088	„	579,06593		0873
„	508,58240	M.	6012	Li	670,7846		8093
„	515,46589	H.	4851	Na	588,9965		0183
„	632,51676	H.	5404	„	589,5932		6150
„	643,84696	B., F. u. P.[6])	87098	Zn	462,9810	H.[14])	9981
Cu	510,5543	} F. u. P.	5731	„	468,0138	F. u. P.	0311
„	515,3251		3441	„	138	H.	310
„	521,8202		8395	„	472,2164	F. u. P.	2338
„	578,2090		2304	„	481,0535	F. u. P.	0712
„	578,2159		2373	„	533	H.	710
He	447,1482	} L. R.[36])	1647	„	518,1984	H.	2175
„	471,3144		3318	„	636,2345	F. u. P.	2579
„	492,1930		2112	„	346	H.	581
„	501,5680		5865	„	350	L. R.	584
„	587,5625		5842				
„	667,8150		8396				
„	706,5200		5461				

202

Stärkste Absorptionslinien des ultravioletten und sichtbaren Sonnenspektrums.

Nach **Rowland**[37]). (Zitat Tab. 206, S. 960).

λ = Wellenlänge in $\mu\mu$ (1 $\mu\mu$ = 10^{-6} mm = 10 Ångström-Einheiten), bezogen auf Luft von 20° und 760 mm Hg. Ein dem λ beigefügtes *s* bedeutet, daß die Linie verwaschen ist. Die Buchstaben *B* bis *H*, *K* bis *R* sind die üblichen, älteren Bezeichnungen der Linien. Unter „Substanz" steht das chemische Zeichen desjenigen Stoffs, welcher eine mit der betreffenden Fraunhoferschen Linie koinzidierende Welle auszusenden vermag. Wo zwei oder mehr, durch Kommata von einander getrennte Elemente angegeben sind, besteht eine scharfe Koinzidenz mit einer Fraunhoferschen Linie (z. B. Ni, Fe). Unscharfe Koinzidenz ist durch einen dem Element beigegebenen Strich - bezeichnet (z. B. Mn-). Die Reihenfolge, in der verschiedene Substanzen angeführt oder, wenn es sich um unbekannte Stoffe handelt, durch Striche angedeutet sind, ist diejenige, in der sie mit den aufeinanderfolgenden Teilen einer Fraunhoferschen Linie (unter „Linie" ist ein mehr oder weniger breites Absorptionsgebiet zu verstehen) koinzidieren (z. B. Ti-Fe-Co). — *A* = Atmosphäre der Erde, (*wv*) = Wasserdampf, (*O*) = Sauerstoff. Die kleinen Zahlen geben die Intensitäten an (es sind nur die stärksten Linien des Rowlandschen Atlas von der Intensität 5 bis 1000 aufgenommen). *N* bedeutet, daß die Linie aus mehreren, sehr nahe benachbarten zusammengesetzt ist. *d* bezeichnet eine sehr feine Doppellinie.

λ	Substanz	Intens.	λ	Substanz	Intens.	λ	Substanz	Intens.
301,2146	Ni, -	5 *d*?	305,4429	Mn, Ni	10	308,8145 *s*	Ti	7 *d*
303,3532	—	5	305,7552 *s*	Ti, Fe	20	309,7008	-, Mg	5
303,5847 *s*	—	5	305,9212 *s*	Fe	20	311,0351	Fe?	5 *Nd*
303,7510 *s*	Fe	10 *N*	306,7369 *s*	Fe	8	311,0810	Ti, V	5 *Nd*
304,6778 *s*	Ti, -	5	307,3091	Ti, -	6 *Nd*?	312,5399	—	5
304,7725 *s*	Fe	20 *N*	307,8769 *s*	Ti, -	8 *d*?	312,5779	Fe, V	5
305,0943	Ni	5	308,0864 *s*	Ni	5	312,6319	V, Fe	5
305,3530 *s*	—	7 *d*?	308,2275 *s*	Al	5	313,4230 *s*	Ni, Fe	8

Gehrcke.

Stärkste Absorptionslinien des ultravioletten und sichtbaren Sonnenspektrums.

Nach **Rowland.**

λ	Substanz	Intens.	λ	Substanz	Intens.	λ	Substanz	Intens.
314,0052	Fe?, Co	5	344,2118	Mn	6	357,2014	Ni	6
314,2585	Fe, Cu?	5	344,3791	Co	5 *d*?	357,2155	Fe	5
315,2377	Ti, -	5	344,4020 s	Fe	8 *N*	357,2712	-, Se	6
317,9453 *R*	Cr?, Ca	5 *d*	344,5260	Fe	5	357,5106	Cr-Co	5
318,8656	-, Fe	6 *d*	344,6406	Ni	15	357,8014	Mn	5
320,0581	Ni, Fe	5 *Nd*	344,9310	Co	5 *d*?	357,8832	Cr	10
323,6703 s	Ti	7 *N*	344,9583	Co	6 *d*?	358,1067	—	5
323,9170	Ti	7	345,0469	Fe	5	358,1349 s	Fe	30
324,2125	Ti, -	8	345,3039	Ni	6 *d*?	358,2345	Fe	5
324,3189	-, Ni	6	345,5379 s	Co	5	358,3481 s	Fe	5
324,7688 s	Cu	10	345,8601	Ni	8	358,4800	Fe	6
325,3012	Ti, Fe	5	346,1633	Ti	5	358,4940	Co	5
325,4881	V, Fe	5 *d*	346,1801	Ni	8	358,5105	Fe	6
325,6021	Fe?	6	346,2950	Co	6	358,5310	Co	5
326,0386 s	Mn, Ti-Fe	5 *d*	346,6015 s	Fe	6	358,5479	Fe	7
326,7834 s	V	6	347,2680	Ni	5	358,5859	Fe	6
327,1129	Fe	6	347,5594 s	Fe	10	358,7130	Fe	8
327,1266	Ni, Co, Zr, V	5	347,6849 s	Fe	8	358,7370	Co	7
327,1791	Ti, Fe	6 *d*	347,7323	Ti	5	358,7899	Fe	5
327,2217	Ti	5	348,3047	Mn -	5 *d*?	358,8084	Ni	6
327,4096 s	Cu	10	348,3923	Ni	6 *d*?	358,9773	—	5
327,6259	V	5 *d*?	348,5493	Fe Co	6	358,9908	—	5 *d*?
327,7482	Co-Fe	7 *d*?	348,6041 s	Ni	5	359,3636	Cr	6
327,8420	Ti	5	348,9546	Co	5	359,4784	Fe	9
328,1429	Fe	5	349,0733 s	Fe	10 *N*	359,7189 s	Fe	5 *d*?
328,2459	Ti, Zn	5	349,1195	Ti	5	359,7854	Ni	8
328,6898	Fe	7 N	349,3114	Ni	10 *N*	360,3354	Fe	5
328,7793 s	Ti	5	349,7982 s	Fe	8	360,5341	Fe?	5
329,5951 s	Fe, Mn	6	350,0996 s	Ni	6 *d*?	360,5479 s	Cr	7
329,8268	Fe, V, Di	5	350,6467	Co	5	360,6838 s	Fe	6
330,2510 s	Na	6	351,0466	Ni	8	360,9008 s	Fe	20
330,3109 s	Na	5	351,0985 s	Ti	5	360,9467	Ni	5 *d*?
330,8947 s	Co, Ti	5	351,2785	Co	6	361,0305	Fe, Ti	5
331,5807	Ni	7 *d*?	351,3623	Co	5	361,0647	Ni	5
331,8160 s	Ti	6	351,3965 s	Fe	7	361,2882	Ni	6 *d*?
332,0391	Ni	7	351,5206	Ni	12	361,7934 s	Fe	6
332,3056	Ti	5	351,8488 s	Co	5	361,8919 s	Fe	20
332,6907	Ti	5	351,9904	Ni	7	361,9539	Ni	8
332,9568	Ti, Co	5	352,1410 s	Fe	8	362,1612 s	Fe	6
333,6820	Mg	8 *N*	352,4677	Ni	20	362,2147 s	Fe	6
334,9597	Ti	7	352,6183	Fe	6	362,3362 s	Fe	5
336,1327	Ti	8	352,6988	Co	6	362,4979	Ti, Fe	5
336,5908	Ni	6	352,7936	Fe	5	362,5287	Fe	5
336,6311	Ti, Ni	6 *d*?	352,9964	Fe-Co	6	363,1605 s	Fe	15
336,8193	Cr, -	5 *d*?	353,3156	Fe	6	364,0535 s	Cr-Fe	6
336,9713	Fe, Ni	6	353,3345	Fe	6	364,2820	Ti	7
337,2901 }	Ti-Pd	{ 5 *d*?	353,3506	Co	5	364,4555	Ti, Ca	5
337,2994 }		{ 5	353,6709	Fe	7	364,7988 s	Fe	12
338,0722	Ni	6 *N*	354,0268 s	Fe	5	364,9654	Fe, La	5
338,1026	Ni, La	5 *Nd*?	354,1237	Fe	7	365,0423	Fe	5
338,7988	Ti-Zr	5 *d*?	354,2232	Fe	6	365,1247	Fe, -	6
339,1175	Ni	5	354,5786	Fe, C	5	365,1614	Fe	7
340,6943 s	Fe	5 *d*?	354,7941	Mn	5	365,3637 s	Ti	5
341,2481	Co	5	354,8332	Mn, Ni	5	365,9663	Fe	5
341,3275	Fe	5 *d*?	355,2986	Fe	5	365,9901	Fe-Ti	5
341,4911	Ni	15	355,3887	Fe	5	366,2378	Ti	5
341,8654	Fe	5	355,4263	Fe	5	366,4234	Ni	5 *d*?
342,3848	Ni	7	355,5079	Fe	9	367,0566	Ni	5
343,3715	Ni, Cr	8 *d*?	355,8672 s	Fe	8	367,6457	Fe, Cr	6
343,7427	Ni	5 *d*?	356,5535 s	Fe	20	367,7764	Fe	5
344,0762 s *O*	Fe	20	356,9523	Co	5	368,0069 s	Fe	9
344,1155 s	Fe	15	357,0273 s	Fe	20	368,2382	Fe	5

Gehrcke.

Stärkste Absorptionslinien des ultravioletten und sichtbaren Sonnenspektrums.

Nach **Rowland.**

λ	Substanz	Intens.	λ	Substanz	Intens.	λ	Substanz	Intens.
368,4258 s	Fe	7 d?	384,0580 s	Fe-C	8	398,5539	Fe	5
368,5339	Ti	10 d?	384,1195	Fe-Mn	10	398,6903 s	—	6
368,6141	Ti-Fe	6	384,5606	Co-C	8 d?	399,5463	Co	5
368,7610 s	Fe	6	384,6943	Fe	5	400,5408	Fe	7
368,9614	Fe	6	385,0118	Fe	10	401,3964	Fe	5
369,5194 s	Fe	5	385,5749	—	5 d	401,4677	Fe	5 d?
369,7567	Fe	5	385,6524 s	Fe	8	402,2018	Fe	5
370,1234	Fe	8	385,7805	C?	6 d?	402,9796 s	Fe-Zr	5
370,5708 s	Fe	9	385,8442	Ni	7	403,0646	Fe-Ti	5
370,6175	Mn -	6 d?	386,0055 s	Fe-C	20	403,0947	Mn	5
370,7186 s	Fe	5	386,5674	Fe-C	7	403,3224 s	Fe-Mn	7 d?
370,7959	Fe?	5 d?	387,2639	Fe	6	403,4644 s	Fe-Mn	6 d?
370,8068	Fe	5	387,6194	Fe	5	404,1525	Mn	5
370,9389 s	Fe	8	387,8152	Fe-C	8	404,5538	Co	5
371,6591 s	Fe	7	387,8720	Fe	7 Nd?	404,5975 s	Fe	30
372,0084 sM	Fe	40	388,6434 s	Fe	15	404,8910	Mn-Cr	5
372,2692 s	Ni	10	388,7196	Fe	7	405,5701 s	Mn	6
372,4526	Fe	6	388,8671	Fe	5	405,7668	—	7
373,2545 s	Ti-Fe-Co	6	389,4211	—	8 d	406,2599 s	Fe	5
373,3469 s	Fe -	7 d?	389,4241	Co	5	406,3759 s	Fe	20
373,5014 s	Fe	40	389,5803	Fe	7	406,7139	Fe	5
373,7059 s	Ca-Mn	5	389,8151	V	5	406,8137	Fe-Mn	6
373,7281 s	Fe	30	389,9850	Fe	8	407,1908 s	Fe	15
373,8466	—	6	390,0681	Ti-Fe-Zr	5	407,7885 s	Sr	8
374,3508 s	Fe	6	390,3090	Fe-Cr	10	408,4647	Fe	5
374,5717 s	Fe	8	390,4023	—	8 d	409,8335	Fe	5
374,6058 s	Fe	6	390,4052	Fe	5	410,2000 Hδ	H, In	40 N
374,8408 s	Fe	10	390,5660 s	Si	12	410,3097 s	Si, Mn	5
374,9631 s	Fe	20	390,6628	Fe	10	410,4288	Fe	5
375,3732	Fe-Ti	6	390,8077	Fe	5	410,7649 s	Ce-Fe-Zr	5
375,8375 s	Fe	15	390,9976	Fe	5	411,8708	Fe	5
375,9447	Ti	12 d?	391,3609	Ti-Fe	5 d?	412,1477 s	Cr-Co	6 d?
376,0196	Fe	5	391,5951	Cr -	5 d?	412,3384	La	12
376,1464	Ti	7	391,6879 s	Fe	5	412,3907	Fe	5
376,3945 s	Fe	10	391,7324	Fe	5	412,8251	V -	6 d
376,5689	Fe	6	391,8789	Fe	5	413,2235	Fe	10
376,7341 s	Fe	8	392,0410	Fe	10	413,4840	Fe	5
377,5717	Ni	7	392,3054	Fe	12 d?	413,7156	Fe	6
378,3674 s	Ni	6	392,5790 s	Fe	5	414,0089	Fe	6
378,6820	Fe	5	392,8075 s	Fe	8	414,4038	Fe	15
378,8046 s	Fe	9	393,0450	Fe	8	415,7948 s	Fe	5
379,0238	Fe	5	393,3523	—	8 N	415,8959	Fe	5
379,5147 s	Fe	8	393,3825 sK	Ca	1000	415,9353	—	5
379,7659	Fe	5	393,4108	Co -	8 N	416,7438	—	8
379,8655 s	Fe	6	394,1025 s	Fe, Co	5	417,5806	Fe	5
379,9693 s	Fe	7	394,4160 s	Al	15	417,6739	Fe-Mn	5
380,5486 s	Fe	6	394,8246	Fe	5	418,1919	Fe	5
380,6865	Mn-Fe	8 d?	395,0102 s	Fe	5	418,7204	Fe	6
380,7293	Ni	6	395,1311	Fe	5	418,7943	Fe	5
380,7681	Fe	6	395,5482	-Fe	5	419,1595	Fe	6
381,3100	Fe	5	395,6819	Fe	6	419,5492	Fe	5
381,4698	—	8	395,7177 s	Fe-Ca	7 d?	419,9267 s	Zr-Fe	5
381,5987 s	Fe	15	395,8355	Ti, Zr	5	420,2198 s	Fe	8
382,0586 sL	Fe-C	25	396,1674 s	Al	20	421,5703 s	Sr	5 d?
382,4591	Fe	6	396,8350	—	6 N	421,7720	La, Fe-Cr	5 d?
382,6027 s	Fe	20	396,8625 sH	Ca	700	422,2382 s	Fe	5
382,7980	Fe	8	396,8886	—	6 N	422,6904 sg	Ca	20 d?
382,9501 s	Mg	10	396,9413	Fe	10	323,3772	Fe	6
383,1837	Ni	6	397,0177 Hε	H	5 N	423,6112	Fe	8
383,2450 s	Mg	15	397,1475 s	Fe	5	423,8970	Fe	5
383,4364	Fe	10	397,4904	Co-Fe	6 d?	424,6996	Y?	5
383,8435 s	Mg-C	25	397,7891 s	Fe	6	425,0287 s	Fe	8

Gehrcke.

Stärkste Absorptionslinien des ultravioletten und sichtbaren Sonnenspektrums.

Nach **Rowland.**

λ	Substanz	Intens.	λ	Substanz	Intens.	λ	Substanz	Intens.
425,0945 s	Fe	8	492,0685 s	Fe	10	571,5308 s	Ni-Ti, Fe	5
425,4505 s	Cr	8	492,4107 s	Fe	5	575,3344 s	Fe	5
426,0640 s	Fe	10	495,7480 s	Fe	5	575,4881 s	Ni	5
427,1934 s	Fe	15	495,7785 s	Fe	8	576,3218 s	Fe	6
427,4958 s	Cr	7 *d*?	500,2044	Fe	5	580,6950 s	Fe	5
428,2565	Fe	5	500,6306 s	Fe	5	581,6601 s	Fe	5
428,9885 s	Cr	5	503,5542	Ni	5	585,3902 s	Ba?	5
429,4301	Fe	5	505,0008 s	Fe	6	585,7674 s	Ca	8
430,8081 s *G*	Fe	6	506,8944 s	Fe	5	585,9809 s	Fe	5
432,5939 s	Fe	8	507,4932	Fe	5	586,2582 s	Fe	6
433,7216	Fe	5	509,0954 s	Fe	5	588,4120 s	A (*wv*)	5
434,0634 H_γ	H	20 *N*	511,0574 s	Fe	5 *d*	588,6193	A (*wv*)	5
435,1930	Cr	5	516,2449 s	Fe, C	5	588,7445	A (*wv*)	5
435,2083	Mg	5 *N d*?	516,7497 s	Mg	15	589,0186 s D_2	Na	30
436,7749	Fe	5	$b_4$516,7678 s	Fe	5	589,6155 s D_1	Na	20
437,6107 s	Fe	6	517,1778 s	Fe	6	590,1682 s	A (*wv*)	6
438,3720 s	Fe	15	$b_2$517,2856 s	Mg	20	591,9276	A (*wv*)	5
440,4927 s	Fe	10	$b_1$517,83791 s	Mg	30	591,9860 s	A (*wv*)	7
441,5293 s	Fe	8	519,2523	Fe	5	593,0406 s	Fe	6
442,7482	Fe	5	520,4680	Cr	5	593,2306	A (*wv*)	5
443,5129 s	Ca	5	520,6215	Cr-Ti	5	193,4881 s	Fe	5
444,2510	Fe	6	520,8596	Cr	5	594,1290	A (*wv*)	5
444,3976	Ti	5	522,7362	Fe	5 *d*?	594,8765 s	Si	6
444,7892 s	Fe	6	523,3122 s	Fe	7	598,3908	Fe	5
445,4953 s	Ca, [illegible]	5	526,6738 s	Fe	6	598,5040 s	Fe	6
446,6727	Fe	5	526,9723 s *E*	Fe	8 *d*?	598,7290 s	Fe	5
446,8663	Ti -	5	528,1971 s	Fe	5	600,3239 s	Fe	6
448,2338	-, Fe	5	528,3802 s	Fe	6	600,8785 s	Fe	6
449,4738 s	Fe	6	530,2480	Fe	5	601,3715 s	Mn	6
450,1448 s	Ti, -	5	532,4373 s	Fe	7	601,6861 s	Mn	6
452,5314	Fe	5	432,8236	Fe	8 *d*?	602,2016 s	Mn	6
452,8798	Fe	8	534,0121	Fe	6	602,4281 s	Fe	7
453,1327	Fe	5	534,1213	Fe	7	605,6227 s	Fe	5
453,4139	Ti-Co	6	534,5991	Cr	5	606,5709 s	Fe	7
454,9808	Ti-Co	6 *d*?	536,5069	Fe	5	607,8710 s	Fe	5
455,4211 s	Ba	8	536,7669 s	Fe	6	610,2392 s	Fe	6
457,1275 s	Mg	5	537,0166 s	Fe	6	610,2937 s	Ca	9
457,2156 s	Ti -	6	538,3578 s	Fe	6	610,8334 s	Ni	6
460,3126	Fe	6	539,3375 s	Fe	5	612,2434 s	Ca	10
461,1469 s	Fe	5	539,7344 s	Fe	7 *d*?	613,6829 s	Fe	8
462,5227	Fe	5	540,4357	Fe	5	613,7915	Fe	7
462,6358	Cr	5	540,5989 s	Fe	6	614,1938 s	Fe, Ba	7
462,9521 s	Ti-Co	6	541,5416 s	Fe-V	5	615,5350	—	7
463,7685 s	Fe	5	542,4290 s	Fe	6	615,7945	Fe	5
464,6347	Cr	5	542,9911	Fe	6 *d*?	616,2390 s	Ca	15
465,2343	Cr	5	543,4740 s	Fe	5	616,6651	Ca	5
465,4800	Fe	5	544,7130 s	Fe	6 *d*?	616,9249 s	Ca	6
467,9027 s	Fe	6	547,7123 s	Ni	5	616,9778 s	Ca	7
469,1602 s	Fe	5	549,7735 s	Fe	5	617,0730	Fe-Ni	6
470,3177 s	Mg	10	550,1683 s	Fe	5	617,3553 s	Fe	5
470,7457	- Fe	5 *d*?	550,7000 s	Fe	5	617,7027 s	Ni -	5
471,4599 s	Ni	6	552,8641 s	Mg	8	618,0420 s	Fe	5
473,6963	Fe	6	556,9848 s	Fe	6	619,1393 s	Ni	6
475,4225 s	Mn	7	557,3075	Fe	6	619,1779 s	Fe	9
476,2567	Mn	5	558,6991	Fe	7	620,0527 s	Fe	6
478,3613 s	Mn	6	558,8985 s	Ca	6	621,3644 s	Fe	6
482,3697 s	Mn	5	561,5877 s	Fe	6	621,5360	Fe	5
486,1527 s *F*	H	30	568,2869 s	Na	5	621,9494 s	Fe	6
487,1512	Fe	5	568,8436 s	Na	6	623,0943 s	V-Fe	8
489,1683	Fe	8	570,9601 s	Fe	5	624,6535 s	Fe	8
490,3502 s	Fe	5	570,9775 s	Ni	5	625,2773 s	—	7
491,9174 s	Fe	6	571,1313 s	Mg	6	625,4456 s	Fe	5

Gehrcke.

Stärkste Absorptionslinien des ultravioletten und sichtbaren Sonnenspektrums.

Nach **Rowland.**

λ	Substanz	Intens.	λ	Substanz	Intens.	λ	Substanz	Intens.
625,6572 *s*	NiFe	6	664,3876 *s*	Ni	5	688,9192 *s*	A (O)	13
626,5348 *s*	Fe	5	667,8235 *s*	Fe	5	689,0151 *s*	A (O)	14
629,8007	Fe	5	671,7940 *s*	Ca	5	689,2618 *s*	A (O)	14
630,1718	Fe	7	686,7457 *s B*	A (O)	6 *d*?	689,3560 *s*	A (O)	15
630,2709	Fe	5	686,7800 *s*	A (O)	5	689,6289 *s*	A (O)	14
631,8239	Fe	6	686,8336 } *s*	A (O)	6	689,7208 *s*	A (O)	15
633,5554	Fe	6	686,8478 } *s*	A (O)	6	690,0199 *s*	A (O)	14
633,7048	Fe	7	686,9142 *s*	A (O)	7	690,1117 *s*	A (O)	15
635,8898	Fe	6	686,9353 *s*	A (O)	6	690,4362 *s*	A (O)	14
639,3820 *s*	Fe	7	687,0116 } *s*	A (O)	7 } *d*	690,5271 *s*	A (O)	14
640,0217 *s*	Fe	8	687,0249 } *s*	A (O)	7 } *d*	690,8783 *s*	A (O)	13
640,8233 *s*	Fe	5	687,1180 *s*	A (O)	8	690,9676 *s*	A (O)	13
641,1865 *s*	Fe	7	687,1532 *s*	A (O)	10	691,3448 *s*	A (O)	11
642,1570 *s*	Fe	7	687,2486 *s*	A (O)	11	691,4337 *s*	A (O)	11
643,1066 *s*	Fe	5	687,3080 *s*	A (O)	12	691,8370 *s*	A (O)	9
643,9293 *s*	Ca	8	687,4037 *s*	A (O)	12	691,9250 *s*	A (O)	9
645,0033 *s*	Ca	6	687,4899 *s*	A (O)	13	692,3553 *s*	A (O)	9
646,2784 *s*	Ca	5	687,5830 *s*	A (O)	13	692,4427 *s*	A (O)	9
647,188 *s*	Ca	5	687,6958 *s*	A (O)	13	694,7782 *s*	A (*wv*)	5
649,4004 *s*	Ca	6	687,7882 *s*	A (O)	12	718,7645	–, A	5 *N*
649,5213 *s*	Fe	8	687,9288 *s*	A (O)	12	719,1755	A, –	6 *N*
654,6479 *s*	Ti-Fe	6	688,0172 *s*	A (O)	6	720,4577	A, –	5
656,3045 *s C*	H	40	688,4076 *s*	A (O)	10	720,6692	–, A	6
656,9460 *s*	Fe	5	688,6000 *s*	A (O)	11	726,5868 *s*	–, A	5
659,3161 *s*	Fe	6	688,6990 *s*	A (O)	12	727,3255 *s*	A?, –	5 *N*

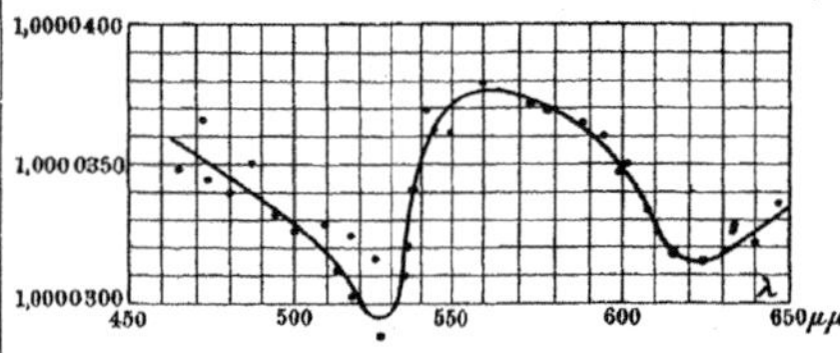

Fehlerkurve der Rowlandschen Wellenlängen von Fraunhoferschen Linien, nach Fabry und Perot[11]). Ordinate ist die Zahl, mit der die Rowlandschen Zahlen zu dividieren sind, um richtige Werte zu ergeben; Abszisse ist die Wellenlänge in $\mu\mu$. — Auf die von Rowland angegebenen Wellenlängen der Metalllinien in Bogenspektren (s. Tab. 205) ist die Kurve nicht anwendbar[17]).

203

Stärkste Absorptionslinien des Sonnenspektrums im äußersten Rot und Ultrarot. Nach **Langley**[23]).

Zitat Tab. 206, S. 960.

λ = Wellenlänge in $\mu\mu$ (1 $\mu\mu = 10^{-6}$ mm = 10 Ångström-Einheiten). Die Buchstaben mit Ausnahme von *a* und *b* bedeuten übliche Bezeichnungen der Linien resp. Spektralbereiche. *a* bedeutet sehr starke Absorptionslinie. *b* bedeutet weniger starke Absorptionslinie. Die schwachen Linien (von Langley mit *d* bezeichnet), sind in die Tabelle nicht mit aufgenommen.

λ	λ	λ	λ	λ	λ
760,4	766,1 *A*	769,0	814,1	817,8	827,–
764,1	766,6	796,0	815,0	822,8 *b* (*Z*)	828,8
764,6	767,7	800,0	815,5	824,3	829,4
765,0	767,9	804,6	816,2	825,6	830,–
765,6	768,4	813,5	817,0	826,3	831,9

Gehrcke.

Stärkste Absorptionslinien des Sonnenspektrums im äußersten Rot und Ultrarot. Nach **Langley**.

λ	λ	λ	λ	λ	λ
833,3	961,4	1123,8	1334,2	1704,6	2893,0
849,1 (X_I)	963,0 *b*	1125,6 *b*	1335,7	1708,0	2934,2
851,1	964,6 *b*	1127,6	1338,5	1715,1	2964,0 *b*
853,8 (X_{II})	965,4	1129,0	1342,5	1717,6	2994,2
865,7 (X_{III})	967,0	1134,1 *b*	1346,4	1725,8	3010,8
876,0	969,0	1137,6 Φ	1375,0	1729,9	3031,6
880,4 (X_{IV})	970,1	1140,6	1399,0 Ψ	1734,8	3043,2
885,8	970,9	1143,6	1403,6	1740,4 *b*	3060,5
886,3	972,4	1146,0	1406,0	1745,0	3085,6 x_1
892,8	973,5 τ	1149,0 *b*	1408,7	1748,5	3099,8
895,4	974,6	1151,4 *b*	1413,5 *b*	1750,5	3119,0
896,5	976,5	1153,0 *b*	1416,7	1755,5	3139,1
897,4	979,1	1154,5	1418,4	1759,0 *b*	3203,2
899,0 (Y)	980,0	1156,5	1422,5 *b*	1763,1	3241,0
900,3	981,1	1158,0	1424,8	1764,1	3262,0 *b* x_2
900,8	982,5	1158,7	1427,0 *b*	1767,4	3299,0
901,9	983,4	1162,5	1431,3 *b*	1769,3	3315,0 *b*
902,8	985,4	1163,9 *b*	1433,5	1771,8	3343,0
904,6	988,0	1168,8	1436,7	1774,4	3355,9
905,6	989,9	1172,0 *b*	1438,8	1778,2	3405,1 *b*
906,6	993,5	1173,6	1440,6	1786,5	3435,0
907,5 *b*	1005,6	1175,8 *b*	1444,7 *b*	1789,7	3453,0
908,5	1007,2	1177,8	1449,5 *b*	1793,7 *b*	3540,6
909,2	1020,2	1180,1 *b*	1454,2 *b*	1799,5	3570,4
911,4	1022,6	1182,2	1459,6 *b*	1809,0	3586,5
912,6 *b*	1046,5	1186,8 *b*	1462,1	1813,0	3607,2
913,9 *b*	1059,4	1192,4	1465,3 *b*	1814,7	3630,0
916,2 *b*	1061,2	1194,0	1469,6 *b*	1914,3	3671,6 *b*
918,3 *b* ϱ	1067,1	1197,5 *b*	1475,1	1921,9	3716,–
920,1	1069,8	1200,2	1476,2	1925,2	3733,6
922,3	1073,4	1202,1 *b*	1478,9 *b*	1928,3	3759,6
925,3	1075,6	1205,5	1483,5	1931,4	3788,6
926,8	1077,8	1207,0	1485,5 *b*	1933,6	3812,2
933,4	1079,2	1209,5	1490,4 *b*	1939,5	3877,1
934,5	1081,8	1212,4	1493,8	1943,0 Ω	3922,2
935,1	1083,6	1219,4	1496,6	1951,0 *b*	4179,0 } *a Y*
936,3 *b*	1087,5	1221,2	1502,1 *b*	1958,6	4498,8 }
937,6 *b*	1089,2	1224,9	1507,0 *b*	1967,7 *b*	4493,9
938,7	1090,8	126–,–	1511,7	1976,3 *b*	4640,2
941,0	1093,0	1265,8 *b*	1515,1	1998,0 *b* ω_1	4673,9
942,0	1094,5	1271,7	1523,4	2007,0	4689,5
943,5 *b*	1096,3	1279,4 *b*	1527,9	2049,0 *b* ω_2	4758,2
945,0 *b*	1098,6	1294,8	1532,4	2060,4	4775,9
946,6 *b*	1100,0	1299,0	1548,2	2115,0	4808,9
947,6	1102,5	1301,8 *b*	1571,6	2164,5	4859,0 *b*
948,8	1104,8	1304,4	·1574,0	2318,0	4918,5 *b*
950,4 *b*	1106,4 *b*	1307,6	1585,9 *b*	2350,4	4944,0
952,7 *b*	1108,5	1311,5	1592,8	2381,5	4971,4
955,2 *b*	1111,5	1317,5	1598,1	2411,5	4994,9
956,3 *b* σ	1113,5 *b*	1320,9 *b*	1604,2	2444,6	5053,7
957,4 *b*	1116,8 *b*	1327,4	1606,5	2485,6	5100,0
958,9	1119,3	1329,9 *b*	1660,5	2520,0 } *a X*	5205,0
959,8 *b*	1122,3 *b*	1332,0	1691,0	2844,2 }	5253,7

Gehrcke.

204

Wellenlängen ultraroter Absorptionsbanden in μ ($1\,\mu = 10^{-3}$ mm) [31] [39].

Lit. Tab. 206, S. 960.

Kohlensäure.

	Von λ	bis λ	Max. λ
Schwach . . .	2,36	3,02	2,71
Stark	4,01	4,80	4,27
Stark [1]) . . .	13,5	16	14,7

[1]) Breite variiert stark mit Schichtdicke.

Wasserdampf.

	Von λ	bis λ	Max. λ
Schwach . . .	1,14	1,73	1,46
Schwach . . .	1,73	2,24	1,92
Stärker . . .	2,24	3,27	2,66
Stark	4,8	6,25	
Maxima . . .	5,25	**5,90**	6,07
Stark	6,25	8,54	
Stärkstes Max.	6,53		

Absorpt.-Gebiet von 11 an:
Max. bei 11,6 12,4 13,4 14,3 15,7 17,5

205

Stärkste Emissionslinien einiger Elemente in $\mu\mu$

($1\,\mu\mu = 10^{-6}$ mm $= 10$ Ångström-Einheiten).

Einzelne der angegebenen Linien sind nur im Funkenspektrum zu beobachten. Besonders charakteristische Linien sind durch fette Zahlen gekennzeichnet. Das sichtbare Spektrum ist von den unsichtbaren Strahlen durch einen Strich abgetrennt. Die Zahlen können nicht immer für ganz exakt gelten. Vgl. Tab. 201.

Lit. Tab. 206, S. 960.

Aluminium: 19) 45) 8) 31)
185,25
186,05
192,90
193,38
198,84
214,548
215,069
216,887
217,413
220,473
221,015
226,352
226,920
236,716
256,808
257,520
265,256
266,049
308,227
309,284
—
394,416
396,168
466,29
505,74
569,65
572,35
—
1125,55
1312,536
1315,165

Antimon: 19) 45)
231,159
238,371
252,860
259,815
277,002
287,801
302,991
—
600,47
607,92
612,97

Arsen: 19)
228,819
234,992

Baryum: 19) 35)
230,432
233,533
350,129
—
391,004
399,360
413,088
455,421
493,424
553,569
577,784
585,391
614,193
649,707
—
952,75
961,07
983,17
1000,20
1003,56
1023,38
1047,44
1065,24
2325,48
2922,34

Blei: 19) 45)
217,01
223,75
224,70
233,256
239,389
261,426
280,210
283,317
363,971
368,360
—
405,796
424,67
438,73
537,34
560,80
665,74

Caesium: 19) 24) 44) 31) 35)
361,184
361,708
387,673
388,883
—
455,544
459,334
566,40
584,51
601,06
621,34
672,36
697,39
—
802,06
808,31
852,38
876,21
894,50
917,35
920,97
1002,57
1012,40
1359,07
1469,74
2931,83
3009,99
3096,29
3489,25
3612,77
3939,85

Calcium: 19) 31)
239,866
336,192
364,445
—
393,383
396,863
422,691
430,268
442,561
443,513
445,497
458,612
487,834
527,045
534,966
558,896
559,464
585,777
612,246
616,246
643,936
646,275
649,985
—
849,93
854,26
866,26
1034,50

Eisen: 19) 18)
228,907
232,746
234,356
236,491
238,212
239,932
241,339
244,265
246,274
247,985
250,120
252,292
254,105
256,261
257,677
259,846
261,771
264,408
266,132
268,931
270,668
273,367
275,023
276,762
278,820
281,339
283,253
285,189
287,427
289,261
291,227
293,701
295,748
298,367
300,104
302,117
304,770
306,735
308,384
310,006
311,673
313,420
316,074
318,208
320,058
321,414
322,216
328,687
336,692
340,757
344,070
346,597
347,556
357,023
—
372,005
386,004
404,597
406,375
411,872
414,358
420,218
426,067
428,254
429,944
431,523
433,720
438,372
440,494
473,700
519,168
522,708
527,052
537,167
539,732
542,423
544,716
557,307
565,906
593,029
613,685
619,177
623,094
640,027
649,520
654,647
659,314

Gehrcke.

Stärkste Emissionslinien einiger Elemente in $\mu\mu$

(1 $\mu\mu$ = 10^{-6} mm = 10 Ångström-Einheiten).

Gold: [19]

242,806
267,605
312,288

406,522
479,279
583,764
627,837

Helium: [29] [31]

388,877
388,886
402,633
402,650
587,581 D_3
587,615

1083,026
2058,204

Indium: [19]

238,964
252,145
256,025
271,038
303,946
325,617

410,187
451,144

Kadmium: [19] [44] [28] [31]

214,445
219,467
223,993
226,753
228,810
231,295
232,935
257,312
263,963
276,399
288,088
298,075
326,117
340,374
346,633
361,066

398,192
441,323
467,837
479,991
508,582
533,83
537,88
643,847

1039,57
1398,11
1515,68
1648,22

Kalium: [19] [24] [44] [31]

303,494
310,215
310,237
321,727
321,776
344,649
344,749

404,429
404,736
578,267
580,201
581,254
583,223
691,12
693,88
766,854
770,192

1086,...
1102,80
1168,976
1177,173
1243,43
1252,30
1516,58
2706,56
3138,81
3159,68
3735,43
4011,55

Kupfer: [19] [15] [35]

202,514
210,488
216,520
217,897
219,977
221,468
222,785
223,016
229,392
237,05
239,271
240,682
249,222
261,846
276,650
324,765
327,406

402,283
406,294
427,532
437,840
448,059
458,719
510,575
515,333
521,845
570,039
578,230

793,50
809,38
1600,85
1665,34
1819,46

Lithium: [19] [24] [31]

274,139
323,277

391,52
413,244
460,237
497,211
610,377
670,82

812,71
1869,70
2399,08
2446,7
2687,53
2689,05
4047,5

Magnesium: [19] [31]

277,994
279,563
280,280
285,222
309,118
309,314
309,706
333,008
333,228
333,683
382,951
383,246
383,844

516,755
517,287
518,384

880,73
1182,88
1487,71
1487,97

Natrium: [19] [31] [39]

268,046
285,291
330,247
330,307

497,930
498,353
514,919
515,372
568,2861
568,8434
589,019 D_2
589,616 D_1

615,4431
616,0970

818,433
819,476
1138,24
1140,42
1267,76
1845,95
2205,69
2208,42
2336,10
2339,13
3416,5
3420,3
4044,9

Quecksilber: [19] [45] [15] [31] [46]

253,672
265,220
296,737
312,578
313,09
365,031

404,678
407,805
435,858
491,641
546,097
576,945
579,049
615,20

1014,010
1128,816
1357,190
1367,432
313 μ

Radium: [41] Vgl. auch S. 1229.

381,459
468,235
482,614

Rubidium: [19] [24] [31] [35] [44]

334,886
335,103
358,723
359,174

420,198
421,572
564,818
572,441
620,67
629,87
780,598
795,046

1008,19
1323,70
1344,37
1366,77
1475,40
1529,03
3851,14
3986,69
5231,34

Silber: [19] [45] [35]

230,974
231,15
237,51
328,080
338,300

405,544
421,21
466,870
520,925
546,566
547,172
562,35

768,82
827,41
1681,95
1741,57
1830,79
1838,23

Strontium: [19] [35]

293,198
330,764
335,135
346,458

407,788
421,566
460,752
481,201
483,223
487,266
496,245
515,637
523,876
525,712
548,115
550,448
638,674
640,865
655,053

1003,83
1032,87
1091,63
1124,27
2026,29

Thallium: [19] [31]

237,966
258,023
270,933
276,797
291,843
322,988
351,939
352,958
377,587

535,065

1151,322
1273,64
1301,38
1451,55
1612,30
1634,03
3339,32
3813,10
3921,55
3924,65

Wasserstoff: [1] [31]

371,19
372,18
373,415
375,015
377,07
379,80
383,56
388,915

397,025
410,185 $H\delta$
434,066 $H\gamma$
486,149 $H\beta$
656,304 $H\alpha$

1281,76
1875,13

Wismut: [19] [45]

222,83
223,06
227,66
240,099
280,974
289,807
293,841
298,913
302,474
306,781

472,27
499,39
512,45
514,45
520,90

Zink: [19] [45] [1] [8] [31]

202,46
206,13
207,37
209,91
213,83
255,803
260,865
268,429
271,260
277,094
280,100
303,593
307,219
334,513

468,038
472,226
481,071
491,20
492,46
610,30
636,37

1105,54
1305,56
1649,86

Zinn: [19] [45] [15]

219,465
219,944
220,977
224,616
226,902
231,731
233,490
235,494
242,178
242,957
248,350
249,580
254,663
257,168
263,19
264,36
265,83
270,661
284,006
286,341
300,922
303,421
317,51
326,244
328,34
333,07
335,23
359,59
374,57

452,49
556,35
558,95
579,90
645,30

Gehrcke.

Literatur betr. Wellenlängen.

Mit Rücksicht auf den zur Verfügung stehenden engen Raum konnte aus einer Reihe wichtiger Arbeiten, welche z. T. im Folgenden ohne Kennziffer mit angeführt werden, kein Zahlenmaterial entnommen werden. Dies bezieht sich besonders auf die in Tabelle 205 gegebene Auswahl von Emissionsspektren einzelner Elemente.

1) **Ames,** Phil. Mag. (5) **30**, 33; 1890.

2) **Ångström,** Recherches sur le spectre solaire. Upsala 1868. Berlin 1869.

3) **v. Baeyer,** auf Grund mündlicher Mitteilung in einem vor der Deutsch. Phys. Ges. am 18. März 1910 gehaltenen Vortrag.

4) **Bell** (1), Phil. Mag. (5) **23**, 265; 1887.

5) „ (2), Phil. Mag. (5) **25**, 245 u. 350; 1888.

6) **Benoit, Fabry** u. **Perot**, C. r. **144**, 1082; 1907.

7) **H. Buisson** u. **Ch. Fabry,** C. r. **144**, 1155; 1907. Journ. de Phys. (4) **7**, 168; 1908. Atlas des Eisenspektrums. Ann. de la Faculté des sciences de Marseilles **17**, 3; 1908.

8) **Cornu,** Journ. de Phys. **10**, 425; 1881; C. r. **100**, 1181; 1885.

9) **P. Drude,** Wied. Ann. **58**, 1; 1896.

Eder u. **Valenta** (1), Wien. Denkschr. **63**, 189; 1896.

„ (2), Wien. Anz. 1898, 252.

„ (3), Wien. Sitzungsber. **107** [2a], 41; 1898.

„ (4), Wien. Denkschr. **58**, 1899.

„ (5), Wien. Denkschr. **68**, 523; 1899.

10) **P. Eversheim,** Ann. d. Phys. (4) **30**, 815; 1909.

11) **Fabry** u. **Perot,** Ann. chim. phys. (7) **25**, 91; 1902; (8) **1**, 5; 1904.

12) **E. Gehrcke** u. **O. v. Baeyer,** Elektrotechn. ZS. **27**, 383; 1906.

12a) **Goos,** ZS. f. wissensch. Photogr. **11**, 1; 1912.

13) **M. Hamy,** C. r. **130**, 489; 1900.

14) „ C. r. **138**, 959; 1904.

15) **Hartley** u. **Adeney,** Phil. Trans. **175**, 63; 1884.

16) **J. Hartmann,** Physikal. ZS. **10**, 121; 1909.

17) „ Astrophys. Journ. **18**, 170; 1903.

Hasselberg (1), Kongl. Svensk. Akad. Handl. **26**, 33; 1894.

„ (2), Kongl. Svensk. Akad. Handl. **28**, Nr. 1.

„ (3), Kongl. Svensk. Akad. Handl. **28**, 1896.

„ (4), Kongl. Svensk. Akad. Handl. **30**, 1897.

„ (5), Kongl. Svensk. Akad. Handl. **32**, 1899.

18) **Kayser** (1), Ann. d. Phys. (4) **3**, 195; 1900.

„ (2), Phys. Abt. Akad. Berlin 2, 1897.

„ (3), Berl. Akad. Ber. **14**, 551; 1896.

19) **Kayser** u. **Runge,** Abhdlgen. d. Berl. Akad. d. Wiss. 1890, 1891, 1892, 1893.

20) **H. Kayser,** Astrophys. Journ. **32**, 217; 1910.

21) **Kurlbaum,** Wied. Ann. **33**, 159 und 381; 1888.

22) **A. Lampa,** Wied. Ann. **61**, 83; 1897.

23) **S. P. Langley,** Annals of the Astrophysical Observatory of the Smithsonian Institution **1**, 1900. Washington.

24) **H. Lehmann,** Ann. d. Phys. (4) **5**, 633; 1901.

25) **P. Lenard** u. **C. Ramsauer,** Sitzungsberichte der Heidelberger Akademie der Wissenschaften, Mathem.-naturwiss. Klasse, Jahrgang 1910, 31. Abhandlung.

26) **Listing,** Pogg. Ann. **131**, 564; 1868.

27) **O. Lummer** u. **E. Gehrcke,** ZS. f. Instrumentenkunde **24**, 296; 1904.

28) **A. A. Michelson,** Travaux et Mém. du bur. intern. des poids et mesures **11**, 1895.

29) **Mohler** u. **Jewell,** Astrophys. Journ. **3**, 351; 1896.

30) **Müller** u. **Kempf,** Publicat. d. Astrophys. Obs. zu Potsdam **5**, 1886.

31) **Paschen,** Wied. Ann. **53**, 334; 1894.

Paschen, Ann. d. Phys. (4) **27**, 537; 1908. **29**, 625; 1909. **33**, 717; 1910. **36**, 191; 1911.

32) **Peirce,** Sill. Am. Journ. of Sc. (3) **18**, 51; 1879.

33) **A. Perot,** C. r. **130**, 406, 492; 1900 und **Fabry** u. **Perot** 11).

34) **Pfund,** Astrophys. Journ. **28**, 197; 1908.

35) **Randall,** Ann. d. Phys. (4) **33**, 739; 1910.

36) **Lord Rayleigh,** Phil. Mag. (6) **15**, 548; 1908.

37) **H. A. Rowland**, A preliminary table of solar spectrum wave-lengths. Chicago 1898. Astrophys. Journ. **1**, 1895; **5**, 1897; **6**, 1897.

Rowland u. **Tatnall,** Astrophys. Journ. **3**, 286; 1896.

38) **H. Rubens** u. **E. Aschkinass** (1), Wied. Ann. **65**, 241; 1898.

39) „ (2), Wied. Ann. **64**, 584; 1898.

40) **H. Rubens** u. **O. v. Baeyer,** Berl. Ber. 1911, 339.

41) **Runge,** Ann. d. Phys. (4) **2**, 742; 1900.

Runge u. **Paschen** (1), Wied. Ann. **61**, 641; 1897.

„ (2), Berl. Ber. 1895; 759.

42) **V. Schumann,** Sitzungsber. d. Königl. Akad. d. Wissensch. in Wien **102**, 415 und 625; 1893.

43) **Solar Union 1910,** Astrophys. Journ. **32**, 213; 1910.

44) **B. W. Snow,** Wied. Ann. **47**, 208; 1892.

45) **Thalén,** Nova Acta Soc. Upsal. (3) **6**, 1868.

46) **B. Walter** u. **R. Pohl,** Ann. d. Phys. (4) **29**, 331; 1909.

Gehrcke.

Optische Konstanten von Metallen.

Definition der Bezeichnungen und Literatur am Schluß dieser Tabelle.

Reflexionsvermögen *R* von Metallen und Gläsern in Prozenten der auffallenden Strahlung.

Bei senkrechter Incidenz.

Nach **E. Hagen** und **H. Rubens**, Ann. d. Phys. (4) **1**, 352; 1900. **8**, 1; 1902. **11**, 873; 1903.

	Wellenlänge λ	**Glasspiegel**, rückseitig mit Silber belegt	**Glasspiegel**, rückseitig mit Quecksilber belegt	**Machsches Spiegelmagnalium** 69 Al + 31 Mg	**Brandes u. Schünemannsche Leg. 98** 32 Cu + 34 Sn + 29 Ni + 5 Fe	**Rossesches Spiegelmetall** 68,2 Cu + 31,8 Sn	**Wismut** (Gegossen)	**Nickel** (Elektrolyt. niedergeschl.)	**Stahl** (Ungehärtet)	**Kupfer** (Elektrolyt. niedergeschl.)	**Kupfer** (Reinstes des Handels)	**Platin** (Elektrolyt. niedergeschl.)	**Gold** (Chem. niedergeschl.)	**Gold** (Elektrolyt. niedergeschl.)	**Silber** (Massives Stück)	**Silber** (Chemisch niedergeschl. von Carl Zeiß in Jena u. J. D. Möller in Wedel i. Holst. 1903)	**Silber** (Chemisch niedergeschl. von Zeiß 1898)
Ultraviolettes Spektrum	μμ																
	251	—	—	67,0	35,8	29,9	—	37,8	32,9	—	25,9	33,8	—	38,8	—	—	34,1
	288	—	—	70,6	37,1	37,7	—	42,7	35,0	—	24,3	38,8	—	34,0	—	—	21,2
	305	—	—	72,2	37,2	41,7	—	44,2	37,2	—	25,3	39,8	—	31,8	—	—	9,1
	316	—	—	—	—	—	—	—	—	—	—	—	—	—	—	—	4,2
	326	—	—	75,5	39,3	—	—	45,2	40,3	—	24,9	41,4	—	28,6	—	—	14,6
	338	—	—	—	—	—	—	46,5	—	—	—	—	—	—	—	—	55,5
	357	—	—	81,2	43,3	51,0	—	48,8	45,0	—	27,3	43,4	—	27,9	—	—	74,5
	385	—	—	83,9	44,3	53,1	—	49,6	47,8	—	28,6	45,4	—	27,1	—	—	81,4
Sichtbares Spektrum	420	—	—	83,3	47,2	56,4	—	56,6	51,9	—	32,7	51,8	—	29,3	—	—	86,6
	450	85,7	72,8	83,4	49,2	60,0	—	59,4	54,4	48,8	37,0	54,7	—	33,1	—	—	90,5
	500	86,6	70,9	83,3	49,3	63,2	—	60,8	54,8	53,3	43,7	58,4	—	47,0	—	—	91,3
	550	88,2	71,2	82,7	48,3	64,0	—	62,6	54,9	59,5	47,7	61,1	—	74,0	—	—	92,7
	600	88,1	69,9	83,0	47,5	64,3	—	64,9	55,4	83,5	71,8	64,2	—	84,4	—	—	92,6
	650	89,1	71,5	82,7	51,5	65,4	—	66,6	56,4	89,0	80,0	66,5	89,6	88,9	95,6	95,9	93,5
	700	89,6	72,8	83,3	54,9	66,8	—	68,8	57,6	90,7	83,1	69,0	91,3	92,3	96,1	96,2	94,6
Ultrarotes Spektrum	800	—	—	84,3	63,1	—	—	69,6	58,0	—	88,6	70,3	—	94,9	—	—	96,3
	1000	—	—	84,1	69,8	70,5	—	72,0	63,1	—	90,1	72,9	94,7	—	96,4	97,5	96,6
	1500	—	—	85,1	79,1	75,0	—	78,6	70,8	—	93,8	77,7	96,7	97,3	97,3	97,9	98,4
	2000	—	—	86,7	82,3	80,4	—	83,5	76,7	—	95,5	80,6	96,5	96,8	97,3	97,8	—
	3000	—	—	87,4	85,4	86,2	71,7	88,7	83,0	—	97,1	88,8	96,7	—	97,3	98,1	—
	4000	—	—	88,7	87,1	88,5	75,2	91,1	87,8	—	97,3	91,5	97,2	96,9	97,7	98,5	—
	5000	—	—	89,0	87,3	89,1	77,2	94,4	89,0	—	97,9	93,5	96,9	97,0	97,3	98,1	—
	7000	—	—	90,0	88,6	90,1	79,5	94,3	92,9	—	98,3	95,5	97,3	98,3	98,5	98,5	—
	9000	—	—	90,6	90,3	92,2	81,4	95,6	92,9	—	98,4	95,4	96,7	98,0	98,9	98,7	—
	11000	—	—	90,7	90,2	92,9	83,2	95,9	94,0	—	98,4	95,6	97,7	98,3	99,0	98,8	—
	14000	—	—	92,2	90,3	93,6	81,6	97,2	96,0	—	97,9	96,4	98,7	97,9	98,8	98,3	—

Nach **W. W. Coblentz**, Bulletin of the Bureau of Standards **2**, 472; 1907.

Wellenlänge λ:	1060	3060	5240
Kobalt	67,5	76,7	86,2
Zink (gegossen) .	79,4	95,5	97,2
Cadmium (gegossen)	70,8	93,0	95,9
Iridium	79,4	91,4	94,2
Wellenlänge λ:	6750	9380	12030
Kobalt	92,7	96,4	96,6
Zink (gegossen) .	97,2	98,1	98,3
Cadmium (gegossen)	97,0	98,4	98,2
Iridium	94,7	95,6	96,1

Nach **W.W. Coblentz**, Bulletin of the Bureau of Standards **7**, 198; 1911. (Die reflektierenden Oberflächen waren nicht ganz tadellos, die angegebenen Reflexionsvermögen sind daher, besonders im Gebiet der kürzeren Wellen etwas zu niedrig.)

Wellenlänge λ	500	600	800	1000	2000	3000	4000	5000	7000	9000
Rhodium	76	—	81	84	91	92	92,5	93	93,5	94,5
Wolfram	49,3	51,3	56,3	62,3	84,6	90,5	92,8	94,0	95,1	95,5
Molybdän	45,5	47,6	52,3	58,2	81,6	87,6	90,5	92,0	93,3	94,0
Tantal	38,0	45	64,5	78,5	90,5	92,3	93,0	93,0	93,5	—
Chrom	55	—	—	57	63	70	76	81	—	92
Silicium	34	32	29,2	28	28	28	28	—	—	28
Magnesium	72	73,0	—	74,0	77	80,5	83,5	86	91	93
Tellur	—	49	48	49,5	52	54	57	60	68	78
Graphit	22,5	23,5	25,0	26,8	35,2	43,0	47,5	50,5	53,5	57,5

Optische Konstanten von Metallen.

Gold, massiv

Beob.	λ	k	n	R
Drude	589,3	2,82	0,37	85,1%
„	(630)	3,12	0,31	89,5

Gold, elektrolytisch

Beob.	λ	k	n	R
Hag.-Rub.	251	—	—	38,8
Meyer	257,3	1,14	0,92	27,6
„	274,9	1,27	1,06	27,5
Hag.-Rub.	288	—	—	34,0
Meyer	298,1	1,37	1,10	30,4
Hag.-Rub.	305	—	—	31,8
Meyer	325,5	1,63	1,26	35,1
Hag.-Rub.	326	—	—	28,6
„	357	—	—	27,9
Meyer	361,1	1,75	1,30	37,7
Hag.-Rub.	385	—	—	27,1
Meyer	398,2	1,81	1,29	39,4
Hag.-Rub.	420	—	—	29,3
Shea	431	—	0,93	—
Pflüger	431	—	1,55	—
Meyer	441,3	1,85	1,18	42,3
Hag.-Rub.	450	—	—	33,1
Meyer	467,8	1,83	1,10	43,2
Kundt	blau	—	1,00	—
Shea	486	—	0,82	—
Pflüger	486	—	1,04	—
Hag.-Rub.	500	—	—	47,0
Meyer	508	2,08	0,91	57,4
Hag.-Rub.	550	—	—	74,0
Kundt	weiß	—	0,58	—
Meyer	589,3	2,83	0,47	81,5
Shea	589,3	—	0,66	—
Pflüger	589,3	—	0,38	—
Hag.-Rub.	600	—	—	84,4
Kundt	rot	—	0,38	—
Laue-Mts.	(630)	3,31	0,31	90,3
Hag.-Rub.	650	—	—	88,9
Meyer	668	3,21	0,36	88,3
Shea	670	—	0,29	—
Pflüger	670	—	0,20	—
Hag.-Rub.	700	—	—	92,3

Reflexionsvermögen *R* für ultrarote Strahlen, s. **Hagen u. Rubens**, Tab. 207, S. 961.

Silber, massiv

Beob.	λ	k	n	R
Minor	226,3	1,11	1,41	18,4%
„	231,3	1,11	1,43	19,9
„	250,0	1,32	1,49	25,0
„	257,3	1,29	1,53	24,1
„	274,9	1,28	1,49	24,0
„	293,0	0,97	1,57	16,7
„	298,1	0,91	1,56	15,4
„	303,0	0,77	1,54	12,6
„	306,0	0,70	1,53	11,1
„	309,0	0,60	1,49	9,1
„	311,0	0,52	1,44	7,6
„	314,0	0,44	1,26	4,9
„	316,0	0,43	1,13	4,2
„	318,0	0,43	1,02	4,4
„	320,0	0,42	0,91	4,7
„	322,0	0,40	0,83	5,4
„	324,0	0,42	0,76	7,0
„	326,0	0,42	0,69	9,1
„	328,0	0,45	0,61	12,7
„	329,0	0,56	0,52	16,8
„	332,0	0,65	0,40	32,5
„	336,0	0,82	0,26	54,6
„	346,0	1,10	0,22	67,5
„	361,1	1,45	0,20	77,4
„	395,0	1,91	0,16	87,1
„	450	2,39	0,16	91,7
Jamin	486	2,33	0,25	85,8
Minor	500	2,94	0,17	93,2
Jamin	527	2,66	2,25	88,7
Minor	550	3,31	0,18	94,2
Jamin	589,3	2,86	0,27	92,1
Drude	589,3	3,67	0,18	95,3
Minor	589,3	3,64	0,18	95,0
Drude	(630)	3,96	0,20	95,3
Hag.-Rub.	650	—	—	95,6
„	700	—	—	96,1

Reflexionsvermögen *R* für ultrarote Strahlen, s. **Hagen u. Rubens**, Tab. 207, S. 961.

Absorptionsindices k nach **Hagen** u. **Rubens**

λ	chem.	Kathod. zerstäubt		
	Silber	**Silber**	**Gold**	**Platin**
251	1,00	0,77	—	—
288	1,01	—	—	—
305	0,79	0,64	—	—
310	0,62	—	—	—
316	0,45	—	—	—
321	0,42	—	—	—
326	0,45	0,70	1,51	2,34
332	0,55	—	—	—
338	0,86	—	—	—
357	1,28	1,72	1,73	2,56
385	1,78	2,04	1,82	2,76
420	2,31	2,38	1,72	2,99
450	2,59	2,44	1,73	3,07
500	3,21	2,74	2,07	3,52
550	3,78	3,22	2,32	3,79
600	4,20	3,45	2,91	4,16
650	4,77	3,75	3,58	4,51
700	5,52	4,17	4,13	4,81
800	6,21	4,80	5,19	5,36
1000	8,0	6,9	6,90	6,47
1200	10,3	8,6	8,85	7,35
1500	12,4	11,0	11,3	8,93
2000	—	—	15,4	11,1
2500	—	—	16,9	13,0

Silber, chemisch niedergeschlagen

Beob.	λ	k
Wernicke	431	2,40
„	486	2,71
„	527	2,94
„	589	3,26
„	656	3,57

Silber, elektrolytisch

Beobachter	Shea	Shea	Kundt	Shea	Shea
Wellenlänge λ	431	486	Weiß	589	656
Brechungsindex n	0,27	0,20	0,27	0,27	0,25

Martens.

Optische Konstanten von Metallen.

Platin, elektrolytisch

Beob.	λ	k	n	R
Hag.-Rub.	251	—	—	33,8%
Meyer	257,3	1,65	1,17	37,1
„	274,9	1,96	1,29	43,1
Hag.-Rub.	288	—	—	38,8
Meyer	298,1	2,14	1,28	47,6
Hag.-Rub.	305	—	—	39,8
Meyer	325,5	2,19	1,28	48,9
Hag.-Rub.	326	—	—	41,4
„	357	—	—	43,4
Meyer	361,1	2,43	1,38	52,4
Hag.-Rub.	385	—	—	45,4
Meyer	398,2	2,97	1,74	57,5
Hag.-Rub.	420	—	—	51,8
Meyer	441,3	3,16	1,94	58,4
Hag.-Rub.	450	—	—	54,7
Meyer	467,8	3,29	2,09	58,9
Hag.-Rub.	500	—	—	58,4
Meyer	508	3,39	2,29	58,9
Hag.-Rub.	550	—	—	61,1
Meyer	589,3	3,54	2,63	59,0
Hag.-Rub.	600	—	—	64,2
Laue-Mts.	(630)	3,37	2,48	57,8
Hag.-Rub.	650	—	—	66,5
Meyer	668	3,66	2,91	59,4
Hag.-Rub.	700	—	—	69,0

Reflexionsvermögen R für ultrarote Strahlen, s. **Hagen** u. **Rubens**, Tab. 207, S. 961.

Platin, eingebrannt

Beob.	λ	k	n	R
Shea	431	—	1,41	—
Kundt	blau	—	1,44	—
Shea	486	—	1,63	—
Kundt	weiß	—	1,64	—
Shea	589	—	1,76	—
Kundt	rot	—	1,76	—
Shea	670	—	2,02	—

Nickel, elektrolytisch.

Beob.	λ	k	n	R
Hag.-Rub.	251	—	—	37,8%
Meyer	257,3	1,24	0,87	30,7
„	274,9	1,64	1,12	37,6
Hag.-Rub.	288	—	—	42,7
Meyer	298	1,82	1,31	39,4
Hag.-Rub.	305	—	—	44,2
Meyer	325,5	1,87	1,32	40,4
Hag.-Rub.	326	—	—	45,2
„	338	—	—	46,5
„	357	—	—	48,8
Meyer	361,1	1,87	1,28	41,2
Hag.-Rub.	385	—	—	49,6
Meyer	398,2	2,34	1,37	50,6
Hag.-Rub.	420	—	—	56,6
du Bois-R.	431	—	1,54	—
Meyer	441	2,69	1,46	56,1
Kundt	blau	—	1,85	—
Hag.-Rub.	450	—	—	59,4
Meyer	467,8	2,88	1,44	59,6
du Bois-R.	486	—	1,71	—
Pflüger	„	—	1,67	—
Hag.-Rub.	500	—	—	60,8
Meyer	508	3,10	1,50	62,1
Hag.-Rub.	550	—	—	62,6
Kundt	weiß	—	2,01	—
du Bois-R.	589	—	1,84	—
Pflüger	„	—	1,87	—
Meyer	„	3,42	1,58	65,5
Hag.-Rub.	600	—	—	64,9
Laue-Mts.	(630)	3,40	1,56	65,7
Kundt	rot	—	2,17	—
du Bois-R.	644	—	1,93	—
Hag.-Rub.	650	—	—	66,6
Pflüger	656	—	2,23	—
Meyer	668	3,80	1,74	68,3
du Bois-R.	670	—	2,04	—
Hag.-Rub.	700	—	—	68,8

Reflexionsvermögen R für ultrarote Strahlen, s. **Hagen** u. **Rubens**, Tab. 207, S. 961.

Nickel, galv. zerstäubt

Beob.	λ	k	n	R
Meyer	257,3	1,19	1,09	24,6%
„	274,9	1,16	1,09	23,5
„	298,1	1,12	1,09	22,6
„	325,5	1,09	1,08	21,5
„	361,1	1,09	1,08	21,7
„	398,2	1,18	1,09	24,2
„	441,3	1,23	1,16	25,0
„	467,8	1,37	1,17	28,8
„	508	1,54	1,19	33,5
„	589,3	1,97	1,30	43,3
„	668	2,18	1,35	48,7

Kupfer, massiv

Beob.	λ	k	n	R
Minor	231,3	1,46	1,39	29,0
Hag.-Rub.	251	—	—	25,9
Minor	257,3	1,42	1,40	27,9
„	274,9	1,38	1,37	27,2
Hag.-Rub.	288	—	—	24,3
Minor	298,1	1,32	1,26	26,4
Hag.-Rub.	305	—	—	25,3
„	326	—	—	24,9
Minor	346,7	1,47	1,19	31,5
Hag.-Rub.	357	—	—	27,3
„	385	—	—	28,6
Minor	395,0	1,76	1,17	40,1
Hag.-Rub.	420	—	—	32,7
„	450	2,15	1,13	50,5
Minor	„	—	—	37,0
Hag.-Rub.	500	—	—	43,7
Minor	„	2,34	1,10	55,5
„	535	2,28	1,00	56,2
„	550	2,23	0,89	58,4
Hag.-Rub.	„	—	—	47,7
Minor	575	2,43	0,65	70,2
„	589,3	2,63	0,62	74,1
Drude	„	2,62	0,64	73,2
Hag.-Rub.	600	—	—	71,8
Drude	(630)	3,04	0,58	80,0
Minor	630	3,01	0,56	80,5
Hag.-Rub.	650	—	—	80,0
„	700	—	—	83,1

Reflexionsvermögen R für ultrarote Strahlen, s. **Hagen** u. **Rubens**, Tab. 207, S. 961.

Kupfer, elektrolytisch

Beobachter:	Shea	Kundt	Shea	Kundt	Shea	Kundt	Shea
Wellenlänge λ .	431	blau	486	weiß	589	rot	656
Brechungsindex n	1,13	0,95	1,12	0,65	0,60	0,45	0,35

Reflexionsvermögen R, s. **Hagen** und **Rubens**, Tab. 207, S. 961.

Optische Konstanten von Metallen.

Beob.	λ	k	n	R	k	n	R	k	n	R
		Wismut, massiv *)			**Zink, massiv**			**Quecksilber**		
Meyer	257,3	1,00	0,99	20,1%	0,61	0,55	20,5%	—	—	—
„	274,9	1,14	0,99	24,8	1,17	0,46	47,6	—	—	—
„	298,1	1,33	0,97	31,2	1,60	0,47	60,2	—	—	—
„	325,5	1,49	0,98	36,0	2,23	0,60	68,2	2,26	0,68	65,7%
„	361,1	1,79	1,09	42,5	2,61	0,72	70,5	2,72	0,77	70,6
„	398,2	2,09	1,26	46,7	2,92	0,85	71,6	3,17	0,92	73,1
Quincke	431	2,41	1,03	58,5	3,30	0,67	80,5	—	—	—
Meyer	441,3	2,26	1,38	48,9	3,18	0,93	73,2	3,42	1,01	74,2
„	467,8	2,42	1,47	50,8	4,49	1,05	74,3	3,68	1,15	74,7
Quincke	486	2,72	1,14	62,0	3,90	0,91	80,7	—	—	—
Jamin	486	—	—	—	2,63	1,30	57,3	—	—	—
Meyer	508	2,54	1,55	52,2	4,10	1,41	75,1	3,92	1,31	74,6
Quincke	527	2,96	1,21	64,6	4,28	1,16	79,8	—	—	—
Jamin	527	—	—	—	2,77	1,49	57,0	—	—	—
Meyer	589,3	2,80	1,78	54,3	4,66	1,93	74,5	4,41	1,62	75,3
Quincke	589,3	3,31	1,36	67,0	4,81	1,72	77,5	—	—	—
Jamin	589,3	—	—	—	2,90	1,77	55,9	—	—	—
Drude	589,3	3,66	1,90	65,2	5,48	2,12	78,6	4,96	1,73	78,4
„	(630)	3,93	2,07	66,9	5,52	2,36	77,4	5,20	1,87	78,9
Quincke	656	3,88	1,59	70,8	5,55	2,46	77,1	—	—	—
Meyer	668	3,09	1,96	57,2	5,08	2,62	73,1	4,70	1,72	76,7

*) Reflexionsvermögen für ultrarote Strahlen s. **Hagen** u. **Rubens**, Tab. 207, S. 961.

Beob.	λ	k	n	R	k	n	R	k	n	R
		Aluminium, massiv			**Antimon, massiv**			**Zinn, massiv**		
Quincke	431	2,85	0,78	72,3	3,13	1,16	66,0	2,05	0,96	52,3
„	486	3,15	0,93	72,8	3,84	1,47	72,0	2,77	0,97	66,5
„	527	3,39	1,10	72,4	4,17	1,87	70,8	2,92	1,04	67,8
„	589	3,66	1,28	72,5	4,51	2,43	70,4	3,47	1,28	70,3
Drude	589	5,23	1,44	82,7	4,94	3,04	70,1	5,25	1,48	82,5
„	(630)	5,44	1,62	82,4	4,94	3,17	70,0	5,48	1,66	82,2
Quincke	656	3,92	1,48	72,6	4,44	3,08	66,2	3,93	1,58	71,4
								Zinn, geschmolzen		
Drude	589	—	—	—	—	—	—	4,50	2,10	71,9
		Nickel, massiv			**Platin, massiv**					
Quincke	431	2,49	1,40	53,3	2,83	1,47	58,3			
„	486	2,90	1,54	58,6	3,24	1,63	62,7			
„	527	3,11	1,63	64,5	3,47	1,71	64,7			
v. Wartenberg	579	—	—	—	4,4	2,03	71,3			
Quincke	589	3,39	1,74	63,4	3,78	1,82	67,4			
Drude	589	3,32	1,79	62,0	4,26	2,06	70,1			
„	(630)	3,55	1,89	63,7	4,45	2,16	71,2			
Laue-Martens	(630)	3,95	1,99	67,6	4,48	2,93	67,0			
Quincke	656	3,83	1,93	66,8	4,22	2,16	69,1			

Wismut, elektrolytisch

Beob.	λ	n
Kundt	blau	2,13
„	weiß	2,26
„	rot	2,61

Martens.

Optische Konstanten von Metallen.

Beobachter λ	k	n	R	k	n	R	k	n	R	k	n	R	k	n	R
Drude	**KNa*)**			**Natrium**)**			**Blei†)**			**Cadmium†)**			**Magnesium†)**		
blau	1,78	0,148	86,9%	—	—	—	—	—	—	—	—	—	—	—	—
589	2,18	0,123	91,9	2,61	0,0045	99,8%	3,48	2,01	62,1%	5,01	1,13	84,7%	4,42	0,37	92,9%
(630)	—	—	—	—	—	—	3,43	1,97	62,2	5,31	1,31	84,5	4,60	0,40	93,5
v. Wartenberg	**Iridium †)**			**Rhodium†)**			**Chrom†)**			**Mangan†)**			**Niob†)**		
579	4,87	2,13	74,6	4,67	1,54	78,3	4,85	2,97	69,7	3,89	2,49	63,5	2,11	1,80	41,3
(660)	5,05	2,40	74,1	5,31	1,81	79,7	—	—	—	—	—	—	—	—	—
v. Wartenberg	**Palladium†)**			**Tantal†)**			**Vanadium†)**			**Wolfram†)**			*) Flüssige Legierung: 23g Na + 40g K. **) Geschmolzen. †) Massives Metall.		
579	3,41	1,62	65,0	2,31	2,05	43,8	3,51	3,03	57,5	2,71	2,76	48,6			

Stahl, massiv

Beobachter	λ	k	n	R
Minor	226,5	1,64	1,30	34,8%
„	231,3	1,68	1,32	35,7
Hag.-Rub.	251	—	—	32,9
Minor	257,3	1,87	1,38	39,6
Hag.-Rub.	288	—	—	35,0
Minor	298,1	2,00	1,40	42,6
Hag.-Rub.	305	—	—	37,2
Minor	325,5	2,09	1,37	44,8
Hag.-Rub.	326	—	—	40,3
„	357	—	—	45,0
Minor	361,1	2,47	1,52	51,2
Hag.-Rub.	385	—	—	47,8
Minor	400	1,73	1,68	53,9
Hag.-Rub.	420	—	—	51,9
Quincke	431	2,43	1,70	48,6
Hag.-Rub.	450	—	—	54,4
Minor	„	2,93	1,89	55,4
Jamin	486	3,05	1,88	57,3
Quincke	„	2,75	1,78	53,4
Minor	500	3,15	2,09	56,9
Hag.-Rub.	„	—	—	54,8
Jamin	527	3,16	2,06	57,5
Quincke	„	2,89	1,96	54,3
Hag.-Rub.	550	—	—	54,9
Minor	„	3,30	2,31	57,7
Jamin	589,3	3,37	2,27	58,9
Quincke	„	3,01	2,13	54,9
Minor	„	3,43	2,49	58,4
Drude	„	3,40	2,41	58,5
Hag.-Rub.	600	—	—	55,4
Laue-Mts.	(630)	2,88	1,98	53,8
Drude	(630)	3,46	2,62	58,5
Minor	630	3,54	2,65	59,0
Hag.-Rub.	650	—	—	56,4
Quincke	656	3,20	2,33	56,3
Hag.-Rub.	700	—	—	57,6

Reflexionsvermögen für ultraviolette, sichtbare, ultrarote Strahlen s. **Hagen** u. **Rubens**, Tab. 207, S. 961.

Kobalt, massiv

Beobachter	λ	k	n	R
Minor	231,3	1,43	1,10	31,8
„	257,3	1,81	1,25	39,7
„	274,9	2,14	1,41	45,7
„	298,1	2,33	1,50	48,7
„	346,7	2,47	1,54	51,1
„	395,0	2,91	1,63	57,7
Quincke	431	2,94	1,30	54,8
Minor	450	3,42	1,79	63,3
Quincke	486	2,92	1,61	58,1
Minor	500	3,71	1,93	65,5
Quincke	527	3,15	1,66	61,0
Minor	550	3,90	2,05	66,6
Quincke	589	3,37	1,95	61,2
Minor	„	4,04	2,12	67,5
Quincke	656	3,55	2,00	63,1

Eisen, massiv

Beobachter	λ	k	n	R
Drude	589	3,20	2,36	56,1%

Eisen, galv. zerstäubt

Beobachter	λ	k	n	R
Meyer	257,3	0,88	1,01	16,2
„	274,9	0,80	0,95	14,4
„	298,1	0,83	0,92	16,0
„	325,5	0,91	0,99	17,4
„	361,1	1,10	1,04	22,4
„	398,2	1,29	1,17	26,7
„	441,3	1,37	1,28	27,7
„	467,8	1,45	1,34	29,2
„	508	1,50	1,38	30,2
„	589,3	1,63	1,51	32,6
„	668	1,84	1,70	36,2

Elektrolytisches

Beobachter	λ	Eisen n	Kobalt n
du Bois-R.	431	2,05	2,10
Kundt	blau	1,52	—
du Bois-R.	486	2,43	2,39
Kundt	weiß	1,73	—
du Bois-R.	589	2,72	2,76
„	644	3,06	3,10
Kundt	rot	1,81	—
Pflüger	rot	3,66	—
du Bois-R.	670	3,12	3,22

Martens.

Definitionen u. Literatur über die optischen Konstanten von Metallen.

Definitionen.

Zur Kennzeichnung des optischen Verhaltens von Metallen sind in vorstehender Tabelle die folgenden Konstanten angegeben. Es sei λ die im Vacuum gemessene Wellenlänge einer senkrecht einfallenden Strahlung.

Der Brechungsindex n ist dann definiert durch die Festsetzung, daß im Innern des Metalls zwei benachbarte Ebenen gleicher Phase den Abstand λ/n haben.

Der Absorptionsindex k ist definiert durch das Verhältnis $J_1/J_2 = e^{4\pi k d/\lambda}$ der Strahlung J_1 durch eine zur Grenzfläche parallele Ebene I zu der Strahlung J_2 durch eine im Abstand d von I gelegene Ebene II.

Das Reflexionsvermögen R ist das Verhältnis der Intensität der reflektierten Strahlung zu der Intensität der einfallenden Strahlung. Liegen einfallende und reflektierte Strahlung in einem Medium, dessen Absorptionsindex K, dessen Brechungsindex N ist, so ist $R = \frac{(k-K)^2 + (n-N)^2}{(k+K)^2 + (n+N)^2}$. Das Reflexionsvermögen in Luft ist einfach $R = \frac{k^2 + (n-1)^2}{k^2 + (n+1)^2}$, da hier $K = 0$, $N = 1$ ist. Nur in zwei besonders gekennzeichneten Fällen ist das Reflexionsvermögen in Glas angegeben; sonst ist R stets das Reflexionsvermögen in Luft.

Literatur.

1. Direkte Bestimmung des Reflexionsvermögens R für senkrechten Einfall[1]):

John Conroy, Proc. Roy. Soc. **35**, 26; 1883.
E. Hagen u. **H. Rubens,** Ann. d. Phys. (4) 352; 1900; **8**, 1; 1902; **11**, 873; 1903.
S. P. Langley, Phil. Mag. (5) **27**, 10; 1889.
E. F. Nichols, Wied. Ann. **60**, 401; 1897.
P. G. Nutting, The Phys. Rev. **13**, 193; 1901.
F. Paschen, Ann. d. Phys. (4) **4**, 304; 1901.
De la Provostaye u. **P. Desains,** Ann. chim. phys. (3) **30**, 276; 1850.
Lord Rayleigh, Proc. Roy. Soc. **41**, 274; 1886.
H. Rubens, Wied. Ann. **37**, 249; 1889.
A. Trowbridge, Wied. Ann. **65**, 595; 1898.

2. Direkte Bestimmung des Emissionsvermögens $1-R$:

E. Hagen u. **H. Rubens,** Berl. Ber. **1903**, 410 bis 419.

3. Direkte Bestimmung des Absorptionsindex k:

E. Hagen u. **H. Rubens,** Verh. deutsch. Phys. Ges. **4**, 55; 1902.
Rathenau, Diss. Berlin 1889.
W. Wernicke, Pogg. Ann. Ergbd. **8**, 65; 1876.
W. Wien, Wied. Ann. **35**, 48; 1888.

4. Prismatische Bestimmung des Brechungsindex n:

H. du Bois u. **H. Rubens,** Berl. Ber. **1890**, 966; Wied. Ann. **41**, 507; 1890.
A. Kundt, Wied. Ann. **34**, 477; **36**, 824; 1889.
A. Pflüger, Wied. Ann. **58**, 493; 1896.
D. Shea, Wied. Ann. **47**, 177; 1892.

[1]) Zusammenstellung von **Rubens.**

5. Bestimmung des Haupteinfallwinkels $\overline{\varphi}$ und des Hauptazimuths $\overline{\psi}$:

Beer, Pogg. Ann. **92**, 417; 1854 (Berechnung der Beobachtungen von Jamin).
P. Drude (1), Wied. Ann. **39**, 481—554; 1890.
„ (2), Wied. Ann. **64**, 159—162; 1898 (Na und KNa).
Houghton, Phil. Transact. **153** (I), 122; 1863 (Beob. für rotes Licht, berechnet von Voigt).
Jamin, Ann. chim. phys. (3), **22**, 311; 1848; Pogg. Ann. **74**, 532/33; 1874 (berechnet von Beer, Voigt, Martens).
F. F. Martens, Originalmitteilung. (Berechnung der Beobachtungen von Jamin u. Quincke).
W. Meyer, Diss. Gött. 1910; Ann. d. Phys. (4) **31**, 1017; 1910.
R. S. Minor, Diss. Göttingen 1903; Ann. d. Phys. (4) **10**, 581; 1903.
G. Quincke, Pogg. Ann. Jblbd. 336; 1874 (berechnet von Voigt, Martens).
W. Voigt, Wied. Ann. **23**, 142; 1884 (Berechnung der Beobacht. von Jamin, Haughton, Quincke).
H. v. Wartenberg, Verh. deutsch. Physik. Ges. **12**, 105; 1910.

6. Bestimmung des Polarisationsgrades seitlich emittierter Strahlung.

M. Laue u. **F. F. Martens,** Verh. deutsch. Physik. Ges. **9**, 522; 1907. Phys. ZS. **8**, 853; 1907. (s. dort die andere Literatur).

7. Bestimmung des Polarisationsgrades für verschiedene Einfallwinkel:

M. Laue, F. F. Martens u. **E. Schmidt,** Originalmitteilung; teilweise auch bei **E. Schmidt,** Diss. Rostock 1912.

Martens.

Optische Konstanten absorbierender, nichtleitender Substanzen.

Literatur auf folgender Seite.

Selen, glasig; Se.

Beobachter	λ	k	n	R
Meyer	257,3	1,26	1,73	23,3%
„	274,9	1,34	1,82	25,3
„	298,1	1,57	2,46	31,8
„	325,5	1,50	2,75	32,5
„	361,1	1,37	2,65	30,3
Meyer	398,1	1,23	2,88	30,5
Wood	400	2,31	2,94	43,6
„	415	2,18	2,97	42,1
„	425	2,01	2,98	40,0
Quincke	431	1,22	2,46	26,9
Meyer	441,3	1,05	2,93	29,2
Wood	442	1,81	3,02	37,9
„	466	1,75	3,07	37,4
Meyer	467,8	0,94	2,94	28,4
Quincke	486	1,13	2,67	27,2
Wood	490	1,49	3,12	35,0
„	500	—	3,13	—
Meyer	508	0,82	2,92	27,2
Wood	515	1,12	3,13	31,6
Quincke	527	1,06	2,73	27,3
Wood	550	0,77	3,03	27,9
Sirks	569	—	3,06	—
Meyer	589,3	0,79	2,85	25,1
Wood	„	0,45	2,93	25,1
Quincke	„	1,02	2,78	27,5
Sirks	„	—	2,98	—
Schmidt	(630)	0,40	2,87	24,2
Wood	640	0,24	2,77	22,4
Quincke	656	0,77	2,86	26,1
Sirks	„	—	2,787	—
Meyer	668	0,45	2,79	23,4
Martens	687	—	2,689	—
Sirks	„	—	2,730	—
Wood	710	0,121	2,65	20,5
Becqu.	718	—	2,655	—
Sirks	„	—	2,692	—
Martens	„	—	2,650	—
Wood	760	0,061	2,60	19,8
Sirks	„	—	2,654	—
Martens	„	—	2,616	—
„	768	—	2,613	—
„	822	—	2,574	—

Jod.

Beobachter	λ	k	n	R
Jod in Amylalkohol gelöst, Martens	rot	—	2,0	—
Jod, kryst., Sirks	rot	—	2—4,4	—
Jod, flüssig, Coblentz	rot	—	2,0	—

Kryst. Jod (Fortsetzung.)

Beobachter	λ	k	n	R
Meier	325,5	0,84	1,70	15,0%
„	361,1	1,33	2,04	26,0
„	398,2	1,48	2,36	30,0
„	441,3	1,53	2,81	33,3
„	467,8	1,44	3,08	34,2
„	508,0	1,22	3,31	34,0
„	589,3	0,57	3,34	30,3

Bleiglanz PbS

Beobachter	λ	k	n	R
Drude	589,3	—	4,30	—

Antimonglanz Sb_2S_3

Beobachter	λ	k	n	R
Drude	589,3	—	{4,49 {5,17	—

I. Nitroso-Dimethyl-Anilin. II. Toluin.

Indices prismatisch bestimmt von **Wood.**

λ	n_I	λ	n_I
497 μμ	2,140	713 μμ	1,718
500	2,114	730	1,713
506	2,074	749	1,709
508	2,025	763	1,697
513	2,020	**λ**	**n_{II}**
516	1,985	226,6	1,885
525	1,945	228,8	1,850
536	1,909	231,4	1,821
546	1,879	232,2	1,808
557	1,857	233,0	1,807
569	1,834	237,2	1,767
577	1,826	247,0	1,709
584	1,815	252,7	1,679
602	1,796	257,0	1,649
611	1,783	268,1	1,640
620	1,778	275,0	1,628
626	1,769	298,0	1,595
636	1,764	325,0	1,570
647	1,756	340,0	1,554
659	1,750	365,9	1,542
669	1,743	399,5	1,526
696	1,723	479,9	1,507

Cyanin.

Beobachter Pflüger 1, 3, 4, Wood 1, 2, Coblentz, Nutting.

Beob.	λ	n
P. 3	288	1,71
P. 3	350	1,70
P. 3	378	1,69
W. 1	395	1,58
P. 3	406	1,69
W. 1	410	1,57
W. 1	421	1,55
P. 1	434	1,61
P. 3	438	1,59
W. 1	440	1,52
W. 1	455	1,47
P. 1	461	1,49
W. 1	467	1,42
W. 1	484	1,35
P. 1, 3	486	1,42
W. 1	493	1,29
W. 1	497	1,25
W. 1	504	1,17
P. 3	505	1,28
W. 1	508	1,12
P. 3	520	1,19
P. 1, 3	435	1,20
P. 3	540	1,25
P. 4	556	1,31
P. 3, 4	565	1,40
P. 4	570	1,46
P. 1, 3	589	1,71
P. 3, 4	620	1,94
P. 4	635	2,10
P. 3	645	2,23
W. 1	648	2,35
P. 3	656	2,19
W. 1	660	2,25
W. 1	668	2,19
P. 1, 3	671	2,11
W. 1	685	2,12
P. 3. W. 1	700	2,06
P. 1	703	1,98
W. 1	723	2,02
W. 1	745	1,97
W. 1	765	1,93

Lischner	k	n	R
486	0,038	1,41	—
527	0,21	1,31	—
589	0,59	1,73	—

Malachitgrün,

λ	Pflüger 1 n
410	1,28
434	1,38
486	1,45
535	1,16
589	1,33
671	2,50
703	2,49

Diamantgrün. Brechungsindices n.

λ	Walter	Pflüger 2	λ	Walter	Pflüger 2	λ	Walter	Pflüger 2
431	1,46	1,48	527	1,14	1,31	656	2,15	2,01
475	1,54	1,70	553	1,03	1,09	718	2,41	2,42
486	1,44	1 60	589	1,27	1,27	760	2,09	—
517	1,24	1,41						

Martens.

Optische Konstanten absorbierender, nichtleitender Substanzen.

λ	**Fluorescein-Natrium,** fest, nach **Rohn**			**Brillantgrün,** fest, nach **Rohn**			**Dimethyl-Rhodamin-Äthylester,** fest nach **Rohn**			**Para-Fuchsin,** rein, fest, nach **Rohn**		
	k	n	R	k	n	R	k	n	R	k	n	R
420	0,18	1,81	8,6%	0,30	1,47	5,0%	—	—	—	—	—	—
430	0,30	1,72	8,1	0,27	1,58	6,1	—	—	—	—	—	—
440	0,43	1,63	8,4	0,23	1,67	6,9	0,29	1,56	6,1%	0,24	1,30	2,7%
450	0,54	1,55	8,8	0,16	1,67	6,6	0,35	1,50	5,9	0,46	1,04	5,2
460	0,70	1,61	11,9	0,09	1,63	5,8	0,38	1,37	5,1	0,71	0,97	11,7
470	0,74	1,75	13,9	0,06	1,54	4,6	0,44	1,21	4,9	0,94	1,00	18,3
480	0,73	1,88	14,8	—	1,50	3,9	0,56	1,15	6,9	1,03	1,10	22,7
490	0,75	1,94	15,7	—	—	—	0,67	1,17	9,3	1,03	1,27	25,7
500	0,80	2,09	17,0	—	—	—	0,82	1,27	12,7	0,97	1,47	27,5
510	0,80	2,33	20,4	—	—	—	0,93	1,42	15,9	0,88	1,67	28,6
520	0,60	2,63	22,2	—	—	—	1,00	1,58	17,5	0,81	1,88	29,1
530	0,31	2,79	22,8	0,15	1,37	2,9	1,05	1,71	19,5	0,73	2,06	29,2
540	0,14	2,71	21,4	0,22	1,32	2,7	1,12	1,86	21,0	0,66	2,23	29,2
550	—	—	—	0,33	1,19	2,9	1,13	1,99	22,4	0,60	2,38	29,3
560	—	—	—	0,47	1,17	5,2	1,12	2,13	22,8	0,54	2,52	29,4
570	—	—	—	0,63	1,21	8,1	1,01	2,29	23,0	0,48	2,70	29,7
580	—	—	—	0,77	1,27	11,0	0,83	2,58	23,7	0,44	2,85	30,2
590	—	—	—	0,89	1,38	14,4	0,36	2,81	23,2	0,36	3,07	30,8
600	—	—	—	0,90	1,49	15,1	0,08	2,78	22,3	0,29	3,12	30,0
610	—	—	—	0,89	1,61	15,5	—	—	—	0,16	3,06	26,6
620	—	—	—	0,88	1,74	16,2	—	—	—	0,08	2,9	24
630	—	—	—	0,87	1,82	17,3	—	—	—	—	—	—
640	—	—	—	0,90	1,96	18,2	—	—	—	—	—	—
650	—	—	—	0,80	2,10	18,8	—	—	—	—	—	—
660	—	—	—	0,65	2,22	19,0	—	—	—	—	—	—
670	—	—	—	0,50	2,31	18,7	—	—	—	—	—	—
680	—	—	—	0,39	2,34	17,5	—	—	—	—	—	—
690	—	—	—	0,20	2,22	14,6	—	—	—	—	—	—

Fuchsin.

Beobachter: Sirks, Wernicke 3, Pflüger 1 u. 3 (Prismenmethode), Wiedemann u. Merkel in Voigt, Walter (aus den Konstanten der Reflexion), Paolo Rossi, Coblentz, Cartmel (Interferentialrefraktor).

Beob.	λ	P. u. Wa	C
P. 3	344	1,60	—
P. 3	360	1,52	—
Wa.	397	1,32	—
P. 3	399	1,24	—
P. 1	405	1,38	—
P. 1	410	1,17	—
P. 3	413	1,15	—
Wa.	425	1,00	1,11
Wa.	431	0,95	1,00
P. 1	434	1,05	—
Wa.	458	0,847	0,83
P. 1	461	0,83	0,82
P. 1	486	1,05	1,05
Wa.	486	1,074	—
Wa.	527	1,912	1,85
P. 1	535	1,95	1,98
P. 1	589	2,64	2,70
Wa.	589	2,684	—
Wa.	634	2,412	2,48
Wa.	656	2,310	2,35
P. 1	671	2,34	2,27
Wa.	687	2,161	2,22
P. 1	703	2,30	—
Wa.	719	2,086	2,12
Wa.	760	2,019	2,06

Lischner	k	n	R
486 μμ	0,80	1,06	—
527	1,43	1,79	—
589	1,21	2,64	—

Magdalarot, Pflüger 1

λ	n
410	1,76
434	1,72
486	1,54
535	1,56
589	1,90
671	2,06
703	2,06

Brillantgrün

Lischner	k	n	R
486 μμ	0,065	1,48	—
527	0,127	1,14	—
589	1,00	1,15	—

Hoffmanns Violett

	λ	n
Pflüger 3	376	1,58
	403	1,47
Pflüger 1	434	1,32
	486	0,86
	535	1,27
	589	2,20
	671	2,53
	703	2,57

Literatur.

H. Becquerel, Ann. chim. phys. (5), **12,** 35; 1877. C. r. **84,** 213, 1877.

Coblentz, Phys. Rev. **16,** 36, 72, 119; 1903. **17,** 51, 1903. **19,** 94; 1904.

Drude, Wied. Ann. **34,** 489; 1888. **36,** 532; 1889.

Edmunds, Phys. Rev. **18,** 193; 1904.

Jamin, Ann. chim. phys. (3) **29,** 303; 1850. Pogg. Ann. Ergbd. **3,** 267; 1853.

Lischner, Diss. Greifswald, 1903.

Martens, Verh. deutsch. Physik. Ges. **4,** 138; 166; 1902. Außerdem Originalmitteilung.

W. Meier, Diss. Gött. 1910. Ann. d. Phys. (4) **31,** 1017; 1910.

Merckel, Wied. Ann. **19,** 5; 1883.

E. C. Müller, Diss. Göttingen 1903, N. Jahrb. f. Min. Beilg. Bd. **17,** 187; 1903.

Nutting, Phys. Rev. **16,** 129; 1903.

Pflüger, 1) Wied. Ann. **56,** 424; 1895. 2) **58,** 670; 1896. 3) **65,** 172; 1898. 4) **65,** 224; 1898. 5) Ann. d. Phys. (4) **8,** 230; 1902.

Quincke, Pogg. Ann. Jubelbd. **1874,** 336 (berechnet von Martens).

Rohn, Diss. Straßburg, 1911.

E. Schmidt, Diss. Rostock, 1912.

Voigt, Wied. Ann. **23,** 572; 1884 (Berechnung der Beobachtungen von Merckel und Wiedemann).

Walter, 1) Wied. Ann. **42,** 510; 1891. 2) Die Oberflächenfarben. Braunschweig 1895; 50.

Wernicke, 1) Pogg. Ann. **139,** 132; 1870. 2) **142,** 560; 1871. 3) **155,** 87; 1875.

Wiedemann, Pogg. Ann. **151,** 23, 1874 (ber. v. Voigt).

Wood, Cyanin: 1) Phil. Mag. (5) **46,** 384; 1898, 2) (6) **1,** 36—45, 624—627; 1901. Selen: 3) (6) **3,** 607—622; 1902. Na-Dampf: 4) Proc. Roy. Soc. London **69,** 157—171; 1901/2. 5) Phil. Mag. (6) **3,** 128—144, 359—365; 1902. 6) **8,** 293—324; 1904. 7) Phys. ZS. **3,** 230—233; 1902.

Martens.

Optische Konstanten ausgewählter Krystalle.

Lit. Tab. 211, S. 977.

Flußspat (Calciumfluorid) CaF_2.

Die Indices **Martens** 1 scheinen im äußersten Ultraviolett zu groß zu sein. Um etwa denselben Betrag wären dann alle Indices **Handke** im Gebiete der Schumannstrahlen zu groß, da Handke die von Martens 1 für 185 angegebenen Werte benutzt hat.

Die von **Paschen** 1, **Paschen** 2 und **Langley** (20°) angegebenen Werte sind bei Temperaturen bestimmt, die 18° so nahe liegen, daß Verf. glaubte, eine Korrektion auf 18° unter der Annahme gleicher Temperaturkoeffizienten im Ultrarot und im sichtbaren Gebiet vornehmen zu dürfen. Paschen 4 hat eine solche Umrechnung für Steinsalz und Sylvin vorgenommen.

Nach **Handke** ist Flußspat bis 131 $\mu\mu$ gut durchlässig. Nach **Rubens** und **Trowbridge** beträgt die Absorption 100 $(J_1 - J_2)/J_2$ einer 1 cm dicken Schicht

für $\lambda =$	8	9	10	11	12 μ
	15,6	45,7	83,6	99,0	100%.

J_1 ist die Intensität der auffallenden, J_2 die Intensität der durchgelassenen Strahlung.

Rubens u. **Aschkinass** beobachteten Reflexionsmaxima bei 24,0 und 31,6 μ, wobei die auffallende Strahlung, dem Auerstrumpf entspringend, mit größerer Wellenlänge schnell abnimmt.

Nach **Rubens** läßt eine Flußspatplatte von 5,6 mm Dicke bei 51,2 μ 4%, bei 61,1 μ 6% der auffallenden Strahlung durch.

Aus dem Reflexionsvermögen berechnen **Rubens** u. **Aschkinass** bei 51,2 μ $n = 3{,}47$; bei 61,1 μ $n = 2{,}66$.

Nach **Rubens** u. **von Baeyer** nimmt die Durchlässigkeit von etwa 100 bis 300 μ beständig zu.

Gebiet der Schumannstrahlen. Beob. Handke (U.-V. u. S. G. nach Martens)

λ vac.	N vac. 18°
131,11	1,6921
131,56	1,6877
131,92	1,6844
132,34	1,6806
133,39	1,6716
134,24	1,6647
135,36	1,6565
135,73	1,6537
136,34	1,6496
137,13	1,6443
139,40	1,6305
140,28	1,6257
141,30	1,6203
142,78	1,6129
143,63	1,6089
144,36	1,6053
145,51	1,6003
146,72	1,5953
148,17	1,5896
149,98	1,5830
152,34	1,5751
154,47	1,5684
156,92	1,5615
159,62	1,5547
160,595	1,5524
161,215	1,5509
161,670	1,5499
164,455	1,5438
167,105	1,5385
172,528	1,5289
176,420	1,5227
181,900	1,5152
185,477	1,5107
186,281	1,5098
193,590	1,5020
199,057	1,4969
204,530	1,4924
208,275	1,4895
211,130	1,4875
219,527	1,4821
242,882	1,4707
257,392	1,4653
274,950	1,4602
308,314	1,4530
340,454	1,4482
394,524	1,4427
486,282	1,4375
589,47	1,4342
768,45	1,4313

Ultraviolett

Beob.	λ in Luft	n 18° in Luft
Mart. 1	Al 185	1,51024
Gifford	„	1,50989
Sarasin	Al 185/6	1,50940
Mart. 1	Al 186	1,50930
„	Al 193	1,50150
Gifford	„	1,50123
Sarasin	„	1,50205 ?
Mart. 1	Au 197	1,49755
„ 1	Al 199	1,49643
Gifford	„	1,49613
Sarasin	„	1,49629
Mart. 1	Au 200	1,49547
Sarasin	Zn 202	1,49326
Gifford	„	1,49318
Simon	„	1,49332
Mart. 1	Au 204	1,49190
Sarasin	Zn 206	1,49041
Simon	„	1,49031
Gifford	„	1,49026
Mart. 1	Au 208	1,48907
Sarasin	Zn 209	1,48766
Simon	„	1,48735
Gifford	„	1,48757
Mart. 1	Au 211	1,48705
„	Cd 214	1,48480
Gifford	„	1,48457
Sarasin	„	1,48462
Simon	„	1,48444
Mart. 1	Cd 219	1,48167
Gifford	„	1,48145
Sarasin	„	1,48150
Simon	Cd 224	1,47879
Mart. 1	„	1,47911
Gifford	Cd 226	1,47754
Sarasin	„	1,47762
Mart. 1	Cd 231	1,47533
Gifford	„	1,47516
Sarasin	„	1,47517
Mart. 1	Au 242	1,47025
Gifford	Ag 244	1,46965
Mart. 1	Au 250	1,46732
„	Cd 257	1,46490
Gifford	„	1,46477
Sarasin	„	1,46476
Mart. 1	Al 263	1,46302
„	Au 267	1,46175
„	Cd 274	1,45976
Gifford	„	1,45966
Sarasin	„	1,45958

Ultraviolett Sichtbares Gebiet

Beob.	λ in Luft	n 18° in Luft
Mart. 1	Al 281	1,45806
„	Au 291	1,45586
Gifford	Sn 303	1,45338
Mart. 1	Al 308	1,45257
„	Au 312	1,45187
Sarasin	Cd 325	1,44987
Simon	„	1,44988
Gifford	Zn 330	1,44907
Sarasin	Cd 340	1,44775
Mart. 1	„	1,44774
Simon	„	1,44785
Sarasin	Cd 346	1,44697
Simon	„	1,44708
Mart. 1	Al 358	1,44560
Gifford	Cd 361	1,44534
Sarasin	„	1,44535
Mart. 1	Al 394	1,44231
Gifford	Al 396	1,44219
Mart. 1	H 410	1,44112
„	H 434	1,43960
Gifford	„	1,43963
Mart. 1	Cd 441	1,43920
„	Cd 467	1,43787
„	H 486	1,43706
Gifford	„	1,43707
Stefan	„	1,43712
Carvallo	„	1,43704
Paschen 3	„	1,43705
Mart. 1	Cd 508	1,43619
„ 2	„	1,43620
Gifford	Fe 527	1,43557
Mart. 1	Cd 533	1,43535
„ 2	„	1,43537
„ 1	Hg 546	1,43497
Gifford	Pb 560	1,43457
Mart. 1	Na 589	1,43385
Gifford	„	1,43385
Carvallo	„	1,43385
Stefan	„	1,43393
Paschen 3	„	1,43385
Mart. 1	Au 627	1,43302
„ 1	Cd 643	1,43271
„ 2	„	1,43274
„ 1	H 656	1,43251
Carvallo	„	1,43251
Gifford	„	1,43252
Mart. 1	Li 670	1,43226
„	K 768	1,43093
Gifford	„	1,43095
„	Rb 795	1,43064

Ultrarot (λ . . . . . Paschen; „ . . . . . Langley)

λ (μ) in Luft	n 18° in Luft
0,76040	—
„	1,43104
0,8840	1,42980
„	1,42983
1,1786	1,42786
„	1,42791
1,3756	1,42689
„	1,42691
1,4733	1,42640
„	1,42644
1,5715	1,42596
„	1,42597
1,7680	1,42506
„	1,42504
1,9153	1,42436
„	1,42433
1,9644	1,42411
„	1,42409
2,0626	1,42358
„	1,42358
2,1608	1,42306
„	1,42307
2,3573	1,42198
„	1,42210
2,5537	1,42088
„	1,42082
2,6519	1,42015
„	1,42020
2,9466	1,41825
„	1,41824
3,2413	1,41610
„	1,41612
3,4090	—
„	1,41485
3,5359	1,41377
3,8306	1,41119
4,1252	1,40854
4,7146	1,40237
5,3036	1,39528
5,8932	1,38717
6,4825	1,37817
7,0718	1,36802
7,6612	1,35680
8,2505	1,34444
8,8398	1,33079
9,4291	1,31612

Martens.

Optische Konstanten ausgewählter Krystalle.

Steinsalz (Natriumchlorid) NaCl.

Ultrarot

Beobachter	λ	n 18°
Paschen	0,58932	1,54431
„	0,78576	1,53614
„	0,88396	1,53401
Langley	„	1,53401
„	0,97230	1,53253
Paschen	0,98220	1,53245
Langley	1,03676	1,53176
„	1,1786	1,53037
Paschen	„	1,53037
Langley	1,55514	1,52821
„	1,7680	1,52744
Paschen	„	1,52744
Langley	2,07352	1,52655
„	2,35728	1,52585
Paschen	„	1,52586
„	2,9466	1,52453
„	3,5359	1,52317
„	4,1252	1,52165
Langley	„	1,52163
Paschen	5,0092	1,51898
„	5,8932	1,51601
Langley	„	1,51555
„	6,4825	1,51347
Paschen	„	1,51363
Rubens	6,78	1,5123
Paschen	7,0718	1,51106
Rubens	7,22	1,5104
„	7,59	1,5087
Paschen	7,6611	1,50832
„	7,9558	1,50680
Rubens	8,04	1,5066
„	8,67	1,5032
Paschen	8,8398	1,50204
Rub.-Tr.	9,95	1,4953
Paschen	10,0184	1,49472
„	11,7864	1,48182
Rub.-Tr.	11,88	1,4807
Paschen	12,9650	1,47172
Rub.-Tr.	13,96	1,4629
Paschen	14,1436	1,46055
„	14,7330	1,45440
„	15,3223	1,44749
Rub.-Tr.	15,89	1,4412
Paschen	15,9116	1,44103
Rub.-Tr.	17,93	1,4151
Rub.-N.	20,57	1,3737
„	22,3	1,3405

Ultraviolett

λ	Martens 2 bei 18° beob.	Borel auf 18° red.	Joubin t?
Al 185	**1**,89332	—	—
Al 186	**1**,88558	—	—
Al 193	**1**,82809	—	—
Au 197	**1**,80254	—	—
Al 198	**1**,79580	—	—
Au 200	**1**,79016	—	—
Au 204	**1**,76948	—	—
Au 208	**1**,75413	—	—
Au 211	**1**,74355	—	—
Cd 214	**1**,73221	**1**,73219	—
Cd 219	**1**,71711	**1**,71710	—
Cd 226	—	**1**,69913	1,69900
Cd 231	**1**,68840	**1**,68835	1,68855
Cd 257	1,64604	**1**,64618	1,64870?
Cd 274	1,62687	**1**,62697	1,62790?
Cd 288	—	—	1,61465
Cd 298	—	—	1,61226
Cd 325	—	**1**,59295	1,59330
Cd 340	1,58601	**1**,58618	1,58641
Cd 346	—	**1**,58356	1,58391
Cd 361	—	**1**,57845	1,57877
Al 394	1,56889*	—	—

* Wahrscheinlich ist der richtige Wert **1**,56905.

Sichtbares Gebiet.

Beobachter	λ	n 18°
Mart. 2	Cd 441	1,55962
„	Cd 467	1,55570
„	H 486	1,55338
Paschen	„	1,55340
Langley	„	1,55341
Mart. 2	Cd 508	1,55089
Langley	E 527	1,54915
Mart. 2	Cd 533	1,54848
„	Hg 546	1,54745
„	Pb 560	1,54629
Mart. 1	Na 589	1,54431
Paschen	„	1,54431
Langley	„	1,54434
Borel	„	1,54432
Dufet	„	1,54433
Mart. 2	Au 627	1,54207
„	Cd 643	1,54125
„	H 656	1,54067
Paschen	„	1,54067
Langley	„	1,54071
Mart. 2	Li 670	1,54002
Paschen	He 706	1,53863
„	K 766	1,53671
Mart. 2	K 768	1,53666

Schichtdicke 1 cm

λ	$\frac{J_1 - J_2}{J_2}$
13 μ	2,4%
14	6,9
15	15,4
16	33,9
17	48,4
18	72,5
19	90,4
20,7	99,4
23,7	100

Die durch fettgedruckte 1 gekennzeichneten Indices im Ultraviolett dürften bis auf einige Einheiten der fünften Dezimale sicher sein.

Zur Umrechnung der Indices auf 18° sind im ultravioletten und sichtbaren Spektralgebiet die Beobachtungen von **Micheli** (s. Tab. 210) verwendet. Die Umrechnung der Indices im Ultrarot auf 18° ist von **Paschen** vorgenommen unter der Annahme, daß die Temperaturkoeffizienten im Ultrarot und im sichtbaren Gebiet gleich sind; die Beobachtungstemperaturen weichen nur wenig von 18° ab.

Nach **Handke** ist Steinsalz im Vacuum bei 172 $\mu\mu$ durchlässig. **Rubens** u. **Trowbridge** haben die Absorption im Ultrarot gemessen; J_1 ist die Intensität der auffallenden, J_2 die Intensität der durchgelassenen Strahlung.

Rubens u. **Aschkinass** beobachten metallische Reflexion bei 51,2 μ. **Rubens** u. v. **Baeyer** finden, daß die Durchlässigkeit zwischen etwa 100 bis 300 μ beträchtlich ist und mit wachsender Wellenlänge zunimmt.

Martens.

Optische Konstanten ausgewählter Krystalle.

Sylvin (Kaliumchlorid) KCl.

Ultrarot

Beobachter	λ in μ	n 18°
Paschen	0,58932	1,49034
„	0,78576	1,48318
Rub.-Snow	0,845	1,4823
Paschen	0,88398	1,48132
Rub.-Snow	0,893	1,4813
Rubens	0,940	1,4809
Rub.-Snow	0,944	1,4806
Trowbridge	0,982	1,4802
Paschen	0,98220	1,47998
Rub.-Snow	1,003	1,4799
„	1,070	1,4793
„	1,145	1,4786
Paschen	1,1786	1,47821
Trowbridge	1,179	1,4780
„	1,473	1,4770
Rubens	1,584	1,4765
Paschen	1,7680	1,47579
Trowbridge	1,768	1,4760
Rubens	2,23	1,4749
Paschen	2,3573	1,47465
„	2,9466	1,47373
Trowbridge	2,947	1,4742
Paschen	3,5359	1,47295
Trowbridge	4,125	1,4721
„	4,714	1,4711
Paschen	4,7146	1,47102
Rubens	4,81	1,4709
Trowbridge	5,137	1,4706
Paschen	5,3039	1,46991
Trowbridge	5,304	1,4699
„	5,471	1,4699
„	5,893	1,4688
Paschen	5,8932	1,46870
Rubens	5,95	1,4686
Trowbridge	6,482	1,4678
„	7,080	1,4660
„	7,661	1,4645
Paschen	8,2505	1,46263
„	8,8398	1,46076
Trowbridge	8,840	1,4606
„	9,006	1,4603
Rub.-Tr.	10,01	1 4565
Paschen	10,0184	1,45662
Trowbridge	10,193	1,4549
„	11,197	1,4522
Paschen	11,786	1,44909
„	12,965	1,44336
Rub.-Tr.	14,14	1,4362
Paschen	14,144	1,43712
„	15,912	1,42607
„	17,680	1,41393
Rub.-Tr.	18,10	1,4108
Rub.-N.	20,60	1,3882
Rub.-N.	22,50	1,3692

Ultraviolett (Martens 1)

λ in $\mu\mu$	n 18°
Al 185	1,82704
Al 186	1,81847
Au 197	1,73114
Al 198	1,72432
Au 200	1,71864
Au 204	1,69811
Au 208	1,68302
Au 211	1,67275
Cd 214	1,66182
Cd 219	1,64739
Cd 224	1,63606
Cd 231	1,62037
Au 242	1,60041
Au 250	1,58973
Cd 257	1,58119
Al 263	1,57477
Au 267	1,57038
Cd 274	1,56380
Al 281	1,55830
Au 291	1,55134
Al 308	1,54130
Au 312	1,53920
Cd 340	1,52720
Al 358	1,52109

Sichtbares Gebiet

Beobachter	λ in $\mu\mu$	n 18°
Mart. 1	Al 394	1,51213
„	H 410	1,50901
„	H 434	1,50497
Pulfrich	„	1,50489
Mart. 1	Cd 441	1,50384
Mart. 2	„	1,50377
Mart. 1	Cd 467	1,50038
„	H 486	1,49835
Pulfrich	„	1,49833
Stefan	„	1,49837
Mart. 1	Cd 508	1,49614
Mart. 2	„	1,49606
Mart. 1	Cd 533	1,49404
Mart. 2	„	1,49397
Mart. 1	Hg 546	1,49313
„	Pb 560	1,49212
Mart. 1	Na 589	1,49038
Paschen	„	1,49034
Dufet	„	1,49036
Stefan	„	1,49038
Pulfrich	„	1,49044
Mart. 1	Au 627	1,48841
„	Cd 643	1,48771
Mart. 2	„	1,48764
Mart. 1	H 656	1,48721
Pulfrich	„	1,48723
Stefan	„	1,48720
Mart. 1	Li 670	1,48663
„	K 768	1,48374

λ	$(J_1 - J_2)/J_1$
12—13 μ	0,5 %
14	2,5
15	4,6
16	6,4
17	7,8
18	13,8
19	24,2
20,7	41,5
23,7	84,5

Die Zahlen von **Paschen** im Ultrarot sind bei Temperaturen beobachtet, die unter sich verschieden sind, stets aber nur einige Grade von 18° abweichen. Verf. hat die Beobachtungen von Paschen auf 18° umgerechnet, unter der Annahme, daß der — nicht bekannte — Temperaturkoeffizient im ganzen Ultrarot gleich dem im sichtbaren Gebiet sei. (Genau dieselbe Umrechnung hat Paschen für seine Steinsalzbeobachtungen selbst vorgenommen.) — Es ist wahrscheinlich, daß alle von **Martens** (1) im sichtbaren Gebiet beobachteten Indices um einige Einheiten der fünften Dezimale zu hoch sind. Für die ultravioletten Indices gilt dies nicht. — Temperaturkoeffizienten sind für das sichtbare Gebiet bekannt. —

Nach **Handke** ist Sylvin bis 181 $\mu\mu$ durchlässig. Schwache Absorptionsstreifen bei 199 $\mu\mu$ (**Martens**), bei 3,2 μ und bei 7,2 μ (**Rubens**).

Metallische Reflexion bei 61,2 μ (**Rubens** u. **Aschkinass**.

Nach **Rubens** und **von Baeyer** ist für $\lambda > 100\ \mu$ Sylvin durchlässiger als Steinsalz, und zwar nimmt die Durchlässigkeit bis etwa 300 μ beständig zu.

Martens.

209 c

Optische Konstanten ausgewählter Krystalle.

Quarz, krystallinisch und amorph.

Beob.	λ (in $\mu\mu$)	n_ω	n_ε	n_{amorph}
Mart. 1	Al 185	1,67571	1,68988	**1**,57464
Gifford	„	1,67592	1,69009	**1**,5743
Mart. 1	Al 186	1,67398	1,68808	**1**,57268
„ 1	Al 193	1,65990	1,67337	**1**,56071
Gifford	„	1,66005	1,67349	1,55998
Sarasin	„	1,6599	1,6741	—
Mart. 1	Al 198	1,65087	1,66394	**1**,55204
Gifford	„	1,65093	1,66400	1,55199
Sarasin	„	1,6507	1,6641	—
Mart. 1	Cd 214	1,63035	1,64258	—
Gifford	„	1,63047	1,64270	1,53390
Sarasin	„	1,63040	1,64268	—
Trommsd.		1,63042	—	1,53386
Mart. 1	Cd 219	1,62490	1,63695	—
Gifford	„	1,62499	1,63702	1,52910
Sarasin	„	1,62502	1,63705	—
Trommsd.	„	1,62504	—	1,52911
Mart. 1	Cd 271	1,61395	1,62555	—
Gifford	„	1,61403	1,62565	1,51937
Sarasin	„	1,61402	1,62561	—
Trommsd.	„	1,61400	—	1,51954
Mart. 1	Cd 257	1,59620	1,60710	—
Gifford	„	1,59624	1,60715	1,50371
Sarasin	„	1,59624	1,60713	—
Trommsd.		1,59626	—	1,50397
Mart. 1	Cd 274	1,58751	1,59810	—
Gifford	„	1,58752	1,59812	1,49613
Sarasin	„	1,58750	1,59812	—
Trommsd.	„	1,58756	—	1,49634
Mart. 1	Cd 340	1,56747	1,57737	—
Sarasin	„	1,56744	1,57741	—
Trommsd.	„	1,56739	—	1,47877
Mart. 1	Cd 358	1,56390	1,57369	—
Gifford	Cd 361	1,56346	1,57322	1,47511
Sarasin	„	1,56348	1,57319	—
Trommsd.	„	1,56346	—	1,47503
Mart. 1	Al 394	1,55846	1,56805	—
Müller	H 410	1,55651	—	—
v. d. Will.	„	1,55647	1,56598	—
M. d. Lep.	„	1,55649	1,56602	—
Müller	H 434	1,55396	—	—
Mart. 1	„	1,55396	1,56339	**1**,46690
Gifford	„	1,55398	1,56341	1,46685
Mart. 1	H 486	1,54967	1,55897	—
v. d. Will.	„	1,54964	1,55894	—
Müller	„	1,54968		—
Mac. d. Lep.	„	1,54968	1,55897	—
Gifford	„	1,54970	1,55899	1,46317
Mart. 1	Cd 508	1,54822	1,55746	**1**,46190
„ 2	„	1,54822	1,55746	—
„ 1	Cd 533	1,54680	1,55599	**1**,46067
„ 2	„	1,54680	1,55599	—
Mart. 1	Na 589	1,54424	1,55335	1,45843
Gifford	„	1,54426	1,55337	1,45848
v. d. Will.	„	1,54420	1,55329	—
Müller	„	1,54424	—	—
Mac. de Lep.	„	1,54423	1,55334	—
Dufet	„	1,54424	—	—
Mart. 1	Cd 643	1,54227	1,55131	**1**,45673
„ 2	„	1,54226	1,55131	—
Mart. 1	H 656	1,54189	1,55091	**1**,45640
Gifford	„	1,54193	1,55095	1,45641
v. d. Will.	„	1,54185	1,55086	—
Müller	„	1,54189	—	—
Mac. d. Lep.	„	1,54188	1,55091	—
Mart. 1	K 768	1,53903	1,54794	—
Gifford	„	1,53906	1,54800	1,45389
„	Rb 795	1,53851	1,54742	1,45340

Quarz, kryst. Indices im Ultrarot

nach **Carvallo**			nach **Rubens**	
λ (in μ)	ω	ε	λ	ω
0,8007	1,53834	1,54725	1,160	1,5329
0,8325	1,53773	1,54661	1,617	1,5272
0,8671	1,53712	1,54598	1,969	1,5216
0,9047	1,53649	1,54532	2,327	1,5156
0,9460	1,53583	1,54464	2,59	1,5101
0,9914	1,53514	1,54392	2,84	1,5039
1,0417	1,53442	1,54317	3,03	1,4987
1,0973	1,53366	1,54238	3,18	1,4944
1,1592	1,53283	1,54152	3,40	1,4879
1,2288	1,53192	1,54057	3,63	1,4799
1,3070	1,53090	1,53951	3,80	1,4740
1,3195	1,53076	—	3,96	1,4679
1,3685	1,53011	1,53869	4,09	1,4620
1,3958	1,52977	1,53832	4,20	1,4569
1,4219	1,52942	1,53796	56	2,18
1,4792	1,52865	1,53716		
1,4972	1,52842	1,53692		
1,5414	1,52781	1,53630		
1,6087	1,52687	1,53529		
1,6146	1,52679	1,53524		
1,6815	1,52583	1,53422		
1,7487	1,52485	1,53319		
1,7614	1,52468	1,53301		
1,8487	1,52335	1,53163		
1,9457	1,52184	1,53004		
2,0531	1,52005	1,52823		
2,1719	1,51799	1,52609		

Die Indices des amorphen Quarzes mit fettgedruckter 1 sind nicht von **Martens** 1, sondern von **Trommsdorff** beobachtet. Im kurzwelligen Spektralgebiet ist Quarz bei 150 $\mu\mu$ durchlässig **(Handke).** Im Ultrarot ist Quarz schwach dichroitisch, bei 2,90 μ liegt ein Absorptionsstreifen für den ordentlichen Strahl, bei 4,75 μ hört die Durchlässigkeit für beide Strahlen fast vollkommen auf **(Merritt).** Metallische Reflexion bei 8,5 μ; 9,0 μ; 20,7 μ **(Rubens u. Nichols).** Bei 56 μ ist Quarz wieder etwas durchlässig, Exponent 2,18 **(Rubens u. Aschkinass).**

Für Wellen zwischen etwa 100 und 300 $\mu\mu$ ist Quarz von wachsender Durchlässigkeit; letztere ist sehr erheblich für krystallischen, schlechter für amorphen Quarz **(Rubens u. v. Baeyer).**

Martens.

Optische Konstanten ausgewählter Krystalle.

Kalkspat (Calciumcarbonat) $CaCO_3$.

Ultraviolett

Beob.	λ (in μμ)	n_ω	n_ε
Mart. 1	Al 198	—	1,57796
„	Au 200	1,90284	1,57649
„	Au 204	1,88242	1,57081
„	Au 208	1,86733	1,56640
„	Au 211	1,85692	1,56327
„	Cd 214	1,84558	1,55976
Gifford	„	1,84588	1,56000
Sarasin	„	1,84586	1,56003
Carvallo	„	—	1,55990
Mart. 1	Cd 219	1,83075	1,55496
Gifford	„	1,83085	1,55519
Carvallo	„	—	1,55512
Sarasin	„	1,83091	1,55524
Gifford	Cd 226	1,81309	1,54921
Carvallo	„	—	1,54917
Sarasin	„	1,81296	1,54940
Mascart	„	1,81315	—
Mart. 1	Cd 231	1,80233	1,54541
Gifford	„	1,80243	1,54557
Carvallo	„	1,80248	1,54553
Sarasin	„	1,80260	1,54571
Mascart	„	1,80247	—
Mart. 1	Au 242	1,78111	1,53782
Gifford	Ag 244	1,77966	1,53731
Mart. 1	Cd 257	1,76038	1,53005
Gifford	„	1,76053	1,53018
Carvallo	„	1,76052	1,53012
Sarasin	„	1,76055	1,53039
Mascart	„	1,76078	—
Mart. 1	Al 263	1,75343	1,52736
„	Au 267	1,74864	1,52547
„	Cd 274	1,74139	1,52261
Gifford	„	1,74152	1,52271
Carvallo	„	1,74151	1,52267
Sarasin	„	1,74159	1,52282
Mascart	„	1,74160	—
Mart. 1	Au 291	1,72774	1,51705
Gifford	Sn 303	1,71959	1,51365
Mart. 1	Cd 312	1,71425	1,51140
Gifford	Zn 330	1,70515	1,50746
Mart. 1	Cd 340	1,70078	1,50562
Carvallo	„	1,70082	1,50558
Sarasin	„	1,70079	1,50559
Mascart	„	1,70103	—
Carvallo	Cd 346	1,69833	1,50450
Sarasin	„	1,69830	1,50448
Mascart	„	1,69827	—
Gifford	Cd 361	1,69317	1,50228
Carvallo	„	1,69318	1,50222
Sarasin	„	1,69318	1,50226

Sichtbares Gebiet

Beob.	λ (in μμ)	n_ω	n_ε
Mart. 1	Al 394	1,68374	1,49810
Gifford	Al 396	1,68330	1,49777
Mart. 1	H 410	1,68014	1,49640
Müller	„	1,68016	—
v. d. Willigen	„	1,68025	1,49633
Mart. 1	H 434	1,67552	1,49430
Dufet	„	1,67552	1,49431
Müller	„	1,67549	—
Gifford	„	1,67552	1,49424
Mart. 1	Cd 441	1,67423	1,49373
„	Cd 467	1,67024	1,49190
„	H 486	1,66785	1,49074
Dufet	„	1,66784	1,49077
Carvallo	„	1,66785	—
v. d. Willigen	„	1,66791	1,49067
Gifford	„	1,66783	1,49074
Müller	„	1,66781	—
Mart. 1	Cd 508	1,66527	1,48956
Mart. 2	„	1,66526	1,48958
Offrat	„	1,66527	1,48965
Carvallo	„	1,66527	1,48958
Mart. 1	Cd 533	1,66277	1,48841
Mart. 2	„	1,66275	1,48843
Carvallo	„	1,66276	1,48843
Mart. 1	Pb 560	1,66046	1,48736
Gifford	„	1,66046	1,48734
Mart. 1	Na 589	1,65835	1,48640
Gifford	„	1,65836	1,48639
Dufet	„	1,65837	1,48643
Offret	„	1,65841	1,48650
Carvallo	„	1,65837	1,48643
Müller	„	1,65833	—
v. d. Willigen	„	1,65841	1,48630
Mart. 1	Cd 643	1,65504	1,48490
Mart. 2	„	1,65501	1,48489
Offret	„	1,65505	1,48494
Carvallo	„	—	1,48490
Mart. 1	H 656	1,65437	1,48459
Gifford	„	1,65440	1,48457
Dufet	„	1,65440	1,48463
Müller	„	1,65437	—
v. d. Willigen	„	1,65447	1,48454
Mart. 1	Li 670	1,65367	1,48426
Dufet	„	1,65368	1,48431
Offret	„	1,65371	1,48435
Carvallo	„	1,65369	1,48431
Gifford	He 706	1,65207	1,48353
Mart. 1	K 768	1,64974	1,48259
Gifford	„	1,64974	1,48255
Carvallo	„	1,64974	1,48259
„	Rb 795	1,64886	1,48216

Ultrarot (Carvallo)

λ (in μ)	n_ω	n_ε
0,7711	1,64965	1,48257
0,8007	1,64869	1,48216
0,8325	1,64772	1,48176
0,8671	1,64676	1,48137
0,9047	1,64578	1,48098
0,9460	1,64480	1,48060
0,9914	1,64380	1,48022
1,0417	1,64276	1,47985
1,0973	1,64167	1,47948
1,1592	1,64051	1,47910
1,2288	1,63926	1,47870
1,2732	1,63849	—
1,3070	1,63789	1,47831
1,3195	1,63767	—
1,3685	1,63681	—
1,3958	1,63637	1,47789
1,4219	1,63590	—
1,4792	1,63490	—
1,4972	1,63457	1,47744
1,5414	1,63381	—
1,6087	1,63261	—
1,6146	—	1,47695
1,6815	1,63127	—
1,7487	—	1,47638
1,7614	1,62974	—
1,8487	1,62800	—
1,9085	—	1,47573
1,9457	1,62602	—
2,0531	1,62372	—
2,0998	—	1,47492
2,1719	1,62099	—
2,3243	—	1,47392

Kalkspat. Für kleinere Wellenlängen als 0,199 μ undurchlässig (Martens). Metallische Reflexion an einer unter 45° zur optischen Achse geschliffenen Platte bei 6,69 μ, 11,41 μ, 29,4 μ (Aschkinass). Im Ultrarot dichroitisch: ω: Bei 2,44 μ und 2,74 μ scharfe Absorptionsstreifen, größere Wellenlängen als 3,1 μ werden praktisch nicht mehr durchgelassen. ε: Bei 3,28 μ, 3,75 μ, 4,66 μ breite, schw. Absorptionsstreifen, λ > 5,5 μ nicht mehr durchgelassen (Merritt).

Martens.

Optische Konstanten ausgewählter Krystalle gegen Luft.

Lit. Tab. 211, S. 977.

Alaune.

λ	Natrium-Aluminium-Alaun Soret II 17—28° d 1,667	Methylamin-Aluminium-Alaun [1]) Soret II 7—17° d 1,568	Kalium-Aluminium-Alaun **(Alaun)**. $K_2SO_4 \cdot Al_2(SO_4)_3 + 24\ H_2O$. Grailich Kohlrausch*)	Stefan 21° Fock*)	Soret I 6—20° Dufet*) 20° d 1,735	Mühlheims Borel*)	Cd-Linie λ	Borel n
H 396	—	—	—	1,46907	—	—	214	1,53825
G 431	1 44804	1,46363	1,4650	1,46563	1,46609	—	219	1,53280
F 486	1,44412	1,45941	1,4606	1,46140	1,46181	1,46140	226	1,52615
b 417	—	—	—	—	—	1,45955	231	1,52209
b 518	1,44231	1,45749	—	—	1,45996	—	257	1,50514
E 527	1,44185	1,45691	1,4583	1,45892	1,45934	1,45893	274	1,49675
D 589	1,43884	1,45410	1,4549	1,45601	1,45645	1,45602	325	1,48145
„	—	—	1,4561*)	1,4557*)	1,45622*)	1,45626*)	340	1,47814
C 656	1,43653	1,45177	1,4524	1,45359	1,45398	1,45371	346	1,47691
B 686	1,43563	1,45062	1,4511	1,45262	1,45303	1,45276	361	1,47436
a 718	1,43492	1,45013	—	—	1,45226	1,45175		
A 760	—	—	—	1,45057	—	—		

λ	Kalium-Ammonium-Aluminium-Alaun [2]) Soret I 14—17° d 1,681	Kalium-Chrom-Alaun Kohlrausch*) Soret II 6—17° d 1,817	Kalium-Eisen-Alaun Soret II 7—11° d 1,806	Kalium-Eisen-Alaun Topsoe und Christiansen 6° d 1,831	Kalium-Gallium-Alaun Soret III 19—25° d 1,895	Rubidium-Aluminium-Alaun Soret II 7—21° d 1,852 Erdmann*) 22°	Rubidium-Chrom-Alaun Soret II 12—17° d 1,946	Rubidium-Eisen-Alaun Soret II 7—20° d 1,916 Erdmann*) 21°
G 431	1,46854	1,49309	1,49605	1,5039 [3])	1,47548	1,46618	1,49323	1,49700
F 486	1,46420	1,48753	1,48939	1,4893	1,47093	1,46192	1,48775	1,49003
b 517	1,46229	1,48513	1,48670	—	1,46904	1,45999	1,48522	1,48712
E 527	1,46168	1,48459	1,48580	—	1,46842	1,45955	1,48486	1,48654
D 589	1 45862	1,48137	1,48169	1,4817	1,46528	1,45660	1,48151	1,48234
„ 589	—	1,481*)	—	—	—	1,45648*)	—	1,48225*)
C 656	1,45630	1,47865	1,47837	1,4783	1,46296	1,45417	1,47868	1,47894
B 686	1,45527	1,47738	1,47706	—	1,46195	1,45328	1,47756	1,47770
a 718	1,45463	1,47642	1,47639	—	1,46118	1,45232	1,47660	1,47700

λ	Rubidium-Gallium-Alaun Soret III 13—15° d 1,962	Rubidium-Indium-Alaun Soret III 3—13° d 2,065	Caesium-Aluminium-Alaun Soret II 15—25° d 1,961	Caesium-Chrom-Alaun Soret III 6—12° d 2,043	Caesium-Eisen-Alaun Soret II 20—24° d 2,061	Caesium-Gallium-Alaun Soret III 17—22° d 2,113	Caesium-Indium-Alaun Soret III 17—22° d 2,241
G 431	1,47581	1,47402	1,46821	1,49280	1,49838	1,47481	1,47562
F 486	1,47126	1,46955	1,46386	1,48723	1,49136	1,47034	1,47105
b 517	1,46930	1,46751	1,46203	1,48491	1,48867	1,46841	1,46897
E 527	1,46890	1,46694	1,46141	1,48434	1,48797	1,46785	1,46842
D 589	1,46579	1,46381	1,45856	1,48100	1,48378	1,46495	1,46522
C 656	1,46332	1,46126	1,45618	1,47836	1,48042	1,46243	1,46283
B 686	1,46238	1,46024	1,45517	1,47732	1,47921	1,46146	1,46170
a 718	1,46152	1,45942	1,45437	1,47627	1,47825	1,46047	1,46091

[1]) $(CH_6N)_2Al_2(SO_4)_4 + 24\ H_2O$.
[2]) $[0{,}36\ K_2 + 0{,}64\ (NH_4)_2]\ Al_2(SO_4)_4 + 24\ H_2O$.
[3]) Für G′ = H 434 μμ.

Martens.

Optische Konstanten ausgewählter Krystalle gegen Luft.

Lit. Tab. 211, S. 977.

Alaune.

Ammonium-Aluminium-Alaun						Ammonium-Chrom-Alaun	Ammonium-Eisen-Alaun	
Linie Cd λ =	n nach Borel *)	Linie	λ	Grailich	Soret I $15-21^0$ d 1,631	Soret II $7-14^0$ d 1,719	Soret II $7-20^0$ d 1,713	Topsoe u. Christiansen d 1,719
214	1,54349	G	431	1,4723	1,46923	1,49594	1,49980	—
219	1,53782	F	486	1,4683	1,46481	1,49040	1,49286	1,4934
226	1,53106	b	517	—	1,46288	1,48794	1,48993	—
231	1,52684	E	527	1,4656	1,46234	1,48744	1,48921	—
257	1,50943	D	589	1,4624	1,45939	1,48418	1,48482	1,4854
274	1,50096	C	656	1,4597	1,45693	1,48125	1,48150	1,4821
325	1,48500	B	686	1,4585	1,45599	1,48014	1,48029	—
340	1,48180	a	718	—	1,45509	1,47911	1,47927	—
346	1,48043							
361	1,47799							

*) für Na (589): 1,45935.

λ	Ammonium-Gallium-Alaun Soret III $15-21^0$ d 1,777	Ammonium-Indium-Alaun Soret II $17-21^0$ d 2,011	Thallium-Aluminium-Alaun Soret I $10-23^0$ d 2,257	Thallium-Kalium-Aluminium-Alaun[1]) Soret I $10-23^0$ d 2,292	Thallium-Chrom-Alaun Soret II $9-25^0$ d 2,236 u. 2,386	Thallium-Eisen-Alaun Soret II $15-17^0$ d 2,385	Thallium-Gallium-Alaun Soret III $10-20^0$ d 2,477	Kalium-Aluminium-Selen-Alaun Topsoe u. Christiansen
G 431	1,47864	1,47750	1,51076	1,50921	1,53808	1,54112	1,52007	—
F 486	1,47412	1,47234	1,50463	1,50344	1,53082	1,53284	1,51387	1,4868
b 517	1,47204	1,47015	1,50209	1,50089	1,52787	1,52946	1,51131	—
E 526	1,47146	1,46953	1,50128	1,50010	1,52704	1,52859	1,51057	—
D 589	1,46835	1,46636	1,49748 [2])	1,49638	1,52280	1,52365	1,50665	1,4801
C 656	1,46575	1,46352	1,49443	1,49327	1,51923	1,51943	1,50349	1,4773
B 686	1,46485	1,46259	1,49317	1,49218	1,51798	1,51790	1,50228	—
a 718	1,46390	1,46193	1,49226	1,49111	1,51692	1,51674	1,50112	—

Diamant (C). Martens.

λ	n_{beob} 14^0	n_{ber}	λ	n_{beob} 14^0	n_{ber}
Cd 313	2,5254	2,5254	Cd 480	2,4370	2,4371
„ 325	2,5130	2,5132	„ 508	2,4308	2,4308
„ 340	2,5008	2,5004	„ 533 } „ 537 }	2,4253	2,4253
„ 346	2,4951	2,4956	Na 589	2,4172	2,4173
„ 361	2,4853	2,4855	Cd 643	2,4109	2,4111
„ 441	2,4478	2,4482			
„ 467	2,4410	2,4403			

λ	Schrauf	Walter 16^0	Wülfing	Mts ber
H 396	—	2,46476	2,4652	2,4658
Hβ 486	—	2,43539	2,4354	2,4356
Tl 535	2,42549	—	—	2,4255
Na 589	2,41723	2,41734	2,4175	2,4173
Hα 656	—	2,41000	2,4103	2,4099
Li 670	2,40845	—	—	2,4086
A 760	—	2,40245	2,4024	—

Außerdem s. des Cloizeaux (1868), Becquerel, Baille.

[1]) (0,97 Tl_2 + 0,03 K_2) $Al_2(SO_4)_4$ + 24 H_2O.

[2]) Fock 1,4888; Craw 1,4941.

Martens.

210

Einfluß der Temperatur auf die Brechungsindices ausgewählter Krystalle.

Ist λ_t^p die in Luft von der Temperatur t, vom Drucke p und vom Brechungsindex μ_t^p gemessene Wellenlänge eines Strahles, so hat der Strahl im Vacuum die Wellenlänge $\lambda_{vac} = \lambda_t^p + \lambda\,(\mu_t^p - 1)$. Analog berechnet sich der absolute Brechungsindex N einer Prismensubstanz aus dem gegen Luft gemessenen Index n; es ist $N_t = n_t + n\,(\mu_t^p - 1)$. Man kann setzen $(\mu_t^p - 1) = \frac{(\mu_0^{760} - 1)\,p}{(1 + \alpha t)\,760}$, worin $\alpha = 0{,}00367$, gleich dem Ausdehnungskoeffizient der Gase. Die Werte von $(\mu_0^{760} - 1)$ s. Tab. f. Gase.

Bei festen Körpern mißt man in der Regel die Änderung $n_2 - n_1$ des Brechungsindex gegen gleichtemperierte Luft, die eintritt, während sich die Temperatur des Prismas und der Luft von t_1 auf t_2 geändert hat. Hieraus findet man für die Mitteltemperatur $tm = \frac{t_1 + t_2}{2}$ ohne weiteres (in Einheiten der fünften Dezimale) die Änderung des relativen Brechungsindex in gleichtemperierter Luft

$$dn = \frac{10^5\,(n_2 - n_1)}{t_2 - t_1}.$$

Hieraus findet man die Änderung des absoluten Brechungsindex

$$dN = dn - \frac{10^5\,n_1\,(\mu_0^{760} - 1)\,p\,\alpha}{760\,(1 + 2\,\alpha\,tm)}.$$

Für Na-Licht und $n_1 = 1{,}5$ beträgt die an dn anzubringende Korrektion $-0{,}11$, d. h. es ist $dN = dn - 0{,}11$.

Lit. Tab. 211, S. 977.

Änderung dn des relativen Brechungsindex in gleichtemperierter Luft nach Micheli.

λ	Flußspat tm 61,25°	Steinsalz tm 61,8°	Quarz tm 61,4°		Kalkspat tm 61,5°	
	dn	dn	dn_ω	dn_ε	dn_ω	dn_ε
Al 185	−0,296	—	—	—	—	—
Al 186	−0,313	—	—	—	—	—
Al 193	−0,402	—	—	—	—	—
Au 197	−0,451	—	—	—	—	—
Al 198	−0,464	—	—	—	—	—
Au 200	−0,493	—	—	—	—	—
Zn 202	—	+3,134	+0,321	+0,267	—	—
Au 204	−0,538	—	—	—	—	—
Zn 206	—	+2,229	+0,253	+0,198	—	—
Au 208	−0,582	—	—	—	—	—
Zn 210	—	+1,570	+0,193	+0,143	—	—
Au 211	−0,601	—	—	—	+2,150	—
Cd 214	−0,637	+0,851	+0,124	+0,083	+2,025	+2,599
Cd 219	−0,655	+0,235	+0,074	+0,027	+1,814	+2,474
Cd 224	−0,696	−0,187	+0,017	−0,048	+1,643	—
Cd 226	—	−0,382	−0,008	−0,075	—	+2,290
Cd 228	—	−0,598	−0,027	−0,093	—	—
Cd 231	−0,732	−0,757	−0,052	−0,112	+1,397	+2,198
Cd 257	−0,811	−1,979	−0,186	−0,265	+0,950	+1,876
Cd 274	−0,855	−2,396	−0,235	−0,323	+0,772	+1,748
Cd 288	−0,884	−2,602	−0,279	−0,385	+0,670	+1,688
Cd 298	−0,904	−2,727	−0,311	−0,415	+0,604	+1,641
Cd 313	—	−2,862	−0,348	−0,450	+0,510	—
Cd 325	−0,948	−2,987	−0,352	−0,469	+0,469	+1,548
Cd 340	−0,964	−3,068	−0,393	−0,501	+0,397	+1,475
Cd 361	−0,979	−3,194	−0,418	−0,525	+0,360	+1,449
Cd 441	−1,028	−3,425	−0,475	−0,593	+0,325	+1,318
Cd 467	—	−3,454	−0,485	−0,601	+0,319	—
Cd 480	−1,035	−3,468	−0,499	−0,610	+0,305	+1,287
Cd 508	−1,056	−3,517	−0,514	−0,616	+0,287	+1,234
Na 589	−1,089	−3,622	−0,539	−0,642	+0,240	+1,213
Cd 643	—	−3,636	−0,549	−0,653	+0,208	+1,185

Änderung dN des absoluten Brechungsindex für Na-Licht bei verschiedenen Mitteltemperaturen t_m nach Reed.

Flußspat

tm	dN
58,8°	−1,196
66,9	−1,202
152,9	−1,326
233,0	−1,363
277,5	−1,470
326,5	−1,525
385,0	−1,605

Quarz

tm	dN_ω	dN_ε
61,2°	−0,607	−0,766
125,2	−0,673	−0,829
177,0	−0,760	−0,933
227,5	−0,842	−1,012
275,0	−0,949	−1,178
328,0	−1,184	−1,419
385,0	−1,568	−1,840
435,0	−1,927	−2,253

Kalkspat

tm	dN_ω	dN_ε
57,1°	+0,078	+1,094
152,1	+0,100	+1,185
248,5	+0,132	+1,313
349,0	+0,168	+1,435

Martens.

Einfluß der Temperatur auf die Brechungsindices ausgewählter Krystalle.

Literatur hierunter.

Änderung dN des absoluten Brechungsindex für Na-Licht in Einheiten der fünften Dezimale.

Flußspat	Beobachter t_m =	Fizeau (Dufet) 33,5°	Baille 56,5°	Stefan 57,5°	Dufet 27°	Pulfrich 60,5°	Reed 58,8°	Micheli 61,25°
	dN =	−1,11	−1,122	−1,24	−1,34	−1,206	−1,196	−1,193
Quarz	Beobachter t_m =	Fizeau (Dufet) 30°	Dufet 50°	Müller 7°	Pulfrich 59,6°	Reed 61,2°	Micheli 61,4°	
	dN_ω =	−0,598	−0,627	−0,589	−0,638	−0,607	−0,650	
	dN_ε =	−0,709	−0,741	—	−0,754	−0,766	−0,754	
Steinsalz	Beobachter t_m =	Baille 57,8°	Stefan 56,5°	Lagerborg 52,5°	Pulfrich 58,8°	Micheli 61,8°		
	dN =	−3,70	−3,73	−3,53	−3,739	−3,733		
Sylvin	Beobachter t_m =	Stefan 57,5°	Pulfrich 59,5°	**Kalium-Aluminium-Alaun**	Baille 26°	Stefan 25,5°		
	dN =	−3,46	−3,641		−3,14	−1,35		
Kalkspat	Beobachter t_m =	Fizeau 42,5°	Müller 5,7°	Vogel 59,5°	Reed 57,1°	Micheli 61,5°		
	dN_ω =	+0,072	+0,072	+0,089	+0,078	+0,121		
	dN_ε =	+1,103	—	+1,024	+1,094	+1,106		

Amorpher Quarz
Martens III (t_m = 59,8°)

λ	dN
Al 185	+2,318
Al 186	+2,271
Al 198	+1,965
Zn 206	+1,832
Cd 214	+1,728
Cd 219	+1,666
Cd 257	+1,374
Cd 274	+1,301
Cd 298	+1,225
Cd 346	+1,141
Cd 361	+1,127
Cd 441	+1,041
Cd 480	+1,020
Cd 508	+1,021

211

Literatur, betreffend Brechungsindices ausgewählter Krystalle und deren Änderung mit der Temperatur.

Die benutzten Arbeiten sind mit * versehen.

1. Brechungsindices von Flußspat.

Baille, Ann. du conserv. des arts et métiers **7,** 212; 1867.
***Carvallo,** C. r. **116,** 1189; 1893; Ann. chim. phys. (7) **4,** 62, 72; 1895.
Dudenhausen, N. Jahrb. f. Min. **1904** (1), 8–29.
***Gifford,** Proc. Roy. Soc. **70,** 336; 1902.
***Handke,** Diss. Berlin 1898.
Hlawatsch, Groths ZS. f. Kryst. **27,** 606; 1897.
Langley s. Steinsalz-Lit.
***Martens** 1) Ann. d. Phys. (4) **6,** 603; 1901; 2) **8,** 459; 1902.
Mühlheims, Gr. ZS. f. Kryst. **14,** 202; 1888.
***Paschen** 1) Wied. Ann. **53,** 325; 1894; 2) **56,** 762; 1895; 3) Ann. d. Phys. (4) **4,** 299; 1901.
Pulfrich, Wied. Ann. **45,** 639; 1892.
***Rubens,** Wied. Ann. **45,** 254; 1892; **51,** 390; 1894; **53,** 273; 1894.
***Rubens** u. **Snow,** Wied. Ann. **46,** 540; 1892.
***Sarasin,** Arch. d. sc. phys. et nat. (3), **10,** 304; 1883.
Erich Schmidt, Diss. Rostock 1912.
***H. Th. Simon,** Diss. Berlin 1894; Wied. Ann. **53,** 552; 1894.
***Stefan,** Wien. Ber. **63** (2), 239; 1871.

2. Brechungsindices von Steinsalz.

Baden-Powell, Pogg. Ann. **69,** 110, 1846.
Baille, Ann. du conserv. des arts et métiers **7,** 212; 1867.
Bedson u. **Williams,** Ber. chem. Ges. **14,** 2549; 1881.
***Borel,** C. r. **120,** 1406; 1895; Arch. d. sc. phys. et nat. (3) **34,** 134—157, 230; 1895.
Dudenhausen s. Flußspat-Lit.
***Dufet,** Bull. soc. min. **14,** 130; 1891.
Grailich, Krystallogr. opt. Unters. Wien u. Olmütz 1858.
Haagen, Pogg. **131,** 117; 1867.
***Joubin,** Ann. chim. phys. (6) **16,** 135; 1889.
Nanny Lagerborg, Bihang Svensk. Vet. Akad. Handl. **13,** [1]; 1887.
***Langley,** Sill. Amer. J. of sc. (3) **30,** 477; 1883. Ann. chim. phys. (6) **9,** 492; 1886. (Steinsalz.) Hauptarbeit: Ann. of the Astrophys. Obs. of the Smithsonian Inst. Washington, Government Printing Office. 1900, 221 u. 222 Flußspat, 234 Steinsalz.
***Martens** s. Flußspat-Lit.
Mühlheims s. Flußspat-Lit.
***Paschen** 1) Wied. Ann. **53,** 340; 1894; 2) Ann. d. Phys. (4) **26,** 120, 1029; 1908.
Pulfrich s. Flußspat-Lit.
***Rubens,** Wied. Ann. **45,** 254; 1892; **53,** 278; 1894; **54,** 482; 1895. Ann. d. Phys. (4) **26,** 615; 1908.
***Rubens** u. **Aschkinass, 67,** 459; 1899.
***Rubens** u. **E. F. Nichols,** Wied. Ann. **60,** 45; 1897.
Rubens u. **Snow,** Wied. Ann. **46,** 535; 1892.
***Rubens** u. **J. Trowbridge,** Wied. Ann. **60,** 733; 1897; **61,** 224; 1897.
Stefan s. Flußspat-Lit.
Tesch, Proc. Roy. Acad. Amsterdam **5,** 602–605; 1903.

Literatur, betreffend Brechungsindices ausgewählter Krystalle und deren Änderung mit der Temperatur.

3. Brechungsindices von Sylvin.

*Dufet s. Steinsalz-Lit.
Grailich desgl.
Groth, Pogg. Ann. 135, 666; 1868.
*Martens s. Flußspat-Lit.
*Paschen, Ann. d. Phys. (4) 26, 120, 1029; 1908.
*Pulfrich s. Flußspat-Lit.
*Rubens, Wied. Ann. 53, 285; 1894; 54, 481; 1895; Ann. d. Phys. (4) 26, 615; 1908.
*Rubens u. E. F. Nichols, Wied. Ann. 60, 451; 1897.
Rubens u. Snow, Wied. Ann. 46, 535; 1892.
*Rubens u. J. Trowbridge, Wied. Ann. 60, 733; 1897.
*Stefan s. Flußspat-Lit.
*Trowbridge, Wied. Ann. 65, 612; 1898; Ann. d. Phys. (4) 27, 231; 1908.
Tschermak, Wien. Ber. 58 (2), 144; 1868.

4. Brechungsindices von Quarz.

Baille s. Flußspat-Lit.
*Carvallo, C. r. 126, 728; 1898.
Danker, N. Jahrb. f. Mineral. Blgbd. 4, 241; 1885.
*Dufet, Bull. soc. min. 8, 210; 1885; 13, 274; 1890; 16, 165; 1893; Séances soc. franç. de phys. 1901, 63–64.
Esselbach, Pogg. Ann. 98, 541; 1856.
*Gifford s. Flußspat-Lit.
Gifford u. Shenstone, Proc. Roy. Soc. 73, 201 bis 208; 1904.
Hallock, Wied. Ann. 12, 147; 1881.
v. Lang, Pogg. Ann. 140, 460; 1870.
*Macé de Lépinay, J. de phys. (2), 6, 130; 1887; (3) 1, 31; 1892; Ann. chim. phys. (7) 5, 210; 1895.
*Martens, 1) u. 2) s. Flußspat-Lit.; 3) Verh. deutsch. Physik. Ges. 6, 308; 1904.
Mascart, Ann. de l'école norm. sup. (1) 1, 238; 1864; 4, 7; 1867.
Mouton, C. r. 88, 1189; 1879 (Ultrarot).
Mühlheims s. Flußspat-Lit.
*Müller, Publ. d. Astrophysik. Obs. Potsdam 4, 151; 1885.
E. F. Nichols, Wied. Ann. 60, 414; 1897 (Ultrarot).
F. Paschen, Ann. d. Phys. (4) 35, 1005; 1911.
Pulfrich s. Flußspat-Lit.
Quincke, Festschr. naturf. Ges. Halle, 1879. Wied. Beibl. 4, 123; 1880.
*Rubens, Wied. Ann. 45, 254; 1892; 53, 277; 1894; 54, 488; 1895.
*Rubens u. Aschkinass, Wied. Ann. 67, 459; 1899.
Rudberg, Pogg. Ann. 14, 45; 1828.
*Sarasin, Arch. sc. phys. (2) 61, 116; 1878; C. r. 85, 1232; 1877.
*H. Th. Simon s. Flußspat-Lit.
*Trommsdorff, Diss. Jena, 1901; Physik. ZS. 2, 576; 1901.
*van der Willigen, Arch. Musée Teyler 2, 140; 1869; 3, 68, 169; 1874.
Wülfing, Tschermaks Mitt. 15, 60, 65; 1896.

5. Brechungsindices von Kalkspat.

Beckenkamp, Groths ZS. f. Kryst. 20, 167; 1892.
*Carvallo, J. de phys. (2) 9, 257; 1890; Ann. de l'école norm. sup. (3) 7, Suppl. 112; 1890; C. r. 126, 950; 1898; J. de phys. (3) 9, 465; 1900.
Cornu, Ann. de l'école norm. sup. (2) 3, 1; 1874; 9, 21; 1880.
Danker s. Quarz-Lit.
*Dufet, Bull. soc. min. 16, 165; 1893.
*Gifford s. Flußspat-Lit.
Glazebrook, Proc. Roy. Soc. 29, 204; 1879.
Hastings, Sill. Amer. J. sc. (3) 35, 60; 1888.
Martens s. Flußspat-Lit.
Mascart s. Quarz-Lit.
Mühlheims s. Flußspat-Lit.
*Müller s. Quarz-Lit.
*Offret, Bull. soc. min. 13, 405; 1890.
Rudberg s. Quarz-Lit.
*Sarasin, C. r. 95, 680; 1882; Arch. sc. phys. (3) 8, 394; 1882; J. de phys. (2) 2, 370; 1883.
*van der Willigen, Arch. Musée Teyler 3, 48; 1874.

6. Brechungsindices von Alaunen u. Diamant.

Baille s. Flußspat-Lit.
Becquerel, Ann. chim. phys. (5) 12, 5; 1877; C. r. 84, 211; 1877.
*Borel s. Steinsalz-Lit.
*Christiansen s. Topsoe.
*Craw, ZS. f. phys. Chem. 19, 276; 1896.
Dufet s. Steinsalz-Lit.
*Erdmann, Ann. d. Pharmacie 232, 3; 1894.
*Fock, Groths ZS. f. Kryst. 4, 583; 1880.
*Grailich s. Steinsalz-Lit.
*F. Kohlrausch, Wied. Ann. 4, 1; 1878.
*Martens (2) s. Flußspat-Lit.
*Mühlheims s. Flußspat-Lit.
*Schrauf, Wied. Ann. 22, 424; 1884.
*Ch. Soret, Arch. sc. phys. (3) 12, 553; 1884; 1) 13, 5; 1885; 2) 20, 517; 1888; 3) C. r. 99, 867; 1884; 101, 156; 1885.
*Stefan s. Flußspat-Lit.
*Topsoe u. Christiansen, Pogg. Ann. Ergbd. 6, 499; 1874; Ann. chim. phys. (5) 1, 25; 1874.
*Walter, Wied. Ann. 42, 510; 1891.
*Wülfing s. Quarz-Lit.

7. Einfluß von Temperatur und Druck†) auf die Brechungsindices ausgew. Krystalle.

Baille s. Flußspat-Lit.
Borel s. Steinsalz-Lit.
Dufet s. Lit. über Steinsalz, Quarz, Kalkspat.
Fizeau, Ann. chim. phys. (3) 60, 429; 1862; (4) 2, 181; 1864; Pogg. Ann. 119, 87; 1863.
Lagerborg s. Steinsalz-Lit.
Martens, 3) Verh. deutsch. Phys. Ges. 6, 308; 1904.
Martens u. Micheli, Verh. deutsch. Phys. Ges. 6, 311; 1904.
Micheli, Ann. d. Phys. (4) 7, 772; 1902.
Müller s. Quarz-Lit.
†Pockels, Ann. d. Phys. (4) 11, 726; 1903.
Pulfrich s. Flußspat-Lit.
Reed, Diss. Jena 1897; Wied. Ann. 65, 734; 1898.
Stefan s. Flußspat-Lit.
Vogel, Wied. Ann. 25, 92; 1885.

8. Absorption, Reflexion und Emission ausgewählter Krystalle.

Aschkinass, Ann. d. Phys. (4) 1, 42; 1900.
Handke, Diss. Berlin, 1908.
Koch, Ann. d. Phys. (4) 26, 974; 1908.
E. F. Nichols, Wied. Ann. 60, 414; 1897.
Pflüger, Ann. d. Phys. (4) 7, 806; 1902.
Rosenthal, Diss. Berlin 1899; Wied. Ann. 68, 783; 1899.
Rubens u. Aschkinass, Wied. Ann. 65, 241; 1898; 67, 459; 1899.
Rubens u. Nichols, Wied. Ann. 60 418. 724; 1897.
Rubens u. v. Baeyer, Berl. Ber. 1911, 339; 666.

Martens.

Brechungsindices optisch isotroper fester Substanzen,

außer Metallen (Tab. 207), ausgewählten Krystallen (Tab. 209) und ausgewählten amorphen Substanzen (Tab. 208).

Lit. Tab. 215, S. 1010.

Bezeichnung und Wellenlänge der hauptsächlich gebrauchten Spektrallinien (vergl. Tab. 202, S. 952):

H	G	Hγ	(Hβ od. F)	b	E	Tl	(Na od. D)	(Hα od. C)	Li	B	a	A	Kα
396	431	434	486	518	527	535	589	656	671	686	718	760	768 μμ

Für die verschiedenen Krystallsysteme sind folgende Zeichen gewählt:

Kubisches, reguläres oder tesserales System . . . K . . . (optisch isotrop)
Hexagonales System . . . . H
Trigonales oder rhomboedrisches System . . . . R (optisch einachsig),
Tetragonales, quadratisches oder pyramidales System Q
Rhombisches oder orthorhombisches System . . . O
Monoklines System . . . . M (optisch zweiachsig).
Triklines System . . . . T

Für die optischen Konstanten sind folgende Bezeichnungen gewählt:

Es ist n der Brechungsexponent bei isotropen Substanzen und Krystallen,
n_ω „ des ordentlichen Strahls bei optisch einachsigen Krystallen,
n_ε „ des außerordentlichen Strahls bei optisch einachsigen Krystallen,
n_α der kleinste Hauptbrechungsexponent bei optisch zweiachsigen Krystallen,
n_β der mittlere „ „ „ „ „
n_γ der größte „ „ „ „ „
$2V$ der wahre Winkel der optischen Achsen bei optisch zweiachsigen Krystallen.

Die Namen der nachfolgenden Krystalle sind nicht alphabetisch eingeordnet sondern unter den Gruppennamen angegeben.

Optische Verh.	Gruppe	Krystalle
zweiachsig	**Amphibole**	Aktinolit, Antophyllit, Gedrit, Hornblende oder Pargasit, Tremolit.
zweiachsig	**Feldspate**	a) Kalifeldspate oder Orthoklase: Adular, Mikrolin, Sanidin; b) Natronfeldspate oder Plagioklase: Albit, Anorthos, Oligoklas; c) Kalkfeldspat: Anorthit.
isotrop	**Granate**	Almandin, Grossular, Melanit, Pyrop, Spessartin, Ouwarowit.
zweiachsig	**Glimmer**	Biotit, Muscowit, Phlogopit.
zweiachsig	**Peridote**	Fayalit, Forsterit, Monticellit, Olivin, Titanolivin.
zweiachsig	**Pyroxene**	Augit, Bronzit, Diallag, Diopsid, Eustatit, Hedenbergit, Hypersthen.
isotrop	**Quarze**	amorpher geschmolzener Quarz; Achat; Hyalith; Hydrophan; Obsidian; Opal; Pollux; Tabaschir.
einachsig	„	Quarz; Amethyst; Citrinquarz.
zweiachsig	„	Tridymit.

Form	Substanz Beobachter	Lichtart	n
am	**Akrylsäuremethylester** $C_4H_6O_2$, (fester, polymerer) Kahlbaum.	Hβ	1,4786
		Na	1,4725
		Hα	1,4700
	Alaune s. Tab. 209e, S. 974.		
	Aluminate s. Spinelle.		
K	**Ammoniumchlorid** NH_4Cl, (Salmiak), Grailich, 2 Prismen, Mittel	G	1,6613
		F	1,6533
		E	1,6464
		D	1,6422
		C	1,6366
		B	1,6326
	Ammoniumeisenchlorid $2NH_4Cl \cdot FeCl_2$, Grailich	E	1,6532
		D	1,6439
		B	1,6340
K	**Ammoniumfluosilikat** $2NH_4Fl + SiFl_4$, Topsoe u. Christiansen	F	1,3723
		D	1,3696
		C	1,3682
K	**Ammoniumjodid** NH_4J, Topsoe u. Christiansen	F	1,7269
		D	1,7031
		C	1,6938
K	**Amphigen** o. Leucit, $K_2Al_2Si_4O_{12}$ Des Cloizeaux 8 u. 10	Na	1,508
		rot	1,507
	Zymányi 2	Na	1,5086
K	**Analcim** $(SiO_3)_2AlNaH_2O$,		
	Des Cloiseaux 8	rot	1,4874
	Zymányi 2 (vom Aetna) .	Na	1,4881
	„ (von d. Kerguelen)	Na	1,4861
K	**Arsenbisulfid** (Realgar) As_2S_2, Jamin	?	2,454
K	**Arsenit** (Arsenigsäureanhydrid) As_4O_6, Des Cloiseaux 8	Na	1,755
		Li	1,748
am	**Asphalt**, E. L. Nichols . . .	Na 568	1,634
		Na 589	1,635
		Li 610	1,628
		Li 670	1,621

Brechungsindices optisch isotroper fester Substanzen,

außer Metallen (Tab. 207), ausgewählten Krystallen (Tab. 209) und ausgewählten amorphen Substanzen (Tab. 208).

Lit. Tab. 215, S. 1010.

Form	Substanz Beobachter	Lichtart	n
K	**Baryum-Calciumpropionat** $BaCa_2(C_3H_5O_2)_6$, Fritz u. Sassoni	Na	1,4442
K	**Baryumnitrat** $Ba(NO_3)_2$, Fock	Na	1,5716
	Topsoe u. Christiansen . .	F	1,5825
		D	1,5712
		C	1,5665
am	**Bernstein,** F. Kohlrausch . .	Na	1,532
	Mühlheims . . .	F	1,5543
		D	1,5462
		C	1,5430
		a	1,5406
am	**Bleiglätte** (Bleioxyd) PbO, Jamin	?	2,076
K	**Bleinitrat** $Pb(ON_3)_2$,		
	Topsoe u. Christiansen	F	1,8065
		D	1,7820
		C	1,7730
	Bleisuperoxydhydrat, Wernicke 1	D	2,229
		C	2,010
	$PbO_2 \cdot H_2O$?	B	1,802
K	**Blende** ZnS, Becquerel I . .	Na	2,369
	Baille bei 13° .	F	2,4350
		D	2,3695
		C	2,3461
	Des Cloizeaux 8	Na	2,369
		Li	2,341
	Ramsay . . .	Tl	2,4007
		Na	2,3692
		Li	2,341
am	**Borax** $Na_2B_4O_7$ (Natriumborat) geschmolzen,	Hβ	1,5216
	Bedson u. Williams	Na	1,5147
	Krystall. s. Tab. 214 d, S. 993.	Hα	1,5139
am	**Borsäureanhydrid** B_2O_3 geschmolzen,	Hβ	1,4623
	Bedson und Williams	Na	1,4637
		Hα	1,4694
am	**Brasilintetramethyläther** $C_{20}H_{22}O_5$,	Hβ	1,62556
	Schall u. Dralle	Na	1,60706
		Hα	1,60436
am	**Butter** in Beers Optik, Young	?	1,474
	Wollaston	?	1,480
am	**Canadabalsam** in Beers Optik,		
	Wollaston . . .	?	1,528
	Young	?	1,532
K	**Chromit** $FeCr_2O_4$, Thoulet, vergl. Spinelle	?	2,0965
	Cuprit (Ziguelin) s. Kupferoxydul.		
	Diamant s. Tab. 209 f., S. 975.		

Form	Substanz Beobachter	Lichtart	n
am	**Ebonit,** Jellet (in Ayrton u. Perry)	weiß	1,611
	Ayrton u. Perry	rot	1,66
	Flußspat s. Tab. 197		
K	**Gahnit** $ZnAl_2O_4$, vgl. Spinell Rosenbusch	?	1,765
am	**Glas.** Sind n_F, n_D, n_C die in Luft gemessenen Brechungsexponenten eines Glases für die Fraunhofer'schen Linien F, D und C, so bezeichnet man $n_D - 1$ als Lichtbrechungsvermögen, $n_F - n_C$ als mittlere Dispersion des Glases. Die Verwendbarkeit eines Glases zu achromatischen Linsen u. a. wird nicht nur durch den Wert von n_D, sondern wesentlich auch durch die sog. „reziproke relative Dispersion", $\nu = \frac{n_D - 1}{n_F - n_C}$ bestimmt. Im Nachstehenden sind einige Kron- und Flintgläser des Glaswerkes Schott u. Gen. angeführt, um die große Verschiedenheit der optischen Eigenschaften der angebotenen Gläser zu zeigen; näheres ist aus den Preisverzeichnissen ersichtlich.		
	O. 3446 Kron mit niedrigem n_D	1,4650	65,7
	3199 Ultraviolettdurchlässiges Kron	1,503	64,4
	O. 144 Borosilikat-Kron. . .	1,5100	63,5
	O. 211 Schwerst. Baryumsilikat-Kron	1,5726	57,5
	O. 1209 Schwerstes Baryt-Kron	1,6112	57,2
	3248 Ultraviolettdurchlässiges Flint	1,533	55,4
	O. 3419 Fernrohr-Flint . . .	1,5154	54,6
	O. 2988 Baryt leicht Flint .	1,5821	53,3
	S. 249 Schwerstes ultraviolettdurchlässiges Flint	1,653	51,4
	O. 3413 Borosilikat-Flint . .	1,5484	49,3
	O. 103 Gewöhnl. Silikat-Flint	1,6202	36,2
	O. 102 Schweres Silikat-Flint.	1,6489	33,8
	S. 57 Schwerstes Silikat-Flint	1,9626	19,7

Granat, K. Einteilung Lacroix 4.

I. Pyrop $(MgO)_3 . Al_2O_3 . (SiO_2)_3$; Wülfing i. Rosenbusch.

λ	1	2	3	4
Tl	1,7451	1,7479	1,7545	1,7503
Na	1,7412	1,7439	1,7504	1,7464
Li	1,7369	1,7396	1,7459	1,7420

Martens.

Brechungsindices optisch isotroper fester Substanzen,

außer Metallen (Tab. 207), ausgewählten Krystallen (Tab. 209) und ausgewählten amorphen Substanzen (Tab. 208).

Lit. Tab. 215, S. 1010.

Granat. (Fortsetzung.)

II. Grossular oder **Hessonit** $(CaO)_3 . Al_2O_3 . (SiO_2)_3$; Wülfing in Rosenbusch.

λ	1	2	3	4
Tl	1,7480	1,7482	1,7617	1,7676
Na	1,7438	1,7441	1,7569	1,7626
Li	1,7394	1,7399	1,7520	1,7575
Lacroix 4	Na		1,7474	s. a. Tschichatscheff in Rosenbusch
	Li		1,7428	

III. Spessartin $(MnO)_3Al_2O_3 . (SiO_2)_3$.

λ	Wülfing		Lacroix 4	
Tl	1,8158		—	
Na	1,8105		1,7991	
Li	1,8050		1,7940	

IV. Almandin $(FeO)_3Al_2O_3 . (SiO_2)_3$.

λ	Wülfing 1	Wülfing 2	Brun	Lacroix 4
Tl	1,8159	1,8125	1,805	—
Na	1,8109	1,8078	1,800	1,8122
Li	1,8052	1,8022	1,795	1,8051

V. Ouwarowit $(CaO)_3 . Cr_2O_3 . (SiO_2)_3$.

nach Wülfing	Tl	1,8449
	Na	1,8384
	ca. 650 μμ	1,8318

VI. Melanit $(CaO)_3 . FeO_3 . (SiO_2)_3$.

λ	Osann	Wülfing	
Tl	1,9005	1,8659	vergl. auch Nordenskjöld 1
Na	1,8893	1,8566	
Li	1,8780	1,8467	

Form	Substanz Beobachter	Lichtart	n
K	**Hauyn**, (von Niedermendig) Tschichatscheff in Rosenbusch	Na	1,4961
	(von Latium) Zymányi 2	Na	1,5027
K	**Helvin**, Michel Lévy u. Lacroix 2	Na	1,739
	Hercynit s. Spinell.		
am	**Itaconsäureäthyläther** I, Knops.		
am	**Itaconsäuremethyläther** II, Knops.		

λ	I	II
434	1,50044	1,50409
486	1,49534	1,49898
589	1,48937	1,49271
656	1,48685	1,49018
768	1,48435	1,48778

Form	Substanz Beobachter	Lichtart	n
K	**Kaliumbromid** KBr, Topsoe u. Christiansen	Hγ	1,5814
		F	1,5715
		D	1,5593
		C	1,5546
	Kaliumchlorid (Sylvin) s. Tab. 197a		
K	**Kaliumchlorostannat** $2 KCl \cdot SnCl_4$, Topsoe u. Christiansen	F	1,6717
		D	1,6574
		C	1,6517
K	**Kaliumjodid** KJ, Topsoe u. Christiansen	F	1,6871
		D	1,6666
		C	1,6584
K	**Kalium-Zinkcyanid** $2 KCN \cdot Zn (CN)_2$, Grailich	violett	1,4235
		blau	1,4195
		gelb	1,4115
		rot	1,4065
am	**Kupferoxyd** CuO, Kundt ...	blau	3,18
	" ...	weiß	2,84
	" ...	rot	2,63
K	**Kupferoxydul** Cu_2O, (Cuprit, auch Ziguelin gen.) Fizeau 1	Li	2,8489
	Wernicke 1 (künstliches, amorphes) (s. a. Becquerel 3)	F	2,963
		E	2,816
		D	2,705
		C	2,558
		B	2,534
	Leucit s. Amphigen.		
K	**Magnesiumbromat** $Mg (BrO_3)_2 + 6 H_2O$, Ortloff	Na	1,5139
am	**Mangansuperoxydhydrat**, $MnO_2 \cdot H_2O$?, Wernicke	E	1,944
		D	1,862
		C	1,801
am	**Mastix** in Beers Optik: Wollaston .	?	1,535
	Young ...	?	1,539
	Brewster . .	?	1,560
	Metalloxyde: Bi, Fe s. Kundt, Ag, Au, Pd, Pt s. Graeser.		
K	**Natriumbromat** $NaBrO_3$, Craw	Na	1,5943

Martens.

Brechungsindices optisch isotroper fester Substanzen,

außer Metallen (Tab. 207), ausgewählten Krystallen (Tab. 209) und ausgewählten amorphen Substanzen (Tab. 208).

Lit. Tab. 215 S. 1010.

Form	Substanz Beobachter	Lichtart	n
K	**Natriumchlorat,** $NaClO_3$. Beob.: I. Dussaud, II. Borel (19°), s. a. Kohlrausch.		

Elem.	λ	I	II
Cd	231	—	1,61586
Cd	257	1,58500	1,58607
Cd	274	1,57203	1,57271
Cd	325,5	1,54700	1,54931
Cd	340	1,54421	1,54452
Cd	346	1,54242	1,54278
Cd	361	1,53883	1,53917
Hβ	486	1,52161	—
Na	589	1,51510	1,51523
Hα	656	1,51267	—
a	718	1,51097	—

Form	Substanz Beobachter	Lichtart	n
	Natriumchlorid (Steinsalz) s. Tab. 209a, S. 970.		
K	**Natriumfluoarseniat** $2\,Na_3AsO_4 + NaF + 19\,H_2O$, Baker	Tl Na Li	1,4726 1,4693 1,4657
K	**Natriumfluophosphat** $2\,Na_3PO_4 + NaF + 19\,H_2O$, Baker	Tl Na Li	1,4545 1,4519 1,4489
K	**Natriumfluovanadat** $2\,Na_3VO_4 + NaF + 19\,H_2O$, Baker	Tl Na Li	1,5284 1,5230 1,5171
K	**Natriumvanadat** $Na_3VO_4 + 10\,H_2O$, Baker vergl. Tab. 213c, S. 987.	Tl Na Li	1,5366 1,5305 1,5244
am	**Nickeloxyd** NiO, Kundt	blau weiß rot	2,39 2,23 2,18
K	**Northupit** $MgCO_3 \cdot Na_2CO_3 \cdot NaCl$, Pratt 2	Tl Na Li	1,5180 1,5144 1,5117
K	**Nosean** (vom Laacher See) $2(Na_2Al_2Si_2O_8) + 2\,Na_2SO_4$, Zymányi 2	Na	1,4950
	Oxyde s. Metalloxyde.		
	Periklas MgO (vom Monte Somma) Michel Lévy u. Lacroix 2	Na	1,66
	Mallard 4 (künstlich)	Tl Na Li	1,7413 1,7364 1,7307

Form	Substanz Beobachter	Lichtart	n
am	**Perowskit** s. Tab. 214r, S. 1006.		
	Perubalsam, Baden-Powell 19,2°	F D C	1,613 1,593 1,587
am	**Phosphor,** P. Gladstone u. Dale 25°	Äuß. Viol. ca. 396 $\mu\mu$ D 589 A 760	2,3097 2,1442 2,1059

	λ	29,2°	34,7°	37,5°
Damien	Hγ 434	2,19885	2,19748	2,19462
	Hβ 486	2,15831	2,15766	2,15388
	Hα 656	2,09300	2,09154	2,08873

Form	Substanz Beobachter	λ	n
	Quarze: amorph und kryst. s. Tab. 209, S. 969.		
am	I. **Achat** SiO_2 Des Cloizeaux Kohlrausch . .	rot Na	1,537 1,540
am	II. **Hyalith** SiO_2 + aq, Des Cloizeaux 1 „ von Waltsch) Zymányi 2	rot rot Na	1,4374 1,4555 1,458
am	III. **Hydrophan** SiO_2 + aq, Des Cloizeaux 9 (mittel) rotes Licht. . . .	trocken 1,39	getränkt 1,44
am	IV. **Obsidian** SiO_2, Des Cloizeaux 8	Na Li	1,485 1,482
	„ Kohlrausch	Na	1,4953
	Mühlheims	F D C B	1,50174 1,49644 1,49389 1,49278
	Corning in Rosenbusch	Na	1,4841
am	V. **Opal** SiO_2 + aq,		(Mittel)
	Des Cloizeaux 9 (a. Guatemala)	rot	1,446
	Baille (a. Mexiko).	Na	1,44807
	Zymányi 2 (Milchopal a. Mähren)	Na	1,4536
	Brun 1 (künstl. Opal)	Hγ Hβ Na Hα Kα(768)	1,46737 1,46358 1,45883 1,45677 1,45431

Martens.

Brechungsindices optisch isotroper fester Substanzen,

außer Metallen (Tab. 207), ausgewählten Krystallen (Tab. 209) und ausgewählten amorphen Substanzen (Tab. 208).

Lit. Tab. 215, S. 1010.

Form	Substanz Beobachter	Lichtart	n
am	VI. **Pollux** SiO_2 mit Cs- u. Al-Oxyd		
	Des Cloizeaux 8 (von Elba)	blau	1,527
		Na	1,517
		rot	1,515
	Penfield in Wells (v. Hebron)	Tl	1,5273
		Na	1,5247
		Li	1,5215
am	VII. **Tabaschir** $SiO_2 + aq$ (vergl. Des Cloizeaux 1, Brücke, Blasius) Hintze 2, mit Terpentinöl getränkt	Tl	1 4739
		Na	1,4698
	Realgar s. Arsenbisulfid.		
K	**Rubidiumbromid** RbBr, Craw	Na	1,5533
K	**Rubidiumchlorid** RbCl, Craw	Na	1,4928
K	**Rubidiumjodid** RbJ, Leblanc i. Erdmann	Na	1,6262
	Salmiak s. Ammoniumchlorid.		
am	**Schiefer** (von Devon) F. Kohlrausch	Na	1,534
K	**Senarmontit** Antimonige Säure Sb_2O_3, Des Cloizeaux 8	Na	2,087
		rot	2,073
	Baille	gelb	2,0875
am	**Silberbromid** AgBr,	I	II
	Wernicke $\lambda = 431$	2,360	—
	I Interferenz 486	2,303	2,3148
	II Prisma 589	2,261	2,2536
	656	—	2,2336
am	**Silberchlorid** AgCl,	I	II
	Wernicke 2 $\lambda = 431$	2,135	—
	$H\gamma$ 434	—	2,1314
	I Interferenz 486	2,101	2,0965
	II Prisma 589	2,071	2,0622
	656	—	2,0473
	Des Cloizeaux 14 589	2,071	—
am	**Silberjodid** AgJ,	I	II
	Wernicke 2 $\lambda = 431$?	2,409	2,405
	I Interferenz 486	2,267	2,2787
	II Prisma 589	2,202	2,1816
	656	—	2,1531
	Des Cloizeaux i. Fizeau gelb	2,23	
	Kundt weiß	2,31	
K	**Sodalith** $Na_4Al_2Si_3O_{12}Cl$,	I	II
	Feußner 2 $\lambda = 406$	1,496	1,493
	I blau (von Tiahuanaco) 535	1,4855	1,4860
	II weiß (vom Vesuv) 589	1,4827	1,4833
	(Mittel) 670	1,4796	1,4802
	Tschichatscheff in Rosenbusch	Na	1,4858
	Zymányi 2 (von Ditro) . .	Na	1,4834
	Franco 2 (vom Monte Santo)	Na	1,483
K	**Spinell** $MgAl_2O_4$,		
	Des Cloizeaux 8, rosa . .	blau	1,7261
		Na	1,7155
		Li	1,7121
	Zymányi 2, roter (von Ceylon)	Na	1,7167
	„ blauer (von Aker) .	Na	1,7200
		I	II
	I Bauer 2 blau	1,7272	—
	II Buß in Bauer 2 grün	1,7240	1,7323
	gelb	1,7201	1,7257
	rot	1,7171	1,7206
	vergl. Chromit $FeCr_2O_4$		
	Gahnit $ZnAl_2O_4$		
	Hercynit $FeAl_2O_4$		
	Chrysoberyll s. Tab. 214f, S. 995.		
	Steinsalz s. Tab. 209a, S. 970.		
K	**Strontiumnitrat** $Sr(NO_3)_2$, Fock	Na	1,5667
	Craw	Na	1,5665
	Sylvin s. Tab. 209b, S. 971.		
K	**Zinkbromat** $Zn(BrO_3)_2 + 6H_2O$, Ortloff	Na	1,5452

Martens.

Brechungsexponenten einachsiger Krystalle gegen Luft.

Lit. Tab. 215, S. 1010.

Form	Substanz Beobachter	Licht-art	n_ω	n_ε
R	**Alunit** $K_2SO_4 . Al_2(SO_4)_3 + 2 H_6Al_2O_6$, Michel Lévy u. Lacroix I	Na	1,572	1,592
Q	**Ammoniumarsenat, saures,** $NH_4H_2AsO_4$, Topsoe u. Christiansen	F	1,5858	1,5296?
		D	1,5766	1,5217
		C	1,5720	1,5185
Q	**Ammonium-Cadmiumchlorid** $2 NH_4Cl . CdCl_2$, Schrauf 1	E	1,6111	1,6114
		D	1,6038	1,6042
		B	1,5958	1,5961
	Ammoniumeisencyanid-Ammoniumchlorid, siehe Grailich, S. 133			
Q	**Ammonium-Kupferchlorid** $2 NH_4Cl . CuCl_2 + 2 H_2O$, De Sénarmont 1	Na	1,744	1,724
	Ammoniumhyposulfatchlornatrium $NH_4HS_2O_6 . NaCl$, Kohlrausch	Na (23°)	1,5546	1,5352
Q	**Ammoniumphosphat, saures,** $NH_4H_2PO_4$, Topsoe und Christiansen	Hγ	1,5372	1,4894
		F	1,5314	1,4847
		D	1,5246	1,4792
		C	1,5212	1,4768
Q	**Ammonium-Uranylacetat,** Schrauf 1	E	1,4862	1,4987
		D	1,4808	1,4933
		B	1,4754	1,4877
Q	**Anatas** TiO_2, Schrauf 2 .	E	—	2,51261
		D	2,53536	2,49585
		B	2,51118	2,47596
	Wülfing bei Rosenbusch (An. vom Binnenthal) vergl. Rutil, Brookit	Tl	2,6066	2,5262
		Na	2,5618	2,4886
		Li	2,5183	2,4523
R	**Antimonsilberblende** [1]**,** Rotgiltigerz, Argyrithros Ag_3SbS_3 (v. Andreasberg) Fizeau in D. Cloizeaux 8	Na	3,084	2,881
H	**Antimonyl-Strontiumtartrat** $Sr(SbO)_2(C_4H_4O_6)_2$ Des Cloizeaux 2 . . .	rot	1,6827	1,5874
H	**Apatit** $Ca_5P_3O_{12}(ClF)$ (v. Zillerthal) Heußer 21°	G	1,65953	1,65468
		F	1,65332	1,64867
		D	1,64607	1,64172
	(von Jumilla) Lattermann i. Rosenbusch	Na	1,6388	1,6346
	(von Spanien) Schrauf 2	E	1,64324	1,63824
		D	1,63896	1,63448
		B	1,63463	1,63053
	Zymányi 2 (v. Jumilla)	Na	1,637	1,633
	Zymányi 2 (v. Sulzbachthal)	Na	1,6355	1,6329
	Zymányi 2 (v. Tyrol)	Na	1,6449	1,6405
Q	**Apophyllit** $(K_2H_2)_2CaSi_2O_7$ Des Cloizeaux 9 (von Naalsöe)	Na	1,5317	1,5331
	Kohlrausch 22°	Na	1,5343	1,5369
	Lüdecke 1 (v. Andreasberg)	Na	1,5337	1,5356
		Li	1,5309	1,5332
	Lüdecke 1 (von Farör)	Na	1,5356	1,5368
	Lüdecke 1 (von Hestöe)	Na	1,5331	1,5414
	Pulfrich 1 (von Tyrol)	Tl	1,5405	1,5429
		Na	1,5379	1,5404
		Li	1,5340	1,5369
	Zymányi 2 (mittel) . .	Na	1,5343	1,5368
	Gentil (von Algerien) .	Na	1,5347	1,5368
		Li	1,5328	1,5343
	Argyrithrose, s. Antimonsilberblende			
H	**Benzil,** $(C_6H_5CO)_2$ Martin	Na	1,6588	1,6784
	Des Cloizeaux 4,	Na	1,6589	1,6783
H	**Beryll** oder Smaragd $(BeO)_3 . Al_2O_3 . (SiO_2)_6$ Heußer	grün	1,5751	1,5707
	Des Cloizeaux 1 (v. Elba)	grün	1,577	1,572
	Schrauf 2 (von Elba) .	E	1,5771	1,5715
		D	1,5734	1,5684
		B	1,5703	1,5654
	(von Brasilien)	E	1,5866	1,5798
		D	1,5821	1,5757
		B	1,5776	1,5715
	(von Nertschinsk)	E	1,5743	1,5697
		D	1,5703	1,5659
		B	1,5663	1,5617
	Kohlrausch, wasserhell	Na	1,5725	1,5678
	bläulichgrün	Na	1,5804	1,5746
	Dufet 2	Tl	1,59210	1,58485
		Na	1,58935	1,58211
		Li	1,58620	1,57910
	Danker (von Nertschinsk)	Na	1,57194	1,56739
	Offret 20° (wasserheller Beryll)	Cd 480	1,58045	1,57535
		Cd 508	1,57840	1,57332
		Cd 537	1,57657	1,57150
		Na 589	1,57404	1,56903
		Cd 643	1,57183	1,56690
		Li 670	1,57098	1,56605
	Lacroix 5 (farblos von Villeder) . . .	Na	1,5785	1,5735
	(rosa von Madagaskar)	Na	1,5825	1,5761
H	**Berylliumoxyd** (Glucin) BeO, Mallard 2 . . .	Na	1,719	1,733
Q	**Berylliumsulfat** $BeSO_4 + 4 H_2O$ Topsoe u. Christiansen	F	1,4779	1,4450
		D	1,4720	1,4395
		C	1,4691	1,4374
	Wulff	F	1,4769	1,4367
		D	1,4714	1,4322
		C	1,4686	1,4299
Q	**Blei-Calciumpropionat** $PbCa_2(C_3H_5O_2)_6$ Fritz u. Sassoni	Tl	1,5310	1,5436
		Na	1,5268	1,5389
		Li	1,5231	1,5341
H	**Bleihyposulfat** $PbS_2O_6 + 4 H_2O$ Topsoe u. Christiansen	F	1,6481	1,6666
		D	1,6351	1,6531
		C	1,6295	1,6492

[1]) **E. Schenk,** Wied. Ann. **15,** 177; 1882, findet 3,12.

Martens.

Brechungsexponenten einachsiger Krystalle gegen Luft.

Lit. Tab. 215, S. 1010.

Form	Substanz Beobachter	Licht- art	n_ω	n_ε
R	**Bromantipyrin**, Winckler	Na	1,5808	1,4931
	Brombenzylcyanid, Martin	Na rot	1,646 1,643	1,642 1,639
H	**Bromlacton** der Shikimisäure, Eykman . . .	Na	1,5840	1,6262
R	**Brucit** $Mg(OH)_2$, Kohlrausch . . . . . Bauer 1	 Na rot	 1,560 1,559	 1,581 1,5795
R	**Cadmium-Kaliumchlorid** $2\ KCl \cdot CdCl_2$, Schrauf 1	E D B	1,5965 1,5906 1,5841	1,5966 1,5907 1,5842
H	**Caesium-Thalliumchlorid** $Cs_3Tl_2Cl_9$, Pratt 1	Tl Na Li	1,792 1,784 1,772	1,786 1,774 1,762
H	**Calciumchlorid** $CaCl_2 + 6\ H_2O$, Groth	gelb	1,417	1,393
H	**Calciumhyposulfat** $CaS_2O_6 + 4\ H_2O$ Topsoe u. Christiansen	F D C	1,5573 1,5496 1,5468	— — —
Q	**Calcium-Kupferacetat** $Ca(C_2H_3O_2)_2 \cdot Cu(C_2H_3O_2)_2$ $+ 8\ H_2O$, Grailich Kohlrausch	 F E Na	 1,4473 1,4396 1,436	 1,4887 1,4860 1,478
Q	**Calcium-Strontiumpropionat** $SrCa_2(C_3H_5O_2)_6$ Fritz u. Sassoni	Tl Na Li	1,4897 1,4871 1,4839	1,4987 1,4956 1,4917
Q	**Calomel**, Quecksilberchlorür Hg_2Cl_2 . . . . Dufet 9 . . . . . . De Sénarmont 2 . . .	Tl Na Li rot	1,99085 1,97325 1,95560 1,96	2,7129 2,6559 2,6006 2,60
	Campher, siehe Matico-Campher			
H	**Cancrinit** $4\ Na_2O \cdot 4\ Al_2O_3 \cdot 9\ SiO_2 + 2\ CaCO_3 + 3\ H_2O$, Michel Lévy u. Lacroix 1 Osann in Rosenbusch .	 Na rot	 1,522 1,5244	 1,499 1,4955
Q	**Carborund**, CSi Becke 3 .	Na	2,786	2,832
Q	**Cassiterit** SnO_2, Grubenmann in Rosenbusch (von Schlaggenwald)	grün Na rot	2,0115 1,9966 1,9793	2,1083 2,0934 2,0799
	Arzruni 3 (künstlicher Cassiterit)	Tl Na Li	2,0093 1,9968 1,9846	2,1053 2,0929 2,0817
H	**Catapléit** $Na_2Ca(SiZr)_4O_9$ Michel Lévy u. Lacroix 1	Na	1,599	1,629
H	**Ceriumsulfat**, $Ce_2(SO_4)_3 \cdot 2\ Ce(SO_4)_2 + 25\ H_2O$ Des Cloizeaux 3 (mittel)	rot	1,567	1,563
R	**Chabasit** $CaAlH_2Si_{15}O_{15} + 6\ H_2O$ Lévy u. Lacroix 1 . .	Na	1,50	
	Chlorit, s. Pennin unter zweiachsigen Krystallen, Tab. 214 r, S. 1006.			
H	**Coquimbit** $Fe_2(SO_4)_3 + 9\ H_2O$ Arzruni 2	Na Li	1,5455 1,5376	1,5547 1,5468
	Linck	Na Li	1,5519 1,5469	1,5575 1,5508
Q	**Cumengeit** $PbCl_2CuOH_2O$ Mallard 4	grün- blau	2,026	1,965
H	**Davyn**, Des Cloizeaux 14	Na	1,515	1,519
R	**Diadelphit**, Sjögren 1 . .	blau rot	1,740 1,723	— —
	Diallagit, s. Manganspat			
R	**Dioptas** $CuSiO_3 + H_2O$, Des Cloizeaux 1	?	1,667	1,723
O	Lacroix 3 (vom Congo)	Na	1,644	1,697
Q	**Dipyr** $3\ Na_2O \cdot 3\ CaO \cdot 2\ A_2O_3 \cdot 9\ SiO_2$ v. Pouzak {Des Cloizeaux 9 Lattermann i. R.	 rot Na	 1,558 1,5545	 1,543 1,5417
	(v. Pierrepont N. Y.) Lacroix 1	Na	1,562	1,546
R	**Dolomit** $CaCO_3 \cdot MgCO_3$, Fizeau i. Des Cloizeaux 10 17°, (von Traversella)	Na	1,68174	1,50256
	Danker (v. Zillerthal) 19°	Na	1,66708	1,50606
	Born (v. Traversella) I.	Tl Na Li	1,69645 1,69203 1,68716	1,51153 1,50951 1,50747
	II.	Tl Na Li	1,70088 1,69641 1,69138	1,51394 1,51185 1,50964
H	**Eis** H_2O, Meyer ca. —4°	Tl Na Li	1,3107 1,3083 1,2974	1,3163 1,3133 1,3040
	Pulfrich 2 . . (Bravais i. Des Cloizeaux 1)	F Tl Na Hα Li B	1,31335 1,31098 1,30911 1,30715 1,30669 1,30645	1,31473 1,31242 1,31041 1,30861 1,30802 1,30775
R	**Eisenspat** $FeCO_3$ (Sidérose) (v. Wolfsberg) Mn-haltig, Ortloff . . .	Na	1,93409	1,62185
	Elfenbein, Kohlrausch . .	Na	1,5392	1,5407
	Emeraude (Smaragd), s. Beryll.			

Martens.

Brechungsexponenten einachsiger Krystalle gegen Luft.

Lit. Tab. 215, S. 1010.

Form	Substanz Beobachter	Licht-art	n_ω	n_ε
Q	**Erythrit** (Erythroglucin, Phycit) $C_4H_6(OH)_4$, Des Cloizeaux 5 . . .	gelb	1,5419	1,5210
R	**Eudialyt,** Wülfing i. Rosenbusch (von Grönland)	Tl Na Li	1,6120 1,6084 1,6042	1,6142 1,6102 1,6060
	Ramsay 2 (von der Halbinsel Kola)	Na rot	1,6104 1,6085	1,6129 1,6105
R	**Eukolyt,** Michel Lévy u. Lacroix 1	Na	1,622	1,618
	Brögger 2	gelb	1,6205	1,6178
R	**Ferronatrit,** Penfield 2	Na	1,558	1,613
Q	**Gehlenit** $3CaO \cdot A_2O_3 \cdot 2SiO_2$ Michel Lévy u. Lacroix 1	Na	1,663	1,658
	Giobertit, s. Magnesit			
H	**Glaserit** $Na_2SO_4 \cdot 3K_2SO_4$, Bücking 1	Na	1,4907	1,4993
	Glucin, s. Berylliumoxyd			
H	**Gmelinit** $Na_2O \cdot CaO \cdot Al_2O_3 \cdot 4SiO_2 \cdot 6H_2O$, Negri 1	Na	1,48031	1,47852
R	**Guajacol,** Beckenkamp	Na	1,569	1,666
Q	**Guanidincarbonat,** $(CH_5N_3)_2H_2CO_3$ Bodewig	Tl Na Li	1,5003 1,4963 1,4922	1,4899 1,4864 1,4818
	Martin (n. Dufet $\omega < \varepsilon$)	Na	1,4990	1,4962
H	**Hanksit** $9Na_2SO_4 \cdot 2Na_2CO_3 \cdot KCl$, Pratt 2	Na	1,4807	1,4614
	Idokras $18CaO \cdot 4Al_2O_3 \cdot 15SiO_2$ Des Cloizeaux 1 u. 9 .	gelb	1,7205	1,7185
	Osann im Rosenbusch	Na	1,7235	1,7226
R	**4-Jodantipyrin,** Schimpff	Na	1,6464	1,4777
R	**Iridium-tetramin-trichlorid,** Bäckström 2	Na	1,6576	1,6666
Q	**Kaliumarsenat, saures,** KH_2AsO_4, Topsoe u. Christiansen	F D C	1,5762 1,5674 1,5632	1,5252 1,5179 1,5146
H	**Kaliumhyposulfat** $K_2S_2O_6$, Topsoe u. Christiansen	F D C	1,4595 1,4550 1,4532	1,5239 1,5153 1,5119
Q	**Kalium-Kupferchlorid** $2KCl \cdot CuCl_2 + 2H_2O$ Grailich	G F E D B	1,6642 1,6549 1,6468 1,6365 1,6311	1,6368 1,6287 1,6227 1,6148 1,6070
R	**Kalium-Kupfercyanid** $2KCN \cdot Cu(CN)_2$, Grailich	violett gelb	1,5375 1,5215	

Form	Substanz Beobachter	Licht-art	n_ω	n_ε
Q	**Kalium-Lithiumsulfat** $LiKSO_4$, Wulff	F Na C	1,4759 1,4715 1,4697	1,4762 1,4721 1,4703
Q	**Kaliumphosphat, saures,** KH_2PO_4, Topsoe u. Christiansen	F D C	1,5154 1,5095 1,5064	1,4734 1,4684 1,4664
Q	**Kalium-Platodijodonitrit** $Pt(NO_2)_2Ir_2K_2 + 2H_2O$, Dufet 7	Na	1,6527	1,7909
R	**Kobaltfluosilicat** $CoF_2 \cdot SiF_4 + 6H_2O$ Topsoe u. Christiansen	C	1,3817	1,3972
R	**Korund** (Saphir, Rubin, franz. Corindon), Al_2O_3, Des Cloizeaux 2	rot rot	1,7676 1,7682	1,7594 1,7598
	Osann in Rosenbusch .	Na	1,7690	1,7598
R	**Kupferfluosilicat** $CuF_2 \cdot SiF_4 + 6H_2O$ Topsoe u. Christiansen	F D C	1,4138 1,4092 1,4074	1,4124 1,4080 1,4062
H	**Lanthansulfat** $LaSO_4 + 4H_2O$? Des Cloizeaux 2 . . .	rot	1,564	1,569
R	**Magnesit** (Giobertit) $MgCO_3$ Mallard 2 . .	Na	1,717	1,515
R	**Magnesiumchlorostannat** $MgCl_2 \cdot SnCl_4 + 6H_2O$ Topsoe u. Christiansen	D C	1,5885 1,5715	1,597 1,583
R	**Magnesiumfluosilicat** $MgFl_2 \cdot SiFl_4 + 6H_2O$, Topsoe u. Christiansen	F D C	1,3473 1,3439 1,3427	1,3634 1,3602 1,3587
Q	**Magnesium-Platincyanid** $Mg(CN)_2Pt(CN)_2 + 7H_2O$, Grailich	D	1,5532	
R	**Manganfluosilicat** $MnFl_2 \cdot SiFl_4 + 6H_2O$, Topsoe u. Christiansen	F D C	1,3605 1,3570 1,3552	1,3774 1,3742 1,3721
R	**Manganspat** (Diallogit) $MnCO_3$, Ortloff . . .	Na	—	1,59732
H	**Matico-Campher,** Hintze 1	Tl Na Li	1,5488 1,5447 1,5415	1,5476 1,5436 1,5404
Q	**Mejonit** (Mizzonit) Lacroix 1	Na	1,594	1,558
	$6CaO \cdot 4Al_2O_3 \cdot 9SiO_2$ Des Cloizeaux 1 (Vesuv)	Na	1,597	1,561
	F. Kohlrausch	Na	1,5653	1,5456
	Wülfing in Rosenbusch (vom Vesuv)	Tl Na Li	1,5611 1,5580 1,5549	1,5463 1,5434 1,5404
	Franco 1	Na	1,563	1,545
Q	**Melilith** (v. Vesuv) Henniges i. Rosenbusch	Na rot	1,6339 1,6312	1,6291 1,6262

Martens.

Brechungsexponenten einachsiger Krystalle gegen Luft.

Lit. Tab. 215, S. 1010.

Form	Substanz Beobachter	Lichtart	n_ω	n_ε
Q	**Melinophan,** Brögger 2	Tl	1,6161	1,5975
	(Des Cloizeaux 9)	Na	1,6126	1,5934
		rot	1,6097	1,5912
Q	**Mellit** $Al_2C_{12}O_{12}+18H_2O$ Schrauf 1	E	1,5435	1,5146
		D	1,5393	1,5110
		B	1,5345	1,5079
	Kohlrausch	Na	1,5415	1,5154
	Des Cloizeaux 1 . . .	gelb	1,541 bis 1,550	1,518 bis 1,525
	Mimetesit $Pb_5As_2O_{12}Cl$, Des Cloizeaux 2	rot	1,474	1,465
	Mizzonit, s. Mejonit			
H	**Natriumarsenat** $Na_3AsO_4+12H_2O$, Baker	Tl	1,4624	1,4704
		Na	1,4589	1,4669
		Li	1,4553	1,4630
	Dufet 3	Na	1,4567	1,4662
R	**Natriumnitrat,** Salpeter, $NaNO_3$, große Doppelbrechung, Schrauf 1 .	E	1,5954	1,3374
		D	1,5874	1,3361
		B	1,5793	1,3346
	Cornu	Na	1,5852	1,3348
	Kohlrausch	Na	1,5854	1,3369
H	**Natriumphosphat** $Na_3PO_4+12H_2O$, Baker	Na	1,4486	1,4539
	Dufet 3	Na	1,4458	1,4524
H	**Natriumvanadat** $Na_3VO_4+12H_2O$, Baker	Tl	1,5150	1,5293
		Na	1,5095	1,5232
		Li	1,5040	1,5173
H	**Natriumvanadat** $Na_3VO_4+10H_2O$, Baker	Tl	1,5460	1,5537
		Na	1,5398	1,5475
		Li	1,5332	1,5408
H	**Nephelin** $(NaK)_2O . Al_2O_3 . 2SiO_2$			
	1. Des Cloizeaux 1 . .	gelb	1,539 bis 1,542	1,534 bis 1,537
	1. Wolff in Rosenbusch	Na	1,5416	1,5376
	1. Wadsworth i. Rosenb.	Na	1,5427	1,5378
	1. Zymányi 3	Na	1,5424	1,5375
	2. Penfield i. Rosenbusch	Na	1,5469	1,5422
	3. Zymányi 2	Na	1,5364	1,5322
	(1. Nephelin vom Vesuv 2. bzw. 3. Eläolith aus Arkansas bz. Laurwik)			
R	**Nickelfluosilicat** $NiFl_2 . SiFl_4+6H_2O$ Topsoe u. Christiansen.	F	1,3950	1,4105
		D	1,3910	1,4066
		C	1,3876	1,4036
Q	**Nickelselenat** $NiSeO_4+6H_2O$ Topsoe u. Christiansen.	Hγ	1,5539	1,5258
		F	1,5473	1,5196
		D	1,5393	1,5125
		C	1,5357	1,5089

Form	Substanz Beobachter	Lichtart	n_ω	n_ε
Q	**Nickelsulfat** $NiSO_4+6H_2O$ Topsoe u. Christiansen s. Tab. 214 q, S. 1005.	G	1,5228	—
		F	1,5173	1,4930
		D	1,5109	1,4873
		C	1,5078	1,4844
	Kohlrausch	Na	1,5099	1,4860
R	**Oligist** Fe_2O_3, Wülfing	D	3,22	2,94
		C	3,042	2,797
		B	2,988	2,759
		a	2,949	2,725
		A	2,904	2,690
R?	**Paratolylphenylketon,** Bodewig	Tl	1,7250	1,5685
		Na	1,7170	1,5629
		Li	1,7067	1,5564
H	**Parisit,** Sénarmont in Des Cloizeaux 1 . . .	rot	1,569	1,670
	Pennin, s. Tab. 214 r, S. 1006.			
Q	**Pentaerythrit,** Martin .	Na	1,5588	1,5480
R	**Phenakit** Be_2SiO_4 De Sénarmont 2 . . .	rot	1,652	1,672
	Des Cloizeaux 10 . .	Na	1,6540	1,6697
		Li	1,6508	1,6673
	Grailich	Na	1,6533	1,6692
		C	1,6513	1,6672
	Offret	Cd 480	1,60077	1,67675
		Cd 508	1,65858	1,67451
		Cd 537	1,65664	1,67254
		Na 589	1,65394	1,66977
		Cd 643	1,65154	1,66735
		Li 670	1,65060	1,66639
	Pulfrich 1	Tl	1,6555	1,6703
		Li	1,6495	—
	Phycit, s. Erythrit			
Q	**Phosgenit** $PbCO_3 . PbCl_2$, Sella in Des Cloizeaux 5	orange	2,114	2,140
R	**Proustit** Ag_3AsS_3, Des Cloizeaux 8 . . .	Na	3,0877	2,7924
		Li	2,9789	2,7113
Q	**Pyrazol-(4)-sulfosäure,** Eppler	Na	1,5747	1,6296
R	**Pyrophanit** $MnTiO_3$, Hamberg	Na	2,4810	2,21
		Li	2,4414	—
	Quarz, s. Tab. 209, S. 969, Amethyst, Citrinquarz u. a., s. Kohlrausch und Dufet.			
	Quecksilberchlorür, siehe Calomel.			
H	**Rubidiumhyposulfat** $Rb_2S_2O_6$, Topsoe u. Christiansen	F	1,4623	1,5167
		D	1,4574	1,5078
		C	1,4556	1,5041

Martens.

Brechungsexponenten einachsiger Krystalle gegen Luft.

Lit. Tab. 215, S. 1010.

Form	Substanz Beobachter	Licht-art	n_ω	n_ε
	Rubin (Saphir), s. Korund.			
Q	**Rutil** TiO_2, Baerwald 2 (von Syssert), vergl. Anatas, Brookit	Tl Na Li	2,6725 2,6158 2,5671	2,9817 2,9029 2,8415
	Saphir, s. Korund.			
	Scheelit, s. Wolframit.			
	Scheelitin, s. Stolzit.			
Q	**Sellait** MgF_2, Sella . . Mallard 2	Na Na	1,3780 1,379	1,3897 1,389
	Sidérose, s. Eisenspat.			
H	**Silberphosphat** Ag_2HPO_4, Dufet 2	Na	1,8036	1,7983
Q	**Siliciumcarbid** s. Carborund.			
Q	**Skapolith** SiO_2 mit CaO, Na_2O, Al_2O_3,Cl, (Dipyr) Des Cloizeaux 9 . . . Wülfing in Rosenbusch (Wernerit) . . . . . Zymányi 2 . . . . Lacroix 1 (mittel) . .	 gelb Na Na Na	 1,566 1,5894 1,5697 1,582	 1,560? 1,5548 1,5485 1,552
R	**Smithsonit** $ZnCO_3$, Ortloff	Na	—	1,61766
H	**Spangolith,** Penfield 1 .	grün (525)	1,694	1,641
Q	**Stolzit** (Scheelitin, Raspit) $PbWO_4$, Hlawatsch .	Na	2,2685	2,182
H	**Strontiumhyposulfat** $SrS_2O_6+4H_2O$, Topsoe u. Christiansen Fock	F D C Na	1,5371 1,5296 1,5266 1,5293	1,5312 1,5252 1,5232 1,5252
?	**Strychninsulfat,** Martin	Na	1,6137	1,5988
H	**Thaumasit,** $CaSiO_3 . CaCO_3 . CaSO_4 + 15H_2O$ Bertrand 3 . . . . . Michel Lévy u. Lacroix 1 Penfield u. Pratt . .	 Na Na Na	 1,503 1,507 1,519	 1,467 1,468 1,476
	Tolylphenylketon, s. Parat.			

Turmalin ist ein Gemisch von zwei isomorphen, komplizierten chemischen Verbindungen. Die Exponenten variieren von etwa 1,60 bis 1,75, je nach dem Verhältnis der Mischung, bei verschiedenen Turmalinen, ja in benachbarten Stellen desselben Turmalins. Deshalb sind hier keine Exponenten angegeben; es sei auf die Zusammenstellung in Dufet, Recueil de données numériques, Optique, 2. Bd. 1899, S. 553 hingewiesen; außerdem auf die Schrift von Wülfing über Turmalin, Programm, Hohenheim, Stuttgart 1900; und auf Ch. Soret, Arch. sc. phys. (4) **17**, S. 263—280, und Fortsetzung. 1904, ferner C. Viola, ZS. f. Kryst. **32**, 551; 1900. S. Nakamura, Gött. Nachr. 1903, math.-phys. Cl. 343—352, s. a. Jerofejeff.

Form	Substanz Beobachter	Licht-art	n_ω	n_ε
	Vesuvian von Ala Des Cloizeaux 3 . . . Osann in Rosenbusch .	Na Na Na	1,719 1,722 1,7235	1,718 1,720 1,7226
	Wernerit, s. Skapolith.			
Q	**Wolframit** (Scheelit) $CaWO_4$, Des Cloizeaux 2	rot	1,918	1,934
Q	**Wulfenit** $PbMoO_4$, Des Cloizeaux 3 (Mittelwert)	rot	2,402	2,304
Q	**Xenotim** n. Dufet $Y_3P_2O_8$, Des Cloizeaux 10. . .	Na	1,72	1,81
R	**Zinkfluosilicat** $ZnF_2 . SiF_4+6H_2O$, Topsoe u. Christiansen	F D C	1,3860 1,3824 1,3808	1,3992 1,3956 1,3938
Q	**Zinkselenat** $ZnSeO_4+6H_2O$, Topsoe u. Christiansen	Hγ E D F	1,5427 1,5367 1,5291 1,5255	1,5165 1,5108 1,5039 1,5004
R	**Zinkspat,** s. Smithsonit.			
	Zinnober HgS, D. Cloiz. 1 Des Cloizeaux 2 u. 8	rot Li	2,854 2,816	3,201 3,142
	Zinnstein, s. Cassiterit.			
	Zirkon $ZrO_2 . SiO_2$, Sanger in Rosenbusch 1. Hyacinth v. Ceylon, 2. Z. von Miask. vgl. Beccarit Tab. 202 d.	 Na Na	 1,9239 1,9313	 1,9682 1,9931

Martens.

Brechungsexponenten und Achsenwinkel zweiachsiger Krystalle.

Lit. Tab. 215, S. 1010.

Form	Substanz Beobachter	Lichtart	$n\alpha$	$n\beta$	$n\gamma$	$2V$
M	**p-Acetamidophenetol,** Monti	Na	—	1,5705	—	62° 14′
M	**Aegyrin** (vom Langesundfjord) Wülfing (s. a. Brögger 2)	Tl	1,7714	1,8096	1,8238	61° 44′
		Na	1,7630	1,7990	1,8126	62° 13′
		ca. 650	1,7596	1,7929	1,8054	62° 35′
M	**Allaktit** Krenner $2V$, Sjögren 1 n	violett	—	1,795	—	0
		gelb	—	1,786	—	7° 34′
		rot	—	1,778	—	10° 12′
O	**Alstonit** $BaCa(CO_3)_2$, Mallard 5 (Mittel)	Na	1,5255	1,673		—
O	**Aluminiumborat** $Al_6B_2O_{12}$, Mallard 2	Na	1,586	1,603	1,623	87—88°
T	**Amblygonit,** des Cloizeaux 7	Na	—	1,594	—	42—51°
	Michel Lévy u. Lacroix 1	Na	1,578	1,593	1,597	—
O	**Ammonium-Antimonyltartrat** 2 $(NH_4 \cdot SbO \cdot C_4H_4O_6) + H_2O$, Topsoe u. Christiansen	C	—	1,6229	—	68° 8′
M	**Ammonium-Eisenselenat** $(NH_4)_2Fe(SeO_4)_2 + 6\,H_2O$, Topsoe u. Christiansen	F	1,5263	1,5334	1,5436	—
		D	1,5201	1,5260	1,5356	76° 48′
		C	1,5177	1,5226	1,5339	—
M	**Ammonium-Eisensulfat** $(NH_4)_2Fe(SO_4)_2 + 6\,H_2O$, Murmann u. Rotter	grün	—	1,492	—	—
		gelb	—	1,490	—	76° 52′
		rot	—	1,487	—	—
O	**Ammoniumkarbonat, saures,** $(NH_4)HCO_3$, v. Lang 2	Na	1,4227	1,5358	1,5545	—
M	**Ammonium-Kobaltselenat** $(NH_4)_2 \cdot Co(SeO_4)_2 + 6\,H_2O$, Topsoe u. Christiansen	$H\gamma$	—	1,5455	—	—
		$H\beta$	—	1,5392	—	—
		Na	1,5244	1,5311	1,5396	82° 1′
		$H\alpha$	—	1,5280	—	—
	Ammonium-Kobaltsulfat $(NH_4)_2 \cdot Co \cdot (SO_4)_2 + 6\,H_2O$, Ehlers	F	1,4981	1,5023	1,5090	—
		506	1,4959	1,5000	1,5072	—
		E	1,4941	1,4984	1,5056	—
		559	1,4919	1,4967	1,5039	—
		574	1,4912	1,4961	1,5031	—
		Na	1,4904	1,4955	1,5024	—
		623	1,4890	1,4941	1,5011	—
		C	1,4880	1,4929	1,4998	—
	(s. a. de Sénarmont 1,	Li	1,4876	1,4924	1,4993	—
	Murmann u. Rotter	gelb	1,489	1 494	1,501	81° 39′
M	**Ammonium-Kupferselenat** $(NH_4)_2SeO_4 \cdot CuSeO_4 + 6\,H_2O$, Topsoe u. Christiansen	F	—	1,5437	—	—
		D	1,5213	1,5355	1,5395	55° 24′
		C	—	1,5317	—	—
M	**Ammonium-Kupfersulfat** $(NH_4)_2SO_4 + CuSO_4 + 6\,H_2O$, Murmann u. Rotter	grün	—	1,500	—	—
		gelb	—	1,497	—	71° 21′
		rot	—	1,494	—	—
M	**Ammonium-Lithiumracemat** $(NH_4)Li(C_4H_4O_6) + H_2O$, Wyrouboff 7	rot	—	1,5287	—	81° 42′
	Ammonium-Lithiumsulfat $(NH_4)LiSO_4$, Wyrouboff 1	grün	—	—	—	49° 4′
		rot	—	1,437	—	36° 32′
O	**Ammonium-Lithiumtartrat** $(NH_4)Li(C_4H_4O_6) + H_2O$, Wyrouboff 7	rot	—	1,5673	—	87° 6′
M	**Ammonium-Magnesiumselenat** $(NH_4)_2SeO_4 \cdot MgSeO_4 + 6\,H_2O$ Topsoe u. Christiansen	F	—	1,5146	—	—
		D	1,5056	1,5075	1,5150	53° 44′
		C	—	1,5046	—	—

Martens.

Brechungsexponenten und Achsenwinkel zweiachsiger Krystalle.

Lit. Tab. 215, S. 1010.

Form	Substanz Beobachter	Lichtart	$n\alpha$	$n\beta$	$n\gamma$	$2V$
M	**Ammonium-Magnesiumsulfat** $(NH_4)_2Mg(SO_4)_2+6H_2O$,	F	1,4774	1,4787	1,4837	—
	Topsoe u. Christiansen	D	1,4717	1,4728	1,4791	50° 40′
	(s. a. Heußer, Murmann u. Rotter.)	C	1,4698	1,4707	1,4751	—
M	**Ammonium-Mangansulfat** $(NH_4)_2Mn(SO_4)_2 + 6H_2O$,	grün	—	1,485	—	—
	Grailich, S. 141, Murmann u. Rotter	gelb	—	1,484	—	69° 9′
		rot	—	1,482	—	—
O	**Ammoniummalat** (Apfels. Ammon.), Wyrouboff 2	rot	—	1,503	—	47° 34′
M	**Ammonium-Natriumracemat** $(NH_4)Na(C_4H_4O_6) + H_2O$,					
	Wyrouboff 8	rot	—	1,473	—	44° 20′
O	**Ammonium-Natriumtartrat** $(NH_4)Na(C_4H_4O_6 + 4H_2O$,	grün	1,4974	1,5007	1,5016	86° 30′
	Wyrouboff 3	Na	1,4950	1,4980	1,4990	96° 30′
	(s. a. Lavenir 2.)	Li	1,4909	1,4942	1,4956	106° 40′
M	**Ammonium-Nickelselenat** $(NH_4)_2Ni(SeO_4)_2 + 6H_2O$,	F	—	1,5441	—	—
	Topsoe u. Christiansen	D	1,5291	1,5372	1,5466	86° 14′
		C	—	1,5334	—	—
M	**Ammonium-Nickelsulfat** $(NH_4)_2Ni(SO_4)_2 + 6H_2O$,					
	Murmann u. Rotter	gelb	1,489	1,498	1,508	86° 26′
O	**Ammoniumoxalat** $(NH_4)_2C_2O_4 + H_2O$, Brio	grün	1,4400	1,5486	1,5966	64° 30′
		Na	1,4381	1,5475	1,5950	63° 58′
		rot	1,4369	1,5470	1,5904	63° 25′
M	**Ammoniumracemat** $(NH_4)_2C_4H_4O_6 + 2H_2O$,					
	Wyrouboff 4	rot	—	1,564	—	60° 54′
		blau	1,5280	1,5303	1,5397	52° 28′
O	**Ammoniumsulfat** $(NH_4)_2SO_4$, Erofejeff 1	Na	1,5208	1,5232	1,5332	52° 58′
		Li	1,5177	1,5200	1,5289	54° 9′
O	**Ammoniumtartrat, saures,** $(NH_4)H(C_4H_4O_6)$,	F	1,5279	1,5689	1,6000	—
	Topsoe u. Christiansen	D	1,5188	1,5614	1,5910	79° 54′
		C	1,5168	1,5577	1,5861	—
M	**Ammoniumtartrat, neutrales,** $(NH_4)_2C_4H_4O_6$,	blau	—	1,591	—	40° 0′
	des Cloizeaux 8	gelb	—	1,581	—	39° 36′
		rot	—	1,579	—	39° 32′
M	**Ammonium-Zinkselenat** $(NH_4)_2Zn(SeO_4)_2 + 6H_2O$,	F	—	1,5366	—	—
	Topsoe u. Christiansen	D	1,5233	1,5292	1,5372	81° 22′
		C	—	1,5259	—	—
		G	1,4987	1,5041	1,5104	—
	Ammonium-Zinksulfat $(NH_4)_2Zn(SO_4)_2 + 6H_2O$,	F	1,4946	1,4993	1,5056	—
	Perrot 2	D	1,4890	1,4934	1,4996	79° 43′
		C	1,4862	1,4904	1,4972	79° 12′ (C, B, a)
		B	1,4858	1,4897	1,4962	
	(s. a. Murmann u. Rotter.)	a	1,4854	1,4889	1,4957	
	Amphibole:					
O	I. Anthophyllit $MgO \cdot SiO_2$,					
	Michel Lévy und Lacroix 1	D	1,633	1,642	1,657	—
	Penfield 2	D	1,6288	1,6301	1,6404	88° 46′
O	II. Gedrit $Na_2Mg_6Al_4Si_7O_{27}$, Ussing	rot	1,623	1,636	1,644	78° 33′
M	III. Tremolit $CaMg_3Si_4O_{12}$,					
	Michel Lévy u. Lacroix 1	D	1,609	1,623	1,635	—
	Penfield in Rosenbusch	D	1,6065	1,6233	1,6340	81° 22′
	Zymáni 2 (New-York).	D	1,5987	1,6125	1,6239	—
	„ (Ungarn)	D	1,5996	1,6144	1,6266	—
		Tl	—	1,620	—	—
	Flink 2 (Grammatit von Nordmarken)	Na	—	1,618	—	—
		Li	—	1,616	—	—

Martens.

Brechungsexponenten und Achsenwinkel zweiachsiger Krystalle.

Lit. Tab. 215, S. 1010.

Form	Substanz Beobachter	Lichtart	$n\alpha$	$n\beta$	$n\gamma$	$2V$
	Amphibole (Fortsetzung.)					
M	IV. Aktinolith $Ca(FeMg)_3Si_4O_{12}$,					
	Michel Lévy u. Lacroix 1 (Zillerthal)	D	1,611	1,627	1,636	80°
	Zymányi 2 (v. Greiner i. Zillerthal)	D	1,6116	1,6270	1,6387	—
	„ (von Fahlun)	D	1,6004	1,6162	1,6284	—
	„ (dunkelgrün, v. Kafveltorp)	D	1,6398	1,6431	1,6561	—
M	V. Hornblende $(CaMgFe)SiO_3$ und $(FeAl)_2O_3$,					
	Michel Lévy u. Lacroix 1 . . . 1)	Na	1,629	1,642	1,653	84°
	1) v. Krajevo, 2) a. Böhmen . . . 2)	Na	1,680	1,725	1,752	80°
	Zymányi 2, (Pargasit v. Pargas)	D	1,616	1,620	1,635	—
	Amphigen oder Leucit, s. Tab. 212, S. 979.					
O	**Andalusit** $Al_2O_3 \cdot SiO_2$, des Cloizeaux 1 u. 9 (a. Brasilien)	rot	1,632	1,638	1,643	84° 30′
O	**Anglesit** $PbSO_4$, des Cloizeaux 8, bei 15°	gelb	1,8770	1,8830	1,8970	66° 47′
		rot	1,8740	1,8795	1,8924	66° 45′
	Arzruni 1 20°	F	1,89549	1,90097	1,91263	—
		D	1,87709	1,88226	1,89365	75° 24′
		C	1,86981	1,87502	1,88630	—
	Ramsay 1	D	1,8774	1,8823	1,8939	—
	Born	D	1,87692	1,88225	1,89286	—
O	**Anhydrit** $CaSO_4$, Danker (v. Hallein) 19°	D	1,56962	1,57553	1,61362	43° 49′
	Mühlheims (v. Stassfurt)	F	1,57472	1,58079	1,61874	44° 26′
		b	1,57282	1,57884	1,61680	—
		E	1,57224	1,57822	1,61619	44° 4′
		D	1,56933	1,57518	1,61300	43° 41′
		C	1,56722	1,57295	1,61056	43° 24′
		B	1,56628	1,57198	1,60956	43° 11,5′
	Zymányi 2 (v. Berchtesgaden)	D	1,5700	1,5757	1,6138	—
O	**Antigorit** (Bastit) $(MgO)_3(SiO_2)_2 + 3\,H_2O$, Lévy u. Lacroix 1 (Bastit, Serpentin)	Na	1,560	1,570	1,571	—
O	**Antimonglanz** Sb_2S_3, Drude	Na	4,49	5,17	—	—
O	**Antimonyl-Kaliumtartrat** $2\,(KSbOC_4H_4O_6) + H_2O$, Brechweinstein, Topsoe u. Christiansen	F	1,6325	1,6497	1,6511	—
		D	1,6199	1,6360	1,6375	42° 34′
		C	1,6148	1,6306	1,6322	—
	Antipyrine:					
	Antipyrin $C_{11}H_{12}NO_2$, Liweh	Na	1,5697	1,6935	1,7324	54° 20′
	Zymányi 1	Na	—	1,6851	—	54° 37′
	Antipyrin-pseudojodmethylat, Zschimmer	Na	1,6171	1,6502	1,7104 ber.	75° 44′
M	Winkler: Bisantipyrin	Na	—	1,5308	—	60° 52′
M	Winkler: 4-Äthylantipyrin	Na	—	1,548	—	30° 10′
M	Winkler: 4-Methylantipyrin	Na	—	1,6584	—	86°
M	Winkler: 2-Propylantipyrin	Na	—	1,6020	—	52° 50′
O	**Aragonit** $CaCO_3$. Rudberg n, Kirchhoff 2 V	H	1,54226	1,70509	1,71011	18° 40′ 20″
		G	1,53882	1,69836	1,70318	31′ 30″
		F	1,53479	1,69053	1,69515	22′ 14″
		E	1,53264	1,68634	1,69084	16′ 45″
		D	1,53013	1,68157	1,68589	11′ 7″
		C	1,52820	1,67779	1,68203	6′ 55″
		B	1,52749	1,67631	1,68061	5′ 23″
	Glazebrook	Na	1,53013	1,68132	1,68580	—
	Danker 19,2°	Na	1,53016	1,68145	—	—
	Pulfrich 1	Tl	1,5325	1,6856	1,6908	—
		Na	1,5300	1,6816	1,6860	—
		Li	1,5272	1,6766	1,6809	—

Martens.

Brechungsexponenten und Achsenwinkel zweiachsiger Krystalle.

Lit. Tab. 215, S. 1010.

Form	Substanz Beobachter	Lichtart	$n\alpha$	$n\beta$	$n\gamma$	$2V$
	Aragonit (Fortsetzung.)					
	Mühlheims (Aragonit von Bilin)	F	1,53456	1,68997	1,69467	18° 22,5′
		E	1,53245	1,68581	1,69038	18° 19′
		D	1,52998	1,68098	1,68541	18° 10,5′
		C	1,52788	1,67722	1,68154	18° 8′
		B	1,52732	1,67579	1,68007	18° 4′
		a	1,52680	1,67454	1,67879	—
	Offret 18°	Cd 480	1,53505	1,69097	1,69570	—
		Cd 508	1,53341	1,68774	1,69244	—
		Cd 537	1,53197	1,68497	1,68959	—
		Na 589	1,53000	1,68116	1,68570	—
		Cd 643	1,52837	1,67799	1,68243	—
	s. a. Kohlrausch.	Ai 671	1,52772	1,67671	1,68114	—
	Arfvedsonit $Na_2O \cdot Fe_2O_3 \cdot 4\,(SiO_2)$, Michel Lévy und Lacroix 1	Na	1,687	1,707	1,708	—
O	**Asparagin,** des Cloizeaux 8	blau	—	1,589	—	86° 42′
		gelb	—	1,579	—	86° 28′
		rot	—	1,575	—	86° 8′
	Schrauf 2, [s. a. Groth]	E	1,5513	1,5845	1,6238	—
		D	1,5476	1,5800	1,6190	—
		B	1,5438	1,5752	1,6139	—
O	**Astrophyllit,** Michel Lévy u. Lacroix 1	Na	1,678	1,703	1,733	77°
M	**Augelit** $2\,Al_2O_3 \cdot P_2O_5 + 3\,H_2O$, Prior u. Spencer	Na	1,5736	1,5759	1,5877	50° 49′
O	**Autunit** (Kalkuranit) $Ca_3U_{12}P_6H_{48}O_{66}$					
	(Cornwall), des Cloizeaux 8	rot	—	1,572	—	—
	(Marmagne), Michel Lévy u. Lacroix 1	Na	1,553	1,575	1,577	ca. 30°
T	**Axinit** $Ca_2B_2Al_4H_2(SiO_4)_3$, Des Cloizeaux 9	blau	1,6850	1,6918	1,6954	72°
		rot	1,6720	1,6779	1,6810	—
O	**Baryt** $BaSO_4$, Heußer	H	1,65301	1,65436	1,66560	—
		G	1,64829	1,64960	1,66060	—
		F	1,64266	1,64393	1,65484	—
		D	1,63630	1,63745	1,64797	—
		C	1,63362	1,63476	1,64521	—
		B	1,63258	1,63370	1,64415	—
	Arzruni 1 20°	F	1,64254	1,64357	1,65469	—
		D	1,63609	1,63712	1,64795	37° 28′
		C	1,63351	1,63457	1,64531	—
	Feußner 1	Na	1,63624	1,63734	1,64812	—
	(Auvergne) 21° Danker	Na	1,63601	1,63741	1,64811	39° 57′ 24″
	(Dufton) 19° Danker	Na	1,63618	1,63739	1,64834	36° 59′ 16″
	(Uhlefoß) 20° Danker	Na	1,63619	1,63750	1,64834	—
	Pulfrich 1 (aus England)	Tl	1,6398	1,6411	1,6520	—
		Na	1,6368	1,6379	1,6486	—
		Li	1,6334	1,6344	1,6450	—
	Mühlheims (grüner von Cornwall)	F	1,64248	1,64377	1,65484	38° 7′
		E	1,63952	1 63075	1,65173	37° 23′
		D	1,63608	1,63726	1,64815	36° 48′
		C	1,63349	1,63462	1,64537	36° 12′
		B	1,63247	1,63359	1,64434	36° 1,5′
		a	1,63148	1,63259	1,64329	—
	Offret 19° (von Dufton)	Cd 480	1,64303	1,64429	1,65541	—
		Cd 508	1,64075	1,64200	1,65304	—
		Cd 537	1,63877	1,63997	1,65097	—
		Na 589	1,63609	1,63726	1,64814	—
		Cd 643	1,63383	1,63499	1,64580	—
		Li 670	1,63292	1,63409	1,64486	—

Martens.

Brechungsexponenten und Achsenwinkel zweiachsiger Krystalle.

Lit. Tab. 215, S. 1010.

Form	Substanz Beobachter	Lichtart	$n\alpha$	$n\beta$	$n\gamma$	$2V$
M	**Barytocalcit** $BaCa(CO_3)_2$, Mallard 5	Na	1,525	1,684	1,686	—
T	**Baryum-Cadmiumbromid** $BaBr_2 \cdot CdBr_2+4\,H_2O$,	gelb	—	1,702	—	—
	Murmann u. Rotter	rot	—	1,693	—	70° 13′
T	**Baryum-Cadmiumchlorid** $BaCl_2 \cdot CdCl_2+4\,H_2O$, Murmann u. Rotter		—	1,651	—	61° 1′
M	**Baryumchlorat** $Ba(ClO_3)_2+H_2O$, Eakle	Na	1,5622	1,577	1,635	55° 30′
M	**Baryumchlorid** $BaCl_2+2\,H_2O$, des Cloizeaux 2 *n*,	gelb	1,635	1,644	1,664	84° 20′
	Wyrouboff 4 2 *V*	rot	1,627	1,640	1,660	84° 50′
O	**Baryumformiat** $Ba(HCO_2)_2$,	E	1,5777	1,6024	1,6412	—
	des Cloizeaux 5 2 *V*	D	1,5729	1,5970	1,6361	76° 42′
	Schrauf 2 *n*	B	1,5679	1,5918	1,6310	76° 36′
	Baryumhyposulfat $BaS_2O_6+2\,H_2O$, Brio	grün	1,5881	1,5976	1,6090	87° 28′
		Na	1,5860	1,5951	1,6072	84° 33′
		rot	1,5848	1,5935	1,6055	83° 19′
M	**Baryumplatinocyanid** $Ba(CN)_2 \cdot Pt(CN)+4\,H_2O$, [Dufet.]	grün	—	1,673	—	16° 28′
	Murmann u. Rotter	rot	—	1,662	—	20° 51′
O	**Baryumpropionat** $Ba(C_3H_5O_2)_2+H_2O$, Friedländer	Na	—	1,5175	—	81° 36′
	Bastit, s. Antigorit.					
T	**Beccarit** $ZrO_2 \cdot SiO_2$, Grattarola, vgl. Zirkon Tab. 291 d	Na	1,9272	1,9277	1,9820	—
O	**Bertrandit** $Be_4Si_2O_8+H_2O$, Bertrand 1	Na	—	1,569	—	74° 51′ 34″
	Lévy u. Lacroix 2	Na	1,588	1,593	1,611	—
O	**Berylliumselenat** $BeSeO_4+4\,H_2O$,	F	1,4725	1,5084	1,5101	—
	Topsoe u. Christiansen	D	1,4664	1,5007	1,5027	26° 48′
		C	1,4639	1,4973	1,4992	—
O	**Beryllonit** $NaBePO_4$, Dana	Tl	1,5544	1,5604	1,5636	67° 57′
		Na	1,5520	1,5579	1,5608	67° 56′
		Li	1,5492	1,5550	1,5579	67° 51′
		blau	—	1,584	—	87° 24′
M	**Bleiacetat** $Pb(C_2H_3O_2)_2+3\,H_2O$, des Cloizeaux 8	gelb	—	1,576	—	83° 55′
		rot	—	1,570	—	83° 27′
	Bleicarbonat, s. Cerussit.					
O	**Bleichlorid** $PbCl_2$ (künstl. Cotunnit), Stöber	Na	2,19924	2,21723	2,25965	66° 12′
		Li	2,1788	2,1922	—	—
O	**Boracit,** Mallard 1	gelb	1,6622	1,6670	1,6730	—
	des Cloizeaux 8	gelb	—	1,667	—	82° 52′
M	**Borax** $Na_2B_4O_7$, des Cloizeaux 8 u. 10	Na	1,447	1,470	1,473	39° 14′
	Tschermak 2	Na	1,4468	1,4686	1,4715	39° 36′
		Li	1,4442	1,4657	1,4686	39° 52′
	F. Kohlrausch	Na	1,4463	1,4682	1,4712	—
		F	1,4517	1,4750	1,4778	37° 57′
		Tl	1,4491	1,4719	1,4748	38° 45′
	Dufet 4 (2 *V* nach Dufet's Tab.)	Na	1,4467	1,4694	1,4724	39° 21′
		C	1,4445	1,4669	1,4699	39° 49′
	Über geschmolzenen Borax s. Tab. 200 a.	Li	1,4441	1,4665	1,4695	39° 54′
	Brechweinstein, s. Antimonyl-Kaliumtartrat.					
O	**Brookit** (von Tremadok) TiO_2,	Tl	2,6265	—	—	—
	Wülfing i. Rosenbusch	Na	2,5832	2,5856	2,7414	17° 7′
		Li	2,5408	2,5448	2,6444	23° 14′
M	**Cadmium-Caesiumsulfat** $CdSO_4 \cdot Cs_2SO_4+6\,H_2O$,	Hγ	1,5081	1,5106	1,5172	—
	Tutton 2	F	1,5033	1,5058	1,5123	67° 28′
		Tl	1,5000	1,5026	1,5088	67° 44′
		Na	1,4975	1,5000	1,5062	67° 53′
		C	1,4951	1,4976	1,5038	68° 2′
		Li	1,4947	1,4972	1,5034	68° 4′

Brechungsexponenten und Achsenwinkel zweiachsiger Krystalle.

Lit. Tab. 215, S. 1010.

Form	Substanz Beobachter	Lichtart	$n\alpha$	$n\beta$	$n\gamma$	$2V$
O	**Cadmium-Magnesiumchlorid** $(CdCl_2)_2 . MgCl_2+12H_2O$, Grailich	gelb	—	1,5331	1,5769	—
M	**Cadmium-Rubidiumsulfat** $CdSO_4 . Rb_2SO_4+6H_2O$, Perrot 3	G	1,4896	—	—	—
		F	1,4856	1,4909	—	—
		D	1,4801	1,4851	1,4952	72° 7′
		C	1,4773	—	—	—
		B	1,4761	—	—	—
		a	1,4757	1,4811	—	—
	Tutton 2	Hγ	1,4906	1,4955	1,5061	—
		F	1,4856	1,4905	1,5007	72° 37′
		Tl	1,4823	1,4872	1,4972	72° 31′
		D	1,4798	1,4848	1,4948	72° 26′
		C	1,4777	1,4824	1,4923	72° 21′
		Li	1,4773	1,4820	1,4919	72° 20′
M	**Cadmiumsulfat** $3CdSO_4+8H_2O$, des Cloizeaux 8	blau	—	1,576	—	88° 23′
		gelb	—	1,565	—	88° 9′
		rot	—	1,563	—	87° 57′
M	**Caesium-Eisensulfat** $Cs_2SO_4 . FeSO_4+6H_2O$, Tutton 2	Hγ	1,5105	1,5137	1,5198	—
		F	1,5061	1,5093	1,5153	74° 31′
		Tl	1,5028	1,5061	1,5121	74° 42′
		Na	1,5003	1,5035	1,5094	74° 51′
		C	1,4980	1,5011	1,5069	75° 0′
		Li	1,4976	1,5007	1,5065	75° 2′
M	**Caesium-Kobaltsulfat** $Cs_2SO_4 . CoSO_4+6H_2O$, Tutton 2	Hγ	1,5159	1,5188	1,5237	—
		F	1,5112	1,5142	1,5187	81° 22′
		Tl	1,5079	1,5110	1,5156	81° 29′
		Na	1,5057	1,5085	1,5132	81° 34′
		C	1,5032	1,5061	1,5106	81° 40′
		Li	1,5028	1,5057	1,5102	81° 42′
M	**Caesium-Kupfersulfat** $Cs_2SO_4 . CuSO_4+6H_2O$, Tutton 2	Hγ	1,5159	1,5174	1,5266	—
		F	1,5108	1,5123	1,5216	44° 3′
		Tl	1,5074	1,5089	1,5180	43° 40′
		Na	1,5048	1,5061	1,5153	43° 24′
		C	1,5021	1,5036	1,5126	43° 9′
		Li	1,5017	1,5032	1,5122	43° 6′
M	**Caesium-Magnesiumsulfat** $Cs_2SO_4 . MgSO_4+6H_2O$, Tutton 2	Hγ	1,4956	1,4957	1,5015	7° 0′
		F	1,4912	1,4912	1,4970	11° 15′
		Tl	1,4880	1,4881	1,4940	14° 20′
		Na	1,4857	1,4858	1,4916	16° 25′
		C	1,4832	1,4834	1,4892	18° 0′
		Li	1,4828	1,4830	1,4888	18° 10′
M	**Caesium-Mangansulfat** $Cs_2SO_4 . MnSO_4+6H_2O$, Tutton 2	Hγ	1,5046	1,5066	1,5129	—
		F	1,5003	1,5022	1,5083	59° 28′
		Tl	1,4972	1,4991	1,5051	59° 46′
		Na	1,4946	1,4966	1,5025	59° 57′
		C	1,4922	1,4940	1,4999	60° 7′
		Li	1,4918	1,4936	1,4995	60° 10′
M	**Caesium-Nickelsulfat** $Cs SO_4 . NiSO_4+6H_2O$, Tutton 2	Hγ	1,5192	1,5235	1,5266	—
		F	1,5146	1,5187	1,5221	87° 40′
		Tl	1,5112	1,5154	1,5189	87° 29′
		Na	1,5087	1,5129	1,5162	87° 21′
		C	1,5065	1,5104	1,5137	87° 17′
		Li	1,5061	1,5100	1,5133	87° 15′

Martens.

Brechungsexponenten und Achsenwinkel zweiachsiger Krystalle.

Lit. Tab. 215, S. 1010.

Form	Substanz Beobachter	Lichtart	$n\alpha$	$n\beta$	$n\gamma$	$2V$
O	**Caesiumselenat** Cs_2SeO_4, Tutton 3	Hγ	1,6138	1,6148	1,6152	—
		F	1,6070	1,6080	1,6084	68° 58′
		Tl	1,6024	1,6034	1,6038	70° 18′
		D	1,5989	1,5999	1,6003	71° 49′
		C	1,5955	1,5965	1,5969	73° 7′
		Li	1,5950	1,5960	1,5964	73° 29′
O	**Caesiumsulfat** Cs_2SO_4, Tutton 1	Hγ	1,5705	1,5756	1,5775	—
		F	1,5660	1,5706	1,5725	66° 0′
		Tl	1,5624	1,5672	1,5690	65° 39′
		Na	1,5598	1,5644	1,5662	65° 20′
		C	1,5573	1,5619	1,5637	65° 8′
		Li	1,5569	1,5615	1,5633	65° 5′
M	**Caesium-Zinksulfat** $Cs_2SO_4 \cdot ZnSO_4 + 6\,H_2O$,	G	1,5126	1,5149	1,5203	—
	Perrot 2	F	1,5080	1,5107	1,5155	weiß:
		D	1,5020	1,5050	1,5095	78°
		C	1,4997	1,5026	1,5070	—
		B	1,4989	1,5017	1,5061	—
		a	1,4985	1,5008	1,5052	—
	Tutton 2	Hγ	1,5125	1,5151	1,5199	—
		F	1,5079	1,5104	1,5152	73° 31′
		Tl	1,5047	1,5073	1,5119	73° 52′
		Na	1,5022	1,5048	1,5093	74° 11′
		C	1,4998	1,5024	1,5068	74° 27′
		Li	1,4994	1,5020	1,5064	74° 30′
	Calamin, s. Kieselzinkerz					
O	**Calciumborat** CaB_2O_7, Mallard 3	Na	1,540	1,656	1,682	—
O	**Calciumformiat** $Ca(HCO_2)_2$, Schrauf 2	E	1,5132	1,5167	1,5819	—
		D	1,5101	1,5135	1,5775	—
		B	1,5067	1,5100	1,5731	—
O	**Calciummalat, saures,** Schrauf 2	E	1,4972	1,5112	1,5492	—
	$Ca(C_4H_5O_5)_2 + 6\,H_2O$ (Apfelsaures Calcium)	D	1,4933	1,5073	1,5449	—
		B	1,4887	1,5029	1,5404	—
O	**Caledonit** $PbSO_4 \cdot (PbCu)CO_3$, Des Cloizeaux 8	rot	1,846	—	—	82° 37′
T	**Ceriumhyposulfat** $CeS_2O_6 + 5\,H_2O$, Wyrouboff 6	Na	—	1,507	—	88° 52′
O	**Cerussit** $PbCO_3$, Des Cloizeaux 1	gelb	1,7980	2,0728	2,0745	—
	Schrauf 2	E	1,8164	2,0919	2,0934	—
		D	1,8037	2,0763	2,0780	—
		B	1,7915	2,0595	2,0613	—
	Negri 2, s. a. Ohm, Jahrb. f. Min. Beil. Bd. **13**, 38; 1899	Na	1,8036	2,0765	2,0786	—
M	**Chloralhydrat** $CCl_3 \cdot CH(OH)_2$, Dufet 7	Na	1,5383	1,5995	1,6017	20° 48′
	Chlorit, s. Pennin Tab. 202 r.					
M	**Chondrodit**, Lévy u. Lacroix 1 (s. a. Sjögren)	Na	1,607	1,619	1,639	80°
O	**Chrysoberyll** (Cymophan) $BeO \cdot Al_2O_3$, des Cloizeaux 1	gelb	1,7470	1,7484	1,7565	—
O	**Citronensäure** $C_6H_8O_7 + H_2O$, Schrauf 1	E	1,4967	1,5012	1,5123	—
		D	1,4932	1,4977	1,5089	—
		B	1,4896	1,4943	1,5054	—
	F. Kohlrausch	Na	1,4930	1,4975	1,5077	—
M	**Clintonit** (Seybertit), Lévy u. Lacroix 1	Na	1,646	1,657	1,658	0—20°
O	**Codein** $C_{18}H_{21}NO_3 + H_2O$, Grailich	G	1,5550	1,5650	—	—
		F	1,5457	1,5525	—	—
		D	1,5390	1,5435	—	—
		C	1,5365	1,5395	—	—
		B	1,5335	1,5390	—	—

Brechungsexponenten und Achsenwinkel zweiachsiger Krystalle.

Lit. Tab. 215, S. 1010.

Form	Substanz Beobachter	Lichtart	$n\alpha$	$n\beta$	$n\gamma$	$2V$
		F	1,62790	1,62960	1,63697	—
O	**Coelestin** $SrSO_4$ (vom Eriesee (Arzruni 1 20°	D	1,62198	1,62367	1,63092	51° 12′
		C	1,61954	1,62120	1,62843	—
	(von Exeter) Grunenberg	Na	—	1,5970 bis	—	—
	(s. a. G. H. Williams)			1,6214		
		Tl	—	1,6279	—	—
	(von der Romagna) Artini 2	Na	—	1,6245	—	—
		Li	—	1,6212	—	—
M	**Colemannit** $Ca_2B_6O_{11} + 5H_2O$, von Californien	F	1,59214	1,59810	1,62044	—
		E	1,58952	1,59531	1,61762	—
		D	1,58626	1,59202	1,61398	55° 20′
	Bodewig u. v. Rath 2 V	C	1,58345	1,58922	1,61100	—
	Mühlheims n	B	1,58230	1,58807	1,60978	—
O	**Cordierit** (Dichroit) $Mg_3(AlFe)_6Si_8O_{28}$, s. des Cloizeaux 9					—
	Pulfrich 1	Na	1,5384	1,5401	1,5438	
	Osann 1 u. 2.	Na	—	1,5438	—	85° 50′
	Lévy u. Lacroix 1	Na	1,532	1,536	1,539	—
		Cd 480	1,59863	1,60397	1,60632	—
		Cd 508	1,59639	1,60177	1,60402	—
		Cd 537	1,59442	1,59985	1,60198	—
	Offret (C. v. Ceylon)	Na 589	1,59172	1,59700	1,59919	—
		Cd 643	1,58945	1,59466	1,59692	—
		Li 671	1,58857	1,59380	1,59601	—
	Koch in Rosenbusch	Na	1,5433	1,5467	1,5490	—
	Zymányi 2	Na	1,5349	1,5400	1,5440	—
	Cyanit, s. Disthen.					
	Cymophan, s. Chrysoberyll.					
M	**Cystin, salzsaures**, $C_6H_{12}N_2S_2O_4 + 2HCl$, Becke 2 . .	Na	1,5840	1,5840	1,6177	2° 4′
		blau	—	1,646	—	—
O	**Danburit** $CaB_2Si_2O_8$ (von Russell N. Y.), Brush u. Dana	Na	—	1,637	—	88° 23′
		Li	—	1,634	—	87° 37′
		Tl	1,6356 ber.	1,6366	1,6393	89° 14′
	(aus der Schweiz), Hintze 3	Li	1,6317 „	1,6337	1,6363	88° 29′
		Na	1,6258 „	1,6303	1,6331	88° 4′
M	**Datolith** $Ca_2BH_2SiO_{10}$, s. a. des Cloizeaux 9	gelb	1,6260	1,6535	1,6700	74° 22′
		Tl	—	1,6545	—	74° 3′
	Luedecke 2 (v. Andreasberg)	Na	—	1,6494	—	74° 19′
		Li	—	1,6460	—	74° 37′
		Na	1,6246	1,6527	1,6694	74° 21′
	Brugnatelli	Li	1,6214	1,6492	1,6659	74° 39′
O	**Diaspor** $Al_2O_3 + H_2O$, Lévy u. Lacroix 1 n	blau	—	—	—	85° 8′
	des Cloizeaux 8 $2V$	Na	1,702	1,722	1,750	84° 20′
		rot	—	—	—	84° 8′
	Dichroit, s. Cordierit.					
		blau	—	1,566	—	86° 42′
M	**Didymsulfat** $Di_2(SO_4)_3 + 8H_2O$, des Cloizeaux 8 . . .	gelb	—	1,553	—	86° 23′
		rot	—	1,551	—	86° 19′
	Becquerel 2	Na	1,5392	1,5479	1,5592	84° 10′
T	**Disthen** (Cyanit) Al_2SiO_5, des Cloizeaux 9	rot	—	1,720	—	82° 30′
	Lévy u. Lacroix 1	Na	1,712	1,720	1,728	—
	Zymányi 2.	Na	1,7124	—	—	—
	Wülfing in Rosenbusch	Na	1,7171	1,7222	1,7290	82° 10′

Martens.

Brechungsexponenten und Achsenwinkel zweiachsiger Krystalle.

Lit. Tab. 215, S. 1010.

Form	Substanz / Beobachter	Lichtart	$n\alpha$	$n\beta$	$n\gamma$	$2V$
O	**Edingtonit** $BaAl_2Si_3O_{10} + 3 H_2O$, Nordenskiöld 2 . .	Tl	1,5410	1,5522	1,5566	53° 10′
		Na	1,5383	1,5492	1,5540	55° 55′
		Li	1,5353	1,5466	1,5511	52° 47′
	Eisen-Kaliumoxalat / **Eisen-Natriumoxalat** } s. Murmann u. Rotter.					
M	**Eisen-Kaliumsulfat** $FeSO_4 \cdot K_2SO_4 + 6 H_2O$, Topsoe u. Christiansen	F	1,4833	1,4890	1,5041	—
		D	1,4775	1,4832	1,4974	67° 18′
		C	1,4751	1,4806	1,4947	—
	Tutton 2	Hγ	1,4852	1,4920	1,5071	—
		F	1,4811	1,4877	1,5028	67° 19′
		Tl	1,4782	1,4847	1,4995	67° 12′
		Na	1,4759	1,4821	1,4969	67° 7′
		C	1,4735	1,4799	1,4945	67° 2′
	[s. a. Murmann u. Rotter.]	Li	1,4731	1,4795	1,4941	67° 1′
M	**Eisen-Rubidiumsulfat** $FeSO_4 \cdot Rb_2SO_4 + 6 H_2O$, Perrot 3	G	1,4917	1,4978	1,5088	—
		F	1,4868	1,4926	1,5036	—
		D	1,4812	1,4870	1,4978	73° 2′
		C	1,4791	1,4847	1,4953	—
		B	1,4780	1,4836	1,4942	—
		a	1,4772	1,4830	1,4934	—
	Tutton 2	Hγ	1,4916	1,4973	1,5080	—
		F	1,4870	1,4929	1,5034	73° 13′
		Tl	1,4839	1,4898	1,5003	73° 18′
		Na	1,4815	1,4874	1,4977	73° 21′
		C	1,4793	1,4851	1,4953	73° 23′
		Li	1,4789	1,4847	1,4949	73° 24′
M	**Eisensulfat** $FeSO_4 + 7 H_2O$, des Cloizeaux 8	blau	—	1,478	—	85° 54′
		gelb	—	1,470	—	86° 13′
		rot	—	1,469	—	86° 22′
	Erofejeff 2	blau	1,4794	1,4861	1,4928	—
		Na	1,4713	1,4782	1,4856	85° 27′
		Li	1,4681	1,4748	1,4824	85° 31′
O	**Epididymit** $BeNaHSi_3O_8$, Flink 5	Na	1,5645	1,5685	1,5688	—
M	**Epidot** (s. a. des Cloizeaux 8 u. 9, Artini 1, Forbes, Weinschenk), Klein (von Sulzbach)	rot	1,7305	1,7541	1,7677	—
M	**Epistilbit** $CaO \cdot A_2O_3 \cdot 6 SiO_2 + 5 H_2O$ (von Island), des Cloizeaux 4	rot	1,502	1,510	1,512	44°
	Eudidymit $BeNaHSi_3O_8$, Brögger 2	Tl	1,54763	1,54799	1,55336	28° 30′
		Na	1,54533	1,54568	1,55085	29° 19′
		rot (ca. 656)	1,54444	1,54479	1,54971	30° 23,5′
M	**Euklas** $Be_2Al_2H_2Si_2O_{10}$, des Cloizeaux 1	gelb	1,6520	1,6553	1,6710	49° 37′
	Feldspat:					
	I. Kalifeldspat $K_2Al_2Si_6O_{16}$ (Orthoklas)					
M	Adular, Kohlrausch	Na	1,5192	1,5230	1,5246	—
	Zymányi 2 (I, II)	Na	1,5195	1,5233	1,5253	—
	Sanidin (Eifel), Kohlrausch	Na	1,5206	1,5250	1,5253	—
	Mühlheims	F	1,52556	1,53010		—
		D	1,51984	1,52439		—
		C	1,51746	1,52202		—
		B	1,51667	1,52100		—
	Sanidin, Offret	Cd 480	1,52645	1,53107	1,53127	—
		Cd 508	1 52446	1,52904	1,52925	—
		Cd 537	1,52270	1,52726	1,52744	—
		Na 589	1,52034	1,52486	1,52501	—
		Cd 643	1,51838	1,52283	1,52296	—
	[vergl. auch des Cloizeaux 9, Heußer.]	Li 670	1,51752	1,52200	1,52212	—
T	Mikrolin v. Naresto, Lévy u. Lacroix 1	Na	1,523	1,526	1,529	83° Dx
	Sauer u. Ussing	Na	1,5224	1,5263	1,5295	83° 31′

Martens.

Brechungsexponenten und Achsenwinkel zweiachsiger Krystalle.

Lit. Tab. 215. S. 1010.

Form	Substanz Beobachter	Lichtart	$n\alpha$	$n\beta$	$n\gamma$	$2V$
	Feldspat (Fortsetzung.)					
T	II. Natronfeldspat $Na_2Al_2Si_6O_{16}$ (Plagioklas),					
	Anorthoklas, Fouqué	Na	1,5234	1,5294	1,5305	43° 38′
	Albit, Zymányi 2 (a. Zusammenstellung) . .	Na	1,5287	1,5331	1,5392	—
T	III. Kalkfeldspat (Anorthit) $Ca_2Al_4Si_4O_{16}$, Klein	Na	1,5756	1,5835	1,5885	76° 30′
M	**Ganophyllit** $8\,SiO_2 \cdot (Al_2O_3) \cdot 7\,MnO + 6\,H_2O$,	Na	1,7046	1,7287	1,7298	23° 52′
	Hamberg	Li	1,6941	1,7250	1,7264	23° 36′
M	**Gay-Lussit** $Na_2Ca(CO_3)_2+5\,H_2O$, Pratt 2	Na	1,4435	1,5156	1,5233	33° 46′
		Li	—	—	—	—
M	**Gismondin** $CaAl_2Si_4O_{12}+4\,H_2O$, [Dufet]	Tl	—	1,5409	—	83° 19′
	Rinne	Na	—	1,5385	—	82° 43′
		Li	—	1,5348	—	82° 11′
M	**Glaukophan** (Na_2, CaMg, Fe), $SiO_3 \cdot (AlFe)_2(SiO_3)_3$,					
	(Gastaldit von Aosta) Rosenbusch	Na	1,6396	1,6563	—	43° 58′
M	**Glimmer,** $(KNa)_4H_8Al_{12}Si_{12}O_{48}$, Muscovit[1]),	Tl	1,5635	1,5967	1,6005	—
	Pulfrich 1	Na	1,5601	1,5936	1,5977	—
		Li	1,5566	1,5899	1,5943	—
	(Indien) F. Kohlrausch	Na	1,5609	1,5941	1,5997	—
	Matthiessen	Na	1,5692	1,6049	1,6117	—
	(von Penneville) Lévy u. Lacroix 1	Na	1,571	1,610	1,613	30—50°
	(von Buckfield) Zymányi 2	Na	1,5619	1,5968	1,6007	—
	Gips $CaSO_4+2\,H_2O$, Angström 19°	Na	1,52056	1,52267	1,52975	—
	v. Lang	G	1,53088	1,53283	1,54074	56° 13′
		F	1,52627	1,52826	1,53599	57° 28′
		E	1,52370	1,52581	1,53355	58° 6′
		D	1,52082	1,52287	1,53048	58° 8′
		C	1,51833	1,52037	1,52814	57° 42′
		B	1,51743	1,51941	1,52725	57° 18′
	F. Kohlrausch	Na	1,5198	1,5216	1,5289	—
	Matthiessen	Na	1,5195	1,5218	1,5283	61° 35′
	Quincke	G	1,5294	1,5322	1,5394	—
		F	1,5257	1,5281	1,5353	—
		E	1,5229	1,5251	1,5324	—
		D	1,5201	1,5230	1,5294	—
		C	1,5177	1,5199	1,5268	—
	(von Montmartre) Danker	Na	1,52033	1,52241	1,52941	57° 24,5′
	Pulfrich 1 bei 14°	Tl	1,5221	1,5246	1,5315	—
		Na	1,5200	1,5220	1,5292	—
		Li	1,5172	1,5190	1,5260	—
	(vom Montmartre) Dufet 4	Hγ 434	1,53034	1,53238	1,53982	—
		F 486	1,52592	1,52805	1,53524	57° 23′ 0″
		Tl 535	1,52295	1,52510	1,53218	57° 58′ 30″
		Na 589	1,52046	1,52260	1,52962	58° 5′ 0″
		C 656	1,51812	1,52021	1,52717	57° 36′ 50″
		Li 670	1,51770	1,51977	1,52672	57° 26′ 40″
	(von Sicilien) Mühlheims	F	1,52618	1,52818	1,53543	55° 31′
		E	1,52371	1,52571	1,53287	56° 0,5′
		D	1,52080	1,52278	1,52984	56° 2′
		B	1,51749	1,51939	1,52632	55° 17′
		a	1,51662	1,51850	1,52537	—
		A	1,51551	1,51734	1,52415	—
O	**Hambergit** Be_2HBO_4, Brögger 2	Tl	1,5693	1,5928	1,6331	87° 24,5′
		Na	1,5595	1,5908	1,6311	87° 7′
		Li	1,5542	1,5891	1,6294	86° 50′

[1]) Etwas andere chemische Zusammensetzung haben **Biotit** (s. Zymányi), **Phlogopit** (s. Michel Lévy und Lacroix).

Martens.

Brechungsexponenten und Achsenwinkel zweiachsiger Krystalle.

Lit. Tab. 215, S. 1010.

Form	Substanz Beobachter	Lichtart	$n\alpha$	$n\beta$	$n\gamma$	$2V$
M	**Harmotom** $BaK_2Al_2Si_5O_{14}+5H_2O$, des Cloizeaux 9, Levy	rot	—	1,516	—	—
	u. Lacroix 1	—	1,503	1,506	1,508	—
O	**Harstigit**, Ramsay 1	Na	1,6782	—	1,6831	—
	Hemimorphit, s. Kieselzinkerz.					
O	**Herderit** $CaPO_4BeFlOH$, Cornu in des Cloizeaux 5	Na	—	1,609	—	67°
	Bertrand 4 in des Cloizeaux 15	Na	1,592	1,612	1,621	—
M	(von Stoneham) Penfield 4	Na	—	1,612	—	68° 2′
	(von Paris) Penfield 4	Na	—	1,632	—	—
M	**Heulandit** $CaAl_2Si_6O_{16}+5H_2O$, Lévy u. Lacroix 1	Na	1,498	1,499	1,505	0—60°
M	**Hintzeit** o. **Heintzit**, Luedecke 2 (vergl. Milch ebenda)	Na	1,354	—	—	—
O′	**Hopeit** $Zn_3P_2O_8+4H_2O$, des Cloizeaux 13	Na	—	1,471	—	54° 44′
		rot	—	1,469	—	54° 39′
O	**Humit** $Mg_8Si_3O_{14}$, Sjögren 2	Na	—	1,643?	—	67° 54′
M	**Hyalophan**, n. Dufet $BaK_2Na_2Al_2Si_4O_{12}$, Rinne 1	Tl	—	1,5416	—	78° 42′
		Na	—	1,5392	—	79° 3′
		Li	—	1,5388	—	79° 21′
M	**Hydrargillit**, Brögger 2	Na	1,5347	1,5347	—	—
	Hydrocarbostyril, Bäckström 1	Tl	1,48206	—	1,82575	—
		Na	1,47917	1,70947	1,81020	ca. 60°
M	**Jonstrupit**, Brögger 2 (vgl. Mosandrit)	Na	—	1,546	—	69° 54′
	Kalium-Antimonyltartrat, s. Antimonyl-Kaliumtartrat.					
T	**Kaliumbichromat** $K_2Cr_2O_7$, Dufet 6	Na	1,7202	1,7380	1,8197	51° 53′
		Li	—	1,72095	—	52° 24,5′
O	**Kaliumchromat** K_2CrO_4,	F	—	1,7703	—	—
	Topsoe u. Christiansen	D	—	1,7254	—	51° 40′
	[siehe auch de Senarmont]	C	—	1,7131	—	—
	Mallard 1	rot	1,6873	1,722	1,7305	—
M	**Kaliumferricyanid** (rotes Blutlaugensalz) $K_3Fe(CN)_6$,	D	1,5660	1,5689	1,5831	—
	des Cloizeaux 5 2 *V*, Schrauf 2 *n*	B	1,5591	1,5615	1,5759	—
M	**Kaliumferrocyanid** (gelbes Blutlaugensalz) [Kohlrausch]					
	$K_4Fe(CN)_6+3H_2O$, Dufet 11	Na	—	1,5772	—	78° 10′
	Kaliumhypophosphat, Dufet 7					
M	$K_2H_2P_2O_6+2H_2O$	Na	1,4893	1,5314	1,5363	36° 12′
O	$K_2H_2P_2O_6+3H_2O$	Na	1,4768	1,4843	1,4870	61° 48′
M	**Kalium-Kobaltselenat** $K_2SeO_4 . CoSeO_4+6H_2O$,	F	—	1,5270	—	—
	Topsoe u. Christiansen	D	1,5135	1,5195	1,5358	63° 52′
		C	—	1,5162	—	—
		Hγ	1,4904	1,4961	1,5105	—
		F	1,4861	1,4919	1,5059	68° 48′
M	**Kalium-Kobaltsulfat** $K_2SO_4 . CoSO_4+6H_2O$, Tutton 2	Tl	1,4830	1,4889	1,5028	68° 44′
		Na	1,4807	1,4865	1,5004	68° 41′
	[s. a. Murmann u. Rotter, de Sénarmont]	C	1,4784	1,4842	1,4977	68° 39′
		Li	1,4780	1,4838	1,4973	68° 38′
		E	1,4832	1,4897	1,5037	—
	Ehlers	D	1,4797	1,4858	1,4999	—
		C	1,4774	1,4829	1,4968	—
		Li	1,4770	1,4823	1,4962	—
		B	1,4766	1,4817	1,4956	—

Martens.

214 1

Brechungsexponenten und Achsenwinkel zweiachsiger Krystalle.

Lit. Tab. 215, S. 1010.

Form	Substanz Beobachter	Lichtart	$n\alpha$	$n\beta$	$n\gamma$	$2V$
M	**Kalium-Kupferselenat** $K_2SeO_4 \cdot CuSeO_4 + 6\,H_2O$,	F	—	1,5320	—	—
	Topsoe u. Christiansen	D	1,5096	1,5235	1,5385	88° 12′
		C	—	1,5203	—	—
M	**Kalium-Kupfersulfat** $K_2SO_4 \cdot CuSO_4 + 6\,H_2O$, Tutton 2	Hγ	1,4944	1,4975	1,5134	—
		F	1,4893	1,4922	1,5081	47° 33′
		Tl	1,4861	1,4889	1,5047	47° 0′
		Na	1,4836	1,4864	1,5020	46° 32′
		C	1,4811	1,4838	1,4994	46° 6′
	[s. a. Murmann u. Rotter]	Li	1,4807	1,4834	1,4990	46° 1′
	Kalium-Lithiumferrocyanid $K_2Li_2Fe(CN)_6 + 3\,H_2O$,	Tl	—	1,6066	—	65° 22′
	Dufet 6 (Wyrouboff)	Na	1,5883	1,6007	1,6316	65° 56,5′
		Li	—	1,5947	—	66° 31′
O	**Kalium-Lithiumtartrat** $LiK(C_4H_4O_6) + H_2O$,					
	Wyrouboff 7	rot	—	1,5226	—	75° 58′
M	**Kalium-Magnesiumselenat** $K_2SeO_4 \cdot MgSeO_4 + 6\,H_2O$,	F	—	1,5039	—	—
	Topsoe u. Christiansen	D	1,4950	1,4970	1,5120	40° 22′
		C	—	1,4942	—	—
M	**Kalium-Magnesiumsulfat** $K_2SO_4 \cdot MgSO_4 + 6\,H_2O$,	F	1,4649	1,4682	1,4827	—
	Topsoe u. Christiansen	D	1,4602	1,4633	1,4768	48° 1′
		C	1,4582	1,4610	1,4743	—
		Hγ	1,4699	1,4720	1,4853	—
		F	1,4658	1,4678	1,4810	47° 40′
	Tutton 2	Tl	1,4631	1,4652	1,4778	47° 48′
		D	1,4607	1,4629	1,4755	47° 54′
		C	1,4585	1,4607	1,4731	47° 59′
	[s. a. Murmann u. Rotter]	Li	1,4581	1,4603	1,4727	48° 0′
O	**Kalium-Natriumtartrat** (Seignettesalz)	gelb	1,4913	1,4931	1,4966	71° 26′
	$KNaC_4H_4O_6 + 4\,H_2O$, Müttrich 25°	rot	1,4898	1,4917	1,4950	73° 42′
	Lavenir 2 20°	Na	1,49002	1,49196	1,49541	—
M	**Kalium-Nickelselenat** $K_2SeO_4 \cdot NiSeO_4 + 6\,H_2O$,	F	—	1,5315	—	—
	Topsoe u. Christiansen	D	1,5199	1,5248	1,5339	72° 56′
		C	—	1,5207	—	—
		Hγ	1,4933	1,5015	1,5153	—
		F	1,4889	1,4972	1,5109	75° 9′
M	**Kalium-Nickelsulfat** $K_2SO_4 \cdot NiSO_4 + 6\,H_2O$, Tutton	Tl	1,4860	1,4941	1,5077	75° 13′
		D	1,4836	1,4916	1,5051	75° 16′
		C	1,4813	1,4893	1,5026	75° 19′
	[s. a. Murmann u. Rotter u. de Sénarmont]	Li	1,4809	1,4889	1,5022	75° 21′
		E	1,3365	1,5124	1,5135	—
O	**Kaliumnitrat** KNO_3, **Kalisalpeter,** Schrauf 1	D	1,3346	1,5056	1,5064	—
		B	1,3328	1,4988	1,4994	—
	F. Kohlrausch	Na	1,3327	1,5031 ?	1,5046	—
	Kalium-Osmiocyanid $K_4Os(CN)_6 + 3\,H_2O$, Dufet 11 . .	Na	—	1,6071	—	47° 0′
	Kalium-Platodibromnitrit $K_2Br_2Pt(NO_2)_2 + H_2O$,					
	Dufet 8	Na	1,626	1,6684	1,757	72° 21′
M	**Kalium-Ruthenocyanid** $K_4Ru(CN)_6 + 3\,H_2O$, Dufet 11 .	Na	—	1,5837	—	54° 0′
		F	1,5417	1,5475	1,5523	—
O	**Kaliumselenat** K_2SeO_4, Topsoe u. Christiansen	D	1,5353	1,5402	1,5450	76° 40′
		C	1,5323	1,5373	1,5422	—
		Hγ	1,5478	1,5517	1,5576	—
		F	1,5421	1,5460	1,5518	76° 57′
	Tutton 3	Tl	1,5383	1,5421	1,5478	76° 53′
		D	1,5352	1,5390	1,5446	76° 50′
		C	1,5325	1,5362	1,5418	76° 47′
		Li	1,5320	1,5357	1,5413	76° 46′

Martens.

Brechungsexponenten und Achsenwinkel zweiachsiger Krystalle.

Lit. Tab. 215, S. 1010.

Form	Substanz Beobachter	Lichtart	$n\alpha$	$n\beta$	$n\gamma$	$2V$
O	**Kaliumsulfat** K_2SO_4 (s. a. des Cloizeaux 2) Topsoe u. Christiansen	F	1,4976	1,4992	1,5029	—
		D	1,4932	1,4946	1,4980	67° 4′
		C	1,4911	1,4928	1,4959	—
	Tutton 1	Hγ	1,5012	1,5024	1,5052	—
		F	1,4982	1,4995	1,5023	67° 7′
		Tl	1,4955	1,4967	1,4994	67° 15′
		Na	1,4935	1,4947	1,4973	67° 20′
		C	1,4916	1,4928	1,4954	67° 24′
		Li	1,4912	1,4924	1,4950	67° 25′
M	**Kalium-Zinkselenat** $K_2SeO_4 \cdot ZnSeO_4 + 6H_2O$, Topsoe u. Christiansen	Hγ	—	1,5308	—	—
		F	—	1,5252	—	—
		D	1,5115	1,5177	1,5327	66° 8′
	[s. a. Wyrouboff.]	C	—	1,5148	—	—
M	**Kalium-Zinksulfat** $K_2SO_4 . ZnSO_4 + 6H_2O$ Perrot 2	G	1,4868	1,4937	1,5073	—
		F	1,4826	1,4888	1,5024	69° 3′
	[s. Murmann u. Rotter.]	D	1,4775	1,4836	1,4967	68° 20′
		C	1,4749	1,4811	1,4940	68° 37′
		B	1,4744	1,4803	1,4932	—
		a	1,4735	1,4794	1,4920	—
	Tutton 2	Hγ	1,4866	1,4929	1,5067	—
		F	1,4826	1,4889	1,5027	68° 9′
		Tl	1,4797	1,4857	1,4994	68° 12′
		Na	1,4775	1,4833	1,4969	68° 14′
		C	1,4752	1,4809	1,4942	68° 16′
		Li	1,4748	1,4805	1,4938	68° 17′
R	**Kieselzinkerz** $ZnO \cdot ZnH_2SiO_4$ (Hemimorphit od. Calamin), von Lang 1	grün	1,6171	1,6202	1,6392	44° 40′
		gelb	1,6136	1,6170	1,6360	46° 10′
		rot	1,6107	1,6142	1,6324	47° 36′
	des Cloizeaux 9	gelb	1,615	1,618	1,635	45° 57′
M	**Klinochlor** $(MgFe)_5(AlFeCr)_2H_2Si_3O_{18}$ (Chlorit, Pennin)					
	Lévy u. Lacroix 1	Na	1,585	1,588	1,596	0–55°
	Tschermak 3	gelb	—	1,583	—	—
	Zymányi 2	Na	1,5854	1,5863	1,5955	—
M	**Kobaltacetat** $Co(C_2H_3O_2)_2 + 4H_2O$, Murmann u. Rotter	gelb	—	1,542	—	30° 43′
M	**Kobalt-Kupfersulfat,** s. Ehlers.					
M	**Kobalt-Rubidiumsulfat** $CoSO_4 \cdot Rb_2SO_4 + 6H_2O$, Perrot 3	G	1,4951	1,5015	1,5117	—
		F	1,4912	1,4971	1,5070	—
		D	1,4860	1,4917	1,5012	75° 5′
		C	1,4834	1,4890	1,4985	—
		B	1,4827	1,4883	1,4978	—
		a	1,4821	1,4873	1,4969	—
	Tutton 2	Hγ	1,4954	1,5011	1,5114	—
		Hβ	1,4910	1,4968	1,5068	75° 3′
		Tl	1,4882	1,4940	1,5038	75° 8′
		Na	1,4859	1,4916	1,5014	75° 11′
		H	1,4837	1,4893	1,4989	75° 14′
		Li	1,4833	1,4889	1,4985	75° 15′
M	**Kobaltselenat** $CoSeO_4 + 6H_2O$, Topsoe u. Christiansen	D	—	1,5225	1,5227	7° 13′
		C	—	1,5183	—	—
O	**Kornerupin** $MgAl_2SiO_6$, Ussing	Na	1,6691	1,6805	1,6818	37° 34′
	Krokoit $PbCrO_4$, des Cloizeaux 14	Na	—	2,421	—	54° 3′
	Baerwald 2	grün	—	—	2,933	—
		rot	—	—	2,667	—

Martens.

Brechungsexponenten und Achsenwinkel zweiachsiger Krystalle.

Lit. Tab. 215, S. 1010.

Form	Substanz Beobachter	Lichtart	$n\alpha$	$n\beta$	$n\gamma$	$2V$
M	**Kupferformiat** $Cu(HCO_2)_2 + 4H_2O$, Dufet 4	F	—	1,5558	—	—
		Tl	—	1,5483	—	—
		D	1,4133	1,5423	1,5571	—
T	**Kupfer-Strontiumformiat** $Cu(HCO_2)_2 \cdot 2[Sr(HCO_2)] + 8H_2O$, Brio	grün	1,5011	—	1,5849	—
		D	1,4995	1,5199	1,5801	72° 4′
		rot	1,4985	1,5184	1,5777	71° 46′
M	**Kupfer-Rubidiumsulfat,** Perrot 3 $Rb_2SO_4 \cdot CuSO_4 + 6H_2O$	G	1,4989	1,5013	1,5139	—
		F	1,4944	1,4968	1,5095	—
		D	1,4885	1,4907	1,5032	44° 30′
		C	1,4859	1,4880	1,5008	—
		B	1,4850	1,4871	1,4995	—
		a	1,4844	1,4859?	1,4989	—
	Tutton 2	Hγ	1,4991	1,5013	1,5148	—
		F	1,4943	1,4966	1,5098	45° 15′
		Tl	1,4912	1,4933	1,5064	44° 57′
		D	1,4886	1,4906	1,5036	44° 42′
		C	1,4862	1,4882	1,5011	44° 29′
		Li	1,4858	1,4878	1,5007	44° 26′
M	**Kupfersulfat** $CuSO + 5H_2O$, Pape	G	1,5287	—	1,5598	—
		F	1,5231	—	1,5535	—
		E	1,5198	—	1,5500	—
		D	1,5161	1,5394	1,5460	—
	F. Kohlrausch	Na	1,5140	1,5368	1,5433	—
	Lavenir 1	Na	1,51408	1,53684	1,54345	—
M	**Laumonit,** Lévy u. Lacroix 1	Na	1,513	1,524	1,525	—
M	**Låvenit,** Brögger 2	Na	—	1,750	—	79° 46′
O	**Lawsonit** $CaAl_2H_4Si_2O_{10}$, Ransome u. Palache	Na	1,665	1,669	1,684	84° 6′
M	**Lazulith** $(MgFeCa)Al_2H_2P_2O_{10}$, Lévy u. Lacroix 1	Na	1,603	1,632	1,639	69°
M	**Lepidolith** $(LiKAl)_8H_8Si_{12}O_{48}$, Scharizer	Na	—	1,5975	1,6047	—
	Leucit oder Amphigen s. Tab. 200.					
O	**Leukophan** $Na_2(BeCa)_5Si_5O_{15}F_2$, Lévy u. Lacroix 1	Na	1,570	1,591	1,594	—
	Brögger 2	Na	1,5709	1,5948	1,5979	—
O	**Libetenit,** des Cloizeaux 8	gelb	—	1,743	—	81° 8′
M	**Linarit** $[(PbCu)SO_4 \cdot (PbCu)(OH)_2$ Dufet], Brugnatelli 2	Na	1,8090	1,8380	1,8593	79° 59′
M	**Lithiumcarbonat** Li_2CO_3, Mallard	Na	1,428	1,567	1,572	—
O	**Lithiumhyposulfat** $Li_2S_2O_6 + H_2O$, Topsoe u. Christiansen	F	1,5548	1,5680	1,5887	—
		D	1,5487	1,5602	1,5788	78° 16′
		C	1,5462	1,5565	1,5763	—
M	**Lithium-Natriumracemat** $LiNa(C_4H_4O_6) + H_2O$, Wyrouboff 7	rot	—	1,4904	—	68° 57′
O	**Lithium-Rubidiumtartrat** $LiRb(C_4H_4O_6) + H_2O$, Wyrouboff 2	rot	—	1,552	—	57° 10′
M	**Lithiumsulfat** Li_2SO_4, Wyrouboff 5	Na	—	1,465	—	72° 58′
M	**Magnesiumacetat** $Mg(C_2H_3O_2)_2 + 4H_2O$, Murmann u. Rotter	gelb	—	1,491	—	56° 34′
O	**Magnesiumborat** $Mg_3B_2O_6$, Mallard 6	Na	1,6527	1,6537	1,6748	—

Martens.

Brechungsexponenten und Achsenwinkel zweiachsiger Krystalle.

Lit. Tab. 215, S. 1010.

Form	Substanz Beobachter	Lichtart	$n\alpha$	$n\beta$	$n\gamma$	$2V$
O	**Magnesiumcarbonat** $MgCO_3+3\,H_2O$, Genth u. Penfield	Na	1,495	1,501	1,526	53° 5′
O	**Magnesiumchromat** $MgCrO_4+7\,H_2O$, Topsoe u. Christiansen	D	1,5211	1,5500	1,5680	75° 28′
		C	1,5131	1,5415	1,5633	—
M	**Magnesium-Rubidiumsulfat** $MgSO_4 \cdot Rb_2SO_4+6\,H_2O$, Perrot 2	G	1,4759	1,4777	1,4872	—
		F	1,4721	1,4739	1,4833	—
		D	1,4670	1,4690	1,4782	49° 20′
		C	1,4648	1,4667	1,4756	—
		B	1,4642	1,4653	1,4752	—
		a	1,4633	1,4653	1,4745	—
	Tutton 2	Hγ	1,4762	1,4782	1,4876	—
		Hβ	1,4724	1,4743	1,4835	48° 10′
		Tl	1,4695	1,4713	1,4805	48° 29′
		Na	1,4672	1,4689	1,4779	48° 46′
		Hα	1,4650	1,4668	1,4759	49° 2′
		Li	1,4646	1,4664	1,4755	49° 6′
M	**Magnesiumselenat** $MgSeO_4+6\,H_2O$, Topsoe u. Christiansen	F	—	1,4965	—	—
		D	1,4856	1,4892	1,4911	28° 12′
		C	—	1,4864	—	—
O	**Magnesiumsulfat,** Bittersalz, $MgSO_4+7\,H_2O$, Topsoe u. Christiansen	F	1,4374	1,4607	1,4657	—
		D	1,4325	1,4554	1,4608	51° 25′
		C	1,4305	1,4530	1,4583	—
	Kohlrausch	D	1,4324	1,4553	1,4612	—
	Dufet 1	D	1,43207	1,45529	1,46083	—
	Fock	D	1,4319	1,4549	1,4602	51° 28′
	Borel 20°	Cd 226	1,49904	1,52656	1,53262	—
		Cd 231	1,49501	1,52229	1,52838	—
		Cd 257	1,47863	1,50489	1,51091	—
		Cd 274	1,47046	1,49631	1,50226	—
		Cd 340	1,45275	1,47739	1,48321	—
		Cd 346	1,45158	1,47618	1,48195	—
		Cd 361	1,44916	1,47356	1,47937	—
		H 486	1,43776	1,46111	1,46663	—
		Na 589	1,43226	1,45525	1,46072	—
	Die Werte für Na und Cd sind nach der Prismenmethode, die übrigen Exponenten mit dem Soretschen Refraktometer bestimmt.	H 656	1,43067	1,45321	1,45844	—
		B 686	1,42991	1,45226	1,45725	—
		a 718	1,42947	1,45182	1,45676	—
M	**Malachit** $(CuOH)_2CO_3$, des Cloizeaux 8	gelb	—	1,88	—	43° 54′
T	**Manganborat** MnB_2O_5, Mallard 6	Na	1,617	1,738	1,776	55° 47′
M	**Mangan-Rubidiumsulfat** $MnSO_4 \cdot Rb_2SO_4+6\,H_2O$, Perrot 3	G	1,4861	1,4903	1,5015	—
		F	1,4818	1,4864	1,4970	—
		D	1,4764	1,4809	1,4910	67° 38′
		C	1,4741	1,4785	1,4886	—
		B	1,4733	1,4777	1,4877	—
		a	1,4725	1,4769	1,4870	—
	Tutton 2	Hγ	1,4864	1,4907	1,5015	—
		F	1,4821	1,4860	1,4965	66° 55′
		Tl	1,4791	1,4831	1,4933	67° 1′
		D	1,4767	1,4807	1,4907	67° 5′
		C	1,4745	1,4785	1,4884	67′ 8′
		Li	1,4741	1,4781	1,4880	67° 10′
	Mesotyp, s. Natrolith.					

Martens.

Brechungsexponenten und Achsenwinkel zweiachsiger Krystalle.

Lit. Tab. 215, S. 1010.

Form	Substanz Beobachter	Lichtart	$n\alpha$	$n\beta$	$n\gamma$	$2V$
M	**Monazit** (CeLaDi)PO_4, (v. Arendal) Rosenbusch	weiß	—	1,800	1,845	—
	Wülfing in Rosenbusch	weiß	1,796	1,797	1,841	—
M	**Mosandrit,** Wülfing in Rosenbusch (s. a. Brögger 1)	Na	1,645	1,649	1,658	74° 14′
M	**Natriumarsenat** $Na_2HAsO_4+12H_2O$, Dufet 3	Tl Na Li	1,4482 1,4453 1,4420	1,4527 1,44955 1,4462	1,4545 1,4513 1,4480	— 65° 13′ —
M	**Natriumarsenat** $Na_2HAsO_4+7H_2O$, Dufet 3	Tl Na Li	1,4654 1,4622 1,4587	1,4689 1,4658 1,4623	1,4814 1,4782 1,4746	56° 43′ 57° 7′ 57° 32′
O	**Natriumarsenat** $NaH_2AsO_4+2H_2O$, Dufet 3	Na	1,4794	1,5021	1,5265	88° 57′
O	**Natriumarsenat** $NaH_2AsO_4+H_2O$, Dufet 3	Tl Na Li	1,5418 1,5382 1,5341	1,5573 1,5535 1,5494	1,5647 1,5607 1,5563	68° 33′ 67° 57′ 67° 15′
H	**Natriumarsenat** $Na_3AsO_4+12H_2O$, s. Tab. 213 c, S. 987.					
M	**Natriumborat** s. Borax [über geschmolzenen Borax s. Tab. 212 a, S. 980.]					
M	**Natriumkarbonat** (Trona) $Na_6C_4O_{11}+5H_2O$, des Cloizeaux 8 von Zepharovich	blau rot Na	— — —	1,514 1,500 1,5073	— — —	76° 47′ 76° 32′ 76° 16′
M	**Natriumbichromat** $Na_2Cr_2O_7+2H_2O$, Dufet in Wyrouboff 6	Na	1,6610	1,6994	1,7510	83° 42′
M	**Natrium-Eisencyanid** $(NaCN)_4 . Fe(CN)_2+12H_2O$, Murmann u. Rotter des Cloizeaux 5 Lavenir 1	 gelb gelb Na	 — — 1,51932	 1,532 1,529 1,52954	 — — 1,54364	 80° 52′ 81° 25′ —
O	**Natriumhyposulfat** $Na_2S_2O_6+2H_2O$, von Lang 1 des Cloizeaux 8	gelb gelb	1,4820 1,484	1,4953 1,490	1,5185 —	75° 14′ 74° 46′
M	**Natriumhyposulfit** $Na_2S_2O_3+5H_2O$, Dufet 4 2 V nach Dufets Tab.	Tl Na Li	1,4919 1,4886 1,4849	1,5117 1,5079 1,5038	1,5405 1,5360 1,5311	80° 33′ 80° 40′ 80° 48′
M	**Natriummolybdat** $Na_6Mo_7O_{24}+22H_2O$, des Cloizeaux 8	gelb	—	1,627	—	84° 6′
	Natriumphosphate (vergl. Arsenate).					
M	**Natriumphosphat** $Na_2HPO_4+12H_2O$, Dufet 3	Tl Na Li	1,4348 1,4321 1,4290	1,4389 1,4361 1,4330	1,4402 1,4373 1,4341	58° 9′ 56° 43′ 54° 38′
M	**Natriumphosphat** $Na_2HPO_4+7H_2O$, Dufet 3	Tl Na Li	1,4437 1,44115 1,4382	1,4449 1,4424 1,4395	1,4552 1,4526 1,4497	37° 59′ 38° 50′ 39° 33′
O	**Natriumphosphat** $NaH_2PO_4+2H_2O$, Dufet 3	Tl Na Li	1,4423 1,44005 1,4376	1,4655 1,4629 1,4600	1,4843 1,48145 1,4782	— 82° 35′ —
O	**Natriumphosphat** $NaH_2PO_4+H_2O$, Dufet 3	Tl Na Li	1,4583 1,4557 1,4527	1,4881 1,4852 1,4821	1,4902 1,4873 1,4841	29° 48′ 29° 22′ 29° 0′

Martens.

Brechungsexponenten und Achsenwinkel zweiachsiger Krystalle.

Lit. Tab. 215, S. 1010.

Form	Substanz Beobachter	Lichtart	$n\alpha$	$n\beta$	$n\gamma$	$2V$
H	**Natriumphosphat** $Na_3PO_4 + 12\ H_2O$, s. Tab. 213 c, S. 987					
M	**Natriumpyrophosphat** $Na_4P_2O_7 + 10\ H_2O$, Dufet 3 . .	Tl	1,4526	1,4551	1,4629	—
		Na	1,4499	1,4525	1,4604	60° 29′
		Li	1,4470	1,4496	1,4575	—
M	**Natriumpyrophosphat** $Na_2H_2P_2O_7 + 6\ H_2O$, Dufet 3 . .	Tl	1,4623	1,4672	1,4677	36° 10′
		Na	1,4599	1,4645	1,4649	31° 56′
		Li	1,4573	1,4616	1,4617	15° 13′
O	**Natriumhypophosphit** $Na_4H_2P_2O_6 + 10\ H_2O$, Dufet 6 .	Na	—	1,4434	—	44° 7′
M	**Natriumhypophosphit** $Na_2H_4P_2O_6 + 10\ H_2O$, Dufet 5 .	Tl	—	1,4334	—	77° 40′
		Na	1,4193	1,4309	1,4493	77° 38′
		Li	—	1,4281	—	77° 37′
M	**Natriumhypophosphat** $Na_4P_2O_6 + 10\ H_2O$, Dufet 3 . .	Tl	—	1,4852	—	48° 43′
		Na	1,4777	1,4822	1,5036	48° 56′
		Li	—	1,4789	—	48° 58′
M	**Natriumhypophosphat** $Na_3HP_2O_6 + 9\ H_2O$, Dufet 3 . .	Tl	1,4682	1,4769	1,4836	81° 56′
		Na	1,4653	1,4738	1,4804	82° 0′
		Li	1,4622	1,4705	1,4769	82° 2′
M	**Natriumhypophosphat** $Na_2H_2P_2O_6 + 6\ H_2O$, Dufet 3 .	Tl	1,4883	1,4927	1,5074	58° 10′
		Na	1,4855	1,4897	1,5041	57° 20′
		Li	1,4822	1,4861	1,5006	55° 37′
O	**Natriumtartrat, saures** $NaH(C_4H_4O_6) + H_2O$, Brio . .	blau	—	1,5374	—	52° 18′
		rot	—	1,5332	—	51° 31′
M	**Natrium-Rutheniumnitrat** $(RuNO)_2O_5(N_2O_3)_2 \cdot 4\ NaNO_3 + 4\ H_2O$, Dufet 8 . . .	Tl	—	1,6041	—	25° 37′
		Na	1,5888	1,5943	1,7162	25° 14′
		Li	—	1,5847	—	24° 50′
O	**Natrolith** (Mesotyp) $Na_2O \cdot Al_2O_3 \cdot 2\ H_2O \cdot 3\ SiO_2$,					
	des Cloizeaux 9	rot	1,4768	1,4797	1,4887	—
	Zymányi 2	Na	1,4777	1,4808	1,4901	—
	Brögger 2	Tl	1,47801	1,48172	1,49181	62° 34′
		Na	1,47543	1,47897	1,48866	62° 15′
		Li	1,47287	1,47631	(1,48534)	61° 56′
	Lorenzen i. Brögger 2.	Tl	1,48030	—	1,49296	62° 39,5′
		Na	1,47783	—	1,49047	62° 29,5′
		Li	1,47577	—	1,48807	62° 16,5′
M	**Nickel-Rubidiumsulfat** $NiSO_4 \cdot Rb_2SO_4 + 6\ H_2O$,					
	Perrot 3	G	1,4996	1,5066	1,5165	—
		F	1,4951	1,5022	1,5118	—
		D	1,4896	1,4967	1,5058	81° 47′
		C	1,4874	1,4943	1,5033	—
		B	1,4865	1,4934	1,5025	—
		a	1,4861	1,4927	1,5017	—
	Tutton 2	Hγ	1,4996	1,5062	1,5156	—
		F	1,4949	1,5017	1,5110	81° 48′
		Tl	1,4920	1,4987	1,5078	81° 56′
		Na	1,4895	1,4961	1,5052	82° 0′
		C	1,4872	1,4937	1,5027	82° 4′
		Li	1,4868	1,4933	1,5023	82° 5′
O	**Nickelsulfat** (v. Lang) $NiSO_4 + 7\ H_2O$, Topsoe u. Christiansen	F	1,4729	1,4949	1,4981	—
		D	1,4669	1,4888	1,4921	41° 56′
	Dufet 9 a	Na	1,4693	1,4893	1,4923	41° 54′
	$NiSO_4 + 6\ H_2O$, s. Tab. 213 c, S. 987.					

Martens.

Brechungsexponenten und Achsenwinkel zweiachsiger Krystalle.

Lit. Tab. 215, S. 1010.

Form	Substanz Beobachter	Lichtart	$n\alpha$	$n\beta$	$n\gamma$	$2V$
?	**Pennin**, Mg, Al-Silikat { des Cloizeaux 9	rot	1,576	1,577		—
	Pulfrich 1	Na	1,5854	1,5956		—
	Lévy u. Lacroix 1	Na	1,576	1,579		—
	Zymányi 2	Na	1,5821		1,5832	—
O	**Peridote** (vgl. auch des Cloizeaux 8 u. 9).					
	I. Olivin $(MgFe)_2SiO_4$, Zymányi 2	Na	1,6535	1,6703	1,6894	—
	Penfield u. Forbes . . .	Na	1,7684	1,7915	1,8031	69° 24′
	II. Fayalit Fe_2SiO_4, Penfield u. Forbes	Na	1,8236	1,8642	1,8736	49° 50′
O	III. Monticellit $CaMgSiO_4$,	Tl	—	1,6653	—	72° 56′
	Penfield und Forbes	Na	1,6505	1,6616	1,6679	75° 2′
	IV. Titanolivin $(MgFe)_2(SiTi)O_4$, Lacroix 2 . . .	Na	1,669	1,678	1,702	62° 18′
	V. Forsterit Mg_2SiO_4, des Cloizeaux 8	gelb	—	1,659	—	86° 10′
?	**Perowskit** $CaTiO_3$, des Cloizeaux 2 u. 16	Na	—	2,38	—	ca. 90°
M	**Petalit**, des Cloizeaux 17	Na	—	1,5096	—	83° 34′
	Lévy u. Lacroix 1	Na	1,504	1,510	1,516	—
M	**Pharmakolit** (künstlicher) $CaHAsO_4+2H_2O$, Dufet 4 .	Tl	—	—	—	80° 18′
		Na	1,5825	1,5891	1,5937	79° 24′
O	**Phosphosiderit** $4\,FePO_4+7H_2O$, Bruhns u. Buß . . .	Na	—	1,7315	—	62° 4′
O	**Pirssonit** $CaCO_3 \cdot Na_2CO_3+2H_2O$	Na	1,5043	1,5095	1,5751	—
	Pratt 2	Tl	—	1,5115	1,5789	—
		Na	1,5043	1,5084	1,5747	—
		Li	—	1,5056	1,5710	—
O	**Prehnit** $Ca_2Al_2H_2Si_3O_{12}$, des Cloizeaux 14	Na	1,616	1,626	1,649	ca. 67°
O	**Prismatin** $Mg_6Al_{10}Si_6O_{33}$, Ussing	Na	1,6691	1,6805	1,6818	37° 34′
O	**Pyrophyllit** $Al_2H_2Si_4O_{12}$, Lévy u. Lacroix 1	—	—	1,58	—	—
	Pyroxene:					
O	I. Enstatit $MgSiO_3$ mit Spur Fe, Mallard 2 . .	Na	1,656	1,659	1,665	69° 42′
	Offret i. Lévy u. Lacroix 1	Na	1,665	1,669	1,674	70°
	Johannsen	Na	1,6607	1,6658	1,6715	76° 54′
O	II. Bronzit do., des Cloizeaux 8	rot	—	1,668	—	79° 40′
O	III. Hypersthen (Mg, Fe) SiO_3 Sanger i. Rosenb.	weiß	—	1,7125	—	—
	des Cloizeaux 8 u. 10	rot	—	1,69	—	—
	Lévy u. Lacroix 1	Na	1,692	1,702	1,705	—
	Wolff i. Rosenbusch	Na	1,7158	—	1,7270	—
M	IV. Diopsid $CaSiO_3 \cdot MgSiO_3$,	Tl	1,6722	1,6791	1,7015	58° 26′
	Wülfing 1 (extrapoliert für reinen Krystall), vrgl.	Na	1,6685	1,6755	1,6980	58° 40′
	auch Heußer, Tschermak 1, Flink, Graber, Rieß.	Li	1,6649	1,6719	1,6941	58° 53′
	Dufet 4	Na	1,6707	1,6776	1,6996	59° 7′
	A. Schmidt (von Ala)	Na	—	1,67506	—	59° 18′
	Nordenskjöld 1	Na	1,6765	1,6835	1,7052	59° 22′
	Zymányi 2 (New-York)	Na	1,6674	1,6745	1,6961	60° 3′
M	V. Diallag $(CaMgFe)SiO_3$, Lévy u. Lacroix . . .	Na	1,679	1,681	1,703	54°
M	VI. Hedenbergit $CaSiO_3 \cdot (MgFe)SiO_3$,					
	Wülfing (v. Nordmarken)	Tl	1,7030	1,7103	1,7326	60° 19′
		Na	1,6986	1,7057	1,7271	60° 28′
M	VII. Augit $CaSiO_3 \cdot (MgFe)SiO_3 + (Al, Fe)_2O_3$					
	(s. a. Rieß, Lévy u. Lacroix 1), Zymányi . .	Na	1,688	1,701	1,713	—
	Wülfing 2	h 410	1,7218	1,7278	1,7467	—
		D 589	1,6975	1,7039	1,7227	61° 12′
		B 686	1,6928	1,6990	1,7169	61° 34′

Martens.

Brechungsexponenten und Achsenwinkel zweiachsiger Krystalle.

Lit. Tab. 215, S. 1010.

Form	Substanz Beobachter	Lichtart	$n\alpha$	$n\beta$	$n\gamma$	$2V$
O	**Resorcin** $C_6H_6O_2$, Groth 3	Na	—	1,555	—	46° 14′
M	**Rinkit,** Osann i. Rosenbusch	Tl	1,6693	1,6727	—	—
		Na	1,6654	1,6682	—	—
		Li	1,6595	1,6627	—	—
M	**Rohrzucker** $C_{12}H_{22}O_{11}$, Becke 1	grün	1,5404	1,5687	1,5737	47° 58′
		Na	1,5371	1,5653	1,5705	47° 48′
	Calderon (s. a. Dufet 4)	Tl	1,5422	1,5685	1,5734	—
		Na	1,5397	1,5667	1,5716	—
		Li	1,5379	1,5639	1,5693	—
	Kohlrausch	Na	1,5362	1,5643	1,5698	—
O	**Rubidiumselenat** Rb_2SeO_4, Tutton 3	Hγ	1,5646	1,5668	1,5715	—
		F	1,5586	1,5609	1,5655	68° 49′
		Tl	1,5547	1,5570	1,5615	68° 51′
		Na	1,5515	1,5537	1,5582	68° 53′
		C	1,5487	1,5509	1,5554	68° 55′
		Li	1,5482	1,5504	1,5549	68° 56′
O	**Rubidiumsulfat** Rb_2SO_4, Tutton 2	Hγ	1,5222	1,5224	1,5235	—
		F	1,5181	1,5183	1,5194	—
		Tl	1,5153	1,5155	1,5166	—
		Na	1,5131	1,5133	1,5144	—
		C	1,5112	1,5113	1,5124	—
		Li	1,5108	1,5109	1,5120	—
M	**Rubidium-Zinksulfat** $Rb_2SO_4 \cdot ZnSO_4 + 6H_2O$, Perrot 2	G	1,4919	1,4993?	1,5077	—
		F	1,4883	1,4943	1,5030	—
		D	1,4833	1 4882	1,4976	72° 30′
		C	1,4806	1,4859	1,4945	—
		B	1,4804	1,4854	1,4942	—
		a	1,4795	1,4845	—	—
	Tutton 2	Hγ	1,4929	1,4980	1,5078	—
		F	1,4886	1,4938	1,5033	73° 18′
		Tl	1,4857	1,4908	1,5001	73° 27′
		Na	1,4833	1,4884	1,4975	73° 33′
		C	1,4811	1,4860	1,4951	73° 40′
		Li	1,4807	1,4856	1,4947	73° 42′
M	**Ruthenammonium-Chlorhydrat** $RuN_5H_{16}O_3Cl_3$, Dufet 7	Na	—	1,6548	—	56° 20′
M	**Sapphirin** $Mg_5Al_{12}Si_2O_{27}$, Ussing	Na	—	1,712	—	68° 49′
		rot	1,7055	1,7088	1,7112	—
O	**Schwefel,** S. Schrauf 1	Na	1,95047	2,03832	2,24052	—
	Cornu 1	Na	1,958	2,038	2,240	—
	des Cloizeaux 8	Na	—	2,043	—	69° 5′
	Schrauf 3 t = 20°	Tl	1,97638	2,05865	2,27545	—
		Na	1,95791	2,03770	2,24516	—
		Li	1,93975	2,01709	2,21578	—
	Schwerspat, s. Baryt.					
	Serpentin, s. Antigorit.					
	Seybertit, s. Clintonit.					
O	**Silberhyposulfat** $Ag_2S_2O_6 + 2H_2O$, Topsoe und Christiansen	F	1,6404	1,6748	1,6770	28° 6′
		C	1,6272	1,6573	1,6601	33° 21′
O	**Sillimanit** $Al_8Si_9O_{30}$,					
	(von Saybrook) des Cloizeaux 8	—	—	1,660	—	—
	„ Wülfing i. Rosenbusch	Na	1,6603	1,6612	1,6818	—
	„ Zymányi 2	Na	1,6570	1,6583	1,6770	—
	(von Morlaix) Lévy u. Lacroix 1	Na	1,659	1,661	1,680	26°
	(von Salem) Lacroix 1	Na	1,658	1,659	1,678	—

Martens.

Brechungsexponenten und Achsenwinkel zweiachsiger Krystalle.

Lit. Tab. 215, S. 1010.

Form	Substanz Beobachter	Lichtart	$n\alpha$	$n\beta$	$n\gamma$	$2V$
T	**Sismondin** $(FeMg)Al_2H_2SiO_7$, Rosenbusch	weiß	—	1,741	—	—
M	**Skolezit** $CaAl_2H_6Si_2O_{18}$, C. Schmidt	Na	—	1,4952	—	36° 26′
	des Cloizeaux 9	rot	—	1,502	—	35° 1′
	Sphen, s. Titanit.					
O	**Staurolith** $(AlFe)_8Si_3O_{18}$, des Cloizeaux 9	rot	—	1,749	—	88° 48′
	Lévy u. Lacroix 1	Na	1,736	1,741	1,746	88°
O	**Stilbit** $CaAl_2H_{12}Si_6O_{22}$, Lévy u. Lacroix 1	Na	1,494	1,498	1,500	—
O	**Strontianit** $SrCO_3$, Buchrucker (von Leogang) . . .	Tl	1,519	1,670		—
		Na	1,515	1,667		—
		Li	1,514	1,659		—
	Mallard 5	Na	1,518	1,664	1,665	—
M	**Strontiumbichromat** $SrCr_2O_7+3\ H_2O$, Dufet i. Wyr. 6	Na	1,7146	1,7174	1,812	20° 28′
O	**Strontiumformiat** $Sr(HCO_2)_2+2\ H_2O$, Schrauf 2 . .	E	1,4869	1,5244	1,5420	—
	[Violette in des Cloizeaux 1]	D	1,4838	1,5210	1,5382	—
		B	1,4806	1,5174	1,5342	—
O	**Struvit** $(NH_4)MgPO_4+6\ H_2O$,	Na	—	1,502	—	—
	des Cloizeaux 8 (s. v. Lang)	rot	—	1,497	—	—
O	**Sulfoborit** $3\ MgSO_4 \cdot 2\ Mg_3B_4O_9+12\,H_2O$, Bücking . .	Na	1,5272	1,5362	1,5443	86° 52′
M	**Syngenit** $CaSO_4 \cdot K_2SO_4+H_2O$, Mügge	blau	—	—	1,5248	—
		Na	—	—	1,5181	—
		rot	—	—	1,5158	—
O	**Talk** $Mg_3H_2Si_4O_{12}$, Zymányi 2	Na	1,539	1,589	1,589	—
O	**Terpin** (Terpentinölhydrat), Arzruni	Tl	1,5073	1,5148	1,5272	77° 18′
		Na	1,5049	1,5124	1,5243	77° 27′
		Li	1,5024	1,5093	1,5211	77° 37′
M	**Thalliumracemat,** des Cloizeaux 6 (a. i. Wyrouboff 4)	gelb	—	1,800	—	88° 30′
M	**Thallium-Zinksulfat** $Tl_2SO_4 \cdot ZnSO_4+6\ H_2O$,	F	1,6037	1,6204	1,6291	—
		D	1,5934	1,6094	1,6171	—
	Perrot 2 . .	C	1,5895	1,6046	1,6121	—
		B	1,5877	1,6032	1,6108	—
		a	1,5865	1,6018	1,6090	—
O	**Thenardit** Na_2SO_4, des Cloizeaux 8 (Baerwald 1) . .	blau	—	1,483	—	82° 39′
		rot	—	1,470	—	83° 5′
O	**Thomsonit** $Na_4Ca_2Al_4H_{10}Si_4O_2$, des Cloizeaux 4 . .	—	1,497	1,503	1,525	53° 50′
M	**Titanit** (Sphen) $CaTiO_3SiO_2$, hellgrün (vom Zillerthal) Buß	Tl	1,9278	1,9316	2,0639	20° 20′
	(vgl. Perowskit)	Na	1,9133	1,9206	2,0536	23° 9′
		Li	1,9062	1,9123	2,0407	26° 2′
O	**Topas** $Al_2Si(OF_2)_5$ (nach Ramsay 1)	F	1,62094	1,62339	1,63031	61° 9′
		E	1,61838	1,62091	1,62788	61° 51′
	I. (vom Schneckenstein) Mühlheims	D	1,61549	1,61809	1,62500	62° 33′
		C	1,61315	1,61538	1,62260	63° 10′
		B	1,61220	1,61483	1,62167	63° 31′
	[vergl. a. Des Cloizeaux 1, Groth 2.]	a	1,61122	1,61384	1,62070	63° 50′
	Offret	Na	1,6114	1,6141	1,6213	—
	Zymányi 2	Na	1,6156	1,6180	1,6250	—
	II. (aus Sachsen) Feußner 1	Na	1,61559	1,61808	1,62510	—
	III. (v. Nertschinsk) Mühlheims	Na	1,61327	1,61597	1,62252	65° 30,5′
	IV. (aus Brasilien) Rudberg	Na	1,61161	1,61375	1,62109	—
	gelb, Pulfrich 1	Na	1,6305	1,6325	1,6387	—
	rötlich, „	Na	1,6288	1,6303	1,6369	—
	Mühlheims	Na	1,62936	1,63077	1,63747	49° 37′
	Offret	Na	1,6305	1,6317	1,6379	—

Martens.

Brechungsexponenten und Achsenwinkel zweiachsiger Krystalle.

Lit. Tab. 215, S. 1010.

Form	Substanz Beobachter	Lichtart	$n\alpha$	$n\beta$	$n\gamma$	2 V
	Topas $Al_2Li(OF_2)_3$ (Fortsetzung.)					
	V. farblos, von Utah, Alling	Na	1,6072	1,6104	1,6176	67° 18′
	VI. farblos, a. Damaraland, Hintze 4	Na	1,6064	—	—	—
	VII. aus Japan, Tadasu Hiki	Na	1,6134	1,6178	1,6233	62° 52′
T	**Traubensäure** $C_4H_6O_6 + H_2O$, Groth	gelb	—	1,526	—	67° 10′
T	**Trimerit** $Mn_2SiO_4 \cdot Be_2SiO_4$, Brögger in Flink 4 (vgl. Peridote)	Tl	1,7196	1,7254	1,7290	—
		Na	1,7148	1,7202	1,7253	83° 29′
		Li	1,7119	1,7173	1,7220	—
M	**Triphan** $Li_2Al_2Si_4O_{12}$ aus Brasilien, Lévy u. Lacroix 1	Na	1,660	1,666	1,676	57°
	des Cloizeaux in Hidden	gelb	1,651	1,669	1,677	—
O	**Triphylin** $Li(MnFe)PO_4$, Penfield u. Pratt					
	0,75 Fe 0,25 Mn	Na	—	1,702	—	60° 0′
	0,58 Fe 0,42 Mn	Na	—	1,688	—	0°
	Trona, s. Natriumkarbonat.					
O	**Uranit**, s. Autunit.					
O	**Uranylnitrat** $UO_2(NO_3)_2 + 6\,H_2O$, v. Lang o	gelb	—	1,4967	—	—
M	**Vivianit** $Fe_3H_2P_2O_{16}$, des Cloizeaux 8	gelb	—	1,592	—	73° 10′
M	**Wagnerit** Mg_2FPO_4, Brögger 1	Na	—	1,5313	—	37° 49′
	Lévy u. Lacroix 1	Na	1,569	1,570	1,582	ca. 26°
O	**Wavellit** $Al_6H_{24}P_4O_{31}$; (a. Irland) des Cloizeaux 8	gelb	—	1,526	—	71° 48′
		rot	—	1,524	—	72° 1′
M	**Weinsäure** (Rechts-) $C_4H_6O_6$,					
	Kohlrausch *n*, des Cloizeaux 5 2 *V*	Na	1,4951	1,5355	1,6047	78° 40′
	Perrot 1	Na	1,4955	1,5352	1,6045	—
O	**Witherit** $BaCO_3$, Mallard 5	Na	1,529	1,676	1,677	—
M	**Wöhlerit**, des Cloizeaux 8 2 *V*, Lévy u. Lacroix 1 *n*	Na	1,700	1,716	1,726	72—77°
	Brögger 2	Na	—	—	—	78° 37′
M	**Wollastonit** $CaSiO_3$, Lévy u. Lacroix 1	Na	1,621	1,633	1,635	40°
	(v. Pargas) Mallard 2	Na	1,619	1,632	1,634	—
	(v. Csiklova) Zymányi 2	Na	1,6177	1,6307	1,6325	—
O	**Zinksulfat** $ZnSO_4 + 7\,H_2O$, Topsoe u. Christiansen	F	1,4620	1,4860	1,4897	—
		D	1,4568	1,4801	1,4836	46° 14′
		C	1,4544	1,4776	1,4812	—
	Dufet 1	Na	1,45683	1,48010	1,48445	—
O	**Zoisit** $Ca_6Al_8Si_9O_{36}$, des Cloizeaux 8, 9 u. 10	rot	—	1,70	—	—
	Lévy u. Lacroix 1	Na	1,696	1,696	1,702	—
	Osann i. Rosenbusch	Na	1,7002	1,7025	1,7058	—
	Zymányi 2	Na	1,700	1,700	1,705	—
	Weinschenk (vom Gornergletscher)	Na	1,6973	1,7002	1,7061	—
	Zucker, s. Rohrzucker.					

Literatur, betr. Brechungsexponenten fester isotroper Substanzen und isotroper, optisch-einachsiger und optisch-zweiachsiger Krystalle.

Alling, Amer. J. of sc. (3) **33**, 146; 1887.
Ångström, Pogg. Ann. **86**, 211; 1852.
Artini, 1) Mem. dei Lincei **4**, 396; 1887. 2) Rend. Instit. Lomb. (2) **26**, 329; 1893.
Arzruni, 1) Groths ZS. f. Kryst. **1**, 165; 1877. 2) **3**, 516; 1879. 3) **25**, 470; 1895. 4) Pogg. Ann. **152**, 283; 1874.
Ayrton u. **Perry**, Phil. Mag. (5), **12**, 196—199; 1881, und **Jellet**, ebenda.
Baden-Powell, Pogg. Ann. **69**, 114; 1846.
Bäckström, 1) Bihang Svenska Vet. Ak. Handl. **14** Afd. II, Nr. 4, 1889. 2) Groths ZS. **28**, 312; 1897.
Bärwald, 1) Groths ZS. f. Kryst. **6**, 40; 1882. 2) **7**, 167; 1883.
Baille, Ann. du conserv. des arts et mét. **7**, 261; 1867. (Senarmontit, Blende, Opal.)
Baker, J. chem. soc. **47**, 353; 1885.
Bauer, 1) Berl. Ber. **1881**, 958. Jahrb. f. Min. Blgbd. **2**, 49; 1883 (Methode). 2) J. f. Min. **1895** [1] 282.
Becke, 1) Tschermaks Mitt. **1877**, 263; 1877. 2) Groths ZS. f. Kryst. **19**, 338; 1891. 3) **24**, 542; 1895.
Beckenkamp, Groths ZS. f. Kryst. **23**, 574; 1894.
Becquerel, Ann. chim. phys. (6) **14**, 210; 1888.
Bedson u. **Williams**, Ber. d. chem. Ges. **14** [2], 2553; 1881.
Beer, Einl. in die höhere Optik. Braunschweig 1853.
Bertrand, 1) Bull. soc. min. **3**, 97; 1880; 2) **6**, 250; 1883. 3) Geol. För. Förhandl. Stockholm **9**, 131; 1887. Groths ZS. f. Kryst. **15**, 99; 1889. 4) **14**, 269; 1888.
Bodewig, 1) Pogg. Ann. **157**, 122; 1876. 2) **158**, 236; 1876. 3) **Bodewig** u. **vom Rath**, Groths ZS. f. Kryst. **10**, 179; 1885.
Borel, Arch. sc. phys. (3), **34**, 151; 1895. C. r. **120**, 1406; 1895.
Born, Jahrb. f. Min. Blgbd. **5**, 9, 12, 46; 1887.
Brio, Wien. Ber. **55** [2], 145, 871; 1867.
Brögger, 1) Groths ZS. f. Kryst. **3**, 477; 1879. 2) **16**, 659—660 (Eukolyt 501); 1890. 3) s. Rosenbusch. 4) s. Flink.
Brugnatelli, 1) Groths ZS. f. Kryst. **13**, 159; 1888. 2) **28**, 307; 1897.
Bruhns u. **Buß**, Groths ZS. f. Kryst. **17**, 559; 1890.
Brun, 1) Arch. sc. phys. (3) **25**, 1891. p. 240: geschmolzener Korund; p. 720: Opal. 2) **28**, 410; 1892.
Brush u. **Dana**, Amer. J. of sc. (3) **20**, 111; 1880. Groths ZS. f. Kryst. **5**, 188; 1881.
Buchrucker, Groths ZS. f. Kryst. **19**, 146; 1891.
Bücking, 1) Groths ZS. f. Kryst. **15**, 565; 1889. 2) Berl. Ber. **1893**, 967.
Buß, Jahrb. f. Min. Blgbd. **5**, 330; 1887. (*n* für zahlreiche Titanite).
Calderon, Groths ZS. f. Kryst. **1**, 73; 1877.
Cartmel, Phil. Mag. (6) **6**, 220; 1903.
Christiansen, s. Topsoe und Christiansen.
Cornu, 1) Ann. chim. phys. (4) **11**, 385; 1867. 2) Ann. de l'école norm. sup. (2) **3**, 45; 1874.
Craw, s. Le Blanc u. Rohland, ZS. f. phys. Chem. **19**, 276—278; 1896.
Damien, Ann. de l'école norm. sup. (2) **10**, 233; 1881. J. de phys. **10**, 400; 1881.
Dana, **Edw.**, Amer. J. of sc. **37**, 23; 1889. Groths ZS. f. Kryst. **15**, 275; 1889.
Danker, Jahrb. f. Min. Blgbd. **4**, 290; 1886.
Des Cloizeaux, 1) Ann. des mines (5) **11**, 261; 1857. 2) **14**, 339; 1858. 3) C. r. **44**, 322; 1857. 4) **68**, 310; 1869. 5) Ann. chim. phys. (4) **13**, 433; 1868. 6) **17**, 349; 1869. 7) **27**, 396; 1872. 8) Mémoires présentés par divers savants à l'académie d. sc. **18**, 511—732; 1868. 9) Manuel de minéralogie, Paris, Bd. I, 1862. 10) Bd. II, 1874. 11) Annuaire du bureau des longitudes, 1868. 12) Jahrb. f. Min. **1876**, 643. 13) Bull. soc. min. **2**, 135; 1879. 14) **5**, 103; 143; 1882. 15) **9**, 141; 1886, ref. Groths ZS. f. Kryst. **14**, 269; 1888. 16) Bull. soc. min. **16**, 222; 1893. 17) Ann. chim. phys. (4) **3**, 268; 1864.
Dralle, s. Schall u. Dralle.
Dufet, 1) Bull. soc. min. **3**, 188; 1880. 2) **8**, 262; 1885. 3) **10**, 77, 214; 1887. 4) **11**, 123, 191; 1888. 5) **12**, 477; 1889. 6) **13**, 199, 341; 1890. 7) **14**, 211; 1891. 8) **15**, 213; 1892. 9) **21**, 90; 1898. 9a) **1**, 58; 1878. 10) C. r. **102**, 1327, 1391; 1886. 11) **120**, 379; 1895. 12) s. in Wyrouboff 6.
Dussaud, C. r. **113**, 291; 1891. Arch. sc. phys. (3) **27**, 534; 1892.
Eakle, Groths ZS. f. Kryst. **26**, 587; 1896.
Ehlers, Jahrb. f. Min. Blgbd. **11**, 259; 1897/8.
Eppler, Groths ZS. f. Kryst. **29**, 233; 1898.
Erdmann, Arch. d. Pharm. **232**, 19, 28; 1894.
Erofejeff, 1) Wien. Ber. **55**, II, 543; 1867. 2) **56**, II, 63; 1868.
Eykman, Ber. d. chem. Ges. **24** [2], 1293; 1891.
Feußner, 1) Diss. Marburg 1882. Groths ZS. f. Kryst. **7**, 506; 1883. 2) **5**, 580; 1881.

Martens.

Literatur, betr. Brechungsexponenten fester isotroper Substanzen und isotroper, optisch-einachsiger und optisch-zweiachsiger Krystalle.

Fizeau, 1) C. r. **60,** 1165; 1865. 2) **64,** 316; 1867. 3) Pogg. Ann. **126,** 615; 1865. s. a. des Cloizeaux 8.

Flink, 1) Bih. till Sv. Vet. Ak. Handl. **12,** Afd. II, 1886. 2) **13,** Afd. II, 80; 1887/8. 3) Groths ZS. f. Kryst. **11,** 485; 1886. 4) **18,** 373; 1891. 5) **23,** 357; 1894.

Fock, Groths ZS. f. Kryst. **4,** 583—608; 1880.

Forbes, Amer. J. of sc. (4) **1,** 26; 1896.

Fouqué, Bull. soc. min. **6,** 197; 1883.

Franco, Giorn. di Min. di Sansoni **5,** 193; 1894. 2) Groths ZS. f. Kryst. **25,** 333; 1895.

Friedländer, Groths ZS. f. Kryst. **3,** 211; 1879.

Fritz u. **Sassoni,** Groths ZS. f. Kryst. **6,** 68, 69; 1882.

Genth u. **Penfield,** Groths ZS. f. Kryst. **17,** 565; 1890.

Gentil, Bull. soc. min. **17,** 16; 1894.

Gladstone u. **Dale,** Phil. Mag. (4) **18,** 30; 1859. Pogg. Ann. **108,** 632; 1859.

Glazebrook. Phil. Trans. **170,** 308, 309; 1879.

Graber, Tschermaks Mitt. **14,** 265; 1895.

Graeser, P. Diss. Leipzig 1903.

Grailich, Kryst. optische Unters. Wien u. Olmütz 1858.

Grattarola, Soc. Tosc. di sc. nat., Mai 1890.

Groth. 1) Pogg. Ann. **135,** 653, 662; 1868. 2) ZS. d. geol. Ges. **22,** 399; 1870. 3) Physik. Krystallogr., 2. Aufl. Leipzig 1885, 464.

Grubenmann, i. Rosenbusch.

Grunenberg, Diss. Erlangen 1892.

Hamberg, Geol. Fören. Förhandl. **12,** 586, 598; 1890.

Henniges, i. Rosenbusch.

Heußer, 1) Pogg. Ann. **87,** 462, 468; 1852. 2) **91,** 517, 524; 1854.

Hidden, Am. J. of sc. (3) **32,** 205; 1886 (Dx).

Hiki, Tadasu, Journ. Coll. of sc. Imp. Univ. Japan Tokyo **9,** 71; 1895.

Hintze, 1) Pogg. Ann. **157,** 127; 1876. 2) in Ferd. Cohn, Beiträge zur Biol. der Pflanzen **4,** 398; 1887. Groths ZS. f. Kryst. **13,** 392; 1888. 3) **7,** 302; 1883. 4) **15,** 507; 1889.

Hlawatsch, Groths ZS. f. Kryst. **29,** 137; 1897.

Jerofejeff, Kryst. Unters., Petersburg 1870, 255.

Johannsen, Bih. till Sv. Vet. Ak. Handl. **17** Afd. II, No. 4; 1891/92.

Kahlbaum, Ber. d. chem. Ges. **18,** 2108; 1885.

Kirchhoff, Pogg. Ann. **108,** 574; 1859.

Klein, Jahrb. f. Min. **1874;** 1—21 (Epidot). Berl. Ber. 1893.

Knops, Lieb. Ann. **248,** 214; 1888.

Koch, i. Rosenbusch.

Kohlrausch, F., Wied. Ann. **4,** 28—31; 1878.

Krenner, Groths ZS. f. Kryst. **10,** 83; 1885.

Kundt, Wied. Ann. **34,** 484; 1888.

Lacroix, 1) Bull. soc. min. **12,** 291, 357; 1889. 2) **13,** 18; 1890. 3) C. r. **114,** 1384; 1892. 4) Min. de la France **1,** 218, 240, 255; 1893—95. 5) **2,** 9; 1896/97; s. a. Michel Lévy u. Lacroix.

v. Lang, 0) Wien. Ber. **31,** 120; 1858. 1) **37,** II, 379; 1859. 2) **45,** II, 111; 1862. 3) **76,** II, 798; 1877.

Lattermann, i. Rosenbusch.

Lavenir, 1) Bull. soc. min. **14,** 113; 1891. 2) **17,** 192; 1894.

Lévy, s. Michel Lévy.

Linck, Groths ZS. f. Kryst. **15,** 8; 1889.

Liweh, Groths ZS. f. Kryst. **10,** 268; 1885.

Lüdecke, 1) Kryst. Beobacht., Halle 1878, p. 1, refer. Groths ZS. f. Kryst. **4,** 626; 1880. 2) **18,** 481; 1891. 3) ZS. f. Naturw. **61,** 393; 1888.

Mallard, 1) Bull. soc. min. **3,** 10; 1880. 1 a) **6,** 129; 1883. 2) **12,** 302—309; 1888. 3) **15,** 17; 1892. 4) **16,** 18, 189; 1893. 5) **18,** 8, 10, 12; 1895. 6) Ann. d. mines (8) **11,** 450; 1887. C. r. **105,** 1260; 1887.

Martin, Jahrb. f. Min. Blgbd. **7,** 1; 1891.

Matthiessen, ZS. f. Math. (u. Phys.) **23,** 190; 1878.

Merkel, Wied. Ann. **19,** 5; 1883; s. Voigt.

Meyer, G., Wied. Ann. **31,** 322; 1887.

Michel Lévy u. **Lacroix,** 1) Les minéraux des roches, Paris 1888 (s. Index). 2) Tabl. d. min. des roches, Paris 1889.

Miklucho Maclay, i. Rosenbusch.

Monti, Giorn. di Min. di Sansoni **4,** 243; 1893.

Mügge, Jahrb. f. Min. **1895** [1], 234, 268.

Mühlheims, Groths ZS. f. Kryst. **14,** 202—236; 1888.

Murmann u. **Rotter,** Wien. Ber. **34,** 142—195; 1859.

Müttrich, Pogg. Ann. **121,** 420, 425; 1864.

Negri, 1) Rivist. d. miner. e crist. ital. **2,** 3; 1888. 2) **4,** 41; 1889.

Nichols, E. L., Phys. Rev. **14,** 209; 1902.

Nordenskjöld, 1) Geol. Fören. Förhandl. **12,** 352, 355, 384; 1890. 2) **17,** 597; 1895.

Offret, Bull. soc. min. **13,** 405; 1890.

Ortloff, ZS. f. phys. Chem. **19,** 211, 216; 1896.

Osann, 1) ZS. d. deutsch. geol. Ges. **40,** 703; 1888. 2) in Rosenbusch.

Pape, Pogg. Ann. Ergbd. **6,** 51; 1874.

Literatur, betr. Brechungsexponenten fester isotroper Substanzen und isotroper, optisch-einachsiger und optisch-zweiachsiger Krystalle.

Penfield, 1) Am. J. of sc. (3), **39**, 376; 1890. 2) **40**, 202, 394; 1890; (4) **2**, 26; 1896 (Sulfide). 3) Groths ZS. f. Kryst. **23**, 126; 1894, s. auch in Rosenbusch und in Wells.

Penfield u. **Forbes**, Am. J. of sc. (4) **1**, 129; 1896.

Penfield u. **Pratt**, Am. J. of sc. (4) **1**, 229; 1896.

Perrot, 1) Arch. sc. phys. (3) **21**, 123; 1889. C. r. **108**, 137; 1889. 2) Arch. sc. phys. **25**, 54; 1891. C. r. **111**, 967; 1890. 3) Arch. sc. phys. **29**, 128; 1893.

Pratt, 1) ZS. f. anorg. Chem. **9**, 24; 1895. 2) Am. J. of sc. (4) **2**, 123—135; 1896.

Prior u. **Spencer**, Min. Mag. and J. of min. soc. **11**, 16; 1897. **Spencer**, Min. Mag. **12**, 15; 1898.

Pulfrich, 1) Wied. Ann. **30**, 496; 1887. 2) **34**, 336; 1888.

Quincke, Festschr. d. naturf. Ges. zu Halle 1879, 321; ref. Wied. Beibl. **4**, 124; 1880.

Ramsay, W. (Helsingfors), 1) Groths ZS. f. Kryst. **12**, 209—221; 1887. 2) Jahrb. f. Min. Blgbd. **8**, 722; 1892.

Ransome u. **Palache**, Groths ZS. f. Kryst. **25**, 533; 1895.

Reusch, s. Rosenbusch.

Rieß, Ann. of New York Ak. of sc. **9**, 126—178; 1896.

Rinne, 1) Jahrb. f. Min. **1884** [1], 207. 2) Berl. Ber. **1889**, 1027.

Rosenbusch, Mikrosk. Physiogr. d. petrogr. wichtigsten Min. [1] 3. Aufl. Stuttgart 1892.

Rossi, Paolo, Rend. Lomb. (2) **35**, 236—243; 1902.

Rudberg, Pogg. Ann. **17**, 16; 1829.

Sanger, i. Rosenbusch.

Sassoni, s. Fritz u. Sassoni.

Sauer u. **Ussing**, Groths ZS. f. Kryst. **18**, 208; 1891.

Schall u. **Dralle**, Ber. d. chem. Ges. **23** [2], 1430; 1890.

Scharizer, Groths ZS. f. Kryst. **12**, 8, 1887.

Schimpf, Groths ZS. **29**, 232; 1898.

Schmidt, C., Groths ZS. f. Kryst. **11**, 590; 1886.

Schmidt, A., Groths ZS. f. Kryst. **21**, 55; 1893.

Schrauf, 1) Wien. Ber. **41**, 769; 1860. 2) **42**, 107; 1861. 3) Groths ZS. f. Kryst. **18**, 157; 1891.

Sella, 1) Mem. dei Lincei (4) **4**, 460; 1887. 2) s. Michel Lévy u. Lacroix u. des Cloizeaux.

De Sénarmont, 1) Ann. chim. phys. (3) **33**, 403; 1851. 2) s. des Cloizeaux 11.

Sjögren, 1) Groths ZS. f. Kryst. **10**, 121, 141; 1885. 2) Bull. of the geol. Inst. of Upsala **1**, 40; 1892/3.

Spencer, s. Prior u. Spencer.

Stöber, Bull. Ac. sc. belg. (3) **30**, 538; 1895.

Thoulet, Bull. soc. min. **2**, 34; 1879. s. a. Michel Lévy u. Lacroix u. Rosenbusch.

Topsoe u. **Christiansen**, Ann. chim. phys. (5) **1**, 21, 30; 1874. Pogg. Ann., Ergbd. **6**, 578; 1874.

Tschermak, 1) Tschermaks Mitt. **1**, 23; 1871, beigelegt d. Jahrb. d. k. k. geolog. Reichsanst. z. Wien **21**, 1871. 2) Wien. Ber. **57**, II, 641; 1868. 3) **99**, I, 211—226; 1890.

Tschichatscheff, s. Rosenbusch.

Tutton, 1) Groths ZS. f. Kryst. **24**, 1; 1895. 2) J. of chem. soc. **69** [1] 344—507; 1896. 3) **71** [1], 846—920; 1897.

Ussing, Groths ZS. f. Kryst. **15**, 596; 1889; s. a. Sauer und Ussing.

Wadsworth, s. Rosenbusch.

Weinschenk, Groths ZS. f. Kryst. **26**, 165; 1896.

Wells, Am. J. of sc. (3) **41**, 217; 1891.

Williams, G. H., Groths ZS. f. Kryst. **18**, 1, 1891.

Carleton Williams, s. Bedson u. Williams.

Winkler, Groths ZS. f. Kryst. **24**, 323; 1895.

Wolff, s. Rosenbusch.

Wollaston, Phil. Trans. **1**, 365; 1802; s. a. Beer.

Wülfing, 1) Habilitationsschr. Tübingen 1891, 65. 2) Tschermaks Mitt. **15**, 29, 71; 1895; s. a. Rosenbusch.

Wulff, G., Groths ZS. f. Kryst. **17**, 592; 1890.

Wyrouboff, 1) Bull. soc. min. **5**, 39; 1882. 2) **6**, 54, 60; 1883. 3) **7**, 89; 1884. 4) **9**, 108, 286; 1886. 5) **13**, 317; 1890. 6) **14**, 79, 95; 1891. 7) Ann. chim. phys. (4) **10**, 458; 1867. 8) (6) **9**, 229; 1886.

v. Zepharowich, Groths ZS. f. Kryst. **13**, 138; 1888.

Zschimmer, Groths ZS. f. Kryst. **29**, 219; 1898.

Zymányi, 1) Math. naturw. Ber. a. Ungarn **9**, 138; 1890/91. 2) Groths ZS. f. Kryst. **22**, 321—358; 1894.

Martens.

Brechungsexponenten des Wassers gegen Luft.

Lit. Tab. 218, S. 1016.

Brechungsexponenten von Wasser, auf 20⁰ reduziert, in Luft von 20⁰.

λ		Dufet	Bender	Schütt	Brühl	a) Landolt b) Rühlmann	Wiedemann	a) v. d. Willigen b) Wüllner	a) L. Lorenz b) Damien	a) Kanonnikoff b) Ketteler	a) Walter b) Simon
H	396,85	—	—	—	—	—	—	a) 1,34353	—	—	a) 1,34350
Hγ	434,07	1,34015	1,34023	1,34038	1,34044	a) 1,34038	—	b) 1,34036	b) 1,34035	—	b) 1,34045
Hβ	486,14	1,33701	1,33705	1,33715	1,33719	a) 1,33712	—	a) 1,33717 b) 1,33714	b) 1,33705	a) 1,33738	a) 1,33714 b) 1,33712
Tl	535,05	1,33482	—	1,33491	1,33492	b) 1,33486	1,33481	—	—	b) 1,33485	b) 1,33496
Na	589,32	1,33292	1,33287	1,33300	1,33304	b) 1,33295	1,33291	a) 1,33304	a) 1,33301	a) 1,33310 b) 1,33294	a) 1,33299 b) 1,33306
Hα	656,29	1,33109	1,33100	1,33116	1,33119	a) 1,33111	1,33120	a) 1,33119 b) 1,33121	b) 1,33108	a) 1,33130	a) 1,33113 b) 1,33108
Li	670,82	1,33073	—	1,33082	1,33087	b) 1,33076	1,33082	—	a) 1,33078	b) 1,33075	—
K	768,24	—	—	1,32882	1,32887	—	—	—	—	—	b) 1,32895

Exponenten des Wassers in gleichtemperierter Luft. Nach Flatow.											Nach Simon.
Element	λ in $\mu\mu$ in Luft	n_0	$10^5 (n_0-n_{20})$	n_{20}	$10^5 (n_{20}-n_{40})$	n_{40}	$10^5 (n_{40}-n_{60})$	n_{60}	$10^5 (n_{60}-n_{80})$	n_{80}	n_{20}
Cd	214,45	1,40500	103	1,40397	253	1,40144	382	1,39762	454	1,39308	—
Cd	219,47	1,39987	104	1,39883	252	1,39631	380	1,39251	453	1,38798	—
Cd	226,51	1,39360	103	1,39257	256	1,39001	377	1,38624	455	1,38169	—
Cd	231,29	1,38982	104	1,38878	253	1,38625	378	1,38247	452	1,37795	1,38756?
Au	242,81	1,38210	107	1,38103	254	1,37849	374	1,37475	451	1,37024	—
Cd	257,32	1,37447	103	1,37344	251	1,37093	374	1,36719	450	1,36269	—
Au	267,61	1,37007	103	1,36904	248	1,36656	371	1,36285	448	1,35837	1,36899
Cd	274,87	1,36739	102	1,36637	250	1,36387	368	1,36019	446	1,35573	—
Al	308,23	1,35768	97	1,35671	247	1,35424	365	1,35059	441	1,34618	1,35672
Cd	340,36	1,35139	95	1,35044	244	1,34800	364	1,34436	437	1,33999	1,35051
Cd	361,19	1,34834	96	1,34738	241	1,34497	361	1,34136	434	1,33702	1,34748
Al	394,41	1,34457	91	1,34366	242	1,34124	359	1,33765	431	1,33334	—
Cd	441,59	1,34071	90	1,33981	240	1,33741	356	1,33385	429	1,32956	—
Cd	467,83	1,33903	88	1,33815	238	1,33577	352	1,33225	428	1,32797	1,33815
Cd	480,01	1,33834	84	1,33750	234	1,33516	353	1,33163	429	1,32734	1,33751
Cd	533,85	1,33582	83	1,33499	233	1,33266	350	1,32916	423	1,32493	—
Na	589,31	1,33381	81	1,33300	231	1,33069	351	1,32718	418	1,32300	1,33306

Exponenten des Wassers im Ultrarot s. folgende Seite.

Wasser 20⁰ n_{589} (in Luft)	Buchkremer	Röntgen und Zehnder	Ruoß	Verschaffelt	Flatow	Gesamtmittel
	1,33313	1,33304	1,33300	1,33299	1,33300	**1,33300**

Außer den angeführten Autoren vergl. Fraunhofer, Baden-Powell, Gladstone u. Dale 1858, Hoek u. Oudemans, Baille, Hofmann, Fouqué, v. Obermayer, Gladstone 1870.

Martens.

Brechungsexponenten des Wassers gegen Luft und Einfluß des Druckes auf die Brechungsexponenten von Flüssigkeiten.

Lit. Tab. 218, S. 1016.

Exponenten von Wasser gegen gleichtemperierte Luft für Na-Licht (589 $\mu\mu$) bei t^0.

$t =$	Rühlmann	a) Wiedemann b) Ketteler	Jamin	L. Lorenz	Dufet	Walter	a) Perkin b) Verschaffelt	Flatow	$t =$	Pulfrich
0°	1,33373	—	1,33399	1,33393	1,33394	—	—	1,33381	−10	1,33384
5	1,33368	—	1,33389	1,33387	1,33384	1,33390	—	—	−8	1,33395
10	1,33354	—	1,33369	1,33369	1,33363	1,33369	—	—	−6	1,33404
15	1,33329	a) 1,33333	1,33339	1,33339	1,33332	1,33339	a) 1,33362	—	−4	1,33409
20	1,33295	a) 1,33291	1,33300	1,33301	1,33292	1,33299	b) 1,33299	1,33300	−3	1,33410
		b) 1,33294	(angen.)						−2	1,33412
30	1,33200	b) 1,33188	1,33191	1,33203	1,33186	1,33194	b) 1,33196	—	−1	1,33412
40	1,33069	b) 1,33054	—	—	1,33051	—	—	1,33069	0	1,33411
50	1,32906	—	—	—	1,32900	—	—	—	+2	1,33409
60	1,32719	b) 1,32721	—	—	—	—	—	1,32718	+4	1,33404
70	1,32512	b) 1,32520	—	—	—	—	—	—	+6	1,33396
80	1,32295	b) 1,32300	—	—	—	—	a) 1,32328	1,32300	+8	1,33389
90	1,32075	b) 1,32066	—	—	—	—	—	—	+10	1,33380

Der Exponent n_t für Wasser von t^0 in gleichtemperierter Luft läßt sich darstellen durch die Formel $n_t = n_0 - 10^{-5}(at + bt^2 + ct^3 + dt^4)$, deren Konstanten hier folgen:

λ in $\mu\mu$	Beobachter	a	b	c	d	Beobachtungs-intervall
589	Jamin	+1,2573	+0,1929	0	0	0° bis 30°
589	Rühlmann	0	+0,2014	0	−0,000004936	0° „ 92°
589	L. Lorenz	−0,0076	+0,2803	−0,002134	0	0° „ 30°
589	Dufet	+1,255	+0,20642	−0,0000435	−0,0000115	1° „ 50°
589	Pulfrich	+0,200	+0,2905	0	−0,00000500	−10° „ +10°
589	Walter	+1,2	+0,205	−0,0005	0	5° „ 30°
589	Flatow	+0,124	+0,1993	0	−0,00000500	0° „ 80°

Relative Exponenten von Wasser im Ultrarot nach Rubens

λ in $\mu\mu$	n
589,3	1,3330
871	1,3270
943	1,3258
1028	1,3245
1130	1,3230
1256	1,3210

Die Formeln von Jamin und von Lorenz ergeben den absoluten Brechungsexponenten des Wassers, denn die Verf. vergleichen im Interferenzialrefraktor zwei Rohre, welche Wasser von 0° und von t^0 enthalten, und finden demnach $N_0 - N_t = s\lambda l$ (wo s Streifenverschiebung, λ Wellenlänge, l Rohrlänge ist). Die Formel von Rühlmann gibt den Exponenten des Wassers von t^0 gegen Luft von 9°, diejenige von Dufet gegen Luft von 20°. Die Formeln von Pulfrich, Walter und Flatow ergeben den Exponenten in gleichtemperierter Luft; die unter Pulfrich und Flatow angeführten Konstanten sind von Martens berechnet.

Durch Differenzieren der obigen Formel für n_t erhält man $10^5 . dn_t$, d. i. die Zunahme des Exponenten bei 1° Temperaturzuwachs in Einheiten der fünften Dezimale; es ist $10^5 . dn_t = -(a + 2bt + 3ct^2 + 4dt^3)$.

$10^5\, dn$ = Zunahme des Exponenten in gleichtemperierter Luft bei der Temperatur t_m, berechnet aus den nebenstehenden Konstanten a, b, d

λ in $\mu\mu$	$t_m = 0°$	10°	20°	30°	40°	50°	60°	70°	80°
214	−1,00	−5,10	−9,07	−12,81	−16,18	−19,08	−21,37	−22,94	−23,68
257	−1,12	−5,14	−9,03	−12,69	−15,99	−18,81	−21,03	−22,52	−23,18
308	−0,94	−4,92	−8,79	−12,41	−15,67	−18,56	−20,63	−22,10	−22,72
394	−0,69	−4,65	−8,48	−12,08	−15,32	−18,07	−20,23	−21,66	−22,26
480	−0,46	−4,41	−8,23	−11,82	−15,05	−17,79	−19,94	−21,36	−21,95
589	−0,12	−4,09	−7,94	−11,54	−14,79	−17,55	−19,72	−21,17	−21,77

Konstanten, ber. aus den Flatowschen Exponenten $c = 0$, $d = -0,00000500$

λ in $\mu\mu$	a	b
214	+1,005	+0,2057
257	+1,118	+0,2019
308	+0,942	+0,2001
394	+0,692	+0,1988
480	+0,461	+0,1983
589	+0,124	+0,1993

Einfluß des Druckes auf die absoluten Brechungsexponenten von Flüssigkeiten.

$10^5\, dN$ ist die Zunahme des absoluten Exponenten bei 1 Atmosphäre Druckerhöhung, in Einheiten der fünften Dezimale. Die Beobachtungen für Wasser und Na-Licht nach Zehnder, alle übrigen nach Röntgen u. Zehnder.

t	$10^5 . dN$ Wasser	$10^5 . dN$ CS_2	$10^5 . dN$ Benzol
0°	1,685	—	—
5	1,625	6,025	4,592
10	1,580	6,208	4,747
15	1,543	6,392	4,904
20	1,514	6,583	5,060
25	1,489	6,778	5,226
27,5	—	6,878	5,312

λ	$10^5 . dN$
Wasser von 18,15°	
486 $\mu\mu$	1,541
589	1,524
686	1,518
CS_2 von 15°	
486 $\mu\mu$	6,74
589	6,39
686	6,22

Äthyläther t	Äthyläther $10^5 . dN$	Äthylalkohol t	Äthylalkohol $10^5 . dN$
3,95°	5,931	7,87	3,952
13,21	6,445	18,02	4,186
18,64	6,803	18,20	4,189
18,78	6,807	28,82	4,455
28,39	7,465		

Vergl. auch Jamin, Mascart, Quincke, bes. die Zusammenstellung von Quincke, Wied. Ann. 44, 776; 1891.

Martens.

Brechungsexponenten des Schwefelkohlenstoffs in gleichtemperierter Luft.

Lit. Tab. 218, S. 1016.

	Brechungsexponenten nach Flatow.				$10^5 . dn$ nach Flatow, bei der Mitteltemperatur $tm =$		
λ	-10^0	0	+20	+40	-5^0	$+10^0$	$+30^0$
267,61	—	2,12324	2,08823	—	—	−175,0	—
274,87	2,04983	2,03484	2,00474	1,97489	−149,9	−150,5	−149,2
361,19	1,76695	1,75719	1,73806	1,71811	−97,6	− 95,6	− 99,7
394,41	1,72888	1,71989	1,70180	1,68278	−89,9	−90,4	−95,1
441,59	1,69684	1,68850	1,67135	1,65323	−83,4	−85,7	−90,6
467,83	1,68420	1,67606	1,65923	1,64181	−81,4	−84,1	−87,1
480,01	1,67931	1,67131	1,65466	1,63733	−80,0	−83,2	−86,6
508,60	1,66974	1,66187	1,64541	1,62842	−78,7	−82,3	−84,9
533,85	1,66286	1,65506	1,63877	1,62192	−78,0	−81,4	−84,2
589,31	1,65139	1,64362	1,62761	1,61115	−77,7	−80,0	−82,3

Ultrarot Rubens	
λ	$+20^0$
589	1,6275
777	1,6072
873	1,6017
999	1,5968
1164	1,5928
1396	1,5891
1745	1,5856
1998	1,5840

Ultraviolett a) Martens b) Fricke	
λ	n
a) 260	2,159
b) 266	2,123
b) 274	2,009
b) 288	1,912
b) 298	1,875
b) 304	1,852
b) 317	1,807
b) 326	1,782
b) 335	1,791

Anomale Dispersion 326—335 $\mu\mu$.

Brechungsexponenten von Schwefelkohlenstoff, auf 20^0 C. reduziert, in Luft von 20^0.

λ	a) Baden-Powell b) Haagen	a) Verdet b) Nasini	a) Gladstone 1891 b) Wüllner	a) Jahn b) Baille	v. d. Willigen	L. Lorenz	Dufet	Ketteler	Brühl	Interpol. nach Flatows Beob.
396	a) 1,69790	a) 1,6997	a) 1,6998	—	1,70002	—	1,70010	1,69941	—	1,69983
431	a) 1,67607	a) 1,6767	a) 1,6765	—	1,67708	—	—	—	—	1,67705
434	b) 1,67482	b) 1,67515	b) 1,67515	—	—	—	1,67488	1,67482	1,67488	1,67515
486	a) 1,65183	a) 1,6524	a) 1,6525	a) 1,6534	1,65277	1,65273	1,65236	1,65236	1,65270	1,65252
	b) 1,65234	b) 1,65268	b) 1,65267	b) 1,6520						
535	—	—	—	—	—	—	1,63847	—	1,63870	1,63845
589	a) 1,62731	a) 1,6276	a) 1,6278	a) 1,6284	1,62788	1,62789	1,62758	1,62762	1,62788	1,62762
		b) ?		b) 1,6274						
656	a) 1,61845	a) 1,6182	a) 1,6186	a) 1,6192	1,61855	1,61850	1,61815	1,61821	1,61852	1,61837
	b) 1,61736	b) 1,61847	b) 1,61846	b) 1,6181						
670	—	—	—	—	—	1,61685	1,61661	—	1,61684	1,61678
686	a) 1,61481	a) 1,6149	a) 1,6151	—	1,61518	—	1,61485	—	—	—
760	—	—	a) 1,6087	—	1,60904	—	1,60869	1,60875	—	—

CS_2 20^0	Pulfrich	Röntgen u. Zehnder	Berghoff (Mittel)	Zecchini	**Gesamtmittel**
n_{589}	1,62785	1,62768	1,62747	1,62787	**1,62772**

Außer den angeführten Autoren vergl. Fouqué, Kohlrausch u. G. Meyer.

$10^5 . dn$, Zunahme des Exponenten in gleichtemperierter Luft für 1^0 Temperaturzunahme bei der Temperatur tm.

Beobachtungstemp.	Kuçera u. Forch[1]	Ketteler	Ketteler	Flatow	Ketteler	Flatow	Wüllner	Ketteler	L. Lorenz	v. d. Willigen	Gladstone u. Dale 1858	Dufet	Gladstone u. Dale 1863	Ketteler	Flatow	Ketteler	Mittel
von	-60^0	−20	−10	−10	0	0	+ 6	+10	+10	+14	+10	+19	+11	+20	+20	+30	graph.
bis	0^0	−10	0	0	+10	+20	+20	+20	+20	+21	+30	+25	+36,5	+30	+40	+40	interpol.
$tm=$	-30^0	−15	−5	−5	+5	+10	+13	+15	+15	+18	+20	+22	+23,8	+25	+30	+35	20^0
396	—	−91,3	−90,2	−89,5	−90,0	−92,0	—	−90,6	—	−95,4	−92,5	−98,5	−103,1	−92,3	−94,6	−93,6	−93,3
431	—	—	—	−84,8	—	−87,6	—	—	—	90,3	—	—	− 92,5	—	−90,7	—	−88,8
434	—	−86,8	−84,0	−84,4	−85,7	−87,2	−85,0	−86,3	—	−90,7	—	−91,2	—	−88,0	−90,3	−89,2	−88,4
486	—	−83,1	−82,1	−79,8	−82,0	−83,2	−82,0	−82,4	−83,8	−86,2	—	−86,4	− 87,0	−84,2	−86,2	−85,4	−84,4
535	—	—	—	−78,1	—	−81,4	—	—	—	—	—	−84,2	—	—	−84,0	—	−82,4
589	−78,7	−79,0	−78,1	−77,4	−78,0	−80,1	—	−78,5	−80,1	−82,8	−82,0	−82,2	− 83,5	−80,0	−82,4	−81,5	−81,0
656	—	−77,6	−76,7	−76,6	−76,5	−78,8	−78,0	−77,1	−79,0	−82,4	—	−80,6	—	−78,5	−80,8	−79,9	−79,4
670	—	—	—	—	—	—	—	—	−78,7	—	—	−80,5	—	—	—	—	−79,1
686	—	—	—	—	—	—	—	—	—	−81,4	—	—	− 79,6	—	—	—	−78,8
760	—	−76,1	−75,2	—	−75,1	—	—	−75,5	—	−81,8	—	−79,5	− 77,3	−77,1	—	−78,5	−77,4

[1]) Kuçera und Forch geben als Resultat ihrer Messungen zwischen — 60 und 0^0: $n = 1,64362 - 0,000733\, t + 0,000000900\, t^2$; daraus folgt: $n_0 = 1,64362$; $n_{-60} = 1,69084$; $10^5 . dn = -78,7$ für $tm = -30^0$.

Martens.

Literatur, betr. Brechungsexponenten des Wassers und des Schwefelkohlenstoffs.

Baden-Powell, Pogg. Ann. **69**, 110; 1846.

J. B. Baille, C. r. **64**, 1029; 1867. Pogg. Ann. **132**, 319; 1867.

C. Bender, Wied. Ann. **39**, 90; 1890.

V. Berghoff, ZS. f. phys. Chem. **15**, 431; 1894.

J. W. Brühl, Wasser: Ber. d. deutsch. chem. Ges. **24** (1) 648, 1891. CS_2: ZS. f. phys. Chem. **22**, 409; 1897.

L. Buchkremer, Diss. Bonn 1890. ZS. f. phys. Chem. **6**, 172; 1890. (Wasser.)

Dale, s. Gladstone.

B. C. Damien, Diss. Paris 1881. Ann. de l'école norm. sup. (2) **10**, 275; 1881. J. de phys. (1) **10**, 198; 1881. (*dn* von -8 bis $+8^0$).

H. Dufet, H_2O: J. de phys. (2) **4**, 389—419; 1885. CS_2: Bull. soc. minér. **8**, 218; 271; 1885.

E. Flatow, Diss. Berlin 1903. Ann. d. Phys. (4) **12**, 85—106; 1903.

C. Forch, Lösung von Schwefel etc. in Schwefelkohlenstoff, Ann. d. Phys. (4) **8**, 675—685; 1902; s. auch **Kuçera.**

Fouqué, Ann. de l'observat. de Paris **9**, Wasser 196, CS_2: 249; 1868.

Jos. Fraunhofer, Münchn. Ber. **5**; 1814. Gilberts Ann. **56**, 276; 1817.

W. Fricke, Diss. Jena 1904, 46.

J. H. Gladstone, J. of chem. Soc. **59**, 291; 1891. — **T. P. Dale,** Phil. Trans. **148**, 887; 1858. **153**, 319; 1863.

A. Haagen, Pogg. Ann. **131**, 121; 1867.

M. Hoeck u. **A. C. Oudemans,** Recherches astron. de l'observat. d'Utrecht. (Addition 1 à la 1re livraison) 1864.

K. Hofmann, Pogg. Ann. **133**, 605; 1868.

H. Jahn, Wied. Ann. **43**, 301; 1891.

J. Jamin, Wasser: C. r. **43**, 1191; 1856. Einfluß des Druckes: Ann. chim. phys. **52**, 163; 1858.

J. Kanonnikoff, J. f. prakt. Chem. (n. F.) **31**, 352; 1885. (Wasser.)

E. Ketteler, Wasser; Wied. Ann. **33**, 508, 509; 1888. (Temp. korr. nach S. 514.) CS_2: Wied. Ann. **35**, 694; 1888.

F. Kohlrausch, Wied. Ann. **4**, 12; 1878.

G. Kuçera u. **C. Forch,** Physik. ZS. **3**, 132 bis 134; 1902.

H. Landolt, Pogg. Ann. **117**, 361; 1862.

L. Lorenz (Kopenhagen), Wied. Ann. **11**, 82, 97 u. 100; 1880.

F. F. Martens, Ann. d. Phys. (4) **6**, 632; 1901 (CS_2).

Mascart, Pogg. Ann. **153**, 154; 1874. Einfluß des Druckes.

G. Meyer, Wied. Ann. **31**, 321; 1887.

R. Nasini, Ber. d. deutsch. chem. Ges. **15**, [2] 2883; 1882.

A. v. Obermayer, Wien. Ber. **61** (2), 801; 1870. (Zuckerlösungen; die von O. für Wasser angeführten Werte sind entnommen aus v. d. Willigen, Pogg. Ann. **122**, 191; 1864.)

Oudemans, s. **Hoeck.**

W. H. Perkin, J. of chem. soc. **61**, 292; 1892.

C. Pulfrich, Wasser: Wied. Ann. **34**, 332; 1888. CS_2: Neues Jahrb. f. Mineral. etc., Beil. Bd. **5**, 167; 1887.

Quincke, Wied. Ann. **44**, 776; 1891. (Einfluß des Druckes.)

W. C. Röntgen u. **L. Zehnder,** Wied. Ann. **44**, Einfluß des Druckes 41, Exponenten 48; 1891.

H. Rubens, Wied. Ann. **45**, 253; 1892.

R. Rühlmann, Pogg. Ann. **132**, 186; 1867.

H. Ruoß, Wied. Ann. **48**, 535; 1893.

F. Schütt, ZS. f. phys. Chem. **5**, 358; 1890.

H. Th. Simon, Diss. Berlin 1894. Wied. Ann. **53**, 556; 1894.

Verdet, Ann. chim. phys. (3) **69**, 451; 1863.

J. Verschaffelt, Bull. de l'acad. de Bruxelles (3) **27**, 71, 72; 1894.

B. Walter, Diss. Jena 1891, 31 u. 34. Wied. Ann. **46**, 424; 1892.

E. Wiedemann, Pogg. Ann. **158**, 380; 1876.

V. S. M. v. d. Willigen, Wasser: Arch. du Musée Teyler I, 115, 238; 1868. II, 202; 1869; CS_2: III, 62, 1870.

A. Wüllner, Pogg. Ann. **133**, 16; 1868.

Zecchini, Gazz. chim. ital. **27**, (1) 372; 1897.

L. Zehnder, Wied. Ann. **34**, 114; 1888; s. auch **Röntgen.**

Brechungsexponenten von Gasen und Dämpfen bei 0°

gegen den luftleeren Raum.

Lit. am Schluß dieser Tabelle.

Bedeutet n_0 den Brechungsexponenten eines Gases bei 0^0 und 760 mm Druck, n_t^p denselben bei t^0 und p mm Druck, so gilt innerhalb weiter Grenzen $n_t^p - 1 = \frac{(n_0 - 1)\,p}{(1 + \alpha t) \cdot 760}$, wo α den Ausdehnungskoeffizienten des Gases bedeutet.

Brechungsexponent n_0 der trockenen atmosphärischen Luft für die D-Linie

(teilweise interpoliert)

Ketteler (1865) . . .	1,000 294 7	Kayser u. Runge (1893)	1,000 292 2	Rentschler (1908) . .	1,000 292 4
Mascart (1877) . . .	292 7	Perreau (1896) . . .	292 6	Ahrberg (1909). . . .	291 8
Lorenz (1880) . . .	291 1	Walker (1903) . . .	292 8	C. u. M. Cuthbertson (3) (1909)	292 9
Chappuis u. Rivière (1888)	291 9	Scheel (1907) . . .	291 6	Kessler (1909) . . .	291 7
Benoit (1889) . . .	292 3	Herrmann (1908) . .	293 9	Koch (1909)	293 0
				Gruschke (1910) . .	293 9

Dispersion der atmosphärischen Luft bei 0° und 760 mm Druck in 10^{-7}. $(n - n_D) \cdot 10^7$.

Wellenlänge in μ	Ketteler 1865	Mascart 1877	Lorenz 1880	Kayser u. Runge 1893 (Formel)	Perreau 1896	Scheel 1907	Herrmann 1908	Rentschler 1908	Ahrberg 1909	C. u. M. Cuthbertson (3) 1909	Kessler 1909	Koch 1909	Gruschke 1910
0,334	—	—	—	+103	—	—	—	+112	—	—	—	—	—
0,365	—	—	—	+ 76	—	—	—	+ 73	—	—	—	—	—
0,405	—	—	—	+ 52	—	—	—	+ 48	—	—	—	—	—
0,436	—	—	—	+ 39	—	+38	+41	+ 32	+39	—	+34	+41	+43
0,470	—	—	—	+ 25	+27	+30	—	—	—	—	—	—	+30
0,480	—	—	—	+ 23	+25	—	—	—	—	—	—	—	—
0,486	—	—	—	+ 21	—	+21	—	—	—	+22	—	—	—
0,505	—	—	—	+ 15	+17	+20	—	—	—	—	—	—	+21
0,535	+10	—	—	+ 9	+ 9	—	—	—	—	—	—	—	—
0,538	—	+11	—	+ 9	—	—	—	—	—	—	—	—	
0,546	—	—	—	+ 7	—	+ 8	+ 7	+ 6	+ 7	+ 7	+ 6	+ 7	—
0,578	—	—	—	+ 1	—	+ 2	+ 1	+ 1	+ 1	+ 1	+ 1	—	—
0,589	0	0	0	0	0	0	0	0	0	0	0	0	0
0,615	—	—	—	− 3	—	− 4	—	—	—	—	—	—	—
0,644	—	− 6	—	− 7	− 9	—	−9	—	− 7	—	—	—	—
0,656	—	—	—	− 8	—	—	—	—	—	−10	—	—	—
0,671	−10	—	−10	− 10	—	−10	—	—	—	—	—	−11	—

Dispersionsformeln: Bezeichnet λ die Wellenlänge in $\mu = 0{,}001$ mm, so ist nach Kayser und Runge für feuchte atmosph. Luft $n_0 - 1 = 10^{-7}\left[2878{,}7 + 13{,}16 \cdot \frac{1}{\lambda^2} + 0{,}316 \cdot \frac{1}{\lambda^4}\right]$ (aus Beobachtungen zwischen $\lambda = 0{,}236$ und $\lambda = 0{,}563\ \mu$). Für trockene atmosph. Luft ist $+ 3 \cdot 10^{-7}$ zu addieren.

Nach Scheel ist für trockene atmosph. Luft $n_0 - 1 = 10^{-7}\left[2870{,}5 + 16{,}23 \cdot \frac{1}{\lambda^2}\right]$ (aus Beobachtungen zwischen $\lambda = 0{,}436$ und $\lambda = 0{,}706\ \mu$).

Brechungsexponenten der trockenen atmosphärischen Luft für Fraunhofersche Linien

nach der Formel von **Kayser** u. **Runge** (λ in μ).

Linie	λ	n_0	Linie	λ	n_0	Linie	λ	n_0	Linie	λ	n_0	Linie	λ	n_0
A	0,759	1,000 290 5	E	0,527	1,000 293 3	K	0,393	1,000 298 0	O	0,344	1,000 301 5	S	0,310	1,000 305 3
B	0,687	291 1	F	0,486	294 3	L	0,382	298 7	P	0,336	302 3	T	0,302	306 4
C	0,656	291 4	G	0,431	296 2	M	0,373	299 3	Q	0,329	303 1	U	0,295	307 5
D	0,589	292 2	H	0,397	297 8	N	0,358	300 3	R	0,318	304 3			

Nach Koch ist für $\lambda = 6{,}709\ \mu$ $n_0 = 1{,}000\ 288\ 1$; für $\lambda = 8{,}678\ \mu$ $n_0 = 1{,}000\ 288\ 7$.

Scheel

Brechungsexponenten von Gasen und Dämpfen bei 0°

gegen den luftleeren Raum.

Lit. S. 1020.

Die älteren Beobachtungen teilweise nach der Zusammenstellung von **J. W. Brühl,** ZS. phys. Chem. **7**, 25–27; 1891.

Substanz	Formel	Wellenlänge in μ	n_0	Beobachter
			1,00	
Acetaldehyd . .	C_2H_4O	0,589	0811	Mascart
Aceton . . .	C_3H_6O	„	1079	Prytz
„	„	0,671	1073	„
„	„	0,589	1100	Mascart
Acetylen . . .	C_2H_2	„	0510	„
„	„	0,546	0570	Loria
„	„	0,589	0565	„
„	„	0,671	0560	„
„	„	0,436	0619	Stuckert
„	„	0,546	0605	„
„	„	0,671	0598	„
Äthan	C_2H_6	0,523	0757	Loria
„	„	0,589	0753	„
„	„	0,668	0748	„
„	„	0,436	0782	Stuckert
„	„	0,546	0769	„
„	„	0,671	0763	„
Äthylacetat . .	$C_4H_8O_2$	0,589	1582	Lorenz
„	„	0,671	1574	„
„	„	0,589	1408	Mascart
Äthyläther . .	$C_4H_{10}O$	„	1521	Lorenz
„	„	0,671	1514	„
„	„	0,589	1544	Mascart
Äthylalkohol .	C_2H_6O	„	0871	Lorenz
„	„	0,671	0866	„
„	„	0,589	0885	Mascart
Äthylbromid	C_2H_5Br	„	1223	„
Äthylchlorid . .	C_2H_5Cl	„	1179	„
Äthylen . . .	C_2H_4	„	0723	„
„	„	0,436	0739	Kessler
„	„	0,578	0717	„
„	„	0,644	0731	„
„	„	0,523	0662	Loria
„	„	0,589	0657	„
„	„	0,668	0652	„
„	„	0,436	0743	Stuckert
„	„	0,546	0731	„
„	„	0,671	0717	„
Äthylenchlorid .	$C_2H_4Cl_2$	0,589	1344	Prytz
„	„	0,671	1336	„
„	„	0,589	1417	Mascart
Äthylformiat .	$C_3H_6O_2$	„	1199	Prytz
„	„	0,671	1193	„
„	„	0,589	1191	Mascart
Äthylidenchlorid	$C_2H_4Cl_2$	„	1410	Prytz
„	„	0,671	1403	„
Äthyljodid . .	C_2H_5J	0,589	1640	Lorenz
„	„	0,671	1626	„
„	„	0,589	1608	Mascart
Allylchlorid . .	C_3H_5Cl	„	1444	„
Allylen . . .	C_3H_4	„	1188	„
Ammoniak . .	NH_3	„	0373	Lorenz
„	„	0,671	0371	„
„	„	0,589	0379	Mascart
„	„	„	0379	Walker
Amylen . . .	C_5H_{10}	„	1693	Mascart
Argon	A	„	0283_7	Burton
„	„	0,436	0285_1	Ahrberg
„	„	0,578	0280_3	„
„	„	0,644	0279_6	„
„	„	0,480	0283_8	C. u. M. Cuthbertson (5)
„	„	0,579	0281_7	
„	„	0,644	0280_9	„

Substanz	Formel	Wellenlänge in μ	n_0	Beobachter
			1,00	
Benzol	C_6H_6	0,589	1700	Prytz
„	„	0,671	1686	„
„	„	0,589	1823	Mascart
Brom	Br_2	„	1132	„
Bromwasserstoff	HBr	„	0573	„
Chlor	Cl_2	„	0773	„
Chlorkohlenstoff	CCl_4	„	1779	„
Chloroform . .	$CHCl_3$	„	1436	Lorenz
„	„	0,671	1429	„
„	„	0,589	1464	Mascart
Chlorwasserstoff	HCl	„	0447	„
Cyan	C_2N_2	0,535	0789	Ketteler
„	„	0,589	0784	„
„	„	0,671	0780	„
„	„	0,589	0825	Chapp. u. Riv.
„	„	„	0822	Mascart
„	„	0,436	0871	Stuckert
„	„	0,546	0854	„
„	„	0,671	0843	„
Cyanwasserstoff	HCN	0,589	0438	Mascart
Fluor	F	„	0195	Cuthbertson u. Prideaux
Helium . . .	He	0,436b. 0,668	0034_0	Scheel und Schmidt
„	„	0,436	0035_3	Herrmann
„	„	0,577	0034_4	„
„	„	0,644	0034_1	„
„	„	0,589	0035_0	Burton
„	„	0,480	0035_0	C. u. M. Cuthbertson (5)
„	„	0,579	0034_9	
„	„	0,644	0034_9	„
Jod	J	violett	1920	Hurion
„	„	rot	2050	„
Jodwasserstoff .	HJ	0,589	0911	Mascart
Kohlenoxychlorid	$COCl_2$	weiß	1159	Dulong
Kohlenoxyd . .	CO	0,589	0335	Mascart
„	„	0,538	0335	Perreau
„	„	0,589	0334	„
„	„	0,334	0344	Rentschler
„	„	0,546	0330	„
„	„	0,577	0330	„
„	„	0,436	0342	Koch
„	„	0,589	0335	„
„	„	6,709	0332	„
„	„	8,678	0332	„
„	„	0,447	0341	Gruschke
„	„	0,668	0333	„
Kohlensäure . .	CO_2	0,535	0451	Ketteler
„	„	0,589	0449	„
„	„	0,671	0448	„
„	„	0,589	0448	Chapp. u. Riv.
„	„	„	0454	Mascart
„	„	„	0451	Walker
„	„	0,334	0466	Rentschler
„	„	0,589	0448	„
„	„	0,436	0456	Koch
„	„	0,589	0449	„
„	„	6,709	0480	„
„	„	8,678	0458	„
„	„	0,436	0459	Stuckert
„	„	0,671	0447	„
„	„	0,447	0457	Gruschke
„	„	0,668	0447	„

Scheel.

Brechungsexponenten von Gasen und Dämpfen bei 0°
gegen den luftleeren Raum.

Lit. S. 1020.

Die älteren Beobachtungen teilweise nach der Zusammenstellung von **J. W. Brühl,** ZS. phys. Chem. **7**, 25–27; 1891.

Substanz	Formel	Wellenlänge in μ	n_0	Beobachter
			1,00	
Krypton . . .	Kr	0,480	0431_8	C. u. M. Cuth-
„ . . .	„	0,579	0427_6	bertson (5)
„ . . .	„	0,671	0425_3	„
Methan . . .	CH_4	0,589	0444	Mascart
„ . . .	„	0,436	0451	Kessler
„ . . .	„	0,578	0442	„
„ . . .	„	0,644	0439	„
„ . . .	„	0,436	0448	Koch
„ . . .	„	0,589	0439	„
„ . . .	„	6,709	0419	„
„ . . .	„	8,678	0451	„
„ . . .	„	0,529	0448	Loria
„ . . .	„	0,658	0440	„
Methylacetat .	$C_3H_6O_2$	0,589	1189	Prytz
„ .	„	0,671	1183	„
„ .	„	0,589	1138	Mascart
Methyläther . .	C_2H_6O	0,589	0891	„
Methylalkohol .	CH_4O	0,589	0549	Lorenz
„ .	„	0,671	0546	„
„ .	„	0,589	0623	Mascart
Methylbromid .	CH_3Br	0,589	0964	„
Methylchlorid .	CH_3Cl	0,589	0870	„
Methylcyanid .	C_2H_3N	0,589	0776	„
Methyljodid . .	CH_3J	0,589	1265	Prytz
„ . .	„	0,671	1253	„
„ . .	„	0,589	1273	Mascart
Methylpropionat	$C_4H_8O_2$	0,589	1473	Prytz
„	„	0,671	1465	„
Neon	Ne	0,480	0067_8	C. u. M. Cuth-
„	„	0,579	0067_1	bertson (2, 5)
„	„	0,644	0067_0	„
Pentan . . .	C_5H_{12}	0,589	1711	Mascart
Phosphorchlorür	PCl_3	0,589	1740	„
Phosphorwasserstoff . . .	PH_3	weiß	0789	Dulong
Propylen . . .	C_3H_6	0,589	1120	Mascart
Propyljodid . .	C_3H_7J	0,671	1768	Prytz
„ . .	„	0,589	1782	„
Sauerstoff . .	O_2	0,589	0272	Lorenz
„ . .	„	0,671	0270	„
„ . .	„	0,589	0271	Mascart
„ . .	„	0,334	0283_2	Rentschler
„ . .	„	0,436	0275_2	„
„ . .	„	0,546	0272_5	„
„ . .	„	0,589	0271_8	„
„ . .	„	0,436	0274_7	Ahrberg
„ . .	„	0,578	0270_1	„
„ . .	„	0,644	0269_2	„
„ . .	„	0,486	0273_5	C. u. M. Cuth-
„ . .	„	0,579	0271_0	bertson (3)
„ . .	„	0,656	0269_7	„
„ . .	„	0,436	0274_3	Koch
„ . .	„	0,589	0269_7	„
„ . .	„	6,709	0264	„
„ . .	„	8,678	0265	„
Schwefelkohlenstoff . . .	CS_2	0,589	1478	Lorenz
„	„	0,671	1457	„
„	„	0,589	1485	Mascart
Schwefeltrioxyd	SO_3	0,589	0737	Cuthbertson u.Metcalfe(1)
Schwefelwasserstoff . . .	H_2S	0,589	0623	Mascart

Substanz	Formel	Wellenlänge in μ	n_0	Beobachter
			1,00	
Schwefelwasserstoff . . .	H_2S	0,486	0651	C. u. M. Cuth-
„	„	0,546	0644	bertson (4)
„	„	0,656	0636	„
Schweflige Säure	SO_2	0,535	0690	Ketteler
„	„	0,589	0686	„
„	„	0,671	0682	„
„	„	0,589	0676	Walker
„	„	0,500	0669	C. u. M. Cuthbertson (4)
„	„	0,589	0661	Cuthbertson u.Metcalfe(1)
„	„	0,670	0656	C. u. M. Cuthbertson (4)
„	„	0,436	0696	Stuckert
„	„	0,546	0682	„
„	„	0,671	0661	„
Stickoxyd . .	NO	0,589	0297	Mascart
„ . .	„	0,589	0294	Cuthbertson u.Metcalfe(1)
Stickoxydul . .	N_2O	0,589	0516	Mascart
Stickstoff . .	N_2	0,589	0296	Lorenz
„ . .	„	0,671	0295	„
„ . .	„	0,589	0298	Mascart
„ . .	„	0,436	0302_0	Scheel
„ . .	„	0,578	0297_6	„
„ . .	„	0,706	0294_5	„
„ . .	„	0,486	0301_2	C. u. M. Cuth-
„ . .	„	0,546	0299_8	bertson (3)
„ . .	„	0,656	0298_2	„
„ . .	„	0,334	0307_0	Rentschler
„ . .	„	0,436	0299_5	„
„ . .	„	0,546	0296_7	„
„ . .	„	0,589	0296_2	„
Wasser . . .	H_2O	0,589	0249	Lorenz
„ . . .	„	0,589	0259	Mascart
Wasserstoff . .	H_2	0,535	0144	Ketteler
„ . .	„	0,589	0143	„
„ . .	„	0,671	0142	„
„ . .	„	0,508	0139_2	Mascart
„ . .	„	0,589	0138_6	„
„ . .	„	0,644	0138_3	„
„ . .	„	0,589	0138_7	Lorenz
„ . .	„	0,671	0138_0	„
„ . .	„	0,589	0138_8	Perreau
„ . .	„	0,589	0140_7	Walker
„ . .	„	0,436	0140_6	Scheel
„ . .	„	0,578	0138_9	„
„ . .	„	0,668	0137_6	„
„ . .	„	0,436	0140_6	Herrmann
„ . .	„	0,577	0139_0	„
„ . .	„	0,644	0138_0	„
„ . .	„	0,436	0141_8	Koch
„ . .	„	0,589	0139_2	„
„ . .	„	6,709	0136	„
„ . .	„	8,678	0136	„
„ . .	„	0,486	0140_6	C. u. M. Cuth-
„ . .	„	0,579	0139_3	bertson (3)
„ . .	„	0,656	0138_7	„
Xenon	„	0,480	0713	„ (5)
„	X	0,579	0703	„
„	„	0,671	0697	„

Scheel.

Brechungsexponenten von Gasen und Dämpfen bei 0^0 gegen den luftleeren Raum.

Brechungsexponenten von Dämpfen, Metallen und Metalloiden

nach **Cuthbertson** u. **Metcalfe** (2, 3).

Der mitgeteilte Brechungsexponent n_0 ist aus dem beobachteten n berechnet nach der Gleichung:

$$\frac{n_0 - 1}{n - 1} = \frac{\text{Normale Dichte}}{\text{Beobachtete Dampfdichte}}.$$

Als normale Dichte wird hierbei diejenige verstanden, bei welcher die Zahl der Atome des Elementes in der Volumeneinheit gleich der Zahl der Atome von Wasserstoff in der Volumeneinheit bei 0^0 C und 760 mm Druck ist.

Wellenlänge in μ	Arsen	Cadmium	Phosphor	Quecksilber	Schwefel	Selen	Tellur	Zink
	1,00	1,00	1,00	1,00	1,00	1,00	1,00	1,00
0,490	—	—	—	1920	—	—	—	—
0,510	—	—	1230	—	—	—	—	—
0,518	—	2780	—	1885	1128	—	—	2070
0,546	1580	2725	—	1882	—	1570	2620	2150
0,589	1550	2675	1212	1866	1111	1565	2495	2060
0,656	—	2675	—	1799	1096	1530	2370	1960
0,680	—	—	1200	—	—	—	—	—
0,690	—	—	—	1840	—	—	—	—

Literatur für Brechungsexponenten in Gasen und Dämpfen.

F. Ahrberg, Diss. Halle 1909.

R. Benoit, Journ. de Phys. (2) **8,** 451; 1889.

Biot und **Arago,** Mém. de l'Acad. **7,** 301; 1806. — Gilb. Ann. **25,** 345; 1807 und **26,** 79; 1807 (auch Abhängigkeit des B.-E. vom Druck).

J. W. Brühl, ZS. ph. Ch. **7,** 25; 1891 (Umrechnungen und Zusammenstellung).

W. Burton, Proc. Roy. Soc. (A) **80,** 390; 1908 (auch Dispersionsformeln für A u. He).

J. Chappuis u. **Ch. Rivière,** C. r. **103,** 37; 1886. — Ann. chim. phys. (6) **14,** 5; 1888.

C. u. **M. Cuthbertson** (1), Proc. Roy. Soc. (A) **81,** 440; 1908.

„ (2), Proc. Roy. Soc. (A) **83,** 149; 1909 (auch Dispersionsformeln von He, Ne, A, Kr, X).

„ (3), Proc. Roy. Soc. (A) **83,** 151; 1909 (auch Dispersionsformeln für Luft, O_2, N_2, H_2, P, S, Hg).

„ (4), Proc. Roy. Soc. (A) **83,** 171; 1909 (auch Dispersionsformeln für SO_2 u. H_2O).

„ (5), Proc. Roy. Soc. (A) **84,** 13; 1910 (auch Dispersionsformeln für A, He, Ne, Kr, X).

C Cuthbertson u. **E. Parr Metcalfe** (1), Proc. Roy. Soc. (A) **80,** 406; 1908.

„ „ (2), Proc. Roy. Soc. (A) **80,** 411; 1908.

„ „ (3), Phil. Trans. (A) **207,** 135; 1906.

C. Cuthbertson u. **E. B. R. Prideaux,** Phil. Trans. (A) **205,** 319; 1906.

Delambre, s. **Laplace,** Méc. cél. **4,** 237, 246, 272. Paris 1805. (n für Luft aus den Konstanten der astronomischen Refraktion; weißes Licht $n_0 = 1{,}000294$).

Dulong, Ann. chim. phys. (2) **31,** 154; 1826.

G. Gruschke, S. A. Jahresber. Schles. Ges. f. vaterl. Kultur. Naturw. Sekt. 1910, 25 S.

K. Herrmann, Verh. d. D. Phys. Ges. **10,** 476; 1908.

Hurion, Ann. de l'Éc. norm. sup. **6,** 380; 1877.

Jamin, C. r. **45,** 892; 1857. — Ann. chim. phys. (3) **49,** 232; 1857 u. (3) **52,** 171; 1858.

Wilhelm Kaiser, Ann. Phys. (4) **13,** 210; 1904 (Abhängigkeit vom Druck für Luft, CO_2, SO_2).

H. Kayser u. **C. Runge,** Abh. Akad. Berlin 1893.

W. Kessler, Diss. Halle 1909.

Ketteler, Diss. Bonn 1865. — Pogg. Ann. **124,** 390; 1865.

J. Koch, Nova Acta Soc. Upsal. (4) **2,** Nr. 5, 61 S. 1909 (auch Dispersionsformeln für Luft, H_2, O_2).

V. v. Lang, Ber. Akad. Wien **69** [2], 451; 1874. — Pogg. Ann. **153,** 448; 1874 (Abhängigkeit von der Temperatur).

Le Roux, C. r. **51,** 800; 1860. — Ann. chim. phys. (3) **61,** 385; 1861.

L. Lorenz, Skr. Vid. Selsk. (5) **8,** 205; 1869 u. **10,** 485; 1875. — Wied. Ann. **11,** 70; 1880 (auch Abhängigkeit von Druck und Feuchtigkeit).

S. Loria, Krak. Anz. 1908, 1059 u. 1909, 195. — Ann. Phys. (4) **29,** 605; 1909 (auch Dispersionsformeln für Äthylen und Äthan).

L. Magri, Phys. ZS. **6,** 629; 1905 (Abhängigkeit vom Druck).

Mascart, C. r. **78,** 617 u. 679; 1874. **86,** 321 u. 1182; 1878. — Ann. de l'Éc. norm. (2) **6,** 9; 1877 (auch Abhängigkeit vom Druck).

F. Perreau, Ann. chim. phys. (7) **7,** 289; 1896.

K. Prytz, Wied. Ann. **11,** 104; 1880.

W. Ramsay u. **M. W. Travers,** Proc. Roy. Soc. **62,** 225; 1898. — ZS. ph. Ch. **25,** 100; 1898.

Lord Rayleigh, Rep. Brit. Ass. Ipswich 609; 1895.

H. C. Rentschler, Astroph. Journ. **28,** 345; 1908 (auch Dispersionsformeln für Luft, N_2, O_2, CO, CO_2).

K. Scheel, Verh. d. D. Phys. Ges. **9,** 24; 1907 (auch Dispersionsformeln für Luft, H_2, N_2).

K. Scheel u. **R. Schmidt,** Verh. d. D. Phys. Ges. **10,** 207; 1908. — Phys. ZS. **9,** 921; 1908.

L. Stuckert, ZS. Elch. **16,** 37; 1910.

G. W. Walker, Proc. Roy. Soc. **71,** 441; 1903. — Phil. Trans. (A) **201,** 435; 1903 (Abhängigkeit von Temperatur für Luft, H_2, CO_2, NH_3, SO_2).

Scheel.

Brechungsexponenten anorganischer Flüssigkeiten und kondensierter Gase für verschiedene Wellenlängen λ

(teilweise interpoliert), die Originalangaben vielfach gekürzt.
Lit. S. 1022.

Substanz	Formel	Temperatur	d_4^t	G' (H_γ) λ=0,434 μ	F 0,486 μ	Tl 0,535 μ	D 0,589 μ	C 0,656 μ	Li 0,671 μ	A 0,759 μ	Beobachter
Ammoniak	NH_3	16,5°	0,616	—	—	—	1,325	—	—	—	Bleekrode
Antimonpentachlorid	$SbCl_5$	14	—	1,635	1,617	1,609	1,601	1,588*	—	—	Mart.; *Gladstone (1)
Arsentrichlorid	$AsCl_3$	14	—	1,625	1,621	1,613	—	—	—	—	„
„	„	20	2,167	1,625	1,612	—	—	1,592	—	—	Haagen
Bortribromid	BBr_3	6,3	2,638	1,563	1,553	—	—	1,536	—	—	Ghira
Bortrichlorid	BCl_3	5,7	1,424	—	1,428	—	—	1,420	—	—	„
Brom	Br_2	12	—	—	—	—	—	—	—	1,626	Gladstone (1)
„	„	20	—	—	—	1,654	—	1,642	1,640	1,630	Rivière
„	„	15	—	—	—	1,671	1,659	1,646	1,644	1,636	Martens
„	„	—	—	1,68	1,686	1,673	1,661	1,643	—	—	Fricke
Bromwasserstoff	HBr	10	1,630	—	—	—	1,325	—	—	—	Bleekrode
Chlor	Cl_2	14	1,33	—	—	—	1,367	—	—	—	„
„	„	20	—	—	—	—	1,385	—	—	—	Dechant
Chlorsulfonsäure	$ClSO_3H$	14	1,763	—	1,442	—	1,437	1,435	—	—	Nasini (2)
Chlorwasserstoff	HCl	10,5	0,85	—	—	—	1,254	—	—	—	Bleekrode
Chromylchlorid	CrO_2Cl_2	23	1,908	—	—	—	1,524	—	—	1,518	Gladstone (1)
Eisenpentacarbonyl	$Fe(CO)_5$	14,45	1,472	—	1,544	—	1,523	1,515	—	1,507	„ (2)
Hydrazin	N_2H_4	22,3	1,006	1,483	1,477	1,473	1,470	1,467	1,466	—	Brühl (3)
Hydroxylamin	NH_3O	23,5	1,204	—	1,447	1,443	1,440	1,438	1,438	—	„ (1)
Jodwasserstoff	HJ	12	2,27	—	—	—	1,466	—	—	—	Bleekrode
Kohlensäure	CO_2	15,5	–	—	—	—	1,192	—	—	—	„
Kohlenstoffsuboxyd	C_3O_2	0	1,114	1,476	—	—	1,453	1,452	—	—	Diels u. Blumb.
Kohlenstoffsulfoperchlorid	$CSCl_4$	11	1,718	—	1,560	—	1,548	1,544	—	—	Carrara
Kohlenstofftetrachlorid	CCl_4	15	—	1,483	1,478	1,475	1,471*	—	—	1,465*	Mart.; *Gladst. (1)
Nickeltetracarbonyl	$Ni(CO)_4$	10	1,335	1,498	1,479	1,467	1,458	1,451	1,450	—	Mond u. Nasini
Phosphor	P	44	—	2,152	2,113	—	—	2,050	—	—	Damien
Phosphoroxychlorid	$POCl_3$	17	1,68	1,506	1,497	—	1,488	—	—	1,481	Gladst. u. Dale
„	„	25,1	1,666	—	—	—	1,460	—	—	—	Zecchini
Phosphorsulfochlorid	$PSCl_3$	11,1	1,654	1,586	1,575	—	—	1,563	—	—	Nasini u. Costa
Phosphortribromid	PBr_3	25	2,88	1,733	1,708	—	1,687	—	—	1,670	Gladst. u. Dale
„	„	26,6	2,859	—	—	—	1,697	—	—	—	Zecchini
Phosphortrichlorid	PCl_3	15,4	1,598	1,543	1,533	—	—	1,520	—	—	Nasini u. Costa
„	„	14	—	1,535	1,525	1,520	1,516*	—	—	1,506*	Mart.; *Gladstone u. Dale
Phosphorwasserstoff	PH_3	17,5	0,622	—	—	—	1,317	—	—	—	Bleekrode
Salpetersäure (99,94%)	HNO_3	16,4	1,515	1,409	1,404	1,400	1,397	1,394	1,394	—	Brühl (4)
Sauerstoff	O_2	- 181	1,124	—	1,224	1,222	1,221	—	1,221	—	Liveing u. Dew. (3)
„	„	—	—	—	—	—	1,223	—	1,221	—	Olsz. u. Witk.
Schwefel	S	110	—	—	—	—	1,929	—	—	—	Becquerel
„	„	130	—	—	—	—	1,890	—	—	—	„
Schwefelchlorid	SCl_2	14	—	—	1,566	1,560	1,557*	1,551*	—	—	Mart.; *Costa
Schwefelchlorür	S_2Cl_2	14	—	1,707	1,688	1,677	1,666*	1,657*	—	—	„ „
Schw.-Säure (+½%H_2O)	H_2SO_4	23	1,827	1,437	1,434	—	1,429	1,427	—	—	Nasini (1)
Schwefelwasserstoff	H_2S	18,5	0,91	—	—	—	1,384	—	—	—	Bleekrode
„	„	20	—	—	—	—	1,374	—	—	—	Dechant
Schweflige Säure	SO_2	20	—	—	1,415	—	1,410	1,408	—	—	Nasini (1)
„	„	15	1,359	—	—	—	1,351	—	—	—	Bleekrode
Siliciumtetrabromid	$SiBr_4$	15,5	2,791	1,591	1,579	—	—	—	—	1,559	Gladst. (1)
Siliciumtetrachlorid	$SiCl_4$	20	1,488	1,424	1,420	—	—	1,412	—	—	Haagen
Stickoxydul	N_2O	16	0,870	—	—	—	1,193	—	—	—	Bleekrode
Stickstoff	N_2	—190	—	—	—	—	1,205	—	—	—	Liv. u. Dewar (2)
Stickstoffdioxyd	NO	—90	—	—	1,334	—	1,330	1,329	1,326	—	„ „ (1)
Sulfurylchlorid	SO_2Cl_2	12,4	1,685	1,458	1,452	—	1,444*	1,443	—	—	Nasini u. Costa; *Pawlewski
Thionylchlorid	$SOCl_2$	10,4	1,655	—	1,544	—	1,527	1,522	—	—	Nasini (2)
Titantetrachlorid	$TiCl_4$	10,5	1,744	—	—	—	1,61	—	—	1,59	Gladstone (1)
Wasserstoffsuperoxyd	H_2O_2	20	1,438	1,415	1,411	1,409	1,406	1,405	1,404	—	Brühl (2)
Zinntetrachlorid	$SnCl_4$	20	2,231	1,537	—	—	1,512	—	—	1,503	Gladstone (1)
„	„	—	—	1,544	1,530	1,523	—	—	—	—	Martens

Scheel.

Literatur für Brechungsexponenten in anorganischen Flüssigkeiten und kondensierten Gasen.

H. Becquerel, Ann. chim. phys. (5) **12,** 1; 1877.
L. Bleekrode, Proc. Roy. Soc. London **37,** 339; 1884.
J. W. Brühl (1), Ber. chem. Ges. **26,** 2513; 1893.
„ (2), Ber. chem. Ges. **28,** 2859; 1895.
„ (3), Ber. chem. Ges. **30,** 159; 1897.
„ (4), ZS. phys. Chem. **22,** 388; 1897.
G. Carrara, Rend. Linc. (5) **2,** 424; 1893.
T. Costa, Rend. Linc. (4) **6** [1], 408; 1890.
B. C. Damien, Ann. École norm. sup. (2) **10,** 269; 1881.
J. Dechant, Wien. Ber. **90,** [2] 539; 1884. Monatsh. Chem. **5,** 615; 1884.
O Diels u. **P. Blumberg,** Ber. chem. Ges. **41,** 82; 1908.
W. Fricke, Ann. Phys. (4) **16,** 865; 1905.
A. Ghira, Rend. Linc. (5) **2,** 312; 1893.
J. H. Gladstone (1), Journ. chem. Soc. **59,** 290; 1891. — Phil. Trans. **160,** 28; 1870.
J. H. Gladstone (2), Phil. Mag. (5) **35,** 205; 1893.
u. **Dale,** Phil. Trans. **153,** 317; 1863.
A. Haagen, Pogg. Ann. **131,** 117; 1867.
Liveing u. **Dewar** (1), Phil. Mag. (5) **34,** 205; 1892.
(2), Phil. Mag. (5) **36,** 330; 1893.
(3), Phil. Mag. (5) **40,** 268; 1895.
F. F. Martens, Verh. D. Phys. Ges. **4,** 138; 1902.
L. Mond u. **R. Nasini,** ZS. phys. Chem. **8,** 150, 1891.
R. Nasini (1), Ber. chem. Ges. **35,** 2885; 1882.
„ (2), Rend. Linc. (4) **1,** 76; 1885.
u. **T. Costa,** Pubbl. dell'Ist. chim. Roma 111; 1891.
K. Olszewski u. **A. Witkowski,** Krak. Anz. 1891, 340.
B. Pawlewski, Ber. chem. Ges. **30,** 765; 1897.
Ch. Rivière, C. r. **131,** 671; 1900.
F. Zecchini, Rend. Linc. (5) **1** [2], 437; 1892.

Scheel.

221

Brechungsexponenten ausgewählter organischer Flüssigkeiten gegen Luft für verschiedenes Licht und verschiedene Temperaturen.

Wellenlängen in $\mu\mu$: H = 397; G'(Hγ) = 434; F(Hβ) = 486; Tl = 535; E = 527; D = 589; C(Hα) = 656; Li = 671; Kα = 768; A = 762.

A. Aliphatische Körper.

1. Methylalkohol $CH_3 \cdot OH$

Temperatur	d_4^t	*H*	*G'*	*F*	*D*	*C*	*Li*	*A*
d bei 11,6° *n* bei 12,6°	0,8004 [1])	—	—	—	1,3321	—	1,3303	—
17,4	0,7945 [2])	—	1,3365	1,3335	1,3297	1,3281	—	—
18	0,7961 [3])	1,3399	—	—	1,3301	—	—	1,3270
20,0	0,7964 [4])	—	1,33621	1,33320	—	1,32789	—	—
20	0,7921 [5])	—	—	1,3330	1,3290	1,3275	—	—
10,0	0,802 [6])	Sn 452 1,3399	Sn 645 1,3320					
Änderung mit der Temperatur $\frac{dn}{dt}$								
+18 bis +23°	— [4])	—	−0,00040	−0,00040	—	−0,00038	—	—

Ultraviolett bei 15,5° [7])				Infrarot bei 15,5° [7])	
λ	*n*	λ	*n*	λ	*n*
204	1,405	275	1,358	808	1,3266
208	1,400	282	1,356	871	1,3255
211	1,396	288	1,355	943	1,3248
214	1,391	298	1,353	1028	1,3240
219	1,386	308	1,351	1130	1,3231
224	1,382	340	1,346	1256	1,3221
231	1,377	358	1,344	1617	1,3187
257	1,364	361	1,343	1969	1,3153
263	1,362	394	1,341	2327	1,3112

[1]) **Prytz,** Wied. Ann. **11,** 104; 1880. [2]) **Landolt** u. **Jahn,** ZS. ph. Ch. **10,** 288; 1892. [3]) **Gladstone,** Journ. chem. Soc. **45,** 245; 1883. [4]) **Landolt,** Pogg. Ann. **117,** 351; 1864. [5]) **Jahn,** Wied. Ann. **43,** 301; 1891. [6]) **Barbier** u. **Roux,** Bull. Soc. chim. (1) **4,** 9; 1890. [7]) **Seegert,** Diss. Berlin 1908.

Eisenlohr.

Brechungsexponenten ausgewählter organischer Flüssigkeiten gegen Luft für verschiedenes Licht und verschiedene Temperaturen.

2. Äthylalkohol $C_2H_5 . OH$.

Temperatur	d'_4	G'	F	Tl	D	C	Li
0°	0,8080[1])	1,37734	1,37394	—	1,36946	1,36766	—
6,8	0,8003[2])	—	—	—	1,36658	—	—
12,9	0,7963[3])	—	1,36890	—	—	1,36287	—
17,5	0,8020[4])	1,3697	1,3663	—	1,3619	1,3601	—
20 / *n* bei 19,8	0,7899[5])	—	—	1,36365	1,36175	—	1,35968
20	0,8011[6])	1,36997	1,36665	—	—	1,36054	—
14	0,805[7])	Sn 452 1,3697	Sn 645 1,308	(wasserfrei?)		—	—
Änderung mit der Temperatur $\frac{dn}{dt}$.							
—8° bis +31°	—[5])	—	—	—	—0,000402	—	—
+9 bis +38	—[1])	—0,000415	—0,000410	—	—0,000404	—0,000403	—
+1,8 bis +8,1	—[2])	—	—	—	—0,000389	—	—

Ultraviolett bei 18° I Martens[8]); II Seegert[9]).						**Infrarot** bei 18° Seegert[9]).	
λ	n I	n II	λ	n I	n II	λ	n
185,8	1,496	—	263	1,406	1,402	808	1,3574
204	—	1,450	282	1,398	1,395	871	1,3563
208	—	1,444	308	1,391	1,388	943	1,3556
211	—	1,439	340	—	1,382	1028	1,3547
214	—	1,436	358	1,379	1,380	1130	1,3540
219	—	1,431	361	—	1,378	1256	1,3531
224	—	1,426	394	—	1,376	1617	1,3506
231	—	1,420				1969	1,3483
237	1,419	—				2327	1,3458
257	1,407	1,404.					

3. n-Propylalkohol $C_3H_7 . OH_4$.

Temperatur	d'_4	G'	F	D	C
17,8°	0,8074[10])	1,3945	1,3908	1,3861	1,3842
20	0,8044[11])	1,39378	1,39008	1,38543	1,38345

Ultraviolett bei 18°[9]).				**Infrarot** bei 19,5°[9]).	
λ	n	λ	n	λ	n
204	1,481	275	1,421	808	1,3810
208	1,475	282	1,419	871	1,3800
211	1,470	288	1,417	943	1,3791
214	1,463	298	1,415	1028	1,3782
219	1,475	308	1,411	1130	1,3776
224	1,452	340	1,406	1256	1,3767
231	1,446	358	1,403	1617	1,3744
257	1,429	361	1,402	1969	1,3720
263	1,427	394	1,399	2327	1,3694

[1]) **Korten,** Diss. Bonn 1890. [2]) **Zecchini,** Gazz. chim. **27,** 358; 1897. [3]) **Eykman,** Rec. P.-B. **12,** 157; 1893. [4]) **Landolt** u. **Jahn,** ZS. ph. Ch. **10,** 288; 1892. [5]) **Ketteler,** Wied. Ann. **33,** 508; 1888. [6]) **Landolt,** Pogg. Ann. **117,** 351; 1864. [7]) **Barbier** u. **Roux,** Bull. Soc. chim. (3) **4,** 9; 1890. [8]) **Martens,** Ann. Phys. (4) **6,** 636; 1901. [9]) **Seegert,** Diss. Berlin, 1908. [10]) **Landolt** u. **Jahn,** ZS. ph. Ch. **10,** 288; 1892. [11]) **Brühl,** Lieb. Ann. **200,** 317; 1892.

Eisenlohr.

Brechungsexponenten ausgewählter organischer Flüssigkeiten gegen Luft für verschiedenes Licht und verschiedene Temperaturen.

4. Äthyläther $C_2H_5 . O . C_2H_5$.

Temperatur	d_4^t	G'	F	Tl	D	C	Li	$K\alpha$
17,1°	0,7183 [1])	1,36189	1,35854	1,35616	1,35424	1,35246	1,35216	—
20 / n bei 15	0,7138 [2])	1,3638	—	1,3575	1,3555	1,3541	1,3534	1,3516
20 / n bei 21,3	0,7157 [3])	—	—	—	1,35210	1,35032	1,35001	—
20	0,7166 [4])	1,36071	1,35720	—	—	1,35112	—	—
20	0,7141 [5])	—	1,3580	—	1,3538	1,3519	—	—
20 / n bei 19,6	0,718 [6])	Sn 452 / 1,3590	Sn 645 / 1,3501	—	—	—	—	—

Änderung mit der Temperatur $\frac{dn}{dt}$.

Temperatur	d_4^t	G'	F	Tl	D	C	Li	$K\alpha$
0° bis + 35°	— [2])	−0,000606	−0,000594	—	−0,000591	−0,000591	—	−0,000589
+8 bis 21	— [3])	—	−0,000592	—	−0,000586	−0,000582	−0,000580	—

5. Aceton $CH_3 . CO . CH_3$.

Temperatur	d_4^t	G'	F	D	C
19,4°	0,7912 [7])	1,36750	1,36366	1,35886	1,35672
20	0,7910 [8])	1,36780	1,36392	—	1,35715
20	[9])	1,36771	1,36394	1,35931	1,35736

Ultraviolett bei 12,9° [10]).				**Infrarot** bei 12,9° [10]).			
λ	n	λ	n	λ	n	λ	n
204	1,479	257	1,412	808	1,3612	1256	1,3575
208	1,469	275	1,402	871	1,3601	1617	1,3561
211	1,462	288	1,399	943	1,3595	1969	1,3549
214	1,454	298	1,396	1028	1,3588	2327	1,3530
219	1,447	340	1,384	1130	1,3581		
224	1,439	361	1,379				
231	1,432	394	1,377				

6. Äthylnitrat $C_2H_5 . O . NO_2$.

Temperatur	d_4^t	G'	F	Tl	D	C	Li
20°	1,1086 [11])	—	1,3916	—	1,3859	1,3836	—
21,5	1,1050 [12])	1,39511	—	1,38733	1,38484	1,38254	1,38215

Ultraviolett bei 21,5° [10])				**Infrarot** bei 21,5° [10])			
λ	n	λ	n	λ	n	λ	n
243	1,481	298	1,427	808	1,3795	1256	1,3750
257	1,457	308	1,421	871	1,3782	1617	1,3732
263	1,451	340	1,411	943	1,3773	1969	1,3716
268	1,448	358	1,408	1028	1,3765	2327	1,3696
275	1,441	361	1,407	1130	1,3758		
282	1,435	394	1,401				
288	1,431						

[1]) **Brühl**, Ber. chem. Ges. **30**, 159; 1897. [2]) **Oudemans**, Rec. P.-B. **4**, 269; 1885. [3]) **Lorenz**, Wied. Ann. **11**, 70; 1880. [4]) **Landolt**, Pogg. Ann. **117**, 353; 1864. [5]) **Jahn**, Wied. Ann. **43**, 301; 1891. [6]) **Barbier** u. **Roux**, Bull. Soc. chim. (3) **4**, 9; 1890. [7]) **Eisenlohr**, ZS. ph. Ch. **75**, 585; 1910. [8]) **Landolt**, Pogg. Ann. **122**, 545; 1864. [9]) **Korten**, Diss. Bonn 1890. [10]) **Seegert**, Diss. Berlin 1908. [11]) **Löwenherz**, ZS. ph. Ch. **6**, 556; 1890. [12]) **Brühl**, ZS. ph. Ch. **16**, 193; 1895.

Eisenlohr.

Brechungsexponenten ausgewählter organischer Flüssigkeiten gegen Luft für verschiedenes Licht und verschiedene Temperaturen.

7. Methylenjodid CH_2J_2.

Temperatur	d_4^t	*H*	*F*	*Tl*	*D*	*C*	*Li*	*A*
8,4°	3,3480[1])	—	1,77614	—	1,74881	1,73850	—	—
10,5	3,344[2])	1,8229(?)	1,7750	—	1,7559	—	—	1,7275
15	3,328[3])	—	1,7705	—	1,7435	—	—	1,7232
15,5	3,326[3])	—	—	—	1,7419	—	—	1,7218
19	3,3188[3])	1,8034	—	—	1,7421	—	—	1,7215
21	—[4])	—	1,76849	—	1,74129	1,73136	—	—
25	3,3050[5])	—	—	1,74599	1,73453	—	1,72321	—
25	3,3045[6])	—	—	—	1,7373	—	—	—
87	3,1390[1])	—	1,71994	—	1,69462	1,68533	—	—
Änderung mit der Temperatur $\frac{dt}{dn}$								
+8° bis +31°	—[5])	—	—	−0,00073	—	—	−0,00067	—
+8,4 bis +87	—[1])	—	−0,000715	—	−0,000689	−0,000676	—	—
+21 bis +98,7	—[4])	—	−0,000680	—	−0,000663	−0,000647	—	—

8. Chloroform $CHCl_3$.

Temperatur	d_4^t	*H*	*G'*	*F*	*D*	*C*	*Li*	*A*
12,5°	1,5025[2])	1,4677	—	1,4570	1,4506	—	—	1,4453
20	1,4898[7])	—	1,45821	1,45294	—	1,44403	—	—
20	1,4896[8])	—	—	1,45246	1,44621	1,44366	1,43318	—
20	1,4823[9])	—	—	1,4541	1,4472	1,4452	—	—
22,4	1,4844[10])	—	—	1,45136	1,44500	1,44233	—	—
Änderung mit der Temperatur $\frac{dn}{dt}$								
+10° bis +20°	—[8])	—	—	—	−0,000588	—	—	—

B. Aromatische Körper.

9. Benzol C_6H_6.

Temperatur	d_4^t	*G'*	*F*	*Tl*	*D*	*C*	*Li*	*Kα*
8,5°	0,89137[11])	1,53154	1,52086	—	1,50871	1,50381	1,50309	1,49878
16,0	0,88341[12])	1,5261	1,5156	—	1,5038	1,4988	—	—
17,7	0,8819[13])	—	1,51480	—	—	1,50043	—	—
20,0	0,8801[14])	1,52380	1,51323	—	1,50111	1,49646	—	—
20,0	0,8791[15])	1,52361	1,51327	—	1,50144	1,49663	—	1,49154
20,2	—[16])	1,52287	1,51245	1,50596	1,50054	1,49592	—	1,49066
10,5	—[17])	Sn 452 1,5221	Sn 645 1,4974	—	—	—	—	—
Änderung mit der Temperatur $\frac{dn}{dt}$								
+2 bis +28,6°	—[2])	−0,000662	−0,000613	—	−0,000602	—	—	—
+10 bis +30	—[14])	−0,000687	−0,000621	—	−0,000645	−0,000638	—	—
+20 bis +30	—[15])	−0,000671	−0,000650	—	−0,000650	−0,000632	—	−0,000631

[1]) **Perkin,** Journ. chem. Soc. **61,** 293; 1892. [2]) **Gladstone,** ebenda **59,** 290; 1891. [3]) **Gladstone,** ebenda **45,** 245; 1884. [4]) **Leiss,** ZS. Instr.-Kunde 1899, 73. [5]) **Brauns,** N. Jahrb. Min. 1886 (2), 72. [6]) **Zecchini,** Gazz. chim. **27,** 367; 1897. [7]) **Haagen,** Pogg. Ann. **131,** 119; 1864. [8]) **Lorenz,** Wied. Ann. **11,** 70; 1880. [9]) **Jahn,** Wied. Ann. **43,** 301; 1891. [10]) **Kanonnikoff,** Journ. prakt. Ch. (2) **31,** 321; 1885. [11]) **Perkin,** Journ. chem. Soc. **77,** 267; 1900. [12]) **Landolt u. Jahn,** ZS. ph. Ch. **10,** 288; 1892. [13]) **Eykman,** Rec. P.-B. **12,** 157; 1893. [14]) **Knops,** Lieb. Ann. **248,** 175; 1888. [15]) **Weegmann,** ZS. ph. Ch. **2,** 237; 1888. [16]) **Simon,** Wied. Ann. **53,** 556; 1894. [17]) **Barbier u. Roux,** Bull. Soc. chim. (3) **3,** 255; 1890.

Brechungsexponenten ausgewählter organischer Flüssigkeiten gegen Luft für verschiedenes Licht und verschiedene Temperaturen.

9. Benzol C_6H_6 (Forts.).

Ultraviolett bei 20,2° [1])				**Infrarot** bei 12° [2])			
λ	n	λ	n	λ	n	λ	n
276,3	1,62503	340,3	1,56029	589,3 (D)	1,5054	1178	1,4870
283,7	1,61900	346,6	1,55639	810	1,4938	1297	1,4861
288,0	1,61201	361,0	1,54845	864	1,4922	1439	1,4849
298,0	1,59829	467,8	1,51584	926	1,4907	1621	1,4840
308,1	1,58683	480,0	1,51373	997	1,4896	1850	1,4832
313,3	1,58161	508,6	1,50941	1080	1,4882		
326,1	1,57054	589,3 (D)	1,50054				

10. Anilin $C_6H_5 . NH_2$

Temperatur	d_4^t	H	G'	F	D	C	$K\alpha$	A
7,5°	1,0322 [3])	1,6449	—	—	1,5921	—	—	1,5780
11,2	1,02792 [4])	—	1,62045	1,60882	1,59073	1,58378	—	1,5695
13,0	1,016 [3])	1,6336	—	—	1,5828	—	—	—
16,3	1,02478 [5])	—	1,62271	1,60632	1,58818	1,58135	—	—
20,0	1,0217 [6])	—	1,62023	1,60380	—	1,57904	—	—
20,0	1,0220 [7])	—	1,62036	1,60411	1,58632	1,57926	1,57214	—
20,0	1,0216 [8])	—	1,62074	1,60434	1,58629	1,57948	—	—
90,1	0,95783 [4])	—	1,57594	1,56515	1,54833	1,54202	—	—
15,2	— [9])	Sn 452 1,6168	Sn 645 1,5798	—	—	—	—	—

Änderung mit der Temperatur $\frac{dn}{dt}$

Temperatur	d_4^t	H	G'	F	D	C	$K\alpha$	A
+12 bis +30	— [7])	—	−0,000563	−0,000546	−0,000518	−0,000522	−0,000498	—
+16 bis +26	— [6])	—	−0,000579	−0,000561	−0,000516	−0,000534	—	—
+11,2 bis 90,1	— [4])	—	−0,000564	−0,000554	−0,000537	−0,000521	—	—

11. α-Bromnaphthalin $= C_{10}H_7Br$

Temperatur	d_4^t	H	G'	F	Tl	D	C	Li	$K\alpha$
17°	1,5403 [3])	1,7369	—	—	—	1,6647	—	—	—
19,4	1,4868 [10])	—	1,70433	1,68245	1,66902	1,65876	1,64995	1,64838	—
20*)	1,4916 [11])	1,72893	1,70410	1,68195	—	1,65820	1,64948	—	—
20,1	1,4808 [12])	—	—	—	—	1,65773	—	—	—
20,6	— [1])	—	1,70371	1,68142	1,66796	1,65762	1,64866	—	1,62961
23	— [13])	—	1,70215	1,68030	—	1,65667	1,64798	—	—

*) ferner: H_δ 1,71855; E 1,67049; B 1,64638; A 1,64051.

Änderung mit der Temperatur $\frac{dn}{dt}$

Temperatur	d_4^t	H	G'	F	Tl	D	C	Li	$K\alpha$
+7 bis +20°	— [12])	—	—	—	—	−0,00045	—	—	—
+15 bis +26°	— [14])	—	—	—	—	−0,00045	—	—	—
+23 bis +99	— [13])	—	−0,00046	−0,00048	—	−0,00046	−0,00043	—	—

12. Zimtsäureäthylester $C_6H_5 . CH = CH . CO . OC_2H_5$

t^0	d_4^t	H	G	G'	F	E	D	C	B	A
12,9°	1,05560 [15])	—	—	—	1,58466	—	1,56351	1,55588	—	1,54791
20	1,0490 [16])	—	—	1,60053	1,58043	—	1,55982	1,55216	—	—
20,6	— [17])	1,6254	1,6031	—	1,5810	1,5703	1,5602	1,5525	1,5501	—
91,1	0,98815 [15])	—	—	—	1,54422	—	1,52500	1,51797	—	1,51081

Änderung mit der Temperatur $\frac{dn}{dt}$

t^0	d_4^t	H	G	G'	F	E	D	C	B	A
+13° bis +92° [15])		—	—	—	−0,000517	—	−0,000492	−0,000482	—	−0,000474

[1]) **Simon,** Wied. Ann. **53,** 556; 1894. [2]) **Rubens,** Wied. Ann. **45,** 253; 1892. [3]) **Gladstone,** Journ. chem. Soc. **45,** 246, 1884. [4]) **Perkin,** ebenda **61,** 287; 1892. [5]) **Johst,** Wied. Ann. **20,** 56; 1883. [6]) **Knops,** Lieb. Ann. **248,** 175; 1888. [7]) **Weegmann,** ZS. ph. Ch. **2,** 218; 1888. [8]) **Brühl,** ebenda **16,** 193; 1895. [9]) **Barbier** u. **Roux,** Bull. Soc. chim. (3) **3,** 255; 1890. [10]) **Brühl,** ZS. ph. Ch. **22,** 373; 1897. [11]) **Walter,** Wied. Ann. **42,** 511; 1891. [12]) **Zecchini,** Gazz. chim. **27,** 358; 1897. [13]) **Leiss,** ZS. Instr.-Kunde 1899, 73. [14]) **Fock,** Groths ZS. Kryst. **4,** 592; 1880. [15]) **Perkin,** Journ. chem. Soc. **61,** 287; 1892. [16]) **Brühl,** Lieb. Ann. **235,** 1; 1886. [17]) **Wernicke,** vgl. Warburg, Experimentalphysik, 10. Aufl. S. 222.

Eisenlohr.

Brechungsexponenten ausgewählter organischer Flüssigkeiten gegen Luft für verschiedene Lichtarten, deren Dichte sowie Molekularrefraktionen.

$\left(\frac{n^2-1}{n^2+2}\cdot\frac{M}{d}\right)$, berechnet mit den genauen Molekulargewichten.

Die Literatur findet sich am Schluß der Tabelle.

Aufgenommen sind sämtliche, zur Ableitung der Atomenfraktionen etc. (Tab. 224) benützten Daten, ferner Konstanten für andere wichtige, normale und typische anormale Verbindungen.

Die Substanzen sind nach steigender Anzahl C-Atome angeordnet (**M. M. Richter**), weiter nach steigender Anzahl der übrigen Atome; also Kohlenstoff mit einem anderen Element, Kohlenstoff mit zwei anderen Elementen usf. Die Reihenfolge dieser Elemente ist: H, O, N, Cl, Br, J, S.

Substanz	Brutto-Formel	Mol.-Gew.	t^0	d_4^t	G'	F	D	C	M_γ	M_β	M_D	M_α	
C_1													
Tetrachlorkohlenstoff	CCl_4	153,8	20	1,5912	1,47290	1,46755	1,46072*	1,45789	27,11	26,85	26,51	26,37	H.
Schwefelkohlenstoff	CS_2	76,14	20	1,2634	1,67515	1,65268	1,62037	1,61847	22,65	22,06	21,18	21,13	N. 1
Chloroform . . .	$CHCl_3$	117,4	20	1,4898	1,45821	1,45294	1,44671*	1,44403	21,88	21,66	21,40	21,29	H.
Bromoform . . .	$CHBr_3$	252,8	20	2,8190	—	1,6014	1,5890	1,5838	—	30,74	30,22	30,00	J.
Ameisensäure . .	CH_2O_2	46,01	20	1,2188	1,38041	1,37643	1,37137*	1,36927	8,75	8,67	8,57	8,53	L.
Methyljodid . .	CH_3J	141,9	20	2,2582	1,55387	1,54243	1,52973*	1,52434	20,14	19,79	19,40	19,24	H.
Formamid[1]) . .	CH_3ON	45,03	14,1	1,1337	—	1,44505	—	1,45631	—	10,80	—	10,57	Ey.
			22,7	1,1313	1,46085	1,45426	1,44530	1,44292	10,93	10,79	10,61	10,56	Br.
Nitromethan[2]) . .	CH_3O_2N	61,03	21,6	1,1354	1,39305	1,38771	1,38133	1,37884	12,84	12,67	12,49	12,42	Br. 1
Trichlornitromethan[3]) . . .	CO_2NCl_3	164,4	22,8	1,6511	1,47377	1,46785	1,46075	1,45793	27,97	27,67	27,31	27,16	Br. 1
C_2													
Perchloräthylen .	C_2Cl_4	165,8	20	1,6226	1,52368	1,51522	1,50547	1,50153	31,25	30,82	30,33	30,13	Br. 2
Pentachloräthan .	C_2HCl_5	202,3	24	1,6697	1,51576	1,50984	1,50250	1,49946	36,58	36,23	35,79	35,60	K.
Tribromäthylen[4]) .	C_2HBr_3	264,8	20	2,6876	1,62548	1,61358	1,59920	1,59431	34,85	34,32	33,67	33,45	W.
Dichloräthylenchlorid[I]) . . .	$C_2H_2Cl_4$	167,8	21,8	1,5959	1,50538	1,50147	—	1,49155	31,21	31,00	—	30,48	K.
Dichloräthylidenchlorid[II]) . . .	$C_2H_2Cl_4$	167,8	23,2	1,5466	1,49405	1,48847	1,48162	1,47880	31,59	31,23	30,86	30,76	K.
Acetylendibromid[5])	$C_2H_2Br_2$	185,8	20	2,2289	1,56555	1,55548	1,54367	1,53899	27,17	27,78	26,30	26,11	W.
Acetylentetrabromid[6]) . . .	$C_2H_2Br_4$	345,7	20	2,8748	1,65290	1,64130	1,62772	1,62244	44,02	43,39	42,66	42,37	W.
Acetonitril[III, 7]) .	C_2H_3N	41,03	16,5	0,7828	1,35333	1,35004	1,34596	1,34427	11,32	11,23	11,11	11,06	Br. 1
Monochloräthylenchlorid[IV]) . . .	$C_2H_3Cl_3$	133,4	22	1,4458	1,48802	1,47862	1,47192	1,46927	26,40	26,15	25,83	25,71	K.
Monochloräthylidenchlorid[V]) .	$C_2H_3Cl_3$	133,4	21	1,3345	1,44961	1,44176	1,43765	1,43287	26,84	26,44	26,22	25,97	K.
Vinyltribromid[VI, 8])	$C_2H_3Br_3$	266,8	20	2,5790	1,61050	1,60064	1,58902	1,58444	35,89	35,42	34,86	34,64	W.
Acetaldehyd . .	C_2H_4O	32,03	20	0,7799	1,33937	1,33588	1,33157*	1,32975	11,81	11,70	11,57	11,51	L. 2
Essigsäure . . .	$C_2H_4O_2$	60,03	20	1,0495	1,38017	1,37648	1,37182*	1,36985	13,25	13,14	12,99	12,93	L. 1
			22,9	1,0446	1,38003	1,37610	1,37152	1,36944	13,21	13,19	13,05	12,98	E. 1
Äthylenchlorid[VII])	$C_2H_4Cl_2$	98,95	17	1,2604	1,4577	1,428	1,4466	1,4444	21,41	21,21	20,96	20,87	L.-M.
„ [9])			20	1,2521	1,45528	1,45024	1,44432	1,44189	21,45	21,25	21,01	20,91	Br. 3
			20	1,2501	1,45532	1,45034	1,44439	1,44204	21,49	21,29	21,04	20,95	W.
Äthylidenchlorid[VIII])	$C_2H_4Cl_2$	98,95	20	1,1743	1,42671	1,42226	1,41655	1,41423	21,62	21,43	21,17	21,07	Br. 3
„ [10])			20	1,1750	1,42706	1,42245	1,41678	1,41457	21,62	21,42	21,16	21,07	W.
Äthylenbromid .	$C_2H_4Br_2$	187,9	13,5	2,1940	1,5611	1,5526	1,5421	1,5383	27,74	27,39	26,96	26,80	L.-M.
„ [11]) .			18,1	2,1830	1,55855	1,55008	1,53998	1,53595	27,77	27,42	27,01	26,85	Sch.
„			20	2,1775	1,55658	1,54811	1,53806*	1,53389	27,76	27,41	26,99	26,82	H.

I) $CHCl_2 \cdot CHCl_2$. II) $CH_2Cl \cdot CCl_3$. III) $CH_3 \cdot C \equiv N$. IV) $CH_2Cl \cdot CHCl_2$. V) $CH_3 \cdot CCl_3$. VI) $BrCH_2 \cdot CHBr_2$. VII) $CH_2Cl \cdot CH_2Cl$. VIII) $CH_3 \cdot CHCl_2$.

1) $n_{Tl} = 1,46393$, $n_{Li} = 1,45740$. 2) $n_{Tl} = 1,38414$, $n_{Li} = 1,37838$. 3) $n_{Tl} = 1,46393$, $n_{Li} = 1,45740$. 4) $n_{K\alpha} = 1,58788$. 5) $n_{K\alpha} = 1,53394$. 6) $n_{K\alpha} = 1,61677$. 7) $n_{Tl} = 1,34779$, $n_{Li} = 1,34394$. 8) $n_{K\alpha} = 1,57933$. 9) $n_{K\alpha} = 1,43929$. 10) $n_{K\alpha} = 1,41196$. 11) $n_{Tl} = 1,54449$, $n_{Li} = 1,53525$.

Brechungsexponenten ausgewählter organischer Flüssigkeiten, Dichte und Molekularrefraktionen.

Lit. am Schluß der Tabelle.

Substanz	Brutto-Formel	Mol.-Gew.	t^0	d^t_4	G'	F	D	C	M_γ	M_β	M_D	M_α	
Äthylenbromid [1]) .	$C_2H_4Br_2$	187,9	20	2,1768	1,55624	1,54793	1,53789	1,53396	27,76	27,41	26,99	26,83	W.
Äthylidenbromid .	$C_2H_4Br_2$	187,9	0	2,0996	1,54213	1,53405	1,52455	1,52057	28,17	27,82	27,41	27,23	W.
[2])			20	2,0555	1,53004	1,52215	1,51277	1,50900	28,24	27,89	27,44	27,30	W.
Äthylbromid [3]) . .	C_2H_5Br	109,0	20	1,4555	1,43595	1,43046	1,42386	1,42113	19,58	19,37	19,11	19,00	W.
			20	1,4569	1,43629	1,43074	1,42406*	1,42132	19,57	19,36	19,09	18,99	H.
Äthyljodid . . .	C_2H_5J	156,0	20	1,9305	1,53437	1,5244	1,51307*	1,50812	25,13	24,74	24,29	24,08	H.
			20	1,9264	—	1,52356	1,51203	1,50738	—	24,76	24,30	24,11	Lo.
Äthylalkohol . .	C_2H_6O	46,05	20	0,8000	1,36997	1,36665	1,36232*	1,36054	13,02	12,91	12,78	12,72	L. 2
Äthylenglycol I) .	$C_2H_6O_2$	62,05	19,3	1,1134	—	1,43789	—	1,43059	—	14,63	—	14,42	Ey. 2
			20	1,1072	1,43662	1,43251	1,42743*	1,42530	14,67	14,55	14,40	14,34	L. 2
Äthylmercaptan .	C_2H_6S	62,12	20	0,8931	1,4445	1,43788	1,43055	1,42769	18,49	18,25	17,99	17,88	N. 1
Äthylendiamin [4]) .	$C_2H_8N_2$	46,08	26,1	0,8919	1,46624	1,46065	1,45400	1,45113	18,67	18,47	18,24	18,14	Br. 1
Chloral	C_2HOCl_3	14,74	20	1,5121	1,46786	1,46235	1,45572	1,45298	27,09	26,82	26,49	26,35	Br. 3
Acetylchlorid . .	C_2H_3OCl	78,58	20	1,1051	1,40002	1,39543	1,38976	1,38736	17,24	17,06	16,85	16,76	Br. 3
Nitroäthan [5]) . .	$C_2H_5O_2N$	75,05	24,3	1,0472	1,40102	—	1,39007	1,38768	17,41	—	16,99	16,90	Br. 1
Äthylnitrat [6]) . .	$C_2H_5O_3N$	91,05	21,5	1,1050	1,39511	—	1,38484	1,38254	19,76	—	19,30	19,20	Br. 1
C_3.													
Malonitril II, [7]) . .	$C_3H_2N_2$	67,04	34,2	1,0488	1,42371	—	1,41463	1,41259	16,06	—	15,76	15,72	Br. 1
Acroleïn	C_3H_4O	56,03	20	0,8410	1,41691	1,40890	1,39975	1,39620	16,75	16,47	16,14	16,02	Br. 2
Propargylalkohol III)	C_3H_4O	56,03	20	0,9715	1,44277	1,43734	1,43064	1,42796	15,28	15,12	14,92	14,84	Br. 2
Propionitril [8]) . .	C_3H_5N	55,05	14,6	0,7822	1,37679	—	1,36888	1,36711	16,08	—	15,78	15,71	Br. 1
Äthylcarbylamin IV)	C_3H_5N	55,05	24,4	0,7442	1,37309	1,36925	—	1,36314	16,86	16,70	—	16,45	C
Allylchlorid . . .	C_3H_5Cl	76,49	20	0,9379	1,42837	1,42248	1,41538	1,41245	21,00	20,75	20,44	20,31	Br. 4
Allylbromid . .	C_3H_5Br	121,0	20	1,3980	1,48297	1,47486	1,46545	1,46166	24,72	24,36	23,95	23,78	Br. 2
Aceton	C_3H_6O	58,05	19,4	0,7912	1,36750	1,36366	1,35886	1,35672	16,50	16,34	16,15	16,06	E. 1
Propylaldehyd .	C_3H_6O	58,05	20	0,8066	1,37203	1,36825	1,36356	1,36157	16,36	16,21	16,02	15,95	Br. 2
Propionsäure . .	$C_3H_6O_2$	74,05	0	1,0158	1,40397	1,40005	1,39529	1,39315	17,83	17,67	17,47	17,40	Ko.
			19,9	0,9871	1,39596	1,39220	1,38736	1,38535	18,03	17,87	17,68	17,60	E. 1
			20	0,9946	1,39513	1,39129	1,38659*	1,38460	17,86	17,70	17,51	17,43	L. 1
Ameisensäureäthyl-	$C_3H_6O_2$	74,05	20	0,9164	1,36782	1,36420	1,35985*	1,35800	18,38	18,22	18,01	17,94	L. 1
ester			20	0,9168	1,36762	1,36416	1,35975	1,35789	18,17	18,01	17,82	17,73	E. 1
Essigsäuremethyl-	$C_3H_6O_2$	74,05	20	0,9039	1,36893	1,36539	1,36099*	1,35915	18,48	18,32	18,11	18,04	L. 2
ester			20	0,9244	1,36707	1,36357	1,35935	1,35745	17,99	17,84	17,65	17,57	E. 1
Milchsäure . . .	$C_3H_6O_3$	90,05	20	1,2403	1,45135	1,44686	1,44145*	1,43915	19,56	19,39	19,19	19,10	L. 2
Allylamin [9]) . .	C_3H_7N	57,07	21,8	0,7613	1,43307	1,42686	1,41943	1,41645	19,49	19,24	18,95	18,83	Br. 1
n-Propylchlorid .	C_3H_7Cl	78,51	20	0,8898	1,39747	1,39344	1,38856	1,38659	21,27	21,08	20,84	20,75	Br. 2
n-Propylbromid .	C_3H_7Br	123,0	20	1,3529	1,44625	1,44064	1,43414	1,43142	24,26	23,99	23,68	23,55	Br. 2
i-Propylbromid .	C_3H_7Br	123,0	20	1,3097	1,43616	1,43165	1,42508	1,42230	24,67	24,40	24,07	23,93	Br. 2
n-Propyljodid . .	C_3H_7J	170,0	20	1,7427	1,52467	1,51566	1,50508	1,5082	29,88	29,45	28,94	28,73	Br. 3
i-Propyljodid . .	C_3H_7J	170,0	20	1,7033	1,52026	1,51080	1,49969	1,49519	30,36	29,89	29,34	29,12	Br. 3
n-Propylalkohol .	C_3H_8O	60,06	20	0,8044	1,39378	1,39008	1,38543	1,38345	17,85	17,70	17,52	17,43	Br. 2
i-Propylalkohol .	C_3H_8O	60,06	20	0,7887	1,38572	1,38210	1,37757	1,37569	17,88	17,73	17,54	17,46	Br. 3
	C_3H_8O	60,06	20	0,8030	1,38932	1,38581	1,38126*	1,37938	17,70	17,56	17,38	17,30	L. 2
Methylal V) . . .	$C_3H_8O_2$	76,06	20	0,8604	1,36085	1,35763	1,35344	1,35183	19,55	19,39	19,19	19,11	Br. 3
n-Propylamin [10]) .	C_3H_9N	59,08	16,6	0,7209	1,39956	1,39532	1,39006	1,38793	19,85	19,66	19,43	19,34	Br. 1
i-Propylamin [11]) .	C_3H_9N	59,08	15,4	0,6935	1,38620	—	1,37698	1,37488	20,03	—	19,59	19,50	Br. 1
Milchsäurenitril [12])	C_3H_5ON	71,05	18,4	0,9919	1,41454	—	1,40582	1,40374	17,92	—	17,59	17,51	Br. 1
Propionylchlorid .	C_3H_5OCl	92,50	20	1,0646	1,41541	1,41066	1,40507	1,40264	21,78	21,56	21,30	21,19	Br. 3
Äthylthiocyanat [13])	C_3H_5NS	91,12	22,9	1,0072	—	1,47303	1,46533	1,46234	—	24,27	23,93	23,79	N.-Sc.
Nitropropan . .	$C_3H_7O_2N$	89,07	24,3	1,0081	1,41104	—	1,40027	1,39787	21,94	—	21,43	21,32	Br. 1

I) $CH_2(OH) \cdot CH_2(OH)$. II) $CH_2\langle{}^{C\equiv N}_{C\equiv N}$ III) $CH\equiv C \cdot CH_2(OH)$. IV) $C_2H_5 \cdot N\equiv C$. V) $CH_2\langle{}^{OCH_3}_{OCH_3}$

[1]) $n_{K\alpha} = 1{,}52955$. [2]) $n_{K\alpha} = 1{,}50490$. [3]) $n_{K\alpha} = 1{,}41820$. [4]) $n_{Tl} = 1{,}45703$, $n_{Li} = 1{,}45070$. [5]) $n_{Tl} = 1{,}39267$, $n_{Li} = 1{,}38727$. [6]) $n_{Tl} = 1{,}38733$, $n_{Li} = 1{,}38215$. [7]) $n_{Tl} = 1{,}41691$, $n_{Li} = 1{,}41224$. [8]) $n_{Tl} = 1{,}37090$, $n_{Li} = 1{,}36681$. [9]) $n_{Tl} = 1{,}42278$, $n_{Li} = 1{,}41594$. [10]) $n_{Tl} = 1{,}39244$, $n_{Li} = 1{,}38755$. [11]) $n_{Tl} = 1{,}37928$, $n_{Li} = 1{,}37453$. [12]) $n_{Tl} = 1{,}40796$, $n_{Li} = 1{,}40339$. [13]) $n_{Tl} = 1{,}40279$, $n_{Li} = 1{,}39746$.

Eisenlohr.

Brechungsexponenten ausgewählter organischer Flüssigkeiten, Dichte und Molekularrefraktionen.

Lit. am Schluß der Tabelle.

Substanz	Brutto-Formel	Mol.-Gew.	t^0	d_4^t	G'	F	D	C	M_γ	M_β	M_D	M_α	
C_4													
Furan [I])	C_4H_4O	68,03	21,6	0,9086	1,42470	1,41809	—	1,40703	19,13	18,87	—	18,43	N.-C.
Äthylcyanid . .	$C_4H_4N_2$	80,05	63,1	0,9848	1,42543	—	1,41645	1,41432	20,80	—	20,42	20,33	Br. 1
Thiophen [II, 1]) . .	C_4H_4S	84,10	18	1,0664	1,55321	1,54237	1,52989	1,52499	25,18	24,77	24,30	24,11	Br. 5
[2])			20	1,0643	1,55184	1,54098	1,52853	1,52370	25,24	24,83	24,35	24,16	Kn.
Pyrrol [III, 3]) . .	C_4H_5N	67,05	19,7	0,9484	1,52391	1,51450	1,50347	1,49914	21,63	21,30	20,92	20,70	N.-C.
Crotonaldehyd . .	C_4H_6O	70,05	17,3	0,8557	1,45852	1,44908	1,43838	1,43415	22,36	21,96	21,50	21,32	A.-E.
Essigsäureanhydrid	$C_4H_6O_3$	102,1	20	1,0816	1,39927	1,39525	1,39038*	1,38832	22,83	22,63	22,38	22,28	L. 1
Monobrompseudobutylen [IV, 4]) . .	C_4H_7Br	135,0	25,5	1,3180	1,47115	1,46430	1,45616	1,45280	28,67	28,31	27,89	27,71	Br. 6
Dimethylacetylenbromid [V, 5]) . .	C_4H_7Br	135,0	25,4	1,3216	1,47337	1,46637	1,45828	1,45490	28,63	28,28	27,85	27,67	Br. 6
n-Butylaldehyd .	C_4H_8O	72,06	20	0,8170	1,39321	1,38932	1,38433	1,38222	21,06	20,88	20,64	20,54	Br. 3
i-Butylaldehyd . .	C_4H_8O	72,06	20	0,7938	1,38170	1,37769	1,37302	1,37094	21,11	20,91	20,68	20,58	Br. 3
Methyläthylketon .	C_4H_8O	72,06	15,9	0,8087	1,38938	1,38554	1,38071	1,37844	21,09	20,91	20,67	20,56	E. 1
n-Buttersäure . .	$C_4H_8O_2$	88,06	0	0,9834	1,41584	1,41171	1,40664	1,40449	22,46	22,27	22,03	21,93	Ke.
			20	0,9587	1,40691	1,40280	1,39789	1,39578	22,61	22,41	22,16	22,06	Br. 3
			23	0,9548	1,40685	1,40271	1,39777	1,39582	22,70	22,49	22,25	22,15	F.
i-Buttersäure . .	$C_4H_8O_2$	88,06	20	0,9490	1,40166	1,39792	1,39300	1,39093	22,58	22,39	22,15	22,04	Br. 2
Essigsäureäthylester	$C_4H_8O_2$	88,06	18,9	0,8946	1,38022	1,37662	1,37216	1,37023	22,81	22,62	22,38	22,27	E. 1
			20	0,9007	1,38067	1,37709	1,37257*	1,37068	22,68	22,49	22,25	22,15	L. 1
Propionsäuremethylester . .	$C_4H_8O_2$	88,06	18,5	0,9166	1,38596	1,38218	1,37767	1,37570	22,56	22,37	22,13	22,03	E. 1
n-Butylalkohol . .	$C_4H_{10}O$	74,08	15,5	0,8130	—	1,40642	—	1,39974	—	22,40	—	22,08	Ey. 1
			20	0,8099	1,40773	1,40395	1,39909	1,39712	22,55	22,37	22,13	22,03	Br. 3
			20	0,8098	1,40812	1,40405	1,39931	1,39732	22,57	22,37	22,14	22,04	Ar.
Trimethylcarbinol .	$C_4H_{10}O$	74,08	20	0,7864	1,39618	1,39243	1,38779	1,38572	22,64	22,45	22,22	22,11	Br. 3
i-Butylalkohol . .	$C_4H_{10}O$	74,08	17,5	0,8046	1,4055	1,4016	1,3968	1,3948	22,59	22,40	22,16	22,07	L.-J.
Isobutylmercaptan	$C_4H_{10}S$	90,15	20	0,8357	1,4511	1,44547	1,43859	1,43575	29,05	28,74	28,35	28,19	N.
Äthylsulfid . . .	$C_4H_{10}S$	90,15	20	0,8368	1,45522	1,44929	1,44233	1,4396	29,24	28,91	28,52	28,37	N.
[6])			20,5	0,8362	1,45543	1,44960	1,44253	1,43970	29,27	28,95	29,55	28,48	Br. 5
Äthyldisulfid . .	$C_4H_{10}S_2$	122,2	20	0,9927	1,52407	1,51604	1,50633	1,50306	37,67	37,18	36,59	36,39	N.
Diäthylamin [7]) . .	$C_4H_{11}N$	73,10	17,6	0,7108	1,39703	1,39264	1,38730	1,38510	24,77	24,53	24,23	24,11	Br. 1
Sek. Butylamin [8]) .	$C_4H_{11}N$	73,10	16,7	0,7271	1,40453	—	1,39501	1,39280	24,62	—	24,10	23,98	Br. 1
Tertiär. Butylamin [9])	$C_4H_{11}N$	73,10	18	0,6978	1,38868	1,38440	1,37940	1,37740	24,76	24,52	24,23	24,12	Br. 5
i-Butylamin [10]) .	$C_4H_{11}N$	73,10	17	0,7359	1,40829	—	1,39878	1,39664	24,52	—	24,02	23,90	Br. 1
Butylchloral [VI]) .	$C_4H_5Cl_3$	175,4	20	1,3956	1,48736	1,48198	1,47554	1,47259	36,17	35,83	35,42	35,15	Br. 3
Trichloressigester .	$C_4H_5O_2Cl_3$	191,4	20	1,3826	1,46176	1,45673	1,45068	1,44802	38,04	37,68	37,25	37,06	Br. 3
Allylsenföl . . .	C_4H_5NS	99,12	20	1,0126	1,55035	1,53851	1,52660	1,52119	31,20	30,64	30,07	29,82	Be.
			24,2	1,0057	—	1,53470	1,52212	1,51572	—	30,67	30,07	29,76	N.-Sc.
Dichloressigester .	$C_4H_6O_2Cl_2$	157,0	20	1,2821	1,44894	1,44435	1,43860	1,43615	32,84	32,55	32,18	32,03	Br. 3
n-Butyrylchlorid [VII])	C_4H_7OCl	106,5	20	1,0277	1,42249	1,41781	1,41209	1,40971	26,39	26,13	25,81	25,68	Br. 3
i-Butyrylchlorid .	C_4H_7OCl	106,5	20	1,0174	1,41829	1,41349	1,40789	1,40551	26,42	26,15	25,84	25,71	Br. 3
Chloressigester . .	$C_4H_7O_2Cl$	122,5	20	1,1585	1,43228	1,42812	1,42271	1,42056	27,44	27,21	26,91	26,79	Br. 3
Isobutylnitrit [11]) .	$C_4H_9O_2N$	103,1	22,1	0,8699	1,38196	1,37708	1,37151	1,36932	27,58	27,27	26,91	26,76	Br. 1

```
I) HC——CH       II) HC——CH       III) HC——CH       IV) CH₃—C—H          V) CH₃—C—H
   ‖    ‖            ‖    ‖             ‖    ‖                ‖                    ‖
   HC   CH           HC   CH            HC   CH           Br—C—CH₃            H₃C—C—Br
     \ /               \ /                \ /
      O                 S                  NH
```

IV) $CH_3 . CHCl . CCl_2 . CHO$. VII) $C_3H_7 . C{=}O$ (mit Cl an C)

[1]) $n_{Tl} = 1{,}53542$, $n_{Li} = 1{,}52417$. [2]) $n_{K\alpha} = 1{,}51846$. [3]) $n_{Tl} = 1{,}50836$, $n_{Li} = 1{,}49840$. [4]) $n_{Tl} = 1{,}46199$, $n_{Li} = 1{,}45435$. [5]) $n_{Tl} = 1{,}45982$, $n_{Li} = 1{,}45214$. [6]) $n_{Tl} = 1{,}44565$, $n_{Li} = 1{,}43914$. [7]) $n_{Tl} = 1{,}38968$, $n_{Li} = 1{,}38475$. [8]) $n_{Tl} = 1{,}39735$, $n_{Li} = 1{,}39242$. [9]) $n_{Tl} = 1{,}38179$, $n_{Li} = 1{,}37678$. [10]) $n_{Tl} = 1{,}40117$, $n_{Li} = 1{,}39628$. [11]) $n_{Tl} = 1{,}37398$, $n_{Li} = 1{,}36896$.

Eisenlohr.

Brechungsexponenten ausgewählter organischer Flüssigkeiten, Dichte und Molekularrefraktionen.

Lit. am Schluß der Tabelle.

Substanz	Brutto-Formel	Mol.-Gew.	t^0	d_4^t	G'	F	D	C	M_γ	M_β	M_D	M_α	
Isobutylnitrat [1])	$C_4H_9O_3N$	119,1	23,3	1,0112	1,41171	1,40699	1,40130	1,39904	29,29	28,99	28,64	28,49	Br. 1
Äthylsulfit	$C_4H_{10}O_3S$	138,2	11	1,0982	1,4292	1,4249	1,4198	1,4172	32,46	32,17	31,83	31,66	N. 2
Äthylsulfat	$C_4H_{10}O_4S$	154,2	18,1	1,1799	1,40874	1,40524	1,40100	1,39924	32,29	32,05	31,75	31,63	E. 3
C_5													
Valerylen I)	C_5H_8	68,06	20	0,6786	1,41304	1,40726	1,40044	1,39763	25,01	24,70	24,34	24,19	Br. 2
Isopren II)	C_5H_8	68,06	18,3	0,6858	1,44217	1,43272	1,42207	1,41792	26,27	25,78	25,22	25,01	E. 3
			21,4	0,6793	1,44340	—	1,42267	1,41807	26,58	—	25,50	25,25	Ha. 1
Pentin III)	C_5H_8	68,06	18	0,6766	—	—	1,4079	—	—	—	24,81	—	G.
Amylen	C_5H_{10}	70,08	16,4	0,6664	1,3997	1,3945	1,3883	1,3857	25,48	25,18	24,83	24,68	L.-J.
			20	0,6476	1,38588	1,38127	1,37576	1,37330	25,41	25,14	24,82	24,67	Br. 2
Pentan	C_5H_{12}	72,10	15,7	0,6251	1,3645	1,3610	1,3581	1,3570	25,74	25,52	25,33	25,27	L.-J.
Furfurol IV)	$C_5H_4O_2$	96,03	20	0,1594	1,56484	1,54566	1,52608	1,51862	26,96	26,21	25,43	25,12	Br. 4
Pyridin [3])	C_5H_5N	79,04	21	0,9808	1,53153	1,52118	1,50919	1,50546	24,96	24,55	24,07	23,89	Br. 1
Essigsäurepropargylester V)	$C_5H_6O_2$	98,05	20	1,0052	1,43163	1,42659	1,42047	1,41796	25,28	25,02	24,71	24,58	Br. 2
Propargyläthyläther	C_5H_8O	84,06	20	0,9715	1,44277	1,43734	1,43064	1,42796	15,28	15,12	14,92	14,84	Br. 2
Äthylidenaceton	C_5H_8O	84,06	19,6	0,8577	1,45680	1,44846	1,43903	1,43536	26,68	26,26	25,78	25,59	A.-E. 1
Essigsäureallylester	$C_5H_8O_2$	100,1	20	0,9276	1,41561	1,41059	1,40448	1,40205	27,06	26,77	26,42	26,28	Br. 2
Valeraldehyd	$C_5H_{10}O$	86,08	20	0,7984	1,39729	1,39336	1,38824*	1,38614	25,98	25,75	25,46	25,33	L. 1
Diäthylketon	$C_5H_{10}O$	86,08	16,6	0,8175	1,40298	1,39877	1,39385	1,39168	25,69	25,46	25,18	25,06	E. 1
Methylpropylketon	$C_5H_{10}O$	86,08	20,2	0,8089	1,39881	1,39461	1,39946	1,38754	25,73	25,49	25,20	25,09	E. 1
Methylisopropylketon	$C_5H_{10}O$	86,08	16	0,8046	1,39687	1,39268	1,38788	1,38569	25,76	25,52	25,24	25,11	E. 1
i-Valeriansäure	$C_5H_{10}O_2$	102,1	20	0,9298	1,41349	1,40931	1,40433*	1,40220	27,40	27,16	26,86	26,74	L. 1
			22,4	0,9559	1,41107	1,40677	1,40178	1,39964	27,38	27,13	26,83	26,76	E. 1
i-Butylformiat	$C_5H_{10}O_2$	102,1	19,9	0,8818	1,39469	1,39063	1,38584	1,38386	27,73	27,48	27,18	27,06	E. 1
Essigsäurepropylester	$C_5H_{10}O_2$	102,1	20	0,8856	1,39274	1,38903	1,38438	1,38235	27,50	27,27	26,98	26,85	Br. 2
Propionsäureäthylester	$C_5H_{10}O_2$	102,1	20,2	0,8889	1,39225	1,38849	1,38385	1,38193	27,36	27,13	26,84	26,72	E. 1
Äthylcarbonat	$C_5H_{10}O_3$	118,1	20	0,9762	1,39321	1,38969	1,38523	1,38335	28,94	28,66	28,37	28,24	Br. 3
Amylenbromid	$C_5H_{10}Br_2$	229,9	15	1,6700	1,5240	1,5178	1,5094	1,5060	42,12	41,70	41,13	40,90	L.-M.
Piperidin [4])	$C_5H_{11}N$	88,10	18,7	0,8628	1,46512	1,45989	1,45350	1,45097	27,27	27,01	26,68	26,56	Br. 1
Amylchlorid	$C_5H_{11}Cl$	106,5	18,2	0,8720	1,4192	1,4150	1,4097	1,4076	30,89	30,61	30,27	30,13	L.-M.
Amylchlorid, tertiär	$C_5H_{11}Cl$	106,5	13,5	0,8699	1,4181	1,4138	1,4082	1,4054	30,89	30,61	30,25	30,6	L.-M.
Amylbromid	$C_5H_{11}Br$	151,0	12,8	1,2214	1,4570	1,4517	1,4450	1,4427	33,67	33,33	32,90	32,76	L.-M.
i-Amylbromid	$C_5H_{11}Br$	150,0	20	1,2045	1,45294	1,44683	1,44118*	1,43856	33,88	33,49	33,12	32,95	H.
Amyljodid	$C_5H_{11}J$	108,0	20	1,4703	—	1,49923	—	1,48714	—	39,56	—	38,74	H.
i-Amylalkohol	$C_5H_{12}O$	88,10	17,8	0,8134	1,4176	1,4135	1,4084	1,4064	27,27	27,04	26,74	26,63	L.-J.
Gär. Amylalkohol	$C_5H_{12}O$	88,10	20	0,8104	1,41617	1,41222	1,40723	1,40513	27,29	27,06	26,77	26,65	Br. 3
Äthylpropyläther	$C_5H_{12}O$	88,10	20	0,7386	1,37765	1,37397	1,36948	1,36758	27,48	27,24	27,95	26,82	Br. 2
i-Amylamin [5])	$C_5H_{13}N$	87,12	17,9	0,7514	1,41920	—	1,40959	1,40739	29,29	—	28,70	28,57	Br. 1
Dichlorpropionsäureäthylester	$C_5H_8O_2Cl_2$	171,0	20	1,2461	1,45854	1,45379	1,44815	1,44553	37,48	37,15	36,75	36,56	Br. 3
Valerylchlorid	C_5H_9OCl	120,5	20	0,9887	1,42599	1,42131	1,41555	1,41318	31,23	30,93	30,56	30,40	Br. 3
α-Chlorpropionsäureäthylester	$C_5H_9O_2Cl$	136,5	20	1,0869	1,42805	1,42370	1,41850	1,41623	32,31	32,02	31,66	31,53	Br. 3

I) $(CH_3)_2C = C = CH_2$. II) $CH_2 = C(CH_3) - CH = CH_2$. III) $CH \equiv C \cdot CH_2 \cdot CH_2 \cdot CH_3$. IV) HC—CH ‖ ‖ HC C—CHO, O (Furanring).

V) $CH_3 . CO . OCH_2 . C \equiv CH$.

[1]) $n_{Tl} = 1{,}40386$, $n_{Li} = 1{,}39863$. [2]) $n_H = 1{,}4331$, $n_A = 1{,}4007$. [3]) $n_{Tl} = 1{,}51446$, $n_{Li} = 1{,}50376$.
[4]) $n_{Tl} = 1{,}45634$, $n_{Li} = 1{,}45050$. [5]) $n_{Tl} = 1{,}41198$, $n_{Li} = 1{,}40702$.

Eisenlohr.

Brechungsexponenten ausgewählter organischer Flüssigkeiten, Dichte und Molekularrefraktionen.

Lit. am Schluß der Tabelle.

Substanz	Brutto-Formel	Mol.-Gew.	t^0	d_4^t	G'	F	D	C	M_γ	M_β	M_D	M_α	
C_6													
Benzol[1]. . . .	C_6H_6	78,05	20	0,8791	1,52361	1,51327	1,50144	1,49663	27,15	26,70	26,18	25,96	W. 2
$\Delta^{1,3}$ Dihydrobenzol	C_6H_8	80,06	20	0,8404	1,49503	—	1,47555	1,47113	27,78	—	26,85	26,63	Ha. 2
			20	0,8406	1,49491	1,48516	1,47439	1,47025	27,77	27,30	26,79	26,59	Wi.
Tetrahydrobenzol.	C_6H_{10}	82,08	22,1	0,8081	1,45743	1,45184	1,44507	1,44235	27,69	27,39	27,04	26,89	Br. 7
Diallyl	C_6H_{10}	82,08	20	0,6880	1,41385	1,40793	1,40102	1,39812	29,80	29,43	28,99	28,80	Br. 2
Hexadien-2, 4 . .	C_6H_{10}	82,08	12,5	0,7273	1,47855	1,46800	1,45591	1,45133	31,95	31,37	30,64	30,38	Br. 8
Diisopropenyl I) .	C_6H_{10}	82,08	15	0,7307	1,4622	1,4527	1,4421	1,4379	30,91	30,34	29,75	29,49	Cou.
Hexylen[2]) . . .	C_6H_{12}	84,10	23,3	0,6792	1,40590	1,40071	1,39446	1,39196	30,41	30,07	29,65	29,48	Br. 7
Cyclohexan . . .	C_6H_{12}	84,10	16,6	0,7810	1,43773	1,43345	1,42806	1,42589	28,26	28,02	27,72	27,59	E. 3
Hexan	C_6H_{14}	86,12	14,8	0,6645	1,3862	1,3825	1,3780	1,3761	30,45	30,19	29,88	29,74	L.-J.
			20	0,6603	1,38365	1,37988	1,37536	1,37337	30,47	30,20	29,88	29,74	Br. 2
Chlorbenzol . .	C_6H_5Cl	112,5	15	1,0119	1,5499	1,5391	1,5268	1,5219	32,52	31,99	31,38	31,13	J.-M.
			20	1,1066	1,54750	1,53693	1,52479	1,51986	32,26	31,74	31,14	30,90	Br. 2
Brombenzol[3]) . .	C_6H_5Br	157,0	4,2	1,5100	1,59439	1,58201	1,56796	1,56252	35,30	34,71	34,02	33,75	P. 1
			13,2	1,5084	1,5904	1,5781	1,5635	1,5585	35,14	34,55	33,83	33,58	L.-M.
			20	1,4914	1,58557	1,57362	1,55977	1,55439	35,31	34,72	34,03	33,76	Br. 2
Jodbenzol[4]) . .	C_6H_5J	204,0	8	1,8482	1,66126	1,64254	1,62707	1,62003	40,79	40,01	39,14	38,16	P. 1
Phenol	C_6H_6O	94,05	40,6	1,0596	1,56840	1,55581	1,54247	1,53691	29,05	28,52	27,95	27,72	E. 2
			82,7	1,0213	—	1,53565	—	1,51739	—	28,70	—	27,88	Ey. 1
Thiophenol . . .	C_6H_6S	110,1	23,2	1,0739	1,61685	1,60285	1,58613	1,57971	35,87	35,21	34,41	34,11	E. 2
Anilin	C_6H_7N	93,07	20	1,0216	1,62074	1,60434	1,58629	1,57948	32,03	31,34	30,58	30,29	Br. 1
α-Methylpyridin[5])	C_6H_7N	93,07	16,7	0,9484	1,52441	1,51444	1,50293	1,49844	30,03	29,57	29,00	28,78	Br. 1
β-Methylpyridin[6])	C_6H_7N	93,07	24	0,9539	1,52571	—	1,50432	1,49963	29,94	—	28,91	28,68	Br. 1
Phenylhydrazin[7]).	$C_6H_8N_2$	108,1	20,3	1,0978	1,64368	1,62673	1,60813	1,60118	35,64	34,89	34,06	33,74	Br. 1
Allylaceton . .	$C_6H_{10}O$	98,08	15,4	0,8470	1,43326	1,42777	1,42125	1,41855	30,11	29,78	29,38	29,22	M.
Mesityloxyd II). .	$C_6H_{10}O$	98,08	16,4	0,8581	1,46402	1,45538	1,44582	1,44182	31,53	31,03	30,46	30,23	A.-E.1
α-Methyl-β-Äthyl-acrolein III) . .	$C_6H_{10}O$	98,08	14	0,8605	1,46542	1,45761	1,44808	1,44427	31,53	31,08	30,52	30,29	A.-E.1
α-Crotonsäure-äthylester . . .	$C_6H_{10}O_2$	114,1	20	0,9199	1,43807	1,43175	1,42421	1,42120	32,57	32,16	31,66	31,47	A.-E.1
β-β-Dimethylacryl-säureäthylester .	$C_6H_{10}O_2$	114,1	19,8	0,9337	1,44663	1,43985	1,43207	1,42901	32,60	32,17	31,67	31,47	A.-E.1
Acetessigester . .	$C_6H_{10}O_3$	130,1	20	1,0256	1,43000	1,42532	1,41976	1,41720	32,77	32,46	32,08	31,91	Br. 3
Diäthyloxalat . .	$C_6H_{10}O_4$	146,1	20	1,0793	1,41987	1,41564	1,41043	1,40824	34,25	33,94	33,57	33,42	Br. 3
Capronitril[8]) . .	$C_6H_{11}N$	97,10	14,3	0,8069	1,41739	—	1,40851	1,40677	30,29	—	29,72	29,59	Br. 1
Äthylpropylketon.	$C_6H_{12}O$	100,1	22	0,8149	1,40813	1,40402	1,39889	1,39683	30,31	30,04	29,71	29,57	E. 1
Methylisobutyl-keton	$C_6H_{12}O$	100,1	17,4	0,8032	1,40638	1,40235	1,39694	1,39500	30,64	30,37	30,01	29,88	E. 1
Capronsäure . .	$C_6H_{12}O_2$	116,1	19,6	0,9220	1,42397	1,41964	1,41449	1,41235	32,13	31,84	31,50	31,36	E. 1
		116,1	20	0,9237	1,42323	1,41900	1,41382*	1,41164	32,02	31,74	31,38	31,25	L. 1
n-Buttersäure-äthylester	$C_6H_{12}O_2$	116,1	18	0,8807	1,40179	1,39787	1,39313	1,39123	32,08	31,81	31,47	31,34	F.
			20	0,8892	1,40460	1,40073	1,39599*	1,39404	31,97	31,70	31,37	31,24	L. 2
i-Buttersäure-äthylester . . .	$C_6H_{12}O_2$	116,1	17,8	0,8731	1,39994	1,39597	1,39114	1,38905	32,23	31,95	31,61	31,46	E. 1
Paraldehyd . . .	$C_6H_{12}O_3$	132,1	20	1,0256	1,43000	1,42532	1,41976	1,41720	33,13	32,88	32,55	32,42	Br. 3
v-Methylpiperidin[9])	$C_6H_{13}N$	99,12	21,6	0,8184	1,44951	—	1,43779	1,43516	32,52	—	31,78	31,61	Br. 1
α-Methylpiperidin[10])	$C_6H_{13}N$	99,12	23,6	0,8436	1,45769	—	1,44639	1,44384	32,04	—	31,36	31,20	Br. 1
β-Methylpiperidin[11])	$C_6H_{13}N$	99,12	24,3	0,8446	1,45760	—	1,44627	1,44380	32,00	—	31,31	31,16	Br. 1
Acetal IV) . . .	$C_6H_{14}O_2$	118,1	20	0,8314	1,39007	1,38636	1,38193	1,38000	33,76	33,47	33,13	32,98	Br. 1
Dipropylamin[12]) .	$C_6H_{15}N$	101,1	19,5	0,7384	1,41453	—	1,40455	1,40242	34,25	—	33,53	33,37	Br. 1

I) $CH_2=C(CH_3)-C(CH_3)=CH_2$ II) $(CH_3)_2C=CH-C(CH_3)=O$ III) $C_2H_5-CH=C(CH_3)-CHO$ IV) $CH_3-CH(OC_2H_5)_2$

[1]) $n_{K\alpha}=1,49154$. [2]) $n_{Tl}=1,39274$, $n_{Li}=1,39154$. [3]) $n_A=1,55665$. [4]) $n_A=1,61263$. [5]) $n_{Tl}=1,50801$, $n_{Li}=1,49763$. [6]) $n_{Tl}=1,50919$, $n_{Li}=1,49884$. [7]) $n_{Tl}=1,61630$, $n_{Li}=1,59993$. [8]) $n_{Tl}=1,41074$, $n_{Li}=1,40612$. [9]) $n_{Tl}=1,44063$, $n_{Li}=1,43471$. [10]) $n_{Tl}=1,44911$, $n_{Li}=1,44340$. [11]) $n_{Tl}=1,44906$, $n_{Li}=1,44338$. [12]) $n_{Tl}=1,40706$, $n_{Li}=1,40205$.

Eisenlohr.

Brechungsexponenten ausgewählter organischer Flüssigkeiten, Dichte und Molekularrefraktionen.

Lit. am Schluß der Tabelle.

Substanz	Brutto-Formel	Mol.-Gew.	t^0	d_4^t	G'	F	D	C	M_γ	M_β	M_D	M_α	
Triäthylamin . .	$C_6H_{15}N$	101,1	20	0,7277	1,41092	1,40613	1,40032	1,39804	34,49	34,14	33,70	33,54	Br. 1
Nitrobenzol . . .	$C_6H_5O_2N$	125,1	20	1,2039	—	1,57124	1,55291	1,54593	—	33,61	32,72	32,37	Br. 1
			20	1,2033	1,58951	1,57165	1,55319	1,54641	34,50	33,64	32,74	32,41	Ar.
			38,9	1,1859	—	1,56137	1,54332	1,53670	—	33,63	32,74	32,40	F.
o-Chloranilin . .	C_6H_6NCl	127,5	20	1,2125	1,62270	1,60691	1,58951	1,58289	37,07	36,31	35,46	35,14	Ar.
m-Chloranilin . .	C_6H_6NCl	127,5	20	1,2156	1,62852	1,61232	1,59305	1,58805	37,25	36,22	35,55	35,30	Ar.
[1]			20,7	1,2142	1,62794	—	1,59424	1,58753	37,26	—	35,64	35,32	Br. 1
m-Bromanilin [2] .	C_6H_6NBr	172,0	20,4	1,5793	1,66286	1,64550	1,62604	1,61900	40,34	39,51	38,55	38,21	Br. 1
Chlorbuttersäure-äthylester . . .	$C_6H_{11}O_2Cl$	150,5	20	1,0517	1,43434	1,42990	1,42458	1,42231	37,32	36,98	36,58	36,41	Br. 3
C_7													
Toluol	C_7H_8	92,06	14,7	0,8707	1,5203	1,5104	1,4992	1,4944	32,16	31,64	31,06	30,80	L.-J.
2,4-Dimethyl-pentadien-2,4 . .	C_7H_{12}	96,10	17,3	0,7412	1,45842	1,45006	1,44055	1,43663	35,40	34,85	34,20	33,94	A.-E 1
Önanthyliden . .	C_7H_{12}	96,10	12,6	0,7384	1,42387	1,41936	1,41356	1,4111	33,20	32,89	32,49	32,23	M.
			20	0,7458	1,43212	1,42690	1,42073	1,41822	33,43	33,08	32,66	32,49	Br. 4
Benzonitril [3] . .	C_7H_5N	103,1	25,5	1,0003	1,55144	1,53942	1,52570	1,52035	32,84	32,25	31,56	31,29	Br. 1
Benzaldehyd . .	C_7H_6O	96,05	17,6	1,0492	1,57731	1,56283	1,54629	1,53948	33,51	32,81	32,02	31,68	A.-E 1
		96,05	20	1,0455	1,57749	1,56235	1,54638*	1,53914	33,64	32,91	32,15	31,78	L. 2
Benzylchlorid . .	C_7H_7Cl	126,5	15,4	1,1138	1,5652	1,5542	1,5415	1,5367	37,01	36,41	35,72	35,45	J.-M.
o-Bromtoluol . .	C_7H_7Br	171,0	20	1,4211	—	1,5678	1,5546	—	—	39,36	38,60	—	S.
Benzylalkohol . .	C_7H_8O	106,1	19,8	1,0427	—	1,55251	—	1,53541	—	33,15	—	32,30	Ey. 1
			22,1	1,0456	1,56253	1,55175	1,53938	1,53452	33,56	33,02	32,41	32,17	F.
Anisol I)	C_7H_8O	106,1	21,8	0,9878	1,53822	1,52746	1,51503	1,51020	34,25	33,67	33,00	32,74	N.-B.
o-Toluidin . . .	C_7H_9N	107,1	9,7	1,0074	1,60943	1,59415	—	1,57110	36,83	36,08	—	34,94	P. 2
" . . .			20	0,9986	1,60425	1,58945	1,57276	1,56650	36,90	36,17	35,33	35,01	Br. 1
m-Toluidin [4] . .	C_7H_9N	107,1	22,4	0,9962	1,60267	—	1,57106	1,56473	36,92	—	35,33	35,00	Br. 1
p-Toluidin [5] . .	C_7H_9N	107,1	59,1	0,9538	1,58351	—	1,55324	1,54710	37,55	—	35,95	35,62	Br. 1
Benzylamin [6] . .	C_7H_9N	107,1	19,5	0,9827	1,56753	1,55670	1,54406	1,53918	35,63	35,07	34,41	34,15	Br. 1
Methylanilin . .	C_7H_9N	107,1	20	0,9891	1,60611	1,58942	1,57144	1,5645	37,31	36,51	35,60	35,24	Ar.
[7]			21,2	0,9851	1,60322	1,58823	1,57021	1,56348	37,35	36,60	35,68	35,34	Br. 1
Önanthol II) . .	$C_7H_{14}O$	114,1	19,9	0,8171	1,42236	1,41789	1,41251	1,41046	35,51	35,19	34,79	34,63	E. 1
			20	0,8495	1,43514	1,43094	1,42571	1,42339	35,06	34,76	34,40	34,23	Br. 3
Butenyldimethyl-carbinol . . .	$C_7H_{14}O$	114,1	16,2	0,8382	1,44622	1,44082	1,43446	1,43192	33,32	35,93	35,48	35,30	M.
Önanthsäure . .	$C_7H_{14}O_2$	130,1	19,8	0,9185	1,43132	1,42682	1,42162	1,41932	36,69	36,36	35,97	35,80	E. 1
			20	0,9160	1,43106	1,42663	1,42146*	1,41923	36,77	36,44	36,05	36,89	L. 1
Essigsäure-i-Amyl-ester	$C_7H_{14}O_2$	130,1	17,9	0,8745	1,41072	1,40658	1,40170	1,39958	36,92	36,59	36,20	36,03	E. 1
i-Valeriansäure-äthylester . . .	$C_7H_{14}O_2$	130,1	18,8	0,8684	1,40605	1,40203	1,39671	1,39520	36,80	36,48	36,06	35,93	E. 1
v-Äthylpiperidin [8]	$C_7H_{15}N$	113,1	18,9	0,8260	1,45647	1,45103	1,44452	1,44192	37,25	36,87	36,41	36,22	Br. 1
β-Äthylpiperidin [9]	$C_7H_{15}N$	113,1	23,2	0,8565	1,46449	—	1,45310	1,45058	36,46	—	35,70	35,53	Br. 1
v-Dimethylpiperyl-amin [10] . . .	$C_7H_{15}N$	113,1	19,2	0,7582	1,43446	1,42890	1,42203	1,41940	38,88	38,43	37,89	37,69	Br. 1
n-Heptylalkohol .	$C_7H_{16}O$	116,1	22,4	0,8206	1,43281	1,42843	1,42326	1,42116	36,78	36,43	36,05	35,89	F.
Benzoylchlorid .	C_7H_5OCl	140,5	20	1,2122	1,58411	1,56964	1,55369	1,54751	38,80	38,01	37,13	36,79	Br. 4
Phenylsenföl . .	C_7H_5NS	135,1	20	1,1331	1,70128	1,67684	1,65088	1,64190	46,14	44,89	43,54	43,06	Be.
o-Nitrotoluol [11] .	$C_7H_7O_2N$	137,1	20,4	1,1625	1,57933	—	1,54739	1,54104	39,20	—	37,41	37,05	Br. 1

I) $C_6H_5 \cdot OCH_3$. II) $n—C_6H_{13}—CHO$.

[1] $n_{Tl} = 1{,}60194$, $n_{Li} = 1{,}58639$. [2] $n_{Tl} = 1{,}63450$, $n_{Li} = 1{,}61754$. [3] $n_{Tl} = 1{,}53175$, $n_{Li} = 1{,}51943$. [4] $n_{Tl} = 1{,}57842$, $n_{Li} = 1{,}56366$. [5] $n_{Tl} = 1{,}56023$, $n_{Li} = 1{,}54606$. [6] $n_{Tl} = 1{,}54967$, $n_{Li} = 1{,}53828$. [7] $n_{Tl} = 1{,}57806$, $n_{Li} = 1{,}56227$. [8] $n_{Tl} = 1{,}44746$, $n_{Li} = 1{,}44145$. [9] $n_{Tl} = 1{,}45591$, $n_{Li} = 1{,}45015$. [10] $n_{Tl} = 1{,}42513$, $n_{Li} = 1{,}41885$. [11] $n_{Tl} = 1{,}55477$, $n_{Li} = 1{,}53997$.

Eisenlohr.

Brechungsexponenten ausgewählter organischer Flüssigkeiten, Dichte und Molekularrefraktionen.

Lit. am Schluß der Tabelle.

Substanz	Brutto-Formel	Mol.-Gew.	t^0	d_4^t	G'	F	D	C	M_γ	M_β	M_D	M_α	
C_8													
Styrol	C_8H_8	104,1	16,6	0,9103	1,58163	1,56593	1,54849	1,54191	38,15	37,30	36,35	35,99	A.-E. 1
			20	0,9074	1,57888	1,56312	—	1,54030	38,12	37,26	—	36,01	Br. 4
o-Xylol[1])	C_8H_{10}	106,1	8,5	0,8899	1,53301	1,52291	1,51136	1,50687	37,01	36,42	35,74	35,48	P. 2
			14,1	0,8852	1,5300	1,5200	1,5082	1,5040	37,03	36,44	35,74	35,49	L.-J.
m-Xylol[2])	C_8H_{10}	106,1	8,4	0,8740	1,52462	1,51469	1,50324	1,49878	37,18	36,59	35,90	35,63	P. 2
			15,7	0,8688	1,5211	1,5112	1,4996	1,4954	37,19	36,60	35,90	35,64	L.-J.
p-Xylol[3])	C_8H_{10}	106,1	14,4	0,8662	1,52055	1,51050	1,49911	1,49462	37,27	36,67	35,97	35,70	P. 2
			14,7	0,8659	1,5200	1,5097	1,4985	1,4943	37,25	36,63	35,95	35,69	L.-J.
Äthylbenzol	C_8H_{10}	106,1	14,4	0,8662	1,52055	1,51050	1,49911	1,49462	37,27	36,67	35,97	35,70	P. 2
			14,5	0,8746	1,5196	1,5102	1,4994	1,4948	36,68	36,29	35,64	35,37	L.-J.
1,4-Dimethylcyclohexadien-1,3 I)	C_8H_{12}	108,1	19	0,8306	1,50191	1,49129	1,47966	1,47535	38,37	37,68	36,92	36,64	A.-H.
Capryliden II)	C_8H_{14}	110,1	12,5	0,7530	1,4309	1,4272	1,42075	1,4183	37,84	37,56	37,06	36,87	M.
Octylen	C_8H_{16}	112,1	16	0,7256	1,4274	1,4222	1,4157	1,4137	39,70	39,28	38,75	38,58	L.-J.
Octan	C_8H_{18}	114,1	15,1	0,7074	1,4097	1,4046	1,4007	1,3987	39,94	39,60	39,16	38,99	L.-J.
Benzylcyanid[4])	C_8H_7N	117,1	20,2	1,0176	1,54552	—	1,52422	1,51977	36,41	—	35,22	34,97	Br. 1
o-Tolunitril[5])	C_8H_7N	117,1	23,1	0,9896	1,55228	—	1,52720	1,52200	37,83	—	36,39	36,09	Br. 1
Acetophenon	C_8H_8O	120,1	19,1	1,0293	1,56103	1,55003	1,53427	1,52837	37,79	37,17	36,28	35,95	Br. 9
			19,6	1,0277	1,56027	—	1,53418	1,52876	37,80	—	36,34	36,03	A.-E. 1
Benzoesäuremethylester	$C_8H_8O_2$	136,1	16,5	1,0905	1,54141	1,52580	1,51800	1,51263	39,24	38,30	37,82	37,49	A.-E. 1
Äthylanilin	$C_8H_{11}N$	121,1	20	0,9632	1,58761	1,57239	1,55593	1,54994	42,29	41,39	40,41	40,05	Ar.
[6])			20,3	0,9620	1,58631	—	1,55558	1,54939	42,27	—	40,44	40,07	Br. 1
Dimethylanilin	$C_8H_{11}N$	121,1	8	0,9669	—	1,58369	1,56489	1,55828	—	41,90	40,79	40,40	P. 1
			20	0,9675	1,59332	1,57658	1,58873	1,55203	42,88	41,89	40,82	40,41	Br. 1
m-Xylidin[7])	$C_8H_{11}N$	121,1	19,6	0,9783	1,59018	1,57616	1,56066	1,55472	41,78	40,97	40,07	39,71	P. 1
p-Xylidin[8])	$C_8H_{11}N$	121,1	21,3	0,9790	1,58803	—	1,55914	1,55329	41,63	—	39,95	39,60	Br. 1
Diallylessigsäure	$C_8H_{12}O_2$	140,1	21,6	0,9474	1,46442	1,45832	1,45083	1,44774	40,84	40,38	39,81	39,57	Mo.
Trimethylacrylsäureester	$C_8H_{14}O_2$	142,1	19,3	0,9072	1,44360	1,43718	1,42987	1,42680	41,55	41,02	40,43	40,17	A.-E. 1
Allylmethylpropylcarbinol	$C_8H_{16}O$	128,1	20,4	0,8347	1,44926	1,44417	1,43816	1,43536	41,18	40,78	40,30	40,08	Ka.
Methylhexylketon	$C_8H_{16}O$	128,1	20	0,8185	1,42569	1,42133	1,41613	1,41390	40,08	39,72	39,28	39,10	Br. 3
Caprylsäure	$C_8H_{16}O_2$	144,1	21	0,9087	1,43654	1,43194	1,42677	1,42439	41,52	41,14	40,71	40,51	E. 1
Coniin III, [9])	$C_8H_{17}N$	127,1	21,9	0,8430	1,46239	—	1,45119	1,44867	41,04	—	40,64	40,45	Br. 1
Methylhexylcarbinol	$C_8H_{18}O$	140,1	20	0,8193	1,43397	1,42972	1,42444	1,42231	41,35	41,00	40,56	40,38	Br. 3
Diisobutylamin[10])	$C_8H_{19}N$	139,2	19,6	0,7450	1,41919	—	1,40934	1,40712	43,81	—	42,91	42,70	Br. 1
C_9													
α-Methylstyrol	C_9H_{10}	117,1	19,8	0,9078	1,56284	1,54959	1,53492	1,52893	42,24	41,42	40,50	40,12	A.-E. 1
β-Methylstyrol	C_9H_{10}	117,1	18,7	0,9145	1,58103	1,56600	1,54967	1,54257	43,04	42,10	41,10	40,67	A.-E. 1
Mesitylen IV)	C_9H_{12}	120,1	14,6	0,8649	1,5165	1,5073	1,4966	1,4926	41,98	41,35	40,61	40,40	L.-J.

I) $CH_3-C\langle{}^{CH\,-\,CH}_{CH_2-CH_2}\rangle C-CH_3$.

II) $C_6H_{13}-C\equiv CH$.

III) CH_2 / H_2C CH_2 / H_2C $CH-CH=CH.CH_3$ / NH

IV) CH_3 / H_3C — (Benzolring) — CH_3

[1]) $n_{Li}=1{,}50603$, $n_{K\alpha}=1{,}50189$. [2]) $n_{Li}=1{,}49797$, $n_{K\alpha}=1{,}49403$. [3]) $n_{Li}=1{,}49385$, $n_{K\alpha}=1{,}48979$. [4]) $n_{Tl}=1{,}52921$, $n_{Li}=1{,}51902$. [5]) $n_{Tl}=1{,}53310$, $n_{Li}=1{,}52112$. [6]) $n_{Tl}=1{,}56278$, $n_{Li}=1{,}54834$. [7]) $n_{Tl}=1{,}56749$, $n_{Li}=1{,}55368$. [8]) $n_{Tl}=1{,}56582$, $n_{Li}=1{,}55230$. [9]) $n_{Tl}=1{,}45393$, $n_{Li}=1{,}44825$. [10]) $n_{Tl}=1{,}41174$, $n_{Li}=1{,}40674$.

Eisenlohr.

Brechungsexponenten ausgewählter organischer Flüssigkeiten, Dichte und Molekularrefraktionen.

Lit. am Schluß der Tabelle.

Substanz	Brutto-Formel	Mol.-Gew.	t^0	d_4^t	G'	F	D	C	M_γ	M_β	M_D	M_α	
Pseudocumol I)	C_9H_{12}	120,1	14,7	0,8829	1,5282	1,5184	1,5072	1,5030	41,90	41,25	40,49	40,21	L.-J.
n-Propylbenzol	C_9H_{12}	120,1	15,7	0,8659	1,5134	1,5045	1,4942	1,4891	41,72	41,11	40,39	40,09	L.-J.
i-Propylbenzol	C_9H_{12}	120,1	15,1	0,8663	1,5134	1,5044	1,4947	1,4900	41,69	41,08	40,41	40,08	L.-J.
1-Methyl-4-äthyl-hexadiën-1,3	C_9H_{14}	122,1	19,9	0,8367	1,50371	1,49294	1,48181	1,47750	43,14	42,37	41,56	41,24	A.-Hey
Chinolin II, [1])	C_9H_7N	129,1	24,9	1,0895	1,66790	1,64702	1,62450	1,61610	44,16	43,06	41,87	41,41	Br. 1
Isochinolin III, [2])	C_9H_7N	129,1	25,1	1,0974	1,66476	1,64430	1,62233	1,64141	43,67	42,61	41,45	41,01	Br. 1
Zimtaldehyd	C_9H_8O	132,1	16,7	1,0520	1,68789	1,65531	1,62346	1,61196	47,87	46,10	44,31	43,65	A.-E.1
			20	1,0497	1,68295	1,65090	1,61949	1,60852	47,74	45,95	44,18	43,55	Br. 4
Zimtalkohol	$C_9H_{10}O$	134,1	33	1,0338	1,60984	1,59354	1,57580	1,56907	44,97	43,99	42,91	42,50	Br. 4
Benzoesäureäthylester	$C_9H_{10}O_2$	150,1	17,3	1,0496	1,52854	1,51839	1,50682	1,50179	44,06	43,35	42,54	42,18	A.-E.1
			20	1,0473	1,52749	1,51715	1,50602*	1,50104	44,10	43,37	42,58	42,23	L. 2
Tetrahydrochinolin [3])	$C_9H_{11}N$	133,1	23,1	1,0546	1,62721	1,61093	1,59331	1,58075	44,75	43,81	42,79	42,40	Br. 1
Tetrahydroisochinolin [4])	$C_9H_{11}N$	133,1	23,4	1,0642	1,60681	—	1,57982	1,57418	43,18	—	41,61	41,28	Br. 1
Dimethyl-o-Toluidin [5])	$C_9H_{11}N$	133,1	20	0,9286	1,55201	—	1,52643	1,52123	46,49	—	44,69	44,32	Br. 1
			23,3	0,9250	1,54841	—	1,52437	1,51932	46,42	—	44,72	44,35	Ar.
Dimethyl-p-Toluidin [6])	$C_9H_{11}N$	133,1	20	0,9287	1,58002	—	1,54706	1,54106	48,41	—	46,14	45,72	Ar.
			20,2	0,9366	1,57784	—	1,54686	1,54061	47,86	—	45,74	45,30	Br. 1
Diallylaceton	$C_9H_{14}O$	138,1	20,9	0,8590	1,45989	1,45363	1,44622	1,44322	44,02	43,50	42,89	42,64	Mo.
α-Isobutyl-piperidin [7])	$C_9H_{19}N$	141,2	21,7	0,8510	1,46681	1,46158	1,45534	1,45274	46,02	45,58	45,05	44,82	Br. 1
Tripropylamin [8])	$C_9H_{21}N$	143,2	19,4	0,7573	1,42814	—	1,41756	1,41515	48,66	—	47,61	47,37	Br. 1
C_{10}													
Naphthalin	$C_{10}H_8$	128,1	98,4	0,9621	—	1,60310	1,58232	1,57456	—	45,74	44,46	43,97	N.-B.
α-β-Dimethylstyrol	$C_{10}H_{12}$	132,1	19,7	0,9095	1,56172	1,54895	1,53496	1,52930	47,09	46,19	45,22	44,82	A.-E.1
β-β-Dimethylstyrol	$C_{10}H_{12}$	132,1	19,6	0,8986	1,55357	1,54105	1,52733	1,52185	47,07	46,20	45,23	44,82	A.-E.1
p-Cymol IV)	$C_{10}H_{14}$	134,1	13,7	0,8619	1,5111	1,5026	1,4926	1,4886	46,62	45,96	45,18	44,87	L.-J.
Durol V)	$C_{10}H_{14}$	134,1	81,3	0,8380	—	1,49369	—	1,47896	—	46,64	—	45,38	Ey. 1
Isobutylbenzol	$C_{10}H_{14}$	134,1	14,5	0,8716	1,5141	1,5056	1,4957	1,4916	46,33	45,68	44,92	44,60	L.-J.
p-Diäthylbenzol	$C_{10}H_{14}$	134,1	18,2	0,8645	—	1,50665	—	1,49224	—	46,14	—	45,02	Ey. 2
d-Limonen VI)	$C_{10}H_{16}$	136,1	19,6	0,8425	1,48705	1,48043	1,47271	1,46906	46,47	45,93	45,30	45,00	E. 1

I) CH_3, CH_3, CH_3 II) N III) N IV) CH_3, CH, CH_3 CH_3 V) CH_3, H_3C, CH_3, CH_3

VI) CH_3, C, HC, CH_2, H_2C, CH_2, CH, C, H_3C CH_2

[1]) $n_{Tl} = 1{,}63430$, $n_{Li} = 1{,}61470$. [2]) $n_{Tl} = 1{,}63190$, $n_{Li} = 1{,}61274$. [3]) $n_{Tl} = 1{,}60098$, $n_{Li} = 1{,}58563$. [4]) $n_{Tl} = 1{,}58624$, $n_{Li} = 1{,}57232$. [5]) $n_{Tl} = 1{,}53013$, $n_{Li} = 1{,}51847$. [6]) $n_{Tl} = 1{,}55418$, $n_{Li} = 1{,}53955$. [7]) $n_{Tl} = 1{,}45813$, $n_{Li} = 1{,}45230$. [8]) $n_{Tl} = 1{,}42010$, $n_{Li} = 1{,}41474$.

Eisenlohr.

Brechungsexponenten ausgewählter organischer Flüssigkeiten, Dichte und Molekularrefraktionen.

Lit. am Schluß der Tabelle.

Substanz	Brutto-Formel	Mol.-Gew.	t^0	d_4^t	G'	F	D	C	M_γ	M_β	M_D	M_α	
Sylvestren I)	$C_{10}H_{16}$	136,1	17,1	0,8498	1,49285	1,48578	1,47745	1,47417	46,53	45,96	45,29	45,02	A.-E. 1
α-Phellandren II)	$C_{10}H_{16}$	136,1	22	0,8426	1,49447	1,48624	1,47697	1,47328	47,08	46,40	45,65	46,35	A.-E. 1
α-Terpinen III)	$C_{10}H_{16}$	136,1	19,4	0,8363	1,49795	1,48837	1,47810	1,47359	47,77	46,99	46,10	45,79	A.
Sabinen IV)	$C_{10}H_{16}$	136,1	22	0,8426	1,49447	1,48624	1,47697	1,47328	47,08	46,40	45,65	45,31	A.-R.-E.
d-α-Pinen V)	$C_{10}H_{16}$	136,1	18,1	0,8594	1,47925	1,47322	1,46634	1,46354	44,95	44,46	43,99	43,68	A.-R.-E.
l-α-Pinen	$C_{10}H_{16}$	136,1	16,3	0,8621	1,48098	1,47509	1,46803	1,46517	44,95	44,48	43,91	43,68	A.-R.-E.
Terecamphen VI, [1])	$C_{10}H_{16}$	136,1	54,0	0,8422	—	—	1,45514	—	—	48,89	—	—	Br. 10
Bornecamphen VI, [2])	$C_{10}H_{16}$	136,1	58,6	0,8381	—	—	1,45314	—	—	43,91	—	—	Br. 10
2-Menthen VII, [3])	$C_{10}H_{18}$	138,1	20,4	0,8060	1,46026	1,45484	1,44813	1,44562	46,94	46,47	45,87	45,64	Br. 10
Decylen	$C_{10}H_{20}$	140,2	17	0,7721	1,4500	1,4447	1,4385	1,4357	48,80	48,30	47,72	47,45	L.-J.
Tetrahydroterpen	$C_{10}H_{20}$	140,2	17,4	0,7943	—	1,44300	1,43750	1,43527	—	47,89	46,29	46,08	K.
Dekan	$C_{10}H_{22}$	142,2	14,9	0,7278	1,4200	1,4160	1,4108	1,4088	49,44	49,03	48,49	48,28	L.-J.
Diisoamyl	$C_{10}H_{22}$	142,2	21,2	0,7229	1,41742	1,41303	1,40793	1,40589	49,52	49,05	48,50	48,31	F.
α-Chlornaphthalin	$C_{10}H_7Cl$	162,5	20	1,1938	1,67650	1,66541	1,63321	1,62486	51,33	50,67	49,85	48,20	Ar.
α-Bromnaphthalin	$C_{10}H_7Br$	207,0	19,4	1,4868	1,70433	1,68245	1,65876	1,64995	54,07	52,76	51,32	50,78	Br. 11
α-Naphthol	$C_{10}H_8O$	144,1	98,7	1,0954	—	1,64435	1,62064	1,61196	—	47,65	46,25	45,73	N.-B.
α-Methylchinolin [4])	$C_{10}H_9N$	119,1	25,4	1,0536	1,65024	1,63025	1,60909	1,60116	49,55	48,34	47,03	46,54	Br. 1
Isopropylphenylketon	$C_{10}H_{10}O$	146,1	15,8	0,9871	1,54313	1,53199	1,51959	1,51456	47,30	46,49	45,58	45,21	A.-E. 1
Zimtsäuremethylester	$C_{10}H_{10}O_2$	162,1	21,4	1,0881	1,62155	1,59940	1,57661	1,56831	52,44	50,92	49,34	48,76	Br. 6
Phenylvinylacetat VIII)	$C_{10}H_{12}O_2$	164,1	22,9	1,0658	1,58344	1,56930	1,54944	1,54255	50,85	49,84	48,40	47,90	A.-E. 1
Eucarvon IX)	$C_{10}H_{14}O$	150,1	14,8	0,9517	1,53937	1,52501	1,51041	1,50492	49,55	48,45	47,31	46,88	A.-E. 2
Carvon X)	$C_{10}H_{14}O$	150,1	18,2	0,9626	1,51824	1,50978	1,49994	1,49614	47,27	46,62	45,87	45,64	Br. 12
			18,4	0,9609	1,51785	1,50936	1,49945	1,49570	47,32	46,67	45,90	45,61	A.-E. 1
Thymol	$C_{10}H_{14}O$	150,1	9,6	0,9816	—	1,53865	—	1,52277	—	47,88	—	46,70	Ey. 1
Nicotin XI, [5])	$C_{10}H_{14}N_2$	162,1	22,4	1,0121	1,54387	—	1,52392	1,51980	50,55	—	49,00	48,68	Br. 1

I) 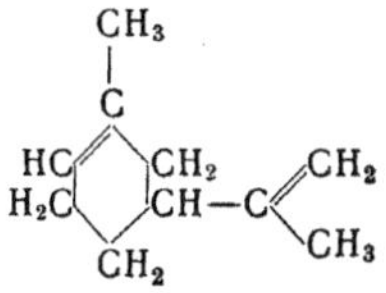 II) 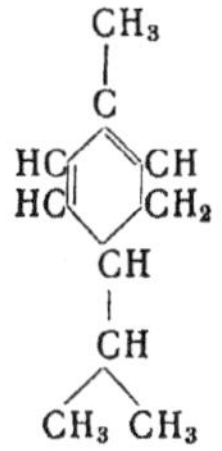 III) 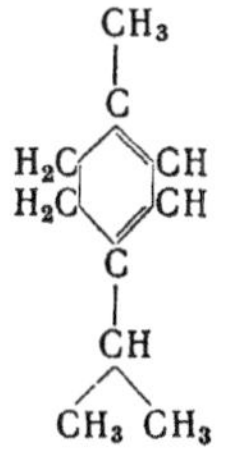 IV)

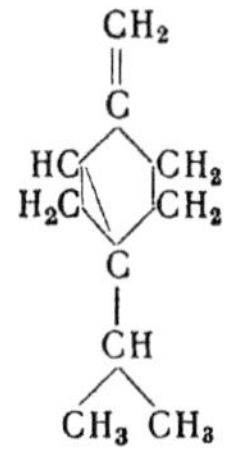

V) 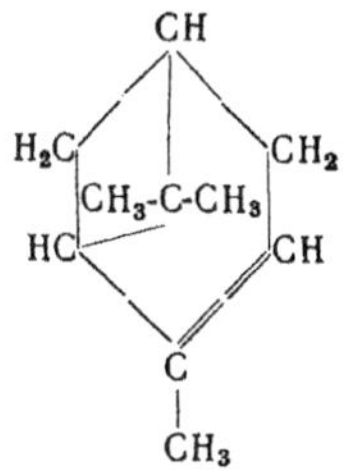 VI) 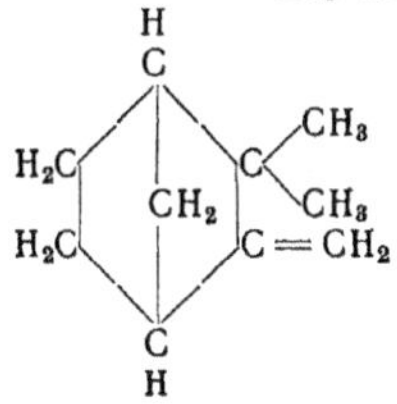 VII) 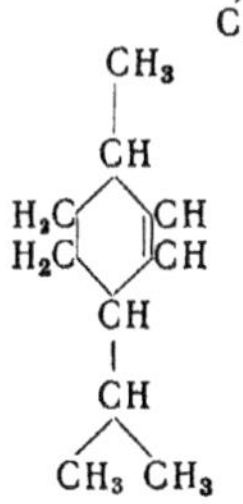 VIII) $C_6H_5 \cdot CH{=}CH{-}O \cdot CO{-}CH_3$

IX) 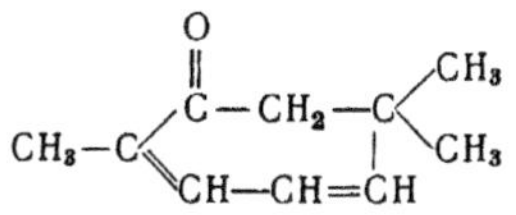 X) 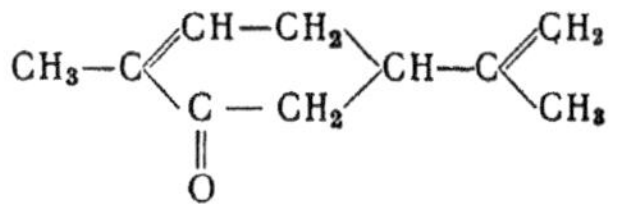 XI)

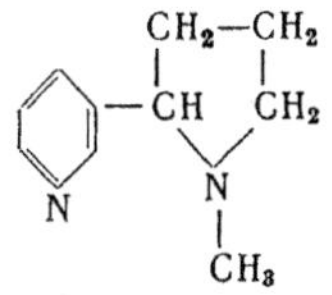

[1]) $n_{Tl} = 1{,}45826$, $n_{Li} = 1{,}45200$. [2]) $n_{Tl} = 1{,}45641$, $n_{Li} = 1{,}44983$. [3]) $n_{H\delta} = 1{,}48122$, $n_{Tl} = 1{,}46836$. [4]) $n_{Tl} = 1{,}61821$, $n_{Li} = 1{,}59982$. [5]) $n_{Tl} = 1{,}52867$, $n_{Li} = 1{,}51910$.

Eisenlohr.

Brechungsexponenten ausgewählter organischer Flüssigkeiten, Dichte und Molekularrefraktionen.

Lit. am Schluß der Tabelle.

Substanz	Brutto-Formel	Mol.-Gew.	t^0	d_4^t	G'	F	D	C	M_γ	M_β	M_D	M_α	
Diäthylanilin	$C_{10}H_{15}N$	149,1	20	0,9351	1,57294	1,55815	1,54206	1,53612	52,54	51,42	50,19	49,73	Ar.
„ [1]			22,3	0,9325	1,57077	—	1,54105	1,53509	52,52	—	50,25	49,79	Br. 1
Carvenon I)	$C_{10}H_{16}O$	152,1	16,3	0,9295	1,50175	1,49361	1,48457	1,48099	48,27	47,61	46,86	46,57	A.-E.1
Pulegon II)	$C_{10}H_{16}O$	152,1	18,3	0,9371	1,50437	1,49623	1,48705	1,48328	48,09	47,44	46,68	46,38	A.-E.1
Carvotanaceton III)	$C_{10}H_{16}O$	152,1	20	0,9351	1,49606	1,48887	1,48056	1,47730	47,52	46,93	46,25	45,98	Br. 12
Terpenhydrat [2]	$C_{10}H_{18}O$	154,1	20,2	0,9183	1,48862	1,48321	1,47622	1,47388	48,40	47,94	47,35	47,15	Fl.
Diisovaleraldehyd	$C_{10}H_{18}O$	154,1	17,4	0,8542	1,46162	1,45463	—	1,44327	49,59	48,94	—	47,89	A.-E.1
Camphylamin [3]	$C_{10}H_{19}N$	153,1	17,8	0,8736	1,48555	—	1,47284	1,46992	50,31	—	49,18	48,92	Br. 1
i-Valeriansäure-i-amylester	$C_{10}H_{20}O_2$	172,2	19	0,8584	1,42335	1,41814	1,41311	1,41095	51,12	50,57	50,03	49,80	A.-E.1
Diisoamylamin [4]	$C_{10}H_{23}N$	157,1	17,8	0,7672	1,43317	—	1,42289	1,42059	53,27	—	52,17	49,25	Br. 1
C_{11}													
α, α, β-Trimethylstyrol	$C_{11}H_{14}$	146,1	19,4	0,8935	1,54185	1,53097	1,51897	1,51389	51,44	50,59	49,62	49,22	A.-E.1
Zimtsäureäthylester (trans)	$C_{11}H_{12}O_2$	176,1	20	1,0490	1,60053	1,58043	1,55982	1,55216	57,47	55,90	54,27	53,65	Br. 4
Allozimtsäureäthylester (cis)	$C_{11}H_{12}O_2$	176,1	22,1	1,0465	1,57743	1,56140	1,54416	1,53769	55,80	54,52	53,14	52,61	Br. 6
Atropasäureäthylester IV)	$C_{11}H_{12}O_2$	176,1	16,1	1,0508	1,54996	1,53871	1,52605	1,52151	53,39	52,48	51,44	51,07	A.-E.2
Methylnonylketon	$C_{11}H_{22}O$	170,2	17,3	0,8295	1,44099	1,43539	1,43002	1,42765	54,02	53,58	53,00	52,75	E. 2
C_{12}													
β, β-Diäthylstyrol	$C_{12}H_{16}$	160,1	18,7	0,8924	1,53866	1,52837	1,51677	1,51199	56,17	55,28	54,26	53,83	A.-E.1
α-Methylzimtsäureäthylester V)	$C_{12}H_{14}O_2$	190,1	20,6	1,0321	1,58162	1,56500	1,54753	1,54074	61,44	59,99	58,46	57,86	A.-E.2
β-Methylzimtsäureäthylester VI)	$C_{12}H_{14}O_2$	190,1	16,6	1,0392	1,57654	1,56165	1,54558	1,53930	60,58	59,29	57,89	57,33	A.-E.2
Triäthylcitrat	$C_{12}H_{20}O_7$	276,2	20,1	1,1369	1,45609	1,45133	1,44554	1,44302	66,05	65,45	64,73	64,41	Br. 3
Amylpropiolacetal VII)	$C_{12}H_{22}O_2$	198,2	9,5	0,8858	1,45307	1,4483	1,44210	1,43980	60,49	59,34	59,21	58,95	M.
Diacetal VIII)	$C_{12}H_{22}O_4$	230,2	26	0,9529	1,4432	1,4386	1,43276	1,4289	64,07	63,49	62,76	62,27	M.
Äthylendipiperidin [5]	$C_{12}H_{24}N_2$	196,2	17,8	0,9212	1,50219	1,49603	1,48869	1,48570	62,88	62,22	61,44	61,18	Br. 1
Triisobutylamin [6]	$C_{12}H_{27}N_2$	185,2	17,3	0,7711	1,43571	—	1,42519	1,42280	62,76	—	61,44	61,14	Br. 1
C_{13}													
Benzophenon (stabil)	$C_{13}H_{10}O$	182,1	53,5	1,0828	—	1,61615	1,59750	1,58932	—	58,42	57,02	56,38	A.-E.2
„ (labil)	$C_{13}H_{10}O$	182,1	23,4	1,1076	1,64190	1,62519	1,60596	1,59836	59,37	58,14	56,70	56,12	A.-E.2
Hexylpropiolacetal	$C_{13}H_{14}O_2$	202,1	12,1	0,8808	1,4530	1,4483	1,4424	1,4398	65,12	64,53	63,80	63,47	M.
Pseudojonon	$C_{13}H_{20}O$	192,2	22,9	0,8925	1,57084	1,55026	1,52996	1,52274	70,73	68,62	66,51	65,75	A.-E.2
C_{14}													
Önanthsäureönanthylester	$C_{14}H_{28}O_2$	228,2	18,8	0,8649	1,44155	1,43718	1,43177	1,42692	69,72	69,12	68,37	68,07	E. 1

I) $CH_3-CH\langle{}^{C(=O)-CH=}_{CH_2-CH_2}\rangle C-CH\langle{}^{CH_3}_{CH_3}$

II) $CH_3-CH\langle{}^{CH_2-C(=O)}_{CH_2-CH_2}\rangle C=C\langle{}^{CH_3}_{CH_3}$

III) $CH_3-C\langle{}^{C(=O)-CH_2}_{=CH-CH_2}\rangle CH-CH\langle{}^{CH_3}_{CH_3}$

IV) $C_6H_5-C(=CH_2)-CO\,.\,OC_2H_5$

V) $C_6H_5\,.\,CH=C(CH_3)\,.\,CO\,.\,OC_2H_5$

VI) $C_6H_5-C(CH_3)=CH-CO\,.\,OC_2H_5$

VII) $CH_3\,.\,(CH_2)_4\,.\,C\equiv C\,.\,CH(OC_2H_5)_2$

VIII) $(OC_2H_5)_2\,.\,CH-C\equiv C\,.\,CH(OC_2H_5)_2$

[1] $n_{Tl}=1{,}54796$, $n_{Li}=1{,}53408$. [2] $n_{Li}=1{,}47310$. [3] $n_{Tl}=1{,}47590$, $n_{Li}=1{,}46942$. [4] $n_{Tl}=1{,}42541$, $n_{Li}=1{,}42020$. [5] $n_{Tl}=1{,}49199$, $n_{Li}=1{,}48525$. [6] $n_{Tl}=1{,}42772$, $n_{Li}=1{,}42239$.

Eisenlohr.

Literatur.

Ar. = **K Arndt,** Diss. Basel 1897.
A.-E. = **Auwers** u. **Eisenlohr,** 1) Journ. prakt. Ch. (2) **82,** 65; 1910. 2) ebenda **84,** 37; 1910.
A.-H. = **Auwers** u. **Hessenland,** Ber. chem. Ges. **41,** 1816; 1908.
A.-Hey. = **Auwers** u. **v. d. Heyden,** Ber. chem. Ges. **42,** 2420; 1909.
A.-R.-E. = **Auwers, Roth** u. **Eisenlohr,** Lieb. Ann. **373,** 267; 1910.
Be. = **Berliner,** Diss. Breslau 1886.
Br. = **Brühl,** 1) ZS. ph. Ch. **16,** 193; 1895. 2) Lieb. Ann. **200,** 139; 1880. 3) ebenda **203,** 1; 1880. 4) ebenda **235,** 1; 1886. 5) ZS. ph. Ch. **22,** 373; 1897. 6) ebenda **21,** 387; 1896. 7) Journ. prakt. Ch. (2) **49,** 239; 1894. 8) Ber. chem. Ges. **41,** 3713; 1908. 9) Journ. prakt. Ch. (2) **50,** 131; 1894. 10) Ber. chem. Ges. **25,** 151; 1892. 11) ebenda **22,** 388; 1897. 12) Lieb. Ann. **305,** 272; 1899. 13) Ber. chem. Ges. **32,** 1225; 1899.
C. = **Costa,** Gazz. chim. **22,** 104; 1892.
Cou. = **Courtot,** Bull. Soc. chim. (3) **35,** 969; 1906.
E. = **Eisenlohr,** 1) ZS. ph. Ch. **75,** 585; 1910. 2) Ber. chem. Ges. **44,** 3207; 1911. 3) unveröff.
Ey. = **Eykman,** 1) Rec. P.-B. **12,** 172; 1893. 2) l. c. **14,** 187; 1895.
F. = **Falk,** Journ. Am. chem. Soc. **31,** 89 u. 808; 1909.
Fl. = **Flawitzki,** Ber. chem. Ges. **20,** 1956; 1887.
G. = **Gladstone,** Journ. chem. Soc. **49,** 623; 1886.
H. = **Haagen,** Pogg. Ann. **131,** 117; 1867.
Ha. = **Harries,** 1) Lieb. Ann. **383,** 175; 1911. 2) Ber. chem. Ges. **45,** 809; 1912.
J. = **Jahn,** Wied. Ann. **43,** 301; 1891.
K. = **Kanonnikoff,** Journ. prakt. Ch. (2) **32,** 520; 1885.
Ke. = **Ketteler,** Wied. Ann. **33,** 508; 1888.
Kn. = **Knops,** Lieb. Ann. **248,** 175; 1888.
Ko. = **Korten,** Diss. Bonn, 1890.
L. = **Landolt** 1) Pogg. Ann. **117,** 353; 1864. 2) ebenda **122,** 545; 1864.
L.-J. = **Landolt** u. **Jahn,** ZS. ph. Ch. **10,** 289; 1892.
L.-M. = **Landolt** u. **Möller,** ZS. ph. Ch. **13,** 385; 1894.
Lo. = **Lorenz,** Wied. Ann. **11,** 70; 1880.
M. = **Moureu,** Ann. chim. phys. (8) **7,** 536; 1906.
Mo. = **Moosbrugger,** Diss. Greifswald 1911.
N. = **Nasini** 1) Ber. chem. Ges. **15,** 2878; 1882. 2) Rend. Linc. (4) **1,** 76; 1885.
N.-B. = **Nasini** u. **Bernheimer,** Gazz. chim. **15,** 85; 1885.
N.-C. = **Nasini** u. **Carrara,** Gazz. chim. **24** I, 256; 1894.
N.-Sc. = **Nasini** u. **Scala,** Rend. Linc. **2,** 623, 633; 1886.
P. = **Perkin,** 1) Journ. chem. Soc. **61,** 287; 1892. 2) ebenda **69,** 1026; 1896.
S. = **Seubert,** Ber. chem. Ges. **22,** 2159; 1889.
Sch. = **Schütt,** ZS. ph. Ch. **9,** 349; 1892.
W. = **Weegmann,** ZS. ph. Ch. **2,** 218; 1888.
Wi. = **Willstätter,** Ber. chem. Ges. **45,** 1468; 1912.

223

Mittlere Abnahme der Brechungsexponenten einiger organischer Verbindungen für 1° Temperaturzuwachs.

Es sind nur die Werte für die Linien Hγ (G′) und Na (D) gegeben. Sind keine Zahlen eingetragen, so bedeutet dies, daß Bestimmungen für andere Lichtarten ausgeführt sind.

Lit. s. S. 1038.

Substanz	Temperatur-Intervall	Änderung für Hγ	Änderung für Na	Beobachter
	0	0,000	0,000	
Acetaldehyd	6—12	618	—	Landolt (2)
Aceton	0—45	549	530	Korten
Acetylaceton	25,5—73,6	585	540	Falk (1)
Acetylendibromid	10—35	619	598	Weegmann
Acetylentetrabromid	10—35	537	497	„
Äthylbromid	6—30	651	630	„
Äthylcarbonat	22—40	500	420	Gladstone u. Dale
Äthylenbromid	0—35	597	571	Weegmann
Äthylenchlorid	0—35	556	554	„
Äthylenglycol	18,3—138,8	—	—	Eykman (3)
Äthylidenbromid	0—35	605	589	Weegmann
Äthylidenchlorid	0—35	605	601	„
Äthyljodid	10—20	—	691	Lorenz
Ameisensäure	18—26	433	—	Landolt (1)
Ameisensäureäthylester	18—24	570	—	„ (2)

Substanz	Temperatur-Intervall	Änderung für Hγ	Änderung für Na	Beobachter
		0,000	0,000	
Amylalkohol	16—26	420	—	Landolt (2)
Amyljodid, i-	17,5—37	—	487	Gladst. u. Dale
Amylnitrat	10—36,5	—	461	„
Anethol	15—77	513	493	Nasini u. Bernheimer
Anisol	22—85,7	—	—	Eykman (3)
Benzaldehyd	16—26	538	—	Landolt (2)
	17,3—71,6	442	423	Falk (2)
Benzoesäureäthylester	18—22	550	—	Landolt (2)
Benzoesäuremethylester	18—22	500	—	„
Benzylalkohol	21,5—73,2	450	425	Falk
Benzylcyanid	16,9—70,4	442	423	„
Brombenzol	4,2—89,2	—	537	Perkin (2)
Buttersäure, n-	19,1—80,9	—	—	Eykman
	20,3—72,1	404	395	Falk
„ , i-	19,8—80,1	—	—	Eykman (2)
Buttersäureäthylester, n-	18,0—73,7	491	482	Falk
Butylalkohol, n-	15,5—80,2	—	—	Eykman (1)

Eisenlohr.

Mittlere Abnahme der Brechungsexponenten einiger organischer Verbindungen für 1° Temperaturzuwachs. (Forts.)

Lit. hierunter.

Substanz	Temperatur-Intervall	Änderung für Hγ	Änderung für Na	Beobachter
	0	0,000	0,000	
Capronsäure, i-	18—26	413	—	Landolt (1)
Carvon	12,4—130,5	—	—	Eykman (3)
Cassiaöl	10—22,5	—	620	Baden-Powell
Chlorbenzol	9,6—89,2	—	548	Perkin (2)
Citraconsäureäthylester	Hγ 18,4—29,2 D 18,6—29,0	452	429	Knops
Citraconsäureanhydrid	Hγ 18,4—28,0 D 18,6—29,0	443	434	„
Citraconsäuremethylester	Hγ 16,3—26,6 D 16,9—27,0	442	435	„
Cymol, p-	8—29	—	557	Gladst.u.Dale
Diisoamyl	22,5—70,3	454	447	Falk
Dimethylanilin	18,4—73,4	539	499	„
„	8—89,7	—	511	Perkin (1)
Essigsäure	10—30	570	—	Damien
Essigsäureanhydrid	18—22	490	—	Landolt (2)
Essigsäureamylester, i-	19,0—75,8	464	455	Falk
Essigsäurebutylester, i-	18,0—73,7	491	481	„
Essigsäuremethylester	16—25	530	—	Landolt (2)
Eugenol	18—27,5	—	495	Gladst.u.Dale
Fumarsäureäthylester	Hγ 16,8—28,2 D 17,8—27,1	459	437	Knops
Fumarsäurepropylester	Hγ 17,6—28,2 D 18,1—28,9	430	418	„
Heptylalkohol, n-	22,4—71,5	387	370	Falk
Itaconsäureäthylester	17,3—28,4	460	448	Knops
Itaconsäuremethylester	Hγ 18,0—28,6 D 15,8—26,8	434	426	„
Jodbenzol	8—88	—	555	Perkin (1)

Substanz	Temperatur-Intervall	Änderung für Hγ	Änderung für Na	Beobachter
	0	0,000	0,000	
Maleinsäureäthylester	Hγ 16,5—26,6 D 17,1—27,4	436	420	Knops
Maleinsäuremethylester	Hγ 17,6—27,8 D 17,3—28,6	434	400	„
Maleinsäurepropylester	Hγ 18,3—29,1 D 18,2—29,1	430	422	„
Menthon	30—43	385	370	Gladst.u.Dale
Mesaconsäureäthylester	Hγ 16,3—28,3 D 15,8—26,8	443	427	Knops
Mesaconsäuremethylester	Hγ 16,9—27,9 D 17,1—27,6	464	453	„
Methylhexylketon	15,8—73,3	441	431	Falk
Milchsäure	17—22	380	—	Landolt (2)
Monomethylanilin	16,6—71,9	—	489	Falk
Nikotin	18—32	350	290	Gladst.u.Dale
Nitrobenzol	25—38	508	508	„
	21,2—73,1	467	—	Falk
Paraffin(Icosan)	38,3—136	—	—	Eykman (1)
Phenol	20—26	470	—	Landolt (2)
Propionsäure	0—45	433	419	Korten
Propylalkohol, n-	0—45	400	386	„
Terebenten, (l-α-Pinen)	21—61	453	453	Brühl
Terecamphen	54—63,7	—	442	„
Terpen, n-	25—35,5	—	438	Gladst.u.Dale
Thiophen	Hγ 16,3—27,2 D 16,4—26,3	643	641	Knops
Thymol	9,6—80,1	—	—	Eykman (1)
Toluol	10,7—90,4	—	577	Perkin (1)
Zimtalkohol	25—77	—	462	Nasini u. Bernheimer

Brechungsexponenten für Na-Licht von Estern $C_nH_{2n}O_2$ und deren Abnahme für 1°: Vgl. **J. H. Long,** Sill. Journ. **21,** 1881.

Literatur.

Baden Powell, Pogg. Ann. **69,** 110; 1846.

Brühl, Ber. chem. Ger. **25,** 154; 1892.

Damien, Journ. de Phys. **10,** 198, 394, 431; 1881.

Eykman, Rec. P.-B. 1) **12,** 157; 1893. 2) **12,** 268; 1893. 3) **14,** 187; 1895.

Falk, Journ. Amer. chem. Soc. **31,** 86 u. 808; 1909.

Gladstone u. **Dale,** Phil. Trans. **153,** 317; 1863.

Knops, Lieb. Ann. **248,** 175; 1888.

Korten, Diss. Bonn 1890.

Landolt, 1) Pogg. Ann. **117,** 353; 1864. 2) ebenda **122,** 545; 1864.

Lorenz, Wied. Ann. **11,** 70; 1880.

Nasini u. **Bernheimer,** Gazz. chim. **15,** 84; 1885.

Weegmann, ZS. ph. Ch. **2,** 218; 1888.

Eisenlohr.

Atomrefraktionen und Dispersionen für die wichtigsten Elemente organischer Körper,

aufgestellt auf Grund der **Lorentz-Lorenz**schen Formel $\frac{n^2-1}{n^2+2}\cdot\frac{M}{d}$. ($n$ = Brechungsindex, d = Dichte, M = Molekulargewicht).

Systematische Neuberechnung der Äquivalente 1910—1912 nebst Literatur: **Eisenlohr,** ZS. ph. Ch. **75**, 585; 1910 u. **79**, 129; 1912. (Über deren Verwendung und Multipla dieser Werte vgl. **Roth-Eisenlohr,** Refraktometr. Hilfsbuch, Leipzig 1911.)

Atomrefraktionen für die drei Wasserstofflinien C ($H\alpha$), F ($H\beta$) u. G′ ($H\gamma$), sowie für Natriumlicht (D), Atomdispersionen für $H\beta - H\alpha$ und $H\gamma - H\alpha$. (Wasserstoff = 1,008.)

	Symbol	$H\alpha$	D	$H\beta$	$H\gamma$	$H\beta - H\alpha$	$H\gamma - H\alpha$
Gruppe CH_2	CH_2	4,598	4,618	4,668	4,710	0,071	0,113
Kohlenstoff	C	2,413	2,418	2,438	2,466	0,025	0,056
Wasserstoff	H	1,092	1,100	1,115	1,122	0,023	0,029
Hydroxylsauerstoff	O′	1,522	1,525	1,531	1,541	0,006	0,015
Äthersauerstoff	O<	1,639	1,643	1,649	1,662	0,012	0,019
Carbonylsauerstoff	O″	2,189	2,211	2,247	2,267	0,057	0,078
Chlor [2])	Cl	5,933	5,967	6,043	6,101	0,107	0,168
Brom	Br	8,803	8,865	8,999	9,152	0,211	0,340
Jod	J	13,757	13,900	14,224	14,521	0,482	0,775
Äthylenbindung	$\vert=$	1,686	1,733	1,824	1,893	0,138	0,200
Acetylenbindung	$\vert\equiv$	2,328	2,398	2,506	2,538	0,139	0,171
Stickstoff in primären Aminen	$^{H_2}N^{-C}$	2,309	2,322	2,368	2,397	0,059	0,086
„ „ sekundären „	$^{H}N^{-(C)_2}$	2,478	2,502	2,561	2,605	0,086	0,119
„ „ tertiären „	$N^{-(C)_3}$	2,808	2,840	2,940	3,000	0,133	0,186
„ „ Imiden (tertiär) [3])	$^{C-}N^{=C}$	3,740	3,776	3,877	3,962	0,139	0,220
„ „ Nitrilen [4])	$N^{\equiv C}$	3,102	3,118	3,155	3,173	0,052	0,060

[1]) Es sind keinerlei Äquivalente aufgeführt, deren zahlenmäßige Größe auf der erhöhenden Wirkung einer Konjugation (z. B. —C=C—C=C—) beruht.

[2]) Über die Konstanten des Chlors in Säurechloriden vgl. ZS. ph. Ch. **75**, 603; 1910.

[3]) Der Stickstoffwert für Imide und Nitrile enthält gleichzeitig das Inkrement für die doppelte bezw. dreifache Stickstoff-Kohlenstoffbindung.

[4]) Über die Äquivalente des Stickstoffs in den Oximen, Nitroverbindungen, Nitriten und Nitraten vgl. ZS. ph. Ch. **79**, 142, 1912; über die Äquivalente des Schwefels **Eisenlohr,** ZS. ph. Ch. 1912.

Literatur und Bemerkungen zu der folgenden Tabelle 224a.

Zur Kontrolle älterer Refraktions- und Dispersionsangaben, insbesondere für stickstoffhaltige Verbindungen, folgen in Tab. 224ª die älteren Äquivalente von **Brühl,** welche sonst nirgends derartig zusammengefaßt sind.

Die Werte für den Strahl D hier sind nicht in der gleichen Weise wie die Werte für die Wasserstofflinien abgeleitet, woraus gegenseitige Unstimmigkeiten entstehen. Zugrunde gelegt ist die Formel $\frac{n^2-1}{n^2+2}\cdot\frac{M}{d}$.

Benutzte Beobachtungen: **Landolt,** Pogg. Ann. **117**, 353; 1862. **122**, 545; 1864. **123**, 595; 164. — **Brühl,** Lieb. Ann. **200**, 139; 1880. **203**, 1; 1880. **235**, 1; 1886. Ber. chem. Ges. **25**, 2638; 1892. **28**, 2847; 1895. ZS. ph. Ch. **7**, 140; 1891. **16**, 193, 226, 497, 512; 1895. **22**, 373; 1897. **25**, 577; 1898. **50**, 1; 1904. — **Liveing** u. **Dewar,** Phil. Mag. **37**, 268; 1895.

Eisenlohr.

Atomrefraktionen und Dispersionen für die wichtigsten Elemente organischer Körper. (Ältere Beobachtungen.)

Rechnungen: Atomrefraktion des *C, H, O* und der Halogene in organischen Verbindungen für Natriumlicht aus den Beobachtungen von **Landolt** und von **Brühl** (1862—1880) nach **Conrady,** ZS. ph. Ch. **3**, 210; 1889; alle übrigen Konstanten nach **Brühl,** loc. cit. 1880—1904.

	Symbol	H_α	D	$H_\gamma - H_\alpha$
Kohlenstoff	C	2,365	2,501	0,039
Wasserstoff	H	1,103	1,051	0,036
Hydroxylsauerstoff	O′	1,506	1,521	0,019
Äthersauerstoff	O<	1,655	1,683	0,012
Carbonylsauerstoff	O″	2,328	2,287	0,086
Sauerstoff im Wasserstoffhyperoxyd	O≡O	1,796	1,859	0,028
Sauerstoff, molekular flüssig	O≡O	1,979	1,982	0,035
Sauerstoff, molekular gasförmig	O≡O	—	2,05	—
Chlor	Cl	6,014	5,998	0,176
Brom	Br	8,863	8,927	0,348
Jod	J	13,808	14,12	0,774
Äthylenbindung	|=	1,836	1,707	0,23 (ca.)
Acetylenbindung (1892)	|≡	2,27	2,10	0,22 (ca.)
Stickstoff, molekular	$N(^N)$	—	2,21	—
„ in NH_3, Gruppe $-NH_2$ der Hydrazine, Hydroxylamin	N^{H_2}	2,33	2,48	0,08
„ in primär. aliph. Aminen	$^{H_2}N{-}^{C}{-}$	2,311	2,446	0,074
„ in sekundär aliph. Aminen	$^{H}N(-^{C}-)_2$	2,604	2,649	0,135
„ in tertiär. aliph. Aminen	$N(-^{C}-)_3$	2,924	2,996	0,191
„ in sekundär. aliph. Amiden	$^{H}N<^{C-}_{CO}$	2,236	2,271	0,088
„ in tertiär. aliph. Amiden	$(-^{C}-)_2N^{-CO}$	2,636	2,714	0,198
„ in primär. Arylaminen	$^{H_2}N^{Bz}$	3,016	3,213	0,624
„ in sekundär. Arylaminen	$^{H}N<^{C-}_{Bz}$	3,408	3,590	0,815
„ in tertiär. Arylaminen	$^{Bz}N(-^{C}-)_2$	4,105	4,363	1,105
„ in tertiär. Diarylalkylaminen	$-^{C}-N(^{Bz})_2$	4,52	4,89	—
„ in der Gruppe $H_2N.C=C.C=O$ (Aminocrotonsäure) usw.	$H_2N\cdot{}^{C:C.C:O}$	4,67	4,88	1,26
„ in Dichloraminen (aliph.)	$-^{C}-N^{Cl_2}$	3,53	3,68	0,24
„ in aliph. Nitrilen	$N{\equiv}^{C.C}$	3,176	3,056	0,084
„ in Cyanaminen	$N{\equiv}^{C.N}$	2,995	2,850	—
„ in arom. Nitrilen	$N{\equiv}^{C.Bz}$	3,825	3,790	0,450
„ in aliph. Ald- und Ket-Oximen	$-^{O}-N{=}^{C}$	3,921	3,935	0,251
Nitrat-Gruppe NO_3 in Salpetersäure	NO_3	8,84	8,95	0,30
„ in Alkylnitraten	NO_3	9,02	9,10	0,31
Nitro-Gruppe NO_2 in Salpetersäure	NO_2	7,36	7,35	0,29
„ in Alkylnitraten	NO_2	7,55	7,59	0,31
„ in Nitroparaffinen	NO_2	6,65	6,72	0,25
„ in Nitroarylen	NO_2	7,16	7,30	0,94
„ in prim. u. sekund. aliph. Nitraminen u. Nitramiden	NO_2	7,465	7,511	0,523
Nitrit-Gruppe NO_2 in Alkylnitriten	NO_2	7,37	7,44	0,33
Nitramin-Gruppe N_2O_2 in prim. u. sekund. aliph. Nitraminen u. Nitramiden	N_2O_2	9,809	9,935	0,625
Nitriso-Gruppe NO in Dialkylnitrosaminen	NO	5,33	5,37	0,47
„ in Alkylnitriten	NO	5,86	5,91	0,34
„ in Aryl-alkyl-nitrosaminen	NO	5,50	5,55	0,70 (ca.)
Gruppe N_2O in Dialkylnitrosaminen	N_2O	7,93	8,06	0,59
„ in Aryl alkyl-nitrosaminen	N_2O	8,81	9,11	1,43 (ca.)
Increment der Diazobindung (Diazoessigester, Diazobenzolimid)	Δ^N	3,38	3,13	0,70
Natrium, nicht ionisiert	Na	2,83	2,80	0,17 (ca.)
„ ionisiert	Na	2,52	2,46	0,19 (ca.)

Über die Äquivalente des **Schwefels** vgl. **Nasini,** Ber. chem. Ges. **15**, 28—78; 1882 und Gazz. chim. **13**, 296; 1883.

Eisenlohr.

Einfluß der Konzentration auf die Brechungskonstanten von wässerigen Lösungen und Mischungen.

Lit. Tab. 227, S. 1051.

n_D^t = Brechungsindex gegen Luft für die Temperatur t^0 und die Linie D; n_C für die Linie C usw.
ν = $(n - n_0)$ Differenz der Brechungsindices von Lösung (oder Mischung) und Wasser, bzw. Lösungsmittel.
%S = g Substanz in 100 ccm Lösung.
p = g Substanz in 100 g Lösung.
μ = Grammäquivalent in 1 l Lösung.
v = Volum der Lösung in Litern, welche ein Grammäquivalent der gelösten Substanz enthält; A = Äquivalentgewicht.
d^t = Dichte der Lösung (bezw. Mischung) bei t^0 bezogen auf Wasser von 4°, d_t^t bezogen auf Wasser von t^0.

Brechungsindex $n_D^{17,5^0}$ von wässerigen Lösungen nach Wagner (2)†)

% S	**Salzsäure** HCl	**Salpetersäure** HNO_3	**Schwefelsäure** H_2SO_4	**Phosphorsäure** H_3PO_4	**Kaliumchlorid** KCl	**Natriumchlorid** NaCl	**Baryumchlorid** $BaCl_2 + 2H_2O$	**Calciumchlorid** $CaCl_2$	**Strontiumchlorid** $SrCl_2$
0	1,33320								
1	3551	1,33447	1,33449	1,33418	1,33455	1,33495	1,33448	1,33556	1,33502
2	3779	3572	3572	3509	3589	3667	3571	3788	3681
3	4004	3695	3686	3599	3720	3836	3697	4021	3855
4	4227	3816	3801	3688	3848	4002	3826	4251	4029
5	4449	3936	3912	3775	3980	4168	3948	4488	4201
6	4669	4058	4023	3860	4106	4332	4068	4703	4361
7	4886	4177	4134	3946	4230	4491	4190	4930	4542
8	5102	4298	4245	4031	4355	4651	4313	5151	4712
9	5318	4418	4355	4116	4478	4808	4434	5371	4873
10	5528	4538	4465	4203	4598	4963	4553	5589	5051
12	5948	4781	4679	4367	4841	5268	4792	6020	5380
15	6565	5144	4999	4616	5199	5721	5159	6652	5858
20		5732	5513	5032	5778	6446	5731		6661
25		6294	6007	5442	6348		6304		
30			6475	5846					
35				6241					
40				6633					

% S	**Ammoniumchlorid** NH_4Cl	**Magnesiumchlorid** $MgCl_2$	**Goldchlorid,** kryst. $HAuCl_4 + 4H_2O$	**Platinchlorid,** kryst. $H_2PtCl_6 + 6H_2O$	**Kaliumbromid** KBr	**Natriumbromid** NaBr	**Ammoniumbromid** NH_4Br	**Kaliumjodid** KJ	**Natriumjodid** NaJ
1	1,33515	1,33582	1,33427	1,33455	1,33439	1,33455	1,33470	1,33449	1,33462
2	3709	3832	3534	3591	3558	3596	3620	3579	3609
3	3902	4076	3641	3726	3677	3734	3766	3709	3753
4	4088	4316	3747	3821	3793	3870	3913	3839	3897
5	4275	4551	3854	3995	3910	4005	4058	3969	4043
6	4459	4786	3960	4131	4025	4140	4202	4098	4187
7	4642	5021	4067	4266	4140	4274	4348	4227	4329
8	4823	5251	4172	4400	4252	4407	4491	4353	4473
9	5003	5479	4277	4534	4368	4540	4632	4484	4615
10	5181	5703	4383	4668	4480	4672	4774	4612	4758
12	5535	6147	4593	4935	4705	4934	5058	4866	5044
15	6060	6789*)	4911	5337	5039	5324	5477	5248	5469
20			5440	6011	5586	5958	6162	5877	6174
25			5962	6690*)	6124	6583		6495	
30			6484		6658				

†) Umgerechnet aus den Angaben des Originals (Skalenwerte des Eintauchrefraktometers von Zeiß-Jena).
*) Extrapoliert.

Einfluß der Konzentration auf die Brechungskonstanten von wässerigen Lösungen und Mischungen.

Lit. Tab. 227, S. 1051.

Brechungsindex $n_D^{17,5^\circ}$ von wässerigen Lösungen nach Wagner (2)†) (Forts.)

% S	Kaliumnitrat KNO_3	Natriumnitrat $NaNO_3$	Silbernitrat $AgNO_3$	Ammoniumsulfat $(NH_4)_2SO_4$	Magnesiumsulfat $MgSO_4$	Kupfersulfat $CuSO_4$	Eisensulfat $FeSO_4$	Nickelsulfat $NiSO_4$	Mangansulfat $MnSO_4$
1	1,33414	1,33431	1,33426	1,33488	1,33523	1,33504	1,33511	1,33517	1,33502
2	3508	3541	3534	3650	3720	3683	3696	3709	3680
3	3602	3652	3639	3810	3912	3862	3874	3898	3850
4	3693	3760	3743	3967	4099	4039	4048	4086	4018
5	3783	3868	3847	4121	4283	4214	4223	4273	4184
6	3872	3974	3950	4274	4463	4384	4395	4460	4348
7	3958	4081	4054	4425	4643	4553	4565	4637	4510
8	4042	4186	4157	4574	4818	4721	4732	4814	4671
9	4128	4290	4260	4717	4992	4887	4899	4991	4830
10	4212	4393	4362	4860	5164	5052	5064	5162	4989
12	4377	4593	4566	5142	5502	5377	5391	5497	5299
15	4624	4882	4871	5548	5989	5856	5871	5989	5755
20	5029	5353	5374	6204	6738*	6633	6649*		6494
25	5413	5801	5869						
30		6243	6361						
35		6669							

% S	Zinksulfat $ZnSO_4$	Kaliumkarbonat K_2CO_3	Natriumkarbonat Na_2CO_3	Kaliumacetat KCH_3COO	Natriumacetat $NaCH_3COO$	Ammoniumacetat NH_4CH_3COO	Bleiacetat $Pb(CH_3COO)_2$	Kaliumoxalat $(KCOO)_2$	Rhodanammonium NH_4CNS
2	1,33671	1,33664	1,33762	1,33555	1,33595	1,33574	1,33540	1,33594	1,33793
4	4009	3991	4172	3787	3865	3825	3760	3892	4244
6	4344	4308	4563	4017	4129	4075	3976	4123	4743
8	4668	4612	4945	4241	4314	4319	4191	4373	5217
10	4984	4907	5312	4464	4644	4543	4402	4618	5685
15	5755	5605	6159	5007	5265	5161	4934	5209	6868*
20	6480	6262		5532	5864	5742	5452	5767	
25				6045	6448	6311	5968	6301	
30				6544			6476		

% S	Kaliumhydroxyd KOH	Natriumhydroxyd $NaOH$	Ammoniak NH_3	% S	Ameisensäure $HCOOH$	Essigsäure CH_3COOH	% S	Chromsäure CrO_3	Kaliumbichromat $K_2Cr_2O_7$	Kaliumsulfat K_2SO_4
2	1,33719	1,33866	1,33416	10	1,33877	1,34049	2	1,33840	1,33678	1,33571
4	4101	4388	3519	20	4367	4724	4	4343	4034	3807
6	4465	4877	3631	30	4806	5358	6	4846	4388	4033
8	4803	5334	3746	40	5211	5933	8	5355	4736	4254
10	5151	5755	3865	50	5581	6434	10	5861	5085	4266
15	5921	6773*	4182	60	5928		12	6364		
20	6658		4531	80	6526					

% S	Borsäure H_3BO_3	Oxalsäure $(COOH)_2$	% S	Methylalkohol CH_3OH	% S	Methylalkohol CH_3OH	% S	Äthylalkohol C_2H_5OH	% S	Äthylalkohol C_2H_5OH	% S	Äthylalkohol C_2H_5OH
1	1,33396	1,33442	1	1,33339	40	1,34292	1	1,33379	30	1,35465	**66,5**	**1,36584**
2	3464	3558	2	3359	**42,25**	**4313**	2	3444	35	5737	**69,0**	**6584**
3	3532	3668	4	3404	**49,8**	**4313**	4	3571	40	5968	70	6572
4	3600	3775	6	3455	50	4311	6	3705	45	6161	75	6458
5		3880	10	3565	60	4154	10	3997	50	6318	79,34	6231
6		3983	15	3713	65	3990	15	4375	55	6438		
7		4085	20	3858	70	3748	20	4754	60	6525		
			30	4144	75	3397	25	5132	65	6577		

†) Umgerechnet aus den Angaben des Originals (Skalenwerte des Eintauchrefraktometers von Zeiß-Jena).
*) Extrapoliert.

Mahlke.

Einfluß der Konzentration auf die Brechungskonstanten von wässerigen Lösungen und Mischungen.

Lit. Tab. 227, S. 1051.

Brechungsindices $n_C^{18^0}$, $n_D^{18^0}$, $n_F^{18^0}$, $n_{G'}^{18^0}$ von wässerigen Lösungen nach Bender (1).

(μ Grammäquivalent in 1 l Lösung bei 15°.)

Konzentration	Kaliumchlorid KCl.				Kaliumbromid KBr.			
	$n_{G'}^{18^0}$	$n_F^{18^0}$	$n_D^{18^0}$	$n_C^{18^0}$	$n_{G'}^{18^0}$	$n_F^{18^0}$	$n_D^{18^0}$	$n_C^{18^0}$
μ=1,0	1,35049	1,34719	1,34278	1,34087	1,35049	1,34719	1,34674	1,34465
2,0	5994	5645	5179	4982	5994	5645	5953	5728
3,0	6890	6512	6029	5831	6890	6512	7202	6963

Konzentration	Natriumchlorid NaCl.				Natriumbromid NaBr.			
	$n_{G'}^{18^0}$	$n_F^{18^0}$	$n_D^{18^0}$	$n_C^{18^0}$	$n_{G'}^{18^0}$	$n_F^{18^0}$	$n_D^{18^0}$	$n_C^{18^0}$
μ=1,0	1,35083	1,34745	1,34307	1,34111	1,35519	1,35156	1,34688	1,34493
2,0	6031	5688	5213	5018	6914	6493	5986	5782
3,0	6951	6590	6102	5874	8264	7819	7261	7029
4,0	7822	7426	6913	6697	9580	9120	8493	8232

Konzentration	Kaliumjodid KJ.				Natriumjodid NaJ.			
	$n_{G'}^{18^0}$	$n_F^{18^0}$	$n_D^{18^0}$	$n_C^{18^0}$	$n_{G'}^{18^0}$	$n_F^{18^0}$	$n_D^{18^0}$	$n_C^{18^0}$
μ=1,0	1,36354	1,35944	1,35423	1,35202	1,36358	1,35949	1,35425	1,35208
2,0	38628	38117	37480	37209	38625	38114	37470	37234
3,0	40787	40216	39465	39150	40862	40261	39516	39222
4,0					43094	42390	41551	41213

Konzentration	Cadmiumchlorid (1/2 $CdCl_2$).			
	$n_{G'}^{18^0}$	$n_F^{18^0}$	$n_D^{18^0}$	$n_C^{18^0}$
μ=3,5	1,38727	1,38308		1,37553
4,0	9352	8932	1,38379	1,38151

Konzentration	Cadmiumbromid (1/2 $CdBr_2$).			
	$n_{G'}^{18^0}$	$n_F^{18^0}$	$n_D^{18^0}$	$n_C^{18^0}$
μ=4,0	1,41028	1,40514	1,39870	1,39601

Konzentration	Cadmiumjodid (1/2 CdJ_2).			
	$n_{G'}^{18^0}$	$n_F^{18^0}$	$n_D^{18^0}$	$n_C^{18^0}$
μ=3,5	1,43393	1,42663	—	1,41432

Abhängigkeit der Brechungsexponenten der Kaliumchloridlösungen von der Konzentration für die Temperaturen von 15 bis 70° und die Konzentrationen von μ=0 bis μ=3 nach Bender.

$n_C = n_C$ (Wasser) $+ 0{,}0096895\ \mu - 0{,}0_3 25820\ \mu^2$

$n_F = n_F$ (Wasser) $+ 0{,}0101226\ \mu - 0{,}0_3 31855\ \mu^2$

$n_{G'} = n_{G'}$ (Wasser) $+ 0{,}0102895\ \mu - 0{,}0_3 31761\ \mu^2$

Dichte und Brechungsindex $n_D^{20^0}$ wässeriger Lösungen nach Le Blanc.

Gelöste Substanz	Gewichts-prozente	$d_{20^0}^{20^0}$	$n_D^{20^0}$	Gelöste Substanz	Gewichts-prozente	$d_{20^0}^{20^0}$	$n_D^{20^0}$
Schwefelsäure	p=94,11	1,83938	1,42879	Salpetersäure	p=69,18	1,41446	1,40378
	79,68	73829	43459		40,52	25289	38683
	60,98	51810	40998		28,66	17425	37222
	35,77	27190	37731		14,09	08001	35160
	21,68	14299	35756	Salzsäure	p=24,36	1,13037	1,39054
	10,10	06846	34527		7,45	03649	35040
	4,78	03171	33890				

Einfluß der Konzentration auf die Brechungskonstanten von wässerigen Lösungen und Mischungen.

Lit. Tab. 227, S. 1051.

Dichte und Brechungsindex $n_D^{20^0}$ wässeriger Lösungen nach Le Blanc (Forts.)

Gelöste Substanz	Gewichts-prozente	$d_{20^0}^{20^0}$	$n_D^{20^0}$
Essigsäure . . .	p = 100,00	1,05140	1,37255
	40,38	05055	36039
	18,70	02634	34658
Essigsaures Natrium	p = 45,89	1,10418	1,36048
	21,81	11636	36371
	9,70	05064	34671
	5,41	02816	34085
Ameisensäure . .	p = 29,06	1,07143	1,34820
	18,69	04655	34311
Ameisensaures Natrium. . . .	p = 8,72	1,05559	1,34419
	5,58	3521	34025
Monochloressigsäure	p = 31,90	1,11950	1,36650
Monochloressig-saures Natrium .	p = 13,18	1,07833	1,35209
Dichloressigsäure .	p = 20,79	1,09530	1,35756

Gelöste Substanz	Gewichts-prozente	$d_{20^0}^{20^0}$	$n_D^{20^0}$
Dichloressigsaures Natrium. . . .	p = 14,83	1,09050	1,35396
Oxalsäure . . .	p = 7,08	1,03404	1,34123
Oxalsaures Natrium	p = 4,22	1,03481	1,34055
Salpetersaures „	p = 7,79	1,05347	1,34191
Schwefelsaures „	p = 25,51	1,25270	1,37014
	6,46	05581	34243
	4,76	05123	34161
Natriumchlorid . .	p = 24,13	1,18410	1,37635
	5,31	03821	34260
	4,79	03417	34153
Trichloressigsäure .	p = 30,11	1,16374	1,37346
	14,13	07560	35218
Trichloressigsaures Natrium. . . .	p = 15,88	1,09810	1,35445

Wasser-Äthylalkoholgemische nach Hess (1). (n_F bei 15°, 20°, 25° und 30°).

Äthylalkohol		d^{15^0}	$n_F^{15^0}$	d^{20^0}	$n_F^{20^0}$	d^{25^0}	$n_F^{25^0}$	d^{30^0}	$n_F^{30^0}$
Gew.-Proz.	Vol.-Proz.								
p = 0	0	0,99913	1,33775	0,99823	1,33739	0,99707	1,33684	0,99567	1,33624
20,750	24,439	97133	35169	96957	35075	96781	34969	96605	34888
40,890	46,076	94118	36337	93858	36164	93605	36019	93351	35880
59,984	64,940	90273	36877	89944	36703	89617	36526	89293	36355
79,989	83,049	85785	37125	85393	36934	85006	36740	84622	36557
100	100	80889	36906	80447	36757	80009	36557	79576	36351

Wasser-Schwefelsäure nach Hess (1). (n_C, n_D, n_F und $n_{G'}$ bei 15°).

Schwefelsäure		d^{15^0}	$n_C^{15^0}$	$n_D^{15^0}$	$n_F^{15^0}$	$n_{G'}^{15^0}$
Gew.-Proz.	Vol.-Proz.					
0	0	0,99913	1,33184	1,33364	1,33775	1,34100
19,981	11,931	1,13814	35588	35782	36223	36563
39,757	26,363	1,29359	37959	38169	38632	39002
59,980	44,847	1,48032	40429	40653	41139	41520
80,096	68,585	1,69550	42854	43083	43586	43958
100	100	1,84167	42564	42772	43226	43577

Wasser-Essigsäure nach Buchkremer ($n_D^{20^0}$).

Essigsäure Vol.-Proz.	d^{20^0}	$n_D^{20^0}$
0	0,99827	1,33313
14,339	1,01960	34380
44,431	1,05450	36362
71,194	1,06930	37496
83,828	1,06940	37722
100	1,0502	37265

Wasser-Aceton nach Drude ($n_D^{16^0}$).

Aceton Gewichts-Proz	d^{16^0}	$n_D^{16^0}$
p = 0	0,999	1,3335
25	967	3513
50	924	3637
66,9	888	3671
89,9	827	3648
100	796	3606

Rohrzuckerlösungen nach Schönrock ($n_D^{20^0}$). nach Main.

Wasser-gehalt Gewichts-Proz.	$n_D^{20^0}$	Wasser-gehalt Gewichts-Proz.	$n_D^{20^0}$	Wasser-gehalt Gewichts-Proz.	$n_D^{20^0}$	Wasser-gehalt Gewichts-Proz. (nach Main)	$n_D^{20^0}$
p = 100	1,3330	p = 90	1,3479	p = 60	1,3997	p = 30	1,4651
99	3344	85	3557	55	4096	25	4774
98	3359	80	3639	50	4200	20	4901
97	3374	75	3723	45	4307	18	4954
96	3388	70	3811	40	4418	15	5033
95	3403	65	3902	35	4532		

Mahlke.

Einfluß der Konzentration auf die Brechungskonstanten von wässerigen Lösungen und Mischungen.

Lit. Tab. 227, S. 1051.

Dichte und Brechungsindex wässeriger Lösungen von Cadmiumsalzen

nach **de Muynck** (n_D bei 15 u. 20⁰).

Cadmiumnitrat $Cd(NO_3)_2$ Gewichtsprozente	$d^{18°}$	$n_D^{15°}$	$n_D^{20°}$	Cadmiumsulfat $CdSO_4$ Gewichtsprozente	$d^{18°}$	$n_D^{15°}$	$n_D^{20°}$
p = 54,027	1,711	1,42920	1,42857	p = 25,121	1,297	1,37345	1,37277
43,716	515	40453	40393	18,172	200	36149	36081
30,879	321	37904	37835	9,942	101	34811	34743
21,353	204	36323	36256	5,639	055	34223	34155
14,899	134	35386	35303				
8,683	074	34518	34451				

Cadmiumchlorid $CdCl_2$ Gewichtsprozente	$d^{18°}$	$n_D^{15°}$	Cadmiumbromid $CdBr_2$ Gewichtsprozente	$d^{18°}$	$n_D^{15°}$	Cadmiumjodid CdJ_2 Gewichtsprozente	$d^{18°}$	$n_D^{15°}$
p = 57,254	1,852	1,47314	p = 33,289	1,384	1,39215	p = 31,123	1,338	1,38999
41,547	515	41950	23,973	252	37180	24,221	—	37449
29,977	330	38938	20,552	209	36555	18,728	—	36370
21,431	210	37127	11,983	112	35125	13,677	1,125	35474
14,761	142	35835	6,543	106	34309	12,723	—	35329
			3,734	030	33916	9,559	1,086	34801
			1,927	017	33665	3,095	—	33822

Brechungskonstanten wässeriger Lösungen

nach **Dinkhauser** ($n_D^{18°}$).

Kaliumchlorid KCl Gewichtsprozente	$d^{18°}$	$n_D^{18°}$	Molekulare Brechungsdifferenz $v \cdot \nu$
p = 0	0,9986	1,33345	
2,290	1,0135	33660	0,01013
5,843	0370	34162	01006
8,717	0560	34554	00980
12,481	0813	35078	00958
18,521	1238	35885	00910
Kaliumsulfat K_2SO_4			
p = 1,373	1,0097	1,33516	0,01080
3,213	0247	33740	01046
6,570	0524	34149	01012
9,259	0750	34467	00983
Natriumsulfat Na_2SO_4			
p = 1,873	1,0161	1,33634	0,01090
4,525	0405	34020	01020
7,330	0662	34437	00994
12,544	1160	35192	00937

Natriumchlorid NaCl Gewichtsprozente	$d^{18°}$	$n_D^{18°}$	Molekulare Brechungsdifferenz $v \cdot \nu_D$
p = 2,870	1,0192	1,33851	0,01012
4,262	0293	34088	00990
5,629	0392	34320	00975
10,856	0778	35224	00940
15,729	1157	36105	00920
20,313	1520	36926	00895
24,644	1871	37710	00873
Cadmiumjodid CdJ_2			
p = 2,162	1,0171	1,33652	0,02550
5,514	0467	34128	02483
8,760	0767	34624	02478
17,200	1627	35998	02426
20,342	1983	36560	02412
25,388	2592	37539	02400
27,204	2828	37922	02399

Brechungskonstanten wässeriger Lösungen

nach **Hallwachs** (3) (Natriumlicht).

Essigsäure 15,8⁰		Weinsäure 17,0⁰		Rohrzucker 14,0⁰		Schwefelsäure 13,1⁰	
v	$v \cdot \nu_D$	v	$v \cdot \nu_D$	v	$v \cdot \nu_D$	v	$v \cdot \nu_D$
1,09	0,00443	1,999	0,00868	16,0	0,0493	2,028	0,006156
4,36	447	3,998	877	32,0	499	4,056	638
52,4	452	48,02	922	384	497	64,9	8275
104,7	452	96,04	934	769	503	97,4	852

Mahlke.

Einfluß der Konzentration auf die Brechungskonstanten von wässerigen Lösungen und Mischungen.

Lit. Tab. 227, S. 1051.

Brechungskonstanten wässeriger Lösungen nach Hallwachs (3) (Forts.) (Natriumlicht.)

Salzsäure 13,2°		Chlornatrium 14,1°		Magnesiumsulfat 14,1°		Zinksulfat 13,6°	
v	$v \cdot \nu_D$	v	$v \cdot \nu_D$	v	$v \cdot \nu_D$	v	$v \cdot \nu_D$
3,027	0,00844	0,3993	0,009464	4,00	0,01231	5,05	0,01417
6,054	850	7,98	01038	8,00	1253	10,10	1436
72,71	861	95,9	01055	96,1	1313	121,3	1510
145,4	864	191,7	01050			242,6	1524
Natriumcarbonat 16,1°		**Cadmiumbromid 18,5°**		**Trichloressigsäure 12,5°**		**Dichloressigsäure 12,5°**	
2,32	0,01178	1,0591	0,017030	0,19676	$0,01673_6$	0,20110	0,012983
4,64	1205	4,2438	17520	1,9681	2062_2	4,017	15738
9,28	1217	17,008	17806	15,725	2121_4	16,068	16785
55,7	1249	34,059	17973	62,96	2153	64,40	1774

Brechungskonstanten wässeriger Lösungen bei 16° nach Dijken.

Konzentration	Brechungsdifferenz ν_D	$\frac{A \cdot \nu_D}{p}$	$\frac{A \cdot \nu_D}{p \cdot d}$	Dispersion $\frac{\nu_F - \nu_C}{\nu_D}$	Konzentration	Brechungsdifferenz ν_D	$\frac{A \cdot \nu_D}{p}$	$\frac{A \cdot \nu_D}{p \cdot d}$	Dispersion $\frac{\nu_F - \nu_C}{\nu_D}$
Ammoniumnitrat NH_4NO_3					Ammoniumsulfat $(NH_4)_2SO_4$				
$p =$ 1,99345	0,002512	0,1005	0,1000	0,0426	$p =$ 6,5933	0,010810	0,1076	0,1035	0,0162
0,99485	1266	1015	1011	426	1,0988	01873	1127	1120	160
0,24903	03216	1034	1033	438	0,41181	007243	1141	1138	150
0,06201	00824	1064	1064	—	0,20950	003644	1150	1149	175
Ammoniumchlorid NH_4Cl					Magnesiumnitrat $Mg(NO_3)_2$				
$p =$ 5,3357	0,010389	0,1041	0,1023	0,0350	$p =$ 3,8356	0,006039	0,1167	0,1131	0,0394
2,1231	04159	1047	1040	361	0,95956	1561	1205	1195	384
1,3343	02622	1051	1046	351	0,24036	03982	1228	1225	376
0,16756	003383	1079	1078	330	0,06066	01020	1244	1243	—
Magnesiumsulfat $MgSO_4$					Magnesiumchlorid $MgCl_2$				
$p =$ 2,9851	0,006068	0,1227	0,1192	0,0132	$p =$ 4,7512	0,011957	0,1199	0,1154	—
0,7480	1570	1260	1250	146	2,2698	05723	1198	1176	0,0323
0,1864	03977	1281	1278	145	0,59986	01525	1208	1202	328
0,04171	00900	1296	1295	—	0,14922	003851	1227	1225	332
Zinknitrat $Zn(NO_3)_2$					Zinksulfat $ZnSO_4$				
$p =$ 5,3800	0,008119	0,1424	0,1368	0,0342	$p =$ 4,0039	0,007300	0,1468		0,0153
1,3455	1993	1401	1387	361	1,0039	1852	1486		162
0,33542	04995	1409	1406	368	0,24914	04712	1523		142
0,08326	01276	1447	1446	—	0,06284	01203	1538		—
Zinkchlorid $ZnCl_2$					Kaliumchlorid KCl				
$p =$ 6,5760	0,013827	0,1386	0,1303	0,0305	$p =$ 3,7144	0,005073	0,1016	0,0992	—
3,2822	06979	1402	1359	311	0,93218	1290	1029	0,1023	0,0318
0,8249	01770	1414	1403	307	0,11662	0165	1054	1053	—
0,20687	00449	1432	1429	—	0,05841	00839	1070	1070	—

Brechungsdifferenz $\nu_D^{19^0}$ für Natriumchlorid NaCl (Borgesius)

v	p	$\nu_D^{19^0}$
½	10,850	0,018915
2	2,8509	05011
8	0,72635	02533
16	0,36433	00648
128	0,04340	00083

$\nu_D^{19^0} = 0{,}0_2 17644\, p - 0{,}0_5 1963\, p^2$

$\nu_D^{8^0} = 0{,}0_2 1852\, p - 0{,}0_5 336\, p^2$

(Siertsema)

Brechungsindex wässeriger Glyzerinlösungen $n_D^{17,5^0}$ nach Henkel u. Roth

Glyzerin	$n_D^{17,5^0}$
$p =$ 19,843	1,35765
14,178	5046
12,746	4868
9,308	4440
6,320	4075
1,226	3463

Brechungsindex gewässerter Kuhmilch nach Ackermann †)

Wassergehalt	$n_D^{17,5^0}$	Wassergehalt	$n_D^{17,5^0}$
$p =$ 0	1,34237	$p =$ 30	1,34021
5	34188	35	33995
10	34151	40	33972
15	34113	45	33949
20	34078	50	33930
25	34048		

†) Umgerechnet aus den Angaben des Originals (Skalenwerte des Eintauchrefraktometers von Zeiß-Jena).

Mahlke.

Einfluß der Konzentration auf die Brechungskonstanten von wässerigen Lösungen und Mischungen.

Lit. Tab. 227, S. 1051.

Brechungsindex n_D krystallisierender Lösungen nach Miers u. Isaac.

Natriumnitrat $NaNO_3$

Konzentration	Temperatur der abkühlenden Lösung	Maximalwert des Brechungsindex n_D
p = 53,10	39,5°	1,394332
49,53	24,5	92234
49,48	24,5	93004
49,414	25,7	92444
49,25	24,5	92602
48,68	21,4	92328
48,67	23,45	92020
48,594	23,0	91916
47,85	19,4	92073
47,45	17,6	91351
46,62	16,8	91253
45,76	15,8	89811

Natriumchlorat $NaClO_3$

Konzentration	Temperatur der abkühlenden Lösung	Maximalwert des Brechungsindex n_D
p = 54,835	34,5°	1,394846
54,054	33,5	5003
51,736	24,5	2742
51,035	22,45	2020
56,004	35	6381
Kalium-Alaun $K_2Al_2(SO_4)_4 \cdot 24\ H_2O$		
p = 24,48	39,5°	1,355400
20,462	39,5	1021
15,375	30,5	2422

Ammonium-Alaun $(NH_4)_2Al_2(SO_4)_4$, $24\ H_2O$

Konzentration	Temperatur der abkühlenden Lösung	Maximalwert des Brechungsindex n_D
p = 21,065	24,45°	1,355178
23,0015	26,45	7311
Ammoniumoxalat $(NH_4)_2C_2O_4$		
p = 8,576	30°	1,346282
8,2126	28	5866
Natriumthiosulfat $Na_2S_2O_3 \cdot 5\ H_2O$		
p = 71,965	21,9°	1,436135
70	24,45	9296
Natriumchlorid NaCl		
p = 26,932	14,35°	1,381516

Brechungsindex n_D von Gemischen nach v. Zawidzki.

Äthylacetat und Tetrachlorkohlenstoff

$CH_3COOC_2H_5$	$n_D^{25,2°}$
p = 0	1,45707
9,74	44305
20,10	43026
29,81	41936
39,99	40948
59,68	39362
69,44	38698
79,45	38082
89,98	37524
100,00	37012

Benzol und Tetrachlorkohlenstoff

CCl_4	$n_D^{25,2°}$
p = 0	1,49779
10,11	9542
26,97	9132
34,82	8911
46,50	8544
58,76	8088
67,49	7711
80,94	7028
86,90	6668
100,00	5767

Benzol und Äthylenchlorid

$C_2H_4Cl_2$	$n_D^{25,2°}$
p = 0	1,49779
10,16	9294
23,25	8641
30,30	8273
41,35	7696
49,40	7270
71,04	6041
78,81	5572
90,80	4842
100,00	4225

Tetrachlorkohlenstoff und Äthyljodid

C_2H_5J	$n_D^{25,2°}$
p = 0	1,45707
12,78	46385
21,16	46782
29,35	47201
40,29	47755
49,35	48239
70,15	48858
80,03	49901
90,23	50469
100,00	51009

Äthylacetat und Äthyljodid

C_2H_5J	$n_D^{25,2°}$
p = 0	1,37003
11,88	37683
20,93	38285
30,65	39024
40,82	39925
50,59	40948
69,95	43628
80,03	45507
95,87	49598
100,00	51005

Essigsäure und Benzol

$C_2H_4O_2$	$n_D^{25,2°}$
p = 0	1,49794
9,93	48437
19,73	47607
30,21	45727
40,05	44436
50,02	43151
70,05	40622
80,04	39382
90,03	38176
100,00	36994

Essigsäure und Toluol

$C_2H_4O_2$	$n_D^{25,2°}$
p = 0	1,49366
9,20	48224
19,75	46910
29,75	45667
40,27	44360
49,90	43166
69,94	40691
79,88	39469
89,84	38242
100,00	37003

Essigsäure und Pyridin

$C_2H_4O_2$	$n_D^{25,2°}$
p = 0	1,50695
10,21	49523
20,30	48399
30,40	47284
40,40	46235
50,05	45277
70,24	43312
79,80	42051
90,35	39891
100,00	37015

Schwefelkohlenstoff und Methylal

CS_2	$n_D^{25,4°}$
p = 0	1,35064
10,14	36739
20,24	38556
30,45	40622
40,45	42831
50,28	45247
69,75	50863
80,00	54264
89,73	57937
94,25	59829

Schwefelkohlenstoff und Aceton

CS_2	$n_D^{25,4°}$
p = 0	1,35625
10,58	,37145
20,22	38698
30,38	40528
40,25	42536
50,29	44842
70,23	50339
79,78	53643
89,94	57713
95,30	60077

Chloroform und Aceton

$CHCl_3$	$n_D^{25,4°}$
p = 0	1,35625
10,75	36136
20,98	36675
31,22	37288
43,63	38148
63,00	39784
73,10	40819
81,34	41772
92,12	43146
100,00	44295

Äthylen- und Propylenbromid

$C_3H_6Br_2$	$n_D^{25,4°}$
p = 0	1,53601
19,74	3190
32,10	2953
40,27	2797
51,64	2588
60,11	2430
69,72	2263
80,27	2081
90,64	1898
100,00	1745

Mahlke.

Einfluß der Konzentration auf die Brechungskonstanten von wässerigen Lösungen und Mischungen.

Lit. Tab. 227, S. 1051.

Brechungsindex und Dichte von Mischungen nach Hess (I).

Äthyläther u. Terpentinöl

Terpentinöl	Volumprozente	d^{15°	$n_F^{15^\circ}$
p=0	0	0,71890	1,35993
19,807	17,084	74607	38064
40,119	35,853	77387	40274
59,602	55,173	80134	42522
79,432	76,313	83111	44975
100	100	86176	47633

Terpentinöl u. Benzol

Nr. der Mischung	Gewichtsprozente Benzol	Volumprozente	d^{8°	$n_{G'}^{8^\circ}$	$n_F^{8^\circ}$	$n_D^{8^\circ}$	$n_C^{8^\circ}$
I	p=0	0	0,86707	1,48516	1,47915	1,47194	1,46907
II	20,077	19,672	6959	49260	48576	47768	47450
III	39,999	39,139	7256	50039	49269	48373	48017
IV	60,027	59,418	7760	50969	50105	49105	48712
V	79,573	79,170	8376	51940	50989	49891	49460
VI	100	100	9131	53125	52069	50853	50383

Terpentinöl u. Benzol.

Nr. der Mischung	d^{15°	$n_{G'}^{15^\circ}$	$n_F^{15^\circ}$	$n_D^{15^\circ}$	$n_C^{15^\circ}$	d^{22°	$n_{G'}^{22^\circ}$	$n_F^{22^\circ}$	$n_D^{22^\circ}$	$n_C^{22^\circ}$
I	0,86176	1,48220	1,47628	1,46913	1,46635	0,85573	1,47898	1,47300	1,46592	1,46316
II	6344	48915	48234	47427	47115	5750	48543	47868	7070	6765
III	6609	49663	48898	48000	47651	5970	49235	48482	7596	7246
IV	7071	50546	49697	48697	48308	6395	50131	49288	8304	7920
V	7646	51519	50576	49478	49054	6928	51078	50241	9061	8644
VI	8355	52656	51610	50402	49938	7597	52119	51090	9898	9441

Terpentinöl u. Schwefelkohlenstoff.

CS_2	Volumprozente	d^{15°	$n_F^{15^\circ}$	$n_D^{15^\circ}$	$n_C^{15^\circ}$
p=0	0	0,86176	1,47628	1,46913	1,46635
20,325	14,751	0,91800	49994	49039	48668
40,474	31,565	0,98595	52917	51675	51190
60,105	50,545	1,05755	56120	54563	53937
78,743	71,693	1,14829	60080	58137	57387
100	100	1,27038	65653	63149	62202

Äthylalkohol u. Schwefelkohlenstoff nach Wüllner.

CS_2 Volumprozente	d^{20°	$n_{G'}^{20^\circ}$	$n_F^{20^\circ}$	$n_C^{20^\circ}$
0	0,79628	1,37026	1,36676	1,36065
39,386	0,97177	1,48041	47039	45450
57,289	1,05425	1,53409	52081	49996
71,135	1,12167	1,57902	56279	53771
100	1,26354	1,67515	65268	61847

Äthylenbromid u. Propylalkohol (Schütt).*

$C_2H_4Br_2$	$d^{18,07^\circ}$	$n_{G'}^{18,07^\circ}$	$n_F^{18,07^\circ}$	$n_D^{18,07^\circ}$	$n_C^{18,07^\circ}$
p=0	0,80659	1,394543	1,390775	1,386161	1,384249
10,0084	0,86081	400633	396690	391892	389897
20,9516	0,92908	408338	404199	399136	397065
40,7320	1,08453	426050	421414	415815	413486
60,0940	1,29695	450766	445434	439013	436372
80,0893	1,62640	490018	483591	475796	472691
90,1912	1,86652	519293	511956	503227	499709
100	2,18300	558986	550501	540399	536370

* Absolute Brechungsexponenten.

Aceton u. Benzol (Drude).

Aceton	d^{16°	$n_D^{16^\circ}$
p=0	0,885	1,5036
9,8	876	4885
20,0	866	4723
31,0	856	4558
40,0	847	4426
49,5	839	4284
69,4	822	4011
84,7	810	3803
100	797	3609

Anilin u. Äthylalkohol (Johst).

Gewichtsteile	$d^{16,3^\circ}$	$n_{G'}^{16,3^\circ}$	$n_F^{16,3^\circ}$	$n_D^{16,3^\circ}$	$n_C^{16,3^\circ}$
Anilin	1,02478	1,62271	1,60632	1,58818	1,58135
2 Anil. + 1 Alk.	0,95888	54104	52921	51596	51088
1 „ + 1 „	0,92284	49943	48979	47886	47465
1 „ + 2 „	0,88467	45713	44960	44095	43757
Alkohol	0,80810	37187	36836	36403	36225

Benzol u. Essigsäure (Buchkremer).

Essigsäure Volumprozente	d^{20°	$n_D^{20^\circ}$
0	0,87953	1,50001
28,614	0,92040	45704
45,591	0,94750	43409
66,276	0,98470	40872
100	1,05050	37265

Mahlke.

Einfluß der Konzentration auf die Brechungskonstanten von wässerigen Lösungen und Mischungen.

Lit. Tab. 227, S. 1051.

Schwefelkohlenstofflösungen von Schwefel und Phosphor (Berghoff).

In 100 CS_2 gelöst	$n_D^{15^0}$	In 100 CS_2 gelöst	$n_D^{20,7^0}$
0 S	1,63172	0 P	1,62697
5 „	64264	5 „	64012
10 „	65294	10 „	65216
15 „	66333	15 „	66517
20 „	67232	20 „	67628
25 „	68169	25 „	68646

Schwefel in Methylenjodid (**Madan**) (gesättigte Lösung: $n_D^{16^0} = 1{,}778$), Phosphor in Methylenjodid (**Madan**) ($p = 50$): $n_{G'}^{18^0} = 2{,}021$; $n_F^{18^0} = 1{,}984$; $n_D^{18^0} = 1{,}944$; $n_C^{18^0} = 1{,}929$.

Brechungsindex von Lösungen nach Brühl.

Gelöste Substanz	Konzentration p	Lösungsmittel	d^t	t	$n_{G'}^t$	n_D^t	n_C^t
Isocyantetrabromid $C_2Br_4N_2$	31,870	Äthylalkohol (96%)	1,04555	19,6°	1,41048	1,33953	1,39701
Nitromethan $C_3H_6O_4N_2$ . .	49,587	„	1,0040	23,4	41197	40107	39871
Pyrazin $C_4H_4N_2$	43,459	„	0,9099	18,2	43444	42024	41730
Chlorimidokohlensäureäther $C_5H_{10}ClO_2N$ . .	35,463	Äthyläther	0,8341	17,2	39142	38261	38056
Bromimidokohlensäureäther $C_5H_{10}BrO_2N$.	34,195	„	0,8763	17,4	39241	38312	38105
							n_F^t:
Nitrobenzol C_6H_5ON . . .	53,104	Äthylalkohol	0,8320	20,4	39114	38000	1,38593
„ . . .	21,831	Benzol	0,9169	20,5	52542	51742	
„ . . .	12,079	„	0,8969	22,1	52997	50489	1,51817

Brechungskonstanten von Schwefelkohlenstofflösungen (Forch).

p	v	$\frac{v}{p}$	p	v	$\frac{v}{p}$	p	v	$\frac{v}{p}$
Chloroform in CS_2 bei 16,0°			Ricinusöl in CS_2 bei 14,3°			Äthyläther in CS_2 bei 16,0°		
5,44	−0,00988	−0,001817	4,84	−0,01074	−0,002220	$2{,}26_4$	−0,01220	−0,00539
10,19	−0,01848	1814	10,37	2240	2160	$4{,}99_5$	2467	4939
15,33	2784	1816	18,48	3837	2076	10,24	4893	4778
20,16	3658	1814	28,30	5635	1991	15,43	7013	4545
29,68	5403	1820	37,39	7141	1910	$20{,}56_5$	9056	4404
41,02	7466	1820	Paraffinöl in CS_2 bei 16,0°			Schwefel in CS_2 bei 17,5°		
49,68	8981	1822	9,96	−0,02316	−0,002325	1,227	0,00287	0,00232
Naphthalin in CS_2 bei 16,2°			19,89	4376	2200	5,105	0,01196	2343
9,18	−0,00048	−0,000053	30,84	6355	2061	9,118	2182	2393
19,8	96	48_5	39,86	7843	1968	18,74	4638	2475
26,8	−0,00130	48_4	48,24	9113	1889	26,44	6750	2554

Brechungskonstanten nach Chéneveau.

$K = \frac{\Delta}{c}$, wo c der Gehalt an gelöster Substanz im l Lösung ist und Δ die Brechungsdifferenz $(n - n_e)$, unter Reduktion des Brechungsindex n_e des Lösungsmittels (Wasser) in Bezug auf dessen Verdünnung, so daß $n_e = 1 + \frac{(n_0 - 1)(100 - p)\, d}{100}$ ist, (n_0 = gewöhnlicher Brechungsindex des Wassers).

Schwefelsäure H_2SO_4.

Gewichtsprozente $H_2SO_4 = p$	$c = g$ H_2SO_4 im l	$n_D^{15^0}$	d^{15^0}	Δ	$K = \frac{\Delta}{c}$
95,38	1751,56	1,4317	1,8364	0,4034	0,0₃2303
83,88	1479,72	1,4377	7641	3428	2317
70,15	1122,59	1,4216	6037	2612	2329
52,36	741,67	1,3981	4165	1731	2338
30,14	367,71	1,3706	2200	0864	2350
16,18	180,00	1,3532	1125	0422	2344
10,15	108,41	1,3456	0681	0255	2352
6,93	72,47	1,3418	0458	0172	2373
3,41	34,85	1,3375	0221	0083	2381

Mittelwerte der Größe $K = \frac{\Delta}{c}$ für wässerige Lösungen.

HCl	0,0₃3942	HNO_3	0,0₃2790	Li_2SO_4	0,0₃2223
$LiCl$	3497	$LiNO_3$	2609	Na_2SO_4	1845
$NaCl$	2688	$NaNO_3$	2233	K_2SO_4	1899
KCl	2536	KNO_3	2207	$(NH_4)_2SO_4$	3014
NH_4Cl	4220	NH_4NO_3	3209	$MgSO_4$	1941
KBr	2135	$Mg(NO_3)_2$	2447	$CuSO_4$	1785
$MgCl_2$	3050	$AgNO_3$	1625	Na_2SO_3	2259
$SrCl_2$	2201	$Cu(NO_3)_2$	2114	$Na_2S_2O_3$	2679
$BaCl_2$	1859	$Pb(NO_3)_2$	1604	$NaOH$	2374
$HgCl_2$	1421	KNO_2	2251	NH_4OH	4331
$CuCl_2$	2466	KOH	2295	$KClO_3$	2112

Mahlke.

Einfluß der Temperatur auf die Brechungskonstanten wässeriger Lösungen und Mischungen.

Lit. Tab. 227, S. 1051.

Temperaturkoeffizienten $\left(-\frac{dn}{dt}\right)\cdot 10^5$ der Brechungsexponenten wässeriger Lösungen für mittlere Wellenlänge bei 18° (Dinkhauser).

Gewichtsprozente der gelösten Substanz $p =$	2,5	5	10	15	20	25	30	35	40	45	50	60	70
Natriumchlorid NaCl . . .	9,0	10,0	11,7	13,2	14,6	15,9							
Kaliumchlorid KCl	8,7	9,4	10,7	11,8	12,8	13,8							
Ammoniumchlorid NH_4Cl . .	9,6	10,2	11,4	12,6	13,8	15,0							
Naliumjodid KJ		16			18								
Natriumnitrat $NaNO_3$ . . .	10		12		11,5		17		20	22			
Calciumchlorid $CaCl_2$ . . .		11	13	15	17	18	19		20				
Zinkchlorid $ZnCl_2$	10,5	12	15	17	19	21	23	24,5	26	27	28	29	30
Natriumsulfat Na_2SO_4 . . .		12	13										
Kupfersulfat $CuSO_4$ . . .	16	17		19									
Calciumnitrat CaN_2O_6 . . .	17		22										
Natriumcarbonat Na_2CO_3 . .			18										
Natriumhydroxyd NaOH . .			13		16		19	20					
Rohrzucker $C_{12}H_{22}O_{11}$ . . .		9,9	10,8	11,6	12,4	13,2	14,0	14,7	15,4	16,0	16,6	17,6	18.4

Temperaturkoeffizient $\left(-\frac{dn}{dt}\right)\cdot 10^5$ der Brechungsexponenten verschieden konzentrierter Lösungen von Kalium- und Natriumchlorid für Strahlen mittlerer Wellenlänge (Dinkhauser nach Versuchen von Bender).

Temperatur t_1—t_2	für KCl Konzentration $\mu = 1$	2	3	für NaCl 1	2	3	4
10°—15°	9,0	10,8	12,4	9,8	12.1	13,4	14,0
15—20	10,2	11,6	12,9	10,8	12,8	13,9	14,4
20—25	11,4	12,4	13,4	11,8	13,5	14,4	14,8
25—30	12,4	13,1	13,8	12,8	14,2	14,9	15,2
30—35	13,3	13,8	14,2	13,7	14,8	15,4	15,6
35—40	14,2	14,4	14,6	14,6	15,4	15,9	16,0
40—45	**15,1**	**15,0**	**14,9**	15,5	16,0	16,3	16,4
45—50	16,0	15,5	15,2	16,4	16,6	16,7	16,8
50 - 55	16,8	16,0	15,5	**17,3**	**17,2**	**17,1**	**17,1**
55—60	17,5	16,5	15.8	18,2	17,8	17,5	17,4
60—65	18,2	17,0	16,0	19,0	18,4	17,9	17,7
65—70	18,8	17,5	16,2	19,8	19,0	18,2	18,0

Temperaturkoeffizient $\frac{d\nu}{dt}$ für die Brechungsdifferenz ν_D von wässerigen Lösungen (Dyken).

Gelöste Substanz	Verdünnung v	Temperatur t_2—t_2	$\frac{d\nu}{dt}$
KCl	8	7,4°—15,9°	—0,0₅36
NH_4NO_3	8	8,1—15,4	—0,0₅47
$ZnCl_2$	8	8,1—16,1	—0,0₅16

Temperaturkoeffizient $\frac{dn}{dt}$ der Brechungsexponenten von Schwefellösungen in Schwefelkohlenstoff (Berghoff) zwischen 3,5° u. 22,7°.

In 100 CS_2 gelöst	$\frac{dn}{dt}$
0 S	—0,0₃8443
5	7735
10	7662
15	7281
20	7647
25	7860

Temperaturkoeffizient $-k = \frac{1}{\nu}\cdot\frac{d\nu}{dt}$ für die Brechungsdifferenz ν_D wässeriger Lösungen (Hallwachs).

Gelöste Substanz	Verdünnung v	Temperatur	$k = -\frac{1}{\nu}\cdot\frac{d\nu}{dt}$
Bromcadmium .	0,52	18,6°	0,00130
Rohrzucker . .	2,56	17,8	0,00095
Dichloressigsäure	0,2	12,5	0,00269
„	1,0	12,5	0,00303
Trichloressigsäure	2	12,6°—17,6°	0,00208
„	8	12,4 —17,6	0,00218

Molekularrefraktion in wässeriger Normallösung $\left[AR = \frac{n-1}{d}\cdot A;\ A\mathfrak{R} = \frac{n^2-1}{n^2+2}\cdot\frac{A}{d}\right]$ (Dinkhauser)

(Auszug).

		H	Li	Na	K	NH_4	Rb	Ag	½ Mg	½ Ca	½ Sr	½ Ba	½ Zn	½ Cd
Cl	AR =	14,46	14,93	14,70	18,36	22,80	21,09	27,42				19,75		17,97
	A𝔑 =	8,45	8,71	8,53	10,83	12,83	12,43	13,43				10,78		10,29
Br	AR =	20,88	21,25		24,26		27,64	36,33						29,22
	A𝔑 =		12,36		14,01		15,99	16,70						13,93
J	AR =	32,27	32,31		35,82	40,53		49,40						35,29
	A𝔑 =		18,71		19,99	22,35		23,25						20,30
NO_3	AR =	17,63	17,87	18,70	21,56			29,17		19,50	20,37	23,03		21,33
	A𝔑 =		10,62	11,01	12,89			15,87		11,28	11,73	13,25		12,34
SO_4	AR =	11,41	11,85		16,21		19,00		11,87	13,11	14,57	16,72	13,80	15,82
	A𝔑 =	6,71	6,80		9,55		11,13		6,66	7,45	8,24	9,41	7,66	8,94

Mahlke.

Literatur betr. Brechungskonstanten wässeriger Lösungen und Mischungen.

[R] bedeutet, daß an der betreffenden Literaturstelle Angaben über Molekularrefraktion zu finden sind.

E. Ackermann, ZS. f. Unters. v. Nahr.- u. Genußmitteln **13**, 186; 1907.
E. Ackermann u. **Steinmann**, ZS. f. d. ges. Brauwesen **28**, 259; 1905.
Andrews, Journ. Amer. chem. Soc. **30**, 353; 1908.
E. v. Aubel, C. r. **134**, 985; 1902; Arch. Sc. phys. (4) **15**, 78; 1903; C. r. **139**, 126; 1904.
Barbier u. **Roux**, C. r. **110**, 457 u. 527, 1890.
Beer u. **Kremers**, Pogg. Ann. **101**, 133; 1851.
C. Bender, (1) Wied. Ann. **39**, 89; 1890; (2) Wied. Ann. **69**, 676; 1899; (3) Ann. Phys. (4) **2**, 186; 1900; (4) Ann. Phys. (4) **8**, 109; 1902.
V. Berghoff, ZS. ph. Ch. **15**, 42; 1894. [R]
A. Beythien u. **R. Hennicke**, Pharm. Zbl. **48**, 1005; 1907.
Le Blanc, ZS. ph. Ch. **4**, 553; 1889. [R]
Le Blanc u. **Rohland**, ZS. ph. Ch. **19**, 261, 1896. [R]
Bogusky, Journ. russ. (5) **31**, 543; 1899 (ZS. ph. Ch. **35**, 373; 1900 KNO_3).
A. H. Borgesius, Wied. Ann. **54**, 221; 1895. [R]
Börner, Diss. Marburg 1869.
G. J. W. Bremer, Arch. néerl. (2) **5**, 202; 1900.
J. W. Brühl, ZS. ph. Ch. **22**, 373; 1897.
L. Buchkremer, Diss. Bonn 1890.
Chéneveau, (1) C. r. **138**, 1483; 1904; (2) C. r. **138**, 1548; 1904; (3) C. r. **139**, 361; 1904; (4) C. r. **142**, 1520; 1906; (5) C. r. **145**, 176 u. 1332; 1907; Ann. chim. phys. (8) **12**, 145 u. 289; 1907; Journ. phys. (4) **7**, 362; 1908; (6) C. r. **150**, 866; 1910. Ann. chim. phys. (8) **21**, 36; 1910.
A. Chilesotti, Gazz. chim. ital. **30** [1], 1900.
C. Christiansen, Wied. Ann. **19**, 257; 1883.
C. A. Mac Clung, Chem. News **82**, 88; 1900.
D. Dijken, ZS. ph. Ch. **24**, 81; 1897. [R]
J. Dinkhauser, Wien. Anz. 1905, 143; Wien. Ber. **114**, [2 a] 1001; 1905. [R]
D. A. Doroschewski u. **S. Dworschantschik**, Journ. russ. **40**, 101 u. 908, 1908.
Doumer, C. r. **110**, 40; 1890.
Drucker u. **Moles**, ZS. ph. Ch. **75**, 429; 1911. Lit. über *n* von Wasser-Glycerin-Gemischen.
P. Drude, ZS. ph. Ch. **23**, 267; 1897.
Ende, ZS. ph. Ch. **17**, 141; 1895.
C. Forch, Ann. Phys. (4) **8**, 675; 1902.
Fouqué, C. r. **64**, 121; 1867.
Gifford, Proc. Roy. Soc. (A) **78**, 406; 1906 (Seewasser).
J. H. Gladstone u. **W. Hibbert**, Journ. chem. Soc. **67**, 831; 1896; **71**, 822; 1897. [R]
W. Hallwachs, (1) Wied. Ann. **47**, 380; 1892; (2) Wied. Ann. **50**, 577; 1893; (3) Wied. Ann. **53**, 1; 1894 [R]; (4) Wied. Ann. **68**, 1, 1899 [R]; „Isis" Dresden 1898.
A. Haucke, Wien. Ber. **105** [2 a], 579; 1896. [R]
H. Henkel u. **W. A. Roth**, ZS. angew. Chem. **18**, 1936; 1905.
Hess, (1) Wien. Anz. 1905; 312; Wien. Ber. **114**, 1231; 1905; (2) Wien. Ber. **115**, 459; 1906; (3) Wien. Anz. 1908; 306; Wien. Ber. **117**, 947; 1908; Ann. Phys. (4) **27**, 589; 1908. [R]
Hofmann, Pogg. Ann. **133**, 575; 1868.
J. F. Homfrey, Journ. chem. Soc. **87**, 1430; 1905; Proc. chem. Soc. **21**, 225; 1906.
C. F. Hubbard, ZS. phys. Ch. **74**, 207; 1910.
W. Johst, Wien. Ann. **20**, 47; 1883.
H. C. Jones u. Mitarbeiter, Hydrates in aqueous solutions. Washington 1907.
J. de Kowalski u. **J. de Modzelewski**, C. r. **133**, 33; 1901.
Landolt, Pogg. Ann. **117**, 353; 1862; **122**, 545; 1864; **123**, 595; 1864.
Leduc, C. r. **134**, 645; 1902.
F. Löwe, ZS. Elch. **11**, 829; 1905; ZS. ges. Brauw. **29**, 449; 1906 (Würze).
C. Mai u. **S. Rothenfusser**, ZS. Unters. v. Nahr.- u. Genußmitteln **16**, 7; 1908.
H. G. Madan, Journ. Roy. Mikroskop. Soc. 1897, 273; ZS. Kryst. **31**, 284; 1899.
H. Main, ZS. Ver. d. D. Zuckerind. **57**, 1008; 1907.
H. Matthes, ZS. Unters. v. Nahr.- u. Genußmitteln **5**, 1037; 1902; ZS. anal. Chem. **43**, 73; 1904.
E. Matthiessen, Diss. Rostock 1898 (Zuckerlösungen).
Miers u. **Isaac**, Journ. chem. Soc. **89**, 413; 1906; Proc. chem. Soc. **22**, 9; 1906.
O. Mohr, Wochenschr. Brauerei **23**, 609; 1906.
C. Moureu, C. r. **141**, 892; 1905; Ann. chim. phys. (8) **7**, 536; 1906; Bull. Soc. chim. (3) **35**, 35; 1906.
R. de Muynck, Wied. Ann. **53**, 559; 1894.
Obermayer, Wien. Ber. [2] **61**, 797; 1870.
W. H. Perkin, Proc. chem. Soc. **15**, 237; 1899.
Pulfrich, ZS. ph. Chem. **4**, 561; 1889.
E. Rimbach u. **R. Wintgen**, ZS. ph. Ch. **74**, 233; 1910.
M. Rudolfi, Habilitationsschr. Darmstadt, Ravensburg 1900.
O. Schönrock, ZS. Ver. d. d. Zucker-Ind. **61**, 421; 1911.
F. Schütt, ZS. ph. Chem. **9**, 349; 1892.
F. Schwers, Bull. Soc. chim. (4) **7**, 876; 1910.
Siertsema, Diss. Groningen 1890; Beibl. **14**, 801; 1890.
J. S. Stevens, Amer. Journ. Pharm. **74**, 577; 1902.
K. Stöckl, Diss. München 1900.
A. E. Tutton, Journ. chem. Soc. **71**, 846; 1897.
Verschaffelt, Bull. Acad. Brux. **27**, 77; 1894.
B. Wagner, (1) ZS. öffentl. Chem. **11**, 404; 1905; (2) Tabellen zum Eintauchrefraktometer, Sondershausen 1907.
B. Wagner u. **F. Schultze**, ZS. anal. Chem. **46**, 501; 1907.
J. Wallot, Diss. München 1902; Ann. Phys. (4) **11**, 593; 1903.
B. Walter, Wied. Ann. **38**, 107; 1889; Ann. Phys. (4) **12**, 671; 1903.
R. Wegner, Diss. Berlin 1889.
van der Willigen, Arch. Mus. Teyler **1**, 74; 1868; **2**, 209; 1869; **3**, 15; 1874.
Wüllner, Pogg. Ann. **133**, 1; 1868.
J. v. Zawidzki, ZS. ph. Chem. **35**, 129; 1900.
P. Zecchini, Gazz. chim. ital. **35** [2], 65; 1906; Beibl. **30**, 164; 1906.

Mahlke.

Spezifische Drehung aktiver organischer Substanzen.

Bezeichnet für eine bestimmte Temperatur t:

α_t den Drehungswinkel der Flüssigkeit in Kreisgraden,
l_t die Länge der angewandten Polarisationsröhre in Dezimetern,
d_t die auf Wasser von 4^0 bezogene Dichte der Flüssigkeit,
p den Prozentgehalt, d. h. die Anzahl Gramm aktiver Substanz in 100 Gramm Lösung,
$q = 100 - p$ die Anzahl Gramm inaktiven Lösungsmittels in 100 Gramm Lösung,
$c_t = p\,d_t$ die Konzentration, d. h. die Anzahl Gramm aktiver Substanz in 100 Kubikzentimeter Lösung (100 Kubikzentimeter gleich dem Volumen von 100 Gramm Wasser von 4^0 im luftleeren Raum abgewogen),
$[\alpha]_t$ die spezifische Drehung, so ist:

$$[\alpha]_t = \frac{\alpha_t}{l_t\,d_t} \text{ für reine flüssige aktive Körper,}$$

$$[\alpha]_t = \frac{100\,\alpha_t}{l_t\,p\,d_t} = \frac{100\,\alpha_t}{l_t\,c_t} \text{ für aufgelöste aktive Substanzen.}$$

$[\alpha]$ ist eine Funktion von p bez. c, t, dem Lösungsmittel, sowie der benutzten Wellenlänge λ des Lichtes in Luft. Wird der Drehungswinkel für gelbes Natriumlicht beobachtet, so ergibt sich die spezifische Drehung $[\alpha]^D$. Für die Mitte der beiden D-Linien ist in Luft von 20^0 C und 760 mm Druck $\lambda = 0{,}58930\,\mu$.

Die folgende Tabelle enthält nur eine Auswahl unter den aktiven organischen Substanzen. Eine vollständige Zusammenstellung der bis zur Mitte des Jahres 1896 ermittelten Rotationskonstanten findet sich in: **H. Landolt,** Das optische Drehungsvermögen organischer Substanzen und dessen praktische Anwendungen. Braunschweig 1898, S. 460 bis 655.

Aktive Substanz, Beobachter, Lösungsmittel, Gültigkeitsbereich	Spezifische Drehung
l-Äpfelsäure $C_4H_6O_5$ **Schneider**, Lieb. Ann. **207**, 263; 1881. Wasser. $q = 29$ bis 92.	$[\alpha]_{20}^D = 5{,}891 - 0{,}08959\,q$
Thomsen, Ber. chem. Ges. **15**, 443; 1882. Wasser.	p — $[\alpha]_{10}^D$ — $[\alpha]_{20}^D$ — $[\alpha]_{30}^D$ 21,65 — −0,44 — −0,90 — −1,43 28,67 — +0,33 — −0,35 — −0,83 40,44 — +1,31 — +0,54 — −0,12 53,75 — +2,52 — +1,73 — +0,94 64,00 — +4,10 — +2,72 — +1,99
Woringer, ZS. ph. Ch. **36**, 340; 1901. Wasser. $q = 49$ bis 93.	λ in μ — $[\alpha]_{20}$ 0,4482 — 14,971—0,173 q 0,4885 — 10,121—0,130 q 0,5330 — 8,349—0,113 q 0,5919 — 6,544—0,096 q 0,6659 — 4,605—0,071 q
Winther, ZS. ph. Ch. **41**, 193; 1902. Wasser. $p = 59{,}72$, $t = 15$ bis 60^0.	λ in μ — $[\alpha]_t$ 0,4453 — $3{,}568 - 0{,}1293\,(t-40) + 0{,}000226\,(t-40)^2$ 0,4655 — $2{,}664 - 0{,}1134\,(t-40) + 0{,}000448\,(t-40)^2$ 0,5340 — $1{,}141 - 0{,}0804\,(t-40) + 0{,}000181\,(t-40)^2$ 0,5890 — $0{,}557 - 0{,}0655\,(t-40) + 0{,}000141\,(t-40)^2$ 0,6570 — $0{,}296 - 0{,}0511\,(t-40) + 0{,}000055\,(t-40)^2$
Nasini u. **Gennari**, ZS. ph. Ch. **19**, 117; 1896. Propylalkohol. $p = 21{,}14$.	λ in μ — $[\alpha]_{20}$ 0,4482 — −3,07 0,4885 — −3,88 0,5330 — −3,92 0,5893 — −3,62 0,6659 — −3,30
Äpfelsaures Äthyl $(C_2H_5)_2C_4H_4O_5$ **Purdie** u. **Williamson**, Journ. chem. Soc. **69**, 823; 1896. Ohne Lösungsmittel.	Darstellungsweise — $[\alpha]_{11}^D$ Säuremethode — −10,34 Silbersalzmethode — −12,42
Äpfelsaures Natrium $Na_2C_4H_4O_5$ **Schneider**, Lieb. Ann. **207**, 271; 1881. Wasser. $q = 34$ bis 95.	$[\alpha]_{20}^D = 15{,}202 - 0{,}3322\,q + 0{,}0008184\,q^2$
l-Arabinose $C_5H_{10}O_5$ **Parcus** u. **Tollens**, Lieb. Ann. **257**, 174; 1890. Wasser. $c = 9{,}730$.	Zeit — $[\alpha]_{20}^D$ Anfangsdrehung nach 6,5 Min. als α-Modifikation — 156,6 Enddrehung nach 1,5 Stunden als β-Modifikation — 104,6
l-Asparaginsäure $C_4H_7NO_4$ **Cook**, Ber. chem. Ges. **30**, 296; 1897. Wasser.	p — t — $[\alpha]_t^D$ 0,528 — 20 — +4,36 1,872 — 32 — +3,78 „ — 50 — +1,55 „ — 75 — 0 „ — 90 — −1,86
Brucin $C_{23}H_{26}N_2O_4$ **Tykociner**, Rec. P.-B. **1**, 145; 1882. Äthylalkohol. $c = 2{,}129$.	$[\alpha]_{20}^D = -80{,}1$
d-Campher $C_{10}H_{16}O$ **Gernez**, Ann. scient. de l'École norm. sup. **1**, 37; 1864. Ohne Lösungsmittel.	Aggregatzustand — t — $[\alpha]_t^j$ geschmolzen — 204 — 70,33 dampfförmig (Druck 759,5 mm) — 220 — 70,31

Schönrock.

Spezifische Drehung aktiver organischer Substanzen.

Aktive Substanz, Beobachter, Lösungsmittel, Gültigkeitsbereich	Spezifische Drehung
d-Campher (Forts.) **Landolt**, Lieb. Ann. **189**, 334; 1877.	
Dimethylanilin. $q = 42$ bis 85.	$[\alpha]^D_{20} = 55{,}78 - 0{,}1491\,q$
Essigsäure. $q = 34$ bis 85.	$[\alpha]^D_{20} = 55{,}49 - 0{,}1372\,q$
Monochloressigäther. $q = 45$ bis 86.	$[\alpha]^D_{20} = 55{,}70 - 0{,}06685\,q$
Äthylalkohol. $q = 45$ bis 91.	$[\alpha]^D_{20} = 54{,}38 - 0{,}1614\,q + 0{,}0003690\,q^2$
Methylalkohol. $q = 50$ bis 89.	$[\alpha]^D_{20} = 56{,}15 - 0{,}1749\,q + 0{,}0006617\,q^2$
Rimbach, ZS. ph. Ch. **9**, 701; 1892. Benzol. $q = 47$ bis 90.	$[\alpha]^D_{20} = 55{,}99 - 0{,}1847\,q + 0{,}0002690\,q^2$
Essigäther. $q = 48$ bis 90.	$[\alpha]^D_{20} = 56{,}54 - 0{,}09065\,q + 0{,}0004005\,q^2$
Vogel, Landolts Optisches Drehungsvermögen, 176; 1898. Capronsäure. $q = 50$ bis 98.	$[\alpha]^D_{20} = 58{,}90 - 0{,}1685\,q + 0{,}001279\,q^2$
Isovaleriansäure. $q = 47$ bis 97.	$[\alpha]^D_{20} = 57{,}15 - 0{,}1257\,q + 0{,}001000\,q^2$
P. G. Nutting, Phys. Rev. **17**, 7; 1903. Äthylalkohol. $p = 34{,}70$.	λ in μ — $[\alpha]_{18}$ 0,334 (Ultraviolett) — 612,5 0,350 (Ultraviolett) — 378,3 0,400 — 158,6 0,450 — 109,8 0,500 — 81,7 0,550 — 62,0 0,589 — 52,4
l-Chinasäure $C_7H_{12}O_6$ **Thomsen**, Journ. prakt. Ch. (2) **35**, 156; 1887. Wasser. $p = 9$ bis 30.	$[\alpha]^D_{20} = -43{,}92$
Chinin (Anhydrid) $C_{20}H_{24}N_2O_2$ **Oudemans**, Lieb. Ann. **182**, 46; 1876. Äthylalkohol.	c — $[\alpha]^D_0$ — $[\alpha]^D_{10}$ — $[\alpha]^D_{20}$ 1 — −171,4 — −169,6 — −168,2 4 — −166,1 — −164,4 — −163,2 6 — −162,4 — −160,9 — −159,8
Chininsulfat $C_{20}H_{24}N_2O_2 . H_2SO_4$ **Oudemans**, Lieb. Ann. **182**, 49; 1876. Wasser. c etwa 1,6, auf Alkaloid berechnet.	Salz $[\alpha]^D_{17} = -213{,}7$ Alkaloid $[\alpha]^D_{17} = -278{,}1$
Cholalsäure $C_{24}H_{40}O_5$ **Hoppe-Seyler**, Journ. prakt. Ch. (1) **89**, 267; 1863. Äthylalkohol. $c = 2{,}659$.	Linie — $[\alpha]_{20}$ H — 78,0 G — 67,7 F — 52,7 b — 47,0 E — 44,7 D — 33,9 C — 30,1 B — 28,2
Cholesterin $C_{26}H_{44}O$ **Lindenmeyer**, Journ. prakt. Ch. (1) **90**, 323; 1863. Äther oder Steinöl. $c = 7{,}941$ in Äther oder $c = 10$ in Steinöl.	Linie — $[\alpha]_{20}$ G — −62,37 F — −48,65 b — −41,92 E — −39,91 D — −31,59 C — −25,54 B — −20,63
Cinchonidin $C_{19}H_{22}N_2O$ **Hesse**, Lieb. Ann. **176**, 220; 1875. Äthylalkohol 97%. Vol. $c = 1$ bis 5.	$[\alpha]^D_{15} = -107{,}5 + 0{,}297\,c$
Cinchonidinsulfat $(C_{20}H_{24}N_2O)_2 H_2SO_4$ **Oudemans**, Lieb. Ann. **182**, 49; 1876. Äthylalkohol. c etwa 1,6, auf Alkaloid berechnet.	Salz $[\alpha]^D_{17} = -118{,}7$ Alkaloid $[\alpha]^D_{17} = -157{,}5$
Cinchonin $C_{19}H_{22}N_2O$ **Oudemans**, Lieb. Ann. **166**, 71; 1873. Äthylalkohol und Chloroform. p etwa 0,6.	in Gemengen von Alkohol und Chloroform Alkohol — Chloroform — $[\alpha]^D_{17}$ 0 — 100 — 212,0 0,34 — 99,66 — 216,3 1,26 — 98,74 — 226,4 5,52 — 94,48 — 236,6 13,05 — 86,95 — 237,0 17,74 — 82,26 — 234,7 35,00 — 65,00 — 229,5 100 — 0 — 228,0
l-Cocaïn $C_{17}H_{21}NO_4$ **Antrick**, Ber. chem. Ges. **20**, 321; 1887. Chloroform. $q = 74$ bis 91.	$[\alpha]^D_{20} = -15{,}83 - 0{,}005848\,q$
Cocaïnhydrochlorid $C_{17}H_{21}NO_4 . HCl$ **Antrick**, Ber. chem. Ges. **20**, 318; 1887. Äthylalkohol $d_{20} = 0{,}9353$. $c = 6$ bis 25.	$[\alpha]^D_{20} = -67{,}98 + 0{,}1583\,c$
Conchinin $C_{20}H_{24}N_2O_2$ **Hesse**, Lieb. Ann. **176**, 224; 1875 u. **182**, 139; 1876. Äthylalkohol 97%. Vol. $c = 1$ bis 3.	$[\alpha]^D_{15} = 269{,}6 - 3{,}903\,c$
Conchininchlorhydrat $C_{20}H_{24}N_2O_2 \cdot HCl + H_2O$ **Hesse**, Lieb. Ann. **176**, 225; 1875. Äthylalkohol 97%. Vol. $c = 2$ bis 5.	$[\alpha]^D_{15} = 212 - 2{,}562\,c$

Schönrock.

Spezifische Drehung aktiver organischer Substanzen.

Aktive Substanz, Beobachter, Lösungsmittel, Gültigkeitsbereich	Spezifische Drehung
d-Coniin $C_8H_{17}N$ **Wolffenstein,** Ber. chem. Ges. **27**, 2612; 1894. Ohne Lösungsmittel.	$[\alpha]^D_{19} = 15{,}7$
d-Copellidin $C_8H_{17}N$ **Levy** u. **Wolffenstein,** Ber. chem. Ges. **29**, 1960; 1896. Ohne Lösungsmittel.	$[\alpha]^D_{20} = 36{,}93$
l-Copellidin $C_8H_{17}N$ **Levy** u. **Wolffenstein,** Ber. chem. Ges. **29**, 1960; 1896. Ohne Lösungsmittel.	$[\alpha]^D_{20} = -16{,}26$
l-Fenchylamin $C_{10}H_{17}NH_2$ **Wallach** u. **Binz,** Lieb. Ann. **276**, 318; 1893. Ohne Lösungsmittel.	$[\alpha]^D_{9,5} = -24{,}89$
Fenchylamin-p-Oxybenzyliden $C_{10}H_{17}N:CH \cdot C_6H_5O$ **Binz,** ZS. ph. Ch. **12**, 727; 1893. Chloroform. $p = 1{,}28$.	Zeit — $[\alpha]^D_{10}$ Anfangsdrehung n. 20 Min. 77 Enddrehung n. 18 Stunden 72,00
l-Fructose, Fruchtzucker, Lävulose $C_6H_{12}O_6$ **Parcus** u. **Tollens,** Lieb. Ann. **257**, 166; 1890. Wasser. $c = 10{,}0$.	Zeit — $[\alpha]^D_{20}$ Anfangsdrehung n. 6 Min. −104,0 Enddrehung nach 33 „ −92,25
Jungfleisch u. **Grimbert,** C. r. **107**, 393; 1888. Wasser. $c = 4$ bis 40, $t = 0$ bis 40°.	$[\alpha]^D_t = -100{,}3 - 0{,}108\,c + 0{,}56\,t$
Ost, Ber. chem. Ges. **24**, 1638; 1891. Wasser. $p = 2$ bis 31.	$[\alpha]^D_{20} = -91{,}90 - 0{,}111\,p$
H. Grossmann u. **F. L. Bloch,** ZS. Ver. Deutsch. Zuck.-Ind. (Techn. Teil) **62**, 49; 1912. Wasser. $c = 4{,}5$.	λ in μ — $[\alpha]_{20}$ 0,447 — −166,6 0,479 — −151,1 0,508 — −136,8 0,535 — −107,2 0,589 — −90,46 0,656 — −76,39
Pyridin. $c = 0{,}9997$.	Zeit — $[\alpha]^{0,656\,\mu}_{20}$ Anfangsdrehung n. 15 Min. −115,0 Enddrehung n. 22 Stunden −25,00
Pyridin. $c = 4{,}5$.	λ in μ — $[\alpha]_{20}$ 0,447 — −63,93 0,479 — −56,00 0,508 — −49,10 0,535 — −42,59 0,589 — −35,48 0,656 — −26,44

Aktive Substanz, Beobachter, Lösungsmittel, Gültigkeitsbereich	Spezifische Drehung
d-Galactose, Lactose $C_6H_{12}O_6$ **Parcus** u. **Tollens,** Lieb. Ann. **257**, 169; 1890. Wasser. $c = 10{,}20$.	Zeit — $[\alpha]^D_{20}$ Anfangsdrehung n. 7 Min. als α-Modifikation 117,5 Enddrehung n. 7 Stunden als β-Modifikation 80,27
Meißl, Journ. prakt. Ch. (2) **22**, 100; 1880. Wasser. $p = 4$ bis 36, $t = 10$ bis 30°.	$[\alpha]^D_t = 83{,}88 + 0{,}0785\,p - 0{,}209\,t$
H. Grossmann u. **F. L. Bloch,** ZS. Ver. Deutsch. Zuck.-Ind. (Techn. Teil) **62**, 31; 1912. Wasser. $c = 5{,}603$.	λ in μ — $[\alpha]_{20}$ 0,447 — 152,9 0,479 — 131,8 0,508 — 116,8 0,535 — 99,63 0,589 — 80,72 0,656 — 60,80
d-Glucose, Dextrose, Glycose, Traubenzucker $C_6H_{12}O_6$ **Parcus** u. **Tollens,** Lieb. Ann. **257**, 164; 1890. Wasser. $c = 9{,}097$.	Zeit — $[\alpha]^D_{20}$ Anfangsdrehung n. 5,5 Min. als α-Modifikation 105,2 Enddrehung nach 6 Stunden als β-Modifikation 52,49
Tollens, Ber. chem. Ges. **17**, 2238; 1884. Wasser. $p = 1$ bis 18.	$[\alpha]^D_{20} = 52{,}50 + 0{,}01880\,p + 0{,}0005168\,p^2$
H. Grossmann u. **F. L. Bloch,** ZS. Ver. Deutsch. Zuck.-Ind. (Techn. Teil) **62**, 41; 1912. Wasser. $c = 4{,}5$.	λ in μ — $[\alpha]_{20}$ 0,447 — 96,62 0,479 — 83,88 0,508 — 73,61 0,535 — 65,35 0,589 — 52,76 0,656 — 41,89
l-Glucose $C_6H_{12}O_6$ **Fischer,** Ber. chem. Ges. **23**, 2619; 1890. Wasser. $p = 4{,}114$.	Zeit — $[\alpha]^D_{20}$ Anfangsdrehung n. 7 Min. −94,4 Enddrehung n. 7 Stunden −51,4
Invertzucker = 1 Mol. Fructose + 1 Mol. Glucose **Gubbe,** Ber. chem. Ges. **18**, 2214; 1885. Wasser. $q = 31$ bis 91.	$[\alpha]^D_{20} = -23{,}30 + 0{,}01612\,q + 0{,}0002239\,q^2$
Wasser. $c = 9$ bis 35.	$[\alpha]^D_{20} = -19{,}66 - 0{,}03611\,c$
Wasser. $p = 9$ bis 30, $t = 3$ bis 30°.	$[\alpha]^D_t = [\alpha]^D_{20} + 0{,}3041\,(t - 20) + 0{,}001654\,(t - 20)^2$
Wasser. $p = 9$ bis 30, $t = 20$ bis 90°.	$[\alpha]^D_t = [\alpha]^D_{20} + 0{,}3246\,(t - 20) - 0{,}0002105\,(t - 20)^2$
Limonen $C_{10}H_{16}$ **F. A. Molby,** Phys. Rev. **30**, 84; 1910. Ohne Lösungsmittel.	λ = 0,4359 μ: t — $[\alpha]_t$ + 22,2 — 232,5 − 22,5 — 249,3 − 80,6 — 274,3 −123,0 — 292,9 λ = 0,4916 μ: t — $[\alpha]_t$ + 22,0 — 174,6 − 30,4 — 188,4 − 74,5 — 201,1 −120,8 — 214,6

Schönrock.

Spezifische Drehung aktiver organischer Substanzen.

Aktive Substanz, Beobachter, Lösungsmittel, Gültigkeitsbereich	Spezifische Drehung
Limonen (Forts.)	$\lambda = 0{,}5461\,\mu$ — t, $[\alpha]_t$: + 20,5 135,7 − 20,5 144,5 − 79,7 159,0 −124,5 176,0 $\lambda = 0{,}5892\,\mu$ — t, $[\alpha]_t$: + 22,2 115,9 − 18,0 124,0 − 76,4 135,0 −128,0 146,3 $\lambda = 0{,}6708\,\mu$ — t, $[\alpha]_t$: + 21,0 85,1 − 24,2 91,2 − 82,0 100,4 −123,5 109,5
Maltose, Malzzucker $C_{12}H_{22}O_{11}$ **Parcus** u. **Tollens**, Lieb. Ann. **257**, 173; 1890. Wasser. $c = 9{,}804$.	Zeit — $[\alpha]^D_{20}$ Anfangsdrehung n. 6 Min. 118,8 Enddrehung n. 6 Stunden 136,8
Meißl, Journ. prakt. Ch. (2) **25**, 120; 1882. Wasser. $p = 4$ bis 35, $t = 15$ bis 35°.	$[\alpha]^D_t = 140{,}4 - 0{,}01837\,p - 0{,}095\,t$
Brown, **Morris** u. **Millar**, Journ. chem. Soc. **71**, 112; 1897. Wasser. $p = 2$ bis 20.	$[\alpha]^D_{15.5} = 137{,}9$
l-Mandelsäure $C_8H_8O_3$ **Lewkowitsch**, Ber. chem. Ges. **16**, 1567; 1883. Eisessig. $q = 82$ bis 98. Wasser. $q = 91$ bis 98.	$[\alpha]^D_{20} = -210{,}0 + 0{,}2714\,q$ $[\alpha]^D_{20} = -212{,}5 + 0{,}5777\,q$
Maticocampher $C_{12}H_{20}O$ **Traube**, ZS. Kryst. **22**, 49; 1894. Ohne Lösungsmittel.	Aggregatzustand — t — $[\alpha]^D_t$ geschmolzen 108 −28,45 „ 135 −28,24
Chloroform. $p = 10{,}06$.	$[\alpha]^D_{15} = -28{,}73$
d-Methoxylbernsteinsaures Baryum $C_5H_6O_5Ba$ **Purdie** u. **Marshall**, Journ. chem. Soc. **63**, 227; 1893. Wasser.	c — $[\alpha]^D_{18}$ 1,149 + 3,16 5,746 − 2,21 12,42 − 7,36 26,12 −14,27
Milchzucker $C_{12}H_{22}O_{11}$ **Schmoeger**, Ber. chem. Ges. **13**, 1931; 1880. Wasser. $p = 7{,}5$ auf das Hydrat $C_{12}H_{22}O_{11} + H_2O$ berechnet.	Zeit — für wasserfreie Subst. $[\alpha]^D_{20}$ Anfangsdrehung nach 4 Min. als α-Modifikation 88,4 Enddrehung nach 6 Stunden als β-Modifikation 55,3
Schmoeger, Ber. chem. Ges. **13**, 1918; 1880. Wasser. $p = 6{,}898$ auf das Hydrat berechnet.	Zeit — für wasserfreie Subst. $[\alpha]^D_{20}$ Anfangsdrehung nach 4 Min. als γ-Modifikation 36,2 Enddrehung n. 24 Stunden als β-Modifikation 55,2

Aktive Substanz, Beobachter, Lösungsmittel, Gültigkeitsbereich	Spezifische Drehung
Milchzucker (Forts.) **Schmoeger**, Ber. chem. Ges. **13**, 1927; 1880. Wasser. $p = 2$ bis 37 auf das Hydrat berechnet.	$[\alpha]^D_{20} = 55{,}30$ für wasserfreie Substanz $[\alpha]^D_{20} = 52{,}53$ für das Hydrat
H. Grossmann u. **F. L. Bloch**, ZS. Ver. Deutsch. Zuck.-Ind. (Techn. Teil) **62**, 61; 1912. Wasser. $c = 2$ auf das Hydrat berechnet.	λ in μ — $[\alpha]_{20}$ für das Hydrat 0,447 98,17 0,479 83,25 0,508 72,25 0,535 62,09 0,589 52,42 0,656 39,82
Morphinchlorhydrat $C_{17}H_{19}NO_3 \cdot HCl + 3H_2O$ **Hesse**, Lieb. Ann. **176**, 190; 1875. Wasser. $c = 1$ bis 4.	$[\alpha]^D_{15} = -100{,}67 + 1{,}14\,c$
Morphinsulfat $(C_{17}H_{19}NO_3)_2H_2SO_4 + 5H_2O$ **Hesse**, Lieb. Ann. **176**, 190; 1875. Wasser. $c = 1$ bis 4.	$[\alpha]^D_{15} = -100{,}47 + 0{,}96\,c$
Nicotin $C_{10}H_{14}N_2$ **Landolt**, Lieb. Ann. **189**, 319; 1877. Ohne Lösungsmittel.	t — $[\alpha]^D_t$ 10,2 −161,0 20,0 −161,6 30,0 −162,0
Přibram, Ber. chem. Ges. **20**, 1847; 1887. Wasser. $p = 20{,}17$.	Zeit — $[\alpha]^D_{20}$ unmittelbar nach Herstellung der Lösung −87,81 nach 12 Stunden −93,13 „ 18 „ −96,55 „ 48 „ −96,56
Landolt, Lieb. Ann. **189**, 323; 1877. Wasser. $q = 10$ bis 92.	$[\alpha]^D_{20} = -115{,}02 + 1{,}7061\,q - \sqrt{2140{,}8 - 108{,}867\,q + 2{,}5572\,q^2}$
Hein, Landolts Optisches Drehungsvermögen, 174; 1898. Wasser.	p — $[\alpha]^D_{20}$ 100 −164,0 15,59 − 77,59 10,26 − 76,89 8,307 − 76,84 5,700 − 76,96 1,061 − 77,66
Landolt, Lieb. Ann. **189**, 321; 1877. Äthylalkohol $d_{20} = 0{,}7957$. $q = 9$ bis 86.	$[\alpha]^D_{20} = -160{,}8 + 0{,}2224\,q$

Schönrock.

Spezifische Drehung aktiver organischer Substanzen.

Aktive Substanz, Beobachter, Lösungsmittel, Gültigkeitsbereich	Spezifische Drehung
Nicotin (Forts.) **J. Dewar** u. **H. O. Jones**, Proc. Roy. Soc. **80** [A], 236; 1908. Äthylalkohol. c_{20} = 21,2.	$[\alpha]^D_{20}$ = — 141,5 t — α^D_t Drehungswinkel in Graden + 20 — 30,0 — 50 — 28,7 — 70 — 27,3 — 90 — 25,3 — 120 — 22,0
C. Winther, ZS. ph. Ch. **60**, 570; 1907. Äthylenbromid.	p — $[\alpha]^D_{20}$ 58,12 — 172,6 36,29 — 176,6 17,42 — 179,3 10,14 — 179,9
Hein, Landolts Optisches Drehungsvermögen, 146; 1898. Benzol. p=8 bis 100.	$[\alpha]^D_{20}$ = — 164,0
Gennari, ZS. ph. Ch. **19**, 131; 1896. Ohne Lösungsmittel.	λ in μ — $[\alpha]_{20}$ 0,4482 — 317,8 0,4885 — 250,7 0,5330 — 209,8 0,5893 — 162,8 0,6659 — 123,4
Methylalkohol. p = 18,96.	λ in μ — $[\alpha]_{20}$ 0,4482 — 266,1 0,4885 — 206,6 0,5330 — 170,7 0,5893 — 131,6 0,6659 — 99,46
Nicotinacetat $C_{10}H_{14}N_2 \cdot C_2H_4O_2$ **Schwebel**, Ber. chem. Ges. **15**, 2852; 1882. **Nasini** u. **Pezzolato**, ZS. ph. Ch. **12**, 503; 1893. Wasser. q=36 bis 96.	$[\alpha]^D_{20}$ = 49,68 — 0,6189 q + 0,002542 q^2
Gennari, ZS. ph. Ch. **19**, 132; 1896. Wasser. p = 44,30.	λ in μ — $[\alpha]_{20}$ 0,4482 — 31,37 0,4885 — 26,57 0,5330 — 22,83 0,5893 — 18,85 0,6659 — 14,30
Parasantonid $C_{15}H_{18}O_3$ **Nasini**, Mem. Linc. (3) **13**, 146; 1882. Chloroform. p = 1 bis 37.	Linie — $[\alpha]_{20}$ 0,4226 μ — 2963 0,4383 „ — 2510 F — 1666 b_1 — 1334 E — 1264 D — 891,7 C — 655,6 B — 580,5
Patchoulicampher $C_{30}H_{26}O_2$ **Montgolfier**, C. r. **84**, 89; 1877. Ohne Lösungsmittel. Äthylalkohol 95%. Gültigkeitsbereich von q nicht angegeben.	geschmolzen $[\alpha]^D_{59}$ = — 118 $[\alpha]^D_{20}$ = — 124,5 + 0,21 q
Raffinose $C_{18}H_{32}O_{16}$ + 5 H_2O **Landolt**, Ber. chem. Ges. **21**, 198; 1888. Wasser. p=2 bis 16.	$[\alpha]^D_{20}$ = 104,5
H. Grossmann u. **F. L. Bloch**, ZS. Ver. Deutsch. Zuck.-Ind. (Techn. Teil) **62**, 70; 1912. Wasser. c = 3,712.	λ in μ — $[\alpha]_{20}$ 0,447 — 188,6 0,479 — 163,8 0,508 — 150,8 0,535 — 131,7 0,589 — 105,2 0,656 — 79,63
Ameisensäure. c = 8,1.	Zeit — $[\alpha]^{0,656\mu}_{20}$ Anfangsdreh. n. 3 Min. — 62,23 Minimum nach 10 Min. — 51,45 Enddrehung n. 2 Tagen — 92,86
Rhamnose $C_6H_{12}O_5$ **Tanret**, Bull. Soc. chim. (3) **15**, 202; 1896. Wasser. c = 5 und 10.	Zeit — $[\alpha]^D_{14}$ Anfangsdr. n. 2,5 Min. als α-Modifikation — 7,14 Enddrehung n. 1 Stunde als β-Modifikation + 9,1
Wasser. c nicht angegeben.	Zeit — $[\alpha]^D_{14}$ Anfangsdrehung n. 2 Min. als γ-Modifikation 22,8 Enddreh. n. 1,5 Stunden als β-Modifikation 10,1
Schnelle u. **Tollens**, Lieb. Ann. **271**, 65; 1892. Wasser. c = 5 bis 45.	$[\alpha]^D_{20}$ = 9,43
Rayman, Ber. chem. Ges. **21**, 2050; 1888. Äthylalkohol. p = 6,4. Methylalkohol 97,42%. p = 19,06.	 $[\alpha]^D_{20}$ = — 10,65 $[\alpha]^D_{20}$ = — 10,59
Rohrzucker, Saccharose $C_{12}H_{22}O_{11}$ **Nasini** u. **Villavecchia**, Österr.-Ungar. ZS. Zuckerind. Landw. **21**, 85; 1892. Wasser. p=0,3 bis 2. Wasser. p=2 bis 66.	 $[\alpha]^D_{20}$ = 69,96 — 4,870 p + 1,861 p^2 $[\alpha]^D_{20}$ = 66,44 + 0,01031 p — 0,0003545 p^2

Schönrock.

Spezifische Drehung aktiver organischer Substanzen.

Aktive Substanz, Beobachter, Lösungsmittel, Gültigkeitsbereich	Spezifische Drehung
Rohrzucker (Forts.) **Landolt,** Ber. chem. Ges. **21**, 197; 1888. Wasser. $c = 4$ bis 28.	$[\alpha]^D_{20} = 66{,}67 - 0{,}0095\,c$

Tollens, Ber. chem. Ges. **13**, 2303; 1880.

Zusammensetzung		$[\alpha]^D_{20}$
10% Zucker + 90% Wasser		66,67
10% Zucker + 23% Wasser + 67%	Aceton	67,40
	Äthylalk.	66,83
	Methylalk.	68,63

Wilcox. Journ. phys. chem. **5**, 591; 1901. Pyridin.

p	$[\alpha]^D_{-10}$	$[\alpha]^D_{25}$	$[\alpha]^D_{105}$
1		86,7	
2		85,9	
4		84,7	
6,25	88,7	83,6	77,0

Pellat, ZS. Ver. Dtsch. Zuck.-Ind. (Techn. Teil) **51**, 832; 1901. Wasser. $p = 15{,}4$, $t = 14$ bis 30°.

In einem Glasrohr ist für den Drehungswinkel α

$$\alpha^D_{20} = \alpha^D_t + \alpha^D_t\,0{,}00037\,(t-20)$$

O. Schönrock, ZS. Ver. Dtsch. Zuck.-Ind. (Techn. Teil) **53**, 652; 1903. Wasser. $p = 23{,}70$, $t = 9$ bis 31°.

In einem Glasrohr mit dem Ausdehnungskoeffizienten 0,000008 ist für den Drehungswinkel α

$\lambda = 0{,}4359\ \mu$.	$\alpha_{20} = \alpha_t + \alpha_t\,0{,}000419\,(t-20)$
$\lambda = 0{,}5461\ \mu$.	$\alpha_{20} = \alpha_t + \alpha_t\,0{,}000457\,(t-20)$
$\lambda = 0{,}5893\ \mu$.	$\alpha^D_{20} = \alpha^D_t + \alpha^D_t\,0{,}000461\,(t-20)$

Dagegen ändert sich der Temperaturkoeffizient der spezifischen Drehung $[\alpha]$ stark mit t.

Seyffart, Wied. Ann. **41**, 128; 1890. Wasser. $p = 0{,}1$ bis 51.

λ in μ	$[\alpha]^\lambda_{15} / [\alpha]^D_{15}$
0,4204	2,094
0,4341	1,949
0,4607	1,707
0,4862	1,516
0,5350	1,231
0,5893	1,000
0,6567	0,7947

Pellat, ZS. Ver. Dtsch. Zuck.-Ind. (Techn. Teil) **51**, 835; 1901. Wasser. $p = 15{,}4$, $\lambda = 0{,}467\,\mu$ bis $0{,}644\,\mu$.

λ in μ, $$[\alpha]^\lambda_{15} = [\alpha]^D_{15}\left(\frac{0{,}325483}{\lambda^2} + \frac{0{,}00757003}{\lambda^4}\right)$$

$D = 0{,}58930\ \mu$

P. G. Nutting, Phys. Rev. **17**, 5; 1903. Wasser. $p = 3{,}45$.

λ in μ		$[\alpha]_{18}$
0,250	Ultraviolett	543,0
0,300	Ultraviolett	297,7
0,350	Ultraviolett	192,9
0,400		149,9
0,450		122,2
0,500		99,8
0,589		66,8

Rohrzucker (Forts.) **H. Grossmann** u. **F. L. Bloch,** ZS. Ver. Dtsch. Zuck.-Ind. (Techn. Teil) **62**, 56; 1912. Pyridin. $c = 4{,}275$.

λ in μ	$[\alpha]_{20}$
0,447	152,2
0,479	133,7
0,508	114,4
0,535	99,22
0,589	84,37
0,656	64,86

Ameisensäure. $c = 12{,}86$.

Zeit	$[\alpha]^{0{,}656\,\mu}_{20}$
Anfangsdrehung nach 12 Min.	3,18
Maximum nach 1 Tag	28,75
Enddrehung nach 6 Tag.	24,48

Ameisensäure. $c = 5{,}713$.

λ in μ	$[\alpha]_{20}$
0,447	72,61
0,479	67,58
0,508	55,41
0,535	47,59
0,589	39,95
0,656	30,98

Siertsema, Zittingsversl. Kon. Akad. Wet. Amsterdam **5**, 309; 1897 u. **6**, 26; 1898. Wasser. $\lambda = 0{,}492\,\mu$ bis $0{,}601\,\mu$, $t = 10°$.

Bei einer Druckänderung um 100 Atm. beträgt die Änderung

	in $\frac{\alpha}{l}$	in $[\alpha]$
$c = 9{,}48$.	+ 0,268%	− 0,181%
$c = 18{,}70$.	+ 0,252%	− 0,166%
$c = 27{,}84$.	+ 0,270%	− 0,128%

Saccharin $C_6H_{10}O_5$ **Schnelle** u. **Tollens,** Lieb. Ann. **271**, 66; 1892. Wasser. $c = 10{,}41$.

Zeit	$[\alpha]^D_{20}$
nach 8 Min.	94,2
„ 11 Tagen	88,7

Santonid $C_{15}H_{18}O_3$ **Nasini,** Mem. Linc. (3) **13**, 148; 1882. Äthylalkohol. $c = 4{,}046$.

Linie	$[\alpha]_{20}$
0,4226 μ	2381
0,4383 „	2011
F	1323
b_1	1053
E	991
D	693
C	504
B	442

Chloroform. $p = 2$ bis 22.

Linie	$[\alpha]_{20}$
0,4226 μ	2610
0,4383 „	2201
F	1444
b_1	1148
E	1088
D	754
C	549
B	484

Spezifische Drehung aktiver organischer Substanzen.

Aktive Substanz, Beobachter, Lösungsmittel, Gültigkeitsbereich	Spezifische Drehung
Santonin $C_{15}H_{18}O_3$ **Nasini**, Mem. Linc. (3) **13**, 144; 1882. Äthylalkohol. $c = 1{,}782$.	Linie — $[\alpha]_{20}$ 0,4383 μ — −380,0 F — −261,7 b_1 — −237,1 E — −222,6 D — −161,0 C — −118,8 B — −110,4
d-Terpentinöl $C_{10}H_{16}$ **Landolt**, Lieb. Ann. **189**, 317; 1877. Äthylalkohol. $q = 0$ bis 78.	$[\alpha]_{22}^{D} = 14{,}17 + 0{,}01178\, q$
Rimbach, ZS. ph. Ch. **9**, 703; 1892. Eisessig. $q = 0$ bis 91.	$[\alpha]_{20}^{D} = 34{,}89 - 0{,}001746\, q + 0{,}0003353\, q^2$
l-Terpentinöl $C_{10}H_{16}$ **Gernez**, Ann. scient. de l'École norm. sup. **1**, 37; 1864. Ohne Lösungsmittel.	Aggregatzustand — t — $[\alpha]_t^j$ flüssig — 11 — −36,53 „ — 98 — −36,04 „ — 154 — −35,81 dampfförmig (Druck 761,7mm) — 168 — −35,49
Landolt, Lieb. Ann. **189**, 314; 1877. Äthylalkohol, $d_{20} = 0{,}7957$. $q = 0$ bis 90.	$[\alpha]_{20}^{D} = -36{,}97 - 0{,}004816\, q - 0{,}0001331\, q^2$
Benzol. $q = 0$ bis 91.	$[\alpha]_{20}^{D} = -36{,}97 - 0{,}02153\, q - 0{,}000066673\, q^2$
Essigsäure 99,8 %. $q = 0$ bis 91.	$[\alpha]_{20}^{D} = -36{,}89 - 0{,}02455\, q - 0{,}0001369\, q^2$
Wendell, Wied. Ann. **66**, 1159; 1898. Ohne Lösungsmittel.	Linie — $[\alpha]_{20}$ F — −54,96 b — −48,47 E — −46,72 D — −37,24 C — −29,63
d-Weinsäure $C_4H_6O_6$ **Přibram** u. **Glücksmann**, Mon. Chem. **19**, 136; 1898. Wasser. $p = 0{,}2$ bis 1,1. $p = 1{,}2$ bis 4,7. $p = 4{,}7$ bis 18. $p = 18$ bis 36. $p = 36$ bis 50.	 $[\alpha]_{20}^{D} = 17{,}20 - 1{,}735\, p$ $[\alpha]_{20}^{D} = 15{,}61 - 0{,}315\, p$ $[\alpha]_{20}^{D} = 14{,}83 - 0{,}149\, p$ $[\alpha]_{20}^{D} = 14{,}849 - 0{,}144\, p$ $[\alpha]_{20}^{D} = 15{,}615 - 0{,}165\, p$
Přibram, Ber. chem. Ges. **22**, 7; 1889. $c = 5$.	Lösungsmittel — $[\alpha]_{20}^{D}$ Äthylalkohol — +3,79 gleiche Vol. Alkohol und Mononitrobenzol — +3,17 gleiche Vol. Alkohol und Mononitrotoluol — −0,69 gleiche Vol. Alkohol und Benzol — −4,11 gleiche Vol. Alkohol und Monochlorbenzol — −8,09
d-Weinsäure (Forts.) **Wendell**, Wied. Ann. **66**, 1153; 1898. Wasser. $p = 41{,}18$.	Linie — $[\alpha]_0$ — $[\alpha]_{20}$ — $[\alpha]_{50}$ F — 4,14 — 9,37 — 14,85 b — 5,75 — 9,689 — 14,41 E — 5,98 — 9,687 — 14,10 D — 6,05 — 8,86 — 12,14 C — 5,75 — 7,75 — 10,41
Winther, ZS. ph. Ch. **41**, 186; 1902. Wasser. $q = 51$ bis 91, $t = 16$ bis 63°.	λ in μ — $[\alpha]_t$ 0,4435 — $-5{,}711 + 0{,}3295\, q - 0{,}00052\, q^2 + [0{,}3647 - 0{,}002850\, q + 0{,}0000079\, q^2](t - 40) - 0{,}00125\, (t - 40)^2$ 0,4655 — $-4{,}701 + 0{,}3435\, q - 0{,}00087\, q^2 + [0{,}3311 - 0{,}002769\, q + 0{,}0000070\, q^2](t - 40) - 0{,}00084\, (t - 40)^2$ 0,5335 — $-0{,}387 + 0{,}2496\, q - 0{,}00062\, q^2 + [0{,}2230 - 0{,}001751\, q + 0{,}0000031\, q^2](t - 40) - 0{,}00067\, (t - 40)^2$ 0,5890 — $+1{,}591 + 0{,}1779\, q - 0{,}00034\, q^2 + [0{,}2074 - 0{,}002411\, q + 0{,}0000099\, q^2](t - 40) - 0{,}00065\, (t - 40)^2$ 0,6561 — $+1{,}226 + 0{,}1625\, q - 0{,}00044\, q^2 + [0{,}1327 - 0{,}001130\, q + 0{,}0000033\, q^2](t - 40) - 0{,}00050\, (t - 40)^2$
Äthylalkohol 99,15 %. $p = 19{,}73$, $t = 18$ bis 43°.	λ in μ — $[\alpha]_t$ 0,4445 — $-0{,}50 + 0{,}341\, (t - 30) - 0{,}0013\, (t - 30)^2$ 0,4700 — $+2{,}10 + 0{,}307\, (t - 30) - 0{,}0032\, (t - 30)^2$ 0,5330 — $+5{,}52 + 0{,}199\, (t - 30) - 0{,}0005\, (t - 30)^2$ 0,5890 — $+6{,}22 + 0{,}161\, (t - 30) - 0{,}0010\, (t - 30)^2$ 0,6570 — $+5{,}51 + 0{,}126\, (t - 30) + 0{,}0009\, (t - 30)^2$
P. G. Nutting, Phys. Rev. **17**, 11; 1903. Wasser. $p = 28{,}62$.	λ in μ — $[\alpha]_{19}$ 0,275 (Ultraviolett) — −296,8 0,300 (Ultraviolett) — −166,0 0,350 (Ultraviolett) — −16,8 0,400 — +6,0 0,450 — +6,6 0,500 — +7,5 0,550 — +8,4 0,589 — +9,82
d-Weinsaures Diacetyl-n-Propyl $(C_3H_7)_2(C_2H_3O)_2 . C_4H_2O_6$ **Freundler**, Ann. chim. phys. (7) **4**, 245; 1895. Ohne Lösungsmittel.	$[\alpha]_{20}^{D} = +13{,}4$
Äthylalkohol. p etwa 6.	$[\alpha]_{20}^{D} = +9{,}6$
Bromoform. p etwa 6.	$[\alpha]_{20}^{D} = -2{,}6$
Schwefelkohlenstoff. p etwa 6.	$[\alpha]_{20}^{D} = +36{,}7$

Schönrock.

Spezifische Drehung aktiver organischer Substanzen.

Aktive Substanz, Beobachter, Lösungsmittel, Gültigkeitsbereich	Spezifische Drehung
d-Weinsaures Dimethyl $(CH_3)_2C_4H_4O_6$ **Freundler,** Ann. chim. phys. (7) **4**, 249; 1895. Benzol. p etwa 6.	$[\alpha]^D_{20} = -8{,}8$
Winther, ZS. ph. Ch. **41,** 179; 1902. Ohne Lösungsmittel. $t = 50$ bis 93°.	λ in μ — $[\alpha]t$ 0,4445 — $3{,}344 - 0{,}000634\,(t-149)^2$ 0,4703 — $4{,}923 - 0{,}000512\,(t-149)^2$ 0,5330 — $6{,}848 - 0{,}000367\,(t-149)^2$ 0,5890 — $6{,}838 - 0{,}000280\,(t-149)^2$ 0,6570 — $6{,}162 - 0{,}000205\,(t-149)^2$
d-Weinsaures Kalium $K_2C_4H_4O_6$ **Thomsen,** Journ. prakt. Ch. (2) **34,** 89; 1886. Landolts Optisches Drehungsvermögen, 493; 1898. Wasser. $p = 9$ bis 55.	$[\alpha]^D_{15} = 27{,}56 + 0{,}0925\,p - 0{,}00065\,p^2$ $[\alpha]^D_{20} = 27{,}62 + 0{,}1064\,p - 0{,}00108\,p^2$ $[\alpha]^D_{25} = 27{,}86 + 0{,}0951\,p - 0{,}00099\,p^2$
Přibram u. Glücksmann, Mon. Chem. **19,** 167; 1898. Wasser. $p = 0{,}6$ bis 9. $p = 9$ bis 17. $p = 17$ bis 30. $p = 30$ bis 54.	 $[\alpha]^D_{20} = 27{,}03 + 0{,}1453\,p$ $[\alpha]^D_{20} = 27{,}69 + 0{,}07123\,p$ $[\alpha]^D_{20} = 27{,}91 + 0{,}05853\,p$ $[\alpha]^D_{20} = 28{,}95 + 0{,}02483\,p$
d-Weinsaures Kaliumantimonyl, Brechweinstein $K(SbO)C_4H_4O_6$ **Long,** Sill. Journ. (3) **38,** 264; 1889. Wasser. $c = 6$.	$[\alpha]^D_{20} = 141{,}4$
d-Weinsaures Kaliumboryl $K\,.\,BO\,.\,C_4H_4O_6$ **Schütt,** Landolts Optisches Drehungsvermögen, 495; 1898. Wasser. $c = 5$ bis 20.	$[\alpha]^D_{20} = 50{,}67 + 1{,}688\,c - 0{,}04036\,c^2$
d-Weinsaures Natrium $Na_2C_4H_4O_6$ **Přibram u. Glücksmann,** Mon. Chem. **19,** 175; 1898. Wasser. $p = 0{,}6$ bis 6,8. $p = 6{,}8$ bis 19. $p = 19$ bis 29.	 $[\alpha]^D_{20} = 31{,}02 - 0{,}00919\,p$ $[\alpha]^D_{20} = 31{,}42 - 0{,}06766\,p$ $[\alpha]^D_{20} = 32{,}30 - 0{,}1138\,p$

Aktive Substanz, Beobachter, Lösungsmittel, Gültigkeitsbereich	Spezifische Drehung
d-Weinsaures Rubidium $Rb_2C_4H_4O_6$ **Rimbach,** ZS. ph. Ch. **16,** 673; 1895. Wasser. $q = 35$ bis 99.	$[\alpha]^D_{20} = 25{,}63 - 0{,}06123\,q$
Přibram u. Glücksmann, Mon. Chem. **18,** 521; 1897. Wasser. $q = 94$ bis 99,5.	$[\alpha]^D_{20} = 39{,}75 - 0{,}2106\,q$
Xylose $C_5H_{10}O_5$ **Wheeler u. Tollens,** Lieb. Ann. **254,** 311; 1889. Wasser. $c = 10{,}24$.	Zeit — $[\alpha]^D_{20}$ Anfangsdrehung n. 5 Min. als α-Modifikation — 85,86 Enddrehung n. 16 Stunden als β-Modifikation — 18,59
Schulze u. Tollens, Lieb. Ann. **271,** 44; 1892. Wasser. $p = 3$ bis 34. $p = 34$ bis 62.	 $[\alpha]^D_{20} = 18{,}10 + 0{,}06986\,p$ $[\alpha]^D_{20} = 23{,}09 - 0{,}1827\,p + 0{,}00312\,p^2$
H. Grossmann u. F. L. Bloch, ZS. Ver. Dtsch. Zuck.-Ind. (Techn. Teil) **62,** 19; 1912. Wasser. $c = 0{,}866$.	λ in μ — $[\alpha]_{20}$ 0,447 — 31,94 0,479 — 27,70 0,508 — 24,50 0,535 — 21,08 0,589 — 18,19 0,656 — 13,28
Pyridin. $c = 1{,}28$.	Zeit — $[\alpha]^{0{,}656\,\mu}_{20}$ Anfangsdrehung n. 8 Min. — 92,8 Maximum n. 15 Min. — 96,50 Enddrehung n. 4 Tagen — 32,04
Pyridin. $c = 1{,}28$.	λ in μ — $[\alpha]_{20}$ 0,447 — 72,47 0,479 — 68,34 0,508 — 59,90 0,535 — 48,64 0,589 — 40,63 0,656 — 32,04
Ameisensäure. $c = 5{,}48$.	Zeit — $[\alpha]^{0{,}656\,\mu}_{20}$ Anfangsdrehung n. 4 Min. — 33,76 Enddrehung n. 2 Tagen — 55,74
Ameisensäure. $c = 5{,}48$.	λ in μ — $[\alpha]_{20}$ 0,447 — 126,0 0,479 — 116,1 0,508 — 95,80 0,535 — 82,66 0,589 — 66,60 0,656 — 55,74

Optische Saccharimetrie.

A. Polarisationsapparate mit Kreisteilung und drehbarem Nicol.

Beleuchtung durch eine Natriumflamme. Bei genauem Arbeiten ist der optische Schwerpunkt des benutzten Natriumlichtes zu berücksichtigen (**Landolts** Optisches Drehungsvermögen, 364; 1898).

I. Bestimmung des Rohrzuckers, $C_{12}H_{22}O_{11}$.

1. Ermittelung der Konzentration c, d. h. der Anzahl Gramm Zucker in 100 ccm wässeriger Lösung.

Man polarisiere die Lösung im *2 dm*-Rohr bei 20^0 C; der beobachtete Drehungswinkel in Kreisgraden sei α_{20}. Dann ist

$$c_{20} = \frac{100\,\alpha_{20}}{l_{20}[\alpha]_{20}} = \frac{100\,\alpha_{20}}{2 \times 66{,}49} = 0{,}7520\,\alpha_{20}. \qquad 1)$$

Soll der höchste Grad der Genauigkeit erreicht werden, so ist die Abhängigkeit der spezifischen Drehung $[\alpha]$ von der Konzentration zu berücksichtigen gemäß Gleichung (**Landolts** Optisches Drehungsvermögen, 421; 1898):

$$[\alpha]_{20} = 66{,}44 + 0{,}00870\,c - 0{,}000235\,c^2 \quad \text{(gültig für } c < 65). \qquad 2)$$

Mit dem nach Gleichung 1) gefundenen, genäherten Wert für c berechnet man nach Gleichung 2) den genauen Wert von $[\alpha]$, setzt diesen in Gleichung 1) ein und findet nunmehr den genauen Wert von c.

2. Ermittelung des Prozentgehalts P, d. h. der Anzahl Gramm Zucker in 100 g einer zuckerhaltigen Substanz.

Man löse, wie jetzt in der Saccharimetrie üblich, 26,000 g der Substanz (in Luft mit Messinggewichten gewogen) in Wasser auf, verdünne bei 20^0 C auf 100 ccm und polarisiere diese Lösung im *2 dm*-Rohr bei 20^0 C; der beobachtete Drehungswinkel in Kreisgraden sei α_{20}. Dann ist, da man für die 26,000 g auf den luftleeren Raum reduziert 26,016 g nehmen kann,

$$[\alpha]_{20} = \frac{100\,\alpha_{20}}{l_{20}\,0{,}26016\,P}$$

$$P = \frac{100\,\alpha_{20}}{2 \times 0{,}26016 \times 66{,}49} = 2{,}890\,\alpha_{20}. \qquad 3)$$

Hier genügt es fast immer, $[\alpha]$ als konstant anzunehmen. Die Berücksichtigung der Veränderlichkeit der spezifischen Drehung $[\alpha]$ mit der Wassermenge würde sonst ähnlich wie vorher mit Hilfe der Gleichung 2) erfolgen, indem für die polarisierte Lösung $c_{20} = 0{,}26016\,P$ ist.

Benutzt man statt des *2 dm*-Rohrs ein solches, dessen Länge bei 20^0 C 1,927 *dm* beträgt, so wird einfach $P = 3\,\alpha_{20}$.

II. Bestimmung des Traubenzuckers, $C_6H_{12}O_6$, im diabetischen Harn.

Ermittelung der Konzentration c, d. h. der Anzahl Gramm Traubenzucker in 100 ccm Harn.

Man polarisiere den Harn im *2 dm*-Rohr bei 20^0 C; der beobachtete Drehungswinkel in Kreisgraden sei α_{20}. Dann ist

$$c_{20} = \frac{100\,\alpha_{20}}{l_{20}[\alpha]_{20}} = \frac{100\,\alpha_{20}}{2 \times 52{,}8} = 0{,}947\,\alpha_{20}. \qquad 4)$$

Benutzt man statt des *2 dm*-Rohrs ein solches

von 1,894 *dm*, so ist: $c_{20} = \alpha_{20}$,

oder

von 0,947 *dm*, so ist: $c_{20} = 2\,\alpha_{20}$.

B. Saccharimeter mit Quarzkeilkompensation.

Beleuchtung mit weißem Licht, das durch eine 1,5 cm dicke Schicht einer 6%-Kaliumdichromatlösung in Wasser gegangen ist (**O. Schönrock,** ZS. Ver. Deutsch. Zuck.-Ind. (Techn. Teil) **54**, 557; 1904).

I. Deutsche Instrumente mit Ventzkescher Skale.

1. Definition des Hundertpunktes der **Ventzke**schen Skale gemäß den Beschlüssen der dritten Versammlung der internationalen Kommission für einheitliche Methoden der Zuckeruntersuchungen in Paris am 24. Juli 1900 (ZS. Instrk. **21**, 150; 1901).

Der Hundertpunkt der Saccharimeter wird erhalten, indem man die Normalzuckerlösung, welche bei 20^0 C in 100 ccm (100 ccm gleich dem Volumen von 100 g Wasser von 4^0 C im luftleeren Raum abgewogen) 26,000 g reinen Zucker in Luft mit Messinggewichten gewogen enthält, bei 20^0 C im *2 dm*-Rohr im Saccharimeter polarisiert, dessen Quarzkeilkompensation gleichfalls die Temperatur 20^0 C haben muß. Hierbei sind Halbschatten-Saccharimeter zu verwenden; die Benutzung von Farbenapparaten ist bei saccharimetrischen Bestimmungen verboten.

Schönrock.

Optische Saccharimetrie.

2. Ermittelung des Prozentgehalts P, d. h. der Anzahl Gramm Zucker in 100 g einer zuckerhaltigen Substanz.

Man löse 26,000 g der Substanz (in Luft mit Messinggewichten gewogen) in Wasser auf, verdünne bei 20° C auf 100 ccm und polarisiere diese Lösung im *2 dm*-Rohr bei 20° C im Saccharimeter, dessen Quarzkeilkompensation die Temperatur 20° C hat. Dann gibt die Skale direkt die Gewichtsprozente P an Zucker an.

3. Reduzierung der Messungen mit dem Saccharimeter auf die Normaltemperatur 20° C (O. Schönrock, ZS. Ver. Deutsch. Zuck.-Ind. (Techn. Teil) **54**, 529; 1904).

Der einem Punkte der Skale entsprechende Drehungswert w nimmt mit wachsender Temperatur zu gemäß der Gleichung:

$$w_t = w_{20} + w_{20}\ 0{,}00015\ (t - 20). \qquad 5)$$

Dreht eine angenähert normale Zuckerlösung im Glasrohr bei 20° C in einem Saccharimeter von 20° C um s_{20} Grad **Ventzke** und bei t^0 in demselben Saccharimeter von t^0 um s_t, so ist:

$$s_{20} = s_t + s_t\ 0{,}00061\ (t - 20), \qquad 6)$$

wobei also s nahezu gleich 100 ist.

Die Drehungswerte von Quarzplatten im Saccharimeter sind von der Temperatur unabhängig, falls Quarzplatte und Keilkompensation gleiche Temperatur besitzen.

4. Umrechnung der Ventzke-Grade in Kreisgrade (ZS. Ver. Deutsch. Zuck.-Ind. (Techn. Teil) **54**, 522; 1904).

Eine Quarzplatte von 100° **Ventzke** dreht spektral gereinigtes Natriumlicht um 34,66 Kreisgrade bei 20° C. Demnach ist

1° Ventzke = 0,3466 Kreisgraden (Strahl D) bei 20° C. 7)

5. Zusammenstellung der gebräuchlichen „Kubikzentimeter" (ZS. Ver. Deutsch. Zuck.-Ind. (Techn. Teil) **51**, 826; 1901).

100 ccm oder auch wahre, metrische oder praktische ccm sind gleich dem Volumen von 100 g Wasser bei 4° C im luftleeren Raum abgewogen, d. h. gleich dem Volumen von 99,717 g Wasser von 20°, in Luft mit Messinggewichten gewogen. Diese ccm sind die wissenschaftlich allein zulässigen.

100 **Mohr**sche ccm sind gleich dem Volumen von 100 g Wasser bei 17,5°, in Luft mit Messinggewichten gewogen = 100,235 wahren ccm. Die Benutzung der **Mohr**schen ccm soll gemäß den Beschlüssen der internationalen Chemikerkongresse zu Wien und Paris in Zukunft nicht mehr gestattet sein.

100 französische ccm sind gleich dem Volumen von 100 g Wasser bei 4°, in Luft mit Messinggewichten gewogen = dem Volumen von 99,823 g Wasser von 20°, in Luft mit Messinggewichten gewogen = 100,106 wahren ccm. Diese ccm sind leider in die Zuckerpraxis Frankreichs bei der Definition der jetzt gültigen französischen Saccharimeter-Skale eingeführt worden.

II. Französische Instrumente mit Soleilscher **Skale** (Ann. chim. phys. (7) **17**, 125; 1899. ZS. Instrk. **19**, 287; 1899. ZS. Ver. Deutsch. Zuck.-Ind. (Techn. Teil) **51**, 826; 1901).

Den Normalgehalt besitzt diejenige Zuckerlösung, deren Drehung für Natriumlicht bei 20° C im *2 dm*-Rohr 21,67 Kreisgrade beträgt. Nach den Untersuchungen von **Mascart** und **Bénard** enthält diese Normalzuckerlösung bei 20° C in 100 französischen ccm 16,29 g Zucker, in Luft mit Messinggewichten gewogen. Dieser Wert 16,29 für das französische Normalgewicht ist von der im französischen Finanzministerium gebildeten Kommission für einheitliche Methoden der Alkohol- und Zuckeruntersuchungen endgültig angenommen worden. Demnach folgt:

Der Hundertpunkt der Saccharimeter wird erhalten, indem man die Normalzuckerlösung, welche bei 20° C in 100 französischen ccm (gleich dem Volumen von 100 g Wasser von 4° C, in Luft mit Messinggewichten gewogen) 16,29 g Zucker, in Luft mit Messinggewichten gewogen, enthält, bei 20° C im *2 dm*-Rohr im Saccharimeter polarisiert, dessen Quarzkeilkompensation gleichfalls die Temperatur 20° C haben muß.

Untersucht man bei 20° C im *2 dm*-Rohr eine Lösung von 16,29 g zuckerhaltiger Substanz (in Luft mit Messinggewichten gewogen und bei 20° zu 100 französischen ccm gelöst), so gibt die Skale direkt die Gewichtsprozente P an Zucker an.

1° Soleil = 0,2167 Kreisgraden (Strahl D) bei 20° C. 8)

Schönrock.

Drehung der Polarisationsebene des Lichtes in Krystallen.

Bezeichnet für eine bestimmte Temperatur t:
α_t den Drehungswinkel des Krystalls in Kreisgraden,
l_t die vom Licht durchsetzte Krystalldicke in mm,
$(\alpha)_t$ die Drehung in Kreisgraden für 1 mm Krystalldicke, so ist:

$$(\alpha)_t = \frac{\alpha_t}{l_t}.$$

$(\alpha)_t$ ist eine Funktion von t, sowie der benutzten Wellenlänge λ des Lichtes in Luft.
Die folgende Tabelle enthält nur eine Auswahl unter den bisher ermittelten Konstanten $(\alpha)_t$.

Substanz, Beobachter	Drehung $(\alpha)_t$ in Kreisgraden für 1 mm Krystalldicke			
Bleidithionat $PbS_2O_6 \cdot 4H_2O$ **H. Rose,** N. Jahrb. Min. **29** [Beil.], 89; 1910.	λ in μ	$(\alpha)_{20}$	λ in μ	$(\alpha)_{20}$
	0,4047	± 14,25	0,5893	± 5,45
	0,4916	± 8,57	0,6563	± 4,26
	0,5270	± 7,05	0,7188	± 3,51
Calciumdithionat $CaS_2O_6 \cdot 4H_2O$ **H. Rose,** N. Jahrb. Min. **29** [Beil.], 84; 1910.	λ in μ	$(\alpha)_{22}$	λ in μ	$(\alpha)_{22}$
	0,4047	± 4,65	0,5893	± 2,08
	0,4916	± 3,07	0,6563	± 1,71
	0,5461	± 2,44	0,7188	± 1,49
Kaliumdithionat $K_2S_2O_6$ **H. Rose,** N. Jahrb. Min. **29** [Beil.], 81; 1910.	λ in μ	$(\alpha)_{21}$	λ in μ	$(\alpha)_{21}$
	0,4047	± 18,60	0,5893	± 8,19
	0,4586	± 14,18	0,6563	± 6,57
	0,5270	± 10,50	0,7188	± 5,55
Natriumbromat $NaBrO_3$ **H. Rose,** N. Jahrb. Min. **29** [Beil.], 80; 1910.	λ in μ	$(\alpha)_{22}$	λ in μ	$(\alpha)_{22}$
	0,4047	7,20	0,5893	2,12
	0,4586	4,59	0,6563	1,57
	0,5270	2,92	0,7188	1,39
Natriumchlorat $NaClO_3$ **C. E. Guye,** C. r. **108**, 349; 1889.	λ in μ	$(\alpha)_{13}$	λ in μ	$(\alpha)_{13}$
	0,2504 (Ultraviolett)	± 14,96	0,4071	± 6,754
	0,2777 (Ultraviolett)	± 13,90	0,4283	± 6,055
	0,2827 (Ultraviolett)	± 13,43	0,4553	± 5,331
	0,2992 (Ultraviolett)	± 12,42	0,5310	± 3,881
	0,3234 (Ultraviolett)	± 10,79	0,6507	± 2,559
	0,3337 (Ultraviolett)	± 10,08	0,7177	± 2,068
	0,3564 (Ultraviolett)	± 8,861		
	0,3735 (Ultraviolett)	± 8,100		
W. Voigt, Phys. ZS. **9**, 588; 1908.	λ in μ	$(\alpha)_{20}$	λ in μ	$(\alpha)_{20}$
	0,430	± 6,002	0,540	± 3,802
	0,451	± 5,460	0,577	± 3,322
	0,486	± 4,688	0,590	± 3,170
	0,511	± 4,250	0,626	± 2,823
L. Sohncke, Wied. Ann. **3**, 529; 1878.	Für $0{,}486\,\mu < \lambda < 0{,}590\,\mu$ und $16 < t < 148$ ist $\alpha_t = \alpha_0\,(1 + 0{,}00061\,t)$.			
Quarz SiO_2 **O. Schönrock,** ZS. Instrk. **30**, 185; 1910.	Für spektral gereinigtes Natriumlicht ist $(\alpha)_{20} = 21{,}728^0$, ein Wert, der für optisch homogene Quarze verschiedener Sorte um $\pm 0{,}009^0$ schwanken kann. In der Nähe von $t = 20$ ist $\alpha_t^D = \alpha_{20}^D + \alpha_{20}^D\ 0{,}000143\,(t-20)$ und somit, da der Ausdehnungskoeffizient des Quarzes parallel zur Achse gleich 0,000007 ist, $(\alpha)_t^D = (\alpha)_{20}^D + (\alpha)_{20}^D\ 0{,}000136\,(t-20)$			

Substanz, Beobachter	Drehung $(\alpha)_t$ in Kreisgraden für 1 mm Krystalldicke
Quarz (Forts.) **E. Gumlich,** Wied. Ann. **64**, 346; 1898.	Für $0{,}404\,\mu < \lambda < 0{,}671\,\mu$ ist $(\alpha)_{20}^{\lambda} = \frac{7{,}10014}{10^6\,\lambda^2} + \frac{0{,}157392}{10^{12}\,\lambda^4} - \frac{0{,}0013039}{10^{18}\,\lambda^6}$, worin λ in mm auszudrücken ist. Für $0{,}219\,\mu < \lambda < 2{,}14\,\mu$ ist $(\alpha)_{20}^{\lambda} = \frac{7{,}08114}{10^6\,\lambda^2} + \frac{0{,}173321}{10^{12}\,\lambda^4} - \frac{0{,}0056761}{10^{18}\,\lambda^6} + \frac{0{,}00042255}{10^{24}\,\lambda^8} - \frac{0{,}0000075338}{10^{30}\,\lambda^{10}}$, worin λ in mm auszudrücken ist. Nach dieser letzten Formel ergibt sich: (siehe folgende Tabelle)

λ in μ	$(\alpha)_{20}$	λ in μ	$(\alpha)_{20}$
0,2194 (Ultraviolett)	± 220,7	0,5086	± 29,72
0,2571 (Ultraviolett)	± 143,3	0,5893	± 21,72
0,2747 (Ultraviolett)	± 121,1	0,6563	± 17,32
0,3286 (Ultraviolett)	± 78,54	0,6708	± 16,54
0,3441 (Ultraviolett)	± 70,59	1,040 (Ultrarot)	± 6,69
0,3726 (Ultraviolett)	± 58,86	1,450 (Ultrarot)	± 3,41
0,4047	± 48,93	1,770 (Ultrarot)	± 2,28
0,4359	± 41,54	2,140 (Ultrarot)	± 1,55
0,4916	± 31,98		

Substanz, Beobachter	Drehung $(\alpha)_t$ in Kreisgraden für 1 mm Krystalldicke
L. Sohncke, Wied. Ann. **3**, 516; 1878.	Für $0{,}430\,\mu < \lambda < 0{,}657\,\mu$ und $15 < t < 174$ ist $\alpha_t = \alpha_0\,(1 + 0{,}0000999\,t + 0{,}000000318\,t^2)$.
J. L. Soret u. **E. Sarasin,** C. r. **95**, 638; 1882.	Für $\lambda = 0{,}2264\,\mu$ und $0 < t < 20$ ist $\alpha_t = \alpha_0\,(1 + 0{,}000179\,t)$.
H. Le Chatelier, C. r. **109**, 265; 1889.	Für $0{,}279\,\mu < \lambda < 0{,}656\,\mu$ und $0 < t < 570$ ist $\alpha_t = \alpha_0\,(1 + 0{,}000096\,t + 0{,}000000217\,t^2)$.
E. Gumlich, Wied. Ann. **64**, 353; 1898.	Für $0{,}436\,\mu < \lambda < 0{,}656\,\mu$ und $0 < t < 100$ ist $\alpha_t = \alpha_0\,(1 + 0{,}000131\,t + 0{,}000000195\,t^2)$.
F. A. Molby, Phys. Rev. **28**, 60; 1909 u. **30**, 273; 1910.	Für $0{,}435\,\mu < \lambda < 0{,}671\,\mu$ gilt t — α_t +20,8 — 62,04 −90 — 61,18 −190 — 60,62

Schönrock.

Drehung der Polarisationsebene des Lichtes in Krystallen.

Substanz, Beobachter	Drehung $(\alpha)_t$ in Kreisgraden für 1 mm Krystalldicke			
Rechtsweinsäure $C_4H_6O_6$ **W. Voigt,** Phys. ZS. **9**, 588; 1908.	λ in μ	$(\alpha)_{20}$	λ in μ	$(\alpha)_{20}$
	0,451	−18,69	0,590	−10,54
	0,486	−16,00	0,626	−9,668
	0,540	−12,92		
Rohrzucker $C_{12}H_{22}O_{11}$ **W. Voigt,** Phys. ZS. **9**, 589; 1908.	λ in μ	$(\alpha)_{20}$ längs Achse II A	$(\alpha)_{20}$ längs Achse II A′	
	0,430	3,122	−11,32	
	0,451	2,667	− 9,755	
	0,486	2,288	− 7,993	
	0,511	2,152	− 7,120	
	0,540	1,907	− 6,392	
	0,577	1,737	− 5,603	
	0,590	1,672	− 5,343	
	0,626	1,503	− 4,783	

Substanz, Beobachter	Drehung $(\alpha)_t$ in Kreisgraden für 1 mm Krystalldicke			
Strontiumdithionat $SrS_2O_6 . 4H_2O$ **H. Rose,** N. Jahrb. Min. **29** [Beil.], 86; 1910.	λ in μ	$(\alpha)_{20}$	λ in μ	$(\alpha)_{20}$
	0,4047	−6,23	0,5893	−2,80
	0,4916	−4,12	0,6563	−2,25
	0,5461	−3,27	0,6868	−1,95
Zinnober HgS **H. Rose,** N. Jahrb. Min. **29** [Beil.], 94; 1910.	λ in μ	$(\alpha)_{19}$	λ in μ	$(\alpha)_{19}$
	0,5983	±555,0	0,7188	±132,6
	0,6278	±322,5	0,7621	± 86,2
	0,6563	±241,4		

Flüssige Krystalle.

D. Vorländer u. **M. E. Huth,** ZS. ph. Ch. **75**, 644; 1911. Da der Drehungswinkel von der Temperatur und der Trübung der krystallinisch-flüssigen Schicht sehr abhängt, geben die Zahlen nur ein ungefähres Bild.

Substanz	Drehung $(\alpha)_D$ in Kreisgraden für 1 mm Krystallschicht
Allylessigsäurecholesterylester $CH_2:CH.CH_2.CH_2.CO_2.C_{27}H_{43}$	− 190
Anisalamino-α-methylzimtsäure-akt.-amylester $CH_3O.C_6H_4.CH:N.C_6H_4.CH:C(CH_3).CO_2.CH_2.CH(CH_3).CH_2.CH_3$	+ 4500
Cholesterylacetat $CH_3.CO_2.C_{27}H_{43}$	− 200
Cholesterylbenzoat $C_6H_5.CO_2.C_{27}H_{43}$	+ 80
Cholesterylchlorid $C_{27}H_{43}Cl$	− 120
Cholesteryl-norm.-butyrat $CH_3.CH_2.CH_2\ CO_2.C_{27}H_{43}$	+ 50
Cholesterylpropionat $CH_3.CH_2.CO_2.C_{27}H_{43}$	+ 5
Cyanbenzalaminozimtsäure-akt.-amylester $C_6H_4(CN).CH:N.C_6H_4.CH:CH.CO_2.CH_2.CH(CH_3).CH_2.CH_3$	+11000
Hydrozimtsäurecholesterylester $C_6H_5.CH_2.CH_2.CO_2.C_{27}H_{43}$	− 900
p-Nitrobenzalaminozimtsäure-akt.-amylester $C_6H_4(NO_2).CH:N.C_6H_4.CH:CH.CO_2.CH_2.CH(CH_3).CH_2.CH_3$	+ 6000
m-Nitrobenzoesäurecholesterylester $C_6H_4(NO_2).CO_2.C_{27}H_{43}$	+ 100
p-Nitrobenzoesäurecholesterylester $C_6H_4(NO_2).CO_2.C_{27}H_{43}$	− 1700
Sorbinsäurecholesterylester $CH_3.CH:CH.CH:CH.CO_2.C_{27}H_{43}$	+ 480
Zimtsäurecholesterylester $C_6H_5.CH:CH.CO_2.C_{27}H_{43}$	− 1400
	Pleochroitische Phase
Anisalaminozimtsäure-akt.-amylester $CH_3O.C_6H_4.CH:N.C_6H_4.CH:CH.CO_2.CH_2.CH(CH_3).CH_2.CH_3$	+ 7000
Cinnamylidenaminozimtsäure-akt.-amylester $C_6H_5.CH:CH.CH:N.C_6H_4.CH:CH.CO_2.CH_2.CH(CH_3).CH_2.CH_3$	+ 9500
o-Nitrobenzoylcholesterin $C_6H_4(NO_2).CO.C_{27}H_{42}OH$	+ 70
p-Nitrozimtsäurecholesterylester $C_6H_4(NO_2).CH:CH.CO_2.C_{27}H_{43}$	− 6200

Schönrock.

Elektromagnetische Drehung der Polarisationsebene des Lichtes.

A. Absolute Bestimmungen der Verdetschen Konstante.

Durchsetzt bei der Temperatur t ein geradlinig polarisierter Lichtstrahl von der Wellenlänge λ in Luft einen Körper von der Länge l_t in der Richtung der Kraftlinien eines magnetischen Feldes h, so ist der Drehungswinkel α_t^λ des Lichtstrahles

$$\alpha_t^\lambda = \omega_t^\lambda \, h \, l_t, \qquad 1)$$

wo $\omega_t^\lambda = [\mathrm{cm}^{-\frac{1}{2}} \mathrm{g}^{-\frac{1}{2}} \mathrm{sec}]$ die Verdetsche Konstante des Körpers ist, d. h. die Drehung für einen cm in einem Magnetfelde von der Intensität Eins (von 1 Gauß).

Die Drehung ist positiv, wenn sie, wie beim Wasser, in der Richtung des Stromes geschieht, welcher das magnetische Feld durch Umkreisen hervorruft.

Bei einem Vergleich der mit Natriumlicht ausgeführten Messungen sind die verschiedenen optischen Schwerpunkte der benutzten Natriumlichtquellen zu berücksichtigen (Landolt, Optisches Drehungsvermögen, 364; 1898).

Substanz	Lichtquelle	Verdetsche Konstante in Winkelminuten	Beobachter
Schwefelkohlenstoff CS_2	Aus dem Spektrum einer weißen Lampe wird Licht vom optischen Schwerpunkt der Thallium-Linie, $\lambda = 0{,}5350\ \mu$, herausgeschnitten.	$\omega_{18}^{Tl} = 0{,}05238$	**Gordon,** Phil. Trans. **167**, 33; 1877.
	Natriumlicht.	$\omega_{18}^{D} = 0{,}04200$	**Lord Rayleigh,** Proc. Roy. Soc. **37**, 147; 1884.
	Licht einer mit kleiner Kochsalzperle an dünnem Platindraht intensiv gelb gefärbten Bunsenschen Gasflamme.	$\omega_{21{,}06}^{D} = 0{,}04409$	**Quincke,** Wied. Ann. **24**, 609; 1885.
	Das Licht einer Landoltschen Natriumlampe wird durch eine Platte von doppeltchromsaurem Kali gereinigt.	$\omega_{18}^{D} = 0{,}04199$	**Koepsel,** Wied. Ann. **26**, 474; 1885.
	Licht einer mit einem Kügelchen von geschmolzenem Chlornatrium gelb gefärbten Gasflamme.	$\omega_{0}^{D} = 0{,}04341$	**Becquerel,** Ann. chim. phys. (6) **6**, 162; 1885.
	Kochsalzlösung im Sauerstoff-Wasserstoffgebläse; das Licht geht durch 10 cm einer 3%-Kaliumbichromatlösung und 1,5 cm einer 4%-Uransulfatlösung.	$\omega_t^{D} = 0{,}04347\ (1 - 0{,}001696\ t)$ $0 < t < 42$	**Rodger** u. **Watson,** ZS. ph. Ch. **19**, 350; 1896.
Wasser H_2O	Metallisches Natrium verdampft in einer Bunsenschen Flamme.	$\omega_{23}^{D} = 0{,}01295$	**Arons,** Wied. Ann. **24**, 180; 1885.
	Licht einer mit kleiner Kochsalzperle an dünnem Platindraht intensiv gelb gefärbten Bunsenschen Gasflamme.	$\omega_{21{,}81}^{D} = 0{,}01414$	**Quincke,** Wied. Ann. **24**, 609; 1885.
	Kochsalzlösung im Sauerstoff-Wasserstoffgebläse; das Licht geht durch 10 cm einer 3%-Kaliumbichromatlösung und 1,5 cm einer 4%-Uransulfatlösung.	$\omega_t^{D} = 0{,}01311\ (1 - 0{,}0000305\ t - 0{,}00000305\ t^2)$ $3 < t < 98$	**Rodger** u. **Watson,** ZS. ph. Ch. **19**, 357; 1896.
	Im Spektrum wird auf die Natrium-Linie eingestellt.	$\omega_{13{,}4}^{D} = 0{,}01302$	**Siertsema,** Zittingsversl. Kon. Akad. Wet. Amsterdam **5**, 131; 1897.
	Landoltsche Natriumlampe mit Natriumchlorid; das Licht geht durch 1 cm einer gesättigten Kaliumbichromatlösung.	$\omega_{18}^{D} = 0{,}01309$	**F. Agerer,** Wien. Ber. **114** [2a], 830; 1905.

Schönrock.

Elektromagnetische Drehung der Polarisationsebene des Lichtes.

B. Verdetsche Konstanten.

Die folgende Tabelle enthält nur eine Auswahl unter den bisher ermittelten Verdetschen Konstanten.

I. Feste Körper.

Substanz, Beobachter, Gültigkeitsbereich	Verdetsche Konstante in Winkelminuten		
Bernstein **Quincke,** Wied. Ann. **24**, 613; 1885.	$\omega^D_{19} = -0{,}00997$		
Flußspat CaF_2 **U. Meyer,** Ann. Phys. (4) **30**, 626; 1909.	λ in μ		ω_{20}
	0,2534	Ultraviolett	0,05989
	0,3132	Ultraviolett	0,03583
	0,3655	Ultraviolett	0,02526
	0,4047		0,01998
	0,4358		0,01717
	0,4916		0,01329
	0,5461		0,01050
	0,589		0,00897
	0,6708		0,00672
	0,90	Ultrarot	0,00367
	1,00	Ultrarot	0,00300
	1,50	Ultrarot	0,00136
	2,00	Ultrarot	0,00070
	2,50	Ultrarot	0,00049
	3,00	Ultrarot	0,00030

Substanz, Beobachter, Gültigkeitsbereich	Jenenser Gläser	Fabrikationsnummer	ω^D_{18}
Glas **Du Bois,** Wied. Ann. **51**, 548; 1894.	Mittleres Phosphatcrown	S. 179	0,0161
	Schweres Barytsilicatcrown	O. 1143	0,0220
	Gewöhnliches leichtes Flint	O. 451	0,0317
	Schweres Silicatflint	O. 469	0,0442
	Schweres Silicatflint	O. 500	0,0608
	Schwerstes Silicatflint	S. 163	0,0888

Substanz, Beobachter, Gültigkeitsbereich	Uviol-Glas der Firma C. Zeiss		
S. Landau, Phys. ZS. **9**, 424; 1908.	λ in μ		ω_{16}
	0,313	Ultraviolett	0,0674
	0,365	Ultraviolett	0,0464
	0,405		0,0369
	0,436		0,0311

Substanz, Beobachter, Gültigkeitsbereich	λ in μ	ω_{20}
Natriumchlorat $NaClO_3$ **W. Voigt,** Phys. ZS. **9**, 589; 1908.	0,451	0,0162
	0,486	0,0132
	0,511	0,0118
	0,540	0,0106
	0,577	0,0088
	0,626	0,0078

Substanz, Beobachter, Gültigkeitsbereich	λ in μ	$\omega^\lambda_{20} / \omega^C_{20}$
Quarz SiO_2, senkrecht zur Achse geschliffen **Disch,** Ann. Phys. (4) **12**, 1155; 1903.	0,405	2,672
	0,436	2,316
	0,492	1,821
	0,546	1,464
	0,578	1,301
	0,589	1,251
	0,656	1

Substanz, Beobachter, Gültigkeitsbereich	λ in μ		ω_{20}
Borel, Arch. sc. phys. (4) **16**, 169; 1903.	0,2194	Ultraviolett	0,1587
	0,2573	Ultraviolett	0,1079
	0,3609	Ultraviolett	0,04617
	0,4678		0,02750
	0,4800		0,02574
	0,5086		0,02257
	0,5892		0,01664
	0,6439		0,01368
$20 < t < 96$; $0{,}467\,\mu < \lambda < 0{,}644\,\mu$	$\omega^\lambda_t = \omega^\lambda_{20} + \omega^\lambda_{20}\, 0{,}00011\,(t-20)$		

Substanz, Beobachter, Gültigkeitsbereich	λ in μ	ω_{20} längs Achse II A	ω_{20} längs Achse II A′
Rohrzucker $C_{12}H_{22}O_{11}$ **W. Voigt,** Phys. ZS. **9**, 590; 1908.	0,451	0,0122	0,0129
	0,486	0,0103	0,0110
	0,540	0,0076	0,0084
	0,626	0,0066	0,0075

Substanz, Beobachter, Gültigkeitsbereich	λ in μ		ω_{20}
Steinsalz NaCl **U. Meyer,** Ann. Phys. (4) **30**, 622; 1909.	0,2599	Ultraviolett	0,2708
	0,3100	Ultraviolett	0,1561
	0,3552	Ultraviolett	0,1072
	0,4046		0,0775
	0,4358		0,0655
	0,4916		0,0483
	0,546		0,0390
	0,589		0,0328
	0,6708		0,0245
	0,90	Ultrarot	0,0128
	1,00	Ultrarot	0,01050
	1,50	Ultrarot	0,00472
	2,00	Ultrarot	0,00262
	2,50	Ultrarot	0,00170
	3,00	Ultrarot	0,00115
	3,50	Ultrarot	0,00086
	4,00	Ultrarot	0,00069

Schönrock.

Elektromagnetische Drehung der Polarisationsebene des Lichtes.

Substanz, Beobachter, Gültigkeitsbereich	Verdetsche Konstante in Winkelminuten		
Sylvin KCl **U. Meyer,** Ann. Phys. (4) **30,** 625; 1909.	λ in μ		ω_{20}
	0,4358		0,0534
	0,4607		0,0460
	0,5461		0,0316
	0,589		0,0267
	0,6708		0,02012
	0,90	Ultrarot	0,01051
	1,00	Ultrarot	0,00864
	1,50	Ultrarot	0,00377
	2,00	Ultrarot	0,00207
	2,50	Ultrarot	0,00131
	3,00	Ultrarot	0,00090
	4,00	Ultrarot	0,00054

II. Flüssige Körper.

Substanz, Beobachter, Gültigkeitsbereich	Verdetsche Konstante in Winkelminuten		
Äthylalkohol $C_2H_5 . OH$ **S. Landau,** Phys. ZS. **9,** 427; 1908. 99,8 %	λ in μ		ω_{16}
	0,2563	Ultraviolett	0,0777
	0,3100	Ultraviolett	0,0469
	0,3609	Ultraviolett	0,0330
	0,3886	Ultraviolett	0,0277
	0,4046		0,0250
	0,4529		0,0195
Anisalamino-α-methylzimtsäure-akt.-amylester $C_{23}H_{27}O_3N$, flüssiger Krystall **G. Vieth,** Phys. ZS. **11,** 526; 1910.	$\omega_{20}^{D} = 0{,}148$ für Linksdrehung $\omega_{20}^{D} = 0{,}938$ für Rechtsdrehung		
Methylalkohol $CH_3 . OH$ **Quincke,** Wied. Ann. **24,** 614; 1885.	$\omega_{19}^{D} = 0{,}00989$		
Methylalkohol $CH_3 . OH$ und **Eisenchlorid** Fe_2Cl_6 **Quincke,** Wied. Ann. **24,** 614; 1885. 54,07 g Fe_2Cl_6 in 100 g Lösung.	$\omega_{19}^{D} = -0{,}1592$		
Schwefelkohlenstoff CS_2 **Verdet,** Ann. chim. phys. (3) **69,** 471; 1863.	Linie		$\frac{\omega_{25}^{\lambda}}{\omega_{25}^{E}}$
	G		1,704
	F		1,234
	E		1
	D		0,768
	C		0,592
Stickoxydul N_2O, verflüssigt (Druck 1 Atm.) **Siertsema,** Festschr. Boltzmann, Leipzig, Barth. 785; 1904.	$\omega_{-92}^{D} = 0{,}00554$		
	λ in μ		$\frac{\omega_{-92}^{\lambda}}{\omega_{-92}^{D}}$
	0,458		1,670
	0,487		1,460
	0,516		1,303
	0,527		1,252
	0,589		1
	0,642		0,831

Substanz, Beobachter, Gültigkeitsbereich	Verdetsche Konstante in Winkelminuten			
Valeriansaures Äthyl $C_2H_5 \cdot C_5H_9O_2$ **Disch,** Ann. Phys. (4) **12,** 1155; 1903.	λ in μ	$\frac{\omega_{20}^{\lambda}}{\omega_{20}^{C}}$		
	0,436	2,267		
	0,492	1,746		
	0,546	1,380		
	0,589	1,167		
	0,656	1		
Wasser H_2O **Siertsema,** Arch. néerl. (2) **6,** 830; 1901.	λ in μ	$\frac{\omega_{20}^{\lambda}}{\omega_{20}^{D}}$	λ in μ	$\frac{\omega_{20}^{\lambda}}{\omega_{20}^{D}}$
	0,405	2,218	0,535	1,232
	0,409	2,178	0,546	1,182
	0,430	1,975	0,576	1,051
	0,437	1,906	0,579	1,039
	0,458	1,723	0,589	1
	0,470	1,630	0,647	0,808
	0,481	1,547	0,658	0,778
	0,488	1,498	0,672	0,748
	0,509	1,369	0,688	0,720
	0,518	1,320	0,701	0,700
	0,526	1,278		
U. Meyer, Ann. Phys. (4) **30,** 629; 1909.	λ in μ		ω_{20}	
	0,2496	Ultraviolett	0,1042	
	0,275	Ultraviolett	0,0776	
	0,3609	Ultraviolett	0,0384	
	0,800	Ultrarot	0,00675	
	0,900	Ultrarot	0,00511	
	1,000	Ultrarot	0,00410	
	1,100	Ultrarot	0,00335	
	1,200	Ultrarot	0,00290	
	1,300	Ultrarot	0,00264	

III. Gase.

Für $0{,}423\ \mu < \lambda < 0{,}684\ \mu$ ist

$$\omega_t^{\lambda}\, 10^6 = \frac{a}{\lambda} + \frac{b}{\lambda^3},$$

worin λ in μ auszudrücken ist.

Substanz	Druck pro qcm	t	a	b
Kohlensäure CO_2	1 Atm	6,5	2,682	0,8305
Luft	100 kg	13,0	191,5	46,19
Sauerstoff O_2	100 „	7,0	272,2	19,15
Stickoxydul N_2O	30,5 Atm	10,9	75,85	22,95
Stickstoff N_2	100 kg	14,0	171,2	52,86
Wasserstoff H_2	85,0 „	9,5	138,8	45,19

Siertsema, Zittingsversl. Kon. Akad. Wet. Amsterdam **7,** 294; 1899.

Substanz, Beobachter, Gültigkeitsbereich	Verdetsche Konstante in Winkelminuten
Sauerstoff O_2 **Siertsema,** Zittingsversl. Kon. Akad. Wet. Amsterdam **8,** 5; 1900. $\lambda = 0{,}608\ \mu$ t nicht angegeben	Bei Drucken von 38 bis 100 Atm. ist ω direkt proportional der Dichte des Gases.

Schönrock.

Elektromagnetische Drehung der Polarisationsebene des Lichtes.

C. Molekulare Drehungen.

I. Molekulare Drehung chemischer Verbindungen.

Bezeichnet für eine bestimmte Temperatur t:

α_t^λ den Drehungswinkel des Lichtstrahles von der Wellenlänge λ, wenn dieser bei der Temperatur t eine chemische Verbindung von der Länge l_t in der Richtung der Kraftlinien eines magnetischen Feldes h durchsetzt,

$\alpha_4^{0\lambda}$ den unter sonst gleichen Versuchsbedingungen durch Wasser von 4^0 erzeugten Drehungswinkel (wieder Länge l_t und magnetisches Feld h),

d_t die auf Wasser von 4^0 bezogene Dichte der chemischen Verbindung,

w das Molekulargewicht der chemischen Verbindung,

w^0 $= 18{,}016$ das Molekulargewicht des Wassers,

m_t^λ die molekulare Drehung der chemischen Verbindung,

so ist:

$$m_t^\lambda = \frac{\alpha_t^\lambda\, w}{\alpha_4^{0\lambda}\, d_t\, w^0}. \tag{2}$$

Die molekulare Drehung m ist ihrer Dimension nach eine Verhältniszahl.

Ist für Wasser α_t^{0D} gemessen worden, so ergibt sich nach den Beobachtungen von Rodger und Watson (vgl. unter A) α_4^{0D} aus der Gleichung

$$\alpha_4^{0D} = \alpha_t^{0D} + \alpha_t^{0D}\, 0{,}0000549\,(t-4) + \alpha_t^{0D}\, 0{,}00000305\,(t-4)^2 \qquad \text{(gültig für } 3 < t < 98\text{)}. \tag{3}$$

Aus m_t^λ berechnet sich die Verdetsche Konstante ω_t^λ der betreffenden chemischen Verbindung nach der Gleichung

$$\omega_t^\lambda = \frac{m_t^\lambda\, d_t\, w^0}{w}\, \omega_4^{0\lambda}, \tag{4}$$

worin $\omega_4^{0\lambda}$ die Verdetsche Konstante des Wassers bedeutet. Z. B. ist $\omega_4^{0D} = 0{,}01311$ Winkelminuten nach Rodger u. Watson (vgl. unter A).

Nach dem Vorgange von Perkin ist bisher bei der Definition der molekularen Drehung m an die Stelle von $\alpha_4^{0\lambda}$ der Quotient $\alpha_t^{0\lambda} : d_t^0$ gesetzt worden, wo d_t^0 die Dichte des Wassers bezeichnet. Diese Definition ist aber jetzt wissenschaftlich nicht mehr zulässig, weil sich herausgestellt hat, daß das Verhältnis $\alpha_t^{0\lambda} : d_t^0$ mit der Temperatur veränderlich ist. Auch würde diese Definition für Temperaturen über 100^0 und unter 0^0 im Stich lassen.

II. Molekulare Drehung gelöster Substanzen.

Bezeichnet für eine bestimmte Temperatur t:

α_t^λ den durch die Lösung hervorgerufenen Drehungswinkel, wie unter I,

$\alpha_4^{0\lambda}$ den entsprechenden, durch Wasser von 4^0 erzeugten Drehungswinkel,

d_t die auf Wasser von 4^0 bezogene Dichte der Lösung,

p den Prozentgehalt, d. h. die Anzahl Gramm aufgelöster Substanz in 100 Gramm Lösung,

e_t $= \frac{p\, d_t}{100}$ die Anzahl Gramm aufgelöster Substanz in einem Kubikzentimeter Lösung (ein Kubikzentimeter gleich dem Volumen von einem Gramm Wasser von 4^0 im luftleeren Raum abgewogen),

e'_t $= d_t - e_t$ die Anzahl Gramm Lösungsmittel in einem Kubikzentimeter Lösung,

w das Molekulargewicht der gelösten Substanz,

w^0 $= 18{,}016$ das Molekulargewicht des Wassers,

w' das Molekulargewicht des Lösungsmittels,

m_t^λ die molekulare Drehung der gelösten Substanz,

m'^λ_t die molekulare Drehung des Lösungsmittels,

so ist:

$$m_t^\lambda = \frac{w}{e_t}\left(\frac{\alpha_t^\lambda}{\alpha_4^{0\lambda}\, w^0} - \frac{m'^\lambda_t\, e'_t}{w'}\right). \tag{5}$$

Die folgende Tabelle enthält nur eine Auswahl unter den molekularen Drehungen. Eine vollständige Zusammenstellung der molekularen Drehungen der anorganischen Verbindungen und Fettkörper findet sich in: O. Schönrock, Beziehungen zwischen der elektromagnetischen Drehung fester und flüssiger Körper und deren chemischer Zusammensetzung. Graham-Ottos Lehrbuch der Chemie. Braunschweig, F. Vieweg & Sohn, 1898. Bd. 1, Abt. 3, S. 791 bis 865. Eine übersichtliche Zusammenstellung der molekularen Drehungen der aromatischen Körper findet sich bei Perkin, Journ. chem. Soc. **69**, 1237 bis 1247; 1896.

Schönrock.

231 d

Elektromagnetische Drehung der Polarisationsebene des Lichtes.

Substanz, Beobachter, Lösungsmittel	Prozentgehalt p	Temperatur t	Molekulare Drehung m_t^D
Acetessigsaures Äthyl $C_2H_5 . C_4H_5O_3$ **Perkin**, Journ. chem. Soc. **69**, 1236; 1896. Ohne Lös.-M.	—	16,3 91,0	6,501 6,448
Acetophenon $C_6H_5 \cdot CO \cdot CH_3$ **Perkin**, Journ. chem. Soc. **69**, 1243; 1896. Ohne Lös.-M.	—	14,2 47,4	12,60 12,49
Äthyläther $(C_2H_5)_2O$ **Perkin**, Journ. chem. Soc. **45**, 474; 1884. Ohne Lös.-M.	—	20,0	4,777
Äthylalkohol $C_2H_5 . OH$ **Perkin**, Journ. chem. Soc. **45**, 466; 1884. Ohne Lös.-M.	—	16,8	2,780
Ammoniumsulfat $(NH_4)_2SO_4$ **Forchheimer**, ZS. ph. Ch. **34**, 22; 1900. Wasser.	$p = 6$ bis 41	20	4,95
Amylnitrat $(C_5H_{11})NO_3$ **Jahn**, Wied. Ann. **43**, 295; 1891. Ohne Lös.-M.	—	20	6,185
Anilin $C_6H_5 \cdot NH_2$ **Perkin**, Journ. chem. Soc. **69**, 1244; 1896. Ohne Lös.-M.	—	12,4 62,0 91,0	16,10 15,71 15,54
Benzaldehyd $C_6H_5 \cdot CHO$ **Perkin**, Journ. chem. Soc. **69**, 1242; 1896. Ohne Lös.-M.	—	11,9 94,2	11,87 11,57
Benzol C_6H_6 **Perkin**, Journ. chem. Soc. **69**, 1241; 1896. Ohne Lös.-M.	—	12,8 56,0 71,4	11,29 11,10 10,99
Brenzweinsäureanhydrid $C_5H_6O_3$ **Perkin**, Journ. chem. Soc. **69**, 1237; 1896. Ohne Lös.-M.	—	11,6 50,0	4,762 4,727
Bromwasserstoffsäure HBr **Perkin**, Journ. chem. Soc. **55**, 706; 1889. Wasser.	15,47 24,6 39,71 56 65,59	16,5 18 21,0 22 17,4	8,519 8,547 8,415 8,061 7,669
Buttersäure $C_3H_7 . COOH$ **Humburg**, ZS. ph. Ch. **12**, 406; 1893.			
Ohne Lös.-M.	—	16	4,546
Benzol.	6,030	16	4,540
„	34,19	16	4,510
Toluol.	9,770	16	4,609
„	35,91	16	4,502
Wasser.	12,63	16	4,502
„	24,50	16	4,522
„	35,09	16	4,551
Chlor Cl_2 **Perkin**, Journ. chem. Soc. **65**, 28; 1894. Kohlenstofftetrachlorid.	10,1	7,6	4,344
Chlorbenzol C_6H_5Cl **Perkin**, Journ. chem. Soc. **69**, 1243; 1896. Ohne Lös.-M.	—	17,5 87,3	12,50 12,24
Chlorwasserstoffsäure HCl **Perkin**, Journ. chem. Soc. **55**, 703; 1889. Wasser.	15,63 25,6 30,86 36,5 41,70	16 20,4 21,5 11,0 17,3	4,419 4,405 4,303 4,215 4,045
Citraconsaures Äthyl $(C_2H_5)_2 . C_5H_4O_4$ **Perkin**, Journ. chem. Soc. **69**, 1237; 1896. Ohne Lös.-M.	—	16,0 76,0	10,50 10,36
Dichloressigsäure $CHCl_2 . COOH$ **Perkin**, Journ. chem. Soc. **69**, 1236; 1896. Ohne Lös.-M.	—	13,5 90,7	5,299 5,247

Schönrock.

Elektromagnetische Drehung der Polarisationsebene des Lichtes.

Substanz, Beobachter, Lösungsmittel	Prozentgehalt p	Temperatur t	Molekulare Drehung m_t^D
Dichloressigsäure (Forts.) **Humburg**, ZS. ph. Ch. **12**, 407; 1893.			
Ohne Lös.-M.	—	16	5,177
Benzol.	24,41	16	5,238
Toluol.	7,587	16	5,156
„	24,70	16	5,163
Wasser.	7,475	16	5,195
Dimethylchinon $C_6H_4(OCH_3)_2$(1:4) **Perkin**, Journ. chem. Soc. **69**, 1240; 1896. Ohne Lös.-M.	—	55,8 93,0	16,44 16,18
Dipropylketon $(C_3H_7)_2CO$ **Perkin**, Journ. chem. Soc. **69**, 1236; 1896. Ohne Lös.-M.	—	14,8 90,0	7,471 7,337
Essigsäure $CH_3.COOH$ **Perkin**, Journ. chem. Soc. **69**, 1236; 1896. Ohne Lös.-M.	—	21,0 86,0	2,525 2,493
Humburg, ZS. ph. Ch. **12**, 403; 1893.			
Ohne Lös.-M.	—	16	2,475
Benzol.	10,80	16	2,469
„	19,82	16	2,517
„	31,32	16	2,518
Toluol.	9,606	16	2,452
„	27,45	16	2,346
„	38,49	16	2,433
Wasser.	7,766	16	2,487
„	12,78	16	2,405
„	18,20	16	2,451
„	39,08	16	2,460
Heptan C_7H_{16} **Perkin**, Journ. chem. Soc. **69**, 1236; 1896. Ohne Lös.-M.	—	15,0 86,2	7,666 7,461
Hydrozimtsaures Äthyl $C_2H_5.C_9H_9O_2$ **Perkin**, Journ. chem. Soc. **69**, 1238; 1896. Ohne Lös.-M.	—	15,9 80,9	16,16 15,90
Jodwasserstoffsäure HJ **Perkin**, Journ. chem. Soc. **55**, 709; 1889. Wasser.	20,77 42,7 56,78 61,97 67,02	20,4 15,2 21,5 17,6 21,1	18,43 18,40 18,31 18,12 17,77
Kadmiumchlorid $CdCl_2$ **Oppenheimer**, ZS. ph. Ch. **27**, 455; 1898. Wasser.	p = 8 bis 45	20,5	11,24
Kaliumjodid KJ **Humburg**, ZS. ph. Ch. **12**, 409; 1893.			
Methylalkohol.	8,228	16	18,91
„	9,141	16	19,01
Wasser.	15,47	16	18,95
„	39,07	16	18,94
Kaliumquecksilberjodid 2KJ, HgJ_2 **O. Schönrock**, ZS. ph. Ch. **11**, 782; 1893. Wasser.	11	16	135,6
Kohlenstofftetrachlorid CCl_4 **Perkin**, Journ. chem. Soc. **45**, 533; 1884. Ohne Lös.-M.	—	25,1	6,582
Lithiumnitrat $LiNO_3$ **Perkin**, Journ. chem. Soc. **63**, 67; 1893. Wasser.	18,17 26,16 56,56	16,8 19,2 19,2	0,934 0,978 1,124
Lithiumsulfat Li_2SO_4 **Forchheimer**, ZS. ph. Ch. **34**, 24; 1900. Wasser.	7,71 13,01 16,41 23,48	20 20 20 20	3,11 2,67 2,64 2,38
Methylalkohol $CH_3.OH$ **Perkin**, Journ. chem. Soc. **45**, 465; 1884. Ohne Lös.-M.	—	18,7	1,640

Schönrock.

Elektromagnetische Drehung der Polarisationsebene des Lichtes.

Substanz, Beobachter, Lösungsmittel	Prozentgehalt p	Temperatur t	Molekulare Drehung m_t^D
Natriumbromid NaBr **Oppenheimer,** ZS. ph. Ch. **27,** 453; 1898. Wasser.	$p=9$ bis 34	20,5	9,32
Natriumchlorid NaCl **Perkin,** Journ. chem. Soc. **65,** 26; 1894. Ohne Lös.-M. als Steinsalz.	—	15,5	4,080
Wasser.	26,17	15,5	5,068
Oppenheimer, ZS. ph. Ch. **27,** 451; 1898. Wasser.	$p=5$ bis 21	20,5	5,38
Natriumquecksilberchlorid NaCl, $HgCl_2$ **O. Schönrock,** ZS. ph. Ch. **11,** 782; 1893. Wasser.	13	16	23,76
Nickeltetracarbonyl $Ni(CO)_4$ **Wachsmuth,** Wied. Ann. **44,** 380; 1891. Ohne Lös.-M.	—	20	30,70
Nitrobenzol $C_6H_5 \cdot NO_2$ **Perkin,** Journ. chem. Soc. **69,** 1239; 1896. Ohne Lös.-M.	—	19,0 56,0	9,356 9,310
Octylchlorid $C_8H_{17}Cl$ **Perkin,** Journ. chem. Soc. **69,** 1237; 1896. Ohne Lös.-M.	—	8,4 90,6	10,16 9,952
Önanthylsaures Äthyl $C_2H_5 . C_7H_{13}O_2$ **Perkin,** Journ. chem. Soc. **69,** 1236; 1896. Ohne Lös.-M.	—	15,0 92,1	9,542 9,413
Phenol $C_6H_5 \cdot OH$ **Perkin,** Journ. chem. Soc. **69,** 1239; 1896. Ohne Lös.-M.	—	39,0	12,07
"	—	88,8	11,96
Wasser.	83,93	15,5	12,10
Phenylsulfid $(C_6H_5)_2S$ **Perkin,** Journ. chem. Soc. **69,** 1243; 1896. Ohne Lös.-M.	—	16,4 85,8	29,65 28,96
Pyridin C_5H_5N **Perkin,** Journ. chem. Soc. **69,** 1245; 1896. Ohne Lös.-M.	—	11,9	8,762
Quecksilberchlorid $HgCl_2$ **O. Schönrock,** ZS. ph. Ch. **11,** 768; 1893. Wasser.	4,4	16	13,51
Quecksilberjodid HgJ_2 **O. Schönrock,** ZS. ph. Ch. **11,** 770; 1893. Pyridin.	9	16	46,64
Salpetersäure HNO_3 **Perkin,** Journ. chem. Soc. **63,** 66; 1893. Wasser.	22,54 26,81 32,36 56,44 99,45	15,5 16,4 15,1 18 13	0,753 0,805 0,852 0,977 1,207
Schwefelkohlenstoff CS_2 **Rodger u. Watson,** ZS. ph. Ch. **19,** 361; 1896. Berechnet von **O. Schönrock** nach Gleich. 2). Ohne Lös.-M.	—	0 10 20 30 40	10,837 10,779 10,718 10,660 10,599
Schwefelsäure H_2SO_4 **Perkin,** Journ. chem. Soc. **63,** 59; 1893. Wasser.	9,179 47,41 47,41 73,00 93,66 99,92	14,7 15,6 90,1 16,9 15,3 17,1	1,921 1,983 2,011 2,114 2,258 2,304
Toluol $C_6H_5 . CH_3$ **Perkin,** Journ. chem. Soc. **69,** 1241; 1896. Ohne Lös.-M.	—	13,1 53,7 80,1	12,16 11,94 11,81
Valeriansaures Äthyl (i—) $C_2H_5 \cdot C_5H_9O_2$ **Perkin,** Journ. chem. Soc. **45,** 501; 1884. Ohne Lös.-M.	—	18,0	7,615

Schönrock.

Elektromagnetische Drehung der Polarisationsebene des Lichtes.

Substanz, Beobachter, Lösungsmittel	Prozentgehalt p	Temperatur t	Molekulare Drehung m_t^D
Wasser H_2O **Rodger** u. **Watson**, ZS. ph. Ch. **19**, 357; 1896. Berechnet von **O. Schönrock** nach Gleichung 2). Ohne Lös.-M.	—	4	1
		10	0,9998
		20	1,0001
		30	1,0008
		40	1,0018
		50	1,0029
		60	1,0041
		70	1,0053
		80	1,0065
		90	1,0074
Zimtalkohol $C_6H_5 . C_3H_5O$ **Perkin**, Journ. chem. Soc. **69**, 1247; 1896. Ohne Lös.-M.	—	37,1	17,81
		89,3	17,49

Aktive und racemische Verbindungen.

Substanz, Beobachter, Lösungsmittel	Prozentgehalt p	Temperatur t	Molekulare Drehung m_t^D
Traubensaures Äthyl $C_2H_5 . C_6H_9O_6$ **Perkin**, Journ. chem. Soc. **51**, 363; 1887. Ohne Lös.-M.	—	15,5	8,759
d-Weinsaures Äthyl $C_2H_5 . C_6H_9O_6$ **Perkin**, Journ. chem. Soc. **51**, 363; 1887. Ohne Lös.-M.	—	14,8	8,766

Schönrock.

232
Elektrische Leitfähigkeit der Metalle.

(Reziproker Wert des in Ohm ausgedrückten Widerstandes von einem Zentimeterwürfel der Substanz, für Quecksilber bei $0^0 = 1{,}063 \times 10^4$.)
Lit. Tab. 239, S. 1088.

Substanz	Temperatur 0	Leitfähigkeit	Beobachter
Aluminium aus Neuhausen, 99% rein	−183[1])	178,6 ×10⁴	Dewar u. Fleming (2)
	−78[1])	58,7	
	0	39,0	
	92,2	28,3	
	191,5	21,6	
chemisch rein	−189	156	Niccolai
	−100	65,2	
	0	38,2	
	100	25,9	
	400	12,5	
Draht 0,5% Fe +0,4% Cu	18	31,2	Jaeger u. Diesselhorst
	100	24,2	
käuflich, 97,5% rein	−202,5[1])	307,9	Dewar u. Fleming (2)
	0	37,5	
	193,3	20,4	
Antimon	−190	9,56	Eucken u. Gehlhoff
	−79	3,568	
	0	2,565	
	0	2,61	Oberbeck u. Bergmann
	0—30	2,48	Berget
fest	Schmelzpunkt	0,62	de la Rive
flüssig	„	0,89	„
„	860	0,83	„

Substanz	Temperatur 0	Leitfähigkeit	Beobachter
Arsen	0	[2])2,85 × 10⁴	Matthiessen u. v. Bose
	100	[2])1,99	
Blei kalt gepreßt	−183[1])	16,6	Dewar u. Fleming (2)
„	−78[1])	7,11	
„	0	4,91	
„	90,4	3,57	
„	196,1	2,71	
rein	−189	15,1	Niccolai
	−100	7,93	
	0	5,05	
	100	3,59	
	200	2,63	
	0	5,18	Bergmann
	0—30	5,07	Berget
Draht	18	4,80	Jaeger u. Diesselhorst
Stab	18	4,84	
Draht	100	3,61	
Stab	100	3,64	
	100	3,60	Lorenz
	Schmelzpunkt	1,057	Müller
	318	1,06	Vicentini u. Omodei
Cadmium	−190	50,5	Eucken u. Gehlhoff
	−79	18,35	
	0	12,89	

[1]) Aus den auf Platinwiderstandsthermometer bezogenen Angaben umgerechnet nach **H. Dickson**, Phil. Mag. (5) **45**, 525; 1898.
[2]) Umgerechnet unter der Annahme, daß die Leitfähigkeit des harten Silbers 60×10^4 beträgt.

Leithäuser.

Elektrische Leitfähigkeit der Metalle.

Lit. Tab. 239, S. 1088.

Substanz	Temperatur	Leitfähigkeit	Beobachter
	°		
Cadmium (Forts.)	−183[1]	33,9 $\times 10^4$	Dewar u. Fleming (2)
	100	9,98	
	182,5	5,50	
	0	14,7	Mayrhofer
	0	14,41	Lorenz
	100	10,1	„
Stab	18	13,13	Jaeger u. Diesselhorst
Draht	18	13,25	
Stab	100	9,89	
Draht	100	10,18	
	20,5	13,02	Ihle
fest	318	5,69	Vassura
flüssig	318	2,88	
„	318	2,99	Vicentini u. Omodei
Caesium	−187	19,1	Guntz u. Broniewski
fest	−78,3	7,8	
	0	5,18	
	19,3	4,74	
fest	−190	23,3	Hackspill
	−75	8,55	
	0	5,52	
	27	4,51	
geschmolzen	30	2,73	
	37	2,70	
Calcium	16,8	[2]13,3	Matthiessen (1)
v. Bitterfeld, 99,5%	20	9,5	Moissan u. Chavanne
Chrom	0	38,5	Shukow
stickstoffhaltig		15,4 bis 12,8	
Eisen			
sehr rein, weich, geglüht	−205,3[1]	153,4	Dewar u. Fleming (2)
„ „ „	−78[1]	18,80	
„ „ „	0	11,30	
„ „ „	98,5	5,62	
„ „ „	196,1	4,65	
rein	−189	37,7	Niccolai
	−100	16,9	
	0	9,36	
	100	6,02	
	400	2,31	
0,1% C	18	8,36	Jaeger u. Diesselhorst
„	100	5,95	
0,1% C + 0,2% Si + 0,1% Mn	18	7,17	
„	100	5,31	
	0	10,37	Lorenz
Stabeisen	0	8,20	Strouhal u. Barus (2)
Gußeisen, hart	0	1,02	
„ weich	0	1,34	
„ schmiedbar unbearb.	0	4,10	
„ hart	0	3,06	
„ weich	0	4,35	
Stahl, sehr weich, wenig Si	0	8,50	Pécheux (1)
mehr Si	0	7,40	
halb hart	0	8,39	
hart, mit Si	0	6,48	
	°		
Stahl glashart	0	2,19 $\times 10^4$	Strouhal u. Barus (1)
Stahl, hellgelb angelassen	0	3,46	
Stahl, blau angelassen	0	4,88	
Gußstahldraht	18	5,15	Deutsche Tel.-Verw.
Puddelstahl	15	7,11	Kirchhoff u. Hansemann
Bessemerstahl	15	4,31	
Klavierdraht	0	8,47	Strouhal u. Barus (1)
Stahl mit 1% C	18	5,02	Jaeger u. Diesselhorst
„	100	3,91	
Stahl, mit 25% Ni, magnetisch	20	1,92	Hopkinson (2)
Stahl mit 25% Ni, nicht magnetisch	20	1,39	
Stahl mit 13% Mn, magnetisch	15	0,78	Le Chatelier (3)
unmagnetisch	15	0,61	
Gallium	0	1,87	Guntz u. Broniewski
fest	26,4	1,79	
flüssig	30,3	3,68	
	46,1	3,52	
Gold 99,9 fein	−183[1]	146,8	Dewar u. Fleming (2)
„	−100,5	73,2	
„	0	45,5	
„	90,4	34,0	
„	194,5	26,5	
rein	−189	145,4	Niccolai
	−100	71,4	
	0	44,5	
	100	32,2	
	400	17,2	
weich	0	46,8	Benoit
	0	49,2	Strouhal und Barus (2)
rein, gezogen	18	41,28	Jäger u. Diesselhorst
„ „	100	32,13	
99,8 Au + 0,1 Fe + 0,1 Cu	18	24,68	
„	100	21,24	
Indium	0	11,95	Erhardt
Iridium	−186	52,1	Broniewski u. Hackspill
	−78,3	23,4	
	0	16,4	
	100	12,0	
Kalium	−187	51,0	Guntz u. Broniewski
	−78,3	23,3	
	0	14,3	
	50	11,6	
	−75	25,0	Hackspill
	0	16,4	
	18	14,9	
	55	11,9	
flüssig	100	6,06	Bernini
„	100	6,53	Müller
Kobalt	100	8,32	Knott (2)
	200	6,26	
99,8 % Co	20	10,3	Reichardt

[1]) Aus den auf Platinwiderstandsthermometer bezogenen Angaben umgerechnet nach **H. Dickson**, Phil. Mag. (5) **45**, 525; 1898.

[2]) Umgerechnet unter der Annahme, daß die Leitfähigkeit des harten Silbers 60×10^4 beträgt.

Leithäuser.

Elektrische Leitfähigkeit der Metalle.

Lit. Tab. 239, S. 1088.

Substanz	Temperatur	Leitfähigkeit	Beobachter
	0		
Kupfer elektrolytisch, gezogen und geglüht in Wasserstoff	-206[1]	696,3 $\times 10^4$	Dewar u. Fleming (2)
	-78[1]	97,62	
	0	64,06	
	98	45,08	
	205	34,24	
rein	-189	331,1	Niccolai
	-100	110,6	
	0	63,4	
	100	44,5	
	400	24,4	
weich	0	64,0	Swan u. Rhodin
hart	0	62,4	
	0—30	65,3	Berget
Stab	18	57,2	Jäger u. Diesselhorst
"	100	43,2	
Draht	18	56,1	
"	100	42,4	
	18	57,4	Grüneisen
hart	18	58,6	Fitzpatrick
geglüht	18	60,1	
Normalkupfer		60	Verband Dtsch. Elektrot.
phosphorhaltig	15	25,5	Kirchhoff und Hansemann
Lithium fest	-187	74,6	Guntz u. Broniewski
	-78,3	18,5	
	0	11,7	
	99,3	7,88	
fest	0	11,2	Bernini (3)
flüssig	230	2,21	
Mangan stickstoffhaltig		18,2 bis 22,7	Shukow
Magnesium frei von Zink	-183[1]	99,9	Dewar u. Fleming (2)
"	-78[1]	33,7	
"	0	23,0	
"	98,5	16,7	
"	142,2	13,5	
rein	-189	78,4	Niccolai
	-100	37,8	
	0	23,2	
	100	16,9	
	400	8,41	
kalt gehämmert	0	24,0	Benoit
	19	20,8	Ihle
Natrium fest	-178	125	Guntz u. Broniewski
	-78,3	35,0	
	0	22,3	
	50	18,8	
	-180	100	Hackspill
	-75	35,7	
	0	23,3	
	18	21,3	
	116	9,8	
	100	9,46	Müller
flüssig	120	11,42	Bernini (2)
99,1 Na + 0,5 Al + 0,3 Ca	18,7	21,5	Lohr

Substanz	Temperatur	Leitfähigkeit	Beobachter
	0		
Nickel rein	-182,5	69,3 $\times 10^4$	Fleming (3)
	-78,2	23,2	
	0	14,42	
	94,9	9,01	
	-189	45,8	Niccolai
	-100	16,5	
	0	8,33	
	400	1,66	
	0	9,73	Harrison
97 Ni + 1,4 Co + 0,4 Fe + 1,0 Mn + 0,1 Cu + 0,1 Si	18	8,50	Jäger u. Diesselhorst
	100	6,37	
Osmium	20	10,53	Blau
Palladium sehr rein	-183[1]	35,93	Dewar u. Fleming (2)
"	-78[1]	13,95	
	0	9,79	
	98,5	7,25	
	194,2	5,87	
	0	9,39	Knott (1)
	18	9,33	Jäger u. Diesselhorst
	100	7,27	
Platin Draht	-203,1[1]	40,9	Dewar u. Fleming (2)
"	-97,5[1]	14,56	
"	0	9,12	
"	100	6,73	
"	195,8	5,40	
	-189	27,9	Niccolai
	-100	13,9	
	0	8,94	
	100	6,62	
	400	3,85	
	18	9,24	Jäger u. Diesselhorst
	100	7,13	
Quecksilber, fest	-183,5[1]	14,35	Dewar u. Fleming (5)
	-147,5[1]	9,46	
	-102,9[1]	6,65	
	-50,3[1]	4,70	
	-40,7[1]	3,46	
	-39,2[1]	2,74	
	-38,1[1]	2,205	
	-37,0[1]	1,44	
	-36,1[1]	1,24	
" flüssig	0	1,063	
	0	1,06285	Dorn
	10	1,0535	Strecker
	20	1,0444	
	25	1,0386	Grimaldi
	50	1,0148	
	100	0,9685	Vicentini u. Omodei
	150	0,9218	
	200	0,8751	
	250	0,8290	
	300	0,7831	
	350	0,7378	
Rhodium	-186	143	Broniewski u. Hackspill
	-78,3	32,4	
	0	21,3	
	100	15,15	

[1]) Aus den auf Platinwiderstandsthermometer bezogenen Angaben umgerechnet nach **H. Dickson**, Phil. Mag. (5) **45**, 525; 1898.

232 c

Elektrische Leitfähigkeit der Metalle.

Lit. Tab. 239, S. 1088.

Substanz	Temperatur °	Leitfähigkeit	Beobachter
Rubidium fest	−190	40 ×10⁴	Hackspill
	−78	15,9	
	0	8,62	
	18	8,34	
geschmolzen	40	5,10	
	43	4,78	
fest	−187	29	Guntz u. Broniewski
	−78,3	12,1	
	0	7,82	
	19,3	7,10	
Silber elektrolytisch	−183[1])	256,6	Dewar u. Fleming (2)
	−78[1])	97,92	
	0	68,12	
	98,15	48,49	
	192,1	38,34	
	−189	238,8	Niccolai
	−100	109,2	
	0	66,4	
	100	47,7	
	400	26,5	
	0	66,0	Benoit
	0	67,2	Strouhal u. Barus
999,8 fein	18	61,4	Jäger u. Diesselhorst
„	100	46,9	
Silicium		0,2 bis 1,56	le Roy
		1,725	Wick
Strontium	20	[2]) 4,03	Matthiessen (1)
Tantal rein		6,85	v. Pirani
Tellur	19,6	[2]) 4,66	Matthiessen (2)
Thallium rein	−183[1])	24,5	Dewar u. Fleming (2)
„	−78[1])	8,46	
„	0	5,68	
„	98,5	4,05	
	0	5,56	Benoit
	0	[2]) 5,54	Matthiessen u. Vogt
flüssig	294	1,35	Vincentini u. Omodei
Titan stickstoffhaltig		31,3	Shukow
Wismut rein	−187,5[1])	2,457	Dewar u. Fleming (4)
	−58,6[1])	1,197	
	19	0,884	
	60	0,750	
	−186	2,452	Giebe
	−79	1,196	
	18	0,861	
	0	0,929	Lorenz (1)

Substanz	Temperatur °	Leitfähigkeit	Beobachter
Wismut (Forts.) hart	0	0,920 ×10⁴	van Aubel (2)
weich	0	0,926	
	Zimmertemp.	0,830	F. A. Schulze
	18	0,840	Jäger u. Diesselhorst
	100	0,624	
	100	0,630	Lorenz (1)
fest	271	0,364	Vassura
flüssig	271	0,781	
	358	0,737	de la Rive
	860	0,622	
Draht bei 155° gepreßt	22	0,922	Lenard
„ im Magnetfeld von 11200 cgs	22,6	0,719	
„ bei 230° gepreßt	22	0,866	
„ im Magnetfeld von 11200 cgs	21	0,707	
„ im Magnetfeld von 2750 cgs	19	0,830	Dewar u. Fleming (4)
	−187,5[1])	0,525	
Zink mit Spur Fe	−183[1])	61,7	Dewar u. Fleming (2)
	−78[1])	29,9	
	0	17,4	
	92,45	12,5	
	191,5	9,64	
	0	17,60	Haas
chemisch rein	0	18,60	Sturm
	0	16,93	Oberbeck u. Bergmann
rein	18	16,51	Jaeger u. Diesselhorst
	100	12,59	
98,6 Zn+1,1 Pb+0,25 Cu	18	15,83	
„	100	12,13	
fest	Schmelzpunkt	5,43	de la Rive (2)
flüssig	„	2,71	
„	440	2,69	
Zinn	−183[1])	29,4	Dewar u. Fleming (2)
	−78[1])	11,4	
	0	7,66	
	91,45	5,48	
	176	4,23	
	0	8,74	Benoit
	0	9,35	Lorenz
	Zimmertemperat.	8,57	F. A. Schulze
	18	8,82	Jaeger u. Diesselhorst
	100	6,53	
fest	226,5	4,49	Vassura
flüssig	226,5	2,11	
	358	1,98	Müller
	860	1,54	

[1]) Aus den auf Platinwiderstandsthermometer bezogenen Angaben umgerechnet nach **H. Dickson,** Phil. Mag. (5) **45**, 525; 1898.
[2]) Umgerechnet unter der Annahme, daß die Leitfähigkeit des harten Silbers 60 ×10⁴ beträgt.

Leithäuser.

Elektrische Leitfähigkeit von Legierungen und Amalgamen.

Reziproker Wert des in Ohm ausgedrückten Widerstandes von einem Zentimeterwürfel der Substanz, für Quecksilber bei $0^0 = 1,063 \times 10^4$.

Lit. Tab. 239, S. 1088.

Substanz	Temperatur	Leitfähigkeit	Beobachter
Aluminiumbronze	°		
weich	0	$8,41 \times 10^4$	Benoit
90 Cu+10 Al unbearbeitet	20	7,58	M. Weber
geglüht	20	7,45	
gezogen	20	6,88	
	0	9,41	van Aubel (3)
97 Cu+3 Al	−182 [1])	13,65	Dewar u. Fleming (2)
"	−100,6 [1])	12,43	
"	0	11,30	
"	93	10,44	
6 Cu+94 Al	−182 [1])	139,9	
"	−100,6 [1])	58,31	
"	0	34,44	
"	93	25,14	
87 Cu+6,5 Ni +6,5 Al	−182 [1])	7,66	
	−100,6 [1])	7,15	
	0	6,70	
	93	6,34	
Aluminium-Kupfer Vol.-% Cu			
1,18	0	23,5	Broniewski (1)
16,3	0	16,7	
47,3	0	6,82	
52,6	0	3,50	
64,7	0	8,35	
68,3	0	13,4	
73,3	0	6,85	
86,0	0	9,62	
94,0	0	17,5	
100,0	0	64,0	
Aluminium-Zink			
31,2 Al + 68,8 Zn, nicht erhitzt	0	17,0	Sturm
erhitzt auf 370° u. langsam abgekühlt	0	19,5	
65,6 Al + 34,4 Zn, nicht erhitzt	0	16,7	
mehrmals auf 100° erhitzt	0	18,0	
erhitzt auf 370° u. langsam abgekühlt	0	21,3	
Amalgame			
mit 2,8% Cd	0	1,27	v. Schweidler
" " 0,6% Zn	0	1,14	
" " 1 % Sn	0	1,105	
" " 1 % Pb	0	1,09	
98,6 Hg + 1,4 Sn	Zimmertemp.	1,19	R. H. Weber
90,5 " + 9,5 "	"	1,48	
75,1 " +24,9 "	"	2,96	
28 " +72 "	"	4,35	
90,7 " + 9,3 "	275	1,31	
56,2 " +43,8 "	275	1,69	
15,3 " +84,7 "	275	2,05	
100 " + 1 "	18	1,135	C. L. Weber (1)

Substanz	Temperatur	Leitfähigkeit	Beobachter
Amalgame (Forts.)	°		
96,3 Hg + 3,7 Sn	100	$1,25 \times 10^4$	Vicentini
96,3 " + 3,7 "	226,5	1,138	
29,8 " +70,2 "	200	1,90	
29,8 " +70,2 "	280	1,82	
51,4 " +48,6 "	246	1,685	C. L. Weber (4)
89,3 " +10,7 "	246	1,353	
100 " + 0,25 Pb	18	1,062	C. L. Weber (1)
100 " + 1 "	18	1,102	
87,9 " +12,1 "	264	1,136	C. L. Weber (4)
24,4 " +75,6 "	300	1,052	Vicentini u. Cattaneo (2)
(Schmelzp. 235°)	325	1,042	
Pb_1Hg_1	0	1,648	Battelli (1)
Pb_6Hg_1	0	2,757	
100 Hg + 1 Bi	18	1,075	C. L. Weber (1)
90 " +10 "	264	0,938	C. L. Weber (4)
53,8 " +46,2 "	266	0,801	
19,2 " +80,8 "	265	0,754	
95,1 " + 4,9 "	250	0,934	Vicentini u. Cattaneo (1)
90 " +10 "	250	0,945	
49 " +51 "	250	0,806	
Bi_1Hg_2	0	1,665	Battelli (1)
Bi_5Hg_1	0	0,984	
100 Hg + 1 Cd	18	1,119	C. L. Weber (1)
97,4 " + 2,6 "	264	0,983	C. L. Weber (4)
28,4 " +71,6 "	267	2,667	
100 " + 1 Ag	18	1,052	C. L. Weber (1)
100 " + 0,16 Zn	0	1,090	Gerosa
100 " + 0,975 "	0	1,218	
50,6 " +49,4 "	325	2,467	Vicentini u. Cattaneo (3)
50,6 " +49,4 "	350	2,476	
97,9 Hg+2,1 Na fest	0	1,055	Grimaldi
" "	63,1	0,994	
" flüssig	125,2	0,934	
98,4 Hg+1,6 K fest	0	1,397	
" flüssig	100	0,761	
" "	200	0,683	
3 Hg+1 Pb+1 Bi	0	1,080	Englisch
"	214	0,988	
Argentan	−189	3,74	Niccolai
	−100	3,63	
	0	3,51	
	100	3,40	
	400	3,16	
Blei-Wismut			
0,4 Pb+99,6 Bi [2])	Zimmertemp.	0,766	F. A. Schulze
42,3 " +57,7 " [2])	"	1,58	
94,4 " + 5,6 " [2])	"	4,29	
Bronze (88Cu+12Sn +0,94 Pb)	18,8	5,61	Ihle
	92,2	5,41	
Cadmium-Antimon			
66,7 Cd+33,3 Sb	−190	$6,38 \times 10^3$	Eucken u. Gehlhoff
	−79	$3,42 \times 10^3$	
	0	$2,69 \times 10^3$	

[1]) Aus den auf Platinwiderstandsthermometer bezogenen Angaben umgerechnet nach **H. Dickson,** Phil. Mag. (5) **45**, 525; 1898.

[2]) Volumenprozente.

233 a

Elektrische Leitfähigkeit von Legierungen und Amalgamen.

Lit. Tab. 239, S. 1088.

Substanz	Temperatur	Leitfähigkeit	Beobachter
Cadmium-Antimon (Forts.)	°		
50 Cd+50 Sb	−190	1,37×10³	Eucken u. Gehlhoff
	−79	0,79×10³	
	0	0,588×10³	
48,3 Cd+51,7 Sb	−190	6,26×10¹	
	−79	3,15×10¹	
	0	1,99×10¹	
33,3 Cd+66,7 Sb	−190	0,202×10³	
	−79	0,272×10³	
	0	0,247×10³	
Ferronickel	0	1,28×10⁴	van Aubel (3)
50 Fe+50 Ni	0	2,78	Le Chatelier (1)
„	200	1,60	
„	600	1,00	
„	1000	0,95	
Kobalt-Kupfer			
98,5 Cu+ 1,5 Co	20	14,8	Reichardt
76,4 „ +23,6 „	20	8,75	
53,4 „ +46,6 „	20	8,82	
40,6 „ +59,4 „	20	7,75	
9,6 „ +90,4 „	20	4,11	
Konstantan	−189	2,35	Niccolai
	−100	2,30	
	0	2,27	
	100	2,24	
	400	2,23	
60 Cu+40 Ni	18	2,040	Jäger u. Diesselhorst
„	100	2,037	
54 Cu+46 Ni	18	1,99	Grüneisen
Kruppin		1,20	Dettmar
		1,17	van Aubel (3)
Manganin	−189	2,64	Niccolai
	−100	2,60	
	0	2,58	
	100	2,57	
	400	2,61	
84 Cu+12 Mn +4 Ni	−200,5[1])	2,21	Dewar u. Fleming (2)
	−100,6[1])	2,11	
	0	2,10	
	93	2,10	
„	18	2,378	Jaeger u. Diesselhorst
	100	2,375	
Mangankupfer			
70 Cu+30 Mn		0,997	Feußner u. Lindeck
73 Cu+3 Ni+24 Mn		2,10	
Magnesium-Blei (Gewichtsproz. Mg.)			
1,6 %	25	3,25	Stepanow
10,7 %	25	1,36	
21,0 %	25	0,67$_3$	
30,3 %	25	1,69	
52,6 %	25	3,57	
79,0 %	25	6,02	
94,0 %	25	11,11	

Substanz	Temperatur	Leitfähigkeit	Beobachter
	°		
Messing rot	0	15,75×10⁴	Lorenz
	100	13,31	
gelb	0	12,625	
	100	11,00	
29,8 Zn+70,2 Cu, hart	0	12,16	Siemens (1)
„ weich	0	14,35	
40 Zn+60 Cu	20,5	13,58	Ihle
	91,8	12,38	
99,3 Cu+ 0,7 Zn	0	54,56	Haas
90,9 „ + 9,1 „	0	27,49	
65,8 „ +34,2 „	0	15,87	
53,1 „ +46,9 „	0	23,18	
0,15 „ +99,85 „	0	17,00	
9,7 „ +92,3 „	Zimmertemp.	[2])14,3	R. H. Weber
26 „ +74 „	„	[2])12,4	
42 „ +58 „	„	[2])15,6	
Neusilber	−182[2])	3,54	Dewar u. Fleming (2)
	−100,6[3])	3,41	
	0	3,33	
	93	3,26	
	0	3,83	Benoit
	0	4,83	van Aubel (3)
Nickelin	−189	2,88	Niccolai
	−100	2,82	
	0	2,76	
	100	2,70	
	400	2,59	
61,6 Cu+19,7 Zn +18,5 Ni+0,2 Fe		3,01	Feußner u. Lindeck
54,6 Cu+20,4 Zn +24,5 Ni+0,6 Fe		2,239	
Nickelkupfer			
89,8 Cu+10 Ni+0,15 Fe		6,85	Feußner
69,7 Cu+30 Ni+0,4 Fe		2,60	
54 Cu+46,2 Ni+0,3 Fe		1,92	
Nickelstahl (4,35 % Ni)	−182[1])	5,14	Dewar u. Fleming (2)
	−100,6[1])	4,21	
	0	3,40	
	93	2,84	
Patentnickel 74,7 Cu+0,5 Zn +24,1 Ni+0,7 Fe		3,05	Feußner u. Lindeck
Phosphorbronze	18	8,48	Deutsche Telegraphen-Verwaltung
		12,99	
		12,9	Felten und Guilleaume
		21,51	Laz. Weiller
Platin-Eisen Dichte 20,89	0	3,71	Barus (1)
„ 19,56	0	1,78	

[1]) Aus den auf Platinwiderstandsthermometer bezogenen Angaben umgerechnet nach **H. Dickson,** Phil. Mag. (5) **45,** 525; 1898.

[2]) Umgerechnet unter der Voraussetzung, daß die Leitfähigkeit des Zink bei Zimmertemperatur = 16,8 × 10⁴ ist.

[3]) Volumenprozente.

[4]) Gewichtsprozente.

Leithäuser.

Elektrische Leitfähigkeit von Legierungen und Amalgamen.

Lit. Tab. 239, S. 1088.

Substanz	Temperatur	Leitfähigkeit	Beobachter
Platin-Gold	0		
Dichte 21,29	0	$5{,}74 \times 10^4$	Barus (1)
„ 21,17	0	4,30	
Platin-Iridium			
Dichte 21,27	0	5,48	
„ 21,32	0	4,49	
80 Pt + 20 Ir	-182 [1]	3,31	Dewar u. Fleming (2)
„	-100,6 [1]	3,25	
„	0	3,17	
„	93	3,10	
Platin-Kupfer			Barus (1)
Dichte 20,92	0	4,21	
„ 19,56	0	1,98	
Platin-Mangan			
Dichte 20,81	0	4,15	
„ 19,43	0	2,17	
Platin-Palladium			
Dichte 21,01	0	5,62	
„ 19,91	0	4,45	
Platinsilber 33 Pt+66 Ag	-182 [1]	3,31	Dewar u. Fleming (2)
	-100,6 [1]	3,25	
	0	3,17	
	93	3,10	
32 Pt+67 Ag	0	3,57	Chevalier
2% Pt+98% Ag [2]	0	21,74	Strouhal u. Barus (2)
15 „ Pt+85% Ag [2]	0	4,42	
Verschiedene Legierungen			
5% Au+95% Ag [2]	0	30,05	Strouhal u. Barus (2)
50 „ Au+50% Ag [2]	0	9,43	
90 „ Au+10% Ag [2]	0	14,37	
2 Au + 1 Ag	0	[3] 9,01	Matthiessen (4)
90 Au + 10 Ag	-182 [1]	20,7	
„	-100,6 [1]	18,14	Dewar u. Fleming (2)
„	0	15,92	
„	93	14,29	
94 Al + 6 Ag	-182 [1]	40,2	
„	-100,6 [1]	28,8	
„	0	21,55	
„	93	17,59	
90 Pt + 10 Rh	-182 [1]	6,61	
„	-100,6 [1]	5,54	
„	0	4,73	
„	93	4,17	
98% Ag+ 2% Cu [2]	0	57,34	Strouhal u. Barus (2)
50 „ Ag+50% Cu [2]	0	44,33	
25 „ Ag+75% Cu [2]	0	46,79	
Rheotan	-189	2,37	Niccolai
	-100	2,31	
	0	2,24	
	100	2,18	
	400	2,08	

Substanz	Temperatur	Leitfähigkeit	Beobachter
Roses Legierung	0		
(48,9 Bi + 23,5 Sn	0	$1{,}55 \times 10^4$	C. L. Weber (3)
+ 27,6 Pb, Schmelzp. 94,3°)	20	1,49	
	93,5	1,28	
flüssig	250	1,243	Cattaneo (1)
	350	1,200	
Rotguß 65,7 Cu+7,2 Zn	18	7,89	Jäger u. Diesselhorst
+ 6,4 Sn + 0,6 Ni	100	7,40	
Woods Legierung	7	2,313	H. F. Weber
(55,7 Bi + 13,7 Sn	0	1,93	C. L. Weber (3)
+ 13,7 Pb + 16,2 Cd, Sm = 69,8°)	50,3	1,73	
flüssig	75	1,18	
„	98,5	0,94	
„	250	0,941	Cattaneo (1)
„	350	0,914	
Zinn-Wismut	Zimmertemp.		
99,5 Bi+ 0,5 Sn [2]		0,595	F. A. Schulze
76,1 „ +23,9 „ [2]	„	1,394	
25 „ +75 „ [2]	„	5,331	
4,3 „ +95,7 „ [2]	„	7,58	
Zinn-Zink	Zimmertemp.		
91,1 Sn+ 8,9 Zn [2]		9,28	F. A. Schulze
63 „ +37 „ [2]	„	11,10	
29,8 „ +70,2 „ [2]	„	13,28	
91,3 „ + 8,7 „ [2]	21,3°	[3] 7,60	Matthiessen (3)
63,6 „ +36,4 „ [2]	19,9	[3] 10,41	
30,4 „ +69,6 „ [2]	20,1	[3] 13,37	
Andere Legierungen			
98,7 Sn + 1,3 Au [2]	23,6	[3] 6,67	
1,2 „ +98,8 „ [2]	18,8	[3] 11,76	
99,3 „ + 0,7 Ag [2]	21,9	[3] 6,82	
0,9 „ +99,1 „ [2]	20,7	[3] 21,4	
97,7 Au+ 2,3 Cu [2]	19,1	[3] 28,0	
1,6 „ +98,4 „ [2]	18,1	[3] 39,2	
89,9 Sn + 10,1 Pb fest	15,2	7,33	C. L. Weber (5)
„ flüssig	252,8	1,91	
40 Sn + 60 Pb fest	14,9	5,59	
„ flüssig	261	1,60	
„ „	325	1,434	Vicentini u. Cattaneo (2)
90 Sn + 10 Pb „	325	1,836	
9,5 Bi + 90,5 Sn fest	12,1	6,18	C. L. Weber (5)
„ flüssig	251,4	1,90	
„ „	271	1,865	Vicentini u. Cattaneo (2)
80,3 Bi + 19,7 Sn „	226,5	0,953	
„ „	271	0,938	
90 Bi + 10 Sn	0	0,578	Righi
98 „ + 2 „	0	0,291	
75 Cd+ 25 Zn „	300	2,749	Vicentini u. Cattaneo (2)
(Schmelzp. 275°) „	350	2,783	
75 Sn+25 Zn „	325	2,034	
(Schmelzp. 303°) „	350	2,005	
75 Pb+25 Sb „	350	0,966	
(Schmelzp. 343°) „	365	0,958	

[1]) Aus den auf Platinwiderstandsthermometer bezogenen Angaben umgerechnet nach **H. Dickson**, Phil. Mag. (5) **45**, 525; 1898.

[2]) Volumenprozente.

[3]) Umgerechnet unter der Annahme, daß die Leitfähigkeit des harten Silbers 60×10^4 beträgt.

Leithäuser.

234

Elektrische Leitfähigkeit fester und geschmolzener Salze und Oxyde.

Reziproker Wert des in Ohm ausgedrückten Widerstandes von einem Zentimeterwürfel der Substanz, für Quecksilber bei $0^0 = 1{,}063 \times 10^4$.

Lit. Tab. 239, S. 1088.

Substanz	Temperatur	Leitfähigkeit	Beobachter
Aluminium-Stickstoff AlN	0	$<0{,}5\times10^{-6}$	Shukow
Ammoniumnitrat NH_4NO_3, fest	44	$0{,}108\times10^{-6}$	Foussereau (3)
	100	$0{,}212\times10^{-4}$	
	130	$0{,}352\times10^{-3}$	
flüssig	154	0,324	
	188	0,479	
	200	0,401	Poincaré (1)
Antimonchlorid $SbCl_3$, flüssig	100	0,00078	Graetz
	200	0,00114	
Bleichlorid $PbCl_2$, fest	200	0,00008	Graetz
	500	1,2116	
flüssig	520	2,3918	
	580	2,6894	Braun (1)
Bleisulfid PbS	−187,2	$1{,}52 \times10^4$	v. Aubel (5)
	−74,9	$0{,}589 \times10^4$	
	20,7	$0{,}347 \times10^4$	
	81,9	$0{,}278 \times10^4$	
	−25	$0{,}379 \times10^4$	Guinchant
	0	$0{,}335 \times10^4$	
	118	$0{,}197 \times10^4$	
	670	$0{,}0187\times10^4$	
	920	$0{,}0077\times10^4$	
Bleisuperoxydhydrat PbO_2		0,163	Shields
		4,68	Weyde
mit 1,5 % Wasser		$0{,}0335\times10^4$	Ferchland
gepreßtes Pulver	0	0,435	Streintz
Cadmiumoxyd CdO, fest	Zimmert.	$0{,}83\times10^3$	Bädeker
Cadmiumchlorid $CdCl_2$, fest	370	0,0007	Graetz
	500	0,0106	
	530	0,1042	
	538	0,1212	
	580	0,1562	
Eisenmonosulfid FeS	0	8,98	Guinchant
	350	98,1	
Kaliumcarbonat K_2CO_3, flüssig	1150	0,2285	Braun (1)
Kaliumchlorat $KClO_3$, fest	145	$0{,}268\times10^{-12}$	Foussereau (3)
	200	$0{,}318\times10^{-10}$	
	300	$0{,}179\times10^{-6}$	
	352	$0{,}125\times10^{-4}$	
flüssig	359	0,238	
Kaliumchlorid KCl, flüssig	750	1,908	Poincaré (2)
Kaliumnitrat KNO_3 fest	30	$0{,}312\times10^{-12}$	Foussereau (3)
	100	$0{,}568\times10^{-10}$	
	250	0,266	Graetz
	300	0,499	
Kaliumnitrat	0		
(Forts.) Schmelzp.	333,7	0,6225	Goodwin u. Mailey
flüssig	350	0,6728	
	400	0,8255	
	450	0,973	
	500	1,109	
Kobaltoxyd Co_2O_3	18	0,013	Reynolds
	940	115,5	
Kupferjodür Cu_2J_2	Zimmert.	$0{,}22–1{,}0\times10^2$	Bädeker
Kupferoxyd CuO	„	0,0025	
Kupferoxydul Cu_2O	„	0,025	
Kupfersulfid CuS	„	$0{,}8 \times10^4$	
Kupfersulfür Cu_2S Pulver	0	$0{,}91\times10^2$	Streintz
Lithiumnitrat $LiNO_3$ Schmelzp.	250	0,7886	Goodwin u. Mailey
flüssig	280	0,9570	
„	300	1,069	
Mangansuperoxyd MnO_2, Pulver	0	0,16	Streintz
Magnesia MgO	800	$0{,}01\times10^{-6}$	Goodwin u. Mailey
	1000	$0{,}20\times10^{-6}$	
	1100	$1{,}00\times10^{-6}$	
	1150	$2{,}60\times10^{-6}$	
	1500	$85{,}0 \times10^{-6}$	
Magnesiumstickstoff Mg_3N_2		$<0{,}5\times10^{-6}$	Shukow
Natriumchlorid NaCl,	erstarr.	0,4379	Braun (1)
flüssig	960	0,9206	
„	750	3,339	Poincaré
Natriumnitrat $NaNO_3$, fest	52	$0{,}662\times10^{-12}$	Foussereau (3)
	100	$0{,}170\times10^{-10}$	
	200	$0{,}176\times10^{-7}$	
	250	$0{,}654\times10^{-6}$	
	289	$0{,}155\times10^{-4}$	
Schmelzp.	305	0,951	Goodwin u. Mailey
flüssig	350	1,173	
„	400	1,384	
„	500	1,716	
Natriumsulfat Na_2SO_4, flüssig	1280	0,3912	Braun
Silberbromid AgBr	20	$0{,}35\times10^{-5}$	W. Kohlrausch
	295	0,011	
	400	0,35	
flüssig	500	2,95	
	600	3,31	
Silberchlorat $AgClO_3$, flüssig	200	0,3219	Goodwin u. Mailey
„	220	0,3829	
„	250	0,4743	
Silberchlorid AgCl	20	$<0{,}35\times10^{-5}$	W. Kohlrausch
	380	0,021	
flüssig	500	1,83	
	650	4,68	
Silberjodid AgJ	86	$0{,}11\times10^{-4}$	W. Kohlrausch
	200	1,31	
	400	1,97	
	500	2,13	
	700	2,53	

Leithäuser.

Elektrische Leitfähigkeit fester und geschmolzener Salze und Oxyde.

Lit. Tab. 239, S. 1088.

Substanz	Temperatur °	Leitfähigkeit	Beobachter
Silbernitrat			
$AgNO_3$			
Schmelzpunkt	218	0,6815	Goodwin u. Mailey
flüssig	230	0,7400	Goodwin u. Mailey
„	250	0,834	Goodwin u. Mailey
„	300	1,049	Goodwin u. Mailey
„	350	1,245	Goodwin u. Mailey
Strontiumchlorid			
$SrCl_2$ flüssig	910	0,2402	Braun (1)
Zinkchlorid fest	59	0,418 × 10^{-9}	Foussereau (3)
$ZnCl_2$	100	0,833 × 10^{-7}	Foussereau (3)
	200	0,725 × 10^{-3}	Foussereau (3)

Substanz	Temperatur °	Leitfähigkeit	Beobachter
Zinkchlorid (Forts.)	230	0,0002	Graetz
	262	0,0106	Graetz
	300	0,186 × 10^{-2}	H. S. Schulze
	400	0,026	H. S. Schulze
	500	0,104	H. S. Schulze
	600	0,279	H. S. Schulze
	700	0,460	H. S. Schulze
Zirkon			
ZrO_2	1200	0,81 × 10^{3}	Nernst u. Reynolds
$ZrO_2 + 15\%\ Sc_2O_3$	1040	0,12	Nernst u. Reynolds

235

Elektrische Leitfähigkeit von Kohle, Mineralien, Glas u. a.

Reziproker Wert des in Ohm ausgedrückten Widerstandes von einem Zentimeterwürfel der Substanz, für Quecksilber bei 0° = 1,063 × 10^{4}.

Lit. Tab. 239, S. 1088.

Substanz	Temperatur °	Leitfähigkeit	Beobachter
Platinmohr, gepreßt	0	1,09 × 10^{4}	Streintz
Kohlenstoff,			
amorph „	12	0,25	Streintz
Graphit „	0	0,0705 × 10^{4}	Streintz
aus Sibirien	0	0,0871 × 10^{4}	Muraoka
	0	0,079 × 10^{4}	Piesch
		bis	Piesch
„ Ceylon		0,385 × 10^{4}	Piesch
	21	0,3 × 10^{3}	Königsberger u. Reichenheim
	105	0,40 × 10^{3}	Königsberger u. Reichenheim
	181	0,444 × 10^{3}	Königsberger u. Reichenheim
„ Grönland	15	0,247 × 10^{4}	Artom
„ Cumberland	15	0,054 × 10^{4}	Artom
„ Sibirien	15	0,082 × 10^{4}	Artom
Diamant	15	0,211 × 10^{-14}	Artom
		bis	Artom
		0,309 × 10^{-13}	Artom
Gasretortenkohle			
von Duboscq	0	0,0145 × 10^{4}	Siemens (3)
„ Goudoin	0	0,0204 × 10^{4}	Muraoka
Bogenlichtkohle	0	0,0248 × 10^{4}	Muraoka
Kohlenstab			
von Duboscq		0,0306 × 10^{4}	Beetz (3)
„ Carré	15	0,0142 × 10^{4}	Lucas
Glühfaden	−182	0,0235 × 10^{4}	Dewar u. Fleming (1)
aus einer Edison-	−100	0,0241 × 10^{4}	Dewar u. Fleming (1)
Swan-Lampe	18,9	0,0252 × 10^{4}	Dewar u. Fleming (1)
Magnetit, schwed.	17	1,68	Bäckström
Eisenglanz	0	1,24	Bäckström
(norw.) Hauptachse	100	3,02	Bäckström
senkr. z. Hauptachse	0	2,41	Bäckström
	100	5,47	Bäckström
Bergkrystall	273	0,28 × 10^{-6}	Tegetmeier
Quarz, Achsen-	109	0,21 × 10^{-9}	Exner
richtung	148	0,46 × 10^{-8}	Exner
amorph	101	0,26 × 10^{-11}	Exner
	147	0,11 × 10^{-10}	Exner

Substanz	Temperatur °	Leitfähigkeit	Beobachter
Quarz (Forts.)			
Achsenrichtung	20	0,844 × 10^{-14}	Curie
	100	0,122 × 10^{-11}	Curie
	200	0,147 × 10^{-10}	Curie
	300	0,179 × 10^{-7}	Curie
Quarzglas	727	0,25 × 10^{-4}	v. Pirani u. v. Siemens
Glimmer	20	0,114 × 10^{-15}	Curie
		0,751 × 10^{-10}	Rood
Hartgummi	20	0,486 × 10^{-15}	Curie
	100	0,306 × 10^{-14}	Curie
	121	0,037 × 10^{-13}	Dietrich
	152,5	0,352 × 10^{-13}	Dietrich
	177,5	0,345 × 10^{-12}	Dietrich
	207	0,455 × 10^{-11}	Dietrich
Guttapercha		0,182 × 10^{-9}	Rood
		0,541 × 10^{-9}	Rood
Steinsalz	20	0,111 × 10^{-16}	Curie
	100	0,756 × 10^{-15}	Curie
	150	0,249 × 10^{-14}	Curie
senkr. z. Würfelnorm.		0,8 × 10^{-17}	Braun (2)
„ Oktaëdernorm.	„	0,4 × 10^{-17}	Braun (2)
Flußspat	20	0,00	Curie
	100	0,238 × 10^{-13}	Curie
	150	0,150 × 10^{-11}	Curie
Kalkspat,			
Achsenrichtung	20	0,181 × 10^{-14}	Curie
	100	0,202 × 10^{-11}	Curie
	160	0,328 × 10^{-10}	Curie
senkr. z. Achse	15	0,106 × 10^{-15}	Curie
	100	0,422 × 10^{-12}	Curie
	150	0,769 × 10^{-11}	Curie
Nickelerz	20	0,0313 × 10^{4}	Abt
Siderit	20	1,40 × 10^{-4}	Abt
Pyrrhotit	20	0,0119 × 10^{4}	Abt
Chalkopyrit	20	0,983	Abt

Leithäuser.

Elektrische Leitfähigkeit von Kohle, Mineralien, Glas u. a.

Lit. Tab. 239, S. 1880.

Substanz	Temperatur °	Leitfähigkeit	Beobachter
Pyrit (rein)	−185	1,82	Königsberger u. Reichenheim
	−70	39,8	
	20	41,7	
	85	35,1	
	121	32,5	
Molybdänglanz	−65	0,120	
	19,5	1,27	
	73	2,13	
	92,5	2,45	
	1020	48,8	
Markasit (Achsenrichtung)	16	0,098	
	260	0,862	
	520	4,90	
Bleiglanz	−180	170	
	20	377	
	340	165	
Glas	20	$0,202 \times 10^{-13}$	Curie
	224	$0,625 \times 10^{-7}$	Warburg u. Tegetmeier
gewöhnlich (Dichte 2,539)	−15	$0,158 \times 10^{-15}$	Foussereau (1)
	0	$0,101 \times 10^{-14}$	
	10	$0,352 \times 10^{-14}$	
	50	$0,418 \times 10^{-12}$	
	60	$0,128 \times 10^{-11}$	
Krystallglas (Dichte 3,141)	50	$0,293 \times 10^{-15}$	
	60	$0,113 \times 10^{-14}$	
	100	$0,602 \times 10^{-13}$	
Böhmisches Glas (Dichte 2,430)	60	$0,165 \times 10^{-13}$	Gray
	174	$0,115 \times 10^{-9}$	
Franz. Glas (Dichte 2,533)	60	$0,10 \times 10^{-11}$	
Bleiglas [1]	100	$0,49 \times 10^{-14}$	
Flintglas (Dichte 2,829)	100	$0,119 \times 10^{-13}$	Gray u. Dobbie
„ („ 3,141)	100	$0,118 \times 10^{-11}$	
Spiegelglas	223	$0,28 \times 10^{-7}$	Beetz (2)
Flaschenglas	222,5	$0,71 \times 10^{-7}$	
Leydener Flaschenglas		$0,37 \times 10^{-15}$	Exner
Baryumglas [2]	100	$0,25 \times 10^{-13}$	Bollé
Bleiglas [3]	100	$0,24 \times 10^{-13}$	
Natronglas [4]	220	$0,61 \times 10^{-6}$	Denizot
Bleiglas [5]	200	$0,29 \times 10^{-10}$	
Porzellan	50	$0,465 \times 10^{-15}$	Foussereau (2)
	97,5	$0,25 \times 10^{-13}$	Dietrich
	160,5	$0,582 \times 10^{-12}$	
	189	$0,26 \times 10^{-11}$	
	400	$0,05 \times 10^{-6}$	Goodwin u. Mailey
	600	$0,32 \times 10^{-6}$	
	800	$0,55 \times 10^{-6}$	
	1000	$1,00 \times 10^{-6}$	
	1100	$1,3 \times 10^{-6}$	
	1000	$0,3 \times 10^{-5}$	Nernst u. Reynolds

Substanz	Temperatur °	Leitfähigkeit	Beobachter
Marquardmasse	727	0,67 bis 1,1 $\times 10^{-4}$	v. Pirani u. v. Siemens
Schwefel kryst.	69	$0,254 \times 10^{-15}$	Foussereau (2)
flüssig	115	$0,105 \times 10^{-11}$	
	130	$0,5 \times 10^{-10}$	Wigand
	430	$0,1 \times 10^{-7}$	
	300	$0,357 \times 10^{-8}$	Monckman
	350	$0,175 \times 10^{-7}$	
	440	$0,13 \times 10^{-6}$	
Phosphor rot	20	0,0074	Matthiessen (2)
fest	11	$0,956 \times 10^{-11}$	Foussereau (2)
flüssig	25	$0,435 \times 10^{-6}$	
„	100	$0,29 \times 10^{-5}$	
Bor, Pulver, gepreßt		$0,125 \times 10^{-6}$	Moissan (1)
Zement	16	$0,22 \times 10^{-3}$	Lindeck
Beton (1 Teil Zement + 3 Teile Sand)	16,5	$0,69 \times 10^{-4}$	
(1 Teil Zement + 5 Teile Kies)	18,5	$0,24 \times 10^{-4}$	
(1 Teil Zement + 7 Teile Kies)	18,5	$0,20 \times 10^{-4}$	Lindeck
Paraffin		$0,352 \times 10^{-18}$	Braun (2)
Nußbaumholz, trocken		$0,175 \times 10^{-8}$ bis $0,189 \times 10^{-7}$	E. Müller
paraffiniert		$0,91 \times 10^{-10}$ bis $0,121 \times 10^{-8}$	
Buchenholz	20	$0,02 \times 10^{-11}$	Dietrich
	49	$0,068 \times 10^{-11}$	
	84	$0,374 \times 10^{-11}$	
	106,5	$0,152 \times 10^{-10}$	
Bienenwachs (weiß)	49	$0,097 \times 10^{-13}$	
	62,5	$0,492 \times 10^{-13}$	
	79	$0,435 \times 10^{-12}$	
Vulkanfiber		$0,278 \times 10^{-7}$ bis $0,556 \times 10^{-7}$	E. Müller
Fichtenholz, senkrecht z. Faser		$0,1 \times 10^{-16}$	Mazzotto
parallel		$0,28 \times 10^{-16}$	
Serpentin		$0,53 \times 10^{-3}$ bis $0,35 \times 10^{-6}$	Wiechert

[1] 55,2 SiO_2 + 31 PbO + 13,3 K_2O.
[2] 42,1 BaO + 9,2 PbO + 38,6 SiO_2 + 6 B_2O_3 + 2,5 Al_2O_3.
[3] 46,2 PbO + 8 K_2O + 45 SiO_2.
[4] 17 Na_2O + 12 ZnO + 70,5 SiO_2.
[5] 36 PbO + 4,5 Na_2O + 8 K_2O + 3 BaO + 48,2 SiO_2.

Leithäuser.

Formeln für die Abhängigkeit des elektrischen Widerstandes von der Temperatur bei Metallen.

Ist w_0 der Widerstand bei 0°, so beträgt er bei t^0: $w = w_0\,(1 + at + bt^2 + ct^3)$. Die Ziffern in Kursivschrift gelten für die Leitfähigkeit; beträgt diese k_0 bei 0°, so ist sie bei t^0: $k = k_0(1 + \boldsymbol{a}t + \boldsymbol{b}t^2 + \boldsymbol{c}t^3)$.

Lit. Tab. 239, S. 1088.

Substanz	Temperatur	a	b	c	Beobachter
Aluminium	−91 bis 28°	0,00388			Cailletet u. Bouty
	−100 „ 0	390			Dewar u. Fleming (1)
aus Neuhausen 99%	0 „ 100	423			„ (2)
Stab	18 „ 100	390			Jäger u. Diesselhorst
Draht	18 „ 100	380			
	25	34			Somerville (1)
	50	37			
	100	40			
	500	50			
	600	60			
käuflich, spez. Gew. 2,73	15 bis 100	373			M. Weber
Antimon	12 „ 100	*−0,0039826*	*$0,0_410364$*		Matthiessen u. v. Bose
Arsen	12 „ 100	*− 38996*	*$0,0_58879$*		„
Blei	0 „ 100	0,00411			Dewar u. Fleming (2)
Stab	18 „ 100	428			Jäger u. Diesselhorst
Draht	18 „ 100	43			„
fest	0 „ 325	0,004039	$0,0_78117$	$0,0_83214$	Vicentini u. Omodei
flüssig	325 „ 350	0,00052			„
Cadmium	0 „ 100	0,00419			Dewar u. Fleming (2)
Stab	18 „ 100	425			Jäger u. Diesselhorst
Draht	18 „ 100	40			
	0 „ 318	4021	$0,0_69475$	$0,0_83650$	Vicentini u. Omodei
	318 „ 350	0,00013			„
Eisen	−92 „ 0	0,00490			Cailletet u. Bouty
	−100 „ 0	531			Dewar u. Fleming (1)
sehr rein, weich, geglüht	0 „ 100	625			„ (2)
0,25% Mn, 0,01% S	0 „ 100	544			„ (2)
	0 „ 100	5131	$0,0_58152$		Tomlinson (2)
Eisen mit 0,1% C	18 „ 100	539			Jäger u. Diesselhorst
„ „ 0,1% C + 0,2% Si + 0,1% Mn	18 „ 100	461			„
rein	25	52			Somerville (1)
	50	57			
	200	90			
	600	170			
	700	0,0224			
	800	0,0120			
	900	0,0046			
	1000	0,0050			
Stahl, sehr weich, wenig Si		0,0065	$0,0_543$		Pécheux (1)
mehr Si		87	74		
halb hart		49	89		
hart, mit Si		40	54		
Stahl mit 1% C	18 bis 100	369			Jäger u. Diesselhorst
Stahl, glashart	10 „ 35	0,00161			Strouhal u. Barus (1)
hellgelb angelassen	10 „ 35	244			„
blau	10 „ 35	330			„
weich	10 „ 35	423			„
Klavierdraht	10 „ 35	42			„
Stahl bei 230° angelassen	13 „ 100	267			Brit. Ass. Rep.
ausgeglüht	13 „ 100	316			„
Manganstahl v. Hadfield		12			Fleming (1)
Nickelstahl mit 24% Ni, magnetisch	20	0,00132			„ (2)
	600	0,004			„
Gold hart	12 bis 100	*−0,003674*		*$0,0_58443$*	Matthiessen u. v. Bose
rein	18 „ 100	368			Jäger u. Diesselhorst

Leithäuser.

Formeln für die Abhängigkeit des elektrischen Widerstandes von der Temperatur bei Metallen.

Lit. Tab. 239, S. 1088.

Substanz	Temperatur	*a*	*b*	*c*	Beobachter
Gold mit 0,1 Fe+0,1 Cu . . .	18° bis 100	203			Jäger u. Diesselhorst
kalt gezogen	25	35			Somerville (1)
	50	37			
	100	38			
	500	44			
	800	61			
ausgeglüht	25	23			
	100	25			
	300	31			
	800	40			
Indium	−5,4 bis 96,4	4744			Erhard
Kalium . . . . fest	0 „ 61	5810			Bernini
flüssig	62,5 „ 130	4184			„
	64 „ 200	498			Müller
Kobalt 99,8%	0 „ 160	0,00326			Reichardt
Kupfer	−201	77			v. Wroblewski
	−103	42			„
	−123 „ 0	423			Cailletet u. Bouty
elektrolytisch, gezogen und geglüht in Wasserstoff	−100 „ 0	410			Dewar u. Fleming (1)
	0 „ 100	428			„ (2)
hart	0 „ 100	408			Swan u. Rhodin
weich	0 „ 100	416			„
rein . . . . Stab	18 „ 100	428			Jäger u. Diesselhorst
mit 0,05% Pb . . . „	18 „ 100	412			„
	25	36			Somerville (1)
	100	38			
	400	42			
	800	53			
	1000	62			
	0 bis 860	3637	$0,0_6587$		Benoit
Lithium . . . . fest	0 „ 177,8	4568			„ (3)
flüssig	177,8 „ 230	2729			„
Magnesium	−88 „ 0	390			Cailletet u. Bouty
	0 „ 440	3870	$0,0_6863$		Benoit
frei von Zink	0 „ 100	381			Dewar u. Fleming (2)
	25	50			Somerville (1)
	100	45			
	400	40			
	500	36			
	550	33			
	600	0,0100			
	625	0,0250			
Molybdän	25	0,0033			
	100	34			
	200	36			
	300	48			
	400	50			
	500	50			
	600	50			
	800	51			
	1000	48			
Natrium	0 bis 97,3	0,004386			Bernini
	98,5 „ 120	3328			„
99,1 Na+0,5 Al+0,3 Ca . .	20 „ 70	4336			Lohr
Nickel	−100 „ 0	500			Dewar u. Fleming (1)
	0 „ 100	622			„ (2)
elektrolytisch	0 „ 100	618			Fleming (3)
1,4 Cu+0,4 Fe+1 Mn+0,1 Si	18 „ 100	438			Jäger u. Diesselhorst
Stab	50	395			Knott (2)

Leithäuser.

Formeln für die Abhängigkeit des elektrischen Widerstandes von der Temperatur bei Metallen.

Lit. Tab. 239, S. 1088.

Substanz	Temperatur	*a*	*b*	*c*	Beobachter
	°				
Nickel (Forts.)	25	0,0043			Somerville
	100	43			
	200	70			
	300	80			
	400	36			
	600	28			
	800	25			
	900	28			
	1000	37			
	1075	62			
Osmium	100 bis 300	42			Lombardi
Palladium	0 „ 100	354			Dewar u. Fleming (2)
	18 „ 100	368			Jäger u. Diesselhorst
	50	302			Knott (2)
	0 bis 860	2787	$-0,0_6611$		Benoit
Platin	−197 „ 0	3916	$-0,0_63432$	$0,0_82069$	Meilink
	−189 „ 0	3934	$-0,0_6988$		Holborn
	−100 „ 0	354			Dewar u. Fleming (1)
Draht, 0,08 mm dick	0 „ 100	3669			„ „ (2)
	18 „ 100	3840			Jäger u. Diesselhorst
	0 „ 500	3945	$-0,0_6584$		Holborn
	0 „ 500	3922	$-0,0_6585$		Chappuis u. Harker
Platinmohr, gepr. Pulver	−77 „ 10	145			Streintz
Quecksilber fest	−259 „ 0 (0°-Wert ausgenommen)	3581	$-0,0_6588$		Kamerl. Onnes u. Clay
„	−92 bis −40	407			Cailletet u. Bouty
flüssig	−35 „ 0	0,000884			Dewar u. Fleming (5)
	0 „ 5	0,000834			Glazebrook
	0 „ 10	861			„
	0 „ 15	879			„
	0 „ 22	$0,0_388782$	$0,0_51047$		Smith
	15 „ 26	0,0008827	$0,0_5126$		Kreichgauer u. Jäger
	0 „ 61	0,0008812	$0,0_510102$		Guillaume
	0 „ 100	0,0008649	$0,0_5112$		Mascart, de Nerville u. Benoit
	0 „ 350	0,0008989	$0,0_66695$	$0,0_81018$	Vicentini u. Omodei
	0 „ 360	882	$0,0_5114$		Benoit
Silber	−102 „ 30	385			Cailletet u. Bouty
	−100 „ 0	384			Dewar u. Fleming (1)
elektrolytisch	0 „ 100	400			„ (2)
	0 „ 100	398			Strouhal u. Barus (2)
999,8 fein	18 „ 100	0,00400			Jäger u. Diesselhorst
rein	0	415			Broniewski
	25	30			Somerville (1)
	100	36			
	400	42			
	600	46			
	800	52			
Tantal	0 bis 100	33			v. Pirani
	25	25	$0,0_64$		Pécheux (2)
Thallium	0 bis 100	*0,0040264*	*$0,0_58844$*		Matthiessen u. Voigt
	0 „ 100	0,00398			Dewar u. Fleming (2)
	0 „ 294	0,004108	$0,0_53016$	$0,0_88183$	Vicentini u. Omodei
	294 „ 350	0,00035			„
Wismut weich	0 „ 100	0,04429			v. Aubel (1)
hart	0 „ 100	0,00422			
bei 230° gepreßt	0 „ 100	458			Lenard
	18 „ 100	454			Jäger u. Diesselhorst
	0 „ 271	0,001176	$0,0_55532$	$0,0_71289$	Vicentini u. Omodei
im Magnetfeld	0	0,029			v. Aubel

Leithäuser.

Formeln für die Abhängigkeit des elektrischen Widerstandes von der Temperatur bei Metallen.

Lit. Tab. 239, S. 1088.

Substanz	Temperatur °	a	b	c	Beobachter
Wolfram	25	0,0046			Somerville (1)
	100	50			Somerville (1)
	200	54			Somerville (1)
	600	57			Somerville (1)
	800	61			Somerville (1)
	900	75			Somerville (1)
	1000	89			Somerville (1)
Zink	0 bis 100	406			Dewar u. Fleming (2)
	0 „ 100	4029			Haas
Stab, rein	18 „ 100	402			Jäger u. Diesselhorst
Draht	18 „ 100	37			„
mit 1,1% Pb + 0,25% Cu	18 „ 100	394			„
	0 „ 360	4192	$0,0_5 1481$		Benoit
Zinn	−100 „ 0	509			Dewar u. Fleming (1)
	−85 „ 0	424			Cailletet u. Bouty
	18 „ 100	465			Jäger u. Diesselhorst
	0 „ 226,5	4951	$0,0_5 8544$	$0,0_8 35$	Vicentini u. Omodei

237

Formeln für die Abhängigkeit des elektrischen Widerstandes von der Temperatur bei Legierungen und Amalgamen.

Ist w_0 der Widerstand bei 0°, so beträgt er bei t^0: $w = w_0 (1 + at + bt^2)$. Die Ziffern in Kursivschrift gelten für die Leitfähigkeit; beträgt diese k_0 bei 0°, so ist sie bei t^0: $k = k_0 (1 + \boldsymbol{a}t + \boldsymbol{b}t^2)$.

Lit. Tab. 239, S. 1088.

Substanz	Temperatur °	a	b	Beobachter
Aluminiumbronze, gezogen	15 bis 100	0,000533		M. Weber
(90 Cu + 10 Al) geglüht	15 „ 100	612		„
	0 „ 860	0,001020		Benoit
97 Cu + 3 Al	15	0,000897		Dewar u. Fleming (2)
6 Cu + 94 Al	15	0,00381		„
Aluminiumkupfer, Vol. % Cu				
6,41	Zimmertemp.	0,00210		Broniewski
47,3	„	0,00091		„
64,7	„	0,00020		„
68,3	„	0,00166		„
86,0	„	0,00055		„
94,0	„	0,00086		„
100,0	„	0,00425		„
Aluminiumsilber, 94 Al + 6 Ag	15	238		Dewar u. Fleming (2)
Aluminium-Zink				
31,2 Al + 68,8 Zn, nicht erhitzt	0	0,002793		Sturm
erhitzt auf 370° u. langsam abgekühlt	0	3217		„
65,6 Al + 34,4 Zn, nicht erhitzt	0	1789		„
mehrmals auf 100° erhitzt	0	228		„
erhitzt auf 370° und langsam abgekühlt	0	256		„
Amalgam mit 2,8 % Cd	8 bis 45	873		v. Schweidler
„ 0,6 % Zn	8 „ 45	950		„
„ 1 % Sn	8 „ 45	901		„
„ 1 % Pb	8 „ 45	854		„
Argentan, 61,6 Cu + 15,8 Ni + 22,6 Zn	0 „ 160	0,0003873	$-0,0_6 55776$	Arndtsen
Bronze, 88 Cu + 12 Sn + 0,94 P	19 „ 92	*−0,0005*		Ihle
Gold-Silber, 90 Au + 10 Ag	15	0,00124		Dewar u. Fleming (2)
2 Au + 1 Ag	0 bis 100	*−0,0006733*	$\mathit{0,0_8 246}$	Matthiessen (4)

Leithäuser.

Formeln für die Abhängigkeit des elektrischen Widerstandes von der Temperatur bei Legierungen und Amalgamen.

Lit. Tab. 239, S. 1088.

Substanz	Temperatur	*a*	*b*	Beobachter
Kobalt-Kupfer, 98,5 Cu + 1,5 Co	0° bis 160	0,001084		Reichardt
76,4 Cu + 23,6 Co	0 " 160	0,000817		"
53,4 Cu + 46,6 Co	0 " 160	0,00132		"
40,6 Cu + 59,4 Co	0 " 160	0,00143		"
9,6 Cu + 90,4 Co	0 " 160	0,00167		"
Konstantan	12,5	$0,0_58$		Somerville
	25	$0,0_52$		"
	100	$-0,0_433$		"
	200	$-0,0_42$		"
	300	$-0,0_415$		"
	500	$0,0_427$		"
	550	$0,0_310$		"
Kruppin	0	0,0007		van Aubel (3)
	15,1 bis 74,5	0,0013		Dettmar
77 Cu + 17 Ni + 2 Fe + 2 Zn + 2 Co	15	0,00285		Dewar u. Fleming (2)
87 Cu + 6,5 Al + 6,5 Ni	15	0,000645		"
Lipowitz' Metall (50 Bi + 12,8 Sn + 26,9 Pb + 10,4 Cd)	67,5 bis 350	0,000383		Cattaneo (1)
100 Hg + 1/4 Pb	18	0,00086[1])		C. L. Weber (1)
100 Hg + 1/2 Pb	18	0,00075[1])		"
100 Hg + 1/4 Cd	18	0,00125[1])		"
100 Hg + 1 Cd	18	0,00086[1])		"
100 Hg + 1/4 Ag	18	0,00118[1])		"
100 Hg + 1 Ag	18	0,00081[1])		"
100 Hg + 1/4 Bi	18	0,00089[1])		"
$Hg_{40}Bi$	271	0,000986		Vicentini u. Cattaneo (1)
$HgBi_4$	271	515		"
100 Hg + 1/4 Zn	18	0,00080[1])		C. L. Weber (1)
100 Hg + 1 Zn	18	97[1])		"
100 Hg + 1/2 Sn	18	90[1])		"
100 Hg + 1 Sn	18	979[1])		"
$Hg_{15}Sn$	226,5	774		Vicentini (2)
$HgSn_{10}$	226,5	68		"
$Hg_{50}Sn$	18 bis 100	0,0011114		Battelli (1)
3 Hg + 1 Pb + 1 Bi	0 " 97,5	0,00295		Englisch
	181,5 " 191,5	720		"
	196,5 " 214	457		"
Magnesium-Blei (Gewichtsprozente Mg)				
1,6%	Zimmertemp.	0,00335		Stepanow
10,7%	"	0,00253		
30,3%	"	0,0011		
52,6%	"	0,00065		
79,0%	"	0,00080		
94,0%	"	0,0017		
Manganin	12,5	$0,0_56$		Somerville
	50	$-0,0_42$		
	100	$-0,0_442$		
	200	$-0,0_450$		
	300	$-0,0_457$		
	400	$+0,0_440$		
	500	$-0,0_311$		
	550	$+0,0_315$		
Mangankupfer, 70 Cu + 30 Mn		0,00004		Feußner u. Lindeck
73 Cu + 24 Mn + 3 Ni		−0,00003		"
91,9 Cu + 6,4 Mn + 1,7 Fe . . . hart	20 bis 100	0,000138		Blood
91,9 Cu + 6,4 Mn + 1,7 Fe . . weich	20 " 100	184		"
70,6 Cu + 23,2 Mn + 6,2 Fe . . hart	20 " 100	−0,000024		"
70,6 Cu + 23,2 Mn + 6,2 Fe . weich	20 " 100	0,000021		"

[1]) Bezogen auf 18°, so daß $w = w_{18}\,[1 + a\,(t - 18)]$ ist.

Leithäuser.

Formeln für die Abhängigkeit des elektrischen Widerstandes von der Temperatur bei Legierungen und Amalgamen.

Lit. Tab. 239, S. 1088.

Substanz	Temperatur	*a*	*b*	Beobachter
Mangankupfer (Forts.)	°			
52,5 Cu + 16,2 Ni + 24,5 Mn + 6,8 Fe hart	20 bis 100	−0,000039		Blood
52,5 Cu + 16,2 Ni + 24,5 Mn + 6,8 Fe weich	20 „ 100	−0,000032		„
69,7 Cu+29,9 Ni+0,3 Fe+0,3 Mn .	0 „ 100	0,000012		Feußner
58,6 Cu+41,2 Ni+0,4 Fe.	0 „ 100	−0,000032		„
54 Cu+46,2 Ni+0,3 Fe	0 „ 100	−0,000008		„
49,8 Cu+49,4 Ni+0,5 Fe+0,2 Mn .	0 „ 100	0,000004		„
Messing . . . . gelb	0 „ 860	0,001599		Benoit
60 Cu+40 Zn.	20,5 „ 90	*−0,00141*		Ihle
99,3 Cu+0,7 Zn	0 „ 100	0,003725		Haas
90,9 Cu+9,1 Zn	0 „ 100	2044		„
65,8 Cu+34,2 Zn	0 „ 100	1579		„
53,1 Cu+46,9 Zn	0 „ 100	3105		„
0,15 Cu+99,85 Zn	0 „ 100	3847		„
Neusilber	15	0,000273		Dewar u. Fleming (2)
	0 bis 20	0,000666	$-0,0_68$	Strecker
andere Sorte	10	0,000247		„
B. A.-Etalon	0 bis 27	272		Mascart, de Nerville u. Benoit
Draht von Elliott	0 „ 68	275		„
Nickelkupfer, 80 Cu+20 Ni		262		Le Chatelier (1)
54 Cu+46 Ni	18	0		Grüneisen
Palladium-Silber, 20 Pd+80 Ag. . .	16 bis 156	*−0,00043361*	$0,0_63947$	Mac Gregor u. Knott
Patentnickel, 75 Cu+24 Ni+0,6 Fe .	0 „ 100	0,00021		Feußner
Platin-Eisen . . . . . Dichte 19,59	0 „ 100	0,00037		Barus (1)
„ . . . . . . „ 19,59	0 „ 357	36		„
„ . . . . . . „ 20,89	0 „ 100	0,00112		„
„ . . . . . . „ 20,89	0 „ 357	0,00098		„
Platin-Iridium . . . . „ 21,27	0 „ 100	0,00172		„
„ . . . . . . „ 21,27	0 „ 357	161		„
„ . . . . . . „ 21,32	0 „ 100	128		„
„ . . . . . . „ 21,32	0 „ 357	121		„
90 Pt+10 Zn	16 „ 156	*−0,0011766*	$0,0_514929$	Mac Gregor u. Knott
80 Pt+20 Zn	16 „ 148	*−0,0010475*	$0,0_514156$	„
Platin-Palladium . . . Dichte 19,91	0 „ 100	0,00129		Barus (1)
„ . . . „ 19,91	0 „ 357	118		„
„ . . . „ 21,01	0 „ 100	175		„
„ . . . „ 21,01	0 „ 357	162		„
Platin-Rhodium, . . . 90 Pt+10 Rh		0,001045		Le Chatelier (1)
„ . . . 90 Pt+10 Rh	15	0,00143		Dewar u. Fleming (2)
Platin-Silber . . . . hart	13 bis 100	0,000255		Brit. Ass. Rep.
lange geglüht	13 „ 100	344		„
32 Pt+67 Ag.	10	24		Chevalier
35 Pt+65 Ag.	16 bis 151	*−0,00034812*	$0,0_640178$	Mac Gregor u. Knott
Platinoid (Neusilber mit Wo). . . .	15	0,00031		Dewar u. Fleming (2)
Rheotan	0	41		van Aubel (3)
Rotguß, 85,7 Cu+7,2 Zn+6,4 Sn+0,6 Ni	18 bis 100	0,0008		Jäger u. Diesselhorst

Leithäuser.

Formeln für die Abhängigkeit des elektrischen Widerstandes von der Temperatur bei Kohle, Salzen u. a.

Ist w_0 der Widerstand bei 0°, so beträgt er bei t^0: $w = w_0\,(1 + at + bt^2)$. Die Ziffern in Kursivschrift gelten für die Leitfähigkeit; beträgt diese k_0 bei 0°, so ist sie bei t^0: $k = k_0\,(1 + \boldsymbol{a}t + \boldsymbol{b}t^2)$.

Lit. Tab. 239, S. 1088.

Substanz	Temperatur	*a*	*b*	Beobachter
Graphit . . . . . spez. Gew. 2,272	25 bis 193	−0,00088		Borgmann
	25 „ 250	−0,00082		„
	25 „ 279	−0,000816		„
aus Sibirien	26 „ 302	−0,000739	$0,0_6273$	Muraoka
„ Ceylon	20 „ 280	−0,00128		Königsberger u. Reichenheim
Bleistift von Faber	120 „ 387	−0,000588	$0,0_6434$	„
Dichte 2,25	26 „ 229	−0,000663	$0,0_6188$	Piesch
„ 2,25	−80 „ 0	−0,0007268	$-0,0_5505$	„
„ 2,22	−83 „ 215	−0,0005612	$0,0_5594$	„
gepreßtes Pulver	−77 „ 10	−0,0012		Streintz
Gasretortenkohle aus Berlin	75 „ 200	−0,000345		Siemens (3)
„ „ Paris	17,5 „ 100	−0,000300		Muraoka
	25	−0,00030		Somerville
	100	31		
	200	25		
	400	18		
	600	19		
	800	22		
	1000	20		
Lampenruß		0,0002		Stewart
Coaks (z. elektr. Beleuchtung) . . .	26 bis 187,5	−0,000319		Borgmann
„ „ . . .	26 „ 275,5	−0,000260		„
„ „ . . .	26 „ 346	−0,000248		„
„ „ geglüht	21 „ 140	−0,00033		„
„ „ „	21 „ 239	−0,00031		„
„ „ „	20 „ 292	−0,00024		„
Kunstkohle (f. elektr. Licht)	25 „ 230	−0,000314		Siemens (3)
andere Probe	75 „ 200	−0,000301		„
„	26 „ 335	−0,000425	$0,0_6915$	Muraoka
„	14 „ 100	−0,00024		„
„	31 „ 332	−0,000415	$0,0_6129$	„
Fichtenholzkohle	23 „ 143	−0,00548		Borgmann
	23 „ 260	−0,00384		„
Anthrazit v. Donez, spez. Gew. 1,654 .	25 „ 152	−0,00390		„
	25 „ 168	−0,00340		„
	25 „ 260	−0,00265		„
Eisenglanz ($93,6\,Fe_2O_3 + 3,3\,FeO + 3,6\,TiO_2$)				
Achsenrichtung	0 „ 100	−0,00624		Bäckström
senkrecht dazu	0 „ 100	−0,00551		„
Bleisulfid PbS	−25 „ 100	0,00501		Guinchant
Bleiglanz	18 „ 150	0,00524		Königsberger u. Reichenheim
Zinnmonosulfid SnS	0 „ 100	−0,00662		„
Eisenmonosulfid FeS	0 „ 100	−0,00798		„
Kaliumchlorid, geschmolzen	700 „ 800[1])	*0,0066*		Poincaré (2)
Natriumchlorid „	715 „ 800[1])	*64*		„
Zinkchlorid „	258 „ 310	−0,005277	$0,0_576$	Foussereau (3)
Ammoniumnitrat „	154 „ 188	−0,001247	$0,0_51137$	„
„ „	160 „ 220[2])	*0,0073*		Poincaré (1)
Kaliumnitrat „	350	*0,00446*		Goodwin u. Mailey
	400	*361*		
	450	*275*		
	500	*232*		

[1]) Bezogen auf 750°, so daß $k = k_{750}\,[1 + \boldsymbol{a}\,(t - 750^0)]$ ist.
[2]) Ebenso bezogen auf 200°.

Leithäuser.

Formeln für die Abhängigkeit des elektrischen Widerstandes von der Temperatur bei Kohle, Salzen u. a.

Substanz	Temperatur	*a*	*b*	Beobachter
Natriumnitrat, geschmolzen	310	*0,00507*		Goodwin u. Mailey
	400	*271*		
	450	*210*		
	500	*160*		
Lithiumnitrat „	250	*688*		
	270	*613*		
	300	*519*		
Silbernitrat „	218	*696*		
	230	*615*		
	250	*537*		
	300	*374*		
	340	*324*		
Silberchlorat	200	*0,00913*		Goodwin u. Mailey
	220	*766*		
	240	*652*		
Bleisuperoxyd, gepr. Pulver	10—77	0,00065		Streintz
Kupfersulfid	15—245	0,0005		
Porzellan	575	—16,0		Somerville
	600	— 9,8		
	700	— 2,8		
	800	— 0,7		
	1000	— 0,12		
Quarz	750	—10,0		
	800	— 6,4		
	900	— 2,6		
	1000	— 1,0		
	1050	— 0,65		
Glas	450	—32,0		
	500	— 6,0		
	600	— 0,8		
	700	— 0,17		
	800	— 0,06		

239

Literatur, betr. elektrische Leitfähigkeit fester Körper.

Ant. Abt, Wied. Ann. **62**, 474; 1897.

Ad. Arndtsen, Pogg. Ann. **104**, 1; 1858. Ann. chim. phys. (3) **54**, 440; 1858.

Al. Artom, Atti Tor. **37**, 475; 1902.

Aten, ZS. ph. Ch. **78**, 1; 1911.

E. van Aubel (1), C. r. **108**, 1102; 1889. Ann. chim. phys. (6) **18**, 433; 1889. Phil. Mag. (5) **28**, 332; 1889.

„ (2), Journ. phys. (3) **2**, 407; 1893.

„ (3), Journ. phys. (3) **4**, 72; 1895.

„ (4), Phys. ZS. **1**, 474; 1900 [Co u. Ni].

„ (5), C. r. **135**, 456, 734; 1902.

E. van Aubel u. **R. Paillot,** Journ. phys. (3) **4**, 522; 1895 [Legierungen].

Bädeker, Ann. Phys. (4) **22**, 749; 1907.

H. Bäckström, Oefs. Stockholm **45**, 533; 1888.

K. Bamberger, Diss. Rost. 1901 [Metalle im Magnetfeld].

Guy Barlow, Proc. Roy. Soc. **71**, 30; 1902. Brit. Ass. Rep. Glasgow 581; 1901 [Fe u. Ni im Magnetfeld].

W. F. Barrett, Nat. **65**, 601; 1902. Proc. Roy. Soc. **69**, 480; 1902.

Ad. Bartoli, Atti Catania (4) **2**, 45; 1889/90 [Harz, Wachs, Fett].

C. Barus (1), Sill. Journ. (3) **36**, 427; 1888.

„ (2), Sill. Journ. (3) **37**, 339; 1889 [Glas unter Druck].

„ (3), Sill. Journ. (3) **40**, 219; 1891 [Hg unter Druck].

„ s. **Strouhal.**

C. Barus u. **J. P. Iddings,** Sill. Journ. (3) **44**, 242; 1892 [Gesteine beim Schmelzpunkt].

Aug. Battelli (1), Rend. Linc. (4) **4**, 206; 1887.

„ (2), Atti Torino **23**, 231; 1887/88.

„ (3), Cim. (3) **34**, 125; 1893.

J. C. Beattie (1), Wien. Ber. [2a] **104**, 653; 1895. Edinb. Trans. **38** [1], 241; 1894/95 [Bi im Magnetfeld].

„ (2), Proc. Edinb. **20**, 493; 1894/95 [Ni, St u. Te im Magnetfeld].

W. Beetz (1), Pogg. Ann. **117**, 1; 1862.

„ (2), Pogg. Ann. Jubelb. 23; 1874.

„ (3), Münch. Ber. 1876, 26. Pogg. Ann. **158**, 653; 1876.

„ (4), Wied. Ann. **12**, 65; 1881.

F. Beijerinck, Diss. Freiburg 1897. Jahrb. Min. Beilage Bd. **11**, 403; 1898 [Mineralien].

Leithäuser.

Literatur, betr. elektrische Leitfähigkeit fester Körper.

C. Benedicks, Oefs. Stockh. **59,** 67; 1902. ZS. ph. Ch. **40,** 545; 1902.
J. R. Benoit, C. r. **76,** 342; 1873. Carl Rep. **9,** 55; 1873. Phil. Mag. (4) **45,** 314; 1873.
„ s. **Mascart.**
A. Berget, C. r. **100,** 36; 1890.
J. Bergmann (1), 68. Jahresber. der schles. Ges. f. vaterl. Kultur, natw. Abt. 24; 1890. Wied. Ann. **42,** 90; 1891.
„ (2), 69. Jahresber. der schles. Ges. f. vaterl. Kultur, natw. Abt. 20; 1891. Wied. Beibl. **16,** 441; 1892 [Münzen].
„ s. **Oberbeck.**
A. Bernini (1), Cim. (5) **6,** 21, 289; 1903. Phys. ZS. **5,** 241; 1904.
„ (2), Cim. (5) **8,** 262; 1904.
„ (3), Phys. ZS. **6,** 74; 1905.
Fritz Blau, E.T.Z. **25,** 198; 1905.
B. H. Blood s. **Nichols.**
E. Bollé, Diss. Berlin 1900.
J. Borgmann, J. russ. phys.-chem. Ges. **9,** 163; 1877. Wied. Ann. **11,** 1041; 1880.
v. Bose s. **Matthiessen.**
Bottomley, E.T.Z. **6,** 442; 1885.
E. Bouty u. **L. Poincaré,** C. r. **107,** 88; 1888. Ann. chim. phys. (6) **17,** 52; 1889.
Bouty s. **Cailletet.**
J. E. Boyd, Phys. Rev. **7,** 115; 1898 [Menschlicher Körper].
F. Braun (1), Pogg. Ann. **154,** 161; 1875. Ber. chem. Ges. **7,** 958; 1874.
„ (2), Wied. Ann. **31,** 855; 1887.
Brearley s. **Threlfall.**
British Association, Report Southampton 70; 1882.
W. Broniewski (1), C. r. **149,** 853; 1909.
„ (2), Ann. chim. phys. (8) **25,** 5; 1911.
„ u. **Hackspill,** C. r. **153,** 814; 1911.
„ s. **Guntz.**
Cailletet u. **Bouty,** C. r. **100,** 1188; 1885.
C. Carpini, Cim. (5) **8,** 171; 1904.
C. Cattaneo, Atti Tor. **27,** 691; 1891/92.
„ s. **Vicentini.**
P. Chappuis u. **J. A. Harker,** Trav. et Mém. du Bur. int. **12,** 1; 1900.
H. le Chatelier (1), C. r. **111,** 454; 1890. Journ. phys. (2) **10,** 369; 1891.
„ (2), C. r. **112,** 40; 1891.
„ (3), C. r. **119,** 272; 1892.
„ (4), C. r. **126,** 1709; 1898.
„ (5), C. r. **126,** 1782; 1898 [Einfluß des Härtens auf den Widerstand des Stahls].
Chavanne s. **Moissan.**
H. Chevalier, Journ. phys. (4) **1,** 157; 1902. C. r. **130,** 120, 1612; 1900.
O. Chwolson, Mém. Acad. Pet. **37,** Nr. 12, 1890. Exner Rep. **27,** 1; 1891.
J. Curie, Ann. chim. phys. (6) **18,** 203; 1889.
Denizot, Diss. Berlin 1897.
G. Dettmar, E.T.Z. **14,** 710; 1893.
Deutsche Reichstelegraphenverwaltung, E. T. Z. **3,** 117, 164; 1882. Dingl. J. **244,** 408; 1882.
J. Dewar u. **J. A. Fleming** (1), Phil. Mag. (5) **34,** 326; 1892.
J. Dewar u. **J. A. Fleming** (2), Phil. Mag. (5) **36,** 271; 1893. Roy. Inst. Gr. Brit., June 5, 1896.
„ (3), Phil. Mag. (5) **40,** 303; 1895 [Bi in tiefen Temperaturen].
„ (4), Proc. Roy. Soc. London, **60,** 72; 1897. Electrician **37,** 267; 1896.
„ (5), Proc. Roy. Soc. London **66,** 76; 1900.
H. Dickson, Phil. Mag. (5) **45,** 525; 1898 [Platinwiderstandsthermometer].
Diesselhorst s. **Jäger.**
Dietrich, Phys. ZS. **11,** 187; 1910.
Dongier, Bull. Soc. Phys. 1902, 61 [Ni im Magnetfeld].
E. Dorn, Wiss. Abh. P.T.R. **2,** 257; 1895.
M. Eckard u. **E. Graefe,** ZS. anorg. Ch. **23,** 378; 1900.
W. Eichhorn, Phys. ZS. **1,** 81; 1899. Ann. Phys. (4) **3,** 20; 1900 [Bi im Magnetfeld].
Elmore, E.T.Z. **11,** 65; 1890.
E. Englisch, Wied. Ann. **45,** 591; 1892.
Th. Erhard, Wied. Ann. **14,** 504; 1881.
A. v. Ettinghausen u. **W. Nernst,** Wien. Ber. (2) **94,** 560; 1886. Wied. Ann. **33,** 474; 1888 [Bi u. Bi-Sn].
A. Eucken u. **Georg Gehlhoff,** Verh. D. Phys. Ges. **14,** 169; 1912.
F. M. Exner, Verh. D. Phys. Ges. **3,** 26; 1901.
Felten u. **Guilleaume,** E.T.Z. **3,** 73, 164; 1882.
P. Ferchland, ZS. Elch. **9,** 670; 1903.
Fessenden s. **Kennelly.**
K. Feußner, Verh. D. Phys. Ges. Berlin **10,** 109; 1901.
K. Feußner u. **St. Lindeck,** ZS. Instrk. **9,** 233; 1889. Wiss. Abh. P.T.R. **2,** 501; 1895.
T. C. Fitzpatrick, Brit. Ass. Rep. Oxford 1894; 131.
J. A. Fleming (1), Lum. électr. **27,** 589; 1888.
„ (2), Electrician **43,** 492; 1899 [Graphit-Tongemische].
„ (3), Proc. Roy. Soc. **66,** 50; 1900.
„ s. **Dewar.**
A. de Forest-Palmer, Sill. Journ. (4) **4,** 1; 1897 [Hg unter Druck].
S. G. Forsström, Diss. Upsala 1900 [Schwefelsilber].
G. Foussereau (1), C. r. **95,** 216; 1882. Journ. phys. (2) **2,** 254; 1883.
„ (2), C. r. **97,** 996; 1883. Ann. chim. phys. (6) **5,** 317; 1885.
„ (3), C. r. **98,** 1325; 1884. Ann. chim. phys. (6) **5,** 317; 1885.
„ (4), C. r. **99,** 80; 1884. Ann. chim. phys. (6) **5,** 317; 1885.
Gehlhoff s. **Eucken.**
G. G. Gerosa, Rend. Linc. (4) **2** [2], 344; 1886.
E. Giebe, Diss. Berlin 1903.
R. T. Glazebrook, Phil. Mag. (5) **20,** 343; 1885.
K. M. Goodwin u. **R. D. Mailey,** Phys. Rev. **23,** 22; 1906; **25,** 6; 1907; **26,** 1; 1908; **27,** 322; 1908.
Gräfe s. **Eckard.**
L. Graetz, Wied. Ann. **40,** 18; 1890.
A. Gray u. **E. T. Jones,** Proc. Roy. Soc. **67,** 208; 1900 [Fe im Magnetfeld].
Th. Gray, Proc. Roy. Soc. **34,** 119; 1882/83.
Th. Gray, A. Gray u. **J. J. Dobbie,** Proc. Roy. Soc. **36,** 488; 1883/84. Proc. Roy. Soc. **63,** 38; 1898. Proc. Roy. Soc. **67,** 197; 1900.
G. W. Greßmann, Phys. Rev. **9,** 20; 1899 [Pb-Amalgame].

Literatur, betr. elektrische Leitfähigkeit fester Körper.

G. P. **Grimaldi**, Atti Linc., Mem. cl. fis. mat. e nat. (4) **4**, 46; 1887. Cim. (3) **23**, 11; 1888.
E. **Grüneisen**, Ann. Phys. (4) **3**, 43; 1900.
L. **Grunmach** (1), Wied. Ann. **35**, 764; 1888.
„ (2), Wied. Ann. **37**, 508; 1889.
A. **Guntz** u. W. **Broniewski**, C. r. **147**, 1474; 1908.
„ „ C. r. **148**, 204; 1909.
Ch. Ed. **Guillaume**, C. r. **115**, 414; 1892.
J. **Guinchant**, C. r. **134**, 1224; 1902.
R. **Haas**, Wied. Ann. **52**, 673; 1894.
L. **Hackspill**, C. r. **151**, 305; 1910.
„ s. **Broniewski**.
E. **Hagen** u. H. **Rubens**, Ann. d. Phys. (4) **11**, 873; 1903. Verh. D. Phys. Ges. **5**, 113, 145; 1903. Sitzungsber. d. Akad. d. Wiss. Berlin, 1903, 269 [Leitungsfähigkeit und Reflexionsvermögen].
Hansemann s. **Kirchhoff**.
Harker s. **Chappuis**.
E. Ph. **Harrison**. Proc. Phys. Soc. **18**, 57: 1902. Phil. Mag. (6) **3**, 177; 1902.
J. B. **Henderson**, Wied. Ann. **53**, 912; 1894 [Bi im Magnetfeld].
L. **Holborn**, Wied. Ann. **6**, 242; 1902.
J. **Hopkinson** (1), Proc. Roy. Soc. **45**, 457; 1888/89.
„ (2), Proc. Roy. Soc. **47**, 138; 1889/90.
Jäger s. **Kreichgauer**.
W. **Jäger** u. H. **Diesselhorst**, Wiss. Abh. P.T.R. **3**, 269; 1900.
Iddings s. **Barus**.
H. **Ihle**, Jahresber. d. kgl. Gymn. Dresden-Neustadt **22**, 3; 1896.
Jones s. **Gray**.
H. **Kamerlingh Onnes** u. J. **Clay**, Communications Leyden, Nr. 107c; 1908.
A. E. **Kennelly** u. R. A. **Fessenden**, Phys. Rev. **1**,260; 1893. Electr. **31**, 624; 1893.
G. **Kirchhoff** u. G. **Hansemann**, Wied. Ann. **13**, 406; 1881.
Ign. **Klemenčič**, Wien. Ber. **97** [2a] 838; 1888 [Legierungen].
C. G. **Knott** (1), Trans. Roy. Soc. Edinb. **33**, 171, 187; 1888.
„ (2), Proc. Roy. Soc. Edinb. **18**, 303; 1891.
„ (3), Boltzmann-Festschr. 333; 1904 [Ni im Magnetfeld bei hohen Temperaturen].
C. G. **Knott** s. **Mac Gregor**.
J. **Königsberger** u. O. **Reichenheim**, N. Jahrb. Min. **2**, 20; 1906.
F. **Kohlrausch**, Sitzungsber. d. phys. med. Ges. Würzburg 1887, 120. Wied. Ann. **33**, 678; 1888. Phil. Mag. (5) **25**, 448; 1888 [Stahl und Schmiedeeisen].
W. **Kohlrausch** (1), Wied. Ann. **17**, 69, 642; 1882.
„ (2), Wied. Ann. **33**, 42; 1888.
D. **Kreichgauer** u. W. **Jäger**, Wied. Ann. **47**, 513; 1892.
Lagarde, Bull. soc. belge de l'électr. Nr. 10, 182; 1893. E.T.Z. **14**, 531: 1893.
A. **Leduc** (1), Journ. phys. (2) **3**, 133; 1884 [Bi im Magnetfeld].
„ (2), Journ. phys. (2) **10**, 112; 1891.
Ph. **Lenard**, Tagebl. d. 62. Naturforscherversammlung. Heidelberg, 211; 1889. Wied. Ann. **39**, 619; 1890.
C. **Liebenow**, E.T.Z. **19**, 28; 1898 [Legierungen].
St. **Lindeck**, E.T.Z. **17**, 180; 1896.
„ s. **Feußner**.
O. J. **Lodge**, Phil. Mag. (5) **8**, 554; 1879 [Cu-Sn-Legierungen].
E. **Lohr**, Wien. Ber. **113** [2a], 911; 1904.
L. **Lombardi**, E.T.Z. **25**, 42; 1904.
L. **Lorenz** (1), Vidensk. Selsk. Skr., nat. og math. Afd. Kopenhagen (6) II, 37; 1881/6. Wied. Ann. **13**, 422, 582; 1881.
„ (2), Wied. Ann. **25**, 1; 1885.
F. **Lucas**, C. r. **98**, 800; 1884 [Bogenlichtkohle].
S. **Lussana**, Cim. (5) **5**, 305; 1903 [Metalle unter Druck].
J. G. **Mac Gregor** u. C. G. **Knott**, Trans. Roy. Soc. Edinb. **29**, II, 599; 1880.
P. **Mahler**, Bull. soc. phil. 7, 156; 1905.
Mascart, de Nerville u. **Benoit**, Journ. phys. (2) **3**, 230; 1884.
A. **Matthiessen** (1), Pogg. Ann. **100**, 177; 1857. Phil. Mag. (4) **12**, 199; 1856; **13**, 81; 1857. Ann. chim. phys. (3) **50**, 192; 1857.
„ (2), Pogg. Ann. **103**, 428; 1858. Ann. chim. phys. (3) **54**, 255; 1858.
„ (3), Pogg. Ann. **110**, 190; 1860.
„ (4), Pogg. Ann. **112**, 353; 1861. Phil. Mag. (4) **21**, 107; 1861.
A. **Matthiessen** u. M. **Holzmann**, Pogg. Ann. **110**, 222; 1860 [Einfluß v. Verunreinigungen auf d. Leitf. d. Cu].
A. **Matthiessen** u. M. v. **Bose**, Pogg. Ann. **115**, 353; 1862. Proc. Roy. Soc. **11**, 516; 1862. Phil. Trans. London **152**, 1; 1862. Ann. chim. phys. (3) **66**, 504; 1862.
A. **Matthiessen** u. C. **Vogt**, Phil. Trans. London **153**, II, 369; 1863. Phil. Mag. (4) **26**, 242; 1863. Pogg. Ann. **118**, 431; 1863. Lieb. Ann. **128**, 128; 1863.
G. **Mayrhofer**, Diss. Erlangen. Wissensch. Progr. d. kgl. Kreisrealsch. München 1889/90. Zeitschr. Instrk. **11**, 50; 1891.
B. **Meilink**, Versl. K. Akad. von Wet. 212; 1904/05. Comm. Phys. Lab. Leiden Nr. 93, 1904.
J. **Meyer**, Thèse Nancy 1900 [S].
H. **Moissan** (1), C. r. **114**, 617; 1892.
„ (2), C. r. **136**, 591; 1903. Bull. soc. chim. (3) **29**, 448; 1903 [Metallhydrüre].
„ u. **Chavanne**, C. r. **140**, 124; 1905.
J. **Monckman**, Proc. Roy. Soc. **46**, 136; 1889.
A. **Monmerqué**, Éclair. électr. **7**, 365; 1896 [Menschlicher Körper].
Eug. **Müller**, E. T. Z. **13**, 72; 1892.
H. **Muraoka**, Diss. Straßburg 1881. Wied. Ann. **13**, 307; 1881.
W. **Nernst**, Wied. Ann. **42**, 573; 1891 [Bi im Magnetfeld].
„ s. v. **Ettinghausen**.
„ u. H. **Reynolds**, Gött. Nachr. 328, 1900.
de **Nerville** s. **Mascart**.
G. **Niccolai**, Lincei Rend. (5) **16** [1], 757, 906, [2], 185; 1907.
Edw. L. **Nichols**, Sill. Journ. (3) **39**, 471; 1890.
E. F. **Northrup**, Éclair. électr. **17**, 576; 1898 [Al u. Al-Legierungen].
A. **Oberbeck** u. J. **Bergmann**, Wied. Ann. **31**, 792; 1887.
Omodei s. **Vicentini**.
Paillot s. **van Aubel**.
Passavant, Wied. Ann. **40**, 505; 1890.
J. **Patterson**, Phil. Mag. (6) **3**, 643; 1902 [Metalle im Magnetfeld].

Leithäuser.

Literatur, betr. elektrische Leitfähigkeit fester Körper.

H. Pécheux (1), C. r. **149**, 1062; 1909.
„ (2), C. r. **153**, 1140; 1911.
O. Peirce, Proc. Amer. Acad. **22**, 390; 1894/95 [Holzsorten u. Isolatoren].
B. Piesch, Wien. Anz. 201; 1893. Wien. Ber. [2 a] **102**, 768; 1893.
M. v. Pirani s. **W. v. Bolton,** ZS. Elch. **11**, 45; 1905.
„ u. **W. v. Siemens,** ZS. Elch. **15**, 969; 1909.
L. Poincare (1), C. r. **108**, 138; 1889.
„ (2), C. r. **109**, 174; 1889.
„ s. **Bouty.**
G. Reichardt, Ann. d. Phys. (4) **6**, 832; 1901.
H. Reynolds, Diss. Göttingen 1902.
„ s. **Nernst.**
Rhodin s. **Swan.**
J. W. Richards u. **J. A. Thomson,** Chem. News **75**, 217; 1897 [Al-Legierungen].
A. Rietzsch, Diss. Leipzig 1900. Ann. d. Phys. (4) **3**, 403; 1900 [Cu mit P u. As].
A. Righi, Journ. phys. (2) **3**, 355: 1884.
L. de la Rive (1), C. r. **56**, 588; 1863. Arch. sc. phys. (n. pér.) **17**, 67; 1863.
„ (2), C. r. **57**, 698; 1863.
O. N. Rood, Sill. Journ. (4) **14**, 161; 1902.
F. le Roy, C. r. **126**, 244; 1898.
Rubens s. **Hagen.**
A. Schleiermacher, Wied. Ann. **34**, 623; 1888.
H. W. Schröder van der Kolk, Pogg. Ann. **110**, 452; 1860.
F. A. Schulze, Diss. Marburg 1902. Ann. Phys. (4) **9**, 555; 1902.
H. S. Schulze, ZS. anorg. Chem. **22**, 333; 1894.
E. v. Schweidler, Wien. Ber. (II a) **104**, 273; 1895.
C. Scott u. **J. W. Richards,** Éclair. electr. **8**, 413; 1896 [Al u. Al-Legierungen].
J. Shields, Chem. News **65**, 87; 1892. E. T. Z. **13**, 199; 1892.
W. v. Siemens s. **M. v. Pirani.**
W. Siemens (1), Pogg. Ann. **110**, 1; 1860. Ann. chim. phys. (3) **60**, 250; 1860. Phil. Mag. (4) **21**, 24; 1861.
„ (2), Pogg. Ann. **113**, 91; 1861. Ann. chim. phys. (3) **64**, 239; 1862.
„ (3), Sitzungsber. d. Berl. Akad. 1880, 1. Wied. Ann. **10**, 560; 1880.
Siemens u. **Halske,** E.T.Z. **3**, 408; 1882.
F. E. Smith, Nature **69**, 526; 1904. Proc. Roy. Soc. **78**, 239; 1904. Phil. Trans. (A.) **204**, 57; 1904.
J. Sohlman, E.T.Z. **21**, 675; 1900 [Metalloxyde].
A. Somerville (1), Phys. Rev. **31**, 261; 1910.
„ (2), Phys. Rev. **33**, 77; 1911.
Stepanow, ZS. anorg. Ch. **60**, 209; 1908.
G. W. Stewart, Phys. Rev. **26**, 333; 1908.
K. Strecker, Abh. d. kgl. bayr. Akad. d. W. 2 Cl. **15**, II. Abt. 369; 1885. Wied. Ann. **25**, 252, 456; 1885.
F. Streintz (1), ZS. Elch. **11**, 273; 1905.
„ (2), Leitvermögen gepreßter Pulver, Stuttgart 1903. Wien. Ber. **109** (2 a), 221; 1900. Ann. d. Phys (4) **3**, 1; 1900. Wien. Ber. **111** (2 a), 345; 1902. Drudes Ann. **9**, 854; 1902. Phys. ZS. **4**, 106; 1902.
V. Strouhal u. **C. Barus** (1), Wied. Ann. **20**, 525; 1883.
„ „ (2), Abh. d. k. böhm. Ges. d. W. (6) **12**, math.-natw. Cl. Nr. 14 u. 15; 1883/84.

Albert Sturm, Diss. Rostock 1904.
J. W. Swan u. **J. Rhodin,** Proc. Roy. Soc. London **56**, 64; 1894. Nat. **50**, 165; 1894.
F. Tegetmeier, Wied. Ann. **41**, 18; 1890.
„ s. **Warburg.**
J. A. Thomson s. **Richards.**
S. P. Thompson, Lum. électr. **22**, 621; 1886 [Magnetit].
R. Threlfall u. **J. Brearley,** Phil. Trans. (A.) **187**, 57; 1896 [S].
H. Tomlinson (1), Phil. Trans. London **174**, I, 1; 1883 [Metalle u. Kohle unter Druck u. Zug].
„ (2), Phil. Mag. (5) **29**, 77; 1890.
G. Vassura, Cim. (3) **31**, 25; 1892.
Verband Deutscher Elektrotechniker, E.T.Z. **17**, 402; 1896.
G. Vicentini (1), Atti Tor. **20**, 869; 1884/85. Auszug Atti del R. Ist. Veneto (6) **2**, disp. 10, 1699; 1883/84.
„ (2), Rend. Lincei (4) **7**, I, 258; 1891.
„ u. **C. Cattaneo** (1), Rend. Lincei (4) **7**, II, 95; 1891.
„ „ (2), Rend. Lincei (5) **1**, I, 343, 383, 419; 1892. Ostwald ZS. **12**, 396; 1893.
„ u. **D. Omodei,** Att. Tor. **25**, 30; 1889/90. Cim. (3) **27**, 204; 1890.
Vogt s. **Matthiessen.**
E. Warburg u. **F. Tegetmeier,** Gött. Nachr. 1888, 210. Wied. Ann. **35**, 455; 1888.
C. L. Weber (1), Wied. Ann. **23**, 447; 1884.
„ (2), Wied. Ann. **25**, 245; 1885.
„ (3), Wied. Ann. **27**, 145; 1886.
„ (4), Wied. Ann. **31**, 243; 1887.
„ (5), Wied. Ann. **34**, 576; 1888.
H. F. Weber, Berl. Sitzber. 1880, 457. Wolf, Zürcher Vierteljahrsschr. **25**, 161; 1880.
Max Weber, Diss. Berlin 1891.
R. H. Weber, Wied. Ann. **68**, 705; 1899.
H. Wedding, E.T.Z. **9**, 172; 1888 [Eisendraht].
Laz. Weiller, E.T.Z. **3**, 83, 157; 1882.
J. F. Weyde, E.T.Z. **13**, 315; 1892.
S. A. F. White, Proc. Phys. Soc. London **17**, 800; 1901 [Se u. Te].
G. Wick, Phys. Rev. **27**, 11; 1908.
E. Wiechert, Wied. Ann. **26**, 336; 1885.
A. Wigand, Verh. D. Phys. Ges. **10**, 495; 1908.
W. Williams, Phil. Mag. (6) **4**, 430; 1902 [Ni im Magnetfeld].
R. S, Willows, Phil. Mag. (5) **48**, 433; 1899 [Amalgame].
E. Wilson, Brit. Ass. Southport 1903. Electr. **51**, 898; 1903 [Al-Legierungen].
S. v. Wroblewski, C. r. **101**, 160; 1885. Wien. Ber. **92** [2], 311; 1885. Wied. Ann. **26**, 27; 1885. Lum. électr. **17**, Nr. 3, 178; 1885.
H. Zielinski, Diss. Rostock 1895. E.T.Z. **17**, 25, 36, 64, 90; 1896 [Guttapercha].

240

Elektrische Leitfähigkeit wässeriger Lösungen, meist bei 18°, bezogen auf die Einheit cm^{-1}. Ohm^{-1}.

Salze: Chloride.

Bemerkungen und Literatur Tab. 247, S. 1119.

P %	1000 η (m; $1/v$) g-Äqu./L.	$s_{t/4}$	$10^4\, \varkappa_{18}$	$\Lambda = \frac{\varkappa}{\eta}$	$\frac{1}{\varkappa_{18}}\left(\frac{d\varkappa}{dt}\right)_{22}$
KCl (Kohlrausch u. Grotrian)*).		$t = 18^0$			
5	0,691	1,0308	690	99,9	0,0201
10	1,427	1,0638	1359	95,2	188
15	2,208	1,0978	2020	91,5	179
20	3,039	1,1335	2677	88,9	168
21	3,213	1,1408	2810	87,5	166
NH_4Cl (Kohlrausch u. Grotrian).					
5	0,948	1,0142	918	96,8	0,0198
10	1,923	1,0289	1776	92,4	186
15	2,924	1,0430	2586	88,4	171
20	3,952	1,0571	3365	85,0	161
25	5,003	1,0710	4025	80,5	154
NaCl (Kohlrausch u. Grotrian)*).					
5	0,884	1,0345	672	76,0	0,0217
10	1,830	1,0707	1211	66,2	214
15	2,843	1,1087	1642	57,8	212
20	3,924	1,1477	1957	49,9	216
25	5,085	1,1898	2135	42,0	227
26	5,325	1,1982	2151	40,4	230
26,4	5,421	1,2014	2156	39,8	233
LiCl (Kohlrausch u. Grotrian).					
2,5	0,597	1,0132	410	68,7	0,0227
5	1,209	1,0274	733	60,6	223
10	2,487	1,0563	1218	49,0	218
20*	5,249	1,115	1676	31,9	220
30*	8,340	1,181	1399	16,78	228
40*	11,820	1,255	844	7,14	284
$BaCl_2$ (Kohlrausch u. Grotrian).					
5	0,501	1,0445	389	77,7	0,0214
10	1,050	1,0939	733	69,8	206
15	1,652	1,1473	1051	63,6	200
(20)	2,314	1,2047	1331	57,5	195
24	2,894	1,2559	1534	53,0	192
$SrCl_2$ (Kohlrausch u. Grotrian).					
5	0,659	1,0443	483	73,3	0,0214
10	1,379	1,0932	886	64,3	208
15	2,168	1,1456	1231	56,8	—
(20)	3,034	1,2023	1495	49,3	—
22	3,403	1,2259	1583	46,5	—

P %	1000 η (m; $1/v$) g-Äqu./L.	$s_{t/4}$	$10^4\, \varkappa_{18}$	$\Lambda = \frac{\varkappa}{\eta}$	$\frac{1}{\varkappa_{18}}\left(\frac{d\varkappa}{dt}\right)_{22}$
$CaCl_2$ (Kohlrausch u. Grotrian).		$t = 18^0$			
5	0,938	1,0409	643	68,6	0,0213
10	1,957	1,0852	1141	58,3	206
(15)	3,059	1,1311	1505	49,2	202
20	4,253	1,1794	1728	40,6	200
25	5,545	1,2305	1781	32,12	204
30	6,945	1,2841	1658	23,87	216
35	8,468	1,3420	1366	16,13	236
$MgCl_2$ (Kohlrausch u. Grotrian).					
5	1,094	1,0416	683	62,4	0,0222
10	2,281	1,0859	1128	49,5	220
20	4,942	1,1764	1402	28,37	237
30	8,052	1,2779	1061	13,18	283
34	9,434	1,3210	768	8,14	318
$MnCl_2$ (Long).		$t = 15^0$			
5	0,831	1,0456	526	63,3	0,0210
10	1,731	1,0895	844	48,8	206
15	2,712	1,1378	1055	38,9	202
20	3,784	1,1900	1134	30,0	206
25	4,954	1,2472	1090	22,00	203
28	5,707	1,2828	1016	17,80	208
$ZnCl_2$ (Long).					
2,5	0,375	1,024	276	73,6	0,0213
5	0,769	1,048	483	62,8	192
10	1,606	1,094	727	45,3	165
20	3,493	1,190	912	26,1	156
30	5,720	1,299	926	16,19	172
40	8,353	1,423	845	10,12	198
(50)	11,52	1,570	630	5,47	232
60	15,37	1,746	369	2,40	307
$CdCl_2$ (Grotrian).		$t = 18^0$			
1	0,110	1,0063	55,1	50,1	0,0222
5	0,571	1,0436	167	29,2	218
10	1,194	1,0919	241	20,2	217
15	1,877	1,1443	282	15,0	218
20	2,626	1,2007	299	11,39	228
(25)	3,450	1,2620	298	8,64	239
30	4,365	1,3305	282	6,47	252
(35)	5,384	1,4075	255	4,74	269
40	6,508	1,4878	221	3,40	290
(45)	7,763	1,5775	181	2,33	319
50	9,185	1,6799	137	1,49	353

LiCl (Washburn u. Mac Innes). $t = 0^0$. (Atomgew. von 1911), dort auch $\Lambda_0{}^0$ (KCl u. LiCl) für abgerundete Konz.

g-Äqu. / 1000 g Wasser	$10^6\, \varkappa_0{}^0$	g-Äqu. / 1000 g Wasser	s 0°/4°	$10^6\, \varkappa_0{}^0$	g-Äqu. / 1000 g Wasser	s 0°/4°	$10^6\, \varkappa_0{}^0$
0,001039	61,33	0,03337	1,0007	1801	0,3659	1,0093	16650
0,002027	118,8	0,04120	1,0009	2210	0,6187	1,0151	26230
0,008322	474,2	0,07702	1,0021	3988	0,8218	1,0193	39330
0,01646	917,2	0,2144	1,0054	10270	0,9990	1,0233	39200
		0,3561	1,0088	16260			

*) Vergl. auch S. 1095.

Holborn.

Elektrische Leitfähigkeit wässeriger Lösungen, meist bei 18°,

bezogen auf die Einheit cm^{-1}. Ohm^{-1}.

Salze: Chloride, Bromide, Jodide.

Bemerkungen und Literatur Tab. 247, S. 1119.

$CdCl_2$ (Wershoven).

P %	1000 η (m; 1/v) g-Äqu./L.	$s\,t/4$	$10^4\,\varkappa_{18}$	$\Lambda = \frac{\varkappa}{\eta}$	$\frac{1}{\varkappa_{18}}\left(\frac{d\varkappa}{dt}\right)_{22}$
		t = 18°			
0,0503	0,0055	—	4,95	90,0	0,0231
0,0999	0,0109	—	8,97	82,3	226
0,200	0,0219	1,0004	15,6	71,2	231
0,399	0,0439	1,0022	26,6	60,6	227
0,599	0,0660	1,0039	36,4	55,2	224
0,769	0,0846	1,0057	44,8	52,9	224
0,997	0,1098	1,0075	52,9	48,1	222

$HgCl_2$ (Grotrian).

P %	1000 η (m; 1/v) g-Äqu./L.	$s\,t/4$	$10^4\,\varkappa_{18}$	$\Lambda = \frac{\varkappa}{\eta}$	$\frac{1}{\varkappa_{18}}\left(\frac{d\varkappa}{dt}\right)_{22}$
0,229	0,0170	1,0008	0,44	2,59	0,044
1,013	0,0754	1,0073	1,14	1,51	372
5,08	0,392	1,0445	4,21	1,07	249

$CuCl_2$ (Trötsch).

P %	1000 η (m; 1/v) g-Äqu./L.	$s\,t/4$	$10^4\,\varkappa_{18}$	$\Lambda = \frac{\varkappa}{\eta}$	$\frac{1}{\varkappa_{18}}\left(\frac{d\varkappa}{dt}\right)_{22}$
1,35	0,20	1,0123	187	936	—
9	1,45	1,0828	716	493	—
18,2	3,25	1,1985	924	316	—
28,75	5,76	1,3443	897	155	—
35,2	7,62	1,4518	699	92	—

$CoCl_2$ (Trötsch).

P %	1000 η (m; 1/v) g-Äqu./L.	$s\,t/4$	$10^4\,\varkappa_{18}$	$\Lambda = \frac{\varkappa}{\eta}$	$\frac{1}{\varkappa_{18}}\left(\frac{d\varkappa}{dt}\right)_{22}$
2	0,43	1,020	233	543	—
10	2,32	1,100	890	387	—
15,2	3,71	1,1665	1179	318	—
24,2	6,61	1,290	1258	190	—

KBr (Kohlrausch).

P %	1000 η (m; 1/v) g-Äqu./L.	$s\,t/4$	$10^4\,\varkappa_{18}$	$\Lambda = \frac{\varkappa}{\eta}$	$\frac{1}{\varkappa_{18}}\left(\frac{d\varkappa}{dt}\right)_{22}$
		t = 15°			
5	0,435	1,0357	465	106,9	0,0206
10	0,902	1,0741	928	102,9	194
20	1,945	1,1583	1907	98,1	177
30	3,162	1,2553	2923	92,4	164
36	3,990	1,3198	3507	87,9	154

$HgBr_2$ (Grotrian).

P %	1000 η (m; 1/v) g-Äqu./L.	$s\,t/4$	$10^4\,\varkappa_{18}$	$\Lambda = \frac{\varkappa}{\eta}$	$\frac{1}{\varkappa_{18}}\left(\frac{d\varkappa}{dt}\right)_{22}$
		t = 18°			
0,223	0,0124	1,0007	0,16	1,29	0,038
0,422	0,0236	1,0025	0,26	1,10	32

$CdBr_2$ (Grotrian).

P %	1000 η (m; 1/v) g-Äqu./L.	$s\,t/4$	$10^4\,\varkappa_{18}$	$\Lambda = \frac{\varkappa}{\eta}$	$\frac{1}{\varkappa_{18}}\left(\frac{d\varkappa}{dt}\right)_{22}$
1	0,074	1,0072	35,7	48,2	0,0232
5	0,384	1,0431	109	28,4	226
10	0,802	1,0907	164	20,4	232
(15)	1,261	1,1432	205	16,3	236
20	1,764	1,1991	236	13,4	239
(25)	2,318	1,2605	258	11,1	247
30	2,934	1,3296	273	9,30	258
(35)	3,617	1,4052	277	7,66	270
(40)	4,388	1,4915	271	6,18	281
43	4,892	1,5467	261	5,34	288

$CdBr_2$ (Wershoven).

P %	1000 η (m; 1/v) g-Äqu./L.	$s\,t/4$	$10^4\,\varkappa_{18}$	$\Lambda = \frac{\varkappa}{\eta}$	$\frac{1}{\varkappa_{18}}\left(\frac{d\varkappa}{dt}\right)_{22}$
		t = 18°			
0,0324	0,00239	—	2,31	96,7	0,0235
0,0748	0,00552	—	4,70	85,1	237
0,154	0,0113	—	8,44	74,7	239
0,253	0,0187	1,0010	12,5	66,8	237
0,506	0,0374	1,0031	21,3	57,0	238
1,013	0,0751	1,0075	35,8	47,7	233

KJ (Kohlrausch).

P %	1000 η (m; 1/v) g-Äqu./L.	$s\,t/4$	$10^4\,\varkappa_{18}$	$\Lambda = \frac{\varkappa}{\eta}$	$\frac{1}{\varkappa_{18}}\left(\frac{d\varkappa}{dt}\right)_{22}$
5	0,312	1,0363	338	108,3	0,0205
10	0,648	1,0762	680	104,9	200
20*	1,407	1,1679	1455	103,4	184
30*	2,301	1,273	2303	100,1	166
40*	3,366	1,3966	3168	94,1	151
(50)*	4,654	1,545	3924	84,3	143
55*	5,401	1,630	4226	78,2	140

NH_4J (Kohlrausch).

P %	1000 η (m; 1/v) g-Äqu./L.	$s\,t/4$	$10^4\,\varkappa_{18}$	$\Lambda = \frac{\varkappa}{\eta}$	$\frac{1}{\varkappa_{18}}\left(\frac{d\varkappa}{dt}\right)_{22}$
10*	0,735	1,0652	772	105,1	0,0201
20*	1,573	1,1397	1599	101,7	192
(30)*	2,538	1,2260	2482	97,8	179
(40)*	3,660	1,3260	3393	92,7	166
50*	4,973	1,4415	4200	84,5	153

NaJ (Kohlrausch).

P %	1000 η (m; 1/v) g-Äqu./L.	$s\,t/4$	$10^4\,\varkappa_{18}$	$\Lambda = \frac{\varkappa}{\eta}$	$\frac{1}{\varkappa_{18}}\left(\frac{d\varkappa}{dt}\right)_{22}$
5*	0,346	1,0374	298	86,1	0,0221
10*	0,721	1,0803	581	81,6	215
20*	1,566	1,1735	1[illegible]44	73,1	203
(30)*	2,569	1,2836	1653	64,3	197
40*	3,778	1,4127	2111	55,9	197

LiJ (Kohlrausch).

P %	1000 η (m; 1/v) g-Äqu./L.	$s\,t/4$	$10^4\,\varkappa_{18}$	$\Lambda = \frac{\varkappa}{\eta}$	$\frac{1}{\varkappa_{18}}\left(\frac{d\varkappa}{dt}\right)_{22}$
5*	0,387	1,0361	296	76,5	0,0218
10*	0,803	1,0756	573	71,4	215
(15)*	1,252	1,1180	838	66,9	211
20*	1,739	1,1643	1094	62,9	206
25*	2,266	1,2138	1346	59,4	202

CdJ_2 (Grotrian).

P %	1000 η (m; 1/v) g-Äqu./L.	$s\,t/4$	$10^4\,\varkappa_{18}$	$\Lambda = \frac{\varkappa}{\eta}$	$\frac{1}{\varkappa_{18}}\left(\frac{d\varkappa}{dt}\right)_{22}$
1	0,055	1,0071	21,2	38,5	0,0286
5	0,285	1,0425	60,9	21,4	260
10	0,595	1,0883	103,9	17,5	248
15	0,934	1,1392	146	15,6	241
20	1,306	1,1943	186	14,2	240
(25)	1,716	1,2550	222	12,9	241
30	2,170	1,3228	254	11,7	244
(35)	2,680	1,4000	282	10,5	248
40	3,241	1,4816	303	9,35	253
45	3,874	1,5741	314	8,11	259

CdJ_2 (Wershoven).

P %	1000 η (m; 1/v) g-Äqu./L.	$s\,t/4$	$10^4\,\varkappa_{18}$	$\Lambda = \frac{\varkappa}{\eta}$	$\frac{1}{\varkappa_{18}}\left(\frac{d\varkappa}{dt}\right)_{22}$
0,0429	0,00235	—	2,10	89,4	0,0257
0,100	0,00550	—	4,12	74,9	261
0,204	0,01120	1,0005	7,10	63,4	262
0,399	0,02195	1,0021	11,5	52,4	264
0,600	0,03302	1,0038	15,2	46,0	266
0,800	0,04411	1,0056	18,3	41,5	270
1,00	0,05522	1,0072	21,2	38,4	271

Holborn.

Elektrische Leitfähigkeit wässeriger Lösungen, meist bei 18°,

bezogen auf die Einheit cm^{-1}. Ohm^{-1}.

Salze: Jodide, KF, KCN, Nitrate.

Bemerkungen und Literatur Tab. 247, S. 1119.

P %	$1000\,\eta$ (m; $1/v$) g-Äqu./L.	$s\,t/4$	$10^4\,\varkappa_{18}$	$\Lambda=\frac{\varkappa}{\eta}$	$\frac{1}{\varkappa_{18}}\left(\frac{d\varkappa}{dt}\right)_{22}$
		K_2CdJ_4 (Grotrian).			
		$t=18°$			
1		1,0065	41,1		0,0235
5		1,0384	157		227
10		1,0808	296		224
15		1,1269	432		218
(20)		1,1770	578		215
25		1,2313	730		214
(30)		1,2890	896		211
35		1,3557	1062		207
(40)		1,4282	1235		203
45		1,5065	1412		198
		K_2CdJ_4 (Wershoven).			
0,0328		—	2,04		0,0226
0,0596		—	3,57		231
0,0804		—	4,65		228
0,100		—	5,66		229
0,250		1,0007	12,7		233
0,500		1,0027	23,2		231
1,003		1,0067	41,4		234
		KF (Kohlrausch).			
5*	0,894	1,041	652	72,9	0,0213
10*	1,862	1,084	1209	64,9	216
(20)*	4,040	1,176	2080	51,5	218
(30)*	6,554	1,272	2561	39,1	227
40*	9,468	1,378	2522	26,6	25
		KCN (Kohlrausch).			
		$t=15°$			
3,25	0,506	1,0154	527	104,2	0,0207
6,5	1,029	1,0316	1026	99,7	193
		KNO_3 (Kohlrausch).			
		$t=18°$			
5	0,509	1,0305	454	89,2	0,0208
10	1,051	1,0632	839	79,8	205
15	1,626	1,097	1186	72,9	202
20	2,240	1,133	1505	67,2	197
22	2,496	1,148	1625	65,1	194
		$NaNO_3$ (Kohlrausch).			
5	0,607	1,0327	436	71,8	0,0221
10	1,255	1,0681	782	62,3	217
20	2,688	1,1435	1303	48,5	215
30	4,329	1,2278	1606	37,1	220

P %	$1000\,\eta$ (m; $1/v$) g-Äqu./L.	$s\,t/4$	$10^4\,\varkappa_{18}$	$\Lambda=\frac{\varkappa}{\eta}$	$\frac{1}{\varkappa_{18}}\left(\frac{d\varkappa}{dt}\right)_{22}$
		$AgNO_3$ (Kohlrausch).			
		$t=18°$			
5*	0,307	1,0422	256	83,4	0,0218
10*	0,641	1,0893	476	74,3	217
(15)*	1,006	1,1404	683	67,9	215
20*	1,407	1,1958	872	62,0	212
(25)*	1,847	1,2555	1058	57,3	210
(30)*	2,332	1,3213	1239	53,1	209
(35)*	2,872	1,3945	1406	49,0	207
40*	3,477	1,4773	1565	45,0	205
(45)*	4,158	1,5705	1716	41,3	204
(50)*	4,926	1,6745	1856	37,7	205
(55)*	5,791	1,7895	1984	34,3	206
60*	6,764	1,9158	2101	31,1	209
		NH_4NO_3 (Kohlrausch).			
		$t=15°$			
5	0,637	1,0201	590	92,6	0,0203
10	1,301	1,0419	1117	85,9	194
(20)	2,711	1,0860	2060	76,0	179
30	4,233	1,1304	2841	67,1	168
(40)	5,882	1,1780	3373	57,3	160
50	7,664	1,2279	3633	47,4	156
		$Ba(NO_3)_2$ (Kohlrausch).			
		$t=18°$			
4,2	0,332	1,0340	209	63,0	0,0235
8,4	0,688	1,0712	352	51,2	245
		$Ca(NO_3)_2$ (Kohlrausch).			
6,25	0,799	1,0487	491	61,5	0,0218
12,5	1,678	1,1016	804	47,9	217
25	3,716	1,2198	1048	28,2	218
37,5	6,190	1,3546	876	14,15	253
50	9,202	4,5102	469	5,10	335
		$Mg(NO_3)_2$ (Kohlrausch).			
5	0,699	1,0378	438	62,7	0,0216
10	1,451	1,0763	770	53,1	212
(15)	2,260	1,1181	1021	45,2	208
17	2,605	1,1372	1102	42,3	208
		$Cu(NO_3)_2$ (Long).			
		$t=15°$			
5	0,556	1,043	365	65,6	0,0221
10	1,161	1,089	635	54,7	215
15	1,820	1,139	858	47,1	206
20	2,543	1,193	1018	40,0	205
25	3,325	1,248	1089	32,8	216
35	5,136	1,377	1062	20,7	237

$CsNO_3$ (Washburn u. Mac Innes). $t=0°$. (Atomgew. von 1911), dort auch $\Lambda_{0°}$ für abgerundete Konz.

g-Äqu. / 1000 g Wasser	$10^6\,\varkappa_0{}^0$	g-Äqu. / 1000 g H_2O	$s\;0°/4°$	$10^6\,\varkappa_0{}^0$	g-Äqu. / 1000 g Wasser	$s\;0°/4°$	$10^6\,\varkappa_0{}^0$	g-Äqu. / 1000 g Wasser	$s\;0°/4°$	$10^6\,\varkappa_0{}^0$
0,0002115	17,61	0,008877	1,0015	702,2	0,1059	—	7262	0,3078	1,0425	18980
0,0004414	36,44	0,01730	1,00206	1336	0,1529	1,0215	10170	0,3346	1,0475	20420
0,001737	141,3	0,04666	1,0056	3397	0,1612	1,0222	10700	0,4427	1,0623	26110
0,003940	318,0	0,05962	1,0074	4315	0,2383	—	15060	0,5389	1,07705	30900
		0,09314	1,0145	6461	0,2498	—	15740			

Holborn.

Elektrische Leitfähigkeit wässeriger Lösungen, meist bei 18°, bezogen auf die Einheit cm^{-1}. Ohm^{-1}.

Salze: Nitrate, Chlorate, Acetate, Sulfate.

Bemerkungen und Literatur Tab. 247, S. 1119.

$Sr(NO_3)_2$ (Long).

P %	1000 η (m; 1/v) g-Äqu./L.	$s_{t/4}$	$10^4\,\varkappa_{18}$	$\Lambda = \frac{\varkappa}{\eta}$	$\frac{1}{\varkappa_{18}}\left(\frac{d\varkappa}{dt}\right)_{22}$
		t = 15°			
5	0,492	1,0418	309	62,8	0,0225
10	1,026	1,0857	527	51,4	225
15	1,604	1,1318	690	43,0	227
20	2,233	1,1815	802	35,9	228
25	2,920	1,2363	866	29,66	226
35	4,478	1,3542	861	19,23	241

$Pb(NO_3)_2$ (Long).

P %	1000 η (m; 1/v) g-Äqu./L.	$s_{t/4}$	$10^4\,\varkappa_{18}$	$\Lambda = \frac{\varkappa}{\eta}$	$\frac{1}{\varkappa_{18}}\left(\frac{d\varkappa}{dt}\right)_{22}$
5	0,316	1,0449	191	60,4	0,0238
10	0,661	1,0937	322	48,7	251
15	1,039	1,1467	429	41,4	251
20	1,455	1,2043	521	35,8	250
25	1,916	1,2678	600	31,3	252
30	2,422	1,3358	668	27,6	257

$Cd(NO_3)_2$ (Grotrian).

P %	1000 η (m; 1/v) g-Äqu./L.	$s_{t/4}$	$10^4\,\varkappa_{18}$	$\Lambda = \frac{\varkappa}{\eta}$	$\frac{1}{\varkappa_{18}}\left(\frac{d\varkappa}{dt}\right)_{22}$
		t = 18°			
1	0,085	1,0069	69,4	81,6	0,0226
5	0,441	1,0415	289	65,5	221
10	0,921	1,0869	513	55,7	215
(15)	1,444	1,1360	688	47,6	213
20	2,017	1,1903	827	41,0	212
(25)	2,647	1,2500	919	34,7	213
30	3,336	1,3125	956	28,7	214
(35)	4,092	1,3802	948	23,17	220
40	4,922	1,4590	903	18,35	228
(45)	5,882	1,5430	822	13,98	242
48	6,497	1,5978	755	11,62	252

$Cd(NO_3)_2$ (Wershoven).

P %	1000 η (m; 1/v) g-Äqu./L.	$s_{t/4}$	$10^4\,\varkappa_{18}$	$\Lambda = \frac{\varkappa}{\eta}$	$\frac{1}{\varkappa_{18}}\left(\frac{d\varkappa}{dt}\right)_{22}$
0,0492	0,00418	—	4,25	101,7	0,0234
0,100	0,00849	—	8,17	96,2	233
0,249	0,02123	1,0007	19,5	91,8	227
0,464	0,03951	1,0025	35,0	88,6	230
0,952	0,08146	1,0065	67,5	82,9	222

$KClO_3$ (Kohlrausch).

P %	1000 η (m; 1/v) g-Äqu./L.	$s_{t/4}$	$10^4\,\varkappa_{18}$	$\Lambda = \frac{\varkappa}{\eta}$	$\frac{1}{\varkappa_{18}}\left(\frac{d\varkappa}{dt}\right)_{22}$
		t = 15°			
5	0,421	1,0316	367	87,2	0,0211

$K \cdot CH_3COO$ (Kohlrausch).

P %	1000 η (m; 1/v) g-Äqu./L.	$s_{t/4}$	$10^4\,\varkappa_{18}$	$\Lambda = \frac{\varkappa}{\eta}$	$\frac{1}{\varkappa_{18}}\left(\frac{d\varkappa}{dt}\right)_{22}$
4,67	0,486	1,0228	347	71,4	0,0223
9,33	0,995	1,0466	625	62,8	219
(18,67)	2,064	1,0960	1046	50,7	222
28	3,276	1,1484	1256	38,3	231
(37,33)	4,575	1,2028	1262	27,6	250
46,67	5,985	1,2590	1122	18,75	275
(56)	7,503	1,3152	843	11,24	323
65,33	9,128	1,3714	479	5,25	409

$Na \cdot CH_3COO$ (Kohlrausch).

P %	1000 η (m; 1/v) g-Äqu. L.	$s_{t/4}$	$10^4\,\varkappa_{18}$	$\Lambda = \frac{\varkappa}{\eta}$	$\frac{1}{\varkappa_{18}}\left(\frac{d\varkappa}{dt}\right)_{22}$
		t = 18°			
5	0,624	1,025	295	47,3	0,0251
(10)	1,281	1,051	481	37,5	259
20	2,690	1,104	651	24,20	293
(30)	4,237	1,159	600	14,16	350
32	4,562	1,170	569	12,47	371

K_2SO_4 (Kohlrausch).

P %	1000 η (m; 1/v) g-Äqu. L.	$s_{t/4}$	$10^4\,\varkappa_{18}$	$\Lambda = \frac{\varkappa}{\eta}$	$\frac{1}{\varkappa_{18}}\left(\frac{d\varkappa}{dt}\right)_{22}$
5	0,596	1,0395	458	76,8	0,0216
10	1,240	1,0813	860	69,4	203

K_2SO_4 (Klein).

P %	1000 η (m; 1/v) g-Äqu. L.	$s_{t/4}$	$10^4\,\varkappa_{18}$	$\Lambda = \frac{\varkappa}{\eta}$	$\frac{1}{\varkappa_{18}}\left(\frac{d\varkappa}{dt}\right)_{22}$
	0,5	1,0330	391	78,2	0,0219
	1	1,0662	718	71,8	207

Na_2SO_4 (Kohlrausch).

P %	1000 η (m; 1/v) g-Äqu. L.	$s_{t/4}$	$10^4\,\varkappa_{18}$	$\Lambda = \frac{\varkappa}{\eta}$	$\frac{1}{\varkappa_{18}}\left(\frac{d\varkappa}{dt}\right)_{22}$
5	0,735	1,0450	409	55,6	0,0236
10	1,536	1,0915	687	44,7	249
15	2,411	1,1426	886	36,7	256

Na_2SO_4 (Klein).

P %	1000 η (m; 1/v) g-Äqu. L.	$s_{t/4}$	$10^4\,\varkappa_{18}$	$\Lambda = \frac{\varkappa}{\eta}$	$\frac{1}{\varkappa_{18}}\left(\frac{d\varkappa}{dt}\right)_{22}$
	0,5	1,0302	298	59,6	0,0241
	1	1,0602	508	50,8	242
	2	1,1179	800	40,0	250

$(NH_4)_2SO_4$ (Kohlrausch).

P %	1000 η (m; 1/v) g-Äqu. L.	$s_{t/4}$	$10^4\,\varkappa_{18}$	$\Lambda = \frac{\varkappa}{\eta}$	$\frac{1}{\varkappa_{18}}\left(\frac{d\varkappa}{dt}\right)_{22}$
		t = 15°			
5	0,778	1,0292	552	71,0	0,0215
10	1,601	1,0581	1010	63,1	203
20	3,377	1,1160	1779	52,7	193
30	5,322	1,1730	2292	43,1	191
31	5,528	1,1787	2321	42,0	191

$(NH_4)_2SO_4$ (Klein).

P %	1000 η (m; 1/v) g-Äqu. L.	$s_{t/4}$	$10^4\,\varkappa_{18}$	$\Lambda = \frac{\varkappa}{\eta}$	$\frac{1}{\varkappa_{18}}\left(\frac{d\varkappa}{dt}\right)_{22}$
		t = 18°			
	0,5	1,0184	378	75,6	0,0218
	1	1,0360	681	68,1	209
	1,5	1,0523	941	62,7	206
	2	1,0702	1201	60,0	202
	2,5	1,0856	1414	56,6	198
	3	1,1031	1630	54,3	195

Li_2SO_4 (Kohlrausch).

P %	1000 η (m; 1/v) g-Äqu. L.	$s_{t/4}$	$10^4\,\varkappa_{18}$	$\Lambda = \frac{\varkappa}{\eta}$	$\frac{1}{\varkappa_{18}}\left(\frac{d\varkappa}{dt}\right)_{22}$
		t = 15°			
5	0,947	1,0430	400	42,2	0,0236
10	1,975	1,0877	610	30,9	239

(Sherrill).

1000 η g-Äqu./Ltr.	$10^4\,\varkappa_{18}$			
	KCl	NaCl	K_2SO_4	Na_2SO_4
0,05	57,87	47,85	50,98	41,82
0,1	112,03	92,02	94,91	77,07
0,2	215,92	175,46	175,7	139,9

Holborn.

Elektrische Leitfähigkeit wässeriger Lösungen, meist bei 18°,

bezogen auf die Einheit cm^{-1}. Ohm^{-1}.

Salze: Sulfate, Karbonate, Oxalate.

Bemerkungen und Literatur Tab. 247, S. 1119.

P %	$1000\,\eta$ (m; $1/v$) g-Äqu./L.	$s\,t/4$	$10^4\,\varkappa_{18}$	$\Lambda = \frac{\varkappa}{\eta}$	$\frac{1}{\varkappa_{18}}\left(\frac{d\varkappa}{dt}\right)_{22}$
		$MgSO_4$ (Kohlrausch).			
		$t = 15°$			
5	0,873	1,0510	263	30,1	0,0226
10	1,836	1,1052	414	22,55	241
15	2,891	1,1602	480	16,60	252
(20)	4,054	1,2200	476	11,74	269
25	5,342	1,2861	415	7,77	288
		$MgSO_4$ (Klein).			
		$t = 18°$			
	0,5	1,0285	176	35,2	0,0229
	1	1,0574	289	28,9	232
	1,5	1,0851	372	24,8	234
	2	1,1125	431	21,5	237
	2,5	1,1395	467	18,68	247
	3,423	1,187	493	14,40	—
	4,108	1,222	483	11,76	—
		$ZnSO_4$ (Kohlrausch).			
5	0,651	1,0509	191	29,3	0,0225
10	1,371	1,1069	321	23,42	223
15	2,169	1,1675	415	19,13	228
(20)	3,053	1,2323	468	15,33	241
25	4,040	1,3045	480	11,88	258
(30)	5,124	1,3788	444	8,66	273
		$CuSO_4$ (Kohlrausch).			
2,5	0,321	1,0246	109	34,0	0,0213
5	0,658	1,0531	189	28,7	216
10	1,387	1,1073	320	23,1	218
15	2,194	1,1675	421	19,19	231
17,5	2,631	1,2003	458	17,41	236
		$MnSO_4$ (Klein).			
	0,689	1,0456	190	27,6	0,0221
	1,476	1,0982	315	21,34	216
	2,034	1,1343	372	18,29	216
	3,231	1,2108	433	13,40	223
	4,257	1,2756	425	9,98	242
	5,321	1,3400	383	7,20	265
	6,639	1,4187	300	4,52	294
		$FeSO_4$ (Klein).			
	0,5	1,0344	154	30,8	0,0218
	1	1,0692	258	25,8	218
	2	1,1375	390	19,5	223
	3	1,2018	461	15,37	231
	3,56	1,2359	470	13,21	243

P %	$1000\,\eta$ (m; $1/v$) g-Äqu./L.	$s\,t/4$	$10^4\,\varkappa_{18}$	$\Lambda = \frac{\varkappa}{\eta}$	$\frac{1}{\varkappa_{18}}\left(\frac{d\varkappa}{dt}\right)_{22}$
		$CdSO_4$ (Grotrian).			
		$t = 18°$			
1	0,097	1,0084	41,6	42,9	0,0210
5	0,504	1,0486	146	29,0	206
10	1,060	1,1026	247	23,3	206
(15)	1,674	1,1607	325	19,42	208
(20)	2,354	1,2245	388	16,48	214
25	3,112	1,2950	430	13,82	223
(30)	3,958	1,3725	436	11,02	236
(35)	4,902	1,4575	424	8,65	251
36	5,102	1,4743	421	8,25	255
		$CdSO_4$ (Wershoven).			
0,0289	0,00278	—	2,47	88,8	0,0230
0,0498	0,00482	—	3,90	80,9	230
0,0999	0,00961	—	6,92	72,0	222
0,495	0,0479	1,0034	23,93	49,9	211
0,981	0,0954	1,0084	40,70	42,6	207
		$NiSO_4$ (Klein).			
	0,5	1,0379	153	30,6	0,0231
	1	1,0759	254	25,4	227
	2	1,1503	385	19,25	241
	3	1,2219	452	15,07	250
		K_2CO_3 (Kohlrausch).			
		$t = 15°$			
5	0,756	1,0449	561	74,2	0,0221
10	1,579	1,0919	1038	65,7	212
20	3,448	1,1920	1806	52,4	210
30	5,641	1,3002	2222	39,4	219
40	8,198	1,4170	2168	26,45	246
50	11,157	1,5428	1469	13,16	318
		Na_2CO_3 (Kohlrausch).			
		$t = 18°$			
5	0,991	1,0511	451	45,5	0,0252
10	2,082	1,1044	705	33,9	271
15	3,277	1,1590	836	25,51	294
		Li_2CO_3 (Kohlrausch).			
0,20	0,0540	1,0006	34,3	63,5	0,0249
0,63	0,1705	1,0050	88,5	51,9	259
		$K_2C_2O_4$ (Kohlrausch).			
5	0,623	1,0367	488	78,3	0,0215
10	1,293	1,0751	915	70,8	205
		$KAl(SO_4)_2$ (Kohlrausch).			
		$t = 15°$			
5	—	1,0477	251	—	0,0202

Holborn.

Elektrische Leitfähigkeit wässeriger Lösungen, meist bei 18°,

bezogen auf die Einheit cm^{-1}. Ohm^{-1}.

Sulfide, Saure Salze und Säuren.

Bemerkungen und Literatur Tab. 247, S. 1119.

K_2S (Bock).

$t = 18°$

P %	$1000\,\eta$ (m; $1/v$) g-Äqu./L.	$s^{18}/_{4}$	$10^4\,\varkappa_{18}$	$\Lambda = \frac{\varkappa}{\eta}$	$\frac{1}{\varkappa_{18}}\left(\frac{d\varkappa}{dt}\right)_{22}$
3,18	0,605	1,0265	845	139,7	0,0193
4,98	0,941	1,0405	1284	136,5	191
9,93	1,948	1,0829	2343	120,3	189
15,06	3,081	1,1285	3334	108,2	189
19,96	4,247	1,1738	4020	94,7	192
24,64	5,444	1,2186	4401	80,8	201
29,97	6,889	1,2672	4563	66,2	204
38,08	9,319	1,3501	4106	44,1	236
47,26	12,504	1,4596	2579	20,63	324

Na_2S (Bock).

P %	$1000\,\eta$ (m; $1/v$) g-Äqu./L.	$s^{18}/_{4}$	$10^4\,\varkappa_{18}$	$\Lambda = \frac{\varkappa}{\eta}$	$\frac{1}{\varkappa_{18}}\left(\frac{d\varkappa}{dt}\right)_{22}$
2,02	0,529	1,0212	612	115,7	0,0206
5,03	1,359	1,0557	1321	97,2	213
9,64	2,736	1,1102	2017	73,7	226
14,02	4,163	1,1583	2359	56,7	247
16,12	4,873	1,1810	2243	46,0	268
18,15	5,647	1,2158	2184	38,7	295

KSH (Bock).

P %	$1000\,\eta$ g-Mol./L.	$s^{18}/_{4}$	$10^4\,\varkappa_{18}$	$\Lambda = \frac{\varkappa}{\eta}$	$\frac{1}{\varkappa_{18}}\left(\frac{d\varkappa}{dt}\right)_{22}$
4,09	0,579	1,0232	535	—	0,0219
7,86	1,138	1,0456	1039	—	207
15,08	2,274	1,0889	1928	—	191
33,43	5,780	1,2124	3749	—	178
39,22	6,748	1,2428	3982	—	178
51,22	9,381	1,3226	4003	—	189

$KHSO_4$ (Kohlrausch).

P %	$1000\,\eta$ (m; $1/v$) g-Äqu./L.	$s^{18}/_{4}$	$10^4\,\varkappa_{18}$	$\Lambda = \frac{\varkappa}{\eta}$	$\frac{1}{\varkappa_{18}}\left(\frac{d\varkappa}{dt}\right)_{22}$
5	0,380	1,0354	821	—	0,0085
10	0,787	1,0726	1528	—	086
(15)	1,224	1,1116	2178	—	086
20	1,691	1,1516	2769	—	088
(25)	2,188	1,192	3256	—	091
27	2,400	1,2110	3419	—	093

$KHCO_3$ (Kohlrausch).

$t = 15°$

P %	$1000\,\eta$ (m; $1/v$) g-Äqu./L.	$s^{18}/_{4}$	$10^4\,\varkappa_{18}$	$\Lambda = \frac{\varkappa}{\eta}$	$\frac{1}{\varkappa_{18}}\left(\frac{d\varkappa}{dt}\right)_{22}$
5	0,516	1,0328	371	—	0,0205
10	1,066	1,0674	688	—	197

KH_2PO_4 (Kohlrausch).

$t = 18°$

P %	$1000\,\eta$ (m; $1/v$) g-Äqu./L.	$s^{18}/_{4}$	$10^4\,\varkappa_{18}$	$\Lambda = \frac{\varkappa}{\eta}$	$\frac{1}{\varkappa_{18}}\left(\frac{d\varkappa}{dt}\right)_{22}$
5	0,380	1,0341	238	—	0,0220
10	0,785	1,0691	400	—	222
15	1,222	1,1092	584	—	227

HCl (Kohlrausch).

$t = 15°$

P %	$1000\,\eta$ (m; $1/v$) g-Äqu./L.	$s^{t}/_{4}$	$10^4\,\varkappa_{18}$	$\Lambda = \frac{\varkappa}{\eta}$	$\frac{1}{\varkappa_{18}}\left(\frac{d\varkappa}{dt}\right)_{22}$
5	1,405	1,0242	3948	281,0	0,0158
10	2,877	1,0490	6302	219,1	156
(15)	4,420	1,0744	7453	168,6	155
20	6,034	1,1001	7615	126,2	154
(25)	7,722	1,1262	7225	93,6	153
30	9,482	1,1524	6620	69,8	152
(35)	11,303	1,1775	5910	52,3	151
40	13,182	1,2007	5152	39,1	—

HCl (Loomis).

$t = 18°$

P %	$1000\,\eta$ (m; $1/v$) g-Äqu./L.	$s^{t}/_{4}$	$10^4\,\varkappa_{18}$	$\Lambda = \frac{\varkappa}{\eta}$	$\frac{1}{\varkappa_{18}}\left(\frac{d\varkappa}{dt}\right)_{22}$
—	1	1,0165	2980	298,0	—

HBr (Kohlrausch).

$t = 15°$

P %	$1000\,\eta$ (m; $1/v$) g-Äqu./L.	$s^{t}/_{4}$	$10^4\,\varkappa_{18}$	$\Lambda = \frac{\varkappa}{\eta}$	$\frac{1}{\varkappa_{18}}\left(\frac{d\varkappa}{dt}\right)_{22}$
5	0,637	1,0322	1908	299,5	0,0152
10	1,318	1,0669	3549	269,3	152
15	2,046	1,1042	4940	241,5	150

HJ (Kohlrausch).

P %	$1000\,\eta$ (m; $1/v$) g-Äqu./L.	$s^{t}/_{4}$	$10^4\,\varkappa_{18}$	$\Lambda = \frac{\varkappa}{\eta}$	$\frac{1}{\varkappa_{18}}\left(\frac{d\varkappa}{dt}\right)_{22}$
5	0,405	1,0370	1332	328,9	0,0157

HNO_3 (Kohlrausch u. Grotrian).

$t = 18°$

P %	$1000\,\eta$ (m; $1/v$) g-Äqu./L.	$s^{t}/_{4}$	$10^4\,\varkappa_{18}$	$\Lambda = \frac{\varkappa}{\eta}$	$\frac{1}{\varkappa_{18}}\left(\frac{d\varkappa}{dt}\right)_{22}$
6,2	1,017	1,0346	3123	307,1	0,0147
12,4	2,108	1,0717	5418	257,0	142
(18,6)	3,276	1,1105	6901	210,7	137
24,8	4,533	1,1525	7676	169,3	137
31,0	5,873	1,1946	7819	133,1	139
37,2	7,300	1,2372	7545	103,4	145
(43,4)	8,801	1,2786	6998	79,5	151
49,6	10,376	1,3190	6341	61,1	157
(55,8)	12,000	1,3560	5652	47,1	157
62,0	13,640	1,3871	4964	36,4	157

HNO_3 (Loomis).

P %	$1000\,\eta$ (m; $1/v$) g-Äqu./L.	$s^{t}/_{4}$	$10^4\,\varkappa_{18}$	$\Lambda = \frac{\varkappa}{\eta}$	$\frac{1}{\varkappa_{18}}\left(\frac{d\varkappa}{dt}\right)_{22}$
—	1	1,0324	2972	297,2	—

HNO_3 (Veley u. Manley).

P %	$10^4\,\varkappa_{18}$	P %	$10^4\,\varkappa_{18}$	P %	$10^4\,\varkappa_{18}$
1,30	703	45,01	6929	86,18	1021
3,12	1606	51,78	6190	87,72	772
5,99	2914	53,03	6057	89,92	524
10,13	4531	58,20	5458	91,97	331
15,32	6062	65,77	4495	94,32	226
20,11	7055	69,53	4115	96,12	153
25,96	7630	73,82	3167	98,50	176
30,42	7773	76,59	2769	98,85	202
33,81	7728	78,96	2124	99,27	398
35,90	7618	84,08	1264	99,97	415
39,48	7396				

Holborn.

Elektrische Leitfähigkeit wässeriger Lösungen, meist bei 18°, bezogen auf die Einheit cm^{-1}. Ohm^{-1}.

Säuren.

Bemerkungen und Literatur Tab. 247, S. 1119.

P %	$1000\ \eta$ (m; $1/v$) g-Äqu./L.	$^{s}t/_{4}$	$10^4\ \varkappa_{18}$	$\Lambda = \frac{\varkappa}{\eta}$	$\frac{1}{\varkappa_{18}}\left(\frac{d\varkappa}{dt}\right)_{22}$
Ameisensäure H·COOH (Otten).					
		$t = 18°$			
4,94	1,094	1,0125	55,0	5,03	—
9,55	2,131	1,0240	75,6	3,55	—
20,34	4,650	1,0501	98,4	2,12	—
29,83	6,961	1,0720	103,8	1,491	—
39,95	9,528	1,0956	98,4	1,033	—
50,02	12,189	1,1194	86,4	0,709	—
59,96	14,90	1,1413	70,0	0,470	—
70,06	17,75	1,1643	52,3	0,294	—
89,02	23,28	1,2015	18,7	0,0803	—
98,53	26,14	1,2189	4,9	0,0187	—
100	26,59	1,2217	2,8	0,0105	—
Essigsäure CH_3COOH (Kohlrausch).					
0,3	0,050	—	3,18	6,36	—
1	0,167	—	5,84	3,50	—
5	0,838	1,0058	12,25	1,464	0,0163
10	1,688	1,0133	15,26	0,904	169
(15)	2,547	1,0195	16,19	0,636	174
20	3,417	1,0257	16,05	0,470	179
(25)	4,300	1,0325	15,20	0,3535	182
30	5,194	1,0393	14,01	0,2698	186

P %	$1000\ \eta$ (m; $1/v$) g-Äqu./L.	$^{s}t/_{4}$	$10^4\ \varkappa_{18}$	$\Lambda = \frac{\varkappa}{\eta}$	$\frac{1}{\varkappa_{18}}\left(\frac{d\varkappa}{dt}\right)_{22}$
Essigsäure (Forts.).					
		$t = 18°$			
(35)	6,089	1,0445	12,51	0,2055	0,0191
40	6,994	1,0496	10,81	0,1546	196
(45)	7,908	1,0550	9,06	0,1146	194
50	8,829	1,0600	7,40	0,0838	194
(55)	9,739	1,0630	5,89	0,0619	200
60	10,66	1,0655	4,56	0,0428	206
(65)	11,56	1,0678	3,38	0,0292	209
(70)	12,46	1,0685	2,35	0,0189	210
75	13,36	1,0693	1,46	0,0109	210
(80)	14,25	1,0690	0,81	0,0057	210
99,7	17,41	1,0485	0,0004	$0{,}0_323$	—
Essigsäure CH_3COOH (Otten).					
4,33	0,725	1,0050	11,99	1,654	—
9,79	1,652	1,0129	15,13	0,916	—
20,79	3,560	1,0281	16,19	0,495	—
30,46	5,277	1,0400	13,87	0,2628	—
37,80	6,599	1,0480	11,29	0,1711	—
49,37	8,706	1,0586	7,65	0,0879	—
58,32	10,34	1,0649	4,93	0,0477	—
67,50	12,04	1,0695	2,87	0,0238	—
90,87	16,15	1,0672	0,24	0,00149	—
95,92	16,96	1,0613	0,004	—	—

Monochloressigsäure $CH_2Cl·COOH$ (Mameli).

P %	$1000\ \eta$	$^{s}t/_{4}$	$10^4\ \varkappa_{25}$	P %	$1000\ \eta$	$^{s}t/_{4}$	$10^4\ \varkappa_{25}$	P %	$1000\ \eta$	$^{s}t/_{4}$	$10^4\ \varkappa_{25}$
		$t = 25°$				$t = 25°$				$t = 25°$	
0,051	0,0054	1,0031	8,47	16,26	1,830	1,0633	164,7	52,68	6,761	1,2127	79,5
0,102	0,0108	1,0033	12,53	(19,7)	(2,223)	(1,0665)	(168,4)	56,03	7,277	1,2272	68,0
0,336	0,0357	1,0042	24,48	21,09	2,415	1,0822	167,9	59,97	7,91	1,2462	54,4
0,403	0,0428	1,0044	28,30	26,56	3,102	1,1037	161,7	64,48	8,64	1,2662	40,2
0,727	0,0774	1,0054	38,52	29,85	3,527	1,1165	155,0	69,26	9,44	1,2881	28,3
1,017	0,1084	1,0067	46,51	35,03	4,215	1,1369	142,0	73,84	10,23	1,3092	18,1
5,148	0,5566	1,0216	106,6	39,63	4,849	1,1561	127,2	81,79	11,67	1,3481	6,77
10,23	1,127	1,0373	141,0	44,87	5,596	1,1785	109,1	85,94	12,45	1,3685	4,06

Dichloressigsäure $CHCl_2·COOH$ (Mameli).

P %	$1000\ \eta$	$^{s}t/_{4}$	$10^4\ \varkappa_{25}$	P %	$1000\ \eta$	$^{s}t/_{4}$	$10^4\ \varkappa_{25}$	P %	$1000\ \eta$	$^{s}t/_{4}$	$10^4\ \varkappa_{25}$
		$t = 25°$				$t = 25°$				$t = 25°$	
0,589	0,0459	1,0050	116,2	23,33	2,007	1,1096	894,3	70,22	7,465	1,3709	133,1
1,299	0,1016	1,0086	210,9	29,34	2,593	1,1393	858,1	77,60	8,541	1,4192	54,2
5,381	0,4287	1,0272	537,3	38,22	3,512	1,1849	739,0	81,85	9,192	1,4481	27,5
10,38	0,8454	1,0498	751,2	43,87	4,135	1,2155	634,2	86,42	9,918	1,4797	10,94
16,01	1,3345	1,0752	875,1	49,08	4,734	1,2436	531,3	89,69	10,44	1,5013	4,55
18,86	1,593	1,0893	892,3	55,77	5,545	1,2819	391,0	95,15	11,35	1,5382	0,47
(21,6)	1,098	(1,1016)	(896)	61,85	6,327	1,3190	269,6	97,07	11,68	1,5519	0,096

Holborn.

Elektrische Leitfähigkeit wässeriger Lösungen, meist bei 18°, bezogen auf die Einheit cm^{-1}. Ohm^{-1}.

Säuren.

Bemerkungen und Literatur Tab. 247, S. 1119.

Trichloressigsäure $CCl_3 \cdot COOH$ (Mameli).

P %	$1000\,\eta$	$^st/_4$	$10^4\,\kappa_{25}$	P %	$1000\,\eta$	$^st/_4$	$10^4\,\kappa_{25}$	P %	$1000\,\eta$	$^st/_4$	$10^4\,\kappa_{25}$
		$t = 25°$				$t = 25°$				$t = 25°$	
0,646	0,0398	1,0063	108,5	31,99	2,303	1,1764	2490	66,45	5,690	1,3991	734
1,922	0,1190	1,0130	375,1	35,96	2,640	1,1995	2445	70,32	6,151	1,4292	520
5,64	0,3561	1,0317	1035	40,00	2,996	1,2236	2310	78,03	7,108	1,4884	206,3
10,05	0,648	1,0540	1650	46,32	3,581	1,2632	2000	81,91	7,617	1,5196	104,0
15,70	1,043	1,0849	2238	52,22	4,154	1,2998	1609	85,18	8,057	1,5454	48,5
20,32	1,380	1,1102	2450	56,14	4,559	1,3268	1380	90,18	8,754	1,5859	8,22
26,87	1,887	1,1473	2497	60,67	5,043	1,3580	1121	94,34	9,357	1,6207	0,60
(27,80)	(1,962)	(1,1528)	(2500)								

Propionsäure C_2H_5COOH (Otten).

P %	$1000\,\eta$ (m; $1/v$) g-Äqu./L.	$^st/_4$	$10^4\,\kappa_{18}$	$\Lambda = \frac{\kappa}{\eta}$	$\frac{1}{\kappa_{18}}\left(\frac{d\kappa}{dt}\right)_{22}$
		$t = 18°$			
1,00	0,135	0,9999	4,79	3,549	—
5,01	0,678	1,0037	9,25	1,364	—
10,08	1,375	1,0080	11,13	0,809	—
15,05	2,062	1,0126	10,99	0,533	—
20,02	2,752	1,0162	10,42	0,379	—
30,03	4,152	1,0221	8,18	0,1970	—
50,09	6,962	1,0275	3,77	0,0541	—
69,99	9,71	1,0258	0,85	0,0088	—
90,48	12,39	1,0123	0,02	0,0016	—
100	13,48	0,9962	0,0007	$0{,}0_3 52$	—

Buttersäure C_3H_7COOH (Otten).

P %	$1000\,\eta$ (m; $1/v$) g-Äqu./L.	$^st/_4$	$10^4\,\kappa_{18}$	$\Lambda = \frac{\kappa}{\eta}$	$\frac{1}{\kappa_{18}}\left(\frac{d\kappa}{dt}\right)_{22}$
1,00	0,114	0,9994	4,55	3,99	—
5,02	0,572	1,0018	8,63	1,51	—
10,07	1,150	1,0043	9,86	0,857	—
15,03	1,720	1,0057	9,55	0,555	—
20,01	2,290	1,0059	8,88	0,388	—
30,04	3,436	1,0054	6,94	0,202	—
50,04	5,70	1,0017	2,96	0,0519	—
70,01	7,92	0,9944	0,56	0,0071	—
89,97	10,02	0,9790	0,015	$0{,}0_3 15$	—
100	10,96	0,9631	0,0006	—	—

Weinsäure $(CH \cdot OH)_2(COOH)_2$ (Kohlrausch).

P %	$1000\,\eta$ (m; $1/v$) g-Äqu./L.	$^st/_4$	$10^4\,\kappa_{18}$	$\Lambda = \frac{\kappa}{\eta}$	$\frac{1}{\kappa_{18}}\left(\frac{d\kappa}{dt}\right)_{22}$
		$t = 15°$			
5	0,681	1,0216	59,9	8,80	0,0185
10	1,393	1,0454	81,3	5,84	189
(15)	2,138	1,0695	93,6	4,38	189
20	2,919	1,0950	99,5	3,41	186
(25)	3,736	1,1211	100,0	2,677	191
30	4,592	1,1484	96,4	2,099	199
(35)	5,488	1,1763	88,6	1,615	209
40	6,432	1,2064	78,5	1,221	222
(45)	7,414	1,2360	66,3	0,894	241
50	8,445	1,2672	53,2	0,630	264

Oxalsäure $(COOH)_2$ (Kohlrausch).

P %	$1000\,\eta$ (m; $1/v$) g-Äqu./L.	$^st/_4$	$10^4\,\kappa_{18}$	$\Lambda = \frac{\kappa}{\eta}$	$\frac{1}{\kappa_{18}}\left(\frac{d\kappa}{dt}\right)_{22}$
3,5	0,790	1,0156	508	64,3	0,0141
7,0	1,606	1,0326	783	48,8	143

Oxalsäure $(COOH)_2$ (Loomis).

P %	$1000\,\eta$ (m; $1/v$) g-Äqu./L.	$^st/_4$	$10^4\,\kappa_{18}$	$\Lambda = \frac{\kappa}{\eta}$	$\frac{1}{\kappa_{18}}\left(\frac{d\kappa}{dt}\right)_{22}$
		$t = 18°$			
—	1	1,0199	590	59,0	—

H_2SO_4 (Kohlrausch).

P %	$1000\,\eta$ (m; $1/v$) g-Äqu./L.	$^st/_4$	$10^4\,\kappa_{18}$	$\Lambda = \frac{\kappa}{\eta}$	$\frac{1}{\kappa_{18}}\left(\frac{d\kappa}{dt}\right)_{22}$
5	1,053	1,0331	2085	198,0	0,0121
10	2,176	1,0673	3915	179,9	128
15	3,376	1,1036	5432	160,9	136
20	4,655	1,1414	6527	140,2	145
25	6,019	1,1807	7171	119,2	154
30	7,468	1,2207	7388	98,9	162
35	9,011	1,2625	7243	80,4	170
40	10,649	1,3056	6800	63,8	178
(45)	12,396	1,3508	6164	49,7	186
50	14,258	1,3984	5405	37,9	193
(55)	16,248	1,4487	4576	28,16	201
60	18,375	1,5019	3726	20,27	213
65	20,177	1,5577	2905	14,40	230
70	23,047	1,6146	2157	9,36	256
75	25,592	1,6734	1522	5,95	291
78	27,18	—	1238	4,55	323
80	28,25	1,7320	1105	3,91	349
81	28,78	—	1055	3,67	359
82	29,31	—	1015	3,46	365
83	29,84	—	989	3,32	369
84	30,37	—	979	3,225	369
85	30,90	1,7827	980	3,172	365
86	31,41	—	992	3,161	357
87	31,90	—	1010	3,169	349
88	32,39	—	1033	3,193	339
89	32,87	—	1055	3,212	330
90	33,34	1,8167	1075	3,224	320
91	33,80	—	1093	3,236	308
92	34,26	—	1102	3,220	295
93	34,71	—	1096	3,160	285
94	35,15	—	1071	3,049	280
95	35,58	1,8368	1025	2,881	279
96	35,99	—	944	2,624	280
97	36,38	1,8390	800	2,199	286
99,4	37,20	1,8354	85	0,228	400

Holborn.

Elektrische Leitfähigkeit wässeriger Lösungen, meist bei 18°,

bezogen auf die Einheit cm^{-1}. Ohm^{-1}.

Säuren und Basen.

Bemerkungen und Literatur Tab. 247, S. 1119.

P %	$1000\,\eta$ $(m;\ 1/v)$ g-Äqu./L.	$s_{t/4}$	$10^4\,\varkappa_{18}$	$\Lambda=\frac{\varkappa}{\eta}$	$\frac{1}{\varkappa_{18}}\left(\frac{d\varkappa}{dt}\right)_{22}$
H_2SO_4 (W. Kohlrausch).					
		$t = 18°$			
96,00		1,8372	938		0,025
96,87		1,8385	845		28
97,13		—	814		28
98,42		1,8375	592		27
99,08		1,8359	361		28
99,44		1,8349	213		28
99,58		—	158		29
99,66		—	107		32
99,74		—	85		37
99,75		—	80		40
99,78		—	88		36
99,79		1,8381	117		31
99,98		1,8422	157		31
100,14[1])		—	187		30
100,21[2])		1,8469	199		30
100,51		—	227		32
101,12		1,8610	269		31
101,30		—	275		31
102,08		—	289		31
103,53		—	271		32
105,61		—	138		—
107,61		—	93		39
108,19		—	65		40
108,78		—	43		48
109,20		—	35		50
109,74		—	25		54
110,04		—	19		54
110,38		—	14		56
111,2		—	8		61
H_2SO_4 (Loomis).					
—	1	1,0306	1950	195,0	—
H_3PO_4 (Kohlrausch).					
		$t = 15°$			
10	3,228	1,0548	566	17,54	0,0104
(15)	4,976	1,0841	850	17,08	109
20	6,824	1,1151	1129	16,56	114
(25)	8,776	1,1472	1402	15,98	121
30	10,840	1,1808	1654	15,26	130
35	13,023	1,2160	1858	14,27	140
(40)	15,337	1,2530	2010	13,11	150
(45)	17,792	1,2921	2087	11,73	161
50	20,39	1,3328	2073	10,17	174
(55)	23,15	1,3757	1978	8,54	189
(60)	26,09	1,4208	1833	7,03	207
(65)	29,19	1,4674	1650	5,65	229
70	32,46	1,5155	1436	4,42	252
(75)	35,94	1,5660	1209	3,36	279
80	39,64	1,6192	979	2,47	309
85	43,60	1,6763	780	1,749	350
87	45,26	1,7001	709	1,566	372

P %	$s_{t/4}$	v g.-Mol./L.	$10^4\,\varkappa_{18}$	$\Lambda=\varkappa\cdot v$	$\frac{1}{\varkappa_0}\left(\frac{d\varkappa}{dt}\right)_9$
HF (Hill u. Sirkar).					
0,004	—	527	2,5	131,8	0,362
0,007	—	264	3,8	100,2	0,275
0,015	—	132	5,0	65,9	0,181
0,030	—	65,9	8,0	52,7	0,145
0,060	—	33,0	12,3	40,5	0,111
0,121	—	16,5	21,0	34,6	0,095
0,242	—	8,24	36,3	29,9	0,082
0,484	1,003	4,12	67,3	27,7	0,076
1,50	1,005	1,32	198	26,2	0,072
2,48	1,009	0,799	315	25,1	0,069
4,80	1,017	0,410	593	24,3	0,0666
7,75	1,028	0,251	963	24,2	0,0664
15,85	1,058	0,119	1853	22,1	0,0606
24,5	1,087	0,075	2832	21,3	0,0583
29,8	1,103	0,061	3411	20,7	0,0569

P %	$1000\,\eta$ $(m;\ 1/v)$ g-Äqu./L.	$s_{t/4}$	$10^4\,\varkappa_{18}$	$\Lambda=\frac{\varkappa}{\eta}$	$\frac{1}{\varkappa_{18}}\left(\frac{d\varkappa}{dt}\right)_{22}$
H_3BO_3 (Bock).					
		$t = 18°$			
0,776	0,377	1,0029	0,022		0,0231 } für 18°
1,92	0,936	1,0073	0,11		143 } für 18°
2,88	1,409	1,0109	0,21		119 } für 18°
3,612	1,771	1,0131	0,31		075 } für 18°
KOH (Kohlrausch).					
		= 15°			
4,2	0,777	1,0382	1464	188,4	0,0187
8,4	1,612	1,0776	2723	168,9	186
(12,6)	2,508	1,1177	3763	150,1	188
16,8	3,467	1,1588	4558	131,5	193
(21,0)	4,491	1,2008	5106	113,7	199
25,2	5,583	1,2439	5403	96,8	209
(29,4)	6,744	1,2880	5434	80,6	221
33,6	7,978	1,3332	5221	65,4	236
(37,8)	9,292	1,3803	4790	51,5	257
42,0	10,695	1,4298	4212	39,4	283
KOH (Loomis).					
		$t = 18°$			
—	1	1,0481	1810	181,0	—
NaOH (Kohlrausch).					
		$t = 15°$			
2,5	0,641	(1,0280)	1087	169,6	0,0194
5	1,319	1,0568	1969	149,3	201
10	2,779	1,1131	3124	112,4	217
(15)	4,381	1,1700	3463	79,0	249
20	6,122	1,2262	3270	53,4	299
(25)	8,002	1,2823	2717	34,0	368
30	10,015	1,3374	2022	20,18	450
(35)	12,150	1,3907	1507	12,40	551
40	14,400	1,4421	1164	8,08	648
42	15,323	1,4615	1065	6,95	691

[1]) Der Überschuß über 100 muß an Wasser zugefügt werden, um H_2SO_4 zu geben.
[2]) Wasser abgezogen.

Holborn.

Elektrische Leitfähigkeit wässeriger Lösungen bei 18°,

bezogen auf die Einheit cm^{-1}. Ohm^{-1}.

Basen.

Bemerkungen und Literatur Tab. 247, S. 1119.

P %	1000 η (m; 1/v) g-Äqu./L.	$s_{t/4}$	$10^4 \varkappa_{18}$	$\Lambda = \frac{\varkappa}{\eta}$	$\frac{1}{\varkappa_{18}}\left(\frac{d\varkappa}{dt}\right)_{22}$
NaOH (Loomis).					
		$t = 18°$			
—	1	1,0418	1550	155,0	—
NaOH (Bousfield u. Lowry).					
1	0,252	1,0100	465	184,5	—
2	0,510	1,0213	887	173,7	—
4	1,042	1,0435	1628	156,3	—
5	1,316	1,0545	1954	148,4	—
6	1,596	1,0656	2242	140,5	—
8	2,172	1,0877	2729	125,6	—
10	2,770	1,1098	3093	111,7	—
15	4,363	1,1650	3490	80,0	—
20	6,092	1,2202	3284	53,95	—
25	7,957	1,2751	2717	34,22	—
27,5	8,939	—	2386	26,69	—
30	9,954	1,3290	2074	20,83	—
32,5	10,996	—	1798	16,35	—
35	12,07	1,3811	1560	12,93	—
37,5	13,17	—	1361	10,34	—
NaOH (Forts.)					
		$t = 18°$			
40	14,29	1,4314	1206	8,44	—
42,5	15,44	—	1077	6,97	—
45	16,62	1,4794	977	5,88	—
47,5	17,83	—	895	5,02	—
50	19,06	1,5268	820	4,30	—
LiOH* (Kohlrausch).					
1,25	0,527	(1,0132)	781	148,2	0,0191
2,5	1,069	1,0276	1416	132,5	196
5	2,194	1,0547	2396	109,2	203
7,5	3,371	1,0804	2999	89,0	221
$Ba(OH)_2$ (Kohlrausch).					
1,25	0,148	(1,0120)	250	169,4	0,0187
2,5	0,299	1,0253	479	160,2	185
NH_3 (Kohlrausch).					
		$t = 15°$			
0,10	0,059	(0,9987)	2,51	4,25	0,0246
0,40	0,234	(0,9974)	4,92	2,103	—
0,80	0,467	(0,9957)	6,57	1,408	231
1,60	0,933	(0,9924)	8,67	0,929	238
4,01	2,307	0,9818	10,95	0,475	250
8,03	4,55	0,9656	10,38	0,228	262
16,15	8,87	0,9365	6,32	0,0713	301
30,5	16,01	(0,8955)	1,93	0,0121	—

Gesättigte wässerige Lösungen schwer löslicher Salze bei 18°

nach **Kohlrausch** (7).

Die zwischen 10 und 26° bestimmte Abhängigkeit des Leitvermögens von der Temperatur $\varkappa_t = \varkappa_{18}\,(1 + c\,(t - 18) + c'\,(t - 18)^2)$ bezieht sich auf eine nicht ganz gesättigte Lösung.

	$\varkappa_{18} \cdot 10^6$	$c \cdot 10^4$	$c' \cdot 10^5$
$Ba F_2$	1530	232	11
$Sr F_2$	172	244	13
$Ca F_2$: Flußspat	37	243	14
Künstliches Salz	40	—	—
$Mg F_2$	224	240	10
$Pb F_2$	431	208	3
$Ag Cl$	1,12	222	8
$Tl Cl$	1514	214	6
$Hg Cl$	1,2	—	—
$Ag Br$	0,075[1])	—	—
$Tl Br$	192	216	7
$Ag J$	0,0020[1])	—	—
$Tl J$	22,3	216	7
$Cu J$	Etwa 3	—	—
$Hg J_2$	0,2	—	—
$Cu SCN$	Etwa 0,2		
$Ag JO_3$	11,9	231	9
$Pb(JO_3)_2$	6,0	238	10
$Ba SO_4$: Schwerspat	2,7	232	10
Gefällt	2,4	232	10
$Sr SO_4$: Cölestin	127	230	9
Gefällt	127	—	—
$CaSO_4 + 2\,H_2O$, Gips	1880	—	—
$Pb SO_4$	32,4	235	10

	$\varkappa_{18} \cdot 10^6$	$c \cdot 10^4$	$c' \cdot 10^5$
$Ba CrO_4$	3,2	232	10
$Ag_2 CrO_4$	18,6	228	9
$Pb CrO_4$	0,1	—	—
$Ba CO_3$	25,5	—	—
$Sr CO_3$	16,0	—	—
$Ca CO_3$: Kalkspat	28,0	—	—
Aragonit	32,6	—	—
Gefällt	29,0	—	—
$Mg CO_3 + 3\,H_2O$ (heiß oder kalt gefällt	794	214	—
$Mg(OH)_2$	80	—	—
$Mg(OH)_2 + 4\,MgCO_3$	220[2])	—	—
$Pb CO_3$	2,0	—	—
$Ba C_2O_4 + 2\,H_2O$	78,4	234	8
$Ba C_2O_4 + 3½\,H_2O$	95	234	8
$Ba C_2O_4 + ?\,H_2O$	70,2	234	8
$Sr C_2O_4$	54,0	238	10
$Ca C_2O_4 + H_2O$	9,6	238	10
$Mg C_2O_4 + 2\,H_2O$	200	205	—
$Zn C_2O_4 + 2\,H_2O$	8,0	235	8
$Cd C_2O_4 + 3\,H_2O$	27,0	220	5
$Pb C_2O_4$	1,3	235	—
$Ag_2 C_2O_4$	25,5	231	3

[1]) Bei 21°. [2]) Von da an langsam wachsend. * s. S. 1119.

Vergl. hierzu die Beobachtungen (bei 20°) von **W. Böttger**, ZS. ph. Ch. **46**, 602; 1903; für AgCl, $CaSO_4$ u. $BaSO_4$ (18 bis 100°), **Melcher**, Journ. Amer. chem. Soc. **32**, 54; 1910.

Holborn.

241

Äquivalent-Leitvermögen $\Lambda = \frac{\varkappa}{\eta}$ anorganischer Verbindungen in wässeriger Lösung bei 18°.

Bemerkungen und Literatur Tab. 247, S. 1119.

Für m = 0 sind die Werte berechnet.

m = 1000 η Gramm-Äqu. / Liter	KCl	KBr	KJ	KF	KSCN	$KClO_3$	KJO_3	KNO_3	NaCl	NaF
0	130,10	132,30	131,1	111,35	121,30	119,70	98,49	126,50	108,99	90,15
0,0001	129,07	131,15	129,76	110,47	120,22	118,63	97,64	125,50	108,10	89,35
0,0002	128,77	130,86	129,49	110,22	120,03	118,35	97,34	125,18	107,82	89,06
0,0005	128,11	130,15	128,95	109,57	119,38	117,68	96,72	124,44	107,18	88,47
0,001	127,34	129,38	128,23	108,89	118,65	116,92	96,04	123,65	106,49	87,84
0,002	126,31	128,32	127,18	107,91	117,66	115,84	95,04	122,60	105,55	86,97
0,005	124,41	126,40	125,33	106,16	115,81	113,84	93,19	120,47	103,78	85,25
0,01	122,43	124,43	123,44	104,27	113,95	111,64	91,23	118,19	101,95	83,48
0,02	119,96	121,87	121,10	101,87	111,58	108,81	88,65	115,21	99,62	81,1
0,05	115,75	117,78	117,26	97,73	107,74	103,74	84,06	109,86	95,71	77,04
0,1	112,03	114,22	113,98	94,02	104,28	99,19	79,67	104,79	92,02	73,14
0,2	107,96	110,40	—	—	—	93,73	74,34	98,74	87,73	68,0
0,5	102,41	105,37	106,2	82,6	95,69	85,28		89,24	80,94	60,0
1	98,27		103,60	76,00	91,61			80,46	74,35	51,9
2	92,6							69,4	64,8	
3	88,3							(61,3)	56,5	
5									42,7	
Beobachter	Kohlrausch u. Maltby	Kohlrausch u. v. Steinwehr					Kohlrausch	Kohlrausch u. Maltby		Kohlrausch u. v. Steinwehr

m = 1000 η Gramm-Äqu. / Liter	$NaJO_3$	$NaNO_3$	LiCl	$LiJO_3$	$LiNO_3$	TlCl	TlF	$TlNO_3$	$AgNO_3$	CsCl
0	77,42	105,33	98,88	67,36	95,18	131,47	112,5	127,75	115,80	133,6
0,0001	76,69	104,55	98,14	66,66	94,46	130,33	114,39	126,62	115,01	132,3
0,0002	76,44	104,19	97,85	66,43	94,15	130,00	114,67	126,29	114,56	132,0
0,0005	75,83	103,53	97,19	65,87	93,52	129,18	114,50	125,60	113,89	131,38
0,001	75,19	102,85	96,52	65,27	92,87	128,23	113,31	124,68	113,15	130,68
0,002	74,30	101,89	95,62	64,43	91,97	126,81	111,37	123,46	112,08	129,52
0,005	72,62	100,06	93,92	62,89	90,33	123,73	108,22	121,10	110,04	127,47
0,01	70,87	98,16	92,14	61,23	88,61	120,21	105,44	118,39	107,81	125,20
0,02	68,56	95,66	89,91	59,05	86,41		102,22	—	—	—
0,05	64,43	91,43	86,12	55,28	82,72		97,38	107,93	99,51	—
0,1	60,45	87,24	82,42	51,50	79,19		92,61	101,19	94,33	113,55
0,2	55,45	82,28	77,93	46,88	75,01		—		—	
0,5		74,05	70,71	38,98	67,98		78,80		77,5	
1		65,86	63,36	31,21	60,77		71,54		67,6	
2		54,5	53,1							
3		46,0	45,3							
5			33,3							
10			11,3							
Beobachter	Kohlrausch	Kohlrausch u. Maltby		Kohlrausch	Kohlrausch u. Maltby	Kohlrausch u. v Steinwehr				

Holborn.

Äquivalent-Leitvermögen $\Lambda = \frac{\varkappa}{\eta}$ anorganischer Verbindungen in wässeriger Lösung bei 18°.

Bemerkungen und Literatur Tab. 247, S. 1119.

1000 η (m)	RbCl	NH_4Cl	$K \cdot CH_3COO$	$Na \cdot CH_3COO$	$^1/_2 K_2SO_4$	$^1/_2 Na_2SO$	$^1/_2 Li_2SO_4$	$^1/_2 K_2CO_3$	$^1/_2 Na_2CO_3$	$\frac{1}{1000} \varphi$ (v)
0,0001	132,3	129,2	100,0	(76,8)	130,71	110,5	—	—	—	*10 000*
0,0002	(131,9)	128,8	99,6	76,4	130,03	109,6	—	—	—	*5 000*
0,0005	(131,2)	128,1	98,9	(75,8)	128,53	108,3	97,86	—	—	*2 000*
0,001	130,3	127,3	98,3	(75,2)	126,88	106,7	96,42	(133,0)	(112,0)	*1 000*
0,002	(129,4)	126,2	97,5	74,3	—	104,8	—	128,3	108,5	*500*
0,005	(127,4)	124,2	95,7	(72,4)	120,26	100,8	—	121,6	102,5	*200*
0,01	125,3	122,1	94,0	70,2	115,80	96,8	86,85	115,5	96,2	*100*
(0,02)	(122,8)	119,6	91,5	67,9	110,38	91,9	82,18	109,2	89,5	*(50)*
0,03	(120,7)	117,8	89,9	(66,3)	—	88,5	—	105,7	85,4	*33,3*
0,05	(117,8)	115,2	87,7	64,2	101,93	83,9	74,69	100,7	80,3	*20*
0,1	113,9	110,7	83,8	61,1	94,93	78,4	68,16	94,1	72,9	*10*
(0,2)	—	106,5	79,2	57,1	87,76	71,4	61,05	87,4	65,6	*5*
(0,3)	—	104,2	76,2	54,0	—	66,6	—	83,2	60,8	*3,33*
0,5	—	101,4	71,6	49,4	78,48	59,7	50,52	77,8	54,5	*2*
1	101,9	97,0	63,4	41,2	71,59	50,8	41,35	70,7	45,5	*1*
2		92,1	51,4	30,0	—	40,0	30,7	62,3	34,5	*0,5*
3		88,2	40,9	21,8	—	—	—	55,6	27,1	*0,33*
4		85,0	32,0	15,4	—	—	—	49,2	—	*0,25*
5		80,7	29,6	(10,5)	—	—	—	42,9	—	*0,2*
7		—	13,5	—	—	—	—	32,0	—	*0,14*
10		—	(3,0)	—	—	—	—	18,1	—	*0,1*
Beobachter	Kohlrausch und Kohlrausch u. Grüneisen									

1000 η (m)	$^1/_2 CaCrO_4$	$^1/_2 BaCl_2$	$^1/_2 MgCl_2$	$^1/_2 Ba(NO_3)_2$	$^1/_2 MgSO_4$	$^1/_2 ZnSO_4$	$^1/_2 CuSO_4$	$^1/_2 Pb(NO_3)_2$	$^1/_2 CdSO_4$	$\frac{1}{1000} \varphi$ (v)
0,0001	(106,2)	—	109,43	115,32	109,85	(110,1)	109,95	120,72	109,84	*10 000*
0,0002	(109,4)	—	108,85	114,65	108,02	(108,1)	107,90	119,93	107,60	*5 000*
0,0005	(109,5)	117,01	107,68	113,30	104,16	103,15	103,54	118,05	102,93	*2 000*
0,001	106,9	115,60	106,35	111,72	99,84	98,40	98,54	116,10	97,72	*1 000*
0,002	102,1	—	104,52	109,50	94,09	(92,8)	91,91	113,50	90,92	*500*
0,005	93,12	—	101,30	105,29	84,49	(82,5)	80,95	108,64	79,70	*200*
0,01	85,03	106,67	98,14	100,96	76,21	72,75	71,72	103,49	70,32	*100*
0,02	76,56	102,53	94,35	95,66	67,63	(64,5)	62,40	96,95	60,95	*50*
0,05	65,93	96,04	88,48	86,81	56,92	(53,4)	51,16	86,33	49,60	*20*
0,1	58,77	90,78	83,42	78,94	49,68	45,34	43,85	77,27	42,21	*10*
0,2	52,53	85,18	77,96	70,18	43,20	(39,7)	37,66	67,36	35,89	*5*
0,5	45,02	77,29	69,57	56,60	—	—	—	53,21	28,74	*2*
1	38,98	70,14	61,45	—	28,91	(26,6)	25,77	42,02	23,58	*1*
2		60,3	—	—	21,4	20,1	20,1	—		*0,5*
3		52,3	—	—	16,1	15,6	(16,0)	—		*0,33*
4		—	—	—	12,0	11,9	—	—		*0,25*
5		—	—	—	8,8	9,0	—	—		*0,2*
7		—	—	—	—	—	—	—		*0,14*
10		—	—	—	—	—	—	—		*0,1*
Beobachter	Bis m = 1 Kohlrausch u. Grüneisen									

Holborn.

Äquivalent-Leitvermögen $\Lambda = \frac{\varkappa}{\eta}$ anorganischer Verbindungen in wässeriger Lösung bei 18°.

Bemerkungen und Literatur Tab. 247, S. 1119.

1000 η (m)	$^1/_2\,ZnCl_2$	$^1/_2\,Na_2SiO_3$	KOH	HCl	HNO_3	$^1/_2\,H_2SO_4$	$^1/_3\,H_3PO_4$	CH_3COOH	NH_3	$\frac{1}{1000}\varphi$ (v)
0,0001	110	—	—	—	—	—	—	107	(66)	10 000
0,0002	109	—	—	—	—	—	—	80	53	5 000
0,0005	108	—	—	—	—	(368)	—	57	38,0	2 000
0,001	107	144	(234)	(377)	(375)	361	(106)	41	28,0	1 000
0,002	105	142	(233)	376	374	351	102	30,2	20,6	500
0,005	101	139	230	373	371	330	93	20,0	13,2	200
0,01	98	136	228	370	368	308	85	14,3	9,6	100
(0,02)	94	132	225	367	364	286	(74)	10,4	7,1	50
0,03	—	129	222	364	361	272	(67)	8,35	5,8	33,3
0,05	87	124	219	360	357	253	—	6,48	4,6	20
0,1	82	116	213	351	350	225	—	4,60	3,3	10
(0,2)	76	105	206	342	340	214	—	3,24	2,30	5
(0,3)	—	98	203	336	334	210	—	2,65	1,83	3,33
0,5	65	88	197	327	324	205	—	2,01	1,35	2
1	55	72	184	301	310	198	(22)	1,32	0,89	1
2	40	51	160,8	254	258	183,0	19	0,80	0,532	0,5
3	30	38	140,6	215,0	220	166,8	17,7	0,54	0,364	0,33
4	23	27	122,2	181,5	186	151,4	17,4	0,390	0,269	0,25
5	19	19	105,8	152,2	156,0	135,0	17,1	0,285	0,202	0,2
7	12,5	9	77,2	106,2	109,0	105,5	16,5	0,154	0,116	0,14
10	7,3	—	44,8	64,4	65,4	70,0	15,5	0,049	0,054	0,1

Beobachter: **Kohlrausch** (Die Zahlen für die verdünnten Lösungen von HCl, HNO_3 und H_2SO_4 sind um etwa 1% vergrößert nach den spez. Gewichten der Normallösungen von Loomis).

1000 η (m)	$^1/_2\,K_2C_2O_4$	$^1/_2\,CaCl_2$	$^1/_2\,Sr(NO_3)_2$	$^1/_2\,Ca(NO_3)_2$	$^1/_2\,SrCl_2$	$^1/_2\,Ba(CH_3COO)_2$	$^1/_2\,Sr(CH_3COO)_2$	$^1/_2\,Ca(CH_3COO)_2$	$^1/_2\,CaSO_4$	$\frac{1}{1000}\varphi$ (v)
0,0001	125,07	115,17	111,74	111,91	(118,7)	(88)	(82,5)	82,3	114,9	10 000
0,0002	124,79	114,55	111,07	111,18	(117,6)	87,1	(82,1)	81,7	113,8	5 000
0,0005	123,82	113,34	109,75	109,92	116,0	86,1	81,1	80,7	109,3	2 000
0,001	122,44	111,95	108,30	108,47	114,5	85,0	80,1	79,6	104,3	1 000
0,002	120,36	110,06	106,33	106,51	112,5	83,3	78,5	78,2	97,0	500
0,005	116,67	106,69	102,72	103,03	108,9	80,4	75,8	75,0	85,9	200
0,01	112,84	103,37	99,03	99,53	105,4	77,1	72,8	71,9	77,0	100
0,02	108,13	99,38	94,52	95,18	101,0	72,6	69,1	67,9	—	50
0,03	—	—	—	—	98,0	69,5	66,5	64,8	—	33,3
0,05	100,79	93,29	87,30	88,41	94,4	65,7	62,3	60,3	—	20
0,1	94,87	88,19	80,93	82,48	90,2	60,2	56,7	54,0	—	10
0,2	88,62	82,79	73,80	75,94	85,1	53,9	50,0	46,9	—	5
0,3	—	—	—	—	81,1	49,5	46,0	42,4	—	3,33
0,5	—	74,92	62,72	65,70	75,7	43,8	40,2	36,3	—	2
1	73,66	67,54	52,07	55,86	68,5	34,3	30,9	26,3	—	1
2	—	58,0	38,4	45,3	58,2	—	—	—	—	0,5
3	—	49,7	28,9	35,8	49,7	—	—	—	—	0,33
4	—	42,4	21,1	27,7	(42,2)	—	—	—	—	0,25
5	—	40,8	16,4	21,5	—	—	—	—	—	0,2
7	—	23,5	—	—	—	—	—	—	—	0,14
10	—	(11)	—	—	—	—	—	—	—	0,1

Beobachter: **Kohlrausch** u. **Grüneisen.** (Bis 100 $\eta = 1$ nach Mac Gregory; großenteils interpoliert. Die Konzentrationen sind nach den spezifischen Gewichten der Lösungen bei $Sr(CH_3COO)_2$ um 0,9% größer, bei $Ba(CH_3COO)_2$ um 4,9% und bei $Ca(CH_3COO)_2$ um 8,7% kleiner angenommen als bei Mac Gregory.)

Holborn.

Äquivalent-Leitvermögen $\Lambda = \frac{\varkappa}{\eta}$ anorganischer Verbindungen in wässeriger Lösung bei 18°.

Bemerkungen und Literatur Tab. 247, S. 1119.

Nach **Grotrian** und **Wershoven.** Neu interpoliert. $CdSO_4$ bis m = 1 nach Kohlrausch u. Grüneisen.

1000 η (m)	½ $CdCl_2$	½ $CdBr_2$	½ CdJ_2	½ $Cd(NO_3)_2$	½ $CdSO_4$	½ K_2CdJ_4	$\frac{1}{1000}\varphi$ (v)
0,001	—	—	—	—	97,7	215	*1000*
0,002	—	99	92	—	90,9	204	*500*
0,005	91	86,5	76,7	100	79,7	186	*200*
0,01	83	76,3	65,6	96	70,3	169	*100*
0,02	73	65,5	53,9	92,5	60,9	152	*50*
0,05	59	53,2	40,1	86,4	49,6	128	*20*
0,1	50,0	44,6	31,0	80,8	42,2	113	*10*
0,2	41,2	36,2	24,2	74,2	35,9	101	*5*
0,5	30,8	25,3	18,3	63,9	28,7	89	*2*
1	22,4	18,3	15,4	54,3	23,6	82	*1*
2	14,4	13,3	12,1	41,2	17,9	73	*0,5*
3	9,9	9,1	9,9	31,5	14,2	—	*0,33*
4	7,2	7,0	7,9	23,8	11,0	—	*0,25*
5	5,3	5,3	—	17,9	8,5	—	*0,2*
7	3,0	—	—	10,0	—	—	*0,14*
9	1,4	—	—	—	—	—	*0,11*

Beobachter: **W. Foster.**

1000 η (m)	NH_4NO_3	½ $MgCl_2$	½ $MgSO_4$	⅓ Na NH_4HPO_4	⅓ Na_2HPO_4	⅓ KH_2PO_4	⅓ H_3PO_4	Oxalsäure ½$(COOH)_2$	Citronensäure ⅓ $C_3H_4OH.(COOH)_3$	NaOH
0,0001	126,1	115,1	111,4	—	—	—	—	235,2	136,8	—
0,0002	126,0	113,5	109,1	—	—	—	—	224,5	122,1	—
0,0006	125,3	110,7	102,8	—	—	—	—	194,5	98,7	—
0,001	124,5	109,7	100,0	—	58,4	31,7	105,0	180,7	88,4	—
0,002	123,0	107,9	93,8	62,2	57,7	31,2	102,8	172,1	74,0	204,5
0,006	119,6	103,6	82,2	60,0	55,5	30,1	92,9	162,5	51,5	204,2
0,01	118,0	101,3	76,1	58,4	54,0	29,5	85,0	158,2	42,5	203,4
0,03	113,0	93,6	63,3	54,2	50,2	28,2	67,0	143,1	27,8	201,2
0,05	110,0	89,8	56,6	51,4	48,0	27,8	58,5	132,9	22,0	199,0
0,1	106,6	84,7	49,5	47,5	44,0	26,7	46,8	116,9	16,1	195,4
0,5	94,5	71,5	35,2	36,3	33,5	23,2	27,3	75,9	7,3	174,1
1,0	88,8	63,4	28,9	30,3	28,0	21,4	22,2	59,4	5,4	157,0
Normallösungen (m = 1).										
$\frac{1}{\varkappa_{18}}\left(\frac{d\varkappa}{dt}\right)_{22}$	0,0201	221	224	236	257	220	103	141	109_5	208
$s_{18/4}$	1,0310	$1{,}0381_5$	1,0572	1,0345	1,0429	1,0301	1,0165	1,0203	1,0254	1,0420

Beobachter: **Vicentini**[1]).

	1000 $\eta = m$	Λ		1000 $\eta = m$	Λ		1000 $\eta = m$	Λ
½ Li_2CO_3	0,0040	83	½ $CuCl_2$	0,0132	80	½ $FeCl_2$	0,0038	73
	0,0030	84		0,0059	92		0,0025	75
	0,00175	89		0,0030	93		0,00101	76
½ Ag_2SO_4	0,00344	104		0,0016	96	½ $FeSO_4$	0,00318	72
	0,00169	108		0,00094	100		0,00157	78
	0,00080	112	$^1/_6$ Al_2Cl_6	0,0037	86		0,00128	81
	0,00046	117		0,0020	86		0,00086	83
				0,00157	89			

[1]) Unsicherer Reduktionsfaktor.

Äquivalent-Leitvermögen $\Lambda = \frac{\varkappa}{\eta}$ wässeriger Lösungen bei 18°.

Heydweiller. Literatur Tab. 247, S. 1119.

$m = 1000\,\eta$	s 18°/18°	Λ	s 18°/18°	Λ	s 18°/18°	Λ	s 18°/18°	Λ	s 18°/18°	Λ
	KBr		KJ		KF		KCNS		$KClO_3$	
0,05	1,0043	118,9	1,0061	116,5	—	—	—	—	1,0039	103,7*)
0,1	1,0085	112,8	1,0122	114,9	1,0051	94,0*)	1,0048	104,3*)	1,0077	99,2*)
0,2	1,0170	109,7	1,0243	111,2	1,0101	90,3	1,0097	102,0	1,0153	93,7*)
0,5	1,0419	104,5	1,0602	106,2	1,0246	82,6*)	1,0237	95,7*)	1,0380	85,3*)
1,0	1,0832	100,6	1,1201	103,6	1,0486	76,0*)	1,0471	91,6*)		
2,0	1,1644	95,5	1,2387	99,5	1,0948	66,5	1,0930	86,8		
4,0	1,3235	85,1	1,4719	88,2	1,1832	52,9*)	1,1812	74,6		
	KJO_3		$K \cdot CH_3COO$		NaBr		NaJ		NaF	
0,05	1,0090	84,1*)	1,0025	87,7*)	1,0040	99,1	1,0057	97,7	—	—
0,1	1,0180	79,7*)	1,0050	83,8*)	1,0080	96,0	1,0114	94,0	1,0045	73,1
0,2	1,0360	74,3*)	1,0099	79,2*)	1,0159	91,2	1,0226	90,2	1,0088	68,0
0,5			1,0245	71,6*)	1,0395	84,6	1,0564	84,1	1,0219	60,0
1,0			1,0482	63,4*)	1,0784	78,1	1,1123	78,6	1,0426	51,9
2,0			1,0928	51,4*)	1,1554	69,1	1,2226	70,2		
4,0			1,1788	32,0*)	1,3059	53,0	1,4392	53,9		
	$Na \cdot CH_3COO$		$NaClO_3$		LiBr		LiJ		$Li.CH_3COO$	
0,05	—	—	—	—	1,0031	87,9	1,0049	89,4	—	—
0,1	1,0041	61,2	1,0072	81,6	1,0063	84,4	1,0099	85,0	1,0025	51,3
0,2	1,0083	(57,1)	1,0142	76,7	1,0125	80,9	1,0198	81,5	1,0051	46,2
0,5	1,0207	49,3	1,0352	69,5	1,0312	73,9	1,0495	75,4	1,0126	37,7
1,0	1,0405	41,3	1,0693	62,0	1,0620	67,2	1,0986	69,2	1,0249	28,9
2,0	1,0789	30,0	1,1366	51,9	1,1230	57,7	1,1962	60,6	1,0493	18,2
3,0	1,1159	(21,9)	1,2024	(43,7)	—	—	—	—	1,0732	(11,9)
4,0	1,1517	15,7	1,2666	36,3	1,2428	44,2	1,3908	46,2	1,0966	7,2
	$LiNO_3$		$LiClO_3$		$LiJO_3$		AgF		CsCl	
0,05	1,0020	83,4	—	—	—	—	—	—	—	—
0,1	1,0041	79,6	1,0056	74,0	1,0158	51,7	1,0128	80,7	1,0129	115,0
0,2	1,0080	75,2	1,0112	70,0	1,0314	47,2	1,0255	74,5	1,0259	110,0
0,5	1,0201	67,9	1,0277	63,3	1,0777	39,3	1,0626	65,0	1,0644	104,1
1,0	1,0388	60,5	1,0549	56,5	4,1547	31,4	1,1244	56,6	1,1280	100,2
2,0	1,0788	50,3	1,1084	47,2	1,3052	21,4	1,2466	46,1	1,2536	95,8
3,0	—	—			1,4536	14,6	1,3642	38,8		
4,0	1,1553	34,9								
	RbCl		RbBr		RbJ		$RbNO_3$		NH_4Br	
0,05	—	—	—	—	—	—	—	—	1,0028	117,9
0,1	1,0089	114,0	1,0127	117,4	1,0163	117,4	1,0105	112,7	1,0056	114,4
0,2	1,0178	110,9	1,0254	113,1	1,0325	113,3	1,0210	105,8	1,0110	110,1
0,5	1,0443	105,5	1,0631	108,1	1,0811	108,8	1,0519	95,2	1,0275	104,9
1,0	1,0878	101,6	1,1256	104,5	1,1615	105,9	1,1028	85,4	1,0543	101,8
2,0	1,1732	97,1	1,2492	100,1	1,3216	101,9	1,2016	73,8	1,1078	97,7
3,0	1,2574	92,7	1,3709	(95,8)	1,4809	(97,2)	1,3015	64,4	—	—
4,0	1,3404	87,2	1,4931	89,9	1,6374	90,2			1,2132	90,1
	NH_4J		NH_4F		$NH_4.CH_3COO$		NH_4SCN		HBr	
0,05	1,0045	118,0	—	—	—	—	—	—	—	—
0,1	1,0091	115,0	1,0020	90,1	—	—	1,0018	104,3	1,0057	355,7
0,2	1,0182	111,0	1,0039	84,1	—	—	1,0035	99,8	1,0113	348,2
0,5	1,0456	106,0	1,0093	74,5	1,0084	60,5	1,0088	94,0	1,0282	329,1
1,0	1,0904	103,5	1,0177	65,7	1,0164	54,7	1,0173	89,9	1,0561	301,3
2,0	1,1802	100,0	1,0323	55,3	1,0311	42,9	1,0340	84,7	1,1119	253,6
3,0	—	—	1,0454	(47,9)	1,0447	(34,0)	1,0505	(79,2)	1,1678	(214,0)
4,0	1,3587	91,4	1,0562	42,2	1,0570	26,5	1,0665	74,0	1,2238	178,8

*) Kohlrauschs Bestimmungen entnommen.

Holborn.

Äquivalent-Leitvermögen $\Lambda = \frac{\varkappa}{\eta}$ wässeriger Lösungen bei 18°.

Heydweiller. Literatur Tab. 247, S. 1119.

$m = 1000\,\eta$	s 18°/18°	Λ	$\varkappa$ 18°/18°	Λ	s 18°/18°	Λ	s 18°/18°	Λ	s 18°/18°	Λ
	HJ		$HClO_3$		½ K_2CrO_4		½ Na_2CrO_4		½ Na_2SiO_3	
0,1	1,0092	346,9	1,0049	343,2	1,0078	100,5	1,0073	82,5	1,0068	115,3
0,2	1,0184	339,8	1,0098	334,8	1,0156	94,4	1,0144	76,0	1,0133	105,1
0,5	1,0459	322,4	1,0245	317,0	1,0381	86,5	1,0352	66,4	1,0328	87,6
1,0	1,0918	297,2	1,0487	292,0	1,0751	79,5	1,0693	57,7	1,0642	71,8
2,0	1,1843	254,9	1,0969	247,3	1,1468	72,0	1,1357	46,6	1,1245	51,8
3,0	1,2767	(215,1)	1,1447	206,6	—	—	1,1994	(38,3)	1,1819	(38,5)
4,0	1,3692	178,8			1,2832	59,9	1,2604	31,0	1,2376	27,24
6,0									1,3420	13,44
	½ Li_2CrO_4		½ Rb_2SO_4		½ $ZnCl_2$		½ $Zn(NO_3)_2$		½ $Zn(ClO_3)_2$	
0,1	1,0056	(74,5)	1,0113	103,6	1,0063	84,8	1,0079	80,8	1,0092	74,2
0,2	1,0111	(67,6)	1,0222	96,1	1,0126	77,7	1,0156	75,3	1,0183	69,2
0,5	1,0273	(57,5)	1,0549	85,1	1,0307	67,3	1,0386	67,2	1,0453	62,0
1,0	1,0537	(48,4)	1,1080	78,0	1,0592	55,1	1,0766	59,3	1,0898	54,5
2,0	1,1046	37,5	1,2114	70,0	1,1134	38,9	1,1512	47,9	1,1774	44,2
3,0	1,1539	(29,8)	1,3120	63,2	1,1735	(29,2)	1,2245	(38,9)	1,2637	(35,6)
4,0	1,2013	23,4			1,2148	22,5	1,2965	31,0	1,3486	28,4
	½ $Cd(ClO_3)_2$		½ $CuCl_2$		½ $Cu(NO_3)_2$		½ $Cu(ClO_3)_2$		½ $MgBr_2$	
0,05	—	—	—	—	—	—	—	—	1,0039	94,5
0,1	1,0110	75,0	1,0063	83,3	1,0079	82,4	1,0093	75,9	1,0078	88,8
0,2	1,0221	70,0	1,0124	77,2	1,0157	76,4	1,0186	70,6	1,0154	83,1
0,5	1,0553	62,2	1,0309	67,1	1,0388	67,3	1,0463	62,8	1,0383	73,2
1,0	1,1098	54,4	1,0609	56,9	1,0771	58,0	1,0915	54,9	1,0754	65,2
2,0	1,2176	43,5	1,1190	43,5	1,1523	45,7	1,1808	43,6	1,1496	54,6
3,0	1,3238	(35,5)	1,1823	(33,7)	1,2257	(36,2)	1,2679	34,5	—	—
4,0	1,4290	27,8	1,2308	26,2	1,2976	28,2	1,3550	27,0	1,2940	38,1
	½ MgJ_2		½ $Mg(NO_3)_2$		½ $Mg(CH_3COO)_2$		½ $Mg(ClO_3)_2$		½ $MgCrO_4$	
0,05	1,0058	94,6	1,0028	86,8	—	—	—	—	—	—
0,1	1,0115	89,9	1,0056	82,0	1,0041	51,5	1,0071	76,2	1,0071	(56,5)
0,2	1,0229	83,7	1,0112	76,3	1,0082	44,6	1,0141	70,9	1,0138	(50,7)
0,5	1,0570	75,7	1,0276	68,1	1,0200	34,6	1,0349	63,0	1,0339	(43,0)
1,0	1,1137	68,6	1,0543	59,8	1,0395	24,9	1,0688	55,0	1,0668	(36,4)
2,0	1,2261	58,6	1,1071	48,8	1,0772	(14,6)	1,1356	44,5	1,1305	(27,9)
3,0	—	—	—	—	1,1113	(8,4)	1,2008	(35,9)	1,1922	(21,7)
4,0	1,4491	41,0	1,2086	32,0	1,1149	(5,1)	1,2644	22,6	1,2516	(16,6)
5,0									1,3095	12,0
	½ $CaBr_2$		½ CaJ_2		½ $Ca(CH_3COO)_2$		½ $Ca(ClO_3)_2$		½ $BaBr_2$	
0,05	1,0043	98,0	1,0061	99,5	—	—	—	—	1,0065	98,2
0,1	1,0085	92,7	1,0122	94,8	—	—	1,0077	79,9	1,0128	93,6
0,2	1,0168	87,1	1,0243	89,6	1,0091	46,5	1,0153	75,0	1,0254	87,5
0,5	1,0415	79,0	1,0605	82,2	1,0223	36,0	1,0380	68,0	1,0634	80,5
1,0	1,0824	71,8	1,1208	75,5	1,0434	26,3	1,0753	60,3	1,1263	73,9
2,0	1,1633	62,0	1,2399	66,1	1,0836	15,5	1,1488	50,0	1,2503	64,7
3,0	—	—	—	—	1,1217	9,4	1,2196	41,3	—	—
4,0	1,3198	45,7	1,4753	49,1			1,2906	33,7	1,4933	48,3
	½ BaJ_2		½ $Ba(NO_3)_2$		½ $Ba(CH_3COO)_2$		½ $Ba(ClO_3)_2$		½ $SrBr_2$	
0,05	1,0083	102,4	1,0053	88,0	—	—	—	—	1,0054	100,4
0,1	1,0165	96,8	1,0106	78,8	1,0094	60,6	1,0122	79,6	1,0107	93,8
0,2	1,0330	91,3	1,0212	70,2	1,0184	53,7	1,0243	73,3	1,0213	86,6
0,5	1,0823	82,8	1,0528	56,6	1,0456	43,6	1,0603	64,7	1,0531	78,5
1,0	1,1640	77,4			1,0902	34,3	1,1202	56,2	1,1048	71,1
2,0	1,3255	68,4			1,1773	22,3	1,2373	44,8	1,2079	62,0
3,0					1,2607	(14,8)			—	—
4,0					1,3420	9,2			1,4132	45,6

Äquivalent-Leitvermögen $\Lambda = \frac{\varkappa}{\eta}$ wässeriger Lösungen bei 18°.

Heydweiller. Literatur Tab. 247, S. 1119.

$m = 1000\,\eta$	s 18°/18°	Λ	s 18°/18°	Λ	s 18°/18°	Λ	s 18°/18°	Λ	s 18°/18°	Λ
	$^1/_2$ SrJ_2		$^1/_2$ $Sr(CH_3 \cdot COO)_2$		$^1/_2$ $Sr(ClO_3)_2$		$^1/_2$ $Cu(CH_3 \cdot COO)_2$		$^1/_2$ $Pb(CH_3 \cdot COO)_2$	
0,05	1,0073	99,0	—	—	—	—	—	—	—	—
0,1	1,0145	93,9	—	—	1,0101	79,3	1,0055	23,0	1,0120	(20,1)
0,2	1,0289	88,5	1,0140	50,6	1,0200	74,0	1,0107	17,3	1,0239	(16,0)
0,5	1,0720	81,6	1,0343	40,0	1,0498	65,6	1,0262	10,8	1,0592	(10,2)
1,0	1,1436	75,2	1,0677	30,7	1,0988	57,8	1,0414 [1]	8,0	1,1177	(6,5)
2,0	1,2853	66,1	1,1327	18,8	1,1957	47,1			1,2333	(3,8)
3,0	—	—	1,1940	12,0	1,2900	38,0			1,3500	(2,5)
4,0	1,5639	47,9			1,3827	30,0				

[1]) m = 0,8.

HNO_3 nach Goodwin und Haskell.

$m = 1000\,\eta$	Λ
0,00025	374
0,00050	374
0,00075	373
0,00100	373

HCl nach Goodwin und Haskell.

$m = 1000\,\eta$	Λ	$m = 1000\,\eta$	Λ	$m = 1000\,\eta$	Λ	$m = 1000\,\eta$	Λ
0,00025	378	0,00100	376	0,005	373	0,030	362
0,00050	377	0,00150	376	0,010	369	0,050	358
0,00075	376	0,00200	375	0,020	365	0,100	351

Nach **Hunt.** (Ebenda Werte für 25°.)

$m = 1000\,\eta$	Λ					
	$^1/_2$ Tl_2SO_4	$^1/_2$ $Mg(NO_3)_2$	$KBrO_3$	$^1/_2$ Ag_2SO_4	$^1/_2$ $Ba(BrO_3)_2$	$^1/_2$ $PbCl_2$
0,001	127,35	102,6	109,9	116,3	97,5	119,15
0,002	124,2	100,8	108,7	113,6	95,5	115,8
0,005	118,4	97,7	106,9	108,4	91,9	109,2
0,010	112,3	94,65	104,7	102,9	88,2	102,1
0,020	104,55	90,9	102,0	96,1	83,6	93,2
0,040	—	—	—	88,0	78,3	—
0,050	92,7	85,3	97,3			79,2
0,100	83,1	80,5	93,0			
0,200	73,8	75,3	87,8			

Nach **Melcher.** (Ebenda Wert für 50 u. 100°.)

$^1/_2$ $CaSO_4$	$m = 1000\,\eta$
—	0,001
97,7	0,002
—	0,005
77,7	0,010
68,5	0,020
—	0,040
—	0,050

Holborn.

Äquivalent-Leitvermögen $\Lambda = \frac{\varkappa}{\eta}$ anorganischer Verbindungen in wässeriger Lösung bei 25°.

Bemerkungen und Literatur Tab. 247, S. 1119.

$1/m = 1/(10^3\,\eta) = v = 10^{-3}\,\varphi =$		32	64	128	256	512	1024	Beobachter
Kalium-Chlorid	KCl	135,7	139,4	142,4	145,7	148,0	149,1	Ostwald 6
		136,4	140,2	142,5	144,4	146,1	147,3	Walden 2
		135,5	—	—	—	146,4	147,8	Bredig 2
		136,3	139,4	142,4	144,4	147,3	148,5	Boltwood
-Chlorat	$KClO_3$	122,9	127,0	130,3	133,1	135,2	135,6	Ostwald 6
		123,9	127,9	130,7	133,3	134,7	136,0	Walden 2
-Perchlorat	$KClO_4$	131,9	135,9	140,3	143,5	145,8	146,4	Ostwald 6
-Bromid	KBr	137,2	140,9	145,1	148,2	150,1	150,5	
-Bromat	$KBrO_3$	114,4	118,2	121,0	123,2	124,9	126,3	Walden 2
-Jodid	KJ	137,0	140,8	144,3	147,1	148,8	150,0	Ostwald 6
-Jodat	KJO_3	100,8	104,4	107,4	109,7	111,5	112,7	Walden 2
Saures Kal.-Jodat	$KH(JO_3)_2$	385,8	420,3	444,8	460,5	468,7	473,0	
Kalium-Fluorid	KF	114,7	118,0	120,8	123,1	124,8	126,1	
Saures Kal.-Fluorid	KHF_2	130,3	142,1	158,5	174,1	219,3	272,1	
Kal.-Permanganat	$KMnO_4$	121,7	125,3	128,3	130,3	131,2	132,4	Bredig 1
-Nitrat	KNO_3	128,0	132,4	136,4	139,5	141,7	141,8	Ostwald 6
-Nitrit [1]	KNO_2	147,7	151,5	155,1	158,6	161,9	166,9	Niementowski u. Roszkowski
-Sulfat	$\frac{1}{2}K_2SO_4$	124,1	131,5	137,3	141,9	145,8	148,9	Walden 2
-Chromat	$\frac{1}{2}K_2CrO_4$	129,6	136,3	141,3	145,5	148,3	150,4	„ 1
-Bichromat	$\frac{1}{2}K_2Cr_2O_7$	122,3	124,7	125,7	126,3	127,0	129,9	
-Bisulfit	$KHSO_3$	108,6	113,5	118,0	122,3	(126,4)	(129,8)	Barth
-Bisulfat	$KHSO_4$	339,5	385,4	428,3	469,9	507,4	530,8	
-Sulfit [2]	$\frac{1}{2}K_2SO_3$	119,4	125,9	131,1	135,7	139,5	143,6	
-Merkurisulfonat	$\frac{1}{2}K_2Hg(SO_3)_2$	110,9	117,5	123,1	127,4	131,2	134,3	
Monokal.-Arseniat	KH_2AsO_4	93,9	97,6	100,3	102,6	104,7	106,3	Walden 2
Tetrakal.-Ferrocyanid	$\frac{1}{4}K_4Fe(CN)_6$	115,6	127,4	138,9	149,1	156,9	162,7	
Trikal.-Ferricyanid	$\frac{1}{3}K_3Fe(CN)_6$	129,7	138,4	146,6	153,5	158,6	163,6	
Kal.-Chromicyanid	$\frac{1}{3}K_3Cr(CN)_6$	139,5	148,7	155,7	162,0	167,3	171,9	
-Platinchlorid	$\frac{1}{2}K_2PtCl_6$	116,0	122,3	127,3	131,2	134,4	137,3	
-Persulfat	$\frac{1}{2}K_2S_2O_8$	126,7	135,1	142,0	146,7	150,5	153,5	Bredig 1
Ammonium-Chlorid	NH_4Cl	135,1	138,9	142,1	144,4	146,0	147,6	„ 2
-Platinchlorid	$\frac{1}{2}(NH_4)_2PtCl_6$	—	123,1	128,3	132,7	135,9	138,2	Walden 2
Natrium-Chlorid	$NaCl$	113,6	116,9	119,8	121,4	124,9	126,3	Ostwald 6
		114,6	117,9	120,4	122,6	124,7	125,9	Walden 2
-Chlorat	$NaClO_3$	101,3	104,6	107,1	109,8	111,6	112,3	Ostwald 6
-Perchlorat	$NaClO_4$	111,4	114,9	117,7	120,0	121,6	123,7	
		112,9	116,4	119,2	121,7	123,7	125,2	Walden 2
Natrium-Bromid	$NaBr$	115,0	118,2	121,3	124,2	126,4	127,8	Ostwald 6
-Jodid	NaJ	112,7	116,5	119,7	122,8	125,7	127,0	
-Jodat	$NaJO_3$	79,3	82,4	85,0	87,1	88,8	90,2	Walden 2
Mononatriumperjodat	NaH_4JO_6	93,4	96,7	99,3	101,6	103,2	104,6	
Dinatriumperjodat	$\frac{1}{2}Na_2H_3JO_6$	77,9	88,0	96,8	106,9	109,8	111,5	
Trinatriumperjodat	$\frac{1}{3}Na_3H_2JO_6$	114,6	128,1	135,0	138,1	137,3	134,9	
Pentanatriumperjodat	$\frac{1}{5}Na_5JO_6$	151,1	163,6	170,0	171,6	170,3	165,7	

		$v = 5$	10	20	50	100	200	500	1000	
Natriumchlorid	$NaCl$	101,7	106,8	111,2	115,9	118,73	120,95	123,0	124,1	Bray, Hunt
Kaliumjodid [3]	KJ		130,8	134,7	139,4	142,3	144,5	146,7	147,9	Bray, Mackay

[1] $v = 2048$, $\Lambda = 172,7$

[2] $v =$ 0,5 1 2 4 8 16; $\Lambda =$ 69,2 77,9 86,5 95,0 103,2 111,2.

[3] Ebenda KJ_3.

Holborn.

242 a

Äquivalent-Leitvermögen $\Lambda = \frac{\varkappa}{\eta}$ anorganischer Verbindungen in wässeriger Lösung bei 25°.

Bemerkungen und Literatur Tab. 247, S. 1119.

$^1/m = ^1/(10^3 \eta) = v = 10^{-3} \varphi =$		32	64	128	256	512	1024	Beobachter
Natrium-Fluorid	NaF	93,0	96,1	98,8	101,1	102,8	104,0	Walden 2
-Nitrat	$NaNO_3$	108,2	111,8	114,7	117,5	119,4	120,1	Ostwald 6
-Nitrit [1]	$NaNO_2$	110,0	112,6	115,7	118,7	121,6	125,3	Niementowski u. Roszkowski
Mononatriumphosphat	NaH_2PO_4	74,6	77,7	80,3	82,2	84,1	86,1	Walden 1
Dinatriumphosphat	$\frac{1}{2}Na_2HPO_4$	85,1	90,7	95,6	98,5	99,8	100,7	
Trinatriumphosphat	$\frac{1}{3}Na_3PO_4$	104,2	114,4	120,6	123,2	123,3	122,1	
Natrium-Pyrophosphat	$\frac{1}{4}Na_4P_2O_7$	79,9	90,3	100,3	109,5	115,4	118,1	
-Wolframat	$\frac{1}{2}Na_2WO_4$	95,9	101,8	110,4	110,3	112,9	116,4	
-Molybdat	$\frac{1}{2}Na_2MoO_4$	100,5	106,1	111,0	114,6	117,8	120,8	
-Selenat	$\frac{1}{2}Na_2SeO_4$	100,0	105,7	111,0	114,6	117,5	120,3	Walden 2
-Metaarsenit	$NaAsO_2$	78,4	82,3	86,6	90,1	93,4	96,5	
Mononatriumarseniat	NaH_2AsO_4	72,3	75,5	78,3	80,6	82,7	84,0	
Dinatriumarseniat	$\frac{1}{2}Na_2HAsO_4$	84,5	90,6	94,9	98,4	100,9	102,5	
Natriumorthoarsenit	$\frac{1}{3}Na_3AsO_3$	168,9	171,6	171,9	171,3	167,6	165,0	
Trinatriumarseniat	$\frac{1}{3}Na_3AsO_4$	101,2	112,8	121,6	126,7	127,6	126,6	
Natrium-Pyrosulfit	$\frac{1}{2}Na_2S_2O_5$	72,6	77,3	80,2	81,2	80,0	74,0	Walden 1
-Tetraborat	$\frac{1}{2}Na_2B_4O_7$	72,5	76,9	79,8	82,2	84,6	86,9	
-Metaborat	$\frac{1}{2}Na_2B_2O_4$	73,3	77,8	81,4	84,3	86,9	89,1	
-Bisulfit	$NaHSO_3$	86,2	90,3	94,6	98,6	(102,1)	(105,3)	Barth
-Bisulfat	$NaHSO_4$	311,9	366,2	408,3	449,9	488	513	
-Sulfit [2]	$\frac{1}{2}Na_2SO_3$	94,5	101,3	106,5	110,7	113,2	114,6	
-Merkurisulfonat	$\frac{1}{2}Na_2Hg(SO_3)_2$	91,5	97,0	101,7	105,2	109,6	113,5	
-Platincyanür	$\frac{1}{2}Na_2Pt(CN)_4$	110,6	116,5	120,9	124,7	127,7	130,4	Walden 2
-Permanganat	$NaMnO_4$	—	103,8	107,0	108,5	111,5	112,8	E. Franke
Natriumkaliumsulfit [3]	$\frac{1}{2}NaKSO_3$	105,2	111,0	116,4	121,1	124,0	125,5	Barth
Rubidium-Chlorid	RbCl	138,0	141,8	145,5	148,1	149,4	151,0	Bredig 2
		138,7	143,4	146,5	148,3	149,8	152,0	Boltwood
Cäsium-Chlorid	CsCl	137,6	142,0	145,6	148,5	150,0	151,7	Bredig 2
		139,0	143,3	146,4	148,3	150,7	153,0	Boltwood
Lithium-Chlorid	LiCl	103,8	106,5	109,8	112,4	114,6	116,1	Ostwald 6
-Chlorat	$LiClO_3$	91,5	94,2	96,8	99,4	100,4	101,5	
-Perchlorat	$LiClO_4$	101,5	104,8	107,6	109,9	111,9	113,1	
-Permanganat	$LiMnO_4$	87,2	90,2	94,0	96,5	98,9	101,5	E. Franke
-Jodid	LiJ	103,8	106,4	110,6	112,0	114,0	114,5	Ostwald 6
-Nitrat	$LiNO_3$	97,9	100,7	104,1	106,6	108,2	108,7	
Silber-Nitrit [4]	$AgNO_2$	—	87,9	101,6	112,8	122,0	129,6	Niementowski u. Roszkowski
-Permanganat	$AgMnO_4$	—	113,3	116,6	118,2	119,4	120,1	E. Franke
Thallo-Chlorid	TlCl	—	—	139,6	143,1	145,1	—	
-Fluorid	TlF	115,9	120,6	123,7	126,2	128,1	130,1	
-Nitrat	$TlNO_3$	128,7	133,8	137,6	140,1	142,0	142,6	
-Chlorat	$TlClO_3$	123,6	127,8	129,8	132,1	134,2	135,4	
-Bromat	$TlBrO_3$	—	—	122,9	125,5	126,3	128,1	
-Jodat	$TlJO_3$	—	—	—	—	111,5	112,0	
-Perchlorat	$TlClO_4$	129,3	134,0	137,5	139,6	141,9	143,7	

[1] $v = 2048$, $\Lambda = 130,0$

	$v =$ 0,25	0,5	1	2	4	8	16
[2]	$\Lambda =$ 27,4	42,2	53,9	64,1	72,9	79,9	87,9.
[3]	$\Lambda =$ 40,1	54,4	65,9	74,7	83,0	90,9	98,3.

[4] $v = 2048$, $\Lambda = 136,9$.

Holborn.

Äquivalent-Leitvermögen $\Lambda = \frac{\varkappa}{\eta}$ anorganischer Verbindungen in wässeriger Lösung bei 25°.

Bemerkungen und Literatur Tab. 247, S. 1119.

$^1/m = {}^1/(10^3\,\eta) = v = 10^{-3}\,\varphi =$		32	64	128	256	512	1024	Beobachter
Monothallophosphat	TlH_2PO_4	—	96,9	101,1	104,0	106,5	108,7	E. Franke
Thalloarseniat [1]	$\frac{1}{2}Tl_2HAsO_4$	74,3	78,3	81,2	82,8	84,2	85,4	
Neutr. Thallophosphat	$\frac{1}{3}Tl_3PO_4$	—	—	106,5	117,8	122,9	122,9	
Thallo-Sulfat [2]	$\frac{1}{2}Tl_2SO_4$	113,1	122,9	131,2	138,3	143,1	146,4	
-Dithionat	$\frac{1}{2}Tl_2S_2O_6$	131,7	141,9	151,7	160,2	166,7	170,6	
-Selenat	$\frac{1}{2}Tl_2SeO_4$	111,2	120,7	129,0	134,7	138,6	142,2	
-Selenit	$\frac{1}{2}Tl_2SeO_3$	83,0	94,9	106,1	115,2	123,7	130,8	
-Karbonat	$\frac{1}{2}Tl_2CO_3$	93,5	107,3	119,2	129,9	137,1	143,4	
Magnesium-Chlorid	$\frac{1}{2}MgCl_2$	108,2	113,5	118,0	121,6	124,6	127,4	Walden 1
-Bromid	$\frac{1}{2}MgBr_2$	109,3	114,7	119,2	122,7	125,7	128,5	
-Nitrat	$\frac{1}{2}Mg(NO_3)_2$	104,6	111,0	115,7	119,0	122,9	125,6	
-Jodat	$\frac{1}{2}Mg(JO_3)_2$	71,6	77,0	81,7	85,6	89,4	92,5	„ 2
-Sulfat	$\frac{1}{2}MgSO_4$	73,0	83,0	92,6	101,8	110,1	116,9	„ 1
-Selenat	$\frac{1}{2}MgSeO_4$	72,8	82,0	91,1	98,9	105,8	112,7	
-Chromat	$\frac{1}{2}MgCrO_4$	80,6	90,6	98,9	107,2	114,3	119,0	
-Thiosulfat	$\frac{1}{2}MgS_2O_3$	94,1	105,1	113,9	122,2	128,8	135,2	
-Platincyanür	$\frac{1}{2}MgPt(CN)_4$	120,0	129,3	138,0	145,7	152,4	158,5	
-Ferrocyanid	$\frac{1}{4}Mg_2Fe(CN)_6$	96,4	106,9	116,3	117,3	139,9	154,2	
Baryum-Permanganat	$\frac{1}{2}Ba(MnO_4)_2$	93,4	100,0	105,1	108,0	112,5	114,4	E. Franke
-Hyposulfat	$\frac{1}{2}Ba(SO_3)_2$	91,2	103,5	114,2	124,0	132,4	139,5	Walden 1
-Hypophosphit	$\frac{1}{2}BaH_4(PO_2)_2$	84,1	89,9	94,3	98,1	101,1	104,0	
Strontium-Permanganat	$\frac{1}{2}Sr(MnO_4)_2$	—	107,7	111,6	114,7	116,8	117,6	E. Franke
Calcium-Permanganat	$\frac{1}{2}Ca(MnO_4)_2$	—	103,6	108,1	111,8	116,0	119,1	
Blei-Chlorid	$\frac{1}{2}PbCl_2$	99,8	110,8	120,3	129,1	135,5	141,9	
-Nitrat [3]	$\frac{1}{2}Pb(NO_3)_2$	107,9	116,7	123,8	130,3	134,2	135,5	
Nickel-Chlorid	$\frac{1}{2}NiCl_2$	107,2	113,9	118,3	122,6	125,6	127,1	
-Nitrat	$\frac{1}{2}Ni(NO_3)_2$	100,7	106,5	110,8	115,8	118,1	120,8	
-Sulfat	$\frac{1}{2}NiSO_4$	66,7	77,4	88,2	98,9	109,3	117,4	
Kobalt-Chlorid	$\frac{1}{2}CoCl_2$	107,1	112,3	117,6	121,5	124,5	126,5	
-Nitrat	$\frac{1}{2}Co(NO_3)_2$	99,8	105,1	108,9	112,8	115,9	118,6	
-Sulfat	$\frac{1}{2}CoSO_4$	66,4	77,1	87,3	97,7	107,2	115,1	
Kupfer-Nitrat [4]	$\frac{1}{2}Cu(NO_3)_2$	105,2	111,2	116,1	119,2	120,4	122,5	
Aluminium-Sulfat	$\frac{1}{6}Al_2(SO_4)_3$	51,1	60,6	71,2	83,1	95,3	107,2	Walden 1
Chrom-Sulfat	$\frac{1}{6}Cr_2(SO_4)_3$	67,4	78,3	90,7	105,0	119,3	128,1	

	$v = 16$		$v = 4$	8	16
1)	$\Lambda = 70{,}4.$	3)	$\Lambda =$		98,0.
2)	$\Lambda = 101{,}3.$	4)	$\Lambda = 84{,}9$	92,0	99,1.

Äquivalent-Leitvermögen $\Lambda = \frac{\varkappa}{\eta}$ anorganischer Körper in wässeriger Lösung bei 25°.

Löb und Nernst. $1000\,\eta = m =$	0,025	0,015	0,007	0,003	0,0015	0,0008
Silber-Nitrat [1] $AgNO_3$	120,4	123,3	127,0	128,9	130,5	131,7
-Chlorat $AgClO_3$	111,7	117,9	120,1	123,1	124,0	124,3
-Perchlorat $AgClO_4$	118,6	121,8	124,0	126,4	127,7	128,3
-Äthylsulfonat $AgO_4SC_2H_5$	—	—	96,8	99,4	100,8	101,5
-Naphthalinsulfonat $AgO_3SC_{10}H_7$	—	94,3	95,5	99,0	100,6	101,7
-ψ-Kumolsulfonat $AgO_3SC_9H_{11}$	78,5	81,5	84,6	86,9	88,3	89,4
-Benzolsulfonat $AgO_3SC_6H_5$	—	90,4	93,4	95,9	96,2	96,9
-Acetat $AgO_2C_2H_3$	—	—	95,9	99,0	100,9	101,5
-Dithionat $\frac{1}{2}Ag_2S_2O_6$	134,0	143,6	147,9	154,2	157,6	160,9
-Silicofluorid $\frac{1}{2}Ag_2SiF_6$	106,4	109,1	112,7	115,6	117,2	117,6

1) Für $1000\,\eta = 0{,}1$ $0{,}05$ ist $\Lambda = 109{,}3$ $116{,}1$.

Holborn.

242 c

Molekulare Leitfähigkeit $\Lambda = \frac{\varkappa}{\eta}$ anorganischer Verbindungen in wässeriger Lösung bei 25°.

(Jones u. West.) Lit. Tab. 247, S. 1119.

$^1/m = v = 10^{-3}\varphi =$	2	8	16	32	128	512	1024	2048
NH_4Cl	109,2	118,6	123,2	127,6	133,4	136,8	137,8	
NH_4Br	115,1	123,6	127,4	131,7	137,9	141,3	140,9	
NaBr	91,9	100,3	105,1	107,7	113,3	116,8	121,1	
NaJ	92,7	100,4	104,2	107,4	112,5	114,7	116,4	119,1
Na_2CO_3	100,4	137,8	155,4	170,8	197,9	209,6	218,1	
$NaCH_3COO$	54,9	66,2	70,2	73,8	78,3	80,1	79,1	80,1
KCl	109,5	118,6	122,9	126,8	132,4	135,5	137,0	
KBr	114,4	121,3	125,2	128,8	134,5	137,6	143,5	
KJ	112,8	120,7	124,5	128,0	133,7	137,3	141,8	147,2
KNO_3	95,2	111,0	116,3	121,3	129,5	137,0	139,6	
K_2SO_4	152,6	183,6	199,2	214,4	242,1	263,5	268,0	
$KHSO_4$	207,6	254,2	286,6	323,7	401,0	467,1	478,2	496,0
K_2CO_3	150,1	180,9	195,3	210,5	233,6	250,1		
$CaCl_2$	159,2	193,4	207,4	219,9	243,6	260,8	261,2	
$CaBr_2$	151,0	177,5	188,4	199,0	217,9	229,7	236,5	239,5
$SrBr_2$	153,8	180,6	190,0	202,2	219,1	239,1	239,6	
$BaCl_2$	150,0	179,0	191,6	215,2	232,9	235,5	243,4	247,1
$MgCl_2$	122,8	150,3	161,2	171,7	189,2	200,6	203,2	
$ZnSO_4$	56,6	80,0	93,6	108,8	144,8	185,1	197,8	213,0
$MnCl_2$	121,3	156,7	169,0	181,6	202,5	216,6	216,8	
$Mn(NO_3)_2$	116,3	144,3	154,5	165,0	182,0	194,6	195,8	
$CoCl_2$	129,5	161,5	174,2	186,7	207,1	221,2	221,1	
$Co(NO_3)_2$	125,9	157,9	169,2	180,8	200,4	215,5	215,3	
$NiCl_2$	131,7	164,8	177,4	190,5	211,6	227,2	229,0	
$Ni(NO_3)_2$	125,3	157,9	169,7	180,9	200,1	215,4	214,3	
$CuCl_2$	119,8	158,3	173,5	187,5	210,1	224,0	232,2	
$Cu(NO_3)_2$	123,3	156,7	169,4	181,8	201,9	218,4	222,9	
HCl	348,2	357,0	365,2	370,7	379,3	374,7	353,4	
HNO_3	344,4	354,4	362,0	368,7	376,6	373,9	366,5	
H_2SO_4	419,3	431,5	456,6	491,4	589,4	675	710	709
CH_3COOH	123,1	189,8	227,1	262,3	318,9	350	376	412

243

Molekulares Leitvermögen anorganischer Säuren und Basen in wässeriger Lösung bei 25°.

Lit. Tab. 247, S. 1119.

$^1/m = {}^1/(10^3\eta) = v = 10^{-3}\varphi =$	2	4	8	16	32	64	128	256	512	1024	Beobachter
Salzsäure HCl	353	366	378	386	393	399	401	403	—	—	Ostwald 6
Chlorsäure $HClO_3$	353	364	373	381	387	391	399	402	402	402	
Überchlorsäure $HClO_4$	358	372	383	390	399	404	406	407	407	407	
Bromwasserstoff HBr	364	377	385	391	398	402	405	405	406	405	
Bromsäure $HBrO_3$	—	—	—	—	359	370	381	390	396	401	
Jodwasserstoff HJ	364	376	384	391	397	402	405	406	406	404	
Jodsäure HSO_3	193	229	268	301	327	349	364	371	376	377	
Überjodsäure HJO_4	—	108	139	179	223	270	312	348	374	387	
Fluorwasserstoff HF	—	29,6	35,8	44,3	59,5	78,6	104,7	138	177	224	
"	—	30,1	33,1	37,1	42,5	55,7	69,1	105	138	—	Hill u. Sirkar
Unterschwefelsäure $H_2S_2O_6$	—	720	726	754	773	790	806	815	822	829	Ostwald 6
Tetrathionsäure $H_2S_4O_6$	—	—	729	748	773	788	808	822	830	843	
Selenige Säure H_2SeO_3	34,6	44,1	57,0	74,9	98,4	128	164	204	246	285	

Holborn.

Molekulares Leitvermögen anorganischer Säuren und Basen in wässeriger Lösung bei 25°.

Lit. Tab. 247, S. 1119. (Forts.)

$^1/m = {}^1/(10^3\eta) = v = 10^{-3}\varphi =$	2	4	8	16	32	64	128	256	512	1024	Beobachter
Selensäure H_2SeO_4	440	468	498	533	575	626	674	720	744	769	Ostwald 6
Phosphorsäure [1]) H_3PO_4	64	77	96	124	156	195	240	279	317	341	
Unterphosphorige Säure H_3PO_2	140	172	207	245	281	312	335	352	361	367	
Phosphorige Säure H_3PO_3	129	156	187	222	257	292	318	337	351	358	
Rhodanwasserstoffsäure HSCN	348	359	368	375	382	386	391	391	393	—	
Ferrocyanwasserstoffsäure [2]) $H_4Fe(CN)_6$	—	—	750	875	934	1000	1064	1134	1214	1301	
Kieselfluorwasserstoffsäure[3]) H_2SiFl_6	216	260	281	304	324	342	358	377	415	495	
Übermangansäure $HMnO_4$	336	354	371	377	385	392	398	403	403	401	Lovén 2
Arsensäure H_3AsO_4	—	—	73,1	95,6	125,5	160,6	201,4	243,7	282,6	310,4	Walden 2
Chromsäure H_2CrO_4	—	—	—	371	379	384	387	387	383	378	
Schweflige Säure H_2SO_3	—	—	—	—	189,2	229,1	264,9	297,4	323,3	346	Barth
Ammoniak NH_4OH	1,56	2,24	3,21	4,55	6,53	9,29	13,4	19,0	27,5	39,4	Ostwald 6
Calciumhydroxyd CaO_2H_2	—	—	—	—	—	406	469	447	455	—	
Baryumhydroxyd BaO_2H_2	—	—	372	392	410	429	448	461	465	469	
Strontiumhydroxyd SrO_2H_2	—	—	—	—	405	419	432	446	451	452	
Thalliumhydroxyd TlOH	—	182	200	217	230	238	244	248	248	—	

	5	10	20	50	100	200	500	1000	Beobachter
Salzsäure HCl	380,2	390,4	398,4	406,7	411,6	415,3	418,6	420,4 (?)	Bray u. Hunt
$^1/_2$ Schwefelsäure*)	234,7	251,2	273,1	(40)(299,3)	336,8	—	—	—	Hunt
$= {}^1/_2\ H_2SO_4$*)	—	251,2	273,0	—	(80)(327,5)		390,8	(2000)(413,7)	Noyes u. Eastman
Natriumbisulfat $NaHSO_4$	—	261,7	297,0	(40)(337,7)	(80)(381,4)		(640)(494,5)	(1280)(516,8)	„ „ Stewart

Für $v = 2048$ ist $\Lambda =$ [1]) 378. [2]) 1378. [3]) 652. Für $v = 4096$ ist $\Lambda =$ [2]) 1445. [3]) 847. *) Äquivalentleitvermögen.

244

Temperaturkoeffizienten des elektrischen Leitvermögens wässeriger Lösungen.

Stellt man das Leitvermögen durch die Formel

$$\varkappa_t = \varkappa_0 (1 + ct + c't^2)$$

dar, so ergeben sich für die Koeffizienten c und c′ die folgenden Zahlen. Diese gelten bei den Beobachtungen von Kohlrausch und Grotrian, Grotrian, Kohlrausch, Otten für den Bereich von 0 bis + 40° (die Beobachtungen von Grotrian an H_2SO_4 von 0 bis 60% reichen von 0 bis 70°), bei den Beobachtungen von Veley u. Manley (HNO_3) von 0 bis + 30° und bei den Beobachtungen von Kunz von 0 bis — 34°.

Bemerkungen und Literatur Tab. 247, S. 1119.

	%	$\varkappa_0 \cdot 10^4$	$c \cdot 10^4$	$c' \cdot 10^6$
Kohlrausch u. Grotrian KCl	5	455	274	+ 71
	10	923	253	58
	15	1402	236	51
	20	1898	222	33
NH_4Cl	5	610	269	67
	10	1216	245	61
	15	1826	223	47
	20	2403	220	13
NaCl	5	430	295	103
	10	779	293	95
	15	1066	282	103
	20	1255	293	101
	24	1230	314	104
	25,9	1339	310	135
LiCl	5	460	311	103
	10	781	291	111
	30	914	257	208
	40	487	349	327

	%	$\varkappa_0 \cdot 10^4$	$c \cdot 10^4$	$c' \cdot 10^6$
$BaCl_2$	5	250	294	+90
	10	479	282	77
	15	698	267	80
	24	1038	252	75
$SrCl_2$	5	309	296	91
	10	580	276	97
$CaCl_2$	5	412	295	86
	10	748	277	87
	20	1151	263	87
	25	1168	278	75
	30	1077	276	131
	35	847	312	156
Kunz $CaCl_2$	25,52	1103	249	124,5
	29,00	1160	363	518
Kohlrausch u. Grotrian $MgCl_2$	5	433	300	116
	10	715	303	99
	30	602	371	295

Holborn.

Temperaturkoeffizienten des elektrischen Leitvermögens wässeriger Lösungen.

Bemerkungen und Literatur Tab. 247, S. 1119.

	%	$\varkappa_0 \cdot 10^4$	$c \cdot 10^4$	$c' \cdot 10^6$
Kohlrausch u. Grotrian				
NH_4NO_3	49,3	2561	235	+ 19
$Ba(NO_3)_2$	4,18	129,0	320	+113
Kohlrausch				
Na_2SO_4	5,11	246,5	365	+ 75
	15,37	481,7	465	69
$KHSO_4$	5,0	642	182	—152
NaOH	2,61	256	298	+ 9
	42,7	639	889	4467
Kunz				
NaOH	27,11	1031	416	+398
	32,70	682	544	640
Kohlrausch u. Grotrian				
HNO_3	6,2	225_9	220	— 42
	12,4	398_0	206	— 29
	24,8	576_0	186	— 7
	31,0	582_8	192	— 12
	37,2	555_4	200	— 5
	49,6	456_2	214	+ 15
	62,0	351_9	234	— 32
Veley u. Manley				
HNO_3	1,30	523	180	+ 62
	3,12	1144	233	— 47
	5,99	2098	226	— 55
	10,13	3309	216	— 58
	15,32	4472	205	— 39
	20,11	5236	202,5	— 52
	25,96	5726	182	+ 14
	30,42	5809	191	— 15
	33,81	5746	194,5	— 16
	35,90	5647	194	0
	39,48	5442	197	+ 12
	45,01	5078	200	+ 12
	51,78	4447	221,5	— 21
	53,03	4317	248	—133
	58,20	3889	245	—115
	65,77	3253	247	—195
	69,53	3099	205	—127
	73,82	2408	204	—162
	78,96	1603	257	—426
	84,08	981	191	—170
	86,18	798	183	—152
	87,72	591	232	—347
	89,92	416	101	+235
	91,97	266	165	—168
	94,32	186	149	—154
	96,12	136	100	—156
	98,50	183	1	—114
	98,85	199	13	— 34
	99,27	377	74	—229
	99,97	389	49	— 71
Grotrian				
H_2SO_4	5	—	177	— 62,1
	10	—	190	— 60,0
	15	—	203	— 55,9
	20	—	216	— 49,8
	25	—	227	— 41,6
	30	—	239	— 31,5
	35	—	250	— 19,3

	%	$\varkappa_0 \cdot 10^4$	$c \cdot 10^4$	$c' \cdot 10^6$
	40	—	261	— 5,2
	45	—	271	+ 10,9
	50	—	280	29,1
	55	—	289	49,2
	60	—	298	71,4
	66,16	166_4	336	114
	84,5	465	504	626
	96,4	521	349	321
	99,4	42	383	1105
	101,1	86	379	+651
Kunz				
H_2SO_4	19,1	5190	108	—540
	28,0	5140	219	+ 67
	32,7	5000	203	9
	37,3	4810	225	69
	42,05	4470	203_5	191
	45,5	4170	245	132
	50,9	3570	246	115
	56,3	2840	261	167
	60,9	2320	269	186
	63,8	1930	275_5	198
	70,4	1260	296	+221
Kohlrausch				
Oxalsäure	3,57	364	258	—131
	7,14	554	262	—135
Kohlrausch				
H_3PO_4	87,1	295	688	+ 510
Otten				
Ameisensäure	4,94	37,3	287	— 124
	9,55	52,4	265	— 107
	20,34	69,9	243	— 88
	29,83	74,8	229	— 76
	39,95	71,8	218	— 66
	50,02	63,0	215	— 68
	59,96	51,6	209	— 67
	70,06	39,2	192	— 34
	89,02	14,0	200	— 60
Essigsäure	4,33	8,05	289	— 92
	9,79	10,08	294	— 84
	20,79	10,65	301	— 66
	30,46	9,04	306	— 56
	37,80	7,31	324	— 121
	49,37	4,93	306	+ 1
	58,32	3,16	310	8
	67,50	1,79	333	8
	90,87	0,14	436	+ 81
Propionsäure	10,08	7,46	285	— 68
	30,03	5,19	326	— 34
	50,09	2,32	350	— 5
	69,99	0,51	352	+ 41
Buttersäure	5,02	6,00	259	— 81
	10,07	6,77	270	— 89
	20,01	5,83	309	— 101
	30,04	4,52	310	— 75
	50,04	1,89	329	— 51
	70,01	0,34	365	+ 20

Holborn.

Temperaturkoeffizienten des elektrischen Leitvermögens wässeriger Lösungen.

Lit. Tab. 247, S. 1119.

(Kohlrausch) $c_{22} = \frac{1}{\varkappa_{18}}\left(\frac{d\varkappa}{dt}\right)_{22}$; beob.: $\frac{1}{\varkappa_{18}}\,\frac{\varkappa_{26}-\varkappa_{18}}{8}$.

$1000\,\eta = m = 0{,}01$; $v = 100$.

KCl	0,0221	KJ	0,0219	$\frac{1}{2}K_2SO_4$	0,0223	$\frac{1}{2}Na_2CO_3$	0,0265
NH_4Cl	226	KNO_3	216	$\frac{1}{2}Na_2SO_4$	240	KOH	194
NaCl	238	$NaNO_3$	226	$\frac{1}{2}Li_2SO_4$	242	HCl	159
LiCl	232	$AgNO_3$	221	$\frac{1}{2}MgSO_4$	236	HNO_3	162
$\frac{1}{2}BaCl_2$	234	$\frac{1}{2}Ba(NO_3)_2$	224	$\frac{1}{2}ZnSO_4$	234	$\frac{1}{2}H_2SO_4$	125
$\frac{1}{2}ZnCl_2$	239	$KClO_3$	219	$\frac{1}{2}CuSO_4$	229	$\frac{1}{2}H_2SO_4$ [2]	159
$\frac{1}{2}MgCl_2$ [1]	241	KCH_3COO	229	$\frac{1}{2}K_2CO_3$	249	$\frac{1}{2}H_3PO_4$ [3]	137

[1]) $m = 0{,}018$. [2]) $m = 0{,}001$. [3]) $m = 0{,}006$.

(Arrhenius) $c_{35} = \frac{1}{\varkappa_{18}}\left(\frac{d\varkappa}{dt}\right)_{35}$; beob.: $\frac{1}{\varkappa_{18}}\,\frac{\varkappa_{52}-\varkappa_{18}}{34}$.

	$c_{35}\cdot 10^4$			
$1000\,\eta = m =$	0,001	0,01	0,1	0,5
KCl	233	232	228	218
KJ	231	225	221	207
KBr	231	228	225	210
KNO_3	222	223	220	218
NaCl	253	254	246	241
LiCl	255	258	250	243
$\frac{1}{2}BaCl_2$	250	248	244	225
$\frac{1}{2}MgCl_2$	254	253	248	243
$\frac{1}{2}CuSO_4$	256	226	198	198
$NaCH_3CO_2$	268	274	261	271
$NaC_2H_5CO_2$	268	277	275	284
$NaC_3H_7CO_2$	270	282	280	293
$NaCHCl_2CO_2$	281	279	266	271
$NaHC_2H_4(CO_2)_2$	—	—	284	274
NaH_2PO_2	281	284	276	266
NaH_2PO_4	—	276	294	282
NaOH	—	213	202	202
HCl	163	158	153	152
HBr	159	154	151	150
HNO_3	154	152	147	143
$\frac{1}{3}H_3PO_4$	154	140	88	78
H_3PO_2	148	110	58	41
NaF [1])	252	—	253	256

[1]) Die Werte gelten für c_{29} (zwischen 18 und 40°).

	$c_{35}\cdot 10^4$			
$1000\,\eta = m =$	0,002	0,01	0,05	0,2
CH_3COOH	146	145	141	141
C_2H_5COOH	130	137	131	134
C_3H_7COOH	115	119	120	120
$C_2H_4(COOH)_2$	187	181	178	173
C_2HCl_2COOH	148	129	98	79
HF [1])	68	45	37	45

[1]) Die Werte gelten für c_{33} (zwischen 26 und 40°).

(Arrhenius) $c_{21,5} = \frac{1}{\varkappa_{18}}\left(\frac{d\varkappa}{dt}\right)_{21,5}$; beob.: $\frac{1}{\varkappa_{18}}\,\frac{\varkappa_{25}-\varkappa_{18}}{7}$.

	$c_{21,5}\cdot 10^4$	
$1000\,\eta = m =$	0,05	0,25
C_2H_5COOH	158	161
C_3H_7COOH	150	149
$C_2H_4(COOH)_2$	182	193
$CHCl_2COOH$	127	108
H_3PO_2	109	85
H_3PO_4	119	108
CH_3COOH	170	170 [1])

[1]) Für $m = 0{,}2$.

(Krannhals) $c_{58,7} = \frac{1}{\varkappa_{18}}\left(\frac{d\varkappa}{dt}\right)_{58,7}$; beob.: $\frac{1}{\varkappa_{18}}\,\frac{\varkappa_{99,4}-\varkappa_{18}}{81{,}4}$.

	$c_{58,7}\cdot 10^4$			
$10^{-3}\varphi = v =$	64	16	4	1
KCl	240	236	223	199
KBr	233	223	217	197
KNO_3	244	226	217	214
$KClO_3$	242	231	221	—
NaCl	262	261	255	245
$NaNO_3$	—	248	244	227
$\frac{1}{2}Na_2SO_4$	267	269	261	246
$\frac{1}{2}BaCl_2$	249	263	234	—
$\frac{1}{2}Ba(NO_3)_2$	245	251	250	—
$\frac{1}{2}MgSO_4$	204	193	187	187
$\frac{1}{4}K_4Fe(CN)_6$	207	214	209	206
HCl	135	133	133	135

Holborn.

Temperaturkoeffizienten des elektrischen Leitvermögens wässeriger Lösungen.

Lit. Tab. 247, S. 1119.

(Déguisne) $\varkappa_t = \varkappa_{18} \left[1 + c\,(t - 18) + c'\,(t - 18)^2\right]$ zwischen 2 und 34°.

1000 η (m)	$c \cdot 10^4$	$c' \cdot 10^6$	$c \cdot 10^4$	$c' \cdot 10^6$	$c \cdot 10^4$	$c' \cdot 10^6$	$c \cdot 10^4$	$c \cdot 10^6$
	HCl		HNO_3		$\frac{1}{2}H_2SO_4$		NH_4Cl	
0,0001	166,0	+ 9,2	164,7	— 14,7	166,9	— 12,8	221,3	+ 69,4
0,001	164,2	— 15,5	163,0	— 14,4	158,1	— 36,2	219,1	68,8
0,01	164,1	— 17,3	161,7	— 19,4	130,8	—101,5	217,5	68,7
0,05	—	—	—	—	—	—	215,0	62,5
	KCl		KNO_3		$\frac{1}{2}K_2SO_4$		KJ	
0,0001	219,4	+ 82,4	212,6	+ 70,4	223,5	+ 83,2	215,8	+ 44,3
0,001	217,2	66,7	210,3	62,2	222,1	77,2	211,8	59,6
0,01	214,9	65,3	209,8	57,1	219,9	69,0	—	—
0,05	212,7	61,3	208,7	56,2	217,7	65,6	209,4	57,3
	$NaCl$		$NaNO_3$		$\frac{1}{2}Na_2SO_4$		$AgNO_3$	
0,0001	228,4	+ 74,0	222,8	+ 73,4	234,8	+ 99,0	217,5	+ 75,9
0,001	226,9	85,0	220,4	80,0	233,9	98,0	216,3	67,7
0,01	225,5	84,8	218,9	72,8	232,7	93,1	215,2	64,3
0,05	223,8	79,5	218,1	76,0	231,5	89,0	214,2	61,7
	$\frac{1}{2}BaCl_2$		$\frac{1}{2}Ba(NO_3)_2$		$\frac{1}{2}MgSO_4$		$\frac{1}{2}Na_2CO_3$	
0,0001	227,1	+ 87,7	222,2	+ 76,2	239,2	+ 92,5	237,0	+112,4
0,001	224,8	83,1	220,2	78,1	236,4	95,5	262,4	151,2
0,01	224,1	78,3	220,2	72,4	228,5	70,6	253,6	143,1
0,05	220,7	70,2	222,0	72,5	223,0	49,0	246,0	120,7
	$\frac{1}{3}H_3PO_4$		CH_3COOH		$\frac{1}{2}(CH_2)_2(CO_2H)_2$		$\frac{1}{2}(COOH)_2$	
0,0001	174,2	+ 6,8	179,0	— 31,2	187,3	— 24,1	155,1	— 54,5
0,001	158,8	— 28,1	167,8	— 58,9	185,0	— 28,2	155,4	— 41,6
0,01	146,3	— 61,6	165,8	— 62,5	187,0	— 25,9	156,8	— 36,7
0,05	136,3	— 78,2	—	—	—	—	—	—
	$\frac{1}{3}NaH_2PO_4$		NaC_4H_9COO		$\frac{1}{2}NaC_4H_5O_4$ (Natriumbisuccinat)		KOH	
0,0001	243,1	+116,3	229,4	+ 81,2	234,8	+119,0	—	—
0,001	240,6	104,5	243,0	110,9	241,2	109,2	193,6	+ 39,3
0,01	236,6	101,4	245,6	115,3	240,7	101,1	190,1	32,3
0,05	—	—	245,9	113,7	238,8	104,4	—	—
0,1	237,0	105,2	—	—	—	—	—	—
	$RbCl$							
0,01	210,7	+ 58,5						

$\frac{\varkappa_{25}}{\varkappa_{18}}$ nach **Bray** und **Hunt**.

	1000 η	$\varkappa_{25}/\varkappa_{18}$
KCl	0,01	1,1538
HCl	0,05	1,1136
NaCl	0,001	1,1639
	0,002	1,1639
	0,005	1,1638
	0,01	1,1636
NaCl	0,02	1,1632
	0,05	1,1624
	0,1	1,1616

Holborn.

Leitvermögen (cm^{-1}. Ohm^{-1}) von Normalflüssigkeiten (wässerigen Lösungen) zur Bestimmung der Widerstands-Kapazität von Gefäßen.

(Nach **Kohlrausch, Holborn** und **Diesselhorst.**)

Literatur Tab. 247, S. 1119.

t	H_2SO_4 (bei 18° max.) $\varkappa$		$MgSO_4$ (bei 18° max.) $\varkappa$		NaCl (bei t^0 gesättigt) $\varkappa$		KCl normal 74,59 g/l (18°) $\varkappa$		KCl $^1/_{10}$-normal $\varkappa$		KCl $^1/_{50}$-normal $\varkappa$		KCl $^1/_{100}$-normal $\varkappa$		t
0°	0,5184	120	0,02877	102	0,1345	41	0,06541	172	0,00715	21	0,001521	45	0,000776	24	0°
1	0,5304	121	0,02979	104	0,1386	41	0,06713	173	0,00736	21	0,001566	46	0,000800	24	1
2	0,5425	122	0,03083	105	0,1427	42	0,06886	175	0,00757	22	0,001612	47	0,000824	24	2
3	0,5547	122	0,03188	106	0,1469	43	0,07061	176	0,00779	21	0,001659	46	0,000848	24	3
4	0,5669	123	0,03294	108	0,1512	43	0,07237	177	0,00800	22	0,001705	47	0,000872	24	4
5	0,5792	123	0,03402	110	0,1555	44	0,07414	179	0,00822	22	0,001752	48	0,000896	25	5
6	0,5915	123	0,03512	111	0,1599	44	0,07593	180	0,00844	22	0,001800	48	0,000921	24	6
7	0,6038	123	0,03623	112	0,1643	45	0,07773	181	0,00866	22	0,001848	48	0,000945	25	7
8	0,6161	124	0,03735	114	0,1688	46	0,07954	182	0,00888	23	0,001896	49	0,000970	25	8
9	0,6285	123	0,03849	114	0,1734	45	0,08136	183	0,00911	22	0,001945	49	0,000995	25	9
10	0,6408	124	0,03963	116	0,1779	47	0,08319	185	0,00933	23	0,001994	49	0,001020	25	10
11	0,6532	124	0,04079	118	0,1826	46	0,08504	185	0,00956	23	0,002043	50	0,001045	25	11
12	0,6656	124	0,04197	118	0,1872	47	0,08689	187	0,00979	23	0,002093	49	0,001070	25	12
13	0,6780	124	0,04315	119	0,1919	477	0,08876	187	0,01002	23	0,002142	51	0,001095	26	13
14	0,6904	124	0,04434	121	0,19667	479	0,09063	189	0,01025	23	0,002193	50	0,001121	26	14
15	0,7028	123	0,04555	121	0,20146	483	0,09252	189	0,01048	24	0,002243	51	0,001147	26	15
16	0,7151	124	0,04676	123	0,20629	486	0,09441	190	0,01072	23	0,002294	51	0,001173	26	16
17	0,7275	123	0,04799	123	0,21115	490	0,09631	191	0,01095	24	0,002345	52	0,001199	26	17
18	0,7398	124	0,04922	124	0,21605	494	0,09822	192	0,01119	24	0,002397	52	0,001225	26	18
19	0,7522	123	0,05046	125	0,22099	497	0,10014	193	0,01143	24	0,002449	52	0,001251	27	19
20	0,7645	123	0,05171	126	0,22596	500	0,10207	193	0,01167	24	0,002501	52	0,001278	27	20
21	0,7768	122	0,05297	127	0,23096	504	0,10400	194	0,01191	24	0,002553	53	0,001305	27	21
22	0,7890	123	0,05424	127	0,23600	51	0,10594	195	0,01215	24	0,002606	53	0,001332	27	22
23	0,8013	122	0,05551	128	0,2411	51	0,10789	195	0,01239	25	0,002659	53	0,001359	27	23
24	0,8135	122	0,05679	129	0,2462	51	0,10984	196	0,01264	24	0,002712	53	0,001386	27	24
25	0,8257	121	0,05808	129	0,2513	52	0,11180	197	0,01288	25	0,002765	54	0,001413	28	25
26	0,8378	121	0,05937	130	0,2565	51	0,11377	197	0,01313	24	0,002819	54	0,001441	27	26
27	0,8499	121	0,06067	130	0,2616	53	0,11574		0,01337	25	0,002873	54	0,001468	28	27
28	0,8620	120	0,06197	131	0,2669	52			0,01362	25	0,002927	54	0,001496	28	28
29	0,8740	120	0,06328	131	0,2721	53			0,01387	25	0,002981	55	0,001524	28	29
30	0,8860	120	0,06459	132	0,2774	53			0,01412	25	0,003036	55	0,001552	29	30
31	0,8980	119	0,06591	132	0,2827	53			0,01437	25	0,003091	55	0,001581	28	31
32	0,9099	118	0,06723	132	0,2880	53			0,01462	26	0,003146	55	0,001609	29	32
33	0,9217	118	0,06855	133	0,2933	54			0,01488	25	0,003201	55	0,001638	29	33
34	0,9335	118	0,06988	133	0,2987	54			0,01513	26	0,003256	56	0,001667		34
35	0,9453	117	0,07121	133	0,3041	54			0,01539	25	0,003312	56			35
36	0,9570		0,07254		0,3095				0,01564		0,003368				36

Bei den verdünnten Lösungen ist die Leitfähigkeit des Wassers abgezogen. Diese Größe kann bei Ausschluß der Berührung des Wassers mit Luft noch unter 10^{-6} gebracht werden; als Temperaturkoeffizienten des Wassers kann man 0,025 annehmen. Für das reinste bisher hergestellte Wasser (**Kohlrausch u. Heydweiller**), das an der Atmosphäre nicht existiert, ist $\varkappa_{18} = 0,04 \cdot 10^{-6}$ gefunden worden.

Holborn.

Elektrischer Leitungswiderstand w fester und flüssiger Körper,

hergeleitet aus Tab. 232 bis 240,

in Ohm für 1 Kubikzentimeter.

Der auf Quecksilber bezogene spezifische Leitungswiderstand der Substanzen ist gleich 10630 w, der Widerstand eines Drahtes von 1 km Länge und 1 qmm Querschnitt beträgt $10^7 w$ Ohm.

Widerstand fester Körper bei 18°.

Substanz	$10^7 w$
Aluminium	32
Antimon	450
Arsen	370
Blei	210
Cadmium	76
Caesium	210
Calcium	77
Eisen	90—150
Stahl	150—500
Gallium	550
Gold	23
Indium (0°)	84
Iridium	53
Kalium	67
Kobalt	100
Kupfer	17
Lithium	91
Magnesium	43
Natrium	48
Nickel	80—110
Osmium	100
Palladium	107
Platin	108
Quecksilber	958
Rhodium	60
Rubidium	120
Silber	16
Silicium	12000000
Strontium	250
Tantal	150
Tellur	2200000
Thallium	180
Wismuth	1200
Zink	61
Zinn	110
Aluminiumbronze (90 Cu + 10 Al) geglüht	130
Bronze (88 Cu + 12 Sn)	170
Konstantan	450—500
Manganin	390—420
Neusilber	160—400
Nickelin	360—420
Patentnickel	330
Phosphorbronze	50—90
Platinsilber (20 Pt + 80 Ag)	200
Platinrhodium (90 Pt + 10 Rh)	200
Rheotan	450
Siliciumbronze	25
Graphit aus Grönland	4000
„ „ Sibirien	11 500
Gaskohle	etwa 50000
Bogenlichtkohle	40 000
Glühlampenfaden	40 000

Widerstand wässeriger Lösungen bei 18°.

Lösung	$10^3 w$
Schwefelsäure H_2SO_4, 5 proz.	4 796
10 „	2 554
20 „	1 532
30 „	1 353
40 „	1 471
50 „	1 850
60 „	2 684
70 „	4 636
80 „	9 050
85 „	10 210
90 „	9 300
99,4 „	118 000
Salpetersäure HNO_3, 6,2 „	3 202
18,6 „	1 449
31,0 „	1 279
49,6 „	1 577
62,0 „	2 015
Salpetersäure (Forts.) 84,08 proz.	7 911
99,97 „	24 100
Salzsäure HCl 5 „	2 533
10 „	1 587
20 „	1 313
30 „	1 511
40 „	1 941
Natriumchlorid NaCl, 5 proz.	14 880
10 „	8 260
15 „	6 090
20 „	5 110
Ammoniak NH_3, 1,6 „	1 522 000
8,0 „	963 000
16,2 „	1 582 000
Kaliumhydroxyd KOH, 4,2 proz.	6 830
Natriumhydroxyd NaOH, 5 proz.	5 080
15 „	2 887
30 „	4 946
Kupfersulfat $CuSO_4$, 5 proz.	52 900
10 „	31 300
15 „	23 800
17,5 „	21 800
Magnesiumsulfat $MgSO_4$, 5 proz.	83 000
10 „	24 200
15 „	20 800
17,4 „	20 320
20 „	21 000
25 „	24 100
Zinksulfat $ZnSO_4$, 5 „	52 400
10 „	31 150
15 „	24 100
20 „	21 300
25 „	20 800
30 „	22 500

Leithäuser u. Holborn.

Bemerkungen, betr. elektrisches Leitvermögen wässeriger Lösungen.

Alle Leitvermögen sind in der Einheit cm^{-1}. Ohm^{-1} angegeben; soweit sie in den Veröffentlichungen der verschiedenen Beobachter noch in Quecksilber-Einheiten mitgeteilt werden, sind sie umgerechnet. Das Zahlenmaterial, ergänzt durch neuere Beobachtungen, stammt aus dem Buche von **F. Kohlrausch** und **L. Holborn, „Das Leitvermögen der Elektrolyte"**, Leipzig 1898, und beschränkt sich auf die anorganischen Verbindungen; in bezug auf die organischen Körper wird auf diese Quelle verwiesen.

p bedeutet Gewichtsprozente des wasserfreien Elektrolyts in 100 Teilen der Lösung, η die Anzahl Gramm-Äquivalente in 1 ccm der Lösung; bei der Rechnung nach Gramm-Äquivalenten und Litern ist also $m = 1000\,\eta$ die Konzentration oder $v = 1/m$ die Verdünnung. Nur bei den sauren Salzen gelten Gramm-Moleküle.

Das spezifische Gewicht s der Lösung bezieht sich meistens auf Wasser von 4°. Die spezifischen Gewichte bei Otten sind korrigiert.

$\varkappa_{18}$ ist das Leitvermögen in cm^{-1}. Ohm^{-1} bei 18°.

Der Temperaturkoeffizient gibt, in Bruchteilen von $\varkappa_{18}$, die Änderung von $\varkappa$ auf $+1°$, und zwar die mittlere Änderung zwischen 18 und 26°, bei Bock zwischen 10 und 26°.

Interpolierte Werte sind geklammert. Die mit * versehenen Leitvermögen bei Kohlrausch sind mit dem Dynamometer zwischen kleineren Elektroden beobachtet und beanspruchen geringere Genauigkeit.

$\Lambda = \varkappa/\eta$ ist das Äquivalent-Leitvermögen.

Literatur, betr. elektrisches Leitvermögen wässeriger Lösungen.

Abott u. **Bray**, Journ. Amer. chem. Soc. **31**, 729; 1909. Phosphorsäuren u. Na-Phosphate.

Sv. Arrhenius, ZS. ph. Chem. **9**, 339; 1892. Temperaturkoeffizienten.

Barth, ib. **9**, 176; 1892. Sulfite und Bisulfate.

Baur (1), ib. **18**, 183; 1895. Rubidium- und Cäsium-Salze.

„ (2), ib. **23**, 409; 1897. Temperaturkoeffizient der Stickstoffsäuren.

Beetz, Pogg. Ann. **117**, 1; 1862. $ZnSO_4$.

D. Berthelot, Ann. chim. phys. (6) **28**, 5; 1893. Phosphorsäure.

W. Biltz, ZS. ph. Ch. **40**, 185; 1902. $RbNO_3$ u. $CsNO_3$.

Bock, Wied. Ann. **30**, 631; 1887. Schwefelalkalien; Borsäure.

Bogojawlensky u. **Tammann**, ZS. ph. Chem. **27**, 457; 1898. Leitvermögen u. Druck.

Boltwood, ZS. ph. Chem. **22**, 132; 1897. Rubidium- und Cäsiumchlorid.

Bousfield u. **Lowry**, Phil. Trans. **204**, 253; 1904. NaOH.

Bouty (1), C. r. **98**, 140, 362; 767, 908; **99**, 30; J. de Phys. (2) **3**, 325; 1884. Verdünnte Lösungen.

„ (2), C. r. **102**, 1097; 1886. KCl-Lösungen.

„ (3), ib. **102**, 1372; 1886 u. J. de Phys. (2) **6**, 5; 1887. Lösungen mittlerer Konzentration.

„ (4), ib. **103**, 39; 1886. Salzgemische.

„ (5), ib. **104**, 1611 u. 1699; 1887. Verdünnte Lösungen und Gemische.

„ (6), ib. **106**, 595 u. 654; 1888. Lösungen in HNO_3.

„ (7), Ann. chim. phys. (6) **14**, 36 u. 74; 1888. Zusammenstellung.

Bray u. **Hunt**, Journ. Amer. chem. Soc. **33**, 781; 1911. NaCl, HCl, KCl.

Bray u. **Mackay**, ib. **32**, 920; 1910. KJ.

Bredig (1), ZS. ph. Chem. **12**, 230; 1893. $K_2S_2O_8$.

„ (2), ibid. **13**, 191; 1894. Natriumsalze.

Déguisne, Diss. Straßburg, 1895. Temperaturkoeffizient verdünnter Lösungen.

Dorn u. **Völlmer**, Wied. Ann. **60**, 468; 1897. HCl bei −80°.

Felipe, Phys. ZS. **6**, 422; 1905. Temperaturkoeff. von Schwefelsäure.

Foster, Phys. Rev. **8**, 257; 1899. Verdünnte Lösungen.

E. Franke, ZS. ph. Chem. **16**, 463; 1895. Thallium-Salze usw.

Goldschmidt, Phys. ZS. 1; 287; 1900. NH_3.

Goodwin u. **Haskel**, Phys. Rev. **19**, 369; 1904. Salzsäure und Salpetersäure.

Grotrian (1), Pogg. Ann. **151**, 378; 1874. Temperaturkoeffizienten.

„ (2), Wied. Ann. **18**, 177; 1883. Cadmium- und Quecksilbersalze.

Hantzsch u. **Miolati**, ZS. ph. Chem. **10**, 1; 1892. Ammoniak-Verbindungen.

Hartwig, Wied. Ann. **33**, 58; 1888 und **43**, 839; 1891. Fettsäuren.

Heydweiller, Ann. Physik (4) **30**, 873; 1909 u. **37**, 739; 1912. Konzentr. Lösungen.

Hill u. **Sirkar**, Proc. R. Soc. A **83**, 130; 1910. Flußsäure.

Holland, Wied. Ann. **50**, 349; 1893. $CuCl_2$.

Hosking, Phil. Mag. (6) **7**, 469; 1904. LiCl bis 100°.

Hulett, ZS. ph. Chem. **42**, 577; 1903. Gips.

Hunt, Journ. Amer. chem. Soc. **33**, 795; 1911. (Verschiedene Salze u. H_2SO_4.)

Jahn, ZS. ph. Ch. **16**, 72; 1895. Temperaturkoeffizienten.

Jones u. **Allen**, Amer. chem. Journ. **18**, 321; 1896. Yttriumsulfat.

Jones u. **Reese**, ib. **20**, 606; 1898. Sulfate von Praseodym u. Neodym.

Jones u. **West**, Amer. chem. Journ. **34**; 357; 1905. Salze und Temperaturkoeffizienten.

Kistiakowsky, ZS. ph. Chem. **6**, 97; 1890. Doppelsalze.

Klein, Wied. Ann. **27**, 151; 1886. Sulfate und Doppelsalze.

Knox, ib. **54**, 44; 1895. CO_2-Lösungen.

F. Kohlrausch (1), Pogg. Ann. **159**, 233; 1876. Säuren.

„ (2), Wied. Ann. **6**, 1 u. 145; 1879. Salze.

„ (3), ib. **26**, 161; 1885. Verdünnte Lösungen.

„ (4), ib. **47**, 756; 1892 u. ZS. ph. Chem. **12**, 773; 1893. Natriumsilikat.

Holborn.

Literatur, betr. elektrisches Leitvermögen wässeriger Lösungen.

F. Kohlrausch (5), Sitzber. Berliner Ak. 1900; 1002. Alkali-Jodate.
„ (6), ib. 1901, 1026 und 1902, 572. Temperaturkoeffizienten.
„ (7), ZS. ph. Ch. **44**, 197; 1903 und **64**, 129; 1908. Schwerlösliche Salze.
„ (8), Gesammelte Abhandl. Bd. II; 1909. Hier findet man alle Arbeiten Kohlrauschs und seiner Mitarbeiter (Messungen an Elektrolyten) zusammengestellt.

Kohlrausch u. **Grotrian**, Gött. N. 1874, 405. Pogg. Ann. **154**, 1 u. 215; 1875. Chloride u. HNO_3.

Kohlrausch u. **Heydweiller**, Wied. Ann. **53**, 209; 1894. Wasser.

Kohlrausch, Holborn u. **Diesselhorst**, ib. **64**, 417; 1898. Normalflüssigkeiten.

Kohlrausch u. **Maltby**, Sitzber. Berliner Ak. 1899, 665 und Wiss. Abhandl. der Reichsanstalt **3**, 154; 1900. Alkali-Chloride und Nitrate.

Kohlrausch u. **v. Steinwehr**, Sitzber. Berl. Akd. 1902, 581. Elektrolyte einwertiger Ionen.

Kohlrausch u. **Grüneisen**, ibid. 1904, 1215. Elektrolyte mit zweiwertigen Ionen.

Kohlrausch u. **Mylius**, ibid. 1904, 1223. Magnesiumoxalat.

Kohlrausch u. **Henning**, Verh. Deutsch. Phys. Ges. **6**, 144; 1904 und Ann. Phys. (4) **20**, 96; 1906. Radiumbromid.

W. Kohlrausch, Wied. Ann. **17**, 69; 1882. H_2SO_4.

Kramers, Arch. néerl. (2) **1**, 455; 1898. Kaliumnitrat.

Krannhals, ZS. ph. Ch. **5**, 250; 1890. Temperaturkoeffizienten.

Kunz, ZS. ph. Ch. **42**, 591; 1903. Temperaturkoeffizienten unter 0^0.

Lindsay, Am. chem. Journ. **25**, 62; 1901. Doppelsalze.

Löb u. **Nernst**, ZS. ph. Ch. **2**, 948; 1888. Silbersalze.

Long, Wied. Ann. **11**, 37; 1880. Chloride u. Nitrate.

Loomis, ib. **60**, 547; 1897. Normallösungen.

Lovén, ZS. ph. Ch. **17**, 374; 1895. Übermangansäure.

Mac Gregory, Wied. Ann. **51**, 126; 1894. Verdünnte Lösungen.

Mameli, Gazz. chim. **41** I, 294; 1911. Chloressigsäuren.

Melcher, Journ. Amer. chem. Soc. **32**, 57; 1910. $CaSO_4$.

van Name, ZS. anorg. Chem. **39**, 108; 1904. Schwarzes und rotes Quecksilbersulfid.

Niementowski u. **Roszkowski**, ZS. ph. Ch. **22**, 147; 1897. Nitrite.

Noyes, ib. **6**, 247; 1890. Thalliumnitrat.

Noyes u. **Abott**, ib. **16**, 125; 1895. Thalliumsalze.

Noyes u. **Coolidge**, ibid. **46**, 323; 1903. KCl und NaCl bis 306^0.

Noyes u. **Eastman**, bei **Noyes** u. **Stewart**, Journ. Amer. chem. Soc. **32**, 1133; 1910. H_2SO_4 u. $NaHSO_4$.

Noyes u. **Johnston**, ib. **31**, 987; 1909. KNO_3 u. mehrionige Salze bis 156^0.

Noyes, Kato u. **Sosman**, ib. **32**, 159; 1910. Salze, Basen und Säuren bis 306^0.

Noyes, Melcher, Cooper, Eastman u. **Kato**, ib. **30**, 335; 1908. Ebenso. (Zusammenfassung.)

Ostwald (1), Journ. prakt. Chem. **32**, 300; 1885. Säuren.
„ (2), ib. **33**, 352; 1886. Basen.
„ (3), ib. **35**, 112; 1887. Desgl.
„ (4), ZS. ph. Ch. **1**, 74; 1887. Alkalisalze.
„ (5), ib. **2**, 901; 1888. Natriumsalze mehrbasischer Säuren.
„ (6), Allg. Chemie, Leipzig 1893.

Otten, Diss. München, 1887. Fettsäuren.

Pfeiffer, Wied. Ann. **23**, 625; 1884. CO_2-Lösungen.

Phillips, Journ. chem. Soc. **95**, 59; 1909. Phosphorsäure.

Rivals, C. r. **125**, 574; 1897. Trichloressigsäure.

Roux, C. r. **146**, 174; 1908. Seltene Erden.

Rudolphi, ZS. ph. Ch. **17**, 277; 1895. Temperaturkoeffizienten.

Ruppin, Wissensch. Meeresuntersuchungen. Neue Folge, **9**, 180; 1906. Meereswasser.

Sack, Wied. Ann. **43**, 212; 1891. Temperaturkoeffizienten.

Sherrill, Journ. Amer. chem. Soc. **32**, 744; 1910. Alkalisalze.

Tammann (1), ZS. ph. Ch. **6**, 121; 1890. Metaphosphate.
„ (2), Wied. Ann. **69**, 767; 1899. Leitvermögen und Druck.

Trötsch, Wied. Ann. **41**, 259; 1890. $CuCl_2$ u. $CoCl_2$.

Veley u. **Manley**, Phil. Trans. A **191**, 365; 1898. Salpetersäure.

Vicentini (1), Atti Ist. Veneto (6) **2**, 28; 1699; 1884. Salze.
„ (2), Atti Torino **20**, 869; 1885. Desgl.

Walden (1), ZS. ph. Ch. **1**, 529; 1887. Salze.
„ (2), ib. **2**, 49; 1888. Desgl.

v. Waltenhofen, Wien. Ber. **92** II, 1258; 1885. Mineralwasser.

Washburn u. **Mc Innes**, Journ. Amer. chem. Soc. **33**, 1686; 1911. $CsNO_3$, LiJ.

Wershoven, ZS. ph. Ch. **5**, 481; 1890. Cadmiumsalze.

Whetham (1), Phil. Trans. **194**, 321; 1900. Verdünnte Lösungen bei 0^0.
„ (2), Proc. R. S. **71**, 332; 1903. Desgl.
„ (3), ibid. A **76**, 577; 1905 u. ZS. ph. Ch. **55**, 200; 1906. Proc. Roy. Soc. A. **81**, 58; 1908. Verdünnte Schwefelsäure.

G. Wiedemann, Pogg. Ann. **87**, 321; 1852. Kupfersulfat.

Wörmann, Ann. Phys. (4) **29**, 194 u. 623; 1909. Temperaturkoeffizienten.

Holborn.

Überführungszahlen n des Anions in wässeriger Lösung.

Für die Überführungszahl n des Anions, das Äquivalent-Leitvermögen Λ und die Beweglichkeiten des Anions und Kations l_A, l_K gelten die Beziehungen:

$$l_A = n\Lambda = n(l_A + l_K);\quad l_K = (1 - n)\Lambda.$$

Beobachtungen ohne Temperaturangabe beziehen sich annähernd auf Zimmertemperatur.

Lit. Tab. 250, S. 1125.

m g-Äqu./Liter	t	n	Beobachter
KCl			
0,2 bis 0,01	11°	0,503	Bein
„	76	0,513	„
0,3 bis 0,008	18	0,503	Bogdan
3 „ 1	(8)	0,515	Hittorf
0,1	—	0,508	„
0,03	—	0,503	„
0,003	—	0,505	Steele u. Denison
0,2 bis 0,03	0	0,509	Hertz
0,017 „ 0,007	—	0,506	„
0,2 „ 0,04	18	0,506	„
0,1 „ 0,007	30	0,502	„
NaCl			
4	20,5°	0,677	Bein
4	97	0,567	„
0,35 bis 0,005	10	0,615	„
„	51	0,583	„
„	97	0,547	„
0,03 bis 0,00 9	18	0,604	Bogdan
5 „ 3	10	0,648	Hittorf
0,7	16	0,634	„
0,16	—	0,628	„
0,055	10	0,621	„
0,9	(17)	0,635	Hopfgartner
0,5	(17)	0,623	„
0,1	(17)	0,617	„
0,03 bis 0,007	0	0,612	Schulz
0,12 „ 0,07	18	0,605	„
0,12 „ 0,007	30	0,596	„
LiCl			
0,2 bis 0,05	20°	0,672	Bein
„	96	0,610	„
0,01	20	0,624	„
0,01	97,5	0,621	„
0,25	18	0,700	Goldhaber
0,125	18	0,688	„
0,063	18	0,684	„
0,03 bis 0,008	18	0,670	„
6,9	—	0,773	Kuschel
3,2	—	0,753	„
1,8 bis 0,8	—	0,738	„
0,24	—	0,718	„
0,11	—	0,699	„
0,04	—	0,674	„
NH_4Cl			
0,05	20°	0,507	Bein
3,5	12	0,517	Hittorf
1,5	10	0,514	„
0,7	10	0,514	„
0,1	7	0,508	„
0,03 bis 0,008	0	0,511	Schulz u. Hertz
„	18	0,508	„
„	30	0,505	„

m g-Äqu./Liter	t	n	Beobachter
RbCl			
0,05	22°	0,515	Bein
CsCl			
0,05	20°	0,508	Bein
TlCl			
0,01	22°	0,516	Bein
KJ			
0,05	25°	0,505	Bein
2 bis 0,7	(8)	0,511	Hittorf
0,035	3	0,492	„
LiJ			
3,1		0,719	Kuschel
1,4		0,712	„
0,66		0,718	„
0,33		0,706	„
0,07		0,692	„
0,04		0,702	„
0,01		0,682	„
KBr			
0,034 bis 0,011	18°	0,504	Bogdan
NaBr			
0,05	22°	0,625	Bein
0,015 bis 0,008	18	0,604	Bogdan
0,03 „ 0,006	18	0,606	Oppenheimer
KNO_3			
1,6	9°	0,450	Hittorf
2,1	12	0,479	„
1	11	0,487	„
0,3	7	0,494	„
0,1	8	0,497	„
$NaNO_3$			
0,05	19°	0,629	Bein
5,7	—	0,588	Hittorf
4	9	0,600	„
0,3 bis 0,1	12	0,614	„
$AgNO_3$			
0,18	14°	0,525	Bein
0,05	76	0,517	„
0,05	95	0,502	„
0,03 bis 0,005	18	0,529	Berliner
0,03 „ 0,07	30	0,518	„
2,3	(15)	0,473	Hittorf
1,1	18	0,495	„
0,6	19	0,510	„
0,4 bis 0,02	(17)	0,526	„
0,1 „ 0,01	25	0,523	Löb u. Nernst
0,1 „ 0,01	0	0,529	„

Überführungszahlen n des Anions in wässeriger Lösung.

Lit. Tab. 250, S. 1125.

m g-Äqu./Liter	t	n	Beobachter
$AgNO_3$ (Forts.)			
0,1	0°	0,541	Mather
0,1	29	0,532	„
0,1	48	0,529	„
0,025	0	0,538	„
0,025	45	0,525	„
$KClO_3$			
0,3	—	0,445	Hittorf
0,07	—	0,462	„
$AgClO_3$			
0,02	25°	0,505	Löb u. Nernst
$AgClO_4$			
0,02	25°	0,514	Löb u. Nernst
KCH_3COO			
0,7 bis 0,02	14°	0,332	Hittorf
$NaCH_3COO$			
0,3 bis 0,13	(8)°	0,433	Hittorf
$AgCH_3COO$			
0,04	24°	0,413	Bein
0,04	50	0,412	„
0,04	96	0,438	„
0,05	15	0,374	Hittorf
0,01	25	0,376	Löb u. Nernst
0,025	0	0,374	Mather
0,025	28	0,382	„
0,025	47	0,389	„
$KMnO_4$			
0,05	23°	0,559	Bein
KOH			
0,80		0,739	Kuschel
0,19		0,730	„
0,10		0,742	„
$NaOH$			
0,04	25°	0,799	Bein
1,08	—	0,827	Kuschel
0,28	—	0,800	„
0,11	—	0,843	„
$LiOH$			
1,50		0,890	Kuschel
0,40		0,863	„
0,20		0,848	„
NH_3			
0,05	21°	0,562	Bein
HCl			
0,2 bis 0,005	9°	0,165	Bein
„	50	0,202	„
„	96	0,244	„
0,03 bis 0,01	18	0,174	Bogdan
0,5 „ 0,1	—	0,166	Hopfgartner
0,85	—	0,158	„

m g-Äqu./Liter	t	n	Beobachter
HCl (Forts.)			
0,05 bis 0,02	20°	0,167	Noyes u. Sammet
„	10	0,159	„
„	30	0,177	„
0,03 „ 0,007	18	0,165	Joachim u. Wolff
0,016 „ 0,006	0	0,154	„
0,03 „ 0,006	30	0,182	„
0,03	18	0,170	Drucker u. Kršnjavi
0,98	18	0,155	Riesenfeld u. Reinhold
0,45	18	0,155	„
0,10	18	0,161	„
1,0	—[1])	0,158	Buchböck
2,5	—	0,176	„
HNO_3			
0,05	25°	0,172	Bein
0,25 bis 0,007	18	0,170	Bukschnewski
0,06	20	0,156	Noyes u. Kato
0,02 bis 0,007	—	0,160	„
$^1/_2\ MgCl_2$			
0,05	21°	0,615	Bein
$^1/_2\ MnCl_2$			
0,05	18°	0,613	Bein
$^1/_2\ CaCl_2$			
4	25,5°	0,718	Bein
4	97	0,79	„
0,25	21	0,608	„
0,1	24	0,595	„
0,05	24	0,583	„
0,01	22	0,553	„
0,01	49	0,555	„
0,01	96,5	0,530	„
0,005	—	0,562	Steele u. Denison
$^1/_2\ BaCl_2$			
0,3	11°	0,584	Bein
0,2	12	0,583	„
0,2	76	0,560	„
0,2	97	0,554	„
0,08	10	0,571	„
0,08	76	0,553	„
0,08	97	0,545	„
0,01	10	0,559	„
0,01	50	0,525	„
0,01	97	0,515	„
0,033	18	0,543	Bukschnewski
0,017	18	0,548	„
0,011 bis 0,006	18	0,553	„
0,4	25	0,558	Noyes
0,2	25	0,585	„
0,8	(17)	0,617	Hopfgartner
0,5	(17)	0,611	„
0,2	(17)	0,592	„
0,1	(17)	0,580	„
0,016 bis 0,006	0	0,437	Wolff
„	30	0,445	„

[1]) Temp. nicht angegeben (wohl Zimmertemp.).

Holborn.

Überführungszahlen *n* des Anions in wässeriger Lösung.

Lit. Tab. 250, S. 1125.

m g-Äqu./Liter	*t*	*n*	Beobachter
		½ $SrCl_2$	
0,05	20°	0,575	Bein
0,01	21	0,560	„
		½ $CuCl_2$	
0,05	23°	0,595	Bein
		½ $CoCl_2$	
0,05	18°	0,585	Bein
2,8	26	0,737	„
2,8	97	0,79	„
		½ $ZnCl_2$	
0,01 bis 0,0026		0,603	Kümmel
		½ $CdCl_2$	
0,13 bis 0,0017	18°	0,570	Goldhaber u. Bukschnewski
0,011 „ 0,006	18	0,569	Bukschnewski
0,01 „ 0,003	—	0,576	Kümmel
4	24	0,657	Bein
4	97	0,963	„
0,25	8	0,567	„
0,25	97	0,574	„
0,14 bis 0,06	22	0,568	„
0,14 „ 0,06	96	0,473	„
		½ $ZnBr_2$	
0,01 bis 0,003	—	0,600	Kümmel
		½ $CdBr_2$	
1	18°	0,782	Goldhaber u. Bukschnewski
0,5	18	0,650	„
0,25	18	0,601	„
0,125 bis 0,007	18	0,570	„
0,01 „ 0,003	—	0,584	Kümmel
		½ ZnJ_2	
0,01 bis 0,0025	—	0,589	Kümmel
		½ CdJ_2	
0,01 bis 0,0025	—	0,552	Kümmel
0,5	18°	1,003	Redlich
0,25	18	0,925	„
0,16	18	0,777	„
0,125	18	0,719	„
0,082	18	0,657	„
0,062	18	0,619	„
0,04	18	0,593	„
0,03	18	0,573	„
0,02	18	0,556	„
0,033	18	0,578	Bukschnewski
0,017 bis 0,007	18	0,558	„
		½ $Ca(NO_3)_2$	
0,005	—	0,550	Steele u. Denison
		½ $Ba(NO_3)_2$	
0,48	8°	0,641	Hittorf
0,13	14	0,620	„
0,06	11	0,602	„
0,2	25	0,545	Noyes
0,4	25	0,554	„

m g-Äqu./Liter	*t*	*n*	Beobachter
		½ $Pb(NO_3)_2$	
0,10 und 0,030	25°	0,513	Falk
		½ K_2SO_4	
1	8°	0,500	Hittorf
0,03	7	0,498	„
0,4	25	0,504	Noyes
0,2	15	0,507	„
0,018 bis 0,008	18	0,506	Goldlust
		½ Na_2SO_4	
1,2	9°	0,641	Hittorf
0,3	9	0,634	„
0,016 bis 0,008	18	0,609	Goldlust
		½ Li_2SO_4	
0,1		0,62	Kuschel
		½ Ag_2SO_4	
0,05	(17)°	0,554	Hittorf
		½ Tl_2SO_4	
0,05	23°	0,528	Bein
0,03	25	0,521	Falk
0,10	25	0,524	„
		½ $ZnSO_4$	
5	—	0,778	Hittorf
3	—	0,760	„
0,05	—	0,636	„
0,01 bis 0,003	—	0,664	Kümmel
		½ $CdSO_4$	
0,01 bis 0,0036	—	0,619	Kümmel
2	18°	0,746	Redlich
1	18	0,706	„
0,5	18	0,677	„
0,25	18	0,659	„
0,17	18	0,646	„
0,125	18	0,638	„
0,08	18	0,632	„
0,06	18	0,628	„
0,04	18	0,621	„
0,066	18	0,631	Goldlust
0,034	18	0,619	„
0,016	18	0,614	„
0,012	18	0,612	„
0,008	18	0,613	„
		½ $CaSO_4$	
0,0045	—	0,559	Steele u. Denison
		½ $MgSO_4$	
0,05	24°	0,541	Bein
3	4	0,762	Hittorf
0,08	5	0,656	„
1,33	—	0,747	Hopfgartner
1	—	0,749	„
0,067	18	0,631	Huybrechts
0,034	18	0,624	„
0,016	18	0,619	„
0,012 bis 0,006	18	0,614	„

Überführungszahlen *n* des Anions in wässeriger Lösung.

Lit. Tab. 250, S. 1125.

m g-Äqu./Liter	*t*	*n*	Beobachter
$^1/_2$ $CuSO_4$			
0,2 bis 0,01	0°	0,613	Bein
„	15	0,633	„
„	50	0,607	„
„	76	0,622	„
2	6	0,724	Hittorf
1,3	6	0,712	„
0,7	6	0,675	„
0,3 bis 0,1	4	0,644	„
2	—	0,73	Kirmiß
1,5	—	0,71	„
1	—	0,69	„
0,7	—	0,68	„
0,5	—	0,68	„
0,3 bis 0,2	—	0,65	„
0,5	18	0,672	Metelka
0,25	18	0,672	„
0,16	18	0,634	„
0,125	18	0,627	„
0,08 bis 0,02	18	0,625	„
$^1/_2$ H_2SO_4			
0,05	11°	0,175	Bein
0,05	23	0,200	„
0,05	96	0,304	„
$^1/_2$ H_2SO_4 (Forts.)			
7,6	19°	0,215	Stark
3,3	19	0,195	„
1,1	19	0,175	„
0,5	19	0,163	„
0,12	19	0,145	„
0,06	19	0,135	„
0,1 bis 0,02	8	0,165	Tower
1 „ 0,5	20	0,188	„
0,2 „ 0,02	20	0,179	„
0,1 „ 0,02	32	0,192	„
0,25	18	0,168	Huybrechts
0,12 bis 0,01	18	0,176	„
0,06	30	0,195	„
0,036 bis 0,012	30	0,186	„
0,07 „ 0,004	18	0,179	Knothe
0,015 „ 0,009	30	0,192	„
$^1/_2$ K_2CO_3			
0,04	22°	0,435	Bein
$^1/_2$ Na_2CO_3			
0,05	23°	0,590	Bein

249

Ionen-Beweglichkeiten l_{18} und ihre Temperaturkoeffizienten $\alpha_{18} = \left(\frac{1}{l}\frac{dl}{dt}\right)_{18}$ in Wasser bei 18°.

(Kohlrausch.)

	l_{18}	α_{18}		l_{18}	α_{18}		l_{18}	α_{18}
Li	33,4	0,0265	NH_4	64	0,0222	$^1/_2$ Zn	46	0,0254
Na	43,5	244	$C_5H_9O_2$	25,7	244	$^1/_2$ Cu	46	—
F	46,6	238	CHO_2	47	—	$^1/_2$ Cd	46	245
Ag	54,3	229	$C_2H_3O_2$	35	238	$^1/_2$ Sr	51	247
K	64,6	217	$C_3H_5O_2$	31	—	$^1/_2$ Ca	51	247
Cl	65,5	216	JO_3	33,9	234	$^1/_2$ Ba	55	239
Tl	66,0	215	ClO_3	55,0	215	$^1/_2$ Pb	61	240
J	66,5	213	BrO_3	46	—	$^1/_2$ Ra	58	239
Br	67,0	215	JO_4	48	—	$^1/_2$ C_2O_4	63	231
Rb	67,5	214	ClO_4	64	—	$^1/_2$ SO_4	68	227
Cs	68	212	NO_3	61,7	205	$^1/_2$ CrO_4	72	—
H	315	154	OH	174	180	$^1/_2$ CO_3	70	270
SCN	56,6	221	$^1/_2$ Mg	45	256			

Holborn.

Literatur, betreffend Überführungszahlen und Ionen-Beweglichkeit.

Bein, Wied. Ann. **46**, 29; 1892. — ZS. ph. Ch. **27**, 1; 1898. — ib. **28**, 439; 1898.

Berliner s. **Jahn.**

Bogdan s. **Jahn.**

Bredig, ib. **13**, 191; 1894 (Beweglichkeiten).

Buchböck, ib. **55**, 563; 1906. HCl mit Nichtelektrolyten.

Bukschnewski s. **Jahn.**

Campetti, Att. Torino **29**, 228; 1894 und **32**, 1897. Nuovo Cim. (3) **35**, 225; 1894.

Cattaneo, Rend. Linc. (5) **5**, 207; 1896 u. **6**, 279; 1897.

Denham, ZS. ph. Ch. **65**, 641; 1908. $CuBr_2$ u. $CuCl_2$ in konz. Lösung.

Drucker, ZS. Elch. **13**, 596; 1907. Zusammenstellung von Beweglichkeiten.

Drucker u. **Kršnjavi**, ZS. ph. Ch. **62**, 731; 1908. Salzsäure.

Falk, Journ. Amer. chem. Soc. **32**, 1555; 1910. Tl_2SO_4 u. $Pb(NO_3)_2$.

Goldhaber, **Goldlust** s. **Jahn.**

Gordon, ZS. ph. Ch. **23**, 469; 1887.

Hertz s. **Jahn.**

Hittorf, Pogg. Ann. **89**, 177; 1853. — ib. **98**, 1; 1856. — ib. **103**, 1; 1858. — ib. **106**, 338 u. 513; 1859. — s. auch Ostwalds Klassiker Nr. 21 u. 23. — ZS. ph. Ch. **39**, 612; 1901. — ib. **43**; 49; 1903.

Hopfgartner, ZS. ph. Ch. **25**, 115; 1898.

Huybrechts s. **Jahn.**

Jahn, ib. **37**, 673; 1901 (Beobachter: Berliner, Bogdan, Bukschnewski, Goldhaber, Metelka, Oppenheimer, Redlich); ib. **58**, 641; 1907 (Beobachter: Berliner, Goldlust, Hertz, Huybrechts, Joachim, Schulz, Wolff).

Joachim s. **Jahn.**

Kirmis, Wied. Ann. **4**, 503; 1878.

Kistiakowski, ZS. ph. Ch. **6**, 105; 1890.

Knothe, Diss. Greifswald, 1910 (Überführungszahl von H_2SO_4).

F. Kohlrausch, Götting. Nachr. 1876, 213 (Unabhängige Wanderung). — Wied. Ann. **50**, 385; 1893 u. **66**, 785; 1898 (Zusammenstellung von Überführungs-Zahlen und Beweglichkeiten).

F. Kohlrausch u. **Maltby**, Sitz.-Ber. d. Berl. Akad. 1899, 655 u. Wissensch. Abh. d. P. T. Reichsanstalt (Beweglichkeit einwert. Ionen).

F. Kohlrausch, Sitz.-Ber. d. Berl. Akad. 1900, 1002 (desgl.) — ib. 1901, 1026 u. 1902, 572 (Beweglichkeiten und Temperatur).

F. Kohlrausch u. **v. Steinwehr**, ib. 1902, 581 (Beweglichkeiten einwert. Ionen).

F. Kohlrausch u. **Grüneisen**, ib. 1904, 1215 (Beweglichkeiten zweiwert. Ionen.)

F. Kohlrausch, ZS. Elch. **13**, 333; 1907 und **14**, 129; 1908. (Ionenbeweglichkeiten und ihr Temperaturkoeffizient.)

Kümmel, Wied. Ann. **64**, 655; 1898.

Kuschel, ib. **13**, 289; 1881.

Lenz, Mem. Petersburger Akad. **30**, 9; 1882.

Löb u. **Nernst**, ZS. ph. Ch. **2**, 948; 1888.

Lussana, Att. Ist. Ven. (7) **3**, 1111; 1892 u. **4**, 1568; 1893. — Riv. Scientif. Ist. Firenze **29**, 10; 1897.

Mather, John Hopkins Univ. **16**, 45; 1897.

Metelka s. **Jahn.**

Noyes, ZS. ph. Ch. **36**, 63, 1901.

Noyes u. **Falk**, Journ. Amer. chem. Soc. **33**, 1436; 1911. Zusammenstellung von Überführungszahlen; ib. **34**, 479, 1912. Ionen-Beweglichkeiten bei 18 u. 25^0.

Noyes u. **Kato**, ib. **30**, 318; 1908. Salpetersäure.

Noyes u. **Sammet**, ZS. ph. Ch. **43**, 49; 1903.

Noyes u. **Stewart**, Journ. Amer. chem. Soc. **32**, 1151; 1910. $NaHSO_4$.

Oppenheimer s. **Jahn.**

Redlich s. **Jahn.**

Riesenfeld u. **Reinhold**, ZS. ph. Ch. **68**, 440; 1910. Salzsäure.

Rosenheim, ZS. anorg. Chem. **11**, 175 und 225; 1896.

Schrader, ZS. Elch. **3**, 498; 1897.

Schulz s. **Jahn.**

Stark, ZS. ph. Ch. **29**, 385; 1899.

Steele u. **Denison**, Trans. chem. Soc. **81**, 456 u. ZS. ph. Ch. **40**, 751; 1902.

Tower, Journ. Amer. chem. Soc. **26**, 1039; 1904. Schwefelsäure.

Washburn, Journ. Amer. chem. Soc. **31**, 322; 1909. Chloride mit Nichtelektrolyten.

Weiske, Pogg. Ann. **103**, 466; 1858.

Wetham u. **Paine**, Proc. Roy. Soc. A. **81**, 58; 1908. Verd. Schwefelsäure.

G. Wiedemann, Pogg. Ann. **99**, 177; 1856.

Wolff s. **Jahn.**

Holborn.

251

Elektrische Leitfähigkeit nicht wässeriger Lösungen.

Lit. s. S. 1131.

Die folgenden Zahlen stellen nur Auszüge dar. — Der Gehalt der Lösungen ist meist durch die Verdünnung (v) gegeben, d. h. die Anzahl Liter, in denen 1 Mol. gelöst ist. Die molekularen Leitvermögen (Λ), bezw. die spezifischen ($\varkappa$) sind in $\Omega^{-1}\mathrm{cm}^{-1}$ gemessen. Gemische verschiedener Lösungsmittel sind nur im Literaturverzeichnis berücksichtigt worden.

I. Anorganische Lösungsmittel.

1. **Ammoniak** NH_3. $t = -33{,}5^0$.
(**Franklin**, 1909).

KJ		$NaNO_3$		NH_4NO_3	
v	Λ	v	Λ	v	Λ
0,78	124,1	0,14	11,9	0,12	15,1
3,12	143,6	0,51	68,2	0,48	79,5
12,53	154,1	1,16	84,4	0,95	95,9
50,43	183,8	2,33	91,1	3,71	109,2
202,9	231,0	9,39	102,8	14,47	123,2
407,0	258,0	18,80	113,1	56,45	152,2
				220,8	197,1
				13110,0	298,8

$LiNO_3$		$AgNO_3$		AgJ	
v	Λ	v	Λ	v	Λ
0,26	29,2	1,37	89,7	0,33	6,1
0,53	58,7	4,33	106,3	1,30	9,6
1,06	77,5	17,42	126,9	5,38	15,4
4,26	96,8	70,08	159,7	22,40	27,5
17,15	115,8	251,4	195,2	80,97	47,9
34,40	130,2	980,9	237,7		
		3826,0	269,0		
		11710	289,2		
		45680	310,1		
		74820	306,0		

Kaliumamid		Natriumamid		AgCN	
v	Λ	v	Λ	v	Λ
0,16	16,6	5,69	1,02	0,55	15,1
0,50	18,8	12,91	1,99	2,20	18,6
1,17	16,3	25,51	3,00	8,90	16,6
4,69	15,1	50,39	4,37	35,6	14,6
16,66	18,9	99,5	6,23	143,2	13,8
65,00	29,7	196,5	8,65	576,0	13,7
253,6	51,6				
989,0	89,5				
3859,0	148,2				
15050,0	209,2				

2. **Arsentrichlorid** $AsCl_3$. $\varkappa = 1{,}2 \cdot 10^{-6}$; $t = 25^0$.
(**Walden**, 1903).

Chlorjod JCl		Jodtrichlorid JCl_3		Phosphorpentabromid PBr_5	
v	Λ	v	Λ	v	Λ
1,55	2,2	129	0,09	113	0,40
31,0	2,3	400	0,34	385	0,73
62	2,3				

Zinntetrajodid SnJ_4		Tetraäthylammoniumjodid $N(C_2H_5)_4J$	
v	Λ	v	Λ
300	0,39	320	52,4
600	0,79	640	55,2
900	0,64	1280	58,4

3. **Brom.** $\varkappa = 0$. $t = 18^0$
(**Plotnikow**, 1904).

$SbBr_3$		PBr_5		$AlBr_7CS_2$		$AlBr_5 \cdot C_2H_5Br_2CS_2$	
%	$\varkappa \cdot 10^6$	%	$\varkappa \cdot 10^6$	%	$\varkappa \cdot 10^6$	%	$\varkappa \cdot 10^6$
7,1	0,14	3,3	0,87	4,5	0,34	0,56	1,3
17,2	1,4	5,5	1,19	12,6	5 100	21,5	5 300
22,0	8,8	13,9	25 300	21,5	5 700	31,0	6 400
31,0	31	21,1	50 100	31,9	5 800		
47,7	98	34,3	55 800	45,7	6 100		

4. **Bromwasserstoff** HBr. $\varkappa = 0{,}05 \cdot 10^{-6}$; $t = -81^0$.
(**Steele, Mc Intosh** u. **Archibald**, 1906).

v	Λ (aus den Kurven abgelesen)			
	$N(C_2H_5)_3HCl$	Acetamid	Aceton	Acetonitril
2	6,5	2,4	1,4	3,0
4	4,2	1,5	0,5	1,2
8	2,1	0,8	0,1	—
12	1,2	0,5	—	—
20	0,7	0,3	—	—

5. **Chlorwasserstoff.** $\varkappa = 0{,}2 \cdot 10^{-6}$; $t = -100^0$.
(**Steele, Mc Intosh** und **Archibald**, 1906).

v	Λ (aus den Kurven abgelesen)				
	HCN	$N(C_2H_5)_3HCl$	Äthyläther	Acetamid	Acetonitril
2	5,4	—	0,9	—	7,0
4	2,6	7,0	0,3	7,0	4,5
8	1,4	4,0	—	4,5	2,5
12	1,0	3,1	0,1	3,3	2,1
20	0,9	2,3	—	—	1,6

6. **Jod.** ($\varkappa < 3 \cdot 10^{-5}$).
(**Lewis** u. **Wheeler**, 1906).
Konzentration C = Gramm KJ auf 100 Gramm Jod.

KJ

C	$\varkappa \cdot 10^3$		C	$\varkappa \cdot 10^3$	
	140°	160°		140°	160°
0,0237	0,172	0,162	0,236	1,78	1,63
0,0729	0,399	0,366	0,461	5,41	5,15
0,123	0,706	0,656	1,12	27,5	26,9

7. **Jodwasserstoff.** $\varkappa = 0{,}2 \cdot 10^{-6}$; $t = -50^0$.
(**Steele**, 1906).

v	Λ (aus den Kurven abgelesen)		
	$N(C_2H_5)_3HCl$	Äthyläther	Äthylbenzoat
2	3,8	0,8	2,1
4	1,8	0,2	0,6
8	0,6	—	0,1

8. **Phosphoroxychlorid** $POCl_3$. $t = 25^0$.
(**Walden**, 1900).

$N(C_2H_5)_4J$				
	v	250	500	1000
	Λ	28,9	33,5	41,6

Arndt.

Elektrische Leitfähigkeit nicht wässeriger Lösungen.

Lit. s. S. 1131.

I. Anorganische Lösungsmittel (Fortsetzung).

9. **Schwefelwasserstoff** H_2S. $\varkappa = 0{,}1 \cdot 10^{-6}$; $t = -81^0$. (**Steele**, 1906).

$N(C_2H_5)_3HCl$ aus der Kurve abgelesen				
	v	4	8	12
	Λ	0,84	0,36	0,23

10. **Schwefelchlorür** SCl_2. $t = 25^0$. (**Walden**, 1900).

$N(C_2H_5)_4J$	v	257	514	771
	Λ	0,12	0,16	0,21

11. **Chlorthionyl** $SOCl_2$. $t = 25^0$. (**Walden**, 1900).

$N(C_2H_5)_4J$	v	257	514	771
	Λ	19,5	25,5	29,1

12. **Sulfurylchlorid** SO_2Cl_2. $t = 25^0$. (**Walden**, 1900).

$N(C_2H_5)_4J$	v	250	500	750
	Λ	16,0	19,6	22,1

13. **Schwefeldioxyd.** $\varkappa = 1 \cdot 10^{-6}$; $t = 0^0$. Molekulare Leitfähigkeiten Λ von 19 Elektrolyten. (**Walden** und **Centnerszwer**, 1902).

$v =$	8	16	32	64
KJ	35,6	37,0	41,3	48,3
KBr	—	30,8	30,8	34,4
KCNS	—	17,5	18,8	22,0
NaJ	—	29,9	31,6	35,7
NH_4J	—	35,8	38,7	44,3
NH_4CNS	9,2	8,5	8,8	10,0
RbJ	—	—	45,4	53,0
$N(CH_3)H_3Cl$	7,4	8,1	9,5	12,1
$N(CH_3)_2H_2Cl$	9,0	9,7	11,1	13,3
$N(CH_3)_3HCl$	10,2	10,6	11,8	14,4
$N(CH_3)_4Cl$	78,6	81,2	84,3	92,0
$N(CH_3)_4Br$	79,9	80,4	83,4	94,5
$N(CH_3)_4J$	83,1	85,7	90,6	97,9
$N(C_2H_5)H_3Cl$	3,3	4,0	4,9	6,1
$N(C_2H_5)_2H_2Cl$	10,9	11,2	12,4	15,0
$N(C_2H_5)_3HCl$	16,0	16,6	18,5	22,1
$N(C_2H_5)_4J$	90,2	93,0	98,0	105,8
$N(C_7H_7)H_3Cl$	5,6	6,3	7,9	10,2
$S(CH_3)_3J$	73,6	74,8	78,3	86,0

$v =$	128	256	512	1024	2048
KJ	57,7	70,4	86,7	105,5	126,0
RbJ	63,0	—	—	—	—
$N(CH_3)H_3Cl$	15,9	21,2	28,5	38,1	52,1
$N(CH_3)_2H_2Cl$	16,4	21,5	27,7	37,0	48,5
$N(CH_3)_3HCl$	18,3	24,3	31,8	42,1	52,7
$N(CH_3)_4Cl$	103,5	120,0	135,7	151,2	167,1
$N(CH_3)_4Br$	105,9	115,1	133,9	148,6	163,1
$N(CH_3)_4J$	111,5	125,5	147,4	157,3	—
$N(C_2H_5)H_3Cl$	7,8	10,3	10,5	11,4	12,2
$N(C_2H_5)_2H_2Cl$	18,9	24,7	31,4	43,4	56,9
$N(C_2H_5)_3HCl$	27,8	36,3	46,4	58,5	71,5
$N(C_2H_5)_4J$	116,5	127,9	141,5	154,7	—
$N(C_7H_7)H_3Cl$	13,3	17,5	23,5	31,7	40,4
$S(CH_3)_3J$	100,6	115,2	132,2	146,1	—

Weitere Messungen von **Walden** (1903) in SO_2. $t = 0^0$.

Br		J		JBr	
v	Λ	v	Λ	v	Λ
12,2	0,20	39	0,0058	35,4	3,9
49,9	0,43	77	0,0069	86,0	12,2
270,4	1,55	148	0,0108	271,1	24,6
626,2	2,72			688,0	36,9

PBr_3		$SbCl_5$		$SnCl_4$	
v	Λ	v	Λ	v	Λ
24,0	0,15	11,3	0,21	5,0	0,008
63,5	0,35	46,0	0,74	14,0	0,040
259,0	0,80	224,0	27,29	139,0	0,262

$POBr_3$		$SnBr_4$		$(C_6H_5)_3CCl$	
v	Λ	v	Λ	v	Λ
16,2	0,36	7,9	0,16	34,3	8,5
226,0	0,44	86,2	0,71	94,3	14,1
964,7	0,89	1125	6,85	248,0	23,0

$(C_6H_5)_3CCl + SnCl_4$		$(C_6H_5)_3CBr$		Chinolin	
v	Λ	v	Λ	v	Λ
219	72,4	95,6	115,0	10,0	0,64
404	83,1	196,5	126,6	108,7	1,43
1130	60,8	295,0	134,0	375,8	2,80

14. **Wasserfreie Schwefelsäure** H_2SO_4. $\varkappa = 1 \cdot 10^{-2}$. $t = 25^0$. (**Hantzsch**, 1908; **Bergius**, 1910).

$KHSO_4$ (Bergius)			$NaHSO_4$ (Bergius)		
$1000\,\eta$	$\varkappa \cdot 10^3$	Λ	$1000\,\eta$	$\varkappa \cdot 10^3$	Λ
0,005	0,34	73,7	0,005	0,46	96,8
0,014	1,01	74,9	0,027	2,38	89,0
0,035	2,57	74,1	0,050	4,62	92,7
0,085	6,37	75,2	0,090	9,17	101,3

$RbHSO_4$ (Bergius)			SO_3 (Hantzsch)		
$1000\,\eta$	$\varkappa \cdot 10^3$	Λ	$1000\,\eta$	$\varkappa \cdot 10^3$	Λ
0,002	0,13	67,7	0,005	10,1	53,4
0,011	0,47	42,1	0,012	10,5	52,1
0,034	1,65	48,4	0,227	24,1	59,2
0,072	4,39	60,7	0,507	30,5	40,3

Tellur (Hantzsch)				
	$1000\,\eta$	0,023	0,034	0,054
	$\varkappa \cdot 10^3$	2,74	3,79	4,49
	Λ	119	112	84

Arndt.

Elektrische Leitfähigkeit nicht wässeriger Lösungen.

Lit. s. S. 1131.

II. Organische Lösungsmittel.

1. Molekulare Leitfähigkeiten von $N(C_2H_5)_4J$ bei 25° in verschiedenen organischen Lösungsmitteln.

(**P. Walden**, ZS. ph. Ch. **54**, 128—230; 1906.)

Lösungsmittel	Leitf. d. Lösmitt. $\varkappa \cdot 10^6$	Verdünnungsgrad v							
		100	200	400	800	1600	3200	6400	∞
Methylalkohol	—	90,5	98,1	103,2	107,5	110,4	123,0	—	124
Propionaldehyd	0,85	79,8	89,0	94,1	104,6	—	—	—	145 (?)
Furfurol	1,45	—	41,5	43,4	45,2	46,0	46,7	—	50
Essigsäureanhydrid	0,48	44,3	49,8	54,6	58,7	62,0	64,4	—	74,5
Citraconsäureanhydrid	0,20	18,5	19,7	20,6	21,0	21,1	21,4	—	22,5
Acetylbromid	2,38	53,8	62,1	72,3	81,0	87,8	92,5	—	114
Cyanessigsäuremethylester	0,45	20,3	21,7	23,3	24,6	25,5	26,2	26,9	29,5
Asymmetrisches Diäthylsulfit	0,50	—	—	24,4	24,9	25,1	25,4	—	26,4
Schwefelsäuredimethylester	0,31	—	35,5	37,7	38,7	39,6	40,4	—	43
Schwefelsäurediäthylester	0,26	—	30,2	33,5	35,5	36,5	36,9	—	43
Borsäuretrimethylester	0,62	—	10,2	13,0	16,5	21,2	27,4	—	ca. 188
Benzonitril	0,26	—	37,7	41,9	45,0	47,6	49,2	50,2	56,5
Benzylcyanid	0,16	16,6	20,8	23,6	26,1	27,9	29,4	—	36
Glykolsäurenitril	8,34	66,8	69,2	69,6	70,0	70,2	—	—	71,5
Milchsäurenitril	0,31	—	32,2	34,4	35,5	36,4	37,2	—	40
Methylrhodanid	4,10	74,0	78,9	82,2	85,0	87,3	87,7	—	96
Äthylrhodanid	1,96	53,2	60,3	65,3	69,0	72,2	74,8	—	84,5
Nitromethan	0,23	94,1	100,5	105,9	109,5	111,7	112,8	—	120
Nitrobenzol	0,11	28,5	31,4	33,5	35,0	35,9	36,3	—	40
Acetylaceton	0,28	—	56,7	62,0	65,6	68,6	70,4	71,6	81
Epichlorhydrin	0,05	40,0	45,0	49,6	53,7	56,8	58,8	60,4	66,8

Lösungsmittel	Leitf. d. Lösmitt. $\varkappa \cdot 10^6$	100	500	1000	2000	4000	∞
Acetaldehyd (0°)	1,55	122	148	151	154	158	ca. 180
Isovaleraldehyd	0,10	—	16,5	23,3	30,7	38,7	—
Salicylaldehyd	0,16	8,4	11,7	13,7	15,2	17,1	25
Anisaldehyd	0,42	—	11,5	12,5	13,3	13,9	16
Isobuttersäureanhydrid	0,16	—	24,5	28,0	30,8	32,8	42
Formamid	38,7	23,3	—	24,4	24,4	—	25
Acetonitril	36,8	141,8	173,3	180,4	183,8	186,5	200
Äthylsenföl	0,14	—	58,8	69,2	77,2	83,3	106
Nitrosodimethylin	16,2	—	81,2	84,2	86,4	—	95

Lösungsmittel	Leitf. d. Lösmitt. $\varkappa \cdot 10^6$	64	128	256	512	1024	2048	∞
Methylalkohol	—	83,8	92,2	99,3	104,0	108,5	—	124
Äthylalkohol	0,103	28,9	34,1	38,9	43,2	46,6	49,1	60
Äthylenglykol	—	5,9	6,2	6,5	6,8	[7,2]	—	8
Benzaldehyd	—	20,0	22,9	25,9	27,8	30,9	—	43
Propionitril	0,178	102,0	113,7	123,4	131,5	139,4	145,0	165
Aceton	0,321	—	—	136,1	152,1	167,5	178,9	225

2. Methylalkohol. (t = 25°).

(**G. Carrara**, Gazz. chim. **26** I, 119; 1896.)

Molekulares Leitvermögen.

	16	32	64	128	256	512	1024	2048	∞
NaCl	—	—	69,6	74,3	78,1	81,8	84,5	85,6	86,8
NaBr	—	65,0	71,0	75,5	80,1	82,8	84,6	—	87,6
NaJ	64,0	68,8	73,1	77,3	79,9	82,2	84,1	88,3	89,8
Natriumacetat	41,1	47,7	52,9	58,2	62,8	65,8	68,6	69,4	70,3
Natriumtrichloracetat	46,5	52,7	58,6	63,6	67,3	70,2	71,7	—	73,3
LiCl	48,0	54,3	59,6	63,9	67,0	69,7	73,0	74,9	77,3
KCl	—	64,5	71,1	76,1	80,2	83,7	87,0	89,5	95,6
KBr	60,7	68,2	74,6	79,6	83,6	86,9	88,0	92,0	96,5
KJ	67,4	73,8	79,5	84,5	88,5	91,0	92,2	—	97,6
NH_4Cl	60,1	66,9	74,7	80,3	84,7	90,0	91,7	93,4	96,2
NH_4Br	64,2	71,0	77,3	82,4	86,6	91,0	93,4	96,5	99,9
NH_4F	57,8	62,9	71,6	79,9	86,1	90,9	94,0	—	97,6
NH_4J	72,2	78,7	85,0	91,1	—	100,6	104,7	(**Zelinsky**, 1896).	
SrJ_2	—	—	115,3	128,6	141,4	153,9	166,3	(**Jones** u. **Lindsay**, 1902).	
CdJ_2	—	—	14,2	14,8	15,4	—	—	Leitf. des Lösungsmittels: $\varkappa = 0{,}2 \cdot 10^{-6}$	
$LiNO_3$	—	—	69,3	74,5	80,6	83,3	86,5		

Arndt.

Elektrische Leitfähigkeit nicht wässeriger Lösungen.

Lit. s. S. 1131.

II. Organische Lösungsmittel (Fortsetzung).

2. Methylalkohol. (Fortsetzung).

$CdCl_2$ (**Coffetti**, 1903).		CdJ_2 **Coffetti**, 1903).		$FeCl_3$ (**Kahlenberg**, u. **Lincoln**, 1899).	
v	Λ	v	Λ	v	Λ
22,8	11,3	23,1	13,9	3,2	20,8
91,2	17,3	92,6	15,3	51,2	49,0
364,8	24,8	370,2	18,2	205,0	72,6
		1481,0	26,5	819,8	111,1

(**Carrara**, 1896).

HCl		HBr		HJ	
v	Λ	v	Λ	v	Λ
18,9	106,4	6,7	88,1	17,9	104,6
37,7	117,0	26,8	101,9	71,4	120,0
150,9	127,9	107,4	113,1	245,7	130,5
1207,5	131,0	1717,8	121,0	∞	134,5

CCl_3COOH		KOH		NaOH	
v	Λ	v	Λ	v	Λ
10,5	2,7	8,7	58,7	10,6	52,8
41,9	5,2	34,6	69,4	42,6	64,0
167,5	9,9	138,5	74,6	170,2	70,0
∞	25,5	∞	75,8	∞	71,8

NH_3		Natriummethylat	
v	Λ	v	Λ
16,1	0,89	2,3	35,5
32,3	1,98	36,4	52,0
128,9	5,47	145,5	69,7
257,8	11,35	∞	74,5

$N(C_2H_5)_4J$ bei tiefen Temperaturen.
(**Walden**, 1910).

t	25°	0°	−18°	−76°
v	102	100	98	92
Λ	88	61	43	8

3. Äthylalkohol.

a) (**Jones** und **Lindsay**, 1902).
$\varkappa = 0{,}2 \cdot 10^{-6}$; $t = 25^0$

v	64	128	256	512	1024
KJ	29,4	33,0	36,0	38,6	41,4
NH_4Br	16,7	18,8	19,7	22,7	22,9
SrJ_2	28,9	33,5	38,9	46,1	51,3
$LiNO_3$	24,9	27,7	30,8	33,3	35,5

b) (**Turner**, 1909). $\varkappa = 0{,}1 \cdot 10^{-6}$; $t = 25^0$

v	10	250	500	1000	5000	20000
KJ	22,2	38,2	41,4	44,0	47,8	48,5
LiCl	15	29	31,5	33,5	37	38

c) (**Meyer Wildermann**, 1894). $t = 18^0$

HCl		$CCl_2H \cdot COOH$		CCl_3COOH	
v	μ	v	μ	v	μ
33,1	31,6	1,9	0,040	17,2	0,608
66,2	37,2	30,7	0,138	38,8	0,814
264,8	47,0	491,2	1,111	441,9	2,385
1059,2	52,4	1965	4,102	993,6	3,894

d) (**Kahlenberg** u. **Lincoln**, 1899).
$\varkappa = 7{,}7 \cdot 10^{-9}$.

$FeCl_3$	v	2,9	11,6	195,1	390,2
	Λ	9,9	13,7	19,3	21,2

e) $N(C_2H_5)_4J$ bei tiefen Temperaturen
(**Walden**, 1910).

t	25	0	−30	−43	−70
v	195	190	184	181	176
Λ	37	23	11	6	2

4. Propylalkohol. $\varkappa = 0{,}08 \cdot 10^{-6}$; $t = 25^0$

(**Jones** u. **Lindsay**, 1902).

SrJ_2	v	64	128	256
	Λ	8,8	10,2	11,3

5. Allylalkohol $t = 25^0$

(**Coffetti**, 1903).

NaCl		NaBr		NaJ	
v	Λ	v	Λ	v	Λ
16,7	17,2	88,6	19,2	12,7	20,2
66,7	24,0	354,6	25,5	50,8	25,9
266,6	29,8	1418,2	30,1	203,4	31,7
1066,6	33,1			813,4	33,1

6. Ameisensäure. $t = 25^0$.

(**Zanninovich-Tessarin**, 1895).

HCl	v	2,9	11,7	46,9
	Λ	29,6	30,7	31,1
CCl_3COOH	v	0,6	2,3	4,7
	Λ	0,01	0,07	0,16

v	32	64	128	256	512	∞
KCl	40,7	43,5	48,7	54,4	57,3	60,8
NaCl	37,4	39,4	41,2	44,0	45,6	47,5

Arndt.

Elektrische Leitfähigkeit nicht wässeriger Lösungen.

Lit. s. S. 1131.

II. Organische Lösungsmittel (Fortsetzung).

7. Aceton. $\varkappa = 7{,}10^{-4}$; $t = 25^0$.

a) (**Carrara**, 1897).

$v =$	32	64	128	256	512	1024	2048	∞
KJ	—	—	115,5	130,5	141,1	149,6	153,6	153,6
NaJ	—	—	—	126,3	133,5	139,9	138,5	139,9
NH_4J	—	—	67,3	85,5	104,1	120,8	136,0	132,5
LiCl	6,1	8,8	12,1	17,1	23,2	33,4	—	77,3

b) (**Kahlenberg** und **Lincoln**, 1899). $\varkappa = 5{,}4 10^{-5}$. $t = 25^0$.

HCl v	HCl Λ	CCl_3COOH v	CCl_3COOH Λ	$FeCl_3$ v	$FeCl_3$ Λ
7,9	1,29	3,3	0,06	14,7	51,7
31,8	1,69	23,3	0,26	234,4	70,7
63,6	2,21	46,5	0,42	1875,1	91,2

c) (**v. Lasczynski**, 1895). $t = 18^0$.

$HgCl_2$ v	$HgCl_2$ Λ	$AgNO_3$ v	$AgNO_3$ Λ
2,3	0,08	144	13,3
9,0	0,28	288	14,7
36,2	0,73	576	16,5

8. Flüssiger Cyanwasserstoff.

a) (**Centnerszwer**, 1901). $t = 0^0$.

$v =$	8	16	32	64	128	256	512	1024
KJ	256	262	271	279	285	294	306	308
$S(CH_3)_3J$	—	276	292	303	313	320	327	331

b) (**Kahlenberg** und **Schlundt**, 1902). $\varkappa = 1{,}10^{-5}$; $t = 0^0$.

KJ v	KJ Λ	$FeCl_3$ v	$FeCl_3$ Λ	$SbCl_3$ v	$SbCl_3$ Λ	$BiCl_3$ v	$BiCl_3$ Λ	$KMnO_4$ v	$KMnO_4$ Λ	CCl_3COOH v	CCl_3COOH Λ
12,0	254	4,2	111,7	0,71	0,77	4,53	6,7	5,5	142	0,4	0,07
27,1	278	22,9	152,4	3,12	0,40	7,27	4,9	23,4	264	2,4	0,21
81,6	300	431,1	213,7	6,19	0,45	20,24	3,1	104,5	311	6,1	0,36
453,5	325	1042,0	259,9	28,08	1,19	81,31	4,3	1329	511	36,6	1,81

9. Acetonitril. $\varkappa = 0{,}002$. $t = 25^0$.

a) (**Dutoit** und **Friderich**, 1898).

NaJ v	NaJ Λ	LiCl v	LiCl Λ	$AgNO_3$ v	$AgNO_3$ Λ
5,3	67,8	38,5	18,8	8	54,5
11,7	83,6	77,0	23,6	32	87,9
61,8	125,2	153,3	30	128	118,3
456,8	150,9			256	131,5

b) (**Walden**, 1903). $t = 25^0$.

$v =$	100	200	500	1000
KJ	143,0	157,2	169,3	178,9
NaJ	139,9	150,7	165,9	170,9
KCNS	148,9	154,5	172,6	182,9
NaCNS	123,2	146,3	166,3	182,1

$v =$	2000	4000	8000	16000	∞
KJ	184,0	188,0	191,0	194,3	207
NaJ	176,7	181,0	183,4	—	198
KCNS	191,2	202,2	205,0	—	223
NaCNS	188,5	192,3	196,9	—	215

10. Propionitril. $t = 20^0$.

a) (**Dutoit** und **Aston**, 1897).

$v =$	8	16	32	64	128	256
$HgCl_2$	1,05	1,86	3,40	6,67	—	—
CdJ_2	—	—	—	15,9	17,0	19,1
$AgNO_3$	14,2	18,8	23,8	29,0	34,4	38,9

b) (**Coffetti**, 1903). $t = 25^0$.

NaJ v	NaJ μ	CdJ_2 v	CdJ_2 μ
12,5	29,4	39,5	17,8
74,7	59,3	79,1	17,6
448,2	92,7	251,8	17,3
896,5	106,6	755,5	23,7

c) (**Walden**, 1910).

$N(C_2H_5)_4J$ bei tiefen Temperaturen. $v_{25^0} = 370$.

t	81⁰	25⁰	−5⁰	−59⁰
$\varkappa \cdot 10^6$	52	34	23	9

Arndt.

Elektrische Leitfähigkeit nicht wässeriger Lösungen.

Lit. am Schluß der Seite.

II. Organische Lösungsmittel (Fortsetzung).

11. **Amylamin.** $\varkappa = 0{,}08 \cdot 10^{-6}$; $t = 25^0$.
(**Kahlenberg** und **Ruhoff**, 1903).

$AgNO_3$		CdJ_2		$FeCl_3$	
v	Λ	v	Λ	v	Λ
0,4	0,53	0,8	0,47	5,0	0,22
1,7	1,38	1,7	0,19	13,4	0,16
6,3	0,17	5,5	0,002	27,1	0,09
31,1	0,01				

12. **Nitromethan.** $t = 25^0$.
(**Coffetti**, 1903).

LiJ		CdJ_2	
v	μ	v	μ
167	64,5	1000	19,8
667	100,5	2000	22,8
2667	128,3	4000	24,8

13. **Nitrobenzol.** $\varkappa = 0{,}35 \cdot 10^{-6}$; $t = 25^0$.
(**Kahlenberg** und **Lincoln**, 1899).

$FeCl_3$					
$v =$	2,8	11,3	45,4	726,0	2903,9
$\Lambda =$	3,8	6,6	16,3	20,5	20,5

14. **Benzaldehyd.** $\varkappa = 0{,}45 \cdot 10^{-6}$; $t = 25^0$.

a) $FeCl_3$. (**Kahlenberg** und **Lincoln**, 1899). b) HCl. (**Beckmann** und **Lehmann**, 1907). $t = 18^0$.

v	μ	$1000\,\eta$	$\varkappa \cdot 10^4$	$\Lambda \cdot 10^4$
25,6	14,3	0,168	0,0810	0,481
117,9	13,1	365	1170	321
237,1	10,5	602	1416	235
		828	1495	181
		885	1315	149

15. **Pyridin.** $\varkappa = 0{,}66 \cdot 10^{-6}$; $t = 25^0$.
(**v. Hevesy**, 1910).

BaJ_2			
$v =$	9,6	18,0	81,1
$\Lambda =$	8,9	10,7	16,0

16. **Chinolin.** $\varkappa = 0{,}38 \cdot 10^{-6}$; $t = 0^0$.
(**Walden**, 1903).

$v =$	50	100	200	400	800
$\Lambda =$	1,72	1,81	2,06	2,36	2,69

Literaturverzeichnis.

E. Beckmann u. **G. Lehmann**, ZS. ph. Ch. **60**, 391; 1907.
H. Cady, Journ. ph. Ch. **1**, 707; 1897.
G. Carrara, Gazz. chim. **24** II, 504; 1894; **26** I, 119; 1896; **27** I, 207 u. 422; 1897.
C. Cattaneo, Rend. Linc. (5) **4** II, 63; 1895.
Centnerszwer, ZS. ph. Ch. **39**, 217; 1901.
Coffetti, Gazz. chim. **33** I, 63; 1903.
Dutoit u. **Aston**, C. r. **125**, 240; 1897.
Dutoit u. **Dupertuis**, Journ. Chim. phys. **6**, 726; 1908; **7**, 189; 1909.
Dutoit u. **Friderich**, Bull. Soc. chim. (3) **19**, 321; 1898.
Dutoit u. **Gyr**, Journ. Chim. phys. **7**, 189; 1909.
Euler, ZS. ph. Ch. **28**, 619; 1899.
Fitzpatrick, Phil. Mag. (5) **24**, 377; 1887.
E. C. Franklin, ZS. ph. Ch. **69**, 272; 1909.
Franklin u. **Gibbs**, Journ. Amer. chem. Soc. **29**, 1389; 1907.
Franklin u. **Kraus**, Amer. chem. Journ. **23**, 277; 1900; **24**, 83; 1900; **29**, 11; 1903; **30**, 1; 1903.
Frenzel, ZS. Elch. **6**, 479; 1900.
Goodwin u. **Thompson** jun., Phys. Rev. **8**, 38; 1899.
Hartwig, Wied. Ann. **33**, 58; 1888.
v. Hevesy, ZS. Elch. **16**, 672; 1910.
Holland, Wied. Ann. **50**, 263; 1893.
Jones, ZS. ph. Ch. **56**, 129; 1906; **57**, 193, 257; 1907.
Jones u. **Lindsay**, Amer. chem. Journ. **28**, 341; 1902.
Jones u. **Mahin**, ZS. ph. Ch. **69**, 389; 1909.
Jones u. **Schmidt**, Amer. chem. Journ. **42**, 37; 1909.
Jones u. **Veazey**, ZS. ph. Ch. **61**, 641; 1907; **62**, 44; 1908.
Kahlenberg, ZS. ph. Ch. **46**, 64; 1903.
Kahlenberg u. **Lincoln**, Journ. phys. Chem. **3**, 12; 1899.
Kahlenberg u. **Ruhoff**, Journ. phys. Chem. **7**, 254; 1903.
Kahlenberg u. **Schlundt**, Journ. phys. Chem. **6**, 447; 1902.
A. Kerler, Diss. Erlangen 1894.
Köhler, ZS. Elch. **16**, 419; 1910.
v. Laszcynski, ZS. Elch. **2**, 55; 1895.
Lewis u. **Wheeler**, ZS. ph. Ch. **56**, 178; 1906.
Plotnikow, ZS. ph. Ch. **48**, 223; 1904.
Schall, ZS. ph. Ch. **14**, 701; 1894.
Sserkow, Journ. russ. **40**, 399; 1909; ZS. ph. Ch. **73**, 557; 1910.
Steele, **Mc Intosh** u. **Archibald**, ZS. ph. Ch. **55**, 159; 1906.
Turner, Amer. chem. Journ. **40**, 558; 1908.
Völlmer, Wied. Ann. **52**, 328; 1894.
Walden, ZS. anorg. Ch. **25**, 215; 1900; **29**, 371; 1902; **30**, 145; 1902; ZS. ph. Ch. **43**, 398; 1903; **46**, 131; 1903.
M. Wildermann, ZS. ph. Ch. **14**, 231 u. 247; 1894.
Zanninovich-Tessarin, ZS. ph. Ch. **19**, 251; 1895.
Zelinsky u. **Krapivin**, ZS. ph. Ch. **21**, 42; 1896.

Arndt.

Konstanten der elektrolytischen Dissoziation.

Berechnet nach dem Massenwirkungsgesetz; im einfachsten Fall (Konzentration des Kations) × (Konzentration des Anions) : (Konzentration des nichtdissoziierten Anteils).

Verdünnung: v = Anzahl Liter, in denen ein Mol der Verbindung gelöst ist.
Methoden:
a) Leitfähigkeit. Der Dissoziationsgrad ist aus der elektrischen Leitfähigkeit berechnet.
b) Gefrierpunktserniedrigung. — Hydrolyse des Na-Salzes etc., aus der Gefrierps.-Ern. abgeleitet, ist bei Hydrolyse aufgeführt.
c) Löslichkeitserniedrigung.
d) Verteilung zwischen zwei Lösungsmitteln.
e) Hydrolyse. Ermittelung von Ionenkonzentrationen
 α) durch Leitfähigkeitsmessung,
 β) durch Katalyse,
 γ) auf elektrometrischem Wege,
 δ) auf kolorimetrischem Wege (Indikatorenmethode),
 ε) aus der Gefrierpunktserniedrigung der Na-Salze etc.

I. A. Dissoziationskonstanten anorganischer Säuren [1]).

Name	Formel	t	Konstante	Verdünnung	Methode	Autor	Zitat
Aluminiumhydroxyd	$Al(OH)_3$	25⁰	$6{,}3 \times 10^{-13}$	10	Hydr.	Wood	Journ. chem. Soc. **93**, 411; 1908.
Arsenige Säure . .	$As(OH)_3$	„	6×10^{-10}	20	Lösl.	„	
Arsensäure . . .	AsO_4H_3	„	5×10^{-3}	8—256	Leitf.	Luther	ZS. Elch. **13**, 297; 1907.
Borsäure	BO_3H_3	15	$5{,}5 \times 10^{-10}$	46—185	Hydr.	Lundén	Journ. Chim. phys. **5**, 574; 1907.
„	„	25	$6{,}6 \times 10^{-10}$	„	„	„	„
„	„	„	$6{,}4 \times 10^{-10}$	0,14—28	„	Lundberg	ZS. ph.Ch. **69**, 442; 1909.
„	„	40	$8{,}5 \times 10^{-10}$	47—185	„	Lundén	a. a. O.
Hydroschweflige Säure (2. Stufe) .	$H_2S_2O_4$	25	$3{,}5 \times 10^{-3}$	64—256	Leitf.	Jellinek	ZS. ph.Ch. **76**, 257; 1911.
Jodsäure	JO_3H	„	$1{,}9 \times 10^{-1}$	16—256	„	Rothmund u. Drucker	ZS. ph.Ch. **46**, 827; 1903.
Kakodylsäure . .	$AsO_2(CH_3)_2H$	„	$6{,}4 \times 10^{-7}$	8—256	„	Johnston	Ber. chem. Ges. **37**, 3625; 1904. ZS. ph.Ch. **57**, 557; 1906.
„ . .	„	„	$7{,}5 \times 10^{-7}$	8—14	Hydrol.	Holmberg	ZS. ph.Ch. **70**, 157; 1910.
Kohlensäure (1. Stufe)	CO_3H_2	18	$3{,}0 \times 10^{-7}$	28—110	Leitf.	Walker u. Cormack	Journ. chem. Soc. **77**, 5; 1900.
„ (2. Stufe)	„	25	$1{,}3 \times 10^{-11}$	—	Lösl.	Bodländer	ZS. ph. Ch. **35**, 23; 1900.
Phosphorsäure [2]) .	PO_4H_3	„	9×10^{-3}	32—1024	Leitf.	Rothmund u. Drucker	a. a. O.
Salpetrige Säure .	NO_2H	„	4×10^{-4}	2	Hydr.	Blanchard	ZS. ph.Ch. **41**, 681; 1902; **51**, 122; 1905.
„ .	„	„	$4{,}5 \times 10^{-4}$	512—1536	Leitf.	Schumann	Ber. chem. Ges. **33**, 532; 1900.
„ .	„	„	$6{,}4 \times 10^{-4}$	8—10	Hydr.	E. Bauer	ZS. ph.Ch. **56**, 215; 1906.
Schwefelsäure [3]) (1. Stufe)	SO_4H_2	„	$4{,}5 \times 10^{-1}$	2,5—747	Versch. Meth.	Jellinek	a. a. O.
„ (2. Stufe)	„	„	$1{,}7 \times 10^{-2}$	2,5—747		„	„
						Drucker (1)	ZS. Elch. **17**, 398; 1911.
„	„	„	$1{,}3 \times 10^{-2}$	—	Leitf.	Luther	ib. **13**, 296; 1907.
„	„	„	3×10^{-2}	10—40	Versch. M.	Noyes u. Stewart	Journ. Amer. chem. Soc. **32**, 1160; 1910.
Schwefelwasserstoff	H_2S	18	$5{,}7 \times 10^{-8}$	25—125	Leitf.	Walker u. Cormack	a. a. O.
(1. Stufe)	„	„	$9{,}1 \times 10^{-8}$	22—230	„	Auerbach	ZS. ph.Ch. **49**, 563; 1904.
Schweflige Säure	SO_3H_2	0—25	$1{,}7 \times 10^{-2}$	2,5—20	Gefrierp.	Drucker (2)	ib. **49**, 220; 1904.
(1. Stufe)		25	$1{,}7 \times 10^{-2}$	—	Versch. Meth.	Jellinek	a. a. O.
„ (2. Stufe)	„	„	5×10^{-6}	—		„	„

[1]) Vergl. die Zusammenstellung von **Noyes**, Journ. Amer. chem. Soc. **32**, 860; 1910.

[2]) Konstanten bei 18⁰ für Phosphor- und Pyrophosphorsäure (versch. Dissoz.-Stufen) bei **Abbott** u. **Bray**, Journ. Amer. chem. Soc. **31**, 760; 1909; vergl. ferner für Phosphorsäure bei versch. Temp. **Noyes**, ebenda **30**, 349; 1908.

[3]) Vergl. ferner **Noyes** u. **Eastman**, Carn. Inst. Publ. **63**, 274; 1907.

Hinrichsen.

Konstanten der elektrolytischen Dissoziation.

I. A. Dissoziationskonstanten anorganischer Säuren. (Forts.)

Name	Formel	t (°)	Konstante	Verdünnung	Methode	Autor	Zitat
Stickstoffwasserstoffsäure	N_3H	0	$1{,}0 \times 10^{-5}$	64—256	Leitf.	Hantzsch	Ber. chem. Ges. **32**, 3073; 1899.
	„	25	$1{,}9 \times 10^{-5}$	64	„	„	
						s. f. West	Journ. chem. Soc. **77**, 705; 1900.
Thioschwefelsäure (2. Stufe)	$S_2O_3H_2$	„	$1{,}_0 \times 10^{-2}$	—	Leitf.	Jellinek	a. a. O.
Überjodsäure . .	JO_4H	„	$2{,}_3 \times 10^{-2}$	8—128	„	Rothm. u. Dr.	„
Unterchlorige Säure	ClOH	17	$3{,}7 \times 10^{-8}$	6—10	Hydr.	Sand	ZS. ph. Ch. **48**, 610; 1904.
Wasserstoffsuperoxyd	H_2O_2	0	$6{,}7 \times 10^{-13}$	—	Versch. Meth.	Joyner	ZS. anorg. Ch. **77**, 103; 1912.
	„	25	$2{,}4 \times 10^{-12}$	—		„	
Zinnsäure . . .	SnO_3H_2	25	4×10^{-10}	100—1000	Hydr.	Goldschmidt u. Eckardt	ib. **56**, 389; 1906.

I. B. Dissoziationskonstanten anorganischer Basen.

Name	Formel	t (°)	Konstante	Verdünnung	Methode	Autor	Zitat
Ammoniak[1] . . .	NH_4OH	0	$1{,}4 \times 10^{-5}$	9—22	Leitf.	Lundén	Journ. Chim. phys. **5**, 574; 1907.
	„	„	$1{,}3_9 \times 10^{-5}$	10—22	„	Kanolt	Journ. Amer. chem. Soc. **29**, 1408; 1907.
	„	18	$1{,}7_1 \times 10^{-5}$	10—22	„		
„ . . .	„	10	$1{,}6_3 \times 10^{-5}$	„	„	Lundén	a. a. O.
„ . . .	„	18	$1{,}7_5 \times 10^{-5}$	„	„	„	„
„ . . .	„	„	$1{,}7_5 \times 10^{-5}$	2—100	„	Noyes, Kato u. Sosman	ZS. ph. Ch. **73**, 1; 1910.
„ . . .	„	25	$1{,}8_7 \times 10^{-5}$	9—22	„	Lundén	a. a. O.
„ . . .	„	„	$1{,}8_0 \times 10^{-5}$	2—100	„	Noyes, Kato u. Sosman	„
„ . . .	„	40	$1{,}9_8 \times 10^{-5}$	9—22	„	Lundén	a. a. O.
„ . . .	„	50	$1{,}9_6 \times 10^{-5}$	„	„	„	„
„ . . .	„	60	$1{,}9 \times 10^{-5}$	„	„	„	„
„ . . .	„	100	$1{,}3_5 \times 10^{-5}$	10—100	„	Noyes, Kato u. Sosman	„
„ . . .	„	156	$6{,}_3 \times 10^{-6}$				
„ . . .	„	218	$1{,}8 \times 10^{-6}$	„	„	„	„
„ . . .	„	306	$9{,}_3 \times 10^{-8}$	3,3—10	„	„	„
Arsentrioxyd . .	$As(OH)_3$	25	1×10^{-14}	1,6—20	Lösl.	Wood	Journ. chem. Soc. **93**, 411; 1908.
Hydrazin	N_2H_5OH	„	3×10^{-6}	8—256	Leitf.	Bredig	ZS. ph. Ch. **13**, 191; 322, 1894.
Kakodylsäure . .	$AsO(CH_3)_2OH$	0	4×10^{-14}	2—1024	Leitf. u. Hydr.	Zawidzki	Ber. chem. Ges. **36**, 3325; 1903; **37**, 153, 2289; 1904.
„ . .	„	25	3×10^{-13}	„	„	„	
„ . .	„	„	$5{,}6 \times 10^{-13}$	300—1000	Hydr.	Holmberg	ZS. ph. Ch. **70**, 157; 1910.
Silberhydroxyd . .	AgOH	„	$1{,}1 \times 10^{-4}$	1783—14264	Leitf.	Levi	Gazz. chim. **31**, II, 1; 1901.

II. A. Organische Säuren[2]).

1. Aliphatische Säuren.

Literatur S. 1176.

Name	Formel	t (°)	Konstante	Verdünnung	Methode	Autor
Acetaldehyd	$CH_3 . CHO$	0	$0{,}7 \times 10^{-14}$	1—2	Versch. Meth.	Euler (1)
γ-Acetbuttersäure . .	$CH_3 . CO . [CH_2]_3—COOH$	25	$2{,}2 \times 10^{-5}$	16—2048	Leitf.	Schilling u. Vorländer
Acetessigsäureäthylester	$CH_3 . CO . CH_2COO . C_2H_5$	„	2×10^{-11}	4—8	Verseifungsgeschwind.	Goldschmidt u. Oslan
desgl. -methylester	$CH_3 . CO . CH_2COO . CH_3$	„	2×10^{-11}	5—10	„	Goldschmidt u. Scholz

[1]) S. ferner **Denham,** Journ. chem. Soc. **93**, 41, 424, 833; 1908.

[2]) Einige zusammenfassende Arbeiten sind am Schluß der Lit. aufgeführt. Die zweiten Dissoziationskonstanten zahlreicher Säuren, wie sie nach versch. Methoden und von versch. Autoren gefunden sind, hat **Chandler**, Journ. Amer. chem. Soc. **30**, 713; 1908 zusammengestellt. Die Dissoziation von sauren Salzen aller Art hat **Smith** (ZS. phys. Ch. **25**, 219; 1898) gemessen.

Hinrichsen.

Konstanten der elektrolytischen Dissoziation.

II. A. Organische Säuren. 1. Aliphatische Säuren. (Fortsetzung). — Lit. S. 1176.

Name	Formel	t	Konstante	Verdünnung	Methode	Autor
Acetondikarbonsäure	$CO\langle{}^{CH_2-COOH}_{CH_2-COOH}$	25°	$7,9 \times 10^{-4}$	22 - 687	Verseifungs-geschwind.	Angeli
Acetoxim	$(CH_3)_2C=NOH$	18	$4,6 \times 10^{-13}$	30	Hydrol.	Lundén (1)
"	"	25	$6,0 \times 10^{-13}$	"	"	" (1)
"	"	40	$1,0 \times 10^{-12}$	"	"	" (1)
Acetursäure	$CH_3-CO-NH-CH_2(COOH)$	25	$2,30 \times 10^{-4}$	16—1024	Leitf.	Ostwald (1)
Acetylaceton	$CH_3-CO-CH_2-CO-CH_3$	"	$1,5 \times 10^{-6}$	32—1024	"	Guinchant
Acetylcyanamid	$CH_3-CO-NH-CN$	"	$1,5 \times 10^{-4}$	25—794	"	Bader
Aconitsäure	$CH-COOH$ $\Vert$ $COOH-C$ $\vert$ $CH_2.COOH$	"	$1,36 \times 10^{-3}$	32—1024	"	Walden (2)
"		"	$1,58 \times 10^{-3}$	28—899	"	Walker (1)
Acrylsäure	$CH_2=CH.COOH$	"	$5,6 \times 10^{-5}$	8—1024	"	Ostwald (2)
Adipinsäure	$COOH-[CH_2]_4-COOH$	"	$3,6_5 \times 10^{-5}$	32—1024	"	Brown u. Walk.
"	"	"	$3,7 \times 10^{-5}$	32—1024	"	Ostwald(2) [(1)
"	"	"	$3,76 \times 10^{-5}$	39—1258	"	W. A. Smith
Adipinsäureäthylester	$COOH-[CH_2]_4-COO.C_2H_5$	"	3×10^{-5}	93—1488	"	Walker (1)
i-Äpfelsäure	$COOH-CHOH-$ CH_2-COOH	"	$3,99 \times 10^{-4}$	32—2048	"	Ostwald (3)
l-Äpfelsäure	"	"	$4,0 \times 10^{-4}$	nicht ang.	"	Walden (3)
Äthenyl-tricarbonsäure	CH_2-COOH $\vert$ $CH-COOH$ $\vert$ $COOH$	"	$3,2 \times 10^{-3}$	32—1024	"	" (2)
Äthylacetessigsäure-äthylester	$CH_3-CO-CH(C_2H_5)$ $\vert$ $COO.C_2H_5$	"	9×10^{-13}	20—100	Hydrol.	Goldschmidt u. Scholz
α-Äthyl-adipinsäure	$COOH-CH(C_2H_5)-$ $[CH_2]_3-COOH$	"	$4,15 \times 10^{-5}$	47—755	Leitf.	Mellor
cis-α-α₁-Äthylallylbernsteinsäure	$C_2H_5-CH.COOH$ $\vert$ $C_3H_5-CH.COOH$	"	$3,5_9 \times 10^{-4}$	16—512	"	Walden (1)
trans-desgl.	$C_2H_5-CH-COOH$ $\vert$ $COOH-CH-C_3H_5$	"	$2,69 \times 10^{-4}$	32—1024	"	" (1)
Äthylbernsteinsäure	$COOH-CH-CH_2-COOH$ $\vert$ C_2H_5	"	$8,5 \times 10^{-5}$	32—1024	"	" (1)
"	"	"	$8,6 \times 10^{-5}$	44—1414	"	Bethmann
Äthyl-α-Δ-dithiocarbonglycolsäure	$COOH-CH_2O-CS-$ $S.C_2H_5$	"	$2,1 \times 10^{-3}$	40—315	"	Holmberg (1)
Äthyl-β-Δ- desgl.	$COOH-CH_2S-CS-$ $O.C_2H_5$	"	$6,5 \times 10^{-4}$	16—1071	"	" (1)
α-Äthylglutarsäure	$COOH-CH.C_2H_5-$ $[CH_2]_2-COOH$	"	$5,6 \times 10^{-5}$	45—714	"	Mellor
"	"	"	$5,8 \times 10^{-5}$	256—2048	"	Auwers
Äthylglycolsäure	$CH_2(OC_2H_5)(COOH)$	"	$2,3 \times 10^{-4}$	16—1024	"	Ostwald (1)
Äthylisonitrosoaceton	$CH_3-CO-C=NOH$ $\vert$ C_2H_5	"	3×10^{-10}	32	Hydrol.	Hantzsch u. Farmer
Äthylitakonsäure	$CH_3-CH_2-CH=C-COOH$ $\vert$ $H_2C-COOH$	"	$3,6 \times 10^{-5}$	16—128	Leitf.	Fichter u. Probst
Äthylmaleïnsäure	$C_2H_5-C-COOH$ $\Vert$ $CH-COOH$	"	$2,4 \times 10^{-3}$	32—1024	"	Walden (1)
" malonsäure	$C_2H_5-CH(COOH)_2$	"	$1,27 \times 10^{-3}$	16—1024	"	Ostwald (2)
"	"	"	$1,27 \times 10^{-3}$	32—1024	"	Walden (1)

Hinrichsen.

Konstanten der elektrolytischen Dissoziation.

II. A. Organische Säuren. 1. Aliphatische Säuren. (Fortsetzung). — Lit. S. 1176.

Name	Formel	t	Konstante	Verdünnung	Methode	Autor
Äthylmalonsäureäthylester	$C_2H_5 . CH<^{COOH}_{COO . C_2H_5}$	25	$4{,}01 \times 10^{-4}$	34—1080	Leitf.	Walker (1)
Äthylmesaconsäure	$COOH—C—CH_2—C_2H_5$ ‖ $HC—COOH$	„	$9{,}3 \times 10^{-4}$	64—1024	„	Walden (1)
α-Äthyl-α-β-pentensäure	$CH_3-CH_2-CH=C-C_2H_5$ | $COOH$	„	$2{,}05 \times 10^{-5}$	64—1024	„	Fichter u. Obladen
α-Äthyl-β-γ-pentensäure	$CH_3-CH=CH-CH-C_2H_5$ | $COOH$	„	$3{,}3_9 \times 10^{-5}$	32—1024	„	„
Äthyl-sulfoncyanamid	$C_2H_5(SO_2)NH(CN)$	„	7×10^{-6}	104—835	„	Bader
Äthyl-thio-glycolsäure	$C_4H_8SO_2$	„	$1{,}8_3 \times 10^{-4}$	15—503	„	Ramberg
Äthyl-tricarballylsäure (Smp. 147°)	$C_2H_5—CH—COOH$ | $CH—COOH$ | $CH_2—COOH$	„	$3{,}2 \times 10^{-4}$	32—1024	„	Walden (2)
Äthyl-trithiocarbonglycolsäure	$COOH—CH_2S—$ $CS . S . C_2H_5$	„	$8{,}2 \times 10^{-4}$	91—477	„	Holmberg (1)
α-Alanin	$CH_3—CH—NH_3$ | / COO	„	9×10^{-10}	32—1024	„	Winkelblech
Alanylglycin	$C_5H_{10}O_3N_2$	„	$1{,}8 \times 10^{-8}$	nicht ang.	„	Euler (2)
Allylbernsteinsäure	$C_3H_5—CH—CH_2$ | | $COOH\ COOH$	„	$1{,}0_9 \times 10^{-4}$	32—1024	„	Walden (1)
Allylmalonsäure	$C_3H_5—CH(COOH)_2$	„	$1{,}54 \times 10^{-3}$	32—1024	„	„ (1)
Ameisensäure	$H . COOH$	„	$2{,}14 \times 10^{-4}$	8—1024	„	Ostwald (1) u. Franke (siehe auch Wegsch.)
Angelicasäure	CH_3-C-H ‖ $CH_3-C—COOH$	„	$5{,}0 \times 10^{-5}$	32—2048	„	Ostwald (2)
Anti-(Meso)-weinsäure	$COOH—CHOH-CHOH$ | $COOH$	„	$6{,}0 \times 10^{-4}$	16—1024	„	Walden (1)
β-i-Asparagin	$CH_2—CONH_2$ | $NH_2—CH—COOH$	18	$0{,}88 \times 10^{-9}$	30	Hydr.	Lundén (1)
„	„	25	$1{,}3_5 \times 10^{-9}$	„	„	„ (1)
„	„	40	$3{,}2 \times 10^{-9}$	„	„	„ (1)
d-Asparaginsäure	$CH_2—COOH$ | $NH_2—CH—COOH$	25	$13{,}5 \times 10^{-5}$	250—500	„	Holmberg (2)
„	„	„	15×10^{-5}	—	Leitf.	Lundén (1)
Azelainsäure	$COOH—[CH_2]_7—COOH$	„	$2{,}5 \times 10^{-5}$	68—1091	„	Smith
„	„	„	$3{,}0 \times 10^{-5}$	84—1347	„	Bethmann
desgl. 2. Stufe	„	„	$2{,}4 \times 10^{-6}$	32—4096	„	Chandler
Bernsteinsäure	$COOH(CH_2)_2COOH$	„	$6{,}6 \times 10^{-5}$	16—2048	„	Ostwald (2)
„	„	„	$6{,}8 \times 10^{-5}$	32—1024	„	Brown u. Walker (1)
„	„	0	$5{,}6 \times 10^{-5}$	8—2048	„	White u. Jones
„	„	25	$6{,}6 \times 10^{-5}$	„	„	„
„	„	35	$6{,}6 \times 10^{-5}$	„	„	„
„	„	0	$5{,}1 \times 10^{-5}$	14—512	„	Kortright
„ 2. Stufe	„	25	$2{,}7 \times 10^{-6}$	32—4096	„	Chandler
„ -anhydrid (gelöst = Bernsteinsäure)	$C_4H_4O_3$	„	$6{,}8 \times 10^{-5}$	16—1024	„	Walden (1)

Hinrichsen.

Konstanten der elektrolytischen Dissoziation.

II. A. Organische Säuren. 1. Aliphatische Säuren. (Fortsetzung). — Lit. S. 1176.

Name	Formel	*t*	Konstante	Verdünnung	Methode	Autor
Bernsteinsäureäthylester	$CH_2—COO.C_2H_5$ | $CH_2—COOH$	0 25	$3{,}0_2 \times 10^{-5}$	18—582	Leitf.	Walker (1)
„ methylester	$CH_2—COO.CH_3$ | $CH_2—COOH$	„	$3{,}26 \times 10^{-5}$	19—621	„	„ (1)
„ „	„	„	$3{,}21 \times 10^{-5}$	18—143	„	Bone, Sudborough, Sprankling
Brenzweinsäure . . .	$CH_3—CH—COOH$ | $CH_2—COOH$	„	$8{,}6 \times 10^{-5}$	32—2048	„	Ostwald (2)
„ . . .	„	0	$7{,}9 \times 10^{-5}$	8—2048	„	White u. Jones
„ . . .	„	12	$7{,}9 \times 10^{-5}$	„	„	„
„ . . .	„	25	$8{,}7 \times 10^{-5}$	„	„	„
„ . . .	„	35	$8{,}8 \times 10^{-5}$	„	„	„
α-α_1-Brom-äthylbernsteinsäure, α-Säure (Smp. 114°)	$C_2H_5—CH—COOH$ | $Br—CH—COOH$	25	$4{,}23 \times 10^{-3}$	32—1024	„	Walden (1)
N-Säure desgl. (Smp. 192°)	„	„	$5{,}4 \times 10^{-3}$	32—1024	„	„ (1)
Brombernsteinsäure .	$CHBr—COOH$ | $CH_2—COOH$	„	$2{,}8 \times 10^{-3}$	32—1024	„	„ (1)
„ 2. Stufe	„	„	$3{,}9 \times 10^{-5}$	32—4096	„	Chandler
Brombrenzweinsäure .	$CH_3—CH—COOH$ | $Br—CH—COOH$	„	$4{,}8 \times 10^{-3}$	64—1024	„	Walden (1)
α-Brombuttersäure . .	$CH_3—CH_2—CHBr$ | $COOH$	„	$1{,}06 \times 10^{-3}$	128—1024	„	„ (2)
γ- „ . .	$CH_2Br.(CH_2)_2—COOH$	„	$2{,}6 \times 10^{-5}$	32—64	„	Lichty b. Lundén
Bromcitrakonsäure . .	$CH_3—C—CO$ || >O $Br—C—CO$	„	$1{,}4 \times 10^{-2}$	107—856	„	Angeli
Bromessigsäure . . .	$CH_2Br.COOH$	„	$1{,}38 \times 10^{-3}$	32—1024	„	Ostwald (1)
„ . . .	„	0	$1{,}56 \times 10^{-3}$	32	„	Kortright
α-Brompropionsäure .	$CH_3—CHBr—COOH$	25	$1{,}08 \times 10^{-3}$	128—1024	„	Walden (2)
β- „ .	$CH_2Br—CH_2—COOH$	„	$9{,}8 \times 10^{-5}$	32—1024	„	„ (2)
δ-Bromvaleriansäure .	$CH_2Br—(CH_2)_3—COOH$	„	$1{,}91 \times 10^{-5}$	64	„	Lichty, vgl.
„ .	„	„	$1{,}91 \times 10^{-5}$	64	„	Wegscheid. (4)
Butantetrakarbonsäure (Äthyl-äthenyltrikarbonsäure)	$CH_2—CH—CH—CH_2$ | | | | $COOH$ $COOH$ $COOH$ $COOH$	„	$4{,}0 \times 10^{-4}$	64—1024	„	Walden (2)
Butenyltrikarbonsäure	$C_2H_5—CH—COOH$ | $CH(COOH)_2$	„	$3{,}07 \times 10^{-3}$	32—1024	„	„ (2)
Buttersäure	$CH_3(CH_2)COOH$	„	$1{,}5 \times 10^{-5}$	16—1024	Leitf.	Franke
„	„	„	$1{,}49 \times 10^{-5}$	8—1024	„	Ostwald (1)
„	„	„	$1{,}45 \times 10^{-5}$	5—8	Hydrol.	Bauer
„	„	„	$1{,}5_4 \times 10^{-5}$	32—1024	Leitf.	Billitzer
„	„	0	$1{,}6 \times 10^{-5}$	2—2048	„	White u. Jones
„	„	25	$1{,}5 \times 10^{-5}$	„	„	„
„	„	35	$1{,}4 \times 10^{-5}$	„	„	„
„	„	0	$1{,}66 \times 10^{-5}$	16	„	Kortright
Butylmalonsäure . .	$C_4H_9.CH(COOH)_2$	25	$1{,}03 \times 10^{-3}$	32—1024	„	Walden (1)
Butyrylcyanamid . .	$C_3H_7 \cdot CO \cdot NH \cdot CN$	„	$1{,}1 \times 10^{-4}$	36—1149	„	Bader
n-Capronsäure . . .	$C_5H_{11} \cdot COOH$	„	$1{,}4_5 \times 10^{-5}$	32—1024	„	Ostwald (1)
„ . . .	„	„	$1{,}46 \times 10^{-5}$	„	„	Billitzer
„ . . .	„	„	$1{,}38 \times 10^{-5}$	32—1024	„	Franke
Caprylsäure	$C_7H_{15}.COOH$	„	$1{,}44 \times 10^{-5}$	256—1024	„	„

Hinrichsen.

Konstanten der elektrolytischen Dissoziation.

II. A. Organische Säuren. 1. Aliphatische Säuren (Fortsetzung). — Lit. S. 1176.

Name	Formel	t	Konstante	Verdünnung	Methode	Autor
Carbaminthioglykolsäure	$CH_2<{S—CO.NH_2 \atop COOH}$	25	$2{,}46 \times 10^{-4}$	8—1024	Leitf.	Ostwald (1)
Chloralhydrat . . .	$CCl_3.CH(OH)_2$	0	4×10^{-12}	4	Hydrol.	Euler (1)
„ . . .	„	18	1×10^{-11}	„	Leitf. des NH_4-Salzes	H. u. A. Euler (1)
i-Chlorbernsteinsäure .	$CHCl-COOH$ | $CH_2—COOH$	25	$2{,}8 \times 10^{-3}$	32—1024	Leitf.	Walden (1)
l- „ .	„	„	$2{,}8 \times 10^{-3}$	nicht ang.	„	„ (3)
d- „ .	„	„	$2{,}8 \times 10^{-3}$	„	„	„ (3)
α-Chlorbuttersäure . .	$CH_3.CH_2-CHCl-COOH$	„	$1{,}39 \times 10^{-3}$	16—1024	„	Lichty
β- „ . .	$CH_3-CHCl-CH_2-COOH$	„	$8{,}94 \times 10^{-5}$	„	„	„
γ- „ . .	$CH_2Cl—(CH_2)_2—COOH$	„	3×10^{-5}	32—64	„	„
α-Chlorcrotonsäure . .	$CH_3—C—H$ ‖ $COOH—C—Cl$	„	$7{,}2 \times 10^{-4}$	16—1024	„	Ostwald (2)
β- „ . .	$CH_3—C—Cl$ ‖ $COOH—C—H$	„	$1{,}44 \times 10^{-4}$	„	„	„ (2)
Chloressigsäure . . .	$CH_2Cl-COOH$	„	$1{,}55 \times 10^{-3}$	„	„	„ (1)
„ . . .		0	$1{,}56 \times 10^{-3}$	32	„	Kortright
α-Chlorisocrotonsäure .	$CH_3—C-H$ ‖ $Cl—C—COOH$	25	$1{,}58 \times 10^{-3}$	16—1024	„	Ostwald (2)
β- „ .	$CH_3—C—Cl$ ‖ $H-C—COOH$	„	$9{,}5 \times 10^{-5}$	„	„	„ (2)
Chlormalonsäure . .	$CHCl(COOH)_2$	„	4×10^{-2}	32—1024	„	Walden (1)
α-Chlorpropionsäure .	$CH_3—CHCl—COOH$	„	$1{,}47 \times 10^{-3}$	16—1024	„	Lichty
β- „ .	$CH_2Cl-CH_2—COOH$	„	$8{,}59 \times 10^{-5}$	„	„	„
δ-Chlorvaleriansäure .	$CH_2Cl—(CH_2)_3—COOH$	„	$2{,}04 \times 10^{-5}$	32—1024	„	Lichty
Citrakonsäure. . . .	$CH_3—C-COOH$ ‖ $H-C-COOH$	„	$3{,}4 \times 10^{-3}$	68—2184	„	Ostwald (3)
„	„	0	$4{,}4 \times 10^{-3}$	32—2048	„	White u. Jones
„	„	12	$4{,}1 \times 10^{-3}$	„	„	„
„	„	25	$3{,}8 \times 10^{-3}$	„	„	„
„	„	35	$3{,}6 \times 10^{-3}$	„	„	„
„	„	0	$3{,}69 \times 10^{-3}$	64	„	Kortright
Citronensäure . . .	$CH_2—COOH$ | $C(OH)—COOH$ | $CH_2—COOH$	25	$8{,}2 \times 10^{-4}$	64—1024	„	Walden (2)
„ . . .	„	„	$8{,}0 \times 10^{-4}$	15—1944	„	Walker (1)
„ . . .	„	0	$6{,}9 \times 10^{-4}$	8—2048	„	White u. Jones
„ . . .	„	25	$8{,}7 \times 10^{-4}$	„	„	„
„ . . .	„	35	$9{,}1 \times 10^{-4}$	„	„	„
Crotonsäure	$CH_3—C—H$ ‖ $COOH—C-H$	25	$2{,}0 \times 10^{-5}$	16—1024	„	Ostwald (2)
„	„	0	$2{,}0 \times 10^{-5}$	8—2048	„	White u. Jones
„	„	12	$2{,}1 \times 10^{-5}$	„	„	„
„	„	25	$2{,}2 \times 10^{-5}$	„	„	„
„	„	35	$2{,}1 \times 10^{-5}$	„	„	„
α-Cyanacetessigsäureäthylester	$CN-CH_2-CO-CH_2—$ $—COO.C_2H_5$	25	$6{,}5 \times 10^{-4}$	64—1024	„	Guinchant

Konstanten der elektrolytischen Dissoziation.

II. A. Organische Säuren. 1. Aliphatische Säuren (Fortsetzung). — Lit. S. 1176.

Name	Formel	t	Konstante	Verdünnung	Methode	Autor
α-Cyanacetessigsäure-amylester	$CN{-}CH_2{-}CO{-}CH_2$ $COO.C_5H_{11}$	25°	$5{,}8 \times 10^{-4}$	1024—2048	Leitf.	Guinchant
desgl. -isobutylester	$CN{-}CH_2{-}CO{-}CH_2$ $COO.C_4H_9$	"	$7{,}0 \times 10^{-4}$	512—1024	"	"
desgl. -methylester	$CN{-}CH_2{-}CO{-}CH_2$ $COO.CH_3$	"	$8{,}5 \times 10^{-4}$	64—1024	"	"
desgl. -propylester	$CN{-}CH_2{-}CO{-}CH_2$ $COO.C_3H_7$	"	$6{,}0 \times 10^{-4}$	128—1024	"	"
Cyanamidokohlensäure-äthylester	$CN{-}NH.COO.C_2H_5$	"	$4{,}7 \times 10^{-4}$	50—794	"	Bader
α-Cyan-n-buturylessig-säuremethylester	$n{-}C_4H_9{-}CO{-}CH(CN)$ $COO.CH_3$	"	$6{,}3 \times 10^{-4}$	128—1024	"	Guinchant
α-Cyanisobuturylessig-säuremethylester	$i{-}C_4H_9{-}CO{-}CH(CN)$ $COO.CH_3$	"	$5{,}0 \times 10^{-4}$	512—1024	"	"
Cyanessigsäure	$CH_2(CN)(COOH)$	"	$3{,}7 \times 10^{-3}$	16—1024	"	Ostwald (1)
Cyanmalonsäurediäthyl-ester	$CH(CN)(COO.C_2H_5)_2$	"	$3{,}6 \times 10^{-2}$	64—2048	"	Guinchant
Cyanoximidoessigsäure	$CN{-}C{-}COOH$ ‖ $N.OH$	"	$1{,}4 \times 10^{-2}$	16—512	"	Hantzsch u. Miolati
α-Cyanpropionylessig-säuremethylester	$C_3H_7{-}CO{-}CH(CN)$ | $COO.CH_3$	"	$7{,}5 \times 10^{-4}$	256—1024	"	Guinchant
Cyanursäure	$(CNOH)_3$	"	$1{,}8 \times 10^{-7}$	128—1024	Hydrol.	Hantzsch (3)
"	"	"	$3{,}8 \times 10^{-7}$	131—1046	Leitf.	Bader
Cyanwasserstoff	HCN	18	$4{,}7 \times 10^{-10}$	20	Hydrol.	Madsen
"	"	25	$7{,}2 \times 10^{-10}$	"	"	"
"	"	40	$15{,}7 \times 10^{-10}$	"	"	"
s-Diäthylbernsteinsäure (cis)	$C_2H_5{-}CH{-}COOH$ | $C_2H_5{-}CH{-}COOH$	25	$2{,}01 \times 10^{-4}$	—	Leitf.	Bone u. Sprankling (1)
desgl. (trans)	$C_2H_5{-}CH{-}COOH$ | $COOH{-}CH{-}C_2H_5$	"	$2{,}45 \times 10^{-4}$	—	"	" (1)
" " (para) (Smp. 192°)	"	"	$2{,}45 \times 10^{-4}$	32—1024	"	Walden (1)
" " "	"	"	$2{,}35 \times 10^{-4}$	66—1054	"	Brown u. Walker (2)
" " (anti) (Smp. 128°)	"	"	$3{,}47 \times 10^{-4}$	"	"	"
" " "	"	"	$3{,}4 \times 10^{-4}$	32—2048	"	Ostwald (2)
Diäthylbernsteinsäure (Bischoff) (Smp. 138°)	$(C_2H_5)_2C_2H_2(COOH)_2$	"	$3{,}86 \times 10^{-4}$	"	"	Walden (1)
Diäthyläthylenmilch-säure	$(C_2H_5)_2C(OH)CH_2.COOH$	"	$3{,}0 \times 10^{-5}$	35—1123	"	Szyszkowski
Diäthylessigsäure	$(C_2H_5)_2CH{-}COOH$	"	$1{,}8_9 \times 10^{-5}$	64—1024	"	Franke
"	"	"	$2{,}0 \times 10^{-5}$	76—1216	"	Walden (2)
"	"	"	$2{,}0 \times 10^{-5}$	32—1024	"	Billitzer
s-Diäthylglutarsäure	$CH_2[CH(C_2H_5)COOH]_2$	11	$5{,}3 \times 10^{-5}$	128—1024	"	Auwers
α-Säure (Smp. 119°)	"	25	$5{,}3 \times 10^{-5}$	102—1626	"	Bethmann
desgl. β-Säure (Smp. 77°)	"	"	$5{,}9_5 \times 10^{-5}$	128—1024	"	Auwers
"	"	"	$5{,}5 \times 10^{-5}$	93—1472	"	Bethmann
Diäthylmalonsäure	$(C_2H_5)_2C(COOH)_2$	"	$7{,}4 \times 10^{-3}$	32—1024	"	Walden (1)
desgl. -monoäthylester	$COOH{-}C(C_2H_5)_2.COO.C_2H_5$	"	$2{,}3_1 \times 10^{-4}$	37—1168	"	Walker (1)
Diäthylpentantetra-karbonsäure	$(COOH)_2=C(C_2H_5){-}[CH_2]_3{-}C(C_2H_5)=(COOH)_2$	"	$2{,}1 \times 10^{-2}$	11—1446	"	" (1)
2, 6-Diäthylpimelin-säure	$COOH{-}CH(C_2H_5){-}CH_2{-}CH_2{-}CH_2{-}CH(C_2H_5){-}COOH$	"	$3{,}45 \times 10^{-5}$	155—1240	"	" (1)

Hinrichsen.

Konstanten der elektrolytischen Dissoziation.

II. A. Organische Säuren. 1. Aliphatische Säuren (Fortsetzung). — Lit. S. 1176.

Name	Formel	t	Konstante	Verdünnung	Methode	Autor
Diallylmalonsäure	$(C_3H_5)_2C(COOH)_2$	25°	$7{,}6 \times 10^{-3}$	32—1024	Leitf.	Walden (1)
Dibromacetylacrylsäure	$CH_3 . CO . CBr = CBr$ COOH	„	$6{,}1 \times 10^{-5}$	90—1445	„	Angeli
Dibrombernsteinsäure	$C_2H_2Br_2(COOH)_2$	„	$3{,}4 \times 10^{-2}$	32—4096	„	Chandler
desgl. 2. Stufe	„	„	$1{,}6 \times 10^{-3}$	„	„	„
α-α-Dibrompropionsäure	CH_3-CBr_2-COOH	„	$3{,}3 \times 10^{-2}$	32—1024	„	Walden (2)
α-β-Dibrompropionsäure	$CH_2Br-CHBr$ COOH	„	$6{,}7 \times 10^{-3}$	„	„	„ (1)
Dichloressigsäure	$CHCl_2 . COOH$	„	5×10^{-2}	6—833	„	Drucker (1)
„	„	„	$5{,}1 \times 10^{-2}$	32—1024	„	Ostwald (1)
Diglykolsäure	$O(CH_2 . COOH)_2$	„	$1{,}1 \times 10^{-3}$	62—2048	„	„ (1)
cis-s-Diisopropylbernsteinsäure (Smp. 171°)	$(i-C_3H_7)-CH-COOH$ $(i-C_3H_7)-CH-COOH$	„	$2{,}3 \times 10^{-3}$	128—1024	„	Bone und Sprankling (1)
trans-s-Diisopropylbernsteinsäure (Smp. 226°)	$(i-C_3H_7)-CH-COOH$ $COOH-CH-(i-C_3H_7)$	„	$1{,}1 \times 10^{-4}$	256—2048	„	„ (1)
cis-s-Diisopropylbernsteinsäuremethylester	$C_{11}H_{20}O_4$ s. o.	„	$1{,}15 \times 10^{-4}$	238—1904	„	„ (1)
trans-s- desgl.	„ s. o.	„	$6{,}3 \times 10^{-5}$	380—3040	„	„ (1)
cis-s-Diisobutylbernsteinsäure	$(i-C_4H_9)_2C_2H_2(COOH)_2$ cis- s.	„	$5{,}6 \times 10^{-4}$	669—2674	„	„ (1)
trans-s- desgl.	desgl. trans- s.	„	$2{,}3 \times 10^{-4}$	1060—4240	„	„ (1)
Diisopropylglykolsäure	$C(OH)(i-C_3H_7)_2 . COOH$	„	$1{,}27 \times 10^{-4}$	33—1040	„	Szyszkowski
2—6-Diisopropylpimelinsäure	$COOH-CH(i-C_3H_7)-$ $. (CH_2)_3-CH(i-C_3H_7)-$ $-COOH$	„	$3{,}2 \times 10^{-5}$	237—1896	„	Walker (1)
α-γ-Diisopropyltrikarballylsäure (Smp. 156°)	$i-C_3H_7-CH-COOH$ $CH-COOH$ $CH(i-C_3H_7).COOH$	„	$1{,}6 \times 10^{-3}$	96—767	„	Bone und Sprankling (2)
desgl. (Smp. 173°)	„	„	$1{,}93 \times 10^{-3}$	172—1372	„	„ (2)
α-α₁-Dimethyladipinsäure	$C_4H_6(CH_3)_2(COOH)_2$	„	$4{,}2 \times 10^{-5}$	nicht ang.	„	Perkin und Crossley
α-β-Dimethyläthenyltrikarbonsäure	$CH_3-CH-COOH$ $CH_3-C-COOH$ COOH	„	$5{,}0 \times 10^{-3}$	32—1024	„	Walden (2)
Dimethyl-äthyl-äthylenmilchsäure	$(C_2H_5)CH(OH)C(CH_3)_2 . -COOH$	„	$1{,}5 \times 10^{-5}$	30—966	„	Szyszkowski
α-α-Dimethyl-α₁-äthylbernsteinsäure (Smp. 139 bis 140°)	$(CH_3)_2C-COOH$ $C_2H_5-CH-COOH$	„	$5{,}56 \times 10^{-4}$	32—1024	„	Walden (1)
		„	$5{,}66 \times 10^{-4}$	59—474	„	Bone und Sprankling (1)
Dimethyläthylessigsäure	$C(CH_3)_2(C_2H_5) . COOH$	„	$9{,}6 \times 10^{-6}$	32—1024	„	Billitzer
Dimethylaminoessigsäure	$CH_2<{N(CH_3)_2 \atop COOH}$	„	$1{,}3 \times 10^{-10}$	6	Hydrol.	Johnston
cis-s-Dimethylbernsteinsäure (symm. anti)	$CH_3-CH-COOH$ $CH_3-CH-COOH$	„	$1{,}23 \times 10^{-4}$	32—1024	Leitf.	„
(Smp. 128°)*)		„	$1{,}24 \times 10^{-4}$	64—512	„	Bone u. Sprankling (1)
(„ 120°)	„	„	$1{,}38 \times 10^{-4}$	57—905	„	Brown u. Walker (2)
trans-s-Dimethylbernsteinsäure (symm. para)	$CH_3-CH-COOH$ $(COOH)-CH-CH_3$	„	$1{,}96 \times 10^{-4}$	32—256	„	Bone u. Sprankling (1)
(Smp. 208°)		„	$1{,}91 \times 10^{-4}$	32—1024	„	Walden (1)
„ („ 193°)	„	„	$2{,}08 \times 10^{-4}$	100—1610	„	Brown u. Walker (2)
„ *)	„	„	$2{,}04 \times 10^{-4}$	139—1112	„	Bethmann

*) S. f. Bischoff u. Walden, Ber. chem. Ges. **22**, 1821; 1889,

Konstanten der elektrolytischen Dissoziation.

II. A. Organische Säuren. 1. Aliphatische Säuren (Fortsetzung). — Lit. S. 1176.

Name	Formel	t	Konstante	Verdünnung	Methode	Autor
as-Dimethylbernsteinsäure (Smp. 140°)	$(CH_3)_2—C—COOH$ $CH_2—COOH$	25°	$8{,}0 \times 10^{-5}$	32—512	Leitf.	Walden (1)
„	„	„	$8{,}2 \times 10^{-5}$	34—2166	„	Bethmann
„	„	„	$8{,}1 \times 10^{-5}$	32—256	„	Bone u. Spr. (1)
cis-s-Dimethylbernsteinsäuremethylester	$CH(CH_3)—COOH$ $CH(CH_3)—COO.CH_3$	„	$4{,}55 \times 10^{-5}$	22—178	„	Bone, Sudborough u. Sprankling
trans-s- desgl. . . .	„	„	$6{,}05 \times 10^{-5}$	35—276	„	„
as-Dimethylbernsteinsäuremethylester	$C(CH_3)_2—COOH$ $CH_2-COO.CH_3$	„	$2{,}28 \times 10^{-5}$	20—173	„	„
„	$C(CH_3)_2—COO.CH_3$ $CH_2—COOH$	„	$2{,}5_6 \times 10^{-5}$	28—221	„	„
Dimethylglutakonsäure	$COOH.CH:CH.$ $.C(CH_3)_2.COOH$	„	$1{,}29 \times 10^{-4}$	33—1040	„	Szyszkowski
trans-α-α_1-Dimethylglutarsäure (Smp. 141°)	$CH_3—CH—COOH$ CH_2 $COOH—CH—CH_3$	„	$5{,}8 \times 10^{-5}$	208—1661	„	„
		„	$5{,}9 \times 10^{-5}$	32—1024	„	Auwers
cis-α-α_1-Dimethylglutarsäure (Smp. 128°)	$(CH_3)CH—COOH$ CH_2 $(CH_3)CH—COOH$	„	$5{,}2 \times 10^{-5}$	293—1172	„	Szyszkowski
β-β-Dimethylglutarsäure (Smp. 100°)	$COOH—CH_2—C(CH_3)_2$ $COOH—CH_2$	„	$2{,}2_1 \times 10^{-4}$	64—256	„	Auwers
		„	$2{,}00 \times 10^{-4}$	nicht angeg.	„	Walker bei Auwers
Dimethylhexyläthylenmilchsäure	$C_6H_{13}.CH(OH)C(CH_3)_2.$ $.COOH$	„	$1{,}9 \times 10^{-5}$	124—1990	„	Szyszkowski
α-α-Dimethyl-α_1-isoamylbernsteinsäure (Smp. 143—144°)	$COOH.C(CH_3)_2CH(i-C_3H_7)$ $COOH$	„	$6{,}16 \times 10^{-4}$	121—970	„	Bone und Sprankling (1)
Dimethylisobutyläthylenmilchsäure	$(i-C_4H_9)CH(OH)C(CH_3)_2$ $COOH$	„	$1{,}5 \times 10^{-5}$	36—570	„	Szyszkowski
α-α-Dimethyl-α_1-isobutylbernsteinsäure (Smp. 143—144°)	$COOH.C(CH_3)_2CH—$ $—(i-C_4H_9).COOH$	„	$4{,}3_2 \times 10^{-4}$	273—2184	„	Bone und Sprankling (1)
Dimethylisopropyläthylenmilchsäure	$(i-C_3H_7)CH(OH)C(CH_3)_2.$ $.COOH$	„	$2{,}2 \times 10^{-5}$	35—567	„	Szyszkowski
α-α-Dimethyl-α_1-isopropylbernsteinsäure (Smp. 141—142°)	$(COOH)C(CH_3)_2CH.$ $.(i-C_3H_7)COOH$	„	$1{,}58 \times 10^{-4}$	66—529	„	Bone und Sprankling (1)
Dimethylmaleinsäureanhydrid (Pyrocinchonsäureanhydrid)	$CH_3—C—CO$ $\Vert \quad >O$ $CH_3—C—CO$	„	$1{,}08 \times 10^{-4}$	64—1024	„	Walden (1)
Dimethylmalonsäure .	$(CH_3)_2C(COOH)_2$	„	$7{,}6 \times 10^{-4}$	32—1024	„	„ (1)
„ .	„	„	$7{,}7 \times 10^{-4}$	16—1024	„	Ostwald (2)
Dimethylmalonsäureäthylester	$COOH—C(CH_3)_2—$ $—COO.C_2H_5$	„	$3{,}0_4 \times 10^{-4}$	44—1408	„	Walker (1)
α-α_1-Dimethyl-β-oxyacetylglutarsäure	$(COOH.CH(CH_3))_2CH.$ $.(OCO.CH_3)$	„	$2{,}0 \times 10^{-4}$	33—1069	„	Szyszkowski
α-α_1-Dimethyl-β-oxyglutarsäure	$(COOH.CH(CH_3))_2:$ $:CH(OH)$	„	$1{,}08 \times 10^{-4}$	75—1194	„	„
Dimethylpentantetrakarbonsäure	$(COOH)_2-C(CH_3)-[CH_2]_3-$ $—C(CH_3)—(COOH)_2$	„	$3{,}7 \times 10^{-3}$	17—275	„	Walker (1)
2-6-Dimethylpimelinsäure (para)	$COOH-CH.CH_3-(CH_2)_3-$ $-CH.CH_3-COOH$	„	$3{,}4 \times 10^{-5}$	128—1024	„	„ (1)
desgl. (anti)	„	„	$3{,}4_3 \times 10^{-4}$		„	„ (1)
α-α-Dimethyl-α_1-propylbernsteinsäure	$(CH_3)_2C-COOH$ $C_3H_7.CH-COOH$	„	$5{,}5 \times 10^{-4}$	64—1024	„	Walden (1)
(Smp. 145°)		„	$6{,}0 \times 10^{-4}$	109—868	„	Bone und Sprankling (1)

Hinrichsen.

Konstanten der elektrolytischen Dissoziation.

II. A. Organische Säuren. 1. Aliphatische Säuren (Fortsetzung). — Lit. S. 1176.

Name	Formel	*t*	Konstante	Verdünnung	Methode	Autor
α-α-Dimethyltrikarballylsäure (Smp. 143°)	$C(CH_3)_2$-COOH | CH-COOH | CH_2-COOH	25	$3{,}2 \times 10^{-4}$	24—189	Leitf.	Bone und Sprankling (2)
trans-α-γ-desgl. (Smp. 206—207°)	$CH(CH_3)$-COOH | CH-COOH | $CH(CH_3)$-COOH	„	$4{,}4_5 \times 10^{-4}$	38—270	„	„ (2)
cis_1-α-γ-desgl. (Smp. 174°)	„	„	$5{,}5 \times 10^{-4}$	21—166	„	„ (2)
cis_2-α-γ-desgl. (Smp. 143°)	„	„	$5{,}7 \times 10^{-4}$	22—174	„	„ (2)
α-α-desgl. -methylester	$(CH_3)_2C(COOH)$—CH. .(COOH)-$CH_2COO.CH_3$	„	$1{,}8 \times 10^{-4}$	31—250	„	„ (2)
desgl.	$(CH_3)_2C(COOH)CH$. .$(COO.CH_3)$-CH_2COOH	„	$8{,}6_5 \times 10^{-5}$	9—72	„	„ (2)
Dinitroäthan	CH_3-$CH(NO_2)_2$	„	$5{,}8 \times 10^{-6}$	30—130	„	Ley und Hantzsch
Dinitrokapronsäure .	$C_5H_9.(NO_2)_2$.COOH	„	$6{,}9 \times 10^{-4}$	128—2056	„	Ostwald (1)
Dioxyfumarsäure . .	$C_4H_4O_6$	„	8×10^{-2}	64	„	Skinner
Dioxymaleinsäure . .	OH-C-COOH ‖ OH-C-COOH	„	7×10^{-2}	64—128	„	„
Dioxyweinsäure . . .	$(OH)_4C_2(COOH)_2$	„	$1{,}2 \times 10^{-2}$	16—1024	„	„
cis-s-Dipropylbernsteinsäure	C_3H_7-CH-COOH | C_3H_7-CH-COOH	„	$4{,}9 \times 10^{-4}$	128—1024	„	Bone und Sprankling (1)
trans- desgl.	C_3H_7-CH-COOH | COOH-CH-C_3H_7	„	$2{,}5 \times 10^{-4}$	256—2048	„	„ (1)
Dipropylmalonsäure .	$(COOH)_2C(C_3H_7)_2$	„	$1{,}1_2 \times 10^{-2}$	64—1024	„	Smith
2-6-Dipropylpimelinsäure	COOH-$CH(C_3H_7)$-$(CH_2)_3$- .$CH(C_3H_7)$-COOH	„	$3{,}2 \times 10^{-5}$	1114—4456	„	Walker (1)
Dithiocarbondiglykolsäure	$(COOH$-$CH_2S)_2CO$	„	$1{,}56 \times 10^{-3}$	16—1085	„	Holmberg (1)
Dithiodiglykolsäure .	$S_2(CH_2.COOH)_2$	„	$6{,}5 \times 10^{-4}$	32—2048	„	Ostwald (1)
α-Dithiodilaktylsäure (Smp. 141—142°)	CH_3-CH-COOH | S | S | CH_3-CH-COOH	„	$9{,}0 \times 10^{-4}$	16—1024	„	Lovén
β-desgl. (Smp. 154—155°)	COOH-CH_2-CH_2-S | COOH-CH_2-CH_2-S	„	$9{,}0 \times 10^{-5}$	256—1024	„	„
Essigsäure	CH_3-COOH	0	$1{,}75 \times 10^{-5}$	2—2048	„	White u. Jones
„	„	„	$1{,}7 \times 10^{-5}$	32—1024	„	Baur
„	„	10	$1{,}8_3 \times 10^{-5}$	10—18	„	Lundén (2)
„	„	18	$1{,}8_2 \times 10^{-5}$	10—100	„	Noyes, Kato u. Sosman
„	„	25	$1{,}8_6 \times 10^{-5}$	10—18	„	Lundén (2)
„	„	„	$1{,}8 \times 10^{-5}$	8—1024	„	Ostwald (1) Franke
„	„	40	$1{,}8_0 \times 10^{-5}$	10—18	„	Lundén (2)
„	„	50	$1{,}74 \times 10^{-5}$	„	„	„ (2)
„	„	100	$1{,}11 \times 10^{-5}$	10—100	„	Noyes
„	„	156	$5{,}36 \times 10^{-6}$	13—100	„	„
„	„	218	$1{,}72 \times 10^{-6}$	10—100	„	„
„	„	306	$1{,}39 \times 10^{-7}$	10	„	„
Formaldehyd . . .	$CH_2O.H_2O$	0	$1{,}4 \times 10^{-14}$	1—2	Hydrol.	Euler (1)

Hinrichsen.

Konstanten der elektrolytischen Dissoziation.

II. A. Organische Säuren. 1. Aliphatische Säuren (Fortsetzung). — Lit. S. 1176.

Name	Formel	t	Konstante	Verdünnung	Methode	Autor
d-Fruktose	$C_6H_{12}O_6$	0	$3,6 \times 10^{-13}$	—	Hydrol.	H. Euler (1)
	„	18	$6,6 \times 10^{-13}$	17	„	Madsen
	„	25	$8,8 \times 10^{-13}$	„	„	
	„	40	$14,9 \times 10^{-13}$	„	„	
Fumarsäure 1. Stufe .	COOH—CH ‖ HC—COOH	0	$9,4 \times 10^{-4}$	32—2048	Leitf.	White u. Jones
„		12	$9,7 \times 10^{-4}$	„	„	„
„		25	$1,0 \times 10^{-3}$	„	„	„
„	„	35	$1,0 \times 10^{-3}$	„	„	„
„	„	25	$10,4 \times 10^{-4}$	25—200	„	Roth, Wall.
„	„	0	$8,0 \times 10^{-4}$	64—256	„	Kortright
„ „ .	„	25	9×10^{-4}	32—2048	„	Ostwald (3)
„ 2. Stufe .	„	„	$3,2 \times 10^{-5}$	32—4096	„	Chandler
„ -äthylester .	COOH—CH ‖ HC—COO. C_2H_5	„	$4,7_3 \times 10^{-4}$	22—704	„	Walker (1)
d-Glukose	$C_6H_{12}O_6$	0	$1,8 \times 10^{-13}$	1	Hydrol.	H. Euler (1)
„	„	18	$3,6 \times 10^{-13}$	10	„	Madsen
„	„	25	$5,1 \times 10^{-13}$	„	„	„
„	„	40	$9,8 \times 10^{-13}$	„	„	„
Glutakonsäure . . .	CH_2—COOH | CH ‖ CH—COOH	25	$1,8_3 \times 10^{-4}$	32—1024	Leitf.	Walden (1)
d-Glutaminsäure . .	$(COOH)(CH_2)_2CH(NH_2)$. . COOH	„	$4,1 \times 10^{-5}$	250—500	Hydr.	Holmberg (2)
Glutarsäure	COOH—$[CH_2]_3$—COOH	„	$4,7 \times 10^{-5}$	64—1024	Leitf.	Ostwald (2)
„	„	„	$4,7_3 \times 10^{-5}$	15—954	„	Smith
„ 2. Stufe . .	„	„	$2,9 \times 10^{-6}$	32—4096	„	Chandler
Glycerinsäure . . .	CH_2 . OH | CH . OH | COOH	„	$2,3 \times 10^{-4}$	16—1024	„	Ostwald (1)
Glycokoll	CH_2—NH_3 | | CO — O	„	$3,4 \times 10^{-10}$	32—1024	Hydrol.	Winkelblech
Glycolsäure	$CH_2(OH)(COOH)$	„	$1,5 \times 10^{-4}$	„	Leitf.	Ostwald (1)
Glycylglycin	$C_4H_8O_3N_2$	„	$1,8 \times 10^{-8}$	5—20	„	Euler (2)
Glyoxalsäure	CHO . COOH	„	5×10^{-4}	16—1024	„	Ostwald (1)
Glyoximkarbonsäure (amphi)	H—C —— C—COOH ‖ ‖ OH—N OH—N	„	$4,2 \times 10^{-3}$	32—512	„	Hantzsch u. Miolati
„ (anti)	H . C—C—COOH ‖ ‖ OH—N N—OH	„	$2,8 \times 10^{-3}$	32—1024	„	„
Glyoximdikarbonsäure (anti)	COOH—C—C—COOH ‖ ‖ OH—N N—OH	„	$1,05 \times 10^{-2}$	16—1024	„	„
Heptylsäure	$C_7H_{14}O_2$	„	$1,3 \times 10^{-5}$	128—1024	„	Franke
„	„	„	$1,46 \times 10^{-5}$	91—725	„	Drucker (2)
Heptylmalonsäure (sekundär)	C_7H_{15} . CH $(COOH)_2$	„	$1,0_2 \times 10^{-3}$	199—1592	„	Smith
α-β-Hexensäure • . .	$CH_3(CH_2)_2CH{=}CHCOOH$	„	$1,89 \times 10^{-5}$	16—1024	„	Fichter und Pfister
β-γ- „ . . . (Hydrosorbinsäure)	CH_3 . CH_2 . CH:CH . . CH_2COOH	„	$2,64 \times 10^{-5}$	16—1024	„	„
„	„	„	$2,4 \times 10^{-5}$	32—1024	„	Ostwald (2)
γ-δ- „	CH_3 . CH:CH • CH_2 . . CH_2 . COOH	„	$1,74 \times 10^{-5}$	16—1024	„	Fichter und Pfister
δ-ε- „	CH_2:CH—$(CH_2)_3$ . . COOH	„	$1,91 \times 10^{-5}$	16—1024	„	„

Hinrichsen.

Konstanten der elektrolytischen Dissoziation.

II. A. Organische Säuren. 1. Aliphatische Säuren (Fortsetzung). — Lit. S. 1176.

Name	Formel	t	Konstante	Verdünnung	Methode	Autor
Δ-β-γ-Hydromukonsäure	(COOH) CH_2.CH = = CH.CH_2.COOH	25°	$1{,}0_2 \times 10^{-4}$	64—1024	Leitf.	Smith
"		"	$1{,}00 \times 10^{-4}$	67—1072	"	Ostwald u. Rupe
Hydrosorbinsäure . .	CH_3—CH_2—CH= =CH—CH_2—COOH	"	$2{,}4 \times 10^{-5}$	32—1024	"	Ostwald (2)
Isobernsteinsäureäthylester	COOH · CH(CH_3)— —COO . C_2H_5	"	$3{,}87 \times 10^{-4}$	17—544	"	Walker (1)
Isobutenyltrikarbonsäure	$(CH_3)_2$C—COOH | HC—COOH | COOH	"	$3{,}34 \times 10^{-3}$	32—1024	"	Walden (2)
Isobuttersäure . . .	CH_3, CH_3 >CH—COOH	"	$1{,}4 \times 10^{-5}$	16—1024	"	Franke
" . . .	"	"	$1{,}4 \times 10^{-5}$	16—1024	"	Ostwald (1)
" . . .	"	"	$1{,}59 \times 10^{-5}$	6,5—213	"	Drucker (2)
" . . .	"	"	$1{,}62 \times 10^{-5}$	32—1024	"	Billitzer
" . . .	"	"	$1{,}45 \times 10^{-5}$			Dalle
" . . .	"	0	$1{,}5_5 \times 10^{-5}$	2—2048	"	White u. Jones
" . . .	"	25	$1{,}4_8 \times 10^{-5}$	"	"	"
" . . .	"	35	$1{,}4_2 \times 10^{-5}$	"	"	"
Isobutylbernsteinsäure	$(CH_3)_2$CH-CH_2-CH-COOH | CH_2·COOH	25	$8{,}8 \times 10^{-5}$	32—1024	"	Walden (1)
" essigsäure . .	$(CH_3)_2$CH . $(CH_2)_2$— —COOH	"	$1{,}45 \times 10^{-5}$	32—1024	"	Franke
.		"	$1{,}5_3 \times 10^{-5}$	"	"	Billitzer
" -malonsäure .	i—C_4H_9 . CH$(COOH)_2$	"	$9{,}0 \times 10^{-4}$	"	"	Walden (1)
Isocapronsäure . . .	CH_3—C—H ‖ H—C—COOH	"	$1{,}5_7 \times 10^{-5}$	28—487	"	Drucker (2)
Isocinchomeronsäure s. Pyridin-dikarbonsäure -2-5						
Isocrotonsäure . . .	$C_4H_6O_2$	"	$3{,}6 \times 10^{-5}$	8—1024	"	Ostwald (2)
Isonitrosoaceton. . .	CH_3 · CO—CH=NOH	"	3×10^{-9}			Lundén (2)
Isonitrosoacetylessigsäureäthylester	CH_3.CO.C.COO.C_2H_5 ‖ NOH	0	$2{,}8 \times 10^{-8}$	480—960	Hydrol.	Muller und Bauer
		10	$3{,}7 \times 10^{-8}$	"	"	
"		18	$7{,}1 \times 10^{-8}$	"	"	"
"	"	25	$8{,}6 \times 10^{-8}$	"	"	"
"	"	40	$12{,}0 \times 10^{-8}$	"	"	"
Isonitrosocyanessigsäuremethylester	CN . C . COO . CH_3 ‖ NOH	25	$2{,}6 \times 10^{-5}$	"	"	"
Isonitrosomethylaceton	CH_3 . CO . C(NOH)CH_3	18	$1{,}3 \times 10^{-10}$			"
Isopropylbernsteinsäure	i-C_3H_7—CH —COOH | CH_2—COOH	25	$7{,}5 \times 10^{-5}$	64—1024	Leitf.	Walden (1)
α-Isopropylglutarsäure	COOH, i-C_3H_7 >CH-$(CH_2)_2$-COOH	"	$5{,}55 \times 10^{-5}$	37—1168	"	Mellor
Isopropylmalonsäure .	i-C_3H_7 . CH$(COOH)_2$	"	$1{,}27 \times 10^{-3}$	32—1024	"	Walden (1)
"	"	"	$1{,}27 \times 10^{-3}$	14—918	"	Bethmann
Isopropylmesakonsäure	COOH-C-CH_2-CH$(CH_3)_2$ ‖ H—C—COOH	"	$9{,}3 \times 10^{-4}$	128—1024	"	Walden (1)
Isopropyltrikarballylsäure	i-C_3H_7—CH —COOH | CH —COOH | CH_2—COOH	"	$4{,}3 \times 10^{-4}$	32—1024	"	" (2)
Isovaleriansäure . . .	$C_5H_{10}O_2$	"	$1{,}7 \times 10^{-5}$	16—1024	"	Franke
"	"	"	$1{,}79 \times 10^{-5}$	4,3—275	"	Drucker (2)
"	"	"	$1{,}73 \times 10^{-5}$	32—1024	"	Billitzer
Isovalerylcyanamid. .	(C_5H_9O)NH . CN	"	$1{,}39 \times 10^{-4}$	43—1382	"	Bader

Hinrichsen.

Konstanten der elektrolytischen Dissoziation.

II. A. Organische Säuren. 1. Aliphatische Säuren (Fortsetzung). — Lit. S. 1176.

Name	Formel	*t*	Konstante	Verdünnung	Methode	Autor
Itakonsäure	$CH_2=C—COOH$ / $H_2C—COOH$	25	$1{,}5 \times 10^{-4}$	30—963	Leitf.	Smith
„	„	0	$1{,}2_4 \times 10^{-4}$	32—2048	„	White u. Jones
„	„	12	$1{,}4_5 \times 10^{-4}$	„	„	„
„	„	25	$1{,}5_3 \times 10^{-4}$	„	„	„
„	„	35	$1{,}5_5 \times 10^{-4}$	„	„	„
desgl. (2. Stufe) . .	„	25	$2{,}8 \times 10^{-6}$	32—4096	„	Chandler
γ-Jodbuttersäure . .	$CH_2J—(CH_2)_2—COOH$	„	$2{,}3 \times 10^{-5}$	32—64	„	Lichty, vergl. Wegsch. (4)
„	„	„	$2{,}3 \times 10^{-5}$			
Jodessigsäure. . . .	$CH_2J—COOH$	„	$7{,}5 \times 10^{-4}$	32—1024	„	Walden (2)
β-Jodpropionsäure . .	$CH_2J—CH_2—COOH$	„	9×10^{-5}	16—1024	„	Ostwald (1)
δ-Jodvaleriansäure . .	$CH_2J—(CH_2)_3—COOH$	„	$1{,}71 \times 10^{-5}$	64	„	Lichty, vergl. Wegsch. (4)
†) Korksäure	$COOH—[CH_2]_6—COOH$	„	$2{,}99 \times 10^{-5}$	44—1405	„	Smith
„	„	„	$2{,}96 \times 10^{-5}$	128—2048	„	Brown und Walker (1)
„	„	„	$3{,}1 \times 10^{-5}$	86—1380	„	Bethmann
Korksäureäthylester .	$(COOH)(CH_2)_6COO.C_2H_5$	„	$1{,}46 \times 10^{-5}$	—	„	Walker (1)
Lävulinsäure	$CH_3\text{-}CO\text{-}[CH_2]_2\text{-}COOH$	„	$2{,}55 \times 10^{-5}$	16—1024	„	Ostwald (1)
Leucin	$CH_3—(CH_2)_3—CH—NH_2$ / $COOH$	„	$3{,}1 \times 10^{-10}$	32—1024	Hydrol.	Winkelblech
Leucylglycin	$C_8H_{16}O_3N_2$	„	$1{,}5 \times 10^{-8}$	nicht ang.	Leitf.	Euler (2)
Maleïnsäure, 1. Stufe .	$HC—COOH$ ‖ $HC—COOH$	0	$1{,}4 \times 10^{-2}$	32—1024	„	White u. Jones
„		25	$1{,}5 \times 10^{-2}$	„	„	„
„		35	$1{,}5 \times 10^{-2}$	„	„	„
„	„	25	$1{,}34 \times 10^{-2}$	25—800	„	Roth u. Wallasch
„	„	0	$1{,}14 \times 10^{-2}$	32	„	Kortright
„	„	25	$1{,}2 \times 10^{-2}$	32—2048	„	Ostwald (3)
„ 2. Stufe .	„	„	$2{,}6 \times 10^{-7}$	32—4096	„	Chandler
Maleinsäureäthylester .	$CH—COOH$ ‖ $CH—COO.C_2H_5$	„	$1{,}10 \times 10^{-3}$	51—816	„	Walker (1)
Malonsäure, 1. Stufe .	$COOH—CH_2—COOH$	0	$1{,}4_8 \times 10^{-3}$	2—2048	„	White u. Jones
„	„	25	$1{,}6_8 \times 10^{-3}$	„	„	„
„	„	35	$1{,}6_3 \times 10^{-3}$	„	„	„
„	„	0	$1{,}3_6 \times 10^{-3}$	16	„	Kortright
„	„	25	$1{,}58 \times 10^{-3}$	16—2048	„	Ostwald (2)
„	„	„	$1{,}63 \times 10^{-3}$	16—1024	„	Walden (1)
„	„	„	$1{,}60 \times 10^{-3}$	80—320	„	Roth u. Wall.
„	„	„	$1{,}71 \times 10^{-3}$	23—1491	„	Bethmann
„ 2. Stufe .	„	„	$2{,}1 \times 10^{-6}$	32—4096	„	Chandler
Malonsäureäthylester .	$CH_2\langle^{COOH}_{COO.C_2H_5}$	„	$4{,}51 \times 10^{-4}$	8,6—274	„	Walker (1)
Mesakonsäure . . .	$COOH—C—CH_3$ ‖ $H—C—COOH$	„	$7{,}9 \times 10^{-4}$	32—1024	„	Walden (1)
„	„	„	$7{,}9 \times 10^{-4}$	48—3072	„	Ostwald (3)
„	„	0	$8{,}4 \times 10^{-4}$	32—2048	„	White u. Jones
„	„	12	$8{,}4 \times 10^{-4}$	„	„	„
„	„	25	$8{,}1 \times 10^{-4}$	„	„	„
„	„	35	$7{,}7 \times 10^{-4}$	„	„	„
„	„	0	$7{,}29 \times 10^{-4}$	64	„	Kortright
Meso(Anti-)weinsäure .	$C_4H_6O_6$	25	$6{,}0 \times 10^{-4}$	16—1024	„	Walden (1)
β-Methyl-γ-Acetbuttersäure	$CH_3—CO$ $COOH$ / $CH_2\text{-}CH(CH_3)\text{-}CH_2$	„	$2{,}7 \times 10^{-5}$	16—991	„	Schilling u. Vorländer

†) **K** s. auch **C**.

Hinrichsen.

Konstanten der elektrolytischen Dissoziation.

II. A. Organische Säuren. 1. Aliphatische Säuren (Fortsetzung). — Lit. S. 1176.

Name	Formel	t	Konstante	Verdünnung	Methode	Autor
α-Methyladipinsäure .	COOH-CH(CH$_3$)-[CH$_2$]$_3$- . COOH	25°	$4{,}1 \times 10^{-5}$	54—869	Leitf.	Mellor
Methyläthylakrylsäure.	C$_2$H$_5$. CH=C—(CH$_3$) | COOH	„	$1{,}1 \times 10^{-5}$	38—1222	„	Ostwald (2)
cis-α-α$_1$-Methyläthylbernsteinsäure *)	C$_2$H$_5$ | H—C . COOH | CH$_3$—C . COOH H	„	$2{,}12 \times 10^{-4}$	nicht ang.	„	Auwers
„		„	$2{,}01 \times 10^{-4}$	32—512	„	Walden (1)
trans-Methyläthylbernsteinsäure	desgl. trans-	„	$2{,}13 \times 10^{-4}$	nicht ang.	„	Auwers
„	(COOH)C(CH$_3$) . . (C$_2$H$_5$)CH$_2$. COOH	„	$2{,}0_7 \times 10^{-4}$	32—1024	„	Walden (1)
α - α - Methyläthylbernsteinsäure	„	„	$9{,}5 \times 10^{-5}$	32—1024	„	Auwers
α -Methyl- α$_1$-Äthyl - α$_1$-Karboxylglutarsäure	CH$_3$—CH—COOH | CH$_2$ | C$_2$H$_5$—C(COOH)$_2$	„	$9{,}7 \times 10^{-3}$	32—1024	„	Walden (2)
Methyl-äthylessigsäure	CH$_3$ \ >CH—COOH C$_2$H$_5$ /	„	$1{,}6_8 \times 10^{-5}$	32—1024	„	Billitzer
„	„	„	$1{,}7 \times 10^{-5}$	16—1024	„	Walden (2)
α-Methyl-α$_1$- -äthylglutarsäure (Meso-, Smp. 63°)	COOH—CH(CH$_3$)—CH$_2$. —CH(C$_2$H$_5$) | COOH	„	$5{,}6 \times 10^{-5}$	32—1024	„	„ (1)
Methyläthylitakonsäure	C$_8$H$_{12}$O$_4$	„	$1{,}50 \times 10^{-4}$	139—2230	„	Smith
Methyläthylmaleinsäureanhydrid	C$_2$H$_5$—C—CO \ ‖ >O CH$_3$—C—CO /	„	$9{,}7 \times 10^{-5}$	128—1024	„	Walden (1)
Methyläthylmalonsäure	CH$_3$ \ >C(COOH)$_2$ C$_2$H$_5$ /	„	$1{,}61 \times 10^{-3}$	32—1024	„	„ (1)
„		„	$1{,}67 \times 10^{-3}$	11—1445	„	Bethmann
cis-α-α$_1$ -Methylallylbernsteinsäure	COOH . CH(CH$_3$)(C$_3$H$_4$) . . COOH -cis	„	$2{,}3_3 \times 10^{-4}$	nicht angeg.	„	Bone u. Sprankling (1)
trans- desgl.	desgl. trans -	„	$2{,}4_3 \times 10^{-4}$	„	„	„ (1)
Methylbernsteinsäure .	COOH-CHCH$_3$-CH$_2$-COOH	„	$8{,}6 \times 10^{-5}$	16—512	„	Walden (1)
„ .	„	„	$8{,}5 \times 10^{-5}$	50—400	„	Bone u. Sprankling (1)
desgl. methylester . .	CH . CH$_3$—COOH | CH$_2$—COO . CH$_3$	„	$3{,}9 \times 10^{-5}$	21—170	„	Bone, Sudborough u. Sprankling
anti-Methyldiäthylbernsteinsäure	CH(CH$_3$)—COOH | C(C$_2$H$_5$)$_2$—COOH	„	$3{,}4 \times 10^{-4}$	32—1024	„	Walden (1)
cis-β-Methylglutakonsäure (Smp. 152°)	CH$_3$—C—CH$_2$—COOH ‖ CH—COOH	„	$1{,}3 \times 10^{-4}$	16—1024	„	Fichter u. Schwab
trans- desgl. (Smp. 116°)	(COOH)-CH$_2$-C-CH$_3$ ‖ CH . COOH	„	$1{,}4 \times 10^{-4}$	16—1024	„	„
α-Methylglutarsäure .	COOH—(CH$_2$)$_2$ — . CH (CH$_3$) COOH	„	$5{,}4 \times 10^{-5}$	32—1010	„	Bethmann
„ .		„	$5{,}2 \times 10^{-5}$	32—512	„	Walden (1)
„ .	„	„	$5{,}4 \times 10^{-5}$	85—680	„	Mellor
β- „ .	COOH—CH$_2$—CH(CH$_3$) . —CH$_2$—COOH	„	$5{,}9 \times 10^{-5}$	32—512	„	Walden (1)

*) S. auch Bethmann: α- u. β- symm. Methyläthylbernsteinsäure.

Hinrichsen.

Konstanten der elektrolytischen Dissoziation.

II. A. Organische Säuren. 1. Aliphatische Säuren (Fortsetzung). — Lit. S. 1176.

Name	Formel	t	Konstante	Verdünnung	Methode	Autor
Methylglykolsäure . .	$CH_2(OCH_3)(COOH)$	25°	$3{,}3 \times 10^{-4}$	16—1024	Leitf.	Ostwald (1)
α-Methyl(syn)glyoximkarbonsäure	CH_3-C——C-COOH ‖ ‖ N-OH OH-N	„	$1{,}4 \times 10^{-2}$	32—1024	„	Hantzsch u. Miolati
cis-α-α_1-Methylisoamylbernsteinsäure	(COOH) . CH . (CH_3) . . CH(i-C_5H_{11}) . COOH -cis	„	$3{,}8_5 \times 10^{-4}$	52—418	„	Bone u. Sprankling (1)
trans- desgl.	desgl. trans-	„	$2{,}36 \times 10^{-4}$	183—1467	„	„ (1)
cis-α-α_1-Methylisobutylbernsteinsäure	(COOH).CH(CH_3)CH . . (i-C_4H_9) . COOH -cis	„	$4{,}27 \times 10^{-4}$	35—276	„	„ (1)
trans- desgl.	desgl. trans-	„	$2{,}3_6 \times 10^{-4}$	89—711	„	„ (1)
cis-α-α_1-Methylisopropylbernsteinsäure	COOH . CH(CH_3)CH . . (i-C_3H_7) . COOH -cis	„	$6{,}6 \times 10^{-4}$	91—726	„	„ (1)
trans- desgl.	desgl. trans-	„	$1{,}6 \times 10^{-4}$	162—1294	„	„ (1)
Methylitakonsäure . .	CH_2 ‖ C—COOH | CH(CH_3)—COOH	„	$9{,}5 \times 10^{-5}$	32—1024	„	Walden (1)
Methylmalonsäure . .	CH_3—CH$(COOH)_2$	„	$8{,}6 \times 10^{-4}$	16—512	„	„ (1)
„ . .	„	„	$8{,}7 \times 10^{-4}$	16—1024	„	Ostwald (2)
desgl. -äthylester . .	CH_3CH(COOH)(COO.C_2H_5)	„	$3{,}8_7 \times 10^{-4}$			Wegscheid. (4)
Methylmesakonsäure = Äthylfumarsäure	COOH—C—C_2H_5 ‖ H—C—COOH	„	$9{,}4 \times 10^{-4}$	32—1024	„	Walden (1)
Methylnitramin . . .	$CH_3N_2O_2H$	0	$3{,}0 \times 10^{-7}$	64—512	„	Hantzsch (2)
„ . . .	„	25	$7{,}2 \times 10^{-7}$	32—512	„	„ (2)
„ . . .	„	40	$8{,}6 \times 10^{-7}$	64—512	„	„ (2)
α-Methyl-α-β-pentensäure (Methyläthylakrylsäure)	CH_3—CH_2—CH=C(CH_3) | COOH	25	$9{,}7 \times 10^{-6}$	32—1024	„	Fichter u. Pfister
„	„	„	$1{,}1 \times 10^{-5}$	„	„	Ostwald (2)
α-Methyl-β-γ-pentensäure	CH_3—CH=C—C(CH_3) | COOH	„	$2{,}99 \times 10^{-5}$	16—1024	„	Fichter u. Pfister
α-Methyl-γ-δ-pentensäure	CH_2=CH—CH—C(CH_3) | COOH	„	$2{,}16 \times 10^{-5}$	„	„	„
β-Methyl-α-β-pentensäure	CH_3-CH_2-C(CH_3)=CH | COOH	„	$7{,}3 \times 10^{-6}$	32—1024	„	Fichter u. Gisiger
β-Methyl-β-γ-pentensäure	CH_3-CH=C(CH_3)-CH_2 | COOH	„	$2{,}8_8 \times 10^{-5}$	16—1042	„	„
α-Methylpimelinsäure .	COOH—CH(CH_3)— —$[CH_2]_3$—COOH	„	$3{,}1_5 \times 10^{-5}$	nicht angeg.	„	Zelinsky u. Generosow
cis-α-α_1-Methylpropylbernsteinsäure	(COOH)CH(CH_3)CH . . (C_3H_7) . COOH -cis	„	$2{,}7 \times 10^{-4}$	26—212	„	Bone u. Sprankling (1)
trans- desgl.	desgl. trans-	„	$3{,}35 \times 10^{-4}$	55—440	„	„ (1)
α-Methyl-α_1-propyl-α_1-karboxyglutarsäure	CH_3—CH—COOH | CH_2 | C_3H_7—C$(COOH)_2$	„	$1{,}0 \times 10^{-2}$	32—1024	„	Walden (2)
cis-α-Methyltrikarballylsäure	CH_3—CH—COOH | CH—COOH | CH_2—COOH	„	$4{,}8 \times 10^{-4}$	21—165	„	Bone u. Sprankling (2)
trans- desgl.	desgl. trans-	„	$3{,}2 \times 10^{-4}$	20—160	„	„ (2)
„	„	„	$3{,}1 \times 10^{-4}$	32—1024	„	Walden (2)
α-Methyltrikarballylsäure-cis-methylester	CH_3CH(COOH)CH(COOH). . CH_2 . COO . CH_3 -cis	„	$8{,}8 \times 10^{-5}$	nicht angeg.	„	Bone u. Sprankling (2)

Hinrichsen.

Konstanten der elektrolytischen Dissoziation.

II. A. Organische Säuren. 1. Aliphatische Säuren (Fortsetzung). — Lit. S. 1176.

Name	Formel	*t*	Konstante	Verdünnung	Methode	Autor
Milchsäure	$CH_3—CH.OH—COOH$	25	$1,38 \times 10^{-4}$	8—1024	Leitf.	Ostwald (1)
Nitroaldoxim	$CH_3.C{<}{NO_2 \atop NOH}$	„	$6,4 \times 10^{-9}$	32	„	Hantzsch
Nitrocapronsäure	$C_5H_{10}(NO_2).COOH$	„	$1,23 \times 10^{-4}$	64—2048	„	Ostwald (1)
Nitroessigsäureäthylester	$NO_2.CH_2.COO.C_2H_5$	„	$1,4 \times 10^{-6}$	29—466	„	Ley u. Hantzsch
Nitroharnstoff	$CON_2H_3.NO_2$	0	$3,9 \times 10^{-5}$	32—512	„	Baur
		10	$5,6 \times 10^{-5}$	„	„	„
		20	$7,0 \times 10^{-5}$	„	„	„
Nitromalonamid	$(NO_2)H{=}C{<}{CO.NH_2 \atop CO.NH_2}$	25	$5,8 \times 10^{-4}$	128—512	„	Hantzsch (4)
Nitromalonsäurediäthylester	$NO_2.CH(COO.C_2H_5)_2$	„	$7,3 \times 10^{-4}$	82—163	„	„ (4)
Nitromethan	$NO_2.CH_3$	„	1×10^{-11}	4,3—50	„	Ley u. Hantzsch
β-Nitropropionsäure	$NO_2—CH_2—CH_2—COOH$	„	$1,6_2 \times 10^{-4}$	32—512	„	Walden (2)
α-Nitropropionsäureäthylester	$CH_3\text{-}CH(NO_2)\text{-}COO.C_2H_5$	„	4×10^{-7}	40—159	„	Ley u. Hantzsch
Nitrosopropionsäure	$(COOH)(CH_3)C:NOH$	„	$5,0 \times 10^{-4}$	32—1024	„	Walden (2)
Nitrourethan	$NO_2—NH$ $\vert$ $COO.C_2H_5$	0	$3,0 \times 10^{-4}$	16—256	„	Baur
		10	$3,9 \times 10^{-4}$	„	„	„
		20	$4,8 \times 10^{-4}$	„	„	„
		30	$5,7 \times 10^{-4}$	„	„	„
		40	$6,4 \times 10^{-4}$	„	„	„
Oktylmalonsäure	$(C_8H_{17})CH(COOH)_2$	25	$9,5 \times 10^{-4}$	450—3600	„	Smith
Oxalsäure	$HOOC—COOH$	„	$3,8 \times 10^{-2}$	32—4096	„	Chandler
desgl. 2. Stufe	„	„	$4,9 \times 10^{-5}$	32—4096	„	„
Oxalursäure	$NH_2\text{-}CO\text{-}NH\text{-}CO\text{-}COOH$	„	$4,5 \times 10^{-2}$	64—1024	„	Ostwald (2)
Oxaminsäure	$NH_2—CO—COOH$	„	$8,0 \times 10^{-3}$	32—1024	„	„ (2)
α-Oximidobernsteinsäure (anti)	$COOH\text{-}C\text{-}CH_2\text{-}COOH$ ‖ $OH—N$	„	$1,1 \times 10^{-3}$	32—1024	„	Hantzsch u. Miolati
β- desgl. (syn)	$COOH\text{-}C\text{-}CH_2\text{-}COOH$ ‖ $N—OH$	„	$3,7 \times 10^{-3}$	32—1024	„	„
α- desgl. äthylester (anti)	$COO.C_2H_5\text{-}C\text{-}CH_2\text{-}COOH$ ‖ $OH—N$	„	$1,9_2 \times 10^{-4}$	32—1024	„	„
α-Oximidobuttersäure (syn)	$CH_3—CH_2—C—COOH$ ‖ $N—OH$	„	$8,3 \times 10^{-4}$	32—1024	„	„
Oximidoessigsäure (syn)	$H—C—COOH$ ‖ $N—OH$	„	$9,9_5 \times 10^{-4}$	8—1024	„	„
α-Oximidopropionsäure (syn)	$CH_3—C—COOH$ ‖ $N—OH$	„	$5,1_4 \times 10^{-4}$	32—1024	„	„
„	„	„	$5,0 \times 10^{-4}$	32—1024	„	Walden (2)
β- desgl. (anti)	$H—C—CH_2—COOH$ ‖ $OH—N$	„	$9,9 \times 10^{-5}$	64—1024	„	Hantzsch u. Miolati
α-Oximidovaleriansäure (syn)	$CH_3\text{-}CH_2\text{-}CH_2\text{-}C\text{-}COOH$ ‖ $N\text{-}OH$	„	$6,8_5 \times 10^{-4}$	16—1024	„	„
γ- desgl. (syn)	$CH_3\text{-}C\text{-}CH_2\text{-}CH_2\text{-}COOH$ ‖ $N\text{-}OH$	„	$2,3 \times 10^{-5}$	32—1024	„	„
γ-Oxybuttersäure	$CH_2.OH\text{-}(CH_2)_3\text{-}COOH$	„	$1,9_3 \times 10^{-5}$	80—319	„	Henry
Oxyisobuttersäure	$(CH_3)_2CH.OH.COOH$	„	$1,06 \times 10^{-4}$	32—1024	„	Ostwald (1)
β-Oxypropionsäure	$CH_2.OH—CH_2—COOH$	„	$3,1 \times 10^{-5}$	16—1024	„	„ (1)
γ-Oxyvaleriansäure	$CH_3\text{-}CH.OH\text{-}(CH_2)_2\text{-}COOH$	„	$2,0 \times 10^{-5}$	36—1163	„	Henry

Hinrichsen.

Konstanten der elektrolytischen Dissoziation.

II. A. Organische Säuren. 1. Aliphatische Säuren (Fortsetzung). — Lit. S. 1176.

Name	Formel	t	Konstante	Verdünnung	Methode	Autor
Pelargonsäure . . .	$CH_3-(CH_2)_7-COOH$	25°	$1,1 \times 10^{-5}$	1226—2452	Leitf.	Franke
α-β-Pentensäure . . .	$CH_3-CH_2-CH=CH-COOH$	„	$1,48 \times 10^{-5}$	16—1024	„	Fichter u. Pfister
β-γ- desgl. . . .	$CH_3-CH=CH-CH_2-COOH$	„	$3,35 \times 10^{-5}$	16—1024	„	„
γ-δ- desgl. . . .	$CH_2=CH-CH_2-CH_2-COOH$	„	$2,09 \times 10^{-5}$	16—1024	„	„
n-Pimelinsäure . . .	$COOH.(CH_2)_5-COOH$	„	$3,23 \times 10^{-5}$	32—1037	„	Smith
Pimelins. (Schorlemmer)	„	„	$3,2 \times 10^{-5}$	32—1024	„	Walden (1)
„ (Perkin) . .	„	„	$3,4 \times 10^{-5}$	32—1024	„	„ (1)
„ (Hell) . . . (aus Rizinusöl)	„	„	$3,5 \times 10^{-5}$	32—1024	„	„ (1)
„ (Arth) (aus Menthol)	$COOH-(CH_2)_3-CH(CH_3)-COOH$	„	$4,2 \times 10^{-5}$	32—1024	„	„ (1)
„ (Bauer) (aus Amylenbromid)	$C(C_2H_5)(CH_3)$ $\diagup COOH$ CH_2-COOH	„	$9,7 \times 10^{-5}$	32—1024	„	„ (1)
„ (Hell) „ „		„	$9,1 \times 10^{-5}$	32—1024	„	„ (1)
Pimelinsäure . . . . 2. Stufe	„	„	$4,4 \times 10^{-6}$	100—558	Verteil.	Chandler
Propenylbernsteinsäure	$CH_3-CH=CH-CH-COOH$ $\vert$ CH_2-COOH	„	$5,9_8 \times 10^{-5}$	16—64	Leitf.	Fichter und Probst
Propenyltrikarbonsäure	$CH_3-CH=COOH$ $\vert$ $CH-COOH$ $\vert$ $COOH$	„	$3,05 \times 10^{-3}$	32—1024	„	Walden (2)
Propionsäure	CH_3-CH_2-COOH	„	$1,3 \times 10^{-5}$	16—1024	„	Franke
„	„	„	$1,45 \times 10^{-5}$	13—200	„	Drucker (2)
„	„	„	$1,34 \times 10^{-6}$	8—1024	„	Ostwald (1)
„	„	0	$1,3 \times 10^{-5}$	2—2048	„	White u. Jones
„	„	25	$1,4 \times 10^{-5}$	„	„	„
„	„	35	$1,3 \times 10^{-5}$	„	„	„
α-Propyladipinsäure .	$COOH \diagdown$ $CH-(CH_2)_3-COOH$ $C_3H_7 \diagup$	25	$4,2 \times 10^{-5}$	39—601	„	Mellor
Propylbernsteinsäure .	$C_3H_7-CH-COOH$ $\vert$ CH_2-COOH	„	$8,9 \times 10^{-5}$	32—512	„	Walden (1)
α-Propylglutarsäure .	$COOH-CH(C_3H_7)-$ $-[CH_2]_2-COOH$	„	$5,8_6 \times 10^{-5}$	63—1001	„	Mellor
cis-α-α₁-Propylisopropylbernsteinsäure	$COOH.CH(C_3H_7).$ $i-C_3H_7)$ COOH-cis	„	$2,9_5 \times 10^{-4}$	128—1024	„	Bone und Sprankling (1)
trans- desgl.	desgl. -trans-	„	$1,5 \times 10^{-4}$	256—2048	„	„ (1)
Propylmalonsäure . .	$C_3H_7.CH(COOH)_2$	„	$1,12 \times 10^{-3}$	32—1024	„	Walden (1)
„ . .	„	„	$1,13 \times 10^{-3}$	16—1020	„	Bethmann
Propyltrikarballylsäure	$C_3H_7-CH-CH-CH_2$ $\vert \quad \vert \quad \vert$ $COOH\ COOH\ COOH$	„	$3,1 \times 10^{-4}$	32—1024	„	Walden (2)
Pyrocinchonsäureanhydrid	$CH_3-C-CO \diagdown$ $\Vert \quad O$ $CH_3-C-CO \diagup$	„	$1,1 \times 10^{-4}$	64—1024	„	„ (1)
Rhodanessigsäure . .	$CH_2 \langle {SCN \atop COOH}$	„	$2,6 \times 10^{-3}$	32—1024	„	Ostwald (1)
Saccharose	$C_{12}H_{22}O_{11}$	18	$1,14 \times 10^{-13}$	10	Hydrol.	Madsen
„	„	25	$1,85 \times 10^{-13}$	„	„	„
„	„	40	$4,3 \times 10^{-13}$	„	„	„
Sarkosin	$(COOH)-CH_2-NH(CH_3)$	25	$1,2 \times 10^{-10}$	32—1024	„	Winkelblech
Sebacinsäure, synthet.	$COOH-[CH_2]_8-COOH$	„	$2,7 \times 10^{-5}$	256—1024	Leitf.	Brown und Walker (1)
„ aus Rizinusöl	„		$2,71 \times 10^{-5}$	—		
„	„	„	$2,4 \times 10^{-5}$	731—1462	„	Smith

Hinrichsen.

Konstanten der elektrolytischen Dissoziation.

II. A. Organische Säuren. 1. Aliphatische Säuren (Fortsetzung). — Lit. S. 1176.

Name	Formel	t	Konstante	Verdünnung	Methode	Autor
Sebacinsäure 2. Stufe	$(COOH).(CH_2)_8.COOH$	25^0	$2{,}5\times10^{-6}$	128—4096	Leitf.	Chandler
desgl. -äthylester	$COOH\text{-}[CH_2]_8\text{-}COO.C_2H_5$	„	$1{,}43\times10^{-5}$	483—1932	„	Walker (1)
Senfölessigsäure	$C_3H_3O_2SN$	„	$2{,}4\times10^{-7}$	8—32	„	Ostwald (1)
Sorbinsäure	$CH_3{-}CH{=}CH{-}CH{=}$ $={CH}{-}COOH$	„	$1{,}7\times10^{-5}$	128—1024	„	„ (2)
Suberonsäure	$COOH-(CH_2)_6-COOH$	„	$3{,}0\times10^{-5}$	32—4096	„	Chandler
desgl. 2. Stufe	„	„	$1{,}9\times10^{-5}$	„	„	„
Suberonsäureäthylester	$COOH\text{-}[CH_2]_6\text{-}COO.C_2H_5$	„	$1{,}46\times10^{-5}$	75—1192	„	Walker (1)
Succincyanamid	$C_2H_4(CONHCN)_2$	„	$6{,}7\times10^{-5}$	158—1260	„	Bader
Succincyanaminsäure	$C_2H_4\langle{}^{CONH.CN}_{COOH}$	„	$3{,}0\times10^{-4}$	62—990	„	„
Succinthionursäure	$CH_2-CONHCSNO_2$ CH_2-COOH	„	$3{,}3\times10^{-5}$	32—512	„	Ostwald (3)
Succinursäure	$CH_2-CONHCO.NH_2$ CH_2-COOH	„	$3{,}1\times10^{-5}$	64—1024	„	„ (3)
Sulfodiessigsäure	$SO_2(CH_2COOH)_2$	„	$1{,}30\times10^{-2}$	2—1024	„	Lovén
α-Sulfodipropionsäure	$CH_3-CH-COOH$ SO_2 $CH_3-CH-COOH$	„	$1{,}03\times10^{-2}$	4—1024	„	„
β- desgl.	CH_2-CH_2-COOH SO_2 CH_2-CH_2-COOH	„	$2{,}4\times10^{-4}$	128—1024	„	„
α-Sulfopropionessigsäure	$CH_3-CH-COOH$ SO_2 CH_2-COOH	„	$1{,}24\times10^{-2}$	8—1024	„	„
β- desgl.	CH_2-CH_2-COOH SO_2 CH_2-COOH	„	$5{,}1\times10^{-3}$	4—1024	„	„
Tartronsäure	$COOH-CH.OH-COOH$	„	5×10^{-3}	11—89	„	Skinner
„	„	„	$1{,}1\times10^{-3}$	32—2048	„	Ostwald (3)
Taurin	$(SO_3H)-CH_2-CH_2.NH_2$	„	$1{,}6\times10^{-9}$	64—1024	Hydrol.	Winkelblech
Terakonsäure	$(CH_3)_2C:C(COOH)CH_2.$ $.(COOH)$	„	$1{,}40\times10^{-4}$	50—794	Leitf.	Smith
Terebinsäure	$(CH_3)_2C\text{-}CH_2\text{-}CH\text{-}COOH$ $O——CO$	„	$2{,}65\times10^{-4}$	32—1024	„	Ostwald (3)
Tetramethyl-äthylenmilchsäure	$(CH_3)_2C(OH)C(CH_3)_2COOH$	„	$4{,}3\times10^{-5}$	33—261	„	Szyszkowski
Tetramethylbernsteinsäure	$(CH_3)_2C-COOH$ $(CH_3)_2C-COOH$	„ „	$3{,}14\times10^{-4}$ $3{,}11\times10^{-4}$	133—2120 86—688	„ „	Bethmann Walker u. Cr. Brown (2)
desgl. -methylester	$C(CH_3)_2-COOH$ $C(CH_3)_2-COO.CH_3$	„	$1{,}22\times10^{-5}$	48—383	„	Bone, Sudborough u. Sprankling
α-Tetramethyltrikarballylsäure (Smp. 133°)	$(CH_3)_2-C-COOH$ $CH-COOH$ $(CH_3)-C-COOH$ oder $CH_3-CH-CH_2-CH-$ $COOH \quad COOH$	„	$1{,}11\times10^{-4}$	64—1024	„	Walden (2)
γ- desgl. (Smp. 156°)	$CH_2-CH-CH_3$ $COOH$	„	$9{,}8\times10^{-5}$	32—1024	„	„ (2)

Hinrichsen.

Konstanten der elektrolytischen Dissoziation.

II. A. Organische Säuren 1. Aliphatische Säuren (Fortsetzung). — Lit. S. 1176.

Name	Formel	t	Konstante	Verdünnung	Methode	Autor
Tetrolsäure	$CH_3—C{\equiv}C—COOH$	25°	$2,46 \times 10^{-3}$	32—2048	Leitf.	Ostwald (2)
Thiacetsäure	$CH_3—COSH$	"	$4,7 \times 10^{-4}$	16—1024	"	" (1)
Thienyl(syn)ketoximkarbonsäure	$C_4H_3S—C—COOH$ ‖ $N—OH$	"	$5,0 \times 10^{-3}$	64—1024	"	Hantzsch u. Miolati
Thiodiglykolsäure	$S(CH_2.COOH)_2$	"	$4,8 \times 10^{-4}$	32—2048	"	Ostwald (1)
"	"	"	$4,9 \times 10^{-4}$	2—1024	"	Lovén
α-Thiodilaktylsäure (monosymm. Smp. 125°)	$CH_3—CH—COOH$ | S | $CH_3—CH—COOH$	"	$4,9 \times 10^{-4}$	2—1024	"	"
α- desgl. (asymm.? Smp. 109°)	"	"	$4,4 \times 10^{-4}$	2—1024	"	"
β- desgl. (Thiodihydrakrylsäure Smp. 128°)	$CH_2—CH_2—COOH$ | S | $CH_2—CH_2—COOH$	"	$7,8 \times 10^{-5}$	16—1024	"	"
Thioglykolsäure	$CH_2\begin{matrix}SH\\COOH\end{matrix}$	"	$2,91 \times 10^{-4}$			Klason u. Carlson
"	"	"	$2,25 \times 10^{-4}$	16—1024	"	Ostwald (1)
α-Thiolaktylglykolsäure (Smp. 87—88°)	$CH_3—CH—COOH$ | S | $CH_2—COOH$	"	$4,8 \times 10^{-4}$	2—512	"	Lovén
β- desgl. (Thioglykolhydrakrylsäure, Smp. 94°)	$CH_2—CH_2—COOH$ | $S—CH_2—COOH$	"	$2,5 \times 10^{-4}$	8—1024	"	"
Thio-α-β-laktylhydrakrylsäure (Smp. 72 bis 73°)	$CH_3—CH—COOH$ | $S-CH_2-CH_2-COOH$	"	$2,1 \times 10^{-4}$	2—1024	"	"
Thionylbrenztraubensäure	$C_4H_3S-CO-CH_2-CO$ | COOH	"	$4,6 \times 10^{-3}$	281—1122	"	Angeli
Tiglinsäure	$H—C—CH_3$ ‖ $CH_3—C—COOH$	"	$1,0 \times 10^{-5}$	32—1024	"	Ostwald (2)
Traubensäure	$COOH—CH.OH—CHOH$ | COOH	"	$9,7 \times 10^{-4}$	32—2048	"	" (3)
"	"	"	$9,7 \times 10^{-4}$	8—1024	"	Walden (3)
"		0	$9,1 \times 10^{-4}$	8—2048	"	White u. Jones
"		12	$9,9 \times 10^{-4}$	"	"	"
"		25	$1,1 \times 10^{-3}$	"	"	"
"		35	$1,1 \times 10^{-3}$	"	"	"
Trikarballylsäure	$CH_2—COOH$ | $CH—COOH$ | $CH_2—COOH$	25	$2,2 \times 10^{-4}$	32—1024	"	Walden (2)
"	"	"	$2,2 \times 10^{-4}$	nicht ang.	"	Bone u. Sprankling (2)
"	"	"	$2,24 \times 10^{-4}$	17—1068	"	Walker (1)
desgl. α-methylester	$CH_2—COOH$ | $CH—COOH$ | $CH_2—COO.CH_3$	"	$7,5 \times 10^{-5}$	7,6—61	"	Bone u. Sprankling (2)

Konstanten der elektrolytischen Dissoziation.

II. A. Organische Säuren. 1. Aliphatische Säuren (Fortsetzung). — Lit. S. 1176.

Name	Formel	t	Konstante	Verdünnung	Methode	Autor
Trikarballylsäure-β-methylester	CH_2—COOH | CH—COO.CH_3 | CH_2—COOH	25°	$9{,}3\times10^{-5}$	12—92	Leitf.	Bone u. Sprankling (2)
α-α-β-Trichlorbuttersäure	CH_3—CHCl—CCl_2—COOH	18	$1{,}8\times10^{-1}$	9—578	„	Drucker (1)
Trichloressigsäure . .	CCl_3—COOH	„	3×10^{-1}	8—1011	„	„ (1)
Trichlormilchsäure . .	CCl_3—CH(OH)—COOH	25	$4{,}6\times10^{-3}$	32—1024	„	Ostwald (1)
Trimethyläthylenmilchsäure (α, α, β)	CH(CH_3)(OH)—C(CH_3)$_2$ | COOH	„	$2{,}2\times10^{-5}$	34—1075	„	Szyszkowski
desgl. (α, β, β) . . .	C(CH_3)$_2$(OH)—CH(CH_3) —COOH	„	$3{,}6\times10^{-5}$	20—630	„	„
Trimethylakrylsäure .	C(CH_3)$_2$=C(CH_3).COOH	„	$3{,}9\times10^{-5}$	117—1864	„	„
Trimethylbernsteinsäure	C(CH_3)$_2$—COOH | CH(CH_3)—COOH	„	$3{,}07\times10^{-4}$	32—1024	„	Walden (1)
„	„	„	$3{,}21\times10^{-4}$	32—256	„	Bone u. Sprankling (1)
„	„	„	$3{,}22\times10^{-4}$	nicht angeg.	„	Zelinsky
„	„	„	$3{,}04\times10^{-4}$	32—1024	„	Auwers
desgl. methylester . .	C(CH_3)$_2$—COOH | CHCH_3—COO.CH_3	„	3×10^{-5}	18—170	„	Bone, Sudborough u. Sprankling
Trimethylessigsäure .	C(CH_3)$_3$COOH	„	$9{,}8\times10^{-6}$	32—1024	„	Billitzer
Trimethylglutarsäure .	(COOH)$_2$(CH(CH_3))$_3$	„	$3{,}5\times10^{-5}$	85—1365	„	Bethmann *)
Trithiokarbondiglykolsäure	(COOH.CH_2S)$_2$CS	„	$2{,}6\times10^{-3}$	84—664	„	Holmberg (1)
α-Trithiodilaktylsäure .	CH_3—CH—COOH | [S]$_3$ | CH_3—CH—COOH	„	$8{,}0\times10^{-4}$	8—1024	„	Lovén
Valeriansäure . . .	CH_3—(CH_2)$_3$—COOH	„	$1{,}6\times10^{-5}$	16—1024	„	Franke
„ . . .	„	„	$1{,}5_6\times10^{-5}$	2,8—444	„	Drucker (2)
„ . . .	„	„	$1{,}61\times10^{-5}$	32—1024	„	Billitzer
Vinylessigsäure . . .	CH_2=CH—CH_2—COOH	„	$3{,}8\times10^{-5}$	16—1024	„	Fichter u. Pfister
i-Weinsäure (spaltbar)	COOH—CH.OH—CH.OH | COOH	„	$9{,}7\times10^{-4}$	8—1024	„	Walden (1)
„ (nicht spaltbar)		„	$6{,}0\times10^{-4}$	16—1024	„	„ (1)
l-Weinsäure		„	$9{,}7\times10^{-4}$	32—2048	„	Ostwald (3)
„	„	„	$9{,}7\times10^{-4}$	16—1024	„	Walden (1)
r-Weinsäure	„	„	$9{,}7\times10^{-4}$	8—1024	„	„ (1)
„	„	„	$9{,}7\times10^{-4}$	16—2048	„	Ostwald (3)
Weinsäuremethylester .	COOH—CH.OH—CH.OH / COO.CH_3	„	$4{,}6\times10^{-4}$	32—1024	„	Walden (1)

*) Vergl. auch Bethmann, Ber. chem. Ges. **23**, 302; 1890.

2. Aromatische Säuren.

Name	Formel	t	Konstante	Verdünnung	Methode	Autor
4-Acetamino-m-Phthalsäure	C_6H_3(COOH)$_2$— —(NHCO.CH_3) (1:3:4)	25°	$7{,}9\times10^{-4}$	223—4468	„	Wegscheider (1)
Acetaminoterephthals.	„ (1:4:3)	„	$9{,}8\times10^{-4}$	600—1400	„	Süss
3-Acetaminoterephthalsäure-1-methylester	C_6H_3(COO.CH_3).(NH.CO. .CH_3)(COOH)(1:3:4)	„	7×10^{-4}	700—1400	„	„
Acetanilido-α-buttersäure	CH_3-CH_2-CH-COOH / N.C_6H_5(CO.CH_3)	„	$1{,}09\times10^{-4}$	320—1280	„	Walden (2)
do. -β-isobuttersäure .	(C_6H_5.NCO.CH_3)C_3H_6. .COOH	„	$2{,}9\times10^{-5}$	295—1180	„	„ (2)

Hinrichsen.

Konstanten der elektrolytischen Dissoziation.

II. A. Organische Säuren. 2. Aromatische Säuren (Fortsetzung). — Lit. S. 1176.

Name	Formel	*t*	Konstante	Verdünnung	Methode	Autor
Acetanilidoessigsäure .	$(C_6H_5 . NCOCH_3) . CH_2$ | COOH	25⁰	$2{,}6_0 \times 10^{-4}$	200—1600	Leitf.	Walden (2)
do. -α-propionsäure. .	$(C_6H_5 \cdot NCOCH_3)$-CH-COOH | CH_3	„	$1{,}25 \times 10^{-4}$	128—1024	„	„ (2)
Acetbromanilidoessigsäure	$(C_6H_4 . BrNCOCH_3)$ | CH_2-COOH	„	$2{,}8_5 \times 10^{-4}$	300—1200	„	„ (2)
m-Acetoxybenzoesäure	$C_6H_4(OCOCH_3)(COOH)$ (1:3)	„	$9{,}9 \times 10^{-5}$	256—2048	„	Ostwald (2)
o- do.	do. (1:2)	„	$3{,}3_3 \times 10^{-4}$	64—1024	„	„ (2)
p- „	„ (1:4)	„	$4{,}2 \times 10^{-5}$	64—1024	„	„ (2)
Acet-o-toluidoessigsäure	o-C_7H_7-$NCOCH_3$ | CH_2-COOH	„	$2{,}1_9 \times 10^{-4}$	194—1552	„	Walden (2)
do. -o- do. -α-buttersäure	o-C_7H_7-N-$COCH_3$ | C_2H_5 . CH-COOH	„	$9{,}2 \times 10^{-5}$	290—1160	„	„ (2)
do. -p- do. -buttersäure	p-desgl.	„	$1{,}0_7 \times 10^{-4}$	300—1200	„	„ (2)
do. do. do. α-isobuttersäure . . .	p-C_7H_7 . $NCOCH_3$ | C_3H_6-COOH	„	$9{,}5 \times 10^{-4}$	280—1120	„	„ (2)
do. -β- do.	(wie oben)	„	$2{,}3 \times 10^{-5}$	386—1544	„	„ (2)
do. -o- -β-	o-desgl.	„	$2{,}1 \times 10^{-5}$	480—960	„	„ (2)
do. -o- do. -α-propionsäure.	o-C_7H_7 . $NCOCH_3$ | CH_3-CH-COOH	„	$1{,}0_4 \times 10^{-4}$	300—1200	„	„ (2)
do. -p- do.	p-desgl.	„	$1{,}0_4 \times 10^{-4}$	300—1200	„	„ (2)
Acet.-p-tolylglycin . .	p-C_7H_7 . N—$COCH_3$ | CH_2COOH	„	$2{,}19 \times 10^{-4}$	200—800	„	„ (2)
Acetyl-m-aminobenzoesäure	C_6H_4(COOH). .($NHCOCH_3$) (1:3)	„	$8{,}5 \times 10^{-5}$	256—1024	„	Ostwald (2)
do. -o- do.	(1:2)	„	$2{,}3_6 \times 10^{-4}$	128—1024	„	„ (2)
do. -p- do.	(1:4)	„	$5{,}2 \times 10^{-5}$	256—1024	„	„ (2)
Acetylcumarinsäure (cis)	$CH_3CO^{(1)}$. C_6H_4 . . CH:CH . $COOH^{(2)}$	„	$10{,}5 \times 10^{-5}$	180—900	„	Roth, Stoermer u. Wallasch
Acetylcumarsäure (trans)	„	„	$5{,}0 \times 10^{-5}$	ca. 1500	„	„
Äthylcumarinsäure (cis)	$C_2H_5O^{(1)}$. C_6H_4 . . CH : CH . $COOH^{(2)}$	„	$4{,}5 \times 10^{-5}$	330—1200	„	„
Äthylcumarsäure (trans)	„	„	$2{,}1 \times 10^{-5}$	ca. 2100	„	„
cis-Äthyl-benzyl-bernsteinsäure (Smp. 122⁰)	C_2H_5—CH—COOH | C_7H_7—CH—COOH	„	$4{,}14 \times 10^{-4}$	32—512	„	Walden (1)
trans. do. (Smp. 154⁰)	C_2H_5 . CH—COOH | COOH . CH—C_7H_7	„	$2{,}6_2 \times 10^{-4}$	64—1024	„	„ (1)
Äthyl-benzyl-malonsäure .	C_2H_5 \ C$(COOH)_2$ C_7H_7 /	„	$1{,}4_6 \times 10^{-2}$	32—1024	„	„ (1)
Äthylphenylmilchsäure (β-oxy)	$CH(C_6H_5)(C_2H_5)CH$. .(OH)COOH	„	$3{,}1 \times 10^{-5}$	30—950	„	Szyszkowski
o-Alanin-tolursäure . .	$C_{11}H_{13}O_3$	„	$1{,}65 \times 10^{-4}$	411—1646	„	Franke
p- do.	„	„	$1{,}69 \times 10^{-4}$	409—1634	„	„
Allo-p-methoxyzimtsäure (cis)	$CH_3O^{(1)}$. C_6H_4 . CH: : CH . $COOH^{(3)}$	„	$9{,}4 \times 10^{-5}$	90—900	„	Roth, Stoermer Wallasch
Allozimtsäure (cis) . .	C_6H_5 . CH:CH . COOH					
Smp. 42⁰		„	$14{,}1_0 \times 10^{-5}$	13—850	„	J. Meyer
„ 58		„	$14{,}0_9 \times 10^{-5}$	16—500	„	„

Hinrichsen.

Konstanten der elektrolytischen Dissoziation.

II. A. Organische Säuren. 2. Aromatische Säuren (Fortsetzung). — Lit. S. 1176.

Name	Formel	t	Konstante	Verdünnung	Methode	Autor
Allozimtsäure (cis) Smp. 68^0	$C_6H_5 . CH : CH . COOH$	25	$14{,}1_0 \times 10^{-5}$	17—560	Leitf.	J. Meyer
„ „ 42	„	„	$13{,}8 \times 10^{-5}$	50—500	„	Bjerrum bei Biilmann
„ „ 58	„	„	$14{,}1 \times 10^{-5}$	50—500	„	
„ „ 68	„	„	$14{,}2 \times 10^{-5}$	50—500	„	„
„ „ 68	„	„	$13{,}8 \times 10^{-5}$	nicht angeg.	„	Ostwald bei Liebermann
„ „	„					
„ „ 58	„	„	$15{,}6 \times 10^{-5}$	50—800	„	Bader
„ „ 68	„	„	$14{,}5 \times 10^{-5}$	64—1000	„	Roth, Wallasch
m-Amino-benzoesäure .	$C_6H_4(COOH)(NH_2)$ (1:3)	„	$1{,}63 \times 10^{-5}$	32—1024	„	Cumming
„	„	„	$1{,}67 \times 10^{-5}$	64—192	Hydrol.	Holmberg (2)
o- desgl.	„ (1:2)	„	$1{,}07 \times 10^{-5}$	64—512	„	„ (2)
„	„	„	$1{,}06 \times 10^{-5}$	100—1000	Leitf.	Lundén (1)
p- desgl.	„ (1:4)	„	$1{,}21 \times 10^{-5}$	32—1024	„	White u. Jones
„	„	„	$1{,}15 \times 10^{-5}$	64—512	Hydrol.	Holmberg (2)
m-Amino-benzolsulfon-säure	$C_6H_4 . (SO_3H)(NH_2)$ (1:3)	„	$1{,}8_5 \times 10^{-4}$	64—1024	Leitf.	Johnston (Winkelblech) White u. Jones Ostwald (3
o- desgl.	desgl. (1:2)	„	$3{,}3 \times 10^{-3}$	64—1024	„	„ (3)
p- „	desgl. (1:4)	„	$5{,}81 \times 10^{-4}$	32—1024	„	„ (3)
4-Amino-1-benzylsulfon-säure	$NH_2 . C_6H_4 . CH_2 . SO_3H$	„	$2{,}3 \times 10^{-5}$	128—1024	„	Ebersbach
m-Amino-m-nitrobenzoe-säure	$C_6H_3 . (NH_2)(COOH)(NO_2)$ (1:3:5)	„	$2{,}1 \times 10^{-4}$	83—2667	„	Bethmann
2-Amino-1-phenolsulfon-säure-4	$(OH):(NH_2):(SO_3H)$ = 1:2:4	„	$9{,}4 \times 10^{-5}$	64—2048	„	Ebersbach
4-Amino-1-phenolsulfon-säure-2	= 1:4:2	„	$8{,}3 \times 10^{-6}$	256—1024	„	„
Aminoterephthalsäure .	$C_6H_3 . (NH_2)(COOH)_2$	„	$2{,}65 \times 10^{-4}$	512—1024	„	Süß
3-Amino-terephthal-säure-1-methylester	$C_6H_3 . (NH_2)(COOH)(COO . CH_3)$	„	$5{,}5_2 \times 10^{-5}$	512—1024	„	„
Anilidobuttersäure . .	$C_6H_5\text{-}NH\text{-}CH(C_2H_5)\text{-}COOH$	„	$3{,}1 \times 10^{-5}$	130—1040	„	Walden (2)
desgl. -essigsäure . .	$C_6H_5\text{-}NH\text{-}CH_2 . COOH$	„	$3{,}8 \times 10^{-5}$	128—1024	„	„ (2)
Anilido-α-isobuttersäure	$C_6H_5 . NH\text{-}C_3H_6 . COOH$	„	$3{,}6 \times 10^{-5}$	200—800	„	„ (2)
desgl. -β- „	„	„	1×10^{-6}	200—800	„	„ (2)
„ -α-propionsäure	$C_6H_5 . NH\text{-}CH(CH_3)\text{-}COOH$	„	$2{,}2 \times 10^{-5}$	136—1088	„	„ (2)
„ -β- „	$C_6H_5 . NH\text{-}CH_2\text{-}CH_2\text{-}COOH$	„	4×10^{-6}	200—800	„	„ (2)
Anissäure	$C_6H_4 . (OCH_3)(COOH)$ (1:4)	„	$3{,}2 \times 10^{-5}$	512—1024	„	Ostwald (2)
„		40	$3{,}3 \times 10^{-5}$	456	„	Schaller
„	„	70	$2{,}9 \times 10^{-5}$	233—456	„	„
„	„	99	$2{,}3 \times 10^{-5}$	„	„	„
Anisursäure	$CH_3 . OC_6H_4 . CO(NH)CH_2 . COOH$	25	$1{,}62 \times 10^{-4}$	717—2868	„	Franke
Apiolsäure	$C_6H . (OCH_3)_2(O_2CH_2) . COOH$	„	$8{,}0 \times 10^{-5}$	1320	„	Angeli
Apionyl-glyoxylsäure .	$C_6H . (OCH_3)(O_2CH_2) \backslash CO\text{-}COOH$	„	$3{,}3_5 \times 10^{-2}$	91—730	„	„
Atropasäure	$CH_2{=}C(C_6H_5)(COOH)$	„	$1{,}43 \times 10^{-4}$	128—2048	„	Ostwald (2)
Benzalmalonsäure . .	$C_6H_5 . HC : C(COOH)_2$	„	$4{,}1 \times 10^{-3}$	32—2048	„	Ostwald (3)
Benzilsäure	$(C_6H_5)_2C(OH) . (COOH)$	„	$9{,}2 \times 10^{-4}$	53—853	„	Bethmann
Benzoesäure	$C_6H_5 . COOH$	„	$6{,}_0 \times 10^{-5}$	64—1024	„	Ostwald (2)
„	„	„	$6{,}8 \times 10^{-5}$	64—1024	„	Schaller
„	„	„	$7{,}_3 \times 10^{-5}$	6—10	Hydrol.	Bauer
„	„	„	$6{,}52 \times 10^{-5}$	100—800	Leitf.	Roth, Wallasch

Konstanten der elektrolytischen Dissoziation.

II. A. Organische Säuren. 2. Aromatische Säuren (Fortsetzung). — Lit. S. 1176.

Name	Formel	t	Konstante	Verdünnung	Methode	Autor
Benzoesäure (Fortsetz.)	$C_6H_5.COOH$	0	$6{,}0_5 \times 10^{-5}$	100—1000	Leitf.	Euler (3), vgl. White u. Jones
„	„	20	$6{,}6_4 \times 10^{-5}$	50—1000	„	
„	„	25	$6{,}6_9 \times 10^{-5}$	„	„	
„	„	30	$6{,}7_2 \times 10^{-5}$	„	„	
„	„	40	$6{,}7_2 \times 10^{-5}$	„	„	
„	„	50	$6{,}6_5 \times 10^{-5}$	„	„	
„	„	„	$6{,}3 \times 10^{-5}$	64—1024	„	Schaller
„	„	80	$5{,}4 \times 10^{-5}$	„	„	
„	„	99	$4{,}5 \times 10^{-5}$	„	„	
„	„	0	$6{,}52 \times 10^{-5}$	„	„	Kortright
Benzol-1-carbonsäure-amid-2-methylcarbonsäure	$C_6H_4\langle^{(CO.NH_2)}_{(CH_2.COOH)}$	25	$5{,}0 \times 10^{-5}$	512—1024	„	Süß
Benzolsulfoncyanamid	$C_6H_5(SO_2)(NH)(CN)$	„	$1{,}3 \times 10^{-5}$	115—920	„	Bader
Benzolsulfosäure	$C_6H_5.SO_3H$	„	2×10^{-1}	32—1024	„	Wegscheider u. Lux
Benzoylalanin	$CH_3.CH.(NHC_7H_5O)COOH$	„	$1{,}96 \times 10^{-4}$	128—1024	„	Franke
o-Benzoyl-benzoesäure	$C_6H_5.CO.C_6H_4.COOH$ (1:2)	„	$3{,}7 \times 10^{-4}$	1024—2048	„	H. Meyer
Benzoyl-brenztraubensäure	C_6H_5—CO—CH_2—CO | COOH	„	$6{,}5 \times 10^{-3}$	400—3200	„	Angeli
Benzoylcyanamid	$C_6H_5.CO.NH.CN$	„	$1{,}8 \times 10^{-3}$	88—1408	„	Bader
β-Benzoyl-isobernsteinsäure	$C_6H_5.CO.CH_2CH(COOH)_2$	„	$2{,}5 \times 10^{-3}$	64—1024	„	Smith
Benzoylpropionsäure	C_6H_5—CO.CH_2—CH_2 | COOH	„	$2{,}2 \times 10^{\;5}$	64—1024	„	Hantzsch u. Miolati
Benzoylsarkosin	$C_{10}H_{11}O_3N$	„	$5{,}0 \times 10^{-4}$	64—1024	„	Franke
Benzyl-äthenyl-tricarbonsäure	CH_2—COOH | $C(C_7H_7)$—COOH | COOH	„	$3{,}2 \times 10^{-2}$	32—1024	„	Walden (2)
γ-Benzyliden-γ-phenyl-brenzweinsäure	$(C_6H_5).CH{=}C$—CH-CH_2 / / | C_6H_5COOHCOOH	„	$1{,}20 \times 10^{-4}$	640—2560	„	Stobbe
Benzylbernsteinsäure	$C_6H_5.CH_2CH$—COOH | CH_2—COOH	„	$9{,}1 \times 10^{-5}$	64—512	„	Walden (1)
Benzylglutaconsäure	C_7H_7—CH—COOH | CH || CH—COOH	„	$1{,}53 \times 10^{-4}$	69—1104	„	„ (1)
Benzylmalonsäure	$C_7H_7.CH(COOH)_2$	„	$1{,}51 \times 10^{-3}$	32—1024	„	„ (1)
Benzyltartronsäure	$C_7H_7.C(OH)(COOH)_2$	„	$5{,}5 \times 10^{-3}$	73—1160	„	„ (1)
α-Bibenzyl-dicarbonsäure (Smp. 183°)	= α-Anti-diphenylbernsteinsäure	„	$2{,}6 \times 10^{-4}$	„	„	„ (1)
Brenzkatechin	$(C_6H_4)(OH)_2$ (1:2)	18	$3{,}3 \times 10^{-10}$	100—200	Hydrol.	Euler u. v. Bolin
Brom-acet-phenyl-glyzin	CH_2Br—CO | C_6H_5—N—CH_2—COOH	25	$3{,}40 \times 10^{-4}$	200—1600	Leitf.	Walden (2)
Brom-amino-benzol-sulfonsäure	$(SO_3H:NH_2:Br)$ = (1:2:5)	„	$1{,}67 \times 10^{-2}$	219—1752	„	Ostwald (3)
„	desgl. (1:3:6)	„	$7{,}2 \times 10^{-4}$	64—1024	„	„ (3)
m-Brom-benzoesäure	$C_6H_4.Br.COOH$ (1:3)	„	$1{,}37 \times 10^{-4}$	512—1024	„	„ (2)
o- „	(1:2)	„	$1{,}45 \times 10^{-3}$	128—1024	„	„ (2)
Bromgallussäure	$(OH)_3.C_6H.Br.COOH$	„	$5{,}9 \times 10^{-4}$	64—1024	„	„ (2)
3-Brom-6-nitrobenzoesäure	$C_6H_3.(COOH)Br(NO_2)$ (1:3:6)	„	$1{,}4 \times 10^{-2}$	128—1024	„	„ (2)

Hinrichsen.

Konstanten der elektrolytischen Dissoziation.

II. A. Organische Säuren. 2. Aromatische Säuren (Fortsetzung). — Lit. S. 1176.

Name	Formel	t	Konstante	Verdünnung	Methode	Autor
2-Bromterephthalsäure-1-4 (Smp. 301—303°)	$C_6H_3.(COOH)_2^{(1,4)}.Br^{(2)}$	25°	$6,2 \times 10^{-3}$	170—255	Leitf.	Wegscheider (3)
2-desgl.-1(α)-methylester	$C_6H_3.(COO.CH_3)^{(1)}$ $Br^{(2)}(COOH)^{(4)}$	„	$3,71 \times 10^{-4}$	471—1888	„	„ (3)
„ -4(β)-methylester	$C_6H_3.(COOH)^{(1)}Br^{(2)}$ $(COO.CH_3)^{(4)}$	„	$5,0 \times 10^{-3}$	260—520	„	„ (3)
Brom-o-toluidinsulfonsäure (1:3:4)	$CH_3.C_6H_2.Br.(NH_2).$ (SO_3H)	„	$1,4 \times 10^{-3}$	256—2048	„	Ebersbach
„ p-(1:3:6)		„	$4,5 \times 10^{-3}$	64—2048	„	„
Brom-1-toluylen-2-6-diaminsulfonsäure-4	$C_6H_1.(SO_3H)^{(4)}(Br)^{(3)}$ $(NH_2)_2^{(2,6)}(CH_3)^{(1)}$	„	$1,72 \times 10^{-4}$		„	Ostwald (3)
α-Bromzimtsäure	$C_6H_5—CH=CBr—COOH$	„	$1,44 \times 10^{-2}$	111—891	„	„ (2)
„	„	„	$1,0 \times 10^{-2}$	128—1024	„	Schaller
„	„	50	$6,9 \times 10^{-3}$	„	„	„
„	„	80	$4,0 \times 10^{-3}$	„	„	„
„	„	99	$2,7 \times 10^{-3}$	„	„	„
β- „	$C_6H_5—CBr:CH—COOH$	25	$9,3 \times 10^{-4}$	440—1761	„	Ostwald (2)
†)Chloracetanilidoessigsäure	$C_6H_5—N—CH_2—COOH$ (N—$CO.CH_2Cl$)	„	$3,4 \times 10^{-4}$	200—1600	„	Walden
2-Chlor-4-amino-1-phenol-sulfonsäure-6	$C_6H_2.Cl(NH_2)(OH)(SO_3H)$	„	$8,2 \times 10^{-5}$	128—1024	„	Ebersbach
m-Chlorbenzoesäure	m-$C_6H_4.Cl.COOH$	„	$1,55 \times 10^{-4}$	256—1024	„	Ostwald (2)
o- „	o- „	„	$1,32 \times 10^{-3}$	64—1024	„	„ (2)
p- „	p- „	„	$9,3 \times 10^{-5}$	2048	„	„ (2)
„	„	„	$1,3 \times 10^{-3}$	128—1024	„	Schaller
„	„	50	$9,2 \times 10^{-4}$	„	„	„
„	„	99	$4,2 \times 10^{-4}$	„	„	„
m-Chlor-o-nitrobenzoesäure	$C_6H_3.Cl(NO_2)(COOH)$ (5:2:1)	25	$1,5 \times 10^{-2}$	70—2253	„	Bethmann
o-Chlor-m-nitrobenzoesäure	„ (2:5:1)	„	6×10^{-3}	98—786	„	„
o-Chlor-p-nitrobenzoesäure	„ (2:4:1)	„	$1,0_3 \times 10^{-2}$	32—514	„	„
p-Chlor-m-nitrobenzoesäure	„ (4:3:1)	„	$4,6 \times 10^{-4}$	391—1562	„	„
p-Chlor-o-nitrobenzoesäure	„ (4:2:1)	„	$1,0 \times 10^{-2}$	246—1966	„	„
o-Chlor-p-nitrophenol	$C_6H_3.(OH)(NO_2).Cl$ (2:4:1)	„	$1,8 \times 10^{-4}$	345—1381	„	Bader
o-Chloroxanilsäure	$CO(NH.C_6H_4.Cl)(COOH)$ (1:2)	„	$2,0 \times 10^{-2}$	32—1024	„	Ostwald (2)
p- „	„ (1:4)	„	$1,4 \times 10^{-2}$	256—1024	„	„ (2)
o-Chlorphenol	p-$C_6H_4.(OH).Cl$	„	$7,7 \times 10^{-11}$	32	Hydrol.	Hantzsch
p- „		„	$4,1 \times 10^{-10}$	„	„	„
4-Chlorphthalsäure	$C_6H_3(COOH)_2.Cl$ (1:2:4)	„	$2,5 \times 10^{-2}$	64—2048	Leitf.	Ostwald (3)
m-Chlorsuccinanilsäure	$Cl.C_6H_4.NH.CO.CH_2$ / $COOH.CH_2$ (1:3)	„	$2,1 \times 10^{-5}$	128—1024	„	„ (3)
o- „	desgl. (1:2)	„	$2,1 \times 10^{-5}$	„	„	„ (3)
p- „	desgl. (1:4)	„	$2,1 \times 10^{-5}$	„	„	„ (3)
m-Cyanbenzoesäure	$C_6H_4.(CN)(COOH)$	„	$1,99 \times 10^{-4}$	133—1065	„	„ (2)
p-Cyanphenol	p-$C_6H_4.(OH)(CN)$	„	$1,3 \times 10^{-8}$	32	Hydrol.	Hantzsch

†) C s. auch bei K.

Konstanten der elektrolytischen Dissoziation.

II. A. Organische Säuren. 2. Aromatische Säuren (Fortsetzung). — Lit. S. 1176.

Name	Formel	t	Konstante	Verdünnung	Methode	Autor
Diäthylprotokatechu-säure	$C_6H_3 . (OC_2H_5)_2(COOH)$ $(COOH):(OC_2H_5)_2 =$ 1:3:4	0 25	$3,4 \times 10^{-5}$	1024	Leitf.	Ostwald (2)
m-m-Diaminobenzoe-säure	$C_6H_3 . (COOH)(NH_2)_2$ (1:3:5)	„	5×10^{-6}	19—621	„	Bethmann
2-3-Diaminobenzolsulfo-säure-1	$C_6H_3 . (SO_3H)(NH_2)_2$ (1:2:3)	„	5×10^{-5}	44—1392,6	„	Ostwald (3)
Diaminotoluolsulfosäure	SO_3H / NH_2 ⬡ NH_2 / CH_3	„	$4,7 \times 10^{-5}$	60—965,6	„	„ (3)
Diazobenzolsäure . .	$C_6H_5 . NH—NO_2$	1	$1,2 \times 10^{-5}$	50—1000	„	Euler
(Phenylnitramin) .	„	18	$1,7 \times 10^{-5}$	50—1000	„	„
„ .	„	25	$2,3 \times 10^{-5}$	128—1024	„	Hantzsch u. M. Buchner
Dibenzylmalonsäure .	$(C_7H_7)_2C(COOH)_2$	„	4×10^{-2}	128—1024	„	Walden (1)
2-6-Dibenzylpimelin-säure	$COOH-CH(C_7H_7)-[CH_2]_3$ $-CH(C_7H_7)-COOH$	„	$4,8 \times 10^{-5}$	2200—4400	„	Walker (1)
Dibromgallussäure . .	$C_6(OH)_3(COOH)(Br)_2$	„	$1,21 \times 10^{-2}$	32—1024	„	Ostwald (2)
Dichlor-3-aminobenzol-sulfonsäure	$C_6H_2 . (Cl)_2(NH_2)(SO_3H)$	„	$1,6 \times 10^{-3}$	128—2048	„	Ebersbach
Dichlor-p-Nitrophenol .	$C_6H_2 . (OH)(NO_2)Cl_2$	„	$2,1 \times 10^{-4}$	374—1496	„	Bader
2-4-Dichlorphenol . .	$C_6H_3 . (OH) . Cl_2 (1:2:4)$	„	$1,3 \times 10^{-8}$	32	Hydrol.	Hantzsch
3-6-Dichlorphthalsäure	COOH / Cl ⬡ COOH / Cl	„	$3,45 \times 10^{-2}$	32—51	Leitf.	Wegscheider (3)
3-6-Dichlorphthalsäure-α-äthylester	$COO . C_2H_5$ / Cl ⬡ COOH / Cl	„	$1,5 \times 10^{-2}$	282—1131	„	„ (3)
β-β-Dichlor-α-p-Tolyl-propionsäure	CH_3 — ⬡ — $CH—CHCl_2$ / COOH	„	$4,0 \times 10^{-4}$	4000—9000	„	W. A. Roth (2)
Dimethyl-m-amino-benzoesäure	$C_6H_4 . [N(CH_3)_2](COOH)$ (1:3)	„	8×10^{-6}	128—1024	„	Cumming
Dimethyl-o-amino-benzoesäure	$C_6H_4 . [N(CH_3)_2](COOH)$ (1:2)	„	$2,1 \times 10^{-9}$	8—1024	Hydrol.	„
Dimethyl-p-amino-benzoesäure	desgl. (1:4)	„	$9,4 \times 10^{-6}$	2260	Leitf.	Johnston
Dimethylanilinsulfon-säure (p-Säure)	$C_6H_4 . [N(CH_3)_2](SO_3H)$ (1:4)	„	$3,75 \times 10^{-4}$	16—512	„	Ebersbach
α-α-Dimethyl-$α_1$-benzyl-bernsteinsäure	$(CH_3)_2—C—COOH$ / $(C_7H_7)—CH—COOH$	„	$4,55 \times 10^{-4}$	64—512	„	Walden (1)
Dimethylphenyläthylen-milchsäure	$C_6H_5.CH(OH) . C(CH_3)_2 . COOH$	„	$4,5 \times 10^{-5}$	33—265	„	Szyszkowski
m-m-Dinitrobenzoe-säure	$C_6H_3 . (NO_2)_2(COOH)$ (1:3:5)	„	$1,6 \times 10^{-3}$	85—1365	„	Bethmann
2-5-Dinitrohydrochinon	$C_6H_2 . (OH)_2(NO_2)_2$ (1:4:2:5)	„	$7,1 \times 10^{-5}$	200—1600	„	Bader
α-Dinitrophenol . . .	1:2:4	„	$8,0 \times 10^{-5}$	173—1381	„	„
β- „ . . .	1:2:6	„	$1,74 \times 10^{-4}$	157—1258	„	„
γ- „ . . .	1:3:6	„	7×10^{-6}	499 - 1994	„	„

Hinrichsen.

Konstanten der elektrolytischen Dissoziation.

II. A. Organische Säuren. 2. Aromatische Säuren (Fortsetzung). — Lit. S. 1176.

Name	Formel	t	Konstante	Verdünnung	Methode	Autor
δ-Dinitrophenol . . .	1:3:4	25^{0}	$3,7 \times 10^{-6}$	187—1496	Leitf.	Bader
2- „ . . .	1:2:3	„	$1,2 \times 10^{-5}$	110—876	„	„
2-3-Dioxybenzoes. (1) .	$C_6H_3.(COOH)(OH)_2$ (1:2:3)	„	$1,1_4 \times 10^{-3}$	64—2048	„	Ostwald (2)
2-4- „ (α-Resorzylsäure)	(1:2:4)	„	$5,1_5 \times 10^{-4}$	64—1024	„	„ (2)
„ . .	„	„	$4,9_6 \times 10^{-4}$	128—1024	„	Süß
2-5- „ . .	(1:2:5)	„	$1,08 \times 10^{-3}$	64—2048	„	Ostwald (2)
2-6- „ . . (β-Resorzylsäure)	(1:2:6)	„	$5,0 \times 10^{-2}$	64—1024	„	„ (2)
3-4- „ . . (Protokatechusäure)	(1:3:4)	„	$3,3 \times 10^{-5}$	32—1024	„	„ (2)
3-5- „ .	(1:3:5)	„	$9,1 \times 10^{-5}$	„	„	„ (2)
2-4-Dioxyzimtsäure . . (Umbellsäure)	$C_6H_3.(OH)_2CH = CH.$ $.COOH$	„	$1,9 \times 10^{-5}$	128—1024	„	„ (2)
α-Diphenylbernsteinsäure, 183^0	H $C_6H_5.C-COOH$ | $C_6H_5.C-COOH$ H	„	$2,6 \times 10^{-4}$	74—588,8	„	Walden (1)
β-desgl. (Para) 229^0 .	„	„	$2,0 \times 10^{-4}$	2250—4500	„	„ (1)
m-Fluorbenzoesäure .	$C_6H_4.F.(COOH)$ (1:3)	„	$1,4 \times 10^{-4}$	64—1024	„	Ostwald (2)
Gallussäure	$C_6H_2.(OH)_3(COOH)$ (1:2:3:5)	„	4×10^{-5}	32—1024	„	„ (2)
„	„	„	$3,7 \times 10^{-5}$	64—2048	„	White u. Jones
„	„	0	$3,4 \times 10^{-5}$	„	„	„
		25	$3,8 \times 10^{-5}$	„	„	„
		35	$3,9 \times 10^{-5}$	„	„	„
Hemipinsäure	$C_6H_2.(COOH)_2:(OCH_3)_2$ (1:2:3:4)	25	$1,1 \times 10^{-3}$	32—1024	„	Kirpal (1)
		„	$1,0 \times 10^{-3}$	16—515	„	Wegscheid. (3)
„	(1:2:4:5)	„	$1,4 \times 10^{-3}$	64—2048	„	Ostwald (2)
„ α-äthylester .	$C_6H_2.(OCH_3)_2(COO.C_2H_5)(COOH)$ (1:2:3:4)	„	$1,48 \times 10^{-4}$	182—1456	„	Kirpal und Wegscheider
„ β- „ .	$C_6H_2.(OCH_3)_2(COOH).(COO.C_2H_5)$ (1:2:3:4)	„	$1,01 \times 10^{-3}$	139—1114	„	„ (5) (Meyerhoffer)
„ α-methylester	$C_6H_2.(OCH_3)_2(COO.CH_3).(COOH)$ (1:2:3:4)	„	$1,6 \times 10^{-4}$	128—1024	„	Ostwald (2)
„ β- „	$C_6H_2.(OCH_3)_2(COOH).(COO.CH_3)$ (1:2:3:4)	„	$1,3 \times 10^{-3}$	„	„	„ (2)
„ α-propylester .	$C_6H_2.(OCH_3)_2(COO.C_3H_7)(COOH)$(1:2:3:4)	„	$1,44 \times 10^{-4}$	511—1023	„	Wegscheid. (3)
„ β- „ .	$C_6H_2.(OCH_3)_2(COOH).(COO.C_3H_7)$ (1:2:3:4)	„	$9,3 \times 10^{-4}$	256—1025	„	„ (3)
Hippursäure	$C_6H_5.CONH.CH_2.COOH$	„	$2,22 \times 10^{-4}$	32—1024	„	Ostwald (1)
„		0	$2,1 \times 10^{-4}$	128—2048	„	White u. Jones
		25	$2,3 \times 10^{-4}$	„	„	„
		35	$2,3 \times 10^{-4}$	„	„	„
Homophthalsäure . .	$C_6H_4.(COOH)(CH_2COOH)$	25	$1,9 \times 10^{-4}$	256—1024	„	Süß
„ (a)-äthylester . .	$C_6H_4 < {(COO.C_2H_5) \atop CH_2.COOH}$	„	$4,6 \times 10^{-5}$	512—1024	„	„
„ (b) „ . .	$C_6H_4 < {COOH \atop CH_2COO.C_2H_5}$	„	$7,08 \times 10^{-5}$	256—1024	„	„
„ (a)-methylester .	$C_6H_4 < {COO.CH_3 \atop CH_2.COOH}$	„	$4,34 \times 10^{-5}$	512—1024	„	„

Hinrichsen.

Konstanten der elektrolytischen Dissoziation.

II. A. Organische Säuren. 2. Aromatische Säuren (Fortsetzung). — Lit. S. 1176.

Name	Formel	t	Konstante	Verdünnung	Methode	Autor
Homophthalsäure (b)-methylester	$(C_6H_4)(COOH)(CH_2COO.$ $.CH_3)$	25	$7{,}6_4 \times 10^{-5}$	256—1024	Leitf.	Süß
Hydratropasäure . . (α-Phenylpropionsäure)	$CH_3—CH(C_6H_5).COOH$	„	$4{,}2 \times 10^{-5}$	64—1024	„	Ostwald (2)
Hydrochinon	$C_6H_4.(OH)_2$ (1:4)	0	$0{,}57 \times 10^{-10}$	nicht ang.	Hydrol.	Euler u. v. Bolin
„	„	18	$1{,}1 \times 10^{-10}$	200—400	„	„
p-Hydrokumarsäure .	$(OH).C_6H_4—CH_2—CH_2—$ COOH (1:4)	25	$1{,}7 \times 10^{-5}$	128—1024	Leitf.	Ostwald (2)
Hydroxyazobenzol . .	$(OH).C_6H_4.N:N.C_6H_5$	„	$4{,}9 \times 10^{-9}$	32—100	Hydrol.	Farmer
Hydrozimtsäure . . .	$C_6H_5.CH_2CH_2.COOH$	„	$2{,}3 \times 10^{-5}$	64—1024	Leitf.	Ostwald (2)
Isopropylphenyläthylmilchsäure	$C_6H_5.CH(OH)CH(i\text{-}C_3H_7)$ $.COOH$	„	$5{,}7 \times 10^{-5}$	37—1175	„	Szyszkowski
Isovanillinsäure . . . (4-Methylätherprotokatechusäure)	$C_6H_3.$ $.(COOH)(OH)(OCH_3)$ (1:3:4)	„	$3{,}2 \times 10^{-5}$	256—1024	„	Ostwald (2)
Isozimtsäure*) . . .	$C_6H_5.CH:CH.COOH$(cis)	„	$1{,}56 \times 10^{-4}$	50—802	„	Bader
m-Jodbenzoesäure . .	$C_6H_4.J.(COOH)$ (1:3)	„	$1{,}6 \times 10^{-4}$	1357—2714	„	Bethmann
„ . .	„	60	$1{,}3 \times 10^{-4}$	756	„	Schaller
„ . .	„	80	$1{,}1 \times 10^{-4}$	515—756	„	„
„ . .	„	99	$9{,}4 \times 10^{-5}$	„	„	„
o- „ . .	desgl. (1:2)	25	$1{,}4 \times 10^{-3}$	512—1024	„	„
„ . .	„	50	$9{,}3 \times 10^{-4}$	„	„	„
„ . .	„	99	$4{,}2 \times 10^{-4}$	„	„	„
†) o-Kumarsäure . . .	$C_6H_4.(OH)(CH=CH—$ $.COOH)$ (1:2)	„	$2{,}1 \times 10^{-5}$	256—1024	„	Ostwald (2)
p- „ . . .	„ (1:4)	„	$2{,}1 \times 10^{-5}$	128—1024	„	„ (2)
Kuminsäure (p-Isopropylbenzoesäure)	$(i—C_3H_7)C_6H_4.COOH$ (1:4)	„	$5{,}0 \times 10^{-5}$	512—1024	„	„ (2)
„	„	18	$3{,}4 \times 10^{-5}$	1000—2000	kolor.	Salm
Malonanilsäure . . .	$COOH\text{-}CH_2\text{-}CONH.C_6H_5$	25	$1{,}9_6 \times 10^{-4}$	64—1024	Leitf.	Ostwald (3)
Mandelsäure	$C_6H_5.CH(OH).COOH$	0	$4{,}3_3 \times 10^{-4}$	8—2048	„	White u. Jones
	„	25	$4{,}2_9 \times 10^{-4}$	„	„	„
	„	35	$4{,}2_2 \times 10^{-4}$	„	„	„
i-Mandelsäure . . .	„	25	$4{,}3 \times 10^{-4}$	nicht ang.	„	Walden (3)
l-Mandelsäure . . .	„	„	$4{,}3 \times 10^{-4}$	nicht ang.	„	„ (3)
Mesitylensäure . . .	$C_6H_3.(CH_3)_2(COOH)$ (1:3:5)	„	$4{,}8 \times 10^{-5}$	836—1671	„	Bethmann
p-Methoxyzimtsäure**)	$CH_3O.C_6H_4.CH:CH.$ $.COOH$ (1:4)	„	$2{,}1 \times 10^{-5}$	2500—5000	„	Roth, Stoermer, Wallasch
Methyl-m-aminobenzoesäure	$C_6H_4(NH.CH_3)(COOH)$ (1:3)	„	8×10^{-6}	82—1312	„	Cumming
„ -o- „	desgl. (1:2)	„	$4{,}6 \times 10^{-6}$	775—1510	„	„
„ -p- „	desgl. (1:4)	„	$9{,}2 \times 10^{-6}$	128—1024	„	Johnston
n-Methylaminoterephthalsäure	$C_6H_2.$ $.(COOH)_2(CH_3)(NH_2)$		$3{,}0 \times 10^{-4}$	610—1200	„	Süß
Methylanilinsulfonsäure	$C_6H_4.(NH.CH_3)(SO_3H)$	„	$6{,}6_5 \times 10^{-4}$	128—2048	„	Ebersbach
meso-Methylbenzylbernsteinsäure (α-α₁) (Smp. 138°)	C_7H_7, H > C—COOH; H—C—COOH; CH_3	„	$2{,}4_7 \times 10^{-4}$	32—512	„	Walden (1)
p- desgl. (Smp. 160°) .	„	„	$2{,}19 \times 10^{-4}$	32—512	„	„ (1)
Methylbenzylkarboxyglutarsäure	$CH_3—CH—COOH$; CH_2; $C_7H_7—C(COOH_2)$	„	$1{,}5 \times 10^{-2}$	64—512	„	„ (2)

*) Vergl. auch bei Allozimtsäure. **) Vergl. auch bei Allozimt- u. bei Methylcumarsäure.
†) K s. auch bei C. — Kresole s. Bader; ebenda andere Phenolderivate.

Hinrichsen.

Konstanten der elektrolytischen Dissoziation.

II. A. Organische Säuren. 2. Aromatische Säuren (Fortsetzung). — Lit. S. 1176.

Name	Formel	t	Konstante	Verdünnung	Methode	Autor
Methylbenzylmalonsäure	$C_6H_5.CH_2.C(CH_3)(COOH)_2$	25°	$2,6 \times 10^{-3}$	64–2048	Leitf.	Smith
Methylcumarinsäure, cis	$CH_3O^{(1)}.C_6H_4.CH^{(2)}=$ $:CH.COOH$	„	$5,4_5 \times 10^{-5}$	250—2000	„	Roth, Stoermer, Wallasch
Methylcumarsäure, trans.		„	$2,1 \times 10^{-5}$	ca. 2200	„	
γ-Methylen-γ-phenylbrenzweinsäure	$CH_2=C(C_6H_5).CH-CH_2-COOH$ (CH: COOH)	„	$1,9_5 \times 10^{-4}$	64—2024	„	Stobbe
1-Methylolbenzoesäure-2 (o-Oxymethylbenzoesäure)	$C_6H_4.(CH_2OH)(COOH)$ (1:2)	„	$1,5 \times 10^{-4}$	nicht ang.	„	Stohmann u. Langbein
	„	„	$1,5 \times 10^{-4}$	50–3200	„	Collan
Methylphenyläthylenmilchsäure	$C_6H_5.CH(OH)CH(CH_3).(COOH)$	„	$3,5 \times 10^{-5}$	40–1277	„	Szyszkowski
γ-Methyl-γ-phenylisoitakonsäure	$(CH_3)(C_6H_5)>C=C—CH_2—COOH$ (C: COOH)	„	$2,27 \times 10^{-4}$	640–2560	„	Stobbe
Methylphenylitakonsäure	$CH(CH_3)(C_6H_5)C.COOH$ $H.C.COOH$	„	$2,36 \times 10^{-4}$	57—1821	„	Smith
Methylsalizylsäure . .	$C_6H_4.(OCH_3)COOH$ (1:2)	„	$8,2 \times 10^{-5}$	32–1024	„	Ostwald (2)
3-Nitro-2-aldehydobenzoesäure	$C_6H_3.(COOH)(NO_2)(CHO)$ (1:3:2)	„	$1,3 \times 10^{-6}$	128—1024	„	Süß
5-Nitro-2-aldehydobenzoesäure	desgl. (1:5:2)	„	$1,0 \times 10^{-4}$	128—1024	„	„
5-Nitro-3-amidosalizylsäure	$C_6H_2.(OH)(COOH)(NO_2).(NH_2)$ (1:2:5:3)	„	$1,33 \times 10^{-3}$		Neutr. Leitf.	Thiel und Römer
m-Nitroanilinsulfosäure	$C_6H_3.(NO_2)(NH_2)(SO_3H)$	„	$8,5 \times 10^{-3}$	64–512	Leitf.	Ebersbach
m-Nitrobenzoesäure .	$C_6H_4.(NO_2)(COOH)(1:3)$	„	$3,4_5 \times 10^{-4}$	64—1024	„	Ostwald (2)
„ .	„	„	$3,6 \times 10^{-4}$	128–1024	„	Schaller
„ .	„	40	$3,7 \times 10^{-4}$	„	„	„
„ .	„	70	$3,3 \times 10^{-4}$	„	„	„
„ .	„	99	$2,6 \times 10^{-4}$	„	„	„
„ .	„	0	$2,9_8 \times 10^{-4}$	100—600	„	Euler (3)
„ .	„	20	$3,3_5 \times 10^{-4}$	„	„	„ (3)
„ .	„	25	$3,4_0 \times 10^{-4}$	„	„	„ (3)
„ .	„	30	$3,4_3 \times 10^{-4}$	„	„	„ (3)
„ .	„	40	$3,4_7 \times 10^{-4}$	„	„	„ (3)
„ .	„	50	$3,4_8 \times 10^{-4}$	„	„	„ (3)
o- „ .	desgl. (1:2)	25	$6,2 \times 10^{-3}$	128—1024	„	Ostwald (2)
„ .	„	„	$6,5 \times 10^{-3}$	128—1024	„	Schaller
„ .	„	50	$4,0 \times 10^{-3}$	„	„	„
„ .	„	80	$2,3 \times 10^{-3}$	„	„	„
„ .	„	99	$1,6 \times 10^{-3}$	„	„	„
p- „ .	desgl. (1:4)	„	$4,0 \times 10^{-4}$	256—1024	„	Ostwald (2)
Nitrocuminsäure . .	$(C_3H_7).C_6H_3.(NO_2)(COOH)$	„	$2,1 \times 10^{-4}$	2008—4016	„	Bethmann
Nitrohemipinsäure . .	$C_6H_1.(COOH)_2(OCH_3).(NO_2)$ (1:2:3:4:6)	„	$2,1 \times 10^{-2}$	32—1024	„	Süß
Nitroopiansäure . . .	$C_6H_1.(CHO)(COOH).(OCH_3)(OCH_3)(NO_2)$ (1:2:3:4:6)	„	$2,9 \times 10^{-6}$	256–1024	„	Ley, Hantzsch u. Süß
m-Nitrophenol . . .	$C_6H_4.(OH)(NO_2)(1:3)$	10	$3,3 \times 10^{-9}$	30—60	„	Lundén (4)
„ . . .	„	15	$3,9 \times 10^{-9}$	„	„	„ (4)
„ . . .	„	25	$5,3 \times 10^{-9}$	„	„	„ (4)
„ . . .	„	40	$7,7 \times 10^{-9}$	„	„	„ (4)
„ . . .	„	50	$9,5 \times 10^{-9}$	„	„	„ (4)

Hinrichsen.

Konstanten der elektrolytischen Dissoziation.

II. A. Organische Säuren. 2. Aromatische Säuren (Fortsetzung). — Lit. S. 1176.

Name	Formel	t	Konstante	Verdünnung	Methode	Autor
o-Nitrophenol . . .	$C_6H_4 . (OH)(NO_2)$ (1:2)	25	$6{,}8 \times 10^{-8}$	30—60	Leitf.	Holleman
„ . . .	„	18	$5{,}6 \times 10^{-8}$	nicht angeg.	Hydrol.	Euler u. v. Bolin
p- „ . . .	desgl. (1:4)	10	$4{,}5 \times 10^{-8}$	28—121	Leitf.	Lundén (3)
„ . . .	„	18	$5{,}6 \times 10^{-8}$	nicht angeg.	Hydrol.	Euler u. v. Bolin
„ . . .	„	15	$5{,}2 \times 10^{-8}$	28—121	Leitf.	Lundén (3)
„ . . .	„	25	$7{,}0 \times 10^{-8}$	„	„	„ (3)
„ . . .	„	„	$6{,}5 \times 10^{-8}$	30—61	„	Holleman
„ . . .	„	40	$10{,}2 \times 10^{-8}$	28—121	„	Lundén (3)
„ . . .	„	50	$12{,}7 \times 10^{-8}$	„	„	„ (3)
p-Nitrophenylglykolsäure	$CH_2(O . C_6H_4 . NO_2) . (COOH)$ (1:4)	25	$1{,}53 \times 10^{-3}$	128—1024	„	Ostwald (1)
o- „	desgl. (1:2)	„	$1{,}58 \times 10^{-3}$	64—1024	„	„ (1)
o-Nitrophenylpropiolsäure	$C_6H_4 . (NO_2)(C \vdots C{-}COOH)$ (1:2)	„	$1{,}06 \times 10^{-2}$	256—1024	„	„ (2)
3-Nitrophthalsäure . .	COOH COOH NO_2	„	$1{,}31 \times 10^{-2}$	16—1039	„	Wegscheider (3) s. auch Ostwald (3)
4- „ . .	COOH COOH NO_2	„	$7{,}7 \times 10^{-3}$	32—1028	„	Wegscheider (3) s. auch Ostwald (3)
4-Nitrophthalsäure-1-äthylester	$C_6H_3 . (COO . C_2H_5)(COOH) . (NO_2)$ (1:2:4)	„	$3{,}05 \times 10^{-3}$		„	Wegscheider (3)
4- desgl. 2-äthylester .	$C_6H_3 . (COOH) (COO . C_2H_5) (NO_2)$ (1:2:4)	„	$5{,}2 \times 10^{-3}$		„	„ (3)
3- desgl. 1-methylester .	$C_6H_3 . (COO . CH_3)(COOH) . (NO_2)$ (1:2:3)	„	$1{,}6 \times 10^{-2}$	64—513	„	„ (3)
3- desgl. 2-methylester .	$C_6H_3 . (COOH) (COO . CH_3) (NO_2)$ (1:2:3)	„	$2{,}1 \times 10^{-3}$	128—1026	„	„ (3)
4- desgl. methylester .	$C_6H_3 . (COOH) (COO . CH_3) (NO_3)$ (1:2:4)	„	$4{,}6 \times 10^{-3}$	64—1029	„	„ (3)
2-Nitroresorzin . . .	$C_6H_3 . (OH) (NO_2) (OH)$ (1:2:3)	„	$1{,}3 \times 10^{-5}$	299—1196	„	Bader
4- „ . . .	$C_6H_3 . (OH)_2 (NO_2)$ (1:3:4)	„	$1{,}2 \times 10^{-6}$	120—960	„	„
o-Nitrosalizylsäure . .	$C_6H_3 . (COOH) (OH) . (NO_2)$ (1:2:3)	„	$1{,}57 \times 10^{-2}$	128—1024	„	Ostwald (2)
p- „ . .	$C_6H_3 . (COOH) (OH) . (NO_2)$ (1:2:5)	„	$8{,}9 \times 10^{-3}$	256—1024	„	„ (2)
Nitroterephthalsäure .	COOH NO_2 COOH	„	$1{,}87 \times 10^{-2}$	21—32	„	Wegscheider (3)
2- desgl. 1-methylester .	$COO . CH_3$ NO_2 COOH	„	$7{,}7 \times 10^{-4}$	257—1028	„	„ (3)
2- desgl. 4-methylester .	COOH NO_2 $COO . CH_3$	„	$1{,}90 \times 10^{-2}$	64—1027	„	„ (3)

Hinrichsen.

Konstanten der elektrolytischen Dissoziation.

II. A. Organische Säuren. 2. Aromatische Säuren (Fortsetzung). — Lit. S. 1176.

Name	Formel	t	Konstante	Verdünnung	Methode	Autor
Nitrotolylhydrazinsulfonsäure	$(CH_3).C_6H_2.(N_2H_3)(NO_2)(SO_3H)$	25°	$1,3 \times 10^{-4}$	512–4096	Leitf.	Ebersbach
Nitrovanillinsäure	$(CH_3O).C_6H_2.(NO_2).(OH)(COOH)$	„	$1,2 \times 10^{-4}$	600–2400	„	Bethmann
6-Nitroveratrumsäure	$(CH_3O)_2.C_6H_2.(NO_2).(COOH)$	„	$3,6 \times 10^{-3}$	126–504	„	„
Opiansäure	CHO COOH OCH_3 OCH_3	„	$8,8 \times 10^{-4}$	128–1024	„	Ostwald (2)
p-Oxaltoluidsäure	$(CH_3).C_6H_4.NH.CO.COOH$	„	$8,8 \times 10^{-3}$	128–1024	„	„ (3)
Oxanilsäure	$C_6H_5-NH-CO-COOH$	„	$1,21 \times 10^{-2}$	32–1024	„	„ (2)
m-Oxybenzoesäure	$C_6H_4.(OH)(COOH)$ (1 : 3)	0	$7,6_3 \times 10^{-5}$	100–600	„	Euler (3)
		20	$8,2_9 \times 10^{-5}$	„	„	„ (3)
		25	$8,3_3 \times 10^{-5}$	„	„	„ (3)
		30	$8,3_3 \times 10^{-5}$	„	„	„ (3)
		40	$8,2_6 \times 10^{-5}$	„	„	„ (3)
		50	$8,1_1 \times 10^{-5}$	„	„	„ (3)
„	„	25	$8,7 \times 10^{-5}$	32–1024	„	Ostwald (2)
o-Oxybenzoesäure siehe Salicylsäure						
p-Oxybenzoesäure	desgl. (1 : 4)	„	$2,9 \times 10^{-5}$	„	„	„ (2)
		0	$2,5 \times 10^{-5}$	64–2048	„	White u. Jones
		25	$2,8_5 \times 10^{-5}$	„	„	„
		35	$2,8_7 \times 10^{-5}$	„	„	„
4-Oxyphthalsäure	$C_6H_3.(COOH)_2(OH)$ (1:2:4)	25	$1,20 \times 10^{-3}$	16–1033	„	Wegscheider (3)
4-desgl.-1-methylester	$C_6H_3.(COO.CH_3).(COOH)(OH)$ (1:2:4)	„	$1,54 \times 10^{-4}$		„	„ (3)
4-desgl.-2-methylester	$C_6H_3.(COOH)(COO.CH_3)(OH)$ (1:2:4)	„	$2,05 \times 10^{-4}$	64–1024	„	„ (3)
Oxysalizylsäure siehe Dioxybenzoesäure						
Oxyterephthalsäure	$C_6H_3.(COOH)(OH).(COOH)$ (1:2:4)	„	$2,5 \times 10^{-3}$	256–2048	„	Ostwald (3)
„	„	„	$2,69 \times 10^{-3}$	195–206	„	Wegscheider
2-desgl.-1-methylester	$C_6H_3.(COO.CH_3)(OH).(COOH)$ (1:2:4)	„	$2,50 \times 10^{-4}$	910–1820	„	„ (3)
2-desgl.-4-methylester	$C_6H_3.(COOH)(OH).(COO.CH_3)$ (1:2:4)	„	$2,77 \times 10^{-3}$	256–1026	„	„ (3)
Oxytoluylsäure	COOH OH CH_3	„	$1,02 \times 10^{-3}$	nicht ang.	„	Stohmann u. Langbein
„	COOH OH CH_3	„	$6,8 \times 10^{-4}$	„	„	„
„	COOH OH CH_3	„	$8,4 \times 10^{-5}$	„	„	„
„	COOH CH_3 OH	„	$1,06 \times 10^{-3}$	„	„	„

Hinrichsen.

Konstanten der elektrolytischen Dissoziation.

II. A. Organische Säuren. 2. Aromatische Säuren (Fortsetzung). — Lit. S. 1176.

Name	Formel	t	Konstante	Verdünnung	Methode	Autor
m-Oxyzimtsäure (trans)	$OH.C_6H_4.CH:CH.$ $.COOH$	25	$4{,}7_5 \times 10^{-5}$	400—1600	Leitf.	Roth u. Wallasch
Paraorsellinsäure . .	$C_6H_2.(CH_3).$ $.(OH)(COOH)(OH)$ (1:3:4:5)	„	$4{,}1 \times 10^{-2}$	128—1024	„	Ostwald (2)
Phenacetursäure . . .	$C_6H_5.(CH_2.$ $.CONH(CH_2.COOH))$	25	$2{,}02 \times 10^{-4}$	133—1064	„	Franke
Phenol	$C_6H_5.OH$	18	$1{,}_3 \times 10^{-10}$	25—100	„	Walker (4)
„	„	„	$0{,}8_5 \times 10^{-10}$	nicht ang.	„	Lundén (5)
„	„	25	$1{,}3 \times 10^{-10}$	32—1024	Hydrol.	Hantzsch
„	„	10	$0{,}60 \times 10^{-10}$	50—100	Leitf.	Lundén (4)
„	„	15	$0{,}73 \times 10^{-10}$	„	„	„ (4)
„	„	25	$1{,}09 \times 10^{-10}$	„	„	„ (4)
„	„	40	$1{,}7_3 \times 10^{-10}$	„	„	„ (4)
„	„	50	$2{,}3_7 \times 10^{-10}$	„	„	„ (4)
Phenoxylessigsäure . .	$C_6H_5.OCH_2$ $COOH$	25	$7{,}6 \times 10^{-4}$	nicht ang.	Leitf.	Stohmann u. Langbein
Phenylacetanid-o-Karbonsäure	$C_6H_4.(CH_2CONH_2).$ $.(COOH)(1:2)$	„	$8{,}9 \times 10^{-5}$	256—1024	„	Süß
β-Phenyl-γ-acetbuttersäure	CH_3-CO-CH_2-CH-CH_2 H_5C_6 COOH	„	$3{,}2 \times 10^{-5}$	32—2048	„	Schilling u. Vorländer
Phenylaminoessigsäure	$CH_2(NH.C_6H_5)(COOH)$	„	$3{,}9 \times 10^{-5}$	32—1024	„	Ostwald (1)
Phenylbernsteinsäure .	$COOH.CH.(C_6H_5).$ $.CH_2.COOH$	„	$1{,}64 \times 10^{-4}$			Süß
desgl. b-methylester .	$COO.CH_3$—$CH(C_6H_5).$ $.CH_2.COOH$	„	$1{,}1 \times 10^{-4}$			„
Phenylessigsäure. . .	$C_6H_5.CH_2$ | COOH	0	$5{,}4 \times 10^{-5}$	32—2048	„	White u. Jones
		25	$5{,}3 \times 10^{-5}$	„	„	„
		35	$5{,}1 \times 10^{-5}$	„	„	„
„ . . . (s. auch α-Toluylsäure)	„	25	$5{,}0_2 \times 10^{-5}$	nicht ang.	„	Dittrich
β-Phenylglutarsäure .	$COOH.CH_2.$ $.CH(C_6H_5)CH_2.COOH$	„	$7{,}7 \times 10^{-5}$	36—291	„	Vorländer
Phenylglykolsäure . .	$CH_2(OC_6H_5)(COOH)$	„	$7{,}6 \times 10^{-4}$	32—1024	„	Ostwald (1)
Phenylglyoxylsäure-ketoxim	$C_6H_5.C(NOH)(COOH)$	„	$1{,}8 \times 10^{-3}$	59—944	„	Bader
Phenylimidodiessigsäure	$C_6H_5.N(CH_2COOH)_2$	„	$2{,}7 \times 10^{-4}$	210—840	„	Walden (2)
Phenylitakonsäure . .	C_6H_5-CH=C — CH_2 | \\ COOH COOH	„	$1{,}37 \times 10^{-4}$	128—1024	„	Süß
Phenylketoximpropionsäure (syn)	C_6H_5-C-CH_2-CH_2-COOH ‖ N-OH	„	$2{,}0 \times 10^{-5}$	64—1024	„	Hantzsch u. Miolati
l-Phenylmethoxyessigsäure	$C_6H_5.CH(OCH_3).COOH$	„	$7{,}3 \times 10^{-4}$	11—53	„	Roth bei Mac Kenzie *)
Phenylmethylketoxim .	$(C_6H_5).(CH_3)C:NOH$	„	$3{,}7 \times 10^{-9}$	128—1024	„	Trübsbach
Phenyloximidoessigsäure (syn)	C_6H_5—C—COOH ‖ N—OH	„	$1{,}8 \times 10^{-3}$	16—256	„	Hantzsch u. Miolati
desgl. (anti)	C_6H_5—C—COOH ‖ OH.N	„	$1{,}55 \times 10^{-2}$	16—1024	„	„
Phenylpropiolsäure . .	$C_6H_5.C \equiv C$—COOH	„	$5{,}9 \times 10^{-3}$	60—963	„	Ostwald (2)
Phenylsulfaminsäure .	$C_6H_5.NH.SO_3H$	„	$1{,}0 \times 10^{-1}$	nicht ang.	nicht ang.	Derick
Phenylsulfonessigsäure	C_6H_5-SO_2-CH_2-COOH	„	$4{,}22 \times 10^{-3}$		Leitf.	Ramberg
α-Phenylsulfonpropionsäure	C_6H_5-SO_2-$(CH_2)_2$-COOH	„	$3{,}14 \times 10^{-3}$		„	„
β-Phenyl-γ-trimethylacetbuttersäure	$(CH_3)_3C$-CO-CH_2 (COOH)·CH_2-$CH(C_6H_5)$	„	$2{,}5 \times 10^{-5}$	533—3440	„	Schilling u. Vorländer
Phloretinsäure . . .	$CH_3.CH(C_6H_4.OH).$ $.COOH$	„	$2{,}0 \times 10^{-5}$	62—1024	„	Ostwald (2)
Phthalaldehydsäure .	$C_6H_4.(CHO)(COOH)$ (1:2)	„	$3{,}6 \times 10^{-5}$	nicht ang.		Wegscheider (3)

*) Journ. chem. Soc. **75**, 767; 1899.

Hinrichsen.

Konstanten der elektrolytischen Dissoziation.

II. A. Organische Säuren. 2. Aromatische Säuren (Fortsetzung). — Lit. S. 1176.

Name	Formel	t	Konstante	Verdünnung	Methode	Autor
Phthalamidoessigsäure	$(COOH)CH_2.N<\genfrac{}{}{0pt}{}{C=O}{C=O}>C_6H_4$	25°	$1{,}00 \times 10^{-3}$	64—1024	Leitf.	Ostwald (1)
Phthalamidsäure . .	$C_6H_4.(CONH_2)(COOH)$ (1:2)	"	$1{,}6 \times 10^{-4}$	32—1024	"	" (3)
Phthalimid	$C_6H_4<\genfrac{}{}{0pt}{}{C=O}{C=O}>NH$	"	5×10^{-9}		"	Lundén (2)
Phthalonsäuremethylester	$C_6H_4<\genfrac{}{}{0pt}{}{CO.COO.CH_3}{COOH}$	"	$1{,}5 \times 10^{-4}$	256—1024	"	Süß
m-Phthalsäure . . .	$C_6H_4.(COOH)_2$ (1:3)	0	$2{,}0_2 \times 10^{-4}$	626	"	Kortright
Erste Stufe . . .		25	$2{,}9 \times 10^{-4}$	512—2048	"	Ostwald (3)
Zweite " . . .		"	$2{,}4 \times 10^{-5}$	256—4096	"	Chandler
o-Phthalsäure . . .	$C_6H_4.(COOH)_2$ (1:2)	0	$1{,}3_4 \times 10^{-3}$	64—2048	"	White u. Jones
" . . .	"	25	$1{,}2_6 \times 10^{-3}$	"	"	"
" . . .	"	35	$1{,}2_2 \times 10^{-3}$	"	"	"
" . . .	"	0	$1{,}1_8 \times 10^{-3}$	64	"	Kortright
" . . .	"	25	$1{,}21 \times 10^{-3}$	64—2048	"	Ostwald (3)
desgl. 2. Stufe . .	"	"	$3{,}1 \times 10^{-6}$	32—4096	"	Chandler
Phthalsäureäthylester .	$C_6H_4.(COO.C_2H_5).$ $.(COOH)$ (1:2)	"	$5{,}51 \times 10^{-4}$	120—1920	"	Walker (1)
Phthalsäuremethylester	$C_6H_4(COO.CH_3).$ $.(COOH)$ 1:2)	"	$6{,}56 \times 10^{-4}$	102—816	"	" (1)
Phthalursäure . . .	$C_6H_4<\genfrac{}{}{0pt}{}{(CONHCO.NH_2)}{COOH}$ (1:2)	"	$2{,}90 \times 10^{-4}$	64—1024	"	Ostwald (3)
Pikolinsäure siehe Pyridinkarbonsäure						
Pikrinsäure	$C_6H_2.(OH)(NO_2)_3$ (1:2:4:6)	18	$1{,}6 \times 10^{-1}$	33—500	Verteil.	Rothmund u. Drucker, Wegscheid. u. Lux
Pyrogallolcarbonsäure .	$C_6H_2.(OH)_3(COOH)$ (1:2:3:4)	25	$5{,}5 \times 10^{-4}$	64—1024	Leitf.	Ostwald (2)
Resorcin	$C_6H_4.(OH)_2$ (1:3)	18	$3{,}6 \times 10^{-10}$	200—400	Hydrol.	Euler u. v. Bolin
α-Resorcylsäure . . .	$C_6H_3.(OH)_2(COOH)$ (1:2:4)	25	$5{,}1_5 \times 10^{-4}$	64—1024	Leitf.	Ostwald (2)
β- "	desgl. (1:2:6)	"	$5{,}0 \times 10^{-2}$	"	"	" (2)
Salicylsäure . . . . (= o-Oxybenzoesäure)	$C_6H_4.(OH)(COOH)$ (1:2)	0	$8{,}5_3 \times 10^{-4}$	100—600	"	Euler (3)
		20	$1{,}0_4 \times 10^{-3}$	"	"	" (3)
"	"	25	$1{,}0_6 \times 10^{-3}$	"	"	" (3)
"	"	30	$1{,}0_8 \times 10^{-3}$	"	"	" (3)
"	"	40	$1{,}1_1 \times 10^{-3}$	"	"	" (3)
"	"	50	$1{,}1_3 \times 10^{-3}$	"	"	" (3)
"	"	25	$1{,}06 \times 10^{-3}$	"	"	" (3)
"	"	"	$1{,}02 \times 10^{-3}$	64—1024	"	Ostwald (2)
"	"	"	$1{,}0 \times 10^{-3}$	128—1024	"	Schaller
"	"	50	$1{,}1 \times 10^{-3}$	"	"	"
"	"	80	$9{,}8 \times 10^{-4}$	"	"	"
"	"	99	$8{,}4 \times 10^{-4}$	"	"	"
desgl. methylester .	$C_6H_4.(OH)(COO.CH_3)$ (1:2)	25	1×10^{-11}	5—40	Hydrol.	Goldschmidt u. Scholz
Succinanilsäure . . .	$CH_2—CONH.C_6H_5$ / $CH_2—COOH$	25	$2{,}0 \times 10^{-5}$	64—1024	Leitf.	Ostwald (3)
o-Succintoluidsäure. .	$CH_2—CO—NH.C_6H_4.CH_3$ / $CH_2—COOH$ (1:2)	"	$2{,}1 \times 10^{-5}$	"	"	" (3)
p- "	desgl. (1:4)	"	$1{,}9 \times 10^{-5}$	256—1024	"	" (3)
o-Sulfaminbenzoesäure	$C_6H_4.(SO_2.NH_2)(COOH)$ (1:2)	"	$2{,}06 \times 10^{-3}$	160—1280	"	Hantzsch u. Vögelen
p- "	desgl. (1:4)	"	$2{,}5 \times 10^{-4}$	"	"	"

Hinrichsen.

Konstanten der elektrolytischen Dissoziation.

II. A. Organische Säuren. 2. Aromatische Säuren (Fortsetzung). — Lit. S. 1176.

Name	Formel	t	Konstante	Verdünnung	Methode	Autor
Sulfanilsäure	$C_6H_4<^{NH_2}_{SO_3H}$	25°	$6,2\times10^{-4}$	32—1024	Leitf.	Winkelblech
m-Sulfobenzoesäure .	$C_6H_4.(SO_3H)(COOH)$ (1:3)	„	4×10^{-1}			Wegscheider (3) u. Lux
m-Sulfobenzoesäure-α-methylester	$C_6H_4.(SO_3.CH_3)(COOH)$ (1:3)	„	$6,8\times10^{-4}$	651	„	Wegscheider (3), White u. Jones
m-Sulfobenzoesäure-b-methylester	$C_6H_4.(SO_3H)(COO.CH_3)$ (1:3)	„	$1,8\times10^{-1}$	173—1397	„	Wegscheider (3) u. Lux
Terephthalsäure . . .	$C_6H_4.(COOH)_2$ (1:4)	„	$1,5\times10^{-4}$			Wegscheider (3)
m-Toluidinsulfosäure .	$C_6H_3.(CH_3)(NH_2)(SO_3H)$ (1:3:6)	„	$3,57\times10^{-4}$	128—1024	„	Walker (3)
			$3,57\times10^{-4}$	128—1024	„	Ebersbach
o-desgl.	„ 1:2:4	„	$2,50\times10^{-4}$	32—512	„	„
„	„ „	„	$2,36\times10^{-4}$	64—1024	„	Ostwald (3)
„	„ 1:2:5	„	$7,5\times10^{-4}$	16—1024	„	„ (3)
„	„ „	„	$7,5\times10^{-4}$	32—512	„	Ebersbach
p-desgl.	„ 1:4:3	„	$8,5\times10^{-4}$	32—1024	„	„
„	„ 1:4:2	„	$4,1\times10^{-5}$	32—512	„	„
o-Toluido-α-buttersäure	$o\text{-}C_7H_7\text{-}NH\text{-}CH(C_2H_5)\text{-}COOH$	„	$5,3\times10^{-5}$	200—800	„	Walden (2)
p-desgl.	p- desgl.	„	$1,0\times10^{-5}$	287—1148	„	„ (2)
o-Toluidoessigsäure . .	$o\text{-}C_7H_7.NH\text{-}CH_2\text{-}COOH$	„	$5,9\times10^{-5}$	200—1600	„	„ (2)
p-Toluido-α-isobuttersäure	$(CH_3)_2C(COOH)\text{-}NH.C_7H_7$ (p)	„	7×10^{-6}	200—800	„	„ (2)
o-Toluido-β-isobuttersäure	$o\text{-}C_7H_7.NH\text{-}CH_2\text{-}CH(COOH)\text{-}CH_3$	„	4×10^{-6}	200—800	„	„ (2)
o-Toluido-α-propionsäure	$o\text{-}C_7H_7.NH\text{-}CH(COOH)\text{-}CH_3$	„	$3,9\times10^{-5}$	207—828	„	„ (2)
p-desgl.	p- desgl.	„	7×10^{-6}	467—934	„	„ (2)
p-Toluido-β-propionsäure	$p\text{-}C_7H_7\text{-}NH_2\text{-}CH_2\text{-}CH_2$ COOH	„	2×10^{-6}	200—800	„	„ (2)
p-Toluol-Sulfosäure . .	$C_6H_4(CH_3)(SO_3H)$	„	$2,1\times10^{-1}$	25—1600	„	Wegscheider u. Lux
o-Tolursäure	$(CH_3).C_6H_4.CO.NH.CH_2.(COOH)$ (1:2)	„	$1,93\times10^{-4}$	256—1024	„	Franke
m- desgl.	desgl. (1:3)	„	$2,10\times10^{-4}$	253—2024	„	„
p- desgl.	„ (1:4)	„	$2,00\times10^{-4}$	275—2203	„	„
Toluylen-2-4-Diaminsulfonsäure -5	$C_6H_2.(CH_3)(NH_2)_2.(SO_3H)$ (1:2:4:5)	„	$2,15\times10^{-4}$	256—4096	„	Ebersbach
desgl. -2-6-Diaminsulfonsäure -4	$C_6H_2.(CH_3)(NH_2).(SO_3H)(NH_2)$ (1:2:4:6)	„	$4,7\times10^{-5}$	60—966	„	Ostwald (3)
α-Toluylsäure . . . . (Phenylessigsäure)	$C_6H_5.CH_2\text{—}COOH$	„	$5,6\times10^{-5}$	32—1024	„	„ (2)
m-Toluylsäure . . .	$C_6H_4(CH_3)(COOH)$ (1:3)	„	$5,1\times10^{-5}$	128—1024	„	„ (2)
„	„	0	$5,2\times10^{-5}$	512—2048	„	White u. Jones
„	„	12	$5,5\times10^{-5}$	„	„	„
„	„	25	$5,6\times10^{-5}$	„	„	„
„	„	35	$5,5\times10^{-5}$	„	„	„
„	„	25	$5,7\times10^{-5}$	256—1024	„	Schaller
„	„	60	$5,2\times10^{-5}$	„	„	„
„	„	99	$4,0\times10^{-5}$	„	„	„

Hinrichsen.

Konstanten der elektrolytischen Dissoziation.

II. A. Organische Säuren. 2. Aromatische Säuren (Fortsetzung). — Lit. S. 1176.

Name	Formel	t °	Konstante	Verdünnung	Methode	Autor
o-Toluylsäure	$C_6H_4.(CH_3)(COOH)$	0	$1,4_5 \times 10^{-4}$	300—1000	Leitf.	Euler (3)
„	(1 : 2)	20	$1,2_9 \times 10^{-4}$	„	„	„ (3)
„	„	25	$1,2_5 \times 10^{-4}$	150—1000	„	„ (3)
„	„	30	$1,2_0 \times 10^{-4}$	„	„	„ (3)
„	„	40	$1,1_1 \times 10^{-4}$	„	„	„ (3)
„	„	50	$1,0_1 \times 10^{-4}$	„	„	„ (3)
„	„	25	$1,2_0 \times 10^{-4}$	128—1024	„	Ostwald (2)
„	„	„	$1,3 \times 10^{-4}$	„	„	Schaller
„	„	60	$9,4 \times 10^{-5}$	„	„	„
„	„	99	$5,8 \times 10^{-5}$	„	„	„
p- „	desgl. (1 : 4)	0	$3,8 \times 10^{-5}$	1024—2048	„	White u. Jones
„	„	12	$4,1 \times 10^{-5}$	„	„	„
„	„	25	$4,3 \times 10^{-5}$	512—2048	„	„
„	„	35	$4,4 \times 10^{-5}$	„	„	„
„	„	25	$5,1 \times 10^{-5}$	256—1024	„	Ostwald (2)
„	„	„	$4,5 \times 10^{-5}$	512—1024	„	Schaller
„	„	70	$4,1 \times 10^{-5}$	„	„	„
„	„	99	$3,3 \times 10^{-5}$	„	„	„
p-Tolylglycin	$p\text{-}C_7H_7.NH—CH_2$ COOH	25	$1,5 \times 10^{-5}$	200—800	„	Walden (2)
o-Tolylimidodiessigsäure	$o\text{-}C_7H_7.N(CH_2COOH)_2$	„	$2,1 \times 10^{-3}$	206—1648	„	„ (2)
p- „	p- „	„	$1,5 \times 10^{-3}$	300—600	„	„ (2)
s-Tribrombenzoesäure .	$C_6H_2.(COOH).Br_3$ (1:2:4:6)	„	$3,9 \times 10^{-2}$	129—515	„	Wegscheider (3)
Trichlorphenol . . .	$C_6H_2.(OH).Cl_3$ (1 : 2 : 4 : 6)	„	1×10^{-6}	256—1024	„	Hantzsch
2 : 4 : 6-Trioxybenzoesäure-1 (Phlorogluzinkarbonsäure)	$C_6H_2.(COOH)(OH)_3$ (1:2:4:6)	„	$2,1 \times 10^{-2}$	32—1024	„	Ostwald (2)
Tropasäure	$C_6H_5.CHOH\text{-}CH_2\text{-}COOH$	„	$7,5 \times 10^{-5}$	64—1024	„	„ (2)
α-Truxillsäure (γ-Isatropasäure)	$C_{18}H_{10}O_4$	„	$5,0 \times 10^{-5}$	4332—8664	„	Bader
γ-Truxillsäure (ε-Isatropasäure)	„	„	$1,1 \times 10^{-4}$	570—2280	„	„
Umbellsäure (2-4-Dioxyzimtsäure)	$C_6H_3.(OH)_2(CH:CH.COOH)$ (2 : 4 : 1)	„	$1,9 \times 10^{-5}$	128—1024	„	Ostwald (2)
Uvitinsäure	$(CH_3).C_6H_3.(COOH)_2$	„	3×10^{-4}	241—1930	„	Bethmann
Vanillinsäure	$C_6H_3.(COOH)(OH)(OCH_3)$ (1 : 3 : 5)	„	$3,0 \times 10^{-5}$	64—1024	„	Ostwald (2)
Veratrumsäure (Dimethylätherprotokatechusäure)	$C_6H_3.(COOH)(OCH_3)_2$ (1 : 3 : 4)	„	$3,6 \times 10^{-5}$	256—1024	„	„ (2)
Xylidinsulfonsäure . .	$C_6H_2.(NH_2)(CH_3)(CH_3).(SO_3H)$ (2:1:4:5)	„	$4,4 \times 10^{-4}$	64—1024	„	„ (2)
Zimtsäure*) (trans) . .	$C_6H_5.CH:CH.COOH$	„	$3,5 \times 10^{-5}$	256—1024	„	„ (2)
„ . .	„	0	$3,2 \times 10^{-5}$	512—2048	„	White u. Jones
„ . .	„	25	$3,68 \times 10^{-5}$	„	„	„
„ . .	„	35	$3,67 \times 10^{-5}$	„	„	„
„ . .	„	25	$3,88 \times 10^{-5}$	350—1200	„	Roth, Wallasch
„ . .	„	„	$3,9 \times 10^{-5}$	512—1024	„	Schaller
„ . .	„	40	$4,1 \times 10^{-5}$	„	„	„
„ . .	„	70	$3,8 \times 10^{-5}$	„	„	„
„ . .	„	99	$3,2 \times 10^{-5}$	„	„	„

*) Vergl. auch Allo . . . und Iso . . .

Konstanten der elektrolytischen Dissoziation.

II. A. Organische Säuren. 3. Alizyklische Säuren. — Lit. S. 1176.

Name	Formel	t	Konstante	Verdünnung	Methode	Autor
Acet-β-naphthalino-β-isobuttersäure	β-$C_{10}H_7$. NCO . CH_3 C_3H_6—COOH	25	$2{,}2 \times 10^{-5}$	800—1600	Leitf.	Walden (2)
Acet-α-naphthyl-glycin	α-$C_{10}H_7$. NCO . CH_3 CH_2COOH	„	$2{,}0_7 \times 10^{-4}$	283—1132	„	„ (2)
„ -β- „	β- „	„	$2{,}4 \times 10^{-4}$	500—1000	„	„ (2)
Apokampfersäure . .	CH_2—CH—COOH CH_3-C-CH_3 CH_2—CH—COOH	18	$3{,}5 \times 10^{-5}$	200—400	kolorim.	Salm
Brenzschleimsäure . .	C_4H_3O . COOH	25	$7{,}1 \times 10^{-4}$	16—1024	Leitf.	Ostwald (3)
akt. Chinasäure . . .	$(OH)_4$. C_6H_7 . (COOH)	14,1	$2{,}77 \times 10^{-4}$	8—1931	„	Eykman
inakt. „	„	9	$2{,}2 \times 10^{-4}$	7—216	„	„
γ-Cykloheptatrienkarbonsäure	γ-Isophenylessigsäure C_7H_7 . COOH	„	$3{,}8 \times 10^{-5}$	64—1024	„	Willstätter
δ- „	δ- „	„	$4{,}0 \times 10^{-5}$	64—1024	„	„
α- „	α- „	„	$3{,}8 \times 10^{-5}$	76—908	„	Roth (1)
β- „	β- „	„	$4{,}1 \times 10^{-5}$	104—418	„	„ (1)
Δ_1-Cykloheptenkarbonsäure-1	C_7H_{11} . COOH	25	$8{,}3 \times 10^{-6}$	256—1024	„	Willstätter
	„	„	$9{,}6 \times 10^{-6}$	282—928	„	Roth (1)
„ 2-karbonsäure-1 .		„	$2{,}7 \times 10^{-5}$	64—472	„	„ (1)
Cyclohexen-1-essigsäure-1	(Ring)—CH_2—COOH	„	$2{,}2_1 \times 10^{-5}$	100—800	„	Ellinger
„ 1-α-propionsäure .	(Ring)—CH_2—CH$_2$ · COOH	„	$2{,}3_2 \times 10^{-5}$	100—80	„	„
Cyklohexylidenessigsäur.	(Ring)=CH—COOH	„	$8{,}6 \times 10^{-6}$	400—1000	„	„
Dihydrokampfersäure .	$C_{10}H_{18}O_4$	„	$4{,}15 \times 10^{-5}$	nicht ang.	„	Perkin (jr.) u. A.W. Crossley
Δ^2-Dihydro-α-naphthoesäure, labil	$C_{11}H_{10}O_2$	„	$1{,}14 \times 10^{-4}$	80—1283	„	Bethmann
Δ^1-Dihydro-α-naphthoesäure, stabil	„	„	$8{,}1 \times 10^{-5}$	1335—2681	„	„
Δ^1-Dihydro-β-naphthoesäure	„	„	$2{,}9 \times 10^{-5}$	1795—3590	„	Bader
Δ^2-Dihydro-β-naphthoesäure	„	„	$5{,}1 \times 10^{-5}$	227—907	„	„
$\Delta^{2,4}$-Dihydrophthalsäure	$C_8H_8O_4$	„	$1{,}55 \times 10^{-4}$	nicht ang.	„	Baeyer
$\Delta^{2,6}$-Dihydrophthalsäure	„	„	$1{,}65 \times 10^{-4}$	64—1024	„	Smith
„	„	„	$1{,}7_2 \times 10^{-4}$	nicht ang.	„	Baeyer
$\Delta^{3,5}$-Dihydrophthalsäure, trans.	„	„	$2{,}46 \times 10^{-4}$	„	„	„
Dimethylhydroresorzin	CH_2—CO $C(CH_3)_2$ CH CH_2—C(OH)	„	$7{,}1 \times 10^{-6}$	64—1024	„	Schilling und Vorländer
Dimethylhydroresorzylsäuremethylester	$C_8H_{11}O_2$. COO . CH_3 (Konstit. vergl. o.)	„	$4{,}8 \times 10^{-5}$	14—1563	„	„
1-2-Dimethyl-trimethylen-1-2-dikarbonsäure	$(CH_3)C$—$COOC_2H_5$ CH_2 $(CH_3)C$—$COOC_2H_5$	„	$9{,}9 \times 10^{-5}$	26—211	„	Henstock u. Wooley
Dioxyhydroshikimisäure	$C_7H_{12}O_7$	„	$7{,}2 \times 10^{-4}$	20—320	„	Eykman

Hinrichsen.

Konstanten der elektrolytischen Dissoziation.

II. A. Organische Säuren. 3. Alizyklische Säuren (Fortsetzung). — Lit. S. 1176.

Name	Formel	t	Konstante	Verdünnung	Methode	Autor
Hexahydrobenzoesäure	$C_6H_{11}.(COOH)$	25°	$1{,}26 \times 10^{-5}$	64—1024	Leitf.	Lumsden
Hexahydrophthalsäure, cis-	$C_6H_{10}.(COOH)_2$	„	$4{,}4 \times 10^{-5}$	nicht ang.	„	Baeyer
„ trans-	„	„	$6{,}2 \times 10^{-5}$	„	„	„
„ -terephthalsäure, cis	„	„	$3{,}0 \times 10^{-5}$	68—2189	„	Smith
„ „ trans	„	„	$4{,}56 \times 10^{-5}$	205—1634	„	„
Hexamethylentetrakarbonsäure (1, 1, 3, 3)	$C(COOH)_2$ CH_2 CH_2 CH_2 $C(COOH)_2$ CH_2	„	$1{,}2 \times 10^{-3}$	21—680	„	Walker (1)
Hydroresorcin . . .	CH_2—CO CH_2 CH CH_2—C(OH)	„	$5{,}5 \times 10^{-6}$	13—1024	„	Schilling u. Vorländer
Hydroshikimisäure . .	$C_7H_{12}O_5$	19	$3{,}1 \times 10^{-5}$	37—59	„	Eykman
l-Isokampfersäure . .	$C_{10}H_{16}O_4$	25	$1{,}60 \times 10^{-5}$	71—564	„	Walker und Wood
„ . .	„	„	$1{,}74 \times 10^{-5}$	nicht ang.	„	Walden (3)
d- „ . .	„	„	$1{,}74 \times 10^{-5}$	„	„	„ (3)
i- „ . .	„	„	$1{,}74 \times 10^{-5}$	„	„	„ (3)
l-Isokampfersäure (ortho)-äthylester	$C_{10}H_{15}O_4.C_2H_5$	„	$6{,}5 \times 10^{-6}$	244—488	„	Walker und Wood
Isolauronolsäure . . .	$C_9H_{14}O_2$	„	$8{,}6 \times 10^{-6}$	nicht ang.	nicht ang.	Walker (3)
Isonitrosodiketohydrinden	CO C_6H_4 C=N.OH CO	„	1×10^{-7}	160—640	Leitf.	Magnanini
		„	$1{,}8 \times 10^{-6}$	256—1024	„	Hantzsch (1)
α-Isophenylessigsäure s. Cykloheptatrienkarbonsäure						
1-Isopropyl-2-acetocyklopropan-essigsäure-1	i-C_3H_7 C—CH_2—COOH CH_2 C—CO.CH_3	„	$1{,}1 \times 10^{-5}$	100—400	„	W. A. Roth u. J. Östling
Kampferkohlensäure .	$C_{10}H_{15}O.COOH$	„	$1{,}74 \times 10^{-4}$	64—1024	„	Ostwald (3)
d-Kampfersäure . .	$C_{10}H_{16}O_4$	„	$2{,}29 \times 10^{-5}$	nicht ang.	„	Walden (3)
i- „ . .	„	„	$2{,}29 \times 10^{-5}$	„	„	„ (3)
l- „ . .	„	„	$2{,}28 \times 10^{-5}$	„	„	„ (3)
Kampfersäure (2. Stufe)	„	„	$1{,}4 \times 10^{-5}$	436—676	Verteil.	Chandler
Kampfersäure(allo-)methylester	$C_{10}H_{15}O_4.(CH_3)$	„	$1{,}08 \times 10^{-5}$	210—838	Leitf.	Walker (3)
desgl. (ortho-)methylester	„	„	$7{,}95 \times 10^{-6}$	118—944	„	„ (3)
Kampholsäure . . .	$C_{10}H_{18}O_2$	„	4×10^{-6}	1024—2048	„	Ostwald (3)
cis-trans-Kampholytsäure	$C(CH_3)_2$ H_2C $C(CH_3)$ H_2C—C—COOH	„	$9{,}3 \times 10^{-6}$	nicht ang.	nicht ang.	Walker (3)
Kamphononsäure . .	CH_2—CO CH_3—C—CH_3 CH_2—C—COOH CH_3	18	$3{,}9 \times 10^{-5}$	200—500	kolor.	Salm

Hinrichsen.

Konstanten der elektrolytischen Dissoziation.

II. A. Organische Säuren. 3. Alizyklische Säuren (Fortsetzung). — Lit. S. 1176.

Name	Formel	t	Konstante	Verdünnung	Methode	Autor
Kamphoransäure (α-Oxykamphoronsäure)	$C_9H_{14}O_7$	25°	$3,2 \times 10^{-3}$	64—2048	Leitf.	Ostwald (3)
Kamphoronsäure . .	$C_7H_{12}O_2(COOH)_2$	„	$1,75 \times 10^{-4}$	32—2048	„	„ (3)
1-Methyl-1-dichlormethyl-zyklohexadien-2-5-methenkarbonsäure-4	CH_3 $CHCl_2$ (Ring) CH—COOH	„	$6,5 \times 10^{-5}$	3800	„	W. A. Roth (2)
Methylhydroresorzin	CH_2 $(CH_3)CH$ CO CH_2 CH C OH	„	$5,7 \times 10^{-6}$	16—1031	„	Schilling u. Vorländer
Methylhydroresorzylsäureäthylester	$C_7H_9O_2 . COO . C_2H_5$ (Konstit. vergl. o.)	„	$3,7 \times 10^{-5}$	16—1288	„	„
Methylphenylhydroresorzylsäurenitril	CH_3 CN C—CO $(C_6H_5)CH$ CH CH_2—COH	„	$2,0 \times 10^{-4}$	266,5—4578	„	„
α-Naphthalinsulfocyanamid	α-$C_{10}H_7 . SO_2 . NH . CN$	„	3×10^{-6}	1950—3900	„	Bader
β-desgl.	β- „	„	$6,9 \times 10^{-5}$	2368—4736	„	„
β-Naphthalinsulfosäure	$C_{10}H_7 . SO_3H$	„	$2,7 \times 10^{-1}$	39,8—1585	„	Wegscheider u. Lux
α-Naphthoesäure . .	$C_{10}H_7 . COOH$	„	$2,0 \times 10^{-4}$	2133	„	Bethmann
β-desgl.	„	„	$6,8 \times 10^{-5}$	3124	„	„
desgl.	„	„	$5,2 \times 10^{-5}$	3400	„	Bader
α-Naphthylaminsulfonsäure (1:2)	NH_2 SO_3H	„	$2,2 \times 10^{-2}$	64—2048	„	Ebersbach
desgl. (1:4) . . .	NH_2 SO_3H	„	$2,0 \times 10^{-3}$	1024—8192	„	„
„ (1:5) . . .	NH_2 SO_3H	„	$2,4 \times 10^{-4}$	256—2048	„	„
„ (1:6) . . .	NH_2 SO_3H	„	$1,95 \times 10^{-4}$	256—8192	„	„
„ (1:7) . . .	NH_2 SO_3H	„	$2,27 \times 10^{-4}$	128—2048	„	„
„ (1:8) . . .	SO_3H NH_2	„	$1,0 \times 10^{-5}$	1024—8192	„	„

Hinrichsen.

Konstanten der elektrolytischen Dissoziation.

II. A. Organische Säuren. 3. Alizyklische Säuren (Fortsetzung). — Lit. S. 1176.

Name	Formel	t^0	Konstante	Verdünnung	Methode	Autor
β-Naphthylaminsulfonsäure (2:5)	$C_{10}H_6(NH_2)(SO_3H)$ (Strukturformel: $-NH_2$, SO_3H)	25	$9{,}4\times10^{-5}$	256—4096	Leitf.	Ebersbach
„ (2:6) . . .	(Strukturformel: SO_3H-, $-NH_2$)	„	$1{,}66\times10^{-4}$	1024—8192	„	„
„ (2:7) . . .	(Strukturformel: SO_3H-, $-NH_2$)	„	$1{,}02\times10^{-4}$	512—4096	„	„
„ (2:8) . . .	(Strukturformel: SO_3H, $-NH_2$)	„	$1{,}2\times10^{-4}$	512—4096	„	„
α-Naphthylimidodiessigsäure	α-$C_{10}H_7N(CH_2COOH)_2$	„	$5{,}1\times10^{-4}$	212—848	„	Walden (2)
β-desgl.	β-desgl.	„	$2{,}4\times10^{-3}$	200—800	„	„ (2)
α-Naphthylglycin . .	α-$C_{10}H_7NH-CH_2-COOH$	„	4×10^{-5}	1040—2080	„	„ (2)
β-desgl.	β-desgl.	„	6×10^{-5}	560—1120	„	„ (2)
α-Oxykamphoronsäure.	$C_9H_{14}O_7$	„	$3{,}2\times10^{-3}$	64—2048	„	Ostwald (3)
β-Oxykamphoronsäure.	„	„	$6{,}5\times10^{-3}$	64—2048	„	Ostwald (3)
Oxymenthylsäure . .	$C_{10}H_{18}O_3$	„	$2{,}1\times10^{-5}$	43—1362	„	„ (3)
cis-Pentamethylendikarbonsäure-1-2 (Smp. 140°)	$CH_2<(CH_2-CH-COOH)(CH_2-CH-COOH)$	„	$1{,}58\times10^{-4}$	nicht ang.	„	Perkin
trans- desgl. (Smp. 161°)	„	„	$1{,}13\times10^{-4}$	64—1024	„	Smith
„	„	„	$1{,}20\times10^{-4}$	70,8—1132	„	Walker (1)
cis-desgl.-1-3 (Smp. 120°)	$CH.COOH$, CH_2, CH_2, CH_2, $CH.COOH$ (cis)	„	$5{,}4\times10^{-5}$	16—1024	„	Pospischill
trans-desgl.-1-3- (Smp. 87—88,5°)	„ (trans)	„	$5{,}0\times10^{-5}$	16—1024	„	„
Phenylhydroresorcin .	$C_6H_5.CH<(CH_2-CO)(CH_2-C-OH)>CH$	„	$1{,}2\times10^{-5}$	512—2048	„	Schilling und Vorländer
Phenylhydroresorzylsäurenitril	$C_{12}H_{11}O_2.CN$ s. o.	„	$1{,}9\times10^{-4}$	340—3429	„	„
Phenylhydroresorzylsäureäthylester	$C_{12}H_{11}O_2.COO.C_2H_5$ s. o.	„	$6{,}1\times10^{-5}$	270—2773	„	„
Pinonsäure	CH_2-CHCH_2COOH, $HC-C(CH_3)_2$, $OC-CH_3$	„	$2{,}15\times10^{-5}$	200—800	„	Roth und Östling
Shikimisäure	$C_7H_{10}O_5$	14,1	$7{,}1\times10^{-5}$	10—4850	„	Eykman
Δ_1-Tetrahydrobenzoesäure	COOH (Strukturformel)	25	$2{,}17\times10^{-5}$	32—1024	„	Aschan, Collan
Δ_2-desgl.	COOH (Strukturformel)	„	$3{,}05\times10^{-5}$	16—1024	„	„

Konstanten der elektrolytischen Dissoziation.

II. A. Organische Säuren. 3. Alizyklische Säuren (Fortsetzung). — Lit. S. 1176.

Name	Formel	t	Konstante	Verdünnung	Methode	Autor
Tetrahydro-α-naphthoesäure	$C_{10}H_{11} \cdot COOH$	25°	$4{,}4 \times 10^{-5}$	113—3603	Leitf.	Bethmann
desgl.-β-naphthoesäure.	„	„	$2{,}5 \times 10^{-5}$	206—1646	„	Bader
Δ_1-Tetrahydrophthalsäure	$C_6H_8 \cdot (COOH)_2$	„	$5{,}9 \times 10^{-4}$	nicht ang.	„	Baeyer
Δ_2-desgl.	„	„	$7{,}6 \times 10^{-5}$	64—1024	„	Smith
„	„	„	$7{,}4 \times 10^{-5}$	nicht ang.	„	Baeyer
Δ_4-desgl. (trans). . .	„	„	$1{,}18 \times 10^{-4}$	„	„	„
Δ_1-Tetrahydroterephthalsäure	„	„	$5{,}0 \times 10^{-5}$	321—2568	„	Smith
Tetramethylenkarbonsäure	CH_2-CH_2 | | $CH_2-CH-COOH$	„	$1{,}82 \times 10^{-5}$	15—928	„	Walker (1)
„	„	„	$1{,}73 \times 10^{-5}$	140—560	„	Roth und Östling
cis-Tetramethylendikarbonsäure-1-2	$C_6H_8O_4$	„	$6{,}6 \times 10^{-5}$	nicht angegeben	„	Walker (5)
trans-desgl.	„	„	$2{,}8 \times 10^{-5}$	„	„	„ (5)
Tetramethylendikarbonsäure-1-1	$CH_2-C(COOH)_2$ | | CH_2-CH_2	„	$7{,}7 \times 10^{-4}$	32—256	„	Stohmann u. Kleber
„	„	„	$8{,}3 \times 10^{-4}$	17—1056	„	Walker (1)
„	„	„	$8{,}0 \times 10^{-4}$	64—1024	„	Smith
Trimethylenkarbonsäure	CH_2 | >CH . COOH CH_2	„	$1{,}44 \times 10^{-5}$	15—400	„	Dalle
		„	$1{,}36 \times 10^{-5}$	113—460	„	Roth und Östling
„	„	„	$1{,}7 \times 10^{-5}$	18—71,6	„	Bone u. Sprankling (3)
Trimethylen- (1:1)-dikarbonsäure	CH_2 CH_2< | $C(COOH)_2$	„	$2{,}0 \times 10^{-2}$	34—136,6	„	„ (3)
desgl.	„	„	$2{,}1 \times 10^{-2}$	64—2048	„	Smith
cis-Trimethylen- (1:2) dikarbonsäure	CH.COOH CH_2< | CH-COOH	„	$4{,}0 \times 10^{-4}$	51—203	„	Bone u. Sprankling (3)
trans- desgl.	„	„	$2{,}06 \times 10^{-4}$	95—380	„	„ (3)
Trimethylentrikarbonsäure (1, 1, 2)	$CH_2-CH-COOH$ \\ | $C(COOH)_2$	„	$9{,}1 \times 10^{-3}$	32—1014	„	Walden (2)

4. Heterozyklische Säuren.

Name	Formel	t	Konstante	Verdünnung	Methode	Autor
2 (α)-Acetylpyrryl-5-(α_1)-karbonsäure	CH——CH ‖ ‖ CH_3COC C·COOH \\NH/	25	$3{,}05 \times 10^{-4}$	40—1280	Leitf.	Angeli
5-Äthyl-barbitursäure .	NH-CO CO< >CHC_2H_5 NH-CO	„	$3{,}8_3 \times 10^{-5}$	64	„	Wood
Äthylisatoxim . . .	C=(NOH) C_6H_4< >CO N (C_2H_5)	„	$2{,}8 \times 10^{-8}$	32	„	Hantzsch
Allantoin	$NH-CH-NHCONH_2$ CO< | NH-CO	„	$1{,}2 \times 10^{-9}$	nicht angeg.	„	Wood
Alloxan.	NH—CO CO< >CO NH—CO	„	$2{,}3 \times 10^{-7}$	64	„	„
Amidotetrazol . . .	NH_2CN_4H	0	$3{,}1 \times 10^{-7}$	20—320	„	Baur
„	„	10	$4{,}2 \times 10^{-7}$	„	„	„
„	„	20	$5{,}7 \times 10^{-7}$	„	„	„
„	„	30	$7{,}4 \times 10^{-7}$	„	„	„
„	„	40	$9{,}1 \times 10^{-7}$	„	„	„

Hinrichsen.

Konstanten der elektrolytischen Dissoziation.

II. A. Organische Säuren. 4. Heterozyklische Säuren (Fortsetzung). — Lit. S. 1176.

Name	Formel	t	Konstante	Verdünnung	Methode	Autor
Barbitursäure . . . . =Malonylharnstoff	CO<(NH—CO)(NH—CO)>CH₂	25°	$1{,}0_5 \times 10^{-4}$	nicht angeg.	Leitf.	Wood
		„	$0{,}98 \times 10^{-4}$	32—1024	„	Trübsbach
Brenzschleimsäure . .	HC—CH ‖ ‖ HC—O—C—COOH	„	$7{,}1 \times 10^{-4}$	16—1024	„	Ostwald (3)
„		0	$8{,}7 \times 10^{-4}$	8—2048	„	White u. Jones
„		12	$8{,}1 \times 10^{-4}$	„	„	„
„	„	25	$7{,}6 \times 10^{-4}$	„	„	„
„	„	35	$7{,}0 \times 10^{-4}$	„	„	„
Caffein	$C_8H_{10}N_4O_2$	25	$< 1 \times 10^{-14}$	nicht angeg.	„	Wood
Chininsäure . . . . (Methoxy-chinolin-karbonsäure)	CH₃O-Chinolin-COOH	„	9×10^{-6}	256—1024	„	Ostwald (3)
α-Chinolinkarbonsäure (Chinaldinsäure)	$C_9H_6N . COOH$	„	$1{,}2 \times 10^{-5}$	128—1024	„	„ (3)
Chinolinsäure . . . . (α-β-Pyridindikarbonsäure)	Pyridin(—COOH)(—COOH)	„	3×10^{-3}	64—2048	„	„ (3)
Chinolinsäure-α-methylester	$C_5H_3N . (COO . CH_3) . (COOH)$ (1:2:3)	„	$2{,}6_5 \times 10^{-3}$	64—2048	„	Kirpal (1)
do. β-	$C_5H_3N . (COOH) (COO . CH_3)$ (1:2:3)	„	$1{,}3_8 \times 10^{-3}$	„	„	„ (1)
Cinchomeronsäure . .	Pyridin(COOH)(—COOH)	„	$2{,}1 \times 10^{-3}$	128—2048	„	Ostwald (3)
Cinchomeronsäureäthylester	$C_5H_3N . (COO . C_2H_5) . (COOH)$	„	$4{,}9 \times 10^{-4}$	150—1200	„	Bethmann
do. -methylester . .	$C_5H_3N . (COO . CH_3) . (COOH)$	„	$3{,}3 \times 10^{-4}$	283—1130	„	„
do. -β-methylester . .	$C_7H_4NO_4 . CH_3$	„	$6{,}66 \times 10^{-4}$	64—2048	„	Kirpal (1)
do. -γ-methylester . .	„	„	$6{,}6_5 \times 10^{-4}$	„	„	„ (1)
Cinchoninsäure . . .	Chinolin—COOH	„	$1{,}3 \times 10^{-5}$	64—1024	„	Ostwald (3)
Dehydracetsäure . . .	$C_8H_8O_4$	„	1×10^{-6}	nicht angeg.	nicht angeg.	Collie u. Walker
5-5-Dimethyluracil . .	CO<(NH-CO)(NH-CO)>C(CH₃)₂	„	$7{,}3 \times 10^{-8}$	64	Leitf.	Wood (3)
Desoxy-3-methylxanthin	$C_6H_8ON_4$	25	$7{,}9 \times 10^{-12}$	„	Hydrol.	Tafel u. Dodt
Desoxytheophyllin . .	$C_7H_{10}ON_4$	„	$5{,}6 \times 10^{-12}$	„	„	„
Desoxyxanthin . . .	$C_5H_6ON_4$	„	$3{,}0 \times 10^{-12}$	400	„	„
5-5-Diäthylbarbitursäure	CO<(NH-CO)(NH-CO)>C(C₂H₅)₂	„	$3{,}7 \times 10^{-8}$	64	Leitf.	Wood
β-γ-Dikarboxy-γ-valerolakton	CH₃-C(COOH)—CH(COOH)—CH₂—CO, —O— (Lakton)	„	$6{,}6 \times 10^{-3}$	32—1024	„	Walden (2)
Diketotetrahydrothiazol	CO—CH₂ | NH—CO >S	0	$7{,}1 \times 10^{-8}$	4—16	„	Kanolt
		18	$1{,}5 \times 10^{-7}$	„	„	„
		25	$1{,}8 \times 10^{-7}$	„	„	„
2-6-Dimethyl-4-phenyl-pyridindikarbonsäure (3,5) [γ-Phenyllutidindikarbonsäure]	Pyridin(C₆H₅)(COOH)(COOH)(CH₃)(CH₃)	„	$1{,}2 \times 10^{-4}$	512—2048	„	Ostwald (3) ebenda Äthylester

Konstanten der elektrolytischen Dissoziation.

II. A. Organische Säuren. 4. Heterozyklische Säuren (Fortsetzung). — Lit. S. 1176.

Name	Formel	t	Konstante	Verdünnung	Methode	Autor
2-6-Dimethylpyridin-dikarbonsäure (3,5)	COOH, COOH, CH_3, CH_3 am Ring, N	0 25	$3,4 \times 10^{-3}$	128—2048	Leitf.	Ostwald (3)
2-4-Dimethylpyridin-dikarbonsäure (3,5)	CH_3 COOH, COOH, CH_3 am Ring N	„	$5,5 \times 10^{-3}$	128—2048	„	„ (3)
Dimethylpyron	$C_7H_8O_2$	„	$0,9 \times 10^{-14}$	4—32	Hydrol.	Walden (4)
2-5-Dimethylpyrrol-3-5-dikarbonsäure	COOHC——C·CH_3 CH_3C C-COOH NH	„	$2,1 \times 10^{-5}$	1320—2640	„	Angeli
2-4-Dimethylpyrrol-3-karbonsäure	CH_3—C——C—COOH HC C—CH_3 NH	„	$7,5 \times 10^{-7}$	229—915	Leitf.	„
desgl. -5-karbonsäure	HC——C—CH_3 CH_3C C—COOH NH	„	2×10^{-6}	790—1580	„	„
2-5-Dimethylpyrrol-3-karbonsäure	CH——C—COOH CH_3C C—CH_3 NH	„	$1,1 \times 10^{-6}$	307—1230	„	„
α-Dimethyluracil	CO<N(CH_3)-C(CH_3)>CH NH——CO	„	$8,1 \times 10^{-11}$	nicht angeg.	Hydrol.	Wood
β- desgl.	CO<NH—C(CH_3)>CH N(CO_3)—CO	„	$6,8 \times 10^{-11}$	„	„	„
Dimethylviolursäure	CO<N(CH_3)-CO>C=NOH N(CH_3)-CO	„	$1,57 \times 10^{-5}$	32—512	Leitf.	Magnanini
Dioxythiazol	CO—NH CH_2 CO S	„	$2,4 \times 10^{-7}$	8—32	„	Ostwald (1)
Dioxytriazolidinessigsäureäthylester	$C_6H_{11}N_3O_4$	18	$6,17 \times 10^{-3}$	—	„	H.u.A.Euler (1)
Dipyridyldikarbonsäure	COOH COOH N (zwei Pyridinringe) N	25	$3,2 \times 10^{-4}$	128—2048	„	Ostwald (3)
Dipyridylkarbonsäure	N COOH (zwei Pyridinringe) N	„	2×10^{-5}	64—1024	„	„ (3)
Furfurol	$C_5H_4O_2$	0	$< 1 \times 10^{-16}$	nicht angeg.	Hydrol.	H.u.A.Euler (1)
Furylhydroresorzin	CH_2—CO HC(C_4H_3O) CH CH_2-C(OH)	25	$1,5 \times 10^{-5}$	295—2614	Leitf.	Schilling u. Vorländer
Harnsäure	$C_5H_4N_4O_3$	„	$1,5 \times 10^{-6}$	6640	„	His u. Paul
Heteroxanthin	$C_6H_6N_4O_2$	40	$4,2 \times 10^{-11}$	—		Wood
Histidin	$C_6H_9N_3O_2$	25	$2,2 \times 10^{-9}$	32—1024	„	Kanitz

Hinrichsen.

Konstanten der elektrolytischen Dissoziation.

II. A. Organische Säuren. 4. Heterozyklische Säuren (Fortsetzung). — Lit. S. 1176.

Name	Formel	t	Konstante	Verdünnung	Methode	Autor
Hydantoin	CO<(NH—CH_2)(NH—CO)	25	$7{,}6 \times 10^{-10}$	nicht angeg.	Hydrol.	Wood
(Pr-2-) Indolkarbonsäure	C_6H_4<(CH)(NH)>C—COOH	„	$1{,}77 \times 10^{-4}$	173—1386	Leitf.	Angeli
(Pr-3-) desgl.	C_6H_4<(C—COOH)(NH)>CH	„	$5{,}6 \times 10^{-6}$	700—2800	„	„
Isatoxim	C_6H_4<(C(:NOH))(NH)>CO	„	$2{,}7 \times 10^{-9}$	16—64	Hydrol.	Hantzsch (1) u. Farmer
Isodehydracetsäure . .	CH_3—C=C(COOH)—C(CH_3)=C—O—CO (Ring)	„	$5{,}2 \times 10^{-3}$	65—1044	Leitf.	Ostwald (3)
Isonitrosomethylpyrazolon	N=C(CH_3)—C(=NOH)—CO—NH (Ring)	15	$0{,}9 \times 10^{-6}$	195—390	Hydrol.	Lundén (3) Homologe bei Hantzsch (1)
„		25	$1{,}2 \times 10^{-6}$	„	„	Lundén (3)
„		40	$1{,}7 \times 10^{-6}$	„	„	„ (3)
Isonitrosothiohydantoïn	HN:C<(S—C:NOH)(NH—CO)	25	$5{,}5 \times 10^{-8}$	512—1204	Leitf.	Hantzsch (1)
Lutidinsäure	$C_5H_3N(COOH)$ (α, γ)	„	$6{,}0 \times 10^{-13}$	128—2048	„	Ostwald (3)
Lysin	$C_6H_{14}N_2O_2$	„	2×10^{-11}	1024	„	Kanitz
Mesomethylphenmiazolkarbonsäure	$C_8H_7N_2 . COOH$	„	$1{,}0 \times 10^{-6}$	761—1522	„	Bader
Mesomethylthiazol-α-methyl-β-karbonsäure	$C_5H_6 . NS . COOH$	„	$1{,}2 \times 10^{-4}$	263—2106	„	Bethmann
Methyldioxytriazolinkarbonsäureäthylester	CH_3—C(=N)—CH$COOC_2H_5$—N(OH), N<(NOH) (Ring)	18	$6{,}2 \times 10^{-3}$	nicht ang.	„	H.u.A.Euler(1)
(Pr-2)-Methylindolkarbonsäure-3	C_6H_4<(C—COOH)(NH)>C—CH_3	25	$1{,}3 \times 10^{-6}$	1124—4496	„	Angeli
(Pr-3)-desgl.-2 . . .	C_6H_4<(C—CH_3)(NH)>C—COOH	„	$4{,}7 \times 10^{-5}$	454—1814	„	„
(Pr-2)-Methylindol-3-essigsäure	C_6H_4<(C-CH_2-COOH)(NH)>C—CH_3	„	$2{,}1 \times 10^{-5}$	270—2160	„	„
Methyloxytriazolkarbonsäure	CH_3—C=N—N(OH)—N=C—COOH (Ring)	21	$6{,}1 \times 10^{-3}$	nicht ang.	„	H.u.A.Euler(1)
α-Methylpyridindikarbonsäure (3,5)	Pyridinring mit COOH, COOH, CH_3, N	25	$2{,}0 \times 10^{-3}$	128—2048	„	Ostwald (3)
n-Methylpyrryl(α)glyoxylsäure	Pyrrolring (NCH_3)—CO—COOH	„	$2{,}7 \times 10^{-2}$	30—960	„	Angeli

Hinrichsen.

Konstanten der elektrolytischen Dissoziation.

II. A. Organische Säuren. 4. Heterozyklische Säuren (Fortsetzung). — Lit. S. 1176.

Name	Formel	t	Konstante	Verdünnung	Methode	Autor
meso-Methylthiazoldikarbonsäure	$C_4H_3NS(COOH)_2$	0 25	7×10^{-2}	99—3163	Leitf.	Bethmann
Methylthiazol-α-methyl-β-karbonsäure	$C_5H_6NS(COOH)$	„	$1{,}2\times10^{-4}$	263—2106	„	„
Methyluracil	CO<(NH—C(CH₃)=CH, NH——CO)	40	$3{,}1\times10^{-10}$	20	Hydrol.	Wood
„		25	$4{,}6\times10^{-9}$	64—1024	Leitf.	Trübsbach ebenda Derivate
Nitrouracil	$C_4H_3O_4N_3$	„	$3{,}2\times10^{-6}$	128—1024	„	Trübsbach
β-Oxycamphoronsäure	$C_9H_{14}O_7$	„	$6{,}5\times10^{-3}$	64—1024	„	Ostwald (3)
α-Oxy-i-cinchomeronsäure	Pyridinring: COOH, COOH, OH, N	„	$1{,}7\times10^{-2}$	128—2048	„	„ (3)
α-Oxypikolinsäure . .	Pyridinring: COOH, OH, N	„	5×10^{-6}	128—1024	„	„ (3)
Oxyuracil	CO<(NH—CH₂, NH—CO)>CO	„	$2{,}5\times10^{-9}$	nicht ang.	Hydrol.	Wood
Papaverinsäure . . .	$C_{13}H_{11}O_3N(COOH)_2$	„	9×10^{-3}	256—2048	Leitf.	Ostwald (3)
„ . . .	„	„	1×10^{-2}	256—512	„	Kirpal (1)
Papaverinsäure-β-methylester	OCH₃, OCH₃ (Benzolring) — CO — Pyridinring: COOH, COO.CH₃, N	„	$3{,}9\times10^{-3}$	593—1190	„	Wegscheider (3)
desgl.-γ-methylester .	analog	„	6×10^{-3}	910	„	„ (3)
Papaverinsäurephenylhydrazid	$C_{22}H_{19}N_3O_6$	„	$4{,}7\times10^{-3}$	2124	„	Bethmann
Parabansäure . . .	CO<(NH—CO, NH—CO)	„	$7{,}5\times10^{-7}$	32	„	Wood
Paraxanthin	$C_7H_8O_2N_4$	„	$2{,}3\times10^{-9}$	—	„	„
Phenylisoxalolkarbonsäure	HC——C—COOH, C₆H₅—C, N, O	„	$5{,}5\times10^{-3}$	187—1493	„	Angeli
Phenyllutidindikarbonsäure s. Dimethyl-phenyl-pyridin-dikarbonsäure						
Phenyl (syn) oxazolon .	C₆H₅—C—CH₂—CO, ‖ N——O	„	$5{,}4\times10^{-5}$	512—1024	„	Hantzsch u. Miolati
3-(β)-Phenylpyridinkarbonsäure (Bz-2) (o-Pyridinbenzoesäure)	COOH, N (Benzolring—Pyridinring)	„	5×10^{-6}	128—1024	„	Ostwald (3)
2-(α) Phenylpyridindikarbonsäure (Bz-2, Py-3)	COOH COOH, N (Benzolring—Pyridinring)	„	$1{,}2\times10^{-4}$	128—2048	„	„ (3)
3-(β) Phenylpyridindikarbonsäure (Bz-2, Py-2)	COOH COOH, N (Benzolring—Pyridinring)	„	$1{,}1\times10^{-4}$	64—2047	„	„ (3)

Hinrichsen.

Konstanten der elektrolytischen Dissoziation.

II. A. Organische Säuren. 4. Heterozyklische Säuren (Fortsetzung). — Lit. S. 1176.

Name	Formel	t	Konstante	Verdünnung	Methode	Autor
α-Pyridinkarbonsäure-2 (Pikolinsäure)	COOH, N	25^{0}	3×10^{-6}	64—1024	Leitf.	Ostwald (3)
β- desgl. -3 (Nicotinsäure)	COOH, N	„	$1{,}4\times10^{-5}$	128—1024	„	„ (3)
γ- desgl. -4 (Isonikotinsäure)	COOH, N	„	$1{,}1\times10^{-5}$	128—1024	„	„ (3)
Pyridindikarbonsäure-2 -3 (Chinolinsäure)	—COOH, —COOH, N	„	3×10^{-3}	64—2048	„	„ (3)
desgl. -2 -4 (Lutidinsäure)	COOH, —COOH, N	„	$6{,}0\times10^{-3}$	128—2048	„	„ (3)
desgl. -2 -5 (Isocinchomeronsäure)	COOH—, —COOH, N	„	$4{,}3\times10^{-3}$	128—2048	„	„ (3)
desgl. -3 -4 (Cinchomeronsäure)	COOH, COOH, N	„	$2{,}1\times10^{-3}$	128—2048	„	„ (3)
desgl. -3 -5 (Dinikotinsäure)	COOH, COOH, N	„	$1{,}5\times10^{-3}$	256—2048	„	„ (3)
Pyropapaverinsäurephenylhydrazid	$C_{14}H_{12}NO_2 . N_2C_6H_8 .$ COOH	„	4×10^{-6}	1130—2260	„	Bethmann
2-(α)-Pyrrolkarbonsäure	COOH, NH	„	$4{,}0\times10^{-5}$	40—1280	„	Angeli
2-Pyrroylbrenztraubensäureanhydrid	CO, CH_2 C═CH, CO N CH, CO CH	„	$8{,}9\times10^{-4}$	200—3200	„	„
2-(α)-Pyrrylglyoxylsäure	—CO—COOH, NH	„	1×10^{-2}	60—240	„	„
Saccharin	OS(OH), C_6H_4 N, CO	„	$3{,}9\times10^{-3}$	160—640	„	Hantzsch u. Vögelen
Succinimid	CH_2—CO, CH_2—CO, NH	„	3×10^{-11}	nicht ang.	Hydrol.	Wood

Hinrichsen.

Konstanten der elektrolytischen Dissoziation.

II. A. Organische Säuren. 4. Heterozyklische Säuren (Fortsetzung). — Lit. am Schluß der Seite.

Name	Formel	t	Konstante	Verdünnung	Methode	Autor
Tetrahydro-α-thiophensäure	$C_4H_7S(COOH)$	0 25	$1{,}15 \times 10^{-4}$	18—566	Leitf.	Bader
Theobromin	$C_7H_8N_4O_2$	18	$1{,}3 \times 10^{-8}$	591—2366	„	Paul
„	„	25	$1{,}1 \times 10^{-10}$	25	Hydrol.	Wood
Theophyllin	„	„	$1{,}69 \times 10^{-9}$	nicht ang.	„	„
Thiazol-α-methyl-β-karbonsäure	C_4H_4 . N . S . (COOH)	„	4×10^{-4}	131—2096	Leitf.	Bethmann
Thiomethyluracil . .	$C_5H_6ON_2S$	„	$4{,}5 \times 10^{-8}$	512—1024	„	Trübsbach
α-Thiophensäure . .	COOH S	„	$3{,}02 \times 10^{-4}$	64—1024	„	Ostwald (3)
„ . .		„	$3{,}3 \times 10^{-4}$	82—1317	„	Bader
Violursäure . . .	NH—CO	0	$1{,}4 \times 10^{-5}$	32	„	Guinchard
	CO C=NOH	25	$2{,}7 \times 10^{-5}$	32	„	
	NH—CO	35,5	$3{,}3 \times 10^{-5}$	32	„	
Xanthin	$C_5H_4N_4O_2$	40	$1{,}24 \times 10^{-10}$	10	Hydrol.	Wood

Literaturverzeichnis zu II. A. Dissoziationskonstanten organischer Säuren.

Angeli, Gazz. chim. **22**, II, 7; 1892.
Aschan, Lieb. Ann. **271**, 237, 271; 1892.
Auwers, Lieb. Ann. **285**, 250, 324; 1895; **292**, 146; 1896; **298**, 154; 1897. (Verschiedene Beobachter.)
Bader, ZS. ph. Ch. **6**, 289; 1890.
v. **Baeyer**, Lieb. Ann. **256**, 15; 1890; **269**, 163; 1892.
Bauer, ZS. ph. Ch. **56**, 215; 1906.
Baur, ZS. ph. Ch. **23**, 409; 1897; Lieb. Ann. **296**, 95; 1897.
Bethmann, ZS. ph. Ch. **5**, 385; 1890. Ber. chem. Ges. **23**, 302; 1890.
Billitzer, ZS. ph. Ch. **40**, 542; 1902. Wien. Ber. **108**, 416; 1899.
Bischoff u. **Walden**, Ber. chem. Ges. **22**, 1819; 1889.
Bjerrum bei **Billmann**, Ber. chem. Ges. **43**, 571; 1910.
Bone u. **Sprankling** (1), Journ. chem. Soc. **75**, 839; 1899; **77**, 654, 1298; 1900.
„ (2), Journ. chem. Soc. **81**, 29; 1902.
„ (3), Journ. chem. Soc. **83**, 1378; 1903.
Bone, Sudborough u. **Sprankling**, Journ. chem. Soc. **85**, 534; 1904.
A. C. Brown u. **Walker** (1), Lieb. Ann. **261**, 107; 1891.
„ „ (2), ebenda, **274**, 41; 1892.
Chandler, Journ. Amer. chem. Soc. **30**, 694; 1908.
Collan, ZS. ph. Ch. **10**, 133; 1892.
Collie u. **Walker**, Journ. chem. Soc. **77**, 971; 1900.
Cumming, ZS. ph. Ch. **57**, 574; 1907.
Dalle, Bull. Acad. Belg. **1902**, 36. [Chem. Zbl. **1902**, I, 914].
Derick, Journ. Amer. chem. Soc. **32**, 1338; 1910.
Dittrich, Journ. prakt. Ch. **53**, 368; 1896.
Drucker (1), ZS. ph. Ch. **49**, 563; 1904.
„ (2), ZS. ph. Ch. **52**, 641; 1905.
Ebersbach, ZS. ph. Ch. **11**, 608; 1893.
Euler (1), Ber. chem. Ges. **39**, 344; 1906.
„ (2), ZS. physiol. Ch. **51**, 219; 1907.
„ (3), ZS. ph. Ch. **21**, 257; 1896.
„ (4), Ber. chem. Ges. **39**, 1607, 2265; 1906.
H. u. A. Euler (1), Ber. chem. Ges. **36**, 4255; 1903.
„ (2), Ber. chem. Ges. **38**, 2551; 1905.
„ (3), Ber. chem. Ges. **39**, 36; 1906.
Euler u. **Bolin**, ZS. ph. Ch. **66**, 71; 1909.
Ellinger, Diss. Greifswald 1911.
Eykman, Ber. chem. Ges. **24**, 1278; 1891.
Farmer, Journ. chem. Soc. **79**, 863; 1901.
Fichter u. **Gisiger**, Ber. chem. Ges. **42**, 4709; 1909.
Fichter u. **Müller**, Lieb. Ann. **348**, 257; 1906.
Fichter u. **Obladen**, Ber. chem. Ges. **42**, 4703; 1909.
Fichter u. **Pfister**, Lieb. Ann. **334**, 201; 1904.
Fichter u. **Probst**, Lieb. Ann. **372**, 69; 1910.
Fichter u. **Schwab**, Lieb. Ann. **348**, 253; 1906.
Franke, ZS. ph. Ch. **16**, 463; 1895.
Goldschmidt u. **Oslan**, Ber. chem. Ges. **33**, 1140; 1900. S. auch ebenda **32**, 3390; 1899.
Goldschmidt u. **Scholz**, Ber. chem. Ges. **40**, 624; 1907.
Guinchant, C. r. **120**, 1220; 1895; **121**, 71; 1895.
Guinchard, Ber. chem. Ges. **32**, 1723; 1899.
Hantzsch (1), Ber. chem. Ges. **35**, 210; 1902.
„ (2), Ber. chem. Ges. **32**, 575, 3066; 1899.
„ (3), Ber. chem. Ges. **39**, 139; 1906.
„ (4), Ber. chem. Ges. **40**, 1523; 1907.
Hantzsch u. **Buchner**, Ber. chem. Ges. **35**, 266; 1902.
Hantzsch u. **Farmer**, Ber. chem. Ges. **32**, 3101; 1899.
Hantzsch u. **Miolati**, ZS. ph. Ch. **10**, 1; 1892.
Hantzsch u. **Vögelen**, Ber. chem. Ges. **34**, 3142; 1901.
Henry, ZS. ph. Ch. **10**, 120; 1892.
Henstock u. **Woolley**, Journ. chem. Soc. **91**, 1954; 1907.
His u. **Paul**, ZS. ph. Ch. **31**, 1; 1900.
Holleman, Rec. P.-B. **21**, 444; 1902.
Holmberg (1), Journ. prakt. Ch. **71**, 264; 1905; **75**, 169; 1907.
„ (2), ZS. ph. Ch. **62**, 726; 1908.
Holmberg u. **Mattisson**, Lieb. Ann. **353**, 123; 1907.
Johnston, Ber. chem. Ges. **37**, 3625; 1904; ZS. ph. Ch. **57**, 557; 1906.
Kanitz, ZS. physiol. Ch. **47**, 476; 1906; Pflügers Arch. **118**, 539; 1907.
Kanolt, Journ. Amer. chem. Soc. **29**, 1414; 1907.
Kirpal (1), Mon. Chem. **18**, 461; 1897; **28**, 439; 1907.
„ (2), Mon. Chem. **23**, 287, 599; 1902.
Klason u. **Carlson**, Ark. **2**, Nr. 19.

Hinrichsen.

Konstanten der elektrolytischen Dissoziation.

Literaturverzeichnis zu II. A. (Fortsetzung.)

Kortright, Amer. chem. Journ. **18**, 365; 1896.
Ley u. **Hantzsch,** Ber. chem. Ges. **39**, 3152; 1906.
Lichty, Lieb. Ann. **319**, 369; 1901.
Lovén, ZS. ph. Ch. **13**, 550; 1894.
Loewenherz, ZS. ph. Ch. **25**, 385; 1898.
Lumsden, Journ. chem. Soc. **87**, 90; 1905.
Lundén (1), ZS. ph. Ch. **54**, 532; 1906.
„ (2), Journ. Chim. phys. **5**, 145; 1907.
„ (3), Journ. Chim. phys. **5**, 574; 1907.
„ (4), ZS. ph. Ch. **70**, 253; 1910.
„ (5), ZS. ph. Ch. **70**, 85; 1910.
„ (6), Affinitätsmessungen an schwachen Säuren und Basen. Samml. chem. u. chem.-techn. Vorträge. Stuttgart, Enke. Bd. **14**, 1908.
Madsen, ZS. ph. Ch. **36**, 290; 1901.
Magnanini, Gazz. chim. **26**, II, 92; 1896.
Mellor, Journ. chem. Soc. **79**, 126; 1906.
H. Meyer, Wien. Ber. **116**, 1143: 1907.
J. Meyer, ZS. Elch. **17**, 976; 1911.
Muller u. **Bauer,** Journ. Chim. phys. **2**, 495; 1904.
Noyes, Journ. Amer. chem. Soc. **30**, 318: 1908.
Noyes, Kato u. **Sosman,** ZS. ph. Ch. **73**, 1; 1910.
Ostwald, ZS. ph. Ch. **3**, 170, 241, 369; 1889.
„ bei **Liebermann,** Ber. chem. Ges. **24**, 1106; 1891.
Paul, Arch. Pharm. **239**, 48; 1901.
Perkin, Journ. chem. Soc. **65**, 576; 1894.
Perkin u. **Crossley,** Journ. chem. Soc. **73**, 25; 1898.
Pospischill, Ber. chem. Ges. **31**, 1955; 1898.
Ramberg, ZS. ph. Ch. **34**, 562; 1900; Ber. chem. Ges. **40**, 2588; 1907.
Roth (1), Ber. chem. Ges. **33**, 2032; 1900.
„ (2), Briefl. Mitteil.
Roth u. **Östling,** Briefl. Mitteil.
Roth, Stoermer u. **Wallasch,** Briefl. Mitteil.
Rothmund u. **Drucker,** ZS. ph. Ch. **46**, 827; 1903.
Rupe, Lieb. Ann. **256**, 15; 1889.
Salm, ZS. ph. Ch. **57**, 488; 1906; **63**, 83; 1908.
Schaller, ZS. ph. Ch. **25**, 497: 1898.
Schilling u. **Vorländer,** Lieb. Ann. **308**, 184; 1899.
Skinner, Journ. chem. Soc. **73**, 483: 1898.
Smith, ZS. ph. Ch. **25**, 144, 193; 1898; Lieb. Ann. **308**, 135; 1899.
Stobbe, Lieb. Ann. **308**, 146; 1899.
Stohmann u. **Kleber,** Journ. prakt. Ch. **45**, 480; 1892.
Stohmann u. **Langbein,** Journ. prakt. Ch. **50**, 389; 1894.
Süß, Mon. Chem. **26**, 1331; 1905.
Swarts, Bull. Acad. Belge (3) **31**, 681; 1896. (Ref. Ch. Zbl. **1898** II, 703).
Szyszkowski, ZS. ph. Ch. **22**, 173; 1897.
Tafel u. **Dodt,** Ber. chem. Ges. **40**, 3757; 1907.
Thiel u. **Römer,** ZS. ph. Ch. **63**, 760; 1908.
Trevor, ZS. ph. Ch. **10**, 321; 1892.
Trübsbach, ZS. ph. Ch. **16**, 708; 1895.
Vorländer, Lieb. Ann. **320**, 66; 1902.
Walden (1), ZS. ph. Ch. **8**, 433; 1891; (2) **10**, 563, 638; 1892; (3) Ber. chem. Ges. **29**, 1699; 1896; (4) **34**, 4185, 4197; 1901.
Walker (1), ZS. ph. Ch. **4**, 319; 1889; Journ. chem. Soc. **61**, 705; 1892; **67**, 147; 1895.
„ (2), ZS. ph. Ch. **49**, 82; 1904; **51**, 708; 1905; **57**, 600; 1906.
„ (3), Journ. chem. Soc. **77**, 390, 971; 1900.
„ (4), ZS. ph. Ch. **32**, 137; 1900.
„ (5), Journ. chem. Soc. **65**, 576; 1894.
Walker u. **Wood,** Journ. chem. Soc. **77**, 383; 1900.
Wegscheider (1), Mon. Chem. **26**, 1235, 1265; 1905.
„ (2), ZS. ph. Ch. **69**, 611; 1909.
„ (3), Mon. Chem. **23**, 316, 357, 405; 1902; **26**, 1039, 1231; 1905.
„ (4), Mon. Chem. **23**, 287 (Konstitutionseinfluß), 317 (eigene Messungen), 599 (Stufendissoziation); 1902.
„ (5), Mon. Chem. **16**, 75, 153; 1895.
Wegscheider u. **Lux,** Mon. Chem. **30**, 411; 1909.
White u. **Jones,** Journ. Amer. chem. Soc. **44**, 197; 1910.
Willstätter, Ber. chem. Ges. **32**, 1640; 1899.
Winkelblech, ZS. ph. Ch. **36**, 546; 1901.
Wood, Journ. chem. Soc. **83**, 568; 1903; **89**, 1831, 1839; 1906.
Zelinsky, Lieb. Ann. **285**, 250; 1895.
„ u. **Generosow,** Ber. chem. Ges. **29**, 729; 1896.

Frühere Zusammenstellungen und theoretische Folgerungen findet man z. B. bei

Derick, Journ. Amer. chem. Soc. **33**, 1152, 1167, 1181; 1911.
Falk, ebenda **33**, 1140; 1911.
Flürscheim, Journ. chem. Soc. **95**, 718; 1909.

II. B. Organische Basen.

1. Aliphatische Basen.

Literatur S. 1186.

Name	Formel	*t*	Konstante	Verdünnung	Methode	Autor
Acetamid	CH_3CONH_2	0 25	$3{,}1 \times 10^{-15}$	100	Hydrol.	Walker
„	„	40	$3{,}3 \times 10^{-14}$	10	„	Wood
„	„	60	$4{,}1 \times 10^{-13}$	30	„	Walker u. Aston
Acetonsemikarbazon .	$(CH_3)_2C{=}N{-}NH{-}CONH_2$	40	$3{,}3 \times 10^{-12}$	10	„	Wood
Acetoxim	$CH_3{-}CH{=}NOH$	18	$3{,}7 \times 10^{-13}$	9,8	„	Lundén (1)
„	„	25	$6{,}5 \times 10^{-13}$	„	„	„ (1)
„	„	40	$1{,}9 \times 10^{-12}$	„	„	„ (1)
Äthylamin	$C_2H_5NH_2$	25	$5{,}6 \times 10^{-4}$	8—256	Leitf.	Bredig
Äthylenäthylamin . .	$C_2H_4{:}CH \cdot CH_2 \cdot NH_2$	„	$4{,}4 \times 10^{-4}$	—	„	Dalle
Äthylendiamin . . .	$NH_2{-}CH_2{-}CH_2{-}NH_2$	„	$8{,}5 \times 10^{-5}$	16—256	„	Bredig
Äthylglycin	$C_2H_5.NH.CH_2.COOH$	15	$9{,}7 \times 10^{-8}$	2000	kolor.	Veley (2)

Hinrichsen.

Konstanten der elektrolytischen Dissoziation.

II. B. Organische Basen. 1. Aliphatische Basen (Fortsetzung). Literatur S. 1186.

Name	Formel	t	Konstante	Verdünnung	Methode	Autor
α-Alanin	CH_3—CH(NH_2)—COOH	25	5,1 × 10^{-12}	32—1024	Leitf.	Winkelblech
Alanylglycin	(C_2H_6N)CO(NH) . CH_2 . . COOH	„	2 × 10^{-11}	nicht ang.	„	Euler
Allylamin	$C_3H_5NH_2$	„	5,7 × 10^{-5}	8—256	„	Bredig
Aminoessigsäuremethylester	$CH_2(NH_2)$—$COOCH_3$	„	2,2 × 10^{-10}	4,1—4,7	Hydrol.	Johnston
β-i-Asparagin	NH_3—CH—COOH | CH_2—$CONH_2$	18	8,8 × 10^{-13}	9,8	„	Lundén (1)
„		25	1,5 × 10^{-12}	„	„	„ (1)
„		40	4,2 × 10^{-12}	„	„	„ (1)
„	„	60	1,9 × 10^{-11}	30	„	Walker u. Aston
Asparaginsäure . . .	CH(NH_2)—COOH | CH_2—COOH	25	1,3 × 10^{-12}	32—1024	Leitf.	Winkelblech
Betain	CH_2—NOH(CH_3)$_3$ | COOH	„	7,6 × 10^{-13}	64—1024	„	„
Betainäthylester . . .		„	1 × 10^{-10}	8,6—9,2	Hydrol.	Johnston
sec. Butylamin . . .	C_2H_5, CH_3 >CH—NH_2	„	4,4 × 10^{-4}	8—256	Leitf.	Bredig
Diäthylamin	NH(C_2H_5)$_2$	„	1,26 × 10^{-3}	„	„	„
Diäthylselenitin . . .	OH—Se(—C_2H_5)(—C_2H_5)(—CH_2COOH)	„	3 × 10^{-10}	16—2084	„	Carrara u. Rossi
Diäthylthetin	OH—S(—C_2H_5)(—C_2H_5)(—CH_2COOH)	„	5 × 10^{-13}	16—2048	„	„
Diisoamylamin . . .	(i-C_5H_{11})$_2$NH	„	9,6 × 10^{-4}	216—432	„	Bredig
Diisobutylamin . . .	NH(i-C_4H_9)$_2$	„	4,8 × 10^{-4}	64—256	„	„
Dimethylamin . . .	NH(CH_3)$_2$	„	7,4 × 10^{-4}	8—256	„	„
Dimethylaminoessigsäure	CH_2-N(CH_3)$_2$COOH	„	9,8 × 10^{-13}	10—11	Hydrol.	Johnston
Dimethyl-α-propionylthetin	OH—S(—CH_3)(—CH_3)(—CH—COOH) | CH_3	„	2,1 × 10^{-13}	16—1024	Leitf.	Carrara und Rossi
„ -β- „	OH-S(—CH_3)(—CH_3)(—CH_2-CH_2-COOH)	„	1,2 × 10^{-11}	16—1024	„	„
Dimethylthetin . . .	OH—S(—CH_3)(—CH_3)(—CH_2COOH)	„	1,9 × 10^{-13}	16—1024	„	„
Dipropylamin . . .	NH(C_3H_7)$_2$	„	1,0$_2$ × 10^{-3}	8—256	„	Bredig
Glycylglycin	$C_4H_8N_2O$	„	2 × 10^{-11}	nicht ang.	„	Euler
Glykocyamin . . .	NH=C(—NH_2)(—NH-CH_2-COOH)	40	2,4 × 10^{-11}	10	Hydrol.	Wood
Glykokoll	CH_2NH_2COOH	25	2,7 × 10^{-12}	32—1024	Leitf.	Winkelblech
„	„	60	2,8 × 10^{-11}	30	Hydrol.	Walker und Aston
Guanidin	NH_2—C(—NH_2)(=NH)	15	1,1 × 10^{-8}	4000—20000	kolor.	Veley (2)
Harnstoff	CO(NH_2)$_2$	0	6,7 × 10^{-15}	16—31	Hydrol.	Zawidzki
„	„	25	1,5 × 10^{-14}	4—5	„	Walker und Wood
„	„	40	3,8 × 10^{-14}	10	„	Wood
„	„	60	3,1 × 10^{-13}	30	„	Walker u. Aston

Hinrichsen.

Konstanten der elektrolytischen Dissoziation.

II. B. Organische Basen. 1. Aliphatische Basen (Fortsetzung). — Literatur S. 1186.

Name	Formel	t	Konstante	Verdünnung	Methode	Autor
Isoamylamin	$NH_2(i\text{-}C_5H_{11})$	0 25	$5{,}0\times10^{-4}$	8—256	Leitf.	Bredig
Isobutylamin	$(i\text{-}C_4H_9)NH_2$	„	$3{,}1\times10^{-4}$	8—256	„	„
„	„	„	$3{,}1\times10^{-4}$	—	„	Dalle
Isopropylamin	$(i\text{-}C_3H_7)NH_2$	„	$5{,}3\times10^{-4}$	8—256	„	Bredig
Kreatin	$NH{=}C\langle^{NH_2}_{N(CH_3)CH_2CO_2H}$	40	$1{,}9\times10^{-11}$	10	Hydrol.	Wood
Leucin	$CH_3{-}(CH_2)_3{-}CHNH_2$ ∣ COOH	25	$2{,}3\times10^{-12}$	32—1024	Leitf.	Winkelblech
Leucylglycin	$(C_6H_{12}NO).NH.CH_2.COOH$	„	3×10^{-10}	nicht ang.	„	Euler
Methylamin	CH_3NH_2	„	$5{,}0\times10^{-4}$	8—256	„	Bredig
Methyldiäthylamin	$N(CH_3)(C_2H_5)_2$	„	$2{,}7\times10^{-4}$	8—256	„	„
β-Methyltetramethylendiamin	$NH_2{-}CH_2{-}CH(CH_3){-}[CH_2]_2{-}NH_2$	„	$5{,}4\times10^{-4}$	64—256	„	„
Nitroguanidin	$(NH_2)_2CN(NO_2)$	40	$2{,}2\times10^{-14}$	10	Hydrol.	Wood
Pentamethylendiamin	$NH_2{-}[CH_2]_5{-}NH_2$	25	$7{,}3\times10^{-4}$	16—256	Leitf.	Bredig
Propionitril	C_3H_7CN	„	$1{,}8\times10^{-15}$	100	Hydrol.	Walker
„	„	40	$2{,}8\times10^{-14}$	10	„	Wood
„	„	60	$9{,}5\times10^{-14}$	30	„	Walker u. Aston
n-Propylamin	$C_3H_7NH_2$	25	$4{,}7\times10^{-4}$	8—256	Leitf.	Bredig
Sarkosin	$CH_2{-}NH(CH_3)$ ∣ COOH	„	$1{,}8\times10^{-12}$	32—1024	„	Winkelblech
Semikarbazid	$NH_2{-}CO{-}NH{-}NH_2$	40	$2{,}7\times10^{-11}$	10	Hydrol.	Wood
„		15	$9{,}1\times10^{-9}$	20000	kolor.	Veley (2)
Tetramethylendiamin	$NH_2{-}[CH_2]_4{-}NH_2$	25	$5{,}1\times10^{-4}$	32—256	Leitf.	Bredig
Thioharnstoff	$CS(NH_2)_2$	„	$1{,}1\times10^{-15}$	50—100	Hydrol.	Walker
„	„	60	$9{,}5\times10^{-14}$	30	„	Walker u. Aston
Triäthylamin	$N(C_2H_5)_3$	25	$6{,}4\times10^{-4}$	8—256	Leitf.	Bredig
Triisobutylamin	$N(i\text{-}C_4H_9)_3$	„	$2{,}6\times10^{-4}$	489—978	„	„
Trimethylamin	$N(CH_3)_3$	„	$7{,}4\times10^{-5}$	8—256	„	„
Trimethylendiamin	$NH_2{-}[CH_2]_3{-}NH_2$	„	$3{,}5\times10^{-4}$	16—256	„	„
Trimethylkarbinamin	$(CH_3)_3C{-}NH_2$	„	$3{,}4\times10^{-4}$	8—256	„	„
Trimethylpyridin siehe s-Kollidin						
Tripropylamin	$N(C_3H_7)_3$	„	$5{,}5\times10^{-4}$	209—418	„	„
2. Aromatische Basen.						
Acetanilid	$CH_3CONHC_6H_5$	40	$4{,}1\times10^{-14}$	10	Hydrol.	Wood
Äthylanilin	$C_6H_5NHC_2H_5$	19	$4{,}2\times10^{-10}$	20000—40000	kolor.	Veley (2)
Aminoazobenzol	$C_6H_5{-}N{=}N{-}C_6H_4{-}NH_2$ (1 : 4)	25	$9{,}5\times10^{-12}$	66—117	Hydrol.	Farmer u. Warth
m-Aminobenzoesäure	$C_6H_4(NH_2)(COOH)$ (1 : 3)	„	$1{,}2\times10^{-11}$	32—1024	Leitf.	Winkelblech
o- „	(1 : 2)	18	$9{,}3\times10^{-13}$	9,7	Hydrol.	Lundén (1)
„	„	25	$1{,}4\times10^{-12}$	„	„	„ (1)
„	„	40	$3{,}2\times10^{-12}$	„	„	„ (1)
p- „	(1 : 4)	25	$2{,}3\times10^{-12}$	32—1024	Leitf.	Winkelblech
o-Aminobenzoesäureäthylester	$C_6H_4(NH_2)(COOC_2H_5)$ (1 : 2)	„	$1{,}7\times10^{-12}$	100	Hydrol.	Cumming
p- desgl. -äthylester	$C_6H_4(NH_2)(COOC_2H_5)$ (1 : 4)	„	$2{,}4\times10^{-12}$	20	„	Johnston
m-Aminobenzoesäuremethylester	$C_6H_4(NH_2)(COOCH_3)$ (1 : 3)	„	$4{,}4\times10^{-11}$	2	„	Cumming
o- desgl. -methylester	$C_6H_4(NH_2)(COOCH_3)$ (1 : 2)	„	$1{,}5\times10^{-12}$	10	„	„
p- desgl. -methylester	$C_6H_4(NH_2)(COOCH_3)$ (1 : 4)	„	$2{,}9\times10^{-12}$	15	„	Johnston

Hinrichsen.

Konstanten der elektrolytischen Dissoziation.

II. B. Organische Basen. 2. Aromatische Basen (Fortsetzung). — Literatur S. 1186.

Name	Formel	t	Konstante	Verdünnung	Methode	Autor
Anilin	$C_6H_5NH_2$	18°	$3,5 \times 10^{-10}$	—	Hydrol.	Lundén (2)
"	"	25	$4,6 \times 10^{-10}$	—	"	"
"	"	40	$7,6 \times 10^{-10}$	—	"	"
"	"	60	$1,7 \times 10^{-9}$	30	"	Walker u. Aston
"	"	12	$2,6 \times 10^{-10}$	20000	"	"
"	"	15	$3,2 \times 10^{-10}$	20000—40000	kolor.	Veley (2)
"	"	25	$5,7 \times 10^{-10}$	"	Lösl.	Löwenherz
o-Anisidin	$C_6H_4(OCH_3)(NH_2)$ (1 : 2)	15	$1,9 \times 10^{-10}$	"	kolor.	Veley (2)
p- "	(1 : 4)	17	$5,7 \times 10^{-9}$	10000—20000	"	" (2)
"	"	25	$1,5 \times 10^{-9}$	17—26	"	Farmer u. Warth
m-Benzbetain	COO, $N(CH_3)_3$ (Strukturformel)	"	$3,4 \times 10^{-11}$	5	Hydrol.	Cumming
o- "	COO, $—N(CH_3)_3$ (Strukturformel)	"	$2,8 \times 10^{-13}$	10	"	"
p- "	COO, $N(CH_3)_3$ (Strukturformel)	"	$3,2 \times 10^{-11}$	15	"	Johnston
Benzylamin	$C_6H_5CH_2NH_2$	"	$2,4 \times 10^{-5}$	8—256	Leitf.	Bredig
m-Bromanilin	$C_6H_4(NH_2)Br$ (1 : 3)	19	$9,5 \times 10^{-11}$	40000—80000	kolor.	Veley (2)
"	"	25	$3,8 \times 10^{-11}$	575—614	Verteil.	Flürscheim (2)
p- desgl.	(1 : 4)	18	$2,1 \times 10^{-10}$	40000—80000	kolor.	Veley (2)
"	"	25	$1,0 \times 10^{-10}$	32—64	"	Farmer und Warth
"	"	"	$8,8 \times 10^{-11}$	606	Verteil.	Flürscheim
p-Bromdiazoniumhydrat	$Br—C_6H_4—N_2—OH$ (1 : 4)	0	$1,5 \times 10^{-4}$	128—1024	Leitf.	Hantzsch u. Engler
m-Chloranilin	$C_6H_4Cl(NH_2)$ (1 : 3)	10	$6,6 \times 10^{-12}$	40000	kolor.	Veley (2)
"	"	13	$7,7 \times 10^{-12}$	80000	"	" (2)
"	"	25	$3,4_5 \times 10^{-11}$	160—163	Verteil.	Flürscheim (2)
o- desgl.	(1 : 2)	19	$9,2 \times 10^{-13}$	40000—80000	kolor.	Veley (2)
p- "	(1 : 4)	10	$1,2 \times 10^{-11}$	"	"	" (2)
"	"	25	$9,9 \times 10^{-11}$	201	Verteil.	Flürscheim (2)
"	"	"	$1,5 \times 10^{-10}$	30—60	Hydrol.	Farmer und Warth
Diäthylbenzylamin	$N(C_2H_5)_2(C_7H_7)$	"	$3,6 \times 10^{-5}$	138—551	Leitf.	Goldschmidt u. Salcher
Diazoniumhydrat	$C_6H_5N_2OH$	0	$1,23 \times 10^{-3}$	32—517	"	Davidson u. Hantzsch
2-4-Dibromdiazoniumhydrat	$Br_2—C_6H_3—N_2—OH$	"	$1,4 \times 10^{-4}$	256—512	"	Hantzsch u. Engler
Dimethyl-m-aminobenzoesäure	$C_6H_4[N(CH_3)_2]COOH$ (1 : 3)	25	$1,8 \times 10^{-11}$	15	Hydrol.	Cumming
Dimethyl-o-aminobenzoesäure	(1 : 2)	"	$2,6 \times 10^{-13}$	10	"	"
Dimethyl-p-aminobenzoesäure	(1 : 4)	"	$3,2_5 \times 10^{-12}$	90	Lösl.	Johnston
Dimethyl-m-aminobenzoesäuremethylester	$C_6H_4[N(CH_3)_2]COOCH_3$ (1 : 3)	"	$6,7 \times 10^{-11}$	6,3	Hydrol.	Cumming
Dimethyl-o-aminobenzoesäuremethylester	(1 : 2)	"	$5,6 \times 10^{-11}$	5	"	"

Hinrichsen.

Konstanten der elektrolytischen Dissoziation.

II. B. Organische Basen. 2. Aromatische Basen (Fortsetzung). — Literatur S. 1186.

Name	Formel	t	Konstante	Verdünnung	Methode	Autor
Dimethyl-p-aminobenzoesäuremethylester	$C_6H_4[N(CH_3)_2]COOCH_3$ (1:4)	25^0	$3{,}34 \times 10^{-12}$	1124	Lösl.	Johnston
Dimethylanilin . . .	$C_6H_5N(CH_3)_2$	18	$2{,}4 \times 10^{-10}$	20000—40000	kolor.	Veley (2)
Dimethylbenzylamin .	$N(CH_3)_2(C_7H_7)$	25	$1{,}05 \times 10^{-5}$	18—578	Leitf.	Goldschmidt u. Salcher
Dimethyl-o-toluidin. .	$C_6H_4[N(CH_3)_2]NH_2$ (1:2)	15	$3{,}1 \times 10^{-9}$	10000—20000	kolor.	Veley (2)
Dimethyl-p-toluidin .	(1:4)	"	$6{,}4 \times 10^{-9}$	"	"	" (2)
Methyl-m-aminobenzoesäure	$C_6H_4[NH(CH_3)](COOH)$ (1:3)	25	$1{,}1 \times 10^{-11}$	10	Hydrol.	Cumming
Methyl-o-aminobenzoesäure	(1:2)	"	$8{,}6 \times 10^{-13}$	50—110	"	"
Methyl-p-aminobenzoesäure	(1:4)	"	$1{,}7 \times 10^{-12}$	32—33,5	"	Johnston
Methyl-p-aminobenzoesäuremethylester	$C_6H_4[NHCH_3](COOCH_3)$ (1:4)	"	$2{,}1 \times 10^{-12}$	1818	Verteil.	"
Methylanilin	$C_6H_5NH(CH_3)$	60	$7{,}4 \times 10^{-9}$	30	Hydrol.	Walker und Aston
"	"	18	$2{,}6 \times 10^{-10}$	40000—80000	kolor.	Veley (2)
4-Nitro-2-amino-diphenyl-methylamin	$N(CH_3)(C_6H_5)—C_6H_3(NO_2)(NH_2)$	25	$5{,}0 \times 10^{-13}$	351	Verteil.	Flürscheim (1)
Nitro-m-anilin . . .	$C_6H_4(NO_2)(NH_2)$ (1:3)	17	$3{,}17 \times 10^{-12}$	92,9	"	" (1)
" . . .	"	25	4×10^{-12}	—	Lösl.	Loewenherz
Nitro-o-anilin . . .	(1:2)	"	1×10^{-14}	—	"	"
Nitro-p-anilin . . .	(1:4)	"	1×10^{-12}	—	"	"
p-Nitrosodimethylanilin	$C_6H_4(NO)[N(CH_3)_2]$ (1:4)	"	$1{,}9 \times 10^{-10}$	83—151	Hydrol.	Farmer u. Warth
p-Nitrosomethylanilin .	$C_6H_4(NO)(NHCH_3)$ (1:4)	"	$1{,}5 \times 10^{-10}$	26—38	"	"
o-Phenetidin	$C_6H_4(OC_2H_5)NH_2$ (1:2)	20	$4{,}6 \times 10^{-10}$	20000—40000	kolor.	Veley (2)
p- desgl.	(1:4)	15	$2{,}2 \times 10^{-9}$	10000—20000	"	" (2)
o-Phenylendiamin . .	$C_6H_4(NH_2)_2$	25	$3{,}3 \times 10^{-10}$	7,5	Hydrol.	Farmer u. Warth
Phenylhydrazin . . .	$C_6H_5NH—NH_2$	40	$1{,}6 \times 10^{-9}$	10	"	Allen
" . . .	"	15	$1{,}6 \times 10^{-9}$	10000—20000	kolor.	Veley (2)
Pseudocumidin . . .	$C_6H_2(CH_3)_3(NH_2)$ (1:2:4:5)	25	$1{,}7 \times 10^{-9}$	—	Lösl.	Loewenherz
" . . .	"	18	$4{,}8 \times 10^{-9}$	10000—20000	kolor.	Veley (2)
m-Toluidin	$NH_2—C_6H_4—CH_3$ (1:3)	25	6×10^{-10}	32—1024	Hydrol.	Bredig
"	"	"	$5{,}5 \times 10^{-10}$	66—154	Verteil.	Flürscheim (2)
o- "	desgl. (1:2)	15	$2{,}9 \times 10^{-10}$	8—200	Leitf.	Denison u. Steele
"	"	25	$3{,}3 \times 10^{-10}$	32—1024	Hydrol.	Bredig
"	"	60	$1{,}1 \times 10^{-9}$	30	"	Walker u. Aston
p- "	(1:4)	18	$1{,}6 \times 10^{-9}$	16—200	Leitf.	Denison u. Steele
"	"	25	2×10^{-9}	32—1024	"	Bredig
"	"	"	$1{,}5 \times 10^{-9}$	55	Verteil.	Flürscheim (2)
"	"	"	2×10^{-9}	—	Lösl.	Löwenherz
"	"	60	$3{,}6 \times 10^{-9}$	30	Hydrol.	Walker u. Aston
2-4-6-Tribromdiazoniumhydrat	$Br_3—C_6H_2—N_2—OH$	0	$1{,}4 \times 10^{-5}$	1024—2048	Leitf.	Hantzsch u. Engler
m-4-Xylidin	$C_6H_3 . (CH_3)_2(NH_2)$ (1:3:4)	15	$6{,}3 \times 10^{-10}$	10000—20000	kolor.	Veley (2)
p- desgl.	$C_6H_3 . (CH_3)(NH_2)(CH_3)$ (1:2:4)	20	$9{,}6 \times 10^{-10}$	10000—20000	"	" (2)

Hinrichsen.

Konstanten der elektrolytischen Dissoziation.

II. B. Organische Basen. 3. Alizyklische Basen. Literatur S. 1186.

Name	Formel	t	Konstante	Verdünnung	Methode	Autor
Äthylenäthylamin . .	CH_2 | >CH—CH_2—NH_2 CH_2	25^0	$4{,}4 \times 10^{-4}$	14,7—471	Leitf.	Dalle
α-Naphthylamin . . .	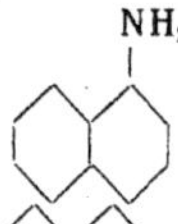 NH_2 (Naphthalinring, α-Stellung)	„	$9{,}9 \times 10^{-11}$	32—64	Hydrol.	Farmer und Warth
β- desgl.	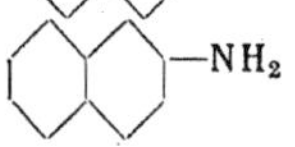 (Naphthalinring)—NH_2	„	$2{,}0 \times 10^{-10}$	32—64	„	„
	4. Heterozyklische Basen.					
Acetoguanamin . . .	$C(CH_3)$<N-C(NH_2)>N, N=C(NH_2)	40^0	$3{,}1 \times 10^{-11}$	10	„	Wood
Aconitin	$C_{34}H_{47}NO_{11}$	15	3×10^{-8}	nicht angeg.	kolorim.	Veley (1)
N-Äthylglyoxalin . .	CH—N<C_2H_5 ‖ >CH CH—N	25	$2{,}0 \times 10^{-7}$	16—1024	Leitf.	Dedichen
μ- desgl.	CH—NH ‖ >C(C_2H_5) CH——N	„	$1{,}0 \times 10^{-6}$	16—1024	„	„
6-Aminokaffein . . .	$C_8H_{11}O_2N_5$	40	$4{,}9 \times 10^{-13}$	10	„	Wood
Brucin	$C_{21}H_{20}(OCH_3)_2N_2O_2$	15	$7{,}2 \times 10^{-4}$	nicht angeg.	Fäll.	Veley (1)
„ 2. Stufe . . .	„	„	$2{,}5 \times 10^{-11}$	„	„	„ (1)
Chinaldin	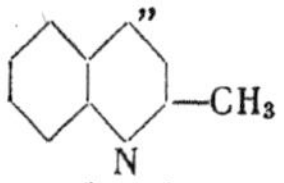 (Chinolinring)—CH_3, N	25	4×10^{-9}	64—256	Leitf.	Bredig
Chinolin	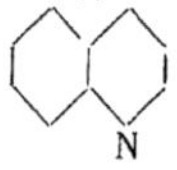 (Chinolinring), N	15	$1{,}6 \times 10^{-9}$	10000—20000	kolorim.	Veley (2)
		25	1×10^{-9}	64—256	„	Bredig
„	„	60	$7{,}4 \times 10^{-9}$	30	Hydrol.	Walker u. Aston
Chinidin	$C_{20}H_{24}N_2O_2$	15	$2{,}4 \times 10^{-7}$	20—40	Fäll.	Veley (1)
desgl. 2. Stufe . .	„	„	$3{,}2 \times 10^{-10}$	„	„	„ (1)
Chinin	„	„	$2{,}2 \times 10^{-7}$	„	„	„ (1)
desgl. 2. Stufe . .	„	„	$3{,}3 \times 10^{-10}$	„	„	„ (1)
Cinchonidin	$C_{19}H_{22}N_2O$	„	$3{,}7 \times 10^{-7}$	„	„	„ (1)
desgl. 2. Stufe . .	„	„	$3{,}3 \times 10^{-10}$	„	„	„ (1)
Cinchonin	„	„	$1{,}6 \times 10^{-7}$			
desgl. 2. Stufe . .	„	„	$3{,}3 \times 10^{-10}$			
Chlor-N-Methylglyoxalin	CH—C<CH_3 ‖ >CH CCl—N	25	$1{,}7 \times 10^{-8}$	16—128	Leitf.	Dedichen
Cocain	CH_2-CH——$CHCO_2CH_3$ | N(CH_3)CHO·COC_6H_5 CH_2-CH — CH_2	„	4×10^{-7}	nicht angeg.	„	Veley (1)
Cotarnin	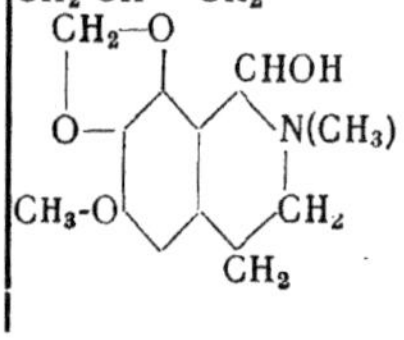 CH_2—O, O—, CH_3-O (Benzolring), CHOH, N(CH_3), CH_2, CH_2	„	$>1 \times 10^{-3}$ geschätzt	—	„	„ (1)

Hinrichsen.

Konstanten der elektrolytischen Dissoziation.

II. B. Organische Basen. 4. Heterozyklische Basen (Fortsetzung). — Literatur S. 1186.

Name	Formel	t	Konstante	Verdünnung	Methode	Autor
Diäthylisodihydrotetrazin	N-NH $C_2H_5.C$ ⟨ ⟩ $C(C_2H_5)$ NH-N	25	$1{,}7 \times 10^{-10}$	50—200	Hydrol.	Dedichen
Diäthyltriazol . . .	NH $(C_2H_5).C$ ⟨ ⟩ $C(C_2H_5)$ N-N	„	$5{,}6 \times 10^{-11}$	15—100	„	„
Dimethylisodihydrotetrazin	N-NH $CH_3.C$ ⟨ ⟩ $C \cdot CH_3$ NH-N	„	$1{,}4 \times 10^{-10}$	20—100	Lösl.	„
N-3-Dimethylpyrazol .	CH = CH | ⟩ $N(CH_3)$ $C(CH_3)$=N	„	$1{,}3 \times 10^{-11}$	50—100	„	„
3-5- desgl.	CH=$C(CH_3)$ | ⟩ NH $C(CH_3)$ = N	„	$2{,}5 \times 10^{-10}$	100—200	„	„
Dimethylpyron . . .	$C_7H_8O_2$	0	3×10^{-14}	5—12,5	Hydrol.	Walden
„ . . .	„	25	2×10^{-14}		„	
„ . . .	„	40	$6{,}6 \times 10^{-14}$	10	„	Wood
Dimethyltriazol . . .	NH $(CH_3)C$ ⟨ ⟩ $C(CH_3)$ N-N	25	$6{,}2 \times 10^{-11}$	30—50	„	Dedichen
Emetin	$C_{30}H_{44}N_2O_4$ *)	15	$2{,}0 \times 10^{-5}$	20	Fäll.	Veley (1)
Gelsemin	$C_{22}H_{38}N_2O_4$ (?)	„	$1{,}8 \times 10^{-7}$	40	„	„ (1)
Glyoxalin	CH—NH || ⟩ CH CH — N	25	$1{,}2 \times 10^{-7}$	16—256	Leitf.	Dedichen
Guanin	NH—CO | | HN=C C—NH | || ⟩ CH HN—C—N	40	$8{,}4 \times 10^{-12}$	—	Lösl.	Wood
Heteroxanthin . . .	$C_6H_6N_4O_2$	„	$1{,}2 \times 10^{-13}$	10	Hydrol.	„
Histidin	$C_6H_9N_3O_2$	25	$5{,}7 \times 10^{-9}$	32—1024	Leitf.	Kanitz
Hydrastin	$C_{21}H_{21}NO_6$	20	1×10^{-7}	20000	kolor.	Veley (1)
Isochinolin	(Ring)-N	15	$3{,}6 \times 10^{-10}$	20000—40000	„	„ (2)
Isodihydrotetrazin . .	NH— N CH ⟨ ⟩ CH N—NH	„	$1{,}8 \times 10^{-12}$	15—100	Hydrol.	Dedichen
Kaffeïn	$C_8H_{10}N_4O_2$	40	$4{,}1 \times 10^{-14}$	10	„	Wood
s-Kollidin	CH_3 CH_3-(Ring)-CH_3 N	18	$1{,}6 \times 10^{-7}$	10—150	„	Lundén (3)
„		25	$2{,}05 \times 10^{-7}$	„	„	Lundén (3)
„		40	$3{,}05 \times 10^{-7}$	„	„	Lundén (3)
„		50	$3{,}75 \times 10^{-7}$	„	„	Lundén (3)
„		25	$2{,}4 \times 10^{-7}$	9—71	Leitf.	Goldschmidt u. Salcher
Koniin . . . . . . (α-Propylpiperidin)	$C_5H_9NH(C_3H_7)$	„	$1{,}3 \times 10^{-3}$	16—256	„	Bredig
Kreatinin	NH —— CO NH=C ⟨ | $N(CH_3)$—CH_2	40	$3{,}7 \times 10^{-11}$	10	Hydrol.	Wood
2-Methylchinolin . .		14	$3{,}6 \times 10^{-9}$	10000—20000	kolor.	Veley (2)
Methylchlorglyoxalin .	CH—$N(CH_3)$ || ⟩ CH CClN	25	$1{,}75 \times 10^{-8}$	16—128	Leitf.	Dedichen
α-Methylglyoxalin . .	CH — NH | ⟩ CH $C(CH_3)$—N	25	$4{,}1 \times 10^{-7}$	32—512	Leitf.	Dedichen
μ- „ . .	CH—NH || ⟩ $C(CH_3)$ CH — N	„	$1{,}3 \times 10^{-6}$	16—1024	„	Dedichen

*) Formel nach Glénard.

Hinrichsen.

Konstanten der elektrolytischen Dissoziation.

II. B. Organische Basen. 4. Heterozyklische Basen (Fortsetzung). — Literatur S. 1186.

Name	Formel	t	Konstante	Verdünnung	Methode	Autor
N-Methylglyoxalin . .	CH—N(CH_3) ‖ CH CH ——— N	0 25	$2{,}2 \times 10^{-7}$	16—128	Leitf.	Dedichen
N-Methylpyrazol . .	CH=CH N(CH_3) CH=N	„	$1{,}1 \times 10^{-12}$	9—100	Hydrol.	Dedichen
3- „ . .	CH=CH NH C(CH_3)=N	„	$3{,}6 \times 10^{-11}$	100—200	„	Dedichen
Narcotin	$C_{22}H_{23}NO_7$	17	$7{,}9 \times 10^{-8}$	20000	kolor.	Veley (1)
2-Oxychinolin . . .	C_9H_7NO	18	$1{,}9 \times 10^{-9}$	10000—20000	„	„ (1)
Papaverin	$C_{20}H_{21}NO_4$	20	9×10^{-8}	20000	„	„ (1)
Paraxanthin	$C_7H_8N_4O_2$	40	$3{,}4 \times 10^{-14}$	10	Hydrol.	Wood
α-Picolin	Pyridinring mit —CH_3 (α), N	25	3×10^{-8}	128—512	„	Constam u. White
β- desgl.	desgl. -β-	„	1×10^{-8}	„	„	„
γ- desgl.	desgl. -γ-	„	1×10^{-8}	„	„	„
Piperazin	NH CH_2 CH_2 CH_2 CH_2 NH	„	$6{,}4 \times 10^{-5}$	32—256	Leitf.	Bredig
Piperidin	$C_5H_{11}N$	„	$1{,}6 \times 10^{-3}$	8—256	„	„
Pilocarpin	$C_{11}H_{16}N_2O_2$	15	1×10^{-7}	nicht ang.	—	Veley (1)
desgl. 2. Stufe . . .	„	„	4×10^{-11}	„	—	„ (1)
Pyrazol	CH=CH NH CH=N	25	$3{,}0 \times 10^{-12}$	8—20	Hydrol.	Dedichen
Pyridin	C_5H_5N	18	$1{,}6 \times 10^{-9}$	50,3—599	Leitf.	Lundén (3)
„	„	25	$2{,}3 \times 10^{-9}$	„	„	„ (3)
„	„	40	$4{,}3 \times 10^{-9}$	„	„	„ (3)
„	„	60	$8{,}6 \times 10^{-9}$	„	„	„ (3)
„	„	25	$3{,}0 \times 10^{-9}$	128—512	Hydrol.	Constam u. White
„	„	„	$2{,}4 \times 10^{-9}$	32—512	„	Goldschmidt u. Salcher
„	„	„	$2{,}1 \times 10^{-9}$	nicht ang.	„	Bredig s. Goldschmidt u. Salcher
Spartein	$C_{15}H_{26}N_2$	15	$> 1 \times 10^{-4}$ geschätzt	—	—	Veley (1)
Strychnin	$C_{21}H_{22}N_2O_2$	„	$1{,}43 \times 10^{-7}$	20	Fällung (Borax)	„ (1)
„ (2. Stufe) .	„	„	6×10^{-11}	„	„	„ (1)
Theobromin	$C_7H_8N_4O_2$	40	$4{,}8 \times 10^{-14}$	10	Hydrol.	Wood
Theophyllin	„ $+ H_2O$	25	$1{,}9 \times 10^{-14}$	„	„	„
„	„	40	$5{,}7 \times 10^{-14}$	„	„	„
Thiazol	CH—S ‖ | CH CH N	25	$3{,}3 \times 10^{-12}$	50—100	„	Walker, s. a. Beveridge
Thiohydantoin . . .	NH—CO NH=C | S——CH_2	„	$9{,}5 \times 10^{-13}$	„	„	Walker
Triazol	N=CH | N NH—CH	„	2×10^{-12}	23—50	„	Dedichen
Xanthin		40	$4{,}8 \times 10^{-14}$	10	„	Wood

Hinrichsen.

Konstanten der elektrolytischen Dissoziation.

II. C. Dissoziationskonstanten amphoterer Elektrolyte.

Name	Formel	t	$k_{ac.}$	v	Meth.	$k_{bas.}$	v	Meth.	Autor
Acetoxim . . .	$CH_3—CH=NOH$	25	$6{,}0\times10^{-13}$	30	Hydr.	$6{,}5\times10^{-13}$	9,8	Hydr.	Lundén(1)
		40	$1{,}0\times10^{-12}$	„	„	$1{,}9\times10^{-12}$	„	„	„ (1)
α-Alanin . . .	CH_3-$CH(NH_2)$-$COOH$	25	$1{,}9\times10^{-10}$	32—1024	Leitf.	$5{,}1\times10^{-12}$	32—1024	Leitf.	Winkelblech
Alanylglycin. .	$(C_2H_6N)CO.(NH)CH_2$. . $COOH$	18	$1{,}8\times10^{-8}$	nicht ang.	„	2×10^{-11}	nicht ang.	„	Euler
m-Aminobenzoesäure	$C_6H_4(NH_2)(COOH)$ (1 : 3)	„	$1{,}6_3\times10^{-5}$	32—1024	„	$1{,}22\times10^{-11}$	32—1024	„	Winkelblech u. Cumming
o- desgl. . . .	(1 : 2)	„	$1{,}0_6\times10^{-5}$	100—1000	„	$1{,}3_7\times10^{-12}$	9,7	Hydr.	Lundén *)
„ . . .	„	40	$1{,}3_5\times10^{-5}$	„	„	$3{,}1_5\times10^{-12}$	„	„	„
p- desgl. . . .	(1 : 4)	25	$1{,}2_1\times10^{-5}$	32—1024	„	$2{,}3_3\times10^{-12}$	32—1024	Leitf.	Winkelblech u. Walker
„	„	„	$1{,}15\times10^{-5}$	64—192	Diazoess.	—	—	—	Holmberg
β-i-Asparagin .	$C_4H_8N_2O_3$	„	$1{,}35\times10^{-9}$	30	Hydr.	$1{,}5\times10^{-12}$	9,8	Hydr.	Lundén(1)
„ .	„	40	$3{,}22\times10^{-9}$	„	„	$4{,}2_3\times10^{-12}$	„	„	„ (1)
Asparaginsäure .	$CH(NH_2)$ - $COOH$ | $CH_2—COOH$	25	$1{,}5\times10^{-4}$		Leitf.	$1{,}20\times10^{-12}$	32—1024	Leitf.	Winkelblech u. Lundén
Dimethyl-m-amino-benzoesäure	$C_6H_4[N(CH_3)_2]COOH$ (1 : 3)	„	8×10^{-6}	128—1024	„	$1{,}8\times10^{-11}$	15	Hydr.	Cumming
desgl. -o- desgl.	(1 : 2)	„	$2{,}1\times10^{-9}$	8—1024	„	$2{,}6\times10^{-13}$	10	„	„
desgl. -p- desgl.	(1 : 4)	„	$9{,}4\times10^{-6}$	2260	„	$3{,}25\times10^{-12}$	90	Lösl.	Johnston
Dimethylglycin .	CH_2-$[N(CH_3)_2]$-$COOH$	„	$1{,}3\times10^{-10}$	6	Hydr.	$9{,}8\times10^{-13}$	10,1—11,1	Hydr.	„
Dimethylpyron .	$C_5H_2O_2 . (CH_3)_2$	„	8×10^{-15}	4—32	Leitf.	2×10^{-14}	—	—	Walden
„	„	40	—	—	—	$6{,}6\times10^{-14}$	—	—	Wood
d-Glutaminsäure	$C_3H_5 . (NH_2)(COOH)_2$	25	$4{,}1_2\times10^{-5}$	250—500	Diazoessigesterverseif.	$1{,}5\times10^{-12}$	500	Hydr.	Holmberg
Glycin. . . .	$CH_2(NH_2)COOH$	„	$1{,}8\times10^{-10}$	—	—	$2{,}7\times10^{-12}$	32—1024	Leitf.	Winkelblech
Glycylglycin. .	$C_4H_8N_2O_3$	18	$1{,}8\times10^{-8}$	5—20	Leitf.	2×10^{-11}	nicht ang.	„	Euler
Heteroxanthin .	NH-CO-C-$N(CH_3)$ | ‖ >CH CO-NH-C-N	40	$4{,}2\times10^{-11}$	—	Lösl.	$1{,}2\times10^{-13}$	—	Lösl.	Wood
Histidin . . .	$C_6H_9N_3O_2$	25	$2{,}2\times10^{-9}$	32—1024	Leitf.	$5{,}7\times10^{-9}$	32—1024	Leitf.	Kanitz **)
Kaffein . . .	$N(CH_3)$-CO-C-$N(CH_3)$ | ‖ >CH CO-$N(CH_3)$-C-N	„	$<1\times10^{-14}$	nicht ang.	Hydr.	—	—	—	Wood
„ . .	„	40	—	—	—	$4{,}0\times10^{-14}$	10	Hydr.	„
Kakodylsäure .	$As(CH_3)_2O_2H$	25	$6{,}4\times10^{-7}$	8—256	Leitf.	$3{,}6\times10^{-13}$	2—1024	Leitf.	Johnston u. Zawidzki
Leucin. . . .	H_3-$[CH_2]_3$-CH (/NH_2, \\$COOH$)	„	$1{,}8\times10^{-10}$	—	„	$2{,}3\times10^{-12}$	32—1024	„	Winkelblech
Leucylglycin .	$(C_6H_{12}NO) . NH$ . . CH_2COOH	18	$1{,}5\times10^{-8}$	nicht ang.	„	3×10^{-11}	nicht ang.	„	Euler
Methyl-m-aminobenzoesäure .	$C_6H_4[NH(CH_3)]COOH$ (1 : 3)	25	8×10^{-6}	82—1312	„	$1{,}1\times10^{-11}$	10	Hydr.	Cumming
desgl. o- desgl. .	(1 : 2)	„	$4{,}6\times10^{-6}$	775—1510	„	$8{,}6\times10^{-13}$	50—110	„	„
desgl. p- desgl. .	(1 : 4)	„	$9{,}2\times10^{-6}$	128—1024	„	$1{,}7\times10^{-12}$	32,2—33,5	„	Johnston
Methylglycin .	$C_3H_7NO_2$	„	$1{,}2\times10^{-10}$	32—1024	„	$1{,}7\times10^{-12}$	32—1024	Leitf.	Winkelbl.

*) S. auch Beveridge [Chem. Zbl. **1910**, I, 735.]

**) 2. Dissoz.-Stufe. 25^0 $k_{bas.} = 5{,}0\times10^{-13}$ $v = 64—1024$ (Leitf.) Kanitz.

Konstanten der elektrolytischen Dissoziation.

II. C. Dissoziationskonstanten amphoterer Elektrolyte. (Fortsetzung.)

Name	Formel	t	$k_{ac.}$	v	Meth.	$k_{bas.}$	v	Meth.	Autor
Paraxanthin .	$N(CH_3)$-CO-C-$N(CH_3)$ | ‖ >CH CO – NH — C-N	0 25	$2,3 \times 10^{-9}$	nicht ang.	Hydr.	—	—	—	Wood
„ .	„	40	—	—	—	$3,4 \times 10^{-14}$	—	Lösl.	„
Phenylalanin .	$C_9H_{11}NO_2$	25	$2,5 \times 10^{-9}$	—	—	$1,3 \times 10^{-12}$	—	—	Kanitz
Theobromin . .	NH—CO—C-$N(CH_3)$ | ‖ >CH CO-$N(CH_3)$-C-N	18	$1,3 \times 10^{-8}$	591—2366	Leitf.	$1,3 \times 10^{-14}$	—	Hydr.	Paul
„ . .	„	25	$1,1 \times 10^{-10}$	25	Hydr.	—	—	—	Wood
„ . .	„	40	—	—	—	$4,8 \times 10^{-14}$	—	Lösl.	„
Theophyllin . .	$N(CH_3)$-CO-C-NH | ‖ >CH CO-$N(CH_3)$-C-N	25	$1,69 \times 10^{-9}$	nicht ang.	Hydr.	$1,9 \times 10^{-14}$	20	Hydr.	„
„ . .	„	40	—	—	—	$5,7 \times 10^{-14}$	„	Hydr.	„
Tyrosin . . .		25	4×10^{-9}	—	—	$2,6 \times 10^{-12}$		—	Kanitz
Xanthin . . .	NH—CO—C—NH | ‖ >CH CO—NH—C—N	40	$1,2 \times 10^{-10}$	—	Lösl.	$4,8 \times 10^{-14}$	—	Lösl.	Wood

Anginin, Lysin } **Kanitz,** ZS. physiol. Ch. **47,** 494 (1906).

Literaturverzeichnis betr. II B u. II C: Dissoziationskonstanten organischer Basen und amphoterer Elektrolyte.

Allen, Journ. Amer. chem. Soc. **25,** 421; 1903.
Beveridge, Edinb. Proc. **29,** 648; 1909. Chem. Zbl. **1910,** I, 735.
Bredig, ZS. ph. Ch. **13,** 191; 1894.
Carrara u. **Rossi,** Rend. Accad. Lincei (5) **6,** 208; 1897.
Constam u. **White,** Amer. chem. Journ. **29,** 36; 1903.
Cumming, ZS. ph. Ch. **57,** 574; 1907.
Dalle, Bull. Acad. Belg. **1902,** 36; Chem. Zbl. **1902,** I, 914.
Davidson u. **Hantzsch,** Ber. chem. Ges. **31,** 1612; 1898.
Dedichen, Ber. chem. Ges. **39,** 1831; 1906.
Denison u. **Steele,** Journ. chem. Soc. **89,** 999, 1386; 1906.
Euler, ZS. physiol. Ch. **51,** 219; 1907.
Farmer u. **Warth,** Journ. chem. Soc. **85,** 1713; 1904.
Flürscheim (1), Journ. chem. Soc. **95,** 733; 1909.
„ (2), Journ. chem. Soc. **97,** 96; 1910.
Goldschmidt u. **Salcher,** ZS. ph. Ch. **29,** 89; 1899.
Hantzsch, Ber. chem. Ges. **37,** 1076, 2705; 1904.
Hantzsch u. **Engler,** Ber. chem. Ges. **33,** 2147; 1900.
Holmberg, ZS. ph. Ch. **62,** 728; 1908.
Johnston, Ber. chem. Ges. **37,** 3625; 1904; ZS. ph. Ch. **57,** 557; 1906.
Kanitz, ZS. physiol. Ch. **47,** 476; 1906; Pflüg. Arch. **118,** 539; 1907.
Löwenherz, ZS. ph. Ch. **25,** 385; 1898.
Lundén (1), ZS. ph. Ch. **54,** 532; 1906.
„ (2), Journ. chim. phys. **5,** 145; 1907.
„ (3), Journ. chim. phys. **5,** 574; 1907.
Paul, Arch. Pharm. **239,** 48; 1901.
Veley (1), Journ. chem. Soc. **95,** 766; 1909. S. auch ebenda **91,** 153, 1246; 1907.
„ (2), Journ. chem. Soc. **93,** 652, 2122; 1908.
Walden, Ber. chem. Ges. **34,** 4186, 4197; 1901.
Walker, ZS. ph. Ch. **4,** 319; 1889.
Walker u. **Aston,** Journ. chem. Soc. **67,** 576; 1895.
Walker u. **Wood,** Journ. chem. Soc. **83,** 484; 1903.
Winkelblech, ZS. ph. Ch. **36,** 546; 1901.
Wood, Journ. chem. Soc. **83,** 568; 1903; **89,** 1831, 1839; 1906.
Zawidzki, Ber. chem. Ges. **36,** 3325; 1903; **37,** 153, 2289; 1904.

Hinrichsen.

Elektrolytische Dissoziation des Wassers.

Die Zahlen sind die Werte der Produkte [H˙] × [OH′] in Molen per Liter; sie sind entnommen den Abhandlungen von:

Name des Verfassers	Abkürzung	Zitat	Methode
S. Arrhenius	A.	ZS. ph. Ch. **11**, 823; 1893.	Hydrolyse von Na-Acetat.
W. Nernst	N.	ZS. ph. Ch. **14**, 155; 1894.	Säure-Alkalikette.
J. J. Wijs	W.	ZS. ph. Ch. **14**, 189; 1894.	Katalyse von Estern durch Wasser.
F. Kohlrausch u. **A. Heydweiller**	Ko. u. H.	Wied. Ann. **53**, 234; 1894. ZS. ph. Ch. **14**, 330; 1894.	Leitvermögen.
R. Löwenherz	L.	ZS. ph. Ch. **20**, 293; 1896.	Säure-Alkalikette.
F. Dolezalek	D.	ZS. Elch. **5**, 536; 1899.	Kette: PbO_2 | NaOH + PbO | Pb.
C. W. Kanolt	Ka.	Journ. Amer. chem. Soc. **29**, 1414; 1907.	Hydrolyse des NH_4-Salzes von Diketotetrahydrothiazol.
H. Lundén	Lu.	Journ. Chim. phys. **5**, 589; 1907.	Hydrolyse des Trimethylpiridin-(α-α-γ)-p-Nitrophenolats.
A. Heydweiller	H.	Ann. Phys. (4) **28**, 511; 1909.	Aus den älteren Daten von K. u. H. unter Berücksichtigung neuer Bestimmungen einiger Konstanten berechnet.
R. Lorenz u. **A. Böhi**	Lo. u. B.	ZS. ph. Ch. **66**, 748; 1909.	Säure-Alkalikette.
A. A. Noyes u. **Y. Kato**	No. u. K.	ZS. ph. Ch. **73**, 20; 1910.	Hydrolyse von NH_4-Acetat.
A. A. Noyes u. **R. B. Sosman**	No. u. S.	ZS. ph. Ch. **73**, 20; 1910.	„ „ „

Durch ein Fragezeichen wird angedeutet, daß weniger Gewicht auf die genaue Bestimmung des Zahlenwertes von [H˙] × [OH′] gelegt worden ist. Diese Werte bilden indessen eine wertvolle Bestätigung der Theorie der elektrolytischen Dissoziation und der Brauchbarkeit der Methode, die zur Bestimmung der H˙- resp. OH′-Konzentration benutzt worden ist.

Temp.	[H˙] × [OH′] × 10^{14}	Autor	Bem.	Temp.	[H˙] × [OH′] × 10^{14}	Autor	Bem.
0°	0,13	Ko. u. H.		25°	1,21 (1,25)	Lo. u. B.	I
„	0,11	D.	?	26	1,2	Ko. u. H.	
„	0,089	Ka.		30	1,74 (1,85)	Lo. u. B.	I
„	0,12	H.		34	2,1	Ko. u. H.	
„	0,14 (0,14)	Lo. u. B.	I	40	2,94	Lu.	
2	0,16	Ko. u. H.		„	3,92 (3,73)	Lo. u. B.	I
10	0,32	Ko. u. H.		42	3,6$_5$	Ko. u. H.	
„	0,28	H.		50	5,9$_5$	Ko. u. H.	
„	0,31	Lu.		„	5,6$_6$	H.	
15	0,46	Lu.		„	5,1$_7$	Lu.	
18	0,64	N.	?	„	8,76 (7,08)	Lo. u. B.	I
„	0,64	Ko. u. H.		60	12,60 (12,60)	Lo. u. B.	I
„	0,46	Ka.		70	21,25 (21,25)	Lo. u. B.	I
„	0,59	H.		80	35,04 (34,10)	Lo. u. B.	I
„	0,72 (0,72)	Lo. u. B.	I	90	53,2$_8$ (52,26)	Lo. u. B.	I
25	1,2	A.	?	99	72,0$_7$ (73,96)	Lo. u. B.	I
„	1,4	W.	?	[100]	[58,2]	H.	II u. III
„	1,42	L.	0,1 HCl	100	48	No. u. K.	
			0,1 NaOH	[156]	[269]	H.	II
„	1,16	L.	0,01 HCl	156	223	No. u. K.	
			0,01 NaOH	[218]	[630,1]	H.	II
„	0,82	Ka.		218	461	No. u. S.	
„	1,04	H.		306	168	No. u. S.	
„	1,05	Lu.					

Bemerkungen:

I. Die eingeklammerten Werte sind ausgeglichene Zahlen, die durch Rückwärtsberechnung der Dissoziationskonstanten mittels der Gleichung der Reaktionsisochore aus korrigierten Werten der Reaktionswärme gewonnen worden sind. Bei der Korrektur der Dissoziationswärme ist die Annahme gemacht, daß die Dissoziationswärme linear mit der Temperatur abnimmt; als Ausgangswert ist der zwischen 0 und 18° beobachtete Wert gewählt worden. (S. **Lorenz** u. **Böhi**, ZS. ph. Ch. **66**, 749; 1909.)

II. Die [ ] eingeklammerten Werte sind extrapoliert.

III. S. auch **C. Kullgren**, ZS. ph. Ch. **41**, 425; 1902.

Hydrolyse von Salzen.

Das Material ist zur Erleichterung der Übersicht in 4 Gruppen geordnet worden, nämlich:

I. Anorganische Salze, | III. Salze mit organischem Kation,
II. Salze mit organischem Anion, | IV. „ mit organischem Anion und organischem Kation.

In den Gruppen I, II und IV sind die Salze alphabetisch nach den Kationen und zwar (abgesehen von Gruppe IV) nach den chemischen Symbolen geordnet, in Gruppe III nach den Anionen. Innerhalb eines Elements ist die weitere Anordnung alphabetisch nach der Benennung (nicht nach dem Symbol) des Anions, bei Gruppe III nach der des Kations, getroffen. Bei verschiedenwertigen Kationen sind die Salze nach den verschiedenen Wertigkeitsstufen, die durch römische Ziffern bezeichnet sind, getrennt.

Das unter **V** in Litern angegebene Volumen bezieht sich, dem von der überwiegenden Mehrzahl der Forscher geübten Brauche entsprechend, auf ein **Mol.** Wenn Unsicherheit besteht, ob sich V auf ein Mol. oder Äquivalent bezieht, ist ein ? beigefügt. In anderen, aber nur vereinzelten Fällen, ist von der Umrechnung in l abgesehen worden, nämlich wenn die Konzentration der Lösung zu m-normal angegeben ist, ohne daß ausdrücklich gesagt ist, daß Äquivalente gemeint sind.

Unter **h** ist der **hydrolysierte Anteil** in **Prozenten** angegeben, bezogen auf die vorher angegebene oder dem h als Index beigefügte Verdünnung in Litern.

K ist die **Hydrolysenkonstante,** und zwar ist für den einfachsten Fall der Hydrolyse durchgängig der Ausdruck: $\frac{[\text{Säure}]\times[\text{Base}]}{[\text{Salz}]}$ — **nicht** der **reziproke** Wert, wie bei manchen Forschern — verstanden. Dieser Ausdruck wird für das Salz einer schwachen Base $=\frac{K_w}{K_b}$[1]) und für das Salz einer schwachen Säure $=\frac{K_w}{K_a}$, wenn die Dissoziation der Säure resp. der Base gleich der des Salzes gesetzt werden kann. Für ein Salz mit dem Anion einer schwachen Säure und dem Kation einer schwachen Base gilt der Ausdruck:

$$\frac{[\text{Säure}]\times[\text{Base}]}{([\text{Salz}]\,\gamma)^2}=\frac{K_w}{K_a\cdot K_b}.$$

Wenn es sich um einen Fall der **stufenweisen** Hydrolyse handelt, ist durch h^{I} resp. h^{II} und K^{I} resp. K^{II} angedeutet, ob die Zahlenwerte für h resp. K sich auf den Zerfall in erster resp. zweiter Stufe beziehen. — Die beigefügte Reaktionsgleichung soll die Aufstellung des dann bisweilen komplizierten Ausdrucks für K erleichtern helfen.

Nicht aufgenommen sind **amphotere** Elektrolyte (s. die Tabelle der Dissoziationskonstanten II C) und solche Stoffe, bei denen Isomerisation im Spiele ist (wie bei Acetessigester, Aminophenylkohlensäuremethylester, Nitrophenol u. a.).

Die Literatur ist bis Ende 1910 systematisch durchgesehen worden; in einzelnen Fällen haben auch spätere Angaben Berücksichtigung gefunden. Vollständigkeit kann jedoch wegen der mangelnden Angaben unter Hydrolyse in den Registern nicht verbürgt werden. Mit Bezug auf die älteren Angaben, die sich auf die Hydrolyse von Acetaten (Na, Ba, Pb, Ag) Ammoniumsalze (von Cl, NO_3, SO_4, C_2O_4, $C_2H_3O_2$), Eisensalzen (Cl, SO_4) Chrom- und Aluminiumsalzen, Hydrokarbonaten (von Ca, Ba, Na, NH_4), Hydrosulfiten, Sulfhydraten (der Alkalien) und Sulfiden beziehen, sei auf die Zusammenstellung von A. Naumann in Gmelin-Krauts Handbuch der Chemie I, 1. S. 546—551 verwiesen.

Die unter Methode benutzten Abkürzungen haben die folgende Bedeutung:

an (analytisch); **ber** (berechnet); **Bew** (Ionenbeweglichkeit): **Bir** (Birotation v. Glucose): **Dest** (NH_3-gehalt im Destillat); **dil** (dilatometrisch nach Koelichen); **e** (durch Potentialbestimmung); **ind** (indirekt); **I** (Inversion v. Rohrzucker); **K** (Katalyse v. Methylacetat resp. Äthylformiat); **Koch** (Verlust an NH_3 beim Kochen); **kal** (kalorimetrisch); **kr** (kryoskopisch); **L** (Löslichkeit nach Löwenherz); Λ (Leitvermögen); **M** (Methylorange); **P.-D.** (Partialdruck): **S** (Verseifung); **V** (Verteilung).

I. Hydrolyse anorganischer Salze.

Salz	Angaben über Hydrolyse	Methode	Autor	Zitat
Al-Salze				
„ **Chlorid** . . $AlCl_3$	55,5°, h = 0,73%, 0,5 n	I u. kr	Kahlenberg, Davis u. Fowler	Journ. Amer. chem. Soc. **21**, 1; 1899.
„	25°, V = 1024 l, h = ca. 4,5% (nach $Al^{\cdot\cdot\cdot} + 3H_2O \rightleftarrows Al(OH)_3 + 3H^{\cdot}$)	Λ	Ley	ZS. ph. Ch. **30**, 249; 1899.
„	76,8° V = 32, 64, 128, 256 l h = 4,72%, 6,09%, 8,49%, 14,40%	I	„	„ „ 255; „
„	99,7° V = 32, 64, 128, 256, 512 l h = 8,04, 13,2, 19,7 28,2 41,4%	I	„	„ „ 222; „
	h = 8,8% — — — —	K	„	„ „ 232; „

[1]) K_w ist das Ionenprodukt des Wassers, K_a die Dissoziationskonstante der schwachen Säure, K_b die der schwachen Base.

W. Böttger.

Hydrolyse von Salzen.

I. Hydrolyse anorganischer Salze (Forts.)

Salz	Angaben über Hydrolyse	Methode	Autor	Zitat
Al-Chlorid (Forts.)	40^0; V = 4, 8, 32 l h = 3,3, 2,9, 2,9%	I	Bruner	ZS. ph. Ch. **32**, 134; 1900.
„	25^0, V = 96 bis 3068 l, $K^I = 1,4 \times 10^{-5}$ für: $Al^{\cdots} + H_2O \rightleftarrows Al(OH^{\cdot\cdot}) + H^{\cdot}$	Λ	Bjerrum	„ **59**, 350; 1907.
„	25^0, V = 16 bis 128: $K^I = 5,1 \times 10^{-5}$; $h^I_{32} = 4,06\%$	$[H^{\cdot}]$ e	Denham	Journ. chem. Soc. **93**, 55; 1908.
„ **Nitrat** . . . $Al(NO_3)_3$	80^0, V = 2 l, h = 0,7%	I	Walker u. Aston	Journ. chem. Soc. **67**, 586; 1895.
„	40^0, V = 8, 16, 32 l h = 2,4, 2,4, 2,4%	I	Bruner	ZS. ph.Ch. **32**, 134; 1900.
„ **Sulfat** . . . $Al_2(SO_4)_3$	$55,5^0$, 0,5 n, h = 0,52%	I u. kr	Kahlenberg, Davis u. Fowler	Journ. Amer. chem. Soc. **21**, 19; 1899.
„	40^0, V = 12, 20, 40 l h = 1,3, 1,4 1,7%	I	Bruner	ZS. ph.Ch. **32**, 134; 1900.
„	25^0, V = 5 l (?), h = 2,6%	K	Carrara u. Vespignani	Gazz. chim. **30** II, 50; 1900.
„	25^0, V = 11, 22, 44 l (?) h = 3,5, 3,9, 5,5%	Λ	„	Gazz. chim. **30** II, 61; 1900.
	25^0 V = 4, 32, 256 l h^I = 0,52 2,02 9,6% K^I (V_4 bis V_{64}) = $0,79 \times 10^{-8}$ für Vorgang: $Al_2(SO_4)_2^{\cdot\cdot} + 2\,H_2O \rightleftarrows Al_2(SO_4)_2(OH)_2 + 2H^{\cdot}$	$[H^{\cdot}]$ e	Denham	Journ. chem. Soc. **93**, 57; 1908.
„ **Kaliumsulfat** $KAl(SO_4)_2$	85^0, V = 4 l, ? h = 1,44%	I	Long	Journ. Amer. chem. Soc. **18**, 693; 1896.
	$55,5^0$ 0,5 n. wie Al-Sulfat	I u. kr	Kahlenberg, Davis u. Fowler	„ „ **21**, 19; 1899.
Au-Chlorid $AuCl_3$			s. F. Kohlrausch	ZS. ph. Ch. **33**, 270; 1900.
Ba-Salze				
Carbonat . .	16^0, V = 10600, h = 78,4 bis 84,2%	ber	Bodländer	ZS. ph. Ch. **35**, 28; 1900.
„ **Chlorid** . .	40^0, V = ?; h = circa 0,02% (?)	I	Bruner	ZS. ph. Ch. **32**, 135; 1900.
Be-Salze				
„ **Chlorid** . . $BeCl_2$	$99,7^0$, V = 64, 128, 256, 512 l h = 5,18, 6,30, 7,90, 12,12%	I	Ley	ZS. ph. Ch. **30**, 222; 1899.
„	40^0, V = 12, 20, 40 l h = 2,1, 2,2, 2,2%	I	Bruner	ZS. ph. Ch. **32**, 134; 1900.
„ **Nitrat** . . . $Be(NO_3)_2$	40^0, V = 10, 20, 40 l h = 1,8, 1,8, 1,9%	I	„	„ **32**, 135; 1900.
„ **Sulfat** . . . $BeSO_4$	25^0, V = 1024 l, h = ca. 5 %	Λ	Ley	ZS. ph.Ch. **30**, 249; 1899.
	40^0, V = 4, 12, 20 l h = 0,52, 0,58, 0,68%	I	Bruner	ZS. ph.Ch. **32**, 135; 1900.
Bi-Salze				
„ **Bromid** . . $BiBr_3$	25^0 $K = \frac{[HBr]^2}{[BiBr_3]}$ der Reaktion: $BiBr_3 + 2\,H_2O \rightleftarrows BiOBr + 2\,HBr$ = 1,72; V = 16,7 bis 0,29 l	an	Herz u. Bulla	ZS. anorg. Ch. **61**, 394; 1909.
„	50^0 praktisch wie bei 25^0	„	„	„ **63**, 62; 1909.
„ **Chlorid** . . $BiCl_3$	25^0, V = 4 bis 0,19 l; $K = \frac{[HCl]^2}{[BiCl_3]}$ der Reaktion: $BiCl_3 + 2\,H_2O \rightleftarrows BiOCl + 2\,HCl$ = 4,0 (Gang!) ferner Einfluß von Salzen mit gleichem und verschiedenem Anion	an	„	„ **61**, 391; 1909.
„	50^0, V = 3,7 bis 0,18 l; K = 3,1	„	„	„ **63**, 62; 1909.
„ **Chromat** . .	25^0, $Bi_2O_3 . 4\,CrO_3 \rightarrow Bi_2O_3 . 2\,CrO_3$, wenn $\frac{1}{2}[CrO_3] < 15,6$; $Bi_2O_3 . 2\,CrO_3 \rightarrow Bi_2O_3$, wenn $\frac{1}{2}[CrO_3] < 0,00002$ norm.	an	Cox	ZS. anorg. Ch. **50**, 243; 1906.
Brom	25^0 K für die Reaktion: $Br_2 + H_2O \rightleftarrows H^{\cdot} + Br' + HBrO$ = $5,2 \times 10^{-9}$	Λ u. L	Bray	Journ. Amer. chem. Soc. **32**, 938; 1910 u. **33**, 1487; 1911.
Ca-Salze				
„ **Carbonat** . .	16^0, V = 7630 l, h = 80—83,4 %	ber	Bodländer	ZS. ph.Ch. **35**, 28/9; 1900.
„ **Chlorid** . .	40^0, V = ?, h = ca. 0,04 % ?	I	Bruner	ZS. ph.Ch. **32**, 135; 1900.

W. Böttger.

Hydrolyse von Salzen.

I. Hydrolyse anorganischer Salze (Forts.)

Salz	Angaben über Hydrolyse	Methode	Autor	Zitat
Cd-Salze				
„ **Chlorid** . . $CdCl_2$	85⁰, V = 1,06 l (?), h = 2,08 %	I	Long	Journ. Amer. chem. Soc. **18**, 693; 1896.
„	55,5⁰, 0,5 n; invertiert kaum merklich	I	Kahlenberg	„ **21**, 1; 1899.
„	100⁰, 0,5 n; invertiert sehr energisch	„	Davis, Fowler	„ „
„ **Nitrat** . . . $Cd(NO_3)_2$	80⁰, V = 2 l; h = 0,014 %	I	Walker, Aston	Journ. Chem. Soc. **67**, 586; 1895.
„ **Sulfat** . . . $CdSO_4$	55,5⁰, 0,5 n; invertiert kaum merklich	I	Kahlenberg, Davis u. Fowler	Journ. Amer. chem. Soc. **21**, 1; 1899.
„	25⁰, V = 5 (?), h = 0,017 %	K	Carrara u. Vespignani	Gazz. chim. **30**, II 50; 1900.
Ce-Chlorid . . $ClCl_3$	99,7⁰, V = 32, h $\lesseqgtr$ 0,50 %	I	Ley	ZS. ph. Ch. **30**, 223;
„	25⁰, V = 32, h^I = 0,14 %	[H˙]; e	Denham	ZS. an. Ch. **57**, 389; 1908.
Chlor	Reaktion: $Cl_2 + H_2O \rightleftarrows H^{\cdot} + Cl' + HClO$ K × 10⁴: 1,556, 3,16, 4,48, 6,86 t: 0⁰ 15⁰ 25⁰ 39,1⁰ K × 10⁴: 9,01, 10,36, 10,93 t: 53,6 67,6 83,4⁰	V zwischen H_2O u. CCl_4 und Abs.	Jakowkin	ZS. ph. Ch. **29**, 654; 1899.
Co-Salze				
„ **Chlorid** . . $CoCl_2$	25⁰ V = 16, h^I = 0,11 % „ = 32, h^I = 0,17 %	[H˙]; e	Denham	ZS. anorg. Ch. **57**, 390; 1908.
	Abhängigkeit von Temperatur und Zeit			
Co-Sulfat . . . $CoSO_4$	25⁰, V = 32 l, h = 0,015% nach Reaktion: $Co^{\cdot\cdot} + 2H_2O \rightleftarrows Co(OH)_2 + 2H^{\cdot}$; K = 0,44 × 10^{-14} für V = 2 bis 32 l	[H˙]; e	Denham	Journ. chem. Soc. **93**, 61; 1908.
Cr^{III}-Salze				
„ **Chlorid** . $CrCl_3$	blaues Salz nach $Cr^{\cdot\cdot\cdot} + H_2O \rightleftarrows Cr(OH^{\cdot\cdot}) + H^{\cdot}$		Bjerrum	ZS. ph. Ch. **59**,
	Temp. — h^I für V = 100 — K^I — V			
	0⁰ 4,6% 0,22 × 10^{-4} 6,94 — 105 l	[H˙] e		343 u. 352; 1907
	19,8⁰ 7,2% 0,54 × 10^{-4} 50 — 1600 l	Λ		349 „
	25⁰ 9,4% 0,98 × 10^{-4} 9,66 — 127 l	[H˙] e		342 u. „ „
	(50⁰ 16,8% 3,4 × 10^{-4})	(berechnet		351 u. 352 „
	(75⁰ 28,3% 10,3 × 10^{-4})	Gleichung		„ u. „ „
	(100⁰ 39,8% 26,4 × 10^{-4})	van't Hoff)		„ u. „ „
„	25⁰ V = 4 bis 64; h^I für V = 32 ist 6,3%; K^I = 1,2 × 10^{-4}	[H˙] e	Denham	Journ. chem. Soc. **93**, 53; 1908.
„	grünes Salz 25⁰, K^I = 4,3 × 10^{-6}, V = 33,5 — 4,85	[H˙] e	Bjerrum	ZS. ph. Ch. **59**, 356; 1907
	„ K^I = 3,2 × 10^{-6}, V = 99 — 282 l	Λ		„ 358; „
„ **Nitrat** . .	19,8⁰ K^I = 0,54 × 10^{-4} für V = 50 — 1600 l	Λ	Bjerrum	ZS. ph. Ch. **59**, 349; 1907.
„ **Sulfat** . . $Cr_2(SO_4)_3$	blaues Salz 25⁰, K^I = 0,25 × 10^{-4}, für V = 6—64; h_{32} = 3,05% nach Reaktion: $Cr(SO_4)^{\cdot} + H_2O \rightleftarrows CrSO_4(OH) + H^{\cdot}$; bei größerer Verdünnung auch nach: $Cr_2(SO_4)^{\cdot\cdot\cdot\cdot} + 4H_2O \rightleftarrows Cr_2(SO_4)(OH)_4 + 2H^{\cdot}$ mit K^{II} = 0,13 × 10^{-14}	[H] · e	Denham	ZS. anorg. Ch. **57**, 368; 1908.
	grünes Salz 25⁰ h^I: 80,4 86,8 89,1% V 16 24 32 l K^I = 0,21 bis V = 32 l, dann in zweiter Stufe. h^{II}: 53,4 72,9 88,8% V: 64 128 256 l (s. auch Richards u. Bonnet; ZS. ph. Ch. **47**, 33 u. ff.)	[H] · e	„	ZS. anorg. Ch. **57**, 371; 1908.
Cu-Salze				
Chlorid . . $CuCl_2$	55,5⁰, 0,5 n, invertiert sehr wenig; Nebenreaktion	I	Kahlenberg, Davis u. Fowler	Journ. Amer. chem. Soc. **21**, 1; 1899.
„ **Sulfat** . . $CuSO_4$	55,5⁰, 0,5 n, invertiert sehr wenig.	I	„	„
	25⁰, V = 5 l (?), h = 0,057%	K	Carrara u. Vespignani	Gazz. chim. **30**, II, 50; 1900.

W. Böttger.

Hydrolyse von Salzen.

I. Hydrolyse anorganischer Salze (Forts.)

Salz	Angaben über Hydrolyse	Methode	Autor	Zitat
Fe^{III}-Salze				
„ **Chlorid**	$Fe^{\cdot\cdot\cdot} + H_2O \rightleftarrows Fe(OH)^{\cdot\cdot} + H^{\cdot}$ 25°, V: 6,67, 33,34, 333,4, 666,7 l; h^I: 2% 37% 84% 91% Die Zahlen bedeuten Endwerte. (s. auch Goodwin u. Grover, Phys. Rev. II, 193, 1900)	Λ	Goodwin	ZS. ph. Ch. **21**, 15; 1896.
„	40° V: 8, 12, 16 20 l; h: 7,9 11,2 12,8 14,7%	l	Bruner	ZS. ph.Ch. **32**, 134; 1900.
„	25°, V = 5 l (?), h = 29,5%	K	Carrara u. Vespignani	Gazz. chim. **30** II, 50; 1900.
„	— V = 830 l, 3334 l; — h = 80—87% 100% (Endwert)	spekt-phot.	Moore	ZS. ph.Ch. **40**, 111; 1902.
„	25°, V = 39,6 — 3300 l $K^I = 24{,}8 \times 10^{-4}$; $h^I_{39,6} = 22{,}6\%$, $h^I_{3300} = 81{,}5\%$	Λ	Bjerrum	ZS. ph. Ch. **59**, 350; 1907.
Fe^{III}-Sulfat . .	25°, V = 5 l (?), h = 22,3 %	K	Carrara u. Vespignani	Gazz. chim. **30** II, 50 u. 54; 1900.
	V: 10, 20, 40 l; h: 8,8, 11,7, 22,7 % } Endwert noch nicht erreicht	Λ		
Hg^I-Salze				
„ **Nitrat** . . .	25°, $HgNO_3 \cdot H_2O \rightarrow 5Hg_2O \cdot 3N_2O_5 \cdot 2H_2O$, wenn $[HNO_3] < 2{,}95$ Mol. i. l.	an	Cox	ZS. anorg. Ch. **40**, 181; 1904.
„ . . .	25°, $5Hg_2O \cdot 3N_2O_5 \cdot 2H_2O \rightarrow 2Hg_2O \cdot N_2O_5$ (?), wenn $[HNO_3] < 0{,}293$	an	„	„
„ . . .	25°, $2Hg_2O \cdot N_2O_5$ (?) $\rightarrow 3Hg_2O \cdot N_2O_5 \cdot 2H_2O$ (?), wenn $[HNO_3] < 0{,}110$	an	„	„
„ . . .	25°, $3Hg_2O \cdot N_2O_5 \cdot 2H_2O$ (?) $\rightarrow Hg_2O$, wenn $[HNO_3] < 0{,}0017$	an	„	„
„ **Sulfat** . . .	25°, $Hg_2SO_4 \rightarrow 2Hg_2O \cdot SO_3 \cdot H_2O$, wenn $[H_2SO_4] < 0{,}0042$ n	an	„	„
„ . . .	25°, $2Hg_2O \cdot SO_3 \cdot H_2O \rightarrow Hg_2O$, wenn $[H_2SO_4] < 0{,}00056$ n	an	„	„
Hg^{II}-Salze				
„ **Chlorid** . .	25°, V: 16, 32, 64, 128, 256 l; h: 0,26, 0,39, 0,58, 0,90, 1,43 % (Näherungswerte, obere Grenze)	Λ	Ley	ZS. ph. Ch. **30**, 249; 1899.
	s. auch Luther, ZS. ph. Ch. **47**, 112; 1904.		u. Kahlenberg, Davis, Fowler	Journ. Amer. chem. Soc. **21**, 19; 1899.
„ **Chromat** . .	25°, $HgCrO_4 \rightarrow HgO$, wenn $\frac{1}{2}[CrO_3] < 0{,}92$ n	an	Cox	ZS. anorg. Ch. **50**, 242; 1906.
„ „ . .	50°, $HgCrO_4 \rightarrow 3HgO \cdot CrO_3$, wenn $\frac{1}{2}[CrO_3] < 1{,}41$ n	„	„	ZS. anorg. Ch. **40**, 181; 1904.
„ „ . .	50°, $3HgO \cdot CrO_4 \rightarrow HgO$, wenn $\frac{1}{2}[CrO_3] < 0{,}00026$ n	„	„	„
„ **Dichromat** .	25°, $HgCr_2O_7 \rightarrow HgCrO_4$, wenn $\frac{1}{2}[CrO_3] < 20{,}92$ n	„	„	ZS. anorg. Ch. **50**, 242; 1906.
„ **Fluorid** . .	25°, $HgF_2 \rightarrow HgO$, wenn $[HF] < 1{,}14$ n	„	„	„ **40**, 181; 1904.
„ **Nitrat** . . .	25°, $Hg(NO_3)_2 \cdot H_2O \rightarrow 3HgO \cdot N_2O_5$, wenn $[HNO_3] < 18{,}72$ n	„	„	„
„ „ . . .	25°, $3HgO \cdot N_2O_5 \rightarrow HgO$, wenn $[HNO_3] < 0{,}159$ n	„	„	„
„ **Perchlorat** . $Hg(ClO_4)_2$	25°, V = 512 l, h = ca. 37 %	Λ	Ley	ZS. ph.Ch. **30**, 249; 1899.
„ **Sulfat** . . .	25°, $HgSO_4 \rightarrow 3HgO \cdot SO_3$, wenn $\frac{1}{2}[H_2SO_4] < 6{,}87$	an	Cox	ZS. anorg. Ch. **40**, 181; 1904.
„ „ . . .	25°, $3HgO \cdot SO_3 \rightleftarrows HgO$, wenn $\frac{1}{2}[H_2SO_4] < 0{,}0013$		„	„
Jod	25° nach: $J_2 + H_2O \rightleftarrows J' + H^{\cdot} + HJO$; $K = 0{,}3 \times 10^{-12}$	Λ u. L	Bray	Journ. Amer. chem. Soc. **32**, 937; 1910; **33**, 1487; 1911.
K-Salze				
„ **Chlorid** . .	$[H^{\cdot}] > [OH']$	K, I u. Bir	Arndt	ZS. anorg. Ch. **28**, 370; 1901.
„ **Cyanid**. . . KCN	24,2°, V: 1,055, 4,26, 10,5, 42 l; h: 0,31, 0,72, 1,12, 2,34 %	S	Shields	ZS. ph. Ch. **12**, 177; 1893.
„ . . .	25°, V = 10 l, h = 0,96 %	ind	Walker	ZS. ph. Ch. **32**, 140; 1900.
„ . . .	19,63 l; t: 10,3, 25,05, 41,8, 42,5°; h: 1,48, 1,73, 1,98, 2,11%	S	Madsen	ZS. ph. Ch. **36**, 294; 1901.
„ **Nitrat** . . .	$[H^{\cdot}] > [OH']$	K, I u. Bir	Arndt	ZS. anorg. Ch. **28**, 370; 1901.
„ **Silikat**. . .	K_2SiO_3, $KHSiO_3$ u. andere Silikate	kr u. Λ	Kahlenberg u. Lincoln	Journ. phys. chem. **2**, 81 u. 87; 1898.

W. Böttger.

Hydrolyse von Salzen.

I. Hydrolyse anorganischer Salze (Forts.)

Salz	Angaben über Hydrolyse	Methode	Autor	Zitat
K-Salze (Forts.)				
„ **Sulfat** . . .	[H·] < [OH']	K, I u. Bir	Arndt	ZS. anorg. Ch. **28**, 370; 1901.
„ „ . . .	55,5°, 0,5 n qualitative Angaben	I	Kahlenberg, Davis u. Fowler	Journ. Amer. chem. Soc. **22**, 1; 1899.
Mg-Salze				
„ **Carbonat** . . $MgCO_3 \cdot 3H_2O$	12°, V = 87 l; h = 19,3—38,1 %	ber	Bodländer	ZS. ph. Ch. **35**, 31; 1900.
„ **Chlorid** . . $MgCl_2$	40°, V = ?; h = ca. 0,07 %	I	Bruner	ZS. ph. Ch. **32**, 135; 1901.
„ **Sulfat** . . . $MgSO_4$	25°, V = 5 l; h = 0,0047 %	K	Carrara u. Vespignani	Gazz. chim. **30** II, 50; 1900.
„	25°, V = 32 l; h = 0,0023 % (?) [H·] zeitlich schwankend	[H·]; e	Denham	ZS. anorg. Ch. **57**, 388; 1908.
Mn-Salze				
„ **Chlorid** . . $MnCl_2$	55,5°, 0,5 n; invertiert sehr wenig	I	Kahlenberg, Davis u. Fowler	Journ. Amer. chem. Soc. **21**, 1; 1899.
„ **Sulfat** . . . $MnSO_4$	55,5°, 0,5 n; invertiert sehr wenig	I	„	„
Na-Salze				
„ **Borat** . . . $NaBO_2$	25°, V = 10 l; h = 0,84 %	ind	Walker	ZS. ph. Ch. **32**, 139; 1900.
„	25°, V = 10 l; h = 1,25 % s. auch Na-Hydroborat	S	Lundberg	ZS. ph. Ch. **69**, 447; 1909.
„ **Carbonat** . . Na_2CO_3	24,2°, V : 5,26, 10,64, 20,96, 42,02 l h : (2,12, 3,17, 4,87, 7,10 %)	S	Shields	ZS. ph. Ch. **12**, 177; 1893.
	h : 1,73, 2,74, 4,30, 6,55 %	neu ber	Auerbach u. Pick	Arb. Gesundh. **38**, 269; 1911.
„	25°, V : 1,06, 5,31, 10,61, 20,23 l h : (0,53, 1,56, 2,22, 3,57 %)	Dil	Koelichen	ZS. ph. Ch. **33**, 173; 1900.
	h : 0,64, 1,90, 2,71, 4,35 % 18°, $K = 1,1 \times 10^{-4}$; 25°, $K = 1,9 \times 10^{-4}$	neu ber	Auerbach u. Pick	Arb. Gesundh. **38**, 272; 1911.
„	V = 5, 10, 20, 100, 200, 1000 l 18°: h = 1,3, 2,2, 3,5, 8,7, 12,4, 27 % 25°: h = 1,7, 2,9, 4,5, 11,3, 16 34 %	ber	Auerbach u. Pick	„ „ **38**, 273; 1911.
„ **Chlorid** s. K-Chlorid.				
„ **Cyanid** . .	25°, V = 10 l; h = 0,96 %	ind	Walker	ZS. ph. Ch. **32**, 139; 1900.
„ **Hydroborat** . $Na_2B_4O_7$ (Borax)	24,2°, V : 10, 34,1 l h : etwa 0,5, 0,92 %	S	Shields	„ „ **12**, 187; 1893.
$NaBO_2 + HBO_2$	25°: V = 10 l; h = 0,019 %	ind	Lundberg	„ „ **69**, 447; 1909.
„ **Hydrocarbonat** $NaHCO_3$	25°, V = 10 l; h = 0,06 %	ind	Walker	„ „ **32**, 139; 1900.
„	[OH'] bei 18° = konst. = $1,5 \times 10^{-6}$ Mol./l bis v = 1000 l „ 25° = konst. = $2,5 \times 10^{-6}$ Mol./l bis v = 1000 l	ber	Auerbach u. Pick	Arb. Gesundh. **38**, 274; 1911.
„ **Hydrophosphat** Na_2HPO_4	24,2°, V = 20 l; h = 0,07 % (ungenau)	S	Shields	ZS. ph. Ch. **12**, 183; 1893.
„ **Hydrosulfid** . $NaHS$	25°, V = 10 l; h = 0,14 %	ind	Walker	„ „ **32**, 139; 1900.
„	25°, V = 10 l; h = 0,15 %	Dil	Küster u. Heberlein	ZS. anorg. Ch. **43**, 71; 1905.
„ **Nitrat** s. KNO_3.				
„ **Phosphat** . Na_3PO_4	24,2°, V = 52,5 l; h^I = 98 % (extrapoliert) Na_2HPO_4 s. unter Hydrophosphat	S	Shields	ZS. ph. Ch. **12**, 182; 1893.
Na-Polysulfide				
„ Na_2S_2 . . .	25°; V = 10 l; h = 64,6 %	Dil	Küster und Heberlein	ZS. anorg. Ch. **43**, 71; 1905.
„ Na_2S_3 . . .	25°; V = 10 l; h = 37,6 %			
„ Na_2S_4 . . .	25°; V = 10 l; h = 11,8 %			
„ $Na_2S_{5,22}$ . .	25°; V = 10 l; h = 5,7 %			
„ **Silikat** . . .	über nähere Angaben s.	Λ	Kohlrausch	ZS. ph. Ch. **12**, 773; 1893.
„ . . .	„	kr	Loomis	Wied. Ann. **60**, 532; 1897.
„ . . .	„	kr u. Λ	Kahlenberg u. Lincoln	Journ. phys. Chem. **2**, 82 u. 87; 1898.

W. Böttger.

Hydrolyse von Salzen.

I. Hydrolyse anorganischer Salze.

Salz	Angaben über Hydrolyse	Methode	Autor	Zitat
Na-Salze (Forts.)				
„ **Sulfat**	s. K_2SO_4			
„ **Sulfid** . . Na_2S	25^0; V = 10 l; h = 86,4 % NaHS s. unter Hydrosulfid.	Dil	Küster und Heberlein	ZS. anorg. Ch. **43**, 71; 1905.
Hydrazin- „ **chlorid** $NH_3Cl . NH_3Cl$	15^0; V = 4 × 10^4 l; h = 35,7 % resp. 51,5 % (nach Erhitzen auf 60^0) s. auch Bredig, ZS. ph. Ch. **13**, 314; 1897.	M	Veley	Journ. chem. Soc. **93**, 660; 1908.
Hydroxylamin „ **Chlorid** $NH_3O . HCl$	25^0; V = 32 — 1024 l; K = 1,5 × 10^{-6}; h_{32} = 0,74 %. h_{1024} = 2,58 %	Λ	Winkelblech	ZS. ph. Ch. **36**, 574; 1901.
„	25^0; V = 10,5 l; K = 1 × 10^{-6}	K	„	„ **36**, 580; 1901.
„	15^0; V = 10 000 l; h = 8,1 %	M	Veley	Journ. chem. Soc. **93**, 659; 1908.
NH_4-Salze				
„ **Borat** . . $NH_4H_2BO_3$	V = 46,5 — 185,4 l; K: 0,521 0,899 (1,669) 1,938 t: 15^0 25^0 37^0 40^0	Λ	Lundén	Journ. chim. phys. **5**, 580; 1907.
„ **Bromid** . . NH_4Br	100^0; V = 10 l; h = 0	Koch	Veley	Journ. chem. Soc. **89**, 1284; 1906.
„	100^0; V = 0,5 l; h = 0,03 %	Dest	Naumann u. Rücker	Journ. pr. Ch. (NF.) **74**, 266; 1906.
„ **Chlorat** . . NH_4ClO_3	100^0; V = 5 l; h = 0,08 %	P.-D.	Hill	Journ. chem. Soc. **87**, 31; 1905.
„ **Chlorid** . . NH_4Cl	100^0; V = 10 l; h = etwa 0,14 %	Koch	Veley	Journ. chem. Soc. **87**, 31; 1905.
„ „	100^0; V = 5 l; h = 0,079 %	D	Hill	„ „ **89**, 1285 u. 8, 1906.
„ „	100^0; V = 0,5 l; h $\gtreqless$ 0,03 %	Dest	Naumann u. Rücker	Journ. pr. Ch. (NF) **74**, 266; 1906.
„ „	25^0; V = 2 — 32 l; K — 3,1 × 10^{-10}; h_{32} = 0,011 %	[H·]	Denham	Journ. chem. Soc. **93**, 50; 1908.
„ „	V = 100 l; t: 18^0 218^0 306^0 h: 0,02 % 1,6 % 4,1 %	ind	Noyes, Kato u. Sosman	ZS. ph. Ch. **73**, 21; 1910.
„ **Chromat** $(NH_4)_2CrO_4$	100^0; V = 2 l; h $\lesseqgtr$ 31 % V = 20 l; h $\lesseqgtr$ 36,8 %	Dest	Naumann u. Rücker	Journ. pr. Ch. (NF) **74**, 266; 1906.
„ **Dichromat** $(NH_4)_2Cr_2O_7$	100^0; V = 2 l; h $\lesseqgtr$ 0,01 %	Dest	„	„
„ **Dihydro-phosphat** $(NH_4)H_2PO_4$	100^0; V = 2 l; h $\lesseqgtr$ 0,05 %	Dest	„	„
„ **Fe^{II}-sulfat** $(NH_4)_2Fe(SO_4)_2$	100^0; V = 2 l; h $\lesseqgtr$ 0,032 %	Dest	„	„
„ **Fe^{III}-sulfat** $NH_4Fe(SO_4)_2$	100^0; V = 16 l; Destillat frei von NH_3	Dest	„	„
„ **Hydro-carbonat** NH_4HCO_3	25^0; K $\gtreqless$ 2,4 × 10^{-4}	P.-D.	Buch	ZS. ph. Ch. **70**, 82; 1910.
„ **Hydrophos-phat** $(NH_4)_2HPO_4$	100^0; $h_1 \leqq$ 8 %; $h_{50} \lesseqgtr$ 20,3 %	Dest	Naumann u. Rücker	Journ. pr. Ch. (NF) **74**, 266; 1906.
„	100^0; V = 10 l; h = zirka 4 %	Koch	Veley	Journ. chem. Soc. **87**, 31; 1905.
„ **Molybdat** $(NH_4)_6Mo_7O_{24}$	100^0; V = 3 l; h $\lesseqgtr$ 0,2 %	Dest	Naumann u. Rücker	Journ. pr. Ch. (NF) **74**, 266; 1906.
NH_4-Na-Hydro-phosphat $(NH_4)NaHPO_4$	100^0, $h_2 \leqq$ 31 %; $h_{20} \lesseqgtr$ 50,2 %	Dest.	Naumann u. Rücker	Journ. pr. Ch. (N. F.) **74**, 266; 1906.
„ **-Na-Sulfat** . $(NH_4)NaSO_4$	100^0, V = 2 l; h = 0,24 %	„	„	„
„ **-Nitrat** . . NH_4NO_3	100^0, V = 5 l; h = 0,075 %	P.-D.	Hill	Journ. chem. Soc. **89**, 1284 u. 1288; 1906.

W. Böttger.

Hydrolyse von Salzen.

I. Hydrolyse anorganischer Salze (Forts.)

Salz	Angaben über Hydrolyse	Methode	Autor	Zitat
NH_4-Salze (Forts.)				
„ **Phosphat** . $(NH_4)_3PO_4$	100^0, V = 6,6 l; h $\gtreqless$ 17,5% $(NH_4)_2HPO_4$ s. unter NH_4-Hydrophosphat	Dest	Naumann u. Rücker	Journ. pr. Ch. (N. F.) **74**, 266; 1906.
„ **Rhodanid** .	100^0, V = 0,5 l; h $\gtreqless$ 0,02%	„	„	„
„ **Sulfat** . . . $(NH_4)_2SO_4$	100^0, V = 10 l; h = ca. 1,4%	Koch	Veley	Journ. chem. Soc. **87**, 31; 1905.
„	100^0, V = 2 l, h = 0,23%; V = 80 l, h = 0,59%	Dest	Naumann u. Rücker	Journ. ph. Ch. (N. F.) **74**, 266; 1906.
„	100^0, V = 5 l; h = 0,30%	P.-D.	Hill	Journ. chem. Soc. **89**, 1284 u. 88; 1906.
Ni-Salze				
„ **Chlorid** . . $NiCl_2$	25^0, V = 4,4—35,2 l; K = $0,3 \times 10^{-5}$; $h_{35,2}$ = 0,30%	[H˙] e	Denham	Journ. chem. Soc. **93**, 62; 1908.
„ **Sulfat** . . . $NiSO_4$	$55,5^0$, 0,5 n; h = 0,048%	I	Kahlenberg, Davis u. Fowler	Journ. Amer. chem. Soc. **21**, 1; 1899.
„	25^0, V = 4—64 l; K = $1,1 \times 10^{-13}$; h_{32} = 0,044% nach $Ni^{\cdot\cdot} + 2H_2O \rightleftarrows Ni(OH)_2 + 2H^{\cdot}$; [H˙] zeitlich schwankend	[H˙]; e	Denham	Journ. chem. Soc. **93**, 60; 1908.
Pb^{II}-Salze				
„ **Chlorid** . . $PbCl_2$	25^0, V = 1024; h = 4,4%	Λ	Ley	ZS. ph. Ch. **30**, 249; 1899.
	$99,7^0$, V = 100; h = ca. 0,6%	I	„	„ **30**, 227; 1899.
„	25^0, V = 46,7 l; h = 1,3% V = 59,3 l; h = 4,4%	ind	v. Ende	ZS. anorg. Ch. **26**, 155; 1901.
„ **Chromat** . . $PbCrO_4$	25^0, $PbCrO_4 \rightarrow PbO$, wenn ½ $[CrO_3]$ < 0,00004 norm.	an	Cox	ZS. anorg. Ch. **50**, 243; 1906.
„ **Dichromat** . $PbCr_2O_7$	25^0, $PbCr_2O_7 \rightarrow PbCrO_4$, wenn ½ $[CrO_3]$ < 13,74 norm.	„	Cox	„ „
„ **Nitrat** . . . $Pb(NO_3)_2$	80^0, V = 2 l; h = 0,15%	I	Walker u. Aston	Journ. chem. Soc. **67**, 576; 1895.
	85^0, V = 2 l (?); h = 0,1%	I	Long	Journ. Amer. chem. Soc. **18**, 693; 1896.
„ **Sulfat** . . . $PbSO_4$	0^0, V = 9×10^5 l, h = 18% (mit neuem Wert für Löslichkeit des $PbSO_4$)	e, Acc	Dolezalek	ZS. Elch. **5**, 535; 1899.
Pb^{IV}-Sulfat . . $Pb(SO_4)_2$	$Pb(SO_4)_2 \rightarrow PbO_2$, wenn ½ $[H_2SO_4]$ < 16,2, 19,3, 20,6, 22,3, 23,2-norm. bei 0^0 $17,2^0$ 25^0 40^0 50^0	s	Dolezalek u. Finkh	ZS. anorg. Ch. **50**, 96; 1906.
	$Pb(SO_4)_2 \rightarrow PbO . SO_4 . H_2O$ bei $11,5^0$, wenn ½ $[H_2SO_4]$ < 26,0-norm. $PbO . SO_4 . H_2O \rightarrow PbO_2$, bei $11,5^0$, wenn ½ H_2SO_4 < 17-norm.	E. d. Kette Hg | Hg_2SO_4-H_2SO_4.aq-$Pb(SO_4)_2$ | Pb	„	„ **50**, 90; 1906.
Pt-Chlorid $PtCl_4 . (OH)_2$ u. H_2PtCl_6	besonders Einfluß des Lichts	Λ	F. Kohlrausch	ZS. ph. Ch. **33**, 258; 1900.
Si^{IV}-Chlorid . . $SiCl_4$	18^0, 0,51 n; Hydrolyse vollständig	Λ	v. Kowalevsky	ZS. anorg. Ch. **25**, 194; 1900.
Sn^{IV}-Salze				
„ **Bromid** . . $SnBr_4$	Qualitative Angaben	„	v. Kowalevsky	ZS. anorg. Ch. **25**, 189; 1900.
„ **Chlorid** . . $SnCl_4$	ca. 0,1—1,6-norm. qualitat. Ergebnisse	„	„	„ **23**, 1—24; 1904.
		kr	s. a. E. H. Loomis	Wied. Ann. **60**, 527; 1897.
	s. a. W. Foster, Phys. Rev. **9**, 41; 1899. (Ref. ZS. ph. Ch. **36**, 512; 1901.)	Λ	s. f. F. Kohlrausch u. Diesselhorst	ZS. ph. Ch. **33**, 273; 1900.
„	40^0, V = 8 l, Hydrolyse vollständig	I	Bruner	ZS. ph. Ch. **32**, 134; 1900.
„ **Jodid** . . . SnJ_4	Hydrolyse nahezu vollständig	Λ	v. Kowalevsky	ZS. anorg. Ch. **25**, 189; 1900.
Sr-Chlorid . . $SrCl_2$	40^0, V = ? h = ca. 0,02%	I	Bruner	ZS. ph. Ch. **32**, 135; 1900.
Th-Sulfat . . . $Th(SO_4)_2$	25^0, V = 64 l; h = 46% zu $Th(OH)^{\cdot\cdot}_2$	[H˙] e	Denham	ZS. anorg. Ch. **57**, 388; 1908.
Ti^{IV}-Chlorid .	Qualitative Angaben	Λ	v. Kowalevsky	„ **25**, 190; 1900.
Tl^{I}-Sulfat . . Tl_2SO_4	25^0, V = 16—64 l; K = $1,6 \times 10^{-2}$; h_{32} = 0,311%	[H˙]; e	Denham	Journ. chem. Soc. **93**, 59; 1908.
Tl^{III}-Nitrat . . $Tl(NO_3)_3$	25^0, V = 2,5—1000 l; K = $\frac{[HNO_3]^3}{[Tl(NO_3)_3]}$ = 13,6. Dissoziation nicht berücksichtigt.	an	Spencer	ZS. anorg. Ch. **44**, 397; 1905.

W. Böttger.

Hydrolyse von Salzen.

I. Hydrolyse anorganischer Salze (Forts.)

Salz	Angaben über Hydrolyse	Methode	Autor	Zitat
UO_2-Salze				
„ **Chlorid** . . UO_2Cl_2	40^0, V: 20, 40, 60 l h: 5,0 6,4 8,0%	I	Bruner	ZS. ph. Ch. **32**, 134; 1900.
„ **Nitrat** . . . $UO_2(NO_3)_2$	25^0; V = 1024; h = circa 5,9%	Λ	Ley	ZS. ph. Ch. **30**, 249; 1899.
„	40^0, V: 12, 20, 40 l h: 3,3 4,5 6,0%	I	Bruner	ZS. ph. Ch. **32**, 134; 1900.
„ **Sulfat** . . . UO_2SO_4	40^0, V: 20, 40, 60 l h: 2,9 3,3 4,2%	I	„	„
Zn-Salze				
„ **Carbonat** . .	$2\,ZnCO_3 \cdot H_2O \rightarrow 5\,ZnO, 2\,CO_2 \cdot 4\,H_2O$ bei 25^0, 50 u. 100^0		Mikusch	ZS. anorg. Ch. **56**, 365; 1908.
„ **Chlorid** . . $ZnCl_2$	$99{,}7^0$, V: 16,8 l, h = $\gtreqless$ 0,09%; V = 33,6 l, h $\gtreqless$ 0,12%	I	Ley	ZS. ph. Ch. **30**, 226; 1899.
	25^0, V = 32 l; [H˙] stark veränderlich mit d. Zeit. zwischen $2{,}18$—$30{,}2 \times 10^{-4}$	[H˙]; e	Denham	ZS. anorg. Ch. **57**, 380—386; 1908.
„ **Nitrat** . . . $Zn(NO_3)_2$	80^0, 0,5-norm. h = 0,019%	I	Walker u. Aston	Journ. chem. Soc. **67**, 576; 1895.
„ **Sulfat** . . . $ZnSO_4$	0,5-norm. bei $55{,}5^0$ invertiert sehr wenig „ 100^0 „ sehr energ.	I	Kahlenberg, Davis u. Fowler	Journ. Amer. chem. Soc. **21**, 1; 1899.
„	25^0, V = 5 l; h = 0,0075%	K	Carrara u. Vespignani	Gazz. chim. **30** II, 50; 1900.
„	25^0, V=4—32 l, [H˙] stark veränderlich m. d. Zeit. zwisch. $2{,}4$—$11{,}2 \times 10^{-5}$ für V = 8 l	[H˙]; e	Denham	ZS. anorg. Ch. **57**, 380—386; 1908.
Zr-Chlorid . . $ZrCl_4$	40^0, V = 64—100 l; h = circa 35%	I	Bruner	ZS. ph. Ch. **32**, 134; 1900.

II. Hydrolyse von Salzen mit organischem Anion.

Salz	Angaben über Hydrolyse	Methode	Autor	Zitat
Ba-Salz von **Isonitrosoaceton**	25^0 K = $0{,}29 \times 10^{-6}$	Λ	Lundén	Journ. chim. phys. **5**, 170; 1907.
K-Phenolat . .	24—25^0 V = 10,4, h = 3,05% V = 51,3, h = 6,69%	S	Shields	ZS. ph. Ch. **12**, 177; 1893.
Na-Salze				
„ **acetat** s. unter **Essigsäure**				
von **Brenzkatechin** $C_6H_4(ONa)_2$	67^0, V = 10 l, K = 0,135	kr	Goldschmidt u. Girard	Ber. chem. Ges. **29**, 1239; 1896.
„ **Cyanphenol-p**	25^0, V = 32 l; h = ca. 0,52%	S	Hantzsch	Ber. chem. Ges. **32**, 3084; 1899.
„ **Dextrose** . .	V = 10 l; t =: $10{,}5^0$, $27{,}91^0$, $40{,}86^0$ K =: 0,01328 0,02326 0,03345	S	Madsen	ZS. ph. Ch. **36**, 302; 1901.
„ **Dichlorphenol** (2·4)	25^0, V = 32 l; h = ca. 0,52%	S	Hantzsch	Ber. chem. Ges. **32**, 3084; 1899.
„ **Essigsäure** .	$24-25^0$, V = 10,5 l, h = 0,008%	S	Shields	ZS. ph. Ch. **12**, 184; 1893.
„	25^0, V = 10 l; h = 0,008%	ind.	Walker	„ **32**, 139; 1900.
„	V = 100 l; t = 18^0 218^0 306^0 h = 0,02% 1,56 3,4%	ind.	Noyes, Kato u. Sosman	ZS. ph. Ch. **73**, 21; 1910.
Na-Salz von **Formaldehyd**	0^0, V = 1 l, h ungefähr 50%	kr	Euler	Ber. chem. Ges. **38**, 2555; 1905.
„	0^0, V = 2 l, K etwa $5{,}65 \times 10^{-2}$	kr	Auerbach	„ **38**, 2835; 1905.
„ **Glucose** . .	25^0, K = 0,022	S	Osaka	ZS. ph. Ch. **35**, 677; 1900.
„ **Hydroxyazobenzol**	25^0, V = 32—100 l, K = $24{,}3 \times 10^{-7}$	V	Farmer	Journ. chem. Soc. **79**, 870; 1901.
„ **Isonitrosomethylpyrazolon**	25^0, V = 500, h = 0,2%	ind	Lundén	Journ. Chim. phys. **5**, 158; 1907.
„ **Lävulose** . .	V = 16,5 l, t^0: $10{,}35^0$ $28{,}25^0$ $38{,}5^0$ K: 0,006915, 0,01434, 0,02092	S	Madsen	ZS. ph. Ch. **36**, 302; 1901.
„ **Monochlorphenol** -o-	25^0, V = 32 l, h = ca. 2,1%	S	Hantzsch	Ber. chem. Ges. **32**, 3084; 1899.

W. Böttger.

Hydrolyse von Salzen.

II. Hydrolyse von Salzen mit organischem Anion (Forts.)

Salz	Angaben über Hydrolyse	Methode	Autor	Zitat
Na-Salz von **Oleat** . . .	u. über Na-palmitat u. Na-stearat (Seifen)	kr u. Λ	Kahlenberg u. Schreiner	ZS. ph. Ch. **27**, 559 u. ff. 1898.
„ **Phenol** . .	25^0, V = 32 l, h = ca. 6 %	S	Hantzsch	Ber. chem. Ges. **32**, 3084; 1899.
„ . .	25^0, V = 10 l, h = 3 %	ind	Walker	ZS. ph. Ch. **32**, 139; 1900.
„ **Phenolphtalein**	$22-24^0$, V = 10000—100000 l, $K^I = 0,6 \times 10^{-5}$; $K^{II} = 6,5 \times 10^{-5}$	kol	Wegscheider	ZS. Elch. **14**, 510; 1908.
„ **Rohrzucker** .	V = 9,86, t: 10,52 26,6 39,81⁰ K: 0,0449, 0,0607, 0,0775	S	Madsen	ZS. ph. Ch. **36**, 301; 1901.
„	$20,7^0$ K = 0,075	S	Kullgren	„ **41**, 413; 1902.
„ **Trichlorphenol**	(2, 4, 6) 25^0, V = 32 l, h = ca. 0,37 %	S	Hantzsch	Ber. chem. Ges. **32**, 3084; 1899.
NH_4-Salz von **Ameisensäure**	100^0, V = 5 l, h = 1,51 %	P.-D.	Hill	Journ. chem. Soc. **89**, 1284 u. 88; 1906.
„ **Äthylschwefelsäure**	100^0, V = 10 l, h = 1,1 %	Koch	Veley	„ **87**, 30/31; 1905.
„ **Benzoesäure**	100^0, V: 1 l, 10 l, 20 l h: 0,31 1,06 1,11 %	„	„	„
„	100^0, V = 5 l, h = 2,54 %	P.-D.	Hill	„ **89**, 1284/88; 1906.
„ **Benzolsulfosäure**	100^0, V = 10 l, h = 0,40 %	Koch	Veley	„ **87**, 30/31; 1905.
„ **Bernsteinsäure**	100^0, V = 10 l, h = 24,4 %	Koch	Veley	„ **87**, 30/31; 1905.
„	100^0, V = 5 l, h = 1,34 %	P.-D.	Hill	„ **89**, 1284/88; 1906.
„ **Carbaminsäure**	s. K. Buch, ZS. ph. Ch. **70**, 66–87, 1910			
„ **Citronensäure**	100^0, V = 10 l, h = 27,5 %	Koch	Veley	„ **87**, 30/31; 1905.
„	100^0, V = 5 l, h = 3,86 %	P.-D.	Hill	„ **89**, 1284 u. 88; 1906.
„ **Diketotetrahydrothiazol**	0^0 18^0 25^0 V = 50 l: 2,77 3,89 4,40 % V = 20 l: 2,37 3,39 3,80 % $\left(\frac{h}{(1-h)\gamma}\right)^2 = K$: 0^0 $0,894 \times 10^{-3}$, 18^0 $1,82 \times 10^{-3}$, 25^0 $2,50 \times 10^{-3}$	Λ	Kanolt	Journ. Amer. chem. Soc. **29**, 1413; 1907.
„ **Essigsäure**	100^0, V: 1 l, 10 l, 20 l h: 5,34 %, 9,00 %, 9,03 %	Koch	Veley	Journ. chem. Soc. **87**, 30/31; 1905.
„	100^0, V = 5 l, h = 5,63 %	P.-D.	Hill	„ **89**, 1284/88; 1906.
„	100^0, V = 40,13 l, h = 4,61 % V = 100,3 l, h = 4,76 %	Λ	Noyes u. Kato	ZS. ph. Ch. **73**, 12; 1910.
„	156^0, V = 42,23 l, h = 17,97 % V = 105,5 l, h = 18,60 %	„	Noyes u. Kato	„ „ 14; „
„	218^0, V = 83,3 l, h = 52,6 % V = 156,6 l, h = 53,2 %	„	Noyes und Sosman	„ **73**, 20; 1910.
„	306^0, V = 33,3 l, h = 91,5 % V = 100 l, h = 91,5 %	„	Noyes und Sosman	„ **73**, 20; 1910.
„ **β-Naphtalinsulfosäure**	100^0, V = 10 l, h = 1,5 %	Koch	Veley	Journ. chem. Soc. **87**, 30/31; 1905.
„ **Oxalsäure**	100^0, V = 10 l, h = 2,23 %	„	„	„
„	100^0, V = 4 l, h = 2,2 %, V = 20 l, h = 3,4 %	Dest	Naumann und Rücker	Journ. pr. Ch. (N. J.) **74**, 266; 1906.
„	100^0, V = 5 l, h = 1,22 %	P.-D.	Hill	Journ. chem. Soc. **89**, 1284/88; 1906.
von **Phenol** . .	25^0, V = 1—4 l; K = 5,3 18^0, V = 1 l; K = 4,5	P.-D.	Buch	ZS. ph. Ch. **70**, 84/5; 1910.
„ **Phenolphtalein** .	Zimmer.-Temp. V = 10000 u. 20000 l K = $1,6 \times 10^{-4}$	kol.	Mc Coy	Amer. chem. Journ. **31**, 503; 1904.
„ **Salicylsäure**	100^0, V = 10 l; h = 1,6%	Koch	Veley	Journ. chem. Soc. **87**, 30/31; 1905.
„ „	100^0, V = 5 l; h = 0,76%	P.-D.	Hill	Journ. chem. Soc. **89**, 1284/88; 1906.

W. Böttger.

Hydrolyse von Salzen.
III. Hydrolyse von Salzen mit organischem Kation.

Salz	Angaben über Hydrolyse	Methode	Autor	Zitat
Chlorid von **Acetamid**	40,2°, V = 10 l; h = 91,3%	K	Wood	Journ. chem. Soc. **83**, 574; 1903.
„ **Acetanilid**	40,2°, V = 10 l, h = (88,9); V = 20 l, h = 93,8%	„	„	„
„ „	25°, V = 32 l; h = 99,8%; K = 19	V	Farmer u. Warth	Journ. chem. Soc. **85**, 1726; 1904.
„ **Acetoguanamin**	40,2°, V = 10 l; h = 9,8%	K	Wood	Journ. chem. Soc. **83**, 570; 1903,
„ **Acetonsemicarbazon**	40,2°, V = 10 l; h = 26,9%	„	„	„
„ **Aceto-o-toluidid**	25°, V = 32 l; h = 99,7%; K = 11	V	Farmer u. Warth	Journ. chem. Soc. **85**, 1726; 1904.
„ **Äthylendiamin**	16°, $V = 4 \times 10^3$ l; h = 0,6%	M	Veley	Journ. chem. Soc. **93**, 661; 1908.
„ **Aminoazobenzol**	25°, V = 32 l; h = 18,1%; $K = 1,25 \times 10^{-3}$	V	Farmer u. Warth	Journ. chem. Soc. **85**, 1726; 1904.
„ **Aminocaffein**	40,2°, V = 10 l; h = 52,4%	L	Wood	Journ. chem. Soc. **83**, 572; 1903.
„ **Anilin** . .	25°, V = 32—1024 l; $K = 2,44 \times 10^{-5}$	Λ	Bredig	ZS. ph. Ch. **13**, 322; 1894.
„ „ . .	25°, $h_{10} = 1,56\%$; $h_{32} = 2,51\%$; $K = 2,25 \times 10^{-5}$	V	Farmer u. Warth	Journ. chem. Soc. **85**, 1726; 1904.
„ „ . .	18°, V = 17,6—175 l; $K = 1,62 \times 10^{-5}$		Denison u. Steele	Journ. chem. Soc. **89**, 1008; 1906.
„ „ . .	25°, V = 17,9—167 l; $K = 2,29 \times 10^{-5}$	Bew	„	„
„ „ . .	25°, V = 16—32 l; $h_{32} = 2,58\%$; $K = 2,16 \times 10^{-5}$	[H˙]; e	Denham	Journ. chem. Soc. **93**, 48; 1908.
„ **p-Anisidin** .	25°, V = 32 l; h = 1,6%; $K = 8,08 \times 10^{-6}$	V	Farmer u. Wood	Journ. chem. Soc. **85**, 1726; 1904.
„ **Benzamid** .	40,2°, V = 10 l; h = 100%	K	Wood	Journ. chem. Soc. **83**, 574; 1903.
„ **Betain** . .	25°, V = 64—1024 l; $K = 1,59 . 10^{-2}$	Λ	Bredig	ZS. ph. Ch. **13**, 322; 1894.
„ **p-Bromanilin**	25°, V = 32 l; h = 5,9%; $K = 1,14 \times 10^{-4}$	V	Farmer u. Wood	Journ. chem. Soc. **85**, 1726; 1904.
„ **Biuret** . .	40,2°, V = 4 l; h = 98,8%; V = 40 l; h = 100%	K	Wood	Journ. chem. Soc. **83**, 571; 1903.
„ **Caffein** . .	40,2°, V = 10 l; h = 89,7%	K	„	„
„	15°, $V = 4 \times 10^4$ l; h = 97,2%	M	Veley	Journ. chem. Soc. **93**, 664; 1908.
„ **p-Chloranilin**	25°, V = 32 l; h = 5,1%; $K = 8,56 \times 10^{-5}$	V	Farmer u. Wood	Journ. chem. Soc. **85**, 1726; 1904.
„ **Cineol** . .	40,2°, V = 10 l; h = 98%	L	Wood	Journ. chem. Soc. **83**, 575; 1903.
„ **Glycocyamin**	40,2°, V = 10 l; h = 11%	K	„	Journ. chem. Soc. **83**, 570; 1903.
„ **Guanidin** .	15°, $V = 4 \times 10^3$ l; h = 3,7%	M	Veley	Journ. chem. Soc. **93**, 660; 1908.
„ **Guanin** . .	40,2°, V = 10 l; h = 17,9%	L	Wood	Journ. chem. Soc. **83**, 573; 1903.
„ **Harnstoff** .	V = 2 l, V = 4 l, V = 10 l 25°, h = 68,4% 79,2% 90,5% 40°, h = 68,0% 80,1% 90,6%	K u. I	Walker u. Wood	Journ. chem. Soc. **83**, 489; 1903.
„ **Isodihydrotetrazin**	25°, K = 0,0073	K	Dedichen	Ber. chem. Ges. **39**, 1854; 1906.
„ **Kreatin** . .	40,2°, V = 10 l; h = 12,35%	„	Wood	Journ. chem. Soc. **83**, 571; 1903.
„ **Kreatinin** .	40,2°, V = 10 l; h = 8,96%	K	„	Journ. chem. Soc. **83**, 571; 1903.
„ **β-Methylhydroxylamin**	16°, $V = 4 \times 10^3$ l; h = 3%	M	Veley	Journ. chem. Soc. **93**, 662; 1908.
„ **N-Methylpyrazol**	25°, K = 0,012	K	Dedichen	Ber. chem. Ges. **39**, 1847; 1906.
„ **α-Naphthylamin**	25°, V = 32 l; h = 6,0%; $K = 1,20 \times 10^{-4}$	V	Farmer u. Warth	Journ. chem. Soc. **85**, 1726; 1904.
„ **β-** „	25°, V = 32 l; h = 4,2%; $K = 5,83 \times 10^{-5}$	V	„	„
„ **m-Nitroanilin**	25°, V = 32 l; h = 26,6%; $K = 3,01 \times 10^{-3}$	V	„	„
„ **o-** „	25°, V = 32 l; h = 98,6%; K = 2,1	V	„	„
„ **p-** „	25°, V = 32 l; h = 79,6%; $K = 9,58 \times 10^{-2}$	V	„	„

W. Böttger.

Hydrolyse von Salzen.

III. Hydrolyse von Salzen mit organischem Kation (Forts.)

Salz	Angaben über Hydrolyse	Methode	Autor	Zitat
Chlorid von **Nitroguanidin**	40,2°, V = 10 l, h = (94 %); V = 25 l, h = 97,5 %	K	Wood	Journ. chem. Soc. **83**, 570; 1903.
„ **p-Nitrosodimethylanilin**	25°, V=32 l; h=4,3 %; K=6,09×10⁻⁵	V	Farmer u. Warth	Journ. chem. Soc. **85**, 1726; 1904.
„ **p-Nitrosomethylanilin**	25°, V=32 l; h=4,7 %; K=7,29×10⁻⁵	V	„	„
„ **Phenylendiamin**	25°, V=32 l; h=3,3 %; K=3,60×10⁻⁵	V	„	„
„ **Propionitril**	40,2°, V = 10 l; h = 97,3 %	K	Wood	Journ. chem. Soc. **83**, 574; 1903.
„ **Pyrazol** . .	25°, K = 0,0043	K	Dedichen	Ber. chem. Ges. **39**, 1850; 1906.
„ **Semicarbazid**	40,2°, V = 10 l; h = 10,4 %	K	Wood	Journ. chem. Soc. **83**, 571; 1903.
„	15°, V = 2 × 10⁴ l; h = 11 %	M	Veley	Journ. chem. Soc. **93**, 660; 1908.
„ **Thiazol** . .	25°, K_{16} = 0,00572; K_{32} = 0,00504 25°, K_{16} = 0,00576; K_{32} = 0,00526	Λ	Beveridge	Edinb. Proc. (7) **29**, 648; 1909.
„ **Thioharnstoff**	40,2°, V = 10 l; h = 100 %	K	Wood	Journ. chem. Soc. **83**, 569; 1903.
„ **m-Toluidin** .	25°, V = 32—1024 l; K = 1,82×10⁻⁵	Λ	Bredig	ZS. ph. Ch. **13**, 322; 1894.
„ „ .	25°, V=32 l; h=3,69 %; K=4,10×10⁻⁵	V	Farmer u. Warth	Journ. chem. Soc. **85**, 1726; 1904.
„ **o-** „ .	25°, V = 32—1024 l; K = 3,45×10⁻⁵	Λ	Bredig	ZS. ph. Ch. **13**, 322; 1894.
„ „ .	25°, V=32 l; h=7,0 %; K=1,62×10⁻⁴	V	Farmer u. Warth	Journ. chem. Soc. **85**, 1726; 1904.
„ „ .	18°, V = 19,1—175 l; K = 2,17×10⁻⁵ 25°, V = 18,3—172 l; K = 3,38×10⁻⁵	Bew	Denison u. Steele	Journ. chem. Soc. **89**, 1008; 1906.
„ **p-** „ .	25°, V = 32—1024 l; K = 7,58×10⁻⁶	Λ	Bredig	ZS. ph. Ch. **13**, 322; 1894.
„ „ .	25°, V=32 l; h=1,8 %; K=1,05×10⁻⁵	V	Farmer u. Warth	Journ. chem. Soc. **85**, 1718; 1904.
„ „ .	18°, V = 17,6—161 l; K = 3,91×10⁻⁶ 25°, V = 17,4—166 l; K = 5,38×10⁻⁶	Bew	Denison u. Steele	Journ. chem. Soc. **89**, 1008; 1906.
„ **Triazol** . .	25°, K = 0,0065	K	Dedichen	Ber. chem. Ges. **39**, 1850; 1906.
„ **Xanthin** . .	40,2°, V = 10 l; h = 88,5 %	L	Wood	Journ. chem. Soc. **83**, 573; 1903.
Nitrat von **Pyridin** . .	25°, K = 5,46×10⁻⁵	Λ	Goldschmidt u. Salcher	ZS. ph. Ch. **29**, 115; 1899.
Sulfat von **m-Toluidin** .	25°, V = 10 l, h = 3,12 %; V = 32 l, h = 4,32 %	V	Farmer u. Warth	Journ. chem. Soc. **85**, 1726; 1904.
„ **o-** „ .	25°, V = 10 l, h = 4,96 %; V = 32 l, h = 7,68 %	V	„	„
„ **p-** „ .	25°, V = 10 l, h = 1,43 %; V = 32 l, h = 2,22 %	V	„	„

IV. Hydrolyse von Salzen mit organischem Anion und organischem Kation.

Salz	Angaben über Hydrolyse	Methode	Autor	Zitat
Anilinacetat . .	15°; V = 39,32, h = 45,7 %; V = 195,9, h = 46,8 % 25°; V = 39,32, h = 51,3 %; V = 195,9, h = 52,3 % 40°; V = 39,32, h = 59,0 %; V = 195,9, h = 59,5 %	Λ	Lundén	Journ. Chim. phys. **5**, 155; 1906.
Anilin-Isonitrosomethylpyrazolonat	V = 213,6 l; 15°; h = 80,1 % 25°; h = 81,4 % 40°; h = 82,8 %	Λ	Lundén	Journ. Chim. phys. **5**, 160; 1906.
Anilinsalicylat	0°; h = 27 % V = 100 l, 80 % Alkohol 18°; h = 43 % 30°; h = 49 %	Λ	Euler u. af Ugglas	ZS. ph. Ch. **68**, 500; 1910.
Pyridinacetat	V = 50,30 — 200,9 l t°: 15 25 40 50 60° k: 0,187 0,263 0,426 0,572 (0,769) extrapol.	Λ	Lundén	Journ. Chim. phys. **5**, 584; 1907.
Trimethylpyridin α-α′-γ-**p-Nitrophenolat**	V = 158,2 — 437 l. t°: 10 15 25 40 50° k: 0,578 0,617 0,735 0,943 1,09	Λ	Lundén	Journ. Chim. phys. **5**, 589; 1907.

W. Böttger.

Löslichkeitsprodukte.

Das Löslichkeitsprodukt (L_p) für ein Salz von der Zusammensetzung $A_m B_n$ ist gegeben durch den Ausdruck:

$$L_p = [A]^m \times [B]^n = k\,[A_m B_n].$$

Die Löslichkeitsprodukte sind vorwiegend aus Leitfähigkeitsdaten abgeleitet worden. Wenn keine direkten Bestimmungen der Ionenkonzentration vorliegen, ist diese aus der Gesamtkonzentration abgeleitet worden. Falls es an direkten Angaben über den Dissoziationsgrad bei der Sättigungskonzentration fehlt, ist dieser aus Kurven interpoliert worden, die für bestimmte Salztypen aus Durchschnittswerten für den nichtdissoziierten Anteil verschiedener Salze eines Typus und der Gesamtkonzentration gezeichnet wurden. Die Unsicherheit des so ermittelten Dissoziationsgrades wächst mit der Konzentration; sie ist größer für Salze mit zwei zweiwertigen Ionen als für Salze mit einem zweiwertigen Anion und zwei einwertigen Kationen (oder umgekehrt), und für diese größer als für Salze mit einwertigem Anion und einwertigem Kation. — Größere Unsicherheiten in den Dissoziationsgraden, die immer unter „Bemerkung" angegeben sind resp. in den direkten Angaben (des Leitvermögens oder der Gesamtkonzentration), sind durch ein Fragezeichen kenntlich gemacht.

Aufgenommen sind Salze, deren Löslichkeit bei der angegebenen Temperatur $\lesssim$ 0,01 molar ist. Die Salze sind alphabetisch nach den Symbolen der Kationen und unter einem Kation nach den Benennungen der Anionen geordnet. Bei verschiedenwertigen Kationen sind die Salze nach den verschiedenen Wertigkeitsstufen, die durch römische Ziffern bezeichnet sind, getrennt.

Die Literatur ist bis Ende 1910 berücksichtigt.

Die Ionenkonzentrationen bedeuten durchgängig Grammatome (nicht Grammäquivalente!) im Liter. Die Abkürzungen unter Bemerkung bedeuten: Λ resp. Pot., daß die Ionenkonzentration durch Messung des Leitvermögens resp. aus Potentialmessungen abgeleitet ist; an., daß die Gesamtkonzentration auf analytischem Wege ermittelt worden ist; Gl., daß ein Gleichgewichtsstudium zugrunde gelegt ist.

I. Löslichkeitsprodukte von Salzen anorganischer Säuren.

Name u. ev. Bodenkörper	Temp.	Ionenprodukt	Num. Wert	Autor	Zitat	Bemerkung
Ag-Salze						
„ **Bromid** . .	19,96[0]	$[Ag^{\cdot}]\times[Br']$	2×10^{-13}	Böttger	ZS. ph. Ch. **46**, 602; 1903.	Λ
„	21,1	„	$3{,}4\times10^{-13}$	Kohlrausch	„ **64**, 149; 1908.	Λ
„	25	„	$4{,}4\times10^{-13}$	Goodwin	„ **13**, 645; 1894.	Pot.
„	„	„	$6{,}5\times10^{-13}$	Thiel	ZS. anorg. Ch. **24**, 57; 1900.	Pot.
„	„	„	$5{,}1\times10^{-13}$	Bodländer u. Fittig	ZS. ph. Ch. **39**, 605; 1902.	Gl.
„	100	„	4×10^{-10}	Böttger	„ **56**, 93; 1906.	Λ
„ **Bromat** . .	19,96	$[Ag^{\cdot}]\times[BrO_3']$	$3{,}97\times10^{-5}$	Böttger	„ **46**, 602; 1903.	Λ
„	25	„	$5{,}77\times10^{-5}$	Noyes	„ **6**, 246; 1890.	an.; $\gamma = 93{,}8\%$
„ **Carbonat** . .	25	$[Ag^{\cdot}]^2\times[CO_3'']$	4×10^{-12}	Abegg u. Cox	ZS. ph. Ch. **46**, 11; 1903.	Pot.
„	25	„	$6{,}1_5\times10^{-12}$	Spencer u. Le Pla	ZS. anorg. Ch. **65**, 14; 1910.	„
„ **Cyanid** . . .	20	$[Ag^{\cdot}]\times[Ag(CN')_2]$	$2{,}2\times10^{-12}$	Böttger	ZS. ph. Ch. **46**, 602; 1903.	Λ
„ **Chlorid** . . .	4,68	$[Ag^{\cdot}]\times[Cl']$	$0{,}21\times10^{-10}$	Kohlrausch	„ **64**, 148; 1908.	„
„	9,66	„	$0{,}37\times10^{-10}$	„	„ „	„
„	18	„	$0{,}87\times10^{-10}$	„	„ „	„
„	„	„	$1{,}1_1\times10^{-10}$	Melcher	Journ. Amer. chem. Soc. **32**, 54; 1910.	„
„	25	„	$1{,}5_6\times10^{-10}$	Goodwin	ZS. ph. Ch. **13**, 645; 1894.	Pot.
„	„	„	$1{,}9_9\times10^{-10}$	Thiel	ZS. anorg. Ch. **24**, 57; 1900.	Pot.
„	25,86	„	$1{,}8_1\times10^{-10}$	Kohlrausch	ZS. ph. Ch. **64**, 148; 1908.	Λ
„	34,26	„	$3{,}7_2\times10^{-10}$	„	„ „	„
„	50	„	$13{,}2\times10^{-10}$	Melcher	Journ. Amer. chem. Soc. **32**, 54; 1910.	„
„	100	„	$21_5\times10^{-10}$	„	„	„
„ **Chromat** . .	0,26	$[Ag^{\cdot}]^2\times[CrO_4'']$	$0{,}3_0\times10^{-12}$	Kohlrausch	ZS. ph. Ch. **64**, 159; 1908.	„
„	14,82	„	$1{,}2\times10^{-12}$	„	„ „	„
„	18	„	$1{,}6\times10^{-12}$	„	„ „	„
„	„	„	$1{,}7\times10^{-12}$	Whitby	ZS. anorg. Ch. **67**, 107; 1910.	an.; $\gamma = 97{,}7\%$?
„	25	„	$2{,}6\times10^{-12}$	Schäfer u. Abegg	ZS. anorg. Ch. **45**, 309; 1905.	Gl.
„	„	„	9×10^{-12}	Sherrill	Journ. Amer. chem. Soc. **29**, 1673; 1907.	Gl.
„	27	„	4×10^{-12}	Whitby	ZS. anorg. Ch. **67**, 108; 1910.	an.; $\gamma = 97{,}5\%$?
„	30,76	„	$4{,}8\times10^{-12}$	Kohlrausch	ZS. ph. Ch. **64**, 159; 1908.	Λ
„	37,3	„	$8{,}5\times10^{-12}$	„	„ „	„
„	50	„	$1_5\times10^{-12}$	Whitby	ZS. anorg. Ch. **67**, 108; 1910.	an.; $\gamma = 97\%$?
„	75	„	28×10^{-12}	Kohlrausch	ZS. ph. Ch. **64**, 159; 1908.	Λ

W. Böttger.

Löslichkeitsprodukte.

I. Löslichkeitsprodukte von Salzen anorganischer Säuren. (Forts.)

Die Ionenkonzentrationen bedeuten durchgängig Grammatome (nicht Grammäquivalente!) im Liter. Die Abkürzungen unter Bemerkung bedeuten: Λ resp. Pot., daß die Ionenkonzentration durch Messung des Leitvermögens resp. aus Potentialmessungen abgeleitet ist; an., daß die Gesamtkonzentration auf analytischem Wege ermittelt worden ist; Gl., daß ein Gleichgewichtsstudium zugrunde gelegt ist.

Name u. ev. Bodenkörper	Temp.	Ionenprodukt	Num. Wert	Autor	Zitat	Bemerkung
Ag-Salze						
„ **Dichromat** .	25	$[Ag^{\cdot}]^2 \times [Cr_2O_7'']$	2×10^{-7}	Sherrill	Journ. Amer. chem. Soc. **29**, 1674; 1907.	Gl.
„ **Jodat** . . .	9,43⁰	$[Ag^{\cdot}]\,[JO_3']$	$0{,}92 \times 10^{-8}$	Kohlrausch	ZS. ph. Ch. **64**, 151; 1908.	Λ
„	18	„	$1{,}8_2 \times 10^{-8}$	„	„	„
„	20	„	$2{,}3_1 \times 10^{-8}$	Böttger	ZS. ph. Ch. **46**, 602; 1903.	„
„	20	„	$1{,}8_6 \times 10^{-8}$	Whitby	ZS. anorg. Ch. **67**, 108; 1910.	an.; γ = 99,0%
„	25	„	$3{,}4_9 \times 10^{-8}$	Noyes u. Kohr	ZS. ph. Ch. **42**, 338; 1903.	an.; γ = 98,9%
„ **kryst.**	25	„	$3{,}1_0 \times 10^{-8}$	Hill u. Simons	„ **67**, 602; 1909.	„ „
„	26,6	„	$3{,}5_5 \times 10^{-8}$	Kohlrausch	„ **64**, 151; 1908.	Λ
„ **Jodid** . . .	13	$[Ag^{\cdot}] \times [J'']$	$0{,}3_2 \times 10^{-16}$	Daneel	„ **33**, 439; 1900.	Pot.
„	20,8	„	$2{,}6 \times 10^{-16}$	Kohlrausch	„ **64**, 149; 1908.	Λ
„	25	„	$0{,}9_4 \times 10^{-16}$	Goodwin	„ **13**, 646; 1894.	Pot.
„	25	„	$1{,}1 \times 10^{-16}$	Thiel	ZS. anorg. Ch. **24**, 57; 1900.	„
„ **Oxyd** . . .	19,96	$[Ag^{\cdot}] \times [OH']$	$1{,}5_2 \times 10^{-8}$	Böttger	ZS. ph. Ch. **46**, 602; 1903.	Λ
„	24,9	„	$1{,}9_3 \times 10^{-8}$	„	„ **46**, 602; 1903.	„
„	25	„	$2{,}2_9 \times 10^{-8}$	Noyes u. Kohr	„ **42**, 342; 1903.	an.; γ = 70%
„ **Rhodanid**	20	$[Ag^{\cdot}] \times [SCN']$	$0{,}6_8 \times 10^{-12}$	Böttger	„ **46**, 602; 1903.	Λ
„	25	„	$1{,}1_7 \times 10^{-12}$	Küster u. Thiel	ZS. anorg. Ch. **33**, 139; 1903.	Pot.
„	25	„	$1{,}5_7 \times 10^{-12}$	Abegg u. Cox	ZS. ph. Ch. **46**, 11; 1903.	Gl.
„	100	„	$1{,}5 \times 10^{-9}$	Böttger	„ **56**, 93; 1906.	Λ
„ **Sulfid** . . .	18	$[Ag.]^2 \times [S'']$	$1{,}6 \times 10^{-49}$	Bruner u. Zawadzky	ZS. anorg. Ch. **67**; 455; 1910.	Gl. ind.
Ba-Salze						
„ **Carbonat** . .	16	$[Ba^{\cdot\cdot}] \times [CO_3'']$	$1{,}9 \times 10^{-9}$	Bodländer	ZS. ph. Ch. **35**, 28; 1900.	Gl.
„ **Chromat** . .	18	$[Ba^{\cdot\cdot}[\times [CrO_4'']$	$1{,}6 \times 10^{-10}$	Kohlrausch	„ **64**, 158; 1908.	Λ
„	28,08	„	$2{,}4 \times 10^{-10}$	„	„	„
„ **Fluorid** . .	9,5	$[Ba^{\cdot\cdot}] \times [F']^2$	$1{,}6 \times 10^{-6}$	„	ZS. ph. Ch. **64**, 145; 1908.	„
„	18	„	$1{,}7 \times 10^{-6}$	„	„	„
„	25,75	„	$1{,}7_3 \times 10^{-6}$	„	„	„
„ **Jodat** . . . Ba(JO$_3$)$_2$.H$_2$O	0	$[Ba^{\cdot\cdot}] \times JO_3']^2$	$1{,}6 \times 10^{-11}$	Trautz u. Anschütz	ZS. ph. Ch. **56**, 241; 1906.	an.; γ = 97,7% ?
„	10	„	$8{,}4 \times 10^{-11}$	„	„	„ 96,2% ?
„	25	„	$6{,}5 \times 10^{-10}$	„	„	„ 95 % ?
„	30	„	$8{,}7 \times 10^{-10}$	„	„	„ 94,6% ?
„	40	„	$1{,}9 \times 10^{-9}$	„	„	„ 93,9% ?
„	50	„	$4{,}6 \times 10^{-9}$	„	„	„ 92,5% ?
„	60	„	1×10^{-8}	„	„	„ 91,1% ?
„	70	„	$1{,}8 \times 10^{-8}$	„	„	„ 89,3% ?
„	80	„	$3{,}2 \times 10^{-8}$	„	„	„ 89,5% ?
„	90	„	$5{,}7 \times 10^{-8}$	„	„	„ 87,4% ?
„	100	„	13×10^{-8}	„	„	„ 84 % ?
„ **Sulfat**, gefällt	0,77⁰	$[Ba^{\cdot\cdot}] \times [SO_4'']$	$0{,}5_3 \times 10^{-10}$	Kohlrausch	ZS. ph. Ch. **64**, 152, 1908.	Λ
„	18	„	$0{,}9_4 \times 10^{-10}$	„	„	„
„	„	„	$0{,}8_7 \times 10^{-10}$	Melcher	Journ. Amer. chem. Soc. **32**, 54; 1910.	„
„	18,3	„	$0{,}9_9 \times 10^{-10}$	Küster	ZS. anorg. Ch. **12**, 267; 1896.	an.; γ = 98,7%
„	25	„	$0{,}9_4 \times 10^{-10}$	Hulett	ZS. ph. Ch. **37**, 398; 1901.	Λ
„	„	„	$1{,}0_8 \times 10^{-10}$	Melcher	Journ. Amer. chem. Soc. **32**, 54; 1910.	„
„	27,75	„	$1{,}2_5 \times 10^{-10}$	Kohlrausch	ZS. ph. Ch. **64**, 152; 1908.	„
„	50	„	$1{,}9_8 \times 10^{-10}$	Melcher	Journ. Amer. chem. Soc. **32**, 54; 1910.	„
„	100	„	$2{,}6_0 \times 10^{-10}$	„	„	„
„ **Schwerspat**	18	„	$1{,}2_3 \times 10^{-10}$	Kohlrausch	ZS. ph. Ch. **64**, 152; 1908.	„ (?)

W. Böttger.

Löslichkeitsprodukte.

I. Löslichkeitsprodukte von Salzen anorganischer Säuren. (Forts.)

Die Ionenkonzentrationen bedeuten durchgängig Grammatome (nicht Grammäquivalente) im Liter. Die Abkürzungen unter Bemerkung bedeuten: Λ resp. Pot., daß die Ionenkonzentration durch Messung des Leitvermögens resp. aus Potentialmessungen abgeleitet ist; an., daß die Gesamtkonzentration auf analytischem Wege ermittelt worden ist; Gl., daß ein Gleichgewichtsstudium zugrunde gelegt ist.

Name u. ev. Bodenkörper	Temp.	Ionenprodukt	Num. Wert	Autor	Zitat	Bemerkung
Ca-Salze						
„ **Carbonat** . .	16⁰	$[Ca^{\cdot\cdot}]\times[CO_3'']$	$2{,}8\times10^{-9}$	Bodländer	ZS. ph. Ch. **35**, 28; 1900.	Gl.
„ **Fluorid**, gefällt	18	$[Ca^{\cdot\cdot}]\times[F']^2$	$3{,}4\times10^{-11}$	Kohlrausch	ZS. ph.Ch. **64**, 145; 1908.	Λ
„	26,11	„	$3{,}9_5\times10^{-11}$	„	„	„
„ **Flußspat** . .	0,05	„	$1{,}7_6\times10^{-11}$	„	„	„
„ „ . .	18	„	$2{,}7\times10^{-11}$	„	„	„
„ „ . .	40	„	$3{,}6\times10^{-11}$	„	„	„
„ **Jodat** . . .	0	$[Ca^{\cdot\cdot}]\times[JO_3']^2$	$4{,}9\times10^{-8}$	Mylius u. Funk	Wiss. Abh. P.-T. R. **3**, 448; 1900.	an.; $\gamma=90\%$?
$Ca(JO_3)_2\cdot6H_2O$	10	„	$22{,}2\times10^{-8}$	„		„; $\gamma=87{,}5$?
„	18	„	$64{,}4\times10^{-8}$	„	„	„; $\gamma=84{,}8$?
„ **Sulfat** . . .	18	$[Ca^{\cdot\cdot}]\times[SO_4'']$	$6{,}1\times10^{-5}$	Kohlrausch	ZS. ph.Ch. **64**, 154; 1908.	Λ
Cd-Sulfid . . .	18	$[Cd^{\cdot\cdot}]\times[S'']$	$3{,}6\times10^{-29}$	Bruner und Zawadzki	ZS. anorg. Ch. **67**, 455; 1910.	indirekt
„	„	„	5×10^{-29}			Gl. direkt
Ce-Jodat . . . $Ce(JO_3)_3\cdot2H_2O$	25	$[Ce^{\cdot\cdot\cdot}]\times[JO_3']^3$	$3{,}5\times10^{-10}$	Rimbach und Schubert	ZS. ph.Ch. **67**, 198; 1909.	Λ; $\gamma=77\%$
Co-Sulfid . . .	18	$[Co^{\cdot\cdot}]\times[S'']$	3×10^{-26}	Bruner und Zawadzki	ZS. anorg. Ch. **67**, 455; 1910.	indirekt
Cu-Salze						
Cu^{I}-Bromid . .	18—20	$[Cu^{\cdot}]\times[Br']$	$4{,}15\times10^{-8}$	Bodländer und Storbeck	ZS. anorg. Ch. **31**, 465; 1902.	Gl.; Pot.
„ **Chlorid** . .	Zimm.-temp.	$[Cu^{\cdot}]\times[Cl']$	$1{,}02\times10^{-6}$	„	ebenda S. 26.	„
„ **Jodid** . . .	18—20	$[Cu^{\cdot}]\times[J']$	$5{,}06\times10^{-12}$	„	ebenda S. 474.	„
„ **Rhodanid** . .	18	$[Cu^{\cdot}]\times[SCN']$	$1{,}6\times10^{-11}$	Kohlrausch und Rose	ZS. ph.Ch. **12**, 241; 1893.	Λ
Cu^{II}-Sulfid . .	18	$[Cu^{\cdot\cdot}]\times[S'']$	$8{,}5\times10^{-45}$	Bruner und Zawadzki	ZS. anorg. Ch. **67**, 455; 1910.	indirekt
Fe^{II}-Salze						
„ **oxyd**	18	$[Fe^{\cdot\cdot}]\times[OH']^2$	$1{,}64\times10^{-14}$	E. Müller	ZS. Elch. **14**, 77; 1908.	Pot.; Gl.
„	Zimm.-temp.?	„	$8{,}7\times10^{-14}$	Krassa	„ **15**, 491; 1909.	Pot.
„ **sulfid**	18	$[Fe^{\cdot\cdot}]\times[S]$	$1{,}5\times10^{-19}$	Bruner u. Zawadzki	ZS. anorg. Ch. **67**, 455; 1910.	indirekt
„	„	„	$3{,}7\times10^{-19}$			Gl. direkt
Fe^{III}-Oxyd	„	$[Fe^{\cdot\cdot\cdot}]\times[OH']^3$	$1{,}1\times10^{-36}$	E. Müller	ZS. Elch. **14**, 77; 1908.	Pot.; Gl.
Hg-Salze						
Hg^{I}-Bromid . .	25⁰	$[Hg_2^{\cdot\cdot}]\times[Br']^2$	$1{,}3\times10^{-21}$	Sherrill	ZS. ph. Ch. **43**, 728; 1903.	Gl.; Pot.
„ **Chlorid** . .	25	$[Hg_2^{\cdot\cdot}]\times[Cl']^2$	$3{,}5\times10^{-18}$	„	„ **43**, 732; 1903.	„
„	„	„	$2{,}0\times10^{-18}$	Ley u. Heimbucher	ZS. Elch. **10**, 303; 1904.	Pot.
„ **Jodid** . . .	„	$[Hg_2^{\cdot\cdot}]\times[J']^2$	$1{,}2\times10^{-28}$	Sherrill	ZS. ph. Ch. **43**, 723; 1903.	Gl.; Pot.
Hg^{II}-Oxyd . .	„	$[Hg^{\cdot\cdot}]\times[OH']^2$	$4{,}3\times10^{-16}$?	Schick	„ **42**, 166, 171; 1903.	an.; $\gamma=0{,}02\%$?
„ **Sulfid** . . .	„	$[Hg^{\cdot\cdot}]\times[S'']$	ca. 4×10^{-54}	Knox	ZS. Elch. **12**, 480; 1906.	Gl.; Pot.
„	18	„	4×10^{-53} bis 2×10^{-49}	Bruner u. Zawadzki	ZS. anorg. Ch. **67**, 455; 1910.	indirekt
La-Jodat . . . $2La(JO_3)_3\cdot3H_2O$	25	$[La^{\cdot\cdot\cdot}]\times[JO_3']^3$	$5{,}9\times10^{-10}$	Rimbach u. Schubert	ZS. ph. Ch. **67**, 198; 1909.	L: V.; $\gamma=76\%$
Mg-Salze						
„ **Carbonat** .	12	$[Mg^{\cdot\cdot}]\times[CO_3'']$	$2{,}6\times10^{-5}$	Bodländer	ZS. ph. Ch. **35**, 31; 1900.	Gl.
„ **Fluorid** . .	18	$[Mg^{\cdot\cdot}]\times[F']^2$	$7{,}1\times10^{-9}$	Kohlrausch	ZS. ph. Ch. **64**, 146; 1908.	Λ
„	27	„	$6{,}4\times10^{-9}$	„	„	„
„ **Hydroxyd** . .	18	$[Mg^{\cdot\cdot}]\times[OH']^2$	$3{,}4\times10^{-11}$	Kohlrausch u. Rose	ZS. ph. Ch. **12**, 241; 1893.	„
„	„	„	$1{,}2\times10^{-11}$	Dupré jun. u. Bialas	ZS. angew. Ch. **16**, 55; 1903.	„
„ **Ammoniumphosphat**	25	$[Mg^{\cdot\cdot}]\times[NH_4^{\cdot}]\times[PO_4''']$	$2{,}5\times10^{-13}$	Bube	ZS. anal. Ch. **49**, 557; 1910.	an.; Gl. geschätzt
Mn-Salze						
„ **Hydroxyd**	18	$[Mn^{\cdot\cdot}]\times[OH']^2$	4×10^{-14}	Sackur u. Fritzmann, s. auch Herz	ZS. Elch. **15**, 845; 1909. ZS. anorg. Ch. **22**, 283; 1900.	Λ.

Löslichkeitsprodukte.

I. Löslichkeitsprodukte von Salzen anorganischer Säuren (Forts.)

Die Ionenkonzentrationen bedeuten durchgängig Grammatome (nicht Grammäquivalente) im Liter. Die Abkürzungen unter Bemerkung bedeuten: Λ resp. Pot., daß die Ionenkonzentration durch Messung des Leitvermögens resp. aus Potentialmessungen abgeleitet ist; an., daß die Gesamtkonzentration auf analytischem Wege ermittelt worden ist; Gl., daß ein Gleichgewichtsstudium zugrunde gelegt ist.

Name u. ev. Bodenkörper	Temp.	Ionenprodukt	Num. Wert	Autor	Zitat	Bemerkung
Mn-Salze						
„ **Sulfid** . . .	18^0	$[Mn^{\cdot\cdot}]\times[S'']$	$1{,}4\times10^{-15}$	Bruner u. Zawadzki	ZS. anorg. Ch. **67**, 455; 1910.	indirekt
Ni-Sulfid . . .	„	$[Ni^{\cdot\cdot}]\times[S'']$	$1{,}4\times10^{-24}$	Bruner u. Zawadzki	ZS. anorg. Ch. **67**, 455; 1910.	indirekt
Pb-Salze						
„ **Carbonat** .	„	$[Pb^{\cdot\cdot}]\times[CO_3'']$	$3{,}3\times10^{-14}$	Pleißner	Arb. Gesundh. **26**, 30; 1907.	Gl.; an.
„ **Chromat** . .	„	$[Pb^{\cdot\cdot}]\times[CrO_4'']$	$1{,}77\times10^{-14}$	Beck	ZS. Elch. **17**, 846; 1911.	Gl.; an.
„ **Fluorid** . .	8,99	$[Pb^{\cdot\cdot}]\times[F']^2$	$2{,}7\times10^{-8}$	Kohlrausch	ZS. ph. Ch. **64**, 146; 1908.	Λ
„	18	„	$3{,}2\times10^{-8}$	„	„ „	„
„	26,61	„	$3{,}7\times10^{-8}$	„	„ „	„
„ **Jodat** . . .	9,17	$[Pb^{\cdot\cdot}]\times[JO_3']^2$	$5{,}3\times10^{-14}$	„	„ **64**, 151; 1908.	„
„	18	„	$1{,}2\times10^{-13}$	„	„ „	„
„	19,95	„	$1{,}3_7\times10^{-13}$	Böttger	„ **46**, 602; 1903.	„
„	25,77	„	$2{,}6\times10^{-13}$	Kohlrausch	„ **64**, 151; 1908.	„
„ **Jodid** . . .	0	$[Pb^{\cdot\cdot}]\times[J']^2$	$2{,}8_9\times10^{-9}$	Lichty	Journ. Amer. chem. Soc. **25**, 469; 1903.	an.; γ=93,5?
„	15	„	$7{,}4_7\times10^{-9}$	„	„	an.; γ=92,6?
„	20,1	„	$8{,}1\times10^{-9}$	Böttger	ZS. ph. Ch. **46**, 602; 1903.	Λ
„	25	„	$1{,}3_3\times10^{-8}$	v. Ende	ZS. anorg. Ch. **26**, 159; 1901.	an.; γ=92%?
„	„	„	$1{,}3_9\times10^{-8}$	Lichty	Journ. Amer. chem. Soc. **25**, 469; 1903.	an.; γ=91,9%?
„	45	„	$8{,}5_9\times10^{-8}$	„	„	an.; γ=89,1%?
„	65	„	$2{,}6_4\times10^{-7}$	„	„	an.; γ=87,1%
Pb-Salze						
„ **Sulfat** . . .	18	$[Pb^{\cdot\cdot}]\times[SO_4'']$	$0{,}6_1\times10^{-8}$ resp. $1{,}0_6\times10^{-8}$	Pleißner	Arb. Gesundh. **26**, 43 u. 11; 1907.	mit 30% Hydrolyse u. γ=20% resp. mit 15% Hydrolyse u. γ=10%
„ **Sulfid** . . .	18	$[Pb^{\cdot\cdot}]\times[S'']$	$4{,}2\times10^{-28}$ bis $3{,}6\times10^{-29}$	Bruner u. Zawadzki	ZS. anorg. Ch. **67**, 455; 1910.	indirekt
„ . . .	„	„	$3{,}4\times10^{-28}$	„	„	an.; Gl. direkt
Sr-Salze						
„ **Fluorid** . .	0,26	$[Sr^{\cdot\cdot}]\times[F']^2$	$2{,}5\times10^{-9}$	Kohlrausch	ZS. ph. Ch. **64**, 145; 1908.	Λ
„ . .	18	„	$2{,}8\times10^{-9}$	„	„	„
„ . .	27,39	„	$2{,}9\times10^{-9}$	„	„	„
„ **Sulfat** gefällt	2,85	$[Sr^{\cdot\cdot}]\times[SO_4'']$	$2{,}7_7\times10^{-7}$	„	ZS. ph. Ch. **64**, 152; 1908.	„
„	10,18	„	$2{,}7_8\times10^{-7}$	„	„	„
„	17,38	„	$2{,}8_1\times10^{-7}$	„	„	„
„	32,26	„	„	„	„	„
Cölestin praktisch keine Abweichung						
Tl-Salze						
Tl^{I}-Bromid . .	9,37	$[Tl^{\cdot}]\times[Br']$	$9{,}5_9\times10^{-7}$	„	ZS. ph. Ch. **64**, 149; 1908.	„
„ . .	18	„	$2{,}0_7\times10^{-6}$	„	„	„
„ . .	20,06	„	$2{,}5_3\times10^{-6}$	Böttger	ZS. ph. Ch. **46**, 602; 1903.	„
„ . .	25,68	„	$3{,}8_5\times10^{-6}$	Kohlrausch	„ **64**, 149; 1908.	„
„ . .	68,5	„	$6{,}3_3\times10^{-5}$	A. A. Noyes	ZS. ph. Ch. **6**, 248; 1890.	an.; γ=91,6%
„ **Bromat** . .	19,94	$[Tl^{\cdot}]\times[BrO_3']$	$8{,}5_0\times10^{-5}$	Böttger	ZS. ph. Ch. **46**, 602; 1903.	Λ
„ . .	39,75	„	$3{,}8_9\times10^{-4}$	Noyes u. Abbot	„ **16**, 130; 1895.	an.; γ=89%

W. Böttger.

Löslichkeitsprodukte.

I. Löslichkeitsprodukte von Salzen anorganischer Säuren (Forts.)

Die Ionenkonzentrationen bedeuten durchgängig Grammatome (nicht Grammäquivalente) im Liter. Die Abkürzungen unter Bemerkung bedeuten: Λ resp. Pot., daß die Ionenkonzentration durch Messung des Leitvermögens resp. aus Potentialmessungen abgeleitet ist; an., daß die Gesamtkonzentration auf analytischem Wege ermittelt worden ist; Gl., daß ein Gleichgewichtsstudium zugrunde gelegt ist.

Name u. ev. Bodenkörper	Temp.	Ionenprodukt	Num. Wert	Autor	Zitat	Bemerkung
Tl^{I}-Salze						
„ **Chlorid** . .	9,54°	$[Tl^{\cdot}]\times[Cl']$	$7{,}5_5\times10^{-5}$	Kohlrausch	ZS. ph. Ch. **64**, 149; 1908.	Λ
„ . .	19,96	„	$1{,}5_0\times10^{-4}$	Böttger	„ **46**, 602; 1903.	„
„ . .	25	„	$2{,}2_1\times10^{-4}$	Hill u. Simmons	„ **67**, 614; 1909.	an.
„ . .	25,76	„	$2{,}1_5\times10^{-4}$	Kohlrausch	„ **64**, 149; 1908.	Λ
„ . .	39,75	„	$4{,}7_7\times10^{-4}$	Noyes u. Abbot	„ **16**, 130; 1895.	an.; γ = 86,6%
„ **Jodat** . . .	19,95	$[Tl^{\cdot}]\times[JO_3']$	$2{,}1_9\times10^{-6}$	Böttger	„ **46**, 602; 1903.	Λ
„ **Jodid** . . .	9,9	$[Tl^{\cdot}]\times[J']$	$1{,}1_8\times10^{-8}$	Kohlrausch	„ **64**, 149; 1908.	„
„ . . .	18	„	$2{,}8_3\times10^{-8}$	„	„ „	„
„ . . .	20,15	„	$3{,}6_0\times10^{-8}$	Böttger	„ **46**, 602; 1903.	„
„ . . .	26,02	„	$6{,}3_0\times10^{-8}$	Kohlrausch	„ **64**, 149; 1908.	„
„ **Sulfid** . . .	18	$[Tl^{\cdot}]^2\times[S'']$	$4{,}5\times10^{-23}$	Bruner u. Zawadzki	ZS. anorg. Ch. **67**, 455; 1910.	Gl.
Tl^{III}-Hydroxyd .	25	$[Tl^{\cdot\cdot\cdot}]\times[OH']^3$	$1{,}4\times10^{-53}$	Spencer u. Abegg	ZS. anorg. Ch. **44**, 398; 1905.	Gl.
Zn-Salze						
„ **Hydroxyd** .	Zimm.-temp.	$[Zn^{\cdot\cdot}]\times[OH']^2$	$1{,}8\times10^{-14}$	Herz	ZS. anorg. Ch. **23**, 227; 1900.	Gl.
„ **Sulfid** . . .	18	$[Zn^{\cdot\cdot}]\times[S'']$	$1{,}2\times10^{-23}$	Bruner und Zawadzki	ZS. anorg. Ch. **67**, 455; 1910.	Gl. stabiles (β) ZnS.

II. Löslichkeitsprodukte von Salzen organischer Säuren.

Name u. ev. Bodenkörper	Temp.	Ionenprodukt	Num. Wert	Autor	Zitat	Bemerkung
Ag-Salze						
„ **Benzoat** . .	25°	$[Ag^{\cdot}]\times[C_6H_5CO_2']$	$9{,}3_2\times10^{-5}$	Noyes u. Schwartz	ZS. ph. Ch. **27**, 283; 1898.	an.; γ = 84,4%
„ **Oxalat** . .	9,72	$[Ag^{\cdot}]^2\times[C_2O_4'']$	$2{,}4_9\times10^{-12}$	Kohlrausch	ZS. ph. Ch. **64**, 166; 1908.	Λ
„ . .	18	„	$5{,}1_7\times10^{-12}$	„	„	„
„ . .	20	„	$6{,}2_9\times10^{-12}$	Böttger	ZS. ph. Ch. **46**, 602; 1903.	„
„ . .	21	„	$7{,}0_9\times10^{-12}$	Whitby	ZS. anorg. Ch. **67**, 108; 1910.	an.; γ = 97,3%
„ . .	25	„	$1{,}0_3\times10^{-11}$	Schäfer u. Abegg	„ **45**, 307; 1905.	Gl.; Pot.
„ . .	26,90	„	$1{,}0_8\times10^{-11}$	Kohlrausch	ZS. ph. Ch. **64**, 166; 1908.	Λ
„ **Salicylat** . .	15	$[Ag^{\cdot}]\times[C_6H_4OHCO_2']$	$1{,}3_9\times10^{-5}$	Holleman	ZS. ph. Ch. **12**, 130; 1893.	„
n-Valerat . .	18,6	$[Ag^{\cdot}]\times[C_5H_9O_2']$	$7{,}9_4\times10^{-5}$	Arrhenius	ZS. ph. Ch. **11**, 396; 1893.	an.; γ = 93,8%
Ba-Salze						
„ **Oxalat**						
$+3\frac{1}{2}H_2O$	0	$[Ba^{\cdot\cdot}]\times[C_2O_4'']$	$0{,}54\times10^{-7}$	Groschuff	Ber. chem. Ges. **34**, 3318; 1901.	an.; γ = 90%?
„	18	„	$1{,}8_0\times10^{-7}$	„	„	„ γ = 85,7%?
„	„	„	$1{,}6_2\times10^{-7}$	Kohlrausch	ZS. ph. Ch. **64**, 162; 1908.	Λ
„	30	„	$3{,}8_6\times10^{-7}$	Groschuff	Ber. chem. Ges. **34**, 3318; 1901.	an.; γ = 82,8%?
$+2H_2O$ . .	0	„	$0{,}45\times10^{-7}$	„	„	„ γ = 90,4%?
„ . .	3	„	$0{,}44\times10^{-7}$	Kohlrausch	ZS. ph. Ch. **64**, 162; 1908.	Λ
„ . .	18	„	$1{,}2_0\times10^{-7}$	Groschuff	Ber. chem. Ges. **34**, 3318; 1901.	an.; γ = 88%?
„ . .	„	„	$1{,}1_0\times10^{-7}$	Kohlrausch	ZS. ph. Ch. **64**, 162; 1908.	Λ
„ . .	28,4	„	$1{,}8_3\times10^{-7}$	„	„	„
„ . .	30	„	$2{,}0_8\times10^{-7}$	Groschuff	Ber. chem. Ges. **34**, 3318; 1901.	an.; γ = 85,4%?
„ . .	73	„	$7{,}5\times10^{-7}$?	„	„	an.; γ = 70%?
$+\frac{1}{2}H_2O$ . .	0	„	$1{,}1_6\times10^{-7}$	„	„	an.; γ = 88,4%?
„ . .	18	„	$2{,}1_8\times10^{-7}$	„	„	an.; γ = 85,2%?
„ . .	100	„	$3{,}9\times10^{-7}$?	„	„	an.; γ = 70%
Ca-Oxalat						
$+H_2O$ . .	0,46	$[Ca^{\cdot\cdot}]\times[C_2O_4'']$	$0{,}9_5\times10^{-9}$	Kohlrausch	ZS. ph. Ch. **64**, 163; 1908.	Λ
„ . .	18	„	$1{,}7_8\times10^{-9}$	„	„	„

W. Böttger. 76*

Löslichkeitsprodukte.

II. Löslichkeitsprodukte von Salzen organischer Säuren. (Forts.)

Die Ionenkonzentrationen bedeuten durchgängig Grammatome (nicht Grammäquivalente) im Liter. Die Abkürzungen unter Bemerkung bedeuten: Λ resp. Pot., daß die Ionenkonzentration durch Messung des Leitvermögens resp. aus Potentialmessungen abgeleitet ist; an., daß die Gesamtkonzentration auf analytischem Wege ermittelt worden ist; Gl., daß ein Gleichgewichtsstudium zugrunde gelegt ist.

Name u. ev. Bodenkörper	Temp.	Ionenprodukt	Num. Wert	Autor	Zitat	Bemerkung
Ca-Oxalat						
$+H_2O$ . .	25°	$[Ca^{\cdot\cdot}]\times[C_2O_4'']$	$2{,}5_7\times10^{-9}$	Richards, Caffrey u. Bisbee	ZS. anorg. Ch. **28**, 85; 1901.	an.; $\gamma=95{,}5\%$?
„ . .	35,8	„	$2{,}9_4\times10^{-9}$	Kohlrausch	ZS. ph. Ch. **64**, 163; 1908.	Λ
„ . .	50	„	$4{,}9_3\times10^{-9}$	Richards, Caffrey u. Bisbee	ZS. anorg. Ch. **28**, 85; 1901.	an.; $\gamma=94{,}2\%$?
„ . .	95	„	$10{,}_3\times10^{-9}$	„	„	an.; $\gamma=93\%$?
Cd-Oxalat . . $+3\ H_2O$	11,13	$[Cd^{\cdot\cdot}]\times[C_2O_4'']$	$1{,}1_5\times10^{-8}$	Kohlrausch	ZS. ph. Ch. **64**, 165; 1908.	Λ
„	18	„	$1{,}5_3\times10^{-8}$	„	„	„
„	26,75	„	$2{,}1_0\times10^{-8}$	„	„	„
Ce-Salze						
„ **Oxalat** . . $Ce_2(C_2O_4)_3 \cdot 10\ H_2O$	25	$[Ce^{\cdot\cdot\cdot}]^2\times[C_2O_4'']_3$	$2{,}5_6\times10^{-29}$	Rimbach und Schubert	ZS. ph. Ch. **67**, 198; 1909.	„
„ **Tartrat** . . $Ce_2(C_4H_4O_6)_3 \cdot 9\ H_2O$	25	$[Ce^{\cdot\cdot\cdot}]^2\times[C_4H_4O_6'']^3$	$9{,}7\times10^{-20}$	„	„	„; $\gamma=89\%$
Cu-Oxalat . .	25	$[Cu^{\cdot\cdot}]\times[C_2O_4'']$	$2{,}8_7\times10^{-8}$	Schäfer u. Abegg	ZS. anorg. Ch. **45**, 310; 1905.	?; $\gamma=92{,}1\%$?
Fe^{II}-Oxalat . .	25	$[Fe^{\cdot\cdot}]\times[C_2O_4'']$	$2{,}1\times10^{-7}$	„ „	„	?; $\gamma=85{,}2\%$?
La-Salze						
„ **Oxalat** . . . $+10\ H_2O$	25	$[La^{\cdot\cdot\cdot}]^2\times[C_2O_4'']^3$	$2{,}0_2\times10^{-28}$	Rimbach und Schubert	ZS. ph. Ch. **67**, 198; 1909.	Λ
„ **Tartrat** . . $+3\ H_2O$	25	$[La^{\cdot\cdot\cdot}]^2\times[C_4H_4O_6'']^3$	$2{,}1_6\times10^{-19}$	„	„ „	„; $\gamma=89\%$
Mg-Oxalat . .	18	$[Mg^{\cdot\cdot}]\times[C_2O_4'']$	$8{,}5_7\times10^{-5}$	Kohlrausch und Mylius	„ **64**, 164; 1908.	„
Nd-Oxalat . . $+10\ H_2O$	25	$[Nd^{\cdot\cdot\cdot}]^2\times[C_2O_4'']^3$	$5{,}8_7\times10^{-29}$	Rimbach und Schubert	„ **67**, 198; 1908.	„
Pb-Oxalat . .	18	$[Pb^{\cdot\cdot}]\times[C_2O_4'']$	$2{,}7_4\times10^{-11}$	Kohlrausch	„ **64**, 166; 1908.	„
„	19,96	„	$3{,}3_8\times10^{-11}$	Böttger	„ **46**, 604; 1903.	„
„	22	„	$3{,}2_3\times10^{-11}$	Kohlrausch	„ **64**, 166; 1908.	„
„	25	„	$3{,}5_0\times10^{-11}$	Pollatz	Diss. Leipzig 1907, S. 20.	„
Pr-Oxalat . . $+10\ H_2O$	25	$[Pr^{\cdot\cdot\cdot}]^2\times[C_2O_4'']$	$4{,}8_4\times10^{-28}$	Rimbach und Schubert	ZS. ph. Ch. **67**, 198; 1909.	„
Sm-Oxalat . . $+10\ H_2O$	25	$[Sm^{\cdot\cdot\cdot}]^2\times[C_2O_4'']^3$	$8{,}3_6\times10^{-29}$	„	„ „	„
Sr-Oxalat . .	1,35	$[Sr^{\cdot\cdot}]\times[C_2O_4'']$	$2{,}9_5\times10^{-8}$	Kohlrausch	„ **64**, 163; 1908.	„
„	18	„	$5{,}6_1\times10^{-8}$	„	„ „	„
„	37,27	„	$9{,}7_0\times10^{-8}$	„	„ „	„
Y-Oxalat . . . $+9\ H_2O$	25	$[Y^{\cdot\cdot\cdot}]^2\times[C_2O_4'']^3$	$5{,}4_6\times10^{-27}$	Rimbach und Schubert	„ **67**, 198; 1909.	„; $\gamma=97\%$
Yb-Oxalat . . $+10\ H_2O$	25	$[Yb^{\cdot\cdot\cdot}]^2\times[C_2O_4'']^3$	$4{,}4_5\times10^{-25}$	„	„ „	„; $\gamma=96\%$
Zn-Oxalat . . $+2\ H_2O$	6,76	$[Zn^{\cdot\cdot}]\times[C_2O_4'']$	$1{,}0_8\times10^{-9}$	Kohlrausch	„ **64**, 165; 1908.	„
„	18	„	$1{,}3_5\times10^{-9}$	„	„ „	„
„ ? H_2O	26,15	„	$1{,}6_5\times10^{-9}$	„	„ „	„

W. Böttger.

Elektromotorische Kräfte galvanischer Ketten.

1. Normalelemente.

Cadmium-Element: Hg $\mid$ Hg_2SO_4 fest, $CdSO_4$ ges., $CdSO_4$ $^8/_3$ H_2O fest $\mid$ Cd-Amalgam (12,5% Cd)
$E_t = 1{,}0183 - 3{,}8 \cdot 10^{-5}(t - 20^0) - 0{,}65 \cdot 10^{-6}(t - 20^0)^2$ Internationale Volt.

Clark-Element: Hg $\mid$ Hg_2SO_4 fest, $ZnSO_4$ ges., $ZnSO_4$ 7 H_2O fest $\mid$ Zn-Amalg. (10% Zn)
$E_t = 1{,}4325 - 1{,}19 \cdot 10^{-3}(t - 15^0) - 0{,}7 \cdot 10^{-5}(t - 15^0)^2$ Internationale Volt.

2. Elektromotorische Kräfte umkehrbarer galvanischer Ketten

zusammengestellt nach den im Auftrage der Deutschen Bunsengesellschaft von R. Abegg, Fr. Auerbach und R. Luther gesammelten und bearbeiteten „Messungen elektromotorischer Kräfte galvanischer Ketten mit wässerigen Elektrolyten" (Abh. d. Deutsch. Bunsengesellschaft Nr. 5, 1911). Unter Literatur sind hier nur diejenigen Abhandlungen aufgenommen, aus denen Messungen für die vorliegende Zusammenstellungen entnommen sind. Für die übrige Literatur muß auf die oben erwähnte vollständige Sammlung verwiesen werden. Die Ketten sind in der Tabelle immer dem Elemente zugeordnet, welches als das wichtigste der Kombination anzusehen ist. Die Reihenfolge der in der ersten Kolumne enthaltenen Elemente ist die alphabetische. Die zweite Kolumne enthält das Schema der Kette. Einklammerung des Elektrodenmetalls bedeutet elektromotorische Unwirksamkeit desselben. Ein senkrechter Trennungsstrich gibt den Ort auftretender Spannungen an. Die äquivalentnormalen Konzentrationen sind unmittelbar hinter den chemischen Formeln angefügt. Der Prozentgehalt der Amalgame bedeutet stets Gewichtsprozente an dem dem Quecksilber beigemischten Metalle. Die dritte Kolumne enthält die Temperatur, bei welcher die Messung stattgefunden hat. Die vierte Kolumne gibt die EMK der Kette. Ein positives Vorzeichen bedeutet, daß das am Zeilenanfange stehende Metall den positiven Pol bildet.

Haupt-Element	Kette	Temperatur °	EMK Volt	Autor
Blei . . .	Pb $\mid$ $Pb(NO_3)_2$ 0,72 $\mid$ KNO_3 0,5 $\mid$ KCl 1,0, Hg_2Cl_2 fest $\mid$ Hg	25	−0,438	Sackur
	Pb $\mid$ $Pb(NO_3)_2$ 1,0 KNO_3 1,0 $\mid$ KCl 1,0 $\mid$ Hg_2Cl_2 fest $\mid$ Hg	Zimmertemp.	−0,452	Labendzinski
	Pb $\mid$ $Pb(NO_3)_2$ 0,2 $\mid$ KCl 1,0, Hg_2Cl_2 fest $\mid$ Hg	25	−0,455	Cumming
	14% Bleiamalgam $\mid$ $PbCl_2$ fest, $PbCl_2$ ges., Hg_2Cl_2 fest $\mid$ Hg	15	−0,535	Mc Intosh
	Pb $\mid$ $PbCl_2$ ges. $\mid$ KCl 1,0, Hg_2Cl_2 fest $\mid$ Hg	Zimmertemp.	−0,456	Labendzinski
	Bleiamalgam 0,72% $\mid$ $PbCl_2$ ges., AgCl fest $\mid$ Ag	16,7	−0,480	Brönsted
	Pb $\mid$ $PbSO_4$ fest, H_2SO_4 2,02 $\mid$ H_2 1 atm. (Pt)	0	−0,282	Dolezalek
	Pb $\mid$ PbO fest, NaOH 1,0 $\mid$ KCl 1,0, Hg_2Cl_2 fest $\mid$ Hg	25	−0,822	Cumming
	PbO_2 $\mid$ $PbSO_4$ fest, H_2SO_4 2,02 $\mid$ H_2 1 atm. (Pt)	0	+1,617	Dolezalek
	PbO_2 $\mid$ $PbSO_4$ fest, H_2SO_4 2,32, $PbSO_4$ fest $\mid$ Pb	25	+1,929	Kendrick
	„ $\mid$ „ „ „ 3,32, „ „ $\mid$ „	„	+1,958	„
	„ $\mid$ „ „ „ 5,20, „ „ $\mid$ „	„	+2,004	„
Brom . . .	(Pt, Ir 25%) $\mid$ Br_2 3,380 ges., HBr 1,0 $\mid$ H_2SO_4 0,5, Hg_2SO_4 fest $\mid$ Hg	0	+0,453	Boericke
	(Pt, Ir 25%) $\mid$ Br_2 3,995 ges., HBr 1,0 $\mid$ H_2SO_4 0,5, Hg_2SO_4 fest $\mid$ Hg	25	+0,437	„
	(Pt, Ir 25%) $\mid$ Br_2 3,040 ges., KBr 1,0 $\mid$ KCl 0,1 $\mid$ KCl 0,1, Hg_2Cl_2 fest $\mid$ Hg	0	+0,797	„
	(Pt, Ir 25%) $\mid$ Br_2 2,708 ges., KBr 1,0 $\mid$ KCl 0,1 $\mid$ KCl 0,1, Hg_2Cl_2 fest $\mid$ Hg	25	+0,779	„
	(Pt) $\mid$ Br_2 0,2030, KBr 1,0, (25°) $\mid$ KCl 1,0, Hg_2Cl_2 fest (18°) $\mid$ Hg	25/18	+0,757	Luther u. Sammet
	(Pt) $\mid$ Br_2 ges., $HBrO_3$ 1,0 (25°) $\mid$ KCl 1,0, $\mid$ KCl 1,0, Hg_2Cl_2 fest (18°) $\mid$ Hg	„	+1,164	„
Cadmium .	Cd-Amalgam (10%) $\mid$ $CdSO_4 \cdot {}^8/_3 H_2O$ fest, $CdSO_4$ ges., Hg_2SO_4 [1]) fest $\mid$ Hg	17	−1,01828	Smith
	Cd-Amalgam (10%) $\mid$ $CdSO_4 \cdot {}^8/_3 H_2O$ fest, $CdSO_4$ ges., Hg_2SO_4 [2]) fest $\mid$ Hg	„	−1,01830	„
	Cd-Amalgam (12,5%) $\mid$ $CdSO_4 \cdot {}^8/_3 H_2O$ fest, $CdSO_4$ ges., Hg_2SO_4 [3]) fest $\mid$ Hg	20	−1,01844	Jaeger u. v. Steinwehr
	Cd-Amalgam (12,5%) $\mid$ $CdSO_4 \cdot {}^8/_3 H_2O$ fest, $CdSO_4$ ges., Hg_2SO_4 [4]) fest $\mid$ Hg	„	−1,01834	„
	Cd $\mid$ $CdCl_2$ 4,458, AgCl fest $\mid$ Ag	20	−0,6995	Biron und Afanasjew
Chlor . . .	(Pt) blank $\mid$ Cl_2 0,0750, HCl 0,1 $\mid$ HCl 0,1, AgCl fest $\mid$ Ag	Zimmertemp.	+1,114	Luther
	(Pt) platin. $\mid$ Cl_2 1 atm., HCl 4,98 $\mid$ HCl 4,98, H_2 1 atm. $\mid$ (Pt) platin.	30	+1,190	Dolezalek (1)
	(Pt) $\mid$ Cl_2 1 atm., HCl 1,0 $\mid$ HCl 1,0, H_2 1 atm $\mid$ (Pt) platin.	25	+1,366	Müller

[1]) Elektrolytisch dargestellt. [2]) Chemisch gefällt. [3]) Käuflich. [4]) Chemisch gefällt.

v. Steinwehr.

256a

Elektromotorische Kräfte galvanischer Ketten.

Haupt-Element	Kette	Temperatur	EMK Volt	Autor
Chlor (Forts.)	(Pt) blank | HOCl 0,0103, $NaHCO_3$ 0,910, NaCl 0,091 | NaCl 0,1 | $NaHCO_3$ 0,5, H_2 1 atm. | (Pt) platin.	17°	+1,605	Nernst u. Sand
	(Pt) blank | HOCl 0,0856, $NaHCO_3$ 0,268, NaCl 0,1 | NaCl 0,1 | $NaHCO_3$ 0,134, H_2 1 atm. | (Pt) platin.	17	+1,714	„
Chrom	(Sn) | $CrCl_3$ 0,0894, $CrCl_2$ 0,1404, HCl 1,0 | H_2SO_4, 0,5, Hg_2SO_4 fest | Hg	17—18	—1,06	Mazzucchelli
	(Sn) | $CrCl_3$ 0,2427, $CrCl_2$ 0,0382, HCl 1,0 | H_2SO_4, 0,5, Hg_2SO_4 fest | Hg	„	—1,02	„
Eisen	Fe | $FeSO_4$ 1,0 | KCl 0,1, Hg_2Cl_2 fest | Hg	20	—0,761	Richards u. Behr
	Fe | $FeSO_4$ 0,934 (neutral) | KCl ges. | KCl 1,0, Hg_2Cl_2 fest | Hg	ca. 20	—0,761	Förster
	(Pt) platin. | $FeCl_3$ 0,0015, $FeCl_2$ 0,1990, HCl 0,1 | KCl 1,0, Hg_2Cl_2 fest | Hg	(17)	+0,296	Peters
	(Pt) platin. | $FeCl_3$ 0,294, $FeCl_2$ 0,004, HCl 0,1 | KCl 1,0, Hg_2Cl_2 fest | Hg	„	+0,522	„
	(Pt) platin. | $Fe_2(SO_4)_3$, 0,270, $FeSO_4$ 0,02, H_2SO_4 0,2 | KCl 1,0, Hg_2Cl_2 fest | Hg	„	+0,429	„
	(Pt) platin. | $Fe_2(SO_4)_3$, 0,030, $FeSO_4$ 0,18, H_2SO_4 0,2 | KCl 1,0, Hg_2Cl_2 fest | Hg	„	+0,331	„
	(Pt) platin. | $Fe(CN)_6K_3$ 0,03, $Fe(CN)_6K_4$ 0,36 | KCl 1,0, Hg_2Cl_2 fest | Hg	Zimmertemp.	+0,133	Fredenhagen
	(Pt) platin. | $Fe(CN)_6K_3$ 0,36, $Fe(CN)_6K_4$ 0,03 | KCl 1,0, Hg_2Cl_2 fest | Hg	„	+0,241	„
	(Pt) platin. | $Fe(CN)_6K_3$ 0,0735, $Fe(CN)_6Na_4$ 0,00216 | KCl 0,1, Hg_2Cl_2 fest | Hg	25	+0,170	Schaum u. v. d. Linde
	(Pt) platin. | $Fe(CN)_6K_3$ 0,0735, $Fe(CN)_6Na_4$ 0,00216 | KCl 0,1, Hg_2Cl_2 fest | Hg	50	+0,143	„
	(Pt) platin. | $Fe(CN)_6K_3$ 0,00075, $Fe(CN)_6Na_4$ 0,108 | KCl 0,1, Hg_2Cl_2 fest | Hg	25	—0,039	„
	(Pt) platin. | $Fe(CN)_6K_3$, 0,00075, $Fe(CN)_6Na_4$ 0,108 | KCl 0,1, Hg_2Cl_2 fest | Hg	50	—0,078	„
Gold	Au | $AuCl_3$ 0,03 | KCl 1,0, Hg_2Cl_2 | Hg		+0,894	Fawsitt
	(Pt)Au | Au_2O fest, HNO_3 3,32 | NH_4NO_3 ges. | KCl 1,0, Hg_2Cl_2 fest | Hg	25	+0,835	Campbell
Jod	(Pt) platin. | J_2 0,58, HJ 5,8 | HJ 5,8, H_2 1 atm. | (Pt) platin.	31,6	+0,237	Stegmüller
	(Pt) | J_2 fest, KJ 1,0 | KCl 1,0, Hg_2Cl_2 fest | Hg	25	+0,279	Küster u. Crotogino
	(Pt) J_2 fest, KJ 1,0, (25°) | KCl 1,0, Hg_2Cl_2 fest, (18°) | Hg	25/18	+0,283	Luther u. Sammet
	(Pt) | J_2 fest, HJO_3 1,0, (25°) | KCl 0,5 | KCl 1,0, Hg_2Cl_2 fest, (18°) | Hg	„	+0,841	„
Kobalt	Co | $CoCl_2$ 1,0 | KCl 1,0, Hg_2Cl_2 fest | Hg	Zimmertemp.	—0,590	Labendzinski
Kupfer	1 bis 16% Cu-Amalgam | $CuSO_4 \cdot 5\,H_2O$ fest, $CuSO_4$ ges., Hg_2SO_4 fest | Hg	25	—0,347	Cohen, Chattaway u. Tombrock
	12% Cu-Amalgam | $CuSO_4 \cdot 5\,H_2O$ fest, $CuSO_4$ ges., Hg_2SO_4 fest | Hg	0,1	—0,362	(Cohen, Chattaway u. Tombrock)
	Cu | Cu_2O fest, KOH 1,0 | KCl 1,0, Hg_2Cl_2 fest | Hg	17	—0,613	Allmand
	Pt blank | $Cu(OH)_2$ fest, kryst., Cu_2O fest, KOH 1,0 | KCl 1,0, Hg_2Cl_2 fest | Hg	„	—0,343	„
Mangan	Mn-Amalgam | $MnSO_4$ 1,0 | indiff. Elektrolyt. 1,0 | KCl 1,0, Hg_2Cl_2 fest | Hg	Zimmertemp.	—1,375	Neumann
	MnO_2 | $Mn(NO_3)_2$ 0,2, HNO_3 0,05 | KCl 1,0, Hg_2Cl_2 fest | Hg	20	+0,944	Tower
	MnO_2 | $MnSO_4$ 0,2, H_2SO_4 0,10 | KCl 1,0, Hg_2Cl_2 fest | Hg	„	+0,952	„
Nickel	Ni (Pulver) | $NiSO_4$ 1,0 | KCl 1,0, Hg_2Cl_2 fest | Hg	Zimmertemp.	—0,612	Schweitzer
	Ni „ | $NiCl_2$ 1,0 | KCl 1,0, Hg_2Cl_2 fest | Hg	„	—0,596	„
	(Pt), $Ni_2O_3 \cdot (H_2O)x$ | KOH 5,5, H_2 1 atm. | (Pt) platin.	10	+1,305	Zedner
	„ „ „ | „ „ „ „ | „ „	65	+1,266	„
	$Ni_2O_3 \cdot (H_2O)x$ | KOH 2,8 | KCl ges. | KCl 1,0 | Hg_2Cl_2 fest | Hg	Zimmertemp.	+0,187 bis 0,204	Förster
Quecksilber	Hg | $Hg_2(NO_3)_2$ 0,2, HNO_3 0,1 | HNO_3 0,1 | HNO_3 0,1, $AgNO_3$ 0,2 | Ag	18	—0,0057	Ogg
	Hg | $HgBr_2$ 0,01412, KBr 1,0 | KCl 1,0, Hg_2Cl_2 fest | Hg	25	—0,132	Sherrill

v. Steinwehr.

Elektromotorische Kräfte galvanischer Ketten.

Haupt-Element	Kette	Temperatur	EMK Volt	Autor
Quecksilber (Forts.)	Hg | HgJ_2 0,01816, KJ 1,0 | KCl 1,0, Hg_2Cl_2 fest | Hg	25°	−0,383	Sherrill
	Hg | HgS fest, KSH 0,02, KNO_3 1,0 | KNO_3 1,0 | KNO_3 1,0, KCl 0,01, Hg_2Cl_2 fest | Hg	18,5	−0,894	Bugarszky
Silber . . .	Ag | $AgNO_3$ 0,5 | NH_4NO_3 ges. | KCl 0,1, Hg_2Cl_2 fest | Hg	(17)	+0,438	Brislee
	Ag | AgCl fest | KCl 0,1 oder 0,01, Hg_2Cl_2 fest | Hg	15	−0,0439	Brönsted (1)
	„ | „ „ | „ „ „ „ „ „ | „	32	−0,0498	„
	Ag | AgBr fest, KBr 0,1 | KCl 1,0, Hg_2Cl_2 fest | Hg	25	−0,133	Abegg u. Cox
	Ag | AgJ 0,005, KJ 1,0 | KCl 0,1, Hg_2Cl_2 fest | Hg	Zimmer-temp.	−0,494	Bodländer u. Eberlein
	Ag | Ag_2O fest, $Ba(OH)_2$ 0,443 | KCl 1,0, Hg_2Cl_2 fest | Hg	25	+0,075	Abegg u. Cox
	Ag | Ag_2O fest, NaOH 1,0 bezw. 0,1 | NaOH 1,0 bezw. 0,1, H_2 1 atm. | (Pt)	„	+1,172	Luther u. Pokorný
	Ag | Ag_2S fest, Na_2S 2,0 | KCl 1,0 | KCl 1,0, Hg_2Cl_2 | Hg	„	−0,880	Knox
	(Pt) platin. | Ag_2O_2 fest, Ag_2O fest, NaOH 1,0 | NaOH 1,0, HgO fest | Hg	„	+0,47	Luther u. Pokorný
Thallium .	Tl-Amalgam | $TlNO_3$ 0,433 ges. | KCl 0,1, Hg_2Cl_2 fest | Hg	„	−0,711	Abegg u. Spencer
	„ | Tl_2SO_4 0,2202 ges. | KCl 0,1, Hg_2Cl_2 fest | Hg	„	−0,733	„
	„ | TlCl 0,0161 ges. | KCl 0,1, Hg_2Cl_2 fest | Hg	„	−0,775	„
	„ | TlOH 0,757 | KCl 0,1, Hg_2Cl_2 fest | Hg	„	−0,679	„
	(Pt) platin. | $Tl(NO_3)_3$ 0,2655, $TlNO_3$ 0,00108, HNO_3 1,0 | KCl 0,1, Hg_2Cl_2 fest | Hg	„	+0,884	„
	(Pt) platin. | $Tl(NO_3)_3$ 0,00165, $TlNO_3$ 0,0435, HNO_3 1,0 | KCl 0,1, Hg_2Cl_2 fest | Hg	„	+0,780	„
	(Pt) platin. | $TlCl_3$ 0,04593, TlCl, 0,000161, HCl 0,1901 | KCl 0,1, Hg_2Cl_2 fest | Hg	„	+0,546	„
	(Pt) platin. | $TlCl_3$ 0,00456, TlCl, 0,00322, HCl 0,1901 | KCl 0,1, Hg_2Cl_2 fest | Hg	„	+0,482	„
Wasserstoff	(Pt) platin. H_2 1 atm., HCl 0,02, KCl 0,5 | KCl 0,5, Hg_2Cl_2 fest | Hg	„	−0,407	Wilsmore
	(Pt) | H_2 1 atm, HCl 1,0 | KCl 4,33 ges. | KCl 0,1, Hg_2Cl_2 fest | Hg	30	−0,355	Lorenz u. M. „
	(Pt) platin. | H_2 1 atm, H_2SO_4 1,0 | KCl 0,5, Hg_2Cl_2 fest | Hg	25	−0,352	Wilsmore
	(Pt) platin. | H_2 1 atm, H_2SO_4 1,0 | H_2SO_4 1,0, Hg_2SO_4 fest | Hg	„	−0,695	„
	(Pt) platin. | H_2 1 atm, H_2SO_4 0,50 | H_2SO_4 0,50, Hg_2SO_4 fest | Hg	„	−0,714	Luther u. Pokorný
	(Pt) | H_2 1 atm, KOH 1,0 | KCl 4,33 ges. | KCl 0,1, Hg_2Cl_2 fest | Hg	30	−1,151	Lorenz u. Mohn
	(Pt) platin. | H_2 1 atm, NaOH 1,0 | NaOH 1,0, HgO fest | Hg	25	−0,927	Luther u. Pokorný
	(Pt) platin. | H_2 1 atm, KOH 0,1 | KCl 0,1 | HCl 0,1, H_2 1 atm | (Pt) platin.	0	−0,647	Lorenz u. Böhi
	„	18	−0,653	„
	„	25	−0,656	„
Zink . . .	Zn-Amalgam (10%) | $ZnSO_4 \cdot 7\,H_2O$ fest, $ZnSO_4$ ges. | $CuSO_4$ ges., $CuSO_4 \cdot 5\,H_2O$ fest | Cu-Amalg. (12%)	0,1	$-1{,}093_3$	Cohen, Chattaway u Tombrock
	„	11,8	$-1{,}087_6$	
	„	25	$-1{,}080_1$	
	Zn | $ZnCl_4K_2$ fast ges., AgCl fest | Ag	0	$-1{,}013_6$	Jahn
	Zn-Amalg. (ca. 1%) | $ZnCl_2$ 19,94, Hg_2Cl_2 fest | Hg	20,2	−0,854	Lehfeldt
	„ „ „ | „ 9,08, „ „ | „	„	−0,974	„
	„ „ „ | „ 2,20, „ „ | „	„	−1,041	„
	Zn-Amalg. (10%) | $Zn(OH)_2$ ca. 0,4, KOH ca. 4,2 | KOH ca. 4,2, H_2 1 atm. | (Pt) platin.	Zimmer-temp.	−0,424	Faust
	Zn-Amalg. (10%) | $Zn(OH)_2$ ca. 0,4, KOH ca. 5,5 | KCl ges. | KCl 1,0, Hg_2Cl_2 fest | Hg	„	−1,599	Förster
Zinn . . .	Sn | $Sn(NO_3)_2$ 0,10 schwach basisch | KNO_3 0,5 | KCl 1,0, Hg_2Cl_2 fest | Hg	25	−0,440	Sackur

v. Steinwehr

Elektromotorische Kräfte galvanischer Ketten.
Literatur.

R. Abegg u. **A. J. Cox**, ZS. ph. Ch. **46**, 1; 1903.
R. Abegg u. **J. F. Spencer**, ZS. anorg. Ch. **44**, 379; 1905.
A. J. Allmand, Journ. chem. Soc. **95**, 2151; 1909.
E. Biron u. **B. Afanasjew**, Journ. russ. **41**, 1175; 1909.
G. Bodländer u. **W. Eberlein**, Ber. chem. Ges. **36**, 3945; 1903.
F. Boericke, ZS. Elch. **11**, 57; 1905.
F. J. Brislee, Trans. Faraday Soc. **4**, 159; 1909.
J. N. Brönsted (1), ZS. ph. Ch. **50**, 481; 1904.
„ (2), „ „ „ **56**, 665; 1906.
St. Bugarsky, ZS. anorg. Ch. **14**, 145; 1897.
F. H. Campbell, Trans. Faraday Soc. **3**, Mai 1907; Chem. News. **96**, 25; 1907.
E. Cohen, **F. D. Chattaway** u. **W. Tombrock**, ZS. ph. Ch. **60**, 706; 1907.
A. C. Cumming, Trans. Faraday Soc. Nov. 1906;
A. C. Cumming u. **R. Abegg**, ZS. Elch. **13**, 19; 1907.
F. Dolezalek (1), ZS. ph. Ch. **26**, 321; 1898.
„ (2), ZS. Elch. **5**, 533; 1899.
O. Faust, ZS. Elch. **13**, 161; 1907.
Ch. E. Fawsitt, Journ. chem. Ind. **25**, 1133; 1906.
F. Foerster, ZS. Elch. **13**, 421; 1907.
C. Fredenhagen, ZS. anorg. Ch. **29**, 396; 1902.
W. Jaeger u. **H. v. Steinwehr**, ZS. Instrk. **28**, 327, 353; 1908.
H. Jahn, Wied. Ann. **63**, 52; 1897.
D. Mc Intosh, Journ. phys. chem. **2**, 185; 1898.
A. Kendrick, ZS. Elch. **7**, 52; 1900.
J. Knox, Trans. Faraday Soc. 25. Febr. 1908.
F. W. Küster u. **F. Crotogino**, ZS. anorg. Ch. **23**, 87; 1900. **F. Crotogino**, ebenda **24**, 225; 1900.
St. Labendzinski, Diss. Breslau 1904; **R. Abegg** u. **derselbe**, ZS. Elch. **10**, 77; 1904.
R. A. Lehfeldt, ZS. ph. Ch. **35**, 257; 1900.
R. Lorenz u. **A. Mohn**, ZS. ph. Ch. **60**, 422; 1907.
„ „ **A. Böhi**, ZS. ph. Ch. **66**, 733; 1909.
R. Luther, ZS. ph. Ch. **30**, 647; 1899.
„ u. **V. Sammet**, ZS. Elch. **11**, 293; 1905.
„ „ **F. Pokorný**, ZS. anorg. Ch. **57**, 290; 1908.
A. Mazzucchelli, Gazz. chim. **35**, I, 417, 1905.
E. Müller, ZS. Elch. **8**, 425; 1902.
W. Nernst u. **J. Sand**, ZS. ph. Ch. **48**, 601; 1904.
A. Ogg, Diss. Göttingen; ZS. ph. Ch. **27**, 285; 1898.
R. Peters, ZS. Elch. **4**, 534; 1898; ZS. ph. Ch. **26**, 193; 1898.
Th. W. Richards u. **G. E. Behr jr.**, ZS. ph. Ch. **58**, 301; 1907.
O. Sackur, Arb. Kais. Ges.-Amt, **20**, 539; 1903.
K. Schaum u. **R. v. d. Linde**, ZS. Elch. **9**, 407; 1903.
A. Schweitzer, Diss. Dresden, 1909; ZS. Elch. **15**, 607; 1909.
M. S. Sherrill, Diss. Breslau, 1903; **R. Abegg** u. **derselbe**, ZS. Elch. **9**, 549; 1903; ZS. ph. Ch. **43**, 705; 1903.
F. E. Smith, Proc. Roy. Soc. (A) **80**, 75; 1907; Phil. Trans. (A) **207**, 393; 1908.
Ph. Stegmüller, Diss. Karlsruhe 1907; ZS. Elch. **16**, 90; 1910.
O. F. Tower, ZS. ph. Ch. **32**, 566; 1900.
N. T. M. Wilsmore, ZS. ph. Ch. **35**, 290; 1900.
J. Zedner, ZS. Elch. **11**, 809; 1905; **12**, 463; 1906.

3. Normalpotentiale (nach steigenden Werten geordnet).

Auszug aus Nr. 5 der Abh. d. Deutsch. Bunsenges. 1911. Der stromliefernde Vorgang ist durch die chemischen Formeln der ersten und dritten Kolumne charakterisiert. Die zweite Kolumne gibt die Anzahl Valenzladungen (1 F = 96500 Coulomb), welche bei dem Vorgange umgesetzt werden. Die Konzentrationen sind molekular-normale. Die in der letzten Kolumne enthaltenen Potentiale sind bezogen auf die in äquivalentnormaler H˙-Ionen-Lösung befindliche Normalwasserstoffelektrode als willkürlichen Nullpunkt. Der gegen diese Elektrode positive Pol hat das positive Vorzeichen. Die Kursivzahlen sind unsicher. ˙ bedeutet positive, ′ negative 1 F-Ladung.

Niedere Oxydationsstufe	+nF→ n =	Höhere Oxydationsstufe	Normal-Potentiale	Niedere Oxydationsstufe	+nF→ n =	Höhere Oxydationsstufe	Normal-Potentiale
K	1	K˙	*—3,2*	Co	2	Co˙˙	*—0,29*
Na	1	Na˙	*—2,8*	Ni	2	Ni˙˙	*—0,22*
Mg	2	Mg˙˙	—1,55	Cu+2OH′	2	$Cu(OH)_2$ kryst.	—0,21
Cu+SH′+OH′	2	CuS fest+H_2O	—0,89	Pb	2	Pb˙˙	—0,12
H_2 gasf.+2OH′	2	$2H_2O$	—0,82	Sn	2	Sn˙˙	—0,10
Zn	2	Zn˙˙	—0,76	Fe	3	Fe˙˙˙	—0,04
S″	2	S fest	—0,55	H_2 gasf.	2	2H˙	±0,00
Fe	2	Fe˙˙	—0,43	Hg+2OH′	2	HgO+H_2O	+0,11
Cd	2	Cd˙˙	—0,40	Ag+4SCN′	1	Ag(SCN)‴	+0,12
Pb+SO_4″	2	$PbSO_4$ fest	—0,34	2Hg+2OH′	2	Hg_2O fest+H_2O	+0,13
Tl	1	Tl˙	—0,32	Cu	1	Cu˙˙	+0,17

v. Steinwehr.

Elektromotorische Kräfte galvanischer Ketten.

Niedere Oxydationsstufe	+nF→ n =	Höhere Oxydationsstufe	Normal-Potentiale	Niedere Oxydationsstufe	+nF→ n =	Höhere Oxydationsstufe	Normal-Potentiale
J_2 fest+12OH'	10	$2JO_3'+6H_2O$	+0,21	Hg	2	$Hg^{\cdot\cdot}$	+0,86
Ag+Cl'	1	AgCl fest	+0,23	$Hg_2^{\cdot\cdot}$	2	$2Hg^{\cdot\cdot}$	+0,92
PbO fest+2OH'	2	PbO_2 fest+H_2O	+0,24	3Br'	2	Br_3'	+1,06
Hg_2Cl_2 fest+2Cl'	2	$2HgCl_2$	+0,24	2Br'	2	Br_2 flüss.	+1,08
J'+6OH'	6	$JO_3'+3H_2O$	+0,26	Cl'+OH'	2	ClOH	+1,10
2 Hg+2 Cl'	2	Hg_2Cl_2 fest	$+0{,}27_5$	O_2 gasf.+2OH'	2	O_3 gasf.+H_2O	*+1,1*
Cu	2	$Cu^{\cdot\cdot}$	+0,34	$2Br_3'$	2	$3Br_2$ flüss.	+1,11
2Ag+2OH'	2	Ag_2O fest+H_2O	+0,35	J_2 fest+$6H_2O$	10	$2JO_3'+12H^{\cdot}$	+1,19
Ag+$2NH_3$	1	$Ag(NH_3)_2^{\cdot}$	+0,38	$2H_2O$	4	O_2 gasf.+$4H^{\cdot}$	+1,23
Co	3	$Co^{\cdot\cdot\cdot}$	*+0,4*	$Tl^{\cdot}$	2	$Tl^{\cdot\cdot\cdot}$	+1,24
4 OH'	4	O_2 gasf.+$2H_2O$	+0,41	$Cr^{\cdot\cdot\cdot}+4H_2O$	3	$HCrO_4'+7H^{\cdot}$	*+1,3*
Br_2 flüss.+12OH'	10	$2BrO_3'+6H_2O$	+0,51	$Mn^{\cdot\cdot}+2H_2O$	2	MnO_2 fest+$4H^{\cdot}$	+1,35
Cu	1	$Cu^{\cdot}$	+0,51	2Cl'	2	Cl_2 gasf.	+1,35
MnO_2 fest+4OH'	3	$MnO_4'+2H_2O$	+0,52	$Pb^{\cdot\cdot}+2H_2O$	2	PbO_2 fest+$4H^{\cdot}$	+1,44
2J'	2	J_2 fest	+0,54	Br_2 flüss.+$6H_2O$	10	$2BrO_3'+12H^{\cdot}$	+1,49
$2J_3'$	2	$3J_2$ fest	+0,54	Au	1	$Au^{\cdot}$	*+1,5*
3J'	2	J_3'	+0,54	Cl'+H_2O	2	ClOH+$H^{\cdot}$	+1,51
Br'+6OH'	6	$BrO_3'+3H_2O$	+0,60	$Mn^{\cdot\cdot}+4H_2O$	5	$MnO_4'+8H^{\cdot}$	+1,52
2Hg+SO_4''	2	Hg_2SO_4 fest	+0,62	MnO_2 fest+$2H_2O$	3	$MnO_4'+4H^{\cdot}$	+1,63
Tl	3	$Tl^{\cdot\cdot\cdot}$	+0,72	$PbSO_4$ fest+$2H_2O$	2	PbO_2fest+$4H^{\cdot}$+ SO_4''	+1,66
$Fe^{\cdot\cdot}$	1	$Fe^{\cdot\cdot\cdot}$	+0,75				
Ag	1	$Ag^{\cdot}$	+0,80	$2H_2O$	2	$H_2O_2+2H^{\cdot}$	*+1,66*
2Hg	2	$Hg_2^{\cdot\cdot}$	+0,80	Cl_2 gasf.+$2H_2O$	2	2ClOH+$2H^{\cdot}$	+1,67
H_2O_2	2	O_2 gasf.+$2H^{\cdot}$	*+0,80*	$Co^{\cdot\cdot}$	1	$Co^{\cdot\cdot\cdot}$	+1,8
2OH'	2	H_2O_2	*+0,84*	O_2 gasf.+H_2O	2	O_3 gasf.+$2H^{\cdot}$	*+1,9*
Cl_2 gasf.+2OH'	2	2ClOH	+0,85	2F'	2	F_2 gasf.	*+1,9*

v. Steinwehr.

257

Thermoelektrische Kräfte von Metallen in Millivolt.

Die eine Lötstelle befindet sich auf 0°, die andere auf t^0.

Die abgekürzte Bezeichnung der Autoren ist weiter unten erklärt.

a) Thermokräfte für t = 100° gegen Platin.

+ bedeutet, der Strom geht in der auf 0° befindlichen Lötstelle zum Platin.

	t			*t*			*t*	
Antimon	+4,70	St.	Kupfer (Forts.)	+0,75	W.	**Quecksilber**	0,00	N.
Eisen	+1,45	J. D.	**Zink**	+0,75	J. D.		+0,04	W.
	+1,91	D. F.		+0,77	D. F.		—0,07	B.
	+1,77	W.		+0,74	N.	**Natrium**	—0,21	B.
Cadmium	+0,85	J. D.		+0,60	St.	**Palladium**	—0,56	H. D.
	+0,92	D. F.		+0,79	W.		—0,56	J. D.
	+0,88	N.	**Manganin**	+0,82	W.		—0,48	D. F.
	+0,90	St.	84Cu, 4Ni, 12Mn	+0,57	J. D.		—0,30	W.
	+0,92	W.	**Zinn**	+0,42	J. D.	**Kalium**	—0,94	B.
Gold	+0,74	H. D.		+0,45	D. F.	**Kobalt**	—1,52	N.
	+0,72	J. D.		+0,40	N.		—1,99	R.
	+0,56	D. F.		+0,41	St.	**Nickel**	—1,62	J. D.
	+0,71	N.		+0,44	W.		—1,43	D. F.
	+0,74	St.	**Aluminium**	+0,38	J. D.		—1,65	N.
	+0,78	W.		+0,40	D. F.		—1,52	W.
Silber	+0,72	H. D.		+0,37	N.		—1,94	R.
	+0,71	J. D.		+0,38	St.		—1,20	F. L.
	+0,78	D. F.		+0,41	W.	**Konstantan**	—3,30	R.
	+0,67	N.	**Blei**	+0,41	J. D.	60 Cu, 40 Ni	—3,44	J. D.
	+0,73	St.		+0,44	D. F.		—3,47	W.
	+0,76	W.		+0,41	N.	59 Cu, 41 Ni	—3,04	F. L.
Kupfer	+0,72	J. D.		+0,46	W.	**Wismut**	—6,52	J. D.
	+0,76	D. F.	**Magnesium**	+0,42	D. F.		—7,25	D. F.
	+0,73	N.		+0,40	N.		—7,39	W.
	+0,76	St.		+0,43	W.			

Henning.

Thermoelektrische Kräfte von Metallen in Millivolt.

b) Thermokräfte zwischen —190 und +300° C.

+ bedeutet: der Strom geht in der auf 0° befindlichen Lötstelle zu dem an 2. Stelle genannten Metall.

Element Autor	Au-Pt H. D.	Ag-Pt H. D.	Pd-Pt H. D.	Ir-Pt H. D.	Rh-Pt H. D.	Ta-Cu C.	Wo-Cu C.	Konst-Cu Wick.	Konst-Cu R.	Co-Cu R.	Ni-Cu R.	Si-Pb Wick.	Ni-Ag H.W.
—190						+0,40	+0,58	+5,20				+ 63	
—185	—0,15	—0,16	+0,77	—0,28	—0,24								
—100						+0,28	+0,24	+3,10				+ 36	
— 80	—0,31	—0,30	+0,39	—0,32	—0,31								+1,68
+100	+0,74	+0,72	—0,56	+0,65	+0,65	—0,41	+0,04	—4,00	—4,05	—2,74	—2,69	— 42	—2,18
+200	+1,8	+1,7	—1,20	+1,5	+1,5		+0,34	—8,80	—8,79	—6,30	—5,55	— 77	—4,96
+300	+3,0	+3,0	—2,0	+2,5	+2,6			—14,90				—112	—7,52

c) Thermokräfte bei hohen Temperaturen.

Element Autor	90Pt, 10Rh —Pt H. V.	90Pt, 10Rh —Pt D. S.	Pd-Pt H. D.	90Pt, 10Pd —Pt H. D.	90Pd, 10Pt —Pt H. D.	Ir-Pt H. D.	Rh-Pt H. D.	Au-Pt H. D.	Ag-Pt H. D.	Ni-Ag H. W.	Co-Cu P.
0											
100		+ 0,64	—0,56	+0,26	—0,19	+ 0,65	+ 0,65	+ 0,74	+ 0,72	— 2,18	— 2,32
200		+ 1,43	—1,20	+0,62	—0,31	+ 1,5	+ 1,5	+ 1,8	+ 1,7	— 4,96	— 5,2
300	+ 2,29	+ 2,32	—2,0	+1,0	—0,37	+ 2,5	+ 2,6	+ 3,0	+ 3,0	— 7,52	— 8,6
400	+ 3,22	+ 3,25	—2,8	+1,5	—0,35	+ 3,6	+ 3,7	+ 4,5	+ 4,5	— 9,83	—12,1
500	+ 4,19	+ 4,23	—3,8	+1,9	—0,18	+ 4,8	+ 5,1	+ 6,1	+ 6,2	—12,04	—17,8
600	+ 5,19	+ 5,23	—4,9	+2,4	+0,12	+ 6,1	+ 6,5	+ 7,9	+ 8,2	—14,50	—19,4
700	+ 6,23	+ 6,27	—6,3	+2,9	+0,61	+ 7,6	+ 8,1	+ 9,9	+10,6	—17,30	—22,9
800	+ 7,30	+ 7,33	—7,9	+3,4	+1,2	+ 9,1	+ 9,9	+12,0	+13,2	—20,73	—25,9
900	+ 8,40	+ 8,43	—9,6	+3,8	+2,1	+10,8	+11,7	+14,3	+16,0	—24,19	—28,4
1000	+ 9,54	+ 9,57	—11,5	+4,3	+3,1	+12,6	+13,7	+16,8			
1100	+10,72	+10,74	—13,5	+4,8	+4,2	+14,5	+15,8				
1200	+11,88	+11,93									
1300	+13,04	+13,13									
1400	+14,18	+14,34									
1500	+15,3	+15,6									
1600	+16,4	+16,8									
1700	+17,5	+18,0									

Zitate.

B. = **H. C. Bakker**, Sill. Journ. (4) **24**, 159; 1907.

C. = **W. W. Coblentz**, Bull. Bur. of Standards **6**, 107; 1909.

D. F. = **Dewar** u. **Fleming**, Phil. Mag. (5) **40**, 95; 1895.

D. S. = **L. Day** u. **R. Sosman**, Sill. Journ. (4) **29**, 93; 1910.

F. L. = **Feussner** u. **St. Lindeck**, Abh. d. Phys. T. Reichsanst. **2**, 515; 1895 (Beob. gegen Cu; Umgerechnet für $t = 100^0$ mit Cu-Pt = +0,75).

H. D. = **L. Holborn** u. **A. Day**, Berl. Ber. 1899, 691. Ann. d. Phys. (4) **2**, 505; 1900.

H. V. = **L. Holborn** u. **S. Valentiner**, Ann. d. Phys. (4) **22**, 1; 1907.

H.W. = **G. v. Hevesy** u. **E. Wolff**, Phys. ZS. **11**, 473; 1910.

J. D. = **W. Jaeger** u. **H. Diesselhorst**, Abh. d. Phys. T. Reichsanst. **3**, 269; 1900 (Die Thermokraft für $t = 100^0$ ist aus den beobachteten Daten errechnet unter Annahme einer quadratischen Beziehung zwischen Thermokraft und Temp.)

N. = **K. Noll**, Wied. Ann. **53**, 874; 1894.

P. = **Pécheux**, C. r. **147**, 532; 1908.

R. = **G. Reichard**, Ann. d. Phys. (4) **6**, 832; 1901 (beob. gegen Cu).

St. = **W. H. Steele**, Phil. Mag. (5) **37**, 218; 1894 (beob. gegen Pb; umgerechnet für $t = 100^0$ mit Pb-Pt = +0,42.

W. = **E. Wagner**, Ann. d. Phys. (4) **27**; 955; 1908.

Wick = **F. G. Wick**, Phys. Rev. **25**, 382; 1907.

Henning.

Thermoelektrische Kräfte von Metallen in Millivolt.

Fernere Literatur.

a) reine Metalle, Legierungen, Amalgame.

H. Agricola, Diss. Erlangen 1901 (Amalgame).

E. van Aubel u. **R. Paillot,** Arch. sc. phys. (3) **33**, 148; 1895 (Al, Fe, Konst, Manganin).

A. Battelli, Mem. d. Torino (2) **36**, 487; 1884 (Legierungen).

E. Becquerel, Ann. chim. phys. (4) **8**, 415; 1866 (viele Metalle).

G. Belloc, C. r. **131**, 336; 1900 (Stahl).

A. L. Bernoulli, Ann. d. Phys. (4) **33**, 690; 1910 (feste Metallösungen).

W. Broniewski, C. r. **149**, 853; 1909; **150**, 1754; 1910 (Al-Ag-, Al-Cu-Legierungen).

H. Le Chatelier, C. r. **102**, 819; 1886 (Pt-, Pd-, Ir-Legierungen bis 1700°).

Feussner u. **St. Lindeck,** Abh. d. Phys. T. Reichsanst. **2**, 509; 1895 (Cu-Ni-, Cu-Mn-Legierungen).

W. Haken, Ann. d. Phys. (4) **32**, 291; 1910 (Legierungen).

E. Ph. Harrison, Phil. Mag. (6) **3**, 177; 1902 (Ni, Fe, Cu zwischen —200 u. +1050°).

Kamerlingh Onnes u. **Clay,** Proc. Amst. **11**, 344; 1908 (Au-Ag, Konst-Fe von —216 bis —259).

F. Kohlrausch u. **Ammann,** Pogg. Ann. **141**, 456; 1870 (Neusilber, Cu, Fe).

Lownds, Ann. d. Phys. (4) **6**, 148; 1901 (Bi-Krystall).

Mathiessen, Pogg. Ann. **103**, 412; 1858.

H. Pécheux, C. r. **139**, 1202; 1904 (Al-Legierungen).

F. L. Perrot, Arch. sc. phys. (4) **6**, 105, 229; 1898; **7**, 149; 1899 (Bi-Krystall).

E. Pinzower, Mitt. phys. Ges. Zürich 1901, 24 (Cu-Zn-Legierungen).

G. Reichard, Ann. d. Phys. (4) **6**, 832; 1901 (Cu-Co-Legierungen).

R. Sosman, Sill. Journ. (4) **30**, 1; 1910 (Pt-Legierungen bis 1600°).

G. Spadavecchia, Cim. (4) **9**, 432; 1899; (4) **10**, 161; 1899 (Bi u. seine Legierungen).

E. Steinmann, C. r. **130**, 1300; 1900 (Legier.).

Tait, Trans. Roy. Soc. Edinb. **27**, 125; 1872/73 (viele Metalle).

Tidblom, Lunds Univers. Års-Skrift (2) **10**, 1873 (Metalle u. Legierungen bis 550°).

b) chemische Verbindungen von Metallen.

A. Abt, Ann. d. Phys. (4) **2**, 266; 1900.

Bädeker, Ann. d. Phys. (4) **22**, 749; 1907 (Beispiel: die Thermokraft von Cu_2O gegen Pt bei $t = 100^0$ beträgt 48 Millivolt).

J. Weiss u. **J. Koenigsberger,** Phys. ZS. **10**, 956; 1909.

Henning.

Dielektrizitätskonstanten (ε).

Die Dielektrizitätskonstante ist definiert

1. als das Verhältnis der Kraftwirkung zweier geladener Körper im Vakuum zu der im Dielektrikum,
2. als das Verhältnis der Kapazität eines mit dem Dielektrikum erfüllten Kondensators zu der des gleichen Kondensators im Vakuum,
3. als das Quadrat des Verhältnisses der Fortpflanzungsgeschwindigkeit elektrischer Wellen im Vakuum zu der im Dielektrikum. Diese Zahl hängt von der Wellenlänge der benutzten Schwingung ab. Da nahezu sämtliche Beobachtungen hierüber bisher mit stark gedämpften Schwingungen, also nicht mit reinen Sinuswellen angestellt sind, haben die Daten über die elektrische Dispersion nur eine beschränkte Zuverlässigkeit.

Im folgenden sind t die Temperaturen, λ die Wellenlängen der benutzten Schwingung in cm; $\lambda = \infty$ heißt, daß $\lambda >$ ca. 10^4 cm.

α_ϑ, β_ϑ und γ_ϑ entsprechen den Größen α, β und γ in der Formel

$$\varepsilon_t = \varepsilon_\vartheta [1 - \alpha (t - \vartheta) + \beta (t - \vartheta)^2 - \gamma (t - \vartheta)^3]$$

[Autorname] bedeutet, daß die betr. Zahl aus den Angaben des Autors interpoliert oder umgerechnet ist. — Ist eine Angabe bloß des historischen Interesses wegen aufgenommen, so findet sich hinter dem Autornamen das Beobachtungsjahr. — Scheint eine Dezimale auf 1 Einheit ihres Stellenwertes unsicher, so sind die folgenden klein gedruckt. Die von variabler Beschaffenheit des Materials herrührende Unbestimmtheit ist dabei nicht berücksichtigt.

Lit. S. 1222.

Feste Isolationsmittel[1]).

Material	λ	ε	Autor
Jenaer Gläser			
Boratcrown S 196	∞	5,52	Löwe
	75	5,05	„
Borosilicatcrown O 2238	∞	6,20	„
	75	6,15	„
Leichtes Phosphatcrown S 212	∞	6,40	„
	75	6,20	„
Schwerstes Barytcrown O 1993	∞	7,96	„
	75	7,42	„
Crown m. hoher Dispersion O 2074	∞	9,14	„
	75	7,70	„
Gew. Silicatcrown O 1542	∞	7,00	„
	75	7,10	„
Schw. Baryumsilicatcrown O 1580	∞	7,83	„
	75	7,65	„
Silicatflint O 1353	∞	8,29	„
	75	7,30	„
Boratflint S 99	∞	8,06	„
	75	7,63	„
Barytflint 22,8% PbO	∞	8,18	v. Pirani
Verschied. Borosilicatgläser			
Kali-Baryt	„	6,44–6,84	„
Natron-Baryt	„	7,70	[„]
Kalk-Baryt	„	6,67–7,04	„
Kalk-Blei	„	6,73	„
Baryt-Blei	„	7,66	„
Eisenoxyd	„	7,49	„
Porzellan	„	4,38	Curie
Hartporzellan, Königl. Man. Berlin	„	5,73	Starke
Segerporzellan, Königl. Man. Berlin	„	6,61	„
Figurenporzellan, Kgl. Man. Berlin	„	6,84	„
Glimmer	„	5,8–6,6	„
	„	7,1–7,7	Mattenklodt
α_{20}	„	$< 10^{-5}$	„
Quarz, geschmolzen	∞	3,78	Thornton
	75	3,20	Schulze (1)
Marmor	75	8,3	H. W. Schmidt
Schiefer in der Spaltrichtung		7,37	Schulze (2)
senkrecht dazu		6,60	„
Elfenbein	∞	6,90	Thornton
Siegellack	„	ca. 5	„
Ebonit	„	2,72	Winkelmann
	„	2,55	Ferry
	1000	2,32	„
Kautschuk, roh	∞	2,12	Schiller
	„	2,220	Gordon
vulkanisiert	„	2,69	Schiller
	„	2,497	Gordon
Guttapercha	„	4,43	Thornton
Schellack	„	3,10	Winkelmann
Bernstein	„	2,80	Thornton
Colophonium	„	2,5	v. Pirani
Canadabalsam	„	2,72	Thornton
Asphalt	„	2,68	v. Pirani
Erdwachs, rohes	„	2,21	„
Paraffin, rohes, braunes	„	2,07	„
dopp. raff.	„	1,94	„
Schmp. 44–46°	„	2,105	Zietkowski
„ 54–56°	„	2,145	„
„ 74–76°	„	2,165	„
Bienenwachs	„	4,75	Thornton
Cellulose, trocken, 20°	„	6,7	Campbell
Hölzer, Rotbuche			
‖ d. Faser	„	4,83	Starke
⊥ „	„	7,73	„
Rotbuche, scharf getrocknet ‖ zur Faser	„	2,51	„
⊥ zur Faser	„	3,63	„
Eiche ‖ zur Faser	„	4,22	„
⊥ zur Faser	„	6,84	„
getrocknet ‖ zur Faser	„	2,46	„
⊥ zur Faser	„	3,64	„
Papier für Telephonkabel	„	2,0–2,5	v. Pirani

[1]) Krystalle S. 1221.

Bädeker.

Dielektrizitätskonstanten (ε).

Lit. S. 1222.

Material	t^0	λ	ε	Autor
Flüssige Isolationsmittel (Öle).				
Petroleum . .		∞	2,07	Hopkinson
		„	2,14	Winkelmann
		600	1,96	Arons und Rubens (1)
Petroläther . .		∞	1,778	Werner
Paraffinöl . .	20	„	2,1179	Hasenöhrl (2)
α_{20}	20 bis 50	„	$0,0_3738$	„
β_{20}		„	$0,0_572$	„
Dichte 0,905 .		82	2,38	Hormell
Rüböl	16,2	∞	2,85	Salvioni
Leinöl . . .	13	„	3,35	„
Baumwollsamenöl .	13,7	„	3,10	„
		„	3,09	Ferry
		1000	3,00	„
Olivenöl . . .		∞	3,02	Hopkinson
	12,4	„	2,99	Salvioni
	20	„	3,108	Heinke
α_{20}		„	0,00364	„
		„	3,08	Arons u. Rubens (1)
		600	2,92	
Sesamöl . . .	13,4	∞	3,02	Salvioni
Mandelöl . .		„	3,01	„
	20	„	2,8330	Hasenöhrl (2)
α_{20}	20 bis 50	„	0,001628	„
β_{20}		„	$0,0_4259$	„
Arachisöl . .	11,4	„	3,03	Salvioni
Kamiöl . . .		„	2,55	v. Pirani
Ricinusöl . .	10,9	„	4,62	Salvioni
α_{20}		„	0,01067	Heinke

Ätherische Öle, Terpentin s. S. 1217.

Anorganische Substanzen.

Gase, auch verflüssigte, s. S. 1220.
Krystalle s. S. 1221.

Material	t^0	λ	ε	Autor
Schwefel . . .		∞	2,24	Faraday 1837
gegossen, frisch		„	4,05	Fellinger
		75	3,95	W. Schmidt
gegossen, alt .		∞	3,60	Fellinger
		75	3,90	W. Schmidt
flüssig, nahe d. Siedep. . .		∞	3,42	v. Pirani
Diamant . . .		„	16,47	„
		75	5,50	W. Schmidt
Selen, glasig .		∞	6,13	Vonwiller
		75	6,60	W. Schmidt
Phosphor, gelber		„	3,60	„
fest .	20	80	4,1	Schlundt (2)
flüssig	45	„	3,85	„
unterkühlt „	20	„	3,85	„
Jod		75	4,00	W. Schmidt
Brom	1	∞	4,6	Walden (3)
	23	84	3,18	Schlundt (1)
Wasser . . .		∞	76	Cohn u. Arons 1888
		„	80,0	Smale
Wasser (Forts.)	18	∞	81,1	Turner
	17	50	81,00	[Rukop]
	17	40	80,72	
	17	30	80,46	
	0	75	88,23	Drude (2)
„ α_0 . .	4 bis 25	75	0,004583	„
β_0 . .	0 bis 76	„	$0,0_41173$	„
α_{19} .		150	0,00436	Coolidge
Eis	−18	ca. $5 \cdot 10^3$	3,16	Abegg (2)
	−190	75	zw. 1,76 u. 1,88	Behn u. Kiebitz
α	−2 bis −180	„	nicht merklich	„
Wasserdampf s. S. 1220.				
Wasserstoffsuperoxyd 45,9% in H_2O	18	75	84,7	Calvert
Schwefelchlorür . . .	20	∞	5,0	[Walden (3)]
α_{20}		„	0,008	„
	22	84	4,8	Schlundt (1)
Sulfurylchlorid	21,5	∞	10,0	Walden (3)
	22	84	9,2	Schlundt (1)
	25	73	8,5	Walden (1)
Thionylchlorid .	22	84	9,05	Schlundt (1)
Schwefeltrioxyd . .	21	„	3,56	„
fest	19	„	3,64	„
Schwefelsäure konz. . . .	20	73	> 84	Walden (1)
Stickstoffperoxyd . .	15	80	2,56	Schlundt (2)
fest	ca. −40	„	2,6	„
Phosphortrichlorid . . .	22	∞	4,7	Walden (3)
	18	80	3,72	Schlundt (2)
Phosphortribromid . . .	20	„	3,88	„
Phosphortrijodid, flüssig .	ca. 65	„	4,12	„
fest	20	„	3,66	„
Phosphoroxychlorid . . .	22	∞	12,7	Walden (3)
	22	84	13,9	Schlundt (1)
Phosphorsulfochlorid . . .	21,5	∞	5,8	Walden (3)
Arsentrichlorid, fest	ca. −50	80	3,6	Schlundt (2)
flüssig . . .	17	„	12,6	„ (2)
Arsentribromid, fest	20	„	3,33	„ (2)
flüssig . . .	35	„	8,83	„ (2)
Arsentrijodid, fest	18	„	5,38	„ (2)
flüssig . . .	ca. 150	„	7,0	„ (2)
Antimontrichlorid, fest .	18	84	5,4	„ (1)
flüssig . . .	75	„	33,2	„ (1)
Antimontribromid, fest .	20	80	5,05	„ (2)
flüssig . . .	ca. 100	„	20,9	„ (2)

Bädeker.

258 b

Dielektrizitätskonstanten (ε).

Lit. S. 1222.

Material	t^0	λ	ε	Autor
Antimontrijodid, fest	20	80	9,1	Schlundt (2)
flüssig	ca. 175	„	13,9	„ (2)
Antimonpentachlorid	21,5	84	3,78	„ (1)
Schwefelkohlenstoff		∞	2,61	Hopkinson
		„	2,63	Francke
	17	73	2,64	Drude (3)
α_0	20 bis	∞	$0,0_3922$	Tangl
β_0	181	„	$0,0_6605$	„
Tetrachlorkohlenstoff	18	∞	2,246	Turner
	17	73	2,18	Drude (3)
Siliciumtetrachlorid	16	80	2,40	Schlundt (2)
Zinntetrachlorid	22	∞	3,2	Walden (3)
	22	84	3,2	Schlundt (1)
Chromylchlorid	20	73	2,6	Walden (1)
Nickelkohlenoxyd		75	2,2	Apt
Kaliumcarbonat		ca. 1200	5,62	Thwing
„ **chlorat**		„	6,16	„
„ **sulfat**		„	6,45	„
„ **nitrat**		∞	2,56	Arons
„ **alaun** (Krystall)		„	6,67	Starke
		75	6,25	W. Schmidt
„ **chlorid** (Sylvin)		∞	4,94	Starke
		75	4,75	W. Schmidt
Natriumnitrat		∞	5,18	Arons
„ **chlorid** (Steinsalz)		„	6,12	v. Pirani
		„	6,29	Starke
		75	5,60	W. Schmidt
Baryumsulfat		ca. 1200	11,4	Thwing
		75	10,2	W. Schmidt
„ **nitrat**		ca. 1200	9,15	Thwing
Strontiumsulfat		75	11,3	W. Schmidt
Flußspat		∞	6,92	Starke
		„	6,80	Curie
		75	6,70	W. Schmidt
Thalliumcarbonat		„	17	„
„ **sulfat**		„	ca. 28	„
„ **chlorid**		„	ca. 30	„
„ **nitrat**		„	16,5	„
Bleinitrat		„	16	„
„ **chlorid**		∞	4,20	Lenert
„ **bromid**		„	4,89	„
„ **jodid**		„	2,35	„
„ **fluorid**		„	3,62	„
„ **sulfat**		75	28	W. Schmidt
„ **molybdat**		„	23,8	„
Mennige		„	17,8	„
Kupfersulfat		ca. 1200	5,46	Thwing
Zinkblende		75	7,85	W. Schmidt

Organische Substanzen.

Material	t^0	λ	ε	Autor
Hexan	14,2	∞	1,859	Land. u. Jahn
	17	„	1,880	Nernst
Octan	13,8	„	1,934	Land. u. Jahn
	17	„	1,949	Nernst
Decan	13,8	„	1,966	Land. u. Jahn
Amylen	15,8	„	2,201	„
Hexylen	15,0	„	2,046	„
	18,7	„	1,960	„
Octylen	12,6	„	2,175	„
Decylen	16,7	„	2,236	„
Diamyl	17	„	1,979	Nernst
Diamylen	17	„	2,424	„
Methyljodid	20,4	∞	7,1	Turner
Äthylchlorid bei Sättigungsdr.	170	„	6,29	Eversheim (1)
	179	„	6,06	„
„ krit. Temp.	185,5	„	4,68	„
Äthylbromid	20	„	9,5	[Walden (3)]
α_{20}		„	0,0058	„
	18	73	8,90	Drude (3)
Äthyljodid	18	„	7,42	„
Butylchlorid		∞	9,65	Löwe
Methylenjodid	19	„	5,5	Turner
Äthylenchlorid	20	„	10,4	[Walden (3)]
„ α_{20}		„	0,0056	„
Äthylidenchlorid	15,8	„	10,86	Land. u. Jahn
Äthylenbromid	18	„	4,865	Turner
Chloroform	22	„	5,14	Nernst
	18	„	5,2	Turner
	17	73	4,95	Drude (3)
α_0	22–	∞	0,00410	Tangl
β_0	181	„	0,04151	„
γ_0		„	0,07333	„
Bromoform	20,7	„	4,51	Turner
	17	73	4,43	Drude (3)
Tetrachloräthylen	21	84	2,46	Schlundt
Allylchlorid	20	∞	8,2	[Walden (3)]
α_{20}		„	0,0032	„
Allylbromid	20	„	7,0	[Walden (3)]
α_{20}		„	0,0030	„
Acetylentetrabromid	20	„	7,1	[Walden (3)]
α_{20}		„	0,012	„
Methylalkohol	13,4	∞	35,36	Land. u. Jahn
	–100	„	58,0	[Abegg u. Seitz (1)]
	–50	„	45,3	
	0	„	35,0	
	20	„	31,2	
	18	91	31,5	Rudolph
α_{17}		75	0,0057	„
wasserhaltig	17	„	33,2	Drude (3)
gefroren		∞	3,07	Abegg und Seitz (1)
Äthylalkohol	14,7	„	26,8	Turner
	–120	„	54,6	[Abegg u. Seitz (1)]
	–80	„	44,3	
	–40	„	35,3	

Bädeker.

Dielektrizitätskonstanten (ε).

Lit. S. 1222.

Material	t^0	λ	ε	Autor
Äthylalkohol (Forts.)	0	∞	28,4	[Abegg u. Seitz (1)]
	20	„	25,8	
	50	„	20,5	[Walden (3)]
	18	91	20,8	Rudolph
	17	53	20,64	Marx (1)
	„	4	8,80	„
	„	0,8	6,80	Lampa
	„	0,6	5,3	„
gefroren		∞	2,7	Abegg und Seitz (1)
Wasserhaltiger Alkohol	100 %	19 bis 20	26,0	[Nernst]
	90		29,3	„
	80		33,5	„
	70		38,0	„
	60		43,1	„
	50		48,5	„
Propylalkohol	14,3	„	22,47	Land. u. Jahn
	−120	„	46,2	[Abegg u. Seitz (1)]
	−60	„	33,7	
	0	„	24,8	
	20	„	22,2	
	18	91	13,8	Rudolph
Isopropylalkohol	ca. 20	∞	ca. 26	Löwe
	18	91	13,8	Rudolph
Butylalkohol, normal	ca. 19	∞	19,2	Löwe
	18	91	8,8	Rudolph
„ sekundär	ca. 19	∞	15,5	Löwe
	19	75	11,4	Drude (3)
„ tertiär	ca. 19	∞	11,4	Löwe
	18	91	7,6	Rudolph
Isobutylalkohol	14,2	∞	18,74	Land. u. Jahn
	18	„	18,9	Turner
	−80	„	33,7	[Abegg u. Seitz (1)]
	−40	„	27,0	
	0	„	21,8	
	20	„	20,0	
	18	91	8,0	Rudolph
gefroren		∞	2,7	Abegg und Seitz (1)
Amylalkohol	13,8	„	16,67	Land. u. Jahn
	18,9	„	15,95	Nernst
	−100	„	30,1	[Abegg u. Seitz (1)]
	−50	„	23,0	
	0	„	17,4	
	20	„	16,0	
	18	200	10,8	Drude (1)
	„	73	4,7	„
gefroren		∞	2,4	Abegg und Seitz (1)
Isoamylalkohol	18	91	5,7	Rudolph
Heptylalkohol	ca. 21	„	6,56	Löwe
	21	73	4,1	Drude (3)
Oktylalkohol	18	91	3,4	Rudolph
Allylalkohol	15	ca. 1200	21,6	Thwing
	21	73	20,6	Drude
Glykol	20	∞	41,2	[Walden (3)]
α_{20}		„	0,0058	„
	20	73	34,5	Walden (2)
Mannit	22,0	72	ca. 3,0	Speyers
Pinakon		75	2,6	Augustin

Material	t^0	λ	ε	Autor
Pinakolin	17,5	75	12,6	Eggers
Glyzerin	15	ca. 1200	56,2	Thwing
	15	200	39,1	Drude (1)
	15	75	25,4	„
		8,5	4,4	v. Lang
		0,8	3,4	Lampa
		0,6	3,1	„
		0,4	2,62	„
fest	−81	$1,5 \cdot 10^4$	3,8	E. Wilson
„	−48	„	3,97	„
„	10	„	6,67	„
Chlorhydrin	20	∞	31	[Walden (3)]
α_{20}		„	ca. 0,01	„
Epichlorhydrin	20	„	23,0	„
α_{20}		„	0,0061	„
Äthyläther	18	∞	4,368	Turner
	−80	„	7,05	[Abegg (1)]
	−40	„	5,67	„
	0	„	4,68	„
	20	„	4,30	[Tangl]
(unt. Dampfdr.)	60	„	3,65	„
„	100	„	3,12	„
„	140	„	2,66	„
„	180	„	2,12	„
krit. Temp.	194	„	1,533	„
	18	83	4,35	Coolidge
käuflicher	18	∞	4,52	Turner
α_{15}		„	0,00459	Ratz
Amyläther	16	73	3,08	Drude (3)
Methylnitrat	18	84	23,5	Schlundt (1)
Äthylnitrat	20	∞	19,7	[Walden (3)]
α_{20}		„	0,0043	„
	20	73	19,4	Walden (1)
Propylnitrat	18	84	13,9	Schlundt (1)
Isobutylnitrat	19	84	11,7	„
Dimethylsulfat	20	∞	55,0	[Walden (3)]
α_{20}		„	0,0036	„
	20	73	46,5	Walden (1)
Diäthylsulfit, symm.	20	∞	15,6	[Walden (3)]
α_{20}		„	0,0057	„
	20	73	16,0	Walden (2)
„ asymm.	20	∞	41,9	[Walden (3)]
α_{20}		„	0,0044	„
	20	73	38,6	Walden (2)
Trimethylborat	20	„	8,0	„
Äthylmerkaptan		75	7,95	Augustin
Amylmerkaptan	22	84	4,35	Schlundt
Dimethylsulfid	20	73	6,2	Walden (1)
Äthylsulfid		75	7,2	Augustin
Äthyldisulfid	19,0	„	15,6	Eggers
Allylsulfid		„	4,9	Augustin
Nitromethan	20	∞	39,4	[Walden (3)]
α_{20}		„	0,0072	„
	20	73	38,2	„ (1)
Tetranitromethan	23,4	∞	2,13	Walden (3)
	20	73	$<$2,2	„ (1)

Bädeker.

Dielektrizitätskonstanten (ε).

Lit. S. 1222.

Material	t^0	λ	ε	Autor
Nitroäthan	18	84	29,5	Schlundt (1)
Methylamin	21	84	<10,5	„
Äthylamin	21	„	6,17	„
Isopropylamin	20	„	5,45	„
n-Butylamin	21	„	5,30	„
Isobutylamin	21	„	4,43	„
Amylamin	22	„	4,50	„
Diäthylamin	21	„	3,58	„
Dipropylamin	22	„	2,90	„
Diisobutylamin	22	„	2,65	„
Trimethylamin	4	„	2,95	„
Triäthylamin	21	∞	3,15	Walden (3)
Nitrosodimethylin	20	73	53,3	„ (1)
Quecksilberdiäthyl	20	73	2,1	Walden (1)
Acetaldehyd	15	ca. 1200	18,55	Thwing
	10	73	21,8	Drude (3)
	20	∞	14,8	[Walden (3)]
α_{20}		„	0,0068	„
Paraldehyd	20	73	ca. 11,8	Walden (1)
Propylaldehyd	15	ca. 1200	14,41	Thwing
	17	73	18,5	Drude (3)
Valeraldehyd	15	ca. 1200	11,76	Thwing
	17	73	10,1	Drude (3)
Äthylenoxyd	—1	∞	13,9	Walden (3)
Methylal	20	73	2,7	„ (1)
Acetal	24	∞	3,45	„ (3)
Chloral	20	73	6,67	Drude (3)
Aceton	20	∞	21,5	[Walden (3)]
α_{20}		„	0,0046	„
	17	73	20,7	Drude (3)
Methyläthylketon	17	„	17,8	„ (3)
Methylpropylketon	17	„	15,1	„ (3)
Methylbutylketon, tertiär	17	„	12,2	„
Methylhexylketon	17	„	10,5	„
Diäthylketon	15	„	17,0	„
Dipropylketon	17	„	12,6	„
Acetylaceton	20	∞	23,0	[Walden (3)]
α_{20}		„	0,0065	„
	20	73	25,1	„ (1)
Mesityloxyd	20	„	15,1	Walden (1)
Acetol	21	„	3,59	Drude (3)
Acetaldoxin	22,6	∞	2,98	[Walden (3)]
Sulfonal, fest		75	2,6	Augustin
Ameisensäure	16	73	58,5	Drude (3)
fest	2	„	19,0	„
Essigsäure	18	∞	9,7	Francke
	17	200	7,07	Drude (1)
	19	75	6,29	„
Propionsäure	17	73	3,15	Drude (3)
Buttersäure, normal		∞	3,0	Francke
	17	73	2,70	Drude (3)

Material	t^0	λ	ε	Autor
Isobuttersäure	20	73	2,60	Drude (3)
Valeriansäure	20	„	2,67	„
Isovaleriansäure	20	„	2,74	„
Monochloressigsäure	62	∞	20	Walden (3)
Dichloressigsäure	20	„	8,22	„
	60	„	7,8	„
Trichloressigsäure	61	„	4,55	„
Cyanessigsäure	4	„	33,4	„
Milchsäure	19	„	ca. 23	Löwe (3)
	19	73	19,2	Drude (3)
Weinsäure	15	ca. 1200	35,9	Thwing
Methylformiat	20	∞	8,37	[Walden (3)]
α_{20}		„	0,0052	„
	19	73	8,87	Drude (3)
Äthylformiat	14,5	∞	9,102	Land. u. Jahn
	19	73	8,27	Drude (3)
Propylformiat	23,1	∞	9,016	Land. u. Jahn
	19	73	7,72	Drude (3)
Isobutylformiat	22,9	∞	7,280	Land. u. Jahn
	19	73	6,41	Drude (3)
Amylformiat	19	„	5,61	„
Methylacetat	20	∞	7,08	Stießberger s. Löwe
	19,5	„	8,016	Land. u. Jahn
	20	73	7,03	Drude (3)
Äthylacetat	20	∞	6,11	Löwe
α_{20}		„	0,0025	„
	20	73	5,85	Drude (3)
Propylacetat	19	∞	5,73	Löwe
α_{20}		„	0,0013	„
	19	73	5,65	Drude (3)
Butylacetat	19	∞	5,01	Löwe
α_{20}		„	0,0028	„
	19	73	5,00	Drude (3)
Isobutylacetat	19,5	∞	5,26	Löwe
α_{20}		„	0,0030	„
	19,5	73	5,27	Drude (3)
Amylacetat	19	∞	4,81	Löwe
α_{20}		„	0,0024	„
	19	73	4,79	Drude (3)
Phenylacetat	19	∞	5,23	Löwe
α_{20}		„	0,0014	„
	19	73	5,29	Drude (3)
Phenyläthylacetat	15	∞	4,28	Silberstein
Äthylpropionat	18,5	„	5,64	Löwe (3)
α_{20}		„	0,0031	„
	18,5	73	5,68	Drude (3)
Äthylbutyrat	18	∞	5,08	Löwe
α_{20}		„	0,0020	„
	18	73	5,12	Drude (3)
Äthylvalerat	18	∞	4,71	Löwe
α_{20}		„	0,0020	„
	18	73	4,70	Drude (3)
Kohlensäurediäthylester	21	„	3,15	„
Oxalsäurediäthylester	21	„	8,08	„

Bädeker.

Dielektrizitätskonstanten (ε).

Lit. S. 1222.

Material	t^0	λ	ε	Autor
Malonsäure-dimethylester	20	73	10,3	Walden (1)
Malonsäure-diäthylester	21	„	7,70	Drude (3)
Oxalessigester	19	„	6,0	„
Oxalpropionsäureester	19	„	8,9	„
Äthenyltricarbonsäureester	19	„	6,45	„
Isoallylentetracarbonsäureester	19	„	5,1	„
Aconitsäureester	21	∞	6,29	Löwe
	21	73	5,65	Drude (3)
Chlorameisensäuremethylester	20	„	11,0	Walden (1)
Dichloressigsäureäthylester	20	∞	10,4	[Walden (3)]
α_{20}		„	0,008	„
Trichloressigsäureäthylester	20	„	7,8	„
α_{20}		„	0,0035	„
Brompropionsäureäthylester	20	„	9,4	„
α_{20}		„	0,0037	„
Cyanessigsäuremethylester		73	28,8	Walden (1)
Cyanessigsäureäthylester	21	∞	27,7	„ (3)
	20	73	26,2	„ (1)
Ricinoleinsäureisobutylester	21	∞	4,7	„ (3)
l-Apfelsäuredimethylester	20	73	9,3	„ (1)
Äpfelsäureäthylester, inaktiv	18	„	10,0	Drude (3)
Äthyltartrat	20	75	4,50	Stewart
Äthylracemat	20	„	4,50	„
Acetessigester	22	73	15,7	Drude (3)
Lävulinsäureäthylester	21	„	11,9	„
Oxymethylenacetessigester	21	∞	7,92	Löwe
	21	73	7,61	Drude (3)
Oxymethylenmalonester	22	„	6,50	„
Acetonoxaläthylester	19	∞	ca. 16	Löwe
	19	73	16,4	Drude (3)
Acetylchlorid	20	∞	15,9	[Walden (3)]
α_{20}		„	0,0031	„
	20	73	15,5	Walden (1)
Acetylbromid	20	„	16,2	„
Bromacetylbromid	20	„	12,4	„

Material	t^0	λ	ε	Autor
Essigsäureanhydrid	20	∞	20,5	Walden (3)
α_{20}		„	0,0049	„
	20	73	17,9	Walden (1)
Isobuttersäureanhydrid	20	„	13,6	„
Maleinsäureanhydrid	60	„	50,0	„
Citrakonsäureanhydrid	20	„	39,5	„
Formamid	20	73	>84	„
Acetamid, geschmolzen	77	„	59,2	„
fest	20	„	4,0	„
Harnstoff, fest	22,1	72	ca. 3,5	Speyers
Äthylurethan	60	84	13,6	Schlundt (1)
„ fest	23	„	3,18	„
Cyanwasserstoff	21	„	ca. 95	„
Acetonitril	20	∞	38,8	Walden (3)
α_{20}	20	„	0,0042	[„]
		73	35,8	Walden (1)
Propionitril	20	∞	27,7	[Walden (3)]
α_{20}		„	0,0070	„
	20	73	27,2	Walden (1)
Isopropylcyanid	24	84	20,4	Schlundt (1)
Butyronitril	21	„	20,3	„
n-Valeronitril	21	„	17,4	„
Isobutylcyanid	22	„	17,95	„
Capronitril	22	„	15,5	„
Malonitril	32,6	75	46,3	Eggers
Bernsteinsäurenitril	ca. 58	73	57,3	Walden (1)
fest	23	84	65,3	Schlundt (1)
Glykolsäurenitril	20	73	67,9	Walden (1)
Milchsäurenitril	20	„	37,7	„
Acetylmilchsäurenitril	20	„	18,9	„
Cyanessigester	18	∞	ca. 23	Löwe
	18	73	26,7	Drude (3)
Thioessigsäure	20	73	12,8	Walden (1)
Methylrhodanid	20	73	35,9	Walden (1)
Äthylrhodanid	20	∞	29,7	[Walden (3)]
α_{20}		„	0,0093	„
	20	73	26,5	Walden (1)
Amylrhodanid	19,5	75	17,1	Eggers
Methylsenföl	ca. 37	73	19,7	Walden (1)
Äthylsenföl	20	∞	19,6	[Walden (3)]
α_{20}		„	0,010	„
	20	73	19,4	Walden [1]
Allylsenföl	17,6	75	17,3	Eggers
Citronenöl, Dichte 0,853	21	∞	2,247	Tomaszewski
Terpentinöl		„	2,23	Hopkinson
		„	$2{,}25_8$ bis 2,27	Tomaszewski

Dielektrizitätskonstanten (ε).

Lit. S. 1222.

Material	t^0	λ	ε	Autor
Terpentinöl (Forts.) . . .		0,8	3,17	Lampa
		0,4	2,65	„
Terpineol . .	20	73	2,75	Drude (3)
Dihydrokarvon	19	„	8,53	„
Pulegon . . .	19	„	9,50	„
Karvenon . .	20	∞	18,8	Löwe
	20	73	18,0	Drude (3)
α-**Limonen** . .	20	75	2,36	Stewart
Dipenten . . .	20	„	2,30	„
d-Pinen . . .	20	„	2,60	„
l-Pinen . . .	20	„	2,70	„
i-Pinen . . .	20	„	2,75	„
d-, l-, i-Camphen, fest	20	„	2,75	„
Oxymethylen-campher . .	97	73	12,4	Drude (3)
fest	30	„	5,1	„
Campher-pinakon . .		75	3,65	Augustin
Benzol . . .	18	∞	2,288	Turner
	19	73	2,26	Drude (3)
α_0	20–	∞	0,0$_3$794	Tangl
β_0	182		0,0$_6$259	„
α_{10}	10–	∞	0,00106	Hasenöhrl (2)
β_{10}	40		0,0$_5$87	„
Toluol	14,4	„	2,37	Landolt u. Jahn
	—83	„	2,51$_5$	Abegg
	16,5	„	2,33	„
	19	73	2,31	Drude (3)
α_{15}	0–30	∞	0,0$_3$921	Ratz
α_0	20–	„	0,0$_3$97$_7$	Tangl
β_0	181	„	0,0$_6$46$_3$	„
Orthoxylol . .	17	„	2,567	Nernst
	17	73	2,57	Drude (3)
Metaxylol . .	18	∞	2,376	Turner
	17	73	2,37	Drude (3)
α_0	20–181	∞	0,0$_3$81$_7$	Tangl
α_{15}	15–	„	0,0013$_9$	Negreano
„ β_{15}	45		0,0$_4$13$_3$	„
Äthylbenzol .	14,6	„	2,41$_6$	Landolt u. Jahn
	17	„	2,42$_4$	Nernst
Propylbenzol .	13,8	„	2,35$_5$	Landolt u. Jahn
Isopropylbenzol	17	„	2,36$_9$	Nernst
	18	73	2,42	Drude (3)
Mesitylen . .	14,2	∞	2,29$_8$	Landolt u. Jahn
Pseudocumol .	15,4	„	2,40$_1$	„
	17	„	2,41$_5$	Nernst
Cymol . . .	17	„	2,24$_9$	„
Naphthalin . .	22,1	72	ca. 2,7	Speyers
Diphenylmethan	27	73	2,6	Schlundt (1)
fest	17	„	2,7	„
Phenanthren .	21,7	72	ca. 2,9	Speyers
Acenaphten .	21,4	„	„ 3,0	„
Chlorbenzol .	10,8	∞	10,95	Veley
Brombenzol .	20	„	5,2	[Walden (3)]
α_{20}		„	0,0028	„
	20	75	5,3	Augustin

Material	t^0	λ	ε	Autor
m-Dibrombenzol	20	∞	8,81	Augustin
		75	4,4	„
p-Dibrombenzol	88	∞	4,57	„
fest . . .		75	2,7	„
α-**Bromnaphthalin**	19	∞	5,17	Turner
„	19	73	4,72	Drude (3)
Phenol . . .	48	73	9,68	Drude
Kreosol . . .	17	∞	10,3	Löwe
	17	73	ca. 6	Drude (3)
Safrol . . .	21	„	3,06	„
Isosafrol . . .	21	„	3,33	„
Resorcin . . .	21,8	72	3,2	Speyers
Anisol . . .	20	∞	4,35	[Walden (3)]
α_{20}		„	0,0052	„
Nitrobenzol . .	18	∞	36,45	Turner
	—5	„	42,0	[Abegg u. Seitz (1)]
	0	„	41,0	
	15	„	37,8	
	30	„	35,1	
	17	73	34,0	Drude (3)
fest . . .	—10	∞	9,9	Abegg und Seitz (1)
Metadinitrobenzol . . .	90	„	20,65	Augustin
fest . . .		75	2,85	„
s-Trinitrobenzol	127	∞	7,21	„
fest . . .		75	2,2	„
Orthonitrotoluol . . . ,	18	∞	27,7	Turner
Nitranisol . .	19,8	75	23,8	Eggers
Anilin	18	∞	7,316	Turner
α_{15}		„	0,00351	Ratz
	14	73	7,14	Drude (3)
Methylanilin .	20	∞	6,0	[Walden (3)]
α_{20}		„	0,017	„
Dimethylanilin	20	„	4,48	„
„ α_{20}		„	0,0041	„
Äthylanilin . .	20	„	5,9	„
α_{20}		„	0,0037	„
Methylanilin .	20	84	5,8	Schlundt
Dimethylanilin	20	„	5,07	„
o-Toluidin . .	20	„	5,93	„
m-Toluidin . .	20	„	5,95	„
p-Toluidin . .	21,7	72	ca. 3,0	Speyers
Xylidin 1:3:4 .	20	84	4,90	Schlundt (1)
Acetanilid . .	22,2	72	ca. 3,0	Speyers
		75	2,75	Augustin
Formanilid . .		„	3,05	„
Phenylhydrazin	23	∞	7,15	Turner
p-Azoxyanisol, fest .	50	„	ca. 2,3	Abegg und Seitz (2)
„ trüb flüssig bis homogen fl.	95 bis 150	„	4,3—4,0	[„]
Sulfobenzid .		75	2,9	Augustin
Benzylalkohol .	20	∞	13,0	[Walden (3)]
α_{20}		„	0,012	„
	21	„	16,3	Löwe
	21	73	10,6	Drude (3)
Benzylamin .	20	∞	4,6	[Walden (3)]
α_{20}		„	0,0057	„

Bädeker.

Dielektrizitätskonstanten (ε).

Lit. S. 1222.

Material	t^0	λ	ε	Autor
Dibenzylamin	20	84	3,55	Schlundt (1)
Benzaldehyd	20	∞	18,0	[Walden (3)]
α_{20}		„	0,0028	„
	15	73	17,7	Drude (3)
Salicylaldehyd	20	„	13,9	Walden (1)
Anisaldehyd	20	„	15,5	„
Phenylacetaldehyd	20	„	4,78	Drude (3)
Kuminaldehyd	15	ca. 1200	10,68	Thwing
Benzaldoxim	20	∞	3,75	Löwe
	20	73	3,34	Drude (3)
Norm. m-Nitrobenzaldoxim	120	∞	48,1	Augustin
fest		75	2,5	„
Iso-m-Nitrobenzaldoxim	117,5	∞	59,3	„
fest		75	2,7	„
α-Anisaldoxim	63	∞	9,28	„
fest		75	2,7	„
β-Anisaldoxim	130	∞	10,9	„
fest		75	2,7	„
Acetophenon	20	∞	18,1	[Walden (3)]
α_{20}		„	0,0041	„
	21	73	15,6	Drude (3)
Äthylphenylketon	17	„	15,5	„
Benzophenon, stabil u. metastabil	20	∞	13,3	[Walden (3)]
α_{20} „			0,004	„
fest	25	„	3,1	„
Phenylessigsäure	85	73	ca. 4,0	Drude (3)
fest	20	„	„ 3,2	„
Methylbenzoat	18	∞	6,58	Löwe
α_{20}		„	0,0017	„
	18	73	6,62	Drude (3)
Äthylbenzoat	19	∞	6,03	Löwe
α_{20}		„	0,0015	„
	19	73	6,04	Drude (3)
Amylbenzoat	19	∞	5,03	Löwe
α_{20}		„	0,0014	„
	19	73	4,99	Drude (3)
Isobutylbenzoat	18	∞	5,39	Löwe
α_{20}		„	0,0021	„
	18	73	5,43	Drude (3)
Phenylessigester	21	„	5,29	„
Salicylsäuremethylester	21	„	8,8	„
„ äthylester	21	∞	8,39	Löwe
	21	73	8,2	Drude (3)
Methyläthersalicyls.-äthylester	21	„	7,7	„
Äthyläthersalicyls.-äthylester	21	73	7,0	Drude (3)
Benzoylessigester	20	∞	12,4	Löwe
	20	73	14,3	Drude (3)
Benzoylacetessigester	21			
	21	∞	11,45	Löwe
		73	8,4	Drude (3)
Oxymethylenphenylessigest.	20	„	4,9	„
Formylphenylessigester	20	„	3,0	„
Acetophenonoxalmethylest.	70	„	12,8	„
fest	18	„	2,8	„
„ äthylester	46	„	7,9	„
fest	18	„	3,3	„
Zimtsäureäthylester	19	∞	6,45	Löwe
	19	73	5,26	Drude (3)
Benzalmalons.-äthylester	21	∞	7,35	Löwe
α_{20}		„	0,0022	[„]
	21	73	ca. 4,3	Drude (3)
Phthalid	75	73	ca. 36	Drude (3)
fest	20	„	„ 4	„
Benzonitril	20	∞	26,5	[Walden (3)]
α_{20}		„	0,0043	„
	21	73	26,0	Drude (3)
Orthotolunitril	23	84	18,4	Schlundt (1)
α-Naphthonitril	70	„	16,0	„
	22	„	19,2	„
β-Naphthonitril	70	„	16,9	„
Benzylcyanid	20	∞	18,4	[Walden (3)]
α_{20}		„	0,0046	„
	20	73	16,7	„ (1)
Mandelsäurenitril	23	84	17,82	Schlundt (1)
Phenylsenföl	20	73	11,0	Walden (1)
Thiophen	16	∞	2,76	Turner
	13	75	2,85	Eggers
Furfurol	20	∞	41,7	[Walden (3)]
		„	0,0063	„
α_{20}	23	73	39,4	Drude (3)
Pyridin	21	84	12,4	Schlundt (1)
α-Picolin	20	„	9,8	„
Piperidin	20	„	5,8	„
Chinolin	21	„	8,8	„
d-Kokain	20	75	3,05	Stewart
l-Kokain	20	„	3,10	„

Dielektrizitätskonstanten (ε).

Lit. S. 1222.

Dielektrizitätskonstante von Gasen und Dämpfen, bezogen auf Vakuum.

Für die Abhängigkeit der Dielektrizitätskonstante eines Gases vom Druck p gilt bis zum Bereich von einer Atmosphäre, wohl auch höher, daß

$$\frac{\varepsilon - 1}{p} = \text{const., also } \varepsilon = 1 + \varkappa p$$

worin $\varkappa$ der aus der folgenden Tabelle zu entnehmende Wert $\varepsilon - 1$ für die bei Normaldruck gemessenen (nicht ausdrücklich anders bezeichneten) Zahlen ist. Bei einigen Gasen (H_2, N_2, Luft nach Tangl) ist in noch viel ausgedehnterem Bereich (bis 100 Atmosphären) $\varepsilon - 1$ proportional der Dichte des Gases.

Für die Abhängigkeit von der Temperatur bei konstantem Druck gelten die im folgenden angeführten Koeffizienten α und β, welche in die Gleichung

$$\varepsilon_\vartheta = \varepsilon_t - \alpha (t - \vartheta) + \beta (t - \vartheta)^2$$

einzuführen sind. Hier ist die Temperaturabhängigkeit in der Regel nicht allein durch die Dichteänderung bestimmt.

Die Frequenz der benutzten Schwingungen war bei allen Beobachtern größer als 10^6, also λ praktisch gleich ∞.

Material	t^0	p Atm.	ε	Autor
Luft	0	1	1,000590	Boltzmann (3)
	19	1	1,000576	Tangl (2) ber.
	„	20	1,01080	„ beob.
	„	60	1,03281	„ „
	„	100	1,05494	„ „
Sauerstoff . .	0	1	1,000547	Rohmann
Stickstoff . .	0	1	1,000606	„
	20	1	1,000581	Tangl (2) ber.
	„	20	1,01086	„ beob.
	„	60	1,03299	„ „
	„	100	1,05498	„ „
Wasserstoff	0	1	1,000264	Boltzmann (3)
	20	1	1,000273	Tangl (2) ber.
	„	20	1,00500	„ beob.
	„	60	1,01460	„ „
	„	100	1,02378	„ „
Helium . . .	0	1	1,000074	Hochheim
Kohlensäure .	„	1	1,000946	Boltzmann (3)
	„	1	1,000985	Klemenčič
	1	1	1,000989	Rohmann
	15	10	1,060	[Linde]
	„	20	1,020	„
	„	40	1,008	„
Kohlenoxyd .	0	1	1,000690	Boltzmann (3)
	„	1	1,000695	Klemenčič
Stickoxydul .	„	1	1,001158	Boltzmann (3)
	„	1	1,000991	Klemenčič
	„	1	1,001129	Rohmann
	15	10	1,070	[Linde]
	„	20	1,025	„
	„	40	1,010	„

Material	t^0	p Atm.	ε	Autor
Methan . . .	0	1	1,000944	Boltzmann (3)
	„	1	1,000953	Klemenčič
Äthylen . . .	„	1	1,001456	„
	„	1	1,001312	Boltzmann (3)
Schwefelkohlenstoff . . .	„	1	1,00290	Klemenčič
	100	1	1,00239	Bädeker
Schwefeldioxyd	14,7	1	1,00905	Klemenčič
	0	1	1,00993	Bädeker
$\alpha_0 \cdot 10^5$ . .	0—110	1	6,19	„
$\beta_0 \cdot 10^7$ . .		1	1,86	„
Wasserdampf .	145	1	1,00705	„
$\alpha_{145} \cdot 10^4$.		1	1,4	„
Ammoniakgas .	20	1	1,00718	„
$\alpha_{20} \cdot 10^5$ . .	10—110	1	5,45	„
$\beta_{20} \cdot 10^7$ . .		1	2,59	„
Chlorwasserstoffgas . .	100	1	1,00258	Bädeker
Stickstoffperoxyd . . .	60	1	ca. 1,0018	„
Äthylchlorid .	15,5	1	1,01469	[Klemenčič]
$\alpha_0 \cdot 10^4$ . .	10—150	1	0,875	Bädeker
$\beta_0 \cdot 10^6$ . .		1	0,206	„
Methylenchlorid	100	1	1,00651	„
$\alpha_{100} \cdot 10^5$.	18—130	1	2,95	„
Chloroform .	120	1	1,00420	„
$\alpha_{120} \cdot 10^5$.	100—140	1	2,1	„
$\beta_{120} \cdot 10^7$.		1	0,8	„
Tetrachlorkohlenstoff .	110	1	1,00304	„
$\alpha_{110} \cdot 10^5$.	110—140	1 1	1,3	„
Äthylbromid .	15,5	1	1,01462	[Klemenčič]
Methylalkohol .	100	1	1,0061	[Lebedew]
	110	1	1,00600	Bädeker
$\alpha_{110} \cdot 10^5$.	90—150	1	4,65	„
$\beta_{110} \cdot 10^7$.		1	3,5	„
Äthylalkohol .	100	1	1,0069	[Lebedew]
	110	1	1,00647	Bädeker
$\alpha_{110} \cdot 10^5$.	110—150	1	5,48	„
$\beta_{110} \cdot 10^7$.		1	4,78	„
Methyläther .	0	1	1,00743	„
$\alpha_0 \cdot 10^5$ . .	10—150	1	4,46	„
$\beta_0 \cdot 10^7$ . .		1	1,27	„
Äthyläther . .	16,5	1	1,00700	[Klemenčič]
	100	1	1,0049	[Lebedew]
	100	1	1,00516	Bädeker
$\alpha_{100} \cdot 10^5$.	70—150	1	2,14	„
$\beta_{100} \cdot 10^7$.		1	0,70	„
Methylformiat .	100	1	1,0073	[Lebedew]
Äthylformiat .	100	1	1,0087	„
Methylacetat .	100	1	1,0077	„
Äthylpropionat	119—122	1	1,0144	„
Benzol . . .	100	1	1,0031	„
	110	1	1,00292	Bädeker
$\alpha_{110} \cdot 10^5$.	110—140	1	1,1	„

Bädeker.

Dielektrizitätskonstanten (ε).

Lit. S. 1222.

Verflüssigte Gase, beim Sättigungsdruck gemessen.

Material	t^0	λ	ε	Autor
Luft beim Sdp. unter 1 Atm.		∞	1,43$_2$	Pirani
„		75	1,47–1,50	Behn u. Kiebitz
Sauerstoff „		∞	1,46$_5$	Hasenöhrl
	— 182	„	1,49$_1$	Fleming und Dewar
Stickoxydul	— 5	„	1,63$_0$	[Linde]
	5	„	1,57$_3$	„
	15	„	1,52$_0$	„
beim Sdp. unt. 1 Atm.		„	1,93$_3$	Hasenöhrl
Chlor	— 60	„	2,15$_0$	[Linde]
	— 20	„	2,03$_0$	„
	0	∞	1,97$_0$	„
	10	„	1,94$_0$	„
	0	„	2,08	[Eversheim (2)]
α_0	0— rit. T.	„	0,0044	„
	k 14,1	100	1,88	Coolidge
Kohlensäure .	—5	∞	1,60$_8$	[Linde]
	0	„	1,58$_3$	„
	10	„	1,54$_0$	„
	15	„	1,52$_6$	„
Ammoniakgas .	14,0	ca. 130	16,2	Coolidge
	— 50	72	22,7	Schaefer und Schlundt (2)
	15	„	15,9	
Phosphorwasserstoff .	— 50	„	2,6	„
	15	„	[2,88]	„
Arsenwasserstoff . . .	— 50	„	2,58	„
	15	„	2,05	„
Antimonwasserstoff .	— 50	„	2,58	„
	15	„	1,81	„
Chlorwasserstoff	27,7	84	4,60	Schlundt (3)
	—90	„	8,85	„
Bromwasserstoff . . .	24,7	„	3,82	„
	—80	„	6,29	„
Jodwasserstoff	21,7	„	2,90	„
	—50	„	2,88	„
fest	—90	„	3,95	„
Cyanwasserstoff	21	„	ca. 95	Schlundt (1)
fest	—25	„	2,4	„ (3)
Cyangas . . .	23	„	2,52	„ (1)
Schwefeldioxyd	14,5	ca. 120	13,7$_5$	Coolidge
	20	∞	14,0	Eversheim (1)
	60	„	10,8	„
	100	„	7,8	„
	140	„	4,5	„
krit. Temp.	154,2	„	2,1	„
Schwefelwasserstoff	10	„	5,93	[Eversheim (2)]
	50	„	4,92	„
	90	„	3;76	„
	krit. T.	„	2,7?	„

Dielektrizitätskonstanten von Krystallen.

Reguläres System.

Material	λ	ε	Autor
Steinsalz[1]) . . .	∞	6,29	Starke
	75	5,60	W. Schmidt
aus optischen Daten	∞	5,18	Rubens u. Nichols
Sylvin	„	4,94	Starke
	75	4,75	W. Schmidt
aus optischen Daten	∞	4,55	Rubens u. Nichols
Flußspat	„	6,92	Starke
	75	6,70	W. Schmidt
aus optischen Daten	∞	6,09	Paschen
Kaliumalaun . .	„	6,67	Starke
	75	6,25	W. Schmidt

Einachsige Systeme.

Material	λ	Kraftlinien ⊥ der Achse	Kraftlinien ∥ der Achse	Autor
Apatit	75	9,50	7,40	W. Schmidt
Beryll v. Nertschinsk . . .	∞	7,85	7,44	Starke
„	„	7,10	6,05	Curie
„	75	6,05	5,52	W. Schmidt
Dolomit von Traversella .	„	7,80	6,80	„
Eisenspat, von Siegen, Rheinpr.	75	7,90	6,90	„
Kalkspat . . .	∞	8,49	7,56	Fellinger
„	„	8,78	8,29	v. Pirani
„ Island .	75	8,50	8,00	W. Schmidt
Pennin . . .	„		4,80	„
Pyromorphit, Zschopau . .	„	26,0	90,5	„
Quarz	∞	4,69	5,06	Fellinger
	„	4,38	4,46	Ferry
	1000	4,27	4,34	„
	75	4,32	4,60	W. Schmidt
Rutil	„	89	173	„
„ pulverig .	„	110		
Turmalin . . .	∞	7,13	6,54	Fellinger
	75	6,75	5,65	W. Schmidt
Vesuvian . . .	„	8,30	9,05	„
Wulfenit . . .	„		26,8	„
Zirkon	„	12,8	12,6	„

Rhombisches System.

Material	λ	ε_a[2])	ε_b[2])	ε_c[2])	Autor
				6,55	
Aragonit I . .	75	9,80	7,68	6,55	W. Schmidt
„ II . .	„	9,80	7,70	7,13	„
„	∞	9,14		7,00	Fellinger
Baryt[3]) . . .	„	6,97	10,0$_9$	7,70	„
„	75	7,65	12,$_{20}$		W. Schmidt

[1]) Nähere Charakterisierung der Objekte ist bei den Autoren nachzusehen.

[2]) ε_a ∥ der Brachyachse $\breve{a}$; ε_b ∥ der Makroachse b; ε_c ∥ Vertikalachse c.

[3]) Hauptspaltungsfläche = 0 P, [001].

Bädeker.

Dielektrizitätskonstanten (ε).

Lit. S. 1222.

Rhombisches System (Forts.).

Material	λ	ε_a	ε_b	ε_c	Autor
Brookit, Tavetsch	75	78			W. Schmidt
Citronensäure .	∞	4,71	[4,25]	3,28	Borel
Cerussit . . .	75	25,4	23,2	19,2	W. Schmidt
Cölestin von Strontian . .	„	7,70	18,5	8,30	„
Kaliumsulfat .	∞	6,09	5,68	4,48	Borel
Magnesiumsulfat + 7 aq. . .	„	5,26	6,05	8,28	„
Schwefel . . .	„	3,81	3,97	4,77	Boltzmann 1873
	„	3,65	3,85	4,66	Borel
	75	3,62	3,85	4,66	W. Schmidt
Seignettesalz .	∞	6,70	6,92	8,89	Borel
Topas	75	6,65	6,70	6,30	W. Schmidt
Witherit . . .	„	7,80	7,50	6,35	„

Monoklines System.

Im Folgenden bedeutet (nach W. Voigts Bezeichnungsweise) ε_{III} die Dielektrizitätskonstante III der Symmetrieaxe b, also ⊥ zur Zeichnungsebene der nebenstehenden Figur. ε_I und ε_{II} sind die beiden andern Hauptdielektrizitätskonstanten in der Reihenfolge ihrer Größe. Ihre Lage in der Symmetrieebene ist durch die gestrichelten Linien der Figur (für Adular) gegeben; χ ist der Winkel zwischen ε_I und der Vertikalachse c.

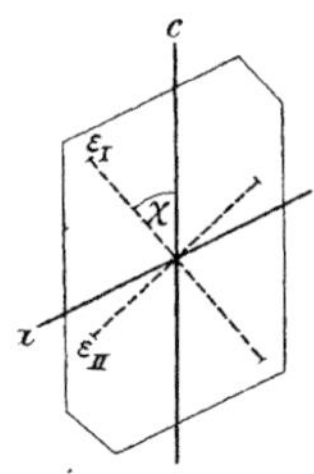

Material	λ	ε_I	ε_{II}	χ	ε_{III}	Autor
Gyps . .	75	9,92	5,04	102,5°	5,15[1])	H.W.Schmidt
Adular . .	1/4 bis 1 m	5,33	4,54	42,5	5,50	Dubbert.vgl. W. Voigt
Augit . .		8,57	7,07	−55,6	6,90	
Rohrzucker		3,49	3,16	−58,7	3,32	
Doppelsulfate $(SO_4)_2RR'_2 + 6H_2O$						
$Mg\text{-}NH_4$.	∞	7,06	7,06	44	8,54	Borel
$Mn\text{-}NH_4$.	„	5,91	5,91	99	6,83	„
$Zn\text{-}NH_4$.	„	6,62	6,62	−9	7,56	„
Ni-K . .	„	6,37	6,37	0	7,06	„
Co-K . .	„	9,35	9,35	0	10,71	„
$Ni\text{-}NH_4$.	„	6,76	6,76	84	5,08	„
$Co\text{-}NH_4$.	„	6,13	6,13	115	5,58	„
Natrium-arsenat .	„	7,26	7,26	90	5,91	„

[1]) ⊥ zur Spaltebene.

Triklines System.

Beobachtungen fehlen.

Literatur, betreffend Dielektrizitätskonstanten.

R. Abegg (1), Wied. Ann. **60**, 54; 1897.
„ (2), „ **65**, 229; 1898.
R. Abegg u. **W. Seitz** (1), ZS. phys. Chem. **29**, 242; 1899.
„ (2), ZS. phys. Chem. **29**, 491; 1899.
L. Arons, Wied. Ann. **53**, 95; 1894.
Arons, s. a. **Cohn.**
L. Arons u. **H. Rubens** (1), Wied. Ann. **42**, 581; 1891.
„ (2), „ **44**, 206; 1891.
„ (3), „ **45**, 381; 1892.
A. Augustin, Diss. Leipzig 1898.
K. Bädeker, ZS. phys. Chem. **36**, 305; 1901. In der Tabelle befinden sich außerdem einige sonst nicht veröffentlichte Zahlen.
U. Behn u. **F. Kiebitz,** Boltzmann-Festschrift, Leipzig 1904. 610.
L. Boltzmann (1), Wien. Ber. **67**, [2] 17; 1873. Pogg. Ann. **151**, 482, 531; 1874.
„ (2), Wien. Ber. **68**, 81; 1873. Pogg. Ann. **153**, 525; 1874.
„ (3), Wien. Ber. **69**, 795; 1874. Pogg. Ann. **155**, 403; 1875.
Ch. Borel, C. r. **116**, 1509; 1893.
H. T. Calvert, Ann. d. Phys. (4) **1**, 483; 1900.
A. Campbell, Proc. Roy. Soc. **78**, 196; 1906.
E. Cohn u. **L. Arons,** Wied. Ann. **28**, 454; 1886.
„ Wied. Ann. **33**, 13 und 31; 1888.
A. D. Cole, Wied. Ann. **57**, 290; 1896 (el. Brechungsexponenten durch Reflexion gemessen).
A. Colley, Journ. russ. **39**, 210; 1907; **40**, 121, 245, 269; 1908; Phys. ZS. **10**, 471; 1909; **11**, 324; 1910. (Dispersion bei Wasser, Äthylalkohol, Benzol, Toluol, Azeton).
W. D. Coolidge, Wied. Ann. **69**, 125; 1899.
J. Curie, Ann. chim. phys. (6) **17**, 385; 1889.
Dewar, s. **Fleming.**
D. Dobroserdow, Journ. russ. **41**, chem. T. 1164; 1909 und **41**, „ 1385; 1909.
P. Drude, Wied. Ann. **55**, 633; 1895 (Wellenmethode).
„ (1), Wied. Ann. **58**, 1; 1896.
„ (2), „ **59**, 17; 1896.
„ „ **60**, 500; 1897 (anomale Dispersion).
„ „ **61**, 466; 1897 (sogenannte 2. Methode).
„ (3), ZS. phys. Chem. **23**, 267; 1897.
„ Wied. Ann. **64**, 131; 1898 (anomale Dispersion).
„ Ann. d. Phys. (4) **8**, 336; 1902 (Verbesserung der Meßmethode).
H. E. Eggers, Journ. phys. chem. **8**, 14; 1904 (Lösungen).
A. Elsas, Wied. Ann. **44**, 654; 1891.
P. Eversheim (1), Ann. d. Phys. (4) **8**, 539; 1902.
„ (2), „ (4) **13**, 492; 1904.
Faraday, Experimental Researches, 11. Reihe; 1838. Pogg. Ann. **46**, 1, 537; 1839.
R. Fellinger, Ann. d. Phys. (4) **7**, 333; 1902.
E. S. Ferry, Phil. Mag. (5) **44**, 404; 1897.

Bädeker.

Literatur, betreffend Dielektrizitätskonstanten.

J. A. Fleming u. **J. Dewar,** Proc. Roy. Soc. **60**, 358; 1896. Proc. Roy. Soc. **61**, 299, 316, 358; 1897 (gefrorene Elektrolyte u. a. bei tiefen Temp.).
Fomm, s. **Grätz.**
A. Francke, Wied. Ann. **50**, 163; 1893.
H. M. Goodwin u. **M. de Kay Thompson,** Phys. Rev. **8**, 38; 1899.
J. E. H. Gordon, Phil. Trans. **170 I**, 417; 1879.
L. Grätz u. **L. Fomm,** Wied. Ann. (3) **54**, 626; 1895.
C. Gutton, C. r. **130**, 1119; 1900.
F. Hasenöhrl (1), Versl. Ak. Amsterdam **8**, 137; 1900.
„ (2), Wien. Ber. **105** [2 a], 460; 1896.
J. Hattwich, Wien. Ber. **117**, [2 a] 903; 1908 (Änderung beim Schmelzpunkt).
Haynes s. **Philip.**
F. Heerwagen, Wied. Ann. **48**, 35; 1893.
„ „ **49**, 272; 1893.
C. Heinke, Elektrot. ZS. **17**, 483 u. 499; 1896.
E. Hochheim, Verh. phys. Ges. **10**, 446; 1908.
J. Hopkinson, Phil. Trans. **172 II**, 355; 1881.
W. G. Hormell, Phil. Mag. (6) **3**, 52; 1902.
Jahn, s. **Landolt.**
Kiebitz, s. **Behn.**
J. Klemenčič, Wien. Ber. **91** [2], 712; 1885.
„ Exners Rep. **21**, 571; 1885.
J. Kossonogoff, Phys. ZS. **3**, 207; 1902.
A. Lampa, Wien. Ber. **105** [2 a], 587 u. 1049; 1896.
H. Landolt u. **H. Jahn,** ZS. phys. Chem. **10**, 289; 1892.
V. v. Lang, Wien. Ber. **105** [2 a], 253; 1896.
P. Lebedew, Wied. Ann. **44**, 288; 1891.
A. Lenert, Verh. phys. Ges. **12**, 1051; 1910.
v. **Lerch,** s. **Nernst.**
F. Linde, Wied. Ann. **56**, 546; 1895.
K. F. Löwe, Wied. Ann. **66**, 390; 1898.
J. H. Mathews, Journ. phys. chem. **9**, 641; 1905.
E. Mattenklodt, Ann. Phys. (4) **27**, 359; 1908.
E. Marx (1), Wied. Ann. **66**, 411 u. 597; 1898.
„ (2), Ann. d. Phys. (4) **12**, 491, 1903 (Dispersion zwischen $\lambda = 1000$ u. 3400).
H. Merczyng, Ann. d. Phys. (4) **33**, 1; 1910 (Dispersion).
D. Negreano, C. r. **114**, 345; 1892.
W. Nernst, ZS. phys. Chem. **14**, 622; 1894.
„ Wied. Ann. **60**, 600; 1897.
W. Nernst u. **F. v. Lerch,** Gött. Nachr. 1904, Heft 2, S. 167.
Nichols s. **Rubens.**
Nowak, s. **Romich.**
N. Obolensky, Phys. ZS. **11**, 433; 1910 (Dispersion b. Petroleum).
A. Occhialini, Phys. ZS. **6**, 669; 1905 (komprimierte Luft).
A. de Forest Palmer jr., Phys. Rev. **14**, 38; 1902 (verd. Elektrolyte). Phys. Rev. **16**, 267; 1903 (Temp.-Koeff. f. Wasser).
F. Paschen, Wied. Ann. **54**, 668; 1896.
J. Ch. Philip u. **D. Haynes,** Journ. chem. Soc. **87**, 998; 1905 (Mischungen org. Substanzen).
J. Ch. Philip, ZS. phys. Chem. **24**, 18; 1897.
M. v. Pirani, Diss. Berlin 1903.
G. Quincke, Wied. Ann. **32**, 529; 1887 (Methodenvergleich).
Fl. Ratz, ZS. phys. Chem. **19**, 94; 1896.
H. Rohmann, Diss. Straßburg 1910.
Romich u. **Nowak,** Wien. Ber. **70** [2], 380; 1874 (Krystalle).
Rubens u. **Nichols,** Wied. Ann. **60**, 418; 1897.
Rubens s. **Arons.**
W. Rudolph, Diss. Leipzig, 1911.
H. Rukop, Diss. Greifswald, 1911.
F. Salvioni, Rend. Lincei **4** (3), 136; 1888.
O. C. Schaefer u. **H. Schlundt** (1), Journ. phys. chem. **13**, 669; 1909.
„ (2), Journ. phys. Chem. **16**, 253; 1912.
N. Schiller, Pogg. Ann. **152**, 535; 1874.
H. Schlundt (1), Journ. phys. chem. **5**, 157 u. 503; 1901.
„ (2), Journ. phys. chem. **8**, 122; 1904.
„ s. **O. C. Schaefer.**
W. Schmidt, Ann. d. Phys. (4) **9**, 919; 1902.
„ „ (4) **11**, 114; 1903.
F. A. Schulze (1), Ann. d. Phys. (4) **14**, 384; 1904.
„ (2), Ber. Marb. Ges. 1907, S. 126.
E. v. Schweidler, Ann. d. Phys. (4) **24**, 711; 1907 (Bibliographie).
Seitz, s. **Abegg.**
L. Silberstein, Wied. Ann. **56**, 661; 1895 (Mischungsgesetz für Dielektrizitätskonstanten).
P. Silow, Pogg. Ann. **156**, 380; 1885 (Elektrometermethode).
J. F. Smale, Wied. Ann. **57**, 215; 1897.
„ „ **60**, 625; 1897 (Salzlösungen).
B. Specht, Diss. Halle 1908 (flüss. Krystalle).
C. L. Speyers, Sill. Amer. Journ. (4) **16**, 61; 1903 (gesättigte Lösungen).
B. W. Stankewitsch, Wied. Ann. **52**, 700; 1894.
H. Starke, Wied. Ann. **60**, 629; 1897.
A. W. Stewart, Journ. chem. Soc. **93**, 1059; 1908.
C. Sultze, Diss. Halle 1908 (flüss. Krystalle).
K. Tangl (1), Ann. d. Phys. (4) **10**, 748; 1903.
„ (2), Ann. d. Phys. (4) **23**, 559; 1907 u. **26**, 59; 1908.
S. Tereschin, Wied. Ann. **36**, 792; 1889 (Ester).
Thompson, s. **Goodwin.**
J. J. Thomson, Proc. Roy. Soc. **46**, 292; 1889 (Verwendung Hertzscher Schwingungen).
W. M. Thomson, Proc. Roy. Soc. **82**, 422; 1909.
Ch. B. Thwing, ZS. phys. Chem. **14**, 286; 1894.
F. Tomaszewski, Wied. Ann. **33**, 33; 1888.
B. B. Turner, ZS. phys. Chem. **35**, 385; 1900.
F. Ulmer, Diss. Berlin 1907 (Hölzer).
W. Vaupel, Diss. Halle 1911 (flüss. Krystalle).
V. H. Veley, Phil. Mag. (6) **11**, 73; 1906.
O. U. Vonwiller (1), Phil. Mag. (6) **7**, 655; 1904 (kein Maximum der Dielektrizitätskonstanten für Wasser bei $+4^0$).
„ (2), Proc. Roy. Soc. **79**, 669; 1909.
W. Voigt, Lehrbuch der Krystallphysik, Leipzig 1910, S. 410 f.
P. Walden (1), ZS. phys. Chem. **46**, 103; 1903.
„ (2), „ **54**, 129; 1906.
„ (3), „ **70**, 569; 1909.
O. Werner, Wied. Ann. **47**, 613; 1892.
E. Wilson, Proc. Roy. Soc. **71**, 241; 1903.
A. Winkelmann, Wied. Ann. **38**, 161; 1889.
A. Wüllner, Wied. Ann. **32**, 19; 1887.
T. Zietkowsky, Diss. Freiburg i. Schweiz 1900.

Bädeker.

Entladungs-(Funken-)Spannungen in Gasen.

V in Kilovolt $[10^{11}\ \mathrm{cm}^{3/2}\ \mathrm{g}^{1/2}\ \mathrm{sec}^{-2}]$ bei 18° und 745 mm Hg-Druck von 0°.

Die Entladungs-(Funken-)Spannungen in Gasen, d. h. die kleinsten Spannungen, bei denen sichtbare Entladung eintritt, werden durch viele verschiedene Umstände beeinflußt: den Druck, die Temperatur, die Natur und Reinheit (Feuchtigkeitsgehalt) des Gases, die geometrischen Verhältnisse der Elektroden und ihrer Zuleitungen, die Geschwindigkeit der Aufladung und die Bestrahlung der Entladungsstrecke, magnetische und elektrostatische Kräfte, insbesondere Influenz benachbarter Leiter und Nichtleiter auch der Zuführungen und Isolationsstützen der Elektroden namentlich bei größeren Funkenstrecken. Bei den meisten Einzelmessungen sind die Versuchsbedingungen nicht ausreichend genau beschrieben. Sie haben daher nur bedingten Wert und zeigen große Abweichungen voneinander. — Die Form der Entladung (Funken-, Büschel-, Glimm-, Streifen-) hängt von der Kapazität der Elektroden und der Geschwindigkeit der Elektrizitätszufuhr ab.

Die nachstehenden Werte beziehen sich auf langsame Aufladung, belichtete Funkenstrecke l zwischen gleichen Kugelelektroden vom Radius r (eine isoliert, die andere geerdet) mit dünnen Zuleitungen (Dicke $< 1/3$ r, wenn die Schlagweite $l > 2r$) und Vermeidung störender Influenzwirkungen nach Beobachtungen von Algermissen, Heydweiller, C. Müller, Orgler, Paschen, E. Voigt, M. Toepler (Literaturverzeichnis umstehend). Die kleingedruckten Ziffern sind unsicher, geklammerte Werte interpoliert.

Kleine Druck- und Temperaturänderungen sind in Rechnung zu setzen durch Vermehrung der Zahlen für V um 1% auf je —3° oder +8 mm Hg.

Für größere Änderungen des Druckes p gilt bei nicht zu kleinen Spannungswerten V und Schlagweiten l mit ziemlicher Annäherung das Gesetz von Paschen, daß gleichen Werten von p . l gleiche Werte von V entsprechen.

Schlagweite l ist der kleinste Abstand zwischen den Elektroden.

l	Atmosphärische Luft von mittlerer Feuchtigkeit				CO_2	H_2	N_2	O_2
	r = 0,25	0,5	1,0	2,5	1,0	1,0	1,0	1,0 cm
cm	V Kilovolt	V Kilovolt	V Kilovolt	V Kilovolt	V Kilovolt	V Kilovolt	V Kilovolt	V Kilovolt
0,01	$1{,}0_8$	$1{,}0_1$	$0{,}9_8$					
0,02	$1{,}5_8$	$1{,}5_1$	$1{,}5_0$					
0,03	$1{,}9_4$	$2{,}0_3$	$1{,}9_5$					
0,04	$2{,}4_7$	$2{,}4_3$	$2{,}3_0$					
0,05	$2{,}9_3$	$2{,}8_5$	$2{,}8_0$					
0,06	$3{,}2_8$	$3{,}2_1$	$3{,}1_7$		3,0	(1,9)	3,2	2,7
0,08	$4{,}0_3$	$3{,}9_8$	$3{,}9_2$		3,7	2,4	(4,0)	(3,4)
0,10	4,8	4,8	4,7		4,6	2,9	4,9	4,1
0,20	8,4	8,4	8,1		$7{,}_9$	4,8	8,6	7,2
0,30	11,3	11,4	11,4		$10{,}_8$	6,5	11,9	10,2
0,40	13,8	14,4	14,5		$13{,}_3$	8,0	15,0	(13,0)
0,50	15,7	17,3	17,5	18,4	$15{,}_8$	9,7	18,0	15,6
0,60	17,2	19,9	20,4	21,6	$18{,}_3$	11,1		
0,70	18,3	22,0	23,2	24,6				
0,80	19,0	24,1	26,0	27,4				
0,90	19,6	25,6	28,6	30,1				
1,00	20,2	26,7	30,8	32,7				
1,50	22,3	$31{,}_6$	$39{,}_3$	46				
2,00	23,2	36	47	58				
3,00	24	4_2	5_7	7_7				
4,00	25	4_5	6_4	9_2				
5,00	25	4_7	6_9	10_5				

Für sehr kleine Entladungsstrecken von l = 1 bis 50 μ erhält man untere Grenzwerte der Entladungsspannungen V_m, die in dem genannten Bereiche unabhängig sind von l, ferner unabhängig von Form, Größe und Material der Elektroden und innerhalb weiter Grenzen (1—76 cm Hg v. 0°) auch unabhängig vom Druck.

Diese Werte sind im Mittel (nach Almy, Earhart, Hobbs, Williams):

	für Luft	CO_2	H_2
V_m	350	420	285 Volt.

Heydweiller.

Literatur betreffend Entladungs-(Funken-) Spannungen in Gasen.

1. **J. Algermissen,** Ann. d. Phys. (4) **19,** 1007; 1906.
2. **J. E. Almy,** Phil. Mag. (6) **16,** 456; 1908.
3. **J. B. Baille,** Ann. chim. phys. (5) **25,** 486; 1882.
4. „ Ann. chim. phys. (5) **29,** 181; 1883.
5. **E. Bichat** u. **R. Blondlot,** Journ. de phys. (2) **5,** 457; 1886.
6. **P. Cardani,** Rend. Linc. (4) **4,** 44; 1888.
7. **W. R. Carr,** Phil. Trans. **201,** 403; 1903.
8. **L. Cassuto** u. **A. Occhialini,** N. Cim. (5) **14,** 330; 1907.
9. **G. Ceruti,** Rend. Lomb. (2) **42,** 476; 1909.
10. **P. Czermak,** Wien. Ber. **97 II,** 307; 1888.
11. **R. F. Earhart,** Phil. Mag. (6) **1,** 147; 1901.
12. „ „ (6) **16,** 48; 1908.
13. **T. W. Edmondson,** Phys. Rev. **6,** 65; 1898.
14. **G. C. Foster** u. **Pryson,** Chem. News **49,** 114; 1884.
15. **J. Freyberg,** Wied. Ann. **38,** 231; 1889.
16. **C. E.** u. **H. Guye,** C. r. **140,** 1320; 1905.
17. „ Arch. de Genève **20,** 5, 111; 1905.
18. **A. Heydweiller,** Wied. Ann. **48,** 213; 1893.
19. **G. M. Hobbs,** Phil. Mag. (6) **10,** 617; 1905.
20. **G. Hoffmann,** Phys. ZS. **11,** 961; 1910.
21. **G. Jaumann,** Wien. Ber. **97 II,** 765; 1888.
22. „ Wied. Ann. **55,** 656; 1895.
23. **C. Kinsley,** Phil. Mag. (6) **9,** 692; 1905.
24. **J. v. Kowalski** u. **U. Rappel,** Phil. Mag. (6) **18,** 699; 1909.

25a. **H. Lohmann,** Ann. d. Phys. (4) **22,** 1008; 1907.

25. **G. A. Liebig,** Phil. Mag. (5) **24,** 106; 1887.
26. **A. Macfarlane,** Phil. Mag. (5) **10,** 389; 1880.
27. **E. Madelung,** Phys. ZS. **8,** 68; 1907.
28. **E. Mascart,** Traité d'Él. stat. **2,** 87, 93; 1876.
29. **A. B. Meservey,** Phil. Mag. (6) **21,** 479; 1911.
30. **C. Müller,** Ann. d. Phys. (4) **28,** 585; 1909.
31. **P. Nordmeyer,** Phys. ZS. **9,** 835; 1908.
32. **A. Oberbeck,** Wied. Ann. **64,** 193; 1898.
33. **A. v. Obermayer,** Wien. Ber. **100 II,** 134; 1889.
34. **A. Orgler,** Ann. d. Phys. (4) **1,** 159; 1900.
35. **F. Paschen,** Wied. Ann. **37,** 69; 1889.
36. **J. B. Peace,** Proc. Roy. Soc. **52,** 99; 1892.
37. **G. Quincke,** Wied. Ann. **19,** 568; 1883.
38. **F. Ritter,** Ann. d. Phys. (4) **14,** 118; 1904.
39. **Warren de la Rue** u. **H. W. Müller,** Phil. Trans. **169 I,** 1; 1878.
40. „ „ Proc. R. Soc. **36,** 151; 1884.
41. **H. J. Ryan,** Trans. Am. Soc. of El. Eng. **23,** 127; 1904.
42. **W. Thomson** (Kelvin), Phil. Mag. (4) **20,** 316; 1860.
43. **L. Tits,** Ann. Soc. Scient. Brüssel **31 II,** 1; 1907.
44. **M. Toepler,** Ann. d. Phys. (4) **7,** 477; 1902.
45. „ „ (4) **10,** 730; 1903.
46. „ „ (4) **19,** 191; 1906.
47. „ „ (4) **22,** 119; 1907.
48. „ ETZ. **28,** 998, 1025; 1907.
49. **W. Voege,** Ann. d. Phys. (4) **14,** 556; 1904.
50. „ ETZ. **28,** 578; 1907.
51. **E. Voigt,** Ann. d. Phys. **12,** 385; 1903.
52. **H. Wagner,** Journ. de phys. (4) 6, 615; 1907.
53. **B. Walter,** ETZ. **25,** 874; 1904.
54. **E. Warburg,** Wied. Ann. **62,** 385; 1897.
55. **E. A. Watson,** Electr. **62,** 851; 1909.
56. **W. Weicker,** Diss. Dresden 1910.
57. **E. H. Williams,** Phys. Rev. **31,** 216; 1910.
58. **M. Wolf,** Wied. Ann. **37,** 306; 1889.

Sehr große Entladungsstrecken: 1, 25a, 30, 44 bis 51, 56.

Sehr kleine „ 2, 11, 19, 20, 23, 25, 42, 57.

Verschiedene Gase und Dämpfe: 3, 16, 17, 25, 34, 35, 38, 43, 50.

Verschiedene Drucke, große: 8, 9, 16, 17, 55, 58.

„ „ kleine: 7, 27, 29, 34, 35, 38, 52.

Wechselspannungen: 24, 32, 47, 49, 56.

Verzögerungserscheinungen: 21, 22, 54.

Heydweiller.

Die radioaktiven Elemente.

Die Radioaktivitäts(Umwandlungs-)konstante λ ergibt sich aus dem Gesetz des radioaktiven Zerfalls: $n = n_0 e^{-\lambda t}$. (n_0, n: Anzahl der radioaktiven Atome zu Beginn und nach Verlauf von t Sekunden). Die Zeit, nach welcher die Hälfte der Atome zerfallen ist (Halbierungskonstante, Halbwertszeit T), folgt aus $\frac{n}{n_0} = \frac{1}{2} = e^{-\lambda T}$ oder $T = \frac{\text{log. nat. } 2}{\lambda} = \frac{0{,}6931}{\lambda}$.

Der Absorptionskoeffizient beziehungsweise die reziproke Durchdringungsfähigkeit folgt aus $J = J_0 e^{-kd}$ (J, J_0 Strahlungsintensität vor und nach Passieren einer Schichtdicke d cm). Die Halbierungsdicke D berechnet sich aus $\frac{J}{J_0} = \frac{1}{2} = e^{-kD}$; d. h. $D = \frac{0{,}6931}{k}$. Die Reichweite der α-Teilchen bezieht sich meist auf Luft von 760 mm und 18° C. Die Geschwindigkeit v ist für RaC von **Rutherford** (Phil. Mag. **12**, 348; 1906) bestimmt und für die übrigen Elemente nach der Formel $v = 1{,}075 \sqrt[3]{r} \cdot 10^9 \left[\frac{\text{cm}}{\text{sec}}\right]$ berechnet (r = Reichweite) (**H. Geiger**, Rad. **7**, 136; 1910). Die Zahl der von 1 α-Teilchen erzeugten Ionen stammt ebenfalls aus einer Arbeit von **H. Geiger** (Rad. **6**, 196; 1909) bzw. ist danach berechnet.

Name	Halbwertzeit T (j = Jahre, t = Tage, st = Stunden, mn = Minuten, sk = Sekunden)	Radioaktivitäts-konstante λ [sec.$^{-1}$]	Strahlen	α-Strahlen: Reichweite in Luft	α-Strahlen: Geschwindigkeit 10^9 [cm·sec.$^{-1}$]	α-Strahlen: Zahl d. von 1 α-Partikel in Luft (760 mm, 12°) erzeugten Ionenpaare	β-Strahlen: Reziprokes Durchdringungsvermögen k [cm^{-1}] (Al)	β-Strahlen: Halbierungsdicke D [cm] (Al)	β-Strahlen: Geschwindigkeit v (Lichtgeschw. = 1)	γ-Strahlen: Reziprokes Durchdringungsvermögen k [cm^{-1}] (Pb)	γ-Strahlen: Halbierungsdicke D [cm] (Pb)	Bemerkungen
Uran	ca. 4,4 · 10^9 j	$4{,}5 \cdot 10^{-18}$	α	2,7	1,50	$1{,}33 \cdot 10^5$	—	—	—	—	—	Atomgew. 238,5. Zwischen U u. UX vielleicht noch ein „Radiouran". 1 g U sendet pro sk $2{,}37 \cdot 10^4$ α-Partikel aus.
Uran X	24,6 t	$3{,}26 \cdot 10^{-7}$	β, γ	—	—	—	14,4	0,048	0,92*	0,72	0,96	Aus Uranlösungen leicht durch Adsorption zu gewinnen. (Tierkohle, Ferrihydroxyd, $BaSO_4$). Löslich in H_2O u. Äther. Unlöslich im Überschuß von Ammoniumkarbonat.
Ionium	ca. 3 · 10^4 j	ca. 10^{-12}	α	2,8	1,52	$1{,}36 \cdot 10^5$	—	—	—	—	—	Entdeckt von **B. B. Boltwood** (1907). Folgt d. Reaktionen des Thorium. Mitgerissen durch H_2O_2 in Gegenwart von U. Lösl. im Überschuß von Ammoniumoxalat.
Radium	1760 j	$1{,}25 \cdot 10^{-11}$	α, β	3,50	1,63	$1{,}55 \cdot 10^5$	312	0,002		—	—	Atomgew. 226,4. $RaCl_2$ u. namentl. $RaBr_2$ unlöslicher als $BaCl_2$ bzw. $BaBr_2$. Entwickelt im radioakt. Gleichgew. 118 cal. * pro g u. Stunde. 1 g produziert pro Tag 0,37 mm³ He, sendet pro 1 sk $3{,}4 \cdot 10^{10}$ α-Teilchen aus. Spektrum s. S 1229.
Ra-Emanation	3,85 t	$2{,}085 \cdot 10^{-6}$	α	4,33	1,75	$1{,}75 \cdot 10^5$	—	—	—	—	—	Atomgew. 222,4 (gemessen 220 *). Edelgas, kondensiert sich bei −62 bis −65° zu einer rötlichen Flüssigkeit. Mit sehr viel Luft vermischt kondens. sich bei −150°. In 1 g Ra sind maximal 0,60 mm³ Emanat. enthalten.
RaA (schnell abklingender aktiver Beschlag)	3,0 mn	$3{,}85 \cdot 10^{-3}$	α	4,83	1,82	$1{,}87 \cdot 10^5$	—	—	—	—	—	Schlägt sich aus der Emanation auf negativ geladenen Körpern nieder. Flüchtig bei 800—900°. Lösl. in starken Säuren.
RaB (schnell abklingender aktiver Beschlag)	26,7 mn	$4{,}33 \cdot 10^{-4}$	β	—	—	—	75,0	0,0092		—	—	Durch Rückstoß aus RaA zu gewinnen. Flüchtig bei 600—700°. Fällt mit $BaSO_4$ aus „Induktionslösung" aus.
RaC_1 (RaC; schnell abklingender aktiver Beschlag)	19,5 mn	$5{,}93 \cdot 10^{-4}$	α	7,06	2,06	$2{,}37 \cdot 10^5$	—	—		—	—	Zerfällt in RaD. (RaC₁ u. RaC₂: Schlägt sich auf Ni u. Cu nieder. Elektrolytisch zu gewinnen. Aufeinanderfolg. Elemente werden immer elektrochem. edler.)
RaC_2 (RaC; schnell abklingender aktiver Beschlag)	1,38 mn	$8{,}4 \cdot 10^{-3}$	β, γ	—	—	—	13,4	0,052		0,500 bis 0,517	1,39 bis 1,34	Aus RaC_1 durch Rückstoß zu gewinnen. Zerfällt nicht in RaD *, möglicherweise Ausgangselem. einer Zweigfamilie.
RaD (Radioblei)	16,5 j	$1{,}36 \cdot 10^{-9}$	β	—	—	—	130?	0,0053?	0,31 u. 0,37*	—	—	Folgt den Reaktionen des Pb. Flüchtig unterhalb 1000°. Durch Fällung von $BaSO_4$ von RaE u. F zu trennen.
RaE (Radioblei)	5,0 t	$1{,}6 \cdot 10^{-6}$	β, γ	—	—	—	43,3	0,0160	0,77*	—	—	Durch Elektrolyse zu gewinnen.
RaF (Polonium) (Radiotellur) (Radioblei)	140 t	$5{,}73 \cdot 10^{-8}$	α	3,86	1,69	$1{,}64 \cdot 10^5$	—	—	—	—	—	Atomgewicht wahrscheinl. 210. Setzt sich aus salzsaurer Lösg. auf Bi, Cu, Ag, Pt ab. Am besten durch Elektrolyse. Niederzuschlagen mit $SnCl_2$. Flüchtig gegen 1000°. Zerfällt wahrscheinl. in Pb. In sichtbarer Menge dargestellt.

Greinacher.

Die radioaktiven Elemente.

Anmerkung. Ein radioaktives Element sendet wahrscheinlich nur α- oder nur β-Teilchen von charakteristischer Geschwindigkeit aus. Die Absorptionskoeffizienten variieren etwas je nach den Versuchsbedingungen. Namentlich für die γ-Strahlen nehmen sie mit wachsenden Bleidicken ab.

Die Wärmeerzeugung einer radioaktiven Substanz ist nahezu gleich der kinetischen Energie der von ihr pro Sekunde abgeschleuderten α-Teilchen. D. h. es ist $Q = \lambda n \cdot \frac{m v^2}{2}$, wo m die Masse eines α-Teilchens bzw. eines Heliumatoms bedeutet. Drücken wir Q in cal. pro Sekunde aus, bezeichnen wir ferner mit g das Gewicht der betreffenden Substanz und mit a ihr Atomgewicht, so läßt sich auch schreiben $Q = \frac{2 \lambda v^2 g}{4{,}19 \cdot 10^7 \, \mathrm{a}}$ [cal. sec.$^{-1}$].

Die maximale in g Gramm Muttersubstanz (a, λ) enthaltene Menge eines Zerfallsproduktes (a′ λ') ergibt sich aus $g' = g \cdot \frac{\mathrm{a}'}{\mathrm{a}} \cdot \frac{\lambda}{\lambda'}$.

Wärmeentwicklung des Radiums.

Beobachter	Zitat	Methode	g-cal./Stunde pro 1 g Ra.
P. Curie u. A. Laborde	C. r. **136**, 673; 1903.	Eiskalorimeter nach Bunsen	ca. 100
Runge u. J. Precht	Berl. Sitzber. 1903, 34, 783.	Dewargefäß mit elektr. Eichung	111
E. Rutherford u. H. T. Barnes	Phil. Mag. (6) **7**, 202; 1904.	Differential-Luftkalorimeter	110
K. Ångström	Phys. ZS. **6**, 685; 1905.	Differentialkalor. mit elektr. Kompensat.	117
J. Precht	Ann. Phys. (4) **21**, 595; 1906.	Eiskalorimeter nach Bunsen	134,4
E. v. Schweidler u. V. F. Hess	Ion. **1**, 161; 1909.	Differentialkalor. mit elektr. Kompensat.	118,0
W. Duane	Rad. **7**, 260; 1910.	Differential-Dampfdruckkalorimeter	108 bis 117

Name	Beobachter Literatur				
	Radioaktivitäts-konstante	Reichweite α-Strahlen	k β-Strahlen	k γ-Strahlen	Zitat zu *
Uran	Berechnet nach B. B. Boltwood, Sill. Journ. (4) **25**, 365; 1908.	H. Geiger u. E. Rutherford, Phil. Mag. (6) **20**, 691; 1910.	—	—	
Uran X	F. Soddy u. A. S. Russell, Phil. Mag. (6) **19**, 847; 1910.	—	H. W. Schmidt, Phys. ZS. **10**, 6; 1909.	F. Soddy u. A. S. Russell, Phil. Mag. (6) **18**, 620; 1909.	H. W. Schmidt, Phys. ZS. **10**, 6; 1909.
Ionium	F. Soddy, Phil. Mag. (6) **20**, 340; 1910.	B. B. Boltwood, Sill. Journ. (4) **25**, 365; 1908.	—	—	
Radium	E. Rutherford u. H. Geiger, Proc. Roy. Soc. **81** (A) 162; 1908.	W. H. Bragg u. R. D. Kleeman, Phil. Mag. (6) **10**, 318; 1905.	O. Hahn u. L. Meitner, Phys. ZS. **10**, 741; 1909.	—	E. v. Schweidler u. V. F. Heß, Ion. **1**, 161; 1909.
Ra-Emanation	Frau P. Curie, Rad. **7**, 33; 1910.	„	—	—	A. Debierne, C. r. **150**, 1740; 1910.
RaA (schnell abklingender aktiver Beschlag)	E. Rutherford, Phil. Mag. (6) **8**, 636; 1904.	„	—	—	
RaB (schnell abklingender aktiver Beschlag)	F. v. Lerch, Wien. Ber. **115**, 197; 1906.	—	A. F. Kovarik, Phil. Mag. (6) **20**, 849; 1910.	—	
RaC_1 (RaC; schnell abklingender aktiver Beschlag)	„	H. Geiger, Rad. **7**, 136; 1910.	—	—	
RaC_2 (RaC; schnell abklingender aktiver Beschlag)	K. Fajans, Phys. ZS. **12**, 369; 1911.	—	A. F. Kovarik, Phil. Mag. (6) **20**, 849; 1910.	A. S. Russell u. F. Soddy, Phil. Mag. (6) **21**, 130; 1911.	K. Fajans, Phys. ZS. **12**, 369; 1911.
RaD (Radioblei)	G. N. Antonoff, Phil. Mag. (6) **19**, 825; 1910.	—	A. F. Kovarik, Phil. Mag. (6) **20**, 849; 1910.	—	O. v. Baeyer, O. Hahn u. L. Meitner, Phys. ZS. **12**, 378; 1911.
RaE (Radioblei)	G. N. Antonoff, Phil. Mag. (6) **19**, 825; 1910.	—	A. F. Kovarik, Phil. Mag. (6) **20**, 849; 1910.	—	H. W. Schmidt, Phys. ZS. **10**, 6; 1909.
RaF (Polonium) (Radiotellur) (Radioblei)	Frau P. Curie, C. r. **142**, 273; 1906.	M. Levin, Phys. ZS. **7**, 519; 1906.	—	—	

Greinacher.

Die radioaktiven Elemente.

Name	Halbwertzeit T j = Jahre, t = Tage, st = Stunden, mn = Minuten, sk = Sekunden	Radioaktivitäts-konstante λ [sec.$^{-1}$]	Strahlen	α-Strahlen			β-Strahlen			γ-Strahlen		Bemerkungen
				Reichweite in Luft	Geschwindigkeit 10^9 [cm-sec.$^{-1}$]	Zahl d. von 1 α-Partikel in Luft (760 mm, 12°, erzeugten Ionenpaare	Reziprokes Durchdringungsvermögen k [cm^{-1}] (Al)	Halbierungsdicke D [cm] (Al)	Geschwindigkeit v Lichtgeschw. = 1)	Reziprokes Durchdringungsvermögen k [cm^{-1}] (Pb)	Halbierungsdicke D [cm] (Pb)	
Thorium . .	ca. $3 \cdot 10^{10}$ j	$7 \cdot 10^{-19}$	α	3,5	1,63	$1{,}55 \cdot 10^5$	—	—	—	—	—	Atomgew. 232. Wird durch NH_3 niedergeschlagen.
Th 1 } Mesothorium	5,5 j	$4{,}0 \cdot 10^{-9}$	?	—	—	—	—	—	—	—	—	Lösl. in Zirkonchlorid } wird zugleich mit ThX abgeschieden. Von letzterem durch Mitreißen mit $BaSO_4$ zu trennen.
Th 2 } Mesothorium	6,2 st	$3{,}1 \cdot 10^{-5}$	β, γ	—	—	—	20,2 bis 38,5	0,034 bis 0,018		0,620 bis 0,642	1,12 bis 1,08	Unlöslich in Zirkonchlorid } (wird zugleich mit ThX abgeschieden. Von letzterem durch Mitreißen mit $BaSO_4$ zu trennen.)
Th 3 . . . . (Radiothorium)	737 t	$1{,}09 \cdot 10^{-8}$	α	3,9	1,69	$1{,}65 \cdot 10^5$	—	—	—	—	—	Unlösl. in überschüssigem NH_3. Bleibt beim Abtrennen des ThX vom Th bei letzterem.
Th X	3,64 t	$2{,}21 \cdot 10^{-6}$	α, β	5,7	1,92	$2{,}07 \cdot 10^5$	ca. 330	ca. 0,002	—	—	—	Löslich in NH_3. Durch Elektrolyse in alkal. Lösung.
Th-Emanation	54 sk	$1{,}28 \cdot 10^{-2}$	α	5,5	1,90	$2{,}02 \cdot 10^5$	—	—	—	—	—	Edelgas. Kondensiert sich etwas höher als Actiniumemanation.
Th A } aktiver Beschlag	10,6 st	$1{,}81 \cdot 10^{-5}$	β	—	—	—	111	0,0062	0,63*	—	—	Setzt sich auf negativ geladenen Körpern aus der Emanation ab. Flüchtig über 630°. In Säure löslich.
Th B } aktiver Beschlag	55 mn	$2{,}10 \cdot 10^{-4}$	α	5,0	1,84	$1{,}91 \cdot 10^5$	—	—	—	—	—	Schlägt sich aus Induktionslösung auf Ni ab. Durch Elektrolyse von ThA trennbar. Die aufeinanderfolgenden Produkte werden elektrochemisch edler. Flüchtig über 730°.
Th C } aktiver Beschlag	einige sk	?	α	8,6	2,20	$2{,}71 \cdot 10^5$	—	—	—	—	—	Existenz erwiesen durch das Vorhandensein von zwei Arten α-Partikel im aktiven Beschlag.
Th D } aktiver Beschlag	3,1 mn	$3{,}7 \cdot 10^{-3}$	β, γ	—	—	—	16,3	0,0425	0,93 bis 0,95*	0,408 bis 0,462	1,70 bis 1,50	Durch H_2S, Tierkohle abgeschieden. Durch Rückstoß zu gewinnen. Zerfallsprodukt vielleicht Bi. Elektrochemisch unedler als vorhergehende Produkte.
Actinium . .	?	?	?	—	—	—	—	—	—	—	—	Begleitet Th und seltene Erden. Niedergeschlagen durch $(COOH)_2$ in saurer Lösung.
Radioactinium	19,5 t	$4{,}1 \cdot 10^{-7}$	α, β	4,8	1,81	$1{,}86 \cdot 10^5$	170	0,004		—	—	Durch Adsorption aus Act. zu gewinnen, ebenso durch Elektrolyse. Unlöslich in NH_3.
Act X . . .	10,2 t	$7{,}6 \cdot 10^{-7}$	α	6,55	2,01	$2{,}26 \cdot 10^5$	—	—	—	—	—	Aus alkal. Lösung durch Elektrolyse. Durch NH_3 nicht gefällt.
Act-Emanation	3,9 sk	$1{,}78 \cdot 10^{-1}$	α	5,8	1,93	$2{,}09 \cdot 10^5$	—	—	—	—	—	Edelgas. Kondensiert sich mit sehr viel Luft vermischt bei ca. −120°.
Act A } aktiver Beschlag	36,1 mn	$3{,}21 \cdot 10^{-4}$	β	—	—	—	sehr weich	?	—	—	—	Wie ThA zu gewinnen. Lösl. in Säuren und NH_3. Flüchtig über 400°.
Act B } aktiver Beschlag	2,15 mn	$5{,}38 \cdot 10^{-3}$	α	5,50	1,90	$2{,}02 \cdot 10^5$	—	—	—	—	—	Aus salzsaurer Lösung durch Elektrolyse an der Kathode. Über 700° flüchtig.
Act C } aktiver Beschlag	5,10 mn	$2{,}27 \cdot 10^{-3}$	β, γ	—	—	—	28,5	0,0243		1,85 bis 4,24	0,375 bis 0,163	Durch Rückstoß zu gewinnen.
Kalium . . .	?	?	β	—	—	—	38 102,2+	0,018 0,0068+		—	—	Atomgew. 39,1. Aktivität ca. 1/1000 von der des Urans. + für Sn.
Rubidium . .	?	?	β	—	—	—	380 1020+	0,002 0,0007+		—	—	Atomgew. 85,5. Aktivität ca. 1/500 von der des Urans. + für Sn.

Greinacher.

Die radioaktiven Elemente.

Radium-Funkenspektrum nach **E. Demarçay**, C. r., **131**, 258; 1900. (Die hellsten Linien sind fett gedruckt.)		**Polonium-Funkenspektrum** nach Frau **P. Curie** u. **A. Debierne**, Rad. **7**, 38; 1910.	**Spektrum der Radium-Emanation** nach **E. Rutherford** u. **T. Royds**, Phil. Mag. (6) **16**, 313; 1908. Die mit * bezeichneten Linien sind auch von **H. E. Watson**, Proc. Roy. Soc. **83**, 50; 1909 beobachtet. Es sind nur die wichtigsten Linien angegeben.	
3649,6	4641,9	3652,1	**3664,6**	**4308,3***
3814,7	**4683,0**	3913,6	**3753,6**	**4350,3***
4340,6	4692,1	**4170,5**	**3982,0***	**4460,0**
4436,1	4699,6	4642,0	**4018,0**	**4644,7***
4533,5	4726,9		**4166,6***	**4681,1***
4600,3	**4826,3**		**4203,7***	

Name	Beobachter Literatur				
	Radioaktivitätskonstante	Reichweite α-Strahlen	k β-Strahlen	k λ-Strahlen	Zitat zu *
Thorium	(Berechnet)	W. H. Bragg *, Phil. Mag. (6) **11**, 754; 1906.	—	—	und O. Hahn, Ber. chem. Ges. **40**, 3304; 1907.
Th 1 } Mesothorium	Mc. Coy, Amer. chem. Journ. **29**, 1709; 1908.	—	—	—	
Th 2 } Mesothorium	O. Hahn, Phys. ZS. **9**, 246; 1908.	—	O. Hahn u. L. Meitner, Phys. ZS. **9**, 321; 1908.	A. S. Russell u. F. Soddy, Phil. Mag. (6) **21**, 130; 1911.	
Th 3 . . . . . (Radiothorium)	G. A. Blanc, Phys. ZS. **8**, 321; 1907.	O. Hahn, Phys. ZS. **7**, 456; 1906.	—	—	
Th X	F. v. Lerch, Wien. Ber. **114**, 553; 1905.	„	O. Hahn u. L. Meitner, Phys. ZS. **11**, 493; 1910.	—	
Th-Emanation .	H. L. Bronson, Sill. Journ. (4) **19**, 185; 1905.	„	—	—	
Th A } aktiver Beschlag	F. v. Lerch, Wien. Ber. **114**, 553; 1905.	—	A. F. Kovarik, Phil. Mag. (6) **20**, 849; 1910.	—	O. v. Baeyer, O. Hahn u. L. Meitner, Phys. ZS. **12**, 273; 1911.
Th B } aktiver Beschlag	E. Rutherford, Phil. Trans. **204**, 169; 1904.	„	—	—	
Th C } aktiver Beschlag	O. Hahn, Phys. ZS. **7**, 913; 1906.	O. Hahn, Phys. ZS. **7**, 913; 1906.	—	—	
Th D } aktiver Beschlag	O. Hahn u. L. Meitner, Verh. phys. Ges. **11**, 55; 1909.	—	„	A. S. Russell u. F. Soddy, Phil. Mag. (6) **21**, 130; 1911.	„
Actinium . . .	—	—	—	—	
Radioactinium .	O. Hahn, Phil. Mag. (6) **13**, 165; 1907.	O. Hahn, Phil. Mag. (6) **12**, 244; 1906; Phys. ZS. **7**, 557; 1906.	O. Hahn u. L. Meitner, Phys. ZS. **2**, 697; 1908.	—	
Act X	T. Godlewski, Phil. Mag. (6) **10**, 35; 1905.	„	—	—	
Act-Emanation .	A. Debierne, C. r. **138**, 411; 1904.	„	—	—	
Act A } aktiver Beschlag	V. F. Hess, Wien. Ber. **116**, 1; 1907.	—	O. Hahn u. L. Meitner, Phys. ZS. **9**, 697; 1908.	—	
Act B } aktiver Beschlag	O. Hahn u. L. Meitner, Phys. ZS. **9**, 649; 1908.	„	—	—	
Act C } aktiver Beschlag	O. Hahn u. L. Meitner, Phys. ZS. **9**, 649; 1908.	—	A. F. Kovarik, Phil. Mag. (6) **20**, 849; 1910.	A. S. Russell u. F. Soddy, Phil. Mag. (6) **21**, 130; 1911.	
Kalium	—	—	E. Henriot, Rad. **7**, 40; 1910.	—	
Rubidium . . .	—	—	„	—	

Greinacher.

261

Konstanten der Gasionen.

1. Elektrisches Elementarquantum.

Elementarquantum in elektrostatischen Einheiten	Bestimmungsart	Beobachter
$1,5—6,7 \cdot 10^{-10}$	Wolken von geladenen Nebeltröpfchen	J. Townsend, Phil. Mag. (5) **45**, 125; 1898 u. J. J. Thomson, Phil. Mag. (5) **46**, 528; 1898 u. **48**, 557, 1898.
$3,4 \cdot 10^{-10}$	„	J. J. Thomson, Phil. Mag. (6) **5**, 346; 1903.
$3,1 \cdot 10^{-10}$	„	H. A. Wilson, Phil. Mag. (6) **5**, 429; 1903.
$4,67 \cdot 10^{-10}$	Verbesserte Wilsonsche Methode	L. Begemann, Phys. Rev. **30**, 131, 1910.
[1]) $4,69 \cdot 10^{-10}$	Aus den Strahlungskonstanten berechnet.	M. Planck, Ann. Phys. (4), **4**, 564, 1901.
$4,24 \cdot 10^{-10}$	Brownsche Bewegung von Suspensionen in Flüssigkeiten	J. Perrin, C. r. **149**, 99, 1910 und **152**, 1165, 1911.
$4,64 \cdot 10^{-10}$	„	The Svedberg, Ark. **4**, 1, 1911.
$4,65 \cdot 10^{-10}$	Auszählung der α-Teilchen	E. Rutherford und H. Geiger, Phys. ZS. **10**, 1 u. 42, 1909.
$4,79 \cdot 10^{-10}$	„	E. Regener, Abh. Akad. Berlin **38**, 948; 1909.
$4,84 \cdot 10^{-10}$	Geladene Einzeltröpfchen	E. Regener, Phys. ZS. **12**, 135, 1911.
$5,00—5,22 \cdot 10^{-10}$	„	K. Przibram, Wien. Ber. **120**, 639, 1911.
[2]) $4,78 \cdot 10^{-10}$	„	R. A. Millikan, Verh. D. phys. Ges. **14**, 712; 1912.

[1]) Dieser Wert wird von F. Paschen neuerdings auf $5,12 \cdot 10^{-10}$ korrigiert. Ann. Phys. (4), **38**, 41; 1912.

[2]) Zuverlässigster Wert von allen.

Weitere Literatur im Referat von R. Pohl, Jahrb. Rad. **8**, 406; 1911.

2. Beweglichkeit der Gasionen (Geschwindigkeit im Felde 1 Volt/cm.)

Gas	Ionenbeweglichkeit in $\frac{cm}{sec}$ im Felde 1 Volt/cm — positive Ionen	negative Ionen	Beobachter
Luft	1,35	1,82	[1]) Mittelwert.
Wasserstoff	6,70	7,95	J. Zeleny, Phil. Trans. A. **195**, 193; 1900.
	6,02	7,68	J. Franck u. R. Pohl, Verh. D. phys. Ges. **9**, 69; 1907.
	5,4	7,43	Chattock, Phil. Mag. (5) **48**, 401; 1899 und Phil. Mag. (6) **1**, 79, 1901.
Sauerstoff	1,36	1,80	J. Zeleny, l. c.
	1,30	1,85	Chattock, l. c.
	1,29	1,79	J. Franck, Verh. D. phys. Ges. **12**, 613; 1910.
Stickstoff	1,27	120,4 rein (Elektronen)	„
	1,27	1,84 schwach verunreinigt	„
Kohlensäure	0,76	0,81	Zeleny, l. c.
	0,83	0,92	Chattock, l. c.
	0,86	0,90	M. Langevin, Ann. chim. phys. (7) **28**, 495; 1903.
	0,81	0,85	E. M. Wellisch, Phil. Trans. A **209**, 249; 1909.
Kohlenoxyd	1,10	1,14	„
Argon	1,37	ca. 206 rein (Elektronen)	J. Franck, l. c.
	1,37	1,70 schwach verunreinigt	„
Helium	5,09	6,31 schwach verunreinigt	J. Franck u. R. Pohl, Verh. D. phys. Ges. **9**, 194; 1907.
	5,09	ca. 500 rein (Elektronen)	J. Frank und G. Gehlhoff, Jahrb. Rad. **9**, 235; 1912.

[1]) Mittelwert aus den Messungen von J. Zeleny, Phil. Trans. A. **195**, 193; 1900, Chattock, Phil. Mag. (5) **48**, 401; 1899 und Phil. Mag. **1**, 79; 1901, J. Franck und R. Pohl, Verh. phys. Ges. **9**, 69; 1907, A. F. Kovarik, Phys. Rev. **30**, 415; 1910, W. Todd, Rad. **8**, 113; 1911, De Broglie, Rad. **4**, 184; 1907 und **8**, 106; 1911.

Regener.

Konstanten der Gasionen.

2. Beweglichkeit der Gasionen (Geschwindigkeit im Felde 1 Volt/cm) (Forts.).

Gas	Ionenbeweglichkeit in $\frac{cm}{sec}$ im Felde 1 Volt/cm positive Ionen	negative Ionen	Beobachter
Stickoxydul . . .	0,82	0,90	E. M. Wellisch l. c.
Ammoniak . . .	0,74	0,80	"
Acetaldehyd . . .	0,31	0,30	"
Äthylalkohol . .	0,34	0,27	"
	0,31	0,32	K. Przibram, Wien. Ber. **117**, 665; 1908 u. Wien. Ber. **118**, 331; 1909.
Radioaktive Restatome in Wasserstoff	6,21	—	J. Franck, Verh. D. phys. Ges. **11**, 397; 1909.

Weitere Dämpfe siehe bei K. Przibram, Wien. Ber. **118**, 665; 1908 und Wien. Ber. **118**, 331; 1909 und bei E. M. Wellisch, Phil. Trans. A. **209**, 249; 1909. Über den Einfluß der Feuchtigkeit siehe Zeleny, Phil. Trans. A **195**, 193; 1900.

Beweglichkeit der negativen Flammenionen ca. 10000 $\frac{cm}{sec}$ pro $\frac{Volt}{cm}$, H. A. Wilson, Phil. Trans. 1909 und E. Gold, Phil. Trans. A. **79**, 60; 1907.

Beweglichkeit der positiven Flammenionen nach Lusby, Phil. Mag. (6) **22**, 775; 1911.

Absolute Temperatur	Beweglichkeit der positiven Ionen einwertige Metalle	zweiwertige Metalle
0		
1950	350	350
1700	320	320
1450	290	290
1370	115	115
1300	42,5	42,5
1220	25,5	20,5
1150	12,2	6,2

Zu 2. vergl. auch das Referat von J. Franck, Jahrb. Rad. **9**, 235; 1912, sowie das von K. Przibram, Jahrb. Rad. **8**, 285; 1911.

3. Diffusionskoeffizienten der Ionen in trockenen Gasen.

Gas	Diffusionskoeffizient $\frac{cm^2}{sec}$ der positiven Ionen	Diffusionskoeffizient $\frac{cm^2}{sec}$ der negativen Ionen	Beobachter
Luft . . .	0,028	0,043	J. Townsend, Phil. Trans. A. **195**, 259; 1900.
	0,029	0,045	J. Franck u. W. Westphal, Verh. D. phys. Ges. **11**, 146; 1909.
Sauerstoff .	0,025	0,0396	Townsend, l. c.
	0,030	0,041	E. Salles, Rad. **7**, 362; 1910 und
Kohlensäure	0,023	0,026	J. Townsend, l. c.
	0,025	0,026	E. Salles, l. c.
Stickstoff .	0,0295	0,0414	"
Wasserstoff .	0,123	0,190	J. Townsend, l. c.

Siehe auch E. Salles, Rad. **8**, 59; 1911.

Regener.

Konstanten der Gasionen.

4. Koeffizient der gegenseitigen Wiedervereinigung der Ionen in verschiedenen Gasen (α in der Gleichung $\frac{dn}{dt} = -\alpha n^2$, wobei n = Konzentration der Ionen).

Gas	Wiedervereinigungskoeffizient multipliziert mit dem Elementarquantum in el. stat. Einheiten	Beobachter
Luft, trocken . .	3420	J. Townsend, Phil. Trans. **193**, 129; 1900.
„	3380	McClung, Phil. Mag. (6) **3**, 283; 1902.
„	3200	M. Langevin, Thèses, Paris 1902.
Sauerstoff . . .	3380	J. Townsend, l. c.
Kohlensäure . . .	3500	„
„	3490	McClung, l. c.
„	3400	M. Langevin, l. c.
Wasserstoff . . .	3020	J. Townsend, l. c.
„	2940	McClung, l. c.

Siehe auch das Referat von F. Harms, Jahrb. Rad. **3**, 321; 1906. Über den Einfluss der Temperatur auf die Wiedervereinigung siehe A. Erickson, Phil. Mag. (6) **18**, 328; 1909 u. P. Phillips, Proc. Roy. Soc. A. **83**, 246; 1910.

5. Verhältnis von Ladung zu Masse für langsame Kathodenstrahlen $\frac{e}{m_0}$ ($\frac{e}{m}$ reduziert auf die Geschwindigkeit Null).

(Neuere Werte. Ältere Literatur bei Seeliger, Jahrb. Rad. **9**, 28; 1912.)

$\frac{e}{m_0}$ elektromagn. Einheiten	Strahlenart	Methode	Beobachter
$1{,}878 \cdot 10^7$	β-Strahlen	Magnetische und elektrische Ablenkung	W. Kaufmann, Ann. Phys. (4) **19**, 487; und **20**, 639; 1906.
$1{,}733 \cdot 10^7$	Kathodenstrahlen	„	A. Bestelmeyer, Ann. Phys. (4) 22, 429; 1907.
$1{,}763 \cdot 10^7$	β-Strahlen	„	A. H. Bucherer, Ann. Phys. (4), **28**, 513; 1907.
$1{,}776 \cdot 10^7$	Oxydkathodenstrahl.	Magnetische Ablenkung und Elektrodenspannung	J. Classen, Verh. D. phys. Ges. **10**, 700; 1908.
$1{,}767 \cdot 10^7$	β-Strahlen	Magnetische und elektrische Ablenkung	K. Wolz, Ann. Phys. (4), **30**, 166 und 974; 1909.
$1{,}72 \cdot 10^7$	Kathodenstrahlen	Magnetische Ablenkung und Elektrodenspannung	K. Th. Lerp, Diss. Göttingen 1911.
$1{,}769 \cdot 10^7$	„	„	J. Malassez, Ann. chim. phys. (8) **23**, 231, 397, 491; 1911.
$1{,}776 \cdot 10^7$	Oxydkathodenstrahl.	„	A. Bestelmeyer, Ann. Phys. (4) **35**, 909; 1911.
$1{,}76 \cdot 10^7$	Photokathodenstr.	„	E. Alberti, Diss. Berlin 1912.

Über die Abhängigkeit von $\frac{e}{m}$ von der Geschwindigkeit der Kathodenstrahlen siehe insbesonders die Arbeiten von W. Kaufmann, Ann. Phys. (4) **19**, 487; 1906, A. H. Bucherer, Ann. Phys. (4) **28**, 585; 1909 und E. Hupka, Ann. Phys. (4) **31**, 169; 1910.

6. Verhältnis von Ladung zu Masse für α-Strahlen:

e/m = 5 . 10³ elektr.-magn. Einh. E. Rutherford, Phil. Mag. (6), **12**, 348; 1906 u. E. Rutherford und O. Hahn, Phil. Mag. (6) **12**, 371; 1906.

Regener.

Magnetisierbarkeit einiger Eisensorten (Nullkurven, Hystereseschleifen, Sättigungswerte)

nach Jochmessungen in der Physikal.-Techn. Reichsanstalt von **E. Gumlich** (E.T.Z. **30**, 1065; 1909).

$\mathfrak{H}$ = Feldstärke; $\mathfrak{B}$ = Induktion; $\mu = \frac{\mathfrak{B}}{\mathfrak{H}}$ = Permeabilität; J_∞ = Sättigungswert; η = der Faktor der **Steinmetz**schen Beziehung $E = \eta\,\mathfrak{B}^{1,6}$ (E = Energieverlust beim Ummagnetisieren pro ccm in Erg).

	[V. 123]				[V. 120]				[V. 117]				[V. 119]			
	Elektrolyteisen (Streifen)				Dynamostahl				Dynamostahl				Schwedisches Holzkohleneisen			
	C = 0,024 %, Si = 0,004 %, Mn = 0,008 %		P = 0,008 %, S = 0,001 %		C = 0,044 %, Si = 0,004 %, Mn = 0,400 %		P = 0,044 %, S = 0,027 %		C = 0,085 %, Si = 0,028 %, Mn = 0,380 %		P = 0,029 %, S = 0,024 %		C = 0,027 %, Si = 0,006 %, Mn = 0,030 %		P = 0,099 %, S = 0,002 %	
	ungeglüht		geglüht		ungeglüht		zweimal geglüht		ungeglüht (?)		geglüht		ungeglüht		geglüht	
$\mathfrak{H}$	$\mathfrak{B}$	μ	$\mathfrak{B}$	μ	$\mathfrak{B}$	μ	$\mathfrak{B}$	μ	$\mathfrak{B}$	μ	$\mathfrak{B}$	μ	$\mathfrak{B}$	μ	$\mathfrak{B}$	μ
+ 0,25			2200	3800	240	960	3100	12400	350	1400	450	1800	300	1200	310	1240
+ 0,5	180	360	7500	15000	600	1200	7100	14200	1300	2600	1550	3100	900	1800	1000	2000
+ 0,75	350	470	9300	12400	1150	1530	8950	11920	3100	4140	3700	4940	2250	3000	3400	4530
+ 1,0	600	600	10240	10240	2300	2300	10200	10200	4600	4600	5650	5650	5000	5000	6350	6350
+ 1,5	1520	1010	11400	7600	6050	4030	11730	7820	6300	4200	8200	5460	8000	5330	8400	5600
+ 2,5	4370	1750	12800	5130	9300	3720	13400	5370	8400	3360	10800	4320	10500	4200	10550	4220
+ 5	8920	1780	14470	2890	12150	2430	15000	3000	11030	2210	13570	2710	12900	2580	12940	2590
+ 10	12750	1280	15500	1550	14100	1410	15680	1570	13300	1330	14970	1500	14600	1460	14630	1460
+ 20	15300	765	16200	810	15450	775	16130	805	14760	740	15680	785	15700	785	16100	810
+ 50	17150	340	17100	340	16830	335	17100	340	16300	330	16700	335	16900	340	17120	340
+ 100	18380	185	18050	180	17980	180	18280	183	17520	175	17770	178	17930	179	18130	181
+ 150	19160	130	18870	126	18750	125	19100	127	18400	123	18620	124	18700	125	18850	126
+ 300	20650	69,0	20700	69,0	20400	68,0	20420	68,1	20000	66,7	20200	67,3	20200	67,3	20180	67,3
+ 500	21630	43,3	21670	43,3	21450	42,8	21460	42,9	21120	42,2	21410	42,8	21200	42,4	21150	42,3
+ 1000	22520	22,5	22570	22,6	22350	22,4	22320	22,3	22100	22,1	22340	22,3	22120	22,1	22040	22,0
+ 2000	23620	11,8	23620	11,8	23410	11,7	23380	11,7	23220	11,6	23380	11,7	23200	11,6	23140	11,6
+ 3000	24630	8,2	24630	8,2	24430	$8,1_5$	24420	$8,1_5$	24250	$8,1_0$	24420	$8,1_5$	24210	8,1	24180	8,1
+ 4500	26110	5,8	26150	5,8	25920	$5,7_5$	25930	$5,7_5$	25740	$5,7_0$	25910	$5,7_5$	25690	5,7	25680	5,7
+ 200	19710		19450													
+ 150	19160		18870		18750		19100		18400		18620		18700		18850	
+ 100	18510		18150		18000		18300		17600		17800		17970		18130	
+ 50	17470		17230		17000		17120		16500		16800		17030		17220	
+ 25	16480		16580		16070		16430		15600		16070		16240		16530	
+ 10	15240		15920		14930		15850		14600		15350		15300		15700	
+ 5	14170		15320		14040		15500		13300		14740		14500		14220	
+ 2,5	13200		14400		13000		15100		11900		13740		13700		12920	
+ 1	12270		13020		11900		13700		10160		12300		12700		11600	
0	11440		10850		10600		11050		7850		10250		11400		9850	
— 0,25	11200		9400		10150		9400		6800		9500		10850		8950	
— 0,5	10930		- 6500		9630		- 6300		4700		8250		10200		7100	
— 0,75	10620		- 8900		9000		- 9000		1200		4400		9200		1000	
— 1,0	10300		-10000		8100		-10200		- 2300		- 1900		3500		- 5400	
— 1,5	9420		-11400		- 1500		-11730		- 5000		- 6450		- 7050		- 8200	
— 2,5	3100		-12800		- 8560		-13400		- 7600		-10130		-10400		-10500	
— 5	- 7770		-14460		-11940		-15000		-10630		-13360		-12900		-12940	
— 10	-12760		-15500		-14020		-15680		-13180		-14880		-14600		-14630	
— 20	-15300		-16200		-15450		-16130		-14760		-15680		-15700		-16100	
— 50	-17150		-17100		-16830		-17100		-16300		-16700		-16900		-17120	
— 100	-18380		-18040		-17980		-18280		-17520		-17770		-17930		-18130	
— 150	-19160		-18870		-18750		-19100		-18400		-18620		-18700		-18850	
— 200	19710		-19450													
Remanenz	11440		10850		10600		11050		7850		10250		11400		9850	
Koerz.-Kr.	$2,8_2$		$0,37_5$[1]		1,46		0,37		0,83		$0,88_5$		$1,0_6$		0,76	
μmax. . .	1850		14600		4200		14800		4600		5700		5400		6400	
η . . .	0,00308		0,00078		0,00157		0,00054		0,00162		0,00110		0,00131		0,00105	
J_∞ . .	1720,5		1721,5		1704,5		1704_5		1691		1703		1687		1685,5	

[1]) Durch geeignete thermische Behandlung hat sich später dieser Wert noch auf 0,23 verringern lassen.

Magnetisierbarkeit einiger Eisensorten (Nullkurven, Hystereseschleifen, Sättigungswerte)

nach Jochmessungen in der Physikal.-Techn. Reichsanstalt von **E. Gumlich** (E.T.Z. **30**, 1065; 1909).

$\mathfrak{H}$ = Feldstärke; $\mathfrak{B}$ = Induktion; $\mu = \frac{\mathfrak{B}}{\mathfrak{H}}$ = Permeabilität; J_∞ = Sättigungswert; η = der Faktor der **Steinmetz**schen Beziehung $E = \eta\,\mathfrak{B}^{1,6}$ (E = Energieverlust beim Ummagnetisieren pro ccm in Erg).

	[V. 122]				[V. 121]				[V. 118]				[1043]		[1045]	
	Schlechter Stahlguß				Stahl				Gußeisen				Dynamoblech schwach legiert		Dynamoblech stark legiert	
	C = 0,56 %, Si = 0,18 %, Mn = 0,29 %		P = 0,076 %, S = 0,035 %		C = 0,99 %, Si = 0,10 %, Mn = 0,40 %		P = 0,04 %, S = 0,07 %		C = 3,109 %, Si = 3,270 %, Mn = 0,560 %		P = 1,050 %, S = 0,061 %		C = 0,036 %, Si = 0,330 %, Mn = 0,260 %		C = 0,036 %, Si = 3,896 %, Mn = 0,090 %	
	ungehärtet		gehärtet		ungehärtet		gehärtet		ungeglüht		geglüht		geglüht		geglüht	
$\mathfrak{H}$	$\mathfrak{B}$	μ	$\mathfrak{B}$	μ	$\mathfrak{B}$	μ	$\mathfrak{B}$	μ	$\mathfrak{B}$	μ	$\mathfrak{B}$	μ	$\mathfrak{B}$	μ	$\mathfrak{B}$	μ
+ 0,25																
+ 0,5													400	800	780	1560
+ 0,75													860	1150	3650	4860
+ 1,0	200	200	57	57	89	89	42	42					1660	1660	6180	6180
+ 1,5													4950	3300	8130	5420
+ 2,5	650	260	145	58	230	92	112	45	235	94	900	360	7570	3030	10000	4000
+ 5	2400	480	290	58	500	100	240	48	570	114	2950	590	10620	2120	11820	2360
+ 10	7250	730	620	62	1650	165	500	50	1960	196	5150	515	13230	1320	13280	1330
+ 20	11120	555	1500	75	7000	350	1120	56	4700	235	6820	340	14850	740	14200	710
+ 50	14630	290	8160	163	13970	280	4280	86	7520	150	8620	172	16300	325	15580	310
+ 100	16420	164	13780	138	15800	158	9820	98	9320	93,2	9950	99,5	17430	175	16740	167
+ 150	17420	116	15370	102	15700	112	11670	78	10500	70,0	11020	73,6	18220	121,5	17550	117
+ 300	19030	63,4	17600	58,7	18200	60,3	14320	47,7	12550	41,8	12800	42,7	19600	65,3	18900	63,0
+ 500	19880	39,8	19000	38,0	18900	37,8	15400	30,8	13900	27,8	14130	28,3	20500	41,0	19530	39,0
+ 1000	21000	21,0	20530	20,5	20040	20,0	17410	17,4	15900	15,9	16200	16,2	21350	21,4	20200	20,2
+ 2000	22350	11,2	21920	11,0	21480	10,7	19250	9,6	17840	$8{,}9_2$	18120	$9{,}0_6$	22520	11,3	21270	10,6
+ 3000	23450	7,8	23050	7,7	22700	7,6	20570	$6{,}8_8$	19180	$6{,}3_9$	19490	$6{,}5_0$	23450	$7{,}8_2$	22280	$7{,}4_3$
+ 4500	25030	$5{,}5_5$	24650	$5{,}4_8$	24260	$5{,}4_0$	22260	$4{,}9_5$	20870	$4{,}6_5$	21200	$4{,}7_2$	25020	$5{,}5_7$	23720	$5{,}2_5$
+ 200	18150		16520		17370		13170		11430		11920					
+ 150	17570		15730		16900		12300		10570		11080		18220		17550	
+ 100	16770		14700		16250		11180		9520		10020		17470		16780	
+ 50	15530		13200		15330		9720		8220		8750		16500		15700	
+ 25	14340		12100		14600		8720		7180		7820		15650		14820	
+ 10	12800		11260		13880		8000		6170		6800		14670		13980	
+ 5	11900		10960		13500				5700		6200		13620		13200	
+ 2,5	11350												12400		12440	
+ 1													11050		11400	
0	10630		10630		13000		7460		5100		5300		9400		9850	
— 0,25													8780		9120	
— 0,5													7970		7850	
— 0,75													6450		2000	
— 1,0													3650		− 4450	
— 1,5													− 2350		− 7450	
— 2,5	9600								4670		4450		− 7000		− 9620	
— 5	7400				12280				4180		− 1800		−10400		−11620	
— 10	− 4900		9860		11000		6880		1750		− 5150		−13100		−13100	
— 20	−10920		8900		− 5200		6160		− 4160		− 6820		−14750		−14130	
— 50	−14630		− 6550		−13820		1300		− 7380		− 8620		−16300		−15580	
— 100	−16420		−13780		−15800		− 9820		− 9200		− 9950		−17430		−16740	
— 150	−17420		−15370		−16700		−11670		−10500		−11020		−18220		−17550	
— 200	−18100		−16370		−17300		−12900		−11430		−11920					

	V. 122 ungehärtet	V. 122 gehärtet	V. 121 ungehärtet	V. 121 gehärtet	V. 118 ungeglüht	V. 118 geglüht	1043 geglüht	1045 geglüht
Remanenz	10650	10630	13000	7460	5100	5300	9400	9850
Koerz.-Kr.	7,1	44,3	16,7	52,4	11,4	4,6	1,30	0,77
μ_{max}	710	170	375	110	240	620	3300	6200
η	0,00695	0,0271	0,0150	0,0337	0,0114	0,00437	0,00192	0,00131
J_∞	1639,5	1606	1577,5	1416,5	1306,5	1333	1630,5	1532,5

Gumlich.

Magnetisierbarkeit einiger Eisensorten.

Nach Beobachtungen (ballistisch, Schlußjoch) in der Physikal.-Techn. Reichsanstalt von **E. Gumlich** und **Erich Schmidt.** (E.T.Z. 22, 690—698; 1901).

Material	$\mathfrak{H}$max.	$\mathfrak{B}$max.	$\mathfrak{B}$ für $\mathfrak{H}$ = 100	Remanenz	Coercitiv-Kraft	μmax.	Energie-verg. (Erg.)	Elektr. Widerst. m/qmm (Ohm.)
Walzeisen	129	18 190	17 700	10 300	$0,6_0$	8350	4 900	0,113
Schmiedeeisen . .	145	18 370	17 650	9 000	$1,6_5$	2850	12 300	0,148
gegossenes Material (Stahlguß, Flußeisen, Dynamostahl)	129	17 700	17 200	7 500	$0,9_5$	4070	9 400	0,154
	128	18 090	17 600	7 500	$0,9_8$	3680	9 600	0,141
	129	17 950	17 470	8 000	$0,8_0$	5240	10 100	0,143
	128	18 210	17 750	9 150	$1,4_0$	3410	10 700	0,142
	128	18 040	17 570	7 200	$1,0_4$	3200	10 700	0,142
	129	17 590	17 100	9 600	$1,3_0$	4020	10 800	0,152
	128	17 970	17 500	7 900	$1,3_0$	3160	11 300	0,161
	128	18 080	17 600	7 500	$1,3_5$	2610	11 400	0,167
	128	18 030	17 600	8 900	$1,4_7$	3070	11 800	0,158
	129	18 470	18 000	7 800	$1,8_5$	2320	11 900	0,142
	128	17 920	17 450	8 200	$1,3_5$	3490	12 100	0,161
	129	18 380	18 000	12 250	$1,4_5$	3780	12 300	**0,426** [1])
	128	18 220	17 660	8 200	$1,3_0$	3120	12 400	0,153
	129	18 000	17 480	7 000	$1,3_5$	2600	12 800	0,176
	132	15 930	15 400	9 600	$1,8_8$	2580	13 400	0,196
	128	18 130	17 700	9 960	$1,6_2$	3170	14 100	0,152
	130	17 880	17 400	10 100	$1,3_5$	3680	14 100	0,143
	128	18 000	17 530	9 100	$1,7_9$	2520	14 600	0,172
	127	18 190	17 700	9 200	$1,8_5$	2460	14 700	0,154
	129	18 190	17 670	7 500	$2,0_0$	1900	15 700	0,129
	128	18 120	17 650	8 200	$2,2_8$	1900	16 400	0,162
	129	17 890	17 400	9 600	$1,9_0$	2400	16 900	0,174
	131	17 930	17 450	10 400	2,0	2380	17 600	0,166
	127	18 110	17 660	11 800	$2,2_2$	2480	18 200	0,146
	127	17 880	17 400	10 500	$1,9_5$	2380	18 500	0,209
	129	17 430	16 900	8 950	$2,7_5$	1600	19 100	0,137
	132	18 040	17 500	8 300	$2,2_0$	1880	20 200	0,186
	129	17 940	17 400	11 700	$2,4_2$	2250	20 300	0,158
	129	18 100	17 600	12 060	$3,1_2$	1910	21 900	0,173
	128	17 790	17 300	11 080	$3,2_7$	1620	24 200	0,217
	128	17 440	17 000	10 300	$3,1_2$	1670	24 600	0,205
	129	17 430	16 950	10 450	$3,4_7$	1360	25 100	0,176
	129	17 470	16 950	11 100	$3,4_5$	1400	25 900	0,186
	129	17 270	16 750	9 550	$4,3_3$	1100	30 200	0,196
Gußeisen	137	9 890	9 000	4 440	$9,8_5$	230	28 300	0,897
	151	10 000	8 900	4 300	11,7	195	33 100	0,982
	150	10 680	9 700	5 000	10,9	242	33 700	0,885
	151	10 250	9 150	4 640	12,9	216	35 300	0,975
Stahl, gehärtet . .	234	16 220	13 900	11 700	52,6	195	—	0,325
	233	16 240	13 900	11 700	52,8	165	—	0,318
	235	15 120	12 200	10 500	61,7	125	—	0,360
	238	13 370	9 500	8 880	69,7	—	—	0,422
Dynamoblech . . .	129	17 430	16 900	9 800	$1,1_5$	4950	9 400	—
	128	18 410	17 950	8 050	$1,4_8$	2980	10 600	—
	128	19 540	19 100	7 550	$1,3_7$	2940	10 700	—
	146	18 490	17 700	8 300	$1,6_2$	2660	11 200	0,144
	128	17 830	17 350	8 500	$2,1_7$	2050	14 400	—
	146	18 500	17 730	8 800	$2,3_9$	1840	16 200	0,144
	129	17 440	17 000	10 000	$2,9_0$	1740	17 600	—
	127	18 320	17 800	10 150	$3,3_8$	1410	22 000	—
	124	18 880	18 450	11 550	$4,1_8$	1220	28 800	—

[1]) Silicium = Legierung.

Magnetisierbarkeit verschiedener Stahlsorten (gehärtet).

Nach Beobachtungen von Mad. **Sklodowska Curie,** Bull. de la Soc. d'encouragement pour l'industrie nat. (2) **3**, 36; 1897 und C. r. **125**, 1165; 1897.

t = (günstigste) Härtungstemperatur; C = Coercitivkraft; R = Remanenz; $\mathfrak{B}$ = Induktion für die Feldstärke 500; E = Energievergeudung in Erg pro ccm. Die Indices s bzw. r bedeuten, daß die betreffenden Werte mit Stäben von 20 cm Länge und 1 qcm Querschnitt, die bis zur Sättigung magnetisiert waren, bzw. mit geschlossenen Ringen gewonnen wurden.

Material	Kohlenstoff in %	t^0	$C_{r,s}$	R_s	R_r	$\mathfrak{B}_r$	E_r
Kohlenstoffstahl von Firminy	0,06	1000	3,4	400	7 850	20 100	28 000
	0,20	850	11,0	1500	9 680	20 480	68 000
	0,49	770	23	2800	10 490	19 660	108 000
	0,84	770	53	5300	7 600	15 960	170 000
	1,21	770	60	5800	8 110	15 580	182 000
Kohlenstoffstahl von Böhler (Steiermark)							
weich	0,70	800	49	5300	—	—	—
halbhart	0,96	800	56	5300	—	—	—
extra zäh, hart	0,99	800	55	5200	—	—	—
extra halbhart	1,17	800	63	5800	—	—	—
Kohlenstoffstahl von Unieux	0,75	770	51	5200	—	—	—
	0,83	770	56	5500	—	—	—
	0,96	770	58	5400	8 040	15 270	165 000
	1,40	750	61	—	—	—	—
	1,61	750	46	—	—	—	—
Kupferstahl von Châtillon u. Commentry; 3,9 % Cu.	0,87	730	66	6200	—	—	—
Chromstahl von Assailly							
2,5 % Cr.	0,50	900	45	5800	—	—	—
2,8 % „	0,82	900	56	6400	—	—	—
3,4 % „	1,07	850	57	6700	—	—	—
Wolframstahl von Assailly							
2,7 % W.	0,76	850	66	6400	10 050	16 080	260 000
2,7 % „	1,10	830	68	6300	—	—	—
Wolframstahl von Châtillon u. Commentry; 2,7 % W.	1,02	800	69	6800	—	—	—
Wolframstahl von Böhler (Steiermark)							
Spezialstahl, sehr hart; 2,9 % W.	1,10	850	74	6700	—	—	—
Boreastahl, ungehärtet; 7,7 % W.	1,96	—	45	4400	—	—	—
Boreastahl, gehärtet; 7,7 % W.	1,96	800	85	4700	—	—	—
Stahl von Allevard; 5,5 % W.	0,59	770	72	7000	10 680	16 080	280 000
Molybdänstahl von Châtillon und Commentry							
3,5 % Mo.	0,51	850	60	6700	—	—	—
4,0 % „	1,24	800	85	6700	—	—	—
3,9 % „	1,72	800	78	7000	—	—	—

Gumlich.

Magnetisierbarkeit von Eisen und Stahl durch kleine Kräfte (Anfangspermeabilität)

(vgl. auch die Messungen von **Guggenheim**, S. 1238).

1. Messungen an zylindrischen Stäben in freier Spule, ausgeführt von **E. Gumlich**, Phys.-Techn. Reichsanstalt (E.T.Z. **32**, 180; 1911.)

Der Verlauf der Magnetisierungskurve sowie die chemische Zusammensetzung ist zum Teil der Tab. 262 zu entnehmen.

2. Messungen an zylindrischen Stäben mit dem Magnetometer von **L. Holborn**, Physikal. Techn. Reichsanstalt, Wied. Ann. **61**, 281; 1897.

3. Werte von **H. E. J. G. Dubois** zur Verfügung gestellt.

1. $\mathfrak{H}$	V 126	V 120			V 117		V 119		V 122		V 121	
	Elektrolyteisen, Stab geschmiedet	Dynamostahl			Dynamostahl		Schwedisches Holzkohleneisen		Schlechter Stahlguß		Stahl	
	unglüht	unglüht	einmal geglüht	zweimal geglüht	ungeglüht (?)	geglüht	unglüht	geglüht	ungehärtet	gehärtet	ungehärtet	gehärtet
	μ	μ	μ	μ	μ	μ	μ	μ	μ	μ	μ	μ
0	250	400	490	320	250	158	214	470	131,5	58,0	72,8	43,2
0,01	300	413	522	351	290	166	222	513	131,8	58,1	72,8	43,2
0,03	420	437	586	433	372	180	242	600	132,1	58,2	72,8	43,3
0,05	560	463	650	540	453	198	266	680	132,5	58,4	72,9	43,4
0,1	975	532	786	872	650	252	322	890	134,6	58,5	73,0	43,6
0,15	1500	590	912	1390	828	330	374	1070	137,0	58,6	73,1	43,8
0,2	2110	638	1040	3030	980	430	430	1225	139,0	58,8	73,3	44,0
0,3	.	.	.	.	.	.	.	.	144,2	59,0	73,5	44,2
0,4	.	.	.	.	.	.	.	.	150,4	59,4	73,8	44,5
μmax.	7800	4200	6600	14 800	4600	5700	5400	6400	710	170	375	110
Koerzitivkraft	$0{,}47_5$	1,46	0,89	0,37	0,83	$0{,}88_5$	$1{,}0_6$	0,76	7,1	44,3	16,7	52,4
Remanenz	7800	10 600	12 000	11 050	7850	10 250	11 400	9850	10 650	10 630	13 000	7 460
η	0,00068	0,00157	0,00108	0,00054	0,00162	0 00110	0,00131	0,00105	0,00695	0,0271	0,0150	0,0337
J	1721	1704,5	.	1704,5	1691	1703	1687	1685,5	1639,5	1606	1577,5	1416,5

$\mathfrak{H}$	V 118		SJ4C		SJ20C		SJ50C		Nr. 1410	V 136
	Gußeisen		Silicium-Legierungen						Dynamoblech	
			niedrig (Si=0,43%)		mittel (Si=1,93%)		hoch (Si=4,45%)		legiert	normal
	ungeglüht	geglüht	ungeglüht	geglüht	ungeglüht	geglüht	ungeglüht	geglüht	geglüht	geglüht
	μ	μ	μ	μ	μ	μ	μ	μ	μ	μ
0	69,4	176	182	158	238	223	450	510	528	328
0,01	69,4	176	190	161	251	232	475	560	554	342
0,03	69,5	177	208	173	282	252	522	673	611	374
0,05	69,7	178	230	191	314	272	572	790	668	402
0,1	69,9	180	280	237	400	334	712	1035	804	476
0,15	70,0	183	336	293	474	390	844	1228	930	552
0,2	70,3	186	394	358	547	442	954	1408	1035	622
0,3	70,8	195								
0,4	71,8	206								
μmax.	240	620	2830	2800	2880	2880	3220	4440	4250	3900
Koerzitivkraft	11,4	4,6	1,38	1,23	$1{,}2_7$	$1{,}3_2$	1,25	0,66	0,75	1,0
Remanenz	5100	5300	8200	7050	7750	8450	8200	6000	6580	9800
η	0,0114	0,00437	0,00205	0,00169	0,00210	0,00161	0,00278	0,00086	0,00110	0,00207
J	1306,5	1333	1680,5	1697,5	1626,5	1641	1520	1548		

Gumlich.

264 a

Magnetisierbarkeit von Eisen und Stahl durch kleine Kräfte (Anfangspermeabilität). (Fortsetzung.)

2. Material	μ für $\mathfrak{H}=$ 0,01	0,05	0,1	0,2	0,5	Formel: $\mu=$	gültig von $\mathfrak{H}=$	bis $\mathfrak{H}=$
Walzeisen	455	605	680	795	1120	570+1106 $\mathfrak{H}$	0,07	0,75
Stahlguß	225	240	250	270	320	236+ 168 „	0,07	0,9
Kohlenstoffreiches Eisen	200	200	225	255	325	210+ 234 „	0,01	0,7
Harter Eisendraht	77	77	77	79	86	75+ 22 „	0,1	1,1
Gußeisen	41	41	41	41	42	41+ 3,0 „	0,1	4,0
Wolframstahl, geglüht	112	112	113	114	115	113+ 3,1 „	0,1	3,1
Wolframstahl, gehärtet	29	29	29	29	29	29+ 0,4 „	0,1	3,5

3. Material	μ für $\mathfrak{H}=$ 0,01	0,03	0,05	0,1	0,2	0,5	1,0	Koerz.-Kraft	Remanenz	$\mathfrak{B}$ für $\mathfrak{H}=100$
Skoda-Stahlguß	345	383	428	—	—	—	—	—	—	—
Kohlswa-Stahlguß (52)	322	337	351	372	398	477	614	2,35	8000	17 200
Thermit-Eisen (geglüht)	262	289	300	—	—	—	—	—	—	—
Molybdänstahl von Commentry (glashart)	32	—	—	32	—	—	32	76	8750	6 500
Wolframstahl „Boreas" von Gebr. Böhler, Steiermark (naturhart)	28	—	—	28	—	—	29	58	5500	5 200

265

Magnetisierbarkeit von geglühten Fe-Si- und Fe-Si-Ni-Legierungen

nach Ringmessungen von **Sigmund Guggenheim**; Diss. Zürich 1910.

Mn bis 0,13%; S bis 0,012%; P bis 0,048%; E = Energieverg. pro ccm in Erg bei $\mathfrak{B}$ = 10,000; ω = elektr. Widerst. pro m/qmm in Ohm.

Si = 0,68% C = 0,30%		Si = 1,75% C = 0,30%		Si = 2,82% C = 0,23%		Si = 3,60% C = 0,17%		Si = 4,80% C = 0,30%		Si = 2,0% C = 0,17% Ni = 1,9%		Si = 3,9% C = 0,17% Ni = 2,8%	
$\mathfrak{H}$	μ	$\mathfrak{H}$	μ	$\mathfrak{H}$	μ	$\mathfrak{H}$	μ	$\mathfrak{H}$	μ	$\mathfrak{H}$	μ	$\mathfrak{H}$	μ
0,018	171	0,037	159	0,018	342	0,019	401	0,018	600	0,019	235	0,038	308
0,111	210	0,111	181	0,109	456	0,114	575	0,106	910	0,116	322	0,112	351
0,259	264	0,260	216	0,255	535	0,266	745	0,246	1200	0,271	432	0,262	414
0,52	328	0,52	261	0,51	660	0,49	995	0,49	1750	0,50	540	0,53	525
1,11	473	1,11	350	1,09	1270	1,14	2690	1,06	4000	1,16	1010	1,12	1020
1,48	655	1,48	442	1,46	1830	1,52	2910	1,58	4030	1,55	1420	1,50	1350
2,95	1340	2,97	990	3,10	2180	3,05	2480	3,17	3140	2,91	1920	3,0	1630
5,2	1400	5,2	1140	5,1	1830	5,3	1860	4,9	2370	5,0	1750	5,3	1450
10,2	1050	10,4	925	10,2	1190	10,6	1150	10,6	1240	10,1	1220	10,5	1040
20,3	655	20,4	620	20,2	690	20,9	665	21,1	660	19,4	740	20,6	645
52,4	296	51,9	291	51,0	304	53,1	293	49,2	305	54,3	300	52,5	291
103,4	163	104,8	195	103,5	162	107,0	156	104,4	155	107,2	165	104,9	158
$E=$	7110		9700		4260		3020		1600		4160		5530
$\omega=$	0,227		0,376		0,481		0,539		0,651		0,396		0,596

266

Magnetisierbarkeit von Heuslerschen Legierungen (Kupfer-Mangan-Aluminiumbronzen).

a) Cu=61,5%; Mn=23,5%; Al=15%. Messungen von **E. Gumlich,** Phys.-Techn. Reichsanstalt E.T.Z. **26,** 203; 1905.

b) Cu = 74,1%; Mn = 16,9, Al = 9,0%; über den Umwandlungspunkt (220°) erhitzt, abgeschreckt und bei 140° gealtert (keine Hysterese)

c) Probe b, aber langsam, abgekühlt, gealtert (Hysterese).

(b, c:) **P. Asteroth,** Diss. Marburg, 1907

	a	b	c		a	b	c
$\mathfrak{H}$	$\mathfrak{B}$	$\mathfrak{B}$	$\mathfrak{B}$	$\mathfrak{H}$	$\mathfrak{B}$	$\mathfrak{B}$	$\mathfrak{B}$
5	800	1400	880	40	3680	1800	1700
10	2350	1600	1250	100	4110	2230	2200
20	3250	1620	1550	150	4250	2500	2500
Remanenz	2560	0	600				
Koerz.-Kraft	7,3	0	3,5				

Gumlich.

Sättigungswerte verschiedener Eisenlegierungen,

gemessen von Hadfield und Hopkinson nach der Isthmusmethode (Journ. of the Inst. of the electrical Engineers **46**, 235—305; 1911.

(Grundlage: Sättigungswert von reinem Eisen der Dichte $D = 7{,}80$: $J_\infty = 1680 \pm 1\%$.) Die Werte für Dichte und Sättigung in der Tabelle sind in Prozenten der entsprechenden Werte für reines Eisen angegeben, bezogen auf gleiche Masse.

Fabrik-Marke	Behandlung	Chemische Zusammensetzung in %. C	Si	Mn	Al	Cr	Ni	W	Relative Dichte (Rein. Eisen = 100.)	Relative Sättig. (Rein. Eisen = 100.)	Koerzitiv-Kraft
S. C. J.	**Reines Eisen**	0,04	0,07	—	—				100	100	
48	**Kohlenstoff-Legierungen**	**0,20**	0,02	0,50	—				98,8	99,5	3,2
1392 A	langs. abgekühlt von 850°	**0,85**	0,17	0,32	0,02				99,9	95,0	
1392 G	„ „ „ „	**1,23**	0,12	0,14	0,02				100,0	91,9	
1392 G	abgeschreckt bei 1050°	**1,23**	0,12	0,14	0,02				100,0	82,2	
	Weißes schwed. Gußeisen, langsam gekühlt	**3,45**	0,09	0,06					97,5	79,7	
	Weißes schwed. Gußeisen, geschmolzen abgeschreckt	**3,45**	0,09	0,06					97,5	58,2	
898 E	**Silicium-Legierungen**	0,20	**2,67**	0,25					97,9	96,1	0,9
898 K		0,11	**3,89**	0,02					96,3	93,8	
898 H		0,26	**5,53**	0,29					96,5	92,6	0,85
1323 C	**Mangan-Legierungen**	0,15	0,37	**5,40**					99,6	93,6	
1379 D		0,16	0,63	**10,08**					99,5	44,5	
1379 D_2		0,15	—	**15,27**					100,2	4,5	
1167 D	**Aluminium-Legierungen**	0,17	0,10	0,18	**0,85**				97,9	97,6	1,80
1167 H_3		0,19	0,07	—	**2,45**				95,8	97,2	1,00
1177 J	**Chrom-Legierungen**	0,43	0,32	0,25		**3,28**			98,2	93,0	
1177 N		1,09	0,45	0,10		**9,55**			99,3	82,5	
1287 E	**Nickel-Legierungen**	0,19	0,20	0,65			**3,82**		98,7	98,5	2,76
1447 B		0,97	0,56	0,61			**12,08**		97,7	84,3	22,4
1287 K		0,19	0,27	0,93			**19,64**		98,9	87,8	20,0
1287 L		0,16	0,30	1,00			**24,51**		99,9	61,0	22,5
1798 H_2	in Luft gekühlt von 550° ab	0,48	—	1,34			**19,98**		103,6	0	—
1294 F_1	**Wolfram-Legierungen**	0,16	0,05	0,11				**1,10**	100,6	98,5	3,25
1294 H		0,28	0,06	0,28				**3,40**	100,9	95,5	5,73
1294 J_2		0,38	0,11	0,20				**7,47**	102,7	92,5	9,02
1313 C	**Nickel-Mangan-Legierung**	1,40	0,70	**13,40**			**9,25**		99,7	0,5	

Sättigungswert für reines Eisen, gemessen von P. Weiß am Ellipsoid $J_\infty = 1706$ (Journ. de Phys. (4) **9**, 373—393; 1910.

„ „ „ „ „ „ B. O. Peirce $J_\infty = 1733$ (Sill. Journ. **28**, 1; 1909).

„ „ „ „ „ „ E. Gumlich $J_\infty = 1721$ (E.T.Z. **30**, 1065; 1909).

Gumlich.

268

Magnetisierbarkeit von Nickel und Kobalt.

Nickeldraht (geglüht). Nach Beobachtungen von **Ewing**, Phil. Trans. **179 A**, 327; 1888.			Ring aus massivem Nickel (geglüht). Nach Beobachtungen von **C. A. Perkins**, Sillim. Amer. Journ. (3) **30**, 218; 1885.			Ring aus gegossenem Kobalt (Co = 96 %; Ni = 0,8 %; Fe = 0,9 %; Mn = 0,25 %; Si = 0,4 %; C = 1,4 %). Nach Beobachtungen von **J. A. Fleming, A. W. Ashton** u. **H. J. Tomlinson**, Phil. Mag. (5) **48**, 271; 1899. E bedeutet die Energievergeudung in Erg pro ccm bei einem Zyklus mit der Maximalinduktion $\mathfrak{B}$.			
$\mathfrak{H}$	$\mathfrak{B}$	μ	$\mathfrak{H}$	$\mathfrak{B}$	μ	$\mathfrak{H}$	$\mathfrak{B}$	μ	E
0	280	—	0,35	29,2	84	6,67	911	137	452
4,0	460	—	0,45	33,4	74	13,23	2341	177	2 454
6,5	1050	162	2,6	278	109	17,91	3106	173	3 956
8,0	2230	279	4,0	593	149	25,76	4110	160	6 292
9,5	2810	296	7,3	1460	199	30,53	4569	150	7 374
10,9	3160	290	10,9	2180	200	38,56	5216	135	8 953
12,3	3440	280	12,9	2510	194	48,54	5869	121	10 937
24,6	4110	167	23,9	3700	155	61,08	6519	107	13 235
52,6	4710	90	51,5	5260	102	75,46	7052	93	14 642
79,7	5010	63				93,18	7622	82	16 518
100,4	5140	51				114,03	8237	72	18 950
0	3570	—							
—7,5	0	—							

Sättigungswert von Nickel: $J_\infty = 479$ } nach Messungen von **P. Weiß** mit dem Ellipsoid (Journ. d. Phys.
„ „ Kobalt; $J_\infty = 1412$ } (4) **9**, 373—393; 1910).

Magnetische Umwandlungspunkte:
Eisen: 765° (nach unveröffentlichten Beobachtungen der Physikal.-Techn. Reichsanstalt).
Nickel: 340° bis 355° (**Hill**, Verh. D. Phys. Ges. **4**, 190; 1902).
Kobalt: 430° / 1100° } (**H. Nagaoka** u. **S. Kusakaba**, Math. and phys. Soc. Tokyo 1, 97; 1901/3).

Sonstige Literatur, betr. die Magnetisierbarkeit von Eisen, Nickel, Kobalt und Heuslerschen Legierungen (letztere unter dem Strich).

(Übersicht über die wesentlichsten Arbeiten der letzten 20 Jahre.)

A. Abt, Ann. de Phys. (4) **6**, 774; 1901.
R. Ashworth, Proc. Roy. Soc. **62**, 210; 1898. — Phil. Trans. **201 A**, 1; 1903.
F. G. Baily, Phil. Trans. **187 A**, 715; 1896.
W. F. Barrett, W. Brown and **R. A. Hadfield**, Trans. of the Roy. Dublin Soc. (2) **7**, 67; 1900. — Journ. Inst. Electr. Engin. **156**, 674; 1902.
R. Beattie, Phil. Mag. (6) **1**, 642; 1901.
H. du Bois, Magnetische Kreise, Berlin 1894.
H. du Bois and **E. Taylor Jones**, E.T.Z. **17**, 543; 1896.
P. Culman, Wied. Ann. **56**, 602; 1895.
A. Durward, Sill. Journ. (4) **5**, 245; 1898.
J. A. Ewing, Magnetische Induktion in Eisen usw. Deutsche Ausgabe, Berlin 1892. — Proc. Roy. Soc. **33**, 21; 1881. **34**, 39; 1882. **38**, 58; 1885. **48**, 342; 1890. — Phil. Trans. **176**, 523; 1885. — Proc. of the Inst. of the civil engineers **126**, 185; 1896.
„ and **Miß H. G. Klaßen**, Phil. Trans. **184 A**, 985; 1893.
„ and **W. Low**, Proc. Roy. Soc. **45**, 40; 1888.
C. Fromme, Wied. Ann. **45**, 798; 1892.
J. L. W. Gill, Phil. Mag. (5) **46**, 478; 1898.
E. Gumlich u. **E. Schmidt**, E. T. Z. **21**, 233; 1900.
„ u. **P. Rose**, Wiss. Abh. d. Phys.-Techn. R. A. **4**, 207; 1905.
L. Holborn, Berl. Ber. 1898, 159.
J. Hopkinson, Phil. Trans. **176**, 455; 1885. **180**, 443; 1890. — Proc. Roy. Soc. **44**, 317; 1888.
„ **E. Wilson** and **Lydall**, Proc. Roy. Soc. **53**, 352; 1893. E.T.Z. **14**, 449; 1893.
H. Kamps, Stahl und Eisen **19**, 1121; 1899.
W. Kaufmann, Verh. D. Phys. Ges. **1**, 42; 1899.
J. Klemenčič, Wien. Ber. [2a] **105**, 635; 1896. **108**, 491; 1899. **110**, 415; 1901. — Wien. Anz. 1900, 31.
W. Kummer, Diss. Zürich 1898.
G. C. Lamb, Phil. Mag. (5) **48**, 262; 1899.
F. A. Laws and **H. E. Warren**, Proc. Amer. Acad. **30**, 490; 1894.
H. B. Loomis, Sill. Journ. (4) **15**, 179; 1903.
F. F. Martens, Wied. Ann. **60**, 61; 1896.
Niethammer, Wied. Ann. **66**, 29; 1898.
H. F. Parshall, Proc. of the Inst. of civil engineers **126**, 233; 1896.
M. Prodinger, Wien. Ber. [2a] **109**, 383; 1900.
Lord Rayleigh, Phil. Mag. (5) **23**, 225; 1887.
G. F. C. Searle and **T. G. Bedford**, Phil. Trans. **198A**, 33; 1902.
Erich Schmidt, Magnet. Unters. d. Eisens usw. Halle a. S. 1900.
C. Steinmetz, E.T.Z. **13**, 43, 55, 136, 519, 531, 545, 563, 575, 587, 599; 1892.
M. E. Thompson, P. H. Knight and **G. W. Bacon**, Elektrotechn. ZS. **13**, 550; 1892.
H. Tomlinson, Phil. Trans. **182 A**, 352; 1891.
Waßmuth, Phil. Mag. (5) **34**, 531; 1892.
E. Warburg, Wied. Ann. **13**, 141; 1881. — Rapp. du Congr. Int. de phys. **2**, 509; 1900.
G. Wiedemann, Lehre von der Elektrizität, Bd. III, Braunschweig 1895.
M. Wien, Wied. Ann. **56**, 859; 1898.
E. Wilson, Proc. Roy. Soc. **62**, 369; 1898.

Fr. Heusler, P. Richarz, W. Starck, E. Haupt, Verh. D. Phys. Ges. **5**, 219; 1903. — Schriften Naturforsch.-Ges. Marburg [5] **13**, 237; 1904.
E. Take, Schriften Naturforsch.-Ges. Marburg [6] **13**, 299; 1906.
P. Asteroth, Diss. Marburg 1907.
W. Preußer, Diss. Marburg 1908.
E. Wedekind, ZS. phys. Chem. **66**, 614; 1909.

Gumlich.

Magnetische Suszeptibilität para- und diamagnetischer Körper.

Bemerkungen.

Befindet sich ein homogener Körper in einem magnetischen Felde der Stärke $\mathfrak{H}$ und ist J die Intensität der Magnetisierung des Materials, so heißt $\varkappa = J/\mathfrak{H}$ seine magnetische Suszeptibilität, die ebenso wie J der Masse bez. dem Volumen proportional ist.

$\varkappa_v$ und $\varkappa_m$ bedeutet die Suszeptibilität bezogen auf die Volumen- und Masseneinheit. Die Suszeptibilität des Vakuums ist 0 gesetzt. Relativ zu Luft ausgeführte Beobachtungen sind umgerechnet, indem für Luft $\varkappa_v = 0{,}024 \cdot 10^{-6}$ angenommen wurde. — P bedeutet, die Substanz ist als Pulver, W als wässerige Lösung untersucht. Die Massensuszeptibilität einer Lösung, welche p Gewichtsprozente der wasserfreien Substanz enthält, ist

$$\varkappa_{m_1} = \frac{p}{100}\varkappa_m + \left(1 - \frac{p}{100}\right)\varkappa_{m_0},$$

wobei $\varkappa_{m_0}$ die Massensuszeptibilität des Wassers bedeutet. — Wenn unter Temp. nichts bemerkt ist, bezieht sich die Beobachtung auf Zimmertemperatur. — Die abgekürzte Bezeichnung der Autoren ist weiter unten erklärt.

Zwischen der Suszeptibilität $\varkappa$ und der Permabilität μ, sowie der Stärke $\mathfrak{H}$ des Magnetfeldes, der Intensität J der Magnetisierung und der magnetischen Induktion $\mathfrak{B}$ bestehen die Beziehungen:

$$\varkappa = \frac{J}{\mathfrak{H}}; \quad \mathfrak{B} = \mathfrak{H} + 4\pi J; \quad \mu = \frac{\mathfrak{B}}{\mathfrak{H}} = 1 + 4\pi\varkappa.$$

Anorganische Stoffe.

Substanz	Temp.	$10^6 \varkappa_v$	$10^6 \varkappa_m$		Autor
Aluminium.					
Al		+1,8			K.
Al		+1,7			L.
Al		+1,9			W.
Al	18		+0,65		Hd.
Al . . flüssig	1000		+0,5		„
$Al_2K_2(SO_4)_4$ + 24 H_2O . .		−1,0		Kryst.	V. K.
Antimon.					
Sb		−4,5 bis			v. E.
Sb		−5,6			
Sb		−3,8			L.
Sb			−0,57	P	Mr.
Sb	18		−0,94		Hd.
Argon.					
A . . 1 Atm.	0	−0,10			Tr.
Arsen.					
As	18—200		−0,3		Hd.
Baryum.					
BaO	20		−0,10	P	Mr.
$Ba(OH)_2$ . . .	18		−0,25	P	„
$BaCl_2$	17		−0,32	P	„
$BaCl_2$	22		−0,41	W	K.
$BaCl_2 + 2 H_2O$.	17		−0,32	P	Mr.
$BaBr_2$	20		−0,31	P	„
$BaBr_2$	22		−0,41	W	K.
BaJ_2	22		−0,41	W	„
$BaJ_2 + 2 H_2O$.	19		−0,30	P	Mr.
BaF_2	19		−0,13	P	„
Beryllium.					
Be	15		+0,79	P	Mr.
$BeSO_4$	18		−0,36	P	„
$BeSO_4 + 4 H_2O$.	17		−0,40	P	„
Blei.					
Pb		−1,4			K.
Pb		−0,84			L.
Pb	18—330		−0,12		Hd.
Pb . . flüssig	330—600		−0,08		„
$PbCl_2$	15		−0,25	P	Mr.
$PbBr_2$	20		−0,22	P	„
PbJ_2	19		−0,26	P	„
PbF_2	16		−0,19	P	„
$Pb(NO_3)_2$ Kryst.		−1,1			V. K.
Bor.					
B	18		−0,71		Hd.
B	1100		−0,8		„
$B(OH)_3$ . . .			−0,60		Ml.
Brom.					
Br	20		−0,41		C.
Br	19	−1,4			Qu.
Br	18		−0,38		Hd.
Br			−0,40		Pc.
Cadmium.					
Cd	18		−0,17		Hd.
Cd	700		−0,15		„
$CdCl_2$	18		−0,25	P	Mr.
$CdCl_2$	22		−0,50	W	K.
$CdBr_2$	18		−0,30	P	Mr.
CdJ_2	18		−0,25	P	„
Caesium.					
CsCl	17		−0,28	P	Mr.
Calcium.					
CaO	16		−0,27	P	Mr.
$Ca(OH)_2$ . . .	16		−0,39	P	„
$CaCl_2$	17		−0,39	P	„
$CaCl_2$	22		−0,43	W	K.
$CaCl_2$	19		−0,41	W	Qu.
$CaCl_2 + 6 H_2O$.	17		−0,43	P	Mr.
CaF_2	19		−0,30	P	„
CaF_2 . Krystall		−2,0			V. K.
$CaSO_4$	17		−0,38	P	Mr.
$CaSO_4 + H_2O$.	17		−0,36	P	„
$CaCO_3$ (Krystall)		−1,0			V. K.
$CaCO_3$ Marmor		−0,6 bis			W.
		−0,9			
Cer.					
$CeCl_3$	19		+4,8	P	Mr.
—	18		+9,9	W	d. B. L.
$CeBr_3$	18		+6,3	W	„
$Ce(SO_4)_3$ . . .	20		+6,5	P	Mr.
Chrom.					
Cr	18		+3,7		Hd.
Cr	1100		+4,2		„
Cr_2O_3	17		+24	P	Mr.
Cr_2Cl_3	18		+34	P	„
$CrCl_2$	19		+47	P	„
$CrCl_3$	19		+40	W	Qu.
$CrCl_3$	18		+35	W	J. M.
$Cr_2(SO_4)_3$ . . .	18		+31	W	„

Henning.

Magnetische Suszeptibilität para- und diamagnetischer Körper.

Substanz	Temp.	$10^6 \varkappa_v$	$10^6 \varkappa_m$		Autor
Chrom (Forts.)					
$Cr_2(SO_4)_3$	18		+15	W	L. W.
$Cr(NO_3)_3$	18		+27	W	„
$CrK(SO_4)_2$	18		+22	W	„
$Cr_2K_2(SO_4)_4$	22		+13	W	K.
$Cr_2O_7K_2$	19		+0,13	P	Ml.
$Cr_2O_7K_2$	19		+0,76	W	Qu.
Chlor.					
Cl_2 . . 1 Atm.	15	—0,007			Bn.
1 Atm.	16		—0,59		Pc.
Eisen.					
$FeCl_2$	10		+ 91	W	Td.
$FeCl_2$	19		+ 99	W	Qu.
$FeCl_2$	18		+ 61	W	J. M.
$FeCl_3$	18		+ 73	W	„
$FeCl_3$	10		+ 92	W	Td.
$FeCl_3$	19		+ 91	W	Qu.
$FeCl_3$	18		+ 83	W	L. W.
$FeCl_3$	21		+ 92	W	K.
$FeCl_3$	18		+ 88	W	„
$FeCl_3$			+103	P	Ml.
$FeBr_3$	18		+ 50	W	L. W.
FeJ_2	18		+ 42	W	—
$FeSO_4$	18		+ 93	W	J. M.
$FeSO_4$	10		+ 75	W	Td.
$FeSO_4$	19		+ 82	W	Qu.
$FeSO_4$	18		+ 84	W	L. W.
$FeSO_4$	22		+ 75	W	K.
$FeSO_4$	22		+ 37	P	„
$FeSO_4$			+ 51	P	Ml.
$FeSO_4 + 7\,H_2O$		+80		Kryst.	F.
$Fe_2SO_4)_3$	18		+ 38	W	L. W.
$Fe_2(SO_4)_3$	10		+ 75	W	Td.
$Fe_2(NO_3)_6$	18		+ 46	W	J. M.
$Fe_2(NO_3)_6$	10		+ 62	W	Td.
$Fe_2(NO_3)_6$	18		+ 56	W	L. W.
$Fe(NH_4)_2(SO_4)_2$	18		+ 44	W	Qu.
$Fe(NH_4)_2(SO_4)_2$	18		+ 45	W	L. W.
„ $+6H_2O$		+79		Kryst.	F.
$FeCy_6K_3$	19		+8,1	W	Qu.
$FeCy_6K_3$			+9,1	P	Ml.
$FeCy_6K_4$			—0,44	P	„
$FeCy_6K_4$	19		—0,12	W	Qu.
Gold.					
Au		—3,1			K.
	18–1060		—0,15		Hd.
Helium.					
He . . 1 Atm.	0	—0,002			Tr.
Indium.					
In	18		ca. 0,1		Hd.
Jod.					
J	18—164		—0,39		C.
J . . kryst.	18		—0,35		Hd.
J . . flüssig	115		—0,4		„
„	180		—0,3		„
			—0,37		Pc.
Iridium.					
Ir	18		+0,15		Hd.
Ir	1100		+0,3		„
Ir		+4,9			F.

Substanz	Temp.	$10^6 \varkappa_v$	$10^6 \varkappa_m$		Autor
Kalium.					
K	18—180		+0,40		Hd.
K			+0,63		Bi.
KCl	17		—0,47	P	Mr.
KCl	18—465		- 0,55		C.
KCl	22		—0,45	W	K.
KBr	18		—0,35	P	Mr.
KBr	22		—0,45	W	K.
KJ	17		—0,31	P	Mr.
KJ	22		—0,45	W	K.
KF	21		—0,36	P	Mr.
KF	22		—0,45	W	K.
KOH	22		—0,35	W	„
K_2SO_4	17—460		—0,43		C.
K_2SO_4			—0,42		Ml.
KNO_3	18—420		—0,33		C.
KNO_3			—0,32		Ml.
K_2CO_3	22		—0,55	W	K.
K_2CO_3			—0,49		Ml.
$KClO_3$			—0,33		„
$KMnO_4$			+2,0		„
Kobalt.					
$CoCl_2$	18		+ 81	W	L. W.
$CoCl_2$	19		+101	W	Qu.
$CoCl_2$	18		+ 82	W	J. M.
$CoBr_2$	18		+ 47	W	L. W.
CoJ_2	18		+ 33	W	„
CoF_2	18		+107	W	„
$CoSO_4$	18		+ 66	W	„
$CoSO_4$	18		+ 58	W	J. M.
$CoSO_4$	19		+ 73	W	Qu.
$CoSO_4$			+ 40		Ml.
$CoSO_4 + 7H_2O$		+68		Kryst	F.
$Co(NH_4)_2(SO_4)_2$	19		+37	W	Qu.
$Co(NH_4)_2(SO_4)_2 + 6H_2O$		+48		Kryst.	F.
$CoH_2(SO_4)_2 + 6H_2O$		+64		„	„
$CoCu(SO_4)_2 + 6H_2O$			+26	„	„
$Co(NO_3)_2$	18		+57	W	L. W.
$Co(NO_3)_2$	18		+57	W	J. M.
Kohlenstoff.					
C Graphit	18	—8			Mr.
Bogenkohle	18		—2,0		Hd.
„	1150		—1,5		„
Diamant	13	—1,1	—0,33		Mr.
„	18—500		—0,49		Hd.
„			—0,52		Pc.
CO_2 1 Atm.	16	+0,017			Qu.
CO_2 40 Atm.	16	+0,12			„
CO_2 1 Atm.	15	+0,0002			Bn.
C_2Cl_4	20	—0,82			Hn.
CCl_4	20	—0,72			„
CS_2			—0,59		Ml.
CS_2	20	—0,74			Hn.
CS_2	15	—0,82			d. B.
CS_2	19	—0,76			Qu.
C_2H_4 1 Atm.	16	+0,003			„
CH_4 1 Atm.	16	+0,001			„
C_2N_2 1 Atm.	16		—0,43		Pc.
CH_3Cl 1 Atm.	16		—0,67		„

Henning.

Magnetische Suszeptibilität para- und diamagnetischer Körper.

Substanz	Temp.	$10^6 \varkappa_v$	$10^6 \varkappa_m$		Autor
Kupfer.					
Cu		−0,80			K.
Cu	15	−0,66			Mr.
Cu			−1,2		Cl.
Cu	18–1000		−0,09		Hd.
Cu			−0,90		Ch.
Cu_2O	17		+0,73	P	Mr.
CuO	17		+3,1	P	„
CuO			+3,6		Ch.
$CuCl_2$	18		+12	W	L. W.
$CuCl_2$	22		+13	W	K.
$CuCl_2$	22		+9,1	P	„
$CuCl_2$	17		+1,1	P	Mr.
$CuCl_2$			+10		Ch.
$CuBr_2$	22		+7,5	W	K.
$CuBr_2$	18		+7,0	W	L. W.
$CuBr_2$	17		+2,5		Mr.
$CuSO_4$	18		+10	W	L. W.
$CuSO_4$	22		+10	W	K.
$CuSO_4$	22		+8,1	P	„
$CuSO_4$	19		+11	W	Qu.
$CuSO_4$	17		+10		Mr.
$CuSO_4$			+7,3		Ml.
$CuSO_4$ mit Krystallwasser			+6,5		Ch.
$CuSO_4$			+11		Ch.
$CuSO_4$			+10		Stu.
$Cu(NO_3)_2$	18		+8,7	W	L. W.
$Cu(NO_3)_2$			+9,1		Ch.
Cu_2S	17		−0,14	P	Mr.
CuS	17		−0,16	P	„
Cu_6P_2	17		−0,13	P	„
Cu_2Se	17		−0,15	P	„
Lithium.					
Li			+0,38		Bi.
LiCl	22		−0,45	W	K.
LiCl	17		−0,47	P	Mr.
Li_2SO_4	15		−0,35	P	„
$Li_2SO_4+H_2O$	17		−0,34	P	„
Magnesium.					
Mg (Krystalle)	20		+0,57		Mr.
Mg	18		+0,55		Hd.
$MgCl_2$	21		−0,50	W	K.
$MgCl_2$	18		−0,46	P	Mr.
$MgCl_2+6H_2O$	18		−0,45	P	„
$MgSO_4$	19		−0,36	W	Qu.
$MgSO_4$	18		−0,36	P	Mr.
$MgSO_4+7H_2O$	20		−0,36	P	„
$MgSO_4$			−0,46		Stu.
$MgSO_4$			−0,62		Ml.
Mangan.					
Mn	18		+11		Hd.
Mn	1000		+20		„
MnO_2	17		+27	P	Mr.
$MnCl_2$	18		+117	W	J. M.
$MnCl_2$	19		+127	W	Qu.
$MnCl_2$	18		+122	W	L. W.
$MnBr_2$	18		+71	W	„
MnJ_2	18		+49	W	„
MnF_2	18		+162	W	„
Mangan (Forts.)					
$MnSO_4$	18		+98	W	J. M.
$MnSO_4$	19		+114	W	Qu.
$MnSO_4$	18		+100	W	L. W.
$MnSO_4$			+85		Ch.
$Mn(NO_3)_2$	18		+82	W	J. M.
$Mn(NO_3)_2$	18		+86	W	L. W.
$Mn(NH_4)_2(SO_4)_2$	18		+53	W	„
Molybdän.					
Mb	18		+0,04		Hd.
Natrium.					
Na	18		+0,51		Hd.
Na			+0,54		Bi.
NaCl	19		−0,41	P	Mr.
NaCl Steinsalz	16—455		−0,58		C
NaCl	22		−0,45	W	K
NaCl	22	−1,0			„
NaCl Steinsalz		−0,82			V. K.
NaBr	18		−0,37	P	Mr.
NaJ	21		−0,31	P	„
NaJ	22		−0,45	W	K.
NaF	21		−0,40	P	Mr.
Na_2SO_4			−0,64		Ml.
$NaNO_3$			−0,31		„
Na_2CO_3	17		−0,19	P	Mr.
$Na_2CO_3+10H_2O$	17		−0,46	P	„
$NaHCO_3$			−0,23		Ml.
Nickel.					
$NiCl_2$	18		+35	W	L. W.
$NiCl_2$	19		+44	W	Qu.
$NiCl_2$	18		+40	W	J. M.
$NiBr_2$	18		+20	W	L. W.
NiJ_2	18		+14	W	„
NiF_2	18		+46	W	„
$NiSO_4$	18		+28	W	„
$NiSO_4$	18		+25	W	J. M.
$NiSO_4$	22		+33	W	K.
$NiSO_4$	19		+34	W	Qu.
$NiSO_4+7H_2O$		+18		Kryst.	F.
$NiSO_4$			+19		Ml.
$Ni(NO_3)_2$	18		+24	W	L. W.
$Ni(NO_3)_2$	18		+25	W	J. M.
Niob.					
Nb	18		+1,3		Hd.
Osmium.					
Os	18–1100		+0,04		Hd.
Palladium.					
Pd		+50 bis +60			K.
Pd	14		+5,2		C.
	18		+5,8		Hd.
	1100		+2		Hd.
		+66			F.
Phosphor.					
P . . . weiß	Schmelzpunkt	−1,6			Qu.
P . . . weiß	19—71		−0,92		C.
P . . . weiß	18		−0,88		Hd.
P . . . rot	18		−0,23		Mr.
P . . . rot	20—275		−0,73		C.

Henning.

Magnetische Suszeptibilität para- und diamagnetischer Körper.

Substanz	Temp.	$10^6 \varkappa_v$	$10^6 \varkappa_m$		Autor
Platin.					
Pt		+29			K.
	18		+1,1		Hd.
	1000		+0,7		Hd.
		+23			F.
$PtCl_4$	22		0,0	W	K.
Praeseodym.					
$PrCl_3$	18		+13	W	d. B. L.
$PrCl_3$	19		+14	P	Mr.
Quecksilber.					
Hg	19	−2,6			Qu.
Hg	15	−2,1			Mr.
Hg	18—250		−0,19		Hd.
Hg			−0,19		Ml.
$HgCl_2$	17		−0,15	P	Mr.
$HgBr_2$ . . .	15		−0,24	P	Mr.
HgJ_2	17		−0,26	P	Mr.
Rhodium.					
Rh	18		+1,1		Hd.
	1150		+1,9		Hd.
		+13			F.
Sauerstoff.					
O_2 . . 1 Atm.	25	+0,120			Hg.
O_2 . . 1 Atm.	15	+0,117			d. B.
O_2 . . 1 Atm.	16	+0,129			Qu.
O_2 . . 40 Atm.	16	+6,2			Qu.
bis 20 Atm.	20—450		$\frac{33700}{t+273}$		C.
1 Atm.	−182	+324			F. D.
flüssig	−183		241		K. O. P.
flüssig	−202		269		„
flüssig	−208		280		„
fest	−253		375		„
fest	−259		436		„
Schwefel.					
S		−0,77			W.
S		−0,9			K.
S	18		−0,34		Mr.
S		−0,85			L.
S	15—225		−0,51		C.
	18—300		−0,48		Hd.
			−0,49		Pc.
SO_2 . 1 Atm.	16		−0,30		„
Selen.					
Se . . . rot		−0,50			K.
geschmolzen		−1,3			„
	20—415		−0,31		C.
	18		−0,32		Hd.
Silber.					
Ag		−1,3			Mr.
Ag		−1,5			K.
Ag	15	−1,7			F. D.
Ag	18		−0,19		Hd.
Ag	1100		−0,22		„
Ag			−0,20		Ch.
AgCl	17		−0,28		Mr.
AgBr	19		−0,26		„
AgJ	19		−0,29		„
Silicium.					
Si . Krystalle	16		+0,01		Mr.
Krystalle	18		−0,12		Hd.
	17		+0,2		Mr.
SiO_2 . Quarz	20	−1,2			K.
	18—430		−0,44		C.
			−0,07		Mr.
Krystalle			−0,17		„
Krystalle		−1,2			V. K.
Glas: Kron u. Flint		−0,9 bis −1,3			„
Glas			−0,58		W.
Glas			−0,1 bis −1,0		K.
Stickstoff.					
N_2 . . 1 Atm.	16	+0,001			Qu.
40 Atm.	16	+0,04			„
NO . . 1 Atm.	16	+0,053			„
N_2O_4 . 1 Atm.	16		−0,28		Pc.
N_2O . 40 Atm.	16	+0,12			Qu.
N_2O_3 . 1 Atm.	16		−0,030		Pc.
NH_3 . 1 Atm.	16		−1,1		„
Luft 1 Atm. .	16	+0,032			Qu.
„ 40 Atm. .	16	+1,3			„
„ 1 Atm. .	15	+0,024			d. B.
„ „ .		+0,024			F. D.
„ „ .	182	+0,28			„
„ „ .		$\frac{2760}{(t+273)^2}$			C.
„ „ .		+0,030			Hg.
„ „ .		+0,026			R.
Strontium.					
$SrCl_2$	20		−0,44	P	Mr.
$SrCl_2$	22		−0,40	W	K.
$SrBr_2$	19		−0,31	P	Mr.
SrJ_2	19		−0,35	P	„
SrF_2	19		−0,26	P	„
Tantal.					
Ta	18		+0,93		Hd.
Ta	800		+0,8		„
Tellur.					
Te		−2,1			K.
Te	18	−0,6			Mr.
Te	20—305		−0,31		C.
Te		−1,6			v. E.
Te	18—440		−0,32		Hd.
Te flüssig . .	>440		−0,04		„
TeO_2	18		−0,11		Mr.
TeH_2O_3 . . .	15		−0,19		„
Thor.					
Th	18		+0,18	P	Hd.
Th	400		+0,3	P	„
Titan.					
Ti	18		+3,1		Hd.
Ti	1100		+3,5		„
Ti			+1,9		Mr.
Vanadium.					
V	18		+1,5		Hd.
V	1100		+1,8		„

Henning.

Magnetische Suszeptibilität para- und diamagnetischer Körper.

Substanz	Temp.	$10^6 \varkappa_v$	$10^6 \varkappa_m$		Autor
Wasserstoff.					
H_2 1 Atm.	16	+0,008			Qu.
H_2 40 Atm.	16	0,000			„
H_2 1 Atm.	15	−0,005			Bn.
H_2O	20	−0,75			Hn.
H_2O	19	−0,81			Qu.
H_2O	21		−0,78		K.
H_2O	15	−0,84			d. B.
H_2O	15	−0,64			J. M.
H_2O	22	−0,71			St.
H_2O	20	−0,78			Pi.
H_2O	15	−0,74			F. D.
H_2O	15—189		−0,79		C.
H_2O	22	−0,77			Sc.
H_2O	18	−0,72			W.
HCl	19	−0,80			Qu.
HCl	22	−0,81			K.
H_2SO_4	22	−0,76			„
H_2SO_4	19	−0,80			Qu.
HNO_3	22	−0,72			K.
HNO_3	19	−0,68			Qu.
Wismut.					
Bi	15	−14			F. D.
Bi	−182	−16			„
Bi		−14			v. E.
Bi		−13			L.
Bi	20		1,4		C.
Bi	273		−1,0		C.
Bi	273–405		−0,04		C.
Bi		−12			W.
Bi	18		−1,4		Hd.
Bi	260		−1,0		„
Bi . . flüssig	>270		−0,01		„
Bi			−1,4		Ml.
Wolfram.					
Wo	18–1100		+0,33		Hd.
Zink.					
Zn		−0,70 bis −0,94			K.
Zn		−1,0			L.
Zn	18		−0,15		Hd.
Zn	650		−0,10		„
Zn			−0,10		Ch.
ZnO	16		−0,26	P	Mr.
ZnO			−0,33		Ch.
$Zn(OH)_2$	18		−0,42	P	Mr.
$ZnCl_2$	22		−0,50	W	K.
$ZnSO_4$	19		−0,27	W	Qu.
$ZnSO_4$			−0,53		Ml.
Zinn.					
Sn		+0,35			W.
Sn	18—240		+0,03		Hd.
Sn . . flüssig	>240		−0,04		„
Sn . Grauzinn	18		−0,4		„
Sn			+0,31		Cl.
$SnCl_2$	18		−0,29	P	Mr.
$SnCl_2$	19		−0,07	W	Qu.
$SnCl_4$	19		−0,18	W	„
Zirkon.					
Zr	18		−0,45		Hd.
Zr	1150		−0,3		„

Organische Stoffe.

Substanz	Temp.	$10^6 \varkappa_v$	$10^6 \varkappa_m$	Autor
Methylalkohol	19	−0,66		Qu.
	20	−0,57		Hn.
			−0,71	Pc.
			−0,74	Ml.
Äthylalkohol	19	−0,66		Qu.
	22	−0,65		K.
	15	−0,69		d. B.
	20	−0,61		Hn.
			−0,78	Pc.
			−0,81	Ml.
Propylalkohol			−0,80	Pc.
Amylalkohol			−0,84	Ml.
Isobutylalkohol			−0,83	Ml.
		−0,68		K.
		−0,65		Hn.
Äthyläther	19	−0,61		Qu.
	22	−0,60		K.
	20	−0,60		Hn.
	15	−0,64		d. B.
Methylacetat	22	−0,67		K.
	20	−0,57		Hn.
Äthylacetat	20	−0,58		Hn.
	22	−0,60		K.
Essigsäure	20	−0,57		Hn.
	22	−0,62		K.
			−0,55	Pc.
			−0,58	Ml.
Ameisensäure	20	−0,55		Hn.
			−0,45	Pc.
			−0,49	Ml.
Chloroform	20	−0,76		Hn.
			−0,58	Ml.
Bromoform	20	−0,98		Hn.
Benzol	19	−0,67		Qu.
	22	−0,68		K.
			−0,74	Pc.
Toluol			−0,76	„
			−0,80	Ml.
Xylol	22	−0,67		K.
			−0,81	Ml.
Benzin	22	−0,61		K.
			−0,78	Ml.
Glyzerin	22	−0,80		K.
		−0,78		Qu.
			−0,64	Ml.
Anilin			−0,70	Pc.
Ebonit		+1,1		W.
Paraffin		−0,58		„
Petroleum			−0,91	Ml.
Wachs, weiß		−0,56		W.
Schellack		−0,39		„
Holz		−0,2 bis		„
		−0,5		„
Rohrzucker			−0,57	F.

Henning.

Magnetische Suszeptibilität para- und diamagnetischer Körper.

Zitate.

Bi. = **A. Bernini**, Phys. ZS. **6**, 109; 1905.
Bn. = **Bernstein**, Diss. Halle 1909.
d. B. = **H. du Bois**, Wied. Ann. **35**, 137; 1888.
d. B. L. = **H. du Bois** u. **Liebknecht**, Ann. Phys. (4) **1**, 189; 1900.
C. = **P. Curie**, C. r. **115**, 1292; 1892; **116**, 136; 1893. Journ. d. Phys. **4**, 197; 1895.
Ch. = **Chéneveau**, Journ. d. Phys. **9**, 163; 1910.
Cl. = **O. C. Clifford**, Phys. Rev. **26**, 424; 1908.
v. E. = **A. v. Ettinghausen**, Wied. Ann. **17**, 272; 1882. Wien. Ber. **96**, 777; 1887.
F. = **W. Finke**, Ann. d. Phys. (4) **31**, 149; 1910.
F. D. = **J. A. Fleming** u. **J. Dewar**, Proc. Roy. Soc. **60**, 283; 1896; **63**, 311; 1898.
Hg. = **R. Hennig**, Wied. Ann. **50**, 485; 1893.
Hn. = **S. Henrichsen**, Wied. Ann. **34**, 180, 1888; **45**, 38; 1892.
Hd. = **K. Honda**, Ann. d. Phys. (4) **32**, 1027; 1910.
J. M. = **G. Jaeger** u. **St. Meyer**, Wien. Ber. **106**, 594 u. 623; 1897; **107**, 5; 1898. Wied. Ann. **67**, 427 u. 707; 1899.
K. = **J. Koenigsberger**, Wied. Ann. **66**, 698; 1898. Ann. d. Phys. (4) **6**, 506; 1901.
K. O. P. = **Kamerlingh Onnes** u. **A. Perrier**, Comm. Leiden Nr. 116, 1900.
L. = **Luigi Lombardi**, Mem. R. Acc. Torino (2) **47**, 1; 1897.
L. W. = **Liebknecht** u. **Wills**, Ann. d. Phys. (4) **1**, 178; 1900.
Ml. = **G. Meslin**, Ann. chim. phys. (8) **7**, 145; 1906.
Mr. = **St. Meyer**, Wied. Ann. **68**, 325; 1899; **69**, 236; 1899. Ann. d. Phys. (4) **1**, 664 u. 668; 1900.
Pc. = **P. Pascal**, C. r. **148**, 413; 1909. Ann. chim. phys. 1910. S. A.
Pi. = **Piaggesi**, Phys. ZS. **4**, 347; 1903.
Qu. = **G. Quincke**, Wied. Ann. **24**, 347; 1885; **34**, 401; 1888.
R. = **W. P. Roop**, Phys. ZS. **12**, 48; 1911.
Sc. = **O. Scarpa**, Cim. (5) **10**, 155; 1905.
St. = **H. D. Stearns**, Phys. Rev. **16**, 1; 1903.
Stu. = **C. K. Studley**, Phys. Rev. **24**, 22; 1907.
Td. = **Townsend**, Proc. Roy. Soc. **60**, 186; 1896.
Tr. = **P. Tänzler**, Ann. d. Phys. (4) **24**, 931; 1907.
V. K. = **W. Voigt** u. **S. Kinoshita**, Ann. d. Phys. (4) **24**, 492; 1907.
W. = **A. P. Wills**, Phil. Mag. (5) **45**, 432; 1898; Phys. Rev. **20**, 188; 1905.

Weitere Literatur.

K. Ångström, Ber. chem. Ges. **13**, 1465; 1880.
E. Becquerel, Ann. chim. phys. (3) **28**; 1850; (3) **44**, 223; 1855.
H. Becquerel, Ann. chim. phys. (5) **12**, 5; 1877; C. r. **92**, 348; 1881.
P. Dapier, Journ. chim. phys. **7**, 385; 1909 (Lösungen).
Dewar, Electr. **29**, 169; 1892.
A. W. Eaton, Wied. Ann. **15**, 225; 1882.
Efimoff, Journ. d. Phys. (2) **7**, 494; 1888.
M. Faraday, Pogg. Ann. **88**, 557; 1853.
W. Gebhard, Diss. Marburg 1909 (Mangan).
A. Heydweiller, Ann. d. Phys. (4) **12**, 608; 1903.
W. Koenig, Wied. Ann. **31**, 273; 1887.
S. C. Laws, Phil. Mag. (6) **8**, 49; 1904 (Bi-Sn-Legier.).
H. Mosler, Ann. d. Phys. (4) **6**, 84; 1901.
P. Plesser, Wied. Ann. **39**, 336; 1890.
Plücker, Pogg. Ann. **74**, 321; 1848.
W. P. Roop, Phys. ZS. **12**, 48; 1911 (CO_2)
E. Seckelson, Wied. Ann. **67**, 37; 1899.
F. Stenger, Wied. Ann. **35**, 331; 1888.
A. Töpler u. **R. Hennig**, Wied. Ann. **34**, 790; 1888.
B. Urbain u. **G. Jantsch**, C. r. **147**, 1286; 1908 (seltene Erden).
R. H. Weber, Ann. d. Phys. (4) **19**, 1056; 1906 (Manganisalze).
G. Wiedemann, Pogg. Ann. **126**, 1; 1865; **135**, 177; 1868.
Wylach, Diss. Münster 1905 (Eisen- u. Mangansalze).

Henning.

Die erdmagnetischen Verhältnisse in West- und Mitteleuropa zur Epoche 1912.0,

nebst einigen allgemeinen Angaben über den magnetischen Zustand der Erde.

Magnetisches Potential V der Erde für 1885.0 nach Neumayer und Petersen unter Einfügung der Darstellung der Säkular-Variation durch Carlheim-Gyllensköld (abgekürzt):

$$V : R = \Sigma c_m^n P_m^n \cos (m\lambda + \alpha_m^n)$$

$$= -0{,}3157\, P_0^1 + 0{,}0376\, P_1^1 \cos (\lambda + 248^0 + 0{,}11^0\, t) - 0{,}0079\, P_0^2 + 0{,}0298\, P_1^2 \cos (\lambda + 15^0 + 0{,}26^0\, t)$$
$$+ 0{,}0160\, P_2^2 \cos (2\lambda + 294^0 + 0{,}80^0\, t) + 0{,}0244\, P_0^3 + 0{,}0132\, P_1^3 \cos (\lambda + 169^0 + 0{,}27^0\, t) + 0{,}0144\, P_2^3 \cos$$
$$(2\lambda + 359^0 + 0{,}01^0\, t) + 0{,}0081\, P_3^3 \cos (3\lambda + 301^0 + 0{,}44^0\, t) + \ldots .$$

Feldkomponenten: nach Norden: nach Osten:

$$X = -\frac{1}{R}\frac{\partial V}{\partial \varphi} = -\Sigma \frac{dP_m^n}{d\varphi} \cos (m\lambda + \alpha_m^n); \quad Y = -\frac{1}{R \cos \varphi}\frac{\partial V}{\partial \lambda} = \frac{1}{\cos \varphi} \Sigma\, m P_m^n \sin (m\lambda + \alpha_m^n);$$

vertikal nach unten: $Z = -\Sigma (n+1) P_m^n \cos (m\lambda + \alpha_m^n)$.

[Einheit: $\Gamma = \mathrm{cm}^{-\frac{1}{2}} \mathrm{g}^{\frac{1}{2}} \mathrm{s}^{-1}$; φ: geogr. Breite; λ: geogr. Länge östl. von Greenwich; $R = 6{,}37 \times 10^8$ cm: Erdradius; t: Zeit in Jahren von 1885.0 an gezählt.

$$c = \cos \varphi, \quad s = \sin \varphi; \quad P_0^1 = s, \quad P_1^1 = c, \quad P_0^2 = \tfrac{1}{2}(3s^2 - 1), \quad P_1^2 = \sqrt{3}\, cs, \quad P_2^2 = \tfrac{1}{2}\sqrt{3}\, c^2,$$

$$P_0^3 = \tfrac{1}{2}(5s^3 - 3s), \quad P_1^3 = \tfrac{1}{4}\sqrt{6}\,(5cs^2 - c), \quad P_2^3 = \tfrac{1}{2}\sqrt{15}\, c^2 s, \quad P_3^3 = \tfrac{1}{4}\sqrt{10}\, c^3.]$$

Magnetisches Moment der Erde: $0{,}3224\, R^3$, d. i. $8{,}33 \times 10^{25}\, \Gamma cm^3$. (Nach L. A. Bauer nicht konstant, sondern jährlich um $0{,}00013\, R^3$, d. i. $0{,}0033 \times 10^{25}\, \Gamma cm^3$ abnehmend.)

Richtung der magnetischen Achse: parallel dem Durchmesser vom Punkte ($\varphi = 78{,}3^0$, $\lambda = 292{,}7^0$) zum Punkte ($\varphi = -78{,}3^0$, $\lambda = 112{,}7^0$).

Magnetische Pole: Nördl. Pol $\varphi = 70^0$, $\lambda = 264^0$; Südl. Pol $= \varphi -73^0$, $\lambda = 156^0$.

Änderung des Feldes bei Erhebung über die Erdoberfläche: in erster Annäherung nimmt die Intensität um das $(3h : R)$-fache, d. h. rund auf je 2 km Erhebung um 0,001 ihres Betrages ab, während die Richtung nahezu ungeändert bleibt.

Potential der täglichen Variation nach A. Schuster (umgerechnet und schematisch vereinfacht; nur zur Ableitung der horizontalen Komponenten X und Y zu verwenden, da der Sitz der Kraft teils außerhalb, teils innerhalb der Erdoberfläche ist):

$$V : R = (\pm 5\, P_1^1 + 15 P_1^2) \cos (t + 25^0) + (\pm 8\, P_2^2 + 14\, P_2^3) \cos (2t + 227^0) + \ldots .$$

[Einheit: $\gamma = 0{,}00001\, \Gamma$. Das obere Vorzeichen gilt für die Zeit des nördlichen, das untere für die des südlichen Solstitiums. t: mittlere Ortszeit von Mitternacht an gezählt, $t = \tau + \lambda$; τ: Greenwicher Zeit.]

Die nachstehenden auf Zentraleuropa bezüglichen Tafeln, deren Zahlen bis zu einem gewissen Grade ausgeglichen sind und daher stellenweise etwas von den weiterhin für die Observatorien angegebenen Werten abweichen, stützen sich einerseits auf die Ergebnisse der neueren magnetischen Landesaufnahmen in Großbritannien, Frankreich, Südschweden, Österreich-Ungarn, Italien, Dänemark, den Niederlanden, der Schweiz, Norddeutschland, Württemberg, Bayern, Südwestdeutschland, andrerseits auf die besonders zur Bestimmung der Säkularvariation dienenden Jahresmittel der magnetischen Elemente an den Observatorien. Die Ergebnisse der Vermessungen wurden zunächst auf 1901.0 und dann einheitlich auf 1912.0 reduziert. Die erste Reduktion stimmt bis auf einige durch neuere Beobachtungen bedingte Verbesserungen mit derjenigen überein, die bereits den Tafeln der vorigen Auflage zugrunde lag. (Es sei bei dieser Gelegenheit nachträglich bemerkt, daß sich von diesen diejenige der Deklination nicht auf 1905.0, sondern auf 1901.0 bezog. Zur Reduktion auf 1905.0 bedürfen ihre Zahlen einer Korrektion, die für das ganze Gebiet der Tafel $+0{,}3^0$ beträgt.) Die zweite Reduktion beruht zu einem wesentlichen Teile auf einer bis jetzt ziemlich weitgehenden Extrapolation, da von den meisten Observatorien nicht einmal Jahresmittel für 1910 vorliegen. Die dadurch bedingte Unsicherheit kommt aber bei der starken Abrundung der Tafelwerte kaum in Betracht.

Schmidt.

Die erdmagnetischen Verhältnisse in West- und Mitteleuropa zur Epoche 1912.0.

Erdmagnetische Deklination 1912.0.

Westliche Deklination, wie sie fast auf dem ganzen Gebiet herrscht, ist als negativ, östliche als positiv bezeichnet. Jene nimmt allmählich ab, diese zu. Die zeitliche Veränderlichkeit der hiernach positiven Säkularvariation wird (annähernd für das ganze Gebiet zutreffend) durch den Gang der Jahresmittel des Potsdamer Observatoriums dargestellt:

1900 — 9° 56,3′	1902 — 9° 48,0′	1904 — 9° 39,4′	1906 — 9° 29,6′	1908 — 9° 18,0′	1910 — 9° 3,0′
01 52,1′	03 43,8′	05 34,5′	07 24,0′	09 10,7′	11 8° 54,8′

Im Durchschnitt der 10 Jahre von 1897,5 bis 1907,5 [1900,5 bis 1910,5] betrug die jährliche Änderung in Coimbra +4,1′ [4,6′], in Kew +4,3′ [5,0′], in Potsdam +4,6′ [5,3′], in Pola +5,4′ [5,9′], in O'Gyalla +4,8′, in Pawlowsk +4,4′, in Katharinenburg +4,4′.

E. Lg. v. Grw.	−12°	−10°	−8°	−6°	−4°	−2°	0°	2°	4°	6°	8°	E. Lg. v. Grw.
	°	°	°	°	°	°	°	°	°	°	°	
60° n. Br.	−24,8	−23,6	−22,3	−21,0	−19,7	−18,7	−17,5	−16,2	−14,9	−13,7	−12,4	60° n. Br.
55	−22,8	−21,7	−20,6	−19,5	−18,4	−17,3	−16,2	−15,2	−14,1	−12,9	−11,9	55
50	−20,4	−19,6	−18,7	−17,8	−17,0	−16,1	−15,2	−14,4	−13,2	−12,3	−11,3	50
45	−18,9	−18,1	−17,2	−16,4	−15,6	−14,9	−14,2	−13,4	−12,5	−11,6	−10,7	45
40	−17,8	−17,0	−16,3	−15,5	−14,9	−14,2	−13,6	−12,9	−12,0	−11,2	−10,4	40
35	−17,1	−16,3	−15,6	−14,8	−14,2	−13,7	−13,1	−12,4	−11,7	−10,9	−10,1	35

E. Lg. v. Grw.	10°	12°	14°	16°	18°	20°	22°	24°	26°	28°	30°	E. Lg. v. Grw.
	°	°	°	°	°	°	°	°	°	°	°	
60° n. Br.	−11,0	−9,0	−8,4	−7,9	−5,9	−4,7	−3,5	−2,3	−1,1	+0,1	+1,3	60° n. Br.
55	−10,4	−9,3	−8,2	−7,3	−6,7	−5,2	−4,1	−3,2	−2,1	−0,9	+0,4	55
50	−10,3	−9,2	−8,2	−7,3	−6,3	−5,4	−4,5	−3,5	−2,4	−1,4	−0,3	50
45	− 9,9	−9,2	−8,2	−7,5	−6,5	−5,8	−4,9	−4,2	−3,3	−2,3	−1,2	45
40	− 9,7	−9,0	−8,2	−7,5	−6,7	−5,9	−5,0	−4,5	−3,7	−2,9	−1,8	40
35	− 9,4	−8,7	−8,0	−7,3	−6,7	−6,0	−5,3	−4,6	−3,9	−3,1	−2,3	35

Tägliche Schwankung in Potsdam in Abweichungen vom Tagesmittel.

	Mittlere Ortszeit	Mn.	3^h	6^h	8^h	9^h	10^h	11^h	Mtg.	1^h	2^h	4^h	6^h	9^h
1892/94	Januar . .	+1,7′	+1,1′	+0,4′	+0,9′	+1,0′	−0,1′	−1,1′	−2,4′	−3,4′	−3,2′	−1,7′	−0,3′	+1,9′
	April . . .	+1,6	+1,7	+2,6	+5,2	+4,7	+2,1	−1,7	−5,7	−7,9	−8,0	−3,8	−0,3	+1,4
	Juli . . .	+0,7	+2,3	+4,8	+5,0	+3,6	+1,1	−1,6	−5,0	−7,2	−7,1	−4,2	−0,9	0,0
	Oktober . .	+2,2	+0,9	+0,7	+2,5	+2,7	+1,0	−1,8	−4,7	−6,1	−5,6	−2,4	+0,1	+2,1
1900/01	Januar . .	+1,0′	−0,1′	−0,1′	+0,4′	+0,4′	−0,1′	−0,9′	−1,6′	−2,5′	−1,8′	−0,6′	0,0′	+1,5′
	April . . .	+0,8	+0,9	+1,8	+3,6	+3,5	+1,7	−1,0	−3,8	−5,5	−5,2	−2,0	+0,1	+0,6
	Juli . . .	+0,6	+1,2	+3,7	+3,9	+2,9	+0,9	−1,5	−3,9	−5,1	−5,0	−2,5	−0,3	+0,1
	Oktober . .	+1 1	+0,6	+0,8	+2,0	+2,4	+1,0	−1,5	−3,5	−3,9	−3,4	−0,9	−0,2	+0,9

Die hier für eine Zeit stärkster und eine Zeit schwächster magnetischer Tätigkeit (deren Intensität ungefähr parallel der Sonnenfleckenhäufigkeit schwankt) angegebene tägliche Variation gilt annähernd für ganz Deutschland.

Einer Ablenkung um 1′ entspricht in Potsdam bei der Deklination eine ablenkende Kraft (Feldstärke) von 5,5 γ.

Schmidt.

Die erdmagnetischen Verhältnisse in West- und Mitteleuropa zur Epoche 1912.0.

Erdmagnetische Inklination 1912.0.

Als Jahresmittel der Inklination für den Ort des Potsdamer Observatoriums sind anzusetzen:

1900	66° 24,9′	1902	66° 20,8′	1904	66° 19,6′	1906	66° 18,4′	1908	66° 19,3′	1910	66° 19,7′
01	22,7	03	20,0	05	19,3	07	19,0	09	19,7	11	20,0

Im Durchschnitt der 10 Jahre von 1897.5 bis 1907.5 [1900.5 bis 1910.5] betrug die jährliche Änderung in Coimbra —3,6′ [3,4′], in Kew —1,8′ [1,3′], in Potsdam —1,0′ [0,5′], in Pola —1,4′ [1,6′], in Pawlowsk —0,4′, in Katharinenburg + 1,2′.

E. Lg. v. Grw.	—10°	—5°	0°	5°	10°	15°	20°	25°	30°	E. Lg. v. Grw.
60° n. Br.	72,5°	72,3°	72,1°	71,9°	71,6°	71,4°	71,2°	71,0°	70,9°	60° n. Br.
59	72,1	71,8	71,6	71,3	70,9	70,6	70,4	70,3	70,2	59
58	71,6	71,2	71,0	70,7	70,5	70,3	69,9	69,6	69,4	58
57	71,1	70,7	70,4	70,1	69,8	69,6	69,2	68,9	68,7	57
56	70,6	70,1	69,7	69,4	69,0	68,6	68,4	68,2	67,9	56
55	70,0	69,5	69,1	68,8	68,4	68,1	67,7	67,5	67,2	55
54	69,4	68,9	68,4	68,1	67,7	67,2	67,3	66,9	66,4	54
53	68,8	68,3	67,8	67,4	67,0	66,5	66,4	66,1	65,7	53
52	68,2	67,7	67,2	66,7	66,3	65,8	65,7	65,3	64,9	52
51	67,6	67,0	66,4	66,1	65,6	65,1	64,8	64,5	64,1	51
50	67,0	66,3	65,7	65,2	64,8	64,3	63,9	63,7	63,3	50
49	66,4	65,6	65,0	64,4	64,0	63,4	63,2	62,9	62,4	49
48	65,7	64,9	64,4	63,7	63,2	62,7	62,3	62,0	61,6	48
47	65,1	64,2	63,6	63,0	62,4	61,8	61,4	61,1	60,8	47
46	64,3	63,5	62,8	62,1	61,3	61,0	60,5	60,2	59,9	46
45	63,5	62,8	62,0	61,3	60,8	60,1	59,6	59,3	59,0	45
44	62,7	62,0	61,2	60,4	59,9	59,2	58,7	58,4	58,0	44
43	61,9	61,1	60,3	59,6	59,0	58,2	57,7	57,4	57,0	43
42	61,0	60,2	59,4	58,6	58,1	57,3	56,8	56,4	56,0	42
41	60,1	59,3	58,4	57,6	57,0	56,3	55,7	55,3	54,9	41
40	59,1	58,3	57,4	56,6	55,9	55,1	54,6	54,2	53,7	40
39	58,0	57,2	56,4	55,6	54,8	54,1	53,5	53,1	52,5	39
38	56,9	56,1	55,3	54,5	53,8	53,1	52,5	52,1	51,3	38
37	55,8	55,1	54,2	53,5	52,7	52,0	51,4	51,0	50,1	37
36	54,7	54,0	53,1	52,4	51,6	51,0	50,3	49,8	49,0	36
35	53,5	52,8	52,0	51,3	50,6	49,9	49,2	48,7	47,8	35

Tägliche Schwankung in Potsdam in Abweichungen vom Tagesmittel.

	Mittlere Ortszeit	Mn.	3^h	6^h	8^h	9^h	10^h	11^h	Mtg.	1^h	2^h	4^h	6^h	9^h
1892/94	Januar	—0,2′	—0,2′	—0,6′	—0,4′	—0,1′	+0,3′	+0,6′	+0,7′	+0,4′	+0,3′	+0,4′	+0,1′	—0,2′
	April	—0,6	—0,4	—0,3	+0,7	+1,3	+1,7	+1,8	+1,2	+0,7	+0,4	—0,1	—0,3	—0,8
	Juli	—0,6	—0,6	+0,1	+1,4	+1,7	+1,9	+1,8	+1,5	+0,7	+1,0	—0,4	—0,9	—0,8
	Oktober	—0,7	—0,7	—0,9	+0,1	+1,0	+1,6	+1,7	+1,4	+1,1	+0,7	+0,4	—0,1	—0,6
1900/01	Januar	0,0′	0,0′	—0,4′	—0,4′	—0,2′	0,0′	+0,2′	+0,4′	+0,2′	+0,1′	+0,2′	+0,2′	+0,1′
	April	—0,3	—0,2	—0,3	+0,2	+0,6	+1,0	+1,0	+0,6	+0,2	+0,1	—0,2	—0,1	—0,3
	Juli	—0,4	—0,2	—0,1	+0,7	+1,0	+1,1	+1,0	+0,7	+0,3	+0,1	—0,1	—0,2	—0,6
	Oktober	—0,2	—0,2	—0,4	+0,1	+0,6	+1,0	+0,9	+0,7	+0,3	+0,1	+0,2	—0,2	—0,3

Einer Ablenkung um 1′ entspricht in Potsdam bei der Inklination eine ablenkende Kraft (Feldstärke) von 13,6 γ.

Die erdmagnetischen Verhältnisse in West- und Mitteleuropa zur Epoche 1912.0.

Erdmagnetische Horizontalintensität 1912.0.

Die Jahresmittel der Horizontalintensität am Observatorium zu Potsdam waren (in der Einheit Γ):

1900	0,18844	1902	0,18873	1904	0,18880	1906	0,18879	1908	0,18853	1910	0,18829
01	61	03	76	05	79	07	66	09	38	11	16

Im Durchschnitt der 10 Jahre von 1897.5 bis 1907.5 [1900.5 bis 1910.5] betrug die jährliche Änderung in Coimbra + 28 γ [22 γ], in Kew + 18 γ [8 γ], in Potsdam + 9 γ [— 2 γ], in Pola + 9 γ [4 γ], in O'Gyalla + 3 γ, in Pawlowsk — 1 γ, in Katharinenburg — 19 γ.

E. Lg. v. Grw.	— 10°	— 5°	0°	5°	10°	15°	20°	25°	30°	E. Lg. v. Grw.
60° n. Br.	0,148	0,150	0,152	0,155	0,157	0,159	0,162	0,164	0,165	60° n. Br.
59	152	154	156	159	161	162	166	168	170	59
58	155	158	160	162	165	168	171	173	175	58
57	159	161	164	166	168	171	175	178	180	57
56	163	165	167	170	172	175	178	182	185	56
55	167	168	171	173	176	179	181	185	190	55
54	171	172	175	177	180	183	185	189	194	54
53	174	176	179	181	184	187	189	194	199	53
52	178	180	183	185	187	191	193	199	204	52
51	182	185	187	189	192	195	199	203	209	51
50	187	189	191	193	196	199	203	208	214	50
49	191	193	195	198	200	204	208	212	218	49
48	195	197	199	202	205	208	212	217	223	48
47	200	202	204	207	209	213	217	222	228	47
46	204	207	209	211	214	217	221	225	232	46
45	208	211	213	216	219	222	226	230	236	45
44	213	215	217	220	223	227	230	235	241	44
43	217	219	221	225	228	231	234	239	245	43
42	222	224	226	229	232	236	239	244	250	42
41	226	229	231	234	236	240	244	249	254	41
40	230	233	235	238	241	245	249	254	258	40
39	234	237	239	242	245	250	254	258	263	39
38	239	242	244	247	250	255	259	262	267	38
37	243	246	248	251	254	259	263	267	272	37
36	248	251	253	256	259	263	267	271	275	36
35	250	255	257	260	264	268	272	276	279	35

Tägliche Schwankung in Potsdam in Abweichungen vom Tagesmittel (Einheit: γ).

Mittlere Ortszeit		Mn	3^h	6^h	8^h	9^h	10^h	11^h	Mtg	1^h	2^h	4^h	6^h	9^h
1892/94	Januar . . .	+ 3	+ 2	+ 8	+ 6	+ 1	— 6	— 11	— 12	— 7	— 5	— 4	+ 1	+ 4
	April	+ 10	+ 6	+ 6	— 8	— 19	— 29	— 34	— 27	— 18	— 8	+ 3	+ 9	+ 14
	Juli	+ 8	+ 7	— 3	— 21	— 28	— 32	— 32	— 28	— 16	— 4	+ 9	+ 20	+ 15
	Oktober . . .	+ 10	+ 10	+ 12	0	— 15	— 26	— 29	— 24	— 18	— 11	— 3	+ 5	+ 10
1900/01	Januar . . .	0	0	+ 6	+ 5	+ 2	— 2	— 3	— 7	— 4	— 1	— 2	— 2	— 1
	April	+ 6	+ 4	+ 5	— 2	— 9	— 17	— 20	— 16	— 9	— 5	+ 3	+ 4	+ 6
	Juli	+ 7	+ 4	+ 3	— 9	— 15	— 19	— 19	— 15	— 9	— 4	+ 3	+ 6	+ 9
	Oktober . . .	+ 4	+ 4	+ 6	0	— 9	— 16	— 17	— 13	— 6	— 2	— 2	+ 3	+ 5

Schmidt.

Werte der magnetischen Elemente und ihrer Säkularvariationen an den dauernd tätigen erdmagnetischen Observatorien.

Erläuterungen auf flgd. S.

	φ	λ	D	ΔD	I	ΔI	H	ΔH
Pawlowsk 1907	59°41′	30°29′	1°10′	+4,4′	70°38′	—0,4′	0,1650 Γ	+ 1 γ
Sitka (6 J.)	57 3	224 40	30 11	(+3,3)	74 36	(—1,9)	1556	+18
Katharinenburg	56 50	60 38	10 40	+4,4	70 55	+1,3	1758	—21
Rude Skov	55 51	12 27	— 9 44	—	68 45	—	1741	—
Eskdalemuir	55 19	356 48	—18 33	—	69 37	—	1683	—
Stonyhurst	53 51	357 32	—17 36	+4,7	68 44	—0,9	1743	+18
Wilhelmshaven	53 32	8 9	—11 54	+4,3	67 31	—1,6	1817	+13
Potsdam	52 23	13 4	— 9 18	+4,7	66 20	—0,9	1885	+ 7
Seddin	52 17	13 1	— 9 19	—	66 16	—	1889	—
Irkutsk	52 16	104 19	1 58	—0,9	70 25	+1,3	2001	—10
De Bilt	52 6	5 11	—13 13	+4,8	66 47	—1,4	1855	(+ 8)
Valencia (7 J.)	51 56	349 45	—20 56	(+4,6)	68 16	(—1,4)	1787	(+10)
Kew	51 28	359 41	—16 17	+4,5	67 1	—1,7	1852	+16
Greenwich	51 28	0 0	—15 54	+4,3	66 56	—0,9	1853	+13
Uccle	50 48	4 21	—13 37	+4,6	66 2	—1,6	1906	+13
Falmouth	50 9	354 55	—17 55	+4,3	66 31	(—1,9)	1880	+18
Val Joyeux (6 J.)	48 49	2 1	—14 40	(+4,8)	64 45	(—2,0)	1974	(+ 6)
München (9 J.)	48 09	11 37	— 9 47	(+5,2)	63 8	(—1,5)	2064	(+ 6)
O'Gyalla	47 53	18 12	— 6 50	+5,0	—	—	2113	+ 1
Odessa*	46 26	30 46	— 3 54	+4,9	62 22	—0,8	2176	(—26)
Pola	44 52	13 51	— 8 41	+5,4	60 13	—1,3	2217	+ 8
Agincourt (9 J.)	43 47	280 44	— 5 54	(—2,9)	74 37	(+0,4)	1634	(—18)
Tiflis 1905	41 43	44 48	2 42	+5,3	56 3	+1,4	2545	(—21)
Tortosa	40 49	0 31	—13 37	—	58 3	—	2328	—
Coimbra	40 12	351 35	—16 46	+4,2	58 57	—3,6	2295	+26
Baldwin (7 J.)	38 47	264 50	8 33	(+1,6)	68 48	(+1,9)	2171	(—34)
Cheltenham (7 J.)	38 44	283 10	— 5 31	(—3,7)	70 30	(+1,3)	1994	(—39)
Athen (8 J.)	37 59	23 42	— 4 53	(+6,2)	52 12	(+0,5)	2620	(+17)
San Fernando	36 28	353 48	—15 26	+3,9	54 48	+1,9	2483	+31
Tokio	35 41	139 45	— 4 53	—2,1	48 57	—0,5	2999	+16
Zi-ka-wei	31 12	121 26	— 2 35	—1,5	45 35	—1,6	3308	+25
Dehra Dun (5 J.)	30 19	78 3	2 37	(—1,0)	43 42	(+3,2)	3329	(—13)
Heluan (5 J.)	29 52	31 20	— 2 56	(+5,1)	40 39	(+1,6)	3003	(—35)
Barrackpore	22 46	88 22	1 6	—	30 35	—	3730	—
Hongkong*	22 18	114 10	0 4	—1,8	31 2	—3,1	3706	+46
Honolulu (6 J.)	21 19	201 56	9 26	(+1,1)	39 55	(—3,2)	2919	(—16)
Toungoo 1905	18 56	96 27	0 34	—	23 2	—	3876	—
Colaba 1905	18 54	72 49	0 14	—2,3	21 57	+7,0	3738	— 2
Alibág	18 38	72 52	1 2	—	23 22	—	3686	—
Vieques (5 J.)	18 9	294 34	— 2 2	(—7,9)	49 36	(+5,3)	2905	(—63)
Kodaikanal (5 J.)	10 14	77 28	— 0 45	(—4,4)	3 33	(+5,6)	3743	(+13)
Batavia 1907	— 6 11	106 49	0 52	—2,7	—30 55	—7,8	3671	— 5
St. Paul de Loanda*	— 8 48	346 47	—16 20	(+6,6)	—35 22	(—2,6)	2018	(—19)
Apia	—13 48	188 14	9 42	—	—29 22	—	3561	—
Tananarivo 1907 (5 J.)	—18 55	47 32	— 9 30	(+9,1)	—54 6	(+0,2)	2533	(—81)
Mauritius	—20 6	57 33	— 9 14	+2,7	—53 45	+3,9	2342	—44
Rio de Janeiro* 1906 (7 J.)	—22 55	316 49	— 8 55	(—9,9)	—13 57	(—5,9)	2477	(—40)
Santiago (6 J.)*	—33 27	289 18	14 5	(—6,0)	—29 55	(+10,1)	—	—
Melbourne* 1901 (5 J.)	—37 50	144 58	8 27	(+2,3)	—67 25	(—1,3)	2330	(—14)
Christchurch 1904	—43 32	172 37	16 23	—	—67 44	—	2263	—

Schmidt.

Werte der magnetischen Elemente und ihrer Säkularvariationen an den dauernd tätigen erdmagnetischen Observatorien.

(Erläuterungen zur vorstehenden Tabelle.)

Die Tabelle gibt, soweit nichts anderes bei den Stationsnamen bemerkt ist, die Elemente (D, I, H) für die Epoche 1908.5 (d. h. die Jahresmittel für 1908, das letzte Jahr, aus dem bis jetzt solche von fast allen Observatorien vorliegen) und die mittleren jährlichen Änderungen (ΔD, ΔI, ΔH) für den mit der Epoche endigenden Zeitabschnitt von 11 Jahren. Werte dieser Änderungen, die aus einer kürzeren (bei dem Namen vermerkten) Zeitspanne abgeleitet oder die aus irgend einem Grunde unsicher oder zweifelhaft sind, stehen in Klammern. Ein Sternchen bei dem Namen bedeutet, daß die Werte nur auf absoluten Messungen oder auf einigen Stundenwerten beruhen. Bei Batavia liegt die Registrierung von Buitenzorg ($\varphi = -6^0\ 35'$, $\lambda = 106^0\ 47'$) zugrunde.

Einige Observatorien fehlen in der Liste, teils weil von ihnen bis 1908 (oder überhaupt) noch keine Ergebnisse vorliegen, teils aus anderen Gründen, so Petit-Port-Nantes ($\varphi = 47^0\ 15'$, $\lambda = 358^0\ 27'$), Bukarest ($\varphi = 44^0\ 25'$, $\lambda = 26^0\ 6'$), Pic du Midi de Bigorre ($\varphi = 42^0\ 56'$, $\lambda = 0^0\ 8'$), Perpignan ($\varphi = 42^0\ 42'$, $\lambda = 2^0\ 53'$), Tsingtau ($\varphi = 36^0\ 4'$, $\lambda = 120^0\ 19'$), Tucson ($\varphi = 32^0\ 15'$, $\lambda = 249^0\ 10'$), Lu-kia-pang ($\varphi = 31^0\ 19'$, $\lambda = 121^0\ 2'$, Ersatz für Zi-ka-wei), Havana ($\varphi = 23^0\ 8'$, $\lambda = 277^0\ 39'$), Cuajimalpa ($\varphi = 19^0\ 21'$, $\lambda = 260^0\ 41'$), Antipolo ($\varphi = 14^0\ 36'$, $\lambda = 121^0\ 10'$, Ersatz für Manila), Pilar ($\varphi = -31^0\ 41'$, $\lambda = 296^0\ 9'$), Año Nuevo (bei Feuerland), Laurie ($\varphi = -60^0\ 44'$, $\lambda = 314^0\ 59'$).

Fortlaufende Registrierungen der Deklination führen durch: Bochum ($\varphi = 51^0\ 29'$, $\lambda = 7^0\ 14'$), Hermsdorf ($\varphi = 50^0\ 46'$, $\lambda = 16^0\ 14'$), Beuthen ($\varphi = 50^0\ 21'$, $\lambda = 18^0\ 55'$), Mount Weather ($\varphi = 39^0\ 4'$, $\lambda = 382^0\ 7'$). Es sind schließlich noch einige, z. T. sehr alte Stationen zu nennen, die entweder nur gelegentlich oder nur in beschränktem Umfange beobachten, so Kristiania ($\varphi = 59^0\ 54'$, $\lambda = 10^0\ 43'$), Kiel ($\varphi = 54^0\ 20'$, $\lambda = 10^0\ 9'$), Göttingen ($\varphi = 51^0\ 32'$, $\lambda = 9^0\ 57'$), Aachen ($\varphi = 50^0\ 47'$, $\lambda = 6^0\ 5'$), Prag ($\varphi = 50^0\ 5'$, $\lambda = 14^0\ 25'$), Krakau ($\varphi = 50^0\ 3'$, $\lambda = 19^0\ 57'$), Kremsmünster ($\varphi = 48^0\ 3'$, $\lambda = 14^0\ 8'$), Capodimonte ($\varphi = 40^0\ 52'$, $\lambda = 14^0\ 15'$).

Ihre Tätigkeit eingestellt oder eingeschränkt haben (vorwiegend wegen Störungen durch elektrische Bahnen): 1900 Kopenhagen und Parc St.-Maur (bei Paris), 1903 Tacubaya, 1904 Manila, 1905 Tiflis, 1906 Colaba (bei Bombay), 1908 Athen und Zi-ka-wei, 1909 Baldwin. Neubegründet und in Betrieb gesetzt wurden 1900 Kodaikanal, 1901 Val Joyeux, Cheltenham und Baldwin, 1902 Sitka und Honolulu, 1903 Vieques (bei Portorico), Cuajimalpa, Laurie, Año Nuevo, Heluan und Dehra Dún, 1904 Pilar, Alibág und Barrackpore, 1905 Apia, Tortosa und Toungoo, 1907 Seddin und Rude Skov, 1908 Eskdalemuir und Lu-kia-pang, 1909 Tucson, 1910 Antipolo.

272

Einige Angaben über die Größenordnung der vorkommenden Abweichungen und Störungen.

Die räumliche Verteilung des magnetischen Zustandes ist im allgemeinen auf weiten Gebieten ziemlich gleichmäßig und kann auf Hunderte von Kilometern als lineare Funktion des Ortes mit einem unter dem Betrage der täglichen Variation bleibenden Fehler gelten.

Die im Sinne des mittleren Fehlers gebildete mittlere Differenz zwischen dem in dieser Weise ausgeglichenen (normalen, terrestrischen) und dem beobachteten (lokalen) Werte beträgt bei den 265 Stationen der neuen preußischen Vermessung rund $\pm 12'$ bei D, $20'$ bei I und $90\,\gamma$ bei H, wenn die Störungsgebiete eingeschlossen werden. In diesen selbst kommen viel größere Abweichungen vor, so in Ost- und Westpreußen bis zu etwa 2^0 in D, 1^0 in I, $1000\,\gamma$ in H. Von derselben Größenordnung sind die in Großbritannien und Irland, im südlichen Schweden, bei Moskau und anderwärts gefundenen Störungen. Noch etwa durchschnittlich zehnmal so groß sind diejenigen in dem bis jetzt einzig dastehenden großen Störungsgebiet südlich von Kursk, wo Leyst sogar einen lokalen magnetischen Pol ($I = 90^0$, $H = 0$) und an einer Stelle den Wert $H = 0{,}856\ \Gamma$ gefunden hat. (Maximum der normalen Magnetisierung auf der ganzen Erde: $H = 0{,}38\ \Gamma$).

Die Störungen im zeitlichen Verlauf (die magnetischen Gewitter) erreichen in mittleren Breiten durchschnittlich etwa 1^0 in D, 200 bis $300\,\gamma$ in H; die beiden weitaus stärksten bisher in Potsdam beobachteten Störungen (vom 31. Oktober bis 1. November 1903 und am 25. September 1909) hatten eine Gesamtamplitude (Maximum — Minimum) von mehr als 3^0 in D, $1000\,\gamma$ in H und ebensoviel in Z, der vertikalen Komponente des Feldes. Die schnellste sicher festgestellte Änderung (wie sie gelegentlich auch sonst bei geringerem Gesamtbetrage der Schwankung beobachtet wird) betrug bei der erstgenannten Störung über $2\,\gamma$ in der Sekunde (rund $1000\,\gamma$ in 7 Minuten); bei der zweiten wurde sogar mehrfach eine solche von $4\,\gamma$: sec, allerdings nur während kürzerer Zeitabschnitte, beobachtet. Als stärkster Erdstrom wurde am 31. Oktober 1903 der Betrag von 0,14 Amp. in der oberirdischen Telegraphenleitung Berlin—Frankfurt a. M. (von 1800 Ohm Widerstand) gemessen, was einer maximalen Potentialdifferenz von rund 0,5 Volt auf 1 Kilometer entspricht.

Die Intensität der in den polaren Gebieten auftretenden Störungen erreicht Werte von mehr als $2000\,\gamma$.

Schmidt.

Literatur, betreffend Erdmagnetismus.

Karten und Tabellen.

G. Neumayer, Atlas des Erdmagnetismus. — Gotha 1891. (IV. Abteilung von Berghaus' Physikalischem Atlas, 3. Ausgabe). Die 5 Hauptkarten, denen ein ausführlicher erläuternder und kritischer Text vorangeht, gelten für 1885.0.

Deutsche Seewarte, Linien gleicher magnetischer Deklination für 1910.0; — Inklination für 1905.0; — Horizontal-Intensität für 1905.0. Herausgegeben vom Reichs-Marine-Amt. — Berlin 1911, 1905, 1905.

P. Chetwynd and **F. Creagh Osborne**, Curves of equal magnetic variation (d. i. Deklination), 1907; Lines — dip, 1907; — horizontal force, 1907; — vertical force, 1907. Royal Navy. London 1905, 1906.

G. W. Littlehales, The variation of the compass for the year 1910. U. S. Department of the Navy. Washington, D. C. 1907.

K. Haussmann, Magnetische Karten von Deutschland. Petermanns Mitteilungen, 1912.

A. v. Tillo, Tables fondamentales du magnétisme terrestre. — Petersburg 1896. (Tabellarische Zusammenstellungen für die ganze Erde zu verschiedenen Epochen.)

H. Fritsche, Atlas des Erdmagnetismus für die Epochen 1600, 1700, 1780, 1842 und 1915. — Riga 1903.

Ad. Schmidt, Archiv des Erdmagnetismus. Eine Sammlung der wichtigsten Ergebnisse erdmagnetischer Beobachtungen in einheitlicher Darstellung. Heft 1 und 2. — Potsdam 1903, 1909.

Handbücher und andere zusammenfassende Darstellungen.

J. Lamont, Handbuch des Erdmagnetismus. — Berlin 1849.

S. Günther, Handbuch der Geophysik, 1. Band, 4. Abteilung. — Stuttgart 1897.

E. Mascart, Traité du magnétisme terrestre. — Paris 1900.

A. Nippoldt jun., Erdmagnetismus, Erdstrom und Polarlicht. — Leipzig, 2. Aufl. 1912. (Sammlung Göschen.)

F. Auerbach, Erdmagnetismus. In: Handbuch der Physik, 2. Aufl. Band V. — Leipzig 1905.

W. Trabert, Lehrbuch der kosmischen Physik; 25. Kapitel. — Leipzig und Berlin 1911.

Literaturübersichten, Referate u. dgl.

G. Hellmann, Repertorium der deutschen Meteorologie. — Leipzig 1883.

G. Hellmann, Magnetische Kartographie in historisch-kritischer Darstellung. (Veröffentlichungen des Kgl. Pr. Met. Inst. – Nr. 215. — Abhandl. Bd. III. Nr. 3). — Berlin 1909. Enthält die vollständige Bibliographie der magnetischen Originalkarten für die Epochen 1700 bis 1910.

O. Baschin, Bibliotheca geographica, Band I—XVI (Jahrgang 1891/92—1907), Berlin 1895—1911.

K. Schering, Bericht über die Fortschritte unserer Kenntnisse vom Magnetismus der Erde. (Geographisches Jahrbuch, Gotha, Band XIII, XV, XVII, XX, XXIII, XXVIII.)

Hierzu kommen die regelmäßig erscheinenden Referate im 3. Bande der „Fortschritte der Physik", sowie vielfach solche in der „Meteorologischen Zeitschrift" und in „Petermanns Mitteilungen".

E. Merlin et O. Somville, Liste des Observatoires Magnétiques et des Observatoires Séismologiques. — Brüssel 1910.

G. Hellmann und **H. H. Hildebrandsson**, Internationaler Meteorologischer Kodex. — Berlin, 1907 (2. verm. Aufl. 1911). Enthält auf S. 53—56 (60—65) die auf erdmagnetische Beobachtungen und Veröffentlichungen bezüglichen Beschlüsse internationaler Kongresse und Konferenzen.

Fachzeitschrift:

L. A. Bauer: Terrestrial Magnetism, Band I—III, 1896—98. Terrestrial Magnetism and Atmospheric Electricity, Band IV—XVII, 1899—1912.

Schmidt.

Schallgeschwindigkeit in festen Körpern,

in Metern pro Sekunde.

Lit. Tab. 278, S. 1258.

Substanz	Temperatur	Schallgeschwindigkeit	Beobachter	Substanz	Temperatur	Schallgeschwindigkeit	Beobachter
	°				°		
Aluminium . . .		5104,5[1]	Masson (2)	**Glas**		5991	Stefan (1)
Blei, rein		1320,0[1]	„			5059,7[1]	Kundt
weich . . .	15 bis 20	1227,4[1]	Wertheim (1)		15 bis 17	5195,8[1]	Warburg
Cadmium		2306,6[1]	Masson (2)	**Gebrannter Ton** . .		3652 [1]	Chladni
Eisen		5015,9[1]	„	**Elfenbein**		3012,7[1]	Ciccone u. Campanile
	15 „ 20	5123,8[1]	Wertheim (1)				
Eisendraht . . .	10 „ 20	4912,9[1]	„	**Tannenholz**		5256	Stefan (1)
Stahl, weich . .	15 „ 20	4982,0[1]	„			4179	Melde
dsgl. blau angelassen	10	4880,4[1]	„	**Buchenholz**		3412	„
		4940,2[1]	Masson (2)	**Eichenholz**		3381	„
		5092,9[1]	Kundt	**Kork**		430 b. 530	Stefan (1)
Gold, rein . . .		2081,6[1]	Masson (1)	**Siegellack**		1320	„
geglüht . .	15 bis 20	1741,3[1]	Wertheim (1)	**Stearin**	15 „ 17	1378 [1]	Warburg
nicht geglüht	10	2112,2[1]	„	**Paraffin**	15 „ 17	1304 [1]	„
Kobalt		4724,4[1]	Masson (2)	**Wachs**	15 „ 17	862,5[1]	„
Kupfer		3984 [1]	Chladni		17	880	Stefan (1)
		3824,6[1]	Masson (2)		25	630	„
	15 bis 20	3553,4[1]	Wertheim (1)		28	451	„
	10	3665,9[1]	„	**Talg**	15 bis 17	389,7[1]	Warburg
		3970,7[1]	Kundt	**Unschlitt**	18	460	Stefan (1)
Magnesium . . .		4602	Melde	**Kautschuk,** Schnur .		46	„ (2)
Nickel		4973,4[1]	Masson (2)	dsgl., vulkan. schwarz	0	54,0	Exner
Palladium . . .	10	3074 [1]	Wertheim (1)		50	30,7	„
		3256,9[1]	Masson (2)	dsgl., vulkan. rot .	0	69,3	„
Platin		2792,1[1]	„		57	36,6	„
geglüht . .	15 bis 20	2684,9[1]	Wertheim (1)		70	33,9	„
nicht geglüht	10	2733,4[1]	„	Schlauch		25 bis 30	Stefan (1)
Silber		2641,7[1]	Masson (2)	Stab, vulkan. grau .	0	43,2	Exner
weich . . .	15 bis 20	2605,2[1]	Wertheim (1)		45	32,3	„
hart . . .	10	2674,4[1]	„	dsgl., sehr hart . .		150	Stefan (1)
Zink		3698,5[1]	Masson (2)	**Ebonit**	etwa 14	1572,5[1]	Campanile
	13	3680,9[1]	Gerosa				
Zinn		2490 [1]	Chladni	**Seidenpapier,** weiß, gespannt mit 100 g .		1989	Melde
		2640,4[1]	Masson (2)				
	13	2490,3[1]	Gerosa	**Feines Schreibpapier,** gespannt mit 900 g		2107	„
Messing		3479,4[1]	Masson (2)				
nicht geglüht . .		3235,0[1]	Wertheim (1)	**Leinenschnur,** gespannt mit 1000 g		1815	„
Stab, 5 mm dick		3608,8[1]	Kundt				
Anderer Stab dsgl.		3625,4[1]	„	**Baumwollenschnur,** gespannt mit 1000 g .		1260	„
Legierung $ZnSn_{1/5}$	13	3332,3[1]	Gerosa	**Schwarzes Wachstuch,** gespannt mit 1000 g		559	„
$ZnSn$.	13	2979,0[1]	„				
$ZnSn_2$.	13	2707,8[1]	„	**Schafleder,** rotgefärbt, gespannt mit 100 g		471	„

[1]) Umgerechnet aus den auf Luft bezogenen Angaben unter der Voraussetzung, daß die Schallgeschwindigkeit in Luft 332 m beträgt. Dies enthält eine Ungenauigkeit, da die ursprünglichen Angaben der Beobachter sich teilweise auf Luft „gleicher Temperatur" beziehen.

Börnstein.

Schallgeschwindigkeit in Flüssigkeiten und Gasen,
in Metern pro Sekunde.

Lit. Tab. 278, S. 1258.

Flüssigkeiten.

Substanz	Temperatur	Schallgeschwindigkeit	Beobachter
Wasser	8,1°	1435	Colladon u. Sturm
	3,9	1399	Martini (1)
	13,7	1437	„
	25,2	1457	„
Seinewasser	15	1437,1	Wertheim (2)
Wasser dest., luftfrei	13	1441	Dörsing
	19	1461	„
	31	1505	„
Chlornatriumlösung			
10-proz.	15	1470	„
15-proz.	15	1530	„
20-proz.	15	1650	„
konz.	14,7	1661	Martini (1)
„	18,1	1561	Wertheim (2)
Chlorcalciumlösung 43,42-proz.	22,5	1979,6	„
Natriumsulfat 11,78-proz.	20,0	1525,1	„
konz.	18,8	1583,5	„
„	14,7	1528	Martini (1)
Kaliumnitrat, konz.	14,4	1515	„
Natriumnitrat, „	15,3	1650	„
„	20,9	1669,9	Wertheim (2)
Natriumcarbonat, konz.	22,2	1594,4	„
Rauchende Salzsäure, konz.	15,5	1518	Dörsing
Ammoniak, konz.	16	1663	„
Schwefelkohlenstoff	15	1161	„
Äthylalkohol,	4,4	1496	Martini (1)
11-proz. absolut	8,4	1264	„
„	23,0	1159,8	Wertheim (2)
95-proz.	12,5	1241	Dörsing
	20,5	1213	„
Äthyläther	0	1145	Martini (1)
	0	1159,0	Wertheim (2)
	15	1032	Dörsing
Benzin	17	1166	„
Chloroform, Pharm. Germ. IV.	15	983	„
Terpentinöl	15	1326	„
Petroleum	7,4	1395	Martini (1)

Gase und Dämpfe.

Substanz	Temperatur	Schallgeschwindigkeit	Beobachter
Sauerstoff	0°	317,17 [2]	Dulong
	21,0	328,55 [2]	Cook
	—28,4	282,40 [2]	„
	—66,5	264,26 [2]	„
	−137,5	210,12 [2]	„
	—183,0	173,92 [2]	„
Stickstoff	0	337,30 [2]	Buckendahl
	500	544,98 [2]	„
	960	714,83	„
Wasserstoff	0	1269,5 [2]	Dulong
	0	1286,362 [2]	Zoch
Chlor	0	206,4 [2]	Martini (2)
	0	205,3 [2]	Strecker
Jod	0	107,7 [2]	„
	179	143,3	Lechner
	290	157,0	„
	185,5	140,0 [2]	Stevens
Brom	0	135,0 [2]	Strecker
Quecksilber	360	208,1	Lechner
Kalium	850	652 [2]	Wenz
Wasserdampf	0	401 [2]	Masson (1)
	93	402,4 [1][2]	Jaeger
	96	410,0 [1][2]	„
gesättigt	110	413 [2]	Treitz
	120	417,5 [2]	„
	130	424,4 [2]	„
Kohlenoxyd	0	337,129 [2]	Wüllner
Kohlensäure	0	261,6 [2]	Dulong
	0	256,83 [2]	Masson (1)
	0	281,91 [2]	Zoch
	0	262,9 [2]	Martini (2)
	0	259,283 [2]	Wüllner
	10 bis 24	257,26	Low
	0	258,04 [2]	Buckendahl
	100	301,54 [2]	„
	300	373,74 [2]	„
	500	434,06 [2]	„
	770	503,28 [2]	„
	945	543,29 [2]	„
	1080	572,45 [2]	„

[1]) Umgerechnet aus den auf Luft bezogenen Angaben unter der Voraussetzung, daß die Schallgeschwindigkeit in Luft 332 m beträgt. Dies enthält eine Ungenauigkeit, da die ursprünglichen Angaben der Beobachter sich teilweise auf Luft „gleicher Temperatur" beziehen. Die Zahlen von Lechner konnten nach dessen Angaben ohne solche Ungenauigkeit umgerechnet werden.

[2]) Schallgeschwindigkeit in Röhren, während die übrigen Zahlen für freien Raum gelten.

Börnstein.

275 a

Schallgeschwindigkeit in Flüssigkeiten und Gasen,

in Metern pro Sekunde.

Lit. Tab. 278, S. 1258.

Substanz	Temperatur	Schallgeschwindigkeit	Beobachter
Gase und Dämpfe (Fortsetzung).			
Stickoxydul . . .	**0°**	259,636 [2]	Wüllner
	0	264,1 [2]	Martini (2)
Stickoxyd . . .	**0**	325 [2]	Masson (1)
Schwefelwasserstoff	**0**	289,27 [2]	„
Schweflige Säure	**0**	209,00 [2]	„
Chlorwasserstoffgas	**0**	297,00 [2]	„
Ammoniakgas . .	**0**	415,00 [2]	„
	0	415,990 [2]	Wüllner
Cyangas	**0**	229,48 [2]	Masson (1)
Schwefelkohlenstoff	**0**	189,00 [2]	„
	48	204,7	Lechner
	99,7	223,2	Stevens
Fluorsilicium . .	**0**	167,40 [2]	Masson (1)
Kohlenstofftetrachlorid	**77**	150,2	Lechner
Methan	**0**	431,82 [2]	Masson (1)
Äthylen	**0**	314 [2]	Dulong
	0	318,73 [2]	Masson (1)
	0	315,902 [2]	Wüllner
Benzol	**80**	208,1	Lechner
	99,7	205,0	Stevens
Propionsäure . .	**146°**	232,0	Lechner
Valeriansäure . .	**169**	218,4	„
Buttersäure . . .	**158**	222,2	„
Isobuttersäure . .	**150**	208,4	„
Äthylacetat . . .	**76**	208,1	„
Isobutylbutyrat .	**157**	184,3	„
Isoamylvalerat .	**166**	157,2	„
Äthylalkohol . .	**0**	230,59 [2]	Masson (1)
	48	235,7 [1] [2]	Jaeger
	79	273,0	Lechner
	80 bis 85°	271,0 [1] [2]	Neyreneuf
	99,8°	272,8	Stevens
Methylalkohol . .	**67**	341,2	Lechner
	99,7	350,3	Stevens
Amylalkohol . .	**136**	218,8	Lechner
Butylalkohol, norm.	**116**	235,4	„
„ , tertiär	**82**	225,6	„
Äthyläther . . .	**0**	179,20 [2]	Masson (1)
	20 bis 23°	183,1 [1] [2]	Jaeger
	35 „ 40	194,4 [1] [2]	Neyreneuf
	36°	192,8	Lechner
	99,7	212,6	Stevens
Chloroform . . .	**99,8**	171,4	„
Leuchtgas . . .	**13,6**	453	Dieckmann

276

Schallgeschwindigkeit in atmosphärischer Luft,

in Metern pro Sekunde.

Lit. Tab. 278, S. 1258.

Temperatur	Schallgeschwindigkeit	Beobachter
— 45,6°	305,6	Greely
— 10,9	326,1	„
—150,0	216,73 [1]	Cook
—106,2	253,75 [1]	„
22,5	344,70 [1]	„
0	332,77 [2]	Moll u. van Beek
0	331,57	Szathmàri
0	333 [1]	Masson (1)
0	330,66 [1]	Le Roux
0	330,71	Regnault
0	332,06	Schneebeli
0	332,5	Kayser
0	331,898 [1]	Wüllner
0	330,7	Frot
0°	331,29	Hebb
0	331,676	Blaikley
0	331,36	Violle
0	332,1	Hesehus
0	331,5	Mlodsejewski
0	331,92	Thiesen
10 bis 24°	330,88	Low
0 „ 100	331,4 [1]	Gerosa u. Mai
0°	331,32	Stevens
100	386,5	„
300	478,1	„
500	552,8	„
750	632,0	„
1000	700,3	„

[1]) Schallgeschwindigkeit in Röhren, während die übrigen Zahlen für freien Raum gelten.
[2]) Umgerechnet durch Schröder van der Kolk.

Börnstein.

Schallgeschwindigkeit in trockener atmosphärischer Luft, zwischen —40,0° und +60,0° in m pro sec.

Nach **Ciccone** u. **Campanile**, Rend. d. Acc. delle scienze fisiche e mat. di Napoli (2) **5**, 187; 1891.

t^0	v_m	t^0	v_m	t^0	v_m	t^0	v_m
—40,0	305,37	—15,0	321,37	10,0	336,61	35,0	351,19
—39,0	306,03	—14,0	321,99	11,0	337,21	36,0	351,76
—38,0	306,68	—13,0	322,62	12,0	337,80	37,0	352,33
—37,0	307,34	—12,0	323,24	13,0	338,39	38,0	352,90
—36,0	307,99	—11,0	323,86	14,0	338,99	39,0	353,47
—35,0	308,64	—10,0	324,48	15,0	339,58	40,0	354,04
—34,0	309,29	— 9,0	325,09	16,0	340,17	41,0	354,60
—33,0	309,93	— 8,0	325,71	17,0	340,76	42,0	355,17
—32,0	310,58	— 7,0	326,33	18,0	341,35	43,0	355,73
—31,0	311,22	— 6,0	326,94	19,0	341,93	44,0	356,29
—30,0	311,86	— 5,0	327,55	20,0	342,52	45,0	356,86
—29,0	312,51	— 4,0	328,16	21,0	343,10	46,0	357,42
—28,0	313,15	— 3,0	328,77	22,0	343,69	47,0	357,98
—27,0	313,79	— 2,0	329,38	23,0	344,27	48,0	358,54
—26,0	314,43	— 1,0	329,99	24,0	344,85	49,0	359,10
—25,0	315,07	0,0	330,60	25,0	345,43	50,0	359,66
—24,0	315,70	1,0	331,21	26,0	346,01	51,0	360,21
—23,0	316,34	2,0	331,81	27,0	346,59	52,0	360,77
—22,0	316,97	3,0	332,41	28,0	347,17	53,0	361,32
—21,0	317,60	4,0	333,02	29,0	347,75	54,0	361,88
—20,0	318,24	5,0	333,62	30,0	348,32	55,0	362,43
—19,0	318,87	6,0	334,22	31,0	348,90	56,0	362,99
—18,0	319,49	7,0	334,82	32,0	349,47	57,0	363,54
—17,0	320,12	8,0	335,42	33,0	350,05	58,0	364,09
—16,0	320,75	9,0	336,02	34,0	350,62	59,0	364,64
						60,0	365,19

Abhängigkeit von Temperatur und Druck.

Nach **Witkowski.**

Temperatur	0°	—35°	—78,5°	—103,5°	—130°	—135°	—140°
Druck in Atm.							
1	1,000	0,932	0,844	0,784	0,721	0,702	0,683
10	1,000	0,929	0,834	0,773	0,688	0,658	0,620
20	0,999	0,929	0,830	0,760	0,652	0,608	0,568
30	1,101	0,927	0,824	0,749	0,598	0,543	0,444
40	1,005	0,928	0,819	0,741			
50	1,009	0,930	0,820	0,740			
60	1,018	0,934	0,823				
70	1,025	0,938					
80	1,035	0,947					
90	1,044						
100	1,057						

Börnstein.

Literatur, betreffend Schallgeschwindigkeit.

Van Beek, s. **Moll.**

Friedrich Beyme, Diss. Zürich 1884. (Gesättigte Dämpfe.)

D. J. Blaikley, Phil. Mag. (5) **18**, 328; 1884.

Bravais u. **Martins**, Ann. chim. phys. (3) **13**, 5; 1845. Pogg. Ann. **66**, 351; 1845. (Luft.)

Otto Buckendahl, Diss. Heidelberg 1906.

Filippo Campanile, Rend. di Napoli (2a) **8**, 63; 1894.

Chladni, Akustik. Leipzig 1802, 266.

L. Ciccone u. **F. Campanile**, Rend. di Napoli (2) **5**, 187; 1891.

Colladon u. **Sturm**, Ann. chim. phys. (2) **36**, 113, 225; 1827. Pogg. Ann. **12**, 39, 161; 1828.

S. R. Cook, The Phys. Rev. **23**, 212; 1906.

Ernst Dieckmann, Diss. Berlin 1908. Ann. Phys. (4) **27**, 1066; 1908.

Karl Dörsing, Diss. Bonn. Ann. Phys. (4) **25**, 227; 1908.

Dulong, Ann. chim. phys. (2) **41**, 113; 1829. Pogg. Ann. **16**, 438; 1829. (Luft.)

F. Exner, Wien. Ber. **69** [2], 102; 1874.

Frot, C. r. **127**, 609; 1898.

G. Gius. Gerosa, Rend. Lincei (4) **4**, [1], 127; 1888.

G. G. Gerosa u. **E. Mai**, Rend. Lincei (4) **4** [1], 728; 1888.

Ad. W. Greely, Report on the proceedings of the U. S. Expedition to Lady Franklin Bay, Grinnell-Land. Washington 1888. Met. ZS. **7**, 6; 1890. Phil. Mag. (5) **30**, 507; 1890.

Thos. C. Hebb, The Phys. Rev. **20**, 89; 1905.

N. Hesehus, J. d. russ. phys. chem. Ges. **40**, phys. T. 112; 1908 u. **42**, phys. T., 338; 1910.

Wilh. Jaeger, Wied. Ann. **36**, 165; 1889.

H. Kayser, Wied. Ann. **2**, 218; 1877.

A. Kundt, Pogg. Ann. **127**, 497; 1866.

Alfred Lechner, Wien. Ber. **118** [2a], 1035; 1909.

Le Roux, C. r. **64**, 392; 1867. Ann. chim. phys. (4) **12**, 345; 1867. Phil. Mag. (4) **33**, 398; 1867.

James Webster Low, Wied. Ann. **52**, 641; 1894.

Mai, s. **Gerosa.**

T. Martini (1), Atti dell' Ist. Veneto. Wied. Beibl. **12**, 566; 1888.

„ (2), Atti dell' Ist. Veneto (7) **4**, 1113; 1892—93.

Martins, s. **Bravais.**

A. Masson (1), C. r. **44**, 464; 1857. Phil. Mag. (4) **13**, 533; 1857.

„ (2), Cosmos **10**, 425. Pogg. Ann. **103**, 272; 1858.

F. Melde, Wied. Ann. **45**, 568, 729; 1892.

A. Mlodsejewski, J. d. russ. phys.-chem. Ges. **42**, phys. T., 110; 1910.

Moll u. **van Beek**, Phil. Trans. London **114**, 124; 1824. Pogg. Ann. **5**, 351; 1825.

Neyreneuf, Ann. chim. phys. (6) **9**, 535; 1886.

V. Regnault, Mém. de l'acad. **37** [1], 3; 1868. C. r. **66**, 209; 1868. Phil. Mag. (4) **35**, 161, 1868. Carl Repert. **4**, 133; 1868.

H. Schneebeli, Pogg. Ann. **136**, 296; 1869.

H. W. Schröder van der Kolk, Pogg. Ann. **124**, 453; 1865. Phil. Mag. (4) **30**, 34; 1865.

J. Stefan (1), Wien. Ber. **57** [2], 697; 1868.

„ (2), Wien. Ber. **65** [2], 419; 1872.

E. H. Stevens, Diss. Heidelberg 1900. Ann. Phys. (4) **7**, 285; 1902.

K. Strecker, Wied. Ann. **13**, 20; 1881.

Sturm, s. **Colladon.**

Ákos Szathmàri, Wied. Ann. **2**, 418; 1877.

M. Thiesen, Ann. Phys. (4) **25**, 506; 1908.

Wilh. Treitz, Diss. Bonn 1903.

J. Violle, Rapports prés. au Congr. Internat. de Physique 1900, **1**, 228.

J. Violle u. **Th. Vautier**, C. r. **110**, 230; 1890. Ausführlicher: Ann. chim. phys. (6) **19**, 306; 1890.

E. Warburg, Pogg. Ann. **136**, 285; 1869.

Wilh. Wenz, Diss. Marburg 1909. Ann. Phys. (4) **33**, 951; 1910.

G. Wertheim (1), Ann. chim. phys. (3) **12**, 385; 1844.

„ (2), Ann. chim. phys. (3) **23**, 434; 1848. Pogg. Ann. **77**, 427, 544; 1849.

A. W. Witkowski, Bull. Acad. Cracou 1899, 138.

A. Wüllner, Wied. Ann. **4**, 321; 1878.

Ivan Branislav Zoch, Pogg. Ann. **128**, 497; 1866.

Börnstein.

Mechanisches Äquivalent der Wärme. Lichtgeschwindigkeit.

Nach **U. Behn** wird beim Einbringen einer 15°-Kalorie in das Eiskalorimeter eine Quecksilbermenge q_{15} = 0,015460 g eingesogen. Die entsprechende Menge für eine mittlere (Bunsensche) Kalorie beträgt nach Schuller und Wartha $q_{(0-100)}$ = 0,015442 g, nach Velten 0,015471 g. Daraus berechnet Behn das Verhältnis beider Kalorien $c_{(0-100)}/c_{15}$ = 0,9997.

Wert des Äquivalents einer Kalorie	in 10^7 Erg.	bezogen auf 1 g-kal. bei	Temperaturskale	Methode	Beobachter	Vergleichbare Werte der 15°-Kal. (Wasserstoffskale) teils verbessert und neuberechnet von Scheel u. Luther in 10^7 Erg.	mittleren (0–100°-Kal.) in 10^7 Erg.
772 Fußpfund in Manchester	4,18 (umgerechnet)	55 bis 60° F.	Quecksilberthermometer	Mechanisch	Joule	—	—
429,8 mkg in Baltimore	4,212	5° C	Luftthermometer	Mechanisch	Rowland	4,187	—
427,4	4,189	15					
425,8	4,173	25					
425,8	4,173	35					
426 mkg in Paris	4,186	10 bis 13°	Stickstofftherm.	Mechanisch	Miculescu	4,183	—
	4,1982	15	Stickstoffthermometer	Elektrisch	Griffiths	4,192	—
	4,1874	25					
	4,1804	19,1	Quecksilberthermometer aus franz. Hartglas	Elektrisch	Schuster u. Gannon	4,191	—
	4,1905	19,1	Stickstofftherm.				
	4,1917	19,1	Wasserstofftherm.				
776,94 Fußpfund in Manchester	4,1832	mittlere zwischen 0° und 100°		Mechanisch	Reynolds u. Moorby	—	4,183
	4,184	15°	Wasserstofftherm.	Elektrisch	Barnes	4,184	—
	4,1849	mittlere zwischen 0° und 100°				—	4,185
	4,192	mittlere zwischen 0° und 100°		Elektrisch	Dieterici	—	4,192
	4,1851	mittlere zwischen 0° und 15°		Mechanisch	Rispail	4,173	—
	4,1791	15°	Wasserstofftherm.	Elektrisch	Bousfield	4,179	—

Literatur.

Barnes, Phil. Trans. (A) **199**, 149; 1902. Proc. Roy. Soc. (A) **82**, 390; 1909.
Behn, Sitzungsber. Akad. d. Wiss. Berlin 1905, 72. Ann. d. Phys. (4) **16**, 653; 1905.
W. R. Bousfield u. **W. Eric Bousfield,** Phil. Trans. (A) **211**, 199; 1911.
Callendar, Phil. Trans. (A) **199**, 55; 1902.
Diesselhorst, E.-T. Z. **30**, 337; 1909.
Dieterici, Ann. d. Phys. (4) **16**, 593; 1905.
Griffiths, Phil. Trans. (A) **184**, 361; 1893. Phil. Mag. (5) **40**, 431; 1895.
Joule, Phil. Trans. **140**, 61; 1850. Pogg. Ann. Ergb. **4**, 601; 1854.
Miculescu, Journ. de phys. (3) **1**, 104; 1892. Ann. chim. phys. (6) **27**, 202; 1892.
Reynolds u. **Moorby,** Phil. Trans. (A) **190**, 381; 1897. Proc. Roy. Soc. **61**, 293; 1897.
Rispail, Ann. chim. phys. (8) **20**, 417; 1910.
Rowland, Proc. Amer. Acad. (N.S.) **7**, 75; 1880.
Scheel u. **Luther,** Verh. d. D. Phys. Ges. **10**, 584; 1908. ZS. f. Elektrochem. **14**, 743; 1908.
Schuster u. **Gannon,** Phil. Trans. (A) **186**, 415; 1896. Proc. Roy. Soc. **57**, 25; 1895.
Warburg, Referat über die Wärmeeinheit. Leipzig 1900.

Festsetzungen des Ausschusses für Einheiten und Formelgrößen.
(Vgl. u. a. Verh. d. D. Phys. Ges. **12**, 476; 1910. — ZS. f. Elektrochem. **16**, 455; 1910.)

1. Der Arbeitswert der 15°-g-kal. ist 4,189 · 10^7 Erg.
2. Der Arbeitswert der mittleren (0 bis 100°)-Kalorie ist dem Arbeitswert der 15°-Kalorie als gleich zu erachten.
3. Der Zahlenwert der Gaskonstante ist R = 8,316 . 10^7, wenn als Einheit der Arbeit das Erg gewählt wird; R = 1,985, wenn als Einheit der Arbeit die Grammkalorie gewählt wird.
4. Das Wärmeäquivalent des internationalen Joule ist 0,23865 15°-Grammkalorie.
5. Der Arbeitswert der 15°-Grammkalorie ist 0,4272 mkg, wenn die Schwerkraft bei 45° Breite und an der Meeresoberfläche zugrunde gelegt wird.

Fortpflanzungsgeschwindigkeit des Lichtes.

	In Luft km/sek.	Im Vakuum km/sek.
Methode von Römer (Umlaufszeit der Jupitermonde). Aus Beobachtungen von Glasenapp in Verbindung mit einem von Bouquet de la Grye C. r. **129**, 986; 1899) beobachteten Werte der Sonnenparallaxe berechnet Chwolson (Lehrbuch **2**, 248; Braunschweig 1904).		298 800
Methode von Bradley (Aberration des Lichtes). Chwolson (l. c. 250) berechnet aus den neuesten astronomischen Konstanten		298 200
Methode von Fizeau (Rotierendes Rad). Cornu, C. r. **79**, 1381; 1874 .	300 330	300 400
Umgerechnet durch Listing .		299 990
Perrotin, C. r. **135**, 881; 1902		299 880
Methode von Foucault (Rotierender Spiegel). Foucault, C. r. **55**, 501; 1862. Pogg. Ann. **118**, 485, 589; 1863	298 000	
Michelson, Astron. Papers, prepared for the use of the Amer. Ephemeris and Nautical Almanac. 1882	299 860	299 940

Neuere kritische Zusammenstellungen:

Weinberg, Journ. d. russ. phys.-chem. Ges. **30**, 150; 1898. Beibl. **23**, 25; 1899.
Cornu, Rapp. Congr. Intern. de Phys., Paris, **2**, 225; 1900.
Michelson, Phil. Mag. (6) **3**, 330; 1902.

Scheel.

Maßeinheiten.

Das metrische Maßsystem.

A. Internationale Definitionen des Comité International des Poids et Mesures.

α) Länge: Das internationale Prototyp repräsentiert bei der Temperatur des schmelzenden Eises die **metrische Längeneinheit.** (Ière Conf. Gén. d. P. et. M., 1890, S. 35, nochmals abgedruckt Trav. et Mém. Bur. intern. **12**, 1902.)

NB. Die bisherigen Versuche, die Länge des Meter auf Lichtwellenlängen zu beziehen, haben ergeben:

a) 1 m = 1 553 163,5 λ, wo λ die Wellenlänge der roten Cadmiumlinie bei 760 mm Quecksilberdruck und 15^0 des Quecksilberthermometers aus verre dur ist (Michelson, Trav. et. Mém. du Bur. Int. **11**, 85; 1895).

b) 1 m = 1 553 164,13 $\lambda \pm 0{,}15\ \lambda$, wo λ die Wellenlänge derselben Linie in trockener Luft bei 760 mm Quecksilberdruck und 15^0 der Wasserstoffskala ist (Benoît, Fabry u. Perrot, C. r. **144**, 1082; 1907).

β) Masse: Das **Kilogramm** ist die Einheit der **Masse**; es ist gleich der Masse des internationalen Prototyps des Kilogramms. — Der Ausdruck **Gewicht** bezeichnet eine Größe von derselben Natur wie eine Kraft; das Gewicht eines Körpers ist das Produkt aus der Masse dieses Körpers und der Beschleunigung durch die Schwere; im besonderen ist das normale Gewicht eines Körpers das Produkt aus der Masse dieses Körpers und der normalen Beschleunigung durch die Schwere. — Die Zahl, welche im internationalen Maß- und Gewichtsdienst für den Wert der normalen Beschleunigung durch die Schwere angenommen wurde, ist $980{,}6\,\frac{\text{cm}}{\text{sec}^2}$. (IIIme Conf. Gén. d. P. et M., 1902, S. 66, abgedruckt Trav et Mém. Bur. intern. **12**, 1902.)

γ) Volumen: Die Einheit des Volumens ist für Bestimmungen von hoher Genauigkeit dasjenige Volumen, das eingenommen wird von der Masse eines Kilogramm reinen Wassers größter Dichte unter normalem Atmosphärendruck; dieses Volumen heißt **Liter.** — Bei Volumenbestimmungen ohne hohen Genauigkeitsgrad kann das Kubikdezimeter als dem Liter äquivalent angesehen werden, und bei solchen Bestimmungen können die Ausdrücke für Volumina, welche auf dem Kubus der Länge basieren, eingesetzt werden für diejenigen, welche sich auf das oben definierte Liter beziehen. (a. a. O. S. 37.)

1. Früher war in der Chemie das sog. **Mohrsche Liter** in Gebrauch, d. i. das Volumen von 1 kg destillierten Wassers von 15^0 C, gewogen in Luft mit Messinggewichten.
2. Die Beziehung zwischen Liter und Kubikdezimeter ist noch nicht endgültig bestimmt; der z. Z. wahrscheinlichste Wert (aus allen bisherigen Bestimmungen) ist:

   1 Kilogramm Wasser von 4^0 bei einem Druck von 760 mm Hg = 1,000 027 ± 0,000 002 Kubikdezimeter. (Trav. et. Mém. **14**, Benoît S. 7; 1910.)

B. Deutsche Definitionen nach der Maß- und Gewichtsordnung vom 30. Mai 1908.

(Reichsgesetzblatt S. 349.)

Die Grundlagen des Maßes und des Gewichtes sind das **Meter** und das **Kilogramm.**

Das Meter ist der Abstand zwischen den Endstrichen des internationalen Meterprototyps bei der Temperatur des schmelzenden Eises.

Das Kilogramm ist die Masse des internationalen Kilogrammprototyps.

Als deutsches Urmaß gilt derjenige mit dem Prototyp für das Meter verglichene Maßstab aus Platiniridium, welcher durch die Internationale Generalkonferenz für Maß und Gewicht dem Deutschen Reich als nationales Prototyp überwiesen worden ist. Er wird von der Kais. Normal-Eichungskommission aufbewahrt.

[Die Gleichung dieses Prototyps (Nr. 18) ist (Wiss. Abh. d. Kais. Norm.-Eich.-Komm. I, S. 7):

Nr. 18 = 1 $m - 1{,}0\ \mu + 8{,}642\ \mu\ t + 0{,}001\,00\ \mu\ t^2 \pm 0{,}2\ \mu$.]

Als deutsches Urgewicht gilt dasjenige mit dem Prototyp für das Kilogramm verglichene Gewichtsstück aus Platiniridium, welches durch die Internationale Generalkonferenz für Maß und Gewicht dem Deutschen Reich als nationales Prototyp überwiesen worden ist. Es wird von der Kais. Normal-Eichungskommission aufbewahrt.

[Die Gleichung dieses Prototyps (Nr. 22) ist (Proc. verb. (2) **6**, 196; 1911):

Nr. 22 = 1 kg + 0,002 mg ± 0,002 mg.]

Anmerkung: Die Gleichungen der anderen nationalen Prototype und ihre Verteilung finden sich im Protokoll der Ière Conf. Gén. d. P. et M., 1890, S. 29, 30, 39, abgedruckt Trav. et Mém. Bur. intern. **12**, 1902, resp. Proc. verb. a. a. O.

Blaschke.

Maßeinheiten.

Abkürzungen der metrischen Maße.

a) Nach dem Comité International des Poids et Mesures (Procès-verbaux 1879, S. 41) oder
b) Nach den Vorschriften des Deutschen Bundesrates (Zentralblatt für das Deutsche Reich vom 26. Jan. 1912).
In Deutschland sind jetzt auch die unter a aufgeführten Abkürzungen zugelassen, soweit die betr. Maßgrößen erlaubt sind.

Längenmaße	a	oder b	Flächenmaße	a	oder b	Körpermaße	a	oder b	Massen (Gewichte)	a	oder b
Kilometer	km	km	Quadratkilometer	km²	qkm	Stère = 1 m³	s		Tonne = 1000 kg	t	t
Meter	m	m	Hektar	ha	ha	Kubikmeter	m³	cbm	Quintal = 100 kg	q	
Dezimeter	dm	dm	Ar = 10 m · 10 m	a	a	Kubikdezimeter	dm³		Doppelzentner = 100 kg		dz
Zentimeter	cm	cm	Quadratmeter	m²	qm	Kubikzentimeter	cm³	ccm	Kilogramm	kg	kg
Millimeter	mm	mm	Quadratdezimeter	dm²		Kubikmillimeter	mm³	cmm	Hektogramm		hg
Mikron = 0,001 mm	μ		Quadratzentimeter	cm²	qcm	Hektoliter	hl	hl	Gramm	g	g
(0,001 Mikron [Millimikron]	μμ)		Quadratmillimeter	mm²	qmm	Liter	l	l	Dezigramm	dg	
						Deziliter	dl		Zentigramm	cg	
						Zentiliter	cl		Milligramm	mg	mg
						Milliliter	ml	ml	(0,001 Milligramm [Mikrogramm]	γ)	
						(Mikroliter = 0,001 ml	λ)				

Vergleichung des metrischen Maßes
mit anderen Maßen.

Ausführliche Angaben finden sich in:

Karsten, Harms und **Weyer,** Einleitung in die Physik.
Artikel: Maß und Messen von Karsten. Leipzig 1869.
Friedrich Nobak, Münz-, Maß- und Gewichtsbuch. Leipzig 1877.
Dr. Ernst Jerusalem, Taschenbuch für Kaufleute, Bd. I. Berlin 1890.
Ch. Ed. Guillaume, Unités et Étalons. Paris (ohne Jahreszahl).

(m) bedeutet, daß jetzt das metrische System eingeführt ist und die angegebenen Zahlen sich auf früher übliche Maße beziehen.
* bedeutet, daß die angegebenen Maße noch in Gebrauch sind.
** bedeutet, daß das metrische System zwar nicht eingeführt ist, aber dem üblichen Maße zu Grunde liegt.

A. Längenmaße.

Baden (m): 1 Fuß = 0,3 m, also 1 m = 3,333 Fuß.
Einteilung: 1 Fuß zu 10 Zoll zu 10 Linien.

Bayern (m): 1 Fuß = 0,291 859 m, also 1 m = 3,426 31 Fuß. (Normaltemp. + 13° R).
Einteilung: 1 Fuß zu 12 Zoll zu 12 Linien. (Seltener dezimale Teilung).

China:** 1 tschi = 0,32 m, oder 1 m = 3,125 tschi (Dezimale Unterteilung in tschen, fun, li, hao; 1 pou = 5 tschi, 1 tschan = 10 tschi).

England*: a) 1 yard = 0,914 399 2 m, 1 inch (Zoll) = 25,399 8 mm, also 1 m = 1,093 614 26 yard (nach Vergleichungen im Bur. Int. des P. et M. zwischen dem Prototypmeter und 2 Kopieen des englischen Yard-Urmaßes),
oder b) gesetzliches englisches Maß: 1 yard = 0,914 399 m, 1 foot = 0,304 80 m; 1 inch = 25,40 mm; also 1 m = 1,093 614 3 yard = 3,280 843 feet = 39,370 113 inches.
NB. Die Normaltemperatur, bei der ein englischer Maßstab seinem Nennwert entsprechen soll, beträgt +32° F (= 16²/₃° C).
Einteilung: 1 yard zu 3 feet zu 12 inches zu 10 lines. Seltener: 1 inch zu 3 barley corns, oder zu 12 lines zu 12 seconds zu 12 terzes.
Wegemaß: 1 mile = 1609 m. Einteilung: 1 mile zu 8 furlongs zu 40 poles, rods oder perches zu 5,5 yards.
Tiefenmaß für nautische Zwecke: 1 fathom zu 2 yards.

Frankreich (m): a) Altes Maß (etwa bis 1812; der Zoll in der Barometrie und Optik bis in die neueste Zeit, letzteres zum Teil noch jetzt):
1 toise = 1,949 037 m, 1 Zoll (sog. pariser) = 27,07 mm, also 1 m = 0,513 074 toise.
Einteilung: 1 toise zu 6 pieds (du roi) zu 12 pouces zu 12 lignes zu 12 points; oder bei Geometern: 1 pied zu 10 pouces zu 10 lignes zu 10 points.
Wegemaß: 1 lieue = 2280,3 toises (25 auf 1°); 1 lieue marine = 2850,4 toises (20 auf 1°); 1 lieue moyenne = 2534 toises.
Feldmaß: 1 perche = 18 oder 22 pieds (perche de Paris oder p. des eaux et forêts).
Tiefenmaß für nautische Zwecke: 1 brasse = 5 pieds.
Handelsmaß: 1 aune de Paris = 1,188 45 m.
b) Übergangsmaß, sog. mesures usuelles (vom Februar/März 1812 bis 1. Januar 1840):
1 toise = 2 m; 1 pied = ¹/₃ m; 1 aune = 1,2 m.

Japan:** 1 shaku = 0,3030 m, also 1 m = 3,3003 shaku.
Einteilung: 1 jo = 10 shaku; 1 shaku zu 10 sun zu 10 bu zu 10 rin zu 10 mo; ferner 1 ken = 6 shaku; 1 chô = 60 ken; 1 ri = 36 chô.

Blaschke.

Maßeinheiten.

A. Längenmaße. (Fortsetzung.)

Niederlande (m): 1 Rute (niederländisch-rheinländisch) = 3,76736 m, also 1 m = 0,265438 Rute (seit 1808).
1 Fuß = 0,313947 m, also 1 m = 3,18525 Fuß.
1 Fuß (amsterdamisch Voet) = 0,28313 m, also 1 m = 3,53195 Voet.
Einteilung: 1 Rute zu 12 Fuß. Ferner 1 El (amsterdamisch) = 0,688 m oder 1 El (brabantisch) = 0,694 m.

Nord-Amerika*: 1 yard = $\frac{3600}{3937}$ m = 0,91440 m, also fast gleich dem englischen Maß.
Einteilung: wie dieses.

Österreich (m): 1 Fuß = 0,31610 m, also 1 m = 3,16355 Fuß.
Einteilung: wie Bayern.

Preußen (m): Nach der Maß- und Gewichtsordnung vom 16. Mai 1816;
1 Fuß (sog. rheinländischer) = 0,3138535 m, also 1 m = 3,186200 Fuß.
Einteilung: 1 Fuß (′) zu 12 Zoll (″) zu 12 Linien (‴).
Wegemaß: 1 Meile zu 2000 Ruten zu 12 Fuß, also 1 Meile 7532,5 m. (Von 1. Januar 1872 bis 1. Januar 1874: 1 deutsche Meile = 7500 m).
Handelsmaß: 1 Elle = 2 1/8 Fuß = 0,666939 m.

Rußland*: 1 Arschin = 0,711200 m (rd. 28 Zoll engl.). 1 Werst zu 500 Saschen zu 3 Arschin zu 16 Werschok, also 1 Werst = 1066,8 m.
(Früher auch englischer Fuß gebräuchlich.)

Sachsen (m): 1 Fuß = 0,28319 m, also 1 m = 3,53120 Fuß.
Einteilung: wie Bayern.

Schweden (m): 1 Fuß (fot) = 0,296901 m, also 1 m = 3,36813 Fuß.
Einteilung: 1 fot zu 10 tum (oder 12 verktum) zu 10 linier.

Schweiz (m): wie Baden.

Württemberg (m): 1 Fuß = 0,28649 m, also 1 m = 3,4905 Fuß.
Einteilung: wie Baden.

Internationale Maße*: 1 geogr. Meile = 7420,4 m (15 Meilen = 1° des Äquators).
1 Seemeile = 1852 m (60 Meilen = 1° des Meridians).

B. Flächenmaße (Feldmaße).

England*: 1 acre = 40,467 a, also 1 a = 0,0247 acre.
Einteilung: 1 acre zu 4 roods (fardingdeals) zu 40 square-rods zu 30,25 square-yards.

Frankreich (m): 1 arpent = 34,19 a oder 51,07 a, also 1 a = 0,0292 oder 0,0196 arpent.
Einteilung: 1 arpent = 100 perches carrées; über die beiden perches siehe oben unter Längenmaße, Frankreich.

Nord-Amerika*: wie England.

Preußen (m): 1 Morgen = 25,53225 a, also 1 a = 0,039166 Morgen.
Einteilung: 1 Morgen = 180 Quadratruten.

C. Hohlmaße (Flüssigkeitsmaße).

England*: 1 imperial gallon (10 ℔ Avdp. oder 70000 Troy-Grains Wasser bei 62° F und 30 Zoll Quecksilber Barometerstand, in Luft mit Messinggewichten gewogen) = 4,5435 l, also 1 l = 0,220095 imp. gallon. (Nach Weigths and Ms. Act 1878.)
Einteilung: 1 tun zu 2 pipes oder butts zu 1,5 puncheons zu 1 1/3 hogsheads zu 1,5 tierces zu 2 1/3 run(d)lets zu 18 gallons; oder: 1 quarter zu 2 combs zu 4 bushels zu 4 pecks zu 2 gallons. 1 gallon zu 4 quarts zu 2 pints zu 4 gills.
Apothekermaß: 1 ounce = 0,05 pint.

Frankreich (m): a) Altes Maß (vergl. unter A): 1 pinte = 0,93132 l, also 1 l = 1,0737 pinte.
Einteilung: 1 muid zu 2 feuillettes zu 2 quarteaux zu 9 setiers oder veltes zu 4 pots zu 2 pintes; 1 pint zu 2 chopines zu 2 demi-setiers zu 2 possons zu 2 demi-possons zu 2 roquilles.
b) Mesure usuelle (vgl. unter A): 1 pinte = 1 l.

Nord-Amerika*: 1 U.-S. gallon = 3,7854 l, also 1 l = 0,26417 gallon.
Einteilung: wie in England, außerdem 1 cask oder quarter zu 32 gallons.

Preußen (m): 1 Quart = 1,14503 l, also 1 l = 0,8733 Quart.
Einteilung: 1 Fuder zu 4 Oxhoft zu 1,5 Ohm zu 2 Eimer zu 2 Anker zu 30 Quart (zu 64 Kubikzoll).

Blaschke.

Maßeinheiten.

D. Gewichte (Massen).

Baden (m): 1 Pfund = 0,5 kg, also 1 kg = 2 Pfund.
Einteilung: 1 Pfund zu 2 Mark zu 2 Vierlingen zu 4 Unzen;
oder „ zu 10 Zehnlingen zu 10 Centas zu 10 Dekas zu 10 As;
oder „ zu 32 Lot zu 4 Quentchen.

Bayern (m): 1 Pfund = 0,5600 kg, also 1 kg = 1,785 7 Pfund.
Einteilung: 1 Pfund zu 32 Lot zu 4 Quentchen.

China*: 1 lian = 37,301 g, also 1 kg = 26,809 lian. (Dezimale Unterteilung in tsien, fun, li, hao; 1 king = 16 lian).

England*: a) das Troygewicht: 1 pound (22,8157 Kubikzoll dest. Wasser bei 62⁰ F und 30 Zoll Quecksilber Barometerstand, in Luft mit Messinggewichten gewogen) = 0,373 242 kg, also 1 kg = 2,723 84 pounds.
Einteilung: 1 pound zu 12 ounces zu 20 pennyweights zu 24 grains.
b) das Avoirdupoisgewicht (das Handelsgewicht):
1 pound avdp. = 7000 grains troy = 0,453 5926 kg, also 1 kg = 2,204 62 pounds.
Einteilung: 1 ton (t) zu 20 hundredweights (cwt.) zu 4 quarters zu 2 stones zu 14 pounds (lb.); 1 pound (lb.) zu 16 ounces (oz.) zu 16 drams (zu 3 scruples zu 10 grains).

Frankreich (m): a) Altes Gewicht (poid de marc), (vgl. unter A.): 1 livre = 0,489 506 kg, also 1 kg = 2,042 88 livres.
Einteilung: 1 millier zu 10 quintaux zu 100 livres; 1 livre zu 2 marcs zu 8 onces zu 8 gros (dragmes) zu 3 deniers (scrupules) zu 24 grains.
b) Mesure usuelle (vgl. unter A): 1 livre = 0,5 kg, also 1 kg = 2 livres.
c) Medizinalgewicht: 1 livre romain = 0,75 livre de marc = 0,367 129 kg, also 1 kg = 2,723 84 livres.
Einteilung: 1 livre zu 12 onces zu 8 dragmes zu 3 scrupules zu 20 grains.

Japan**: 1 kwan = 3,75 kg, also 1 kg = 0,267 kwan.
Einteilung: 1 momme oder me = 0,001 kwan. 1 me zu 10 fun zu 10 rin zu 10 mô; ferner 1 kin = 160 me.

Nordamerika*: wie England Avoirdupois.

Österreich (m): 1 Pfund = 0,560 01 kg, also 1 kg = 1,785 7 Pfund.
Einteilung: 1 Pfund zu 32 Lot zu 4 Quentchen zu 4 Pfennig.

Preußen (m): a) Bis 1839 einschl.: 1 Pfund = 0,467 711 kg, also 1 kg = 2,138 07 Pfund.
Einteilung: 1 Zentner zu 110 Pfund zu 32 Lot zu 4 Quentchen.
b) Zollgewicht, von 1840 an, von 1858 an auch Handelsgewicht: 1 Pfund = 0,5 kg, also 1 kg = 2 Pfund.
Einteilung 1 Zentner (Z.-C.) zu 100 Pfund (℔) zu 30 Lot zu 10 Quentchen zu 10 Cent zu 10 Kern.
c) Medizinalgewicht: 1 Pfund = 0,350 783 kg, also 1 kg = 2,850 77 Pfund.
Einteilung: 1 Pfund (℔) zu 12 Unzen (℥) zu 8 Drachmen (ʒ) zu 3 Skrupel (℈) zu 20 Gran (gr.); also 1 Gran = 60,9 mg.

Rußland*: 1 Pfund = 0,409 511 kg, also 1 kg = 2,441 93 Pfund; ferner 1 Medizinalpfund = 7/8 Pfund.
Einteilung: 1 Berkowetz zu 10 Pud zu 40 Pfund zu 32 Lot oder zu 96 Solotnik zu 96 Doli.

Sachsen (m): 1 Pfund = 0,467 6 kg, also 1 kg = 2,138 6 Pfund.
Einteilung: 1 Pfund zu 4 Pfenniggewicht zu 2 Hellergewicht.

Schweden (m): 1 Pfund = 0,425 1 kg, also 1 kg = 2,352 5 Pfund.
Einteilung: 1 Pfund (schalpfund, scålpund, mark) zu 32 lod zu 4 kvintin, oder 1 Pfund zu 8848 ass.

Schweiz (m): wie Baden.
Einteilung: 1 Pfund zu 32 Lot zu 16 Unzen.

Württemberg (m): wie Baden. Vor 1850: 1 Pfund = 0,467 7 kg, also 1 kg = 2,138 0 Pfund.
Einteilung: 1 Pfund zu 32 Lot zu 4 Quentchen zu 4 Richtpfennig.

International*: 1 Karat = etwa 205 mg; in der Einführung begriffen: Metrisches Karat = 200 mg.

Blaschke.

Maßeinheiten.

Die elektrischen Maßeinheiten.

A. Nach dem Reichsgesetz vom 1. Juni 1898. (Reichsgesetzblatt S. 905.)

Diese Definitionen stimmen mit denjenigen überein, welche die internationale Elektrikerkonferenz zu London 1908 angenommen hat (E.T.Z. **30**, 344; 1909).

§ 1.

Die gesetzlichen Einheiten für elektrische Messungen sind das **Ohm**, das **Ampere** und das **Volt**.

§ 2.

Das (sog. internationale) **Ohm** ist die Einheit des elektrischen Widerstandes. Es wird dargestellt durch den Widerstand einer Quecksilbersäule von der Temperatur des schmelzenden Eises, deren Länge bei durchweg gleichem, einem Quadratmillimeter gleich zu achtenden Querschnitt 106,3 [1]) Zentimeter und deren Masse 14,4521 Gramm beträgt.

§ 3.

Das **Ampere** ist die Einheit der elektrischen Stromstärke. Es wird dargestellt durch den unveränderlichen elektrischen Strom, welcher bei dem Durchgange durch eine wässerige Lösung von Silbernitrat in einer Sekunde 0,001 118 [2]) Gramm Silber niederschlägt.

§ 4.

Das **Volt** ist die Einheit der elektromotorischen Kraft. Es wird dargestellt durch die elektromotorische Kraft, welche in einem Leiter, dessen Widerstand ein Ohm beträgt, einen elektrischen Strom von einem Ampere erzeugt.

B. Andere Definitionen.

Elektrischer Widerstand:

a) Sog. „Legales Ohm“ nach dem Vorschlag des Internationalen Elektriker-Kongresses zu Paris 1884: Der Widerstand einer Quecksilbersäule von 1 mm^2 Querschnitt und 106 cm Länge bei 0^0.
b) Siemens-Einheit (S.-E.) ist der Widerstand einer Quecksilbersäule von 1 mm^2 Querschnitt und 1 m Länge bei 0^0.
c) British-Association-Unit (B. A. U.) ist der Widerstand einiger aus Draht verschiedenen Materials konstruierter Normale; 1 B. A. U. ist etwa gleich 0,987 Legales Ohm.

Das **Watt** *(Volt-Ampere)* ist die in 1 Sekunde durch einen Strom von 1 Ampere Stärke in einem Leiter geleistete *Arbeit*, an dessen Enden eine Spannungsdifferenz von 1 Volt besteht.

1 Pferdekraft = 736 Watt (= 75 m kg in 1 Sekunde).

1 HP (horse-power) = 746 Watt.

Das **Coulomb** ist diejenige *Elektrizitätsmenge*, welche in 1 Sekunde bei einer Stromstärke von 1 Ampere durch den Querschnitt eines Leiters fließt.

Das **Farad** ist die Kapazität eines Kondensators, welcher durch die Elektrizitätsmenge von 1 Coulomb auf die Spannungsdifferenz von 1 Volt geladen wird.

[Meg(a) ist das 10^6-, Kilo das 10^3-, Milli das 10^{-3}-, Mikr(o) das 10^{-6}-fache der Einheit.]

Ergänzungen betreffend das sog. absolute Maßsystem,

Centimeter-Gramm-Sekunde-System (C-G-S-System) vgl. auch Tab. 281 u. 282.

1) Die Einheit der Kraft heißt *Dyne*.

Die *Dyne* ist diejenige Kraft, die der Masse 1 in der Zeit 1 die Geschwindigkeit 1 erteilt.

Nimmt man für die Schwerkraftsbeschleunigung in 45^0 geogr. Breite und im Meeresniveau den Wert 980,616 cm an (vgl. S. 5), so ist daselbst:

1 Grammgewicht = 980,616 Dyne, also
1 Dyne = $1{,}020 \times 10^{-3}$ Grammgewicht.

2) Die Einheit der Arbeit heißt *Erg*.

Das *Erg* ist diejenige Arbeit, die von der Kraft 1 verrichtet wird, wenn sich ihr Angriffspunkt in ihrer Richtung um die Länge 1 verschiebt.

Unter obiger Annahme ist in 45^0 geogr. Breite im Meeresniveau:

1 Meter-Kilogr.-Gewicht = $980{,}617 \times 10^5$ Erg,
also 1 Erg = $1{,}020 \times 10^{-8}$ Meter-Kilogr.-Gewicht.

3) Einheit der Zeit ist der *mittlere Sonnentag*, im C-G-S-System dessen 864000 ter Teil, die mittlere *Zeit-Sekunde*.

Der *mittlere Sonnentag* ist die Zeit zwischen zwei aufeinander folgenden Kulminationen einer (fingierten) mittleren Sonne, d. i. einer Sonne, die sich auf dem Äquator mit gleichförmiger Geschwindigkeit bewegt und ihren Umlauf in gleicher Zeit beendet, wie die Sonne selbst auf der Ekliptik.

Wahrer Sonnentag ist die Zeit zwischen zwei aufeinander folgenden Kulminationen der (wirklichen) Sonne.

Sterntag ist die Zeit zwischen zwei aufeinander folgenden Kulminationen desselben Fixsterns.

Es beginnt der:

a) Sterntag mit der oberen Kulmination des Frühlingsnachtgleichen-Punktes,
b) Sonnentag α) astronomisch mit der oberen, β) bürgerlich mit der unteren Kulmination der Sonne.

Das *Jahr* ist siderisch (d. h. die Zeit zwischen zwei aufeinander folgenden identischen Stellungen der Sonne unter den Fixsternen) = 365,2564 (mittl. Sonnen-) Tage oder 365 Tage + 6^h 9^{min} 10^{sec}.

Das *Jahr* ist tropisch (allgemein benutztes Jahr, d. i. die Zeit zwischen zwei aufeinander folgenden Frühlingsäquinoktien) = 365,2422 (mittl. Sonnen-) Tage = 365 Tage + 5^h 48^{min} 46^{sec}, oder = 366,2422 Sterntage.

Das astronomische Datum ist am Nachmittag dem bürgerlichen gleich, am Vormittage um 1 kleiner als dieses.

In den meisten Ländern wird der bürgerliche Tag nicht begonnen mit der unteren Kulmination der Sonne im Meridian des Ortes (Ortszeit) sondern in einem Hauptmeridian, der dem ganzen Lande gemeinsam ist. Nullmeridian ist dabei derjenige von Greenwich; die nach ihm berechnete Zeit heißt West-Europäische

[1]) Der wahrscheinlichste Wert ist 106,28 cm (Dorn, Wiss. Abh. d. Phys.-Techn. Reichsanst. **2**, 355; 1895). Im Beschluß der Londoner Konferenz heißt es: 106,300.

[2]) Im Beschluß der Londoner Konferenz heißt es: 0,001 118 00.

Blaschke.

Maßeinheiten.

Zeit (WEZ); die anderen Hauptmeridiane stehen von ihm um ein ganzes Vielfaches von 15^0 ab, die WEZ bleibt also gegen die Mittel- (MEZ) resp. die Osteuropäische Zeit eine resp. zwei ganze Stunden zurück.

Beziehungen zwischen den einzelnen Zeitmaßen.

a) 1 Sterntag = 0,997 269 57 mittl. Tag = 1 mittl. Tag — $3{,}9319^{min}$ mittl. Zeit.
1 mittl. Tag = 1,002 737 91 Sterntag = 1 Sterntag + $3{,}9426^{min}$ Sternzeit.

b) Zeitgleichung (in Min.) für den mittleren Berliner Mittag = Mittlere Zeit — Wahre Zeit (Tagesdatum eines gewöhnlichen Jahres).

Jan.	1	+ 3,5	Mai	1	—2,9	Sept.	8	— 2,2
„	11	+ 8,0	„	11	—3,7	„	18	— 5,7
„	21	+11,4	„	21	—3,6	„	28	— 9,2
„	31	+13,6	„	31	—2,6	Okt.	8	—12,3
Febr.	10	+14,4	Juni	10	—0,9	„	18	—14,7
„	20	+14,0	„	20	+1,2	„	28	—16,1
März	2	+12,4	„	30	+3,3	Nov.	7	—16,2
„	12	+10,0	Juli	10	+5,1	„	17	—15,0
„	22	+ 7,1	„	20	+6,1	„	27	—12,4
April	1	+ 4,1	„	30	+6,3	Dez.	7	— 8,6
„	11	+ 1,2	Aug.	9	+5,4	„	17	— 4,0
„	21	— 1,2	„	19	+3,6	„	27	+ 1,0
			„	29	+1,0			

c) Für 1913 Jan. 1. ist der Mittl. Berl. Mittag = $18^h\ 41{,}97^{min}$ Sternzeit.

NB. Genauere Daten zu b) und c) siehe Berliner Astronomisches Jahrbuch oder Nautical Almanac.

Lichteinheiten.

Genaueres nebst Quellenangaben s. Liebenthal, Photometrie. Braunschweig 1907.

A. Deutsche Einheiten.

Verband Deutscher Elektrotechniker.
E.T.Z. **18**, 474; 1897.

Deutscher Verein von Gas- und Wasserfachmännern.
Journ. f. Gas- u. Wasserf. **40**, 548; 1897.

1) Die Einheit der Lichtstärke ist die Kerze; sie wird durch die horizontale Lichtstärke der Hefnerlampe dargestellt.

2) Für die photometrischen Größen und Einheiten gibt die nachstehende Tabelle Namen und Zeichen.

Größe		Einheit	
Name	Zeichen	Name	Zeichen
Lichtstärke	J	Kerze (Hefnerkerze)	HK
Lichtstrom	$\Phi = J\omega = \frac{J}{r^2} S$	Lumen	Lm
Beleuchtung	$E = \frac{\Phi}{S} = \frac{J}{r^2}$	Lux (Meterkerze)	Lx
Flächenhelle	$e = \frac{J}{s}$	Kerze auf 1 qcm	—
Lichtabgabe	$Q = \Phi T$	Lumenstunde	

Dabei bedeutet: ω einen räumlichen Winkel; S eine Fläche in qm, s eine Fläche in qcm, beide senkrecht zur Strahlenrichtung; r eine Entfernung in m; T eine Zeit in Stunden.

Über die Hefnerlampe s. Journ. f. Gas- u. Wasserf. **36**, 341; 1893.

B. England, Nordamerika, Frankreich.

Die Staatslaboratorien (Nat. Phys. Laboratory in London, Bur. of Standards in Washington, Laboratoire Central in Paris) dieser Länder haben sich 1909 auf ein gemeinsames Maß der Lichtstärke geeinigt, welches gleich 1,11 Hefnerkerze ist und Pentan-candle, resp. American-candle, resp. Bougie décimale heißt; auch der Name „Internationale Kerze" wurde vorgeschlagen, von Deutschland und von der Internationalen Lichtmeß-Kommission aber zurückgewiesen (vgl. auch C und D).

C. Frühere Vorschläge der Internationalen Elektriker-Kongresse.

Paris 1884 u. 1889.

Als Einheit des weißen Lichtes gilt die Lichtstärke, welche 1 qcm der Oberfläche geschmolzenen Platins bei der Erstarrungstemperatur in senkrechter Richtung besitzt (Viollesche Einheit). Als Einheit des farbigen Lichtes gilt die Lichtstärke des gleichfarbigen Lichtes, welches in dem weißen Platinlicht enthalten ist.

Der 20. Teil der Violleschen Einheit wird Bougie décimale genannt.

Genf 1896.

1. Die internationalen photometrischen Größen basieren auf der Lichtstärke eines leuchtenden Punktes und sind in der folgenden Tabelle zusammengestellt.

Größe	Namen	Symbol
Kerze	Lichtstärke	J
Lumen	Lichtstrom	$\Phi = J\omega$
Lux	Belichtung	$E = \frac{\Phi}{S}$
Kerze per cm^2	Erhellung	$e = \frac{J}{S}$
Lumenstunde	Lichtleistung	$Q = \Phi T$

Dabei bedeutet ω einen körperlichen Winkel, S eine Fläche, die in der Formel für Belichtung in m^2, in jener für Erhellung in cm^2 einzusetzen ist. T ist die Zeit in Stunden.

2. Die Einheit der Lichtstärke ist die Bougie décimale, wie sie von früheren Kongressen definiert worden ist.

3. Vorläufig kann die B. d. mit einer für die Bedürfnisse der Industrie ausreichenden Annäherung durch die horizontale Lichtstärke der Hefnerlampe dargestellt werden, wobei den nötigen Korrektionen Rechnung zu tragen ist.

D. Umrechnungswerte.

Von der Internationalen Lichtmeßkommission aufgestellt am 27. Juli 1911.

	Hefnerkerze	Pentan-candle	Carcel-Lampe
Hefnerkerze		0,9	0,093
Pentan-candle	1,11		0,1035
Carcel-Lampe	10,75	9,65	

Gegenseitiges Verhältnis der verschiedenen Maßeinheiten für Energie.

Definitionen.

(Siehe F. **Kohlrausch**, Lehrbuch der prakt. Physik.)

1 Erg ist die Arbeit, welche die Kraft Eins **(1 Dyne)** bei Verschiebung ihres Angriffspunktes in ihrer Richtung um die Längeneinheit (1 cm) leistet.

1 Volt-Ampere × sec. = 1 Wattsekunde = 1 Joule wird geleistet, wenn der Strom von 1 Ampere im Widerstande von 1 Ohm während 1 Sekunde fließt.

1 kleine 15°-Kalorie ist die Wärmemenge, die erforderlich ist, um 1 g Wasser bei 15° C. um 1° zu erwärmen.

1 Literatmosphäre ist die Arbeit, die der Vermehrung des Volumens um 1 Liter unter dem konstanten Drucke von 1 Atmosphäre (= 1013200 Dynen/cm^2) entspricht.

1 Meterkilogramm ist die Arbeit, die durch Hebung von 1 kg um 1 m entgegen der Anziehungskraft der Erde unter 45° Breite im Meeresniveau geleistet wird.

Die letzte Horizontalreihe enthält die auf ein Molekül bezogene **Gaskonstante R**, ausgedrückt in den verschiedenen Einheiten, samt den zugehörigen Logarithmen.

Für die Beziehungen zwischen Erg, Internationaler Wattsekunde (Joule) und kleiner 15°-Kalorie sind die durch die Beschlüsse des A. E. F. (Verh. D. phys. Ges. **10**, 584; 1908) festgesetzten Werte der Tabelle zugrunde gelegt. Da jedoch nach neueren Untersuchungen diese Zahlen geringfügige Abänderungen erfahren müßten, so sind an den davon betroffenen Stellen die wahrscheinlicheren Werte in Klammern darunter gesetzt.

Die den Umrechnungen zugrunde gelegten Ausgangswerte sind fett gedruckt.

	Erg.	Internationale Watt × sec.	kleine 15°-Kalorie	Liter × Atmosphäre	kg-Gew. × Meter	Pferdestärke × sec.
1 Erg. = log. brigg.	1	$1{,}0003 \times 10^{-7}$ · 00013 [10^{-7}]	$2{,}387_2 \times 10^{-8}$ · 37789 [$2{,}3890 \times 10^{-8}$] [· 37822]	$9{,}869 \times 10^{-10}$ · 99427	$1{,}0198 \times 10^{-8}$ · 00851	$1{,}359_7 \times 10^{-10}$ · 13344
1 Watt × sec. = log. brigg.	$0{,}9997 \times 10^7$ · 99987 [10^7]	1	**$2{,}386_5 \times 10^{-1}$** · 37776 [$2{,}3890 \times 10^{-1}$] [· 37822]	$9{,}866 \times 10^{-3}$ · 99414 [$9{,}869 \times 10^{-3}$] (· 99427)	$1{,}0195 \times 10^{-1}$ · 00839 [$1{,}0198 \times 10^{-1}$] [· 00851]	$1{,}359_3 \times 10^{-3}$ · 13332 [$1{,}359_7 \times 10^{-3}$] [· 13344]
1 kleine 15°-Kalorie = log. brigg.	**$4{,}189 \times 10^7$** · 62211 [**$4{,}186 \times 10^7$**] [· 62180]	4,190 · 62221 [**4,186**] [· 62180]	1	$4{,}134 \times 10^{-2}$ · 61637 [$4{,}131 \times 10^{-2}$] [· 61606]	$4{,}272 \times 10^{-1}$ · 63063 [$4{,}269 \times 10^{-1}$] [· 63033]	$5{,}69_6 \times 10^{-3}$ · 75557 [$5{,}69_3 \times 10^{-3}$] (· 75534)
1 Literatmosphäre = log. brigg.	$1{,}0132 \times 10^9$ · 00570	$1{,}0135 \times 10^2$ · 00583 [$1{,}0132 \times 10^2$] [· 00570]	$2{,}4187 \times 10$ · 38359 [$2{,}420_5 \times 10^{-1}$] [· 38390]	1	**$1{,}0333 \times 10$** · 01423	$1{,}378 \times 10^{-1}$ · 13915
1 kg-Gew. × Meter = log. brigg.	**$9{,}806 \times 10^7$** · 99149	9,809 · 99162 [9,806] (· 99149)	2,3409 · 36938 [2,3425] [· 36970]	$9{,}678 \times 10^{-2}$ · 98579	1	$1{,}333 \times 10^{-2}$ · 12493
1 Pferdestärke × sec. = log. brigg.	$7{,}35_4 \times 10^9$ · 86652	$7{,}35_6 \times 10^2$ · 86664 [$7{,}35_4 \times 10^2$] [· 86652]	$1{,}756 \times 10^2$ · 24452 [$1{,}757 \times 10^2$] [· 24477]	$7{,}25_8$ · 86082	**$7{,}500 \times 10$** · 87506	1
$\frac{R}{Mol}$ = log. brigg.	**$8{,}316 \times 10^7$** · 91991	8,318 · 92002 [8,316] (· 91991)	$1{,}985_2$ · 29780 [$1{,}986_8$] [· 29811]	$8{,}207 \times 10^{-2}$ · 91418	$8{,}481 \times 10^{-1}$ · 92845	$1{,}131 \times 10^{-2}$ · 05346

v. Steinwehr.

Dimensionen.

Masse (m), Länge (l) und Zeit (t) bilden die Grundlage des **absoluten Maßsystems.** Die Dimensionen der anderen physikalischen Größen haben die Form: $m^{\mu} \cdot l^{\lambda} \cdot t^{\tau}$. Im besonderen liegen dem Zentimeter-Gramm-Sekunde-System (C.G.S.-System) folgende Einheiten zugrunde: Masse = 1 g, Länge = 1 cm und Zeit = 1 sec., deren 86400 auf 1 mittleren Sonnentag gehen. Beim Übergange zu anderen Einheiten muß mit den entsprechenden Verhältniszahlen multipliziert werden.

Definitionen.

(Siehe **F. Kohlrausch,** Lehrbuch der prakt. Physik.)

Die Einheit der **Geschwindigkeit** entspricht der in der Zeiteinheit zurückgelegten Weglänge.

Einheit der **Beschleunigung** ist die Änderung der Geschwindigkeit um ihren Einheitsbetrag in einer Sekunde.

Die Einheit der **Dichte** kommt dem Körper zu, von dem 1 cm^3 die Masse von 1 g besitzt.

Die Einheit der **Kraft** erteilt der Masse von 1 g in 1 sec. die Geschwindigkeit Eins.

Die Einheit des **Druckes** ist die Wirkung der Krafteinheit auf 1 cm^2.

Die Einheit des **Drehmoments** ist die Einheit der Kraft, die senkrecht am Hebelarm von 1 cm Länge angreift.

Die Einheit des **Trägheitsmoments** entspricht der Masse von 1 g im Abstande 1 cm von der Drehungsachse.

Die Einheit der **elektrostatischen Elektrizitätsmenge** ist die Menge, welche auf eine gleich große Menge in der Entfernung 1 cm die Kraft Eins ausübt.

Die Einheit des **elektrostatischen Potentials** besitzt die Einheit der Elektrizitätsmenge, wenn sie sich auf einer leitenden Kugel vom Radius Eins befindet.

Die Einheit der **elektrostatischen Kapazität** kommt dem leitenden Körper zu, der durch die Einheit der Elektrizitätsmenge zum Potential Eins geladen wird.

Die Einheit der **magnetischen Polstärke** übt auf einen gleich starken Pol in der Entfernung von 1 cm die Kraft Eins aus.

Die Einheit des **magnetischen Moments** besitzt ein Magnet, dessen beide Pole von der Stärke Eins den Abstand von 1 cm haben.

Die Einheit der **magnetischen Feldstärke** oder **Intensität** (Gauss) erteilt einem zur Richtung der Kraft senkrechten Magnet vom Momente Eins das Drehungsmoment Eins.

Die Einheit der **elektromagnetischen Stromstärke** besitzt der Strom, der einen Kreisbogen von 1 cm Länge und 1 cm Radius durchfließend, auf den Magnetpol Eins in der Entfernung Eins die Kraft Eins ausübt. Gesetzliche Einheit (Ampere) ist die Stromstärke, die in einer Sekunde 1,118 mg Silber ausscheidet.

Die Einheit der **elektromotorischen Kraft** oder **Spannung im elektromagnetischen Maße** entsteht in einem geraden, zur Feldrichtung senkrechten Leiter von 1 cm Länge, der sich mit der Geschwindigkeit Eins im magnetischen Felde Eins senkrecht zu diesem und zu sich selbst bewegt. Gesetzliche Einheit (Volt) ist das Produkt der gesetzlichen Einheiten von Stromstärke und Widerstand.

Die Einheit des **elektromagnetischen Widerstandes** besitzt ein Leiter, in dem die Potentialdifferenz Eins die Stromstärke Eins hervorruft. Gesetzliche Einheit (Ohm) ist der Widerstand einer Quecksilbersäule von 1,063 m Länge und 1 mm^2 gleichzuachtendem Querschnitt bei 0^0, deren Masse 14,4521 g beträgt.

Dimensionen.

Mechanische Maße.

	μ	λ	τ	Praktische Einheit
Winkel	0	0	0	$57{,}296^0$
Länge	0	1	0	1 Zentimeter
Fläche	0	2	0	1 cm^2
Volumen	0	3	0	1 cm^3
Maße	1	0	0	1 Gramm
Dichte	1	—3	0	Wasser von $+4^0$ Celsius
Zeit / Schwingungsdauer	0	0	1	1 Sekunde
Schwingungszahl / Tonhöhe	0	0	—1	
Winkelgeschwindigkeit	0	0	—1	
Geschwindigkeit	0	1	—1	
Winkelbeschleunigung	0	0	—2	
Beschleunigung	0	1	—2	
Kraft	1	1	—2	1 Dyne = 1 C.G.S.-Einheit
Drehmoment / Direktionskraft	1	2	—2	
Druck	1	—1	—2	

	μ	λ	τ	Praktische Einheit
Elastizitätsmodul	1	—1	—2	
Kapillarkonstante	1	0	—2	
Koeffizient d. inneren Reibung	1	—1	—1	
Trägheitsmoment	1	2	0	
Arbeit, lebendige Kraft, Wärmemenge	1	2	—2	1 Erg. = 1 C.G.S. Einheit, 1 Joule = 10^7 Erg
Leistung	1	2	—3	1 Watt = 10^7 C.G.S.-Einheiten

Magnetische Maße.

	μ	λ	τ	Praktische Einheit
Magnetpol / Induktionsfluß	$^1/_2$	$^3/_2$	—1	1 Maxwell = 1 C.G.S.-E.
Magnet. Potential / Magnetomotorische Kraft	$^1/_2$	$^1/_2$	—1	
Magnet. Moment	$^1/_2$	$^5/_2$	—1	
„ Feldstärke / „ Induktion / Spec. Magnetismus	$^1/_2$	$—^1/_2$	—1	1 Gauß. = 1 C.G.S.-E.
Magnetisier. Koeff. / Magnet. Permeabilität	0	0	0	

Elektrische Maße.

	Elektrostatisch				Elektromagnetisch			
	μ	λ	τ		μ	λ	τ	
Elektrizitätsmenge	$^1/_2$	$^3/_2$	—1	1 Coulomb = $3 \cdot 10^9$ C.G.S.-E.	$^1/_2$	$^1/_2$	0	1 Coulomb = $\frac{1}{10}$ C.G.S.-E.
Stromstärke	$^1/_2$	$^3/_2$	—2	1 Ampère = $3 \cdot 10^9$ „	$^1/_2$	$^1/_2$	—1	1 Ampère = $\frac{1}{10}$ „
Elektromotorische Kraft / Potential	$^1/_2$	$^1/_2$	—1	1 Volt = $^1/_3 \cdot 10^{-2}$ „	$^1/_2$	$^3/_2$	—2	1 Volt = 10^8 „
Widerstand	0	—1	1	1 Ohm = $^1/_9 \cdot 10^{-11}$ „	0	1	—1	1 Ohm = 10^9 „
Kapazität	0	1	0	1 Farad = $9 \cdot 10^{11}$ „	0	—1	2	1 Farad = 10^{-9} „
Selbstinduktionskoeffizient / Koeffizient d.gegenseit.Ind.					0	1	0	1 Henry (Quadrant) = 10^7 „
Impedanz					0	1	—1	
Elektrische Arbeit	1	2	—2	1 Volt-Coulomb = 10^7 „	1	2	—2	1 Volt-Coulomb, 1 Wattsekunde, 1 Joule = 10^7 „
Elektrische Leistung	1	2	—3	1 Volt-Ampère = 10^7 „	1	2	—3	1 Volt Ampère, 1 Watt = 10^7
Stromdichte	$^1/_2$	$—^1/_2$	—2		$^1/_2$	$—^3/_2$	—1	
Elektrochemisch. Äquivalent					$^1/_2$	$—^1/_2$	0	1 F = 9650 C.G.S.-E.
Dielektrizitätskonstante	0	0	0		0	0	0	

v. Steinwehr.

Jahres- und Bandzahlen einiger Zeitschriften.

Nach den Ländern des Erscheinens geordnet.

Die angeführten Jahreszahlen sind im allgemeinen diejenigen des Erscheinens. In Klammern hinzugefügte Zahlen geben das Jahr an, auf welches der betreffende Band sich bezieht.

Reihenfolge der in die Tabelle aufgenommenen Zeitschriften.

Deutschland.

1. Ber. u. Abh. der Akad. d. W. zu Berlin.
2. Sitz.-Ber. d. math.-phys. Kl. d. Akad. d. W. zu München.
3. Abh. d. math.-phys. Kl. d. Akad. d. W. zu München.
4. Ber. über d. Verh. d. Kgl. Sächs. Ges. d. W.
5. Abh. d. math.-phys. Kl. d. Kgl. Sächs. Ges. d. W.
6. Abh. d. Kgl. Ges. d. W. zu Göttingen.
7. Denkschr. d. math.-naturw. Kl. d. Akad. d. W. zu Wien.
8. Sitz.-Ber. d. math.-naturw. Kl. d. Akad. d. W. zu Wien.
9. Anz. d. Akad. d. W. math.-natw. Kl. Wien.
10. Monatsh. f. Chem.
11. Metron. Beitr.
12. Wissensch. Abh. d. N. E. K.
13. Wissensch. Abh. d. P. T. R.
14. Versamml. Deutscher Naturf. u. Ärzte.
15. Jahrb. f. Radioakt. u. Elektron.
16. Ann. d. Phys. u. Chem.
17. Verh. d. D. Phys. Ges.
18. Crelles Journ.
19. Zeitschr. f. Math. u. Phys.
20. Repert. d. Experimentalphys.
21. Phys. Zeitschr.
22. Zeitschr. f. Kryst. u. Min.
23. Min. u. petrogr. Mitt.
24. Jahrb. f. Min., Geol. u. Paläontol.
25. Zeitschr. f. Instrumentenk.
26. Elektrotechn. Zeitschr.
27. Elektrochem. Zeitschr.
28. Zeitschr. f. Elektrochem.
29. Zeitschr. f. phys. Chem.
30. Dinglers Polyt. J.
31. Ann. d. Hydr.
32. Beitr. z. Phys. d. fr. Atm.
33. Repert. f. Meteor.
34. Zeitschr. d. österr. Ges. f. Met.
35. Met. Zeitschr.
36. ZS. f. d. phys. u. chem. Unterr.
37. Liebigs Ann. d. Chem.
38. Chem. Zentralbl.
39. J. f. prakt. Chem.
40. Ber. d. D. chem. Ges.
41. Zeitschr. f. analyt. Chemie.
42. Zeitschr. f. anorgan. Chemie.

England und Amerika.

43. The National Phys. Lab. Coll. Res.
44. Bull. Bureau of Standards.
45. Proc. Roy. Soc. London.
46. Phil. Trans. Roy. Soc. London.
47. Mem. and Proc. Manchester Lit. and Phil. Soc.
48. Trans. Roy. Soc. Edinburgh.
49. Proc. Roy. Soc. Edinburgh.
50. Proc. Cambridge Phil. Soc.
51. Trans. Cambridge Phil. Soc.
52. Rep. Brit. Assoc. Adv. of. Sc.
53. Proc. Amer. Acad. of. Arts and Sc.
54. Ann. Rep. Smithson. Inst.
55. Proc. Amer. Phil. Soc.
56. Proc. Phys. Soc. London.
57. Sillimans Amer. Journ. of Science.
58. The Journ. Phys. Chem.
59. Phil. Mag.
60. Nature.
61. Journ. Chem. Soc.
62. The Phys. Rev.
63. Chem. News.
64. Journ. Amer. chem. Soc.
65. Amer. Chem. J.

Frankreich und Schweiz.

66. Mém. Acad. de l'Inst. de France.
67. Comptes rendus.
68. Trav. et Mém. du Bur. internat des P. et. Mes.
69. J. de phys.
70. J. de chim. phys.
71. Ann. scient. École Norm. Sup.
72. Ann. des Mines.
73. Bull. soc. min. de France.
74. Ann. chim. phys.
75. Bull. soc. chim. Paris.
76. Arch. sc. phys.

Holland und Belgien.

77. Bull. de Belgique.
78. Arch. Néerl.
79. Verh. Akad. Amsterdam.
80. Versl. en Meded. Amsterdam.
81. Rec. Trav. Chim. Pays-Bas.

Rußland.

82. Mém. Acad. Pétersbourg.
83. Bull. Acad. Pétersbourg.
84. J. russ. phys.-chem. Ges.

Italien.

85. Mem. Pont. Acc. dei Nuovi Lincei.
86. Atti R. Accad. dei Lincei.
87. Mem. e Rend. Ist. Lomb.
88. Atti Ist. Veneto.
89. Mem. Acc. Bologna.
90. Atti Acc. Torino.
91. Mem. Soc. Spettrocop. Ital.
92. Cimento.
93. Gazz. chim. Ital.

Dänemark.

94. Danske Vidensk.-Skrifter Kopenhagen.

Schweden.

95. Svenska Vet. Akad. Handlingar.
96. Bihang dazu.
97. Oefvers. Vet. Akad. Förhandl. Stockholm.

Börnstein.

Jahres- und Bandzahlen einiger Zeitschriften.

1. Berichte und Abhandlungen der Königlich Preußischen Akademie der Wissenschaften zu Berlin.

Miscellanea Berolinensia ad incrementum scientiarum, ex scriptis societati regiae scientiarum exhibitis edita,

(Tomus I) 1710	Continuatio III sive Tomus IV 1734	Continuatio V sive Tomus VI 1740
Continuatio I 1723	„ IV „ „ V 1737	„ VI „ „ VII 1743
„ II 1727		

Verlag wechselnd: Papen, Haude, Rüdiger etc.

Histoire de l'académie royale des sciences et des belles lettres de Berlin. 1745–69. Jährlich ein Band. Verlag Haude, seit 1747 Haude & Spener.

Nouveaux mémoires de l'académie royale des sciences et des belles lettres de Berlin. 1770 bis 1786. Jährlich ein Band. Verlag Voss, seit 1776 Decker.

Mémoires de l'académie royale des sciences et belles lettres. 1786—1804. Für je ein bis zwei Jahre ein Band. Berlin, Decker.

Sammlung der Deutschen Abhandlungen, welche in der Königlichen Akademie der Wissenschaften vorgelesen wurden. 2 Bände. 1788—1803. Berlin, Decker.

Abhandlungen der Königlichen Akademie der Wissenschaften in Berlin. Seit 1804 erscheinend. Register: 1848: 1822—46. 1871: 1710—1870. In Kommission bei Georg Reimer; 1822 bis 1879 in Kommission bei Ferd. Dümmler, seit 1887 Georg Reimer. Seit 1908 erscheint jährlich je ein Band der physikalisch-mathematischen und der philosophisch-historischen Klasse.

Bericht über die zur Bekanntmachung geeigneten Verhandlungen der Königlich Preußischen Akademie der Wissenschaften zu Berlin. 1836: Erster Jahrgang. 1837: Zweiter Jahrgang. Hiernach jährlich ein Band in Monatsheften, ohne Zählung, bis 1855.

Monatsberichte der Königlich Preußischen Akademie der Wissenschaften zu Berlin. Jährlich ein Band in Monatsheften, ohne Zählung. 1856—81. Register: 1860: 1836—58; 1875: 1859—73; 1884: 1874—81. Seit 1855 in Kommission bei Ferd. Dümmler.

Sitzungsberichte der Königlich Preußischen Akademie der Wissenschaften zu Berlin. Jährlich zwei Bände, ohne Zählung. Seit 1882 erscheinend. In Kommission bei Ferd. Dümmler, seit 1886 bei Georg Reimer.

Mathematische und naturwissenschaftliche Mitteilungen aus den Sitzungsberichten der Königlich Preußischen Akademie der Wissenschaften zu Berlin. Jährlich ein Band. 1882—97. Verlag der Akademie. In Kommission bei Ferd. Dümmler, seit 1886 bei Georg Reimer in Berlin.

1900: Gesamtregister über die in den Schriften der Akademie von 1700—1899 erschienenen wissenschaftlichen Abhandlungen und Festreden, bearbeitet von O. Köhnke. (Dritter Band der von Ad. Harnack im Auftrage der Akademie bearbeiteten „Geschichte der Königlich Preußischen Akademie der Wissenschaften zu Berlin").

2. Sitzungsberichte der mathematisch-physikalischen Klasse der Königlich Bayrischen Akademie der Wissenschaften zu München.

In Kommission bei G. Franz.

Jahr	Band	Jahr	Band	Jahr	Band	Jahr	Band
1871	1 (1871)	1882	12 (1882)	1894	23 (1893)	1905	34 (1904)
1872	2 (1872)	1883	13 (1883)	1895	24 (1894)	1906	35 (1905)
1873	3 (1873)	1884	14 (1884)	1896	25 (1895)	1907	36 (1906)
1874	4 (1874)	1886	15 (1885)	1897	26 (1896)	1908	37 (1907)
1875	5 (1875)	1887	16 (1886)	1898	27 (1897)	1909	38 (1908)
1876	6 (1876)	1888	17 (1887)	1899	28 (1898)	Danach je ein Jahres-	
1877	7 (1877)	1889	18 (1888)	1900	29 (1899)	band ohne Nummer.	
1878	8 (1878)	1890	19 (1889)	1901	30 (1900)	Register	
1879	9 (1879)	1891	20 (1890)	1902	31 (1901)	1886	1871—85
1880	10 (1880)	1892	21 (1891)	1903	32 (1902)	1900	1886—99
1881	11 (1881)	1893	22 (1892)	1904	33 (1903)	Nachtrag	1900–04

Börnstein.

Jahres- und Bandzahlen einiger Zeitschriften.

3. Abhandlungen der mathematisch-physikalischen Klasse der Königlich Bayrischen Akademie der Wissenschaften.

München, seit Bd. 6 (1852) in Kommission bei G. Franz.
Die eingeklammerten Bandnummern bezeichnen die Stelle der Bände „in der Reihe der Denkschriften".

Jahr	Band	Jahr	Band	Jahr	Band	Jahr	Band
1832	1 (1829—30)	1855	7 (28)	1880	13 (48)	1899	19 (69) (1895—99)
1837	2 (1831—36)	1860	8 (31)	1883	14 (50)	1900	20 (71) (1899—00)
1843	3 (1837—43)	1863	9 (34) (1861—62)	1886	15 (53)	1902	21 (73) (1899—02)
1846	4 (1844—46)	1870	10 (37) (1866—70)	1888	16 (56)	1906	22 (75) (1903—06)
1850	5 (22) (1847—49)	1874	11 (40)	1892	17 (63)	1909	23 (78) (1906—09)
1852	6 (25) (1850—52)	1876	12 (44)	1895	18 (66) (1893—95)	1910	24 (81) (1906—10)

Seit 1911 erscheinen (bisher 4) Supplementbände, enthaltend Beiträge zur Naturgeschichte Ostasiens, herausgegeben von F. Doflein, I (1906—10), II (1908—11).

4. Berichte über die Verhandlungen der Königlich Sächsischen Gesellschaft der Wissenschaften zu Leipzig.

Berlin, Weidmannsche Buchhandlung; seit 1852 S. Hirzel, seit Bd. 49 (1895) B. G. Teubner.
Vom Jahrgang 1849 ab erscheinen die Berichte beider Klassen gesondert mit gleicher Bandnummer.

Jahr	Band	Jahr	Band	Jahr	Band	Jahr	Band	Jahr	Band
1848	1 (1846—47)	1863	15	1875	27	1887	39	1899	51
1849	2 (1848)	1864	16	1876	28	1888	40	1900	52
Für die	Jahre 1849 bis	1865	17	1877	29	1889	41	1901	53
1854	je ein Band	1866	18	1878	30	1890	42	1902	54
1855	7	1867	19	1879	31	1891	43	1903	55
1856	8	1868	20	1880	32	1892	44	1904	56
1857	9	1869	21	1881	33	1893	45	1905	57
1858	10	1870	22	1882	34	1894	46	1906	58
1859	11	1871	23	1883	35	1895	47	1907	59
1860	12	1872	24	1884	36	1896	48	1908	60
1861	13	1873	25	1885	37	1897	49	1909	61
1862	14	1874	26	1886	38	1898	50	1910	62

5. Abhandlungen der Königlich Sächsischen Gesellschaft der Wissenschaften zu Leipzig. Mathematisch-physische Klasse.

Berlin, Weidmannsche Buchhandlung; seit Bd. 2. S. Hirzel, seit Bd. 24 B. G. Teubner.
Die eingeklammerten Bandnummern sind diejenigen der beide Klassen umfassenden Gesamtzählung.

Jahr	Band	Jahr	Band	Jahr	Band
1852	1 (1) (1849—1852)	1883	12 (20) (1878—1883)	1897	23 (40) (1896—1897)
1855	2 (4) (1852—1855)	1887	13 (22) (1884—1887)	1898	24 (42) (1897—1899)
1857	3 (5) (1855—1857)	1888	14 (24) (1887—1888)	1899	25 (43) (1899—1900)
1859	4 (6) (1857—1859)	1890	15 (26) (1889)	1901	26 (45) (1900—1901)
1861	5 (7) (1859—1861)	1891	16 (27) (1890—1891)	1902	27 (46) (1901—1902)
1864	6 (9) (1861—1864)	1891	17 (29) (1891)	1904	28 (49) (1902—1904)
1865	7 (11) (1864—1865)	1893	18 (31) (1891—1892)	1906	29 (51) (1904—1905)
1868	8 (13) (1865—1867)	1893	19 (32) (1893)	1909	30 (56) (1907—1909)
1871	9 (14) (1868—1871)	1893	20 (33) (1893)		31 (58)
1874	10 (15) (1871—1874)	1895	21 (35) (1894—1895)	Register d. math.-phys. Kl.	
1878	11 (18) (1874—1878)	1895	22 (37) (1895)	1897	1846—1895

Börnstein.

Jahres- und Bandzahlen einiger Zeitschriften.

6. Abhandlungen der Königlichen Gesellschaft der Wissenschaften zu Göttingen.

Commentarii Societatis Regiae Scientiarum Gottingensis. 1751—1754.
Novi Commentarii usw. 1769—1777.
Commentationes Societatis Regiae Scientiarum Gottingensis. 1778—1808.
Commentationes usw. **Recentiores.** 1808—1841.
Abhandlungen der Königlichen Gesellschaft der Wissenschaften zu Göttingen, 1838—1895.
Neue Folge, Mathematisch-physikalische Klasse. Seit 1897.

Göttingen, Vandenhoeck (1751—1752); Luzac (1753—1754); Dieterich (1769—1895) Berlin, Weidmann (seit 1897).

Außerdem erscheinen: **Nachrichten von der Georg-Augusts-Universität und der Königlichen Gesellschaft der Wissenschaften zu Göttingen.** Erstes Bändchen Juli-Dezember 1845, danach jährlich ein Bändchen in kl. 8° ohne Bandnummer. Seit 1864 lautet der Titel: **Nachrichten von der Königlichen Gesellschaft der Wissenschaften und der Georg-Augusts-Universität.** Seit 1884 in gr. 8°.

Seit 1902 erscheinen getrennt jährlich: Geschäftliche Mitteilungen; Mathematisch-physikalische Klasse; Philologisch-historische Klasse. Göttingen, Dieterich.

Jahr	Band
Commentarii.	
1752	1 (1751)
1753	2 (1752) 3
1754	4
Novi Commentarii.	
1771	1 (1769—70)
1772	2 (1771)
1773	3 (1772)
1774	4 (1773)
1775	5 (1774)
1776	6 (1775)
1777	7 (1776)
1778	8 (1777)
Commentationes.	
1779	1 (1778)
1780	2 (1779)
1781	3 (1780)
1782	4 (1781)
1783	5 (1782)
1785	6 (1784)
1786	7 (1785)
1787	8 (1786)
1788	9 (1787)
1791	10 (1790)
1793	11 (1792)
1796	12 (1793—94)
1799	13 (1798)
1800	14 (1799)
1804	15 (1803)
1808	16 (1808)
Commentat. Recent.	
1811	1 (1808—11)
1813	2 (1811—13)
1816	3 (1814—15)
1820	4 (1816—18)
1823	5 (1819—22)
1828	6 (1823—27)
1832	7 (1828—31)
1841	8 (1832—37)
Abhandlungen.	
1843	1 (1838—41)
1845	2 (1842—44)
1847	3 (1845—47)
1850	4 (1848—50)
1853	5 (1851—52)
1856	6 (1853—55)
1857	7 (1856—57)
1860	8 (1858—59)
1861	9 (1860)
1862	10 (1861—62)
1864	11 (1862—63)
1866	12 (1864—66)
1868	13 (1866—67)
1869	14 (1868—69)
1871	15 (1870)
1872	16 (1871)
1872	17 (1872)
1873	18 (1873)
1874	19 (1874)
1875	20 (1875)
1876	21 (1876)
1877	22 (1877)
1878	23 (1878)
1879	24. 25 (1879)
1880	26 (1880)
1881	27 (1881)
1882	28 (1881)
1882	29 (1882)
1883	30 (1883)
1884	31 (1884)
1885	32 (1885)
1886	33 (1886)
1887	34 (1887)
1889	35 (1888)
1890	36 (1889—90)
1891	37 (1891)
1892	38 (1892)
1894	39 (1893)
1895	40 (1894—95)
Neue Folge.	
1900	1 (1897—1900)
1903	2 (1902—1903)
1905	3 (1904)
1906	4 (1905—06)
1907	5 (1907)
1910	6 (1908—10)
1910	7 (Ergebnisse des Samoa Observ.)

7. Denkschriften der Kaiserlichen Akademie der Wissenschaften zu Wien, mathematisch-naturwissenschaftliche Klasse.

Jahr	Band	Jahr	Band	Jahr	Band	Jahr	Band	Jahr	Band
1850	1	1862	20	1876	36	1888	54	1899	67
1851	2	1863	21	1877	37	1889	55. 56	1900	66 III. 68
1852	3. 4	1864	22. 23	1878	35. 38	1890	57	1901	69. 70. 73[4])
1853	5	1865	24	1879	39. 41	1891	58	1902	72
1854	6. 7. 8	1866	25	1880	40[2]). 42	1892	59	1904	74
1855	9. 10	1867	26[1]). 27	1882	43—45	1893	60	1905	77
1856	11. 12	1868	28	1883	46. 47	1894	61[3])	1906	78
1857	13	1869	29	1884	48	1895	62	1907	80
1858	14. 15	1870	30	1885	49. 50	1896	63	1908	81
1859	16. 17	1872	31. 32	1886	51	1897	64	1909	84
1860	18	1874	33	1887	52. 53	1898	65. 66 I. II	1910	85
1861	19	1875	34						

[1]) 1867. Register zu Bd. 1—26. [2]) 1880. Register zu Bd. 27—40. [3]) 1894. Register zu Bd. 41—60. [4]) Jubelband zur Feier des 50 jährigen Bestandes der K. K. Zentral-Anstalt für Meteorologie und Erdmagnetismus.

Börnstein.

Jahres- und Bandzahlen einiger Zeitschriften.

8. Sitzungsberichte der kaiserlichen Akademie der Wissenschaften zu Wien, mathematisch-naturwissenschaftliche Klasse.

Wien, in Kommission bei Wilh. Braumüller; seit Bd. 21 (1856) bei Karl Gerolds Sohn, seit Bd. 96 (1887) bei F. Tempsky, seit Bd. 114 (1905) bei Alfred Hölder.

Jahr	Band	Jahr	Band	Jahr	Band	Jahr	Band	Jahr	Band
									Register
1848	1	1864	49	1880	81. 82	1896	105	1854	I (1—10)
1849	2. 3	1865	50—52	1881	83. 84	1897	106	1856	II (11—20)
1850	4. 5	1866	53. 54	1882	85. 86	1898	107	1859	III (21—30)
1851	6. 7	1867	55. 56	1883	87. 88	1899	108	1862	IV (31—42)
1852	8. 9	1868	57. 58	1884	89. 90	1900	109	1865	V (43—50)
1853	10. 11	1869	59. 60	1885	91. 92	1901	110	1870	VI (51—60)
1854	12—14	1870	61. 62	1886	93. 94	1902	111	1872	VII (61—64)
1855	15—18	1871	63. 64	1887	95. 96	1903	112	1878	VIII (65—75)
1856	19—21	1872	65. 66	1888	97	1904	113	1880	IX (76—80)
1857	22—27	1873	67. 68	1889	98	1905	114	1882	X (81—85)
1858	28—33	1874	69. 70	1890	99	1906	115	1885	XI (86—90)
1859	34—38	1875	71. 72	1891	100	1907	116	1888	XII (91—96)
1860	39—42	1876	73. 74	1892	101	1908	117	1892	XIII (97—100)
1861	43	1877	75. 76	1893	102	1909	118	1897	XIV (101—105)
1862	44. 45	1878	77. 78	1894	103	1910	119	1902	XV (106—110)
1863	46—48	1879	79. 80	1895	104			1907	XVI (111—115)

9. Anzeiger der Kaiserlichen Akademie der Wissenschaften zu Wien, mathematisch-naturwissenschaftliche Klasse.

Jahr	Band	Jahr	Band	Jahr	Band	Jahr	Band	Jahr	Band	Jahr	Band
1864	1	1872	9	1880	17	1888	25	1896	33	1904	41
1865	2	1873	10	1881	18	1889	26	1897	34	1905	42
1866	3	1874	11	1882	19	1890	27	1898	35	1906	43
1867	4	1875	12	1883	20	1891	28	1899	36	1907	44
1868	5	1876	13	1884	21	1892	29	1900	37	1908	45
1869	6	1877	14	1885	22	1893	30	1901	38	1909	46
1870	7	1878	15	1886	23	1894	31	1902	39		
1871	8	1879	16	1887	24	1895	32	1903	40		

10. Monatshefte für Chemie

und verwandte Teile anderer Wissenschaften. Gesammelte Abhandlungen aus den Sitzungsberichten der Kaiserlichen Akademie der Wissenschaften. Wien, aus der K. K. Hof- und Staatsdruckerei. In Kommission bei Karl Gerolds Sohn, seit Bd. 8 bei F. Tempsky, seit Bd. 16 bei Gerold, seit Bd. 26 bei Alfred Hölder.

Jahr	Band	Jahr	Band	Jahr	Band	Jahr	Band	Jahr	Band
1881	1 (1880)	1888	8 (1887)	1895	15 (1894)	1902	22 (1901)	1909	29 (1908)
1882	2 (1881)	1889	9 (1888)	1896	16 (1895)	1903	23 (1902)		30 (1909)
1883	3 (1882)	1890	10 (1889)	1897	17 (1896)	1904	24 (1903)	1910	31
1884	4 (1883)	1891	11 (1890)	1898	18 (1897)	1905	25 (1904)	General-Register	
1885	5 (1884)	1892	12 (1891)	1899	19 (1898)	1906	26 (1905)	1894	1—10 (1880-89)
1886	6 (1885)	1893	13 (1892)	1900	20 (1899)	1907	27 (1906)	1905	11—22
1887	7 (1886)	1894	14 (1893)	1901	21 (1900)	1908	28 (1907)		(1890—1901)

Börnstein.

Jahres- und Bandzahlen einiger Zeitschriften.

11. Metronomische Beiträge

herausgegeben von **W. Förster,** Direktor der Normal-Eichungskommission des Norddeutschen Bundes, seit No. 2 (1875) der Kaiserlich Deutschen Normal-Eichungskommission.
Berlin, Nr. 1, 4, 5 bei Ferd. Dümmler, No. 2, 3 herausgegeben von der Kaiserlichen Normal-Eichungskommission, seit No. 6 (1889) bei Jul. Springer.

12. Wissenschaftliche Abhandlungen der Kaiserlichen Normal-Eichungs-Kommission.

Fortsetzung der Metronomischen Beiträge. Berlin, Julius Springer.

Metron. Beitr.				Wissensch. Abh. d. N.-E.-K.			
Jahr	Nummer	Jahr	Nummer	Jahr	Heft	Jahr	Heft
Ohne Jahreszahl	1	1885	4. 5	1895	1	1906	5
1875	2	1889	6	1900	2	1908	6
1881	3	1890	7	1902	3		
				1903	4		

13. Wissenschaftliche Abhandlungen der Physikalisch-Technischen Reichsanstalt.

Berlin, Julius Springer.

Jahr	Band	Jahr	Band	Jahr	Band	Jahr	Band
1894	1	1895	2	1900	3	1904	4

14. Versammlungen Deutscher Naturforscher und Ärzte.

Die Berichte über die Versammlungen 1—7, 9, 13, 17 sind nur in der Okenschen Zeitschrift „Iris" erschienen, von den übrigen Versammlungen sind teils „Berichte", teils „Tageblätter" veröffentlicht. Seit 1890 erscheinen außer dem „Tageblatt" noch „Verhandlungen der Gesellschaft deutscher Naturforscher und Ärzte". Leipzig, F. C. W. Vogel.

Jahr	Ort	Jahr	Ort	Jahr	Ort	Jahr	Ort
1822	1. Leipzig	1844	22. Bremen	1869	43. Innsbruck	1891	64. Halle
1823	2. Halle	1845	23. Nürnberg	1871	44. Rostock	1893	65. Nürnberg
1824	3. Würzburg	1846	24. Kiel	1872	45. Leipzig	1894	66. Wien
1825	4. Frankfurt a.M.	1847	25. Aachen	1873	46. Wiesbaden	1895	67. Lübeck
1826	5. Dresden	1849	26. Regensburg	1874	47. Breslau	1896	68. Frankfurt a.M.
1827	6. München	1850	27. Greifswald	1875	48. Graz	1897	69. Braunschweig
1828	7. Berlin	1851	28. Gotha	1876	49. Hamburg	1898	70. Düsseldorf
1829	8. Heidelberg	1852	29. Wiesbaden	1877	50. München	1899	71. München
1830	9. Hamburg	1853	30. Tübingen	1878	51. Kassel	1900	72. Aachen
1832	10. Wien	1854	31. Göttingen	1879	52. Baden-Baden	1901	73. Hamburg
1833	11. Breslau	1856	32. Wien	1880	53. Danzig	1902	74. Karlsbad
1834	12. Stuttgart	1857	33. Bonn	1881	54. Salzburg	1903	75. Cassel
1835	13. Bonn	1858	34. Karlsruhe	1882	55. Eisenach	1904	76. Breslau
1836	14. Jena	1860	35. Königsberg	1883	56. Freiburg	1905	77. Meran
1837	15. Prag	1861	36. Speyer	1884	57. Magdeburg	1906	78. Stuttgart
1838	16. Freiburg	1862	37. Karlsbad	1885	58. Straßburg	1907	79. Dresden
1839	17. Pyrmont	1863	38. Stettin	1886	59. Berlin	1908	80. Cöln
1840	18. Erlangen	1864	39. Gießen	1887	60. Wiesbaden	1909	81. Salzburg
1841	19. Braunschweig	1865	40. Hannover	1888	61. Cöln	1910	82. Königsberg
1842	20. Mainz	1867	41. Frankfurt a.M.	1889	62. Heidelberg	1911	83. Karlsruhe
1843	21. Graz	1868	42. Dresden	1890	63. Bremen	1912	84. Münster i. W.

15. Jahrbuch der Radioaktivität und Elektronik.

Herausgegeben von **Johannes Stark.** Leipzig, S. Hirzel.

Jahr	Band	Jahr	Band	Jahr	Band	Jahr	Band
1905	1 (1904)	1907	3 (1906)	1909	5 (1908)	1911	8
1906	2 (1905)	1908	4 (1907)	1910	6 . 7 (1909–10)		

Börnstein.

Jahres- und Bandzahlen einiger Zeitschriften.

16. Annalen der Physik und Chemie.

Journal der Physik und **Neues Journal der Physik,** herausgeg. von Gren.

Annalen der Physik, seit Bd. 63 (1819) **Annalen der Physik und der physikalischen Chemie,** herausgeg. von Gilbert.

Annalen der Physik und Chemie, herausgeg. von Poggendorff, seit 1877 von Wiedemann.

Annalen der Physik, herausgeg. von Drude, seit Bd. 21 (1906) von W. Wien und M. Planck.

Verlag: Bd. 1 u. 2 (1790) Halle, auf Kosten des Herausgebers, und Leipzig, in Kommission bei Joh. Ambr. Barth; von Bd. 3 (1791) Leipzig, Joh. Ambr. Barth; von Bd. 6 (1792) Joh. Ambr. Barth. Gilb. Ann. Bd. 1—30 (1799—1808) Halle, Rengersche Buchhandlung, seit Bd. 31 (1809) Leipzig, Joh. Ambr. Barth.

Neben den hierunter genannten Bandnummern beginnt eine besondere Zählung mit Gilb. Ann. Bd. 31 als Neue Folge Bd. 1, und Gilb. Ann. Bd. 61 als Neueste Folge Bd. 1. Und eine Gesamtzählung setzt die Bandnummern von Gilb. Ann. fort, so daß die ersten Bände von Pogg., Wied., Drude Ann. als der ganzen Folge 77., 237., 306. Band bezeichnet werden.

Jahr	Band
Journal der Physik.	
1790	1. 2
1791	3. 4
1792	5. 6
1793	7
1794	8
Neues Journal der Physik.	
1795	1. 2
1796	3. 4
Register.	
1800	Sach-R. 1—4
Gilberts Annalen.	
1799	1—3
1800	4—6
1801	7—9
1802	10—12
1803	13—15
1804	16—18
1805	19—21
1806	22—24
1807	25—27
1808	28—30
1809	31—33
1810	34—36
1811	37—39
1812	40—42
1813	43—45
1814	46—48
1815	49—51
1816	52—54

Jahr	Band
1817	55—57
1818	58—60
1819	61—63
1820	64—66
1821	67—69
1822	70—72
1823	73—75
1824	76
Register.	
1826	Sach- u. Nam.-R. 1—76
Poggendorffs Annalen.	
1824	1. 2
1825	3—5
1826	6—8
1827	9—11
1828	12—14
1829	15—17
1830	18—20
1831	21—23
1832	24—26
1833	27—30
1834	31—33
1835	34—36
1836	37—39
1837	40—42
1838	43—45
1839	46—48
1840	49—51
1841	52—54
1842	55—57
1843	58—60
1844	61—63
1845	64—66

Jahr	Band
1846	67—69
1847	70—72
1848	73—75
1849	76—78
1850	79—81
1851	82—84
1852	85—87
1853	88—90
1854	91—93
1855	94—96
1856	97—99
1857	100—102
1858	103—105
1859	106—108
1860	109—111
1861	112—114
1862	115—116
1863	118—120
1864	121—123
1865	124—126
1866	127—129
1867	130—132
1868	133—135
1869	136—138
1870	139—141
1871	142—144
1872	145—147
1873	148—151
1874	152—154
1875	155—157
1876	158—159
1877	160
Ergänzungsbände.	
1842	I
1848	II
1853	III

Jahr	Band
1854	IV
1871	V
1874	VI u. Jubelband
1876	VII
1878	VIII
Register zu Pogg. Ann.	
1845	1—60
1854	61—90
1865	91—120
1875	Sach-R. 121—150
1875	Nam.-R. 1—150
1888	Sach-R. 1—160, Erg., Jub.
Wiedemanns Annalen.	
1877	1. 2
1878	3—5
1879	6—8
1880	9—11
1881	12—14
1882	15—17
1883	18—20
1884	21—23
1885	24—26
1886	27—29
1887	30—32
1888	33—35
1889	36—38
1890	39—41
1891	42—44
1892	45—47
1893	48—50
1894	51—53
1895	54—56
1896	57—59

Jahr	Band
1897	60—63
1898	64—66
1899	67—69
Register.	
1889	Nam.-R. 1—35
1894	Nam.-R. Pogg. Ann. 151—160 E. VII, VIII, Wied. Ann. 1—50
1897	Sach-R. Wied. Ann. 1—50
1910	Nam.- u. Sach-R. Wied. Ann. 51—69 (1894—99) u. (4) 1—30 (1899—1909)
Vierte Folge.	
1900	1—3
1901	4—6
1902	7—9
1903	10—12
1904	13—15 Festschrift, L. Boltzmann gewidmet
1905	16—18
1906	19—21
1907	22—24
1908	25—27
1909	28—30
1910	31—33
1911	34—36

Börnstein.

Jahres- und Bandzahlen einiger Zeitschriften.

17. Verhandlungen der Physikalischen Gesellschaft.

Verhandlungen der Physikalischen Gesellschaft zu Berlin. 1882—1898.

Redaktion: F. Neesen; seit Bd. 5 (1886) E. Rosochatius; Bd. 7 (1888) Rosochatius und A. König; seit Bd. 8 (1889) König.

Die ersten vier Jahrgänge wurden mit den „Fortschritten der Physik“ herausgegeben, Bd. 11 und der Anfang von Bd. 12 den „Annalen der Physik und Chemie“ beigegeben. Daneben erschienen die „Verhandlungen“ selbständig.

Berlin, Georg Reimer; seit Bd. 11 (1892) Leipzig, Joh. Ambr. Barth.

Verhandlungen der Deutschen Physikalischen Gesellschaft. Seit 1899.

Redaktion: A. König; seit Bd. 4 (1902) K. Scheel.

Seit Bd. 5 (1903) erscheinen die „Verhandlungen“ zusammen mit dem **„Halbmonatlichen Literaturverzeichnis der Fortschritte der Physik“, dargestellt von der Deutschen Physikalischen Gesellschaft** (Redaktion: K. Scheel, R. Assmann) unter dem gemeinsamen Titel:

Berichte der Deutschen Physikalischen Gesellschaft.

Leipzig, Joh. Ambr. Barth; seit Bd. 5 (1903) Braunschweig, Friedr. Vieweg & Sohn.

Jahr	Band	Jahr	Band	Jahr	Band	Jahr	Band	Jahr	Band
		1887	5 (1886)	1894	12 (1893)	Verh. d. Deutsch. Phys. Ges.		1904	6
Verh. Phys. Ges. Berlin		1888	6 (1887)	1895	13 (1894)			1905	7
1883	1 (1882)	1889	7 (1888)	1896	14	1899	1	1906	8
1884	2 (1883)	1890	8 (1889)	1897	15	1900	2	1907	9
1885	3 (1884)	1891	9 (1890)	1898	16	1901	3	1908	10
1886	4 (1885)	1892	10 (1891)			1902	4	1909	11
		1893	11 (1892)	1904	17 Reg. 1–17	1903	5	1910	12
								1911	13

18. Journal für die reine und angewandte Mathematik (Crelles Journal).

Redaktion: A. L. Crelle; seit Bd. 53 (1857) C. W. Borchardt; seit Bd. 91 (1881) L. Kronecker u. K. Weierstraß; seit Bd. 110 (1892) L. Fuchs; seit Bd. 125 (1903) K. Hensel.

Berlin, Duncker & Humblot; seit Bd. 2 (1827) Georg Reimer.

Jahr	Band	Jahr	Band	Jahr	Band	Jahr	Band	Jahr	Band
1826	1	1844	27. 28	1862	60	1879	86. 87	1896	116
1827	2	1845	29	1863	61. 62	1880	88. 89	1897	117. 118
1828	3	1846	30—33	1864	63	1881	90. 91	1898	119
1829	4	1847	34. 35	1865	64	1882	92. 93	1899	120
1830	5. 6	1848	36. 37	1866	65. 66	1883	94. 95	1900	121. 122
1831	7	1849	38	1867	67	1884	96. 97	1901	123
1832	8. 9	1850	39. 40	1868	68. 69	1885	98	1902	124
1833	10	1851	41. 42	1869	70	1886	99	1903	125. 126
1834	11. 12	1852	43. 44	1870	71. 72	1887	100. 101	1904	127
1835	13. 14	1853	45. 46	1871	73	1888	102. 103	1905	128—130
1836	15	1854	47. 48	1872	74	1889	104. 105	1906	131
1837	16. 17	1855	49. 50	1873	75. 76	1890	106	1907	132
1838	18	1856	51. 52	1874	77. 78	1891	107. 108	1908	133. 134
1839	19	1857	53. 54	1875	79. 80	1892	109. 110	1909	135. 136
1840	20. 21	1858	55	1876	81	1893	111. 112	1910	137. 138
1841	22	1859	56	1877	82. 83	1894	113		
1842	23. 24	1860	57	1878	84. 85	1895	114. 115	Register	
1843	25. 26	1861	58. 59					1887	1—100

Börnstein.

Jahres- und Bandzahlen einiger Zeitschriften.

19. Zeitschrift für Mathematik und Physik.

Redaktion: O. Schlömilch und B. Witzschel; seit 1859 Schlömilch, Witzschel und M. Cantor; seit 1860 Schlömilch, E. Kahl und Cantor; seit 1893 Schlömilch und Cantor; seit 1897 Mehmke und Cantor; seit 1901 Mehmke und Runge.

Leipzig, B. G. Teubner.

Jahr	Band	Jahr	Band	Jahr	Band	Jahr	Band	Jahr	Band	Jahr	Band
1856	1	1866	11	1876	21	1886	31	1896	41	1906	53
1857	2	1867	12	1877	22	1887	32	1897	42	1907	54. 55
1858	3	1868	13	1878	23	1888	33	1898	43	1908	56
1859	4	1869	14	1879	24	1889	34	1899	44	1909	57
1860	5	1870	15	1880	25	1890	35	1900	45	1910	58
1861	6	1871	16	1881	26	1891	36	1901	46	1911	59
1862	7	1872	17	1882	27	1892	37	1902	47		
1863	8	1873	18	1883	28	1893	38	1903	48. 49	Register	
1864	9	1874	19	1884	29	1894	39	1904	50. 51	1881	1—25
1865	10	1875	20	1885	30	1895	40	1905	52	1905	1—50

Supplemente zu den Bänden 12, 13, 22, 24, 25, 27, 29, 34, 35, 37, 40, 42, 44, 45, 46; dasjenige von Bd. 44 (1899) ist eine Festschrift zu Cantors 70. Geburtstag und trägt (anscheinend irrtümlich) die Nummer 14.

20. Repertorium der Experimentalphysik,

herausgegeben von Ph. Carl, seit 1883 von F. Exner.

München, seit 1880 München und Leipzig, R. Oldenbourg.

Jahr	Band	Jahr	Band	Jahr	Band	Jahr	Band	Jahr	Band
1865	1	1871	7	1877	13	1883	19	1889	25
1866	2	1872	8	1878	14	1884	20	1890	26
1867	3	1873	9	1879	15	1885	21	1891	27
1868	4	1874	10	1880	16	1886	22	Eingegangen.	
1869	5	1875	11	1881	17	1887	23		
1870	6	1876	12	1882	18	1888	24		

21. Physikalische Zeitschrift,

herausgegeben von E. Riecke und H. Th. Simon.

Redaktion: Simon, in Vertretung Bose; seit Bd. 5 (1904) Bose; seit Bd. 10 (1909) F. Krüger.

Leipzig, S. Hirzel.

Jahr	Band	Jahr	Band	Jahr	Band	Jahr	Band	Jahr	Band	Jahr	Band
1899—1900	1	1901—02	3	1904	5	1906	7	1908	9	1910	11
1900—1901	2	1902—03	4	1905	6	1907	8	1909	10	1911	12

22. Zeitschrift für Kristallographie und Mineralogie,

herausgegeben von P. Groth. Leipzig, Wilhelm Engelmann.

Jahr	Band	Jahr	Band	Jahr	Band	Jahr	Band	Jahr	Band
1877	1	1884	8. 9	1891	18. 19	1898	29	1905	40
1878	2	1885	10	1892	20	1899	30. 31	1906	41
1879	3	1886	11	1893	21	1900	32. 33	1907	42. 43
1880	4	1887	12	1894	22. 23	1901	34	1908	44. 45
1881	5	1888	13. 14	1895	24	1902	35. 36	1909	46
1882	6	1889	15	1896	25. 26	1903	37	1910	47
1883	7	1890	16. 17	1897	27. 28	1904	38. 39		

Register: 1866: 1—10; 1893: 11—20; 1899: 21—30. Diese Bände enthalten mit dem Register der Zeitschrift zugleich ein Repertorium der mineralogisch-krystallographischen Literatur für die entsprechenden 10 Jahre.

Börnstein.

Jahres- und Bandzahlen einiger Zeitschriften.

23. Mineralogische und petrographische Mitteilungen,

gesammelt von G. Tschermak. Beilage zum Jahrbuch der K. K. Geologischen Reichsanstalt (bis 1877). Redakteur für Bd. 1 (1878)—10 (1889) Tschermak. Danach lautet der Titel:

Tschermaks mineralogische und petrographische Mitteilungen.

Redakteur: F. Becke.

Wien, Wilh. Braumüller, seit 1875: Alfred Hölder.

Jahr	Band	Jahr	Band	Jahr	Band	Jahr	Band	Jahr	Band	Jahr	Band
1871 bis 1877		1881	3	1888	9	1896	15	1902	21	1908	27
jährlich ein Band		1882	4	1889	10	1897	16	1903	22	1909	28
ohne Nummer.		1883	5	1890	11	1898	17	1904	23	Register	
Neue Folge.		1885	6	1891	12	1899	18	1905	24		
1878	1	1886	7	1892	13	1900	19	1906	25	1890	1—10
1880	2	1887	8	1895	14	1901	20	1907	26	1907	11—25

24. Jahrbuch für Mineralogie, Geologie und Paläontologie.

Jahrbuch für Mineralogie, Geologie und Petrefaktenkunde (1830—32).
Neues Jahrbuch für Mineralogie, Geologie und Petrefaktenkunde (1833—62).
Neues Jahrbuch für Mineralogie, Geologie und Paläontologie (seit 1863).

Daneben erscheint seit 1900 jährlich ein Band: **Centralblatt für Mineralogie, Geologie und Paläontologie in Verbindung mit dem Neuen Jahrbuch etc.**

Redaktion: K. C. v. Leonhard (1830—61), H. G. Bronn (1830—62), G. Leonhard (1862 bis 79), H. B. Geinitz (1863—79), E. W. Benecke (1879—84), C. Klein (1879—84), H. Rosenbusch (1879—84), M. Bauer (seit 1885), W. Dames (1885—98), Th. Liebisch (seit 1885), E. Koken (seit 1899).
Verlag: Heidelberg, Georg Reichard; seit 1833: Stuttgart, E. Schweizerbart.

Jahr	Band	Jahr	Band	Jahr	Band	Jahr	Band	Jahr	Band
		Beilagebände.					Indices		
1830	1	1881	1	1899—1901	13	1841	1830—39	1901	1895—99
1831	2	1883	2	1901	14	1851	1840—49		u.Beilgbd. 9–12
1832	3	1885	3	1902	15	1861	1850—59		
1833—1879		1886	4	1903	16. 17	1870	1860—69	1906	1900—04,
jährlich ein Band		1887	5	1904	18. 19	1880	1870—79		C.-Bl. 1900—04,
ohne Nummer.		1889	6	1905	20	1885	1880—84		Beil.-Bd. 13–20
		1891	7	1906	21. 22		u. Beilgbd. 1. 2		
Seit 1880		1893	8	1907	23. 24			1911	1905—09,
jährlich zwei Bände		1894—95	9	1908	25. 26	1891	1885—89		C.-Bl. 1905–09,
ohne Nummer.		1895—96	10	1909	27. 28		u. Beilgbd. 3–6		Beil.-Bd. 21–28
		1897—98	11	1910	29. 30	1896	1890–94		
		1899	12	1911	31		u.Beilgbd. 7. 8.		

25. Zeitschrift für Instrumentenkunde,

Organ für Mitteilungen aus dem gesamten Gebiete der wissenschaftlichen Technik,
herausgegeben unter Mitwirkung der Physikalisch-Technischen Reichsanstalt.

Redaktion: Schwirkus (1880—82), Leman u. Westphal (1883—88), Westphal (1889—95), Lindeck (1896—1911), F. Göpel (seit 1911).

Seit 1896 ist mit der Zeitschrift als deren Beiblatt vereinigt das Vereinsblatt der Deutschen Gesellschaft für Mechanik und Optik, seit 1898 betitelt: Deutsche Mechaniker-Zeitung. Redakteur: A. Blaschke.

Berlin, Julius Springer.

Jahr	Band	Jahr	Band	Jahr	Band	Jahr	Band	Jahr	Band	Jahr	Band
1881	1	1886	6	1891	11	1896	16	1901	21	1906	26
1882	2	1887	7	1892	12	1897	17	1902	22	1907	27
1883	3	1888	8	1893	13	1898	18	1903	23	1908	28
1884	4	1889	9	1894	14	1899	19	1904	24	1909	29
1885	5	1890	10	1895	15	1900	20	1905	25	1910	30
Register: 1892: 1—10.										1911	31

Börnstein.

Jahres- und Bandzahlen einiger Zeitschriften.

26. Elektrotechnische Zeitschrift,

herausgegeben vom Elektrotechnischen Verein; seit Bd. 11 (1890); Zentralblatt für Elektrotechnik; Organ des Elektrotechnischen Vereins; seit Bd. 15 (1894): Zentralblatt für Elektrotechnik; Organ des Elektrotechnischen Vereins und des Verbandes Deutscher Elektrotechniker.

Redaktion: K. Ed. Zetzsche (1880—86), Slaby (1883—84), Rühlmann (1885—89), Wabner (1887—88), Petsch (1889), F. Uppenborn (1890—93), Gisb. Kapp (1894—1906), Jul. H. West (1894—1900), E. C. Zehme (seit 1906), F. Meissner (seit 1909).

Verlag: Berlin, Julius Springer; seit Bd. 11 (1890): Berlin, Julius Springer und München, R. Oldenbourg; seit Bd. 22 (1901): Berlin, Julius Springer.

Jahr	Band	Jahr	Band	Jahr	Band	Jahr	Band	Jahr	Band	Jahr	Band
1880	1	1886	7	1892	13	1897	18	1902	23	1907	28
1881	2	1887	8	1893	14	1898	19	1903	24	1908	29
1882	3	1888	9	1894	15	1899	20	1904	25	1909	30
1883	4	1889	10	1895	16	1900	21	1905	26	1910	31
1884	5	1890	11	1896	17	1901	22	1906	27	1911	32
1885	6	1891	12								

27. Elektrochemische Zeitschrift,

Organ für das Gesamtgebiet der Elektrochemie, Elektrometallurgie, für Batterien- und Akkumulatorenbau, Galvanoplastik und Galvanostegie; seit Bd. 12 (1905—06): Organ für Elektrochemie, Elektrometallurgie (unter besonderer Berücksichtigung des Eisens), Luftstickstoff-Verwertung, für Batterien- und Akkumulatorenbau, Galvanoplastik und Galvanostegie.

Red. A. Neuburger. Berlin, S. Fischer, seit Bd. 2 S. Fischer (M. Krayn), seit Bd. 7 M. Krayn.

Jahr	Band	Jahr	Band	Jahr	Band	Jahr	Band	Jahr	Band
1894—95	1	1898—99	5	1902—03	9	1906—07	13	1910—11	17
1895—96	2	1899—00	6	1903—04	10	1907—08	14	1911—12	18
1896—97	3	1900—01	7	1904—05	11	1908—09	15		
1897—98	4	1901—02	8	1905—06	12	1909—10	16		

28. Zeitschrift für Elektrochemie.

Bd. 1 führt den Titel: Zeitschrift für Elektrotechnik und Elektrochemie.

Redaktion: W. Borchers; seit Bd. 3 (1896—97) W. Nernst und W. Borchers; seit Bd. 7 II (1901) herausgegeben von der Deutschen Elektrochemischen Gesellschaft, seit 1902 von der Deutschen Bunsen-Gesellschaft für angewandte physikalische Chemie, redigiert von R. Abegg, seit 1. Juli 1904 von Abegg und H. Danneel, seit Bd. 14 (1908) von Abegg, Danneel und P. Askenasy, seit Bd. 15 (1909) Abegg und Askenasy, seit 1910 Askenasy.

Halle, Wilhelm Knapp.

Jahr	Band	Jahr	Band	Jahr	Band	Jahr	Band	Jahr	Band
1894—95	1	1898—99	5	1903	9	1907	13	1911	17
1895—96	2	1899—1900	6	1904	10	1908	14		Reg.
1896—97	3	1900—1901	7 I. II	1905	11	1909	15		1—10
1897—98	4	1902	8	1906	12	1910	16		

29. Zeitschrift für physikalische Chemie, Stöchiometrie und Verwandtschaftslehre,

herausgegeben von Wilh. Ostwald und (bis 1911) J. H. van't Hoff.

Leipzig, Wilhelm Engelmann.

Jahr	Band	Jahr	Band	Jahr	Band	Jahr	Band	Jahr	Band
1887	1	1893	11. 12	1899	28—31	1905	50—53	1911	75—78
1888	2	1894	13—15	1900	32—35	1906	54—56	1903/4	Register
1889	3. 4	1895	16—18	1901	36—38	1907	57—60		zu Bd. 1—24
1890	5. 6	1896	19—21	1902	39—41	1908	61—64	1910/11	„ 25—50
1891	7. 8	1897	22—24	1903	42—46	1909	65—69		
1892	9. 10	1898	25—27	1904	47—49	1910	70—74		

Seit 1894 enthält jeder Jahrgang ein Register. Bd. 69 u. 70 Jubelband (I. u. II) für Sv. Arrhenius zur Feier des 25jährigen Bestehens seiner Theorie der elektrolytischen Dissoziation.

Börnstein.

Jahres- und Bandzahlen einiger Zeitschriften.

30. Dinglers polytechnisches Journal.

Stuttgart, J. G. Cotta; seit Bd. 304 (1897) Arnold Bergsträßer, seit Bd. 317 (1902) Rich. Dietze in Berlin.

Außer der hier berücksichtigten Gesamtzählung ist die Zeitschrift noch in Reihen zu je 50 Bänden mit gesonderter Bandzählung und nach Jahrgängen eingeteilt.

Jahr	Band	Jahr	Band	Jahr	Band	Jahr	Band	Jahr	Band
1820	1—3	1840	75—78	1860	155—158	1880	235—238	1900	315
1821	4—6	1841	79—82	1861	159—162	1881	239—242	1901	316
1822	7—9	1842	83—86	1862	163—166	1882	243—246	1902	317
1823	10—12	1843	87—90	1863	167—170	1883	247—250	1903	318
1824	13—15	1844	91—94	1864	171—174	1884	251—254	1904	319
1825	16—18	1845	95—98	1865	175—178	1885	255—258	1905	320
1826	19—22	1846	99—102	1866	179—182	1886	259—262	1906	321
1827	23—26	1847	103—106	1867	183—186	1887	263—266	1907	322
1828	27—30	1848	107—110	1868	187—190	1888	267—270	1908	323
1829	31—34	1849	111—114	1869	191—194	1889	271—274	1909	324
1830	35—38	1850	115—118	1870	195—198	1890	275—278	1910	325
1831	39—42	1851	119—122	1871	199—202	1891	279—282	1911	326
1832	43—47	1852	123—126	1872	203—206	1892	283—286	1843	Reg. 1—78
1833	48—50	1853	127—130	1873	207—210	1893	287—290	1850	„ 79—118
1834	51—54	1854	131—134	1874	211—214	1894	291—294	1860	„ 119—158
1835	55—58	1855	135—138	1875	215—218	1895	295—298	1871	„ 159—198
1836	59—62	1856	139—142	1876	219—222	1896	299—302		
1837	63—66	1857	143—146	1877	223—226	1897	303—306	Außerdem in jedem Jahrgange ein Register.	
1838	67—70	1858	147—150	1878	227—230	1898	307—310		
1839	71—74	1859	151—154	1879	231—234	1899	311—314		

31. Annalen der Hydrographie und maritimen Meteorologie.

(Bd. 1 und 2 haben den Titel: Hydrographische Mitteilungen.)

Organ des Hydrographischen Bureaus und der Deutschen Seewarte.

Herausgegeben seit 1873 (Bd. 1) von der Kaiserlichen Admiralität; seit 1889 (Bd. 17) von dem Hydrographischen Amte des Reichsmarineamtes; seit 1892 (Bd. 20) von der Deutschen Seewarte in Hamburg. Von 1902 (Bd. 30) ab mit dem Untertitel: Zeitschrift für Seefahrts- und Meereskunde.

Gedruckt und in Vertrieb bei E. S. Mittler & Sohn, Berlin.

Jahr	Band	Jahr	Band	Jahr	Band	Jahr	Band	Jahr	Band	Jahr	Band
1873	1	1880	8	1887	15	1894	22	1901	29	1908	36
1874	2	1881	9	1888	16	1895	23	1902	30	1909	37
1875	3	1882	10	1889	17	1896	24	1903	31	1910	38
1876	4	1883	11	1890	18	1897	25	1904	32	1911	39
1877	5	1884	12	1891	19	1898	26	1905	33	Register	
1878	6	1885	13	1892	20	1899	27	1906	34	1889	1873–88
1879	7	1886	14	1893	21	1900	28	1907	35	1903	1889–02

32. Beiträge zur Physik der freien Atmosphäre.

Zeitschrift für die wissenschaftliche Erforschung der höheren Luftschichten; in Zusammenhang mit den Veröffentlichungen der Internationalen Kommission für wissenschaftliche Luftschiffahrt herausgegeben von R. Assmann und H. Hergesell. Straßburg, Karl Trübner.

Jahr	Band	Jahr	Band	Jahr	Band	Jahr	Band
1904—05	1	1906—08	2	1910	3	1910—	4

Börnstein.

Jahres- und Bandzahlen einiger Zeitschriften.

33. Repertorium für Meteorologie.

Herausgegeben von der Kaiserlichen Akademie der Wissenschaften in St. Petersburg, redigiert von Heinrich Wild.

Jahr	Band	Jahr	Band	Jahr	Band	Jahr	Band	Jahr	Band	Jahr	Band
1870	1	1877	5	1883	8	1887	Suppl. 2,	1890	13	1894	17,
1872	2	1879	6	1885	9		4, 5	1891	14		Suppl. 6
1874	3	1881	7	1886	Suppl. 3	1888	11	1892	15	1895	Reg. 1—17
1875	4		Suppl. 1	1887	10	1889	12	1893	16		

34. Zeitschrift der österreichischen Gesellschaft für Meteorologie.

Redaktion: C. Jelinek und J. Hann; von Bd. 12 (1877) J. Hann.

Wien, Selbstverlag der Gesellschaft, in Kommission bei Carl Gerolds Sohn, seit Bd. 2 bei Wilh. Braumüller.

35. Meteorologische Zeitschrift,

herausgegeben von der Deutschen Meteorologischen Gesellschaft, seit 1886 von der österreichischen Gesellschaft für Meteorologie und der Deutschen Meteorologischen Gesellschaft.

Redaktion: W. Köppen; seit Bd. 3 (1886) Hann und Köppen; seit Bd. 9 (1892) Hann und G. Hellmann, seit Bd. 25 (1908) Hann und R. Süring.

Berlin, A. Asher & Co., seit Bd. 6 (1889) Wien, Ed. Hölzel, seit Bd. 23 (1906) Braunschweig, Friedr. Vieweg & Sohn.

Die Bände 3 und folgende der Meteorologischen Zeitschrift sind zugleich Bd. 21 und folgende der Zeitschrift der österreichischen Gesellschaft für Meteorologie.

Jahr	Band	Jahr	Band	Jahr	Band	Jahr	Band	Jahr	Band	Jahr	Band
Zeitschr. d. österr.		1874	9	1884	19	1889	6	1898	15	1906	23
Ges. f. Met.		1875	10	1885	20	1890	7	1899	16		Hann-Bd.
1866	1	1876	11	1896	Reg. 1—20	1891	8	1900	17	1907	24
1867	2	1877	12	Meteorolog.		1892	9	1901	18	1908	25
1868	3	1878	13	Zeitschrift		1893	10	1902	19	1909	26
1869	4	1879	14	1884	1	1894	11	1903	20	1910	27
1870	5	1880	15	1885	2	1895	12	1904	21	1911	28
1871	6	1881	16	1886	3	1896	13	1905	22	1912	29
1872	7	1882	17	1887	4	1897	14			1910	Reg. 1—25
1873	8	1883	18	1888	5						

36. Zeitschrift für den physikalischen und chemischen Unterricht.

Herausgegeben von F. Poske. Berlin, Julius Springer.

Jahr	Band	Jahr	Band	Jahr	Band	Jahr	Band	Jahr	Band	Jahr	Band
1887	1 (1887—88)	1892	5 (1891—92)	1896	9	1900	13	1904	17	1908	21
1889	2 (1888—89)	1893	6 (1892—93)	1897	10	1901	14	1905	18	1909	22
1890	3 (1889—90)	1894	7 (1893—94)	1898	11	1902	15	1906	19	1910	23
1891	4 (1890—91)	1895	8 (1894—95)	1899	12	1903	16	1907	20	1911	24

Jahres- und Bandzahlen einiger Zeitschriften.

37. Justus Liebigs Annalen der Chemie.

Annalen der Pharmacie. Eine Vereinigung des „Archivs des Apotheker-Vereins im nördlichen Teutschland" (Bd. 40 u. f.) und des „Magazins für Pharmacie und Experimentalkritik" (Bd. 37 u. f.), von Bd. 11 auch noch des „Neuen Journals der Pharmacie für Ärzte, Apotheker und Chemiker" (Bd. 28 u. f.). 1832—39.

Redaktion: Rud. Brandes (1832—34), Ph. Lorenz Geiger (1832—36), Justus Liebig (seit 1832), Trommsdorff (1834—36), Merck (1836—37), Mohr (1837), Wöhler (seit 1838).

Verlag: Lemgo, Meyer und Heidelberg, Winter; seit 1833 Heidelberg, Winter.

Annalen der Chemie und Pharmacie. Vereinigte Zeitschrift des Neuen Journals der Pharmacie (Bd. 50 u. f.) und des Mag. f. Pharm. u. Experimentalkritik (Bd. 68 u. f.).

Die Zählung der bisherigen Bände wird fortgesetzt. Daneben tritt von Bd. 77 der Gesamtzählung ab eine „neue Reihe" der Bandnummern. Von Bd. 169 ab lautet der Titel: **Justus Liebigs Annalen der Chemie und Pharmacie,** von Bd. 173 ab: **Justus Liebigs Annalen der Chemie.**

Redaktion: Wöhler (1838—82), Liebig (1832—73), Kopp (1851—92), Erlenmeyer (1871—1908), Volhard (1871—1909), Hofmann (1874—92), Kekulé (1874—96), Fittig (1895—1910), v. Baeyer (seit 1897), Wallach (seit 1897), E. Fischer (seit 1907), J. Thiele (seit 1910), C. Graebe (seit 1911), Th. Zincke (seit 1911).

Verlag: Heidelberg; seit 1855 Leipzig und Heidelberg; seit 1892 Leipzig, C. F. Winter.

Jahr	Band
Annalen der Pharmacie.	
1832	1—4
1833	5—8
1834	9—12
1835	13—16
1836	17—20
1837	21—24
1838	25—28
1839	29—32
Annalen der Chemie und Pharmacie.	
1840	33—36
1841	37—40
1842	41—44
1843	45—48
1844	49—52
1845	53—56
1846	57—60
1847	61—64
1848	65—68
1849	69—72
1850	73—76

Jahr	Band Gesamtzählung	Band Neue Reihe
1851	77—80	1—4
1852	81—84	5—8
1853	85—88	9—12
1854	89—92	13—16
1855	93—96	17—20
1856	97—100	21—24
1857	101—104	25—28
1858	105—108	29—32
1859	109—112	33—36
1860	113—116	37—40
1861	117—120	41—44
1862	121—124	45—48
1863	125—128	49—52
1864	129—132	53—56
1865	133—136	57—60
1866	137—140	61—64
1867	141—144	65—68
1868	145—148	69—72
1869	149—152	73—76
1870	153—156	77—80
1871	157—160	81—84
1872	161—164	85—88
1873	165—168	89—92
Justus Liebigs Annalen der Chemie und Pharmacie.		
1873	169. 170	93. 94
1874	171. 172	95. 96

Jahr	Band
Justus Liebigs Annalen der Chemie.	
1874	173. 174
1875	175—179
1876	180—183
1877	184—189
1878	190—194
1879	195—199
1880	200—205
1881	206—210
1882	211—215
1883	216—221
1884	222—226
1885	227—231
1886	232—236
1887	237—242
1888	243—249
1889	250—255
1890	256—260
1891	261—266
1892	267—271
1893	272—277
1894	278—283
1895	284—288
1896	289—293
1897	294—298
1898	299—303
1899	304—309
1900	310—313
1901	314—319
1902	320—325

Jahr	Band
1903	326—329
1904	330—337
1905	338—343
1906	344—350
1907	351—357
1908	358—363
1909	364—371
1910	372—377
1911	378—386
Supplement-Bände.	
1861/2	1
1862/3	2
1864/5	3
1865/6	4
1867	5
1868	6
1870	7
1872	8
Register.	
1843	1—40
1855	41—76
1861	1—100
1861	101—116
1874	117—164
	Suppl. 1—8
1885	165—220
1895	221—276
1905	277—328

Börnstein.

Jahres- und Bandzahlen einiger Zeitschriften.

38. Chemisches Zentralblatt.

Pharmaceutisches Zentralblatt. 1830—49.
Chemisch-Pharmaceutisches Zentralblatt. 1850—55.
Chemisches Zentralblatt. Seit 1856.

Untertitel seit 1870: Repertorium für reine, pharmaceutische, physiologische und technische Chemie; seit 1887: Vollständiges Repertorium für alle Zweige der reinen und angewandten Chemie. Die Jahrgänge 1831—52, 1856—69 und seit 1889 sind in je zwei Bänden erschienen. Seit 1889 auch Gesamtzählung.

Redaktion: In den älteren Reihen nicht angegeben; seit 1887 Rud. Arendt; 1902—07 Albert Hesse, 1907 mit Ignaz Bloch, danach nicht mehr angegeben.

Verlag: Leopold Voß in Leipzig (seit 1882 in Hamburg und Leipzig); seit 1897 herausgegeben von der Deutschen Chemischen Gesellschaft.

Jahr	Jahrgang	Jahr	Jahrgang	Jahr	Jahrgang	Jahr	Jahrgang	Gesamtzählung	Jahr	Jahrgang	Gesamtzählung
		1847	18	1861	6	1879	10		Fünfte Folge.		
Pharmaceutisches Zentralblatt.		1848	19	1862	7	1880	11		1897	1	68
		1849	20	1863	8	1881	12		1898	2	69
1830	1			1864	9	1882	13		1899	3	70
1831	2	Chemisch-Pharmaceutisches Zentralblatt		1865	10	1883	14		1900	4	71
1832	3			1866	11	1884	15		1901	5	72
1833	4	1850	21	1867	12	1885	16		1902	6	73
1834	5	1851	22	1868	13	1886	17		1903	7	74
1835	6	1852	23	1869	14	1887	18		1904	8	75
1836	7	1853	24	Dritte Folge.		1888	19		1905	9	76
1837	8	1854	25			Vierte Folge.			1906	10	77
1838	9	1855	26	1870	1				1907	11	78
1839	10			1871	2	1889	1	60	1908	12	79
1840	11	Chem. Zentralbl. Neue Folge.		1872	3	1890	2	61	1909	13	80
1841	12			1873	4	1891	3	62	1910	14	81
1842	13	1856	1	1874	5	1892	4	63	Register.		
1843	14	1857	2	1875	6	1893	5	64	1883	(3) 1—12	
1844	15	1858	3	1876	7	1894	6	65		1870—81	
1845	16	1859	4	1877	8	1895	7	66	1902	1897-1901	
1846	17	1860	5	1878	9	1896	8	67	1907	1902—06	

39. Journal für praktische Chemie,

herausgegeben von O. L. Erdmann u. A., seit 1870 von H. Kolbe, zuletzt mit E. v. Meyer, seit 1885 von E. v. Meyer. Leipzig, Joh. Ambr. Barth.
Die Neue Folge (seit 1870) trägt außer den hier angeführten Bandnummern noch diejenigen der Gesamtzählung, welche um 108 größer sind.

Jahr	Band	Jahr	Band	Jahr	Band	Jahr	Band	Jahr	Band
Erdmanns Journal.		1850	49—51	1867	100—102	1881	23. 24	1898	57. 58
1834	1—3	1851	52—54	1868	103—105	1882	25. 26	1899	59. 60
1835	4—6	1852	55—57	1869	106—108	1883	27. 28	1900	61. 62
1836	7—9	1853	58—60			1884	29. 30	1901	63. 64
1837	10—12	1854	61—63[1]	Neue Folge. Kolbes Journal.		1885	31. 32	1902	65. 66
1838	13—15	1855	64—66			1886	33. 34	1903	67. 68
1839	16—18	1856	67—69	1870	1. 2[3]	1887	35. 36	1904	69. 70
1840	19—21	1857	70—72	1871	3. 4	1888	37. 38	1905	71. 72
1841	22—24	1858	73—75	1872	5. 6	1889	39. 40	1906	73. 74
1842	25—27	1859	76—78	1873	7. 8	1890	41. 42	1907	75. 76
1843	28—30	1860	79—81	1874	9. 10	1891	43. 44	1908	77. 78
1844	31—33	1861	82—84	1875	11. 12	1892	45. 46	1909	79. 80
1845	34—36	1862	85—87	1876	13. 14	1893	47. 48	1910	81. 82
1846	37—39	1863	88—90	1877	15. 16	1894	49. 50[4]	1911	83. 84
1847	40—42	1864	91—93	1878	17. 18	1895	51. 52		
1848	43—45	1865	94—96[2]	1879	19. 20	1896	53. 54		
1849	46—48	1866	97—99	1880	21. 22	1897	55. 56		

[1]) 1854. Reg. zu Bd. 31—60. [2]) 1865. Reg. zu Bd. 61—90. [3]) 1870. Reg. zu Bd. 91—108. [4]) 1895. Reg. zu Bd. 1—50.

Jahres- und Bandzahlen einiger Zeitschriften.

40. Berichte der Deutschen Chemischen Gesellschaft.

Redaktion: Bd. 1–5 nicht angegeben; R. Wichelhaus (1873–82), F. Tiemann (1884—98), von Dechend (stellvertretend 1886–96), P. Jacobson (1896—1911), R. Stelzner (stellvertretend 1902—1909), F. Sachs (stellvertretend 1910—11), R. Pschorr (seit 1911).

Berlin, Ferd. Dümmler; seit Bd. 12 (1879) Eigentum der Gesellschaft, in Kommission bei R. Friedländer & Sohn.

Jahr	Band	Jahr	Band	Jahr	Band	Jahr	Band	Jahr	Band	Jahr	Band
1868	1	1876	9	1884	17	1891	24	1898	31	1905	38
1869	2	1877	10	1885	18	1892	25	1899	32	1906	39
1870	3	1878	11	1886	19	1893	26	1900	33	1907	40
1871	4	1879	12	1887	20	1894	27	1901	34	1908	41
1872	5	1880	13	1888	21	1895	28	1902	35	1909	42
1873	6	1881	14	1889	22	1896	29	1903	36	1910	43
1874	7	1882	15	1890	23	1897	30	1904	37	1911	44
1875	8	1883	16								

Register: 1880 Bd. 1—10; 1888 Bd. 11—20; 1898 Bd. 21—29; 1908 Bd. 30—40.

41. Zeitschrift für analytische Chemie,

herausgegeben von C. Remigius Fresenius 1862—97,
danach von Heinrich und Wilhelm Fresenius und Ernst Hintz.
Wiesbaden, C. W. Kreidel.

Jahr	Band	Jahr	Band	Jahr	Band	Jahr	Band	Jahr	Band	Jahr	Band
1862	1	1871	10	1880	19	1888	27	1896	35	1904	43
1863	2	1872	11	1881	20	1889	28	1897	36	1905	44
1864	3	1873	12	1882	21	1890	29	1898	37	1906	45
1865	4	1874	13	1883	22	1891	30	1899	38	1907	46
1866	5	1875	14	1884	23	1892	31	1900	39	1908	47
1867	6	1876	15	1885	24	1893	32	1901	40	1909	48
1868	7	1877	16	1886	25	1894	33	1902	41	1910	49
1869	8	1878	17	1887	26	1895	34	1903	42	1911	50
1870	9	1879	18								

Register: 1872 Bd. 1—10; 1881 Bd. 11—20; 1894 Bd. 21—30; 1903 Bd. 31—40.

42. Zeitschrift für anorganische Chemie.

Redaktion: Gerhard Krüß (1892—95), Rich. Lorenz (seit 1895), F. W. Küster (1899—1903), G. Tammann (seit 1903).
Verlag: Hamburg und Leipzig, Leopold Voß.

Jahr	Band	Jahr	Band	Jahr	Band	Jahr	Band	Jahr	Band
1892	1. 2	1896	11. 12	1900	22—25	1904	37—42	1908	56–60
1893	3. 4	1897	13—15	1901	26–28	1905	43—47	1909	61—64
1894	5—7	1898	16—18	1902	29—32	1906	48—51	1910	65—68
1895	8–10	1899	19—21	1903	33—36	1907	52—55	1911	69—72

43. The National Physical Laboratory.

Collected Researches.
(London).
Bd. 1 und 2 sind ohne Jahreszahl erschienen.

Jahr	Band	Jahr	Band	Jahr	Band	Jahr	Band
1908	3. 4	1909	5	1910	6		

Börnstein.

Jahres- und Bandzahlen einiger Zeitschriften.

44. Bulletin of the Bureau of Standards. Washington.

Jahr	Band	Jahr	Band	Jahr	Band
1905	1 (1904—05)	1907	3	1909	5 (1908—09)
1906	2	1908	4 (1907—08)	1910	6 (1909—10)

45. Proceedings of the Royal Society of London.

London, gedruckt bei Taylor & Francis; seit Bd. 27 (1878) erschienen bei Harrison & Sons.

Von Bd. 76 (1905) ab in zwei Reihen erscheinend: A, containing papers of a mathematical and physical character, B of a biological character. (B hier fortgelassen).

Jahr	Band
Abstracts of the Papers printed in the Philosophical Transactions of the Royal Society.	
1832	1 (1800—1814)
1833	2 (1815—1830)
1837	3 (1830—1837)
Abstracts of the Papers communicated to the Royal Society.	
1843	4 (1837—1843)
1851	5 (1843—1850)
1854	6 (1850—1854)
Proceedings of the Royal Society of London.	
1856	7 (23. Febr. 1854 — 20. Dez. 1855)
1857	8 (10. Jan. 1856 — 18. Juni 1857)
1859	9 (19. Nov. 1857 — 14. April 1859)
1860	10 (5. Mai 1859 — 22. Nov. 1860)
1862	11 (30. Nov. 1860 — 27. Febr. 1862)
1863	12 (6. März 1862 — 18. Juni 1863)
1864	13 (19. Nov. 1863 — 22. Dez. 1864)
1865	14 (12. Jan. — 21. Dez. 1865)
1867	15 (11. Jan. 1866 — 23. Mai 1867)
	16 (6. Juni 1867 — 18. Juni 1868)
1869	17 (18. Juni 1868 — 17. Juni 1869)
1870	18 (17. Juni 1869 — 16. Juni 1870)
1871	19 (16. Juni 1870 — 15. Juni 1871)
1872	20 (16. Nov. 1871 — 20. Juni 1872)
1873	21 (21. Nov. 1872 — 27. Nov. 1873)
1874	22 (1. Dez. 1873 — 18. Juni 1874)
1875	23 (19. Nov. 1874 — 17. Juni 1875)
1876	24 (18. Nov. 1875 — 27. April 1876)
1877	25 (4. Mai 1876 — 22. Febr. 1877)
1878	26 (1. März — 20. Dez. 1877)
	27 (10. Jan. — 20. Juni 1878)
1879	28 (21. Nov. 1878 — 24. April 1879)
	29 (1. Mai — 11. Dez. 1879)
1880	30 (18. Dez. 1879 — 17. Juni 1880)
1881	31 (18. Nov. 1880 — 17. März 1881)
	32 (24. März — 16. Juni 1881)
1882	33 (17. Nov. 1881 — 30. März 1882)
1883	34 (20. April 1882 — 25. Jan. 1883)
	35 (1. Febr. — 21. Juni 1883)
1884	36 (15. Nov. 1883 — 24. April 1884)
	37 (1. Mai — 1. Dez. 1884)
1885	38 (11. Dez. 1884 — 18. Juni 1885)
1886	39 (19. Nov. — 17. Dez. 1885)

Jahr	Band
1886	40 (7. Jan. — 10. Juni 1886)
1887	41 (18. Nov. — 16. Dez. 1886)
	42 (6. Jan. — 16. Juni 1887)
1888	43 (17. Nov. 1887 — 12. April 1888)
	44 (12. April — 21. Juni 1888)
1889	45 (15. Nov. 1888 — 11. April 1889)
1890	46 (2. Mai — 30. Nov. 1889)
	47 (5. Dez. 1889 — 24. April 1890)
1891	48 (1. Mai — 1. Dez. 1890)
	49 (11. Dez. 1890 — 28. Mai 1891)
1892	50 (4. Juni 1891 — 25. Febr. 1892)
	51 (3. März — 19. Mai 1892)
1893	52 (2. Juni 1892 — 9. Febr. 1893)
	53 (16. Febr. — 18. Mai 1893)
1894	54 (1. Juni — 14. Dez. 1893)
	55 (18. Jan. — 26. April 1894)
	56 (10. Mai — 21. Juni 1894)
1895	57 (15. Nov. 1894 — 21. März 1895)
	58 (25. April — 20. Juni 1895)
1896	59 (21. Nov. 1895 — 16. März 1896)
1897	60 (23. April 1896 — 18. Febr. 1897)
	61 (25. Febr. — 17. Juni 1897)
1898	62 (18. Nov. 1897 — 24. Febr. 1898)
	63 (3. März — 16. Juni 1898)
1899	64 (17. Nov. 1898 — 16. März 1899)
1900	65 (20. April — 23. Nov. 1899)
	66 (30. Nov. 1899 — 14. Juni 1900)
1901	67 (21. Febr. — 13. Dez. 1900)
	68 (17. Jan. — 20. Juni 1901)
1902	69 (21. Nov. 1901 — 27. Febr. 1902)
	70 (7. Nov. 1901 — 17. Juni 1902)
1903	71 (6. Juni 1901 — 8. Mai 1903)
1904	72 (8. Juli 1903 — 29. Jan. 1904)
	73 (11. Febr. — 7. Juli 1904)
1905	74 (19. Juli 1904 — 10. April 1905)
	75 (Nachrufe 1898—1904)
	76 AB (22. April — 6. Dez. 1905)
1906	77 A (3. Jan. — 21. Juni 1906)
1907	78 A (21. Juli — 2. Febr. 1907)
	79 A (12. März — 27. Sept. 1907)
1908	80 A (9. Dez. 1907 — 20. Juni 1908)
	81 A (30. Juni — 10. Dez. 1908)
1909	82 A (16. Febr. — 18. Sept. 1909)
1910	83 A (3. Nov. 1909 — 11. Mai 1910)
1911	84 A (9. Juni 1910 — 15. Febr. 1911)
	85 A (14. März — 30. Nov. 1911)

Börnstein.

Jahres- und Bandzahlen einiger Zeitschriften.

46. Philosophical Transactions of the Royal Society of London.

Philosophical Transactions: giving some account of the present undertakings, studies and labours of the ingenious in many considerable parts of the world.

Bd. 1 In the Savoy; seit Bd. 4 (1669) London, seit Bd. 13 (1682—83) Oxford, seit Bd. 17 (1691—93) London; von Bd. 66 I (1776) ab lautet der Titel: **Philosophical Transactions of the Royal Society of London.**

Die seit Bd. 178 (1887) getrennten Reihen tragen seit Bd. 187 (1896) die Bezeichnung:

Series A, containing papers of a mathematical or physical character.

Series B, containing papers of biological character (hier fortgelassen).

Jahr	Band	Jahr	Band	Jahr	Band	Jahr	Band
[1]	1 (1665—66)	1735	38 (1733—34)	1782	72	1820	110
	2 (1667)	1738	39 (1735—36)	1783	73	1821	111
1669	3 (1668)	1741	40 (1737—38. Suppl.)	1784	74	1822	112
1670	4 (1669)	1744	41 I. II (1739—41)	1785	75	1823	113
	5 (1670)		42 (1742—43)	1786	76	1824	114
	6 (1671)	1746	43 (1744—45)	1787	77	1825	115
	7 (1672)	1748	44 I. II (1746—47)	1788	78	1826	116
	8 (1673)	1750	45 (1748)	1789	79	1827	117
[1]	9 (1674)	1752	46 (1749—50)	1790	80	1828	118
	10 (1675)	1753	47 (1751—52)	1791	81	1829	119
	11 (1676)	1754	48 I	1792	82	1830	120
	12 (1677)	1755	48 II	1793	83	1831	121
	13 (1682—83)	1756	49 I	1794	84	1832	122
1684	14 (1684)	1757	49 II	1795	85	1833	123
1686	15 (1685)	1758	50 I	1796	86	1834	124
1688	16 (1686—87)	1759	50 II	1797	87	1835	125
	17 (1691—93)	1760	51 I	1798	88	1836	126
[1]	18 (1694)	1761	51 II	1799	89	1837	127
	19 (1695—97)	1762	52 I	1800	90	1838	128
	20 (1698)	1763	52 II	1801	91	1839	129
1700	21 (1699)	1764	53	1802	92	1840	130
1702	22 (1700—01)	1765	54	1803	93	1841	131
1704	23 (1702—03)	1766	55	1804	94	1842	132
1706	24 (1704—05)	1767	56	1805	95	1843	133
1708	25 (1706—07)	1768	57	1806	96	1844	134
1710	26 (1708—09)	1769	58	1807	97	1845	135
1712	27 (1710—12)	1770	59	1808	98	1846	136
1714	28 (1713—14)	1771	60	1809	99	1847	137
1717	29 (1714—16)	1772	61. 62	1810	100	1848	138
1720	30 (1717—19)	1773	63	1811	101	1849	139
1723	31 (1720—21)	1774	64	1812	102	1850	140
1724	32 (1722—23)	1775	65 I. II	1813	103	1851	141
1726	33 (1724—25)	1776	66 I	1814	104	1852	142
1728	34 (1726	1777	66 II. 67 I	1815	105	1853	143
	bis Juni 1727)	1778	67 II	1816	106	1854	144
1729	35 (Dez. 1727—28)	1779	68 I. II. 69 I	1817	107	1855	145
1731	36 (1729—30)	1780	69 II	1818	108	1856	146
1733	37 (1731—32)	1781	70 I. II	1819	109	1857	147
			71				

[1] Jahreszahl des Erscheinens nicht besonders angegeben.

Börnstein.

Jahres- und Bandzahlen einiger Zeitschriften.

46. Philosophical Transactions of the Royal Society of London.

(Fortsetzung.)

Jahr	Band	Jahr	Band	Jahr	Band	Jahr	Band
1858	148	1873	163	1889	179 A. (1888)	1900	193 A.
1859	149	1874	164	1890	180 A. (1889)	1901	195 A.
1860	150	1875	165	1891	181 A. (1890)		196 A. 197 A.
1861	151	1876	166	1892	182 A. (1891)	1902	198 A. 199 A.
1862	152	1877-8	167	1893	183 A. (1892)	1903	200 A. 201 A.
1863	153	1878-9	169	1894	184 A. (1893)	1904	202 A. 203 A.
1864	154	1879	170. 168		185 A. I (1894)	1905	204 A.
1865	155	1880	171	1895	185 A. II (1894)	1906	205 A. 206 A.
1866	156	1881	172		186 A. I	1908	207 A. 208 A.
1867	157	1882	173	1896	186 A. II (1895)	1909	209 A.
1868	158	1883	174		188 A.	1911	210 A. 211 A.
1869	159	1884	175	1897	187 A. (1896)		Index.
1870	160	1886	176 (1885)		189 A.	1787	1—70
1871	161	1886—7	177 (1886)	1898	190 A. (1897) 191 A.	1821	71—110
1872	162	1888	178 A (1887)	1899	192 A.	1833	111—120

47. Memoirs and Proceedings of the Manchester Literary and Philosophical Society.

Memoirs of the Literary and Philosophical Society of Manchester 1789—1887.
Proceedings of the Literary and Philosophical Society of Manchester 1857—1887.
Memoirs and Proceedings of the Manchester Literary and Philosophical Society. Seit 1888.

Jahr	Band	Gesamtzählung
Memoirs of the Lit. and Phil. Soc.		
1789	1. 2	
1790	3	
1793	4 I	
1796	4 II	
1798	5 I	
1802	5 II	
2. Series.		
1805	1	6
1813	2	7
1819	3	8
1824	4	9
1831	5	10
1842	6	11
1846	7	12
1848	8	13
1851	9	14
1852	10	15
1854	11	16
1855	12	17
1856	13	18
1857	14	19
1860	15	20

Jahr	Band	Gesamtzählung
3. Series.		
1862	1	21
1865	2	22
1868	3	23
1871	4	24
1876	5	25
1879	6	26
1882	7	27
1883	9[1])	29[1])
1884	8	28
1887	10	30
Proceedings of the Lit. and Phil. Soc.		
(1860)[2])	1 (1857—60)	
1862	2 (1860—62)	
1864	3 (1862—64)	
1865	4 (1864—65)	
1866	5 (1865—66)	
1867	6 (1866—67)	
1868	7 (1867—68)	
1869	8 (1868—69)	
1870	9 (1869—70)	
1871	10 (1870—71)	

Jahr	Band	Gesamtzählung
1872	11 (1871—72)	
1873	12 (1872—73)	
1874	13 (1873—74)	
1875	14 (1874—75)	
1876	15 (1875—76)	
1877	16 (1876—77)	
1878	17 (1877—78)	
1879	18 (1878—79)	
1880	19 (1879—80)	
1881	20 (1880—81)	
1882	21 (1881—82)	
1883	22 (1882—83)	
1884	23 (1883—84)	
1885	24 (1884—85)	
1886	25 (1885—86)	
1887	26 (1886—87)	
Memoirs and Proceedings of the Lit. and Phil. Soc.		
4. Series.		Gesamtzählung
1888	1	31
1889	2	32
1890	3	33

Jahr	Band	Gesamtzählung
1891	4	34
1892	5. 6	35. 36
1893	7	37
1894	8	38
1895	9	39
1896	10	40
1897		41 (1896—97)
1898		42 (1897—98)
1899		43 (1898—99)
1900		44 (1899—00)
1901		45 (1900—01)
1902		46 (1901—02)
1903		47 (1902—03)
1904		48 (1903—04)
1905		49 (1904—05)
1906		50 (1905—06)
1907		51 (1906—07)
1908		52 (1907—08)
1909		53 (1908—09)
1910		54 (1909—10)
1911		55 (1910—11)

[1]) Zur Hundertjahrfeier der Gesellschaft (1881).
[2]) Jahr des Erscheinens nicht angegeben.

Börnstein.

Jahres- und Bandzahlen einiger Zeitschriften.

48. Transactions of the Royal Society of Edinburgh.

Jahr	Band	Jahr	Band	Jahr	Band	Jahr	Band
1788	1	1840	14	1867	24 (1864—67)	1892	36 (1889—91)
1790	2	1844	15	1869	25 (1868—69)	1895	37 (1891—95)
1794	3	1845	16 I. 17 I.	1872	26 (1869—72)	1897	38 (1894—96)
1798	4	1846	16 II.	1876	27 (1872—76)	1900	39 (1896—99)
1805	5	1847	16 III. 17 II.	1879	28 (1876—78)	1901	40 I (1900—01)
1812	6	1848	16 IV. 18	1880	29 (1878—80)	1902	40 II (1901—02)
1815	7	1849	19 I (1845-46)	1883	30 (1880—83)		42[1])
1818	8	1850	19 II	1888	31	1905	43[1])
1821—1823	9	1853	20 (1849—53)	1887	32 (1882—85)	1908	45 (1905—07)
1824—1826	10	1857	21 (1853—57)	1888	33 (1885—88)	1909	46 (1907—09)
1831	11	1861	22 (1857—61)	1890	34[1])	1910	44[1])
1834	12	1864	23 (1861—64)		35 (1887—90)	1911	47 (1908—11)
1836	13						

[1]) Meteorology of the Ben Nevis Observatories.

49. Proceedings of the Royal Society of Edinburgh.

Jahr	Band	Jahr	Band
1845	1 (Dez. 1832—Mai 1844)	1891	17 (Nov. 1889—Juli 1890)
1851	2 (Dez. 1844—April 1850)	1892	18 (Nov. 1890—Juli 1891)
1857	3 (Dez. 1850—April 1857)	1893	19 (Nov. 1891—Juli 1892)
1862	4 (Nov. 1857—April 1862)	1895	20 (Nov. 1892—Juli 1895)
1866	5 (Nov. 1862—April 1866)	1897	21 (Nov. 1895—Juli 1897)
1869	6 (Nov. 1866—Mai 1869)	1900	22 (Nov. 1897—Juli 1899)
1872	7 (Nov. 1869—Juni 1872)	1902	23 (Nov. 1899—Juli 1901)
1875	8 (Nov. 1872—Juli 1875)	1904	24 (Nov. 1901—Juli 1903)
1878	9 (Nov. 1875—Juli 1878)	1906	25 (Nov. 1903—Juli 1905)
1880	10 (Nov. 1878—Juli 1880)	1907	26 (Nov. 1905—Juli 1906)
1882	11 (Nov. 1880—Juli 1882)		27 (Nov. 1906—Juli 1907)
1884	12 (Nov. 1882—Juli 1884)	1908	28 (Nov. 1907—Juli 1908)
1886	13 (Nov. 1884—Juli 1886)	1909	29 (Nov. 1908—Juli 1909)
1888	14 (Nov. 1886—Juli 1887)	1910	30 (Nov. 1909—Juli 1910)
1889	15 (Nov. 1887—Juli 1888)	1911	31
1890	16 (Nov. 1888—Juli 1889)		

50. Proceedings of the Cambridge Philosophical Society.

Jahr	Band	Jahr	Band
1866	1 (1843—1863)	1898	9 (28. Okt. 1895—16. Mai 1898)
1876	2 (1864—1876)	1900	10 (31. Okt. 1898—21. Mai 1900)
1880	3 (23. Okt. 1876—17. Mai 1880)	1902	11 (29. Okt. 1900—19. Mai 1902)
1883	4 (25. Okt. 1880—28. Mai 1883)	1904	12 (27. Okt. 1902—16. Mai 1904)
1886	5 (29. Okt. 1883—24. Mai 1886)	1906	13 (31. Okt. 1904—14. Mai 1906)
1889	6 (25. Okt. 1886—3. Juni 1889)	1908	14 (29. Okt. 1906—18. Mai 1908)
1892	7 (28. Okt. 1889—30. Mai 1892)	1910	15 (26. Okt. 1908—6. Juni 1910)
1895	8 (31. Okt. 1892—27. Mai 1895)		

51. Transactions of the Cambridge Philosophical Society.

Jahr	Band	Jahr	Band	Jahr	Band	Jahr	Band	Jahr	Band
1822	1	1835	5	1856	9	1883	13	1900	18
1827	2	1838	6	1864	10	1889	14	1904	19
1830	3	1842	7	1871	11	1894	15	1908	20
1833	4	1849	8	1879	12	1898	16	Register	
						1899	17	1879	1—12

Börnstein.

Jahres- und Bandzahlen einiger Zeitschriften.

52. Report of the British Association for the Advancement of Science.

London, John Murray.

Jahr	Band	Jahr	Band	Jahr	Band
1833	1 (1831. York)	1860	29 (1859. Aberdeen)	1886	55 (1885. Aberdeen)
	2 (1832. Oxford)	1861	30 (1860. Oxford)	1887	56 (1886. Birmingham)
1834	3 (1833. Cambridge)	1862	31 (1861. Manchester)	1888	57 (1887. Manchester)
1835	4 (1834. Edinburgh)	1863	32 (1862. Cambridge)	1889	58 (1888. Bath)
1836	5 (1835. Dublin)	1864	33 (1863. New Castle upon Tyne)	1890	59 (1889. New Castle upon Tyne)
1837	6 (1836. Bristol)				
1838	7 (1837. Liverpool)	1865	34 (1864. Bath)	1891	60 (1890. Leeds)
1839	8 (1838. New Castle)	1866	35 (1865. Birmingham)	1892	61 (1891. Cardiff)
1840	9 (1839. Birmingham)	1867	36 (1866. Nottingham)	1893	62 (1892. Edinburgh)
1841	10 (1840. Glasgow)	1868	37 (1867. Dundee)	1894	63 (1893. Nottingham)
1842	11 (1841. Plymouth)	1869	38 (1868. Norwich)	1894	64 (1894. Oxford)
1843	12 (1842. Manchester)	1870	39 (1869. Exeter)	1896	65 (1895. Ipswich)
1844	13 (1843. Cork)	1871	40 (1870. Liverpool)	1897	66 (1896. Liverpool)
1845	14 (1844. York)	1872	41 (1871. Edinburgh)	1898	67 (1897. Toronto)
1846	15 (1845. Cambridge)	1873	42 (1872. Brighton)	1899	68 (1898. Bristol)
1847	16 (1846. Southampton)	1874	43 (1873. Bradford)	1900	69 (1899. Dover)
1848	17 (1847. Oxford)	1875	44 (1874. Belfast)	1901	70 (1900. Bradford)
1849	18 (1848. Swansea)	1876	45 (1875. Bristol)	1902	71 (1901. Glasgow)
1850	19 (1849. Birmingham)	1877	46 (1876. Glasgow)	1903	72 (1902. Belfast)
1851	20 (1850. Edinburgh)	1878	47 (1877. Plymouth)	1904	73 (1903. Southport)
1852	21 (1851. Ipswich)	1879	48 (1878. Dublin)	1905	74 (1904. Cambridge)
1853	22 (1852. Belfast)		49 (1879. Sheffield)	1906	75 (1905. South Africa)
1854	23 (1853. Hull)	1880	50 (1880. Swansea)	1907	76 (1906. York)
1855	24 (1854. Liverpool)	1882	51 (1881. York)	1908	77 (1907. Leicester)
1856	25 (1855. Glasgow)	1883	52 (1882. Southampton)	1909	78 (1908. Dublin)
1857	26 (1856. Hettenham)	1884	53 (1883. Southport)	1910	79 (1909. Winnipeg)
1858	27 (1857. Dublin)	1885	54 (1884. Montreal)	1911	80 (1910. Sheffield)
1859	28 (1858. Leeds)				

53. Proceedings of the American Academy of arts and sciences.

Boston und Cambridge, Mass., später Boston.

Jahr	Band	Jahr	Band	Jahr	Band
1848	1 (Mai 1846—48)	1881	8 (16)(Mai 1880–Juni 81)		Von hier nur noch Gesamtzählung
1852	2 (Mai 1848—52)	1882	9 (17) (Juni 1881—82)	1897	32 (Mai 1896—97)
1857	3 (Mai 1852—57)	1883	10 (18) (Mai 1882—83)	1898	33 (Mai 1897—98)
1860	4 (Mai 1857 - 60)	1884	11 (19) (Mai 1883—84)	1899	34 (Mai 1898—99)
1862	5 (Mai 1860—62)	1885	12 (20) (Mai 1884—85)	1900	35 (Mai 1899—1900)
1866	6 (Mai 1862—65)	1886	13 (21) (Mai 1885—86)	1901	36 (Mai 1900—01)
1868	7 (Mai 1865—68)	1887	14 (22) (Mai 1886 bis Dez. 86)	1902	37 (Mai 1901—02)
1873	8 (Mai 1868—73)	1888	15 (23) (Mai 1887—88)	1903	38 (Okt. 1902—Mai 03)
	New Series (Entire Series).	1889	16 (24) (Mai 1888—89)	1904	39 (Juni 1903—04)
1874	1 (9) (Mai 1873—74)	1890	17 (25) (Mai 1889—90)	1905	40 (Juni 1904 — Mai 05)
1875	2 (10) (Mai 1874—75)	1891	18 (26) (Mai 1890—91)	1906	41 (Mai 1905—06)
1876	3 (11) (Mai 1875—76)	1893	19 (27) (Mai 1891—92)	1907	42 (Mai 1906—07)
1877	4 (12) (Mai 1876 - 77)		20 (28) (Mai 1892—93)	1908	43 (Mai 1907 - 08)
1878	5 (13) (Mai 1877—78)	1894	21 (29) (Mai 1893—94)	1909	44 (Mai 1908—09)
1879	6 (14) (Mai 1878—79)	1895	22 (30) (Mai 1894—95)	1910	45 (Mai 1909—10)
1880	7 (15) (Mai 1879 - 80)	1896	23 (31) (Mai 1895—96)	1911	46

Börnstein.

Jahres- und Bandzahlen einiger Zeitschriften.

54. Annual Report of the Board of Regents of the Smithsonian Institution.

Showing the operations, expenditures, and condition of the institution (bis 1857: and the proceedings of the board). Washington. Seit 1885 (1884) jährlich 2 Bände, deren zweiter Report of the U. S. National-Museum enthält.

Jahr	Band	Jahr	Band	Jahr	Band	Jahr	Band
Die regelmäßige Zählung		1864	(1863)	1880	(1879)	1895	(Juli 1894)
beginnt mit Band 3		1865	(1864)	1881	(1880)	1896	(Juli 1895)
1849	3 (1848)	1866	(1865)	1883	(1881)	1898	(Juli 1896)
1850	4 (1849)	1867	(1866)	1884	(1882)		(Juli 1897)
1851	5 (1850)	1868	(1867)	1885	(1883)	1899	(bis 30. Juni 1898)
1852	6 (1851)	1869	(1868)		(1884)	1901	(bis 30. Juni 1899)
1853	7 (1852)	1870	(1869)	1886	(bis Juli 1885)		(bis 30. Juni 1900)
1854	8	1871	(1870)	1889	(bis 30. Juni 1886)	1902	(bis 30. Juni 1901)
1855	9	1871	(1871)		(bis 30. Juni 1887)	1903	(bis 30. Juni 1902)
1856	10	1873	(1872)	1890	(bis Juli 1888)	1904	(bis 30. Juni 1903)
1857	(1856)	1874	(1873)		(bis Juli 1889)	1905	(bis 30. Juni 1904)
1858	(1857)	1875	(1874)	1891	(bis Juli 1890)	1906	(bis 30. Juni 1905)
1859	(1858)	1876	(1875)	1892	(bis 30. Juni 1891)	1907	(bis 30. Juni 1906)
1860	(1859)	1877	(1876)	1893	(bis 30. Juni 1892)	1908	(bis 30. Juni 1907)
1861	(1860)	1878	(1877)		(Juli 1892)	1909	(bis 30. Juni 1908)
1862	(1861)	1879	(1878)	1894	(Juli 1893)	1910	(bis 30. Juni 1909)
1863	(1862)						

55. Proceedings of the American Philosophical Society, held at Philadelphia for promoting useful knowledge.

Über die älteste Periode der Gesellschaft berichtet der Band: Early Proceedings of the American Philosophical Society for the promotion of useful knowledge compiled by one of the secretaries from the manuscript minutes of its meetings from 1744 to 1838. Philadelphia 1884.

Jahr	Band	Jahr	Band	Jahr	Band
1840	1 (1838, 1839, 1840)	1884	21 (Mai 1883 — Dez. 1884)	1901	40
1843	3 (25.—30. Mai 1843)	1885	22 (Jan. — Okt. 1885)	1902	41
1844	2 (Jan. 1841 — Mai 1843)	1886	23 (Jan. – Dez. 1886)	1903	42
1847	4 (Juni 1843 — Dez. 1847)	1887	24 (Jan. — Dez. 1887)	1904	43
1854	5 (Jan. 1848 — Dez. 1853)	1888	25 (Jan. — Dez. 1888)	1905	44
1859	6 (Jan. 1854 — Dez. 1858)	1889	26 (Jan. — Dez. 1889)	1906	45
1861	7 (Jan. 1859 — Jan. 1861)	1890	27 (Jubelfeier 21. Nov. 1889)	1907	46
1862	8 (Jan. 1861 — Dez. 1861)		28 (Jan. — Dez. 1890)	1908	47
1865	9 (Jan. 1862 — Dez. 1864)	1891	29 (Jan. — Dez. 1891)	1909	48
1869	10 (Jan. 1865 — Dez. 1868)	1892	30 (Jan. — Dez. 1892)	1910	49
1871	11 (Jan. 1869 — Dez. 1870)	1893	31 (Jan. — Dez. 1893)	1911	50
1873	12 (Jan. 1871 — Dez. 1872)	1894	32 (Jubelfeier 22.—26. Mai 1894)	Register.	
1873	13 (Jan. 1873 — Dez. 1873)			1884: Trans. 1–6 Old Ser. 1–15 New Ser. & Proceed. 1–20.	
1876	14 (Jan. 1874 — Dez. 1875)	1894	33		
1876	15 (Dez. 1876)	1895	34	1889: Suppl. Trans. 16. New Ser. & Proceed. 21–24, 1881–1889. Subject-Register.	
1877	16 (Jan. 1876 — Mai 1877)	1896	35		
1878	17 (Juni 1877 — Juni 1878)	1897	36		
1880	18 (Juli 1878 — März 1880)	1898	37		
1882	19 (März 1880 — Dez. 1881)	1899	38		
1883	20 (Jan. 1882 — April 1883)	1900	39		

Börnstein.

Jahres- und Bandzahlen einiger Zeitschriften.

56. Proceedings of the Physical Society of London.

Printed by Taylor & Francis.

Jahr	Band	Jahr	Band	Jahr	Band
1874	1 (März 1874 — Jan. 1875)	1888	9 (April 1887 — Juni 1888)	1901	17 (Okt. 1899 — 1901)
1879	2 (Nov. 1875 — Dez. 1878)	1890	10 (Juni 1888 — 90)	1903	18 (Okt. 1903 — Dez. 1903)
1880	3 (Jan. 1879 — Juli 1880)	1892	11 (Juni 1890 — 92)	1905	19 (Dez. 1903 — 1905)
1881	4 (Aug. 1880 — Dez. 1881)	1894	12 (Okt. 1892 — Jan. 1894)	1907	20 (Dez. 1905 — 1907)
1884	5 (Juni 1882 — März 1884)	1895	13 (Jan. 1894 — Okt. 1895)	1910	21 (Dez. 1907 — 1909)
1885	6 (April 1884 — Febr. 1885)	1896	14 (Okt. 1895 — 96)		22 (Jan. 1909 — Juli 1910)
1886	7 (Febr. 1885 — Jan. 1886)	1897	15 (Okt. 1896 — 97)	1911	23 (Dez. 1910 — Aug. 1911)
1887	8 (Febr. 1886 — April 1887)	1899	16 (Okt. 1897 — 99)		

57. The American Journal of Science,

more especially of Mineralogy Geology and the other branches of Natural History; including also Agriculture and the ornamental as well as useful arts.

Von Bd. 2: **The American Journal of Science and Arts.**

Redaktion: Benjamin Silliman (1819—64), B. Silliman jr. (1838—84), James D. Dana (1846—94), Edward S. Dana (seit 1875).

New York und New Haven, seit Bd. 2 New Haven, Conn.

Jahr	Band
1819	1
1820	2
1821	3
1822	4. 5
1823	6
1824	7. 8
1825	9
1826	10. 11
1827	12
1828	13. 14
1829	15. 16
1830	17. 18
1831	19. 20
1832	21. 22
1833	23. 24
1834	25. 26
1835	27. 28
1836	29. 30
1837	31. 32
1838	33. 34
1839	35—37
1840	38. 39
1841	40. 41
1842	42. 43

Jahr	Band
1843	44. 45
1844	46. 47
1845	48. 49[1]
	2. Series.
1846	1. 2
1847	3. 4[1]
1848	5. 6
1849	7. 8
1850	9. 10[2]
1851	11. 12
1852	13. 14
1853	15. 16
1854	17. 18
1855	19. 20[3]
1856	21. 22
1857	23. 24
1858	25. 26
1859	27. 28
1860	29. 30[4]
1861	31. 32
1862	33. 34
1863	35. 36
1864	37. 38

Jahr	Band	Gesamtzählung
1865	39. 40[5]	90
1866	41. 42	91. 92
1867	43. 44	93. 94
1868	45. 46	95. 96
1869	47. 48	97. 98
1870	49. 50[6]	99. 100
	3. Series.	
1871	1. 2	101. 102
1872	3. 4	103. 104
1873	5. 6	105. 106
1874	7. 8	107. 108
1875	9. 10[7]	109. 110
1876	11. 12	111. 112
1877	13. 14	113. 114
1878	15. 16	115. 116
1879	17. 18	117. 118
1880	19. 20[8]	119. 120
1881	21. 22	121. 122
1882	23. 24	123. 124
1883	25. 26	125. 126
1884	27. 28	127. 128
1885	29. 30[9]	129. 130
1886	31. 32	131. 132
1887	33. 34	133. 134
1888	35. 36	135. 136

Jahr	Band	Gesamtzählung
	3. Series.	
1889	37. 38	137. 138
1890	39. 40[10]	139. 140
1891	41. 42	141. 142
1892	43. 44	143. 144
1893	45. 46	145. 146
1894	47. 48	147. 148
1895	49. 50[11]	149. 150
	4. Series.	
1896	1. 2	151. 152
1897	3. 4	153. 154
1898	5. 6	155. 156
1899	7. 8	157. 158
1900	9. 10[12]	159. 160
1901	11. 12	161. 162
1902	13. 14	163. 164
1903	15. 16	165. 166
1904	17. 18	167. 168
1905	19. 20[13]	169. 170
1906	21. 22	171. 172
1907	23. 24	173. 174
1908	25. 26	175. 176
1909	27. 28	177. 178
1910	29. 30	179. 180
1911	31. 32	181. 182

[1]) 1847: Index für Bd. 1—49, zugleich als Bd. 50 der ersten Reihe. [2]) 1850: Index für Bd. 1—10. [3]) 1855: Index für Bd. 11—20. [4]) 1860: Index für Bd. 21—30. [5]) 1865: Index für Bd. 31—40. [6]) 1870: Index für Bd. 41—50. [7]) 1875: Index für Bd. 1—10. [8]) 1880: Index für Bd. 11—20. [9]) 1885: Index für Bd. 21—30. [10]) 1890: Index für Bd. 31—40. [11]) 1895: Index für Bd. 41—50. [12]) 1900: Index für Bd. 1—10. [13]) 1905: Index für Bd. 11—20.

Börnstein.

Jahres- und Bandzahlen einiger Zeitschriften.

58. The Journal of Physical Chemistry.

Published at Cornell University. Red.: Wilder D. Bancroft u. Joseph E. Trevor, seit 1910 Bancroft.
Ithaca, New York.

Jahr	Band	Jahr	Band	Jahr	Band	Jahr	Band
1896—97	1	1901	5	1905	9	1909	13
1898	2	1902	6	1906	10	1910	14
1899	3	1903	7	1907	11	1911	15
1900	4	1904	8	1908	12		

59. The Philosophical Magazine and Journal of Science.

Philosophical Magazine, comprehending the various Branches of Sciences, the liberal and fine Arts, Agriculture, Manufactures and Commerce. 1798–1826.

Annals of Philosophy or Magazine of Chemistry, Medicine etc. 1813—1826.

The Philosophical Magazine or Annals of Chemistry, Mathematics etc. New and united series of the Philosophical Magazine and Annals of Philosophy. 1827—1832.

The London and Edinburgh (von Bd. 17 ab: **and Dublin) Philosophical Magazine and Journal of Science.** Seit 1832. Die ersten 37 Bände werden meist als 3. Series zitiert.

Redaktion des Phil. Mag.: Alex. Tilloch (1798—1825), Rich. (Taylor 1825—1858), Rich. Phillips (1827—1851), Sir David Brewster (1832—1868), Rob. Kane (1840—1889), Edw. Will. Brayley (1841), Will. Francis (seit 1851), John Tyndall (1854—63), Aug. Matthiessen (1869—1870), Sir Will. Thomson (1871—1907), George Francis Fitzgerald (1890—1901), John Joly (seit 1901), O. J. Lodge (seit 1911), J. J. Thomson (seit 1911), G. C. Foster (seit 1911).

Verlag des Phil. Mag.: Alex. Tilloch (bis 1804), Rich. Taylor & Co. (bis 1813), Rich. & Arth. Taylor (bis 1822), Rich. Taylor (bis 1836), R. & J. E. Taylor (bis 1850), Rich. Taylor (bis 1851), Taylor & Francis (seit 1852).

London.

Jahr	Band
Philosophical Magazine.	
1798	1. 2
1799	3. 4
1800	5—7
1801	8—10
1802	11—13
1803	14—16
1804	17—19
1805	20—22
1806	23—25
1807	26—28
1808	29—32
1809	33. 34
1810	35. 36
1811	37. 38
1812	39. 40
1813	41. 42
1814	43. 44
1815	45. 46
1816	47. 48
1817	49. 50
1818	51. 52
1819	53. 54
1820	55. 56
1821	57. 58
1822	59. 60
1823	61. 62
1824	63. 64

Jahr	Band
1825	65. 66
1826	67. 68
Annals of Philosophy.	
1813	1. 2
1814	3. 4
1815	5. 6
1816	7. 8
1817	9. 10
1818	11. 12
1819	13. 14
1820	15. 16
New Series.	
1821	1. 2
1822	3. 4
1823	5. 6
1824	7. 8
1825	9. 10
1826	11. 12
The Philosophical Magazine.	
1827	1. 2
1828	3. 4
1829	5. 6
1830	7. 8
1831	9. 10
1832	11

Jahr	Band
The London and Edinburgh Phil. Mag.	
1832	1
1833	2. 3
1834	4. 5
1835	6. 7
1836	8. 9
1837	10. 11
1838	12. 13
1839	14. 15
1840	16. 17
1841	18. 19
1842	20. 21
1843	22. 23
1844	24. 25
1845	26. 27
1846	28. 29
1847	30. 31
1848	32. 33
1849	34. 35
1850	36. 37
4. Series.	
1851	1. 2
1852	3. 4
1853	5. 6
1854	7. 8
1855	9. 10
1856	11. 12

Jahr	Band
1857	13. 14
1858	15. 16
1859	17. 18
1860	19. 20
1861	21. 22
1862	23. 24
1863	25. 26
1864	27. 28
1865	29. 30
1866	31. 32
1867	33. 34
1868	35. 36
1869	37. 38
1870	39. 40
1871	41. 42
1872	43. 44
1873	45. 46
1874	47. 48
1875	49. 50
5. Series.	
1876	1. 2
1877	3. 4
1878	5. 6
1879	7. 8
1880	9. 10
1881	11. 12
1882	13. 14
1883	15. 16
1884	17. 18

Jahr	Band
1885	19. 20
1886	21. 22
1887	23. 24
1888	25. 26
1889	27. 28
1890	29. 30
1891	31. 32
1892	33. 34
1893	35. 36
1894	37. 38
1895	39. 40
1896	41. 42
1897	43. 44
1898	45. 46
1899	47. 48
1900	49. 50
6. Series.	
1901	1. 2
1902	3. 4
1903	5. 6
1904	7. 8
1905	9. 10
1906	11. 12
1907	13. 14
1908	15. 16
1909	17. 18
1910	19. 20
1911	21. 22

Börnstein.

Jahres- und Bandzahlen einiger Zeitschriften.

60. Nature.

A weekly illustrated Journal of Science.
London u. New York, Macmillan & Co.

Jahr	Band	Jahr	Band	Jahr	Band	Jahr	Band	Jahr	Band
1869—70	1	1878	18	1886—87	35	1895	52	1903—04	69
1870	2	1878—79	19	1887	36	1895—96	53	1904	70
1870—71	3	1879	20	1887—88	37	1896	54	1904—05	71
1871	4	1879—80	21	1888	38	1896—97	55	1905	72
1871—72	5	1880	22	1888—89	39	1897	56	1905—06	73
1872	6	1880—81	23	1889	40	1897—98	57	1906	74
1872—73	7	1881	24	1889—90	41	1898	58	1906—07	75
1873	8	1881—82	25	1890	42	1898—99	59	1907	76
1873—74	9	1882	26	1890—91	43	1899	60	1907—08	77
1874	10	1882—83	27	1891	44	1899—1900	61	1908	78
1874—75	11	1883	28	1891—92	45	1900	62	1908—09	79
1875	12	1883—84	29	1892	46	1900—01	63	1909	80. 81
1875—76	13	1884	30	1892—93	47	1901	64	1909—10	82
1876	14	1884—85	31	1893	48	1901—02	65	1910	83. 84
1876—77	15	1885	32	1893—94	49	1902	66	1910—11	85
1877	16	1885—86	33	1894	50	1902—03	67	1911	86. 87
1877—78	17	1886	34	1894—95	51	1903	68	1911—12	88

61. Journal of the Chemical Society.

Proceedings of the Chemical Society of London. 1841—1843.
Memoirs of the Chemical Society of London. 1841—1848.
The Quarterly Journal of the Chemical Society of London, ed. by Edmund Ronalds. 1849–1862.
The Journal of the Chemical Society of London. 1862—1870.
Journal of the Chemical Society of London. Seit 1871.

Verlag: London, R. & E. Taylor (1841—1848); Hippolyte Bailliere (1849—1867); Van Voorst (1868—1886); Gurney & Jackson (seit 1887).

Von Bd. 33 (1878) ab enthalten die ungeraden Bände Abhandlungen (Transactions), die geraden Bände Auszüge (Abstracts). Letztere zerfallen seit Bd. 64 (1893) in je zwei Hälften mit gesonderter Paginierung, erstere seit Bd. 95 (1909).

Jahr	Band	Jahr	Band	Jahr	Band	Jahr	Band
Proceedings.		The Journal of the Chemical Society of London		1873	11 (26)	1894	65. 66
1843	1841—43			1874	12 (27)	1895	67. 68
Memoirs.				1875	13 (28)	1896	69. 70
1843	1 (1841—43)	1862	15	1876	1. 2 (29. 30)	1897	71. 72
1845	2 (1844—45)			1877	31. 32	1898	73. 74
1848	3 (1845—48)	New Series (Entire Series).		1878	33. 34	1899	75. 76
The Quarterly Journal.				1879	35. 36	1900	77. 78
1849	1			1880	37. 38	1901	79. 80
1850	2	1863	1 (16)	1881	39. 40	1902	81. 82
1851	3	1864	2 (17)	1882	41. 42	1903	83. 84
1852	4	1865	3 (18)	1883	43. 44	1904	85. 86
1853	5	1866	4 (19)	1884	45. 46	1905	87. 88
1854	6	1867	5 (20)	1885	47. 48	1906	89. 90
1855	7	1868	6 (21)	1886	49. 50	1907	91. 92
1856	8	1869	7 (22)	1887	51. 52	1908	93. 94
1857	9	1870	8 (23)	1888	53. 54	1909	95. 96
1858	10			1889	55. 56	1910	97. 98
1859	11	Journal of the Chemical Society.		1890	57. 58	1911	99. 100
1860	12			1891	59. 60		
1861	13	1871	9 (24)	1892	61. 62		
1862	14	1872	10 (25)	1893	63. 64		

Börnstein.

Jahres- und Bandzahlen einiger Zeitschriften.

62. The Physical Review.

A journal of experimental and theoretical physics.
Redaktion: L. Nichols und Ernest Merritt, seit Bd. 3 (1896) außerdem Frederick Bedell. Published for Cornell University bis Bd. 16 (1903); seitdem: Conducted with the cooperation of the American Physical Society. New York, London, Macmillan bis Bd. 30 (1910), seitdem eigener Verlag. Lancaster, Pa, und Ithaca, N.-Y.

Jahr	Band	Jahr	Band	Jahr	Band	Jahr	Band	Jahr	Band
1894	1 (1893—94)	1898	6. 7	1902	14. 15	1906	22. 23	1910	30. 31
1895	2 (1894—95)	1899	8. 9	1903	16. 17	1907	24. 25	1911	32. 33
1896	3 (1895—96)	1900	10. 11	1904	18. 19	1908	26. 27		
1897	4 (1896—97)	1901	12. 13	1905	20. 21	1909	28. 29		
	5								

63. The Chemical News

(seit Bd. 3: **and Journal of physical Science) with which is incorporated the „Chemical Gazette“.**
A Journal of practical chemistry in all its applications to pharmacy arts and manufactures.
Edited by William Crookes. London.

Jahr	Band	Jahr	Band	Jahr	Band	Jahr	Band	Jahr	Band
1860	1. 2	1871	23. 24	1881	43. 44	1891	63. 64	1901	83. 84
1861	3. 4	1872	25. 26	1882	45. 46	1892	65. 66	1902	85. 86
1862	5. 6	1873	27. 28	1883	47. 48	1893	67. 68	1903	87. 88
1863	7. 8	1874	29. 30	1884	49. 50	1894	69. 70	1904	89. 90
1864	9. 10	1875	31. 32	1885	51. 52	1895	71. 72	1905	91. 92
1865	11. 12	1876	33. 34	1886	53. 54	1896	73. 74	1906	93. 94
1866	13. 14	1877	35. 36	1887	55. 56	1897	75. 76	1907	95. 96
1867	15. 16	1878	37. 38	1888	57. 58	1898	77. 78	1908	97. 98
1868	17. 18	1879	39. 40	1889	59. 60	1899	79. 80	1909	99. 100
1869	19. 20	1880	41. 42	1890	61. 62	1900	81. 82	1910	101. 102
1870	21. 22								

64. Journal of the American Chemical Society.

Seit Bd. 6 (1894) The Journal of the Amer. Chem. Soc. New-York; seit Bd. 15 (1893) Easton, Pa. 1905 und 1906 erschienen in je einem besonderen Bande Proceedings of the American Chemical Society ohne Bandnummer, enthaltend Referate. Seit 1907: Chemical Abstracts published by the American Chemical Society in jährlich 3 Bänden, nach Jahrgängen nummeriert.

Jahr	Band	Jahr	Band	Jahr	Band	Jahr	Band	Jahr	Band	Jahr	Jahrgang
											Abstracts
1879	1	1886	8	1893	15	1900	22	1907	29		
1880	2	1887	9	1894	16	1901	23	1908	30	1907	1
1881	3	1888	10	1895	17	1902	24	1909	31	1908	2
1882	4	1889	11	1896	18	1903	25	1910	32	1909	3
1883	5	1890	12	1897	19	1904	26	1911	33	1910	4
1884	6	1891	13	1898	20	1905	27				
1885	7	1892	14	1899	21	1906	28				

65. American Chemical Journal

edited with the aid of chemists at home and abroad by Ira Remsen. Baltimore.

Jahr	Band	Jahr	Band	Jahr	Band	Jahr	Band	Jahr	Band
1879—80	1	1886	8	1893	15	1900	23. 24	1907	37. 38
1880-81	2	1887	9	1894	16	1901	25. 26	1908	39. 40
1881—82	3	1888	10	1895	17	1902	27. 28	1909	41. 42
1882—83	4	1889	11	1896	18	1903	29. 30	1910	43. 44
1883—84	5	1890	12	1897	19	1904	31. 32	1911	45. 46
1884 85	6	1891	13	1898	20	1905	33. 34	Register	
1885—86	7	1892	14	1899	21. 22	1906	35. 36	1890	1—10
								1899	11—20

Börnstein.

Jahres- und Bandzahlen einiger Zeitschriften.

66. Mémoires de l'Académie (bis Bd. 19: Royale) des Sciences de l'Institut de France.

Paris, Firmin Didot.

Jahr	Band	Jahr	Band	Jahr	Band	Jahr	Band	Jahr	Band
1818	1 (1816)	1835	13	1856	27 I	1870	36. 37 II	1899	45
1819	2 (1817)	1838	14. 15. 16.	1860	25. 27 II. 28	1873	38	1903	46
1820	3 (1818)	1840	17		30. 31 I. II	1874	41 I	1904	47
1824	4 (1819–20)	1842	18	1861	33	1876	40	1905	48 II
1826	5 (1821–22)	1847	21	1862	26	1877	39	1906	49 II
1827	6 (1823). 7	1849	20	1864	32. 34	1879	41 II	1908	50 II
1829	8	1850	22	1866	35	1883	42	1910	51 II
1830	9. 10	1853	23	1867	29	1888	44	Register	
1832	11	1854	24	1868	37 I	1889	43	1881	1—40
1833	12								

67. Comptes rendus hebdomadaires des Séances de l'Académie des Sciences,

publiés conformément à une décision de l'académie en date du 13. juillet 1835 par MM. les secrétaires perpétuels.

Paris, Bachelier; seit Bd. 36 (1853) Mallet-Bachelier; seit Bd. 59 (1864) Gauthier-Villars.

Jahr	Band	Jahr	Band	Jahr	Band	Jahr	Band	Jahr	Band
1835	1	1850	30. 31	1865	60. 61	1880	90. 91	1895	120. 121
1836	2. 3	1851	32. 33	1866	62. 63	1881	92. 93	1896	122. 123
1837	4. 5	1852	34. 35	1867	64. 65	1882	94. 95	1897	124. 125
1838	6. 7	1853	36. 37	1868	66. 67	1883	96. 97	1898	126. 127
1839	8. 9	1854	38. 39	1869	68. 69	1884	98. 99	1899	128. 129
1840	10. 11	1855	40. 41	1870	70. 71	1885	100. 101	1900	130. 131
1841	12. 13	1856	42. 43	1871	72. 73	1886	102. 103	1901	132. 133
1842	14. 15	1857	44. 45	1872	74. 75	1887	104. 105	1902	134. 135
1843	16. 17	1858	46. 47	1873	76. 77	1888	106. 107	1903	136. 137
1844	18. 19	1859	48. 49	1874	78. 79	1889	108. 109	1904	138. 139
1845	20. 21	1860	50. 51	1875	80. 81	1890	110. 111	1905	140. 141
1846	22. 23	1861	52. 53	1876	82. 83	1891	112. 113	1906	142. 143
1847	24. 25	1862	54. 55	1877	84. 85	1892	114. 115	1907	144. 145
1848	26. 27	1863	56. 57	1878	86. 87	1893	116. 117	1908	146. 147
1849	28. 29	1864	58. 59	1879	88. 89	1894	118. 119	1909	148. 149
								1910	150. 151

68. Travaux et Mémoires du Bureau international des Poids et Mesures,

publiés sous l'autorité (seit Bd. 8 (1893): sous les auspices) du Comité international par le Directeur du Bureau. Paris, Gauthier-Villars.

Jahr	Band	Jahr	Band	Jahr	Band	Jahr	Band	Jahr	Band	Jahr	Band
1881	1	1885	4	1890	7	1894	10	1898	9	1907	13
1883	2	1886	5	1893	8	1895	11	1902	12	1910	14
1884	3	1888	6								

Börnstein.

Jahres- und Bandzahlen einiger Zeitschriften.

69. Journal de Physique théorique et appliquée, fondé par d'Almeida.

Redaktion: D'Almeida (1872—81), Bouty (1878—1910), Cornu (1878—1903), Mascart (1878—1908), Potier (1878—1910), Lippmann (1897—1910), Brunhes (1898—1910), Sagnac (1902—1910), L. Poincaré (1904—10), M. Lamotte (1904—10), P. Curie (1906). Seit 1911 (5. Série) publié par la société française de physique, Red. Amédée Guillet.

Paris, Eigener Verlag.

Jahr	Band	Jahr	Band	Jahr	Band	Jahr	Band	Jahr	Band	Jahr	Band
1872	1	1880	9	1886	5	3. Série.		1899	8	1905	4
1873	2	1881	10	1887	6	1892	1	1900	9	1906	5
1874	3			1888	7	1893	2	1901	10	1907	6
1875	4	2. Série.		1889	8	1894	3			1908	7
1876	5	1882	1	1890	9	1895	4	4. Série.		1909	8
1877	6	1883	2	1891	10	1896	5	1902	1	1910	9
1878	7	1884	3			1897	6	1903	2	5. Série.	
1879	8	1885	4			1898	7	1904	3	1911	1

Register 1893: 1864—83.—c. 1903: 1. bis 3. Série, 1872—1901.

70. Journal de Chimie physique.

Electrochimie, thermochimie, radiochimie, mécanique chimique, stoechiométrie; publié par Philippe-A. Guye.

Genf, Henry Kündig, seit Bd. 4 (1906) Georg et Co. Paris, Gauthier-Villars.

Jahr	Band	Jahr	Band	Jahr	Band	Jahr	Band	Jahr	Band
1903	1	1905	3	1907	5	1909	7	1911	9
1904	2	1906	4	1908	6	1910	8		

71. Annales scientifiques de l'école normale supérieure,

publiées sous les auspices du ministre de l'instruction publique par (1. Série: M. Pasteur avec) un comité de rédaction composé par messieurs les maîtres de conférences.

Paris, Gauthier-Villars.

Jahr	Band	Jahr	Band	Jahr	Band	Jahr	Band	Jahr	Band	Jahr	Band
1864	1	2. Série.		1880	9	1887	4	1896	13	1905	22
1865	2	1872	1	1881	10	1888	5	1897	14	1906	23
1866	3	1873	2	1882	11	1889	6	1898	15	1907	24
1867	4	1874	3	1883	12	1890	7	1899	16	1908	25
1868	5	1875	4			1891	8	1900	17	1909	26
1869	6	1876	5	3. Série.		1892	9	1901	18	1910	27
1870	7	1877	6	1884	1	1893	10	1902	19	1911	28
		1878	7	1885	2	1894	11	1903	20		
		1879	8	1886	3	1895	12	1904	21		

Von (2) 6, 1877 bis (3) 13, 1896 ist jedem Band ein Supplement beigegeben. 1893: Register 1864—83.

Börnstein.

Jahres- und Bandzahlen einiger Zeitschriften.

72. Annales des Mines.

Journal des Mines, publié par l'Agence des Mines de la République. (1795–1801.) Ohne Bandnummer gedruckt; die unten genannten Nummern ergeben sich durch Rückwärtszählen von der folgenden Reihe.

Journal des Mines ou Recueil de Mémoires sur l'Exploitation des Mines, et sur les Sciences et les Arts qui s'y rapportent. (1802—15). Publié par le Conseil des Mines de la République Française. Mit Bd. 11 beginnend.

Annales des Mines ou Recueil de Mémoires sur l'Exploitation des Mines et sur les Sciences qui s'y rapportent (seit 1816).

Rédigées par le Conseil général des Mines; publiées sous l'autorisation du Pair de France, Conseiller d'État, Directeur-général des Ponts-et-Chaussées et des Mines.

Seit 1852 erscheint außerdem jährlich ein Band: Partie administrative, ou recueil de lois etc., innerhalb einer jeden Reihe bis 10 gezählt.

Verlag: Paris, Bossange et Masson (1811—15); Treuttel et Wurtz (1816—30); Carilian-Goeury (1832—38); Carilian-Goeury et Vr. Dalmont (1839—54); Victor Dalmont (1854—57); Dalmont et Dunod (1858—59); Dunod (1859—1906), Dunod et Pinat (seit 1906).

Jahr	Band
Journal des Mines.	
1795	1. 2
1796	3. 4
1797	5. 6
1798	7. 8
1799	9
1801	10
1802	11. 12
1803	13. 14
1804	15. 16
1805	17. 18
1806	19. 20
1807	21. 22
1808	23. 24
1809	25. 26
1810	27. 28
1811	29. 30
1812	31. 32
1813	33. 34
1814	35. 36
1815	37. 38
Annales des Mines.	
1817	1 (1816)
	2
1818	3
1819	4
1820	5
1821	6

Jahr	Band
1822	7
1823	8
1824	9
1825	10. 11
1826	12. 13
2. Série.	
1827	1. 2
1828	3. 4
1829	5. 6
1830	7. 8
3. Série.	
1832	1. 2
1833	3. 4
1834	5. 6
1835	7. 8
1836	9. 10
1837	11. 12
1838	13. 14
1839	15. 16
1840	17. 18
1841	19. 20
4. Série.	
1842	1. 2
1843	3. 4
1844	5. 6
1845	7. 8
1846	9. 10

Jahr	Band
1847	11. 12
1848	13. 14
1849	15. 16
1850	17. 18
1851	19. 20
5. Série.	
1852	1. 2
1853	3. 4
1854	5. 6
1855	7. 8
1856	9. 10
1857	11. 12
1858	13. 14
1859	15. 16
1860	17. 18
1861	19. 20
6. Série.	
1862	1. 2
1863	3. 4
1864	5. 6
1865	7. 8
1866	9. 10
1867	11. 12
1868	13. 14
1869	15. 16
1870	17. 18
1871	19. 20

Jahr	Band
7. Série.	
1872	1. 2
1873	3. 4
1874	5. 6
1875	7. 8
1876	9. 10
1877	11. 12
1878	13. 14
1879	15. 16
1880	17. 18
1881	19. 20
8. Série.	
1882	1. 2
1883	3. 4
1884	5. 6
1885	7. 8
1886	9. 10
1887	11. 12
1888	13. 14
1889	15. 16
1890	17. 18
1891	19. 20
9. Série.	
1892	1. 2
1893	3. 4
1894	5. 6
1895	7. 8

Jahr	Band
1896	9. 10
1897	11. 12
1898	13. 14
1899	15. 16
1900	17. 18
1901	19. 20
10. Série.	
1902	1. 2
1903	3. 4
1904	5. 6
1905	7. 8
1906	9. 10
1907	11. 12
1908	13. 14
1909	15. 16
1910	17.
Register.	
1821	1811—15
1831	1. u. 2. Série
1847	3. Série
1852	4. „
1868	5. „
1873	6. „
1882	7. „
1893	8. „
1904	9. „

Jahres- und Bandzahlen einiger Zeitschriften.

73. Bulletin de la Société Minéralogique de France,

von Bd. 9 (1886): **Bulletin de la Société Française de Minéralogie.**

Paris, Selbstverlag; seit Bd. 17 (1894) Baudry et Cie.; seit Bd. 23 (1900) Ch. Béranger.

Jahr	Band	Jahr	Band	Jahr	Band	Jahr	Band	Jahr	Band	Jahr	Band
1878	1	1884	7	1890	13	1896	19	1902	25	1908	31
1879	2	1885	8	1891	14	1897	20	1903	26	1909	32
1880	3	1886	9	1892	15	1898	21	1904	27	1910	33
1881	4	1887	10	1893	16	1899	22	1905	28	Register.	
1882	5	1888	11	1894	17	1900	23	1906	29	1888	1—10
1883	6	1889	12	1895	18	1901	24	1907	30	1900	11—20

74. Annales de Chimie et de Physique.

Annales de Chimie ou Recueil de Mémoires concernant la himie et les arts qui en dépendent. 1789–1815. (Meist zitiert als 1. Série.)

Annales de Chimie et de Physique. Seit 1816. Die ersten 75 Bände meist zitiert als 2. Série.

Redaktion: De Morveau (Guyton), Lavoisier, Monge, Berthollet, de Fourcroy, le baron de Dietrich, Hassenfratz, Adet, Séguin, Vauquelin, Pelletier, Prieur, Chaptal, van Mons, Parmentier, Deveux, Bouillon-Lagrange, Collet-Descostils, Laugier, Gay-Lussac, Thénard u. a.

Nach 1816: Gay-Lussac (bis 1850), Arago (bis 1853), Chevreul (bis 1889), Savary (bis 1841), Dumas (bis 1884), Pelouze (bis 1867), Boussingault (bis 1887), Regnault (bis 1878), de Sénarmont (1839–63), Wurtz (1868—84), Berthelot (1878—1907), Pasteur (1879—95), Friedel (1885—99), Becquerel (1885—91), Mascart (1883—1909), Moissan (1896—1907), Haller (seit 1907), Lippmann (seit 1909), Bouty (seit 1909).

Verlag: Paris, Fugs (1789), Rue et Hotel Serpente (1789—93), Guillaume et Fuchs (1797 bis 99), Fuchs (1800–?), Klostermann, Crochard (1816—39), Fortin, Massin et Cie. (1840–46), Victor Masson (1846–60), Victor Masson et fils (1861—71), G. Masson (1872—1896), Masson et Cie. seit 1896.

Jahr	Band	Jahr	Band	Jahr	Band	Jahr	Band	Jahr	Band
Annales de Chimie.		1818	7—9	1846	16—18	5. Série.		1897	10—12
1789	1—3	1819	10—12	1847	19—21	1874	1—3	1898	13—15
1790	4—7	1820	13—15	1848	22—24	1875	4—6	1899	16—18
1791	8—11	1821	16—19	1849	25—27	1876	7—9	1900	19—21
1792	12—15	1822	20. 21	1850	28—30	1877	10—12	1901	22—24
1793	16—18	1823	22—24	1851	31—33	1878	13—15	1902	25—27
1797	19—24	1824	25—27	1852	34—36	1879	16—18	1903	28—30
1798	25—27	1825	28—30	1853	37—39	1880	19—21		
1799	28—31	1826	31—33	1854	40—42	1881	22—24	8. Série.	
1800	32—34	1827	34—36	1855	43—45	1882	25—27		
1801	35—39	1828	37—39	1856	46—48	1883	28—30	1904	1—3
1802	40—43	1829	40—42	1857	49—51			1905	4—6
1803	44—47	1830	43—45	1858	52—54	6. Série.		1906	7—9
1804	48—51	1831	46—48	1859	55—57			1907	10—12
1805	52—55	1832	49—51	1860	58—60	1884	1—3	1908	13—15
1806	56—60	1833	52—55	1861	61—63	1885	4—6	1909	16—18
1807	61—64	1834	56. 57	1862	64—66	1886	7—9	1910	19—21
1808	65—68	1835	58—60	1863	67—69	1887	10—12	1911	22—24
1809	69—72	1836	61—63	4. Série.		1888	13—15		
1810	73—76	1837	64—66	1864	1—3	1889	16—18	Register.	
1811	77—80	1838	67—69	1865	4—6	1890	19—21	1807	1—60
1812	81—84	1839	70—72	1866	7—9	1891	22—24	1821	61–96
1813	85—88	1840	73—75	1867	10—12	1892	25—27	1831	(2) 1—30
1814	89—92	3. Série.		1868	13—15	1893	28—30	1840	(2) 31—60
1815	93—96	1841	1—3	1869	16—18			1841	(2) 61—75
Annales de Chimie		1842	4—6	1870	19—21	7. Série.		1851	(3) 1—30
et de Physique.		1843	7—9	1871	22—24	1894	1—3	1866	(3) 31—69
1816	1—3	1844	10—12	1872	25—27	1895	4—6	1874	(4) 1—30
1817	4—6	1845	13—15	1873	28—30	1896	7—9	1885	(5) 1—30

Börnstein.

Jahres- und Bandzahlen einiger Zeitschriften.

75. Bulletin de la Société Chimique de Paris.

Paris, Hachette et Cie.; seit 1873 Masson.

Jahr	Band	Jahr	Band	Jahr	Band	Jahr	Band	Jahr	Band
1859	1	1869	11. 12	1881	35. 36	1891	5. 6	1903	29. 30
1860	2	1870	13. 14	1882	37. 38	1892	7. 8	1904	31. 32
1861	3	1871	15. 16	1883	39. 40	1893	9. 10	1905	33. 34
1862	4	1872	17. 18	1884	41. 42	1894	11. 12	1906	35. 36
1863	5	1873	19. 20	1885	43. 44	1895	13. 14		
		1874	21. 22	1886	45. 46	1896	15. 16	4. Série.	
Nouvelle Série.		1875	23. 24	1887	47. 48	1897	17. 18	1907	1. 2
1864	1. 2	1876	25. 26	1888	49. 50	1898	19. 20	1908	3. 4
1865	3. 4	1877	27. 28			1899	21. 22	1909	5. 6
1866	4. 6	1878	29. 30	3. Série.		1900	23. 24	1910	7. 8
1867	7. 8	1879	31. 32	1889	1. 2	1901	25. 26	1911	9. 10
1868	9. 10	1880	33. 34	1890	3. 4	1902	27. 28		

Register 1876: 1858—74. 1894: 1875—88.

76. Archives des Sciences Physiques et Naturelles.

Supplément à la Bibliothèque universelle de Genève. Archives des Sciences Physiques et Naturelles (1846—1847).

Bibliothèque universelle de Genève (1858—1861: **Revue Suisse et Étrangère**; 1862—1877: **Revue Suisse**), **Archives des Sciences Physiques et Naturelles.** (Seit 1848.)

Von 1896 an tritt die Bezeichnung „101. usw. Jahrgang“ auf.

Redaktion: Von 1846 an de la Rive, Marignac und J. Pictet; außerdem von 1847 an A. de Candolle, von 1848 an Gautier, E. Plantamour, Favre. Von 1853 an wird kein Redakteur mehr genannt.

Verlag: Genève, Abraham Cherbuliez et Cie. (1846); Joel Cherbuliez (1847—1857). Von 1858 an eigener Verlag.

Jahr	Band	Jahr	Band	Jahr	Band	Jahr	Band	Jahr	Band
1846	1—3	1859	4—6	1874	49—51	1886	15. 16	1899	7. 8
1847	4—6	1860	7—9	1875	52—54	1887	17. 18	1900	9. 10
1848	7—9	1861	10—12	1876	55—57	1888	19. 20	1901	11. 12
1849	10—12	1862	13—15	1877	58—60	1889	21. 22	1902	13. 14
1850	13—15	1863	16—18	1878	61—64	1890	23. 24	1903	15. 16
1851	16—18	1864	19—21			1891	25. 26	1904	17. 18
1852	19—21	1865	22—24	3. Période.		1892	27. 28	1905	19. 20
1853	22—24	1866	25—27	1878	1	1893	29. 30	1906	21. 22
1854	25—27	1867	28—30	1879	2	1894	31. 32	1907	23. 24
1855	28—30	1868	31—33	1880	3. 4	1895	33. 34	1908	25. 26
1856	31—33	1869	34—36	1881	5. 6			1909	27. 28
1857	34—36	1870	37—39	1882	7. 8	4. Période.		1910	29. 30
		1871	40—42	1883	9. 10	1896	1. 2	1911	31. 32
Nouvelle Période.		1872	43—45	1884	11. 12	1897	3. 4		
1858	1—3	1873	46—48	1885	13. 14	1898	5. 6		

Jahres- und Bandzahlen einiger Zeitschriften.

77. Bulletin de Belgique.

Bulletin de l'académie royale des sciences et belles lettres de Bruxelles (1835—1845).
Bulletin de l'académie royale des sciences, des lettres et des beaux-arts de Belgique (seit 1846).

Der erste Band enthält Abhandlungen aus den Jahren 1832—1834, die übrigen aus dem Jahre des Erscheinens. Seit 1899 erscheint ohne Zählung jährlich je ein Band beider Klassen, nämlich:

a) Bulletin de la classe des sciences,

b) Bulletin de la classe des lettres et des sciences morales et politiques et de la classe des beaux-arts.

Bruxelles, Hayez.

Jahr	Band	Jahr	Band	Jahr	Band	Jahr	Band	Jahr	Band
1835	1. 2	1852	19	1865	19. 20	3. Série.		1895	29. 30
1836	3	1853	20	1866	21. 22			1896	31. 32
1838	4. 5	1854	21	1867	23. 24	1881	1. 2	1897	33. 34
1839	6	1855	22	1868	25. 26	1882	3. 4	1898	35. 36
1840	7	1856	23	1869	27. 28	1883	5. 6		
1841	8			1870	29. 30	1884	7. 8		
1842	9	2. Série.		1871	31. 32	1885	9. 10	Fortsetzung ohne Bandzahl.	
1843	10			1872	33. 34	1886	11. 12		
1844	11	1857	1—3	1873	35. 36	1887	13. 14		
1845	12	1858	4. 5	1874	37. 38	1888	15. 16	Register.	
1846	13	1859	6—8	1875	39. 40	1889	17. 18		
1847	14	1860	9. 10	1876	41. 42	1890	19. 20	1858	1—23
1848	15	1861	11. 12	1877	43. 44	1891	21. 22	1867	(2) 1—20
1849	16	1862	13. 14	1878	45. 46	1892	23. 24	1883	(2) 21—50
1850	17	1863	15. 16	1879	47. 48	1893	25. 26	1898	(3) 1—30
1851	18	1864	17. 18	1880	49. 50	1894	27. 28	1910	(3) 31—36

78. Archives néerlandaises

des sciences exactes et naturelles, publiées par la société hollandaise des sciences à Harlem et redigées par le secrétaire de la société (Bd. 1—19: E. H. v. Baumhauer, Bd. 21 — (2) 13 J. Bosscha, seit Bd. (2) 14 J. P. Lotsy. Bd. 11 (1876) — 30 (1897) Harlem, Les Héritiers Loosjes, vor- und nachher La Haye, Martinus Nijhoff.

In der 3. Série besonders paginiert: A. Sciences exactes, B. Sciences naturelles.

Jahr	Band	Jahr	Band	Jahr	Band	Jahr	Band
1866	1	1878	13	1892	25 (1891)	1901	4 (1900—01)
1867	2	1879	14	1893	26 (1892)	1902	7
1868	3	1880	15	1894	27 (1893)	1903	8
1869	4	1881	16	1895	28 (1894)	1904	9
1870	5	1882	17	1896	29 (1895)	1905	10
1871	6	1883	18	1897	30 (1896)	1906	11
1872	7	1884	19			1907	12
1873	8	1886	20 (1885)	2. Serie.		1908	13
1874	9	1887	21 (1886)	1898	1 (1897)	1909	14
1875	10	1888	22 (1887)	1899	2 (1898)	1911	15
1876	11	1889	23 (1888—89)	1900	3 (1899)	3. Serie.	
1877	12	1891	24 (1890)		5 [1]) 6 [2])	1910	1 B.

[1]) Bd. 5: H. A. Lorentz zum 25jährigen Doktorjubiläum gewidmet.
[2]) Bd. 6: J. Bosscha zum 70. Geburtstage gewidmet.

Börnstein.

Jahres- und Bandzahlen einiger Zeitschriften.

79. Verhandlungen der Königl. Akademie der Wissenschaften zu Amsterdam.

Verhandelingen der eerste Klasse van het Hollandsch Instituut van Wetenschappen, Letterkunde en schoone Kunsten te Amsterdam. 1812—1825.
Nieuwe Verhandelingen der eerste Klasse etc. 1827—1852.
Verhandelingen der Koninglijke Akademie van Wetenschappen, Amsterdam. Seit 1854.

Die mit 1893 beginnende neue Reihe erscheint in zwei Abteilungen mit getrennter Bandzählung.

Eerste Sectie: Wiskunde, Natuurkunde, Scheikunde, Kristallenleer, Sterrenkunde, Weerkunde en Ingenieurwetenschappen.

Tweede Sectie: Plantkunde, Dierkunde, Aardkunde, Delstofkunde, Ontleedkunde, Physiologie, Gezondheidsleer en Ziektekunde.

Amsterdam, Gouvernements-Drukkerij (1812—25); Müller & Co. (1827—1829); C. G. Sulpke (1831—50); J. C. A. Sulpke (1850—52); C. G. van der Post (1854—79); Johannes Müller (seit 1879).

Jahr	Band	Jahr	Band	Jahr	Band	Jahr	Band	Jahr	Band	
Verhandelingen		1833	4	Verhandelingen		1874	14		1.Sectie.	2.Sectie.
der eerste Klasse.		1836	5	d. Akad.		1875	15	1893	1	1
1812	1	1837	6	1854	1	1876	16	1894	2	3
1816	2	1838	7	1855	2	1877	17	1896	3	4
1817	3	1840	8. 9	1856	3	1879	18. 19	1897	5.	2. 5
1819	4	1844	10	1857	5	1880	20	1899	6	6
1820	5	1845	11	1858	4. 6	1881	21	1901	4	7
1823	6	1846	12	1859	7	1883	22. 23	1902		8
1825	7	1848	13	1861	9	1886	24	1903		9
Nieuwe Verhandel.		3. Reihe		1862	8	1887	25	1904	8	10
		1849	1	1864	10	1888	26	c. 1908	9	
1827	1	1850	2	1868	11	1890	27. 28	c. 1911	10	
1829	2	1851	3	1871	12	1892	29.	c. 1912	11	
1831	3	1852	4	1873	13					

80. Verslagen en mededeelingen der Koninklijk Akademie van Wetenschappen. Afdeeling Natuurkunde.

Seit 1893: **Verslagen der Zittingen van de Wis- en Natuurkundige Afdeeling der Koninklijk Akademie van Wetenschappen.**

Seit 1897: **Koninklijke Akademie van Wetenschappen, te Amsterdam. Verslag van de Gewone Vergaderingen de Wis- en natuurkundige Afdeeling.**

Amsterdam, C. G. van der Post; seit 1879 Johannes Müller.

Jahr	Band	Jahr	Band	Jahr	Band	Jahr	Band	Jahr	Band	Jahr	Band
Versl.		1862	13. 14	1873	7	3. Reihe		Versl. der		1903	11(Mai 02–April 03)
en med.		1863	15	1874	8			Zittingen.		1904	12(Mai 03–April 04)
		1864	16	1876	9	1885	1	1893	1(Juni 92–April 93)	1905	13(Mai 04–April 05)
1853	1	1865	17	1877	10. 11	1886	2	1894	2(Mai 93–April 94)	1906	14(Mai 05–April 06)
1854	2	2. Reihe		1878	12. 13	1887	3	1895	3(Mai 94–April 95)	1907	15(Mai 06–April 07)
1855	3			1879	14	1888	4	1896	4(Mai 95–April 96)	1908	16(Mai 07–April 08)
1856	4	1866	1	1880	15	1889	5. 6	1897	5(Mai 96–April 97)	1909	17(Mai 08–April 09)
1857	5. 6	1868	2	1881	16	1890	7	1898	6(Mai 97–April 98)	1910	18(Mai 09–April 10)
1858	7. 8	1869	3	1882	17	1891	8	1899	7(Mai 98–April 99)	1911	19(Mai 10–April 11)
1859	9	1870	4	1883	18	1892	9	1900	8(Mai 99–April 00)		Register
1860	10	1871	5	1884	19. 20			1901	9(Mai 00–April 01)	1880	1. Reihe
1861	11. 12	1872	6					1902	10(Mai 01–April 02)	1884	2. Reihe
										1893	3. Reihe

Börnstein.

Jahres- und Bandzahlen einiger Zeitschriften.

81. Recueil des Travaux Chimiques des Pays-Bas.

Seit Bd. 16 (1897) lautet der Titel: **Recueil des Travaux Chimiques des Pays-Bas et de la Belgique.**

Redaktion: W. A. van Dorp (seit 1882); A. P. W. Franchimont (seit 1882); L. Hoogewerff (seit 1882); E. Mulder (seit 1882); A. C. Oudemans jr. (1882—94); G. J. W. Bremer (1894—1909). J. F. Eykman (seit 1894); A. F. Holleman (seit 1894); C. A. Lobry de Bruyn (1894—1903); L. Henry (seit 1897); W. Spring (seit 1897), P. van Romburgh (seit 1904), J. Böseken (seit 1909).

Leiden, A. W. Sijthoff.

Eine zweite Zählung der Bände (2. Reihe, eingeklammerte Zahlen) beginnt von 1897.

Jahr	Band	Jahr	Band	Jahr	Band	Jahr	Band	Jahr	Band	Jahr	Band
1882	1	1887	6	1892	11	1897	16 (1)	1902	21 (6)	1907	26 (11)
1883	2	1888	7	1893	12	1898	17 (2)	1903	22 (7)	1908	27 (12)
1884	3	1889	8	1894	13	1899	18 (3)	1904	23 (8)	1909	28 (13)
1885	4	1890	9	1895	14	1900	19 (4)	1905	24 (9)	1910	29 (14)
1886	5	1891	10	1896	15	1901	20 (5)	1906	25 (10)		

82. Mémoires de l'Académie de St. Pétersbourg.

Commentarii Academiae scientiarum imperialis Petropolitanae. 1726—46.
Novi Commentarii etc. 1747—75.
Acta Academiae scientiarum imperialis Petropolitanae. 1777—82.

Auf dem Titelblatt wird diese Reihe nur mit den Jahreszahlen bezeichnet; die unten angegebenen Bandnummern finden sich lediglich in der Signatur der Druckbogen.

Nova Acta etc. 1783—1802.
Mémoires de l'Académie impériale des sciences de St. Pétersbourg, seit 1803.

Reihennummern finden sich erst seit 1831 bei der gleich als 6. bezeichneten Reihe. Von Bd. 3 dieser Reihe an sind die Bände in je 2 Teilen erschienen, von denen der erste Sciences mathématiques et physiques, der zweite Sciences naturelles enthält. Diese ersten und zweiten Teile tragen je für sich noch besondere Nummern (1—8), die um zwei kleiner als die entsprechenden Bandnummern sind. Mit Schluß der 6. Reihe hört diese besondere Zählung wieder auf. Die 8. Reihe trägt die Bezeichnung: Classe des sciences physiques et mathématiques.

Jahr	Band	Jahr	Band	Jahr	Band	Jahr	Band	Jahr	Band
Commentarii.		1769	13 (1768)	1797	10(1792)	1849	7 II. 8 II	1881	28. 29
1728	1 (1726)	1770	14 I. II (1769)	1798	11(1793)	1850	6 I	1882	30
1729	2 (1727)	1771	15 (1770)	1801	12(1794)	1853	7 I	1883	31
1732	3 (1728)	1772	16 (1771)	1802	13(1795—96)	1855	9 II	1885	32
1735	4 (1729)	1773	17 (1772)	1805	14(1797—98)	1857	8 I	1886	33. 34
1738	5 (1730—31)	1774	18 (1773)	1806	15(1799—1802)	1859	9 I. 10 II	1887	35
	6 (1732—33)	1775	19 (1774)	**Mémoires de l'acad.**		7. Serie.		1889	36
1740	7 (1734—35)	1776	20 (1775)	1809	1(1803—06)	1859	1	1890	37
1741	8 (1736)	**Acta Academiae.**		1810	2(1807—08)	1860	2	1892	38
1744	9 (1737)	1778	1 I (1777)	1811	3(1809—10)	1861	3	1893	39. 40. 41
1747	10 (1738)	1780	1 II (1777)	1813	4(1811)	1862	4	1897	42
1750	11 (1739)		2 I (1778)	1815	5(1812)	1863	5. 6	8. Serie.	
	12 (1740)	1781	2 II (1778)	1818	6(1813—14)	1864	7	1895	1. 2
1751	13 (1741—43)	1782	3 I (1779)	1820	7(1815—16)	1865	8	1896	3. 4
	14 (1744—46)	1783	3 II (1779)	1822	8(1817—18)	1866	9	1897	5
Novi Commentarii.			4 I (1780)	1824	9(1819—20)	1867	10	1898	6. 7
1750	1 (1747—48)	1784	4 II (1780)	1826	10(1821—22)	1868	11	1899	8
1751	2 (1749)		5 I (1781)	1830	11	1869	12. 13	1900	9. 10
1753	3 (1750—51)	1785	5 II (1781)	6. Serie.		1870	14. 15	1901	11
1758	4 (1752—53)	1786	6 I. II (1782)	1831	1	1871	16	1902	12
1760	5 (1754—55)	**Nova Acta.**		1833	2	1872	17. 18	1903	13
1761	6 (1756—57)	1787	1 (1783)	1835	3 II	1873	19. 20	1904	14. 15
	7 (1758—59)	1788	2.3 (1784—85)	1838	3 I. 4 II	1874	21	1905	16
1763	8 (1760—61)	1789	4.5 (1786—87)	1840	5 II	1876	22	1906	17
1764	9 (1762—63)	1790	6 (1788)	1841	4 I	1877	23. 24	1907	19. 20
1766	10 (1764)	1793	7 (1789)	1844	5 I	1878	25	1908	22
1767	11 (1765)	1794	8 (1790)	1845	6 II	1879	26	1909	23. 24
1768	12 (1766—67)	1795	9 (1791)			1880	27	1910	18

Börnstein.

Jahres- und Bandzahlen einiger Zeitschriften.

83. Bulletin de l'académie impériale des sciences de St. Pétersbourg.

Bulletin scientifique publié par l'académie impériale des sciences de St. Pétersbourg et rédigé par son sécrétaire perpétuel. 1836—1842.

Bulletin de la classe physico-mathématique de l'académie etc. 1843—1859.

Bulletin de l'académie impériale etc. 1860—1894.

Die drei letzten Bände dieser Reihe tragen neben den Nummern 33—35 noch die Bezeichnung: Nouvelle série 1—3. Unabhängig davon ist die Zählung der 5. Série, bei welcher zuerst eine Reihennummer auftritt.

Dasselbe. 5. Série. Seit 1894.

Jahr	Band	Jahr	Band	Jahr	Band	Jahr	Band	Jahr	Band	Jahr	Band
Bulletin scientifique.		1846	4	**Bull. de l'acad.**		1872	17	1888	32	1903	18. 19
1836	1	1847	5	1860	1. 2	1873	18	1890	33 (1)	1904	20. 21
1837	2	1848	6	1861	3	1874	19	1892	34 (2)	1905	22. 23
1838	3. 4	1849	7	1862	4	1875	20	1894	35 (3)	1906	24. 25
1839	5. 6	1850	8	1863	5. 6	1876	21	5. Série.		6. Série seit Bd. 2 in Halbbänden mit durchgehender Paginierung	
1840	7	1851	9	1864	7	1877	22. 23	1894	1	1907	1
1841	8	1852	10	1865	8	1878	24	1895	2. 3	1908	2
1842	9. 10	1853	11	1866	9. 10	1879	25	1896	4. 5	1909	3
Bull. class. phys.-math.		1854	12	1867	11	1880	26	1897	6. 7	1910	4
1843	1	1855	13	1868	12	1882	27	1898	8. 9	1911	5
1844	2	1856	14	1869	13	1883	28	1899	10. 11		
1845	3	1857	15	1870	14	1884	29	1900	12. 13		
		1858	16	1871	15. 16	1886	30	1901	14. 15		
		1859	17			1887	31	1902	16. 17		

84. Journal der russischen physikalisch-chemischen Gesellschaft, Petersburg.

Red.: Menschutkin (bis 1901), Faworski (seit 1902), Lebedinski (seit 1908).

Jahr	Band	Jahr	Band	Jahr	Band	Jahr	Band	Jahr	Band	Jahr	Band
1869	1	1876	8	1883	15	1890	22	1897	29	1904	36
1870	2	1877	9	1884	16	1891	23	1898	30	1905	37
1871	3	1878	10	1885	17	1892	24	1899	31	1906	38
1872	4	1879	11	1886	18	1893	25	1900	32	1907	39
1873	5	1880	12	1887	19	1894	26	1901	33	1908	40
1874	6	1881	13	1888	20	1895	27	1902	34	1909	41
1875	7	1882	14	1889	21	1896	28	1903	35	1910	42

Börnstein.

Jahres- und Bandzahlen einiger Zeitschriften.

85. Memorie della Pontificia Accademia dei Nuovi Lincei.

Serie iniziata per ordine della S. D. N. Papa Leone XIII; seit Bd. 22 (1904): e continuato sotto gli auspici della Santità di N. S. Papa Pio X.

Roma.

Enthält Arbeiten beider Klassen der Akademie.

Jahr	Band	Jahr	Band	Jahr	Band	Jahr	Band	Jahr	Band	Jahr	Band
1887	1. 2	1892	8	1896	12	1900	17	1904	22	1908	26[2]
1888	3. 4	1893	9	1897	13	1901	18	1905	23	1909	27
1889	5	1894	10	1898	14. 15	1902	19[1]	1906	24	1910	28
1890	6	1895	11	1899	16	1903	20[1]	1907	25		
1891	7						21[1]				

[1]) Dedicato al giubileo pontificale di S. S. [2]) Dedicato a sua santità in occasione del suo giubileo sacerdotale.

86. Atti della Reale Accademia dei Lincei.

Classe di scienze fisiche, matematiche e naturali.

Rom.

Jahr	Band
Atti dell' Accademia Pontificia dei nuovi Lincei	
1851	1 (1847—48)
1852	4. 5 (1850—52)
1855	6 (1852—53)
1856	7 (1853—54)
	10 (1856—57)
1857	11 (1857—58)
1859	12 (1858—59)
1860	13 (1859—60)
1861	14 (1860—61)
1862	15 (1861—62)
1863	16 (1862—63)
1864	17 (1863—64)
1865	18 (1864—65)
1866	19 (1865—66)
1867	2 (1849)
	20 (1866—67)
1868	21 (1867—68)
1869	22. 23 (1868—70)
1871	24[1]) (1871)
1872	25[1]) (1871—72)
1873	3 (1849—50)
	26[1]) (1872—73)
1874	8. 9 (1854—56)

Jahr	Band	
Atti della Reale Accademia dei Lincei.		
	2. Serie.	
1875	1 (1873—74)	
	2 (1874—75)	
1876	3 (1875—76)	
1880	5—7 (1875—76)	
1883	8 (1876—77)	
1887	4 (1875—76)	
	3. Serie.	
	Transunti.	Memorie.
1877	1 (1876—77)	1
1878	2 (1877—78)	2
1879	3 (1878—79)	3. 4
1880	4 (1879—80)	5—8
1881	5 (1880—81)	9—11
1882	6 (1881—82)	12. 13
1883	7 (1882—83)	14—16. 18
1884	8 (1883—84)	17. 19
	4. Serie.	
	Rendiconti.	Memorie.
1885	1 (1884—85)	1. 2
1886	2 (1885—86)	3
1887	3	4

Jahr	Band	
	Rendiconti.	Memorie.
1888	4	5
1889	5	6
1890	6	7
1891	7	
	5. Serie.	
1892	1	
1893	2	
1894	3	1
1895	4	2
1896	5	
1897	6	
1898	7	
1899	8	3
1900	9	
1901	10	4
1902	11	
1903	12	
1904	13	5
1905	14	
1906	15	6
1907	16	
1908	17	7
1909	18	
1910	19	

[1]) Die Bände 24—26 (1871—1873) der Atti dell' Acc. Pontif. führen auch die Nummern 1—3 unter dem Titel: Atti della Reale Accademia dei Lincei.

Börnstein.

Jahres- und Bandzahlen einiger Zeitschriften.

87. Reale Istituto Lombardo di scienze e lettere.

Mailand.

Memorie und **Rendiconti.**

Jahr	Band	Jahr	Band	Jahr	Band	Jahr	Band	Jahr	Band
Memorie dell' imperiale regio istituto del regno lombardo-veneto.			(2. Serie.)	Rendiconti del reale istituto lombardo di scienze e lettere.		1876	9	1894	27
1819	1 (1812—13)	1859	7 (1)	1864	1	1877	10	1895	28
1821	2 (1814—15)	1862	8 (2)	1865	2	1878	11	1896	29
1824	3 (1816—17)	1863	9 (3)	1866	3	1879	12	1897	30
1833	4		(3. Serie.)	1867	4	1880	13	1898	31
1838	5	1867	10 (1)	2. Serie.		1881	14	1899	32
Memorie dell' imperiale regio istituto di scienze lettere ed arte.		1870	11 (2)	1868	1	1882	15	1900	33
1843	1	1873	12 (3)	1869	2	1883	16	1901	34
1845	2	1877	13 (4)	1870	3	1884	17	1902	35
1852	3	1881	14 (5)	1871	4	1885	18	1903	36
1854	4	1885	15 (6)	1872	5	1886	19	1904	37
1856	5. 6	1891	16 (7)	1873	6	1887	20	1905	38
		1896	17 (8)	1874	7	1888	21	1906	39
		1896–1900	18 (9)	1875	8	1889	22	1907	40
		1900—04	19 (10)			1890	23	1908	41
		1903—07	20 (11)			1891	24	1909	42
		1909	21 (12)			1892	25	1910	43
						1893	26	1911	44

Register für Mem. und Rend. 1891: 1803—88; 1902: 1889—1900.

88. Atti delle adunanze dell' I. R. (imperiale reale) Istituto Veneto di scienze, lettere ed arti.

Seit Ser. 3 Bd. 1 (1855—56) lautet der Titel: **Atti dell' I. R.** (seit Ser. 3 Bd. **12** (1866—67): **del Regio,** seit Ser. 3 Bd. **15** (1869—70) **del Reale**) **Istituto Veneto di scienze, lettere ed arti.**

Venezia.

Seit Ser. 7 ist bei jedem Bande eine (eingeklammerte) Gesamtzählung angegeben. Seit Ser. 8 Bd. 2 (1899–1900) zerfällt jeder Band in zwei Teile, enthaltend Sitzungsberichte und Abhandlungen.

Jahr	Band	Jahr	Band	Jahr	Band	Jahr	Band	Jahr	Band
1840	1 (1840—41)		3 (1857—58)	1873—74	3	1885—86	4	8. Serie.	
1843	2 (1841—43)	1858—59	4 (1858—59)	1874—75	4	1886—87	5	1898—99	1 (58)
1844	3 (1843—44)	1859—60	5 (1859—60)	5. Serie.		1887—88	6	1899—00	2 (59)
1845	4 (1844—45)	1860—61	6 (1860—61)	1874—75	1	1888—89	7	1900—01	3 (60)
1846	5 (1845—46)	1861—62	7 (1861—62)	1875—76	2	7. Serie.		1901—02	4 (61)
1847	6 (1846—47)		8 (1862—63)	1876—77	3	1889—90	1 (38)	1902—03	5 (62)
1848	7 (1847—48)	1863—64	9 (1863—64)	1877—78	4	1890—91	2 (38)	1903—04	6 (63)
2. Serie.		1864—65	10	1878—79	5	1891—92	3 (50)	1904—05	7 (64)
1850	1 (1850)	1865—66	11	1879—80	6	1892—93	4 (51)	1905—06	8 (65)
1851	2 (1850—51)	1866—67	12	1880—81	7	1893—94	5 (52)	1906—07	9 (66)
1852	3 (1851—52)	1867—68	13	1881—82	8	1894—95	6 (53)	1907—08	10 (67)
1853	4 (1852—53)	1868—69	14	6. Serie.		1895—96	7 (54)	1908—09	11 (68)
1854	5 (1853—54)	1869—70	15	1882—83	1	1896—97	8 (55)	1909—10	12 (69)
1855	6 (1854—55)	1870—71	16	1883—84	2	1897—98	9 (56)		
3. Serie.		4. Serie.		1884—85	3	1898	10 (57)		
1855—56	1 (1855—56)	1871—72	1						
1856—57	2 (1856—57)	1872—73	2						

Börnstein.

Jahres- und Bandzahlen einiger Zeitschriften.

89. Memorie della Accademia delle scienze dell' Istituto di Bologna.

Classe di scienze fisiche. Seit 1907 erscheinen außerdem Memorie della classe di scienze morali.

Jahr	Band	Jahr	Band	Jahr	Band	Jahr	Band	Jahr	Band
1850	1. 2	1863	3	1874	5	1886	7	1899—00	8
1851	3	1864	4	1875	6	1887	8	1901—02	9
1853	4	1865	5	1876	7	1888	9	1902—04	10
1854	5	1866	6	1877	8	1889	10	6. Serie.	
1855	6	1867	7	1878	9	5. Serie.		1904	1
1856	7	1868	8	1879	10	1890	1	1905	2
1857	8	1869	9	4. Serie.		1891	2	1906	3
1858	9	1870	10	1880	1. 2	1892	3	1907	4
1859	10	3. Serie.		1881	3	1894	4	1908	5
1861	11. 12	1871	1	1882	4	1895—96	5		
2. Serie.		1872	2	1883	5	1896—97	6		
1862	1. 2	1873	3. 4	1884	6	1897	7		

Register für die fünf ersten Serien: 1864, 1871, 1880, 1890, 1904.

90. Atti della Reale Accademia delle scienze di Torino

pubblicati dagli academici segretarii delle duè classi.

Torino. Stamperia reale, seit Bd. 11 Stamperia reale di G. B. Paravia e Co., seit Bd. 16 Ermanno Loescher, seit Bd. 25 Carlo Clausen.

Jahr	Band	Jahr	Band	Jahr	Band	Jahr	Band
1866	1 (1865—66)	1878	14 (1878—79)	1892	27 (1891—92)	1905	40 (1904—05)
1867	2 (1866—67)	1879	15 (1879—80)	1893	28 (1892—93)	1906	41 (1905—06)
1868	3 (1867—68)	1880	16 (1880—81)	1894	29 (1893—94)	1907	42 (1906—07)
1869	4 (1868—69)	1881	17 (1881—82)	1895	30 (1894—95)	1908	43 (1907—08)
1869—70	5	1882	18 (1882—83)		31 (1895—96)	1909	44 (1908—09)
1870—71	6	1883	19 (1883—84)	1896	32 (1896—97)		
1871—72	7	1885	20 (1884—85)	1897	33 (1897—98)	Register	
1872—73	8		21 (1885—86)	1898	34 (1898—99)	1875	1—10
1873—74	9	1886—87	22 (1886—87)	1900	35 (1899—1900)	1885	11—20
1874—75	10	1887—88	23 (1887—88)	1901	36 (1900—01)	1895	21—30
1875—76	11	1889	24 (1888—89)	1902	37 (1901—02)	1905	31—40
1876	12 (1876—77)	1890	25 (1889—90)	1903	38 (1902—03)		
1877	13 (1877—78)	1891	26 (1890—91)	1904	39 (1903—04)		

Börnstein.

Jahres- und Bandzahlen einiger Zeitschriften.

91. Memorie della Società degli Spettroscopisti Italiani.

Redaktion: P. Tacchini; seit Bd. 28 (1899) Tacchini und A. Riccò, seit Bd. 34 (1905) Riccò.
Palermo; seit 1881 Rom; seit 1899 Catania.

Jahr	Band	Jahr	Band	Jahr	Band	Jahr	Band	Jahr	Band	Jahr	Band
1872	1	1879	8	1886	15	1893	22	1900	29	1906	35
1873	2	1880	9	1887	16	1894	23	1901	30	1907	36
1874	3	1881	10	1888	17	1895	24	1902	31	1908	37
1875	4	1882	11	1889	18	1896	25	1903	32	1909	38
1876	5	1883	12	1890	19	1897	26	1904	33	1910	39
1877	6	1884	13	1891	20	1898	27	1905	34		
1878	7	1885	14	1892	21	1899	28				

92. Cimento.

Miscellanee di Chimica, Fisica e Storia Naturale raccolte in Pisa nel 1843.
Il Cimento. Giornale di Fisica, Chimica e Storia naturale. 1844—47.
Il Nuovo Cimento. Giornale di Fisica, di Chimica e delle loro Applicazioni alla Medicina, alla Farmacia ed alle Arti industriali. Seit 1855.

Nach mehrmaligen kleinen Änderungen des Untertitels lautet seit 1897 der Titel:
Il Nuovo Cimento periodico fondato da C. Matteucci e R. Piria. Organo della Società Italiana di Fisica.

Außer den Bänden werden seit 1855 (Nuovo Cimento) auch die Jahrgänge gezählt.

Redaktion: Matteucci (1846—64), Mossotti (1846—47, Pacinotti (1846—47), Pilla (1846—47), Piria (1846—64), Savi Paolo (1846—47), Savi Pietro (1846—47), G. Meneghini (1860—64), J. Professori di scienze fisiche e naturali di Pisa e del R. Museo di Firenze (1865—76), E. Betti (1877—93), R. Felici (1877—1902), A. Battelli (seit 1894), V. Volterra (seit 1894), A. Righi (1902—06), P. Cardani 1902—06), A. Ròiti (seit 1903), G. P. Grimaldi (seit 1907), A. Sella (1907), A. Garbasso (seit 1909), O. M. Corbino (seit 1909).

Verlag: Pisa, Niccolò Capurro (1844), Tipografia della Minerva (1844—45), Rocco Vannucchi (1846—47), Pieraccini (1855—56), Torino, Paravia e Co. u. Pisa, Pieraccini (1857—64), Pisa, Pieraccini (seit 1865).

Jahr	Band	Jahrgang
Miscellanee di Chim. Fis. etc.		
1843	1. Jahrg.	
Cimento.		
1844	2	
1845	3	
1846	4	
1847	5	
Nuovo Cim.		
1855	1. 2	1
1856	3. 4	2
1857	5. 6	3
1858	7. 8	4
1859	9. 10	5
1860	11. 12	6
1861	13. 14	7
1862	15. 16	8

Jahr	Band	Jahrgang
1863	17. 18	9
1864	19. 20	10
1865–66	21—24	11. 12
1867	25—28	13. 14
2. Serie.		
1869	1. 2	15
1870	3. 4	16
1871	5. 6	17. 18
1872	7. 8	17. 18
1873	9. 10	19
1874	11. 12	20
1875	13. 14	21
1876	15. 16	22
3. Serie.		
1877	1. 2	23
1878	3. 4	24
1879	5. 6	25

Jahr	Band	Jahrgang
1880	7. 8	26
1881	9. 10	27
1882	11. 12	28
1883	13. 14	29
1884	15. 16	30
1885	17. 18	31
1886	19. 20	32
1887	21. 22	33
1888	23. 24	34
1889	25. 26	35
1890	27. 28	36
1891	29. 30	37
1892	31. 32	38
1893	33. 34	39
1894	35. 36	40
4. Serie.		
1895	1. 2	41
1896	3. 4	42

Jahr	Band	Jahrgang
1897	5. 6	43
1898	7. 8	44
1899	9. 10	45
1900	11. 12	46
5. Serie.		
1901	1. 2	47
1902	3. 4	48
1903	5. 6	49
1904	7. 8	50
1905	9. 10	51
1906	11. 12	52
1907	13. 14	53
1908	15. 16	54
1909	17. 18	55
1910	19. 20	56
6. Serie.		
1911	1. 2	57

Register: 1903. 1843—47 (Cimento) u. 1855—1900 (N. Cim. 1.—4. Ser.).

Börnstein.

Jahres- und Bandzahlen einiger Zeitschriften.

93. Gazzetta chimica italiana.

Palermo; seit Bd. 24 (1894) Rom.

Ausnahmsweise sind hier die Jahre genannt, für welche die einzelnen Bände erscheinen.

Seit Bd. 21 (1891) hat jeder Band zwei Teile.

Seit 1903 erschienen in Verbindung mit dieser Zeitschrift: Rendiconti della Società chimica di Roma.

Jahr	Band	Jahr	Band	Jahr	Band	Jahr	Band	Jahr	Band	Jahr	Band
1871	1	1878	8	1885	15	1892	22	1899	29	1906	36
1872	2	1879	9	1886	16	1893	23	1900	30	1907	37
1873	3	1880	10	1887	17	1894	24	1901	31	1908	38
1874	4	1881	11	1888	18	1895	25	1902	32	1909	39
1875	5	1882	12	1889	19	1896	26	1903	33	1910	40
1876	6	1883	13	1890	20 [2])	1897	27	1904	34	1911	41
1877	7	1884	14 [1])	1891	21	1898	28	1905	35		

[1]) 1885 erschienen. [2]) 1891 erschienen.

94. Schriften der Königlich Dänischen Gesellschaft der Wissenschaften.

Skrifter som udi det Kjöbenhavnske Selskab af Laerdoms og Videnskabers Elskere ere fremlagte og oplaeste (1745—79).

Nye Samling af det Kongelige Danske Videnskabers Skrifter (1781—99).

Det Kongelige Danske Videnskabers Selskabs Skrivter (1801—18).

Det Kongelige Danske Videnskabernes Selskabs naturvidenskabelige og mathematiske Afhandlinger (1824—46).

Det Kongelige Danske Videnskabernes Selskabs Skrifter. Naturvidenskabelige og mathematiske Afdeeling (seit 1849).

Oversigt over det Kongelige Danske Videnskabernes Selskabs Forhandlinger; erscheint ohne Bandnummer seit 1824.

Kjöbenhavn.

Jahr	Band	Jahr	Band	Jahr	Band	Jahr	Band	Jahr	Band	Jahr	Band
Skrifter		Nye Samling		Afhandlinger		Skrifter		6. Raekke		7. Raekke	
1745	1 (1743-44)	1781	1	1824	1	5. Raekke		1880–85	1	1906	1. 2
1746	2 (1745)	1783	2	1826	2	1849	1	1881–86	2	1907	3
1747	3 (1747)	1788	3	1828	3	1851	2	1885–86	3	1908	4
1750	4 (1747-48)	1793	4	1829	4	1853	3	1886–88	4	1910	5
1751	5 (1748-50)	1799	5	1832	5	1856. 59. 98	4	1889–91	5	1911	8
1754	6 (1751-54)	Skrivter		1837	6	1861	5	1890–92	6		
1758	7 (1755-58)	1801	1 (1800)	1838	7	1867	6	1890–94	7	Register	
1760	8 (1759-60)	1803	2 (1801-02)	1841	8	1868	7	1895–98	8		
1765	9 (1761-64)	1805	3 (1803-04)	1842	9	1870	8	1898–01	9	1892	1742-1891
1770	10 (1765-69)	1807	4 (1805-06)	1843	10	1873	9	1899–02	10		
1777	11	1810	5 (1807-08)	1845	11	1875	10	1903	11		
1779	12	1818	6 (1809-12)	1846	12	1880	11. 12	1904	12		

Börnstein.

Jahres- und Bandzahlen einiger Zeitschriften.

95. Kongliga Svenska Vetenskaps-Akademiens Handlingar.

Im Titel des ersten Bandes fehlt das Wort Kongliga. Im Titel der ersten 8 Bände steht Wetenskaps, nachher Vetenskaps etc.

96. Bihang till Kongliga Svenska Vetenskaps-Akademiens Handlingar.

Von Bd. 24 (1899) an erschien eine zweite Reihe des Bihang neben der ersten mit den gleichen Bandnummern und nahezu den gleichen Jahreszahlen.

Anstelle des Bihang und der Oefversigt (s. f. S.) traten seit 1904:

1. Arkiv för Matematik, Astronomi och Fysik. 2. Arkiv för Kemi, Mineralogi och Geologi.

Außerdem: 3. Arkiv för Botanik. 4. Arkiv för Zoologi.

Stockholm, Joh. Pehr Lindh; seit 1823 P. A. Norstedt u. Söner; seit 1905 Upsala und Stockholm, Almqvist u. Wicksell.

Jahr	Band
1739	1
1742	3
1743	2 (1741)
	4
1744	5
1745	6
1746	7
1747	8
1748	9
1749	10
1750	11
1751	12
1752	13
1753	14
1754	15
1755	16
1756	17
1757	18
1758	19
1759	20
1760	21
1761	22
1762	23
1763	24
1764	25
1765	26
1766	27
1767	28
1768	29
1769	30
1770	31
1771	32
1772	33
1773	34
1774	35
1775	36
1776	37
1777	38
1778	39
1779	40

Jahr	Band
Nya Handlingar	
1780	1
1781	2
1782	3
1783	4
1784	5
1885	6
1786	7
1887	8
1788	9
1789	10
1790	11
1791	12
1792	13
1793	14
1794	15
1795	16
1796	17
1797	18
1798	19
1799	20
1800	21
1801	22
1802	23
1803	24
1804	25
1805	26
1806	27
1807	28
1808	29
1809	30
1810	31
1811	32
1812	33
Danach jährlich ein Band ohne Nummer bis 1854	

Jahr	Band
Handlingar. Ny Följd.	
1858	1 (1855—56)
1860	2 (1857—58)
1862	3 (1859—60)
1864	4 (1861—62)
1866	5 (1863—64)
1867	6 (1865—66)
1869	7 (1867—68)
1870	8 (1869)
1871	9 I (1870)
1872	9 II (1871)
1871—72	10 (1871)
1873—75	11. 12 (1872—73)
1875—76	13 (1874)
1878	14 (1875—76)
1877—79	15 (1877)
1878—79	16 (1878)
1880—81	17 (1879)
1881—82	18 (1880)
1881—84	19. 20 (1881—83)
1884—87	21 (1884—85)
1886—90	22 (1886—87)
1888—91	23 (1888—89)
1890—92	24 (1890—91)
1893—94	25 (1892)
1894—95	26
1895—96	27. 28
1896—97	29
1897—98	30
1898—99	31
1899—1900	32
1900	33
1901	34
1901—02	35
1902—03	36
1903—04	37. 38
1906	39. 40
1906—07	41
1906—08	42
1908—09	43
Register	
1755	1—15 (1739—54)
1770	16—30 (1755—69)

Jahr	Band
1780	31—40 (1770—79)
1798	N.H. 1—15 (1780—94)
1821	16—33 (1795—1812)
1826	1813—25
1884	1826—83
Bihang.	
1872—73	1
1873—75	2
1875—76	3
1876—78	4
1878—80	5
1880—82	6
1882—83	7
1883—84	8
1884—85	9
1885	10
1887	11
1886—87	12
1887—88	13
1888—89	14
1889—90	15
1890—91	16
1891—92	17
1892—93	18
1893—94	19
1894—95	20
1895—96	21
1896—97	22
1897—98	23
1898—99	24
1900	25
1900—01	26
1901—02	27
1902—03	28

Arkiv för

Mat. etc. Jahr	Band	Kemi etc. Jahr	Band
1903—04	1	1903—04	1
1905—06	2	1905—07	2
1906—07	3	1908—10	3
1908	4		
1909	5		
1911	6		

Börnstein.

Jahres- und Bandzahlen einiger Zeitschriften.

97. Oefversigt af Kongl. Vetenskaps-Akademiens Förhandlingar.

Stockholm.

Jahr	Band	Jahr	Band	Jahr	Band	Jahr	Band
1845	1 (1844)	1860	16 (1859)	1875	31 (1874)	1889—90	46 (1889)
1846	2 (1845)	1861	17 (1860)	1876	32 (1875)	1890—91	47 (1890)
1847	3 (1846)	1862	18 (1861)	1877	33 (1876)	1891—92	48 (1891)
1848	4 (1847)	1863	19 (1862)	1878	34 (1877)	1892—93	49 (1892)
1849	5 (1848)	1864	20 (1863)	1879	35 (1878)	1893—94	50 (1893)
1850	6 (1849)	1865	21 (1864)	1880	36 (1879)	1894—95	51 (1894)
1851	7 (1850)	1866	22 (1865)	1881	37 (1880)	1895—96	52 (1895)
1852	8 (1851)	1867	23 (1866)	1882	38 (1881)	1896—97	53 (1896)
1853	9 (1852)	1868	24 (1867)	1883	39 (1882)	1897—98	54 (1897)
1854	10 (1853)	1868—69	25 (1868)	1883—84	40 (1883)	1898—99	55 (1898)
1855	11 (1854)	1870	26 (1869)	1884—85	41 (1884)	1899—00	56 (1899)
1856	12 (1855)	1871	27 (1870)	1885—86	42 (1885)	1900—01	57 (1900)
1857	13 (1856)	1872	28 (1871)	1886—87	43 (1886)	1901—02	58 (1901)
1858	14 (1857)	1873	29 (1872)	1887—88	44 (1887)	1902—03	59 (1902)
1859	15 (1858)	1874	30 (1873)	1888—89	45 (1888)		

Oefversigt und Bihang (s. v. S.) sind mit den hier genannten Bänden abgeschlossen. An ihre Stelle tritt das in vier Abteilungen zerfallende Arkiv för Botanik; för Kemi, Mineralogi och Geologi; för Matematik, Astronomi och Fysik; för Zoologi.

Börnstein.

Alphabetisches Sachregister.

Verlag von Julius Springer in Berlin.

Lehrbuch der theoretischen Chemie. Von Privatdozent Dr. **Wilhelm Vaubel,** Darmstadt. Zwei Bände. Mit 222 Textfiguren und 2 lithographierten Tafeln. 1903. Preis M. 32.—; in Leinwand gebunden M. 35.—.

Anleitung zur quantitativen Bestimmung der organischen Atomgruppen. Zweite, vermehrte und umgearbeitete Auflage. Von Dr. **Hans Meyer,** Prag. Mit Textfiguren. 1904. In Leinwand gebunden Preis M. 5.—.

Die physikalischen und chemischen Methoden der quantitativen Bestimmung organischer Verbindungen. Von Dr. **Wilhelm Vaubel.** Mit 95 Textfiguren. Zwei Bände. 1902. Preis M. 24.—; in Leinwand gebunden M. 26.40.

Analyse und Konstitutionsermittlung organischer Verbindungen. Von Professor Dr. **Hans Meyer,** Prag. Zweite, vermehrte und umgearbeitete Auflage. Mit 235 Textfiguren. 1909. Preis M. 28.—; in Halbleder gebunden M. 31.—.

Grundriß der anorganischen Chemie. Von Prof. **F. Swarts,** Gent. Autorisierte deutsche Ausgabe von Privatdozent Dr. Walter Cronheim, Berlin. Mit 82 Textfiguren. 1911. Preis M. 14.—; in Leinwand gebunden M. 15.—.

Lehrbuch der analytischen Chemie. Von Dr. **H. Wölbling,** Berlin. Mit 83 Textfiguren und einer Löslichkeitstabelle. 1911. Preis M. 8.—; in Leinwand gebunden M. 9.—.

Einführung in die Chemie. Ein Lehr- und Experimentierbuch von **Rudolf Ochs.** Mit 218 Textfiguren und einer Spektraltafel. 1911. In Leinwand gebunden Preis M. 6.—.

Einführung in die Mathematik für Biologen und Chemiker. Von Professor Dr. **L. Michaelis,** Berlin. Mit zahlreichen Textfiguren. 1912. Preis M. 7.—; in Leinwand gebunden M. 7.80.

Höhere Mathematik für Studierende der Chemie und Physik und verwandter Wissensgebiete. Von **J. W. Mellor.** In freier Bearbeitung der zweiten englischen Ausgabe herausgegeben von Dr. **Alfred Wogrinz** und Dr. **Arthur Szarvassi.** Mit 109 Textfiguren. 1906. Preis M. 8.—.

Naturkonstanten in alphabetischer Anordnung. Hilfsbuch für chemische und physikalische Rechnungen. Mit Unterstützung des Internationalen Atomgewichtsausschusses herausgegeben von Prof. Dr. **H. Erdmann,** und Privatdozent Dr. **P. Köthner,** Berlin. 1905. In Leinwand gebunden Preis M. 6.—.

Praktikum der quantitativen anorganischen Analyse. Von Prof. Dr. **Alfred Stock,** Berlin, und Dr. **Arthur Stähler,** Berlin. Mit 37 Textfiguren. 1909. In Leinwand gebunden Preis M. 4.—.

Grundzüge der Elektrochemie auf experimenteller Basis. Von Dr. **Robert Lüpke.** Fünfte, verbesserte Auflage, bearbeitet von Prof. Dr. **Emil Bose,** Danzig. Mit 80 Textfiguren und 24 Tabellen. 1907. In Leinwand gebunden Preis M. 6.—.

Quantitative Analyse durch Elektrolyse. Von Geh. Reg.-Rat Prof. Dr. **Alexander Classen.** Fünfte Auflage in durchaus neuer Bearbeitung. Unter Mitwirkung von H. Cloeren. Mit 54 Textabbildungen und 2 Tafeln. 1908. In Leinwand gebunden Preis M. 10.—.

Stereochemie. Von **A. W. Stewart,** Glasgow. Deutsche Bearbeitung von Privatdozent Dr. Karl Löffler, Breslau. Mit 87 Textfiguren. 1908. Preis M. 12.—; in Halbleder gebunden M. 14.50.

Lehrbuch der Thermochemie und Thermodynamik. Von Prof. Dr. **Otto Sackur,** Breslau. Mit 46 Textfiguren. 1912. Preis M. 12.—; in Leinwand gebunden M. 13.—.

Chemiker-Kalender. Ein Hilfsbuch für Chemiker, Physiker, Mineralogen usw. Von Dr. **Rud. Biedermann.** In zwei Teilen. I. und II. Teil in Leinwand gebunden, Preis zusammen M. 4.40. I. und II. Teil in Leder geb., Preis zusammen M. 5.40. Erscheint alljährlich.

Chemisch-technische Untersuchungsmethoden. Unter Mitwirkung zahlreicher hervorragender Fachmänner herausgegeben von Prof. Dr. **Georg Lunge** und Privatdozent Dr. **Ernst Berl.** Sechste, vollständig umgearbeitete und vermehrte Auflage. In vier Bänden. I. Band. Mit 163 Textfiguren. 1909. M. 18.—; in Halbleder gebunden M. 20.50. II. Band. Mit 138 Textfiguren. 1910. M. 20.—; in Halbleder gebunden M. 22.50. III. Band. Mit 150 Textfiguren. 1911. M. 22.—; in Halbleder gebunden M. 24.50. IV. Band. Mit 56 Textfiguren. 1911. M. 24.—; in Halbleder gebunden M. 26.50.

Zu beziehen durch jede Buchhandlung.

GPSR Compliance

The European Union's (EU) General Product Safety Regulation (GPSR) is a set of rules that requires consumer products to be safe and our obligations to ensure this.

If you have any concerns about our products, you can contact us on ProductSafety@springernature.com

In case Publisher is established outside the EU, the EU authorized representative is:

Springer Nature Customer Service Center GmbH
Europaplatz 3
69115 Heidelberg, Germany

Batch number: 08467821

Printed by Printforce, the Netherlands